JN440123

# 유기 화학

## ORGANIC CHEMISTRY

정품 e-book 구매 사이트 안내
- 번역서 e-book 판매 유통사: 자유아카데미(031-955-1321)
- 판매 유통사 이메일 주소: main@freeaca.com

10th Edition

# 유기 화학 ORGANIC CHEMISTRY

Leroy G. Wade · Jan William Simek | 지음

김병문 · 공호열 · 김은주 · 김주현 · 김진호
김태현 · 배진우 · 장두옥 · 정인환 · 조천규 | 옮김

도서 복제, 스캔

- 저작권자의 허락 없이 도서(PDF 포함)를 복제(복사, 스캔)하여 배포 시 저작권자의 재산권 권리 침해 행위로 간주됩니다.
- 저작권자의 재산권 권리 침해 시 저작권법 제136조(벌칙)에 따라 5년 이하의 징역 또는 5천만 원 이하의 벌금에 처하거나 병과될 수 있습니다.

자유아카데미

Pearson Education South Asia Pte Ltd
3 Temasek Avenue #21-23, Centennial Tower
Singapore 039190

Pearson Education offices in Asia: *Bangkok, Beijing, Ho Chi Minh City, Hong Kong, Jakarta, Kuala Lumpur, Manila, Seoul, Singapore, Taipei, Tokyo*

Original edition *Organic Chemistry*, Global Edition 10th edition by Leroy G. Wade & Jan W. Simek ISBN 9781292424255, published by Pearson Education Limited Copyright © 2023. All rights reserved. No part of this book may be reproduced or transmitted in any form or by any means, electronic or mechanical, including photocopying, recording or by any information storage retrieval system, without permission from Pearson Education Limited. This edition published by PEARSON EDUCATION SOUTH ASIA PTE LTD, Copyright © 2024. Authorized for sale only in South Korea.

3 2 1
26 25 24

Cover Photo Credit: Danny Ye/Shutterstock

발행일: 2024년 8월 23일
공급처: 자유아카데미(031-955-1321/main@freeaca.com)
ISBN: 978-981-3350-98-4(93430)
가격: 61,000원

---

**Copyright © Pearson Education South Asia Pte Ltd 2024**. All rights reserved. This publication is protected by Copyright and permission should be obtained from the publisher prior to any prohibited reproduction, storage in a retrieval system, or transmission in any form or by any means, electronic, mechanical, photocopying, recording, or likewise. For information regarding permission(s), write to: Rights and Permissions Department.

http://pearson.com/asia

# 역자 서문

최근 새로운 디스플레이, 신기능성 소재 개발, 3D 프린팅, 난치병 치료를 위한 신약 개발과 같은 첨단 신산업의 태동에는 신물질의 설계와 합성을 가능하게 하는 유기 화학에 대한 이해가 필수적이다. 또한 생명과학의 끊임없는 발전도 유기 화학을 기반으로 하는 생물 분자에 대한 이해, 즉 분자생물학이 밑거름이 된다. 이처럼 유기 화학은 화학 전공자뿐만 아니라 모든 유기 물질을 연구 대상으로 삼는 인접 학문 분야의 발전을 위해서도 필수적인 교과목이다.

이러한 유기 화학의 기본 개념과 응용에 대해 이해하려면 유기 분자의 구조와 결합의 원리, 그리고 각 원자가 결합하여 만드는 작용기의 독특한 성질과 이들의 반응성에 대한 기본적 이해가 뒷받침되어야 한다. L. G. Wade의『Organic Chemistry』10판은 여기에 적합한 학습 방법을 제공한다. 저자는 매우 복잡하고 다양해 보이는 유기 화학의 수많은 반응을 약 20개의 기초적 반응 메커니즘으로 분류하여 전체 유기 화학 반응에 쉽게 접근할 수 있도록 저술했다. 개정을 거듭하면서 새로운 내용이 보완된 이 책은 각 장마다 생물학, 의학, 공업 분야에서 실제로 응용되는 내용을 풍부하게 다룬다. 10판의 경우 앞부분에서 산-염기 화학을 유기 화학에 적용하여 설명하고, 이전과 달리 치환 반응과 제거 반응을 분리하여 설명한다. 그리고 변화된 IUPAC의 최신 명명법을 적용했으며, 각 장에 저명한 화학자와 그 업적을 새롭게 추가했다.

번역하면서 전문용어는 대한화학회의「화합물 명명법 기본 원칙」(2014년 9월 수정)을 따랐다. 또한 인명은 오류를 피하기 위해 원어를 그대로 사용했으며, 화합물 이름은 우리말과 원어를 함께 표기했다. 원서를 충실하게 번역하고자 했으나 간혹 내용상 의미 전달이 모호한 부분은 독자가 잘 이해할 수 있도록 의역했다.

그러나 모든 일이 그렇듯 완벽을 장담할 수는 없다. 책을 읽다 발견한 번역 및 편집 오류를 유통사인 자유아카데미를 통해 알려주면 추후 증쇄 시 반영할 것을 약속드린다. 끝으로 이 책이 발간되기까지 지원해준 피어슨에듀케이션 관계자 여러분에게 감사의 뜻을 표한다.

2024년 7월

역자 대표 김병문

# 저자 서문

## 학생에게

유기 화학 공부를 처음 시작할 때 수많은 화합물과 그 이름, 메커니즘에 압도되는 느낌을 받을지 모른다. 1년 안에 이 모든 것을 다 배울 수 있을지 의구심이 들기도 할 것이다. 유기 화학 교재의 가장 중요한 기능은 대부분의 유기 화학이 몇 가지 기본 원리와 그러한 원리의 다양한 확장 및 응용으로 이루어져 있음을 보여주는 것이다. 주요 개념을 이해하고 해당 개념을 적용하는 데 유연성을 키우면 암기할 필요가 거의 없다. 솔직히 말해서 나는 기억력이 나쁘기 때문에 수많은 정보를 암기하는 것을 좋아하지 않는다. 저자인 나도 이 책에 제시된 거의 모든 반응의 상세한 점을 기억하지 못하지만, 몇 가지 기본 원리를 기억함으로써 대부분의 반응을 묘사할 수 있다. '알코올의 탈수 반응은 E1 메커니즘에 따라 진행된다' 등을 예로 들 수 있다.

그렇다 하더라도 각 장의 주요 사실과 기본 원리는 일종의 '어휘'로 익혀두어야 한다. 나는 학생 시절 두 번째 유기 화학 시험에서 D를 받고는 이를 뼈저리게 깨달았다. 유기 화학도 일반 화학처럼 몇 가지 식만 암기하면 시험 준비가 끝났다고 생각했다. 예컨대 이상 기체를 다루는 장에서는 $PV = nRT$만 외우면 이것으로 여러 문제를 풀 수 있었다. 유기 화학에서도 동일한 접근 방식을 시도했지만 결국 D를 받았다. 우리는 실수를 통해 배우는데, 나는 유기 화학에서 많은 것을 배웠다.

나는 이 책을 저술하면서 문제를 풀기 위해 반드시 익혀야 할 몇 가지 중요한 사실과 원리를 적시하려고 노력했다. 예를 들어 이 책에 나오는 수백 가지의 반응 메커니즘 중에 약 20개 정도는 아주 기본적인 메커니즘이며, 이를 잘 조합하면 더 길고 복잡한 메커니즘을 구성할 수 있다. 나는 이러한 기본 메커니즘의 중요성을 강조하기 위해 **핵심 메커니즘**에 수록했다. 마찬가지로 **유기 반응 가이드**는 수많은 새로운 반응을 포함하는 6개 장으로 구성되어 있다. 이 가이드에서는 우리가 다루는 반응의 종류를 간략하게 설명하고, 방금 다룬 반응이 전체 조직에 어떻게 적용되는지를 보여준다. 분광학 역시 학생들이 NMR 화학적 이동이나 IR 진동수 등의 수백 가지 사실을 외워야 한다고 압박감을 느끼는 분야이다. 나 또한 도저히 외울 수 없기 때문에 한 다스 정도의 NMR 화학적 이동과 한 다스 정도의 IR 진동수, 그리고 그것들이 다른 영향에 의해 어떻게 변화하는지를 알아두고 정리했다. 표 12-2에 중요한 IR 진동수를, 표 13-3에 NMR 화학적 이동을 모아놓았다.

**절대 이 교과목을 암기해서 배우려고 하지 말라.** 그럴 수 없다. 내용이 무엇인지 알아야 그것을 적용할 수 있을 것이다. 그렇다고 해서 (내가 그랬던 것처럼) **하나도** 암기하지 않고 할 수 있다고도 생각하지 말라. 각 장을 읽고, 강의를 주의 깊게 경청하고, 반드시 **문제를 풀어보라.** 문제를 풀어보면 내용을 잘 이해했는지 아닌지 알 수 있을 것이다. 문제를 풀 수 있다면 시험을 잘 치를 수 있을 테지만, 문제를 푸는 데 어려움이 많다면 시험도 쉽게 풀리지 않을 수 있다. 만약 어떤 문제를 풀기 위해 어떤 항목을 계속해서 찾아봐야 한다면 그것은 암기해둘 만한 항목일 것이다.

이 과목을 시작할 때 학생들에게 제시하는 몇 가지 힌트는 다음과 같다.

1. 강의 전에 책의 내용(한 시간 강의당 약 13~15쪽)을 반드시 읽고 오라. 어떤 내용을 다루는지 알고 수업에 참여하면 필기하는 데 시간을 덜 쓰게 되며, 강의를 듣고 내용을 이해하는 데 더 많은 시간을 할애할 수 있다.

2. 강의 후에는 필기한 것과 책의 내용을 복습하고 각 장의 문제를 풀어보라. 또한 다음 강의에서 다룰 내용을 미리 읽고 예습하라.
3. 어떤 내용이 혼란스럽다면 질의응답 시간에 곧바로 강사를 찾으라. 문제를 풀 때 어려움이 있었던 부분에 대해 질문하라.
4. 시험에 대비하여 공부하려면 각 장과 메모, 반응 요약을 검토하여 해당 반응을 인식하고 사용할 수 있는지 확인하라. 각 장과 노트를 가지고 복습하라. '스타버스트' 요약은 빠르게 살펴보고 해당 작용기에 대한 가장 유용한 전환을 확인할 수 있으므로 합성 방법을 개발하는 데 가장 유용하다. 그리고 각 장 끝에 수록된 연습문제를 풀어보라. 필수문제 해결 기술(Essential Problem-Solving Skill, EPSS) 개요는 해당 장의 중요한 개념을 검토하고 각 개념을 파악하는 데 사용할 수 있는 문제를 보여준다. 가능하다면 이전에 나왔던 문제를 가지고 연습해보라. 스터디 그룹을 만들어서 서로 문제를 내고 풀어보는 것은 많은 도움이 될 것이다.

유기 화학의 두 가지 '황금률'을 기억하라.

1. **뒤처지지 말라!** 강의가 빨리 진행되어서 뒤처진다면 따라잡기가 쉽지 않다.
2. **문제를 많이 풀어보라.** 누구나 연습이 필요하고, 문제를 풀다 보면 어느 부분을 더 공부해야 하는지 알게 된다.

나는 이 책을 읽는 학생의 의견에 관심이 많다. 책의 오류를 발견하거나 더욱 향상될 수 있는 제안이 있다면 알려주기 바란다(wadelg@whitman.edu). 나는 학생의 제안을 소중하게 생각하며, 수많은 학생의 제안을 책에 반영했다. 예컨대 휘트먼대학교의 Brian Lian이 그림 21-9를 제안했고, 미네소타대학교 학생이자 카레이서인 Jim Coleman이 인디애나폴리스에서의 메탄올 사용에 대해 알려주어 그 내용을 실었다.

유기 화학 공부에 행운이 있기를 바란다. 마음을 편안하게 먹고 유기 화합물이 우리의 삶에 어떤 영향을 미치는지 관심을 갖게 된다면 이 과목을 즐기게 될 것이다. 그 과정을 좀 더 쉽게 도와주고자 하는 것이 바로 이 책을 집필한 목적이다. 즉 개념을 좀 더 논리적으로 잘 정리하여 하나씩 잘 흘러나오게 하는 것이다. 문제풀이를 위한 힌트와 제안은 과거의 내 제자들에게 도움을 주었기 때문에 이 책을 읽는 학생들에게도 도움이 되리라 희망한다. 나보다 기억력이 부족하더라도(그럴 리는 없겠지만) 유기 화학을 배우는 데에는 어려움이 없을 것이다. 이 책이 우리 모두에게 좋은 학습 경험이 되기를 바란다.

## 강사에게

이 책의 초판을 집필할 때의 목표는 표현과 복습에 가장 효과적인 기술을 사용한 현대적이고 읽을 만한 교재를 펴내는 것이었다. 나는 이 책을 통해 화학 및 생화학 전공자에게 필요한 수준으로 유기 화학을 제시할 뿐만 아니라, 이 과목을 듣는 다른 과정의 모든 학생들에게도 성공적으로 전달하고 설명할 수 있기를 바랐다. 그 후 개정판에서 새로운 부분을 첨가하면서 상당 부분 다시 쓰고 재구성하여 이러한 목표를 더욱 확장하고 다듬었다. 이 10판에는 반응과 메커니즘의 유형을 더 쉽게 학습하고 더 잘 이해하면서도 참고할 수 있는 여러 가지 특징을 추가했다.

학생들이 작용기 반응을 구성하는 데 도움을 주기 위해 합성적으로 관련된 작용기 간의 시각적 연결을 제공하는 **요약**이 추가되었다. 이는 다단계 합성을 개발할 때 시각적 연결을 통해 반응물이나 합성 중간체에서 진행이 가능한 반응을 확인하는 데 특히 유용하다. **유기 반응 가이드**는 학생들이 배우는 새로운 반응과 이러한 반응이 유기 화학에서 사용하는 반응 유형의 전체 체계에 적합한 위치를 지적으로 정리하는 데 도움을 줄 것이다. 각 장 시작 부분에는 해당 장에 제시된 화학과 관련되면서도 독자의 관심을 끄는 사진을 실었다.

전판의 모든 기능이 10판에서도 그대로 유지되었지만 대부분의 내용이 확장 및 개선되었다. 의학, 녹색 화학, 생화학, 기타 현대의 관심 분야와 관련된 응용 사례를 포함하여 많은 응용 사례가 추가되었다. 여러 분야에서 녹색 화학이 강조되고 있는데, 특히 독성과 발암성이 있는 것으로 알려진 크롬 시약을 피하는 방법을 사용하는 경우가 두드러진 예이다. 더 오래되고 독성이 더 강한 시약이 언급되었지만 더 이상 첫 번째 선택 시약으로 제시하지 않았다. Suzuki 짝지음 같은 최신 반응에 대한 메커니즘은 학습 내용과 관련이 있고 정확하다고 확신할 만큼 충분히 연구된 경우에 제시했다.

## 주요 특징

**산과 염기의 적용 범위 확장:** 1장에서 결합, 혼성화 및 분자 구조의 기본 사항을 검토한 후, 2장에서 산과 염기를 중심으로 설명하고 이러한 개념이 유기 화합물에 어떻게 적용되는지 설명한다. Arrhenius, Brønsted-Lowry, Lewis 정의를 소개하고 설명한다. $pK_a$, $pK_b$의 사용을 설명한 후 산-염기 평형 반응의 위치 예측에 대한 토론 및 문제해결 전략이 이어진다. 용매 효과, 크기, 전기음성도, 유도 효과, 혼성화 효과, 공명 효과 등 산도와 염기도에 영향을 미치는 요인을 설명한다. 곡선 화살표 형식의 올바른 사용에 대해 살펴보고 Lewis 산-염기 반응을 다룬다.

**치환 및 제거 반응 분리:** 치환과 제거에 관한 부분을 개정하여 치환 반응은 6장에서 다루고, 제거 반응은 7장에서 다룬다. 이러한 구성을 통해 학생들은 제거 반응을 포함하는 반응 경로까지 확장되기 전에 $S_N1$과 $S_N2$ 치환의 차이점을 더 편안하게 이해할 수 있다. 7장에서는 치환 반응과 제거 반응 사이의 경쟁을 완벽하게 다루고, 어떤 메커니즘과 생성물이 가장 가능성이 높은지 예측하는 방법을 제시한다.

**유기 합성:** 새로운 합성 문제를 많이 추가했는데, 그중 일부는 최근 문헌에서 비롯되었다. 유기 합성 및 역합성 분석에 관한 자료를 보충하고, 특히 다단계 방향족 합성에 중점을 두었다.

**명명법:** 끊임없이 변화하는 IUPAC 명명법을 최대한 최신으로 유지하기 위해 노력하고 일부 변경 사항을 반영했다. 8판부터는 1993년 IUPAC 규정에 따라 이름에 위치 지정(예: 뷰트-1-엔)과 동시에 이전 위치(예: 1-뷰텐)를 사용하여 표시했다. 또한 입체 화학적 용어(예: 입체중심 및 카이랄 중심)를 정확하고 명확하게 정의했으며, 각 경우에 가장 명확한 용어를 사용하려고 노력했다.

10판에서는 IUPAC 규칙의 다음과 같은 변경 사항을 채택했다.

1. 입체 화학을 나타내는 데 IUPAC는 이제 쐐기형 점선 결합의 '역방향 관점'(가까울수록 작게 표현)을 권장한다. 쐐기형 입체 결합은 여전히 일반 원근법으로 나타내며 더 가까운 쪽 끝이 더 커진다.
2. IUPAC은 이제 하이드록실을 작용기가 아닌 라디칼만을 지칭하는 것으로 정의한다. 작용기는 하이드록시기이다. 이 규칙을 준수하기 위해 필요한 경우 용어를 변경했다.
3. 한때 IUPAC는 케탈이라는 용어를 추방했다. 그러나 이제는 아세탈의 하위 클래스로 복원되었으며, 이 책에서는 이를 다시 사용했다.

10판에는 유기 화합물 명명 규칙에 대한 간략한 참조 역할을 하는 명명법 부록도 수록했다. 이를 사용하면 특정 작용기와 관련된 논의를 항상 찾을 필요 없이 화합물 이름을 쉽게 지정할 수 있다.

# 유기 화학의 열쇠: 원리, 준비, 문제해결

이 책은 근본적인 추론과 문제 해결의 맥락에서 유기 화학의 핵심 원리를 제시한다. 오늘날 학생들이 교재를 어떻게 사용하는지를 반영하여 집필된 이 책은 유기 화학 기본 안내서이자 문제해결과 시험 준비에 필요한 학습 자료이다.

이 책에는 포커스, 문제해결 전략, 예제, 요약, 반응 가이드가 실려 있다. 10판은 세심하고 세련된 프레젠테이션과 단계별 지침을 통해 학생들에게 반응 메커니즘과 합성 유기 화학을 구성하고 이해할 수 있도록 유기 화학에 대한 현대적 개요를 제공한다.

**FOCUS | 구조 그리기**

화학자들은 유기 화합물을 분자식뿐만 아니라 원자가 어떻게 연결되어 있는지에 대해 시각적으로 표현한다. 유기 화학 공부 초기에는 이 시각적인 언어를 완벽히 구사할 수 있어야 한다. 이 책에서는 단순화의 정도를 다르게 하여 다른 유형의 구조적 표현을 사용한다.

**Lewis 구조**라고도 하는 전체 구조식은 모든 원자, 모든 결합, 모든 비공유(고립) 전자쌍을 보여준다.

**축약 구조식**은 모든 원자와 일부 결합을 보여준다. 수소와의 결합은 보통 생략한다. 탄소 사슬에서 탄소 사이의 결합은 일반적으로 나타내지 않는다. 비공유(고립) 전자쌍은 나타내기도 하고, 나타내지 않기도 한다.

선-각 구조식 또는 단순하게 **선 구조식**은 가장 단순화되어 있다. H 원자와 C 원자는 C 이외에 다른 원자와 결합되지 않는 한 나타내지 않는다.

일반적으로 '에테(ether)'라고 하는 다이에틸 에테의 예는 세 가지 표현을 보여준다.

Lewis 구조 또는 전체 구조식

$CH_3CH_2-O-CH_2CH_3$ 또는 $CH_3CH_2OCH_2CH_3$

축약 구조식

선-각 구조식 또는 선 구조식

이러한 구조적 표현은 정확한 결합각 또는 3차원에서의 원자의 위치를 나타내려는 것은 아님을 주의하라. 이 장 후반부에서 원자의 정확한 3차원적 위치를 보여주는 다른 유형의 표기법을 소개할 것이다.

**문제풀이 전략 | 치환 반응 및 제거 반응 예측하기**

할로젠화 알킬

강한 Nuc:/염기 → $S_N2 + E2$

약한 Nuc:/염기 → $S_N1 + E1$

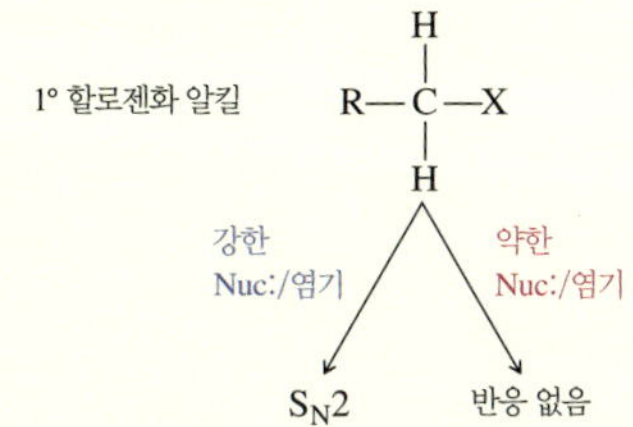


일련의 시약과 용매가 주어지면 어떤 생성물을 얻을 수 있을지, 어떤 메커니즘이 포함될지 어떻게 예측할 수 있는가? 치환 및 제거 반응에 관한 이 모든 이론을 외워야 하는가? 때때로 이 시점에 압도감을 느낄 수 있다.

답은 절대적이지 않고, 너무 많은 요소가 관련되어 있기 때문에 외우기만 하는 것은 이 자료에 접근하는 가장 좋은 방법이 아니다. 게다가 실제 시약과 용매가 있는 현실 세계는 종이 위에 있는 반응식만큼 깨끗하지 않다. 대부분의 친핵체도 염기성이며, 많은 용매가 이온을 용해시키거나 친핵체 또는 염기로 작용할 수 있다.

이해해야 할 첫 번째 원리는 항상 하나의 고유한 생성물이나 하나의 고유한 메커니즘을 예측할 수 없다는 사실이다. 일부 가능성을 제거하고 정확한 예측을 하는 것이 최선이다. 이러한 제한을 기억하며, 다음과 같은 일반적인 지침을 제시한다.

**1. 염기 또는 친핵체의 세기에 따라 반응의 순서가 결정된다.**

강한 친핵체(또는 염기)가 존재하면 $S_N2$ 또는 E2의 2차 반응 속도론이 우세하게 된다.

강한 염기나 친핵체가 존재하지 않으면 $S_N1$과 E1 모두 1차 반응을 고려해야 한다. 반응에 은염(silver salt)을 첨가하면 일부 어려운 이온화를 유도할 수도 있다.

**2. 일반적으로 1차 할로젠화물은 $S_N2$ 반응, 때로는 E2 반응을 거친다.**

1차 할로젠화물은 탄소 양이온이 공명 안정화되지 않는 한 1차 반응을 거의 일으키지 않는다. 따라서 좋은 친핵체와 반응하는 경우 $S_N2$ 치환이 일반적으로 관찰된다. 단, 센염기가 사용되면 E2 제거가 가끔 관찰될 수 있다.

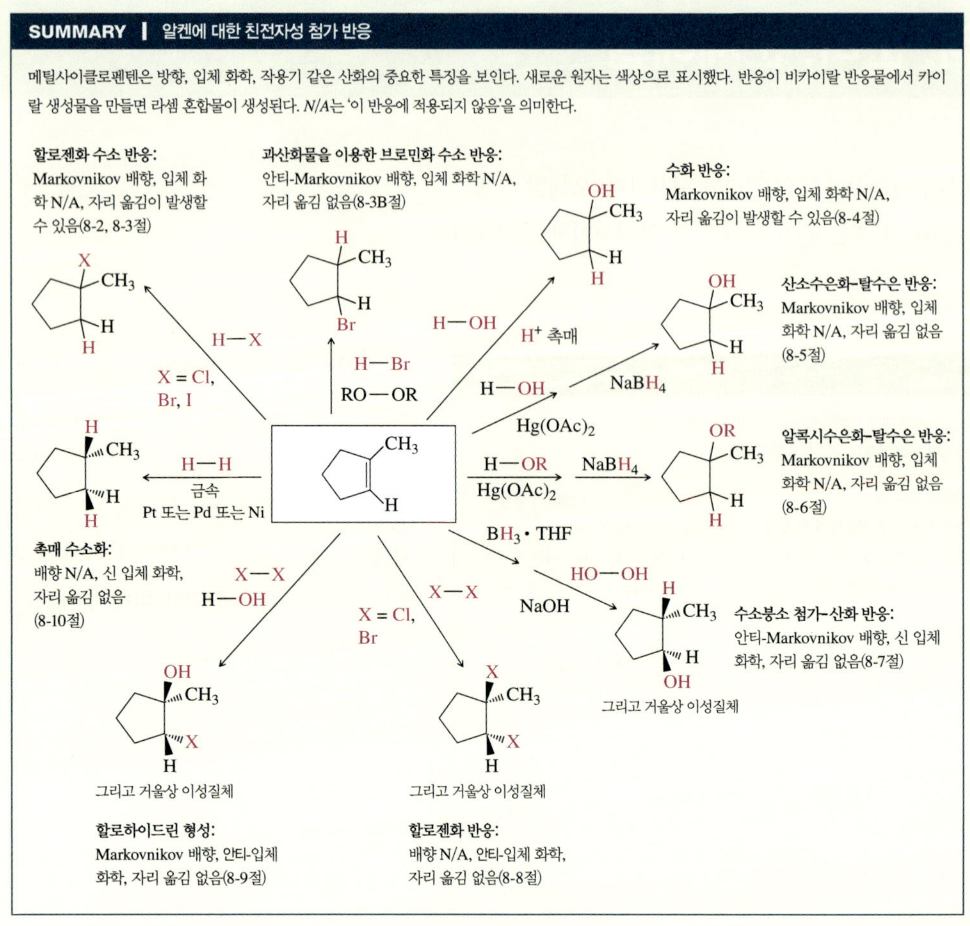


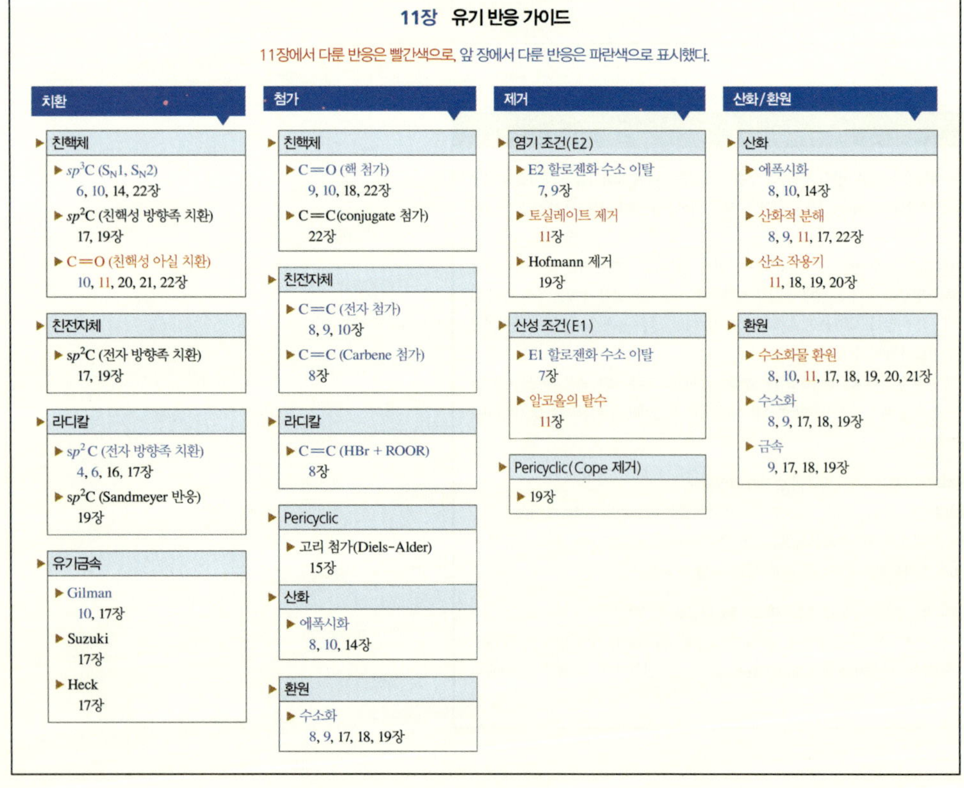


반응을 머릿속으로 정리하고 유사점과 차이점을 인식하도록 돕기 위해 반응에 기초하여 장의 끝부분에 스타더스트 형식의 요약을 수록했다.

시각적으로 나타낸 유기 반응 가이드는 이 책에서 다루는 반응의 전체 맥락 속에서 각 장에서 다루는 반응을 보여준다.

80개가 넘는 메커니즘 글상자를 통해 학생들은 개별 단계를 자세히 확대하여 특정 반응이 어떻게 발생하는지 이해할 수 있다.

**핵심 메커니즘 7-5 | 알코올의 산 촉매 탈수 반응**

알코올의 탈수 반응에서는 흔히 양성자화가 일어난 알코올의 E1 제거 반응이 일어난다.

**1단계:** 하이드록시기가 양성자화된다(빠른 평형).

**문제풀이 힌트**

산 촉매 메커니즘에서는 첫 번째 단계는 흔히 $H^+$이 첨가되는 것이고, 마지막 단계는 흔히 $H^+$이 제거되는 것이다.

$$\mathrm{-\overset{H}{C}-\overset{:\ddot{O}-H}{C}-} + \mathrm{H-O-SO_2-O-H} \rightleftarrows \mathrm{-\overset{H}{C}-\overset{:\overset{+}{O}H_2}{C}-} \quad HSO_4^-$$

**2단계:** 이온화가 일어나 탄소 양이온이 생성된다(느림, 반응 속도 결정).

$$\mathrm{-\overset{H}{C}-\overset{:\overset{+}{O}H_2}{C}-} \rightleftarrows \mathrm{-\overset{H}{C}-\overset{+}{C}<} + H_2\ddot{O}:$$

**3단계:** 양성자 제거가 일어나 알켄이 생성된다(빠름).

$$\mathrm{-\overset{H}{C}-\overset{+}{C}<} + H_2\ddot{O}: \longrightarrow \mathrm{>C=C<} + H_3\ddot{O}^+$$

**예: 뷰탄-2-올의 산 촉매 탈수 반응**

**1단계:** 하이드록시기가 양성자화된다(빠른 평형).

$$CH_3-\overset{:\ddot{O}H}{CH}-CH_2CH_3 \underset{}{\overset{H_2SO_4}{\rightleftarrows}} CH_3-\overset{H-\ddot{O}^+-H}{CH}-CH_2CH_3$$

**2단계:** 이온화가 일어나 탄소 양이온이 생성된다(느림, 반응 속도 결정).

$$CH_3-\overset{H-\ddot{O}^+-H}{CH}-CH_2CH_3 \rightleftarrows CH_3-\overset{+}{C}H-CH_2CH_3 + H-\ddot{O}-H$$

**3단계:** 양성자 제거가 일어나 알켄이 생성된다(빠름).

$$H_3C-\overset{+}{C}H-CH_2-CH_3 \overset{H_2\ddot{O}:}{\rightleftarrows} CH_3CH=CHCH_3 + H_3O^+$$

주생성물(시스 및 트랜스)

또는

$$CH_3-\overset{+}{C}H-CH_2CH_3 \overset{H_2\ddot{O}:}{\rightleftarrows} H_2C=CH-CH_2CH_3 + H_3O^+$$

부생성물

18개의 핵심 메커니즘에서는 과정 전반에 걸쳐 반복되며, 더 길고 복잡한 메커니즘의 구성 요소인 기본적인 메커니즘 원리를 강조한다. 각 단계는 메커니즘을 강화하기 위한 구체적인 예와 이러한 필수 반응의 이해에 도움이 되는 최종 문제를 통해 반응 단계를 자세히 설명한다.

메커니즘에 대한 설명과 주석은 각 메커니즘의 작동 방식을 더 잘 이해하도록 돕는다.

# 저자 소개

## L. G. 'Skip' Wade

라이스대학교 2학년 재학 중 Ronald M. Magid 교수의 유기 화학 강의를 수강하면서 화학을 전공하기로 결심했다. 1969년에 라이스대학교에서 학사학위를 받은 후 하버드대학원에 진학하여 James D. White 교수 연구실에서 박사학위를 받았다. 하버드대학교에서 학부 유기 화학 교육의 수석 조교(Head Teaching Fellow) 역할을 담당했으며, 당대 유명한 화학 교육가였던 Leonard K. Nash 교수와 Frank H. Westheimer 교수의 영향을 크게 받았다.

1974년에 하버드대학교에서 박사학위를 받은 후 콜로라도주립대학교의 교수로 부임했다. 콜로라도주립대학교에서 지낸 15년 동안 생물학, 화학, 의학, 수의학, 환경과학 분야로 진출할 수많은 학생에게 유기 화학을 강의했다. 유기 화학 및 화학 교육 분야에서 다수의 연구 논문을 발표하고, 유기 합성의 현황을 소개하는 책을 11권 저술했다. 1989년부터는 휘트먼대학교로 옮겨 유기 화학 교육과 유기 합성 및 법화학(forensic chemistry) 관련 연구를 이어가고 있다. 그는 휘트먼대학교로부터 교육 업적을 인정받아 1993년에 A. E. Lange 상을 수상하기도 했다.

또한 법화학에 큰 관심을 가져 마약, 소형화기 등의 전문가로서 법정에서 증인으로 활약하고 경찰 소형화기 관련 강사, 마약 관련 자문 및 수상안전 요원으로 활동했다. 한편 그는 오래된 바이올린 및 활을 수리 · 복원하는 취미를 가지고 있으며, 수년간 이 분야의 전문가로 활동하고 있다.

## Jan Simek

탄광업에 종사하는 부모로부터 아주 어린 나이에 탄소의 중요성을 배웠다. 그리고 14세 때 고등학교 화학 교사인 Joe Plaskas로부터 영감을 받아 화학을 가르치는 직업을 택하기로 했다. 그는 캘러머주컬리지 Kurt Kaufman 교수의 지도 아래 천연물 합성 실험을 시작했고, 결국 이는 캘러머주향신료추출회사(Kalamazoo Spice Extraction Company)의 홉 추출물 연구로 이어졌다. 스탠퍼드대학교에서 석사학위를 취득한 후 제약 업계에서 당뇨병과 죽상동맥경화증 치료용으로 설계된 화합물을 합성하고, 천연자원에서 항암 항생제를 분리하는 작업을 도왔다. 스탠퍼드대학교로 돌아와서는 스테로이드 경구 피임약의 합성을 최초로 개발한 Carl Djerassi 교수 밑에서 박사학위를 마쳤다.

그는 35년 동안 주로 캘리포니아폴리테크닉주립대학교(샌루이스오비스포 캠퍼스)에서 강의 경력을 쌓았고, 동 대학교의 우수강의상(Distinguished Teaching Award)을 받았다. 이 밖에도 앨비언컬리지, 콜로라도대학교(볼더 캠퍼스), 캘러머주컬리지, 캘리포니아대학교(버클리 캠퍼스) 등에서 강의를 했다. 또한 제약 연구 외에도 염료, 계면활성제, 액정을 연구하는 산업체에 몸담은 바 있으며, 생명공학 산업 관련 컨설팅을 계속하고 있다.

그는 요세미티 자유 등반, 레게 밴드 공연, 태평양 패러세일링 등에도 관심이 있으며, 아내와 함께 정원 가꾸는 것을 좋아한다.

# 요약 차례

# 차례

## 1 구조와 결합



## 2 산과 염기: 작용기

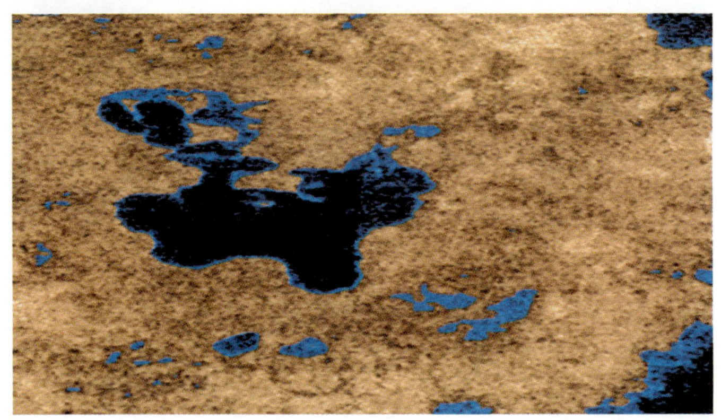

## 3 알케인의 구조와 입체 화학



## 4 화학 반응 연구

# 5 입체 화학

# 6 할로젠화 알킬: 친핵성 치환 반응

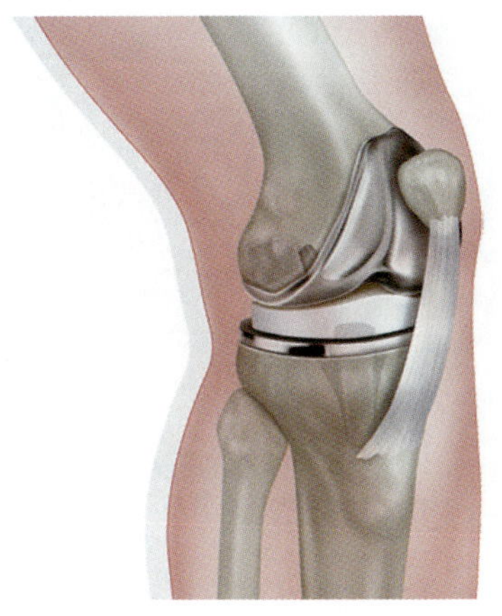

## 7 알켄의 구조와 합성: 제거 반응

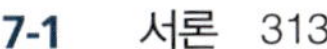



## 8 알켄의 반응

## 9 알카인

## 10 알코올의 구조와 합성

## 11 알코올의 반응



## 12 적외선 분광법과 질량 분석법

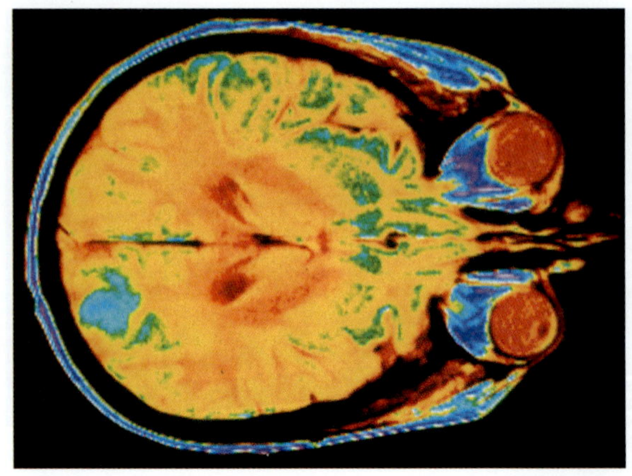

## 13 핵자기 공명 분광법



## 14 에터, 에폭사이드, 싸이오에터

## 15 콘쥬게이션계, 오비탈 대칭, 자외선 분광법

## 16 방향족 화합물

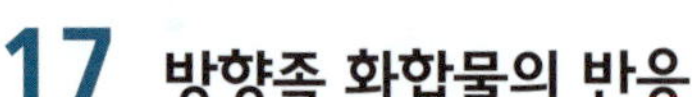

## 17 방향족 화합물의 반응



## 18 케톤과 알데하이드

## 19 아민



## 20 카복실산

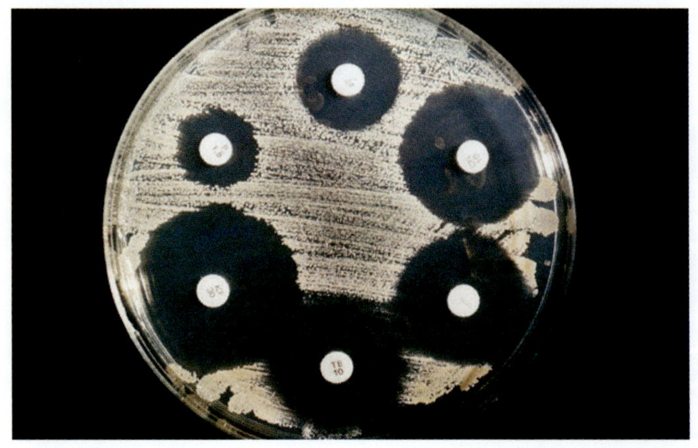

## 21 카복실산 유도체



## 22 카보닐 화합물의 축합과 알파 치환 반응

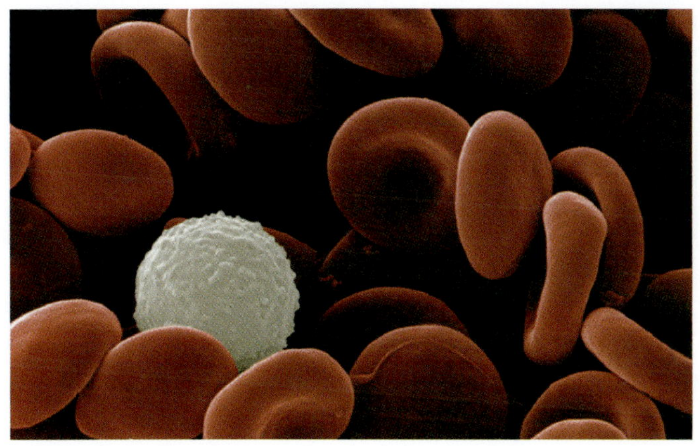

## 23 탄수화물과 핵산 [온라인]



## 24 아미노산, 펩타이드, 단백질 [온라인]

## 25 지질 [온라인]



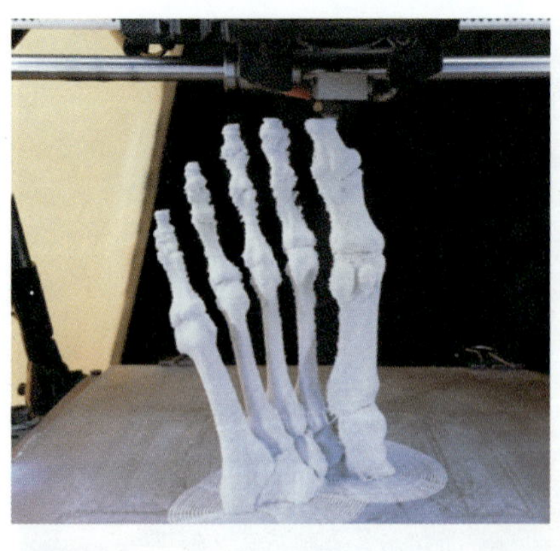

## 26 합성 고분자 [온라인]



## 부록 [온라인]



* 23~26장과 부록, 선별 문제의 해답은 자유아카데미 홈페이지(www.freeaca.com)의 자료실에서 다운로드할 수 있습니다.

# 1 구조와 결합

루시페린

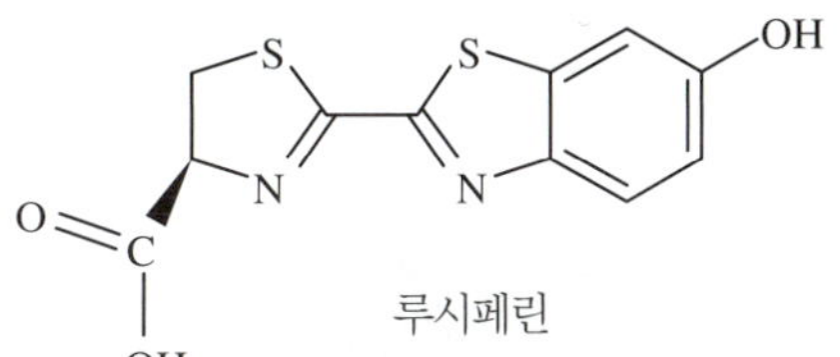


루시페린

**학습목표**

**1** 유기 화학에서 성공하기 위해 필수적인 일반 화학의 개념인 원자의 전자 구조, Lewis 구조, 팔전자 규칙, 결합의 종류, 전기 음성도, 형식 전하 등을 복습한다.

**2** C, H, O, N과 할로젠을 포함하는 공유 결합과 이온 결합의 경향을 예측한다.

**3** 공명 안정화 구조를 예측하고, 그 공명 구조들의 상대적인 중요도를 비교한다.

**4** 축약 구조식과 선-각 구조식을 포함한 유기 화학에서 일반적으로 사용하는 구조식의 종류를 그리고, 해석한다.

**5** 결합에 기초한 유기 분자의 혼성과 구조를 예측한다.

**6** 이성질체를 찾아내고 그들 간의 차이점을 설명한다.

◀ **루시페린**(luciferin)은 많은 반딧불이종(Lampyridae)에서 발견되는 발광 화합물이다. 루시페린은 효소의 제어하에서 대기 중 산소와 반응하여 반딧불이가 짝이나 먹이를 유인하는 데 사용하는 노란색 빛을 방출한다.

## 1-1 유기 화학의 기원

유기 화학의 현대적 정의는 **탄소 화합물의 화학**이다. 탄소의 어떤 점이 그렇게 특별하기에 화학의 전 분야가 탄소 화합물에 전념하는가? 탄소는 대부분의 다른 원소와는 달리 다른 탄소 및 다양한 원소와 강력한 결합을 형성한다. 탄소 원자들의 사슬과 고리들은 끝없이 다양한 모양의 분자들을 형성할 수 있다. 이러한 탄소 화합물의 다양성은 지구상에 생명의 기반을 제공한다. 생명체는 주로 구조적, 화학적, 유전적 기능을 부여하는 복잡한 유기 화합물로 구성되어 있다.

**유기**(organic)라는 용어는 글자의 뜻 그대로 "생명 있는 유기체로부터 유래되었다"는 것을 의미한다. 유기 화학이란 원래 생명 있는 유기체와 그 천연물로부터 추출된 화합물을 연구하는 학문이었다. 설탕, 요소, 녹말, 밀랍, 식물유와 같은 화합물을 '유기 화합물'이라고 생각했으며, 사람들은 이러한 천연물을 얻기 위해서는 '생명력(vital force)'이 필요하다는 **생기론**(vitalism)을 믿었다. 따라서 유기 화학은 생명력을 가진 화합물을 연구하는 학문이었다. 무기 화학은 기체, 암석 및 광물질과 이들로부터 만들어질 수 있는 화합물을 연구하는 학문이었다.

**응용: 약 연구**

화학자가 모르핀과 같은 복잡한 유기 화합물의 유도체를 합성하는 이유 중 하나는 좋은 성질(강력하게 고통을 억제)을 가지고 있지만 나쁜 성질(매우 높은 습관성)이 없는 신약을 발견하기 위해서이다.

19세기에 유기 화합물은 무기 화합물로부터 합성될 수 있다는 사실이 실험을 통해 증명되었다. 1828년에 독일 화학자 Friedrich Wöhler는 암모니아와 사이안산(cyanic acid)으로부터 만든 사이안산 암모늄(ammonium cyanate)을 산소가 없는 곳에서 가열하여 간단히 요소(urea)로 변환시켰다.

$$\underset{\substack{\text{사이안산 암모늄} \\ \text{(무기 화합물)}}}{NH_4^+ \ {}^-OCN} \xrightarrow{\text{열}} \underset{\substack{\text{요소} \\ \text{(유기 화합물)}}}{H_2N-\overset{\overset{\displaystyle O}{\|}}{C}-NH_2}$$

요소는 항상 생명이 있는 유기체로부터 유래되었으므로 생명력을 가진 것으로 믿었으나 사이안산 암모늄은 무기 화합물이므로 생명력이 없다. 일부 화학자들은 Wöhler의 손에서 나온 적은 양의 생명력이 이 반응에 섞여 들어간 것이 틀림없다고 주장했으나 대부분의 사람들은 무기물에서 유기 화합물을 합성할 수 있는 가능성을 인정했다. 이와 비슷한 수많은 다른 합성이 실시되었으며, 생기론은 결국 폐기되었다.

생기론은 19세기 초반에 그릇된 것으로 증명되었으므로 아마도 이제 생기론은 완전히 사라졌다고 생각할 수 있다. 그러나 이는 잘못 생각한 것이다. '천연'(식물 유래) 비타민(vitamin), 향료 화합물 등은 아무래도 동일한 '인공'(합성) 화합물들과는 다르며 건강에 더 좋다고 믿는 사람들의 마음속에 생기론은 아직도 살아있다.

화학자로서 우리는 식물에서 얻은 화합물과 합성한 화합물이 동일한 화합물이라는 것을 안다. 이러한 화합물이 순수하다고 가정하면 이들을 구별할 수 있는 유일한 방법은 $^{14}C$(탄소-14) 연대 측정법이다. 석유화학 제품에서 합성한 화합물은 낮은 방사선 $^{14}C$ 함량을 가지며, 방사선 $^{14}C$는 오랜 기간에 걸쳐 붕괴했기 때문에 오래된 것처럼 보인다. 식물에서 유래한 화합물은 공기 중의 $CO_2$

**그림 1-1** (a) 푸른고리문어의 독은 마비를 일으켜 사망에 이르게 하는 테트로도톡신(tetrodotoxin)을 함유한다. (b) 장미 열매는 괴혈병을 예방하는 라디칼 억제제(4장)인 비타민 C를 함유한다. (c) 부채선인장은 붉은 염료 카민(carmine, 15장)을 준비하는 데 사용되는 연지벌레의 숙주이다. (d) 아편 양귀비는 중독 약물이며, 통증 완화 알칼로이드(19장)인 모르핀을 함유한다.

로부터 최근에 합성되었기 때문에 높은 $^{14}C$ 함량을 가진다. 많은 화학회사는 높은 $^{14}C$ 함량을 가진 천연물질을 판매하면서 자사의 천연물질이 식물에서 추출한 것임을 보이기 위해 동위 원소 비의 분석 데이터를 제공하기도 하는데, 이러한 정교한 분석은 21세기 생기론에 첨단과학의 감성을 더해준다.

유기 화합물은 합성에 생명력이 필요하지 않더라도 여전히 무기 화합물과는 구별된다. 유기 화합물의 두드러진 특징은 유기 화합물이 모두 1개 또는 그 이상의 탄소 원자를 가지고 있다는 점이다. 하지만 모든 탄소 화합물이 전부 유기 화합물인 것은 아니다. 다이아몬드, 흑연, 이산화 탄소, 사이안산 암모늄, 탄산 소듐(sodium carbonate) 같은 물질은 광물질에서 유래하며, 전형적인 무기물의 성질을 가지고 있다. 그렇지만 수많은 탄소 화합물의 대부분은 유기 화합물이라고 볼 수 있다.

심장 이식을 기다리는 환자가 살아가게 하는 데 이용되는 아비오코(AbioCor®)의 독립적 인공심장. 바깥 외피는 폴리카보네이트(polycarbonate)이고, 판막과 내부 공기 주머니는 폴리유레테인(polyurethane)이다. 이 내구성 물질은 모두 합성 유기 화합물이다.

우리도 주로 유기 분자들로 이루어져 있으며, 식품 속에 들어 있는 유기 화합물을 먹고 자란다. 또한 피부 속에 들어 있는 단백질, 세포막 속에 들어 있는 지질, 간 속에 들어 있는 글리코젠(glycogen), 세포핵 속에 들어 있는 DNA는 모두 유기 화합물이다. 우리 신체도 또한 복잡한 유기 화합물에 의해 조정되고 방어된다.

화학자들은 복잡한 분자들을 합성하거나 모방하는 방법을 익혀 왔다. 합성제품은 의약품, 플라스틱, 살충제, 페인트, 석유 등으로 쓰인다. 의약에서 가장 중요한 발달의 대부분은 사실상 유기 화학의 발달에서 기인한다. 질병을 퇴치하기 위해 새로운 약이 개발되고 있으며, 기능장애를 일으킨 기관을 대치하기 위해 새로운 중합체들이 합성되고 있다. 이제 유기 화학은 한 바퀴 돌아서 제자리에 왔다고 할 수 있다. 즉 유기 화학은 '기관(organ)'으로부터 유래된 화합물을 연구하는 학문으로 시작했으나 현재에 이르러서는 인체 기관들을 구제하거나 대치하기 위해 필요한 약과 재료를 공급해주고 있다.

## 1-2 원자 구조의 원리

유기 화학 공부를 시작하기에 앞서 몇 가지 화학의 기본 원리를 복습할 필요가 있다. 원자 및 분자 구조에 대한 많은 원리는 유기 화합물의 구조와 결합을 이해하는 데 아주 중요하다.

### 1-2A 원자의 구조

원자는 양성자, 중성자, 전자로 이루어져 있다. 양성자는 양으로 하전되어 있으며, 원자핵 속에서 (전하를 띠지 않은) 중성자들과 함께 발견된다. 전자는 양성자의 양전하와 크기가 같은 음전하를 가지고 있으며, 원자핵을 둘러싼 공간을 차지하고 있다(그림 1-2). 양성자와 중성자는 질량이 비슷한데, 전자 질량의 약 1800배이다. 원자 질량의 대부분은 핵이 차지하지만, 화학 결합과 반응에 관여하는 것은 전자이다.

각 원소는 핵 속에 들어 있는 양성자 수에 의해 구별된다(원자 번호). 중성자 수는 달라질 수 있어도 그 수는 대개의 경우 양성자 수와 비슷하다. 양성자 수는 같지만 중성자 수가 다른 원자를 **동위 원소**(isotope)라고 한다. 예를 들어 가장 흔한 탄소 원자는 핵 속에 6개의 양성자와 6개의 중성자를 가지고 있다. 탄소의 질량수(mass number, 양성자 수와 중성자 수의 합)는 12이며, 기호로 $^{12}C$라고 쓴다. 탄소 원자의 약 1%는 7개의 중성자를 가지고 있다. 즉 질량수가 13이므로 $^{13}C$라고 쓴다. 탄소 원자들의 극소량은 8개의 중성자를 가지며, 질량수는 14이다. $^{14}C$는 방사성을 나타내며, 5730년의 반감기(핵의 절반이 붕괴되는 데 걸리는 시간)를 가지고 있다. $^{14}C$의 붕괴를 이용하면 대략 50,000년까지 오래된 유기 물질의 나이를 측정할 수 있다.

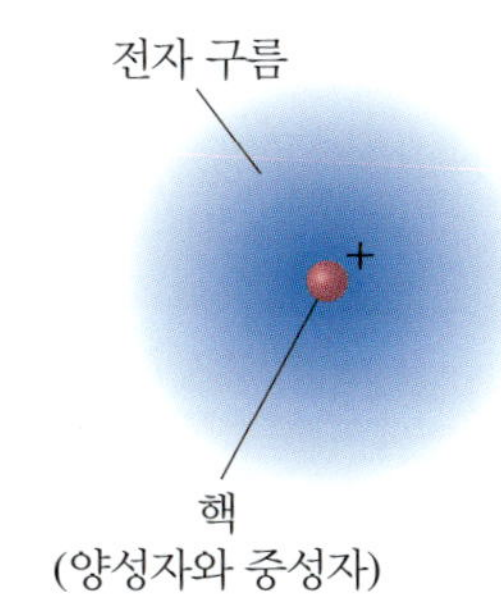


**그림 1-2** 기본 원자 구조. 원자는 전자 구름으로 둘러싸인 밀도가 큰 양으로 하전된 핵을 가진다.

### 1-2B 전자 껍질과 오비탈

원소의 화학적 성질은 핵 속에 들어 있는 양성자의 수와 핵 주위에 있는 전자의 수에 의해 결정된다. 전자들은 결합을 형성하며, 또한 결합에 의해 생기는 분자들의 구조를 결정한다. 전자는 작고 가볍기 때문에 입자와 파동의 양쪽 성질을 나타낸다. 원자와 분자에 들어 있는 전자들은 여러 면에서 입자보다는 파동에 더 유사하게 행동한다.

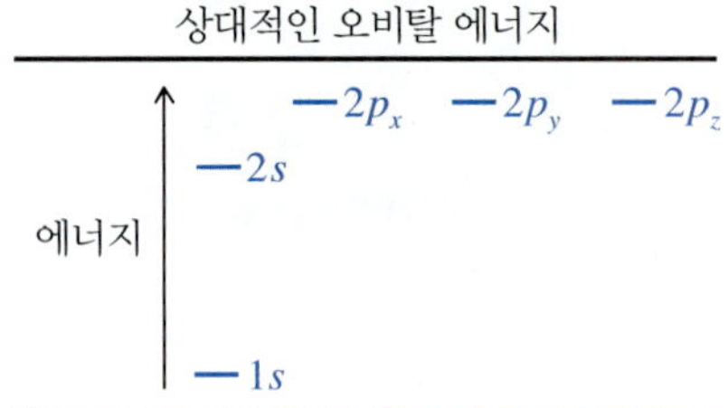


핵에 얽매인 전자들은 **오비탈**(orbital) 내에서 찾을 수 있다. Heisenberg의 불확정성 원리(Heisenberg uncertainty principle)에 의하면 전자가 정확히 어디에 있는지 결코 정할 수 없다. 그럼에도 불구하고 오비탈의 특정 부분에서 전자를 발견할 수 있는 확률, 즉 **전자 밀도**(electron density)는 알 수 있다. 그렇다면 오비탈은 공간에서 전자 밀도의 분포를 정의하는 관련 확률함수를 가진 전자의 허용된 에너지 상태라고 할 수 있다.

원자 오비탈은 핵으로부터의 거리에 따라 다른 '전자 껍질(shell)'로 분류된다. 각 전자 껍질은 주양자 수 $n$으로 식별하는데, 핵에 가장 가까운 최저 에너지 껍질에 대해서는 $n = 1$의 값이 주어진다. $n$ 값이 증가함에 따라 전자 껍질은 핵으로부터 더욱 더 멀리 떨어지게 되며, 에너지가 더욱 높아지고, 더 많은 전자를 수용할 수 있다. 유기 화합물을 이루는 대부분의 원소들은 주기율표의 첫 번째 두 주기에서 볼 수 있는데, 이는 전자들이 첫 번째 두 전자 껍질에 수용된다는 것을 가리킨다. 첫 번째 껍질($n = 1$)은 2개의 전자를 수용할 수 있으며, 두 번째 껍질($n = 2$)은 8개를 수용할 수 있다.

첫 번째 전자 껍질은 $1s$ 오비탈만을 가진다. 모든 $s$ 오비탈은 구 대칭이며, 이는 이들 오비탈이 비방향성이라는 것을 의미한다. 전자 밀도는 오직 핵으로부터의 거리의 함수이다. $1s$ 오비탈의 전자 밀도를 그림 1-3에 나타냈다. 전자 밀도는 핵에서 최대이며, 핵으로부터의 거리가 증가함에 따라 지수함수적으로 감소한다는 사실에 주목해야 한다. $1s$ 오비탈은 중앙에 목화씨를 가진 목화열매로 상상할 수 있다. 중앙의 목화씨는 핵을 나타내고, 목화의 밀도는 씨의 가장 가까운 곳에서 최대이며 '핵'으로부터 거리가 멀어짐에 따라 낮아진다.

두 번째 껍질은 $2s$와 $2p$ 오비탈을 가지고 있다. $2s$ 오비탈은 $1s$ 오비탈과 마찬가지로 구 대칭형이다. 그러나 그 전자 밀도는 단순한 지수함수가 아니다. $2s$ 오비탈은 핵 근처에서 더 적은 양의 전자 밀도를 가진다. 대부분의 전자 밀도는 **마디**(node), 즉 전자 밀도가 0인 영역 너머로 멀리 떨어져

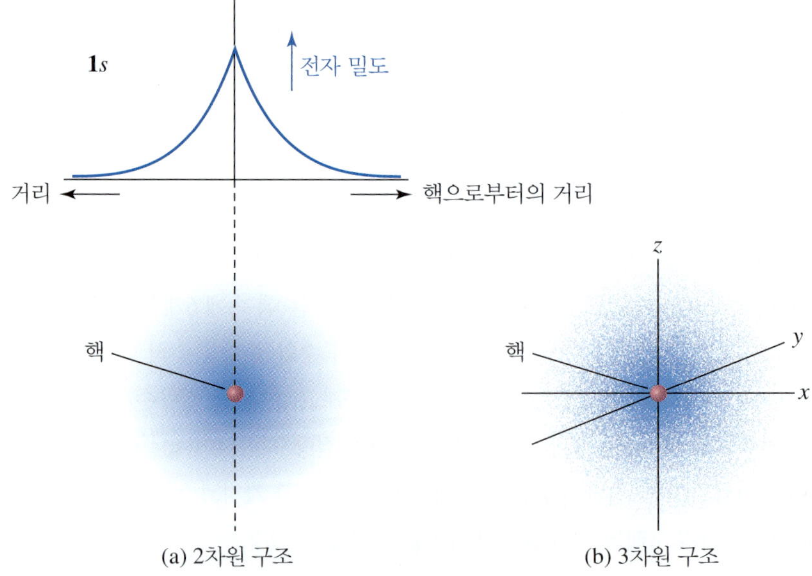


**그림 1-3** $1s$ 원자 오비탈의 그래프와 그림. 전자 밀도는 핵에서 최대이고 어떤 방향이든 핵으로부터의 거리가 증가함에 따라 지수함수적으로 떨어진다.

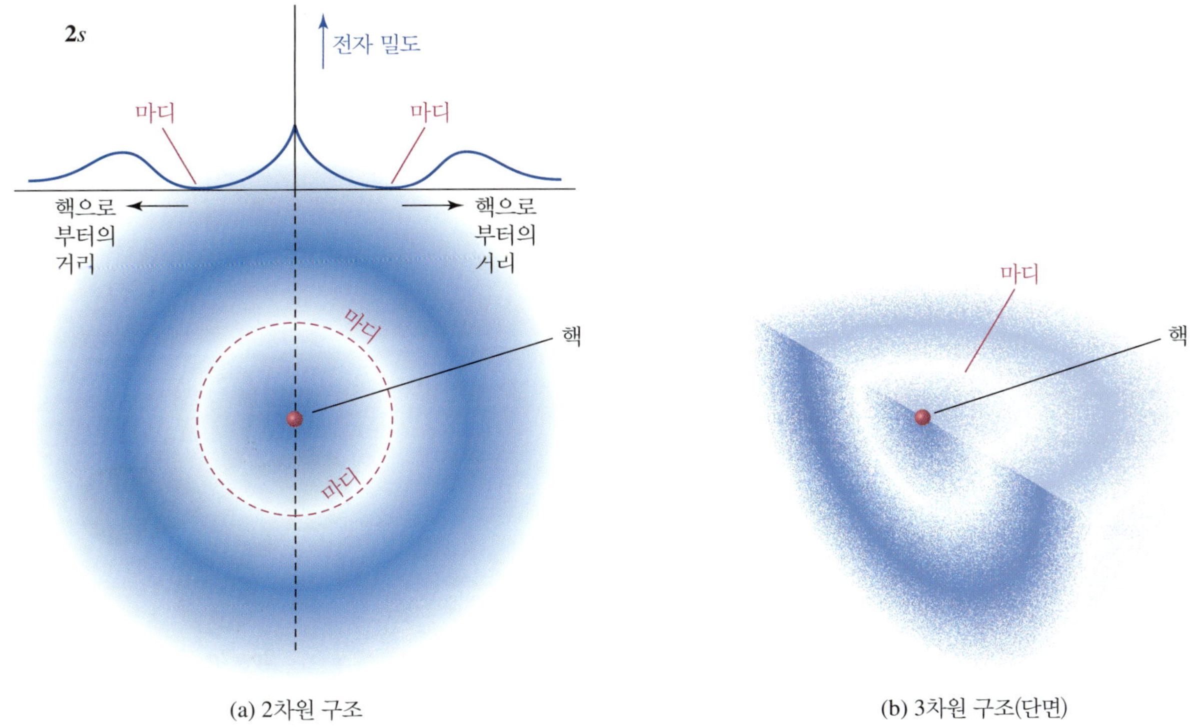


(a) 2차원 구조

(b) 3차원 구조(단면)

**그림 1-4** 2*s* 원자 오비탈의 그래프와 그림. 2*s* 오비탈은 핵 근처에서 작은 영역에 높은 전자 밀도를 가지고 있지만 대부분의 전자 밀도는 전자 밀도가 0인 마디를 넘어 핵으로부터 더 멀리까지 퍼져 있다.

있다. 2*s* 전자 밀도는 1*s* 전자 밀도보다 핵으로부터 더 멀리 있기 때문에 2*s* 오비탈은 에너지가 더 높다. 그림 1-4는 2*s* 오비탈의 그래프를 나타낸다.

두 번째 껍질은 2*s* 오비탈뿐만 아니라 3개의 2*p* 오비탈을 가지고 있는데, 3개의 공간을 나타내는 방향 중에서 각각 한 방향으로 향하고 있다. 이들 세 가지 원자 오비탈은 *x*, *y*, *z*축을 따르는 방향에 따라 각각 $2p_x$, $2p_y$, $2p_z$라고 한다. 2*p* 오비탈들은 2*s* 오비탈보다 에너지가 약간 더 높은데, 이는 2*p* 오비탈 내 전자들의 평균적 위치가 핵으로부터 더 멀기 때문이다. 각각의 *p* 오비탈은 핵에 **마디 평면**(nodal plane)을 가지고 있으며, 핵의 양쪽에 각각 1개씩 2개의 로브(lobe)로 이루어져 있다. 마디 평면은 전자 밀도가 0이고 핵을 포함하는 평평한 공간의 영역이다. 3개의 2*p* 오비탈은 오직 공간에서의 방향만이 서로 다르기 때문에 같은 에너지를 가지고 있다. 같은 에너지를 가진 오비탈들을 **축퇴 오비탈**(degenerate orbital)이라고 한다. 그림 1-5는 3개의 축퇴 2*p* 원자 오비탈의 모양을 나타낸다.

Pauli 배타 원리(Pauli exclusion principle)에 따르면 각각의 오비탈은 두 전자가 쌍을 이룰 때 최대 2개의 전자를 수용할 수 있다. 첫 번째 껍질(1개의 1*s* 오비탈)은 2개의 전자를 수용할 수 있다. 두 번째 껍질(1개의 2*s* 오비탈과 3개의 2*p* 오비탈)은 8개의 전자를 수용할 수 있으며, 세 번째의 껍질(1개의 3*s* 오비탈, 3개의 3*p* 오비탈, 5개의 3*d* 오비탈)은 18개의 전자를 수용할 수 있다.

### 1-2C 원자의 전자 배치

*Aufbau*는 독일어로 '쌓아올림'을 의미한다. 즉 전자 배치 원리(aufbau principle)는 원자의 바닥(가장 안정한) 상태의 전자 배치(electronic configuration)를 쌓아올리는 방법을 말한다. 가장 낮은 에너지 오비탈에서 시작하여 순차적으로 적절한 수의 전자로 오비탈을 채워나간다. 표 1-1은 주기율표의 첫 번째 두 주기 원소의 바닥 상태 전자 배치를 보여주고 있다.

**응용: 약**

리튬 염의 일종인 탄산 리튬은 조증으로 알려진 정신장애를 치료하는 데 쓰이는 기분안정제이다. 조증은 우쭐대는 기분, 위대한 느낌, 수없이 떠오르는 생각, 불면을 특징으로 하는데, 탄산 리튬이 환자의 기분을 안정시키는 데 어떻게 도움을 주는지는 알지 못한다.

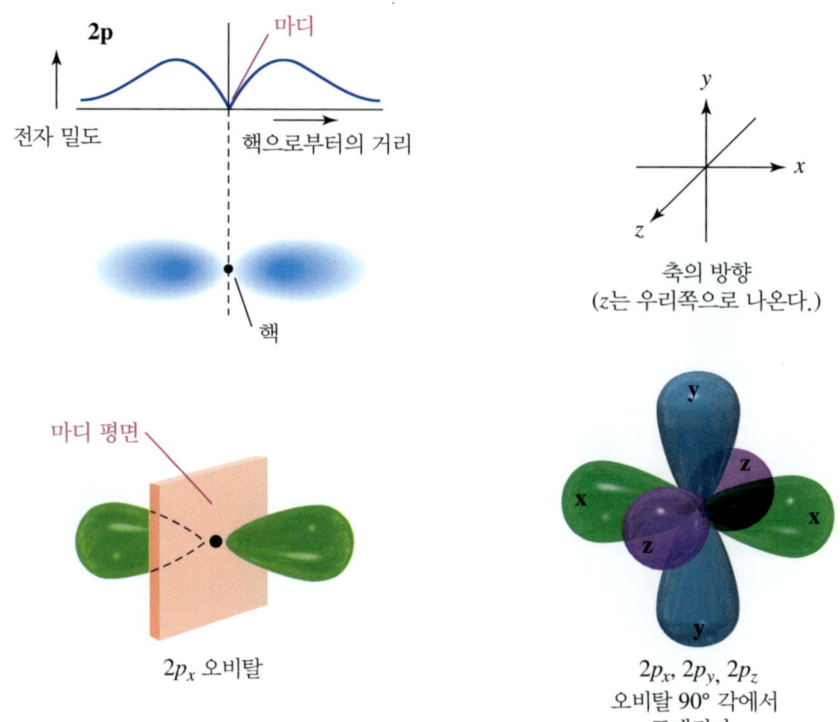


**그림 1-5** 2*p* 오비탈. 서로 직각으로 배향된 3개의 2*p* 오비탈이 있다. 각각은 *x*, *y*, *z*축 방향에 따라 명명된다.

**응용: 이부프로펜**

이부프로펜(ibuprofen, 화학식: $C_{13}H_{18}O_2$)은 약국에서 판매하는 일반적인 비금속 약으로, 통증, 열, 염증을 치료하는 데 사용되는 비스테로이드성 항염증제(nonsteroidal anti-inflammatory drug, NSAID)에 속한다. 두통, 치통, 생리통, 근육통, 관절염을 완화하기 위해 투여된다.

두 가지 추가적인 개념을 표 1-1에 나타냈다. **원자가 전자**(valence electron)는 가장 바깥 전자 껍질에 들어 있는 전자이다. 탄소는 4개의 원자가 전자를 가지고 있으며, 질소는 5개, 산소는 6개의 원자가 전자를 가진다. 헬륨은 첫 번째 껍질에 채워진 전자의 수와 똑같은 2개, 네온은 두 번째 껍질에 채워진 전자 수와 같은 8개의 원자가 전자(총 10개 전자)를 가지고 있다. 일반적으로 (주족 원소의 경우) 주기율표의 세로줄 번호, 즉 족 번호는 원자가 전자의 수와 똑같다(그림 1-6). 수소와

**표 1-1** 첫 번째 주기와 두 번째 주기 원소들의 전자 배치

| 원소 | 전자 배치 | 원자가 전자 |
|---|---|---|
| H | $1s^1$ | 1 |
| He | $1s^2$ | 2 |
| Li | $1s^2 2s^1$ | 1 |
| Be | $1s^2 2s^2$ | 2 |
| B | $1s^2 2s^2 2p_x^1$ | 3 |
| C | $1s^2 2s^2 2p_x^1 2p_y^1$ | 4 |
| N | $1s^2 2s^2 2p_x^1 2p_y^1 2p_z^1$ | 5 |
| O | $1s^2 2s^2 2p_x^2 2p_y^1 2p_z^1$ | 6 |
| F | $1s^2 2s^2 2p_x^2\, 2p_y^2\, 2p_z^1$ | 7 |
| Ne | $1s^2 2s^2 2p_x^2\, 2p_y^2\, 2p_z^2$ | 8 |

부분적인 주기율표

비활성 기체

| 1A | | | | | | | 8A |
|---|---|---|---|---|---|---|---|
| H | 2A | 3A | 4A | 5A | 6A | 7A | He |
| Li | Be | B | C | N | O | F | Ne |
| Na | Mg | Al | Si | P | S | Cl | Ar |

**그림 1-6** 주기율표의 처음 3개의 주기. 주기율표의 구성은 에너지가 증가하는 순서로 원자 오비탈을 채움으로써 이루어진다. 이들 주족 원소의 경우 족 번호는 원자가 전자의 수와 같다.

리튬은 1개의 원자가 전자를 가지고 있으며, 둘 다 주기율표의 첫 번째 세로줄(1A족)에 속한다. 탄소는 4개의 원자가 전자를 가지고 있으며, 주기율표의 4A족에 속한다.

표 1-1에서 탄소의 세 번째와 네 번째 원자가 전자는 짝을 짓지 않는다는 점에 주목해야 한다. 이들 원자가 전자는 별개의 오비탈에 채워진다. Pauli의 배타 원리에 의하면 같은 오비탈에 2개의 전자가 채워질 수는 있지만 전자들은 서로 반발하므로 짝지음은 추가적인 에너지를 필요로 한다. **Hund 법칙**(Hund's rule)에 따르면 같은 에너지를 가진 오비탈이 2개 또는 그 이상 있을 때 전자들은 같은 오비탈에서 짝을 짓는 것이 아니라 다른 오비탈에 채워진다. 붕소의 경우 첫 번째 $2p$ 전자는 1개의 $2p$ 오비탈에 채워지고, 탄소의 경우 두 번째 $2p$ 전자는 다른 $2p$ 오비탈에 채워지고, 질소의 경우 세 번째 $2p$ 전자는 마지막 $2p$ 오비탈에 채워진다. 네 번째, 다섯 번째, 여섯 번째 $2p$ 전자는 첫 번째 3개의 전자와 짝을 짓게 된다.

**연습문제 1-1**

**(a)** 질소는 질량수가 13, 14, 15, 16, 17인 비교적 안정한 동위 원소(반감기가 1초보다 크다)를 가진다($^{14}$N과 $^{15}$N을 제외한 모든 것은 방사성). 질소의 각 동위 원소는 몇 개의 양성자와 중성자로 되어 있는지 계산하라.

**(b)** 그림 1-6의 부분적인 주기율표에 나타낸 세 번째 주기 원소들의 전자 배치를 나열하라.

## 1-3 결합의 형성: 팔전자 규칙

1915년에 G. N. Lewis는 원자가 어떻게 결합하여 분자를 형성하는가를 기술하는 새로운 이론을 제안했다. 이들 중 한 이론에 따르면 전자들로 모두 채워진 껍질은 특히 안정하며, **원자는 껍질이 전자들로 다 채워지도록 전자들을 이동시키거나 공유한다.** 전자들로 다 채워진 껍질은 간단히 He, Ne, Ar 같은 비활성 기체의 전자 배치이다. 주기율표의 두 번째 주기 원소의 경우 껍질이 다 채워졌다는 것은 원자가 전자가 8개라는 것을 의미하므로, 이 원리를 **팔전자 규칙**(octet rule)이라고 부르게 되었다. 세 번째 주기 이상의 원소(Al, Si, P, S, Cl과 그 이상)는 낮은 준위의 사용 가능한 $d$ 오비탈이 있기 때문에 8개 이상의 전자의 '확장된 팔전자(expanded octet)'를 가질 수 있다.

**문제풀이 힌트**

어떤 분자가 '모든 팔전자를 만족한다'고 하면 두 번째 주기의 모든 원소가 팔전자를 가진다는 것을 의미한다. 수소 원자는 채워진 원자가 껍질에 단지 2개의 전자(He의 전자 배치)를 가진다.

### 1-3A 이온 결합

원자들이 상호작용하여 비활성 기체의 전자 배치를 갖게 되는 방법에는 두 가지가 있다. 때때로 원자들은 한 원자로부터 다른 원자로 전자를 이동시킴으로써 비활성 기체의 전자 배치를 가진다. 예를 들면 리튬은 헬륨보다 1개의 전자를 더 가지고 있으며, 플루오린은 네온보다 1개의 전자를 덜 가지고 있다. 리튬은 1개의 원자가 전자를 쉽게 잃으며, 플루오린은 그 원자가 전자를 쉽게 얻는다.

| $\text{Li}\cdot \curvearrowright \cdot\ddot{\underset{..}{\text{F}}}:$ | $\longrightarrow$ | $\text{Li}^+$ | + | $:\ddot{\underset{..}{\text{F}}}:^-$ | $\longrightarrow$ | $\text{Li}^+ :\ddot{\underset{..}{\text{F}}}:^-$ |
|---|---|---|---|---|---|---|
| 전자 이동 | | He 전자 배치 | | Ne 전자 배치 | | 이온 결합 |

1개의 전자가 이동하면 이 두 원소는 비활성 기체의 전자 배치를 얻는다. 그 결과 생기는 이온들은 반대 전하를 갖게 되고 서로 끌어당겨 **이온 결합**(ionic bond)을 형성한다. 이온 결합의 결과로서 개개의 분자가 아니라 큰 결정 격자가 생긴다. 이온 결합은 무기 화합물에서는 흔하지만 유기 화합물에서는 상대적으로 드물다.

### 1-3B 공유 결합

전자들이 이동하기보다는 공유되는 **공유 결합**(covalent bonding)은 유기 화합물에서 가장 흔한 결합이다. 예를 들어 수소는 헬륨의 비활성 기체 전자 배치를 가지려면 2개의 전자가 필요하다. 2개의 수소 원자가 서로 접근하여 결합을 형성한다면 두 수소 원자는 2개의 전자를 '공유'하게 되며, 각각의 수소 원자는 그 원자가 껍질 내에 2개의 전자를 갖게 된다.

```
H·  +  H·   ⟶   H:H          각 H는 2개의 전자를 공유한다.
               공유 결합       (He 전자 배치)
```

2장에서 공유 결합을 더 자세하게 공부할 것이다.

## 1-4 Lewis 구조

공유 결합 분자의 화학 결합을 기호로 나타내는 방법 중 하나는 **Lewis 구조**(Lewis structure)를 사용하는 것이다. Lewis 구조에서는 각각의 원자가 전자는 1개의 점으로, 하나의 결합 전자쌍은 한 쌍의 점 또는 대시(—)로 나타낸다. 수소에 대해서는 2개의 전자, 두 번째 주기의 원소부터는 팔전자를 갖도록 전자를 배치하여 모든 원자가 적절한 비활성 기체의 전자 배치를 갖게 한다.

메테인(methane, $CH_4$)의 Lewis 구조를 생각해보자.

```
                          H   H
   H H                    |   |
H:C:C:H      또는     H—C—C—H
   H H                    |   |
                          H   H
              메테인
```

탄소는 4개의 원자가 전자를 제공하고, 각각의 수소는 1개씩의 원자가 전자를 제공함으로써 모두 8개의 전자를 갖게 된다. 8개의 전자 전부가 탄소를 둘러쌈으로써 팔전자를 이루게 되며, 각각의 수소 원자는 2개의 전자를 공유하게 된다.

에테인(ethane, $C_2H_6$)에 대한 Lewis 구조는 더 복잡하다.

```
                          H   H
   H H                    |   |
H:C:C:H      또는     H—C—C—H
   H H                    |   |
                          H   H
              에테인
```

다시 원자가 전자의 총수(14)를 계산한 후 각각의 탄소 원자는 8개의 전자로, 각각의 수소 원자는 2개의 전자로 둘러싸도록 전자를 배치시킨다. 에테인에 대해 가능한 유일한 구조는 한 쌍의 전자를 2개의 탄소 원자가 공유하고, 각각의 수소 원자가 두 탄소 원자 중의 어느 하나와 한 쌍의 전자를 공유하는 위에 나타낸 구조이다. 에테인의 구조는 탄소의 가장 중요한 특징인 강력한 탄소-탄소 결합을 형성하는 능력을 나타낸다.

두 원자 사이에 공유되지 않은 원자가 전자들을 **비결합 전자**(nonbonding electron)라고 하며, 한 쌍의 비결합 전자를 흔히 **고립 전자쌍**(lone pair)이라고 한다. 산소 원자, 질소 원자, 할로젠 원자(F, Cl, Br, I)는 대개 그들의 안정한 화합물 내에 비결합 전자들을 가지고 있다. 이들 비결합성 고립 전자쌍은 종종 그들의 모체 화합물에서 반응성 부위로 작용한다. 다음 Lewis 구조에서 메틸아민(methylamine)의 질소 원자에는 1개의 고립 전자쌍이 있으며, 에탄올(ethanol)의 산소 원자에는 2개의 고립 전자쌍이 있다. 할로젠 원자는 클로로메테인(chloromethane)의 구조에서처럼 보통 3

개의 고립 전자쌍을 가지고 있다.

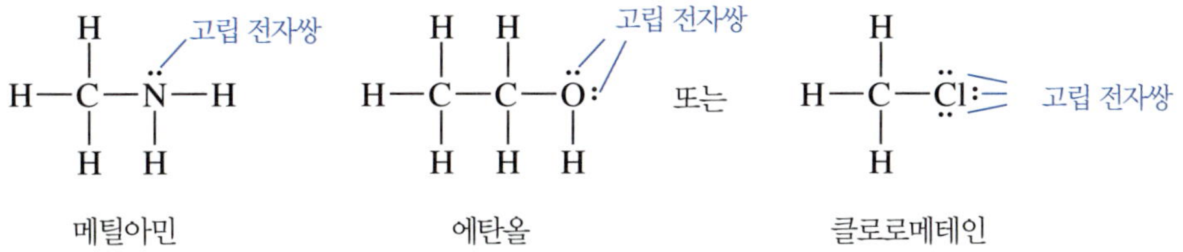

고립 전자쌍
고립 전자쌍
또는
고립 전자쌍

메틸아민 에탄올 클로로메테인

올바른 Lewis 구조는 어떤 고립 전자쌍이든지 모두 표시해야 한다. 유기 화학자들은 흔히 대부분의 또는 모든 고립 전자쌍을 생략한 구조를 그린다. 이 같은 구조는 진정한 Lewis 구조가 아니므로 올바른 수의 비결합 전자들이 있다고 가정해야 한다.

**연습문제 1-2**

다음 화합물에 대한 Lewis 구조를 그려보라.

**(a)** 암모니아($NH_3$) **(b)** 물($H_2O$)
**(c)** 하이드로늄 이온($H_3O^+$) **(d)** 프로페인($C_3H_8$)
**(e)** 다이메틸아민($CH_3NHCH_3$) **(f)** 다이에틸 에터($CH_3CH_2OCH_2CH_3$)
**(g)** 1-클로로프로페인($CH_3CH_2CH_2Cl$) **(h)** 프로판-2-올[$CH_3CH(OH)CH_3$]
**(i)** 보레인($BH_3$) **(j)** 트라이플루오린화 붕소($BF_3$)

(i)와 (j)의 화합물 결합에 대해 무엇이 이상한지 설명하라.

**문제풀이 힌트**

Lewis 구조는 유기 화학을 기술하는 방식이다. 이를 빠르고 올바르게 그리는 것을 배우면 이 과목 전 과정에 많은 도움이 될 것이다.

## 1-5 다중 결합

1-4절에서 Lewis 구조를 그릴 때 두 원자 사이에 오직 한 쌍의 전자를 배정했다. 두 원자 간에 한 쌍의 전자를 공유하는 것을 **단일 결합**(single bond)이라고 한다. 많은 분자는 인접 원자들 간에 2개 또는 3개의 전자쌍을 공유한다. 2개의 전자쌍을 공유하는 것을 **이중 결합**(double bond)이라고 하며, 3개의 전자쌍을 공유하는 것을 **삼중 결합**(triple bond)이라고 한다.

에틸렌(ethylene, $C_2H_4$)은 1개의 이중 결합을 가진다. 에틸렌의 Lewis 구조를 그릴 때 양쪽 탄소 원자에 팔전자를 부여하는 유일한 방법은 이 두 탄소 원자가 2개의 전자쌍을 공유하게 하는 것이다. 다음은 이중 결합을 가진 유기 화합물의 예이다. 각각의 경우 4개의 전자(2개의 전자쌍)가 두 원자 간에 공유되어 이 두 원자가 팔전자를 이룬다. 이중 결합을 기호로 나타내기 위해 이중 대시(=)를 사용한다.

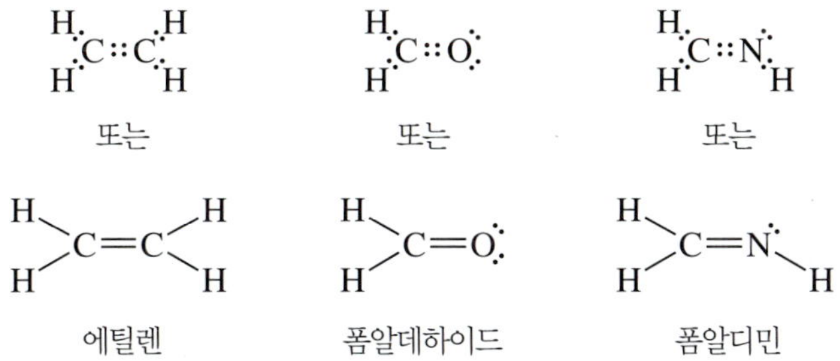

또는 또는 또는

에틸렌 폼알데하이드 폼알디민

아세틸렌(acetylene, $C_2H_2$)은 삼중 결합을 가진다. 이 Lewis 구조는 탄소 원자들 사이에 팔전자를 만족시키기 위한 세 쌍의 전자를 나타낸다. 다음 보기는 삼중 결합을 가진 유기 화합물을 보여준다. 삼중 대시(≡)는 삼중 결합을 의미한다.

| H∶C⋮⋮C∶H | H H<br>H∶C∶C⋮⋮C∶C∶H<br>H H | H<br>H∶C∶C⋮⋮N∶<br>H |
|---|---|---|
| 또는 | 또는 | 또는 |
| H—C≡C—H | H H<br>H—C—C≡C—C—H<br>H H | H<br>H—C—C≡N:<br>H |
| 아세틸렌 | 다이메틸아세틸렌 | 아세토나이트릴 |

**응용: FYI**

아세틸렌은 높은 압력에서 폭발성이 있는 고에너지 탄화수소 가스로, 산소와 화합하여 철을 녹일 만큼 강한 불꽃을 내며 연소한다. 여러 환경에서(물속에서도) 용접이나 절삭용 토치에 사용되며, 가스 실린더에서 너무 농도가 진해지거나 폭발을 막기 위해 아세톤에 녹아 있다.

앞에 제시된 Lewis 구조로부터 탄소는 중성인 유기 화합물의 경우 대개 4개의 결합을 가진다는 사실을 알 수 있다. 일반적으로 질소는 3개의 결합을, 산소는 2개의 결합을 형성한다. 수소와 할로젠은 대개 1개만의 결합을 형성한다. 한 원자가 일반적으로 형성하는 결합의 수를 그 원자의 **원자가**(valence)라 한다. 탄소는 4가, 질소는 3가, 산소는 2가이며, 수소와 할로젠은 1가이다. 이들 흔한 원소의 일반적인 결합의 수를 기억하면 유기 구조를 더욱 쉽게 그릴 수 있다. 각각의 원자가 일반적으로 형성하는 결합의 수를 가지도록 구조를 그리면 대개 올바른 구조를 얻는다.

**SUMMARY | 일반적인 결합 양상(전하를 띠지 않는 경우)**

| | —C— (4 bonds) | —N̈— (3 bonds) | —Ö— | —H | —C̈l: |
|---|---|---|---|---|---|
| | 탄소 | 질소 | 산소 | 수소 | 할로젠 |
| 원자가: | 4 | 3 | 2 | 1 | 1 |
| 고립 전자쌍: | 0 | 1 | 2 | 0 | 3 |

**문제풀이 힌트**

'일반적인 결합의 수'는 단일 결합일 수도 있고, 합쳐서 이중 결합이나 삼중 결합을 형성할 수도 있다. 예를 들어 질소에 대한 3개의 결합은 3개의 단일 결합, 1개의 단일 결합과 1개의 이중 결합 또는 1개의 삼중 결합(:N≡N:)일 수도 있다. 문제를 풀 때 모든 가능성을 생각해야 한다.

**연습문제 1-3**

다음 분자식의 Lewis 구조를 그려보라.

**(a)** $N_2$ **(b)** HCN **(c)** HONO
**(d)** $CO_2$ **(e)** $CH_3CHNH$ **(f)** $HCO_2H$
**(g)** $C_2H_3Cl$ **(h)** HNNH **(i)** $C_3H_6$(1개의 이중 결합)
**(j)** $C_3H_4$(2개의 이중 결합) **(k)** $C_3H_4$(1개의 삼중 결합)

**연습문제 1-4**

연습문제 1-3에서 그렸던 구조에서 고립 전자쌍(비결합 전자쌍)이 있으면 동그라미를 표시하라.

## 1-6 전기 음성도와 결합 극성

두 원자 간에 균등하게 공유되는 전자를 가진 결합을 **비극성 공유 결합**(nonpolar covalent bond)이라고 한다. 비극성 공유 결합의 예로는 $H_2$의 결합과 에테인의 C—C 결합을 들 수 있다. 다른 두 원소 간의 대부분의 결합에서는 결합 전자들이 두 핵 중 어느 한쪽으로 더욱 세게 이끌린다. 결합 전자가 비균등하게 공유되는 결합을 **극성 공유 결합**(polar covalent bond)이라고 한다.

H : H — 비극성 공유 결합

$\overset{\mu}{\longmapsto}$ —C : Cl: — 극성 공유 결합

$Na^+$ :Cl:$^-$ — 이온 결합

예를 들어 탄소가 염소에 결합할 때 결합 전자쌍은 염소 원자 쪽으로 더욱 세게 끌린다. 이때 탄소 원자는 작은 부분적인 양전하를 갖게 되며, 염소 원자는 같은 양의 음전하를 갖게 된다. 그림 1-7은 클로로메테인의 극성 탄소-염소 결합을 나타낸다. 극성 결합이 음의 말단에는 화살표의 미리를 가지고 있고 양의 말단에는 양(+)의 부호를 가진 화살표를 이용하여 결합의 극성을 나타낸다. 결합의 극성은 부분 전하의 양($\delta^+$와 $\delta^-$)에 결합 길이를 곱한 값으로 정의되는 **쌍극자 모멘트**(dipole moment, $\mu$)로 측정한다. $\delta^+$ 기호는 '소량의 양전하'를 의미하며 $\delta^-$는 '소량의 음전하'를 의미한다. 쌍극자 모멘트를 나타내기 위해 + 전하로부터 − 전하로 향하는 교차된 화살표를 사용한다.

$$\mu = \delta \times d$$

쌍극자 모멘트

그림 1-7은 클로로메테인의 **정전기 전위 지도**(electrostatic potential map, EPM)이다. 분자 내에 계산된 전하 분포를 나타내기 위해 색을 이용하는데, 붉은색은 전자가 풍부한 구역을 나타내며, 파란색은 전자가 부족한 구역을 나타낸다. 주황색, 노란색, 녹색은 정전기 전위의 중간 수준을 나타낸다. 클로로메테인에서 염소 위에 부분적 음전하가 붉은색으로, 탄소와 수소 원자 위에 부분적 양전하가 파란색으로 나타난다.

주어진 결합이 극성인지의 여부와 쌍극자 모멘트의 방향을 예측하는 데 지침으로 흔히 **전기 음성도**(electronegativity)를 사용한다. 유기 화학자가 가장 흔히 사용하는 Pauling의 전기 음성도 척도는 결합의 성질에 기초를 두고 있으며, 공유 결합의 극성을 예측하는 데 유용하다. 보다 높은 전기 음성도를 가지고 있는 원소는 일반적으로 결합 전자를 더 잘 끌어당긴다. 그러므로 2개의 다른 원자 간 결합에서 보다 높은 전기 음성도를 가진 원자가 쌍극자의 음의 말단이 된다. 그림 1-8은 유기 화합물에서 중요한 몇 가지 원소에 대한 Pauling의 전기 음성도 값을 나타낸다.

**Linus Carl Pauling**(1901~1994)
미국의 화학자이자, 양자 화학 분야의 선구자로서 오비탈 혼성화의 개념과 도입했으며, 원소의 전기 음성도 척도를 확립했다. 그는 노벨 화학상(1954)과 노벨 평화상(1962) 수상하며, 2개의 노벨상을 단독으로 수상한 유일한 사람이다.

전기 음성도는 주기율표의 왼쪽에서 오른쪽으로 가로질러 갈수록 증가한다는 사실에 주목하라. 질소, 산소, 할로젠은 모두 탄소보다 더 전기 음성적이다. 소듐, 리튬, 마그네슘은 탄소보다 덜 전기 음성적이다. 수소의 전기 음성도는 탄소의 전기 음성도와 유사하므로 C—H 결합은 비극성이라고 할 수 있다. 2-1절에서 결합과 극성에 대해 더욱 상세히 살펴볼 것이다.

**그림 1-7** 결합 극성. 클로로메테인은 염소에 부분적인 음전하를 띠고 탄소에 부분적인 양전하를 띠는 극성인 탄소-염소 결합을 가진다. 정전기 전위 지도에서 부분적 음전하 주위에 붉은 구역(전자 풍부)이, 부분적 양전하 주위에 파란 구역(전자 부족)이 나타난다. 정전기 전위의 중간은 다른 색들로 나타난다.

| | | | | | | |
|---|---|---|---|---|---|---|
| H 2.2 | | | | | | |
| Li 1.0 | Be 1.6 | B 2.0 | C 2.5 | N 3.0 | O 3.4 | F 4.0 |
| Na 0.9 | Mg 1.3 | Al 1.6 | Si 1.9 | P 2.2 | S 2.6 | Cl 3.2 |
| K 0.8 | | | | | | Br 3.0 |
| | | | | | | I 2.7 |

**그림 1-8** 유기 화합물에서 발견되는 몇 가지 원소의 Pauling 전기 음성도

**연습문제 1-5**

전기 음성도를 이용하여 다음 결합의 쌍극자 모멘트의 방향을 예측하라.

(a) C—Br (b) C—I (c) C—Si (d) B—Cl (e) B—F
(f) N—F (g) N—Br (h) Si—Br (i) Si—Cl (j) Si—F

## 1-7 형식 전하

극성 결합에서 결합된 원자의 부분 전하($\delta^+$와 $\delta^-$)는 실제이다. **형식 전하**(formal charge)는 전자들의 궤적을 추적하는 한 가지 방법을 제공하지만, 실제 전하와 일치하는 경우도 있고 일치하지 않는 경우도 있다. 대부분의 경우 Lewis 구조에서 어떤 원자가 형식 전하를 가진다는 사실을 나타낸다면 적어도 그 원자는 실제로 그 전하의 일부분을 갖게 된다. 형식 전하의 개념은 하전된 분자의 어느 원자들이 대부분의 전하를 갖게 되는지, 그리고 전체적으로 중성인 분자에서 어느 원자가 전하를 띠고 있는지를 알아내는 데 도움을 준다.

형식 전하를 계산하려면 몇 개의 전자가 각 원자의 전하에 기여하는지 계산하고, 이들 전자의 수를 중성 원자의 원자가 전자의 수(주기율표의 족 번호)와 비교하면 된다. 원자의 전하에 기여하는 전자는 다음과 같다.

1. 원자의 모든 비공유(비결합성) 전자, 더하기
2. 원자가 다른 원자들과 공유하는(결합성) 전자 수의 절반 또는 각 결합 쌍의 1개의 전자

주어진 원자의 형식 전하는 다음의 식으로 계산할 수 있다.

$$\text{형식 전하(FC)} = [\text{족 번호}] - [\text{비결합 전자의 수}] - \frac{1}{2}[\text{공유 전자의 수}]$$

**예제 1-1**

다음 구조에서 각 원자의 형식 전하(FC)를 계산하라.

**(a)** 메테인($CH_4$)

H<br>H : C : H<br>H

**풀이**

메테인의 각 수소 원자는 1개의 결합 전자쌍(2개의 공유 전자)을 가지고 있다. 2개의 공유 전자의 절반은 1개의 전자이므로, 수소가 중성이 되기 위해서는 1개의 원자가 전자가 필요하다. 1개의 결합을 가지고 있는 수소 원자들은 형식적으로 중성이다. 즉 FC = 1 − 0 − 1 = 0이다.

탄소 원자는 4개의 결합 전자쌍(8개의 전자)을 가지고 있다. 8개의 공유 전자의 절반은 4개의 전자이므로, 탄소(4A족)가 중성이 되기 위해서는 4개의 원자가 전자가 필요하다. 탄소가 4개의 결합을 가질 때는 형식적으로 중성이다. 즉 FC = $4 - 0 - \frac{1}{2}(8) = 0$이다.

**(b)** 하이드로늄 이온($H_3O^+$)

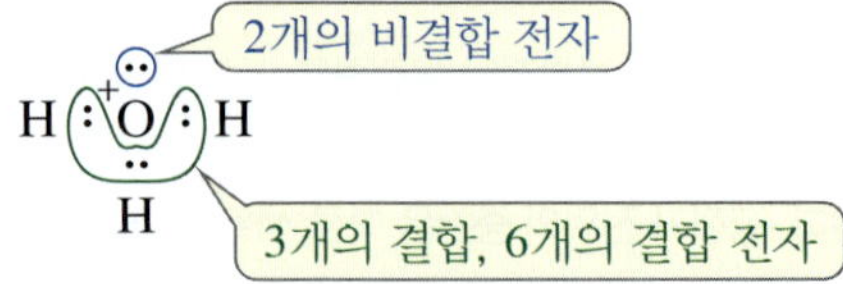


**풀이**

이 이온의 Lewis 구조를 그리는 데 8개의 전자를 사용한다. 6(산소로부터 6개의 전자) + 3(수소로부터 3개의 전자) − 1(1개의 양전하를 가지고 있기 때문) = 8이다. 각 수소는 1개의 결합을 하므로 형식적으로 중성이다. 산소는 6개의 결합 전자와 2개의 비결합 전자로 이루어진 팔전자에 둘러싸여 있다. 결합 전자 수의 절반과 모든 비결합 전자 수의 합이 이 이온의 전하에 기여한다. 즉 $\frac{6}{2} + 2 = 5$이다. 그러나 산소

(6A족)가 중성이 되려면 6개의 원자가 전자를 필요로 한다. 그 결과로 산소 원자는 +1의 형식 전하를 가진다. 즉 $FC = 6 - 2 - \frac{1}{2}(6) = +1$이다.

(c) $H_3N—BH_3$

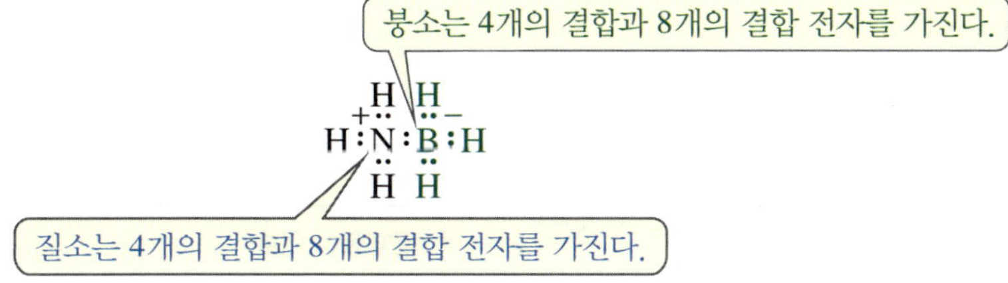


**풀이**

이 화합물은 개개의 원자가 형식적으로 하전된 중성 화합물의 한 예이다. Lewis 구조에 따르면 질소와 붕소는 둘 다 4개의 공유 결합 전자쌍을 가지고 있다. 붕소와 질소는 둘 다 그들의 전하에 기여하는 $\frac{8}{2}$ = 4개의 전자를 가지고 있다. 질소(5A족)가 중성이 되려면 5개의 원자가 전자를 필요로 하므로 +1의 형식 전하를 가진다. 붕소(3A족)가 중성이 되려면 오직 3개의 원자가 전자를 필요로 하므로 −1의 형식 전하를 가진다.

$$\text{질소:} \quad FC = 5 - 0 - \tfrac{1}{2}(8) = +1$$

$$\text{붕소:} \quad FC = 3 - 0 - \tfrac{1}{2}(8) = -1$$

(d) $[H_2CNH_2]^+$

$$\begin{matrix} H & & & & H \\ & \diagdown & & \overset{+}{} \diagup & \\ & & C{=}\overset{+}{N} & & \\ & \diagup & & \diagdown & \\ H & & & & H \end{matrix}$$

**풀이**

이 구조에 의하면 탄소와 질소가 둘 다 4개의 공유 결합 전자쌍을 가지고 있다. 4개의 결합을 가지고 있으므로 탄소는 형식적으로 중성이다. 그러나 질소는 5A족에 속하므로 +1의 형식 전하를 가진다. 즉 $FC = 5 - 0 - 4 = +1$이다.

이 화합물은 다음의 Lewis 구조로도 그릴 수 있다는 사실에 주목하라.

$$\begin{matrix} H & & & & H \\ & \diagdown & & \diagup & \\ & & \overset{+}{C}{-}\ddot{N} & & \\ & \diagup & & \diagdown & \\ H & & & & H \end{matrix}$$

이 구조에서 탄소 원자는 6개의 결합 전자를 가진 3개의 결합을 가지고 있다. 탄소 원자는 중성인 탄소 원자가 되려면 필요로 하는 4개의 전자보다 1개가 모자라는 $\frac{6}{2}$ = 3개의 전자를 가지고 있다. 즉 $FC = 4 - 0 - \frac{1}{2}(6) = +1$이다.

질소는 6개의 결합 전자와 2개의 비결합 전자를 가지고 있으므로 $\frac{6}{2} + 2 - 5$로 계산하며, 이 두 번째 구조에서 질소는 전하를 갖지 않는다.

$$FC = 5 - 2 - \tfrac{1}{2}(6) = 0$$

이들 두 가지 Lewis 구조의 중요성은 1-9절에서 논의할 것이다.

대부분의 유기 화합물은 대개 완전한 팔전자를 지닌 오직 몇 개의 흔한 원소만을 가지고 있다. 요약 표 1-1은 결합 전자쌍을 나타내는 대시를 사용하여 가장 흔하게 발생하는 결합 구조를 나타낸다. 형식 전하를 계산하는 규칙을 사용하여 이들 구조 위에 나타낸 전하를 입증해보라. 여기

**SUMMARY | 유기 화합물과 이온의 일반적인 결합 양상**

| 원자 | 원자가 전자 | 양으로 하전 | 중성 | 음으로 하전 |
|---|---|---|---|---|
| B | 3 | | —B— (팔전자 아님) | —B⁻— |
| C | 4 | —C⁺— (팔전자 아님) | —C— | —C̈⁻— |
| N | 5 | —N⁺— | —N̈— | —N̈⁻— |
| O | 6 | —Ö⁺— | —Ö— | —Ö:⁻ |
| 할로젠 | 7 | —Cl⁺— | —Cl: | :Cl:⁻ |

**문제풀이 힌트**

이것은 매우 중요한 표이다. 이들 결합 유형에 익숙해지도록 충분히 문제를 풀어보면 특이하거나 틀린 유형을 알아낼 수 있다.

나타낸 구조를 잘 이해하면 유기 화합물과 그 이온을 신속하고 정확하게 그리는 데 도움이 될 것이다.

## 1-8 이온 구조

어떤 유기 화합물은 이온 결합을 가지고 있다. 예를 들면 염화 메틸암모늄(methylammonium chloride, $CH_3NH_3Cl$)의 구조는 공유 결합만을 사용해서는 그릴 수 없다. 공유 결합만을 사용하여 그릴 경우 질소는 그 원자가 껍질 안에 10개의 전자가 들어 있다는 것을 의미하는 5개의 결합을 갖게 될 것이다. 올바른 구조에서는 염화 이온이 나머지 구조와 이온 결합을 한다는 것을 나타내야 한다.

염화 메틸암모늄 공유 결합을 그릴 수 없음

어떤 분자는 공유 결합이나 이온 결합의 어느 것으로도 그릴 수 있다. 예를 들어 아세트산 소듐(sodium acetate, $NaOCOCH_3$)은 소듐과 산소 사이를 공유 결합이나 이온 결합의 어느 것으로도 그릴 수 있다. 소듐은 일반적으로 산소와 이온 결합을 형성하기 때문에 (NaOH의 경우에서와 같이) 이온 결합성 구조가 대개 더 좋다. 일반적으로 전기 음성도의 차이가 아주 큰(대략 2 또는 그 이상) 원자들 간의 결합은 흔히 이온 결합성 구조로 그린다.

이온성 그림 (더 일반적) 공유성 그림 (덜 일반적)

**연습문제 1-6**

다음 화합물과 이온의 Lewis 구조를 그리고, 형식 전하를 나타내라.

| | | |
|---|---|---|
| (a) $[CH_3OH_2]^+$ | (b) $NH_4Cl$ | (c) $(CH_3)_4NCl$ |
| (d) $NaOCH_3$ | (e) $^+CH_3$ | (f) $^-CH_3$ |
| (g) $NaBH_4$ | (h) $NaBH_3CN$ | (i) $(CH_3)_2O—BF_3$ |
| (j) $[HONH_3]^+$ | (k) $KOC(CH_3)_3$ | (l) $[H_2C{=}OH]^+$ |

## 1-9 공명

어떤 화합물의 구조는 하나의 Lewis 구조로 적절하게 나타낼 수 없다. 오직 전자들이 놓인 위치만이 다른 2개 또는 그 이상의 원자가 결합 구조로 그릴 수 있을 때 분자들은 대개 양쪽 구조의 특징을 나타낸다. 다른 구조는 서로 다른 화합물이 아니라 같은 화합물을 그리는 방식만 다르기 때문에 **공명 구조**(resonance structure 또는 resonance form)라고 하고, 실제 분자는 이들 공명 구조의 **공명 혼성체**(resonance hybrid)라고 한다.

### 1-9A 공명 혼성체

예제 1-1(d)에서 $[H_2CNH_2]^+$ 이온은 다음 공명 구조 중 하나로 나타낼 수 있다는 것을 알았다.

$$\left[\begin{matrix}H & & H\\ & \overset{+}{C}—\ddot{N} & \\ H & & H\end{matrix} \longleftrightarrow \begin{matrix}H & & H\\ & C{=}\overset{+}{N} & \\ H & & H\end{matrix}\right] = \begin{matrix}H & & H\\ & \overset{\delta+}{C}{=}{=}{=}\overset{\delta+}{N} & \\ H & & H\end{matrix}$$

공명 혼성체의 공명 구조 결합된 표시법

이 이온의 실제적인 구조는 이 두 구조의 공명 혼성체이다. 실제 분자에서는 양전하가 탄소 원자와 질소 원자의 양쪽에 걸쳐 **비편재화**(delocalized)되어 있다(즉 퍼져 있다). 왼쪽의 공명 구조에서는 양전하가 탄소 위에 있지만 탄소가 팔전자를 가지고 있지 않다. 질소의 비결합 전자들이 결합으로 이동하여(녹색 화살표로 표시된 것처럼) 질소에 양전하를 가지고, 탄소는 팔전자를 가진 두 번째 구조가 만들어질 수 있음을 상상할 수 있다. 결합된 표시법은 두 공명 구조가 결합되어 탄소와 질소가 양전하를 공유하는 하나의 구조를 단일 그림으로 표시하고 있다.

이처럼 양전하를 두 원자 위에 퍼지게 하면, 이 이온은 전체 양전하가 오로지 탄소나 질소 위에만 편재화될 때보다 훨씬 더 안정화된다. 이러한 이온을 **공명 안정화**(resonance-stabilized) 양이온이라고 한다. 공명은 이 예에서와 같이 전하가 2개 또는 그 이상의 원자들 위에 비편재화될 때 가장 중요하다.

공명 안정화는 유기 화학에서, 특히 이중 결합을 가지고 있는 화합물의 화학에서 중요한 역할을 한다. 예를 들면 아세트산(아래 참조)의 산도는 공명 효과로 인해 증가된다. 아세트산이 1개의 양성자를 잃을 때 생기는 아세트산 음이온(acetate ion)은 두 산소 원자 위에 걸쳐 비편재화된 음전하를 가지고 있다. 각각의 산소 원자는 음전하의 절반을 갖게 되며 이 비편재로 인해 이온이 안정화된다. 각각의 탄소-산소 결합은 단일 결합과 이중 결합 길이의 중간쯤 되므로 $1\frac{1}{2}$의 **결합 차수**(bond order)를 가진다고 말한다.

평형 공명

아세트산 아세트산 음이온

> **문제풀이 힌트**
>
> 두 번째 주기 원소(B, C, N, O, F)는 원자가 껍질에 8개 이상의 전자를 가질 수 없다. 다음 Lewis 구조는 옳지 않다.
>
> 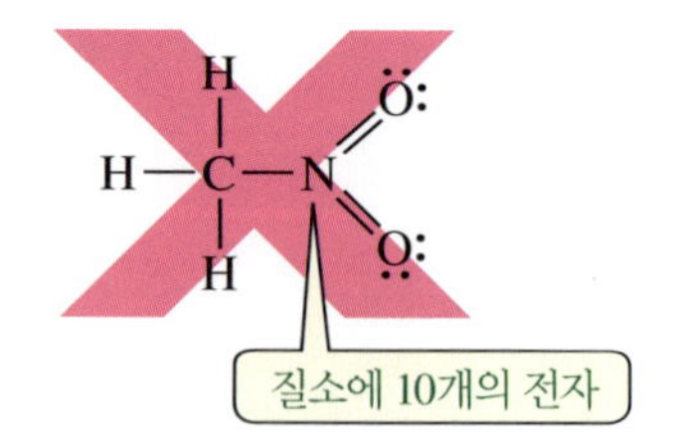
> 

실제 구조는 Lewis 구조들의 혼성체라는 것을 나타내기 위해 공명 구조들 간에 이중 머리 화살표(↔)를 사용하고(흔히 구조들을 대괄호로 묶는다), 이와는 대조적으로 평형은 방향이 서로 다른 2개의 화살표로 나타낸다. 종종 하나의 공명 구조와 다른 구조 사이에서 전자가 이동하는 것을 이해하는 데 도움을 주기 위해 굽은 화살표(위에서 녹색으로 표시)를 사용한다. 전자들은 이 굽은 화살표들이 보여주는 것처럼 실제로 움직이지는 않는다. 그리고 전자들은 실제 앞뒤로 '공명'하지는 않는다. 그들은 모든 공명 구조 사이에 동시에 비편재화되어 있다.

전하를 띠지 않는 어떤 분자는 실제적으로 공명 안정화된 동일한 양과 음의 형식 전하를 가지고 있다. 나이트로메테인(nitromethane, $CH_3NO_2$)에 대해 2개의 Lewis 구조를 그릴 수 있지만 둘 다 질소 위에 양의 형식 전하를 가지고 있다. 나이트로메테인은 질소 원자 위에 양전하와 2개의 산소 원자 위에 동일하게 퍼진 음전하를 가지고 있다. N—O 결합은 아래의 결합된 표시법에 나타낸 바와 같이 단일 결합과 이중 결합의 중간쯤 된다.

> **문제풀이 힌트**
>
> 현재 구조와 반응을 그릴 때 4종류의 화살표를 사용한다.
>
> - ⟶ 반응 화살표는 반응물이 생성물로 전환되는 것을 나타낸다.
> - ⇌ 평형 화살표는 정반응과 역반응이 동일한 속도임을 나타낸다.
> - ⟷ 공명 화살표는 실제로는 동일한 구조이지만 '비편재화'된 전자가 다르게 배열되어 그려진 형태를 연결한다.
> - 녹색의 굽은 화살표는 전자가 한 공명 형태에서 다른 공명 형태로 이동하는 것을 상상하는 데 사용되는 정신적 도구이다.

공명 구조 결합된 표시법

개개의 공명 구조는 존재하지 않는다는 것을 상기하라. 분자는 이 구조들 사이에서 '공명'하지 않는다. 분자는 양쪽 구조의 어떤 특징을 지닌 혼성체이다. 노새는 말처럼 보이는 것과 당나귀처럼 보이는 것 사이에서 '공명'하지 않는다. 노새는 언제나 말의 넓은 등과 당나귀의 긴 귀를 가지고 있는 노새처럼 보인다.

## 1-9B 큰 공명 기여자와 작은 공명 기여자

동일한 화합물에 대한 2종 또는 그 이상의 Lewis 구조는 같은 에너지의 전자 분포를 나타내는 경우도 있고, 그렇지 못한 경우도 있다. 각각의 공명 구조는 존재하지 않지만, 이러한 구조가 마치 존재하는 것처럼 이 구조의 상대적 에너지를 추정할 수 있다. 더 안정한 공명 구조가 덜 안정한 구조보다 실제 분자를 더 잘 나타낸다. 아세트산 음이온에 대해 앞서 나타낸 두 구조는 비슷한 결합을 가지고 있으며, 따라서 같은 에너지를 가지고 있다. 나이트로메테인의 두 가지 공명 구조도 같은 에너지를 가진다. 그러나 다음의 두 공명 구조는 결합 방식이 서로 다르다.

모두 팔전자 (큰 기여자) C는 팔전자 아님 (작은 기여자)

이들 구조는 에너지가 같지 않다. 첫 번째 구조는 질소 위에 양전하를 가지고 있다. 두 번째 구조는 탄소 위에 양전하를 가지고 있으며, 탄소 원자는 팔전자를 가지고 있지 않다. 첫 번째 구조는 결합을 하나 더 가지고 있고 모든 원자가 팔전자를 가지고 있으므로 더욱 안정하다. 대부분의 안정한 이온은 4개의 결합을 가진 질소 원자 위에 양전하를 가지고 있다(요약 표 1-1 참조). 더 안정한 공명 구조를 **큰 기여자**(major contributor)라고 하고, 덜 안정한 공명 구조를 **작은 기여자**(minor contributor)라고 한다. 낮은 에너지(더 안정적인) 공명 형태는 높은 에너지(덜 안정적인) 공명 형태보다 실제 분자나 이온을 더 가깝게 표현한다.

많은 유기 분자는 큰 기여자와 작은 기여자를 가지고 있다. 폼알데하이드(formaldehyde, $H_2C{=}O$)는 탄소에 양전하, 산소에 음전하를 가진 균형을 이루는 구조로 나타낼 수 있다. 이 극성 공명 구조는 전하가 분리되어 있고, 결합의 수가 더 작으며, 또한 팔전자를 이루지 않은 양으로 하전된 탄소 원자를 가지고 있기 때문에 이중 결합을 가진 구조보다 에너지가 더 높다. 따라서 전하가 분리된 구조는 단지 작은 기여자일 뿐이다. 그러나 이 구조는 어째서 탄소 위에 부분적인 양전하와 산소 위에 부분적인 음전하를 가진 폼알데하이드의 C═O 결합의 극성이 아주 큰지를 설명하는 데 도움이 된다. 폼알데하이드의 정전기 전위 지도(EPM)는 산소 주위에 전자가 풍부한 구역(붉은색)과 탄소 주위에 전자가 부족한 구역(파란색)을 나타낸다.

폼알데하이드의 EPM

[H₂C═O ⟷ H₂C⁺–O⁻; 쌍극자 모멘트 그림]

모두 팔전자가 완성됨
더 많은 결합
전하 분리가 안 됨
(큰 기여자)

C에 팔전자가 완성되지 않음
더 적은 결합
전하 분리됨
(작은 기여자)

쌍극자 모멘트

공명 구조를 그릴 때는 될 수 있는 대로 에너지가 낮은 구조를 그려야 한다. 가장 좋은 예상 공명 구조는 최대의 결합수와 최대의 팔전자 수를 지닌 구조이다. 또한 최소량의 전하 분리를 가진 구조를 찾아야 한다.

**오직 전자들만이 비편재화될 수 있다.** 전자와 달리 핵은 비편재화될 수 없다. 핵은 모든 공명 기여자에서 동일한 결합 거리와 결합각을 가지고서 같은 곳에 머물러 있어야 한다. 몇 가지 일반적인 규칙은 실제적인 공명 구조를 그리는 데 도움이 된다.

1. 모든 공명 구조는 그 화합물에 대한 타당한 Lewis 구조여야 한다. 두 번째 주기 원소(B, C, N, O, F)는 절대로 그 원소들의 원자가 껍질에 8개보다 많은 전자를 가질 수 없다.
2. 오직 전자들의 위치만 한 구조에서 다른 구조로 이동시킬 수 있다. 이중 결합에 있는 전자와 비결합 전자(고립 전자쌍)는 가장 일반적으로 이동된다.
3. 핵은 움직일 수 없고, 결합각은 똑같아야 한다.

공명 구조

공명 아님
(하나의 수소 핵이 이동)

**문제풀이 힌트**

공명 구조는 다음 기준으로 비교할 수 있다. 가장 중요한 기준부터 나열했다.

1. 가능한 팔전자 구조가 많아야 한다.
2. 가능한 한 결합수가 많아야 한다.
3. 가능한 한 작은 전하 분리를 가져야 한다.
4. 전기 음성도가 큰 원자에 음전하가 놓여야 한다.

4. 시그마 결합은 매우 안정적이고, 공명에 거의 관여하지 않는다.
5. 큰 기여자는 최저의 에너지를 가진 기여자이다. 좋은 기여자는 일반적으로 모든 팔전자가 완성되어야 하고, 가능한 한 많은 수의 결합을 가지고 있어야 하며, 전하 분리는 가능한 한 적어야 한다.
6. 질소, 산소, 황과 같은 전기 음성도가 큰 원자는 종종 양전하를 비편재화하는 데 도움이 되지만, 그 원자들이 팔전자를 가진 경우에만 양전하를 가질 수 있다.
7. 2개 또는 그 이상의 원자에 걸쳐 전하 또는 라디칼이 비편재화될 때 공명 안정화가 가장 중요하다.

**예제 1-2**

다음 각 화합물의 중요한 공명 구조를 그려보라. 어느 구조가 큰 기여자이고 작은 기여자인지, 이 기여자들이 같은 에너지를 가지고 있는지 여부를 답하라.

(a) $[CH_3OCH_2]^+$ (b) 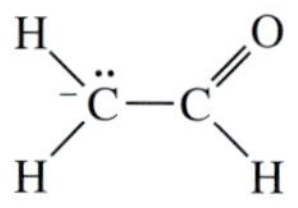 $H_2\ddot{C}^-{-}CH{=}O$ (c) $H_2SO_4$

**풀이 (a)**

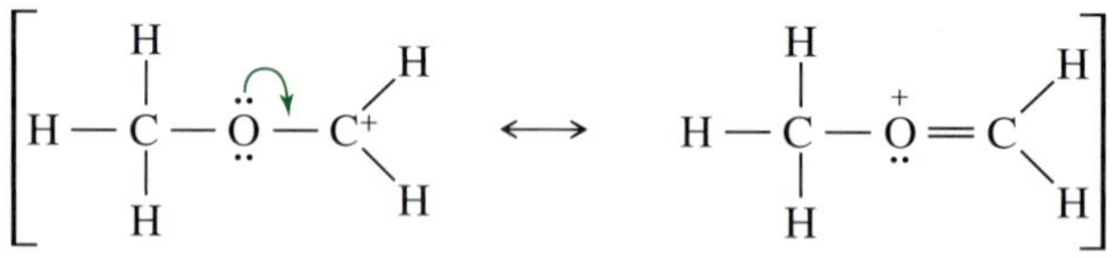

작은 기여자 큰 기여자

첫 번째 구조(작은 기여자)에서 한 탄소 원자 주위에 6개의 전자만을 가지고 있다. 두 번째 구조(큰 기여자)에서는 모든 원자가 팔전자를 이루며 결합이 더 많다.

**풀이 (b)**

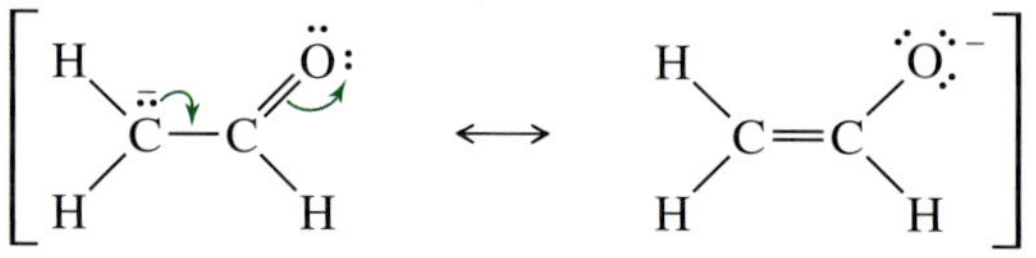

작은 기여자 큰 기여자

이들 구조는 둘 다 산소와 양쪽의 탄소 원자가 팔전자를 이루고 있으며, 결합수도 같다. 첫 번째 구조는 탄소 위에 음전하를 가지고 있고, 두 번째 구조는 산소 위에 음전하를 가지고 있다. 산소는 전기적으로 더 음성인 원소이므로, 두 번째 구조가 큰 기여자이다.

**풀이 (c)**

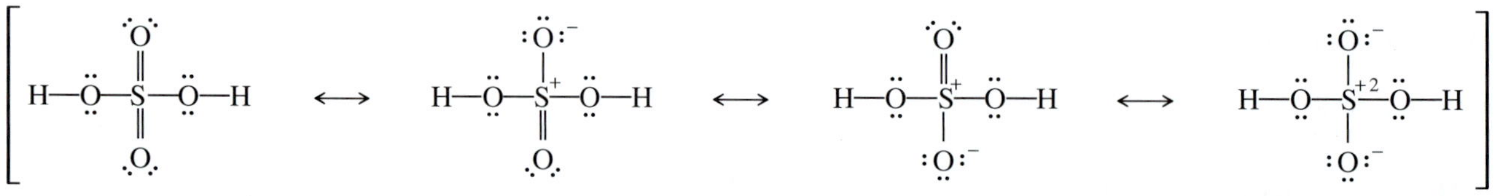

더 많은 결합을 하고 전하의 분리가 덜된 첫 번째 구조가 가능한 이유는 황은 원자가 확장을 가능하게 하는 *d* 오비탈을 지닌 세 번째 주기 원소이기 때문이다. 예를 들어 $SF_6$는 황 주위에 12개의 전자를 지닌 안정한 화합물이다. 이론적인 계산에 의하면 모든 원자가 팔전자를 이룬 마지막 구조를 큰 기여자라고 한다. 유기 화학자는 대부분 첫 번째 전하가 없는 구조를 그리는 반면, 무기 화학자는 대부분 모든 원자에 팔전자가 있는 네 번째 구조를 선호한다.

**연습문제 1-7**

다음의 분자 및 이온의 중요한 공명 구조를 그려보라.

(a) $CO_3^{2-}$ (b) $H_2C{=}CH{-}\overset{+}{C}H_2$ (c) $H_2C{=}CH{-}\overset{-}{C}H_2$ (d) $NO_3^-$

(e) $NO_2^-$ (f) $H{-}\overset{O}{\overset{\|}{C}}{-}CH{=}CH{-}\overset{-}{C}H_2$ (g) $[CH_3C(OCH_3)_2]^+$ (h) $B(OH)_3$

**문제풀이 힌트**

이온의 공명 구조를 그릴 때 전하를 어떻게 여러 원자에 비편재화할 수 있는지를 알아봐야 한다. 음전하를 산소나 질소처럼 전기음성적인 원소 위에 퍼지도록 시도해보라. 양전하는 가급적이면 많은 탄소 위에 퍼지도록 하되, 특히 양전하를 가질 수 있는 원자이면서 여전히 팔전자를 지닌 원자, 예를 들어 산소(3개의 결합 보유)나 질소(4개의 결합 보유) 위에 퍼지도록 시도해보라.

**연습문제 1-8(부분적인 해답)**

다음 화합물 각각에 대한 중요한 공명 구조를 그려보라. 어느 구조가 큰 기여자와 작은 기여자이며, 이들 구조가 같은 에너지를 가졌는지 여부를 밝혀라.

(a) $H_2CNN$

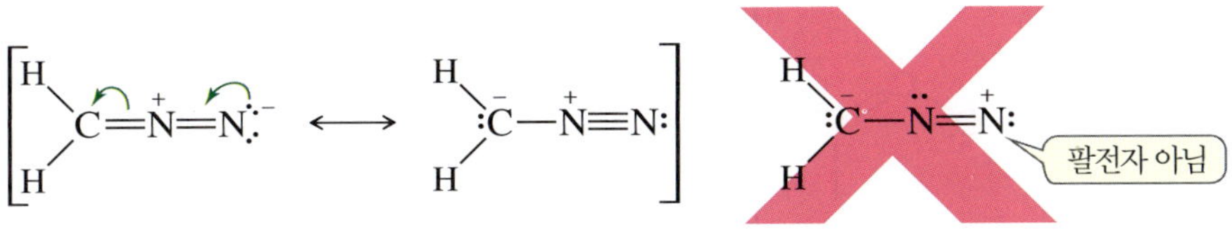

**풀이**

처음 2개의 공명 구조는 모두 팔전자를 만족하며, 같은 수의 결합을 가진다. 이들은 중앙의 질소 원자는 양전하를 가지고, 바깥의 탄소와 질소는 음전하를 공유하는 것을 보여준다. 질소 원자가 탄소 원자보다 전기 음성도가 더 크기 때문에 음전하가 질소에 있는 구조를 큰 기여자로 예상할 수 있다.

세 번째 구조는 일반적으로 그리는 구조는 아니다. 이는 다른 두 구조보다 훨씬 덜 중요하기 때문이다. 이러한 구조의 질소 원자는 팔전자가 아니며, 다른 두 구조보다 적은 수의 결합을 가진다. 질소는 가끔 4개의 결합과 팔전자를 가지면 양전하를 띤다. 그러나 팔전자가 아니면서 양전하를 띠는 경우는 아주 드물다.

(b) $[H_2CCN]^-$ (c) $[H_2COCH_3]^+$ (d) $[H_2CNO_2]^-$ (e) $[CH_3C(OH)_2]^+$

(f) $[CH_2CHNH]^-$ (g) $H{-}\overset{O}{\overset{\|}{C}}{-}\overset{-}{C}H{-}\overset{O}{\overset{\|}{C}}{-}H$ (h) $CHO{-}\overset{-}{C}H{-}CN$

**문제풀이 전략 ┃ 공명 구조 그리기와 평가하기**

일반적으로 다음 두 가지 이유 중 하나로 공명 형태(공명 구조)를 그린다.

1. 구조 내 2개 또는 더 많은 원자에 걸친 전하 분산에 의한 비편재화가 양이온이나 음이온 같은 반응성이 큰 종을 얼마나 안정화하는지 보여주기 위해
2. 화합물의 특성과 화합물이 반응하는 방식을 설명하기 위해

양이온이나 음이온이 어떻게 비편재화되는지 보여주기 위해 공명 형태를 그릴 경우 전하를 띤 원자 옆에 있는 이중 결합과 비결합 전자쌍(고립 전자쌍)을 찾아야 한다. 전하를 띤 원자 옆의 이중 결합은 전하를 비편재화할 수 있다. 공명 형태를 그릴 때 마음속으로 전자를 한 장소에서 다른 장소로 이동시킬 경우 전자를 추적하기 위해 곡선 화살표를 사용할 수 있다. 이 움직임은 상상적인 것임을 기억하라. 실제 분자는 항상 모든 공명 구조의 혼합된 것이다. 전자와 전하는 앞뒤로 이동하지 않고 구조 전체에 걸쳐 비편재화된다.

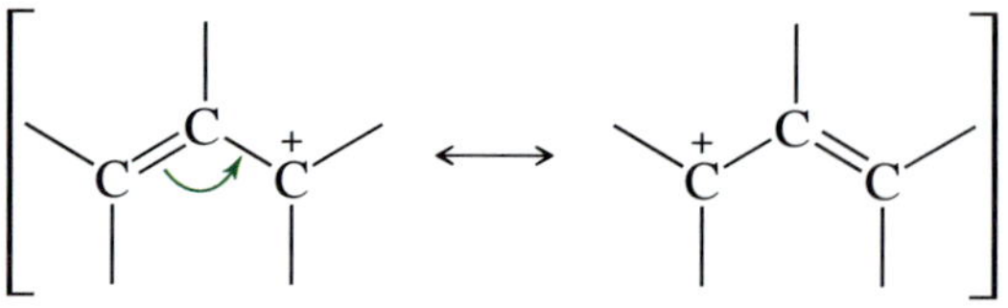

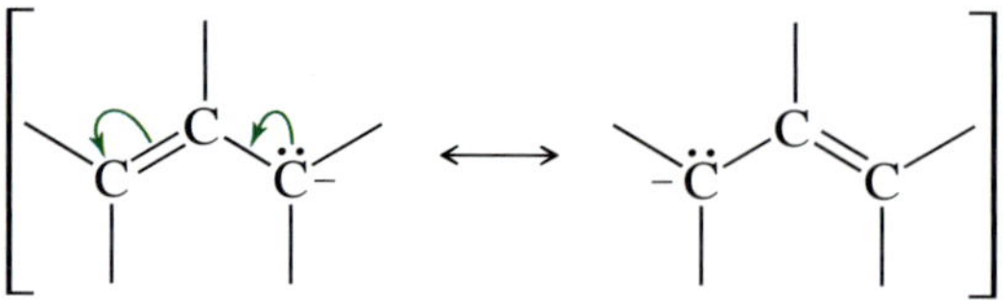

이중 결합이 전기 음성도가 큰 원자가 음전하를 공유할 수 있게 할 수 있다면 공명 구조는 특히 안정할 것이다. 가장 일반적인 예는 산소와의 이중 결합과 질소와의 이중 결합이다.

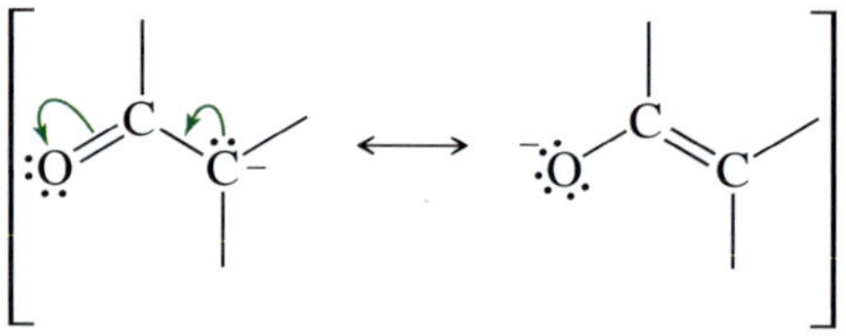

큰 기여자는 전기 음성도가 큰 산소에 음전하를 가지고 있다.

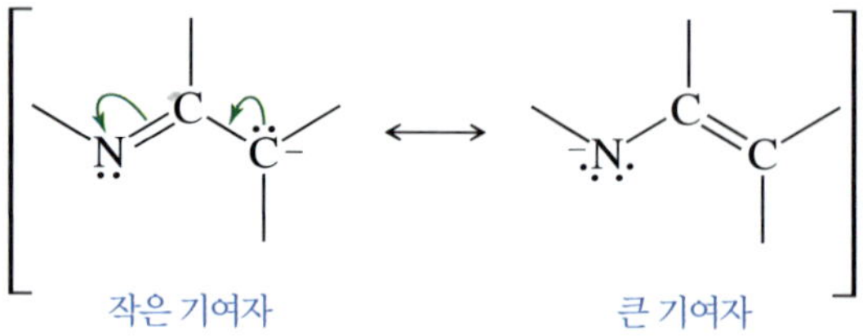

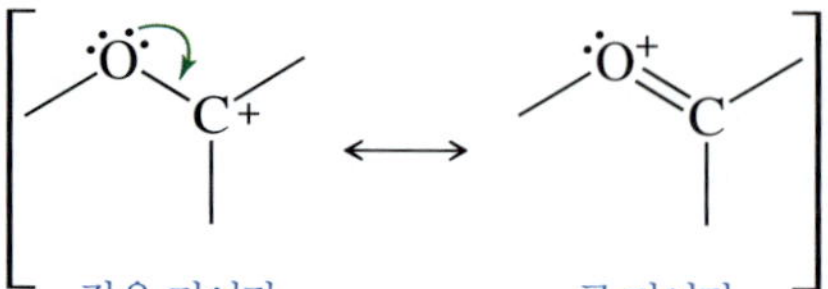

작은 기여자 큰 기여자

큰 기여자는 전기 음성도가 큰 질소에 음전하를 가지고 있다.

작은 기여자 큰 기여자

이러한 공명 구조는 음전하가 탄소 원자와 산소 또는 질소 원자에 걸쳐 어떻게 퍼지는지를 보여준다. 두 구조 모두에서 모든 원자는 팔전자를 가지므로, 더 중요한 공명 구조는 산소 또는 질소처럼 전기 음성도가 더 큰 원소에 음전하를 띠는 공명 구조이다. 그럼에도 불구하고 이러한 공명 형태는 왜 이 음이온이 탄소나 산소 또는 질소 원자에서 반응할 수 있는지 보여준다.

아래 나타낸 공명 구조 역시 유효한 Lewis 구조이자 유효한 공명 구조지만, 음전하를 비편재화하는 데 도움이 되지 않고, 불필요한 전하 분리와 팔전자를 만족하지 못하는 탄소 원자를 포함하므로, 중요한 공명 구조는 아니다(양자역학적 계산 제외). 대부분의 경우 이 공명 형태를 그리지 않는다.

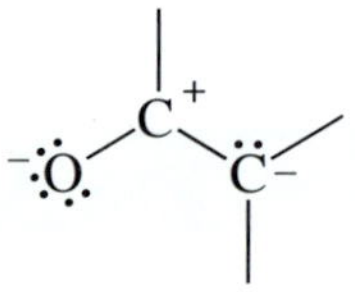

중요한 공명 형태는 아니다. 지나치게 많은 전하 분리, 지나치게 적은 결합, 팔전자를 만족하지 못하는 하나의 탄소

양전하를 띤 탄소 원자는 팔전자를 만족하지 못한다. 탄소 원자가 비결합 전자가 있는 원자(종종 산소 또는 질소)에 결합된 경우 그 탄소 원자는 비결합 전자를 공유할 수 있다. 이러한 공유는 탄소 원자를 팔전자로 되게 하고, 양전하를 이웃으로 비편재화할 수 있게 해준다. 다음 예는 이러한 비편재화가 어떻게 양이온에 더 많은 안정성을 제공하는지 보여준다.

큰 기여자는 모든 원자가 팔전자를 만족하고, 다른 구조보다 더 많은 결합을 가지고 있다.

작은 기여자 큰 기여자

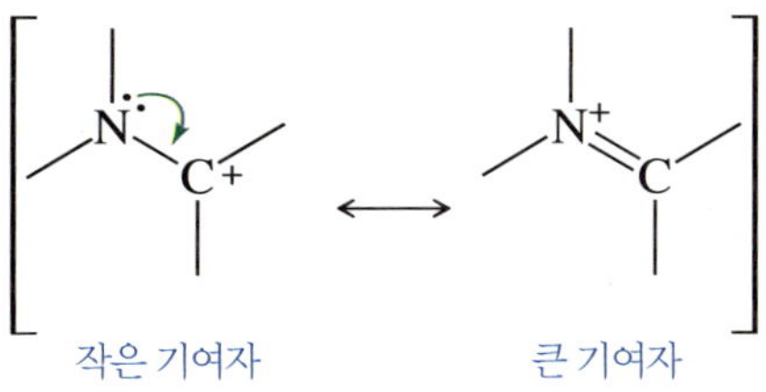

큰 기여자는 모든 원자가 팔전자를 만족하고, 다른 구조보다 더 많은 결합을 가지고 있다.

처음에는 주요 공명 형태가 탄소보다 전기 음성도가 더 큰 산소나 질소에 양전하를 띤다는 사실이 놀랍게 보인다. 그러나 여기서의 비교는 양전하를 띠고 팔전자를 만족하지 못하는 탄소와, 양전하를 띠고 완전한 팔전자를 가진 산소 또는 질소 사이의 비교이다. 이러한 상황은 산소나 질소에 대해 양전하를 띠고 있지만 완전한 팔전자를 지닌 안정 이온 $H_3O^+$ 및 $NH_4^+$와 유사하다.

마지막으로 양전하와 음전하의 비편재화와 관련된 문제에 어떻게 접근하는지 살펴보자.

**예제 1-3**

다음 음이온의 중요한 공명 구조를 그려보라.

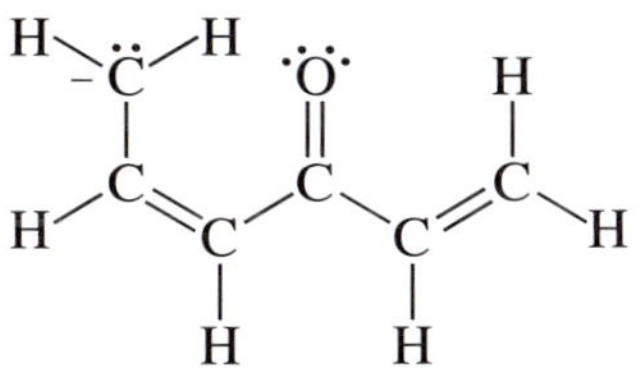

예상하는 것처럼 C=O기의 전기 음성도가 큰 산소 원자에 음전하를 두기 위해 시도해야 한다. 하지만 먼저 음전하를 띤 탄소 옆에는 C=C 이중 결합이 있다. 고립 전자쌍은 다른 탄소와 음전하를 공유하면서 이중 결합으로 비편재화될 수 있다.

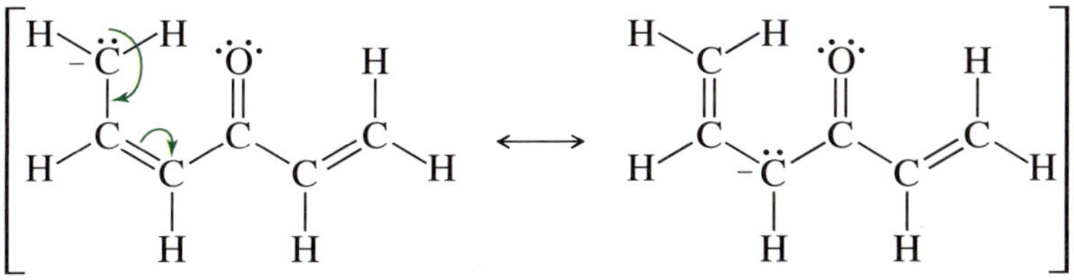

이 두 번째 구조는 이제 음전하를 띠는 탄소 옆에 C=O 이중 결합을 가진다. 전자쌍을 그 방향으로 이동시키면 음전하가 산소 원자에 비편재화되는 유리한 결과를 얻는다.

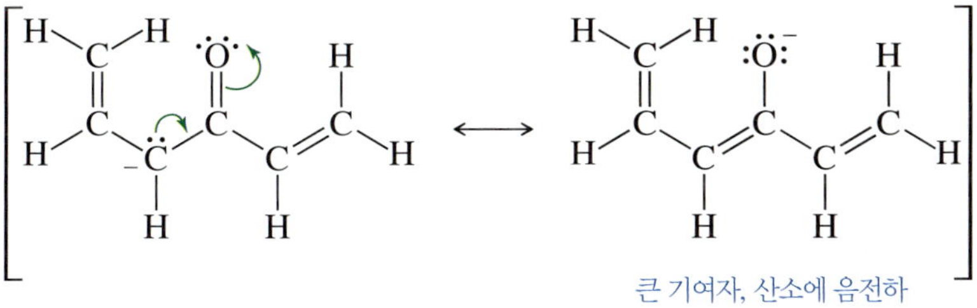

음전하를 오른쪽의 최종 이중 결합으로는 비편재화할 수 없다는 점에 유의하라. 이 두 탄소 원자 중 어느 쪽에도 음전하를 가하는 유효한 Lewis 구조는 없다.

**예제 1-4**

아래 양이온의 중요한 공명 구조를 그려보라.

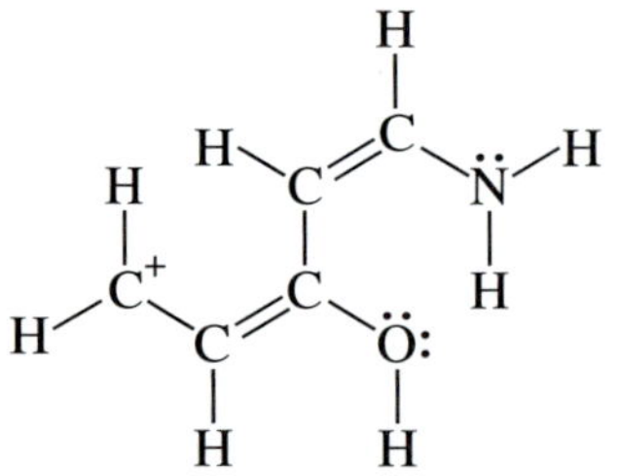

**풀이**

예상하는 것처럼 팔전자를 만족하는 공명 구조를 만들기 위해 산소(3개 결합) 또는 질소(4개 결합)에 양전하를 만들기 위해 시도해야 한다. 하지만 먼저 양전하를 띤 탄소 옆에 있는 이중 결합에 주목하라. 그 이중 결합에 있는 전자를 이동시키면 전하를 다른 탄소와 공유하게 된다. 이 두 번째 탄소는 탄소에 팔전자를 제공할 수 있는 고립쌍이 있는 이웃(산소)을 가지고 있으므로, 상대적으로 안정적인 구조를 제공한다.

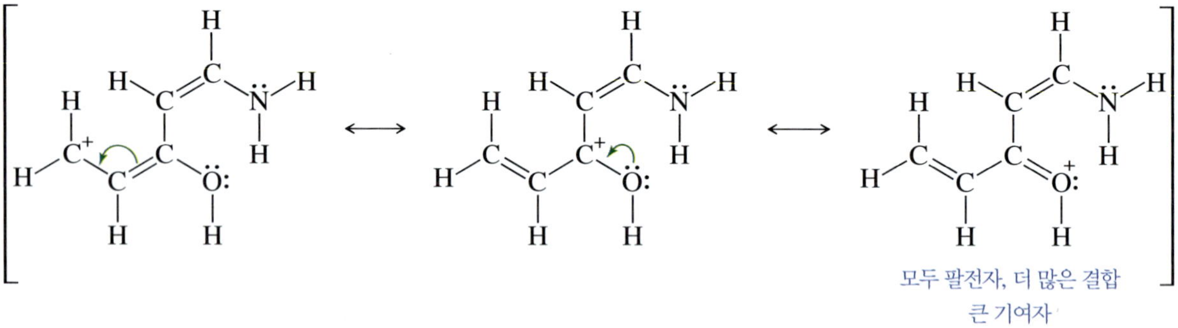

모두 팔전자, 더 많은 결합
큰 기여자

이 두 번째 탄소 옆에는 또 다른 이중 결합이 있다. 이 이중 결합에서 전자를 이동하면 전하가 세 번째 탄소로 이동한다. 양전하를 띤 세 번째 탄소에는 탄소에 팔전자를 제공할 수 있는 고립쌍을 지닌 이웃 탄소(질소)가 있으므로, 상대적으로 안정적인 또 다른 구조를 제공한다.

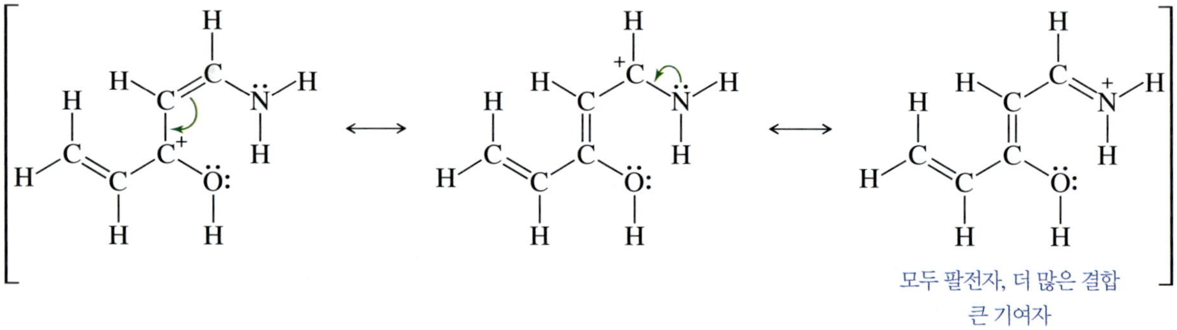

모두 팔전자, 더 많은 결합
큰 기여자

이들은 일반적으로 그리는 중요한 공명 구조이다. 아래와 같이 다른 유효한 Lewis 구조를 그릴 수도 있지만, 전하를 비편재화하는 데 도움이 되지 않으며 불필요한 전하 분리를 가지고 있다. 이는 중요한 공명 형태가 아니다. 또한 탄소 원자에 음전하를 나타내는데, 이는 양전하를 비편재화하려는 양이온에서는 비현실적이다. 일반적으로 이러한 공명 형태를 그리지는 않는다.

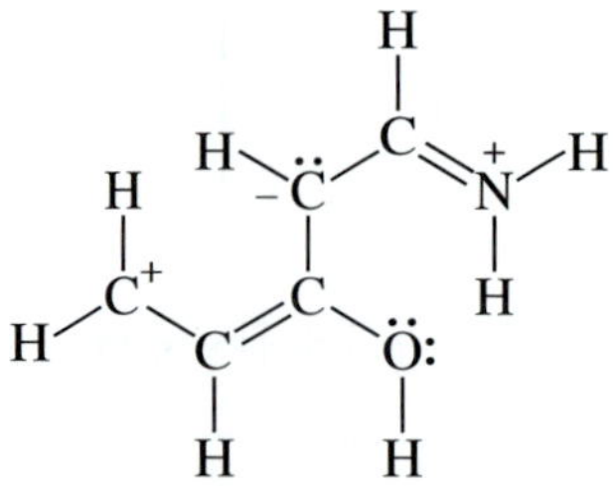

과도한 전하 분리. 양이온에서 음이온의
탄소가 존재할 가능성은 낮다.

마지막으로 공명 구조는 분자 내 전자 밀도가 높거나 낮은 곳을 예측하는 데 도움을 준다. 그렇게 하기 위해 극성이 높은 영역을 찾고, 공명이 분자 전체에 걸쳐 부분 전하를 어떻게 비편재화하는지 확인하라. 하나 이상의 공명 형태에서 양전하를 띠는 원자는 전자가 부족할 가능성이 있는 반면, 음전하를 띠는 원자는 전자가 풍부할 가능성이 높다.

**예제 1-5**

아래 화합물에서 전자 밀도가 높은 영역과 낮은 영역을 확인하는 데 공명 구조를 이용하라.

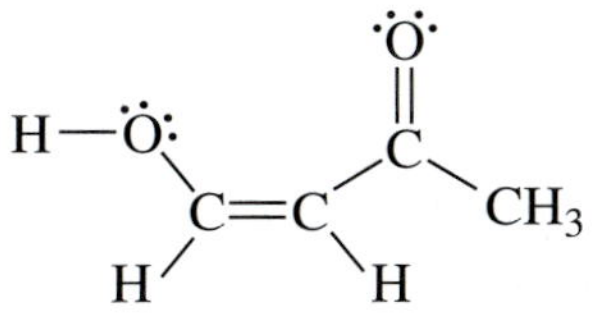

C=O 결합은 매우 극성이므로, 극성을 나타내는 전하를 표시하는 것부터 시작할 수 있다. 이 공명 구조는 원래의 전하를 띠지 않는 구조만큼 안정적이지는 않지만, 부분 전하를 시각화하는 데 도움이 된다.

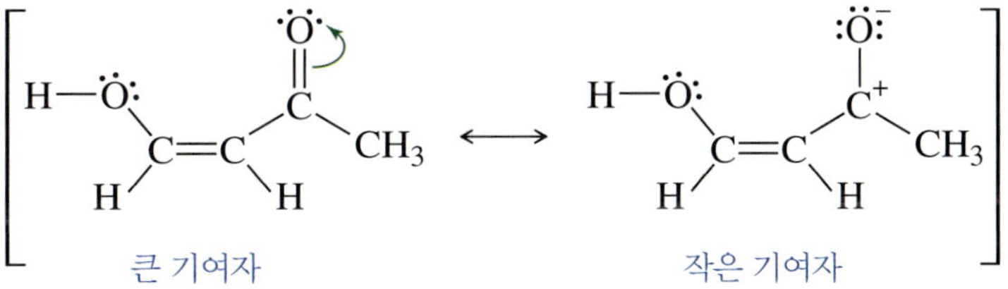

큰 기여자 작은 기여자

결합과 비결합 전자를 이러한 전하 옆으로 이동시키면 다른 중요한 공명 형태가 생성된다. C=O기의 산소는 전자 받개(electron acceptor)인 반면, OH 기의 산소는 어떻게 전자 주개(electron donor)인지 주목하라.

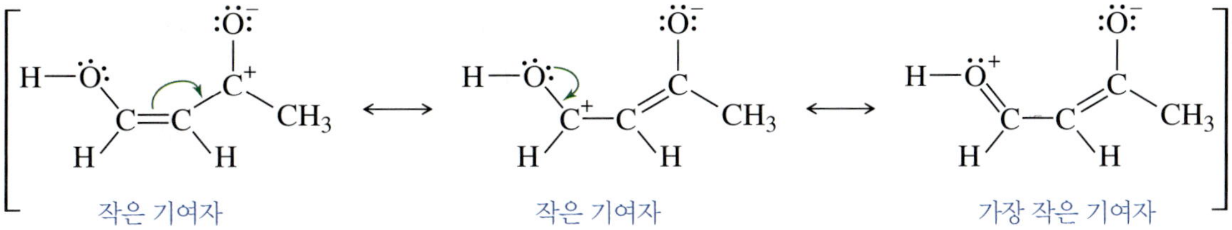

작은 기여자 작은 기여자 가장 작은 기여자

마지막 공명 구조(가장 작은 기여자)는 전하 분리가 가능한 구조 중 가장 안정하다. '큰 기여자'라고 표시된 원래의 전하가 없는 구조는 전하 분리가 없고 모든 팔전자가 충족되며 최대 결합수를 가지므로 모든 공명 구조 중 가장 좋다. 이는 전하가 분리된 어떤 공명 구조보다 실제 구조를 더 잘 대표한다. 그럼에도 불구하고 전하가 분리된 구조는 분자가 어디에서 전자가 풍부한 영역(음성)과 전자가 부족한 영역(양성)을 가질 가능성이 있는지를 보여준다. 왼쪽의 OH 산소와 첫 번째 및 세 번째 탄소가 전자가 부족한 반면(C=O 이중 결합으로부터), 오른쪽의 산소는 전자가 풍부하다고 예측할 수 있다.

**연습문제 1-9**

다음 양이온과 음이온의 중요한 공명 구조를 그려보라.

(a) $CH_3O-\overset{+}{C}H-CH=CH-NH(OH)$

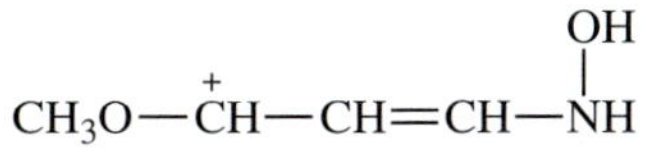

(b) $H_2N-CH=CH-C(=\overset{+}{O}H)-OCH_3$

(c) $H_2C=CH-C(NH_2)=\overset{+}{O}H$

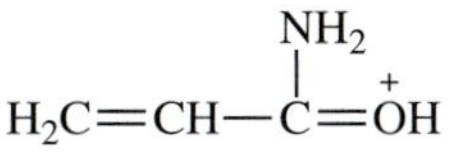

(d) $H_3C-\overset{-}{C}H-C(=O)-CH=CH-CN$

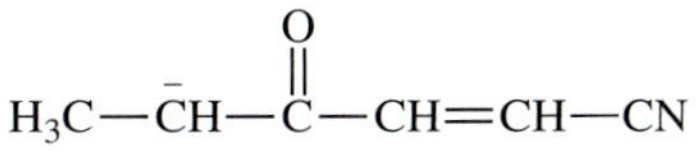

(e) $H_3C-C(=O)-\overset{-}{C}H-CH=CH-CN$

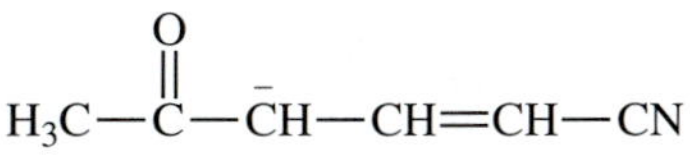

(f) $H_2C=CH-C(=NH)-\overset{-}{C}H_2$

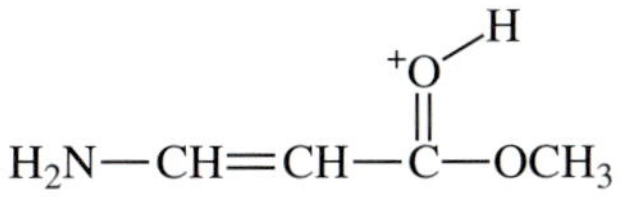

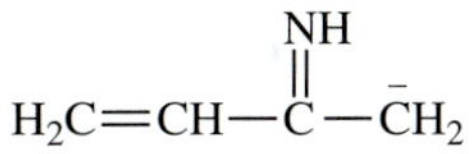

**연습문제 1-10**

다음 화합물에서 전자 밀도가 높은 영역과 낮은 영역을 확인하는 데 공명 구조를 이용하라.

(a) $H_2C{=}CH{-}NO_2$ (b) $H_2C{=}CH{-}C{\equiv}N$ (c) 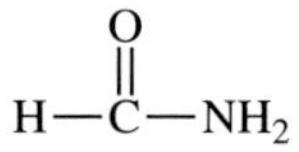 $H{-}C({=}O){-}NH_2$

(d) 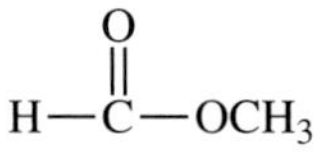 $H{-}C({=}O){-}OCH_3$ (e) 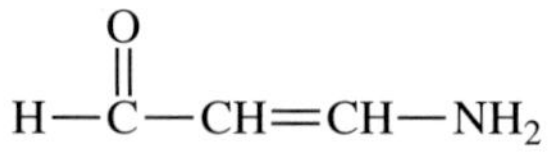 $H{-}C({=}O){-}CH{=}CH{-}NH_2$ (f) $CH_3O{-}CH{=}CH{-}CN$

## 1-10 구조식

유기 화학자들은 유기 화합물을 나타내기 위해 몇 가지 종류의 화학식을 사용한다. 이들 화학식 중 몇 가지는 속기법을 사용하는데, 이에 대해서는 약간의 설명이 필요하다. **구조식**(structural formula)은 실제적으로 어느 원자가 어떤 원자와 결합하는지를 나타낸다. 구조식에는 두 가지 주요 유형, 즉 완전한 Lewis 구조과 축약 구조가 있다. 추가로 축약 구조를 그리는 여러 방법이 있다. 앞서 살펴본 것처럼 Lewis 구조에서는 하나의 결합 전자쌍을 한 쌍의 점 또는 1개의 대시(—)로 나타낸다. 고립 전자쌍은 쌍을 이룬 점으로 나타낸다.

**표 1-2** 축약 구조식의 예

| 화합물 | Lewis 구조 | 축약 구조식 |
|---|---|---|
| 에테인 | 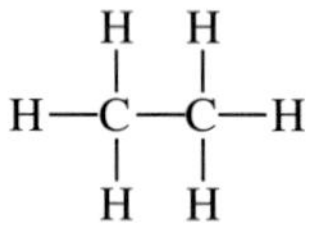 H—C—C—H (각 C에 H 2개) | $CH_3CH_3$ |
| 아이소뷰테인 | 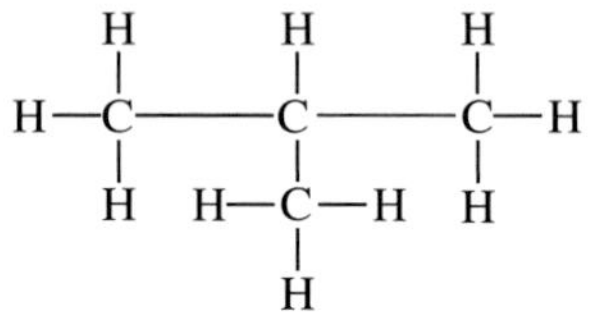 H—C—C—C—H (가운데 C에 H와 C(H)₃ 결합) | $(CH_3)_3CH$ |
| *n*-헥세인 | 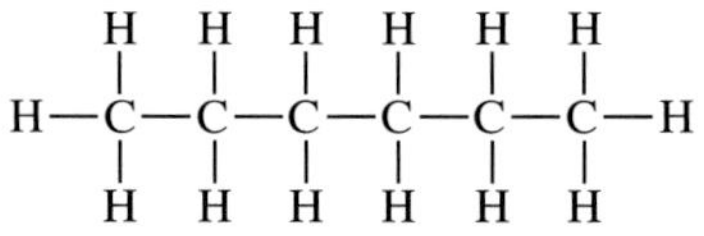 H—C—C—C—C—C—C—H (각 C에 H 2개) | $CH_3(CH_2)_4CH_3$ |
| 다이에틸 에터 | 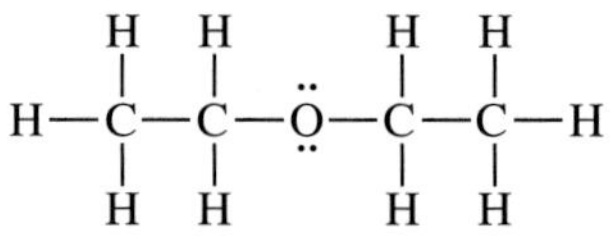 H—C—C—Ö—C—C—H (각 C에 H 2개) | $CH_3CH_2OCH_2CH_3$<br>또는 $CH_3CH_2{-}O{-}CH_2CH_3$<br>또는 $(CH_3CH_2)_2O$ |
| 에탄올 | 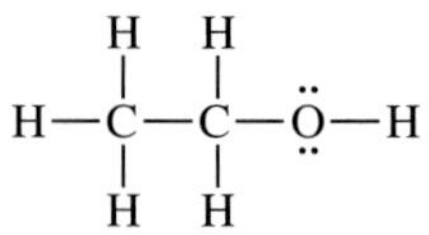 H—C—C—Ö—H (각 C에 H 2개) | $CH_3CH_2OH$ |
| 아이소프로필알코올 | 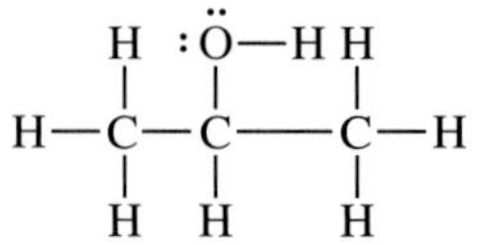 H—C—C—C—H (가운데 C에 :Ö—H, 나머지 H) | $(CH_3)_2CHOH$ |
| 다이메틸아민 | 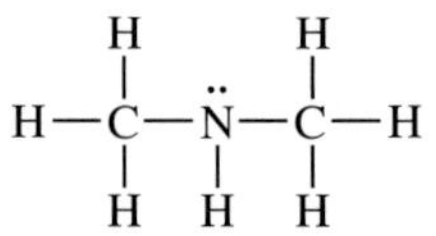 H—C—N̈—C—H (각 C에 H 2개, N에 H) | $(CH_3)_2NH$ |

### 1-10A 축약 구조식

**축약 구조식**(condensed structural formula, 표 1-2)은 모든 개개의 결합을 나타내지는 않는다. 축약 구조식에서는 각각의 중심 원자와 이에 결합된 원자를 함께 표시한다. 중심 원자에 결합된 원자는 실제의 결합 순서는 그렇지 않더라도 흔히 중심 원자 바로 뒤에 쓴다(예: $H_3C{-}CH_3$로 표시하는 것이 아니라 $CH_3CH_3$로 표시). 대부분의 경우 2개 또는 그 이상의 동일한 기를 보유한 경우에는 괄호와 아래 첨자를 사용하여 모든 동일한 기를 함께 나타낸다. 비결합 전자는 축약 구조식에서 나타내는 경우가 드물다.

이중 결합이나 삼중 결합을 가진 화합물에 대한 축약 구조식을 쓸 경우 다중 결합은 흔히 Lewis 구조처럼 그린다. 표 1-3에는 다중 결합을 가진 축약 구조식의 예를 나타냈다. 알데하이드의 $-CHO$기와 산의 $-COOH$기는 실제로는 축약 표시법으로 보이는 것과는 다르게 결합된다는 사실에 주목해야 한다. 축약 표현이 결합을 나타내지 않아도 축약 구조는 팔전자를 따르는 것으로 가정한다.

표 1-2와 표 1-3에서 알 수 있듯이 Lewis 구조식과 축약 구조식을 구분한다는 것은 막연한 일이다. 화학자들은 흔히 구조식의 어떤 부분은 축약하고, 어떤 부분은 완전하게 구조식을 그린다. 이 같은 여러 종류의 구조식을 다뤄보고, 이들 모두가 의미하는 바를 이해해야 한다.

**표 1-3** 이중 결합과 삼중 결합에 대한 축약 구조식

| 화합물 | Lewis 구조 | 축약 구조식 |
|---|---|---|
| 뷰트-2-엔 | $\begin{array}{ccccccccccc} & & H & & H & & & & H & & \\ & & \mid & & \mid & & & & \mid & & \\ H & - & C & - & C & = & C & - & C & - & H \\ & & \mid & & & & \mid & & \mid & & \\ & & H & & & & H & & H & & \end{array}$ | $CH_3CHCHCH_3$ 또는 $CH_3CH{=}CHCH_3$ |
| 아세토나이트릴 | $\begin{array}{ccccccc} & & H & & & & \\ & & \mid & & & & \\ H & - & C & - & C & \equiv & N\colon \\ & & \mid & & & & \\ & & H & & & & \end{array}$ | $CH_3CN$ 또는 $CH_3C{\equiv}N$ |
| 아세트알데하이드 | $\begin{array}{ccccccc} & & H & & \ddot{O} & & \\ & & \mid & & \Vert & & \\ H & - & C & - & C & - & H \\ & & \mid & & & & \\ & & H & & & & \end{array}$ | $CH_3CHO$ 또는 $CH_3\overset{O}{\overset{\Vert}{C}}H$ |
| 아세톤 | $\begin{array}{ccccccccc} & & H & & \ddot{O} & & H & & \\ & & \mid & & \Vert & & \mid & & \\ H & - & C & - & C & - & C & - & H \\ & & \mid & & & & \mid & & \\ & & H & & & & H & & \end{array}$ | $CH_3COCH_3$ 또는 $CH_3\overset{O}{\overset{\Vert}{C}}CH_3$ |
| 아세트산 | $\begin{array}{ccccccccc} & & H & & \ddot{O} & & & & \\ & & \mid & & \Vert & & & & \\ H & - & C & - & C & - & \ddot{\underset{\cdot\cdot}{O}} & - & H \\ & & \mid & & & & & & \\ & & H & & & & & & \end{array}$ | $CH_3COOH$ 또는 $CH_3\overset{O}{\overset{\Vert}{C}}OH$<br>또는 $CH_3CO_2H$ |

**연습문제 1-11**

다음 각 축약 구조식의 완전한 Lewis 구조를 그려보라.

(a) $CH_3(CH_2)_3CH(CH_3)_2$
(b) $(CH_3)_2CHCH_2Cl$
(c) $CH_3CH_2COCN$
(d) $CH_2CHCHO$
(e) $(CH_3)_3CCOCHCH_2$
(f) $CH_3COCOOH$
(g) $(CH_3CH_2)_2CO$
(h) $(CH_3)_3COH$

> **문제풀이 힌트**
>
> 선-각 구조식에서 다른 원자가 지정되어 있지 않으면 모든 선의 끝과 모든 정점에 탄소 원자가 있다는 것을 의미한다.

## 1-10B 선-각 구조식

유기 구조에 사용되는 또 다른 종류의 간단한 식은 **골격 구조**(skeletal structure) 또는 **막대 그림**(stick figure)이라고 하는 **선-각 구조식**(line-angle formula)이다. 선-각 구조식은 흔히 고리형 화합물과 때로는 비고리 화합물에 대해 사용된다. 막대 그림에서 결합은 선으로 나타내며, 탄소 원자는 2개의 선이 만나거나 1개의 선이 시작하거나 끝나는 곳 어디에나 존재한다고 가정한다. 질소, 산소, 할로젠 원자는 선-각 구조식에 나타나지만, 수소 원자는 그려진 원자에 결합되지 않는 한 그리지 않는 것이 보통이다. 각각의 탄소 원자는 결합하기에 충분한 총 4개의 수소 원자를 가지고 있다고 가정한다. 비결합 전자는 좀처럼 볼 수 없다. 표 1-4에 선-각 그림의 몇 가지 예를 나타냈다.

**표 1-4** 이중 결합과 삼중 결합에 대한 축약 구조식

| 화합물 | 축약 구조식 | 선-각 구조식 |
|---|---|---|
| 헥세인 | $CH_3(CH_2)_4CH_3$ |  |
| 헥스-2-엔 | $CH_3CH{=}CHCH_2CH_2CH_3$ |  |
| 헥산-3-올 | $CH_3CH_2CH(OH)CH_2CH_2CH_3$ | 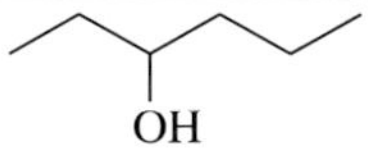 OH |
| 사이클로헥스-2-엔-1-온 | 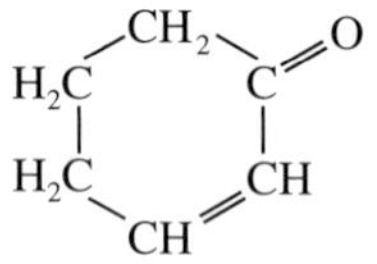 $CH_2$, $H_2C$, C=O, $H_2C$, CH, CH | 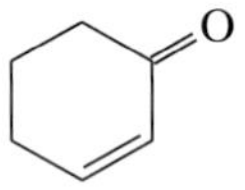 O |
| 2-메틸사이클로헥산-1-올<br>(2-메틸사이클로헥산올) | 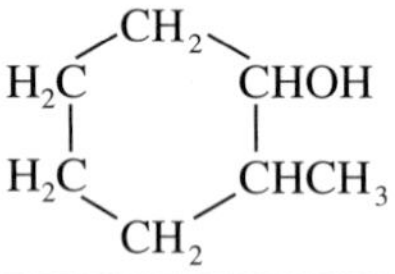 $CH_2$, $H_2C$, CHOH, $H_2C$, $CHCH_3$, $CH_2$ | 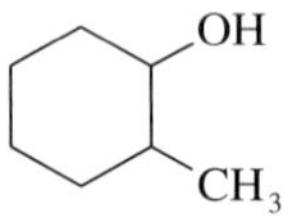 OH, $CH_3$ 또는 OH 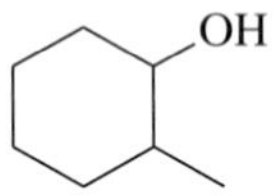 |
| 니코틴산<br>(니아신이라고도 하는<br>비타민) | 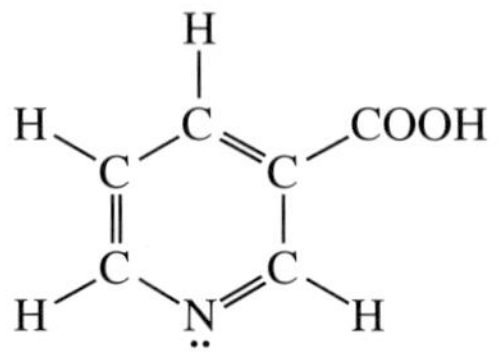 H, C, COOH, H, C, C, C, C, H, N, H | 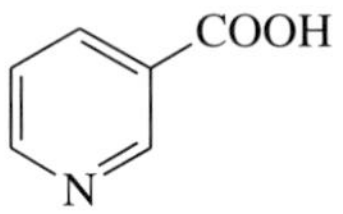 COOH, N 또는 O, OH, N 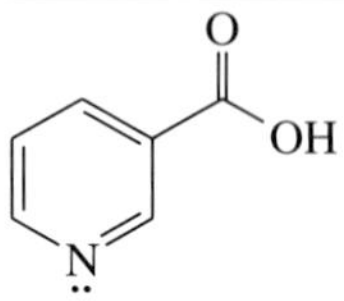 |

## FOCUS | 구조 그리기

화학자들은 유기 화합물을 분자식뿐만 아니라 원자가 어떻게 연결되어 있는지에 대해 시각적으로 표현한다. 유기 화학 공부 초기에는 이 시각적인 언어를 완벽히 구사할 수 있어야 한다. 이 책에서는 단순화의 정도를 다르게 하여 다른 유형의 구조적 표현을 사용한다.

**Lewis 구조**라고도 하는 전체 구조식은 모든 원자, 모든 결합, 모든 비공유(고립) 전자쌍을 보여준다.

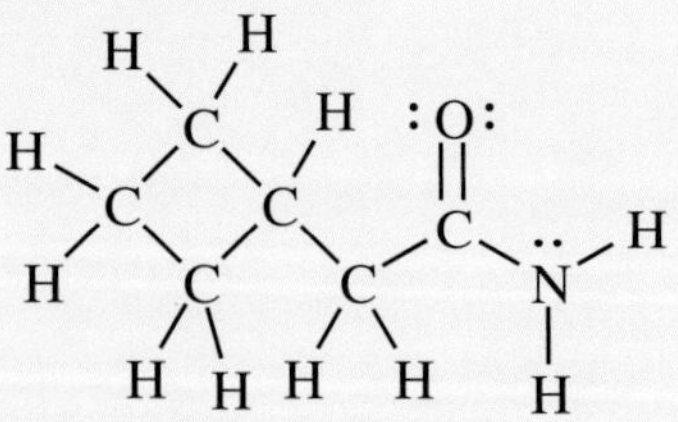

**축약 구조식**은 모든 원자와 일부 결합을 보여준다. 수소와의 결합은 보통 생략한다. 탄소 사슬에서 탄소 사이의 결합은 일반적으로 나타내지 않는다. 비공유(고립) 전자쌍은 나타내기도 하고, 나타내지 않기도 한다.

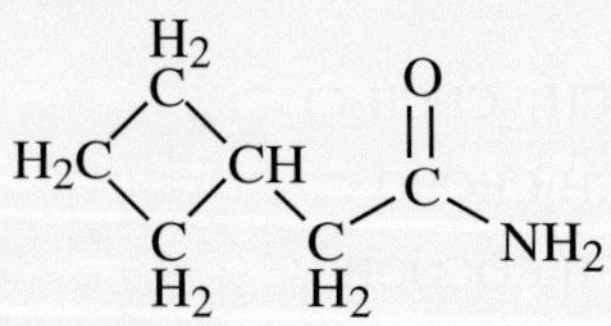

선-각 구조식 또는 단순하게 **선 구조식**은 가장 단순화되어 있다. H 원자와 C 원자는 C 이외에 다른 원자와 결합되지 않는 한 나타내지 않는다.

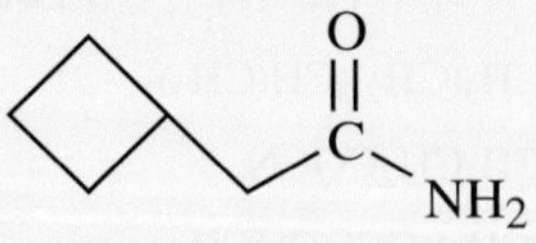

H H H :O: H C C C C N H H C C H H H H H H

$H_2$ C $H_2C$ CH O C $NH_2$ C C $H_2$ $H_2$

O C $NH_2$

일반적으로 '에터(ether)'라고 하는 다이에틸 에터의 예는 세 가지 표현을 보여준다.

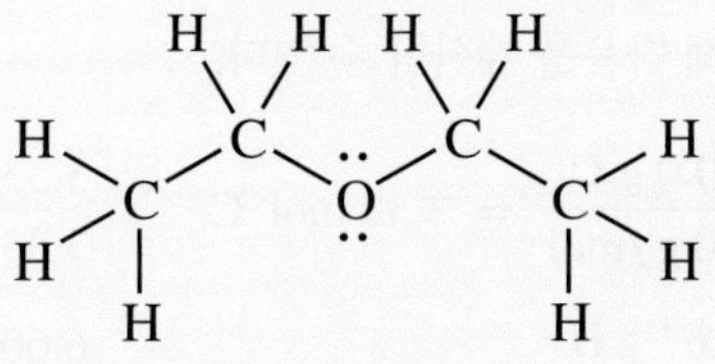

Lewis 구조 또는 전체 구조식

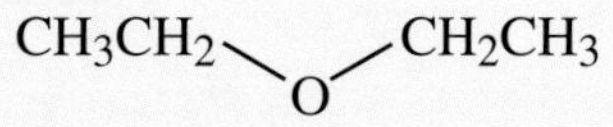

$CH_3CH_2-O-CH_2CH_3$ 또는 $CH_3CH_2OCH_2CH_3$

축약 구조식

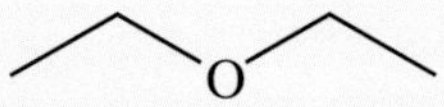

선-각 구조식 또는 선 구조식

이러한 구조적 표현은 정확한 결합각 또는 3차원에서의 원자의 위치를 나타내려는 것은 아님을 주의하라. 이 장 후반부에서 원자의 정확한 3차원적 위치를 보여주는 다른 유형의 표기법을 소개할 것이다.

**연습문제 1-12**

다음 각 선-각 구조의 Lewis 구조를 그려보라. 각 구조의 분자식을 작성하라.

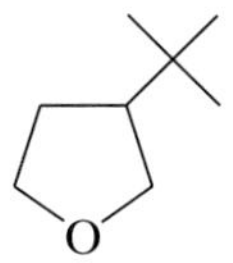

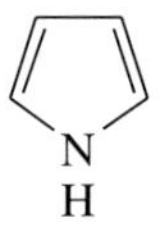

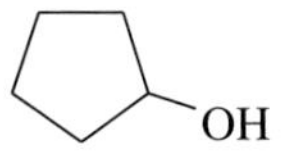

(a) 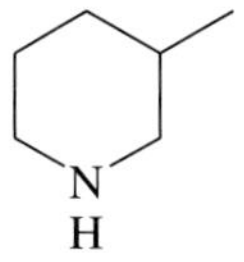 N H

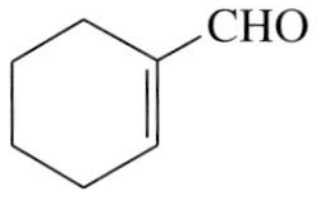

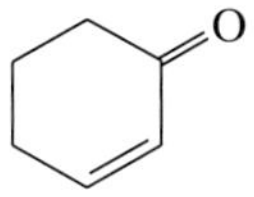

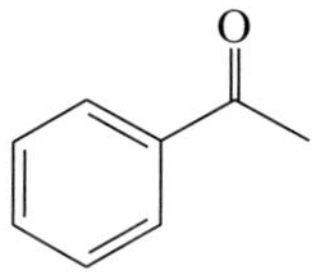

(b) O

(c) N H

(d) OH

(e) CHO

(f) O

(g) O

(h) O

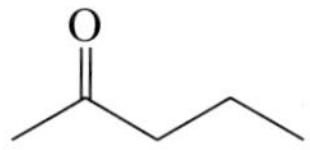

**연습문제 1-13**

연습문제 1-11을 다시 푸는데, 이번에는 화합물 (a)~(h)에 대해 선-각 구조식을 그려보라.

## 1-11 분자식과 실험식

어떤 화합물의 구조식을 그리려면 먼저 그 화합물의 분자식을 알아야 한다. **분자식**(molecular formula)은 단순히 화합물의 한 분자 중에 들어 있는 각 원소의 원자 수를 나타낸다. 예를 들면 뷰탄-1-올(butan-1-ol)의 분자식은 $C_4H_{10}O$이다.

$$CH_3CH_2CH_2CH_2OH$$
$$\text{뷰탄-1-올의 분자식 } C_4H_{10}O$$

**실험식의 계산** 분자식은 2단계의 과정으로 구한다. 1단계는 존재하는 원소의 단순한 상대적인 비율인 **실험식**(empirical formula)의 측정이다. 예를 들면 어떤 미지 화합물이 정량적인 원소 분석에 따라 40.0%의 탄소와 6.67%의 수소를 함유하는 것으로 밝혀졌다고 가정하자. 무게의 나머지 (53.3%)는 산소라고 볼 수 있다. 이들 수치를 실험식으로 바꾸려면 다음과 같은 간단한 절차를 따른다.

1. 시료가 100 g이라고 하면 % 값은 각 원소의 그램 수를 나타낸다. 각 원소의 그램 수를 원자량으로 나누면 시료 100 g 중에 들어 있는 원자의 몰수를 얻을 수 있다.

**2.** 각각의 이들 몰수를 최소의 몰수로 나눈다. 이 단계로부터 원소비를 얻을 수 있다.

미지 화합물에 대해 다음을 계산할 수 있다.

$$\frac{40.0\text{ g C}}{12.0\text{ g/mol}} = 3.33\text{ mol C}, \qquad \frac{3.33\text{ mol}}{3.33\text{ mol}} = 1$$

$$\frac{6.67\text{ g H}}{1.01\text{ g/mol}} = 6.60\text{ mol H}, \qquad \frac{6.60\text{ mol}}{3.33\text{ mol}} = 1.98 \cong 2$$

$$\frac{53.3\text{ g O}}{16.0\text{ g/mol}} = 3.33\text{ mol O}, \qquad \frac{3.33\text{ mol}}{3.33\text{ mol}} = 1$$

첫 번째 계산에서는 탄소의 그램 수를 12.0으로 나누고, 수소의 그램 수를 1.0으로 나누고, 산소의 그램 수를 16.0으로 나눈다. 그다음 이들 수치를 최소 몰수인 3.33으로 나눈 다음 비교해본다. 최종 결과는 1C : 2H : 1O의 비율이다. 이 결과로부터 $C_1H_2O_1$ 또는 $CH_2O$라는 실험식을 얻을 수 있는데, 이 실험식은 단순히 원소들의 비율만을 나타낸다. 어떤 배수라도 동일한 원소 비율을 가지므로, 분자식은 이 실험식의 어떤 배수일 수 있다. 가능한 분자식은 $CH_2O$, $C_2H_4O_2$, $C_3H_6O_3$, $C_4H_8O_4$ 등이다.

**분자식의 계산** 정확한 분자식을 어떻게 알 수 있는가? 분자량을 알면 실험식의 옳은 배수를 선택할 수 있다. 분자량은 용액의 어는점 내림이나 끓는점 오름을 미지 화합물의 몰랄 농도와 연관시키는 방법으로 측정할 수 있다. 화합물이 휘발성이면 이 화합물을 기체로 변환시키고 그 부피를 이용하면 기체 법칙에 따라 몰수를 정할 수 있다. 분자량을 결정하는 더 새로운 방법은 **질량 분석법**(mass spectrometry)을 포함하며, 이에 대해서는 12장에서 다룰 것이다.

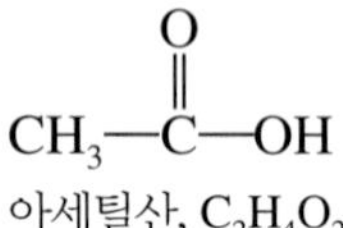
아세틸산, $C_2H_4O_2$

앞서 다룬 예(실험식 $CH_2O$)에서 분자량이 약 60으로 측정되었다고 가정하자. $CH_2O$ 1단위의 무게는 30이므로, 미지 화합물은 이 원자들 수의 2배를 함유하고 있음이 틀림없다. 따라서 분자식은 $C_2H_4O_2$이다. 이 화합물은 아세트산이거나 이 분자식을 가진 몇몇 다른 화합물일 수 있다.

12, 13, 15장에서 분자식을 아는 화합물의 완전한 구조를 얻기 위해 분광법적 기술을 이용할 것이다.

**문제풀이 힌트**

원소 분석 결과를 더해서 100%가 나오지 않는다면 빠진 %는 산소라고 가정한다.

**연습문제 1-14**

다음 각 원소 분석에 대한 실험식과 분자식을 계산하라. 각 경우에서 분자식에 들어맞는 구조를 적어도 하나 이상 제안하라.

| C | H | N | Cl | 분자량 |
|---|---|---|---|---|
| **(a)** 40.0% | 6.67% | 0 | 0 | 90 |
| **(b)** 32.0% | 6.67% | 18.7% | 0 | 75 |
| **(c)** 25.6% | 4.32% | 15.0% | 37.9% | 93 |
| **(d)** 38.4% | 4.80% | 0 | 56.8% | 125 |

## 1-12 오비탈 내 전자들의 파동성

앞서 살펴본 화학은 유기 분자의 실제 모양과 성질에 대해서는 아무런 설명을 해주지 않는다. 분자 구조의 이들 측면은 한 원자의 원자 오비탈들이 어떻게 혼합되어 **혼성 원자 오비탈**(hybrid atomic orbital)을 형성하며, 또한 서로 다른 원자들의 오비탈들이 어떻게 혼합되어 **분자 오비탈**(molecular orbital)을 형성하는지를 고찰함으로써 설명할 수 있다. 이제 오비탈의 조합이 유기 분자에서 관찰되는 모양과 특성을 어떻게 설명하는지 살펴보자.

## 1-12A 파동 형태와 마디

우리는 원자를 소형의 태양계처럼 전자들이 핵 주위의 궤도를 선회하고 있는 것으로 묘사하기를 선호한다. 이같이 원자를 태양계로 묘사하는 것은 우리의 직관을 만족시키지만 오비탈 내의 원자에 관해 우리가 알고 있는 내용과는 일치하지 않는다. 1923년경 Louis de Broglie는 원자의 전자적 성질은 전자를 입자로 보기보다 파동으로 간주함으로써 더 잘 설명할 수 있다고 주장했다.

파동에는 이동파(traveling wave)와 정상파(standing wave)라는 두 가지 일반적인 종류가 있다. 이동파의 예로는 천둥소리를 운반하는 소리 파동과 보트가 지나간 자국을 형성하는 물결을 들 수 있다. 정상파는 정지 위치에서 진동한다. 정상파는 공기의 급속한 움직임이 진동하는 공기 기둥을 만들어내는 오르간의 관 내에서, 또는 튕긴 기타 줄의 파동 양상에서 볼 수 있다. 원자 오비탈 내 전자는 움직이지 않고 묶인 진동, 즉 정상파와 같다.

하나의 오비탈에 있는 하나의 전자를 3차원적인 정상파로 간주하는 결과로 초래되는 성질은 무엇일까? 먼저 이 정상파의 1차원적 유사형, 즉 기타 줄의 진동을 고려해보자(그림 1-9). 기타 줄을 그 중간에서 튕기면 정상파가 생긴다. 이 진동의 결과로 기타 줄 전체가 수분의 1초 동안 위로 움직였다가 다시 같은 시간 동안 아래로 움직인다. 파동 형태의 순간적인 모양은 그 모양의 정확한 순간에 따라 기타 줄이 위쪽이나 아래쪽으로 완만한 곡선을 그리면서 변위하는 모양을 나타낸다.

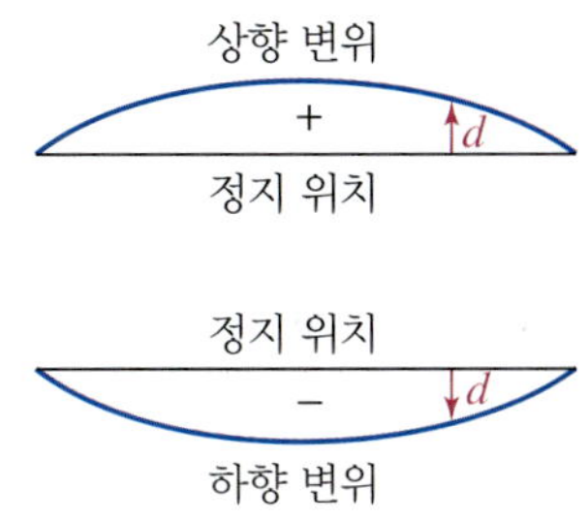


**그림 1-9** 정상파. 기타 줄의 기본 진동은 줄이 위아래로 번갈아 변위하는 정상파이다.

1*s* 오비탈은 3차원적이란 점을 제외하면 기타 줄과 같다. 오비탈은 파동이 진동할 때 그 파동 모양의 수학적인 표현인 **파동함수**(wave function, $\psi$)로 나타낼 수 있다. 모든 파동은 짧은 순간 동안 부호가 양(+)이 되었다가 그다음에는 부호가 음(−)이 된다. 임의의 점에서 전자 밀도는 그 점에서 파동함수의 제곱인 $\psi^2$이다. 이들 파동함수의 + 부호와 − 부호는 전하가 아니라는 사실에 주목하라. 이 + 또는 − 부호는 끊임없이 변하는 파동함수의 순간적인 위상이다. 1*s* 오비탈은 구대칭이며, 흔히 중심에 핵과 파동함수의 순간적인 부호를 가리키는 + 또는 − 부호를 가진 1개의 원(구를 나타냄)으로 나타낸다(그림 1-10).

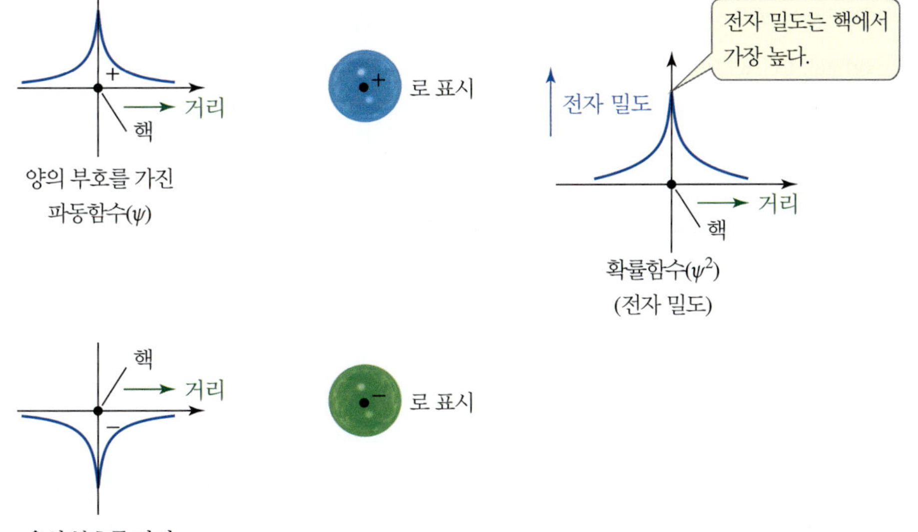


**그림 1-10** 1*s* 오비탈. 1*s* 오비탈은 기타 줄의 기본 진동과 유사하다. 파동함수는 순간적으로 모두 +이거나 모두 −이다. 파동함수의 제곱은 전자 밀도이다. 핵을 가지고 있는 1개의 원은 구형 대칭인 *s* 오비탈을 나타내는 데 쓰인다.

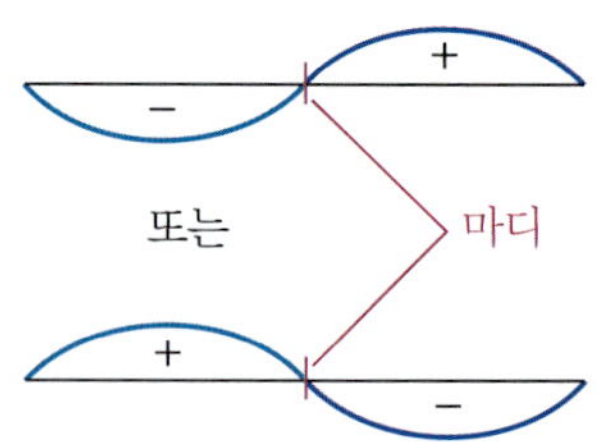


**그림 1-11** 기타 줄의 1차 조화파. 줄의 2개의 반쪽은 0의 진폭을 가진 점인 마디로 인해 나뉘어 있다. 이 2개의 반쪽은 서로 위상이 엇갈리게 진동한다.

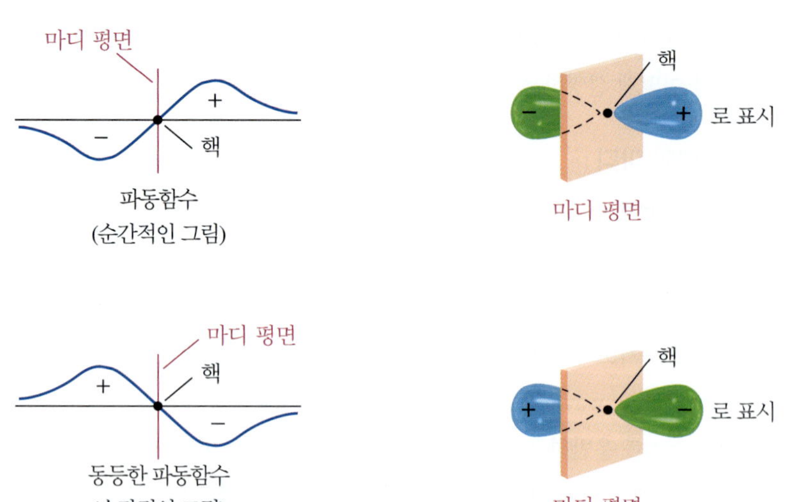


**그림 1-12** 2*p* 오비탈. 2*p* 오비탈은 마디 평면에 의해 분리된 2개의 로브를 가지고 있다. 2개의 로브는 서로 위상이 다르다. 어느 하나가 + 부호를 가질 때 다른 하나는 − 부호를 가진다.

만일 기타 줄을 튕기면서 줄 가운데에 손가락을 살짝 올려놓는다면 손가락은 줄의 중간점을 움직이지 못하게 한다. 중간점에서의 진폭(+ 또는 −로의 이동)은 0이며, 이 점이 바로 **마디**(node)이다. 줄은 반대 방향으로 진동하는 2개의 반쪽으로 이루어진 두 부분으로 진동한다. 이때 줄의 두 반쪽은 위상이 엇갈려 있다(out of phase)고 말한다. 줄의 어느 반쪽이 위로 변위할 때 다른 반쪽은 아래로 변위한다. 그림 1-11은 기타 줄의 이 같은 1차 조화파를 나타낸다.

기타 줄의 1차 조화파는 2*p* 오비탈과 닮았다(그림 1-12). 2*p* 오비탈은 마디(마디 평면)로 인해 분리된 2개의 '로브(lobe)'로 그린다. *p* 오비탈의 두 로브는 서로 위상이 엇갈려 있다. 파동함수가 하나의 로브에 + 부호를 가질 때마다 다른 로브에서 − 부호를 가진다. 위상 관계가 중요할 때 유기 화학자들은 흔히 색으로 위상을 나타낸다. 그림 1-10과 1-12는 양의 위상을 가진 구역에 대해 파란색과 음의 위상을 가진 구역에 대해 녹색을 사용했다.

### 1-12B 원자 오비탈의 선형 결합

원자 오비탈은 결합하고 겹쳐져서 더욱 복잡한 정상파를 발생시킨다. 즉 파동함수를 더하고 빼면 새로운 오비탈의 파동함수가 생긴다. 이 과정을 **원자 오비탈의 선형 결합**(linear combination of atomic orbital, LCAO)이라고 한다. 새롭게 생성된 오비탈의 수는 항상 출발한 오비탈의 수와 같다.

1. 서로 다른 원자들의 오비탈들이 상호작용할 때는 결합(또는 반결합)에 이르게 되는 **분자 오비탈**(molecular orbital, MO)이 생긴다.
2. 같은 원자의 원자 오비탈들이 상호작용할 때는 형성된 결합들의 기하학적 구조를 결정하는 **혼성 원자 오비탈**(hybrid atomic orbital)이 생긴다.

> **문제풀이 힌트**
> 오비탈이 조합하여 혼성 원자 오비탈이나 분자 오비탈을 형성할 때 형성된 오비탈의 수는 항상 그것들을 형성하기 위해 조합한 오비탈의 수와 같다.

## 1-13 분자 오비탈

공유 결합의 안정성은 두 핵 사이의 공간인 결합 영역에 존재하는 다량의 전자 밀도로부터 생긴다(그림 1-13). 결합 영역 내에서는 전자들이 양쪽의 핵에 접근하여 전체적으로 에너지가 낮아진다. 결합 전자 역시 핵의 양전하를 가리기 때문에 결합하지 않았을 때보다 두 핵은 서로 반발하지 않는다.

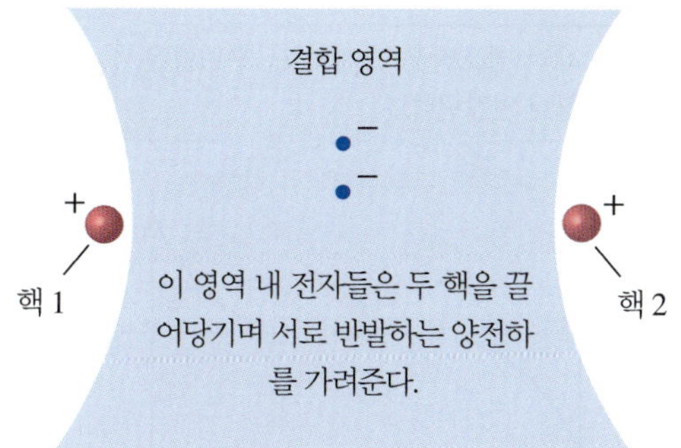


**그림 1-13** 결합 영역. 두 핵 사이의 공간에 존재하는 전자들은 두 핵을 끌어당기며 양전하를 가려준다. 결합 분자 오비탈은 결합 영역에 많은 양의 전자 밀도를 배치한다.

2개의 결합하는 핵에는 언제나 최적 거리가 있다. 두 핵이 너무 떨어져 있으면 결합 전자들에 대한 두 핵의 인력이 감소한다. 두 핵이 너무 가까이 있으면 두 핵의 정전기 반발이 두 핵을 떼어놓는다. 인력과 반발이 균형을 이루는 핵 간 거리를 결합 길이(bond length)라고 하는데, 이 핵 간 거리에서 에너지는 최소(결합은 최강)가 된다.

### 1-13A 수소 분자: 시그마 결합

수소 분자는 공유 결합 중에서 가장 간단한 예이다. 두 수소 원자가 서로 접근하면 이들의 1*s* 파동함수들은 보강적으로 더해짐으로써 서로 보강할 수 있거나, 상쇄적으로 더해짐으로써 서로 상쇄될 수 있다. 그림 1-14는 파동함수가 위상이 같고 두 핵 간 영역에서 같은 부호를 가질 때 보강적으로 상호작용하는 것을 보여준다. 파동함수는 서로 보강하여 결합 영역 내 전자 밀도를 증가시키는데, 이러한 오비탈을 **결합 분자 오비탈**(bonding molecular orbital, 결합 MO)이라고 한다.

그림 1-14에 묘사된 결합 MO에서 전자 밀도는 두 핵을 연결하는 선을 따라 집중적으로 분포되어 있다. 이 같은 형태의 결합을 원통대칭형 결합(cylindrically symmetrical bond) 또는 **시그마 결합**($\sigma$ bond)이라고 한다. 시그마 결합은 유기 화학에서 가장 흔한 결합이다. 유기 화합물의 모든 단일 결합은 시그마 결합이며, 모든 이중 결합이나 삼중 결합은 1개의 시그마 결합을 가지고 있다. $H_2$ 분자의 정전기 전위 지도(EPM)는 두 양성자 사이의 결합 영역에 가장 높은 전자 밀도(붉은색)를 가진 원통대칭형 시그마 결합을 나타낸다.

$H_2$의 EPM

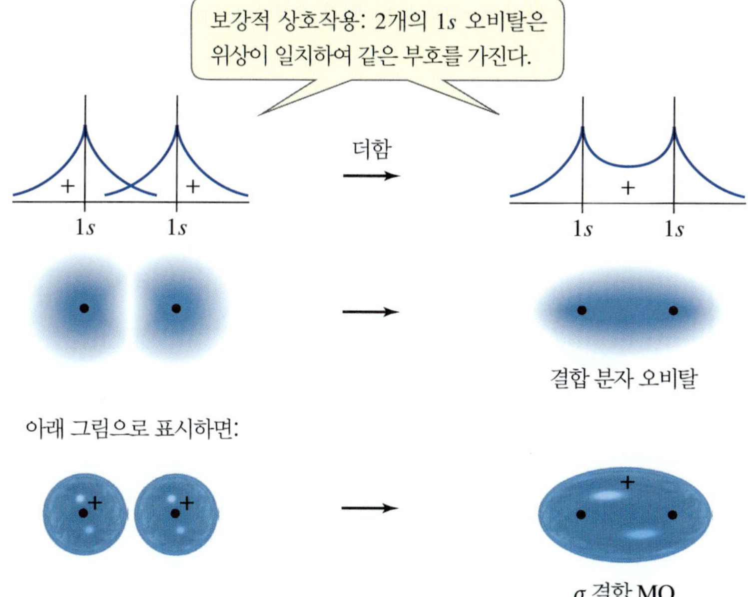


**그림 1-14** $\sigma$ 결합 MO의 형성. 두 수소 원자의 1*s* 오비탈들의 위상이 겹칠 때는 이들 오비탈은 보강적 상호작용을 하여 결합 MO를 형성하고, 두 핵 간 결합 영역(핵 사이)에서의 전자 밀도가 증가한다. 그 결과 원통대칭형 결합, 즉 시그마($\sigma$) 결합이 생긴다.

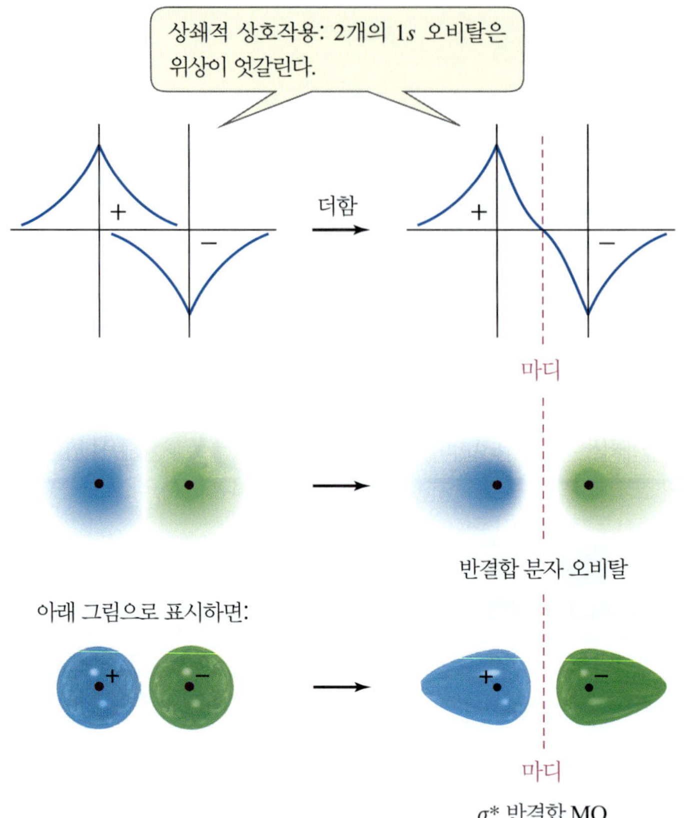


**그림 1-15** $\sigma^*$ 반결합 MO의 형성. 두 1*s* 오비탈의 위상이 엇갈리게 겹칠 때는 상쇄적 상호작용을 하여 반결합 MO가 생긴다. 두 1*s* 파동함수의 +값과 −값은 두 핵 사이 영역에서 상쇄하려는 경향이 있으며, 마디가 두 핵을 분리시킨다. 별표(*)를 사용하여 반결합 오비탈을 나타낸다. 시그마 반결합 오비탈은 $\sigma^*$로 나타낸다.

두 수소 원자의 1*s* 원자 오비탈들의 위상이 엇갈리게 겹칠 때는 **반결합 분자 오비탈**(antibonding molecular orbital)이 생긴다(그림 1-15). 위상이 서로 반대인 2개의 1*s* 파동함수가 겹치는 경우에는 파동함수가 서로 상쇄하려는 경향이 있다. 그 결과 두 수소 원자를 분리시키는 마디(실제로 마디 평면)가 생긴다. 두 핵 사이를 분리시키는 마디가 있으면 대개 그 분자 오비탈이 반결합임을 나타낸다. 반결합 분자 오비탈은 반결합(*), 원통대칭($\sigma$) 분자 오비탈을 표시하기 위해 $\sigma^*$로 나타낸다.

그림 1-16은 $H_2$계의 원자 오비탈과 분자 오비탈의 상대적인 에너지를 나타낸다. 1*s* 원자 오비탈들의 위상이 겹칠 때 생기는 분자 오비탈은 1*s* 원자 오비탈보다 에너지가 더 낮은 시그마 결합

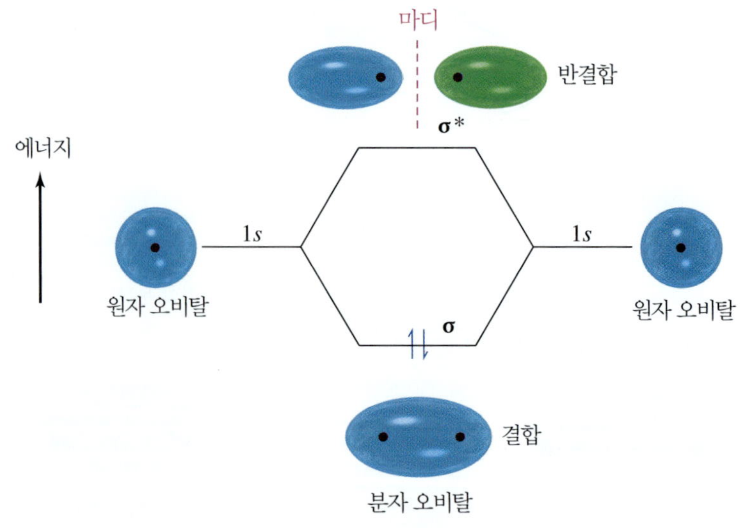


**그림 1-16** 원자 및 분자 오비탈의 상대적 에너지. 2개의 수소 1*s* 오비탈이 겹칠 때는 시그마 결합 MO와 시그마 반결합 MO가 생긴다. 결합 MO는 원자 1*s* 오비탈보다 에너지가 더 낮고, 반결합 오비탈은 원자 1*s* 오비탈보다 에너지가 더 높다. 두 전자(화살표로 나타냄)는 서로 반대의 회전 방향으로 결합 MO 속으로 들어감으로써 안정된 $H_2$ 분자가 발생한다. 반결합 오비탈은 비어 있다.

MO($\sigma$ MO)이다. 두 $1s$ 원자 오비탈의 위상이 엇갈리게 겹칠 때는 $1s$ 원자 오비탈보다 에너지가 더 높은 시그마 반결합 MO($\sigma^*$ MO)를 형성한다. $H_2$계의 두 전자는 시그마 결합 MO에서 쌍을 이루는 회전으로 존재하며, 결과적으로 안정된 분자가 생긴다. 결합과 반결합 오비탈은 둘 다 분자 내에 존재하나 반결합 오비탈(예: $\sigma^*$)은 안정한 분자 내에서는 보통 비어 있다. 그러나 반결합 분자 오비탈은 종종 반응에 참여한다.

**문제풀이 힌트**

안정한 화합물에서 대부분 또는 모든 결합 오비탈은 채워지고, 대부분 또는 모든 반결합 오비탈은 비어 있다.

## 1-13B *p* 오비탈이 관여하는 시그마 결합하기

2개의 $2p$ 오비탈이 핵 간의 선을 따라 겹칠 때는 결합 오비탈과 반결합 오비탈이 생긴다. 또다시 대부분의 전자 밀도는 핵 간의 선을 따라 집중된다. 이선형 겹침(linear overlap)은 시그마 결합 MO의 또 다른 형태이다. 두 핵을 연결하는 선을 따라 2개의 $p$ 오비탈이 보강적인 겹침을 하면 다음에 나타낸 $\sigma$ 결합이 형성된다.

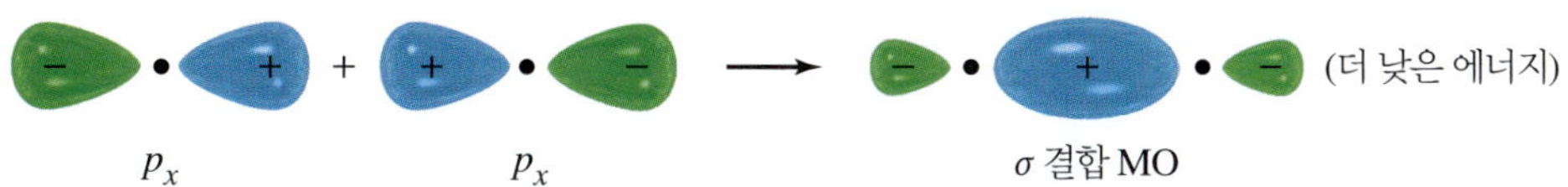


**예제 1-6**

앞서 나타낸 2개의 $p_x$ 오비탈의 상쇄 겹침으로부터 발생하는 $\sigma^*$ 반결합 오비탈을 그려보라.

**풀이**

이 오비탈이 생성될 때 상반된 위상을 가진 2개의 $p$ 오비탈의 로브가 상쇄적으로 겹친다. 만일 두 $p$ 오비탈의 부호가 상반될 경우 이 두 오비탈이 결합되면 두 핵을 분리시키는 마디를 가진 반결합 오비탈이 형성된다.

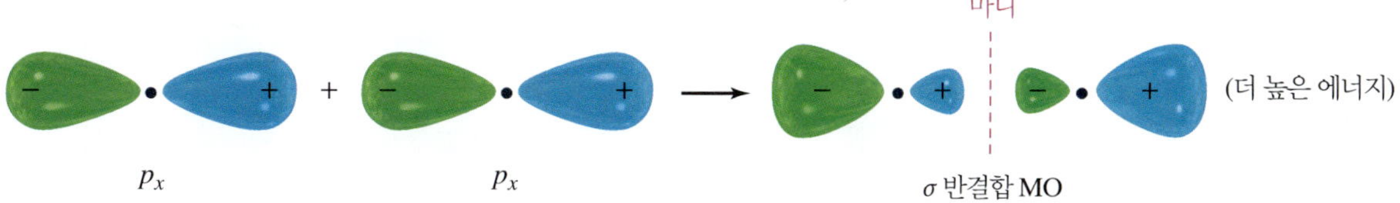


$s$ 오비탈이 $p$ 오비탈과 겹쳐져도 아래에 나타낸 바와 같이 결합 MO와 반결합 MO가 발생한다. $s$ 오비탈과 $p_x$ 오비탈이 보강 겹침을 하면 두 핵 간의 선을 따라 집중된 전자 밀도를 가진 시그마 결합 MO가 형성된다. 상쇄된 겹침을 하면 두 핵을 분리시키는 마디를 가진 $\sigma^*$ 반결합 오비탈이 형성된다.

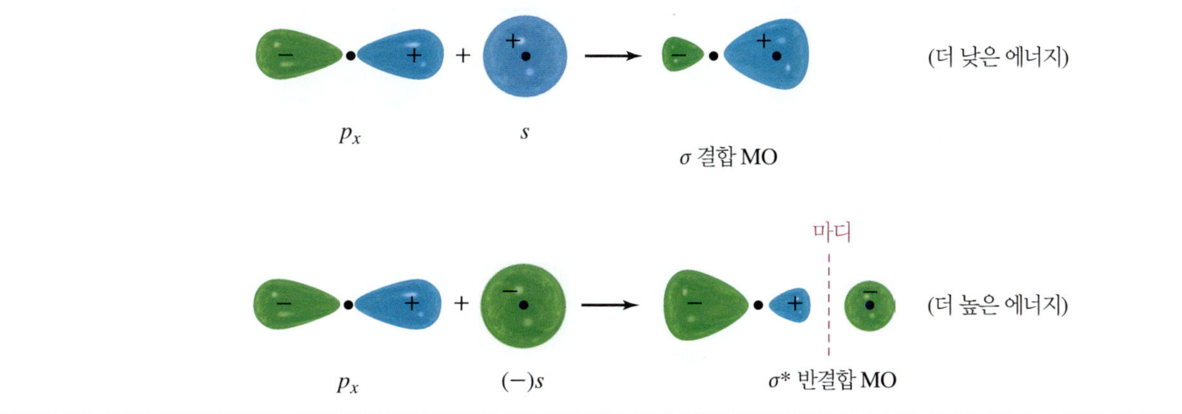

## 1-14 파이 결합하기

**파이 결합**(pi bond 또는 $\pi$ bond)은 두 핵을 연결시키는 선에 대해 수직으로 놓인 2개의 $p$ 오비탈 간의 겹침으로 형성된다(그림 1-17). 이들 평행한 $p$ 오비탈들은 측면에서 겹치는데, 이때 대부분의 전자 밀도는 두 핵을 연결하는 선의 위와 아래에 집중된다. 파이 분자 오비탈은 원통대칭형이 아니다. 즉 MO의 형성은 시그마 결합에서와 같은 선형 겹침이 아니라 평행 겹침이다. 그림 1-17은 $\pi$ 결합 MO와 대응하는 $\pi^*$ 반결합 MO를 나타낸다.

### 1-14A 단일 결합과 이중 결합

**이중 결합**(double bond)을 하기 위해서는 두 핵 간의 결합 영역 내에 4개의 전자가 필요하다. 첫 번째 전자쌍은 시그마 결합 MO로 들어가서 강력한 시그마 결합을 형성한다. 두 번째 전자쌍은 동일한 오비탈이나 동일한 공간으로 들어갈 수 없다. 이 전자쌍은 파이 결합 MO로 들어가는데, 전자 밀도는 시그마 결합의 위와 아래에 집중된다.

1개의 시그마 결합과 1개의 파이 결합의 조합이 이중 결합의 정상적인 구조이다. 그림 1-18은 탄소-탄소 이중 결합을 보유한 유기 분자인 에틸렌(ethylene)의 구조를 나타낸다.

## 1-15 혼성화와 분자 모양

이제까지 단순한 $s$ 원자 오비탈과 $p$ 원자 오비탈의 겹침이 관여하는 결합만을 논의했다. 이들 간단한 결합은 유기 화합물에서 가끔 볼 수 있지만 **혼성 원자 오비탈**(hybrid atomic orbital)을 이용함

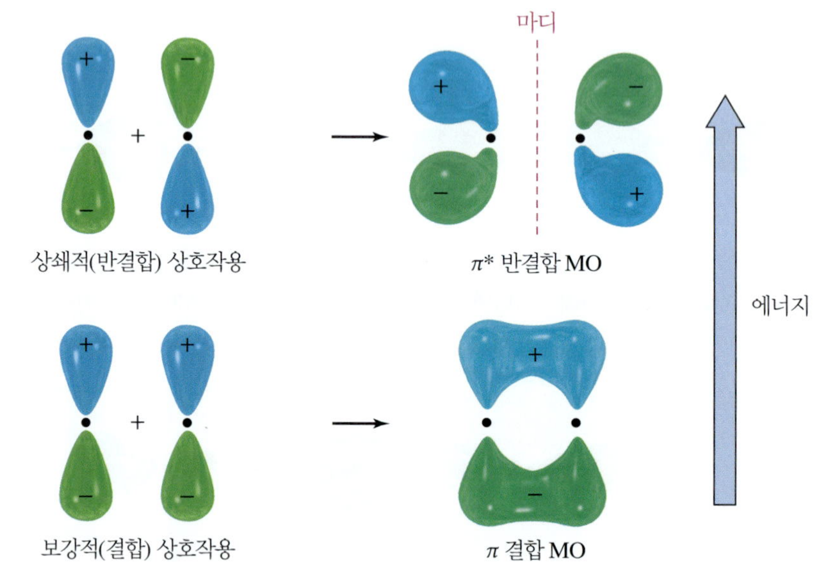


**그림 1-17** 파이 결합과 반결합 MO. 두 $p$ 오비탈의 측면 겹침은 $\pi$ 결합 MO와 $\pi^*$ 반결합 MO를 형성한다. 파이 결합은 대부분의 시그마 결합만큼 강하지 않다.

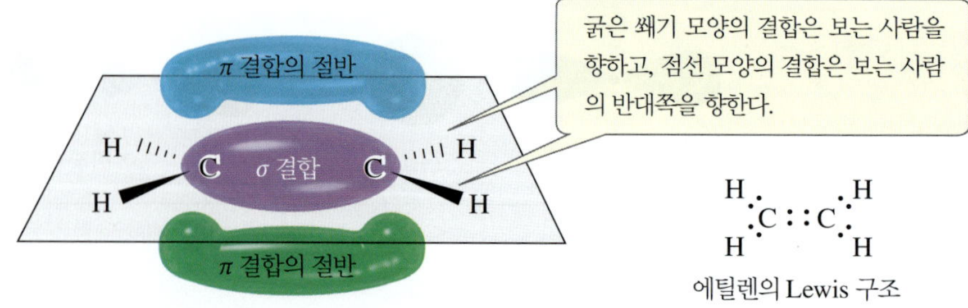


**그림 1-18** 에틸렌의 이중 결합의 구조. 첫 번째 전자쌍은 $\sigma$ 결합을 형성한다. 두 번째 전자쌍은 $\pi$ 결합을 형성한다. $\pi$ 결합은 $\pi$ 결합의 위와 아래에 있는 2개의 로브에 집중된 전자 밀도를 가진다. $\pi$ 결합 MO의 2개의 로브가 함께 하나의 $\pi$ 결합을 이룬다.

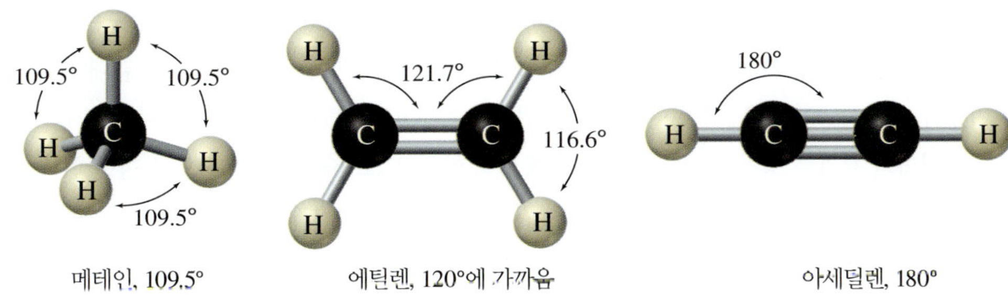


**그림 1-19** 보편적인 결합각. 유기 화합물의 결합각은 보통 109°, 120°, 180°에 가깝다.

으로써 형성된 결합만큼 보편적인 것은 아니다. 혼성 원자 오비탈은 동일한 원자의 오비탈들이 혼합되어 발생한다. 이들 혼성 오비탈의 기하 구조는 유기 화학에서 관측되는 실제적 구조와 결합각을 설명하는 데 도움이 된다.

만약 단순한 *s* 오비탈과 *p* 오비탈만을 사용하여 유기 분자들의 결합각을 예측한다면 틀림없이 약 90°의 결합각을 예측하게 될 것이다. *s* 오비탈은 비방향성이며, *p* 오비탈들은 서로 90°로 지향한다(그림 1-5). 그러나 실험적인 증거는 이 예측이 틀리다는 사실을 나타내는데, 유기 화학에서 결합각은 보통 109°, 120°, 180°에 가깝다(그림 1-19). 이들 결합각을 설명하는 보편적인 방법은 **원자가 껍질 전자쌍 반발 이론**(valence-shell electron-pair repulsion theory, VSEPR 이론)이다. 이 이론에 따르면 전자쌍들은 서로 반발하기 때문에 중심 원자 주위의 결합 전자쌍과 고립 전자쌍은 대개 가능한 최대의 각으로 서로 멀어지려고 한다. 4개의 전자쌍에 대한 가능한 최대의 분리각은 109.5°이고, 3개의 전자쌍에 대한 가능한 최대의 분리각은 120°이며, 2개의 전자쌍에 대한 가능한 최대의 분리각은 180°이다. 그림 1-19에 있는 구조들은 모두 될 수 있는 대로 멀리 떨어져 있는 결합각을 가진다.

이러한 분자의 모양은 단순한 *s* 원자 오비탈과 *p* 원자 오비탈 간의 결합에서 발생할 수 없다. *s* 오비탈과 *p* 오비탈은 공간에서 유리된 원자에 대해서는 최소의 에너지를 가지고 있을지라도 결합을 형성하기 위한 최상의 오비탈은 아니다. 보편적인 유기 분자의 모양을 설명하기 위해 *s* 오비탈과 *p* 오비탈이 결합하여 전자쌍을 공간에 더욱 넓게 분포시키고 핵 간의 결합 영역 내에 전자 밀도를 더욱 집중시키는 혼성 원자 오비탈이 형성된다고 결론을 내린다.

## 1-15A *sp* 혼성 오비탈

오비탈들은 결합하여 새로운 오비탈을 생성할 수 있다. 이 원리를 이용하여 다른 원자의 원자 오비탈을 더하고 뺌으로써 분자 오비탈을 형성한 바 있다. 마찬가지로 동일한 원자의 원자 오비탈도 더하고 뺄 수 있다. 그림 1-20에서와 같이 동일한 원자 위의 1개의 *p* 오비탈을 1개의 *s* 오비탈에 더할 때의 결과를 생각해보자.

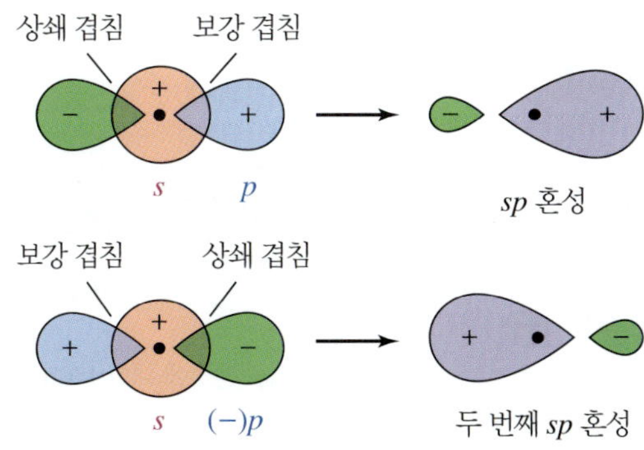


**그림 1-20** 한 쌍의 *sp* 혼성 원자 오비탈의 형성. 1개의 *s* 오비탈을 1개의 *p* 오비탈에 더하면 핵의 한쪽에 그 전자 밀도의 대부분을 보유한 *sp* 혼성 원자 오비탈이 형성된다. 반대의 위상을 가진 *p* 오비탈을 더하면 첫 번째 혼성과는 핵의 반대편에 전자 밀도의 대부분을 보유한 *sp* 혼성 원자 오비탈이 형성된다.

그 결과로 생기는 오비탈을 ***sp* 혼성 오비탈**(*sp* hybrid orbital)이라고 한다. 그 전자 밀도는 원자의 한쪽을 향해 집중된다. 2개의 오비탈(*s*, *p*)에서 출발했으므로 2개의 *sp* 혼성 오비탈로 끝내야 한다. 두 번째의 *sp* 혼성 오비탈은 *s* 오비탈을 반대의 위상을 가진 *p* 오비탈에 더할 때 생긴다(그림 1-20).

이 혼성화의 결과로 생기는 것은 하나는 왼쪽으로 향하고, 또 하나는 오른쪽으로 향한 한 쌍의 *sp* 혼성 오비탈이다. 이 혼성화된 오비탈들은 원자의 왼쪽에 있는 1개의 *s* 결합과 오른쪽에 있는 또 하나의 *s* 결합에 전자 밀도를 더 증대시킨다. 뿐만 아니라 이 혼성 오비탈들은 될 수 있는 대로 결합 전자가 멀리 떨어진 180°의 결합각을 가진다. 일반적으로 *sp* 혼성화로 이 같은 **선형**(linear) 결합 배열이 생긴다.

**예제 1-7**

베릴륨 수소화물(beryllium hydride, $BeH_2$)에 대한 Lewis 구조를 그려보라. $BeH_2$ 결합에서 겹치는 오비탈들을 그리고, 각 오비탈의 혼성화를 표시하라. 또한 H—Be—H의 결합각을 예측하라.

**풀이**

우선 $BeH_2$에 대한 Lewis 구조를 그린다.

H:Be:H

$BeH_2$에는 오직 4개의 원자가 전자(Be에서 온 2개와 H 각각에서 1개씩 온 2개)가 있으므로 Be 원자는 팔전자를 가질 수 없다. 결합이 발생하려면 가장 강력한 결합을 이루는 Be의 오비탈이 관여해야 하며(결합 영역에 대부분의 전자 밀도가 집중되므로), 또한 2쌍의 전자는 될 수 있는 대로 멀리 떨어져 있어야 한다.

혼성 오비탈은 전자 밀도를 결합 영역 내에 집중시키며, *sp* 혼성은 2쌍의 전자를 180°로 분리시킨다. 수소는 가장 가까운 곳에 있는 이용 가능한 *p* 오비탈이 (1*s*보다 에너지가 훨씬 더 높은) 2*p* 오비탈이므로 혼성화된 오비탈을 이용할 수 없다. $BeH_2$의 결합은 Be의 *sp* 혼성 오비탈과 수소의 1*s* 오비탈의 겹침에서 발생한다. 그림 1-21은 이것이 어떻게 일어나는지를 나타낸다.

**응용: 생물**

메타노트로프(methanotroph)는 탄소와 에너지원으로서 메테인만을 사용하여 성장하는 박테리아 또는 고세균이다. 공기 중에 사는 박테리아는 산소를 이용하여 메테인을 폼알데하이드($H_2C=O$)와 $CO_2$로 산화시킨다. 산소가 적은 해양 퇴적물에 사는 박테리아는 메테인을 폼알데하이드와 $CO_2$로 산화시키기 위해 황산($SO_4^{2-}$)을 사용하고, 황산을 $H_2S$로 환원시킨다.

## 1-15B $sp^2$ 혼성 오비탈

3개의 결합을 될 수 있는 대로 멀리 떨어지게 하려면 120°의 결합각이 필요하다. 1개의 *s* 오비탈이 2개의 *p* 오비탈과 결합될 때 발생하는 3개의 혼성 오비탈은 서로 120°를 지향한다(그림 1-22). 이들 오비탈을 **$sp^2$ 혼성 오비탈**($sp^2$ hybrid orbital)이라고 하는데, 그 이유는 이들 오비탈은 1개의 *s* 오비탈과 2개의 *p* 오비탈로 이루어져 있기 때문이다. 120° 배열은 *sp* 혼성 오비탈의 선형 기하 구조와는 대조적으로 **삼각형**(trigonal) **기하 구조**라고 한다. 혼성화한 후 3개의 혼성 오비탈 면과 수직인 1개의 혼성화를 하지 않은 *p* 오비탈($p_z$)이 남게 된다.



**그림 1-21** $BeH_2$의 결합. 2개의 시그마 결합을 형성하기 위해 Be 위의 2개의 *sp* 혼성화된 원자 오비탈이 수소의 1*s* 오비탈과 결합된다. 결합각은 180°(선형)이다.

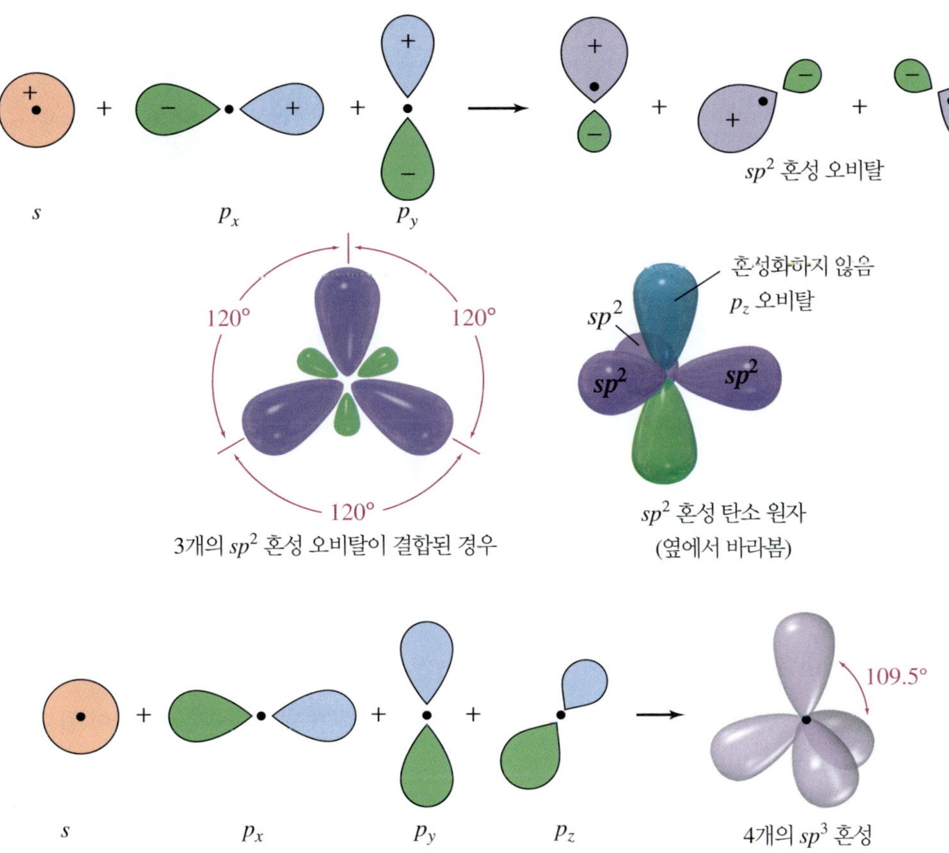


**그림 1-22** $sp^2$ 혼성 오비탈로 된 삼각형 기하 구조. 1개의 $s$ 오비탈이 2개의 $p$ 오비탈과 혼성화하면 3개의 $sp^2$ 혼성 오비탈이 형성된다. 이 삼각형 구조와 관련된 결합각은 약 120°이다. 남아 있는 $p$ 오비탈은 3개의 혼성 오비탈의 면과 직각이다.

**그림 1-23** $sp^3$ 혼성 오비탈을 가진 정사면체 기하 구조. 1개의 $s$ 오비탈이 3개의 모든 $p$ 오비탈과 혼성화하면 정사면체의 기하 구조와 109.5°의 결합각을 가진 4개의 $sp^3$ 혼성 오비탈이 형성된다.

### 예제 1-8

보레인(borane, $BH_3$)은 정상적인 조건에서는 안정하지 않지만, 낮은 기압에서는 검출된다.

**(a)** 보레인의 Lewis 구조를 그려보라.

**(b)** $BH_3$에서 결합 그림을 그리고, 각 오비탈의 혼성화를 명시하라.

**(c)** H—B—H의 결합각을 예측하라.

**풀이**

보레인에는 오직 6개의 원자가 전자만 있다. 따라서 붕소는 팔전자를 가질 수 없다. 붕소는 3개의 수소와 결합하여 단일 결합을 한다.

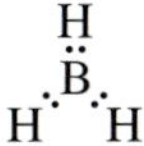


최상의 결합 오비탈은 3쌍의 결합 전자를 될 수 있는 대로 멀리 떨어지게 하면서 결합 영역 내에 전자 밀도가 최대가 되게 하는 것이다. 1개의 $s$ 오비탈이 2개의 $p$ 오비탈과 혼성화하면서 서로 120°씩 떨어져 있는 3개의 $sp^2$ 혼성 오비탈이 형성된다. 이들 오비탈 및 수소 1$s$ 오비탈과의 겹침은 평면 삼각형 분자를 형성한다(혼성 오비탈의 작은 뒤쪽 로브는 생략되었다는 것에 주목하라).

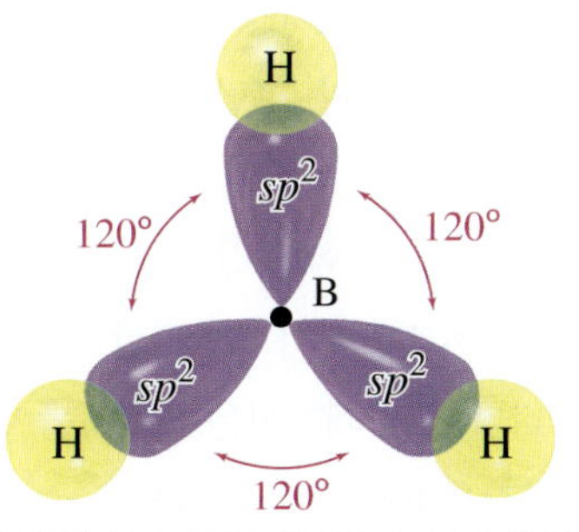


**문제풀이 힌트**

혼성 오비탈의 수는 항상 혼성화되는 $s$ 오비탈과 $p$ 오비탈의 총수와 같다.

| 오비탈의 수 | 혼성 | 각도 |
|---|---|---|
| 2 | $sp$ | 180° |
| 3 | $sp^2$ | 120° |
| 4 | $sp^3$ | 109.5° |

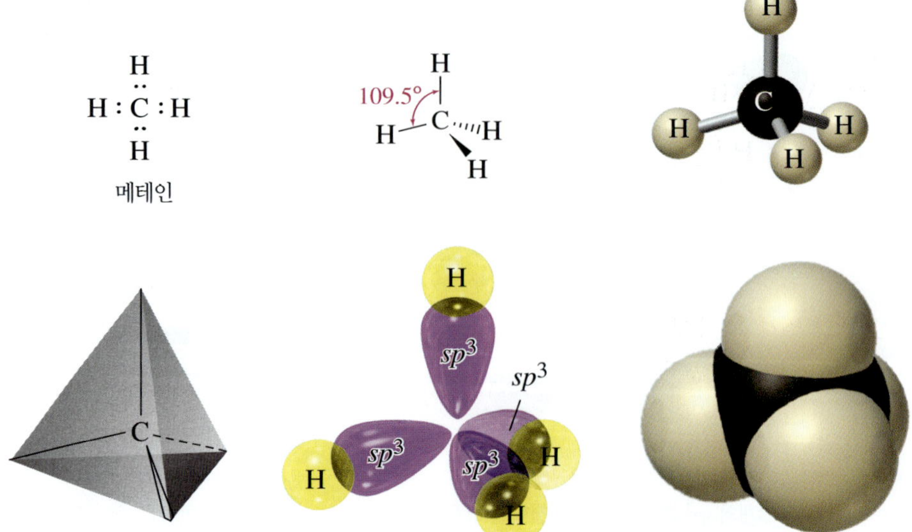


**그림 1-24** 몇 가지의 메테인 보기. 메테인은 $sp^3$ 혼성 오비탈을 사용하여 4개의 수소 원자와 시그마 결합을 형성하는 정사면체 기하 구조를 가진다.

## 1-15C $sp^3$ 혼성 오비탈

대부분의 유기 화합물은 4개의 다른 원자와 결합한 탄소 원자를 가진다. 이 4개의 결합이 될 수 있는 대로 멀리 떨어져 있도록 지향할 때는 그림 1-23에 나타난 바와 같이 정사면체(109.5°의 결합각)를 형성한다. 이 **정사면체**(tetrahedral) 배치는 *s* 오비탈과 3개의 모든 *p* 오비탈의 혼성화로 설명할 수 있다. 그 결과로 생기는 4개의 오비탈을 **$sp^3$ 혼성 오비탈**($sp^3$ hybrid orbital)이라고 하는데, 이 오비탈은 1개의 *s* 오비탈과 3개의 *p* 오비탈로 이루어져 있기 때문이다.

메테인(methane, $CH_4$)은 $sp^3$ 혼성화의 가장 간단한 예이다(그림 1-24). 메테인의 Lewis 구조는 4개의 C—H 단일 결합에 대응하는 8개의 원자가 전자(탄소에서 4개, 각 수소에서 1개씩)를 가진다. 정사면체의 기하 구조는 이 4개의 C—H 단일 결합을 최대로 가능한 각도인 109.5°만큼 떨어지게 한다.

**문제풀이 힌트**

원근법을 사용할 때 지면에 놓인 두 결합 사이에 어떠한 결합도 그리지 않아야 한다. 그러한 그림은 틀린 그림이다.

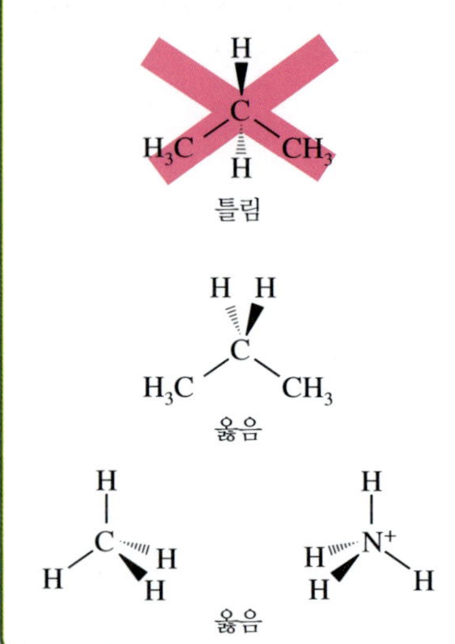


## 1-16 3차원적인 분자를 그리는 방법

그림 1-23과 그림 1-24는 2차원적인 종이 위에 3차원적인 물체를 나타냈기 때문에 앞에 나온 그림들보다 그리기가 더 어려웠다. $p_z$ 오비탈은 종이에 들어갔다 나왔다 하는 것을 가리키는 것처럼 보여야 하며, 정사면체는 3차원적으로 보여야 한다. 이들 그림을 그릴 때는 3차원처럼 보이기 위해 원근법을 사용한다.

대부분의 유기 분자는 3차원적이지만 분자가 크고 복잡할 때는 원근법을 사용하기가 어렵다. 유기 화학자들은 3차원적인 그림을 단순화하기 위해서 속기 표현법을 개발했다. 대시선은 독자로부터 떨어져 뒤쪽으로 가는 결합을 나타낸다. 굵은 쐐기 모양의 결합은 독자를 향해 앞쪽으로 나오는 결합을 나타낸다. 직선은 지면에 있는 결합이다. 그림 1-24에 나타낸 메테인의 두 번째 그림은 대시선과 쐐기선으로 나타낸 원근법이다.

에테인(ethane, $C_2H_6$)의 3차원적인 구조는 함께 결합된 2개의 정사면체 모양이다. 각 탄소 원자는 4개의 $sp^3$ 혼성 오비탈에 의해 형성된 4개의 시그마 결합을 가진 $sp^3$으로 혼성화된다. 대시선은 관찰자로부터 멀어져가는 결합을 나타내고, 쐐기선은 관찰자를 향해 나오는 결합을 나타내며, 다른 결합들은 지면에 있다. 모든 결합각은 109.5°에 가깝다.

**연습문제 1-15**

**(a)** 분자 모형을 사용하여 에테인을 조립하고, 이 모형을 위에 나타낸 구조와 비교하라.

**(b)** 뷰테인(butane, $C_4H_{10}$)의 모형을 만들고, 들어가고 나오는 결합을 나타내기 위해 대시선과 쐐기선을 사용하여 모형을 그려보라.

## 1-17 혼성화와 기하 구조의 일반 규칙

이 시점에서 유기 분자에 대한 오비탈의 혼성화와 결합각을 결정하는 몇 가지 일반 규칙을 고찰할 수 있다. 이 규칙을 살펴본 후에 이 규칙이 어떻게 이용되는지 알아보는 연습문제를 풀어보자.

규칙 1: 시그마 결합 전자와 고립 전자쌍은 양쪽 모두 혼성 오비탈을 점유한다. 어떤 원자의 혼성 오비탈의 수는 그 원자에 있는 시그마 결합의 수와 고립 전자 쌍의 수를 더함으로써 계산한다.

**SUMMARY | 혼성화와 기하 구조**

| 혼성 오비탈의 수 | 혼성화 | 기하 구조 | 대략적 결합각 |
|---|---|---|---|
| 2 | $s + p = sp$ | 선형 | 180° |
| 3 | $s + p + p = sp^2$ | 삼각형 | 120° |
| 4 | $s + p + p + p = sp^3$ | 정사면체 | 109.5° |

다른 원자에 대한 첫 번째 결합은 언제나 시그마 결합이므로, 혼성 오비탈의 수는 고립 전자쌍의 수를 중심 원자에 결합된 원자의 수에 더함으로써 계산할 수 있다.

규칙 2: 계산된 수의 결합과 고립 전자쌍을 될 수 있는 대로 가장 멀리 떨어지게 할 수 있는 혼성화와 기하 구조를 이용한다.

혼성 오비탈의 수는 합친 원자 오비탈의 수와 같다. 고립 전자쌍은 결합 전자쌍보다 더 많은 공간을 차지하므로 결합각을 압축시킨다.

규칙 3: 2쌍 또는 3쌍의 전자가 두 원자 간에 다중 결합을 형성하는 경우, 첫 번째 결합은 혼성 오비탈에 의해 형성되는 시그마 결합이다. 두 번째 결합은 시그마 결합의 위아래에 2개의 로브로 구성된 파이 결합으로, 혼성화되지 않은 2개의 $p$ 오비탈로 형성된다(그림 1-25의 에틸렌 구조 참조). 삼중 결합의 세 번째 결합은 첫 번째 파이 결합에 대해 수직인 또 하나의 파이 결합이다(그림 1-26).

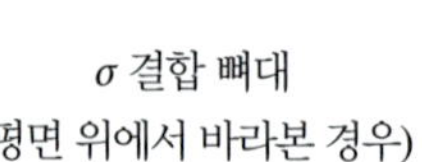


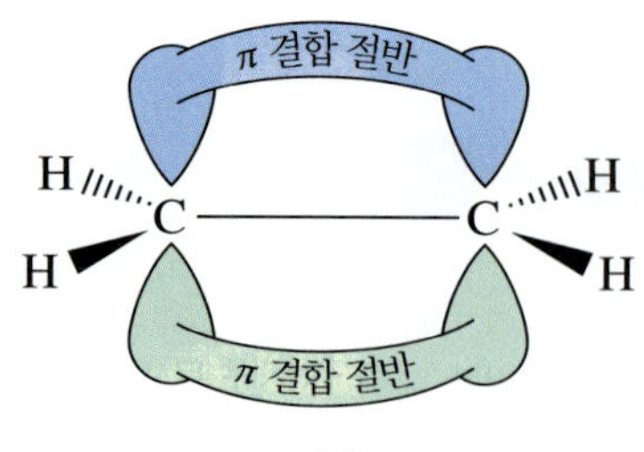

**그림 1-25** 에틸렌의 평면 기하 구조 모형. 에틸렌의 두 탄소 원자는 $sp^2$으로 혼성화되어 약 120°의 3방향의 결합각을 가진다. 모든 탄소와 수소 원자는 동일 평면에 놓여 있다.

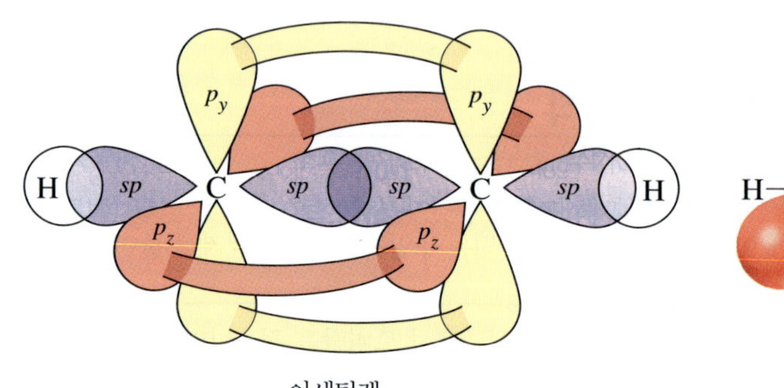


**그림 1-26** 아세틸렌의 선형 기하 구조 모형. 아세틸렌의 두 탄소 원자는 $sp$로 혼성화되었으며 선형 결합각(180°)을 가진다. 삼중 결합은 1개의 시그마 결합과 서로 수직 방향을 지향하는 2개의 파이 결합을 가진다.

H—C—C—H

아세틸렌

## FOCUS | C, N, O의 혼성화 결정하기

유기 화합물에서 가장 흔한 원자는 C, H, N, O이다. H는 혼성화하지 않는다. C, N, O가 완전한 팔전자인 안정된 화합물에 있을 경우 이 원자들의 혼성화를 결정하는 방법을 단순화할 수 있다.

원자의 혼성화는 어떻게 결정하는가? 그것이 가지고 있는 **파이 결합의 수**에 의해

| 만일 원자(C, N, O)가 … | | | | 혼성화 | | 기하 구조 |
|---|---|---|---|---|---|---|
| 파이 결합이 없으면 | ⇨ | 파이 결합에 $p$ 오비탈이 없음 | ⇨ | $sp^3$ 혼성화 | ⇨ | 정사면체형(109.5° 결합각) |
| 1개의 파이 결합 | ⇨ | 파이 결합에 1개의 $p$ 오비탈 | ⇨ | $sp^2$ 혼성화 | ⇨ | 삼각평면형(120° 결합각) |
| 2개의 파이 결합 | ⇨ | 파이 결합에 2개의 $p$ 오비탈 | ⇨ | $sp$ 혼성화 | ⇨ | 선형(180° 결합각) |

예: 다음 화합물에서 각 혼성화된 원자의 혼성화를 결정하라.

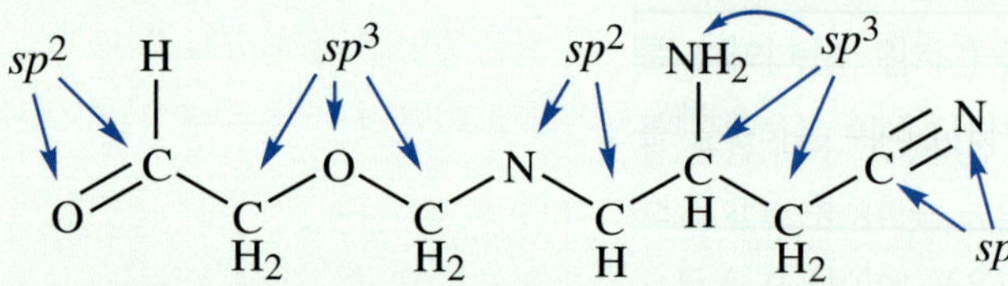


이 화합물에서 모든 혼성화된 원소는 $sp$(2개의 파이 결합, 2개의 $p$ 오비탈이 요구됨)라고 표시된 탄소를 제외하고 $sp^2$이다. N은 N의 $sp^2$ 혼성 오비탈의 하나를 차지하는 하나의 고립 전자쌍을 가지고 있다. O는 2개의 $sp^2$ 혼성 오비탈에 2개의 고립 전자쌍을 가지고 있다.

**예제 1-9**

암모니아 $NH_3$의 질소 원자의 혼성화를 예측하라. 암모니아의 3차원적인 구조의 모양을 그리고, 결합각을 예측하라.

**풀이**

혼성화는 시그마 결합의 수와 고립 전자쌍의 수를 더한 수에 의존한다. Lewis 구조를 보면 이 값을 알 수 있다.

H:N̈:H (H 위, H 아래) 또는 H—N: (H 위, H 아래) 고립 전자쌍

이 구조에는 3개의 시그마 결합과 한 쌍의 비결합 전자가 있다. 4개의 혼성 오비탈을 필요로 하는데, 이는 $sp^3$ 혼성화와 약 109.5°의 결합각을 가진 질소 원자 주위의 정사면체 기하 구조를 시사한다. 그 결과 발생하는 구조는 $sp^3$ 혼성 오비탈 중 하나가 1개의 고립 전자쌍으로 채워진 점을 제외하면 메테인의 구조와 매우 유사하다.

107.3°

암모니아의 결합각(107.3°)은 이상적인 정사면체각인 109.5°보다 약간 작다는 사실에 주목하라. 비결합 전자는 결합 전자쌍보다 더욱 멀리 퍼져 있으므로 더 많은 공간을 차지한다. 고립 전자쌍은 N—H 결합의 전자를 밀어내기 때문에 결합각이 작아진다.

예제 1-9에서 1-13은 유기 화합물에서 혼성화와 결합각을 예측하는 데 이러한 규칙을 어떻게 사용하는지를 보여준다.

**연습문제 1-16**

**(a)** 물($H_2O$)에서 산소 원자의 혼성화를 예측하라. 물의 3차원적인 구조를 그리고, 그 결합각이 104.5°인 이유를 설명하라.

**(b)** 암모니아와 물에 대한 정전기 전위 지도는 다음과 같다. 암모니아의 구조가 EPM에 보인다. 고립 전자쌍은 높은 전자 전위(붉은색) 영역을 생성하고, 수소는 낮은 전자 전위(파란색) 영역 내에 있는 것에 주목하라. 물의 3차원적 구조가 EPM에 상응하는지를 알아보라.

$NH_3$

$H_2O$

**예제 1-10**

에틸렌($C_2H_4$)에 대한 혼성화, 기하 구조, 결합각을 예측하라.

**풀이**

H:C::C:H (각 C에 H 2개) 또는 $H_2C{=}CH_2$

각 탄소 원자는 팔전자를 가지며, 두 탄소 원자 간에는 1개의 이중 결합이 있다. 각 탄소는 3개의 다른 원자에 결합되었으며(3개의 시그마 결합), 고립 전자쌍은 없다. 두 탄소 원자는 $sp^2$으로 혼성화되었으며, 결합각은 삼각형 모양의 약 120°이다. 이중 결합은 2개의 $sp^2$으로 혼성화된 오비탈들의 겹침으로 형성된 1개의 시그마 결합과 2개의 탄소 원자에 남아 있는 혼성화되지 않은 $p$ 오비탈의 겹침으로 형성된 1개의 파이 결합으로 이루어져 있다. 파이 결합은 2개의 $p$ 오비탈이 평행하게 놓여야 하므로 에틸렌은 평면이어야 한다(그림 1-25).

**연습문제 1-17**

다음 화합물의 중심 원자에 대한 혼성화, 기하 구조, 결합각을 예측하라.

**(a)** 뷰트-2-엔($CH_3CH{=}CHCH_3$) **(b)** $CH_3CH{=}NH$

**문제풀이 힌트**

올바른 Lewis 구조에서 시작하고 시그마 결합과 고립 전자쌍에 대해서는 혼성 오비탈을 사용하라. 이중 결합의 두 번째 결합과 삼중 결합의 두 번째, 세 번째 결합에 대해서는 비혼성화된 *p* 오비탈 사이의 파이 결합을 사용하라.

**예제 1-11**

아세틸렌($C_2H_2$)에 대한 혼성화, 기하 구조, 결합각을 예측하라.

**풀이**

아세틸렌의 Lewis 구조는 다음과 같다.

$$\mathrm{H{:}C{:::}C{:}H} \quad \text{또는} \quad \mathrm{H{-}C{\equiv}C{-}H}$$

두 탄소 원자는 모두 팔전자를 가지고 있지만 각 탄소는 2개의 다른 원자에 결합되었으므로 2개의 시그마 결합을 필요로 한다. 고립 전자쌍은 없다. 각 탄소 원자는 *sp*로 혼성화되었으며, 선형(결합각 180°)이다. *sp* 혼성 오비탈은 *s* 오비탈과 $p_x$ 오비탈로부터 발생했다는 사실에 주목하라(*p* 오비탈은 두 핵을 연결하는 선을 따라 지향한다). $p_y$ 오비탈과 $p_z$ 오비탈은 비혼성화된다.

**삼중 결합**(triple bond)은 *sp* 혼성 오비탈의 겹침으로 인해 발생한 1개의 시그마 결합과 2개의 파이 결합으로 이루어져 있다. 1개의 파이 결합은 2개의 $p_y$ 오비탈의 겹침으로 인해 발생하고, 또 하나의 파이 결합은 2개의 $p_z$ 오비탈의 겹침으로 인해 발생한다(그림 1-26).

**연습문제 1-18**

아세토나이트릴(acetonitrile, $CH_3{-}C{\equiv}N{:}$)에 대한 혼성화, 기하 구조, 탄소와 질소 원자의 결합각을 예측하라.

**예제 1-12**

아세트알데하이드(acetaldehyde, $CH_3CHO$)에서 원자들의 혼성화, 기하 구조, 탄소와 산소 원자의 결합각을 예측하라.

**풀이**

아세트알데하이드의 Lewis 구조는 다음과 같다.

(H:C:C(:Ö:)H 점전자 구조) 또는 (H−C(H)(H)−C(=O)−H 구조식)

산소 원자와 두 탄소 원자는 팔전자의 전자를 가지고 있다. $CH_3$의 탄소 원자는 4개의 다른 원자에 대해 시그마 결합을 하고 있으므로 $sp^3$ 혼성화되었다(즉 정사면체이다). $C{=}O$ 탄소는 (고립 전자쌍 없이) 3개의 다른 원자에 결합되었으므로 $sp^2$으로 혼성화되었으며, 결합각은 약 120°이다.

산소 원자는 1개의 원자(탄소)에 결합되었으며 2개의 고립 전자쌍을 가지고 있으므로 모두 3개의 혼성 오비탈을 필요로 한다. 따라서 산소 원자는 $sp^2$ 혼성화되었으리라고 생각된다. 그러나 산소 위에 있는 두 고립 전자쌍의 각을 실험적으로 측정할 수 없으므로 산소 원자가 실제로 $sp^2$으로 혼성화되었는지 여부를 확인하기란 불가능하다.

탄소와 산소의 이중 결합은 에틸렌의 이중 결합과 꼭 닮았다. $sp^2$ 혼성 오비탈들의 겹침으로 발생한 1개의 시그마 결합과 산소와 탄소에 있는 비혼성화된 *p* 오비탈들의 겹침으로 발생한 1개의 파이 결합이 있다(그림 1-27).

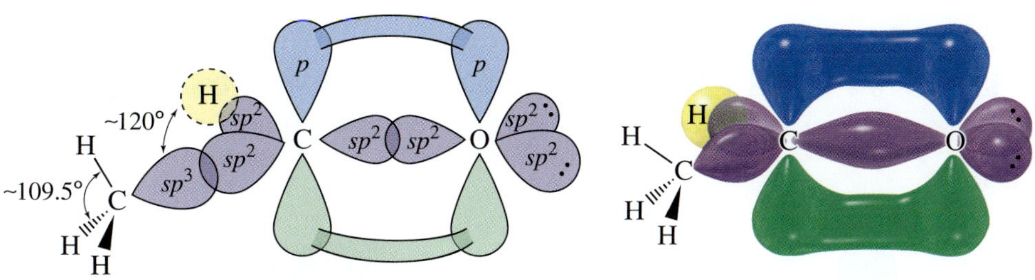


**그림 1-27** 아세트알데하이드의 구조. 아세트알데하이드에서 $CH_3$의 탄소는 $sp^3$으로 혼성화되어 약 109.5°의 정사면체 결합각을 가진다. 카보닐(C=O)의 탄소는 $sp^2$으로 혼성화되어 약 120°의 결합각을 가진다. 산소 원자는 아마도 $sp^2$으로 혼성화되었으리라고 판단되지만, 이 예측을 입증하기 위해 결합각을 측정할 수는 없다.

### 연습문제 1-19

1. 다음 화합물의 Lewis 구조를 그려보라.
2. 수소 이외의 각 원자 주위의 혼성화, 기하 구조, 결합각을 명시하라.
3. 다음 구조의 3차원적인 모양을 그려보라(쐐기선과 대시선 사용).

(a) $CO_2$ (b) $CH_3OCH_3$ (c) $(CH_3)_3O^+$ (d) $CH_3COOH$

(e) $CH_3CCH$ (f) $CH_3CHNCH_3$ (g) $H_2CCO$

### 연습문제 1-20

알렌(allene, $CH_2{=}C{=}CH_2$)은 아래에 나타낸 구조를 가진다. 알렌의 결합은 어떻게 양끝에 2개의 $=CH_2$기가 서로 직각으로 되어 있는지 설명하라.

$$H_2C{=}C{=}CH_2$$

알렌

### 예제 1-13

1-7절과 1-9절에서 $[CH_2NH_2]^+$의 전자 구조를 고찰했다. 이것의 혼성화, 기하 구조, 결합각을 예측하라.

**풀이**

이 문제는 신중을 요하는 문제이다. 이 이온은 다음의 두 가지 중요한 공명 구조를 가진다.

$$\left[ H_2\overset{+}{C}{-}\ddot{N}H_2 \longleftrightarrow H_2C{=}\overset{+}{N}H_2 \right] = H_2\overset{\delta+}{C}{\overset{---}{=}}\overset{\delta+}{N}H_2$$

공명 구조 결합된 표시법

공명이 관여할 때는 다른 공명 구조들은 다른 혼성화와 결합각을 가질 수 있다. 그러나 실제 분자는 모든 중요한 공명 구조들과 모순이 없는 오직 한 조의 결합각만을 가질 수 있다. 결합각은 원자의 혼성화를 시사하는데, 이는 모든 공명 구조에서 동일해야 한다.

$[CH_2NH_2]^+$에 대한 어떤 공명 구조를 살펴보더라도 탄소 원자에 대해서는 $sp^2$ 혼성화(120°의 결합각)를 예측할 수 있다. 그러나 첫 번째 공명 구조는 질소에 대해 $sp^3$ 혼성화(109°의 결합각)를 시사하는 한편, 두 번째 공명 구조는 $sp^2$ 혼성화(120°의 결합각)를 시사한다. 어느 것이 옳은가?

실험에 따르면 탄소와 질소 두 원자 위의 결합각은 $sp^2$ 혼성화를 시사하는 약 120°라고 한다. 두 번째의 공명 구조에서 파이 결합을 형성하는 데 이용할 수 있는 비혼성화된 $p$ 오비탈이 있어야 하기 때문에 질소는 결코 $sp^3$으로 혼성화될 수 없다. 첫 번째 공명 구조에 이러한 비혼성화된 $p$ 오비탈에 있는 고립 전자쌍을 묘사했다.

일반적으로 공명 안정화된 구조는 각 원자에서 필요로 하는 최대 수의 파이 결합에 적합한 결합각을 가진다. 즉 어떤 중요한 공명 구조에 나타낸 모든 파이 결합에 이용할 수 있는 비혼성화된 *p* 오비탈을 가진다.

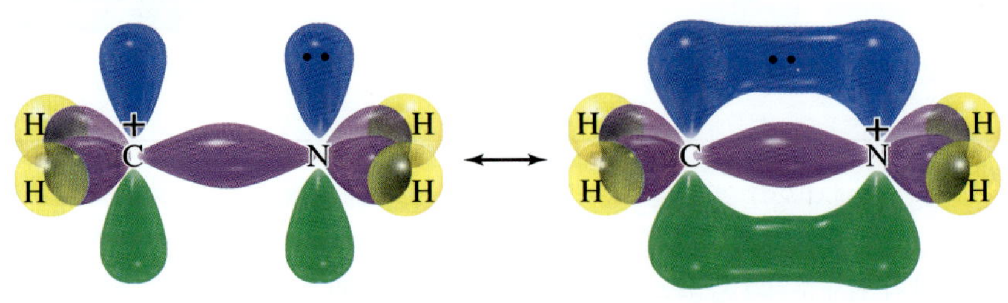


**문제풀이 힌트**

공명 혼성 구조에서 한 원자의 혼성화와 기하 구조를 예측하려면 그 원자가 가장 많은 수의 파이 결합을하는 공명 구조를 선택하라. 공명 구조에 관여하는 한 원자는 파이 결합 겹침을 위해 적어도 1개의 비혼성화된 *p* 오비탈을 필요로 하므로, 일반적으로 $sp^3$ 혼성화되지 않는다.

**연습문제 1-21(부분적인 해답)**

1. 다음 화합물에 대한 중요한 공명 구조를 그려보라.
2. 수소 이외의 각 원자 주위의 혼성화와 결합각을 명시하라.
3. 3차원적인 그림을 이용하여 각 공명 구조에 있는 전자들이 어디서 묘사되는지 밝혀라.

(a) $HCONH_2$

**풀이**

이 화합물은 축소 구조식에서는 쉽게 알기 어려운 카보닐(C=O)기를 가지고 있다. 한 가지 중요한 공명 구조는 질소에 있는 비결합 전자쌍을 탄소와의 파이 결합으로 비편재화시킨다. 이 파이 결합은 비혼성화된 *p* 오비탈들의 겹침을 필요로 한다. 이때 탄소 원자와 질소 원자 모두는 $sp^2$ 혼성화와 120° 결합각을 필요로 한다. 그러면 O는 아마도 $sp^2$ 혼성화일 것이지만, O에 결합각이 없으므로 이러한 가정을 확인할 수 없다.

$sp^2$, 120°

큰 기여자 ⟷ 작은 기여자

공명 구조

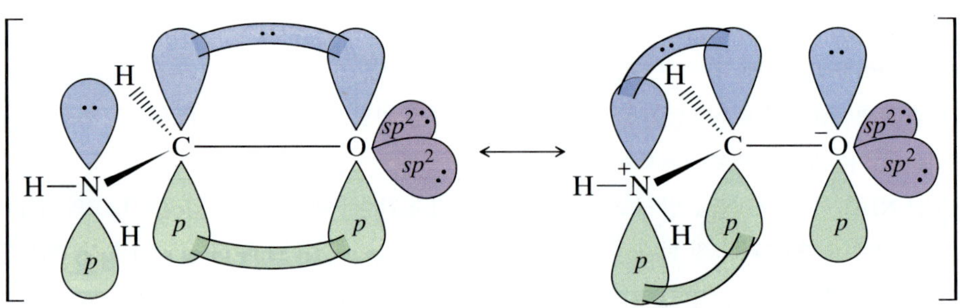


(b) $[CH_2OH]^+$ (c) $[CH_2CHO]^-$ (d) $[CH_3CHNO_2]^-$

(e) $[CH_2CN]^-$ (f) B(OH)3 (g) 오존($O_3$, 결합된 OOO)

## 1-18 결합 회전

어떤 결합은 쉽게 회전하지만 어떤 결합은 회전하지 않는다. 구조를 볼 때 어느 결합이 회전하고 어느 것이 회전하지 않는지 알아볼 수 있어야 한다. 만약 하나의 결합이 쉽게 회전한다면 각 분자는 원자들의 서로 다른 각도의 배치를 이루면서 회전할 수 있다. 그러나 결합이 회전할 수 없다면 다른 성질을 가진 확실히 구별되는 화합물들이 다른 각도의 배치로 존재한다.

> **문제풀이 힌트**
>
> 단일 결합의 회전에 의해서만 발생하는 다른 구조는 같은 화합물을 나타낸다. 예를 들면 다음 구조는 모두 *n*-뷰테인이다.
>
> $CH_3CH_2CH_2CH_3$ $\quad H_3C{-}CH_2{-}CH_2{-}CH_3$ (H, $CH_3$ 치환 구조식) $\quad$ ($CH_3$, $CH_3$ 치환 구조식) $\quad$ ($CH_3$, $CH_3$ 치환 구조식)

### 1-18A 단일 결합의 회전

에테인($CH_3-CH_3$)에서 양쪽의 탄소 원자는 $sp^3$으로 혼성되었으며 정사면체이다. 에테인은 두 메테인 분자의 각 메테인에서 1개의 수소가 떨어져 나가 메틸기가 발생하고, 메틸기의 $sp^3$ 오비탈들의 겹침에 의해 두 메테인 분자가 결합된 것으로 볼 수 있다(그림 1-28).

에테인에서는 오직 1개의 메틸기가 다른 메틸기에 대해 어떻게 꼬였는가(비틀렸는가)만을 달리 함으로써 여러 구조를 그릴 수 있다. 단일 결합 주위의 회전만이 다른 구조를 **회전 배열**(conformation)이라고 한다. 에테인의 무한한 수의 회전 배열 중 두 가지를 그림 1-28에 나타냈다. 에테인의 분자 구조를 조립하고 이 모형을 비틀어서 이들 두 회전 배열로 변환시켜보라.

그림 1-28에 나타낸 구조 중 에테인에 대해 어느 것이 '올바른' 구조인가? 두 메틸기는 그들의 C—H기가 평형을 이루도록(가려진, eclipsed) 배열되었는가? 혹은 오른쪽의 그림에서와 같이 엇갈렸는가(staggered)? 이에 대한 답은 이러한 두 구조와 이 두 구조 사이의 모든 가능한 구조가 에테인에 대한 올바른 구조이며, 실제의 에테인 분자는 이들 모든 회전 배열에 걸쳐서 회전한다는 것이다. 두 탄소 원자는 그들의 $sp^3$ 오비탈들의 겹침에 의해 결합되어 두 탄소 간의 선을 따라 1개의 시그마 결합을 형성한다. 시그마 결합은 2개의 탄소 핵을 연결하는 축에 대해 원통대칭이기 때문에 이 $sp^3$-$sp^3$ 겹침의 크기는 회전하는 동안 거의 일정하게 유지된다. 두 메틸기 중 어느 하나를 어떻게 돌리든 $sp^3$ 오비탈은 다른 탄소 원자의 $sp^3$ 오비탈과 여전히 겹친다.

### 1-18B 이중 결합의 강도

모든 결합이 자유 회전을 하는 것은 아니다. 예를 들면 에틸렌은 아주 단단하다(그림 1-29). 에틸렌의 두 $CH_2$기 간의 이중 결합은 1개의 시그마 결합과 1개의 파이 결합을 가지고 있다. 2개의 $CH_2$기 중 하나를 비틀면 시그마 결합은 영향을 받지 않지만 파이 결합은 겹침을 잃게 된다. 분자의 두 말

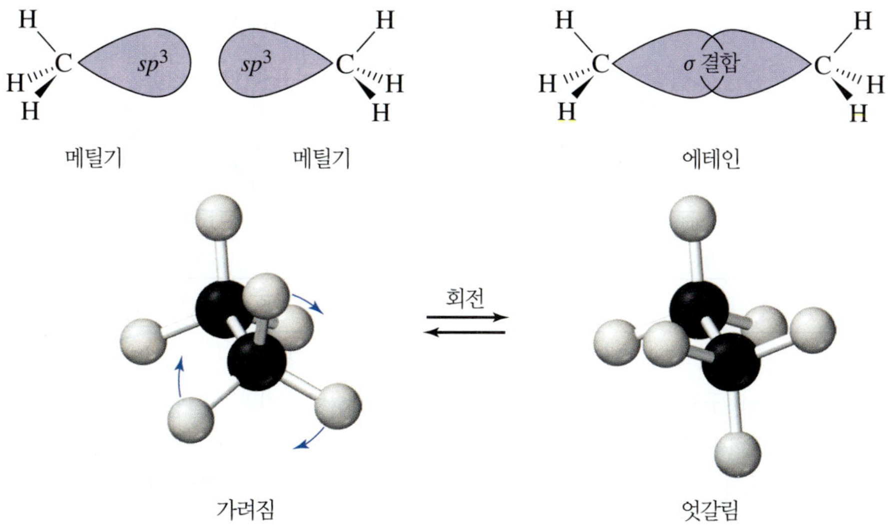


**그림 1-28** 단일 결합의 회전. 에테인은 그들의 $sp^3$ 혼성 오비탈들의 겹침에 의해 결합된 2개의 메틸기로 이루어져 있다. 이들 메틸기는 서로에 대해 회전할 수 있다.

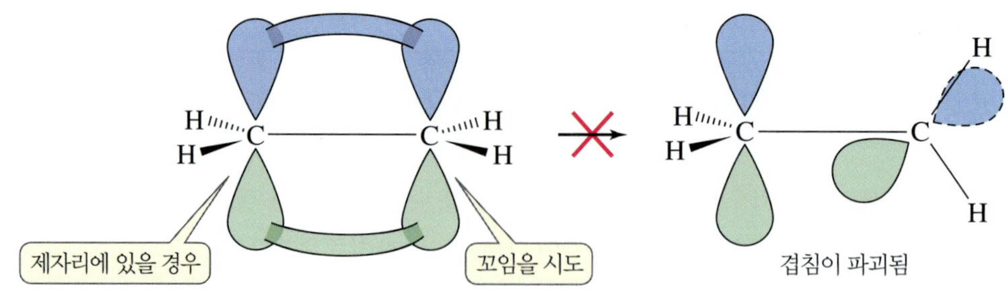


**그림 1-29** 이중 결합의 강도. 꼬임은 에틸렌에 대한 파이 결합의 겹침을 파괴하므로, 에틸렌은 쉽게 꼬이지 않는다.

단이 직각에 있을 때는 2개의 *p* 오비탈이 겹칠 수 없으며, 이때는 파이 결합이 실질적으로 파괴된다. 이 점은 다음과 같이 일반화할 수 있다.

> 단일 결합은 회전을 허용하지만 이중 결합은 단단해서 보통의 조건에서는 비틀 수 없다.

이중 결합은 단단하기 때문에 치환기가 이중 결합에 배열된 방법만으로 서로 다른 화합물들을 분리할 수 있다. 예를 들면 뷰트-2-엔(but-2-ene, $CH_3-CH=CH-CH_3$)의 이중 결합은 분자의 두 말단을 회전하지 못하게 한다. 2개의 다른 화합물이 가능한데, 이들은 물리적 성질이 서로 다르다.

$H_3C$, $CH_3$ / C=C / H, H
시스-뷰트-2-엔
끓는점 = 3.7°C

$H_3C$, H / C=C / H, $CH_3$
트랜스-뷰트-2-엔
끓는점 = 0.9°C

이중 결합의 같은 쪽에 두 메틸기를 가지고 있는 분자는 시스-뷰트-2-엔(*cis*-but-2-ene)이라 하며, 다른 쪽에 두 메틸기를 가지고 있는 분자는 트랜스-뷰트-2-엔(*trans*-but-2-ene)이라고 한다. 이와 같은 분자에 대해서는 1-19B절에서 논의한다.

**연습문제 1-22**

각 쌍의 구조에 대해 이들이 다른 화합물인지 혹은 같은 화합물인지 결정하라.

(a) $H_3C$, $CH_2CH_3$ / H, $CH_3$ 그리고 $H_3C$, $CH_3$ / H, $CH_2CH_3$

(b) $H_3C$, $CH_2CH_3$ / H, H, $CH_3$, H 그리고 $H_3C$, $CH_3$ / H, H, H, $CH_2CH_3$

(c) Br, F / C=C / H, Cl 그리고 Cl, Br / C=C / F, H

(d) Br, H, F / H—C—C / H, Cl 그리고 Br, F, Cl / H—C—C / H, H

**연습문제 1-23**

$CH_3-CH=N-CH_3$의 구조식을 가진 2종의 화합물이 알려져 있다.

**(a)** 이 분자의 Lewis 구조식을 그리고, 각 탄소와 질소의 혼성화를 명시하라.

**(b)** 이 구조식을 가진 두 가지 화합물은 무엇인가?

**(c)** $(CH_3)_2CNCH_3$라는 구조식을 가진 화합물에는 한 가지 화합물만 알려져 있는 이유를 설명하라.

## 1-19 이성질 현상

**이성질체**(isomer)는 같은 분자식을 가진 다른 화합물이다. 유기 화합물에서 이성질 현상의 유형이 몇 가지 있는데, 자세한 것은 5장(입체 화학)에서 다룰 것이다. 여기서는 크게 이성질체의 두 부류, 즉 구조 이성질체와 입체 이성질체에 대해 알아보자.

### 1-19A 구조 이성질 현상

**구조 이성질체**(constitutional 또는 structural isomer)는 결합 순서가 다른 이성질체이다. 즉 원자들이 다르게 연결된다. 예를 들어 뷰테인(butane)을 살펴보자. 분자식 $C_4H_{10}$을 가진 화합물의 구조식을 그려보라는 요청을 받는다면 다음 구조 모두가 옳은 답일 것이다.

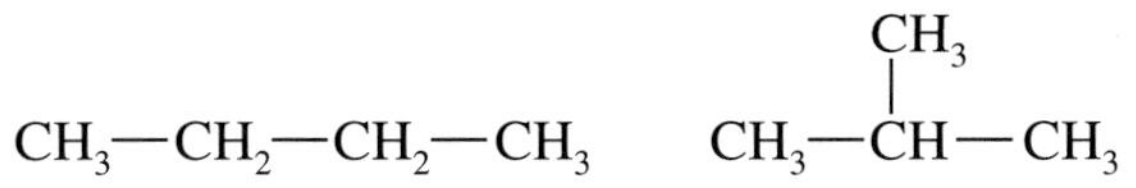

$CH_3—CH_2—CH_2—CH_3$

*n*-뷰테인

$CH_3—CH(CH_3)—CH_3$

아이소뷰테인

이 두 화합물은 이성질체이다. 이성질체는 동일한 분자식을 가진 다른 화합물이다. 이들은 원자들이 다르게 연결되어 있기 때문에 구조 이성질체라고 한다. 첫 번째 화합물인 보편적인 뷰테인, 즉 *n*-뷰테인(*n*-butane)은 탄소 원자들을 4개의 탄소 원자 길이의 곧은 사슬로 가지고 있다. 두 번째 화합물인 뷰테인의 한 가지 이성질체, 즉 아이소뷰테인(isobutane)은 3개의 탄소 원자가 긴 사슬과 1개의 메틸 곁사슬을 지닌 가지 달린 구조이다.

펜테인(pentane, $C_5H_{12}$)에는 보통 사용되는 이름이 *n*-펜테인(*n*-pentane), 아이소펜테인(isopentane), 네오펜테인(neopentane)이라는 3개의 구조 이성질체가 있다. 이성질체의 수는 탄소 원자의 수가 증가함에 따라 급격히 증가한다.

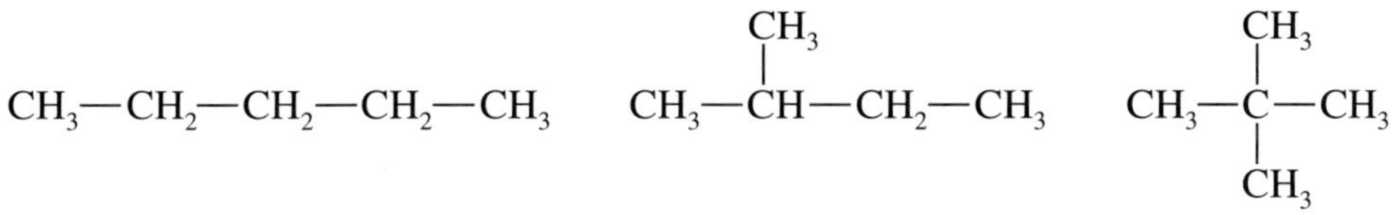

$CH_3—CH_2—CH_2—CH_2—CH_3$

*n*-펜테인

$CH_3—CH(CH_3)—CH_2—CH_3$

아이소펜테인

$CH_3—C(CH_3)_2—CH_3$

네오펜테인

구조 이성질체는 탄소 사슬의 가지치기 외의 방식으로 다를 수 있다. 즉 이중 결합이나 다른 기의 위치, 또는 고리나 다른 양상에 따라 다를 수 있다. 다음의 구조 이성질체들은 원자들이 다른 원자에 결합된 방법에 따라 다르다는 것에 주목하라(각 탄소에 결합된 수소의 수를 살펴보라). 이들 화합물은 다른 분자식($C_5H_{10}$)을 가지므로 앞서 언급한 펜테인의 구조 이성질체는 아니다.

> **문제풀이 힌트**
>
> 구조 이성질체는 원자들이 결합되어 있는 순서가 다르다.

$H_2C{=}CH—CH_2CH_2CH_3$

펜트-1-엔

$CH_3—CH{=}CH—CH_2CH_3$

펜트-2-엔

사이클로펜테인

$CH_3$

메틸사이클로뷰테인

### 1-19B 입체 이성질체

**입체 이성질체**(stereoisomer)는 원자들의 공간에서 배향이 다른 이성질체이다. 원자들은 같은 순서로 결합되어 있다. 예를 들면 시스-뷰트-2-엔과 트랜스-뷰트-2-엔은 결합의 연결이 동일하므로 구조 이성질체가 아니다. 이들은 이중 결합에 연결된 기들의 공간에서의 방향만 다르기 때문에 입

> **문제풀이 힌트**
>
> 입체 이성질체는 원자들이 공간에서 배향 방식만 다른 화합물이다.

체 이성질체이다. 시스 이성질체는 2개의 메틸기가 이중 결합과 동일한 방향에 있고, 트랜스 이성질체는 메틸기가 반대 방향에 있다. 이와는 대조적으로 뷰트-1-엔(but-1-ene)은 시스-뷰트-2-엔과 트랜스-뷰트-2-엔의 구조 이성질체이다.

**문제풀이 힌트**

이중 결합과 같은 쪽에 같은 기들이 있으면 '시스'이고, 같은 기들이 이중 결합의 반대 쪽에 있으면 '트랜스'이다.

입체 이성질체 — 구조 이성질체

$H_3C$, $CH_3$ / C=C / H, H — 시스-뷰트-2-엔

$H_3C$, H / C=C / H, $CH_3$ — 트랜스-뷰트-2-엔

$H_2C$=C–$CH_2$–$CH_3$ / H — 뷰트-1-엔

시스 이성질체와 트랜스 이성질체는 입체 이성질 현상의 한 형태일 뿐이다. 입체 이성질체의 구조와 화학을 연구하는 학문을 **입체 화학**(stereochemistry)이라고 한다. 유기 화학을 공부하는 전반에 걸쳐서 입체 화학을 다루게 될 것이며, 특히 5장에서 전적으로 이 분야에 대해 다룰 것이다.

**시스-트랜스 이성질체**(cis-trans isomer)는 이중 결합에 붙어 있는 기들의 기하 구조가 다르기 때문에 **기하 이성질체**(geometric isomer)라고도 한다. 시스 이성질체는 항상 이중 결합의 같은 쪽에 비슷한 기들을 가지고 있고, 트랜스 이성질체는 이중 결합의 반대쪽에 비슷한 기들을 가지고 있다.

시스-트랜스 이성질 현상을 갖기 위해서는 이중 결합 각각의 말단에 2개의 다른 기가 있어야 한다. 예를 들면 뷰트-1-엔은 이중 결합의 한쪽 말단에 2개의 같은 기를 가지고 있으며, 그들의 위치를 거꾸로 돌려도 다른 화합물이 생기지 않는다. 마찬가지로 2-메틸뷰트-2-엔(2-methylbut-2-ene)은 이중 결합 하나의 말단에 2개의 같은 메틸기를 가지고 있으며, 두 메틸기를 거꾸로 돌려도 다른 화합물이 생기지 않는다. 이들 화합물은 시스-트랜스 이성질 현상을 나타낼 수 없다.

**응용: 약**

입체 이성질체는 매우 다양한 치료 효과를 보일 수 있다. 기나나무 껍질에서 추출한 천연물인 퀴닌(quinine)은 말라리아를 치료하는 데 사용된 최초로 알려진 화합물이었다. 퀴닌의 입체 이성질체인 퀴니딘은 불규칙적인 심장박동을 치료하는 데 사용된다.

동등한 — H, H / C=C / H, $CH_2CH_3$

뷰트-1-엔
시스 또는 트랜스가 없음

동등한 — $CH_3$, $CH_3$ / C=C / H, $CH_3$

2-메틸뷰트-2-엔
시스 또는 트랜스가 없음

## FOCUS | 이성질체의 유형

이성질체는 동일한 분자식을 가진 서로 다른 화합물이다. 따라서 이성질 현상에 대한 첫 번째 검사는 화합물이 동일한 분자식을 가지고 있는지 여부이다.

다음 화합물은 분자식이 다르기 때문에 서로 다르다. 이 화합물들은 이성질체가 아니고 단지 다른 화합물일 뿐이다.

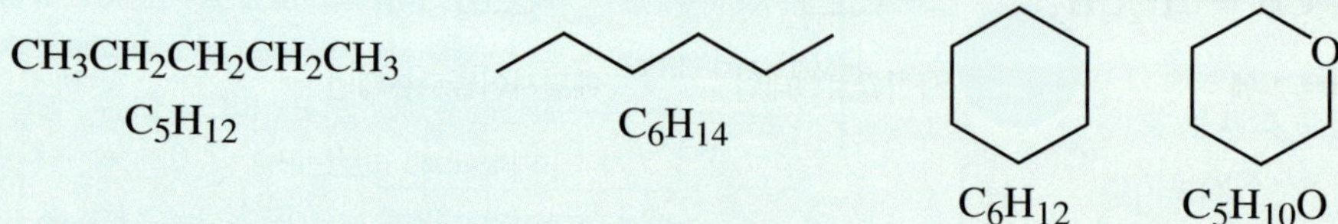


다음 화합물은 동일한 분자식($C_5H_{12}O$)을 가지며, 같은 화합물이다. 이들은 다르게 그려졌지만, 원자 사이의 결합은 동일하다.

$CH_3CH_2CH_2OCH_2CH_3$   (O를 포함한 골격 구조)   $CH_3CH_2$–O–$CH_2CH_2CH_3$

다음 화합물은 동일한 분자식($C_5H_{12}O$)을 가지고 있지만, 구조적으로 구별되는 화합물로 서로 다른 화합물이다. 이들은 서로를 구별하는 방식으로 설명할 수 있다. 이러한 구조를 **구조 이성질체**라고 한다.

$CH_3CH_2CH_2OCH_2CH_3$ O HO

**입체 이성질체**는 분자식이 동일하고, 원자 사이의 결합도 동일한 화합물이지만, 공간에서 원자의 위치는 다르다. 모형의 사용과 뷰자를 3차원으로 시각화하는 능력은 입체 이성질체를 결정하는 데 도움이 된다.

여기서는 여러 유형의 입체 이성질체 중에 **기하 이성질체**, 즉 **시스-트랜스 이성질체**만 소개되었다. 여기의 예시는 시스-뷰트-2-엔 및 트랜스-뷰트-2-엔을 나타낸다. 시스는 이중 결합과 동일한 쪽에 2개의 $CH_3$기를 가지고 있고, 트랜스는 반대쪽에 $CH_3$기를 가지고 있다. 이들은 입체 이성질체이다. 동일한 분자식을 가지고, 기의 방향만 다른, 동일한 결합 순서를 지닌 서로 다른 화합물이다.

$H_3C$ $CH_3$ / C=C / H H — 시스-뷰트-2-엔

H $CH_3$ / C=C / $H_3C$ H — 트랜스-뷰트-2-엔

기하(시스-트랜스) 이성질체,
입체 이성질체 유형

**연습문제 1-24**

다음 화합물 중 어느 것이 시스-트랜스 이성질 현상을 나타내는가? 이들 화합물의 시스 및 트랜스 이성질체를 그려보라.

**(a)** CHF=CHF **(b)** $F_2C=CH_2$ **(c)** $CH_2=CH-CH_2-CH_3$

**(d)** (cyclopentylidene)$=CHCH_3$ **(e)** (cyclopentyl)$-CHCHCH_3$ **(f)** (2,2-dimethylcyclopentylidene)$=CHCH_3$

**문제풀이 힌트**

이중 결합으로 결합된 탄소 중 하나에 동일한 기가 있다는 것은 시스-트랜스 이성질 현상이 일어나지 않는다는 것을 의미한다.

**연습문제 1-25**

다음 구조 쌍 간의 관계를 설명하라. 가능한 관계로는 다음과 같은 것이 있다.

같은 화합물 구조 이성질체
시스-트랜스 이성질체 이성질체가 아님(분자식이 다름)

**(a)** $CH_3CH_2CHCH_2CH_3$ (CH에 $CH_2CH_3$ 결합) 그리고 $CH_3CH_2CHCH_2CH_2CH_3$ (CH에 $CH_3$ 결합)

**(b)** (Br, H)C=C(H, Br) [Br 위-왼쪽, H 아래-왼쪽; H 위-오른쪽, Br 아래-오른쪽] 그리고 (Br, H)C=C(Br, H) [Br 위-왼쪽, H 아래-왼쪽; Br 위-오른쪽, H 아래-오른쪽]

**(c)** (Br, H)C=C(H, Br) [Br 위-왼쪽, H 아래-왼쪽; H 위-오른쪽, Br 아래-오른쪽] 그리고 (Br, Br)C=C(H, H) [Br 위-왼쪽, Br 아래-왼쪽; H 위-오른쪽, H 아래-오른쪽]

**(d)** (Br, H)C=C(H, Br) [Br 위-왼쪽, H 아래-왼쪽; H 위-오른쪽, Br 아래-오른쪽] 그리고 (H, Br)C=C(Br, H) [H 위-왼쪽, Br 아래-왼쪽; Br 위-오른쪽, H 아래-오른쪽]

(e)  H, Cl / H—C—C—H / Cl, H 그리고 Cl, Cl / H—C—C—H / H, H

(f) 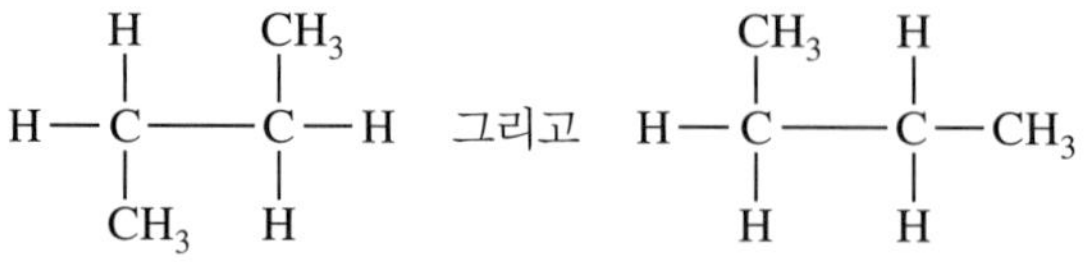 H, $CH_3$ / H—C——C—H / $CH_3$, H 그리고 $CH_3$, H / H—C——C—$CH_3$ / H, H

(g) $CH_3—CH_2—CH_2—CH_3$ 그리고 $CH_3—CH{=}CH—CH_3$

(h) $CH_2{=}CH—CH_2CH_2CH_3$ 그리고 $CH_3—CH{=}CH—CH_2CH_3$

(i) $CH_2{=}CHCH_2CH_2CH_3$ 그리고 $CH_3CH_2CH_2CH{=}CH_2$

(j) 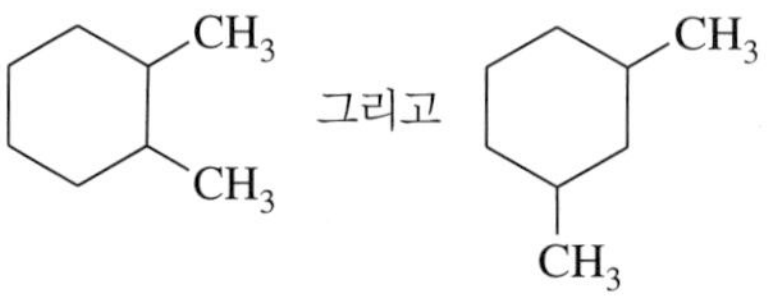 $CH_3$, $CH_3$ 그리고 $CH_3$, $CH_3$ (k)  $CH_3$ 그리고 $CH_3$

## 핵심 용어

**Hund 규칙(Hund's rule):** 동일한 에너지를 가지고 있고 채워지지 않은 오비탈(축퇴 오비탈)이 2개 또는 그 이상 있을 때 최저 에너지의 전자 배치는 전자들이 같은 오비탈 내에서 전자쌍을 이루기보다는 다른 오비탈에 (평행 회전을 이루면서) 채워지는 배치이다.

**Lewis 구조(Lewis structure):** 모든 원자가 전자들을 대시(—)나 한 쌍의 점으로 표시한 결합으로 나타내고, 비결합 전자들을 점으로 나타내는 구조식

***sp*$^3$ 혼성 오비탈(*sp*$^3$ hybrid orbital):** 4개의 오비탈이 발생하며, 결합각은 109.5°이다(정사면체 기하 구조).

**고립 전자쌍(lone pair):** 한 쌍의 비결합 전자

**공명 혼성체(resonance hybrid):** 2개 또는 그 이상의 타당한 Lewis 구조를 그릴 수 있고, 원자가 전자들의 배치만이 다른 분자 또는 이온. 이들 Lewis 구조를 '공명 구조(resonance form 또는 resonancestructure)'라고 한다. 더 중요한 (보다 낮은 에너지) 구조를 '큰 기여자(major contributor)'라고 하며, 덜 중요한 (보다 높은 에너지의) 구조를 '작은 기여자(minor contributor)'라고 한다. 전하가 공명에 의해 2개 또는 그 이상의 원자들 위에 퍼질 경우 그 전하는 '비편재화(delocalized)'되었다고 하며, 그 분자는 '공명 안정화(resonance stabilized)'되었다고 한다.

**공유 결합(covalent bonding):** 두 핵 간 구역에서 전자들을 공유함으로써 일어나는 결합

**단일 결합(single bond):** 한 쌍의 전자를 공유하는 공유 결합

**이중 결합(double bond):** 2쌍의 전자를 공유하는 공유 결합

**삼중 결합(triple bond):** 3쌍의 전자를 공유하는 공유 결합

**구조식(structural formula):** '완전한 구조식(complete structural formula, 예: Lewis 구조)'은 분자 내 모든 원자와 결합을 내타낸다. '축약 구조식(condensed structural formula)'은 중심 원자를 이 원자와 결합한 원자들과 함께 나타낸다. '선–각 구조식(line – angle formula, 골격 구조나 막대 구조라고도 함)'은 선이 시작하거나 끝나는 곳에 1개의 탄소 원자가 있다고 가정한다. 1–10절의 예시 참조

**구조 이성질체(constitutional isomer, structural isomer):** 원자들의 연결이 다른 이성질체. 이들 이성질체는 결합하는 순서가 다르다.

**구조 이성질체(structural isomer):** 원자들의 연결이 다른 이성질체. 이들 이성질체는 결합하는 순서가 다르다. IUPAC 용어는 '구조 이성질체(constitutional isomer)'이다.

**극성 공유 결합(polar covalent bond):** 전자들이 비평등하게 공유된 공유 결합. 전자들이 평등하게 공유된 결합을 '비극성 공유 결합(nonpolar covalent bond)'이라고 한다.

**기하 이성질체(geometric isomer):** 고리나 이중 결합 위의 시스–트랜스 배치가 다른 입체 이성질체로, IUPAC 용어로는 '시스–트랜스 이성질체'이다.

**동위 원소(isotope):** 같은 수의 양성자를 가지고 있지만 중성자의 수가 다른 원자. 동일한 원소이지만 원자량이 다른 원자

**마디(node):** 한 오비탈 내에서 전자 밀도가 0인 공간의 영역

**마디 평면(nodal plane):** 한 오비탈 내에서 0의 전자 밀도를 가진 공간의 평평한 영역

**반결합 분자 오비탈(antibonding molecular orbital):** 결합 영역 밖 대부분의 전자 밀도를 가진다. 반결합 MO 내 전자 에너지는 원자 오비탈 내 전자 에너지보다 더 높다.

**분자식(molecular formula):** 어떤 화합물의 한 분자 내에 들어 있는 각 원소의 원자의 수를 나타낸 식. 실험식은 단순히 원소의 원자 비를 알려준다. 예를 들면 글루코스의 분자식은 $C_6H_{12}O_6$이지만, 실험식은 $CH_2O$이다. 분자식이나 실험식이 화합물의 구조에 관한 정보를 제공하지는 않는다.

**분자 오비탈(molecular orbital, MO):** 다른 원자의 원자 오비탈들의 겹침으로 형성된 오비탈. MO는 결합이나 반결합일 수 있지만, 가장 안정된 분자들에서는 오직 결합 MO에만 채워진다.

**결합 분자 오비탈(bonding molecular orbital):** 핵 간의 결합 영역 내에 다량의 전자 밀도를 가진다. 결합 MO 내 전자 에너지는 원자 오비탈 내 전자 에너지보다 더 낮다.

**비결합 전자(nonbonding electron):** 결합에 참여하지 않는 원자가 전자. 한 쌍의 비결합 전자쌍은 '고립 전자쌍(lone pair)'이라고 한다.

**비편재 전하(delocalized charge):** 2개 또는 그 이상의 원자에 분산된 전하. 보통 공명 구조를 그려 이 전하를 공유하는 원자들에서 이 전하가 어떻게 나타나는지를 나타낸다.

**삼중 결합(triple bond):** 두 핵에 6개의 전자로 이루어져 있는 결합. 한 쌍의 전자는 시그마 결합을 형성하고, 다른 두 쌍의 전자는 서로 직각으로 2개의 파이 결합을 형성한다.

**쌍극자 모멘트(dipole moment, $\mu$):** 전하 분리와 결합 길이를 곱한 값에 비례하는 결합(또는 분자)의 극성의 척도

**생기론(vitalism):** 유기 화합물의 합성에 생명력이 필요하다는 믿음

**선-각 구조식(line-angle formula):** 선으로 나타낸 결합으로, 두 선이 만나는 곳이나 한 선이 시작되거나 굽어지는 곳에 탄소 원자들을 보유한 간략화된 구조식. 질소, 산소, 할로젠 원자는 나타내지만, 수소 원자는 나타내지 않는다. 각 탄소 원자는 4개의 결합을 얻도록 충분한 수소를 가지고 있다고 가정한다. '골격 구조(skeletal strcture)', '막대 그림(stick figure)'이라고도 한다.

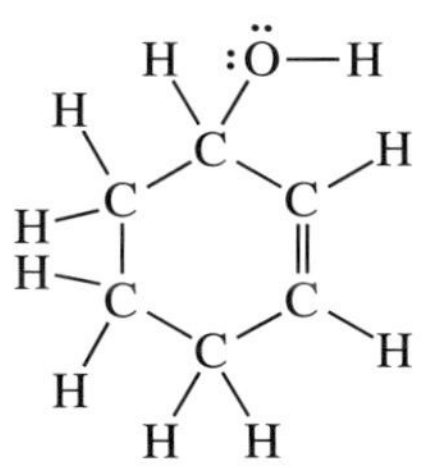

사이클로헥스-2-엔-1-올의 Lewis 구조

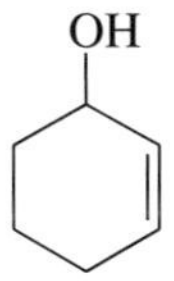

OH

사이클로헥스-2-엔-1-올의 동일한 선-각 구조

**시그마 결합(sigma bond, $\sigma$ 결합):** 핵을 연결하는 선을 따라 집중되어 그 전자 밀도의 대부분을 가지고 있는 결합. 원통형이고 대칭적인 결합으로, 단일 결합은 대개 시그마 결합이다.

**시스-트랜스 이성질체(cis-trans isomer):** 고리나 이중 결합 위의 시스-트랜스 배치가 다른 입체 이성질체. 시스 이성질체는 같은 쪽에 같은 종류의 기들을 가지고 있는 반면, 트랜스 이성질체는 반대쪽에 같은 종류의 기들을 가지고 있다. '기하 이성질체(geometric isomers)'라고도 한다.

**실험식(empirical formula):** 화합물 중 원자들의 비율. 분자식 참조

**오비탈(orbital):** 핵에 결합된 한 전자의 허용된 에너지 상태. 공간에서의 전자 밀도의 분포를 정의하는 확률함수. Pauli 배타 원리에 의하면 회전이 짝을 이룰 경우 각각의 오비탈은 2개까지의 전자를 점유할 수 있다.

**원자가(valence):** 한 원자가 보편적으로 형성하는 결합의 수

**원자가 전자(valence electron):** 최외각 전자 껍질 안에 들어 있는 전자

**원자가 껍질 전자쌍 반발 이론(valence-shell electron-pair repulsion theory, VSEPR 이론):** 중심 원자 주위의 결합 전자쌍과 고립 전자쌍은 가능한 큰 각으로 멀어지려고 한다. 즉 2개의 경우 180°, 3개의 경우 120°, 4개의 경우에는 109.5°가 된다.

**원자 오비탈의 선형 결합(linear combination of atomic orbital, LCAO):** 파동함수를 서로 더하거나 빼서 새로운 오비탈의 파동함수를 만들 수 있다. 이때 형성된 새 오비탈의 수는 원래의 오비탈의 수와 같다.

**유기 화학(organic chemistry):** (새로운 정의) 탄소 화합물의 화학. (옛날 정의) 살아 있는 유기체와 이들이 천연물로부터 유도된 화합물을 다루는 학문

**이성질체(isomer):** 분자식은 동일하지만 다른 화합물

**구조 이성질체(constitutional isomer, structural isomer):** 결합 순서가 다른 이성질체

**시스-트랜스 이성질체(cis-trans isomer):** 이중 결합에서나 고리에서 시스-트랜스 배치가 다른 입체 이성질체

**입체 이성질체(stereoisomer):** 원자들의 공간에서 배향만 다른 이성질체

**입체 화학(stereochemistry):** 입체 이성질체의 구조와 화학을 연구하는 학문

**이온 결합(ionic bonding):** 반대 부호로 하전된 이온들의 인력으로 인해 발생하는 결합. 이온 결합은 대개 큰 3차원적인 결정 격자를 형성한다.

**이중 결합(double bond):** 두 핵 간에 4개의 전자로 이루어진 결합. 한 쌍의 전자는 시그마 결합을 형성하고, 다른 한 쌍의 전자는 파이 결합을 형성한다.

**입체 이성질체(stereoisomer):** 원자들의 공간에서의 배향만 다른 이성질체

**입체 화학(stereochemistry):** 입체 이성질체의 구조와 화학에 관해서 연구하는 학문

**전기 음성도(electronegativity):** 원소의 전자에 대한 친화력의 척도. 보다 높은 전기 음성도를 가진 원소들이 전자에 대해 더욱 큰 인력을 가지고 있다.

**전자 밀도(electron density):** 공간의 어떤 영역에서 전자를 발견할 수 있는 상대적 확률

**정전기 전위 지도(electrostatic potential map, EPM):** 분자 내에 전하의 분포를 색을 사용하여 나타낸 컴퓨터 계산 분자 표시도. 보편적으로 EPM에서는 전자 풍부 영역(가장 강한 음의 정전기 전위)은 붉은색, 전자 부족 영역(가장 강한 양의 정전기 전위)은 파란색, 그리고 주황색, 노란색, 녹색의 중간색은 중간 정전기 전위를 나타낸다.

**축퇴 오비탈(degenerate orbital):** 같은 에너지를 가진 오비탈

**파동함수(wave function, $\psi$):** 오비탈의 수학적 기술. 파동함수의 제곱($\psi^2$)은 전자 밀도에 비례한다.

**파이 결합(pi bond, $\pi$ 결합):** 2개의 $p$ 오비탈의 측면 겹침으로 형성되는 결합. $p$ 결합의 두 핵을 연결하는 선 위에 하나의 로브와 아래에 하나의 로브가 있고, 이 두 로브 내에 전자 밀도를 가진다.

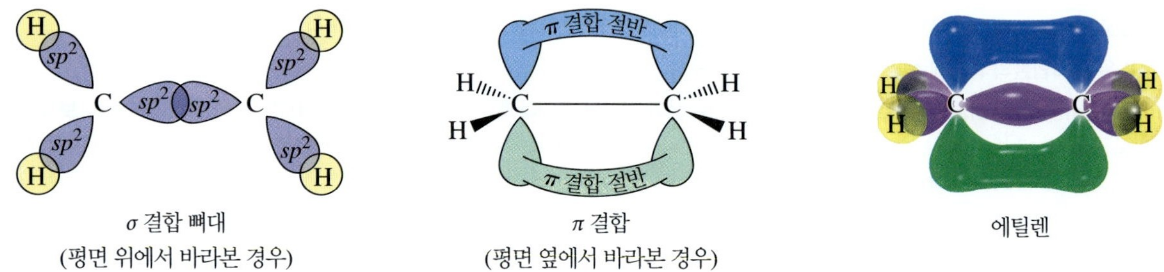


$\sigma$ 결합 뼈대 (평면 위에서 바라본 경우) | $\pi$ 결합 (평면 옆에서 바라본 경우) | 에틸렌

**팔전자 규칙(octet rule):** 일반적으로 원자는 껍질이 전자들로 채워진 결합성 배열(비활성 기체 배치)을 형성한다. 두 번째 주기의 원소인 경우 이 배치는 8개의 원자가 전자를 가지고 있다.

**형식 전하(formal charge):** 전하를 추적하는 방법으로서 특정한 Lewis 구조 내 한 원자에 어떤 전하가 존재하게 되는가를 나타낸다.

**혼성 원자 오비탈(hybrid atomic orbital):** 같은 원자 위의 $s$ 오비탈과 $p$ 오비탈의 조합으로 형성된 방향성 오비탈

*sp* **혼성 오비탈(*sp* hybrid orbital):** 2개의 오비탈이 발생하며, 결합각은 180°이다(선형 기하 구조).

$sp^2$ **혼성 오비탈($sp^2$ hybrid orbital):** 3개의 오비탈이 발생하며, 결합각은 120°이다(삼각형 기하 구조).

## 기초문제

| | | |
|---|---|---|
| **1** | 수소 원소부터 네온 원소까지 해당하는 전자 배치를 작성하라. 전자 배치가 이 원소들의 전기 음성도와 결합 성질을 어떻게 결정하는지, 그리고 세 번째 행 원소(예: Si, P, S)는 어떻게 다른지 설명하라. | 관련 연습문제 1-26, 27, 28, 30 |
| **2** | 주어진 분자식에 해당하는 모든 가능한 구조를 그려보라. | 관련 연습문제 1-34, 35, 36 |
| **3** | Lewis 구조식, 축약 구조식, 선-각 구조식을 그리고 설명하라. 형식 전하를 계산하라. | 관련 연습문제 1-30, 31, 32, 33, 34, 37, 38, 41, 42, 45 |
| **4** | C, H, O, N, 할로젠이 관련된 공유 결합 및 이온 결합의 패턴을 예측하라. 공명 안정화 구조를 확인하고, 그들 공명 구조의 상대적 중요성을 비교하라. | 관련 연습문제 1-26, 29, 36, 40, 41, 42, 43, 44, 45, 46 |
| | 문제풀이 전략: 공명 구조 그리기와 평가하기 | 관련 연습문제 1-26, 41, 42, 43, 44, 45, 46, 53, 54 |
| **5** | 원소 조성으로부터 실험식과 분자식을 계산하라. | 관련 연습문제 1-47, 48 |
| **6** | 단일 결합, 이중 결합, 삼중 결합의 구조를 그려보라. | 관련 연습문제 1-52, 55, 57, 60 |
| **7** | 분자 내 원자의 혼성화와 기하학을 예상하고, 분자의 3차원 표현을 그려보라. | 관련 연습문제 1-49, 51, 52, 53, 56, 57, 60 |
| **8** | 공명 혼성화의 공명 구조를 그리고, 그 혼성화와 기하학을 예측하라. | 관련 연습문제 1-43, 44, 52, 53, 54 |
| **9** | 구조 이성질체와 입체 이성질체를 확인하고, 어떤 화합물이 구조 이성질체와 시스-트랜스(기하학적) 이성질체로 존재할 수 있는지 예측하라. | 관련 연습문제 1-49, 56, 58, 59 |

## 연습문제

**1-26** **(a)** $CO_2$(O—C—O로 결합)의 공명 구조를 그려보라.

**(b)** 오존(O—O—O로 결합)의 공명 구조를 그려보라.

**(c)** 이산화 탄소는 오존보다 하나 더 많은 공명 구조를 가진다. 오존에서는 불가능한 이유를 설명하라.

**1-27** 각 전자 배치에 해당하는 원소의 이름을 나열하라.

**(a)** $1s^22s^22p^63s^1$ **(b)** $1s^22s^22p^6$ **(c)** $1s^22s^22p^1$ **(d)** $1s^22s^22p^63s^2$

**1-28** 유기 화학을 공부하려면 주기율표의 작은 부분도 알아야 한다. 다음 단계를 활용하여 기억력으로 이 부분을 작성하라.

**(a)** 기억력으로 주기율표의 첫 번째 두 주기에 들어 있는 원소를 그들의 원자가 전자의 수와 함께 표로 작성하라.

**(b)** (a)에서 작성한 표를 이용하여 주기율표의 첫 번째 두 주기를 작성하라.

**(c)** 유기 화합물은 흔히 황, 인, 염소, 브로민, 아이오딘을 함유하고 있다. 이들 원소를 (a)에서 작성한 주기율표에 덧붙여라.

**1-29** 각 화합물에 대해 그 결합이 공유 결합인지, 이온 결합인지, 공유 결합과 이온 결합이 혼합된 것인지 답하라.

**(a)** KCl **(b)** KOH **(c)** $CH_3CH_2Li$ **(d)** $CH_3Cl$

**(e)** $KOCH_3$ **(f)** $CH_3CO_2Na$ **(g)** $CCl_4$

**1-30** **(a)** $PF_3$와 $PF_5$는 둘 다 안정한 화합물이다. 이들 두 화합물의 Lewis 구조를 그려보라.

**(b)** $NF_3$는 알려진 화합물이지만, $NF_5$를 합성하려는 모든 시도는 실패했다. $NF_3$와 가상적 $NF_5$에 대한 Lewis 구조식을 그리고, $NF_5$가 가능성이 낮은 구조인 이유를 설명하라.

**1-31** 각 화학종의 Lewis 구조를 그려보라.

**(a)** $N_2H_4$ **(b)** $N_2H_2$ **(c)** $(CH_3)_2NH_2Cl$ **(d)** $CH_3CN$

**(e)** $CH_3CHO$ **(f)** $CH_3S(O)CH_3$ **(g)** $H_2SO_4$ **(h)** $CH_3NCO$

**(i)** $CH_3OSO_2OCH_3$ **(j)** $CH_3C(NH)CH_3$ **(k)** $(CH_3)_3CNO$

**1-32** 각 화합물의 Lewis 구조를 그려보라. 모든 비결합 전자쌍을 포함시키라.

**(a)** $CH_3COCH_2CHCHCOOH$ **(b)** $NCCH_2COCH_2CHO$ **(c)** $CH_2CHCH(OH)CH_2CO_2H$ **(d)** $CH_2CHC(CH_3)CHCOOCH_3$

**1-33** 연습문제 1-32에 있는 각 화합물의 선-각 구조식을 그려보라.

**1-34** 다음 화합물의 Lewis 구조를 그려보라.

**(a)** 화학식 $C_4H_{10}$의 두 가지 화합물 **(b)** 화학식 $C_2H_6O$의 두 가지 화합물 **(c)** 화학식 $C_2H_7N$의 두 가지 화합물

**(d)** 화학식 $C_2H_7NO$의 세 가지 화합물 **(e)** 화학식 $C_3H_8O_2$의 세 가지 화합물 **(f)** 화학식 $C_2H_4O$의 세 가지 화합물

**1-35** 다음 화합물의 완전한 구조식과 축약 구조식을 그려보라.

**(a)** 화학식 $C_3H_8O$의 세 가지 화합물 **(b)** 화학식 $C_3H_6O$의 다섯 가지 화합물

**1-36** 다음 분자식 중 몇 가지는 안정한 화합물에 해당한다. 가능하면 각 화학식에 대한 안정한 구조를 그려보라.

$CH_2$ $CH_3$ $CH_4$ $CH_5$
$C_2H_2$ $C_2H_3$ $C_2H_4$ $C_2H_5$ $C_2H_6$ $C_2H_7$
$C_3H_3$ $C_3H_4$ $C_3H_5$ $C_3H_6$ $C_3H_7$ $C_3H_8$ $C_3H_9$

안정한 탄화수소 화합물에서 수소 원자 수에 대한 일반 규칙을 제안하라.

**1-37** 다음 화합물에 대한 고립 전자쌍이 포함된 완전한 Lewis 구조를 그려보라.

**(a)**
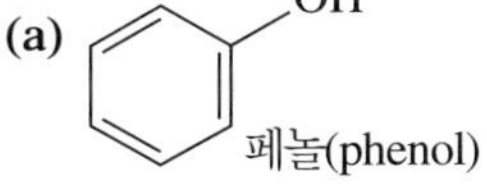


**(b)**
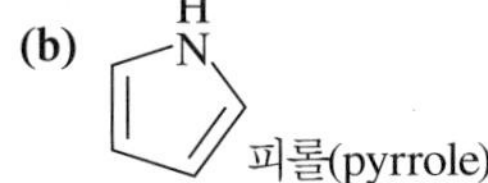


**(c)**
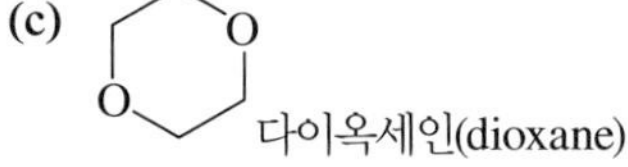


**(d)**
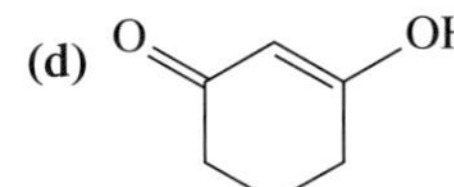


**(e)**
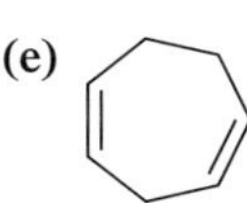

**(f)** OHC (cyclopropene structure)

**(g)**
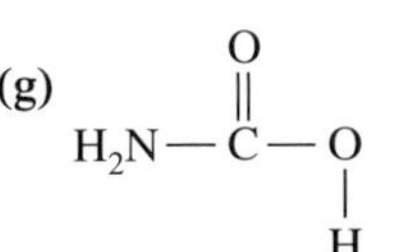


**(h)**
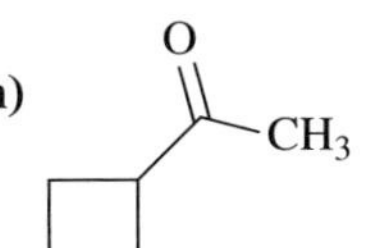

**1-38** 연습문제 1-37에 나타난 각 화합물의 분자식을 작성하라.

**1-39** **(1)** 전기 음성도에 관한 기억력을 되살려서 다음 결합을 쌍극자 모멘트의 방향을 나타내라.

**(2)** 각각의 경우에서 쌍극자 모멘트가 비교적 크거나(전기 음성도 차이 > 0.5) 작은지 예측하라.

**(a)** C—Cl **(b)** C—H **(c)** C—Li **(d)** C—N **(e)** C—O
**(f)** C—B **(g)** C—Mg **(h)** N—H **(i)** O—H **(j)** C—Br

**1-40** 다음에 열거한 각 구조에 대해 물음에 답하라.

**(1)** Lewis 구조를 그려보라. 비결합 전자가 있다면 이들을 채워보라.

**(2)** 수소 이외의 각 원자의 형식 전하를 계산하라.

**(a)** $CH_3NO$ (나이트로소메테인) **(b)** $(CH_3)_3NO$ (트라이메틸아민 산화물) **(c)** $[N_3]^-$ (아자이드 이온)
**(d)** $[(CH_3)_3O]^+$ **(e)** $CH_3NC$ **(f)** $(CH_3)_4NBr$

**1-41** 다음 한 쌍의 구조가 다른 화합물인지 또는 동일한 화합물의 단순한 공명 구조인지를 결정하라.

(a) 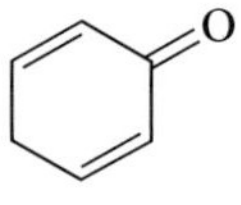 그리고 (b) 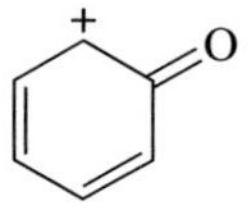 + O 그리고 + O
(c) 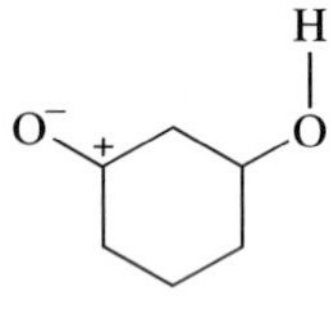 $O^-$, +, H–O 그리고 $O^-$, $\overset{+}{O}H$ (d)  그리고 
(e) 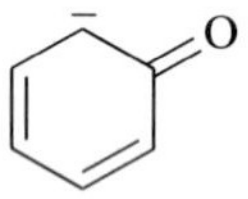 그리고 $\bar{O}$ (f) 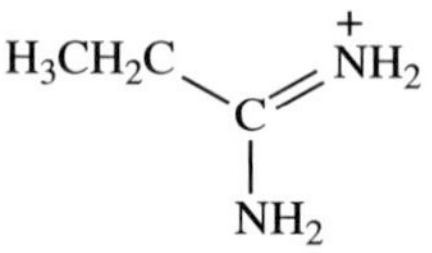 $H_3CH_2C—C(=\overset{+}{N}H_2)—NH_2$ 그리고 $H_3CH_2C—C(—NH_2)=\overset{+}{N}H_2$
(g) 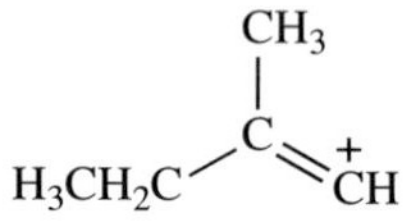 $H_3CH_2C—C(CH_3)=\overset{+}{C}H$ 그리고 $H_3C—C(=\overset{+}{C}H)—CH_2CH_3$ (h) $CH_3CH_2CH=CHCH_3$ 그리고 $(CH_3)_2C=CHCH_3$
(i) 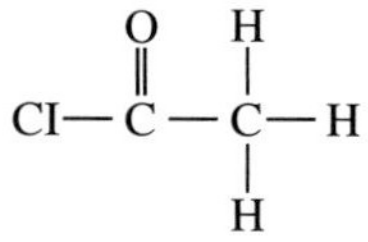 $Cl—C(=O)—CH_2—H$ 그리고 $Cl—C(OH)=CH—H$ (j) 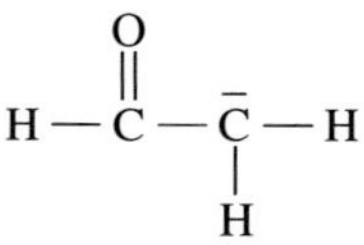 $H—C(=O)—\bar{C}H—H$ 그리고 $H—C(\bar{O})=CH—H$
(k) 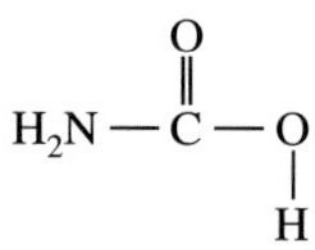 $H_2N—C(=O)—OH$ 그리고 $H_2N—C(\bar{O})=\overset{+}{O}H$ (l) 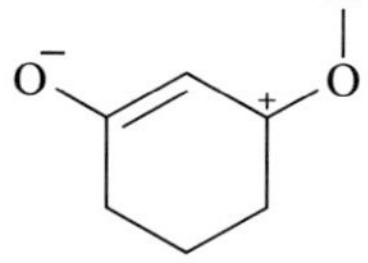 $O^-$, +, H–O 그리고 O, OH

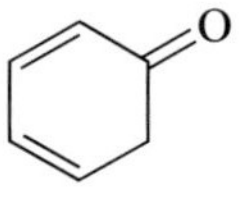

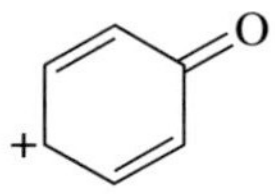

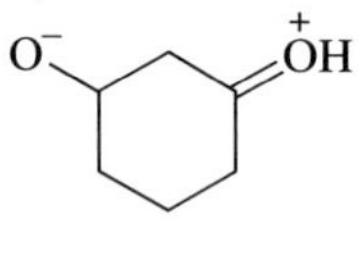

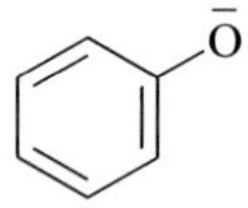

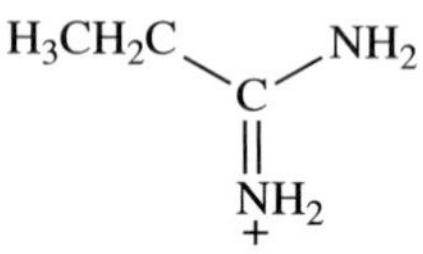

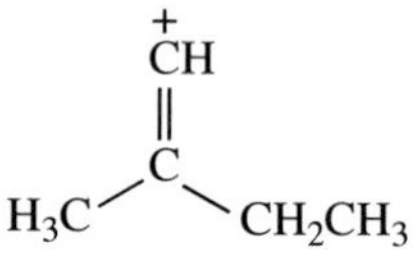

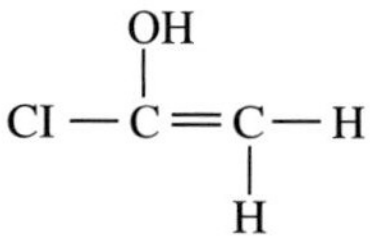

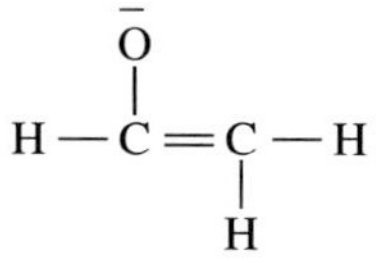

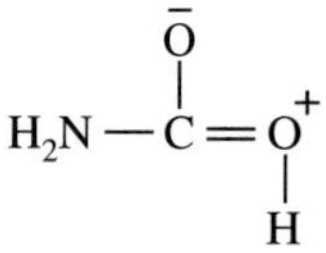

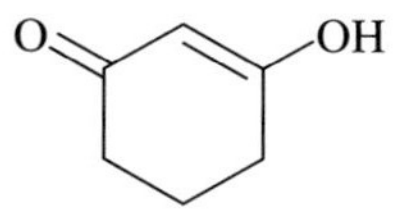

**1-42** 다음 이온에 대한 중요한 공명 구조를 그려보라. 각 구조에 큰 기여자를 나타내라.

**(a)** 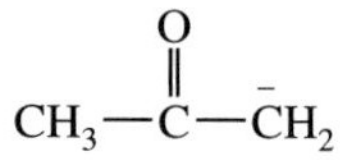 $CH_3—C(=O)—\bar{C}H_2$ **(b)** $H—C(=O)—CH=CH—\bar{C}H_2$ **(c)** $\overset{+}{C}H_2$
**(d)** 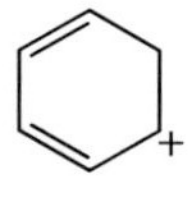 + **(e)** 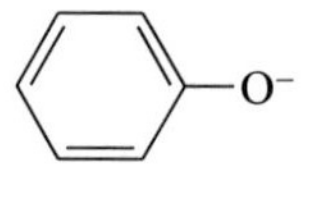 $O^-$ **(f)** 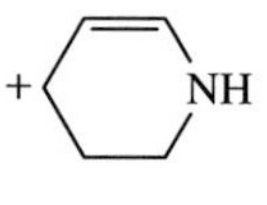 + NH
**(g)** 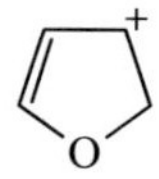 + O **(h)** 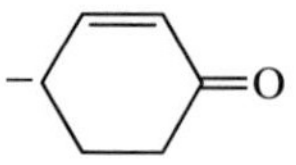 − O **(i)** $CH_2=CH—CH=CH—\overset{+}{C}H—CH_3$
**(j)** $CH_3—CH=CH—CH=CH—CH_2—\overset{+}{C}H_2$ **(k)** $\overset{+}{C}H_2—CH=CH—O—CH—CH_2$

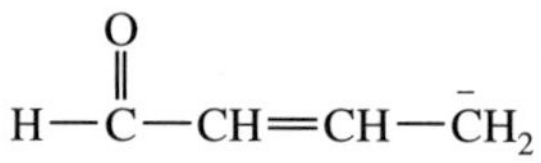

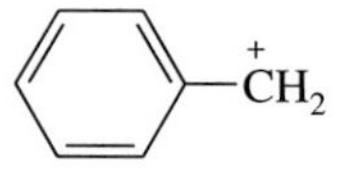

**1-43** 다음 각 공명 구조에서 큰 기여자와 작은 기여자를 명시하고, 어느 구조의 에너지가 동일한지 답하라. 누락된 중요한 공명 구조를 추가하라.

(a) $\left[CH_3-\ddot{C}^{-}H-C\equiv N: \longleftrightarrow CH_3-CH=C=\ddot{N}:^{-}\right]$

(b) $\left[CH_3-C(O^-)=CH-\overset{+}{C}H-CH_3 \longleftrightarrow CH_3-\overset{+}{C}(O^-)-CH=CH-CH_3\right]$

(c) $\left[CH_3-C(=O)-\overset{-}{C}H-C(=O)-CH_3 \longleftrightarrow CH_3-C(O^-)=CH-C(=O)-CH_3\right]$

(d) $\left[CH_3-\overset{-}{C}H-CH=CH-NO_2 \longleftrightarrow CH_3-CH=CH-\overset{-}{C}H-NO_2\right]$

(e) $\left[CH_3-CH_2-\overset{+}{C}(NH_2)-NH_2 \longleftrightarrow CH_3-CH_2-C(NH_2)=\overset{+}{N}H_2\right]$

**1-44** 다음 이온에 대한 주요한 공명 구조를 그리고, 어떤 공명 구조가 큰 기여자인지 예측하라.

(a) O, $\overset{+}{C}H_2$ (b) O, $\overset{-}{C}H_2$ (c) HN, $\overset{+}{C}H_2$

(d) O, + (e) − (f) N, −

**1-45** 각 쌍의 이온에 대해 어느 이온이 더욱 안정한지 결정하라. 공명 구조를 이용하여 답을 설명하라.

(a) $CH_3-\overset{+}{C}H-CH_3$ 또는 $CH_3-\overset{+}{C}H-OCH_3$

(b) $CH_3-N(CH_3)-\overset{+}{C}(CH_3)-CH_3$ 또는 $CH_3-CH(CH_3)-\overset{+}{C}(CH_3)-CH_3$

(c) $CH_2=CH-\overset{+}{C}H-CH_3$ 또는 $CH_2=CH-CH_2-\overset{+}{C}H_2$

(d) $\overset{-}{C}H_2-CH_3$ 또는 $\overset{-}{C}H_2-C\equiv N:$

(e) $\overset{+}{C}H_2$ 또는 $\overset{+}{C}H_2$

(f) −, O 또는 O, −

**1-46** 다음 화합물에서 전자 밀도가 높고 낮은 곳을 확인하기 위해 공명 구조를 이용하라.

(a) $CH_3-C(=O)-H$ (b) $CH_3-C(=O)-NH_2$ (c) $CH_3-C(=NH)-H$ (d) $CH_3-C(=O)-OCH_3$

(e) $CH_3O-C(=O)-NH_2$ (f) NH, O (g) CN, $NH_2$

(h) 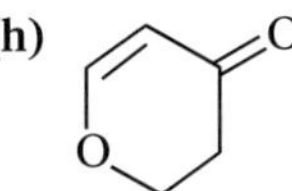


(i) H, N, O (j) O, C, H, $CH_3O$

**1-47** 라놀린(lanolin, 양모의 지방)에서 분리된 화합물 X는 더러운 양말에서 나는 자극적인 냄새를 가지고 있다. 분석 결과 화합물 X에서 C는 62.0%, H는 10.4%를 함유한다는 것이 밝혀졌다. 질소나 할로젠은 발견되지 않았다.

(a) 화합물 X에 대한 실험식을 계산하라.

(b) 분자량을 측정해본 결과 화합물 X는 대략 117의 분자량을 가지고 있다는 것이 밝혀졌다. 화합물 X의 분자식을 구하라.

(c) 이 분자식을 가진 구조에는 여러 가지가 있을 수 있다. 이들 중 네 가지에 대한 완전한 구조식을 그려보라.

***1-48** 1934년에 워싱턴대학교의 Edward A. Doisy는 3000 lb의 돼지 난소를 추출하여 강력한 여성 호르몬의 일종인 순수한 에스트라다이올(estradiol) 수 mg을 분리했다. Doisy는 이 귀중한 시료 5.00 mg을 산소 중에서 연소시켜 14.54 mg의 $CO_2$와 3.97 mg의 $H_2O$가 발생되는 것을 알았다.

(a) 에스트라다이올의 실험식을 결정하라.

(b) 이후 에스트라다이올의 분자량은 272로 측정되었다. 에스트라다이올의 분자식을 결정하라.

**1-49** 만일 $CH_2ClBr$의 탄소 원자가 평평하다면 2개의 입체 이성질체가 존재할 것이다. $CH_2ClBr$에서 탄소 원자는 실제 정사면체이다. 이 화합물의 분자 모형을 만들어 $CH_2ClBr$의 어떤 입체 이성질체가 존재하는지 결정하라.

```
      H              H
      |              |
  H — C — Cl    Br — C — Cl
      |              |
      Br             H
```

**1-50** 사이클로프로페인(cyclopropane, $C_3H_6$; 3원자 고리)은 대부분의 다른 사이클로알케인류보다 반응성이 더 크다.

(a) 사이클로프로페인에 대한 Lewis 구조를 그려보라.

(b) 사이클로프로페인의 탄소 원자들의 결합각을 비고리(고리가 아닌) 알케인에서의 결합각과 비교하라.

(c) 사이클로프로페인의 반응성이 매우 큰 이유를 제시하라.

**1-51** 다음 화합물 각각에 대해

(1) 수소를 제외한 각 원자의 혼성화와 각 원자 주위의 대략적인 결합각을 답하라.

(2) 고립 전자쌍이 포함된 3차원적 그림을 그려보라.

(a) $H_3O^+$ (b) $^-OH$ (c) $CH_2CHCN$ (d) $(CH_3)_3N$ (e) $[CH_3NH_3]^+$

(f) $CH_3COOH$ (g) $CH_3CHNH$ (h) $CH_3OH$ (i) $CH_2O$

**1-52** 다음 각각의 화합물과 이온에 대해

(1) Lewis 구조를 그려보라.

(2) 결합을 형성할 때 겹치는 오비탈의 종류를 나타내라.

(3) 수소를 제외한 각 원자 주위의 대략적인 결합각을 답하라.

(a) $[NH_2]^-$ (b) $[CH_2OH]^+$ (c) $CH_2{=}N{-}CH_3$

(d) $CH_3{-}CH{=}CH_2$ (e) $HC{\equiv}C{-}CHO$ (f) $H_2N{-}CH_2{-}CN$

(g) $CH_3{-}C({=}O){-}OH$ (h) [고리 구조: O, =O] (i) [고리 구조: O]

**1-53** 대부분의 아민류에서는 질소 원자가 $sp^3$ 혼성화되어 삼각뿔 구조와 109°에 가까운 결합각을 가지고 있다. 요소에서는 질소 원자가 120°에 가까운 평면이라는 것이 밝혀졌다. 이 놀라운 발견에 대해 설명하라. (힌트: 공명 구조와 이들에서 필요한 겹침을 생각해보라.)

$$H_2\ddot{N}{-}C({=}O){-}\ddot{N}H_2$$

요소

**1-54** 다음 이온의 탄소와 질소 원자들의 혼성화와 기하 구조를 예측하라(힌트: 공명).

(a) 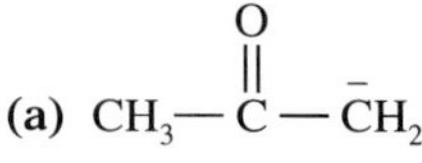

(b) $H_2N{-}CH{=}CH{-}\overset{+}{C}H_2$

(c) $\overset{-}{C}H_2{-}C{\equiv}N$

(d) 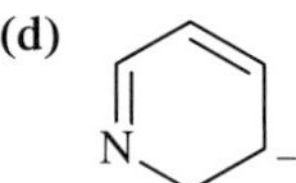


(e) 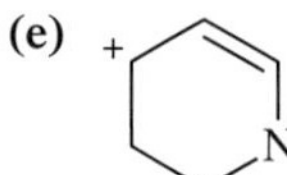


(f) 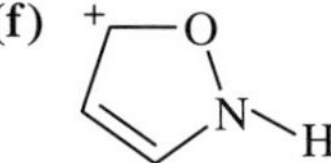


* 본문 내용을 응용한 난이도 높은 문제는 별표(*)로 표시했다.

(g) O, NH

(h)

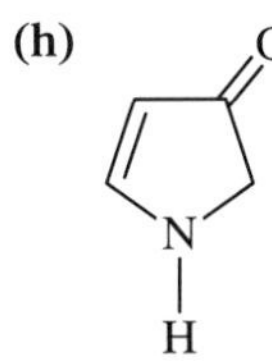


(i)

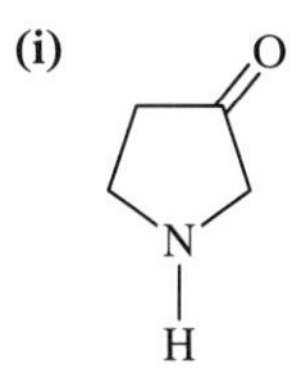


**1-55** 다음 화합물의 파이 결합 오비탈을 그려보라.

(a) $CH_3COCH_3$ (b) HCN (c) $CH_2{=}CH-CHCHCN$

(d) $CH_3C{\equiv}CCHO$ (e) $CH_3CH{=}C{=}CHCH_3$ (f) $CH_3-CH{=}N-CH{=}C{=}O$

**1-56** (a) 시스- $CH_3-CH{=}CH-CH_2CH_3$의 적절한 기하 구조와 더불어 파이 결합을 나타내는 구조를 그려보라.

(b) 이 화합물이 동일한 평면에 놓이는 6개의 원자에 동그라미를 표시하라.

(c) 이 화합물의 트랜스 이성질체의 구조를 그리고, 동일한 평면에 놓이는 원자에 동그라미를 표시하라. 동일한 평면에 놓이는 원자는 여전히 6개가 존재하는가?

(d) 다음 구조에서 동일한 평면에 놓이는 원자에 동그라미를 표시하라.

$CH_3$

**1-57** 펜트-2-아인(pent-2-yne, $CH_3CCCH_2CH_3$)에서는 4개의 원자가 직선상에 있다. 대시선과 쐐기 모양을 사용하여 이 분자의 3차원적 그림을 그리고, 직선 상에 있는 4개의 원자에 동그라미를 표시하라.

**1-58** 다음 화합물 중에 어느 것이 시스-트랜스 이성질 현상을 나타내는가? 시스-트랜스 이성질체를 나타내는 화합물의 시스와 트랜스 이성질체의 구조를 그려보라.

(a) $CH_3CH_2CH{=}CHCH_3$ (b) $HC{\equiv}CH$ (c) $(CH_3)_2C{=}CHCH_3$

(d) 사이클로프로펜, (e) $CH_3CH_2CH{=}CCH_3$ (with $CH_2CH_3$ on C) (f) $CH_3CH_2CH{=}N$ (with H on N)

**1-59** 다음 구조쌍 간의 관계를 나타내라. 가능한 관계는 동일 화합물, 시스-트랜스 이성질체, 구조 이성질체, 이성질체가 아님(분자식이 다름)이다.

(a) $CH_3CHCHCH_3$ 그리고 $(CH_3)_3CH$ (b) $CH_2CClCH_3$ 그리고 $CH_2CHCH_2Cl$

(c) H, $CH_2CH_3$, $H_3CH_2C$, $CH_3$ 그리고 H, $CH_3$, $H_3CH_2C$, $CH_2CH_3$

(d) H, H, $H_3CH_2C$, $CH_3$ 그리고 H, $CH_3$, $H_3CH_2C$, H

(e) H, $CH_3$, $H_3CH_2C$, $CH_3$ 그리고 $H_3C$, $CH_3$, $H_3CH_2C$, H

(f) H, $CH_2CH_3$, $H_3C$, $CH_3$ 그리고 $H_3C$, $CH_3$, $H_3CH_2C$, H

(g) 그리고

(h) O 그리고 O

***1-60** 다이메틸 설폭사이드(dimethyl sulfoxide, DMSO)는 경마용 말의 소염제로 사용되어왔다. DMSO와 아세톤(acetone)은 유사한 구조를 가지고 있는 것처럼 보이지만 아세톤의 C=O기의 탄소 원자는 평평한 반면, DMSO의 S=O기의 황 원자는 사각뿔형이다. DMSO와 아세톤에 대한 올바른 Lewis 구조를 그리고, 혼성화를 예측하고, 또한 이런 관찰 사실을 설명하라.

$$CH_3-\overset{\overset{\displaystyle O}{\|}}{S}-CH_3 \qquad CH_3-\overset{\overset{\displaystyle O}{\|}}{C}-CH_3$$

DMSO　　　　아세톤

# 2 산과 염기: 작용기

## 학습목표

**1** 화합물이 극성을 나타내고 수소 결합을 유발하는 분자의 특징을 확인한다.

**2** 끓는점과 용해도 같은 물리적 성질에서의 일반적인 경향을 예측한다.

**3** 산, 염기, 친전자체, 친핵체를 확인한다. 그들의 세기를 비교하고, $K_a$와 p$K_a$뿐 아니라 구조 및 결합에 따른 반응을 예측한다.

**4** Lewis의 산–염기 반응에서 친핵체와 친전자체를 확인하고, 전자의 흐름을 나타내기 위해 굽은 화살표를 이용한다.

**5** 유기 화합물의 일반적인 종류를 확인한다.

◀ 시트르산(citric acid)과 아스코브산(ascorbic acid, 비타민 C)은 감귤류 과일에서 발견되는 2개의 수용성 유기산이다. 시트르산은 대사에서 중요한 역할을 하고, 아스코브산은 성장, 콜라젠의 치유, 결합 조직의 구조 단백질에 필요하다. 대다수의 동물과 달리 인간은 스스로 아스코브산을 합성하지 못한다. 아스코브산 결핍은 괴혈병을 유발하며, 결합 조직에 손상으로 인해 쇠약해지고 종종 치명적인 증상이 나타난다.

화학자들은 **작용기**(functional group)라고 하는 원자의 특징적 그룹을 기반으로 하는 계열로 유기 화합물을 분류한다. 이러한 작용기는 모화합물의 성질을 결정하며, 분자 내에서 산성 또는 염기성 부위의 역할을 한다. 유기 화합물의 산성 및 염기성 성질은 안정성과 반응성을 이해하는 데 매우 중요하다. 대부분의 유기 화합물은 염기성 환경에서는 산으로, 산성 환경에서는 염기로 반응할 수 있다. 우리가 먹는 음식에서부터 그 후에 청소하기 위해 사용하는 제품에 이르기까지 우리 주변과 우리 내부의 거의 모든 물질은 산과 염기로 이루어져 있다.

이 장에서는 분자 내 전자 분포와 이러한 전자 분포가 분자의 성질에 어떤 영향을 미치는지 더 자세히 고려하기 위해 1장의 아이디어를 확장한다. 궁극적으로 전자 분포는 화합물을 산과 염기로 반응하게 한다. 이 장에서는 유기 화합물의 산-염기 반응을 다루고 많은 반응이 수소의 이동을 포함한다는 사실을 살펴볼 것이지만, 많은 산-염기 반응에서 수소는 전혀 수반되지 않고, 전자 분포의 변화에 의존한다. 그다음 각 계열의 특징적인 작용기가 분자 내 전자 분포와 반응성을 어떻게 결정하는지 알아보며, 유기 화합물 계열에 대해 계속해서 논의할 것이다. 이 과정 전반에 걸쳐 분자의 상대적 산성도 또는 염기도에 대해 언급하고, 이러한 개념이 유기 반응에 어떻게 영향을 미치는지 들여다보자.

## 2-1 결합의 극성과 분자

1-6절에서 다른 전기 음성도를 가진 원자들 간의 극성 공유 결합의 개념을 살펴보았다. 이제 분자들의 극성을 공부하기 위해 이 개념을 분자의 기하 구조와 결부시켜보자.

### 2-1A 결합 쌍극자 모멘트

결합의 극성은 비극성 공유 결합으로부터 극성 공유 결합을 거쳐 전적으로 이온 결합까지 이를 수 있다. 다음 예에서 에테인(ethane)은 비극성 공유 C—C 결합을 가진다. 메틸아민(methylamine), 메탄올(methanol), 클로로메테인(chloromethane)은 극성이 점점 증가하는(C—N, C—O, C—Cl) 공유 결합을 가진다. 염화 메틸암모늄(methylammonium chloride, $CH_3NH_3^+\ Cl^-$)은 메틸암모늄 이온과 염화 이온 간의 이온 결합을 가진다.

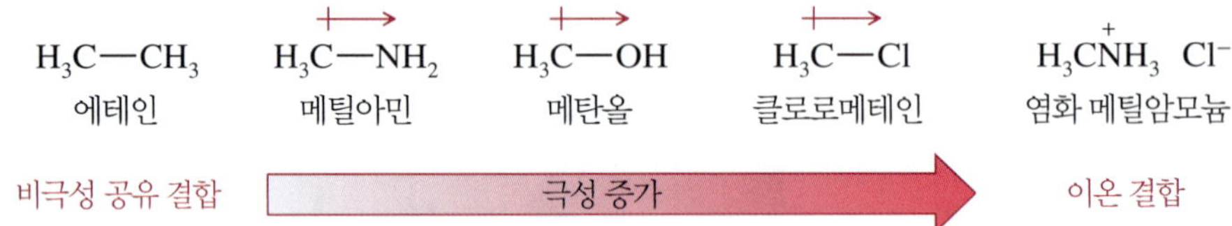


각 결합의 극성은 **결합 쌍극자 모멘트**(bond dipole moment, $\mu$)로 측정한다.

$$\mu = \delta \times d$$

여기서 $\delta$는 쌍극자 한쪽 끝의 전하를 나타내며, $d$는 전하 사이의 거리이다.

쌍극자 모멘트는 **데바이**(debye, D)로 나타내는데, $1\text{ D} = 3.34 \times 10^{-30}\text{ C}\cdot\text{m}$(coulomb-meter)이다. 양성자 1개와 전자 1개(전하 $1.60 \times 10^{-19}$ C)가 1 Å($10^{-10}$ m)만큼 떨어져 있다면 쌍극자 모멘트는 다음과 같이 구할 수 있다.

$$\mu = (1.60 \times 10^{-19}\text{ coulomb}) \times (10^{-10}\text{ meter}) = 1.60 \times 10^{-29}\text{ coulomb-meter}$$

이를 데바이 단위로 나타내면 다음과 같다.

$$\mu = \frac{1.60 \times 10^{-29}\text{ C}\cdot\text{m}}{3.34 \times 10^{-30}\text{ C}\cdot\text{m/D}} = 4.8\text{ D}$$

보통의 단위를 사용하는 간단한 법칙은 다음과 같다.

$$\mu(\text{D}) = 4.8 \times \delta(\text{전자 전하}) \times d(\text{Å 단위})$$

쌍극자 모멘트는 실험으로 측정되며, 이 쌍극자 모멘트를 이용하여 결합 길이와 전하 분리 같은 다른 정보를 계산할 수 있다.

**표 2-1** 보편적인 공유 결합들의 결합 쌍극자 모멘트(데바이)

| 결합 | 쌍극자 모멘트 μ | 결합 | 쌍극자 모멘트 μ |
|---|---|---|---|
| C—N | 0.22 D | H—C | 0.3 D |
| C—O | 0.86 D | H—N | 1.31 D |
| C—F | 1.51 D | H—O | 1.53 D |
| C—Cl | 1.56 D | C=O | 2.4 D |
| C—Br | 1.48 D | C≡N | 3.6 D |
| C—I | 1.29 D | | |

유기 화합물의 결합 쌍극자 모멘트는 대칭 결합의 0부터 약 3.6 D에 해당하는 강한 극성 결합의 C≡N: 삼중 결합에 걸쳐 분포되어 있다. 표 2-1에 유기 화합물의 보편적인 결합에 대한 쌍극자 모멘트를 나타냈다. 십자로 나타낸 화살의 끝은 쌍극자의 더 작은 전기 음성(부분 양전하)에 해당한다는 것을 기억하라.

### 예제 2-1

결합 길이가 1.43 Å이며 쌍극자 모멘트가 0.86 D인 전형적인 C—O 결합에 대한 분리된 전하의 양을 계산하라.

**풀이**

이 결합은 산소에 부분적인 음전하와 탄소에 동일한 양의 양전하로 분극화된다.

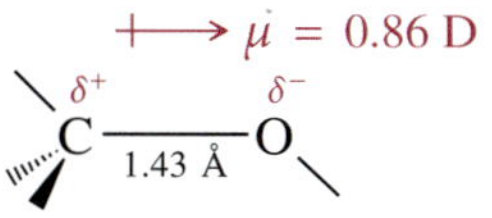

$\mu = 0.86$ D

$\delta^+$ C —1.43 Å— O $\delta^-$

쌍극자 모멘트에 대한 공식을 이용하면 다음과 같이 계산할 수 있다.

$$0.86\ \text{D} = 4.8 \times \delta \times 1.43\text{Å}$$

$$\delta = 0.125\ e$$

분리된 하전의 양 $\delta$은 약 0.125 전하이므로, 탄소 원자는 양전하의 약 1/8, 산소 원자는 음전하의 약 1/8을 가진다.

### 연습문제 2-1

C=O 이중 결합은 약 2.4 D의 쌍극자 모멘트와 약 1.23 Å의 결합 길이를 가진다.

**(a)** 이 결합의 전하 분리의 양을 계산하라.

**(b)** 이 정보를 이용하여 다음 2개의 공명 구조의 상대적인 중요성을 설명하라.

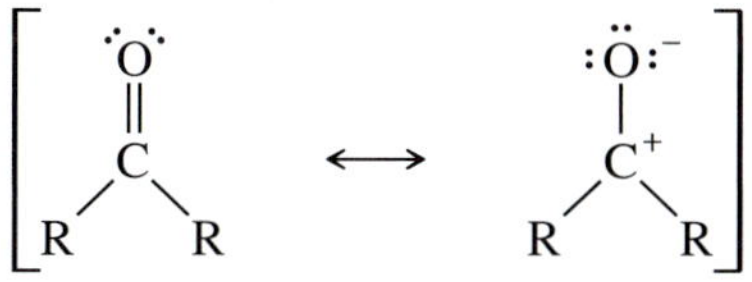

$$\left[ R_2C{=}\ddot{O}{:} \longleftrightarrow R_2C^+{-}{:}\ddot{O}{:}^- \right]$$

(R은 탄소를 포함하는 기의 일반적인 상징이다.)

## 2-1B 분자 쌍극자 모멘트

**분자 쌍극자 모멘트**(molecular dipole moment)는 전체적으로 합한 분자의 쌍극자 모멘트이다. 분자 쌍극자 모멘트는 분자의 총괄적인 극성의 좋은 지표이다. 결합 쌍극자 모멘트는 다양한 화합물을 비교해서 추정해야 하지만 분자 쌍극자 모멘트는 직접 측정할 수 있다. 그 값은 개개의 결합 쌍극자 모멘트의 벡터 합과 같다. 이러한 벡터 합은 각각의 결합 쌍극자 모멘트의 크기와 방향 모두를 나타낸다.

예를 들면 폼알데하이드(formaldehyde)는 1개의 강한 극성 C$=$O 결합을 가지며, 이산화 탄소(carbon dioxide)는 C$=$O 결합 2개를 가진다. $CO_2$가 더욱 큰 쌍극자 모멘트를 가질 것으로 예상할 수 있지만, 실제로는 0이다. 이산화 탄소 분자의 대칭은 이 놀라운 결과를 설명한다. 여기에 폼알데하이드와 이산화 탄소의 구조를 정전기 전위 지도와 함께 나타낸다. 이들 정전기 전위 지도는 쌍극자의 음의 말단에 붉은색으로, 양의 말단에 파란색으로 결합 쌍극자 모멘트를 보여준다. 이산화 탄소에서 결합 쌍극자 모멘트는 반대 방향으로 배향되므로 서로 상쇄된다.

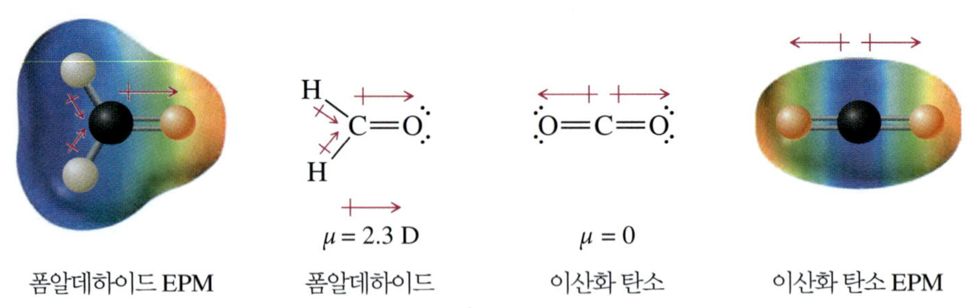


그림 2-1에는 분자 쌍극자 모멘트의 몇 가지 예를 나타냈다. C—H 결합의 쌍극자 모멘트는 아주 적어서 흔히 C—H 결합은 비극성으로 다룬다는 사실에 주목하라. 또한 $CCl_4$의 정사면체 대칭 구조는 4개의 쌍극자 모멘트가 서로 상쇄되도록 위치한다는 것을 주목하라. 결합 쌍극자 모멘트의 부분적인 상쇄는 어째서 3개의 C—Cl 결합을 가진 $CHCl_3$가 오직 1개의 C—Cl 결합을 가진 $CH_3Cl$보다 더 적은 분자 쌍극자 모멘트를 갖는지를 설명해준다.

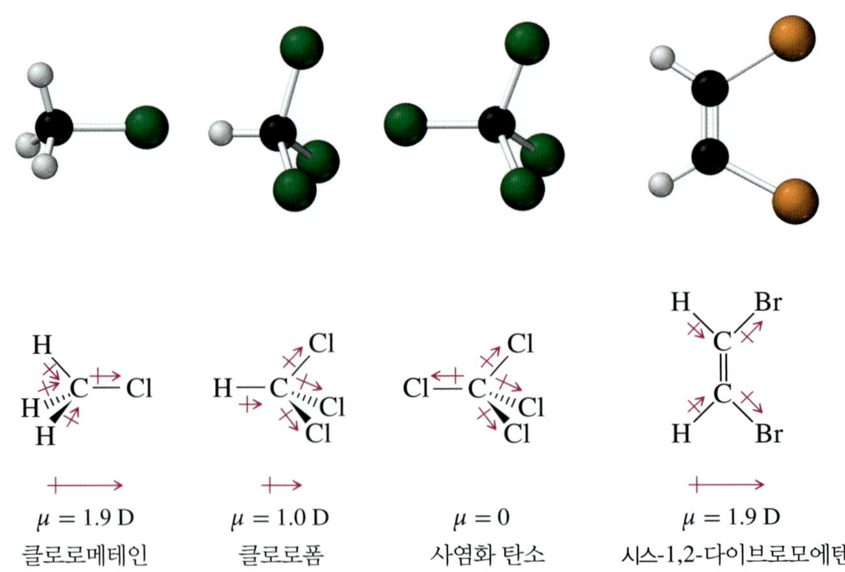


**그림 2-1** 분자 쌍극자 모멘트. 분자 쌍극자 모멘트는 각각의 결합 쌍극자 모멘트의 벡터 합이다.

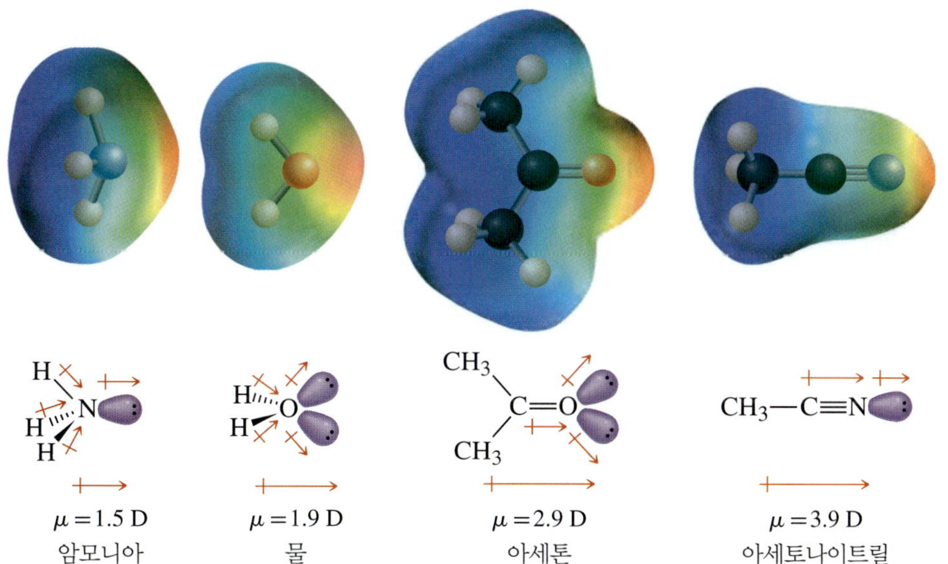


**그림 2-2** 고립 전자쌍의 쌍극자 모멘트에 대한 효과. 고립 전자쌍은 분자 쌍극자 모멘트에 큰 영향을 줄 수 있다.

고립 전자쌍 역시 결합과 분자의 쌍극자 모멘트에 참여한다. 각 고립 전자쌍은 고립 전자쌍의 음전하가 핵의 부분적 양전하에 의해 균형을 이룬 전하 분리에 해당한다. 그림 2-2는 비공유 전자쌍과 큰 쌍극자 모멘트를 가진 4개의 분자를 보여준다. 고립 전자쌍은 C═O 결합과 C≡N 결합의 큰 쌍극자 모멘트를 설명하는 데 기여한다. 정전기 전위 지도의 붉은 영역은 고립 전자쌍의 전자 풍부 영역에서 높은 음의 전위를 나타낸다는 것에 주목하라.

**연습문제 2-2**

N—F 결합은 N—H 결합보다 더 극성이지만 $NF_3$는 $NH_3$보다 더 작은 쌍극자 모멘트를 가진다. 이 진기한 결과를 설명하라.

| $NH_3$ | $NF_3$ |
|---|---|
| $\mu = 1.5$ D | $\mu = 0.2$ D |

**연습문제 2-3(부분적인 해답)**

다음 화합물의 각각에 대해

1. Lewis 구조를 그려보라.
2. 결합 쌍극자 모멘트(및 비결합 전자쌍)가 어떻게 분자 쌍극자 모멘트에 기여하는지 나타내라.
3. 화합물이 큰 또는 작은 또는 0의 쌍극자 모멘트를 갖는지 평가하라.

**(a)** $NH_4^+$  **(b)** $O_3$

**(a)** $NH_4^+$에는 4개의 극성 N—H 결합이 있다. $NH_4^+$의 N은 형식적인 양전하를 띠기 때문에 이러한 결합은 아마도 전형적인 N—H 결합보다 더 분극화되어 있을 것이다. 그럼에도 이들 4개의 극성 결합은 대칭적인 정사면체 배열을 가지므로 서로 상쇄된다.

쌍극자 상쇄
전체 상극자 $\mu = 0$

**(b)** 오존($O_3$)은 중앙 산소 원자에 비공유 전자쌍이 있는 $sp^2$ 혼성 구조이다. 따라서 $O_3$는 구부러져야 한

다. 공명 구조는 바깥 산소의 부분적인 음전하와 중앙 산소의 부분적인 양전하를 암시한다. 중앙 산소의 고립 전자쌍은 두 O—O 쌍극자 벡터 합의 전부는 아니지만 일부를 상쇄한다. 결과적인 전체 쌍극자는 상대적으로 작다.

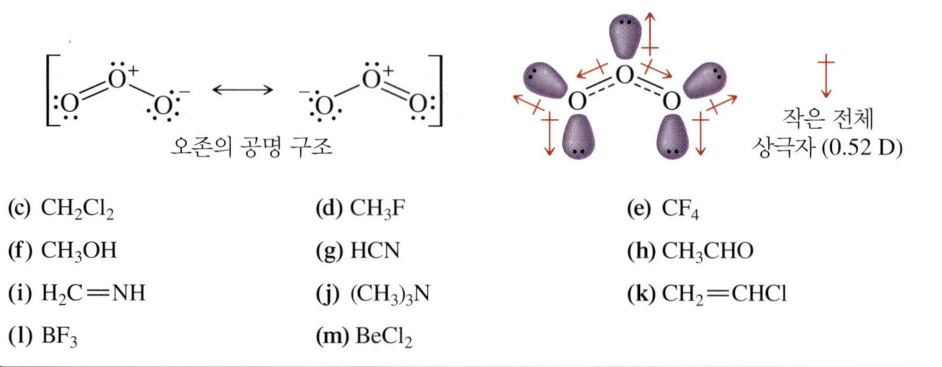


(c) $CH_2Cl_2$ (d) $CH_3F$ (e) $CF_4$
(f) $CH_3OH$ (g) HCN (h) $CH_3CHO$
(i) $H_2C{=}NH$ (j) $(CH_3)_3N$ (k) $CH_2{=}CHCl$
(l) $BF_3$ (m) $BeCl_2$

**연습문제 2-4**

1,2-다이클로로에텐(1,2-dichloroethene)에는 2종의 이성질체가 알려져 있다. 하나는 2.4 D의 쌍극자 모멘트를 가지며, 다른 하나는 0의 쌍극자 모멘트를 가진다. 이들 두 이성질체의 구조를 그려보라. 또한 하나가 0의 쌍극자 모멘트를 갖는 이유를 설명하라.

$$CHCl{=}CHCl$$
1,2-다이클로로에텐

## 2-2 분자 간 인력

두 분자가 근접하면 이들은 서로 끌거나 반발한다. 이러한 상호작용은 (비활성 기체와 같은) 원자나 $H_2$ 또는 $Cl_2$ 같은 간단한 분자의 경우에는 아주 간단하게 기술할 수 있다. 일반적으로 두 분자가 서로의 van der Waals 반지름을 침해할 만큼 아주 아깝게 접근하기 전까지는 인력이 작용한다. 침해할 만큼 근접했을 때 작은 인력은 급속히 큰 반발력이 되어 두 분자는 서로 반발하게 된다. 복잡한 유기 분자의 경우 인력과 반발력은 예측하기가 더욱 어렵지만, 힘의 성질을 설명하고 이러한 힘이 유기 화합물의 물리적 성질에 어떻게 영향을 미치는지 살펴볼 것이다.

분자들 간의 인력은 고체와 액체에서 특히 중요하다. 이들 '응축상(condensed phase)'에서는 분자들이 끊임없이 서로 접촉한다. 유기 화합물의 녹는점, 끓는점, 용해도는 이들 힘의 영향을 입증한다. 분자들이 고체나 액체로 응집하는 데 영향을 주는 세 가지 주요한 인력은 다음과 같다.

1. 극성 분자들의 쌍극자-쌍극자 힘
2. 모든 분자에 영향을 미치는 London 분산력
3. —OH, —NH기를 지닌 분자를 결합시키는 수소 결합

### 2-2A 쌍극자-쌍극자 힘

대부분의 분자는 그들의 극성 결합의 결과로 영구 쌍극자 모멘트를 가진다. 각각의 분자 쌍극자 모멘트는 양의 말단과 음의 말단이 있다. 대부분의 안정한 배열은 한 쌍극자의 음의 말단과 가까운 곳에 또 다른 쌍극자의 양의 말단이 있다. 2개의 음의 말단이나 2개의 양의 말단이 서로 근접할 때 이들은 반발한다. 이들은 회전하여 더욱 안정한 양의 말단 대 음의 말단의 배열로 배향할 수 있다.

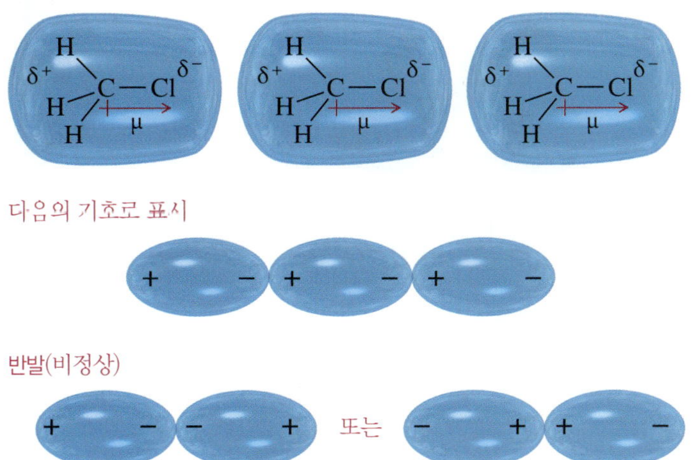


**그림 2-3** 쌍극자-쌍극자 상호작용. 쌍극자-쌍극자 상호작용은 두 극성 분자의 접근에 기인한다. 그들의 양의 말단과 음의 말단이 근접하면 인력이 작용한다. 반면 2개의 음의 말단 또는 2개의 양의 말단이 근접하면 반발력이 작용한다. 액체나 고체에서 분자들은 대개 양의 말단과 음의 말단이 함께 나란히 배향하며, 알짜 힘은 인력이다.

그러므로 **쌍극자-쌍극자 힘**(dipole-dipole force)은 일반적으로 극성 분자들의 쌍극자 모멘트들의 양의 말단과 음의 말단의 인력에 기인하는 분자 간 인력이다. 그림 2-3은 한 가지 예로서 클로로메테인(chloromethane)을 사용한 극성 분자들의 끄는 배향과 반발 배향을 나타낸다.

극성 분자들은 대개 낮은 에너지의 + 대 − 배열로 배향하며, 그 알짜 힘은 인력이다. 이러한 인력은 액체가 증발할 때는 극복해야 하므로, 극성이 큰 화합물의 증발열이 더 커지고 끓는점이 더 높아지는 원인이 된다.

## 2-2B London 분산력

사염화 탄소(carbon tetrachloride, $CCl_4$)는 0의 쌍극자 모멘트를 가지고 있으나 끓는점은 클로로폼(chloroform, $\mu = 1.0$ D)보다 더 높다. 분명히 사염화 탄소 분자들을 집결시키는 데는 쌍극자-쌍극자 힘 이외의 어떤 종류의 힘이 작용하는 것이 틀림없다.

$\mu = 0$
사염화 탄소, 끓는점 = 77°C

$\mu = 1.0$ D
클로로폼, 끓는점 = 62°C

사염화 탄소 같은 비극성 분자의 경우 주된 인력은 **van der Waals 힘**(van der Waals force)의 일종인 **London 분산력**(London dispersion force)이다(그림 2-4). London 힘은 다른 인접한 분자들에 의해 한 분자 내 유발된 일시적 쌍극자 모멘트에서 기인한다. 사염화 탄소가 영구 쌍극자 모멘트를 가지고 있지 않을지라도 전자들이 반드시 고르게 분포되는 것은 아니다. 한 분자가 또 다른 분자에 접근할 때는 전자들이 대칭 배열에서 약간 옮겨짐으로써 1개의 작은 일시적 쌍극자 모멘트가 유발된다. 접근하는 분자 내 전자들이 약간 옮겨짐으로써 쌍극자-쌍극자 인력이 생긴다.

이러한 일시적 쌍극자는 오직 수분의 1초 동안만 존속하며 끊임없이 변한다. 그러나 이들 일시적 쌍극자는 서로 연관됨으로써 그들의 알짜 힘은 인력이 된다. 이러한 인력은 두 분자의 가까운 표면 접촉에 좌우되므로 대략 분자의 표면적에 비례한다. 사염화 탄소는 클로로폼보다 더 큰 표면적을 가지고 있으며(염소 원자는 수소 원자보다 훨씬 더 크므로), 사염화 탄소 분자들 간의 London 분산력은 클로로폼 분자들 간의 분산력보다 더 강하다.

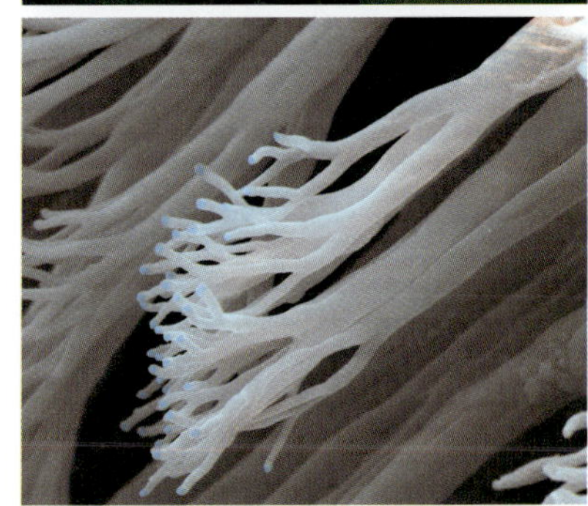

도마뱀붙이는 유리에 틈이 없어도 윤이 나는 유리창을 타고 오른다. 도마뱀붙이 발가락에는 수천 개의 작은 털이 있고, 각 털은 수백 개의 작은 끝으로 갈라져 있다. 각각의 작은 털끝은 van der Waals 인력에 의해 표면으로 당겨진다. 수백만 개의 털끝이 넓은 표면적을 제공하므로, 이 약한 분자 간 인력이 도마뱀붙이의 무게를 쉽게 지탱한다.

(a)

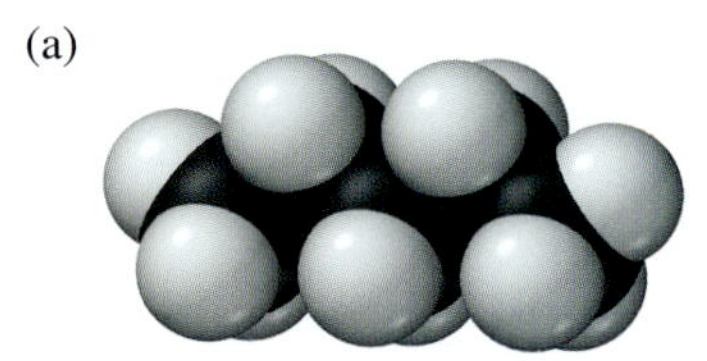

$CH_3—CH_2—CH_2—CH_2—CH_3$

*n*-펜테인, 끓는점 = 36℃

표면적이 넓을수록 끓는점이 높아짐

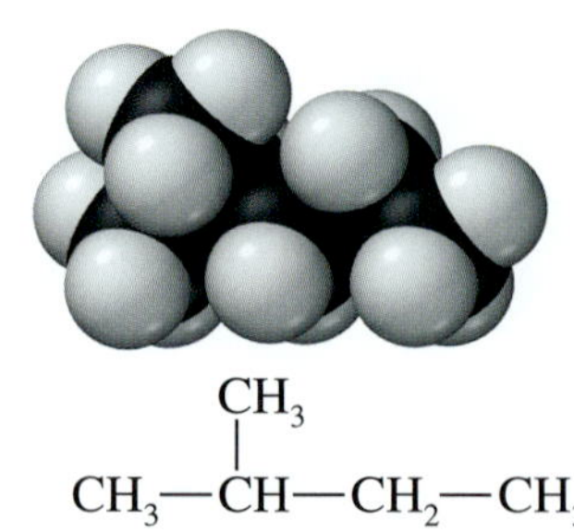

$CH_3—CH(CH_3)—CH_2—CH_3$

아이소펜테인, 끓는점 = 28℃

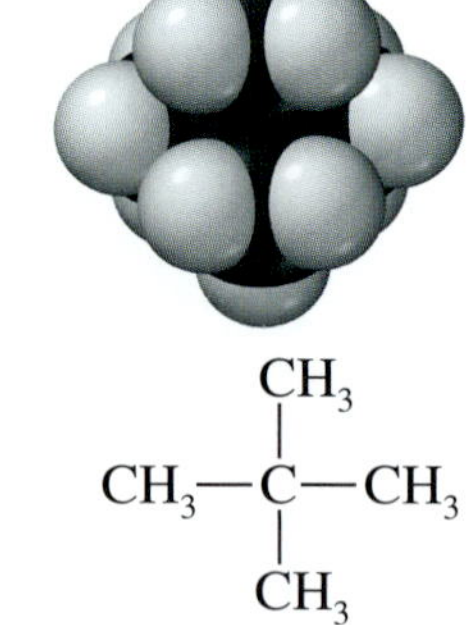

$CH_3—C(CH_3)_2—CH_3$

네오펜테인, 끓는점 = 10℃

표면적이 작을수록 끓는점이 낮아짐

(b)

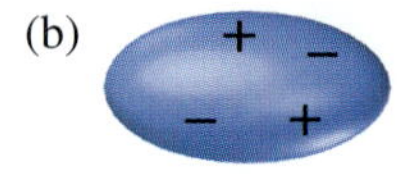

분리됐을 때 무질서한 일시적 쌍극자

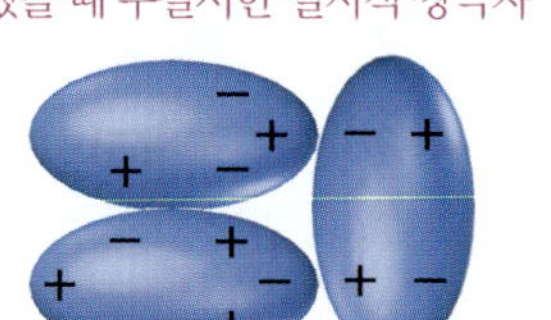

접촉할 때 통합된 일시적 쌍극자

**그림 2-4** 비극성 분자 간의 London 분산력. London 분산력은 통합된 일시적 쌍극자 모멘트의 결과로 생긴다.

간단한 탄화수소의 끓는점에서 London 힘의 영향을 볼 수 있는데, 다양한 이성질체의 끓는점을 비교해보면 보다 큰 표면적(그렇게 됨으로써 London 분산력이 더 큰)을 가진 이성질체는 더 높은 끓는점을 가진다. 분자식 $C_5H_{12}$의 세 이성질체의 끓는점을 위에 나타냈다. 긴 사슬 이성질체(*n*-펜테인)는 가장 큰 표면적과 가장 높은 끓는점을 가진다. 사슬 가지의 양이 증가함에 따라 분자는 더욱 구형이 되고, 표면적이 감소한다. 가장 가지가 많이 난 이성질체(네오펜테인)는 가장 작은 표면적과 가장 낮은 끓는점을 가진다.

## 2-2C 수소 결합

**응용:수소 결합**

옷을 세탁할 때 물 분자는 셀룰로스 분자 사이에 끼어들어 셀룰로스 분자가 서로 미끄러져 주름이 생기게 한다. 다림질을 할 때 다리미에서 나오는 열과 습기의 결합으로 인해 수소 결합이 끊어지고 셀룰로스 분자가 서로 평행하게 놓여 옷의 주름이 부드러워진다.

**수소 결합**(hydrogen bond)은 실제 결합이 아니지만, 쌍극자-쌍극자 인력이 특히 강한 형태이다. 1개의 수소 원자가 산소, 질소, 플루오린에 결합될 때 수소 결합에 참여할 수 있다. 유기 화합물은 H—F 결합을 갖지 않으므로, 오로지 N—H와 O—H의 수소만이 수소 결합을 할 수 있다(그림 2-5).

O—H 결합과 N—H 결합은 매우 극성화되어 있기 때문에, 수소 원자는 부분 양전하를 갖게 된다. 이러한 친전자성 수소는 비공유 전자에 대한 강한 친화력을 가지며, 따라서 산소 혹은 질소 원자의 비공유 전자와 분자 간 결합을 하게 된다.

수소 결합은 분자 간 인력의 한 가지 강력한 형태이다. 하지만 정상적인 C—H, N—H, O—H 공유 결합보다 훨씬 더 약하다. C—H, N—H, O—H 결합을 끊기 위해 약 400 kJ/mol(약 100 kcal/mol)이 필요한 데 비해, 수소 결합을 끊는 데는 약 20 kJ/mol(약 5 kcal/mol)이 필요하다.

수소 결합은 유기 화합물의 물리적 성질에 큰 영향을 미친다. 분자식 $C_2H_6O$의 두 가지 이성질체인 에탄올(ethanol)과 다이메틸 에터(dimethyl ether)의 구조와 끓는점은 다음과 같다.

$CH_3—CH_2—OH$ 에탄올, 끓는점 78℃

$CH_3—O—CH_3$ 다이메틸 에터, 끓는점 −25℃

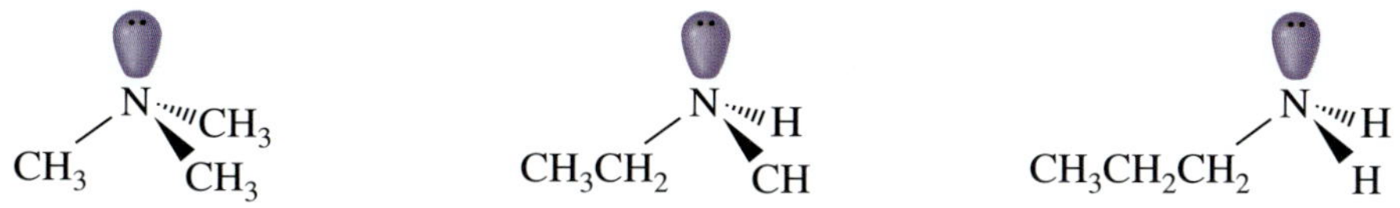

트라이메틸아민, 끓는점 3.5°C
수소 결합이 없음
낮은 끓는점

에틸메틸아민, 끓는점 37°C
1개의 N—H 결합
중간 끓는점

프로필아민, 끓는점 49°C
2개의 N—H 결합
높은 끓는점

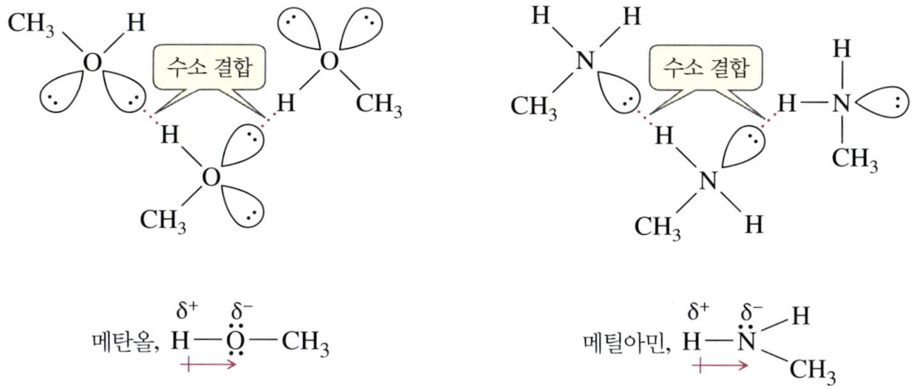

수소 결합

메탄올, $\overset{\delta^+}{H}—\overset{\delta^-}{\ddot{O}}—CH_3$

메틸아민, $\overset{\delta^+}{H}—\overset{\delta^-}{\ddot{N}}(H)—CH_3$

**그림 2-5** 수소 결합. 수소 결합은 친전자성 O—H 혹은 N—H 결합과 비결합 전자쌍 사이의 강력한 분자 간 인력이다.

이들 두 이성질체는 동일한 크기와 동일한 분자량을 가진다. 그렇지만 에탄올은 O—H 수소가 있으므로 널리 수소 결합을 한다. 다이메틸 에터는 O—H 수소를 가지고 있지 않으므로 수소 결합을 형성할 수 없다. 에탄올은 수소 결합의 결과로 다이메틸 에터의 끓는점보다 100°C 이상이나 더 높은 끓는점을 가진다. 에탄올과 다이메틸 에터 모두 물의 —OH기와 수소 결합을 할 수 있으므로, 둘 다 물에 녹는다.

끓는점에 미치는 N—H 수소 결합의 영향은 위에 나타낸 분자식 $C_3H_9N$의 이성질체에서도 볼 수 있다. 트라이메틸아민(trimethylamine)은 N—H 수소를 갖지 않으므로 수소 결합을 형성하지 않는다. 에틸메틸아민(ethylmethylamine)은 1개의 N—H 수소 원자를 가지고 있으므로, 그 결과 생기는 수소 결합은 트라이메틸아민의 끓는점보다 약 34°C 높아진다. 2개의 N—H 수소를 가진 프로필아민(propylamine)은 더욱 심하게 수소 결합을 형성하므로 이들 3개의 이성질체 중에서 가장 높은 끓는점을 가진다.

산소가 질소보다 전기 음성도가 높기 때문에 알코올은 아민보다 더 강력한 수소 결합을 형성한다. 따라서 O—H 결합이 N—H 결합보다 더 심하게 편극화되어 있다. 이러한 효과는 에틸메틸아민과 트라이메틸아민의 끓는점이 34°C의 차이를 나타내는 데 비해, 에탄올과 다이메틸 에터의 끓는점이 100°C 이상의 차이를 나타내는 것에서 볼 수 있다.

**응용: 에너지 전환**

줄(joule)은 에너지에 대한 SI 단위로서 1 kg의 질량을 초당 1 m 움직이는 데 상응하는 에너지이다. 칼로리는 에너지에 대한 cgs 단위로, 물 1 g을 14.5°C에서 15.5°C로 올리는 데 필요한 에너지이다. 두 단위는 모두 보편적으로 사용된다. 이들의 관계는 1 cal = 4.184 J 또는 1 kcal = 4.184 kJ이다.

**연습문제 2-5**

다음 분자 사이에서 일어나는 수소 결합을 그려보라.

**(a)** 에탄올 두 분자

**(b)** 프로필아민 두 분자

**(c)** 다이메틸 에터 한 분자와 물 두 분자

**(d)** 트라이메틸아민 두 분자와 물 한 분자

## FOCUS | 상대적 끓는 점 예측하기

끓는다는 것은 액체상에서 증기상으로 개별 분자의 물리적인 분리이다. 액체가 끓기 위해서는 모든 분자 간 인력이 극복되어야 한다. 이러한 힘을 유기 분자에 대해 세 가지 범주로 분류한다.

**London 분산력**은 모든 원자와 분자에 영향을 미치며, 이웃에 접촉하는 분자의 표면적에 의존한다. 큰 분자일수록 분자 간 접촉이 커지므로, 분자량이 증가함에 따라 끓는점이 높아지는 대략적인 상관관계가 있다. 대조적으로 가지의 증가는 표면적을 감소시키고 끓는점을 감소시킨다.

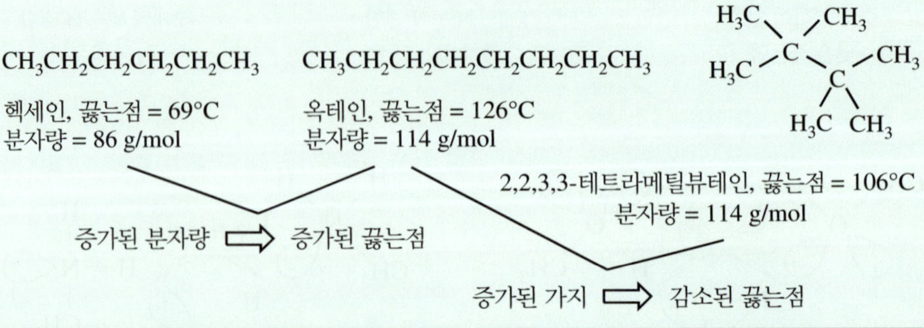


**쌍극자–쌍극자 힘**은 영구 쌍극자를 지닌 전기 음성도가 큰 원자를 가진 분자에서 발생한다. 쌍극자가 강할수록 끓는점이 높아진다.

프로펜, 끓는점 = –48°C (기체)

아세트알데하이드, 끓는점 = 20°C

분자의 쌍극자가 더 크다 ⇨ 증가된 끓는점

**수소 결합**은 O—H 또는 N—H기를 가진 분자에서 쌍극자–쌍극자 힘의 특별한 경우이다. 쌍극자–쌍극자 힘 외에도 한 분자의 O 또는 N에 있는 H는 다른 분자의 O 또는 N에 강한 인력, 즉 **수소 결합**을 형성한다. 이는 세 가지 분자 간 힘 중 가장 강한 힘을 만든다. 두 가지 일반화가 적용된다.

- OH기를 가진 분자는 NH기를 가진 유사한 화합물보다 더 강한 수소 결합을 가지므로 끓는점이 더 높다.

  에틸렌다이아민, 끓는점 = 116°C

  에틸렌 글라이콜, 끓는점 = 197°C

  O가 N보다 더 전기 음성도가 크기 때문에, O—H 결합은 N—H 결합보다 더 극성을 띤다.

- 분자가 더 많은 수소 결합 그룹을 가질수록 끓는점이 높아진다. 다음의 예는 모두 거의 동일한 분자량과 가지 수를 가진다.

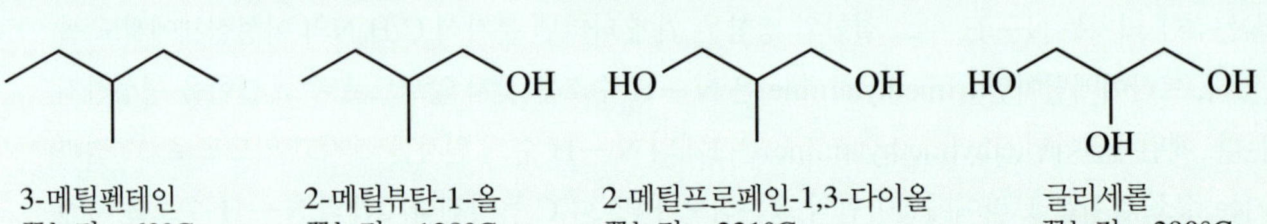


3-메틸펜테인, 끓는점 = 63°C

2-메틸뷰탄-1-올, 끓는점 = 128°C

2-메틸프로페인-1,3-다이올, 끓는점 = 221°C

글리세롤, 끓는점 = 290°C

### 예제 2-2

끓는점이 증가하는 순서로 다음 화합물을 나열하고, 순서를 이같이 선택한 이유를 설명하라.

네오펜테인 2-메틸뷰탄-2-올 2,3-다이메틸뷰테인

펜탄-1-올 헥세인

**풀이**

상대적인 끓는점을 예측하기 위해서는 (1) 수소 결합, (2) 분자량과 표면적, (3) 쌍극자 모멘트에서의 차이를 살펴봐야 한다. 네오펜테인을 제외하고 이 화합물들은 비슷한 분자량을 가지고 있다. 2개의 알코올(-*ol* 접미사)은 수소 결합이 있기 때문에, 두 알코올은 가장 높은 끓는점을 가진 화합물일 것이다. 가지가 없는 펜탄-1-올은 van der Waals 인력에 대해 적은 표면적을 가지고 있고 가지를 지닌 2-메틸뷰탄-2-올보다 더 높은 온도에서 끓을 것이다.

다른 화합물 중에서 네오펜테인은 가장 작은 분자량을 가지고 있고, van der Waals 인력을 최소화하는 조밀한 구형의 구조이다. 또한 끓는점이 가장 낮은 화합물일 것이다.

마지막 두 화합물을 비교하면 2,3-다이메틸뷰테인은 헥세인보다 더 가지 수가 많다(그리고 더 작은 표면적을 가지고 있다). 그러므로, 2,3-다이메틸뷰테인은 헥세인보다 낮은 끓는점을 가질 것이다. 다음과 같이 예상할 수 있다.

| 네오펜테인 | < 2,3-다이메틸뷰테인 | < 헥세인 | < 2-메틸뷰탄-2-올 | < 펜탄-1-올 |
|---|---|---|---|---|
| 10°C | 58°C | 69°C | 102°C | 138°C |

여기에 실제의 끓는점을 나타냈는데, 이는 예측이 옳다는 것을 보여주기 위함이다.

**연습문제 2-6**

다음 각 쌍의 화합물에 대해 더 높은 끓는점을 가질 것으로 예상되는 화합물에 동그라미를 표시하고, 그 이유를 설명하라.

(a) $(CH_3)_3C—C(CH_3)_3$ 또는 $(CH_3)_2CH—CH_2CH_2—CH(CH_3)_2$

(b) $CH_3(CH_2)_6CH_3$ 또는 $CH_3(CH_2)_5CH_2OH$

(c) $CH_3CH_2OCH_2CH_3$ 또는 $CH_3CH_2CH_2CH_2OH$

(d) $HOCH_2—(CH_2)_4—CH_2OH$ 또는 $(CH_3)_3CCH(OH)CH_3$

(e) $(CH_3CH_2CH_2)_2NH$ 또는 $(CH_3CH_2)_3N$

(f) 

**문제풀이 힌트**

상대적인 끓는점을 예측하기 위해 다음의 차이를 살펴보라.
1. 수소 결합
2. 분자량과 표면적
3. 쌍극자 모멘트

## 2-3 용해도에 미치는 극성 효과

분자 간 힘은 끓는점과 녹는점뿐만 아니라 유기 화합물의 용해도 성질을 결정한다. 일반적인 법칙은 유사한 것은 유사한 것을 녹인다(like dissolves like)는 것이다. 극성 물질은 극성 용매에 녹고, 비극성 물질은 비극성 용매에 녹는다. 이제 이 규칙의 근거를 논의하고, 유기 화합물의 용매 성질을 후속 장들에서 적용해보자.

다음 네 가지 다른 경우, 즉 (1) 극성 용매 중에서의 극성 용질, (2) 비극성 용매 중에서의 극성 용질, (3) 비극성 용매 중에서의 비극성 용질, (4) 극성 용매 중에서의 비극성 용질을 고려해보자. 염화 소듐(sodium chloride)과 물을 극성인 용질과 용매의 예로 사용하고, 파라핀 '왁스'와 가솔린을 비극성인 용질과 용매의 예로 사용할 것이다.

**응용: 생화학**

대부분의 비타민은 물에 녹을 수 있도록 전하를 띤 기로 구성되어 있다. 그 결과 빠르게 제거되고 일반적으로 독성이 없다. 그러나 비타민 A와 비타민 D는 비극성이고 체내의 비극성인 지방 조직에 저장된다. 그러므로 이들 두 비타민을 많이 섭취하면 독성을 나타낼 가능성이 있다.

**극성 용매에서의 극성 용질(녹음)** 소금이 물에 녹는 현상을 생각해볼 때 반대 부호로 하전된 이온들이 서로 분리된다는 것은 놀라운 일로 생각된다. 이들 이온을 분리시키려면 많은 에너지가 필요하다. 극성 용매(예: 물)는 이들 이온을 **용매화**(solvate)하기 때문에 이들 이온을 분리시킬 수 있다(그림 2-6). 물이 용매인 경우에는 그 용매화 과정을 **수화**(hydration)라고 한다. 소금이 녹음에 따라 물 분자는 이온 옆으로 물의 쌍극자 모멘트의 적합한 말단에 접근하여 각 이온을 에워싼다. 물 분자의 산소 원자는 양으로 하전된 소듐 이온에 접근한다. 물의 수소 원자는 음으로 하전된 염화 이온에 접근한다.

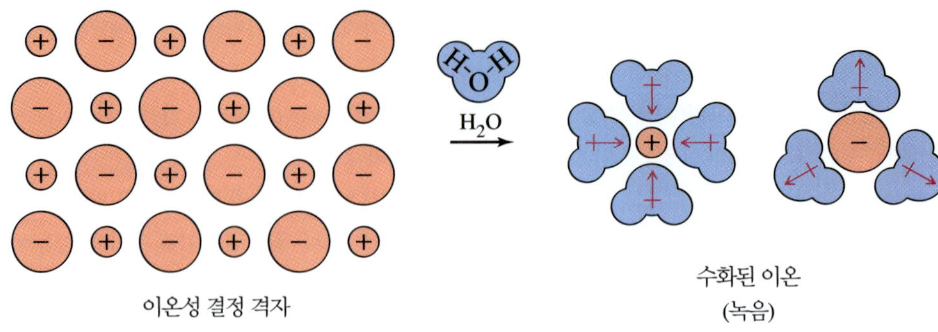


**그림 2-6** 물(극성 용매)에서 극성 용질. 물에 의한 소듐 이온과 염화 이온의 수화는 염화 소듐의 격자 에너지를 이겨낸다. 그리하여 소금이 녹는다.

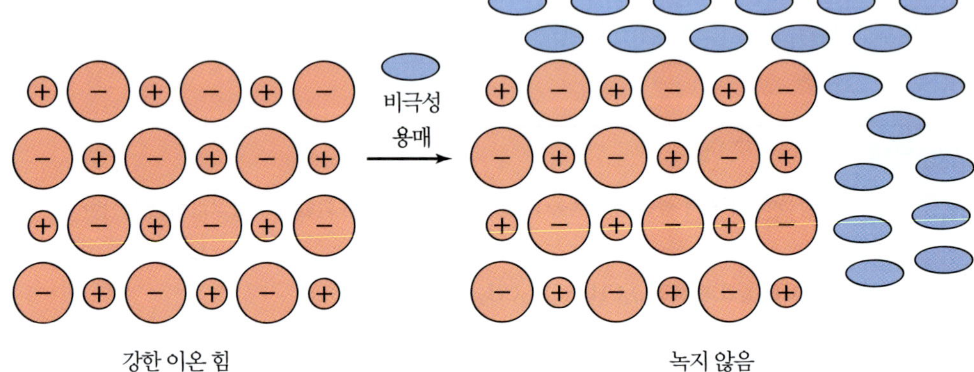


**그림 2-7** 비극성 용매에서 극성 용질. 극성 물질들의 분자 간 인력은 비극성 용매 분자에 대한 인력보다 더 강하다. 따라서 극성 물질은 비극성 용매에 녹지 않는다.

**응용: 생화학**

수소 결합은 많은 생물학적 분자의 구조적 보존에 필수이다. 예를 들어 DNA의 이중 나선 구조는 부분적으로 염기 사이의 수소 결합에 의해 유지된다. 아데닌(A)은 2개의 수소 결합으로 연결된 티민(T)과 쌍을 이루고, 구아닌(G)은 3개의 수소 결합으로 연결된 사이토신(C)과 쌍을 이룬다. 아래 그림에서 수소 결합은 빨간색 점선으로 나타냈다.

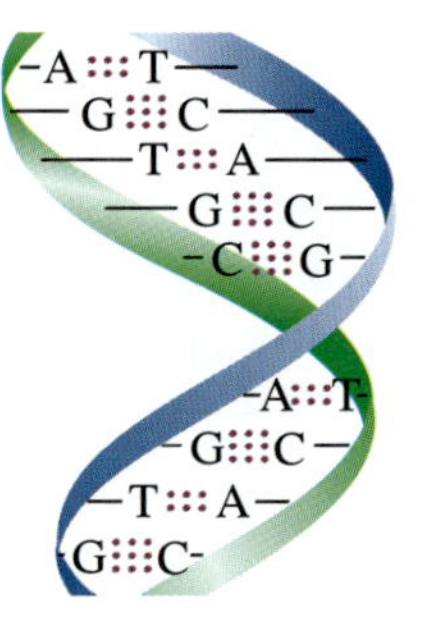


물 분자는 매우 극성이기 때문에 소듐 이온($Na^+$)과 염화 이온($Cl^-$)의 수화에는 다량의 에너지가 방출된다. 이 에너지는 소금(염화 소듐, NaCl) 결정의 격자 에너지를 이겨내기에 거의 충분하다. 소금이 녹을 때는 부분적으로 물 분자에 의한 강력한 수화의 결과로서, 또한 부분적으로는 엔트로피(무질서도 또는 운동의 자유도)가 증가하는 결과로서 소금이 녹는다.

**비극성 용매에서의 극성 용질(녹지 않음)** 만일 소금을 터펜틴(turpentine)이나 가솔린 같은 비극성 용매와 함께 젓는다면 녹지 않을 것이다(그림 2-7). 이들 용매의 비극성 분자는 이온을 아주 강하게 용매화하지 못하며, 그럼으로써 이들은 소금 격자의 큰 격자 에너지를 이겨낼 수 없다. 이 경우 고체 내에서의 이온들 서로 간의 인력이 용매에 대한 인력보다 훨씬 더 크다.

**비극성 용매에서의 비극성 용질(녹음)** 파라핀 '왁스'는 가솔린에 녹는다. 파라핀과 가솔린은 둘 다 비극성 탄화수소의 혼합물이다(그림 2-8). 비극성 물질(파라핀)의 분자는 서로에 대해 약하게 끌리며, 이들 van der Waals 인력은 용매와의 van der Waals 인력에 의해 쉽게 극복된다. 비극성 물질이 비극성 용매에 녹을 경우 에너지의 변화는 거의 없지만, 엔트로피는 크게 증가한다.

**비극성 용매에서의 비극성 용질(녹지 않음)** 파라핀 '왁스' 같은 비극성 고체와 다른 왁스들은 물과 같은 극성 용매에 녹지 않는다. 그 이유는 무엇인가? 비극성 분자는 서로에 대해 단지 약하게 끌리며, 이들을 분리하려면 적은 에너지가 필요하다. 문제는 물 분자는 수소 결합에 의해 서로 강력하게 끌린다는 데 있다.

비극성 파라핀 분자가 녹으려면 그 주위에 있는 물 분자는 공동을 형성해야 한다. 공동의 가장자리에 있는 물 분자는 수소 결합이 가능한 이웃 몇몇이 있으며, 이로써 공동 주위에 빡빡하고 더욱 굳은 얼음 같은 구조를 갖게 된다. 이 빡빡한 구조는 계의 엔트로피에 불리한 감소를 가져온다(그림 2-9). 물에 녹지 않는 비극성 물질을 **소수성**(hydrophobic, '물을 싫어하는')이라고 한다.

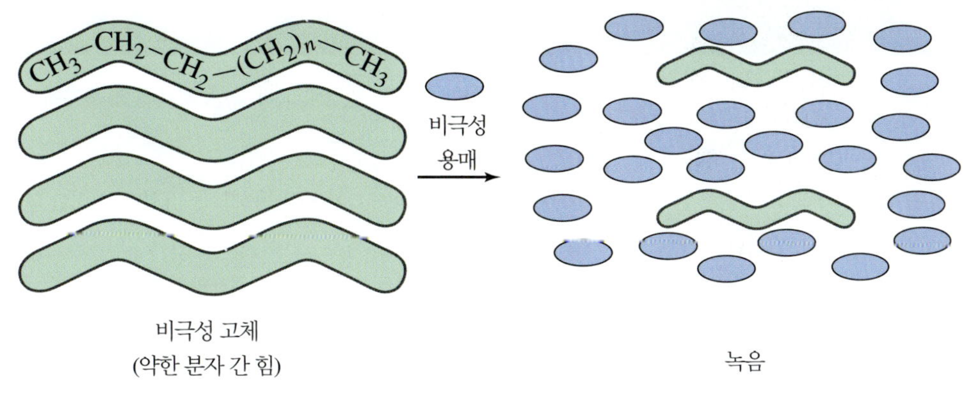


**그림 2-8** 비극성 용매에서 비극성 용질. 비극성 물질의 약한 분자 간 인력은 비극성 용매에 대한 약한 인력에 의해 극복된다. 그리하여 비극성 물질은 녹는다.

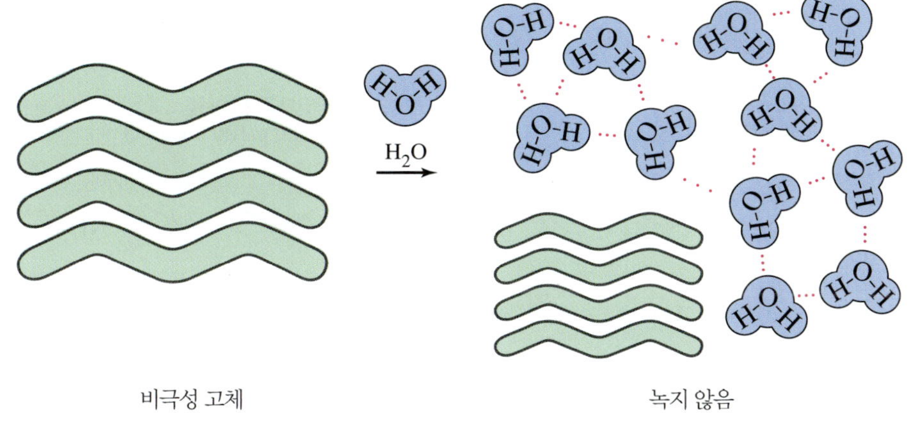


**그림 2-9** 극성 용매(물)에서 비극성 용질. 비극성 물질은 소수성이다. 비극성 분자 주위의 물 분자가 수소 결합 껍질을 형성할 경우 불리한 엔트로피 효과가 생기기 때문에 이들은 물에 녹지 않는다.

그림 2-6에서 그림 2-9까지는 "유사한 것은 유사한 것을 녹인다"는 말이 일반적으로 사실임을 보여준다. 극성 물질은 극성 용매에 녹고, 비극성 물질은 비극성 용매에 녹는다. 이 일반적 법칙은 액체의 혼합에도 적용된다. 예를 들어 물과 가솔린(또는 기름)이 섞이지 않는다는 사실은 누구나 알고 있다. 그러나 가솔린과 기름은 둘 다 소수성의 비극성 탄화수소로서 서로 자유로이 섞인다. 에탄올은 극성 분자로 물과 섞인다. 즉 에탄올은 물과 모든 비율로 자유로이 섞인다.

비극성 기름 분자는 물 분자 사이의 강한 분자 간 인력을 바꾸지 못하므로 모터 기름과 물은 섞이지 않는다.

물에 쉽게 녹는 극성 물질을 **친수성**(hydrophilic, '물을 좋아하는')이라고 한다. 에탄올은 극성 분자로, 물과 섞인다. 즉 에탄올은 물과 모든 비율로 자유로이 섞인다. 에탄올은 1개의 O—H기를 가지고 있는데, 이는 물 분자와 수소 결합을 형성한다. 에탄올이 물에 녹을 경우 깨지는 물–물과 에탄올–에탄올 수소 결합을 대신하여 새로운 에탄올–물 수소 결합이 생긴다.

2-15절부터 2-17절까지 다양한 '작용기'를 가진 다양한 종류의 유기 화합물을 보게 될 것이다. 이 새로운 화합물을 대할 때 분자들이 극성인지, 비극성인지, 수소 결합에 참여할 수 있는지 여부

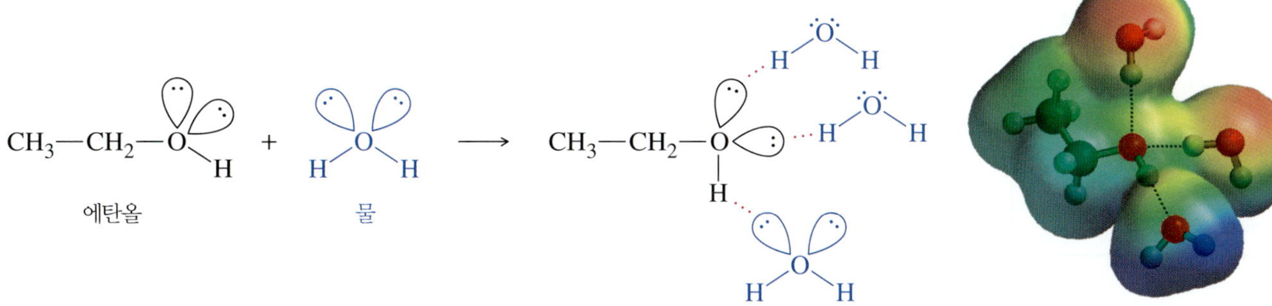


**그림 2-10** 에탄올의 OH기가 물과 수소 결합을 형성하므로 에탄올은 친수성이다.

## FOCUS | 수소 결합과 물에서의 용해도

용해도는 한 물질이 다른 물질에 얼마나 많이 용해되는지를 나타내는 척도이다. 물에서의 용해도는 화학 실험실, 환경적 고려 특성, 의료 응용 분야에서 중요한 특성이다.

극성 원자가 없는 탄화수소는 매우 낮은 물에서의 용해도를 가진다. 예를 들면 헥세인(hexane)은 0.001 g/100 mL **$H_2O$**의 용해도를 가진다. 이러한 화합물을 **불용성**(insoluble)이라고 하는데, 용해도가 0이라는 의미는 아니다.
물에서의 화합물의 용해도를 결정하는 가장 중요한 요소는 물과 수소 결합을 형성할 수 있는 원자(O 및 N)의 존재와, 이러한 원자와 분자 내 탄소 수의 비율이다. 대략적인 근사치로 하나의 O 또는 N은 약 4개의 탄소가 물에 용해될 수 있을 만큼 강한 수소 결합을 형성한다. 이러한 경향은 아래 화합물에 나와 있다.

• 같은 C 수의 화합물에서 수소 결합 그룹 수의 증가는 용해도를 증가시킨다.

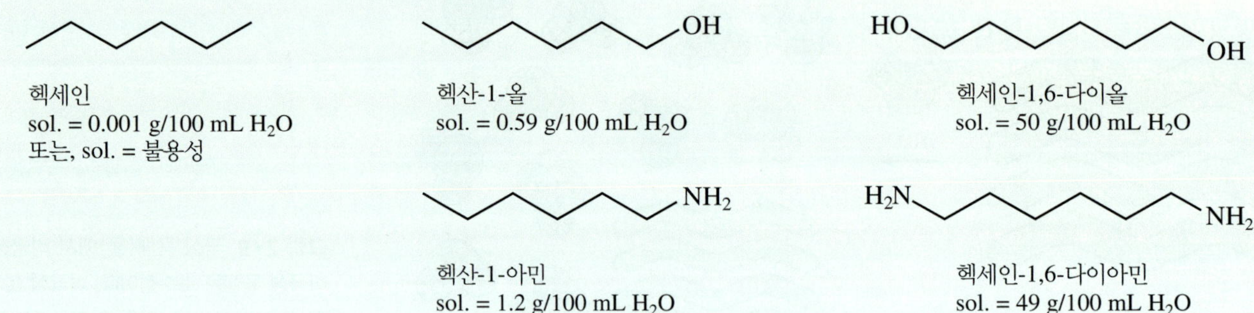


• 수소 결합 그룹 수를 일정하게 유지하면서 탄소의 수를 증가시키는 것은 용해도를 감소시킨다.

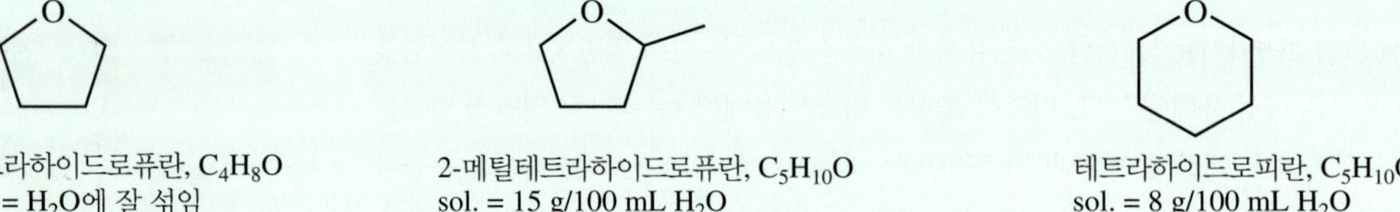


할로겐 원자는 전기 음성도가 크지만, 유기 화합물에서 수소 결합에 참여하지 않고, 물에 대한 용해도를 증가시키지 않는다.

를 알아보라. 비극성인 것은 소수성인 경향이 있다. 극성이 강한 것은, 특히 수소 결합을 가지고 있는 것이라면 친수성일 것이다.

**문제풀이 힌트**

수소 결합은 화합물의 수용성 여부를 확인하는 가장 중요한 요소이다. 보통 수소 결합을 하는 하나의 극성 작용기는 4개의 탄소를 물로 옮길 수 있다. 수소 결합을 할 수 있는 3개 이하의 탄소로 구성된 대부분의 화합물은 물과 섞인다. 분자 내 수소 결합을 할 수 있는 작용기가 여러 개 있는 경우 물에서의 용해도를 증가시킨다.

**연습문제 2-7**

각 쌍 중에 물에 더 잘 녹는 화합물에 동그라미를 표시하라.

**(a)** $CH_3CH_2OCH_2CH_3$ 또는 $CH_3CH_2CH_2CH_2CH_3$

**(b)** $CH_3CH_2OCH_2CH_3$ 또는 $CH_3CH_2CH_2OH$

**(c)** $CH_3CH_2NHCH_3$ 또는 $CH_3CH_2CH_2CH_3$

**(d)** $CH_3CH_2OH$ 또는 $CH_3CH_2CH_2CH_2OH$

**(e)** O=C($H_3C$)($CH_3$) 또는 O (cyclohexanone)

## 2-4 Arrhenius 산과 염기

산과 염기의 성질과 반응은 유기 화학 학습의 중심이 되는 과제이다. **산**(acid)과 **염기**(base)라는 용어가 정확하게 무엇을 의미하는지를 생각해볼 필요가 있다. 대부분의 사람들은 $H_2SO_4$가 산이고, NaOH는 염기라는 데 동의할 것이다. 그렇다면 $BF_3$는 산인가 염기인가? 에틸렌($H_2C{=}CH_2$)은 산인가 염기인가? 이러한 질문에 답하려면 산과 염기에 관한 세 가지 다른 정의, 즉 Arrhenius 정의, Brønsted-Lowry 정의, Lewis 정의를 이해할 필요가 있다.

산성 화합물은 신맛을 근거로 하여 맨 처음으로 분류되었다. 라틴어 *acidus*(시큼한)와 *acetum*(식초)이란 용어로부터 *acid*(산)와 *acetic acid*(아세트산)라는 현대 용어가 생겨났다. 알칼리성 화합물(염기)은 산을 중화시키는 석회석이나 식물 재(아랍어로 *al kalai*) 같은 물질이라고 생각되었다.

1887년 스웨덴 화학자 Svante Arrhenius는 Arrhenius 이론을 제안했는데, 산은 물속에서 해리하여 $H_3O^+$ 이온을 생성하는 물질이라고 정의했다. 황산(sulfuric acid, $H_2SO_4$) 같은 센산은 아세트산($CH_3COOH$) 같은 약산보다 더 잘 해리할 것이라고 보았다.

$$\underset{\text{황산}}{H_2SO_4} + H_2O \rightleftarrows \underset{\text{하이드로늄 이온}}{H_3O^+} + HSO_4^-$$

$$\underset{\text{아세트산}}{CH_3{-}\overset{\overset{\displaystyle O}{\|}}{C}{-}OH} + H_2O \rightleftarrows \underset{\text{하이드로늄 이온}}{H_3O^+} + CH_3{-}\overset{\overset{\displaystyle O}{\|}}{C}{-}O^-$$

Arrhenius 정의에 의하면 염기는 물속에서 해리하여 수산화 이온을 생성하는 물질이다. NaOH 같은 센 염기는 $Mg(OH)_2$와 같이 보다 약하고 물에 덜 녹는 염기보다 더욱 완전히 해리할 것이라고 보았다.

$$NaOH \rightleftarrows Na^+ + {}^-OH$$
$$Mg(OH)_2 \rightleftarrows Mg^{2+} + 2\ {}^-OH$$

**Svante August Arrhenius**(1859~1927) 화학 동역학 분야를 개척한 스웨덴의 물리화학자로, 현재 온실 효과로 알려진 지구의 표면 온도 상승과 관련된 대기 이산화 탄소 연구의 선구자였다. Arrhenius는 전해질 해리 이론으로 화학 발전에 이바지한 특별한 공로를 인정받아 노벨화학상을 수상했다(1903).

수용액(물)의 산도나 염기도는 $H_3O^+$의 농도로 측정한다. 이 농도의 값은 또한 $^-OH$ 농도의 값도 암시하는데, 이는 이 두 농도가 물의 이온-곱 상수(ion-product constant)와 관련이 있기 때문이다.

$$K_w = [H_3O^+][^-OH] = 1.00 \times 10^{-14}\ M^2\ (25°C\text{에서})$$

중성 용액 중에서 $H_3O^+$와 $^-OH$의 농도는 같다.

$$[H_3O^+] = [^-OH] = 1.00 \times 10^{-7}\ M\ (\text{중성 용액에서})$$

산성 및 염기성 용액은 과량의 $H_3O^+$ 또는 $^-OH$으로 정의한다.

$$\text{산성: } [H_3O^+] > 10^{-7}\ M \quad \text{그리고} \quad [^-OH] < 10^{-7}\ M$$
$$\text{염기성: } [H_3O^+] < 10^{-7}\ M \quad \text{그리고} \quad [^-OH] > 10^{-7}\ M$$

이들 농도는 넓은 범위에 걸쳐 있으므로 용액의 산도나 염기도는 대수 척도(logarithmic scale)로 측정하는 것이 보통이다. **pH**는 $H_3O^+$ 농도의 음의 대수(밑수 10)로 정의한다.

$$pH = -\log_{10}[H_3O^+]$$

중성 용액은 pH가 7이며, 산성 용액은 pH가 7보다 작고, 또한 염기성 용액은 pH가 7보다 크다.

**연습문제 2-8**

다음 용액의 pH를 계산하라.

**(a)** 100 mL의 수용액 중에 HBr이 5.00 g 함유된 용액

**(b)** 50 mL의 수용액 중에 NaOH가 1.50 g 함유된 용액

Arrhenius의 정의는 수많은 산과 염기를 이해하는 데 크게 기여했지만, 암모니아($NH_3$) 같은 화합물의 반응성을 설명하지는 못했다. 암모니아는 산을 중화하는 것으로 알려져 있으나 분자식에 수산화 이온을 가지고 있지 않다. 다음 절에서 더욱 광범위한 유기산과 염기 및 암모니아를 포함한 염기와 산의 더욱 융통성이 있는 산-염기의 이론을 논의할 것이다.

## 2-5 Brønsted-Lowry 산과 염기

1923년 덴마크 화학자 Johannes Brønsted과 영국 화학자 Thomas Lowry는 각자 독자적으로 양성자의 이동에 근거한 산과 염기에 대한 정의를 제안했다. **Brønsted-Lowry 산**(Brønsted-Lowry acid)은 양성자를 줄 수 있는 모든 화학종이며, **Brønsted-Lowry 염기**(Brønsted-Lowry base)는 양성자를 받을 수 있는 모든 화학종이다. 해리하여 $H_3O^+$를 생성하는 화합물은 양성자 주개(proton donor)이며, 해리하여 $^-OH$를 생성하는 화합물은 양성자 받개(proton acceptor)이므로, 모든 Arrhenius 산과 염기는 이 정의에 들어맞는다. (수산화 이온은 양성자를 받아 $H_2O$를 생성한다.)

Brønsted-Lowry의 정의는 Arrhenius의 산과 염기뿐만 아니라 수산화 이온을 가지고 있지는 않지만 양성자를 받을 수 있는 염기도 포함한다. 양성자를 염기에 주는 다음 예의 산을 생각해보자. NaOH는 Arrhenius나 Brønsted-Lowry 정의의 어느 것을 따르더라도 염기이다. 다른 3개의 염기는 Brønsted-Lowry의 정의에 따르지만 이들 염기는 수산화 이온을 가지고 있지 않으므로 Arrhenius의 정의에 따르지 않는다.

$$\underset{\text{양성자 주개}}{HCl} + \underset{\text{양성자 받개}}{NaOH} \rightleftharpoons NaCl + H{-}OH$$

$$\underset{\text{양성자 주개}}{H_2SO_4} + \underset{\text{양성자 받개}}{:NH_3} \rightleftharpoons HSO_4^- + H{-}\overset{+}{N}H_3$$

$$\underset{\text{양성자 주개}}{HCl} + \underset{\text{양성자 받개}}{H_2C{=}CH(CH_3)} \rightleftharpoons Cl^- + H{-}CH_2{-}\overset{+}{C}H(CH_3)$$

$$\underset{\text{양성자 주개}}{HNO_3} + \underset{\text{양성자 받개}}{H_2C{=}\ddot{N}H} \rightleftharpoons NO_3^- + H_2C{=}\overset{+}{N}H_2$$

염기가 양성자를 받을 때 염기는 양성자를 되돌려 줄 수 있으며, 이때 양성자가 첨가된 염기는 산이 된다. 산이 양성자를 줄 때 산은 양성자를 되돌려 받을 수 있으며, 이때 양성자를 준 산은 염기가 된다. Brønsted-Lowry 정의의 가장 중요한 원리 중 하나는 이러한 **짝산과 짝염기**(conjugate acids and bases)의 개념이다. 예를 들어 $NH_4^+$와 $NH_3$는 짝산-짝염기 쌍이다. $NH_3$는 염기인데, 이 $NH_3$가 양성자를 받으면 그 짝산인 $NH_4^+$로 변한다. 대부분의 화합물(예: 물)은 산이나 염기의

어느 것으로도 반응할 수 있다. 여기에 짝산-짝염기 쌍의 몇 가지 추가적인 예를 제시한다.

$$\underset{\text{산}}{H_2SO_4} + \underset{\text{염기}}{H_2O} \rightleftarrows \underset{\text{짝염기}}{HSO_4^-} + \underset{\text{짝산}}{H_3O^+}$$

$$\underset{\text{산}}{H_2O} + \underset{\text{염기}}{:NH_3} \rightleftarrows \underset{\text{짝염기}}{^-OH} + \underset{\text{짝산}}{NH_4^+}$$

$$\underset{\text{산}}{H-\overset{\overset{\displaystyle O}{\|}}{C}-OH} + \underset{\text{염기}}{CH_3-\ddot{\underset{..}{O}}:^-} \rightleftarrows \underset{\text{짝염기}}{H-\overset{\overset{\displaystyle O}{\|}}{C}-\ddot{\underset{..}{O}}:^-} + \underset{\text{짝산}}{CH_3-\ddot{\underset{..}{O}}-H}$$

## 2-6 산과 염기의 세기

산의 강도는 양성자를 주어서 염기를 양성자화하려는 경향을 반영해야 한다는 것은 분명한 사실 같다. 마찬가지로 염기의 강도는 양성자를 받아들임으로써 산의 양성자를 제거하려는 경향을 반영해야 한다. 하지만 다양한 산과 염기를 비교하려면 정량적 값이 필요하다. 예를 들어 물에 황산과 아세트산을 모두 첨가하면 어느 것이 물을 양성자화하는가? 황산 암모늄에 물을 첨가하면 물은 산 또는 염기 중 어느 것으로 작용할 것인가? 산의 세기와 염기의 세기에 관한 이론은 이러한 질문에 확실하게 답할 수 있게 해준다.

### 2-6A 산의 세기

Brønsted-Lowry의 산의 세기는 Arrhenius의 정의에서와 마찬가지로 물속에서 산의 이온화 정도로 표시한다. 산(HA)과 물의 일반적인 반응식은 다음과 같다.

$$\underset{\text{산}}{HA} + H_2O \overset{K_a}{\rightleftarrows} H_3O^+ + \underset{\text{염기}}{A^-} \qquad K_a = \frac{[H_3O^+][A^-]}{[HA]}$$

짝산-짝염기 쌍

$K_a$는 **산-해리 상수**(acid-dissociation constant)라고 하며, 크기는 산의 상대적인 세기를 나타낸다. 산이 세면 셀수록 더욱 많이 해리하여 $K_a$ 값이 더 커진다. 산-해리 상수는 넓은 범위에 걸쳐서 변한다. 센산은 물속에서 거의 완전히 이온화하며, 해리 상수는 1보다 더 크다. 대부분의 유기산은 $10^{-4}$보다 작은 $K_a$ 값을 가진 약한 산이다. 또한 많은 유기 화합물은 극히 약한 산이다. 예를 들어 메테인과 에테인은 $10^{-40}$보다 작은 $K_a$ 값을 가지고 있으며, 본질적으로 비산성이다.

이들 많은 유기 화합물의 산-해리 상수는 아주 넓은 범위에 걸쳐 있기 때문에 $K_a$ 값은 흔히 대수 척도로 표현된다. 산의 $K_a$는 용액의 pH와 마찬가지로 $K_a$의 음의 대수(밑수 10)로 정의된다.

$$pK_a = -\log_{10} K_a$$

**예제 2-3**

물의 $K_a$와 $pK_a$를 계산하라.

**풀이**

물의 $K_a$를 정의하는 평형은 다음과 같다.

$$\underset{\text{산 (HA)}}{H_2O} + \underset{\text{용매}}{H_2O} \overset{K_a}{\rightleftarrows} H_3O^+ + \underset{\text{짝염기 }(A^-)}{^-OH}$$

**문제풀이 힌트**

때때로 물의 $K_a$가 ($1.8 \times 10^{-16}$ $M$) 이온곱 상수 $K_w = 1.00 \times 10^{-14}$ $M^2$과 다르다는 것을 잊어버리기 쉽다. $K_a$를 계산하려면 이온곱 상수를 산(물)의 농도(순수한 물에서 55.6 mol/L)로 나누어야 한다.

물은 이러한 해리 반응에서 산과 용매 양쪽으로 작용한다. 평형식은 다음과 같다.

$$K_a = \frac{[H_3O^+][A^-]}{[HA]} = \frac{[H_3O^+][^-OH]}{[H_2O]}$$

물의 이온곱 상수, 즉 $[H_3O^+][^-OH] = K_w = 1.00 \times 10^{-14} M^2$이란 것을 이미 알고 있다.

물에서 $H_2O$의 농도는 단지 1 L(약 1 kg) 중 물의 몰수일 뿐이다.

$$\frac{1000 \text{ g/L}}{18.0 \text{ g/mol}} = 55.6 \text{ mol/L}$$

이들 값을 대입하면 다음의 계산이 나온다.

$$K_a = \frac{[H_3O^+][^-OH]}{[H_2O]} = \frac{1.00 \times 10^{-14}}{55.6} = 1.8 \times 10^{-16} M$$

$1.8 \times 10^{-16}$의 대수는 −15.7이므로 물의 $pK_a$는 15.7이다.

센산은 일반적으로 대략 0의 $pK_a$ 값을 가지고 있으며, 대부분의 유기산과 같은 약산은 4보다 더 큰 $pK_a$ 값을 가지고 있다. 보다 약한 산은 보다 큰 $pK_a$ 값을 가진다. 표 2-2에 몇 가지 무기 화합물 및 유기 화합물의 $K_a$ 및 $pK_a$의 값을 나타냈다. $K_a$ 값이 증가함에 따라 $pK_a$의 값이 감소한다는 사실에 주목해야 한다. 더 많은 $pK_a$ 값이 정리된 표는 부록 4에 수록되어 있다.

**문제풀이 힌트**

대부분의 경우 산의 $pK_a$는 절반 해리할 때의 pH에 해당한다. 더 낮은(더 센산) pH에서 산은 대부분 해리가 안 되고, 더 높은(더 센염기) pH에서 산은 대부분 해리된다.

**연습문제 2-9**

암모니아는 표 2-2에 산과 짝염기의 양쪽으로 나타나 있다.

**(a)** 암모니아가 어떻게 산과 염기의 양쪽으로 작용할 수 있는지를 설명하라. 암모니아는 수용액에서 어떤 역할을 하는가?

**(b)** 물이 어떻게 산과 염기의 양쪽으로 작용할 수 있는지 밝히라.

**(c)** 하이드로늄 이온, 즉 $H_3O^+$의 $K_a$와 $pK_a$를 계산하라.

**(d)** 메탄올($CH_3OH$)이 어떻게 산과 염기의 양쪽으로 작용할 수 있는지를 밝히라. 메탄올과 황산의 반응에 대한 반응식을 작성하라.

## 2-6B 염기의 세기

산의 세기와 그 짝염기의 세기 사이에는 역비례 관계가 있다. 산(HA)이 세지려면 짝염기($A^-$)는 음이온 형태에서 안정해야 한다. 그렇지 않으면 HA는 양성자를 잃으려고 하지 않을 것이다. 그러므로 센산의 짝염기는 반드시 약염기이다. 또 한편으로는 산이 약하면 그 짝염기는 센염기이다.

$$\underset{\text{센산}}{HCl} + H_2O \rightleftharpoons H_3O^+ + \underset{\text{약염기}}{Cl^+}$$

$$\underset{\text{약산}}{CH_3\text{—}\ddot{O}H} + H_2O \rightleftharpoons H_3O^+ + \underset{\text{센염기}}{CH_3\ddot{O}:^-}$$

산과 염기의 반응에서 더 약한 산과 염기가 평형에서 더 유리하다. 예를 들어 앞에 나온 반응에서 $H_3O^+$는 HCl보다 더 약한 산이지만 $CH_3OH$보다는 더 센산이다. 또한 당연히 $H_2O$는 $Cl^-$보다 더 센염기이지만 $CH_3O^-$보다는 더 약한 염기가 된다.

**표 2-2** 몇 가지 보편적인 유기 및 무기산과 그 짝염기의 상대적 세기

| | 산 | | | | | 짝염기 | | $K_a$ | $pK_b$ |
|---|---|---|---|---|---|---|---|---|---|
| 센산 (더 강함) | HCl<br>염산 | + | $H_2O$ | ⇌ | $H_3O^+$ + | $Cl^-$<br>염화 이온 | 더 약염기 | $1 \times 10^7$ | −7 |
| | $H_3O^+$<br>하이드로늄 이온 | + | $H_2O$ | ⇌ | $H_3O^+$ + | $H_2O$<br>물 | | 55.6 | −1.7 |
| | HF<br>플루오린화수소산 | + | $H_2O$ | ⇌ | $H_3O^+$ + | $F^-$<br>플루오린화 이온 | | $6.8 \times 10^{-4}$ | 3.17 |
| | $H-C(=O)-OH$<br>폼산 | + | $H_2O$ | ⇌ | $H_3O^+$ + | $H-C(=O)-O^-$<br>폼산 이온 | | $1.7 \times 10^{-4}$ | 3.76 |
| | $CH_3-C(=O)-OH$<br>아세트산 | + | $H_2O$ | ⇌ | $H_3O^+$ + | $CH_3-C(=O)-O^-$<br>아세트산 이온 | | $1.8 \times 10^{-5}$ | 4.74 |
| 약산 | $H-C\equiv N:$<br>사이안화수소산 | + | $H_2O$ | ⇌ | $H_3O^+$ + | $^-:C\equiv N:$<br>사이안화 이온 | | $6.0 \times 10^{-10}$ | 9.22 |
| | $^+NH_4$<br>암모늄 이온 | + | $H_2O$ | ⇌ | $H_3O^+$ + | $:NH_3$<br>암모니아 | | $5.8 \times 10^{-10}$ | 9.24 |
| | $H_2O$<br>물 | + | $H_2O$ | ⇌ | $H_3O^+$ + | $HO^-$<br>수산화 이온 | | $1.8 \times 10^{-16}$ | 15.7 |
| | $CH_3CH_2-OH$<br>에틸 알코올 | + | $H_2O$ | ⇌ | $H_3O^+$ + | $CH_3CH_2O^-$<br>에톡시화 이온 | | $1.3 \times 10^{-16}$ | 15.9 |
| 매우 약산 | $NH_3$<br>암모니아 | + | $H_2O$ | ⇌ | $H_3O^+$ + | $^-:\ddot{N}H_2$<br>아마이드화 이온 | | $10^{-36}$ | 36 |
| 산성이 아님 (더 약함) | $CH_4$<br>메테인 | + | $H_2O$ | ⇌ | $H_3O^+$ + | $^-:CH_3$<br>메틸 음이온 | 더 센염기 | $<10^{-50}$ | 50 |

염기의 세기는 가수 분해 반응의 평형 상수를 이용함으로써 산의 세기와 아주 비슷한 방법으로 측정한다.

$$\underset{\text{짝염기}}{A^-} + H_2O \underset{}{\overset{K_b}{\rightleftharpoons}} \underset{\text{짝산}}{HA} + {}^-OH$$

이 반응의 평형 상수($K_b$)를 염기 $A^-$의 염기 해리 상수(base-dissociation constant)라고 한다. 이 상수는 넓은 범위의 값에 걸쳐 있기 때문에 흔히 대수 형태로 표시한다. $K_b$의 음의 대수(밑수 10)를 $pK_b$라고 정의한다.

$$K_b = \frac{[HA][^-OH]}{[A^-]} \quad pK_b = -\log_{10} K_b$$

$K_a$에 $K_b$를 곱하면 산의 산도가 짝염기의 염기도와 어떻게 관련되는지를 알 수 있다.

**응용: 약**

많은 천연물의 산-염기 성질은 분리나 몸속에서 분배와 약물치료 효과에 중요하다. 예를 들면 모르핀은 양귀비로부터 뽑아내는데, 질소에 하전이 안 된 자유 염기로 뇌를 통과하지만, 양성자가 결합한 하전된 종이 되면 진통 효과를 나타낸다.

$$(K_a)(K_b) = \frac{[H_3O^+][A^-]}{[HA]}\frac{[HA][^-OH]}{[A^-]} = [H_3O^+][^-OH] = K_w = 1.0 \times 10^{-14}$$

물의 이온곱 상수

$$(K_a)(K_b) = 10^{-14}$$

대수를 취하면

$$pK_a + pK_b = -\log 10^{-14} = 14$$

수용액에서 $K_a$와 $K_b$의 곱 $K_w$는 항상 물의 이온곱 $10^{-14}$과 같아야 한다. $K_a$의 값이 크면 $K_b$의 값은 작아진다. 즉 산이 셀수록 짝염기는 더 약해진다. 마찬가지로 $K_a$의 값이 작으면(약산의 경우) $K_b$의 값이 크다(센염기)는 것을 의미한다.

> 산이 셀수록 짝염기는 더 약해진다.
> 산이 약할수록 짝염기는 더 세진다.
> 산-염기 반응은 더욱 약한 산과 더욱 약한 염기가 생기는 쪽으로 반응이 유리하게 진행한다.

## 2-7 산-염기 반응에서의 평형 위치

Brønsted–Lowry 산-염기 반응은 양전하를 띤 양성자를 산에서 염기로 이동시킨다. 생성물은 원래 산의 짝염기와 원래 염기의 짝산이다. 산이 전하를 띠지 않고 염기가 음전하를 가진 간단한 경우 일반적인 반응식은 다음과 같다.

반응물 / 생성물

$$\underset{\text{산}}{H-A} + \underset{\text{염기}}{B:^-} \rightleftharpoons \underset{\text{짝염기}}{A:^-} + \underset{\text{짝산}}{H-B}$$

반응이 기술된 대로 왼쪽에서 오른쪽으로 진행되는지 어떻게 알 수 있는가? 이러한 질문을 묻는 또 다른 방법은 "반응이 평형 상태의 생성물을 선호하는가?"이다. 반응이 어떤 방향으로 진행되고, 어떤 종이 평형에 선호되는지 어떻게 알 수 있는가?
다음 세 가지 원칙을 수학적으로 보여줄 수 있다.

1. **산-염기 평형은 더 약한 산과 더 약한 염기의 형성을 선호한다.**
2. **약한 산일수록 $pK_a$가 더 크다. 염기가 약할수록 $pK_b$가 더 크다.**
3. **약한 산과 약한 염기는 항상 반응식의 같은 쪽에 있다. 둘 다 반응물이거나 둘 다 생성물이다.**

반응식의 어느 쪽이 더 선호되는지 두 산의 강도를 비교하거나 두 염기의 강도를 비교하여 예측할 수 있다. 두 비교 모두 동일한 결과를 제공한다. 약한 산은 $K_a$가 더 작은 산이며, 이는 더 큰 $pK_a$를 가진다. 약한 염기는 $K_b$가 더 작은 염기이며, 이는 더 큰 $pK_b$를 의미한다. $pK_a$ 값이나 $pK_b$ 값을 알면 반응식의 어느 쪽이 선호되는지 쉽게 예측할 수 있다.

예를 들어 물속에서 아세트산과 수산화 소듐의 반응을 생각해보자. 어떤 반응물이 산이고, 염기인지, 또한 어떤 양성자가 이동하는지 확인해야 한다. 일단 식별되면 생성물을 예측할 수 있다.

양성자가 이동함

$$\underset{\text{산}}{CH_3COOH\ (\text{수용액})} + \underset{\text{염기}}{NaOH\ (\text{수용액})} \rightleftharpoons \underset{\text{짝염기}}{CH_3COO^-\ Na^+\ (\text{수용액})} + \underset{\text{짝산}}{H-OH}$$

$pK_a = 4.74$ 더 센산 … $pK_a = 15.7$ 더 약산

생성물 쪽이 선호됨

표 2-2에서 아세트산의 $\mathrm{p}K_a$가 4.74이고 물의 $\mathrm{p}K_a$가 15.7임을 알 수 있다. 물은 약 11 $\mathrm{p}K_a$ 단위만큼 약한 산이다. 이 반응의 평형은 훨씬 오른쪽에 있으며, 11 $\mathrm{p}K_a$단위만큼 생성물을 선호한다. 이러한 반응이 완료된다고 자신 있게 말할 수 있다.

생성물과 반응물을 바꿔서 이 반응식을 거꾸로 쓸 수 있다. 이 경우 반응이 진행되지 않거나 평형이 훨씬 왼쪽에 있고 반응물 쪽이 선호된다고 말할 수 있다.

$$CH_3COO^- \ Na^+ \text{ (수용액)} + H{-}OH \rightleftarrows CH_3COOH \text{ (수용액)} + NaOH \text{ (수용액)}$$

$\mathrm{p}K_b = 9.26$ 더 약염기 | $\mathrm{p}K_a = 15.7$ 더 약산 | $\mathrm{p}K_a = 4.74$ 더 센산 | $\mathrm{p}K_b = -1.7$ 더 센염기

반응물 쪽이 선호됨

이 반응식에서 염기의 $\mathrm{p}K_b$ 값은 단순히 14($K_w$, 물의 이온곱 상수)에서 $\mathrm{p}K_a$ 값을 뺀 숫자가 포함되어 있음을 주의하라. $\mathrm{p}K_b = 14 -$ 짝산의 $\mathrm{p}K_a$이다. $\mathrm{p}K_a$ 값 대신 $\mathrm{p}K_b$ 값을 비교하더라도 동일한 결과를 얻을 것이다.

또 다른 예로 페놀(phenol)과 아닐린(aniline) 사이의 가능한 산-염기 반응을 생각해보자. 페놀은 $\mathrm{p}K_a = 10.0$의 약산이고, 아닐린은 $\mathrm{p}K_b = 9.4$의 약염기이다. 이 반응은 왼쪽으로 진행되는가 아니면 오른쪽으로 진행되는가?

$$C_6H_5{-}\ddot{O}{-}H + C_6H_5{-}\ddot{N}H_2 \overset{?}{\rightleftarrows} C_6H_5{-}\ddot{O}{:}^- + C_6H_5{-}\overset{+}{N}H_3$$

페놀 산, $\mathrm{p}K_a = 10.0$ | 아닐린 염기, $\mathrm{p}K_b = 9.40$ | 짝염기 | 짝산

$\mathrm{p}K_a$ 또는 $\mathrm{p}K_b$ 값을 비교하려면 생성물의 $\mathrm{p}K_a$ 및 $\mathrm{p}K_b$를 구하기 위해 먼저 14에서 빼야 한다. 페놀의 짝염기가 $\mathrm{p}K_b = 4.0$이고, 아닐린의 짝산이 $\mathrm{p}K_a = 4.60$임을 안다. 평형은 왼쪽으로 멀리 치우쳐 있으며, 이 반응은 쓰인 대로 진행되지 않을 것이다. 역반응이 자연스럽게 진행될 것이다.

$$C_6H_5{-}\ddot{O}{-}H + C_6H_5{-}\ddot{N}H_2 \leftrightarrows C_6H_5{-}\ddot{O}{:}^- + C_6H_5{-}\overset{+}{N}H_3$$

페놀 산, $\mathrm{p}K_a = 10.0$ 더 약산 | 아닐린 염기, $\mathrm{p}K_b = 9.40$ 더 약염기 | 짝염기 $\mathrm{p}K_b = 4.0$ | 짝산 $\mathrm{p}K_a = 4.60$

반응물 쪽이 선호됨

사용할 $\mathrm{p}K_a$ 또는 $\mathrm{p}K_b$가 없는 경우 산-염기 평형의 위치를 예측하는 일은 더 어려워진다. 대부분의 경우 표에 나열된 유사한 화합물과 화합물을 비교하여 $\mathrm{p}K_a$ 또는 $\mathrm{p}K_a$의 대략적인 값을 추정할 수 있다. 예를 들어 표 2-2의 값만 사용하여 다음 평형을 예측할 수 있다.

$$CH_3CH_2\overset{O}{\overset{\|}{C}}{-}OH + HN\text{(모폴린 고리)}O \overset{?}{\rightleftarrows}$$

프로피온산 | 모폴린

프로피온산(propionic acid)은 아세트산와 같은 카르복실산이다. 아세트산의 $\mathrm{p}K_a$는 4.74이므로 프로피온산의 $\mathrm{p}K_a$는 약 5로 추정된다. 모폴린(morpholine)은 암모니아 같은 약염기일 것이다. 프로피온산이 모폴린 쪽으로 양성자를 잃을 것이라 예측할 수 있다. 표 2-2는 양성자가 결합한 암모

니아(암모늄 이온, $NH_4^+$)의 p$K_a$가 9.26임을 보여준다. 따라서 양성자가 결합한 모폴린의 p$K_a$가 약 9라고 추정할 수 있다.

$$CH_3CH_2C(=O)-OH + HN(CH_2CH_2)_2O \rightleftharpoons CH_3CH_2C(=O)-O^- + H_2N^+(CH_2CH_2)_2O$$

| 프로피온산 | 모폴린 | 프로피온화 이온 | 모폴리늄 이온 |
|---|---|---|---|
| 더 센산 | 염기 | | 더 약산 |
| p$K_a$ ≅ 5 | | | p$K_a$ ≅ 9 |

생성물 쪽이 선호됨

생성물은 약산을 포함한다. 따라서 생성물 쪽이 선호된다. 반응물과 생성물 사이의 p$K_a$에 큰 차이가 있기 때문에 추정된 p$K_a$ 값을 사용했음에도 불구하고 이 결과를 상당히 확신할 수 있다. (p$K_a$의 문헌 값은 프로피온산의 경우 4.87이고, 모폴리늄 이온의 경우 8.4이다.)

## 문제풀이 전략 ❙ 산-염기의 평형 위치 예측하기

앞서 살펴본 예는 대부분의 산-염기 반응에서 선호되는 생성물이나 반응물을 어떻게 자신 있게 예측할 수 있는지 보여준다. 관련된 단계를 요약해보고, 이러한 단계를 특히 어려운 문제를 해결하는 데 이용해보자. 앞에서 사용한 단계(때때로는 결합됨)는 다음과 같다.

**1단계:** 반응식을 완료하고 (필요한 경우) 각 쪽에 산과 염기를 표시한다.

**2단계:** 표에서 직접 찾거나 유사한 화합물의 값으로 유추하여 p$K_a$ 또는 p$K_b$ 값을 지정한다. 부록 4에는 p$K_a$ 값의 광범위한 목록이 나와 있다.

**3단계:** 짝산-짝염기 쌍에 대해 p$K_a$ + p$K_b$ = 14라는 사실을 이용하여 필요한 p$K_a$ 또는 p$K_b$ 값을 계산하라.

**4단계:** 약산이나 약염기(더 큰 p$K_a$ 또는 p$K_b$ 값) 중 선호하는 쪽을 선택한다. p$K_a$ 또는 p$K_b$ 값의 차이는 해당 쪽이 얼마나 강하게 선호되는지를 보여준다.

예를 들어 다음 반응은 물이 관련된 센염기에 양성자를 제공하므로, 물에서는 일어날 수 없는 센염기 반응이다. 실제로 이 반응은 일반적으로 액체 암모니아 용액에서 이루어진다.

$$H_3C-C{\equiv}C-H \;+\; Na^+\;{}^-{:}\ddot{N}H_2 \;\overset{?}{\rightleftharpoons}\; H_3C-C{\equiv}\bar{C}{:}\;Na^+ \;+\; H-\ddot{N}H_2$$

| 프로파인 | 소듐 아마이드 | 소듐 프로피나이드 | 암모니아 |
|---|---|---|---|

**1단계:** 이 반응에서는 매우 약산성인 양성자가 프로파인(propyne)에서 아마이드 이온(amide ion, $NH_2^-$)으로 이동하여 프로피나이드 음이온(propynide anion)과 암모니아를 생성한다. 프로파인은 약산 역할을 하고, 암모니아는 센염기인 아마이드 이온의 짝산 역할을 한다.

**2단계:** 암모니아의 p$K_a$는 표 2-2와 부록 4에 약 36으로 나와 있다. p$K_a$가 이 정도로 크면 용매에 따라 달라지며 측정이 어렵다. 프로파인의 p$K_a$는 표 2-2나 부록 4에 나와 있지 않지만 추정할 수 있다. 부록 4에는 아세틸렌의 p$K_a$인 $H-C{\equiv}C-H$가 25로 나와 있다. 이는 프로파인의 p$K_a$에 대한 좋은 근사치이다.

**3단계:** 아마이드 음이온의 p$K_b$는 14에서 암모니아의 p$K_a$를 빼서 구할 수 있다. 즉 $14 - 36 = -22$이다. 이러한 큰 음수인 p$K_b$는 비정상적으로 강력한 염기를 나타낸다. 프로피나이드 이온의 p$K_b$는 $14 - 25 = -11$이다. 이는 또한 매우 센염기지만 아마이드 이온만큼 센 것은 아니다.

$$H_3C-C{\equiv}C-H \;+\; Na^+\;{}^-{:}\ddot{N}H_2 \;\rightleftharpoons\; H_3C-C{\equiv}\bar{C}{:}\;Na^+ \;+\; H-\ddot{N}H_2$$

| 프로파인 | 소듐 아마이드 | 소듐 프로피나이드 | 암모니아 |
|---|---|---|---|
| 산, p$K_a$ ≅ 25 | 염기, p$K_b$ = −22 | 짝염기 | 짝산 |
| 더 센산 | 더 센염기 | p$K_b$ = −11 | p$K_a$ = 36 |
| | | 더 약염기 | 더 약염기 |

생성물 쪽이 선호됨

**4단계:** p$K_a$ 또는 p$K_b$ 값을 비교할 수 있다. 어느 쪽이든 생성물은 약 11 p$K_a$ 단위만큼 더 약한 산과 더 약한 염기이다. 이 반응에서는 생성물이 강하게 선호되고 반응은 정반응으로 진행되어야 한다.

**연습문제 2-10(부분적인 해답)**

다음 산-염기 반응에 대한 식을 작성하라. 표 2-2 또는 부록 4에 있는 정보를 사용하여 평형이 반응물 쪽으로 치우칠지 생성물 쪽에 치우칠지 예측하라.

(a) $HCOOH + {}^{-}CN$

(b) $CH_3COO^- + CH_3OH$

(c) $(CH_3)_2CHOH + NaNH_2$

(d) $NaOCH_3 + HCN$

(e) $HCl + CH_3CH_2OH$

(f) $H_3O^+ + CH_3O^-$

(g) 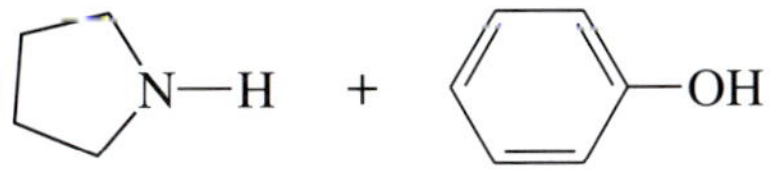 (피롤리딘) N—H + (벤젠 고리)—OH

(h) (피롤리딘) N—H + (사이클로펜테인)—COOH

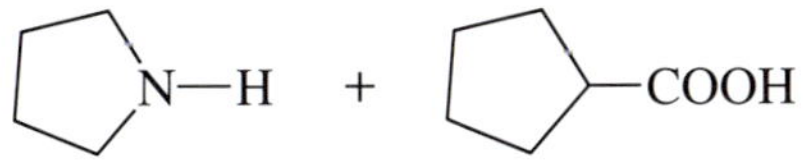

(i) 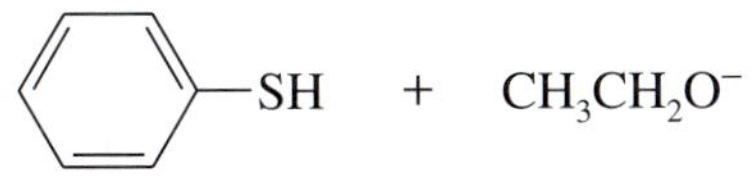 (벤젠 고리)—SH + $CH_3CH_2O^-$

(j) $CH_3CH_2OH$ + (벤젠 고리)—C≡C⁻ Na⁺

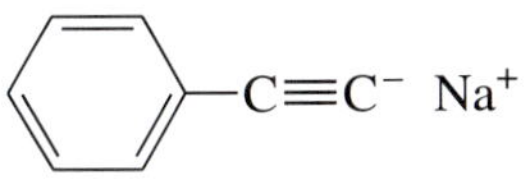

**풀이**

(a)사이안화 이온(cyanide)은 HCN의 짝염기로서 폼산(formic acid)으로부터 양성자를 받을 수 있다.

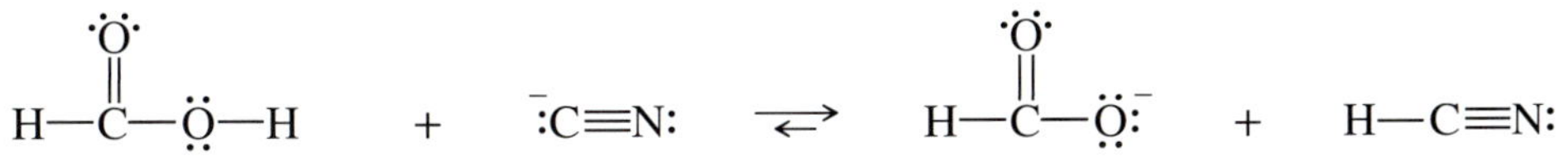

$$\mathrm{H{-}C({=}O){-}O{-}H} + {}^{-}\!:\mathrm{C{\equiv}N}: \rightleftharpoons \mathrm{H{-}C({=}O){-}O^-} + \mathrm{H{-}C{\equiv}N}:$$

폼산, $pK_a = 3.76$ 더 센산 | 사이안화 이온 더 센염기 | 폼산 이온 더 약염기 | $pK_a = 9.22$ 더 약산

표 2-2를 보면 폼산($pK_a = 3.76$)는 HCN($pK_a = 9.22$)보다 더 센산이므로, 사이안화 이온은 폼산 이온(formate)보다 더 센염기이다. 따라서 더 약산과 약염기인 생성물이 더 유리하다.

**연습문제 2-11**

에탄올, 메틸아민, 아세트산은 모두 양쪽성이며 조건에 따라 산이나 염기로 반응한다.

$CH_3CH_2OH$ 에탄올 $CH_3NH_2$ 메틸아민 $CH_3{-}C({=}O){-}OH$ 아세트산

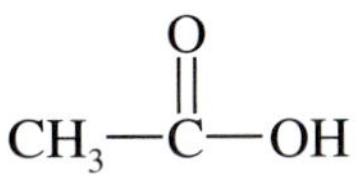

(a) 산성이 높은 것부터 순서대로 에탄올, 메틸아민, 아세트산을 나열하라. 각 경우에 짝 염기를 생성하는 일반적인 염기(B:⁻)와의 반응식을 나타내라.

(b) 염기성이 높은 것부터 순서대로 에탄올, 메틸아민, 아세트산을 나열하라. 각 경우에 짝 산을 생성하는 일반적인 산(HA)과의 반응식을 나타내라.

**문제풀이 힌트**

산은 더 약한 산(더 작은 $K_a$ 또는 더 높은 $pK_a$)의 짝염기에 양성자를 기증한다.

**문제풀이 힌트**

산-염기 평형의 측면에서 유리한 쪽을 결정하기 위해서는 산의 세기 또는 염기의 세기를 이용하라. 더 약한 산(더 큰 $pK_a$) 또는 더 약한 염기(더 큰 $pK_b$)를 가지는 쪽이 선호된다.

## 2-8 산도와 염기도에 미치는 용매의 영향

물은 양쪽성이다. 물은 산으로도 염기로도 반응할 수 있다. 물의 짝산은 $H_3O^+$이고, 짝염기는 $^-OH$이다. 물이 반응용 용매일 때 물은 과량으로 존재한다. $H_3O^+$($pK_a = -1.7$)보다 센산은 물에서 살아남지 못하지만, 물과 반응하여 $H_3O^+$를 생성한다. 예를 들어 물에 HCl 기체($pK_a = -7$)를 추가하면 즉시 발열 반응하여 더 약산인 $H_3O^+$를 생성한다.

$$HCl + H_2O \longrightarrow Cl^- + H_3O^+$$

HCl: 더 센산, $pK_a = -7$ | $H_2O$: 염기 | $Cl^-$: 짝염기 | $H_3O^+$: 짝산, $pK_a = -1.7$, 더 약산

반응에 HCl(수용액)을 첨가한다고 말할 때 HCl은 물과 공존하기에는 너무 강한 산이기 때문에, 실제로는 $H_3O^+$(수용액)와 $Cl^-$(수용액)를 첨가하는 것이다. $pK_a = -7$인 산을 사용하는 것이 아니라 실제로 $pK_a = -1.7$인 산을 사용하고 있음을 깨달아야 한다.

같은 원리는 $pK_b = -1.7$인 물의 짝염기 $^-OH$보다 강한 염기에도 적용된다. 소량의 소듐 아마이드(sodium amide, $NaNH_2$, $pK_b = -22$)를 물에 첨가하면 즉시 발열 반응하여 더 약한 염기인 $^-OH$를 생성한다.

$$Na^+ \; ^-:\ddot{N}H_2 \; + \; H_2O \longrightarrow :NH_3 \; + \; Na^+ \; ^-:\ddot{O}H$$

| $Na^+ \; ^-:\ddot{N}H_2$ | $H_2O$ | $:NH_3$ | $Na^+ \; ^-:\ddot{O}H$ |
|---|---|---|---|
| 소듐 아마이드 | 더 센산 | 짝산 | 짝염기 |
| 염기, $pK_b = -22$ | $pK_a = 15.7$ | $pK_a = 36$ | $pK_b = -1.7$ |
| 더 센염기 | | 더 약산 | 더 약염기 |

따라서 물은 산 강도와 염기 강도의 가능한 범위를 $pK_a > -1.7$과 $pK_b > -1.7$ 사이('수준'으로)로 좁힌다. 어떤 산이라도 $pK_a$가 −1.7보다 더 음인 산이면 $pK_a = -1.7$인 $H_3O^+$로 평준화된다. 어떤 염기라도 $pK_b$가 −1.7보다 더 음인 염기이면 $pK_b = -1.7$인 $^-OH$로 평준화된다.

알코올(R—OH)은 물과 마찬가지로 센산 및 센염기와 반응한다. 예를 들어 센산은 에탄올($CH_3CH_2OH$)에 양성자를 주어 $pK_a = -2.4$의 산인 양성자화된 에탄올($CH_3CH_2OH_2{}^+$)을 생성한다. −2.4보다 더 음인 $pK_a$를 가진 산이면 에탄올에 양성자를 준다. 센염기는 에탄올을 탈양성자화하여 $pK_b = -1.9$인 염기인 에톡시화 이온(ethoxide ion, $CH_3CH_2O^-$)을 생성한다. −1.9보다 더 음인 $pK_b$를 가진 염기이면 에탄올 용액에서 양성자화된다.

다른 용매는 물과 알코올만큼 산도와 염기도의 범위를 좁힐 수도 있고, 좁히지 않을 수도 있다. 예를 들어 단순 에터는 산을 평준화하는 경향이 있지만 염기는 평준화하지 않는다. 다이에틸 에터(diethyl ether, $CH_3CH_2—O—CH_2CH_3$)는 산이 아니므로, 매우 강한 염기의 용매로 사용될 수 있다. 그러나 다이에틸 에터는 약염기이므로 산의 범위가 좁아진다. 다이에틸 에터는 양성자화된 다이에틸 에터($pK_a = -3.6$)보다 강한 모든 산과 반응한다.

$$HCl \; + \; CH_3CH_2—\ddot{O}—CH_2CH_3 \longrightarrow Cl^- \; + \; CH_3CH_2—\overset{H}{\underset{\cdot\cdot}{\overset{|}{O^+}}}—CH_2CH_3$$

| HCl | $CH_3CH_2—\ddot{O}—CH_2CH_3$ | $Cl^-$ | $CH_3CH_2—O^+(H)—CH_2CH_3$ |
|---|---|---|---|
| $pK_a = -7$ | 다이에틸 에터 | 짝염기 | 짝산 |
| 더 센산 | 염기 | | $pK_a = -3.6$ |
| | | | 더 약산 |

대부분의 에터는 산성이 아니므로 수산화 이온(hydroxide ion)보다 강한 염기인 시약의 용매로 자주 사용된다. 일부 염기의 반응은 $pK_a$가 36이고, $pK_b$가 −22보다 큰 염기를 수용할 수 있는 액체 암모니아에서 가장 잘 실행된다. 예를 들어 소듐 아마이드(암모니아의 짝염기)를 사용하는 반응은 일반적으로 액체 암모니아인 $NH_3(l)$에서 수행된다.

$$H_3C—C{\equiv}C—H \; + \; Na^+ \; ^-:\ddot{N}H_2 \xrightarrow{NH_3\,(l)} H_3C—C{\equiv}C:^- \; Na^+ \; + \; H—\ddot{N}H_2$$

| $H_3C—C{\equiv}C—H$ | $Na^+ \; ^-:\ddot{N}H_2$ | $H_3C—C{\equiv}C:^- \; Na^+$ | $H—\ddot{N}H_2$ |
|---|---|---|---|
| 프로파인 | 소듐 아마이드 | 소듐 프로피나이드 | 암모니아 |
| 산, $pK_a = 25$ | 염기, $pK_b = -22$ | 짝염기 | 짝산 |
| 더 센산 | 더 센염기 | $pK_b = -11$ | $pK_a = 36$ |
| | | 더 약염기 | 더 약산 |

**SUMMARY | 일반적인 용매에서의 산도와 염기도의 한계**

| 용매 | 구조 | 일반적인 $pK_a$ 한계 | 한계 종 | 일반적인 $pK_b$ 한계 | 한계 종 |
|---|---|---|---|---|---|
| 물 | H—O—H | −1.7 | $H_3O^+$ | −1.7 | $HO^-$ |
| 알코올 | R—O—H | −2.4 | $ROH_2^+$ | −1.9 | $RO^-$ |
| 에터 | R—O—R | −3.6 | $R-\overset{+}{O}(H)-R$ | 없음 | 없음 |
| 암모니아 | $NH_3$ | 9.2 | $NH_4^+$ | −22 | $NH_2^-$ |
| 알케인 | R—H | 없음 | 없음 | 없음 | 없음 |

일부 유기 용매는 산이나 염기와 크게 반응하지 않는다. 펜테인(pentane) 및 헥세인(hexane) 같은 알케인(포화 탄화수소)은 산성이나 염기성이 아니며, 센산과 센염기를 이러한 용매에서 산도나 염기도의 평준화가 거의 또는 전혀 없이 사용할 수 있다.

$$\underset{\text{펜테인}}{CH_3CH_2CH_2CH_2CH_3} \qquad \underset{\text{헥세인}}{CH_3CH_2CH_2CH_2CH_2CH_3}$$

$pK_a$ 및 $pK_b$ 값은 수용액상에서의 산과 염기의 평형 반응을 이용하여 정의된다. −1.7($H_3O^+$)~15.7($H_2O$) 사이의 $pK_a$ 값과 −1.7($^-OH$)~15.7($H_2O$) 사이의 $pK_b$ 값은 물에서 측정되며, 가장 정확하다. 이 범위를 벗어나는 값은 물의 평준화 효과로 인해 물속에서 측정할 수 없다. 이러한 어려운 $pK_a$ 및 $pK_b$ 값을 측정하는 표준 방법은 없으며, 용매에 따라 달라진다. 따라서 참고문헌에 따라 약간은 다른 값을 제공한다. 부록 4에서는 값이 참고문헌마다 서로 다르더라도 산과 염기의 상대적 세기는 일치하는 $pK_a$ 값을 제공한다.

### 연습문제 2-12

다음 각 반응에 대해 어떤 용매가 관련된 산 및 염기와 호환되는지 제안하라. (다른 가능한 반응은 현상황에서는 무시한다.) 펜테인, 다이에틸 에터, 에탄올, 물, 암모니아 용매 중에서 선택하라. 필요한 $pK_a$ 값이나, $pK_a$ 값을 추정하는 데 부록 4를 참조하라.

(a) $CH_3Li + H-C\equiv C-H \longrightarrow CH_4 + H-C\equiv C^{\ominus}\ Li^{\oplus}$

(b) $CH_3Li + (CH_3)_3C-OH \longrightarrow CH_4 + (CH_3)_3C-\overset{\ominus}{O}\ Li^{\oplus}$

(c) 피롤(N—H) $+ CH_3CH_2\overset{+}{S}H_2 \longrightarrow$ 양성자화된 피롤($\overset{+}{N}$—H, $CH_2$ 위치에 H, H) $+ CH_3CH_2SH$

(d) $NaNH_2 + (CH_3)_3C-OH \longrightarrow \overset{+}{N}H_3 + (CH_3)_3C-\overset{\ominus}{O}\ Na^{\oplus}$

(e) $HBr + CH_3-\overset{O}{\overset{\|}{C}}-CH_3 \longrightarrow CH_3-\overset{^+O-H}{\overset{\|}{C}}-CH_3 + Br^-$

(f) $CH_3-\overset{O}{\overset{\|}{C}}-NH_2 + HCl \longrightarrow CH_3-\overset{^+O-H}{\overset{\|}{C}}-NH_2 + Cl^-$

**문제풀이 힌트**

물과 알코올(R—O—H)은 약산과 약염기에 모두 반응할 수 있고, 녹아 있는 센산과 센염기의 세기를 제한한다. 에터(R—O—R)는 약한 염기로 반응할 수 있으며, 녹아 있는 센산(염기는 아님)의 세기를 제한한다. 알케인은 산이나 염기로 반응하지 않으며, 녹아 있는 산이나 염기의 강도를 제한하지 않는다.

## 2-9 산도에 미치는 크기와 전기 음성도의 효과

구조를 보고 어떤 화합물이 센산이고, 약산인지, 또는 전혀 산이 아닌지를 어떻게 예측할 수 있는가? Brønsted-Lowry 산(HA)이 되기 위해 화합물은 양성자로서 잃을 수 있는 1개의 수소 원자를 가져야 한다. 센산은 양성자를 잃은 후에는 안정한 짝염기($A:^-$)여야 한다.

짝염기의 안정성은 산도에 대한 좋은 지표이다. 더욱 안정한 음이온은 더 약염기로 되려는 경향이 있으며, 그들의 짝산은 더 센산으로 되려는 경향이 있다. 짝염기의 안정성에 영향을 미치는 몇 가지 요인은 전기 음성도, 크기, 공명이다.

**전기 음성도** 더 전기 음성적인 원소는 훨씬 쉽게 음전하를 갖게 됨으로써 더 안정한 짝염기와 더 센산을 생성한다. 전기 음성도는 주기율표의 왼쪽에서 오른쪽으로 이동함에 따라 증가한다.

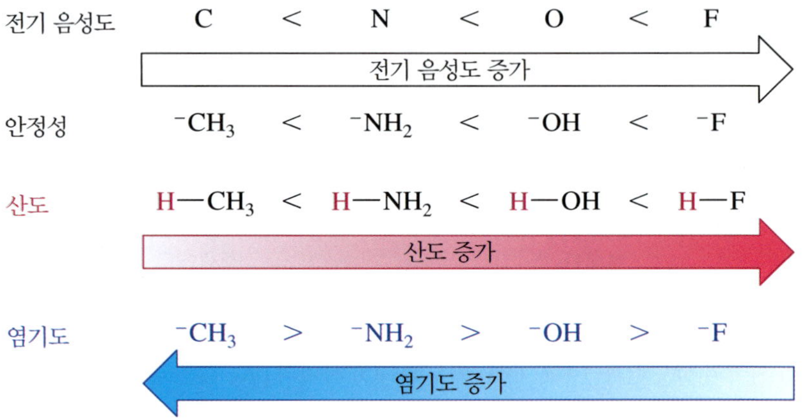


**문제풀이 힌트**

산의 산도를 평가하거나 비교하기 위해 짝염기의 암정성을 고려하라.
염기의 염기도를 비교하기 위해 짝산의 안정성을 고려하라.

**크기** 음이온의 음전하는 공간의 더 넓은 영역에 걸쳐서 퍼질 때 더욱 안정하다. 주기율표의 족에서는 아래로 내려갈수록 원소의 크기가 증가하기 때문에 산도가 증가한다.

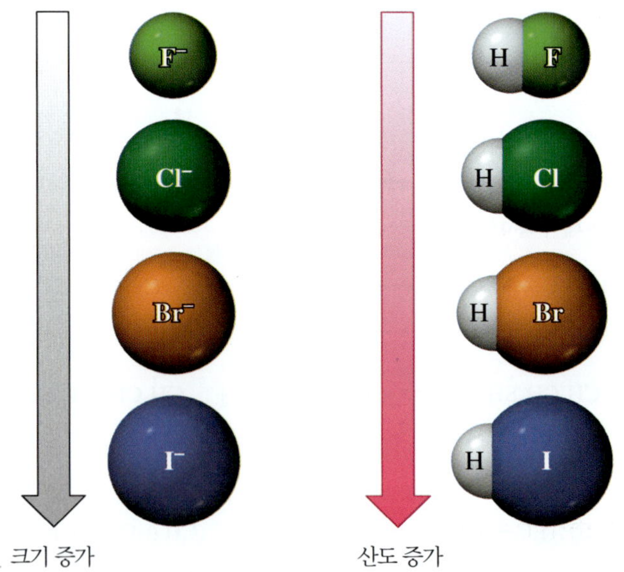


**문제풀이 힌트**

유사한 염기를 비교할 때 음전하는 일반적으로 더 큰 원자나 전기 음성도가 더 높은 원자에 있을 때 더 안정하다. 향상된 염기의 안정성은 짝산의 세기를 증가시킨다.

그림 2-11은 각 원소가 원자가를 채우는 데 충분한 수소 원자와 결합할 때 형성된 산의 $pK_a$를 보여주기 위해 주기율표의 일부를 사용하여 이러한 두 가지 효과를 요약한다. 주기율표에서 산도는 오른쪽(전기 음성도 증가)으로, 아래쪽(크기 증가)으로 증가한다. $pK_a$의 값이 더 작거나 더 음수일수록 더 센산과 더 안정한 짝염기를 의미한다.

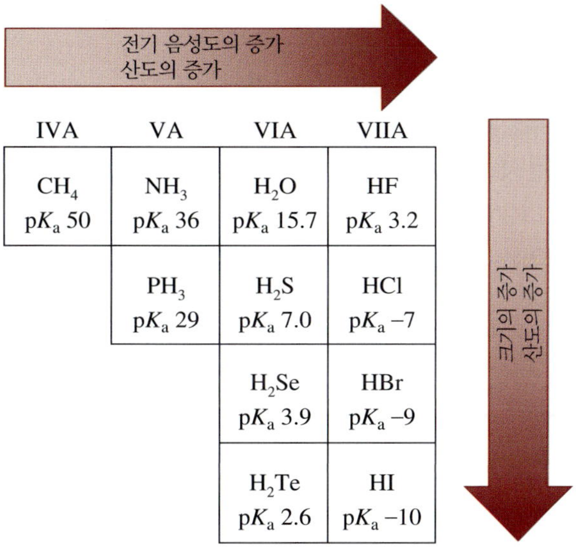

전기 음성도의 증가
산도의 증가

| IVA | VA | VIA | VIIA |
|---|---|---|---|
| $CH_4$ p$K_a$ 50 | $NH_3$ p$K_a$ 36 | $H_2O$ p$K_a$ 15.7 | HF p$K_a$ 3.2 |
| | $PH_3$ p$K_a$ 29 | $H_2S$ p$K_a$ 7.0 | HCl p$K_a$ −7 |
| | | $H_2Se$ p$K_a$ 3.9 | HBr p$K_a$ −9 |
| | | $H_2Te$ p$K_a$ 2.6 | HI p$K_a$ −10 |

크기의 증가
산도의 증가

**그림 2-11** 주기율표 내 산도 추세. 산도는 짝염기의 안정성에 따라 달라지는데, 안정성은 음이온의 전기 음성도와 크기에 따라 증가한다. 주기율표의 오른쪽으로 갈수록 전기 음성도가 증가하고 각 열 아래로 갈수록 크기가 증가한다.

## 2-10 산도에 대한 유발 효과

**문제풀이 힌트**

문제에서 산도를 비교하는 것 또는 산도를 설명하는 것을 요구하는 경우 짝염기의 구조와 안정성을 고려해야 한다. 짝염기를 안정화하는 요인은 산의 강도를 증가시킨다.

앞서 살펴본 것처럼 산의 세기는 짝염기의 안정성으로 결정된다. 전자를 끌어당기는 원자와 작용기는 분자의 시그마 결합을 통해 짝염기를 안정화할 수 있다. 짝염기의 안정화는 더 센산(더 낮은 p$K_a$ 값)을 만든다. **유발 효과**(inductive effect)의 크기는 전기 음성적인 원자(또는 전자 끄는 기)와 음전하의 위치 간의 결합수에 의존한다. 뷰탄산(butanoic acid)에 염소 원자를 추가하면 산성도가 어떻게 증가하는지와 산성 작용기에 가까울수록 효과가 크다는 사실에 주목해야 한다.

$CH_3CH_2CH_2-C(=O)-OH$
뷰탄산
p$K_a$ = 4.82

$ClCH_2CH_2CH_2-C(=O)-OH$
4-클로로뷰탄산
p$K_a$ = 4.52

$CH_3CHClCH_2-C(=O)-OH$
3-클로로뷰탄산
p$K_a$ = 4.05

$CH_3CH_2CHCl-C(=O)-OH$
2-클로로뷰탄산
p$K_a$ = 2.86

더 강한 전자 끄는 기는 더 약한 작용기보다 짝염기를 더 안정화하고 더 센산을 만든다. 플루오린은 염소보다 전기 음성도가 더 강하고 전자를 더 강하게 끌어당기기 때문에 플루오로아세트산(fluoroacetic acid)이 클로로아세트산(chloroacetic acid)보다 더 센산이다. 이 경향은 다른 할로젠이 치환된 아세트산에서도 동일하다.

$ICH_2-C(=O)-OH$
아이오도아세트산
p$K_a$ = 3.2

$BrCH_2-C(=O)-OH$
브로모아세트산
p$K_a$ = 2.9

$ClCH_2-C(=O)-OH$
클로로아세트산
p$K_a$ = 2.8

$FCH_2-C(=O)-OH$
플루오로아세트산
p$K_a$ = 2.7

여러 개의 전자 끄는 기는 하나의 작용기가 전자를 끄는 것보다 짝염기를 안정화하고 산도를 증가시킨다. 다음의 예는 추가적인 염소 원자가 치환된 아세트산의 산도를 얼마나 증가시키는지 보여준다.

$CH_3-C(=O)-OH$
아세트산
p$K_a$ = 4.76

$ClCH_2-C(=O)-OH$
클로로아세트산
p$K_a$ = 2.8

$Cl_2CH-C(=O)-OH$
다이클로로아세트산
p$K_a$ = 1.3

$Cl_3C-C(=O)-OH$
트라이크로로아세트산
p$K_a$ = 0.6

**문제풀이 힌트**

산도는 다음에 의해 증가한다.
1. 더 강한 전자 끄는 치환기
2. 추가적인 전자 끄는 치환기
3. 전자 끄는 치환기가 산성기에 더 가까움

**연습문제 2-13**

다음 산-염기 반응에 대한 화학 반응식을 작성하라. 짝산과 짝염기를 표시하고, 유발 효과 안정화가 일어나는 화합물을 표시하라. 평형에서 반응물과 생성물의 어느 쪽이 유리한지 예측하라. p$K_a$ 값이 표시된 표를 이용하지 않고 이를 시도해보라. 힌트가 필요하다면 부록 4를 참고하라.

(a) $CH_3CH_2OH + CH_3NH^-$
(b) $F_3CCOONa + Br_3C—COOH$
(c) $CH_3OH + H_2SO_4$
(d) $NaOH + H_2S$
(e) $CH_3NH_3 + CH_3O^-$
(f) $BrCH_2CH_2OH + F_3C—CH_2O^-$
(g) $NaOCH_2CH_3 + Cl_2CHCH_2OH$
(h) $H_2Se + NaNH_2$
(i) $CH_3CHFCOOH + FCH_2CH_2COO^-$
(j) $CF_3CH_2O^- + FCH_2CH_2OH$

**연습문제 2-14**

산의 세기가 감소하는 순서로 다음 산을 나열하라. 각 경우 앞의 화합물이 뒤의 화합물보다 더 센산인 이유를 설명하라.

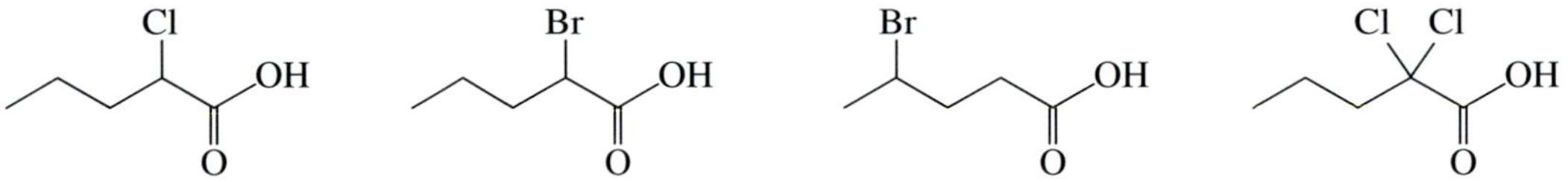

Cl OH O　　Br OH O　　Br OH O　　Cl Cl OH O

## 2-11 산도에 대한 혼성화 효과

산이 양성자를 제공할 때 원래 H—A 결합에 있던 전자는 비결합 전자쌍(고립 전자쌍)으로 짝염기(A:⁻)와 함께 남아 있다.

$$\underset{\text{산}}{H—A} + \underset{\text{짝염기}}{B:^-} \rightleftharpoons \underset{\text{짝염기}}{A:^-} + \underset{\text{짝산}}{H—B}$$

짝염기의 안정성, 즉 산의 세기는 비결합 전자쌍의 안정성에 의해 결정된다. 2-9절과 2-10절에서 보았듯이 이 고립 전자쌍의 안정성은 전기 음성도, 크기, 전하, 그것을 지닌 원자의 유발 치환기에 따라 달라진다. 고립 전자쌍의 안정성은 또한 그것이 존재하는 오비탈의 혼성화에 따라 달라진다. 예를 들어 다음 화합물을 고려해보자. 이들 모두는 4개의 결합을 가진 양전하를 띤 질소 원자에서 양성자를 잃어 3개의 결합과 1개의 고립 쌍을 가진 중성 질소를 생성할 수 있다. 그러나 서로 다른 혼성화 상태는 산도에 큰 영향을 미친다. N—H 결합의 산도는 $sp^3 < sp^2 << sp$의 순서로 혼성화에 따라 달라진다.

$$CH_3CH_2—\overset{+}{N}H_3 + H_2\ddot{O}: \rightleftharpoons CH_3CH_2—\ddot{N}H_2 + H_3\ddot{O}^+$$

p$K_a$ = 10.6 적당히 약산　　$sp^3$ 오비탈의 고립 전자쌍　　p$K_a$ = −1.7

$$(CH_3)(H)C{=}\overset{+}{N}H_2 + H_2\ddot{O}: \rightleftharpoons (CH_3)(H)C{=}\ddot{N}H + H_3\ddot{O}^+$$

p$K_a$ = 6.0 매우 센산　　$sp^2$ 오비탈의 고립 전자쌍　　p$K_a$ = −1.7

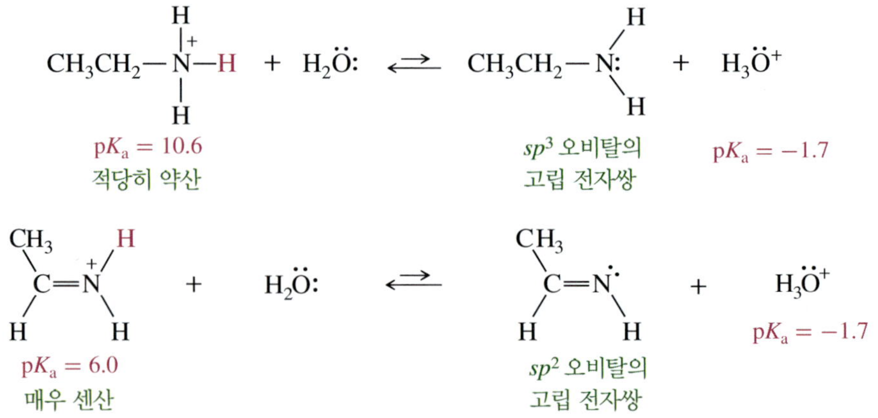

$$\underset{\substack{\text{p}K_a = -10.1 \\ \text{매우 센산}}}{CH_3{-}C{\equiv}\overset{+}{N}{-}H} + H_2\ddot{O}: \rightleftharpoons \underset{\substack{sp\ \text{오비탈의} \\ \text{고립 전자쌍}}}{CH_3{-}C{\equiv}N:} + \underset{\text{p}K_a = -1.7}{H_3\ddot{O}^+}$$

유사한 탄소 화합물 또한 이러한 혼성화 의존성을 보여준다. 다음 탄소 화합물은 모두 매우 약산이지만 산도는 질소에서 본 것처럼 동일한 순서로 다르다. 즉 $sp^3 < sp^2 << sp$이다.

| 화합물 | 짝염기 | 혼성 | *s* 성질 | p$K_a$ |
|---|---|---|---|---|
| $H_3C{-}CH_3$ | $H_3C{-}CH_2^-$ | $sp^3$ | 25% | 50 |
| $H_2C{=}CH_2$ | $H_2C{=}CH^-$ | $sp^2$ | 33% | 44 |
| $H{-}C{\equiv}C{-}H$ | $H{-}C{\equiv}C^-$ | $sp$ | 50% | 25 |

이러한 혼성 오비탈의 *s* 및 *p* 구성 요소의 상대적 안정성을 고려하여 이러한 혼성화 의존성을 설명한다. 1-2B절에서 2*s* 오비탈에 있는 전자가 2*p* 오비탈에 있는 전자보다 에너지가 낮다는 것을 보았다. 따라서 (산이 양성자를 제공한 후) 혼성 오비탈에 남아 있는 고립 전자쌍은 더 많은 *s* 오비탈과 더 적은 *p* 오비탈을 사용하는 혼성에서 더 안정적이다. 각 혼성 오비탈에 사용되는 *s* 오비탈(*s* 성질)의 양은 $sp^3$ 혼성에서 25%, $sp^2$ 혼성에서 33%, $sp$ 혼성에서 50%이다. 따라서 혼성 오비탈의 *s* 성질과 오비탈의 고립 전자쌍의 안정성은 모두 $sp^3 < sp^2 < sp$ 순서로 증가한다.

또한 오비탈의 모양은 어떻게 *s* 성질의 증가가 전자가 핵에 더 가깝게 유지되는 결과를 초래하는지 반영한다. 아래 그림은 $sp^3$, $sp^2$, $sp$ 혼성 오비탈을 보여준다. $sp^3$ 혼성 오비탈의 전자는 평균적으로 핵으로부터 멀리 있다. $sp^2$ 혼성 오비탈의 전자는 더 가깝고 단단하게 유지된다. $sp$ 혼성 오비탈의 전자는 가장 가깝고 가장 단단하게 유지된다.

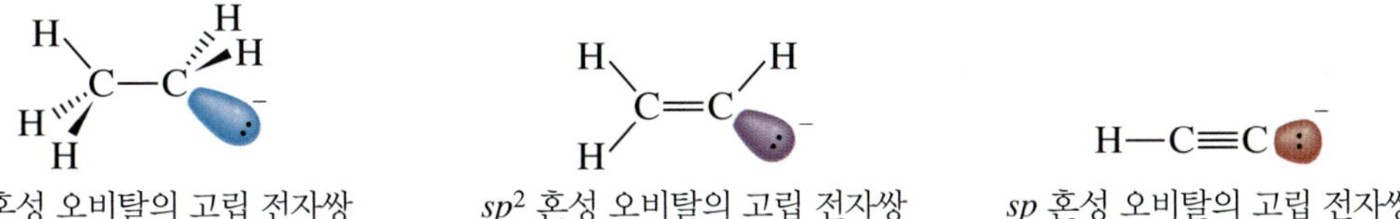

$sp^3$ 혼성 오비탈의 고립 전자쌍 $sp^2$ 혼성 오비탈의 고립 전자쌍 $sp$ 혼성 오비탈의 고립 전자쌍

**연습문제 2-15**

질소 및 탄소와 마찬가지로 산소도 산도에 대해 동일한 혼성화 효과를 나타낸다. 다음 화합물은 모두 3개의 결합을 가진 양전하를 띤 산소로부터 양성자를 잃어 2개의 결합을 가진 중성 산소를 포함하는 짝염기를 생성할 수 있다. 이들 구조 중 하나는 p$K_a$ = −2.4이고, 다른 하나는 p$K_a$ = −8.0이다.

**(a)** 각 화합물과 물의 반응을 나타내라.

**(b)** 각 구조와 해당하는 p$K_a$를 연결시키고, 그렇게 생각한 이유를 설명하라.

$$CH_3(H)C{=}\overset{+}{\ddot{O}}{-}H \qquad CH_3(H)(H)C{-}\overset{+}{\ddot{O}}(H){-}H$$

**문제풀이 힌트**

원소의 혼성화만 다르고, 동일한 전하를 지닌 동일한 원소로부터 수소가 제공되는 2개의 유사한 산을 비교한다면, 산도는 $sp^3 < sp^2 << sp$ 순서로 증가한다.

**연습문제 2-16**

관련 오비탈의 유형을 고려하고 염기도가 감소하는 순서로 다음 질소 화합물의 순위를 나열하라. 화합물의 짝산의 구조를 제시하고, 부록 4의 유사한 화합물로부터 p$K_a$s 값을 추정하라. 짝산을 산도가 증가하는 순서로 순위를 매겨보라. (힌트: 이 두 가지 순서는 동일할 것이다.)

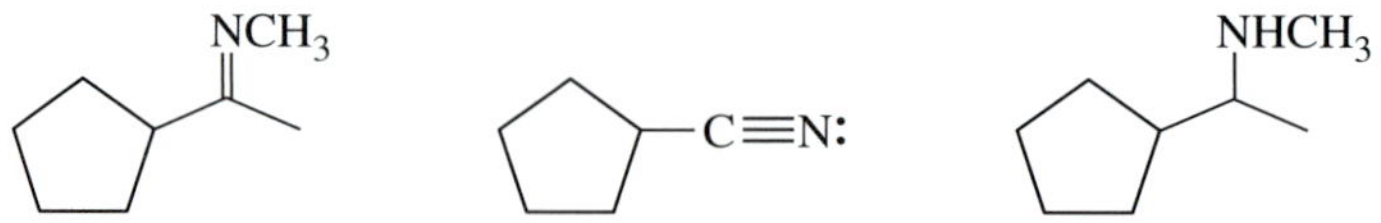

NCH$_3$ C≡N: NHCH$_3$

**연습문제 2-17**

각 염기 쌍을 고려하고, 어느 것이 더 염기성이 큰지 설명하라. 짝산의 구조를 그리고, 어느 짝산이 더 센 산인지 나타내라.

(a) C≡C:$^-$ (b) OH O

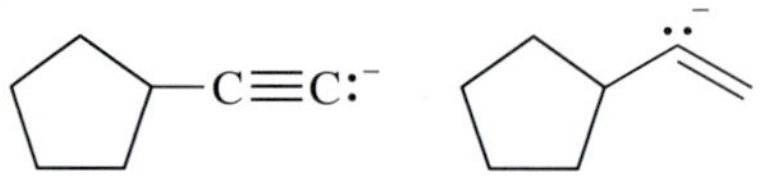

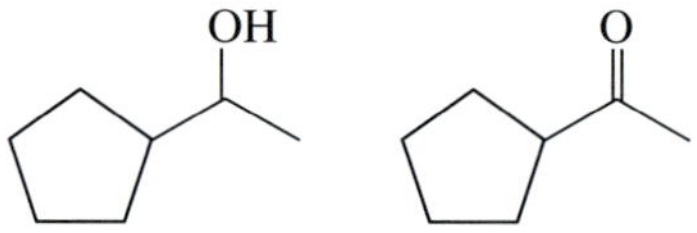

(c) N H N (d) C≡N:

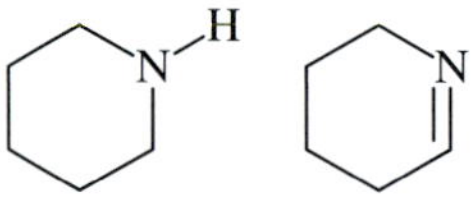

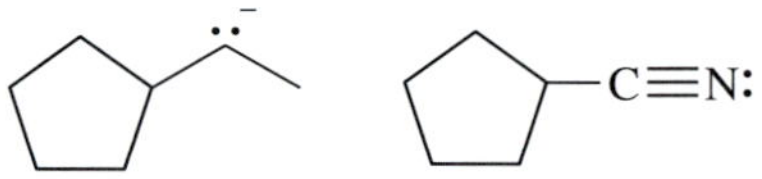

## 2-12 산도와 염기도에 대한 공명 효과

산이 양성자를 제공할 때 한때 그 양성자와 결합했던 2개의 전자를 지닌, 종종 음전하를 가진 짝염기가 남게 된다. 이 고립 전자쌍과 음전하(어떤 경우이든)는 공명에 의해 2개 이상의 원자에 걸쳐 비편재화될 수 있다. 공명을 통해 발생하는 안정화 정도는 원자의 전기 음성도와 전하 및 고립 전자쌍을 공유하는 원자의 수에 따라 달라진다. 많은 경우 공명 비편재화는 짝염기를 안정화하는 데 도움이 되는 우세한 효과이다. 예를 들어 아세트산은 에탄올보다 11 p$K_a$ 단위 이상 더 산성이다(아래 참조). 이러한 큰 차이는 아세트산의 짝염기인 아세트산 이온의 안정성이 향상되었기 때문이다. 아세트산 이온의 음전하는 단일 산소 원자에 국한된 음전하를 가진 에톡시화 이온과 달리 2개의 산소 원자에 걸쳐 비편재화되어 있다.

$$CH_3-CH_2-OH + H_2\ddot{O}: \rightleftharpoons CH_3-CH_2-\ddot{O}:^- + H_3\ddot{O}^+$$

에탄올 p$K_a$ = 15.9 에톡시화 이온

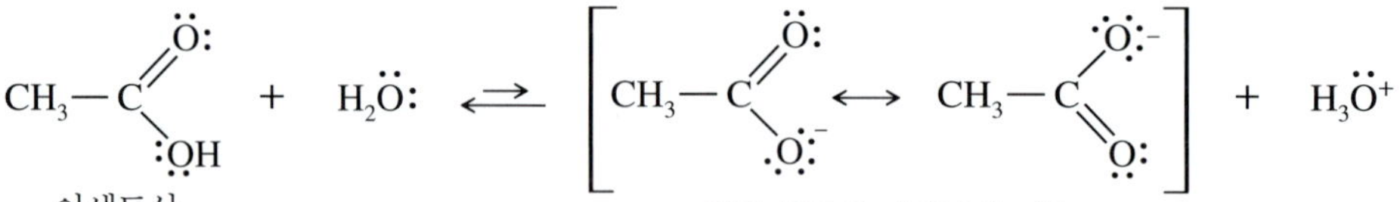

$$CH_3-C(=\ddot{O}:)-\ddot{O}H + H_2\ddot{O}: \rightleftharpoons \left[CH_3-C(=\ddot{O}:)-\ddot{O}:^- \longleftrightarrow CH_3-C(-\ddot{O}:^-)=\ddot{O}:\right] + H_3\ddot{O}^+$$

아세트산 p$K_a$ = 4.74 공명 안정화 아세트산 이온

**연습문제 2-18**

사이안화 이온과 플루오린화 이온 중 어느 것이 더 센염기인가? 선택을 뒷받침하는 p$K_b$ 값을 (찾지 않고) 제시하라.

탄소와 질소의 양성자 또한 짝염기가 공명에 의해 안정화되는 곳에 위치할 경우 더 산성이 된다. 다음 예는 짝염기의 공명 안정화가 어떻게 산도를 향상시킬 수 있는지 보여준다. 이러한 예 각각은 양성자를 제공하는 원자 옆에 카보닐(carbonyl, C=O)기가 있다. 둘 다 약산이지만 카보닐기가 없으면 훨씬 더 약해질 것이다.

산 | 짝염기 | 비교

$CH_3C(=O)CH_3$, p$K_a$ = 20 | [$CH_3C(=O)\ddot{C}H_2^-$ ⟷ $CH_3C(O^-)=CH_2$] | $CH_3-CH_3$, p$K_a$ ≅ 50

$CH_3C(=O)NH_2$, p$K_a$ = 16 | [$CH_3C(=O)\ddot{N}H^-$ ⟷ $CH_3C(O^-)=NH$] | $CH_3-NH_2$, p$K_a$ ≅ 40

다른 전자 끄는 기 또한 공명을 통해 짝염기를 안정화할 수 있다. 가장 강력한 안정화 기 중 두 가지는 사이아노(cyano, $-C\equiv N$) 및 나이트로(nitro, $-NO_2$)기이다.

산 | 짝염기

$CH_3-C\equiv N:$, p$K_a$ = 25 | [$:\bar{C}H_2-C\equiv N:$ ⟷ $CH_2=C=\ddot{N}:^-$]

[$CH_3-\overset{+}{N}(=O)-O^-$ ⟷ $CH_3-\overset{+}{N}(-O^-)=O$] [$:\bar{C}H_2-\overset{+}{N}(=O)-O^-$ ⟷ $:\bar{C}H_2-\overset{+}{N}(-O^-)=O$ ⟷ $CH_2=\overset{+}{N}(-O^-)-O^-$]

p$K_a$ = 10.2

공명 안정화는 일반적인 유기 화합물의 염기도에도 영향을 미친다. 이 효과는 아민보다 훨씬 덜 염기성인 아마이드에서 나타난다. 아마이드는 아미노($-NH_2$)기와 카보닐(C=O)기 사이의 공명에 의해 안정화된다. 이러한 공명은 질소의 고립 전자쌍을 비편재화하고 양성자와의 결합을 덜 가능하게 한다. 또한 질소 원자에 부분적인 양전하를 부여한다. 질소 원자가 아래와 같이 양성자화되면 공명 안정화는 사라진다.

[$CH_3C(=O)\ddot{N}H_2$ ⟷ $CH_3C(O^-)=\overset{+}{N}H_2$] + $H_3\ddot{O}^+$ ⇌ $CH_3C(=O)\overset{+}{N}H_3$

아세트아마이드, p$K_b$ = 14
매우 약염기

공명의 손실, 생성되지 않음

이 아마이드의 매우 약한 염기성을 10 p$K_b$ 단위보다 더 염기성인 해당 아민과 비교해보라.

$CH_3-CH_2-\ddot{N}H_2$ + $H_3\ddot{O}^+$ ⇌ $CH_3-CH_2-\overset{+}{N}H_3$

에틸아민, p$K_b$ = 3.3

에틸암모늄 이온, p$K_a$ = 10.7
공명의 손실 없음

공명 비편재화는 일반적인 유기산의 짝염기에서 볼 수 있는 가장 일반적인 유형의 안정화이다. 공명은 흔히 가장 큰 안정화 요소이기도 하며, 때로는 짝산의 산도에 10 또는 그 이상의 p$K_a$ 단위를 기여하기도 한다.

**문제풀이 힌트**

염기에 있는 전하의 공명 비편재화는 염기를 약염기로 만들고 짝산을 강하게 하여, 염기를 안정화하는 데 도움을 준다. 가장 강력하고 일반적인 안정화 그룹은 카보닐(C=O), 사이아노(C≡N), 나이트로($NO_2$)기이다.

**연습문제 2-19**

아세트아마이드(acetamide)의 양성자화에 대한 앞의 반응식은 실제로 형성되지 않는 가상의 생성물을 보여준다. 아세트아마이드가 충분히 강한 산에 의해 양성자화될 때 질소에서는 양성자화되지 않고 다른 염기 부위에 양성자화된다. 아세트아마이드의 실제 짝산의 구조를 그리고, 질소가 아닌 곳에서 양성자화가 일어나는 이유(공명)를 설명하라. 이 짝산의 p$K_a$를 계산하라.

**연습문제 2-20**

아세트산은 또한 매우 약한 염기(p$K_b$ = 20)로 반응할 수 있다. 아세트산의 서로 다른 두 위치가 양성자화되어 짝산을 생성할 수 있다. 가능한 짝산을 모두 그리고, 어느 것이 더 안정적인지 이유(공명)를 설명하라. 이 짝산의 p$K_a$를 계산하라.

**연습문제 2-21(부분적인 해답)**

각 이성질체 쌍 중 더 산성인 것을 선택하고, 선택한 산이 더 산성인 이유를 밝히라.

(a) [구조식] 또는 [구조식]

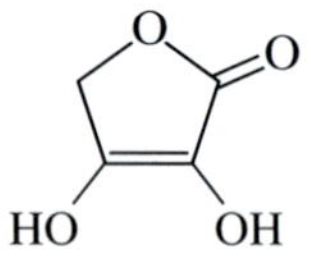

HO OH 또는 HO OH

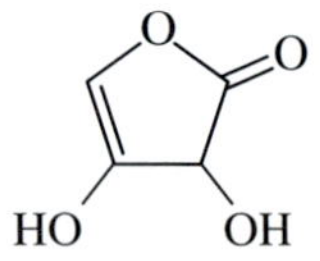

**풀이**

**(a)** 첫 번째 화합물(왼쪽)은 왼쪽 —OH기의 탈양성자화가 카보닐기로 음전하가 비편재화하는 공명 안정화 음이온을 제공하기 때문에 더 산성이다. 이 장의 시작 부분에 나와 있는 비타민 C와 이 화합물을 비교하라. 이러한 공명은 비타민 C(아스코브산)가 카복실산(—COOH)기를 포함하지 않음에도 불구하고 산성인 이유를 설명한다.

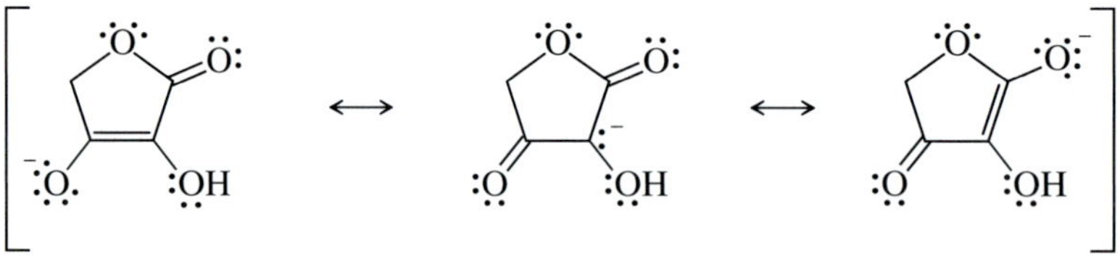

[공명 구조 ↔ ↔]

두 번째 화합물에서는 어떤 —OH기의 탈양성자화라도 카보닐기로 음전하를 비편재화하는 음이온을 제공하지 못한다.

(b) O OH 또는 O OH

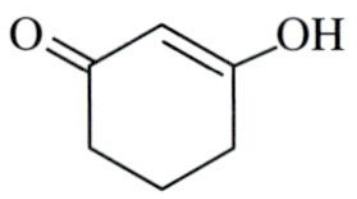

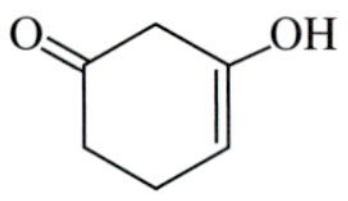

(c) F OH 또는 F OH

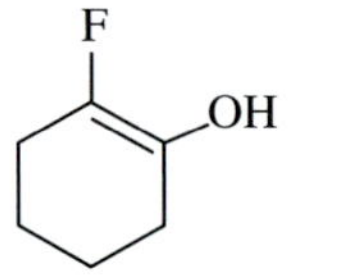

(d) O $NH_2$ 또는 O $NH_2$

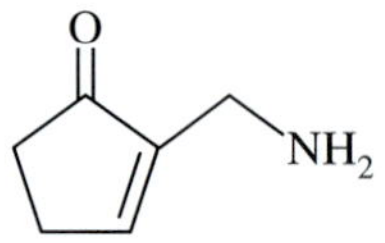

(e) HO CN 또는 HO CN

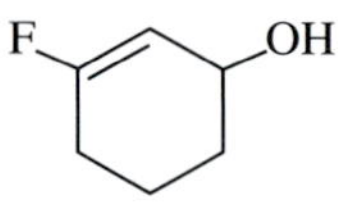

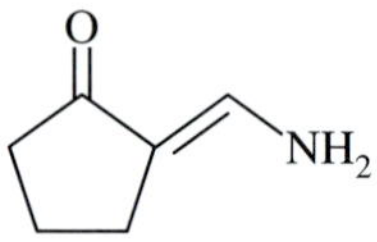

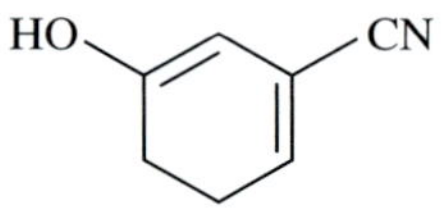

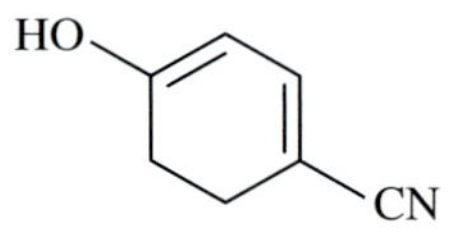

(f) 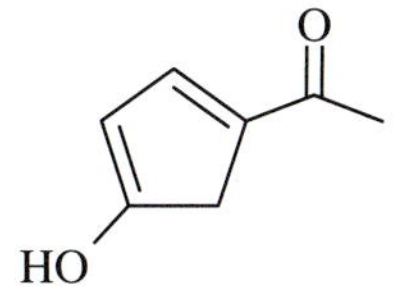 또는

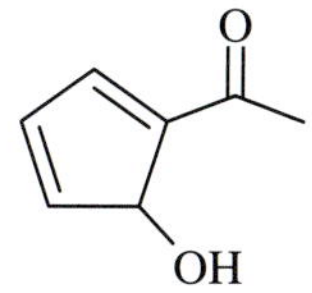

(g) 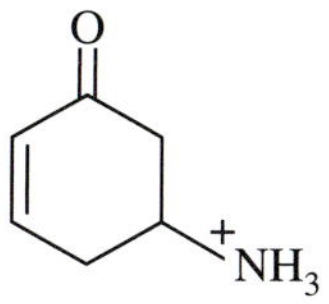 또는

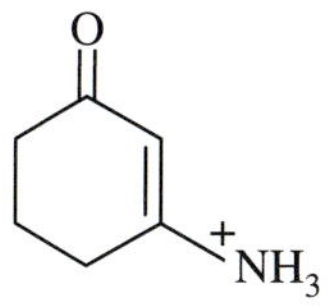

(h) 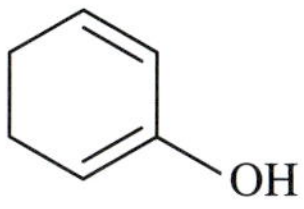 또는

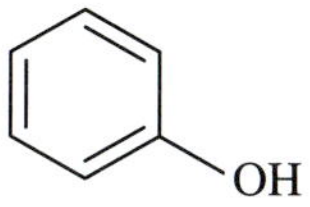

(i) 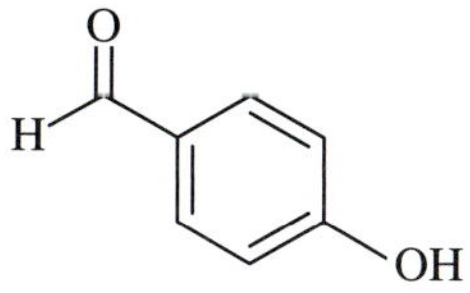 또는

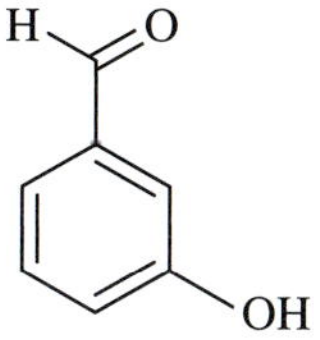

**연습문제 2-22(부분적인 해답)**

각 이성질체 쌍 중에 더 염기성인 것을 선택하고, 선택한 염기가 더 염기성이 큰 이유를 설명하라.

(a) 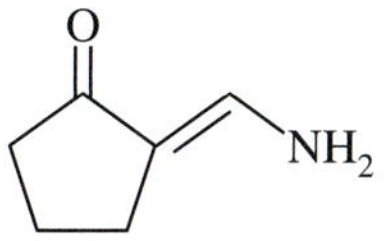 또는

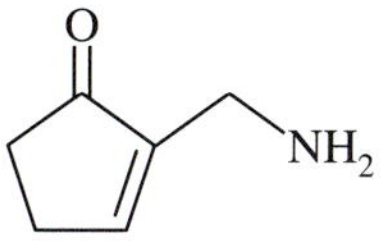

**풀이**

**(a)** 첫 번째 화합물(왼쪽)은 공명으로 안정화되어(예: 아마이드) 덜 염기성이며, 왼쪽 화합물의 $-NH_2$기의 양성자화는 공명을 파괴한다. 더욱이 $-NH_2$기의 고립 전자쌍은 카보닐기와 공유되며, $-NH_2$기는 부분적인 양전하를 가져온다. 오른쪽의 화합물은 아민인데, 좀 더 염기성일 것으로 예상된다. $-NH_2$기의 양성자화는 공명 안정화의 손실을 초래하지 않는다.

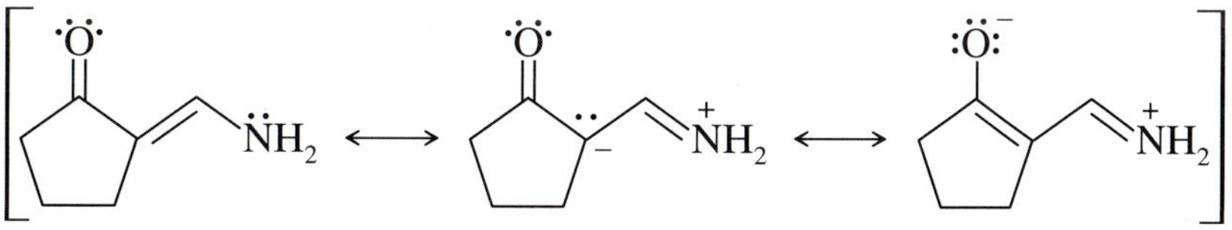

(b) 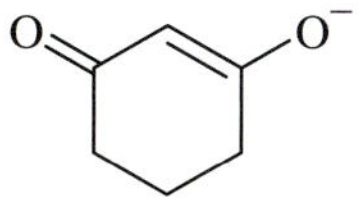 또는

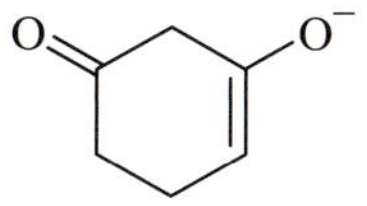

(c) 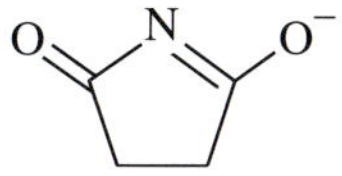 또는

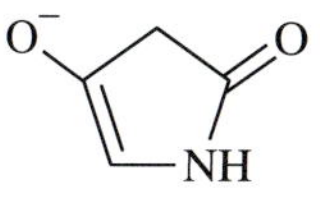

(d) 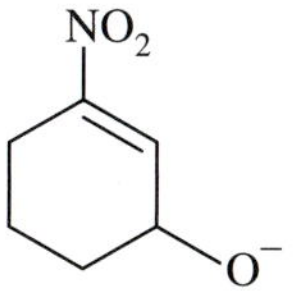 또는

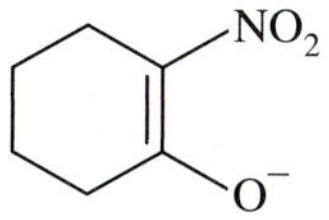

(e) 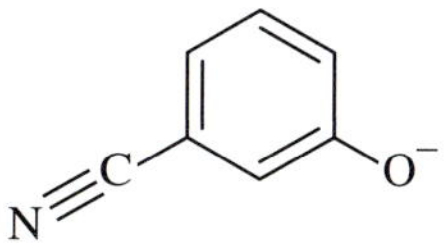 또는

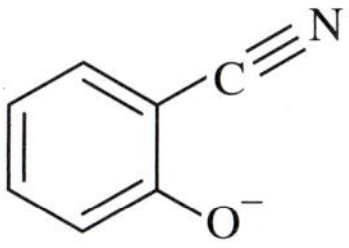

## 2-13 Lewis 산과 염기

산과 염기에 대한 Brønsted-Lowry 정의는 산에서 염기로 양성자의 이동에 의존한다. 염기는 비결합 전자쌍을 사용하여 양성자와 결합을 형성한다.

$$\mathrm{B{:}^{-}} + \mathrm{H{:}A} \rightleftarrows \mathrm{B{:}H} + \mathrm{^{-}{:}A}$$

1923년 Gilbert N. Lewis(캘리포니아대학교 버클리 캠퍼스)는 이와 같은 종류의 반응은 양성자를 필요로 하지 않는다고 추론했다. 그 대신 염기는 고립 전자쌍을 사용함으로써 다른 전자 결핍 원자와 결합할 수 있을 것이라고 추론했다. 사실상 산-염기 반응은 양성자가 이동하는 관점에서가 아니라 결합이 형성되고 끊어지는 관점에서 고찰할 수 있다. 다음 반응은 결합이 끊어지고 형성되

**문제풀이 힌트**

친핵체는 전자를 준다. 친전자체는 전자를 받는다. 산성인 양성자는 전자 받개로 작용한다.

는 사실을 중요시한 양성자 이동을 나타낸다. 유기 화학자들은 굽은 화살표를 사용하여 참여하는 전자들의 이동을 나타낸다.

$$B:^- \quad H:A \rightleftharpoons B:H + {}^-:A$$

**Lewis 염기**(Lewis base)는 비결합 전자를 줌으로써 새로운 결합을 형성할 수 있는 화학종이라고 정의한다. **Lewis 산**(Lewis acid)은 이들 전자쌍을 받음으로써 새로운 결합을 형성할 수 있는 화학종이다. Lewis 산은 한 쌍의 전자를 받기 때문에 '전자 애호가(lover of electrons)'를 의미하는 그리스어로부터 유래된 **친전자체**(electrophile)라는 용어를 사용한다. Lewis 염기는 빈 (또는 쉽게 비워지는) 오비탈을 가진 핵에 전자를 주기 때문에 '핵 애호가(lover of nuclei)'를 의미하는 그리스어로부터 유래한 용어인 **친핵체**(nucleophile)라고 한다. 이 책에서는 강조하기 위해 경우에 따라 친핵체는 파란색으로, 친전자체는 초록색으로, 산성인 양성자는 붉은색으로 나타낸다.

Lewis 산-염기 정의는 양성자와 아무 관계가 없는 반응도 포함한다. 다음에 Lewis 산-염기 반응의 몇 가지 예를 들었다. 보통의 Brønsted-Lowry의 산과 염기는 양성자가 친전자체로 작용함으로써 Lewis 정의에 속한다는 사실에 주목하라. 굽은 화살표는 일반적으로 친핵체로부터 친전자체로의 전자의 이동을 나타내는 데 사용된다.

**문제풀이 힌트**

굽은 화살표(붉은색)는 친핵체에서 친전자체로의 전자 이동을 표시하는 데 사용된다.

$$B:^- + H^+ \longrightarrow B{-}H$$

친핵체 (Lewis 염기) / 친전자체 (Lewis 산) / 형성된 결합

$$H_3N: + BF_3 \longrightarrow H_3\overset{+}{N}{-}\overset{-}{B}F_3$$

친핵체 / 친전자체 / 형성된 결합

$$CH_3{-}\ddot{O}:^- + H_3C{-}\ddot{Cl}: \longrightarrow CH_3{-}\ddot{O}{-}CH_3 + :\ddot{Cl}:^-$$

친핵체 / 친전자체 / 형성된 결합

$$H_3N: + H{-}\ddot{O}{-}C(=O){-}CH_3 \longrightarrow H_3\overset{+}{N}{-}H + {}^-:\ddot{O}{-}C(=O){-}CH_3$$

친핵체 염기 / 친전자체 산 / 형성된 결합 (짝산) / (짝염기)

산과 염기와 관련된 몇 가지 용어는 유기 화학에서 특별한 의미를 불러일으켰다. 유기 화학자가 염기라는 용어를 사용할 때는 대개 양성자 받개(Brønsted-Lowry 염기)를 의미한다. 비슷하게 산이라는 용어를 사용할 때는 대개 양성자 주개(Brønsted-Lowry 산)를 의미한다. 산-염기 반응이 어떤 원소(특히 탄소)에 대한 결합의 형성에 관여하게 될 때 유기 화학자들은 전자 주개를 **친핵체**(Lewis 염기)라고 하고, 전자 받개를 **친전자체**(Lewis 산)라고 한다.

**문제풀이 힌트**

지금까지 이 과정에서 몇 가지 유형의 화살표를 사용했다.

반응 화살표: ⟶

평형 화살표: ⇄

공명 화살표: ⟷

Lewis 산-염기 반응의 전자 이동: ↷

공명 구조 간 가상의 전자 이동: ↷

다음 그림은 $NH_3$(친핵체/전자 주개)와 $BF_3$(친전자체/전자 받개)의 반응이 진행될 때의 정전기 전위 지도를 나타낸다. $NH_3$의 전자가 풍부한(붉은색) 구역이 $BF_3$의 전자가 부족한(파란색) 구역을 공격한다. 반면 생성물은 붕소 원자와 3개의 플루오린 원자 위에 높은 전자 밀도를 가지며, 질소와 3개의 수소 원자 위에 낮은 전자 밀도를 가진다.

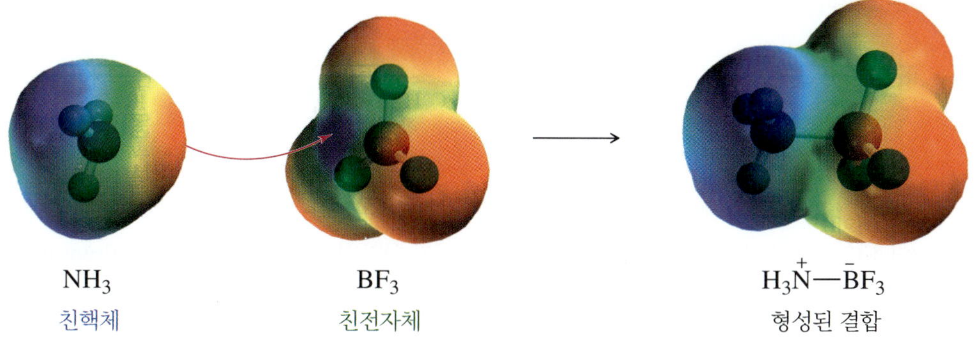


## 2-14 굽은 화살표 기호

종종 복잡한 유기 반응과 생화학 반응을 친핵체와 친전자체의 간단한 Lewis 산-염기 반응과 관련된 일련의 단계로 나눈다. 이 절에서는 전자의 움직임을 보여주기 위해 굽은 화살표를 사용하여 이러한 개별 단계를 그리는 기법을 설명한다.

**굽은 화살표 기호**(curved-arrow formalism)는 전자 주개로부터 전자 받개로의 전자쌍의 흐름을 나타내기 위해 사용한다. 결합의 형성이나 파괴에 관여되는 각 전자쌍의 이동은 앞의 여러 반응에서 나타낸 바와 같이 별개의 화살표로 나타낸다. 이 책에서는 이러한 굽은 화살표를 붉은색으로 나타낸다. 다음 $CH_3O^-$과 $CH_3Cl$의 반응에서 1개의 굽은 화살표는 산소 위의 고립 전자쌍이 탄소와 결합을 형성한다는 것을 나타낸다. 또 하나의 굽은 화살표는 C—Cl의 결합 전자쌍이 탄소로부터 분리되어 생성물 $Cl^-$ 위의 고립 전자쌍이 된다는 것을 나타낸다.

$$CH_3—\ddot{\underset{..}{O}}:^- \quad H—\underset{H}{\overset{H}{C}}—\ddot{\underset{..}{Cl}}: \longrightarrow CH_3—\ddot{\underset{..}{O}}—\underset{H}{\overset{H}{C}}—H + :\ddot{\underset{..}{Cl}}:^-$$

친핵체 (전자 주개) 친전자체 (전자 받개)

**문제풀이 힌트**

반응에 참여하는 각 전자쌍에 대해 하나의 굽은 화살표를 사용하라.

굽은 화살표 기호는 반응에서 전자의 흐름을 지속적으로 추적하기 위한 기호로서 보편적으로 사용된다. 또한 공명 구조의 전자들이 하나의 공명 구조에서 다른 공명 구조로 옮겨 갈 때 그 전자의 '흐름'을 상상함으로써 전자를 추적하기 위한 수단으로(예: 1-9절) 이 기호를 사용했다. 물론 전자는 공명 구조에서 '흐르지' 않는다는 사실을 잘 알고 있을 것이다. 전자는 단지 비편재화될 뿐이다. 그래도 굽은 화살표 기호는 우리의 생각이 하나의 공명 구조에서 다른 공명 구조로 흐르게 하는데 도움이 된다. 반응물이 생성물로 변할 때와 한 공명 혼성 구조의 다른 공명 혼성체를 상상할 때도 역시 전자를 지속적으로 추적하기 위해 굽은 화살표를 사용하기로 한다.

**연습문제 2-23(부분적인 해답)**

다음 산-염기 반응에서

1. 반응물과 생성물의 Lewis 구조를 그려보라.
2. 어느 종이 친전자체(산)로 작용하는지, 어느 종이 친핵체(염기)로 작용하지 결정하라.
3. 이 반응에서 전자쌍의 이동뿐 아니라 생성물의 공명 혼성화에서 가상의 전자 이동을 나타내기 위해 굽은 화살표 기호를 사용하라.

**4.** 어느 반응이 가장 최적의 Brønsted–Lowry 산-염기 반응인지 나타내라.

(a) $CH_3-C(=O)-H$ + HCl ⟶ $CH_3-C(=O^+-H)-H$ + $Cl^-$

아세트알데하이드

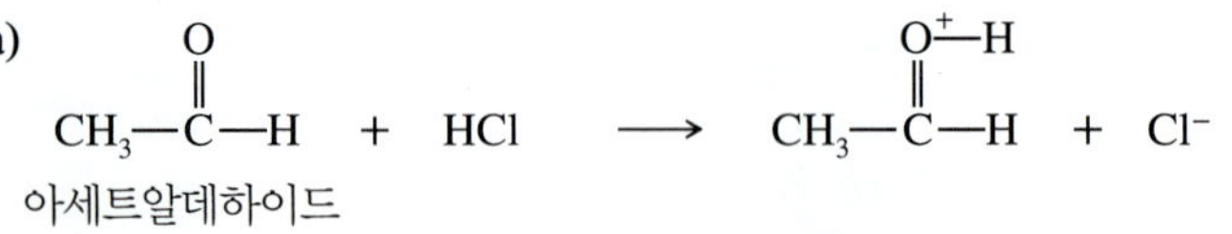

이 반응은 HCl로부터 아세트알데하이드의 C=O기로의 양성자 이동 반응이다. 그러므로 이 반응은 HCl이 산(양성자 주개)으로 작용하고 아세트알데하이드가 염기(양성자 받개)로 작용하는 Brønsted-Lowry의 산-염기 반응이다. 굽은 화살표를 그리기 전에 화살표는 전자쌍 주개(친핵체/염기)로부터 전자쌍 받개(친전자체/산)로의 전자 이동을 나타내야 한다는 사실을 상기해야 한다. 또 다른 곡선 화살표는 일단 H—Cl 결합을 형성한 전자가 염소와 함께 나가서 염화 이온을 생성한다는 것을 보여야 한다. 모든 반응물과 생성물에 대해 유효한 Lewis 구조를 그리면 이러한 화살표를 그리는 것이 더 쉽다.

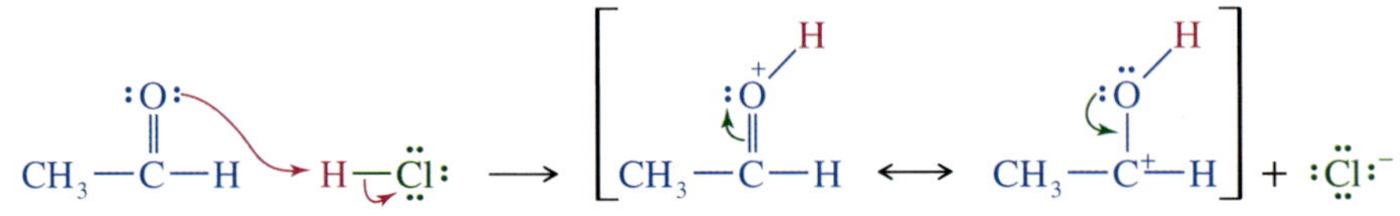

**문제풀이 힌트**

붉은색의 굽은 화살표는 전자의 흐름을 나타낸다. 각 화살표는 비공유 전자쌍이나 결합 전자쌍의 전자쌍에서 시작해야 한다.

각 화살표는 생성물에서 다른 원자와 결합을 형성하든지 또는 원자의 비공유 전자쌍으로 존재하든지, 그 전자쌍이 위치할 곳으로 향해야 한다.

$CH_3-C(=\ddot{O}:)-H$ + $H-\ddot{Cl}:$ ⟶ [ $CH_3-C(=\overset{+}{O}-H)-H$ ⟷ $CH_3-\overset{+}{C}(-\ddot{O}-H)-H$ ] + $:\ddot{Cl}:^-$

염기 산 큰 기여자 작은 기여자

생성물의 공명 구조는 한 쌍의 전자가 산소 원자와 C=O 파이 결합 사이에서 이동할 수 있다는 것을 나타낸다. 양전하는 탄소와 산소 원자들 위에 비편재화되어 있으며, 이 공명 구조에서 모든 팔전자가 완성되므로 양전하는 대부분 산소 위에 있게 된다.

(b) $CH_3-C(=O)-H$ + $CH_3-O^-$ ⟶ $CH_3-C(-O^-)(-O-CH_3)-H$

아세트알데하이드

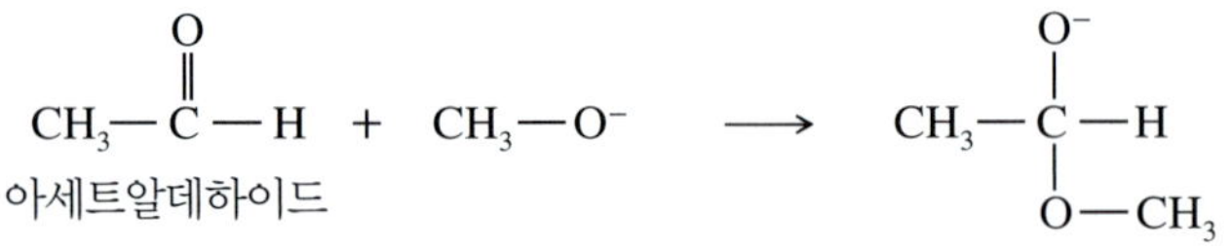

이 경우에는 양성자가 전혀 이동되지 않았으므로 이 반응은 Brønsted-Lowry의 산-염기 반응이 아니다. 대신 $CH_3-O^-$기의 산소와 C=O 탄소 원자 사이에 1개의 결합이 형성되었다. Lewis 구조를 그려보면 $CH_3-O^-$기(이 반응에서 친핵체)가 전자들을 줌으로써 아세트알데하이드(친전자체)에 새로운 결합이 형성된다는 것을 분명히 알 수 있다. 이 결과는 음으로 하전된 이온은 전자가 풍부한 이온일 가능성이 있기 때문에 전자 주개라는 직관과 일치한다.

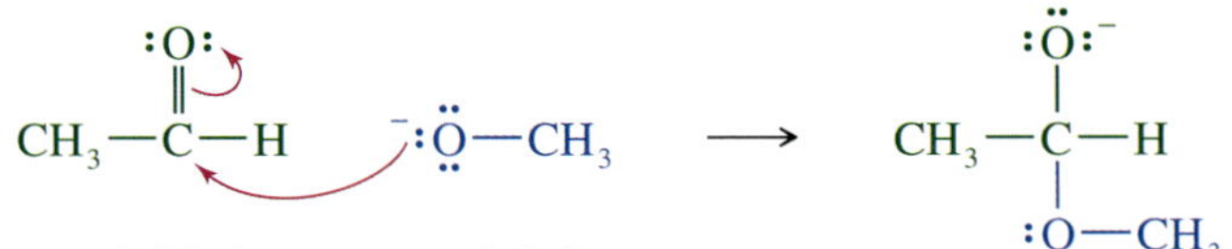

$CH_3-C(=\ddot{O}:)-H$ + $^-:\ddot{O}-CH_3$ ⟶ $CH_3-C(-\ddot{O}:^-)(-\ddot{O}-CH_3)-H$

친전자체 친핵체

아세트알데하이드는 (a)에서는 친핵체(Lewis 염기)로 작용하고, (b)에서는 친전자체(Lewis 산)로 작용한다는 사실에 주목하라. 대부분의 유기 화합물과 마찬가지로 아세트알데하이드는 산성인 동시에 염기성이다. 아세트알데하이드가 전자를 주거나 양성자를 받아들이도록 충분히 센산을 첨가하면 아세트알데하이드는 염기로 작용한다. 전자쌍을 주거나 양성자를 떼낼 수 있을 정도로 충분히 센염기를 첨가하면 아세트알데하이드는 산으로 작용한다.

(c) $BH_3$ + $CH_3-O-CH_3$ ⟶ $CH_3-\overset{+}{O}(-{}^-BH_3)-CH_3$

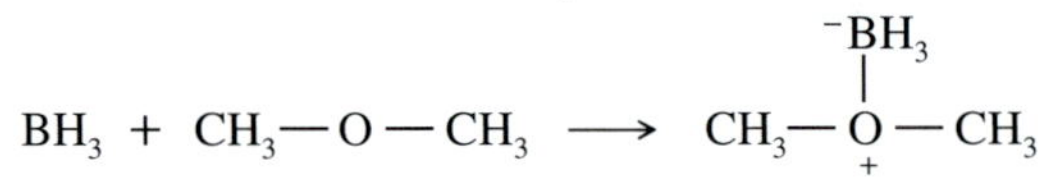

(d) $CH_3-C(=O)-H$ + $^-OH$ ⟶ $CH_3-C(-O^-)(-OH)-H$

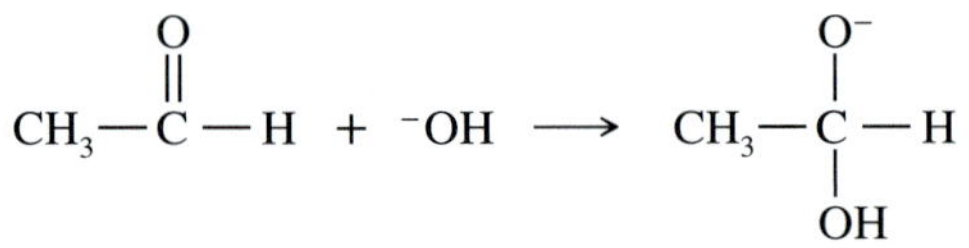

(e) $CH_3-\overset{O}{\overset{\|}{C}}-H + {}^{-}OH \longrightarrow \left[H-\overset{H}{\overset{|}{\underset{}{C}}}-\overset{O}{\overset{\|}{C}}-H \longleftrightarrow H-\overset{H}{\overset{|}{C}}=\overset{O^-}{\overset{|}{C}}-H\right] + H_2O$

(f) $CH_3-NH_2 + CH_3-Cl \rightarrow CH_3-\overset{+}{N}H_2-CH_3 + Cl^-$

(g) $CH_3-CH=CH_2 + BF_3 \rightarrow CH_3-\overset{+}{C}H-CH_2-\overset{-}{B}F_3$

(h) $CH_3-\overset{+}{C}H-CH_2-\overset{-}{B}F_3 + CH_3-CH=CH_2 \longrightarrow CH_3-\overset{+}{C}H-CH_2-\overset{CH_3}{\overset{|}{C}H}-CH_2-\overset{-}{B}F_3$

(i) (고리 구조: O, Cl, OH 치환 사슬) $\longrightarrow$ (고리 구조: $O^-$, Cl, $O^+$–H)

(j) (사이클로펜텐)–$OCH_3$ + $O=\overset{+}{N}=O \longrightarrow$ (사이클로펜테인, $\overset{+}{}$–$OCH_3$, $NO_2$)

## 2-15 탄화수소

후속 장들에서 여러 가지 다양한 종류의 유기 화합물을 공부하게 될 것이다. 여기서 여러 종류의 화합물을 간단히 서술하는데, 이후 이들 화합물을 대할 때 알아볼 수 있을 것이다. 이같이 간단히 알아볼 목적으로 유기 화합물을 세 부류, 즉 (1) 탄화수소, (2) 산소를 함유하는 화합물, (3) 질소를 함유하는 화합물로 분류한다.

**탄화수소**(hydrocarbon)는 오로지 탄소와 수소로 구성된 화합물이다. 탄화수소의 큰 부류는 알케인, 알켄, 알카인, 방향족 탄화수소이다. 거의 모든 탄화수소는 비극성이거나 약간의 극성이다. 그러므로 탄화수소(및 큰 분자의 탄화수소 부분)는 소수성인 경향이 있다.

### 2-15A 알케인

**알케인**(alkane)은 오직 단일 결합만을 가지고 있는 탄화수소이다. 알케인은 일반적으로 -에인(-*ane*)이라는 접미사를 가지고 있는 한편, 이름의 첫 부분은 탄소 원자의 수를 나타낸다. 표 2-3에 이름의 접두사가 탄소 원자의 수에 어떻게 해당하는지를 나타냈다. 화합물에 이름을 붙이는 것, 즉 **명명법**(nomenclature)은 각 작용기를 다루는 장에서 더 자세히 다루며, 부록 5(유기 화합물 명명법)에 요약되어 있다.

**표 2-3** 탄소 원자의 접두사와 수의 대응

| 알케인 이름 | 탄소 수 | 알케인 이름 | 탄소 수 |
|---|---|---|---|
| 메테인(*meth*ane) | 1 | 헥세인(*hex*ane) | 6 |
| 에테인(*eth*ane) | 2 | 헵테인(*hept*ane) | 7 |
| 프로페인(*prop*ane) | 3 | 옥테인(*oct*ane) | 8 |
| 뷰테인(*but*ane) | 4 | 노네인(*non*ane) | 9 |
| 펜테인(*pent*ane) | 5 | 데케인(*dec*ane) | 10 |

| $CH_4$ | $CH_3-CH_3$ | $CH_3-CH_2-CH_3$ | $CH_3-CH_2-CH_2-CH_3$ | $CH_3-\overset{CH_3}{\overset{|}{C}H}-CH_3$ |
|---|---|---|---|---|
| 메테인 | 에테인 | 프로페인 | 뷰테인 | 아이소뷰테인 |

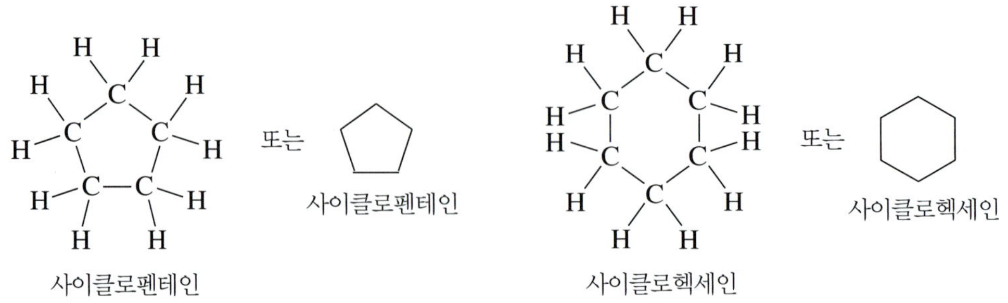

**그림 2-12** 사이클로알케인. 사이클로알케인은 고리형의 알케인이다.

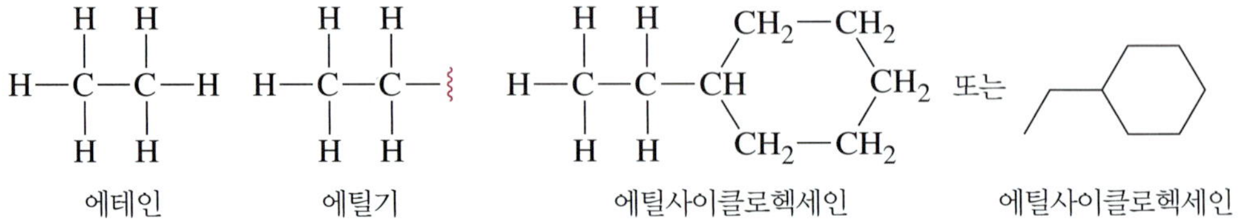

**그림 2-13** 알킬기의 명명. 알킬기는 이들이 유도된 알케인의 끝에 '-일(-*yl*)'이라는 접미사를 붙여서 명명한다.

**사이클로알케인**(cycloalkane)은 알케인의 특수한 부류로서 고리 형태이다. 그림 2-12에 각각 5개 및 6개 탄소를 함유한 사이클로알케인인 사이클로펜테인(cyclopentane)과 사이클로헥세인(cyclohexane)의 Lewis 구조 및 선-각 화학식을 나타냈다.

알케인은 난방용 가스(천연가스, 액화 석유가스), 가솔린, 제트 연료, 디젤 연료, 모터유, 연료유, 파라핀 '왁스'의 주성분이다. 알케인은 연소 이외에는 거의 반응을 하지 않는다. 사실상 한 분자가 알케인 부분과 비알케인 부분을 함유할 때 알케인 부분은 비교적 비반응성이므로 흔히 그 알케인 부분의 존재를 무시할 수 있다. 알케인은 반응이 흔히 일어나는 **작용기**(functional group)를 갖지 않으므로 몇 가지 적은 수의 반응을 한다. 작용기는 이중 결합, 하이드록시기, 할로젠 원자 같은 활성이 있는 부분이다. 대부분의 유기 화합물은 포함된 작용기에 의해 특징이 나타나고 분류된다.

**알킬기**(alkyl group)는 1개의 수소 원자가 제거됨으로써 작용기에 결합할 수 있는 한 분자의 알케인 부분이다. 그림 2-13은 에틸기($C_2H_5$)가 사이클로헥세인에 붙어 있는 에틸사이클로헥세인(ethylcyclohexane)을 생성하는 것을 보여준다. 이 화합물의 이름을 '사이클로헥실에테인'이라고 명명할지 모른다. 그러나 모체 화합물로서 더 큰 조각(사이클로헥세인)을, 그리고 더 작은 기를 알킬기(에틸)로 다루어야 한다.

흔히 분자의 가장 중요한 부분의 구조에만 관심을 가진다. 이러한 경우 모든 알킬기(또는 반응성이 없는 다른 작용기)를 상징하는 치환기로 R을 사용할 수 있다. R기의 정확한 성질은 중요하지 않다고 간주한다.

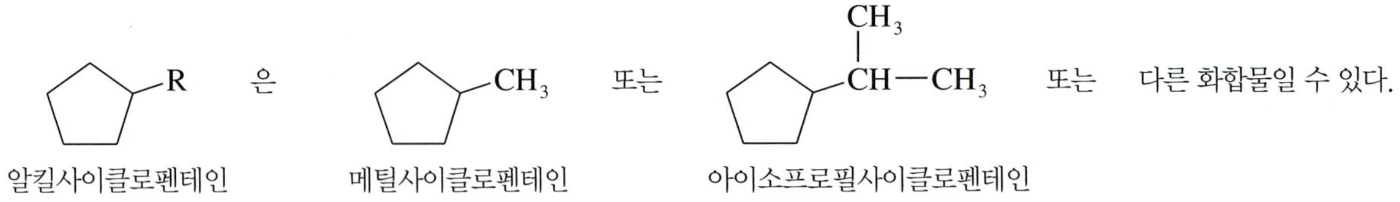

### 2-15B 알켄

**알켄**(alkene)은 탄소-탄소 이중 결합을 가진 탄화수소이다. 탄소-탄소 이중 결합은 알켄의 가장 반응성이 큰 부분이므로, 이중 결합을 알켄의 **작용기**라고 한다. 알켄의 이름은 다음 예에서 나타낸 바와 같이 -엔(-*ene*)이라는 접미사로 끝난다. 이중 결합이 1개 이상 위치에 존재할 수 있다면 이중으로 결합된 탄소가 더 작은 수가 되도록 사슬에 번호를 부여하고, 이중 결합을 하는 두 탄소 중 더 작은 번호로 이중 결합의 위치를 나타낸다.

$CH_2{=}CH_2$
에텐(에틸렌)

$CH_2{=}CH{-}CH_3$
프로펜(프로필렌)

$\overset{1}{CH_2}{=}\overset{2}{CH}{-}\overset{3}{CH_2}{-}\overset{4}{CH_3}$
뷰트-1-엔

$\overset{1}{CH_3}{-}\overset{2}{CH}{=}\overset{3}{CH}{-}\overset{4}{CH_3}$
뷰트-2-엔

탄소-탄소 이중 결합은 회전할 수 없으며, 많은 알켄은 기하(시스-트랜스) 이성질 현상을 나타낸다(1-18B, 1-19B절). 다음은 몇 가지 알켄류의 시스-트랜스 이성질체이다.

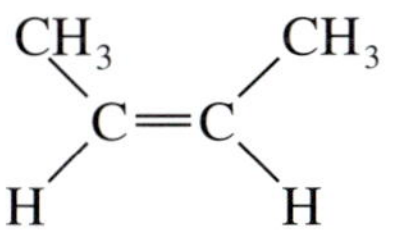

시스-뷰트-2-엔 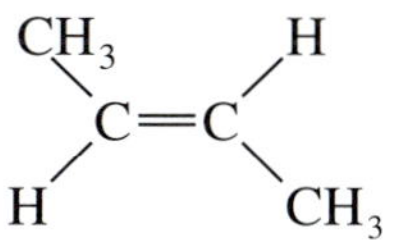 트랜스-뷰트-2-엔 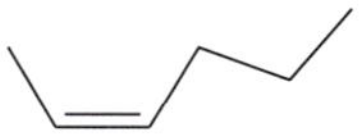 시스-헥스-2-엔  트랜스-헥스-2-엔

사이클로알켄 역시 흔한 화합물이다. 사이클로알켄도 고리가 아주 크지 않다면 언제나 시스 이성질체이며, 시스라는 용어는 이름에서 뺀다. 큰 고리에서는 트랜스 이중 결합이 가능해서, 트랜스-사이클로알켄이 생길 수 있다.

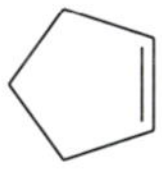

사이클로펜텐 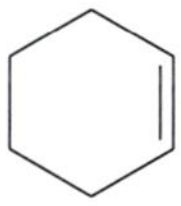 사이클로헥센 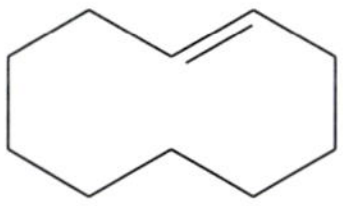 트랜스-사이클로데켄

## 2-15C 알카인

**알카인**(alkyne)은 탄소-탄소 삼중 결합을 작용기로 가진 탄화수소이다. 알카인의 이름은 일반적으로 -아인(-yne)이라는 접미사를 가지고 있으나 몇 가지 관용명은 이 규칙에 따르지 않는다[예: 아세틸렌(acetylene)]. 삼중 결합은 선형이므로 알카인에서는 기하 이성질 현상이 존재할 가능성이 없다.

$H{-}C{\equiv}C{-}H$
에타인(아세틸렌)

$H{-}C{\equiv}C{-}CH_3$
프로파인(메틸아세틸렌)

$H{-}\overset{1}{C}{\equiv}\overset{2}{C}{-}\overset{3}{CH_2}{-}\overset{4}{CH_3}$
뷰트-1-아인

$\overset{1}{CH_3}{-}\overset{2}{C}{\equiv}\overset{3}{C}{-}\overset{4}{CH_3}$
뷰트-2-아인

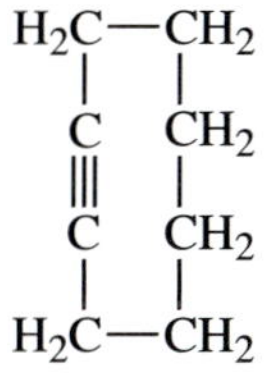

알카인에서는 4개의 탄소 원자가 직선으로 있어야 한다. 동일 직선상에 있는 4개의 원자는 쉽게 구부러져 고리가 되지 않으므로 사이클로알카인은 드물다. 사이클로알카인은 고리가 8개 또는 그 이상의 탄소 원자를 포함하는 큰 고리일 때만 안정하다. 여백에 표시된 사이클로옥타인(cyclooctyne)의 구조를 보라.

$H_2C{-}CH_2$, C, $CH_2$, C, $CH_2$, $H_2C{-}CH_2$
사이클로옥타인

## 2-15D 방향족 탄화수소

다음 화합물은 사이클로알켄처럼 보일 수도 있으나 이들의 성질은 간단한 알켄의 성질과는 다르다. 이들 **방향족 탄화수소**(aromatic hydrocarbon) 또는 **아렌**(arene)은 3개의 이중 결합을 가지고 있는 6원자 고리인 **벤젠**(benzene)의 모든 유도체이다. 이 결합 배열은 특히 안정한데, 그 이유에 대해서는 16장에서 설명할 것이다.

**응용: 독성**

생물계에서 메틸기나 에틸기의 존재는 커다란 차이를 만들 수 있다. 예를 들면 벤젠은 독성이 매우 심해 백혈병의 원인이 되지만, 메틸벤젠(methyl benzene)과 에틸벤젠(ethyl benzene)은 효소가 메틸기나 에틸기를 산화시키므로 독성이 덜하다.

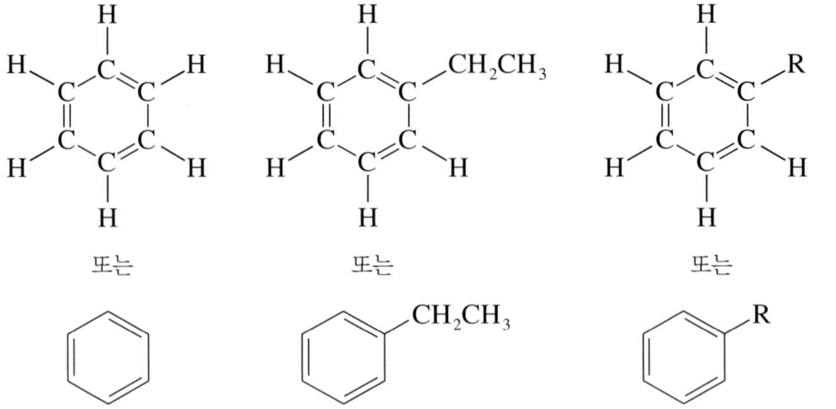

또는 또는 또는

$CH_2CH_3$ R

벤젠 에틸벤젠 알킬벤젠

일반적인 알킬기를 R로 표시하듯이 일반적인 아릴(aryl)기를 Ar로 표시한다. 벤젠 고리가 치환체의 역할을 할 때 치환된 벤젠 고리를 페닐(phenyl)기라고 부르며, 줄여서 Ph로 표시한다.

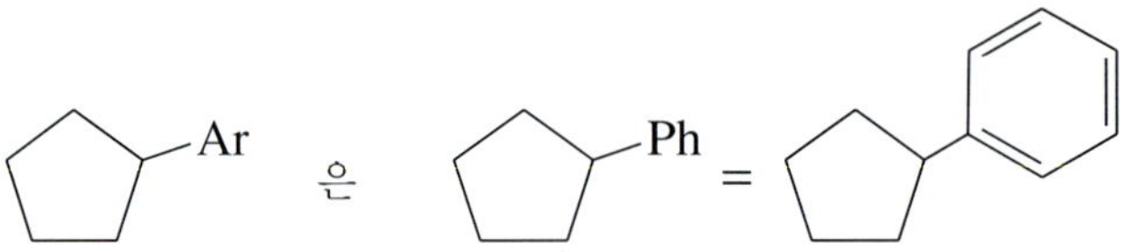

Ar 은 Ph = 또는 다른 화합물일 수 있다.

아릴사이클로펜테인 페닐사이클로펜테인

**연습문제 2-24**

다음 탄화수소를 분류하고, 각 탄화수소에 대한 Lewis 구조식을 그려보라. 어떤 화합물은 다음 분류 중 1종 이상이 될 수 있다.

| 알케인 | 사이클로알케인 | 방향족 탄화수소 |
|---|---|---|
| 알켄 | 사이클로알켄 | |
| 알카인 | 사이클로알카인 | |

**(a)** $(CH_3CH_2)_2CHCH(CH_3)_2$ **(b)** $CH_3CHCHCH_2CH_3$ **(c)** $CH_3CCCH_2CH_2CH_3$

**(d)** 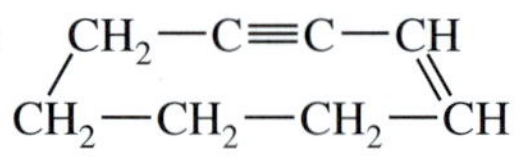 $CH_2{-}C{\equiv}C{-}CH$ / $CH_2{-}CH_2{-}CH_2{-}CH$ **(e)** 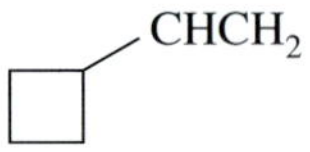 $CHCH_2$ **(f)** 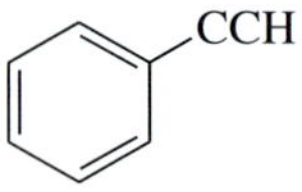 CCH

**(g)** 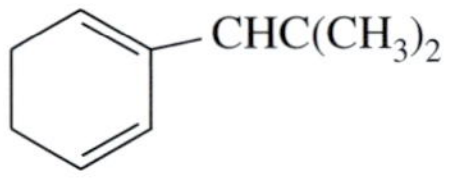 $CHC(CH_3)_2$ **(h)** 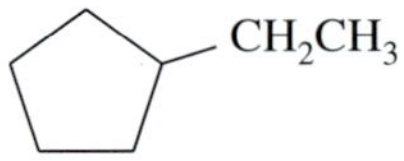 $CH_2CH_3$ **(i)**

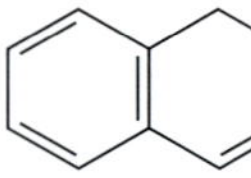

## 2-16 산소를 함유하는 유기 화합물

많은 유기 화합물은 알킬기에 결합된 산소 원자를 가지고 있다. 산소 함유 화합물의 주된 부류는 알코올, 에터, 케톤, 알데하이드, 카복실산, 산 유도체이다.

### 2-16A 알코올

**알코올**(alcohol)은 작용기로 **하이드록시기**(hydroxy group, —OH)를 가진 유기 화합물이다. 알코올의 일반식은 R—OH이다. 알코올은 가장 극성인 유기 화합물에 속하는데, 이는 하이드록시기가 극성이 강하여 수소 결합에 참여할 수 있기 때문이다. 그리하여 하이드록시기는 친수성이고,

분자의 소수성 알킬 부분이 너무 크지 않으면 물에 대한 용해도를 부여한다. 에탄올 및 메탄올 같은 간단한 몇 가지 알코올은 물과 섞인다(모든 비율로 녹는다). 하지만 4개 이상의 탄소를 가지고 있는 알코올은 물에서의 용해도가 제한적이다. 다음 일반적인 알코올에 대해 나타낸 것처럼 알코올의 이름은 **알코올** 낱말의 접미사인 -올(-*ol*)로 끝난다.

R—OH 알코올 | $CH_3$—OH 메탄올 (메틸 알코올) | $CH_3CH_2$—OH 에탄올 (에틸 알코올) | $CH_3$—$CH_2$—$CH_2$—OH 프로판-1-올 (*n*-프로필 알코올) | $CH_3$—CH(OH)—$CH_3$ 프로판-2-올 (아이소프로필 알코올)

알코올은 가장 흔한 유기 화합물 중 하나이다. '목정'이라고도 알려진 메틸 알코올(methyl alcohol, 메탄올)은 공업용 용매 또는 자동차 경주용 연료로 쓰인다. 에틸 알코올(ethyl alcohol, 에탄올)은 때로는 '곡주'로도 부르는데, 그 이유는 에틸 알코올은 곡물 혹은 다른 유기 재료의 발효에 의해 생산되기 때문이다. '아이소프로필 알코올(isopropyl alcohol)'은 '연마 알코올'로서 사용되는 프로판-2-올(propan-2-ol)에 대한 관용명이다.

**응용: 환경**

에탄올은 가솔린의 첨가물로 널리 사용된다. '가소올(gasohol)'은 10% 정도의 에탄올을 함유한 '산소가 첨가된(oxygenated)' 연료인데, 이는 연료가 조금 낮은 온도에서 연소되게 함으로써 산화질소 같은 유해 환경물질을 적은 농도로 배출하게 한다. 산소가 첨가된 첨가물의 하나인 메틸 *t*-뷰틸 에터(methyl *tert*-butyl ether, MTBE)는 보관창고에서 유출되었을 때 지하수를 오염시키는 안전성 문제 때문에 에탄올로 대부분 교체되었다.

## 2-16B 에터

**에터**(ether)는 1개의 산소 원자에 결합된 2개의 알킬기로 이루어져 있다. 에터에 대한 일반식은 R—O—R′이다(여기서 R′이란 기호는 첫 번째의 알킬기 R과 같거나 다른 또 하나의 알킬기를 나타낸다). 에터는 알코올과 마찬가지로 탄화수소보다 훨씬 더 극성이다. 그러나 에터는 O—H기를 가지고 있지 않으므로 자신들끼리 수소 결합을 형성할 수 없다. 에터의 이름은 흔히 알킬기의 이름과 에터라는 낱말에서 생긴다. 다이에틸 에터(diethyl ether)는 추운 날씨에 엔진을 작동시키는 데 사용되는 보편적인 에터이고, 한때 외과용 마취제로 사용되었다.

R—O—R′ ROR′, 에터 | $CH_3CH_2$—O—$CH_2CH_3$ 다이에틸 에터 | 퓨란 | $CH_3$—O—C($CH_3$)$_2$—$CH_3$ 메틸 *t*-뷰틸 에터 | 다이메틸 에터와 물의 수소 결합

## 2-16C 알데하이드와 케톤

**카보닐기**(carbonyl group, C═O)는 알데하이드와 케톤 모두의 작용기이다. **케톤**(ketone)은 카보닐기에 결합된 2개의 알킬기를 가지고 있다. **알데하이드**(aldehyde)의 카보닐기는 1개의 알킬기와 1개의 수소 원자를 가지고 있다. 케톤의 이름은 일반적으로 -온(-*one*)이라는 접미사를 가진다. 알데하이드 이름은 -알(-*al*)이라는 접미사나 -알데하이드(-*aldehyde*)라는 접미사를 사용한다.

카보닐기는 극성이 강하며, 물, 알코올, 아민 같은 수소 결합 주개와 수소 결합을 형성할 수 있다. 친수성의 카보닐기는 4개 이하의 탄소를 가진 알데하이드와 케톤을 물에 녹게 한다. 4개 이상의 탄소를 가진 알데하이드와 케톤은 물에 대한 용해도가 제한적이다.

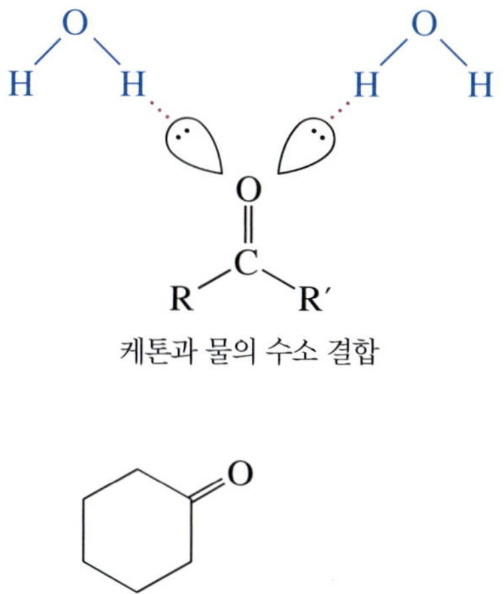

케톤과 물의 수소 결합

RCOR′, 케톤 | $CH_3$—CO—$CH_3$ 프로판-2-온(아세톤) | $CH_3$—CO—$CH_2CH_3$ 뷰탄-2-온(메틸 에틸 케톤) | 사이클로헥산온

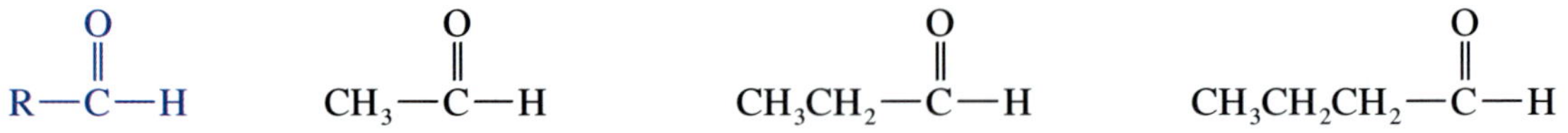

$$R-\overset{O}{\overset{\|}{C}}-H$$ 또는 RCHO 알데하이드

$$CH_3-\overset{O}{\overset{\|}{C}}-H$$ 또는 $CH_3CHO$ 에탄알(아세트알데하이드)

$$CH_3CH_2-\overset{O}{\overset{\|}{C}}-H$$ 또는 $CH_3CH_2CHO$ 프로판알(프로피온알데하이드)

$$CH_3CH_2CH_2-\overset{O}{\overset{\|}{C}}-H$$ 또는 $CH_3CH_2CH_2CHO$ 뷰탄알(뷰티르알데하이드)

### 2-16D 카복실산

**카복실산**(carboxylic acid)은 작용기로서 **카복실기**(carboxyl group, —COOH)를 가지고 있다. 카복실산에 대한 일반식은 R—COOH(또는 $RCO_2H$)이다. 카복실기는 1개의 카보닐기와 1개의 하이드록시기의 결합체이지만, 이 결합체는 케톤과 알코올과는 다른 성질을 가지고 있다. 카복실산의 산도(약 5의 $pK_a$)는 탈양성자 반응에 의해 생성된, 공명으로 안정화된 **카복실산 음이온**(carboxylate anion)에 기인한다. 다음 반응은 카복실산의 해리를 나타낸다.

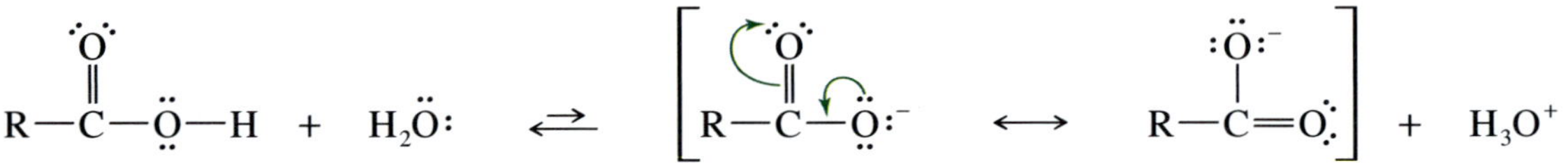

$$R-\overset{:\ddot{O}:}{\overset{\|}{C}}-\ddot{O}-H + H_2\ddot{O}: \rightleftarrows \left[ R-\overset{:\ddot{O}:}{\overset{\|}{C}}-\ddot{O}:^- \longleftrightarrow R-\overset{:\ddot{O}:^-}{\overset{|}{C}}=\ddot{O}: \right] + H_3O^+$$

카복실산 카복실산 음이온

카복실산의 체계적인 이름은 탄화수소 이름에 -산(*-oic acid*)이라는 접미어를 사용하지만, 역사적인 이름도 보편적으로는 사용된다. 폼산(formic acid)은 *Formica* 속의 개미로부터 처음 분리되었다. 식초에 들어 있는 아세트산(acetic acid)은 '시큼한'(*acetum*)이라는 라틴어로부터 유래되었다. 프로피온산(propionic acid)은 톡 쏘는 치즈의 쏘는 맛을 주며, 뷰티르산(butyric acid)은 고약한 냄새가 나는 버터의 코를 찌르는 자극적인 냄새를 낸다.

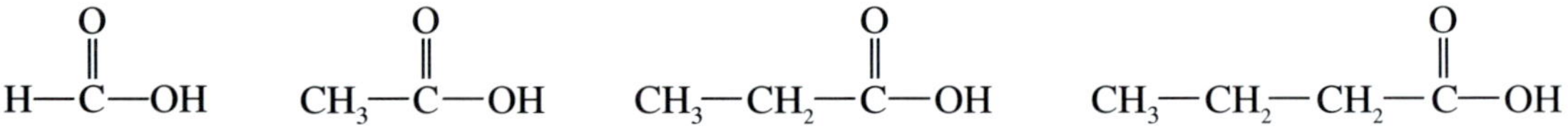

$$H-\overset{O}{\overset{\|}{C}}-OH$$ 메탄산 (폼산)

$$CH_3-\overset{O}{\overset{\|}{C}}-OH$$ 에탄산 (아세트산)

$$CH_3-CH_2-\overset{O}{\overset{\|}{C}}-OH$$ 프로판산 (프로피온산)

$$CH_3-CH_2-CH_2-\overset{O}{\overset{\|}{C}}-OH$$ 뷰탄산 (뷰티르산)

카복실산은 케톤, 알데하이드, 알코올처럼 극성이 강하다. 이 강한 친수성의 카보닐기는 물에 대한 용해도를 증가시키며, 여기에 나타낸 4개의 카복실산 모두 물에 잘 섞인다(거의 다 녹는다).

**문제풀이 힌트**

축소 화학식은 카보닐기를 함유할 때 흔히 혼란스럽다. 복잡한 화학식을 볼 때마다 명확하게 하기 위해 먼저 Lewis 구조로 전환하라.

**연습문제 2-25**

다음 화합물의 Lewis 구조를 그리고, 분류하라. 가능한 분류는 다음과 같다.

| 알코올 | 케톤 | 카복실산 |
|---|---|---|
| 에터 | 알데하이드 | 알켄 |

**(a)** $CH_2CHCHO$ **(b)** $CH_3CH_2CH(OH)CH_3$ **(c)** $CH_3COCH_2CH_3$

**(d)** $CH_3CH_2OCHCH_2$ **(e)** 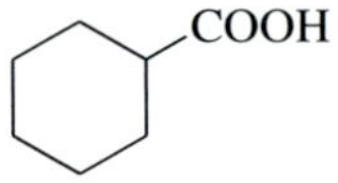 (사이클로헥세인)—COOH **(f)** 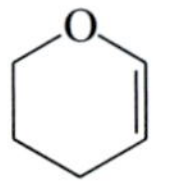 (O를 포함한 고리, 이중결합)

**(g)** 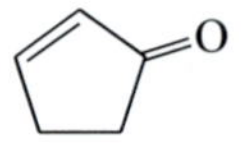 (사이클로펜텐)=O **(h)** 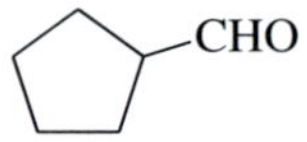 (사이클로펜테인)—CHO **(i)** 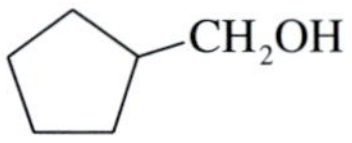 (사이클로펜테인)—$CH_2OH$

### 2-16E 카복실산 유도체

몇 가지 연관된 작용기들이 카복실산으로부터 형성될 수 있다. 각각의 작용기는 산소 또는 기타의 전자를 끄는 원소에 결합된 카보닐기를 가진다. 이들 작용기 중에는 **산 염화물**(acid chloride), **에스터**(ester), **아마이드**(amide) 등이 있다. 이들 모든 작용기는 산성 또는 염기성 가수분해에 의해 카복실산으로 변환될 수 있다.

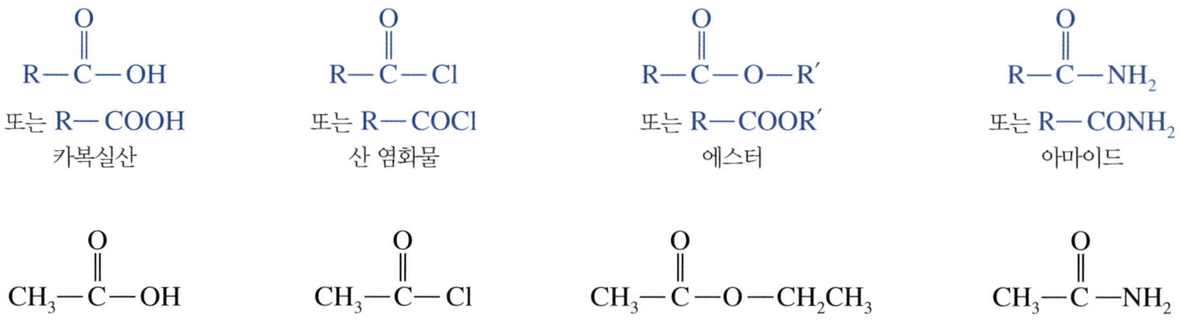

| | | | |
|---|---|---|---|
| $R-\overset{\displaystyle O}{\overset{\|}{C}}-OH$ | $R-\overset{\displaystyle O}{\overset{\|}{C}}-Cl$ | $R-\overset{\displaystyle O}{\overset{\|}{C}}-O-R'$ | $R-\overset{\displaystyle O}{\overset{\|}{C}}-NH_2$ |
| 또는 $R-COOH$ | 또는 $R-COCl$ | 또는 $R-COOR'$ | 또는 $R-CONH_2$ |
| 카복실산 | 산 염화물 | 에스터 | 아마이드 |
| $CH_3-\overset{\displaystyle O}{\overset{\|}{C}}-OH$ | $CH_3-\overset{\displaystyle O}{\overset{\|}{C}}-Cl$ | $CH_3-\overset{\displaystyle O}{\overset{\|}{C}}-O-CH_2CH_3$ | $CH_3-\overset{\displaystyle O}{\overset{\|}{C}}-NH_2$ |
| 또는 $CH_3COOH$ | 또는 $CH_3COCl$ | 또는 $CH_3COOCH_2CH_3$ | 또는 $CH_3CONH_2$ |
| 아세트산 | 아세틸 염화물 | 아세트산 에틸 | 아세트아마이드 |

## 2-17 질소를 함유하는 유기 화합물

질소는 유기 화합물의 작용기에서 흔히 볼 수 있는 원소이다. 가장 보편적인 '질소 함유' 유기 화합물은 아민, 아마이드, 나이트릴이다.

### 2-17A 아민

**아민**(amine)은 암모니아의 알킬화된 유도체이다. 아민은 암모니아처럼 염기성이다.

$$R-\ddot{N}H_2 \;+\; H_2O \;\rightleftarrows\; R-\overset{+}{N}H_3 \;\; {}^{-}OH \qquad K_b \cong 10^{-4} \qquad pK_b \cong 4$$

천연적으로 생기는 아민은 염기도('알칼리도', alkalinity)로 인해 흔히 알칼로이드(alkaloid)라고 한다. 간단한 아민은 질소에 결합된 알킬기를 우선 명명한 다음, 그 뒤에 '아민'이라는 낱말을 덧붙여 명명한다. 아래에 몇 가지 간단한 아민의 구조와 담배 잎사귀에 들어 있는 일종의 독성 알칼로이드인 니코틴(nicotine)의 구조를 나타냈다.

**아민:**

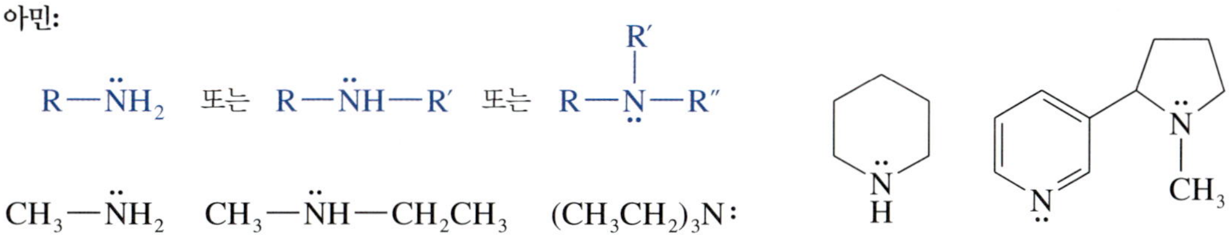

$R-\ddot{N}H_2$ 또는 $R-\ddot{N}H-R'$ 또는 $R-\underset{\cdot\cdot}{\overset{\overset{\displaystyle R'}{|}}{N}}-R''$

| | | | | |
|---|---|---|---|---|
| $CH_3-\ddot{N}H_2$ | $CH_3-\ddot{N}H-CH_2CH_3$ | $(CH_3CH_2)_3N\colon$ | (고리 구조, $\ddot{N}$–H) | (고리 구조, N–$CH_3$) |
| 메틸아민 | 에틸메틸아민 | 트라이에틸아민 | 피페리딘 | 니코틴 |

아민의 질소 원자는 물로부터 수소 결합을 받아들일 수 있으므로 친수성이다. 아민이 N—H 결합을 가지고 있으면, 수소 결합을 줄 수 있다. 따라서 최대 5개의 탄소 원자를 포함하는 많은 아민은 물과 섞일 수 있다.

## 2-17B 아마이드

**아마이드**(amide)는 카복실산이 암모니아 또는 아민과 결합하여 생기는 카복실산 유도체이다. 단백질은 긴 사슬을 가진 복잡한 아마이드 구조를 가지고 있다.

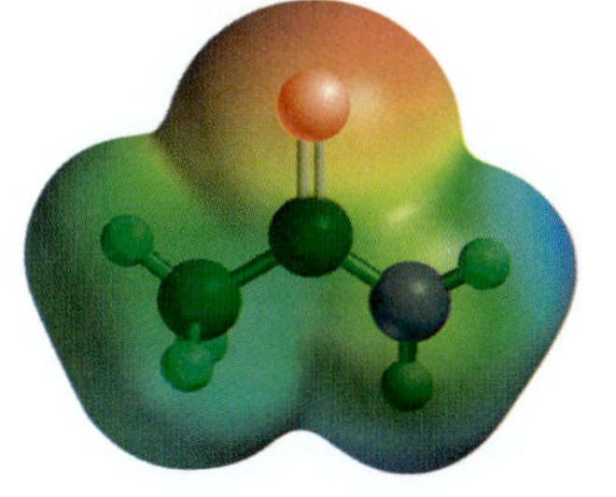
아세트아마이드의 EPM

$$R-\overset{\overset{\displaystyle O}{\|}}{C}-NH_2 \quad \text{또는} \quad R-\overset{\overset{\displaystyle O}{\|}}{C}-NHR' \quad \text{또는} \quad R-\overset{\overset{\displaystyle O}{\|}}{C}-NR'_2$$

아마이드

$$CH_3-\overset{\overset{\displaystyle O}{\|}}{C}-NH_2 \qquad CH_3-\overset{\overset{\displaystyle O}{\|}}{C}-NH-CH_3 \qquad C_6H_5-\overset{\overset{\displaystyle O}{\|}}{C}-N(CH_3)_2$$

아세트아마이드    *N*-메틸아세트아마이드    *N,N*-다이메틸벤즈아마이드

아마이드는 가장 안정한 산 유도체이다. 아마이드의 질소 원자는 카보닐기의 전자 끌기 효과로 인해 아민의 질소처럼 염기성을 나타내지 않는다(2-12절 참조). 다음 공명 구조를 보면 아마이드가 매우 약한 염기인 이유를 알 수 있다.

$$\left[ R-\overset{\overset{\displaystyle \ddot{O}:}{\|}}{C}-\ddot{N}H_2 \longleftrightarrow R-\overset{\overset{\displaystyle :\ddot{O}:^-}{|}}{C}=\overset{+}{N}H_2 \right] \quad pK_b \cong 14$$

매우 약한 염기

### 응용: 단백질

단백질은 아마이드의 특별한 중합체이다(24장). 그들의 3차원 구조는 아마이드에서 볼 수 있는 강한 수소 결합으로 정의되고 안정화된다.

아래에 표시된 알파-나선 구조는 나선의 인접한 방향에 있는 아미드 N—H기와 카보닐기 사이의 수소 결합에 의해 정 위치에 고정된다.

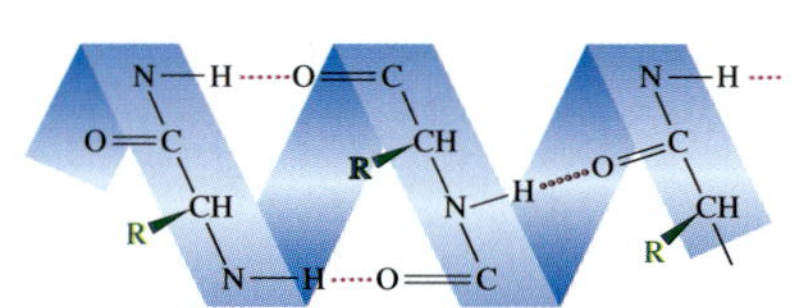


아마이드는 특히 강한 수소 결합을 형성하여 높은 녹는점과 높은 끓는점을 나타낸다. 강한 편극인 아마이드 N—H는 예외적으로 위에 나타낸 편극된 공명 구조에 부분적으로 음으로 하전된 카보닐 산소와 강한 수소 결합을 형성한다. 다음 그림은 이런 강한 분자 간 수소 결합을 나타낸다.

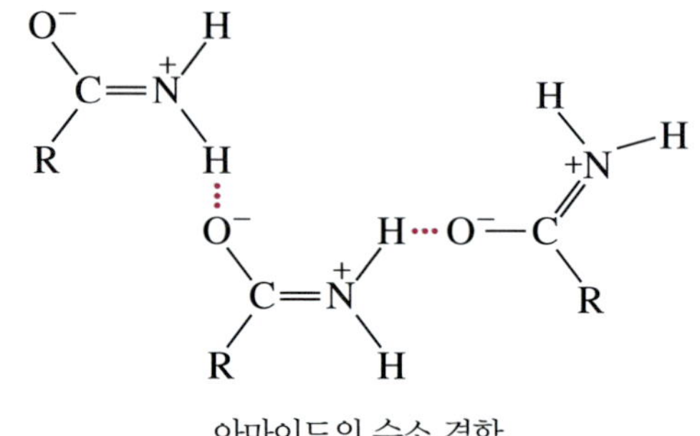

아마이드의 수소 결합

## 2-17C 나이트릴

**나이트릴**(nitrile)은 **사이아노기**(cyano group, —C≡N)를 가지고 있는 화합물이다. 1-17절에서 *sp*로 혼성화된 결합의 한 가지 예로서 사이아노기를 사용했다. 사이아노기는 C≡N 삼중 결합으로 인해 강한 극성이다. 또한 대부분의 작은 나이트릴은 물에 다소 용해된다. 아세토나이트릴(acetonitrile)은 물과 섞인다.

$$R-C\equiv N: \qquad CH_3-C\equiv N: \qquad CH_3CH_2-C\equiv N: \qquad C_6H_5-C\equiv N:$$

나이트릴    아세토나이트릴    프로피오나이트릴    벤조나이트릴

유기 화합물의 모든 분류를 편리하게 참조할 수 있도록 뒤표지 안쪽에 보편적인 유기 화합물과 작용기를 요약했다.

**연습문제 2-26**

다음 화합물의 Lewis 구조를 그리고, 분류하라.

**(a)** $CH_3CH_2CONHCH_3$ **(b)** $(CH_3CH_2)_2NH$ **(c)** $(CH_3)_2CHCOOCH_3$
**(d)** $CH_3CHCHCOCl$ **(e)** $(CH_3CH_2)_2O$ **(f)** $CH_3CH_2CH_2CN$
**(g)** $(CH_3)_3CCH_2CH_2COOH$ **(h)** **(i)**

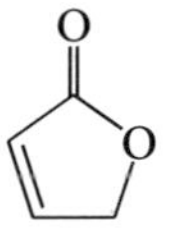

**(j)** N—$CH_3$ **(k)** O, N—$CH_3$ **(l)** O, N—C—$CH_3$

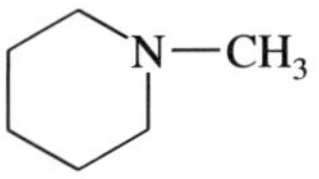

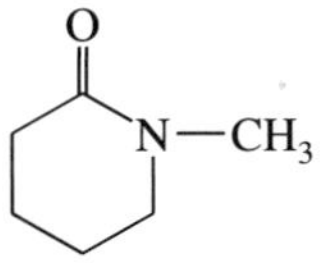

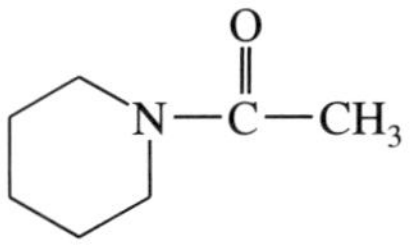

**(m)** O, O **(n)** $CH_3$, O, N, C—H **(o)** $COCH_3$

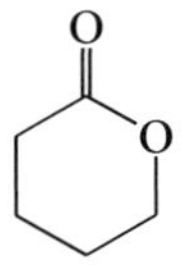

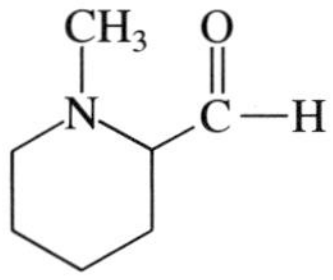

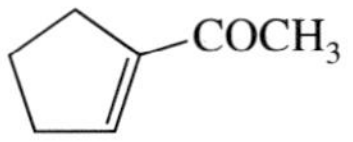

**연습문제 2-27**

다음 화합물에서 작용기에 동그라미를 표시하고, 그 구조가 어느 부류(또는 부류들)에 속하는지 답하라.

**(a)** $CH_2{=}CHCH_2COOCH_3$ **(b)** $CH_3OCH_3$ **(c)** $CH_3CHO$
**(d)** $CH_3CONH_2$ **(e)** $CH_3NHCH_3$ **(f)** RCOOH
**(g)** $CH_2OH$ **(h)** CN **(i)** =O

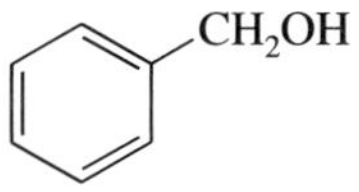

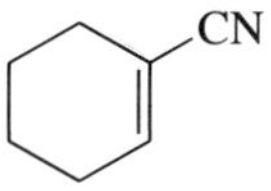

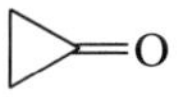

**(j)** $CH_2OH$, =O, OH, HO, O

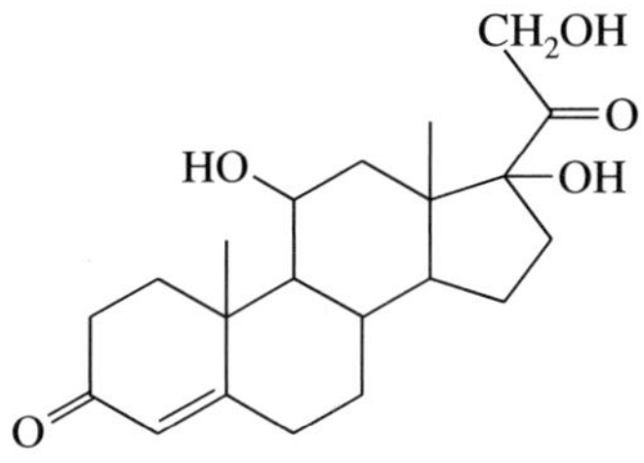

하이드로코티손(hydrocortisone)

**(k)** $CH_3$, $CH_3$, O, $CH_3$, $C_{16}H_{33}$, HO, $CH_3$

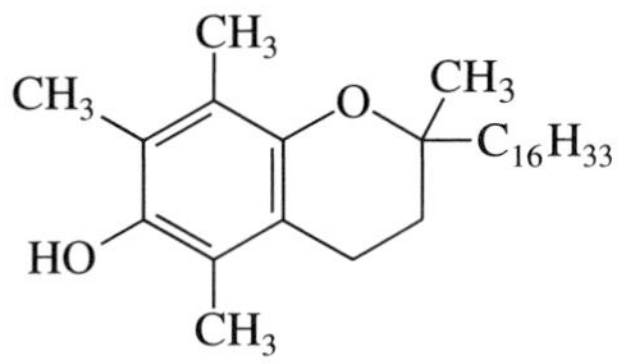

비타민 E

## 핵심 용어

**Lewis 산(Lewis acid):** 전자쌍을 받는 물질(친전자체)

**Lewis 염기(Lewis base):** 전자쌍을 주는 물질(친핵체)

**London 분산력(London dispersion force):** 인접한 분자들에 의해서 유발된 일시적 쌍극자 모멘트의 인력으로 인해 생성된 분자 간 힘

**pH:** 용액의 산도의 척도. $H_3O^+$ 농도의 음의 대수(밑 10)로 정의한다. $pH = -\log_{10}[H_3O^+]$

**van der Waals 힘(van der Waals force):** 쌍극자–쌍극자 힘과 London 힘을 포함하는 중성 분자들 간의 인력

**쌍극자–쌍극자 힘(dipole-dipole force):** 영구 쌍극자 모멘트의 인력으로 생성되는 극성 분자 간의 힘

**London 힘(London force):** 인접한 분자들에 의해 유발된 임시 쌍극자 모멘트의 인력으로부터 생성되는 분자 간의 힘

**결합 쌍극자 모멘트(bond dipole moment):** 한 분자 내 들어 있는 개개의 결합의 극성 척도로서 $\mu = (4.8 \times d \times \delta)$로 정의한다. 여기서 $\mu$는 데바이(debye, $10^{-10}$ esu–Å)로 나타내는 쌍극자 모멘트이다. $d$는 옹스트롬 단위로 나타낸 결합 길이이고, $\delta$는 전자 전하의 단위로 나타낸 분리된 전하의 유효량이다.

**굽은 화살표의 기호(curved-arrow formalism):** 반응의 경과 중에 친핵체로부터 친전자체로 (또는 분자 내에서) 전자 이동을 추적하기 위해 굽은 화살표를 그리는 방법

**나이트릴(nitrile):** 사이아노기 $-C{\equiv}N$을 가진 화합물

**방향족 탄화수소(aromatic hydrocarbon):** 3개의 이중 결합을 가진 6원자 고리인 벤젠 고리가 들어 있는 탄화수소. '아렌(arene)'이라고도 한다.

**분자 쌍극자 모멘트(molecular dipole moment):** 한 분자 내의 결합 쌍극자 모멘트(및 어떤 비결합 전자쌍)의 벡터 합. 한 분자의 극성의 척도

**사이아노기(cyano group):** 나이트릴에 들어 있는 것과 같은 $-C\equiv N$ 작용기

**산 염화물(acid chloride):** 하이드록시기 대신 염소 원자를 가진 산 유도체

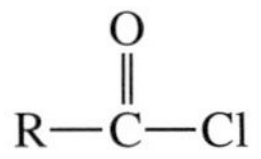

$$\mathrm{R-\overset{\overset{\displaystyle O}{\|}}{C}-Cl}$$

**산과 염기(Arrhenius 정의):** **산**: 물에 해리되어 $H_3O^+$를 생성
**염기**: 물에 해리되어 $^-OH$를 생성

**(Brønsted–Lowry 정의):** **산** : 양성자 주개
**염기** : 양성자 받개

**(Lewis 정의):** **산**: 전자쌍 받개
**염기**: 전자쌍 주개

**산-해리 상수(acid-dissociation constant, $K_a$):** 산과 물이 반응하여 $H_3O^+$를 생성하는 평형 상수

$$\underset{\text{산}}{\mathrm{HA}} + \mathrm{H_2O} \overset{K_a}{\rightleftharpoons} \mathrm{H_3O^+} + \underset{\text{염기}}{\mathrm{A^-}} \qquad K_a = \frac{[\mathrm{H_3O^+}][\mathrm{A^-}]}{[\mathrm{HA}]}$$

짝산–짝염기 쌍

$K_a$의 음의 대수는 p$K_a$로 표시한다.

$$\mathrm{p}K_a = -\log 10\ K_a$$

**쌍극자 모멘트(dipole moment, $\mu$):** 전하 분리의 양에 결합 길이를 곱한 값에 비례하는 결합(또는 분자)의 극성의 척도

**쌍극자–쌍극자 힘(dipole-dipole force):** 영구 쌍극자 모멘트의 인력으로 생성되는 극성 분자 간의 힘

**섞일 수 있는(miscible):** 모든 비율로 녹는

**소수성(hydrophobic):** ('물을 싫어하는') 물에 잘 녹지 않는 비극성 물질 또는 기, 물과 반발하는 성질

**수소 결합(hydrogen bond):** 비결합 전자쌍과 친전자성인 $O-H$ 또는 $N-H$ 수소 간의 특히 강력한 분자 간 인력. 전형적인 $C-H$ 결합이 400 kJ/mol (100 kcal/mol)의 에너지를 가지는 데 반해 수소 결합은 약 20 kJ/mol(5 kcal/mol)의 결합 에너지를 가진다.

**아마이드(amide):** 산의 하이드록시기 대신에 아민을 가진 산 유도체

**아민(amine):** 알킬화된 암모니아의 유사체. $R-NH_2$, $R_2NH$, $R_3N$

**알데하이드(aldehyde):** 1개의 알킬기와 1개의 수소를 가진 카보닐기

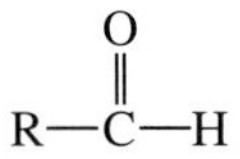

$$\mathrm{R-\overset{\overset{\displaystyle O}{\|}}{C}-H}$$

**알카인(alkyne):** 1개 또는 그 이상의 $C\equiv C$ 삼중 결합을 가진 탄화수소

$$\mathrm{R-\overset{\overset{\displaystyle O}{\|}}{C}-NH_2} \qquad \mathrm{R-\overset{\overset{\displaystyle O}{\|}}{C}-NHR'} \qquad \mathrm{R-\overset{\overset{\displaystyle O}{\|}}{C}-NR'_2}$$

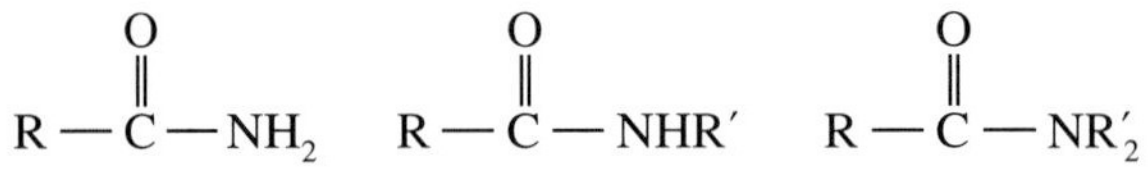

**알케인(alkane):** 오직 단일 결합들만을 가진 탄화수소

**알켄(alkene):** 1개 또는 그 이상의 $C=C$ 이중 결합을 가진 탄화수소

**알코올(alcohol):** 탄소 원자에 결합된 하이드록시기를 가진 화합물. $R-OH$

**알킬기(alkyl group):** 오직 단일 결합만을 가진 탄화수소기. 1개의 수소가 제거된 알케인으로 다른 기에 결합할 수 있으며, R이라는 기호로 표시한다.

**에스터(ester):** 산의 양성자를 알킬기로 치환한 산 유도체

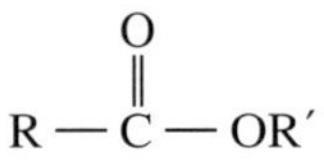

$$\mathrm{R-\overset{\overset{\displaystyle O}{\|}}{C}-OR'}$$

**에터(ether):** 알킬기(방향족기) 간에 결합된 1개의 산소를 가진 화합물

**이성질체(isomer):** 분자식은 같지만 다른 화합물

**작용기(functional group):** 한 유기 분자의 반응성이 큰 비알케인 부분

**짝산(conjugate acid):** 염기의 양성자화로부터 형성되는 산

**짝염기(conjugate base):** 산으로부터 1개의 양성자를 잃고서 형성되는 염기

**친전자체(electrophile):** 전자쌍 받개(Lewis 산)

**친수성(hydrophilic):** ('물을 좋아하는') 물에 잘 녹는 극성 물질 또는 기. 물과 끌리는 성질

**친핵체(nucleophile):** 전자쌍 주개(Lewis 염기)

**카보닐기(carbonyl group):** 케톤이나 알데하이드에 들어 있는 것과 같은 >C=O 작용기

**카복실기(carboxyl group):** 카복실산에 들어 있는 것과 같은 —COOH 작용기

**카복실산(carboxylic acid):** 카복실기, —COOH를 가진 화합물

$$\mathrm{R-\overset{\overset{\displaystyle O}{\|}}{C}-OH}$$

**케톤(ketone):** 2개의 알킬기가 붙어 있는 카보닐기

$$\mathrm{R-\overset{\overset{\displaystyle O}{\|}}{C}-R'}$$

**탄화수소(hydrocarbon):** 오직 탄소와 수소만으로 이루어진 화합물

**알케인(alkane):** 오직 단일 결합들만을 가진 탄화수소

**알켄(alkene):** 하나 또는 그 이상의 C=C 이중 결합을 가진 탄화수소

**알카인(alkyne):** 하나 또는 그 이상의 C≡C 삼중 결합을 가진 탄화수소

**사이클로알케인(cycloalkane), 사이클로알켄(cycloalkene), 사이클로알카인(cycloalkyne):** 고리 형태의 알케인, 알켄, 알카인

**방향족 탄화수소(aromatic hydrocarbon):** 3개의 이중 결합을 가진 6원자 고리인 벤젠 고리가 들어 있는 탄화수소

벤젠

**하이드록시기(hydroxyl group):** 알코올에 들어 있는 것과 같은 —OH 작용기

## 기초문제

| | | |
|---|---|---|
| **1** | 극성 분자와 비극성 분자를 식별하라. 이들 분자가 자신의 분자들 간에 또는 다른 수소 결합 주개와 수소 결합을 할 수 있는지 확인하라. | 관련 연습문제 2-28, 29, 30, 31, 32 |
| **2** | 크기, 극성 및 수소 결합 형성 능력을 기반으로 화합물의 끓는점과 용해도의 일반적인 경향을 예측하라. | 관련 연습문제 2-31, 32, 33, 34, 35 |
| **3** | 짝산-짝염기 쌍의 구조, 결합, 공명 구조에 기초해서 상대적인 산도와 염기도를 예측하라. | 관련 연습문제 2-36, 37, 38, 40, 45, 46, 47, 48, 54 |
| **4** | $K_a$, $K_b$, $pK_a$, $pK_b$ 값을 계산하고 설명하라. 이 값과 유사한 화합물의 값을 이용하여 산-염기 반응의 생성물을 예측하라. | 관련 연습문제 2-39, 41, 42, 43, 44, 48 |
| | 문제풀이 전략: 산-염기의 평형 위치 예측하기 | 관련 연습문제 2-39, 42, 43, 49 |
| **5** | 친전자체(Lewis 산)와 친핵체(Lewis 염기)를 찾아내고, 전자들의 흐름을 나타내는 굽은 화살표를 사용해 Lewis 산-염기 반응식을 작성하라. | 관련 연습문제 2-50, 51, 52, 53 |
| **6** | 알케인, 알켄, 방향족 탄화수소를 식별하고, 예를 들어 구조식을 그려보라. | 관련 연습문제 2-55, 56, 57 |
| **7** | 알코올, 에터, 알데하이드, 케톤, 카복실산, 에스터를 식별하고, 예를 들어 구조식을 그려보라. | 관련 연습문제 2-55, 56, 57 |
| **8** | 아민, 아마이드, 나이트릴을 식별하고, 예를 들어 구조식을 그려보라. | 관련 연습문제 2-55, 56, 57 |

## 연습문제

**2-28** 아세토나이트릴의 C≡N 삼중 결합은 약 3.6 D의 쌍극자 모멘트와 약 1.16 Å의 결합 길이를 가진다. 이 결합에서 전하 분리의 양을 계산하라. 아세토나이트릴 구조에서 전하가 분리된 공명 형태는 얼마나 중요한가?

$$\left[ CH_3-C\equiv N: \longleftrightarrow CH_3-\overset{+}{C}=\ddot{N}:^{-} \right]$$

아세토나이트릴

**2-29** 다음 각 화합물에 대해

1. Lewis 구조를 그려보라.
2. 결합 쌍극자 모멘트(및 비결합 전자쌍의 쌍극자 모멘트)는 분자 쌍극자 모멘트에 대해 어떻게 참여하는지 밝히라.
3. 이 화합물이 큰 또는 작은 또는 0의 쌍극자 모멘트를 갖는지 평가하라.

(a) $CH_3-CH=N-CH_3$ (b) $CH_3-CH_2OH$ (c) $CBr_4$ (d) $CH_3-\overset{O}{\overset{\|}{C}}-CH_3$

(e) 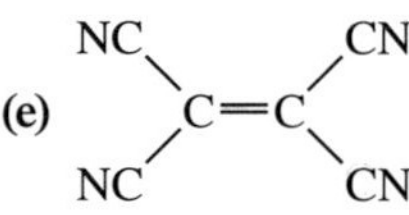


(f) 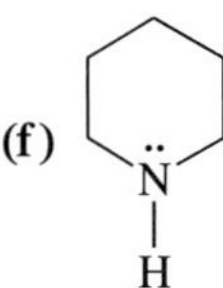


(g) 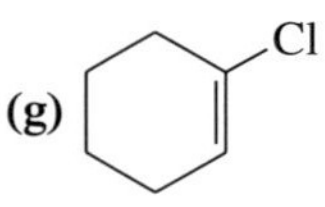


(h) $CH_3-\overset{O}{\overset{\|}{C}}-NH_2$

**2-30** 오존은 0.53 D의 쌍극자 모멘트를 가진다. C—O 결합이 O—O 결합보다 극성이 더 높음에도 불구하고 이산화 탄소는 0의 쌍극자 모멘트를 가진다. 이 모순처럼 보이는 일에 대해 설명하라.

**2-31** 다음 순수한 화합물 중에서 어느 것이 수소 결합을 형성할 수 있는가? 어느 것이 물과 수소 결합을 형성할 수 있는가? 어느 것이 물에 녹을 것으로 예상되는가?

(a) $(CH_3CH_2)_2NH$ (b) $(CH_3CH_2)_3N$ (c) $CH_3CH_2CH_2OH$ (d) $(CH_3CH_2CH_2)_2O$

(e) $CH_3(CH_2)_3CH_3$ (f) $CH_2=CH-CH_2CH_3$ (g) $CH_3COCH_3$ (h) $CH_3CH_2COOH$

(i) $CH_3CH_2CHO$ (j) O (k) O O (l) $CH_3-\overset{O}{\overset{\|}{C}}-NH_2$

**2-32** 각 쌍 중 어느 것이 물에 더 잘 녹는지 예측하라. 그 예측을 설명하라.

(a) 

(b) O 또는 O O

(c) O 또는 O $CH_3$

(d) 

(e) O 또는 Br Br

(f) O 또는 O

**2-33** 다이메틸 에터와 에탄올은 이성질체이다. 그러나 그들의 끓는점은 매우 다르다. 이 두 화합물 극적으로 다른 끓는점을 가진 이유를 설명하라.

$CH_3-O-CH_3$ 다이메틸 에터, 끓는점 −24°C

$CH_3CH_2-OH$ 에탄올, 끓는점 78°C

**2-34** *N*-메틸피롤리딘(*N*-Methylpyrrolidine)은 81°C의 끓는점을 가지고 있으며, 피페리딘(piperidine)은 106°C의 끓는점을 가진다.

(a) 이들 두 이성질체들에서 끓는점의 차이(25°C)가 큰 이유를 설명하라.

(b) 테트라하이드로피란(tetrahydropyran)은 88°C의 끓는점을 가지고 사이클로펜탄올은 141°C의 끓는점을 가진다. 이들 두 이성질체의 끓는점의 차이는 53°C이다. 산소를 함유하는 두 이성질체는 두 가지의 아민 이성질체보다 훨씬 더 높은 끓는점을 갖는 이유를 설명하라.

(c) *N*, *N*-다이메틸폼아마이드는 끓는점이 150°C이며, *N*-메틸아세트아마이드의 끓는점은 206°C로서 56°C의 차이가 있다. 이들 질소를 가진 2개의 이성질체가 2개의 아민 이성질체보다 끓는점의 차이가 훨씬 큰 이유를 설명하라. 또한 이들 2개의 아마이드가 다음의 다른 4개의 화합물(2개의 아민, 1개의 에터, 1개의 알코올)보다 끓는점이 더 높은 이유를 설명하라.

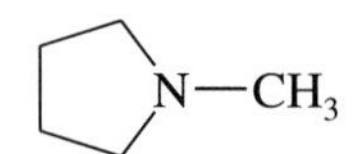

*N*-메틸피롤리딘, 끓는점 81°C

O
테트라하이드로피란, 끓는점 88°C

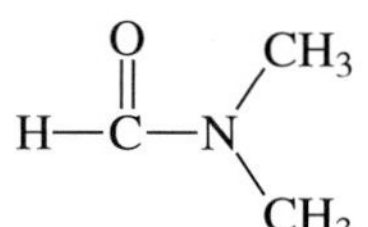

*N*,*N*-다이메틸폼아마이드, 끓는점 150°C

피페리딘, 끓는점 106°C　　사이클로펜탄올, 끓는점 141°C　　*N*메틸아세트아마이드, 끓는점 206°C

**2-35** 각 쌍에서 어느 화합물이 더 높은 끓는점을 가지고 있으리라고 예상되는가? 그 이유를 설명하라.

**(a)** $CH_3CH_2CH_2OCH_3$ 또는 $CH_3CH_2CH(OH)CH_3$

**(b)** $CH_3CH_2CH_2CH_2CH_3$ 또는 $CH_3CH_2CH_2CH_2CH_2CH_3$

**(c)** $CH_3CH_2CH_2CH_2CH_2CH_3$ 또는 $(CH_3)_2CHCH_2CH_2CH_3$

**(d)** $CH_3CH_2CH_2CH_2CH_2CH_3$ 또는 $CH_3CH_2CH_2CH_2CH_2CH_2CH_2Cl$

**(e)** NH 또는 N—$CH_3$

**(f)** 또는

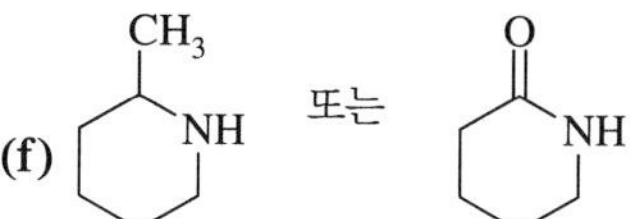


**2-36** 다음 화합물은 모두 산으로 반응할 수 있다. 산도표를 사용하지 않고 산도가 증가하는 순서로 나열하라. 그렇게 나열한 이유를 설명하라.

**(a)** $CH_3CH_2CH_2SO_3H$

**(b)** $CH_3CH_2CH_2OH$

**(c)** $CH_3CH_2CH_2COOH$

**(d)** $CH_3CH_2CHClCOOH$

**(e)** $ClCH_2CH_2CH_2COOH$

**2-37** 다음 화학종을 산도가 증가하는 순서대로 나열하라. 이같이 나열한 이유를 설명하라.

$$HF \quad HCN \quad NH_3 \quad H_2SO_4 \quad HCOOHCH_4 \quad H_2O$$

**2-38** 다음 화학종을 염기도가 증가하는 순서대로 나열하라. 이같이 나열한 이유를 설명하라.

$$NH_3 \quad CH_3O^- \quad H_2O \quad CH_3COO^- \quad NaOH \quad NH_2^- \quad HSO_4^-$$

**2-39** 페닐아세트산(phenylacetic acid)의 $K_a$는 $5.2 \times 10^{-5}$이고, 프로피온산의 $pK_a$는 4.87이다.

페닐아세트산, $K_a = 5.2 \times 10^{-5}$　　프로피온산, $pK_a = 4.87$

**(a)** 페닐아세트산의 $pK_a$와 프로피온산의 $K_a$를 계산하라.

**(b)** 이들 중 어느 것이 센산인가? 이 산이 얼마만큼 더 센가를 계산하라.

**(c)** 다음 평형이 반응물 또는 생성물 중 어느 쪽으로 유리한지 예측하라.

$$C_6H_5CH_2COO^- + CH_3CH_2COOH \rightleftharpoons C_6H_5CH_2COOH + CH_3CH_2COO^-$$

***2-40** 다음 화합물은 3개의 질소 원자 중 그 어떤 것 위에도 양성자화될 수 있다. 그렇지만 이들 질소 원자 중 1개는 다른 것들보다 훨씬 더 염기성이다.

**(a)** 3개의 질소 원자 각각에 대한 양성자화된 생성물의 중요한 공명 구조를 그려보라.

**(b)** 어느 질소 원자가 염기성이 가장 강한지를 결정하라.

$$CH_3-NH-C(=NH)-NH_2$$

**2-41** 다음 화합물은 산도가 증가하는 순서로 나열되었다. 각 경우 가장 센산의 양성자는 붉은색이다.

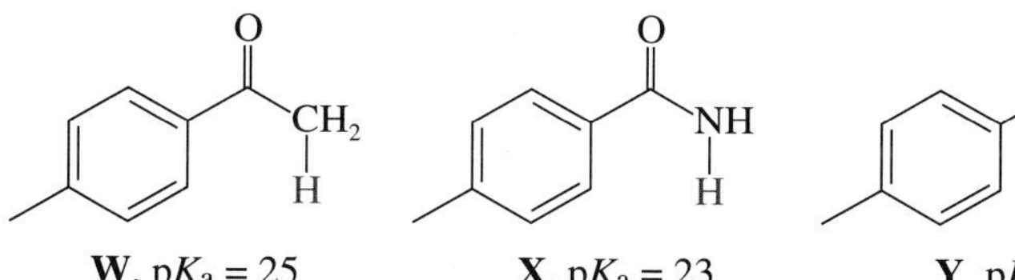


**W**, $pK_a = 25$　　**X**, $pK_a = 23$　　**Y**, $pK_a = 8.8$　　**Z**, $pK_a = 4.2$

**(a)** 각 산의 짝염기의 구조를 모든 공명 구조와 함께 나타내라.

**(b)** X가 W보다 더 센산인 이유를 설명하라.

**(c)** Y가 X보다 더 센산인 이유를 설명하라.

**(d)** Z가 Y보다 더 센산인 이유를 설명하라.

---

* 본문 내용을 응용한 난이도 높은 문제는 별표(*)로 표시했다.

**2-42** 다음 산-염기 반응의 생성물을 예측하라.

**(a)** $H_2SO_4 + CH_3COO^- \rightleftharpoons$

**(b)** $CH_3COOH + (CH_3)_3N: \rightleftharpoons$

**(c)** $C_6H_5-C(=O)-OH + {}^-OH \rightleftharpoons$

**(d)** $HO-C(=O)-OH + 2\,{}^-OH \rightleftharpoons$

**(e)** $H_2O + NH_3 \rightleftharpoons$

**(f)** $(CH_3)_3\overset{+}{N}H + {}^-OH \rightleftharpoons$

**(g)** $HCOOH + CH_3O^- \rightleftharpoons$

**(h)** $\overset{+}{N}H_3CH_2COOH + 2\,{}^-OH \rightleftharpoons$

**2-43** 다음과 같이 제안된 Brønsted-Lowry 산-염기 반응을 고려하라. 각각의 경우에 산의 가장 산성인 양성자가 염기의 가장 염기성 부위로 이동한 생성물을 그려보라. 부록 4를 사용하여 산의 p$K_a$ 값과 염기의 p$K_b$ 값을 찾거나 추정하라. 그런 다음 반응물 또는 생성물 중 어느 쪽이 선호되는지 결정하라.

**(a)** 피리딘 + p-$O_2N$-$C_6H_4$-OH

**(b)** 피리딘 + p-$O_2N$-$C_6H_4$-COOH

**(c)** 피롤(N-H) + $NaNH_2$

**(d)** $CH_3-C(=O)-NH_2 + NaOCH_2CH_3$

**(e)** $CH_3-C(=O)-NH_2$ + HCl(수용액)

**(f)** $CH_3-C(=O)-CH_2-C(=O)-OCH_2CH_3$ + NaOH(수용액)

**2-44** 다음 산의 1 M 수용액에서의 상대적 산도를 비교하라.

| $NH_4Cl$ | HCN | $CH_3COOH$ | HCOOH | $H_2SO_4$ | HI | HBr |
|---|---|---|---|---|---|---|
| p$K_a$ = 9.26 | p$K_a$ = 9.22 | p$K_a$ = 4.74 | p$K_a$ = 3.76 | p$K_a$= −5 | p$K_a$= −11 | p$K_a$= −9 |

**2-45** 다음 4개의 화합물은 산으로 모두 반응할 수 있다.

$CH_3-C(=O)-OH$　$CF_3-C(=O)-OH$　$CH_3-C(=O)-OOH$　$CF_3CH_2-C(=O)-OH$　$CH_3CH_2OH$

**(a)** 각 화합물의 짝염기를 나타내라. 알맞은 모든 공명 구조를 제시하라.

**(b)** 짝염기를 안정도가 가장 높은 것부터 낮은 것으로 순위를 예상하여 나열하라.

**(c)** 본래의 화합물을 가장 센산부터 가장 약산으로 순위를 나열하라.

**2-46** 다음 화합물은 모두 염기로 반응한다.

$CH_3CH_2-NH_2$　$CH_3-C(=O)-NH_2$　$NaOH$　$CH_3CH_2-OH$　$NaNH_2$

**(a)** 각 화합물의 짝산을 나타내라. 알맞은 모든 공명 구조를 제시하라.

**(b)** 가장 안정한 것부터 가장 불안정한 것으로 짝산의 순위를 예상하여 나열하라.

**(c)** 본래의 화합물을 가장 센염기로부터 가장 약염기로 순위를 나열하라.

**2-47** 다음 화합물은 모두 산으로 반응한다.

$CH_3-C(=O)-OH$　$CH_3-C(=O)-NH_2$　$CH_3-S(=O)-OH$　$CH_3-S(=O)_2-OH$　$F-S(=O)_2-OH$

**(a)** 각 화합물의 짝염기를 나타내라. 알맞은 모든 공명 구조를 제시하라.

**(b)** 가장 안정한 것부터 가장 불안정한 것으로 짝염기의 순위를 예상하여 나열하라.

**(c)** 본래의 화합물을 가장 센산으로부터 가장 약산으로 순위를 나열하라.

**2-48** 거의 비산성인 것에서 센산성인 것까지 아우르는 다음 화합물을 고려하라. 이들 화합물의 짝염기를 그리고, 나이트로기가 치환되면 산도가 급격하게 증가하는 이유를 설명하라.

| $CH_4$ | $CH_3NO_2$ | $CH_2(NO_2)_2$ | $CH(NO_2)_3$ |
|---|---|---|---|
| $pK_a \cong 50$ | $pK_a = 10.2$ | $pK_a = 3.6$ | $pK_a = 0.17$ |

**2-49** 에틸리튬(ethyllithium, $CH_3CH_2Li$)은 유기 반응에서 흔히 염기로 쓰인다.

**(a)** 다음 산-염기 반응의 생성물을 예측하라.

$$CH_3OH \quad + \quad CH_3CH_2Li \longrightarrow$$

**(b)** $CH_3CH_2Li$의 짝산은 무엇인가? $CH_3CH_2Li$은 센염기 또는 약염기 중 어느 것으로 예상되는가?

**2-50** 다음 산-염기 반응에서 반응물을 Lewis 산(친전자체)과 Lewis 염기(친핵체)로 명시하라. 굽은 화살표를 사용하여 각 반응에서 전자의 이동을 나타내라.

**(a)** 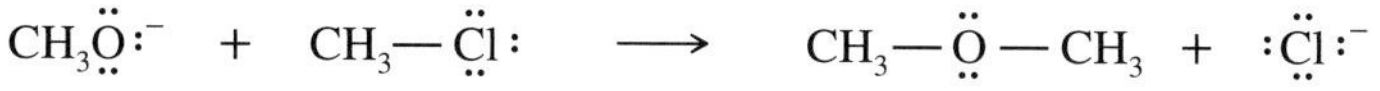 $CH_3\ddot{\underset{..}{O}}:^- \; + \; CH_3-\ddot{\underset{..}{Cl}}: \longrightarrow CH_3-\ddot{\underset{..}{O}}-CH_3 \; + \; :\ddot{\underset{..}{Cl}}:^-$

**(b)** 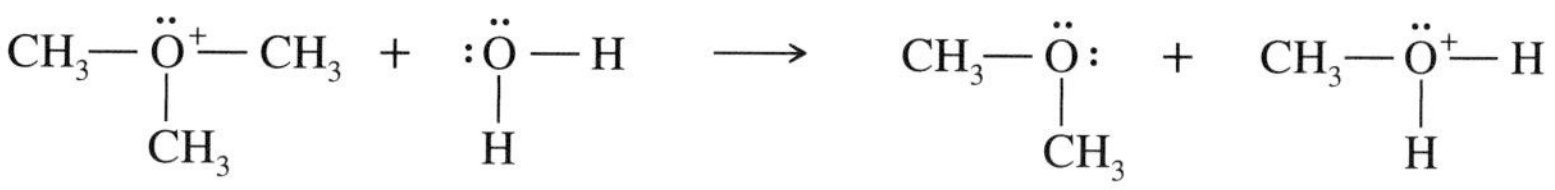 $CH_3-\ddot{O}^+(CH_3)-CH_3 \; + \; :\ddot{O}(H)-H \longrightarrow CH_3-\ddot{O}(CH_3): \; + \; CH_3-\ddot{O}^+(H)-H$

**(c)** 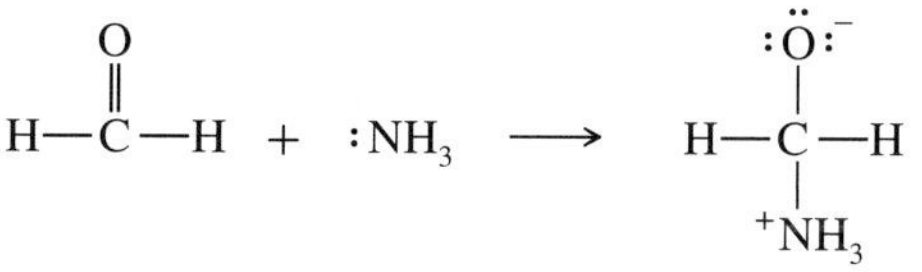 $H-C(=O)-H \; + \; :NH_3 \longrightarrow H-C(-:\ddot{O}:^-)(-{}^+NH_3)-H$

**(d)**  $CH_3-\ddot{N}H_2 \; + \; CH_3-CH_2-\ddot{\underset{..}{Cl}}: \longrightarrow CH_3-\overset{+}{N}H_2-CH_2CH_3 \; + \; :\ddot{\underset{..}{Cl}}:^-$

**(e)** 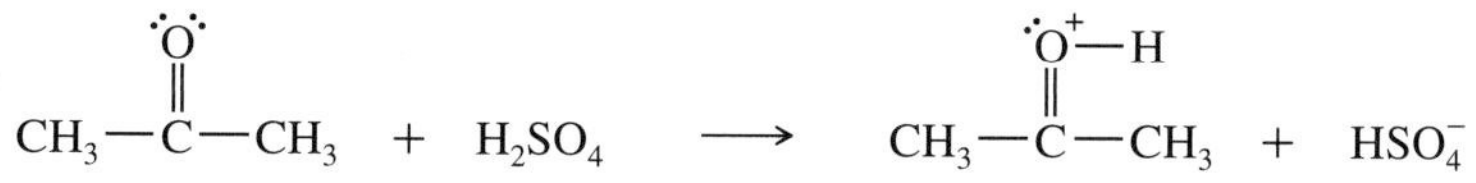 $CH_3-C(=\ddot{O}:)-CH_3 \; + \; H_2SO_4 \longrightarrow CH_3-C(=\dot{O}^+-H)-CH_3 \; + \; HSO_4^-$

**(f)** $(CH_3)_3CCl \; + \; AlCl_3 \longrightarrow (CH_3)_3C^+ \; + \; {}^-AlCl_4$

**(g)**  $CH_3-C(=\ddot{O}:)-CH_3 \; + \; {}^-:\ddot{\underset{..}{O}}-H \longrightarrow CH_3-C(-:\ddot{O}:^-)=CH_2 \; + \; H-\ddot{\underset{..}{O}}-H$

**(h)** $CH_2-CH_2 \; + \; BF_3 \longrightarrow \bar{B}F_3-CH_2-\overset{+}{C}H_2$

**(i)** $\bar{B}F_3-CH_2-\overset{+}{C}H_2 \; + \; CH_2=CH_2 \longrightarrow \bar{B}F_3-CH_2-CH_2-CH_2-\overset{+}{C}H_2$

**2-51** 다음 각 반응에서 반응 물질을 Lewis 산(친전자체) 또는 Lewis 염기(친핵체)로 구분하라. 굽은 화살표를 이용해 전자의 흐름을 표시하라. 비결합 전자쌍을 표시하고 반응에 어떻게 참여하는지를 표시하라.

**(a)** $(CH_3)_2NH + HCl \longrightarrow (CH_3)_2\overset{+}{N}H_2 + Cl^-$

**(b)** $(CH_3)_2NH + CH_3Cl \longrightarrow (CH_3)_3\overset{+}{N}H + Cl^-$

**(c)** 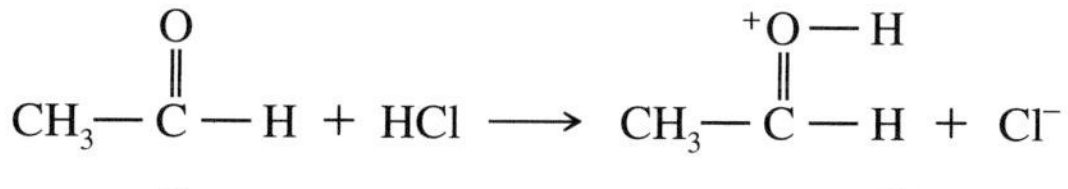 $CH_3-C(=O)-H + HCl \longrightarrow CH_3-C(={}^+O-H)-H + Cl^-$

**(d)** 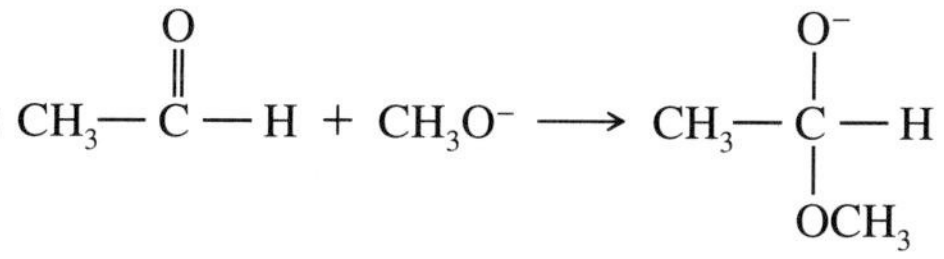 $CH_3-C(=O)-H + CH_3O^- \longrightarrow CH_3-C(O^-)(OCH_3)-H$

**(e)** 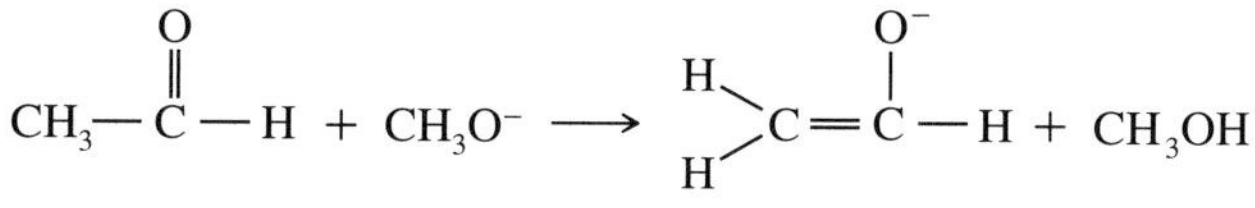 $CH_3-C(=O)-H + CH_3O^- \longrightarrow H_2C=C(O^-)-H + CH_3OH$

**2-52** 이들 화합물 각각은 친전자체로 반응할 수 있다. 각각의 경우 친전자체가 강한 친핵체인 에톡시화 소듐(sodium ethoxide, $Na^{+\,-}OCH_2CH_3$)과 어떻게 반응하는지 곡선 화살표를 사용하여 표시하라.

**(a)** 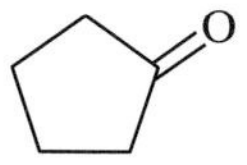 사이클로펜탄온 (고리 구조, C=O)

**(b)** $NH_4^+$

**(c)** $CH_3CH_2Br$

**(d)** $BH_3$

**(e)** $CH_3COOH$

***(f)** $H_2C=CH-CHO$(두 부분)

**2-53** 이들 화합물 각각은 친핵체로 반응할 수 있다. 각각의 경우 친핵체가 강한 친전자체인 $BF_3$와 어떻게 반응하는지 곡선 화살표를 사용하여 표시하라.

**(a)** 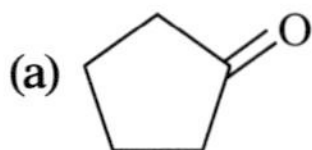

**(b)**

**(c)** O

**(d)** $(CH_3)_3N$

**(e)** $CH_3CH_2OH$

**(f)** $(CH_3)_2S$

**2-54** 아스코브산(비타민 C)의 p$K_a$는 4.17로, 아세트산($CH_3COOH$, p$K_a$ 4.74)보다 약간 더 산성이다.

**(a)** 아스코브산의 4개의 다른 OH기가 탈양성자 반응에 의해 생성되는 4개의 다른 짝염기를 나타내라.

**(b)** 이들 4개의 짝염기의 안정도를 비교하라. 그리고 아스코브산의 어느 OH기가 더 산성인지 예상하라.

**(c)** 아스코브산의 가장 안정한 짝염기를 아세트산의 짝염기와 비교하라. 그리고 아스코브산이 카복실산(COOH)기가 없음에도 불구하고 이들 두 화합물이 비슷한 산도를 갖는 이유를 제안하라.

**2-55** 각 유기 화합물의 종류에 대한 정의와 예를 제공하라.

**(a)** 알케인 **(b)** 알켄 **(c)** 알카인
**(d)** 알코올 **(e)** 에터 **(f)** 케톤
**(g)** 알데하이드 **(h)** 방향족 탄화수소 **(i)** 카복실산
**(j)** 에스터 **(k)** 아민 **(l)** 아마이드
**(m)** 나이트릴

**2-56** 다음 구조의 작용기에 동그라미를 표시하고, 각 구조가 어느 부류(들)의 화합물에 속하는지 답하라.

**(a)** O, O

**(b)** COOH

**(c)** CHO

**(d)** O

**(e)** 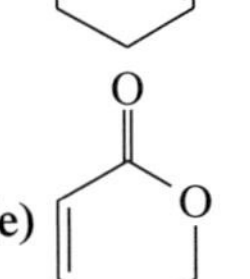

**(f)** O, N—H

**(g)** $CH_2OCH_3$, CN

**(h)** $CH_3—CH(NH_2)—COOCH_3$

**(i)** $H_2N—CH(CH_2—OH)—COOH$

**2-57** 수많은 천연 화합물은 1개 이상의 작용기를 가지고 있다. 다음 화합물의 작용기를 확인하라.

**(a)** 페니실린 G(penicillin G)는 천연산 항생제의 일종이다.

**(b)** 도파민(dopamine)은 파킨슨병에서 부족한 신경전달물질이다.

**(c)** 캡사이신(capsaicin)은 칠리 고추에 매운맛을 나타낸다.

**(d)** 티록신(thyroxin)은 주된 갑상선 호르몬이다.

**(e)** 테스토스테론(testosterone)은 남성 성호르몬의 일종이다.

$CH_2—C(=O)—NH$, S, N, O, COOH
페니실린 G

HO, HO, $NH_2$, $CH_2CH_2$
도파민

$CH_3O$, HO, N, H, O
캡사이신

I, I, HO, O, I, I, $CH_2—CH(NH_2)—COOH$
티록신

OH, O
테스토스테론

# 3 알케인의 구조와 입체 화학

### 학습목표

**1** 알케인의 이성질체를 그리고, 명명하고, 알케인의 물리적인 성질의 경향을 설명한다.

**2** 알케인의 회전 배열을 그리고, 알케인의 에너지를 비교하고, 가장 안정한 회전 배열을 예측한다.

**3** 사이클로알케인의 이성질체를 그리고, 명명하고, 고리 무리를 설명한다.

**4** 사이클로알케인의 회전 배열을 그리고, 에너지를 비교하고, 가장 안정한 회전 배열을 예측한다.

◀ 카시니(Cassini) 우주선이 촬영한 토성의 가장 큰 달인 타이탄의 표면 채색 레이더 이미지. 레이더 반사율이 높은 밝은 영역은 고체 표면이다. 반사율이 낮은 어두운 영역은 메테인과 에테인의 호수이며, 메테인과 에테인은 비처럼 달 표면에 내려 강처럼 흐른다.

**알케인**(alkane)은 단일 결합만을 가지고 있는 탄화수소이다. 이 물질은 수소와 $sp^3$ 혼성화된 탄소만을 가지고 있어 반응성을 지닌 작용기가 없기 때문에 유기 화합물 중 가장 단순하고 반응성이 가장 낮다. 또한 이중 결합이나 삼중 결합을 가지고 있지 않으며, 헤테로 원자(탄소나 수소 외의 다른 원자)도 없다. 알케인은 매우 약한 산이자 염기이며, 매우 약한 친전자체이자 친핵체이다. 고온에서 연소 반응이나 열 분해 반응이 일어나지만 작용기를 가지고 있는 다른 계열 물질보다 반응성이 훨씬 낮다.

알케인이 대부분의 유기 화합물의 탄화수소 골격을 형성하므로, 유기 화합물에 대한 공부는 알케인부터 시작한다. 대부분의 유기 화합물의 명명법이 알케인의 명명법을 근간으로 하기 때문에 유기 화합물의 명명법을 배우는 것은 알케인의 명명법부터 시작한다.

**표 3-1** 탄화수소의 분류

| 화합물 유형 | 작용기 | 예 |
|---|---|---|
| 알케인 | 없음(이중 결합 또는 삼중 결합이 없음) | $CH_3-CH_2-CH_3$, 프로페인 |
| 알켄 | $>C=C<$ 이중 결합 | $CH_2=CH-CH_3$, 프로펜 |
| 알카인 | $-C\equiv C-$ 삼중 결합 | $H-C\equiv C-CH_3$, 프로파인 |
| 방향족 | 벤젠 고리 | $CH_2CH_3$ 에틸벤젠 |

## 3-1 탄화수소의 분류(복습)

탄화수소는 표 3-1에서처럼 결합에 따라 분류한다(2-15절). 알케인은 단일 결합만 가진다. 에틸렌(ethylene)과 같이 이중 결합을 가지고 있는 탄화수소를 알켄(alkene)이라고 한다. 아세틸렌(acetylene)처럼 삼중 결합을 가지고 있는 탄화수소를 알카인(alkyne)이라고 한다. 벤젠과 같이 방향족 고리를 가진 탄화수소를 방향족 탄화수소(aromatic hydrocarbon)라고 한다.

이중 결합이나 삼중 결합을 보유하지 않은 탄화수소는 **포화**(saturated)되었다고 하며, 이는 결합된 수소의 수가 최대이기 때문이다. 따라서 알케인을 나타내는 또 다른 표현은 **포화 탄화수소**(saturated hydrocarbon)이다.

## 3-2 알케인의 분자식

표 3-2에 20가지의 곧은 사슬 탄화수소의 구조와 화학식을 실었다. 탄소 원자가 하나 늘어나면 수소 원자는 2개씩 늘어나는 점에 유의하라.

표 3-2에 나타낸 알케인의 구조는 수소 원자로 각 끝이 마감되는 $-CH_2-$기, 즉 **메틸렌기**(methylene group)의 사슬로 표시했다. 이는 가지가 없는, 즉 곧은 사슬 알케인의 일반식이다. 이들 알케인은 사슬 내에 있는 메틸렌기의 수만 다르다. 만약 분자가 $n$개의 탄소 원자를 가지면 $(2n + 2)$개의 수소 원자를 포함하게 된다. 그림 3-1은 이 패턴이 구조에 어떻게 표시되는지, 분자

메테인, $CH_4$ 에테인, $C_2H_6$ 프로페인, $C_3H_8$ 뷰테인, $C_4H_{10}$

$CH_3-CH(CH_3)-CH_3$ 아이소뷰테인, $C_4H_{10}$

$CH_3-CH_2-CH_2-CH_2-CH_3$ 또는 $H-(CH_2)_5-H$ 펜테인, $C_5H_{12}$

$CH_3-CH(CH_3)-CH_2-CH_3$ 아이소펜테인, $C_5H_{12}$

$CH_3-C(CH_3)_2-CH_3$ 네오펜테인, $C_5H_{12}$

**그림 3-1** 일반적으로 $C_nH_{2n+2}$로 표시되는 알케인의 예

**표 3-2** *n*-알케인, 즉 가지 없는 알케인의 화학식과 물리적 성질

| 알케인 | 탄소 수 | 구조 | 분자식 | 끓는점(°C) | 녹는점(°C) | 밀도[a] |
|---|---|---|---|---|---|---|
| 메테인 | 1 | $H-CH_2-H$ | $CH_4$ | −164 | −183 | 0.55 |
| 에테인 | 2 | $H-(CH_2)_2-H$ | $C_2H_6$ | −89 | −183 | 0.51 |
| 프로페인 | 3 | $H-(CH_2)_3-H$ | $C_3H_8$ | −42 | −189 | 0.50 |
| 뷰테인 | 4 | $H-(CH_2)_4-H$ | $C_4H_{10}$ | 0 | −138 | 0.58 |
| 펜테인 | 5 | $H-(CH_2)_5-H$ | $C_5H_{12}$ | 36 | −130 | 0.63 |
| 헥세인 | 6 | $H-(CH_2)_6-H$ | $C_6H_{14}$ | 69 | −95 | 0.66 |
| 헵테인 | 7 | $H-(CH_2)_7-H$ | $C_7H_{16}$ | 98 | −91 | 0.68 |
| 옥테인 | 8 | $H-(CH_2)_8-H$ | $C_8H_{18}$ | 126 | −57 | 0.70 |
| 노네인 | 9 | $H-(CH_2)_9-H$ | $C_9H_{20}$ | 151 | −51 | 0.72 |
| 데케인 | 10 | $H-(CH_2)_{10}-H$ | $C_{10}H_{22}$ | 174 | −30 | 0.73 |
| 운데케인 | 11 | $H-(CH_2)_{11}-H$ | $C_{11}H_{24}$ | 196 | −26 | 0.74 |
| 도데케인 | 12 | $H-(CH_2)_{12}-H$ | $C_{12}H_{26}$ | 216 | −10 | 0.75 |
| 트라이데케인 | 13 | $H-(CH_2)_{13}-H$ | $C_{13}H_{28}$ | 235 | −5 | 0.76 |
| 테트라데케인 | 14 | $H-(CH_2)_{14}-H$ | $C_{14}H_{30}$ | 254 | 6 | 0.76 |
| 펜타데케인 | 15 | $H-(CH_2)_{15}-H$ | $C_{15}H_{32}$ | 271 | 10 | 0.77 |
| 헥사데케인 | 16 | $H-(CH_2)_{16}-H$ | $C_{16}H_{34}$ | 287 | 18 | 0.77 |
| 헵타데케인 | 17 | $H-(CH_2)_{17}-H$ | $C_{17}H_{36}$ | 303 | 23 | 0.76 |
| 옥타데케인 | 18 | $H-(CH_2)_{18}-H$ | $C_{18}H_{38}$ | 317 | 28 | 0.76 |
| 노나데케인 | 19 | $H-(CH_2)_{19}-H$ | $C_{19}H_{40}$ | 330 | 32 | 0.78 |
| 에이코세인 | 20 | $H-(CH_2)_{20}-H$ | $C_{20}H_{42}$ | 343 | 37 | 0.79 |
| 트라이아콘테인 | 30 | $H-(CH_2)_{30}-H$ | $C_{30}H_{62}$ | > 450 | 66 | 0.81 |

[a] 밀도는 20°C에서의 g/mL이다. 메테인과 에테인은 끓는점에서의 밀도를 나타냈다.

식이 어떻게 $C_nH_{2n+2}$ 형태를 갖는지 보여준다.

가지가 없는 알케인처럼 $-CH_2-$기의 개수만 다른 화합물을 **동족 계열**(homologous series)이라고 하고, 개개의 물질을 **동족체**(homolog)라고 한다. 예를 들어 뷰테인(butane)은 프로페인(propane)의 동족체이며, 헥세인(hexane), 데케인(decane)의 동족체이기도 하다.

*n*-알케인의 일반식 $C_nH_{2n+2}$는 곧은 사슬 화합물에만 적용되는 것이 아니라 가지 달린 화합물에도 적용된다. 가지 달린 알케인의 이성질체도 모두 같은 분자식을 가진다. 뷰테인과 펜테인(pentane)이 $C_nH_{2n+2}$를 따르는 것처럼 이들의 가지 달린 이성질체인 아이소뷰테인(isobutane), 아이소펜테인(isopentane), 네오펜테인(neopentane)도 이 규칙을 따른다.

**연습문제 3-1**

알케인에 대한 일반적인 분자식을 사용하여 다음을 예측하라.

**(a)** $C_{27}$ 곧은 사슬 알케인의 분자식

**(b)** 42개의 탄소 원자를 함유한 알케인, 가지가 많은 알케인의 분자식

## 3-3 알케인의 명명법

메테인(methane), 에테인(ethane), 프로페인(propane), 뷰테인(butane) 등의 명칭은 역사적인 뿌리를 가지고 있다. 펜테인부터는 탄소 원자의 개수를 나타내는 그리스어에 알케인을 나타내는 접미사 -에인(-*ane*)을 붙여 부른다. 표 3-2에 20가지 *n*-알케인의 명칭과 물리적인 성질을 나타냈다.

### 3-3A 관용명

모든 알케인류가 가지가 없는 (곧은 사슬) 구조를 가지고 있다면 이들의 명명법은 간단하다. 그러나 대부분의 알케인은 구조 이성질체를 가지고 있으므로 다른 모든 이성질체를 명명하는 방법을 알아야 한다. 예를 들어 분자식 $C_4H_{10}$에는 두 가지 이성질체가 있다. 곧은 사슬 이성질체는 단순히 뷰테인[또는 '보통(normal)' 뷰테인을 뜻하는 *n*-뷰테인]이라고 하고, 가지가 달린 이성질체는 '뷰테인의 이성질체'를 의미하는 아이소뷰테인(isobutane)이라고 한다.

$$CH_3-CH_2-CH_2-CH_3$$

뷰테인(*n*-뷰테인)

$$CH_3-\underset{}{\overset{\displaystyle CH_3 \atop |}{CH}}-CH_3$$

아이소뷰테인

$C_5H_{12}$의 세 가지 이성질체는 펜테인(또는 *n*-펜테인), 아이소펜테인, 네오펜테인이라고 명명한다.

$$CH_3-CH_2-CH_2-CH_2-CH_3$$

펜테인(*n*-펜테인)

$$CH_3-\overset{\displaystyle CH_3 \atop |}{CH}-CH_2-CH_3$$

아이소펜테인

$$CH_3-\underset{\displaystyle | \atop CH_3}{\overset{\displaystyle CH_3 \atop |}{C}}-CH_3$$

아이소뷰테인

아이소뷰테인, 아이소펜테인, 네오펜테인은 보편적인 관례로부터 생겨난 역사적 이름을 뜻하는 **관용명**(common name) 또는 **속명**(trivial name)의 예이다. 그러나 관용명은 수많은 이성질체를 가지고 있는 크고 복잡한 분자 모두를 표현할 수는 없다. 탄소 원자의 수가 증가함에 따라 이성질체의 수는 급격히 늘어난다. 예를 들면 헥세인에는 5종의 구조 이성질체, 옥테인(octane)에는 18종의 이성질체, 데케인에는 75종의 이성질체가 있다. 이러한 관용명 수백 가지를 기억할 필요 없이 복잡한 분자를 명명할 수 있는 명명법의 체계를 수립할 필요가 있다.

### 3-3B IUPAC명 또는 체계명

간편하며 최소한의 암기로 가장 복잡한 유기 화합물을 조직적으로 명명하기에 충분한 융통성 있는 화합물의 명명 체계를 고안하기 위해 1892년에 세계 여러 나라를 대표하는 화학자들이 모였다. 이것이 **IUPAC**으로 표기되는 국제순수응용화학연합(International Union of Pure and Applied Chemistry)의 첫 모임이었다. 이 국제 단체는 **IUPAC 규칙**(IUPAC rule)이라는 명명법 체계를 고안했다. 이 IUPAC 규칙은 유기 화합물을 명명하는 표준 방법으로 전 세계적으로 받아들여졌다. 이 체계를 적용함으로써 생겨난 이름을 **IUPAC명**(IUPAC name) 또는 **체계명**(systematic name)이라고 한다. 유기 화합물의 명명법에 대한 IUPAC 규칙을 부록 5 유기 화합물 명명법에 정리했다.

IPUAC 체계는 수많은 다른 부류의 화합물을 명명하기 위해 일관되게 적용된다. 알케인류의 명명법을 상세하게 고찰한 다음, 이 규칙을 다른 종류의 화합물에 적용해나갈 것이다. IUPAC 체계는 탄소 원자 중 가장 긴 사슬을 주사슬(main chain)로 삼고, 이 주사슬을 이루는 탄소 원자들에 번호를 부여하여 곁사슬의 위치를 나타낸다. 다음 네 가지 규칙에 따라 명명한다.

규칙 1. 주사슬 명명법: 첫 번째 규칙은 화합물의 기본명을 정한다.

연속적인 가장 긴 탄소 원자들의 사슬을 찾아 이 사슬을 기본명으로 한다.

예를 들어 왼쪽 화합물에서 탄소 원자들의 가장 긴 사슬은 6개의 탄소를 가지고 있으므로, 이 화합물은 헥세인 유도체로 명명된다. 가장 긴 사슬이 곧은 사슬로 그려진 경우는 드물다. 그러므로 주의 깊게 구조식을 살펴 이를 찾아내야 한다.

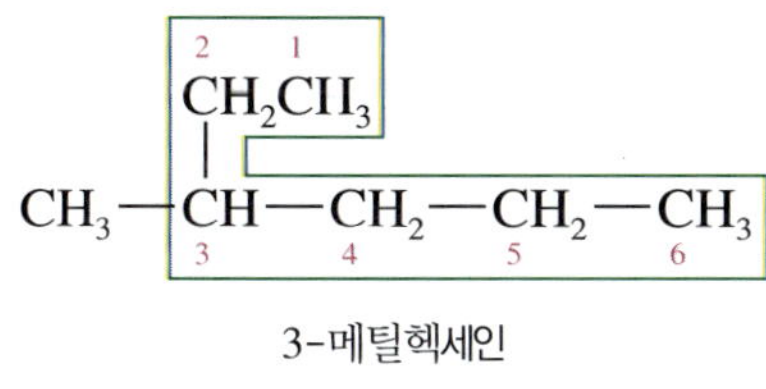

3-메틸헥세인

주사슬에 붙은 사슬들은 주사슬에 (수소 원자 대신) 치환되어 있기 때문에 **치환기**(substituent)라고 한다. 길이가 동일한 가장 긴 사슬이 2개 있을 때는 더 많은 수의 치환기를 가진 사슬을 주사슬로 삼는다. 다음 화합물은 7개의 탄소 원자로 이루어진 2개의 다른 사슬을 가지고 있어 헵테인(heptane)이라고 명명하는데, 오른쪽에 있는 사슬이 치환기(붉은색으로 나타낸)를 더 많이 가지고 있으므로 주사슬로 선택한다.

**문제풀이 힌트**

가장 긴 연속적인 사슬(기본명을 나타내기 위해)을 찾을 때 그와 같은 길이의 모든 사슬을 찾는다. 종종 가장 많은 치환기를 가진 가장 긴 사슬이 분명하지 않을 수 있다.

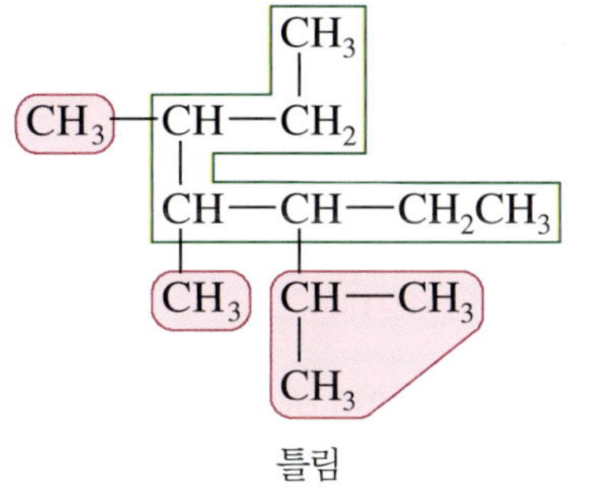

틀림
7개의 탄소 사슬이지만 3개의 치환기를 가짐

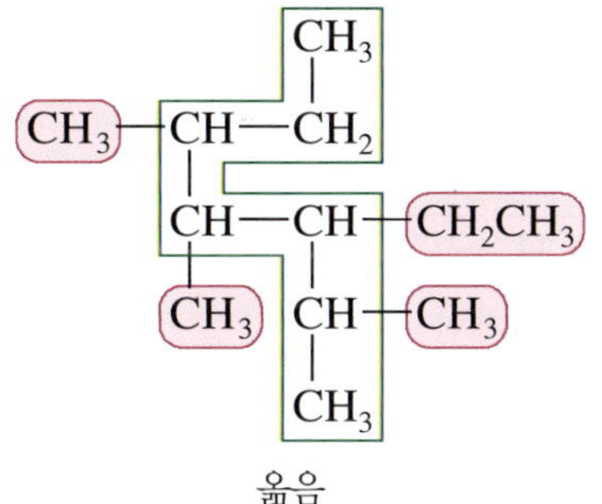

옳음
7개의 탄소 사슬이지만 4개의 치환기를 가짐

규칙 2. 주사슬에 번호를 매기는 방법: 치환기들의 위치를 부여하기 위해 주사슬 위의 각 탄소 원자에 번호를 매긴다.

치환기에서 가장 가까운 탄소 사슬 말단에서부터 연속적으로 번호를 매긴다.

치환기가 붙은 탄소의 번호가 될 수 있는 한 작게 되도록 치환기에 가장 인접한 탄소의 사슬 말단에서 시작하여 번호를 매겨나간다. 위 헵테인 구조의 오른쪽 구조에서는 위에서 아래로 번호를 매겨나가면 C3(3번 탄소 원자)에 첫 번째 가지가 나타나는 반면, 아래에서 위로 번호를 매겨나가면 C2에 첫 번째 가지가 나타난다. 그러므로 아래에서 위로 번호를 매겨나가는 것이 맞다. (각 사슬 말단이 같은 거리에 치환기를 가지고 있다면 두 번째의 가지점에 더 가까운 사슬 말단에서 번호를 매겨나가면 된다.)

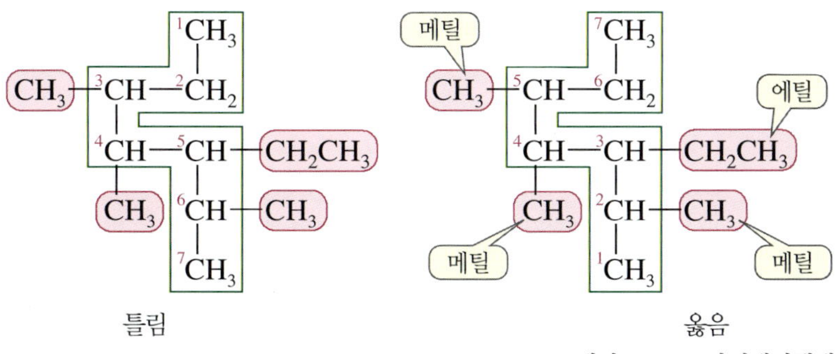


틀림

옳음
3-에틸-2,4,5-트라이메틸헵테인

규칙 3. 알킬기의 명명: 치환기들을 명명한다.

가장 긴 사슬에 붙어 있는 치환기를 **알킬기**(alkyl group)로 명명한다. 각 알킬기의 위치는 그것이 붙어 있는 주사슬의 탄소 원자의 번호로 나타낸다.

모든 알킬기는 알케인의 접미사 –에인(*-ane*)을 –일(*-yl*)로 대체하여 명명한다. 따라서 메테인은 메틸(methyl), 에테인은 에틸(ethyl)이 된다. 펜틸(5개 탄소)기에 대한 오래된 용어로 아밀(amyl)도 있다.

| 알케인 | | 알킬기 | |
|---|---|---|---|
| $CH_4$ | 메테인 | $CH_3—$ | 메틸기 |
| $CH_3—CH_3$ | 에테인 | $CH_3—CH_2—$ | 에틸기 |
| $CH_3—CH_2—CH_3$ | 프로페인 | $CH_3—CH_2—CH_2—$ | 프로필기 |
| $CH_3—(CH_2)_2—CH_3$ | 뷰테인 | $CH_3—(CH_2)_2—CH_2—$ | 뷰틸기 |
| $CH_3—(CH_2)_3—CH_3$ | 펜테인 | $CH_3—(CH_2)_3—CH_2—$ | 펜틸기 (*n*-아밀기) |

다음은 알킬기 명명법을 사용한 알케인을 나타낸 것이다.

$$\overset{1}{C}H_3—\overset{2}{C}H_2—\underset{\overset{|}{3}}{}$$
$$CH_3—\overset{3}{C}H—\overset{4}{C}H_2—\overset{5}{C}H_2—\overset{6}{C}H_3$$

3-메틸헥세인

$$CH_3—CH_2 \qquad \overset{7}{C}H_2—\overset{8}{C}H_2—\overset{9}{C}H_3$$
$$\overset{1}{C}H_3—\overset{2}{C}H_2—\overset{3}{C}H—\overset{4}{C}H_2—\overset{5}{C}H_2—\overset{6}{C}H—CH_3$$

3-에틸-6-메틸노네인

그림 3-2에 탄소 원자를 4개까지 가지고 있는 가장 보편적인 알킬기의 이름을 나타냈다. **프로필**(propyl)기와 **뷰틸**(butyl)기는 가지 없는 탄소 3개와 4개를 지닌 알킬기이다. 이들 알킬기는 다른 종류의 (가지 달린) 프로필기나 뷰틸기와 구별하기 위해 흔히 '*n*-프로필' 및 '*n*-뷰틸'기라고 한다.

단순한 가지를 가진 알킬기는 대개 관용명으로 알려져 있다. 아이소프로필기와 아이소뷰틸기는 아이소뷰테인에서와 마찬가지로 특징적인 '아이소(iso)', 즉 $(CH_3)_2CH$기를 가지고 있다.

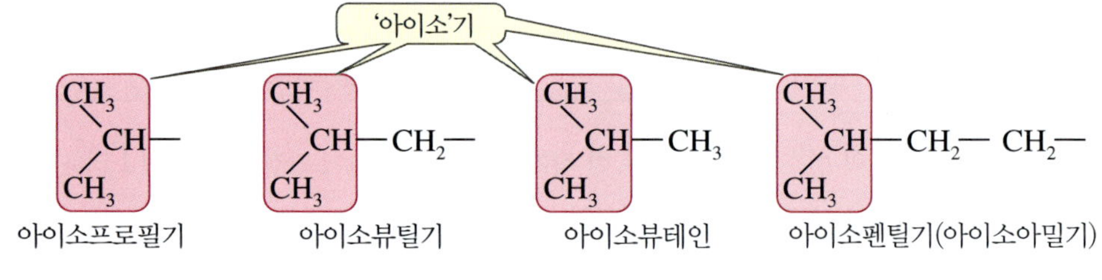


**탄소 1개**

$CH_3—$ 메틸기

**탄소 2개**

$CH_3—CH_2—$ 에틸기

**탄소 3개**

$CH_3—CH_2—CH_2—$ 프로필기 (또는 '*n*-프로필기')

$CH_3—\underset{}{\overset{CH_3}{\overset{|}{C}H}}—$ 아이소프로필기

**탄소 4개**

$CH_3—CH_2—CH_2—CH_2—$ 뷰틸기 (또는 '*n*-뷰틸기')

$CH_3—\overset{CH_3}{\overset{|}{C}H}—CH_2—$ 아이소뷰틸기

$CH_3—CH_2—\overset{CH_3}{\overset{|}{C}H}—$ 2차 뷰틸기

$CH_3—\underset{\underset{CH_3}{|}}{\overset{CH_3}{\overset{|}{C}}}—$ 3차 뷰틸기 (또는 '*t*-뷰틸기')

**그림 3-2** 보편적인 알킬기의 몇 가지 예

2차 뷰틸(*secondary*-butyl 또는 *sec*-butyl)과 3차 뷰틸(*tertiary*-butyl 또는 *tert*-butyl 및 *t*-butyl)기라는 이름은 주사슬에 붙은 탄소 원자의 **알킬 치환도**(degree of alkyl substitution)에 기초를 둔다. 2차 뷰틸기에서는 주사슬에 결합된 탄소 원자가 **2차**(secondary, 2°), 즉 2개의 다른 탄소 원자에 결합되어 있다. *t*-뷰틸기에서는 **3차**(tertiary, 3°), 즉 3개의 다른 탄소 원자에 결합되어 있다. *n*-뷰틸기와 아이소뷰틸기에서는 주사슬에 결합된 탄소 원자가 **1차**(primary, 1°), 즉 오직 1개의 다른 탄소 원자에 결합되어 있다.

$$\mathrm{R{-}\overset{\displaystyle H}{\underset{\displaystyle H}{C}}{-}} \qquad \mathrm{R{-}\overset{\displaystyle R}{\underset{\displaystyle H}{C}}{-}} \qquad \mathrm{R{-}\overset{\displaystyle R}{\underset{\displaystyle R}{C}}{-}}$$

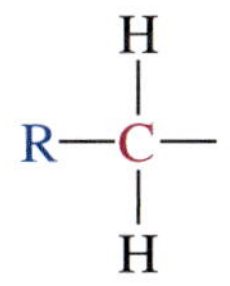

1차(1°) 탄소 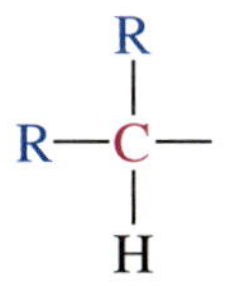 | 2차(2°) 탄소 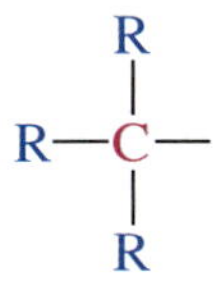 | 3차(3°) 탄소

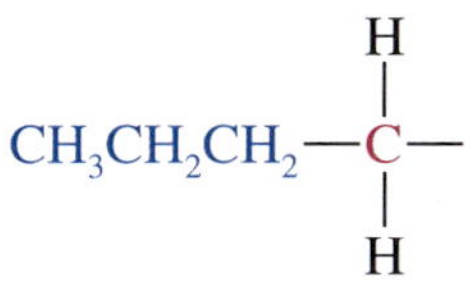

$$\mathrm{CH_3CH_2CH_2{-}\overset{\displaystyle H}{\underset{\displaystyle H}{C}}{-}} \qquad \mathrm{CH_3CH_2{-}\overset{\displaystyle CH_3}{\underset{\displaystyle H}{C}}{-}} \qquad \mathrm{CH_3{-}\overset{\displaystyle CH_3}{\underset{\displaystyle CH_3}{C}}{-}}$$

*n*-뷰틸기(1°) 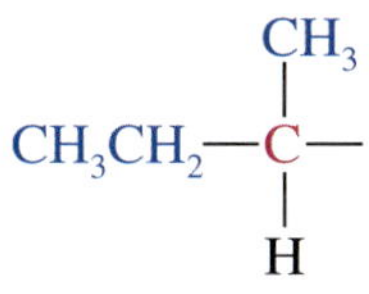 | 2차 뷰틸기(2°) 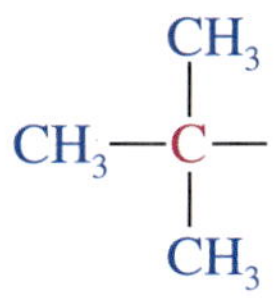 | 3차 뷰틸기(3°)

**예제 3-1**

4-아이소프로필옥테인(4-isopropyloctane)과 5-*t*-뷰틸데케인(5-*t*-butyldecane)의 구조식을 그려보라.

**풀이**

4-아이소프로필옥테인은 네 번째 탄소에 아이소프로필기를 가진 8개의 탄소 원자의 곧은 사슬을 가지고 있다.

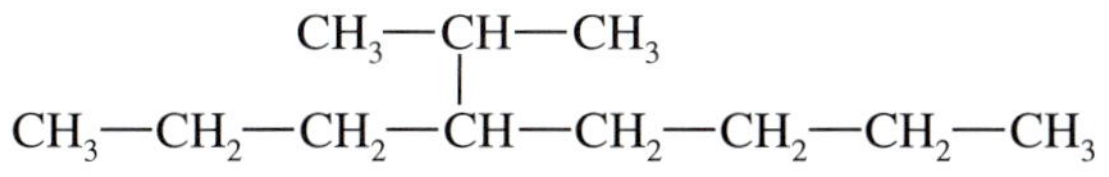

$$\mathrm{CH_3{-}CH_2{-}CH_2{-}\overset{\displaystyle CH_3{-}CH{-}CH_3}{CH}{-}CH_2{-}CH_2{-}CH_2{-}CH_3}$$

4-아이소프로필옥테인

5-*t*-뷰틸데케인은 다섯 번째 탄소에 *t*-뷰틸기를 가진 10개의 탄소 원자를 가진 사슬이다.

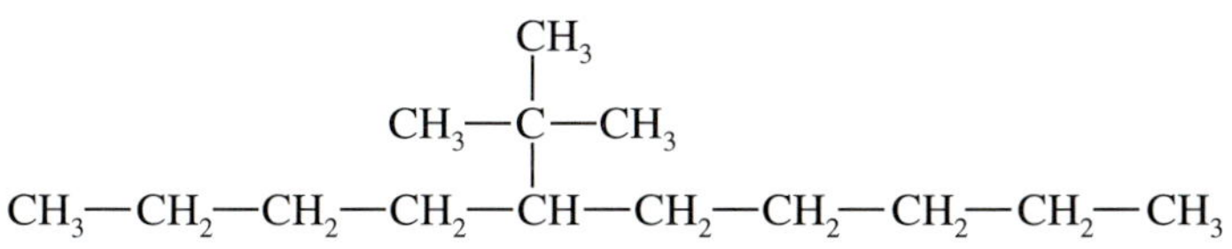

$$\mathrm{CH_3{-}CH_2{-}CH_2{-}CH_2{-}\overset{\displaystyle CH_3{-}\overset{\displaystyle CH_3}{C}{-}CH_3}{CH}{-}CH_2{-}CH_2{-}CH_2{-}CH_2{-}CH_3}$$

5-*t*-뷰틸데케인

할로알케인(haloalkane)은 할로젠 원자를 하나의 치환체로 생각하고 알케인처럼 명명한다. 할로젠 치환체는 플루오로-(*fluoro*-), 클로로-(*chloro*-), 브로모-(*bromo*-), 아이오도-(*iodo*-)라고 명명한다.

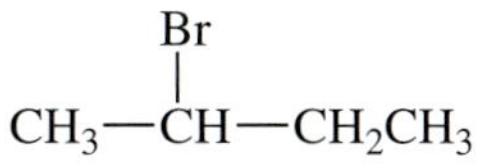

$$\mathrm{CH_3{-}\overset{\displaystyle Br}{CH}{-}CH_2CH_3} \qquad \mathrm{CH_3{-}\overset{\displaystyle CH_3}{CH}{-}\overset{\displaystyle Cl}{CH}{-}CH_2CH_3} \qquad \mathrm{CH_3{-}\overset{\displaystyle F}{CH}{-}CH_2F}$$

2-브로모뷰테인 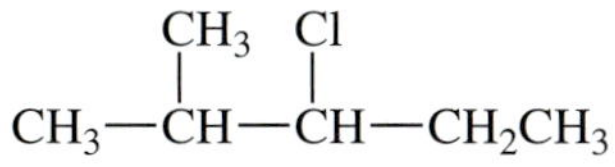 | 3-클로로-2-메틸펜테인 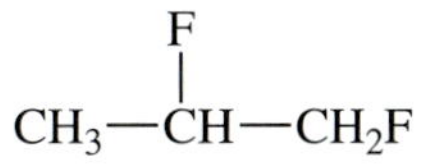 | 1,2-다이플루오로프로페인

**문제풀이 힌트**

그림 3-2의 알킬기를 기억하라. 이 책에서 자주 만나게 될 것이다.

### 연습문제 3-2

다음 알케인과 할로알케인을 명명하라. 2개 이상의 치환기가 존재할 때 알파벳순으로 나열하라.

**(a)**

$CH_2-CH_3$ (C2에 결합)
$CH_3-CH-CH_2-CH_3$

**(b)**

Br (C2에 결합), $CH_2CH_3$ (C3에 결합)
$CH_3-CH-CH-CH_3$

**(c)**

$CH_3-CH_2$ (C3에 결합), $CH_2CH(CH_3)_2$ (C4에 결합)
$CH_3-CH_2-CH-CH-CH_2-CH_2-CH_3$

**(d)**

$CH_3-CH-CH_3$
$CH_2$ (C7에 결합), $CH_3$ (C8에 결합)
$CH_3-CH_2-CH_2-CH_2-CH_2-CH_2-CH-CH-CH_3$

---

규칙 4. 다수의 치환기의 체계화: 마지막 규칙은 1개 이상의 치환기가 있을 때의 명명법을 다룬다.

---

2개 이상의 치환기가 존재할 때는 치환기들을 알파벳순으로 배열한다. 2개 이상의 동일한 알킬 치환기가 존재할 때는 알킬기의 중복된 명명을 피하기 위해 다이-(*di-*), 트라이-(*tri-*), 테트라-(*tetra-*) 등의 접두사를 사용한다. 각 치환기의 위치에 해당하는 숫자를 포함시키며, 숫자가 한 번 이상 반복되는 경우 반복하여 동일 숫자를 사용한다.

| | | |
|---|---|---|
| *di-*는 2를 의미 | *penta-*는 5를 의미 | *octa-*는 8을 의미 |
| *tri-*는 3을 의미 | *hexa-*는 6을 의미 | *nona-*는 9를 의미 |
| *tetra-*는 4를 의미 | *hepta-*는 7을 의미 | *deca-*는 10을 의미 |

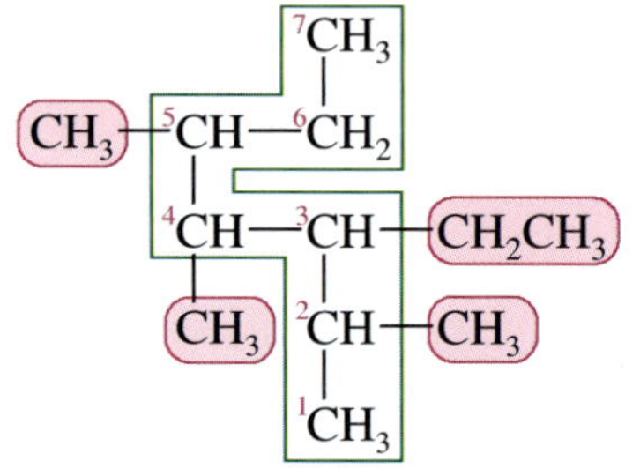
3-에틸-2,4,5-트라이메틸헵테인

이 규칙을 적용함으로써 몇 가지 복잡한 구조를 명명할 수 있다. 헵테인의 명명을 마무리해보자. 이 화합물은 C3에 1개의 에틸기와 C2, C4, C5에 3개의 메틸기를 가지고 있다. 에틸기는 치환기들을 알파벳순으로 나열할 때 메틸기의 앞에 오게 배열하고, 4개의 치환체에 그 위치에 해당하는 숫자를 부여한다.

**문제풀이 힌트**

치환기들을 알파벳순으로 나열할 때 '아이소-(*iso-*)'는 일킬기 이름의 부분으로 이용되지만, 하이픈이 붙은 접두사는 그렇지 않다. 따라서 '아이소뷰틸(isobutyl)'은 *i*를 기준으로 알파벳순으로 나열하지만, *n*-뷰틸이나 *t*-뷰틸, *sec*-뷰틸은 *b*를 기준으로 알파벳순으로 나열한다. 수의 접두사 '다이-(*di-*)', '트라이-(*tri-*)', '테트라-(*tetra-*)' 등은 알파벳순으로 나열할 때 무시한다.

### 예제 3-2

다음 화합물에 대한 체계명(IUPAC)을 제시하라.

$CH_3$
$CH-CH_3$ , $CH_2CH_3$
$CH_3-CH-CH-CH_2-CH-CH_3$
$CH_3-C-CH_3$
$CH_3$

**풀이**

가장 긴 탄소 원자 사슬은 8개의 탄소 원자를 가지고 있으므로, 이 화합물은 옥테인이라고 명명된다. 왼쪽에서 오른쪽으로 번호를 매기면 C2에 첫 가지가 생긴다. 오른쪽에서 왼쪽으로 번호를 매기면 C3에 첫 가지가 생기므로, 왼쪽에서 오른쪽으로 번호를 매긴다.

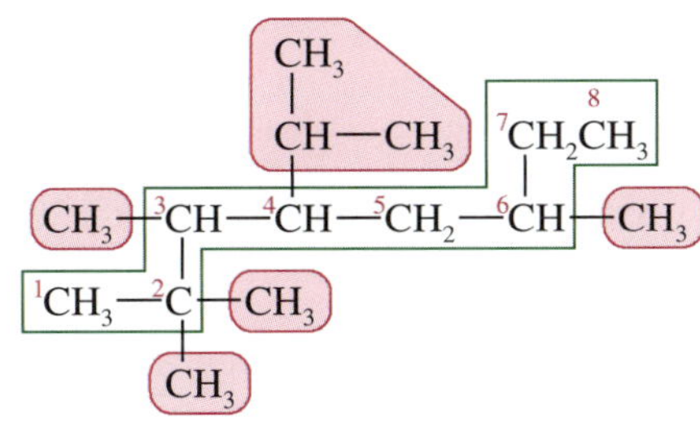


C2에 2개, C3에 1개, C6에 1개로, 모두 4개의 메틸기가 있다. 이 4개의 치환기는 '2,2,3,6-테트라메틸…'로 쓸 수 있을 것이다. C4에 1개의 아이소프로필기가 있다. 아이소프로필기와 메틸기를 알파벳순으로 배열하면 4-아이소프로필-2,2,3,6-테트라메틸옥테인이 된다.

## SUMMARY | 알케인 명명법 규칙

알케인을 명명하기 위해 다음 네 가지 규칙을 따른다.

1. 연속적인 가장 긴 탄소 원자들의 사슬을 찾아내어 이 사슬을 기본 이름으로 삼는다.
2. 가지에 가장 가까운 말단에서 시작하여 가장 긴 사슬에 번호를 매겨나간다.
3. 가장 긴 사슬 위의 치환기들을 (알킬기로) 명명한다. 각 치환기의 위치는 붙어 있는 주사슬의 탄소 원자의 번호로 나타낸다.
4. 2개 이상의 치환기가 존재할 때는 알파벳순으로 나열한다. 2개 이상의 동일한 알킬 치환기가 존재할 때는 중복해서 명명하는 것을 피하기 위해 다이-, 트라이-, 테트라- 등의 접두사(알파벳순으로 나열할 때는 무시함)를 사용한다.

### 연습문제 3-3

다음 화합물에 대한 구조를 작성하라.

(a) 3-에틸-4-메틸헥세인
(b) 3-에틸-5-아이소뷰틸-3-메틸노네인
(c) 4-*t*-뷰틸-2-메틸헵테인
(d) 5-아이소프로필-3,3,4-트라이메틸옥테인

**문제풀이 힌트**

이름에 있는 탄소 원자의 전체 수가 구조상의 수와 일치하는지 항상 비교하라. 예를 들면 '아이소프로필다이메틸옥테인'은 3 + 2 + 8개의 탄소 원자를 가져야 한다.

### 연습문제 3-4

다음 화합물에 대한 IUPAC명을 제시하라.

(a) $(CH_3)_2CHCH_2CH_3$

(b) $CH_3—C(CH_3)_2—CH_3$

(c)
$$\begin{array}{l} \qquad\qquad\quad CH_2CH_3 \\ \qquad\qquad\quad | \\ CH_3CH_2CH_2CH—CH(CH_3)_2 \end{array}$$

(d)
$$\begin{array}{l} \quad\;\; CH_3 \qquad\quad CH_2CH_3 \\ \quad\;\; | \qquad\qquad\; | \\ CH_3—CH—CH_2—CH—CH_3 \end{array}$$

(e)
$$\begin{array}{l} \qquad\;\; C(CH_3)_3 \\ \qquad\;\; | \\ CH_3CH_2CHCHCH_3 \\ \qquad\qquad | \\ \qquad\qquad CH(CH_3)_2 \end{array}$$

(f)
$$\begin{array}{l} \quad\;\; CH_3—CHCH_2CH_3 \\ \qquad\qquad | \\ (CH_3)_3C—CH—CH_2CH_2CH_3 \end{array}$$

**문제풀이 힌트**

주어진 분자식에 대해 모든 알케인을 그리기 위해 곧은 사슬로 시작해서 더 많은 가지를 지닌 더 짧은 사슬의 알케인을 그려보라. 예를 들어 $C_7H_{16}$의 모든 알케인을 그리기 위해 $C_7$ 사슬부터 시작하여 각 가능한 위치에 메틸기를 지닌 $C_6$ 사슬을 그려보라. 다음으로 각 가능한 위치에 에틸기를 지닌 $C_5$ 사슬을 그리고, 2개의 메틸기의 조합으로 가능한 모든 구조를 그려보라. 마지막으로 $C_4$ 사슬을 그려보라. 이 경우 가장 긴 사슬의 연장 없이 3개의 탄소 원자를 치환시키는 방법은 한 가지밖에 없다. 구조가 중복되는 것을 피하기 위해 각 화합물에 이름을 쓴다. 같은 이름이 있으면 구조가 중복되었거나 이름을 잘못 명명한 것이다.

### 연습문제 3-5

다음 이름은 틀렸든지 아니면 불완전하다. 각각에 대해 구조(혹은 가능한 구조)를 그리고, 이름을 정확히 제시하라.

(a) 2-에틸-4-메틸펜테인
(b) 2-에틸-3-메틸펜테인
(c) 3-다이메틸헥세인
(d) 4-아이소뷰틸헵테인
(e) 2-브로모-3-에틸뷰테인
(f) 2-다이에틸-3-아이소프로필헵테인

**연습문제 3-6**

다음에 대한 구조를 제시하고 명명하라.

**(a)** $C_6H_{14}$의 5개의 이성질체 **(b)** $C_7H_{16}$의 9개의 이성질체

**복잡한 치환기** 복잡한 알킬기는 가장 긴 알킬 사슬을 기본 알킬기로 삼아 계통 명명법에 따라 명명한다. 기본 알킬기는 주사슬에 결합된 탄소 원자(머리 탄소, head carbon)에서 시작하여 번호를 매겨나간다. 기본 알킬기에 붙은 치환기들은 주어진 번호를 붙여 위치를 표시하며 복잡한 알킬기를 구별하기 위해 괄호를 사용한다. 다음 예는 복잡한 알킬기들을 명명하는 체계적 방법을 나타낸 것이다.

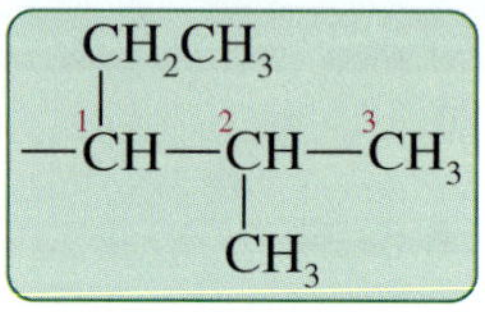

(1-에틸-2-메틸프로필)기 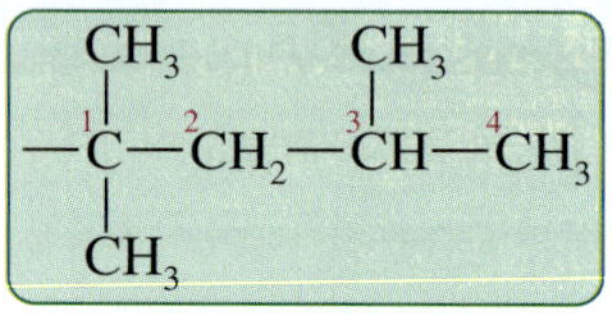 (1,1,3-트라이메틸뷰틸)기

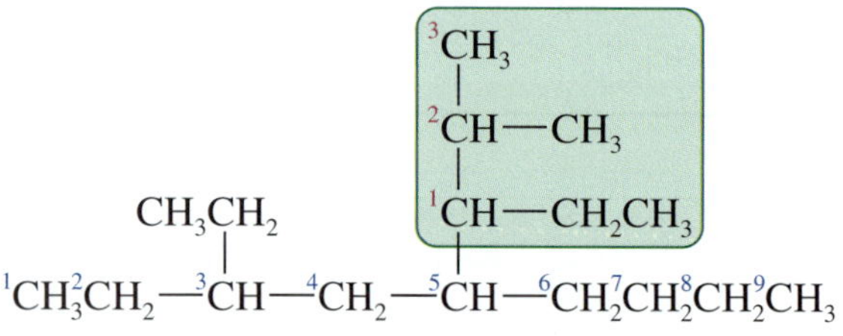

3-에틸-5-(1-에틸-2-메틸프로필)노네인 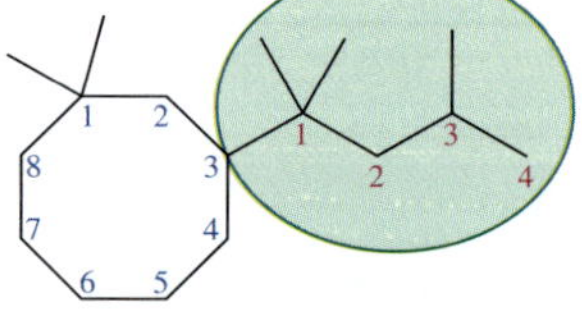 1,1-다이메틸-3-(1,1,3-트라이메틸뷰틸)사이클로옥테인

**연습문제 3-7**

다음 기의 구조를 그리고, 보편적인 관용명을 제시하라.

**(a)** (1-메틸에틸)기 **(b)** (2-메틸프로필)기

**(c)** (1-메틸프로필)기 **(d)** (1,1-다이메틸에틸)기

**(e)** (3-메틸뷰틸)기, 때로는 '아이소아밀'기로 지칭

**연습문제 3-8**

다음 화합물의 구조를 그려보라.

**(a)** 4-(1,1-다이메틸에틸)노네인 **(b)** 5-(1,2,2-트라이메틸프로필)데케인

**(c)** 3,3-다이에틸-4-(2,2-다이메틸프로필)노네인

**연습문제 3-9**

구조를 보지 않고 연습문제 3-8(a)와 (b)의 화합물에 대한 분자식을 작성하라. 치환기들의 이름을 이용하여 탄소 원자의 수를 결정한 다음 $(2n + 2)$ 규칙을 적용해보라.

### FOCUS | 명명법 규칙 적용하기

IUPAC 명명법 규칙을 적용하여 다음 화합물을 명명하라.

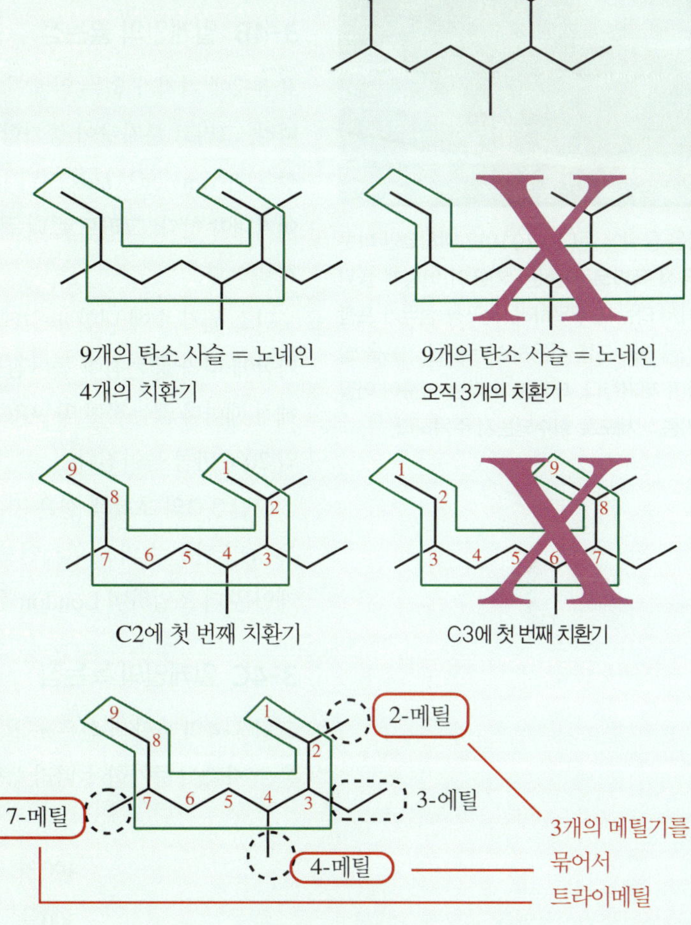


규칙 1: 연속적인 가장 긴 탄소 사슬을 찾아 명명하라. 같은 길이의 사슬이 2개 있을 경우 치환기가 더 많은 사슬을 사용하라.

규칙 2: 치환기에서 가장 가까운 탄소 사슬 말단에서부터 번호를 매겨라.

규칙 3: 각 치환기의 이름과 위치를 써라.

규칙 4:

- 알파벳순으로 나열하라. 에틸이 메틸 앞에 오게 하고, 알파벳순으로 나열할 때 다이, 트라이 등은 무시하고, 아이소, 사이클로는 포함하라.
- 같은 치환기는 묶어라. (예: 2,4,7-트라이메틸)
- 기본 이름 앞에 치환기 이름을 위치시켜라. 숫자와 문자는 하이픈으로, 숫자는 콤마로 구별하라.

정답: 3-에틸-2,4,7-트라이메틸노네인(3-ethyl-2,4,7-trimethylnonane)

## 3-4 알케인의 물리적 성질

알케인은 주로 연료, 용매, 윤활유로 사용된다. 천연가스, 휘발유, 등유, 난방용 기름, 윤활유, 파라핀 '왁스'는 기본적으로 모두 알케인으로 이루어져 있으며, 분자량이 다르기 때문에 서로 다른 물리적 성질을 가지고 있다.

### 3-4A 알케인의 용해도와 밀도

알케인은 비극성이므로, 비극성 또는 극성이 약한 유기 용매에 녹는다. 또한 물에 녹지 않기 때문에 **소수성**(hydrophobic, '물을 싫어하는')이라고 한다. 알케인은 물이 금속 표면에 묻어 부식을 일으키지 않도록 막아주기 때문에 우수한 윤활제이자 금속의 보존제가 된다.

기름은 물위에 뜬다. (2010년 멕시코만 마콘도 유정 폭발로 유출된) 기름이 어떻게 물위에 떠서 타는지 주목하라. 비극성 섬유가 포함된 기름 회수포를 사용하여 누출된 기름을 빨아들여 제거한다. 대부분의 타는 기름이 어떻게 기름 방제포로 회수되는지 주목하라.

*n*-알케인의 밀도를 표 3-2에 나열했다. 알케인은 물의 밀도가 1.0 g/mL인 것에 비해 약 0.7 g/mL의 밀도를 가진다. 알케인은 물보다 밀도가 작고 또한 물에 불용성이기 때문에, 알케인(예: 가솔린, 기름)과 물의 혼합물은 둘로 분리되어 알케인이 위로 뜨게 된다.

## 3-4B 알케인의 끓는점

표 3-2에 가지가 없는 알케인의 끓는점과 녹는점을 실었다. 끓는점은 탄소 원자의 수가 증가함에 따라, 그리고 분자량이 증가함에 따라 조금씩 높아진다. 큰 분자는 더 큰 표면적을 가지므로 분자 상호 간 van der Waals 인력이 증가한다. 증발과 끓음이 일어나기 위해서는 이러한 증가된 인력을 이겨내야 한다. 그러므로 더 큰 표면적과 더 큰 van der Waals 인력을 지닌 분자는 더 높은 온도에서 끓는다.

탄소 원자 수에 대한 *n*-알케인의 끓는점을 나타낸 그래프(그림 3-3의 파란색 선)는 분자량이 증가함에 따라 끓는점이 높아짐을 보여준다. 약 10개 탄소를 지닌 알케인까지는 $CH_2$기가 1개씩 더해질 때마다 끓는점이 약 30°C만큼 높아지고, 이보다 탄소의 수가 더 많은 알케인에서는 끓는점이 약 20°C만큼 높아진다.

그림 3-3의 초록색 선은 가지 달린 알케인의 끓는점을 나타낸다. 일반적으로 가지 달린 알케인은 동일 탄소 수의 *n*-알케인보다 더 낮은 온도에서 끓는다. 이러한 끓는점의 차이는 가지 달린 알케인은 더 조밀하여 London 힘 상호작용이 일어나는 표면적이 작기 때문이다.

## 3-4C 알케인의 녹는점

그림 3-4의 파란색 선은 *n*-알케인의 녹는점을 나타내는 그래프이다. 끓는점과 마찬가지로 녹는점은 분자량이 증가함에 따라 높아진다. 그러나 녹는점의 그래프는 매끄럽지 않다. 짝수의 탄소 원자

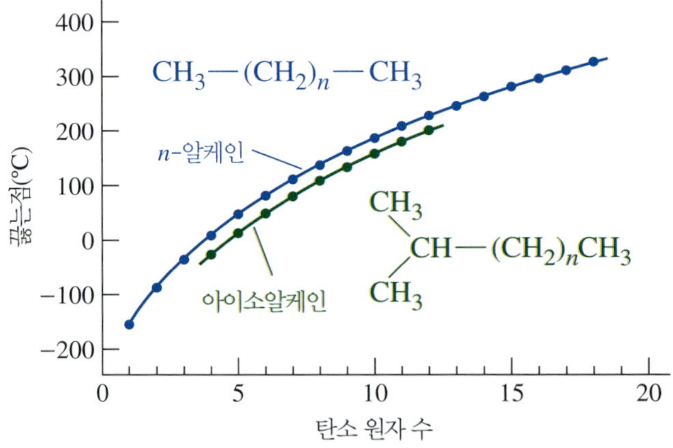


**그림 3-3** 알케인의 끓는점. 가지 없는 알케인(파란색)의 끓는점과 가지 달린 알케인(녹색)의 끓는점의 비교. 가지 달린 알케인은 가지 없는 알케인보다 작은 표면적으로 인해 끓는점이 더 낮다.

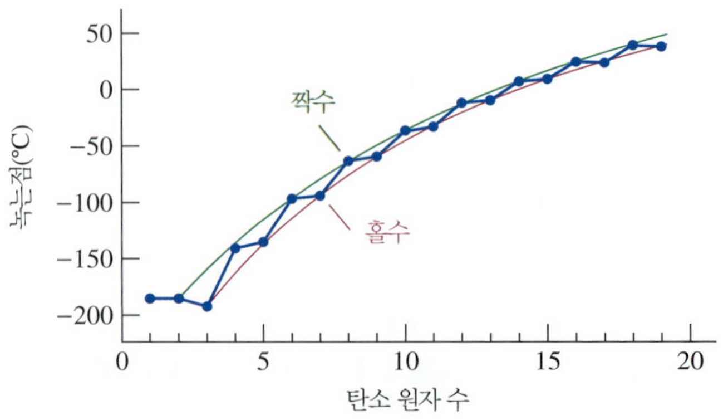


**그림 3-4** 알케인의 녹는점. 짝수의 탄소 수를 가진 *n*-알케인의 녹는점 곡선은 홀수의 탄소 수를 가진 알케인 곡선보다 약간 높다.

를 가진 알케인류는 더 잘 쌓여 고체 구조가 되므로 녹이는 데 더 높은 온도가 필요하다. 홀수의 탄소 원자를 가진 알케인류는 잘 쌓이지 못하여 더 낮은 온도에서 녹는다. 짝수와 홀수의 탄소 원자를 가진 알케인에 대해 분리된 선(녹색과 붉은색)을 그으면 톱니 모양의 녹는점 그래프가 매끄러워진다.

**연습문제 3-10**

다음 화합물을 끓는점이 증가하는 순서로 나열하라.

**(a)** 헥세인, 옥테인, 데케인

**(b)** 옥테인, $(CH_3)_3C-C(CH_3)_3$, $CH_3CH_2C(CH_3)_2CH_2CH_2CH_3$

## 3-5 알케인의 용도와 기원

원유를 증류하면 비슷한 끓는점을 가진 알케인이 분류된다. 이들 분류된 알케인은 휘발성, 점도 같은 물리적 성질에 따라 다른 용도로 이용할 수 있다.

### 3-5A 알케인의 주요 용도

**$C_1$–$C_2$** 메테인과 에테인은 대기압, 상온에서 기체 상태이다. 다양한 비율로 에테인도 존재하지만 메테인은 **천연 가스**의 주성분이다. 천연 가스는 난방이나 발전을 위한 청정 연료로 널리 사용된다.

메테인과 에테인은 액화가 어려워서 보통 압축 가스로 운송한다. 하지만 매우 낮은 온도에서 메테인과 에테인이 액화된다. **액화 천연 가스**(주로 메테인)는 냉동 탱크로 압축 가스보다 용이하게 운송할 수 있다.

**$C_3$–$C_4$** 프로페인과 뷰테인 또한 대기압 및 상온에서 기체 상태이다. 하지만 이들은 적당한 압력을 가하면 실온에서 쉽게 액화된다. 흔히 액체 석유와 함께 얻을 수 있는 이들 가스는 **액화 석유가스**(liquefied petroleum gas, LPG)를 담는 저압 실린더에 담아 저장한다. 프로페인과 뷰테인은 모두 가열용 및 내연 엔진용으로 사용되는 우수한 연료이다. 이들 가스는 깨끗이 연소되므로 공해방지용 장비를 필요로 하는 경우는 매우 드물다. 많은 농업 분야에서 트랙터 연료로 쓰이는 프로페인과 뷰테인은 가솔린과 디젤 연료보다 가격 면에서 월등한 비용 절감 효과를 준다. 프로페인과 뷰테인은 에어로졸통 안에 넣는 추진제인 프레온(freon, 6-3D절 참조) 대체제로 널리 사용된다. 알케인과 달리 클로로플루오로탄소(chlorofluorocarbon) 프레온 추진제는 지구의 오존층을 손상시키는 것으로 알려져 있다.

천연가스를 동력으로 사용하는 자동차는 도심에서 대기오염을 감소시키는 데 도움이 된다.

**응용: 연료**

한때 옥테인 값을 높이고 밸브를 유연하게 하기 위해 $(CH_3CH_2)_4Pb$인 테트라에틸납(tetraethyl lead, TEL)을 가솔린에 첨가했다. 1970년대에 환경적인 이유와 촉매 변환기를 비활성화시킨다는 이유로 자동차 가솔린에 납을 첨가하는 것이 금지되었다. TEL은 피스톤을 사용하는 항공기 엔진 연료인 저연 100-옥테인 항공유 100 LL에 아직도 사용되고 있다. 구형 엔진에 사용할 수 있는 승인된 대체 연료가 아직 없다.

**$C_5$–$C_8$** 다음 4종의 알케인은 유동성이 있는 휘발성 액체로, 펜테인, 헥세인, 헵테인, 옥테인의 이성질체는 가솔린의 주성분이다. 이들 휘발성은 가솔린 사용에 매우 중요한데, 그 이유는 기화기에서 가솔린을 급히 통과시켜 흡입 공기 속으로 가솔린을 증기 상태로 만들어야 하기 때문이다. 가솔린이 쉽게 증발하지 않으면 작은 방울의 형태로 실린더에 도달하게 될 것이다. 가솔린의 작은 방울들은 증기만큼 효과적으로 연소하지 않아 엔진에서 연기가 나고 단위 연료당 주행거리가 짧아진다.

휘발성 외에 가솔린은 잠재적으로 손실을 끼치는 폭발성 연소인 노킹(knocking)이 일어나지 않아야 한다. 가솔린의 반노킹성은 **옥테인 값**(octane number)으로 정해지는데, 이는 *n*-헵테인(심하

**응용: 대기 오염**

가솔린과 다른 모터연료의 불완전 연소는 상당량의 휘발성 유기 화합물(volatile organic compound, VOC)을 대기 중에 방출한다. VOC는 짧은 사슬의 알케인, 알켄, 방향족 화합물 및 다양한 탄화수소로 구성되어 있다. VOC는 대기오염의 성분이고 암과 호흡기 질환에 관여한다.

게 노킹이 일어남)과 아이소옥테인[isooctane, 2,2,4-트라이메틸펜테인(2,2,4-trimethylpentane), 노킹이 일어나지 않음]의 혼합물을 가솔린과 비교하여 정한다. 시험받기 위한 가솔린을 여러 압축 비율로 시험용 엔진에 넣는다. 고압축 비율은 노킹을 유발하므로 압축 비율을 노킹이 일어날 때까지 증가시킨다. 압축 비율에서 노킹이 시작되는 아이소옥테인/헵테인 혼합물 내 아이소옥테인의 백분율을 나타내는 자료들이 있다. 가솔린에 주어진 옥테인 값은 같은 압축률에서 노킹이 시작되는 아이소옥테인/헵테인 혼합물에서 아이소옥테인의 백분율이다.

$$CH_3CH_2CH_2CH_2CH_2CH_2CH_3$$

*n*-헵테인(0옥테인)
노킹되기 쉬움

$$CH_3-\overset{\displaystyle CH_3}{\underset{\displaystyle CH_3}{\overset{|}{\underset{|}{C}}}}-CH_2-\overset{\displaystyle CH_3}{\overset{|}{C}H}-CH_3$$

2,2,4-트라이메틸펜테인(100옥테인)
'아이소옥테인' 노킹하지 않음

**$C_9$–$C_{16}$** 노네인(nonane, $C_9$)에서 헥사데케인(hexadecane, $C_{16}$)까지는 다소 점성이 있으며 더욱 높은 끓는점을 가진 액체이다. 이들 알케인은 등유, 제트 연료 및 디젤 연료로 쓰인다. 이들 연료 중 끓는점이 가장 낮은 **등유**(kerosene)는 한때 손쉽게 구할 수 있었으나 현재는 구하기 더 어려워졌다. 이 연료는 가솔린보다 휘발성이 낮아 폭발성 혼합물을 만드는 경향이 낮다. 등유는 등유 램프와 심지가 있는 난방기의 연료로 사용된다. 제트 연료는 등유와 비슷하나 보다 더 정제되고 냄새가 덜 난다.

디젤 연료는 그다지 휘발성이 크지 않아 엔진 흡입구 공기 내에서 증발하지 않는다. 디젤 엔진 내에서 연료가 압축 스트로크(compression stroke)의 최고점에서 실린더 속으로 직접 분무된다. 실린더 내 뜨거운 고압축 공기는 연료가 소용돌이치면서 기화되어 연료가 빠르게 연소되도록 도와준다. 디젤 연료 중 몇 가지 알케인은 상당히 높은 어는점을 가지고 있으며, 추운 날씨에서는 고체화될 수도 있다. 이처럼 부분적 고체화가 일어나면 디젤 연료가 밀납상의 반고체 덩어리로 변한다. 디젤 엔진 차량 소유자들은 추운 겨울 날씨에는 종종 휘발유를 디젤 연료와 섞는다. 이때 첨가한 휘발유는 언 알케인을 용해시키고, 슬러시를 묽게 하여 실린더로 분사되도록 해준다.

**$C_{16}$과 그 이상** 16개 이상의 탄소 원자를 가진 알케인은 윤활유와 난방용 기름으로 가장 많이 쓰인다. 이들 알케인은 때때로 '광(mineral)'유라고 부르는데, 이는 이들 알케인을 한때는 광물의 일종이라고 생각되었던 석유에서 추출했기 때문이다.

파라핀 '왁스'는 진정한 의미에서의 왁스가 아니라 실온에서보다 훨씬 높은 녹는점을 가진 고분자량 알케인의 정제된 혼합물이다. 실제 왁스는 25장에서 논의되는 긴 사슬 에스터이다.

왼쪽의 큰 증류탑은 끓는점에 따라 석유를 분별 증류하는 데 사용된다. 오른쪽의 '접촉 분해기(cat cracker)'는 높은 온도에서 촉매를 이용하여 큰 분자를 작은 분자로 분해하는 데 사용된다.

### 3-5B 알케인의 기원: 석유 정제

알케인은 주로 석유와 석유 부산물로부터 얻는다. 흔히 **원유**(crude oil)라 부르는 **석유**(petroleum)는 선사시대 식물의 화석을 함유하고 있는 암석층의 공간인 유정으로부터 퍼 올린다. 원유의 주성분은 알케인, 수종의 방향족 화합물과 원치 않는 황 및 질소를 함유하고 있는 화합물들이다. 석유의 조성과 불순물의 양은 유정에 따라 다르며, 특수한 형태의 원유를 처리하기 위해서는 정제 과정을 조심스럽게 조절해야 한다. 원유는 품질이 각기 다르기 때문에 가벼운 아랍 원유에서부터 서부 텍사스 원유 및 기타 종류의 원유에 대한 가격 또한 다르다.

석유를 정제하는 첫 단계는 조심스러운 분별 증류이다. 이 증류의 생성물은 순수한 알케인이 아니라, 유용한 범위의 끓는점을 가진 알케인의 혼합물이다. 표 3-3은 원유의 증류로부터 얻을 수 있는 중요한 분획물을 나타낸 것이다.

석유를 증류한 후 실시하는 **촉매 크래킹**(catalytic cracking)은 덜 유용한 분획물을 더 유용한 것으로 변환시킨다. 촉매 크래킹은 큰 분자를 더 작은 분자들로 절단하는 과정으로, 촉매 작용을 하는 물질과 알케인을 함께 가열하여 분해시킨다. 흔히 크래킹은 보다 높은 온도에서 끓는 분획물들을 가솔린과 혼합할 수 있는 혼합물로 변환시키기 위해 시행한다. 수소의 존재하에서 크래킹을 실시하는 **가수소 크래킹**(hydrocracking)의 생성물은 황과 질소 등의 불순물이 없는 알케인 혼합물이다. 다음 반응은 테트라데케인(tetradecane) 1분자가 2분자의 헵테인으로 촉매 가수소 크래킹되는 과정을 나타냈다.

$$CH_3—(CH_2)_{12}—CH_3 + H_2 \xrightarrow[\text{SiO}_2 \text{ 또는 Al}_2\text{O}_3 \text{ 촉매}]{\text{열}} 2\ CH_3—(CH_2)_5—CH_3$$

## 3-5C 천연가스: 메테인

천연가스(natural gas)는 한때 석유제품의 폐기물로 취급되어 태워서 없애버렸었다. 오늘날 천연가스는 석유제품과 동등하게 값진 천연자원으로 여겨지며, 전 세계적으로 개발하여 저장하고 있다. 천연가스는 산출 자원에 따라 다르지만 70%가 메테인, 10%가 에테인이고, 15%는 프로페인이다. 또한 소량의 다른 탄화수소 및 불순물도 들어 있다. 천연가스는 석유나 석탄이 거의 없거나 전혀 없는 곳에서도 발견되지만, 주로 석유 및 석탄 광맥의 상부에서 발견된다. 천연가스는 주로 건물의 난방용이나 전기를 생산하는 데 사용된다. 또한 비료의 원료로도 사용된다.

천연가스로 연소하는 메테인은 수백만 년이 된 것이지만, 미생물들이 초식동물의 위와 해저 진흙 등 다양한 장소에서 1년에 3억 톤(추정치) 정도의 새로운 메테인을 합성한다. 대부분의 해저 메테인은 다른 미생물이 섭취하지만 일부는 누출을 통해 새어 나온다. 고압 조건하의 차가운 바다 밑에서 개개의 메테인 분자는 물 분자가 형성한 공간에 갇혀 **메테인 수화물**(methane hydrate)이 된다. 이런 메테인 수화물이 해수면에 이르게 되면 빠르게 녹아 메테인이 날아간다. 현재 메테인을 함유한 미생물 또는 메테인 수화물을 포획하여 사용할 실질적인 방법은 없다. 이들 메테인의 상당량이 대기 중으로 들어가 온실가스로 작용하여 지구 온난화에 영향을 미친다.

**표 3-3** 원유의 증류에서 얻을 수 있는 주 분획물

| 끓는 범위(°C) | 탄소 수 | 분획물 | 용도 |
|---|---|---|---|
| 30 이하 | 2~4 | 석유가스 | 가열용 LPG |
| 30~180 | 4~9 | 가솔린 | 자동차 연료 |
| 160~230 | 8~16 | 등유 | 가열용, 제트 연료 |
| 200~320 | 10~18 | 디젤 | 자동차 연료 |
| 300~450 | 16~30 | 중유 | 가열용, 윤활유 |
| 300 이상(진공) | 25 이상 | 석유 '젤리' | |
| | | 파라핀 '왁스' | |
| 나머지 | 35 이상 | 아스팔트 | |

물 분자들에 둘러싸여 생성된 메테인 수화물은 차갑고 고압의 조건인 해저에서 생성된다. 이를 해수면으로 건져 올리면 빠르게 녹고, 메테인을 방출한다.

## 3-6 알케인의 반응

알케인은 유기 화합물 중에서 가장 반응성이 작은 부류이다. 알케인의 낮은 반응성은 알케인의 또 다른 표현인 **파라핀**(paraffin)이라는 용어에도 반영되어 있다. 파라핀이라는 이름은 2개의 라틴어, 즉 '너무 작다'를 뜻하는 *parum*과 '친화력'을 의미하는 *affinis*에서 유래된 것이다. 화학자들은 알케인이 센산이나 염기와 반응하지 않으며, 또한 대부분의 다른 시약과도 반응하지 않는다는 사실을 발견했다. 알케인의 낮은 반응성이 알케인의 다른 시약들에 대한 친화력의 부족에 기인하는 것으로 생각하여 '파라핀'이라는 이름을 붙였다.

알케인의 가장 유용한 반응은 에너지가 큰 고온 조건하에서 일어난다. 이 조건은 특수한 장비를 필요로 하고, 또한 반응 속도를 조절하기가 어렵기 때문에 실험실에서는 사용하기 불편하다. 알케인의 반응은 흔히 분리하기 어려운 생성물들의 혼합물을 생성한다. 그렇지만 이 혼합물을 분리하여 개별적으로 판매할 수 있는 공장에서는 상업적으로 매우 중요하다. 선별적인 기능화를 위한 새로운 방법이 개발되면 궁극적으로 이러한 양상에 변화가 올 것이다. 하지만 현재 앞으로 다룰 알케인 반응을 실험실에서 응용하는 예는 드물지만, 화학 산업이나 일반 가정이나 자동차에서는 널리 이용되고 있다.

**응용: 지구 온난화**

메테인은 이산화 탄소보다 온실 효과를 더 크게 나타낸다. 메테인 수화물에 함유된 모든 메테인이 갑자기 대기 중으로 방출되면(예: 바다가 따뜻해져서) 지구 온난화는 엄청나게 증가할 것이다.

### 3-6A 연소

**연소**(combustion)는 고온에서 일어나는 빠른 산화 반응으로, 알케인을 $CO_2$와 물로 변화시킨다. 효율적인 연소를 일으키려면 온도를 알맞게 하고 연료/공기의 비율을 조절하는 방법을 제외하고는 연소 반응을 제어하기는 거의 불가능하다.

$$C_nH_{(2n+2)} \quad + \quad \text{과량의 } O_2 \quad \xrightarrow{\text{열}} \quad n\,CO_2 \quad + \quad (n+1)\,H_2O$$

예

$$CH_3CH_2CH_3 \quad + \quad 5\,O_2 \quad \xrightarrow{\text{열}} \quad 3\,CO_2 \quad + \quad 4\,H_2O$$

불행하게도 가솔린과 연료용 기름의 연소는 공기를 오염시키고 윤활제와 화학 공업 원료의 제조에 필요한 석유 자원을 고갈시킨다. 태양 및 핵 열원은 오염을 덜 일으키고 중요한 천연자원을 고갈시키지 않는다. 이러한 보다 환경 친화적인 열원을 사용하는 시설은 알케인 연소에 의존하는 것보다 훨씬 비용이 많이 든다.

연소는 알케인의 가장 일반적인 반응이다. 뉴저지 우드브리지의 셸오일(Shell Oil) 저장시설에 저장된 300만 갤러의 가솔린이 번갯불로 인해 발화되었다(1996. 6. 11).

### 3-6B 크래킹과 가수소 크래킹

3-5B절에서 논의한 바와 같이 큰 탄화수소를 고온에서 촉매 **크래킹**(cracking)하면 더 작은 탄화수소가 생긴다. 크래킹 과정은 대개 가솔린을 최대로 얻을 수 있는 조건에서 실시된다. **가수소 크래킹**(hydrocracking)에서는 수소가 첨가되어 포화 탄화수소가 생긴다. 수소 없이 크래킹을 실시하면 알케인과 알켄의 혼합물이 생성된다.

촉매 가수소 크래킹

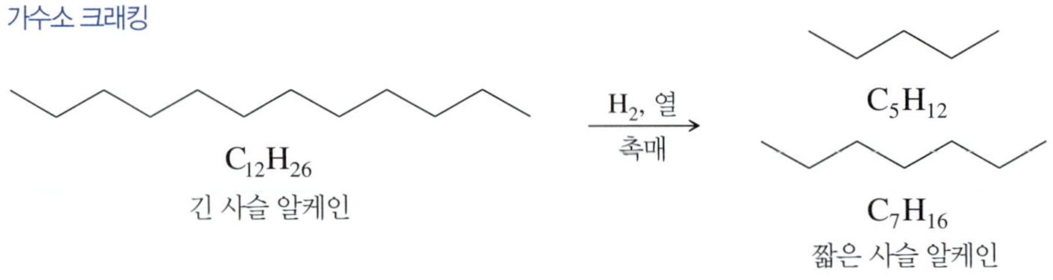

$$\underset{\text{긴 사슬 알케인}}{C_{12}H_{26}} \quad \xrightarrow[\text{촉매}]{H_2,\ \text{열}} \quad \underset{\text{짧은 사슬 알케인}}{C_5H_{12} \quad + \quad C_7H_{16}}$$

촉매 크래킹

$C_{12}H_{26}$
긴 사슬 알케인

열
촉매

$C_5H_{10}$

$C_7H_{16}$
짧은 사슬 알케인과 알켄

### 3-6C 할로젠화 반응

알케인은 할로젠($F_2$, $Cl_2$, $Br_2$, $I_2$)과 반응하여 할로젠화 알킬을 생성할 수 있다. 예를 들어 메테인은 염소($Cl_2$)와 반응하여 클로로메테인(chloromethane, 염화 메틸), 다이클로로메테인(dichloromethane, 염화 메틸렌), 트라이클로로메테인(trichloromethane, 클로로폼), 테트라클로로메테인(tetrachloromethane, 사염화 탄소)을 생성한다.

$$CH_4 + Cl_2 \xrightarrow{\text{열 또는 빛}} CH_3Cl + CH_2Cl_2 + CHCl_3 + CCl_4 + HCl$$

**할로젠화 반응**(halogenation)을 개시하는 데는 열이나 빛이 필요하다. 알케인과 염소나 브로민과의 반응은 적절한 속도로 진행되고, 쉽게 조절할 수 있다. 플루오린과의 반응은 종종 너무 빨라 조절할 수 없다. 아이오딘과의 반응은 너무 느리거나 전혀 일어나지 않는다. 4장에서 알케인의 할로젠화 반응을 다룰 것이다.

## 3-7 알케인의 구조와 회전 배열

알케인은 유기 화합물의 다른 부류들만큼 반응성이 높지는 않지만, 동일한 구조적 특징을 많이 가지고 있다. 간단한 알케인의 예를 들어 $sp^3$ 혼성을 지닌 탄소 원자의 구조와 C—C 및 C—H 단일 결합의 성질 같은 유기 화합물들이 가진 특성 몇 가지를 살펴보자.

### 3-7A 메테인의 구조

가장 단순한 알케인은 메테인($CH_4$)이다. 메테인은 $sp^3$ 혼성 탄소-탄소 결합에서 예측되는 109.5°의 결합각을 가진 완전한 정사면체이다. 4개의 수소 원자는 1.09 Å의 결합 길이를 가지면서 중심 탄소 원자에 공유 결합을 이루고 있다.

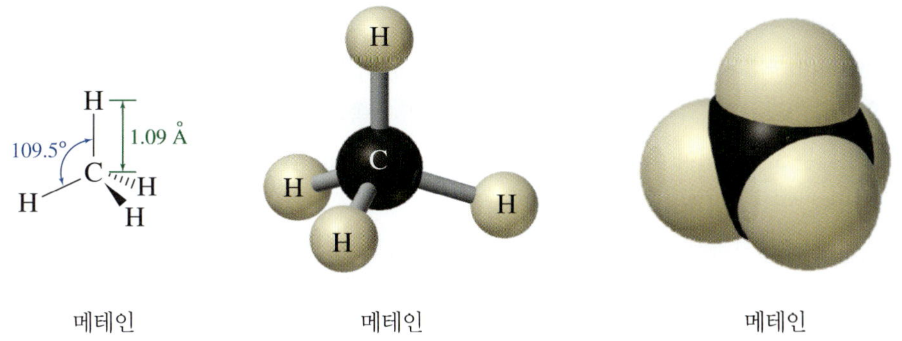


메테인 메테인 메테인

### 3-7B 에테인의 회전 배열

2개의 탄소를 가진 알케인인 에테인은 2개의 메틸기로 이루어져 있는데, $sp^3$ 혼성 오비탈이 겹침으로써 두 메틸기 사이에 1개의 시그마 결합을 형성하고 있다.

두 메틸기는 단 하나의 위치에 고정되어 있는 것이 아니라 두 탄소를 연결하는 결합 주위를 비교적 자유롭게 회전한다. 탄소 원자들이 회전할 때 이 시그마 결합은 선형 결합 겹침을 그대로 유지한다. 단일 결합 주위의 회전으로 생기는 원자들의 다른 배열을 **회전 배열**(conformation)이라고 하며, 특정한 회전 배열을 **회전 배열 이성질체**(conformer, '*confor*mational iso*mer*')라고 한다.*
순수한 회전 배열 이성질체는 대부분 분리할 수 없는데, 이는 분자들이 모든 가능한 회전 배열을 거치면서 끊임없이 회전하고 있기 때문이다.

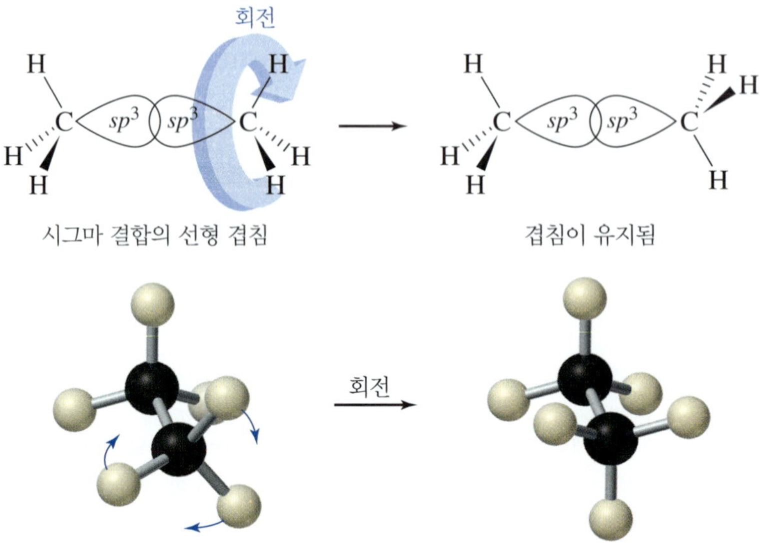


회전 배열을 그릴 때 두 탄소 원자를 연결하는 결합을 똑바로 내려다보면서 분자를 그리는 방법인 **Newman 투영도**(Newman projection)를 흔히 사용한다(그림 3-5). 앞쪽의 탄소 원자는 Y자 모양으로 그어지는 3개의 선(3개 결합)으로 나타낸다. 뒤쪽의 탄소는 1개의 원으로 나타내는데, 이 원으로부터는 3개의 선이 바깥쪽으로 향하고 있다. Newman 투영도에 익숙해질 때까지 여러 모형을 만들어 이들 그림과 비교해보자.

에테인에 대한 무한한 수의 회전 배열이 있을 수 있는데, 그 이유는 앞쪽과 뒤쪽의 두 탄소 원자가 붙어 있는 수소 원자들 간의 각이 무수히 많은 값을 취할 수 있기 때문이다. 그림 3-6은 Newman 투영도와 톱질대 구조를 사용하여 몇 가지 에테인의 회전 배열을 나타내고 있다. **톱질대 구조**(sawhorse structure)는 탄소-탄소 결합을 특정 각도에서 내려다본 분자를 나타내고 있다. 톱

* 이것이 회전 배열 이성질체에 대한 일반적인 정의이다. IUPAC 정의는 뷰테인의 안티나 고우시와 같이 회전 배열에 관련된 고유의 최소 퍼텐셜 에너지가 필요하다.

앞쪽의 탄소

뒤쪽의 탄소

말단에서 바라봄

원근법

Newman 투영도

**그림 3-5** Newman 투영도는 탄소-탄소 결합을 똑바로 내려다보고 그린다.

Newman 투영도

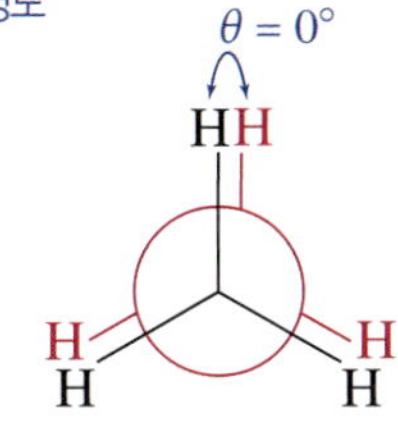

$\theta = 0°$

$\theta = 60°$

$\theta$

톱질대 구조

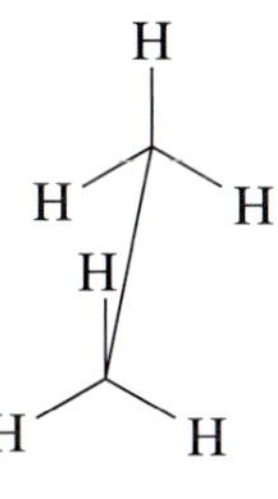

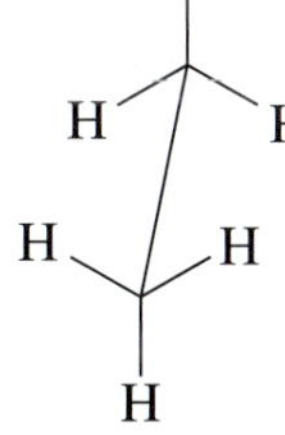

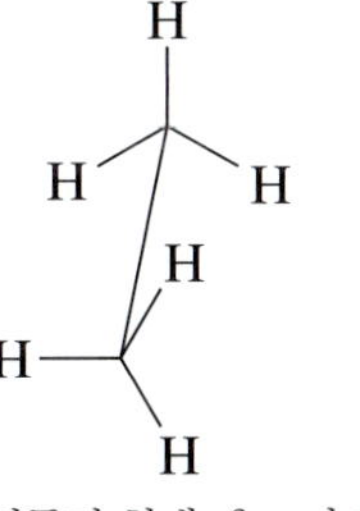

가려진 형태, $\theta = 0°$

엇갈린 형태, $\theta = 60°$

비틀린 형태, $\theta$ = 기타

**그림 3-6** 에테인의 회전 배열. 가려진 형태는 $\theta = 0°$의 이면각을 가지고 있고, 엇갈린 형태는 $\theta = 60°$의 이면각을 가지고 있다. 그 중간에 있는 어떤 다른 회전 배열은 비틀린 형태라고 한다.

질대 구조는 보는 시각에 따라 달라지기 때문에 오해를 일으킬 수 있다. 분자의 회전 배열을 그릴 때는 원근법이나 Newman 투영도를 이용할 것이다.

**연습문제 3-11(부분적인 해답)**

다음 분자에 대해 파란색 화살표 방향에서 본 Newman 투영도를 그려보라.

(a)

(b)

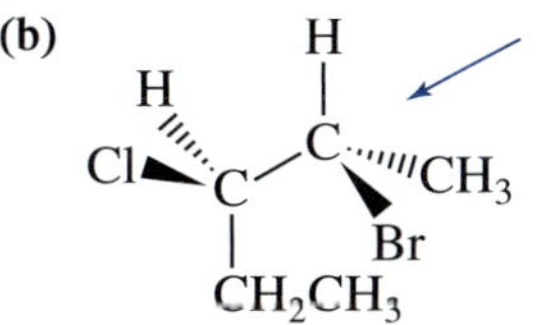

(c)

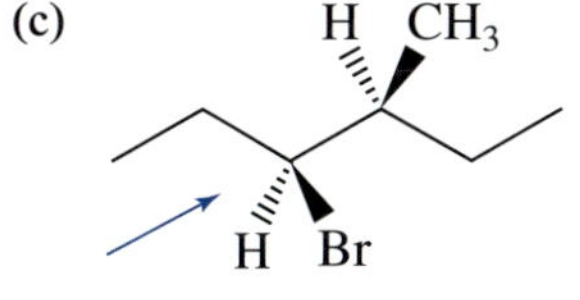

**풀이 (a)**

화살표 방향에서 볼 때 앞쪽 탄소는 위쪽을 향한 메틸기, 왼쪽 아래를 향한 염소와 오른쪽 아래를 향한 수소를 가지고 있다. 뒤쪽 탄소는 아래를 향한 에틸기, 왼쪽 위를 향한 브로민과 오른쪽 위를 향한 수소를 가지고 있다.

앞쪽 탄소

뒤쪽 탄소

Newman 투영도

어떤 회전 배열이라도 그 **이면각**(dihedral angle, $\theta$), 즉 Newman 투영도에서 앞쪽의 탄소에 붙은 C—H 결합과 뒤쪽 탄소에 붙은 C—H 결합 사이의 각을 명시할 수 있다. 두 가지 종류의 회전 배열은 특별한 이름을 가지고 있다. $\theta = 0°$를 가진 회전 배열은 Newman 투영도가 뒤쪽의 탄소에 붙은 수소 원자가 앞쪽의 탄소에 붙은 수소 원자에 의해 숨겨진(가려진, eclipsed) 것을 나타내기 때문에 **가려진 형태**(eclipsed conformation)라고 한다. $\theta = 60°$를 가진 **엇갈린 형태**(staggered conformation)에서는 뒤쪽 탄소에 붙은 수소 원자가 앞쪽 탄소에 붙은 수소 원자 사이의 가운데 쯤에 엇갈려 있다. 그 중간에 있는 다른 어떤 중간 회전 배열은 모두 **비틀린 형태**(skew conformation)라고 한다.

실온의 에테인 기체 시료에서 에테인 분자는 1초에 수백만 번 회전하여 회전 배열이 끊임없이 변한다. 그러나 이들 회전 배열이 모두 동일한 선호도를 가지는 것은 아니다. 가장 낮은 에너지를 가진 회전 배열은 엇갈린 형태로서 C—H 결합의 전자 구름이 가능한 한 멀리 떨어져 있다. 가려진 형태의 에너지는 엇갈린 형태보다 에너지가 약 12.6 kJ/mol(3.0 kcal/mol) 더 높다. 이 3 kcal라는 에너지는 그다지 많은 양이 아니어서 실온에서 대부분의 분자는 이 작은 회전 장벽을 극복하기에 충분한 운동 에너지를 가지고 있다.

그림 3-7은 C—C 결합이 회전할 때 에테인의 퍼텐셜 에너지가 어떻게 변하는가를 보여준다. $y$축은 가장 안정한(엇갈린) 형태와 비교한 퍼텐셜 에너지를 나타낸다. $x$축은 이면각이 계속해서 증가할 때 $\theta$가 0°(가려진 형태)로부터 60°(엇갈린 형태)를 거치면서 증가한 다음, 계속해서 추가적인 가려진 형태와 엇갈린 형태를 거칠 때의 이면각을 나타낸다. 에테인이 가려진 형태를 향해 회전할 때 퍼텐셜 에너지가 증가하여 회전에 대한 저항이 생긴다. 뒤틀림(twisting) 또한 비틀림(torsion)에 대한 이러한 저항을 **비틀림 무리**(torsional strain)라고 하며, 이때 필요한 에너지 12.6 kJ/mol (3.0 kcal/mol)을 **비틀림 에너지**(torsional energy)라고 한다.

**회전 배열 분석**(conformational analysis)은 다른 회전 배열 간의 에너지 관계에 대한 고찰이다. 대부분의 반응은 한 분자가 어떤 특정한 회전 배열로 뒤틀리는 능력에 좌우된다. 이에 따라 회전 배열 분석은 어느 회전 배열을 선호하고 어떤 반응이 더 잘 일어날 것인지를 예측하는 데 도움을 줄 수 있다. 우선 프로페인과 뷰테인에 대해 회전 배열 분석을 적용해보자. 이어 몇 가지 흥미로운 사이클로알케인에 대해 살펴보자.

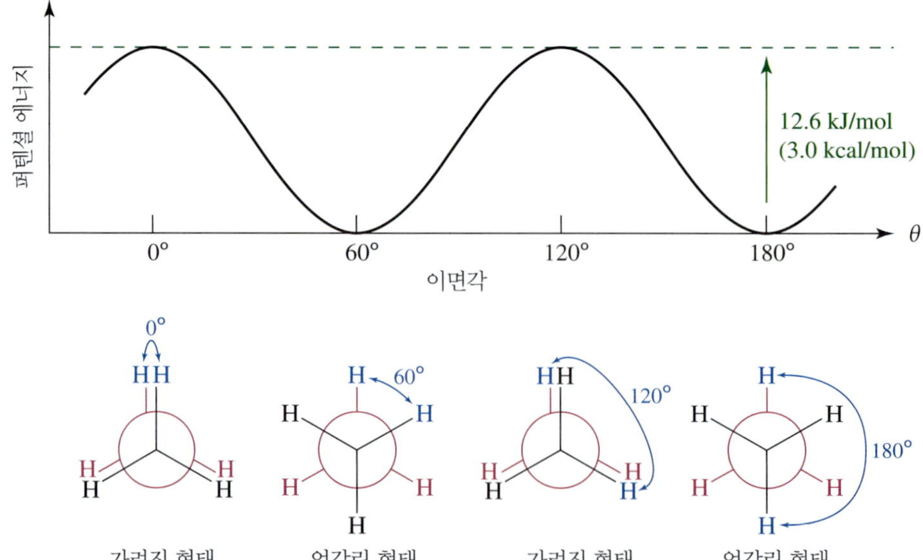


**그림 3-7** 에테인의 비틀림 에너지는 엇갈린 형태에서 가장 낮다. 가려진 형태는 에너지가 약 12.6 kJ/mol(3.0 kcal/mol) 더 높다. 실온에서 이 장벽은 쉽게 극복되어 분자들이 끊임없이 회전한다.

말단에서 바라봄 원근법 Newman 투영도

**그림 3-8** 프로페인을 원근법 및 C—C 결합 중 하나를 내려다본 Newman 투영도로 나타냈다.

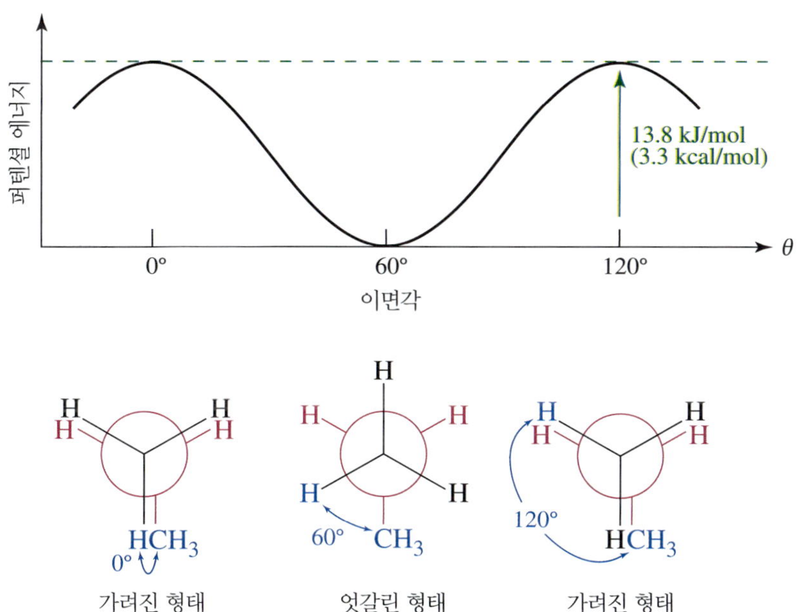


**그림 3-9** 프로페인의 비틀림 에너지. 프로페인의 한 C—C 결합이 회전할 때 비틀림 에너지는 에테인의 경우와 아주 유사하게 변하지만 가려진 형태에서는 13.8 kJ/mol(3.3 kcal/mol)의 비틀림 에너지를 가진다.

## 3-7C 프로페인의 회전 배열

프로페인은 $C_3H_8$ 분자식을 가진 탄소 수가 3인 알케인이다. 그림 3-8은 프로페인의 3차원적인 표현법과 C—C 결합 중 하나를 내려다본 Newman 투영도를 나타낸다.

그림 3-9는 C—C 결합 중 하나가 회전할 때 프로페인의 비틀림 에너지를 나타낸 그래프이다. 가려진 형태의 비틀림 에너지는 약 13.8 kJ/mol(3.3 kcal/mol)로서 에테인에 비해 단지 1.2 kJ(0.3 kcal)만큼 더 크다. 분명 C—H 결합을 C—$CH_3$ 결합으로 가림으로써 발생하는 비틀림 무리는 2개의 C—H 결합이 가려진 경우보다 1.2 kJ(0.3 kcal)만큼 더 크다.

**문제풀이 힌트**

하나의 C—H 결합에 가려진 하나의 C—H 결합은 4.2 kJ/mol(1.0 kcal/mol) 비틀림 에너지(가려진 에테인의 3분의 1)를 생성한다. 하나의 C—$CH_3$ 결합에 가려진 하나의 C—H 결합은 5.4 kJ/mol(1.3 kcal/mol)을 생성한다.

**연습문제 3-12**

2-메틸프로페인이 C1과 C2 간의 결합 주위를 회전할 때 그림 3-9와 유사한 비틀림 무리의 그래프를 그려보라. 이면각과 가려진 형태와 엇갈린 형태의 Newman 투영도를 각각 그려보라.

## 3-8 뷰테인의 회전 배열

뷰테인은 $C_4H_{10}$의 분자식을 가진 탄소가 4개인 알케인이다. *n*-뷰테인은 곧은 사슬 알케인의 일종이라고 하지만, 탄소 원자의 사슬이 정말로 곧은 것은 아니다. 탄소 원자들 간의 각은 정사면체 각에 가까운 약 109.5°이고, 어느 C—C 결합에 대해서도 회전이 가능하다. 양 끝 중 하나(C1—C2 또는 C3—C4)를 회전시키는 것은 에테인이나 프로페인에서 메틸기를 회전시키는 것과 같다. 하

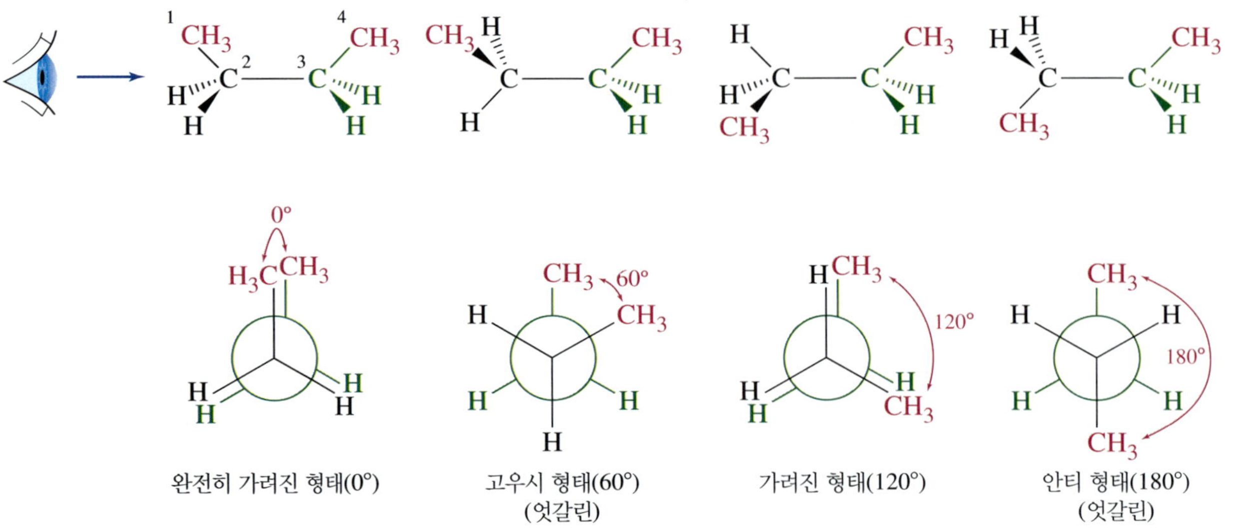

완전히 가려진 형태(0°) | 고우시 형태(60°) (엇갈린) | 가려진 형태(120°) | 안티 형태(180°) (엇갈린)

**그림 3-10** 뷰테인의 회전 배열. 뷰테인에서 중심 결합 주위의 회전으로 인해 다른 분자 모형이 생긴다. 이들 중 세 가지는 고유한 이름을 가진다.

지만 중앙의 C2— C3 결합의 회전은 더욱 흥미롭다. 그림 3-10은 뷰테인의 중심 탄소인 C2—C3를 내려다본 Newman 투영도 4개를 나타낸다. 분자 모형으로 뷰테인을 조립하고 C2—C3 결합을 내려다보라. 이면각 $\theta$를 2개의 말단 메틸기 간의 각으로 정의했다는 점에 유의하라.

그림 3-10의 세 가지 회전 배열은 고유한 이름을 가지고 있다. 두 메틸기가 같은 방향으로 향할 때($\theta = 0°$) 두 메틸기는 서로 가려진다. 이 회전 배열은 $\theta = 120°$인 회전 배열 같은 다른 가려진 형태들과 구별하기 위해 **완전히 가려진 형태**(totally eclipsed conformation)라고 한다. $\theta$가 60°일 때 뷰테인 분자는 엇갈린 형태로 두 메틸기가 서로 좌우로 향한다. 60°의 이면각을 가진 회전 배열을 **고우시**(gauche)라고 하는데, 프랑스어로 '떠났다' 또는 '볼품없다'라는 뜻이다.

또 하나의 엇갈린 형태는 $\theta = 180°$에서 일어나며, 두 메틸기가 반대 방향으로 향한다. 이 회전 배열은 두 메틸기가 '반대'로 향하기 때문에 **안티**(anti)라고 한다.

## 3-8A 뷰테인의 비틀림 에너지

그림 3-11에 뷰테인 회전 배열의 상대적인 비틀림 에너지를 나타냈다. 모든 엇갈린 형태(안티와 고우시)는 어느 가려진 형태보다 에너지가 더 낮다. 안티 형태는 2개의 부피가 큰 메틸기가 가장 멀리 떨어져 있기 때문에 에너지가 최저이다. 서로 60°만큼 떨어진 2개의 메틸기를 가진 고우시 형태는 두 메틸기에 있는 전자 구름이 서로 반발하기에 충분할 정도로 두 메틸기가 인접해 있기 때문에 안티 형태보다 에너지가 3.8 kJ/mol(0.9 kcal/mol) 더 높다. 이 회전 배열에서 메틸기들의 밀집도를 비교하기 위해 분자 모형을 사용하라.

## 3-8B 입체 무리

완전히 가려진 형태는 다른 가려진 형태보다 에너지기 약 6 kJ/mol(1.4 kcal/mol) 더 높은데, 그 이유는 이 회전 배열은 말단 메틸기들이 서로 너무 가깝게 위치하여 전자 구름이 강력히 반발하기 때문이다. 2개의 부피가 큰 기 간의 이 같은 종류의 간섭을 **입체 무리**(steric strain)* 라고 한다. 다음

* '입체 무리'는 때때로 큰 작용기가 간섭하여 반응이 느려짐(장애)을 말하는 용어인 '입체 장애(steric hindrance)'라 하는 것이 더 적절하다.

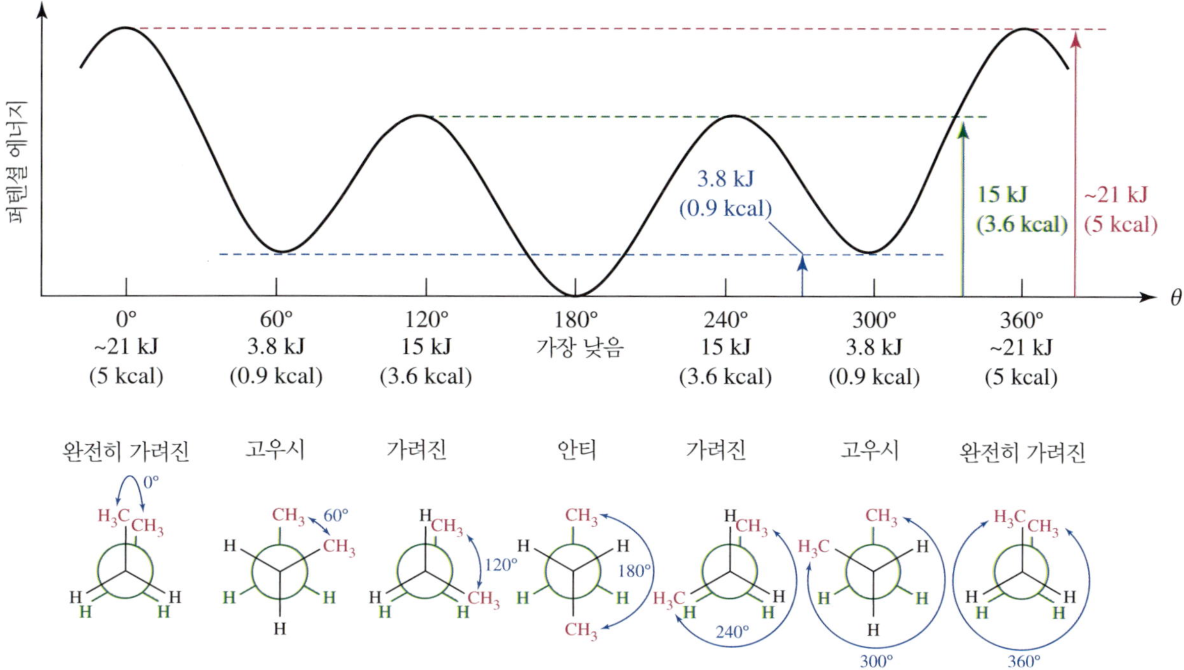


**그림 3-11** 뷰테인의 비틀림 에너지. 안티 형태는 에너지가 최저이고, 완전히 가려진 형태는 에너지가 최고이다.

구조는 완전히 가려진 형태에서의 두 메틸기 간의 간섭을 나타낸다.

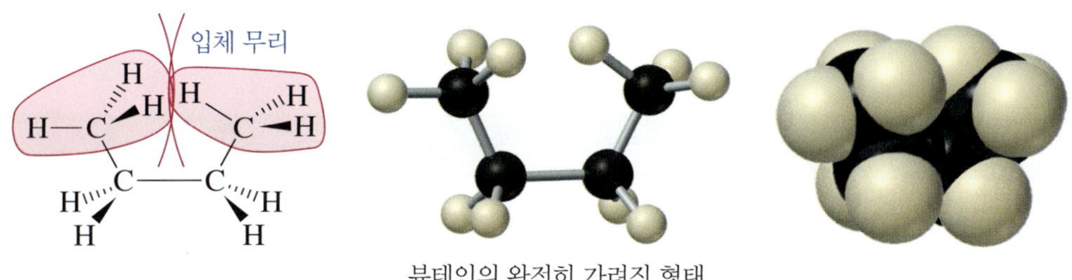


뷰테인의 완전히 가려진 형태

완전히 가려진 형태를 60° 회전시켜 고우시 형태가 되면 이 입체 무리는 전부는 아니지만 대부분이 없어진다. 이 고우시 형태는 아직도 가장 안정한 안티 형태보다 에너지가 3.8 kJ/mol (0.9 kcal/mol) 더 높다.

뷰테인의 여러 가지 회전 배열에 관해 배운 것을 다른 알케인에 적용할 수 있다. C—C 단일 결합에 붙은 작용기들의 가려짐을 피하기 위해 가능하면 언제나 엇갈린 형태들로 존재할 것이라고 예측할 수 있다. 엇갈린 형태 중에서 안티 형태를 선호하는데, 그 이유는 이 회전 배열이 가장 낮은 비틀림 에너지를 가지고 있기 때문이다. 하지만 실온에서는 분자들이 모든 다른 회전 배열에서 신속히 회전하기에 충분한 열에너지가 존재한다는 것을 기억해야 한다. 더 많은 분자가 덜 안정한 회전 배열보다는 더 안정한 회전 배열로 존재하기 때문에 회전 배열 간의 상대적인 안정성이 중요하다.

**문제풀이 힌트**

$C-CH_3$ 결합이 다른 $C-CH_3$ 결합으로 가려지면 약 13 kJ/mol(3 kcal/mol) 비틀림 에너지를 제공한다.

| 결합 | 가려짐 | 에너지 |
|---|---|---|
| C—H | C—H | 4.2 kJ (1.0 kcal) |
| C—H | $C-CH_3$ | 5.4 kJ (1.3 kcal) |
| $C-CH_3$ | $C-CH_3$ | 13 kJ (3 kcal) |

**연습문제 3-13**

2-메틸뷰테인이 C2—C3 결합 주위를 회전할 때 그림 3-11과 유사한 이 화합물의 비틀림 에너지 그래프를 그려보라.

## 3-9 더욱 큰 알케인의 회전 배열

더욱 큰 알케인의 C—C 결합 주위의 안티 및 고우시 형태에 대한 선호도는 뷰테인의 경우와 유사하다. 곧은 사슬 알케인에 대한 최저 에너지 회전 배열은 안티 형태로, 이는 모든 내부 C—C 결합이 모두 안티 자리에 있는 회전 배열이다. 이들 안티 형태는 사슬에 대해 지그재그 형상을 갖게 한다. 실온에서 내부 C—C 결합은 회전하게 되며, 다수의 분자는 고우시 형태를 가진다. 고우시 형태는 지그재그 구조를 비틀리게 한다. 그럼에도 불구하고 가장 안정한 배열을 나타내기 위해 사슬을 흔히 지그재그 구조로 그린다.

긴 사슬의 알킬기 형태는 지질의 녹는점 및 영양과 관련이 있으므로 지질 화학(25장)에서 중요하다.

안티 형태 고우시 형태 옥테인, 모든 안티 형태 모든 안티, 지그재그 형태

**연습문제 3-14**

3-메틸헥세인의 가장 안정한 형태의 투영도를 그려보라.

### FOCUS | 비고리 알케인의 회전 배열

제약이 없으면 단일 결합 중심으로 원자들은 끊임없이 회전한다. 이처럼 서로 다른 회전 위치를 회전 배열 이성질체, 단축해서 **회전 배열** 혹은 회전 이성질체라고 한다. 이론적으로 특정 단일 결합에 대해 무한대의 회전 배열이 존재할 수 있다. 이를 단순화하기 위해 에너지가 가장 낮은 회전 배열과 에너지가 가장 높은 회전 배열을 공부해보자.

회전 배열을 표현하기 위해 오하이오 주립대학교의 Newman 교수가 고안한 방법을 사용한다. 관찰자가 C—C 결합을 똑바로 내려다보고 C1의 치환기들은 앞쪽 원에서, C2의 치환기들은 뒷쪽 원에서 나오는 것처럼 그려보라.

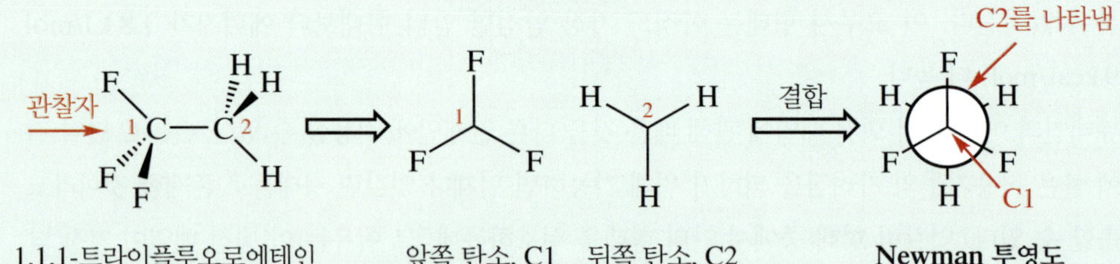


모든 C—C 결합에 대해 Newman 투영도를 그릴 수 있지만, 다른 것에 비해 더 유용한 Newman 투영도가 있다. C—C 결합이 특정되지 않은 경우 수소가 아닌 치환기들이 탄소로부터 나오는 형태를 선택하라. 예를 들어 1,1-다이브로모프로페인을 살펴보자.

1,1-다이브로모프로페인

C2—C3에 대해 내려다볼 때 의미 있는 정보를 얻을 수가 없다.

C1—C2에 대해 내려다볼 때 엇갈린 형태에서 $CH_3$와 2개의 브로민이 어떻게 상호 작용하는지 보여준다.

엇갈린 형태가 60° 회전을 통해 가려진 형태로 변환된다.

더 낮은 에너지를 가진 **엇갈린 형태**는 치환기들이 최대한 멀리 위치하고, 에너지가 높은 **가려진 형태**는 치환기들이 최대한 가깝게 위치한다. 일반적으로 모든 엇갈린 형태는 가려진 형태보다 에너지가 낮다.

아래 예와 같이 각 탄소 치환기의 종류에 따라 1개 이상의 엇갈린 형태와 가려진 형태가 존재한다.

Newman 투영도에서 60° 회전시키면 엇갈린 형태가 가려진 형태로, 가려진 형태가 엇갈린 형태로 변환된다.

---

다음 화합물은 두 종류의 엇갈린 형태가 존재한다. C2—C3 결합에 대해 내려다본 뷰테인의 Newman 투영도는 **엇갈린-안티 형태**로 C1과 C4가 서로 반대편에 위치하거나, **엇갈린-고우시 형태**로 서로 가깝게 위치하는 것을 보여준다.



엇갈린-안티,
가장 낮은 에너지



엇갈린-고우시,
안티보다 높은 에너지

## 3-10 사이클로알케인

많은 유기 화합물은 **고리 모양**(cyclic)이다. 이들은 원자로 이루어진 고리를 가지고 있다. 우리가 먹는 탄수화물, DNA와 RNA를 구성하는 뉴클레오타이드, 질병을 치료하는 데 사용하는 항생제도 고리 모양이다. 이 장에서는 고리 모양 화합물의 성질과 안정성을 논의하는 예로서 사이클로알케인을 사용한다.

**사이클로알케인**(cycloalkane)은 탄소 원자들의 고리를 가진 알케인이다. 간단한 사이클로알케인은 고리의 존재를 가리키는 사이클로-(*cyclo*-)라는 접두사를 붙여 비고리(acyclic 또는 noncyclic) 알케인류처럼 명명한다. 예를 들면 한 고리 안에 4개의 탄소 원자를 가진 사이클로알케인은 사이클로뷰테인(cyclobutane)이라고 명명한다. 한 고리 안에 7개의 탄소 원자를 가진 사이클로알케인은 사이클로헵테인(cycloheptane)이라고 한다. 사이클로알케인의 고리를 그리는 데 선-각 구조식이 흔히 사용된다(그림 3-12).

### 3-10A 사이클로알케인의 일반적인 분자식

단순한 사이클로알케인은 $CH_2$기(메틸렌기)의 고리이다. 각 사이클로알케인은 탄소 원자의 수보다 정확히 2개 많은 수소 원자를 가지고 있으므로, 일반식은 $C_nH_{2n}$이다. 이 일반식은 고리가 아닌 알케인의 일반식인 $(2n+2)$식보다 수소 원자 수가 2개 부족하다. 고리는 말단기를 가지고 있지 않으므로 사슬의 말단을 완성하기 위해 수소가 필요하지 않다.

### 3-10B 사이클로알케인의 물리적 성질

대부분의 사이클로알케인은 **비고리**(acyclic, noncyclic), 열린 사슬 알케인의 물리적 및 화학적 성질과 유사하다. 이들 화합물은 비극성이며, 분자량에 좌우되는 끓는점과 녹는점을 가진 비교적 비활성인 화합물이다. 사이클로알케인은 아주 조밀한 고리 모양을 유지하므로, 이들의 물리적 성질은 조밀한 가지 달린 알케인과 유사하다. 몇 가지 보편적인 사이클로알케인의 물리적 성질을 표 3-4에 나타냈다.

**응용: 마취제**

사이클로프로페인은 다른 단순한 알케인과 사이클로알케인처럼 증기가 졸리게 하거나 의식을 잃게 하므로 일반적인 마취제로 사용되었다. 이는 폐 안으로 흡입된 후 핏속으로 들어간다. 이 화합물의 비극성 성질에 기인하여 빠르게 피 안에서 빠져나와 마취를 일으키는 중추신경계를 둘러싼 비극성 피막을 통과한다. 그러나 사이클로프로페인은 (에터처럼) 가연성이 높고 공기와 혼합될 때 폭발을 일으키므로 더 이상 마취제로 사용되지 않는다.

**표 3-4** 몇 가지 간단한 사이클로알케인의 물리적 성질

| 사이클로알케인 | 분자식 | 끓는점(°C) | 녹는점(°C) | 밀도 |
|---|---|---|---|---|
| 사이클로프로페인 | $C_3H_6$ | −33 | −128 | 0.72 |
| 사이클로뷰테인 | $C_4H_8$ | −12 | −50 | 0.75 |
| 사이클로펜테인 | $C_5H_{10}$ | 49 | −94 | 0.75 |
| 사이클로헥세인 | $C_6H_{12}$ | 81 | 7 | 0.78 |
| 사이클로헵테인 | $C_7H_{14}$ | 118 | −12 | 0.81 |
| 사이클로옥테인 | $C_8H_{16}$ | 148 | 14 | 0.83 |

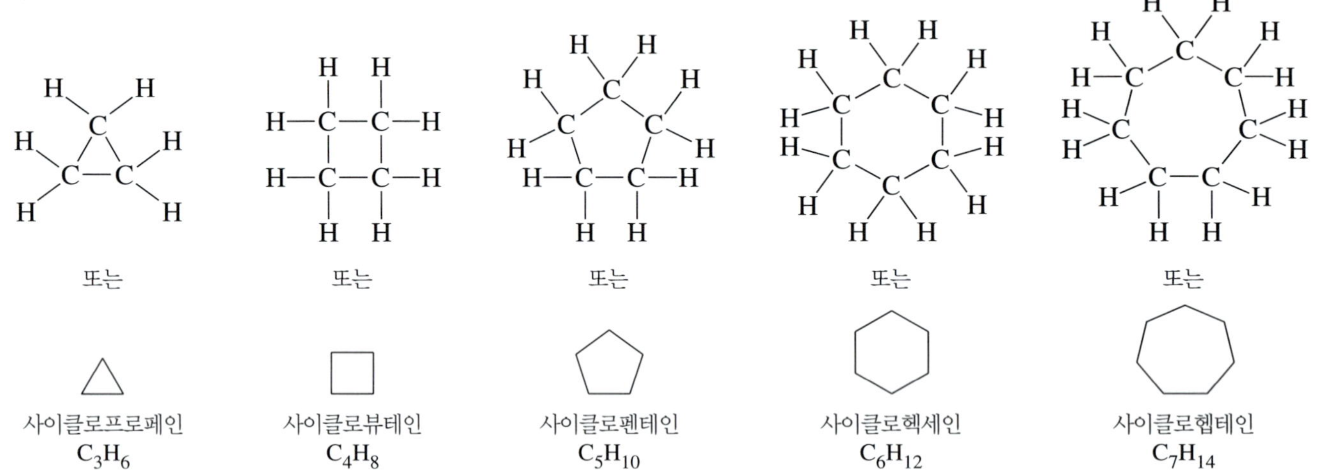


**그림 3-12** 몇 가지 사이클로알케인의 구조

## 3-10C 사이클로알케인의 명명법

사이클로알케인은 비고리 알케인과 유사하게 명명한다. 치환된 사이클로알케인은 사이클로알케인을 기본으로 하고, 여기에 치환기의 이름을 붙여서 명명한다. 오직 1개의 치환기가 존재할 때는 고리 탄소에 번호를 매길 필요가 없다.

메틸사이클로펜테인　　*t*-뷰틸사이클로헵테인　　(1,2-다이메틸프로필)사이클로헥세인

고리에 2개 이상의 치환기가 붙은 경우에는 치환된 탄소에 대해 될 수 있는 대로 작은 숫자가 되도록 고리 탄소에 번호를 매긴다. 번호를 매기는 방법은 치환된 고리 탄소 중 하나에서 시작하여 다른 치환기에 대해서 될 수 있는 대로 작은 숫자를 주는 방향으로 매겨나간다. 이름 내에서 치환기들은 알파벳순으로 적는다. 치환기를 가진 고리 탄소의 양 끝 모두 번호 매기기를 할 수 있을 때는 (치환 사이클로알케인에서와 같이) 치환체가 더 많은 고리 탄소나 알파벳순으로 앞서는 알킬기에서부터 번호를 매겨나간다.

1-에틸-2-메틸사이클로뷰테인 1,1,3-트라이메틸사이클로펜테인 1,1-다이에틸-4-아이소프로필사이클로헥세인

분자의 비고리 부분이 고리 부분보다 더 많은 탄소 원자를 가지고 있을 때(또는 그것이 중요한 작용기를 가지고 있을 때) 고리 부분은 때로는 하나의 사이클로알킬 치환기로 명명한다.

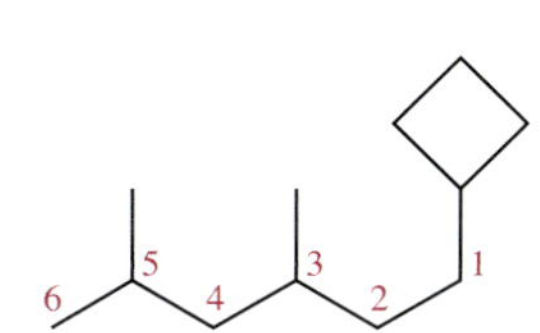

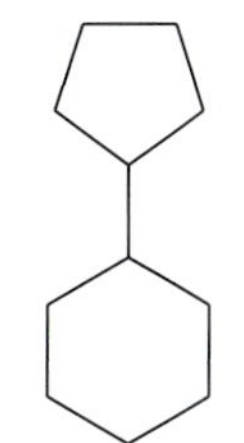

4-사이클로프로필-3-메틸옥테인 1-사이클로뷰틸-3,5-다이메틸헥세인 사이클로펜틸사이클로헥세인

**연습문제 3-15**

다음 각 화합물에 대한 IUPAC명을 쓰라.

(a) $CH_3—CH—CH_2CH_3$

(b)

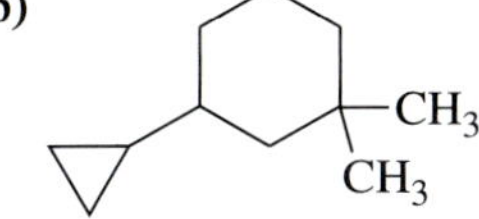

(c)

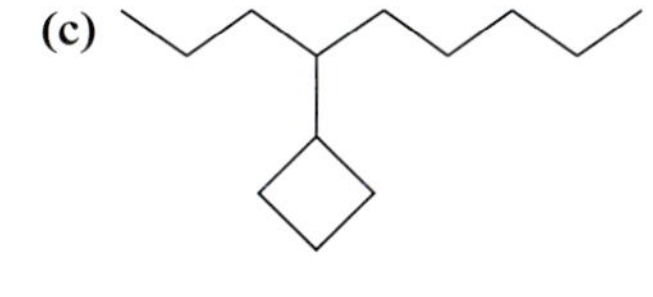

**문제풀이 힌트**

때때로 학생들이 비고리 구조를 그리려고 할 때 실수로 고리 구조를 그리기도 한다. 그 반대의 경우도 종종 생긴다. 항상 이름에 '사이클로-(*cyclo*-)'라는 접두사가 있는지 확인하라.

**연습문제 3-16**

다음 각 화합물에 대한 구조를 그리고, 분자식을 작성하라.

(a) 1-에틸-3-메틸사이클로헵테인
(b) 아이소뷰틸사이클로헥세인
(c) 사이클로프로필사이클로펜테인
(d) 3-에틸-1,1-다이메틸사이클로헥세인
(e) 3-에틸-2,4-다이메틸헥세인
(f) 1,1-다이에틸-4-(3,3-다이메틸뷰틸)사이클로헥세인

## 3-11 사이클로알케인의 시스-트랜스 이성질 현상

열린 사슬 알케인(비고리)은 C—C 단일 결합 중심으로 회전한다. 이러한 자유 회전을 통해 사이클로알케인의 수많은 회전 배열을 가정할 수 있다. 알켄은 회전을 막는 단단한 이중 결합을 가지고 있으므로, 이중 결합에 붙은 기들의 배향이 다른 시스 이성질체와 트랜스 이성질체가 생긴다(1-19B절). 이 점에서 사이클로알케인은 알켄과 유사하다. 사이클로알케인은 명확히 구분되는 두 가지 면이 있다. 2개의 치환기가 동일 방향을 지향한다면 이들은 **시스**(cis)이다. 이들이 서로 반대 방향으로 지향한다면 이들은 **트랜스**(trans)이다. 이들 **기하 이성질체**(geometric isomer)는 결합을 절단하거나 재형성하지 않고서는 상호 변환시킬 수 없다.

그림 3-13에서는 뷰트-2-엔(but-2-ene)의 기하 이성질체를 1,2-다이메틸사이클로펜테인(1,2-dimethylcyclopentane)의 기하 이성질체와 비교했다. 시스- 및 트랜스-1,2-다이메틸사이클

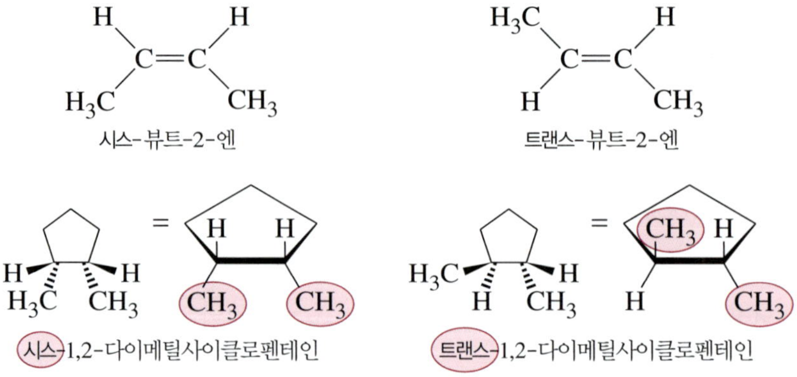

시스-뷰트-2-엔 트랜스-뷰트-2-엔

시스-1,2-다이메틸사이클로펜테인 트랜스-1,2-다이메틸사이클로펜테인

**그림 3-13** 사이클로알케인의 시스-트랜스 이성질 현상. 알켄처럼 사이클로알케인 고리는 자유 회전을 하지 못한다. 사이클로알케인 위에 있는 2개의 치환기는 고리의 같은 쪽(시스)에 놓여 있거나 반대쪽(트랜스)에 있어야 한다.

로펜테인은 결합들의 단순한 회전으로는 상호 변환시킬 수 없다는 것을 확신하기 위해 이들 화합물의 분자 모형을 만들어보라. 투영도에서 더 두꺼운 선은 관찰자 쪽을 향한 분자 부분임을 주목하라.

**연습문제 3-17**

다음 사이클로알케인 중 어느 것이 기하 이성질 현상(시스-트랜스)을 가질 수 있는가? 시스 및 트랜스 이성질체의 구조를 그려보라.

**(a)** 3-에틸-1,1-다이메틸사이클로헥세인
**(b)** 1-에틸-3-메틸사이클로헵테인
**(c)** 1-에틸-3-메틸사이클로펜테인
**(d)** 1-사이클로프로필-2-메틸사이클로헥세인

**연습문제 3-18**

다음의 각 사이클로알케인에 대한 IUPAC명을 답하라.

**(a)** **(b)** 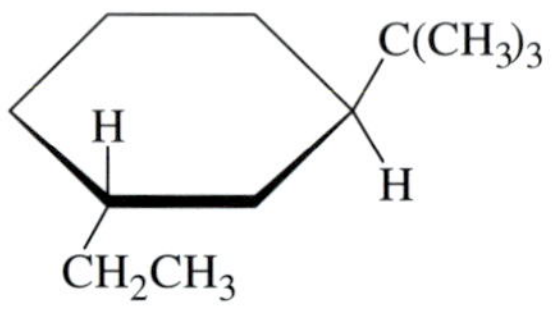 **(c)**

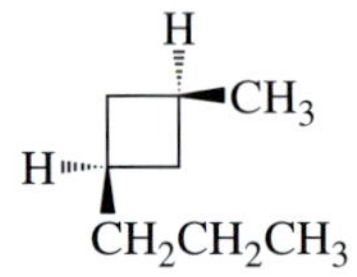

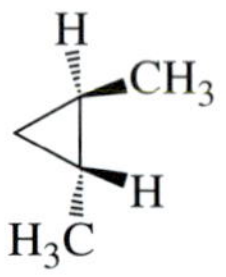

## 3-12 사이클로알케인의 안정성: 고리 무리

단순한 사이클로알케인류(약 $C_{20}$까지)를 모두 합성할 수 있지만, 가장 보편적인 고리 화합물은 5개나 6개의 탄소 원자를 가지고 있다. 이들 고리의 안정성과 회전 배열은 수많은 중요한 유기 화합물의 성질을 결정하는 데 도움이 되므로 이에 대해 자세히 공부해보자.

어떤 이유로 5원자 고리와 6원자 고리가 다른 고리보다 더 보편적인가? Adolf von Baeyer는 19세기 후반에 최초로 고리형 화합물의 상대적인 안정성을 설명하고자 했던 공로로 1905년에 노벨상을 수상했다. Baeyer는 비고리 알케인에서 탄소 원자는 109.5°의 결합각을 가진다고 추론했다. (오늘날 $sp^3$ 혼성화된 탄소 원자의 정사면체 구조로 이 결합각을 설명한다.)

만약 사이클로알케인이 109.5°와 다른 결합각을 가지게 될 경우 C—C 결합의 오비탈들이 최대 겹침을 할 수 없으므로 틀림없이 그 사이클로알케인은 이와 관련된 **각무리**(angle strain, 때로는 Baeyer strain이라고 함)를 받게 된다. 그림 3-14는 90°의 결합각을 가지고 있는 평면 사이클로뷰테인은 상당한 각무리가 예측됨을 보여주고 있다.

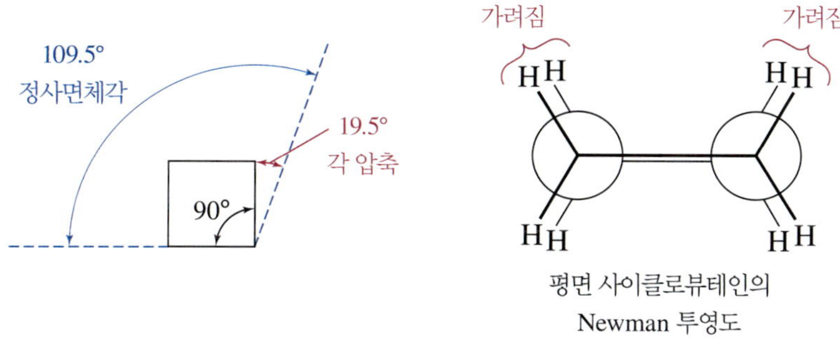


**그림 3-14** 평면 사이클로뷰테인의 고리 무리는 결합각이 정사면체각인 109.5°가 아닌 90°로 압축될 때 생기는 결합 각 무리와 결합각의 가림에서 오는 비틀림 무리의 두 가지 요인으로부터 생긴다.

이와 같은 각무리에 더하여 그림 3-14에 있는 Newman 투영도는 결합들이 뷰테인의 완전히 가려진 형태와 유사한 가려진 형태를 보여준다(3-7절). 이 결합들의 가려진 형태는 뒤틀림 무리를 유발한다. 각무리와 뒤틀림 무리의 합을 고리 화합물의 **고리 무리**(ring strain)라고 한다.

다른 사이클로알케인의 고리 무리를 논의하기에 앞서 고리 무리를 측정하는 방법을 생각해볼 필요가 있다. 이론적으로 고리 화합물의 에너지의 총량을 측정하고, 이 값에서 유사한 무리가 없는 기준 화합물의 에너지의 양을 빼준 에너지의 차이가 고리형 화합물에서의 고리 무리에 기인하는 여분의 에너지양임이 틀림없다. 이들 측정은 보통 **연소열**(heat of combustion)을 이용하여 실시한다.

## 3-12A 연소열

**연소열**(heat of combustion)은 어떤 화합물을 **통열량계**(bomb calorimeter)라고 하는 밀폐된 용기 내에서 과량의 산소와 함께 태울 때 방출되는 열의 양이다. 만일 그 화합물이 고리 무리의 결과로서 여분의 에너지를 가지고 있다면 연소할 때 여분의 에너지가 방출된다. 연소열은 보통 '통'을 에워싸고 있는 물중탕의 온도 상승으로 측정한다.

사이클로알케인은 $(CH_2)_n$이라는 분자식으로 나타낼 수 있으므로, 통열량계 내에서의 일반 반응은 다음과 같다.

$$(CH_2)_n + \frac{3}{2}nO_2 \longrightarrow nCO_2 + nH_2O + n(CH_2\text{당 에너지})$$

사이클로알케인, $(CH_2)_n$　　　　연소열

사이클로헥세인의 몰 연소열은 사이클로프로페인의 거의 2배이다. 이는 단순히 사이클로헥세인이 1몰당 2배의 메틸렌($CH_2$)기를 가지고 있기 때문이다. 사이클로알케인의 상대적 안정성을 비교하기 위해 연소열을 메틸렌($CH_2$)기의 수로 나눈다. 이와 같이 하여 얻는 결과는 $CH_2$기 1개당의 에너지이다. 이 규격화된 에너지로부터 사이클로알케인에서의 ($CH_2$기의 1개당) 고리 무리의 상대적 양을 비교할 수 있다.

표 3-5는 몇 가지 간단한 사이클로알케인에 대한 연소열을 나타낸다. $CH_2$기 1몰당 658.6 kJ (157.4 kcal)이라는 기준치는 무리를 받지 않는 긴 사슬 알케인에서 온 것이다. 이들 값은 사이클로프로페인과 사이클로뷰테인에서 고리 무리가 큰 것을 보여준다. 사이클로펜테인, 사이클로헵테인, 사이클로옥테인은 훨씬 작은 고리 무리를 가지며, 사이클로헥세인은 고리 무리가 전혀 없다. 고리 무리의 이와 같은 양상을 설명하기 위해 이들 고리 화합물에 대해 상세히 살펴볼 것이다.

**표 3-5** 몇 가지 간단한 사이클로알케인의 (몰당) 연소열

| 고리 크기 | 사이클로알케인 | 몰 연소열 | $CH_2$기당 연소열 | $CH_2$기당 고리 무리 | 전체 고리 무리 |
|---|---|---|---|---|---|
| 3 | 사이클로프로페인 | 2091 kJ(499.8 kcal) | 697.1 kJ(166.6 kcal) | 38.5 kJ(9.2 kcal) | 115 kJ(27.6 kcal) |
| 4 | 사이클로뷰테인 | 2744 kJ(655.9 kcal) | 686.1 kJ(164.0 kcal) | 27.5 k (6.6 kcal) | 110 kJ(26.3 kcal) |
| 5 | 사이클로펜테인 | 3320 kJ(793.5 kcal) | 664.0 kJ(158.7 kcal) | 5.4 kJ(1.3 kcal) | 27 kJ(6.5 kcal) |
| 6 | 사이클로헥세인 | 3951 kJ(944.4 kcal) | 658.6 kJ(157.4 kcal) | 0.0 kJ(0.0 kcal) | 0.0 kJ(0.0 kcal) |
| 7 | 사이클로헵테인 | 4637 kJ(1108.2 kcal) | 662.4 kJ(158.3 kcal) | 3.8 kJ(0.9 kcal) | 27 kJ(6.4 kcal) |
| 8 | 사이클로옥테인 | 5309 kJ(1268.9 kcal) | 663.6 kJ(158.6 kcal) | 5.1 kJ(1.2 kcal) | 41 kJ(9.7 kcal) |
| 참고: 긴 사슬 알케인 | | | 658.6 kJ(157.4 kcal) | 0.0 kJ(0.0 kcal) | 0.0 kJ(0.0 kcal) |

모든 단위는 몰당이다.

## 3-12B 사이클로프로페인

표 3-5에서 사이클로프로페인이 다른 어떤 사이클로알케인보다 $CH_2$기 1개당 더 많은 고리 무리를 가진다는 사실을 알 수 있다. 두 가지 요인이 큰 고리 무리의 원인이다. 첫째는 109.5°의 정사면체각으로부터 60°의 사이클로프로페인의 결합각으로 압축시키는 데 소요되는 각무리이다. 결합각이 정사면체 결합각과 크게 달라지면 C—C $sp^3$ 오비탈들의 결합 겹침이 약화된다. 각각의 $sp^3$ 오비탈들이 서로를 향해 일직선으로 배향할 수 없고 어떤 각을 이루면서 겹침으로써 더 약한 '굽은 결합'이 형성된다(그림 3-15).

**비틀림 무리**(torsional strain)는 사이클로프로페인이 큰 고리 무리를 갖는 둘째 요인이다. 3원자 고리는 평면을 이루고, 모든 결합이 가려진 형태를 가진다. C—C 결합에 대한 Newman 투영도(그림 3-16)는 회전 배열이 뷰테인의 완전히 가려진 형태와 유사하다는 것을 보여준다. 사이클로프로페인에서의 비틀림 무리는 그 각무리만큼 크지는 않지만 매우 큰 전체 고리 무리를 설명하는 데 도움을 준다.

사이클로프로페인은 일반적으로 다른 알케인보다 반응성이 더 크다. 사이클로프로페인 고리를 여는 반응들은 몰당 115 kJ(27.6 kcal)의 고리 무리 에너지를 방출하며, 이것이 반응을 일으키는 추가적인 추진력이다.

**연습문제 3-19**

시스-1,2-다이메틸사이클로프로페인의 연소열은 트랜스 이성질체의 연소열보다 더 크다. 어느 이성질체가 더 안정한가? 안정성의 차이점을 설명하기 위해 그림을 사용하라.

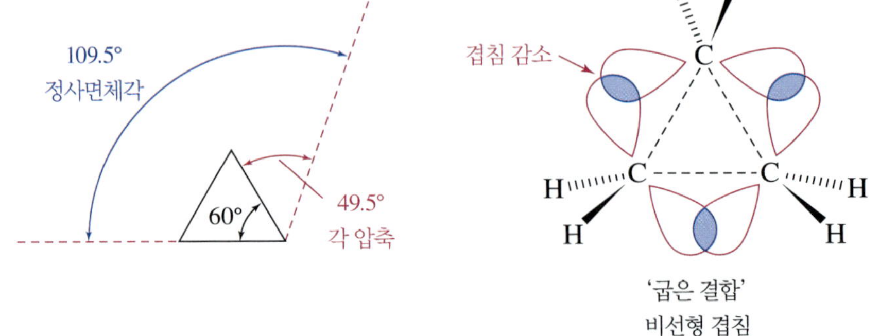


**그림 3-15** 사이클로프로페인에서의 각무리. 결합각이 $sp^3$ 혼성화된 탄소 원자의 109.5° 결합각으로부터 60°로 압축된다. 이 심한 각무리로 인해 $sp^3$ 오비탈들의 비선형 겹침과 '굽은 결합'이 생긴다.

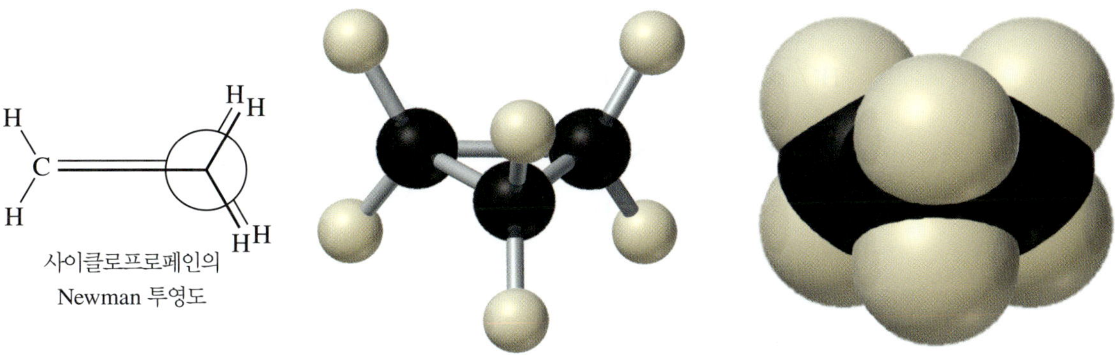


**그림 3-16** 사이클로프로페인에서의 비틀림 무리. 모든 C—C 결합은 가려짐으로써 고리 무리에 기여하는 비틀림 무리가 생긴다.

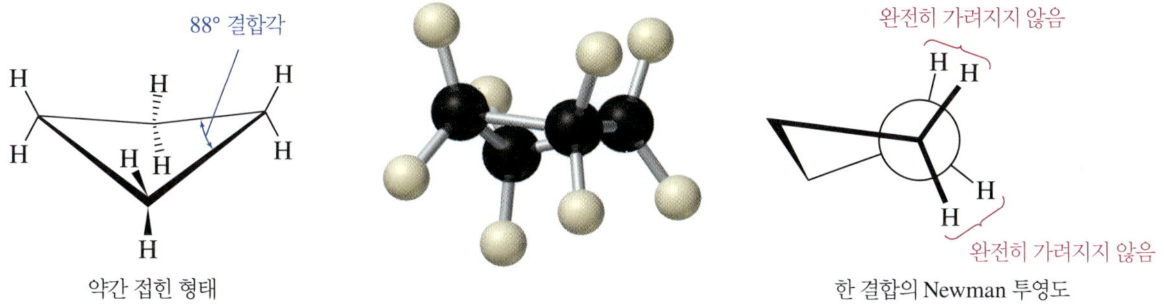


**그림 3-17** 사이클로뷰테인의 회전 배열은 약간 접혀 있다. 회전 배열이 접히면 Newman 투영도에서 나타낸 바와 같이 결합들이 부분적으로 덜 가려진다. 그 실제 구조를 그림 3-14의 가상적인 평면 구조와 비교해보라.

## 3-12C 사이클로뷰테인

사이클로뷰테인에서의 전체 고리 무리는 거의 사이클로프로페인만큼이나 크지만 4개의 탄소 원자에 분산된다. 만일 사이클로뷰테인이 완전히 평면 정사각형이라면 90°의 결합각을 갖게 될 것이다. 그렇지만 평면성 기하 구조는 사이클로프로페인에서와 같이 모든 결합이 가려진 형태를 갖게 된다. 이 비틀림 무리를 감소시키기 위해 사이클로뷰테인은 실제적으로는 88°의 결합각을 지닌 약간 접힌 형태를 가지고 있다. 이 약간 작아진 결합각은 90°의 결합각보다도 약간 더 큰 각무리를 필요로 한다. 하지만 뒤틀림 무리의 감소는 각무리의 증가로 상쇄된다(그림 3-17).

**연습문제 3-20**

트랜스-1,2-다이메틸사이클로뷰테인은 시스-1,2-다이메틸사이클로뷰테인보다 더 안정하지만, 시스-1,3-다이메틸사이클로뷰테인은 트랜스-1,3-다이메틸사이클로뷰테인보다 안정하다. 그림을 이용하여 이러한 관측 사실을 설명하라.

## 3-12D 사이클로펜테인

만일 사이클로펜테인이 일반적인 평면 정오각형의 모양을 가지고 있다면 결합각은 109.5°의 정사면체 각에 가까운 108°일 것이다. 하지만 평면 구조에서는 모든 결합이 가려진 형태를 가져야 한다. 사실상 사이클로펜테인은 가려짐을 감소시키고 비틀림 무리를 낮추는 오므라진 '봉투' 형태로 존재한다(그림 3-18). 이 오므라진 모양은 고정된 것이 아니라 5개의 $CH_2$기가 열에 의한 상하운동으로 물결치는 것이다. 분자가 물결칠 때 봉투의 '펄럭임'이 고리 주위를 맴돌고 있는 것으로 보인다.

**응용: 생화학**

사이클로펜테인의 회전 배열은 RNA의 당 성분에 해당하는 리보스와 DNA의 당 성분에 해당하는 데옥시리보스가 사이클로펜테인과 같은 회전 배열을 가진다고 가정하기 때문에 중요하다. 이들 회전 배열은 RNA와 DNA의 성질과 반응에 중요하다.

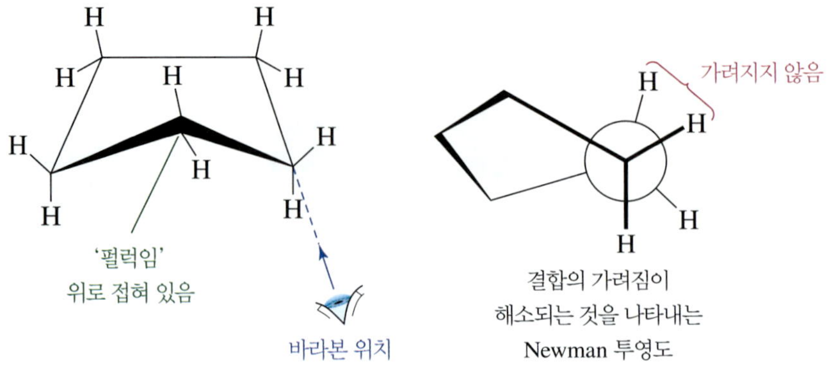

**그림 3-18** 사이클로펜테인의 회전 배열은 봉투의 모양처럼 약간 접혀 있다. 이 오므라진 형태는 인접한 $CH_2$기의 가림을 감소시킨다.

## 3-13 사이클로헥세인의 회전 배열

사이클로헥세인 고리계는 널리 존재하기 때문에 다른 사이클로알케인보다 더욱 자세히 다룰 것이다. 탄수화물, 스테로이드, 식물 생산물, 살충제, 기타 수많은 중요한 화합물은 사이클로헥세인 같은 고리를 가지고 있는데, 이들 고리 화합물의 회전 배열과 입체 화학은 반응성에 매우 중요하다. 자연에 사이클로헥세인 고리가 풍부한 것은 아마도 안정성과 예측할 수 있는 회전 배열이 제공하는 선택성에 기인할 것으로 판단된다. 자연은 결합된 다른 모든 고리 크기보다 6원자 고리를 더 많이 형성한다.

연소 자료(표 3-5)는 사이클로헥세인이 고리 무리가 없음을 보여준다. 사이클로헥세인은 정사면체 각에 가까운 결합각(각무리가 없음)을 가지며, 또한 결합의 가려짐이 없다(비틀림 무리가 없다). 평면 정육각형은 109.5°가 아니라 120°의 결합각을 갖는데, 이는 약간의 결합 무리가 있음을 시사한다. 평면 고리는 또한 인접한 $CH_2$기 결합의 가려짐에서 오는 비틀림 무리도 당연히 갖게 된다. 그러므로 사이클로헥세인은 평면이 아니다.

### 3-13A 의자 형태와 보트 형태

사이클로헥세인 분자가 오므라진 형태를 가진다고 가정하면 사이클로헥세인은 정사면체 결합각과 엇갈린 형태를 가진다. 가장 안정한 회전 배열은 그림 3-19에 나타낸 **의자 형태**(chair conformation)이다. 사이클로헥세인의 분자 모형을 조립하고 그 모양을 그림 3-19의 도형과 비교해보라. 의자 형태에서는 C—C 결합들 간의 각이 모두 109.5°이다. '앉는 자리' 결합을 내려다보는 Newman 투영도는 모든 결합이 엇갈린 형태라는 사실을 나타낸다.

사이클로헥세인의 **보트 형태**(boat conformation) 역시 109.5°의 결합각을 가지고 있으므로 각무리가 없다(그림 3-20). 보트 형태는 '발 얹는 대(footrest)'의 $CH_2$기가 위쪽으로 오므라진 것을 제외하면 의자 형태와 유사하다. 그렇지만 보트 형태는 결합의 가려짐이 있기 때문에 비틀림 무리를 받는다.

이 가려짐으로 인해 '보트'의 양 끝에 있는 두 쌍의 수소가 서로 간섭하고 있다. 이들 수소는 2개의 깃대처럼 보트의 양쪽 말단에서 위쪽으로 지향하기 때문에 **깃대 수소**(flagpole hydrogen)라고 한다. 그림 3-20의 Newman 투영도는 보트의 양측에 따라 C—C 결합이 가려짐을 나타내고 있다.

보트 형태로 존재하는 사이클로헥세인 분자는 그림 3-20에 나타낸 바와 같이 사실상 약간 비틀린 **꼬인 보트 형태**(twist boat conformation)로 존재한다. 만약 보트 형태로 분자 모형을 조립한 다음 그것을 꼬면, 깃대 수소들이 상호 간 이동하여 결합들의 가려짐이 감소할 것이다. 꼬인 보트가 대칭형 보트보다 에너지가 더 낮더라도 의자 형태보다는 에너지가 여전히 약 23 kJ/mol

의자 형태

'앉은 자리' 결합을 따라 바라봄

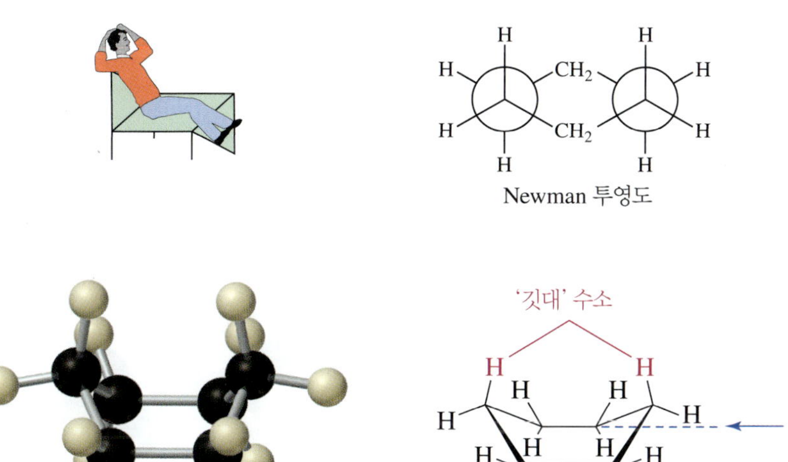


그림 3-19 사이클로헥세인의 의자 형태는 위쪽으로 오므라진 1개의 $CH_2$기와 아래쪽으로 오므라진 또 하나의 $CH_2$기를 가지고 있다. Newman 투영도에서 볼 때 의자 형태는 C—C 결합들의 가림이 없다. 결합각은 109.5°이다.

보트 형태

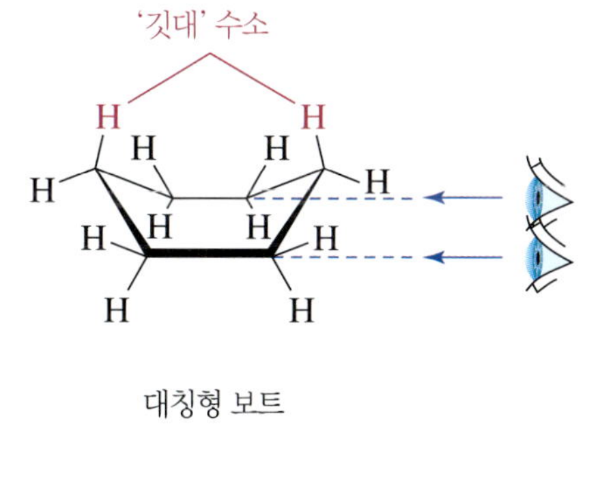


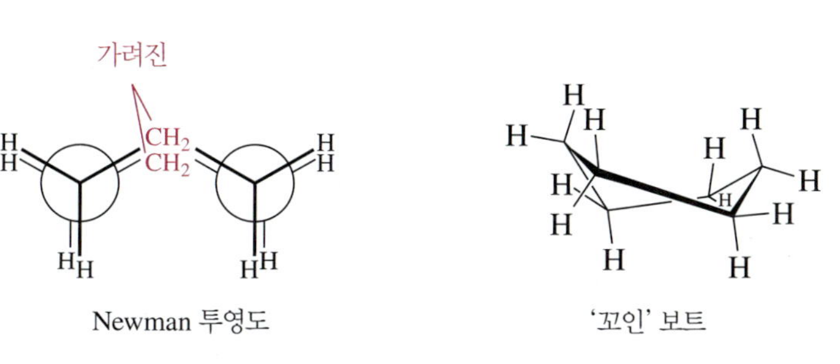


그림 3-20 사이클로헥세인의 대칭을 이루는 보트 형태에서는 결합들의 가림으로 인해 비틀림 무리가 생긴다. 실제 분자에서는 보트 형태가 비틀려서 꼬인 보트 형태가 생긴다. 이러한 꼬인 보트 형태는 결합들이 덜 가려지고 2개의 깃대 수소들 간의 간섭이 덜 한 회전 배열이다.

(5.5 kcal/mol)만큼 더 높다. '보트 형태'라고 지칭하는 것은 흔히 꼬인 보트(또는 단순히 꼬인) 형태를 뜻하는 것이다.

어느 순간이라도 사이클로헥세인 시료 중 대부분의 분자는 의자 형태로 존재한다. 그렇지만 보트 형태와 의자 형태 간의 에너지 장벽은 회전 배열이 초마다 여러 번 상호 변환을 할 정도로 충분히 낮다. 의자형에서 보트형으로의 변환은 의자의 발 없는 대를 위쪽으로 당겨 뒤집으면 이루어진다. 이 과정에서의 최고 에너지점은 발 없는 대가 분자의 두 변과 평행한 회전 배열일 때이다. 이 불안정한 배치를 **반의자 형태**(half-chair conformation)라고 한다. 그림 3-21은 사이클로헥세인이 보트 형태와 의자 형태에서 상호 변환을 할 때 에너지가 어떻게 변하는지를 나타낸다.

**응용: 생화학**

생물학적 분자의 회전 배열은 활성도에 중요하다. 예를 들면 스테로이드는 오직 한 회전 배열만이 수용체에 꼭 들어맞는다. 올바르게 들어맞으면 수용체를 활성화하고, 그 결과 생리 활성을 나타낸다.

### 3-13B 수직 방향 자리와 수평 방향 자리

사이클로헥세인을 의자 형태를 동결시킬 수 있다면 두 가지 분명히 다른 종류의 C—H 결합을 볼 수 있다. 6개의 C—H 결합(각 탄소 원자에 1개씩)은 고리의 축과 평행으로 위와 아래를 향해 있다. 이들 결합을 **수직 방향 결합**(axial bond)이라고 한다. 다른 6개의 C—H 결합은 고리의 '적도

**그림 3-21** 사이클로헥세인의 회전 배열 에너지. 의자 형태가 가장 안정하고, 그다음으로는 꼬인 보트 형태가 안정하다. 이들 두 회전 배열 간에 변환이 일어나려면 분자는 불안정한 반의자 형태를 거쳐야만 한다.

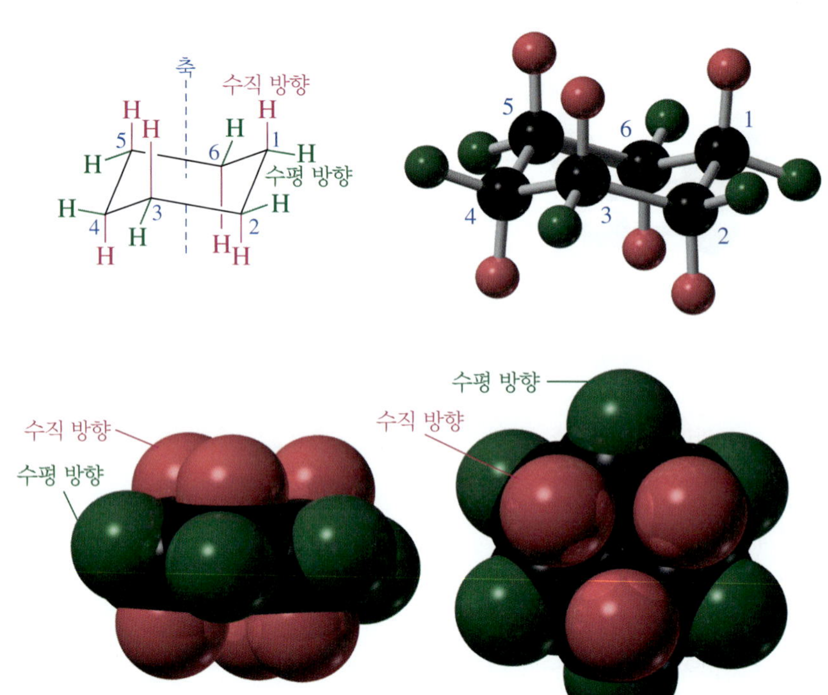


**그림 3-22** 축 방향의 결합은 수직 방향이며, 고리 축에 평행하다. 수평 방향의 결합은 고리의 적도선을 향해 바깥쪽으로 지향한다. 여기에 번호를 매긴 것과 같이 홀수 번호가 매겨진 탄소는 '위쪽'으로 지향하는 수직 방향의 결합과 '아래쪽'으로 지향하는 수평 방향의 결합을 가지고 있다. 짝수 번호가 매겨진 탄소는 '아래쪽'으로 지향하는 수직 방향의 결합과 '위쪽'으로 지향하는 수평 방향의 결합을 가지고 있다.

선(equator)'을 따라 고리로부터 밖으로 향해 있다. 이 결합을 **수평 방향 결합**(equatorial bond)이라고 한다. 그림 3-22에서 수직 방향 결합과 그 수소들은 붉은색으로 나타내고, 수평 방향 결합과 그 수소들은 녹색으로 나타냈다.

사이클로헥세인의 각 탄소 원자는 하나는 위쪽으로, 또 하나는 아래쪽으로 향해 있는 2개의 수소 원자에 결합되어 있다. 그림 3-22에서 탄소 원자에 번호를 매겼는데, C1은 위쪽으로 1개의 수직 방향 결합과 아래쪽으로 1개의 수평 방향 결합을 가지고 있다. C2는 위쪽으로 1개의 수평 방향과 아래쪽으로 수직 방향 결합을 가지고 있다. 이러한 양상은 교대로 나타난다. 홀수 번호가 매겨진 탄소 원자는 C1과 같이 위쪽으로 수직 방향 결합을, 아래쪽으로는 수평 방향 결합을 가지고 있다. 짝수 번호가 매겨진 탄소 원자는 C2와 같이 위쪽으로는 수평 방향 결합을, 아래쪽으로는 수직 방향 결합을 가지고 있다. 수직 방향의 결합과 수평 방향의 결합이 번갈아 나오는 이 양상은 3-13절과 3-14절에서 밝힌 바와 같이 치환된 사이클로헥세인의 회전 배열을 예측하는 데 도움이 된다.

## 문제풀이 전략 ❙ 의자 형태 그리기

사이클로헥세인 회전 배열의 실제적인 그림을 그리기는 어렵지 않지만, 고리에 붙어 있는 치환기의 실제적인 자리와 각을 나타내려면 일정한 규칙에 따라야 한다. 사이클로헥세인 고리의 분자 모형을 조립하고 의자 형태가 되게 한 다음, 이에 대해 다음을 논의해보자. 그림과 일치하는 각도로 이 모형을 손에 쉽게 쥘 때 모형의 결합각이 그림에서의 결합각과 일치해야 한다.

C—C 결합 골격을 그리기 위해서는 우선 약간 비스듬히 놓고 중심에서 약간 벗어난 두 평행선을 그린다. 이 두 결합의 양 말단에 있는 원자는 평면에 놓이게 되는데, 이들 4개의 원자는 이른바 의자의 '팔걸이'가 될 것이다.

머리 받개(headrest) 탄소와 발 얹는 대(footrest) 탄소를 그린 다음, 이 두 탄소를 팔걸이로 연결하는 선을 그린다. 머리 받개로 연결하는 두 선은 발 얹는 대로 연결하는 두 선과 평행이 되어야 한다.

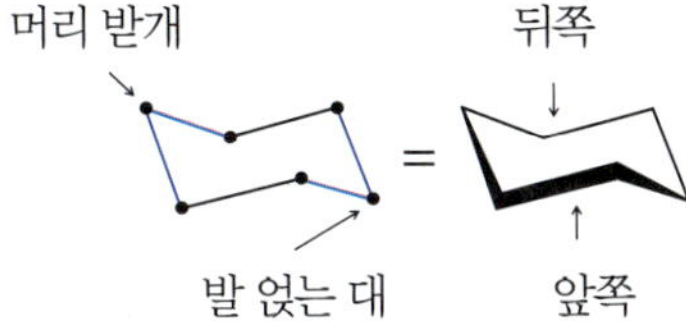


C—C 결합 골격은 *a*, *b*, *c*라고 표시한 오직 3개의 다른 기울기를 가진 선을 사용한다는 것에 주목하라. 이 그림을 모형과 비교하고, 3개의 전혀 다른 기울기를 가진 C—C 결합의 쌍이 어느 것인지 알아낸다.

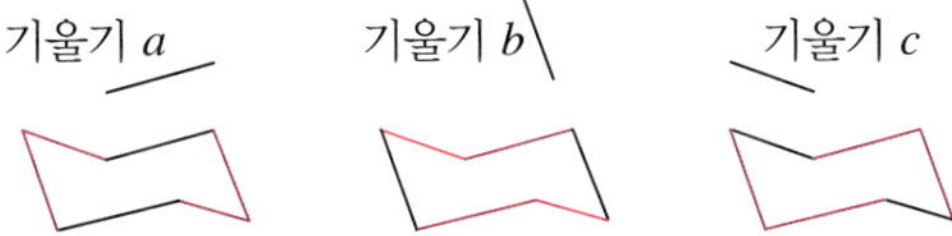


왼쪽에 머리 받개, 오른쪽에 발 얹는 대를 가진 의자를 그릴 수 있으며, 그 반대로도 의자를 그릴 수 있다. 의자를 이 두 가지 방법으로 그리는 연습을 한다.

이제 수직 방향 결합과 수평 방향 결합을 채운다. 수직 방향 결합은 위쪽이건 아래쪽이건 간에 수직으로 그린다. 의자의 꼭대기(머리 받개)가 위로 향할 때는 수직 방향 결합도 역시 위로 향한다. 꼭대기가 아래로 향한다면 수직 방향 결합도 아래로 향한다. C1은 아래로 향하고 있는데, 수직 방향 결합 역시 아래로 향하고 있다. C2는 위로 향하고 수직 방향 결합 역시 위로 향한다.

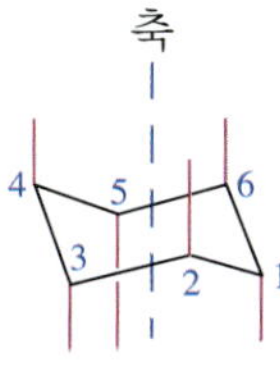


수평 방향 결합은 더 많은 상상력을 필요로 한다. 각 탄소 원자는 2개의 선(결합)에 의해 이루어지는 정점으로 나타내는데, 이때 두 결합의 기울기는 *a*, *b*, *c* 중 두 값으로 취한다. 각 수평 방향 결합은 반드시 제3의 기울기, 즉 정점을 이루는 두 선의 기울기가 아닌 다른 기울기를 갖게 된다.

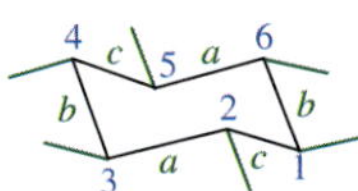


수평 방향 결합을 붙일 때는 분자 모형을 살펴보라. C1 정점은 기울기 *b*와 *c*의 두 선으로 이루어지므로, 수평 방향 결합은 기울기 *a*를 가지고 있어야 한다. C2에 있는 수평 방향 결합은 기울기 b를 가지고 있어야 한다. 이들 결합을 정확하게 그릴 때 생겨나는 W-형태와 M-형태를 주목하라.

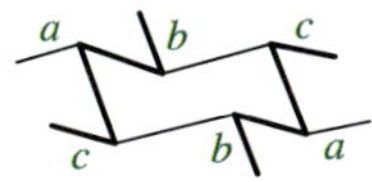

만약 만들어본 사이클로헥세인 고리가 앞서 살펴본 분석적 접근을 사용할 때 이상하거나 비스듬히 보인다면 미술적인 접근을 시도해보라.* 넓은 M을 그리고, 그 아래에 넓은 W를 그린다. 한쪽 방향 또는 다른 방향으로 결합 길이의 절반만큼 옮겨놓는다. 둘째 원자와 넷째 원자를 연결하여 수평 방향 결합을 가진 사이클로헥세인을 만든다.

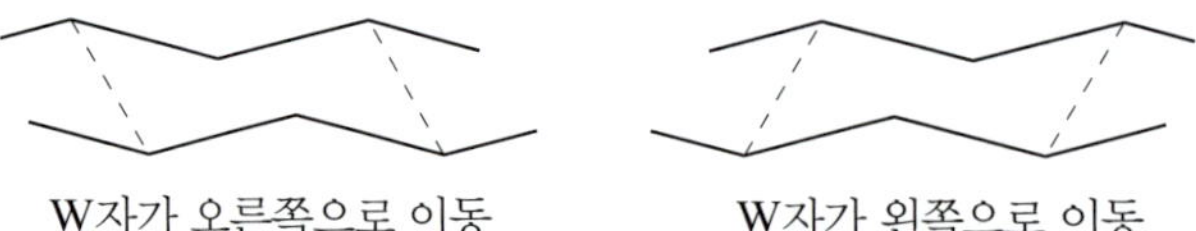


다른 2개의 수평 방향 결합은 고리 연결과 같이 평행하게 그려보라. 수직 방향 결합은 수직하게 그린다.

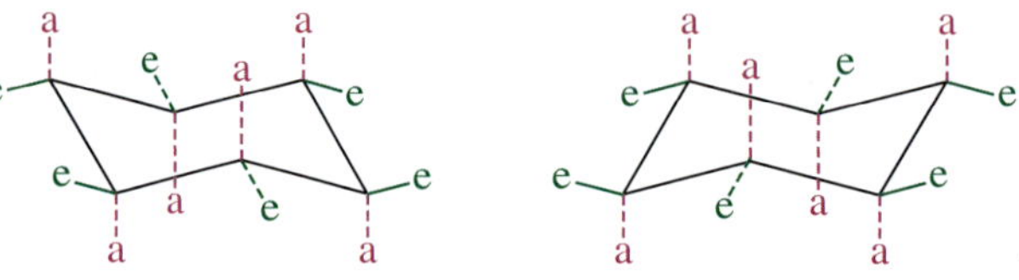


* V. Dragojlovic, *J. Chem. Educ.* 2001, 78, 923 참조

**연습문제 3-21**

그림 3-22에 그린 사이클로헥세인 의자형은 왼쪽에 머리 받개, 오른쪽에 발 얹는 대를 가지고 있다. 오른쪽에 머리 받개, 왼쪽에 발 얹는 대를 가지고 있는 수직 방향 결합과 수평 방향 결합을 가진 사이클로헥세인을 그려보라.

**연습문제 3-22**

모두 메틸기를 가진 1,2,3,4,5,6-헥사메틸사이클로헥세인을 그려보라.

**(a)** 메틸기가 수직 방향 자리에 있는 경우

**(b)** 메틸기가 수평 방향 자리에 있는 경우

## 3-14 단일 치환된 사이클로헥세인의 회전 배열

사이클로헥세인 고리(의자 형태)에 붙은 하나의 치환기는 수직 방향이나 적도를 차지할 수 있다. 많은 경우 치환기의 반응성은 자리가 수직 방향인가 또는 수평 방향인가에 따라 좌우된다. 메틸사이클로헥세인에서 가능한 두 가지 회전 배열을 그림 3-23에 나타냈다. 이들 회전 배열은 실온에서 상호 변환하여 평형 상태에 이르게 된다. 보트 형태(실제적으로 꼬인 보트 형태)가 이 **의자-의자 상호 변환**(chair-chair interconversion)에서 중간체 역할을 하는데, 때로는 '고리 뒤집기'라고도 한다. 색깔이 다른 원자들을 사이클로헥세인의 분자 모형의 수직 방향 자리와 수평 방향 자리에 배치하고 의자-의자 상호 변환을 시키면 수직 방향 결합이 수평 방향 결합으로, 수평 방향 결합이 수직 방향 결합으로 바뀌는 사실에 주목하라.

메틸사이클로헥세인의 두 가지 의자 형태는 실온에서 상호 변환하여 에너지가 더 낮은 회전 배열이 우위를 차지한다. 정밀하게 측정한 결과 수평 방향 자리에 $CH_3$기를 가진 의자 형태가 가장 안정한 회전 배열이라는 사실이 밝혀졌다. 이 회전 배열은 수직 방향 자리에 $CH_3$기를 가진 회전 배열보다 약 7.6 kJ/mol(1.8 kcal/mol)만큼 에너지가 더 낮다. 이들 의자 형태는 어떤 보트 형태보

그림 3-23 메틸사이클로헥세인의 의자-의자 상호 변환. 메틸기가 한 회전 배열에서는 수직 방향이고, 다른 회전 배열에서는 수평 방향이다.

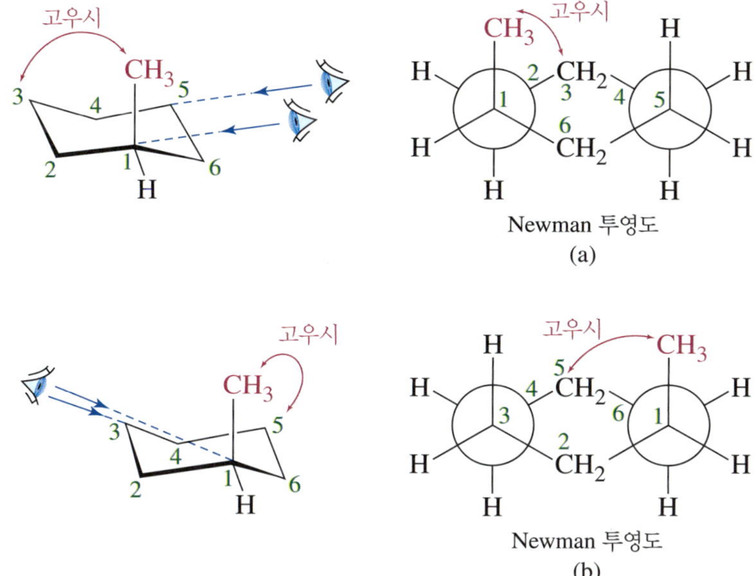


그림 3-24 (a) $CH_3$ 치환기가 C1의 수직 방향 자리에 있을 경우 이 $CH_3$기는 C3에 대해 고우시이다. (b) C1의 수직 방향 $CH_3$기 역시 고리의 C5에 대해 고우시이다.

다 에너지가 낮다. 이 두 회전 배열의 분자 모형과 Newman 투영도를 소사함으로써 수직 방향 자리와 수평 방향 자리 간에 어떻게 7.6 kJ의 에너지 차이가 생기는지를 입증할 수 있다. 우선 메틸사이클로헥세인의 분자 모형을 만들고, 이를 다음 논의에 사용하자.

수직 방향 $CH_3$기를 가진 회전 배열의 팔걸이 결합을 따라 바라본 Newman 투영도를 고찰해보기로 하자(그림 3-24a). 이 메틸기는 C1에 있으며, C1에서 C2를 향해 바라보고 있다. $CH_3$기의 결합과 C2에서 C3까지의 결합 간의 각은 60°이며, 수직 방향 메틸 치환기와 C3는 고우시 관계에 있다. 분자 모형에서 C1—C6을 보면 알 수 있듯이 이 수직 방향 메틸기는 $C_5$에 대해서도 고우시 관계에 있다. 그림 3-24b는 이러한 두 번째 고우시 관계를 나타낸다.

수평 방향의 메틸기를 가진 회전 배열에 대한 Newman 투영도는 메틸기가 C3와 C5에 대해 안티 관계에 있는 것을 보여준다. 그림 3-25는 C1—C2 결합에 따라 본 Newman 투영도에서 메틸

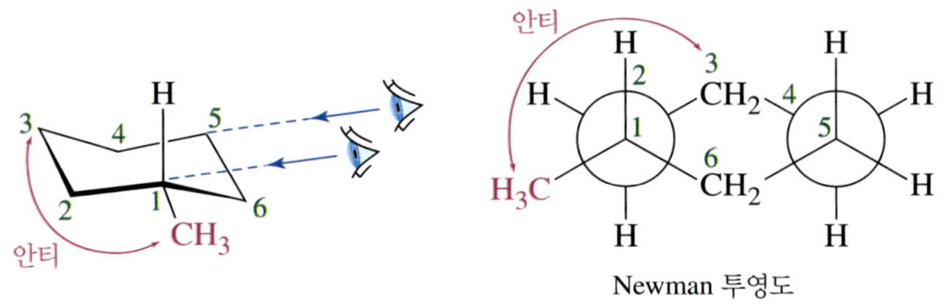

**그림 3-25** 수평 방향 회전 배열의 C1—C2 결합을 따라 내려다보면 메틸기가 C3에 대해 안티 관계임에 주목하라.

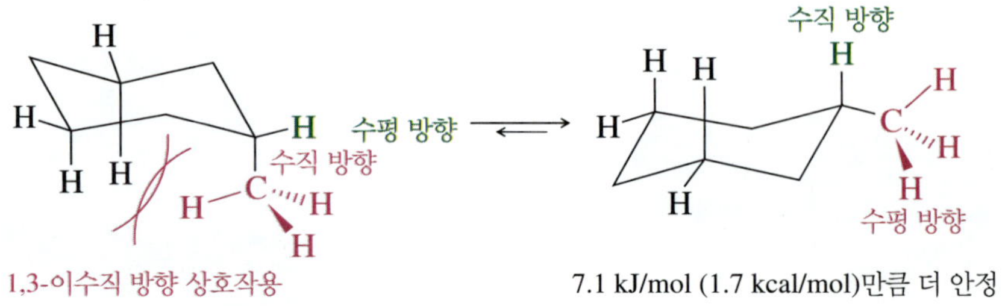

**그림 3-26** 수직 방향 치환기는 C3 및 C5의 수직 방향 수소와 간섭한다. 이 간섭을 1,3-이수직 방향 상호작용이라고 한다.

기가 C3에 대해 안티 관계임을 보여준다.

**연습문제 3-23**

메틸사이클로헥세인의 수평 방향 회전 배열에서 그림 3-25와 유사하게 C1—C6 결합을 따라 내려다본 Newman 투영도를 그려 수평 방향의 메틸기가 C5에 대해 또한 안티 관계임을 밝혀라.

수직 방향의 메틸사이클로헥세인 회전 배열은 2개의 고우시 관계를 가지고, 이들 각각은 약 3.8 kJ(0.9 kcal)의 추가적인 에너지에 기여한다. 수평 방향의 메틸기는 고우시 관계를 갖지 않는다. 따라서 수직 방향 회전 배열이 몰당 7.6 kJ(1.8 kcal)만큼 더 높은 에너지를 가진다는 것을 예측할 수 있으며, 이는 실험치와 잘 일치한다. 그림 3-26을 보면 수직 방향 메틸기의 C3 및 C5와의 고우시 관계는 메틸기의 수소 원자를 이들 탄소의 수직 방향 수소에게 가까이 갖다 놓음으로써 이들 수소의 전자 구름 사이의 간섭을 일으키게 한다. 이 같은 회전 배열의 입체 무리를 **1,3-이수직 방향 상호작용**(1,3-diaxial interaction)이라고 하는데, 이는 고리 탄소 원자들의 치환체가 1,3 관계에 있기 때문이다. 이들 1,3-이수직 방향 상호작용은 수평 방향 회전 배열에서는 존재하지 않는다.

더욱 큰 기는 수직 방향과 수평 방향 사이의 에너지 차이가 더 큰데, 이는 그림 3-26에서 보여준 1,3-이수직 방향 상호작용이 더 큰 기에서 더욱 강하기 때문이다. 표 3-6은 여러 가지 다른 알킬기와 작용기에 대한 수직 방향 자리와 수평 방향 자리 간의 에너지 차이를 나타낸다. 각각의 경우에 수직 방향 자리는 에너지가 더 높다.

**연습문제 3-24**

표 3-6은 메틸기, 에틸기, 아이소프로필기에 대한 수직 방향-수평 방향의 에너지 차이가 각각 7.6 kJ/mol (1.8 kcal/mol), 7.9 kJ/mol(1.9 kcal/mol), 8.8 kJ/mol(2.1 kcal/mol)로, 점차적으로 증가한다는 것을 나타낸다. *t*-뷰틸기는 아이소프로필기보다 2배 이상인 23 kJ/mol(5.4 kcal/mol)로 급격히 증가한다. 아이소프로필사이클로헥세인과 *t*-뷰틸사이클로헥세인의 수직 방향 회전 배열의 그림을 그려서 *t*-뷰틸 치환기의 수직 방향 에너지가 아이소프로필기보다 크게 증가하는지를 밝히라.

**연습문제 3-25**

다음 화합물의 가장 안정한 회전 배열을 그려보라.

**(a)** 에틸사이클로헥세인 **(b)** 3-아이소프로필-1,1-다이메틸사이클로헥세인

**(c)** 시스-1-*t*-뷰틸-4-아이소프로필사이클로헥세인

**표 3-6** 단일 치환된 사이클로헥세인의 수직 방향 및 수평 방향 회전 배열 간의 에너지 차이

수직 방향 ⇄ 수평 방향

| X | ΔG (수직 방향–수평 방향) (kJ/mol) | (kJ/mol) |
|---|---|---|
| —F | 0.8 | 0.2 |
| —CN | 0.8 | 0.2 |
| —Cl | 2.1 | 0.5 |
| —Br | 2.5 | 0.6 |
| —OH | 4.1 | 1.0 |
| —COOH | 5.9 | 1.4 |
| $—CH_3$ | 7.6 | 1.8 |
| $—CH_2CH_3$ | 7.9 | 1.9 |
| $—CH(CH_3)_2$ | 8.8 | 2.1 |
| $—C(CH_3)_3$ | 23 | 5.4 |

## 3-15 이중 치환된 사이클로헥세인의 회전 배열

수직 방향 자리에 있는 치환기 간의 입체적 간섭은 여기에 나타낸 시스-1,3-다이메틸사이클로헥세인(*cis*-1,3-dimethylcyclohexane)의 의자 형태에서와 같이 1,3-이수직 방향 관계(C1과 C3 또는 C1과 C5의 시스 관계)를 가진 두 탄소 원자에 큰 치환기들이 붙어 있을 때 특히 심하다. 덜 안정한 회전 배열은 수직 방향에 2개의 메틸기를, 더 안정한 회전 배열은 수평 방향에 2개의 메틸기를 가진다. 이수직 방향 회전 배열에서 2개의 메틸기 간 심하게 불리한 1,3-이수직 방향 상호작용이 있음에 주목하라. 분자들을 이수평 회전 배열로 반전시켜 이 1,3-이수직 간섭을 완화할 수 있다. 모형을 이용하여 시스-1,3-다이메틸사이클로헥세인의 이수직 방향과 이수평 방향 회전 배열을 비교해보자.

1,3-이수직 방향 상호작용

수직 방향 / 수직 방향 / 수평 방향 / 수평 방향

이수직 방향 (매우 불리함, 0.1% 이하)

이수평 방향 (더 안정함, 99.9% 이상)

트랜스-1,3-다이메틸사이클로헥세인은 두 메틸기 사이에 1,3-이수직 방향 상호작용을 하는 회전 배열을 갖지 않는다. 두 의자 형태 이성질체 모두 1개의 메틸기는 수직 방향 자리에, 또 다른 메틸기는 수평 방향 자리에 위치한다. 이들 두 회전 배열은 에너지가 동일하고, 같은 양으로 존재한다.

트랜스-1,3-다이메틸사이클로헥세인의 의자 형태

수직 방향 $CH_3$ H, H, $CH_3$ 수평 방향 — 같은 에너지 ⇄ — 수평 방향 $CH_3$, H, H, $CH_3$ 수직 방향

이제 1,3-다이메틸사이클로헥세인의 시스 및 트랜스 이성질체의 상대적 안정성을 비교할 수 있다. 시스 이성질체의 가장 안정한 회전 배열은 2개의 메틸기가 모두 수평 방향 자리에 위치하는 것이다. 트랜스 이성질체의 두 회전 배열은 그 어느 것이나 수직 방향 자리에 1개씩의 메틸기를 가진다. 그러므로 트랜스 이성질체는 시스 이성질체보다 수직 방향과 수평 방향의 메틸기들 간 에너지 차이인 7.6 kJ/mol(1.8 kcal/mol)만큼 에너지가 더 높다. 시스 및 트랜스 이성질체는 상호 변환할 수 없으며, 또한 이들 이성질체 간에는 평형이 성립하지 않는다는 점을 상기하라.

## 문제풀이 전략 | 시스 및 트랜스 이성질체 인지하기

의자 형태에서 사이클로헥세인의 2개의 치환기가 시스인지 트랜스인지 구별하는 것이 어려울 수 있다. 다음 그림에서 2개의 메틸기는 같은 방향을 향해 있다. 실제로 이들은 트랜스인데 종종 시스로 실수한다.

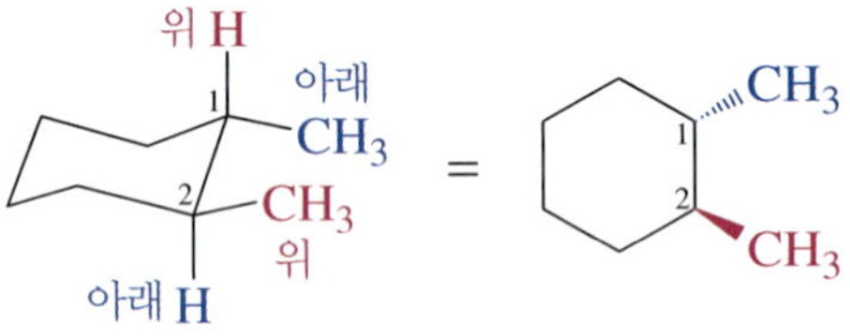

위 H, 아래 $CH_3$ (1), $CH_3$ 위 (2), 아래 H = $CH_3$ (1), $CH_3$ (2)

트랜스-1,2-다이메틸사이클로헥세인

이와 같은 모호한 점은 각 고리 탄소는 위쪽과 아래쪽으로 향하는 2개의 결합이 존재한다는 사실을 파악하면 해결할 수 있다. 이 그림에서 C1 메틸기는 아래로 향한 결합에 위치하며, C2의 메틸기는 위로 향한 결합에 위치한다. 하나는 위로, 하나는 아래로 향해 있기 때문에 이들의 관계는 트랜스이다. 시스 관계는 두 치환기 모두 위로 혹은 아래로 위치한다.

### 연습문제 3-26

다음 화합물을 명명하라. 2개의 결합이 위로 위치하면 시스, 2개의 결합이 아래로 위치하면 시스, 하나는 위로 하나는 아래에 위치하면 트랜스임을 기억하라.

(a) H, H, $CH_3$, $H_3C$

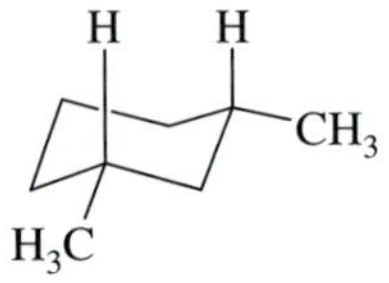

(b) H, $H_3C$, H, $CH_3$

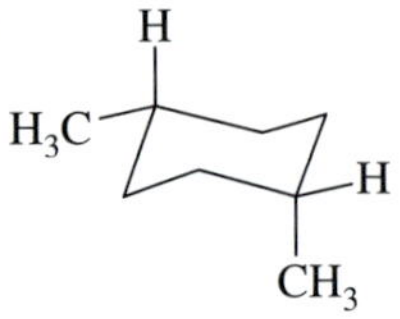

(c) $CH_3$, H, H, $CH_3$

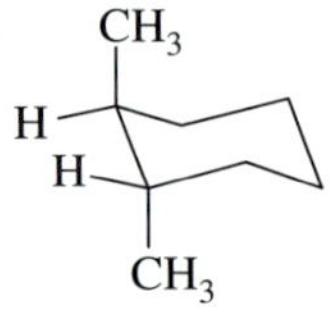

(d) H, H, $H_3C$, $CH_3$

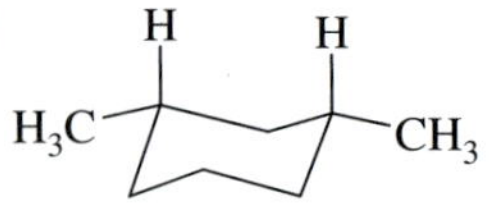

(e) H H, $CH_3$, $CH_3$

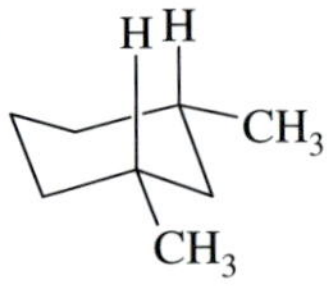

(f) H, $CH_3$, $H_3C$, H

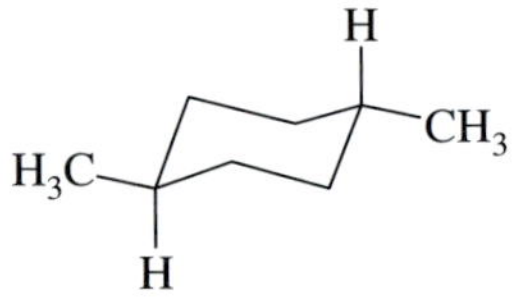

### 예제 3-3

**(a)** 시스-1,2-다이메틸사이클로헥세인의 2개의 의자 형태를 그리고, 어느 회전 배열이 더 안정한지 판정하라.

**(b)** 트랜스 이성질체에 대해서도 같은 답을 구하라.

**(c)** 어느 이성질체(시스 또는 트랜스)가 더 안정한지 예측하라.

**풀이**

**(a)** 시스 이성질체에 대해 있을 수 있는 의자 형태는 두 가지가 있으며, 이들 이성질체는 실온에서 상호 변환한다. 각 이성질체는 한 메틸기를 수직 방향에, 또 다른 메틸기를 수평 방향에 가지고 있으며 에너지가 같다.

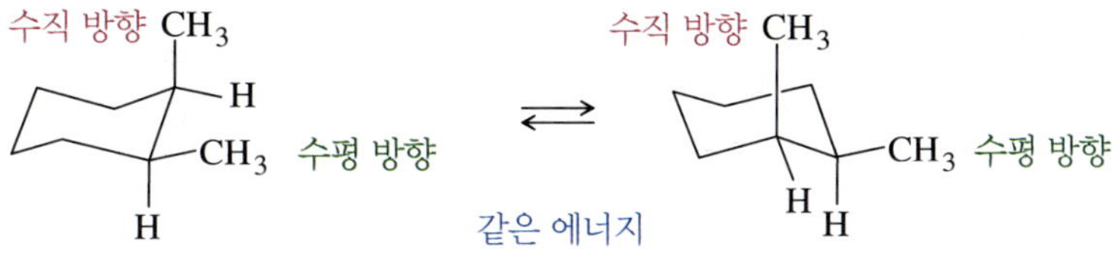

수직 방향 $CH_3$, H, $CH_3$ 수평 방향, H ⇌ 수직 방향 $CH_3$, $CH_3$ 수평 방향, H, H

같은 에너지

**(b)** 실온에서 상호 변환하는 트랜스 이성질체는 두 가지 의자 형태가 있다. 이들 회전 배열 중 하나는 2개의 메틸기를 수직 방향에 가지고 있으며, 또 다른 것은 2개의 메틸기를 수평 방향에 가지고 있다. 이 수평 방향 회전 배열은 어느 메틸기도 더 큰 장애를 받는 수직 방향 자리를 차지하고 있지 않으므로 더욱 안정하다.

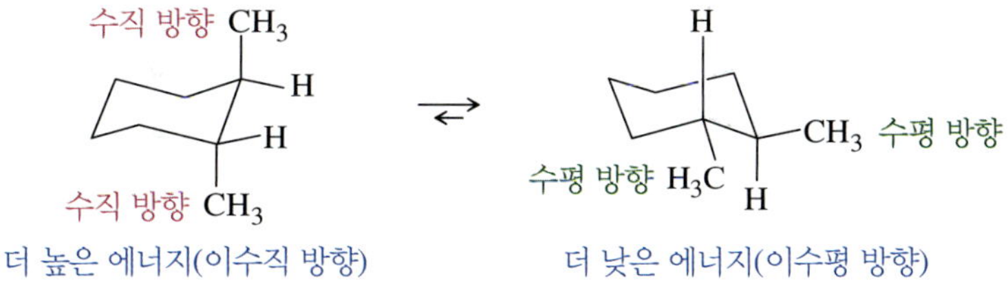

수직 방향 $CH_3$, H, H, 수직 방향 $CH_3$ ⇌ H, $CH_3$ 수평 방향, 수평 방향 $H_3C$, H

더 높은 에너지(이수직 방향) / 더 낮은 에너지(이수평 방향)

**(c)** 트랜스 이성질체는 더욱 안정하다. 트랜스 이성질체의 가장 안정한 회전 배열은 이수평 방향 회전 배열이므로 한 메틸기를 수직 방향에, 또 다른 메틸기를 수평 방향에 각각 가지고 있는 시스 이성질체의 어느 회전 배열보다도 에너지가 약 7.6 kJ/mol(1.8 kcal/mol)만큼 더 낮다. 시스 및 트랜스 이성질체는 별개의 이성질체이므로 상호 변환할 수 없다는 것을 상기하라.

**문제풀이 힌트**

고리-뒤집힘은 치환기들을 수직 방향이나 수평 방향으로 변화시키지만, 시스-트랜스 관계를 변화시키지는 못한다. 시스를 트랜스로 변환시키려면 결합을 끊어내고 다시 형성해야 한다.

**문제풀이 힌트**

사이클로헥세인의 탄소에 대해 번호를 매긴다면 홀수 번호의 탄소는 서로 같은 종류이며, 짝수 번호의 탄소도 마찬가지이다. 만일 홀수 번호의 탄소가 모두 상향 결합은 수직 방향이고 하향 결합은 수평 방향이라면, 짝수 번호의 탄소는 모두 하향 결합은 수직 방향이고 상향 결합은 수평 방향이다. 예를 들면 (둘 다 상향이고 둘 다 홀수 번호인) 시스-1,3은 둘 다 수직 방향이거나 둘 다 수평 방향일 것이다. (둘 다 상향이고 하나는 홀수 번호이며, 또 하나는 짝수 번호인) 시스-1,2는 하나는 수직 방향이고 또 하나는 수평 방향일 것이다. 이 힌트는 답을 그리기 전에 예측할 수 있도록 도와준다.

### 연습문제 3-27

**(a)** 시스-1,4-다이메틸사이클로헥세인의 의자 형태 2개를 그리고, 어느 회전 배열 이성질체가 더 안정한지 판정하라.

**(b)** 트랜스 이성질체에 대해서도 같은 답을 구하라.

**(c)** 시스 또는 트랜스 중 어느 이성질체가 더욱 안정한지 예측하라.

### 연습문제 3-28

연습문제 3-27의 결과를 이용하여 다음 표를 완성하라. 각 기재사항은 표에 나타낸 바와 같이 배열한 두 작용기의 자리를 나타낸다. 예를 들면 인접한 두 탄소에 대해 트랜스인 2개의 작용기(트랜스-1,2)는 양쪽이 수평 방향(e,e)이거나 또는 양쪽이 수직 방향(a,a)이어야 한다.

| 자리 | 시스 | 트랜스 |
|---|---|---|
| 1,2 | (e,a) 또는 (a,e) | (e,e) 또는 (a,a) |
| 1,3 | | |
| 1,4 | | |

### 3-15A 크기가 다른 치환기

다수의 치환된 사이클로헥세인에서 치환기의 크기는 다르다. 표 3-6에 나타낸 바와 같이 치환기가 더 큰 경우 수직 방향 자리와 수평 방향 자리 간 에너지 차이는 치환기가 작은 경우보다 더 크다. 일반적으로 두 치환기가 모두 수평 방향으로 치환될 수 없을 때 가장 안정한 회전 배열은 수평 방향에 더 큰 치환기를, 수직 방향에 더 작은 치환기를 가지는 것이다.

**예제 3-4**

트랜스-1-에틸-3-메틸사이클로헥세인의 가장 안정한 회전 배열을 그려보라.

**풀이**

우선 두 가지 회전 배열을 그린다.

수직 방향
H $CH_2CH_3$
H
$CH_3$
수평 방향
덜 안정적

⇌

H $CH_2CH_3$
수평 방향
$CH_3$ H
수직 방향
더 안정적

이들 두 회전 배열은 한 치환기는 수직 방향에 있고, 다른 치환기는 수평 방향에 있을 수밖에 없다. 에틸기가 메틸기보다 부피가 크므로 수평 방향에 에틸기를 가진 회전 배열이 더 안정하다. 이들 두 가지 의자 형태는 실온에서 평형에 있으며, 수평 방향에 에틸기를 가진 회전 배열이 우세하다.

**연습문제 3-29**

다음 치환된 사이클로헥세인의 각각에 대해 두 가지 회전 배열을 그리고, 각각의 경우 더욱 안정한 회전 배열을 표시하라.

(a) 시스-1-에틸-2-메틸사이클로헥세인
(b) 트랜스-1,2-다이에틸사이클로헥세인
(c) 시스-1-에틸-4-아이소프로필사이클로헥세인
(d) 트랜스-1-에틸-4-메틸사이클로헥세인

### 3-15B 부피가 매우 큰 치환기

*t*-뷰틸기 같은 몇 가지 치환기는 부피가 매우 커서 수직 방향의 자리에 오면 매우 큰 무리를 받는다. 다른 치환기들의 존재 여부에 관계없이 *t*-뷰틸기를 가진 사이클로헥세인은 *t*-뷰틸기가 수평 방향으로 놓일 때 가장 안정하다. 다음 그림은 수직 방향에 *t*-뷰틸기를 가진 의자 형태의 매우 큰 입체 상호작용을 나타낸다.

수직 방향 매우 밀집되어 있음 수평 방향

매우 선호하는 회전 배열

만약 2개의 *t*-뷰틸기가 고리에 붙어 있다면 이들 치환기는 수평 방향 자리에서 훨씬 적은 무리를 받는다. 의자 형태에서 부피가 큰 치환기가 수평 방향으로 놓이는 것을 허용하지 않을 때는 이들 치환기가 고리를 억지로 꼬인 보트 형태가 되게 한다. 예를 들어 시스-1,4-다이-*t*-뷰틸사이클로헥세인(*cis*-1,4-di-*tert*-butylcyclohexane)의 두 의자 형태는 크기가 큰 *t*-뷰틸기 중 하나가 수직 방향을 차지해야 한다. 이 화합물은 2개의 큰 치환기가 수직 방향을 차지하는 것을 피하게 해주는 꼬인 보트 형태를 지닌 것이 더욱 안정하다.

수직 방향

*t*-뷰틸기가 수직 방향 자리에서 이동함

꼬인 보트

**연습문제 3-30**

다음 화합물의 가장 안정한 회전 배열을 그려보라.

**(a)** 시스-1-*t*-뷰틸-3-에틸사이클로헥세인

**(b)** 트랜스-1-*t*-뷰틸-2-메틸사이클로헥세인

**(c)** 트랜스-1-*t*-뷰틸-3-(1,1-다이메틸프로필)사이클로헥세인

## FOCUS | 사이클로헥세인의 형태

고리는 안쪽으로 회전이 불가능하다. 이와 같은 이유로 매우 큰 고리를 제외하고 사이클로알케인은 자유롭게 회전할 수 없다. 하지만 고리는 끊임없이 움직이고, 비고리 알케인에서와 같이 사이클로헥세인에서도 에너지가 매우 높은 형태가 존재한다.

높은 에너지 형태는 **보트** 형태이다. 보트 형태는 모두 가려진 결합을 가져서 **꼬인 보트** 형태로 회전한다. 보트 형태는 매우 큰 치환기나 다리 형태로 제약을 받는 특별한 경우가 아니면 관찰하기 어렵다. 보트 형태를 다른 형태들 간의 에너지가 높은 상태로 생각하라.

가장 에너지가 낮고, 안정하며, 가장 많이 분포하는 형태는 **의자** 형태이다.

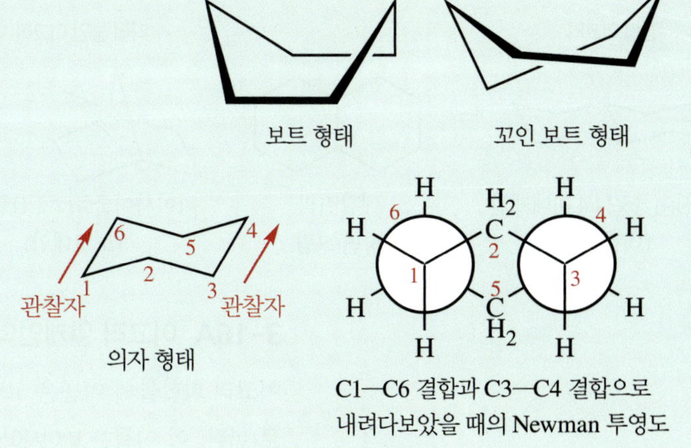


C1—C6 결합과 C3—C4 결합으로 내려다보았을 때의 Newman 투영도

Newman 투영도는 각 탄소는 **수직 방향**이라고 하는 수직으로 위치하는 H(번갈아서 위 또는 아래)에 결합되어 있는 것을 보여준다. 고리의 적도 주변에 위치하는 H에 대한 다른 결합을 **수평 방향**이라고 한다.

수직 방향 수소 수평 방향 수소

**각 탄소는 하나의 수직 방향과 하나의 수평 방향 결합을 가진다.**

유용한 힌트: 위를 향한 탄소에 결합이 생기면 그 탄소의 수직 방향은 위쪽을 향한다. 아래쪽을 향한 탄소에 결합이 생기면 그 탄소의 수직 방향 결합은 아래쪽을 향한다.

---

의자 형태는 다른 형태로 뒤집힐 수 있다. 뒤집히는 동안에 모든 수평 방향 결합은 수직 방향 결합으로, 모든 수직 방향 결합은 수평 방향 결합으로 변환된다. 실온에서 치환기가 없거나 하나의 치환기를 가진 사이클로헥세인은 초당 약 200,000번 형태가 뒤집힌다.

수직 방향 메틸기 수평 방향 메틸기

수평 방향 H는 녹색으로 표시 ⇨ 수직 방향 H는 녹색으로 표시

녹색으로 나타낸 H 원자는 두 형태에서 같은 H 원자이다.

치환기가 수평 방향에 위치하는 형태는 치환기가 수직 방향에 위치하는 형태보다 더 안정하다. 형태는 큰 치환기가 수평 방향을 차지하도록 뒤집힐 것이다.

## 3-16 이고리 분자

2개 이상의 고리가 연결되어 이고리(bicyclic) 또는 여러 고리(polycyclic)계를 만들 수 있다. 두 고리를 연결하는 방법에는 세 가지가 있다. 그중 **접합 고리**(fused ring)가 가장 보편적인데, 2개의 인접한 탄소 원자가 결합을 공유한다. **다리 놓인 고리**(bridged ring) 역시 흔히 존재하는데, 2개의 인접하지 않는 탄소 원자, 즉 **다리목 탄소**(bridgehead carbon)와 이들 사이에 1개 또는 그 이상의 탄소 원자, 즉 다리 놓인 탄소 원자(bridge carbon atom)를 공유한다. **매듭고리 화합물**(spirocyclic compound)은 비교적 드문데, 이 화합물에서는 2개의 고리가 오직 1개의 탄소 원자만을 공유한다. 이와 같은 고리계는 아래에 나타낸 바와 같이 실제적으로 주름진 구조 혹은 평면 구조로 그릴 수 있다.

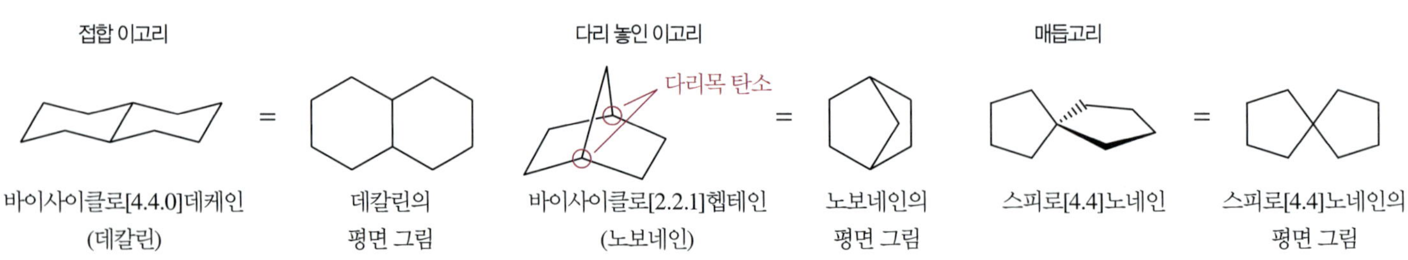


### 3-16A 이고리 알케인의 명명법

이고리 화합물의 이름은 고리계에 들어 있는 것과 같은 수의 탄소를 가진 알케인의 이름을 바탕으로 한다. 이 이름은 바이사이클로(*bicyclo*)의 접두사와 3개의 숫자를 넣은 괄호 다음에 알케인의 이

름이 온다. 다음에 예시된 물질은 8개의 탄소 원자를 가지고 있으며, 각각 바이사이클로[4.2.0]옥테인 및 바이사이클로[3.2.1]옥테인이라고 명명한다.

모든 접합 및 다리 놓인 이고리계는 이고리를 연결하는 2개의 다리목 원자(빨간색 원)와 연결된 3개의 다리를 가지고 있다. 각 괄호 안의 숫자는 크기가 감소하는 순서로 다리목 탄소를 연결하는 3개의 고리 각각에 포함되는 탄소 원자 수를 나타낸다.

**응용: 마약**

이고리 분자는 많은 천연물에서 발견된다. 하나의 탄소 다리의 탄소 대신 질소로 치환된 바이사이클로[3.2.1]옥테인 유도체는 코카인(cocaine)에서 발견되는데, 이는 도취감을 생기게 하는 중독성 마약이다.

코카잎 속의 코카인

**연습문제 3-31**

다음 화합물을 명명하라.

(a) (b) (c) (d)

## 3-16B 시스-데칼린과 트랜스-데칼린

데칼린(decalin, 바이사이클로[4.4.0]데케인)은 접합 고리계의 가장 일반적인 예이다. 그림 3-27에 나타낸 바와 같이 데칼린은 두 가지의 기하 이성질체로 존재한다. 하나는 2개의 시스 결합에 의해 접합된 고리를 가지고 있는 반면, 다른 하나는 2개의 트랜스 결합에 의해 접합된 고리를 가지고 있다. 이를 이해하려면 데칼린의 분자 모형을 만들어봐야 한다.

시스-데칼린의 좌측 고리를 살펴보면, 우측 고리에 대해 두 결합이 모두 아래쪽을 향해 있다(붙어 있는 두 수소는 모두 위쪽을 향한다). 그러므로 이 두 결합은 시스이며, 이는 시스 고리 접합이다. 오른쪽 고리에 대해 하나의 결합은 수직 방향이어야 하고, 다른 하나는 수평 방향이어야 한다. 트랜스-데칼린은 우측 고리에 대한 두 결합 중의 하나는 위로, 다른 하나는 아래로 향해 있다. 이들 결합은 트랜스이고, 트랜스 고리 접합이다. 두 결합 모두 오른쪽 고리에 대해 수평 방향이다. 그림 3-27에 나타낸 바와 같이 이들 두 이성체에서의 6원자 고리는 의자 형태를 취한다.

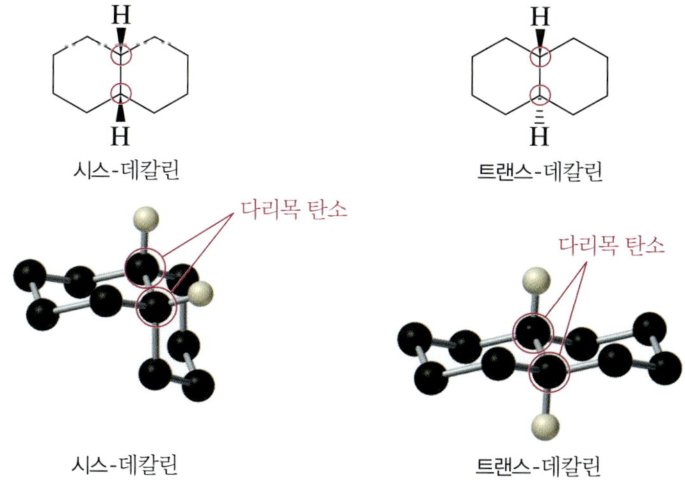


**그림 3-27** 시스-데칼린은 두 번째 고리가 2개의 시스 결합으로 붙어 있는 고리 접합이다. 트랜스-데칼린은 2개의 트랜스 결합에 의해 접합된다(다른 수소는 명확하게 보이기 위해 생략했다).

시스-데칼린의 회전 배열은 다소 유연성이 있는 반면, 트랜스 이성질체는 매우 경직되어 있다. 트랜스 이성질체에서의 이고리 가운데 하나가 의자-의자 상호 변환을 한다면 두 번째 고리에 대한 결합은 둘 다 수직 방향으로 변환되어 180° 떨어져 있게 될 것이다. 이는 불가능한 회전 배열이므로 트랜스-데칼린에서는 의자-의자 상호 변환이 일어날 수 없다.

**연습문제 3-32**

그림 3-27에 나타낸 시스-데칼린 회전 배열에서 각 고리의 의자-의자 상호 변환을 하기 위해 모형을 사용하라. 그 결과로 생기는 회전 배열을 그려보라.

## 핵심 용어

**1,3-이수직 방향 상호작용(1,3-diaxial interaction):** 사이클로헥세인 탄소 위에 2개의 수직 방향기 사이에 1개의 탄소가 있을 때 이들 두 수직 방향기 간의 강력한 입체 장애

**IUPAC명(IUPAC name):** 국제순수응용화학연합에서 채택한 규칙에 따르는 체계적인 화합물명

**$n$-알케인($n$-alkane):** 가지가 없거나 알킬 치환체가 없는 단일 사슬로, 탄소 원자들만으로 구성된 탄화수소. '노말 알케인(normal alkane)', '곧은 사슬 알케인(straight-chain alkane)'이라고도 한다.

**Newman 투영도(Newman projection):** 두 탄소 원자를 연결하는 결합을 똑바로 아래로 내려다보면서 분자의 회전 배열을 그리는 방법

180° 이면각

안티 형태로 나타낸 뷰테인의 Newman 투영도

**가려진 형태(eclipsed conformation):** Newman 투영도에서 한 결합이 다른 결합의 뒷면에 있으면서 서로 직접 한 줄로 선 결합을 가진 회전 배열로, 이면각 $\theta = 0°$인 회전 배열을 말한다. 엇갈린 형태 참조

**각무리(angle strain):** 더 작은(또는 큰) 각도로 뒤틀린 결합각에 기인한 무리. 'Baeyer 무리(Baeyer strain)'라고도 한다.

**고리 무리(ring strain):** 비슷한 비고리 화합물과 비교하여 고리 화합물의 구조와 관련된 여분의 무리로서 각무리와 비틀림 무리로 구성된다.

  **각무리(angle strain):** 결합각을 더 작게(또는 더 크게) 압축함으로써 생성되는 무리. 'Baeyer 무리'라고도 한다.

  **비틀림 무리(torsional strain):** 고리 내에서 겹침과 관련되어 생성되는 무리

**고리 모양(cyclic):** 원자들의 고리를 포함하는 것

**고우시 형태(gauche conformation):** 가장 큰 기들 간에 60°의 이면각을 가진 회전 배열

**관용명(common name):** 각 화합물에 대해 특정한 이름으로 역사적으로나, 일반적으로 불리는 이름. '속명(trivial name)'이라고도 한다.

**구조 이성질체(constitutional isomer, structural isomer):** 원자들이 다르게 연결되어 있는 이성질체. 결합 순서만 다른 이성질체

**기하 이성질체(geometric isomer):** 시스-트랜스 이성질체 참조. IUPAC 용어

**다리 놓인 이고리 화합물(bridged bicyclic compound):** 비인접 탄소 원자들에 연결된 2개의 고리를 가진 화합물

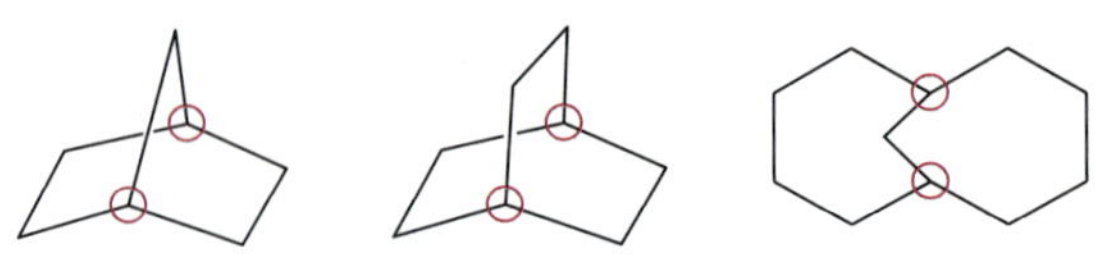

다리 놓인 이고리계(다리목에 동그라미 표시)

**다리목 탄소(bridgehead carbon):** 2개 또는 그 이상의 고리가 공유하는 탄소 원자. 탄소 원자들의 3개의 사슬(다리)이 다리목을 연결한다.

**동족체(homolog):** 1개 또는 그 이상의 $-CH_2-$기들만이 다른 두 화합물

**등유(kerosene):** 석유로부터 증류된 묽고 휘발성이 있는 기름으로, 끓는점은 가솔린보다 높고 경유보다 낮으며, 옛날에는 호롱이나 난방용으로 사용했으나, 현재는 더 정제하여 항공기 연료로 사용한다.

**매듭고리 화합물(spirocyclic compound):** 두 고리가 오직 1개의 탄소 원자만을 공유하는 이고리 화합물

**메타인기(methine group):** $-\overset{|}{C}H-$기

**메테인 수화물(methane hydrate):** 물 분자들의 동공 내 포획된 개개의 메테인 분자로 이루어진 얼음과 같은 물질

**메틸기(methyl group):** $-CH_3$기

**메틸렌기(methylene group):** $-CH_2-$기

**방향족 탄화수소(aromatic hydrocarbon):** 벤젠형 방향족 고리를 가지고 있는 탄화수소

**비고리(acyclic):** 고리 모양이 아닌 것

**비틀린 형태(skew conformation):** 정확히 엇갈린 형태나 가려진 형태가 아닌 어떤 회전 배열

**비틀림 무리(torsional strain):** 하나의 결합 주위의 꼬임에 대한 저항

**비틀림 에너지(torsional energy):** 하나의 결합을 특정한 회전 배열로 꼬는 데 필요한 에너지. '회전 배열 에너지(conformational energy)'라고도 한다.

**사이클로알케인(cycloalkane):** 탄소 원자가 고리를 이루고 있는 알케인의 일종(일반식: $C_nH_{2n}$)

**사이클로헥세인의 회전 배열(conformations of cyclohexane)**

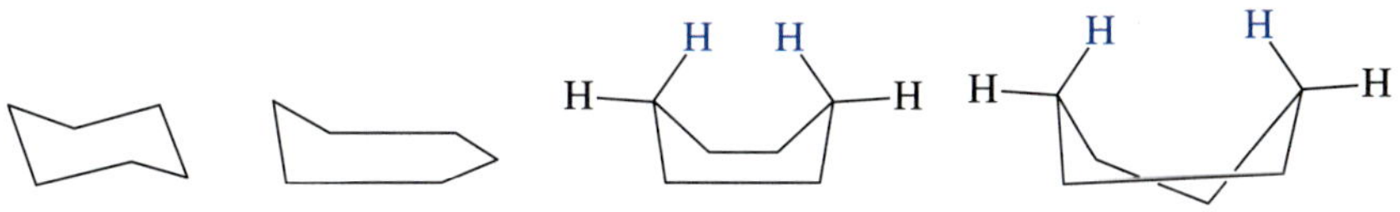

의자 반의자 보트 꼬인 보트

**의자 형태(chair conformation):** 사이클로헥세인의 가장 안정한 회전 배열로, 일부분은 위로 오므라들었고 다른 부분은 아래로 오므라들었다.

**보트 형태(boat conformation):** 사이클로헥세인의 덜 안정한 오므라든 형태로, 양쪽 부분이 모두 위로 오므라들었다. 가장 안정한 보트 형태는 사실상 '꼬인 보트(twist boat, 또는 간단히 꼬인)' 형태이다. 꼬임은 비틀림 무리와 입체 무리를 적게 한다.

**깃대 수소(flagpole hydrogen):** 보트 형태에서 깃대처럼 위로 향한 두 수소

**반의자 형태(half-chair conformation):** 의자 형태와 보트 형태의 중간 상태인 불안정한 상태. 반의자 형태에서는 고리의 일부분이 평평하다.

**소수성(hydrophobic):** 물을 싫어하는, 물에 녹지 않는 성질

**수직 방향 결합(axial bond):** 고리의 '축'과 평행인 사이클로헥세인 고리 위의 6개의 결합(3개는 위쪽, 3개는 아래쪽) 중 하나

**수평 방향 결합(equatorial bond):** 사이클로헥세인 고리 위에 고리의 '적도' 쪽을 배향하는 6개의 결합(3개는 아래, 3개는 위) 중 하나. 수평 방향 자리는 그림에서 녹색으로 나타냈다.

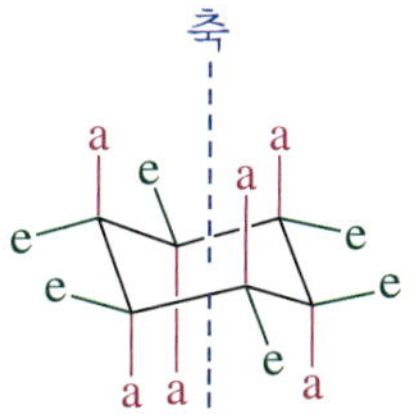

축

수직 방향은 붉은색
수평 방향은 녹색

**시스-트랜스 이성질체(cis-trans isomer):** 고리나 이중 결합의 시스 또는 트랜스 배열에 관해서만 다른 입체 이성질체로, '기하 이성질체(geometric isomer)'라고도 한다.

**시스(cis):** 고리나 이중 결합의 같은 면으로 배향하는 2개의 비슷한 기를 가진다.

**트랜스(trans):** 고리나 이중 결합의 반대 면으로 배향하는 2개의 비슷한 기를 가진다.

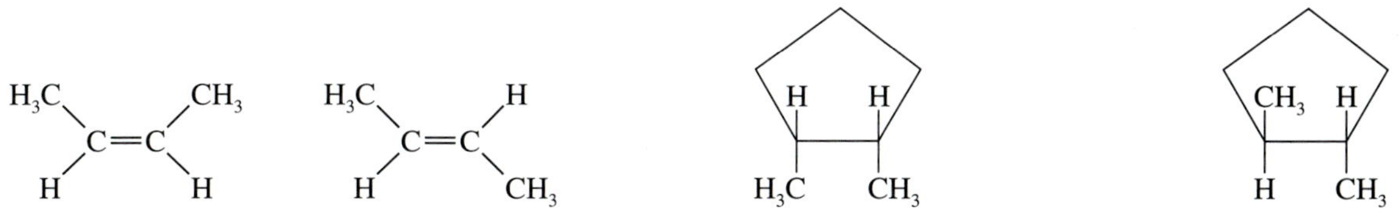

시스-뷰트-2-엔 트랜스-뷰트-2-엔 시스-1,2-다이메틸사이클로펜테인 트랜스-1,2-다이메틸사이클로펜테인

**아밀(amyl):** '펜틸(pentyl)'에 대한 오래된 관용명

**안티 형태(anti conformation):** 가장 큰 작용기들 간에 180°의 이면각을 가진 회전 배열. 대개 가장 낮은 에너지의 회전 배열

**알케인(alkane):** 단일 결합만 가진 탄화수소로, '포화 탄화수소(saturated hydrocarbon)'라고도 한다(일반식 $C_nH_{2n+2}$)

**알킬기(alkyl group):** 알케인에서 1개의 수소 원자를 제거한 후 남아 있는 원자단. 알케인 유사 치환기 R로 표기한다.

**알킬 치환도(degree of alkyl substitution):** 화합물이나 알킬기 중 한 탄소 원자에 결합된 알킬기의 수

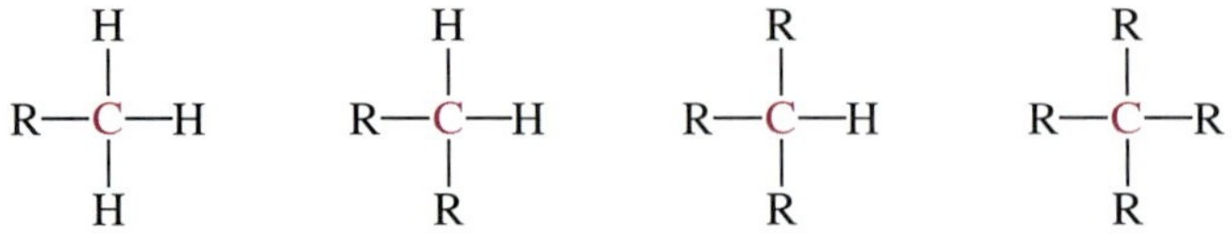

1차(1°) 탄소 원자 　 2차(2°) 탄소 원자 　 3차(3°) 탄소 원자 　 4차(4°) 탄소 원자

**엇갈린 형태(staggered conformation):** Newman 투영도에서 모든 결합이 동등한 간격을 가진 어떤 회전 배열. $\theta = 60°$인 회전 배열이 엇갈린 형태이다.

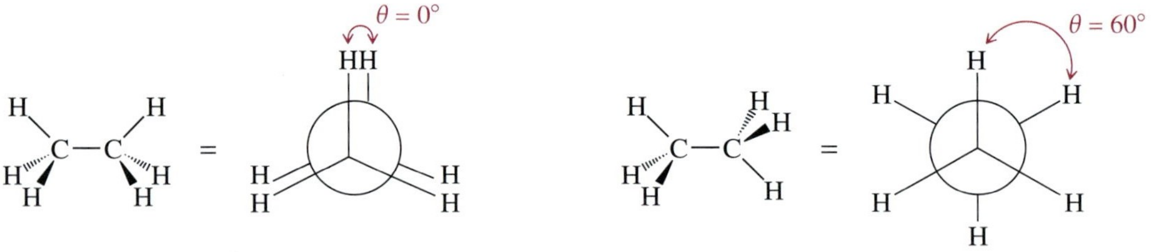

에테인의 가려진 형태 　 에테인의 엇갈린 형태

**연소(combustion):** 공기 혹은 산소 존재하의 고온에서 신속하게 산화시키는 과정

**연소열(heat of combustion):** 1몰의 화합물이 통열량계 내에서 과량의 산소에 의해 연소되어 $CO_2$와 $H_2O$를 생성할 때 발생하는 열. 한 분자의 에너지 함량의 척도

**옥테인 값(octane number):** 가솔린 혼합물의 안티 노킹 성질의 순위를 말하는 것. 옥테인 값은 아이소옥테인과 헵테인의 혼합물에서 아이소옥테인(2,2,4-트라이메틸펜테인)의 백분율로, 시험받는 가솔린의 노킹이 시작될 때의 압축 비율과 같은 아이소옥테인의 백분율

**완전히 가려진 형태(totally eclipsed conformation):** 가장 큰 기들 간에 이면각이 0°인 회전 배열. 대개 가장 높은 에너지를 가진 회전 배열이다.

**의자–의자 상호 변환(chair-chair interconversion):** 한 사이클로헥세인의 한 가지 의자 형태의 모든 수직 방향과 수평 방향 위치를 뒤바꿈으로써 다른 의자 형태로 뒤집는 과정. 보트 형태는 의자–의자 상호 변환의 중간체이다.

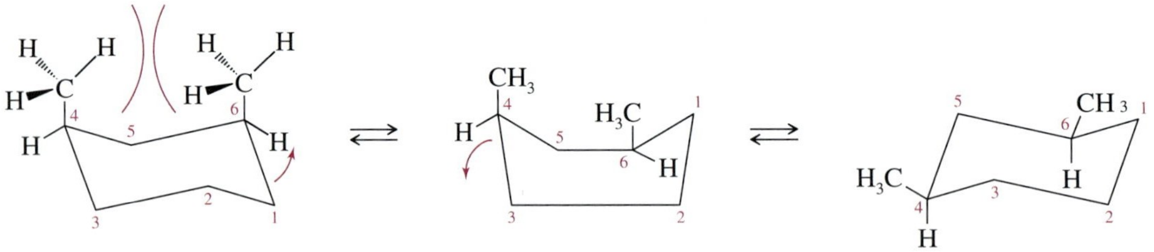

의자 형태(메틸기 수직 방향) 　 보트 형태 　 의자 형태(메틸기 수평 방향)

**이면각(dihedral angle, $\theta$):** Newman 투영도 중의 두 가지 특정한 기들 간의 각. 회전 배열 참조

**입체 무리(steric strain):** 부피가 큰 두 기 간의 간섭으로서, 기들이 너무 가깝게 접근하여 전자 구름이 강력한 반발을 일으켜 생겨나는 장애

**접합 고리계(fused ring system):** 2개 또는 그 이상의 고리가 2개의 인접한 탄소 원자를 공유하는 분자

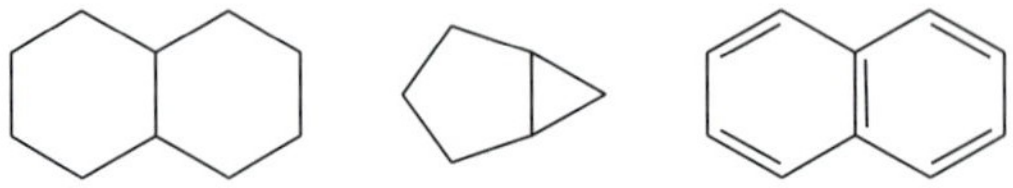

접합 고리계

**체계명(systematic name):** IUPAC명과 동일한 것으로, 국제순수응용화학연합이 채택한 규칙에 따르는 이름

**치환기**(substituent): 주된 사슬에 붙은 곁사슬 또는 첨가물

**친수성**(hydrophilic): 물과 친화성이 있는, 물에 녹는 성질

**크래킹**(cracking): 큰 알케인을 가열하여 더 작은 분자들로 절단하는 과정

  **가수소 크래킹**(hydrocracking): 수소 존재하에서 촉매 크래킹을 실시하여 알케인들의 혼합물을 생성하는 것

  **촉매 크래킹**(catalytic cracking): 촉매상에서 큰 알케인을 가열함으로써 이들을 보다 작은 분자로 절단하는 것

**톱질대 구조**(sawhorse structure): 탄소–탄소 결합을 향해 어떤 한 각도에서 내려다보고 회전 배열을 그린 구조

**파라핀**(paraffin): 알케인에 대한 또 다른 용어

**포화된**(saturated): 이중 결합이나 삼중 결합을 갖지 않는

**할로젠화 반응**(halogenation): 알케인이 열이나 빛의 존재하에서 할로젠과 반응하여 수소 원자 대신 할로젠이 치환되는 반응

$$R—H + X_2 \xrightarrow{\text{열 또는 빛}} R—X + XH \qquad X = F, Cl, Br$$

**회전 배열**(conformation): 단일 결합 주위의 회전과 관련된 구조. 대부분의 경우 회전 배열은 실온에서 상호 변환하여 이성질체가 아니다. '회전 배열 이성질체(conformer)'라고도 한다.

$\theta = 0°$ $\theta = 60°$ $\theta = 180°$

완전히 가려진 형태 고우시 형태 안티 형태

**회전 배열 해석**(conformational analysis): 다른 회전 배열의 에너지학에 관해 연구하는 일

## 기초문제

| | | |
|---|---|---|
| **1** | 알케인의 IUPAC명이나 일반명을 붙이고, 구조를 그리고, 분자식을 나타내라. | 관련 연습문제 3–36, 37, 41, 49 |
| **2** | 알케인과 사이클로알케인의 이성질체를 그리고, IUPAC 규칙을 사용하여 알케인, 사이클로알케인, 이고리 알케인을 명명하라. | 관련 연습문제 3–33, 34, 35, 39, 43, 52 |
| **3** | 알케인의 물리적 성질의 경향을 예측하고 설명하라. | 관련 연습문제 3–42 |
| **4** | Newman 투영도를 사용하여 회전 배열 에너지를 비교하고, 가장 안정한 회전 배열을 예측하라. 이면각의 변화에 따른 비틀림 에너지가 어떻게 변하는지 밝혀라. | 관련 연습문제 3–40, 44, 48, 49 |
| **5** | 사이클로알케인의 에너지를 비교하고, 이들의 각무리와 비틀림 무리가 어떻게 합쳐져서 전체 고리 무리가 되는지 설명하라. | 관련 연습문제 3–45 |
| **6** | 정확한 사이클로헥세인의 의자 형태를 그려보라. 수직 방향과 수평 방향 치환기를 정확한 결합각을 고려하여 적절한 위치에 위치시켜라. | 관련 연습문제 3–45, 46, 47, 51, 52 |
| | 문제풀이 전략: 의자 형태 그리기 | 관련 연습문제 3–45, 46, 47, 51, 52 |
| **7** | 더 큰 치환기를 수직 방향보다는 수평 방향에 위치시켜서 단일 치환 및 이중 치환된 사이클로헥세인의 가장 안정한 형태를 예측하라. | 관련 연습문제 3–45, 46, 47, 51 |
| | 문제풀이 전략: 시스 및 트랜스 이성질체 인지하기 | 관련 연습문제 3–45, 46, 47, 51, 52 |

## 연습문제

**3-33** **(a)** 분자식 $C_8H_{18}$을 지닌 알케인은 18개의 이성질체를 가진다. 이들 중 8개의 이성질체를 그리고 명명하라.

**(b)** 분자식 $C_7H_{14}$인 6개의 사이클로펜테인의 이성질체를 그리고 명명하라. 이들은 네 가지 구조 이성질체를 포함할 것이다. 그중 두 가지 기하(시스-트랜스) 입체 이성질체를 나타내라.

**3-34** 다음 구조 중 어느 구조가 같은 화합물을 나타내는가? 어느 것이 다른 화합물을 나타내는가?

**(a)**

**(b)**

**(c)**

**(d)**

**(e)**

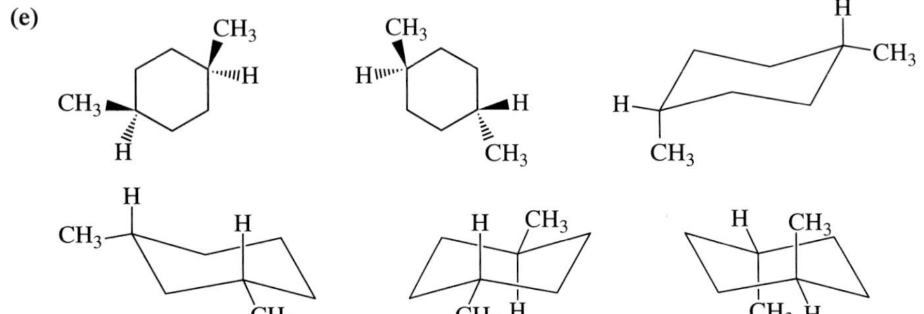

**(f)**

**(g)** 연습문제 3-34의 (a), (c), (e), (f) 구조를 명명하라. 명명한 이름이 같은 구조에 대해 이름이 동일한지, 다른 구조에 대해서는 이름이 다른지 확인하라.

***3-35** **(a)** 분자식 $C_5H_{10}$을 가진 5개의 사이클로알케인의 구조와 이름을 제시하라. 이들 중 기하 이성질체(시스-트랜스) 관계인 경우 시스 및 트랜스 이성질체를 나타내라.

**(b)** 분자식 $C_6H_{12}$를 가진 사이클로알케인 중 기하 이성질체 관계가 없는 8개의 사이클로알케인의 구조 및 이름을 제시하라.

**(c)** 분자식 $C_6H_{12}$를 가진 시스-트랜스 이성질체인 4개의 사이클로알케인의 구조 및 이름을 제시하라.

---

* 본문 내용을 응용한 난이도 높은 문제는 별표(*)로 표시했다.

**3-36** 각 이름에 해당하는 구조를 그려보라.

**(a)** 3-에틸옥테인 **(b)** 4-아이소프로필데케인 **(c)** *sec*-뷰틸사이클로헵테인
**(d)** 2,3-다이메틸-4-프로필노네인 **(e)** 2,2,4,4-테트라메틸헥세인 **(f)** 트랜스-1,3-다이에틸사이클로펜테인
**(g)** 시스-1-에틸-4-메틸사이클로헥세인 **(h)** 아이소뷰틸사이클로펜테인 **(i)** *tert*-뷰틸사이클로헥세인
**(j)** 펜틸사이클로헥세인 **(k)** 사이클로뷰틸사이클로헥세인 **(l)** 시스-1-브로모-3-클로로사이클로헥세인

**3-37** 다음의 각 서술은 1개 이상의 알케인에 적용된다. 각 경우 서술에 들어맞는 2개의 구조를 그리고 명명하라.

**(a)** 아이소프로필헵테인 **(b)** 다이에틸데케인 **(c)** 시스-다이에틸사이클로헥세인
**(d)** 트랜스-다이할로사이클로펜테인 **(e)** (2,3-다이메틸펜틸)사이클로알케인 **(f)** 바이사이클로노네인

**3-38** 1~6개까지의 탄소를 가지고 있는 염화 알킬(R—Cl)의 동족 계열 구조를 제시하라.

**3-39** 다음 알케인류의 IUPAC명을 제시하라.

**(a)** $CH_3C(CH_3)_2CH(CH_2CH_3)CH_2CH_2CH(CH_3)_2$

**(b)** $CH_3CH_2—CH(CH_3CHCH_3)—CH_2CH_2—CH(CH_3CHCH_3)—CH_3$

**(c)**

**(d)**

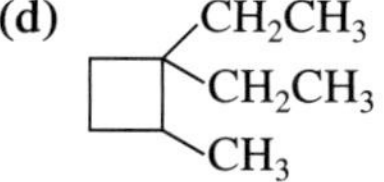


**(e)**

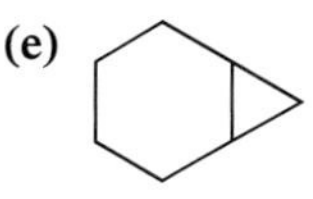

**(f)**

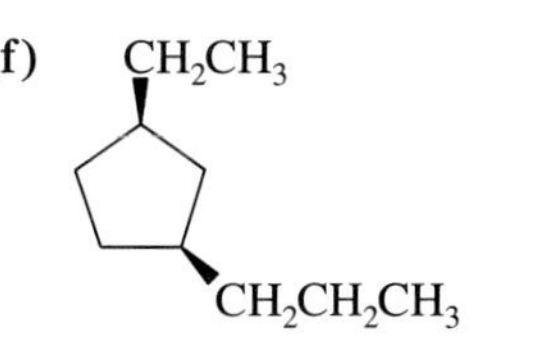


**(g)**

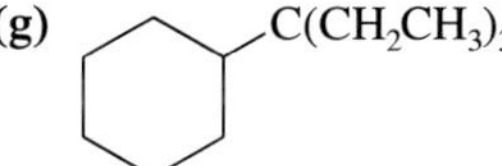


**(h)**

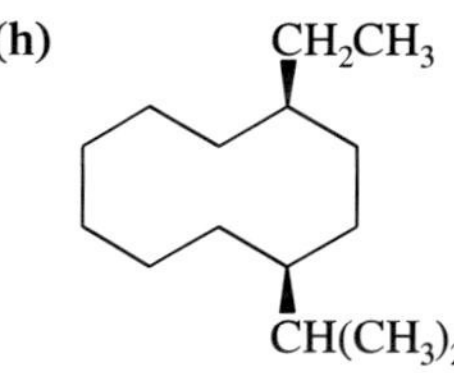


**3-40** 그림 3-11과 같이 3-메틸펜테인의 C2—C3 결합에 대한 뒤틀림 에너지 그래프를 작성하라. 3개의 결합이 Y자 모양으로 나오도록 표시한 C2를 앞에 놓고, 3개의 결합이 나오는 원으로 표시되는 C3를 뒤에 위치시켜라. 앞쪽 탄소의 메틸기와 뒤쪽 탄소의 에틸기 사이의 각을 이면각으로 정의하라. 이면각 0°에서 그래프를 시작하여 각 60°마다 Newman 투영도 및 적절한 에너지를 나타내라. 어느 회전 배열이 가장 안정한지(가장 낮은 에너지), 어느 회전 배열이 가장 불안정한지(가장 높은 에너지) 표시하라.

**3-41** 다음 이름은 모두 틀리거나 불완전하지만 실제의 구조를 나타낸다. 각각의 구조를 그리고, 올바르게 명명하라.

**(a)** 2-에틸펜테인 **(b)** 3-아이소프로필헥세인 **(c)** 5-클로로-4-메틸헥세인
**(d)** 2-다이메틸뷰테인 **(e)** 2-사이클로헥실뷰테인 **(f)** 2,3-다이에틸사이클로펜테인

**3-42** 각 쌍의 화합물 중에서 어느 화합물이 더 높은 끓는점을 가지고 있는가? 그 이유를 설명하라.

**(a)** 노네인 또는 3-메틸헵테인 **(b)** 옥테인 또는 2,3,4-트라이메틸펜테인
**(c)** 2,3,5-트라이메틸헥세인 또는 노네인

**3-43** 5개의 탄소를 가진 알킬기에는 각기 다른 8종이 있다.

**(a)** 이들을 그려보라. **(b)** 이들의 체계명을 쓰라.
**(c)** 각각의 경우 주사슬에 결합된 머리 탄소 원자의 치환도(1차, 2차, 3차)를 명시하라.

**3-44** 지적한 결합 주위의 Newman 투영도를 사용하여 각 화합물에 대한 가장 안정한 회전 배열의 이성질체를 그려보라.

**(a)** C2—C3 결합 주위의 3-메틸펜테인
**(b)** C3—C4 결합 주위의 3,3-다이메틸헥세인

**3-45** **(a)** 시스-1,3-다이메틸사이클로헥세인의 두 가지 의자 형태를 그리고, 수직 방향으로나 수평 방향으로 모든 자리를 명시하라.
**(b)** 에너지가 더 높은 회전 배열과 에너지가 더 낮은 회전 배열을 명시하라.
**(c)** 이들 회전 배열 간 에너지 차이는 몰당 약 23 kJ(5.4 kcal)인 것으로 측정되었다. 이 에너지 차이의 얼마만큼이 고우시 관계들의 비틀림 에너지에 기인하는가?
**(d)** 얼마만큼의 에너지가 1,3-이수직 방향 상호작용의 추가적인 입체 무리에 기인하는가?

**3-46** 각 화합물의 두 가지 의자 형태를 그리고, 치환기를 수직 방향으로나 수평 방향으로 명시하라. 각 경우에서 어느 회전 배열이 더 안정한지 결정하라.

**(a)** 시스-1-에틸-2-아이소프로필사이클로헥세인

**(b)** 트랜스-1-에틸-2-아이소프로필사이클로헥세인

**(c)** 시스-1-에틸-3-메틸사이클로헥세인

**(d)** 트랜스-1-에틸-3-메틸사이클로헥세인

**(e)** 시스-1-에틸-4-메틸사이클로헥세인

**(f)** 트랜스-1-에틸-4-메틸사이클로헥세인

**3-47** 치환된 사이클로헥세인의 회전 배열 에너지학에서 알고 있는 바를 이용하여 두 9-메틸데칼린 이성질체 중에 어느 것이 더 안정한지 예측하고 그 이유를 설명하라.

**3-48** 각 Newman 투영도를 동등한 선-각 구조식으로 변환하라. IUPAC명을 명명하라.

(a) (b) 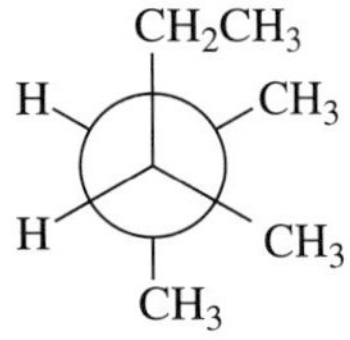 (c) 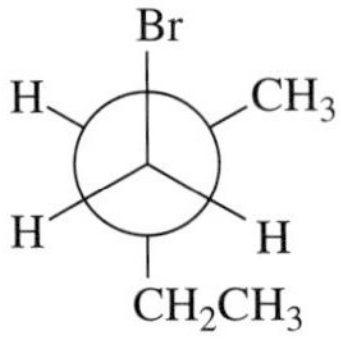 (d) 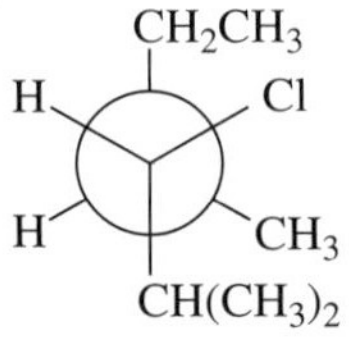 (e)

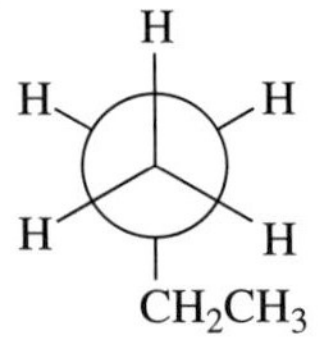

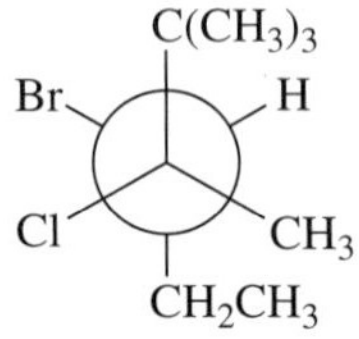

(f) 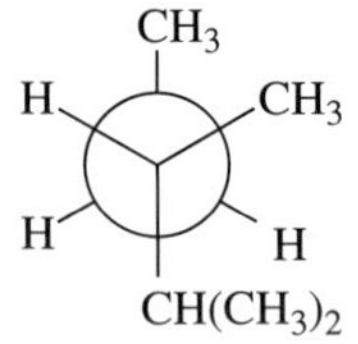 (g) 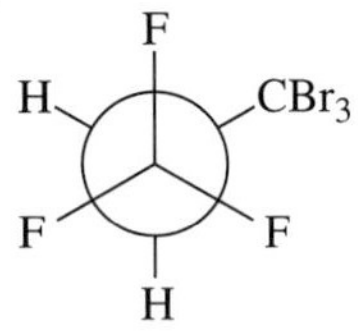 (h) 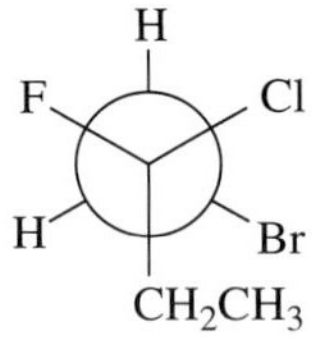 (i) 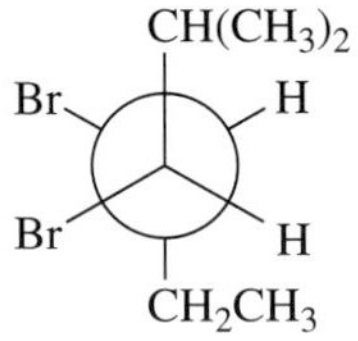 (j)

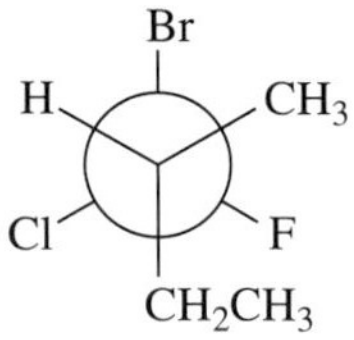

***3-49** 3-에틸-2,4-다이메틸헵테인의 C3—C4 축에 따라 가장 안정한 회전 배열과 가장 안정하지 않은 회전 배열의 Newman 투영도를 그려보라.

***3-50** 에테인-1,2-다이올($HOCH_2$ — $CH_2OH$)에 대한 회전 배열의 연구는 중심 C—C 결합에 관한 가장 안정한 회전 배열이 고우시 형태이고, 이는 안티 형태보다 9.6 kJ/mol(2.3 kcal/mol)이 더 안정함을 보여준다. 이 회전 배열을 Newman 투영도로 그리고, 이러한 이상한 결과를 설명하라.

**3-51** 1,2,3,4,5,6-사이클로헥세인헥솔(1,2,3,4,5,6-cyclohexanehexol)의 가장 안정한 회전 배열은 모든 치환기가 수평 방향을 가진 의자 형태의 6원자 고리로 되어 있다. 사이클로헥세인헥솔의 가정 안정한 회전 배열을 그려보라.

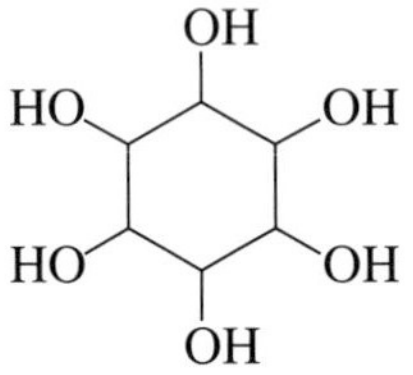

사이클로헥세인헥솔

**3-52** 다음은 치환기가 있는 사이클로헥세인의 Newman 투영도이다.

**(a)** 의자 형태를 그려보라.

**(b)** 육각형에 쐐기선과 대시선을 사용하여 동일한 구조를 표현하라.

**(c)** IUPAC명을 제시하라.

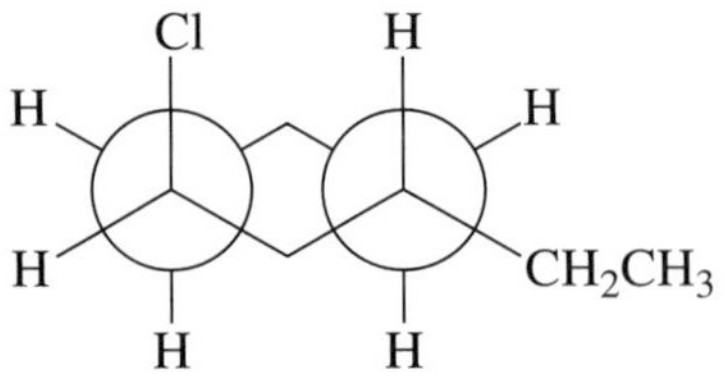

# 4 화학 반응 연구

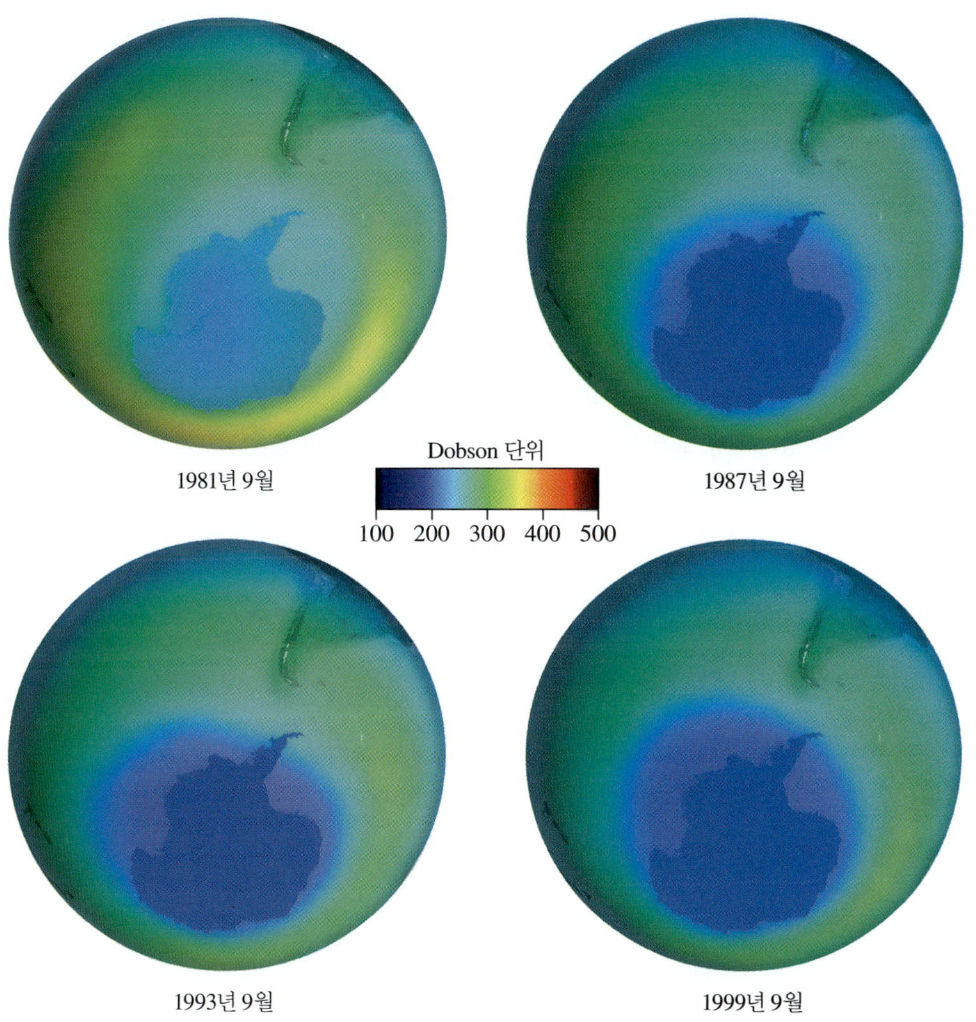


**학습목표**

**1** 자유 라디칼 할로젠화 반응과 같이 간단한 반응의 단계를 설명하고, 반응 메커니즘을 제안한다.

**2** 반응-에너지 도표를 그리고, 이를 사용하여 반응의 열역학과 반응 속도를 조절하는 요인을 제시한다.

**3** 메커니즘과 열역학, 반응 속도론 등을 이용하여 생성 가능한 반응 생성물 중 어느 화합물이 주생성물이 될지 예측한다.

**4** 반응 중간체를 확인하고, 그들의 성질을 설명한다.

◀ 이 사진은 냉매와 에어로졸 스프레이통에서 방출되는 클로로플루오린화 탄소의 방출로 인한 남극 지역의 '오존층 구멍'을 보여준다. $CF_2Cl_2$ (프레온 12, Freon® 12) 같은 클로로플루오린화 탄소 냉매는 대기 중의 자유 라디칼과 반응하여 오존층 분해를 촉진하는 염소 라디칼을 발생시킨다. 클로로플루오린화 탄소의 사용을 금지하여 '오존층 구멍'은 많이 개선되었다.

## 4-1 서론

결합의 생성과 결합의 분해를 살펴보며 유기 화학에서 가장 흥미로운 부분에 대한 공부를 시작하고자 한다. 유기 화학자들은 흥미 있고 유용한 생성물을 만들기 위해 반응을 공부한다. 또한 새롭고 유용한 반응을 예측하기 위해 어떻게 반응이 일어나는지 이해하기를 원한다.

수천 개의 특정 반응을 기억할 수는 없지만 어떻게 반응이 진행되는지, 어떤 중간체가 관여하는지에 따라 논리적으로 분류할 수 있다. 반응을 복잡하게 하는 용매를 쓰지 않고, 기체 상태에서 진행되는 할로젠을 수소로 치환하는, 상대적으로 단순한 반응인 알케인의 **할로젠화 반응**(halogenation)을 통해 이러한 점을 살펴보자. 실제로 알케인은 반응성이 작아서 실험실 규모의 유기 합성에서는 출발 물질로 사용하지 않는다. 그러나 이 물질의 구조와 성질을 공부했고, 화학 반응이 비교적 단순하기 때문에 알케인부터 시작하기로 한다. 반응을 연구하는 도구로 알케인을 사용한 후에 이들 도구를 더 많은 보다 유용한 합성 반응에 적용할 것이다.

반응물을 왼편에, 생성물을 오른편에 위치시켜 전체 반응을 기술하는 것은 화학 반응 연구의 첫 단계이다. 하나의 반응을 완전하게 이해하려면 반응물에서 생성물로 한 단계 한 단계씩 변해가는 경로인 **메커니즘**을 알아야 한다. 반응물이 생성물로 얼마나 잘 변환되는지 알려면 평형에서의 반응 에너지학인 **열역학**을 공부해야 한다. 평형에서 존재하는 반응물과 생성물의 양은 각 성분 물질의 상대적인 안정도에 의존한다.

평형이 생성물을 생성하는 것을 선호해도 이것이 유용한 속도로 반응이 일어난다는 사실을 의미하는 것은 아니다. 적절한 시간 내 반응이 이루어지도록 하려면 (또한 반응이 격렬해지는 것을 막기 위해) 반응 조건과 시약의 농도에 따른 반응 속도의 변화를 다루는 **반응 속도론**을 공부해야 한다. 반응 속도론의 이해는 관찰한 성질과 일치하는 반응 메커니즘을 제시하는 데 도움을 준다.

## 4-2 메테인의 염화 반응

메테인의 염화 반응은 중요한 산업적 반응인데, 반응의 중요한 원리를 예시하는 비교적 간단한 메커니즘을 가지고 있다. 메테인과 염소의 반응은 염화 반응 생성물의 혼합물을 생성하는데, 조성은 첨가해준 염소의 양과 반응 조건에 따라 달라진다. 유용한 속도로 반응을 일으키기 위해서는 빛이나 열이 필요하다. 염소가 메테인에 첨가될 때 첫 번째 반응은 아래와 같다.

$$CH_4 + Cl{-}Cl \xrightarrow{\text{열 또는 빛}} CH_3Cl + H{-}Cl$$

메테인 | 염소 | 클로로메테인 (염화 메틸) | 염화 수소

이 반응은 계속 진행된다. 각 단계마다 열(Δ)이나 빛($h\nu$)이 필요하다.

$$CH_3Cl \xrightarrow[(h\nu)]{Cl_2} CH_2Cl_2 + HCl \xrightarrow[(h\nu)]{Cl_2} CHCl_3 + HCl \xrightarrow[(h\nu)]{Cl_2} CCl_4 + HCl$$

**문제풀이 힌트**

자유 라디칼 반응은 자연계에서 가장 일반적으로 일어나는 반응 중 하나이지만, 유기 화학자들이 가장 많이 사용하는 반응은 아니다. 6장과 7장에서 다루게 될 이온 반응은 실험실에서 더 많이 사용한다. 라디칼 반응은 용매나 이온 반응에서 고려해야 할 요소에 영향받지 않으므로 라디칼 반응을 먼저 학습할 것이다.

이 연속적 반응은 메테인의 염화 반응에 관해 몇 가지 의문점을 제기한다. 이러한 반응이 진행되기 위해서 열이나 빛이 필요한 이유는 무엇인가? 생성물은 왜 혼합물로 얻는가? 오직 한 가지 순수한 생성물만을 얻을 수 있도록 이 반응을 변형할 수 있는가? 관찰되는 생성물은 가능한 생성물 중 가장 안정하기 때문에 생성되는가? 또는 관찰되는 생성물은 어떤 다른 생성물들보다 더 빠르게 생성되기 때문에 생성이 유리한가?

이와 같은 물음에 대한 답을 하려면 우선 반응의 세 가지 측면, 즉 메커니즘, 열역학, 반응 속도론을 알아야 한다.

1. **메커니즘**(mechanism)은 어떤 결합이 절단되고, 어떤 결합이 생성되는가, 그리고 어떤 순서로 관찰되는 생성물이 생성되는가에 대한 완벽한 단계적 표현이다.
2. **열역학**(thermodynamics)은 화학 및 물리적 변환에 수반되는 에너지 변화를 다루는 학문이다. 열역학을 통해 반응물과 생성물의 안정성을 비교할 수 있고, 어느 화합물이 평형에서 유리한지 예측할 수 있다.

3. **반응 속도론**(kinetics)은 반응 속도를 다루는 학문으로, 어느 생성물이 가장 빠르게 생성되는지를 결정한다. 또한 반응 속도론은 반응 조건의 변화에 따라 반응 속도가 어떻게 변하는지를 예측하는 데 도움을 준다.

이제 메테인의 염화 반응을 이용하여 반응을 연구하는 방법을 볼 것이다. 염화 반응에 대한 상세한 메커니즘을 제시하기에 앞서 반응이 어떻게 일어나고, 어떤 요인이 반응 속도와 생성물의 분포에 영향을 미치는지에 대해 알아야 한다.

메테인의 염화 반응을 자세히 검토하여 다음과 같은 세 가지 중요한 특징을 정립했다.

1. 염화 반응은 실온에서 빛이 없으면 일어나지 않는다. 혼합물에 빛을 쪼이거나 열을 가하면 반응이 일어나기 시작한다. 그러므로 이 반응을 개시하기 위해 어떤 형태의 에너지가 필요하다는 것을 알 수 있다.
2. 가장 효율적인 빛의 파장은 염소 기체에 의해 강하게 흡수되는 파란색이다. 이러한 연구 결과는 염소 분자가 빛을 흡수함으로써 염소가 활성화되며, 활성화된 염소가 메테인과의 반응을 개시한다는 것을 의미한다.
3. 빛에 의해 개시되는 반응은 높은 양자 수득률(quantum yield)을 가지고 있다. 이는 흡수된 광자마다 다수의 생성물 분자를 생성한다는 사실을 의미한다. 메커니즘에서 1개의 염소 분자와 1개의 광자 흡수만으로 메테인과 염소의 개별적인 반응이 어떻게 수백 번이나 일어날 수 있는지를 설명해야 한다.

## 4-3 자유 라디칼 연쇄 반응

메테인의 염화 반응을 설명하기 위해 **연쇄 반응**(chain reaction) 메커니즘이 제시되었다. 이 연쇄 반응은 다음 세 단계로 이루어져 있다.

1. **개시 단계**(initiation step)에서는 반응 중간체가 생긴다.
2. **전파 단계**(propagation step)에서는 반응 중간체(reactive intermediate)가 안정한 분자와 반응하여 또 다른 반응 중간체를 생성함으로써 반응물의 공급이 고갈되거나 반응성이 큰 중간체가 파괴될 때까지 연쇄 반응을 계속할 수 있게 된다.
3. **종결 단계**(termination step)는 반응 중간체를 파괴하여 반응을 느리게 하거나 멈추게 하는 부반응이다.

메테인의 염화 반응을 공부하는 데 클로로메테인[chloromethane, 관용명은 **염화 메틸**(methyl chloride)]이 생성되는 첫 반응만을 고찰해보기로 하자. 이 반응은 **치환 반응**(substitution)이다. 즉 염소가 메테인에 첨가되는 것이 아니라 한 염소 원자가 수소 원자 중 하나와 치환되고, HCl 부산물이 되는 것이다.

$$CH_4 + Cl_2 \xrightarrow{\text{열 또는 빛}} CH_3Cl + HCl$$

메테인 염소 클로로메테인 (염화 메틸)

치환

### 4-3A 개시 단계: 라디칼의 생성

**개시**: 반응 중간체의 형성

염소에 의해서는 흡수되지만 메테인에 의해서는 흡수되지 않는 파란빛이 이 반응을 촉진한다. 그러므로 개시 반응은 아마도 염소 분자에 의한 빛의 흡수로부터 일어나는 것으로 생각된다. 파란빛은 염소 분자($Cl_2$)를 2개의 염소 원자로 분할하는 데 필요한 에너지 242 kJ/mol(58 kcal/mol)을 가지고 있다.* 1개의 염소 분자가 1개의 광자를 흡수하여 갈라지는 것을 아래에 나타냈다.

$$:\ddot{\underset{..}{Cl}}:\ddot{\underset{..}{Cl}}: \ + \ \text{광자}(h\nu) \ \longrightarrow \ :\ddot{\underset{..}{Cl}}\cdot \ + \ \cdot\ddot{\underset{..}{Cl}}:$$

라디칼 전자

**응용: 노화**

자유 라디칼은 사람을 병들게 하는 데 일부 역할을 하며 노화를 가속화한다. 일상생활에서 환경으로부터 활성 산소를 만나면 체내에 라디칼이 생성된다. 이들 화합물은 깨져 수명이 짧은 하이드록실 라디칼이 되고, 체내 단백질 및 DNA와 반응할 수 있다. 이러한 손상이 축적되면 심장병, 암 및 조기 노화가 일어난다.

낚시 바늘 모양의 반쪽 화살표가 홀전자 1개의 이동을 나타내는 데 쓰인다는 점에 유의하라. 전자쌍의 이동을 나타내기 위해 굽은 화살표를 사용하는 것과 마찬가지로, 1개의 홀전자를 나타내려면 반쪽 화살표를 사용한다. 이러한 반쪽 화살표는 Cl—Cl 결합의 2개 전자가 분리되어 각 염소 원자에 1개씩의 전자가 남게 되는 것을 보여준다.

$Cl_2$ 분자의 분할은 반응성이 매우 큰 2개의 염소 원자가 만들어지는 개시 단계이다. 이 염소 원자는 **반응 중간체**(reactive intermediate)의 한 예로, 생성되자마자 신속히 반응하기 때문에 고농도에서는 결코 존재할 수 없는 수명이 짧은 화학종의 하나이다. 각각의 Cl· 원자는 홀수 개의 원자가 전자(7개)를 가지고 있는데, 그중 하나는 쌍을 이루지 않고 있다. 쌍을 이루지 않은 전자를 홀전자(odd electron) 또는 라디칼 전자(radical electron)라고 한다. 홀전자를 가지고 있는 화학종을 **라디칼**(radical) 또는 **자유 라디칼**(free radical)이라고 한다. 자유 라디칼은 팔전자 규칙을 만족하지 못하기 때문에 전자가 부족한 상태이다. 홀전자는 다른 원자의 전자 1개와 빠르게 결합하여 팔전자 규칙을 완성함으로써 결합을 형성한다. 그림 4-1은 몇 가지 라디칼의 Lewis 구조를 나타낸다. 라디칼은 흔히 쌍을 이루지 않은 홀전자를 나타내는 1개의 점을 가지고 있는 구조로 나타낸다.

**연습문제 4-1**

다음 자유 라디칼에 대해 Lewis 구조를 그려보라.

**(a)** 에틸 라디칼, $CH_3—\dot{C}H_2$ **(b)** *t*-뷰틸 라디칼, $(CH_3)_3C\cdot$

**(c)** 아이소프로필 라디칼(2-프로필 라디칼) **(d)** 아이오딘 원자

### 4-3B 전파 단계

**전파**: 반응 중간체의 재생성과 함께 생성물을 생성

염소 라디칼이 메테인 분자와 충돌하면 메테인 분자로부터 수소 원자를 떼어낸다(제거한다). 이때 C—H 결합의 전자 중 1개의 전자는 탄소 원자에 남아 있는 반면, 다른 하나의 전자는 염소 원자 위의 홀전자와 결합하여 H—Cl 결합을 형성한다.

첫 번째 전파 단계

$$\underset{\text{메테인}}{CH_4} \ + \ \underset{\text{염소 원자}}{Cl\cdot} \ \longrightarrow \ \underset{\text{메틸 라디칼}}{\cdot CH_3} \ + \ \underset{\text{염화 수소}}{H—Cl}$$

* 빛의 광자 에너지는 진동수 $\nu$와 $E = h\nu$의 관계에 있다. 여기서 $h$는 Planck 상수이다. 파란빛은 einsteine당 약 250 kJ(60 kcal)의 에너지를 가지고 있다(1 einsteine은 1몰의 광자이다).

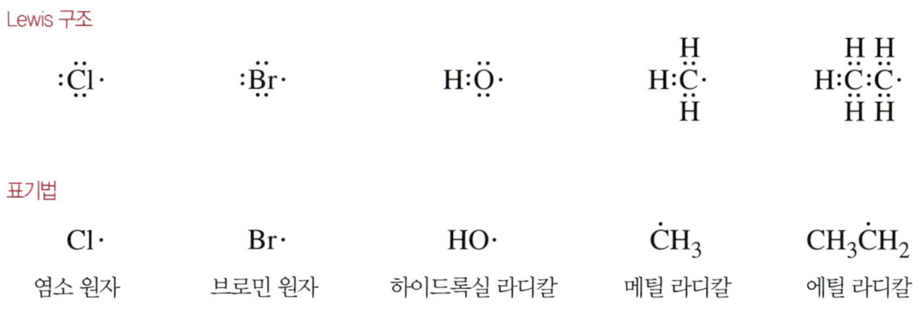

Lewis 구조

:Cl· :Br· H:O· H:C(H)(H)· H:C(H)(H):C(H)(H)·

표기법

| Cl· | Br· | HO· | $\dot{C}H_3$ | $CH_3\dot{C}H_2$ |
|---|---|---|---|---|
| 염소 원자 | 브로민 원자 | 하이드록실 라디칼 | 메틸 라디칼 | 에틸 라디칼 |

**그림 4-1** 자유 라디칼은 홀수의 전자를 가진 반응성이 큰 화학종이다. 홀전자는 화학식 내 점으로 표시한다.

이 단계에서는 최종 생성물의 일종인 HCl 분자만이 생성된다. 이후 단계에서 클로로메테인이 생성되어야 한다. 첫 번째 전파 단계는 1개의 자유 라디칼(염소 원자)에서 시작하여 또 다른 자유 라디칼(메틸 라디칼)이 생긴다. 자유 라디칼의 재생은 연쇄 반응에서 전파 단계의 특징이다. 또 다른 반응 중간체가 생성되기 때문에 이 반응은 계속될 수 있다.

두 번째 전파 단계에서 메틸 라디칼은 염소 분자와 반응해서 클로로메테인을 생성한다. 메틸 라디칼의 홀전자는 Cl—Cl 결합의 두 전자 중 하나와 결합하여 Cl—$CH_3$ 결합을 형성하고 홀전자를 가진 염소 원자가 남게 된다.

두 번째 전파 단계

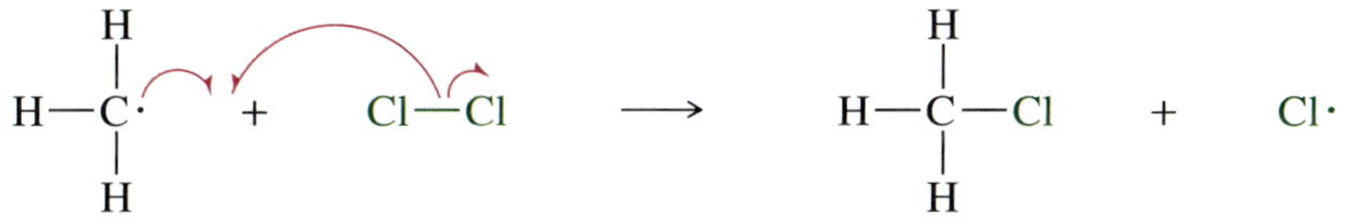

$$H_3C\cdot + Cl{-}Cl \longrightarrow H_3C{-}Cl + Cl\cdot$$

메틸 라디칼 염소 분자 클로로메테인 염소 원자

두 번째 전파 단계에서는 클로로메테인이 생성될 뿐만 아니라 또 다른 염소 원자가 생성된다. 이 염소 원자는 메테인의 다른 분자와 반응하여 HCl과 메틸 라디칼을 생성하며, 이 메틸 라디칼은 $Cl_2$와 반응함으로써 클로로메테인을 생성하고, 또 다른 염소 라디칼을 재생시킨다. 이 같은 방식으로 반응물의 공급이 고갈되거나 어떤 다른 반응이 라디칼 중간체들을 소모할 때까지 연쇄 반응은 계속된다. 연쇄 반응은 흡수된 빛의 광자당 클로로메테인과 HCl 분자가 생성되므로, 이들 분자가 매우 많이 생성되는 것을 설명해준다. 따라서 메커니즘을 다음과 같이 요약할 수 있다.

## 핵심 메커니즘 4-1 | 자유 라디칼 할로젠화 반응

많은 다른 라디칼 반응처럼 자유 라디칼 할로젠화 반응은 연쇄 반응이다. 연쇄 반응은 일반적으로 하나 또는 그 이상의 개시 단계를 거쳐 라디칼을 형성하며, 생성물과 라디칼을 다시 생성하기 위한 전파 단계가 뒤따른다.

**개시 단계: 라디칼이 형성된다.**

염소 분자를 떼어 놓기 위해 빛이 공급된다.

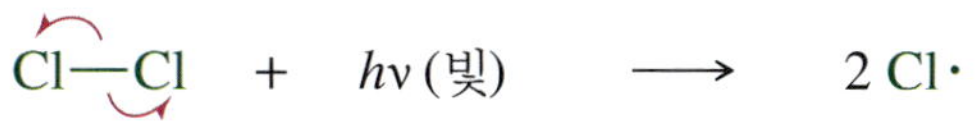

$$Cl{-}Cl + h\nu\,(\text{빛}) \longrightarrow 2\,Cl\cdot$$

**전파 단계: 하나의 라디칼이 반응하여 다른 라디칼을 생성한다.**

**1단계:** 1개의 염소 라디칼이 1개의 수소를 떼어 내어 1개의 알킬 라디칼을 생성한다.

$$H-\overset{H}{\underset{H}{C}}-H + Cl\cdot \longrightarrow H-\overset{H}{\underset{H}{C}}\cdot + H-Cl$$

메틸 라디칼

연쇄 반응이 계속됨

**2단계:** 알킬 라디칼이 $Cl_2$와 반응하여 생성물과 1개의 염소 라디칼을 생성한다.

$$H-\overset{H}{\underset{H}{C}}\cdot + Cl-Cl \longrightarrow H-\overset{H}{\underset{H}{C}}-Cl + Cl\cdot$$

클로로메테인

2단계에서 생성된 염소 라디칼은 1단계로 가서 계속 연쇄 반응을 한다.
전체 반응은 단순히 전파 단계들의 합이다.

$$H-\overset{H}{\underset{H}{C}}-H + Cl-Cl \longrightarrow H-\overset{H}{\underset{H}{C}}-Cl + H-Cl$$

**문제:** 어떤 요인이 연쇄 반응의 전파 단계의 특성이라고 할 수 있는가?

**연습문제 4-2**

**(a)** 클로로메테인으로부터 다이클로로메테인($CH_2Cl_2$)이 생성되는 전파 단계를 제시하라.
**(b)** 자유 라디칼 할로젠화 반응에서는 일반적으로 생성물이 혼합물로 생성되는 이유를 설명하라.
**(c)** $CCl_4$ 또는 $CH_3Cl$만이 생성될 수 있도록 공장에서는 메테인과 염소의 비율을 어떻게 조절하는가?

### 4-3C 종결 반응

**종결:** 활성 중간체의 파괴

어떤 이유에서든지 새로운 자유 라디칼 중간체가 생기지 않고 자유 라디칼 중간체가 소모된다면 연쇄 반응은 느려지거나 정지할 것이다. 이와 같은 부반응을 **종결 반응**(termination reaction)이라고 하는데, 이 단계에서 반응성이 큰 중간체(자유 라디칼)는 생성되는 수보다 소모되는 수가 더 많다. 다음은 메테인의 염화 반응에서 몇 가지 가능한 종결 반응이다.

$$H-\overset{H}{\underset{H}{C}}\cdot + Cl\cdot \longrightarrow H-\overset{H}{\underset{H}{C}}-Cl$$

$$Cl\cdot + Cl\cdot \longrightarrow Cl-Cl$$

$$H-\overset{H}{\underset{H}{C}}\cdot + \cdot\overset{H}{\underset{H}{C}}-H \longrightarrow H-\overset{H}{\underset{H}{C}}-\overset{H}{\underset{H}{C}}-H$$

$$\mathrm{H{-}\overset{H}{\underset{H}{C}}\cdot}\ \text{벽에 부딪힘} \longrightarrow \mathrm{H{-}\overset{H}{\underset{H}{C}}{-}}\boxed{\text{벽}}$$

$$\mathrm{Cl\cdot}\ \text{벽에 부딪힘} \longrightarrow \mathrm{Cl{-}}\boxed{\text{벽}}$$

임의의 두 자유 라디칼의 결합은 자유 라디칼의 수를 감소시킴으로 종결 단계이다. 다른 종결 단계에는 용기의 벽이나 기타 불순물과 자유 라디칼의 반응이 포함된다. 종결 단계 중 첫 번째 반응은 클로로메테인을 생성하지만 반응을 계속 진행하는 데 필요한 라디칼을 소모시키므로, 결국 연쇄 반응을 파괴한다. 이 반응에서 얻는 생성물의 양은 전파 단계에서 생기는 양에 비해 적다.

연쇄 반응이 진행되는 동안에 라디칼의 농도는 매우 낮다. 두 라디칼이 종결 단계에서 결합할 확률은 각 라디칼이 반응 분자를 만나 전파 단계를 일으킬 확률보다 낮다. 종결 단계는 반응이 끝으로 향하는 중요한 단계이며, 이때 이용 가능한 반응물의 양은 상대적으로 적다. 이 시점에서 자유 라디칼은 서로 (또는 용기의 벽과) 부딪치는 것보다 반응물 분자와 덜 부딪치게 된다. 따라서 연쇄 반응은 빠르게 종결된다.

**응용: 자유 라디칼 억제제**

일부 음식물, 첨가제와 영양 보충제는 자유 라디칼과 반응하여 연쇄 반응을 멈추게 하는 화합물을 포함하고 있다. 이와 같은 라디칼 억제제를 항산화제라 하며, 자유 라디칼 반응을 통한 음식물의 산폐를 막아준다. 자유 라디칼 억제제가 음식물뿐만 아니라 자유 라디칼에 의한 세포의 손상을 막을 수 있는지에 대한 연구가 진행 중이다.

**연습문제 4-3**

다음 각 항은 메테인의 염화 반응 메커니즘을 잘못 나타낸 것이다. 잘못된 점을 제시하라.

(a) $Cl_2 + h\nu \rightarrow Cl_2^*$($Cl_2$의 '활성화' 상태)

$Cl_2^* + CH_4 \rightarrow HCl + CH_3Cl$

(b) $CH_4 + h\nu \rightarrow \cdot CH_3 + H\cdot$

$\cdot CH_3 + Cl_2 \rightarrow CH_3Cl + Cl\cdot$

$Cl\cdot + H\cdot \rightarrow HCl$

**문제풀이 힌트**

자유 라디칼 연쇄 반응에서 개시 단계에서는 일반적으로 새로운 라디칼이 생성된다. 전파 단계에서는 대개 1종의 자유 라디칼과 1종의 반응 물질이 결합함으로써 1종의 생성물과 또 다른 자유 라디칼이 생긴다. 종결 단계에서는 일반적으로 자유 라디칼의 수가 감소한다.

**연습문제 4-4**

1-클로로헥세인의 자유 라디칼 염화 반응은 수득률이 매우 낮으나 사이클로헥세인의 자유 라디칼 염화 반응은 클로로사이클로헥세인이 잘 생성된다.

(a) 이러한 차이점을 설명하라.

(b) 클로로사이클로헥세인의 합성을 위해 반응 물질(사이클로헥세인과 염소)을 어떤 비율로 사용해야 하는가?

## 4-4 평형 상수와 자유 에너지

이제 메테인의 염화 반응에 대한 메커니즘이 확정되었으므로, 각 단계의 에너지론에 대해 고찰할 수 있게 되었다. 우선 이 논의를 위해 필요한 몇 가지 원리를 복습하자.

**열역학**(thermodynamics)은 화학 및 물리적 변환에 수반되는 에너지의 변화를 다루는 화학의 한 분야이다. 이들 에너지 변화는 **평형 상태**(equilibrium)에 있는 계의 성질을 설명하는 데 가장 유용하다. 에너지와 엔트로피 변화를 이용하여 평형을 어떻게 설명할 수 있는가에 대해 복습해보자.

반응물과 생성물의 평형 농도는 반응의 **평형 상수**(equilibrium constant)에 의해 결정된다. 예컨대 $a$몰의 A와 $b$몰의 B가 반응하여 $c$몰의 C와 $d$몰의 D가 생긴다면 평형 상수 $K_{eq}$는 다음 식으로 정의된다.

$$aA + bB \rightleftharpoons cC + dD$$

$$K_{eq} = \frac{[\text{생성물}]}{[\text{반응물}]} = \frac{[C]^c[D]^d}{[A]^a[B]^b}$$

$K_{eq}$ 값은 평형의 위치, 즉 생성물 또는 반응물 중 어느 것이 더 안정하여 에너지론적으로 유리한가를 말해준다. 만일 $K_{eq}$ 값이 1보다 크면 이 반응은 반응식의 왼쪽에서 오른쪽으로 유리하게 진행되고, $K_{eq}$ 값이 1보다 작으면 (반응식의 오른쪽에서 왼쪽으로) 역반응이 유리하게 진행된다.

메테인의 염화 반응은 약 $1.1 \times 10^{19}$의 큰 평형 상수를 가진다.

$$CH_4 + Cl_2 \rightleftharpoons CH_3Cl + HCl$$

$$K_{eq} = \frac{[CH_3Cl][HCl]}{[CH_4][Cl_2]} = 1.1 \times 10^{19}$$

염화 반응에 대한 평형 상수가 아주 크기 때문에 남아 있는 반응물의 양은 평형에서 0에 가깝다. 이러한 반응을 완결된다고 하며, $K_{eq}$ 값은 반응이 완결되는 정도를 나타내는 척도가 된다.

평형 상수 $K_{eq}$ 값으로부터 반응에 수반하는 **자유 에너지**[(free energy), 때로는 **Gibbs 자유 에너지**(Gibbs free energy)]라고 함]의 변화를 계산할 수 있다. 자유 에너지는 $G$로 나타내며, 반응과 연관된 자유 에너지의 변화($\Delta$)는 생성물의 자유 에너지와 반응물의 자유 에너지 간의 차이인 $\Delta G$로 표시한다. $\Delta G$는 일을 할 수 있는 에너지의 척도이다.

$$\Delta G = (\text{생성물의 자유 에너지}) - (\text{반응물의 자유 에너지})$$

어떤 화학자는 자유 에너지의 변화를 기술하기 위해 '에너지를 방출하는(exergonic)'과 '에너지를 흡수하는(endergonic)'이라는 용어를 사용한다.

에너지를 방출하는 = 음의 $\Delta G°$를 가짐
에너지를 흡수하는 = 양의 $\Delta G°$를 가짐

만약 생성물의 에너지 준위가 반응물의 에너지 준위보다 낮으면('내리막길' 반응), 반응은 에너지적으로 유리하다. 그리고 이 반응은 계의 에너지 감소를 나타내는 $\Delta G$의 음(−)의 값이 부여된다.

**표준 Gibbs 자유 에너지 변화**(standard Gibbs free energy change, $\Delta G°$)가 가장 보편적으로 사용된다. 기호 °는 반응물과 생성물이 표준 상태(25°C, 1 atm에서 가장 안정한 상태의 순수한 물질)에 있는 반응임을 나타낸다. $\Delta G°$와 $K_{eq}$의 관계는 다음 식으로 나타낸다.

$$K_{eq} = e^{-\Delta G°/RT}$$

또는 다음과 같이 표시한다.

$$\Delta G° = -RT(\ln K_{eq}) = -2.303RT(\log K_{eq})$$

$R$ = 기체 상수, 8.314 J/kelvin-mol(1.987 cal/kelvin-mol)
$T$ = 절대 온도, kelvin 척도*
$e$ = 자연 대수의 밑, 2.718

**문제풀이 힌트**

음의 $\Delta G$를 갖는 반응은 유리하고, 양의 $\Delta G$를 갖는 반응은 불리하다.

더 낮은 자유 에너지를 가진 화합물은 더 높은 자유 에너지를 가진 화합물보다 더 안정하다.

25°C에서 $RT$ 값은 약 2.48 kJ/mol(0.592 kcal/mol)이다.

이 식은 $\Delta G°$ 값이 음이면(에너지가 방출되면) 반응이 유리하게 진행된다($K_{eq} > 1$)는 사실을 나타낸다. $\Delta G°$ 값이 양인(에너지를 첨가해주어야 한다) 반응은 불리한 반응이다. 이와 같은 예측은 반응이 반드시 자유 에너지의 알짜 감소를 수반하면서 높은 에너지 상태부터 낮은 에너지 상태로 진행하게 된다는 직관과 일치한다.

* 켈빈(kelvin)으로 표시된 절대 온도는 25°C = 298 K에서와 같이 ° 기호를 쓰지 않고 정확하게 나타낸다. 그러나 평형 상수($K$)와 구별하기 위해 25°C = 298°K처럼 흔히 ° 기호를 포함해서 쓴다.

**예제 4-1**

메테인의 염화 반응에 대한 $\Delta G°$ 값을 계산하라.

**풀이**

이 반응에 대한 $K_{eq}$ 값을 알고 있으므로 자유 에너지와 평형 상수의 관계식을 사용할 수 있다.

$$\Delta G° = -2.303RT(\log K_{eq})$$

염화 반응에 대한 $K_{eq} = 1.1 \times 10^{19}$, 그리고 $\log K_{eq} = 19.04$

25°C(약 298°K)에서 $RT$ 값은 다음과 같다.

$$RT = (8.314 \text{ J/kelvin-mol})(298 \text{ kelvin}) = 2478 \text{ J/mol, 또는 } 2.48 \text{ kJ/mol}$$

이 값을 위 식에 대입하면 다음과 같다.

$$\Delta G° = (-2.303)(2.478 \text{ kJ/mol})(19.04) = -108.7 \text{ kJ/mol } (-25.9 \text{ kcal/mol})$$

이는 $\Delta G°$ 값이 큰 음의 값을 지닌 것으로 염화 반응이 완결되도록 밀어붙이는 큰 힘을 가지고 있다는 것을 나타낸다.

일반적으로 $\Delta G°$ 값이 $-12$ kJ/mol 또는 $-3$ kcal/mol보다 더 음이면 그 반응은 거의 완결될 때까지(99% 이상) 진행된다. 표 4-1은 여러 값의 $\Delta G°$를 가지는 반응에 대해 평형 상태에서 출발 물질의 몇 %가 생성물로 변환되는지를 나타낸다.

**연습문제 4-5**

다음 반응은 $\Delta G° = -2.1$ kJ/mol($-0.50$ kcal/mol)의 값을 가진다.

$$CH_3Br + H_2S \rightleftharpoons CH_3SH + HBr$$

**(a)** 이 반응에 대한 $K_{eq}$ 값을 계산하라. (실온 25°C에서)

**(b)** 1 M의 $CH_3Br$과 $H_2S$ 용액에서 시작하여 평형을 이룰 때 네 가지 화학종 모두의 최종 농도를 계산하라.

**표 4-1** 25°C에서 $\Delta G°$에 대한 생성물의 조성

| $\Delta G°$ | | | |
|---|---|---|---|
| kJ/mol | kcal/mol | $K$ | 생성물로 전환 |
| +4.0 | (+1.0) | 0.20 | 17% |
| +2.0 | (+0.5) | 0.45 | 31% |
| 0.0 | (0.0) | 1.0 | 50% |
| −2.0 | (−0.5) | 2.2 | 69% |
| −4.0 | (−1.0) | 5.0 | 83% |
| −8.0 | (−1.9) | 25 | 96% |
| −12.0 | (−2.9) | 127 | 99.2% |
| −16.0 | (−3.8) | 638 | 99.8% |
| −20.0 | (−4.8) | 3200 | 99.96% |

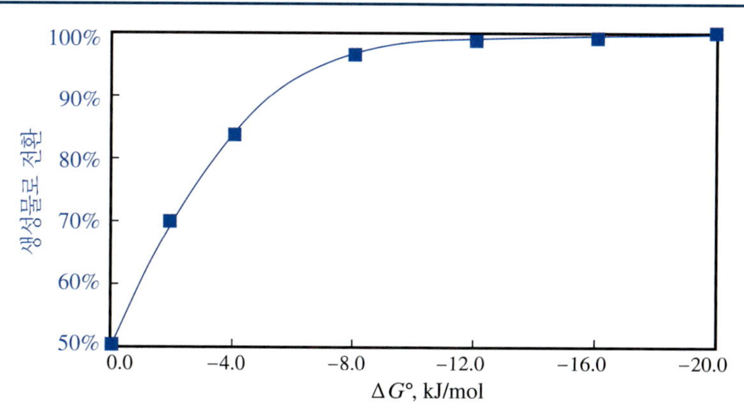

**연습문제 4-6**

염기 촉매 조건에서 아세톤 두 분자는 다이아세톤 알코올(diacetone alcohol)을 생성할 수 있다. 실온(25°C)에서 아세톤의 약 5%가 다이아세톤 알코올로 전환되었다. 이 반응에 대한 $\Delta G°$ 값을 구하라.

$$2\ CH_3-\overset{\overset{\displaystyle O}{\|}}{C}-CH_3 \ \underset{}{\overset{^{-}OH}{\rightleftharpoons}}\ CH_3-\overset{\overset{\displaystyle O}{\|}}{C}-CH_2-\overset{\overset{\displaystyle OH}{|}}{C}(CH_3)_2$$

아세톤 다이아세톤 알코올

## 4-5 엔탈피와 엔트로피

자유 에너지 변화에는 두 가지 요인이 관여한다. 즉 **엔탈피**(enthalpy)의 변화와 온도를 곱한 **엔트로피**(entropy)의 변화이다.

$$\Delta G° = \Delta H° - T\Delta S°$$

$$\Delta G° = (\text{생성물의 자유 에너지}) - (\text{반응물의 자유 에너지})$$
$$\Delta H° = (\text{생성물의 엔탈피}) - (\text{반응물의 엔탈피})$$
$$\Delta S° = (\text{생성물의 엔트로피}) - (\text{반응물의 엔트로피})$$

낮은 온도에서 일반적으로 엔탈피항($\Delta H°$)이 엔트로피항($-T\Delta S°$)보다 훨씬 커서 때로는 엔트로피항이 무시된다.

### 4-5A 엔탈피

**엔탈피 변화**(change in enthalpy, $\Delta H°$)는 반응열, 즉 반응이 진행되는 동안에 발생되거나 소모된 열량으로, kJ/mol 또는 kcal/mol로 나타낸다. 엔탈피 변화는 생성물과 반응물 내에서 결합의 상대적인 세기를 나타낸다. 반응은 최소의 엔탈피를 지닌 생성물(가장 강한 결합을 가진 생성물)이 생기는 쪽으로 진행하려는 경향이 있다.

약한 결합이 끊어져서 보다 강한 결합이 형성되면 열이 발생하며, 반응은 **발열**(exothermic, 음의 $\Delta H°$)이라고 한다. 발열 반응에서 엔탈피항은 $\Delta G°$에 대해 유리한 음(−)의 기여를 한다. 한편 강한 결합이 끊어져서 더 약한 결합이 생기면 이 반응에서는 에너지가 소모되고, 이러한 반응을 **흡열**(endothermic, 양의 $\Delta H°$)이라고 한다. 흡열 반응에서는 엔탈피항은 $\Delta G°$에 대해 불리한 양(+)의 기여를 한다.

**문제풀이 힌트**

결합이 끊어질 때는 항상 흡열이며, 에너지를 흡수한다. 결합이 생성될 때는 항상 발열이며, 에너지를 방출한다.

메테인의 염화 반응에서 $\Delta H°$ 값은 약 −105.1 kJ/mol(−25.0 kcal/mol)이다. 이 반응은 큰 발열 반응이고 엔탈피의 감소가 주된 추진력으로 작용한다.

### 4-5B 엔트로피

**엔트로피**(entropy)는 흔히 무질서도 또는 운동의 자유라고 한다. 반응은 최대의 엔트로피를 가진 생성물이 생기는 쪽으로 진행한다. 자유 에너지를 나타낸 식에서 엔트로피항($-T\Delta S°$)이 음의 부호를 가짐에 유념하라. 엔트로피 변화($\Delta S°$)가 양의 값이면 생성물이 반응물보다 자유 운동이 더 크다는 것을 의미하며, $\Delta G°$에 대해 유리한 (음의) 기여를 한다.

여러 경우에 엔탈피 변화($\Delta H°$)는 엔트로피 변화($\Delta S°$) 값보다 훨씬 더 커서 엔탈피항이 $\Delta G°$에 대한 식을 지배한다. 그러므로 $\Delta S°$ 값이 음이란 것은 반드시 불리한 $\Delta G°$ 값을 가진다는 사실을 의미하는 것은 아니다. 강한 결합이 생겨나는 것(엔탈피가 변화하는 것)은 흔히 반응에 대한 추진력 중에 가장 중요한 요소가 된다.

메테인의 염화 반응에서 $\Delta S°$의 값은 +12.1 J/kelvin-mole(2.89 cal/kelvin-mole)이다. 자유 에너지 식에서의 $-T\Delta S°$ 항은 다음의 값을 가진다.

$$-T\Delta S° = -(298\ °\text{K})(12.1\ \text{J/kelvin-mol}) = -3610\ \text{J/mol}$$
$$= -3.61\ \text{kJ/mol}\ (-0.86\ \text{kcal/mol})$$

$\Delta G° = -108.7$ kJ/mol의 값은 엔탈피항과 엔트로피항으로 나누어진다.

$$\Delta G° = \Delta H° - T\Delta S° = -105.1\ \text{kJ/mol} - 3.61\ \text{kJ/mol}$$
$$= -108.7\ \text{kJ/mol}\ (-25.9\ \text{kcal/mol})$$

엔탈피 변화는 염화 반응에 대한 추진력 중에 가장 큰 요인이다. 대부분의 유기 반응에서도 이러하며, 엔트로피항은 흔히 엔탈피항에 비해 작다. 화학 반응을 결합의 절단 및 형성과 관련하여 화학 반응을 논할 때 $\Delta G° \cong \Delta H°$라는 가정하에서 흔히 엔탈피 변화 값($\Delta H°$)을 사용할 수 있다. 그러나 몇 가지 반응은 비교적 적은 엔탈피 변화와 비교적 큰 엔트로피 변화를 가지므로, 이와 같은 가정을 하는 데 주의할 필요가 있다.

**예제 4-2**

$Cl_2$의 해리에 대한 $\Delta S°$ 값이 (+)인지(유리한지) 또는 (−)인지(불리한지)를 예측하라. 이 반응의 $\Delta G°$ 값의 부호에 대해 엔트로피항은 어떤 영향을 미치는가?

$$Cl_2 \xrightarrow{h\nu} 2\ Cl\cdot$$

**풀이**

유리된 염소 원자 2개는 1개의 염소 분자보다 훨씬 더 많은 운동의 자유를 가지고 있다. 그러므로 엔트로피 변화는 (+)이고 엔트로피항($-T\Delta S°$)은 음이다. 이 (−)(유리한) 값은 Cl—Cl 결합을 끊는 데 필요한 $\Delta H°$의 훨씬 (+)(불리한) 값에 비하면 적다. (+)의 엔탈피항이 지배적이란 사실로 미루어 염소 분자가 2개의 염소 원자보다 훨씬 더 안정하다.

**연습문제 4-7**

에텐(ethene)을 수소와 섞고 백금 촉매를 가하면 수소가 이중 결합의 양쪽에 첨가되어 에테인이 발생한다. 실온에서 이 반응은 완료될 때까지 진행된다. 이 반응에 대한 $\Delta H°$와 $\Delta S°$의 부호를 예측하라. 이들 부호를 결합과 운동의 자유와 결부시켜 설명하라.

$$H_2C{=}CH_2 + H_2 \xrightleftharpoons{\text{Pt 촉매}} H_3C{-}CH_3$$

에테인 에테인

**문제풀이 힌트**

일반적으로 2개의 작은 분자(또는 라디칼과 같은 조각들)는 1개의 더 큰 분자보다 더 많은 운동의 자유(더 큰 엔트로피)를 가지고 있다.

**연습문제 4-8**

각 반응에 대해 반응에 대한 $\Delta S°$가 (+)인지, (−)인지, 또는 이를 예측할 수 없는지 여부를 예측하라.

(a) $C_{10}H_{22}$ ($n$-데케인) $\xrightarrow[\text{촉매}]{\text{열}}$ $C_3H_6$ (프로펜) + $C_7H_{16}$ (헵테인) (촉매 크래킹)

**(b)** 다이아세톤 알코올의 형성

$$2\,CH_3-\overset{\overset{\Large O}{\|}}{C}-CH_3 \xrightleftharpoons{^-OH} CH_3-\overset{\overset{\Large O}{\|}}{C}-CH_2-\overset{\overset{\Large OH}{|}}{C}(CH_3)_2$$

**(c)** $$CH_3-\overset{\overset{\Large O}{\|}}{C}-OH + CH_3OH \xrightleftharpoons{H^+} CH_3-\overset{\overset{\Large O}{\|}}{C}-OCH_3 + H_2O$$

## 4-6 결합-해리 엔탈피

이미 알고 있는 분량의 메테인과 염소를 통열량계에 넣고 열선을 이용하여 반응을 개시할 수 있다. 열량계 내 온도 상승을 이용하면 반응열 $\Delta H°$의 정확한 값을 계산할 수 있다. 이와 같은 온도 상승의 측정법을 통해 1몰의 메테인이 클로로메테인으로 변환될 때마다 105 kJ(25 kcal)의 열이 발생한다(발열)는 것을 알 수 있다. 따라서 반응에 대한 $\Delta H°$는 음(−)이며, 반응열은 다음과 같다.

$$\Delta H° = -105 \text{ kJ/mol } (-25 \text{ kcal/mol})$$

많은 경우 어떤 특정한 반응의 반응열을 실제 측정하지 않고 흡열인가 또는 발열인가를 예측하려면 결합의 절단에 수반되는 열은 더하고, 결합의 형성에 수반 되는 열은 빼줌으로써 대략적인 반응열을 계산할 수 있다. 이와 같은 계산을 하려면 반응에 관여하는 결합 에너지를 알 필요가 있다.

**결합-해리 엔탈피**(bond-dissociation enthalpy, BDE), 즉 **결합-해리 에너지**(bond-dissociation energy)는 특정한 결합을 **균일하게**(homolytically) 절단하는데, 즉 결합을 이루고 있는 각 원자가 2개의 결합 전자를 각각 1개씩 보유하는 방식으로 절단하는 데 필요한 에너지의 양이다. 이와는 대조적으로 결합이 절단되어 두 원자 중 하나가 두 전자를 모두 보유할 때는 **불균일하게**(heterolytically) 일어났다고 말한다.

균일 절단(자유 라디칼 생성)

$$A{:}B \longrightarrow A\cdot + \cdot B \qquad \Delta H° = \text{결합−해리 엔탈피}$$

$$:\ddot{\underset{..}{Cl}}:\ddot{\underset{..}{Cl}}: \longrightarrow 2\,:\ddot{\underset{..}{Cl}}\cdot \qquad \Delta H° = 242 \text{ kJ/mol (58 kcal/mol)}$$

불균일 절단(이온 생성)

$$A{:}B \longrightarrow A^+ + {}^-{:}B$$

$$(CH_3)_3C-\ddot{\underset{..}{Cl}}: \longrightarrow (CH_3)_3C^+ + :\ddot{\underset{..}{Cl}}:^- \quad (\Delta H°\text{는 용매에 따라 다양함})$$

**균일 절단**(homolytic cleavage), 즉 **라디칼 절단**(radical cleavage)에서는 자유 라디칼이 생기는 한편, **불균일 절단**(heterolytic cleavage), 즉 **이온 절단**(ionic cleavage)에서는 이온이 생긴다. 불균일(이온성) 절단에 대한 엔탈피는 생성되는 이온을 용매화하는 용매의 능력에 크게 좌우된다. 균일 절단은 결합-해리 엔탈피를 정의하는 데 사용되는데, 그 값이 다른 용매나 용매가 없음에 따라 크게 변하지 않기 때문이다. 이 절단에서는 전자쌍 이동을 나타내기 위해 굽은 화살표가 사용되고 균일 절단에 서는 개개 전자의 분리를 나타내기 위해 반쪽 화살표가 사용된다는 점에 유의하라.

결합이 형성될 때는 에너지가 방출되고, 결합을 절단하기 위해서는 에너지가 소모된다. 그러므로 결합-해리 에너지는 항상 양의 (흡열) 값이다. 한 반응에 대한 전체 엔탈피 변화는 절단되는 결합들의 해리 에너지의 합에서 형성되는 결합들의 해리 에너지의 합을 뺀 값이다.

$$\Delta H° = \Sigma(\text{절단된 결합의 BDE}) - \Sigma(\text{형성된 결합의 BDE})$$

가상 반응에 있어서

$$\text{A—B} + \text{C—D} \rightleftharpoons \text{A—C} + \text{B—D}$$

$$\Delta H° = (\text{A — B의 BDE}) + (\text{C — D의 BDE}) - (\text{A — C의 BDE}) - (\text{B — D의 BDE})$$

화학자들은 각종 다른 반응에 대한 반응열을 연구함으로써 결합-해리 에너지의 신뢰할 수 있는 표를 작성할 수 있게 되었다. 다양한 분자 내에서 결합의 균일 절단에 대한 결합-해리 에너지를 표 4-2에 나타냈다.

## 4-7 염화 반응에서의 엔탈피 변화

표 4-2의 값을 이용함으로써 메테인의 염화 반응에 대한 반응열을 예측할 수 있다. 이 반응에는 $CH_3$—H 결합 및 Cl—Cl 결합의 절단(+ 값), $CH_3$—Cl 결합 및 H—Cl 결합의 형성(− 값)이 관여한다.

전체 반응

$$CH_3\text{—H} + \text{Cl—Cl} \longrightarrow CH_3\text{—Cl} + \text{H—Cl}$$

| 끊어진 $\Delta H°$ (mol당) | | 형성된 $\Delta H°$ (mol당) | |
|---|---|---|---|
| Cl—Cl | +240 kJ (+57 kcal) | H—Cl | −432 kJ (−103 kcal) |
| $CH_3$—H | +439 kJ (+105 kcal) | $CH_3$—Cl | −350 kJ (−84 kcal) |
| 합계 | +679 kJ (+162 kcal) | 합계 | −782 kJ (−187 kcal) |

$$\Delta H° = +679\ \text{kJ/mol} + (-782)\ \text{kJ/mol} = -103\ \text{kJ/mol}\ (-25\ \text{kcal/mol})$$

결합-해리 엔탈피로부터는 각각의 개별적인 단계에 대한 반응열도 계산할 수 있다.

첫 번째 전파 단계

$$\text{Cl}\cdot + CH_4 \longrightarrow \cdot CH_3 + \text{HCl}$$

| | |
|---|---|
| $CH_3$—H 결합의 절단 | +439 kJ/mol (+105 kcal/mol) |
| H—Cl 결합의 형성 | −432 kJ/mol (−103 kcal/mol) |
| 단계 전체 | +7 kJ/mol ( +2 kcal/mol) |

두 번째 전파 단계

$$\cdot CH_3 + Cl_2 \longrightarrow CH_3Cl + \text{Cl}\cdot$$

| | |
|---|---|
| Cl—Cl 결합의 절단 | +240 kJ/mol (+57 kcal/mol) |
| $CH_3$—Cl 결합의 형성 | −350 kJ/mol (−84 kcal/mol) |
| 단계 전체 | −110 kJ/mol (−27 kcal/mol) |

$$\text{총계} = +7\ \text{kJ/mol} + (-110\ \text{kJ/mol}) = -103\ \text{kJ/mol}\ (-25\ \text{kcal/mol})$$

각각의 전파 단계들에 대한 $\Delta H°$ 값을 합하면 그 반응에 대한 전체 엔탈피 변화를 얻는다. 개시 단계인 $Cl_2 \rightarrow 2\text{Cl}\cdot$ 단계는 전체 엔탈피 변화를 구할 때 합하지 않는데, 그 이유는 이 단계가 각 분자의 생성물이 생기는 데 필요하지 않기 때문이다. 염소 분자의 첫 번째 분할은 단지 수백 개 또는 수

**표 4-2** 균일 절단에 대한 결합-해리 엔탈피

$$A{:}B \longrightarrow A\cdot + \cdot B$$

| 결합 | 결합-해리 엔탈피 kJ/mol | 결합-해리 엔탈피 kcal/mol |
|---|---|---|
| **H—X 결합과 X—X 결합** | | |
| H—H | 436 | 104 |
| D—D | 440 | 105 |
| F—F | 154 | 37 |
| Cl—Cl | 240 | 57 |
| Br—Br | 190 | 45 |
| I—I | 149 | 36 |
| H—F | 570 | 136 |
| H—Cl | 432 | 103 |
| H—Br | 366 | 88 |
| H—I | 298 | 71 |
| HO—H | 497 | 119 |
| HS—H | 382 | 91 |
| HOO—H | 367 | 88 |
| HO—OH | 213 | 51 |
| $H_2N$—H | 450 | 108 |
| **메틸 결합** | | |
| $CH_3$—H | 439 | 105 |
| $CH_3$—F | 481 | 115 |
| $CH_3$—Cl | 350 | 84 |
| $CH_3$—Br | 302 | 72 |
| $CH_3$—I | 241 | 58 |
| $CH_3$—OH | 385 | 92 |
| $CH_3$—$NH_2$ | 356 | 85 |
| **1차 탄소 결합** | | |
| $CH_3CH_2$—H | 423 | 101 |
| $CH_3CH_2$—F | 464* | 111* |
| $CH_3CH_2$—Cl | 355 | 85 |
| $CH_3CH_2$—Br | 303 | 72 |
| $CH_3CH_2$—I | 238 | 57 |
| $CH_3CH_2$—OH | 393 | 94 |
| $CH_3CH_2CH_2$—H | 423 | 101 |
| $CH_3CH_2CH_2$—F | 464* | 111* |
| $CH_3CH_2CH_2$—Cl | 355 | 85 |
| $CH_3CH_2CH_2$—Br | 303 | 72 |
| $CH_3CH_2CH_2$—I | 238 | 57 |
| **2차 탄소 결합** | | |
| $(CH_3)_2CH$—H | 413 | 99 |
| $(CH_3)_2CH$—F | 463 | 111 |
| $(CH_3)_2CH$—Cl | 356 | 85 |
| $(CH_3)_2CH$—Br | 309 | 74 |
| $(CH_3)_2CH$—I | 238 | 57 |
| $(CH_3)_2CH$—OH | 399 | 95 |
| **3차 탄소 결합** | | |
| $(CH_3)_3C$—H | 403 | 96 |
| $(CH_3)_3C$—F | 464* | 111* |
| $(CH_3)_3C$—Cl | 355 | 85 |
| $(CH_3)_3C$—Br | 304 | 73 |
| $(CH_3)_3C$—I | 233 | 56 |
| $(CH_3)_3C$—OH | 401 | 96 |
| **다른 C—H 결합** | | |
| $PhCH_2$—H (벤질) | 376 | 90 |
| $H_2C{=}CHCH_2$—H | 372 | 89 |
| $H_2C{=}CH$—H (바이닐) | 463 | 111 |
| Ph—H (방향족) | 472 | 113 |
| $HC{\equiv}C$—H (아세틸렌) | 558 | 133 |
| **C—C 결합** | | |
| $CH_3$—$CH_3$ | 377 | 90 |
| $CH_3CH_2$—$CH_3$ | 372 | 89 |
| $CH_3CH_2$—$CH_2CH_3$ | 368 | 88 |
| $(CH_3)_2CH$—$CH_3$ | 371 | 89 |
| $(CH_3)_3C$—$CH_3$ | 366 | 87 |
| **C=C 결합 및 C=X 결합** | | |
| $H_2C{=}CH_2$ | 728 | 174 |
| $H_2C{=}NH$ | 736* | 176 |
| $H_2C{=}O$ | 749 | 179 |

* 근삿값

천 개의 클로로메테인 분자를 생성시키는 연쇄 반응만을 개시한다. Cl—Cl 결합을 끊는 데 필요한 에너지는 두 번째 전파 단계에 이미 포함되어 있다.

**연습문제 4-9**

**(a)** 에테인의 자유 라디칼 염화 반응에 대한 메커니즘을 제시하라.

$$CH_3—CH_3 + Cl_2 \xrightarrow{h\nu} CH_3—CH_2Cl + HCl$$

**(b)** 이 반응에서의 각 단계에 대한 $\Delta H°$ 값을 계산하라.

**(c)** 이 반응에 대한 총괄적 $\Delta H°$ 값을 계산하라.

**문제풀이 힌트**

결합-해리 엔탈피는 에너지를 소모하는 결합 절단에 필요한 에너지이다. $\Delta H°$ 값을 계산하는 데 절단되는 결합에 대해 양(+)의 BDE 값을 사용하고, 형성되는 결합에 대해서는 음(−)의 BDE 값을 사용하라.

**또 다른 메커니즘** 앞서 제시한 메커니즘은 메테인의 염소와의 반응을 설명하기 위해 제시될 수 있는 유일한 메커니즘이 아니다. 개시 단계는 $Cl_2$ 분자가 갈라지는 단계여야 한다는 것은 알려져 있지만, 올바른 생성물을 생성하게 되는 것에는 다른 전파 단계도 있을 수 있다.

$$\text{(a)}\ Cl\cdot + CH_3—H \longrightarrow CH_3—Cl + H\cdot \qquad \Delta H° = +439\ kJ - 350\ kJ = +89\ kJ\ (+105\ kcal - 84\ kcal = +21\ kcal)$$

$$\text{(b)}\ H\cdot + Cl—Cl \longrightarrow H—Cl + Cl\cdot \qquad \Delta H° = +240\ kJ - 432\ kJ = -192\ kJ\ (+57\ kcal - 103\ kcal = -46\ kcal)$$

$$\text{합계}\ -103\ kJ \qquad (\text{합계}\ -25\ kcal)$$

이 또 하나의 메커니즘은 그럴듯하게 보이지만, (a) 단계는 89 kJ/mol(21 kcal/mol)만큼 흡열이다. 앞서 제시한 메커니즘이 더 에너지가 낮은 메커니즘이다. 염소 원자가 메테인 분자와 충돌할 때는 염화 메틸과 수소 원자가 생기지 않는다($\Delta H° = +89\ kJ = +21\ kcal$). 올바른 메커니즘의 첫 번째 전파 단계와 같이 HCl과 메틸 라디칼($\Delta H° = +7\ kJ = +2\ kcal$)이 생성되도록 반응이 일어날 것이다.

**연습문제 4-10**

**(a)** 표 4-2의 결합-해리 엔탈피 값을 이용하여 메테인의 자유 라디칼 브로민화의 각 단계에 대한 반응열을 계산하라.

$$Br_2 + CH_4 \xrightarrow{\text{열 또는 빛}} CH_3Br + HBr$$

**(b)** 전체 반응열을 계산하라.

## 4-8 반응 속도론과 속도식

**반응 속도론**(kinetics)은 반응 속도를 다루는 학문이다. 반응이 얼마나 빨리 진행되는지는 평형의 위치만큼이나 중요하다. 반응이 열역학적으로 유리하다(음의 $\Delta G°$)는 사실만으로 반드시 그 반응이 실제로 일어날 것이라는 말은 아니다. 예컨대 가솔린과 산소의 혼합물은 스파크나 촉매가 없으면 반응하지 않는다. 이와 유사하게 메테인과 염소의 혼합물도 냉암소에 두면 반응하지 않는다.

**반응 속도**(rate of reaction)는 얼마나 빠르게 생성물이 나타나고 반응물이 소실되는가를 나타낸다. 반응 속도는 시간 경과에 따르는 생성물 농도의 증가나 시간 경과에 따르는 반응물 농도의 감소를 측정함으로써 결정할 수 있다.

반응 속도는 반응물의 농도에 따라 좌우된다. 반응물의 농도가 클수록 반응물은 더욱 빈번히 충돌하여 반응할 기회가 더 커진다. **속도식**(rate equation) 또는 **속도 법칙**(rate law)은 반응물의 농도와 실측된 반응 속도의 관계식이다. 각 반응은 반응물의 농도를 변화시켜가면서 반응 속도의 변화를 측정하는 실험을 통해 결정되는 고유한 속도식을 가진다. 예를 들어 다음의 일반화 반응을 고찰해보자.

$$A + B \longrightarrow C + D$$

반응 속도는 대개 반응물의 농도 [A]에 $a$ 제곱, [B]에 $b$ 제곱에 비례한다. 이 관계를 나타내기 위해 다음과 같은 일반 속도식을 사용할 수 있다.

$$\text{속도} = k_r[A]^a[B]^b$$

여기서 $k_r$은 **속도 상수**(rate constant)이고, 거듭제곱($a$ 및 $b$)의 값은 실험을 통해 결정해야 한다. 단순히 반응의 화학량론으로부터 속도식을 직접 추측하거나 산출할 수는 없다. 반응 속도식은 반응의 메커니즘과 그 메커니즘 중간 단계의 속도에 따라 좌우된다.

일반 속도식에서 거듭제곱 $a$는 반응물 A에 대한 **반응 차수**(order of reaction)라고 하고, 거듭제곱 $b$는 반응물 B에 대한 반응 차수라고 한다. 거듭제곱의 합($a + b$)을 반응의 **전체 반응 차수**(overall order)라고 한다.

다음 반응은 간단한 속도식을 가진다.

$$CH_3—Br \quad + \quad {}^-OH \xrightarrow{H_2O/\text{아세톤}} CH_3—OH \quad + \quad Br^-$$

실험을 통해 브로민화 메틸의 농도 [$CH_3Br$]를 2배로 증가시키면 반응 속도도 2배로 증가함을 알았다. 수산화 이온 농도, 즉 [$^-OH$]를 2배로 증가시켜도 반응 속도가 2배로 증가한다. 따라서 이 반응의 속도는 [$CH_3Br$]과 [$^-OH$]의 두 가지에 비례하고, 속도식은 다음 형태가 된다.

$$\text{속도} = k_r[CH_3Br][^-OH]$$

이 속도식은 각 반응물의 농도의 1승에 비례하므로, 두 시약 각각에 대해서는 1차이다. 그런데 이 속도식에서는 반응물 농도의 거듭제곱의 합이 2, 즉 (1차) + (1차) = 전체 2차이므로, 속도식은 전체 2차이다.

반응의 형태가 전체적으로 같다고 해서 그 속도식이 반드시 같지는 않다. 예컨대 다음의 유사한 반응은 다른 반응 속도론적인 차수를 가진다.

$$(CH_3)_3C—Br \quad + \quad {}^-OH \xrightarrow{H_2O/\text{아세톤}} (CH_3)_3C—OH \quad + \quad Br^-$$

브로민화 $t$-뷰틸[*tert*-butyl bromide, $(CH_3)_3C—Br$]의 농도를 2배로 증가시키면 반응 속도가 2배로 증가하지만 수산화 이온의 농도, 즉 [$^-OH$]를 2배로 증가시키면 이 반응의 속도에는 영향을 미치지 않는다. 속도식은 다음과 같다.

$$\text{속도} = k_r[(CH_3)_3C—Br]$$

이 반응은 브로민화 $t$-뷰틸에 대해서는 1차이고, 수산화 이온에 대해서는 0차이다([$^-OH$]의 0제곱에 비례하므로). 이 반응은 전체 1차이지만, 수산화 이온에 대해서는 0차인데, 느린 단계는 브로민화 $t$-뷰틸만 관여하여 수산화 이온은 관여하지 않기 때문이다.

$$(CH_3)_3C—Br \rightleftharpoons (CH_3)_3C^+ + Br^-$$

기억해야 할 가장 중요한 사실은 속도식은 반드시 실험을 통해서 결정해야 한다는점이다. 반응의 화학량론으로부터는 속도식의 형태를 예측할 수 없다. 우선 속도식을 통해 결정한 다음, 이 정보를 이용하여 합리적인 반응 메커니즘을 제시한다.

**예제 4-3**

클로로메테인은 다음 식에 따라 묽은 사이안화 소듐(sodium cyanide, $Na^{+-}C{\equiv}N$)과 반응한다.

$$\underset{\text{클로로메테인}}{CH_3{-}Cl} \quad + \quad \underset{\text{사이안화 이온}}{^{-}C{\equiv}N} \longrightarrow \underset{\text{아세트나이트릴}}{CH_3{-}C{\equiv}N} \quad + \quad \underset{\text{염화 이온}}{Cl^-}$$

클로로메테인의 농도를 2배로 증가시키면 반응 속도가 2배로 증가한다는 것이 관측되었다. 사이안화 이온의 농도를 3배로 증가시키면 반응 속도는 3배로 증가된다는 것이 관측되었다.

**(a)** 클로로메테인에 대한 반응 차수는 얼마인가?

**(b)** 사이안화 이온에 대한 반응 차수는 얼마인가?

**(c)** 전체 반응 차수는 얼마인가?

**(d)** 이 반응에 대한 속도식을 작성하라.

**풀이**

**(a)** $[CH_3Cl]$이 2배가 될 때 속도는 2배가 되었다. 이는 2에 대한 1차 거듭제곱이며, 반응은 클로로메테인에 대해 1차이다.

**(b)** $[^{-}CN]$이 3배가 될 때 반응 속도는 3배가 되었다. 이는 3에 대한 1차 거듭제곱이며, 이 반응은 사이안화 이온에 대해 1차이다.

**(c)** 1차와 1차의 합은 2차이므로 전체 반응 차수는 2차이다.

**(d)** 속도 $= k_r[CH_3Cl][^{-}CN]$

**연습문제 4-11**

염화 *t*-뷰틸과 메탄올의 반응은

$$\underset{\text{염화 } t\text{-뷰틸}}{(CH_3)_3C{-}Cl} \quad + \quad \underset{\text{메탄올}}{CH_3{-}OH} \longrightarrow \underset{\text{메틸 } t\text{-뷰틸 에터}}{(CH_3)_3C{-}OCH_3} \quad + \quad HCl$$

다음에 나타낸 속도식에 따른다는 것이 밝혀졌다.

$$\text{속도} = k_r[(CH_3)_3C{-}Cl]$$

**(a)** 염화 *t*-뷰틸에 대한 반응 차수는 얼마인가?

**(b)** 메탄올에 대한 반응 차수는 얼마인가?

**(c)** 전체 반응 차수는 얼마인가?

**연습문제 4-12**

어떤 조건하에서 사이클로헥센의 브로민화 반응은 특별한 속도 법칙을 따른다.

사이클로헥센(H, H) + $Br_2$ ⟶ 1,2-다이브로모사이클로헥세인(H, Br, Br, H)

$$\text{속도} = k_r[\text{사이클로헥센}][Br_2]^2$$

**(a)** 사이클로헥센에 대한 반응 차수는 얼마인가?

**(b)** 브로민에 대한 반응 차수는 얼마인가?

**(c)** 전체 반응 차수는 얼마인가?

**연습문제 4-13**

에텐과 수소의 혼합물에 작은 백금 조각을 넣으면 다음 반응이 일어난다.

$$\underset{\text{에텐}}{H_2C{=}CH_2} + \underset{\text{수소}}{H_2} \xrightarrow{\text{Pt 촉매}} \underset{\text{에테인}}{H_3C{-}CH_3}$$

수소의 농도를 2배로 증가시켜도 반응 속도에 영향을 미치지 않는다. 또 에텐의 농도를 증가시켜도 반응 속도에 영향을 미치지 않는다.

**(a)** 에텐에 대한 이 반응의 반응 차수는 얼마인가? 수소에 대해서는 어떠한가? 전체 반응 차수는 얼마인가?

**(b)** 이 반응에 대한 속도식을 작성하라.

**(c)** 이 속도식을 설명하고, 이 반응을 더 빠르게 하는 방법을 제시하라.

## 4-9 활성화 에너지와 반응 속도의 온도 의존성

각 반응은 고유한 반응 속도 상수($k_r$)를 가진다. 그 값은 반응 조건, 특히 반응 온도에 의존한다. 이 온도 의존성은 Arrhenius 식(Arrhenius equation)으로 표시된다.

$$k_r = Ae^{-E_a/RT}$$

$A$ = 상수('빈도 인자')

$E_a$ = 활성화 에너지

$R$ = 기체 상수, 8.314 J/kelvin-mole(1.987 cal/kelvin-mole)

$T$ = 절대 온도

**활성화 에너지**(activation energy, $E_a$)는 분자들이 충돌할 때 이들의 전자 구름 간의 반발을 이겨내기 위해 소유해야 하는 최소의 운동 에너지이다. 지수항 $e^{-E_a/RT}$은 입자들이 반응에 필요한 최소 에너지 $E_a$를 가지고 충돌하는 분율에 해당한다. $k_r$이 온도에 따라 어떻게 변화하는지를 측정하고 Arrhenius 식에 대입함으로써 반응에 대한 $E_a$를 계산할 수 있다.

빈도 인자(frequency factor) $A$는 충돌의 빈도수와 반응이 일어나기에 알맞은 배향을 가진 충돌의 분율을 설명하는 상수이다. 대부분의 경우 충분한 속도를 가지며, 반응이 일어나기 적절한 방향을 가진 분자들 간의 충돌 분율은 매우 작다. 훨씬 더 많은 충돌이 충분한 운동 에너지와 적절한 배향 없이 일어나서 분자들끼리 부딪쳤다가 다시 튀어나온다.

Arrhenius 식은 반응 속도가 적어도 $E_a$만큼의 운동 에너지를 가진 분자들의 분율에 의존함을 시사한다. 그림 4-2는 기체 시료에서 운동 에너지의 분포가 온도에 어떻게 의존하는지 나타낸다. 검은 곡선은 실온에서의 분자 에너지 분포를 나타내고, 점선은 4 kJ/mol(1 kcal/mol), 40 kJ/mol (10 kcal/mol), 80 kJ/mol(19 kcal/mol)의 에너지 장벽을 넘는 데 필요한 에너지를 나타낸다. 각 에너지 장벽 우측의 곡선 아래 면적은 그 에너지 장벽을 넘는 데 충분한 에너지를 가지고 있는 분자 수의 분율에 해당한다.

붉은 곡선은 에너지 곡선이 100°C에서 이동하는 양상을 나타낸다. 100°C에서는 훨씬 더 많은 분자가 에너지 장벽을 넘는 데 필요한 에너지를 가지고 있으며, 특히 80 kJ/mol 장벽을 넘는 데 필요한 에너지도 가지고 있다. 작은 온도 변화에 대해서는 화학자들은 근사법을 흔히 사용한다. 약

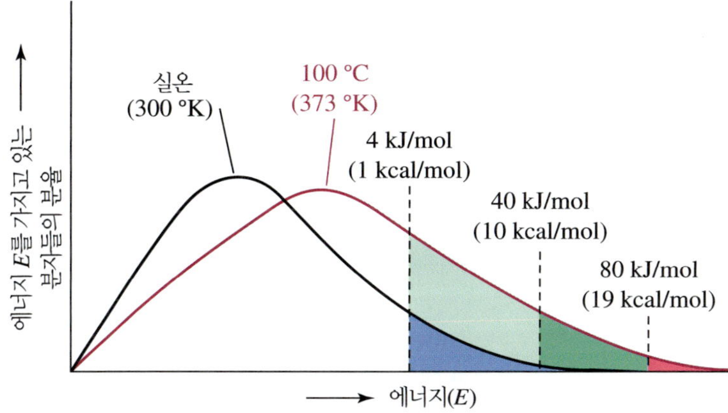


**그림 4-2** 온도에 따른 운동 에너지의 의존. 이 그래프는 활성화 에너지가 증가함에 따라 주어진 활성화 에너지를 가지고 있는 분자의 수가 감소하는 양상을 나타낸다. 고온(붉은 곡선)에서는 필요한 에너지를 가진 충돌이 더 많다.

40~60 kJ/mol(10~15 kcal/mol)의 전형적인 활성화 에너지 반응에서 온도가 27℃(실온 근처)에서 37℃(체온)까지 10℃ 상승할 때 반응 속도는 대략 2배 증가한다.

온도가 상승하면 상대적 속도 상수 $k_{rel}$가 증가하므로 온도를 상승시키는 것은 항상 반응을 더욱 신속하게 진행시킴으로써 시간을 절약하는 좋은 방법인 것으로 생각된다. 온도를 상승시키는 경우의 문제점은 원치 않는 부반응을 포함하여 모든 반응이 가속화된다는 점이다. 그래서 부반응을 일으키지 않으면서 원하는 반응을 합당한 속도로 진행시킬 수 있는 온도를 찾으려고 시도하게 된다.

## 4-10 전이 상태

활성화 에너지 $E_a$는 반응물과 반응에 이르게 되는 분자 충돌에서의 최고 에너지 상태인 **전이 상태**(transition state) 간 에너지 차이를 나타낸다. 사실상 활성화 에너지는 반응이 일어나기 위해 넘어야 할 에너지 장벽이다. $E_a$ 값은 항상 (+)이고, 크기는 전이 상태의 상대적인 에너지 값에 따라 결정된다. 전이 상태라는 용어는 이 배열이 반응물과 생성물 간 과도기 상태이며, 분자는 생성물 쪽으로 진행하거나 반응물로 되돌아갈 수 있다는 것을 의미한다.

생성물과는 달리 전이 상태는 불안정해서 분리할 수 없다. 전이 상태는 중간체의 일종이 아닌데, 그 이유는 **중간체**(intermediate)는 비록 매우 짧지만 어떤 유한한 시간 동안 존재하는 화학종이기 때문이다. 중간체는 어느 정도의 안정도를 갖지만 전이 상태는 한 중간체로부터 다른 중간체로 변해가는 경로에서의 과도기 상태이다. 전이 상태는 이중칼표 위첨자(‡)를 붙여 나타낸다. 전이 상태에 도달하는 데 관여되는 자유 에너지, 엔탈피, 엔트로피 변수의 변화는 $\Delta G^{\ddagger}$, $\Delta H^{\ddagger}$, $\Delta S^{\ddagger}$로 표기한다. $\Delta G^{\ddagger}$는 $E_a$와 유사하며, $\Delta G^{\ddagger}$는 흔히 활성화 에너지를 논의할 때 쓰인다.

전이 상태에서는 다른 결합들이 형성되기 전에 끊어지기 시작해야 하므로 높은 에너지를 가지고 있다. 다음 식은 염소 라디칼과 메테인과의 반응을 나타낸다. 전이 상태는 C—H 결합이 부분적으로 절단되고, H—Cl 결합이 부분적으로 형성되는 것을 나타낸다. 전이 상태는 일시적인 성격을 강조하기 위해 흔히 대괄호 안에 넣어 표시한다.

$$CH_4 + \cdot Cl \rightleftharpoons \left[ H_3C \cdots H \cdots Cl \right]^{\ddagger} \longrightarrow \cdot CH_3 + H{-}Cl$$

전이 상태

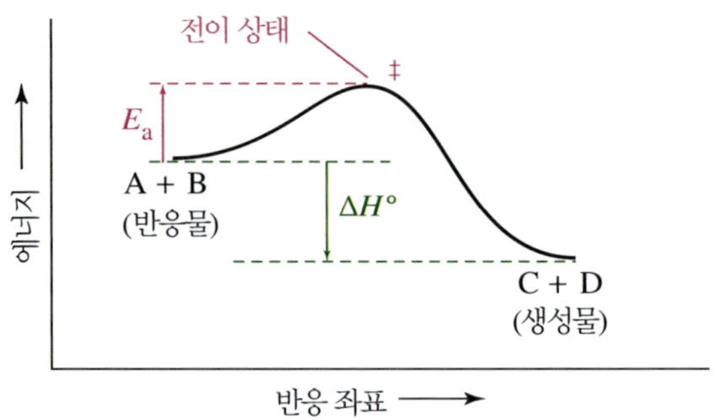


**그림 4-3** 1단계 발열 반응에 대한 반응-에너지 도표. 반응물은 좌측에 있고, 생성물은 우측에 있다. 수직축은 퍼텐셜 에너지를 나타낸다. 전이 상태는 그래프상에서의 최고점이며, 활성화 에너지는 반응물과 전이 상태의 에너지 차이이다.

**응용: 생화학**

효소는 생물학적 촉매로서 기여한다. 즉 반응 물질(기질)과 생성물의 에너지를 변화시키지 않고 반응을 빠르게 한다. 효소가 없다면 세포 내 대부분의 반응은 충분히 빠르게 진행하지 않게 되므로 우리는 살아 있을 수 없을 것이다. 아래 나타낸 효소는 탄산 탈수 효소(carbonic anhydrase)이다. 이 효소는 $CO_2 + H_2O \rightleftarrows H_2CO_3$ 반응을 $7.7 \times 10^6$배 증가시킨다. 이와 같은 반응 속도 증가는 $E_a$를 40 kJ/mol(9.5 kcal/mol) 감소시키는 것에 상응한다.

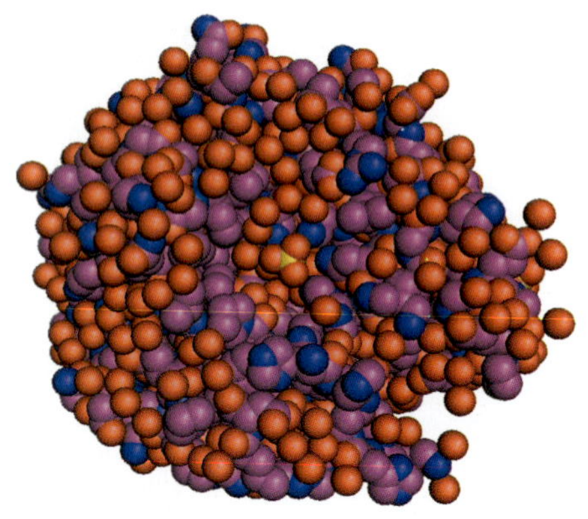

**반응-에너지 도표** 전이 상태와 활성화 에너지의 개념은 그래프를 이용하면 훨씬 더 이해하기 쉽다. 그림 4-3은 1단계 발열 반응에 대한 **반응-에너지 도표**(reaction-energy diagram)를 나타낸 것이다. 에너지 도표의 수직축은 반응에 관여하는 모든 화학종의 전체 퍼텐셜 에너지를 나타낸다. 수평축은 **반응 좌표**(reaction coordinate)라고 한다. 반응 좌표는 반응이 좌측의 반응물로부터 우측의 생성물로 진행하는 과정을 나타낸다. 전이 상태는 그래프상의 최고점이며, 활성화 에너지는 반응물과 전이 상태의 에너지 차이이다. 반응열($\Delta H°$)은 반응물과 생성물의 에너지 차이이다.

그림 4-3에 나타낸 반응에 **촉매**(catalyst)가 첨가되면 촉매는 더 낮은 에너지의 전이 상태를 만듦으로써 활성화 에너지를 낮춘다. 촉매의 첨가는 반응물과 생성물의 에너지를 변화시키지 못하기 때문에 반응열은 영향을 받지 않는다.

**예제 4-4**

다음 반응에 관해 생각해보자.

$$CH_4 + Cl\cdot \longrightarrow \cdot CH_3 + HCl$$

이 반응의 활성화 에너지($E_a$)는 +17 kJ/mol(+4 kcal/mol)이고, $\Delta H°$ 값은 +7 kJ/mol(+2 kcal/mol)이다. 이 반응에 대한 반응-에너지 도표를 그려보라.

**풀이**

생성물이 반응물보다 7 kJ 더 큰 값을 가지고 있는 그림을 그린다. 에너지 장벽은 반응물보다 17 kJ 더 크게 그린다.

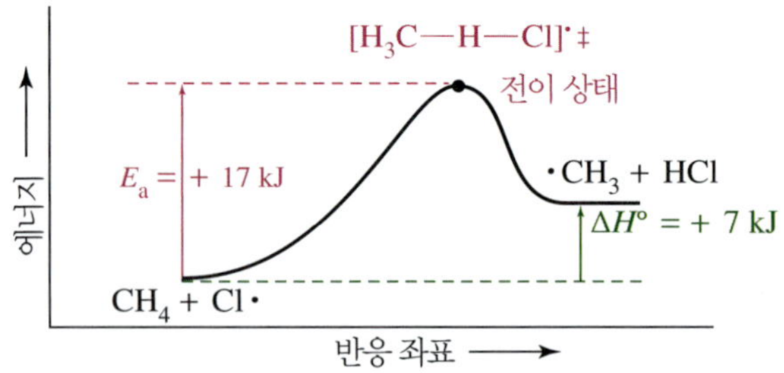


**연습문제 4-14**

**(a)** 다음의 역반응에 관한 반응-에너지 도표를 그려보라.

$$\cdot CH_3 + HCl \longrightarrow CH_4 + Cl\cdot$$

**(b)** 이 역반응의 활성화 에너지는 얼마인가?

**(c)** 이 역반응의 반응열($\Delta H°$)은 얼마인가?

**연습문제 4-15**

**(a)** 다음 반응에 대한 반응-에너지 도표를 그려보라.

$$\cdot CH_3 + Cl_2 \longrightarrow CH_3Cl + Cl\cdot$$

활성화 에너지는 4 kJ/mol(1 kcal/mol)이고, 반응에 대한 전체 $\Delta H°$ 값은 −110 kJ/mol(−27 kcal/mol)이다.

**(b)** 역반응의 화학 반응식을 작성하라.

**(c)** 역반응의 활성화 에너지는 얼마인가?

## 4-11 다단계 반응의 속도

많은 반응은 여러 단계와 여러 중간체가 관여하는 메커니즘으로 진행된다. 앞서 4-7절에서 보았듯이 메테인의 염소와의 반응은 두 전파 단계를 거쳐 진행된다. 아래에는 전파 단계를 반응열 및 활성화 에너지와 함께 나타냈다. 전파 단계만 나타냈는데, 개시 단계의 속도는 염소 분자들을 분할하는 데 이용할 수 있는 빛이나 열의 양으로 제어되기 때문이다.

| 단계 | $\Delta H°$ (mole당) | $E_a$ (mole당) |
|---|---|---|
| $CH_4 + Cl\cdot \longrightarrow \cdot CH_3 + HCl$ | +7 kJ (+2 kcal) | 17 kJ (4 kcal) |
| $\cdot CH_3 + Cl_2 \longrightarrow CH_3Cl + Cl\cdot$ | −110 kJ (−27 kcal) | 4 kJ (1 kcal) |

이 반응에서 $Cl\cdot$ 과 $CH_3\cdot$ 는 반응 중간체이다. 전이 상태와는 달리 이들 중간체는 다른 원자나 분자와 충돌하지 않는 한 안정하다. 그러나 이러한 중간체는 자유 라디칼이며, 다른 분자들에 대한 반응성이 매우 크다. 그림 4-4는 염화 반응의 두 전파 단계를 포함하는 단일 반응-에너지 도표를 보여준다. 에너지 최고점(높은 점)은 불안정한 전이 상태이고, 에너지 최저점(낮은 점)은 중간체이다. 이 완전한 반응 에너지 도표는 이 반응의 에너지론에 관련된 중요한 정보를 대부분 제공한다.

**속도 제한 단계** 다단계 반응에서 각 단계는 고유한 속도를 가지고 있다. 그러나 전체 반응 속도는 오직 한 가지만 있을 수 있으며, 이는 **속도 제한 단계**(rate-limiting step 또는 rate-determining step)에 의해 제어된다. 일반적으로 다단계 반응의 최고 에너지 단계가 '병목'으로서 이것이 전체 반응 속도를 결정한다. 어느 단계가 속도 제한 단계인지 어떻게 알 수 있을까? 반응 에너지 도표를 보면 답은 간단하다. 반응 에너지 도표에서 최고점이 최고의 에너지를 가진 전이 상태, 즉 속도 제한 단계에 대한 전이 상태이다.

메테인의 염화 반응 에너지 도표에서의 최고점(그림 4-4)이 메테인의 염소 라디칼과의 반응에 대한 전이 상태이다. 이 단계가 속도 제한 단계임에 틀림없다. 이 느린 단계에 대한 속도를 계산하

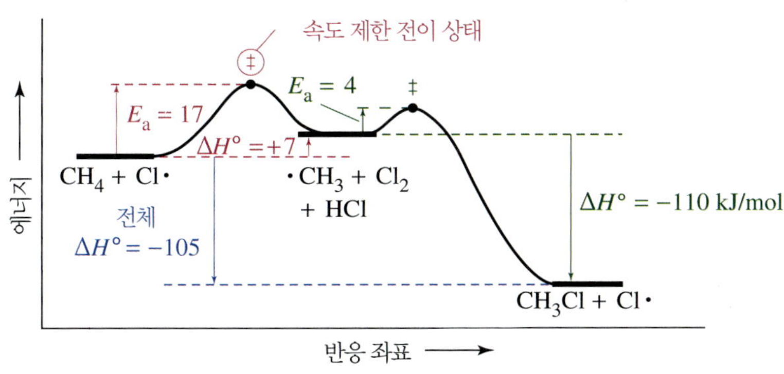


**그림 4-4** 메테인의 염화 반응에 대한 반응-에너지 도표. 에너지 최고점은 전이 상태이고, 에너지 최저점은 중간체이다(단위: kJ/mol).

면 이것이 바로 전체 반응에 대한 속도가 된다. 두 번째의 더 빠른 단계는 느린 단계의 생성물이 생기자마자 소모될 것이다.

## 4-12 할로젠화의 온도 의존성

지금까지 반응 속도에 관해 공부한 내용을 메테인과 할로젠의 반응에 적용해보자. 염화 반응에 대한 속도 제한 단계는 염소 원자가 메테인과 반응하여 메틸 라디칼과 1분자의 HCl을 생성하는 흡열 반응이다.

속도 제한 단계

$$CH_4 + Cl\cdot \longrightarrow \cdot CH_3 + HCl$$

이 단계에 대한 활성화 에너지는 17 kJ/mol(4 kcal/mol)이다. 실온에서 $e^{-E_a/RT}$의 값은 $1300 \times 10^{-6}$이다. 이 값은 빠르기는 하나 제어 가능한 속도이다.

자유 라디칼 연쇄 반응에서 각 전파 단계는 빠르게 진행되지 않으면 자유 라디칼은 무수한 비생산적인 충돌을 하게 되고, 종결 단계에 관여하게 될 것이다. 가장 느린 반응 단계에 대해 측정한 활성화 에너지를 바탕으로 여러 할로젠 원자가 메테인과 얼마나 빠르게 반응하는가를 예측할 수 있다.

| 반응 | $E_a$ (mole당) | 반응 속도($e^{-E_a/RT} \times 10^6$) | |
|---|---|---|---|
| | | 27 °C (300 °K) | 227 °C (500 °K) |
| $F\cdot + CH_4 \longrightarrow HF + \cdot CH_3$ | 5 kJ (1.2 kcal) | 140,000 | 300,000 |
| $Cl\cdot + CH_4 \longrightarrow HCl + \cdot CH_3$ | 17 kJ (4 kcal) | 1300 | 18,000 |
| $Br\cdot + CH_4 \longrightarrow HBr + \cdot CH_3$ | 75 kJ (18 kcal) | $9 \times 10^{-8}$ | 0.015 |
| $I\cdot + CH_4 \longrightarrow HI + \cdot CH_3$ | 140 kJ (34 kcal) | $2 \times 10^{-19}$ | $2 \times 10^{-9}$ |

이런 상대적인 속도를 이용하면 메테인의 할로젠 라디칼과의 반응에 대해 예측할 수 있다. 플루오린과의 반응은 상대적인 속도가 아주 빠르기 때문에 제어하기 어렵다. 염소와의 반응은 실온에서는 중간 정도의 속도를 갖지만, 온도가 훨씬 높아지면(500°K에서의 속도는 훨씬 빠름) 조절이 어려워진다. 브로민과의 반응은 대단히 느리지만 가열하면 관측할 수 있는 정도의 속도를 가진다. 아이오딘화는 500°K에서도 속도가 상당히 느려서 논의의 대상이 아니다.

실험적 할로젠화 반응은 예측이 옳다는 것을 입증한다. 실제로 플루오린은 메테인과 폭발적으로 반응하며, 염소는 중간 정도의 속도로 반응한다. 브로민과 메테인의 혼합물은 가열해야만 반응하고, 아이오딘은 전혀 반응하지 않는다.

### 연습문제 4-16

메테인의 브로민화는 다음 단계를 거쳐 진행된다.

| | $\Delta H°$ (mole당) | $E_a$ (mole당) |
|---|---|---|
| $Br_2 \xrightarrow{h\nu} 2\,Br\cdot$ | +190 kJ (45 kcal) | 190 kJ (45 kcal) |
| $CH_4 + Br\cdot \longrightarrow \cdot CH_3 + HBr$ | +73 kJ (17 kcal) | 79 kJ (19 kcal) |
| $\cdot CH_3 + Br_2 \longrightarrow CH_3Br + Br\cdot$ | −112 kJ (−27 kcal) | 4 kJ (1 kcal) |

**(a)** 이 반응에 대한 완전한 반응-에너지 도표를 그려보라.

**(b)** 속도 제한 단계를 표시하라.

**(c)** 각 전이 상태의 구조를 그려보라.

**(d)** 브로민화에 대한 $\Delta H°$의 전체 값을 계산하라.

**연습문제 4-17**

**(a)** 표 4-2에 실려 있는 BDE 값을 사용하여 메테인의 아이오딘화에서의 각 단계에 대한 $\Delta H°$ 값을 계산하라.

**(b)** 아이오딘화에 대한 $\Delta H°$의 전체 값을 계산하라.

**(c)** 아이오딘이 왜 메테인과 반응하지 않는 것으로 관찰되는지 두 가지 이유를 제시하라.

**FOCUS | 반응 속도론과 열역학**

화학 반응의 에너지론은 반응 속도론과 열역학으로 나눌 수 있다. 이들은 다른 방법을 통해 결정되며 반응에 대해 다른 것들을 말해준다.

균형 잡힌 화학 반응: $a\mathrm{A} + b\mathrm{B} \rightleftharpoons c\mathrm{C} + d\mathrm{D}$

A와 B는 반응물, C와 D는 생성물, $a$, $b$, $c$, $d$는 계수이다.

| | **반응 속도론** | **열역학** |
|---|---|---|
| 어떤 정보를 제공하는가? | 반응이 얼마나 빠르게 진행되는가? 평형일 필요는 없다. | 평형에서 생성물 혹은 반응물 쪽을 선호하는지 여부 |
| 무엇으로 결정하는가? | 활성화 에너지, $E_a$, 반응물과 생성물 사이의 가장 높은 에너지 장벽 | 반응물과 생성물의 에너지 차이, $\Delta G$ |
| 반응 경로가 중요한가? | 그렇다, 반응 속도론은 **경로 함수**이다. | 아니다, 열역학은 **상태 함수**이다. 단지 출발점과 종결점이 중요하다. |
| 어떻게 측정하는가? | 활성화 에너지와 반응 속도는 실험을 통해서만 결정될 수 있다. | 평형 상수 표현은 균형 잡힌 반응식으로부터 결정될 수 있다. $\Delta G$의 근삿값인 $\Delta H$ 값을 얻기 위해 표로부터 결합 에너지 차이를 계산할 수 있다. |
| 수식 | 반응 법칙<br>반응 속도 $= k_r[\mathrm{A}]^x[\mathrm{B}]^y$<br>$k_r$은 **반응 상수**, [A]와 [B]는 반응물의 농도, $x$와 $y$는 각 반응물의 반응 차수이다. 각 반응물의 반응 차수는 속도 결정 단계에서 각 반응물의 역할을 결정하는 데 도움을 준다. | $K_{eq} = \dfrac{[\mathrm{C}]^c[\mathrm{D}]^d}{[\mathrm{A}]^a[\mathrm{B}]^b}$ 균형 잡힌 화학 반응식으로부터<br>평형 상수 표현은 균형 잡힌 반응식으로부터 결정된다. 결합 에너지 차이는 표로부터 계산할 수 있다. |
| 온도가 중요한가? | 그렇다, 실제적으로 모든 반응은 더 높은 온도에서 더 빠르다. | 그렇다, 항상 분명하지는 않지만 평형은 온도에 영향을 받는다. |

## 4-13 할로젠화 반응에서의 선택성

지금까지 메테인의 할로젠화 반응에 대해서만 논의를 한정했다. 이같이 간단한 화합물을 사용하는 경우에는 반응의 열역학과 속도론에 논의를 집중할 수 있었다. 이제 분자량이 '더 큰' 알케인의 할로젠화 반응에 대해 고찰해보자.

### 4-13A 프로페인의 염화 반응: 생성물 비율

할로젠화는 할로젠 원자가 수소 대신에 들어가는 치환 반응이다.

$$\mathrm{R{-}H} + \mathrm{X_2} \longrightarrow \mathrm{R{-}X} + \mathrm{H{-}X}$$

메테인에서는 4개의 수소 원자가 모두 동등하므로 어떤 수소가 치환되든지 상관이 없다. 그러나 더 큰 알케인에서는 다른 수소 원자들이 치환되면 다른 생성물들이 생긴다. 예를 들어 프로페인의 염화 반응에 대해 고찰해보자. 두 가지 종류의 단일염화 반응(1개의 염소가 결합된) 생성물이 생길 수 있다. 그 한 가지는 1차 탄소 원자에 염소 원자를 가지고, 다른 하나는 2차 탄소 원자에 염소 원자를 가진다.

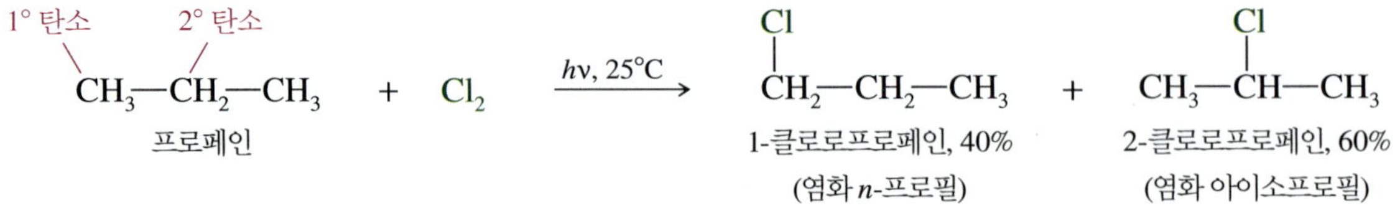

1° 탄소 2° 탄소

$$CH_3-CH_2-CH_3 + Cl_2 \xrightarrow{h\nu,\ 25^\circ C} CH_2Cl-CH_2-CH_3 + CH_3-CHCl-CH_3$$

프로페인 → 1-클로로프로페인, 40% (염화 *n*-프로필) + 2-클로로프로페인, 60% (염화 아이소프로필)

생성물 비를 보면 염소에 의한 수소 원자의 치환은 마구잡이가 아니란 것을 알 수 있다. 프로페인은 6개의 1차 수소(1차 탄소에 결합된 수소)와 오직 2개만의 2차 수소(2차 탄소에 결합된)를 가지고 있지만, 주된 생성물은 2차 수소의 치환에서 생긴다. 각종 수소의 반응성은 실측된 생성물의 양을 치환되어 생성물을 형성할 수 있는 수소의 수로 나눔으로써 계산할 수 있다.

그림 4-5에는 1차, 2차, 3차 수소 원자의 정의 및 그들의 상대적인 반응성의 계산법을 나타냈다. 생성물의 60%는 2개의 2차 수소 원자 중 하나를 치환함으로써 설명할 수 있고, 6개의 1차 수소 원자 중 어느 것이나 치환함으로써 생성물의 40%에 대해 설명할 수 있다. 2차 수소는 1차 수소보다 4.5배나 반응성이 크다.

2차 자리에서의 반응성의 우의를 설명하기 위해서는 반응 메커니즘을 면밀히 살펴봐야 한다(그림 4-6). 염소 원자가 프로페인과 반응할 때 수소 원자가 제거되면 1차 혹은 2차 라디칼이 생성될 수 있다. 이 단계에서 생성된 라디칼의 구조는 1-클로로프로페인(1-chloropropane)이 나 2-클로로프로페인(2-chloropropane) 등 관측된 생성물의 구조를 결정한다. 생성물 비를 보면 2차 라디칼이 더 많이 생성됨을 알 수 있다. 2차 자리에 대한 반응의 선호도는 2차 자유 라디칼 및 전이 상태의 더 큰 안정도에 기인한다. 다음에서 이와 같은 선호도를 보다 상세히 설명할 것이다.

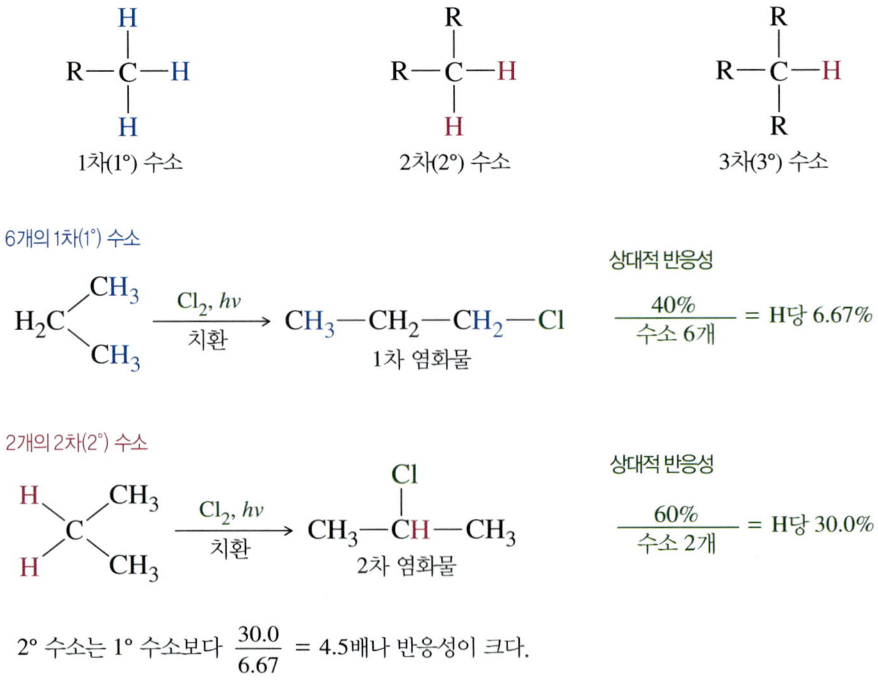

$R-CH_3$ (1차(1°) 수소) $R_2CH_2$ (2차(2°) 수소) $R_3CH$ (3차(3°) 수소)

1차(1°) 수소 2차(2°) 수소 3차(3°) 수소

6개의 1차(1°) 수소

$$H_2C(CH_3)_2 \xrightarrow[\text{치환}]{Cl_2,\ h\nu} CH_3-CH_2-CH_2-Cl$$

1차 염화물

상대적 반응성 $\dfrac{40\%}{\text{수소 6개}} = \text{H당 } 6.67\%$

2개의 2차(2°) 수소

$$H_2C(CH_3)_2 \xrightarrow[\text{치환}]{Cl_2,\ h\nu} CH_3-CHCl-CH_3$$

2차 염화물

상대적 반응성 $\dfrac{60\%}{\text{수소 2개}} = \text{H당 } 30.0\%$

2° 수소는 1° 수소보다 $\dfrac{30.0}{6.67} = 4.5$배나 반응성이 크다.

**그림 4-5** 1차, 2차, 3차 수소 원자의 정의. 프로페인에는 6개의 1차 수소와 2개의 2차 수소가 있다. 주된 생성물은 2차 수소의 치환으로 생성된다.

개시 단계: 염소 분자의 갈라짐

$$Cl_2 + h\nu \longrightarrow 2\,Cl\cdot$$

첫 번째 전파 단계: 1차 또는 2차 수소 떼기(제거)

$$CH_3{-}CH_2{-}CH_3 + Cl\cdot \longrightarrow \underset{\text{1차 라디칼}}{\cdot CH_2{-}CH_2{-}CH_3} \ \text{또는}\ \underset{\text{2차 라디칼}}{CH_3{-}\dot{C}H{-}CH_3} + HCl$$

두 번째 전파 단계: 염소와의 반응에 의한 염화 알킬의 생성

$$\underset{\text{1차 라디칼}}{\cdot CH_2{-}CH_2{-}CH_3} + Cl_2 \longrightarrow \underset{\text{1차 염화물 (1-클로로프로페인)}}{Cl{-}CH_2{-}CH_2{-}CH_3} + Cl\cdot$$

$$\text{또는}\ \underset{\text{2차 라디칼}}{CH_3{-}\dot{C}H{-}CH_3} + Cl_2 \longrightarrow \underset{\text{2차 염화물 (2-클로로프로페인)}}{CH_3{-}CH(Cl){-}CH_3} + Cl\cdot$$

**그림 4-6** 프로페인의 자유 라디칼 염화 반응에 대한 메커니즘. 첫 번째 전파 단계에서는 1차 또는 2차 라디칼이 생성된다. 이 라디칼은 최종 생성물이 1차 염화물인지 2차 염화물인지를 결정한다.

**연습문제 4-18**

프로페인의 모든 수소가 동일한 속도로 떼인다면 프로페인의 염화 반응에서의 생성물의 비는 얼마가 되겠는가?

**연습문제 4-19**

다음 화합물 중에 들어 있는 각 수소 원자를 1차(1°), 2차(2°), 3차(3°)로 분류하라.

**(a)** 뷰테인 **(b)** 아이소뷰테인 **(c)** 2-메틸뷰테인

**(d)** 사이클로헥세인 **(e)** 노보네인(바이사이클로[2.2.1]헵테인)

## 4-13B 자유 라디칼의 안정성

그림 4-7은 수소 원자와 탄소 원자의 결합을 절단하여 자유 라디칼을 생성하는 데 필요한 에너지(결합-해리 엔탈피)를 나타낸다. 이 에너지 값은 메틸 탄소의 경우 최대이고, 1차 탄소, 2차 탄소, 3차 탄소의 순으로 감소한다. 더 많이 치환된 탄소 원자일수록 자유 라디칼을 형성하는 데 필요한 에너지가 더 적다.

그림 4-7의 정보로부터 자유 라디칼은 더 많이 치환될수록 더욱 안정하다는 결론이 도출된다. 다음은 자유 라디칼을 안정성이 증가하는 순으로 나열한 것이다.

$$H{-}\underset{H}{\overset{H}{C}}\cdot \;<\; R{-}\underset{H}{\overset{H}{C}}\cdot \;<\; R{-}\underset{H}{\overset{R}{C}}\cdot \;<\; R{-}\underset{R}{\overset{R}{C}}\cdot$$

| Me· | < | 1° | < | 2° | < | 3° |
|---|---|---|---|---|---|---|
| 메틸 | < | 1차 | < | 2차 | < | 3차 |

**문제풀이 힌트**

염화 반응의 첫 번째 전파 단계는 메테인을 제외하고 모든 알케인에서 발열이다. 메테인에서는 약 +4 kJ/mol(+1 kcal/mol)로 약간 흡열이다.

프로페인의 염화 반응에서는 2차 수소 원자가 더 쉽게 떨어져 나가는데, 이는 2차 라디칼과 그

전이 상태가 1차 라디칼과 그 전이 상태보다 더 낮기 때문이다. 표 4-2에 실려 있는 결합-해리 엔탈피를 이용하여 가능한 각 반응 단계의 $\Delta H°$ 값을 계산할 수 있다. 2차 수소 떼기는 1차 수소 떼기보다 10 kJ/mol(2 kcal/mol)이 더 발열이다.

$$1°\ H:\quad CH_3-CH_2-CH_3 \;+\; Cl\cdot \;\longrightarrow\; CH_3-CH_2-CH_2\cdot \;+\; H-Cl$$

| | |
|---|---|
| $CH_3CH_2CH_2$—H 결합 절단에 필요한 에너지 | +423 kJ/mol (+101 kcal/mol) |
| H—Cl 결합이 형성될 때 방출되는 에너지 | −432 kJ/mol (−103 kcal/mol) |
| 1차 자리에서 반응에 대한 전체 에너지: | −9 kJ/mol (−2 kcal/mol) |

$$2°\ H:\quad CH_3-\overset{\overset{\large CH_3}{|}}{CH_2} \;+\; Cl\cdot \;\longrightarrow\; CH_3-\overset{\overset{\large CH_3}{|}}{CH}\cdot \;+\; H-Cl$$

| | |
|---|---|
| $CH_3-\overset{\overset{CH_3}{|}}{CH}$—H 결합 절단에 필요한 에너지 | +413 kJ/mol (+99 kcal/mol) |
| H—Cl 결합이 형성될 때 방출되는 에너지 | −432 kJ/mol (−103 kcal/mol) |
| 2차 자리에서 반응에 대한 전체 에너지: | −19 kJ/mol (−4 kcal/mol) |

그림 4-8에 첫 번째 속도 제한 전파 단계에 대한 반응 에너지 도표를 나타냈다. 2차 라디칼을 생성하는 활성화 에너지가 약간 더 낮으므로, 2차 라디칼이 1차 라디칼보다 더 빠르게 생성된다.

메틸 라디칼의 형성 — 결합-해리 엔탈피

$$CH_4 \longrightarrow H\cdot + \cdot CH_3 \qquad \Delta H° = 439\ \text{kJ}\ (105\ \text{kcal})$$

1차(1°) 라디칼의 형성

$$CH_3-CH_2-CH_3 \longrightarrow H\cdot + CH_3-CH_2-\dot{C}H_2 \qquad \Delta H° = 423\ \text{kJ}\ (101\ \text{kcal})$$

2차(2°) 라디칼의 형성

$$CH_3-CH_2-CH_3 \longrightarrow H\cdot + CH_3-\dot{C}H-CH_3 \qquad \Delta H° = 413\ \text{kJ}\ (99\ \text{kcal})$$

3차(3°) 라디칼의 형성

$$CH_3-\underset{\underset{\large CH_3}{|}}{\overset{\overset{\large CH_3}{|}}{C}}-H \longrightarrow H\cdot + CH_3-\underset{\underset{\large CH_3}{|}}{\overset{\overset{\large CH_3}{|}}{C}}\cdot \qquad \Delta H° = 403\ \text{kJ}\ (96\ \text{kcal})$$

**그림 4-7** 자유 라디칼을 형성하는 데 필요한 엔탈피. 결합-해리 엔탈피는 치환기가 많은 자유 라디칼이 치환기가 적은 자유 라디칼보다 더 안정하다는 것을 보여준다.

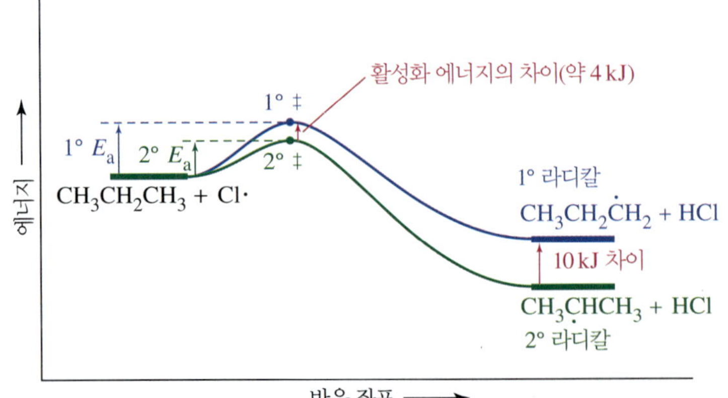


**그림 4-8** 프로페인의 염화 반응에서 첫 번째 전파 단계에 대한 반응-에너지 도표. 2차 라디칼의 생성은 1차 라디칼의 생성보다 더 낮은 활성화 에너지를 가진다.

**예제 4-5**

3차 수소 원자는 1차 수소 원자보다 약 5.5배 더 빨리 Cl· 과 반응한다. 아이소뷰테인의 염화 반응에 대한 생성물 비를 예측하라.

**풀이**

아이소뷰테인에는 9개의 1차 수소와 1개의 3차 수소가 있다.

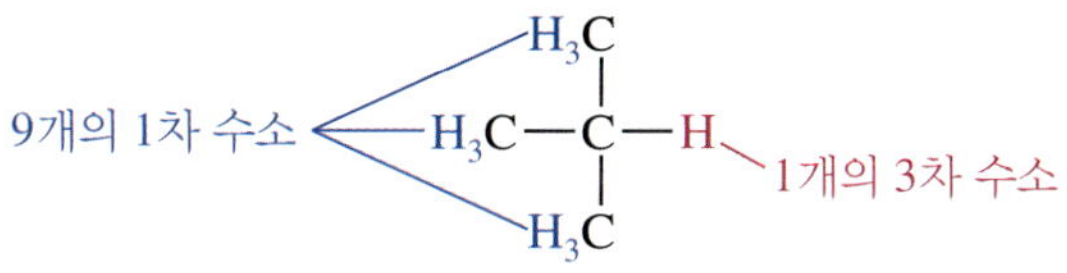

$$\text{9개의 1차 수소} \rightarrow (H_3C)_3C-H \leftarrow \text{1개의 3차 수소}$$

(9개의 1차 수소) × (반응성 1.0) = 9.0 반응의 상대적인 양

(1개의 3차 수소) × (반응성 5.5) = 5.5 반응의 상대적인 양

1차 수소는 반응성이 적지만, 그 수가 많아 1차 생성물이 주된 생성물이다. 그 생성물 비는 9.0 : 5.5, 즉 1.6 : 1이 된다.

$$\text{1차 수소 분율} = \frac{9.0}{9.0 + 5.5} = 62\%$$

$$\text{3차 수소 분율} = \frac{5.5}{9.0 + 5.5} = 38\%$$

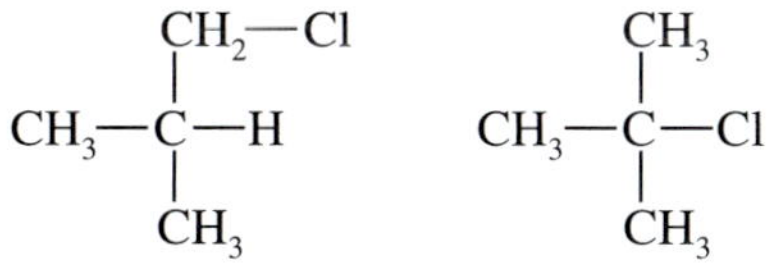

$CH_3-CH(CH_2-Cl)-CH_3$ (주생성물 62%)

$CH_3-C(Cl)(CH_3)-CH_3$ (소량 생성물 38%)

**연습문제 4-20**

표 4-2의 결합-해리 엔탈피 값을 이용하여 아이소뷰테인의 염화 반응에서의 두 가지 가능한 첫 전파 단계에 대한 반응열을 계산하라. 이 정보를 이용하여 그림 4-8에서와 같은 반응-에너지 도표를 그려보라. 그리고 두 라디칼의 생성에 대한 활성화 에너지를 비교하라.

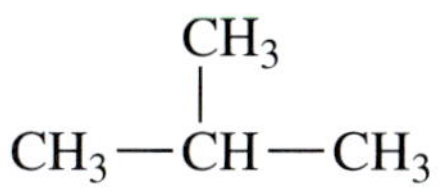

$CH_3-CH(CH_3)-CH_3$

아이소뷰테인
2-메틸프로페인

**연습문제 4-21**

아이소펜테인(2-메틸뷰테인)을 염화 반응할 때 생기는 생성물의 비를 예측하라.

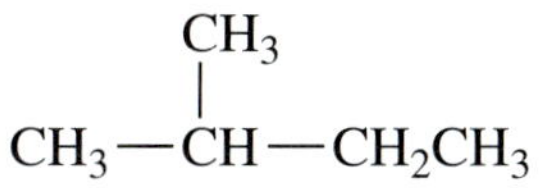

$CH_3-CH(CH_3)-CH_2CH_3$

아이소펜테인
2-메틸뷰테인

**연습문제 4-22**

**(a)** *n*-헵테인이 가솔린 엔진 내에서 탈 때 연소 과정이 너무 빠르게 일어난다. 폭발적인 폭음은 노킹이라고 하는 소음을 낸다. 2,2,4-트라이메틸펜테인(아이소옥테인)이 탈 때 연소는 더 느리고, 더욱 제어되는 방식으로 일어난다. 연소는 자유 라디칼 연쇄 반응인데, 속도는 자유 라디칼 중간체의 반응성에 의존한다. 아이소옥테인이 *n*-헵테인보다 노킹하는 경향이 적은 이유를 설명하라.

**(b)** 알콕시 라디칼(R—O·)은 일반적으로 알킬 라디칼(R·)보다 더 안정하다. (가솔린이 연소할 때 생기는) 알킬 자유 라디칼이 *t*-뷰틸 알코올, $(CH_3)_3COH$로부터 수소 원자를 제거하는 것을 나타내는 반응식을 작성하라. *t*-뷰틸 알코올이 가솔린에 대한 노킹 억제 첨가제로 작용하는 이유를 설명하라.

**(c)** 톨루엔($PhCH_3$)의 옥테인 값이 매우 높은 이유를 표 4-2를 사용하여 설명하라. 톨루엔은 상대적으로 안정적인 라디칼을 만들기 위해 알킬 자유 라디칼과 어떻게 반응하는지를 식으로 작성하라.

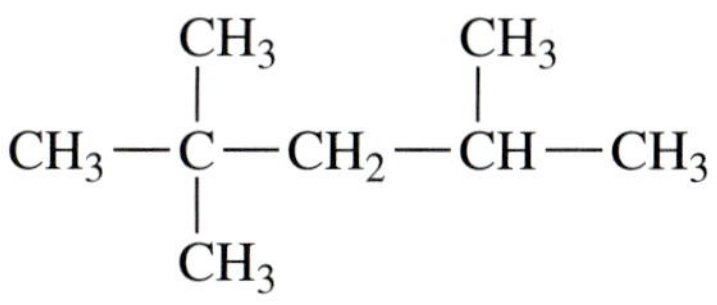

$CH_3-C(CH_3)_2-CH_2-CH(CH_3)-CH_3$

아이소옥테인
2,2,4-트라이메틸펜테인

$$CH_3-CH_2-CH_3 + Br_2 \xrightarrow{h\nu,\ 125\,°C} \underset{\text{1차 브로민화물, 3\%}}{CH_3-CH_2-CH_2Br} + \underset{\text{2차 브로민화물, 97\%}}{CH_3-CHBr-CH_3} + HBr$$

상대적 반응성

$$\text{6개의 1차 수소}\ \frac{3\%}{6} = 0.5\%(\text{H당})$$

$$\text{2개의 2차 수소}\ \frac{97\%}{2} = 48.5\%(\text{H당})$$

$$2°\ \text{수소는}\ 1°\ \text{수소보다}\ \frac{48.5}{0.5} = 97\text{배 반응성이 크다.}$$

**그림 4-9** 프로페인과 브로민의 자유 라디칼 반응. 생성물의 비율이 97 : 3이란 것은 브로민이 1차 수소보다는 2차 수소를 97배나 더 신속하게 떼어낸다는 것을 나타낸다. 브로민화(반응성 비 97 : 1)는 염화 반응(반응성 비 4.5 : 1)보다 훨씬 더 선택성이 크다.

## 4-13C 프로페인의 브로민화 반응

그림 4-9는 프로페인과 브로민의 자유 라디칼 반응을 나타낸 것이다. 이 반응은 125℃로 가열하고 빛을 쪼여줌으로써 중간 정도의 반응 속도에 도달한다는 사실에 주목하라. 2차 브로민 생성물, 즉 2-브로모프로페인(2-bromopropane)이 97 : 3의 생성물 비율로 유리하게 생성된다. 이 생성물 비율로부터 2개의 2차 수소가 1차 수소 중 어느 것보다도 각각 97배나 반응성이 더 크다는 계산을 할 수 있다.

브로민화 반응의 97 : 1은 염화 반응의 4.5 : 1보다 훨씬 더 크다. 브로민화에서는 주된 반응이 훨씬 더 유리하게 진행되므로, 브로민화 반응이 염화 반응보다 더욱 선택적(selective)이라고 한다. 이러한 높은 선택성을 설명하기 위해서는 속도 제한 단계에 대한 전이 상태와 활성화 에너지를 고려해야 한다.

염화 반응의 경우와 마찬가지로 브로민화에서도 속도 제한 단계는 첫 번째 전파 단계, 즉 브로민 라디칼에 의한 수소 원자 떼기 단계이다. 두 가지 가능한 수소 떼기 반응에 대한 에너지론을 다음에 나타냈다. 이들 에너지 값을 염소의 첫 번째 전파 단계의 에너지 값과 비교해보라. 결합-해리 엔탈피는 표 4-2에 실린 값을 사용했다.

$$1°\ \text{H:}\quad CH_3-CH_2-CH_3 + Br\cdot \longrightarrow CH_3-CH_2-\dot{C}H_2 + H-Br$$

| | |
|---|---|
| $CH_3CH_2CH_2$—H 결합 절단에 필요한 에너지 | +423 kJ/mol (+101 kcal/mol) |
| H—Br 결합이 형성될 때 방출되는 에너지 | −366 kJ/mol (−88 kcal/mol) |
| 1차 자리에서의 반응에 대한 전체 에너지: | +57 kJ/mol (+13 kcal/mol) |

$$2°\ \text{H:}\quad CH_3-CH(CH_3)-H + Br\cdot \longrightarrow CH_3-\dot{C}H(CH_3) + H-Br$$

| | |
|---|---|
| $CH_3$—CH($CH_3$)—H 결합 절단에 필요한 에너지 | +413 kJ/mol (+99 kcal/mol) |
| H—Br 결합이 형성될 때 방출되는 에너지 | −366 kJ/mol (−88 kcal/mol) |
| 2차 자리에서의 반응에 대한 전체 에너지: | +47 kJ/mol (+11 kcal/mol) |

브로민화와 염화 반응 간의 에너지 차이는 H—Cl(432 kJ)과 H—Br(366 kJ)의 결합-해리 엔탈피 차이에서 생긴다. HBr 결합은 보다 약하기 때문에 Br·이 수소 원자를 떼어 내는 것은 흡열적이다. 이 흡열 단계는 브로민화가 염화 반응보다 훨씬 더 느린 이유를 설명해주지만, 브로민화에

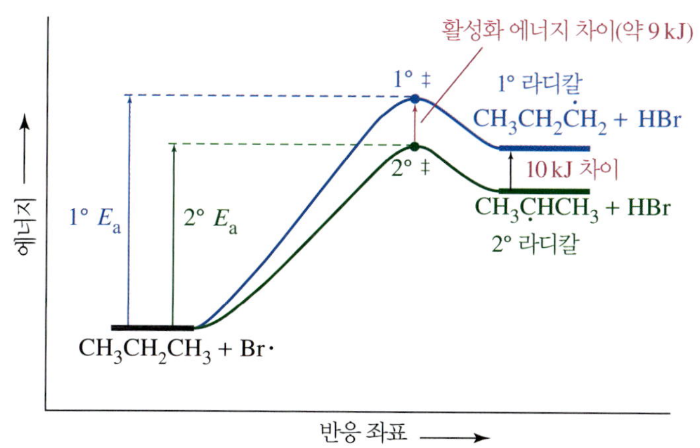


**그림 4-10** 프로페인의 브로민화에서 첫 번째 전파 단계에 대한 반응-에너지 그림. 전이 상태에서의 에너지 차이는 생성물에서의 에너지 차이와 거의 같다.

서 관측되는 높은 선택성을 설명하지는 못한다.

프로페인의 브로민화 반응에서 첫 번째 전파 단계에 대한 반응--에너지 도표를 고찰해보자(그림 4-10). 1차 수소와 2차 수소 떼기 반응에서 $\Delta H°$ 값의 차이는 여전히 10 kJ/mol(2 kcal/mol)이지만 브로민화 반응에 대한 에너지 도표는 염화 반응(그림 4-8)에서 보았던 것보다 1차 및 2차 수소의 제거에 대한 활성화 에너지에서 훨씬 더 큰 차이를 나타낸다.

브로민화 반응에서 속도 제한 단계인 첫 전파 단계는 흡열 반응이고, 에너지 최곳값(활성화 에너지에 상응)은 반응물보다는 생성물에 가깝다. 매끈한 그래프(그림 4-10)는 활성화 에너지가 거의 생성물 에너지만큼 떨어진 것을 보여준다. 반면에 염화 반응에서는 이 첫 단계가 발열이어서 에너지 최곳값은 어느 경로에 대해서나 동일하며, 동일한 에너지를 가진 반응물에 더 가깝다. 염화 반응에 대한 그래프(그림 4-8)는 생성물의 에너지 차이에 비해 활성화 에너지의 차이가 매우 작음을 보여준다. 이와 같은 직관적인 그래프로 나타낸 원리를 **Hammond 가정**(Hammond's postulate)으로 형식화한다.

## 4-14 Hammond 가정

**Hammond 가정**(Hammond's postulate)은 프로페인의 염화 반응과 브로민화 반응의 차이로 요약할 수 있다. 이는 자명하지만 증명할 수 없으므로 법칙이라기보다는 가정이라 한다.

> Hammond 가정: 에너지가 유사한 관련 화학종은 구조적으로도 비슷하다. 전이 상태의 구조는 구조적으로 가장 유사한 화학종의 구조와 비슷하다.

**George Simms Hammond**(1921~2005) Hommond 가정을 발전시킨 미국 이론 화학자이다. 유기 반응에서 전이 상태의 기하학적 구조를 표현하는 연구에 더해 유기 광화학을 정립했다. 이 획기적인 업적으로 그는 1976년에 프리스틀리(Priestley) 메달을 받았다.

그림 4-11에는 프로페인의 브로민화와 염화 반응에 대한 첫 번째 전파 단계에 대한 에너지 도표를 요약했다. 이들 에너지 도표는 브로민화에서 관찰되는 높은 선택성을 잘 설명해준다.

염화 반응과 브로민화 반응의 첫 번째 전파 단계의 반응--에너지 도표를 비교해보면, 두 가지 중요한 차이점이 있다.

1. 브로민화 반응의 경우는 첫 번째 전파 단계가 흡열 반응이지만, 염화 반응의 경우는 첫 번째 전파 단계가 발열 반응이다.
2. 흡열적인 브로민화에서 1차 및 2차 라디칼을 생성하는 전이 상태는 발열적인 염화에서의 그것보다 더 큰 에너지 차이를 가지고 있다. 단, 두 반응에서의 생성물들의 에너지 차이는 같다(10 kJ 또는 2 kcal).

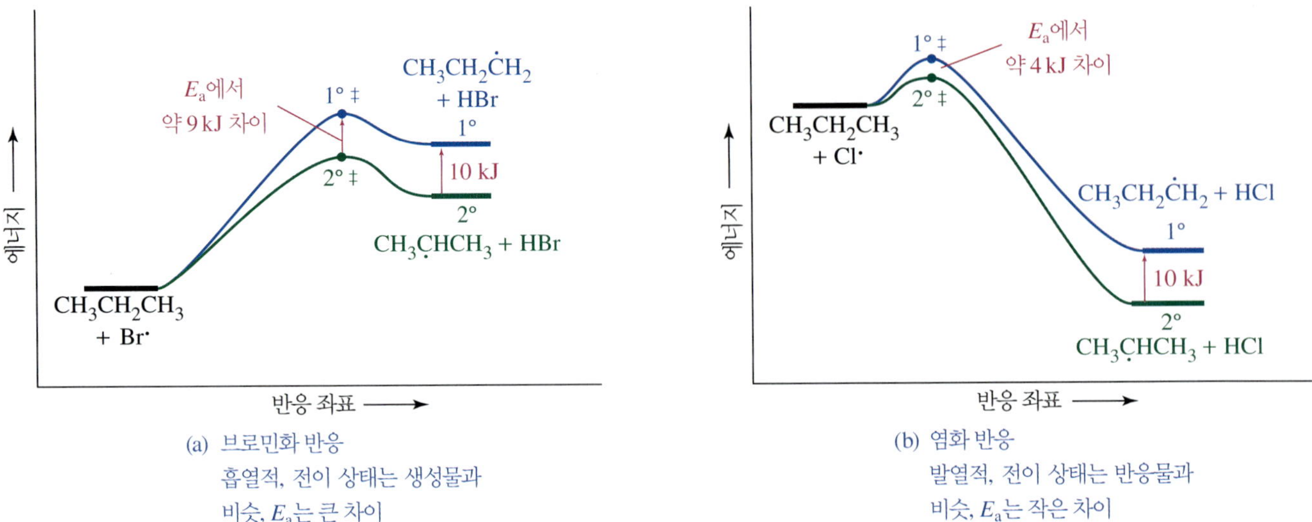


**그림 4-11** 프로페인의 브로민화 및 염화 반응에 대한 에너지 도표. (a) 흡열 브로민화 반응의 경우 전이 상태는 에너지나 구조적인 면에서 생성물(라디칼)과 더 비슷하다. 1차 및 2차의 활성화 에너지 값의 차이는 약 9 kJ(2.2 kcal)로서 라디칼의 전체 에너지 차이와 거의 같다. (b) 발열 염화 반응에서 전이 상태는 구조적인 면에서 반응물과 더 비슷하다. 염화 반응의 활성화 에너지의 차이는 약 4 kJ(1 kcal)인데, 이 값은 라디칼의 에너지 차이의 3분의 1에 불과하다.

Hammond의 가정은 흡열 반응인 브로민화 반응에서 전이 상태의 구조는 전이 상태의 에너지가 생성물에 더 가깝기 때문에 반응물보다는 생성물을 닮았다고 말해준다. 흡열 반응인 염화 반응에서는 전이 상태의 에너지가 생성물의 에너지보다 반응물의 에너지에 가깝다. 따라서 전이 상태의 구조는 생성물보다는 반응물과 유사할 것으로 생각할 수 있다. 그림 4-12는 브로민화와 염화 반응에 대한 전이 상태를 비교한 것이다.

브로민화의 경우 생성물과 유사한 전이 상태는 거의 끊어진 C—H 결합과 탄소 원자 위에 상당한 라디칼의 성질을 가지고 있다. 이 전이 상태의 에너지는 라디칼 생성물들의 에너지 차이의 대부분을 반영한다. 염화 반응의 경우 반응물과 유사한 전이 상태는 방금 끊어지기 시작한 C—H 결합과 탄소 원자 위에 약간의 라디칼 성질을 가지고 있다. 전이 상태는 라디칼 생성물들의 에너지 차이의 적은 부분(약 3분의 1)만을 반영한다. 그러므로 염화 반응이 덜 선택적이다. 이와 같은 결론을 일반 법칙으로 정리할 수 있다.

> 흡열 반응에서는 전이 상태가 에너지와 구조적인 측면에서 생성물과 더 비슷하다. 발열 반응에서는 전이 상태가 에너지와 구조적인 측면에서 반응물과 더 비슷하다.

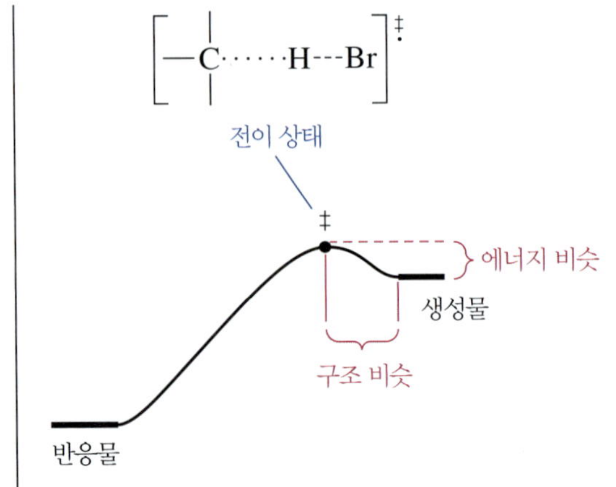


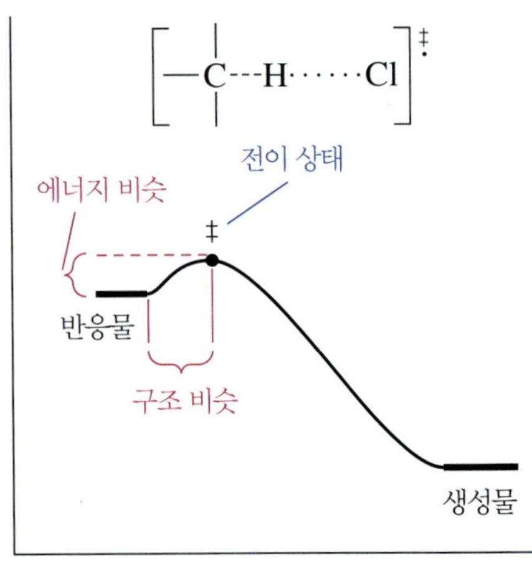


**그림 4-12** 브로민화 반응과 염화 반응에서 전이 상태의 비교. 흡열 브로민화 반응에서는 전이 구조 상태가 생성물(자유 라디칼 및 HBr)과 유사하다. 발열 염화 반응에서는 자유 라디칼이 전이 상태에서 발생하기 시작하여 전이 상태는 반응물과 유사하다.

전이 상태는 언제든지 에너지 도표에서 가장 높은 에너지의 점이다. 전이 상태의 구조는 반응물이나 생성물 중에서 에너지가 더 높은 쪽의 구조와 유사하다. 흡열 반응에서는 생성물의 에너지가 더 높아 전이 상태는 생성물과 구조가 유사하고, 발열 반응에서는 반응물의 에너지가 더 높아 전이 상태는 반응물과 구조가 유사하다. 따라서 Hammond 가정은 발열 반응이 유사한 흡열 반응보다 선택성이 낮은 이유를 이해하는 데 도움을 준다.

**연습문제 4-23**

**(a)** 플루오린 라디칼에 의해 프로페인으로부터 1차 수소 원자와 2차 수소 원자의 떼기 반응에 대한 반응열을 계산하라.

$$CH_3—CH_2—CH_3 + F\cdot \longrightarrow CH_3—CH_2—\dot{C}H_2 + HF$$

$$CH_3—CH_2—CH_3 + F\cdot \longrightarrow CH_3—\dot{C}H—CH_3 + HF$$

**(b)** 자유 라디칼 플루오린화 반응은 얼마나 선택적일 것이라고 예측하는가?

**(c)** 프로페인의 플루오린화로부터 어떤 생성물 분포를 얻을 것으로 예측하는가?

**문제풀이 힌트**

자유 라디칼 브로민화 반응은 매우 선택성이 높으며, 염화 반응은 중간 정도의 선택성이 있고, 플루오린화 반응은 거의 선택성이 없다.

## 문제풀이 전략 | 반응 메커니즘 제안하기

이 교과과정에서는 반응을 설명하기 위해 메커니즘을 제시한다. 다른 형태의 메커니즘을 다루는 방법에 대해서는 그런 메커니즘이 나올 때마다 논의하기로 한다. 다양한 메커니즘을 다루는 기술은 부록 3A에서 취합했지만, 이 시점에서는 이 장에서 다루는 메커니즘과 같은 자유 라디칼만을 고찰해보자.

### 자유 라디칼 반응

일반 원리: 자유 라디칼 반응은 일반적으로 연쇄 반응을 시작하기 위해 쉽게 끊어지는 결합을 가진 개시제(예: 염소, 브로민, 과산화물 등)를 사용하여 연쇄 반응 메커니즘으로 진행한다. 메커니즘을 그리는 데 자유 라디칼 중간체(특히 많이 치환되었거나 공명 안정화되는 중간체)를 예측한다. 가장 안정한 자유 라디칼을 주목하고 수소 원자 같은 고에너지 라디칼은 어떤 것이라도 피한다.

1. **개시제 내 약한 결합이 끊어지는 단계를 그린다.**
   자유 라디칼 반응은 대개 개시제가 균일(자유 라디칼) 절단을 하여 2개의 라디칼이 생기는 개시 단계에서 시작한다.
2. **개시제와 출발 물질 중 하나와의 반응을 그린다.**
   개시제 라디칼 중 하나가 출발 물질 중 하나와 반응하여 출발 물질의 자유 라디칼이 생긴다. 개시제는 관찰되는 생성물이 형성되는 반응에 따라 수소 원자를 떼거나 이중 결합에 첨가하게 된다. 어떤 반응이 에너지로 볼 때 유리한지 알아보기 위해 결합 해리 엔탈피를 살펴볼 필요도 있다.
3. **출발 물질의 자유 라디칼이 출발 물질의 다른 분자와 반응하여 생성물 형성에 필요한 결합이 형성되고 새로운 라디칼 중간체가 생기는 것을 그린다.**
   중간체들을 점검함으로써 가장 안정한 라디칼 중간체를 이용하고 있다는 것을 확인한다. 실제적인 연쇄 반응에는 새로운 개시 단계가 필요 없어야 한다. 라디칼은 매 전파 단계에서 재생되어야 한다
4. **종결 단계를 그린다.**
   반응은 종결 단계에서 끝이 나는데, 종결 단계는 생성물 형성 메커니즘의 일부이기보다는 부반응이다. 어떤 2종의 자유 라디칼이 반응하여 1개의 안정한 분자가 생기는 단계는 자유 라디칼이 용기와 충돌하는 경우에서와 마찬가지로 종결 단계이다.

이러한 절차를 예를 들기에 앞서 몇 가지 흔히 있는 오류를 살펴보자. 이들 오류를 피하는 것은 이 교과과정 전체를 통해 올바른 반응 메커니즘을 그리는 데 도움이 될 것이다.

### 피해야 할 흔한 오류

1. 반응 부위에 대해서는 간략 화학식이나 선-각 구조식을 사용하지 않는다. 메커니즘 전체에 영향을 미치는 각 탄소 원자의 모든 결합과 모든 치환기를 그려야 한다. 중간체 중 3개의 결합을 가진 탄소 원자는 대부분이 지금까지 배워온 자유 라디칼 반응에서의 라디칼이다. 간략한 화학식이나 선-각 구조식을 그릴 때는 수소 원자를 잘못 갖다놓거나, 잘못된 탄소에 반응성이 큰 화학종을 표시하기가 쉽다.

2. 여러 단계가 실제로 동시에 일어나지 않으면 동시에 일어나는 한 단계 이상의 단계를 나타내지 않는다.

**예시 문제**

메틸사이클로펜테인과 브로민에 빛을 쪼여 일어나는 반응에 대한 메커니즘을 그려보라. 이 반응의 주생성물을 예측하라.

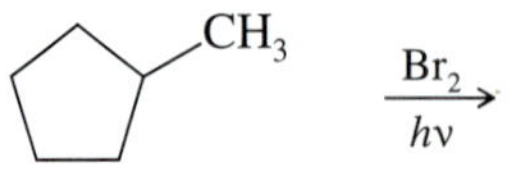

$$\text{(메틸사이클로펜테인, } CH_3\text{)} \xrightarrow[h\nu]{Br_2}$$

반응 메커니즘 문제를 다룰 때는 우선 메커니즘 전체를 통해 영향을 미칠 수 있는 모든 결합과 모든 치환기를 나타내어 그린다.

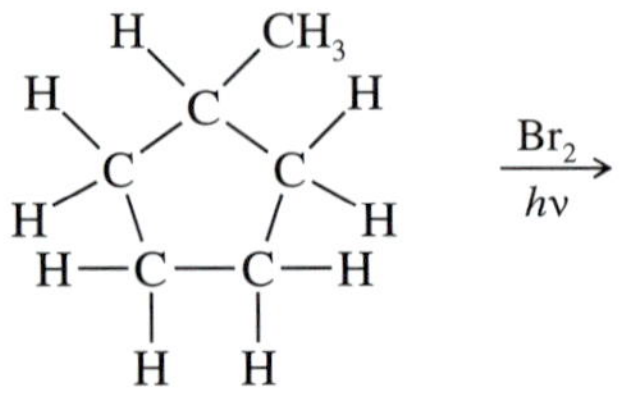

$$\text{(메틸사이클로펜테인의 모든 C–H 결합 구조)} \xrightarrow[h\nu]{Br_2}$$

**1. 개시제 내 약한 결합의 절단이 관여하는 단계를 그린다.**

빛을 브로민에 쪼이는 것은 빛으로부터 $Br_2$가 분해되는 데 필요한 에너지를 받는 것이다. 이 균일 절단은 2개의 Br· 라디칼을 생성하므로 연쇄 반응을 시작한다.

개시 단계 $Br{-}Br \xrightarrow{h\nu} Br\cdot + Br\cdot$

**2. 개시제와 출발 물질 중 어느 한 가지와의 반응을 그린다.**

이들 개시제 라디칼의 하나는 반드시 메틸사이클로펜테인과 반응하여 메틸사이클로펜테인의 자유 라디칼을 생성한다. 앞서 본 바와 같이 브로민이나 염소 라디칼은 알케인으로부터 수소 원자 1개를 떼어 알킬 자유 라디칼을 만든다. 브로민 라디칼은 매우 선택적이므로, 가장 안정한 라디칼을 생성한다. 3차 수소 원자를 떼어내면 3차 라디칼이 생성된다.

첫 번째 전파 단계

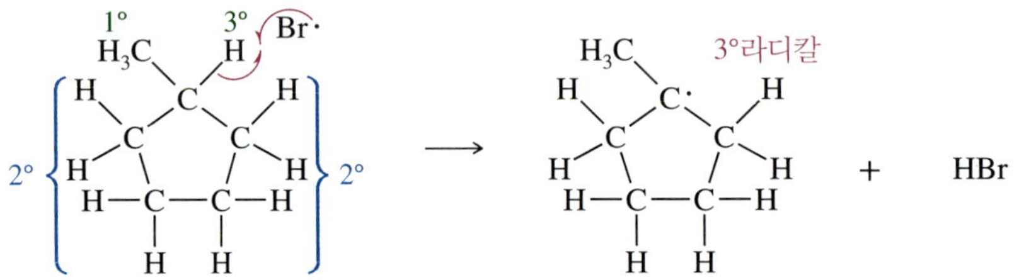

1° $H_3C$, 3° H, Br·, 2°, 2° → 3°라디칼 + HBr

**3. 출발 물질의 자유 라디칼 형태가 다른 출발 물질 분자와 반응하여 생성물에 필요한 결합을 형성하고 새로운 라디칼 중간체가 생기는 것을 그린다.**

알킬 라디칼은 또 하나의 전파 단계에서 다른 출발 물질 분자와 반응하여 생성물과 또 다른 라디칼을 생성해야 한다. 알킬 라디칼이 $Br_2$와 반응하면 1-브로모-1-메틸사이클로펜테인(주생성물)이 생성되고, 또 다른 브로민 라디칼은 연쇄 반응을 일으킨다.

두 번째 전파 단계

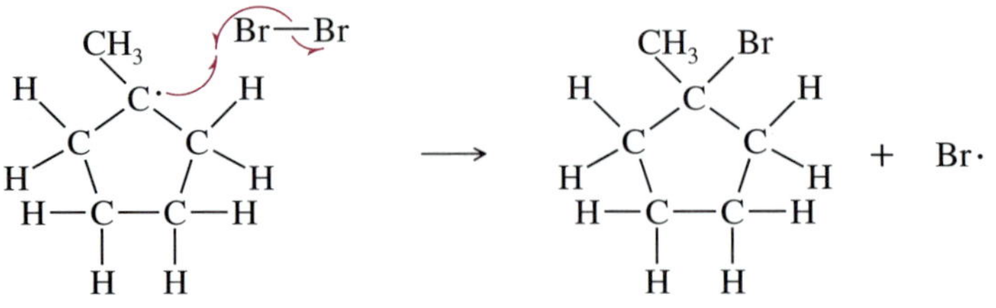

$CH_3$, C·, Br—Br → $CH_3$, Br (주생성물) + Br·

**4. 종결 단계를 그린다.**

몇 가지 가능한 종결 단계를 추가하고 위에 전개한 메커니즘을 요약하는 일이 남아 있다.

자유 라디칼 반응에 대한 메커니즘을 제시하는 체계적인 방법을 이용하는 연습으로서 다음의 연습문제 4-24를 위에 요약한 네 단계에 따라 풀어보자.

**연습문제 4-24**

2,3-다이메틸뷰테인은 빛의 존재하에서 브로민과 반응하여 브로민화된 생성물을 좋은 수율로 생성한다. 반응을 더 진행시키면 다이브로민화된 생성물이 생긴다. 이들 생성물의 구조를 예측하고, 단일브로민화된 생성물의 생성에 대한 메커니즘을 제시하라.

$$\begin{array}{c} \quad\;\; CH_3 \quad CH_3 \\ \quad\;\; | \qquad\;\; | \\ CH_3-CH-CH-CH_3 \end{array}$$

2,3-다이메틸뷰테인

**연습문제 4-25**

소량의 브로민이 존재할 때 사이클로헥센은 다음의 광 촉진 반응을 한다.

사이클로헥센 + 미량의 $Br_2$ $\xrightarrow{h\nu}$ 3-브로모사이클로헥센 + HBr

(a) 이 반응의 메커니즘을 제시하라.

(b) 속도 제한 전이 상태의 구조를 그려보라.

(c) Hammond 가정을 이용하여 어떤 중간체가 이 전이 상태와 가장 가깝게 닮았는지 예측하라.

(d) 사이클로헥센이 브로민과 반응할 때 반응하기 위해 열을 필요로 하는 사이클로헥세인보다 훨씬 빠르게 반응하는 이유를 설명하라.

## 4-15 라디칼 억제제

우리는 흔히 자유 라디칼 반응을 일어나지 않게 하거나 지연시키기를 원한다. 예를 들면 공기 중의 산소는 주로 자유 라디칼 연쇄 반응으로 음식물, 용매 및 다른 화합물들을 산화시키고 상하게 한다. 화학적 중간체는 자유 라디칼 연쇄 반응에 의해 분해되거나 중합 반응을 한다. 생체계의 세포조차 라디칼 반응에 의해 손상을 입어 노화하거나 암으로 변형되거나 또는 사멸한다.

**라디칼 억제제**(radical inhibitor)를 흔히 식료품과 화학약품에 첨가하여 라디칼 연쇄 반응에 의한 손상을 지연시킨다. 연쇄 반응은 빠른 각 단계에 의해 좌우되는데, 각 개시 단계는 다음 그림(라디칼만 나타냄) 왼쪽의 반응-에너지 그림에서처럼 반응하는 많은 분자를 만들어낸다.

그림에서 오른쪽의 도표는 억제제 I가 빠르고 높은 발열 단계로, 라디칼 중간체와 반응하여 비교적 안정한 중간체를 형성함으로써 연쇄 반응을 멈추게 하는 것을 나타낸다. 연쇄 반응의 다음 단계는 흡열 단계이며 매우 느리다.

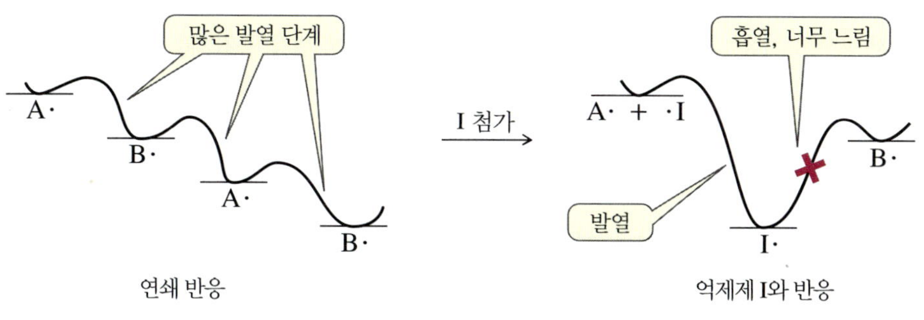


**그림 4-13** 라디칼 연쇄 반응은 종결 반응이 진행되기 전에 각 단계 반응이 빠르게 진행되어야 한다. 따라서 라디칼 연쇄 반응의 각 단계는 연속적인 발열 반응이어야 한다. 라디칼 억제제는 라디칼과 반응하여 상대적으로 안정한 생성물(반응하는 데 강한 흡열 반응 단계가 필요한 화합물)을 만들어 연쇄 반응이 종료된다.

**응용: 암 치료제**

특정 항암제는 매우 반응성이 높은 하드록실 라디칼을 생성하여 항암 효과를 나타낸다. 하이드록실 라디칼은 암세포와 반응하여 암세포의 DNA를 분해하고 손상을 주어 사멸시킨다. 결과적으로 암세포는 죽고, 작아진다. 전립선암 치료제인 블레오마이신(bleomycin)은 라디칼 생성 항암제의 예이다.

'뷰틸화된 하이드록시아니솔(butylated hydroxyanisole, BHA)'은 항산화제로서 흔히 식료품에 첨가된다. 이는 라디칼 중간체가 비교적 안정한 자유 라디칼 중간체(BHA 라디칼)를 형성하는 반응이 진행되게 하여 산화를 중지시킨다. BHA 라디칼은 두 번째 자유 라디칼과 반응하여 모두 쌍으로 채워진 전자를 가진 훨씬 더 안정한 퀴논(quinone)을 형성한다.

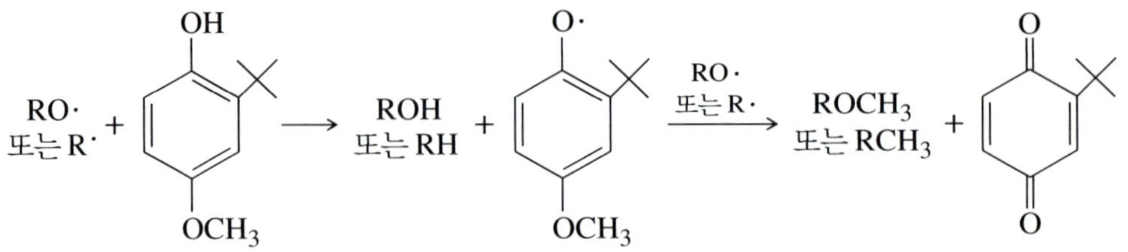

RO· 또는 R· + BHA ⟶ ROH 또는 RH + BHA 라디칼 —(RO· 또는 R·)⟶ $ROCH_3$ 또는 $RCH_3$ + 퀴논

BHA　　BHA 라디칼　　퀴논

또한 라디칼 억제제는 생체계의 세포를 보호하는 데 도움을 준다. 비타민 E는 일종의 페놀(—OH 기를 가진 방향족 고리)이며, BHA에서와 같이 라디칼과 반응하여 OH의 수소 원자를 잃는다. 아스코브산(ascorbic acid, 비타민 C) 역시 다음과 같은 메커니즘으로 자유 라디칼로부터 세포를 보호하는 것으로 생각된다.

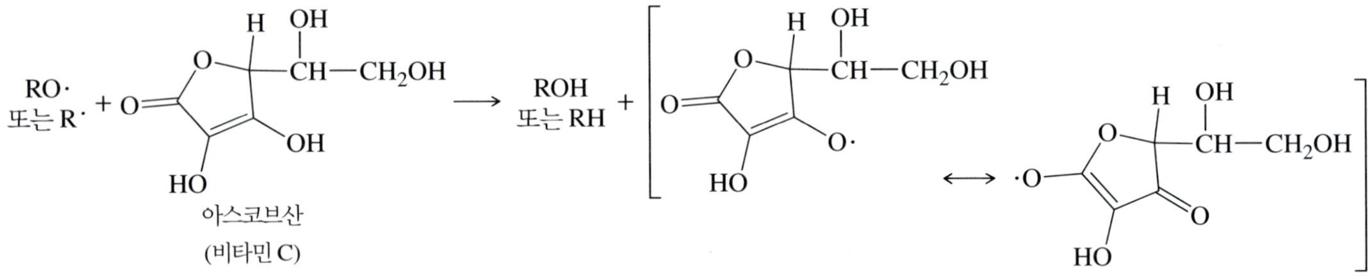

RO· 또는 R· + 아스코브산 (비타민 C) ⟶ ROH 또는 RH + [안정화된 자유 라디칼 공명 구조]

아스코브산
(비타민 C)

안정화된 자유 라디칼

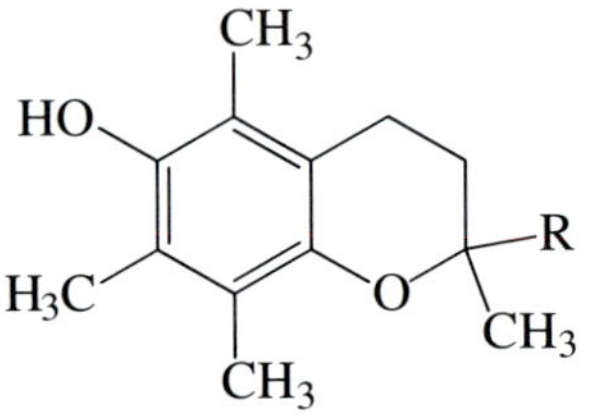

비타민 E
(R = 알킬 사슬)

**연습문제 4-26**

BHA 라디칼이 분자 내 다른 원자들로 라디칼 전자를 비편재화시킴으로써 안정화되는 것을 나타내는 공명 구조를 그려보라.

**연습문제 4-27**

비타민 E가 산화시키는 라디칼(RO·)과 반응하여 ROH와 반응성이 덜한 자유 라디칼이 생성되는 반응식을 작성하라.

## 4-16 반응 중간체

지금까지 공부한 자유 라디칼은 반응 중간체들의 한 부류이다. **반응 중간체**(reactive intermediate)는 생기자마자 신속히 반응하기 때문에 수명이 짧고 높은 농도로는 존재할 수 없는 화학종을 말한다. 대개의 경우 반응 중간체는 흔히 정상적이 아닌 결합수를 가진 원자를 포함하는 분자의 조각(예: 자유 라디칼)이다. 안정한 화합물에서는 탄소가 4개의 결합을 가진 데 비해서, 몇 가지 보편적인 반응 중간체는 단지 2개 또는 3개만의 결합을 가진 탄소 원자를 포함한다. 이러한 화학종은 다양한 화합물과 신속히 반응하여 4가의 탄소 원자를 가진 더욱 안정한 생성물을 생성한다.

반응 중간체는 안정한 화합물은 아니지만 유기 화학을 공부하는 데 대단히 중요하다. 대부분의 반응 메커니즘에는 반응 중간체가 관여한다. 반응 메커니즘을 이해하기 위해서나 나름대로 반응 메커니즘을 제안하려면 반응 중간체가 어떻게 생성되고 어떻게 반응하는가를 알아야 한다. 이 장에서는 반응 중간체의 안정성과 구조를 알아보고, 다음 장들에서는 이들이 어떻게 생성되며, 어떻게 반응해서 안정한 화합물을 생성하는지 알아보기로 하자.

3가의(3개의 결합을 가진) 탄소를 가지고 있는 화학종은 비결합 전자 수에 의존하는 전하에 따라 분류한다. **탄소 양이온**(carbocation)은 비결합 전자를 가지고 있지 않으며, 양으로 하전되어 있다. 라디칼은 1개의 비결합 전자를 가지고 있으며 중성이다. **탄소 음이온**(carbanion)은 한 쌍의 비결합 전자를 가지고 있으며, 음으로 하전되어 있다.

| $H-\overset{H}{\underset{H}{C}}{}^{+}$ | $H-\overset{H}{\underset{H}{C}}\cdot$ | $H-\overset{H}{\underset{H}{C}}{:}^{-}$ | $H_2C{:}$ |
|---|---|---|---|
| 탄소 양이온 | 라디칼 | 탄소 음이온 | 카벤 |

2가의(2개의 결합을 가진) 탄소 원자를 가지고 있는 가장 보편적인 중간체는 **카벤**(carbene)이다. 가벤은 2가의 탄소 원자에 2개의 비결합 전자를 가지고 있어 하전되어 있지 않다.

## 4-16A 탄소 양이온

**탄소 양이온**(carbocation), 즉 **카보늄 이온**(carbonium ion) 또는 **카베늄 이온**(carbenium ion)은 양전하를 지닌 탄소 원자를 가지고 있는 화학종이다. 양으로 하전된 탄소 원자는 3개의 다른 원자와 결합하고 있으며, 비결합 전자를 가지고 있지 않다. 그러므로 이 원자가 껍질에 6개의 전자만을 가진다. 이 탄소 원자는 $sp^2$로 혼성화되어 있고 평면 구조이며 약 120°의 결합각을 가지고 있다. 예컨대 메틸 양이온($^+CH_3$)은 평면이며 정확히 120°의 결합각을 가지고 있다. 비혼성화된 $p$ 오비탈은 비어 있고 C—H 결합 면에 대해 직각이다(그림 4-14). $^+CH_3$의 구조는 1장에서 논의한 $BH_3$의 구조와 유사하다.

탄소 양이온의 탄소 원자는 그 원자가 껍질 안에 단 6개의 전자만을 가지고 있으므로 탄소 양이온은 강력한 친전자체(Lewis 산)이며, 이들은 만나는 어떤 친핵체와도 반응한다. 탄소 양이온은 많은 유기 화학 반응의 중간체로 제시된다. 앞으로 6장에서 몇 가지 탄소 양이온을 논할 것이다.

자유 라디칼과 같이 탄소 양이온은 **전자 결핍성**(electron-deficient) 화학종이다. 탄소 양이온은 최외각 원자가 껍질 안에 8개보다 적은 전자를 가지고 있다. 또한 자유 라디칼과 마찬가지로 탄소 양이온은 알킬 지환기에 의해 안정화된다. 알킬기는 전자 결핍성 탄소 양이온을 두 가지 방법으로 안정화한다. 즉 (1) 유발 효과, (2) 채워진 오비탈이 빈 오비탈과의 부분적인 겹침을 통해 안정화한다. **유발 효과**(inductive effect)는 분자의 시그마($\sigma$) 결합을 통해 전자 밀도를 높여주는 효과이다.

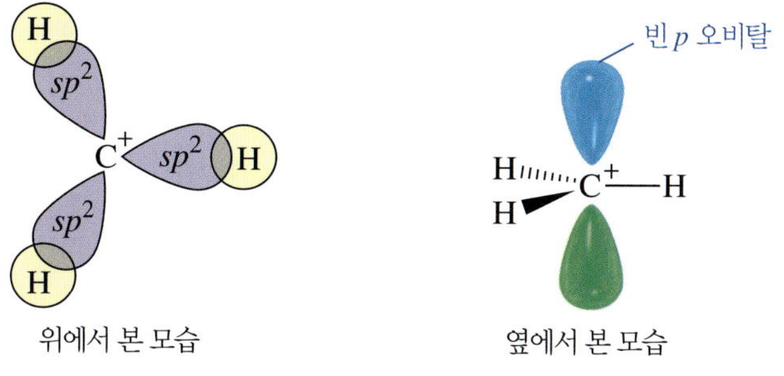


**그림 4-14** 메틸 양이온의 오비탈 모형. 메틸 양이온은 $BH_3$와 유사하다. 탄소 원자는 그 $sp^2$ 혼성 오비탈들이 수소의 $s$ 오비탈과 겹침으로써 3개의 수소 원자와 시그마 결합을 하고 있다. 3개의 C—H 결합 면에 대해 수직인 1개의 빈 $p$ 오비탈이 있다.

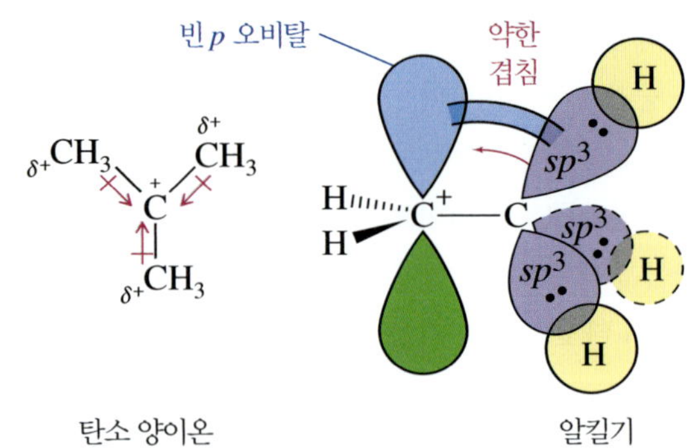


**그림 4-15** 탄소 양이온의 안정성에 대한 알킬 치환기의 효과. 탄소 양이온은 전자가 채워져 있는 오비탈이 이웃 탄소 원자에 있는 비어 있는 $p$ 오비탈과 겹쳐져 탄소 양이온을 안정화시켜준다. 시그마 결합과 $p$ 오비탈 간의 겹침을 하이퍼콘쥬게이션이라고 한다.

양으로 하전된 탄소 양이온은 이에 결합된 알킬기로부터 약간의 전자 밀도를 잡아당긴다.

알킬 치환기는 또한 양으로 하전된 탄소 원자 위의 빈 $p$ 오비탈과 겹칠 수 있는 채워진 $sp^3$ 오비탈을 가지고 있으므로 탄소 양이온을 더욱 안정화한다(그림 4-15). 결합된 알킬 치환기가 회전하고 있지만, 시그마 결합 중 하나는 탄소 양이온의 비어 있는 $p$ 오비탈과 항상 정렬하게 된다. 그 결합 안에 들어 있는 전자쌍은 비어 있는 $p$ 오비탈로 퍼져서 전자 결핍성 탄소 원자를 안정화해준다. $p$ 오비탈과 시그마 결합의 이러한 형태의 겹침을 하이퍼콘쥬게이션(hyperconjugation)이라고 한다.

일반적으로 많이 치환될수록 탄소 양이온의 안정도는 증가한다.

탄소 양이온의 안정성

$$R_3C^+ > R_2HC^+ > RH_2C^+ > H_3C^+$$

가장 안정함 가장 불안정함

3° > 2° > 1° > 메틸

불포화 탄소 양이온도 **공명 안정화**(resonance stabilization)로 인해 안정화된다. 만일 파이($\pi$) 결합이 탄소 양이온 주변에 있으면 전자가 채워져 있는 $p$ 오비탈이 전자가 비어 있는 탄소 양이온의 비어 있는 $p$ 오비탈과 겹쳐진다. 그 결과 양전하가 두 원자에 의해 공유되어 비편재화된 이온이 된다. 탄소 양이온을 안정화하는 데도 공명 비편재화 현상이 특히 효과적이다.

$$\left[ H_2C{=}CH{-}C^{+}H{-}CH_3 \longleftrightarrow H_2C^{+}{-}CH{=}CH{-}CH_3 \right] = H_2C^{\delta+}{\cdots}CH{\cdots}C^{\delta+}H{-}CH_3$$

탄소 양이온은 유기 반응에서 보편적인 중간체이다. 많이 치환된 할로젠화 알킬은 극성 용매 중에서 가열할 때 이온화한다. 친전자성이 강한 탄소 양이온은 이용할 수 있는 친핵체, 흔히 용매와 반응한다.

$$(CH_3)_3C{-}\ddot{Br}{:} \xrightleftharpoons[]{\text{열, } CH_3CH_2OH} (CH_3)_3C^{+} \;\; {:}\ddot{Br}{:}^{-} \xrightleftharpoons[]{CH_3CH_2\ddot{O}H} (CH_3)_3C{-}\overset{+}{O}(H){-}CH_2CH_3$$

$t$-뷰틸 브로민화 $t$-뷰틸 양이온

탄소 양이온은 또한 센산이다. 앞에 나타낸 $t$-뷰틸 양이온은 흔히 용매인 약한 염기에 양성자를 잃을 수 있다.

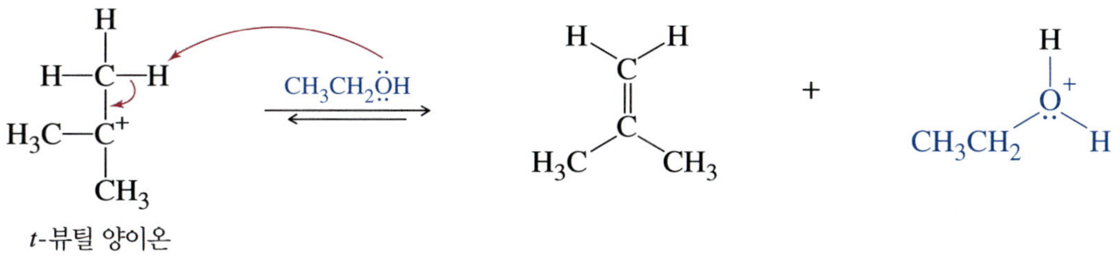

$t$-뷰틸 양이온 $\underset{}{\overset{CH_3CH_2\ddot{O}H}{\rightleftharpoons}}$ $(CH_3)_2C{=}CH_2$ + $CH_3CH_2\overset{+}{O}H_2$

### 연습문제 4-28

트라이페닐메틸 양이온은 대단히 안정하여 수개월 동안 저장할 수 있다. 이 양이온이 이렇게 안정한 이유를 설명하라.

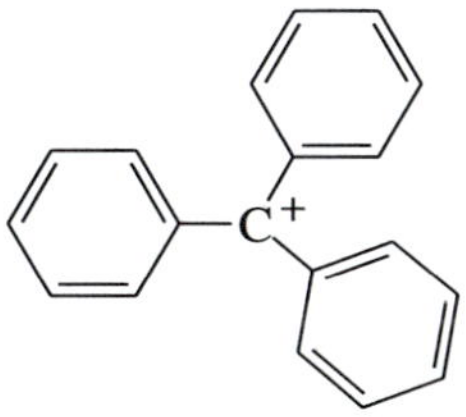

트라이페닐메틸 양이온

### 연습문제 4-29

다음의 탄소 양이온을 안정도가 감소하는 순서로 나열하라. 그리고 각각을 1차, 2차, 3차로 분류하라.

**(a)** 아이소펜틸 양이온, $(CH_3)_2CHCH_2—\overset{+}{C}H_2$

**(b)** 3-메틸-2-뷰틸 양이온, $CH_3—\overset{+}{C}H—CH(CH_3)_2$

**(c)** 2-메틸-2-뷰틸 양이온, $CH_3—\overset{+}{C}(CH_3)CH_2CH_3$

**(d)**

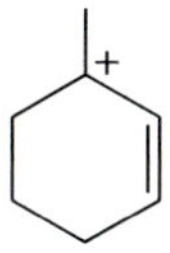

## 4-16B 자유 라디칼

탄소 양이온과 마찬가지로 **자유 라디칼**(free radical)은 $sp^2$로 혼성화되었으며 평면(또는 거의 평면)이다. 그러나 탄소 양이온과는 달리 라디칼의 C—H 결합들의 면에 대해 수직인 $p$ 오비탈은 비어 있지 않다. 이 $p$ 오비탈에는 홀수의 전자가 들어 있다. 그림 4-16은 메틸 라디칼의 구조를 나타낸 것이다.

**응용: 생화학**

비타민 $B_{12}$는 필수 영양소이며, 부족하면 빈혈증과 뇌신경학성 손상에 이른다. 비타민은 메틸 라디칼의 생성과 안정화에서 두 가지 다른 효소를 돕는다. 이들 메틸 라디칼은 중요한 세포 성분의 합성에 이용된다.

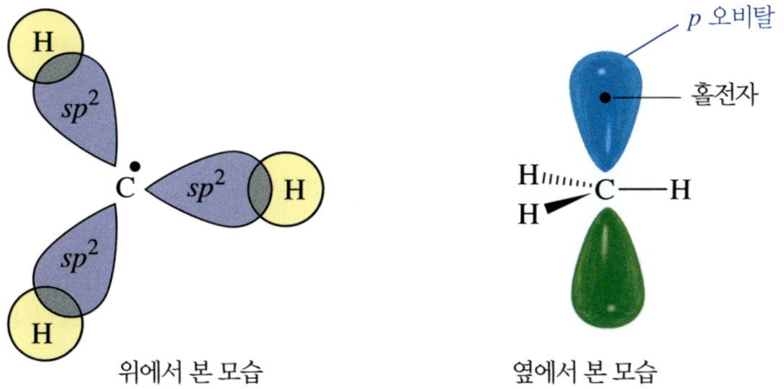

위에서 본 모습

$p$ 오비탈

홀전자

옆에서 본 모습

**그림 4-16** 메틸 라디칼의 오비탈 모형. 메틸 라디칼의 구조는 전자 1개가 더 있는 것을 제외하면 메틸 양이온(그림 4-14)의 그것과 같다. 홀전자는 3개의 C—H 결합 면에 대해 수직인 $p$ 오비탈 안에 들어 있다.

> **문제풀이 힌트**
>
> 형식 전하에 관계 없이 팔전자보다 전자가 적은 경우 전자가 부족하다고 표현한다. $BH_3$나 $BF_3$는 전하를 띠고 있지 않지만 전자가 부족하고 강력한 친전자체(Lewis 산)라는 것을 상기하라. 유사하게 탄소 양이온(6개의 전자, 양전하)과 라디칼(7개의 전자, 전하를 띠지 않음) 모두 전자가 부족하고 매우 반응성이 크다.

탄소 양이온이나 자유 라디칼은 모두 탄소 원자 주위에 8개의 전자보다 적은 수의 전자를 가지고 있어 전자 결핍성이다. 탄소 양이온처럼 라디칼은 알킬기의 전자 주개 효과로 인해 안정화되며, 곁가지가 많이 있는 라디칼일수록 더욱 안정화된다. 이러한 효과는 그림 4-7에 나타낸 결합-해리 엔탈피 값으로 확인된다. 곁가지가 많은 C—H 결합일수록 C—H 결합을 끊어내는 데 적은 에너지가 소요된다.

라디칼의 안정성

$R_3C\cdot > R_2HC\cdot > RH_2C\cdot > H_3C\cdot$

가장 안정함 … 가장 불안정함

3° > 2° > 1° > 메틸

탄소 양이온처럼 라디칼도 공명에 의해 안정화된다. $\pi$ 결합의 $p$ 오비탈과 겹침으로 홀 전자가 두 탄소 원자 위에 비편재화될 수 있다. 공명 비편재화는 라디칼을 안정화하는 데 특히 효과적이다.

$[H_2C{=}CH{-}\dot{C}H_2 \longleftrightarrow H_2\dot{C}{-}CH{=}CH_2]$ 또는 $\delta\cdot$ C⋯C⋯C $\delta\cdot$

> **연습문제 4-30**
>
> 다음 라디칼을 안정도가 감소하는 순으로 나열하라. 그리고 1차, 2차, 3차로 분류하라.
>
> **(a)** 아이소펜틸 라디칼, $(CH_3)_2CHCH_2—\dot{C}H_2$
>
> **(b)** 3-메틸-2-뷰틸 라디칼, $CH_3—\dot{C}H—CH(CH_3)_2$
>
> **(c)** 2-메틸-2-뷰틸 라디칼, $CH_3—\dot{C}(CH_3)CH_2CH_3$
>
> **(d)** (구조식)

## 4-16C 탄소 음이온

**탄소 음이온**(carbanion)은 음의 전하를 지닌 3가의 탄소 원자를 가지고 있다. 탄소 주위에는 8개의 전자(3개의 결합과 1개의 고립 전자쌍)가 있어 전자 결핍성이 아니다. 오히려 이 탄소 원자는 전자가 풍부하고, 강한 친핵체(Lewis 염기)이다. 탄소 음이온과 암모니아의 구조를 비교해보자.

$H_3C{:}^-$ 메틸 음이온 $H_3N{:}$ 암모니아

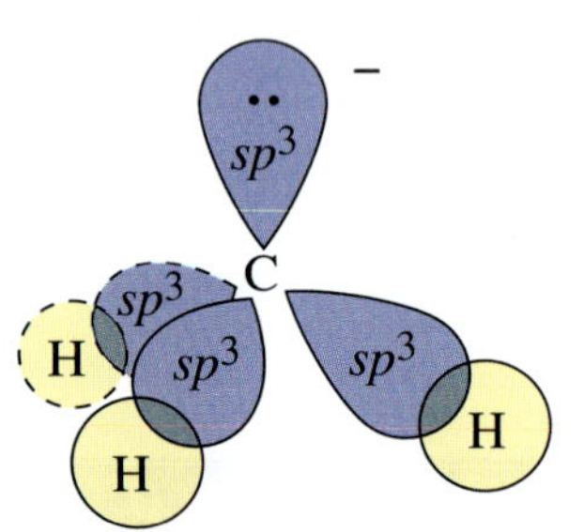


sp3 N sp3 sp3 sp3 H H H

암모니아

**그림 4-17** 메틸 음이온과 암모니아의 오비탈 구조 비교. 메틸 음이온과 암모니아는 모두 정사면체 자리 중 하나에 비결합 전자쌍을 차지하고 있는 $sp^3$로 혼성화된 중심 원자를 가지고 있다.

탄소 음이온의 혼성화와 결합각은 역시 아민과 닮았다. 탄소 원자는 $sp^3$으로 혼성화되었으며 정사면체이다. 정사면체 자리 중 하나는 비공유 고립 전자쌍을 차지하고 있다. 그림 4-17은 암모니아와 메틸 음이온의 오비탈 구조와 기하학적 구조를 비교한 것이다.

아민처럼 탄소 음이온은 친핵성이고 또한 염기성이다. 그러나 탄소 음이온은 탄소 원자가 음전하를 띠고 있으므로, 아민보다 더욱 센염기이고 더욱 강한 친핵체이다. 예를 들면 탄소 음이온은 암모니아로부터 수소 이온을 제거해낼 만한 센염기성을 가진다.

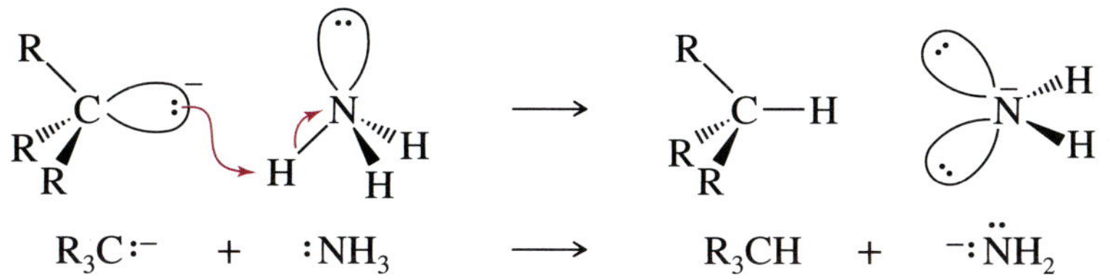

$$R_3C{:}^- \quad + \quad {:}NH_3 \longrightarrow R_3CH \quad + \quad {}^-{:}\ddot{N}H_2$$

다른 센염기와 같이 탄소 음이온은 산성 용액에서 발견되지 않는다. 탄소 음이온의 안정도 순위는 그들의 높은 전자 밀도를 반영한다. 알킬기와 다른 전자를 주는 기는 탄소 음이온을 약간 불안정하게 한다. 안정도의 순서는 보통 탄소 양이온과 자유 라디칼의 그것과 반대이다.

### 탄소 음이온의 안정성

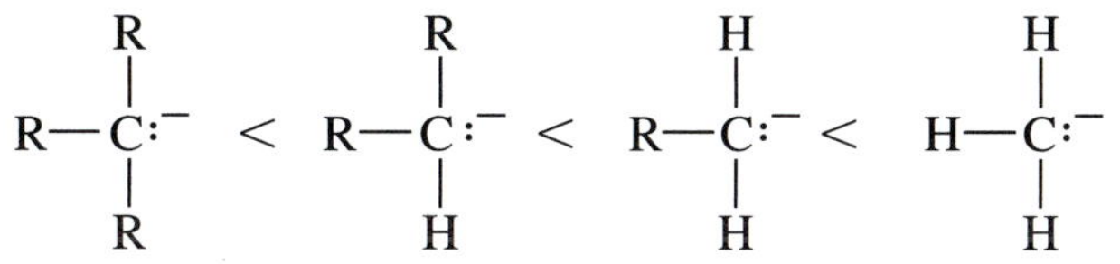

$$R_3C{:}^- < R_2HC{:}^- < RH_2C{:}^- < H_3C{:}^-$$

가장 불안정함 ... 가장 안정함

3° < 2° < 1° < 메틸

유기 반응에서 중간체로 생성되는 탄소 음이온은 거의 항상 안정화하는 기에 결합되어 있다. 이들은 유발 효과나 공명에 의해 안정화될 수 있다. 예를 들면 할로젠 원소는 전자를 끌어당기므로 유발성 전자 밀도 당김을 통해 탄소 음이온을 안정화한다. 공명도 역시 탄소 음이온을 안정화하는 데 중요한 역할을 한다. 카보닐기(C═O)는 $\pi$ 결합과 탄소 음이온의 비결합 전자와의 겹침에 의해 이웃의 탄소 음이온을 안정화한다. 음전하는 카보닐기의 전기 음성적인 산소 위에 비편재화한다.

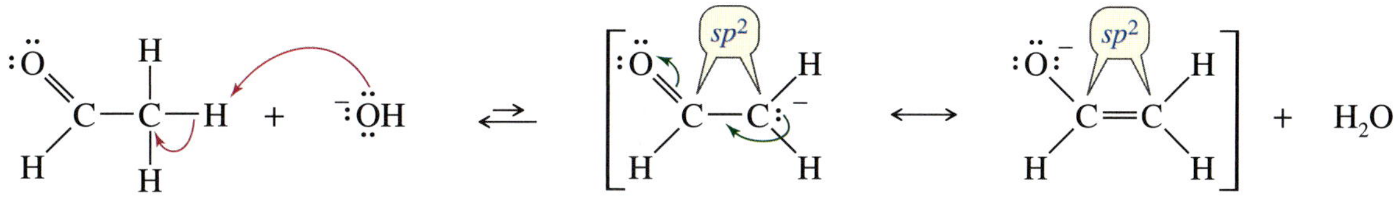

공명 안정화된 탄소 음이온

이들 공명 안정화된 탄소 음이온은 $sp^2$ 혼성 오비탈을 이루며, 산소(1-17절) 위에 음하전의 효율적인 비편재화를 위해 평면을 이루어야 한다. 공명 안정화된 탄소 음이온은 유기 반응에서 만나는 가장 보편적인 형태이다.

**연습문제 4-31**

아세틸아세톤(acetylacetone, 펜테인-2,4-다이온)은 수산화 소듐(sodium hydroxide)과 반응하면 물과 탄소 음이온의 소듐 염이 생성된다. 탄소 음이온의 완전한 구조를 그려보라. 그리고 이 탄소 음이온이 안정화되는 것을 보여주는 공명 구조를 제시하라.

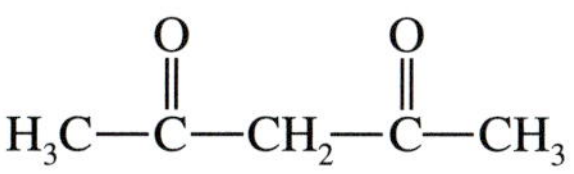

$$H_3C-\overset{O}{\overset{\|}{C}}-CH_2-\overset{O}{\overset{\|}{C}}-CH_3$$

아세틸아세톤(펜테인-2,4-다이온)

**연습문제 4-32**

프로피오나이트릴(propionitrile, $:N \equiv C - CH_2CH_3$)은 강한 염기와 만나면 양성자($H^+$)를 잃는다. 이때 생겨나는 탄소 음이온이 안정화되는 공명 구조를 그려보라.

### 4-16D 카벤

**카벤**(carbene)은 2가의 탄소 원자를 가지고 있는 전하를 띠지 않은 반응 중간체이다. 가장 간단한 카벤은 $:CH_2$인데, 한 분자 내 $-CH_2-$기를 메틸렌기(methylene group)라고 하는 것과 마찬가지로 메틸렌(methylene)이라고 한다. 카벤을 생성시키는 한 가지 방법은 할로젠 이온을 이탈시킬 수 있는 탄소 음이온을 생성하는 것이다. 예를 들면 센염기는 트라이브로모메테인(tribromomethane, $CHBr_3$)으로부터 양성자를 빼앗으면서 유발 효과에 의해 안정화되는 탄소 음이온을 생성시킨다. 이 탄소 음이온은 브로민화 이온을 이탈시켜 다이브로모카벤(dibromocarbene)을 생성한다.

$$CHBr_3 + {}^{-}:\ddot{O}H \rightleftharpoons H_2O + Br_3C:^{-} \longrightarrow Br_2C: + Br^{-}$$

트라이브로모메테인 탄소 음이온 다이브로모카벤

탄소 원자는 원자가 껍질에 6개의 전자만을 가지며, $sp^2$로 혼성화되어 삼각형의 기하 구조를 가진다. 결합에 쓰이지 않는 전자쌍은 $sp^2$ 혼성 오비탈 중 하나를 차지하고 있으며, 원자를 포함한 면의 위아래로 뻗쳐 있는 비어 있는 $p$ 오비탈을 가지고 있다. 카벤은 고립 전자쌍과 빈 $p$ 오비탈도 가지고 있어서 친핵체나 친전자체로 반응할 수 있다.

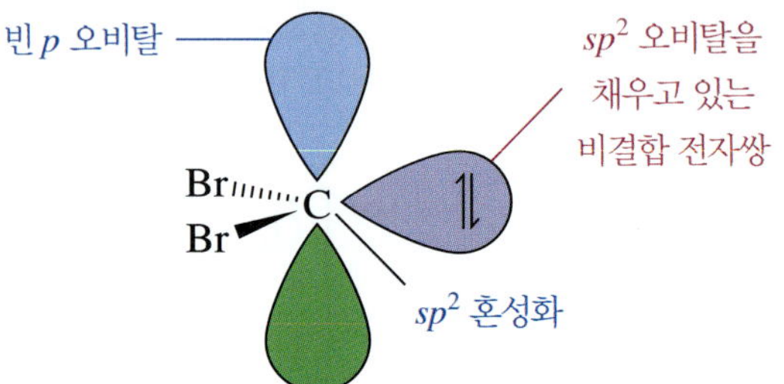


메틸렌 자체는 다이아조메테인(diazomethane, $CH_2N_2$)을 가열하거나 빛을 쪼일 때 생성된다. 다이아조메테인 분자는 분해되어 안정한 질소 분자와 대단히 반응성이 큰 카벤을 생성한다.

$$H_2\overset{-}{C}-\overset{+}{N}\equiv N: \xrightarrow{\text{열 또는 빛}} H_2C: + :N\equiv N:$$

다이아조메테인 메틸렌 질소

카벤의 가장 일반적인 합성 반응은 이중 결합에 첨가하여 사이클로프로페인(cyclopropane) 고리를 생성하는 것이다. 예를 들면 다이브로모카벤은 사이클로헥센에 첨가되어 흥미 있는 이고리 화합물을 생성한다.

$$\text{사이클로헥센} + :CBr_2 \longrightarrow \text{7,7-dibromobicyclo[4.1.0]heptane}$$

사이클로헥센 다이브로모카벤

간단한 카벤은 정제할 수도 없고 고농도로 만들 수도 없는데, 이는 두 분자의 카벤이 만나면 즉시 이합체화되어 알켄이 생성되기 때문이다.

$$R_2C: + :CR_2 \xrightarrow{\text{매우 빠름}} R_2C{=}CR_2$$

카벤과 카베노이드(카벤과 유사한 시약)는 유기 화합물의 합성과 반응 메커니즘을 조사하는 데 유용하게 이용된다. 카벤 중간체는 항상 표적 화합물 존재하에서 생성시켜서 곧바로 반응하기 때문에 농도가 언제나 낮다. 카벤을 이용하는 반응은 8장에서 논의한다.

**연습문제 4-33**

다이아조아세트산 메틸(methyl diazoacetate)은 강하게 가열하면 질소 기체와 카벤으로 분해된다. 카벤의 Lewis 구조를 그려보라.

$$:N{\equiv}\overset{+}{N}{-}\overset{-}{C}H{-}\overset{\overset{O}{\|}}{C}{-}O{-}CH_3$$

다이아조아세트산 메틸

**SUMMARY | 반응 중간체**

| | 구조 | 안정도 | 특징 |
|---|---|---|---|
| 탄소 양이온 | $-\overset{\vert}{\underset{\vert}{C}}{}^{+}$ | $3° > 2° > 1° > {}^{+}CH_3$ | 친전자성, 센산 |
| 라디칼 | $-\overset{\vert}{\underset{\vert}{C}}\cdot$ | $3° > 2° > 1° > \cdot CH_3$ | 전자 부족 |
| 탄소 음이온 | $-\overset{\vert}{\underset{\vert}{C}}:^{-}$ | $^{-}:CH_3 > 1° > 2° > 3°$ | 친핵성, 센염기 |
| 카벤 | $>C:$ | | 친전자성, 친핵성 |

## 핵심 용어

**Hammond 가정(Hammond's postulate):** 에너지가 유사한 관련된 화학종(반응–에너지 도표에서)은 구조도 유사하다. 발열 반응에서의 전이 상태는 에너지와 구조가 반응물과 유사하다. 흡열 반응에서의 전이 상태는 에너지와 구조가 생성물과 유사하다.

**결합-해리 엔탈피(bond-dissociation enthalpy, BDE):** 특정한 결합을 균일하게 절단하여 라디칼을 생성하는 데 필요한 에너지의 양

$$A{:}B \longrightarrow A\cdot + \cdot B \qquad \Delta H° = BDE$$

**공명 안정화(resonance stabilization):** $\pi$ 결합에서 전자들의 비편재화에 의해 발생하는 안정화. 양이온, 라디칼, 음이온은 흔히 공명 비편재화에 의해 안정화된다.

$$\left[ H(O{=})C{-}\ddot{C}H_2^{-} \longleftrightarrow H(^{-}\ddot{O}{-})C{=}CH_2 \right]$$



공명 안정화된 탄소 음이온

**균일 절단(homolytic cleavage):** 결합을 이루고 있는 두 원자 각각이 결합의 두 전자를 하나씩 차지하는 방식으로 결합이 절단되는 것. 균일 절단에서는 2개의 라디칼이 생긴다. '라디칼 절단(radical cleavage)'이라고도 한다.

$$A{:}B \longrightarrow A\cdot + \cdot B$$

**라디칼(radical):** 구성하는 원자 중 하나가 홀전자를 가지고 있는 반응성이 아주 큰 화학종. 가장 보편적으로 라디칼은 3개의 결합을 가진 1개의 탄소 원자와 '홀수(비공유)'의 전자를 가진다. '자유 라디칼(free radical)'이라고도 한다.

**라디칼 억제제(radical inhibitor):** 자유 라디칼 연쇄 반응의 전파 단계를 막기 위해 첨가된 화합물. 대부분의 경우 억제제는 반응하여 너무 안정한 라디칼을 생성하므로 연쇄 반응이 일어나지 않는다.

**메커니즘(mechanism):** 반응에서 어느 결합이 끊어져서 어떤 순서로 결합이 생기는지를 나타내는 것으로, 반응물에서 생성물로 가는 한 단계 한 단계씩의 경로. 메커니즘에는 모든 중간체의 구조와 전자의 이동을 나타내는 화살표를 포함하고 있어야 한다.

**반응 속도(rate of reaction):** 단위 시간당 생성되는 생성물의 양이나 소모되는 반응물의 양

**반응 속도론(kinetics):** 반응 속도를 연구하는 학문

**반응-에너지 도표(reaction-energy diagram):** 반응물이 생성물로 변환될 때의 퍼텐셜 에너지 변화를 도시한 것. 수직축은 퍼텐셜(대개는 자유 에너지, 가끔은 엔탈피)이고, 수평축은 반응 경과의 척도인 반응 좌표(reaction coordinate)이다. '퍼텐셜-에너지 도표(potentical-energy diagram)'라고도 한다.

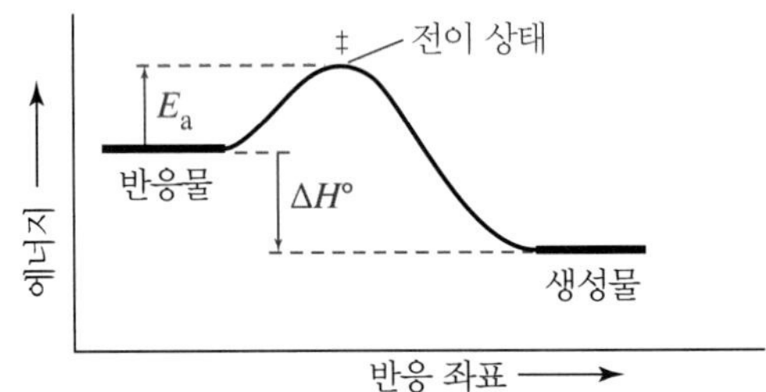


**불균일 절단(heterolytic cleavage):** 결합을 이루고 있는 두 원자 중 하나가 결합의 두 전자를 모두 차지하는 방식으로 결합이 절단되는 것. 불균일 절단에서는 2개의 이온이 생긴다. '이온 절단(ionic cleavage)'이라고도 한다.

$$A{:}B \longrightarrow A{:}^- + B^+$$

**속도 제한 단계(rate-limiting step, rate-determining step):** 반응의 여러 단계 순서 중에서 가장 느린 단계. 일반적으로 속도 제한 단계는 가장 높은 에너지의 전이 상태를 가지고 있는 단계이다.

**속도식(rate equation):** 시약의 농도와 관측된 반응 속도 간의 관계를 나타내는 식. '속도 법칙(rate law)'이라고도 한다. 반응 A+B → C+D에 대한 일반 속도식은

$$\text{반응 속도} = k_r[A]^a[B]^b$$

**반응 차수(order of reaction):** 속도식 중의 농도항의 지수. 위의 속도식은 [A]에 대해서는 $a$차, [B]에 대해서는 $b$차, 그리고 전체 차수는 $(a+b)$차이다.

**속도 상수(rate constant):** 속도식에 있어서의 상수 $k_r$

**엔탈피(enthalpy, $H$):** 계 내 열에너지의 척도. 한 반응에서 흡수되거나 발생되는 열을 반응열 $\Delta H°$라고 한다. 엔탈피의 감소(음의 $\Delta H°$)는 그 반응에 유리하다. '열함량(heat content)'이라고도 한다.

**흡열(endothermic):** 열을 소모하는 것($\Delta H°$는 양의 값을 가짐)

**발열(exothermic):** 열을 발생하는 것($\Delta H°$는 음의 값을 가짐)

**엔트로피(entropy, $S$):** 무질서도 또는 자유 운동의 척도. 엔트로피의 증가($\Delta S°$)는 그 반응에 유리하다.

**연쇄 반응(chain reaction):** 한 단계에서 생긴 반응 중간체가 첫 단계에 필요한 중간체를 만들어내 둘째 단계가 생기게 하는 다단계 반응

**개시 단계(initiation step):** 반응 중간체가 처음으로 만들어지는 연쇄 반응에서의 예비 단계

**전파 단계(propagation step):** 몇 번이고 반복해서 생성물을 형성하는 연쇄 반응에서의 단계. 전파 단계들을 합치면 알짜 반응이 되어야 한다.

**종결 단계(termination step):** 다른 반응 중간체가 생기지 않고 소모되는 단계

**열역학(thermodynamics):** 화학적 변환을 수반하는 열변화를 다루는 학문. 열역학은 일반적으로 평형에 있는 계를 다룬다.

**유발 효과(inductive effect):** 시그마 결합을 통해 전자 밀도를 밀거나 끄는 것

**자유 에너지(free energy, $G$):** 반응이 반응식에 적힌 방향으로 진행하려는 경향의 척도. 'Gibbs 자유 에너지(Gibbs free energy)'라고도 한다. 자유 에너지의 감소(음의 $\Delta G$)는 그 반응에 유리하다. 자유 에너지 변화는 다음 식으로 정의된다.

$$\Delta G = \Delta H - T\Delta S$$

**표준 Gibbs 자유 에너지 변화(standard Gibbs free energy change, $\Delta G°$):** 25°C, 1 atm에서 표준 상태(가장 안정한 상태의 순수한 물질)의 반응물과 생성물에 대응하는 자유 에너지 변화. $\Delta G°$는 $K_{eq}$와 다음과 같은 관계가 있다.

$$K_{eq} = e^{-\Delta G°/RT}$$

**흡열(endothermic):** 양의 $\Delta G$(불리)를 가진다.

**발열(exerthermic):** 음의 $\Delta G°$(유리)를 가진다.

**전이 상태(transition state):** 반응물과 생성물 간의 최대의 에너지 상태. 반응–에너지 도표 위의 상대적인 최고점. '활성화물(activated complex)'이라고도 한다.

**종결 반응(termination reaction):** 소모되는 것보다 적은 수의 반응성이 큰 중간체(주로 자유 라디칼)가 생성되는 단계

**중간체(intermediate):** 반응에서 생겨 다음 단계에서 반응하기 전에 유한한 시간 동안 존재하는 분자 또는 분자의 조각. 중간체는 반응–에너지 도표에서는 상대적 최소점(낮은 점)에 해당한다.

**반응 중간체(reactive intermediate):** 생기자마자 신속히 반응하기 때문에 높은 농도로는 결코 존재하지 않는 수명이 짧은 화학종

**촉매(catalyst):** 반응에서 소모되지 않으면서($E_a$를 낮춤으로써) 반응의 속도를 증가시키는 물질

**치환 반응(substitution):** 주로 탄소의 치환체로 한 원자가 다른 원자로 대체되는 반응

**카벤(carbene):** 2개의 결합과 한 쌍의 비결합 전자를 가진 하전이 안 된 탄소 원자를 가지고 있는 반응성이 아주 큰 화학종. 가장 간단한 카벤은 메틸렌($:CH_2$)이다.

**탄소 양이온(carbocation):** 오직 3개의 결합만을 가지고 있는 양으로 하전되고 탄소 원자를 가진 친전자성이 강한 화학종. '카보늄 이온(carbonium ion)' 또는 '카베늄 이온(carbenium ion)'이라고도 한다.

**탄소 음이온(carbanion):** 오직 3개의 결합만을 지닌 음으로 하전되어 있고 탄소 원자를 가진 친핵성이 강한 화학종. 탄소 원자는 한 쌍의 비결합 전자를 가지고 있다.

**퍼텐셜–에너지 도표(potential-energy diagram):** 반응–에너지 도표 참조

**평형(equilibrium):** 더 이상의 변화가 일어나지 않는 계의 상태. 정반응의 속도가 역반응의 속도와 같다.

**평형 상수(equilibrium constant):** 평형에서 존재하는 생성물과 반응물의 상대적인 양으로부터 계산한 양. 아래 반응에서

$$a\mathrm{A} + b\mathrm{B} \rightleftharpoons c\mathrm{C} + d\mathrm{D}$$

평형 상수는 다음 식으로 표시된다.

$$K_{eq} = \frac{[\mathrm{C}]^c[\mathrm{D}]^d}{[\mathrm{A}]^a[\mathrm{B}]^b}$$

**할로젠화 반응(halogenation):** 할로젠($X_2$) 또는 분자 내에 하나 이상의 할로젠 원자를 포함한 할로젠 함유 시약과의 반응. 알케인의 자유 라디칼 할로젠화 반응은 중요한 산업적 합성이지만, 대부분 실험실에서는 사용되지 않는다. 이 반응은 주로 열역학과 반응 속도론을 연구하기 위한 간단한 예로 다뤄지기 때문에 공부한다.

$$\mathrm{R{-}H} \xrightarrow[\text{열 또는 빛}]{X_2} \mathrm{R{-}X} + \mathrm{HX}$$

**활성화 에너지(activation energy, $E_a$):** 반응물과 전이 상태의 에너지 차. 반응이 일어나기 위해서 반응물이 가져야 하는 최소 에너지

## 기초문제

| | | |
|---|---|---|
| **1** | 알케인의 자유 라디칼 할로젠화 반응의 상세한 메커니즘을 제시하라. | 관련 연습문제 4–44, 46, 51, 55, 56, 58 |
| **2** | 중간체의 안정도와 할로젠화 반응의 선택성을 기반으로 한 주요 할로젠화 반응의 생성물을 예측하라. | 관련 연습문제 4–43, 47, 48, 49 |
| **3** | 한 반응 메커니즘에 대한 반응–에너지 도표를 그리고, 전이 상태, 활성화 에너지, 중간체, 반응 속도 제한 단계를 표시하라. | 관련 연습문제 4–35, 36, 37, 38 |
| **4** | 결합–해리 엔탈피를 사용하여 반응의 각 단계에 대한 엔탈피의 변화와 전체 엔탈피의 변화를 계산하라. | 관련 연습문제 4–41, 51, 54, 55, 56, 58 |
| **5** | 평형 상수로부터 자유 에너지 변화를 계산하고, 자유 에너지 변화로부터 평형의 위치를 계산하라. | 관련 연습문제 4–53, 58 |
| **6** | 반응 속도식을 바탕으로 반응 속도 차수를 결정하라. | 관련 연습문제 4–34, 39 |
| **7** | Hammond 가정을 사용하여 전이 상태가 반응물과 유사할지 생성물과 유사할지를 예측하고, 이 차이가 반응의 선택성에 어떻게 영향을 미치는지를 설명하라. | 관련 연습문제 4–50, 57 |
| | 문제풀이 전략: 반응 메커니즘 제안하기: 자유 라디칼 반응 | 관련 연습문제 4–44, 46, 48, 51, 55, 56, 58 |
| **8** | 탄소 양이온, 탄소 음이온, 자유 라디칼, 카벤의 구조식을 그리고, 이들을 안정화하는 구조적인 특징을 설명하라. 어느 것이 친전자체인지, 친핵체인지 설명하라. | 관련 연습문제 4–40, 42, 45, 46, 47, 52 |

## 연습문제

**4-34** 다음 반응은 유기 화학 실험에 사용되는 일반 합성법이다.

$$CH_3CH_2CH_2Br + CH_3O^- \xrightarrow{CH_3OH} CH_3CH_2CH_2OCH_3 + Br^-$$

1-브로모프로페인 메톡시화 이온 (메탄올 용매) 메톡시프로페인 브로민화 이온

메톡시화 이온($CH_3O^-$)의 농도를 2배로 할 때 반응 속도가 2배가 되는 것을 알았다. 1-브로모프로페인의 농도를 3배로 할 때 반응 속도가 3배로 증가했다.

**(a)** 1-브로모프로페인에 대한 반응 차수는 몇 차인가? 메톡시화 이온에 대한 반응 차수는 몇 차인가? 이 반응에 대한 반응 속도식을 제시하라. 전체 반응 차수는 몇 차인가?

**(b)** 한 실험 교과서는 메탄올 용매에서 메톡시화 소듐(sodium methoxide)을 만들 것을 추천하지만, 1-브로모프로페인을 첨가하기 전 먼저 메탄올을 원래 부피의 절반이 되도록 증류한 후 반응을 수행할 때(같은 양의 시약을 사용) 반응 속도에 어떤 차이가 관찰되겠는가?

**4-35** 다음 반응-에너지 도표에 대해 고찰해보자.

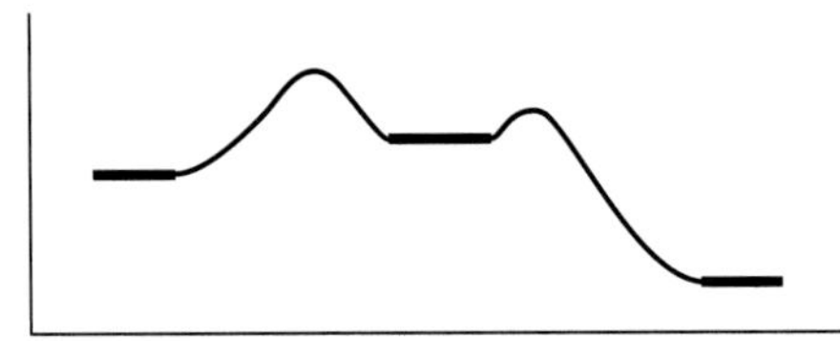

**(a)** 반응물과 생성물을 표시하라. 첫 번째 단계와 두 번째 단계의 활성화 에너지를 표시하라.

**(b)** 전체 반응은 흡열 반응인가, 발열 반응인가? $\Delta H°$의 부호는 무엇인가?

**(c)** 곡선의 어느 지점이 중간체에 해당하는가? 전이 상태는 어느 지점인가?

**(d)** 속도 제한 단계의 전이 상태를 표시하라. 전이 상태의 구조는 반응물, 생성물, 중간체 중 어느 구조를 닮았는가?

**4-36** 1단계의 발열 반응에 대한 반응-에너지 도표를 그려보라. 반응물, 생성물, 전이 상태, 활성화 에너지와 반응열을 나타내는 부분을 표시하라.

**4-37** 2단계 흡열 반응으로 두 번째 단계가 속도 제한 단계인 반응에 대한 반응-에너지 도표를 그려보라.

**4-38** **(a)** 1 M NaOH 수용액과 페놀(아래 그림)의 산-염기 반응에 대한 반응-에너지 도표를 그려보라.

**(b)** 같은 도표에 *t*-뷰틸 알코올(아래 그림)과 1 M NaOH 수용액의 산-염기 반응-에너지 도표를 그려보라.

$C_6H_5$—OH

페놀, $pK_a = 10.0$

$(CH_3)_3C$—OH

*t*-뷰틸 알코올, $pK_a = 18.0$

**4-39** *t*-뷰틸 알코올을 HBr과 반응시키면 브로민화 *t*-뷰틸이 생성된다.

$$(CH_3)_3C{-}OH + H^+ + Br^- \longrightarrow (CH_3)_3C{-}Br + H_2O$$

*t*-뷰틸 알코올 브로민화 *t*-뷰틸

수소 이온의 농도가 2배로 되었을 때 반응 속도는 2배가 되고, *t*-뷰틸 알코올의 농도가 3배로 되었을 때는 속도가 3배로 된다. 그러나 브로민화 이온의 농도는 4배로 해도 반응 속도는 변하지 않는다. 이 반응에 대한 속도식을 나타내라.

**4-40** 다음 화합물에서 일차(1°), 이차(2°), 삼차(3°) 수소를 표기하라.

**(a)** $CH(CH_3)_3$ **(b)** $(CH_3)_3CCH_2CH_2CH_3$ **(c)** $(CH_3)_2CHCH(CH_3)_2$

**(d)** **(e)** $CH_3$ **(f)**

**4-41** 결합-해리 엔탈피를 이용하여(표 4-2) 다음 반응에 대한 $\Delta H°$ 값을 계산하라.

(a) $CH_3-CH_3 + I_2 \longrightarrow CH_3CH_2I + HI$

(b) $CH_3CH_2Cl + HI \longrightarrow CH_3CH_2I + HCl$

(c) $(CH_3)_3C-OH + HCl \longrightarrow (CH_3)_3C-Cl + H_2O$

(d) $CH_3CH_2CH_3 + H_2 \longrightarrow CH_3CH_3 + CH_4$

(e) $CH_3CH_2OH + HBr \longrightarrow CH_3CH_2-Br + H_2O$

**4-42** 표 4-2의 정보를 이용하여 다음 라디칼을 안정성이 감소하는 순서대로 나열하라.

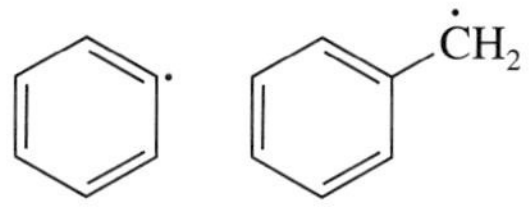

$\dot{C}H_2$ $\dot{C}(CH_3)_3$ $\dot{C}H_3$ $\dot{C}H_2CH_3$ $HC\equiv\dot{C}$

**4-43** 다음 각각의 알케인에 대해

1. 모든 가능한 단일염화 반응 유도체를 그려보라.
2. 자유 라디칼 염화 반응이 이런 단일 염화 반응 유도체를 만드는 데 좋은 방법인지를 판단하라. 반응은 주로 하나의 주생성물을 생성하겠는가?
3. 자유 라디칼 반응으로 브로민화 반응을 시킬 때 어느 단일브로민화 유도체가 좋은 수득률로 생성되겠는가?

(a) 사이클로펜테인

(b) 메틸사이클로펜테인

(c) 2-메틸펜테인

(d) 2,2,3,3-테트라메틸뷰테인

**4-44** 사이클로뷰테인에 염소를 첨가해서 클로로사이클로뷰테인이 생성되는 광화학 반응의 메커니즘을 제시하라. 그리고 개시 단계와 전파 단계를 나타내라.

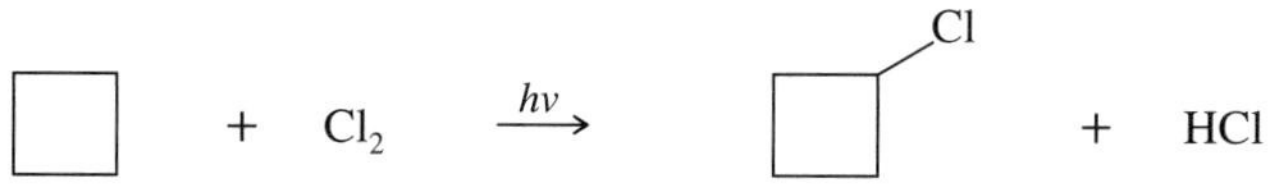

$+ Cl_2 \xrightarrow{h\nu}$ Cl $+ HCl$

사이클로뷰테인 클로로사이클로뷰테인

**4-45** 다음 자유 라디칼의 중요한 공명 구조를 그려보라.

(a) $CH_2{=}CH{-}\dot{C}H_2$

(b) 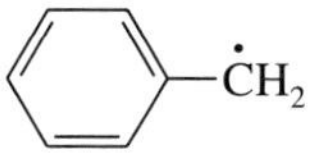 $\dot{C}H_2$

(b) $CH_3-\overset{O}{\overset{\|}{C}}-O\cdot$

(d)

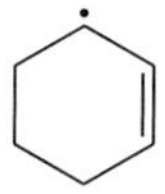

(e)

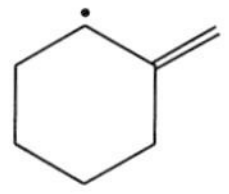

(f) 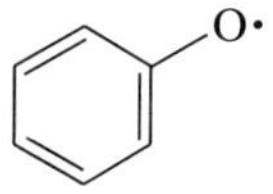 $O\cdot$

***4-46** 소량의 브로민이 존재하는 반응에서 다음의 광 촉진 반응이 관찰되었다.

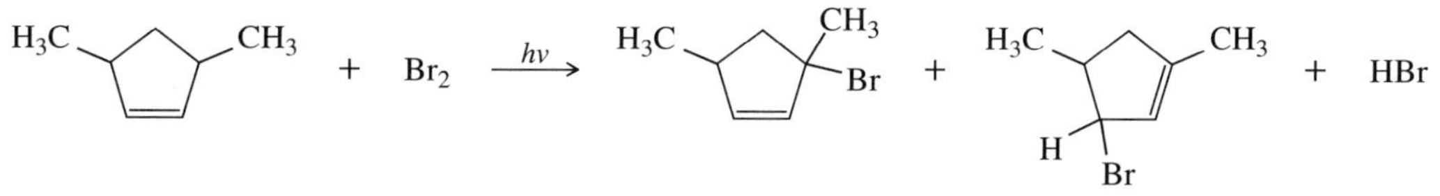

$H_3C$ $CH_3$ $+ Br_2 \xrightarrow{h\nu}$ $H_3C$ $CH_3$ Br $+$ $H_3C$ $CH_3$ H Br $+ HBr$

(a) 이 반응에 대한 메커니즘을 제시하라. 제시한 메커니즘은 두 생성물이 어떻게 생성되는지 설명해야 한다. (힌트: 두 생성물에서 수소 원자가 없어졌음에 주목하라.)

(b) 출발 물질 내 다른 어느 수소 원자에 앞서 이 수소 원자가 대체되었는지 그 이유를 설명하라.

**4-47** 각 화합물에 대해 자유 라디칼 브로민화 반응의 주생성물을 예측하라. 브로민화는 매우 선택적이며 오직 가장 안정한 라디칼만이 생긴다는 것을 상기하라.

(a) 사이클로헥세인

(b) 메틸사이클로펜테인

(c) 데칼린

(d) 헥세인

(e) 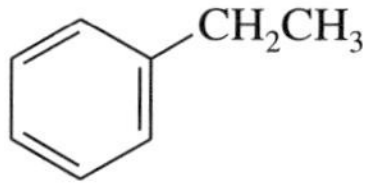 $CH_2CH_3$ 에틸벤젠

(f) 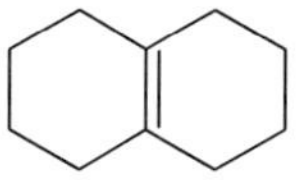 (2개의 생성물)

* 본문 내용을 응용한 난이도 높은 문제는 별표(*)로 표시했다.

**4-48** 정확하게 메테인 1몰과 염소 1몰을 섞고 빛을 비추면 염화 반응이 일어난다. 생성물에는 반응하지 않는 메테인은 물론 다이-, 트라이-, 테트라클로로메테인이 포함되어 있음을 알았다.

**(a)** 정량적인 반응물로부터 생성물은 어떻게 혼합물로 생성되었는지 설명하고 클로로메테인으로부터 이들이 생성되는 메커니즘을 제시하라.

**(b)** 메테인을 $CH_3Cl$ 또는 $CCl_4$로 각각 변환시키는 좋은 방법은 무엇인가?

**4-49** 펜테인의 염화 반응은 세 가지 단일 치환 염화물의 혼합물을 생성한다.

**(a)** 이들의 구조를 그려보라.

**(b)** 염소 원자는 1차 수소 원자보다 2차 수소 원자를 4.5배 정도 빨리 떼어낸다는 것을 고려하여 이 세 단일 치환 염화물이 생성될 때의 비율을 예상하라.

**4-50** **(a)** 메테인의 염소 치환 과정에서 2차 전파 단계에 대한 전이 상태의 구조를 그려보라.

$$\cdot CH_3 \;+\; Cl_2 \qquad CH_3Cl \;+\; Cl\cdot$$

전이 상태가 생성물 또는 반응물 중 어느 것과 비슷한지, 2개의 부분 결합 중 어느 것이 강한 것인가를 제시하라.

**(b)** 메테인의 브로민화 반응의 두 번째 전파 단계에 대해 (a)에서와 같이 반복하라.

**4-51** 과산화물의 O—O 결합은 비교적 쉽게 균일하게 깨지므로 자유 라디칼 반응에서 개시제로 자주 쓰인다. 예를 들면 과산화 수소(H—O—O—H)의 O—O 결합의 결합-해리 엔탈피는 단지 213 kJ/mol(51 kcal/mol)이다. 과산화 수소를 이용한 사이클로펜테인과 염소의 반응에 대한 메커니즘을 나타내라. HO—Cl의 BDE는 210 kJ/mol(50 kcal/mol)이다.

***4-52** 다이클로로메테인에 진한 NaOH을 가할 때 카벤과 같이 반응을 일으키는 중간체가 생성된다. 이 반응 중간체의 구조를 나타내고, 그 생성 메커니즘을 제시하라.

***4-53** 열량계 내에서 에텐과 $H_2$를 Pt 촉매와 함께 반응시킬 때 반응열은 −137 kJ/mol(−32.7 kcal/mol)이고 반응이 완결된다. 이 반응이 1400°K에서 일어날 때 $K_{eq} = 1$로 평형을 이루는 것이 알려졌다. 이 반응에 대한 $\Delta S$의 값을 계산하라.

$$CH_2{=}CH_2 \;+\; H_2 \;\underset{}{\overset{\text{Pt 촉매}}{\rightleftharpoons}}\; CH_3{-}CH_3 \qquad \Delta H = -137\ \text{kJ/mol}\ (-32.7\ \text{kcal/mol})$$

***4-54** 소량의 아이오딘을 염소와 메테인의 혼합물에 가할 때 염화 반응이 일어나지 않는다. 그러므로 아이오딘은 이 반응에 대한 자유 라디칼 억제제이다. 메테인의 염화 반응에서 존재하는 화학종과 아이오딘화 반응에 대한 $\Delta H°$ 값을 계산하라. 그리고 이 값을 이용하여 아이오딘이 반응을 억제하는 이유를 설명하라. (I—Cl 결합-해리 엔탈피는 211 kJ/mol 또는 50 kcal/mol이다.)

***4-55** 수소화 트라이뷰틸틴(tributyltin hydride, $Bu_3SnH$)은 할로젠 원자를 수소 원자로 치환시키므로, 할로젠화 알킬을 합성적으로 환원시키는 데 이용된다. 자유 라디칼 개시제는 이 반응을 촉진하고, 자유 라디칼 억제제는 이 반응을 느리게 하거나 정지시키는 것으로 알려져 있다. 다음 예에서와 같은 반응을 이용하여 메커니즘을 밝혀라.

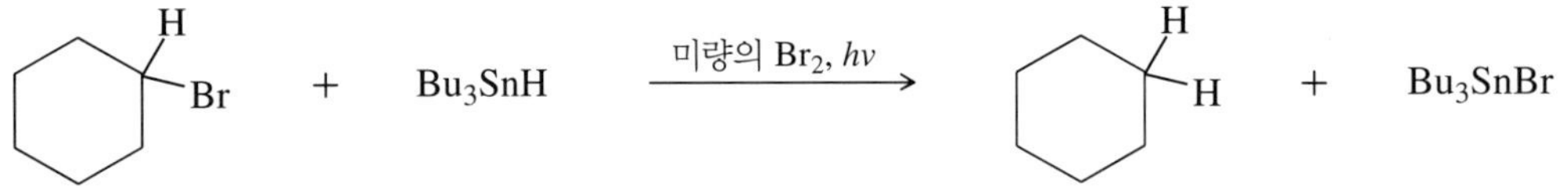

(사이클로헥실 H, Br) + $Bu_3SnH$ —(미량의 $Br_2$, $h\nu$)→ (사이클로헥실 H, H) + $Bu_3SnBr$

다음 결합-해리 엔탈피를 참고하라.

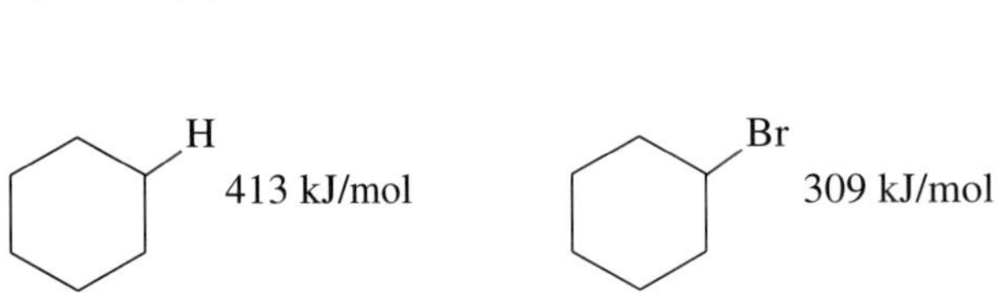

| 결합 | BDE |
|---|---|
| 사이클로헥실—H | 413 kJ/mol |
| 사이클로헥실—Br | 309 kJ/mol |
| Br—Br | 190 kJ/mol |
| H—Br | 366 kJ/mol |
| $Bu_3Sn$—H | 310 kJ/mol |
| $Bu_3Sn$—Br | 552 kJ/mol |

**(a)** 이 반응을 설명하기 위해 개시 단계 및 전파 단계를 제안하라.

**(b)** 에너지 관점에서 가능하다는 것을 보이기 위해 제안한 단계에 대한 $\Delta H$ 값을 계산하라. (힌트: 미량의 $Br_2$와 빛은 단지 개시제로서 Br· 라디칼을 생성한다는 것을 의미한다. 그런 후 어느 원자가 Br· 라디칼에 의해 출발 물질에서 떼이는지 결정하라. 이것이 개시 단계를 완결시키는 것이다. 이제 어떤 전파 단계가 에너지적으로 유리한지, 그것이 반응을 완결시킬 것이다.)

***4-56** 건강한 지구의 대기는 낮은 농도의 오존($O_3$)을 함유하는데, 오존은 오른쪽에 있는 순환에 의해 유해한 자외선(UV)을 흡수한다.

$$O_3 \xrightarrow{h\nu} O_2 + O \quad (\text{열})$$

프레온 12($CF_2Cl_2$)와 같은 클로로플루오로탄소 냉매는 낮은 대기권에서는 안정하지만, 성층권에서는 높은 에너지의 자외선을 흡수하여 염소 라디칼을 생성한다.

$$CF_2Cl_2 \xrightarrow{h\nu} \cdot CF_2Cl + Cl\cdot$$

소량의 염소 라디칼이 존재해도 오존의 농도는 크게 낮아진다. 다음 반응은 전부 발열 반응이고 반응 속도 상수가 큰 반응으로 알려져 있다. 적은 수의 염소 라디칼이 어떻게 많은 양의 오존을 파괴하는지를 설명하는 두 가지 메커니즘을 제시하라. 그중 어느 것이 염소 라디칼이 극히 적을 때 적절한 메커니즘인가?

$$Cl{-}O{-}O{-}Cl \xrightarrow{h\nu} O_2 + 2\,Cl\cdot \qquad Cl{-}O\cdot + O \longrightarrow O_2 + Cl\cdot$$

$$Cl\cdot + O_3 \longrightarrow Cl{-}O\cdot + O_2 \qquad 2\,Cl{-}O\cdot \longrightarrow Cl{-}O{-}O{-}Cl$$

***4-57** 중수소(deuterium, D)는 핵 내 1개의 양성자와 1개의 중성자를 가진, 질량수가 2인 수소의 동위 원소이다. 중수소의 화학은 C—D 결합이 C—H 결합보다 5.0 kJ/mol(1.2 kcal/mol)만큼 약간 강한 것을 제외하고 수소의 화학과 거의 동일하다. 반응 속도는 만약 C—D 결합(C—H 결합과 반대로)이 속도 제한 단계에서 끊어진다면 더 느려지는 경향을 나타낸다.

속도론적 동위 원소 효과(kinetic isotope effect)라고 하는 이 효과는 메테인의 염화 반응에서 분명하게 나타난다. 메테인은 테트라듀테리오메테인(tetradeuteriomethane, $CD_4$)보다 12배나 빠르게 라디칼 반응으로 염화 반응이 진행된다.

빠름: $CH_4 + Cl\cdot \longrightarrow CH_3Cl + HCl$ 상대 속도 = 12

더 느림: $CD_4 + Cl\cdot \longrightarrow CD_3Cl + DCl$ 상대 속도 = 1

**(a)** 이들 반응의 각각에 대해 속도 제한 단계에 대한 전이 상태를 그리고, 이 단계에서 수소 또는 중수소에 대한 결합이 어떻게 절단되는지를 나타내라.

**(b)** 듀테리오에테인(deuterioethane, $C_2H_5D$)의 단일염화 반응으로부터 93%의 $C_2H_4DCl$과 7%의 $C_2H_5Cl$을 포함한 혼합물을 얻는다. 듀테리오에테인의 염화 반응에서 수소 및 중수소당 상대적 떼기 속도를 계산하라.

**(c)** 메테인의 염화 반응과 에테인의 염화 반응에 대한 열역학을 고찰하고 Hammond 가정을 이용하여 이들 반응 중 하나가 다른 것보다 훨씬 큰 동위 원소 효과를 가지는 이유를 설명하라.

***4-58** 아이오딘($I_2$)을 이용한 알케인의 아이오딘화는 흔히 유리하지 않은 반응이다(예: 연습문제 4-17 참조). 테트라아이오도메테인(tetraiodomethane, $CI_4$)은 자유 라디칼 개시제의 존재하에서 아이오딘화의 아이오딘 공급원으로 사용될 수 있다. 다음 제안된 반응에 대한 메커니즘(온건한 발열 전파 단계 포함)을 제안하라. 제안한 메커니즘에서 각 단계에 대한 값을 계산하라.

$$\text{cyclopentane} + CI_4 \xrightarrow[\text{열}]{H_2O_2} \text{iodocyclopentane} + HCI_3$$

다음 결합-해리 에너지가 도움이 될 것이다.

| 결합 | 에너지 | 결합 | 에너지 | 결합 | 에너지 |
|---|---|---|---|---|---|
| $I_3C{-}I$ | 188 kJ/mol (45 kcal/mol) | $HO{-}I$ | 234 kJ/mol (56 kcal/mol) | $I_3C{-}H$ | 418 kJ/mol (100 kcal/mol) |
| $HO{-}OH$ | 213 kJ/mol (51 kcal/mol) | cyclopentyl—H | 413 kJ/mol (99 kcal/mol) | cyclopentyl—I | 238 kJ/mol (57 kcal/mol) |

# 5 입체 화학

## 학습목표

**1** 입체 이성질체를 가진 구조를 인식하고, 각 이성질체의 관계를 확인한다.

**2** 카이랄 구조를 인식하고, 그들의 거울상을 그리고, 카이랄성을 가질 수 있는 구조적 특성을 확인한다.

**3** 비대칭 탄소 원자와 다른 입체 중심을 확인하고 배열을 정한다.

**4** 광학 활성과 카이랄성, 광학 순도, 거울상 초과도를 설명한다.

**5** 여러 다른 입체 이성질체가 어떻게 물리적 및 화학적 성질이 다른지 설명한다.

◀ 카이랄성은 모호한 과학적인 개념이 아니다. 거의 모든 자연은 카이랄성이며, 모든 생명체는 카이랄성을 가지고 있다. 손, 발, 동물의 앞발, 식물, 꽃, 발굽, 단백질, DNA, 사람은 모두 카이랄하다. 이 사진은 두 가지 거울상 껍질을 가진 것을 제외하면 동일한 달팽이들을 보여준다(5-2절).

## 5-1 서론

**입체 화학**(stereochemistry)은 분자의 3차원 구조를 다루는 학문이다. 입체 화학을 사용하지 않고서는 누구도 유기 화학, 생화학, 생물학을 이해할 수 없다. 생물학의 세계는 지극히 선택적이고, 미세한 입체 화학적 차이를 가진 분자들 사이도 흔히 식별해낸다. 1-19절에서 이성질체는 크게 구조 이성질체와 입체 이성질체의 두 가지로 분류된다는 것을 알았다. **구조 이성질체**(constitutional isomer 또는 structural isomer)는 결합 순서가 다르며, 원자들이 다르게 연결되어 있다. **입체 이성질체**(stereoisomer) 또는 **배향 이성질체**(configurational isomer)는 원자들이 동일한 결합 순서를 가지고 있지만 공간에서의 배향이 다르다.

공간 배향에서의 차이는 그다지 중요하지 않은 것처럼 보이지만, 입체 이성질체는 보통 현저히 다른 물리적, 화학적, 생물학적 성질을 나타낸다. 예를 들어 다음 쪽에 나오는 뷰텐이산(butenedioic acid)의 시스 및 트랜스 이성질체는 **시스-트랜스 이성질체**(cis-trans isomer) 또는 **기하 이성질체**(geometric isomer)라고 하는 특별한 유형의 입체 이성질체이다. 두 화합물 모두 HOOC—CH═CH—COOH의 화학식을 가지고 있으나, 공간에 이 원자들이 배열된 방식이 서로 다르다. 시스 이성질체는 **말레산**(maleic acid)이라고 하며, 트랜스 이성질체는 **퓨마르산**(fumaric acid)이라고 한다. 퓨마르산은 동물이나 식물계에서 필수적으로 발견되는 대사 중간체이지만, 말레산은 유독하고 생물 조직에 자극을 준다.

퓨마르산, 녹는점 287°C
필수 대사물질

말레산, 녹는점 138°C
독성의 자극제

입체 화학의 발견은 유기 화학의 구조 이론에서 가장 중요한 진보 가운데 하나였다. 입체 화학은 여러 가지 다른 형태의 이성질체가 존재하는 이유를 설명해주며, 과학자들이 정사면체 탄소 원자를 제안하지 않을 수 없게 했다. 이 장에서는 분자의 입체적인 관계를 이해하기 위해 그들의 삼차원적인 구조를 공부한다. 여러 형태의 입체 이성질체를 비교하고, 다양한 입체 이성질체를 식별하는 방법을 알아본다. 후속 장들에서는 입체 화학이 유기 화합물의 성질과 반응에 어떻게 중요한 역할을 하는지 배울 것이다.

**응용: 거울상 인체**

대부분의 사람들은 왼쪽에 심장이 있고 오른쪽에 간과 맹장이 있다. 10,000명 중 약 1명은 역위(situs inversus)라는 선천적 질환을 가지고 태어난다. 이 질환에서는 주요 기관이 거울상 위치에 있어서, 심장은 오른쪽에 간과 맹장은 왼쪽에 있다. 역위를 가진 사람들은 다른 대부분의 사람들의 거울상과 비슷하다고(세부 사항은 아니지만) 볼 수 있다.

## 5-2 카이랄성

왼손과 오른손의 차이점은 무엇인가? 이들은 비슷하게 보이지만, 왼손 장갑은 오른손에 맞지 않는다. 마찬가지 원리가 발에도 적용된다. 두 발은 거의 같아 보이지만 왼쪽 신발은 오른쪽 발에 신으면 발이 아플 정도로 맞지 않는다. 두 손이나 두 발의 관계에서 보는 바와 같이 이들은 서로 겹쳐지지 않는(동등하지 않은) 거울상이다. 오른손잡이와 왼손잡이가 있는 물체를 **카이랄**(chiral)하다고 부르는데, 이는 그리스어의 '짝 있음(handed)'이라는 의미를 가진 낱말에서 유래되었다.

한 물체가 카이랄한지의 여부는 그 거울상을 보고 말할 수 있다(그림 5-1). 모든 물리적인 물체는 (거울에 상이 맺히지 않는다고 하는 흡혈귀를 제외하고는) 거울상을 가지고 있지만 카이랄 물체는 원래의 물체와는 다른 거울상을 가진다. 예컨대 의자나 숟가락, 한 잔의 물은 거울에 비추면 모두 같게 보인다. 이러한 물체를 '카이랄이 아닌 것을 의미하는' **비카이랄**(achiral)하다고 한다. 손은 거울에 비추면 다르게 보인다. 원래의 손이 오른손이면 거울의 손은 왼손처럼 보인다.

신발이나 장갑 이외에도 매일 다양한 카이랄 물체를 보게 된다(그림 5-2). 미국 자동차와 영국 자동차는 무엇이 다른가? 영국 차는 핸들이 오른쪽에 있고, 미국 차는 왼쪽에 있다. 대략적 근사치로 보면 영국 차와 미국 차는 서로 겹칠 수 없는 거울상의 관계에 있다. 대부분의 나사는 우회전 나선이 들어 있어 시계 방향으로 돌려야만 잠긴다. 우회전 나선 나사의 거울상은 왼쪽으로 돌려야만 잠기는 좌회전 나선 나사이다. 왼손잡이인 사람은 가위가 카이랄성이라는 사실을 알게 된다. 대부



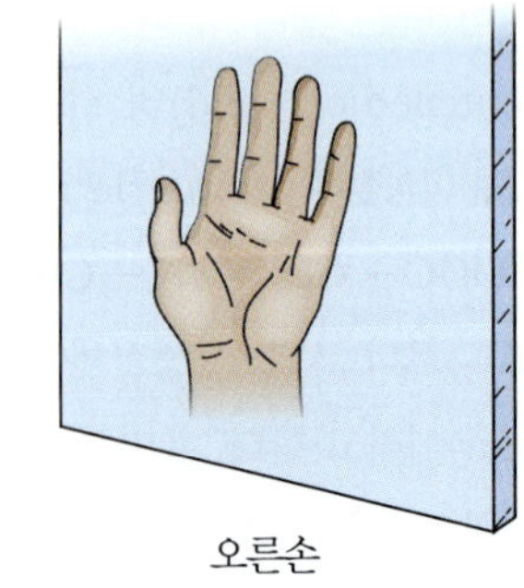


**그림 5-1** 카이랄성을 알아보기 위해 거울을 사용한다. 어떤 물체의 거울상이 원래 물체와 포개지지 않으면 카이랄이다.

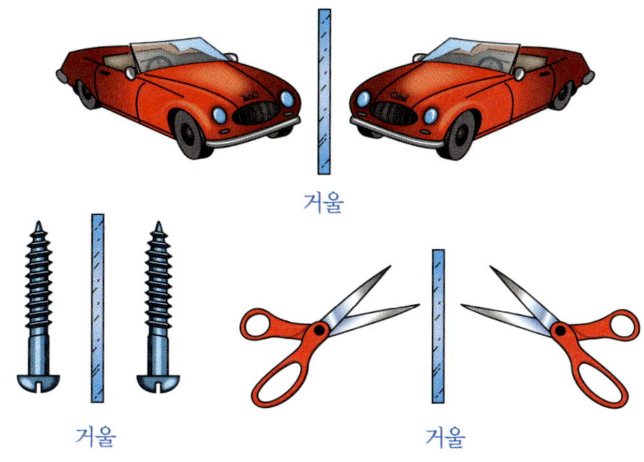


**그림 5-2** 일상적인 카이랄 물건. 많은 물건이 '왼손잡이' 또는 '오른손잡이'용으로 크게 구별된다.

분의 가위는 오른손잡이용으로 만들어져 있다. 이 가위를 왼손으로 사용하면 잘 자를 수가 없다. 왼손잡이인 사람은 물건이 아주 많은 상점이나 '왼손잡이 전문 가게'에서 왼손잡이용 가위, 즉 오른손잡이가 쓰는 '표준' 가위의 거울상인 가위를 찾아야 한다.

**연습문제 5-1**

다음 물체가 카이랄인지, 비카이랄인지 밝혀라.

## 5-2A 유기 분자에서 카이랄성과 거울상 이성질 현상

다른 물체와 마찬가지로 분자는 카이랄성 또는 비카이랄성을 띤다. 예를 들어 1,2-다이클로로사이클로펜테인(1,2-dichlorocyclopentane, 그림 5-3)의 두 가지 기하 이성질체를 살펴보자. 시스 이성질체는 거울상이 원래의 분자 위에 겹쳐지기 때문에 비카이랄이다. 두 분자를 서로의 위에 포개 놓았을 때 한 분자 내에 있는 각 원자의 3차원적 위치가 다른 분자의 대응하는 원자와 모두 일치하면 두 분자는 **포갤 수 있다**(superimposable)고 한다. 한 분자의 거울상을 그리려면 같은 구조를 단

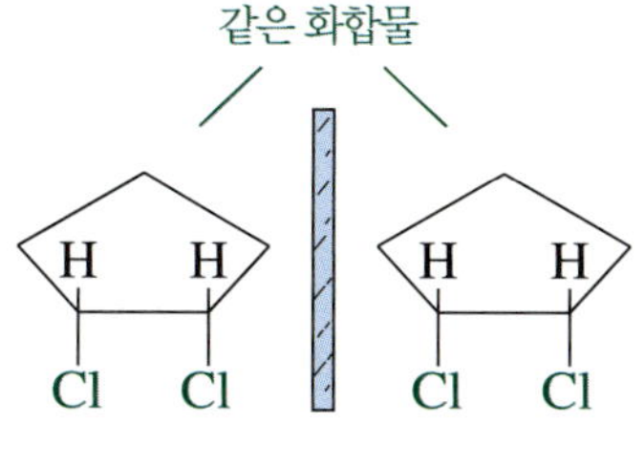


시스-1,2-다이클로로사이클로펜테인
(비카이랄)

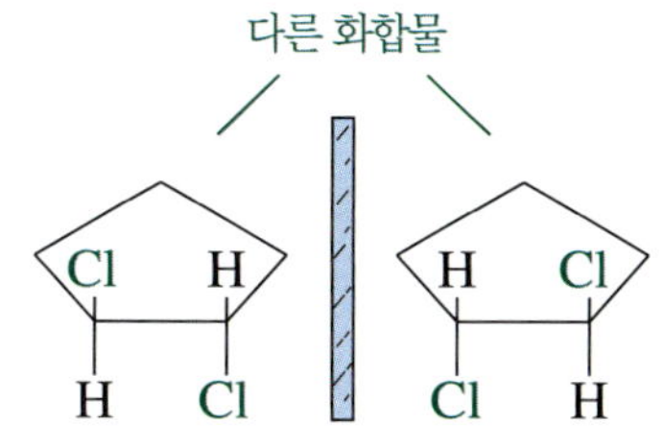


트랜스-1,2-다이클로로사이클로펜테인
(카이랄)

**그림 5-3** 1,2-다이클로로사이클로펜테인의 입체 이성질체. 시스 이성질체는 거울상 이성질체를 가지고 있지 않으므로 비카이랄이다. 트랜스 이성질체는 카이랄이므로 포갤 수 없는 2개의 거울상 이성질 형태 중 어느 것으로나 존재할 수 있다.

순히 왼쪽과 오른쪽을 바꿔 그리면 된다. 위아래와 앞뒤의 방향은 바꾸지 않는다. 시스-1,2-다이클로로사이클로펜테인의 두 거울상 구조는 일치하므로(포갤 수 있으므로) 이 분자는 비카이랄이다.

**문제풀이 힌트**

모든 물체는 거울상을 가진다. 그것의 거울상은 같은가 또는 다른가? 다르면 그 물체는 카이랄이고, 같으면 비카이랄이다.

트랜스-1,2-다이클로로사이클로펜테인의 거울상은 원래의 분자와 다르다(포갤 수 없다). 이들은 2개의 다른 화합물이며, 트랜스-1,2-다이클로로사이클로펜테인의 두 가지 거울상 이성질체의 존재를 예상해야 한다. 이들 두 이성질체의 모형을 만들어 아무리 비틀거나 돌려도 두 분자가 서로 다르다는 것을 확인할 수 있다. 이처럼 서로 포갤 수 없는 거울상 분자를 **거울상 이성질체**(enantiomer)라고 한다. 카이랄 화합물은 항상 거울상 이성질체(포갤 수 없는 거울상)를 가지고 있다. 비카이랄 화합물은 항상 원래의 분자와 동일한 거울상을 가지고 있다. 이들 단어의 정의를 복습하기로 하자.

**거울상 이성질체:** 포갤 수 없는 거울상인 한 쌍의 화합물
**카이랄:** ('짝 있음') 거울상과 다른, 거울상 이성질체를 가지고 있음
**비카이랄:** ('짝 없음') 거울상과 일치하는, 카이랄이 아님

카이랄인 모든 화합물은 거울상 이성질체를 반드시 가지고 있다. 비카이랄인 화합물은 거울상 이성질체를 가질 수 없다.

**문제풀이 힌트**

입체 화학은 어려운 주제이다. 모형을 만들어서 사용하면 구조들 간의 관계를 이해하는 데 도움이 된다. 일단 이들의 3차원적인 관계를 풀어보는 경험을 겪어보면 모형을 조립하지 않고서도 3차원적인 관계를 마음속에 떠올릴 수 있을 것이다.

**연습문제 5-2**

각 화합물에 대한 모형을 만들고 3차원 그림을 그려보라. 그다음 원래 구조의 거울상을 그려 이 거울상이 동일한 화합물인지 여부를 판정하라. 각 구조가 카이랄인지 또는 비카이랄인지 표시하고, 거울상 이성질체의 쌍을 표시하라.

**(a)** 시스-1,2-다이메틸사이클로뷰테인
**(b)** 트랜스-1,2-다이메틸사이클로뷰테인
**(c)** 시스-및 트랜스-1,3-다이메틸사이클로뷰테인
**(d)** 2-브로모뷰테인
**(e)**
**(f)**

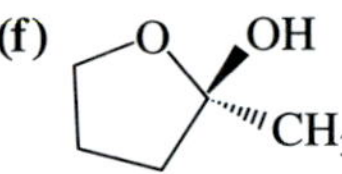


## 5-2B 비대칭 탄소 원자, 카이랄 중심, 입체 중심

그림 5-4의 2-브로모뷰테인(2-bromobutane)의 3차원적인 그림은 이 화합물이 그 거울상 위에 포개질 수 없음을 나타낸다. 이 간단한 분자는 2개의 뚜렷이 구별된 거울상 이성질체를 지닌 카이랄성을 가진다. 분자로 하여금 카이랄이 되게 하는 특성은 무엇인가? 분자가 카이랄이 되게 하는 가장 보편적인 (그렇지만 유일한 것은 아닌) 특징은 4개의 다른 작용기가 결합된 탄소 원자이다. 이러한 탄소 원자를 **비대칭 탄소 원자**(asymmetric carbon atom) 또는 **카이랄 탄소 원자**(chiral carbon atom)라고 하며, 흔히 별표(*)로 표시한다. 2-브로모뷰테인의 2번 탄소 원자는 1개의 수소 원자, 1개의 브로민 원자, 1개의 메틸기, 1개의 에틸기에 결합되어 있다. 이 탄소는 비대칭 탄소이며, 이로 인해 2-브로모뷰테인이 카이랄성을 나타낸다.

비대칭 탄소 원자는 **카이랄성 중심**(chirality center) 또는 **카이랄 중심**(chiral center)의 가장 보편적인 예이다. 카이랄 중심은 어떤 원자가 공간 배열상 그 거울상이 서로 포개질 수 없는 한 세트의 리간드를 소유한 것을 말하는 IUPAC이 제시한 용어이다. 카이랄 중심은 **입체 중심**이라고 불리는 더욱 광범위한 기에 속한다. **입체 중심**(stereocenter) 또는 **입체성 원자**(stereogenic atom)는 두

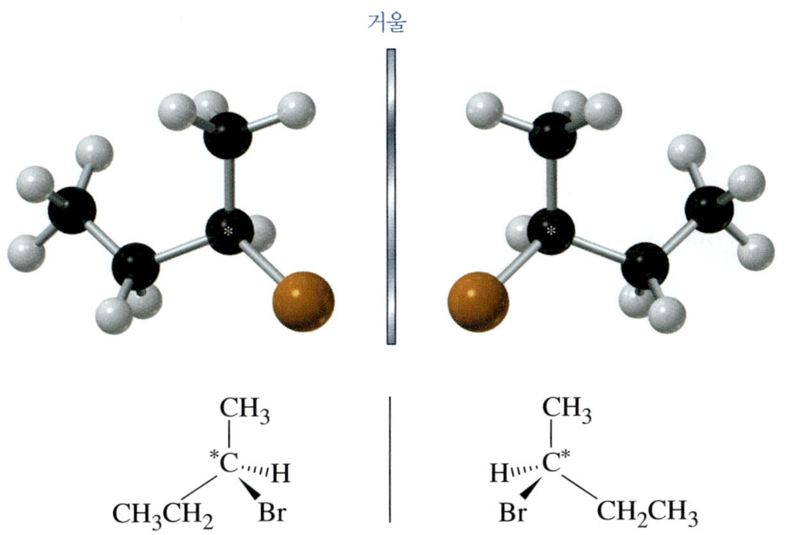


**그림 5-4** 2-브로모뷰테인은 *로 표시한 탄소 원자(카이랄 탄소 원자) 때문에 카이랄이다.

치환기를 서로 바꿨을 때 입체 이성질체가 형성되는 어떤 원자라고 말할 수 있다.* 비대칭 탄소와 시스-트랜스 이성질체에서 이중 결합을 이루고 있는 탄소 원자가 가장 보편적인 형태의 입체 중심이다. 그림 5-5에서는 순차적으로 넓어지는 이러한 정의를 서로 비교하고 있다.

4개의 다른 색깔의 원자에 결합된 비대칭 탄소 원자의 모형을 만들어보라. 그리고 그 거울상을 만들어보고, 이 두 가지를 서로 포개려고 해보라(그림 5-6). 아무리 비틀고 회전시켜봐도 이 두 가지는 서로 완전히 같지 않다.

그러나 4개의 원자 중 2개가 서로 같다면 이 배열은 대부분 카이랄이 아니다. 그림 5-7은 3개의 서로 다른 기와 결합된 분자의 정사면체 모양의 두 거울상을 보여주는 데, 이때 4개의 기 중 2개는

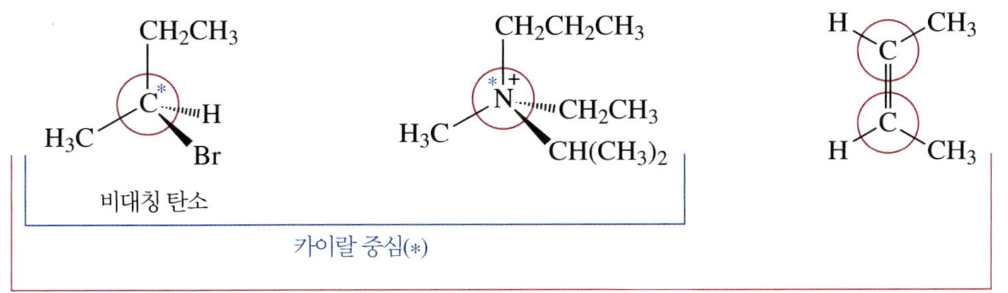


**그림 5-5** 비대칭 탄소 원자는 카이랄 중심의 예이며, 카이랄 중심은 입체 중심의 예이다.

**그림 5-6** 비대칭 탄소 원자의 거울상 이성질체. 이들 두 거울상은 포개지지 않는다.

* 입체 중심(입체성 원자)이라는 용어는 일관성 있게 정의되지 않았다. 이 책에서는 Mislow의 원래 정의를 사용했다. 다른 곳에서는 단순히 비대칭 탄소(카이랄 탄소 또는 카이랄 중심)에 대해 동의어로서 정의하는 예도 있다.

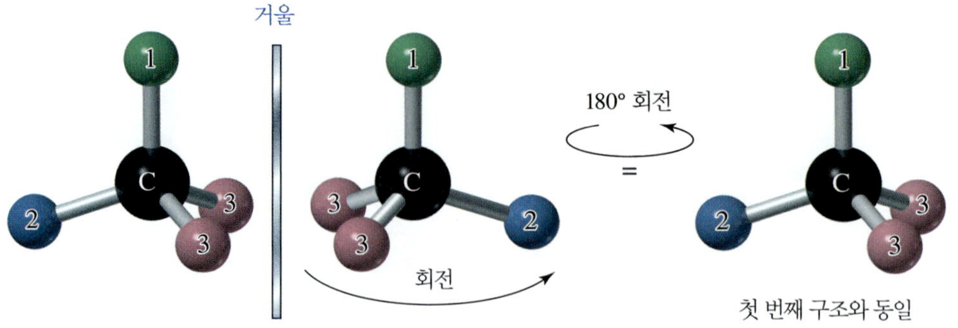

거울

180° 회전

회전

첫 번째 구조와 동일

**그림 5-7** 3개만 다른 형태의 기에 결합된 탄소 원자는 카이랄이 아니다.

> **일반 용어**
>
> 많은 유기 화학자는 '카이랄 중심'을 의미하기 위해 입체중심이라는 넓은 의미의 용어를 사용한다. 그래서 문맥에서 의미를 결정해야 할 수도 있다. 비대칭 탄소 및 기타 카이랄 중심에 적용되는 대부분의 규칙은 이중 결합의 입체 중심에는 적용되지 않는다.

같다. 이 경우 오른쪽의 구조를 180° 회전시키면, 그 구조는 왼쪽의 구조 위에 포개진다.

이 시점에서 아래와 같이 일반화할 수 있는데, 카이랄성에 대한 궁극적인 테스트는 항상 분자의 거울상이 서로 같은가 또는 다른가임을 기억해야 한다.

1. 화합물이 카이랄 탄소 원자를 가지고 있지 않으면 그 화합물은 대개 비카이랄이다(예외는 5-9절 참조).
2. 화합물이 꼭 1개의 카이랄 탄소 원자를 가지면 그 화합물은 반드시 카이랄이다.
3. 화합물이 1개 이상의 카이랄 탄소 원자를 가지면 그 화합물은 카이랄일 수도 있고, 아닐 수도 있다(예: 5-12절 참조).

### 예제 5-1

다음 구조에서 각각의 카이랄 탄소 원자에 별표(*)로 표시하라.

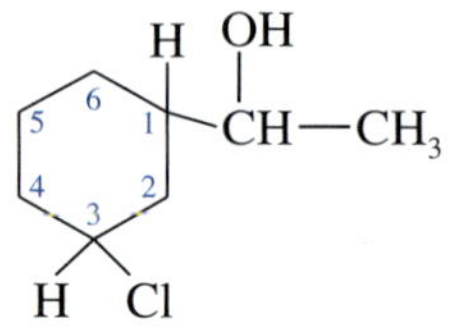

H OH

CH—$CH_3$

1 2 3 4 5 6

H Cl

**풀이**

이 화합물에는 비대칭 탄소 원자가 3개 있다.

1. 곁사슬의 탄소(CHOH)는 비대칭이다. 4개의 치환기는 고리, 수소 원자, 하이드록시기, 메틸기이다.
2. 고리의 C1 탄소 원자는 비대칭이다. 4개의 치환기는 곁사슬, 수소 원자, 염소 원자에 더 가까운 고리 부분($-CH_2-CHCl-$), 염소 원자로부터 먼 고리 부분($-CH_2-CH_2-CH_2-CHCl-$)이다.
3. 염소 원자를 가지고 있는 고리 C3 탄소는 비대칭이다. 4개의 치환기는 염소 원자, 1개의 수소 원자, 곁사슬에 더 가까운 고리 부분, 곁사슬로부터 먼 고리 부분이다.

다른 기들은 어떤 방식으로든 서로 다르다는 사실에 주목하라. 예를 들면 염소 원자를 가진 고리 탄소는 그 고리 치환기 중 2개가 처음에는 모두 동일한 $-CH_2-$기인 것처럼 보이지만 결국 비대칭이다. 고리의 이들 두 부분 중의 하나는 곁사슬에 더 가깝고, 다른 하나는 멀리 떨어져 있기 때문에 고리의 두 부분은 다르다. 각 기의 전체적인 구조를 고려해야만 한다.

> **문제풀이 힌트**
>
> 한 구조의 거울상을 그리기 위해서는 원래의 구조에서 위아래와 앞뒤 방향을 그대로 유지하고, 왼쪽과 오른쪽을 바꿔라.

### 연습문제 5-3

각 화합물의 3차원적인 구조를 그리고, 모든 비대칭 탄소 원자 위에 별표를 표시하라. 각 구조의 거울상을 그리고, 한 쌍의 거울상 이성질체를 그렸는지, 또는 같은 분자를 두 번씩 그렸는지 여부를 답하라. 풀기 어려운 경우에는 분자 모형을 만들어보라.

(a) OH 펜탄-2-올

(b) OH 펜탄-3-올

(c) $NH_2$ / $CH_3-CH-COOH$ 알라닌

(d) 1-브로모-2-메틸뷰테인

(e) 클로로사이클로헥세인

(f) 시스-1,2-다이클로로사이클로뷰테인

(g) H, C, C, H, $CH_3$, H

(h) $CH_3$

(i) H, H

**문제풀이 힌트**

하나의 고리 탄소가 비대칭인지 여부를 알기 위해서는 고리 주위의 양쪽 방향으로의 행로에 서로 차이가 있는지 살펴보라. 차이가 있으면 2개의 고리 결합은 서로 '다른 기'이다.

**연습문제 5-4**

그림 5-5에서 동그라미로 나타낸 입체 중심의 각각에 대해

**(a)** 입체 중심에 결합된 2개의 기를 서로 교대한 화합물을 그려보라.

**(b)** 원래의 화합물에 대한 새 화합물의 관계를 설명하라.

## 5-2C 거울 대칭면

그림 5-3에서 시스-1,2-다이클로로사이클로펜테인은 비카이랄이라는 사실을 알았다. 그 거울상은 원래의 분자와 꼭 일치한다는 것이 밝혀졌다. 그림 5-8은 분자가 카이랄인지 여부를 흔히 알려주는 지름길을 보여준다. 시스-1,2-다이클로로사이클로펜테인의 중앙에 1개의 탄소 원자와 2개의 수소 원자를 가로지르는 직선을 아래로 내려 그으면 직선의 오른쪽에 나타나는 부분은 왼쪽에 있는 부분의 거울상이 된다. 이와 같은 종류의 대칭을 **내부 거울면**(internal mirror plane)이라고 하고, 때로는 그리스어 소문자 시그마($\sigma$) 기호로 표기한다. 분자의 오른쪽은 왼쪽의 반영이기 때문에 분자의 거울상은 원래의 분자와 똑같다.

다음 그림에서 1,2-다이클로로사이클로펜테인의 카이랄 트랜스 이성질체는 내부 거울 대칭면을 가지고 있지 않다는 점에 유의하라. 염소 원자는 가상적인 거울면의 맞은편에 서로의 상이 있지 않다. 두 염소 원자 중 하나는 위쪽으로, 다른 하나는 아래쪽으로 향하고 있다.

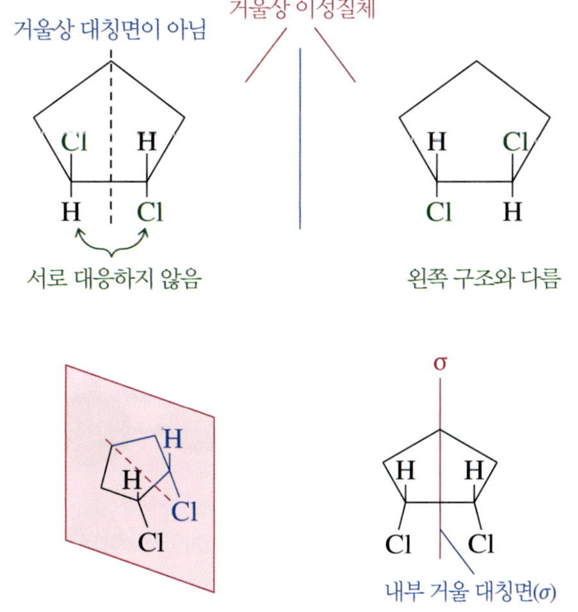


**그림 5-8** 시스-1,2-다이클로로사이클로펜테인은 내부 거울 대칭면을 가지고 있다. 내부 거울 대칭면을 가지고 있는 화합물은 카이랄이 될 수 없다.

이들 및 다른 예로부터 다음의 원리를 기술할 수 있다.

> 비대칭 탄소 원자를 가지고 있는 분자라 할지라도 그 분자가 내부 거울 대칭면을 가지고 있으면 결코 카이랄이 될 수 없다.

그러나 그 역은 진실이 아니다. 분자 내 거울 대칭면을 찾을 수 없다는 사실이 반드시 그 분자가 카이랄이어야 한다는 것을 의미하지는 않는다. 다음 예에서는 분자 내 거울 대칭면이 없지만, 그 거울상은 원래의 분자 위에 포갤 수 있다. 이들 거울상이 동일한 화합물의 두 가지 그림일 뿐이라는 사실을 보기 위해서는 모형을 만들어볼 필요가 있을 것이다.

Cl Br Br Cl Br Cl Cl Br

(동일한 거울상)

거울 대칭면에 관한 지식을 이용하면 카이랄(비대칭성) 탄소 원자가 왜 특이한지 그 이유를 알게 될 것이다. 그림 5-4에서는 비대칭 탄소 원자가 원래의 구조 위에 포갤 수 없는 거울상을 가지고 있음을 나타냈다. 이 분자는 내부 거울 대칭면이 없다. 그러나 탄소 원자가 오직 세 가지만 다른 종류의 치환기를 가지고 있으면 그 탄소 원자는 대칭의 거울면을 갖게 된다(그림 5-9). 그러므로 이런 탄소 원자는 분자의 카이랄성에 기여할 수 없다.

**문제풀이 힌트**

결합의 입체 화학을 나타내기 위해 여러 방법이 사용된다. 보는 사람 쪽으로 튀어나온 결합은 짙은 색으로 칠한다(끝을 보는 사람 쪽으로 더 크게 그린다). 보는 사람으로부터 멀리 나가는 결합은 파쇄선 또는 점선으로 표시한다. 원근법은 사용할 수도 있고 사용하지 않을 수도 있다. 이 책에 사용된 방법은 최근에 IUPAC이 추천한 방법이다. 아래의 네 가지 구조는 모두 똑같은 분자를 나타낸다.

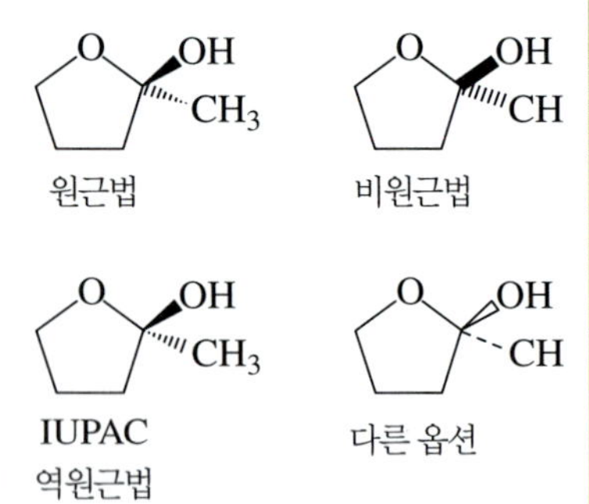


**연습문제 5-5**

각 화합물에 대해 분자가 내부 거울 대칭면을 가지고 있는지 여부를 판정하라. 만일 가지고 있다면 분자의 3차원적인 그림 위에 거울면을 그려보라. 만약 분자가 내부 거울면을 가지고 있지 않다면 그 구조가 카이랄인지 아닌지 여부를 밝혀라.

**(a)** 메테인

**(b)** 시스-1,2-다이브로모사이클로뷰테인

**(c)** 트랜스-1,2-다이브로모사이클로뷰테인

**(d)** 1,2-다이클로로프로페인

**(e)** $HOCH_2-CH(OH)-CHO$
글리세르알데하이드

**(f)** $CH_3-CH(NH_2)-COOH$
알라닌

**(g)** $CH_3$ (cyclohexane) $CH(CH_3)_2$

**(h)**

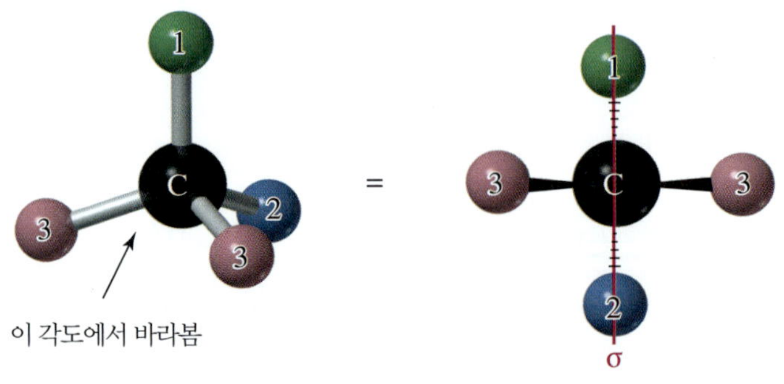


**그림 5-9** 2개의 동일한 치환기를 가진(오직 3개의 다른 치환기만을 가진) 탄소 원자는 내부 거울 대칭면을 가지고 있다. 이러한 구조는 카이랄이 아니다.

## 5-3 비대칭 탄소 원자의 (*R*)과 (*S*) 명명법

연습문제 5-5(f)에 나온 알라닌(alanine)은 일반 단백질에서 발견되는 아미노산의 일종이다. 알라닌은 1개의 비대칭 탄소 원자를 가지고 있으며, 2개의 거울상 이성질체 형태로 존재한다.

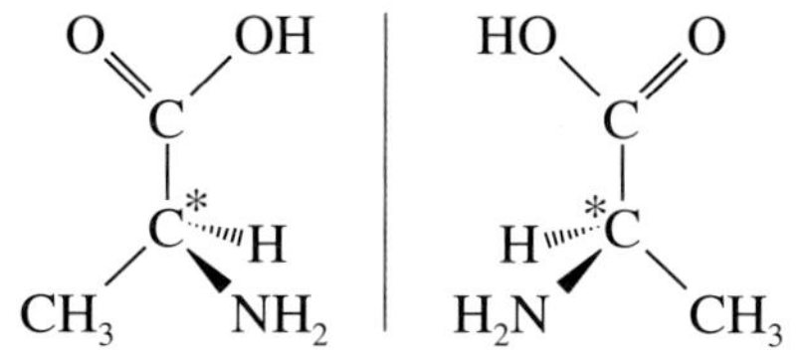

천연 알라닌 비천연 알라닌

이들 거울상은 서로 다르며, 이들의 차이점은 이 화합물들의 생화학적 측면에서 나타난다. 오직 왼쪽에 있는 거울상 이성질체만이 보통의 효소에 의해 대사될 수 있으며, 오른쪽에 있는 거울상 이성질체는 유용한 아미노산으로 인식되지 않는다. 이들 모두는 알라닌이라고 명명되며, IUPAC 체계로는 2-아미노프로판산(2-aminopropanoic acid)이라고 명명된다. 이들 두 거울상 이성질체 사이를 구별하여 각각에 대해 고유한 명칭을 붙일 간단한 방법이 필요하다.

알라닌의 두 거울상 이성질체 사이의 차이점은 비대칭 탄소 원자 주위의 4개의 기의 3차원적 배열에 있다. 어떠한 비대칭 탄소 원자도 2개의 가능한 (거울상) 공간적 배치를 갖는데, 이를 **위치 배열**(configuration)이라고 한다. 알라닌의 거울상 이성질체는 비대칭 탄소 주위에 4개의 기의 두 가지 가능한 공간적 배열을 나타낸다. 어떤 비대칭 탄소 원자의 두 가지 서로 다른 위치 배열을 명명할 수 있다면 알라닌이나 어떤 다른 카이랄 화합물을 지정하여 이름을 부를 수 있는 방법이 된다.

카이랄 중심의 위치 배열을 명명하는 데 가장 널리 통용되는 체계는 **Cahn-Ingold-Prelog 규약**(Cahn-Ingold-Prelog convention)이다. 이 규약에서는 비대칭 탄소 원자에 대해 3차원적 위치 배열에 근거하여 (*R*) 또는 (*S*)라는 문자를 배정한다. 이름을 결정하는 데 두 단계의 절차를 따르는데, 4개의 치환기에 '우선순위'를 배정하고, 이들 치환기의 상대적 위치에 근거하여 이름을 배정한다. 절차는 다음과 같다.

**1.** 비대칭 탄소 원자에 결합된 각 기에 '우선순위'를 배정한다. 가장 높은 우선순위를 가진 기를 기 1, 두 번째를 기 2, 세 번째를 기 3, 그리고 가장 낮은 우선순위를 가진 기를 기 4라고 한다.

**(a)** 비대칭 탄소에 결합된 기의 첫 번째 원자를 보라. 원자 번호가 더 큰 원자가 더 높은 우선순위를 가진다. 예를 들어 오른쪽 그림의 화합물 예와 같이 비대칭 탄소 원자에 결합된 4개의 기가 H, $CH_3$, $NH_2$, F라고 하면 플루오린 원자(원자 번호 9)가 가장 높은 우선순위를 갖게 될 것이고, 그다음이 $NH_2$기의 질소 원자(원자 번호 7)이고, 그다음이 메틸기의 탄소 원자(원자 번호 6)가 될 것이다. 비대칭 탄소 원자에 직접 결합된 원자의 원자 번호에만 주목하고 기 전체에는 관심을 갖지 않는다는 사실에 주목하라. 수소는 가장 낮은 우선순위를 가진다. 동일한 원소의 다른 동위 원소인 경우에는 더 무거운 동위 원소가 높은 우선순위를 가진다.

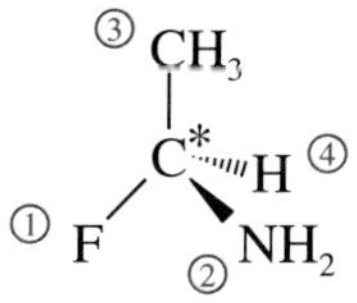

예컨대 삼중수소($^3H$)가 중수소($^2H$)보다 더 높은 우선순위를 갖게 되고, 그다음에 수소($^1H$)가 온다.

비대칭 탄소 원자에 결합된 원자에 대한 우선순위의 예:

$$\text{I} > \text{Br} > \text{Cl} > \text{S} > \text{F} > \text{O} > \text{N} > {}^{13}\text{C} > {}^{12}\text{C} > \text{Li} > {}^{3}\text{H} > {}^{2}\text{H} > {}^{1}\text{H}$$

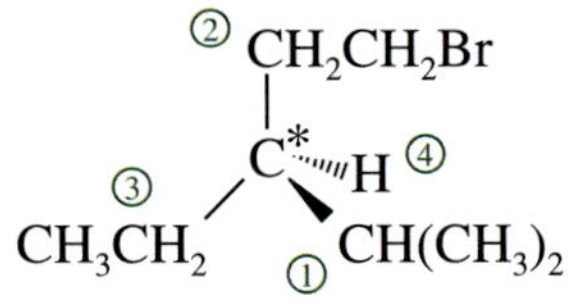

② $CH_2CH_2Br$, ③ $CH_3CH_2$, ① $CH(CH_3)_2$, ④ H (C*)

**(b)** 원자량이 같은 경우에는 결정짓기 위해 사슬을 따라 다음 원자를 사용하라. 예를 들면 왼쪽 구조의 경우와 같이 아이소프로필기 $—CH(CH_3)_2$에 대해 에틸기 $—CH_2CH_3$나 브로모에틸기 $—CH_2CH_2Br$보다 높은 우선순위를 배정한다. 아이소프로필기에서의 첫 번째 탄소는 2개의 탄소에 연결된 반면, 에틸기나 브로모에틸기에서의 첫 번째 탄소 원자는 1개의 탄소에 결합되어 있다. 에틸기와 $—CH_2CH_2Br$기는 첫 번째 원자와 두 번째 원자가 같지만, 세 번째 위치에 있는 브로민 원자로 인해 $—CH_2CH_3$에 비해 $—CH_2CH_2Br$기가 더 높은 우선순위를 갖게 된다. 1개의 높은 우선순위의 원자는 낮은 우선순위의 원자의 숫자가 몇 개이든 그것들을 제치고 우선순위를 차지한다.

예 $—CH_2Br > —CHCl_2 > —C(CH_3)_3 > —CH(CH_3)(CH_2Br) > —CH_2CH_2CH_2CH_3$

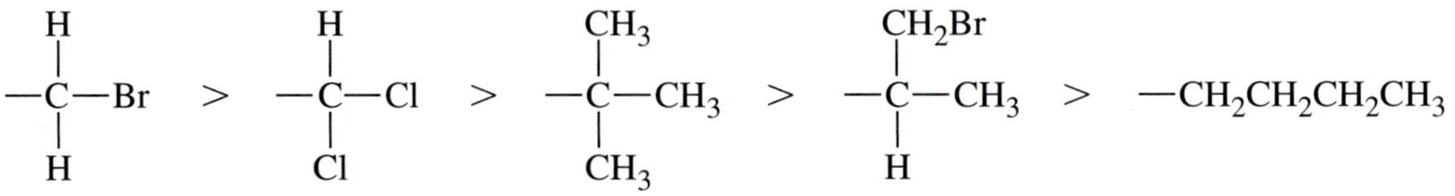

**(c)** 이중 결합이나 삼중 결합은 마치 각 결합이 각각 별개의 원자에 대한 결합인 것처럼 다룬다. 그렇게 하기 위해 하나의 파이 결합이 절단되어 양단에 있는 원자가 복제된다고 상상한다. 1개의 파이 결합이 절단될 때마다 항상 2개의 가상적인 원자가 추가된다는 사실에 주목하라(이 같은 가상적 원자는 아래 그림에 원으로 표시했다).

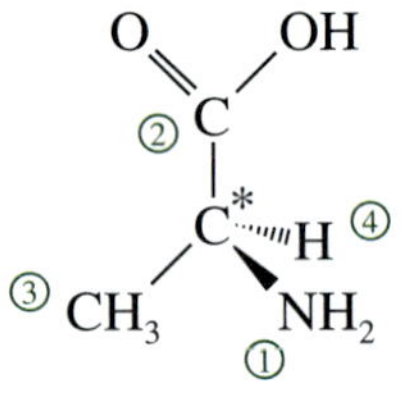

(알라닌: ② COOH, ③ $CH_3$, ① $NH_2$, ④ H)

알라닌

$R—CH=CH_2$ 이 $R—CH(C)—CH(C)—H$ 가 된다.
절단과 복제

$R—CH=NH$ 이 $R—CH(N)—NH(C)$ 가 된다.
절단과 복제

$R—C\equiv C—H$ 이 $R—C(C)(C)—C(C)(C)—H$ 가 된다.
절단과 복제

$R—C(OH)=O$ 이 $R—C(OH)(O)—O(C)$ 가 된다.
절단과 복제

(③ $CH=CH_2$, ① CHO, ④ $CH(CH_3)_2$, ② $CH_2OH$)

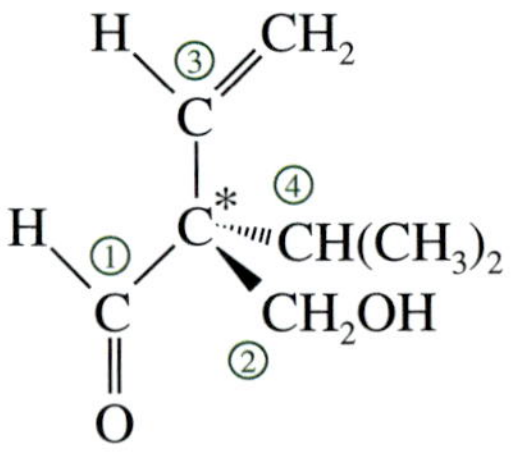

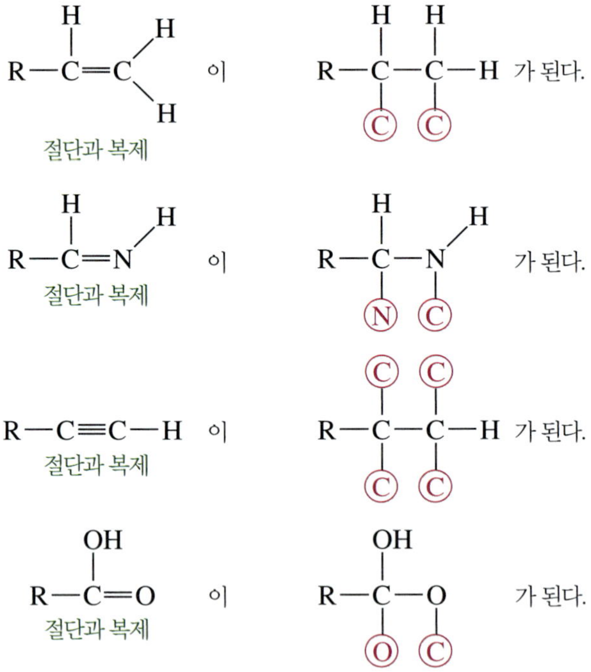

2. 3차원적인 그림이나 모형을 사용하여 네 번째 우선순위의 기를 뒤쪽에 놓고, 첫 번째, 두 번째, 세 번째 우선순위의 기가 자동차의 운전대 위에 자신을 향해 펴져 있다고 상상해본다. 그리고 첫 번째의 우선순위 기에서 시작하여 두 번째 우선순위의 기를 거쳐 세 번째 우선순위 기까지 화살표를 그려보라(그림 5-10). 만일 화살표가 시계 방향으로 향하면 그때는 비대칭 탄소 원자를 (*R*)(라틴어의 *rectus*, 즉 '오른쪽'에서 유래)이라고 한다. 만일 화살표가 반시계 방향으로 향하면 그때는 카이랄 탄소 원자를 (*S*)(라틴어의 *sinister*, '왼쪽'에서 유래)라고 한다.

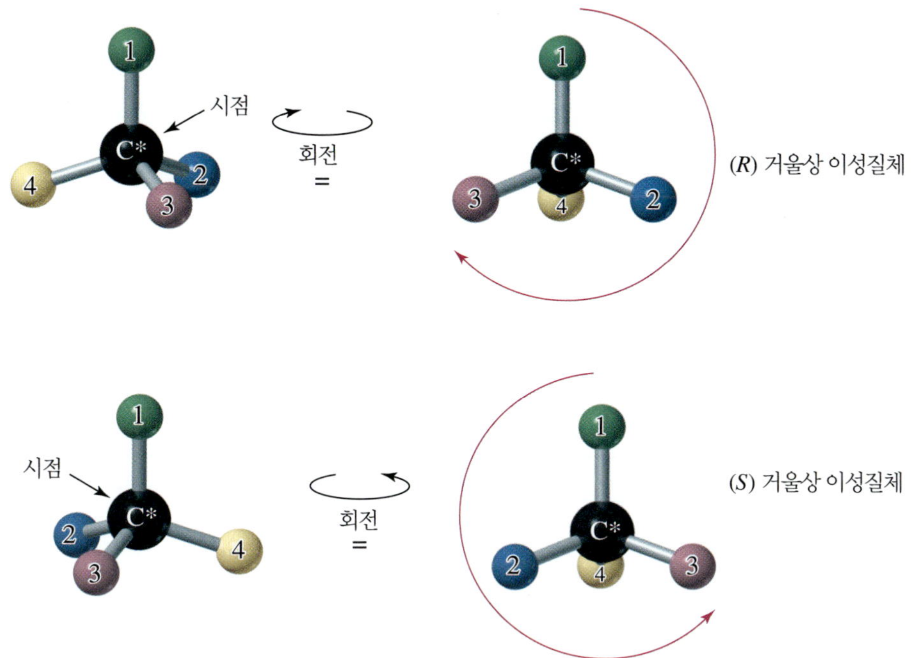


**그림 5-10** 비대칭 탄소 원자에 (*R*)과 (*S*) 배정하기. 가장 낮은 우선순위의 원자(흔히 수소가 됨)를 멀리에 두고 분자를 보라. 그리고 기 1부터 기 3까지 반원 화살을 그려보라. 시계(오른쪽) 방향 회전 화살은 (*R*) 배열, 반시계(왼쪽) 방향 회전 화살은 (*S*) 배열에 해당된다.

또 다른 방법으로 화살을 그리고서 그 방향으로 자동차의 핸들을 돌린다고 상상해보라. 자동차가 왼쪽으로 간다면 비대칭 탄소 원자는 (*S*)라고 표기하고, 자동차가 오른쪽으로 간다면 비대칭 탄소 원자는 (*R*)이라고 표기한다.

알라닌의 거울상 이성질체를 예로 들어보자. 천연에 존재하는 거울상 이성질체는 왼쪽으로 도는 거울상 이성질체이므로 (*S*) 배열을 가지고 있는 것으로 판정되었다. 알라닌의 비대칭 탄소 원자에 결합된 4개의 원자 중에 질소가 가장 원자량이 크므로 우선순위가 가장 높다. 다음은 —COOH의 탄소 원자인데, 이는 이 탄소 원자가 산소 원자에 결합되어 있기 때문이다. 세 번째의 우선순위는 메틸기이고, 그다음이 수소 원자이다. 우리로부터 먼 쪽으로 수소가 지향하게끔 천연 거울상 이성질체의 위치를 정하면 화살표는 $—NH_2$에서 —COOH로, 그다음은 $—CH_3$로 반시계 방향으로 돌게 된다. 따라서 천연에 존재하는 알라닌의 거울상 이성질체는 (*S*) 배열을 가진다. 이들 거울상 이성질체의 모형을 만들어 이들이 어떻게 해서 (*R*)과 (*S*)로 명명되는지 설명해보라.

**문제풀이 힌트**

그림으로 (*R*)과 (*S*)를 배정하는 문제를 푸는 데 익숙해질 때까지 모형을 이용하여 풀어보라.

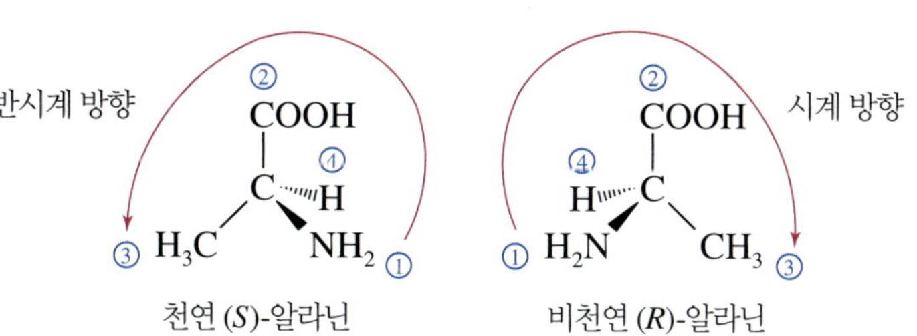


**예제 5-2**

1,3-다이브로모뷰테인의 거울상 이성질체를 그리고, (*R*)과 (*S*)를 표시하라(모형을 만들어보면 이런 종류의 문제를 푸는 데 특히 도움이 된다).

$$\underset{\displaystyle Br}{\underset{|}{CH_2}}—CH_2—\underset{\displaystyle Br}{\underset{|}{\overset{*}{C}H}}—CH_3$$

**풀이**

1,3-다이브로모뷰테인의 세 번째 탄소 원자가 비대칭성이다. 브로민 원자가 첫 번째의 우선순위를 부여받고, 두 번째는 $-CH_2CH_2Br$기, 세 번째는 메틸기, 수소는 네 번째이다. 수소 원자가 뒤로 향하도록 다음과 같은 거울상을 그리면 (*R*)과 (*S*)를 쉽게 배정할 수 있다.

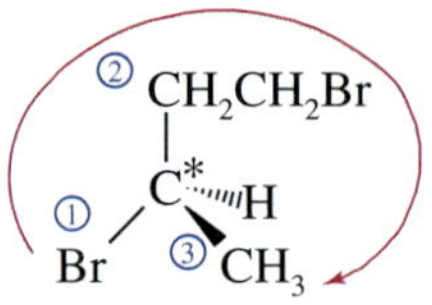

(*R*) 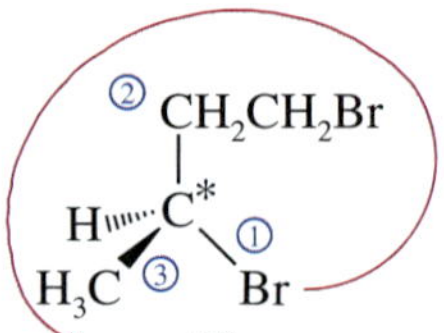 (*S*)

**문제풀이 힌트**

고리 탄소에 대해 우선순위를 배정하는 데 차이점을 발견할 때까지 각 방향으로 고리를 따라 가보라. 그다음 이러한 차이를 이용하여 어느 고리 탄소가 다른 것보다 더 높은 우선순위를 가지고 있는지를 밝혀라.

**응용: 생화학**

과학자들은 흔히 생물학적 반응 생성물의 배열을 결정하기 위해 수소의 동위 원소를 이용한다. 1개의 중수소(D 또는 $^2$H)가 존재하여 카이랄하도록 만들어진 에탄올이 초기의 한 예이다.

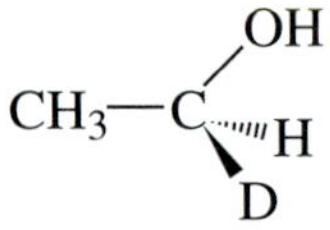

(*S*)-1-듀테리오에탄올

## 예제 5-3

카본(carvone)의 거울상 이성질체 중 한 가지 구조를 아래에 나타냈다. 비대칭 탄소 원자를 찾아내고, 이것이 (*R*) 배열 또는 (*S*) 배열을 가지고 있는지 밝혀라.

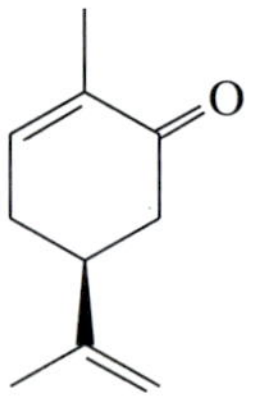

**풀이**

비대칭 탄소 원자는 아래 구조에서 별표로 나타낸 것처럼 고리 탄소 중 하나이다. 이 탄소에 결합된 $-CH_2-$기는 2개이지만, 이들은 서로 다른 $-CH_2-$기이다. 한 가지는 $-CH_2-CO-$기이고, 다른 하나는 $-CH_2-CH{=}C$기이다. 기들에 대해 우선순위를 배정한 결과 (*S*) 거울상 이성질체임이 밝혀진다.

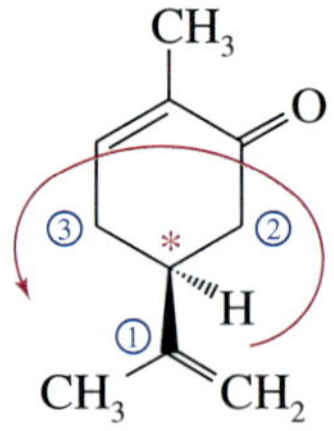

(*S*)-카본

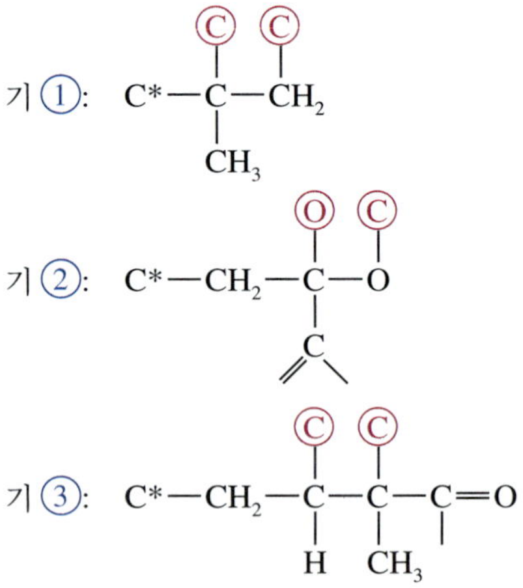

기 ①: $C^*-C(CH_3)(C)-CH_2$

기 ②: $C^*-CH_2-C(O)(C)-O$

기 ③: $C^*-CH_2-C(H)(C)-C(CH_3)(C)-C{=}O$

**문제풀이 힌트**

가장 낮은 순위(보통 H) 원자가 당신을 향해 배열되어 있으면 구조를 돌리는 것보다 H가 당신을 향하도록 그대로 놓아둔 채 (*R*) 또는 (*S*) 배열을 정하고, 그 후 반대로 말하면 답이 된다.

## 연습문제 5-6

다음 예에서 각각의 비대칭 탄소 원자에 별표(*)를 붙이고, 그것이 (*R*) 또는 (*S*) 배열인지 밝혀라.

(a) (b) 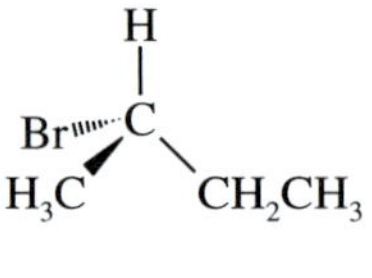 (c)

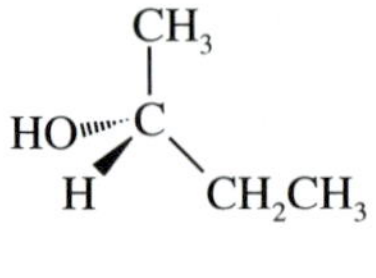

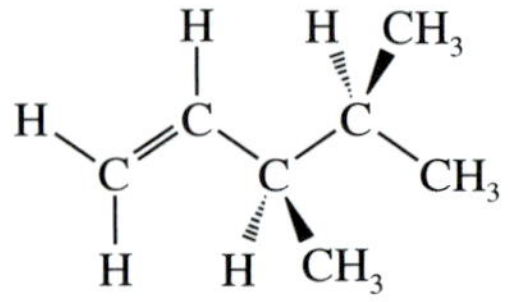

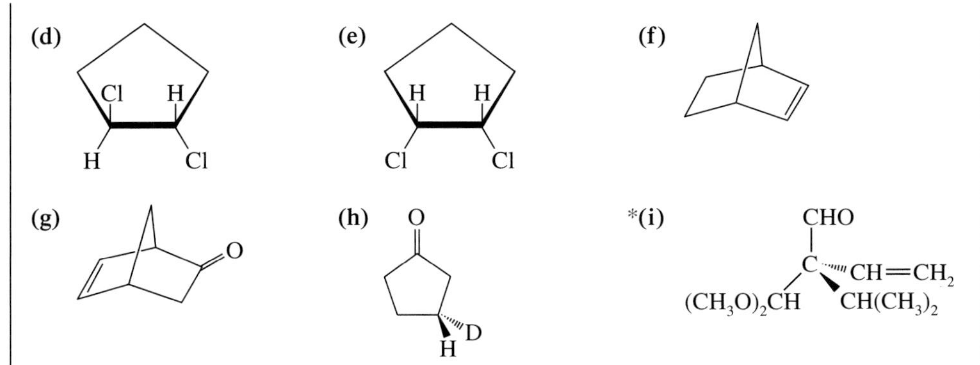


**연습문제 5-7**

연습문제 5-3에서 여러 개의 카이랄 화합물에 대한 거울상 이성질체를 그렸다. 이제 되돌아가서 각각의 비대칭 탄소 원자를 (*R*) 또는 (*S*)로 표시하라.

**문제풀이 힌트**

비대칭 탄소 원자의 임의의 두 치환기를 서로 바꾸면 (*R*) 또는 (*S*) 배열이 반전된다. 분자 내에 오직 1개의 비대칭 탄소가 있을 때 그 배열을 반전시키면 거울상 이성질체가 된다.

## 5-4 광학 활성도

거울상 분자는 비카이랄한 환경에서는 동일한 물리적 성질을 가진다. (*R*)-2-브로모뷰테인과 (*S*)-2-브로모뷰테인의 다음 성질을 비교해보라.

| | (*R*)-2-브로모뷰테인 | (S)-2-브로모뷰테인 |
|---|---|---|
| 끓는점(℃) | 91.2 | 91.2 |
| 녹는점(℃) | −112 | −112 |
| 굴절률 | 1.436 | 1.436 |
| 밀도 | 1.253 | 1.253 |

거울상 이성질체 간의 차이점은 효소와 같이 다른 카이랄 분자와의 상호작용에서 뚜렷하게 드러난다. 하지만 실험실에서 간단하게 거울상 이성질체들을 구별하고 순도를 측정하는 방법이 필요하다. 반대 방향으로 편광을 회전시킬 수 있는 성질에 바탕을 둔 **편광 측정법**(polarimetry)은 거울상 이성질체를 구별하는 데 사용되는 통상적인 방법이다. 예를 들면 타이로이드(thyroid) 호르몬의 두 가지 거울상 이성질체가 아래에 나타나 있다. (*S*) 거울상 이성질체는 몸에서 모든 세포의 대사 속도에 강력한 영향을 주지만, (*R*) 거울상 이성질체는 어떠한 영향도 주지 않는다. 실험실에서는 이 두 이성질체를 구별할 때 활성이 있는 이성질체는 편광을 왼쪽으로 회전시킨다는 것을 관측함으로써 구별할 수 있다.

타이로이드 호르몬 (*S*)
편광을 왼쪽으로 회전

다른 거울상 이성질체 (*R*)
편광을 오른쪽으로 회전

## 5-4A 평면 편광

우리들이 보는 대부분의 빛은 모든 방향으로 무작위로 진동하는 비편광이다. **평면 편광**(plane-polarized light)은 오직 단일 평면 방향으로만 진동하는 파동으로 이루어져 있다. '편광'에도 다른 종류들이 있지만, 이 용어는 흔히 평면 편광을 가리킨다.

비편광이 편광 필터를 통과할 때는 무작위로 진동하는 빛의 파동이 여과되어 통과하는 대부분의 빛이 한쪽 방향으로 진동하게 된다(그림 5-11). 편광 필터를 통과하는 빛의 진동 방향을 필터의 축이라고 부른다. 편광 필터는 조심스럽게 자른 칼사이트(calcite) 결정이나 특수한 방법으로 처리한 플라스틱판으로 제조할 수 있다. 플라스틱제 편광 필터는 반사광을 여과하여 제거하는 위치에 필터의 축을 놓을 수 있으므로 흔히 색안경 렌즈로 사용된다.

빛이 먼저 하나의 편광 필터를 통과한 다음 또 하나의 편광 필터를 통과할 때 빠져나오는 빛의 양은 2개의 편광 필터의 축 사이의 관계에 따라 좌우된다(그림 5-12). 만약 두 필터의 축이 나란히 배열되어 있으면(평행축) 첫 번째의 필터를 통과하는 거의 모든 빛이 두 번째의 필터도 통과한다. 그러나 두 필터의 축이 직각을 이루면(교차되는 축) 첫 번째의 필터를 빠져나온 편광이 두 번째 필터에 의해 모두 정지된다. 중간 정도의 회전각에서는 중간 정도 양의 빛이 통과한다.

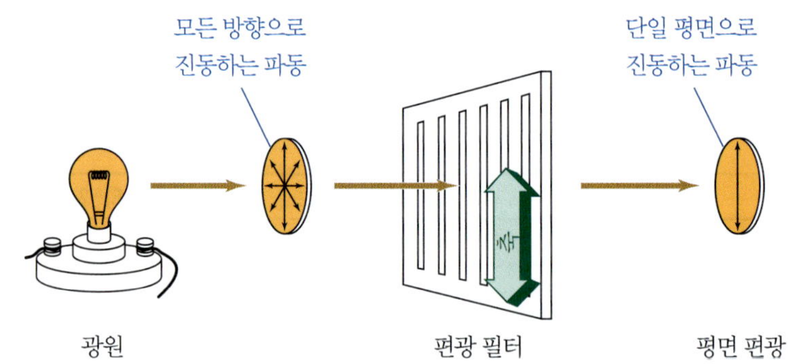


**그림 5-11** 편광 필터의 역할. 평면 편광의 파장은 한쪽 면의 방향으로만 진동한다.

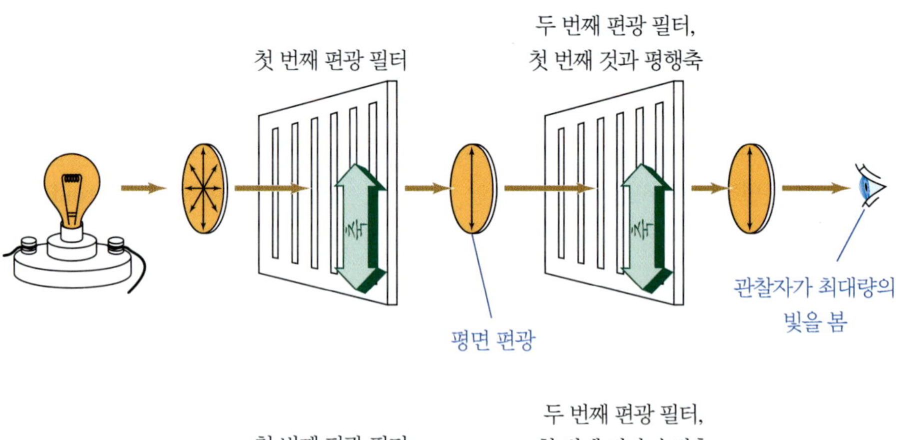


**그림 5-12** 교차되는 축. 두 번째의 편광 필터의 축이 첫 번째 것과 평행이면 최대량의 빛이 통과한다. 두 필터의 이 축이 직각을 이루면(교차 축) 빛이 전혀 통과하지 못한다.

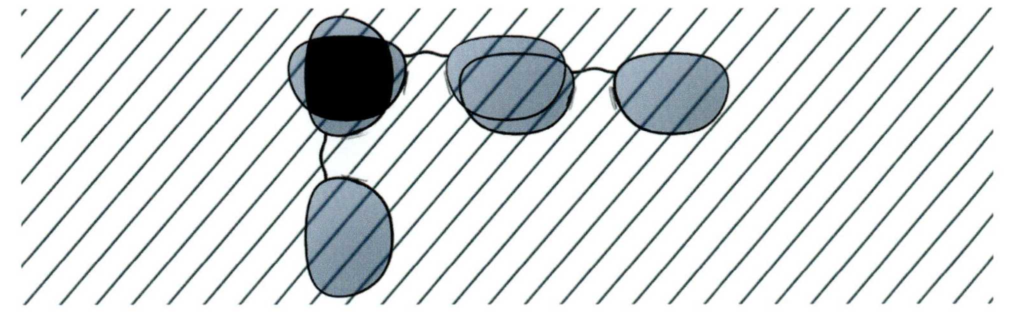

그림 5-13 색안경을 쓰고서 편광의 평행축과 교차축을 증명해 보이는 그림. 2개의 색안경이 평행일 때는 최대량의 빛이 통과한다. 2개의 색안경이 직각이면 빛이 거의 통과하지 못한다.

이러한 효과는 한 쌍의 편광 색안경을 쓰고 광원을 바라보면서 또 하나의 편광 색안경을 갖다 대어 봄으로써 스스로 증명해 보일 수 있다(그림 5-13). 두 번째 색안경은 그 축이 쓰고 있는 색안경과 평행인 동안은 아주 투명한 것처럼 보인다. 그러나 두 번째 색안경을 90° 회전하면 렌즈는 마치 검은 잉크를 바른 것처럼 탁해진다.

## 5-4B 평면 편광의 회전

편광이 카이랄 화합물을 함유하는 용액을 통과할 때 이 카이랄 화합물은 진동면을 회전시킨다. 편광면을 회전시키는 성질을 **광학 활성**(optical acitivity)이라고 하고, 편광면을 회전시킬수 있는 물질을 **광학적으로 활성**(optically acitive)이 있다고 한다.

카이랄성과 광학 활성 간의 관계가 알려지기 이전에는 거울상 이성질체를 **광학 이성질체**(optical iosmer)라고 했는데, 이는 거울상 이성질체들의 광학 활성이 서로 반대인 것을 제외하고는 두 화합물이 서로 동일하게 보였기 때문이다. 그러나 이 용어는 광학 활성이 있는 화합물 사이에서 한 가지 이상의 이성질체 유형에 대해 모호하게 사용되었으며, 이 막연한 용어는 더 정의가 명확한 용어인 거울상 이성질체(enantiomer)로 대체되었다.

두 가지 거울상 이성질체는 물리적 성질은 같지만 편광면을 회전시키는 방향만이 다르다.

> 거울상 이성질체인 화합물은 편광면을 정확히 같은 양만큼 서로 반대 방향으로 회전시킨다.

(*R*) 이성질체가 편광면을 시계 방향으로 30° 회전시키면 (*S*) 이성질체는 반시계 방향으로 30° 회전시킨다. (*R*) 거울상 이성질체가 편광면을 반시계 방향으로 5° 회전시키면 (*S*) 거울상 이성질체는 편광면을 시계 방향으로 5° 회전시킨다.

> 특정한 거울상 이성질체[(*R*) 또는 (*S*) 중 어느 하나]가 편광면을 어느 방향으로 회전시킬지는 예측할 수 없다.

(*R*)과 (*S*)는 단순한 명칭이지만 회전의 방향과 크기는 반드시 측정해야 하는 물리적 성질이다.

**문제풀이 힌트**

(*R*) 또는 (*S*) 구조를 '명명'하는 과정을 광회전 '측정' 과정과 혼동하지 않아야 한다. (*R*)과 (*S*)를 명명하는 데 '시계 방향'과 '반시계 방향'이라는 용어를 사용한다고 해서 편광이 우리의 명명 규칙을 따라 회전하는 것을 의미하지는 않는다. (*R*)과 (*S*)는 다만 우리의 약속에 따른 명칭일 따름이며, 편광면을 회전시키는 방향과 크기는 측정으로만 알 수 있는 물리적 성질이다.

## 5-4C 편광 측정법

**편광계**(polarimeter)는 편광의 회전을 측정한다. 편광계는 광학 활성 물질의 용액을 채우는 튜브 모양의 용기(cell)와 용액에 편광을 통과시키고 빛이 통과해 나올 때의 회전을 측정하는 장치를 가지고 있다(그림 5-14). 편광계에서는 소듐 램프에서 나온 빛을 여과하여 1개의 파장(단색)만을 사용한다. 이는 대부분의 화합물이 다른 파장들의 빛을 서로 다른 양으로 회전시키기 때문이다. 편광

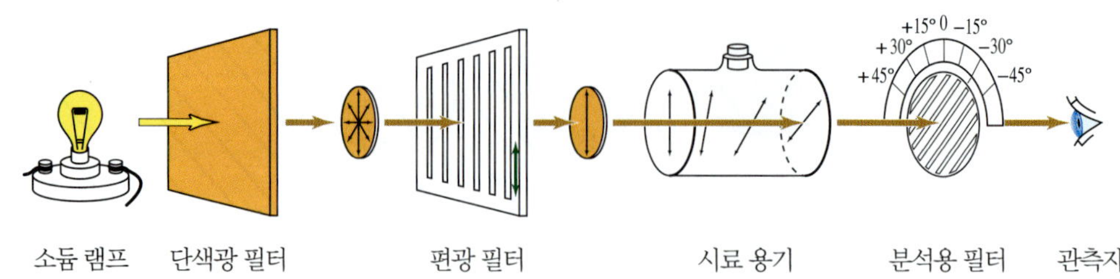


**그림 5-14** 편광계의 도식적 그림. 빛은 광원(대개는 소듐 램프)에서 나와 편광 필터와 시료 용기를 통과한다. 광학 활성 용액이 편광을 회전시킨다. 분석용 필터는 각도기가 장착된 또 다른 편광 필터이다. 최대량의 빛이 관측될 때까지 이 분석용 필터를 돌리며 회전된 값을 각도기로 읽는다.

계에 가장 보편적으로 사용되는 빛의 파장은 소듐 스펙트럼의 노란색 방출선인 소듐 D선(sodium D line)이다.

광원에서 나온 단색광은 편광 필터를 통과한 다음 광학 활성 화합물의 용액이 들어 있는 시료 용기를 통과하게 된다. 시료 용기를 빠져나온 편광은 또 다른 편광 필터와 만난다. 이 필터는 움직일 수 있으며, 두 번째 (분석용) 필터의 축과 첫 번째 (편광) 필터의 축 사이의 각도를 조작자가 읽을 수 있도록 눈금이 그려져 있다. 조작자는 최대량의 빛이 투과할 때까지 분석용 필터를 회전시킨 다음 관측된 회전치를 각도기로 읽는다. 관측된 광회전은 그리스 문자 $\alpha$ 기호로 나타낸다.

편광면을 오른쪽(시계 방향)으로 회전시키는 화합물을 **우회전성**(dextrorotatory)이라고 하는데, 이는 '오른쪽'을 의미하는 그리스어 *dexios*에서 유래되었다. 편광면을 왼쪽(반시계 방향)으로 회전시키는 화합물을 **좌회전성**(levorotatory)이라고 하는데, 이는 '왼쪽'을 뜻하는 라틴어 *laevus*에서 유래했다. 이들 용어를 때로는 소문자 *d*, *l*로 간략하게 나타낸다. IUPAC 기호법에 따라 회전 방향을 (+) 또는 (−) 부호로 나타내기도 한다.

> 우회전성(시계 방향)의 회전은 (+) 또는 (*d*)이다.
> 좌회전성(반시계 방향)의 회전은 (−) 또는 (*l*)이다.

예를 들어 편광면을 시계 방향으로 회전시키는 뷰탄-2-올(butan-2-ol)의 이성질체는 (+)-뷰탄-2-올 또는 *d*-뷰탄-2-올이라고 명명한다. 그 거울상 이성질체인 (−)-뷰탄-2-올 또는 *l*-뷰탄-2-올은 정확히 같은 양만큼 편광면을 반시계 방향으로 회전시킨다.

편광 측정법의 원리는 2개의 편광 색안경, 1개의 비커, 약간의 옥수수 시럽이나 설탕물을 사용한 간단한 실험으로 이해할 수 있다. 색안경 1개를 쓰고서 빛을 내려다보다가 그 빛 위에 또 하나의 색안경을 잡고 내려다본다. 두 안경의 축이 평행일 때는 대부분의 빛이 투과된다는 것을 볼 수 있다. 두 안경의 축이 수직이면 빛이 거의 투과되지 않는다.

**그림 5-15** 전구와 두 쌍의 편광 색안경을 이용한 간단한 편광계의 원리를 보여주는 장치

비커에 옥수수 시럽을 넣고 빛이 색안경(편광 필터), 그다음에는 비커(광학 활성 시료), 그다음에는 또 다른 색안경(분석용 필터)을 통과하도록 그림 5-15처럼 만들어보라. 다시 최대 및 최소의 빛을 통과시키는 각도를 점검하라. 시럽 용액은 우회전성인가 혹은 좌회전성인가? 필터를 회전시켰을 때 색깔 변화를 포착했는가? 정밀한 작업을 위해 왜 단색광을 이용해야 하는지 그 이유를 알 수 있을 것이다.

### 5-4D 고유 광회전도

카이랄 화합물에 의한 편광의 각회전은 끓는점이나 밀도와 마찬가지로 그 화합물의 고유한 물리적 성질이다. 편광계로 관측되는 광회전 ($\alpha$)는 화합물의 광학 활성이 강한 정도뿐만 아니라 시료 용액의 농도, 시료 용기의 행로 길이에 의해 좌우된다. 예를 들어 용액의 농도가 2배이면 광회전도 원래의 2배가 된다. 마찬가지로 20 cm 시료 용기는 10 cm의 시료 용기에 동일 농도의 용액을 담았을 때 관측되는 것보다 2배의 광회전을 나타낸다.

어떤 특정한 화합물의 고유한 물리적 성질로 편광의 회전을 이용하려면 측정 조건을 규격화해야 한다. 특정 화합물의 **고유 광회전도**(specific rotation, $[\alpha]$)는 10 cm(1 dm)의 시료 용기와 1 g/mL의 농도를 사용할 때 관측되는 광회전이라고 정의된다. 관측된 광회전을 용기의 행로 길이($l$)와 농도($c$)로 나누어주면 다른 용기 길이와 농도를 사용해도 고유 광회전 값을 얻을 수 있다.

$$[\alpha] = \frac{\alpha(\text{관측된})}{c \cdot l}$$

$\alpha$(관측된) = 편광계로 관측된 광회전 값

$c$ = 농도 g/mL

$l$ = 시료 용기의 길이(행로 길이) dm

광회전은 사용한 빛의 파장과 온도에 의존하므로, 이들 데이터를 광회전 값과 함께 표시한다. 고유 광회전도는 흔히 $[\alpha]_{\text{D}}^{25}$로 표기한다. '25'는 25°C에서 측정했다는 것을 의미하고, 'D'는 사용한 빛이 소듐 스펙트럼의 D선이었다는 것을 의미한다.

**예제 5-4**

뷰탄-2-올의 한 가지 거울상 이성질체를 편광계에 넣었을 때 관측된 광회전은 반시계 방향으로 4.05°이다. 사용된 용액은 6.00 g의 뷰탄-2-올을 묽혀서 총 40.0 mL가 되게 만들었다. 이 용액을 200 mm의 편광계 시료 용기에 넣고서 광회전을 측정했다. 뷰탄-2-올의 이 거울상 이성질체에 대한 고유 광회전도를 계산하라.

**풀이**

이 시료는 좌회전성이므로 (−)-뷰탄-2-올임에 틀림없다. 용액의 농도는 6.00 g/40.0 mL = 0.15 g/mL이고, 행로 길이는 200 mm = 2.00 dm이다. 따라서 고유 광회전도는 −13.5°이다.

$$[\alpha]_{\text{D}}^{25} = \frac{-4.05^\circ}{(0.150)(2.00)} = -13.5^\circ$$

뷰탄-2-올의 다른 거울상 이성질체의 고유 광회전도 값은 측정하지 않아도 다음 값을 가진다는 것을 예측할 수 있다.

$$[\alpha]_{\text{D}}^{25} = +13.5^\circ$$

여기서 (+)는 광회전의 시계 방향을 가리킨다. 이 거울상 이성질체는 (+)-뷰탄-2-올이라고 한다. 이 한 쌍의 거울상 이성질체를 (+)-뷰탄-2-올과 (−)-뷰탄-2-올 또는 (*R*)-뷰탄-2-올과 (*S*)-뷰탄-2-올이라고 할 수 있다.

그렇다면 (*R*)-뷰탄-2-올은 우회전성 이성질체이고, (*S*)-뷰탄-2-올은 좌회전성 이성질체인 것을 의미하는가? 전혀 그렇지 않다. 화합물의 광회전에 대해 붙이는 (+)나 (−) 부호는 분자가 빛과 어떻게 상호작용하는가에 따라 편광계로 측정되는 값이다. (*R*)과 (*S*) 명명법은 분자 내 원자들이 공간에 어떻게 배열되었는가를 표현하는 인위적으로 고안한 표현 방법이다.

실험실에서 광회전을 측정하여 어떤 특정한 물질이 (+) 또는 (−)인지 여부를 알 수 있다. 또한 지면에서 어떤 특정한 구조의 그림이 (*R*) 또는 (*S*) 중 어느 것인지를 결정할 수 있다. 그렇지만 (*R*)이라고 불리는 어떤 구조가 편광을 시계 방향 또는 반시계 방향의 어느 방향으로 회전시키는가를

예측하기는 어렵다. 이와 유사하게 플라스크 안에 들어 있는 우회전성 물질이 (*R*) 또는 (*S*) 배열 중 어느 것을 가지고 있는가를 예측하기는 어렵다.

**연습문제 5-8**

2.0 g의 (−)-글리세르알데하이드($HOCH_2CHOHCHO$)를 5.0 mL의 물에 녹인 수용액을 길이가 100 mm인 용기에 넣고 소듐 D선을 이용하여 광회전을 측정하니 25°C에서 −1.74°였다. (−)-글리세르알데하이드의 고유 광회전도를 계산하라.

**연습문제 5-9**

0.50 g의 (+)-에피네프린(그림 5-16 참조)을 10.0 mL의 묽은 HCl 용액에 녹여 10.0 mL의 편광계관에 넣고, 소듐 D선을 이용하여 광회전을 측정하니 25°C에서 +5.1°였다. 에피네프린의 고유 광회전도를 계산하라.

**연습문제 5-10**

어떤 카이랄 시료는 180°에 가까운 광회전을 나타냈다. 이 회전이 +180°인지 −180°인지를 어떻게 구별할 수 있는가?

## 5-5 거울상 이성질체의 생물학적 식별법

만약 편광 측정법이 거울상 이성질체들을 구별하는 유일한 방법이라면 그 차이점이 중요한가를 물을지도 모른다. 보편적으로 생물학적 계는 거울상 이성질체들을 식별하며, 두 가지 거울상 이성질체는 전적으로 다른 생물학적 성질을 나타낼 수 있다. 사실 어떠한 **카이랄 식별도구**(chiral probe)도 거울상 이성질체들을 식별할 수 있으며, 편광법은 카이랄 식별도구의 한 가지 예에 불과하다. 카이랄 식별도구의 한 가지 좋은 예는 손이다. 상자 속에 가득 들어 있는 장갑을 오른손잡이 장갑과 왼손잡이 장갑으로 분류할 필요가 있다면 어느 장갑이 오른손에 맞는지를 조사해봄으로써 이들을 식별할 수 있다.

생물계에 존재하는 효소는 카이랄이므로, 거울상 이성질체들을 식별해낼 수 있다. 보통 한 쌍의 거울상 이성질체 중 한 가지만이 특정한 효과를 나타내고, 다른 거울상 이성질체는 효과가 없거나 다른 효과를 나타낸다. 예를 들어 에피네프린(epinephrine)의 좌회전성 이성질체는 부신 피질에 의해 분비되는 주된 호르몬의 일종이다. 합성 에피네프린을 환자에게 투여하면 (−) 형태는 천연 호르몬과 동일한 자극 효과를 보인다. 하지만 (+) 형태는 이러한 효과가 없고 약한 독성을 나타낸다. 그림 5-16은 어떻게 (−) 거울상 이성질체만이 효소의 활성 부위에 꼭 들어맞는지를 나타낸 간단한 그림이다.

생물학적 시스템은 여러 가지 다른 카이랄 화합물의 거울상 이성질체들을 식별할 수 있다. 일반적으로 거울상 이성질체 중 꼭 한 가지만이 고유한 효과를 나타내며, 나머지 다른 거울상 이성질체는 전혀 작용을 나타내지 않거나 다른 효과를 나타낸다. 사람의 코도 또한 일부 거울상 이성질체를 식별할 수 있다. 예를 들어 (−)-카본(carvone)은 박하의 일종인 녹양박하 기름(spearmint oil)의 향기인 반면, (+)-카본은 애기회향(caraway) 종자의 톡 쏘는 냄새를 가지고 있다. 이를 통해 후각

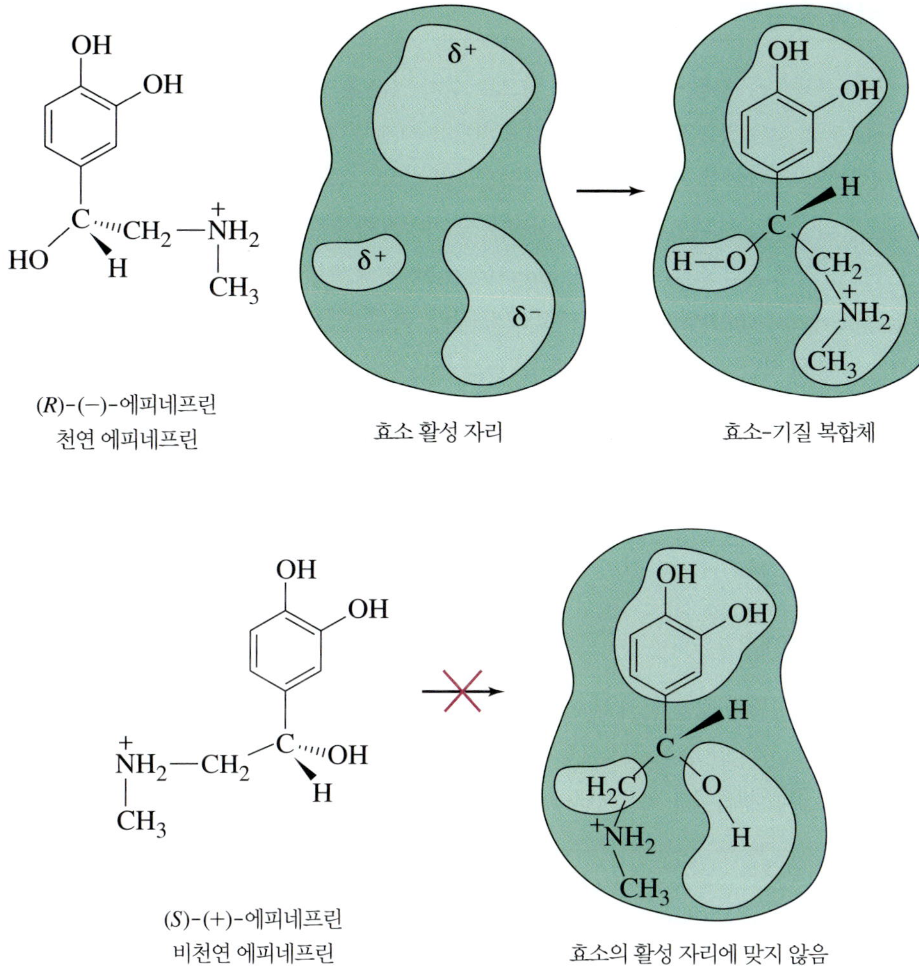

(R)-(−)-에피네프린
천연 에피네프린

효소 활성 자리

효소-기질 복합체

(S)-(+)-에피네프린
비천연 에피네프린

효소의 활성 자리에 맞지 않음

**그림 5-16** 효소에 의한 에피네프린의 카이랄 인식. 오직 좌회전성 이성질체만 이 효소의 활성 자리에 들어맞는다.

에 대한 수용체 부위는 대부분의 효소 활성 부위가 카이랄이듯이 카이랄이라는 결론을 내릴 수 있다. 일반적으로 거울상 이성질체는 생물학적 기원의 것이든 아니든 간에 카이랄 분자들과는 두 이성질체가 똑같이 상호작용하지 않는다.

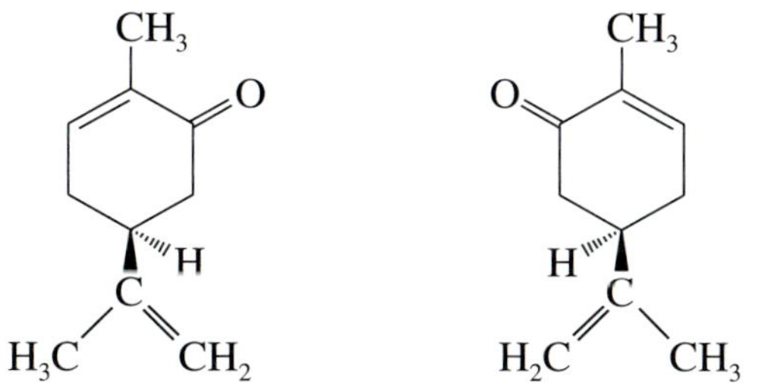

(+)-카본(애기회향 종자)

(−)-카본(녹양박하)

**응용: 생화학**

효소는 천연에서 단지 한 거울상 이성질체로만 발견되지만, 2개의 거울상 이성질체로 존재할 수 있다. 1992년에 Stephen Kent와 동료들이 펩타이드 기질을 분해하는 효소의 두 거울상 이성질체의 합성을 보고했다. 그리고 최초로 각각의 효소가 해당하는 거울상 이성질체의 펩타이드 기질에만 작용하는 것을 밝혔다.

**연습문제 5-11**

표시하지 않은 2개의 병에 카본의 두 거울상 이성질체가 각각 들어 있다면 코와 편광계만을 사용해서 다음의 사실을 결정할 수 있는가?

**(a)** 녹양박하 냄새가 나는 것은 (+) 또는 (−) 거울상 이성질체 중 어느 것인가?

**(b)** 녹양박하 냄새가 나는 것은 (*R*) 또는 (*S*) 거울상 이성질체 중 어느 것인가?

**(c)** 위에 나온 카본의 구조 그림에서 얻은 정보를 통해 (a) 또는 (b)에 대한 답을 추가할 수 있는가?

## 5-6 라셈 혼합물

(+)-뷰탄-2-올과 (−)-뷰탄-2-올이 같은 양으로 섞여 있는 혼합물이 있다고 가정하자. (+) 이성질체는 +13.5°의 고유 광회전도를 가지고 있고 편광을 시계 방향으로 회전시키며, (−) 이성질체는 편광을 정확히 같은 양만큼 반시계 방향으로 회전시킬 것이다. 혼합된 뷰탄-2-올은 마치 비카이랄인 것처럼 0°의 광회전을 나타낸다. 두 가지 거울상 이성질체가 같은 양으로 섞여 있어서 광학 비활성인 용액을 **라셈 혼합물**(racemic mixture)이라고 한다. 때로 라셈 혼합물은 **라셈체**(racemate), (±)**쌍**[(±) pair], 또는 ***(d,l)*쌍**[(*d,l*) pair]이라고도 한다. 라셈 혼합물은 화합물의 이름 앞에 (±) 또는 (*d,l*)을 넣어 표시한다. 예를 들어 라셈 뷰탄-2-올은 '(±)-뷰탄-2-올' 또는 '(*d,l*)-뷰탄-2-올'로 표시한다.

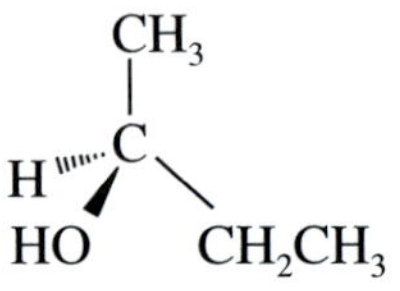
$CH_3$
H
C
HO
$CH_2CH_3$

(*S*)-(+)-뷰탄-2-올
+13.5° 회전

그리고

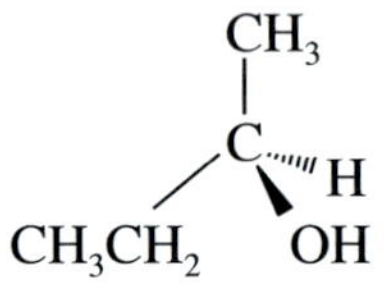
$CH_3$
C
H
$CH_3CH_2$
OH

(*R*)-(−)-뷰탄-2-올
−13.5° 회전

라셈 혼합물은 동일한 양의 두 거울상 이성질체를 가지고 있다.

라셈 혼합물은 정확히 같은 양의 두 가지 거울상 이성질체를 필요로 하므로 일반적이지 않다고 생각할 수도 있다. 하지만 실제로는 그렇지 않다. 특별히 비카이랄 분자가 카이랄 분자로 변환될 때 많은 반응은 라셈 생성물을 이끌어낸다.

> 광학 비활성인 시약과 촉매를 사용한 반응은 광학 활성인 생성물을 생성해낼 수 없다. 모든 카이랄 생성물은 라셈 혼합물로 형성된다.

예를 들어 수소는 케톤의 C=O 이중 결합의 양단에 첨가되어 알코올을 생성한다.

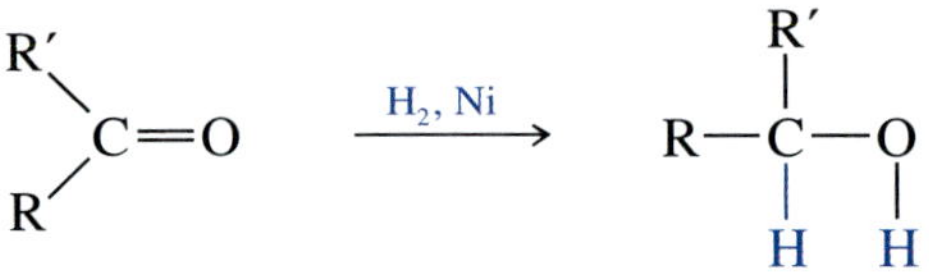
R′
C=O
R
$H_2$, Ni
R′
R—C—O
H H

카보닐기는 평평하므로 뷰탄-2-온(butan-2-one)과 같은 간단한 케톤은 비카이랄이다. 뷰탄-2-온을 수소화하면 카이랄 분자인 뷰탄-2-올이 생긴다(그림 5-17). 이 반응은 C=O기의 탄소 원자와 산소 원자에 수소 원자가 첨가됨으로써 일어난다. 만일 수소 원자가 C=O 이중 결합의 아랫면에만 첨가된다면 (*S*) 거울상 이성질체가 생성된다. 수소가 윗면에만 첨가되면 (*R*) 거울상 이성질체가 생성된다. 수소는 C=O 이중 결합 상하의 어느 면에서나 동등하게 첨가될 수 있으므로, 동일한 양의 (*R*)과 (*S*) 거울상 이성질체가 각각 발생한다.

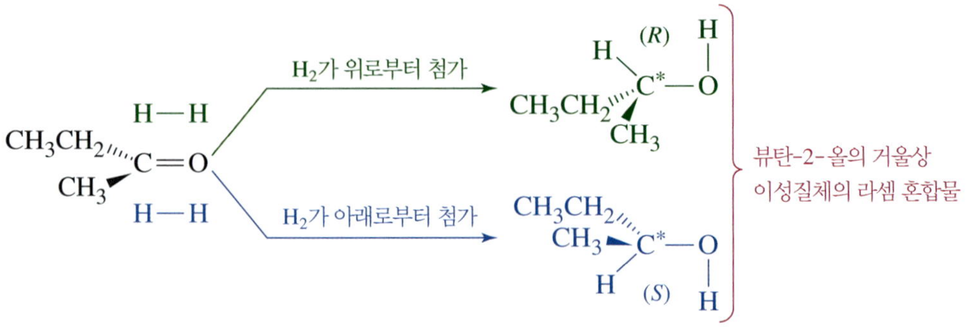
H—H
$CH_3CH_2$
C=O
$CH_3$
H—H
$H_2$가 위로부터 첨가
$H_2$가 아래로부터 첨가
(R)
H
H
$CH_3CH_2$
C*—O
$CH_3$
$CH_3CH_2$
$CH_3$
C*—O
H
(S)
H
뷰탄-2-올의 거울상
이성질체의 라셈 혼합물

**그림 5-17** 뷰탄-2-온을 수소화하면 라셈 뷰탄-2-올이 생긴다. 수소는 이중 결합의 상하의 어느 면에나 첨가된다. 수소가 한쪽 면으로만 첨가되면 (*R*) 생성물이 생기는 반면, 다른 쪽 면에 첨가되면 (*S*) 생성물이 생긴다.

**응용: 약물**

현재 시중에 나와 있는 많은 약은 라셈 혼합물이다. 예를 들어 케타민(ketamine)은 강력한 마취제이지만 환각 작용이 있기 때문에 제한적으로 사용되고 있다('K'로 널리 알려진 남용되는 약). 마취 효과를 나타내는 것은 (*S*) 이성질체이고, (*R*) 이성질체는 환각 효과를 일으킨다.

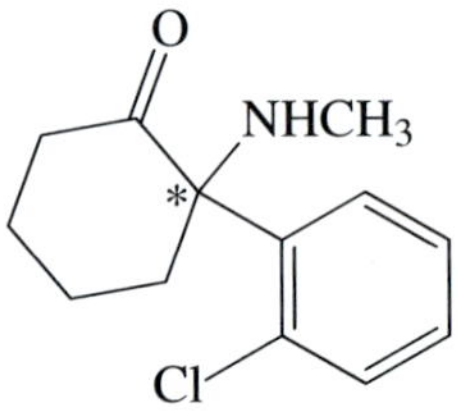
O
$NHCH_3$
*
Cl

케타민

논리적으로 광학 비활성인 시약과 촉매는 광학 활성의 생성물을 생성할 수 없다는 것은 명확하다. 출발 물질과 시약이 광학 비활성이라면 어떻게 우회전성 생성물이 좌회전성 생성물보다 더 많이 생길 수 있겠는가? 마찬가지로 좌회전성 생성물이 우회전성 생성물보다 더 유리하게 생성될 이유도 없다. (+) 생성물과 (−) 생성물의 입체 화학적 생성 조건이 같으므로 두 물질은 같은 양이 생긴다. 즉 라셈 혼합물이 생긴다.

## 5-7 거울상 초과도와 광학적 순도

때로는 광학적으로 순수(모두 한 가지 거울상 이성질체)하지도 않고 라셈형(두 가지 거울상 이성질체가 같은 양)도 아닌 혼합물을 다루게 된다. 이러한 경우 혼합물의 **광학적 순도**(optical purity, o.p.)를 명확히 규정해야 한다. 혼합물의 광학적 순도는 순수한 거울상 이성질체의 광회전에 대한 혼합물의 광회전의 비율로 정의된다. 예를 들어 +9.72°의 고유 광회전도를 가지고 있는 뷰탄-2-올[대부분이(+)]이 있을 때 이 물질의 광회전을 순수한 (+) 거울상 이성질체의 +13.5°의 고유 광회전도의 값과 비교하면 된다.

$$\text{o.p.} = \frac{\text{관측된 광회전도}}{\text{순수한 거울상 이성질체의 광회전도}} \times 100\% = \frac{9.72°}{13.5°} \times 100\% = 72.0\%$$

**거울상 초과도**(enantiomeric excess, e.e.)는 더 흔히 혼합물 가운데 거울상 이성질체들의 상대적인 양을 나타내는 방법이다. 혼합물의 거울상 이성질체의 초과량을 계산하려면 지배적인 거울상 이성질체의 과잉을 전체 혼합물의 백분율로 계산하면 된다. 화학적으로 순수한 화합물의 경우에는 거울상 초과도를 계산하면 광학적 순도의 계산과 같은 결과를 얻게 되므로, 흔히 이 두 가지 용어를 서로 바꾸어 사용한다. 대수학적으로 o.p.와 e.e. 계산에는 다음 식이 이용된다.

$$\text{o.p.} = \text{e.e.} = \frac{|d - l|}{d + l} \times 100\% = \frac{\text{(한 가지 거울상 이성질체에서 다른 것을 뺀 초과량)}}{\text{(거울상 이성질체들의 전체 혼합물의 양)}} \times 100\%$$

e.e.나 o.p.를 계산할 경우 단위는 상쇄된다. 그러므로 위의 공식은 거울상 이성질체의 양을 농도, 그램, 백분율로 나타낸다고 해도 이용할 수 있다. 위에 기술한 뷰탄-2-올의 혼합물에 대해 72%(+)의 광학 순도는 $d - l = 72\%$를 의미하고, 우리는 $d + l = 100\%$임을 알고 있으므로 식에 대입하면 $2d = 172\%$이다. 따라서 혼합물은 86%의 $d$ 또는 (+) 거울상 이성질체와 14%의 $l$ 또는 (−) 거울상 이성질체를 포함하고 있다.

**예제 5-5**

6.0 g의 (+)-뷰탄-2-올과 4.0 g의 (−)-뷰탄-2-올을 포함하는 혼합물의 e.e.와 고유 광회전도를 계산하라.

**풀이**

이 혼합물에는 (+) 이성질체가 2.0 g 과량으로 들어 있고, 전체 혼합물의 양은 10.0 g이므로, e.e. 값은 20%이다. 이 혼합물은 80% 라셈 혼합물 [4.0 g(+)와 4.0 g(−)]이고, 20%는 순수한 (+) 화합물인 것으로 생각할 수 있다.

$$\text{o.p.} = \text{e.e.} = \frac{|6.0 - 4.0|}{6.0 + 4.0} = \frac{2.0}{10.0} = 20\%$$

**응용: 약**

최근 몇 가지 라셈형 약이 활성을 가진 순수한 거울상 이성질체로 나오게 되었다. 예를 들어 넥시움(Nexium®, 위산 역류 조절약)은 프릴로섹(Prilosec®)의 라셈 혼합물 중 활성 거울상 이성질체만을 가지고 있다.

순수한 거울상 이성질체 (+)-뷰탄-2-올의 고유 광회전도는 +13.5°이다. 따라서 이 혼합물의 광회전은 다음과 같다.

$$\text{관측된 광회전도} = (\text{순수한 거울상 이성질체의 광회전도}) \times (\text{o.p.})$$
$$= (+13.5°) \times (20\%) = +2.7°$$

**연습문제 5-12**

(*R*)-2-브로모뷰테인을 물과 함께 가열하면 뷰탄-2-올이 생성된다. 이 반응에서는 (*R*)-뷰탄-2-올보다 (*S*)-뷰탄-2-올이 2배 더 많이 생성된다. 이 생성물에 대해 예상되는 e.e.와 고유 광회전도의 값을 계산하라.

**연습문제 5-13**

어떤 화학자가 뷰탄-2-온(그림 5-17)을 촉매 환원 시 (+)-에피네프린을 첨가하면 +0.45°의 고유 광회전도를 지닌 광학적으로 약간 활성인 생성물이 생긴다는 것을 알았다. 이 반응에서 생성된 (+)-뷰탄-2-올과 (−)-뷰탄-2-올의 %를 계산하라.

## FOCUS | 거울상 이성질체와 라셈 혼합물

**거울상 이성질체**는 편광을 동일한 양이지만 반대 방향으로 회전시키는 것 이외에는 모든 물리적 성질이 같은 화합물이므로 이전에는 **광학 이성질체**라고 했었다. 예를 들면 말산(malic acid)의 두 거울상 이성질체는 이러한 성질을 가지고 있다.

거울

녹는점 = 102°C
광회전도 = −28°

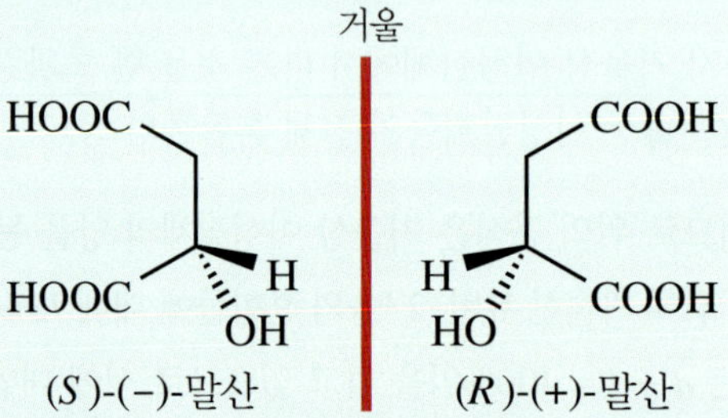

HOOC, HOOC, H, OH
(*S*)-(−)-말산

COOH, COOH, H, HO
(*R*)-(+)-말산

녹는점 = 102°C
광회전도 = +28°

오늘날에는 입체적인 구조를 기준으로 이성질체를 정의한다. 즉 이성질체는 서로 겹칠 수 없는 대칭의 거울상 이미지인 서로 다른 화합물이다. 위의 그림에서 보듯이 말산의 이성질체는 그들 사이의 가상 거울에 반사되어 있다. 만약 이것이 분자 모형이라면 1개를 집어 들어 뒤집어서 원자들을 겹치려고 해도, 하나는 OH가 위로 오르고 다른 하나는 OH가 아래로 내려간다. 모든 원자가 겹칠 수 있도록 휘거나 회전시켜도 겹치지 않는다. 이들은 서로 다른 구조를 가지고 있다.

거울상 이성질체는 어떤 비율로든 혼합될 수 있지만 50:50 혼합물은 라셈 혼합물이라고 불리는 중요한 특수 사례이다.

(*S*)-말산과 (*R*)-말산의 50:50 혼합물은 (*R*,*S*)-(±) 말산으로 표기되며, 다음과 같은 특성을 가진다.
- 녹는점 = 131°C
- 광회전도 = 0°

라셈 혼합물은 종종 개별 순수 이성질체와는 다른 물리적 특성을 가질 수 있다. 말산의 경우 개별 이성질체는 녹는점이 102°C이지만, 라셈 혼합물의 녹는점은 131°C이다. 그러나 라세믹 혼합물은 개별 이성질체의 광학 회전이 서로 상쇄되기 때문에 항상 광회전도가 0°이다.

## 5-8 회전 배열적으로 유동적인 계의 카이랄성

시스-1,2-다이브로모사이클로헥세인(*cis*-1,2-dibromocyclohexane)이 카이랄인지 여부를 고찰해 보자. 만약 의자 형태에 대해 알지 못한다면 평평한 사이클로헥세인 고리를 그릴 수 있다. 평평한 고리를 가진 이 분자는 내부 거울 대칭면($\sigma$)을 가지고 있으므로 비카이랄이다.

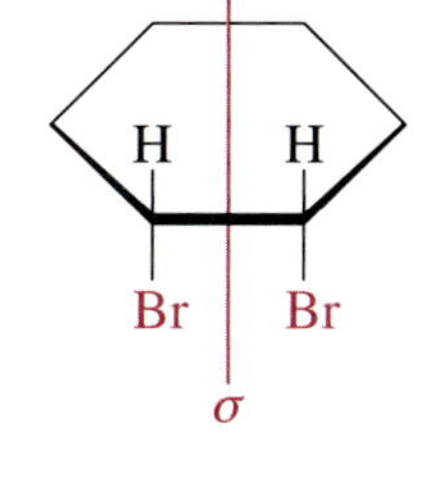


그러나 이제 1개의 브로민 원자는 수직 방향으로, 또한 1개의 브로민 원자는 수평 방향으로 위치해 있는 의자 형태로 고리가 구부러져 있음을 알고 있다. 이 같은 의자 형태의 시스-1,2-다이브로모사이클로헥세인과 그 거울상을 아래에 나타냈다. 이 두 거울상 형상은 서로 포개지지 않는다. 이들 두 형태의 모형을 만들어보면 차이점을 더욱 쉽게 알 수 있을 것이다.

빠른 평형

그러면 이는 시스-1,2-다이브로모사이클로헥세인이 카이랄이라는 것을 의미하는가? 그렇지 않다. 그 이유는 의자-의자 상호 변환이 실온에서 매우 신속히 일어나기 때문이다. 만약 왼쪽 형태만 들어 있는 병을 가지고 있다면, 이 분자들은 신속히 의자-의자 상호 변환을 일으킬 것이다. 이 두 가지 거울상 형태는 끊임없이 상호 변환하고 동등한 에너지를 가지고 있으므로 어떠한 시스-1,2-다이브로모사이클로헥세인 샘플이라 하더라도 두 가지 거울상을 같은 양으로 함유하고 있음에 틀림없다. 비슷하게 대부분의 비카이랄 화합물은 그들의 거울상 형태와 평형을 이루는 순간적인 카이랄 형태로 존재할 수 있다. 화합물이 카이랄한 것으로 간주되려면 적어도 이론적으로 하나의 이성질체만 포함된 샘플을 분리할 수 있어야 한다.

> 어떤 분자의 카이랄 형태가 그들의 거울상과 평형을 이루고 있으면 그 분자는 결코 광학적으로 활성을 나타낼 수 없다. 그러한 분자는 비카이랄이라고 간주한다.

시스-1,2-다이브로모사이클로헥세인은 라셈 혼합물로 존재하는 것처럼 보이지만 라셈 혼합물과는 아주 다르다. 시스-1,2-다이브로모사이클로헥세인의 광학 활성인 시료를 만드는 것은 불가능하나. 이 분자는 광학 활성을 나타낼 수 없다. 오히려 사이클로헥세인 고리는 평평하다고 상상함으로써 올바른 결과를 예측할 수 있었을 것이다.

이 결과로부터 회전 배열적으로 유동적인 계에 대해 활용할 수 있는 다음과 같은 일반적인 규칙이 발생한다.

> 회전 배열적으로 유동적인 분자가 광학 활성인지의 여부를 판단하려면 대칭성이 가장 큰 형태를 살펴봐야 한다.

사이클로헥세인 고리는 마치 평평한(가장 대칭적인 형태) 것으로 생각해야 하며, 사슬 화합물은 가장 대칭적인 형태(흔히 가려진 형태)를 생각해야 한다.

유기 화합물은 일반적으로 빠르게 상호 변환하는 카이랄 형태로 존재한다. 에테인조차 비틀린 형태에서는 카이랄이다. 카이랄성을 말할 때 관찰할 수 있는 지속적인 형태에 초점을 두어야지 순간적인 형태에 초점을 두면 안 된다. 예를 들면 뷰테인의 고우시 형태는 카이랄이지만, 이들은 빠르게 상호 변환한다. 이들은 완전히 대칭적인 가려진 형태와 평형 상태에 있으므로, 뷰테인이 비카이랄일 수밖에 없음을 알려준다.

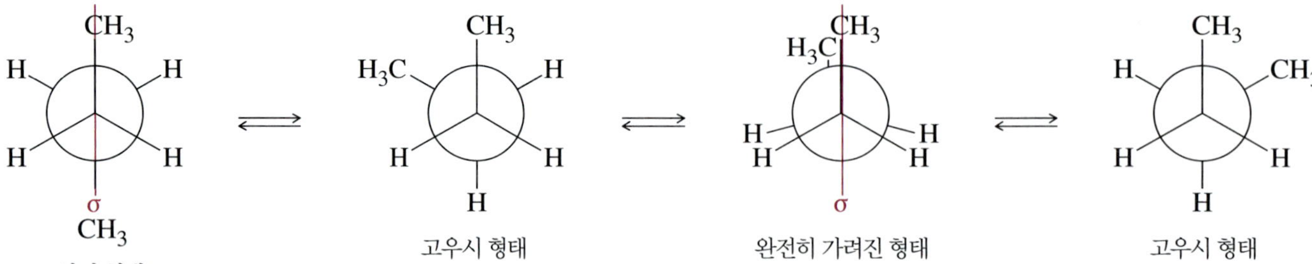

$CH_3$ H H H H σ $CH_3$
안티 형태
(비카이랄)

⇌

$CH_3$ $H_3C$ H H H H
고우시 형태
(카이랄)

⇌

$CH_3$ $H_3C$ H H H H σ
완전히 가려진 형태
(비카이랄)

⇌

$CH_3$ H $CH_3$ H H H
고우시 형태
(카이랄)

대조적으로 (*R*)-2-브로모뷰테인의 어떤 형태든 그릴 수 있으며(그림 5-4), 모두 카이랄성이다. (*R*) 비대칭 탄소는 그것의 (*S*) 거울상과 상호 변환할 수 없기 때문에 그들 중 어느 것도 자기의 거울상과 상호 변환할 수 없다.

**문제풀이 힌트**

거의 모든 유기 화합물은 카이랄 형태를 가지고 있다.

카이랄 화합물에는 대칭(비카이랄) 형태가 없으며, 그들의 어떤 형태도 그 거울상과 상호 변환할 수 없다.

비카이랄 화합물은 보통 카이랄 형태를 통해 회전할 수 있지만, 카이랄 형태는 그들의 거울상과 상호 변환할 수 있다.

**예제 5-6**

각 화합물의 가장 안정한 형태를 그려보라. 그다음 가장 대칭성인 형태를 그려보라. 그리고 광학 활성을 나타낼 수 있는지 결정하라.

**(a)** 2-메틸뷰테인

**풀이**

2-메틸뷰테인의 가장 안정한 형태는 2개의 거울상 형태이다. 이들 형태는 서로 겹칠 수 없으나, 중심 결합 주위로 회전하여 상호 변환할 수 있다. 그러므로 그들은 거울상 이성질체가 아니다.

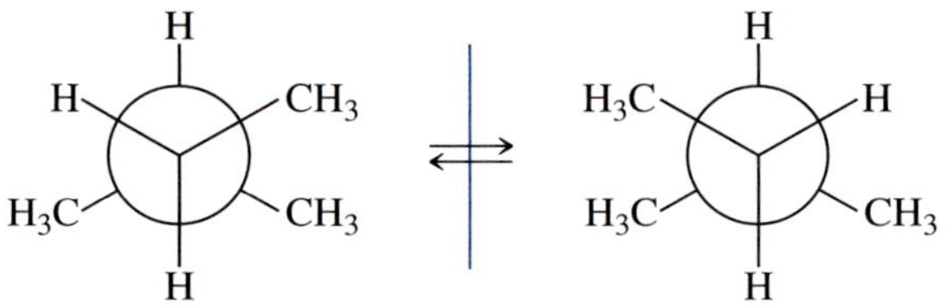

H H $CH_3$ $H_3C$ $CH_3$ H
카이랄 형태

⇌

H $H_3C$ H $H_3C$ $CH_3$ H
카이랄 형태

2-메틸뷰테인은 2개의 대칭성 형태를 가진다. 이들 중 하나를 보면 2-메틸뷰테인이 비카이랄임을 알기에 충분하다.

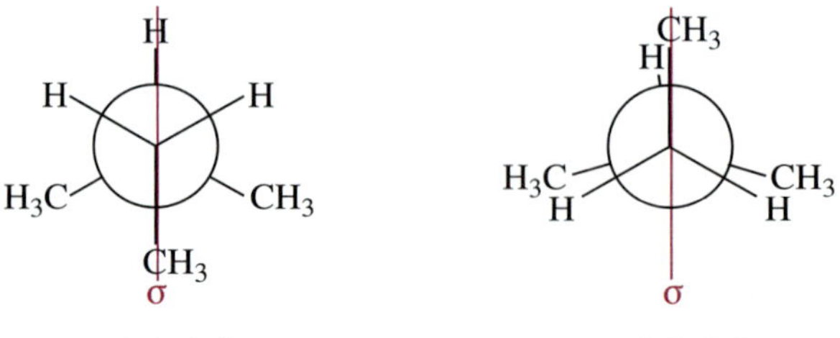

H H H $H_3C$ $CH_3$ $CH_3$ σ
대칭 형태

$CH_3$ H $H_3C$ H $CH_3$ H σ
대칭 형태

**(b)** 트랜스-1,2-다이브로모사이클로헥세인

**풀이**

2개의 브로민 원자가 수평 방향인 트랜스-1,2-다이브로모사이클로헥세인의 가장 안정한 의자 형태의 겹칠 수 없는 두 거울상을 그릴 수 있다. 이들 구조는 고리 뒤집기나 결합에 관한 다른 회전에 의해 상호 변환할 수 없다.

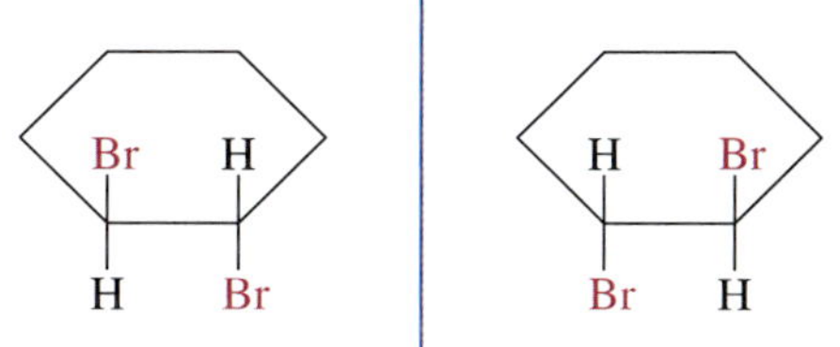


이 분자의 카이랄성은 가장 대칭인 형태로 그릴 때 더 명확하다. 평평하게 그렸을 때 트랜스-1,2-다이브로모사이클로헥세인의 두 가지 거울상 구조는 겹치지 않는다. 이 화합물은 원래 카이랄이며, 어떤 형태의 변화도 두 이성질체를 상호 교환하게 할 수 없다.

Br H
H Br

H Br
Br H

**문제풀이 힌트**

그리기 쉬운 가장 대칭 형태를 생각하라. 가장 안정한 형태도 생각하고, 그것이 그 거울상과 상호 변환할 수 있는지 살펴보라.

**연습문제 5-14**

1. 각 화합물의 모형을 만들고, 가장 대칭인 형태를 그려보라. 그리고 광학 활성을 나타내는지 여부를 판정하라.
   - (a) 1-브로모-1-클로로에테인
   - (b) 1-브로모-2-클로로에테인
   - (c) 1,2-다이클로로프로페인
   - (d) 시스-1,3-다이브로모사이클로헥세인
   - (e) 트랜스-1,3-다이브로모사이클로헥세인
   - (f) 트랜스-1,4-다이브로모사이클로헥세인
2. 각 비대칭 탄소 원자에 별표(*)를 하고, 비대칭 탄소에 근거하여 나온 예측과 위의 연습문제 5-14의 1에서 나온 결과를 비교하라.

## 5-9 비대칭 원자를 가지고 있지 않은 카이랄 화합물

대부분의 카이랄 유기 화합물은 적어도 1개의 비대칭 탄소 원자를 가지고 있다. 몇 가지 화합물은 카이랄 중심으로 작용하는 인, 황, 질소 같은 또 다른 비대칭 원자를 가지고 있기 때문에 카이랄이다. 어떤 화합물은 비대칭 원자를 전혀 가지고 있지 않을지라도 카이랄이다. 이런 유형의 화합물에는 그 구조에 카이랄성을 부여하는 분자 모양의 특징이 있다.

### 5-9A 회전 배열 거울상 이성질 현상

어떤 분자는 부피가 아주 크거나 무리(strain)가 아주 많이 있기 때문에 한 가지 회전 배열로부터 거울상 회전 배열로 쉽게 변환할 수 없다. 이들 분자는 입체 무리(steric strain)와 고리 무리(ring strain)가 너무 커서 가장 대칭적인 회전 배열로의 변환이 불가능하다. 이러한 분자는 어떤 회전 배열로 '잠겨 있기(locked)' 때문에 분자가 카이랄인지 그 여부를 결정하려면 각각의 잠긴 회전 배열을 조사해봐야 한다.

그림 5-18에 입체적으로 밀집된 바이페닐(biphenyl) 유도체의 세 가지 회전 배열을 나타냈다.

지나치게 밀집되어 불가능한 구조

엇갈린 형태 (카이랄) / 가려진 형태 (대칭적, 비카이랄) / 엇갈린 형태 (카이랄)

**그림 5-18** 바이페닐의 세 가지 회전 배열. 이 바이페닐은 아이오딘과 브로민 원자가 너무 밀집되어있기 때문에 그 대칭 형태를 통과할 수 없다. 분자는 2개의 카이랄이고 거울상 이성질체인 엇갈린 형태 중 하나로 잠겨 있다.

가운데 그림은 이 분자의 가장 대칭적인 회전 배열을 나타낸 것이다. 이 회전 배열은 평면 형태이며, 거울 대칭면을 가지고 있다. 만일 분자가 이 회전 배열을 가질 수 있거나 잠시 동안이라도 이 회전 배열을 통과할 수 있기만 한다면 이 분자는 광학적으로 활성이 아닐 것이다. 그러나 이 회전 배열에서는 아이오딘과 브로민의 원자들이 너무 커서 서로 접근할 수가 없기 때문에 이 평면 회전 배열은 에너지가 아주 높다. 따라서 분자는 **회전 배열적으로 잠겨** 있다. 분자는 오로지 왼쪽과 오른쪽에 나타낸 두 가지 엇갈린 형태 중 어느 한 가지로만 존재할 수 있다. 이들 두 가지 형태는 포갤 수 없는 거울상이며, 상호 변환하지 않는다. 이들 두 가지 회전 배열은 거울상 이성질체이며, 분리와 동정이 가능하다. 이들 회전 배열의 각각은 광학 활성이며, 부호가 반대인 동일한 값의 고유 광회전도를 가지고 있다.

**그림 5-19** 회전 배열 거울상 이성질 현상. 트랜스-사이클로옥텐은 무리를 받으므로 대칭적인 평면 회전 배열을 가질 수 없다. 이 화합물의 분자는 이들 두 가지 거울상 이성질체 형태 중 하나로 잠겨 있다. 즉 $[\alpha] = \pm 430°$이다.

무리를 가진 단순한 분자일지라도 회전 배열 거울상 이성질 현상을 나타낼 수 있다. 트랜스-사이클로옥텐(*trans*-cyclooctene)은 가장 작은 안정도를 가진 트랜스-사이클로알켄(그림 5-19)이며 무리를 가지고 있다. 만일 트랜스-사이클로옥텐이 일순간 동안이라도 평면 고리로 존재한다면 카이랄일 수가 없다. 그렇지만 트랜스-사이클로옥텐의 분자 모형을 만들어보면 이 분자가 평면 고리로서 존재할 수 없다는 것을 알게 될 것이다. 실제로 이 분자의 고리는 그림 5-19에 나타낸 3차원적인 구조로 고리가 접혀 있다. 이 구조는 그 거울상과 다르므로 트랜스-사이클로옥텐은 카이랄 분자이다. 사실상 트랜스-사이클로옥텐의 거울상 이성질체는 분리되어 특징이 밝혀졌는데, 이들 두 가지 거울상 이성질체는 광학 활성이다.

## 5-9B 알렌

**알렌**(allene)은 1개의 탄소 원자에 2개의 C$=$C 이중 결합이 결합된 C$=$C$=$C 단위를 포함한 화합물이다. 그 기본 화합물은 프로파다이엔(propadiene)이고, 통상적 명칭은 알렌이다.

*sp* 혼성화

$$H_2C{=}C{=}CH_2$$

알렌

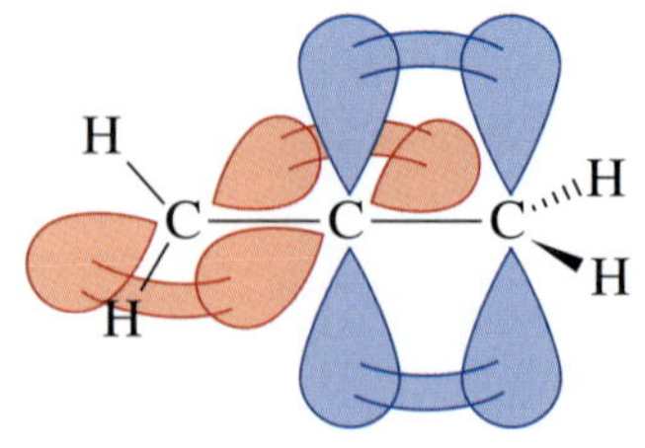

**그림 5-20** 알렌의 구조. 알렌 분자의 2개의 말단은 수직이다.

알렌에서 중앙의 탄소 원자는 *sp* 혼성화되고 직선 배열(1-15절)이며, 2개의 바깥쪽 탄소는 $sp^2$ 혼성화되었으며 삼각 배열이다. 분자 전체가 평면에 놓여 있다고 상상할 수 있지만, 이는 옳지 않다. 중앙의 *sp* 혼성 탄소 원자는 각각 다른 *p* 오비탈을 사용하여 2개의 바깥쪽 탄소 원자와 $\pi$ 결합을 형성하는 것이 틀림없다. *sp* 혼성 탄소 원자 위에 2개의 비혼성화된 *p* 오비탈은 서로 수직을 이루므로, 2개의 $\pi$ 결합도 역시 서로 수직을 이룰 수밖에 없다. 그림 5-20은 알렌의 결합과 3차원적인 구조를 나타낸다. 알렌 자체는 비카이랄이다. 알렌의 거울상 모형을 만들어보면 원래의 분자와 동일하다는 것을 알 수 있을 것이다. 그러나 알렌에 치환기를 붙이면 그 분자는 카이랄일 수 있다.

다음 화합물의 모형을 만들어 보라.

$$\overset{1}{CH_3}-\overset{2}{CH}=\overset{3}{C}=\overset{4}{CH}-\overset{5}{CH_3}$$

펜타-2,3-다이엔

C3 원자는 *sp* 혼성 알렌 탄소 원자이다. C2와 C4는 둘 다 $sp^2$ 혼성화되었고 평면이지만, 이들의 평면은 서로 수직을 이룬다. 어떤 탄소 원자도 4개의 다른 원자와 결합되어 있지 않으므로, 카이랄 탄소 원자가 없다. 그렇지만 펜타-2,3-다이엔(penta-2,3-diene)은 분자 모형과 다음의 거울상 이성질체 그림으로부터 알 수 있듯이 카이랄이다.

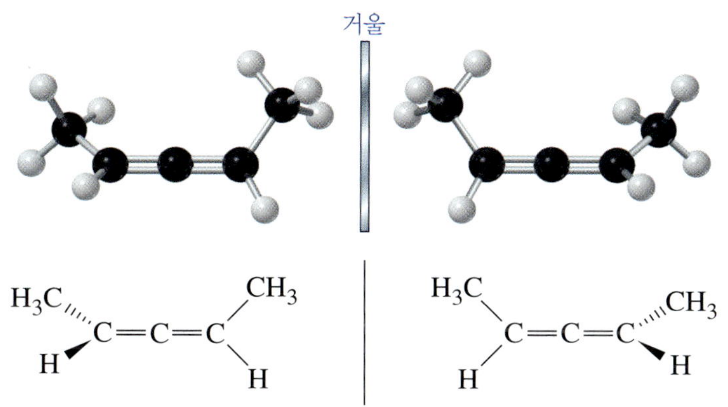


펜타-2,3-다이엔의 거울상 이성질체

**문제풀이 힌트**

'다이엔'은 2개의 이중 결합을 가진 화합물이다. 명명법에서 각각 2개의 탄소 원자 중 낮은 번호가 이중 결합에 주어진다. '알렌'은 한 탄소에서 서로 연결된 2개의 이중 결합을 지닌 다이엔이다. 각각의 말단에 2개의 다른 치환기를 가질 경우 알렌은 카이랄이다.

**연습문제 5-15**

다음 화합물의 3차원적인 그림을 그려보라. 어느 것이 비대칭 탄소 원자를 가지는가? 어느 것이 비대칭 탄소 원자를 갖지 않으면서 카이랄인가? 화합물 (a)~(d)의 경우나 다른 불확실해 보이는 경우에는 분자 모형을 이용하라.

(a) $ClHC=C=CHCl$
1,3-다이클로로프로파다이엔

(b) $ClHC=C=CHCH_3$
1-클로로뷰타-1,2-다이엔

(c) $ClHC=C=C(CH_3)_2$
1-클로로-3-메틸뷰타-1,2-다이엔

(d) $ClHC=CH-CH=CH_2$
1-클로로뷰타-1,3-다이엔

(e) Cl

(f)

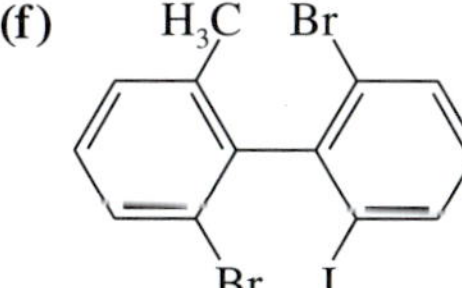


(g)

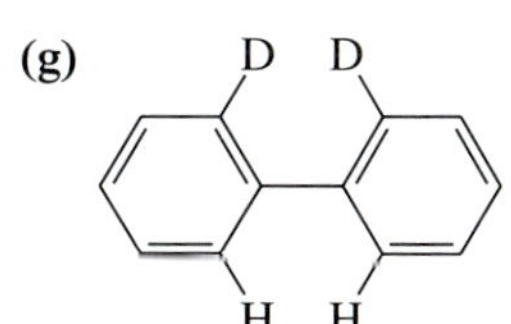


**문제풀이 힌트**

모든 비대칭 탄소는 입체중심이지만, 모든 입체중심이 비대칭 탄소인 것은 아니다.

## 5-10 Fischer 투영도

비대칭 탄소 원자의 입체 화학을 그릴 때 투시도를 나타내기 위해 대시 선과 쐐기 모양이 사용되어 왔다. 여러 개의 비대칭 탄소 원자를 가진 분자를 그릴 때 투시도는 시간이 걸리고 성가시다. 더구나 복잡한 그림은 입체 이성질체 기들의 유사성과 차이점을 알아내기 어렵게 만든다.

20세기에 접어들면서 Emil Fischer는 많게는 7개까지의 비대칭 탄소 원자를 지닌 당(23장)의 입체 화학을 연구했다. 이러한 당 화합물의 구조를 투시도로 그리기는 어려웠고, 또한 그림에서 근소한 입체 화학적 차이점을 식별하기란 거의 불가능했을 것이다. Fischer는 비대칭 탄소 원자를 신

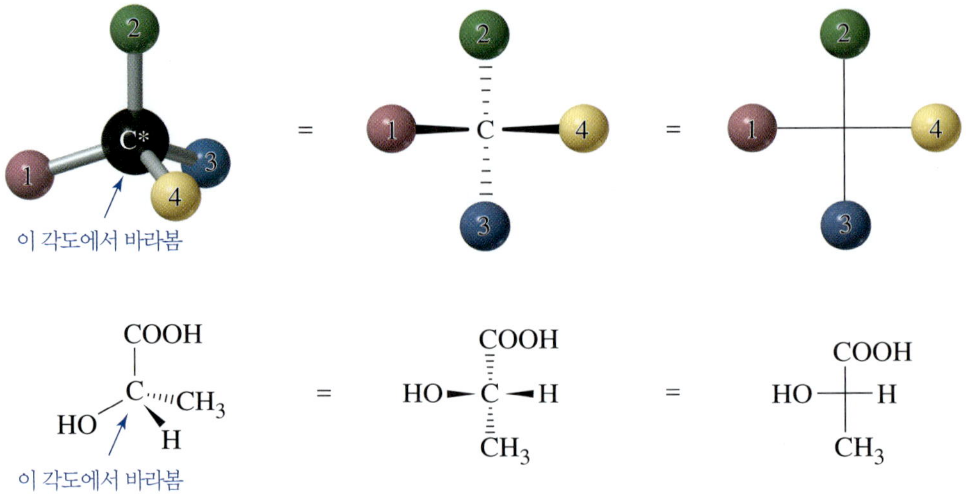

2, C*, 1, 3, 4 = 2, 1, C, 4, 3 = 2, 1, 4, 3

이 각도에서 바라봄

COOH, C, $CH_3$, HO, H = COOH, HO, C, H, $CH_3$ = COOH, HO, H, $CH_3$

이 각도에서 바라봄

(*S*)-락트산(lactic acid) 원근법 그림

(*S*)-락트산 Fischer 투영도

**그림 5-21** Fischer 투영도에서의 투시도. Fischer 투영도는 십자형을 사용하여 비대칭 탄소 원자를 나타낸다. 수평선은 관측자를 향하여 튀어나오고, 수직선은 관측자로부터 멀어져 감을 나타낸다.

속히 그릴 수 있는 상징적인 방법을 개발했다. **Fischer 투영도**(Fischer projection)는 입체 이성질체들을 가장 대칭적인 형태로 놓고 입체 화학에서의 어떤 차이점이라도 강조함으로써 또한 입체 이성질체들을 신속히 비교할 수 있게 도와준다.

## 5-10A Fischer 투영도 그리기

Fischer 투영도는 두 선이 교차하는 점에 1개의 비대칭 탄소(보통 탄소 원자를 표시하지 않음)를 가지고 있는 십자형의 모양을 하고 있다. 수평선은 관찰자 쪽으로 튀어나오는 쐐기 모양의 결합으로 간주한다. 수직선은 관찰자로부터 멀어져가는 대시 선을 의미하는 결합으로 간주한다. 그림 5-21은 Fischer 투영도가 시사하는 투시도를 나타낸 것이다. 가운데 그림은 나비넥타이처럼 생긴 쐐기 모양의 수평 결합으로 인해 이 투시도가 때로는 '나비넥타이 규약(bow-tie convention)'이라고 불리는 이유를 설명해준다. 연습문제 5-16은 Fischer 투영도가 활용되는 방법을 시각화하는 데 도움이 될 것이다.

### 연습문제 5-16

각 조의 예에 대해 첫 번째 구조의 모형을 만들고, 다른 구조들이 첫 번째 구조와 어떤 관계인지 답하라. (관계의 예: 동일 화합물, 거울상 이성질체, 구조 이성질체)

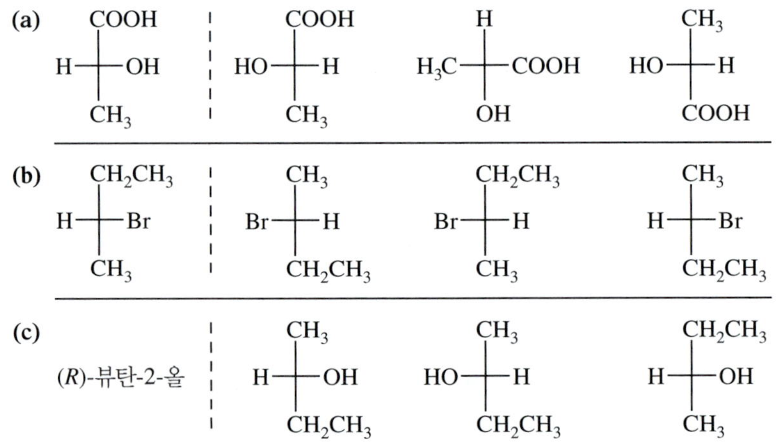

(a) COOH / H—OH / $CH_3$ ¦ COOH / HO—H / $CH_3$ ; H / $H_3C$—COOH / OH ; $CH_3$ / HO—H / COOH

(b) $CH_2CH_3$ / H—Br / $CH_3$ ¦ $CH_3$ / Br—H / $CH_2CH_3$ ; $CH_2CH_3$ / Br—H / $CH_3$ ; $CH_3$ / H—Br / $CH_2CH_3$

(c) (*R*)-뷰탄-2-올 ¦ $CH_3$ / H—OH / $CH_2CH_3$ ; $CH_3$ / HO—H / $CH_2CH_3$ ; $CH_2CH_3$ / H—OH / $CH_3$

연습문제 5-16을 풀어봄으로써 180° 회전만큼 차이가 나는 Fischer 투영도들은 동일하다는 것을 알게 되었을 것이다. 어떤 Fischer 투영도를 180°로 회전시키면 수직 방향(대시 선으로 나타낸 방향)의 결합들은 결국 마지막에는 역시 수직 방향이 되고, 수평 방향(쐐기 모양으로 나타내는 방향)의 선들은 결국 마지막에는 역시 수평 방향이 된다. '수평 방향의 선들은 앞쪽으로, 수직 방향의 선들은 뒤쪽으로'라는 규약은 그대로 준수된다.

180° 회전은 허용된다.

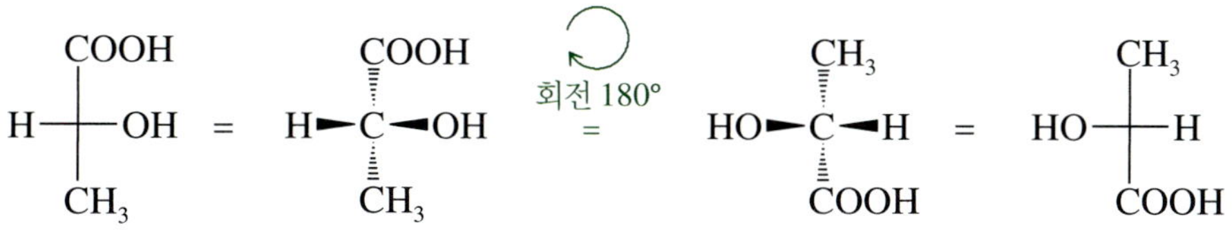

회전 180°

반면 Fischer 투영도를 90° 회전시키면 배열이 달라져서 관찰자가 혼동하게 된다. 원래의 투영도는 수직 방향의 기를 뒤쪽으로(대시 선의 방향으로), 수평 방향의 기를 앞쪽으로 가지고 있다. 투영도를 90° 회전시키면 수직 방향의 결합은 수평 방향의 결합으로 되고, 수평 방향의 결합은 수직 방향의 결합이 된다. 관찰자는 수평 결합은 앞쪽으로 나오고 수직 결합은 뒤쪽으로 간다고 가정한다. 따라서 투영도를 회전시키면 관찰자는 다른 분자(실제로는 원래 분자의 거울상 이성질체)를 보게 된다.

90° 회전은 허용되지 않는다.

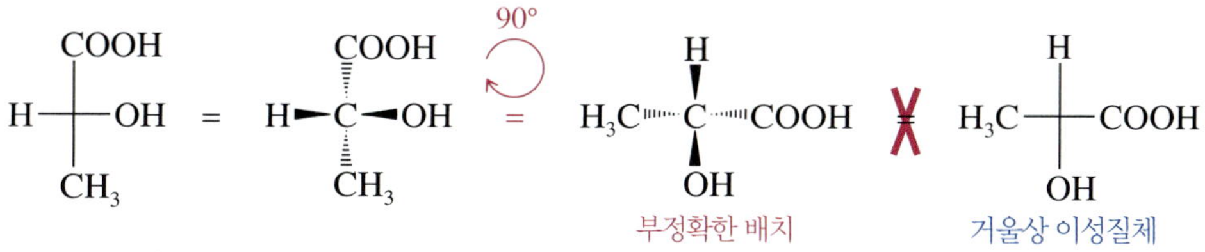

90°

부정확한 배치

거울상 이성질체

Fischer 투영도들을 비교할 때는 이들을 90° 회전시킬 수 없고 뒤집을 수도 없다. 이러한 조작들은 모두 분자를 올바르게 나타낼 수 없다. Fischer 투영도는 지면에 있어야 하며, 오로지 180° 회전시킬 수는 있다.

Fischer 투영도를 그리는 마지막 규칙을 보면 그림을 90° 회전시켜서는 안 된다는 것을 확실하게 하는 데 도움이 된다. 이 규칙에 따르면 탄소 사슬은 보통 IUPAC의 번호 순서에 의해 Fischer 투영도의 수직선을 따라 위에서부터 아래로 그린다. 대개는 꼭대기에 가장 많이 산화가 된 탄소 치환기가 오도록 그린다. 예를 들어 (*R*)-프로페인-1,2-다이올[(*R*)-propane-1,2-diol]을 Fischer 투영도로 그리려면 3개의 탄소 원자를 수직선을 따라 배열해야 한다. C1은 꼭대기에, C3는 밑바닥에 놓인다.

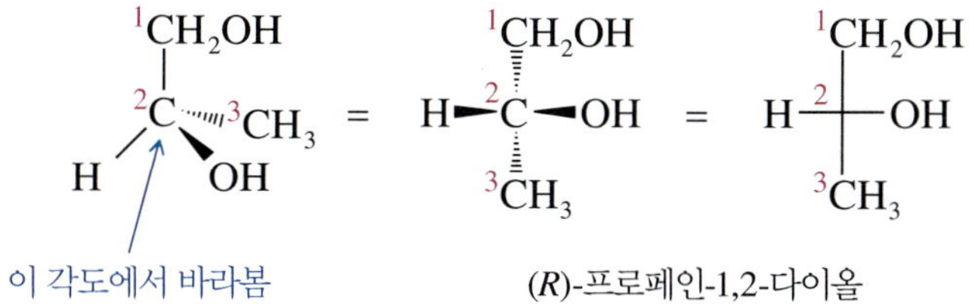

이 각도에서 바라봄

(*R*)-프로페인-1,2-다이올

**문제풀이 힌트**

Fischer 투영도(혹은 어떤 투영도에서도)의 어느 두 기를 맞바꾸는 것은 그 비대칭 탄소의 배열을 (*R*)에서 (*S*)로, 또는 (*S*)에서 (*R*)로 바꾸는 것이 된다.

**연습문제 5-17**

각 화합물에 대한 Fischer 투영도를 그려보라. 십자형은 1개의 비대칭 탄소 원자를 나타내고, 탄소 사슬은 수직한 방향을 따라 배열하고 꼭대기로부터 밑바닥 쪽으로 IUPAC 번호를 따른다.

**(a)** (*S*)-프로페인-1,2-다이올　　**(b)** (*R*)-2-브로모뷰탄-1-올

**(c)** (*S*)-1,2-다이브로모뷰테인　　**(d)** (*R*)-뷰탄-2-올

**(e)** (*R*)-글리세르알데하이드, $HO-{}^{3}CH_2-{}^{2}CH(OH)-{}^{1}CHO$

## 5-10B Fischer 투영도의 거울상 그리기

Fischer 투영도로 그려진 분자의 거울상을 어떻게 그리는가? 투시도의 경우 규칙은 다른 방향(상하, 전후)은 그 자리에 그대로 놓아두고서 왼쪽과 오른쪽을 바꿔 놓으면 되었다. 이 규칙이 그대로 Fischer 투영도에 적용된다. 즉 다른 방향은 그대로 놓고서 십자형의 수평 부분의 두 기를 왼쪽과 오른쪽으로 교차해서 바꿔 놓는다.

COOH / H—+—OH / $CH_3$　　COOH / HO—+—H / $CH_3$

(*R*)-락트산　　(*S*)-락트산

Fischer 투영도를 이용하면 거울상 이성질 현상을 조사하기가 특히 간단하다. 만일 Fischer 투영도가 올바르게 그려졌고(탄소 사슬이 수직 방향을 따라 그려졌고), 또한 그 거울상이 지면에서 회전했을 때 원래의 구조와 똑같게 보이지 않으면 두 거울상은 거울상 이성질체들이다. 다음 예에서 회전 후에 포개지지 않는 기는 붉은색으로 동그라미를 표시했다.

본체　　거울상　　180° 회전

프로페인-2-올　　$CH_3$ / σ---H—+—OH--- / $CH_3$　|　$CH_3$ / ---HO—+—H---σ / $CH_3$　180° =　$CH_3$ / H—+—OH / $CH_3$

이들 거울상은 똑같다. 프로판-2-올은 비카이랄이다.

(*R*)-프로페인-1,2-다이올　　$CH_2OH$ / H—+—OH / $CH_3$　|　$CH_2OH$ / HO—+—H / $CH_3$　180° =　$CH_3$ / H—+—OH / $CH_2OH$

이들 거울상은 다르다. 프로페인-1,2-다이올은 카이랄이다.

(2*S*,3*S*)-2,3-다이브로모뷰테인　　$CH_3$ / H—+—Br / Br—+—H / $CH_3$　|　$CH_3$ / Br—+—H / H—+—Br / $CH_3$　180° =　$CH_3$ / Br—+—H / H—+—Br / $CH_3$

이들 거울상은 다르다. 이 구조는 카이랄이다.

Fischer 투영도는 대부분의 경우 가장 대칭적인 형태이므로, Fischer 투영도에서 대칭의 거울면을 확인하기가 특히 쉽다. 앞의 첫 번째 구조(프로판-2-올)와 두 번째 구조[(2*S*,3*R*)-2,3-다이브로모뷰테인]에서 대칭면을 붉은 대시 선으로 나타냈다. 대칭면을 지닌 이들 구조는 카이랄이 될 수 없다.

(2*S*,3*R*)-2,3-다이브로모뷰테인

| | | |
|---|---|---|
| | $CH_3$ | |
| H | — | Br |
| $\sigma$ - - - | - - - | - - - |
| H | — | Br |
| | $CH_3$ | |

| | | |
|---|---|---|
| | $CH_3$ | |
| Br | — | H |
| - - - | - - - | - - - $\sigma$ |
| Br | — | H |
| | $CH_3$ | |

180° =

| | | |
|---|---|---|
| | $CH_3$ | |
| H | — | Br |
| H | — | Br |
| | $CH_3$ | |

이들 거울상은 똑같다. 이 구조는 비카이랄이다.

**연습문제 5-18**

각 Fischer 투영도에 대해

1. 모형을 만들어보라.
2. 거울상을 그려보라.
3. 거울상이 원래의 구조와 같은지 다른지를 결정하라.
4. Fischer 투영도에서 분명한 거울 대칭면이 있으면 그려 넣으라.

(a) CHO; H—C—OH; $CH_2OH$

(b) $CH_2OH$; H—C—Br; $CH_2OH$

(c) $CH_2Br$; Br—C—Br; $CH_3$

(d) CHO; H—C—OH; H—C—OH; $CH_2OH$

(e) $CH_2OH$; H—C—OH; H—C—OH; $CH_2OH$

(f) $CH_2OH$; HO—C—H; H—C—OH; $CH_2OH$

**문제풀이 힌트**

Fischer 투영도를 사용하면 투시도를 사용하여 해결하기 어려운 입체 화학 문제를 쉽게 해결할 수 있다. 2개 이상의 비대칭 탄소가 관련된 대부분의 문제는 Fischer 투영도를 사용하면 더 쉽게 해결할 수 있다.

## 5-10C Fischer 투영도에서 (*R*)과 (*S*) 위치 배열 배정하기

Fischer 투영도를 이용하여 그린 구조에 Cahn-Ingold-Prelog 규약(5-3절)을 적용할 수 있다. (*R*)과 (*S*)를 배정하는 두 가지 규칙을 복습해보기로 하자. (1) 비대칭 탄소 원자에 결합된 기에 대해 우선순위를 배정한다. (2) 우선순위가 가장 낮은 기(대개의 경우 H)를 뒤쪽에 놓고서 기 1에서 기 2를 거쳐 기 3까지 화살표가 돌아가도록 그린다. 시계 방향이 (*R*)이고, 반시계 방향이 (*S*)이다.

(*R*) 또는 (*S*) 배열은 이를 투시도로 변환시킬 필요 없이 Fischer 투영도로부터 직접 결정할 수도 있다. 가장 낮은 우선순위는 대부분의 경우 수소이다. Fischer 투영도에서 탄소 사슬은 수직선을 따라 배열되어 있으므로, 수소 원자는 보통 수평선상에 있으며 앞쪽으로 튀어나와 있다. 일단 각각의 기에 대해 우선순위를 배정한 다음, 기 1에서 기 2을 거쳐 기 3까지 화살표를 그려 이 화살표가 어느 방향인지를 알아볼 수 있다. (*R*)과 (*S*)를 정하는 규약에 따라 수소가 뒤쪽으로 가도록 분자를 돌리면 화살표는 반대 방향으로 회전할 것이다. 마음속으로 화살표를 돌려보거나 또는 간단히 규칙을 거꾸로 적용하여 비대칭 탄소 원자의 배열을 배정할 수 있다.

예를 들어 글리세르알데하이드(glyceraldehyde)의 거울상 이성질체 중 하나의 Fischer 투영도에 대해 고찰해보기로 하자. 먼저 우선순위는 —OH에서 시작하여 그다음은 —CHO기, 그다음은 —$CH_2OH$기이다. Fischer 투영도에서 기 1에서 시작하여 기 2로, 그다음은 기 3으로 가는 화살표는 반시계 방향으로 보인다. 만일 수소가 뒤쪽으로 가도록 분자를 뒤집으면 화살표는 시계 방향이므로, 이는 (*R*) 거울상 이성질체인 글리세르알데하이드이다.

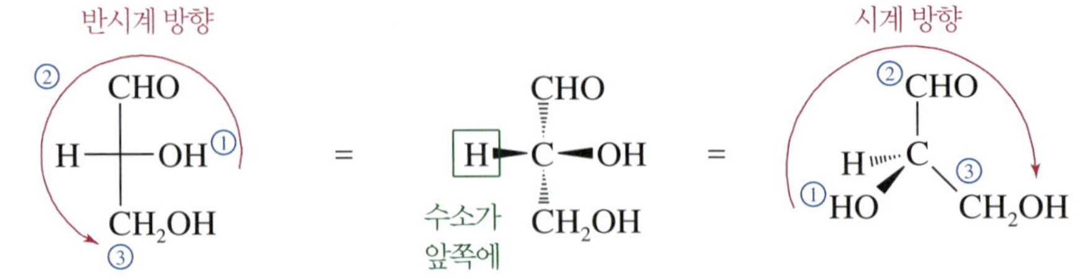

반시계 방향 / 시계 방향

Fischer 투영도
(*R*)-(+)-글리세르알데하이드

수소가 앞쪽에

원근법 그림
(*R*)-(+)-글리세르알데하이드

**문제풀이 힌트**

수평 방향의 결합으로 있는(뒤쪽으로 뻗어 나간 것이 아니라 앞쪽으로 나와 있는) 수소를 지닌 Fischer 투영도에 대해 (*R*)과 (*S*)를 명명할 때는 규약을 반대로 적용한다.

**연습문제 5-19**

각 Fischer 투영도에 대해 각각의 비대칭 탄소 원자를 (*R*) 또는 (*S*)로 표시하라. (a)~(f)는 연습문제 5-18의 구조를 참조하라.

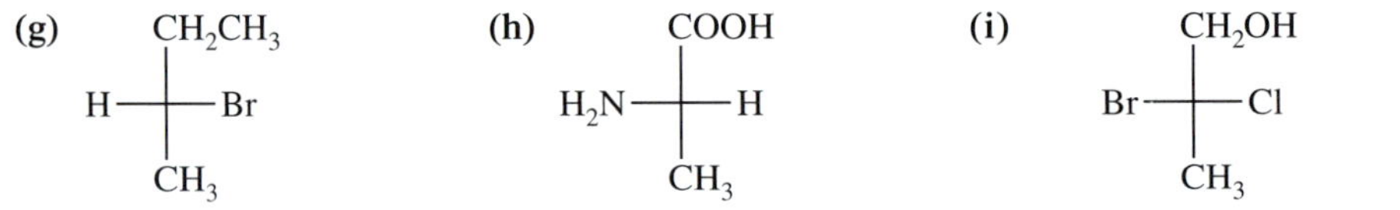

(g) $CH_2CH_3$, H, Br, $CH_3$

(h) COOH, $H_2N$, H, $CH_3$

(i) $CH_2OH$, Br, Cl, $CH_3$
(주의: 수소 원자가 없음)

**SUMMARY | Fischer 투영도와 그 활용**

1. Fischer 투영도는 2개 이상의 비대칭 탄소 원자를 지닌 화합물에 대해 매우 유용하다.
2. 비대칭 탄소 원자는 십자의 중심에 있다.
3. 수직선은 관측자로부터 뒤쪽으로, 수평선은 나비넥타이(▶◀)와 같이 관측자를 향해 앞쪽으로 튀어나와 있다.
4. 탄소 사슬은 수직선상에 놓이며, IUPAC 번호는 꼭대기로부터 밑바닥 쪽으로 매긴다. 대부분의 경우 산화 상태가 더 높은 말단 탄소(대부분 산소 또는 할로젠 원자와 결합을 가진 탄소)가 꼭대기에 놓인다.
5. 전체 투영도는 지면에서 (90°가 아닌) 180° 회전시키더라도 입체 화학은 바뀌지 않는다.
6. 비대칭 탄소에 결합되어 있는 임의의 2개의 기(예: 수평선 상의 기들)를 서로 바꾸면 입체 화학이 반전된다.

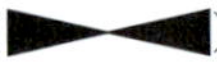

## 5-11 부분 입체 이성질체

입체 이성질체(stereoisomer)는 원자들이 같은 순서로 결합되었지만 공간에 배치되어 있는 방향이 다른 이성질체라고 정의한 바 있다. 거울상 이성질체에 대해서도 자세히 논의되었다. 기타의 모든 입체 이성질체는 거울상이 아닌 입체 이성질체라고 정의되는 **부분 입체 이성질체**(diastereomer)로 분류된다. 대부분의 부분 입체 이성질체는 기하 이성질체이거나 2개 또는 그 이상의 카이랄 중심을 가진 화합물이다.

### 5-11A 이중 결합에서의 시스-트랜스 이성질 현상

앞서 **기하 이성질체**(geometric isomer)라고도 불리는 부분 입체 이성질체의 한 부류인 **시스-트랜스 이성질체**(cis-trans isomer)를 다루었다. 예를 들어 뷰트-2-엔(but-2-ene)에는 다음의 두 가지 이성질체가 있다.

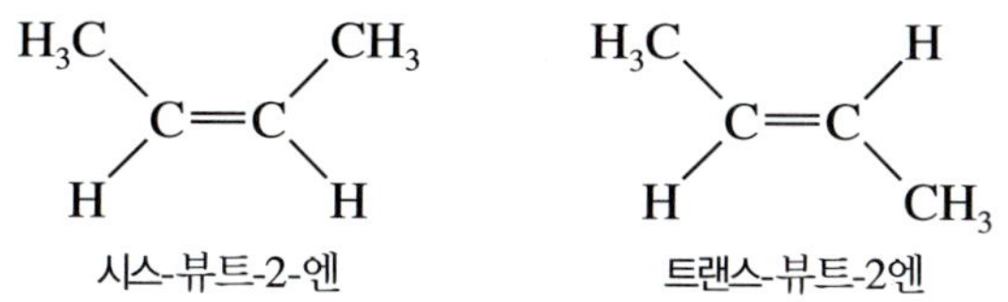

$H_3C$ / $CH_3$ / C=C / H / H — 시스-뷰트-2-엔

$H_3C$ / H / C=C / H / $CH_3$ — 트랜스-뷰트-2엔

이들 입체 이성질체는 서로 거울상이 아니므로 거울상 이성질체가 아니다. 이들은 부분 입체 이성질체이다.

### 5-11B 고리에서의 시스-트랜스 이성질 현상

고리가 존재할 때 또한 시스-트랜스 이성질체가 존재할 수 있다. 시스-및 트랜스-1,2-다이메틸사이클로펜테인(*cis*-, *trans*-1,2-dimethylcyclopentane)은 기하 이성질체인 동시에 부분 입체 이성질체이다. 트랜스 부분 입체 이성질체는 거울상 이성질체를 가지고 있으나, 시스 부분 입체 이성질체는 내부 거울 대칭면을 가지고 있어 비카이랄이다.

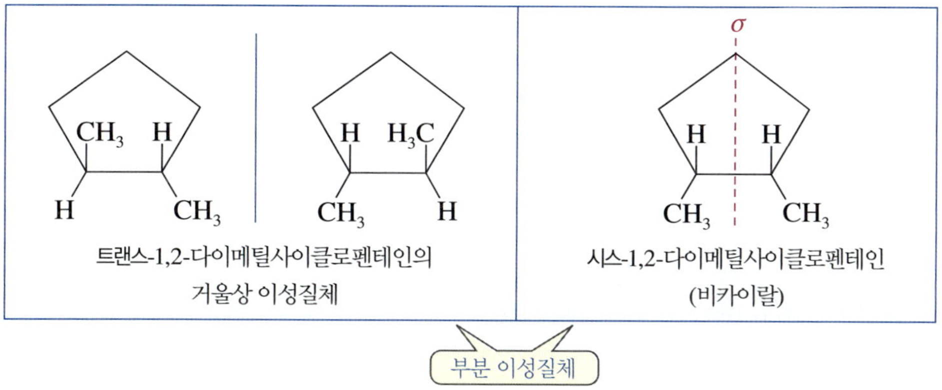

트랜스-1,2-다이메틸사이클로펜테인의 거울상 이성질체

시스-1,2-다이메틸사이클로펜테인 (비카이랄)

부분 이성질체

### 5-11C 2개 또는 그 이상의 카이랄 중심을 가진 부분 입체 이성질체

기하 이성질체를 제외하고 부분 입체 이성질 현상을 나타내는 대부분의 화합물은 2개 또는 그 이상의 카이랄 중심을 가지고 있는데, 이는 대부분 비대칭 탄소 원자이다. 예를 들어 2-브로모-3-클로로뷰테인(2-bromo-3-chlorobutane)은 2개의 비대칭 탄소 원자를 가지고 있으며, 아래에 나타낸 바와 같이 두 가지 부분 입체 이성질체의 형태로 존재한다. 이들 두 가지 입체 이성질체의 분자 모형을 만들어보라.

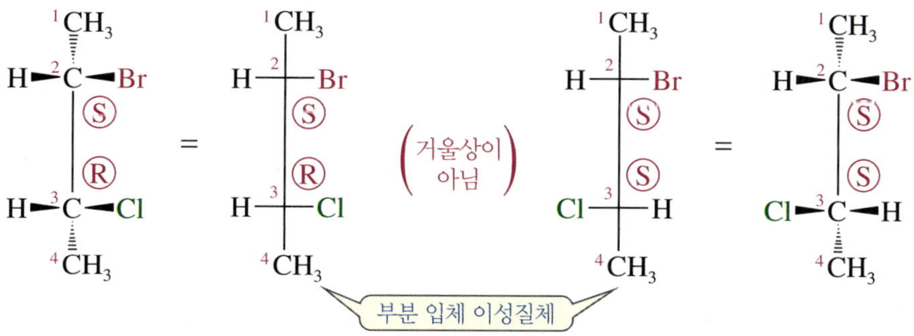

(거울상이 아님)

부분 입체 이성질체

이들 두 구조는 같지 않다. 즉, 공간에서 원자들의 배향이 다르기 때문에 입체 이성질체이다. 그러나 이들 두 구조는 서로 거울상이 아니기 때문에 거울상 이성질체가 아니다. 이들 두 구조에서 C2는 둘 다 (*S*) 배열을 가지고 있다. 그러나 왼쪽 구조의 C3 탄소 원자는 (*R*)이지만 오른쪽 구조는 (*S*)이다. C3 탄소 원자는 서로 거울상이지만 C2 탄소 원자는 그렇지 않다. 만일 이들 두 화합물이

서로 거울상이 되려면 2개의 비대칭 탄소 원자가 서로 거울상이어야 할 것이다.

이들 화합물은 입체 이성질체이지만 거울상 이성질체가 아니므로, 부분 입체 이성질체이다. 실제로 2개의 부분 입체 이성질체가 모두 카이랄이며, 각각의 화합물이 전부 거울상 이성질체를 가지고 있다. 따라서 2-브로모-3-클로로뷰테인은 총 4개의 입체 이성질체, 즉 두 쌍의 거울상 이성질체를 가지고 있다. 한 쌍의 거울상 이성질체의 어느 하나라도 다른 쌍의 거울상 이성질체의 어느 하나와 부분 입체 이성질체의 관계에 있다.

**문제풀이 힌트**

화합물에 2개 이상의 카이랄 센터(보통 비대칭 탄소)가 포함되어 있는 경우 Fischer 투영도로 그릴 것을 고려하라. 왼쪽의 구조에서 본 입체 화학적인 차이는 투시도에서는 명확하지 않으며, 투시도를 그리는 것도 훨씬 어렵다.

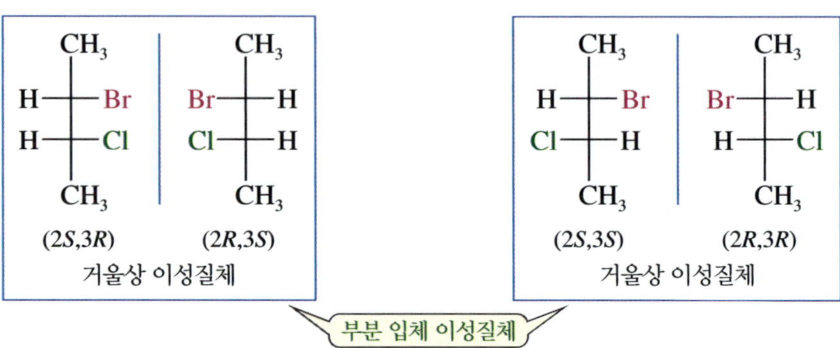


지금까지 알아야 할 필요가 있는 모든 유형의 이성질체를 다루었으므로, 이들의 관계를 도표로 나타내고 이들의 정의를 요약할 수 있다.

## SUMMARY | 이성질체의 유형

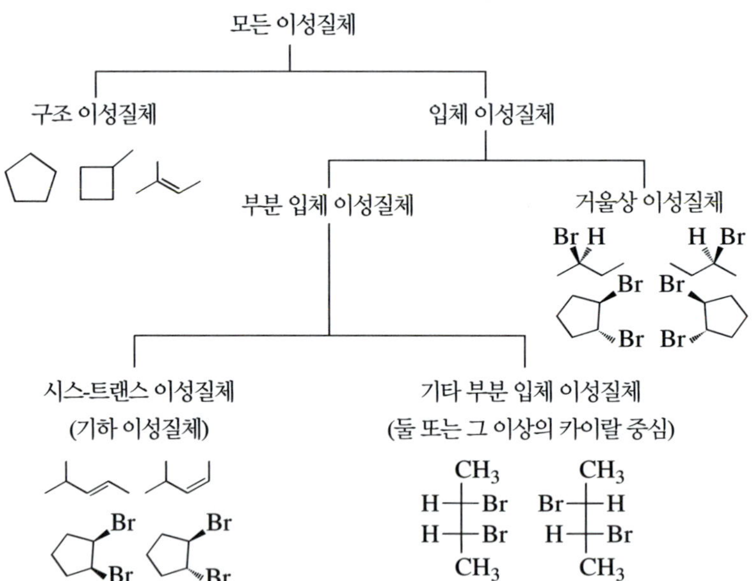


**이성질체**(isomer): 같은 분자식을 가지고 있는 다른 화합물

**구조 이성질체**(constitutional isomer, structural isomer): 원자들이 결합하는 순서가 다른 이성질체. 원자들은 서로 다른 연결을 가지고 있다.

**입체 이성질체**(stereoisomer): 원자들의 공간에서의 배향만이 다른 이성질체

**거울상 이성질체**(enantiomer): 서로 거울상인 이성질체

**부분 입체 이성질체**(diastereomer): 서로 거울상이 아닌 입체 이성질체

**시스-트랜스 이성질체**(cis-trans isomer): 고리나 이중 결합 상의 시스-트랜스 배열이 서로 다른 부분 입체 이성질체. '기하 이성질체(geometric isomer)'라고도 한다.

**연습문제 5-20**

다음 각 쌍에서 두 화합물 간의 관계를 나타내라. 분자 모형을 만들면 도움이 될 것이다.

**(a)** (2*R*,3*S*)-2,3-다이브로모헥세인과 (2*S*,3*R*)-2,3-다이브로모헥세인

**(b)** (2*R*,3*S*)-2,3-다이브로모헥세인과 (2*R*,3*R*)-2,3-다이브로모헥세인

**(c)** 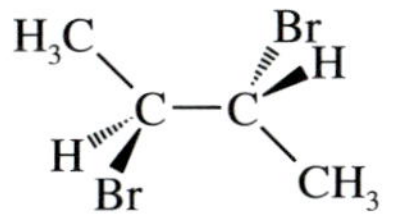 $H_3C$, H, Br—C—C—Br, H, $CH_3$ 그리고 $H_3C$, Br, H—C—C—H, $CH_3$, Br

**(d)** (3-브로모사이클로헥센) 그리고 (3-브로모사이클로헥센)

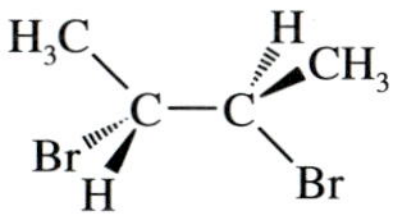

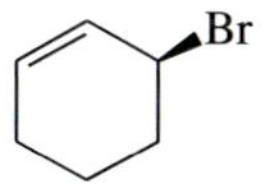

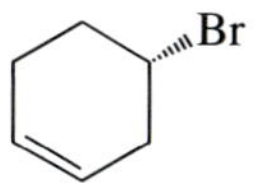

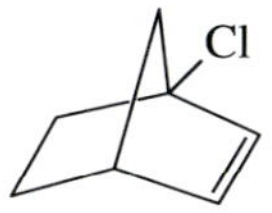

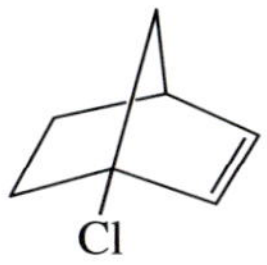

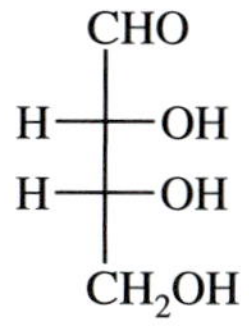

**(e)** (Cl 치환 노르보르넨) 그리고 (Cl 치환 노르보르넨)

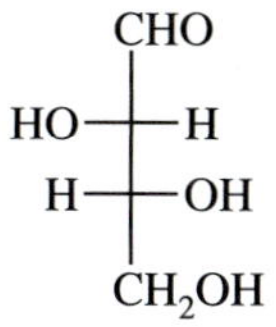

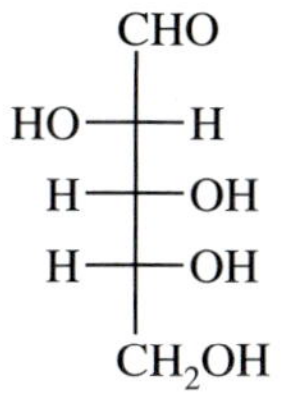

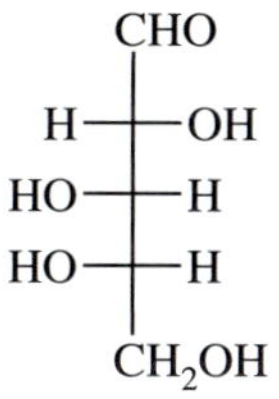

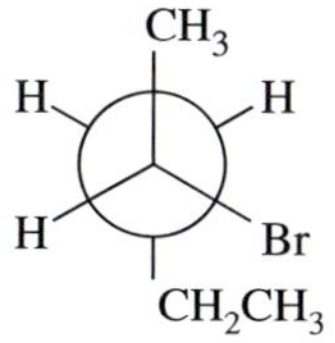

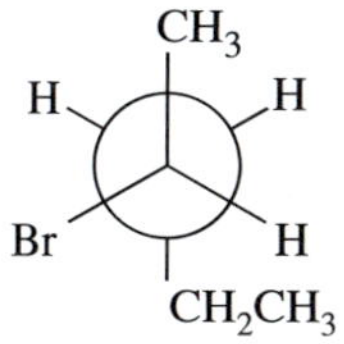

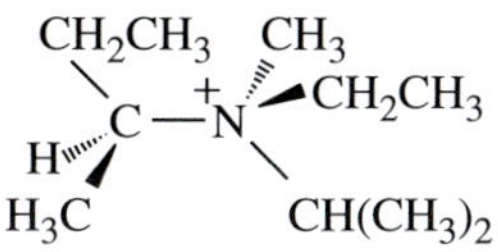

**(f)** CHO, H—OH, H—OH, $CH_2OH$ 그리고 CHO, HO—H, H—OH, $CH_2OH$

**(g)** CHO, HO—H, H—OH, H—OH, $CH_2OH$ 그리고 CHO, H—OH, HO—H, HO—H, $CH_2OH$

**(h)** $CH_3$, H, H, H, Br, $CH_2CH_3$ 그리고 $CH_3$, H, H, Br, H, $CH_2CH_3$

**(i)** $CH_2CH_3$, H, $H_3C$—C—$\overset{+}{N}$($CH_3$)($CH_2CH_3$)($CH(CH_3)_2$) 그리고 $CH_2CH_3$, H, $H_3C$—C—$\overset{+}{N}$($CH_2CH_3$)($CH_3$)($CH(CH_3)_2$)

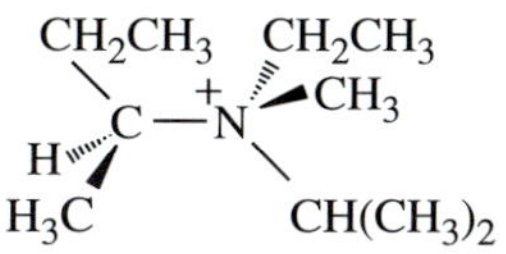

## 5-12 2개 또는 그 이상의 비대칭 탄소 원자를 가진 분자의 입체 화학

앞 절에서 2-브로모-3-클로로뷰테인에는 네 가지 입체 이성질체(두 쌍의 거울상 이성질체)가 있다는 것을 알았다. 이들 네 가지 이성질체는 2개의 비대칭 탄소 원자인 C2와 C3에서의 (*R*)과 (*S*) 배열의 모든 가능한 순열에 불과하다.

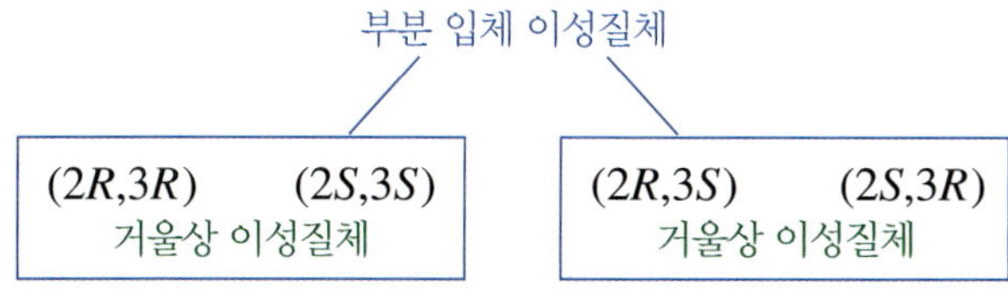


*n*개의 비대칭 탄소 원자를 가지고 있는 화합물은 최대 $2^n$개의 입체 이성질체를 가질 수 있다. 이 공식은 흔히 **$2^n$ 규칙**($2^n$ rule)이라고 하는데, 여기서 *n*은 카이랄 중심(흔히 비대칭 탄소 원자)이다. $2^n$ 규칙은 최대 $2^n$개의 입체 이성질체를 찾아내야 한다는 것을 시사한다. 그렇지만 특히 비대칭 탄소 원자 중 2개가 동일한 치환기를 가지고 있을 때는 항상 $2^n$개의 이성질체를 찾아낼 수 있는 것은 아니다.

2,3-다이브로모뷰테인은 입체 이성질체의 수가 $2^n$개보다 적은 화합물의 한 예이다. 이 화합물은 2개의 비대칭 탄소 C2와 C3를 가지고 있으므로 $2^n$ 규칙에 따라 최대 4개의 입체 이성질체를 가질 것으로 예상된다. 다음에 C2와 C3 위치의 (*R*)과 (*S*) 배열의 네 가지 순열이 나타나 있다. 이들을 서로 비교하기 위해 이들 구조의 분자 모형을 만들어보라.

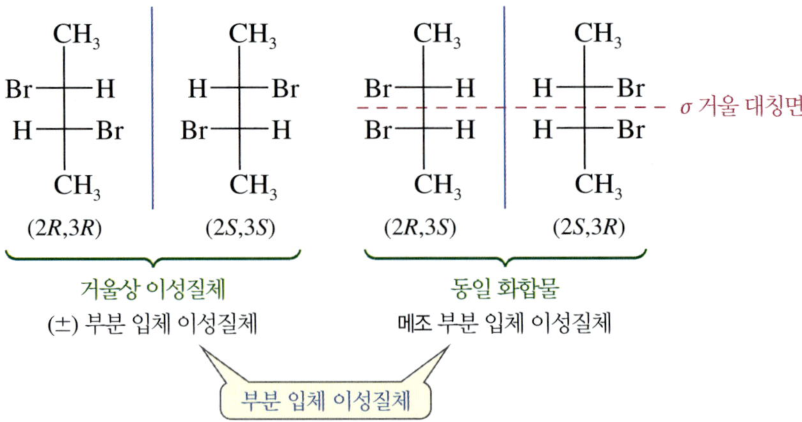


2,3-다이브로모뷰테인은 단 3개의 입체 이성질체가 있다. 이는 4개 중 2개가 같은 구조이기 때문이다. 오른쪽에 있는 부분 입체 이성질체는 거울 대칭면을 가지고 있기 때문에 비카이랄이다. 비대칭 탄소 원자는 동일한 치환기를 가지며, (*R*) 배열을 가진 비대칭 탄소 원자는 (*S*) 배열을 가진 다른 비대칭 탄소 원자를 반사한 것이다. 그리하여 분자는 그 자체의 내부에 마치 라셈 혼합물이 들어 있는 것처럼 보인다.

## 5-13 메조 화합물

비대칭 탄소 원자를 가지고 있으면서도 비카이랄인 화합물을 **메조 화합물**(meso compound)이라고 한다. 2,3-다이브로모뷰테인의 (2*R*,3*S*) 이성질체는 메조 화합물이다. 대부분의 메조 화합물은 배열이 서로 반대인 2개의 유사한 절반 부분을 지닌 이러한 대칭 구조를 가지고 있다. 2,3-다이브로모뷰테인의 2개의 부분 입체 이성질체에 대해 말하자면 대칭성을 지닌 분자를 **메조 부분 입체 이성질체**(meso diastereomer)라고 하고, 카이랄인 분자를 (±) **부분 입체 이성질체**라고 한다. 한 가지 거울상 이성질체는 (+)이고, 다른 거울상 이성질체는 (−)이기 때문이다.

> 메조 화합물: 카이랄 중심(보통 비대칭 탄소)을 지닌 비카이랄인 화합물

**문제풀이 힌트**

2개의 카이랄 중심을 가지고 있는 메조 화합물은 (*R*,*S*) 또는 (*S*,*R*)이다. 이는 카이랄 중심이 서로 거울상으로서, 내부 거울 평면에 서로 비치는 거울상이어야 하기 때문이다.

메조(meso, 그리스어로 '중간'이라는 의미)라는 말은 카이랄인 한 세트의 부분 입체 이성질체 중 비카이랄인 분자를 기술하는 데 쓰였다. 광학적으로 비활성인 이성질체는 우회전성과 좌회전성 이성질체의 중간에 있는 것처럼 보였다. 위에 기술한 정의(카이랄 중심을 가진 비카이랄 화합물)는 거의 완벽한 정의이며, 특히 카이랄 중심이 보통 비대칭 탄소 원자인 것을 기억하면 더욱 쉽게 적용된다.

메조 화합물이라고 칭하지는 않았지만, 앞서 이미 몇 가지 다른 메조 화합물을 다루었다. 예를 들면 1,2-다이클로로사이클로펜테인의 시스 이성질체는 2개의 비대칭 탄소 원자를 가지고 있으나 비카이랄이다. 그러므로 이는 메조 화합물이다. 시스-1,2-다이브로모사이클로헥세인은 의자 형태에서는 대칭이 아니지만, 빠르게 평형을 이루고 있는 2개의 서로 거울상 이성질체인 의자 형태가 같은 양으로 이루어져 있다. 이 화합물이 비카이랄이며, 메조 화합물인지 여부를 결정하기 위해서는 대칭적인 평평한 형태의 분자를 조사해보면 된다. 비고리 화합물의 경우 Fischer 투영도를 사용하면 메조 화합물의 대칭성을 밝히는 데 도움이 된다.

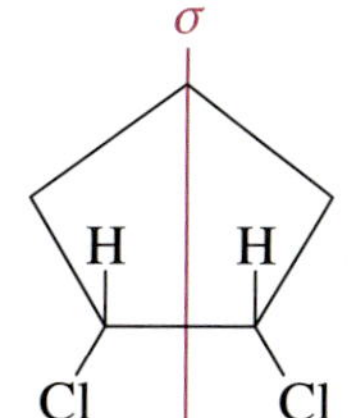

시스-1,2-다이클로로사이클로펜테인

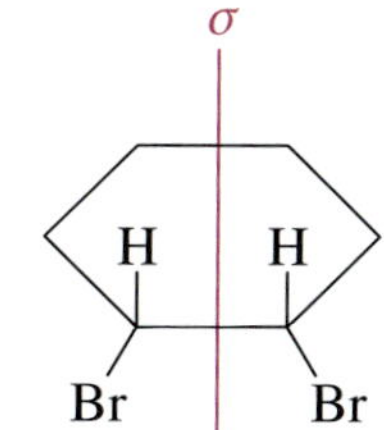

시스-1,2-다이브로모사이클로헥세인

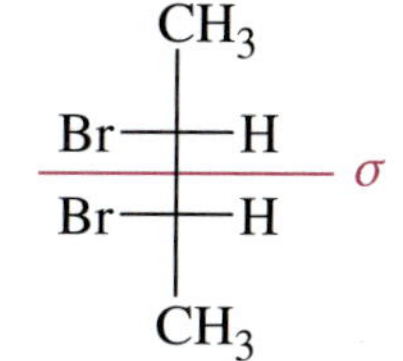

메조-2,3-다이브로모뷰테인

COOH
H—OH
σ
H—OH
COOH

메조-타타르산

### 예제 5-7

다음 화합물 중에 어느 것이 카이랄인지를 판단하라. 비대칭 탄소가 있으면 별표(*)를 표시하고, 거울면이 있으면 그려 넣으라. 메조 화합물이 있으면 표시하라(분자 모형을 사용하라).

(a) $CH_3$ / H—OH / HO—H / $CH_3$

(b) $CH_2OH$ / Br—Cl / Br—Cl / $CH_2OH$

(c) $CH_3$ / H—OH / HO—H / HO—H / H—OH / $CH_3$

(d) H / Br / H / Cl

#### 풀이

(a) $CH_3$ / H—*—OH / HO—*—H / $CH_3$ | $CH_3$ / HO—*—H / H—*—OH / $CH_3$

이 화합물은 대칭면을 가지고 있지 않으므로 카이랄을 의심하게 된다. 거울상을 그려보면 이 화합물이 원래의 구조 위에 포개질 수 없다는 것을 보여준다. 그러므로 이들 두 구조는 카이랄 화합물의 거울상 이성질체이다.

(b)

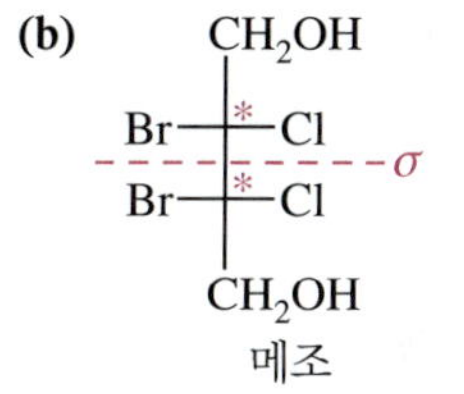


(c)

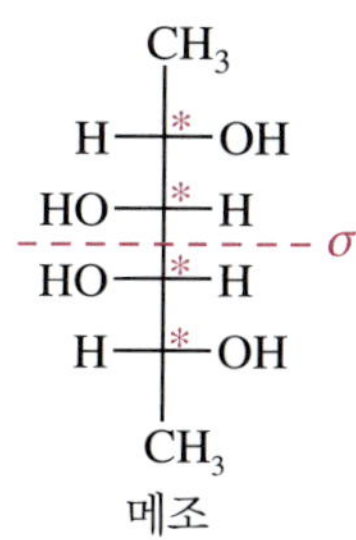


(b)와 (c)는 둘 다 대칭 거울면을 가지므로 비카이랄이다. 이들 구조는 둘 다 비대칭 탄소 원자를 가지고 있으면서도 비카이랄이므로 메조 화합물이다.

(d)

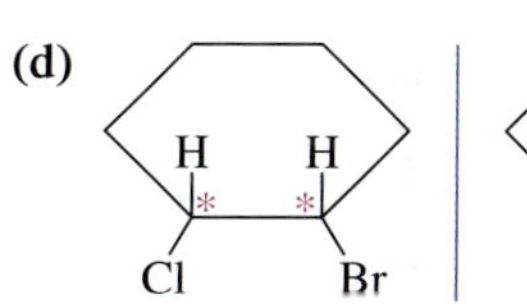


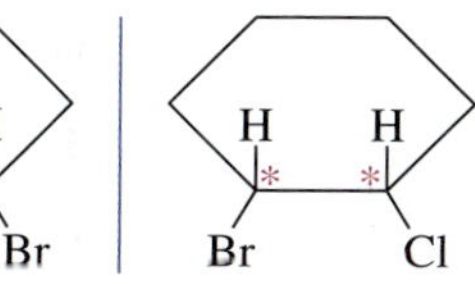


이 화합물을 가장 대칭적인 형태(평평한 형태)로 그리면 거울 대칭면을 가지고 있지 않다는 것을 알 수 있다. 거울상을 그려보면 거울상 이성질체라는 것이 밝혀진다.

### 예제 5-8

메조 화합물을 '입체 중심을 가진 비카이랄 화합물'로 정의한 경우도 있다. 이 정의가 부족한 이유는 무엇인가?

#### 풀이

입체 중심은 2개의 기 교환에 의해 입체 중심이 만들어진 원자이다. 입체 중심은 카이랄 중심과 시스-트랜스 이성질체를 형성하는 이중 결합을 하는 탄소를 포함한다. 예를 들면 뷰트-2-엔의 이성질체는 비카

**문제풀이 힌트**

특정 구조의 모든 입체 이성질체를 그리려면 먼저 모든 입체 중심을 식별하라. 그런 다음 입체 중심이 두 가지 구성으로 있을 때 발생하는 모든 순열을 체계적으로 검토하라. 예를 들어 만약 3개의 입체 중심이 있다면 RRR, RRS, RSR, SRR, RSS, SRS, SSR, SSS를 작성한다. Fischer 투영도에서는 모든 치환기를 한쪽에 두고, 그것들을 다른 쪽으로 옮기는 동일한 과정을 거칠 수 있다. 분자에 대칭이 존재하여 메조 구조를 생성하는 경우 중복을 제거해야 한다.

이랄이고, 입체 중심(동그라미로 표시)을 가지고 있으므로, 이 정의에 맞다. 그러나 이들 화합물은 카이랄 부분 입체 이성질체가 아니므로 메조 화합물이라고 하는 것은 옳지 않다.

H, $CH_3$, C=C, H, $CH_3$ — 입체 중심 — H, $CH_3$, C=C, $H_3C$, H

### 연습문제 5-21

다음 화합물 중에서 어느 것이 카이랄인가? 각 화합물의 가장 대칭적인 형태를 그리고, 비대칭 탄소 원자가 있으면 별표(*)를 표시하고, 거울면이 있으면 그려 넣으라. 메조 화합물이 있으면 표시하라. 필요하다면 Fischer 투영도를 사용해도 좋다.

**(a)** 메조-2,3-다이브로모-2,3-다이클로로뷰테인

**(b)** (±)-2,3-다이브로모-2,3-다이클로로뷰테인

**(c)** (2*R*,3*S*)-2-브로모-3-클로로뷰테인

**(d)** (2*R*,3*S*)-2,3-다이브로모뷰테인

**(e)** (*R*,*R*)-2,3-다이브로모뷰테인

**(f)** CHO; H—C—OH; HO—C—H; $CH_2OH$

**(g)** (Br, H, H, H, $CH_3$, Br, $CH_3$, H 치환 사이클로헥세인)

**(*h)** (H, Br, $CH_3$, H, H, Br, $CH_3$, H 치환 사이클로헥세인)

## FOCUS | 다중 카이랄 중심

하나의 카이랄 중심을 가진 화합물은 겹칠 수 없는 거울상 이미지, 즉 거울상 이성질체를 가지고 있다. 이 두 이성질체는 평면 편광 빛의 반대 방향 회전을 제외하고는 동일한 물리적 특성을 가지고 있다. 두 이성질체는 카이랄 중심의 배열을 뒤집음으로써 상호 변환될 수 있다.

거울

| (*S*)-락트산 | (*R*)-락트산 |
|---|---|
| 녹는점 = 54 °C | 녹는점 = 54 °C |
| 광회전도 = +2.7° | 광회전도 = –2.7° |

2,3-다이하이드록시뷰탄산(2,3-dihydroxybutanoic acid)은 2개의 카이랄 중심을 가진 화합물이다. 화합물 **A**는 겹칠 수 없는 거울상인 **B**를 가진다. 즉 화합물 **A**와 **B**는 거울상 이성질체이다. 마찬가지로 화합물 **C**와 **D**도 이성질체이지만, **A**와 **B**의 거울상은 아니다. 화합물 **C**와 **D**는 **A**와 **B**의 거울상 이성질체가 아니라 입체 이성질체이며, **A**와 **B**의 **부분 입체 이성질체**이다.

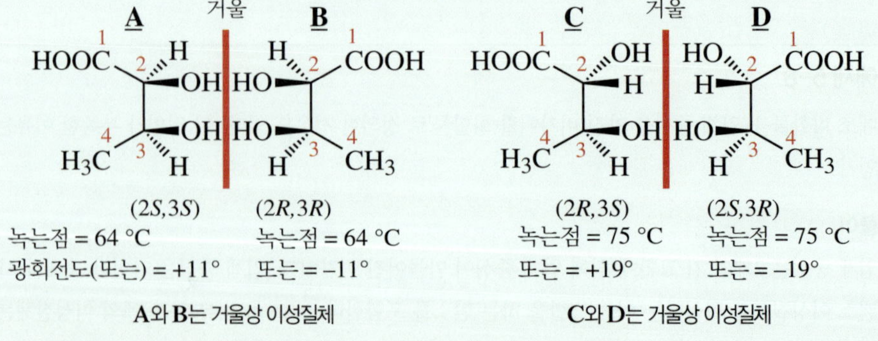

거울상 이성질체는 같은 물리적 성질을 가지고 있으나 반대 방향의 광회전을 한다. 부분 입체 이성질체들은 서로 다른 물리적 성질을 가질 수 있으며, 대개 그러하다. 입체 중심의 수가 $n$일 때 최대 입체 이성질체의 수는 $2^n$이다.

다수의 카이랄 중심을 가진 화합물의 구조를 그릴 경우
- 모든 카이랄 중심을 반전하면 거울상 이성질체를 얻는다.
- 최소한 하나의 카이랄 중심을 반전하면서 적어도 하나의 카이랄 중심은 그대로 유지하면 부분 입체 이성질체를 얻는다.

다중 카이랄 중심을 가진 화합물에서는, 예를 들면 타타르산(tartaric acid) 같은 내부 대칭면을 가진 화합물의 특수한 경우가 발생할 수 있다. **메조 화합물**은 2개 이상의 카이랄 중심을 갖지만 그 거울상 이미지와 동일하며 광학 활성을 갖지 않는다. 메조 화합물의 존재는 최대 입체 이성질체의 수를 줄인다. 타타르산은 앞서 언급한 2,3-다이하이드록시뷰탄산과는 달리 3개의 입체 이성질체만을 가지고 있다.

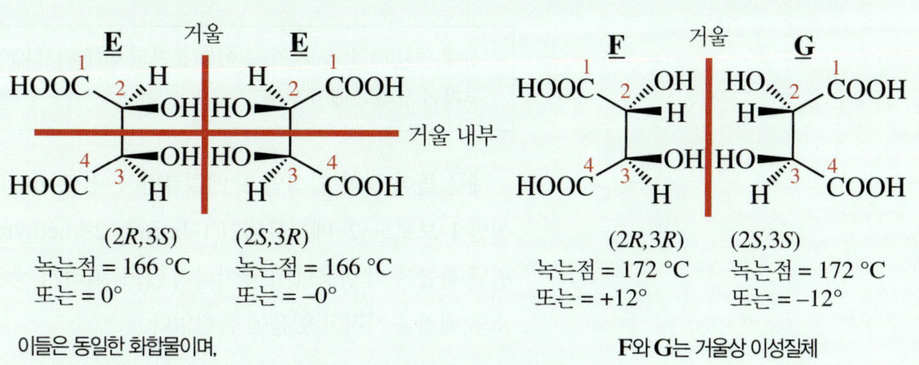


이들은 동일한 화합물이며,
메조 화합물이다. 이름: 메조-타타르산(meso-tartaric acid)

F와 G는 거울상 이성질체

**연습문제 5-22**

각 구조에 대해 모든 별개의 입체 이성질체를 그려보라. 이성질체들 간의 관계(거울상 이성질체, 부분 입체 이성질체 등)를 밝히고 메조 이성질체가 있으면 표시하고, 거울 대칭면이 있으면 그려 넣으라.

(a) $CH_3$—CHCl—CHOH—COOH

(b) 타타르산, HOOC—CHOH—CHOH—COOH

(c) HOOC—CHBr—CHOH—CHOH—COOH

(d) [bicyclic structure: cyclohexane fused to cyclopentane]

(e) HO—cyclopropane with two $CH_3$

**문제풀이 힌트**

연습문제 5-22의 (e)에서 OH기를 가진 탄소는 비대칭이 아니다. 그러나 만약 메틸기가 서로 시스이면 입체 중심이 될 수 있다.

## 5-14 절대 및 상대 위치 배열

입체 화학을 공부해오면서 3차원적인 구조를 그렸고, (*R*) 또는 (*S*) 배열을 지닌 비대칭 탄소에 대해서도 언급했다. 이러한 카이랄 중심의 배열을 기술하는 방법은 절대적이다. 즉 공간에서 모든 원자의 실제적인 방향을 나타낸다. 그래서 이러한 방법은 분자의 **절대 위치 배열**(absolute configuration)을 명시한다고 이야기한다. 예를 들어 '(*R*)-뷰탄-2-올'이란 이름이 주어지면 어떤 화학자라도 정확한 분자 모형이나 3차원적인 배열을 그릴 수 있다.

절대 위치 배열: 원자들이 어떻게 공간에 배열되어 있는가를 포함하는 한 분자의 자세한 입체 화학적 그림. 달리 말하면 각 카이랄 중심의 (*R*) 또는 (*S*) 배열

화학자들은 X-선 결정학이 최초로 이용되어 원자들의 공간상의 배치를 알게 된 1951년 이래로 많은 카이랄 화합물의 절대 위치 배열을 결정해왔다. 1951년 이전에는 입체 화학적인 그림을 실제

적인 거울상 이성질체 및 이들의 관측된 광회전과 연결할 방법이 없었다. 절대 위치 배열에 대해 전혀 알지 못했기 때문이다. 그렇지만 어떤 화합물의 배열을 다른 화합물의 배열과 서로 연관시키거나 두 화합물이 동일하거나 또는 반대의 배열을 가지고 있다는 것은 입증할 수 있었다. 비대칭 탄소 원자에 붙어 있는 결합들을 끊지 않는 반응을 이용하여 한 화합물을 다른 화합물로 변환시키면, 반응물이나 생성물의 절대 위치 배열은 결정할 수 없더라도 생성물은 반응물과 동일한 **상대 위치 배열**(relative configuration)을 가질 수밖에 없다는 것을 알 수 있다.

상대 위치 배열: 두 분자 중 어느 분자의 절대 위치 배열을 모를지라도 실험적으로 결정하여 얻은 두 분자의 상대적 배열 관계

예를 들어 광학 활성인 2-메틸뷰탄-1-올(2-methylbutan-1-ol)을 $PBr_3$와 반응시키면 광학 활성인 1-브로모-2-메틸뷰테인(1-bromo-2-methylbutane)이 만들어진다. 비대칭 탄소 원자에 연결된 결합은 이 반응에서 끊어지지 않고, 따라서 생성물은 출발 물질과 마찬가지로 같은 비대칭 탄소의 배열을 가지고 있음에 틀림없다.

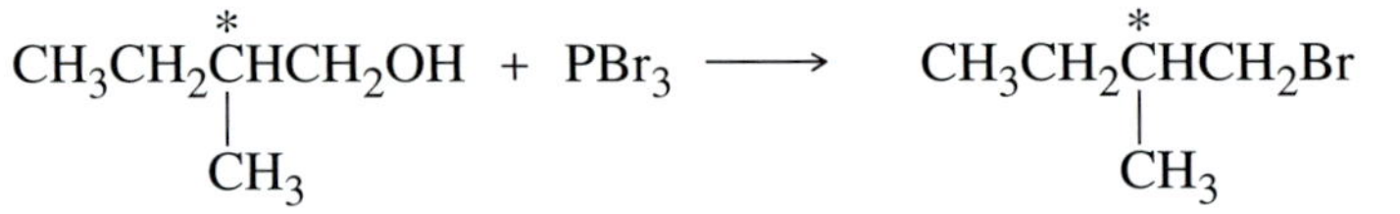

$$\underset{\substack{(+)\text{-2-메틸뷰탄-1-올} \\ [\alpha]_D^{25} = +5.8°}}{CH_3CH_2\overset{*}{C}H(CH_3)CH_2OH} + PBr_3 \longrightarrow \underset{\substack{(-)\text{-1-브로모-2-메틸뷰테인} \\ [\alpha]_D^{25} = -4.0°}}{CH_3CH_2\overset{*}{C}H(CH_3)CH_2Br}$$

X-선 결정학을 통해 확립된 화합물과 상대 위치 배열을 비교하지 않고서는 이들 중 어느 것이 (*R*) 또는 (*S*)인지 전혀 알지 못하더라도, 위 반응에서 나타난 (+)-2-메틸뷰탄-1-올과 (−)-1-브로모-2-메틸뷰테인은 같은 상대 위치 배열을 가지고 있다고 할 수 있다.

X-선 결정학의 출현 이전에는 카이랄 화합물의 상대 위치 배열과 표준 화합물의 상대 위치 배열을 비교하기 위해 몇 가지 체계가 사용되었다. 오늘날에는 이들 중 오직 한 가지 체계, 즉 Fischer-Rosanoff 규약(Fischer-Rosanoff convention)으로 알려진 **D-L 체계**(D-L system)만이 보편적으로 사용된다. 이 체계에서는 당과 아미노산의 배열을 글리세르알데하이드의 거울상 이성질체와 연관하여 정의했다. (+)-글리세르알데하이드와 같은 상대 위치 배열을 가진 화합물에는 접두사 D를 붙이고, (−)-글리세르알데하이드 같은 상대 위치 배열을 가진 화합물의 경우 접두사 L을 사용했다.

**문제풀이 힌트**

카이랄한 고리 화합물의 경우 '시스' 및 '트랜스' 접두사는 상대적인 배치를 나타낸다. 시스-1-브로모-2-메틸사이클로헥세인이라는 이름에서 시스는 메틸기와 브로민 원자의 상대적인 위치를 나타낸다. 이는 어느 쪽이든 카이랄 중심의 절대적인 배치를 명시하지 않지만 올바른 시스 이성질체 각각을 그릴 수 있다. (1*S*,2*R*)-1-브로모-2-메틸사이클로헥세인이라는 이름은 하나의 시스 이성질체의 절대적인 배치를 명시하며 하나의 가능한 구조만을 나타낸다.

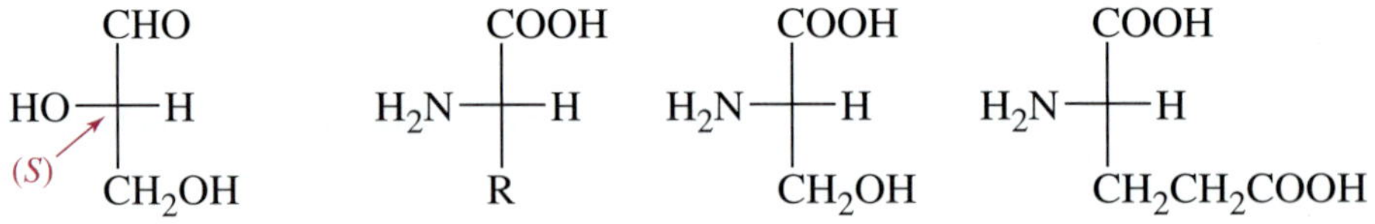

| CHO<br>HO—┼—H<br>(*S*)<br>$CH_2OH$ | COOH<br>$H_2N$—┼—H<br>R | COOH<br>$H_2N$—┼—H<br>$CH_2OH$ | COOH<br>$H_2N$—┼—H<br>$CH_2CH_2COOH$ |
|---|---|---|---|
| L-(−)-글리세르알데하이드 | L-아미노산 | L-(−)-세린 | L-(+)-글루탐산 |

이제 글리세르알데하이드의 거울상 이성질체의 절대 위치 배열을 알고 있다. 즉 Fischer 투영도에서 하이드록시기(OH)가 오른쪽에 존재하는 (+) 거울상 이성질체가 (*R*) 배열을 가지고 있고, 하이드록시기(OH)가 왼쪽에 존재하는 (−) 거울상 이성질체는 (*S*) 배열을 가진다. 대부분의 천연 아미노산은 Fischer 투영도에서 아미노기($NH_2$)를 왼쪽에 가지고 있으며, L 배열을 가지고 있다.

당은 몇 개의 비대칭 탄소를 가지고 있지만, 모든 당은 알데하이드 말단에서부터의 산화를 통해

글리세르알데하이드로 분해될 수 있다(이들 반응에 대해서는 23장 참조). 대부분의 천연 당은 (+)-글리세르알데하이드로 분해되며, 따라서 이들에게는 접두사 D가 부여된다. 이는 당의 가장 아래쪽 비대칭 탄소가 Fischer 투영도에서 하이드록시기(OH)를 오른쪽에 가지고 있음을 의미한다.

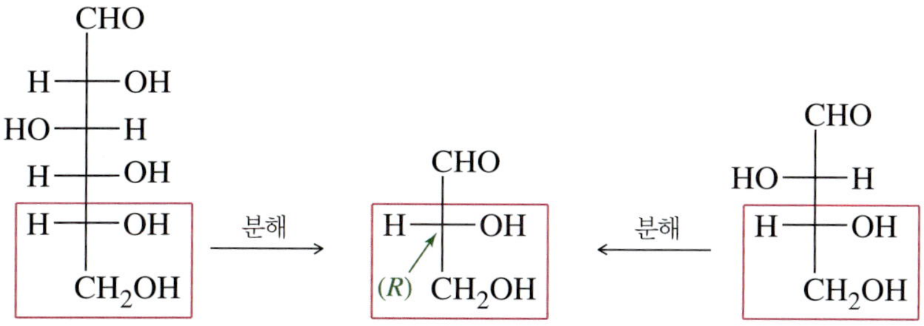

CHO
H—OH
HO—H
H—OH
H—OH
$CH_2OH$
D-(+)-글루코스

분해 →

CHO
H—OH
(R) $CH_2OH$
D-(+)-글리세르알데하이드

← 분해

CHO
HO—H
H—OH
$CH_2OH$
D-(−)-트레오스

## 5-15 부분 입체 이성질체의 물리적 성질

거울상 이성질체는 편광을 회전시키는 방향을 제외하고는 동일한 물리적 성질을 가지고 있다는 것을 이미 배웠다. 반면에 부분 입체 이성질체는 일반적으로 서로 다른 물리적 성질을 가지고 있다. 예를 들면 아래에 나타낸 뷰트-2-엔의 부분 입체 이성질체에 대해 고찰해보기로 하자. 트랜스-뷰트-2-엔은 대칭으로 인해 결합의 쌍극자 모멘트가 상쇄된다. 그러나 시스-뷰트-2-엔의 경우 결합의 쌍극자 모멘트가 상쇄되는 것이 아니라 합쳐짐으로써 분자 쌍극자 모멘트가 생긴다. 시스-뷰트-2-엔은 이러한 쌍극자-쌍극자 인력으로 인해 트랜스-뷰트-2-엔보다 끓는점이 더 높다.

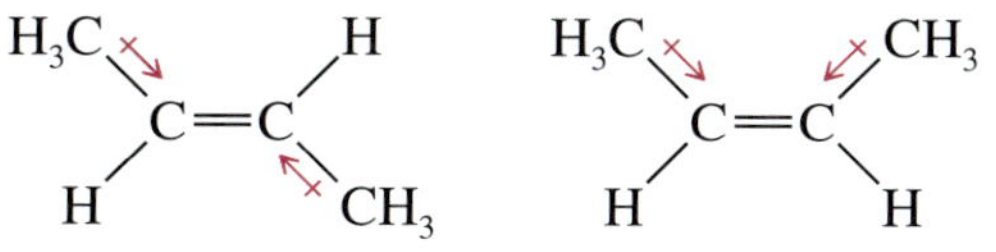

$H_3C$(H)C=C(H)$CH_3$
$\mu = 0$
트랜스-뷰트-2-엔
결합 쌍극자가 상쇄됨
끓는점 = 0.9°C

$H_3C$(H)C=C(H)$CH_3$
$\mu = 0.33$ D
시스-뷰트-2-엔
벡터 합의 쌍극자
끓는점 = 3.7°C

기하 이성질체가 아닌 부분 입체 이성질체도 역시 물리적 성질이 다르다. 2,3-다이브로모석신산(2,3-dibromosuccinic acid)의 두 가지 부분 입체 이성질체는 녹는점이 거의 100°C 정도 차이가 난다.

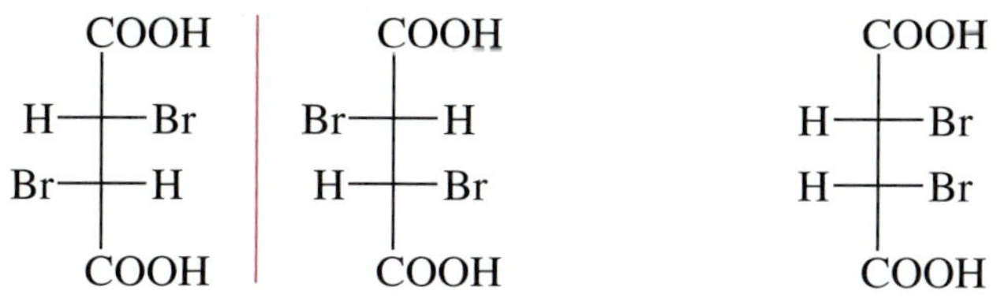

COOH
H—Br
Br—H
COOH

COOH
Br—H
H—Br
COOH

(+)- 및 (−)-2,3-다이브로모석신산
두 구조 모두 녹는점 158°C

COOH
H—Br
H—Br
COOH

메조-2,3-다이브로모석신산
녹는점 256°C

대부분의 보통 당은 글루코스의 부분 입체 이성질체이다. 이들 부분 입체 이성질체는 모두 물리적 성질이 다르다. 예를 들면 글루코스와 갈락토스(galactose)의 경우 1개의 비대칭 탄소 원자, 즉 C4의 입체 화학만이 다른 부분 입체 이성질체 당이다.

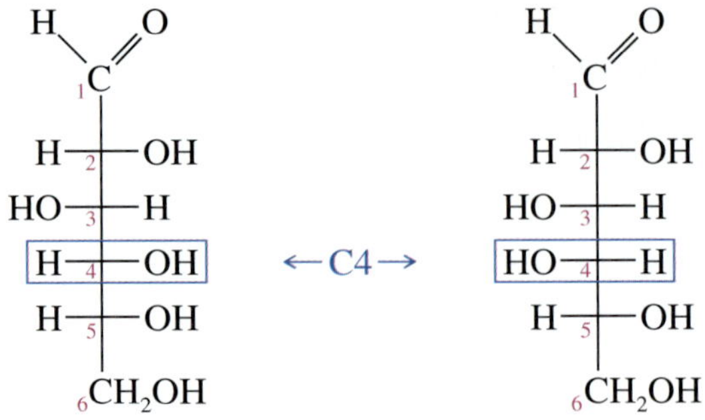

D-(+)-글루코스, 녹는점 148° ←C4→ D-(+)-갈락토스, 녹는점 167°C

부분 입체 이성질체는 서로 다른 물리적 성질을 가지고 있기 때문에 증류, 재결정, 크로마토그래피와 같은 통상적인 방법으로 분리할 수 있다. 다음 절에서 알게 되겠지만 거울상 이성질체들의 분리는 훨씬 더 어려운 과정이다.

**연습문제 5-23**

다음 화합물 쌍 중에서 어느 것을 재결정이나 증류로 분리할 수 있는가?

(a) 메조-타타르산과 (±)-타타르산(HOOC—CHOH—CHOH—COOH)

(b) 그리고

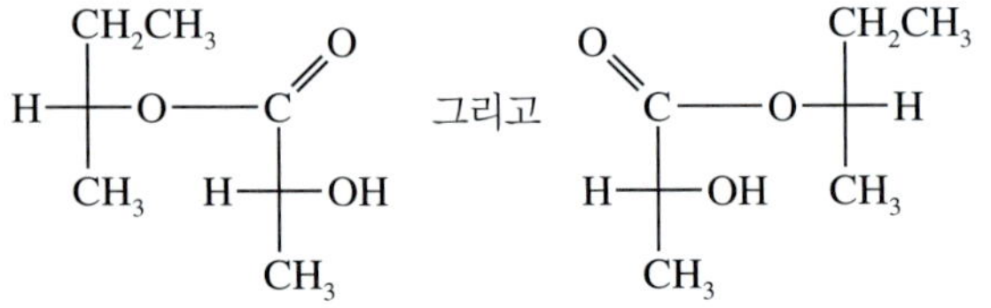

(c) 그리고

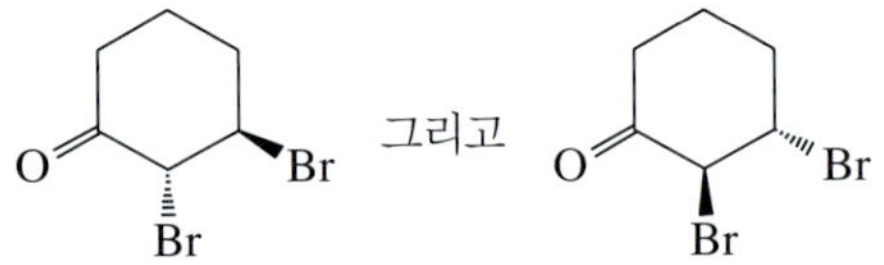

(d)* 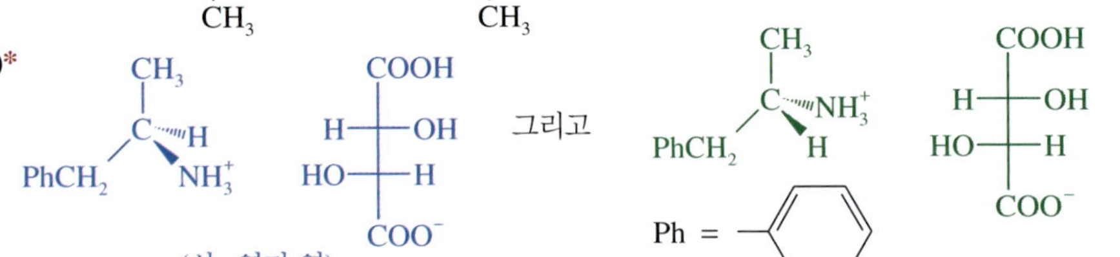 (산-염기 염) 그리고

Ph =

## 5-16 거울상 이성질체의 분할

광학 활성인 화합물의 순수한 거울상 이성질체는 흔히 생물자원으로부터 분리하여 얻는다. 대부분의 광학 활성인 분자는 생체 내에서 오직 한 가지 거울상 이성질체로만 발견된다. 예를 들어 순수한 (+)-타타르산은 포도주를 발효시키는 동안에 효모에 의해 생성된 침전물로부터 분리할 수 있다. 순수한 (+)-글루코스는 포도, 사탕 무, 사탕수수, 꿀 등과 같은 많은 당 원료로부터 얻는다. 알라닌은 순수한 (+) 거울상 이성질체로서 단백질에서 발견되는 보편적인 아미노산의 하나이다.

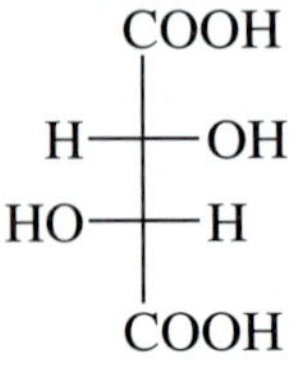

L-(+)-타타르산
(2*R*,3*R*) 타타르산

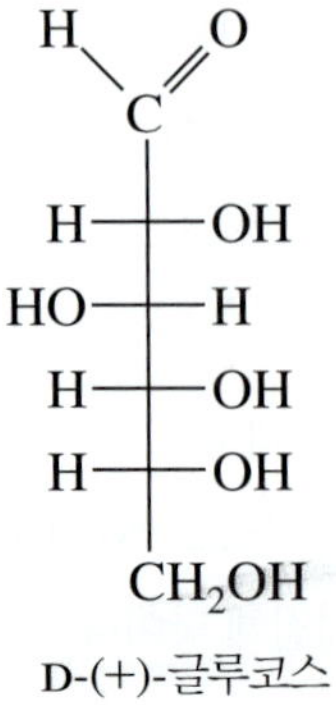

D-(+)-글루코스

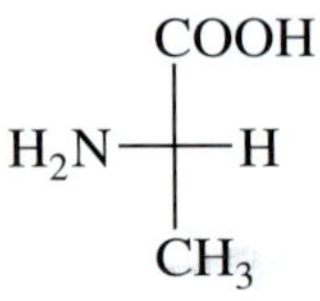

L-(+)-알라닌

그러나 비카이랄 시약으로부터 카이랄 화합물이 합성될 때는 거울상 이성질체의 라셈 혼합물이 생성된다. 예컨대 뷰탄-2-온(비카이랄)이 뷰탄-2-올(카이랄)로 환원되면 라셈 혼합물이 생성되는 것을 이미 보았다.

$$\underset{\text{뷰탄-2-온}}{H_3C{-}\overset{\overset{\displaystyle O}{\|}}{C}{-}CH_2{-}CH_3} \xrightarrow{H_2,\ Pt} \underset{(R)\text{-뷰탄-2-올}}{\text{(H, OH)}\ \overset{}{C}(CH_3)(CH_2CH_3)} + \underset{(S)\text{-뷰탄-2-올}}{\text{(HO, H)}\ C(CH_3)(CH_2CH_3)}$$

만약 뷰탄-2-올의 순수한 한 거울상 이성질체가 필요하면 다른 거울상 이성질체와 분리하는 방법을 알아야 한다. 거울상 이성질체의 분리를 **분할**(resolution)이라고 하는데, 이는 일반적인 물리적 분리와는 다른 과정이다. 거울상 이성질체를 분리하려면 카이랄 시료가 필요하다. 이와 같은 카이랄 화합물 또는 장치를 **분할제**(resolving agent)라고 한다.

1848년 Louis Pasteur는 라셈 (±)-타타르산의 염이 거울상의 결정으로 결정화되는 것을 관찰했다. 그는 현미경과 족집게를 사용해서 거울상 이성질체의 결정을 물리적으로 분리했다. 그는 '왼손잡이' 결정으로 만든 용액은 편광을 한쪽 방향으로 회전하는 반면, '오른손잡이' 결정으로 만든 용액은 편광을 반대쪽 방향으로 회전한다는 것을 발견했다. Pasteur는 거울상 이성질체 최초의 인공적인 분할을 이루었다. 아쉽게도 라셈 화합물이 개별적인 거울상 이성질체로 결정화되는 것은 극소수에 불과하므로 대부분 다른 분리 방법이 필요하다.

포도주의 침전물에는 흔히 타타르산의 염이 들어 있다. 이 포도주 코르크에는 L-(+) 타타르산의 포타슘 염의 결정이 들어 있다.

## 5-16A 거울상 이성질체의 화학적 분할법

라셈 혼합물을 그의 거울상 이성질체로 분할하는 가장 전통적인 방법은 분할하고자 하는 화합물과 결합하는 순수한 거울상 이성질체인 천연물을 사용하는 방법이다. 즉 라셈 화합물의 거울상 이성질체의 짝이 순수한 거울상 이성질체 분할제와 결합하면, 한 쌍의 부분 입체 이성질체가 생성된다. 이 부분 입체 이성질체들을 분리한 다음 분리된 거울상 이성질체들로부터 분할제를 끊어낸다.

(*R*)- 및 (*S*)-뷰탄-2-올의 라셈 혼합물을 분할하는 방법을 생각해보자. 순수한 거울상 이성질체이면서 알코올과 반응하는 분할제가 필요하다. 카복실산은 알코올과 결합하여 에스터(ester)가 된다. 에스터의 화학(21장)을 아직 공부하지 않았지만 아래 화학식으로부터 산과 알코올이 결합하여 물을 잃고 어떻게 에스터를 형성하는지를 알 수 있다.

$$\underset{\text{산}}{R{-}\overset{\overset{\displaystyle O}{\|}}{C}{-}OH} + \underset{\text{알코올}}{R'{-}OH} \xrightleftharpoons{(H^+\ \text{촉매})} \underset{\text{에스터}}{R{-}\overset{\overset{\displaystyle O}{\|}}{C}{-}O{-}R'} + \underset{\text{물}}{H{-}O{-}H}$$

분할제로 사용하기 위해 뷰탄-2-올과 반응하면서 광학적으로 활성인 카이랄산을 필요로 한다. 포도주 양조장은 다량의 순수한 (+)-타타르산을 공급해줄 수 있다. 그림 5-22는 (*R*)- 및 (*S*)-뷰탄-2-올이 (+)-타타르산과 반응하여 부분 입체 이성질체인 에스터가 생성되는 것을 나타낸다. 이 반응을 도식적으로 다음과 같이 나타낼 수 있다.

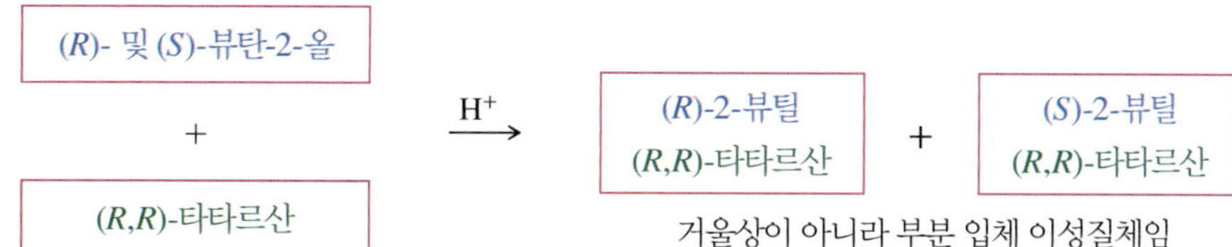

실험실에서 연구하고 있는 Louis Pasteur의 모습. 아마 타타르산의 결정에서 거울상 이성질 현상과의 관련성을 생각하고 있음이 틀림없다.

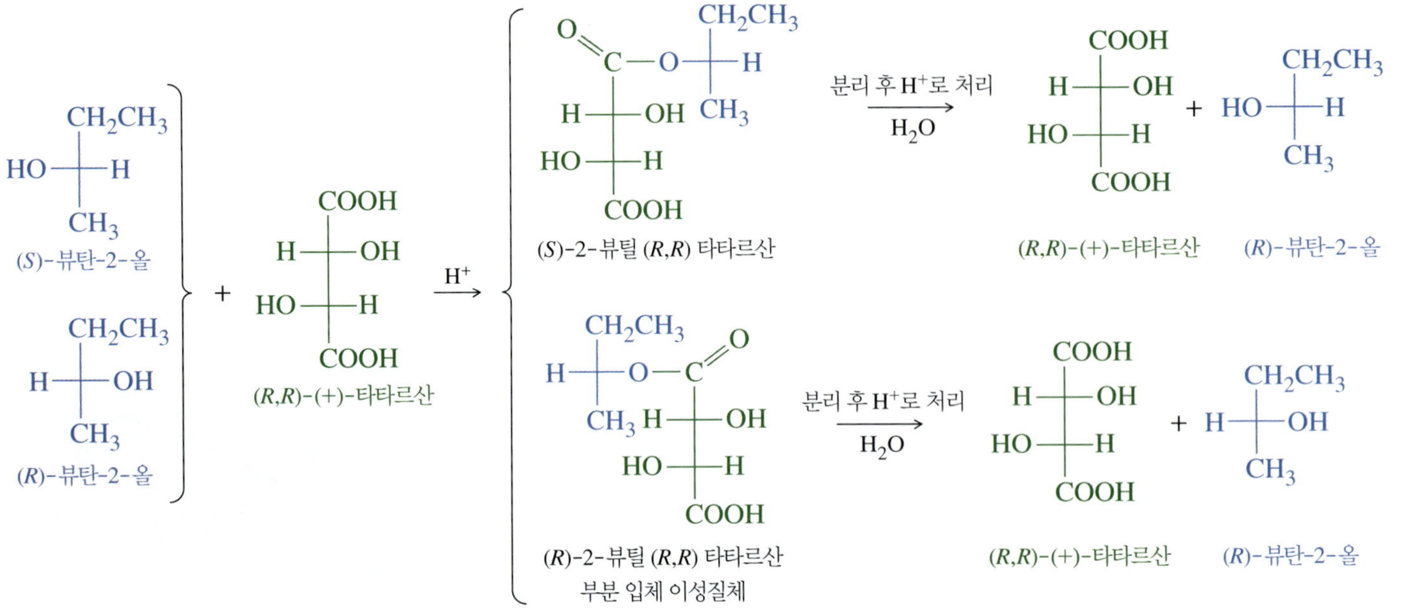

**그림 5-22** (R)- 및 (S)-타타르산 2-뷰틸의 생성. 어떤 화합물의 순수한 한 가지 거울상 이성질체가 다른 화합물의 라셈 혼합물과 반응하면 부분 입체 이성질체의 혼합물이 생긴다. 부분 입체 이성질체들을 분리한 후 가수 분해하면 분할된 거울상 이성질체를 얻을 수 있다.

> **Louis Pasteur**(1822~1895)
> 백신학과 미생물 발효 분야를 개척한 프랑스의 화학자이다. 그는 많은 질병의 예방을 이끌어낸 저온살균에 대한 연구로 유명하다. 그의 과학 분야에서의 업적을 인정하기 위해 그의 사망 100주년을 기념하여 유네스코/파스퇴르 연구소 메달이 창설되었다.

타타르산 2-뷰틸(2-butyl tartrate)의 부분 입체 이성질체는 물리적인 성질이 서로 달라서 재래식 증류법이나 재결정, 또는 크로마토그래피 등의 방법으로 분리해낼 수 있다. 부분 입체 이성질체들을 분리하면 각각의 부분 입체 이성질체 에스터를 담은 2개의 플라스크를 얻게 된다. 그다음에 에스터 합성에 이용된 반응의 역반응을 이용함으로써 분할제를 잘라내어 분리된 뷰탄-2-올의 거울상 이성질체를 얻는다. 산 촉매와 과량의 물을 에스터에 첨가해주면 산과 알코올이 생기는 쪽으로 평형을 이동시킬 수 있다.

$$\underset{\text{에스터}}{R-\overset{O}{\overset{\|}{C}}-O-R'} + \underset{\text{물}}{H-O-H} \xrightleftharpoons{(H^+ \text{ 촉매})} \underset{\text{산}}{R-\overset{O}{\overset{\|}{C}}-OH} + \underset{\text{알코올}}{R'-OH}$$

타타르산 (R)-2-뷰탄-2-올을 가수 분해하면 (R)-뷰탄-2-올과 (+)-타타르산이 생성되고, 타타르산 (S)-2-뷰탄-2-올을 가수 분해하면 (S)-뷰탄-2-올과 (+)-타타르산이 생성된다. 회수된 타타르산은 값이 저렴하고 무독성이므로 아마 버려도 좋을 것이다. 그러나 대부분의 다른 카이랄 분할제는 값이 비싸기 때문에 조심스럽게 회수하여 다시 사용해야 한다.

> **연습문제 5-24**
> (R)-2-뷰틸 (R,R)-타타르산과 (S)-2-뷰틸 (R,R)-타타르산은 거울상 이성질체가 아니란 것을 입증하기 위해 이들 화합물의 거울상을 그리고 명명하라.

### 5-16B 거울상 이성질체의 크로마토그래피에 의한 분할법

크로마토그래피는 화합물들을 분리할 수 있는 강력한 방법이다. 크로마토그래피의 한 가지 유형은 유기 화합물을 표면에 흡착하는 성질을 가진 고체 입자로 충전된 관에 혼합물 용액을 통과시키는 방법이다. 강하게 흡착된 화합물은 정지상의 입자들 위에서 더 많은 시간을 보내게 된다. 이렇

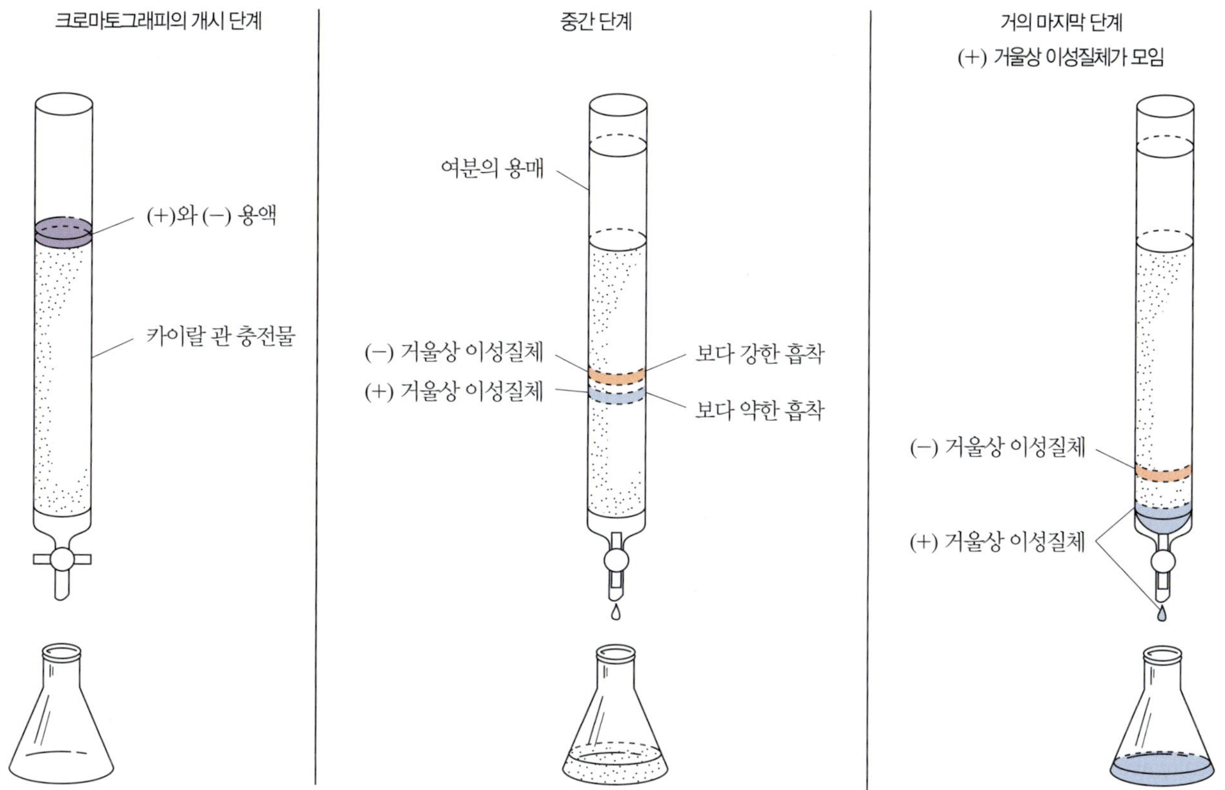


**그림 5-23** 거울상 이성질체의 크로마토그래피 분할법. 라셈 혼합물의 거울상 이성질체는 관 충전제의 카이랄 물질과 부분 입체 이성질성 복합체를 형성한다. 거울상 이성질체 중 한 가지는 다른 것보다 더 단단하게 결합하여 관을 통과할 때 더 느리게 이동한다.

게 강하게 흡착되는 화합물은 이동 용매상에서 더 많은 시간을 보내는 덜 강하게 흡착된 화합물보다 더 늦게 관을 빠져나온다.

어떤 경우에는 표면이 카이랄 분자들로 피복된 고체 입자들을 충전한 관에 라셈 혼합물을 통과시킴으로써 거울상 이성질체들을 분할할 수 있다(그림 5-23). 용액이 관을 통과할 때 거울상 이성질체는 카이랄 관 충전물과 대개는 수소 결합을 통해 약한 복합체를 형성한다. 용매는 계속 관을 통해 흘러 내려가고 용해된 거울상 이성질체는 관 충전물과 복합체를 형성하여 소비하는 시간만큼 늦게 서서히 이동해간다.

이 크로마토그래피의 특별한 면은 거울상 이성질체가 카이랄 관 충전물과 부분 입체 이성질적인 복합체를 형성한다는 사실이다. 이들 부분 입체 이성질체는 서로 다른 물리적 성질을 가지고 있다. 이들 부분 입체 이성질체는 또한 복합체화에서 서로 다른 결합 에너지 및 평형 상수를 가진다. 두 가지 거울상 이성질체 중 하나는 카이랄 관 충전물과 더 많은 시간 동안 복합체를 형성한다. 더 강하게 복합체를 형성한 거울상 이성질체가 관을 더 서서히 통과하며, 더 신속히 이동하는(더 약하게 복합체를 형성하는) 거울상 이성질체보다 늦게 관에서 빠져나온다.

**응용: 생화학**

효소는 원하지 않은 입체 이성질체를 제거하는 데도 사용될 수 있다. 효소는 라셈 혼합물 중 한 가지 이성실제에만 작용하고, 다른 입체 이성질체는 그대로 남겨둘 수 있다.

## 핵심 용어

**$2^n$ 규칙($2^n$ rule):** $n$개의 카이랄 탄소 원자를 지닌 분자는 $2^n$개까지의 입체 이성질체를 가질 수 있다.

**Cahn-Ingold-Prelog 규약(Cahn-Ingold-Prelog convention):** 카이랄 중심(흔히 비대칭 탄소)의 절대 위치 배열을 (*R*) 또는 (*S*)로 나타내는 방법

**D-L 위치 배열(D-L configuration):** D는 (+)-글리세르알데하이드와 같은 상대 위치 배열을 가지며, L은 (−)-글리세르알데하이드와 같은 상대 위치 배열을 가진다. 'Fischer-Rosanoff 규약(Fischer-Rosanoff convention)'이라고도 한다.

**Fischer 투영도(Fischer projection):** 비대칭 탄소 원자를 십자 형태로 그리는 방법. 탄소 사슬을 수직 위치로 고정시키면서 IUPAC 번호 우선순위를 위에서부터 밑으로 갖다 놓는다. 수직 결합은 관찰자로부터 멀리 투영되고 수평 결합은 관찰자 쪽으로 투영된다.

**거울상 초과도(enantiomers excess, e.e.):** 거울상 이성질체들의 혼합물 중 한 거울상 초과도를 혼합물의 %로 나타낸 값. 광학적 순도와 유사하다. 계산 방법은 다음과 같다.

$$e.e. = \frac{|R - S|}{R + S} \times 100\%$$

**거울상 이성질체(enantiomer, mirror-image isomer):** 포갤 수 없는 한 쌍의 거울상 분자들

**고유 광회전도(specific rotation):** 어떤 화합물의 편광면을 회전시키는 능력을 나타내는 척도로, 아래와 같은 식으로 주어진다.

$$[\alpha]_D^{25} = \frac{\alpha(\text{관측된})}{c \cdot l}$$

여기서 $c$는 g/mL로 나타낸 농도이고, $l$은 dm로 나타낸 시료 용기의 길이(행로 길이)

**광학 이성질체(optical isomer):** 편광면을 회전시키는 방향을 제외하고는 동일한 성질을 가진 화합물. 고어체, 거울상 이성질체 참조

**광학 활성(optical activity):** 평면 편광 회전

**광학적 순도(optical purity, o.p.):** 두 거울상 이성질체 혼합물의 고유 광회전도를 순수한 거울상 이성질체의 고유 광회전도에 대한 백분율로 나타낸 것. 거울상 초과도와 유사하다. 계산 방법은 다음과 같다.

$$o.p. = \frac{\text{관측된 광회전도}}{\text{순수한 거울상 이성질체의 광회전도}} \times 100\%$$

**광학적으로 활성(optically active):** 평면 편광을 회전시킬 수 있는 특성

**구조 이성질체(constitutional isomer, structural isomer):** 함께 결합된 원자의 순서가 다른 이성질체

**구조 이성질체(structural isomer):** 원자들이 결합하는 순서가 다른 이성질체

**기하 이성질체(geometric isomer):** 시스–트랜스 이성질체 참조

**내부 거울면(internal mirror plane, $\sigma$):** 분자를 2개의 거울상 절반으로 분할하면서 분자의 중앙을 통과하는 대칭면. 내부 거울 대칭면을 지닌 분자는 카이랄이 될 수 없다.

**라셈 혼합물(racemic mixture):** 두 거울상 이성질체가 같은 양으로 있어 광학 비활성인 혼합물. '라셈체(racemate)', '라셈 변형(racemmic modification)', '(±) 쌍[(±) pair], '(*d*,*l*) 쌍[(*d*,*l*) pair]'이라고도 한다.

**메조 화합물(meso compound):** 카이랄 중심(흔히 비대칭 탄소 원자)을 포함하는 비카이랄인 화합물. 원래는 카이랄 부분 입체 이성질체를 가지는 비카이랄 화합물을 의미한다.

**부분 입체 이성질체(diastereomer):** 거울상이 아닌 입체 이성질체

**분할(resolution):** 라셈 혼합물을 순수한 거울상 이성질체로 분리시키는 과정. 분할은 카이랄 분할제를 필요로 한다.

**분할제(resolving agent):** 거울상 이성질체들을 분리하기 위해 사용되는 카이랄 화합물(또는 크로마토그래피 관에 쓰이는 카이랄 물질)

**비대칭 탄소 원자(asymmetric carbon atom):** 4개의 다른 기에 결합된 탄소 원자. '카이랄 탄소 원자(chiral carbon atom)'라고도 한다.

**비카이랄(achiral):** 카이랄이 아닌 것

**상대 위치 배열(relative configuration):** 두 분자의 어느 한쪽의 절대 위치 배열이 알려지지 않았을지라도 실험적으로 측정된 두 분자의 배열 사이의 관계

**시스(cis):** 고리나 이중 결합의 같은 쪽에 위치함.

**시스–트랜스 이성질체(cis-trans isomer):** 고리 또는 이중 결합에서 기하학적 배치가 다른 이성질체. 시스–트랜스 이성질체는 부분 입체 이성질체의 하위 분류의 하나이다. '기하 이성질체(geometric isomer)'라고도 한다.

**알렌(allene):** 한 탄소 원자에서 만나는 2개의 C=C 이중 결합을 지닌 화합물. 즉 C=C=C이다. 2개의 바깥쪽 탄소 원자는 삼각 평면형이고, 두 평면은 서로 수직하다. 많은 치환기를 가진 알렌은 카이랄이다.

**왼손잡이 전문가게(leftorium):** 가위, 소총, 깡통 따개 같은 매일 사용하는 카이랄 물체를 파는 가상적인 상점

**우회전성[dextrorotatory, (+) 또는 (*d*)]:** 편광면을 시계 방향으로 회전시킨다.

**위치 배열(configuration):** 카이랄 탄소 원자 또는 다른 입체 중심 주위의 2개의 가능한 공간적 배치

**위치 배열 이성질체(configurational isomer):** 입체 이성질체 참조

**이성질체(isomer):** 같은 분자식을 가지고 있는 다른 화합물

**입체 이성질체(stereoisomer):** 원자들이 같은 순서로 결합되었으나 공간에서 배향이 다른 이성질체. '위치 배열 이성질체(configurational isomer)'라고도 한다.

**입체 중심**(stereocenter, stereogenic atom): 결합된 작용기들을 상호 교환할 때 입체 이성질체를 유발하는 원자. 비대칭 탄소 원자와 시스–트랜스 알켄에서 이중 결합한 탄소들이 가장 보편적인 입체 중심이다.

HO H

H Br

HO H

입체 중심의 예(동그라미 친 부분)

**입체 화학**(stereochemisty): 분자들의 3차원적인 구조를 다룬 학문

**절대 위치 배열**(absolute configuration): 원자들이 공간에 어떻게 배치되었는지를 포함한 분자의 자세한 입체 화학적인 그림. 바꿔 말하면 각 비대칭 탄소 원자에서의 (*R*) 또는 (*S*) 배열

**좌회전성**[levorotatory, (−) 또는 (*l*)]: 편광면을 반시계 방향으로 회전시킨다.

**카이랄**(chiral): 그 거울상과 다른 것

**카이랄 탄소 원자**(chiral carbon atom): 4개의 다른 기에 결합된 탄소 원자. '비대칭 탄소 원자(asymmetric carbon atom)'라고도 한다.

**카이랄 식별도구**(chiral probe): 거울상들 사이를 구별하기 위해 그 자신의 카이랄성을 사용할 수 있는 카이랄한 분자 또는 물체

**카이랄 중심**(chiral center, chirality center): 거울상과 포개질 수 없도록 공간에 배치되어 있는 일련의 리간드들을 지닌 원자에 대한 IUPAC 용어. 카이랄 탄소 원자가 가장 일반적인 카이랄 중심이다.

**트랜스**(trans): 고리나 이중 결합의 반대쪽에 위치

**편광계**(polarimeter): 광학 활성인 화합물이 편광면을 회전시키는 정도를 정량적으로 측정하는 기기

**평면 편광**(plane-polarized light): 오직 한 면으로만 진동하는 파동으로 이루어진 빛

**포갤 수 있는**(superimposable): 모든 면에서 꼭 일치하는. 한 분자 위에 다른 분자를 포개어 놓았을 때 모든 원자의 3차원적인 위치가 일치한다.

## 기초문제

| | | |
|---|---|---|
| **1** | 주어진 구조의 모든 입체 이성질체를 그리고, 각 입체 이성질체의 관계를 표시하라. | 관련 연습문제 5–27, 30, 35, 37 |
| **2** | 분자들이 카이랄인지 비카이랄인지 분류하고, 거울상 이성질체를 그려보라. 만일 거울 대칭면이 있으면 그려보라. | 관련 연습문제 5–26, 27, 31, 35, 37 |
| **3** | 비대칭 탄소 원자를 찾아내고, 이들을 (*R*) 및 (*S*) 명명법으로 명명하라. | 관련 연습문제 5–25, 26, 27, 36, 37, 38 |
| **4** | 편광계 측정 자료를 가지고 고유 광회전도를 계산하라. 고유 광회전도를 사용하여 혼합물의 광학 순도와 거울상 초과도를 계산하라. | 관련 연습문제 5–32, 33, 34 |
| **5** | Fischer 투영도를 사용하여 1개 이상의 비대칭 탄소 원자를 가진 화합물의 입체 화학을 나타내라. | 관련 연습문제 5–28, 29, 30, 37 |
| **6** | 거울상 이성질체, 부분 입체 이성질체, 메조 화합물의 쌍을 찾아내고 이들 쌍의 물리적 및 화학적 성질이 어떻게 다른지 설명하라. | 관련 연습문제 5–30, 31, 36 |
| **7** | 다른 종류의 입체 이성질체가 어떻게 분리가 될 것인지 설명하라. | 관련 연습문제 5–30, 36 |

## 연습문제

**5-25** 다음 네 가지 구조는 천연에서 조성되는 광학 활성 화합물이다. 이들 구조에서 비대칭 탄소 원자에 별표(*)를 표시하라.

Br Cl $NH_2$ F F F

CHO
H—OH
$H_2N$—OH
$CH_3$

Br $CH_3$ Br

HO

**5-26** 각 구조에 대해

1. 비대칭 탄소 원자가 있으면 별표(*)를 표시하라.
2. 각각의 비대칭 탄소 원자를 (R) 또는 (S)로 표시하라.
3. 내부 거울 대칭면이 있으면 그려보라.
4. 구조를 카이랄 또는 비카이랄로 표시하라.
5. 메조 구조가 있으면 표시하라.

**(a)**

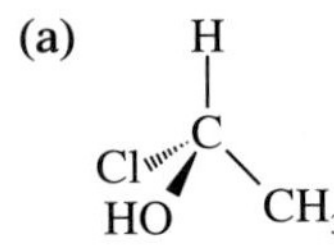

**(b)** **(c)** **(d)**

**(e)** **(f)** **(g)** **(h)**

**(i)** **(j)** **(k)** **(l)**

**5-27** 다음 이름으로 기술된 각 화합물에 대해

1. 3차원 그림을 그려보라.
2. 각 카이랄 중심에 별표(*)를 표시하라.
3. 대칭면이 있다면 그려보라.
4. 거울상 이성질체가 있다면 그려보라.
5. 부분 입체 이성질체가 있다면 그려보라.
6. 그린 각각의 구조가 카이랄인지 비카이랄인지 표시하라.

**(a)** (*S*)-2-클로로뷰테인

**(b)** (*R*)-1,1,2-트라이메틸사이클로헥세인

**(c)** (2*R*,3*S*)-2,3-다이브로모헥세인

**(d)** (1*R*,2*R*)-1,2-다이브로모사이클로헥세인

**(e)** 메조-헥세인-3,4-다이올, $CH_3CH_2CH(OH)CH(OH)CH_2CH_3$

**(f)** (±)-헥세인-3,4-다이올

**5-28** 다음 투시식을 Fischer 투영도로 변환해보라.

**(a)** **(b)** **(c)** **(d)**

**5-29** 다음 Fischer 투영도를 투시식으로 변환해보라.

**(a)** **(b)** **(c)** **(d)**

**5-30** 각 쌍의 이성질체 사이의 입체 화학적 관계를 답하라. 예로는 동일 화합물, 구조 이성질체, 거울상 이성질체, 부분 입체 이성질체 등이다. 어떤 쌍이 (이론적으로) 증류나 재결정으로 분리가 가능하겠는가?

**(a)** **(b)** **(c)**

(d) 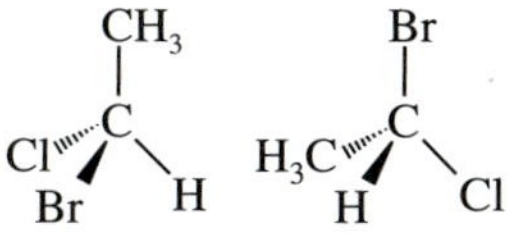 (e) 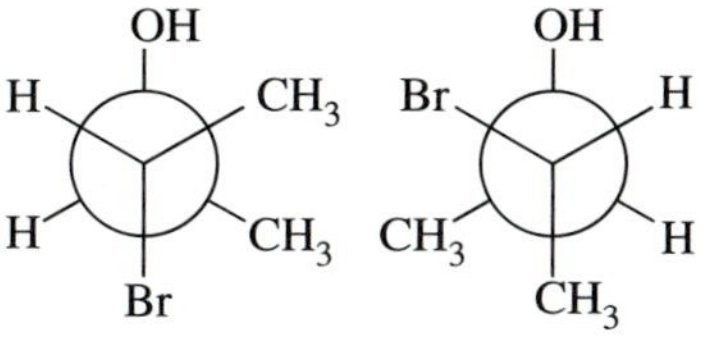 (f)

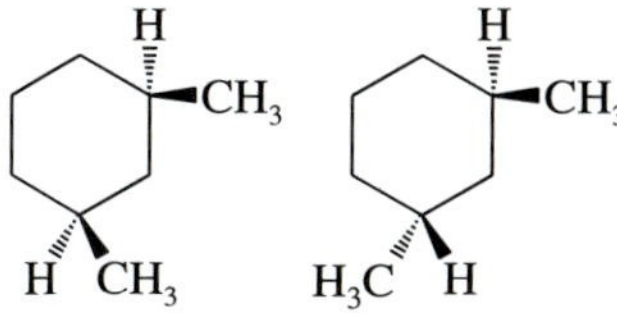

(g) 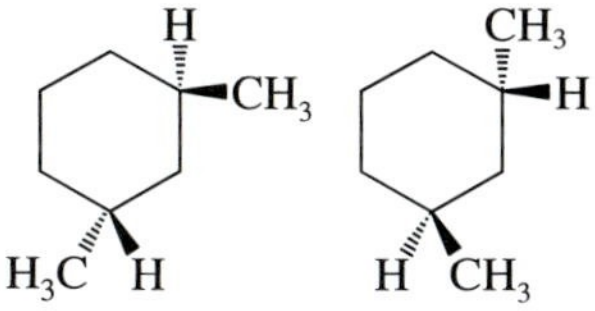 *(h) 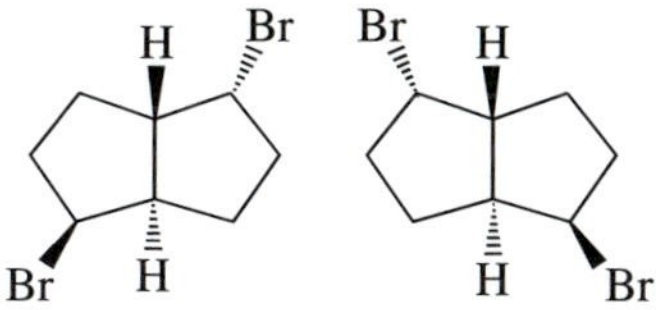 (i)

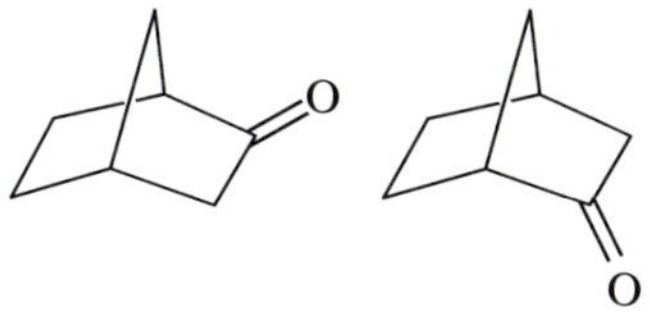

**5-31** 각각의 구조에 대해 거울상 이성질체가 있으면 그려보라.

(a) 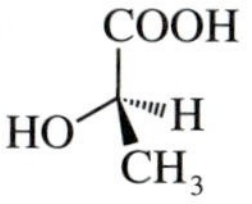 (b) 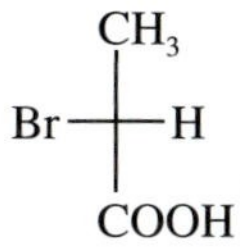 (c) 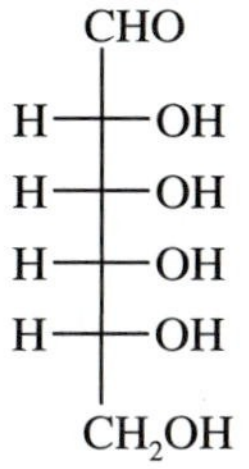 (d)

(e) 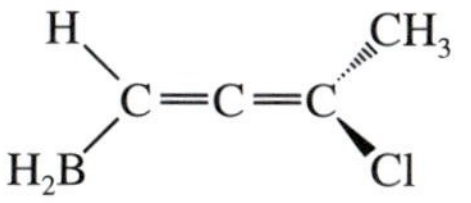 (f) 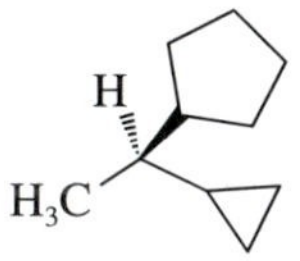 (g) 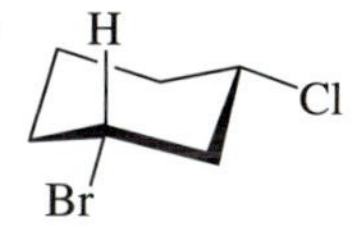 (h)

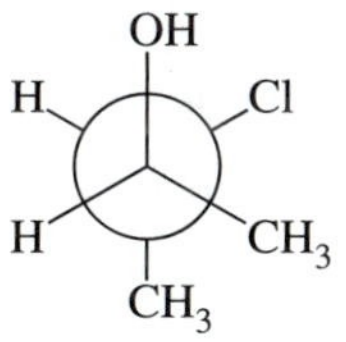

**5-32** 소듐 D선을 사용하여 25°C에서 측정한 다음 시료의 고유 광회전도를 계산하라.

**(a)** 1.00 g의 시료를 20.0 mL의 에탄올에 녹인 후 이 용액 5.00 mL를 20.0 cm의 편광계 시료관에 넣었다. 관측된 광회전은 반시계 방향으로 2.25°이다.

**(b)** 0.050 g 시료를 2.0 mL의 에탄올에 녹인 후 이 용액을 2.0 cm 편광계 시료관에 넣었다. 관측된 광회전은 시계 방향으로 0.058°이다.

**5-33** (+)-타타르산은 +12.0°의 고유 광회전도를 가지고 있다. 68%의 (+)-타타르산과 32%의 (−)-타타르산 혼합물의 고유 광회전도를 계산하라.

**5-34** (*S*)-2-아이오도뷰테인의 고유 광회전도는 +15.90°이다.

**(a)** (*S*)-2-아이오도뷰테인의 구조를 그려보라.

**(b)** (*R*)-2-아이오도뷰테인의 고유 광회전도를 예측하라.

**(c)** −7.95°의 고유 광회전도를 가진 (*R*)- 및 (*S*)-2-아이오도뷰테인 혼합물의 조성 백분율을 측정하라.

**5-35** 각 구조에 대해

**1.** 모든 입체 이성질체의 구조를 그려보라.

**2.** 각 구조에 대해 카이랄 또는 비카이랄로 표시하라.

**3.** 입체 이성질체(거울상 이성질체, 부분 입체 이성질체) 사이의 관계를 표시하라.

(a) 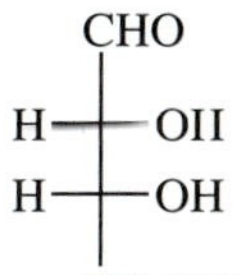 *(b) 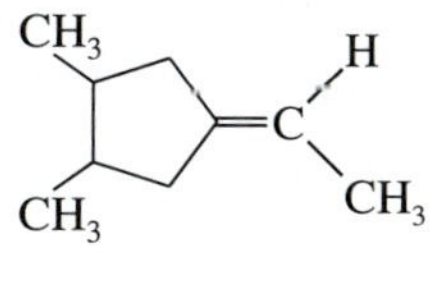 **(c)

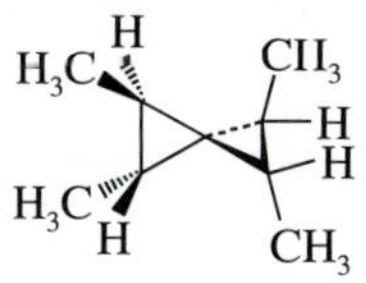

***5-36** 다음 화합물에 자유 라디칼 브로민화 반응을 수행하여 방향족 고리 옆에 위치한 벤질 자리에 브로민을 치환하고자 한다. 반응이 단일 브로민화만 진행한 후 중단된다고 하면 2개의 입체 이성질체가 생성된다.

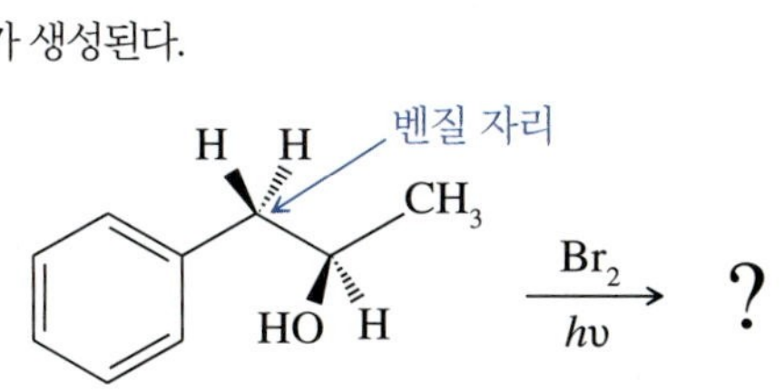

벤질 자리

$\xrightarrow[h\nu]{Br_2}$ ?

* 본문 내용을 응용한 난이도 높은 문제는 별표(*)로 표시했다.

(a) 자유 라디칼 할로젠화 반응이 거의 전적으로 벤질 자리에만 생기는 이유를 설명하는 메커니즘을 제안하라.

(b) 벤질 자리에 단일브로민화 반응으로 생기는 2개의 입체 이성질체를 그려보라.

(c) 생성물의 비대칭 탄소에 *R* 및 *S* 위치 배열을 부여하라.

(d) 두 이성질체 생성물의 관계는 어떠한가?

(e) 두 생성물이 동일한 양으로 생성되겠는가? 즉 두 생성물의 비율이 정확히 50∶50이 되겠는가?

(f) 두 입체 이성질체가 모두 동일한 끓는점, 녹는점, 용해도 등의 성질을 가질 것인가? 두 생성물이 (최소한 이론적으로) 증류나 재결정에 의해 분리될 수 있는가?

***5-37** 용어의 정의를 잘 알고 있다면 다음의 어려운 문제를 풀어보라.

(a) 2,3,4-트라이브로모펜테인의 모든 입체 이성질체를 그려보라(Fischer 투영도를 사용하면 도움이 될 것이다). 2개의 메조 화합물과 한 쌍의 거울상 이성질체가 그려져야 한다.

(b) 비대칭 탄소 원자에 별표(*)를 표시하고, (*R*) 또는 (*S*)를 부여하라.

(c) 메조 구조에서 $C_3$는 비대칭 탄소도 아니고 카이랄 중심도 아니지만 입체 중심이 될 수 있음을 밝혀라.

(d) 거울상 이성질체 구조에서 C3는 이 부분 입체 이성질체에서는 입체 중심이 될 수 없음을 밝혀라.

***5-38** 3,4-다이메틸펜트-1-엔은 $CH_2{=}CH-CH(CH_3)-CH(CH_3)_2$의 식을 가진다. 순수한 (*R*)-3,4-다이메틸펜트-1-엔이 백금 촉매상에서 수소와 반응하면 (*S*)-2,3-다이메틸펜테인이 생성된다.

(a) 이 반응에 대한 반응식을 작성하고, 반응물과 생성물의 입체 화학을 나타내라.

(b) 수소화하는 동안 카이랄 중심은 배열을 그대로 유지하는가, 반전하는가?

(c) 반응물은 (*R*), 그러나 생성물은 (*S*)로 명명된다. 이 이름의 변화는 카이랄 중심 주위 기들의 공간적인 배열의 변화를 의미하는가? 그러면 (*R*)에서 (*S*)로 이름이 바뀌는 이유는 무엇인가?

(d) 광회전의 기호를 예측하는 데 (*R*) 또는 (*S*) 표시는 얼마나 유용한가? 반응물이나 생성물의 회전의 부호를 예측할 수 있는가? (Juliet Capulet로부터의 힌트: "이름은 무엇인가? 장미라고 부르는 것을 어떤 다른 이름으로 부를 때 그와 같은 단 냄새를 맡을 수 있는가?")

***5-39** 한 대학원생이 사이클로헥산온(cyclohexanone)의 효소에 의한 환원 반응을 연구하던 중에 어떤 흥미로운 화학 현상을 발견하게 되었다. 그 학생은 어떤 효소와 NADPH를 사용하여 다음의 케톤을 환원시켰을 때 생성물이 광학 활성임을 발견하고서는 놀랐다. 그 학생은 효소, NADPH, 또는 기타의 불순물이 들어 있지 않도록 생성물을 조심스럽게 다시 정제했다. 그래도 생성물은 여전히 광학적으로 활성을 띠고 있었다.

O= (cyclohexylidene) =C(COOH)H —NADPH / 효소→ HO, H (cyclohexylidene) =C(COOH)H

광학 활성

(a) 이 생성물은 어떤 비대칭 탄소 원자나 다른 입체 중심을 가지는가?

(b) 이 생성물은 광학 활성도를 나타낼 수 있는가? 만일 나타낸다면 그 이유를 설명하라.

(c) $H_2$와 니켈 촉매를 사용하여 이 반응을 수행할 수 있다면 그 생성물은 광학 활성인지 설명하라.

***5-40** D-(−)-에리트로스(erythrose)는 $HOCH_2-CH(OH)-CH(OH)-CHO$의 구조를 가지며, 이름 중에 D는 그것이 D-(+)-글리세르알데하이드로 분해될 수 있음을 의미한다. 이름 중의 (−)는 D-(−)-에리트로스가 광학적으로 활성(좌회전성)임을 의미한다. D-(−)-에리트로스가 환원될 때($H_2$와 Ni 촉매를 이용해서) 화학식이 $HOCH_2-CH(OH)-CH(OH)-CH_2OH$인 광학적으로 비활성인 생성물을 만든다. D-(+)-글리세르알데하이드의 절대 위치 배열의 정보(5-14절)를 가지고 D-(−)-에리트로스의 절대 위치 배열을 결정하라.

***5-41** 메조의 원래 정의는 '카이랄 부분 입체 이성질체를 지닌 비카이랄 화합물'이다. 메조에 대한 실용적 정의는 '카이랄 중심(보통 비대칭 탄소 원자)을 지닌 비카이랄 화합물'이다. 이 실용적 정의는 적용하기 훨씬 쉬운데 화합물의 모든 가능한 카이랄 부분 입체 이성질체를 생각해야 할 필요가 없기 때문이다. 그러나 아직도 실용적 정의는 원래의 정의처럼 완벽하지 않다.

(a) 시스-사이클로옥텐이 어떻게 원래의 정의에서는 메조 화합물로 정의되지만 실용적 정의에서는 아님을 나타내라(그림 5-19 참조).

(b) 이중 알렌은 카이랄 부분 입체 이성질체를 가지므로 원래의 정의로는 메조 화합물이나 비카이랄 이중 알렌을 구성할 수 있는지 없는지 밝혀라. 알렌 구조는 카이랄 중심이 아니고 카이랄성 축일 수 있다.

# 6 할로젠화 알킬: 친핵성 치환 반응

심벌거품달팽이
*Haminoea cymbalum*

쿠메팔록세인

### 학습목표

**1** 할로젠화 알킬을 명명하고, 물리적 특성과 일상적 용도를 설명한다.

**2** 치환 반응이 무엇인지, 그리고 제거 반응과 어떻게 다른지 확인한다.

**3** 치환 반응의 생성물을 예측한다.

**4** 1차 및 2차 치환 반응의 차이점을 확인하고, 반응의 차수를 결정하는 요인을 설명한다.

**5** 주어진 반응 조건에 따라 가능한 메커니즘을 확인하고, 가장 가능하다고 생각하는 메커니즘과 생성물을 예측한다.

◀ 할로젠을 포함하는 유기 화합물은 자연에서 그다지 흔하지 않다. 예외적으로 해양식물 및 무척추동물에서는 유기 할로젠 화합물이 독성 식물과 독액에서 흔히 발견된다. 심벌거품달팽이 *Haminoea cymbalum*은 포식성 물고기에게 위협을 받을 때 클로린과 브로민을 함유한 독성 방어 화합물인 **쿠메팔록세인**(kumepaloxane)을 방출한다.

## 6-1 서론

유기 화학의 학습은 작용기에 따라 분류한 화합물들로 구성된다. 이 장에서는 할로젠화 알킬의 특성과 반응을 학습한다. 유기 화학에서 가장 중요한 유형 중 두 가지인 치환 반응과 제거 반응을 할로젠화 알킬을 사용하여 소개한다. 입체 화학(5장)은 이러한 반응을 공부하는 데 중요한 역할을 할 것이다. 많은 다른 반응이 치환 반응과 제거 반응과 유사성을 보여주며, 이 장에서 소개하는 기법을 유기 반응 학습 전반에 걸쳐 사용할 것이다.

할로젠화된 유기 화합물에는 3개의 중요한 부류, 즉 할로젠화 알킬, 할로젠화 바이닐, 할로젠화 아릴이 존재한다. **할로젠화 알킬**(alkyl halide)은 단순히 알킬기의 $sp^3$ 혼성 탄소 원자 1개에 결합한 1개의 할로젠 원자를 가진다. **할로젠화 바이닐**(vinyl halide)은 알켄의 $sp^2$ 혼성 탄소 원자 1개에 결합한 1개의 할로젠 원자를 가진다. **할로젠화 아릴**(aryl halide)은 방향족 고리의 $sp^2$ 혼성 탄소 원자 1개에 결합한 1개의 할로젠 원자를 가진다. 결합과 혼성화 차이로 할로젠화 바이닐과 할로젠화 아릴의 화학은 할로젠화 알킬의 화학과 다르다. 후속 장에서 할로젠화 바이닐과 할로젠화 아릴의 반응을 학습할 것이다. 몇 개의 대표적인 할로젠화 알킬, 할로젠화 바이닐, 할로젠화 아릴을 가장 흔한 관용명과 용도를 포함하여 여기에 표시했다.

할로젠화 알킬

| $CHCl_3$ | $CHClF_2$ | $CCl_3—CH_3$ | $CF_3—CHClBr$ |
|---|---|---|---|
| 클로로폼 | 프레온-22® | 1,1,1-트라이클로로에테인 | 할로테인 |
| 용매 | 냉매 | 세척액 | 비인화성, 마취제 |

할로젠화 바이닐

| $ClHC=CH_2$ (Cl, H / C=C / H, H) | $F_2C=CF_2$ |
|---|---|
| 염화 바이닐 | 테트라플루오로에틸렌(TFE) |
| 폴리(염화 바이닐)의 단위체 | 테프론(Teflon®)의 단위체 |

클로로메테인

클로로메테인의 EPM

**그림 6-1** 클로로메테인과 해당 정전기 전위 지도(EPM). EPM에서 극성 C—Cl 결합은 염소 주위의 전자는 풍부한(붉은색) 지역으로, 탄소와 수소 원자 주위의 전자는 부족한(파란색) 지역으로 보인다.

할로젠화 아릴

파라-다이클로로벤젠
종약

티록신
갑상샘 호르몬

할로젠화 알킬에서 할로젠 원자가 탄소 원자보다 전기 음성도가 더 크기 때문에 탄소-할로젠 결합은 극성이다. 대다수 할로젠화 알킬의 반응은 이러한 극성 결합이 끊어지는 결과로 일어난다. 클로로메테인(chloromethane)의 정전기 전위 지도(그림 6-1)는 염소 원자 주위의 높은 전자 밀도(붉은색)와 탄소와 수소 원자 주위의 상대적으로 낮은 전자 밀도(파란색)를 보여준다. 탄소 원자는 부분적으로 양전하를 가져서 약간 친전자성이 된다. 이러한 친전자성 탄소 원자는 친핵체가 공격할 수 있으므로 할로젠 원자가 결합 전자쌍을 가지고 할로젠화 이온으로 이탈할 수 있다. 할로젠은 이탈기로 역할하며, 할로젠화 알킬로부터 이탈할 수 있거나 다양한 작용기에 의해 치환될 수 있다. 이러한 다양성은 다른 많은 작용기의 합성에서 할로젠화 알킬이 중간체로 역할할 수 있게 해준다.

**연습문제 6-1**

각 화합물을 할로젠화 알킬, 할로젠화 바이닐, 할로젠화 아릴로 분류하라.

**(a)** $(CH_3)_3CF$ **(b)** $CH_3CHBrCH_3$ **(c)** $CH_3CF_3$

**(d)** **(e)** **(f)**

## 6-2 할로젠화 알킬의 명명법

할로젠화 알킬의 명명법에는 두 가지 방법이 있다. 체계적 명명법(IUPAC)은 할로젠화 알킬을 할로-(*halo*-) 치환체로 취급한다. 즉 플루오린은 **플루오로**-(*fluoro*-), 염소는 **클로로**-(*chloro*-), 브로민은 **브로모**-(*bromo*-), 아이오딘은 **아이오도**-(*iodo*-)이다. 그 결과 1-클로로뷰테인(1-chlorobutane) 혹은 2-브로모프로페인(2-bromopropane)과 같이 체계적인 **할로알케인**(haloalkane)이 된다. 관용명은 브로민화 아이소프로필(isopropyl bromide)과 같이 먼저 할로젠을 명명하고 다음 알킬기를 명명한다(주의: 영어명에서는 순서가 반대이다). 이러한 이유에서 할로젠화 알킬이라고 부른다. 관용명은 다음과 같은 간단한 할로젠화 알킬에서만 쓸모가 있다.

**문제풀이 힌트**

유기 화합물 명명법은 부록 5에 수록되어 있다.

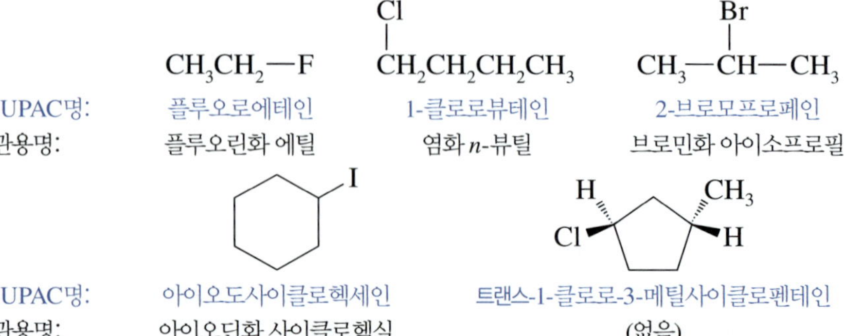

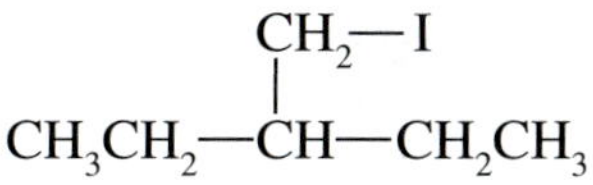

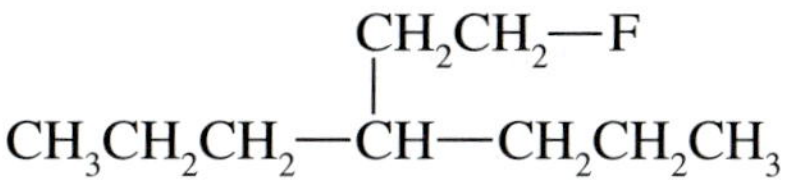

$$\underset{\text{3-(아이오도메틸)펜테인}}{CH_3CH_2-\overset{\overset{\large CH_2-I}{|}}{CH}-CH_2CH_3} \qquad \underset{\text{4-(2-플루오로에틸)헵테인}}{CH_3CH_2CH_2-\overset{\overset{\large CH_2CH_2-F}{|}}{CH}-CH_2CH_2CH_3}$$

IUPAC명: 3-(아이오도메틸)펜테인 4-(2-플루오로에틸)헵테인

할로메테인의 몇 가지는 구조와 명확한 관계가 없는 관용명을 가지고 있다. $CH_2X_2$ 화학식을 지닌 화합물인(2개의 할로젠을 지닌) 메틸렌(methylene)기는 **할로젠화 메틸렌(methylene halide)**이라고 하고, $CHX_3$의 화학식을 지닌 화합물은 **할로폼(haloform)**이라고 하며, $CX_4$는 **테트라할로젠화 탄소[carbon tetrahalide**, 예외: 우리말 명명법에서 $CCl_4$는 **사염화 탄소(carbon tetrachloride)**]라고 한다.

| | $CH_2Cl_2$ | $CHCl_3$ | $CCl_4$ |
|---|---|---|---|
| IUPAC명: | 다이클로로메테인 | 트라이클로로메테인 | 테트라클로로메테인 |
| 관용명: | 염화 메틸렌 | 클로로폼 | 사염화 탄소 |

**연습문제 6-2**

다음 화합물의 구조식을 쓰라.

**(a)** 염화 메틸렌

**(b)** 사염화 탄소

**(c)** 3-아이오도-2-메틸펜테인

**(d)** 클로로폼

**(e)** 2-클로로-3-에틸-2-메틸헥세인

**(f)** 아이오딘화 아이소뷰틸

**(g)** 시스-1-클로로-3-(클로로메틸)사이클로헥세인

**(h)** 브로민화 *t*-뷰틸

할로젠화 알킬은 할로젠에 부착한 탄소 원자의 성질에 따라 분류한다. 할로젠을 지닌 탄소가 다른 1개의 탄소 원자와 결합하면 이는 1차(primary, 1°) 탄소이고, 그 할로젠화 알킬은 **1차 할로젠화물(primary halide)**이 된다. 만일 할로젠을 지닌 탄소에 2개의 탄소 원자가 결합하면 이는 2차(secondary, 2°) 탄소가 되어 그 화합물은 **2차 할로젠화물(secondary halide)**이 된다. **3차 할로젠화물(tertiary halide, 3°)**은 할로젠을 지닌 탄소에 결합한 3개의 다른 탄소 원자를 가진다. 만일 할로젠을 지닌 탄소 원자가 메틸기(다른 탄소 원자와 결합하지 않은 탄소)이면 그 화합물은 **할로젠화 메틸(methyl halide)**이 된다.

$$\underset{\text{할로젠화 메틸}}{CH_3-X} \qquad \underset{\text{1차(1°) 할로젠화물}}{R-CH_2-X} \qquad \underset{\text{2차(2°) 할로젠화물}}{R-\overset{\overset{\large R}{|}}{CH}-X} \qquad \underset{\text{3차(3°) 할로젠화물}}{R-\underset{\underset{\large R}{|}}{\overset{\overset{\large R}{|}}{C}}-X}$$

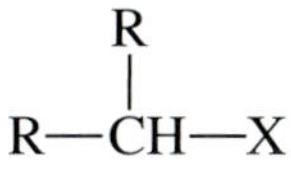

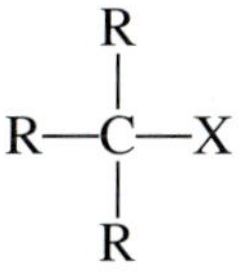

예

$$CH_3-Br \qquad \underset{1°}{CH_3CH_2CH_2-F} \qquad \underset{2°}{CH_3-\overset{\overset{\large I}{|}}{CH}-CH_2CH_3} \qquad \underset{3°}{(CH_3)_3C-Cl}$$

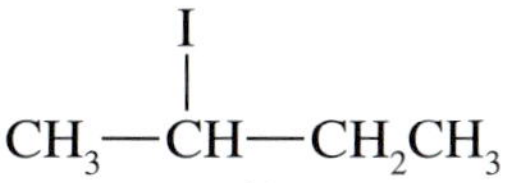

| | | | | |
|---|---|---|---|---|
| IUPAC명: | 브로모메테인 | 1-플루오로프로페인 | 2-아이오도뷰테인 | 2-클로로-2-메틸프로페인 |
| 관용명: | 브로민화 메틸 | 플루오린화 *n*-프로필 | 아이오딘화 *sec*-뷰틸 | 염화 *t*-뷰틸 |

**같은 자리 다이할로젠화물(geminal dihalide**, '쌍둥이'라는 의미의 라틴어 *geminus*에서 유래)은 같은 탄소에 결합한 2개의 할로젠 원자를 가진다. **이웃 자리 다이할로젠화물(vicinal dihalide**, '이웃'이라는 의미의 라틴어 *vicinus*에서 유래)은 2개의 할로젠이 인접한 탄소 원자에 결합되어 있다.

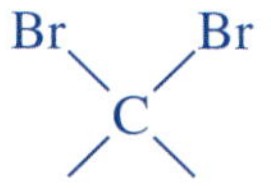

같은 자리 다이브로민화물 (Br–C–Br)     이웃 자리 다이염화물 (—C(Cl)—C(Cl)—)

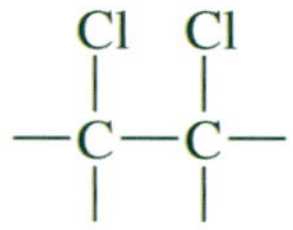

**연습문제 6-3**

다음 화합물 각각에 대해

**1.** IUPAC명을 답하라.

**2.** (가능하다면) 관용명을 답하라.

**3.** 화합물을 메틸, 1차, 2차, 3차 할로젠화물로 분류하라.

**(a)** $(CH_3)_2CHCH_2Cl$    **(b)** $(CH_3)_3CBr$    **(c)** $CH_3—CH(CH_2CH_3)—CH_2Cl$

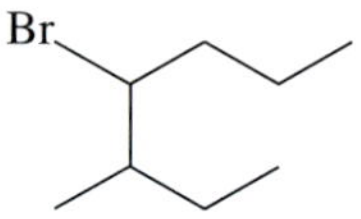

**(d)** (1-F, 1-H, 4,4-dimethyl cyclohexane 구조)    **(e)** Br (골격 구조)    **(f)** (Br, H, Cl, H 치환 사이클로뷰테인 구조)

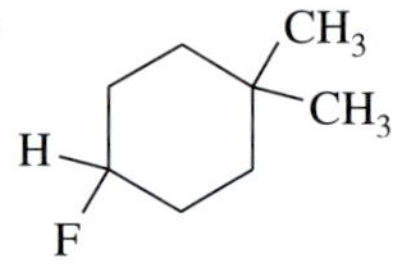

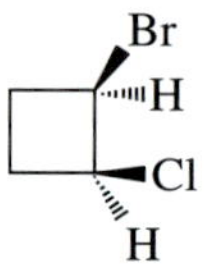

## 6-3 할로젠화 알킬의 용도

### 6-3A 용매

할로젠화 알킬은 주로 산업용 및 가정용 용매로 사용한다. 사염화 탄소($CCl_4$)는 드라이클리닝, 얼룩 제거 및 다른 가정용 청소용으로 한때 사용했다. 그러나 사염화 탄소는 독성이 있고 발암성을 가져 현재 세탁소에서는 대신 1,1,1-트라이클로로에테인(1,1,1-trichloroethane)과 다른 용매를 드라이클리닝에 사용한다.

염화 메틸렌(methylene chloride, $CH_2Cl_2$)과 클로로폼(chloroform, $CHCl_3$) 역시 세탁과 기름 제거에 좋은 용매이다. 염화 메틸렌은 한때 카페인 없는 커피를 생산하기 위해 커피 원두로부터 카페인을 녹이는 데 사용했다. 남아 있는 미량의 염화 메틸렌이 존재하는 커피의 안전에 관한 우려로 커피 생산자들은 대신 초임계 이산화 탄소를 사용하게 되었다. 클로로폼은 염화 메틸렌보다 더 큰 독성과 발암성이 있다. 대부분의 산업용 기름 제거제와 페인트 제거제에서는 클로로폼을 염화 메틸렌과 다른 용매로 대체했다.

염화 메틸렌과 1,1,1-트라이클로로에테인 같은 가장 안전한 할로젠화된 용매조차도 조심해서 사용해야 한다. 이러한 용매는 모두 잠재적으로 독성과 발암성이 있으며, 피부를 보호하는 지방성 기름을 녹여서 피부 염증을 일으킨다.

**응용: 참고**

클로로폼은 실온에서 산소의 존재하에서 매우 반응성이 큰 산 염화물로 변환할 수 있다. 포스젠(phosgene)은 많은 생체 분자와 반응하여 비활성화시키기 때문에 극도로 독성이 강하다. 생성될지 모르는 포스젠을 모두 파괴하기 위해 때로는 소량의 알코올을 클로로폼 병에 첨가한다.

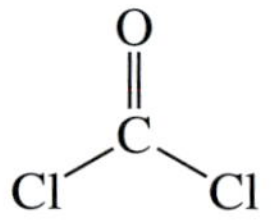

$Cl–C(=O)–Cl$

포스젠

### 6-3B 시약

많은 합성에서 복잡한 분자를 합성하는 출발 물질로 할로젠화 알킬을 사용한다. 유기 합성에서 할로젠화 알킬을 유기금속 반응물(탄소-금속 결합을 지닌 화합물)로 변환하는 것이 특히 중요한 수단이다. 10-8절에서 유기금속 화합물의 생성을 논의할 것이다.

### 6-3C 마취제

1840년대 클로로폼($CHCl_3$)이 일반적인 마취 작용을 일으킨다는 점을 발견함으로써 의식이 없고 이완된 환자에게 섬세한 수술을 시행할 수 있는 새로운 가능성이 열렸다. 클로로폼은 독성과 발암성이 있으므로, 곧 다이에틸 에터(diethyl ether) 같은 더 안전한 마취제를 선호하게 되어 사용이 중지되었다. 혼합 할로젠화 알킬, 즉 $CF_3CHClBr$이 독성이 적은 마취제로 사용되는데, 이는 할로테인(halothane)이라는 상표로 통용되고 있다. 염화 에틸은 작은 수술을 위한 국소 마취제로 자주 사용된다. 이를 피부에 분무하면 증발하여(끓는점 12°C) 그 분무한 지역을 냉각시켜 마비 효과를 증대시킨다.

화학자들은 클로로폼보다 훨씬 독성이 덜한 다른 할로젠화 알킬 및 할로에터를 개발했으며, 이들은 여전히 가장 흔히 쓰이는 마취제이다. 최근에 사용되는 일부 마취제로는 아이소플루레인(Isoflurane), 데스플루레인(Desflurane), 세보플루레인(Sevoflurane) 등이 있다. 이들의 구조는 아래에 할로테인과 비교되어 있다.

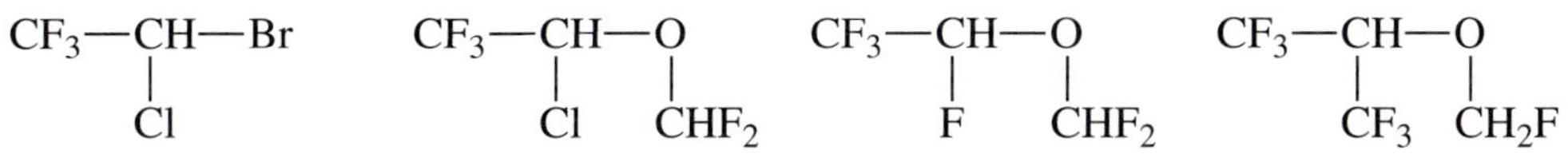

| $CF_3—CH(Cl)—Br$ | $CF_3—CH(Cl)—O—CHF_2$ | $CF_3—CH(F)—O—CHF_2$ | $(CF_3)_2CH—O—CH_2F$ |
|---|---|---|---|
| 할로테인 | 아이소플루레인 | 데스플루레인 | 세보플루레인 |

## 6-3D 프레온: 냉매와 발포제

**프레온**(freon), 즉 클로로플루오로탄소(chlorofluorocarbon, CFC)는 플루오린화된 할로알케인으로, 냉매 가스용인 암모니아를 대체하기 위해 개발되었다. 암모니아는 독성이 있어서 냉장고에서 누출될 경우 작업 중이거나 근처에서 잠자고 있던 사람들을 흔히 죽게 만들었다. 프레온-12(Freon-12®), 즉 $CF_2Cl_2$는 한때 가장 많이 사용한 냉매였다. 끓는점이 낮은 프레온(예: 프레온-11®, $CCl_3F$)은 플라스틱에 첨가하여 증발시켜 플라스틱 폼으로 경화하는 거품을 형성하기 위한 발포제(foaming agent)로 한때 사용했다.

대기로 방출된 프레온은 지구를 보호하는 오존층을 파괴하기 시작했다. CFC는 점차 성층권으로 확산되어 염소 원자가 오존($O_3$)을 산소($O_2$)로 분해하는 반응을 촉매한다. 많은 과학자가 남극 상공에서 발견된 오존층의 '구멍'에 대해 프레온 촉매로 인한 오존의 고갈을 비난한다. Paul Crutzen, Mario Molina, F. Sherwood Rowland는 1995년에 화학 분야에서 자외선이 대기 중 오존층을 형성하는 방법과 염소 라디칼이 오존의 분해를 촉매하는 과정을 밝혀낸 연구로 노벨화학상을 수상했다. 4장 첫 페이지에 남극 상공에 있는 오존홀의 범위가 나타나 있다.

국제적 조약은 오존을 파괴하는 프레온의 생산과 사용을 제한했다. 에어로졸 캔에서 프레온-12는 끓는점이 낮은 탄화수소나 이산화 탄소로 대체되었다. 냉장고와 자동차 에어컨에서는 프레온-12를 프레온-22®, $CHClF_2$로 대체했다. C—H 결합을 지닌 프레온(예: 프레온-22)은 HCFC라고 하며, 이들은 일반적으로 성층권에 도달하기 전 낮은 고도에서 파괴된다. 프로페인, $CO_2$와 HCFC-123($CHCl_2CF_3$)는 플라스틱 발포 제조에서 프레온-11을 대체하여 사용한다. 자동차 에어컨에서 사용되는 프레온-134a(1,1,1,2-테트라플루오로에테인)은 염소를 포함하지 않는다.

**응용: 환경**

할로젠화 화합물은 토양 박테리아에 의한 분해가 어렵기 때문에 환경에 잔류한다. 많은 것이 화학적으로 반응성이 없으며 물에도 불용성이어서 박테리아 분해를 방해한다. 그럼에도 불구하고 할로젠화 화합물을 먹이로 사용할 수 있는 박테리아 균주가 존재한다.

## 6-3E 농약

할로젠화 알킬은 살충제 용도로 인류의 건강에 기여해왔다. 옛날부터 인간은 기근과 모기, 벼룩, 이 및 다른 해충에 의해 발생하거나 옮은 병으로 인해 사망했다. 중세의 흑사병은 벼룩이 옮긴 페스트로 인해 감염되어 유럽 인구의 거의 3분의 1이 말살되었다. 과거에 말라리아, 황열병, 수면병 같은 곤충 매개병으로 인간이 살아남을 수가 없었기 때문에 아프리카와 열대 아메리카 전 지역에서는 생존할 수 없었으며, 개발되지도 못했다.

DDT

**그림 6-2** DDT 구조. DDT는 다이클로로다이페닐트라이클로로에테인[DichloroDiphenylTrichloroethane, 또는 1,1,1-trichloro-2,2-bis(*p*-chlorophenyl)ethane]이다. DDT는 처음으로 사용된 염화 살충제이다. DDT의 사용은 곤충이 매개한 질병과 기아로부터 상당 부분 세계를 안전하게 변화시켰지만, DDT는 환경에 축적되어 일부 조류가 거의 멸종하는 원인을 제공했다.

비소 화합물, 니코틴과 다른 조잡한 살충제가 19세기에 개발되었지만, 이러한 화합물은 곤충에 독성이 있는 만큼 조류, 동물, 인간에게도 독성을 보인다. 그들의 사용은 극도로 위험하지만, 질병이나 기근에 의한 특정한 죽음보다는 더 낫다.

1939년에 DDT의 발견으로 곤충에 대한 전쟁이 극적으로 변했다(그림 6-2). DDT는 곤충에게는 극히 독성이 강하지만 포유동물에 대해서는 독성이 매우 낮다. 한 인간을 사망하게 하는 데 약 1온스의 DDT가 필요하지만, 같은 양의 DDT는 메뚜기 혹은 모기로부터 1에이커의 토지를 보호한다. 1970년 미국의 국립과학아카데미는 20여 년의 세월 동안 DDT는 말라리아로부터 5억 명의 죽음을 막아주었다고 보고했다. 황열병을 옮기는 모기와 수면병을 옮기는 체체파리에 대해서도 유사한 진척이 이루어졌다. 바디 파우더로 DDT를 사용하여 이가 매개하는 티푸스로부터 인간을 보호했고, 쥐 소굴에 DDT를 분무하여 페스트의 위협을 제거했다.

많은 발명과 마찬가지로 DDT도 원치 않는 부작용이 나타났다. DDT는 오래 지속되는 살충제로, 잔여물이 환경에 축적된다. 농업용 살충제로서 광범위한 DDT의 사용은 야생동물에 상당한 DDT 농도를 축적하게 하여 일부 종의 감소를 초래했다. 1972년에 미국 환경청은 DDT 사용을 금지했다. 그러나 인간의 생명을 위협하는 곤충 매개 질병이 있는 지역에서는 아직도 사용된다. DDT 처리 모기장은 아직도 말라리아에 대항하는 가장 비용 효과적인 보호 방법이고, 거주지 주위 및 쥐 소굴에 DDT를 조심스럽게 분무하는 것은 치명적 질병의 확산을 막는 데 도움을 줬다.

다양한 염소화된 살충제가 개발되었다. 이들 대부분은 역시 환경에 축적되어 점차 야생동물에 독성 효과를 유발했다. 다른 살충제들은 적절하게 사용한다면 부작용이 거의 없이 사용할 수도 있다. 염소화된 살충제는 독성 효과가 지속적이기 때문에 농업에서는 드물게 사용한다. 일반적으로 생명이나 재산을 보호하기 위해 강력한 살충제가 필요한 경우 그러한 것들을 사용한다. 예를 들면 린데인(lindane)은 이를 죽이기 위한 샴푸에 사용하고, 클로르데인(chlordane)은 한때 목재 건물을 흰개미로부터 보호하기 위해 사용되었다. 염소화된 살충제 몇 가지의 구조식이 그림 6-3에 나타나 있다.

몸에 생기는 이는 티푸스, 참호열, 페스트 등 다양한 인간 질병을 전염시킨다. 티푸스는 제2차 세계대전 중에 유럽과 러시아에서 수백만 명을 사망에 이르게 했다. DDT를 몸에 뿌리는 것이 가능해지면서 티푸스 전염은 억제되었다. 린데인을 함유한 크웰(Kwell®) 등의 로션은 여전히 이에 대한 피부 치료용으로 사용된다.

**연습문제 6-4**

케폰(kepone), 알드린(aldrin), 클로르데인은 헥사클로로사이클로펜타다이엔(hexachlorocyclopentadiene)과 다른 5원자 고리 화합물로부터 합성한다. 이 두 살충제가 어떻게 2개의 5원자 고리로 이루어져 있는지 밝혀라.

헥사클로로사이클로펜타다이엔

린데인　　케폰　　알드린　　클로르데인

**그림 6-3** 네 가지 염소화된 살충제. 이러한 농약은 환경에 축적되기 때문에 거의 사용되지 않는다. 린데인은 몸에 있는 이를 통제하기 위해 여전히 소량으로 사용된다.

## 6-4 할로젠화 알킬의 구조

할로젠화 알킬에서 할로젠 원자는 $sp^3$ 혼성 탄소 원자에 결합하고 있다. 할로젠은 탄소보다 전기 음성도가 크고 C—X 결합에서 부분 양전하는 탄소에, 부분 음전하는 할로젠으로 편극화되어 있다.

쌍극자 모멘트($\mu$)는 데바이(D) 단위로 주어졌다.
$\mu = 4.8 \times \delta \times d$
여기서 $\delta$는 전하 분리에 관한 양이고, $d$는 결합 길이가 된다.

할로젠의 전기 음성도는 다음 순서로 증가한다.

| | I | < | Br | < | Cl | < | F |
|---|---|---|---|---|---|---|---|
| 전기 음성도: | 2.7 | | 3.0 | | 3.2 | | 4.0 |

탄소-할로젠 결합 길이는 할로젠 원자의 증가(원자 반지름이 커짐)에 따라 다음 순서로 증가한다.

| | C—F | < | C—Cl | < | C—Br | < | C—I |
|---|---|---|---|---|---|---|---|
| 결합 길이: | 1.38 Å | | 1.78 Å | | 1.94 Å | | 2.14 Å |

큰 할로젠 원자가 긴 결합을 갖지만, 약한 전기 음성도를 가지게 됨에 따라 이 두 효과는 상반된다. 전체 결과는 결합 쌍극자 모멘트가 다음 순서로 증가한다는 것이다.

| | C—I | < | C—Br | < | C—F | < | C—Cl |
|---|---|---|---|---|---|---|---|
| 쌍극자 모멘트, $\mu$: | 1.29 D | | 1.48 D | | 1.51 D | | 1.56 D |

한 분자의 쌍극자 모멘트는 각 결합 쌍극자 모멘트의 벡터 합이다. 분자 쌍극자 모멘트는 결합각과 특정 분자에 따라 변하는 다른 요인에 좌우되기 때문에 예측하기가 쉽지 않다. 표 6-1은 할로젠화된 메테인류의 실험적 측정 쌍극자 모멘트 값을 열거하고 있다. 테트라할로젠화 탄소의 4개 대칭적으로 배향한 극성 결합은 분자 쌍극자 모멘트가 0이 되게 한다는 점에 유의하라.

**연습문제 6-5**

각 쌍의 화합물에 대해 어느 것이 분자 쌍극자가 큰지 예측하고, 그 이유를 설명하라.

**(a)** 염화 에틸 또는 아이오딘화 에틸

**(b)** 1-브로모프로페인 또는 사이클로프로페인

**(c)** 시스-2,3-다이브로모뷰트-2-엔 또는 트랜스-2,3-다이브로모뷰트-2-엔

**(d)** 시스-1,2-다이클로로사이클로뷰테인 또는 트랜스-1,3-다이클로로사이클로뷰테인

**표 6-1** 할로젠화 메틸의 분자 쌍극자 모멘트

| X | $CH_3X$ | $CH_2X_2$ | $CHX_3$ | $CX_4$ |
|---|---|---|---|---|
| F | 1.82 D | 1.97 D | 1.65 D | 0 |
| C | 1.94 D | 1.60 D | 1.03 D | 0 |
| Br | 1.79 D | 1.45 D | 1.02 D | 0 |
| I | 1.64 D | 1.11 D | 1.00 D | 0 |

사염화 탄소
결합 쌍극자 모멘트 벡터는 합쳐서 0이 된다.

## 6-5 할로젠화 알킬의 물리적 성질

### 6-5A 끓는점

두 유형의 분자 간 힘이 할로젠화 알킬의 끓는점에 영향을 준다. 할로젠화 알킬에서는 London 힘이 가장 강한 분자 간 인력이다(2-2B절 참조). London 힘은 배위한 일시적 쌍극자에 기인한 표면 인력이다. 큰 표면적을 지닌 분자는 큰 London 힘을 가지므로 끓는점이 높다. 쌍극자-쌍극자 인력(C—X 극성 결합으로부터 생김) 역시 끓는점에 영향을 주지만 효과는 적다.

큰 분자량을 지닌 분자는 무겁고(따라서 천천히 움직이고) 큰 표면적을 가지므로 일반적으로 끓는점이 높다. 할로젠화 알킬의 표면적은 할로젠의 표면적에 따라 변한다. van der Waals 반지름을 고려하면 할로젠 원자의 상대적인 표면적에 관해 유추할 수 있다. 그림 6-4는 플루오린화 알킬이 해당 알케인과 표면적이 거의 같다는 것을 보여준다. 따라서 그들의 London 인력은 비슷하다. 그러나 플루오린화 알킬은 더 큰 쌍극자 모멘트를 갖기 때문에 전체적인 인력은 플루오린화 알킬에서 약간 더 커져 끓는점이 더 높아진다. 예를 들면 *n*-뷰테인(*n*-butane)의 끓는점은 0°C이지만, 플루오린화 *n*-뷰틸(*n*-butyl fluoride)의 끓는점은 33°C이다.

| 할로젠 | van der Waals 반지름($10^{-8}$ cm) |
|---|---|
| F | 1.35 |
| C | 1.8 |
| Br | 1.95 |
| I | 2.15 |
| H(비교용) | 1.2 |

다른 할로젠은 플루오린보다 상당히 크기 때문에 좀 더 큰 표면적을 가짐으로써 할로젠화 알킬들의 끓는점을 상승시킨다. 78°C의 끓는점을 가진 염화 *n*-뷰틸(*n*-butyl chloride)은 염소의 큰 표면적의 영향을 보여준다. 이러한 경향은 브로민화 *n*-뷰틸(*n*-butyl bromide, 끓는점 102°C)과 아이오딘화 *n*-뷰틸(*n*-butyl iodide, 끓는점 131°C)에서 계속된다. 표 6-2는 몇 가지 단순한 할로젠화 알킬의 끓는점과 밀도 값을 나타낸다. 곁가지가 많아서 구(球)형에 가까운 분자는 표면적이 작기 때문에 끓는점이 낮아지므로 주의하라. 예를 들면 브로민화 *n*-뷰틸의 끓는점은 102°C인데, 브로민화 *t*-뷰틸의 경우는 단지 73°C이다. 이러한 효과는 알케인에서 살펴본 바와 유사하다.

**연습문제 6-6**

다음 각 쌍의 화합물에 대해 어떤 화합물의 끓는점이 더 높은지 예측하라. 표 6-2를 참조하여 예측이 맞는지 확인한 다음, 선택한 화합물이 높은 끓는점을 갖는 이유를 설명하라.

**(a)** 브로민화 아이소프로필과 브로민화 *n*-뷰틸
**(b)** 염화 아이소프로필과 브로민화 *t*-뷰틸
**(c)** 1-브로모뷰테인과 1-클로로뷰테인

플루오린화 에틸, 끓는점 −38°C
가장 작은 표면적, 가장 낮은 끓는점

염화 에틸, 끓는점 12°C

브로민화 에틸, 끓는점 38°C

아이오딘화 에틸, 끓는점 72°C
가장 큰 표면적, 가장 높은 끓는점

**그림 6-4** 할로젠화 에틸의 공간-채움 그림. 무거운 할로젠은 크기도 더 커므로 더 큰 표면적을 가진다. 그 결과 할로젠화 에틸의 끓는점은 F < Cl < Br < I 순서로 증가한다.

## 6-5B 밀도

표 6-2에 흔한 할로젠화 알킬의 밀도를 나열했다. 할로젠화 알킬의 밀도는 끓는점과 마찬가지로 예측 가능한 경향을 따른다. 플루오린화 알킬과 염화 알킬(단 1개의 염소 원자를 지닌 것들)은 물(1.00 g/mL)보다 밀도가 낮다. 2개 이상의 염소 원자를 가진 염화 알킬은 물보다 밀도가 높고, 모든 브로민화 알킬과 아이오딘화 알킬은 물보다 밀도가 높다.

**연습문제 6-7**

물을 헥세인과 함께 흔들면 2개의 액체가 2개의 상으로 분리된다. 어느 화합물이 위쪽 상에 존재하고, 어느 화합물이 아래쪽 상에 존재하는가? 물을 클로로폼과 함께 흔들면 비슷하게 두 상의 계를 얻을 수 있다. 다시 각 상에는 어느 화합물이 존재하는가? 이 두 실험의 차이를 설명하라. 물을 에탄올($CH_3CH_2OH$)과 함께 흔들면 어떻게 될지 예측하라.

**표 6-2** 할로젠화 알킬의 물리적 성질

| 화합물 | 분자량 | 끓는점(°C) | 밀도(g/mL) |
|---|---|---|---|
| $CH_3-F$ | 34 | −78 | |
| $CH_3-Cl$ | 50.5 | −24 | 0.92 |
| $CH_3-Br$ | 95 | 4 | 1.68 |
| $CH_3-I$ | 142 | 42 | 2.28 |
| $CH_2Cl_2$ | 85 | 40 | 1.34 |
| $CHCl_3$ | 119 | 61 | 1.50 |
| $CCl_4$ | 154 | 77 | 1.60 |
| $CH_3CH_2-F$ | 48 | -38 | 0.72 |
| $CH_3CH_2-Cl$ | 64.5 | 12 | 0.90 |
| $CH_3CH_2-Br$ | 109 | 38 | 1.46 |
| $CH_3CH_2-I$ | 156 | 72 | 1.94 |
| $CH_3CH_2CH_2-F$ | 62 | 3 | 0.80 |
| $CH_3CH_2CH_2-Cl$ | 78.5 | 47 | 0.89 |
| $CH_3CH_2CH_2-Br$ | 123 | 71 | 1.35 |
| $CH_3CH_2CH_2-I$ | 170 | 102 | 1.75 |
| $(CH_3)_2CH-Cl$ | 78.5 | 36 | 0.86 |
| $(CH_3)_2CH-Br$ | 123 | 59 | 1.31 |
| $(CH_3)_2CH-I$ | 170 | 89 | 1.70 |
| $CH_3CH_2CH_2CH_2-F$ | 76 | 33 | 0.78 |
| $CH_3CH_2CH_2CH_2-Cl$ | 92.5 | 78 | 0.89 |
| $CH_3CH_2CH_2CH_2-Br$ | 137 | 102 | 1.28 |
| $CH_3CH_2CH_2CH_2-I$ | 184 | 131 | 1.62 |
| $(CH_3)_3C-Cl$ | 92.5 | 52 | 0.84 |
| $(CH_3)_3C-Br$ | 137 | 73 | 1.23 |
| $(CH_3)_3C-I$ | 184 | 100 | 1.54 |

## 6-6 할로젠화 알킬의 합성

대다수 할로젠화 알킬의 합성은 아직 다루지 않은 작용기의 화학을 사용한다. 지금은 자유 라디칼 할로젠화 반응을 검토하고, 더 유용한 다른 할로젠화 알킬 합성은 요약만 할 것이다. 다른 합성법은 이후 연속되는 장에서 검토한다.

### 6-6A 자유 라디칼 할로젠화 반응

이미 장황하게 4-3절에서 메커니즘을 논의했지만, 자유 라디칼 할로젠화 반응은 할로젠화 알킬을 합성하는 데 별로 유용한 방법이 아니다. 보통 이 반응은 제거할 수 있는 수소 원자의 종류가 다르기 때문에 생성 혼합물을 얻는다. 또한 2개 이상의 할로젠 원자가 반응할 수 있으므로 다중 치환 반응을 초래한다. 예를 들면 프로페인의 염화 반응은 지저분한 혼합물을 생성할 수 있다.

$$CH_3-CH_2-CH_3 \quad + \quad Cl_2 \xrightarrow{h\nu} \begin{cases} CH_3-CH_2-CH_2Cl \quad + \quad CH_3-CHCl-CH_3 \\ + \quad CH_3-CHCl-CH_2Cl \quad + \quad CH_3-CCl_2-CH_3 \\ + \quad CH_3-CH_2-CHCl_2 \quad + \quad \text{다른 화합물} \end{cases}$$

산업체에서는 자유 라디칼 할로젠화 반응은 반응물의 가격이 저렴하고, 생성 혼합물의 증류로 분리할 수 있으며, 각각의 생성물을 별도로 판매할 수 있기 때문에 때로는 유용하다. 그러나 실험실에서는 하나의 특정 생성물에 관한 좋은 수율이 필요하다. 자유 라디칼 할로젠화 반응은 그다지 선택성과 수율이 좋지 않기 때문에 실험실에서는 거의 사용하지 않는다. 자유 라디칼 할로젠화 반응을 사용하는 실험실 합성은 일반적으로 다음 예와 같이 단 하나의 주생성물을 제공하는 특정 화합물에 국한된다.

$$\text{사이클로헥세인 } (C_6H_{12}) \quad + \quad Cl_2 \xrightarrow{h\nu} \text{클로로사이클로헥세인 } (C_6H_{11}Cl) \quad + \quad H-Cl$$

사이클로헥세인 — 클로로사이클로헥세인 (50%)

$$(CH_3)_3C-H \quad + \quad Br_2 \xrightarrow{h\nu} (CH_3)_3C-Br \quad + \quad H-Br$$

아이소뷰테인 — 브로민화 *t*-뷰틸 (90%)

사이클로헥세인(cyclohexane)에서 모든 수소 원자는 동등하고 자유 라디칼 염화 반응은 쓸만한 수율의 클로로사이클로헥세인(chlorocyclohexane)을 생성한다. 이염화물과 삼염화물의 생성이 가능하지만, 이러한 부반응은 단지 작은 양의 염소와 과량의 사이클로헥세인을 사용함으로써 조절된다. 자유 라디칼 브로민화 반응은 선택성이 높으므로(4-14절) 한 종류의 수소 원자가 다른 원자보다 더 잘 반응함으로써 수율이 좋은 생성물을 제공한다. 아이소뷰테인은 단 하나만의 3차 수소 원자를 갖는데, 이 원자는 우선적으로 제거되어 3차 자유 라디칼을 제공한다. 그러나 일반적으로 자유 라디칼 할로젠화 반응은 생성물들의 혼합물로 골치 아프게 되는 경향이 있어서 실험실에서는 잘 사용하지 않는다.

## 6-6B 알릴 자리 브로민화 반응

자유 라디칼 할로젠화 반응은 대부분의 경우 좋지 않은 합성 방법이지만, 알켄의 자유 라디칼 브로민화 반응은 매우 선택적인 방식으로 수행할 수 있다. **알릴**(allylic) 자리는 탄소-탄소 이중 결합에 이웃한 탄소 원자이다. 알릴성 중간체(양이온, 라디칼, 음이온)는 이중 결합을 가짐으로써 공명으로 안정화되어 전하 혹은 라디칼이 비편재화되게 해준다. 다음의 결합-해리 엔탈피는 공명 안정화된 알릴성 라디칼이 전형적인 2차 라디칼보다 적은 에너지를 필요로 한다는 것을 보여준다.

$$(CH_3)_2CH{-}H \longrightarrow (CH_3)_2\dot{C}H\ (2°\ 라디칼) + H\cdot \qquad \Delta H = +413\ \text{kJ/mol}\quad (99\ \text{kcal/mol})$$

$$H_2C{=}CH{-}CH_2{-}H \longrightarrow [H_2C{=}CH{-}\dot{C}H_2 \longleftrightarrow H_2\dot{C}{-}CH{=}CH_2] + H\cdot \qquad \Delta H = +372\ \text{kJ/mol}\quad (89\ \text{kcal/mol})$$

(1° 알릴 자리 라디칼)

4-13C절에서 살펴보았던 브로민화 반응이 선택성이 높으므로 가장 안정한 라디칼만을 형성한다는 점을 상기하라. 알릴 자리 수소가 존재한다면 보통 그 알릴 자리 라디칼은 형성할 수 있는 라디칼 중 가장 안정한 것이 된다. 예를 들면 사이클로헥센(cyclohexene)의 자유 라디칼 브로민화 반응을 고려해보자. 맞는 조건에서 사이클로헥센의 자유 라디칼 브로민화 반응은 좋은 수율로 3-브로모사이클로헥센(3-bromocyclohexene)을 줄 수 있다. 이 반응에서 이중 결합에 이웃하는 탄소 원자에 부착한 알릴 자리 수소를 치환한다.

알릴 자리 / 사이클로헥센 / 알릴 자리 수소

사이클로헥센 $+ Br_2 \xrightarrow{h\nu}$ 3-브로모사이클로헥센 (80%) $+$ HBr

이 메커니즘은 다른 자유 라디칼 할로젠화 반응과 비슷하다. 하나의 브로민 라디칼인 1개의 알릴 자리 수소를 제거하여 공명 안정화된 알릴성 라디칼을 제공한다. 이 라디칼은 $Br_2$와 반응하여 연쇄 반응을 계속하는 하나의 브로민 라디칼을 재생한다.

알릴 자리 H의 제거

사이클로헥센 $\xrightarrow{Br\cdot}$ Br—H + [알릴성 라디칼] $\xrightarrow{Br-Br}$ 알릴 자리 브로민화 화합물 + Br·

알릴 자리 브로민화 반응에 관한 일반적 메커니즘은 공명 안정화된 알릴성 라디칼의 양 끝 중 하나가 브로민과 반응하여 생성물을 생성할 수 있음을 보여준다. 생성물 중 하나는 브로민 원자가 제거된 수소 원자와 같은 자리에서 나타난다. 다른 생성물은 알릴성 라디칼의 두 번째 공명 구조식에서 라디칼을 가진 탄소 원자에서의 반응 결과이다. 이러한 두 번째 화합물은 **알릴 자리 이동**(allylic shift)의 생성물이라고 한다.

효율적인 알릴 자리 브로민화 반응을 하려면 브로민이 이중 결합에도 첨가할 수 있기 때문에 높은 농도의 브로민은 피해야 한다(8장). ***N*-브로모석신이미드**(*N*-bromosuccinimide, NBS)는 그것이 HBr 부산물과 합쳐서 낮은 농도의 브로민을 일정하게 재생하기 때문에 자유 라디칼 브로민화 반응의 브로민 공급원으로 자주 사용한다. 대부분의 NBS 시료는 반응을 개시할 극미량의 $Br_2$를 포함하기 때문에 여분의 브로민이 필요 없다.

N-Br + HBr ⟶ N-H + $Br_2$

*N*-브로모석신이미드(NBS) 낮은 농도의 $Br_2$를 재생한다.

NBS는 또한 방향족 고리에 이웃한 벤질 자리 위치(연습문제 6-10 참조)의 브로민화 반응에서도 역시 잘 작용한다. 알릴 자리와 벤질 자리 할로젠화 반응은 15장에서 더 자세히 논의한다.

## 메커니즘 6-1 | 알릴 자리 브로민화 반응

**개시 단계:** 브로민이 빛을 흡수하여 라디칼 생성을 초래한다.

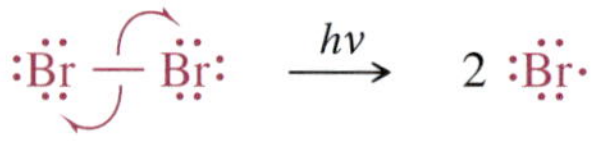

$$:\ddot{Br}-\ddot{Br}: \xrightarrow{h\nu} 2\ :\ddot{Br}\cdot$$

**첫 번째 전파 단계:** 브로민 라디칼이 알릴 자리 수소를 떼어낸다.

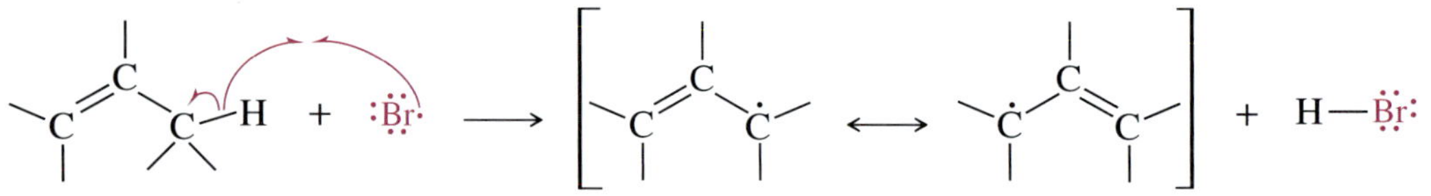

알켄 + :Br· ⟶ [알릴 자리 라디칼] + H—Br:

알켄 알릴 자리 라디칼

**두 번째 전파 단계:** 라디칼 탄소 중 하나가 브로민과 반응할 수 있다.

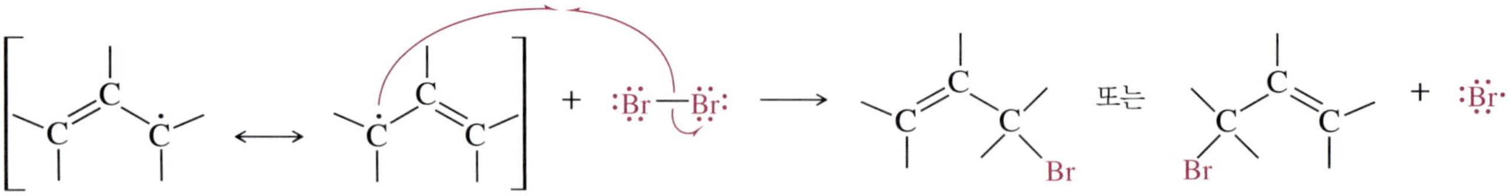

[알릴 자리 라디칼] + :Br—Br: ⟶ C=C—C—Br 또는 Br—C—C=C + :Br·

알릴 자리 이동

전체 반응

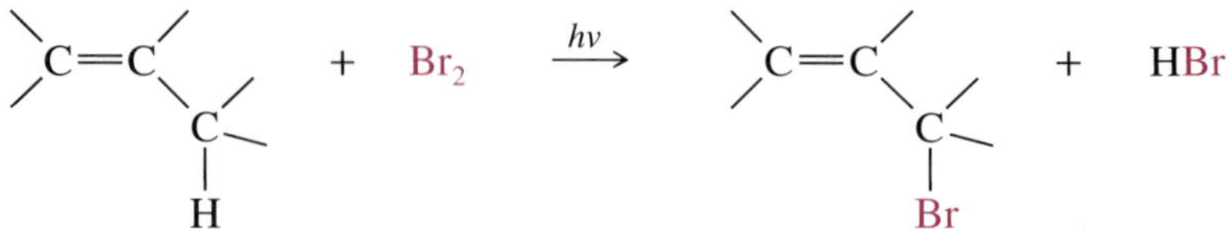

C=C—C—H + $Br_2$ $\xrightarrow{h\nu}$ C=C—C—Br + HBr

알릴 자리 수소 알릴 자리 브로민화 화합물

**연습문제 6-8**

**(a)** 다음 반응의 메커니즘을 제안하라.

$$H_2C{=}CH{-}CH_3 + Br_2 \xrightarrow{h\nu} H_2C{=}CH{-}CH_2Br + HBr$$

**(b)** 표 4-2에 주어진 결합-해리 엔탈피를 사용하여 작성한 메커니즘의 각 단계에 관한 $\Delta H°$ 값을 계산하라. ($CH_2{=}CHCH_2{-}Br$의 BDE는 약 280 kJ/mol 혹은 67 kcal/mol이다.) 반응에 대한 전체 $\Delta H°$ 값을 계산하라. 이러한 값이 자유 라디칼 연쇄 반응과 잘 일치하는가?

**연습문제 6-9**

2,3-다이메틸뷰트-2-엔과 *N*-브로모석신이미드(NBS)의 빛 개시 반응은 2개의 생성물을 생성한다.

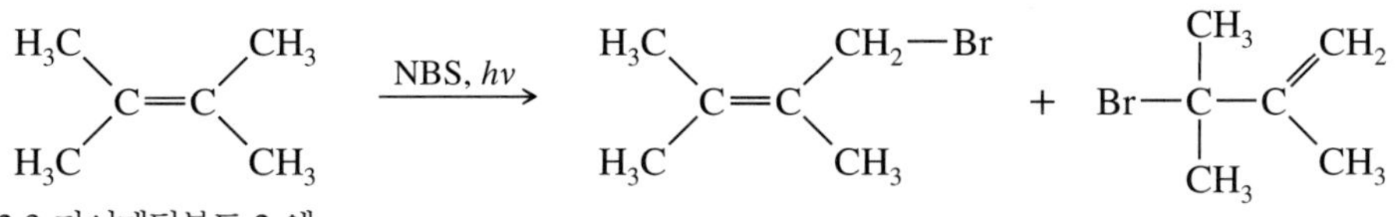

$$(CH_3)_2C{=}C(CH_3)_2 \xrightarrow{\text{NBS, } h\nu} (CH_3)_2C{=}C(CH_3){-}CH_2{-}Br + Br{-}C(CH_3)_2{-}C(CH_3){=}CH_2$$

2,3-다이메틸뷰트-2-엔

**(a)** 공명 안정된 중간체의 결과로 2개의 생성물을 어떻게 생성하는지 보여주는 이 반응에 관한 메커니즘을 제시하라.

**(b)** NBS를 사용한 사이클로헥센의 브로민화 반응은 단지 1개의 주생성물을 생성한다. 알릴 자리 이동에 의한 두 번째 생성물이 존재하지 않는 이유를 설명하라.

**연습문제 6-10**

다음 화합물을 합성하는 데 자유 라디칼 할로젠화 반응을 어떻게 사용하는지 제시하라. 각 경우 1개의 주요 생성물을 얻을 것으로 예상하는 이유를 설명하라.

**(a)** 1-클로로-2,2-다이메틸프로페인(염화 네오펜틸, neopentyl chloride)

**(b)** 2-브로모-2-메틸뷰테인

**(c)** $C_6H_5{-}CH(Br){-}CH_2CH_2CH_3$

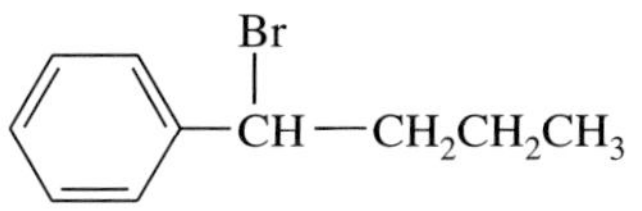

1-브로모-1-페닐뷰테인

**(d)** 1-브로모인덴 (Br이 5원 고리의 $sp^3$ 탄소에 결합)

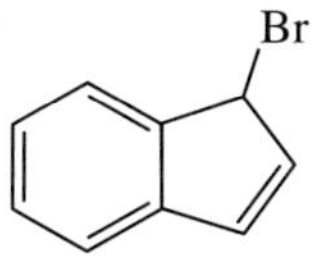

다음은 할로젠화 알킬을 합성하는 가장 중요한 방법에 관한 간략한 요약이다. 그들의 상당수가 자유 라디칼 할로젠화 반응보다 더 일반적이고 유용하다. 이러한 방법 중 일부는 이 책 후반부에서 논의한다(적절한 절의 참고문헌 참조). 교과과정 전반에 참조하여 사용할 수 있도록 이러한 요약이 나열되어 있다.

**SUMMARY | 할로젠화 알킬 합성 방법**

**1.** 알켄으로부터 합성: 자유 라디칼 할로젠화 반응(몇 가지 경우에서만 합성적으로 유용하다.)(4-13, 6-6절)

$$R{-}H \xrightarrow[\text{열 또는 빛}]{X_2} R{-}X + H{-}X$$

**2.** 알켄과 알카인으로부터 합성(표시된 내용은 이후에 다룸)

$$>C{=}C< \xrightarrow{HX} -\underset{H}{\overset{|}{C}}-\underset{X}{\overset{|}{C}}- \quad \text{(8-8절)}$$

$$>C{=}C< \xrightarrow{X_2} \overset{X}{C}-\underset{X}{C}- \quad \text{(8-8절)}$$

$$-C{\equiv}C- \xrightarrow{2\,HX} -\underset{H}{\overset{H}{C}}-\underset{X}{\overset{X}{C}}- \quad \text{(9-9절)}$$

$$-C{\equiv}C- \xrightarrow{2\,X_2} -\underset{X}{\overset{X}{C}}-\underset{X}{\overset{X}{C}}- \quad \text{(9-9절)}$$

$$>C{=}C<\!\!-\overset{|}{C}{-}H \xrightarrow[\text{빛}]{\text{NBS: (N-bromosuccinimide) }N{-}Br} >C{=}C<\!\!-\overset{|}{C}{-}Br \quad \text{(6-6, 15-7절)}$$

(알릴 자리 브로민화 반응)

**3.** 알코올로부터 합성(11-7, 11-8, 11-9절)

$$R{-}OH \xrightarrow{HX,\ PX_3,\ \text{또는 다른 화합물}} R{-}X$$

**4.** 다른 할로젠화 화합물로부터 합성(6-9절)

$$R{-}X + I^- \xrightarrow[\text{아세톤}]{} R{-}I + X^-$$

$$R{-}Cl + KF \xrightarrow[CH_3CN]{\text{18-크라운-6}} R{-}F$$

## 6-7 할로젠화 알킬의 반응: 치환 반응과 제거 반응

할로젠화 알킬은 다양한 작용기로 쉽게 변환된다. 할로젠 원자는 안정한 할로젠화 이온을 형성하기 위해 그것의 결합 전자쌍을 가지고 이탈할 수 있다. 이를 할로젠화 음이온이 좋은 **이탈기**(leaving group)라고 한다. 할로젠화 이온이 다른 원자와 치환할 경우 이를 **치환 반응**(substitution)이라고 한다.

**친핵성 치환 반응**(nucleophilic substitution)에서 하나의 친핵체(Nuc:$^-$)가 친핵체의 고립 전자쌍을 이용하여 탄소 원자에 새로운 결합을 형성하기 위해 이탈기($:\ddot{X}:^-$)를 탄소 원자로부터 치환한다.

친핵성 치환 반응

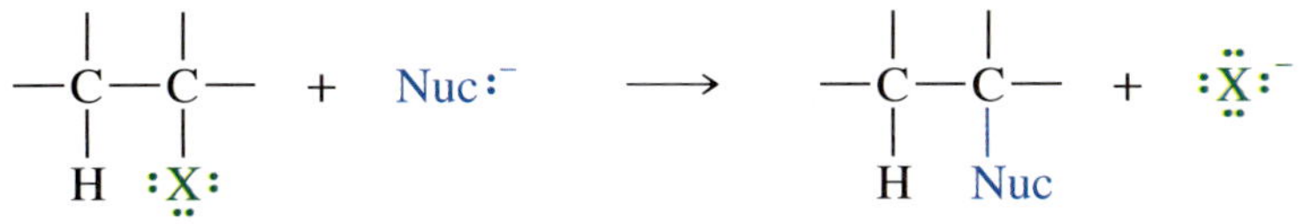

$$\text{H-C-C(:X:)} + \text{Nuc:}^- \longrightarrow \text{H-C-C(Nuc)} + :\ddot{X}:^-$$

할로젠화 이온이 다른 원자나 이온(흔히 $H^+$)과 함께 이탈하고 새로운 파이 결합을 형성할 때 이 반응은 **제거 반응**(elimination)이다. 많은 제거 반응에서 H—X의 분자가 할로젠화 알킬로부터 떨어져 나가 알켄을 형성한다. 할로젠화 알킬로부터 할로젠화 수소가 제거되었기 때문에 이러한 제거 반응을 **할로젠화 수소 이탈 반응**(dehydrohalogenation)이라고 한다.

제거 반응(7장 참조)

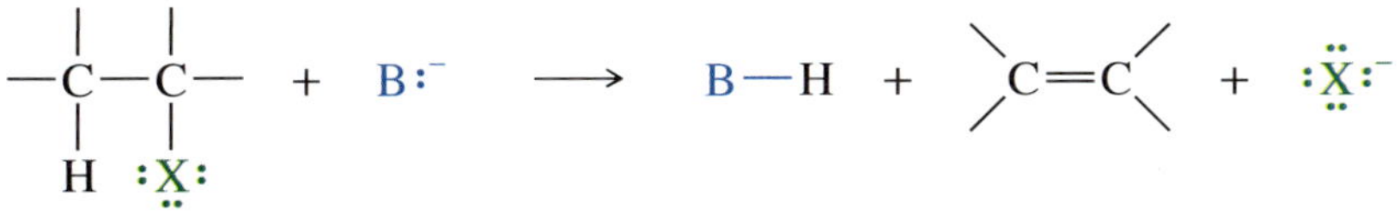

$$\text{H-C-C(:X:)} + \text{B:}^- \longrightarrow \text{B—H} + \text{C=C} + :\ddot{X}:^-$$

제거 반응(할로젠화 수소 이탈 반응)에서는 시약(B:⁻)이 염기로 작용하여 할로젠화 알킬로부터 양성자를 제거한다. 대부분의 친핵체는 역시 염기이고, 할로젠화 알킬과 반응 조건에 따라 치환 반응이나 제거 반응 중 하나에 개입할 수 있다. 따라서 치환과 제거 반응은 흔히 서로 경쟁한다.

할로젠화 알킬 외에 다양한 유형의 화합물이 치환과 제거 반응을 일으킨다. 이 장에서는 치환 반응을 소개하고, 7장에서는 할로젠화 알킬을 첫 번째 예로 사용하여 제거 반응을 소개한다. 이후 장들에서 유형이 다른 화합물의 치환 및 제거 반응을 만나게 된다.

**연습문제 6-11**

다음 각 반응을 치환 반응, 제거 반응 혹은 둘 다 아닌 반응으로 분류하라. 각 반응의 이탈 기와 치환 반응에서의 친핵체를 확인하라.

(a) 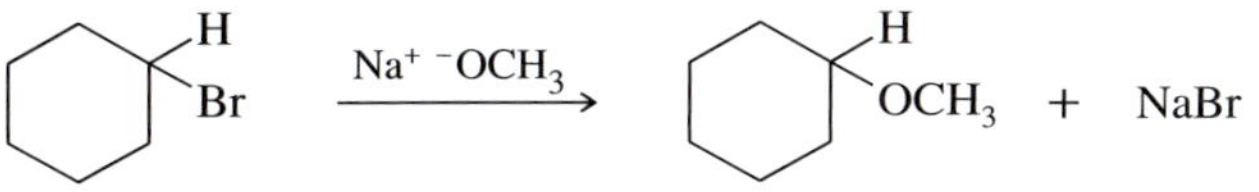 브로모사이클로헥세인(H, Br) $\xrightarrow{Na^+\ ^-OCH_3}$ 메톡시사이클로헥세인(H, $OCH_3$) + NaBr

(b) 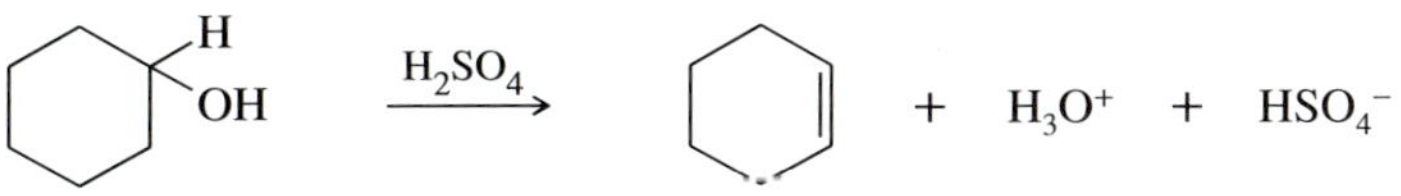 사이클로헥산올(H, OH) $\xrightarrow{H_2SO_4}$ 사이클로헥센 + $H_3O^+$ + $HSO_4^-$

(c) 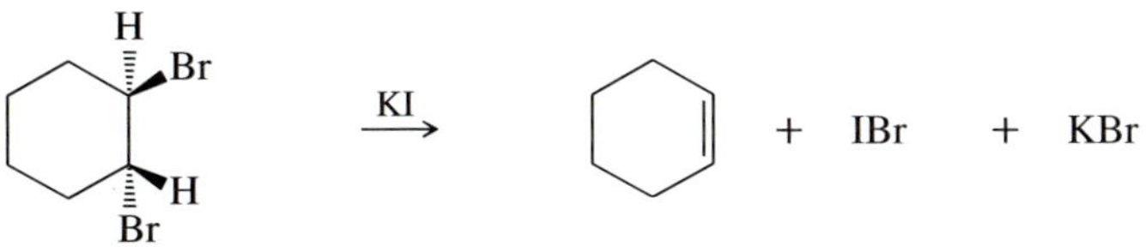 1,2-다이브로모사이클로헥세인(H, Br; H, Br) $\xrightarrow{KI}$ 사이클로헥센 + IBr + KBr

**문제풀이 힌트**

많은 일반적인 친핵체는 염기이기도 하므로 같은 종이 한 반응에서 Nuc:⁻(치환 반응) 및 B:⁻(제거 반응)로 반응한다. 6장에서 치환 반응을 배우고, 그다음 7장에서 제거 반응을 다룬다.

**연습문제 6-12**

다음 반응물과 1-브로모헥세인이 반응할 때 예상되는 치환 반응 생성물의 구조식을 제시하라.

(a) $NaOCH_2CH_3$ (b) KCN (c) NaOH

## 6-8 2차 친핵성 치환 반응: $S_N2$ 반응

친핵성 치환 반응은 다음의 일반적 형태를 가진다.

일반 친핵성 치환 반응

$$\text{Nuc:}^- + -\overset{|}{\underset{|}{C}}-\ddot{\underset{..}{X}}: \longrightarrow \text{Nuc}-\overset{|}{\underset{|}{C}}- + :\ddot{\underset{..}{X}}:^-$$

친핵체 기질 생성물 이탈기

여기서 Nuc:⁻는 친핵체이고, $:\ddot{X}:^-$는 이탈하는 할로젠화 이온이다. 한 예는 아이오도메테인(iodomethane, $CH_3I$)과 수산화 이온의 반응이다. 생성물은 메탄올이다.

예

$$H-\ddot{\underset{..}{O}}:^- + H-\overset{H}{\underset{H}{C}}-\ddot{\underset{..}{I}}: \longrightarrow H-\ddot{\underset{..}{O}}-\overset{H}{\underset{H}{C}}-H + :\ddot{\underset{..}{I}}:^-$$

수산화 이온 (친핵체) 아이오도메테인 (기질) 메탄올 (생성물) 아이오딘화 이온 (이탈기)

수산화 이온에서 산소 원자는 비공유 전자쌍과 음전하를 가지기 때문에 강한 **친핵체**(nucleophile, 전자쌍 주개)이다. 아이오도메테인은 시약이 공격하는 화합물이라는 의미로 **기질**(substrate)이라고 한다. 아이오도메테인의 탄소 원자는 전기 음성인 아이오딘 원자에 결합했기 때문에 친전자성이다. 할로젠 원자에 의해 탄소로부터 전자 밀도가 끌려가서 탄소 원자는 일부 양전하를 가진다. 수산화 이온의 음전하는 이러한 부분 양전하에 끌린다.

$$H\ddot{O}:^- + H_3C^{\delta+}-\ddot{I}:^{\delta-} \longrightarrow \left[H\ddot{O}\cdots CH_3 \cdots \ddot{I}:\right]^{-\ddagger} \longrightarrow H\ddot{O}-CH_3 + :\ddot{I}:^-$$

친핵체 친전자체 (기질) 전이 상태 생성물 이탈기

수산화 이온은 새로운 결합을 생성할 전자쌍을 줌으로써 친전자성 탄소 원자의 후방을 공격한다(일반적으로 친핵체가 친전자체를 공격한다고 하지만, 그 반대로 말하지는 않는다). 전자가 풍부한 친핵체로부터 전자가 부족한 친전자체인 탄소 원자로 전자쌍의 이동을 보여주기 위해 굽은 화살표를 사용한다. 탄소는 원자가 껍질에 8개의 전자만을 수용할 수 있기 때문에 탄소-아이오딘 결합은 탄소-산소 결합이 생성되기 시작함과 더불어 끊어지기 시작해야만 한다. 아이오딘화 이온은 이탈기이며, 한때 탄소 원자에 결합했던 한 쌍의 전자와 함께 이탈한다.

이러한 한 단계 메커니즘은 반응 속도론적 정보가 뒷받침한다. 반응물의 농도를 변화시키면 반응 속도에 관한 효과(초당 생성되는 메탄올의 양)를 관찰할 수 있다. 반응물 둘 중 하나의 농도를 2배로 했을 때 반응 속도가 2배가 됨을 알 수 있다. 따라서 반응은 각 반응물에 대해 1차가 되어 전체적으로 2차 반응이 된다. 반응 속도식은 다음 형태가 된다.

$$2\text{차 반응 속도} = k_r[CH_3I][^-OH]$$

이 반응 속도식은 아이오딘화 메틸(methyl iodide) 분자와 수산화 이온의 충돌이 요구되는 메커니즘과 일치한다. 이러한 화학종 둘 다 전이 상태에 존재하고, 충돌 빈도는 두 농도 모두에 비례한다. 반응 속도 상수 $k_r$은 전이 상태 에너지와 온도를 포함하는 몇 가지 요인에 좌우된다(4-9절).

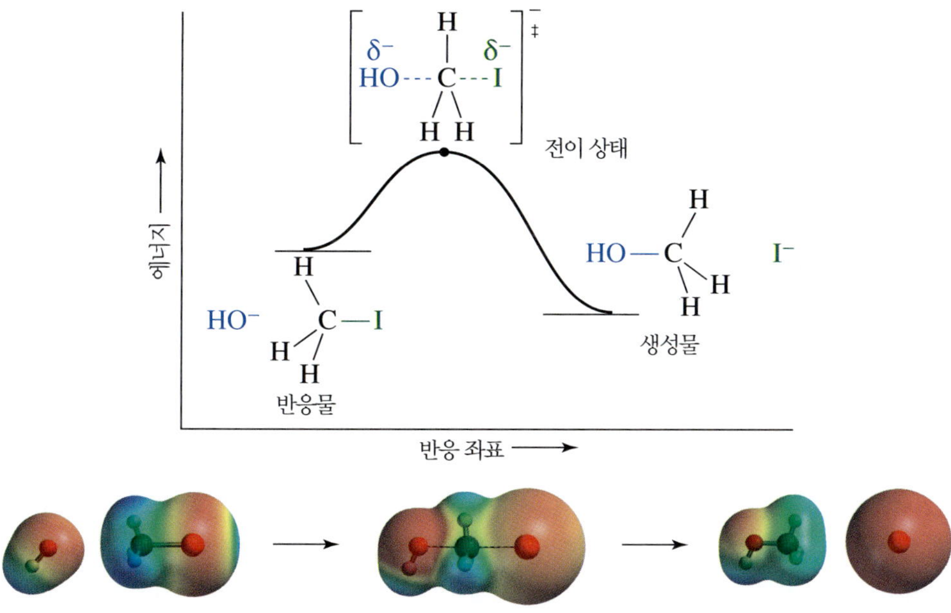


**그림 6-5** 아이오딘화 메틸과 수산화 이온의 $S_N2$ 반응에 관한 반응-에너지 도식은 단지 하나의 에너지 극댓값, 즉 전이 상태를 보여준다. 중간체는 존재하지 않는다. 반응물, 전이 상태, 생성물의 정전기 전위 지도는 하전된 친핵체(붉은색)가 기질의 친전자 부위(파란색)를 공격함을 보여준다. 전이 상태에서 음전하(붉은색)는 친전자체와 이탈기 전체에 걸쳐 비편재화되었다. 음전하는 이탈기와 함께 떠난다.

이러한 한 단계 친핵성 치환 반응은 **$S_N2$ 메커니즘**($S_N2$ mechanism)의 한 예이다. $S_N2$ 약자는 치환(Substitution), 친핵성(Nucleophilic), 이분자성(bimolecular)을 의미한다. 이분자성이라는 용어는 속도 제한 단계(이 반응에서는 한 단계)의 전이 상태가 두 분자의 충돌을 포함한다는 것을 의미한다. 일반적으로 이분자 반응은 전체적으로 2차 속도 방정식을 가진다.

아이오딘화 메틸(아이오도메테인)과 수산화 이온의 $S_N2$ 반응은 **협동 반응**(concerted reaction)으로, 결합 끊어짐과 결합 형성이 동시에 한 단계로 일어난다. 중간 구조는 **전이 상태**(transition state)로서 최대 에너지점이고 중간체는 아니다. 이러한 전이 상태에서는 친핵체(수산화 이온)에 관한 결합이 부분적으로 형성되었으며, 이탈기(아이오딘화 이온)에 관한 결합은 부분적으로 끊어져 있다. 전이 상태는 분리할 수 있는 별개의 분자가 아니라 순간적으로만 존재한다는 점을 기억하라.

> **문제풀이 힌트**
>
> 전이 상태는 불안정하고 분리할 수 없다. 순간적으로만 존재한다. 대조적으로 중간체는 일정한 시간 동안 존재한다.

이러한 치환 반응에 관한 반응-에너지 도표(그림 6-5)는 단지 전이 상태만 보여주고 반응물과 생성물 간의 중간체는 보여주지 않는다. 이러한 반응은 발열 반응이기 때문에 반응물은 생성물보다 약간 에너지가 높다. 전이 상태는 2개의 부분 결합을 가지는 다섯 배위를 포함하기 때문에 에너지가 훨씬 높다.

다음 메커니즘은 일반적인 $S_N2$ 반응을 보여준다. 하나의 친핵체가 기질을 공격하여 이탈기에 결합한 결합이 끊어지는 것과 동시에 친핵체가 결합을 형성하는 전이 상태를 형성한다.

## 핵심 메커니즘 6-2 | $S_N2$ 반응

$S_N2$ 반응은 한 단계(협동 단계)로 일어난다. 강한 친핵체는 친전자성 탄소를 공격하여 이탈기를 떠나게 한다.

Nuc:⁻ + C—X: ⟶ [Nuc---C---X:]‡ ⟶ Nuc—C + :X:⁻

친핵체 | 기질 (친전자체) | 전이 상태 | 생성물 | 이탈기

기질의 반응성 순서는 $CH_3X > 1° > 2°$이다(3° 할로젠화 알킬은 이 메커니즘에 의해 반응할 수 없다).

**예: 1-브로모뷰테인과 메톡시화 소듐과의 반응은 1-메톡시뷰테인을 생성한다.**

$$\underset{\text{메톡시화 소듐}}{NaOCH_3} + \underset{\text{1-브로모뷰테인}}{CH_3CH_2CH_2CH_2Br} \longrightarrow \underset{\text{1-메톡시뷰테인}}{CH_3CH_2CH_2CH_2OCH_3} + NaBr$$

$CH_3-\ddot{O}:^-$ + $(CH_3CH_2CH_2)(H)(H)C-Br$ → $[CH_3-O\cdots C\cdots Br]^{\ddagger -}$ → $CH_3-O-CH_2CH_2CH_2CH_3$ + $Na^+$ $:Br:^-$

친핵체 친전자체(기질) 전이 상태 생성물 이탈기

**연습문제 6-13**

(a) 어떤 조건에서 0.5 M 1-브로모뷰테인이 1.0 M 메톡시화 소듐과 반응하여 초당 1-메톡시뷰테인을 0.05 mol/L의 속도로 생성한다. 만일 0.1 M 1-브로모뷰테인이 2.0 M $NaOCH_3$과 반응한다면 반응 속도는 얼마가 될 것인가?

(b) 1-브로모뷰테인과 매우 과량의 암모니아($NH_3$)의 반응을 생각해보자. 반응물, 전이 상태, 생성물을 제시하라. 초기 생성물이 아민의 염($RNH_3^+$ $Br^-$)으로 과량의 암모니아에 의해 아민을 생성한다는 점을 유의하라.

(c) 역시 1-메톡시뷰테인을 생성하는 알콕시화 이온과 브로민화 알킬의 다른 조합을 사용하여 또 다른 $S_N2$ 반응을 밝혀라.

## 6-9 $S_N2$ 반응의 일반성

많은 유용한 반응은 $S_N2$ 메커니즘에 의해 일어난다. 아이오딘화 메틸 같은 할로젠화 알킬은 수산화 이온과 반응하여 알코올을 생성한다. 다른 친핵체는 할로젠화 알킬을 매우 다양한 작용기로 변환한다. 다음 표는 할로젠화 알킬을 친핵성 치환 반응에 의해 생성할 수 있는 몇 가지 유형의 화합물을 요약한 것이다.

**SUMMARY | 할로젠화 알킬의 $S_N2$ 반응**

$$Nuc:^- + R-X \longrightarrow Nuc-R + X^-$$

| | | 친핵체 | | 생성물 | 생성물 분류 |
|---|---|---|---|---|---|
| R—X | + | $^-:\ddot{I}:$ | ⟶ | $R-\ddot{I}:$ | 할로젠화 알킬 |
| R—X | + | $^-:\ddot{O}H$ | ⟶ | $R-\ddot{O}H$ | 알코올 |
| R X | + | $^-:\ddot{O}R'$ | ⟶ | $R-\ddot{O}R'$ | 에터 |
| R—X | + | $^-:\ddot{S}H$ | ⟶ | $R-\ddot{S}H$ | 싸이올(머캡탄) |
| R—X | + | $^-:\ddot{S}R'$ | ⟶ | $R-\ddot{S}R'$ | 싸이오에터(황화물) |
| R—X | + | $:NH_3$ | ⟶ | $R-NH_3^+\ X^-$ | 아민 염 |
| R—X | + | $^-:\ddot{N}=\overset{+}{N}=\ddot{N}:^-$ | ⟶ | $R-\ddot{N}=\overset{+}{N}=\ddot{N}:^-$ | 아자이드화물 |
| R—X | + | $^-:C\equiv C-R'$ | ⟶ | $R-C\equiv C-R'$ | 알카인 |
| R—X | + | $^-:C\equiv N:$ | ⟶ | $R-C\equiv N:$ | 나이트릴 |
| R—X | + | $^-:\ddot{O}-C(=\ddot{O})-R'$ | ⟶ | $R-\ddot{O}-C(=\ddot{O})-R'$ | 에스터 |
| R—X | + | $:PPh_3$ | ⟶ | $[R-PPh_3]^+\ X^-$ | 포스포늄 염 |

**할로젠 교환 반응** $S_N2$ 반응은 염화 알킬과 브로민화 알킬보다 합성하기 어려운 아이오딘화 및 플루오린화 알킬을 합성하는 데 유용하다. 할로젠 화합물은 한 할로젠을 다른 할로젠으로 치환하는 **할로젠 교환 반응**(halogen exchange)에 의해 서로 다른 할로젠 화합물로 변환할 수 있다.

아이오딘화 이온은 좋은 친핵체이고 많은 염화 알킬은 아이오딘화 소듐과 반응하여 아이오딘화 알킬을 생성한다. 플루오린화 알킬은 직접적으로 합성하기 어렵다. 플루오린화 알킬은 비양성자성 용매에 플루오린화 염을 용해하여 일반적으로 플루오린화 이온의 약한 친핵성(6-10절 참조)을 증대시켜주는 왕관형 에터(crown ether, 14-2D절 참조)를 일반적으로 사용하는 조건하에서 염화 알킬 혹은 브로민화 알킬을 KF로 처리하여 얻는다.

$$R{-}X + I^- \longrightarrow R{-}I + X^-$$

$$R{-}X + KF \xrightarrow[CH_3CN]{\text{18-크라운-6}} R{-}F + KX$$

예

$$\underset{\text{염화 알릴}}{H_2C{=}CH{-}CH_2Cl} + NaI \longrightarrow \underset{\text{아이오딘화 알릴}}{H_2C{=}CH{-}CH_2I} + NaCl$$

$$\underset{\text{염화 에틸}}{CH_3CH_2Cl} + KF \xrightarrow[CH_3CN]{\text{18-크라운-6}} \underset{\text{플루오린화 에틸}}{CH_3CH_2F} + KCl$$

**연습문제 6-14**

다음 치환 반응의 주생성물을 예측하라.

(a) $CH_3CH_2Br$ (브로민화 에틸) + $(CH_3)_3CO^-K^+$ ($t$-뷰톡시화 포타슘) $\longrightarrow$

(b) $HC{\equiv}C{:}^-Na^+$ (아세틸렌화 소듐) + $CH_3CH_2CH_2CH_2Cl$ (1-클로로뷰테인) $\longrightarrow$

(c) $(CH_3)_2CHCH_2Br$ + 과량의 $NH_3$ $\longrightarrow$

(d) $CH_3CH_2CH_2I$ + $NaCN$ $\longrightarrow$

(e) 1-클로로펜테인 + $NaI$ $\longrightarrow$

(f) 1-클로로펜테인 + $KF$ + $\xrightarrow[CH_3CN]{\text{18-크라운-6}}$

**연습문제 6-15**

1-클로로뷰테인을 다음 화합물로 변환하기 위해 $S_N2$ 반응을 어떻게 사용할 것인지 밝혀라.

(a) 뷰탄-1-올

(b) 1-플루오로뷰테인

(c) 1-아이오도뷰테인

(d) $CH_3{-}(CH_2)_3{-}CN$

(e) $CH_3{-}(CH_2)_3{-}C{\equiv}CH$

(f) $CH_3CH_2{-}O{-}(CH_2)_3{-}CH_3$

(g) $CH_3{-}(CH_2)_3{-}NH_2$

## 6-10 $S_N2$ 반응에 영향을 주는 요인: 친핵체 세기

반응에 참여하는 화학종의 특성을 연구하는 하나의 예로 $S_N2$ 반응을 사용할 것이다. 친핵체와 기질(할로젠화 알킬)은 사용하는 용매의 유형과 마찬가지로 모두 중요하다. 우선 무엇이 좋은 친핵체를 만드는지를 고려하자.

'강한' 친핵체는 같은 조건에서 '약한' 친핵체보다 $S_N2$ 반응에서 빨리 반응하는 이온이나 분자이다. 강한 친핵체는 친전자성 탄소 원자를 공격하는 데 약한 친핵체보다 훨씬 더 효율적이다. 예를 들면 메탄올($CH_3OH$)과 메톡시화 음이온($CH_3O^-$)은 모두 비결합 전자쌍을 쉽게 공유하지만 메톡시화 이온은 $S_N2$ 반응에서 메탄올보다 100만 배 정도 빠르다. 비슷한 중성의 화학종보다 음전하를 가진 화학종이 강한 친핵체인 것은 일반적으로 맞다.

메톡시화 이온은 결합에 쉽게 사용할 수 있는 비결합 전자쌍을 가지고 있다. 전이 상태에서는 메톡시화 이온의 산소와 할로젠화 음이온 이탈기에 의해 음전하를 공유한다. 그러나 메탄올은 음전하를 갖지 않기에 전이 상태는 할로젠화 음이온에 부분적인 음이온을 가지고, 메탄올 산소 원자에 부분적인 양전하를 가진다. 메탄올과 메톡시화 이온의 경우 다음과 같이 일반화할 수 있다.

> 염기는 그것의 짝산보다 항상 강한 친핵체이다.

$$CH_3-\ddot{O}:^- + H_3C-I \longrightarrow \left[CH_3-\overset{\delta^-}{O}\cdots CH_3 \cdots \overset{\delta^-}{I}\right]^{\ddagger -} \longrightarrow CH_3-O-CH_3 + :I:^-$$

짝염기
(강한 친핵체)

낮은 $E_a$

$$CH_3-\ddot{O}(H): + H_3C-I \longrightarrow \left[CH_3-\overset{\delta^+}{O}(H)\cdots CH_3 \cdots \overset{\delta^-}{I}\right]^{\ddagger} \longrightarrow CH_3-\overset{+}{O}(H)-CH_3 + :I:^-$$

짝염기
(약한 친핵체)

높은 $E_a$

메톡시화 음이온의 염기성이 더 크므로 더 좋은 친핵체라 말하고 싶을 수도 있다. 그러나 염기성과 친핵성은 서로 다른 성질이다. **염기도**(basicity)는 **양성자**(proton)를 제거하는 것에 관한 **평형 상수**(equilibrium constant)로 정의한다. **친핵성**(nucleophilicity)은 친전자성 **탄소 원자**에 관해 공격하는 **반응 속도**로 정의한다. 두 경우 모두 친핵체(혹은 염기)가 새로운 결합을 형성한다. 양성자와 새로운 결합을 형성하면 **염기**(base)로 반응한 것이고, 탄소와 새로운 결합을 형성하면 **친핵체**(nucleophile)로 반응한 것이다. 어느 방식으로 한 화학종이 반응할 것인지 예측하는 일은 어려울 수 있다. 대부분(그러나 모두 다는 아님)의 좋은 친핵체는 역시 센염기이고, 그 반대도 마찬가지다.

염기도: 양성자 제거에 관한 평형 상수

$$B:^- + H-A \underset{}{\overset{K_{eq}}{\rightleftharpoons}} B-H + A:^-$$

친핵성: 탄소 원자에 대해 공격하는 반응 속도

$$B:^- + -\overset{|}{\underset{|}{C}}-X \xrightarrow{k_r} B-\overset{|}{\underset{|}{C}}- + X:^-$$

**표 6-3** 몇 가지 흔한 친핵체
물과 알코올 같은 하이드록시 용매에서 친핵성이 높은 순서로 나열되어 있다.

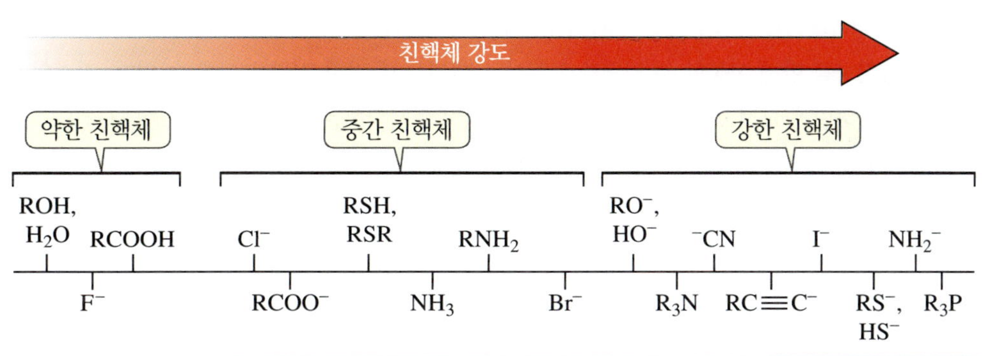


표 6-3은 물이나 알코올 같은 하이드록시 용매에서 몇 가지 흔한 친핵체를 친핵성이 감소하는 순서로 나열한 것이다. 이러한 용매에서의 친핵체 세기는 아래에 요약된 것과 같이 세 가지의 경향을 보여준다.

**SUMMARY | 친핵성 경향**

**1.** 비슷한 중성 화학종보다 음전하를 지닌 화학종이 더 강한 친핵체이다. 특히 염기는 그것의 짝산보다 더 강한 친핵체이다.

$$^-\!:\ddot{\underset{..}{O}}H > H_2\ddot{O}: \qquad ^-\!:\ddot{\underset{..}{S}}H > H_2\ddot{S}: \qquad ^-\!:\ddot{N}H_2 > :NH_3$$

**2.** 주기율표의 왼쪽에서 오른쪽으로 갈수록 전기 음성도가 증가함에 따라 친핵성이 감소한다. 전기 음성도가 큰 원소는 단단히 결합하는 비공유 전자쌍을 가져서 새로운 결합을 형성할 때 반응성이 작아진다.

$$^-\!:\ddot{N}H_2 > {}^-\!:\ddot{\underset{..}{O}}H > :\ddot{\underset{..}{F}}:^- \qquad :NH_3 > H_2\ddot{\underset{..}{O}} \qquad (CH_3CH_2)_3P: > (CH_3CH_2)_2\ddot{S}:$$

**3.** 주기율표 아래로 갈수록 크기와 편극성이 증가하고 전기 음성도가 감소할수록 친핵성이 증가한다.

$$:\ddot{\underset{..}{I}}:^- > :\ddot{\underset{..}{Br}}:^- > :\ddot{\underset{..}{Cl}}:^- > :\ddot{\underset{..}{F}}:^- \qquad ^-\!:\ddot{\underset{..}{Se}}H > {}^-\!:\ddot{\underset{..}{S}}H > {}^-\!:\ddot{\underset{..}{O}}H \qquad (CH_3CH_2)_3P: > (CH_3CH_2)_2N:$$

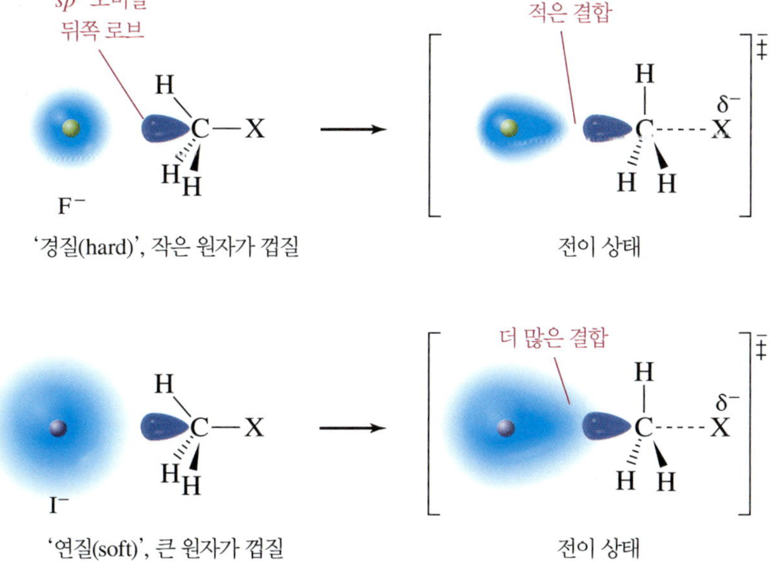


**그림 6-6** $S_N2$ 반응에서 친핵체로서의 플루오린화 이온과 아이오딘화 이온의 비교. 플루오린화물은 원자가 서로 가까워질 때까지 C—F 결합을 형성하기 시작할 수 없는 단단히 결합된 전자를 가지고 있다. 아이오딘화물은 반응 초기에 결합을 시작하는 더 느슨하게 결합된 외각 전자를 가지고 있다.

**응용: 생화학**

'질소 겨자(nitrogen mustard)' 항암제는 두 번의 $S_N2$ 반응을 사용하여 DNA를 알킬화한다고 간주된다. 첫째로, 질소 친핵체는 1차 염화 알킬의 염소를 치환하여 반응성이 좋은 중간체를 생성함으로써 DNA의 질소 원자를 알킬화한다. 이 과정을 되풀이하여 이중 나선의 DNA 두 가닥을 연결함으로써 DNA 복제를 방지한다.

$CH_2CH_2Cl$, $H_3C$—N:, $CH_2$—Cl, $CH_2$

질소 겨자

$CH_2CH_2Cl$, $H_3C$—$N^+$, $CH_2$, $CH_2$, $Cl^-$

중간체

$CH_2CH_2Cl$, $H_3C$—$N^+$, $CH_2$, $CH_2$, :N, DNA

DNA를 알킬화함

$CH_2CH_2Cl$, $H_3C$—N:, $CH_2$—$N^+$, $CH_2$, DNA

세 번째 경향(크기와 편극성)은 친전자성 탄소 원자를 공격하기 시작함에 따른 부분 결합 형성에 참여하는 원자의 능력을 반영한다. 주기율표의 족을 따라 내려가면 원자는 더 커져서 더 많은 전자가 핵에서 더 멀어진다. 그 전자들은 헐겁게 결합되어 원자는 더 **편극화**(polarizable)되며, 더 자유스럽게 양전하를 향해 이동할 수 있으므로 전이 상태에서 더 강한 결합을 이룰 수 있다. 전자의 이동성이 증가하면 비교적 먼 거리에서도 결합을 형성하기 시작하는 원자의 능력을 증대시킨다.

그림 6-6은 할로젠화 메틸에 대한 아이오딘화 이온과 플루오린화 이온의 공격을 비교하여 이러한 편극화 효과를 설명한다. 플루오린화 이온의 최외각 껍질은 두 번째 껍질이다. 이러한 전자들은 단단히 결합하여 핵에 근접한다. 플루오린화 이온은 경질(낮은 편극성)의 친핵체이고, 플루오린화 이온의 핵은 전자가 중첩하기 시작하여 결합을 생성하기 전에 탄소 핵에 매우 가깝게 접근하게 된다. 전이 상태에서 플루오린과 탄소 간 결합은 거의 없다. 이와 대조적으로 아이오딘화 이온의 최외각 껍질은 다섯 번째 껍질이다. 이러한 전자들은 헐겁게 결합하고 있어 아이오딘화 이온을 연질(높은 편극성)로 만든다. 그 최외각 전자들은 이동하여 멀리서부터 탄소 원자와 중첩하기 시작한다. 전이 상태에서 아이오딘과 탄소 사이에 상당한 결합이 존재하여 전이 상태의 에너지를 낮춘다.

## 6-10A 친핵성에 관한 입체 효과

하나의 친핵체로 역할하려면 하나의 이온 혹은 분자는 공격하는 탄소 원자에 근접해야만 한다. 친핵체의 부피가 큰 원자단은 이러한 근접을 방해하며, 반응 속도를 느리게 한다. 예를 들면 *t*-뷰톡시화 이온은 에톡시화 이온보다 강한 **염기**(양성자 제거에서)이지만, 3개의 메틸기를 가져서 더 혼잡한 탄소 원자의 어떠한 접근도 방해한다. 따라서 에톡시화 이온이 *t*-뷰톡시화 이온보다 더 강한 친핵체이다. 부피가 큰 원자단이 크기로 말미암아 반응을 저해할 때 그러한 효과를 **입체 장애**(steric hindrance)라고 한다.

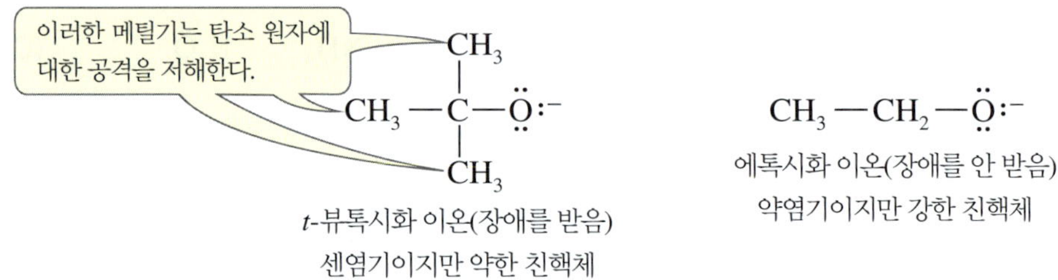


장애가 없는 양성자를 공격하는 데 **염기도**(basicity)가 관련되어 있기 때문에 입체 장애는 염기도에 대한 영향을 그다지 받지 않는다. 그러나 **친핵체**(nucleophile)가 탄소 원자를 공격할 때 부피가 큰 친핵체는 탄소 원자에 쉽게 접근할 수 없다. 대부분의 염기는 또한 친핵체가 되어 양성자 혹은 친전자성 탄소 원자 둘 중 하나를 공격할 수 있다. 염기로 작용하는 화학종을 원하는 경우 에톡시화 음이온처럼 입체 장애가 작은 시약을 사용한다.

**문제풀이 힌트**

입체 장애(큰 부피)는 염기성보다 친핵성($S_N2$)을 더 저해한다.

**연습문제 6-16**

다음 각 쌍에 대해 $S_N2$ 반응(알코올을 용매로 사용)에서 더 센 친핵체를 예측하라. 그리고 그 예측에 대해 설명하라.

(a) $(CH_3CH_2)_3N$ 또는 $(CH_3CH_2)_2NH$
(b) $(CH_3)_2O$ 또는 $(CH_3)_2S$
(c) $NH_3$ 또는 $PH_3$
(d) $CH_3S^-$ 또는 $H_2S$
(e) $(CH_3)_3N$ 또는 $(CH_3)_2O$
(f) $CH_3COO^-$ 또는 $CF_3COO^-$
(g) $(CH_3)_2CHO^-$ 또는 $CH_3CH_2CH_2O$-
(h) $I^-$ 또는 $Cl^-$

### 6-10B 친핵성에 관한 용매 효과

이러한 이온의 친핵성에 영향을 주는 다른 하나의 요인은 그것들의 용매화, 특히 양성자성 용매에서의 용매화이다. **양성자성 용매**(protic solvent)는 산성 양성자, 특히 O—H 혹은 N—H기의 형태로 있는 양성자를 지닌 용매이다. O—H기를 지닌 용매를 종종 **수산기 용매**(hydroxylic solvent)라고 한다. 이러한 기는 음으로 하전된 친핵체와 수소 결합을 형성한다. 양성자성 용매에서는 시약(할로젠화 알킬, 친핵체 등)이 잘 녹는 경향이 있기 때문에 알코올은 특히 편리한 양성자성 용매이다.

양성자성 용매에서는 작은 음이온은 용매가 접근하여 강한 수소 결합을 형성하기 때문에 큰 음이온보다 강하게 용매화된다. 음이온이 친핵체로 반응할 때 용매화된 음이온을 안정화하는 수소 결합을 끊어서 용매 분자 몇 개를 걷어낼 필요가 있다. 플루오린화 이온 같은 작고 강하게 용매화된 음이온으로부터 용매를 벗겨내는 데는 아이오딘화 이온처럼 크고 확산되었으며 덜 강하게 용매화된 이온보다 더 많은 에너지가 요구된다.

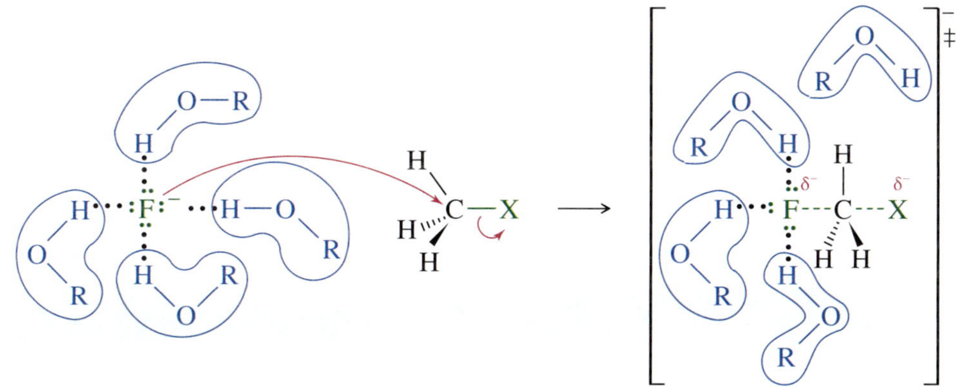


전이 상태에서 일부 벗겨진 용매

양성자성 용매에서 더 작은 음이온의 용매화가 증대되면 용매 분자를 이탈시키는 데 더 많은 에너지가 필요하게 되어 친핵성을 감소시킨다. 이러한 경향은 편극화에서의 경향성을 더 강화한다. 원자 번호가 증가함으로써 편극화가 증가하고, 원자 번호가 증가함에 따라 (양성자성 용매에서) 용매화 에너지가 감소한다. 따라서 (양성자성 용매에서) 친핵성은 비슷한 전하를 지닌 비슷한 화학종을 비교하는 한, 주기율표 족에서 아래로 내려감에 따라 증가한다.

양성자성 용매와 대조적으로 **비양성자성 용매**(aprotic solvent, O—H기나 N—H기를 보유하지 않는 용매)는 음이온의 친핵성을 증대시킨다. 음이온은 강하게 용매화되지 않았기에 비양성자성 용매에서는 반응성이 커진다. 용매가 친전자성 탄소 원자에 접근하도록 친핵체에 자리를 내주어야 할 때 끊어질 수소 결합이 존재하지 않는다. 비양성자성 용매의 상대적으로 약한 용매화 능력은 역시 불리한 점이다. 대부분 극성 및 이온성 시약은 알케인 같은 단순한 비양성자성 용매에는 녹지 않는다.

**극성 비양성자성 용매**(polar aprotic solvent)는 용해도를 증대시키는 강한 쌍극자 모멘트를 가진다. 그러나 그들은 음이온과 수소 결합을 형성하는 O—H기 혹은 N—H기를 갖지 않는다. 유용한 극성 비양성자성 용매의 예는 아세토나이트릴, 다이메틸폼알데하이드(DMF), 아세톤, 다이메틸 설폭사이드(DMSO)가 있다. 수산기 용매로부터 극성 비양성자 용매로 전환하면 종종 $S_N2$ 반응의 속도가 향상되며, 때로는 1000배 이상으로 늘어날 수 있다. 어떤 경우에는 친핵체의 반응성에 영향을 주지 않고 용해도를 증대시키는 특정 용매화 시약을 첨가할 수 있다. 예를 들면 '왕관형 에터', 즉 18-크라운-6은 포타슘 이온을 용매화한다. 친핵체의 포타슘 염을 사용하면서 포타슘 이온을 용매화하면 친핵체 음이온이 용액 내로 같이 끌려가게 된다.

비양성자성 용매의 예

$CH_3-C\equiv N:$ 아세토나이트릴

$HC(=O)N(CH_3)_2$ 다이메틸폼아마이드 (DMF)

$H_3C-C(=O)-CH_3$ 아세톤

$H_3C-S(=O)-CH_3$ 다이메틸 설폭사이드 (DMSO)

$K^+$ $:X:^-$ 18-크라운-6는 $K^+$ 이온을 용매화한다.

다음 예는 수산기(양성자성) 용매에서는 보통 나쁜 친핵체인 플루오린화 이온이 비양성자성 용매에서 좋은 친핵체가 될 수 있다는 사실을 보여준다. KF는 아세토나이트릴에서는 아주 잘 녹지는 않지만 18-크라운-6은 포타슘 이온을 용매화하여 용매화가 나쁜 (그 결과 친핵성이 된) 플루오린화 이온은 다음과 같이 양성자 용매 대비 친핵성이 증가하여 탄소를 더 쉽게 공격하게 된다.

$$C_6H_5CH_2Cl \xrightarrow[CH_3CN]{KF,\ 18\text{-크라운-6}} C_6H_5CH_2F + Cl^-$$

## FOCUS | 친핵성에 영향을 미치는 요인

상대적 친핵성은 속도론의 용어로, 더 좋거나 강한 친핵체가 특정 원자와 더 빨리 반응하는 것을 의미한다.

1. 음전하를 가진 좋은 비슷한 중성의 종보다 강한 친핵체이다. 특히 염기는 그 짝산과 비교하면 더 강한 친핵체이다.

$$HO^- > H_2O \qquad HS^- > H_2S \qquad H_2N^- > NH_3$$

2. 주기율표에서 왼쪽에서 오른쪽으로 갈수록 전기 음성도가 증가하므로 친핵성은 감소한다. 전기 음성도가 더 높은 원소는 비공유 전자를 더 단단히 붙잡고 있어 새로운 결합을 형성하는 반응성이 적다.

$$H_2N^- > HO^- > F^- \qquad NH_3 > H_2O \qquad (CH_3CH_2)_3P: > (CH_3CH_2)_2S:$$

3. 주기율표에서 아래로 내려갈수록 친핵성은 증가하는데, 이는 크기와 극성이 증가하고 전기 음성도가 감소하기 때문이다.

$$I^- > Br^- > Cl^- > F^- \qquad HSe^- > HS^- > HO^- \qquad (CH_3CH_2)_3P: > (CH_3CH_2)_3N:$$

4. 친핵성 원자 주변의 입체 장애가 증가함에 따라 친핵성은 감소한다.

$$^-O-CH_2CH_3 > {}^-O-CH(CH_3)_2 \gg {}^-O-C(CH_3)_3 \qquad H_3C-N^--CH_3 > (H_3C)_2CH-N^--CH(CH_3)_2$$

5. 친핵체는 극성 비양성자 용매에서 더 강하고, 양성자 용매(OH가 있는 모든 용매)에서는 감소한다. 이는 수소 결합이 용매에 둘러싸인 친핵체를 안정화하기 때문이다.

극성 비양성자성 용매

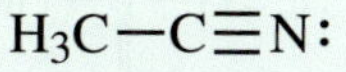

$H_3C-C\equiv N:$ 아세토나이트릴 (ACN)

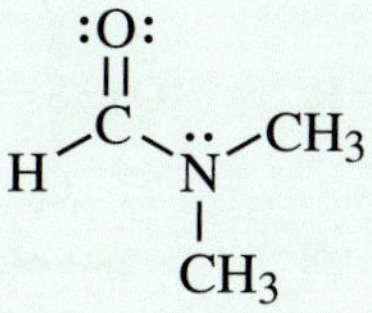

$H-C(=O)-N(CH_3)-CH_3$ *N,N*-다이메틸폼아마이드 (DMF)

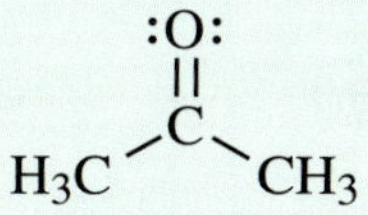

$H_3C-C(=O)-CH_3$ 아세톤

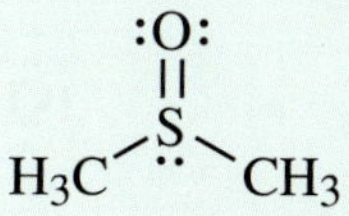

$H_3C-S(=O)-CH_3$ 다이메틸 설폭사이드 (DMSO)

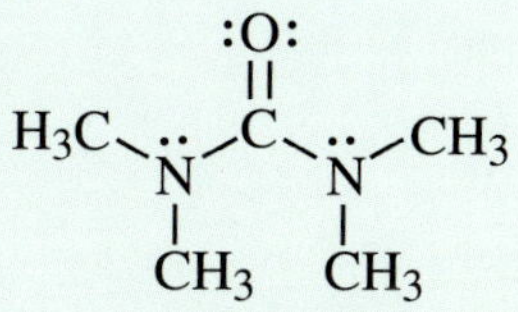

$(H_3C)_2N-C(=O)-N(CH_3)_2$ 테트라메틸요소 (TMU)

## 6-11 $S_N2$ 반응에서 기질의 반응성

$S_N2$ 반응에서는 친핵체가 중요한 것과 마찬가지로 할로젠화 알킬의 구조도 중요하다. 흔히 할로젠화 알킬을 **기질**(substrate)이라고 한다. 이는 글자 그대로 시약에 의해 공격을 받는 화합물이다. 할로젠화 알킬 이외에 다양한 다른 유형의 화합물이 $S_N2$ 반응에서 기질로 작용한다. 친핵체에 의한 $S_N2$ 공격에 관한 좋은 기질이 되려면 분자는 좋은 이탈기를 지닌 친전자성 탄소 원자를 가져야 하고, 탄소 원자는 친핵체가 공격하는 데 너무 입체적으로 장애를 받지 않아야 한다.

### 6-11A 기질에 대한 이탈기 효과

$S_N2$ 반응에서 이탈기는 두 가지 목적이 있다.

1. 이탈기는 C—X 결합을 극성화하여 탄소 원자를 친전자성으로 만든다.
2. 이탈기는 한때 친전자성 탄소 원자에 결합했던 전자쌍을 가지고 이탈한다.

이러한 역할을 만족시키기 위해 좋은 이탈기는 다음과 같아야 한다.

1. 전자를 끌어 탄소 원자를 극성화한다.
2. 일단 이탈하면 안정하다(센염기가 아님).
3. 편극화되어 전이 상태를 안정화한다.

**1.** 이탈기는 **전자 끌기**(electron-withdrawing)가 되어 탄소 원자에 일부 양전하를 발생시켜 탄소를 친전자성으로 만들어주어야 한다. 전자 끌기 이탈기는 음으로 하전된 전이 상태를 역시 안정시킨다. 할로젠 원자는 강한 전기 음성이기에 할로젠화 알킬은 $S_N2$ 반응에 사용하는 흔한 기질이 된다. 산소, 질소, 황 역시 탄소와 강하게 편극화된 결합을 형성한다. 올바른 치환체가 주어진다면 그것들은 탁월한 이탈기로서의 토대를 형성할 수 있다.

강하게 편극화된 것

$C \overset{+\!\!\!\rightarrow}{-} X$ (X = 할로젠)　　$C \overset{+\!\!\!\rightarrow}{-} O$　$C \overset{+\!\!\!\rightarrow}{-} N$　$C \overset{+\!\!\!\rightarrow}{-} S$

**2.** 이탈기는 탄소에 결합한 전자쌍과 함께 일단 이탈한 다음에는 안정해야 한다. 에너지 면에서 유리하기 위해서는 안정한 이탈기가 필요하다. 이탈기는 전이 상태에서 이탈 중이다. 반응성이 있는 이탈기는 전이 상태의 에너지를 높여주어 반응을 느리게 해준다. 또한 이탈기의 에너지는 생성물의 에너지에도 반영된다. 반응성 이탈기는 생성물의 에너지를 올려주어 평형을 반응물 쪽으로 몰아준다.

**표 6-4** 흔한 이탈기인 약염기

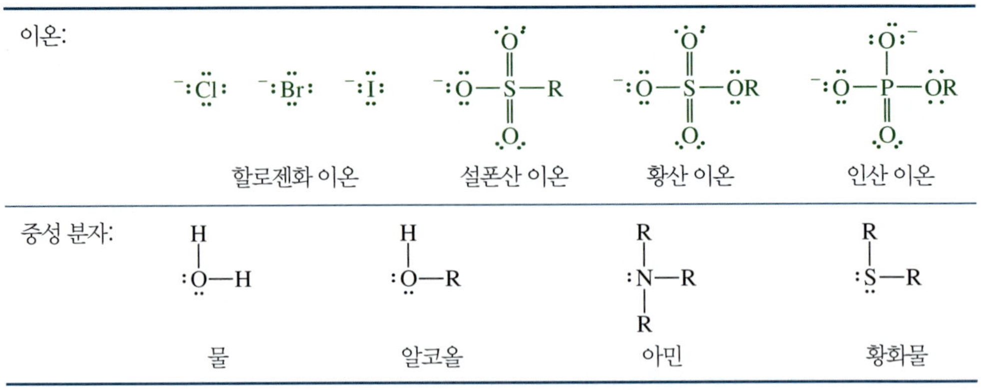

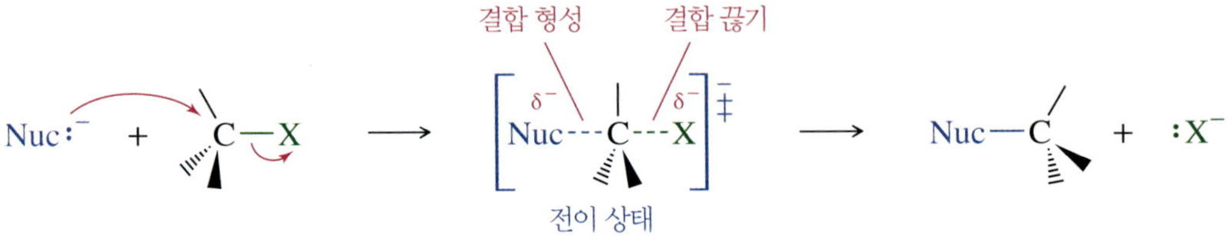

| | | | | |
|---|---|---|---|---|
| 이온: | $^-$:Cl:  $^-$:Br:  $^-$:I: | $^-$:O−S(=O)(=O)−R | $^-$:O−S(=O)(=O)−OR | $^-$:O−P(=O)(−O:$^-$)−OR |
| | 할로젠화 이온 | 설폰산 이온 | 황산 이온 | 인산 이온 |
| 중성 분자: | H−O−H | H−O−R | $R_3N$: | $R_2S$: |
| | 물 | 알코올 | 아민 | 황화물 |

$$\mathrm{Nuc}:^- + \mathrm{C{-}X} \longrightarrow \left[\overset{\delta^-}{\mathrm{Nuc}}\cdots\mathrm{C}\cdots\overset{\delta^-}{\mathrm{X}}\right]^{\ddagger} \longrightarrow \mathrm{Nuc{-}C} + :\mathrm{X}^-$$

결합 형성 결합 끊기

전이 상태

**문제풀이 힌트**

센염기는 좋지 않은 이탈기이다. 이탈기로서 작용하는 수산화 이온, 알콕시화 이온, 또는 다른 센염기는 $S_N2$ 반응에 쓰지 마라.

좋은 이탈기는 **약염기**여야 한다. 따라서 그것은 센산의 짝염기이다. 할로젠화 수소산인 HCl, HBr, HI는 센산이고, 그들의 짝염기($Cl^-$, $Br^-$, $I^-$)는 모두 약염기이다. 황산염 이온, 설폰산 이온, 인산 이온 같은 다른 약염기도 마찬가지로 좋은 이탈기 역할을 한다. 표 6-4는 좋은 이탈기의 예를 나타낸 것이다.

수산화 이온, 알콕시화 이온 및 다른 센염기는 $S_N2$ 반응에서는 나쁜 이탈기이다. 예를 들면 알코올의 —OH기는 수산화 이온으로 이탈하기 때문에 나쁜 이탈기이다.

$$\mathrm{Na^+}\ :\mathrm{Br}:^-\ \ \mathrm{CH_3{-}OH} \not\longrightarrow \mathrm{Br{-}CH_3} + \mathrm{Na^+}\ ^-:\mathrm{OH}\ \text{(센염기)}$$

센염기이고 나쁜 이탈기인 이온:

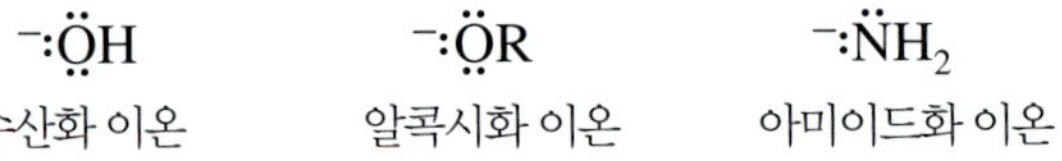

| $^-$:OH | $^-$:OR | $^-$:$NH_2$ |
|---|---|---|
| 수산화 이온 | 알콕시화 이온 | 아미이드화 이온 |

표 6-4는 또한 좋은 이탈기가 될 수 있는 몇 가지 중성 분자를 나열한 것이다. 흔히 중성 분자는 **양으로 하전된** 화학종으로부터 이탈기 역할을 한다. 예를 들면 알코올을 산성 용액에 넣으면 하이드록시기가 양성자화한다. 그러면 물이 이탈기 역할을 한다. 알코올을 양성자화하는 요건은 친핵체의 선택을 약염기인 브로민화 이온과 아이오딘화 이온 등으로 제한한다는 점에 유의하라. 센염기 친핵체는 산에서 양성자화된다.

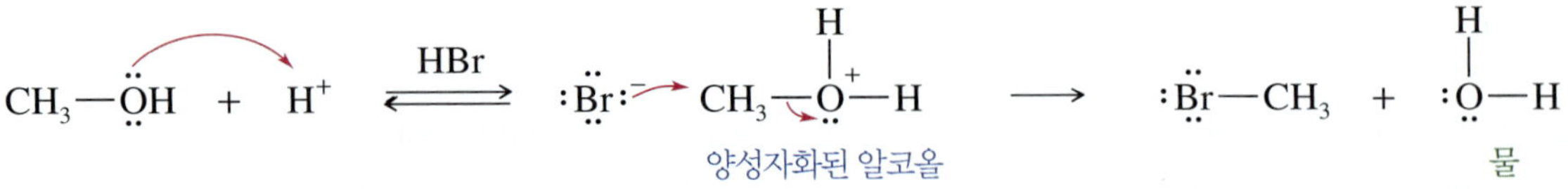

$$\mathrm{CH_3{-}OH} + \mathrm{H^+} \underset{}{\overset{\mathrm{HBr}}{\rightleftharpoons}} :\mathrm{Br}:^-\ \ \mathrm{CH_3{-}\overset{+}{O}H_2} \longrightarrow :\mathrm{Br{-}CH_3} + \mathrm{H{-}O{-}H}$$

양성자화된 알코올 물

**3.** 마지막으로 좋은 이탈기는 전이 상태에서의 탄소 원자와 일부 결합을 유지하기 위해 **편극화되어야 한다**. 이러한 결합은 전이 상태를 안정화하는 데 도움이 되어 활성화 에너지를 감소시킨다. 이탈기의 이탈은 결합이 형성되기보다 끊어진다는 사실 외에는 친핵체의 공격과 매우 흡사하다. 편극화 친핵체와 편극화 이탈기 모두 먼 거리에서도 더 많이 결합함으로써 전이 상태를 안정화한다.

가장 편극화된 이온 중 하나인 아이오딘화 이온은 좋은 친핵체이자 동시에 좋은 이탈기이다. 대조적으로 플루오린화 이온은 작고 경질인 이온이다. 플루오린화물은 $S_N2$ 반응에서(양성자성 용매에서) 나쁜 친핵체인 동시에 나쁜 이탈기이다.

**연습문제 6-17**

다이에틸 에터($CH_3CH_2OCH_2CH_3$)를 진한 HBr로 처리했을 때 초기 생성물은 $CH_3CH_2Br$과 $CH_3CH_2OH$이다. 이러한 반응을 설명하는 메커니즘을 제안하라.

## 6-11B 기질에 관한 입체 효과

서로 다른 할로젠화 알킬은 매우 상이한 반응 속도로 $S_N2$ 반응을 일으킨다. $S_N2$ 치환 반응에 관한 반응성에서 기질의 구조는 가장 중요한 인자이다. 이러한 반응은 할로젠화 메틸과 매우 빠르게 진행하고, 대부분의 1차 기질하고도 매우 빠르게 진행하지만, 2차 할로젠화물과 느리게 진행한다. 3차 할로젠화물은 $S_N2$ 반응에 의해 전혀 진행하지 않는다. 표 6-5는 $S_N2$ 치환 반응 속도에 관한 알킬 치환 효과를 보여준다.

단순한 할로젠화 알킬에 대해 상대적인 $S_N2$ 치환 반응 속도는 다음과 같다.

$S_N2$ 반응에 관한 상대적 반응 속도: $CH_3X > 1° > 2° >> 3°$

이러한 반응성의 서열에 관한 물리적 설명은 표 6-5의 정보에 제시되어 있다. 느리게 반응하는 모든 화합물은 한 가지 공통적 특성이 있다. 큰 부피 원자단의 존재에 의해 친전자체 탄소 원자의 뒤쪽이 혼잡해진다. 3차 할로젠화물은 2차 할로젠화물보다 더 입체 방해를 받으며, 2차 할로젠화물은 1차 할로젠화물보다 더 입체 방해를 받는다. 브로민화 네오펜틸(neopentyl bromide) 같은 부피가 큰 1차 할로젠화물조차도 3차 할로젠화물과 비슷한 반응 속도로 $S_N2$ 반응을 일으킨다. 상대적 반응 속도는 $S_N2$ 치환에서 부피가 큰 할로젠화 알킬의 반응 속도를 저해하는 것은 전자 효과가 아니고 알킬기의 부피가 크기 때문이라는 것을 보여준다.

**표 6-5** $S_N2$ 반응에 관한 치환체 효과

| 할로젠화물 분류 | 예 | 구조 | 상대적 반응 속도 |
|---|---|---|---|
| 메틸 | $CH_3-Br$ | | 1000 이상 |
| 1차(1°) | $CH_3CH_2-Br$ | Br | 50 |
| 2차(2°) | $(CH_3)_2CH-Br$ | Br | 1 |
| 3차(3°) | $(CH_3)_3C-Br$ | Br | 0.001 이하 |
| *n*-뷰틸(1°) | $CH_3CH_2CH_2CH_2-Br$ | Br | 20 |
| 아이소뷰틸(1°) | $(CH_3)_2CHCH_2-Br$ | Br | 2 |
| 네오펜틸(1°) | $(CH_3)_3CCH_2-Br$ | Br | 0.0005 |

주의: 2개 또는 3개의 알킬기, 또는 심지어 단일의 부피가 큰 알킬기들은 반응 속도를 낮춘다. 제시된 속도는 2차의 경우(브로민화 아이소프로필)를 1로 하여 상대적으로 비교했다.

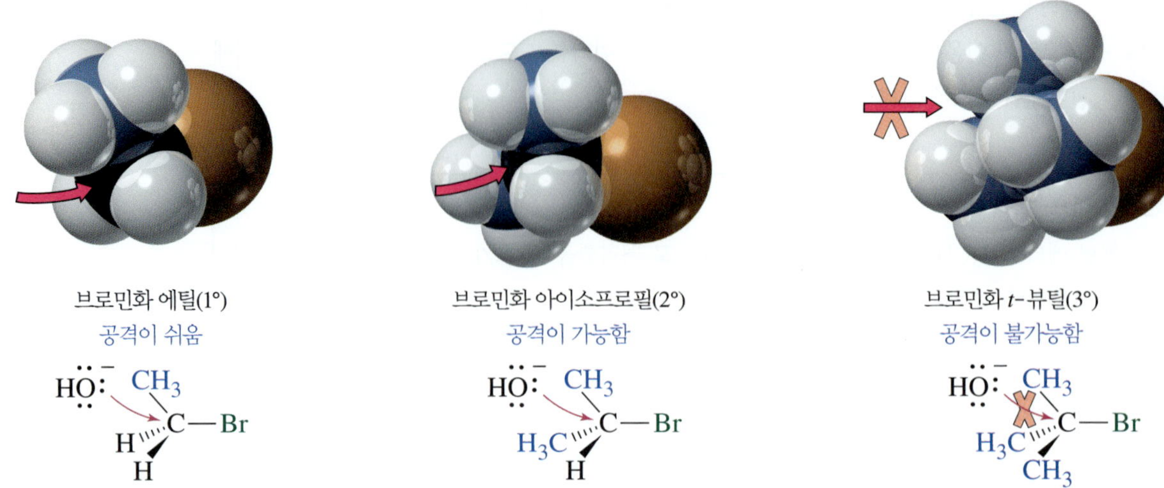


**그림 6-7** 1차 할로젠화 알킬에 대한 $S_N2$ 공격은 장애가 없다. 2차 할로젠화물에 대한 공격은 입체 장애를 받으며, 3차 할로젠화물에 대한 공격은 불가능하다.

이러한 반응 속도에 관한 효과는 **입체 장애**(steric hindrance)의 한 예이다. 친핵체가 친전자체 탄소 원자의 뒤쪽에 접근할 때 C—X $sp^3$ 오비탈의 뒤쪽 로브의 결합 거리 이내로 접근해야만 한다. 탄소 원자에 결합한 2개의 알킬기가 존재한다면 이러한 과정은 어려워진다. 3개의 알킬기는 이를 불가능하게 한다. 단 1개의 알킬기라도 브로민화 네오펜틸의 *t*-뷰틸기처럼 비정상적으로 부피가 크다면 상당한 입체 장애를 생성할 수 있다.

그림 6-7은 브로민화 에틸(1°), 브로민화 아이소프로필(2°), 브로민화 *t*-뷰틸(3°)과 반응하는 수산화 이온의 $S_N2$ 반응을 보여준다. 친핵체는 브로민화 에틸의 친전자성 탄소 원자에 쉽게 접근할 수 있다. 브로민화 아이소프로필에서는 이러한 접근이 장애를 받지만 여전히 가능하다. 이에 반해 브로민화 *t*-뷰틸의 3차 탄소에 대한 $S_N2$ 접근은 3개 메틸기의 입체 장애로 말미암아 불가능하다. 브로민화 에틸, 브로민화 아이소프로필, 브로민화 *t*-뷰틸의 모형을 만들고, 뒤쪽 공격에 대한 원자 접근의 쉬운 정도를 비교해보자.

**문제풀이 힌트**

3차 할로젠화 알킬에서 $S_N2$ 반응이 일어난다고 쓰지 마라.

**연습문제 6-18**

에탄올에서 에톡시화 소듐($Na^{+}\ {}^{-}OCH_2CH_3$)과의 반응성이 감소하는 순서로 다음 화합물의 순서를 나열하라.

| | | |
|---|---|---|
| 염화 메틸 | 아이오딘화 *t*-뷰틸 | 브로민화 네오펜틸 |
| 브로민화 아이소프로필 | 아이오딘화 메틸 | 염화 에틸 |

**연습문제 6-19**

다음 각 쌍의 화합물에 대해 어떤 화합물이 더 좋은 $S_N2$ 기질인지 답하라.

**(a)** 2-메틸-1-아이오도프로페인 또는 아이오딘화 *t*-뷰틸
**(b)** 브로민화 사이클로헥실 또는 1-브로모-1-메틸사이클로헥세인
**(c)** 2-브로모뷰테인 또는 브로민화 아이소프로필
**(d)** 1-클로로-2,2-다이메틸뷰테인 또는 2-클로로뷰테인
**(e)** 1-아이오도뷰테인 또는 2-아이오도프로페인

## 6-12 $S_N2$ 반응의 입체 화학

앞서 살펴봤던 바와 같이 $S_N2$ 반응은 친전자성 탄소 원자의 뒤쪽에서의 친핵체 공격을 필요로 한다(그림 6-8). 탄소 원자는 단지 4개의 채워진 결합 오비탈(팔전자)을 가질 수 있으므로, 이탈기는 친핵체가 탄소 원자와 결합함과 동시에 이탈해야만 한다. 친핵체의 전자들은 이탈기의 오비탈과 반결합으로 조합하여(결합 MO는 이미 다 차 있기 때문) 탄소의 $sp^3$ 혼성 오비탈의 뒤쪽 로브에 삽입된다. 반결합 MO에 있는 이러한 전자는 브로민화 이온이 이탈할 때 C—Br 결합을 약하게 한다. 전이 상태는 친핵체와 이탈기 모두에 대해 부분적인 결합을 보여준다.

**뒤쪽 공격**(back-side attack)은 바람에 뒤집히는 우산처럼 글자 그대로 탄소 원자의 정사면체를 뒤집는다(그림 6-8). 생성물에서 친핵체는 원래 차지했던 이탈기의 위치와 반대인 입체 화학적 위치를 차지한다. 이러한 결과를 **위치 배열 반전**(inversion of configuration)이라고 한다.

1개의 비대칭 탄소 원자의 경우 뒤쪽 공격은 탄소 원자의 반대편에 위치 배열을 한다(메커니즘 6-3). $S_N2$ 치환은 비대칭 탄소 원자가 위치 배열 반전을 일으키는 단계(반응 순서에서)인 **Walden 반전**(Walden inversion)의 가장 흔한 예이다. 1890년대 독일 튀빙겐대학교의 Paul Walden은 위치 배열 반전을 일으키는 반응을 최초로 연구하는 사람들 중 하나였다.

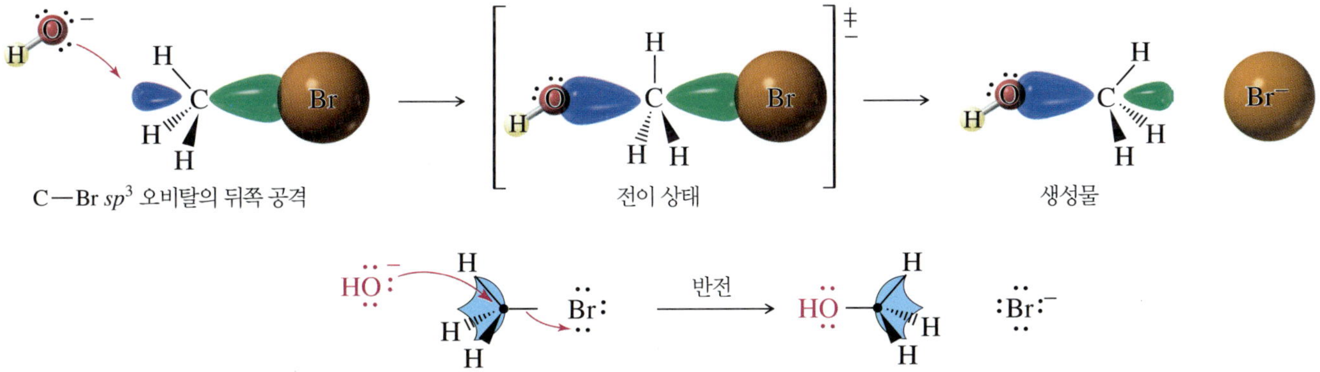

C—Br $sp^3$ 오비탈의 뒤쪽 공격 — 전이 상태 — 생성물

반전

**그림 6-8** $S_N2$ 반응의 뒤쪽 공격. 탄소의 $sp^3$ 혼성 오비탈 뒤쪽 로브에 공격함으로써 $S_N2$ 반응이 일어난다. 이러한 뒤쪽 공격은 탄소 원자의 정사면체를 강풍이 우산을 뒤집듯이 반전시킨다.

### 메커니즘 6-3 | $S_N2$ 반응에서의 위치 배열 반전

뒤쪽 공격은 탄소 원자의 위치 배열을 반전시킨다.

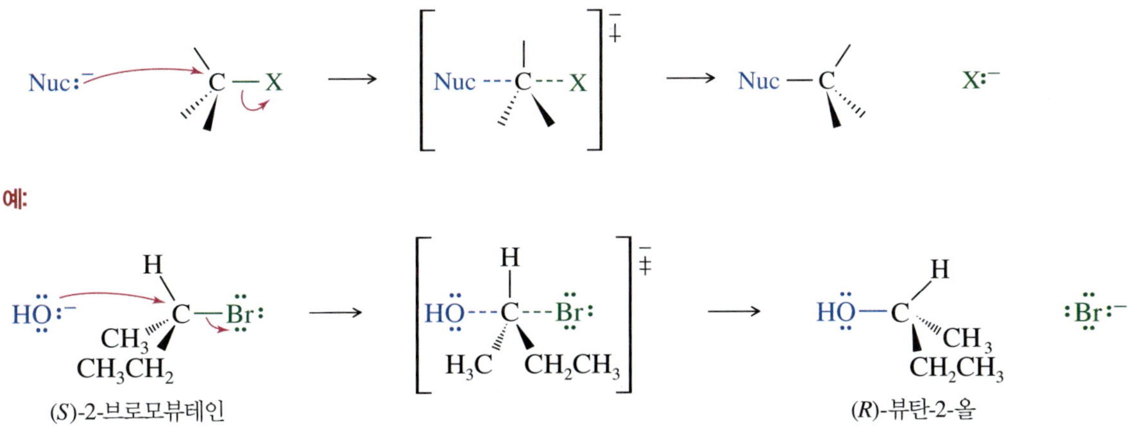

$$\text{Nuc:}^- + \text{C—X} \longrightarrow [\text{Nuc}\cdots\text{C}\cdots\text{X}]^\ddagger \longrightarrow \text{Nuc—C} + \text{X:}^-$$

**예:**

$$\text{HO:}^- + (S)\text{-}CH_3CH_2CH(CH_3)Br \longrightarrow [\text{HO}\cdots\text{C}(H)(H_3C)(CH_2CH_3)\cdots\text{Br}]^\ddagger \longrightarrow \text{HO—CH}(CH_3)(CH_2CH_3) + \text{:Br:}^-$$

(S)-2-브로모뷰테인 → (R)-뷰탄-2-올

어떤 경우에는 위치 배열 반전이 금방 확연해진다. 예를 들면 시스-1-브로모-3-메틸사이클로펜테인(*cis*-1-bromo-3-methylcyclopentane)은 수산화 이온에 의해 $S_N2$ 반응을 일으켜 위치 배열 반전으로 트랜스-3-메틸사이클로펜탄올(*trans*-3-methylcyclopentanol)을 생성한다.

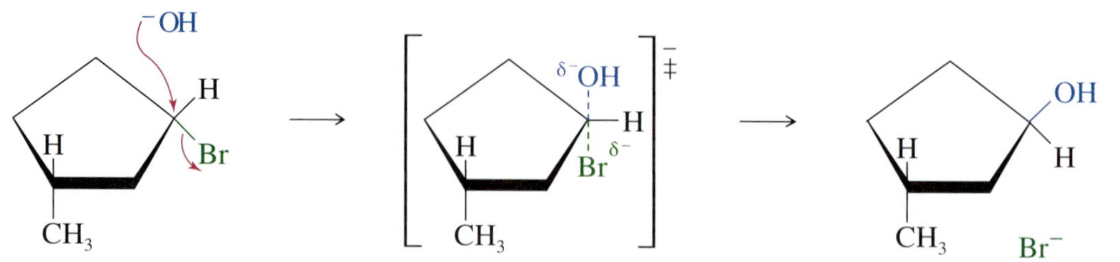

시스-1-브로모-3-메틸사이클로펜테인 → [전이 상태]$^‡$ → 트랜스-3-메틸사이클로펜탄올 + $Br^-$

$S_N2$ 치환 반응은 다른 입체 이성질체가 반응하게 되면 다른 생성물의 입체 이성질체를 생성하는 **입체 특이성 반응**(stereospecific reaction)의 좋은 본보기이다. 친핵성 치환 반응의 메커니즘을 연구하는 데 반응이 위치 배열 반전을 생성하는 입체 특이성인지 검사하기 위해 흔히 생성물을 검토해본다. 만약 반전된다면 $S_N2$ 메커니즘일 가능성이 큰 것이고, 특히 반응 속도가 2차라면 더욱 그렇다. 많은 경우(예: 비대칭 탄소 혹은 고리가 존재하지 않는 경우) 반전이 일어났는지 아닌지를 결정하는 것은 불가능하다. 이러한 경우에는 반응 메커니즘을 결정하는 데 도움이 되는 반응 속도론 방법과 다른 증거를 사용한다.

**문제풀이 힌트**

(*R*)과 (*S*)는 단순히 이름 표기이다. 반응의 입체 화학을 결정하는 데 이름에 의존하지 마라. 이들은 치환기의 우선순위가 바뀜에 따라 변한다.

**문제풀이 힌트**

HCl, HBr, HI 같은 센산은 알코올이나 물 용액에서 완전히 해리된다.

p$K_a$ 값을 고려하라.

| | |
|---|---|
| HI | −10 |
| HBr | −9 |
| HCl | −7 |
| $CH_3OH_2^+$ | −2.5 |
| $CH_3CH_2OH_2^+$ | −2.4 |
| $H_3O^+$ | −1.7 |

이러한 p$K_a$ 값은 평형이 오른쪽에 있다는 것을 보여준다.

$$ROH + HX \rightleftharpoons ROH_2^+ + X^-$$

'HBr(수용액)' 또는 '에탄올 속의 HBr'이라고 쓸 때 실제로 이는 해리된 이온을 의미한다. 또한 p$K_a$ 값은 알코올과 물이 할로젠화물 이온보다 훨씬 더 염기성이므로 $S_N1$ 반응 및 산성 조건에서의 유사한 반응에서 최종 탈양성자화 반응에서 염기 역할을 할 가능성이 할로젠화물 이온보다 더 높다는 것을 보여준다.

**연습문제 6-20**

다음 $S_N2$ 반응의 생성물에 대한 원근 구조 혹은 Fischer 투영도를 제시하라.

**(a)** 트랜스-1-브로모-3-메틸사이클로펜테인 + KOH

**(b)** (*R*)-2-브로모펜테인 + KCN

**(c)** Fischer 투영도 (위: $CH_3$; Br—C—H; H—C—$CH_3$; 아래: $CH_2CH_3$) + NaI $\xrightarrow{\text{아세톤}}$

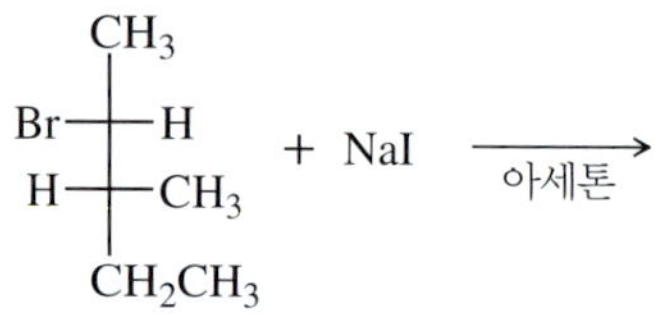

**(d)** C(Br)(H)(F)($CH_3$) + NaSH

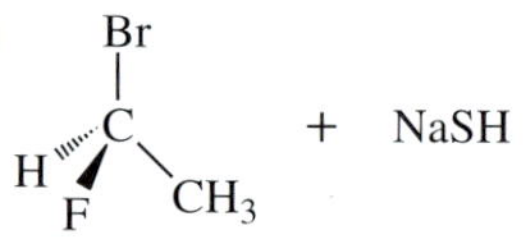

**(e)** Fischer 투영도 (위: $CH_3$; H—C—Br; 아래: $CH_2CH_2CH_3$) + $NaOCH_3$ $\xrightarrow{CH_3OH}$

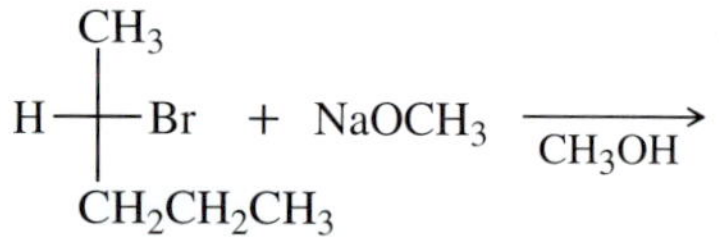

**(f)** $C_6H_5$—C(H)(D)(Cl) + 과량의 $NH_3$

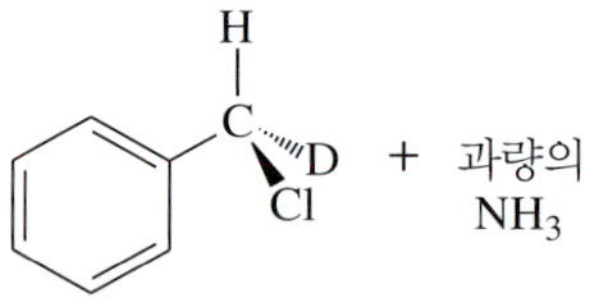

**연습문제 6-21**

적당한 조건하에서 (*S*)-1-브로모-1-플루오로에테인은 메톡시화 소듐과 반응하여 순수한 (*S*)-1-플루오로-1-메톡시에테인을 형성한다.

$$\underset{(S)}{CH_3CHBrF} + NaOCH_3 \longrightarrow \underset{(S)}{CH_3CHFOCH_3} + NaBr$$

**(a)** 플루오린이 아니라 브로민이 치환되는 이유는 무엇인가?

**(b)** 출발 물질, 전이 상태, 생성물에 대해 (앞서 2-브로모뷰테인에서 살펴본 것처럼) 원근 구조식을 제시하라.

**(c)** 생성물은 입체 배열의 보전 혹은 반전을 보여주는가?

**(d)** 그 결과는 $S_N2$ 메커니즘과 일치하는가?

## 6-13 1차 친핵성 치환 반응: $S_N1$ 반응

끓는 메탄올에 브로민화 *t*-뷰틸을 가할 경우 반응 혼합물로부터 메틸 *t*-뷰틸 에터를 분리할 수 있다. 이러한 반응은 친핵체로 작용하는 용매와 더불어 일어나기 때문에 **가용매 분해 반응**(solvolysis, '용매'라는 의미 *solvo*에 '끊다'는 의미를 지닌 *lysis*를 더한 것에서 유래)라고 한다.

$$\underset{\text{브로민화 }t\text{-뷰틸}}{(CH_3)_3C-Br} + \underset{\text{메탄올}}{CH_3-OH} \xrightarrow{\text{끓임}} \underset{\text{메틸 }t\text{-뷰틸 에터}}{(CH_3)_3C-O-CH_3} + HBr$$

이러한 가용매 분해 반응은 *t*-뷰틸기에 붙은 브로민을 메톡시로 치환했으므로 치환 반응이지만, $S_N2$ 메커니즘을 겪지 않는다. $S_N2$는 강한 친핵체와 입체 장애가 크지 않은 기질을 필요로 한다. 메탄올은 약한 친핵체이고, 브로민화 *t*-뷰틸은 입체 장애가 있는 3차 할로젠화물로서 나쁜 $S_N2$ 기질이다.

이러한 치환 반응이 $S_N2$ 메커니즘으로 행동할 수 없다면 어떤 종류의 메커니즘이 개입되었을까? 중요한 단서는 반응 속도론이다. 반응 속도는 친핵체인 메탄올의 농도에 좌우되지 않는다. 반응 속도는 단지 기질, 브로민화 *t*-뷰틸의 농도에 의해서만 좌우된다.

$$\text{1차 반응 속도} = k_r[(CH_3)_3C-Br]$$

이러한 반응식은 전체가 1차이다. 할로젠화 알킬의 농도에서 1차이고, 친핵체의 농도에서는 0차이다. 반응 속도가 친핵체의 농도에 좌우되지 않기 때문에 속도 제한 단계의 전이 상태에 친핵체가 존재하지 않는다고 추측한다. 친핵체는 느린 단계 다음에서 반응해야만 한다.

이러한 유형의 치환 반응을 치환(Substitution), 친핵성(Nucleophilic), 일분자성(unimolecular)을 뜻하는 **$S_N1$ 반응**($S_N1$ reaction)이라고 한다. 일분자성이라는 용어는 반응 속도 제한 단계의 전이 상태에서 오로지 한 분자만 개입한다는 것을 의미한다. 메탄올에서의 브로민화 *t*-뷰틸의 $S_N1$ 반응 메커니즘을 여기에 나타냈다. 할로젠화 알킬의 이온화(첫 번째 단계)는 속도 제한 단계이다.

1단계: 탄소 양이온의 형성(속도 제한)

$$(CH_3)_3C-\ddot{\underset{..}{Br}}: \rightleftharpoons (CH_3)_3C^+ + :\ddot{\underset{..}{Br}}:^- \quad \text{(느림)}$$

2단계: 탄소 양이온에 대한 친핵체 공격

$$(CH_3)_3C^+ \;\; :\underset{\substack{|\\H}}{\ddot{O}}-CH_3 \rightleftharpoons (CH_3)_3C-\underset{\substack{|\\H}}{\overset{..+}{O}}-CH_3 \quad \text{(빠름)}$$

마지막 단계: 용매로 양성자 잃음

$$(CH_3)_3C-\underset{\substack{|\\H}}{\overset{..+}{O}}-CH_3 + CH_3-\ddot{\underset{..}{O}}H \rightleftharpoons (CH_3)_3C-\ddot{\underset{..}{O}}-CH_3 + CH_3-\underset{\substack{|\\H}}{\overset{..+}{O}}-H \quad \text{(빠름)}$$

$S_N1$ 메커니즘은 다단계 과정이다. 첫 번째 단계는 탄소 양이온을 형성하는 느린 이온화 반응이다. 두 번째 단계는 친핵체의 빠른 탄소 양이온 공격이다. 탄소 양이온은 강력한 친전자체로, 약한 친핵체를 포함한 친핵체와 매우 빠르게 반응한다. 강한 친핵체는 기질을 공격하여 어떤 유형의 2차 반응을 강제로 유발하는 경향이 있기 때문에 $S_N1$ 반응의 친핵체는 보통 약하다. 친핵체가 물이

나 알코올 같은 전하를 갖지 않은 분자라면 양으로 하전된 생성물은 최종 전하를 갖지 않은 생성물을 생성하기 위해 양성자를 잃어야만 한다. $S_N1$ 반응의 일반적인 메커니즘은 핵심 메커니즘 6-4에 요약했다.

## 핵심 메커니즘 6-4 | $S_N1$ 반응

$S_N1$ 반응은 두 단계 메커니즘을 포함한다. 느린 이온화 반응은 (보통 약한) 친핵체와 재빨리 반응하는 탄소 양이온을 생성한다. 반응성은 3° > 2° > 1°이다.

**1단계:** 탄소 양이온의 형성(속도 제한)

$$R-\ddot{X}: \rightleftharpoons R^+ + :\ddot{X}:^-$$

**2단계:** 탄소 양이온에 대한 친핵체 공격(빠름)

$$R^+ + Nuc:^- \longrightarrow R-Nuc$$

친핵체가 물이나 알코올인 경우에는 세 번째 단계가 생성물의 탈양자성 반응에 필요하다.

**예: 1-아이오도-1-메틸사이클로헥세인의 메탄올에서의 가용매 분해 반응**

**1단계:** 탄소 양이온의 형성(속도 제한)

CH₃, I → (+) CH₃, :I:⁻

**2단계:** 용매(메탄올)에 의한 친핵성 공격

(+) CH₃ + $CH_3-\ddot{O}-H$ ⇌ $CH_3$, $CH_3$, $\overset{+}{O}$:, H

**3단계:** 생성물을 형성하기 위한 탈양성자 반응

$CH_3$, $CH_3$, $\overset{+}{O}$:, H + $CH_3-\ddot{O}-H$ ⇌ $CH_3$, $\ddot{O}CH_3$ + $CH_3-\overset{+}{\ddot{O}}$(H)(H)

생성물 (양성자화된 메탄올)

### 연습문제 6-22

에탄올에서 3-브로모-2,3-다이메틸펜테인의 가용매 분해 반응에 관한 $S_N1$ 반응 메커니즘을 제안하라.

**문제풀이 힌트**

양성자를 빠트리지 않도록 하라. 양성자를 제거하는 가능한 염기(흔히 용매)를 사용하라.

$S_N1$ 반응의 반응-에너지 도표(그림 6-9)는 반응 속도가 친핵체의 농도에 좌우되지 않는 이유를 보여준다. 이온화(1단계)는 매우 흡열적이고, 그것의 큰 활성화 에너지는 전체 반응 속도를 결정한다. 친핵성 공격(2단계)은 낮은 에너지의 전이 상태를 가져 매우 발열적이다. 사실상 친핵체는 거의 순간적으로 탄소 양이온과 반응하여 결합한다.

$S_N1$ 메커니즘과 $S_N2$ 반응 메커니즘의 반응-에너지 도표를 그림 6-9에서 비교하고 있다. $S_N1$

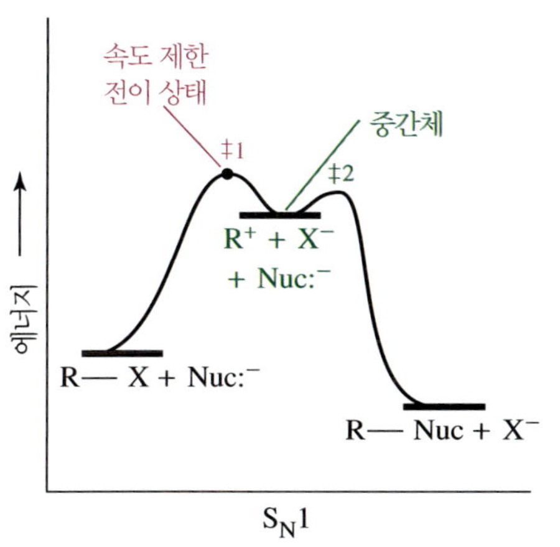


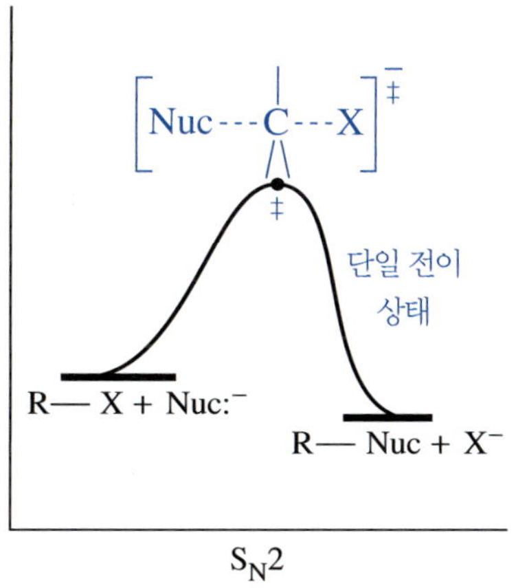


**그림 6-9** $S_N1$과 $S_N2$ 반응의 반응-에너지 도표. $S_N1$ 반응은 2개의 전이 상태(‡1과 ‡2)와 1개의 탄소 양이온을 가진 두 단계 메커니즘이다. $S_N2$는 단지 하나의 전이 상태를 가지고, 중간체는 존재하지 않는다.

반응은 진정한 중간체와 탄소 양이온을 가진다. 이러한 중간체는 반응-에너지 도표에서 상대적 극솟값(낮은 점)으로 나타난다. 탄소 양이온의 형성(느린 단계)을 선호하는 시약과 조건은 $S_N1$ 반응을 가속한다. 그러한 형성을 방해하는 시약과 조건은 반응을 감속하게 한다.

## 6-13A 치환체 효과

$S_N1$ 반응의 속도 제한 단계는 강력한 흡열 과정인 탄소 양이온을 형성하는 이온화이다. 첫째 전이 상태는 탄소 양이온과 비슷하다(Hammond 가정, 4-14절). 그 결과로 $S_N1$ 반응의 속도는 탄소 양이온의 안정도에 따라 크게 좌우된다. 4-16A절에서 알킬기는 시그마 결합을 통해 전자를 주는 것(유발 효과)과 탄소 양이온의 빈 $p$ 오비탈을 채워져 있는 오비탈을 중첩시킴(하이퍼콘쥬게이션)으로써 탄소 양이온을 안정화한다는 것을 배웠다. 많이 치환된 탄소 양이온은 따라서 더 안정화된다.

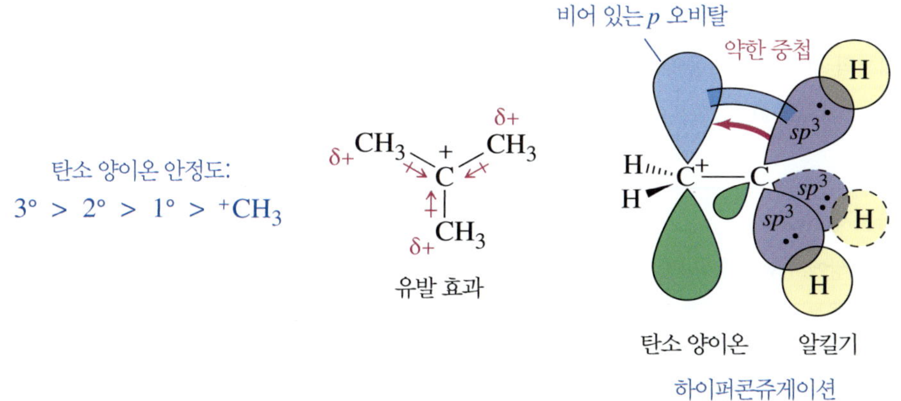


$S_N1$ 치환 반응 메커니즘에 대한 반응성은 탄소 양이온의 안정도를 따른다.

| $S_N1$ 반응성: 3° > 2° > 1° > $CH_3X$ |
|---|

이러한 서열은 $S_N2$ 반응의 서열과 반대가 된다. 알킬기는 강력한 친핵체의 공격을 저지함으로써 $S_N2$ 반응을 방해한다. 그러나 알킬기는 탄소 양이온 중간체를 안정시킴으로써 $S_N1$ 반응을 증대시킨다. 간단한 1차 및 메틸 탄소 양이온은 용액에서 관찰되지 않는다.

탄소 양이온의 공명 안정화 역시 $S_N1$ 반응을 증대시킬 수 있다. 예를 들면 브로민화 알릴은 1차 할로젠화물이지만, 2차 할로젠화물과 비슷하게 신속히 $S_N1$ 반응을 일으킨다. 이온화 반응으로 생성된 탄소 양이온은 공명 안정화되어 두 탄소 원자에 걸쳐 양전하를 동등하게 퍼뜨린다.

브로민화 알릴

공명 안정화된 탄소 양이온

할로젠화 바이닐과 할로젠화 아릴은 일반적으로 $S_N1$이나 $S_N2$ 반응을 일으키지 않는다. $S_N1$ 반응은 바이닐 혹은 아릴 양이온을 형성하는 이온화를 필요로 한다. 이러한 양이온은 대부분의 알킬 탄소 양이온보다 불안정하다. $S_N2$ 반응은 친핵체에 의한 뒤쪽 공격을 필요로 하며, 이는 이중 결합 혹은 방향족 고리에 있는 전자의 반발로 불가능하다.

할로젠화 바이닐 혹은 할로젠화 아릴 → $S_N1$과 $S_N2$ 불가능

### 6-13B 이탈기 효과

$S_N1$ 메커니즘의 속도 제한 이온화 단계에서 이탈기는 탄소에 결합한 결합을 끊는다. 편극화가 큰 이탈기는 이탈과 동시에 부분적 결합을 통해 속도 제한 전이 상태를 안정화하는 것을 도와준다. 이탈기는 약한 염기이며, 탄소에 결합한 전자쌍과 함께 이탈한 다음 매우 안정화해야 한다.

그림 6-10은 $S_N1$ 반응의 이온화 단계의 전이 상태를 보여준다. 부분적 결합을 통해 새로운 탄소 양이온을 안정화하는 동안 이탈기가 어떻게 음전하를 갖는지 유의하라. 이탈기는 이러한 음전하를 지닌 동안 안정해야 하고, 이탈하는 동안 효율적인 부분 결합에 개입하도록 편극화해야 한다. $S_N2$에서와 같이 $S_N1$ 반응에서도 마찬가지로 좋은 이탈기가 필요하다. 그리고 비슷한 이탈기가 두 반응에 대해서도 효율적이다. 표 6-4는 두 반응에 관한 몇 가지 공통적인 이탈기를 나타낸다.

**문제풀이 힌트**

1차 양이온은 공명 안정화되지 않는 한, 용액에서 거의 형성되지 않는다.

**연습문제 6-23**

다음 각 쌍에서 $S_N1$ 메커니즘으로 인해 빨리 반응하는 화합물을 택하라.

**(a)** 1-브로모프로페인 또는 2-브로모프로페인
**(b)** 2-브로모-2-메틸뷰테인 또는 2-브로모-3-메틸뷰테인
**(c)** 브로민화 *n*-프로필 또는 브로민화 알릴
**(d)** 1-브로모-2,2-다이메틸프로페인 또는 2-브로모프로페인
**(e)** 2-아이오도-2-메틸뷰테인 또는 염화 *t*-뷰틸
**(f)** 2-브로모-2-메틸뷰테인 또는 아이오딘화 에틸

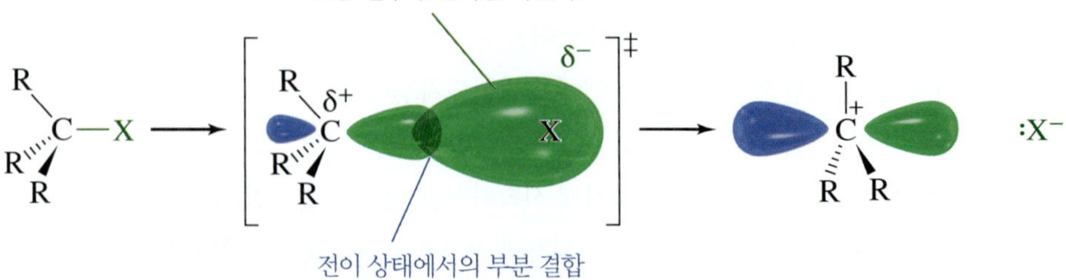


**그림 6-10** $S_N1$ 이온화의 전이 상태에서 이탈기는 음전하를 가진다. C—X 결합이 끊어지고 편극화되는 이탈기는 여전히 상당하게 중첩할 수 있다.

**연습문제 6-24**

3-브로모사이클로헥센은 2차 할로젠 화합물이고 브로민화 벤질(benzyl bromide)은 1차 할로젠 화합물이다. 이 두 할로젠 화합물 모두 대부분의 3차 할로젠 화합물과 같이 빠르게 $S_N1$ 치환 반응을 일으킨다. 공명 구조를 사용하여 이러한 증대된 반응성을 설명하라.

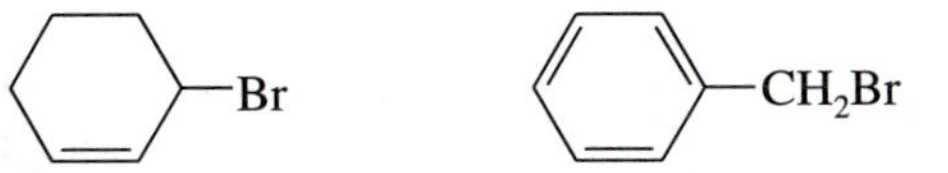


X는 일부 음전하를 가진다. 　 전이 상태에서의 부분 결합

## 6-13C 용매 효과

이온을 안정시키는 극성 용매에서 $S_N1$ 반응은 훨씬 빠르게 진행한다. 반응 속도 제한 단계는 2개의 이온을 생성하고, 이온화는 전이 상태에서 일어난다. 극성 용매는 용매의 쌍극자 모멘트와 상호 작용함으로써 이러한 이온을 안정화한다. 알코올과 물 같은 양성자성 용매는 음이온이 —OH 수소 원자와 수소 결합을 형성하고, 양이온은 —OH 산소 원자의 비공유 전자와 착물을 형성하므로 더 효율적인 용매가 된다.

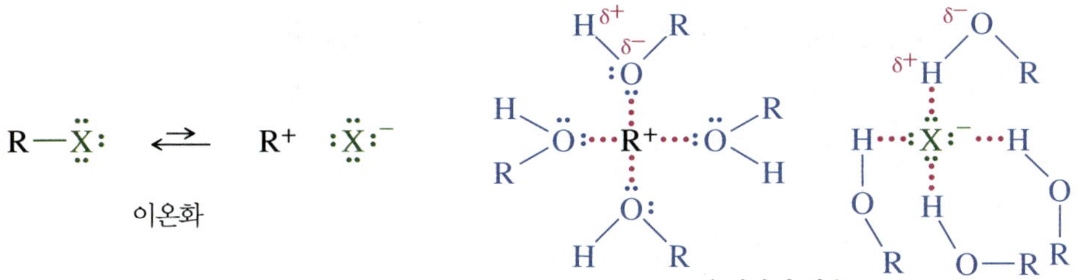

이온화 　 용매화된 이온

할로젠화 알킬의 이온화는 물에 염화 소듐이 녹을 때 일어나는 것과 유사하게 양전하와 음전하의 생성과 분리를 필요로 한다. 따라서 $S_N1$ 반응은 강력히 이온을 용매화하는 매우 극성이 큰 용매를 필요로 한다. 이온을 용매화하는 용매의 한 척도는 그것의 유전 상수(dielectric constant, $\varepsilon$)로, 용매의 극성 척도이다. 표 6-6은 몇 가지 흔한 용매의 유전 상수와 이러한 용매에서의 염화 $t$-뷰틸의 상대적 이온화 반응 속도를 나타낸다. 이온화 반응이 물과 알코올 같은 높은 극성 용매에서 훨씬 빠르게 일어난다는 점에 유의하라. 할로젠화 알킬은 물에 녹지 않지만 물과 아세톤과 알코올의 극성 혼합물에는 흔히 녹는다.

**표 6-6** 몇 가지 용매의 유전 상수($\varepsilon$)와 염화 $t$-뷰틸의 상대적 이온화 반응 속도

| 용매 | $\varepsilon$ | 상대적 반응 속도 |
|---|---|---|
| 물 | 78 | 8000 |
| 메탄올 | 33 | 1000 |
| 에탄올 | 24 | 200 |
| 아세톤 | 21 | 1 |
| 다이에틸 에터 | 4.3 | 0.001 |
| 헥세인 | 2.0 | 0.0001 이하 |

**FOCUS | $S_N1$ 반응 속도에 영향을 미치는 요인**

$S_N1$ 반응은 1차 반응이며, 속도는 첫 단계에서 이탈기가 얼마나 빨리 이탈하는지에만 의존한다. 따라서 친핵체의 친핵성은 $S_N1$ 반응의 속도에 아무 역할도 하지 않는다.

**1. 구조:** $S_N1$ 반응의 첫 단계에서 이탈기가 떠나면서 탄소 양이온이 생성된다. 탄소 양이온 중간체를 안정화하는 모든 구조적 특징은 속도 결정 단계인 이탈기가 떠나는 속도를 가속화할 것이다. 탄소 양이온을 안정화하는 데 가장 흔한 두 가지 구조적 요인은 증가된 치환도와 공명이다.

탄소 양이온 안정화도

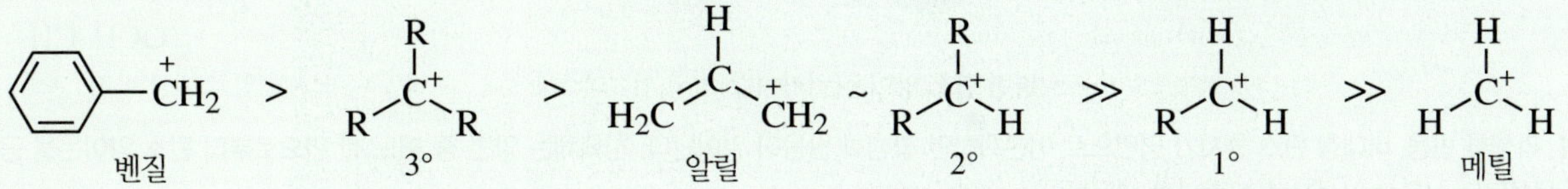

실제로는 벤질, 3차, 알릴, 2차 할로젠화 알킬만이 $S_N1$ 반응을 할 수 있다. 메틸 및 1차 할로젠화물은 탄소 양이온 형성이 매우 어려우며, $S_N2$ 메커니즘에 의해 치환될 가능성이 높다.

**2. 이탈기:** 높은 극성화(크기가 큰 원자)와 약염기성을 가진 기질이 가장 좋은 이탈기이다. 다음은 흔히 사용되는 이탈기의 상대적 이탈 경향을 나타내며, 비교의 기준으로 $Br^-$ 또는 $H_2O$를 사용한다.

이탈 능력의 순서: $R{-}SO_2{-}O^-$ (설폰산) > $I^-$ > $Br^-$ 또는 $H_2O$ > $Cl^-$ ≫ $F^-$

| | $R{-}SO_2{-}O^-$ | $I^-$ | $Br^-$ 또는 $H_2O$ | $Cl^-$ | $F^-$ |
|---|---|---|---|---|---|
| 상대적인 이탈기의 세기 | **6** | **3** | **1** | **0.02** | **0.0001** |

센염기는 $S_N1$ 반응에서 이탈기로 작용하지 않는다. 센염기에는 $HO^-$, $RO^-$, $H^-$, $R_2N^-$, $R_3C^-$가 있다.

**3. 용매:** 극성 용매, 특히 이탈기를 둘러싸고 안정화할 수 있는 양성자성 용매는 $S_N1$ 반응을 가속화한다.

$S_N1$ 반응에 유리한 극성 양성자 용매: $H_2O$ $CH_3OH$ $CH_3CH_2OH$ $CH_3COOH$

## 6-14 $S_N1$ 반응의 입체 화학

6-12절에서 $S_N2$ 반응이 입체 특이성을 가진다는 것을 살펴봤다. 친핵체는 친전자성 탄소 원자의 뒤쪽에서 공격하여 위치 배열을 반전한다. 대조적으로 $S_N1$ 반응은 입체 특이성을 갖지 않는다. $S_N1$ 메커니즘에서 탄소 양이온 중간체는 $sp^2$ 혼성화되었으며 평면을 가진다. 친핵체는 탄소 양이온의 두 면 중 어느 하나의 면에서 공격할 수 있다. 그림 6-11은 에탄올에서의 카이랄 화합물 (*S*)-3-브로모-2,3-다이메틸펜테인의 $S_N1$ 가용매 분해 반응을 보여준다. 탄소 양이온은 평면을 이루며 비카이랄성이다. 즉 양면에서의 공격은 생성물의 거울상 이성질체 2개를 생성한다. 생성물의 거울상 이성질체 2개 모두를 생성하는 그러한 과정(2개 거울상 이성질체를 같은 양으로 생성하든 아니든 간에)을 **라셈화 반응**(racemization)이라고 한다. 생성물은 라셈이거나 혹은 출발 물질보다 적어도 낮은 광학적 순도를 가진다.

그림 6-11에서 탄소 양이온의 친핵체 공격이 앞쪽(이탈기가 떠나는 쪽)에서 일어난다면 생성물 분자는 **위치 배열 보존**(retention of configuration)을 보여준다. 뒤쪽에서의 공격은 **위치 배열 반전**(inversion of configuration)을 보여주는 생성물 분자를 생성한다. 라셈화는 단순히 보존과 반전의 조합이다. 라셈화 반응이 일어날 때 생성물이 완전한 라셈 혼합물인 것은 드물고, 흔히 위치

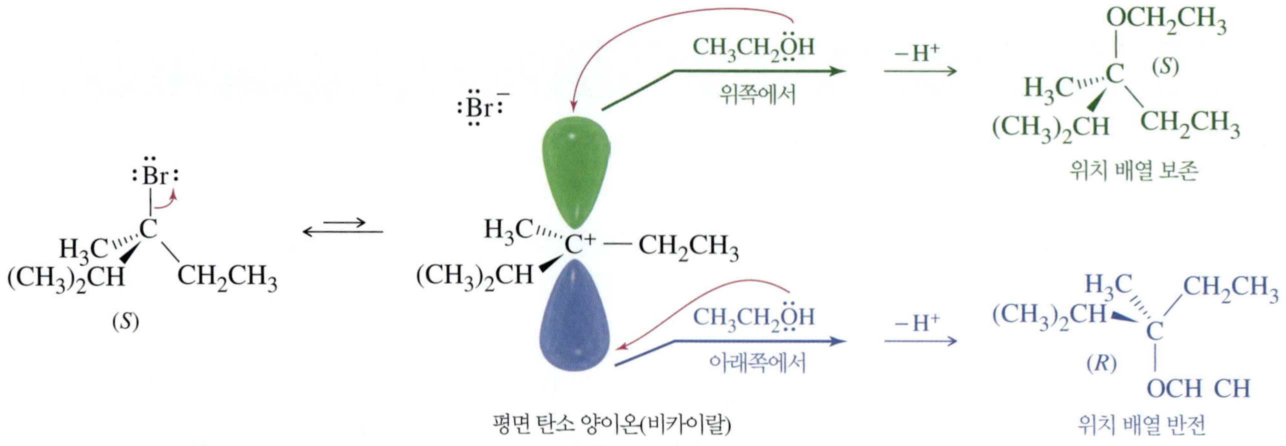

:Br:
$H_3C$ C $(CH_3)_2CH$ $CH_2CH_3$
(*S*)
:Br:⁻
$H_3C$ $C^+$ — $CH_2CH_3$
$(CH_3)_2CH$
$CH_3CH_2\ddot{O}H$
위쪽에서
$-H^+$
$OCH_2CH_3$
$H_3C$ C (*S*)
$(CH_3)_2CH$ $CH_2CH_3$
위치 배열 보존
$CH_3CH_2\ddot{O}H$
아래쪽에서
$-H^+$
$H_3C$ $CH_2CH_3$
$(CH_3)_2CH$ C
(*R*)
OCH CH
평면 탄소 양이온(비카이랄)
위치 배열 반전

**그림 6-11** 라셈화 반응. 비대칭 탄소 원자가 평면으로 이온화하면 라셈화 반응이 일어난다. 친핵체는 양면 중 어느 한 면으로부터 탄소 양이온을 공격할 수 있어 생성물을 거울상 이성질체 중 하나를 생성한다.

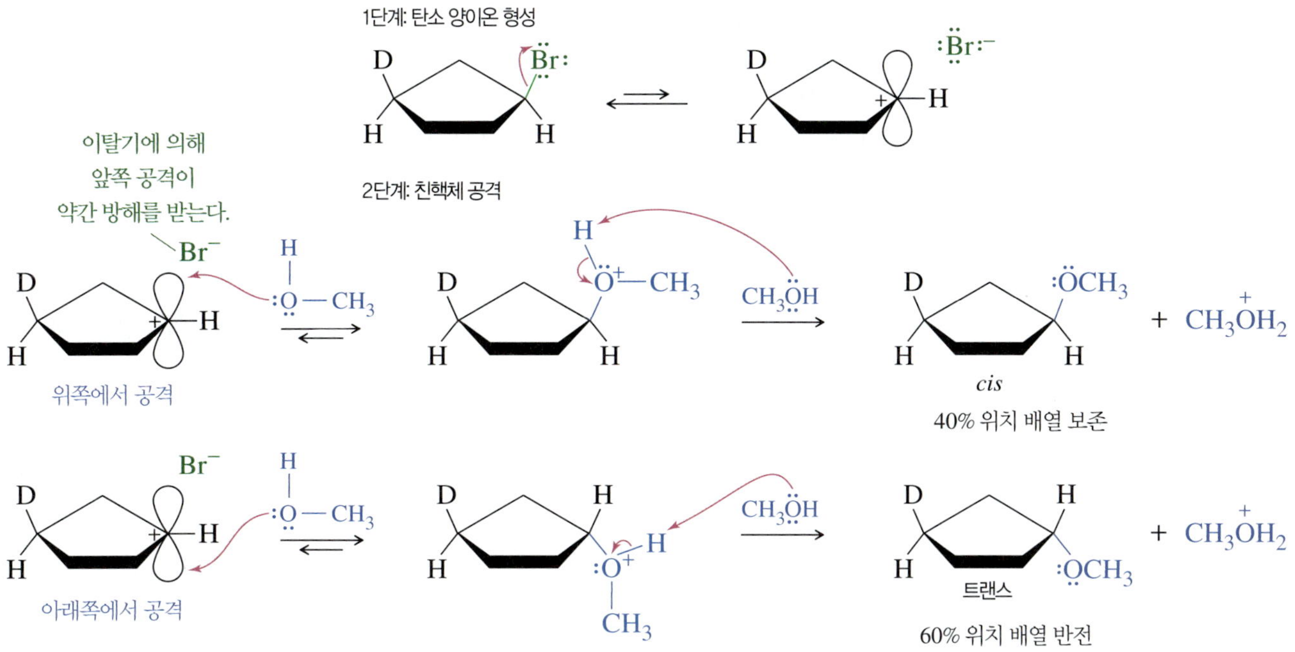

1단계: 탄소 양이온 형성

2단계: 친핵체 공격

이탈기에 의해 앞쪽 공격이 약간 방해를 받는다.

위쪽에서 공격

*cis*

40% 위치 배열 보존

아래쪽에서 공격

트랜스

60% 위치 배열 반전

**그림 6-12** 시스-1-브로모-3-듀테리오사이클로펜테인과 메탄올의 $S_N1$ 반응에서 탄소 양이온은 양면 중 하나에서 공격받을 수 있다. 이탈기(브로민화 이온)가 떠날 때 앞쪽을 일부 가리기 때문에 뒤쪽 공격(위치 배열 반전)이 약간 더 선호된다.

배열의 보존보다는 반전이 더 많이 존재한다. 이탈기가 떠날 때 탄소 양이온의 앞쪽을 부분적으로 가린다. 뒤쪽은 방해를 받지 않기 때문에 뒤쪽에서 공격이 더 많이 일어난다.

그림 6-12는 사이클로펜테인 고리의 한 면이 중수소 원자로 표지된 고리의 경우를 보여준다. 중수소는 수소와 같은 크기와 형태를 가지고 있으며, 같은 종류의 반응을 일으킨다. 이는 고리의 두 면을 구별해준다. 브로민 원자는 중수소에 대해 시스가 되므로 위치 배열 보존 생성물에서 친핵체는 중수소에 대해 시스가 된다. 반전된 생성물에서는 중수소에 대해 친핵체는 트랜스가 된다. 생성물 혼합체는 시스 및 트랜스 이성질체를 모두 포함한다. 그리고 이탈기가 앞쪽에서 친핵체 용매의 접근을 방해하기 때문에 트랜스 생성물을 약간 더 선호한다.

## 메커니즘 6-5 | $S_N1$ 반응에서의 라셈화 반응

$S_N1$ 반응은 평평한 탄소 양이온으로의 이온화를 포함하여 양면 중 한 면에서 공격받을 수 있다.

**1단계:** 정사면체 탄소의 이온화는 평면의 탄소 양이온을 생성한다.

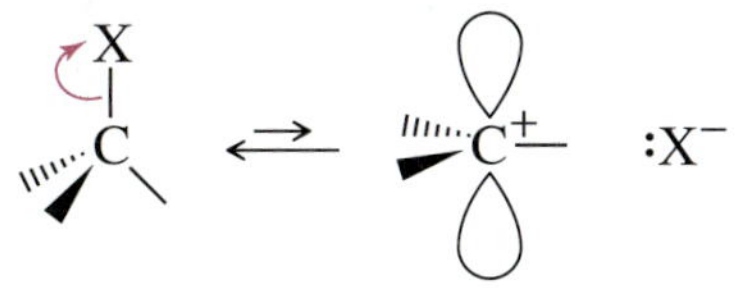

**2단계:** 탄소 양이온의 양면 중 어느 한 면에서도 친핵체가 공격할 수 있다.

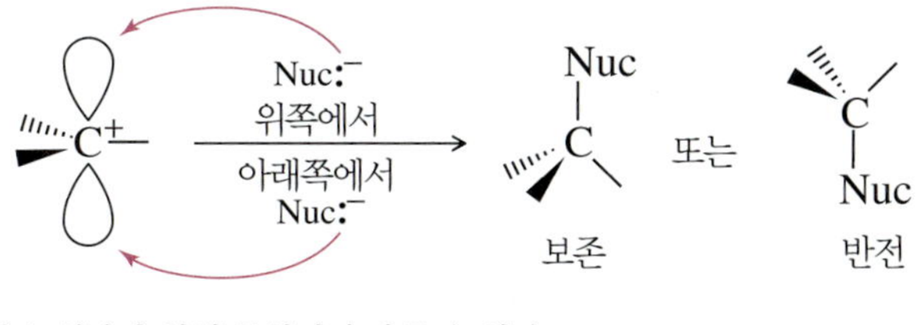

위쪽에서 / 아래쪽에서

보존 또는 반전

라셈화: 배열 형태의 보존 및 반전 두 가지를 모두 보여주는 생성물을 형성한다.

이러한 두 생성물은 탄소 원자가 입체 중심이면 다를 수 있다.

## 6-15 $S_N1$ 반응에서의 자리 옮김

탄소 양이온은 **자리 옮김**(rearrangement)이라고 하는 구조 변화를 흔히 일으켜서 더 안정한 이온을 형성한다. 자리 옮김은 탄소 양이온이 형성된 다음 일어나거나 혹은 이탈기가 떠날 때 일어날 수 있다. 자리 옮김은 탄소 양이온이 형성되지 않고, 한 단계 메커니즘은 자리 옮김에 관한 기회를 주지 않기 때문에 $S_N2$ 반응에서는 볼 수 없다.

자리 옮김의 한 예는 끓는 에탄올에서의 2-브로모-3-메틸뷰테인의 $S_N1$ 반응이다. 생성물은 2-에톡시-3-메틸뷰테인(자리 옮김이 아님)과 2-에톡시-2-메틸뷰테인(자리 옮김)의 혼합물이다.

$$CH_3-CH(Br)-CH(CH_3)-CH_3 \xrightarrow[\text{가열}]{CH_3CH_2OH} CH_3-CH(OCH_2CH_3)-CH(CH_3)-CH_3 + CH_3-CH_2-C(OCH_2CH_3)(CH_3)-CH_3 + HBr$$

2-브로모-3-메틸뷰테인 → (자리 옮김 없음) 2-에톡시-3-메틸뷰테인 + (자리 옮김) 2-에톡시-2-메틸뷰테인

**문제풀이 힌트**

탄소 양이온은 일반적으로 한 번만 자리 옮김을 한다. 대부분의 자리 옮김은 탄소 양이온을 더 안정적인 탄소 양이온으로 전환한다. 즉 일반적으로 다음과 같다.

2° ⟶ 3°

또는 2° ⟶ 공명 안정화

또는 3° ⟶ 공명 안정화

**연습문제 6-25**

앞선 반응에서 자리 옮김이 아닌 2-에톡시-3-메틸뷰테인 형성에 관한 $S_N1$ 메커니즘을 제시하라.

자리 옮김 생성물 2-에톡시-2-메틸뷰테인은 수소 원자가 결합 전자쌍과 함께 이동한 **수소화물 이동**(hydride shift)의 결과물이다. 수소화물 이동은 ~H로 표시한다. 이러한 경우 수소화물 이동은 초기에 형성된 2차 탄소 양이온을 더 안정한 3차 탄소 양이온으로 변환한다. 용매에 의한 공격은 자리 옮김 생성물을 생성한다.

### 메커니즘 6-6 | $S_N1$ 반응에서의 수소화물 이동

탄소 양이온은 흔히 자리 옮김으로 더 안정한 탄소 양이온을 형성한다. 이는 수소 원자가 결합 전자쌍을 가지고 이동할 때 발생하는데, 실질적으로 유리된 수소화 이온이 개입한 것은 아니지만 형식적으로는 수소화 이온(H:⁻)의 이동이다.

**1단계:** 일분자성 이온화는 탄소 양이온을 생성한다.

$$CH_3-CH(Br)-CH(CH_3)-CH_3 \rightleftharpoons CH_3-\overset{+}{C}H-CH(CH_3)-CH_3 + :\ddot{Br}:^-$$

2° 탄소 양이온

**2단계:** 수소화물의 이동은 더 안정한 탄소 양이온을 형성한다.

수소는 전자쌍을 가지고 이동한다.

$$CH_3-\overset{+}{C}H-CH(CH_3)-CH_3 \xrightarrow{\sim H} CH_3-CH_2-\overset{+}{C}(CH_3)-CH_3$$

2° 탄소 양이온 → 3° 탄소 양이온

이러한 자리 옮김은 수소 원자가 결합 전자쌍과 함께 탄소 양이온의 비어 있는 *p* 오비탈로 이동하는 것을 포함한다. 3차원에서 자리 옮김은 다음과 같다.

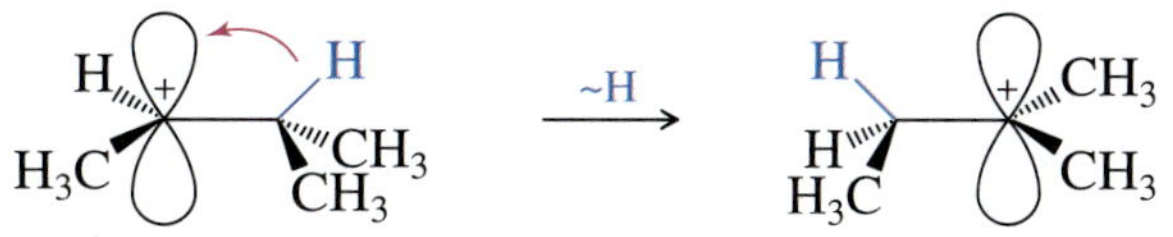

~H

2° 탄소 양이온 → 3° 탄소 양이온

**3단계:** 용매(약한 친핵체)가 자리 옮김 탄소 양이온을 공격한다.

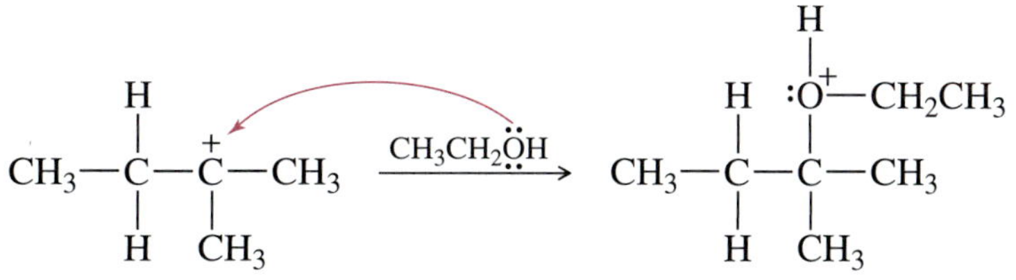

$$CH_3-CH_2-\overset{+}{C}(CH_3)-CH_3 \xrightarrow{CH_3CH_2\ddot{O}H} CH_3-CH_2-C(CH_3)(\overset{+}{O}H-CH_2CH_3)-CH_3$$

3차 탄소 양이온

**4단계:** 탈양성자 반응은 자리 옮김 생성물을 생성한다.

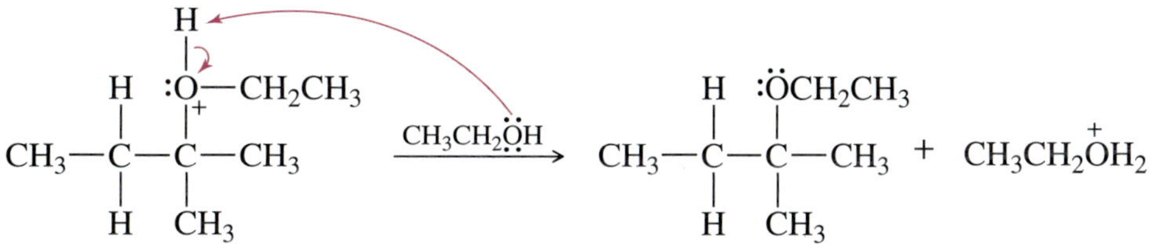

$$CH_3-CH_2-C(CH_3)(\overset{+}{O}H-CH_2CH_3)-CH_3 \xrightarrow{CH_3CH_2\ddot{O}H} CH_3-CH_2-C(CH_3)(\ddot{O}CH_2CH_3)-CH_3 + CH_3CH_2\overset{+}{O}H_2$$

자리 옮김 생성물

브로민화 네오펜틸을 에탄올에서 끓이면 단순히 자리 옮김의 치환 생성물이 생성된다. 이러한 생성물은 메틸기가 결합 전자쌍과 함께 이동하는 **메틸 이동**(methyl shift, ~$CH_3$로 표시)의 결과이다. 만일 자리 옮김이 없다면 브로민화 네오펜틸은 매우 불안정한 1차 탄소 양이온을 형성할 것이다.

$$(CH_3)_3C-CH_2-\ddot{Br}: \;\not\rightleftarrows\; (CH_3)_3C-\overset{+}{C}H_2 \quad :\ddot{Br}:^-$$

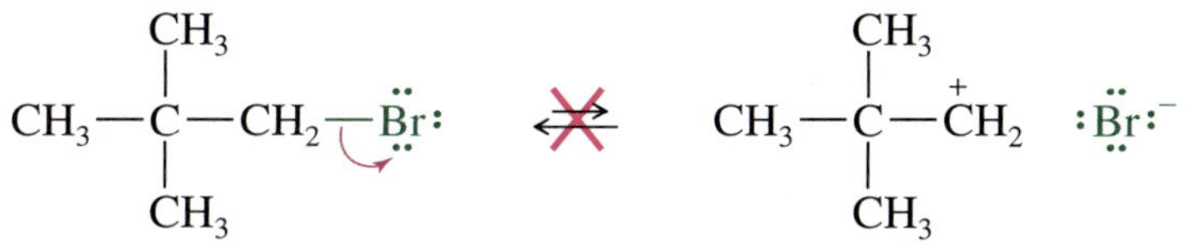

브로민화 네오펜틸     1° 탄소 양이온

브로민화 이온이 이탈하는 동안 메틸 이동이 일어나서 단 하나의 더 안정한 3차 탄소 양이온이 생성된다.

**문제풀이 힌트**

1차 할로젠화물과 염화 메틸이 용액에서 탄소 양이온으로 이온화되는 것은 드물다. 1차 할로젠화물이 이온화된다면 아마도 자리 옮김으로 인해 이온화될 가능성이 높다.

## 메커니즘 6-7 | $S_N1$ 반응에서 메틸 이동

알킬기는 더 안정한 탄소 양이온을 생성하기 위해 자리를 옮길 수 있다.

**1단계:** 메틸 이동과 더불어 이온화가 일어난다.

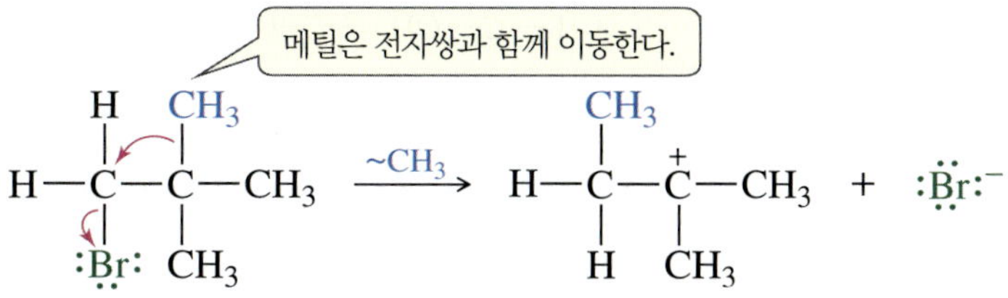

메틸은 전자쌍과 함께 이동한다.

$$H-CH(Br)-C(CH_3)_2-CH_3 \xrightarrow{\sim CH_3} H-CH(CH_3)-\overset{+}{C}(CH_3)-CH_3 + :\ddot{Br}:^-$$

3차원에서는

~$CH_3$

3° 탄소 양이온

**2단계:** 에탄올에 의한 공격은 자리 옮김 생성물의 양성자화된 변형판을 제공한다.

양성자화된 생성물

**3단계:** 탈양성자 반응은 자리 옮김 생성물을 생성한다.

자리 옮김 생성물

자리 옮김은 이온화에 필요하므로 오로지 자리 옮김 생성물만 관찰된다.

일반적으로 수소화물 이동 혹은 **알킬 이동**(alkyl shift)이 더 안정한 탄소 양이온을 형성할 때마다 반응에서의 자리 옮김에 탄소 양이온이 개입했다는 것을 예상할 수 있다. 대부분의 자리 옮김은 2°(혹은 초기의 1°) 탄소 양이온을 3° 혹은 공명 안정화된 탄소 양이온으로 변환시킨다.

**문제풀이 힌트**

대부분의 자리 옮김은 2°(혹은 초기의 1°) 탄소 양이온을 3° 혹은 공명 안정화된 탄소 양이온으로 변환시킨다.

**연습문제 6-26**

다음 각 가용매 분해 반응에 대해 수소화물 이동 혹은 알킬 이동을 포함하는 메커니즘을 제안하라. 자리 옮김이 어떻게 더 안정한 중간체를 형성하는지 설명하라.

(a) $(CH_3)_3C-CHI-CH_3 \xrightarrow[\text{열}]{CH_3OH} (CH_3)_3C-CH(OCH_3)-CH_3 + CH_3O-C(CH_3)_2-CH(CH_3)-CH_3$

(b) $\xrightarrow[\text{열}]{CH_3CH_2OH}$

(c) $+ CH_3-C(=O)-OH \xrightarrow{\text{열}}$

(d) $\xrightarrow[\text{열}]{CH_3CH_2OH}$

## 6-16 $S_N1$과 $S_N2$ 반응의 비교

$S_N1$과 $S_N2$ 반응에 대해 아는 바를 비교하고, 그다음 이러한 자료를 간략한 표로 정리하자.

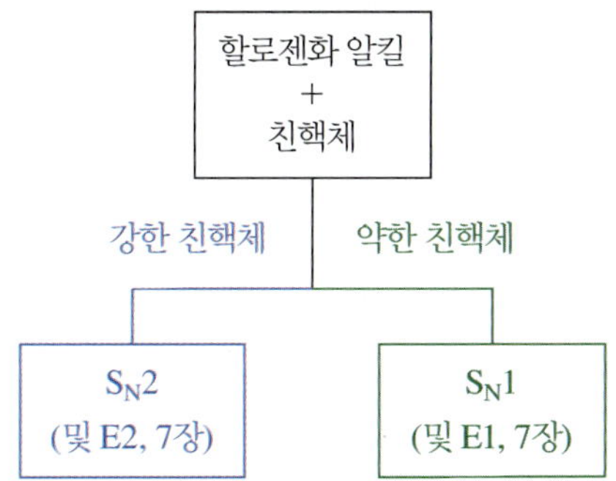


**친핵체의 효과** 친핵체는 $S_N2$ 반응에서는 느린 단계(하나뿐인 단계)에서 참여하지만, $S_N1$의 느린 단계에는 참여하지 않는다. 따라서 강한 친핵체는 $S_N2$ 반응을 촉진하지만 $S_N1$ 반응은 촉진하지 않는다. 약한 친핵체는 $S_N2$ 반응을 촉진하지 못한다. 따라서 약한 친핵체와의 반응은 기질이 2차나 3차이면 흔히 $S_N1$ 메커니즘으로 행동한다.

| | |
|---|---|
| $S_N1$: | 친핵체의 세기가 중요하지 않다(보통 약함). |
| $S_N2$: | 강한 친핵체가 필요하다. |

**기질의 영향** 기질(할로젠화 알킬)의 구조는 이러한 치환 메커니즘 중 어느 것이 작동할지 결정하는 데 중요한 요인이다. 대부분 할로젠화 메틸과 1차 할로젠화물은 에너지가 높은 메틸과 1차 탄소 양이온으로 쉽게 이온화할 수 없기 때문에 $S_N1$ 치환 반응에는 나쁜 기질이다. 그러나 상대적으로 입체 장애가 없으므로 좋은 $S_N2$ 기질이 된다.

3차 할로젠화물은 $S_N2$ 치환 반응을 일으키기에는 장애가 너무 크다. 그러나 3차 할로젠화물은 3차 탄소 양이온을 형성하기 위해 이온화할 수 있다. 3차 할로젠화물은 $S_N1$ 메커니즘에 의해 치환 반응을 일으킨다. 2차 할로젠화물은 조건에 따라 전적으로 둘 중 하나의 메커니즘에 의해 치환 반응을 일으킨다.

| | | |
|---|---|---|
| $S_N1$ 기질: | $3° > 2°$ | (1°와 $CH_3X$는 가능하지 않음) |
| $S_N2$ 기질: | $CH_3X > 1 > 2$ | (3°는 적절치 않음) |

질산은($AgNO_3$)을 좋은 이온화 용매에서 할로젠화 알킬에 첨가한다면 은 이온은 할로젠화 이온을 제거하여 탄소 양이온을 제공한다. 이러한 기술은 일부 이온화가 가능하지 않은 것을 강제로 이온화하여 흔히 흥미로운 자리 옮김을 하게 한다(연습문제 6-29 참조).

**용매 효과** $S_N1$ 반응의 느린 단계는 2개의 이온 형성을 포함한다. 이들 이온의 용매화는 이온을 안정화하고, 이온 형성에 대한 활성화 에너지를 낮추는 데 아주 중요하다. 물과 알코올 같은 매우 큰 극성의 이온화 용매는 $S_N1$ 반응을 일으키는 데 필요한데, 환류하도록(끓도록) 가열하여 이온화에 필요한 에너지를 제공할 수 있다.

$S_N2$ 반응의 전이 상태에서는 작은 전하 분리가 형성된다. 강한 용매화는 용매 분자를 떼어내는 데 필요한 에너지 때문에 친핵체의 세기를 약화시킨다. 따라서 $S_N2$ 반응은 친핵체가 녹는다면 덜 극성

인 용매에서 더 빨리 진행한다. 극성 비양성자성 용매는 약한 친핵체의 세기를 증대시킬 것이다.

> $S_N1$: 좋은 이온화 용매가 필요하다.
> $S_N2$: 작은 극성 용매에서 빨리 진행할 수 있다.

**반응 속도론** $S_N1$ 반응의 속도는 할로젠화 알킬의 농도에 비례하지만, 친핵체의 농도에는 비례하지 않으며, 1차 반응 속도식을 따른다.

$S_N2$ 반응의 속도는 할로젠화 알킬 농도 [R—X]와 친핵체 농도 [Nuc:⁻] 둘 모두에 비례한다. $S_N2$ 반응은 2차 반응 속도식을 따른다.

> $S_N1$ 반응 속도: $k_r$[R—X]
> $S_N2$ 반응 속도: $k_r$[R—X][Nuc:⁻]

**입체 화학** $S_N1$ 반응은 두 면 중 어느 한 면에서도 공격할 수 있는 평면의 탄소 양이온 중간체를 포함한다. 따라서 $S_N1$은 보통 위치 배열 반전과 보전된 혼합물을 생성한다.

$S_N2$ 반응은 탄소 원자의 입체 화학을 반전시키는 뒤쪽 공격을 통해 일어난다. 위치 배열의 완전한 반전이 그 결과이다.

> $S_N1$ 입체 화학: 보전과 반전의 혼합물. 라셈화 반응
> $S_N2$ 입체 화학: 완전한 반전

**자리 옮김** $S_N1$ 반응은 탄소 양이온 중간체를 포함한다. 이러한 중간체는 보통 수소화물 이동 혹은 알킬 이동에 의해 자리 옮김을 하여 더 안정한 탄소 양이온을 생성한다.

$S_N2$ 반응은 중간체가 없는 한 단계에서 일어난다. $S_N2$ 반응에서는 자리 옮김이 가능하지 않다.

> $S_N1$: 자리 옮김이 보통이다.
> $S_N2$: 자리 옮김은 불가능하다.

**SUMMARY | 친핵성 치환 반응**

| | $S_N1$ | $S_N2$ |
|---|---|---|
| **촉진 요인** | | |
| 친핵체 | 약한 친핵체는 괜찮음 | 강한 친핵체가 필요함 |
| 기질(RX) | 3° > 2° | $CH_3X$ > 1° > 2° |
| 용매 | 좋은 이온화 용매가 필요함 | 다양한 용매 |
| 이탈기 | 좋은 이탈기가 필요함 | 좋은 이탈기가 필요함 |
| 기타 | $AgNO_3$는 이온화를 유발 | |
| **특성** | | |
| 반응 속도론 | 1차, $k_r$[RX] | 2차, $k_r$[RX][Nuc:⁻] |
| 입체 화학 | 보전과 반전의 혼합 | 완전한 반전 |
| 자리 옮김 | 보통임 | 불가능함 |

| | $S_N1$ 조건(약한 친핵체) | $S_N2$ 조건(강한 친핵체) |
|---|---|---|
| 할로젠화 메틸 $CH_3X$ | 무반응. 메틸 양이온이 너무 불안정함 | $S_N2$는 방해받지 않고 선호됨 |
| 1차 할로젠화물 $RCH_2X$ | 공명 안정화된 양이온을 형성할 수 없는 한 거의 반응하지 않음 | R기가 예외적으로 부피가 크지 않은 한 $S_N2$가 선호됨 |
| 2차 할로젠화물 $R_2CHX$ | 좋은 용매에서 $S_N1$이 흔히 자리 옮김과 함께 일어날 수 있음 | 알킬기나 친핵체가 부피가 크지 않으면 $S_N2$가 일어날 수 있음 |
| 3차 할로젠화물 $R_3CX$ | 좋은 용매에서 $S_N1$이 쉽게 일어남 | 입체 장애로 인해 $S_N2$는 일어날 수 없음 |

### 연습문제 6-27

다음 각 반응에 대해 예상되는 치환 생성물을 제시하고, 그 메커니즘이 주로 1차($S_N1$) 혹은 2차($S_N2$)인지 예측하라.

(a) 2-클로로-2-메틸뷰테인 + $CH_3COOH$
(b) 브로민화 아이소뷰틸 + 메톡시화 소듐
(c) 1-아이오도-1-메틸사이클로헥세인 + 에탄올
(d) 브로민화 사이클로헥실 + 메탄올
(e) 브로민화 사이클로헥실 + 에톡시화 소듐

**문제풀이 힌트**

친핵체(혹은 염기)의 세기는 보통 반응의 차수를 결정한다. 강한 친핵체는 2차 반응을 촉진한다. 그리고 약한 친핵체는 더 일반적으로 1차 메커니즘으로 반응한다. 또한 $S_N2$ 반응은 3° 할로젠화물과는 반응할 가능성이 없고, $S_N1$은 1° 할로젠화물과는 공명 안정화되어 있지 않는 한 반응할 가능성이 없다.

### 연습문제 6-28

어떤 조건하에서 (*R*)-2-브로모뷰테인이 물과 함께 가열되었을 때 $S_N1$ 반응이 $S_N2$ 반응보다 2배 빨리 진행했다. 생성물에 관한 e.e.와 고유 광회전도를 계산하라. (*R*)-뷰탄-2-올의 고유 광회전도는 −13.5°이다. $S_N1$은 같은 양의 2개의 거울상 이성질체를 생성한다고 가정한다.

### 연습문제 6-29

반응이 내키지 않는 1차 기질을 $AgNO_3$(소수의 가용성 은 염 중 하나)를 반응에 첨가함으로써 강제로 이온화할 수 있다. 은 이온은 할로젠과 반응하여 할로젠화 은을 형성하여(높은 발열 반응) 알킬기의 양이온을 생성한다.

$$R{-}X + Ag^+ \longrightarrow R^+ + AgX\downarrow$$

다음 은 촉진 자리 옮김 반응의 메커니즘을 제시하라.

(a) $CH_3{-}C(CH_3)_2{-}CH_2{-}I \xrightarrow{AgNO_3,\ H_2O} CH_3{-}C(CH_3)(OH){-}CH_2{-}CH_3$

(b) (bicyclic compound with $CH_2I$) $\xrightarrow{AgNO_3,\ H_2O/CH_3CH_2OH}$ (ring-expanded bicyclic compound with OH)

**나머지 이야기** 할로젠화 알킬과 다른 좋은 이탈기를 가진 화합물의 친핵성 치환에 종종 제거 반응이 동반된다. 이들에게 유리한 조건에서는 제거 반응이 치환 반응보다 우세한 경우가 많다. 6장에서는 $S_N1$과 $S_N2$ 치환 반응을 선호하는 요인에 집중했다. 7장에서는 제거 반응에 유리한 요소를 다룰 것이다. 그 시점에서는 치환과 제거 사이의 경쟁에 관련된 다양한 반응의 생성물과 메커니즘을 예측할 수 있을 것이다.

## SUMMARY | 할로젠화 알킬의 반응

이러한 반응 중 몇 가지는 아직 다루지 않았지만, 전체적인 완성과 나중의 참고를 위해 여기에 포함했다. 절 번호가 각 반응을 다룬다는 것을 의미한다는 점을 유의하라. 아직 다루지 않은 반응은 회색 배경으로 표시했다.

**1.** 친핵체 치환 반응(6-9절)

a. 알코올 형성

$$R—X + :\ddot{O}H^- \longrightarrow R—OH + :X^-$$

b. 할로젠화물 교환

$$R—X + :\ddot{I}:^- \longrightarrow R—I + :X^-$$

$$R—Cl + KF \xrightarrow[CH_3CN]{\text{18-크라운-6}} R—F + KCl$$

c. Williamson 에터 합성

$$R—X + R'\ddot{O}:^- \longrightarrow R—\ddot{O}—R' + :X^- \quad \text{에터 합성}$$

$$R—X + R'\ddot{S}:^- \longrightarrow R—\ddot{S}—R' + :X^- \quad \text{싸이오에터 합성}$$

d. 아민 합성

$$R—X + \underset{\text{과량}}{:NH_3} \longrightarrow R—NH_3^+ \; :X^- \xrightarrow{:NH_3} \underset{\text{아민}}{R—\ddot{N}H_2} + NH_4^+ \; :X^-$$

e. 나이트릴 합성

$$R—X + \underset{\text{사이안화 이온}}{:^-C\equiv N:} \longrightarrow \underset{\text{나이트릴}}{R—C\equiv N:} + :X^-$$

f. 알카인 합성(9-7절)

$$\underset{\text{아세틸렌화 이온}}{R—C\equiv C:^-} + R'—X \longrightarrow \underset{\text{알카인}}{R—C\equiv C—R'} + :X^-$$

**2.** 할로젠화 수소 이탈 반응(7장)

$$-\overset{H}{\underset{|}{\overset{|}{C}}}-\underset{X}{\underset{|}{\overset{|}{C}}}- \xrightarrow{KOH} \;>C=C< \; + :X^-$$

**3.** 유기금속 시약의 형성(10-8절)

a. Grignard 시약

$$\underset{(X = Cl, Br, I)}{R-X} + Mg \xrightarrow{CH_3CH_2-O-CH_2CH_3} \underset{\text{할로젠화 유기마그네슘 (Grignard 시약)}}{R-Mg-X}$$

b. 유기리튬 시약

$$\underset{(X = Cl, Br, I)}{R-X} + 2\,Li \longrightarrow \underset{\text{유기리튬}}{R-Li} + Li^+\ X^-$$

**4.** 유기구리 시약의 짝짓기(10-9절)

$$2\,R-Li + CuI \longrightarrow R_2CuLi + LiI$$

$$R_2CuLi + R'-X \longrightarrow R-R' + R-Cu + LiX$$

**5.** 환원(10-10절)

$$R-X \xrightarrow[\text{(2) } H_2O]{\text{(1) Mg 또는 Li}} R-H$$

## 핵심 용어

**1차 할로젠화물, 2차 할로젠화물, 3차 할로젠화물**(primary halide, secondary, halide, tertiary halide): 이 용어는 할로젠 함유 탄소 원자(때때로 머리 탄소라고도 함)의 치환을 지정한다. 머리 탄소가 다른 1개의 탄소와 결합되어 있으면 이것이 1차 탄소이다. 2개의 탄소에 결합되어 있으면 2차 탄소, 3개의 탄소에 결합되어 있으면 3차 탄소이다.

**Lewis 산**(Lewis acid): 친전자체 참조

**Lewis 염기**(Lewis base): 친핵체 참조

**NBS** (*N*-bromosuccinimide): 알릴 브로민화 반응에서 브롬 공급원으로 자주 사용되는 시약. NBS는 반응이 진행됨에 따라 HBr 부산물과 결합하여 Br2를 재생하기 때문에 일관되게 낮은 농도의 Br2를 제공한다.

$CH_3-CH_2-Br$ — **1차 할로젠화물 (1°)**

$CH_3-CH(CH_3)-Br$ — **2차 할로젠화물 (1°)**

$CH_3-C(CH_3)_2-Br$ — **3차 할로젠화물 (1°)**

**Walden 반전**(Walden inversion): 하나의 비대칭 탄소 원자가 위치 배열 반전을 일으킨 반응 서열의 한 단계. 위치 배열 반전 참조

**가용매 분해**(solvolysis): 용매가 공격 시약의 역할을 하는 친핵성 치환 또는 제거 반응. 가용매 분해는 말 그대로 '용매에 의한 절단'을 의미한다.

$$(CH_3)_3C-Br \xrightarrow{CH_3OH,\ \text{가열}} (CH_3)_3C-OCH_3 + (CH_3)_2C{=}CH_2 + HBr$$

**같은 자리 다이할로젠화물**(geminal dihalide): 하나의 동일한 탄소 원자에 2개 모두 할로젠이 존재하는 다이할로젠화물

$CH_3-CH_2-CBr_2-CH_3$

같은 자리 다이브로민화물

**기질**(substrate): 시약에 의해 공격을 당하는 화합물

**라셈화**(racemization): 반응이 위치 배열의 완전한 보존도 아니고 완전한 반전도 아닌 것을 보여줄 때 일어나는 광학활성의 잃음

**메틸 이동**(methyl shift, ~$CH_3$): 메틸기가 한 원자로부터(통상적으로 탄소) 다른 원자로 전자쌍과 함께 자리를 옮기는 것. 탄소 양이온에서의 메틸 이동(혹은 알킬 이동)은 일반적으로 더 안정한 탄소 양이온을 형성한다.

**비양성자성 용매**(aprotic solvent): 산성 양성자를 갖지 않는 용매로, O—H 혹은 N—H를 갖지 않는 용매

**산**(acid): 양성자를 주는 화학종

**산도**(acidity): 산의 열역학적 반응성으로 산 해리 상수 $K_a$로 정량적으로 표시한다. '산 세기(acid strength)'라고도 한다.

Lewis **산**(Lewis acid): 친전자체로부터 전자쌍을 받아 결합을 형성하는 화학종. '친전자체(electrophile)'라고도 한다.

**수소화물 이동**(hydride shift, ~H): 하나의 수소 원자가 한 원자(통상적으로 탄소)로부터 다른 원자로 전자쌍과 함께 이동하는 것. 수소화물 이동은 탄소 양이온을 다른 안정한 탄소 양이온으로 변환하는 자리 옮김의 하나이다.

**시약**(reagent): 반응에서 공격하는 화학종 역할을 하는 화합물

**알릴 자리**(allylic): 탄소–탄소 이중 결합에 이웃한 포화된 위치

**알릴 자리 이동**(allylic shift): 공명 안정화된 알릴성 중간체의 한쪽 말단의 반응으로부터 발생하는 자리 옮김

**알릴 자리 할로젠화 반응**(allylic halogenation): 알릴 자리에서 수소 하나가 할로젠으로 치환되는 반응

$H_2C{=}CH{-}CH_2{-}CH_3$ + N-Br (N-브로모석신이미드) $\xrightarrow{\text{빛}}$ $H_2C{=}CH{-}CH(Br){-}CH_3$ (알릴 브롬화물) + $H_2C(Br){-}CH{=}CH{-}CH_3$ (자리 옮긴 알릴 브롬화물 (알릴 자리 이동 생성물)) + N—H (석신이미드)

알릴 자리

*N*-브로모석신이미드

알릴 브롬화물

자리 옮긴 알릴 브롬화물
(알릴 자리 이동 생성물)

석신이미드

**알킬 이동**(alkyl shift): 한 원자(주로 탄소)로부터 다른 원자로 한 쌍의 전자를 가지고 알킬기가 이동하는 것

**양성자성 용매**(protic solvent): 산성 양성자를 포함하는 용매로, 보통 O—H 혹은 N—H기를 포함한다.

**염기**(base): 양성자를 제거할 수 있는 전자가 풍부한 화학종

**염기도**(basicity): 염기의 열역학적 반응성으로, 염기 해리 상수 $K_b$로 정량적으로 표시한다. '염기 세기(base strength)'라고도 한다.

Lewis **염기**(Lewis base): 결합을 형성하기 위해 전자쌍을 줄 수 있는 전자가 풍부한 화학종. 친핵체(nucleophile)라고도 한다.

**위치 배열 보존**(retention of configuration): 반응물과 같은 위치 배열을 가진 생성물의 형성. 친핵체 치환 반응에서 이탈기가 반응 물에서 차지했던 것처럼 친핵체가 생성물 내 같은 입체 화학적 위치에 있다고 가정할 때 위치 배열의 보존이 일어난다.

**위치 배열 반전**(inversion of configuration): 비대칭 탄소 원자 주위의 원자단이 반대 위치 배열로 변하는 과정으로, 통상적으로 뒤쪽 공격의 결과이다. Walden 반전 참조

$HO^-$ + $(R^1)(R^2)(H)C{-}Br$ (*S*) $\xrightarrow{S_N2}$ $HO{-}C(R^1)(R^2)(H)$ (*R*) + $Br^-$

$S_N2$ 반응은 위치 배열 반전을 일으킨다.

**유기 합성**(organic synthesis): 쉽게 얻을 수 있는 출발 물질로부터 원하는 유기 화합물을 합성하는 것

**이웃 자리 다이할로젠화물**(vicinal dihalide): 이웃한 탄소 원자 위에 할로젠을 가진 다이할로젠화물

$CH_3{-}CHBr{-}CHBr{-}CH_3$ 이웃 자리 다이브로민화물

$CH_3{-}CH{=}C(Br){-}CH_3$ 브로민화 바이닐

**이탈기**(leaving group): 치환이나 제거 반응에서 떠나는 원자 혹은 원자단. 이탈기는 전하를 갖거나 안 갖기도 하지만 분자의 나머지 원자단과 원래 결합했던 전자쌍을 가지고 떠난다.

**입체 장애**(steric hindrance): 반응을 느리게 하거나 반응 발생을 방해하는 큰 부피의 원자단에 의한 방해

**입체 특이성 반응(stereospecific reaction):** 서로 다른 입체 이성질체가 반응하면 서로 다른 입체 이성질체 생성물을 주는 반응

**자리 옮김(rearrangement):** 분자 내에서 결합 서열 변화를 포함하는 반응. 자리 옮김은 탄소 양이온 중간체를 포함하는 $S_N1$과 E1 같은 반응에서 흔하다.

**전이 상태(transition state):** 반응의 각 단계에서 반응물과 생성물 사이에 놓인 가장 높은 에너지 상태. 전이 상태는 반응–에너지 도표에서 상대적인 극댓값에 해당된다.

**제거 반응(elimination):** 기질로부터 2개 원자 혹은 원자단을 잃어 통상적으로 $\pi$ 결합을 형성하는 반응

**치환 반응(substitution, displacement):** 공격 화학종(친핵체, 친전자체, 자유 라디칼)이 다른 원자단을 치환하는 반응

**$S_N2$ 반응($S_N2$ reaction):** 치환(Substitution), 친핵성(Nucleophilic), 이분자성(bimolecular)에서 유래된 것으로, 한 친핵체가 $sp^3$ 혼성 탄소 원자에 붙은 다른 친핵체를 협동하여 치환하는 것.

**$S_N1$ 반응($S_N1$ reaction):** 치환(Substitution), 친핵성(Nucleophilic), 일분자성(unimolecular)에서 유래된 것으로, 결합의 절단과 결합 형성으로 친핵체들이 두 단계로 상호 교환하는 것. 첫 번째 단계는 이온화로 탄소 양이온을 형성한다. 두 번째 단계는 탄소 양이온과 친핵체와의 반응이다.

**친전자체(electrophile):** 친핵체로부터 전자쌍을 받아 결합을 형성하는 화학종. 'Lewis 산(Lewis acid)'이라고도 한다.

**친전자성(electrophilicity):** 친전자체의 반응 속도론적 반응성. '친전자 세기(electrophile strength)'라고도 한다.

**친핵성 치환 반응(nucleophilic substitution):** 분자 내 다른 원자단 혹은 원자(이탈기)를 친핵체가 치환하는 반응

**친핵체(nucleophile):** 결합을 형성하기 위해 전자쌍을 줄 수 있는 전자가 풍부한 화학종. 'Lewis 염기(Lewis base)'라고도 한다.

**친핵성도(nucleophilicity):** 친핵체의 반응 속도론적 반응성. 표준 기질에 대한 반응에서 치환 반응 속도의 측정. '친핵체 세기(nucleophile strength)'라고도 한다.

**편극화(polarizable):** 양전하를 향해 전자가 쉽게 이동하는 것. 편극화 원자는 비교적 먼 거리에서도 결합을 형성할 수 있다.

**프레온(freon):** 냉매, 추진제 및 용매로 사용되는 클로로플루오로탄소 그룹에 대한 일반적 이름. 프레온−12®는 $CF_2Cl_2$이고, 프레온−22®는 $CHClF_2$이다.

**하이드록시성 용매(hydroxylic solvent):** OH기를 포함하는 용매(양성자성 용매의 가장 흔한 유형)

**할로알케인(haloalkane):** 하나(혹은 둘 이상)의 수소 원자가 할로젠 원자로 치환된 알케인 유도체. '할로젠화 알킬(alkyl halide)'이라고도 한다.

**할로젠 교환 반응(halogen exchange reaction):** 하나의 할로젠 원자가 다른 하나의 할로젠 원자로 치환되는 반응으로, 흔히 플루오린화물이나 아이오딘화물을 형성하기 위해 사용한다.

**할로젠화 바이닐(vinyl halide):** 이중 결합 탄소 원자의 수소 원자 하나(혹은 이상)가 하나의 할로젠으로 치환된 알켄 유도체

**할로젠화 수소 이탈 반응(dehydrohalogenation):** 1개의 수소 원자와 1개의 할로젠 원자. 즉 두 원자를 잃어버리는 제거 반응

**협동 반응(concerted reaction):** 결합이 끊어지는 것과 새로운 결합의 형성이 동시에 일어나는 반응(한 단계로)

**할로젠화 아릴(aryl halide):** 할로젠이 방향족 고리의 탄소 원자 중 하나에 결합된 방향족 화합물(벤젠 유도체)

**할로젠화 알킬(alkyl halide):** 수소 원자 중 하나(또는 그 이상)가 할로젠으로 대체된 알케인의 유도체. '할로알케인(haloalkane)'이라고도 한다.

## 기초문제

| | | |
|---|---|---|
| **1** | 할로젠화 알킬의 이름을 정확하게 명명하고, 물리적 성질을 요약하고 1°, 2°, 3°로 정하라. | 관련 연습문제 6−31, 32, 47 |
| **2** | 몇 가지 할로젠화 알킬, 특히 알릴성 및 벤질 자리 할로젠화 알킬의 합성에 자유 라디칼 할로젠화 반응을 어떻게 사용할 것인지 밝혀라. | 관련 연습문제 6−30, 46, 51, 57, 58, 59 |
| **3** | $S_N1$ 및 $S_N2$ 반응의 생성물을 입체 화학을 포함하여 예측하라. | 관련 연습문제 6−35, 40, 41, 44, 45, 46, 52 |
| **4** | $S_N1$ 및 $S_N2$ 반응의 메커니즘과 반응−에너지 도표를 제시하라. | 관련 연습문제 6−40, 41, 48, 49, 52, 53, 54, 55, 56 |
| **5** | 1차 반응에서 양이온의 안정도와 자리 옮김에 대해 예측하고 설명하라. | 관련 연습문제 6−40, 41, 42, 43, 54 |
| **6** | 기질, 친핵체, 이탈기, 용매의 차이에 기초하여 어떤 치환 반응이 더 빨라질지 예측하라. | 관련 연습문제 6−33, 34, 36, 37, 38, 39 |
| **7** | 일련의 반응 조건이 주어진다면 반응이 일분자성(1차)인지, 이분자성(2차)인지 예측하고, 어떤 생성물이 가장 가능성이 높은지 예측하라. | 관련 연습문제 6−37, 38, 54, 56 |
| **8** | 할로젠화 알킬의 치환이 어떻게 다른 유형의 화합물 합성에 사용되는지 제시하라. | 관련 연습문제 6−30, 35, 36, 39, 40, 45, 46, 53, 54 |

## 연습문제

**6-30** 1-페닐에테인을 아래에 보이는 3개의 생성물로 변환하는 방법을 (1~2단계로) 제시하라. 각 경우에 어떤 원하지 않는 반응이 생성물에서 바람직하지 않은 불순물을 생성할 수 있는지 설명하라.

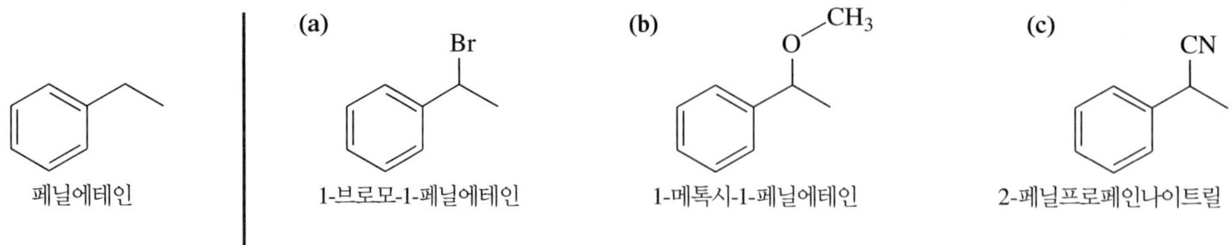


**6-31** 다음 화합물의 구조를 제시하라.

**(a)** 브로민화 *sec*-뷰틸
**(b)** 염화 아이소뷰틸
**(c)** 1,2-클로로-3-메틸펜테인
**(d)** 브로민화 2,2,2-트라이브로모에탄올
**(e)** 트랜스-1-브로모-2-메틸사이클로헥세인
**(f)** 브로민화 메틸렌
**(g)** 아이오도폼
**(h)** 1-브로모-1-아이소프로필사이클로펜테인
**(i)** 브로민화 *t*-펜틸

**6-32** 다음 화합물의 체계명(IUPAC명)을 답하라.

**(a)** Cl
**(b)** Br, $CH_3$
**(c)** Br, Br, F
**(d)** Cl, F
**(e)** Br, Br, I
**(f)** Br, $CH_3$, Br, H

**6-33** 다음 각 쌍에서 $S_N2$ 반응이 빠른 화합물이 어떤 것인지 예측하라.

**(a)** Br 또는 Br
**(b)** Cl 또는 Br
**(c)** Br 또는 Br
**(d)** Cl 또는 Cl
**(e)** Br 또는 Br
**(f)** Cl 또는 Cl

**6-34** 다음 각 쌍에서 (수용성 에탄올에서) 가용매화 반응이 빠른 화합물을 예측하라.

**(a)** $(CH_3CH_3)_3CHBr$ 또는 $(CH_3)CBr$
**(b)** Br 또는 Br
**(c)** Cl 또는 Cl
**(d)** Cl 또는 Br
**(e)** Cl 또는 Cl
**(f)** Cl 또는 Cl

**6-35** 할로젠화 알킬의 $S_N2$ 치환 반응으로 각 화합물이 어떻게 합성되는지 제시하라.

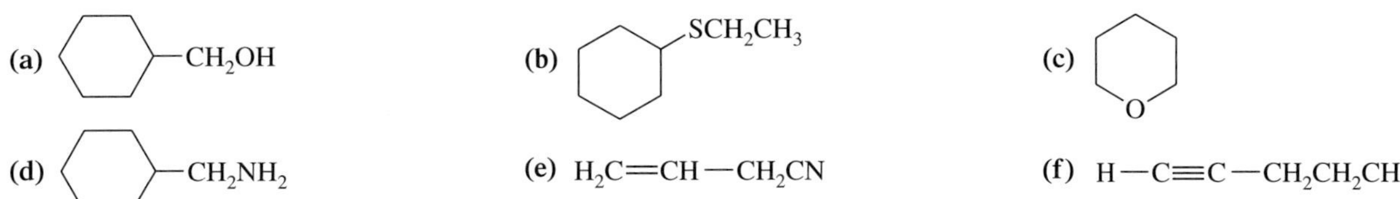


(e) $H_2C{=}CH{-}CH_2CN$ (f) $H{-}C{\equiv}C{-}CH_2CH_2CH_3$

**6-36** $(CH_3)_2CH{-}O{-}CH_2CH_3$의 두 가지 합성법을 제시하고, 어떤 합성법이 더 좋은지 설명하라.

**6-37** *t*-뷰톡시화 포타슘(potassium *t*-butoxide)을 첨가하면 *t*-뷰틸 메틸 에터(*t*-butyl methyl ether)가 생성된다.

$$\underset{\text{브로민화 메틸}}{CH_3{-}Br} + \underset{t\text{-뷰톡시화 포타슘}}{(CH_3)_3C{-}O^-\,K^+} \longrightarrow \underset{t\text{-뷰틸 메틸 에터}}{(CH_3)_3C{-}O{-}CH_3}$$

(a) 브로민화 메틸의 농도를 2배로 하면 반응 속도는 어떻게 되겠는가?

(b) *t*-뷰톡시화 포타슘의 농도를 3배로, 브로민화 메틸의 농도를 2배로 한다면 반응 속도는 어떻게 되겠는가?

(c) 온도를 올리면 반응 속도는 어떻게 되겠는가?

**6-38** 염화 *t*-뷰틸을 동량의 에탄올과 비활성 용매에서 가열하면 생성물 중 하나는 에틸 *t*-뷰틸 에터(ethyl *t*-butyl ether)이다.

(a) 에탄올의 농도를 2배로 하면 반응 속도는 어떻게 되겠는가?

(b) 만일 브로민화 *t*-뷰틸 농도를 3배로, 에탄올의 농도를 2배로 한다면 반응 속도는 어떻게 되겠는가?

(c) 온도를 올리면 반응 속도가 어떻게 되겠는가?

**6-39** 클로로사이클로헥세인은 에탄올에서 사이안화 소듐(NaCN)과 반응하여 사이아노사이클로헥세인(cyanocyclohexane)을 생성한다. 사이아노사이클로헥세인의 형성 반응 속도는 용액에 아이오딘화 소듐을 소량 첨가하면 증가한다. 반응 속도에서의 이러한 가속을 설명하라.

**6-40** 각 화합물을 에탄올에서 가열했을 때 예상되는 가용매 분해 반응 생성물을 제시하라.

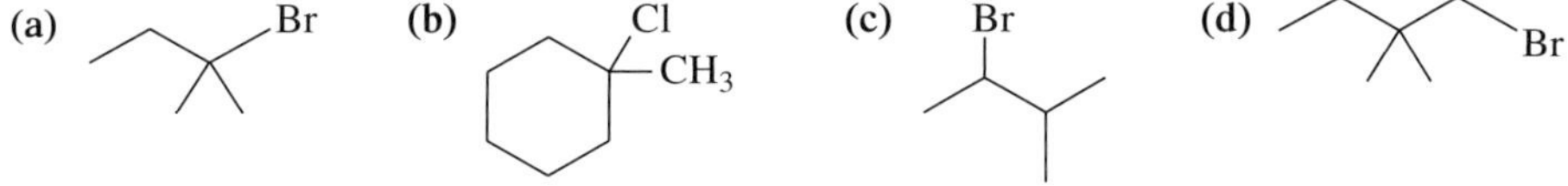


**6-41** 할로젠화 알릴성 화합물의 구조는 다음과 같다.

$$\begin{array}{c}\diagdown\\ \diagup\end{array}\!C{=}\overset{|}{C}{-}\underset{|}{\overset{|}{C}}{-}X$$

(a) 할로젠화 알릴 화합물의 1차 속도의 이온화가 어떻게 공명 안정화한 양이온을 생성하는지 설명하라.

(b) 다음 할로젠화물의 이온화로 형성된 알릴성 양이온의 공명 구조를 제시하라.

(c) 이러한 할로젠 화합물을 에탄올에서 $S_N1$ 가용매 분해로부터 예상되는 생성물을 제시하라.

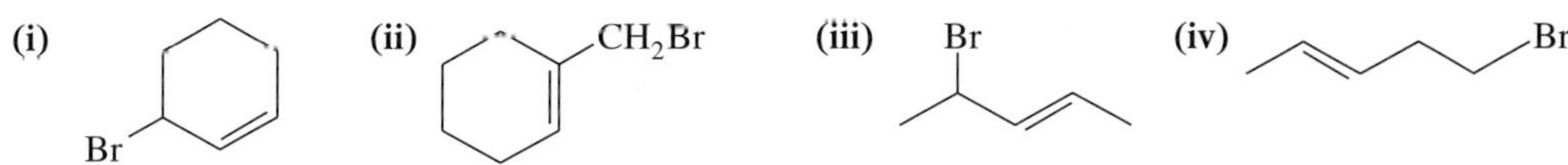


**6-42** 다음 탄소 양이온을 안정도가 감소하는 순서로 나열하라.

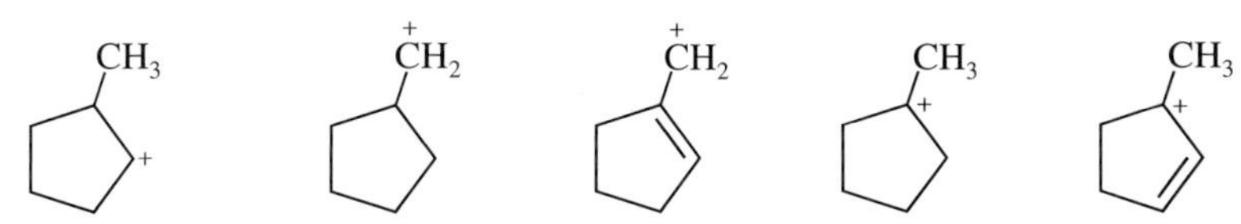


**6-43** 연습문제 6-42에서의 탄소 양이온 중 2개는 자리 옮김을 하기 쉽다. 그들이 더 안정한 탄소 양이온으로 자리 옮김할 방법을 제시하라.

**6-44** 다음 반응의 치환 생성물에 관한 원근 구조 혹은 Fischer 투영도를 제시하라.

(a) Fischer 투영도: 위 $CH_3$, 왼쪽 H, 오른쪽 Br, 아래 $CH_2CH_3$ + NaCN $\xrightarrow{\text{아세톤}}$

(b) Fischer 투영도: 위 $CH_3$; Br—C—H; H—C—$CH_3$; 아래 $CH_2CH_3$ + NaOH $\xrightarrow{\text{물/아세톤}}$

(c) Fischer 투영도: 위 $CH_2CH_3$, 왼쪽 Br, 오른쪽 $CH_3$, 아래 $CH(CH_3)_2$ $\xrightarrow{\text{EtOH, 가열}}$

**6-45** 다음 $S_N2$ 반응의 생성물을 예측하라.

(a) $CH_3CH_2ONa + CH_3CH_2Cl \longrightarrow$

(b) $C_6H_5$—$CH_2CH_2Br$ + NaCN $\longrightarrow$

(c) $C_6H_5$—$S^- Na^+$ + $CH_3CH_2Br$ $\longrightarrow$

(d) $CH_3(CH_2)_8CH_2Cl + Na^{+}\ {}^{-}\!:C\equiv CH \longrightarrow$

(e) 피리딘(N:) + $CH_3I$ $\longrightarrow$

(f) $(CH_3)_3C—CH_2CH_2Br$ + 과량의 $NH_3$ $\longrightarrow$

(g) HO—$CH_2CH_2CH_2CH_2$—Cl + NaOH $\longrightarrow$

(h) Br—(사이클로헥세인)—CH $\xrightarrow[CH_3OH]{NaOH}$

**6-46** 사이클로헥세인을 출발 물질 중 하나로 사용하여 다음 화합물을 합성하는 방법을 나타내라.

(a) 사이클로헥실—Br

(b) 사이클로헥실—OH

(c) 사이클로헥실—CN

(d) 사이클로헥실—$\overset{+}{N}H_3$ $Br^-$

(e) 사이클로헥실—$OCH_3$

**6-47** 딸기 재배자들은 작물을 심기 전에 토양을 살균하기 위해 다량의 브로민화 메틸(끓는점 4°C)을 사용했다. 일부 프레온과 마찬가지로 브로민화 메틸도 성층권으로 확산되어 보호 오존층을 손상시킬 수 있다. 농업 화학자들은 브로민화 메틸 대신 아이오딘화 메틸(끓는점 43°C)을 사용할 것을 제안했다. 아이오딘화 메틸이 브로민화 메틸보다 농업 해충(및 사람)에게 더 독성이 클 가능성이 있는 이유는 무엇인가? 아이오딘화 메틸이 브로민화 메틸보다 성층권에 도달할 가능성이 낮은 이유는 무엇인가?

**6-48** 순수한 (*S*)-2-아이오도뷰테인($[\alpha] = +15.90°$)은 아세톤에서 방사능 아이오딘이 함유할 때까지 1.0%의 아이오도뷰테인을 방사능 아이오딘화 이온 $^{131}I^-$와 반응시켰다. 이 회수한 아이오도뷰테인의 고유 광회전도는 +15.58°로 발견되었다.

**(a)** 혼합물 내 (*R*)- 및 (*S*)-2-아이오도뷰테인 생성물의 퍼센트를 계산하라.

**(b)** 이러한 결과는 아이오딘화 이온과 2-아이오도뷰테인의 반응 메커니즘에서 무엇을 의미하는가?

**6-49** **(a)** 광학 활성 2-브로모뷰테인이 KBr 용액으로 처리되었을 때 라셈화 반응을 일으켰다. 이러한 라셈화 반응에 관한 메커니즘을 제안하라.

**(b)** 대조적으로 광학 활성 뷰탄-2-올은 KOH 용액으로 처리할 때 라셈화하지 않는다. (a)와 같은 반응이 일어나지 않는 이유를 설명하라.

**(c)** 광학 활성 뷰탄-2-올은 약산에서 라셈화한다. 이러한 라셈화 반응에 관한 메커니즘을 제안하라.

**6-50** 다음 반응에서 형성되는 두 가지 생성물을 설명하는 메커니즘을 제안하라.

$H_2C=CH—CH(CH_3)_2$ (3-메틸뷰트-1-엔) $\xrightarrow{\text{NBS, } h\nu}$ $H_2C=CH—CBr(CH_3)_2$ (자리 옮김 없음) + $BrCH_2—CH=C(CH_3)_2$ (자리 옮김)

**6-51** 다음 반응의 주생성물을 예측하고, 예측을 뒷받침하는 메커니즘을 제안하라.

$$C_6H_5-CH_2CH_3 \xrightarrow{\text{NBS},\ h\nu}$$

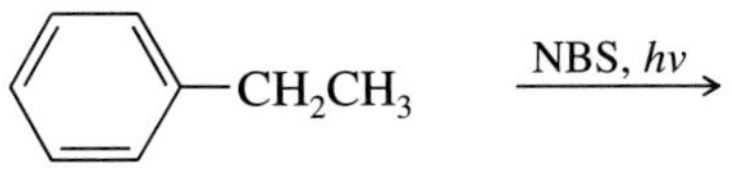

에틸벤젠

**6-52** $S_N1$ 반응이 평평한 탄소 양이온을 거치기 때문에 광학 활성 출발 물질이 완전히 라셈화한 생성물을 준다는 것을 예측할 수 있다. 그러나 대부분의 경우 $S_N1$ 반응은 실제로 더 많은 반전 생성물을 생성한다. 일반적으로 탄소 양이온의 안정도가 증가할수록 과량의 반전 생성물은 감소한다. 아주 안정한 탄소 양이온은 완벽히 라셈 생성물을 생성한다. 이러한 관찰을 설명하라.

**6-53** 트라이에틸옥소늄 테트라플루오로붕소산(triethyloxonium tetrafluoroborate, $(CH_3CH_2)_3O^+\ BF_4^-$는 녹는점이 91~92℃인 고체이다. 이 시약이 $S_N2$ 반응에서 어떻게 에틸기를 친핵체(Nuc:$^-$)로 전달할 수 있는지 밝혀라. 이탈기는 어떤 것인가? 이러한 시약이 할로젠화 에틸보다 선호되는 이유는 무엇인가? (표 6-2 참조)

**6-54** 염화 푸르푸릴(furfuryl chloride)은 $S_N2$ 및 $S_N1$ 메커니즘에 의한 치환 반응을 일으키며, 1° 할로젠화 알킬이기 때문에 $S_N1$ 반응이 아니라 $S_N2$ 반응을 예측한다. 중간체 구조를 주의 깊게 고려하여 아래 나타낸 $S_N1$ 반응에 관한 메커니즘을 제시하라. 이러한 1차 할로젠화물이 $S_N1$ 반응을 일으킬 수 있는가?

염화 푸르푸릴 + NaOCHO —(에탄올)→ 폼산 푸르푸릴 + NaCl

(염화 푸르푸릴, 폼산 소듐, 폼산 푸르푸릴)

**6-55** 아민과 할로젠화 알킬의 반응은 암모늄 염을 생성한다.

$$\underset{\text{아민}}{R_3N} + \underset{\text{할로젠화 알킬}}{R'-X} \longrightarrow \underset{\text{암모늄 염}}{R_3\overset{+}{N}-R'\ X^-}$$

이러한 $S_N2$ 반응의 속도는 용매의 극성에 예민하다. 비극성 용매와 비극성 용매에서의 이러한 반응 각각에 관한 에너지 도해를 나타내라. 전이 상태의 본성을 고려하고, 이러한 반응이 용매의 극성에 예민한 이유를 설명하라. 극성이 큰 용매에서 이 반응이 빨라질 것인지 느려질 것인지를 예측하라.

**6-56** 다음 반응이 2차 반응 속도 조건(강한 친핵체)하에서 일어난다. 그러나 생성물의 구조는 자리 옮김을 보여준다. 또한 이 반응의 속도는 비슷한 조건하에서 2-클로로뷰테인의 하이드록시화 이온의 치환 반응 속도보다 몇천 배 빠르다. 매우 높아진 반응 속도와 이러한 비정상 반응에서 관찰된 자리 옮김을 설명하는 메커니즘을 제안하라. ('Et'는 에틸을 의미한다.)

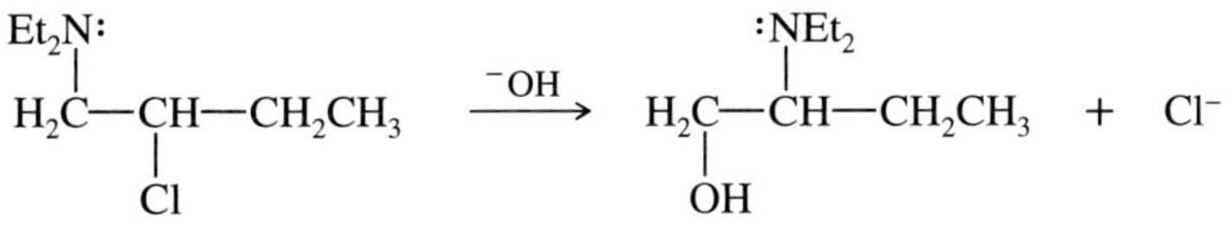

$$\underset{\substack{|\\ \text{Cl}}}{\overset{\text{Et}_2\text{N:}}{H_2C}-CH}-CH_2CH_3 \xrightarrow{^-OH} H_2C-\overset{\text{:NEt}_2}{\underset{\text{OH}}{CH}}-CH_2CH_3 + Cl^-$$

**6-57** 다음 반응에서 관찰된 생성물을 설명하는 메커니즘을 제안하라.

(a) Δ⁹⁽¹⁰⁾-옥탈린 —(NBS, $h\nu$)→ 1-Br 생성물 (Br) + 4a-Br 생성물 (Br)

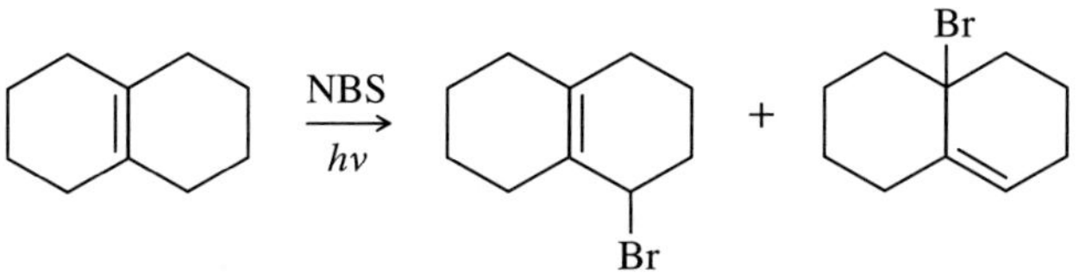

(b) 메틸렌사이클로헥세인 —(NBS, $h\nu$)→ 2-Br 생성물 (Br) + 1-($CH_2Br$)사이클로헥센 ($CH_2Br$)

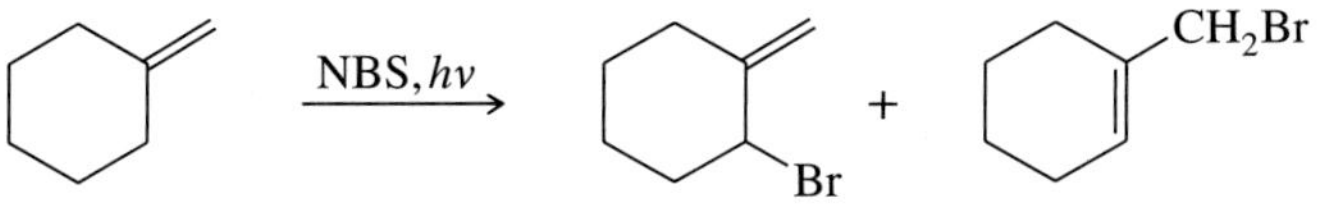

**6-58** 각 화합물이 NBS와 반응할 때 빛을 비출 경우 예상되는 생성물은 무엇인가?

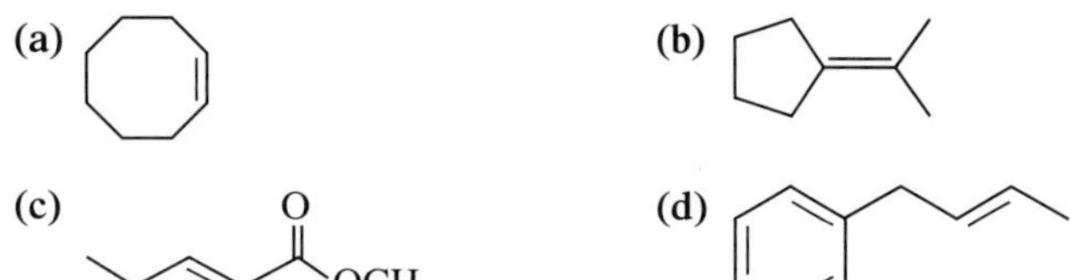


**6-59** 한 학생이 1-메틸사이클로헥센 용액에 NBS를 넣고 모든 NBS가 반응할 때까지 혼합물에 태양등으로 조사했다. 조심스럽게 증류한 후 생성물 혼합물에는 화학식 $C_7H_{11}Br$의 두 가지 주요 생성물이 포함되었다.

**(a)** 3개의 가능한 알릴 자유 라디칼 중간체의 공명 형태를 나타내라.

**(b)** 이 세 중간체를 가장 안정적인 것에서 가장 불안정한 순서로 나열하라.

**(c)** 각각의 자유 라디칼 중간체에서 얻은 생성물을 나타내라.

# 7 알켄의 구조와 합성: 제거 반응

스쿠알렌

**학습목표**

**1** 알켄과 사이클로알켄의 구조를 그리고, 명명한다.

**2** 주어진 분자식으로부터 이중 결합과 고리의 숫자를 계산한다.

**3** 알켄의 안정도가 어떻게 구조와 연관되는지 설명한다.

**4** 할로젠화 알킬과 알코올의 제거 반응을 통해 알켄을 합성할 수 있는 반응식을 작성한다.

**5** 치환 반응과 제거 반응의 생성물을 예측하고, 각 반응 유형에 어떤 요인이 더 유리한지 설명한다.

**6** 일분자성 제거와 이분자성 제거의 차이점을 확인하고, 어떤 요인이 반응의 순서를 결정하는지 설명한다.

**7** 일련의 반응 조건이 주어지면 가능한 메커니즘을 식별하고, 어떤 메커니즘과 생성물이 가장 가능성이 높은지 예측한다.

◀ **스쿠알렌**(squalene)은 6개의 탄소–탄소 이중 결합을 가진 30개의 탄소로 구성된 알켄이다. 스쿠알렌은 호르몬, 비타민, 유화제, 세포막 성분으로 사용되는 스테로이드 화합물을 만들기 위해 모든 식물과 동물에서 발생한다(25장). 그리고 화장품에 사용되며, 백신의 보조제(면역체계가 더욱 강력하게 반응하도록 함)로 사용된다. 원래 상어의 간에서 얻었는데, 상어는 이를 비압축성 저밀도 액체로 사용하여 소금물에서 부력을 갖게 한다. 올리브 오일 같은 식물 공급원은 현재 더 저렴하고 지속 가능한 스쿠알렌 공급원으로 사용되고 있다.

## 7-1 서론

**알켄**(alkene)은 탄소-탄소 이중 결합을 가진 탄화수소를 말한다. 알켄은 원유로부터 대량으로 제조되고 다양한 작용기로 쉽게 전환되기 때문에 유기 화학의 핵심이다. 이 장은 알켄의 특성과 합성되는 방법 중 일부를 다룬다. 알켄의 합성을 연구하는 데 6장에서 다뤘던 치환 반응과 경쟁하는 할로젠화 알킬의 제거 반응으로 시작한다. 8장에서는 알켄이 겪을 수 있는 매우 다양한 반응을 강조하면서 알켄에 대한 연구를 계속한다.

알켄은 때로는 **올레핀**(olefin)이라고도 하는데, 이는 *olefiant gas*('석유를 만드는 기체'라는 뜻)로부터 유래된 용어이다. 이 용어는 알켄 유도체가 기름처럼 보이는 것에 주목한 초기 실험자가 명명한 것이다. 알켄은 가장 중요한 공업적 화합물에 속하며(7-6절 참조), 많은 알켄은 식물이나 동물에서 흔히 발견할 수 있다. 에틸렌(ethylene)은 부피로 볼 때 가장 큰 공업적 유기 화합물로, 폴리에틸렌과 다양한 기타 산업 및 소비자 화학 물질을 만드는 데 사용된다. 피넨(pinene)은 테레빈유

(turpentine)의 주성분으로, 소나무 추출물에서 증류하여 얻으며 페인트 용매로 쓰인다. 머스커류어(muscalure), 즉 시스-트라이코스-9-엔(cis-tricos-9-ene)은 보통 집파리의 성유인물이다.

$H_2C{=}CH_2$ 에틸렌(에텐) α-피넨 $CH_3(CH_2)_7CH{=}CH(CH_2)_{12}CH_3$ 시스-트라이코스-9-엔, '머스커류어'

탄소-탄소 이중 결합은 매우 안정적인 시그마 결합과 덜 안정적인 파이 결합으로 구성된다. 탄소-탄소 이중 결합의 전체 결합 에너지는 약 611 kJ/mol(146 kcal/mol)인데, 이는 단일 결합이 약 347 kJ/mol(83 kcal/mol)인 것에 비교된다. 이 에너지 값으로부터 대략의 파이 결합 에너지를 계산할 수 있다.

| | | |
|---|---|---|
| 이중 결합 해리 에너지 | 611 kJ/mol | (146 kcal/mol) |
| 시그마 결합 해리 에너지를 빼면 | (−)347 kJ/mol | (−)(83 kcal/mol) |
| 파이 결합 해리 에너지 | 264 kJ/mol | (63 kcal/mol) |

264 kJ/mol이라는 값은 347 kJ/mol의 시그마 결합 에너지보다 훨씬 작은데, 이는 파이 결합 이 시그마 결합보다 더 반응성이 크다는 것을 의미한다.

탄소-탄소 이중 결합은 상대적으로 반응성이 높으므로 작용기(functional group)로 취급되며, 알켄은 이중 결합에서 반응하는 것이 특징이다. 6장에서는 할로젠화 알킬의 치환 반응을 심도 있게 고찰하고, 제거 반응이 알켄으로 이어질 수 있음을 간략히 보여주었다. 이 장에서는 제거 반응의 메커니즘에 대해 특히 강조하면서 알켄을 더 자세히 연구해보자.

## 7-2 알켄 이중 결합의 오비탈 설명

Lewis 구조에서는 알켄의 이중 결합은 탄소 원자 간 전자의 두 쌍으로 나타낼 수 있다. Pauli 배타 원리에 의하면 두 쌍의 전자는, 각 쌍이 자신의 분자 오비탈을 가질 경우에만 탄소 핵 사이 공간에 위치할 수 있다. 에틸렌의 예를 들어 이중 결합에서 전자들이 어떻게 분포하는지 생각해보자.

### 7-2A 시그마 결합 골격

1-15절에서는 혼성 원자 오비탈을 이용해서 어떻게 유기 분자의 시그마 결합을 그려낼 수 있는지 알았다. 에틸렌에서 각 탄소 원자는 3개의 다른 원자(1개의 탄소와 2개의 수소)에 결합되어 있다. 3개의 혼성 오비탈이 필요한데, 이는 $sp^2$ 혼성화를 말한다. 1-15절을 상기해보면 $sp^2$ 혼성화는 결합각이 120°에 해당하며, 탄소 원자에 결합된 3개의 원자가 최적화된 위치로 떨어져 있게 된다.

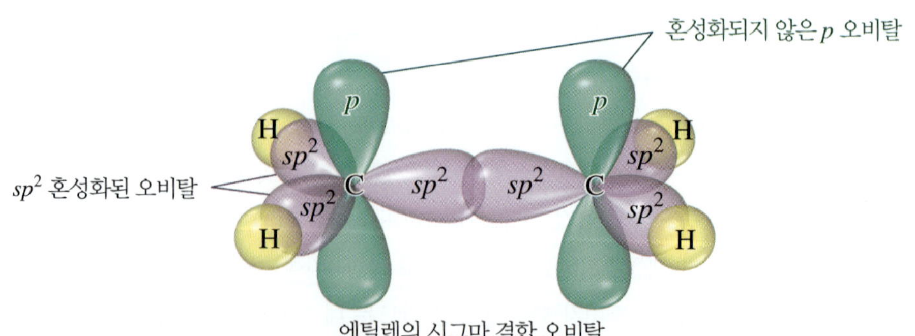

에틸렌의 시그마 결합 오비탈

각 탄소-수소 시그마 결합은 탄소의 $sp^2$ 혼성 오비탈과 수소 원자의 $1s$ 오비탈이 겹쳐서 생성된다. 에틸렌의 C—H 결합 길이(1.08 Å)는 에테인(ethane)에서의 C—H 결합 길이(1.09 Å)보다 약간 짧다. 왜냐하면 에틸렌에서 $sp^2$ 혼성 오비탈은 $sp^3$ 오비탈(1/4 $s$)에서보다 $s$ 성질(1/3 $s$)이 더 많기 때문이다. $s$ 오비탈은 $p$ 오비탈보다 핵에 더 가까이 위치하며, 결합 길이가 더 짧다.

1.33 Å, 116.6°, 121.7°, 1.08 Å
에틸렌

1.54 Å, 1.09 Å
에테인

남아 있는 $sp^2$ 오비탈은 탄소 핵 간 지역에서 겹침을 이루고 결합 오비탈을 만든다. 이 결합 오비탈의 전자쌍은 탄소 원자 간 결합 중 하나를 만든다. 이 결합은 전자 밀도가 핵을 연결하는 선을 따라 중심을 이루고 있기 때문에 시그마 결합이다. 에틸렌의 C=C 결합(1.33 Å)은 에테인에서 C—C 결합(1.54 Å)보다 매우 짧다. 부분적 이유로는 에틸렌의 시그마 결합이 ($s$ 성질이 더 많은) $sp^2$ 결합에서 만들어지기 때문이며, 다른 이유로는 원자를 끌어당기는 2개의 결합이 있기 때문이다. 두 번째 탄소-탄소 결합은 파이 결합이다.

## 7-2B 파이 결합

에틸렌의 이중 결합을 생성하려면 추가로 2개의 전자가 탄소-탄소 결합 지역으로 들어가야 한다. 각 탄소 원자는 비혼성화된 $p$ 오비탈을 아직 가지고 있으며, 이들 겹침으로 파이 결합 분자 오비탈이 생성된다. 이 오비탈에서 두 전자는 이중 결합 탄소 원자 간의 두 번째 결합을 생성한다. 파이 겹침이 발생하려면 이러한 $p$ 오비탈은 평행이어야 하며, 그러기 위해서는 두 탄소 원자는 모든 C—H 결합이 하나의 평면에 위치하도록 배향되어야 한다(그림 7-1). 파이 결합 오비탈의 절반은 C—C 시그마 결합의 위에 위치하며, 다른 절반은 시그마 결합 아래에 위치한다. 파이 결합 전자는 그림 7-1에 나타낸 에틸렌의 정전기 전위 지도에서 전자 밀도가 높은 지역(붉은색)을 만들게 된다.

그림 7-2에서 볼 수 있듯이 에틸렌 분자의 양 말단은 파이 결합을 건드리지 않고는 서로 간에 비틀릴 수 없다. 단일 결합과 달리 탄소-탄소 이중 결합의 경우 회전할 수 없다. 탄소-탄소 이중 결합과 이것에 결합된 4개의 원자를 포함한 6개의 원자는 같은 평면에 놓여야만 한다. 이것이 시스-트랜스 이성질화가 존재하는 이유이다. 만일 두 기가 이중 결합의 같은 쪽에(시스) 존재하면 파이 결합을 끊지 않고는 반대편으로(트랜스) 회전할 수 없다. 그림 7-2는 뷰트-2-엔(but-2-ene)의 구별되는 2개의 이성질체, 즉 시스-뷰트-2-엔과 트랜스-뷰트-2-엔을 나타낸 것이다.

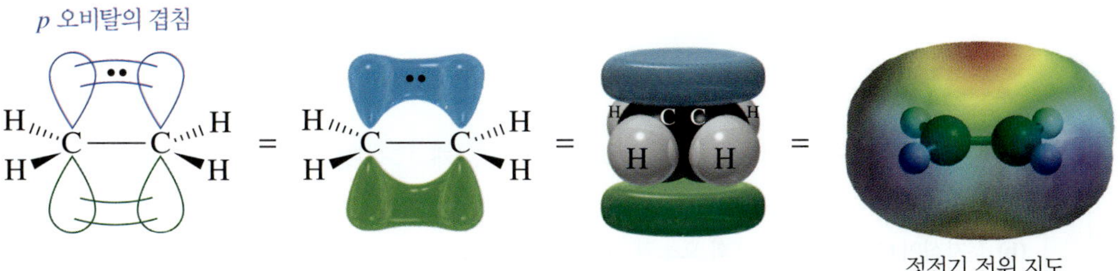


**그림 7-1** 에틸렌의 평행한 $p$ 오비탈. 에틸렌의 파이 결합은 $sp^2$ 혼성화 탄소의 비혼성화된 $p$ 오비탈이 겹쳐짐으로써 생성된다. 이러한 겹침이 일어나려면 분자의 두 말단이 서로 같은 평면상에 있어야 한다.

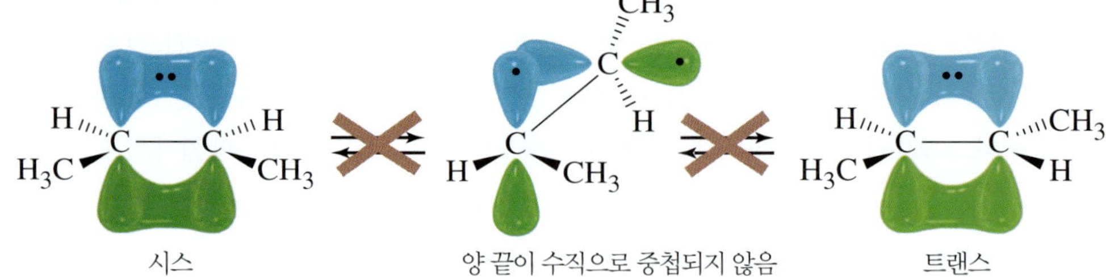


**그림 7-2** C—C 이중 결합으로 생성되는 서로 다른 이성질체. 뷰트-2-엔의 두 이성질체는 파이 결합을 끊어내지 않고는 탄소-탄소 이중 결합에 대한 회전을 통해 상호 변환될 수 없다.

## 7-3 불포화 요소

### 7-3A 탄화수소의 불포화 요소

촉매 존재하에 수소가 첨가될 수 있는 까닭에 알켄은 **불포화되었다**(unsaturated)고 한다. 생성물인 알케인은 수소와 더 이상 반응할 수 없으므로 **포화되었다**(saturated)고 한다. 알켄(혹은 알카인)에서와 같이 파이 결합이 존재하거나 고리 화합물에서와 같이 고리가 있으면, 분자식에서 수소의 숫자가 감소한다. 이러한 구조적 특징을 **불포화 요소**(element of unsaturation)라고 한다. 각 불포화 요소당 '포화된' 구조식에 비해 2개의 수소가 감소된다.

$CH_3—CH_2—CH_3$ 프로페인, $C_3H_8$ 포화됨

$CH_3—CH{=}CH_2$ 프로펜, $C_3H_6$ 1개의 불포화 요소

$CH_2$ / $CH_2—CH_2$ (고리) 사이클로프로페인, $C_3H_6$ 1개의 불포화 요소

$CH_3—C{\equiv}C—H$ 프로파인, $C_3H_4$ 2개의 불포화 요소

예를 들어 $C_4H_8$의 분자식을 생각해보자. 포화된 알케인이라면 $C_nH_{(2n+2)}$, 즉 $C_4H_{10}$의 분자식이 될 것이다. $C_4H_8$의 분자식은 2개의 수소 원자를 잃어버린 셈이 되고, 따라서 불포화 요소가 하나이고, 파이 결합이나 고리가 1개 있을 수 있다. $C_4H_8$의 분자식에는 5개의 구조 이성질체가 존재하게 된다.

$CH_2{=}CH—CH_2CH_3$ 뷰트-1-엔

$CH_3—CH{=}CH—CH_3$ 뷰트-2-엔

$CH_2{=}C(CH_3)—CH_3$ 아이소뷰틸렌

$CH_2—CH_2$ / $CH_2—CH_2$ (고리) 사이클로뷰테인

$CH_2$ / $CH_2—CH—CH_3$ (고리) 메틸사이클로프로페인

**문제풀이 힌트**

불포화 요소, 불포화도, 불포화 수, 수소결핍지수 등이 모두 이에 해당하는 용어이다.

특정한 분자식 구조를 알고 싶은 경우 불포화 요소의 개수를 알면 도움이 된다. 포화된 분자식 $C_nH_{(2n+2)}$에 대해 수소 원자의 최대 수를 계산하고, 몇 개가 모자라는지 확인한다. 단순하게 모자라는 수소 개수의 절반이 불포화 요소의 개수가 된다. 이러한 간단한 계산으로, 반드시 정확한 분자식을 확인하지 않아도 가능한 구조를 신속하게 알아낼 수 있다.

**문제풀이 힌트**

공식을 사용하는 것을 선호하면,

불포화 요소 $= \frac{1}{2}(2C + 2 - H)$

C = 탄소의 개수

H = 수소의 개수

**연습문제 7-1**

**(a)** 어떤 탄화수소가 9개의 탄소 원자, 3개의 이중 결합, 1개의 고리를 가진다면 이 탄화수소는 몇 개의 수소 원자를 가지고 있는가?

**(b)** 분자식이 $C_5H_{10}$일 때 불포화 요소의 개수를 계산하라.

**(c)** 분자식이 $C_5H_{10}$인 화합물에 맞는 구조 5개를 그려보라. 적어도 이들 화합물은 1개의 고리나 1개의 이중 결합을 가져야 한다.

**연습문제 7-2**

분자식 $C_3H_4$일 때 불포화 요소의 개수를 결정하라. 이러한 분자식을 만족하는 가능한 모든 3개의 구조를 제시하라. 다음 사항을 기억하라.

이중 결합 1개 = 불포화 요소 1개
고리 1개 = 불포화 요소 1개
삼중 결합 1개 = 불포화 요소 2개

## 7-3B 헤테로 원자를 지닌 경우의 불포화 요소

**헤테로 원자**(heteroatom, '다른'을 의미하는 *hetero*에서 유래)는 탄소와 수소가 아닌 원자를 말한다. 탄화수소의 불포화 요소를 계산하는 규칙은 헤테로 원자가 있는 경우에도 확장할 수 있다. 헤테로 원자가 있을 경우 분자식에서 수소 원자의 개수에 어떤 영향을 미치는지 알아보자.

**할로젠** 할로젠은 분자식에서 간단하게 수소 원자로 치환하면 된다. 분자식 $C_2H_6$는 포화 화합물이며, 따라서 분자식 $C_2H_4F_2$도 역시 포화되어 있다. $C_4H_8$은 불포화도가 1이며, $C_4H_5Br_3$도 불포화도는 1이다. 불포화 요소를 계산하는 경우 **할로젠은 단순하게 수소 원자처럼 계산한다.**

$CH_3—CHF_2$ — $C_2H_4F_2$ — 포화됨

$CH_3—CH{=}CH—CBr_3$ — $C_4H_5Br_3$ — 1개의 불포화 요소

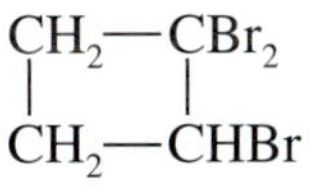

$CH_2—CBr_2$ / $CH_2—CHBr$ (고리) — $C_4H_5Br_3$ — 1개의 불포화 요소

**산소** 수소 원자나 탄소 원자의 개수를 변화시키지 않고도 사슬에 산소 원자를 첨가할 수 있다(혹은 C—H 결합에 산소를 더하여 C—OH기가 되거나). 불포화 요소를 계산 하는 경우에는 **산소 원자를 무시한다.**

$CH_3—CH_3$ — $C_2H_6$, 포화됨

$CH_3—O—CH_3$ — $C_2H_6O$, 포화됨

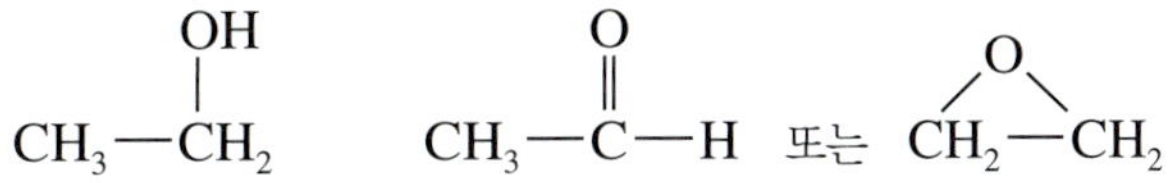

$CH_3—CH_2—OH$ — $C_2H_6O$, 포화됨

$CH_3—C(=O)—H$ 또는 $CH_2—CH_2$ (O 고리) — $C_2H_4O$, 1개의 불포화 요소

**질소** 질소 원자는 사슬에서 탄소 원자를 대신할 수 있다. 1개의 탄소 원자가 추가될 때마다 2개의 수소를 가질 수 있는 반면, 질소 원자는 3가이므로 1개의 수소만 들어올 수 있다. 불포화 요소를 계산할 때 **질소는 탄소 원자의 절반으로 계산한다.**

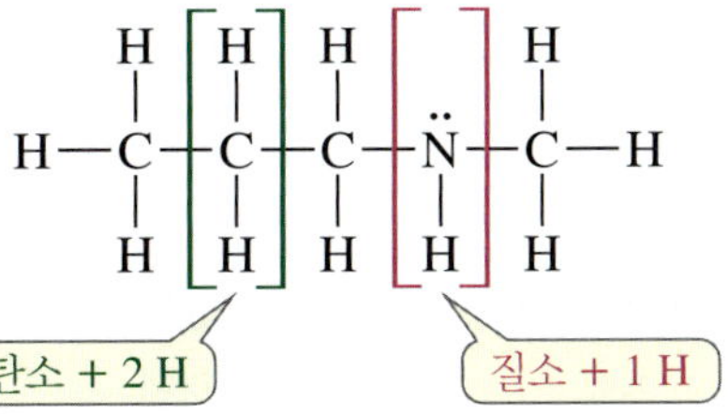

H—CH₂—[CH₂]—CH₂—[NH]—CH₂—H

탄소 + 2 H

질소 + 1 H

분자식 $C_4H_9N$은 $4\frac{1}{2}$ 탄소 원자를 가진 것으로 볼 수 있고, 포화 분자식 $C_{4.5}H_{9+2}$로 나타낼 수 있다. 분자식 $C_4H_9N$은 포화 분자식에서 2개의 수소 원자가 부족하므로, 1개의 불포화 요소를 가지고 있다.

**문제풀이 힌트**

공식을 사용하는 것을 선호하는 경우 다음 식을 이용하라.

불포화 원소의 수불포화 원소의 수

$$= \frac{1}{2}[2C + 2 + N - (H + Hal)]$$

C = 탄소 원자 개수
H = 수소 원자 개수
N = 질소 원자 개수
Hal = 할로젠 원자 개수

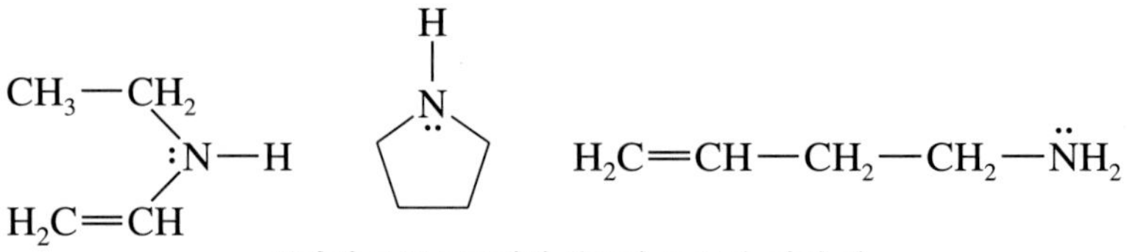

분자식 $C_4H_9N$(1개의 불포화 요소)을 가진 예

문제풀이 힌트

불포화 요소를 계산할 때 할로젠 수소 원자로 계산하라. 산소 원자를 무시하라. 질소는 탄소 원자 절반으로 계산하라.

**예제 7-1**

$C_4H_6NOCl$의 분자식을 가진 화합물의 구조를 4개 이상 그려보라.

**풀이**

질소를 $\frac{1}{2}$로, 산소는 무시하고, 염소는 수소와 같이 계산하면 분자식은 $C_{4.5}H_7$이 된다. 4.5에 대한 포화 분자식은 $C_{4.5}H_{11}$이 된다. 따라서 $C_4H_6NOCl$은 불포화 요소가 2이다. 이는 2개의 이중 결합이거나, 2개의 고리이거나, 1개의 삼중 결합이거나, 고리 1개와 이중 결합 1개를 말한다. 많은 화합물이 가능하지만, 4개만 그리면 다음과 같다.

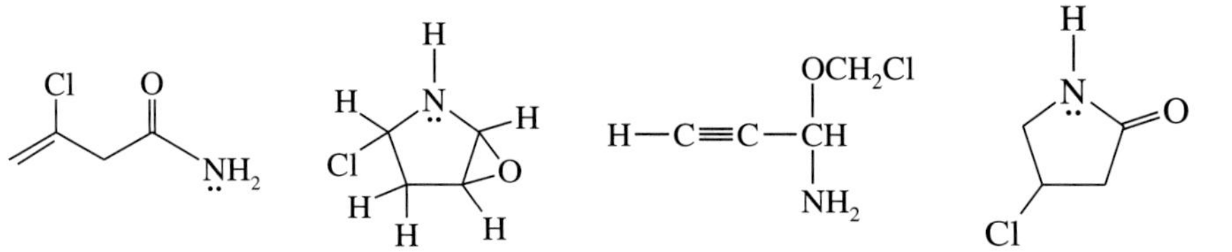

이중 결합 2개 고리 2개 삼중 결합 1개 고리 1개와 이중 결합 1개

**연습문제 7-3**

분자식 $C_4H_6NOCl$을 가진 화합물 5개를 그려보라.

**연습문제 7-4**

다음 각각의 분자식에 대해 불포화 요소의 개수를 구하고, 세 가지 예를 그려보라.

(a) $C_4H_4Cl_2$ (b) $C_4H_8O$ (c) $C_6H_8O_2$ (d) $C_5H_5NO_2$ (e) $C_6H_3NClBr$

## 7-4 알켄의 명명법

단순한 알켄은 알케인과 마찬가지로 이름을 붙이는데, 이중 결합을 포함하는 가장 긴 사슬을 어근의 이름으로 해서 명명한다. 어미를 -에인(*-ane*)에서 -엔(*-ene*)으로 바꾼다. 예를 들어 '에테인(ethane)'은 '에텐(ethene)'으로, '프로페인(propane)'은 '프로펜(propene)'으로, '사이클로헥세인(cyclohexane)'은 '사이클로헥센(cyclohexene)'으로 바꾸면 된다.

문제풀이 힌트

알켄의 명명법은 부록 5 유기 화합물 명명법에서 검토할 수 있다.

| | $CH_2{=}CH_2$ | $CH_2{=}CH{-}CH_3$ | |
|---|---|---|---|
| IUPAC명: | 에텐 | 프로펜 | 사이클로헥센 |
| 관용명: | 에틸렌 | 프로필렌 | |

사슬이 3개 이상의 탄소 원자를 포함할 경우에는 이중 결합의 위치를 나타내기 위해 번호를 사용한다. 사슬의 이중 결합에서 가장 가까운 말단에서부터 번호를 붙여간다. 이중 결합은 2개의 이중

결합 탄소 원자에 낮은 숫자를 부여되게 한다. 사이클로알켄은 이중 결합에 1의 번호를 붙인다.

$\overset{1}{C}H_2{=}\overset{2}{C}H{-}\overset{3}{C}H_2{-}\overset{4}{C}H_3$ $\overset{1}{C}H_2{=}\overset{2}{C}H{-}\overset{3}{C}H_2{-}\overset{4}{C}H_2{-}\overset{5}{C}H_3$

| | | | |
|---|---|---|---|
| 옛 IUPAC명: | 1-뷰텐 | 1-펜텐 | |
| 새 IUPAC명: | 뷰트-1-엔 | 펜트-1-엔 | |
| | | | 사이클로헥센 |

$\overset{1}{C}H_3{-}\overset{2}{C}H{=}\overset{3}{C}H{-}\overset{4}{C}H_3$ $\overset{1}{C}H_3{-}\overset{2}{C}H{=}\overset{3}{C}H{-}\overset{4}{C}H_2{-}\overset{5}{C}H_3$

| | | |
|---|---|---|
| 옛 IUPAC명: | 2-뷰텐 | 2-펜텐 |
| 새 IUPAC명: | 뷰트-2-엔 | 펜트-2-엔 |

**옛 IUPAC 명칭과 새 IUPAC 명칭**

1993년 IUPAC은 명칭에 사용되는 숫자의 위치에 논리적인 변화를 권고했다. 루트 이름(1-뷰텐) 앞에 숫자를 배치하는 대신, 해당 이름의 일부(뷰트-1-엔) 바로 앞에 숫자를 배치하는 것이 권고되었다. 새로운 배치는 여러 작용기를 포함하는 화합물의 이름을 명확히 하는 데 도움이 된다. 둘 다 널리 사용되므로, 숫자의 배치 중 하나를 사용하여 이름을 인식할 수 있도록 준비를 해야 한다. 이 절에서는 이전 숫자 배치를 사용하는 이름은 파란색으로 표시했고, 새 숫자 배치를 사용하는 이름은 녹색으로 표시했다. 이 책 전체에서 일반적으로 새로운 숫자 배치를 사용할 것이다.

한 화합물이 2개의 이중 결합을 가지고 있으면, **다이엔**(diene)이라고 한다. **트라이엔**(triene)의 경우에는 3개, **테트라엔**(tetraene)의 경우에는 4개의 이중 결합을 가진다. 숫자는 이중 결합의 위치를 나타낸다.

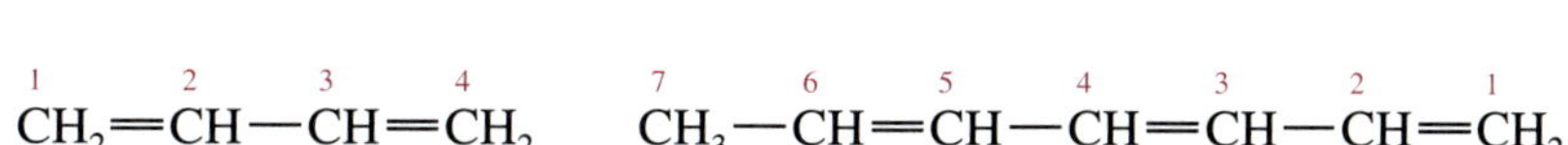

| | | | |
|---|---|---|---|
| 옛 IUPAC명: | 1,3-뷰타다이엔 | 1,3,5-헵타트라이엔 | 1,3,5,7-사이클로옥타테트라엔 |
| 새 IUPAC명: | 뷰트-1,3-다이엔 | 헵타-1,3,5-트라이엔 | 사이클로옥타-1,3,5,7-테트라엔 |

주사슬에 붙어 있는 각 알킬기는 위치를 나타내는 숫자를 붙여 나타낸다. 그러나 이중 결합이 숫자를 붙이는 데에서 우선권을 갖는 것을 유념하라.

| | | |
|---|---|---|
| 2-메틸-2-뷰텐 | 3-메틸-1-뷰텐 | 3,6-다이메틸-2-헵텐 |
| 2-메틸뷰트-2-엔 | 3-메틸뷰트-1-엔 | 3,6-다이메틸헵트-2-엔 |

| | | | |
|---|---|---|---|
| 1-메틸사이클로펜텐 | 2-에틸-1,3-사이클로헥사다이엔 | 7-브로모-1,3,5-사이클로헵타트라이엔 | 3-프로필-1-헵텐 |
| 1-메틸사이클로펜텐 | 2-에틸-사이클로헥사-1,3-다이엔 | 7-브로모사이클로헵타-1,3,5-트라이엔 | 3-프로필헵트-1-엔 |

**치환체로서의 알켄** 알켄을 치환체로 부를 때는 알케닐기(alkenyl group)라고 명명한다. 체계적으로 이름을 붙일 수도 있고(예: 에테닐, 프로페닐 등), 혹은 관용명으로 부를 수도 있다. 관용적으로 부르는 알케닐 치환체에는 바이닐기, 알릴기, 메틸렌기, 페닐기 등이 있다. 페닐기(Ph)는 방향족이므로 알켄과 다르며(16장 참조), 알켄의 전형적인 반응이 일어나지 않는다.

$\wr\!=CH_2$
메틸렌기
(메틸리덴기)

$\wr\!-CH=CH_2$
바이닐기
(에테닐기)

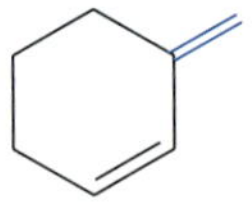

3-메틸렌사이클로헥센

$CH_2=CHCH(CH=CH_2)CH_2CH=CH_2$
3-바이닐-1,5-헥사다이엔
3-바이닐헥사-1,5-다이엔

$\wr\!-CH_2-CH=CH_2$
알릴기
2-프로페닐기

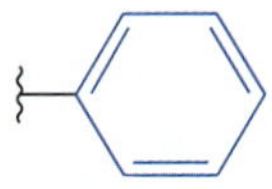

페닐기(Ph)

$CH_2=CH-CH_2-Cl$
염화 알릴
3-클로로프로펜

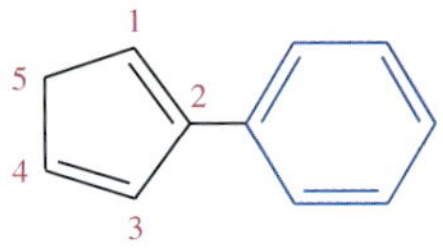

2-페닐-1,3-사이클로펜타다이엔
2-페닐사이클로펜타-1,3-다이엔

**관용명** 대부분의 알켄은 IUPAC 명명법을 사용해서 쉽게 명명할 수 있으나, 가장 간단한 화합물에 대해서는 때로 관용명이 사용된다.

| | $CH_2=CH_2$ | $CH_2=CH-CH_3$ |
|---|---|---|
| IUPAC명: | 에텐 | 프로펜 |
| 관용명: | 에틸렌 | 프로필렌 |

$CH_2=C(CH_3)-CH_3$
2-메틸프로펜
아이소뷰틸렌

$CH_2=C(CH_3)-CH=CH_2$
2-메틸뷰타-1,3-다이엔
아이소프렌

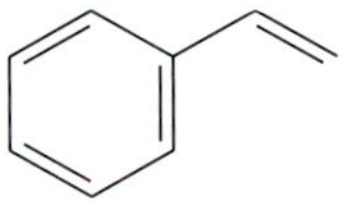

에테닐벤젠
스타이렌(바이닐벤젠)

### 응용: 항진균제

폴리엔 항진균제는 비극성 부분이 단일 결합과 이중 결합이 4~7번 교대로 있는 구조를 지닌 의약품이다. 진균의 세포막에 끼어들어 가서 교란하고 약하게 만들어서 진균을 죽인다.

가장 잘 알려진 항진균제는 암포테리신 B(Amphotericin B)로, 아래에 구조를 나타냈다.

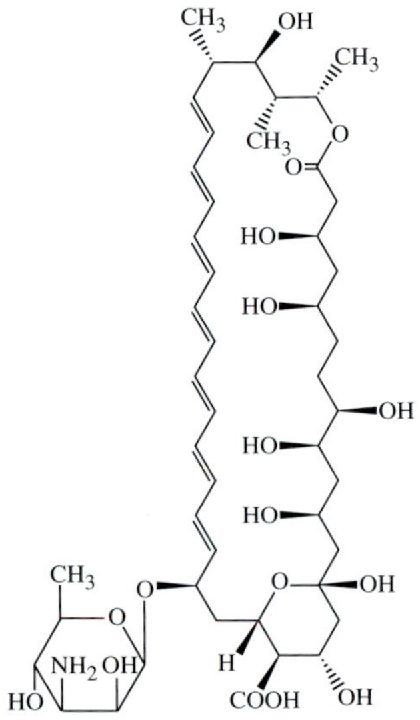

암포테리신 B

### 연습문제 7-5

다음 화합물의 체계적인 명명법(IUPAC)에 따른 이름을 답하라.

(a) $CH_2=CH-CH_2-CH(CH_3)_2$

(b) $CH_3(CH_2)_3-C(=CH_2)-CH_2CH_3$

(c) $CH_2=CH-CH_2-CH=CH_2$

(d) $CH_2=C=CH-CH=CH_2$

(e) (f) 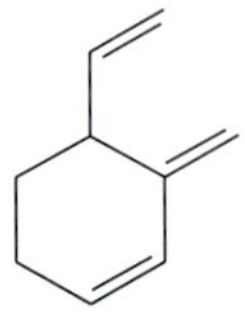 (g)

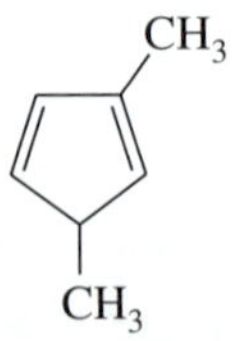

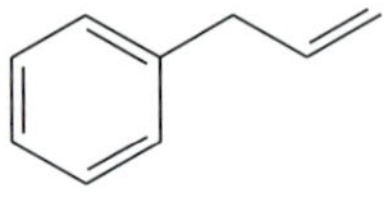

## 7-5 시스-트랜스 이성질체의 명명법

치환기에 따라 알켄의 이중 결합 탄소 원자는 입체적일 수 있으며, 시스-트랜스 입체 이성질체를 생성할 수 있다. 이 경우 완전한 명명은 가능한 입체 이성질체 중 어떤 것이 의도되는지를 명시해야 한다.

### 7-5A 시스-트랜스 명명법

2장과 5장에서 탄소-탄소 이중 결합이 견고하며 회전할 수 없기 때문에 **시스-트랜스 이성질 현상**(cis-trans isomerism), 또는 **기하 이성질 현상**(geometric isomerism)이 일어난다는 것을 배웠다. 시스-트랜스 입체 이성질체를 일으키는 이중 결합을 **입체성**(stereogenic)이라고 하며, 두 가지 가능한 배치가 있다. 이중 결합의 탄소에 결합된 비슷한 2개의 작용기가 결합의 같은 쪽에 있으면 **시스**(cis) 이성질체라고 한다. 만일 유사한 기가 결합의 반대쪽에 있으면 **트랜스**(trans) 이성질체라고 한다. 모든 알켄이 시스 -트랜스 이성질 현상을 보이는 것은 아니다. 이중 결합의 각 탄소에 동일한 2개의 작용기가 있으면 분자는 시스-트랜스 형태가 될 수 없다.

$H_3C$, $CH_2CH_3$ / C=C / H, H
시스-2-펜텐
시스-펜트-2-엔

$H_3C$, H / C=C / H, $CH_2CH_3$
트랜스-2-펜텐
트랜스-펜트-2-엔

$H_3C$, H / C=C / $H_3C$, $CH_2CH_3$
2-메틸-2-펜텐
2-메틸펜트-2-엔

H, $CH_2CH_2CH_3$ / C=C / H, H
1-펜텐
펜트-1-엔

(시스도 트랜스도 아님)

트랜스 사이클로알켄은 트랜스 이중 결합을 수용할 수 있을 만큼 고리가 충분하게 크지 않은 경우(적어도 8개의 탄소 원자) 불안정하다(7-8D절). 그러므로 모든 사이클로알켄은 특별히 트랜스라고 명명되지 않은 한 시스라고 가정한다. 시스라는 이름은 거대 사이클로알켄의 경우 트랜스 이성질체를 구별하기 위한 경우가 아니면 사이클로알켄에는 거의 사용되지 않는다.

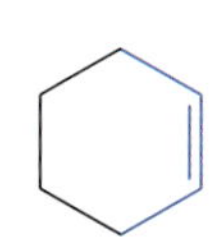
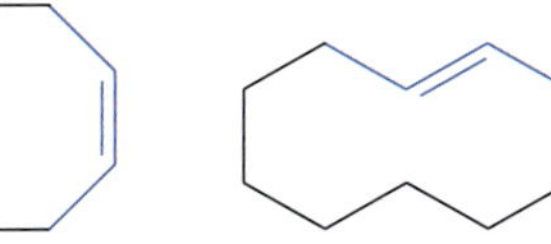
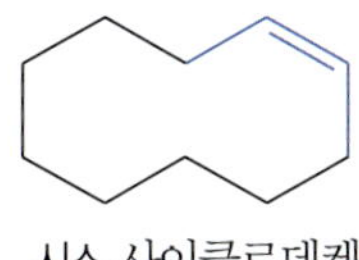

사이클로헥센　사이클로옥텐　트랜스-사이클로데켄　시스-사이클로데켄

**응용: 생화학**

밤에 볼 수 있게 돕는 눈의 시각 색소인 로돕신(rhodopsin)의 이중 결합은 빛이 눈에 닿으면 시스 이성질체에서 트랜스 이성질체로 전환된다. 그 결과 신경 자극이 뇌로 전달되고 빛을 볼 수 있다.

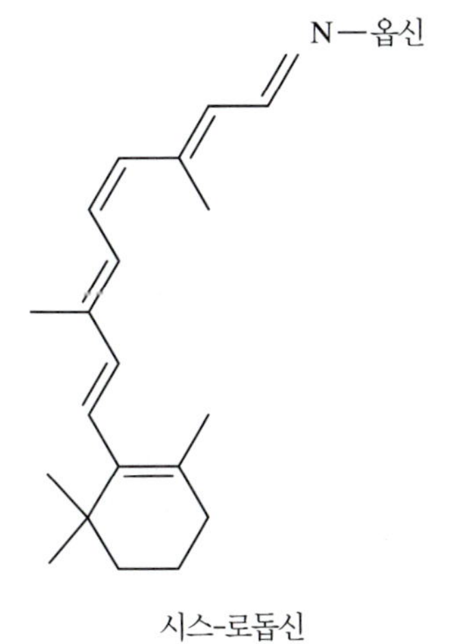

시스-로돕신

### 7-5B *E*-*Z* 명명법

기하 이성질체에 대한 시스-트랜스 명명법은 때로 불분명한 경우가 있다. 예를 들어 1-브로모-1-클로로프로펜(1-bromo-1-chloropropene)의 이성질체는 치환체를 시스 혹은 트랜스로 말하기에는 명확하지 않은 까닭에 시스인지 트랜스인지 확실하지 않다.

Br, $CH_3$ / C=C / Cl, H　　Cl, $CH_3$ / C=C / Br, H

1-브로모-1-클로로프로펜의 기하 이성질체

이런 문제를 해결하기 위해 시스-트랜스 이성질체에 대한 명명법에서 ***E*-*Z* 체계**(*E*-*Z* system)를 사용한다. 이 방법은 비대칭 탄소 원자에 대한 Cahn-Ingold-Prelog 규약을 따라 만들어진 것이다 (5-3절). 기하 이성질체가 있을 수 있는 어떠한 이중 결합에 대해 *E* 혹은 *Z*로 유일한 위치 배열을 정해준다.

*E*-*Z* 명명체계를 사용하여 알켄을 명명하려면 이중 결합의 두 말단을 떼어낸다고 생각한다. 비대칭 탄소 원자에 있는 기에서 어떤 것이 상대적으로 우선할지 결정하는 데 Cahn-Ingold-Prelog 규약을 사용하여 (*R*) 또는 (*S*)로 명명하는 방법을 상기해보라. 이중 결합의 각 말단을 따로따로 생각해서, 같은 규칙을 적용하여 말단의 두 치환기에 대해 첫 번째와 두 번째의 우선순위를 정한다. 이중 결합의 다른 쪽 말단에 대해서도 같은 과정을 진행한다. 2개의 첫 번째로 우선순위를 가진 원자가 이중 결합의 같은(together, *cis*) 쪽에 위치한다면, 이는 ***Z*** 이성질체이다. *Z*는 '함께'라는 의미를 지닌 독일어 *zusammen*에서 유래했다. 첫 번째 우선순위를 가진 두 원자가 이중 결합의 반대(opposite, *trans*) 쪽에 위치하면 ***E*** 이성질체가 되는데, 이 말은 '반대쪽'이라는 의미의 독일어 *entegen*에서 유래했다.

**문제풀이 힌트**

독일어 용어에 익숙하지 않은 사람들은 *Z* = 'zame zide'라는 것을 기억하라.

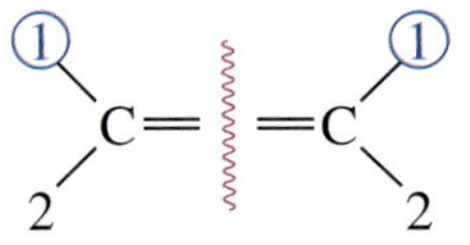

①, 2 C=| |=C ①, 2　　①, 2 C=| |=C 2, ①

*Z*usammen (1s가 같은 쪽에 있음)　　*E*ntegen (1s가 반대쪽에 있음)

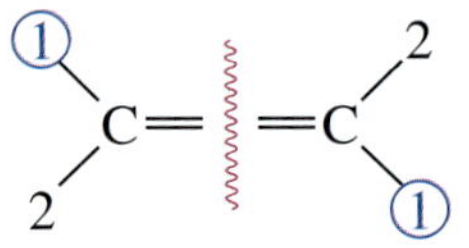

**문제풀이 힌트**

다중 이중 결합을 가진 화합물의 경우 시스-트랜스 입체 이성질체의 최대 가능한 수는 $2^n$으로 주어지며, 여기서 *n*은 입체성 이중 결합의 수이다. 분자에 중복된 이성질체를 초래하는 대칭성이 있는 경우 $2^n$개 미만의 입체 이성질체가 존재한다(연습문제 7-9 참조).

예를 들어

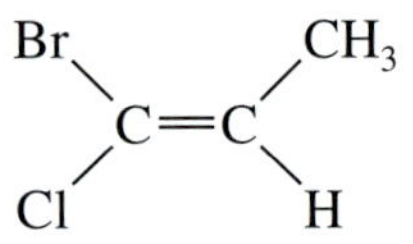

Br, Cl C=C $CH_3$, H 은 ① Br, ② Cl C=| |=C $CH_3$ ①, H ② (① 의 같은 쪽에) = *Z*가 된다.

(*Z*)-1-브로모-1-클로로프로펜

다른 이성질체의 이름도 유사한 방법으로 정한다.

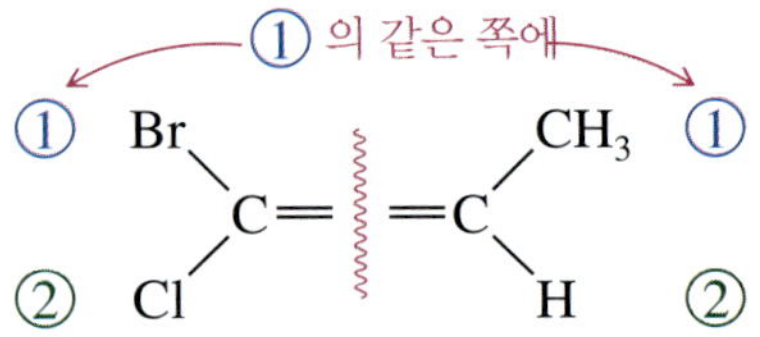

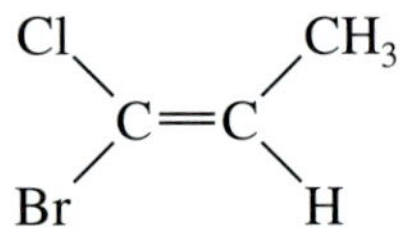

Cl, Br C=C $CH_3$, H 은 ② Cl, ① Br C=| |=C $CH_3$ ①, H ② (① 의 반대쪽에) = *E*가 된다.

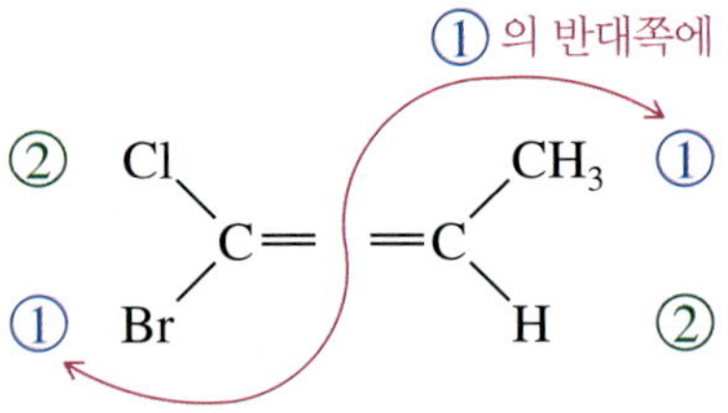

(*E*)-1-브로모-1-클로로프로펜

**Robert Sydney Cahn**(1899~1981) 입체 화학과 유기 분자의 명명법, 특히 Cahn-Ingold-Prelog 우선순위 규약에 기여한 것으로 유명한 영국의 화학자로, 1956년 Christopher Kelk Ingold 및 Vladimir Prelog와 협력하여 이러한 규칙을 제안했으며, 이는 오늘날에도 여전히 널리 사용되고 있다.

다음은 시스와 트랜스가 확실하게 정의되지 않는 고리 화합물의 입체 이성질체에 대해 *E*-*Z* 명명법을 사용하는 예이다.

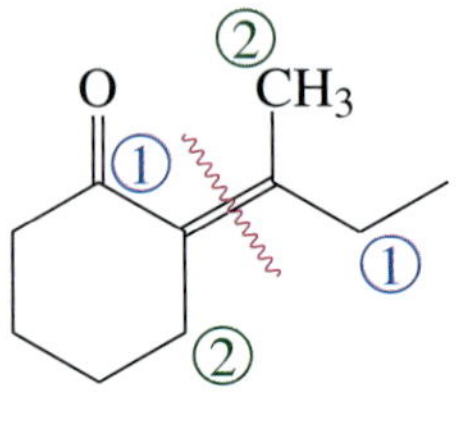

**Sir Christopher Kelk Ingold**(1893~1970) 영국의 화학자로, 반응 메커니즘과 유기 화합물의 전자 구조에 대한 그의 선구적인 연구는 친핵체, 친전자체, 유도 효과, 공명 효과 같은 핵심 개념을 주류 화학에 도입하는 계기가 되었다. 그는 물리 유기 화학 분야의 획기적인 연구로 1961년 패러데이 교수상(Faraday Lectureship Prize)을 수상했다.

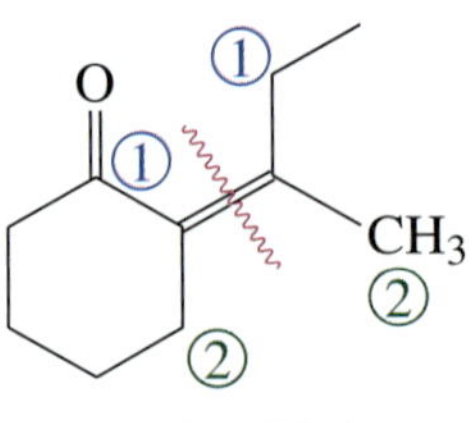

O ① ② $CH_3$ ① ②　　O ① ① $CH_3$ ② ②

(*E*) 이성질체　　(*Z*) 이성질체

알켄이 1개보다 많은 이중 결합을 가지고 있다면 각 이중 결합의 입체 화학을 정확히 밝힐 필요가 있다. 다음에 나타낸 화합물의 합당한 이름은 (3*Z*,5*E*)-3-브로모옥타-3,5-다이엔이 된다.



(3*Z*,5*E*)-3-브로모옥타-3,5-다이엔

(시스와 트랜스 대신) *E*–*Z* 명명법을 사용해야 하는지는 항상 선택 사항이지만, 시스나 트랜스가 명확하지 않은 이중 결합의 경우에는 필요 사항이다. 대부분의 삼중 치환체 혹은 사중 치환체를 가진 이중 결합의 경우에는 시스와 트랜스 방법보다는 *E*와 *Z*로 명명하는 것이 더 명확하다.

**SUMMARY | 알켄 명명법의 규칙**

알켄 명명법에 대한 IUPAC 체계 규칙을 정리하면 다음과 같다.

1. 가능하면 가장 많은 개수의 이중 결합을 포함하는 가장 긴 사슬이나 가장 큰 고리를 선택한다. 그리고 -엔(-*ene*)을 접미사로 붙여 명명한다. 이중 결합이 2개이면 -다이엔(-*diene*)을, 3개이면 -트라이엔(-*triene*), 4개이면 -테트라엔(-*tetraene*) 등의 접미사를 붙인다.
2. 사슬에서 이중 결합에 가장 가까운 말단으로부터 숫자를 붙여간다. 고리에서는 이중 결합의 탄소를 1과 2로 번호를 붙인다. 이중 결합의 위치를 나타내는 번호는 이름의 어근 앞이거나(옛 명명법), 접미사 -엔,-다이엔 등의 앞에 붙인다(새 명명법).
3. 알케인의 경우와 마찬가지로 치환체는 결합된 주사슬의 탄소 번호에 따라 위치를 표시하여 명명한다. 에테닐기와 프로페닐기는 각각 보통 바이닐기 혹은 알릴기로 부른다.
4. 기하 이성질체의 경우에는 적당한 접두사(시스-나 트랜스- 또는 *E*-나 *Z*-)를 붙인다. 사이클로알켄은 다른 언급이 없을 경우에는 이중 결합을 시스로 생각한다.

**연습문제 7-6**

1. 다음에서 어떤 화합물이 시스-트랜스 이성질 현상을 보이는가?
2. 이성질 현상이 가능한 화합물에 대해 시스나 트랜스(혹은 *Z*와 *E*) 이성질체를 그리고, 이름을 답하라.

(a) 헥스-3-엔
(b) 뷰타-1,3-다이엔
(c) 헥사-2,4-다이엔
(d) 3-메틸펜트-2-엔
(e) 2,3-다이메틸펜트-2-엔
(f) 3,4-다이브로모사이클로펜텐

**Vladimir Prelog**(1906~1998)
크로아티아계 스위스 화학자로, 유기 화학 분야의 선구자였다. 그는 1941년 아다만탄이라는 분자를 최초로 합성한 것으로 유명하다. 유기 분자와 반응의 입체 화학에 대한 획기적인 연구로 1975년에 노벨 화학상을 수상했다.

**연습문제 7-7**

다음 이름은 모두 틀린 것이다. 틀린 이름에 따른 구조(이름이 모호할 경우에는 일치하는 구조)를 그리고, 그 구조에 대해 올바른 이름을 답하라.

(a) 시스-다이메틸펜트-2-엔
(b) 3-바이닐헥스-4-엔
(c) 2-메틸사이클로펜텐
(d) 6-클로로사이클로헥사다이엔
(e) 2,5-다이메틸사이클로헥센
(f) 시스-2,5-다이브로모-3-에틸펜트-2-엔

**문제풀이 힌트**

어떤 화합물이 시스 및 트랜스 이성질체인지 알아보려면 구조를 그리고, 그다음 이중 결합의 한쪽 끝의 치환기를 뒤집어서 그린다. 둘의 차이를 알아볼 수 있는지 살펴보라.

**연습문제 7-8**

다음 예에서 기하 이성질 현상이 가능한 경우가 있고, 아닌 경우가 있다. 기하 이성질 현상이 가능한 경우에 대해 모든 기하 이성질체를 그리고, *E*-*Z* 명명법 체계를 이용한 완전한 이름을 제시하라.

**(a)** 3-브로모-2-클로로펜트-2-엔 **(b)** 3-에틸헥사-2,4-다이엔

**(c)** 3-브로모-2-메틸헥스-3-엔 **(d)** 펜타-1,3-다이엔

**(e)** 3-에틸-5-메틸옥트-3-엔 **(f)** 3,7-다이클로로옥타-2,5-다이엔

**(g)**
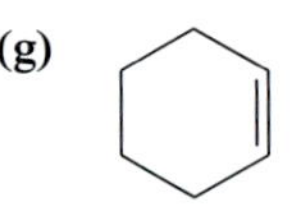
사이클로헥센

**(h)**
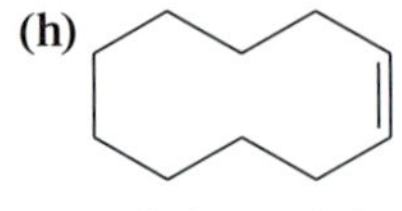
사이클로데켄

**(i)**
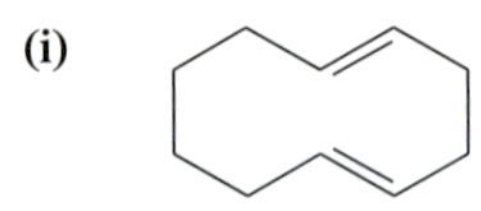
사이클로데카-1,5-다이엔

**연습문제 7-9***

**(a)** 옥타-1,3,5-트라이엔에는 입체성을 가진 이중 결합이 몇 개 있는가? 입체 중심은 몇 개가 있는가? 옥타-1,3,5-트라이엔의 네 가지 입체 이성질체를 그리고, 이름을 답하라.

**(b)** 옥타-2,4,6-트라이엔의 입체 이성질체 6개를 그려보라. 3개의 입체 이중 결합을 가진 화합물에 대해 예상할 수 있는 입체 이성질체 수가 8개가 아닌 6개인 이유를 설명하라.

**응용: 약물 부작용**

다이에틸스틸베스트롤(diethylstilbestrol, DES)로 알려진 트랜스스틸벤 유도체는 유산을 예방하기 위해 임신한 여성에게 판매된 적이 있다. 연구 결과 DES를 복용한 여성의 자녀에게 자궁경부암의 발병 위험이 증대되는 것으로 나타났기 때문에 DES 사용은 중단되었다.

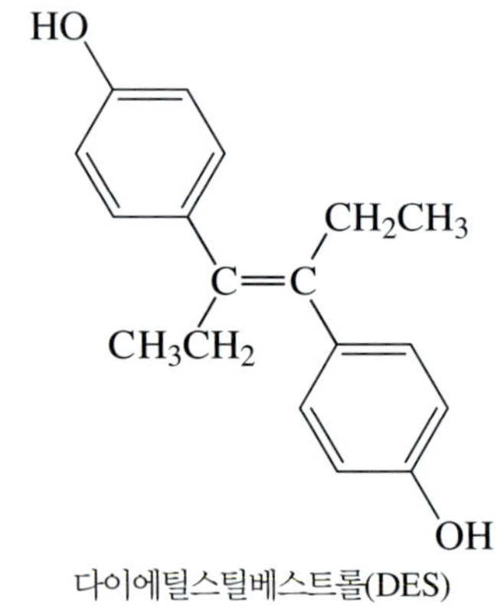

다이에틸스틸베스트롤(DES)

## 7-6 알켄의 산업적 중요성

탄소-탄소 이중 결합은 다른 작용기로 쉽게 변환할 수 있기 때문에 알켄은 중합체, 의약, 농약 및 다른 가치 있는 화학 물질 합성에 중요한 중간체가 된다.

에틸렌은 세계적으로 연간 1600억 파운드 정도 대량으로 생산되는 유기 화합물이다. 대부분의 에틸렌은 중합 반응을 통해 연간 3000억 파운드의 폴리에틸렌을 생산하는 데 사용된다. 나머지는 여러 유기 화학 물질, 예를 들어 에탄올, 아세트산, 에틸렌 글라이콜, 염화 바이닐을 합성하는 데 쓰인다(그림 7-3). 에틸렌은 또한 과일을 빠르게 익게 하는 식물의 호르몬으로도 작용한다. 예를

$[-CH_2-CH_2-]_n$ 폴리에틸렌 (중합)

$CH_3-CHO$ 아세트알데하이드 (산화) → 산화 → $CH_3-COOH$ 아세트산

$H_2C=CH_2$ 에틸렌

$O_2$, Ag 촉매 → $H_2C-CH_2$ (O) 산화 에틸렌

$Cl_2$ → $CH_2Cl-CH_2Cl$ 이염화 에틸렌 → NaOH → $HClC=CH_2$ 염화 바이닐

산화 에틸렌 → $H^+$, $H_2O$ → $HOCH_2-CH_2OH$ 에틸렌 글라이콜

$H_2O$, 촉매 → $CH_3-CH_2OH$ 에탄올

**그림 7-3** 에틸렌의 용도. 에틸렌은 가장 다량으로 생산되는 산업용 유기 화학 물질이다. 연간 생산되는 에틸렌의 대부분은 중합 반응을 거쳐 폴리에틸렌을 생성하는 데 사용된인다. 나머지 대부분은 유용한 이탄소(two-carbon) 화합물을 생성하는 데 사용된다.

들어 토마토는 수확한 후 초록색인 상태로 선적되는데, 에틸렌으로 처리해 숙성시켜 판매하기 바로 전에 적색의 토마토로 만든다.

프로필렌은 전 세계적으로 연간 약 1,600억 파운드의 비율로 생산되며, 그중 대부분은 약 1,000억 파운드의 폴리프로필렌을 만드는 데 사용된다. 나머지는 프로필렌 글라이콜, 아세톤, 아이소프로필 알코올 및 기타 다양한 유용한 유기 화학 물질을 만드는 데 사용된다(그림 7-4).

많은 보편적인 중합체는 알켄을 중합해서 만든다. 이들 중합체는 신발에서 자동차의 범퍼까지 많은 소비재를 만드는 데 사용한다. **중합체**(polymer, 그리스어로 *poly*는 '많다', *meros*는 '부분'이라는 의미)는 많은 **단위체**(monomer, 그리스어로 *mono*는 '하나'라는 의미)로부터 만들어진다. 알켄 단위체의 **중합 반응**(polymerize)은 부가되는 알켄 분자가 자라나는 중합체 사슬의 말단에 덧붙여지는 연쇄 반응으로 인해 일어난다. 이러한 중합체는 많은 각각의 알켄 단위체가 첨가되어 일어나므로, **첨가 중합체**(additional polymer)라고 한다. **폴리올레핀**(polyolefin)은 에틸렌이나 프로필렌 같은 단일 작용기(하나의 작용기가 존재)를 가진 알켄으로부터 만든다. 그림 7-5에는 간단한 알켄이나 할로알켄으로부터 생성된 몇 가지 첨가 중합체를 나타냈다. 이러한 중합 반응을 8장과 26장에서 논의할 것이다.

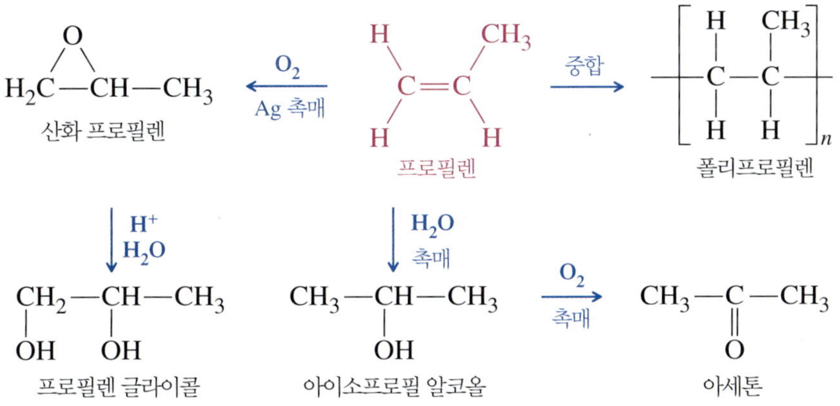

$$H_2C-CH-CH_3 \text{ (O bridge)} \xleftarrow[\text{Ag 촉매}]{O_2} \text{프로필렌 } (H_2C=CH-CH_3) \xrightarrow{\text{중합}} \left[-CH_2-CH(CH_3)-\right]_n$$

산화 프로필렌 / 프로필렌 / 폴리프로필렌

산화 프로필렌 $\xrightarrow[H_2O]{H^+}$ $CH_2(OH)-CH(OH)-CH_3$ (프로필렌 글라이콜)

프로필렌 $\xrightarrow[\text{촉매}]{H_2O}$ $CH_3-CH(OH)-CH_3$ (아이소프로필 알코올) $\xrightarrow[\text{촉매}]{O_2}$ $CH_3-C(=O)-CH_3$ (아세톤)

그림 7-4 프로필렌의 용도. 대부분의 프로필렌을 중합하여 폴리프로필렌을 생성한다. 또한 프로필렌은 몇 가지 중요한 삼탄소(three-carbon) 화합물을 생성하는 데 사용된다.

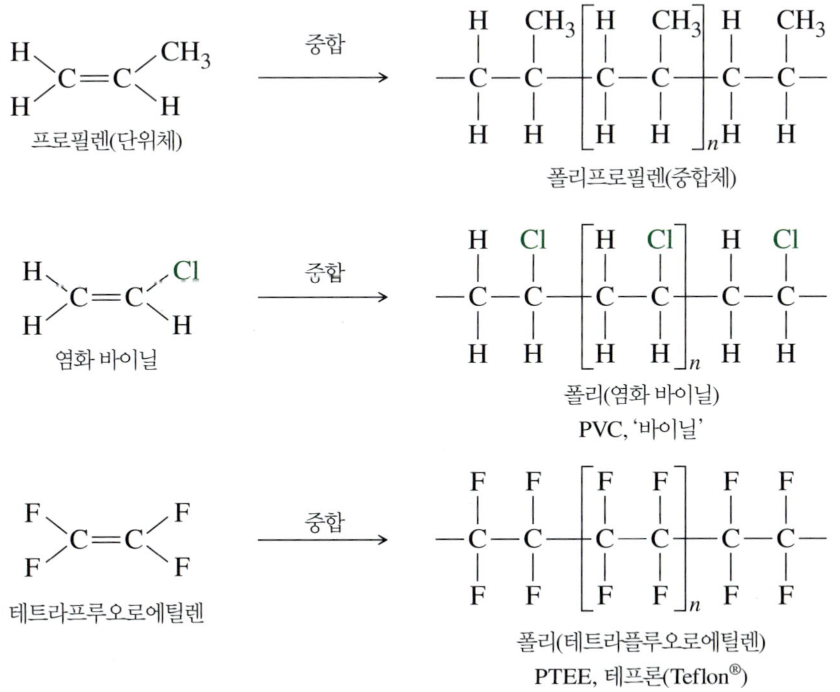

$$H_2C=CH-CH_3 \xrightarrow{\text{중합}} -CH_2-CH(CH_3)-\left[CH_2-CH(CH_3)\right]_n-CH_2-CH(CH_3)-$$

프로필렌(단위체) → 폴리프로필렌(중합체)

$$H_2C=CH-Cl \xrightarrow{\text{중합}} -CH_2-CHCl-\left[CH_2-CHCl\right]_n-CH_2-CHCl-$$

염화 바이닐 → 폴리(염화 바이닐) PVC, '바이닐'

$$F_2C=CF_2 \xrightarrow{\text{중합}} -CF_2-CF_2-\left[CF_2-CF_2\right]_n-CF_2-CF_2-$$

테트라프루오로에틸렌 → 폴리(테트라플루오로에틸렌) PTEE, 테프론(Teflon®)

그림 7-5 첨가 중합체. 알켄을 중합하여 첨가 중합체를 생성한다. 많은 보편적인 중합체는 이러한 방법으로 생성된다.

**연습문제 7-10**

테프론 코팅 프라이팬은 폴리에틸렌이나 폴리프로필렌이 산화 및 분해될 수 있는 온도를 일상적으로 견뎌낸다. 폴리에틸렌의 분해는 $O_2$에 의한 수소 원자의 자유 라디칼 제거로 시작된다. C—H 결합의 결합-해리 에너지는 약 400 kJ/mol이고, C—F 결합은 약 460 kJ/mol이다. H—OO 결합의 BDE는 약 192 kJ/mol이고, F—OO 결합은 약 63 kJ/mol이다. 테프론(그림 7-5)이 폴리에틸렌보다 산화에 훨씬 더 강한 이유를 제시하라.

## 7-7 알켄의 물리적 특성

### 7-7A 끓는점과 밀도

알켄의 대부분의 물리적 특성은 해당 알케인의 물리적 특성과 유사하다. 예를 들어 뷰트-1-엔, 시스-뷰트-2-엔, 트랜스-뷰트-2-엔, *n*-뷰테인의 끓는점은 모두 0°C에 가깝다. 또한 알케인과 마찬가지로 알켄의 밀도는 약 0.6 g/cm$^3$ 또는 0.7 g/cm$^3$이다. 일부 대표적인 알켄의 끓는점 및 밀도가 표 7-1에 나열되어 있다. 표는 알켄의 끓는점이 분자량에 따라 서서히 증가한다는 것을 보여준다. 알케인과 마찬가지로 가지화가 증가하면 휘발성이 커지고 끓는점이 낮아진다. 예를 들어 2-메틸프로펜(아이소뷰틸렌)의 끓는점은 −7°C로, 이는 가지가 없는 뷰텐의 끓는점보다 낮다.

### 7-7B 극성

알케인과 마찬가지로 알켄도 상대적으로 무극성이다. 이들은 물에는 불용성이지만 헥세인, 가솔린, 할로젠화 용매, 에터 같은 비극성 용매에는 용해된다. 그러나 알켄은 알케인보다 약간 더 극성인 경향이 있는데, 두 가지 이유 때문이다. 파이 결합에서 더 약하게 유지된 전자는 더 분극성이 있고(순간적인 쌍극자 모멘트에 기여), 바이닐(이중) 결합은 약간 극성인 경향이 있다(영구적인 쌍극자 모멘트에 기여).

알킬기는 이중 결합을 향해 약간의 전자를 공여하여 이중 결합을 안정화하는 데 도움을 준다. 이 기여는 알킬기에 작은 부분 양전하와 이중 결합 탄소 원자에 작은 음전하를 가하여 바이닐 결합을 약간 극성화한다. 예를 들어 프로펜의 쌍극자 모멘트는 0.35 D로 작다.

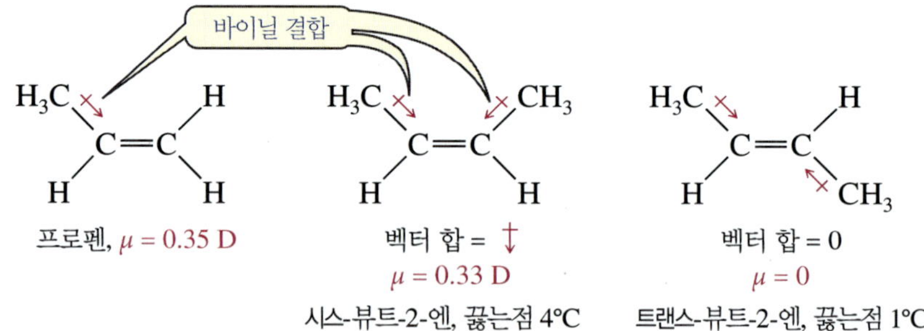


시스 치환된 알켄에서 두 쌍극자 모멘트의 벡터 합은 이중 결합에 수직으로 향한다. 트랜스 치환된 알켄에서 두 쌍극자 모멘트는 상쇄되는 경향이 있다. 알켄이 대칭적으로 트랜스 치환된 경우 쌍극자 모멘트는 0이다. 예를 들어 시스-뷰트-2-엔에는 0이 아닌 쌍극자 모멘트가 있지만 트랜스-뷰트-2-엔에는 측정 가능한 쌍극자 모멘트가 없다.

영구 쌍극자 모멘트가 있는 화합물은 쌍극자-쌍극자 인력에 관여하는 반면, 영구 쌍극자 모멘트가 없는 화합물은 van der Waals 인력에만 관여한다. 시스-뷰트-2-엔과 트랜스-뷰트-2-엔은 비슷

**표 7-1** 대표적인 알켄의 물리적 특성

| 분자명 | 구조 | 탄소 | 끓는점(°C) | 밀도(g/cm³) |
|---|---|---|---|---|
| 에텐(에틸렌) | $CH_2{=}CH_2$ | 2 | −104 | |
| 프로펜(프로필렌) | $CH_3CH{=}CH_2$ | 3 | −47 | 0.52 |
| 2-메틸프로펜(아이소뷰틸렌) | $(CH_3)_2C{=}CH_2$ | 4 | −7 | 0.59 |
| 뷰트-1-엔 | $CH_3CH_2CH{=}CH_2$ | 4 | −6 | 0.59 |
| 트랜스-뷰트-2-엔 | $H_3C$ H<br>C=C<br>H $CH_3$ | 4 | 1 | 0.60 |
| 시스-뷰트-2-엔 | $H_3C$ $CH_3$<br>C=C<br>H H | 4 | 4 | 0.62 |
| 3-메틸뷰트-1-엔 | $(CH_3)_2CH{-}CH{=}CH_2$ | 5 | 25 | 0.65 |
| 펜트-1-엔 | $CH_3CH_2CH_2{-}CH{=}CH_2$ | 5 | 30 | 0.64 |
| 트랜스-펜트-2-엔 | $H_3C$ H<br>C=C<br>H $CH_2CH_3$ | 5 | 36 | 0.65 |
| 시스-펜트-2-엔 | $H_3C$ $CH_2CH_3$<br>C=C<br>H H | 5 | 37 | 0.66 |
| 2-메틸뷰트-2-엔 | $(CH_3)_2C{=}CH{-}CH_3$ | 5 | 39 | 0.66 |
| 헥스-1-엔 | $CH_3(CH_2)_3{-}CH{=}CH_2$ | 6 | 64 | 0.68 |
| 2,3-다이메틸뷰트-2-엔 | $(CH_3)_2C{=}C(CH_3)_2$ | 6 | 73 | 0.71 |
| 헵트-1-엔 | $CH_3(CH_2)_4{-}CH{=}CH_2$ | 7 | 93 | 0.70 |
| 옥트-1-엔 | $CH_3(CH_2)_5{-}CH{=}CH_2$ | 8 | 122 | 0.72 |
| 논-1-엔 | $CH_3(CH_2)_6{-}CH{=}CH_2$ | 9 | 146 | 0.73 |
| 데크-1-엔 | $CH_3(CH_2)_7{-}CH{=}CH_2$ | 10 | 171 | 0.74 |

한 van der Waals 인력을 갖지만, *cis* 이성질체만이 쌍극자–쌍극자 인력을 가진다. 분자 간 인력이 증가하므로 시스-뷰트-2-엔은 끓기 시작하기 전에 약간 더 높은 온도(4°C 대 1°C)로 가열해야 한다.

> **문제풀이 힌트**
>
> 끓는점은 분자 간 힘의 세기를 나타내는 대략적인 지표이다.

결합 극성의 효과는 강한 극성의 탄소-염소 결합을 가진 1,2-다이클로로에텐에서 훨씬 더 뚜렷하다. 시스 이성질체는 큰 쌍극자 모멘트(2.4 D)를 가지며, 쌍극자 모멘트가 0이고, 트랜스 이성질체보다 끓는점이 12°C 높다.

| 시스 | 트랜스 |
|---|---|
| Cl Cl<br>C=C<br>H H | Cl H<br>C=C<br>H Cl |
| 벡터 합 = ↑ | 벡터 합 = 0 |
| $\mu = 2.4$ D | $\mu = 0$ |
| 끓는점 = 60°C | 끓는점 = 48°C |

**연습문제 7-11**

각 화합물 쌍에 대해 끓는점이 더 높은 화합물을 예측하라. 쌍극자 모멘트가 0인 화합물은 무엇인가?

**(a)** 시스-1,2-다이클로로에텐 또는 시스-1,2-다이브로모에텐

**(b)** 시스 또는 트랜스-2,3-다이클로로뷰트-2-엔

**(c)** 사이클로헥센 또는 1,2-다이클로로사이클로헥센

## 7-8 알켄의 안정도

알켄이 생성되는 과정에서 흔히 주생성물은 가장 안정한 알켄이 된다. 많은 반응에서 이중 결합이 가장 안정한 이성질체로 자리 옮김이 된다. 따라서 구조에 따라 알켄의 안정도가 어떻게 달라지는지 알 필요가 있다.

안정도는 상이한 화합물을 공통인 생성물로 변환하고, 이 과정에서 방출되는 반응열을 측정한 후 이를 비교하면 알 수 있다. 한 가지 가능한 방법은 알켄을 $CO_2$와 $H_2O$로 변환하는 연소열을 측정하는 것이다. 연소열은 큰 값(몰당 몇천 kJ)이 되는데, 이러한 큰 값에서 작은 차이를 측정하는 것은 어려운 일이다. 대신에 알켄의 에너지는 흔히 촉매 수소화 반응 과정에서 방출되는 열($\Delta H°$)인 **수소화 반응열**(heat of hydrogenation)을 측정해서 비교한다. 수소화 반응열은 연소열과 같이 쉽게 측정할 수 있다. 하지만 수소화 반응열은 연소열보다는 작은 숫자이므로 더 정확하게 에너지 차이를 측정할 수 있다.

### 7-8A 수소화 반응열

알켄은 백금 촉매 존재하에서 수소와 반응하면 수소가 이중 결합에 첨가되며, 알켄은 알케인으로 환원된다. 수소화 반응은 온화한 정도의 발열 반응인데, 소모하는 수소 1몰당 약 110~136 kJ (26~33 kcal) 정도의 열을 방출한다. 뷰트-1-엔과 트랜스-뷰트-2-엔의 수소화 반응을 생각해보자.

$$H_2C{=}CH{-}CH_2{-}CH_3 + H_2 \xrightarrow{Pt} CH_2(H){-}CH(H){-}CH_2{-}CH_3 \qquad \Delta H° = -125.9\ \text{kJ/mol}\ (-30.1\ \text{kcal/mol})$$

뷰트-1-엔 (단일 치환) → 뷰테인

$$(H_3C)HC{=}CH(CH_3) + H_2 \xrightarrow{Pt} CH_3{-}CH(H){-}CH(H){-}CH_3 \qquad \Delta H° = -114.6\ \text{kJ/mol}\ (-27.4\ \text{kcal/mol})$$

트랜스-뷰트-2-엔 (이중 치환) → 뷰테인

그림 7-6의 반응-에너지 도표에서 수소화 반응열을 볼 수 있다. 뷰트-1-엔과 트랜스-뷰트-2-엔의 안정도 차이는 수소화 반응의 차이와 같다. 트랜스-뷰트-2-엔이 아래에 나타낸 것만큼 더 안정하다.

$$125.9\ \text{kJ/mol} - 114.6\ \text{kJ/mol} = 11.3\ \text{kJ/mol}\ (2.7\ \text{kcal/mol})$$

### 7-8B 치환 효과

안정도 차이가 11.3 kJ/mol(2.7 kcal/mol)인 것은 단일 치환 알켄(뷰트-1-엔)과 트랜스 이중 치환 알켄(트랜스-뷰트-2-엔) 간의 전형적인 값이다. 다음 반응식에서 3-메틸뷰트-1-엔

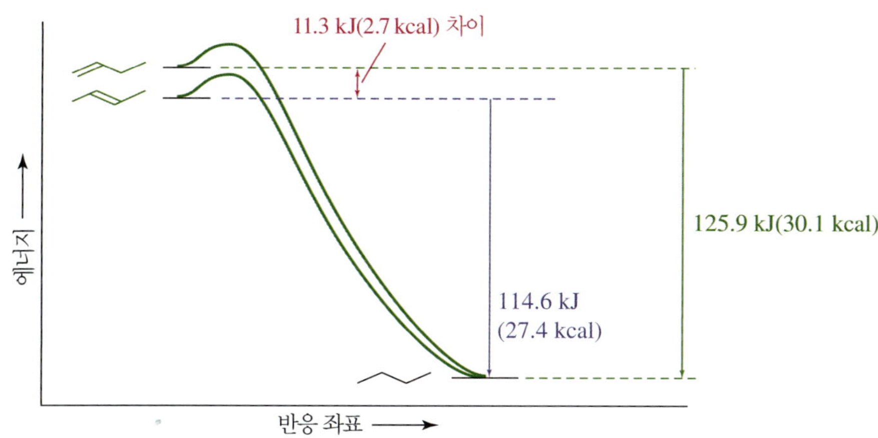


**그림 7-6** 상대적 수소화 반응열. 트랜스-뷰트-2-엔이 뷰트-1-엔보다 11.3 kJ/mol(2.7 kcal/mol)만큼 더 안정하다.

(3-methylbut-1-ene)의 단일 치환 이중 결합과 2-메틸뷰트-2-엔(2-methylbut-2-ene)의 삼중 치환 이중 결합을 비교한다. 삼중 치환 알켄이 14.7 kJ/mol(3.5 kcal/mol)만큼 더 안정하다.

$$CH_2{=}CH{-}CH(CH_3){-}CH_3 \xrightarrow{H_2,\ Pt} CH_3{-}CH_2{-}CH(CH_3){-}CH_3 \qquad \Delta H^\circ = -126.3\ kJ\ (-30.2\ kcal)$$

3-메틸뷰트-1-엔 (단일 치환) → 2-메틸뷰테인

$$CH_3{-}CH{=}C(CH_3){-}CH_3 \xrightarrow{H_2,\ Pt} CH_3{-}CH_2{-}CH(CH_3){-}CH_3 \qquad \Delta H^\circ = -111.6\ kJ\ (-26.7\ kcal)$$

2-메틸뷰트-2-엔 (삼중 치환) → 2-메틸뷰테인

정확히 하려면 3-메틸뷰트-1-엔과 2-메틸뷰트-2-엔에서 본 바와 같이 같은 알케인이 생성되는 화합물에 대해서만 비교해야 한다. 유사한 치환 패턴을 가진 대부분의 알켄은 비슷한 수소화 반응열을 보인다. 예를 들어 아래의 3,3-다이메틸뷰트-1-엔(3,3-dimethylbut-1-ene)은 수소화가 일어나면 위의 3-메틸뷰트-1-엔 혹은 뷰트-1-엔이 수소화가 일어나 생성된 알케인과는 다른 생성물이 생성된다. 그러나 이러한 3개의 단일 치환된 알켄은 비슷한 수소화 반응열이 발생한다. 생성되는 알케인이 유사한 에너지를 갖기 때문이다. 실제로는 수소화 반응열을 통해 파이 결합의 에너지 용량을 측정할 수 있다.

$$CH_2{=}CH{-}C(CH_3)_2{-}CH_3 \xrightarrow{H_2,\ Pt} CH_3{-}CH_2{-}C(CH_3)_2{-}CH_3 \qquad \Delta H^\circ = -125.8\ kJ\ (-30.1\ kcal)$$

3,3-다이메틸뷰트-1-엔 (단일 치환) → 2,2-다이메틸뷰테인

실제로 수소화 반응을 통해 유사한 에너지의 알케인이 생성되는 한, 수소화 반응열을 이용해서 여러 알켄에 대한 안정도를 비교할 수 있다. 대부분의 알케인과 무리가 안 걸린 사이클로알케인은 유사한 에너지를 가지고 있고, 이러한 추정을 사용할 수 있다. 표 7-2는 상이하게 치환된 여러 알켄의 수소화 반응열을 보여준다. 화합물을 수소화 반응열이 감소하는 순서로 나열했다. 즉 가장 안정하지 않은 화합물에서 가장 안정한 화합물의 순서이다. 치환이 유사한 화합물은 값들이 비슷한 것에 주목하라.

**표 7-2** 알켄의 몰 수소화 반응열

| | | 몰 수소화 반응열($\Delta H°$) | | |
|---|---|---|---|---|
| **이름** | **구조** | **kJ** | **kcal** | **일반 구조식** |
| 에텐(에틸렌) | $H_2C{=}CH_2$ | 136.0 | 32.5 | 치환기 없음 |
| 프로펜(프로필렌) | $CH_3{-}CH{=}CH_2$ | 123.4 | 29.5 | 단일 치환<br>$R{-}CH{=}CH_2$ |
| 뷰트-1-엔 | $CH_3{-}CH_2{-}CH{=}CH_2$ | 125.9 | 30.1 | |
| 펜트-1-엔 | $CH_3{-}CH_2{-}CH_2{-}CH{=}CH_2$ | 126.0 | 30.1 | |
| 헥스-1-엔 | $CH_3{-}(CH_2)_3{-}CH{=}CH_2$ | 125.0 | 29.9 | |
| 3-메틸뷰트-1-엔 | $(CH_3)_2CH{-}CH{=}CH_2$ | 126.3 | 30.2 | |
| 3,3-다이메틸뷰트-1-엔 | $(CH_3)_3C{-}CH{=}CH_2$ | 125.8 | 30.1 | |
| 시스-뷰트-2-엔 | $(CH_3)(H)C{=}C(H)(CH_3)$ (cis) | 118.5 | 28.3 | 이중 치환(시스)<br>$(R)(H)C{=}C(H)(R)$ (cis) |
| 시스-펜트-2-엔 | $(CH_3{-}CH_2)(H)C{=}C(H)(CH_3)$ (cis) | 117.7 | 28.1 | |
| 2-메틸프로펜<br>(아이소뷰틸렌) | $(CH_3)_2C{=}CH_2$ | 117.8 | 28.2 | 이중 치환(같은 자리)<br>$R_2C{=}CH_2$ |
| 2-메틸뷰트-1-엔 | $CH_3{-}CH_2{-}C(CH_3){=}CH_2$ | 118.2 | 28.3 | |
| 2,3-다이메틸뷰트-1-엔 | $(CH_3)_2CH{-}C(CH_3){=}CH_2$ | 116.3 | 27.8 | |
| 트랜스-뷰트-2-엔 | $(CH_3)(H)C{=}C(H)(CH_3)$ (trans) | 114.6 | 27.4 | 이중 치환(트랜스)<br>$(R)(H)C{=}C(H)(R)$ (trans) |
| 트랜스-펜트-2-엔 | $(CH_3{-}CH_2)(H)C{=}C(H)(CH_3)$ (trans) | 113.8 | 27.2 | |
| 2-메틸뷰트-2-엔 | $CH_3{-}C(CH_3){=}CH{-}CH_3$ | 111.6 | 26.7 | 삼중 치환<br>$R_2C{=}CHR$ |
| 2,3-다이메틸뷰트-2-엔 | $(CH_3)_2C{=}C(CH_3)_2$ | 110.4 | 26.4 | 사중 치환<br>$R_2C{=}CR_2$ |

참고: 수소화열이 낮을수록 알켄의 에너지가 낮아지고 안정성은 높아진다.

알킬기가 가장 많이 결합된 이중 결합이 가장 안정하다. 예를 들어 에틸렌(아무런 알킬기도 치환되어 있지 않은 경우)의 수소화 반응은 136.0 kJ/mol을 발생시키는 반면, 뷰트-1-엔과 펜트-1-엔(각각 1개의 알킬기가 있는 경우)은 126 kJ/mol을 발생시킨다. 2개의 알킬기가 있는 이중 결합은 수소화 과정에서 약 114~119 kJ/mol의 열을 발생시킨다. 2-메틸뷰트-2-엔(삼중 치환 알켄, 111.6 kJ/mol)이나 2,3-다이메틸뷰트-2-엔(사중 치환 알켄,110.4 kJ/mol)과 같이 3개와 4개의 알킬기가 있는 경우는 이중 결합이 더욱 안정화된다.

표 7-2의 값을 보면 **Zaitsev 규칙**(Zaitsev's rule)을 확인할 수 있다.

> 치환도가 높은 이중 결합이 더 많은 알켄이 일반적으로 더 안정하다.

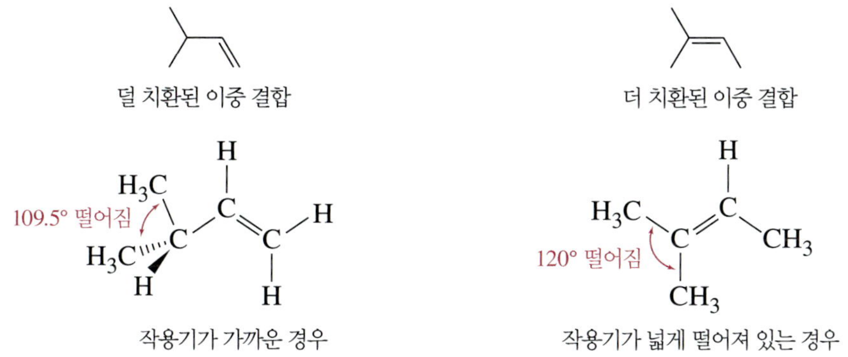

덜 치환된 이중 결합 | 더 치환된 이중 결합

109.5° 떨어짐 | 120° 떨어짐

작용기가 가까운 경우 | 작용기가 넓게 떨어져 있는 경우

**그림 7-7** 이중 결합 이성질체에서의 결합각. 더 치환된 이중 결합을 가진 이성질체는 부피가 큰 알킬기 사이에 더 큰 각도로 떨어져 있게 된다.

다른 말로 하면 이중 결합 탄소에 치환된 알킬기는 알켄을 안정하게 만든다.

이중 결합이 알킬기로 인해 안정화되는 효과에는 두 가지 요소가 관여하는 것으로 생각할 수 있다. 알킬기는 전자를 내주며, 파이 결합의 전자 밀도에 영향을 미친다. 더불어 알킬기처럼 부피가 큰 치환체는 가능한 한 멀리 떨어져 위치한다. 알케인에서 이들 치환체는 사면체의 각도에 해당하는 109.5°의 결합각으로 떨어져 있게 된다. 이중 결합이 되면 120°의 각도로 더 떨어져 있게 된다. 일반적으로 알킬기는 가장 많이 치환된 이중 결합일 때 가장 많이 떨어져 있게 된다. 2개의 **이중 결합 이성질체**(double-bond isomer, 단지 이중 결합의 위치가 다른 이성질체)에 대해 이러한 입체 효과를 그림 7-7에서 보여준다. 단일 치환된 이중 결합을 가진 이성질체에서는 알킬기가 단지 109.5°만큼만 떨어져 있는 반면, 삼중 치환된 이중 결합의 경우 알킬기는 120° 정도 떨어져 있다.

**연습문제 7-12**

표 7-2의 자료를 이용해서 2,3-다이메틸뷰트-1-엔과 2,3-다이메틸뷰트-2-엔의 에너지 차이를 예측하라. 어떤 이중 결합 이성질체가 더 안정한가?

**문제풀이 힌트**

수소화 반응열은 보통 발열 반응이다. 많은 양의 열이 방출된다는 것은 덜 안정한 알켄이라는 것인데, 덜 안정한 알켄의 경우 더 높은 퍼텐셜 에너지로부터 출발했다는 것이기 때문이다.

## 7-8C 시스-트랜스 이성질체의 에너지 차이

표 7-2의 수소화 반응열로부터 일반적으로 트랜스 이성질체가 상응하는 시스 이성질체보다 더 안정한 것을 알 수 있다. 이러한 경향은 트랜스 이성질체에서 알킬 치환체가 시스 이성질체보다 멀리 떨어져 있기 때문으로 이해할 수 있다. 트랜스 이성질체가 더 안정한 것은 펜트-2-엔(pent-2-ene)에서 명확하게 알 수 있는데, 시스 및 트랜스 이성질체가 4 kJvmol(1 kcal/mol) 정도의 차이를 보인다.

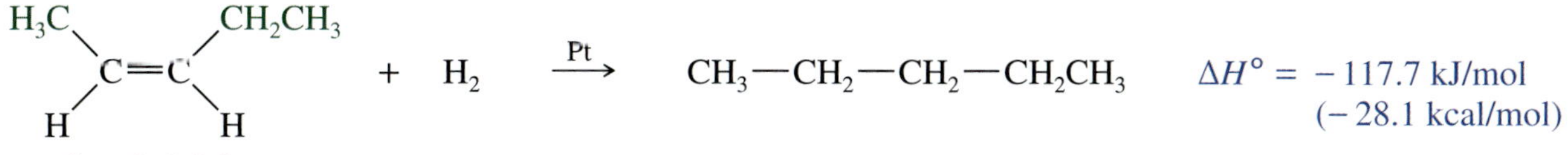

$$\text{시스, 덜 안정적} + H_2 \xrightarrow{Pt} CH_3{-}CH_2{-}CH_2{-}CH_2CH_3 \qquad \Delta H^\circ = -117.7\ \text{kJ/mol}\ (-28.1\ \text{kcal/mol})$$

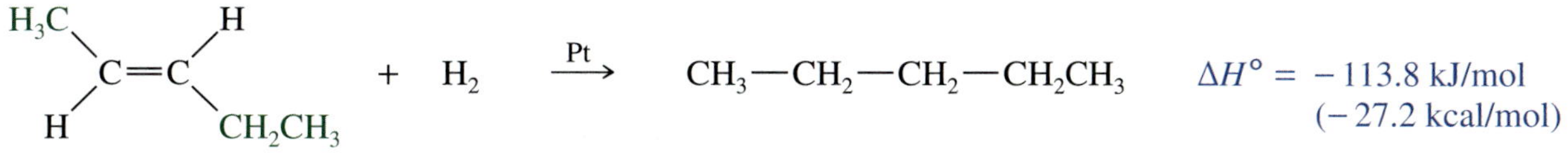

$$\text{트랜스, 더 안정적} + H_2 \xrightarrow{Pt} CH_3{-}CH_2{-}CH_2{-}CH_2CH_3 \qquad \Delta H^\circ = -113.8\ \text{kJ/mol}\ (-27.2\ \text{kcal/mol})$$

시스 및 트랜스 이성질체가 4 kJ/mol의 차이를 보이는 것은 이중 치환된 알켄에서는 전형적인 값이다. 그림 7-8에는 알켄의 상대적인 안정도를 간단하면서 가장 덜 안정한 알켄인 에틸렌과 비

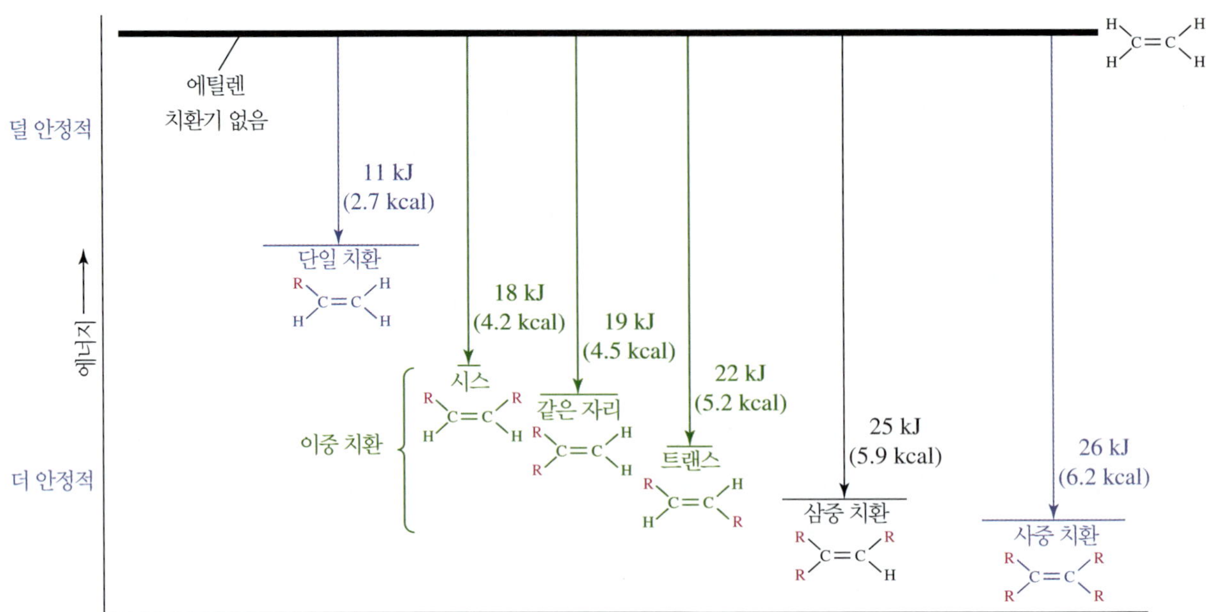


**그림 7-8** 에틸렌과 비교했을 때 전형적인 $\pi$ 결합의 상대적 에너지(숫자는 대략의 값)

교해서 요약했다. 같은 자리 이성질체 $CR_2{=}CH_2$는 에너지 값에서 보면 시스와 트랜스의 중간에 위치하지만, 그 차이는 시스/트랜스 차이와 같이 예측 가능하지 않다.

**연습문제 7-13**

표 7-2를 이용하여 각 쌍으로 묶인 화합물 중에 어떠한 것이 더 안정한지, 그리고 얼마나 안정한지, 즉 몇 kJ/mol 혹은 kcal/mol 안정한지 예상하라.

**(a)** 시스,시스-헥사-2,4-다이엔 또는 트랜스,트랜스-헥사-2,4-다이엔

**(b)** 2-메틸뷰트-1-엔 또는 3-메틸뷰트-1-엔

**(c)** 2-메틸뷰트-1-엔 또는 2-메틸뷰트-2-엔

**(d)** 시스-4-메틸펜트-2-엔 또는 2-메틸펜트-2-엔

## 7-8D 사이클로알켄의 안정도

대부분의 사이클로알켄은 비사슬형(비고리) 알켄과 같이 반응한다. 고리가 있는 경우는 단지 작은 고리가 있거나 트랜스 이중 결합 때문에 고리 무리가 있는 경우에만 주된 차이를 보인다. 5원자 고리 혹은 더 큰 고리의 경우에는 이중 결합을 쉽게 수용할 수 있고, 이와 같은 고리형 알켄은 곧은 사슬형 알켄과 비슷하게 반응한다. 그렇지만 3원자 고리 및 4원자 고리는 고리 무리가 존재한다는 증거를 보여준다.

**사이클로뷰텐** 사이클로뷰텐(cyclobutene)은 수소화 반응열이 −129.7 kJ/mol(−31.0 kcal/mol)인데, 사이클로펜텐이 −112.7 kJ/mol(−26.9 kcal/mol)인 것과 비교된다.

$$\text{사이클로뷰텐} + H_2 \xrightarrow{Pt} \text{사이클로뷰테인} \qquad \Delta H^\circ = -129.7 \text{ kJ/mol} \; (-31.0 \text{ kcal/mol})$$

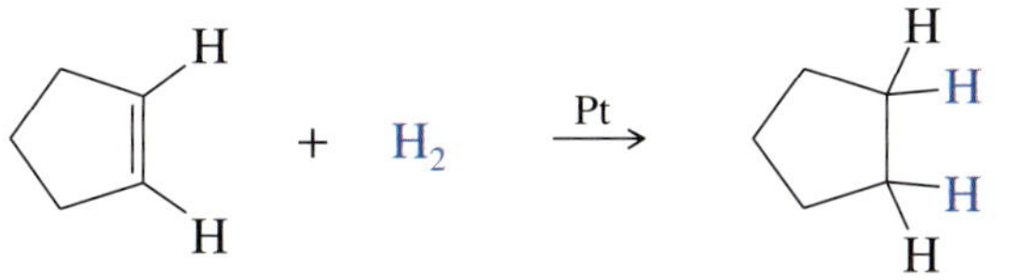

$$\text{사이클로펜텐} + H_2 \xrightarrow{Pt} \text{사이클로펜테인} \qquad \Delta H° = -112.7\ \text{kJ/mol}\ (-26.9\ \text{kcal/mol})$$

사이클로펜텐 사이클로펜테인

사이클로뷰텐의 이중 결합은 작은 고리 때문에 약 17 kJ/mol의 여분 고리 무리(사이클로뷰테인의 고리 무리에 덧붙여서)를 보인다. 사이클로뷰텐의 90°의 결합각은 $sp^2$ 혼성 탄소의 각도(정상적으로는 120°)를 압축하는데, 이는 결합각이 사이클로뷰테인의 $sp^3$ 혼성각(정상적으로는 109.5°)을 압축하는 것보다 더 압축하는 것이 된다. 사이클로뷰텐의 여분 고리 무리 때문에 이 이중 결합은 전형적 이중 결합보다 더 반응성을 보인다.

**사이클로프로펜** 사이클로프로펜(cyclopropene)은 약 60°의 결합각을 가진다. 이는 이중 결합의 경우 보통의 값인 120°의 절반이 되도록 압축하는 셈이다. 사이클로프로페인의 이중 결합은 꽤 큰 무리를 가진다.

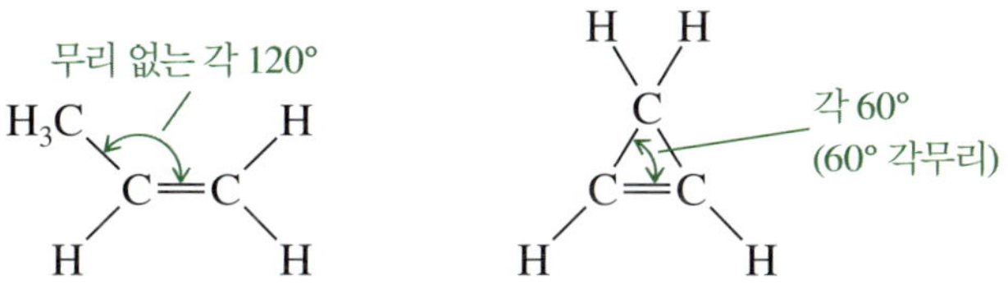

무리 없는 각 120°

각 60° (60° 각무리)

프로펜 사이클로프로펜

많은 화학자는 한때 사이클로프로펜은 매우 큰 고리 무리 때문에 즉시 열릴(중합될) 것이므로 생성될 수 없다고 믿었다. 그렇지만 사이클로프로펜은 결국 합성되었고, 낮은 온도에서 보관할 수 있다. 사이클로프로펜은 아직 이상한 큰 무리를 가진 유별난 화합물로 여겨진다. 천연물 화학자는 놀랍게도 열대 수목인 *Sterculia foelida*의 커넬유(kernel oil)에 사이클로프로펜 고리를 지닌 카복실산인 스테르쿨산(sterculic acid)을 발견했다.

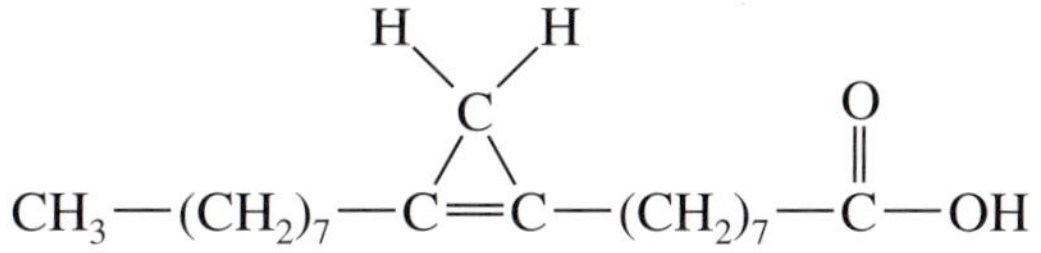

$$CH_3-(CH_2)_7-C{=}C-(CH_2)_7-C(=O)-OH \quad (\text{C=C 위에 } CH_2 \text{ 고리})$$

스테르쿨산

**응용: 독물학**

스테르쿨산(sterculic acid)은 긴사슬 지방산의 이중 결합 형성을 담당하는 몇 가지 효소의 강력한 억제제이다. 이러한 불포화 지방산은 연료, 막의 성분, 또는 다른 중요한 생물학적 분자에 사용되는 긴 사슬 구조의 산에 있는 이중 결합을 생성하는 데 관여하는 효소이다.

따라서 스테르쿨산을 함유하는 식물성 기름은 반드시 수소화하거나 고온에서 처리해서 사이클로프로펜 고리를 환원하거나 파괴해야 한다.

**트랜스 사이클로알켄** 고리형 알켄과 사슬형 알켄 사이의 또 하나의 차이는 시스 및 트랜스 이성질체의 관계이다. 사슬형 알켄에서는 보통 트랜스 이성질체가 더 안정하다. 그러나 작은 사이클로알켄의 트랜스 이성질체는 드물고, 8개의 탄소 원자보다 작은 경우 트랜스 이성질체는 상온에서 불안정하다. 트랜스 사이클로알켄을 만들 때 문제는 트랜스 이중 결합의 기하학적 형태 때문에 생긴다. 트랜스 이중 결합의 2개의 알킬기는 너무 멀리 떨어져 있으므로 고리를 만들려면 몇 개의 탄소 원자가 필요하다.

큰 고리 무리 때문에 모형을 부러뜨리지 않도록 조심하면서 트랜스-사이클로헥센(*trans*-cyclohexene)의 모형을 만들어보라. 트랜스-사이클로헥센은 고리 무리가 너무 많이 걸려서 분리할 수는 없지만, 트랜스-사이클로헵텐(*trans*-cycloheptene)은 낮은 온도에서 분리할 수 있다. 물론 시스 이성질체가 더 안정하지만, 트랜스-사이클로옥텐(*trans*-cyclooctene)의 경우 실온에서 안정하다.

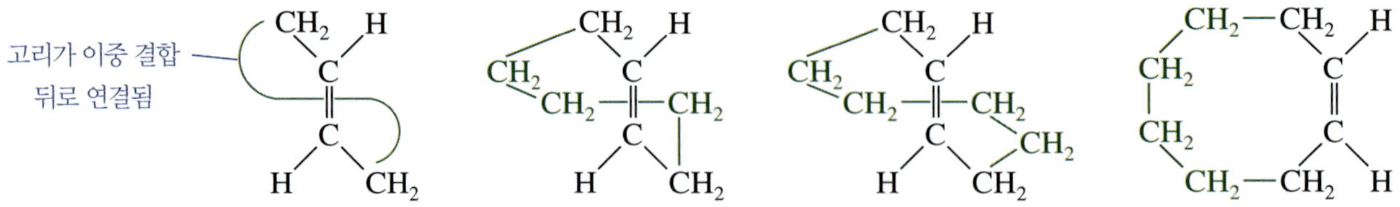

고리가 이중 결합 뒤로 연결됨

트랜스 고리 화합물 | 트랜스-사이클로헵텐 겨우 안정함 | 트랜스-사이클로옥텐 안정함 | 시스-사이클로옥텐 더 안정함

사이클로알켄이 10개나 그 이상의 탄소로 구성된 경우에는 트랜스 이중 결합을 쉽게 수용할 수 있다. 사이클로데켄(cyclodecene)이나 이보다 더 큰 사이클로알켄의 경우에는 트랜스 이성질체가 시스 이성질체와 거의 같은 정도로 안정하다.

**Julius Bredt**(1855~1937)
승화성을 지닌 천연 생성물인 장뇌에 대해 선구적인 연구를 수행한 독일의 비고리형 입체화학자로, 현재 Bredt의 규칙으로 알려진 이론인 다리가 있는 다중 고리(polycyclic) 시스템의 무리 관계에 대한 규칙을 제안했다.

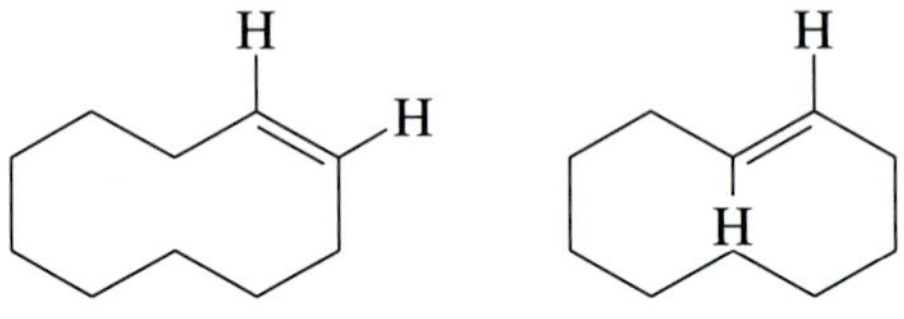

시스-사이클로데켄 | 트랜스-사이클로데켄

## 7-8E Bredt 규칙

트랜스 사이클로알켄은 고리에 적어도 8개 이상의 많은 원자로 이루어진 고리가 아니면 불안정하다는 것을 알았다. 이러한 원리를 확장한 흥미로운 규칙이 **Bredt 규칙**(Bredt's Rule)이다.

> Bredt 규칙: 다리걸친 이고리 화합물은 적어도 8개 이상 탄소로 고리를 만들지 않는 한, 다리목(bridgehead)에 이중 결합이 위치할 수 없다.

Bredt 규칙이 정확히 어떤 의미인지를 생각해보자. **이고리**(bicyclic) 화합물에는 2개의 고리가 있다. **다리목 탄소 원자**(bridgehead carbon atom)는 두 고리 모두의 부분이 되며, 3개의 연결로를 가지고 있다. **다리걸친 이고리**(bridged bicyclic) 화합물에는 다리목 탄소 사이의 3개의 연결로에 적어도 1개 이상의 탄소 원자가 있다. 다음 예는 다리목 탄소 원자를 붉은색 동그라미로 표시했다.

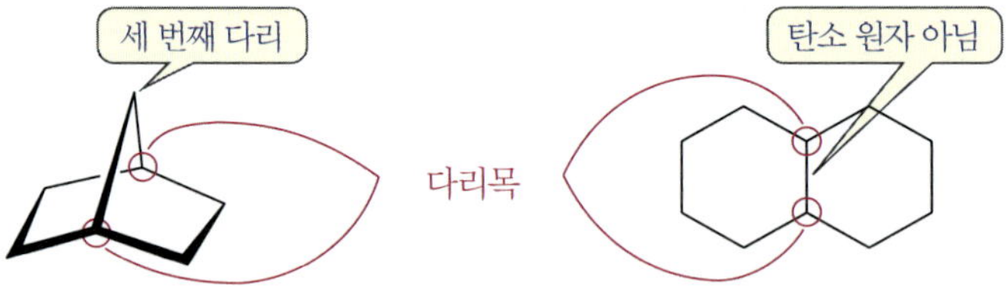

세 번째 다리 | 다리목 | 탄소 원자 아님

노보네인
다리걸친 이고리 화합물의 예

데칼린
접합 이고리 화합물

다리걸친 이고리 화합물에서 이중 결합이 다리목에 있다고 하면 2개의 고리에서 하나는 시스 이중 결합을 갖게 되고, 다른 고리는 트랜스 이중 결합을 갖게 된다. 예를 들어 다음 구조에 따르면 노보네인(norbornane)이 5원자 고리와 6원자 고리를 지닌 것을 알 수 있다. 다리목 탄소 원자에 이중 결합이 있다면 5원자 고리는 시스 이중 결합을 가지며, 6원자 고리에는 트랜스 이중 결합이 있게 된다. 이러한 불안정한 배열은 'Bredt 규칙을 위반했다'고 말한다. 더 큰 고리가 8개 이상의 탄소 원자를 지닌 경우 트랜스 이중 결합을 가질 수 있고, 다리목 이중 결합도 안정해진다.

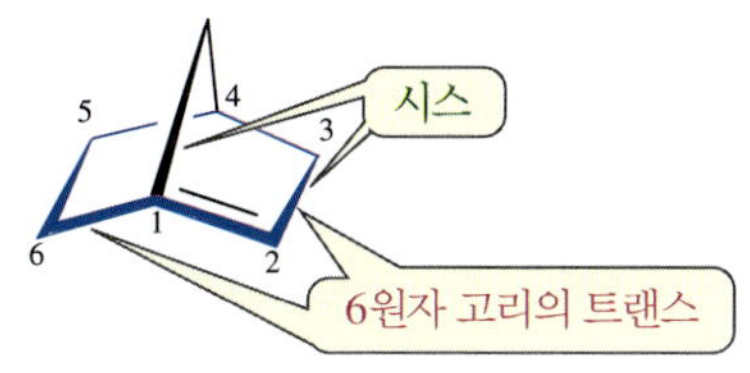

Bredt 규칙 위반

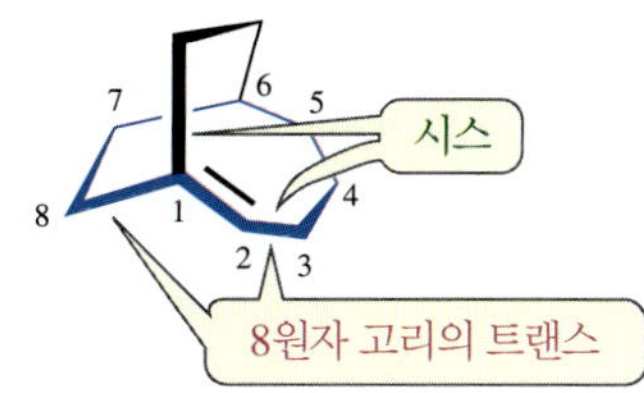

안정함: 8원자 고리가 트랜스

일반적으로 Bredt 규칙에 위반되는 화합물은 실온에서 안정하지 않다. 일부 경우 이러한 화합물(가장 큰 고리의 경우 7개의 탄소 원자를 포함)을 낮은 온도에서는 합성할 수 있다.

### 예제 7-2

다음 알켄 중에서 안정한 것은 어느 것인가?

(a)

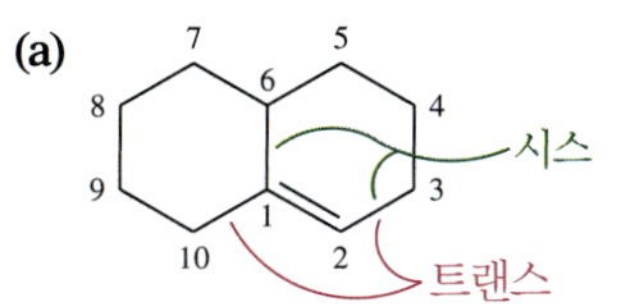


(b)

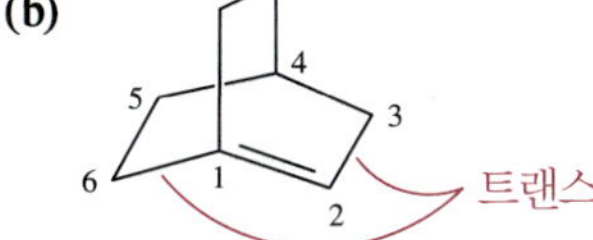


(c)

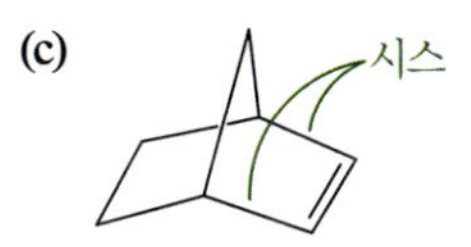


(d)

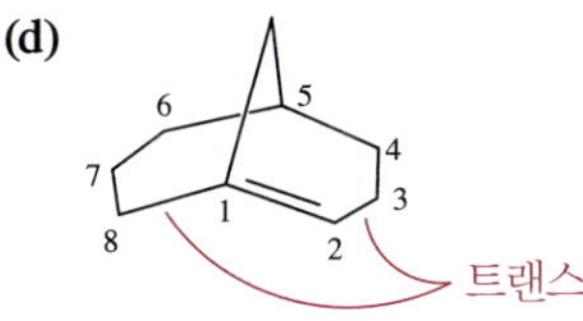


**풀이**

화합물 (a)는 안정하다. 이중 결합이 다리목에 있기는 하지만, 이 경우는 다리걸친 이고리 화합물이 아니다. 트랜스 이중 결합이 10원자 고리 안에 있다. 화합물 (b)는 Bredt 규칙 위반이며 안정하지 않다. 가장 큰 고리에는 6개의 탄소 원자가 있으며, 트랜스 이중 결합이 다리목 위치에 있는 경우는 안정할 수 없다.

화합물 (c)인 노보네인은 안정하다. 시스 이중 결합은 다리목 탄소가 아니다. 화합물 (d)는 안정하다. 이중 결합이 다리걸친 이고리의 다리목에 있기는 하지만, 트랜스 이중 결합을 수용할 수 있는 8원자 고리가 있다.

### 연습문제 7-14

다음의 알켄이 안정한지, 불안정한지 밝혀라.

(a) 1,2-다이메틸사이클로펜텐
(b) 트랜스-1,2-다이메틸사이클로펜텐
(c) 트랜스-3,4-다이메틸사이클로펜텐
(d) 트랜스-1,2-다이메틸사이클로데켄

(e) 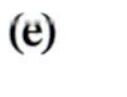 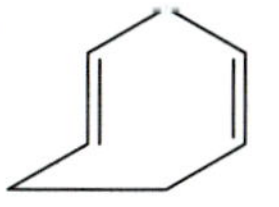
(f) 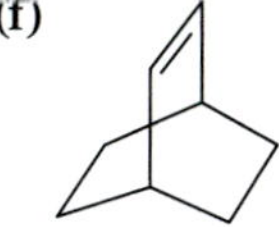
(g) 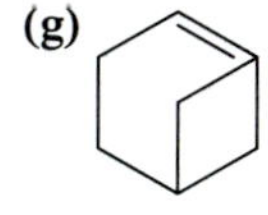
(h) 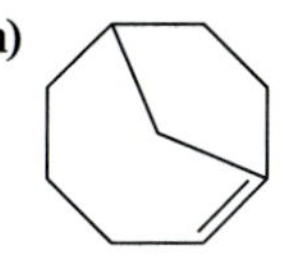
(i) 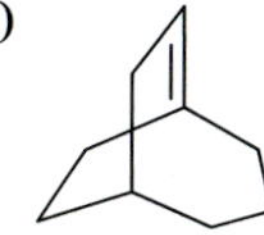

## 7-8F 콘쥬게이션된 이중 결합의 안정성 강화

이중 결합은 단 하나의 결합으로 분리될 경우 서로 상호작용할 수 있다. 이처럼 상호작용하는 이중 결합을 **콘쥬게이션된**(conjugated) 이중 결합이라고 한다. 둘 이상의 단일 결합이 분리된 이중 결합은 상호작용이 거의 없으며, **고립된 이중 결합**(isolated double bond)이라고 한다. 예를 들어 트랜스-헥사-1,3-다이엔은 콘쥬게이션된 이중 결합을 지닌 반면, 트랜스-헥사-1,4-다이엔은 고립된 이중 결합을 가진다.

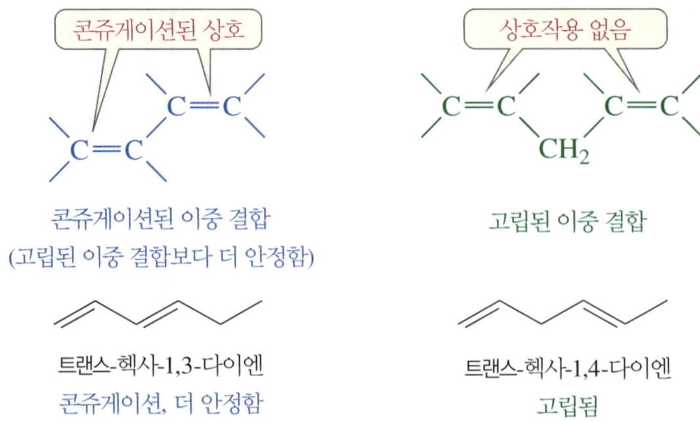


콘쥬게이션된 이중 결합의 파이 결합 전자는 두 결합 모두에 비편재화되어 고립된 이중 결합을 지닌 유사한 화합물에 대한 콘쥬게이션계의 안정성을 향상시킨다. 위의 예에서는 트랜스-헥사-1,3-다이엔이 콘쥬게이션 결합되어 있으며, 트랜스-헥사-1,4-다이엔보다 약 17 kJ/mol (4.0 kcal/mol) 정도 더 안정하다. 이러한 콘쥬게이션계 분자의 추가적인 안정성을 **공명 에너지**(resonance energy)라고 한다. 15장에서 콘쥬게이션계의 안정성과 공명 에너지의 기원에 대해 논의할 것이다.

> **문제풀이 힌트**
>
> 벤젠은 동등한 두 가지 공명 형태 중 하나로 나타낼 수 있다.

콘쥬게이션 효과는 방향족 시스템에서 특히 중요하며, 6각 고리에 3개의 이중 결합이 결합된다. 벤젠(아래)은 3개의 고립된 결합에 비해 151 kJ/mol(36 kcal/mol)이라는 거대한 공명 에너지를 가지고 있다. 16장에서 방향족계의 안정성이 현저한 이유에 대해 논의할 것이다. 현재로서는 방향족계가 특히 안정적이며, 일반적인 알켄처럼 쉽게 반응하지 않는다는 것을 인식해야 한다.

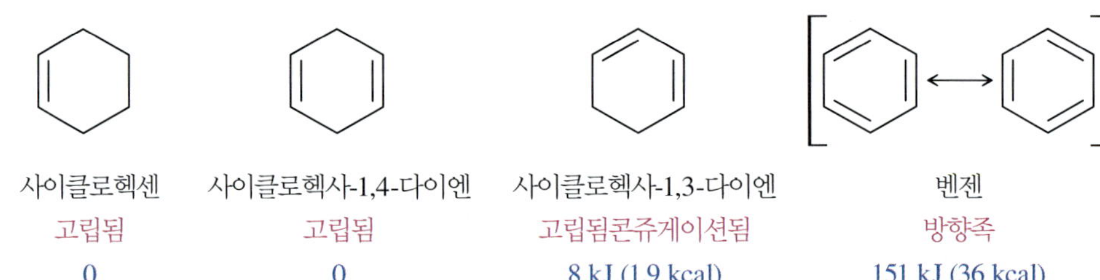

| | 사이클로헥센 | 사이클로헥사-1,4-다이엔 | 사이클로헥사-1,3-다이엔 | 벤젠 |
|---|---|---|---|---|
| | 고립됨 | 고립됨 | 고립됨콘쥬게이션됨 | 방향족 |
| 공명 에너지: | 0 | 0 | 8 kJ (1.9 kcal) | 151 kJ (36 kcal) |

## FOCUS | 알켄의 안정성에 영향을 미치는 요인

탄소-탄소 이중 결합의 안정성에는 여러 요인이 영향을 미친다.

**1.** 일반적으로 **치환된 이중 결합이 많을수록 더 안정적이다**(Zaitsev의 법칙). '치환'은 H가 알킬기로 치환된 것을 의미한다.

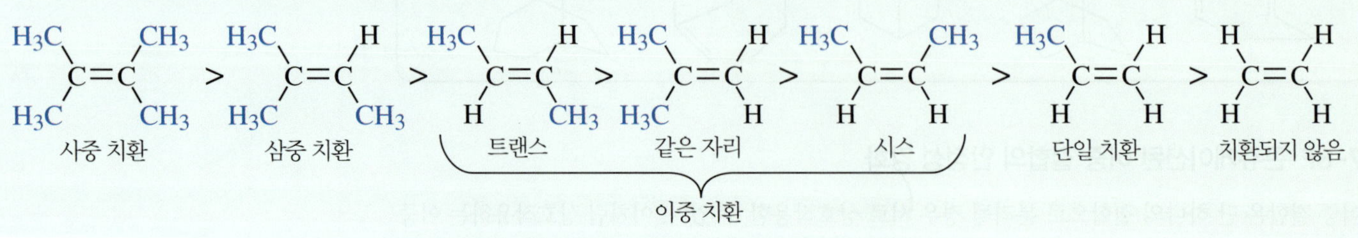


알켄은 세 가지 다른 패턴으로 치환될 수 있다. 이들 중에서 트랜스 이성질체는 일반적으로 가장 안정하고, 시스 이성질체는 일반적으로 가장 불안정하다.

2. 사이클로알켄 안정성은 **고리 크기와 기하학적 구조**에 따라 달라진다.

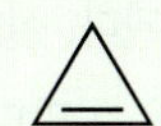

매우 무리화 됨

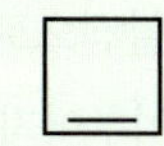

무리화됨

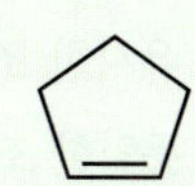

시스 이중 결합은 5원자 이상의 고리에서 거의 또는 전혀 고리 무리가 없다.

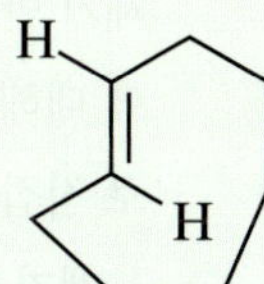


트랜스 이중 결합은 상온에서 안정하려면 고리 안에 최소한 8개의 원자가 있어야 한다.

3. **결합각의 무리**는 알켄 안정성을 제한한다. **Bredt의 규칙**: 다리걸친 이고리의 고리계에서는 더 큰 고리에 최소 8개의 원자가 없으면 다리목에 이중 결합이 존재할 수 없다. 다리목 원자는 2개의 다른 고리에 존재하는 원자이다.

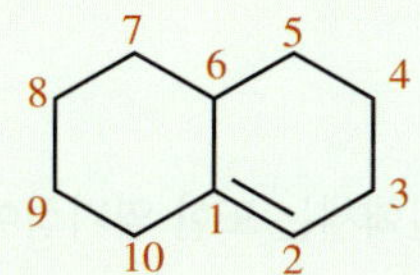


다리걸친 고리가 아닌 접합 고리이다. Bredt의 규칙은 적용되지 않는다. 더 큰 고리는 탄소 10개를 가지고 있는데, 이 알켄은 안정적이다.

더 큰 고리는 6개의 탄소를 가지고 있는데, 이는 Bredt의 규칙을 위반하는 것이다. 이 알켄은 안정적이지 않다. (C1과 C4는 다리목이다).

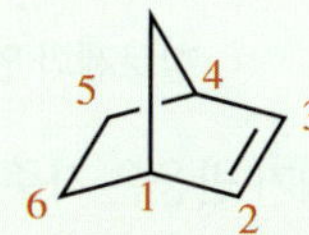


이중 결합은 다리목이 아니다. Bredt의 규칙은 적용되지 않는다. 이 알켄은 안정적이다. (C1과 C4는 다리목이다).

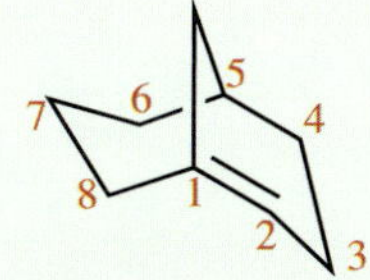


더 큰 고리에는 8개의 탄소가 있어 Bredt의 규칙을 위반하지 않는다. 이 알켄은 안정적이다. (C1과 C5는 다리목이다).

4. **콘쥬게이션된 이중 결합은 고립된 이중 결합보다 더 안정적이다.** 콘쥬게이션계는 단일 결합과 이중 결합이 교대로 존재한다.

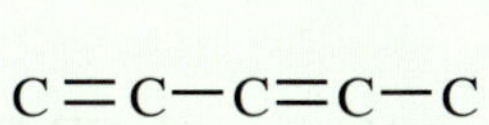


콘쥬게이션계 이중 결합

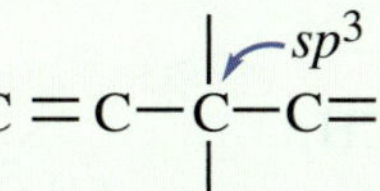


고립된 이중 결합

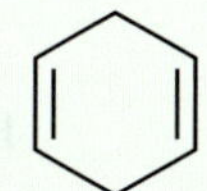

분리된 이중 결합

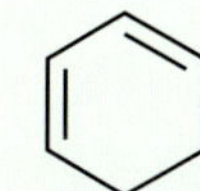

분리된 것보다 더 안정적인 콘쥬게이션계 이중 결합

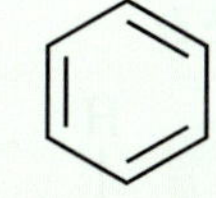

방향족—큰 안정화

6원 고리에 3개의 이중 결합이 결합하는 특별한 경우를 방향족계라고 한다. 이 배열은 안정성을 향상시켰으며, 이는 16장의 주제이다.

**연습문제 7-15**

각 이성질체 집합에 대해 가장 안정적일 것으로 예상되는 이성질체와 가장 안정적이지 않을 것으로 예상되는 이성질체를 선택하라.

(a)

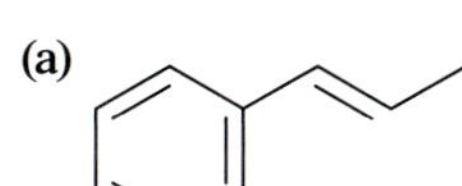

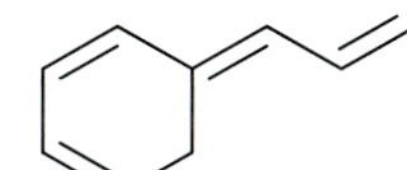

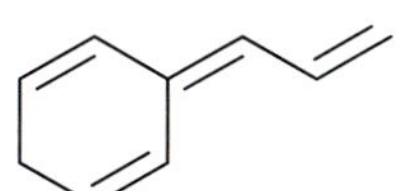

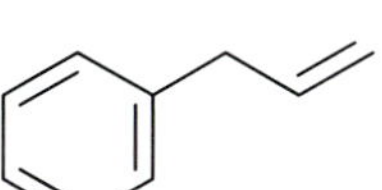

(b)

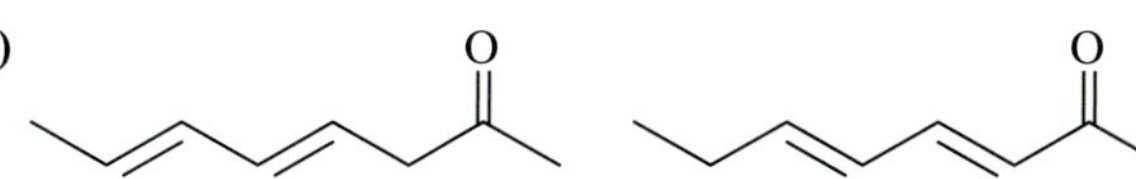

(c)

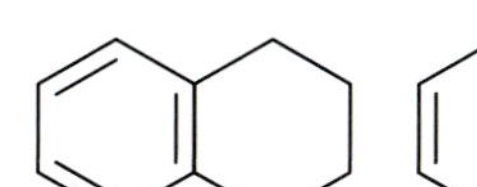

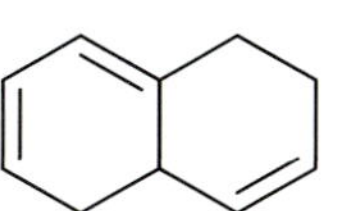

## 7-9 할로젠화 알킬의 할로젠화 수소 이탈 반응에 의한 알켄 형성

제거 반응은 알켄을 합성하는 가장 일반적인 방법 가운데 하나이다. 할로젠화 알킬은 친핵성 치환에 대해 6장에서 다룬 것과 유사한 조건에서 알켄으로 제거된다. 실제로 친핵성 치환과 제거는 서로 직접적인 경쟁 관계에서 동일한 조건에서 이루어지는 경우가 많다.

**제거 반응**(elimination)은 보통 $\pi$ 결합의 형성과 더불어 기질로부터 2개의 원자 손실을 포함한다. 양성자와 할로젠 이온을 제거하는 것을 **할로젠화 수소 이탈 반응**(dehydrohalogenation)이라고 하며, 생성물은 알켄이다.

제거 반응

$$\underset{\text{할로젠화 알킬}}{\mathrm{H{-}C{-}C{-}X}} + \underset{\text{염기}}{B:^-} \longrightarrow B{-}H + \underset{\text{알켄}}{>C{=}C<} + :X:^-$$

제거 반응은 자주 치환 반응을 수반하며 경쟁도 한다. 대부분의 친핵체는 또한 염기성이며, 기질(할로젠화 알킬)과 반응 조건에 따라 치환 또는 제거에 관여할 수 있다. 시약과 조건을 변경함으로써 흔히 치환 반응을 선호하거나 제거 반응을 선호하게끔 반응을 조절할 수 있다. 먼제 제거 반응 그 자체를 논의할 것이다. 그다음에 치환 반응과 제거 반응 둘 다 고려하여 어떤 생성물과 어떤 메커니즘이 주어진 시약과 조건과 합당할 것인지 예측할 것이다.

시약과 조건에 따라 제거 반응은 1차(E1) 혹은 2차(E2) 반응 과정이 된다. 다음 예는 이 장에서 검토할 제거 반응의 종류를 그림으로 나타낸 것이다.

*E1:*

$$\mathrm{H{-}CH(CH_3){-}C(CH_2CH_3)_2{-}Br} \xrightarrow{CH_3OH} \mathrm{H{-}CH(CH_3){-}C^+(CH_2CH_3)_2}\ \ :Br:^- \xrightarrow{CH_3OH} \mathrm{(H)(H_3C)C{=}C(CH_2CH_3)_2} + CH_3{-}\overset{+}{O}H{-}H\ \ :Br:^-$$

탄소 양이온 중간체

*E2:*

$$\mathrm{Na^+\ CH_3O:^-} + \mathrm{H{-}CH(CH_3){-}C(CH_2CH_3)_2{-}Br} \xrightarrow[CH_3OH]{Na^+\ ^-OCH_3} CH_3O{-}H + \mathrm{(H)(H_3C)C{=}C(CH_2CH_3)_2} + Na^+\ \ :Br:^-$$

중간체 없음

## 7-10 E1 반응의 메커니즘과 반응 속도론

**E1**이라는 약자는 제거 반응과 일분자성 반응(Eliminaition, unimolecular)을 의미한다. 이 메커니즘은 반응 속도 제한 전이 상태가 두 분자의 충돌보다는 단 한 분자를 포함하는 이유로 일분자성 반응(unimolecular)이라고 한다. E1 반응의 느린 단계는 $S_N1$ 반응과 똑같다. 일분자성 이온화는 탄소

양이온을 형성한다. 빠른 두 번째 단계에서는 염기가 $C^+$에 이웃한 탄소로부터 양성자를 제거한다. 한때 탄소-수소 결합을 형성했던 전자들은 이제 2개의 탄소 원자 간의 파이 결합을 형성한다. E1 반응의 일반적 메커니즘은 핵심 메커니즘 7-1에 나타나 있다.

## 핵심 메커니즘 7-1 | E1 반응

E1 반응은 $S_N1$과 마찬가지로 탄소 양이온 중간체로의 이온화를 요구함에 따라 3° >> 2° >> 1°의 동일한 반응성 서열을 따른다. (보통은 약한) 염기는 탄소 양이온을 탈양성자화하여 알켄을 생성한다.

**1단계:** 일분자성 이온화는 탄소 양이온을 생성한다(속도 제한).

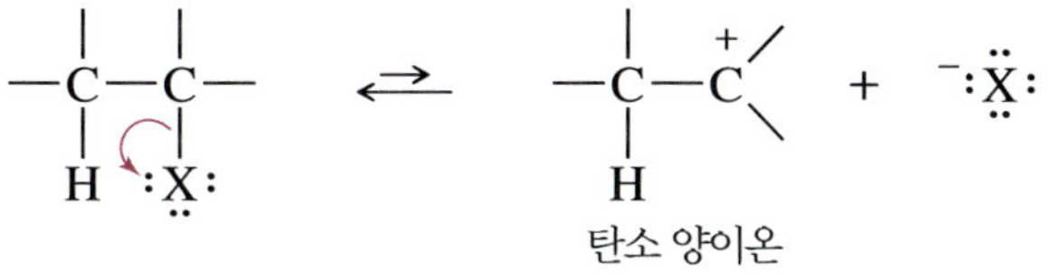

탄소 양이온

**2단계:** 약한 염기(흔히 용매)에 의한 탈양성자화는 알켄을 생성한다(빠름).

**예: 메탄올에서 브로모사이클로헥세인의 E1 제거 반응**

**1단계:** 느린 단계에서 이온화는 탄소 양이온과 브로민화 이온을 생성한다.

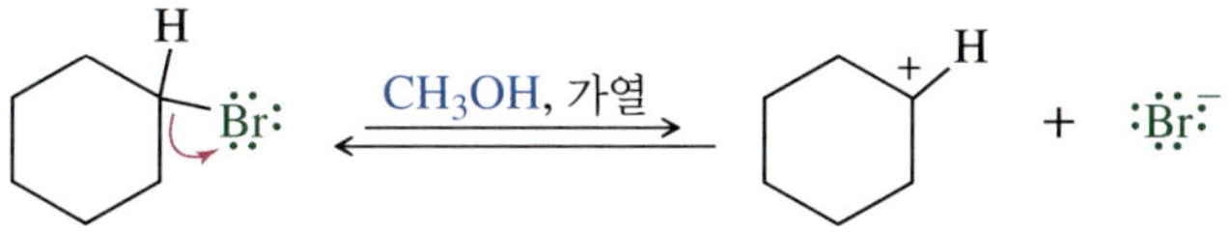

$CH_3OH$, 가열

**2단계:** 빠른 단계에서 메탄올은 1개의 양성자를 제거하여 사이클로헥센을 생성한다.

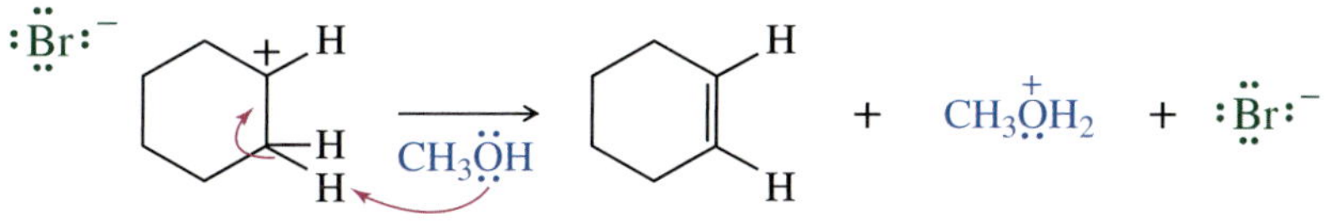

$CH_3\ddot{O}H$ + $CH_3\overset{+}{O}H_2$

**연습문제 7-16**

예시의 2단계에서 용매가 염기(양성자 제거)가 아닌 친핵체(탄소와 결합 형성)로 작용할 경우 어떤 일이 일어나는지 나타내라.

반응 속도 제한 단계가 할로젠화 알킬의 일분자성 이온화를 포함하므로 반응 속도식은 1차이다. 이러한 반응 속도는 할로젠화 알킬의 농도에만 좌우되며, 염기의 세기나 농도에 좌우되지 않는다.

$$\text{E1 반응 속도} = k_r[\text{RX}]$$

약한 염기(흔히 용매)는 반응의 빠른 두 번째 단계에 참여한다.

일분자(E1) 할로젠화 수소 이탈 반응은 보통 알코올 또는 물 같은 좋은 이온화 용매에서 발생하며, 강한 염기가 존재하지 않고 이분자(E2) 반응을 강제한다. E1 할로젠화 수소화를 위한 기질은 일반적으로 3차 알킬 할로젠화물이다. 2차 할로젠화물이 E1 반응을 거치면 더 강한 조건을 필요로 하고, 훨씬 더 느리게 반응한다.

### 7-10A $S_N1$ 반응과의 경쟁

E1 반응은 거의 항상 $S_N1$ 반응과 경쟁한다. 탄소 양이온이 생성될 때마다 치환 반응이나 제거 반응 둘 중 하나를 일으키며, 흔히 생성물은 혼합물로 얻는다. 다음 반응은 끓는 에탄올의 브로민화 *t*-뷰틸 반응에서 제거 반응과 치환 반응 생성물의 생성을 보여준다.

$$(CH_3)_3C{-}Br + CH_3{-}CH_2{-}OH \xrightarrow{\text{가열}} H_2C{=}C(CH_3)_2 + CH_3{-}C(CH_3)_2{-}O{-}CH_2{-}CH_3$$

브로민화 *t*-뷰틸, 에탄올, 2-메틸프로펜 (E1 생성물), 에틸 *t*-뷰틸 에터 ($S_N1$ 생성물)

2-메틸프로펜(2-methylpropene) 생성물은 수소 원자 1개와 할로젠 원자 1개가 제거되는 할로젠화 수소 이탈 반응의 결과이다. 이러한 1차 반응 조건(강한 염기의 부재)에서는 E1 메커니즘에 의해 할로젠화 수소 이탈 반응이 일어난다. 할로젠화 알킬의 이온화는 탄소 양이온 중간체를 생성하여 1개의 양성자를 잃게 됨으로써 알켄을 생성한다. 치환은 이 탄소 양이온에 대한 친핵성 공격의 결과이다. 에탄올은 제거 반응에서는 염기로, 치환 반응에서는 친핵체로 작용한다.

1단계: 탄소 양이온을 형성하기 위한 이온화

$$(CH_3)_3C{-}Br \rightleftharpoons (CH_3)_3C^+ + :\ddot{Br}:^-$$

브로민화 *t*-뷰틸 → 탄소 양이온 중간체

(E1 메커니즘에 의한) 2단계: 1개의 양성자를 제거하여 알켄을 생성하는 용매의 염기성 공격

제거 반응:

$$CH_3CH_2{-}\ddot{O}{-}H + H{-}CH_2{-}C^+(CH_3)_2 \rightleftharpoons H_2C{=}C(CH_3)_2 + CH_3CH_2{-}\overset{+}{O}H_2 \quad :\ddot{Br}:^-$$

탄소 양이온, 2-메틸프로페인

또는 ($S_N1$ 메커니즘에 의한) 2단계: 탄소 양이온에 대한 용매의 친핵성 공격

치환 반응:

$$(CH_3)_3C^+ \; :\ddot{Br}:^- \xrightleftharpoons{CH_3CH_2{-}\ddot{O}{-}H} (CH_3)_3C{-}\overset{+}{O}(H){-}CH_2CH_3 \; :\ddot{Br}:^- \xrightleftharpoons{CH_3CH_2{-}\ddot{O}{-}H} (CH_3)_3C{-}\ddot{O}CH_2CH_3 \; :\ddot{Br}:^- \; CH_3CH_2\overset{+}{O}H_2$$

탄소 양이온, 2-에톡시-2-메틸프로페인

이상적 조건하에서 이러한 1차 반응 중 하나는 한 생성물 혹은 다른 생성물을 좋은 수율로 얻는다. 그러나 흔히 탄소 양이온 중간체는 2개 이상의 방법으로 반응하여 생성물을 혼합물로 얻는다. 이러한 이유에서 할로젠화 알킬의 $S_N1$과 E1 반응은 유기 합성에 자주 사용하지는 않지만, 탄소 양이온의 성질을 알기 위해 매우 상세하게 연구되어 왔다.

**연습문제 7-17**

$S_N1$ 치환 반응과 E1 제거 반응은 같은 반응에서 자주 경쟁한다.

**(a)** 메탄올에서 2-브로모-2,3,3-트라이메틸뷰테인의 용매화 반응에 관한 메커니즘을 제시하고, 생성물을 예측하라.

**(b)** E1과 $S_N1$ 반응에서의 용매(메탄올)의 작용을 비교하라.

## 7-10B E1 반응의 오비탈과 에너지론

E1 메커니즘의 두 번째 단계에서 $C^+$에 이웃하는 탄소 원자는 염기가 양성자를 공격하여 전자가 새로운 $\pi$ 결합으로 흘러 들어감에 따라 $sp^2$로 재혼성화해야만 한다.

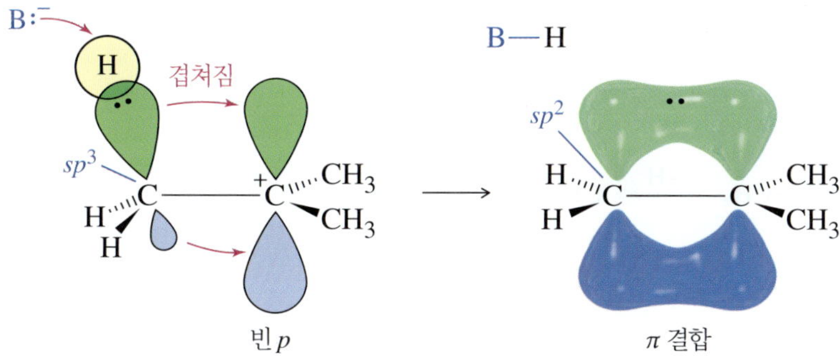


E1 반응에 관한 퍼텐셜 에너지 도표(그림 7-9)는 $S_N1$ 반응의 것과 유사하다. 이온화 단계는 강한 흡열 반응이고, 속도 제한 전이 상태이다. 두 번째 단계는 빠른 염기에 의한 발열 탈양성자화 반응이다. 속도 제한 단계가 끝나기 전까지는 염기가 개입되어 있지 않으므로 반응 속도는 할로젠화 알킬 농도에만 좌우된다. 약한 염기는 E1 반응에서 보편적이다.

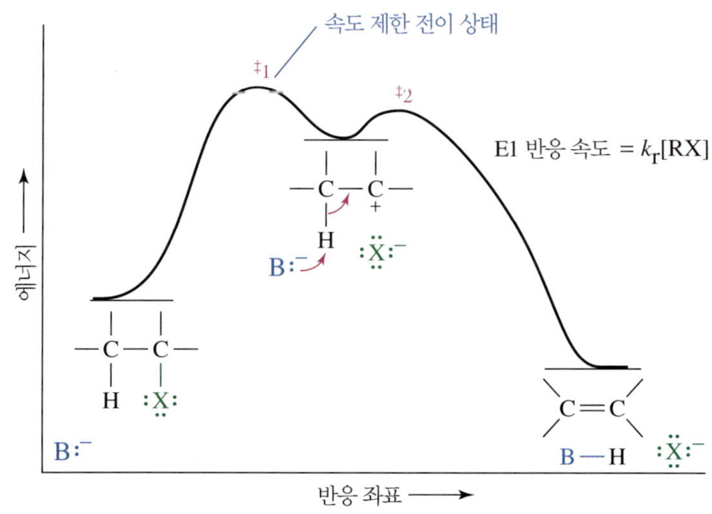


**그림 7-9** E1 반응의 반응-에너지 도표. 첫 번째 단계는 속도 제한 이온화 반응이다. 그림 6-9의 $S_N1$ 반응 도표와 에너지 양상을 비교해보라.

### 7-10C E1 반응의 자리 옮김

다른 탄소 양이온 반응처럼 E1 반응은 자리 옮김을 수반한다. 다음 E1 반응(자리 옮김 수반)을 메커니즘 6-6에 나타낸 같은 기질의 $S_N1$ 반응과 비교하라. 용매가 E1 반응에서는 염기로 작용하고, $S_N1$ 반응에서는 친핵체로 작용함에 유의하라.

#### 메커니즘 7-2 | E1 반응의 자리 옮김

탄소 양이온을 포함하는 다른 반응과 마찬가지로 E1은 수소화물 이동 및 알킬 이동 같은 자리 옮김을 동반한다.

**1단계:** 이온화는 탄소 양이온을 형성한다(느림).

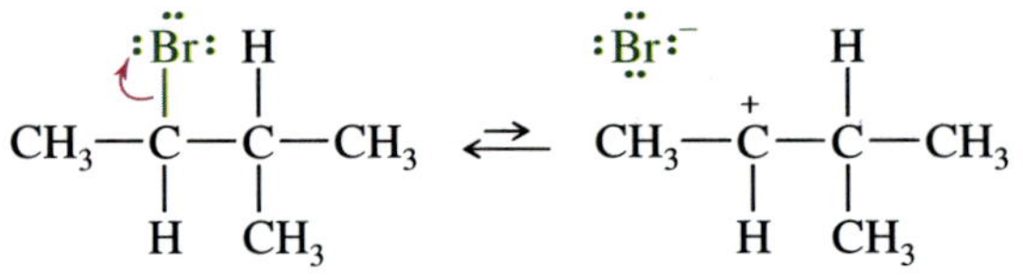

2-브로모-3-메틸뷰테인 ⇌ 2° 탄소 양이온

**2단계:** 수소화물 이동은 더 안정한 탄소 양이온을 형성한다(빠름).

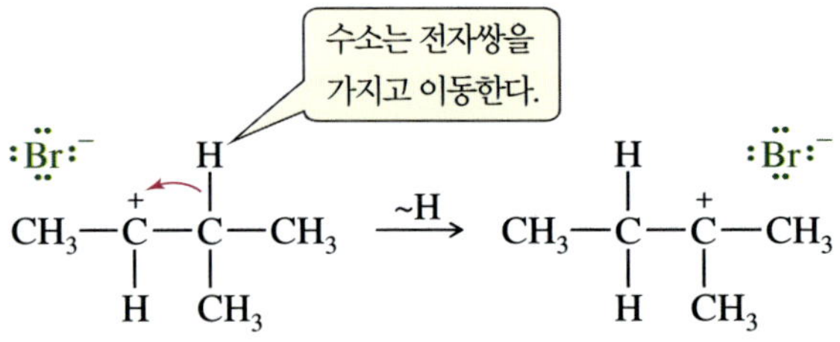

수소는 전자쌍을 가지고 이동한다.

2° 탄소 양이온 →(~H) 3° 탄소 양이온

**3단계:** 약하게 염기성인 용매가 이웃한 양성자 둘 중 하나를 제거한다(빠름).

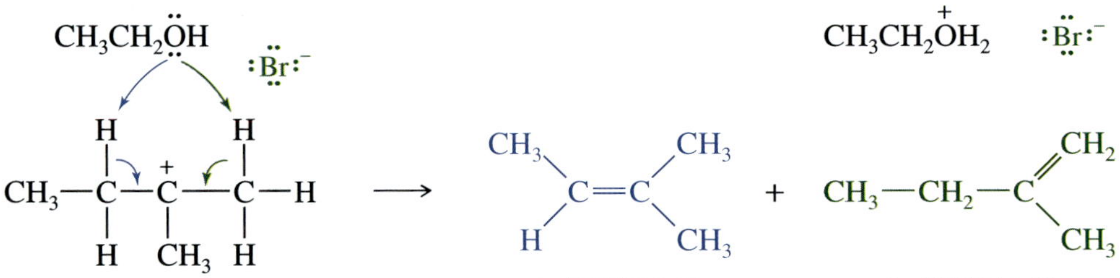

$CH_3CH_2\ddot{O}H$ → $CH_3CH_2\overset{+}{O}H_2$ $:\ddot{Br}:^-$

2-메틸뷰트-2-엔 + 2-메틸뷰트-1-엔

#### 예제 7-3(부분적인 해답)

다음 화합물을 메탄올에서 가열했을 때 몇 가지 다른 생성물이 형성되었다. 다음 4개의 생성물을 설명하는 메커니즘을 제안하라.

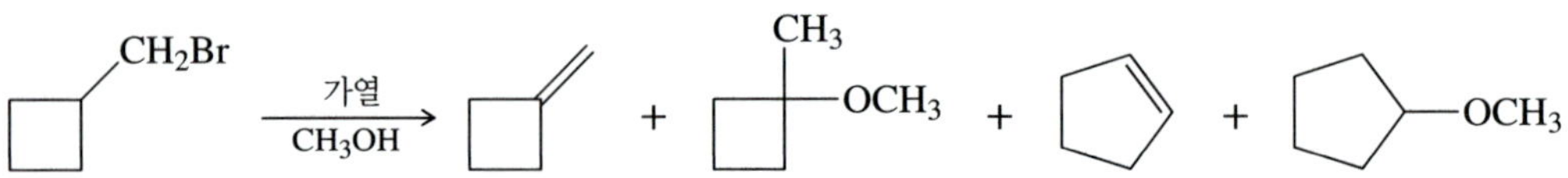

$CH_2Br$ (사이클로뷰틸) →(가열, $CH_3OH$) 메틸렌사이클로뷰테인 + ($CH_3$, $OCH_3$ 사이클로뷰테인) + 사이클로펜텐 + 사이클로펜틸$-OCH_3$

**풀이**

센염기와 좋은 이온화 용매가 없으므로 1차 반응을 예상할 수 있다. 그러나 이 화합물은 1차 할로젠화 알킬이므로 자리를 옮기지 않는 한 이온화되기 어렵다. 생성되면서 자리 옮김을 할 수도 있지만 양이온이 형성된 다음, 자리를 옮기는 것으로 생각하라.

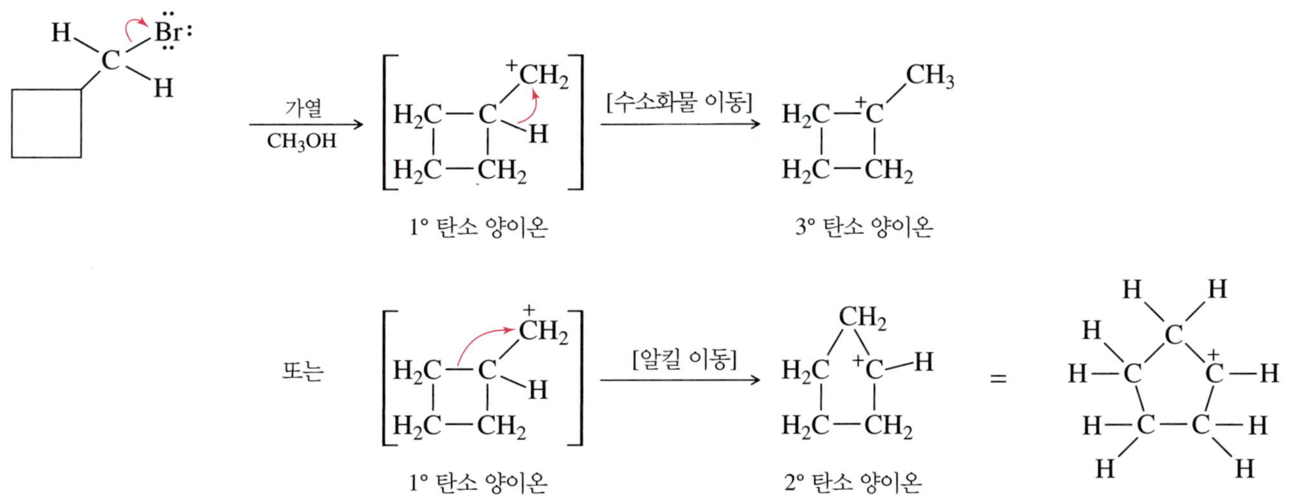

가열, $CH_3OH$ → [$H_2C-C(^+CH_2)(H)$, $H_2C-CH_2$] —[수소화물 이동]→ $H_2C-{}^+C(CH_3)$, $H_2C-CH_2$

1° 탄소 양이온 3° 탄소 양이온

또는 [$H_2C-C(^+CH_2)(H)$, $H_2C-CH_2$] —[알킬 이동]→ $CH_2$, $H_2C$ $^+C-H$, $H_2C-CH_2$ =

1° 탄소 양이온 2° 탄소 양이온

자리 옮김 중간체로부터 1개의 양성자 손실(E1)이나 용매에 의한 공격($S_N1$) 중 하나가 관찰된 생성물을 생성한다. 실제 반응은 이러한 생성물보다 많은 생성물을 생성하지만, 문제에서는 다른 생성물을 요구하지 않았다.

### 연습문제 7-18

자리 옮긴 탄소 양이온이 4개의 생성물을 어떻게 형성하는지 보여줌으로써 일부 풀이한 예제 7-3의 풀이를 마무리하라. 용매에 의한 탈양성자 및/또는 친핵성 공격을 보여주기 위해 굽은 화살을 사용할 때 조심하라. 굽은 화살은 항상 전자의 이동을 보여주지만, 양성자와 다른 종의 이동은 보여주지 않는다.

### 연습문제 7-19

2-브로모-3-메틸뷰테인의 가용매화 반응은 자리 옮김을 하지 않은 탄소 양이온과 자리 옮김을 한 탄소 양이온으로부터 E1과 $S_N1$ 모두의 생성물을 포함하여 몇 가지 생성물을 잠재적으로 생성할 수 있다. 메커니즘 6-6과 메커니즘 7-2는 자리 옮김 탄소 양이온의 생성물을 보여준다. 어떤 탄소 양이온으로부터 유래했고 생성물이 E1 혹은 $S_N1$ 반응 생성물임을 표시하여 모든 가능한 생성물을 요약하라.

이제 탄소 양이온이 더 안정한 양이온이 되기 위한 반응을 네 가지 방법으로 요약할 수 있다.

## SUMMARY | 탄소 양이온의 반응

탄소 양이온은

**1.** 그 자체의 이탈기와 반응하여 다시 반응물로 돌아간다. $R^+ \; + \; :X^- \longrightarrow R-X$

**2.** 친핵체와 반응하여 치환 반응 생성물을 형성한다($S_N1$). $R^+ \; + \; Nuc:^- \longrightarrow R-Nuc$

**3.** 양성자 하나를 잃어 제거 반응 생성물(알켄)을 형성한다(E1).

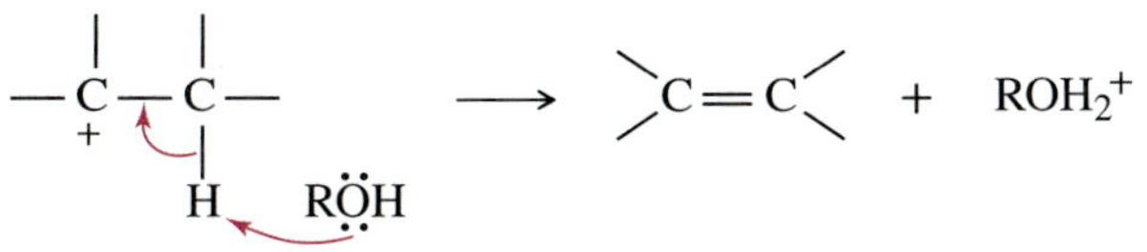

$$-\overset{|}{\underset{+}{C}}-\overset{|}{\underset{|}{C}}(H)- \;+\; RÖH \longrightarrow \;>C=C<\; + \; ROH_2^+$$

**4.** 더 안정한 탄소 양이온으로 자리 옮김을 하여 다시 반응한다. 탄소 양이온의 안정도 서열은 공명 안정화된 양이온 3° > 2° > 1°이다.

**연습문제 7-20**

다음 반응에서 예상하는 치환 반응과 제거 반응 생성물을 제시하라.

**(a)** 메탄올에서 가열한 3-브로모-3-에틸펜테인

**(b)** 에탄올에서 가열한 1-아이오도-1-페닐사이클로펜테인

**(c)** 물에서 1-브로모-2-메틸사이클로헥세인 + 질산은($AgNO_3$ 강제 이온화)

## 7-11 제거 반응의 위치 배향: Zaitsev 규칙

앞서 많은 화합물이 한 가지 이상의 방법으로 제거될 수 있다는 것을 보았다. 많은 화합물이 두 가지 이상의 방법으로 제거될 수 있으므로 알켄의 혼합물을 생성한다. 많은 경우 어떤 제거 반응이 주생성물을 생성하는지 예측할 수 있다. 메커니즘 7-2에서 살펴본 예에서 탄소 양이온은 1개의 양성자를 이웃한 두 탄소 원자 중 하나에서 잃을 수 있다.

$CH_3CH_2\ddot{O}H$ $\qquad$ $CH_3CH_2\overset{+}{O}H_2$

$CH_3-CH_2-\overset{+}{C}(CH_3)-CH_3 \longrightarrow (CH_3)HC{=}C(CH_3)_2 + CH_3-CH_2-C(CH_3){=}CH_2$

2-메틸뷰트-2-엔
삼중 치환체, 주생성물(90%)

2-메틸뷰트-1-엔
이중 치환체, 부생성물(10%)

첫 번째 생성물은 이중 결합 탄소에 3개의 치환체(동그라미 표시)를 가진 **삼중 치환된**(trisubstitued) 이중 결합을 가지고 있으며, 일반 화학식은 $R_2C{=}CHR$이다. 두 번째 생성물은 일반 화학식이 $R_2C{=}CH_2$(혹은 $R-CH{=}CH-R$)인 **이중 치환된**(disubstituted) 이중 결합을 가진다. 2개 이상의 가능한 제거 반응 생성물이 존재하는 대부분의 E1과 E2 제거 반응에서는 **더 많이 치환된 이중 결합을 가진 생성물이 우세할 것이다.** 이러한 일반적 원칙을 **Zaitsev 규칙**(Zaitsev's rule)이라고 하는데, 이 일반 원리는 7-8B절에서 처음 접한 Zaitsev 규칙의 적용 형태이다. 그리고 가장 많이 치환된 알켄을 생성되는 반응은 **Zaitsev 배향**(Zaitsev orientation)을 따른다고 표현한다.

**문제풀이 힌트**

*Zaitsev*는 러시아 이름을 음역한 것이며 *Saytzeff*로 표기할 수도 있다.

**Zaitsev 규칙**: 제거 반응에서 가장 치환이 많이 된 알켄이 보통 우세하다.

$R_2C{=}CR_2 > R_2C{=}CHR > RHC{=}CHR$ 그리고 $R_2C{=}CH_2 > RHC{=}CH_2$

사중 치환 / 삼중 치환 / 이중 치환 / 단일 치환

이러한 우선 서열은 알켄의 안정도 서열과 동일하다.

**문제풀이 힌트**

탄소 양이온이 더 많이 치환된 탄소 원자 이웃에 생성될 때마다 자리 옮김 반응이 일어날 수 있음을 생각하라.

**예제 7-4**

3-아이오도-2,2-다이메틸뷰테인을 에탄올에서 질산은으로 처리했을 때, 3개의 제거 반응 생성물이 형성되었다. 이들의 구조를 나타내고, 어떤 것이 다량으로 형성되었는지 예측하라.

**풀이**

질산은은 아이오딘화 알킬과 반응하여 고체의 아이오딘화 은과 양이온을 생성한다.

$$CH_3-\underset{CH_3}{\overset{CH_3}{C}}-CHI-CH_3 + Ag^+ \longrightarrow CH_3-\underset{CH_3}{\overset{CH_3}{C}}-\overset{+}{C}H-CH_3 + AgI\ (s)$$

이러한 2차 탄소 양이온은 양성자 1개를 잃어 자리를 옮기지 않은 알켄(**A**) 혹은 더 안정한 3차 양이온으로 자리를 옮길 수 있다.

양성자 손실

$$CH_3-\underset{CH_3}{\overset{CH_3}{C}}-\overset{+}{C}(H)-CH_3 \xrightarrow{CH_3CH_2\ddot{O}H} CH_3-\underset{CH_3}{\overset{CH_3}{C}}-CH=CH_2 + CH_3CH_2\overset{+}{O}H_2$$

**(A)**

자리 옮김

$$CH_3-\underset{CH_3}{\overset{CH_3}{C}}-\overset{+}{\underset{}{\overset{H}{C}}}-CH_3 \xrightarrow[\text{(메틸 이동)}]{\sim CH_3} CH_3-\overset{CH_3}{\overset{+}{C}}-\underset{CH_3}{\overset{H}{C}}-CH_3$$

2° 탄소 양이온 → 3° 탄소 양이온

3차 양이온은 두 위치 중 하나에서 양성자 하나를 잃을 수 있다. 생성물 중 하나(**B**)는 사중 치환된 알켄이고, 다른 하나(**C**)는 이중 치환된 알켄이다.

사중 치환된 알켄의 형성

$$CH_3-\overset{CH_3}{\underset{+}{C}}-\underset{CH_3}{\overset{H}{C}}-CH_3 \xrightarrow{H\ddot{O}CH_2CH_3} (H_3C)_2C=C(CH_3)_2 + CH_3CH_2\overset{+}{O}H_2$$

**(B)**
(사중 치환체)

이중 치환된 알켄의 형성

$$CH_3CH_2\ddot{O}H + H-CH_2-\overset{CH_3}{\overset{+}{C}}-\underset{CH_3}{\overset{H}{C}}-CH_3 \longrightarrow H_2C=\overset{CH_3}{C}-\underset{CH_3}{\overset{H}{C}}-CH_3 + CH_3CH_2\overset{+}{O}H_2$$

**(C)**
(이중 치환체)

**B**에서의 이중 결합이 더 많이 치환이 되었기 때문에 생성물 **B**는 생성물 **C**보다 우세하다. 생성물 **A**가 주요 생성물인지 아닌지는 특정 반응 조건과 어떤 양성자 손실 혹은 자리 옮김이 더 빠른지에 따라 좌우될 것이다.

**Aleksander Mikhaylovich Zaytsev** (1841~1910) Zaytsev 규칙을 제안한 것으로 가장 잘 알려진 러시아 화학자로, 이 규칙은 생성된 알켄의 안정성을 통해 제거 반응의 주생성물을 예측할 수 있게 한다. 경험에 따르면 더 많이 치환된 알켄이 주로 생성된다.

### 연습문제 7-21

예제 7-4에서 2개의 탄소 양이온 각각은 또한 에탄올과 반응하여 치환 생성물을 생성한다. 이 반응에서 형성된 2개의 치환 생성물의 구조를 제시하라.

**연습문제 7-22**

(1-브로모에틸)사이클로헥세인을 메탄올에서 장시간 가열한 결과 2개의 에터와 3개의 알켄이라는 5개의 생성물이 생겼다. 이 반응의 생성물을 예측하고, 형성에 관한 메커니즘을 제안하라. 3개 알켄 중 어느 것이 주요 제거 반응 생성물인지 예측하라.

## 7-12 2차 제거 반응: E2 반응

제거 반응은 센염기가 존재하는 2차 반응 조건하에서도 역시 일어날 수 있다. 한 예로, 메탄올에서 메톡시화 이온과 브로민화 *t*-뷰틸의 반응을 고려하자. 메톡시화 이온이 강한 친핵체이자 강한 염기이므로, 이는 2차 반응이다. 메톡시화 이온은 할로젠화물이 이온화하여 1차 반응식을 줄 수 있는 것보다 빠르게 할로젠화 알킬과 반응한다. 하여튼 어떠한 치환체 생성물(메틸 *t*-뷰틸 에터)도 관찰되지 않는다. $S_N2$ 메커니즘은 할로젠화 알킬의 입체 장애가 너무 크기 때문에 저지되어 있다. 관찰한 생성물은 HBr의 제거와 이중 결합의 형성으로 초래된 2-메틸프로펜이다.

$S_N2$는 입체 장애를 많이 받는다.

$CH_3\ddot{O}:^-$ + $H_3C{-}C(CH_3)_2Br$ $\xrightarrow{E2}$ $(CH_3)_2C{=}CH_2$ + $CH_3{-}\ddot{O}{-}H$ + $:\ddot{Br}:^-$

반응 속도 = $k_r[(CH_3)_3C{-}Br][^-OCH_3]$

이러한 제거 반응의 속도는 할로젠화 알킬과 염기 농도 모두에 비례하여 2차 반응 속도식을 형성한다. 이는 이분자성 과정으로, 전이 상태에서 염기와 할로젠화 알킬 둘 다 참여하여 메커니즘은 제거, 이분자성(Elimination, bimolecular)을 의미하는 약자 E2로 표시한다.

$$\text{E2 반응 속도} = k_r[\text{RX}]\ [\text{B:}^-]$$

위에 나타낸 E2에서는 메톡시화 이온이 친핵체가 아니라 염기로 작용한다. 대부분의 강한 친핵체는 또한 센염기이고, 제거 반응은 3° 혹은 입체 장애의 2° 할로젠화 알킬 같은 나쁜 $S_N2$ 기질과 더불어 센염기/친핵체를 사용했을 때 흔히 일어난다. 입체 장애가 있는 친전자체 탄소의 뒤쪽을 공격하는 대신, 메톡시화 이온은 메틸기 중 1개에서 양성자 하나를 제거한다. 이러한 반응은 한 단계로 일어나서 염기가 양성자를 제거하는 것과 동시에 브로민화 이온이 이탈한다.

E2 반응의 일반 메커니즘에서 강한 염기는 이탈기가 부착되었던 탄소에 이웃한 탄소의 양성자 하나를 제거한다. 염기가 1개의 양성자를 제거함에 따라 1개의 이중 결합이 형성되고 이탈기가 떠난다. $S_N2$ 반응과 마찬가지로 E2 반응은 협동(concerted) 반응이므로 단 한 단계에서 결합이 끊어지는 것과 새로운 결합이 동시에 형성된다.

**연습문제 7-23**

2차 조건(센염기/친핵체)에서는 $S_N2$와 E2 반응이 동시에 발생하여 서로 경쟁할 수 있다. 2-브로모-3-메틸뷰테인(어느 정도 입체 장애가 있는 2° 할로젠화 알킬)과 에톡시화 소듐의 반응에서 어떤 생성물을 예측하는지 제시하라.

## 핵심 메커니즘 7-3 | E2 반응

협동 E2 반응은 단 하나의 단계에서 일어난다. 센염기는 이탈기가 붙은 탄소에 이웃한 탄소의 양성자를 제거한다. 생성물은 알켄이다.

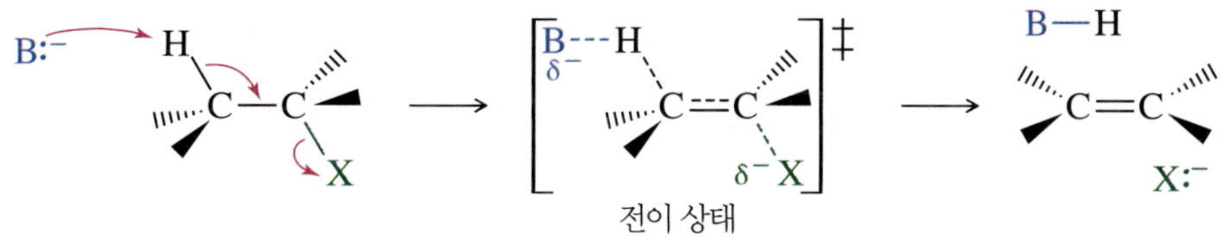

전이 상태

**예: 3-브로모펜테인과 에톡시화 소듐의 E2 제거 반응**

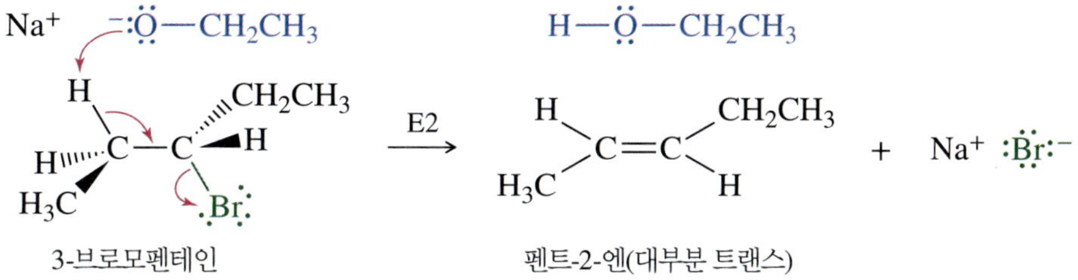

3-브로모펜테인

펜트-2-엔(대부분 트랜스)

E2 반응에서의 할로젠화 알킬의 반응 서열은 3° > 2° > 1°이다.

**E2에서의 기질 반응성** E2 할로젠화 수소 이탈 반응에서 할로젠화 알킬의 반응 서열은 다음과 같다.

$$3° \quad > \quad 2° \quad > \quad 1°$$

반응성 서열은 많이 치환된 이중 결합의 큰 안정도를 반영한다. 3차 할로젠화물의 제거 반응은 2차 할로젠화물의 제거 반응보다 더 많이 치환된 알켄을 생성하고, 2차 할로젠화물은 1차 할로젠화물보다 많이 치환된 알켄을 생성한다. 알켄 생성물의 안정도는 전이 상태에 반영되어 낮은 에너지와 빠른 제거 반응 속도의 할로젠화 알킬을 많이 치환된 알켄으로 인도한다.

**E2에서의 생성물의 혼합물** E2 반응은 할로젠을 지닌 탄소 원자에 이웃한 탄소의 양성자를 떼어낼 필요가 있다. 만일 2개 이상의 가능성이 존재한다면 생성물의 혼합물이 초래될 수 있다. 대부분의 경우 Zaitsev 규칙은 어떤 가능한 생성물이 주생성물이 될 것인지 예측한다. 즉 생성물은 가장 많이 치환된 알켄이다. 예를 들면 2-브로모뷰테인의 수산화 포타슘과의 E2 반응은 2개 생성물, 뷰트-1-엔(단일 치환된 알켄)과 뷰트-2-엔(이중 치환된 알켄)의 혼합물을 생성한다. Zaitsev 규칙이 예측하는 대로 이중 치환된 이성질체 뷰트-2-엔이 주생성물이다.

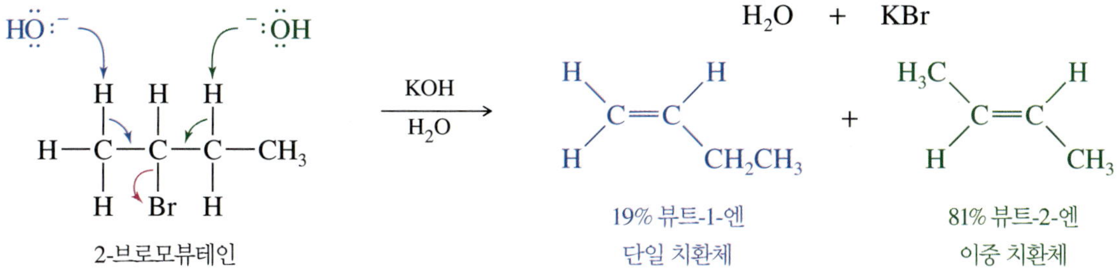

2-브로모뷰테인 $\xrightarrow[H_2O]{KOH}$ 19% 뷰트-1-엔 단일 치환체 + 81% 뷰트-2-엔 이중 치환체 + $H_2O$ + KBr

유사하게 1-브로모-1-메틸사이클로헥세인(1-bromo-1-methylcyclohexane)과 에톡시화 소듐의 반응은 이중 치환된 알켄과 삼중 치환된 알켄의 혼합물을 생성한다. 삼중 치환된 알켄이 주생성물이다.

$CH_3CH_2\ddot{O}:^-$ ... 1-브로모-1-메틸사이클로헥세인 $\xrightarrow[CH_3CH_2OH]{NaOCH_2CH_3}$ 메틸렌사이클로헥세인 + 1-메틸사이클로헥센 + $CH_3CH_2OH$ + NaBr

1-브로모-1-메틸사이클로헥세인

메틸렌사이클로헥세인
이중 치환, 부생성물

1-메틸사이클로헥센
삼중 치환, 주생성물

**문제풀이 힌트**

Zaitsev 규칙은 보통 염기 및/또는 이탈기가 비정상적으로 부피가 크지 않는 한 E2 반응에 적용한다.

**연습문제 7-24**

**1.** 다음 반응의 제거 반응 생성물을 예측하라. 2개의 알켄이 가능할 때 어떤 것이 주생성물인지 예측하라. 생성물에서 각 이중 결합의 치환 정도를 나타내고 답을 설명하라.

**2.** 다음 반응 중 어느 것이 제거 반응과 치환 반응 생성물 둘 다를 생성하는가?

**(a)** 2-브로모펜테인 + $NaOCH_3$

**(b)** 3-브로모-3-메틸펜테인 + NaOMe (Me = 메틸, $CH_3$)

**(c)** 2-브로모-3-에틸펜테인 + NaOH

## 7-13 E2 제거 반응에서의 부피가 큰 염기의 역할: Hofmann 배향

**부피가 큰 염기의 사용** 기질이 쉽게 치환된다면 부피가 큰 염기를 사용하여 치환 반응이 일어나는 정도를 감소시킬 수 있다. 큰 알킬기의 경우 부피가 큰 염기는 알킬기가 탄소 원자를 공격(치환)하기 위해 접근하는 것을 방해하지만, 아직 염기로서 양성자는 쉽게 떼어낼 수 있다(제거 반응). 부피가 크고 센염기로서 흔히 사용되는 몇 가지 예로, *t*-뷰톡시화 이온, 다이아이소프로필아민(diisopropylamine), 트라이에틸아민(triethylamine), 2,6-다이메틸피리딘(2,6-dimethylpyridine)을 들 수 있다.

$(CH_3)_3C-O^-$ *t*-뷰톡시화 이온

$[(CH_3)_2CH]_2N-H$ 다이아이소프로필아민

$(CH_3CH_2)_3N:$ 트라이에틸아민

2,6-다이메틸피리딘

브로모사이클로헥세인(bromocyclohexane)의 할로젠화 수소 이탈 반응은 제거 반응에서 부피가 큰 염기를 사용하는 예를 설명해준다. 브로모사이클로헥세인은 2차 할로젠화 알킬이며, 치환 반응과 제거 반응이 둘 다 일어날 수 있다. 다이아이소프로필아민 같은 부피가 큰 염기를 사용하면 치환($S_N2$)보다 제거 반응(E2)이 유리하다. 다이아이소프로필아민은 부피가 너무 커서 좋은 친핵체가 될 수 없지만, 양성자를 제거하는 센염기로 작용할 수는 있다.

브로모사이클로헥세인 $\xrightarrow{(i\text{-Pr})_2\ddot{N}H,\ \text{가열}}$ 사이클로헥센(93%) + $[(CH_3)_2CH]_2\overset{+}{N}H_2\ Br^-$

브로모사이클로헥세인

사이클로헥센(93%)

**Hofmann 생성물의 생성** 부피가 큰 염기를 사용하면 또한 Zaitsev 규칙을 따르지 않는 할로젠

화 수소 이탈 반응을 일으킬 수 있다. 입체 장애 때문에 흔히 부피가 큰 염기가 양성자를 제거해서 가장 많이 치환된 알켄을 생성하는 것을 막을 수 있다. 이런 경우 덜 가려진 양성자를 떼어내어 흔히 가장 덜 치환된 생성물, 소위 **Hofmann 생성물**(Hofmann product)을 만들어낸다. 다음 반응에서는 상대적으로 부피가 작은 에톡시화 이온을 사용하면 주로 **Zaitsev 생성물**(Zaitsev product)을 만들게 되지만, 부피가 큰 *t*-뷰톡시화 이온을 사용하면 대부분 Hofmann 생성물을 만들게 된다.

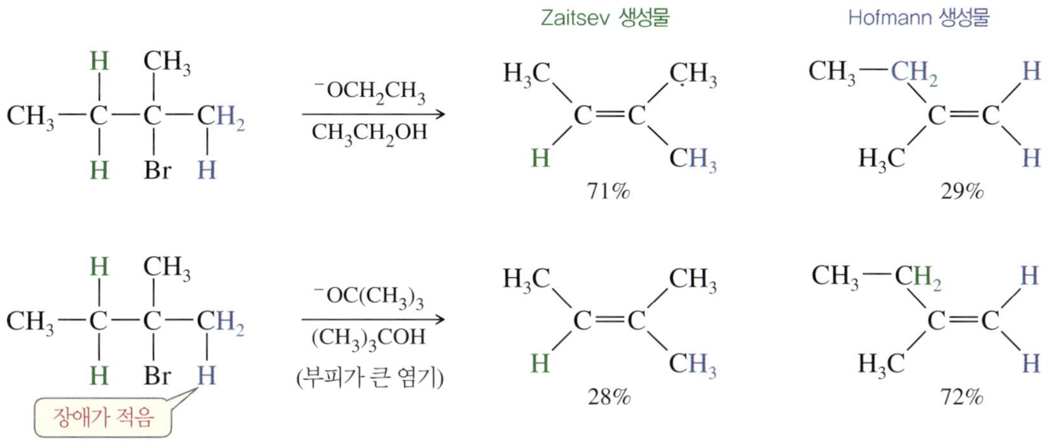

Zaitsev 생성물 Hofmann 생성물

$CH_3-CH(H)(H)-C(CH_3)(Br)-CH_2H$ $\xrightarrow[CH_3CH_2OH]{^-OCH_2CH_3}$ $(H_3C)(H)C=C(CH_3)(CH_3)$ 71% $(CH_3-CH_2)(H_3C)C=CH_2$ 29%

$CH_3-CH(H)(H)-C(CH_3)(Br)-CH_2H$ $\xrightarrow[(CH_3)_3COH]{^-OC(CH_3)_3}$ (부피가 큰 염기) $(H_3C)(H)C=C(CH_3)(CH_3)$ 28% $(CH_3-CH_2)(H_3C)C=CH_2$ 72%

장애가 적음

**연습문제 7-25**

다음 각 반응에서 치환 반응 혹은 제거 반응(또는 둘 다) 중 어떤 것이 가능한지를 밝히고, 예상하는 생성물을 나타내라. 주생성물이 어떤 것인지 표시하라.

**(a)** 1-브로모-1-메틸사이클로헥세인 + 아세톤 속의 NaOH

**(b)** 1-브로모-1-메틸사이클로헥세인 + 트라이에틸아민($Et_3N$:)

**(c)** 클로로사이클로헥세인 + $CH_3OH$ 속의 $NaOCH_3$

**(d)** 클로로사이클로헥세인 + $(CH_3)_3COH$ 속의 $NaOC(CH_3)_3$

## 7-14 E2 반응의 입체 화학

$S_N2$ 반응과 마찬가지로 E2 반응은 **협동 메커니즘**(concerted mechanism)을 따른다. 즉 E2 반응에서 결합의 끊어짐과 형성이 동시에 일어나고, 새로운 결합이 부분적으로 형성되는 것이 전이 상태 입체 화학의 에너지를 낮춘다. 협동 메커니즘은 특정한 기하학적 배열이 필요하여 끊어지는 결합의 오비탈이 형성되는 결합 오비탈과 겹칠 수 있으므로 전자가 한 결합에서 다른 한 결합으로 원활히 흐를 수 있다. $S_N2$ 반응이 요구하는 기하학적 배열은 뒤쪽 공격이다. E2의 경우 오비탈의 동일 평면 배열이 요구된다.

E2 제거 반응은 전이 상태에서 그것의 평형인 $p$ 오비탈을 가진 새로운 $\pi$ 결합의 부분적인 형성이 필요하다. 한때 C—H 결합을 형성했던 전자들은 이탈기가 비워놓은 오비탈과 겹치기 시작해야 한다. 새로운 $\pi$ 결합의 형성은 이 2개의 $sp^3$ 오비탈이 평행이 되어 수소와 할로젠이 이탈함에 따라 $\pi$ 겹침이 가능해지고, 오비탈들이 새로운 $\pi$ 결합의 $p$ 오비탈로 재혼성화한다는 것을 의미한다.

### 7-14A 안티-동일 평면 및 신-동일 평면 E2 제거 반응

그림 7-10은 이탈기, 즉 이탈하는 수소와 2개의 탄소 원자의 필요한 동일 평면 배열을 제공하는 2개의 회전 입체 배열을 보여준다. 수소와 할로젠이 서로 **안티**(anti)일 때($\theta$ = 180°) 그들의 오비탈

**응용: 생화학**

효소-촉매화 제거 반응은 일반적으로 E2 메커니즘에 의해 진행되며, 단 하나의 입체 이성질체를 생성한다. 2개의 촉매 원자단이 개입한다. 즉 하나는 수소를 제거하고, 다른 하나는 이탈기의 떠남을 도와준다. 이러한 원자단들은 안티-동일 평면 제거 반응을 허용하기 위해 적절한 위치를 차지한다.

예를 들어 세포 호흡의 한 단계는 시트르산에서 물을 제거하여 일반적으로 시스-아코니트산이라고 불리는 생성물의 Z 이성질체만을 얻는 과정을 포함한다.

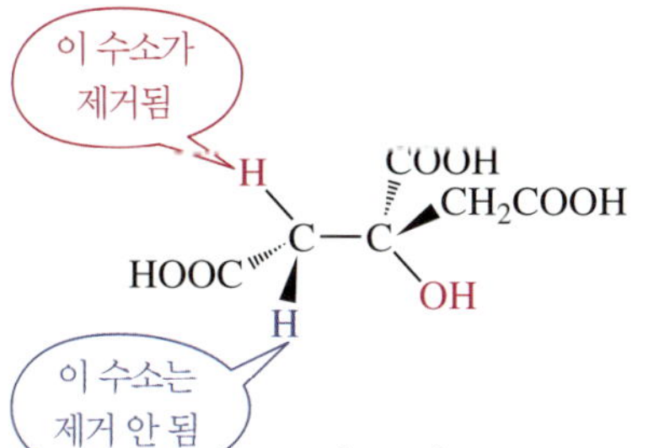

이 수소가 제거됨

이 수소는 제거 안 됨

H, COOH, $CH_2COOH$, HOOC, C—C, OH, H

시트르산

아코니트산 수화 효소 (효소) → $(HOOC)(H)C=C(COOH)(CH_2COOH)$ + $H_2O$

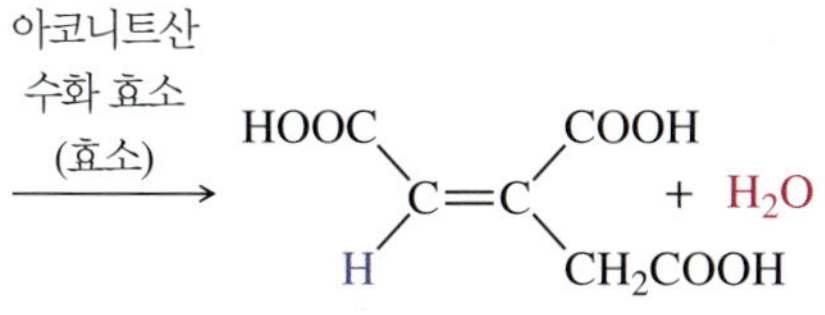

시스-아코니트산(100%)

은 정렬되며, 이를 **안티-동일 평면**(anti-coplanar) 배열이라고 한다. 수소와 할로젠이 서로를 가릴 때($\theta = 0°$) 그들의 오비탈은 다시 한번 정렬되는데, 이를 **신-동일 평면**(syn-coplanar) 배열이라고 한다. 그림 7-10에 해당되는 모형을 만들어 이러한 논의를 따르는 데 사용하라.

이러한 가능한 회전 입체 배열 중에서 안티-동일 평면 배열은 E2 반응에서 가장 흔히 볼 수 있다. 안티-동일 평면 배열에 대한 전이 상태는 엇갈린 형태로, 이탈기에서 염기가 가장 멀리 떨어져 있다. 대부분 경우 이러한 전이 상태는 신-동일 평면 제거 반응에 대한 전이 상태보다 에너지가 낮다.

신-동일 평면 제거 반응에 대한 전이 상태는 가려진 형태이다. 전이 상태는 가려진 상호작용에 의해 에너지 상태가 더 높을 뿐만 아니라, 공격하는 염기와 이탈기가 서로를 방해한다. 염기가 양성자를 떼어내기 위해서는 이탈기에 아주 가까이 접근해야 한다. 대부분의 경우 이탈기는 부피가 크고 음으로 하전되어 있으므로, 염기와 이탈기 간의 반발은 신-동일 평면의 전이 상태 에너지를 상승시킨다.

일부 분자는 수소 원자와 이탈기가 신-동일 평면 배열을 가진, 중첩(또는 거의 중첩) 형태로 단단히 고정되어 있다. 이러한 화합물은 신-동일 평면 협동 메커니즘에 의해 E2로 진행할 가능성이 높다. 염기로 인해 어떤 원자가 제거되는지 보여주는 데 다음 반응에서 중수소 표지(D, 질량 2의 수소 동위 원소를 사용)를 사용한다. 수소 원자만 제거되는데, 왜냐하면 수소 원자는 브로민 원자와 같은 신-동일 평면 위치에 있기 때문이다. 그러나 신-동일 평면 제거는 흔하지 않으며 안티-동일 평면 제거가 더 일반적이라는 점을 기억하라.

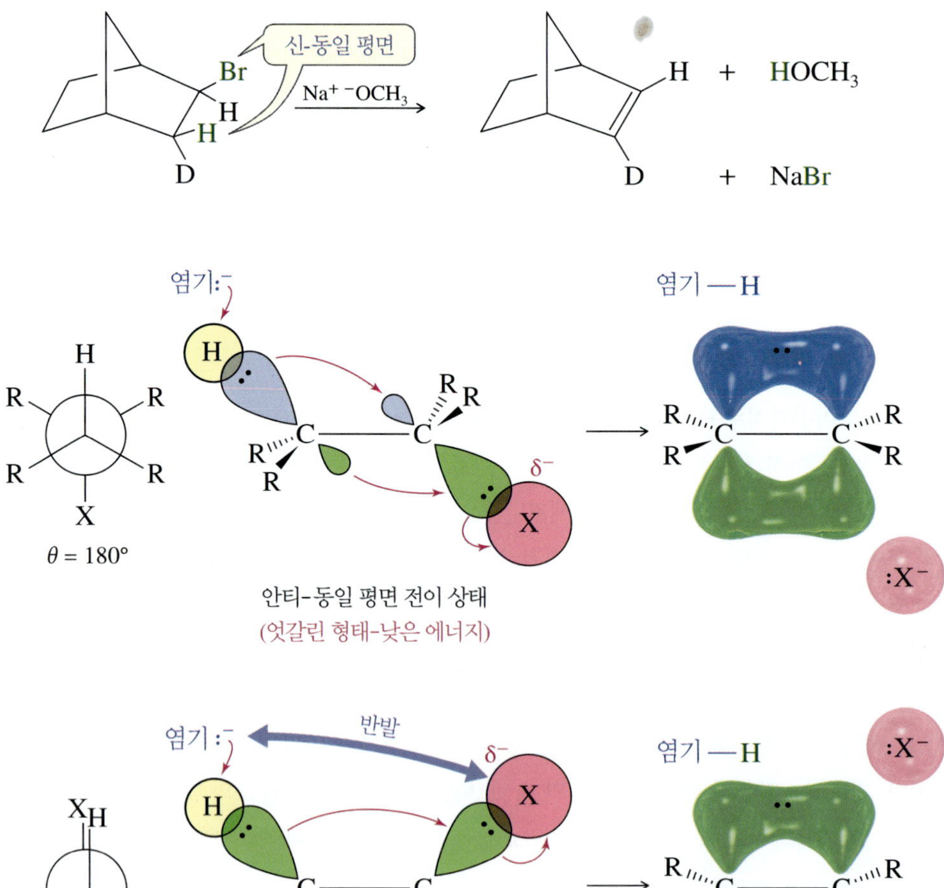


**그림 7-10** E2 반응의 협동 전이 상태. 수소와 할로젠의 오비탈은 정렬하여 전이 상태에서 $\pi$ 결합을 형성할 수 있다.

### 7-14B E2 반응의 입체 특이성

$S_N2$ 반응(6-12절)과 같이 E2 반응은 **입체 특이성**(stereospecific)이 있다. 반응물이 상이한 입체 이성질체인 경우 상이한 입체 이성질체인 생성물이 생성된다. E2가 입체 특이성인 것은 E2 반응이 안티로 같은 평면상인 전이 상태를 거쳐서 일어나기 때문이다. 생성물은 알켄으로, 출발 물질이 서로 다른 부분 입체 이성질체(diastereomer)인 경우 다른 부분 입체 이성질체인 알켄이 생성된다. 다음 예는 1-브로모-1,2-다이페닐프로페인(1-bromo-1,2-diphenylpropane)의 한 부분 입체 이성질체가 E2 제거 반응이 일어날 때 알 켄 생성물에서 트랜스 이성질체만이 생성되는 이유를 보여 준다.

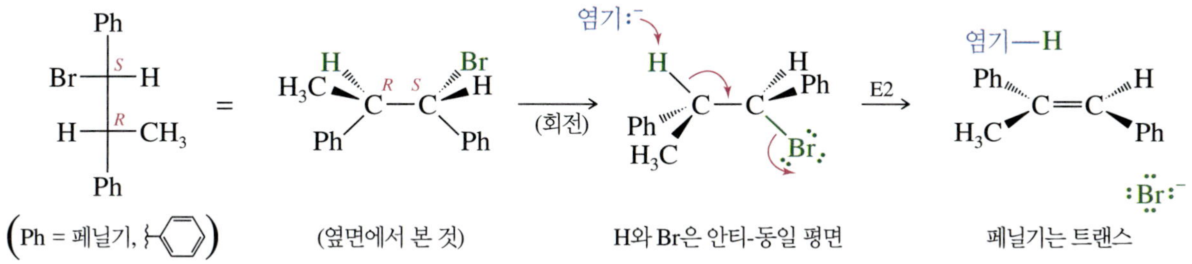

(Ph = 페닐기, ⌇⬡)

(옆면에서 본 것) (회전) H와 Br은 안티-동일 평면 E2 페닐기는 트랜스

모형을 만들어 이 반응을 분자의 왼쪽 끝에서 본다면 H와 Br이 동일 평면상에 배열되어 있는 것을 확실하게 볼 수 있다.

#### 메커니즘 7-4 | E2 반응의 입체 화학

대부분의 E2 반응은 안티-동일 평면 전이 상태를 거쳐서 일어난다. 이러한 형태는 이 반응을 수소와 이탈기 사이의 탄소-탄소 결합을 통해 내려다보면 더 명확해진다. 분자의 왼쪽에서부터 보면 다음과 같다.

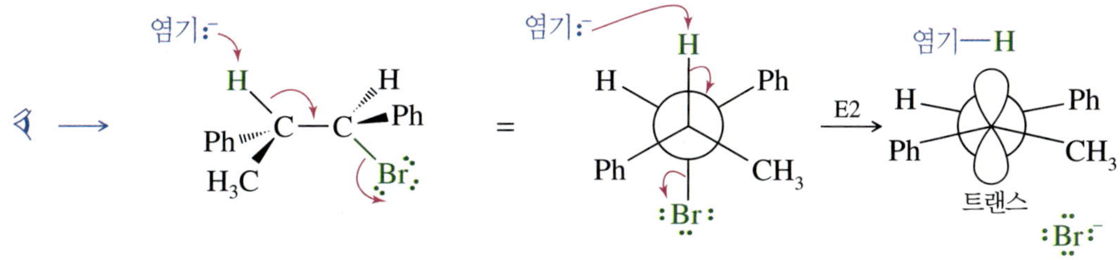

염기:⁻ E2 염기—H 트랜스 :Br:⁻

다음 반응은 (*R*,*R*) 형태인 다른 부분 입체 이성질체에서 안티-동일 평면의 제기 반응이 일어날 경우 오로지 시스 이성질체만 생성된다. 실제로는 반응물의 두 가지 다른 부분 입체 이성질체는 생성물의 두 가지 다른 부분 입체 이성질체, 즉 입체 특이성의 결과를 제공한다.

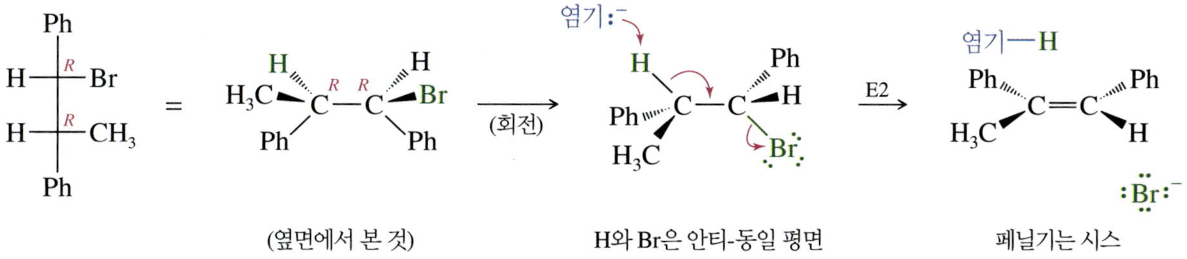

(옆면에서 본 것) (회전) H와 Br은 안티-동일 평면 E2 페닐기는 시스

분자의 왼쪽 끝에서 보면 다음과 같다.

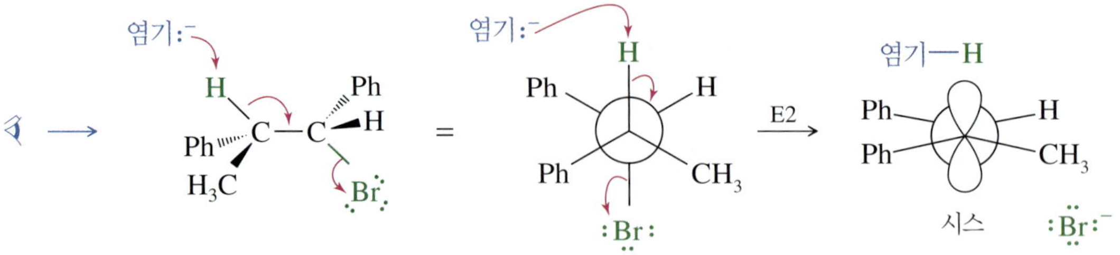

> **문제풀이 힌트**
>
> 이러한 반응의 경우 풀이 방법을 외우려고 하지 마라. 각각의 경우에 대해 어떻게 되는가를 생각하라. 입체 화학을 포함하는 반응에 대해서는 모형을 활용해보라.

**연습문제 7-26**

1-브로모-1,2-다이페닐프로페인의 (*R*,*R*) 부분 입체 이성질체의 (*S*,*S*) 거울상 이성질체가 E2 제거 반응을 거쳐 시스 부분 입체 이성질체인 생성물을 생성하는 것을 나타내라. (이러한 비카이랄 시약이 거울상 이성질체를 서로 구별해낼 것으로 기대하지는 않는다.)

> **문제풀이 힌트**
>
> 안티-동일 평면 E2 제거 반응은 흔하다.
> 신-동일 평면 E2 제거 반응은 드물며, 일반적으로 자유 회전이 불가능할 때 발생한다.

**연습문제 7-27**

다음 화합물의 모형을 만들고, 화합물이 아래의 센염기와 반응할 경우 만들어지는 생성물을 예측하라.

(a) 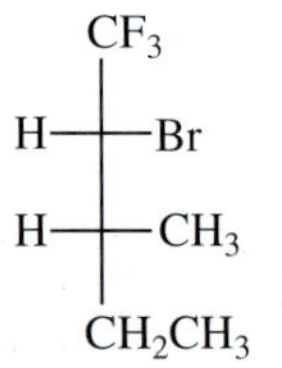 $CF_3$ / H—C—Br / H—C—$CH_3$ / $CH_2CH_3$ + KOH ⟶ (치환 및 제거)

(b) 메조-1,2-다이브로모-1,2-다이페닐에테인 + $(CH_3CH_2)_3N$:

(c) (*d*,*l*)-1,2-다이브로모-1,2-다이페닐에테인 + $(CH_3CH_2)_3N$:

(d) 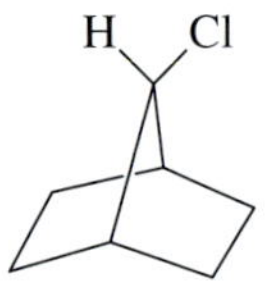 H, Cl + 아세톤 속의 NaOH

(e) 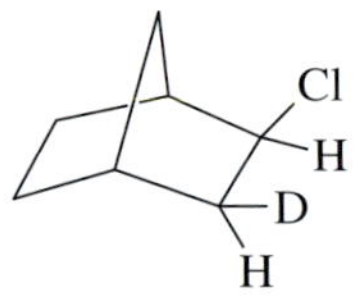 Cl, H, D, H + $(CH_3)_3CO^-$

(f) 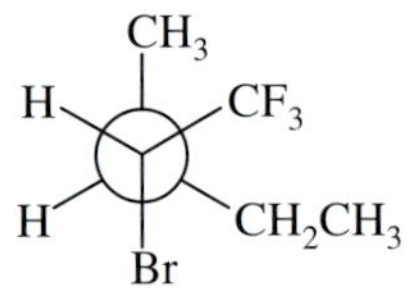 $CH_3$, H, $CF_3$, H, $CH_2CH_3$, Br + $NaOCH(CH_3)_2$

## 7-15 사이클로헥세인계에서 일어나는 E2 반응

거의 모든 사이클로헥세인은 의자 형태를 가질 때 가장 안정하다. 의자 형태에서는 탄소-탄소 결합은 엇갈린 형태를 가지며, 어떤 이웃한 탄소 원자라도 E2 반응에 이상적인 안티-동일 평면 형태를 취한다. (다음 그림에서 볼 수 있듯이 수직 방향 결합은 모두 수직 형태를 취한다.) 어떠한 두 인접한 탄소 원자라도 한 원자는 위로 향하는 수직 방향 결합을 가지며, 다른 원자는 아래로 향하는 수직 방향 결합을 갖게 된다. 이런 두 결합은 서로 트랜스 관계에 있게 되며, 이러한 형태를 **트랜스-이수직 방향**(trans-diaxial)에 있다고 한다.

**그림 7-11** 사이클로헥세인 고리에서 E2 제거 반응. 브로모사이클로헥세인의 E2 제거 반응은 양성자와 이탈기가 트랜스 배열이고, 또한 둘 다 수직 방향으로 위치한다.

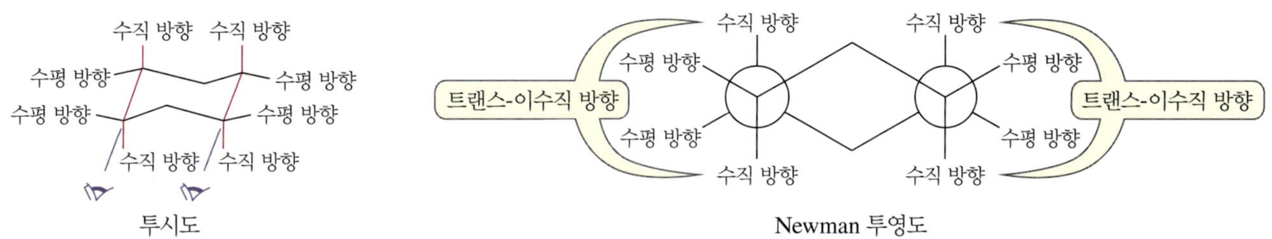


양성자와 이탈기가 트랜스-이수직 방향의 배열을 가질 수 있는 경우에만 의자 형태에서 E2 제거 반응이 일어날 수 있다. 그림 7-11은 브로모사이클로헥세인의 E2 할로젠화 수소 이탈 반응을 보여준다. 제거 반응이 일어나려면 분자는 뒤집혀져서 브로민 원자가 수직 방향으로 배열되는 의자 형태를 취해야 한다.

(다음 예제 및 연습문제에 나타낸 구조에 대한 모형을 만들어봐야 한다. 그렇게 해야 내용을 더 쉽게 이해할 수 있다.)

**예제 7-5**

다음의 중수소화된 1-브로모-2-메틸사이클로헥세인이 E2 메커니즘을 통해 탈수 반응이 일어날 경우 다음에 밝힌 생성물만 만들어지는 이유를 설명하라. 다른 두 가지 알켄은 관찰되지 않는다.

관찰됨

관찰되지 않음

**풀이**

E2 제거 반응에서 수소 원자와 이탈기는 반드시 트랜스-이수직 방향으로 있어야 한다. 이 화합물에서는 단지 한 수소 원자(중수소)만이 브로민 원자에 트랜스로 있게 된다. 브로민 원자가 수직 방향으로 있으면 이웃한 중수소도 같이 수직 방향이 되므로 트랜스-이수직 방향의 배열이 이루어진다.

**문제풀이 힌트**

사이클로헥세인 고리의 의자 형태에서는 트랜스-이수직 방향 배열이 되면 두 기가 안티로 동일 평면에 있게 된다.

**연습문제 7-28**

다음 반응에서 제거 반응의 생성물을 예측하고, 주생성물을 밝혀라.

**(a)** 시스-1-브로모-2-메틸사이클로헥세인 + $CH_3OH$ 속의 $NaOCH_3$

**(b)** 트랜스-1-브로모-2-메틸사이클로헥세인 + $CH_3OH$ 속의 $NaOCH_3$

**문제풀이 힌트**

이탈기에 대해 트랜스인 수소를 찾아라. 그런 후 그 수소와 이탈기가 수직 방향인지 살펴보라.

**연습문제 7-29**

다음 2-브로모-1,3-다이메틸사이클로헥세인의 입체 이성질체를 메톡시화 소듐으로 처리하면 E2 반응은 관찰할 수 없다. 이 화합물이 의자 형태일 때 E2 반응이 일어나지 않는 이유를 설명하라.

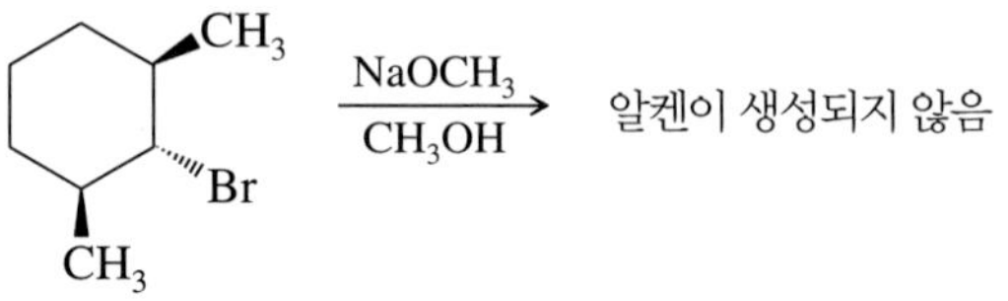

$CH_3$, Br, $CH_3$ $\xrightarrow[CH_3OH]{NaOCH_3}$ 알켄이 생성되지 않음

**연습문제 7-30**

**(a)** 브로모데칼린(bromodecalin)의 두 입체 이성질체가 다음에 나타나 있다. 이 두 입체 이성질체의 차이는 언뜻 보아 사소해 보이지만, 한 이성질체는 KOH로 제거 반응을 수행하면 다른 이성질체보다 매우 빠르게 일어난다. 이 제거 반응의 생성물을 예측하고, 제거 반응이 쉽게 일어나는 차이를 설명하라.

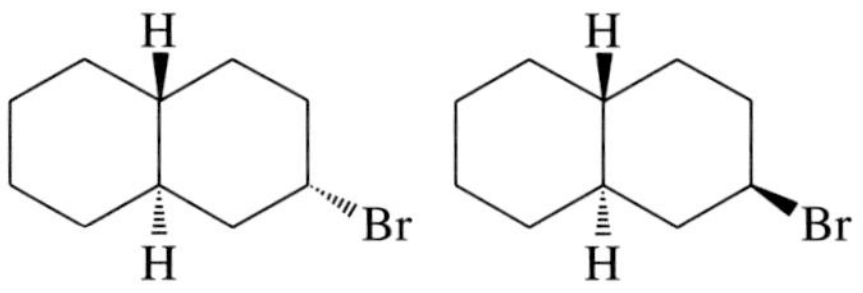

H, H, Br — 빠른 제거 반응 | H, H, Br — 느린 제거 반응

**(b)** 다음 화합물 중 어떤 것이 KOH와 더 빠르게 제거 반응을 일으키는가? 그 이유를 설명하라. 만들어지는 주생성물을 예측하라.

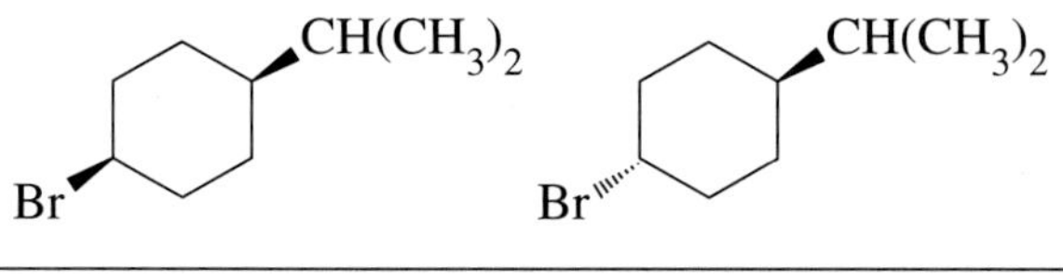

$CH(CH_3)_2$, Br | $CH(CH_3)_2$, Br

**연습문제 7-31**

각 반응에 대해 예상되는 E2 제거 반응 생성물(들)을 제시하라. (힌트: 모형을 사용하라.)

**(a)** $CH_3$, H, Br, H, $H_3C$, H $\xrightarrow{NaOCH_3}$ 한 가지 생성물

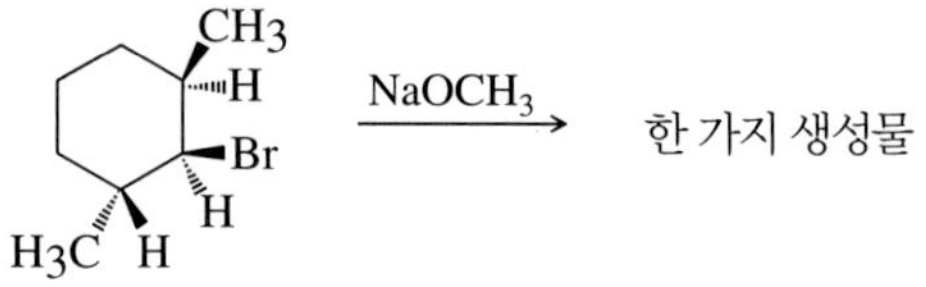

**(b)** H, H, H, D, H, Br $\xrightarrow{NaOCH_3}$ 두 가지 생성물

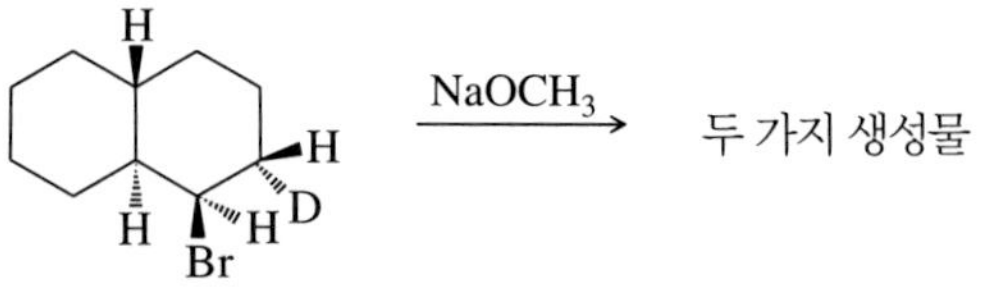

## 7-16 E1 및 E2 제거 반응 메커니즘의 비교

주어진 실험 조건하에서 어떤 메커니즘이 작동할지를 예측하는 데 도움이 될 요인에 초점을 맞추고 E1 및 E2 반응에 대해 기억해야 할 점을 요약해보자. 그다음 이러한 요인을 간략한 표로 정리할 것이다.

**염기의 영향** 염기의 성질은 E1 혹은 E2 메커니즘으로 인해 제거 반응이 진행될지 여부를 결정하는 데 가장 중요한 요인이다. 센염기가 존재한다면 이분자성 반응의 속도는 이온화 반응 속도보다 클 것이고, E2 반응이 지배할 것이다(아마도 $S_N2$ 반응을 동반할 것이다).

만일 센염기가 존재하지 않는다면 좋은 용매는 일분자성 이온화를 초래할 것이다. 약염기(예: 용매)에 의한 잇따른 양성자의 손실은 제거 반응을 이끈다. 이러한 조건하에서 E1 반응이 보통 우세하며, 보통 $S_N1$ 반응을 동반한다.

E1: 염기의 세기는 중요하지 않다(보통 약함).
E2: 센염기를 필요로 한다.

**용매의 영향** E1 반응의 느린 단계는 두 가지 이온이 생성되는 반응을 거친다. $S_N1$과 같이 E1 반응은 물이나 알코올 같은 극성 이온화 용매에 심각하게 의존한다.

E2 반응에서 전이 상태는 염기의 음전하를 전체 분자에 퍼트린다. E2 전이 상태에서는 용매화에 대한 요구가 반응물에서보다 많지 않다. 따라서 E2는 용매에 덜 예민하다. 실제로 몇몇 시약은 덜 극성인 용매에서 센염기이다.

E1: 좋은 이온화 용매를 필요로 한다.
E2: 용매 극성은 그다지 중요하지 않다.

**기질의 영향** E1 및 E2 반응 둘 다에 관한 반응성 서열은 다음과 같다.

E1, E2: 3° > 2° > 1°(1°은 보통 E1으로 진행하지 않는다.)

E1 반응에서 반응 속도 제한 단계는 탄소 양이온의 형성이다. 그리고 반응성 서열은 탄소 양이온의 안정성을 반영한다. E2 반응에서는 일반적으로 치환이 많은 할로젠화물이 더 많이 치환되고, 더 안정한 알켄을 생성한다.

**반응 속도론** E1 반응의 속도는 할로젠화 알킬의 농도 [RX]에 비례한다. 그러나 염기의 농도에는 비례하지 않으며, 1차 반응 속도식을 따른다.

E2 반응 속도는 할로젠화 알킬 농도 [RX]와 염기 농도 [B:⁻] 둘 다에 비례한다. 또한 2차 반응 속도식을 따른다.

E1 반응 속도 = $k_r$[RX]
E2 반응 속도 = $k_r$[RX][B:⁻]

**제거 반응의 배향** 2개 이상의 가능한 생성물을 지닌 대부분의 E1 및 E2 제거 반응에서 가장 치환이 많은 이중 결합을 가진 생성물(가장 안정한 생성물)이 우세하다. 이러한 원리를 **Zaitsev 규칙**(Zaitsev's rule)이라고 한다. 그리고 가장 치환이 많이 된 생성물을 **Zaitsev 생성물**(Zaitsev product)이라고 한다. =

| E1, E2: 보통 Zaitsev 배향이다. |
|---|

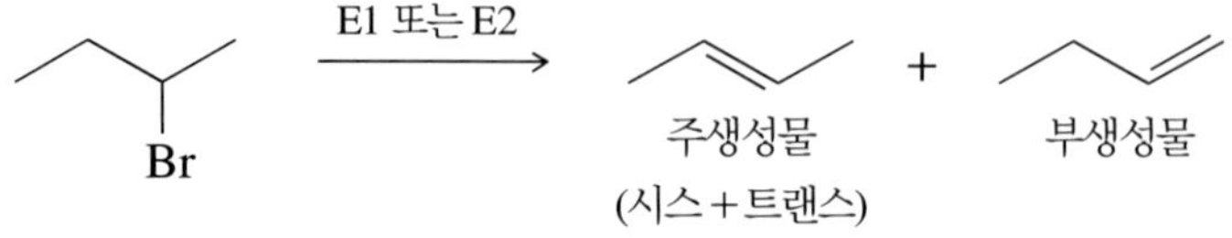


**입체 화학** E1 반응은 평면의 탄소 이온을 형성하는 이온화 반응으로 시작한다. 이온화에는 특정한 기하 구조를 필요로 하지 않는다.

E2 반응은 제거되는 원자와 결합을 동일 평면으로 배열을 요구하는 협동 메커니즘을 통해 일어난다. 전이 상태는 견고한 계에서는 신-동일 평면일 수도 있지만 보통 안티-동일 평면이다.

| E1: 느린 단계에 특정한 기하 구조를 요구하지 않는다. |
|---|
| E2: 전이 상태에 동일 평면 배열(보통 안티)이 필요하다. |

**자리 옮김** E1 반응은 탄소 양이온 중간체를 포함한다. 이러한 중간체는 보통 수소화물 이동이나 알킬 이동에 의해 자리를 옮길 수 있으므로, 더 안정한 탄소 양이온을 생성한다.

E2 반응은 중간체가 없는 한 단계에서 일어난다. E2 반응에서는 자리 옮김이 불가능하다.

| E1: 자리 옮김이 흔하다. |
|---|
| E2: 자리 옮김이 없다. |

**SUMMARY | 제거 반응**

| | E1 | E2 |
|---|---|---|
| **촉진 요인** | | |
| 염기 | 약염기가 작동 | 센염기가 필요함 |
| 용매 | 좋은 이온화 용매 | 다양한 용매 |
| 기질 | 3° > 2° | 3° > 2° > 1° |
| 이탈기 | 좋은 이탈기 필요함 | 좋은 이탈기 필요함 |
| **특성** | | |
| 반응 속도론 | 1차, $k_r$[RX] | 2차, $k_r$[RX][B:⁻] |
| 배향 | 가장 치환이 많은 알켄 | 가장 치환이 많은 알켄 |
| 입체 화학 | 특정 기하 구조가 없음 | 동일 평면 전이 상태가 필요함 |
| 자리 옮김 | 흔함 | 불가능함 |

**연습문제 7-32**

다음과 같은 제안된 반응의 주요 및 사소한 제거 생성물을 예측하라(현재로서는 가능한 대체물을 무시한다). 각각의 경우 제거 메커니즘이 E1 또는 E2 중 어느 것으로 일어날지 설명하라.

(a) Br, $CH_3$ 치환 시클로펜틸 화합물 $\xrightarrow[\text{CH}_3\text{CH}_2\text{OH, 가열}]{\text{NaOCH}_2\text{CH}_3}$

(b) Br, $CH_3$ 치환 시클로펜틸 화합물 $\xrightarrow[\text{CH}_3\text{OH, 가열}]{\text{AgNO}_3}$

## 7-17 치환 반응과 제거 반응의 경합

치환 반응은 기질이 친핵체와 반응하는 것을 필요로 하며, 제거 반응은 기질이 염기와 반응하는 것을 필요로 한다. 그러나 대부분의 염기는 친핵성이고, 대부분의 친핵성도 염기성이므로 치환 반응과 제거 반응은 모두 동일한 반응에서 가능할 수 있다. 반응의 생성물을 예측하려면 치환 반응 또는 제거 반응의 우세 여부와 메커니즘을 예측해야 한다.

### 7-17A 이분자 치환 반응 대 제거 반응(센염기 또는 친핵체)

대부분의 경우 반응 순서는 염기 또는 친핵체 역할을 하는 시약의 세기에 따라 결정된다. 강한 시약은 기질이 이온화하는 것보다 더 빨리 기질을 공격할 가능성이 있으므로, 강한 시약은 $S_N2$와 E2라는 이분자 2차 반응을 선호한다. 예를 들어 메톡시화 소듐($NaOCH_3$)은 강한 염기이면서 강한 친핵체이다. 메톡시화 소듐은 반응 메커니즘을 $S_N2$와 E2로 좁히지만, 이들 중 어느 것이 우세할 것인지를 의미하지는 않는다. 다음 예는 거의 전체 치환(1°), 전체 제거(3°) 및 두 반응의 혼합(2°)을 제공하는 기질을 보여준다.

(1° 할로젠화 알킬) 1-브로모부테인 $\xrightarrow[\text{CH}_3\text{OH}]{\text{Na}^+ \ ^-\text{OCH}_3}$ $CH_3CH_2CH_2CH_2OCH_3$ >95% — 거의 전적으로 $S_N2$

(2° 할로젠화 알킬) 2-브로모부테인 $\xrightarrow[\text{CH}_3\text{OH}]{\text{Na}^+ \ ^-\text{OCH}_3}$ 2-뷰텐 (E2) + 2-메톡시부테인 ($S_N2$) (비율은 조건에 따라 다름)

(3° 할로젠화 알킬) $Br-C(CH_3)_3$ $\xrightarrow[\text{CH}_3\text{OH}]{\text{Na}^+ \ ^-\text{OCH}_3}$ $H_2C{=}C(CH_3)_2$ 100% — 전적으로 E2

이러한 예는 이분자 치환 반응 및 제거 반응에 적용되는 원리를 보여준다. 1차 할로젠화물은 $S_N2$ 반응에 대해 가장 반응성이 높으며, E2 반응에 대해 가장 반응성이 낮다. 1차 할로젠화물은 일반적으로 강한 친핵체와 반응하여 $S_N2$ 메커니즘에 의해 치환된다. 시약이 센염기인 경우에도 소량의 제거가 발생할 수 있다. 3차 할로젠화물은 $S_N2$ 반응을 겪을 수 없으므로, 강한 염기가 3차 할로젠화물과 반응하여 E2 메커니즘에 의해 제거되는 것만을 안전하게 예측할 수 있다.

2차 할로젠화물은 예측하기가 가장 어렵다. 이들은 E2 메커니즘에 의해 강한 염기와 반응하고, $S_N2$ 메커니즘에 의해 강한 친핵체와 반응한다. 그러나 대부분의 강한 친핵체 또한 센염기이므로 치환 반응 및 제거 반응의 비율은 온도, 용매, 입체 장애처럼 구조적 효과 같은 다른 요인으로 조절될 수 있다. 그러나 몇몇 강한 친핵체는 센염기가 아니며, E2 제거보다 $S_N2$ 치환을 촉진할 수 있다. 할로젠화 이온은 약염기인 강한 친핵체의 가장 흔한 예이다.

Br ($Na^+ I^-$) → I (주생성물) $S_N2$

부피가 큰 염기는 종종 $S_N2$ 치환보다 E2 제거를 촉진하기 위해 사용된다. 부피가 큰 염기는 $S_N2$ 반응을 위해 탄소 원자의 뒷면에 접근하는 것을 방해하지만, 인접한 탄소의 수소 원자에 쉽게 접근하여 양성자를 제거할 수 있다.

Br ($Na^+ \, ^-OC(CH_3)_3$) → (주생성물) E2

### 7-17B 일분자 치환 반응 대 제거 반응(약염기 또는 친핵체)

센염기나 강한 친핵체가 없고 우수한 이온화 용매(매우 극성, 종종 수산기)가 있는 경우 반응 속도는 1차 반응 속도이며, 탄소 양이온을 형성하는 일분자 이온화 속도에 의해 제한된다. 이러한 조건에서 시약이 탄소 양이온을 공격하여 치환 반응($S_N1$)을 제공하거나 인접한 양성자를 제거하여 제거 반응(E1)을 제공하는 빠른 두 번째 단계를 거의 조절할 수 없다. 탄소 양이온 중간체는 자리 옮김을 함으로써 더 많은 생성물을 생성할 수도 있다. 이러한 조절이 부족한 것은 할로젠화 알킬의 일분자 치환 반응 및 제거 반응이 합성에 거의 사용되지 않는 이유를 설명한다.

$CH_3$, Br (가열, $CH_3CH_2OH$) → $CH_3$, $OCH_2CH_3$ ($S_N1$) + $CH_3$ + $CH_2$ (E1)

그림 7-12는 2차(이분자) 조건에서의 치환 및 제거 메커니즘과 1차(일분자) 조건에서 발생하는 메커니즘을 비교한 것이다. 강한 시약은 이탈기를 탄소($S_N2$)로부터 치환하거나 인접 탄소(E2)로부터 양성자를 제거할 가능성이 있다. 약한 시약은 이온화가 일어날 때까지 반응하지 않는다. 그러면 탄소 양이온($S_N1$)과 결합을 형성하거나 인접한 탄소(E1)로부터 양성자를 제거할 수 있다.

온도는 치환 반응과 제거 반응의 경쟁에 영향을 미치기 위해 조절할 수 있는 변수 중 하나이다. 치환과 달리 제거는 반응물보다 더 많은 생성물을 생성한다.

$$\text{H–C–C–X} + B:^- \longrightarrow B\text{—H} + \text{C=C} + :X:^-$$

반응물보다 더 많은 생성물을 생성하는 반응은 일반적으로 계의 엔트로피를 증가시키며, 이는 $\Delta S > 0$을 의미한다. 온도를 높임으로써 자유 에너지 방정식인 $\Delta G = \Delta H - T\Delta S$에서 $(T\Delta S)$ 항을 증가시켜 $\Delta G$의 더 유리한(음의) 값에 기여할 수 있다. 따라서 일반적으로 온도의 증가는 제거에

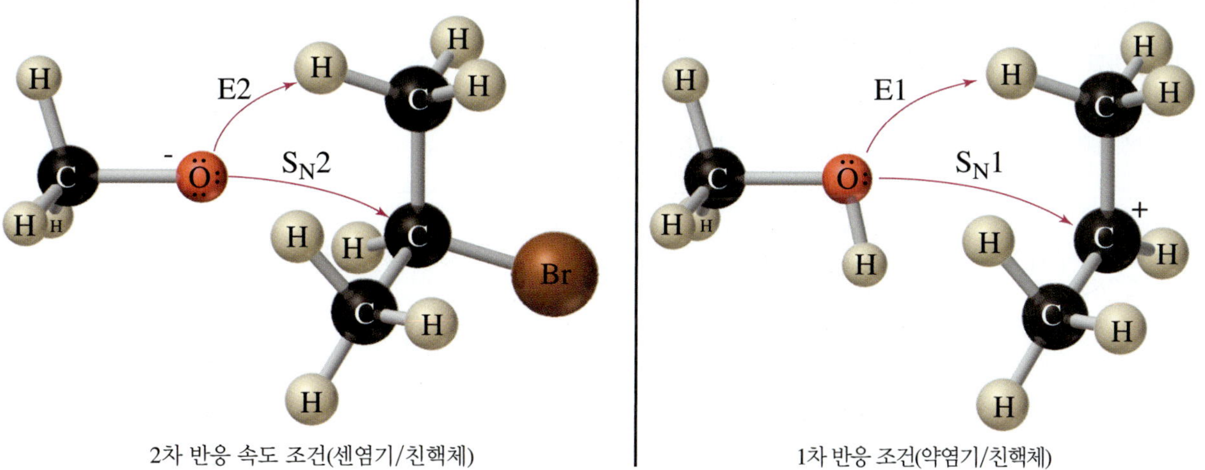


**그림 7-12** 2차 반응 속도 조건(센염기/친핵체)에서 2차 할로젠화 알킬 치환($S_N2$) 또는 제거(E2) 반응이 일어날 수 있다. 1차 반응 속도 조건(약염기/친핵체)에서 $S_N1$과 E1이 모두 가능하다.

유리한 반면, 온도의 감소는 치환에 유리하다. 이 일반적인 원리는 다른 요소들이 균등하게 균형을 이룰 때 일분자 반응과 이분자 반응 모두에 적용된다.

## SUMMARY | 할로젠화 알킬의 치환 및 제거 반응

반응 생성물 및 메커니즘은 할로젠화 알킬의 종류 및 친핵체/염기의 세기에 따라 달라진다.

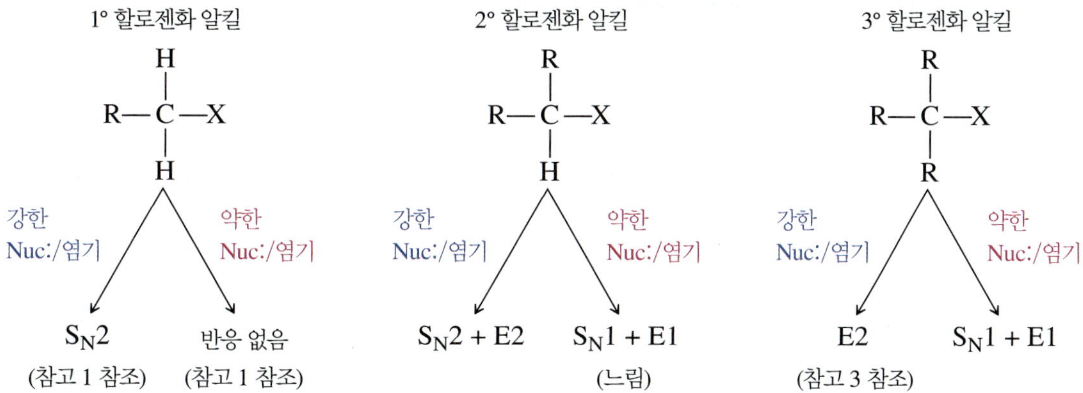


참고 1: 강한 친핵체가 존재하는 경우 방해받지 않는 1° 할로젠화 알킬은 보통 거의 제거되지 않고, 우수한 치환 생성물 수율을 제공한다.

참고 2: 1° 할로젠화 알킬은 $AgNO_3$/EtOH에 의해 강제로 이온화될 수 있고, 일반적으로 자리 옮김과 함께 $S_N1$ 및 E1 생성물을 제공한다.

참고 3: 강하게 방해된 할로젠화 알킬(1° 또는 2° 일지라도)은 매우 느리거나 $S_N2$ 반응을 전혀 겪지 않을 것이다.

### 예제 7-6

다음 반응의 주요 생성물을 예측하고, 이러한 생성물을 생성하게 하는 주요 메커니즘($S_N1$, $S_N2$, E1, E2)을 나타내라.

**(a)** 1-브로모-1-메틸사이클로헥세인이 메탄올에서 메톡시화 소듐($NaOCH_3$)과 반응할 경우

$CH_3$, Br (cyclohexane) $\xrightarrow[CH_3OH]{Na^+\ ^-OCH_3}$

**풀이**

**(a)** $NaOCH_3$는 센염기이자 강한 친핵체이므로 $S_N2$와 E2 반응이 모두 가능하다. 이 3차 할로젠화 알킬은 $S_N2$ 반응이 일어날 수 없으므로 남은 유일한 가능성은 E2 메커니즘에 의한 제거 반응이다. 제거는 Br에 결합된 탄소 옆에 있는 $CH_2$기 중 하나(동그라미로 표시)에 있는 메틸 양성자(아래에 동그라미 표시) 또는 고리 양성자를 추출하여 발생할 수 있다. $NaOCH_3$는 부피가 큰 염기가 아니므로 Zaitsev 규칙이 적용될 가능성이 높다.

$CH_3$, Br, $Na^+\ ^-OCH_3$, $CH_3OH$

답:

$CH_3$ + $CH_2$

주생성물 부생성물

E2

**후속 문제**: 이 제거 반응에 대한 의자 전이 상태를 그려 H와 Br의 트랜스-이수직 방향이 어떻게 E2 제거 반응을 통해 주생성물을 제공하는지 나타내라.

**(b)** 1-아이오도-2-메틸사이클로헥세인을 메탄올에서 장시간 가열한다.

$CH_3$, I, 가열, $CH_3OH$

**풀이**

**(b)** 이 2차 할로젠화 알킬의 느린 이온화는 2차 탄산 양이온의 형성으로 이어지며, 이는 두 방향 중 하나로 양성자를 잃어 E1 제거 생성물을 생성할 수 있다. 또는 메탄올은 2차 탄산 양이온을 공격한 후 양성자를 잃어 $S_N1$ 치환 생성물을 생성할 수 있다. 2차 탄산 양이온은 또한 수소 음이온 이동에 의해 자리 옮김되어 더 안정적인 3차 탄산 양이온을 생성할 수 있다. 그 3차 탄산 양이온은 두 방향 중 하나로 양성자를 잃어 E1 제거 생성물을 제공하거나 메탄올과 반응한 후 탈양성자화되어 $S_N1$ 치환 생성물을 제공할 수 있다. 주생성물이 무엇인지 또는 주생성물이 하나일지조차 알 수 없다.

$CH_3$, I, 가열, $CH_3OH$

답:

$CH_3OH$, $S_N1$ → $CH_3$, H, $OCH_3$, H

$CH_3OH$, $S_N1$ → $CH_3$, $OCH_3$, H, H

$CH_3$, H, +, H → $CH_3$, +, H, H

2차 탄산 양이온 (자리 옮김 하지 않음)

2차 탄산 양이온 (자리 옮김 하지 않음)

$H^+$ 잃음, E1 → $CH_3$ + $CH_2$

주생성물 부생성물

$H^+$ 잃음, E1 → $CH_3$ + $CH_3$, H, H

주생성물 부생성물

제거 생성물 중에 Zaitsev 규칙은 가장 많이 치환된 이중 결합을 가진 생성물이 우세할 것이라고 알려준다. 이는 초기 탄산 양이온과 자리 옮김된 탄산 양이온 모두에 대해 동일한 생성물이다. 그러나 치환 생성물이 주요 생성물일 수도 있다. 주생성물이 어느 것이냐는 자리 옮김이 메탄올 용매의 공격보다 빠른지 여부에 따라 달라진다. 만일 자리 옮김이 빠르면 자리 옮김된 생성물을 더 많아진다. 이 복잡한 반응은 할로젠화 알킬의 E1 및 $S_N1$ 반응이 합성에 거의 사용되지 않는 이유이다.

**후속 문제**: 위에 나타낸 (b)에 대한 풀이에서 생략된 메카니즘 단계를 제시하라.

## 문제풀이 전략 ┃ 치환 반응 및 제거 반응 예측하기

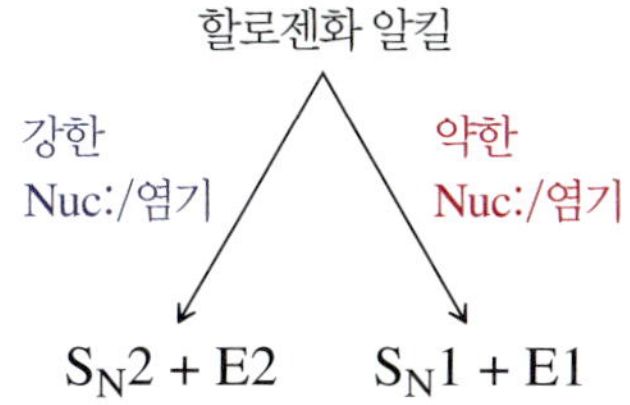


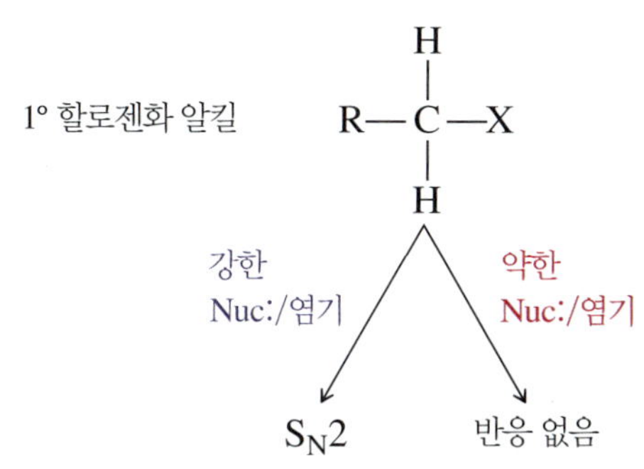


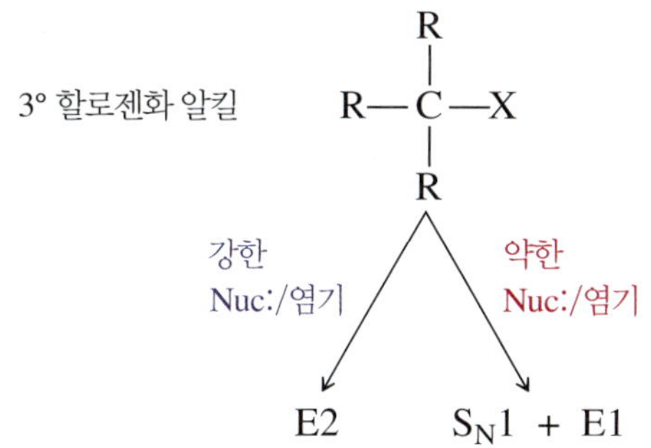


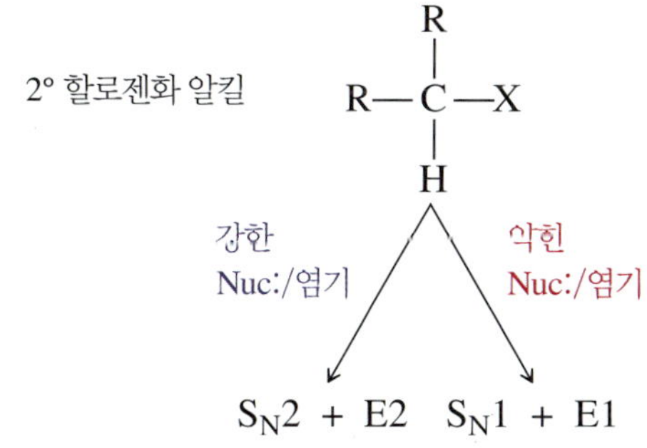


일련의 시약과 용매가 주어지면 어떤 생성물을 얻을 수 있을지, 어떤 메커니즘이 포함될지 어떻게 예측할 수 있는가? 치환 및 제거 반응에 관한 이 모든 이론을 외워야 하는가? 때때로 이 시점에 압도감을 느낄 수 있다.

답은 절대적이지 않고, 너무 많은 요소가 관련되어 있기 때문에 외우기만 하는 것은 이 자료에 접근하는 가장 좋은 방법이 아니다. 게다가 실제 시약과 용매가 있는 현실 세계는 종이 위에 있는 반응식만큼 깨끗하지 않다. 대부분의 친핵체도 염기성이며, 많은 용매가 이온을 용해시키거나 친핵체 또는 염기로 작용할 수 있다.

이해해야 할 첫 번째 원리는 **항상 하나의 고유한 생성물이나 하나의 고유한 메커니즘을 예측할 수 없다는** 사실이다. 일부 가능성을 제거하고 정확한 예측을 하는 것이 최선이다. 이러한 제한을 기억하며, 다음과 같은 일반적인 지침을 제시한다.

**1. 염기 또는 친핵체의 세기에 따라 반응의 순서가 결정된다.**

강한 친핵체(또는 염기)가 존재하면 $S_N2$ 또는 E2의 2차 반응 속도론이 우세하게 된다.

강한 염기나 친핵체가 존재하지 않으면 $S_N1$과 E1 모두 1차 반응을 고려해야 한다. 반응에 은 염(silver salt)을 첨가하면 일부 어려운 이온화를 유도할 수도 있다.

**2. 일반적으로 1차 할로젠화물은 $S_N2$ 반응, 때로는 E2 반응을 거친다.**

1차 할로젠화물은 탄소 양이온이 공명 안정화되지 않는 한 1차 반응을 거의 일으키지 않는다. 따라서 좋은 친핵체와 반응하는 경우 $S_N2$ 치환이 일반적으로 관찰된다. 단, 센염기가 사용되면 E2 제거가 가끔 관찰될 수 있다.

**3. 3차 할로젠화물은 일반적으로 E2 반응(센염기) 또는 $S_N1$ 및 E1의 혼합물(약염기)을 겪는다.**

3차 할로젠화물은 $S_N2$ 반응을 겪을 수 없다. 센염기는 2차 반응 속도론을 강제하여 E2 메커니즘에 의해 제거된다. 센염기가 없는 경우 3차 할로젠화물은 일반적으로 $S_N1$과 E1의 혼합물인 1차 과정으로 반응한다. 특정 반응 조건에 따라 치환 반응 대 제거 반응의 비율이 결정된다.

**4. 2차 할로젠화물의 반응은 가장 예측하기 어렵다.**

염기가 강하면 $S_N2$ 또는 E2 반응이 가능하다. 염기가 약하고 이온화 용매가 잘되면 $S_N1$과 E1 반응이 모두 가능하지만 둘 다 느리다. 생성물의 혼합은 일반적이다.

**5. 일부 친핵체 및 염기는 치환 반응 또는 제거 반응을 선호한다.**

제거를 촉진하기 위해 염기는 양성자를 쉽게 제거해야 하며, 탄소 원자를 쉽게 공격해서는 안 된다. *t*-뷰톡시화[$^-OC(CH_3)_3$] 같은 부피가 큰 센염기는 제거 반응을 향상시킨다. 온도가 높을수록 대부분의 경우 제거 반응에 유리하다. 치환 반응을 촉진하려면 염기성이 제한된 좋은 친핵체, 즉 센산의 짝염기인 고도로 분극화된 종이 필요하다. 브롬화물($Br^-$) 및 아이오딘화물($I^-$)은 약염기이고, 치환을 선호하는 양호한 친핵체의 예이다.

**연습문제 7-33**

다음 반응의 생성물과 메커니즘을 예측하라. 두 가지 이상의 생성물이나 메커니즘이 가능할 때 가장 가능성이 높은 것이 무엇인지 설명하라.

**(a)** 1-브로모헥세인 + 에탄올 속의 에톡시화 소듐
**(b)** 2-클로로헥세인 + 메탄올 속의 $NaOCH_3$
**(c)** 2-클로로-2-메틸뷰테인 + 에탄올 속의 $NaOCH_2CH_3$
**(d)** 에탄올 속의 가열된 2-클로로-2-메틸뷰테인
**(e)** 아이오딘화 아이소뷰틸 + 에탄올 또는 물속의 KOH
**(f)** 염화 아이소뷰틸 + 에탄올 또는 물속의 $AgNO_3$
**(g)** 1-브로모-1-메틸사이클로펜테인 + 에탄올 속의 NaOEt
**(h)** 메탄올 속의 가열된 1-브로모-1-메틸사이클로펜테인

## 7-18 알코올 탈수 반응을 통한 알켄의 합성

지금까지 할로젠화 알킬을 알켄으로 전환시키는 제거 반응에 대해 연구했다. 알켄은 또한 다양한 종류의 화합물에서도 생성된다. 일반적인 알켄의 실험실 합성은 산성 조건에서 알코올로부터 물 분자를 제거하는 것을 포함한다. 이를 **탈수 반응**(dehydration)이라고 하는데, 문자 그대로 '물을 제거하는 것'이라는 뜻이다.

$$\underset{\text{알코올}}{-\overset{|}{\underset{\underset{H}{|}}{C}}-\overset{|}{\underset{\underset{OH}{|}}{C}}-} \xrightleftharpoons{\text{산 촉매, 가열}} \underset{\text{알켄}}{>C=C<} + H_2O$$

**응용: 생화학**

수화 및 탈수 반응은 생물학적 경로에서 흔히 볼 수 있다. 효소인 퓨마레이스(fumarase)는 퓨마르산(furmate)이 말레산(malate)으로 변환되는 과정에서 물이 퓨마르산 이온의 이중 결합에 가역적으로 첨가되는 반응에 대해 촉매로 작용한다. 이와 대조적으로 화학적 과정에서는 격렬한 반응 조건이 필요하지만, 효소 반응은 37°C, 중성 pH에서 일어난다.

$$\underset{\text{퓨마르산}}{(H)(COO^-)C=C(H)(^-OOC)} \xrightleftharpoons[\text{퓨마레이스}]{H_2O} \underset{(S)\text{-말레산}}{^-OOC-CH(OH)-CH_2COO^-}$$

탈수 반응은 가역적이며, 대부분의 경우 평형 상수는 그다지 크지 않다. 실제로 역반응(수화)은 알켄을 알코올로 변환하는 방법이 된다(8-4절 참조). 생성되는 반응 혼합물에서 생성물을 제거하면 탈수 반응이 완결되게 할 수 있다. 알켄은 수소 결합이 있는 알코올에 비해 낮은 온도에서 끓는다. 조심스럽게 증류하면 반응 혼합물에서 알코올은 내버려두고 알켄만을 제거해낼 수 있다.

진한 황산 및(또는) 진한 인산이 탈수 반응에 흔히 사용되는데, 이는 이러한 산이 산 촉매와 동시에 탈수제로 작용하기 때문이다. 이들 산의 수화 작용은 매우 큰 발열 반응이다. 전체 반응(황산 사용)은 아래와 같다.

$$-\overset{|}{\underset{\underset{H}{|}}{C}}-\overset{|}{\underset{\underset{OH}{|}}{C}}- + H_2SO_4 \rightleftharpoons >C=C< + H_3O^+ + HSO_4^-$$

탈수 반응의 메커니즘은 E1 메커니즘과 유사하다(메커니즘 7-1 참조). 알코올의 하이드록시기는 좋지 않은 이탈기($^-OH$)이지만, 산 촉매에 의해 양성자화가 일어나면 좋은 이탈기($H_2O$)가 된다. 두 번째 단계에서는 양성자화된 알코올로부터 물이 제거되어 탄소 양이온이 생성된다. 탄소 양이온은 매우 강한 산이다. 어떠한 약한 염기(예: $H_2O$, $HSO_4^-$)도 마지막 단계에서 양성자를 떼어내어 알켄을 만들 수 있다.

## 핵심 메커니즘 7-5 | 알코올의 산 촉매 탈수 반응

알코올의 탈수 반응에서는 흔히 양성자화가 일어난 알코올의 E1 제거 반응이 일어난다.

**1단계:** 하이드록시기가 양성자화된다(빠른 평형).

**문제풀이 힌트**

산 촉매 메커니즘에서는 첫 번째 단계는 흔히 $H^+$이 첨가되는 것이고, 마지막 단계는 흔히 $H^+$이 제거되는 것이다.

$$\text{H-C-C-}\ddot{\text{O}}\text{H} + \text{H-O-SO}_2\text{-O-H} \rightleftarrows \text{H-C-C-}\ddot{\text{O}}^+\text{H}_2 \quad HSO_4^-$$

**2단계:** 이온화가 일어나 탄소 양이온이 생성된다(느림, 반응 속도 결정).

$$\text{H-C-C-}\ddot{\text{O}}^+\text{H}_2 \rightleftarrows \text{H-C-C}^+ + H_2\ddot{O}:$$

**3단계:** 양성자 제거가 일어나 알켄이 생성된다(빠름).

$$\text{H-C-C}^+ + H_2\ddot{O}: \longrightarrow \text{C=C} + H_3\ddot{O}^+$$

**예:** 뷰탄-2-올의 산 촉매 탈수 반응

**1단계:** 하이드록시기가 양성자화된다(빠른 평형).

$$CH_3-CH(\ddot{O}H)-CH_2CH_3 \underset{}{\overset{H_2SO_4}{\rightleftarrows}} CH_3-CH(H-\ddot{O}^+-H)-CH_2CH_3$$

**2단계:** 이온화가 일어나 탄소 양이온이 생성된다(느림, 반응 속도 결정).

$$CH_3-CH(H-\ddot{O}^+-H)-CH_2CH_3 \rightleftarrows CH_3-\overset{+}{C}H-CH_2CH_3 + H-\ddot{O}-H$$

**3단계:** 양성자 제거가 일어나 알켄이 생성된다(빠름).

$$H-CH_2-\overset{+}{C}H-CH_2-CH_3 \overset{H_2\ddot{O}:}{\rightleftarrows} CH_3-CH=CH-CH_3 + H_3O^+$$

주생성물(시스 및 트랜스)

또는

$$H-CH_2-\overset{+}{C}H-CH_2-CH_3 \overset{H_2\ddot{O}:}{\rightleftarrows} CH_2=CH-CH_2-CH_3 + H_3O^+$$

부생성물

**문제풀이 힌트**

알코올의 탈수는 양성자화된 알코올의 E1 제거 반응을 거쳐서 일어난다.

반응성은 3° > 2° >> 1°이다. 자리 옮김이 흔히 일어난다.

양성자화된 1차 알코올은 자리 옮김(E1)을 통해 높은 온도에서 탈수되거나, 물이 이탈하는 동시에(E2) 인접한 탄소가 약한 염기로 양성자를 잃을 수 있다.

## 예제 7-7

**(a)** $t$-뷰틸 알코올의 황산 촉매 탈수 반응의 메커니즘을 제시하라.

### 풀이

첫 번째 단계는 하이드록시기의 양성자화인데, 이 과정에서 좋은 이탈기로 변환된다.

$$(CH_3)_3C-\ddot{O}H + H_2SO_4 \rightleftharpoons (CH_3)_3C-\overset{+}{O}H_2 + HSO_4^-$$

두 번째 단계는 양성자화된 알코올의 이온화가 일어나서 탄소 양이온이 되는 것이다.

$$(CH_3)_3C-\overset{+}{O}H_2 \rightleftharpoons (CH_3)_3C^+ + H_2\ddot{O}:$$

양성자 떼기가 일어나서 반응이 완결된다.

$$H_2\ddot{O}: + H-CH_2-C^+(CH_3)_2 \rightleftharpoons H_2C=C(CH_3)_2 + H_3\ddot{O}^+$$

**(b)** 생성물을 예측하고 1-사이클로헥실에탄올의 산 촉매 탈수 메커니즘을 제안하라.

### 부분적인 풀이

하이드록시기의 양성자화에 이어 물이 손실되어 탄소 양이온이 형성된다.

$$C_6H_{11}-CH(\ddot{O}H)CH_3 \xrightleftharpoons{H-OSO_3H} C_6H_{11}-CH(\overset{+}{O}H_2)CH_3 + HSO_4^- \rightleftharpoons C_6H_{11}-\overset{+}{C}H-CH_3 + H_2\ddot{O}:$$

1-사이클로헥실에탄올 탄소 양이온

탄소 양이온은 양성자를 잃거나 보다 안정적인 탄소 양이온으로 자리 옮김이 될 수 있다.

$$C_6H_{11}-\overset{+}{C}H-CH_3 \xrightarrow{\sim H:^-} C_6H_{10}^{+}-CH_2CH_3$$

자리 옮김을 하지 않은 2° 탄소 양이온 자리 옮김을 한 3° 탄소 양이온

자리 옮김을 하지 않은 2° 탄소 양이온이 어떻게 두 양성자 중 하나를 잃어 다음 생성물 중 2개를 생성할 수 있는지 나타냄으로써 이 문제를 완성하라. 또한 자리 옮김을 한 3° 탄소 양이온이 어떻게 두 양성자 중 하나를 잃어 다음 생성물 중 2개를 생성할 수 있는지 제시하라.

다른 E1 반응과 같이 알코올의 탈수 반응은 앞서 살펴본 탄소 양이온의 안정도를 반영하는 반응성의 순서를 따른다. 3차 알코올은 2차 알코올보다 빠르고, 1차 알코올은 가장 반응성이 작다. 알코올의 탈수 반응에서는 탄소 양이온의 자리 옮김도 흔히 일어난다. 대부분의 경우 Zaitsev 규칙이 적용된다. 주생성물은 가장 많이 치환된 이중 결합을 지닌 화합물이다.

**연습문제 7-34**

다음 반응의 메커니즘을 제안하라.

(a) 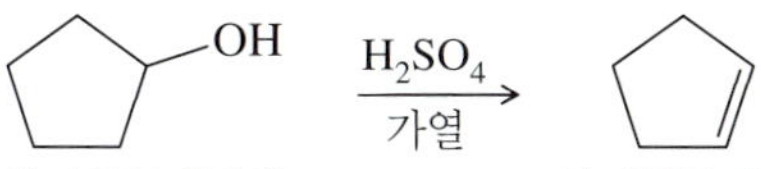 사이클로펜탄올 $\xrightarrow[\text{가열}]{H_2SO_4}$ 사이클로펜텐

(b) 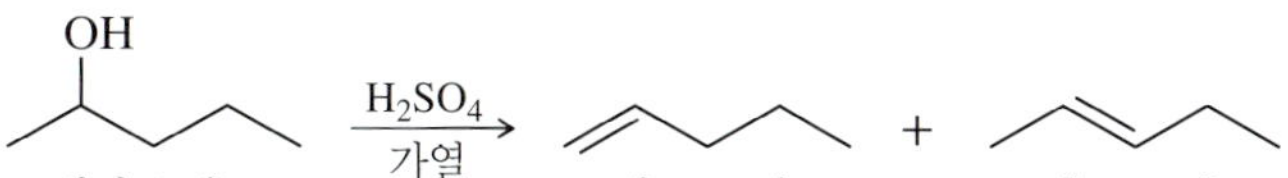 펜탄-2-올 $\xrightarrow[\text{가열}]{H_2SO_4}$ 펜트-1-엔 + 펜트-2-엔 (시스 + 트랜스)

(c) 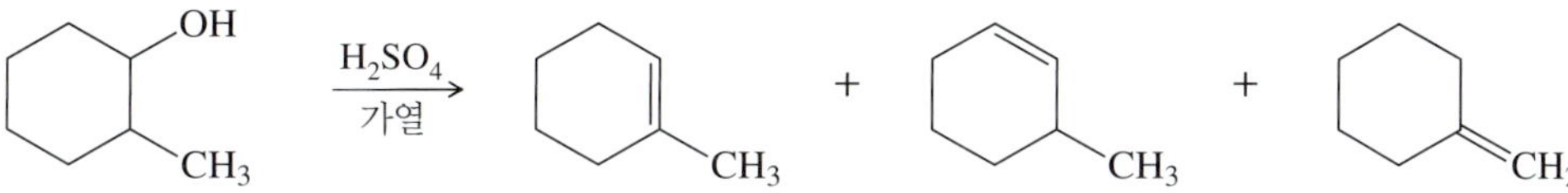 2-메틸사이클로헥산올 $\xrightarrow[\text{가열}]{H_2SO_4}$ 1-메틸사이클로헥센 + 3-메틸사이클로헥센 + 메틸렌사이클로헥세인

(d) 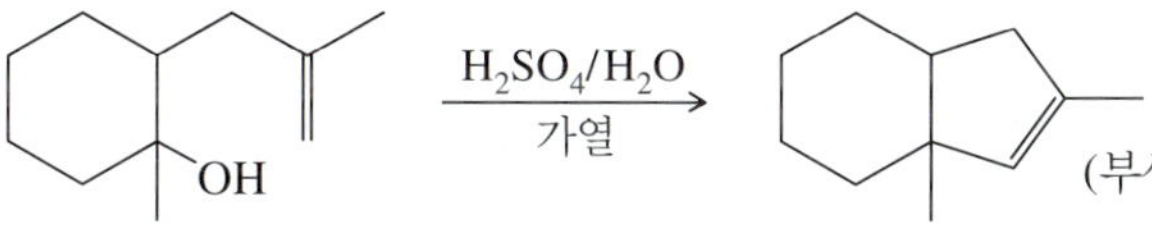 $\xrightarrow[\text{가열}]{H_2SO_4/H_2O}$ (부생성물)

**연습문제 7-35**

다음 알코올을 황산이나 인산에서 가열할 때 탈수 반응으로 예상되는 생성물을 제시하라. 각각의 경우 메커니즘을 사용하여 생성물이 어떻게 형성되는지 제시하라.

(a) 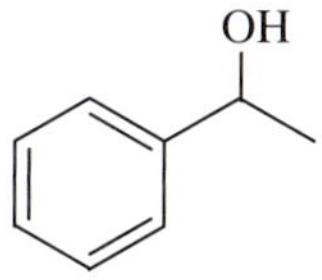 (b) 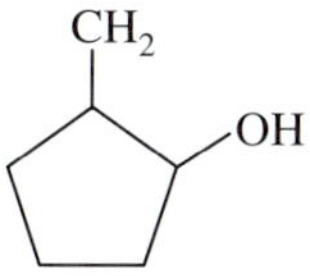 *(c)

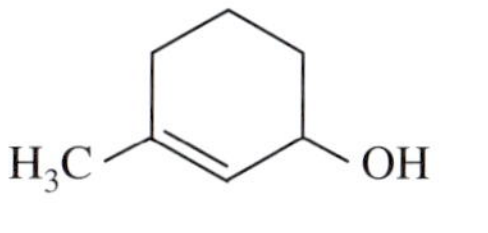

## 7-19 고온 공업적 방법에 의한 알켄의 합성

### 7-19A 알케인의 촉매 크래킹

큰 규모로 알켄을 만드는 가장 저렴한 방법은 석유를 **촉매 크래킹**(catalytic cracking)하는 것이다. 촉매[흔히 알루미노규산염(aluminosilicate)] 존재하에서 알케인의 혼합물을 가열한다. 알케인은 결합이 끊어져 알켄과 길이가 짧아진 알케인을 생성한다.

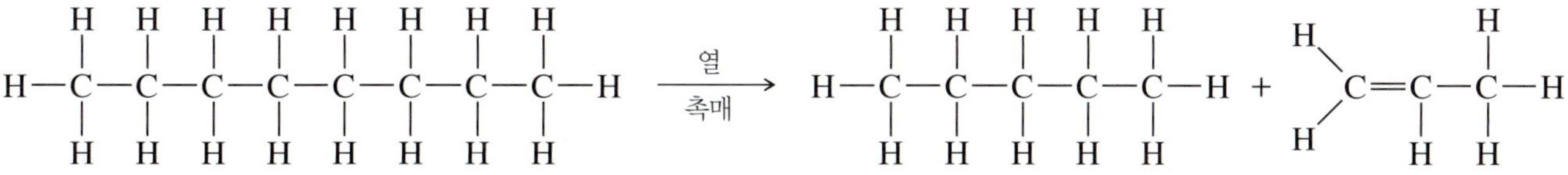

$$\underset{\text{긴 사슬 알케인}}{CH_3(CH_2)_6CH_3} \xrightarrow[\text{촉매}]{\text{열}} \underset{\text{짧은 알케인}}{CH_3(CH_2)_3CH_3} + \underset{\text{알켄}}{H_2C{=}CH{-}CH_3}$$

크래킹은 주로 6개까지의 탄소 원자를 지닌 작은 알켄을 생성하는 데 사용된다. 이 방법의 가치는 생성되는 알켄과 알케인의 시장성에 따라 결정된다. 알케인과 알켄의 평균 분자량과 상대적 양은

크래킹 과정에서의 온도, 촉매, 수소 농도에 따라 좌우된다. 거대한 증류탑에서 조심스러운 증류 과정을 통해 혼합물을 분리한 후 포장 및 판매된다.

생성물이 항상 혼합물인 까닭에 촉매 크래킹은 알켄을 실험실에서 만드는 방법으로는 적합하지 않다. 다양한 작용기로부터 상대적으로 순수한 알켄을 합성하는 더 좋은 방법이 알려져 있다. 할로젠화 알킬의 할로젠화 수소 이탈 반응 및 알코올의 탈수 반응은 이 장에서 제시한 더 나은 방법이며, 추가 방법은 359쪽 요약에 포함되어 있다.

## 7-19B 알케인의 탈수소 반응

**탈수소 반응**(dehydrogenation)은 분자로부터 $H_2$를 제거하는 것이며, 수소화 반응의 역반응이다. 알케인의 탈수소 반응으로 알켄이 생성된다. 이 반응을 엔탈피의 변화로 보면 불리하지만, 엔트로피 변화로 보면 유리하다.

$$\underset{\text{알케인}}{-\overset{\text{H}}{\underset{|}{\overset{|}{\text{C}}}}-\overset{\text{H}}{\underset{|}{\overset{|}{\text{C}}}}-} \xrightarrow[\text{촉매}]{\text{열}} \underset{\text{알켄}}{\text{>C=C<}} + H_2$$

$\Delta H° = +80$ to $+120$ kJ/mol ($+20$ to $+30$ kcal/mol) $\Delta S° = +125$ J/kelvin-mol

$$CH_3CH_2CH_2CH_3 \xrightarrow{\text{Pt, 500 °C}} \left\{ \begin{array}{l} \text{cis-}CH_3CH{=}CHCH_3 + \text{trans-}CH_3CH{=}CHCH_3 \\ + H_2C{=}CH{-}CH_2CH_3 + H_2C{=}CH{-}CH{=}CH_2 + H_2 \end{array} \right.$$

알켄의 수소화 반응(7-8절)은 $\Delta H°$가 $-80$~$-120$ kJ/mol($-20$~$30$ kcal/mol) 정도가 되는 발열 반응이다. 따라서 탈수소 반응은 흡열 반응이며, $\Delta H°$는 불리한 (양의) 값을 가진다. 탈수소 반응의 엔트로피 변화는 반응에 매우 유리하다($\Delta S° = +120$ J/kelvin-mol). 왜냐하면 한 알켄 분자는 2개의 분자로 변환되고(알켄 및 수소), 두 분자는 한 분자보다 무질서도가 높기 때문이다.

수소화 반응–탈수소 반응의 평형 상수는 자유 에너지 $\Delta G = \Delta H - T\Delta S$의 변화에 의존한다. 상온에서 엔탈피 항이 주로 영향을 미치며, 수소화 반응이 유리하다. 그러나 온도를 올리면 엔트로피 항($-T\Delta S$)이 점차 증가하며, 결국은 전체를 좌우하게 된다. 충분히 높은 온도에서는 탈수소 반응이 유리하다.

**문제풀이 힌트**

합성 문제를 풀 때는 이러한 고온 산업적 방법을 사용하지 않는다. 이러한 방법에는 특수 장비가 필요하며 다양한 혼합물을 생성한다.

**연습문제 7-36**

뷰테인을 트랜스-뷰트-2-엔으로 변환하는 탈수소 반응은 $\Delta H° = +116$ kJ/mol($+27.6$ kcal/mol)이고, $\Delta S° = +117$ J/kelvin-mol($+28.0$ cal/kelvin-mol)이 된다.

**(a)** 상온에서 탈수소 반응의 $\Delta G°$ 값을 계산하라(25°C 혹은 298°K). 탈수소 반응은 유리한가, 불리한가?

**(b)** 1000°C에서 탈수소 반응의 $\Delta G$ 값을 $\Delta S$와 $\Delta H$가 일정하다고 가정하고 계산하라. 탈수소 반응은 유리한가, 불리한가?

많은 면에서 탈수소 반응은 촉매 크래킹과 유사하다. 두 경우 모두 촉매는 활성화 에너지를 낮추고, 온도가 높아지면 유리한 엔트로피 항($-T\Delta S$)을 증가시켜 불리한 엔탈피 항($\Delta H$)을 극복하게 된다. 불행하게도 탈수소 반응과 촉매 크래킹은 혼합물인 생성물을 만들어내는 경향이 있으므로, 두 반응 모두 실험실에서의 알켄 합성법으로는 적합하지 않다.

## 문제풀이 전략 ┃ 반응 메커니즘 제안하기

지금까지 세 가지 주된 메커니즘의 예를 살펴보았다.

- 센염기와 강한 친핵체가 관여하는 경우
- 센산과 강한 친전자체가 관여하는 경우
- 자유 라디칼이 관여하는 경우

메커니즘을 제안하는 데 어려움을 겪었을 것이다. 그러나 이러한 과정을 풀어가는 일반 원리는 일련의 논리적 단계로 나누는 것이다. 체계적 접근 방법을 사용함으로써 항상 적어도 가능성이 있고 어떠한 흔하지 않은 단계도 필요 없이 생성물을 설명할 수 있는 메커니즘을 만들어낼 수 있다. 부록 3A에는 메커니즘 문제를 풀이하는 더 완벽한 방법을 수록해놓았다.

### 반응 분류하기

메커니즘을 제안하기 전에 다룰 반응이 어떠한 종류인지 결정해야 한다. 반응물과 반응 조건에 대해 알려진 바를 검토하라.

염소, 브로민, 과산화물(열이나 빛과 함께) 같은 자유 라디칼 개시제가 있으면 반응은 자유 라디칼 반응일 가능성이 높다. 자유 라디칼 반응은 4장에서 자세히 논의했다.

센산과 강한 친전자체의 경우(또는 분해해서 강한 친전자체를 내놓는 반응물) 탄소 양이온이나 다른 센산 중간체를 포함하는 $S_N1$, E1, 알코올 탈수 반응 등의 메커니즘이 가능하다는 것을 말해준다.

센염기와 강한 친핵체의 경우 센염기나 친핵체가 기질을 공격하는 $S_N2$, 혹은 E2 같은 메커니즘일 수 있다는 것을 말해준다.

### 메커니즘을 그리는 일반 원칙

일단 어떤 종류의 메커니즘(산성, 염기성, 자유 라디칼)이 가장 그럴듯한지 결정하고 나면 몇 가지 일반적 원칙을 따라 메커니즘을 제안할 수 있다. 자유 라디칼 반응에 대한 몇 가지 원칙은 4장에서 논의한 바 있다. 이제 강한 친핵체나 강한 친전자체가 중간체로 관여하는 반응을 생각해보자. 추후 다른 장에서는 이러한 원칙을 더 복잡한 메커니즘에 적용할 것이다.

메커니즘에 대해 생각할 때는 메커니즘에 영향받는 각 탄소 원자의 **모든 결합**과 모든 치환체를 **그려라**. 3개의 결합이 있는 탄소 원자는 아마도 반응 중간체일 것이다. 축약된 화학식이나 선-각 구조식을 그릴 경우 수소 원자를 빠뜨릴 수 있으므로, 틀린 탄소 원자를 라디칼, 양이온, 음이온으로 생각할 수 있다.

**한 번에 한 단계씩만을 나타내라.** 둘 또는 그 이상의 결합이 실제로 한 단계에서 위치를 변경하는 경우(예: E2 반응)가 아니라면 절대로 단계를 합치지 마라. 하이드록시기와 양성자를 단순히 원으로 둘러싸는 것으로 물이 제거되는 것을 나타내면 안 된다.

**반응의 각 단계에서 전자의 움직임을 나타낼 때 굽은 화살표를 사용하라.** 항상 친핵체(전자 주개)로부터 친전자체(전자 받개)로 이동한다. 예를 들어 알코올에 양성자화가 일어나는 경우 화살표를 하이드록실 산소의 전자로부터 양성자로 향하게 그려야 한다. 양성자로부터 하이드록시기로 그리지 않는다. 굽은 화살표를 양성자(혹은 다른 시약)가 향하는 곳을 가리키기 위해 사용하지 않는다.

### 강한 친핵체를 포함하는 반응

센염기 혹은 강한 친핵체가 존재할 경우에는 중간체가 또한 센염기와 강한 친핵체일 것으로 예상할 수 있으며, 흔히 음이온 중간체가 된다. 이러한 반응에서는 산과 친전자체는 일반적으로 약한 것이 된다. 탄소 양이온, $H_3O^+$ 및 다른 센산을 그리는 것은 피하라. 이들은 센염기 및 강한 친핵체와는 같이 존재할 수 없다.

작용기는 강한 친핵체와의 반응이나 탈양성자 반응을 통해 알콕시화 이온, 탄소 음이온, 혹은 다른 강한 친핵체로 변환된다. 그다음 탄소 음이온 혹은 다른 강한 친핵체는 카보닐기나 혹은 할로젠화 알킬 같은 약한 친전자체와 반응한다.

예를 들어 3-브로모펜테인의 할로젠화 수소 이탈 반응의 메커니즘을 생각해보자.

$$\underset{\substack{|\\ \mathrm{Br}}}{\mathrm{CH_3{-}CH_2{-}CH{-}CH_2{-}CH_3}} \xrightarrow{\mathrm{CH_3CH_2O^-}} \mathrm{CH_3{-}CH{=}CH{-}CH_2{-}CH_3}$$

7장을 공부하지 않았거나 메커니즘을 분류하는 지침을 읽지 않은 경우에는 이온화 후에 양성자 손실 과정을 제안할 수 있다.

옳지 않은 메커니즘

$$CH_3-\underset{H}{\overset{H}{C}}-\underset{Br}{\overset{H}{C}}-CH_2-CH_3 \xrightleftharpoons{CH_3CH_2O^-} CH_3-\underset{H}{\overset{H}{C}}-\overset{H}{\underset{+}{C}}-CH_2-CH_3 \;\; Br^- \longrightarrow CH_3-\overset{H}{C}=\overset{H}{C}-CH_2-CH_3 \;\; H^+ \;\; Br^-$$

가망 없음

가망 없음

이 메커니즘은 몇 가지 점에서 메커니즘을 제안하는 일반적 원칙을 위반하고 있다. 첫째, 에톡시화 이온(센염기)이 존재하면 탄소 양이온과 $H^+$ 이온은 둘 다 있을 법하지 않다. 둘째, 메커니즘은 왜 센염기가 필요한지, 이온화 반응의 속도는 에톡시화 이온이 존재하는 데도 왜 영향을 받지 않는지를 설명하지 못한다. 또한 $H^+$가 그냥 떨어져 나올 수는 없고(더욱이 산성 반응에서는), 염기에 의해 제거되어야만 한다.

에톡시화 이온(센염기이자 강한 친핵체)이 존재하면 메커니즘은 센염기와 강한 친핵체만을 포함하며, 센산성의 중간체를 포함할 수는 없다. 7-12절에서 살펴본 바와 같이 반응은 강한 친핵체를 포함하는 반응의 예인 E2 메커니즘으로 일어난다. 협동 반응 과정을 통해 에톡시화 이온은 양성자를 제거하며, 이 과정에서 남겨진 전자쌍은 파이 결합을 생성하고, 브로민화 이온을 방출한다.

옳은 메커니즘

$$CH_3CH_2\ddot{\underset{..}{O}}:^- \quad CH_3-\underset{H}{\overset{H}{C}}-\underset{:Br:}{\overset{H}{C}}-CH_2-CH_3 \longrightarrow CH_3CH_2\ddot{\underset{..}{O}}-H \quad CH_3-\underset{H}{C}=\overset{H}{C}-CH_2-CH_3 \quad :\ddot{\underset{..}{Br}}:^-$$

**강한 친전자체를 포함하는 반응**

센산이나 친전자체가 존재하면 중간체는 또한 센산이나 강한 친전자체일 것으로 예상된다. 양이온 중간체는 흔히 볼 수 있는데, 어떤 화학종이라도 하나 이상의 + 전하를 갖게 그리지 않도록 해야 한다. 이러한 반응에서 염기와 친핵체는 일반적으로 약하다. 탄소 음이온, 알콕시화 이온 및 다른 센염기를 그리는 것은 피하라. 이들은 센산이나 강한 친전자체와는 함께 존재하지 않을 것으로 생각된다.

작용기는 강한 친전자체와의 반응이나 양성자화 반응으로 인해 흔히 탄소 양이온이나 다른 강한 친전자체로 변환된다. 그다음 탄소 양이온이나 다른 강한 친전자체는 알켄이나 용매 같은 약한 친핵체와 반응한다.

예를 들어 2,2-다이메틸프로판-1-올의 탈수 반응을 생각해보자.

$$CH_3-\underset{CH_3}{\overset{CH_3}{C}}-CH_2-OH \xrightarrow{H_2SO_4,\ 150\ ^\circ C} (CH_3)_2C=CH-CH_3$$

황산이 존재하므로 반응은 산성이고, 강한 친전자체를 포함한다. 생성물의 탄소 골격은 반응물과는 다르다. 이러한 산성 조건에서는 탄소 양이온이 생성되고, 자리 옮김이 일어나는 일이 가능하다. 하이드록시기는 나쁜 이탈기이다. 이들은 이온화가 일어나 탄소 양이온이나 $^-OH$를 생성할 수 없다(이러한 산성 반응에서는 $^-OH$와 같은 센염기가 존재하는 것을 기대할 수 없다). 하이드록시기는 매우 약한 염기성이다. 그러나 센산이 존재할 경우 양성자화가 일어난다. 양성자화된 OH기는 좋은 이탈기가 된다.

**1단계:** 하이드록시기의 양성자화

$$CH_3-\underset{CH_3}{\overset{CH_3}{C}}-CH_2-\ddot{\underset{..}{O}}-H + H_2SO_4 \longrightarrow CH_3-\underset{CH_3}{\overset{CH_3}{C}}-CH_2-\overset{H}{\underset{..}{O^+}}-H + HSO_4^-$$

출발 알코올 양성자화된 알코올

양성자화된 하이드록시기 $-\overset{+}{O}H_2$는 좋은 이탈기이다. 단순한 이온화의 결과로 생성되는 탄소 양이온은 1차 탄소 양이온이 된다. 하지만 1차 탄소 양이온은 매우 불안정하다. 따라서 물이 제거되면서 메틸 이동이 일어나 1차 탄소 양이온은 생성되지 않는다. 그 결과 3차 탄소 양이온이 생성된다. (원한다면 이를 두 단계로 나타낼 수도 있다.)

**2단계:** 이온화 및 자리 옮김

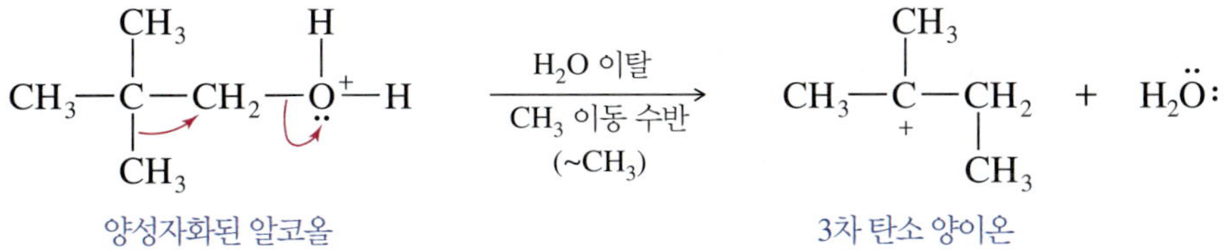

$$CH_3-\underset{CH_3}{\overset{CH_3}{C}}-CH_2-\overset{H}{\overset{|}{\ddot{O}^+}}-H \xrightarrow[\substack{CH_3\text{ 이동 수반} \\ (\sim CH_3)}]{H_2O\text{ 이탈}} CH_3-\overset{CH_3}{\overset{+}{C}}-\underset{CH_3}{CH_2} + H_2\ddot{O}:$$

양성자화된 알코올 3차 탄소 양이온

최종 단계는 $HSO_4^-$ 혹은 $H_2O$($^-OH$가 아니다. 산성에서는 어울리지 않기 때문) 같은 약염기에 의해 양성자가 제거된다. 다음 그림에서 1과 2로 표지된 두 종류의 양성자를 잃고 알켄이 된다. 양성자 2를 잃으면 원하는 생성물이 된다.

**3단계:** 양성자 떼어내기에 의한 원하는 생성물의 생성

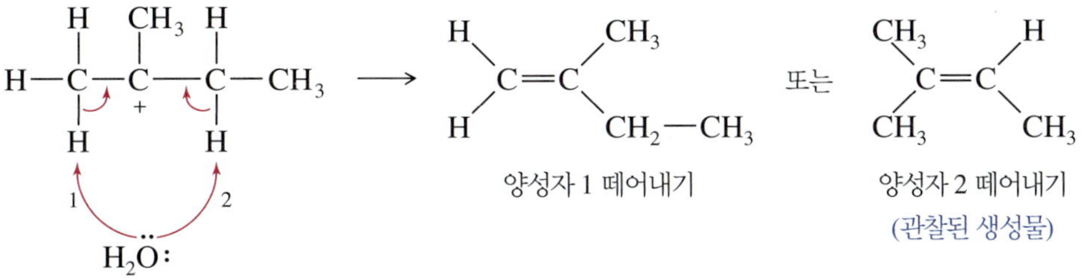

$$H-\underset{H}{\overset{H}{C}}-\overset{CH_3}{\underset{+}{C}}-\underset{H}{\overset{H}{C}}-CH_3 \longrightarrow (H)_2C{=}C(CH_3)(CH_2-CH_3) \quad\text{또는}\quad (CH_3)_2C{=}C(H)(CH_3)$$

$H_2\ddot{O}:$ (1, 2)

양성자 1 떼어내기 양성자 2 떼어내기 (관찰된 생성물)

양성자 2를 떼어내면 더욱 치환된(따라서 더 안정한) 생성물이 된다. Zaitsev 규칙에 의하면 이것이 주생성물이 된다. 그러나 다른 문제에서는 단지 부생성물인 흔하지 않은 화합물을 설명하는 메커니즘을 제안하라고 할 수도 있다.

## 연습문제 7-37

메커니즘을 이해하는 연습으로, 각 반응을 예측하는 메커니즘의 형태에 따라 분류하라.

1. 자유 라디칼 연쇄 반응
2. 센염기와 강한 친핵체를 포함하는 반응
3. 센산과 강한 친전자체를 포함하는 반응

(a)

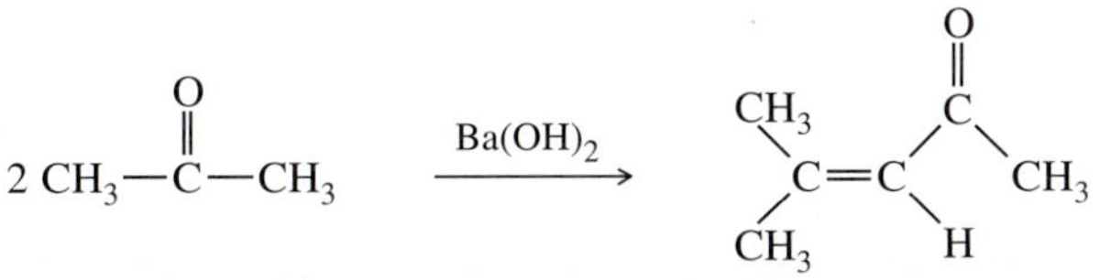

$$2\ CH_3-\overset{O}{\overset{\|}{C}}-CH_3 \xrightarrow{Ba(OH)_2} (CH_3)_2C{=}CH-\overset{O}{\overset{\|}{C}}-CH_3$$

(b)

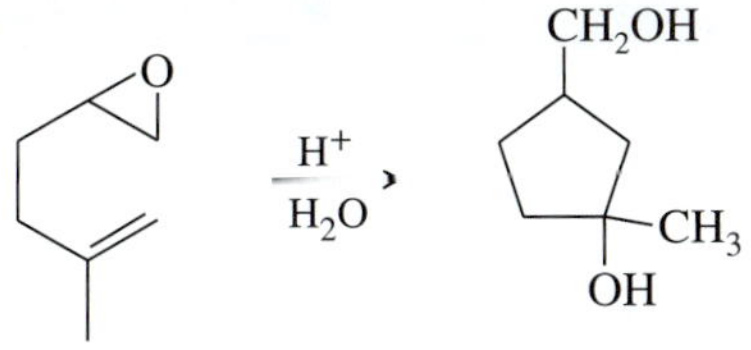

$$\xrightarrow[H_2O]{H^+}$$ CH₂OH, CH₃, OH

(c)

스타이렌 $\xrightarrow[\text{가열}]{Ph-\overset{O}{\overset{\|}{C}}-O-O-\overset{O}{\overset{\|}{C}}-Ph}$ 폴리스타이렌

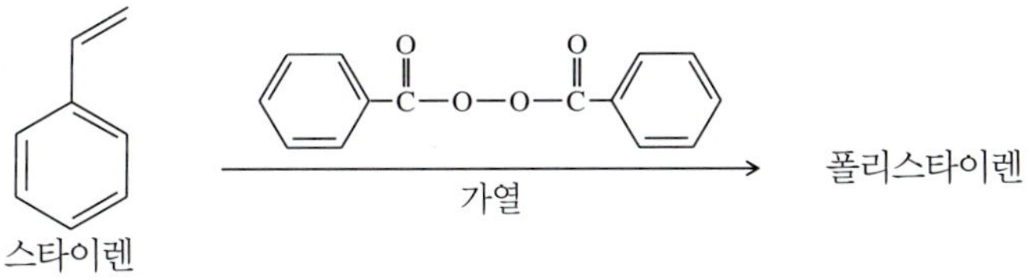

(d) 에틸렌 $\xrightarrow{BF_3}$ 폴리에틸렌

**연습문제 7-38**

다음 반응의 메커니즘을 제안하라. 추가 생성물이 생성될 수도 있지만, 다음에 나타낸 생성물에 대해서만 설명하라.

(a) $CH_3—CH_2—CH_2—CH_2—OH \xrightarrow{H_2SO_4,\ 140°C} CH_3—CH{=}CH—CH_3 + CH_2{=}CH—CH_2CH_3$

(힌트: 수소 음이온 이동)

(b) 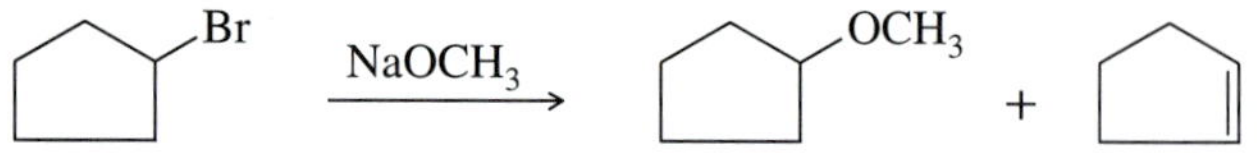 (Br 치환 사이클로펜테인) $\xrightarrow{NaOCH_3}$ ($OCH_3$ 치환 사이클로펜테인) + (사이클로펜텐)

(c) 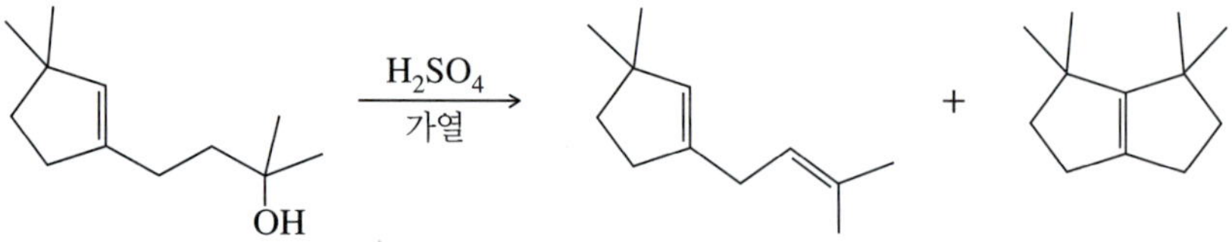 OH $\xrightarrow[\text{가열}]{H_2SO_4}$ +

**문제풀이 힌트**

알코올 탈수소 반응은 주로 양성자화된 알코올의 E1 제거 반응을 통해 탄소 양이온 중간체를 거쳐 일어난다. 자리 옮김이 흔히 일어난다.

**연습문제 7-39**

다음 반응의 메커니즘을 제안하라.

(a) 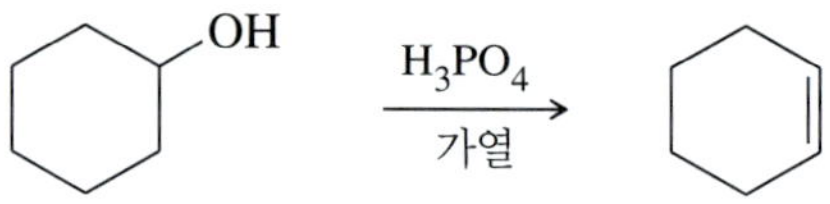 OH $\xrightarrow[\text{가열}]{H_3PO_4}$

(b) 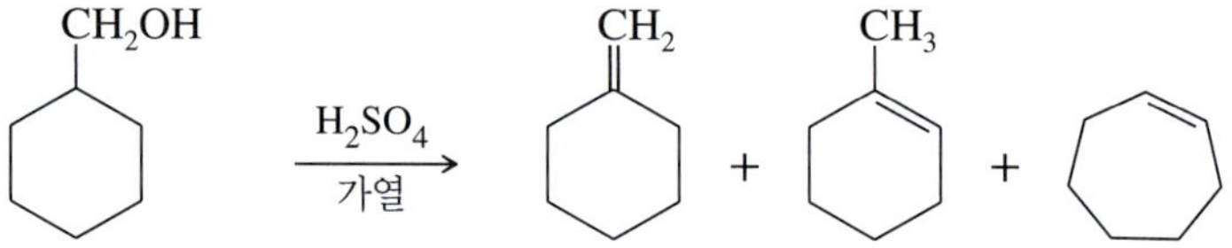 $CH_2OH$ $\xrightarrow[\text{가열}]{H_2SO_4}$ $CH_2$ + $CH_3$ +

(c) 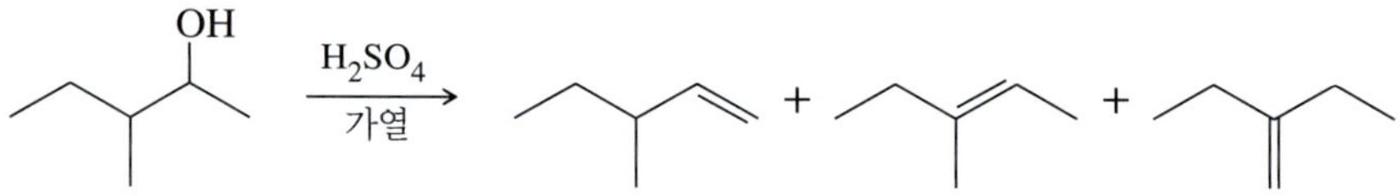 OH $\xrightarrow[\text{가열}]{H_2SO_4}$ + +

(d) 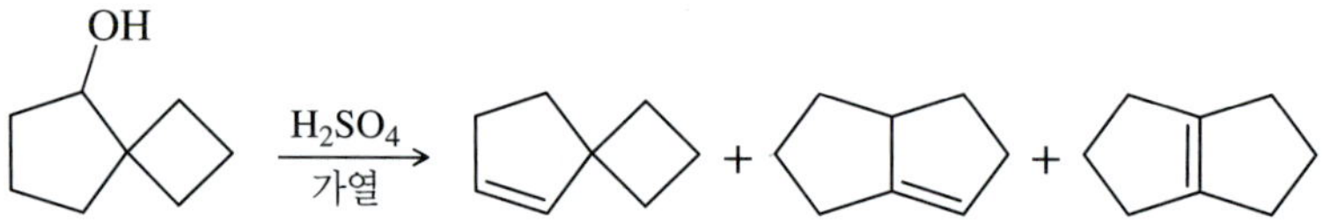 OH $\xrightarrow[\text{가열}]{H_2SO_4}$ + +

## SUMMARY | 알켄 합성 방법

**1.** 할로젠화 알킬의 할로젠화 수소 이탈 반응(7-9절)

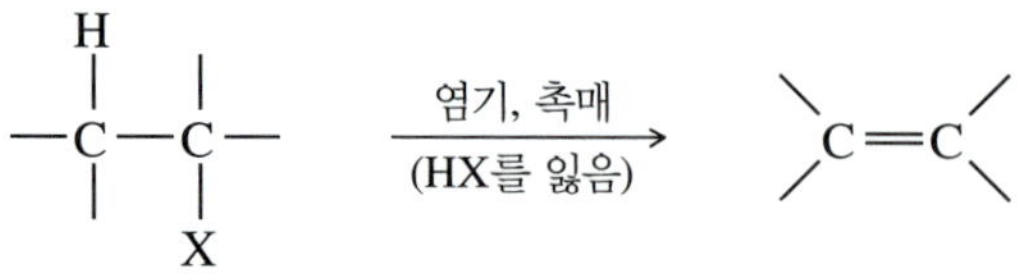

$$-\overset{H}{\underset{|}{\overset{|}{C}}}-\underset{X}{\underset{|}{\overset{|}{C}}}- \xrightarrow[\text{(HX를 잃음)}]{\text{염기, 촉매}} \;\rangle C{=}C\langle$$

E2 반응에는 안티-동일 평면 배향이 필요하다.

**2.** 알코올의 탈수 반응(7-18절)

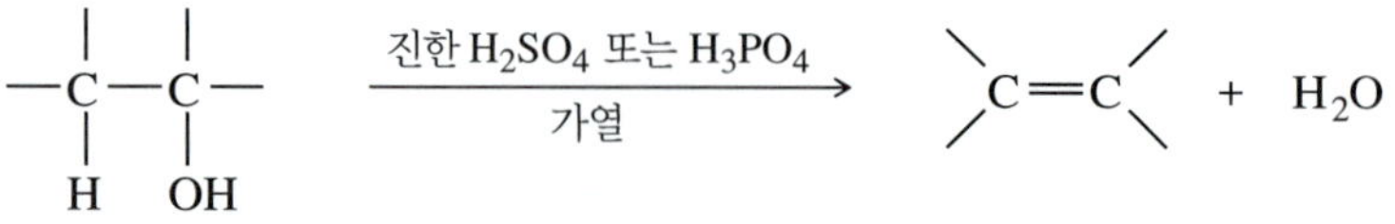

$$-\underset{H}{\underset{|}{\overset{|}{C}}}-\underset{OH}{\underset{|}{\overset{|}{C}}}- \xrightarrow[\text{가열}]{\text{진한 } H_2SO_4 \text{ 또는 } H_3PO_4} \;\rangle C{=}C\langle + H_2O$$

자리 옮김이 일반적이다.

**3.** 알케인의 탈수소화 반응(7-19B절)

$$\text{H}-\overset{|}{\text{C}}-\overset{|}{\text{C}}-\text{H} \xrightarrow{\text{가열, 촉매}} \text{C}=\text{C} + \text{H}_2$$

산업용 제법으로서 실험실에서 사용되지는 않는다.
작은 분자량을 가진 알켄에만 유용하다.
일반적으로 혼합물을 생성한다.

**4.** Hofmann과 Cope 제거 반응(19-14, 19-15절)

$$\text{H}-\overset{|}{\text{C}}-\overset{|}{\text{C}}-{}^{+}\text{N(CH}_3)_3\ \text{I}^- \xrightarrow{\text{Ag}_2\text{O, 가열}} \text{C}=\text{C} + :\text{N(CH}_3)_3$$

보통 가장 덜 치환된 알켄이 생성된다.

**5.** 알카인의 환원(9-9절)

$$\text{R}-\text{C}\equiv\text{C}-\text{R}' \xrightarrow[\text{퀴놀린}]{\text{H}_2\text{, Pd/BaSO}_4} (\text{R})(\text{H})\text{C}=\text{C}(\text{R}')(\text{H})$$

시스 알켄을 형성한다.

$$\text{R}-\text{C}\equiv\text{C}-\text{R}' \xrightarrow{\text{Na, NH}_3} (\text{R})(\text{H})\text{C}=\text{C}(\text{H})(\text{R}')$$

트랜스 알켄을 생성한다.

**6.** Wittig 반응(18-18절)

$$(\text{R}')(\text{R})\text{C}=\text{O} + \text{Ph}_3\text{P}=\text{CHR}'' \longrightarrow (\text{R}')(\text{R})\text{C}=\text{CHR}'' + \text{Ph}_3\text{P}=\text{O}$$

## 핵심 용어

**Bredt 규칙(Bredt's rule):** 안정한 다리걸친 이고리 화합물은 하나의 고리가 적어도 8개의 탄소 원자를 포함하지 않으면 다리목 위치에 이중 결합이 위치할 수 없다.

**이고리(bicyclic):** 두 고리를 포함하는 것

**다리걸친 이고리(bridged bicyclic):** 다리목 탄소를 연결하는 3개의 연결 각각에서 적어도 1개의 탄소 원자를 가지고 있는 것

**다리목 탄소(bridgehead carbon):** 두 고리의 일부로서 이 두 고리를 연결시키는 3의 다리로 연결된 고리를 구성하는 탄소 원자

다리걸친 이고리 화합물 　　 Bredt 규칙의 위반

**Hofmann 생성물(Hofmann product):** 가장 덜 치환된 알켄 생성물

**Saytzeff:** Zaitsev의 다른 철자

**Zaitsev 규칙(Zaitsev's rule):** 제거 반응은 보통 가장 많이 치환된, 일반적으로 가장 안정한 알켄 생성물을 생성한다. Zaitsev 규칙은 항상 적용되지는 않는다. 특히 부피가 큰 염기 혹은 부피가 큰 이탈기의 경우 그렇다. 'Saytzeff 규칙(Saytzeff's rule)'이라고도 한다.

**Zaitsev 제거 반응(Zaitsev elimination):** Zaitsev 생성물을 생성하는 제거 반응

**Zaitsev 생성물(Zaitsev product):** 가장 많이 치환된 알켄 생성물

**가용매 분해(solvolysis):** 용매가 공격하는 시약으로 역할하는 친핵성 치환 반응 혹은 제거 반응. 가용매 분해 반응은 글자 그대로 용매가 절단한다는 의미이다.

$$(CH_3)_3C{-}Br \xrightarrow{CH_3OH,\ \text{가열}} (CH_3)_3C{-}OCH_3 \quad + \quad (CH_3)_2C{=}CH_2 \quad + \quad HBr$$

**같은 자리 다이할로젠화물(geminal dihalide):** 같은 탄소 원자에 2개의 할로젠 원자를 가진 화합물

**고립된 이중 결합(isolated double bond):** 2개 이상의 단일 결합으로 분리된 이중 결합. 고립된 이중 결합은 단순 알켄에서처럼 각 이중 결합이 독립적으로 반응한다.

**공명 에너지(resonance energy):** 동일한 수의 고립된 이중 결합을 가진 화합물의 에너지와 비교했을 때 콘쥬게이션된 시스템의 안정성이 더 높은 것

**기하 이성질체(geometrical isomer):** 시스–트랜스 이성질체 참조

**메틸 이동(methyl shift, ~$CH_3$):** 메틸기가 한 원자(통상적으로 탄소)로부터 다른 원자로 전자쌍을 가지고 자리를 옮기는 것. 탄소 양이온에서의 메틸 이동(혹은 알킬 이동)은 일반적으로 더 안정한 탄소 양이온을 형성한다.

**바이닐기(vinyl group):** 에테닐기, $CH{=}CH{-}$

**불포화 요소(element of unsaturation):** 분자식에서 수소 원자가 2개 적은 결과를 주는 구조적 특징. 이중 결합이나 고리는 불포화 요소 1개에 해당한다. 삼중 결합은 불포화 요소가 2개이다.

**불포화된(unsaturated):** 첨가 반응이 일어날 수 있는 다중 결합을 가진 것

**수소화물 이동(hydride shift, ~H):** 하나의 수소 원자가 한 원자(통상적으로 탄소)로부터 다른 원자로 전자쌍을 가지고 이동하는 것. 수소화물 이동은 탄소 양이온을 다른 안정한 탄소 양이온으로 변환하는 자리 옮김의 하나이다.

**수소화 반응(hydrogenation):** 분자에 수소가 첨가되는 것. 가장 흔한 수소화 반응은 촉매 존재하에 이중 결합에 $H_2$가 첨가되는 것. 즉 '촉매 수소화 반응(catalytic hydrogenation)'이다. 이 반응의 ($-\Delta H^\circ$) 값을 '수소화 반응열(heat of hydrogenation)'이라고 한다.

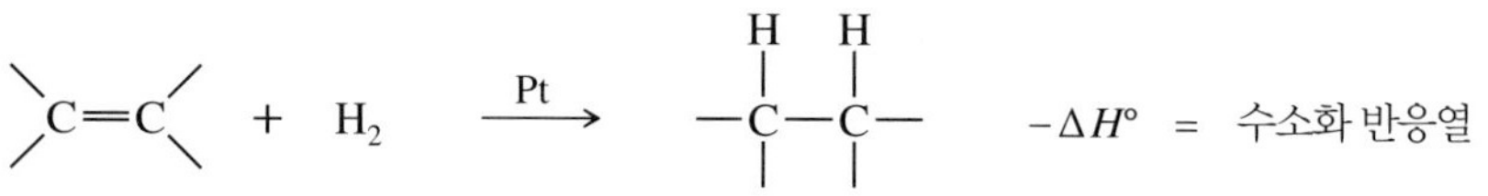

$$\rangle C{=}C\langle \quad + \quad H_2 \xrightarrow{Pt} -\overset{H}{\underset{|}{\overset{|}{C}}}-\overset{H}{\underset{|}{\overset{|}{C}}}- \qquad -\Delta H^\circ = \text{수소화 반응열}$$

**시스–트랜스 이성질체(cis-trans isomer):** 고리나 이중 결합에 대해 시스–트랜스 배열이 다른 이성질체. 시스–트랜스 이성질체는 부분 입체 이성질체에 속하는 하위 부류이다. '기하 이성질체(geometrical isomer)'라고도 한다.

- **시스(cis):** 유사한 기가 이중 결합이나 고리의 같은 쪽에 위치하는 경우
- **트랜스(trans):** 유사한 기가 이중 결합이나 고리의 반대쪽에 위치하는 경우
- ***Z*:** 이중 결합의 같은 쪽에 높은 우선순위의 기들을 가진 경우
- ***E*:** 이중 결합의 반대쪽에 높은 우선순위의 기들을 가진 경우

**신(syn):** 분자의 같은 쪽에서의 첨가 반응이나 제거 반응

- **신–동일 평면(syn-coplanar):** 이면각이 0°인 것. 도표에서 안티–동일 평면 참조

**안티(anti):** 한 분자의 반대편에 첨가(혹은 제거) 하는 것

- **안티–동일 평면(anti-coplanar):** 180° 이면각을 가진 것
- **신–동일 평면(syn-coplanar):** 0° 이면각을 가진 것

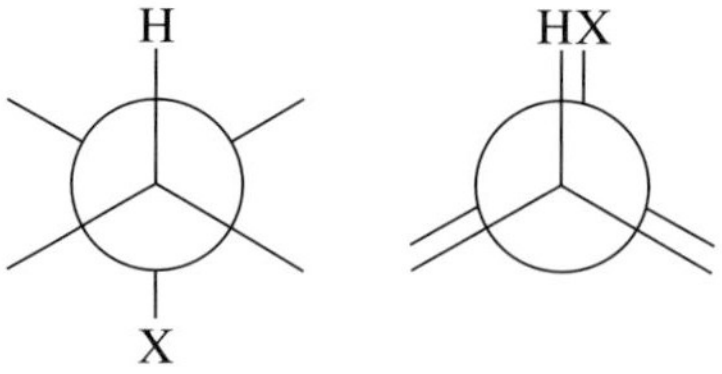

H HX

X

안티-동일 평면 신-동일 평면

**알릴기(allyl group):** 메틸렌기에 결합된 바이닐기. $CH_2{=}CH{-}CH_2{-}$

**알켄(alkene):** 1개 또는 그 이상의 탄소–탄소 이중 결합을 가진 탄화수소. '올레핀(olefin)'이라고도 한다.

- **다이엔(diene):** 2개의 탄소–탄소 이중 결합을 지닌 화합물
- **트라이엔(triene):** 3개의 탄소–탄소 이중 결합을 지닌 화합물
- **테트라엔(tetraene):** 4개의 탄소–탄소 이중 결합을 지닌 화합물

**알킬 이동(alkyl shift, ~R):** 한 원자(주로 탄소)로부터 다른 원자로 한 쌍의 전자를 가지고 알킬기가 이동하는 것

**염기(base):** 양성자를 제거할 수 있는 전자가 풍부한 화학종

**염기도(basicity):** 염기의 열역학적 반응성으로 염기 해리 상수 $K_b$로 정량적으로 표시한다. '염기 세기(base strength)'라고도 한다.

**Lewis 염기(Lewis base):** 결합을 형성하기 위해 전자쌍을 줄 수 있는 전자가 풍부한 화학종. '친핵체(nucleophile)'라고도 한다.

**올레핀(olefin):** 알켄

**이웃 자리 다이할로젠화물(vicinal dihalide):** 이웃한 탄소 원자에 2개의 할로젠을 가진 화합물

**이중 결합 이성질체(double-bond isomer):** 이중 결합의 위치가 다른 구조 이성질체. 이중 결합 이성질체는 수소화 반응을 거쳐 동일한 알케인을 생성한다.

**입체성(stereogenic):** 입체 이성질체를 생성한다. 원자 또는 원자 그룹의 특징으로, 두 그룹을 서로 교환하면 입체 이성질체가 생성된다.

**입체 특이성 반응(stereospecific reaction):** 다른 입체 이성질체가 반응하여 다른 입체 이성질체인 생성물을 만드는 반응

**자리 옮김(rearrangement):** 분자 내에서 결합 서열 변화를 포함하는 반응. 자리 옮김은 탄소 양이온 중간체를 포함하는 $S_N1$과 E1 같은 반응에서 흔하다.

**제거 반응(elimination):** 기질로부터 2개 원자 혹은 원자단을 잃어 통상적으로 $\pi$ 결합을 형성하는 반응

**E1 반응(E1 reaction):** (제거 반응, 일분자성) 느린 이온화 단계에서 이탈기를 잃은 다음 두 번째 단계에서 양성자를 잃는 다단계 제거 반응. Zaitsev 배향이 보통 선호된다.

$$H_3C{-}CCl(CH_3)_2 \rightleftarrows H_3C{-}C^+(CH_3)_2 + :\ddot{Cl}:^- \xrightleftharpoons[]{E1} B{-}H + H_2C{=}C(CH_3)_2 + :\ddot{Cl}:^-$$

**E2 반응(E2 reaction):** (제거 반응, 이분자성) 전이 상태에서 염기가 이탈기가 떠나는 것과 동시에 양성자를 제거하는 협동 제거 반응. 일반적으로 안티-동일 평면 전이 상태가 선호된다. 염기나 이탈기가 비정상적으로 부피가 크지 않는 한 Zaitsev 배향이 보통 선호된다.

$$B:^- + H{-}CH_2{-}CCl(CH_3)_2 \xrightarrow{E2} B{-}H + H_2C{=}C(CH_3)_2 + :\ddot{Cl}:^-$$

**중합체(polymer):** '단위체(monomer)'라고 하는 작은 분자가 많이 연결되어 만들어지는 높은 분자량의 물질

**첨가 중합체(addition polymer):** 단위체 단위를 단순하게 첨가하여 얻는 중합체

**폴리올레핀(polyolefin):** 올레핀(알켄)을 단위체로 사용한 첨가 중합체

**촉매 크래킹(catalytic cracking):** 촉매(흔히 알루미노규소산염 무기질) 존재하에서 석유 생성물을 가열하여 결합을 절단하여 더 작은 분자량의 알켄과 알케인을 생성하는 과정

**친핵체(nucleophile):** 결합을 형성하기 위해 전자쌍을 줄 수 있는 전자가 풍부한 화학종. 'Lewis 염기(Lewis base)'라고도 한다.

**친핵성도(nucleophilicity):** 친핵체의 반응 속도론적 반응성. 표준 기질에 대한 반응에서 치환 반응 속도의 측정. '친핵체 세기(nucleophile strength)'라고도 한다.

**탈수 반응(dehydration):** 화합물에서 물을 제거하는 반응. 보통 산 촉매 반응이다.

$$-\overset{H}{\underset{|}{\overset{|}{C}}}-\overset{OH}{\underset{|}{\overset{|}{C}}}- \xrightleftharpoons{H^+} >C{=}C< + H_2O$$

**탈수소 반응(dehydrogenation):** 화합물로부터 수소($H_2$)를 제거하는 반응. 보통 촉매 존재하에 일어난다.

$$-\overset{H}{\underset{|}{\overset{|}{C}}}-\overset{H}{\underset{|}{\overset{|}{C}}}- \xrightleftharpoons{\text{Pt, 높은 온도}} >C{=}C< + H_2$$

**트랜스-이수직 방향(trans-diaxial):** 사이클로헥세인 고리상의 두 이웃한 치환체가 E2 제거 반응을 하도록 한 안티와 동일 평면 배열. 치환체는 서로 트랜스여야 하고, 둘 다 고리 상에 이수직 방향 위치여야 한다.

**포화된(saturated):** 단일 결합만을 가진 것. 첨가 반응이 일어날 수 없다.

**할로젠화 수소 이탈 반응(dehydrohalogenation):** 화합물로부터 할로젠화 수소를 제거하는 반응. 보통 염기 촉진 반응이다.

$$-\overset{H}{\underset{|}{\overset{|}{C}}}-\overset{X}{\underset{|}{\overset{|}{C}}}- \xrightarrow{KOH} >C{=}C< + H_2O + K^+X^-$$

**헤테로 원자(heteroatom):** 탄소 혹은 수소가 아닌 원자

**협동 반응(concerted reaction):** 결합이 끊어지는 것과 새로운 결합의 형성이 동시에 일어나는 반응(한 단계로)

**콘쥬게이션된 이중 결합(conjugated double bond):** 1개의 단일 결합으로만 분리된 이중 결합. 파이 결합 간의 상호 작용은 콘쥬게이션된 시스템이 추가 안정성을 갖는 데 기여한다.

## 기초문제

| | | |
|---|---|---|
| **1** | 알켄을 그리고 명명하고, 불포화 요소를 계산하라. *E*–*Z* 및 시스–트랜스 시스템을 모두 사용하여 기하 이성질체의 이름을 지정하라. | 관련 연습문제 7–40, 41, 42, 43, 44, 45, 46, 47 |
| **2** | 구조와 입체 화학을 바탕으로 알켄과 사이클로알켄의 상대적 안정성을 예측하라. | 관련 연습문제 7–47, 48, 70 |
| **3** | 할로젠화 알킬의 할로젠화 수소 이탈 및 알코올의 탈수 반응에 대한 논리적 메커니즘을 제안하라. | 관련 연습문제 7–59, 61, 62, 63, 64, 67, 69, 72, 73, 74, 75, 76 |
| **4** | 할로젠화 수소 이탈 반응과 탈수 반응의 생성물을 예측하고, Zaitsev의 규칙을 이용하여 주요 생성물과 부생성물을 예측하라. | 관련 연습문제 7–49, 50, 51, 52, 53, 54, 55, 67, 68, 72 |
| **5** | 반응 조건이 주어졌을 때 반응이 일분자인지 이분자인지를 예측하고, 가능한 메커니즘과 가능한 생성물을 식별하라. | 관련 연습문제 7–50, 54, 73, 75, 76 |
| | 문제풀이 전략: 치환 반응 및 제거 반응 예측하기 | 관련 연습문제 7–61, 62, 63, 67, 68, 75 |
| **6** | $S_N1$, $S_N2$, E1, E2 반응의 메커니즘과 반응–에너지 도표를 그리고 비교하라. 기질, 이탈기, 용매, 염기, 친핵체의 차이에 따라 어떤 치환 반응 또는 제거 반응이 더 빠를지 예측하라. | 관련 연습문제 7–60, 71, 75, 76 |
| **7** | 알켄을 형성하기 위한 E2 제거의 입체 화학을 설명하고, 입체 이성질체와 사이클로헥세인계에서 E1 반응의 생성물을 예측하라. | 관련 연습문제 7–55, 65, 66, 67, 68, 69, 76 |
| | 문제풀이 전략: 반응 메커니즘 제안하기 | 관련 연습문제 7–59, 61, 62, 63, 64, 67, 69, 72, 73, 74, 75, 76 |
| **8** | 할로젠화 알킬과 알코올로부터 알켄의 효과적인 합성을 제안하라. | 관련 연습문제 7–56, 57, 58, 65, 66 |

## 연습문제

**7-40** 각 화합물의 구조를 그려보라(옛 명명법과 새 명명법 포함).

**(a)** 3-메틸헥스-1-엔 **(b)** 트랜스-3-메틸-3-헥센 **(c)** 3,4-다이클로로뷰트-1-엔

**(d)** 1,3-사이클로펜타다이엔 **(e)** 사이클로헵타-1,4-다이엔 **(f)** 바이닐사이클로뷰테인

**(g)** (*E*)-2-브로모-2-헥센 **(h)** (*Z*)-3-메틸-2-노네인 **(i)** (4*E*,6*E*)-1,4,6-옥타트라이엔

**7-41** 각 구조에 *Z*, *E* 또는 둘 다 없음으로 표시하라.

**(a)**
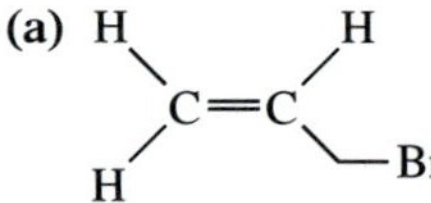


**(b)** OHC, H, C=C, Cl, $CH_3$

**(c)** Br, H, C=C, F, $CH_3$

**(d)** Ph, COOH, C=C, H, OH

**7-42** 어떤 화합물이 시스-트랜스 이성질 현상을 보이는가? 이성질체를 그리고, 적합한 경우 시스-트랜스 혹은 *E*-*Z* 명명법 을 사용하여 이성질체를 나타내라.

**(a)** 펜트-1-엔 **(b)** 펜트-2-엔

**(c)** 헥스-3-엔 **(d)** 1,1-다이브로모프로펜

**(e)** 1,2-다이브로모프로펜 **(f)** 1-브로모-1-클로로헥사-1,3-다이엔

**7-43** 각 화합물의 정확한 이름을 제시하라.

**(a)** 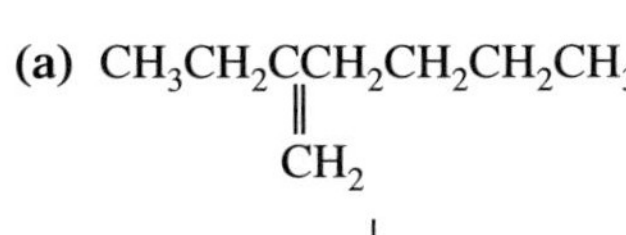


**(b)** $(CH_3\ CH_2)_2\ C{=}CHCH_2CH_3$

**(c)**

**(d)** 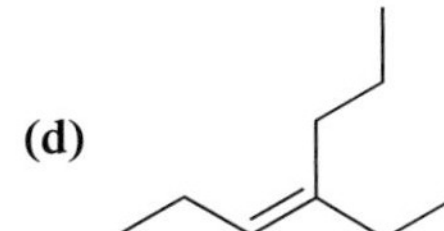

**(e)**

**(f)** Br, $CH_2Cl$

**7-44** **(a)** 화학식 $C_3H_5F$의 모든 5개의 이성질체를 그리고, 명명하라.

**(b)** 화학식 $C_4H_7Br$에서 모든 12개의 비고리(고리가 없는) 이성질체를 그려보라. 입체 이성질체를 포함해서 그려보라.

**(c)** 콜레스테롤 $C_{27}H_{46}O$는 단 1개의 파이 결합을 가진다. 더 이상의 정보가 없다면 이 화합물의 구조에 대해 무엇을 더 말할 수 있는가?

**7-45** 3-메틸헵타-2,4-다이엔의 모든 입체 이성질체를 그리고, 명명하라.

**(a)** 시스-트랜스 명명법을 사용하라.

**(b)** *E*-*Z* 명명법을 사용하라.

**7-46** 다음 각 알켄에 대해 쌍극자 모멘트의 방향을 밝혀라. 각 쌍에 대해 어떤 화합물이 더 큰 쌍극자 모멘트를 갖는지 밝혀라.

**(a)** 시스-1,2-다이클로로에텐 또는 트랜스-1,2-다이클로로에텐

**(b)** 시스-1,2-다이플루오로에텐 또는 트랜스-2,3-다이플루오로뷰트-2-엔

**(c)** 시스-1,2-다이브로모-1,2-다이플루오로에텐 또는 시스-1,2-다이플루오로에텐

**7-47** 시스- 및 트랜스-뷰트-2-엔의 에너지 차이는 약 4 kJ/mol이다. 그러나 4,4-다이메틸펜트-2-엔의 트랜스 이성질체는 시스 이성질체보다 거의 16 kJ/mol 만큼 더 안정하다. 이렇게 큰 차이가 나는 이유를 설명하라.

**7-48** 6원자 고리에서 이중 결합은 고리 밖 위치에서보다 고리 안 위치에서 보통 더 안정하다. 두 쌍의 화합물에 대한 수소화 반응의 자료는 다음과 같다. 한 쌍은 고리 안 이중 결합과 고리 밖 이중 결합의 에너지 차이가 9 kJ/mol이고, 다른 쌍은 5 kJ/mol 정도이다. 어떤 숫자가 실제 에너지 차이를 더 잘 나타낸다고 생각하는가? 그에 설명하라.

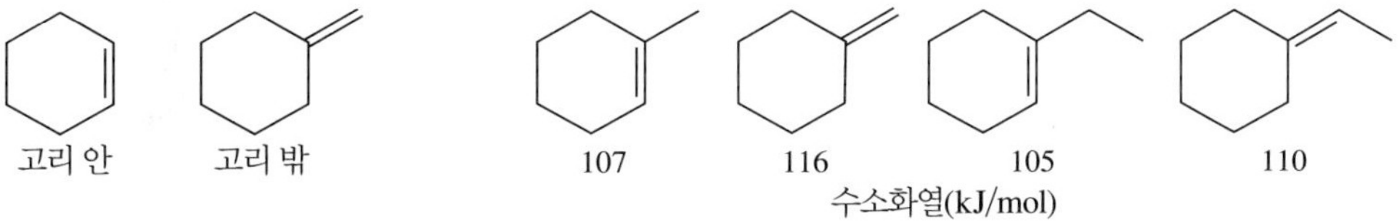


**7-49** 다음 화합물의 E1 제거 생성물을 예측하라. 주요 생성물을 표지하라.

**(a)** 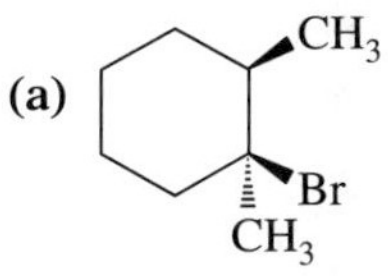


**(b)** Br

**(c)** $(CH_3)_3C-CH(Br)-CH_3$

**7-50** 다음 화합물에 대해 수산화 소듐 촉진 할로젠화 수소 이탈 반응을 통해 생성되는 생성물을 예측하라. 각 경우 어떤 것이 주생성물인지 예측하라.

**(a)** 1-브로모뷰테인 **(b)** 2-클로로뷰테인 **(c)** 3-브로모펜테인

**(d)** 시스-1-브로모-2-메틸클로로헥세인 **(e)** 트랜스-1-브로모-2-메틸사이클로헥세인

**7-51** 어떤 할로젠화물이 할로젠화 수소 E2 제거 반응을 거쳐 다음의 순수한 알켄을 생성할 것인가?

**(a)** 헵트-1-엔 **(b)** 헥스-2-엔 **(c)** 헵트-3-엔

**(d)** 메틸렌사이클로펜테인 **(e)** 3-메틸사이클로뷰텐

**7-52** 다음 알코올의 산 촉매 탈수의 주요 생성물을 예측하라.

**(a)** 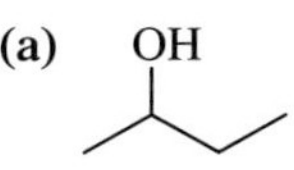

뷰탄-2-올

**(b)** 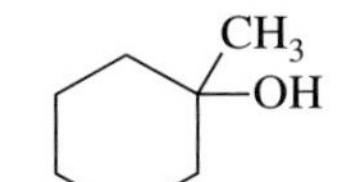

1-메틸사이클로헥산올

**(c)** 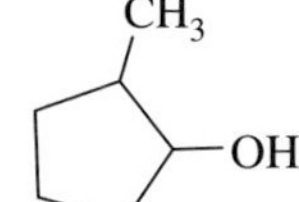

2-메틸사이클로펜탄올

**(d)** HO
2-메틸프로판-1-올

**7-53** 다음 반응의 생성물을 예측하라. 2개 이상의 생성물이 예상되는 경우 어떤 것이 주생성물이 될지 예측하라.

(a) 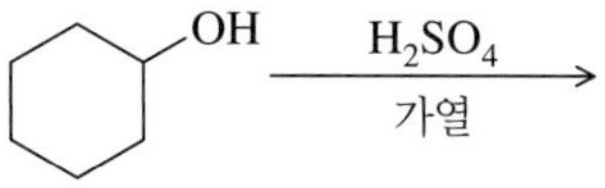 (cyclohexyl–OH) $\xrightarrow[\text{가열}]{H_2SO_4}$ (b) 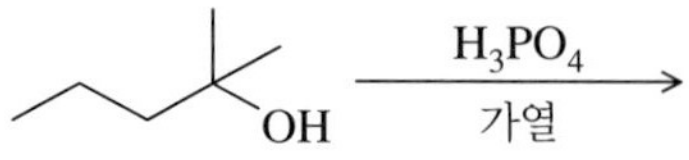 (2-methyl-2-pentanol, OH) $\xrightarrow[\text{가열}]{H_3PO_4}$ (c) 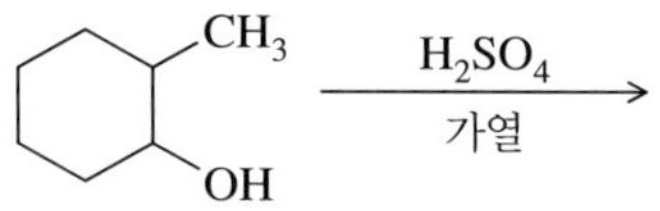 (2-methylcyclohexanol, $CH_3$, OH) $\xrightarrow[\text{가열}]{H_2SO_4}$

**7-54** 각 반응에 대해 예상되는 주요 생성물을 나타내는 균형 반응식을 작성하라.

(a) 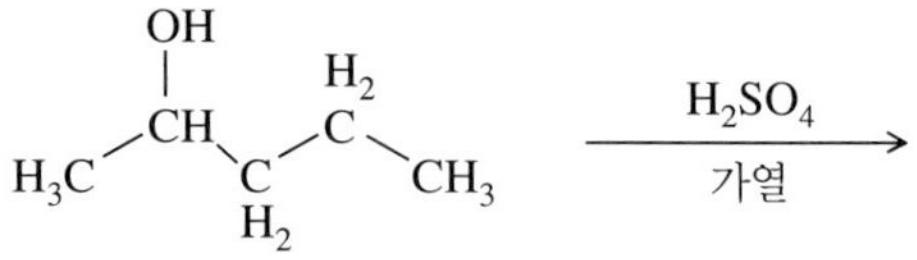 $H_3C-CH(OH)-CH_2-CH_2-CH_3$ $\xrightarrow[\text{가열}]{H_2SO_4}$

(b) 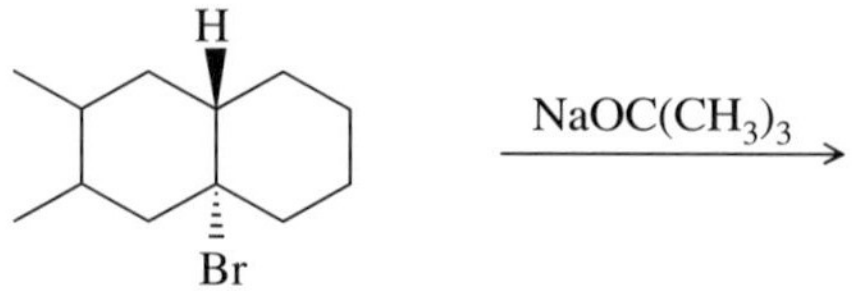 (H, Br decalin with two methyl groups) $\xrightarrow{NaOC(CH_3)_3}$

(c) 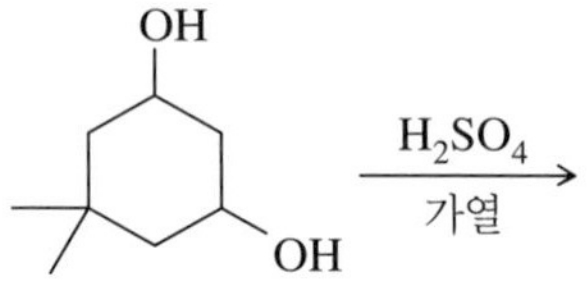 (5,5-dimethylcyclohexane-1,3-diol: OH, OH) $\xrightarrow[\text{가열}]{H_2SO_4}$

(d) 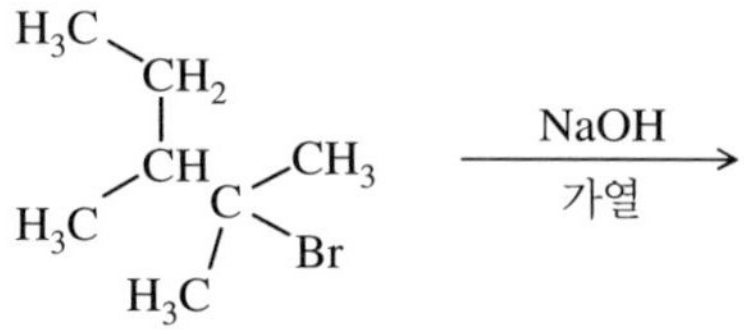 $H_3C-CH_2-CH(CH_3)-C(CH_3)(CH_3)Br$ $\xrightarrow[\text{가열}]{NaOH}$

**7-55** 다음의 할로젠화 알킬을 알코올에 녹인 KOH에서 가열하여 얻는 할로젠화 수소 이탈 반응의 생성물을 예측하라. 2개 이상의 생성물이 형성되는 경우 주생성물과 부생성물을 예측하라.

(a)  $(CH_3)_2CH-C(CH_3)_2$ (C에 Br) (b) 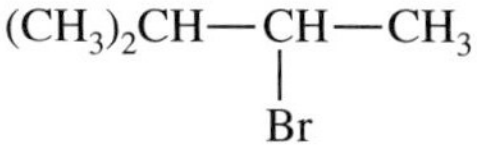 $(CH_3)_2CH-CH-CH_3$ (CH에 Br) (c) 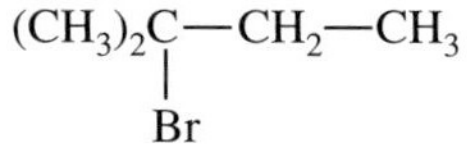 $(CH_3)_2C-CH_2-CH_3$ (C에 Br)

(d) (cyclohexane: $CH_3$, Cl, H, D) 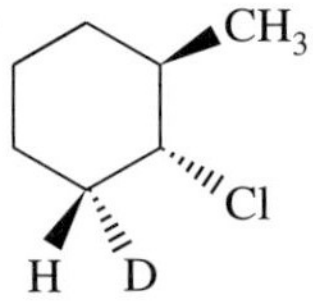 (e) 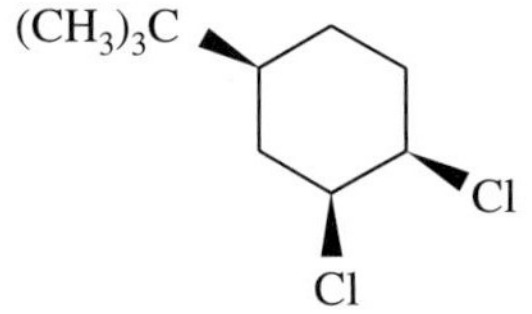 (cyclohexane: $(CH_3)_3C$, Cl, Cl) (f) 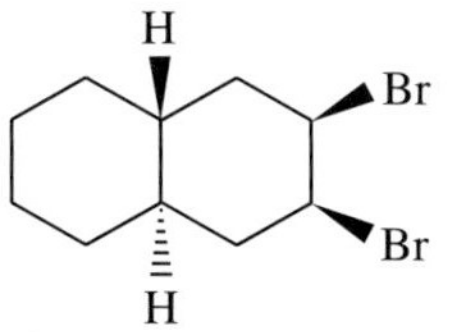 (decalin: H, H, Br, Br)

**7-56** 사이클로헥세인을 시작 물질로 하여 다음의 각 화합물을 합성하는 방법을 제시하라. (화합물을 합성하는 방법을 나타낸 후 이 문제의 이후 부분에서 이를 시작 물질로 사용할 수 있다.)

(a) 브로모사이클로헥세인 (b) 사이클로헥센 (c) 에톡시사이클로헥세인

(d) 3-브로모사이클로헥스-1-엔 (e) 사이클로헥사-1,3-다이엔 (f) 사이클로헥산올

**7-57** 각 화합물에서 사이클로헥센을 어떻게 생성하는지 나타내라.

(a) 사이클로헥산올

(b) 브로민화 사이클로헥실

(c) 사이클로헥세인(탈수소 반응에 의한 것이 아님)

**7-58** 1-페닐프로페인을 아래에 표시된 세 가지 생성물(1~2단계)로 변환하는 방법을 제시하라. 각 경우 생성물에 대해 어떤 원치 않는 반응이 바람직하지 않은 불순물을 만들 수 있는지 설명하라.

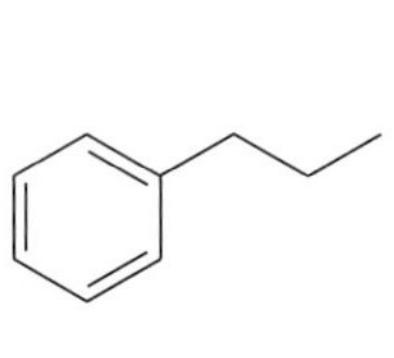

1-페닐프로페인 | (a) 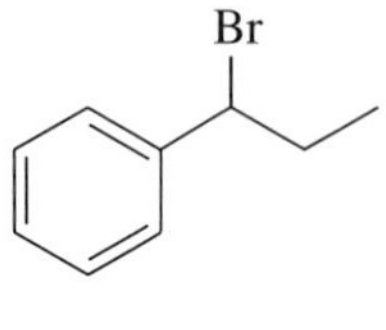 Br 1-브로모-1-페닐프로페인 (b) 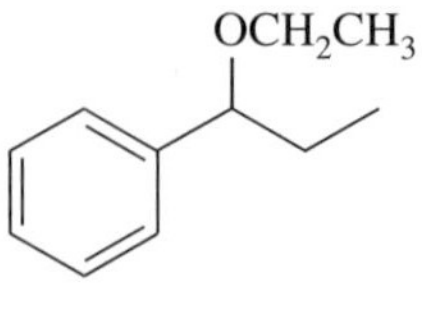 $OCH_2CH_3$ 1-에톡시-1-페닐프로페인 (c) 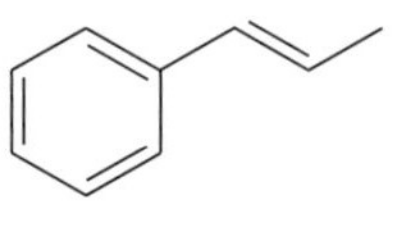 1-페닐프로프-1-엔

**7-59** 할로젠화 알킬의 E1 제거 반응은 치환 반응과 제거 반응 생성물이 혼합되어 생성되므로 합성 목적으로는 거의 쓸모가 없다. 사이클로헥산올의 황산 촉매 탈수 반응은 E1 메커니즘을 통해 일어남에도 불구하고 사이클로헥센을 좋은 수율로 얻을 수 있는 이유를 설명하라. (힌트: 반응 혼합물에서 친핵체는 무엇인가? 이러한 친핵체가 탄소 양이온을 공격한다면 얻을 수 있는 생성물은 무엇인가? 추가로 어떠한 반응이 이러한 치환 생성물에서 일어날 수 있는가?)

**7-60** 다음 반응에 대해 메커니즘을 제안하고 반응-에너지 도표를 그려보라. 어떠한 전이 상태나 중간체 모두에 특히 주의하라. 두 반응에 관한 반응-에너지 도표를 비교하고, 그 차이를 설명하라.

**(a)** 2-브로모-2-메틸뷰테인은 메탄올에서 메톡시화 소듐과 반응하여 2-메틸뷰트-2-엔(여러 생성물 중 하나)을 생성한다.

**(b)** 2-브로모-2-메틸뷰테인은 가열된 메탄올에서 반응하여 2-메틸뷰트-2-엔(여러 생성물 중 하나)을 생성한다.

**7-61** 다음 반응의 메커니즘을 제시하라. 생성물이 추가로 생성될 수 있지만, 제시하는 메커니즘은 나타낸 생성물만 설명할 수 있으면 된다.

**(a)** Br, $CH_3OH$ 가열, OCH, +, +

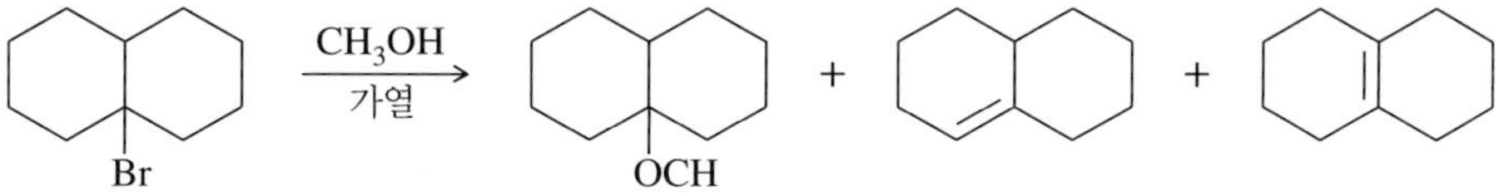

**(b)** $CH_2OH$, $H_2SO_4$ 가열, +, +

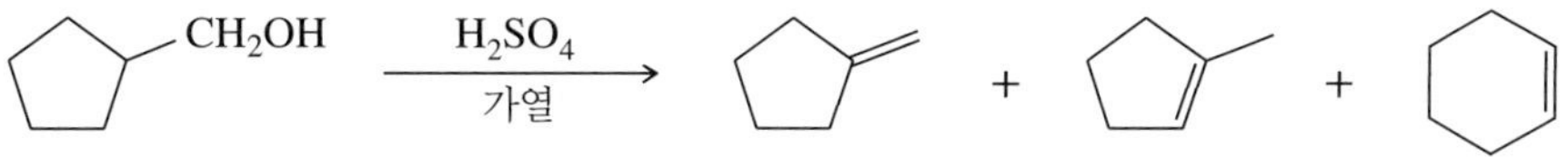

**(c)** Br, EtOH 가열, OEt, +, OEt, +

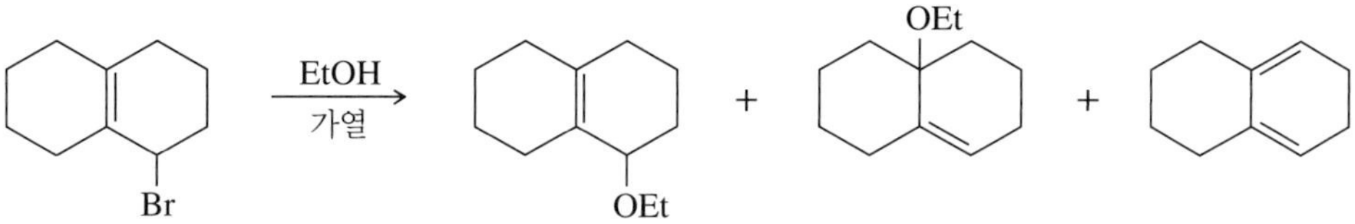

**7-62** 다음 반응에서 관찰된 생성물을 설명하는 메커니즘을 제안하라. 어떤 경우에는 더 많은 생성물이 형성되지만, 여기에 표시된 것만 고려하면 된다.

**(a)** Br, $CH_2$, $CH_3OH$ 가열, $CH_2OCH_3$, +, +, $OCH_3$

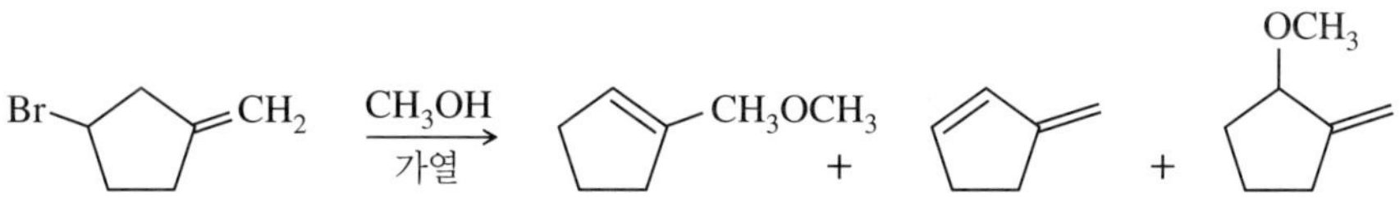

**(b)** Br, $CH_3OH$ 가열, $OCH_3$, +, $OCH_3$, +

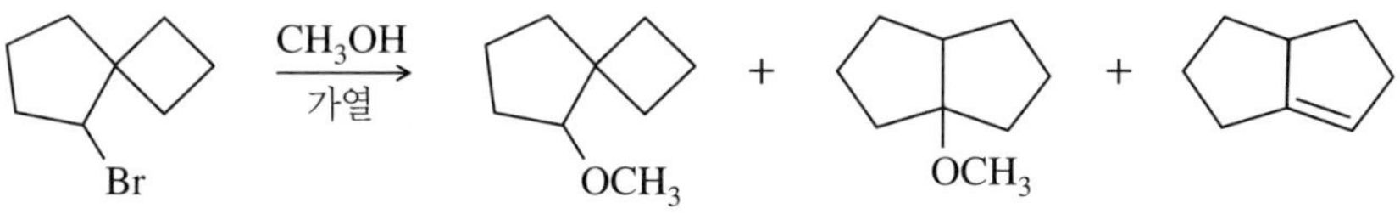

**7-63** 메탄올 중 브로모메틸사이클로펜테인의 은 보조 용매 분해는 다음의 다섯 가지 화합물의 복합 생성물 혼합물을 제공한다. 이러한 생성물을 설명하는 메커니즘을 제안하라.

$CH_2Br$, $AgNO_3$ $CH_3OH$ 가열, $CH_2$, +, $CH_3$, +, $CH_3O$ $CH_3$, +, +, $OCH_3$

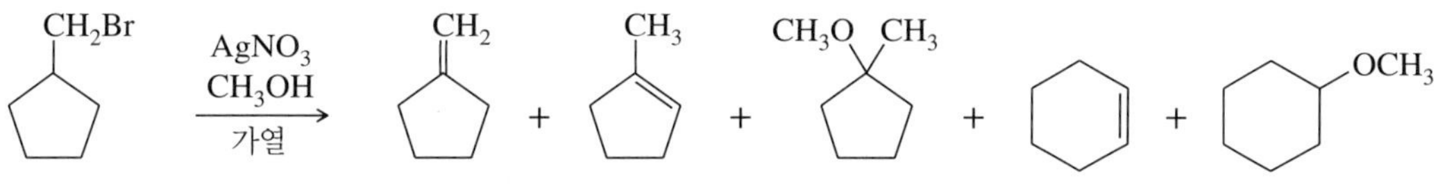

**7-64** 양성자는 알코올의 수산기를 좋은 이탈기로 전환시킨다. 각 반응에 대한 메커니즘을 제안하라.

**(a)** OH, HBr, 가열 ($S_N2$ 또는 $S_N1$), Br, + $H_2O$

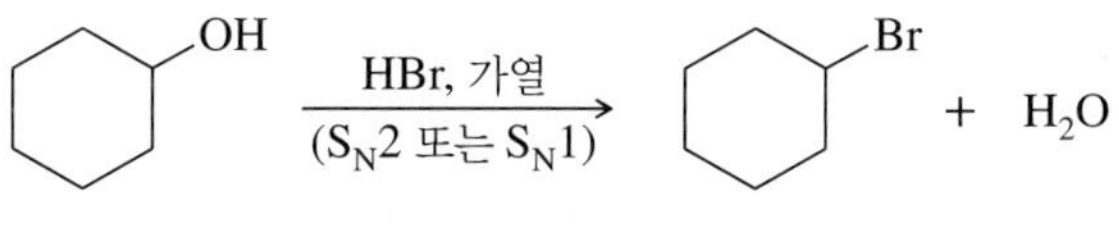

**(b)** OH, $H_2SO_4$, 가열

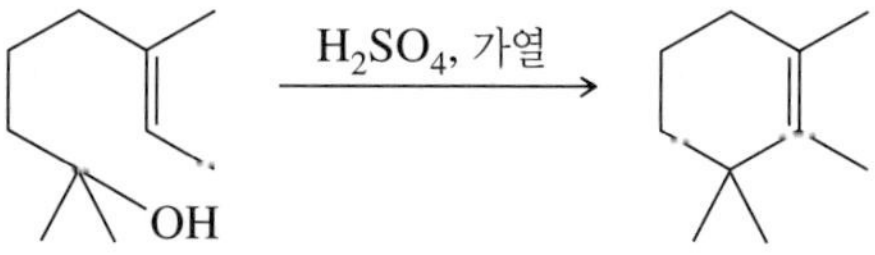

**7-65** **(a)** *t*-뷰톡시화 포타슘(E2 제거 반응을 촉진하는 부피가 큰 염기)을 처리할 때 2,4-다이페닐펜트-2-엔만 생성하는 할로젠화 알킬을 설계하라.

**(b)** 생성물의 다음 입체 이성질체만 형성하려면 할로젠화 알킬에 어떤 입체 화학이 필요한가?

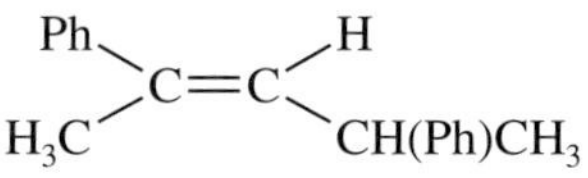

Ph, H, C=C, $H_3C$, CH(Ph)$CH_3$

**7-66** 어떤 화학자가 어떤 순수한 (2*S*,3*R*)-3-브로모-2,3-다이페닐펜테인과 에탄올에 녹인 에톡시화 소듐($NaOCH_2CH_3$)을 반응시켰다. 2개의 알켄, 즉 **A**(시스-트랜스 혼합물)와 **B**(순수한 단일 이성질체)가 생성된다. 같은 조건에서 (2*S*,3*S*)-3-브로모-2,3-다이페닐펜테인을 반응시키면 두 알켄, 즉 A(시스-트랜스 혼합물)와 **C**가 생성된다. 촉매 수소화 반응에서 이 모든 세 가지 알켄(**A**, **B**, **C**)으로부터 2,3-다이페닐펜테인이 생성된다. **A**, **B**, **C**의 구조를 결정하라. 이들 화합물이 생성되는 반응식을 제시하라. 이들 반응에서의 입체 특이성에 대해 설명하라.

***7-67** 순수한 (*S*)-2-브로모-2-플루오로뷰테인은 메탄올의 메톡시화 이온과 반응하여 (*S*)-2-플루오로-2-메톡시뷰테인과 3개의 플루오로알켄의 혼합물을 생성한다.

**(a)** 어떤 세 가지 플루오로알켄이 형성되는지 나타내는 메커니즘을 사용하라.

**(b)** (*S*)-2-브로모-2-플루오로뷰테인이 어떻게 반응하여 (*S*)-2-플루오로-2-메톡시뷰테인을 생성하는지 보여주는 메커니즘을 제안하라. 이 반응은 위치 배열의 보존 또는 반전 중 어느 것으로 진행되는가?

***7-68** (±)-2,3-다이브로모뷰테인이 수산화 포타슘과 반응하면 일부 생성물은 (2*S*,3*R*)-3-브로모뷰테인-2-올과 그 거울상 이성질체, 트랜스-2-브로모뷰트-2-엔이 된다. 이러한 생성물을 설명하는 메커니즘을 제시하라. 시스-2-브로모뷰트-2-엔이 형성되지 않는 이유는 무엇인가?

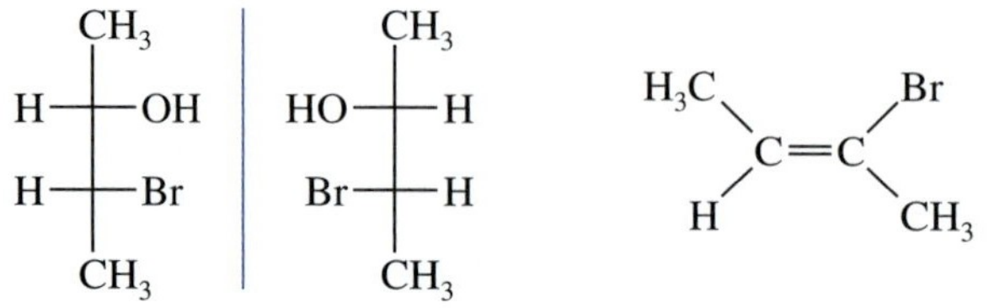

$CH_3$ / H—OH / H—Br / $CH_3$ (2*S*,3*R*) | $CH_3$ / HO—H / Br—H / $CH_3$ (2*R*,3*S*)

3-브로모뷰탄-2-올

$H_3C$, Br, C=C, H, $CH_3$

트랜스-2-브로모뷰트-2-엔

***7-69** 2-브로모-3-페닐뷰테인을 메톡시화 소듐으로 처리하면 2개의 알켄이 생성된다(E2 제거 반응). Zaitsev 생성물이 우세하다.

**(a)** 주생성물과 부생성물을 나타내는 반응을 그려보라.

**(b)** 2-브로모-3-페닐뷰테인의 순수한 입체 이성질체 하나가 반응하면 주요 생성물의 순수한 입체 이성질체 하나가 생성된다. 예를 들어 (2*R*,3*R*)-2-브로모-3-페닐뷰테인이 반응할 때 생성물은 메틸기 시스와 입체 이성질체이다. 모델을 사용하여 전이 상태의 Newman 투영도를 그려서 이러한 입체 특이성이 관찰되는 이유를 제시하라.

**(c)** 전이 상태의 Newman 투영도를 사용하여 (2*S*,3*R*)-2-브로모-3-페닐뷰테인의 주요 제거 생성물을 예측하라.

**(d)** (2*S*,3*S*)-2-브로모-3-페닐뷰테인의 제거 반응으로 인한 주생성물을 예측하라. 이 예측은 (b)의 결과를 고려하여 구조를 그리지 않고도 이루어질 수 있다.

***7-70** 다음 세 알켄의 회전 에너지 장벽이 극적으로 차이가 나는 이유를 설명하라. (힌트: 전이 상태가 어떻게 보일지 생각해보라.)

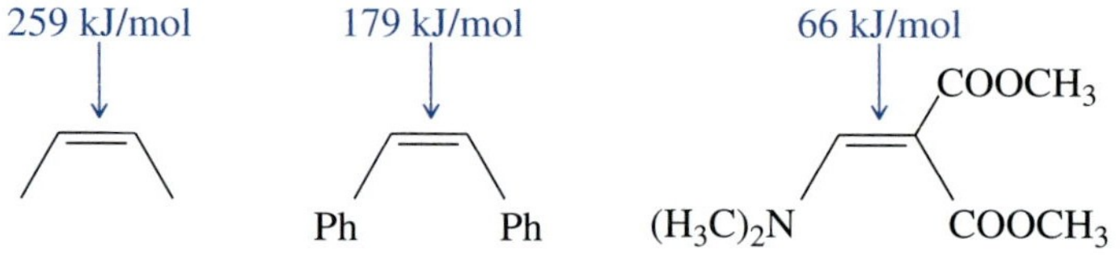

259 kJ/mol | 179 kJ/mol (Ph, Ph) | 66 kJ/mol ($(H_3C)_2N$, $COOCH_3$, $COOCH_3$)

***7-71** 다음 다이브로모노보네인 중 하나는 다른 화합물보다 매우 신속하게 제거 반응이 일어난다. 어떤 화합물이 더 신속하게 반응하며, 반응 속도의 차이가 큰 이유를 설명하라.

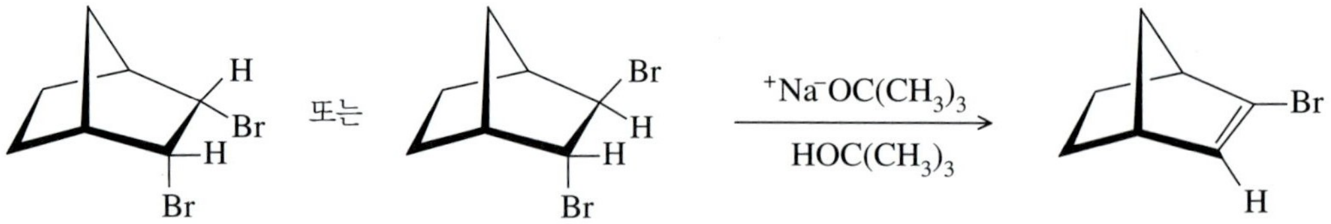

시스 (H, Br, H, Br) 또는 트랜스 (Br, H, H, Br) $\xrightarrow[HOC(CH_3)_3]{^+Na^-OC(CH_3)_3}$ (Br, H)

***7-72** 대학원생이 메틸렌사이클로뷰테인을 만들기 위해 다음 반응을 수행했다. 다른 생성물의 구조는 어떻게 되며, 어떤 메커니즘을 거쳐 생성되는가?

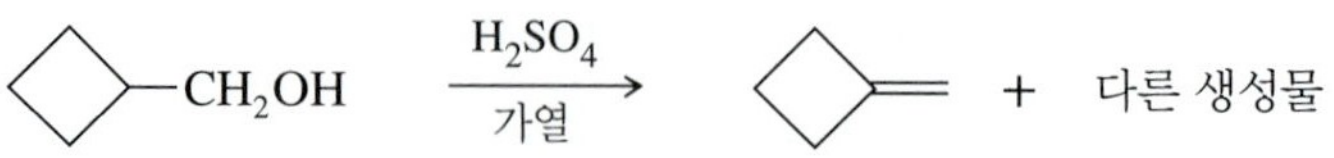

$CH_2OH$ $\xrightarrow[\text{가열}]{H_2SO_4}$ 메틸렌사이클로뷰테인 (부생성물) + 다른 생성물

* 본문 내용을 응용한 난이도 높은 문제는 별표(*)로 표시했다.

***7-73** 다음 생성물이 만들어지는 메커니즘을 제시하라. 그 메커니즘에서 자리 옮김 반응이 일어나는 이유와 Zaitsev 생성물을 생성하지 못하는 이유를 설명하라.

$CH_2OH$ —($H_2SO_4$, 가열)→

***7-74** 다음 반응은 **피나콜 자리 옮김**(pinacol rearrangement) 반응이다. 이 반응은 산 촉매 이온화 과정으로, 탄소 양이온을 생성하는 것에서 시작된다. 탄소 양이온은 메틸 이동을 거쳐 더 안정한, 공명 안정화된 양이온을 생성한다. 양성자를 잃어버리면 관찰되는 생성물을 얻는다. 피나콜 자리 옮김 반응에 대한 메커니즘을 제안하라.

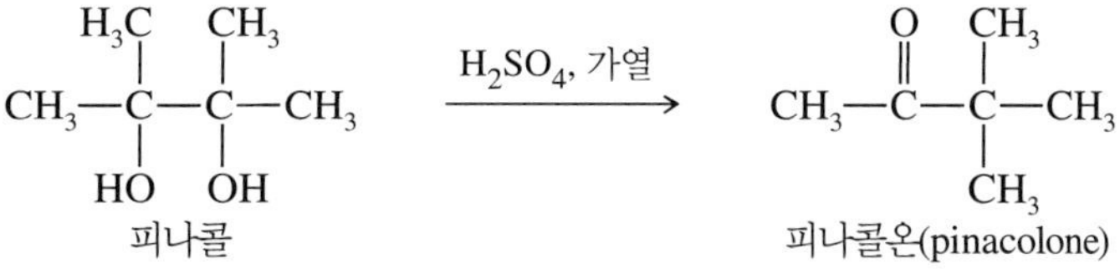

$$CH_3-C(CH_3)(OH)-C(CH_3)(OH)-CH_3 \xrightarrow{H_2SO_4,\ 가열} CH_3-C(=O)-C(CH_3)_2-CH_3$$

피나콜 → 피나콜온(pinacolone)

***7-75** 중수소(D)는 핵에 1개의 양성자와 1개의 중성자를 가진 질량수가 2인 수소의 동위 원소이다. 중수소의 화학은 C—D 결합이 C—H 결합보다 약간 더 강하다는 점(5.0 kJ/mol, 또는 1.2 kcal/mol)을 제외하면 수소 화학과 거의 동일하다. C—D 결합(C—H 결합과 반대)이 속도 제한 단계에서 끊어지면 반응 속도가 느려지는 경향이 있다. 이러한 효과를 **속도론적 동위 원소 효과**(kinetic isotope effect)라고 한다(연습문제 4-57 참조).

(a) 다음 반응의 각 생성물의 생성을 설명해주는 메커니즘을 제안하라.

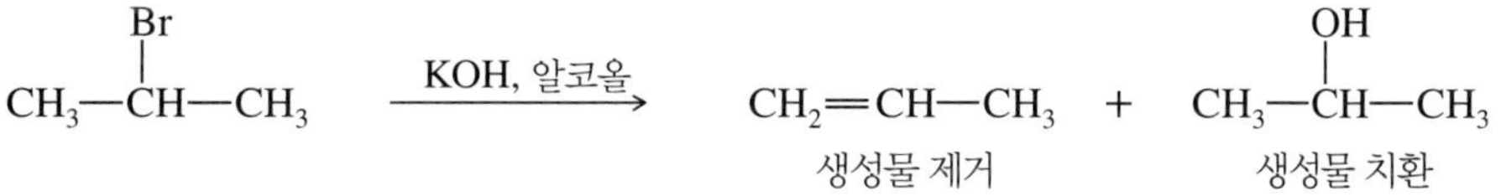

$$CH_3-CH(Br)-CH_3 \xrightarrow{KOH,\ 알코올} CH_2{=}CH-CH_3 + CH_3-CH(OH)-CH_3$$

생성물 제거 / 생성물 치환

(b) 다음 중수소 화합물이 같은 조건에서 반응할 때 제거 반응 생성물의 형성 속도는 7배 느리지만 치환 생성물의 형성 속도는 변하지 않는다. 제거 반응 속도는 더 느리고 치환 반응 속도는 변하지 않는 이유를 설명하라.

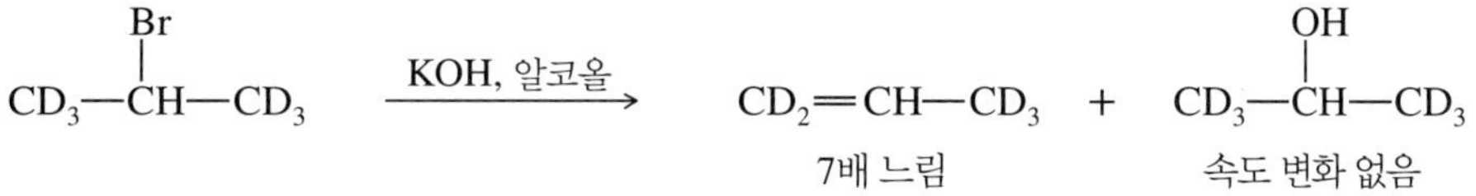

$$CD_3-CH(Br)-CD_3 \xrightarrow{KOH,\ 알코올} CD_2{=}CH-CD_3 + CD_3-CH(OH)-CD_3$$

7배 느림 / 속도 변화 없음

(c) 아세톤/물 혼합물에서 할로젠화 알킬을 가열하면 반응이 일어난다.

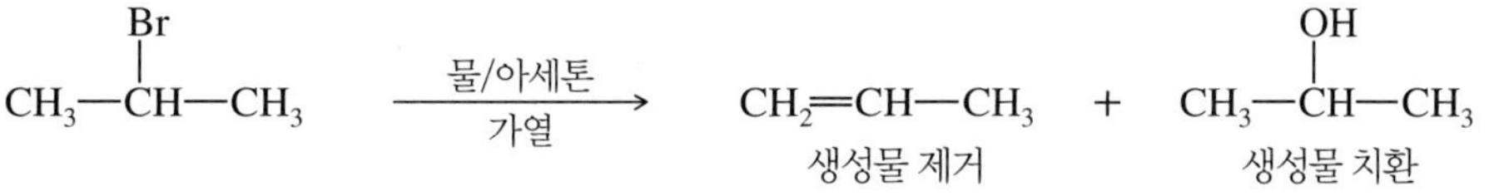

$$CH_3-CH(Br)-CH_3 \xrightarrow[가열]{물/아세톤} CH_2{=}CH-CH_3 + CH_3-CH(OH)-CH_3$$

생성물 제거 / 생성물 치환

이러한 조건에서 각 생성물 형성에 관한 메커니즘을 제시하고, 중수소화한 할로젠화물이 반응할 때 각 생성물의 생성 반응 속도가 어떻게 변할지를 예측하라. 그리고 그 예측을 설명하라.

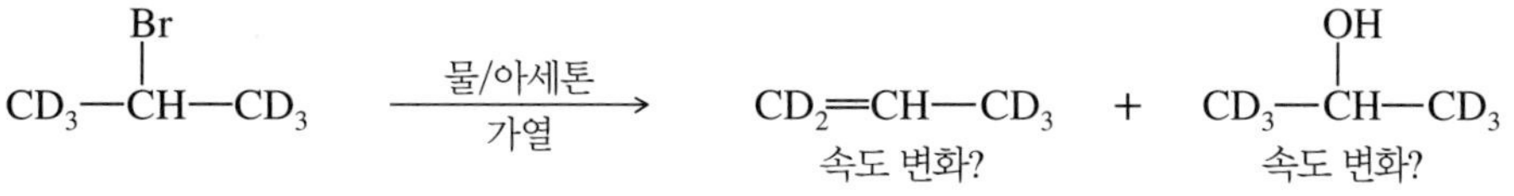

$$CD_3-CH(Br)-CD_3 \xrightarrow[가열]{물/아세톤} CD_2{=}CH-CD_3 + CD_3-CH(OH)-CD_3$$

속도 변화? / 속도 변화?

***7-76** 메탄올 용매하에서 다음 화합물을 메톡시화 소듐으로 처리하면 두 가지 제거 생성물이 나타날 수 있다. 이때 중수소화된 생성물이 약 7:1 비율로 우세한 이유를 설명하라(연습문제 7-75 참조).

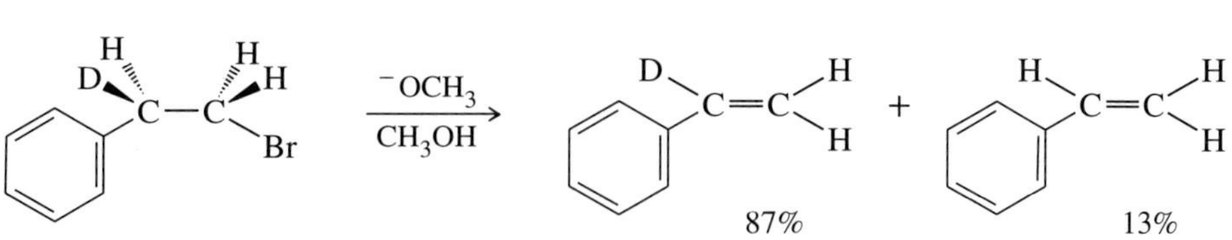

$$Ph-CHD-CH_2Br \xrightarrow[CH_3OH]{^-OCH_3} Ph(D)C{=}CH_2 + Ph(H)C{=}CH_2$$

87% / 13%

# 8 알켄의 반응

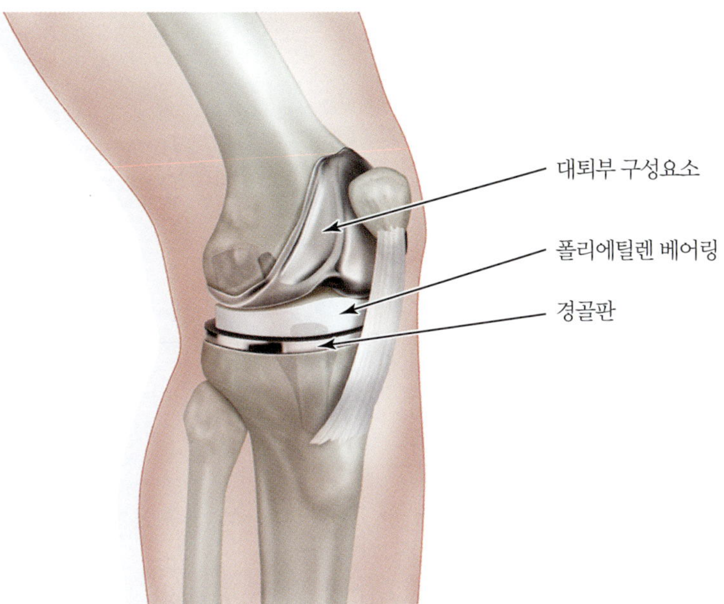


**학습목표**

**1** 친전자성 첨가 반응이 알켄의 가장 흔한 반응인 이유를 설명한다.

**2** 반응의 배향(위치 화학)과 입체 화학을 포함해서 알켄의 반응 생성물을 예측한다.

**3** 알켄 반응에서 관찰되는 생성물을 설명하는 메커니즘을 제시한다.

**4** 역합성 분석을 이용하여 알켄이 시약이나 중간체 혹은 생성물로 사용되는 다단계 합성 문제를 푼다.

◀ 폴리에틸렌은 인공무릎 치환술의 금속 부품 움직임에 자체 윤활 표면을 제공한다. 이러한 이식물에 사용되는 고도로 가교된 폴리에틸렌은 매우 견고하게 제조되며, 1년에 약 0.1 mm만 마모된다. 폴리에틸렌은 인체 친화성이 있으며, 대부분의 경우 수년간 관절 내에서 일정하게 움직이더라도 이물 반응을 일으키지 않는다.

알켄 이중 결합은 출입문 작용기이다. 알켄 반응은 나머지 유기 화학 연구의 기초가 되는 다른 많은 작용기로 이어진다. 알켄을 할로젠화 알킬, 에폭사이드, 알코올, 알데하이드, 케톤, 카복실산 및 기타 작용기로 치환할 수 있다. 알켄 반응은 탄소-탄소 이중 결합 반응에서 발생한다. 유기 화학자들은 단순한 탄소-탄소 이중 결합을 취하고, 이를 다양한 방법으로 조작하여 다른 화합물을 생산하는 도전을 즐기는데, 종종 세포에서 일어나는 생물학적 반응을 모방한다. 이 장에서는 알켄의 반응 메커니즘, 반응성, 배향성, 입체 화학 등 가장 일반적인 반응을 다룬다.

알켄의 반응 대부분은 이중 결합을 통해 원자 또는 기를 추가하는 것과 관련이 있으며, 각각의 말단에는 하나의 원자 또는 기가 추가된다. 시약이 이중 결합에 첨가될 때 수반되는 일반적인 메커니즘을 연구함으로써 이전에 볼 수 없었던 알켄 첨가 반응의 결과를 예측할 수 있다. 또한 다른 화합물 계열에서 발견하는 첨가 반응의 메커니즘을 더 쉽게 이해할 수 있다.

## 8-1 탄소-탄소 이중 결합의 반응성

단일 결합(시그마 결합)은 파이 결합보다 더 안정하기 때문에, 이중 결합의 가장 흔한 반응은 파이 결합을 시그마 결합으로 변환하는 것이다. 예를 들어 촉매 수소화 반응은 C═C 파이 결합과 H—H 시그마 결합을 2개의 C—H 시그마 결합(7-8절)으로 변환한다. 반응은 발열 반응($\Delta H°$ = 약 −80~120 kJ/mol 혹은 약 −20~−30 kcal/mol)이며, 이는 생성물이 반응물보다 더 안정하다는 것을 나타낸다.

$$\mathrm{>C{=}C<} \; + \; \mathrm{H{-}H} \xrightarrow{\text{촉매}} \mathrm{-\underset{H}{\overset{|}{C}}-\underset{H}{\overset{|}{C}}-} \; + \; \text{에너지}$$

알켄의 수소화 반응은 앞서 학습한 세 가지 주된 반응 형태, 즉 첨가 반응, 제거 반응, 치환 반응 중 하나인 **첨가 반응**(addition)의 예이다. 덧붙여서 첨가 반응은 2개의 분자가 결합하여 하나의 생성물 분자를 생성하는 것이다. 알켄이 첨가 반응을 거치면 두 기가 이중 결합된 탄소 원자에 가해지고 탄소는 포화된다. 많은 면에서 첨가 반응은 한 분자가 2개의 부분으로 쪼개지는 **제거 반응**(elimination)의 역반응이다. **치환 반응**(substitution)에서는 분자의 한 부분이 분자의 다른 부분으로 치환된다.

첨가 반응

$$\mathrm{>C{=}C<} \; + \; \mathrm{X{-}Y} \; \longrightarrow \; \mathrm{-\underset{X}{\overset{|}{C}}-\underset{Y}{\overset{|}{C}}-}$$

제거 반응

$$\mathrm{-\underset{X}{\overset{|}{C}}-\underset{Y}{\overset{|}{C}}-} \; \longrightarrow \; \mathrm{>C{=}C<} \; + \; \mathrm{X{-}Y}$$

치환 반응

$$\mathrm{-\underset{|}{\overset{|}{C}}-X} \; + \; \mathrm{Y^-} \; \longrightarrow \; \mathrm{-\underset{|}{\overset{|}{C}}-Y} \; + \; \mathrm{X^-}$$

첨가 반응은 알켄의 가장 흔한 반응이며, 이 장에서는 알켄의 첨가 반응을 살펴볼 것이다. 적당한 시약이 알켄의 이중 결합에 첨가되면 아주 다양한 작용기가 만들어질 수 있다.

## 8-2 알켄의 친전자성 첨가 반응

원리적으로 다양한 시약이 이중 결합에 첨가되어 더 안정한 생성물을 만들 수 있다. 즉 반응은 에너지 면에서 유리하다. 그렇지만 이러한 모든 반응이 알맞은 반응 속도를 보이는 것은 아니다. 예를 들어 수소와 에틸렌(ethylene)의 (에테인을 생성하는) 반응은 큰 발열 반응이지만, 반응 속도는 매우 느리다. 에틸렌과 수소를 혼합하여 몇 년을 두어도 아무런 눈에 띄는 반응이 일어나지 않는다. 백금, 팔라듐, 니켈 같은 촉매를 첨가하면 반응이 빠른 속도로 일어난다.

어떤 시약은 촉매 없이도 탄소-탄소 이중 결합과 반응한다. 어떤 종류의 시약이 이중 결합과 반응하는지 알기 위해서는 파이 결합의 구조를 생각해봐야 한다. 시그마 결합에서는 전자가 견고하게 잡혀 있지만, 파이 결합은 시그마 결합의 위아래로 비편재화되어 있다(그림 8-1). 파이 결합 전자는 탄소 핵으로부터 멀리 퍼져 있으며, 더 느슨하게 붙잡혀 있다. 강한 친전자체는 이러한 느슨하게 잡혀 있는 전자에 친화력을 가진다. 전자를 끌어 당겨서 새로운 결합을 만들며(그림 8-2), 한 탄소 원자에는 단지 3개의 결합만 있게 되어 양전하(탄소 양이온)를 띠게 된다. 결과로 이중 결합은 반응에서 친핵체로 작용하며, 전자쌍을 친전자체에 제공하게 된다.

대부분의 첨가 반응은 두 번째 단계에서 친핵체가 탄소 양이온을 공격해서(예: $S_N1$ 반응에서 두 번째 단계) 안정한 첨가 생성물을 만든다. 생성물에는 친전자체와 친핵체 둘 다 이중 결합으로 결합되었던 탄소 원자에 결합한다. 이 반응은 핵심 메커니즘 8-1에 친전자체는 $E^+$로, 친핵체는 $Nuc:^-$로 표시하여 나타냈다. 이런 형태의 반응은 파이 결합의 전자를 끄는 강한 친전자체가 있어야 하며, 속도 제한 단계에서 탄소 양이온이 생성된다. 대부분의 알켄 반응은 이러한 알켄에 대한 **친전자성 첨가 반응**(electrophilic addition)이라는 큰 부류에 속한다.

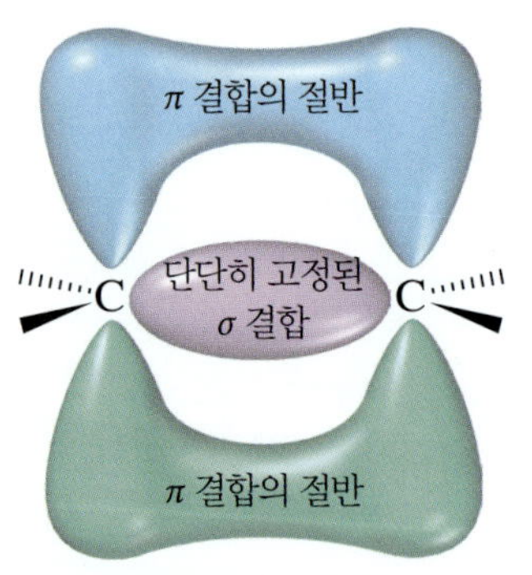


**그림 8-1** 파이 결합의 전자는 탄소 핵으로부터 멀리 퍼져 있고, 시그마 전자보다 더 느슨하게 붙잡혀 있다.

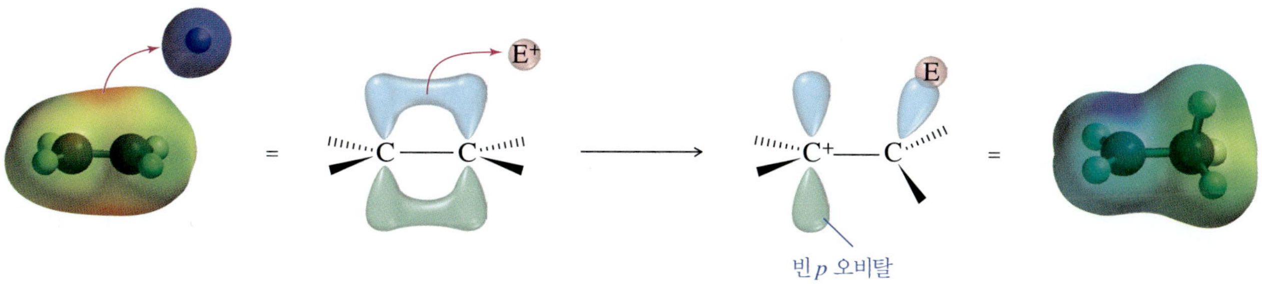

**그림 8-2** 친핵체로서의 파이 결합. 강한 친전자체는 파이 결합의 전자를 끌어들여서 새로운 시그마 결합을 만들며, 그 결과 탄소 양이온이 생성된다. (붉은색) 곡선 화살표는 전자가 풍부한 파이 결합으로부터 전자가 부족한 친전자체로의 전자의 움직임을 나타낸다.

## 핵심 메커니즘 8-1 | 알켄에 대한 친전자성 첨가 반응

매우 다양한 친전자성 첨가 반응이 유사한 메커니즘으로 일어난다. 첫 번째, 강한 친전자체가 알켄의 느슨하게 붙잡혀 있는 파이 결합을 끌어당긴다. 시그마 결합의 친전자체는 (이전에) 이중 결합이었던 탄소 중 하나와 시그마 결합을 만들며, 반면에 다른 탄소는 탄소 양이온으로 된다. 탄소 양이온(강한 친전자체)은 친핵체(흔히 약한 친핵체)와 반응하여 또 다른 시그마 결합을 생성한다. 여기서는 친전자체를 $E^+$로, 친핵체를 Nuc:⁻로 표시하는데, 이는 친전자성 첨가에 종종 이온 시약이 포함되며, 친전자체는 양전하를, 친핵체는 음전하를 갖기 때문이다.

**1단계:** 친전자체의 파이 결합을 공격하여 탄소 양이온을 생성한다.

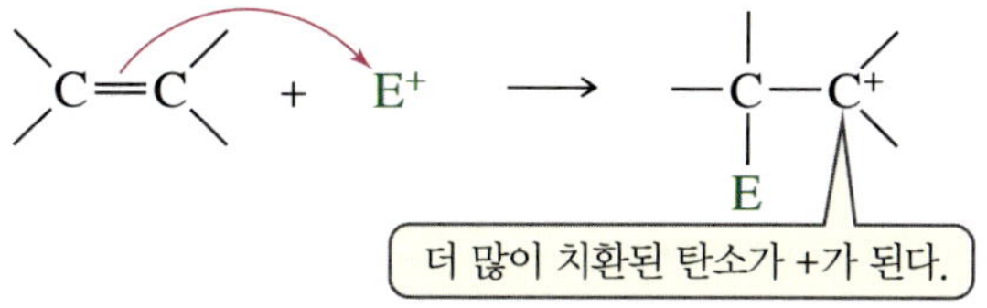

$$>C=C< \; + \; E^+ \longrightarrow -\overset{|}{\underset{E}{C}}-C^+<$$

더 많이 치환된 탄소가 +가 된다.

**2단계:** 친핵체의 공격에 의해 첨가 생성물이 만들어진다.

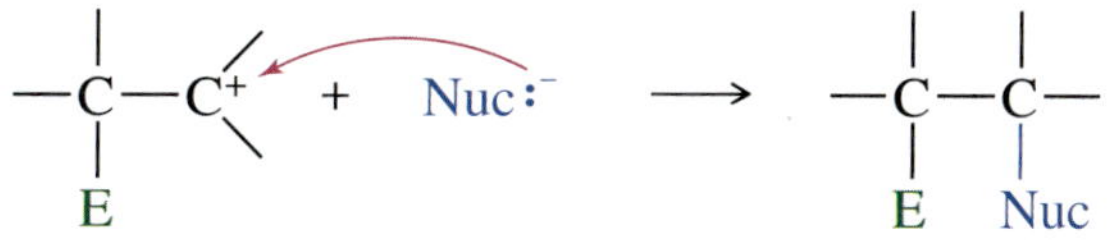

$$-\overset{|}{\underset{E}{C}}-C^+< \; + \; \text{Nuc}:^- \longrightarrow -\overset{|}{\underset{E}{C}}-\overset{|}{\underset{\text{Nuc}}{C}}-$$

**예: 뷰트-2-엔에 대한 HBr의 이온성 첨가 반응**

이 예는 기체의 HBr이 뷰트-2-엔에 첨가될 때 어떠한 일이 일어나는지 보여준다. HBr의 양성자는 친전자성이다. 양성자는 알켄과 반응해서 탄소 양이온을 만든다. 브로민 음이온은 탄소 양이온과 신속하게 반응하여 안정한 생성물을 만드는데, 그 결과 HBr의 성분이 이중 결합에 나뉘어 첨가된다.

**1단계:** 이중 결합에 양성자 첨가가 일어나 탄소 양이온이 생성된다.

$$CH_3-\overset{H}{\overset{|}{C}}=\overset{H}{\overset{|}{C}}-CH_3 \; + \; H-\ddot{Br}: \rightleftarrows CH_3-\overset{H}{\overset{|}{\underset{H}{\underset{|}{C}}}}-\overset{H}{\overset{|}{\underset{+}{C}}}-CH_3 \; + \; :\ddot{Br}:^-$$

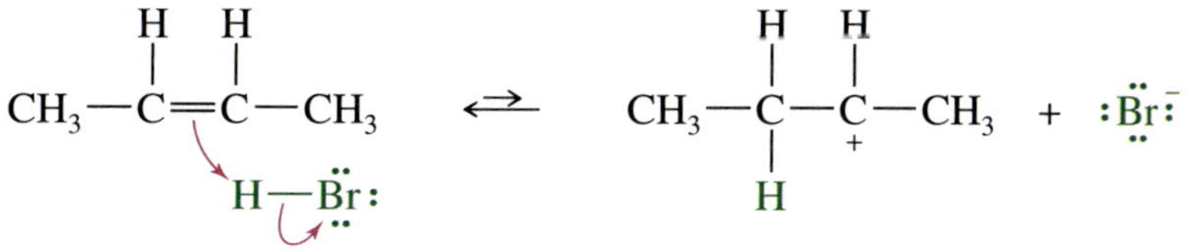

**2단계:** 브로민화 이온이 탄소 양이온을 공격한다.

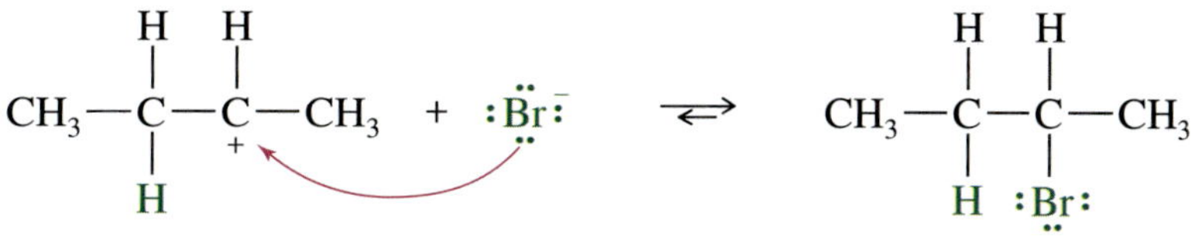

$$CH_3-\overset{H}{\overset{|}{\underset{H}{\underset{|}{C}}}}-\overset{H}{\overset{|}{\underset{+}{C}}}-CH_3 \; + \; :\ddot{Br}:^- \rightleftarrows CH_3-\overset{H}{\overset{|}{\underset{H}{\underset{|}{C}}}}-\overset{H}{\overset{|}{\underset{:\ddot{Br}:}{\underset{|}{C}}}}-CH_3$$

**문제:** 탄소 양이온의 + 전하가 친전자체가 결합되지 않은 (이전의) 이중 결합의 탄소에 항상 나타나게 되는 이유를 설명하라.

**표 8-1** 알켄의 첨가 반응의 형태

| >C=C< —첨가 반응의 형태 [첨가되는 요소][a]→ | 생성물 | | |
|---|---|---|---|
| 수화 [$H_2O$] | H, OH 첨가 (—C—C—) | 할로젠화 [$X_2$], 산화 반응에 속함 | X, X 첨가 (—C—C—) |
| 수소화 [$H_2$], 환원 반응에 속함 | H, H 첨가 (—C—C—) | 할로하이드린 생성 [HOX], 산화 반응에 속함 | X, OH 첨가 (—C—C—) |
| 다이하이드록시화 반응 [HOOH], 산화 반응에 속함 | OH, OH 첨가 (—C—C—) | HX 첨가 반응 [HX] (할로젠화 수소화 반응) | H, X 첨가 (—C—C—) |
| 산화 절단 [$O_2$], 산화 반응에 속함 | >C=O O=C< | 사이클로프로페인화 반응 [$CH_2$] | $CH_2$ 고리 (H, H; —C—C—) |
| 에폭시화 반응 [O], 산화 반응에 속함 | O 고리 (—C—C—) | | |

[a] 이것들은 시약이 아니고 단순히 생성물에 나타나는 기이다.

매우 다양한 시약을 사용하여 몇 가지 형태의 첨가 반응을 살펴볼 것이다. 이러한 시약으로는 물, 보레인(borane), 수소, 카벤(carbene), 할로젠, 산화제, 심지어는 다른 알켄들이 될 수 있다. 전부는 아니지만, 대부분의 반응은 친전자성 첨가 반응에 속한다. 표 8-1은 앞으로 살펴볼 첨가 반응의 종류를 요약한 것이다. 표에서 어떠한 부분이 최종 생성물에서 이중 결합의 양쪽에 들어가는지 유념해서 볼 필요가 있다. 하지만 이는 시약이나 메커니즘에 대해 아무것도 말해주지 않는다. 이러한 반응을 공부하려면 각 반응에서 **위치 화학**(regiochemistry)에 대해 주목해야 한다. 위치 화학이란 첨가 반응의 배향(orientation of addition)이라고도 할 수 있는데, 이중 결합의 어떤 쪽에 시약의 어떤 부분이 첨가되는지 말한다. 또한 반응이 입체 특이적인 경우에는 **입체 화학**(stereochemistry)에 대해서도 살펴봐야 한다.

**Vladimir Vasilyevich Markovnikov** (1838~1904) 1869년 알켄에 할로젠화 수소의 위치 선택적 첨가를 설명하는 Markovnikov 규칙으로 가장 잘 알려진 러시아 화학자이다. 흥미롭게도 이 규칙은 30년 후(1899)에야 세상에 알려졌는데, 이는 Markovnikov가 이 업적을 러시아어 이외의 언어로 출판하는 것을 거부했기 때문이다.

## 8-3 알켄의 할로젠화 수소 첨가

### 8-3A 첨가 반응의 배향: Markovnikov 규칙

HBr이 뷰트-2-엔(but-2-ene)에 첨가되는 간단한 메커니즘은 다양한 친전자성 첨가 반응에 적용된다. 이 메커니즘을 사용하여 일부 꽤 복잡한 반응의 결과를 예측할 수 있다. 예를 들어 HBr을 2-메틸뷰트-2-엔(2-methylbut-2-ene)에 첨가하면 두 가지 생성물이 가능하지만, 실제로는 한 가지만 관찰된다.

$$CH_3-C(CH_3)=CH-CH_3 + H-Br \longrightarrow CH_3-C(CH_3)(Br)-CH(H)-CH_3 \text{ 또는 } CH_3-C(CH_3)(H)-CH(Br)-CH_3$$

관찰됨 관찰되지 않음

첫 번째 단계는 이중 결합에 양성자 첨가이다. 양성자가 2차 탄소에 첨가되면, 생성물은 양성자가 3차 탄소에 첨가되어 생성되는 것과는 다를 것이다.

$CH_3-C(CH_3)=CH-CH_3 + H-Br \xrightarrow{H^+가\ 2차\ 탄소에\ 첨가됨} CH_3-\overset{+}{C}(CH_3)-CH(H)-CH_3 \quad Br^-$

3차 탄소 양이온

$CH_3-C(CH_3)=CH-CH_3 + H-Br \xrightarrow{H^+가\ 3차\ 탄소에\ 첨가됨} CH_3-C(CH_3)(H)-\overset{+}{C}H-CH_3 \quad Br^-$ (X)

2차 탄소 양이온

**문제풀이 힌트**

탄소 양이온의 안정도는 다음과 같다.

$3° > 2° > 1° > {}^+CH_3$

친전자체가 이중 결합에 첨가되면 중간체로 가장 안정한 탄소 양이온이 생성된다.

양성자가 2차 탄소에 첨가되면 3차 양이온이 생성된다. 양성자가 3차 탄소 원자에 첨가되면 2차 탄소 양이온을 얻을 수 있다. 3차 탄소 양이온은 더욱 안정하므로(4-16A절 참조), 첫 번째 반응이 유리하다.

메커니즘의 후반부를 통해 HBr을 2-메틸뷰트-2-엔에 첨가하는 반응의 최종 생성물이 생성된다.

$CH_3-\overset{+}{C}(CH_3)-CH(H)-CH_3 + :\ddot{Br}:^- \longrightarrow CH_3-C(CH_3)(Br)-CH(H)-CH_3$

탄소 이중 결합의 한쪽 탄소 원자에 양성자 첨가가 일어나면 양성자 첨가가 일어나지 않은 탄소 원자에 탄소 양이온이 생성된다. 따라서 더 적게 치환된 이중 결합의 한쪽 끝에 양성자에 첨가되어 더 많이 치환된(더욱 안정한) 탄소 양이온이 생성된다.

## 메커니즘 8-2 | HX가 알켄에 첨가되는 이온성 첨가 반응

**1단계:** 파이 결합에 양성자 첨가가 일어나 탄소 양이온이 생성된다.

$>C=C< + H-\ddot{X}: \longrightarrow >\overset{+}{C}-C(H)< + :\ddot{X}:^-$

더 많이 치환된 탄소가 +가 된다.

**2단계:** 할로젠화 이온이 공격하여 첨가 반응 생성물이 만들어진다.

$:\ddot{X}:^- + >\overset{+}{C}-C(H)< \longrightarrow -C(X)-C(H)-$

**예:** HBr이 프로펜(propene)에 첨가되는 이온성 첨가 반응의 경우 더 적게 치환된 탄소에 양성자 첨가가 일어나 더 많이 치환된 탄소 양이온이 생성된다. 브로민화 이온의 반응과 첨가 반응이 서로 경쟁한다.

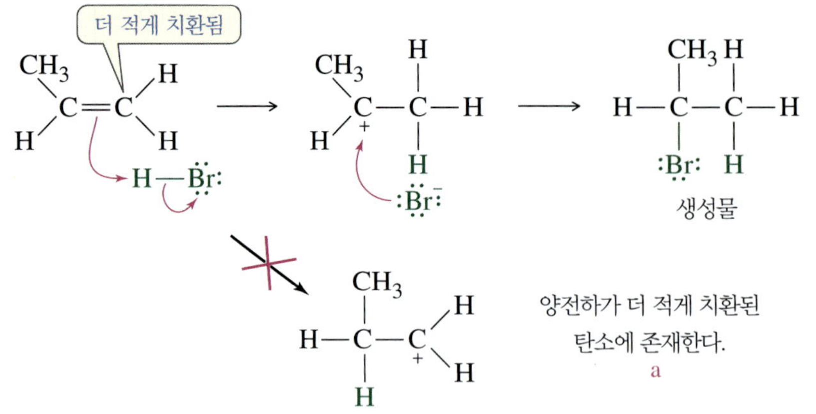

더 적게 치환됨

생성물

양전하가 더 적게 치환된 탄소에 존재한다.

a

그림 8-3은 이중 결합의 치환이 비교적 덜 이루어진 말단에 양성자를 추가하면 더 많이 치환이 이루어지는 탄소 양이온의 형성을 보여주며, 이는 더 안정적이다. Hammond 가정(Hammond postulate)에 따르면 전이 상태가 탄소 양이온과 유사하므로, 안정적인 탄소 양이온으로 이어지는 전이 상태는 불안정한 탄소 양이온으로 이어지는 전이 상태보다 에너지가 낮을 것이다. 따라서 치환도가 더 높은 탄소 양이온이 더 빨리 형성될 것이다.

양성자가 더 적게 치환된 이중 결합의 탄소 원자에 첨가되어 더 많이 치환된 탄소 양이온을 생성하는 반응의 예는 매우 많다. HBr(및 다른 할로젠화 수소)의 첨가 반응은 **위치 선택적**(regioselective)이라고 하는데, 각각의 경우 첨가의 두 가지 가능한 배향 중에서 한 배향이 우선적으로 일어나기 때문이다.

**Markovnikov 규칙** 러시아 화학자인 Vladimir Markovnikov는 1869년에 알켄에 대한 HBr의 첨가 반응의 배향에 대해 처음으로 밝혀냈다. Markovnikov는 다음과 같이 언급했다.

> MARKOVNIKOV 규칙: 이중 결합에 양성자 산이 첨가될 때는 더 많은 수소 원자를 가진 탄소 원자에 산의 양성자가 결합된 생성물이 만들어진다.

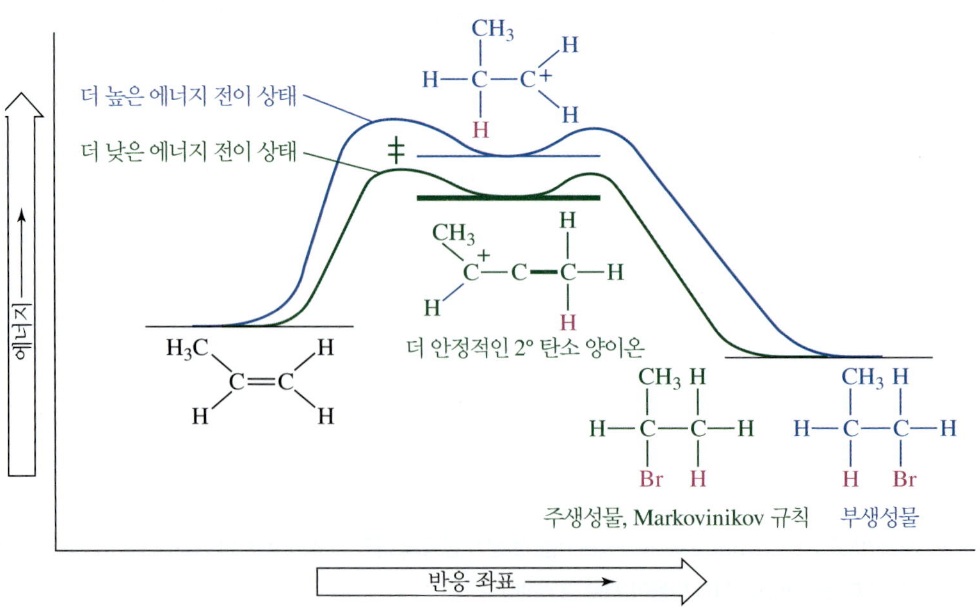

덜 안정적인 1° 탄소 양이온

더 높은 에너지 전이 상태

더 낮은 에너지 전이 상태

에너지

더 안정적인 2° 탄소 양이온

주생성물, Markovinikov 규칙

부생성물

반응 좌표

**그림 8-3** 반응-에너지 도표에 따르면 첫 번째 단계가 알켄에 대한 친전자성 첨가의 속도를 결정한다. 전이 상태는 중간체와 유사하며(Hammond 가정), 치환도가 높은 중간체는 에너지 전이 상태가 낮기 때문에 더 빠르게 형성된다. 더 안정적이고 치환도가 높은 중간체는 일반적으로 Markovnikov 생성물로 이어진다.

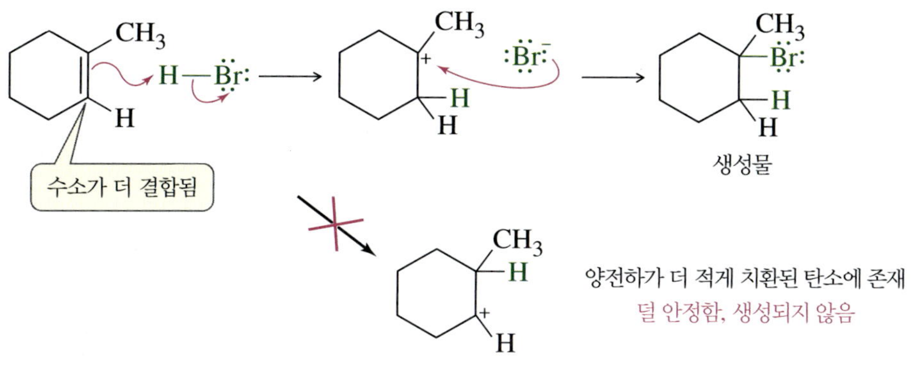

**그림 8-4** 친전자체는 더 적게 치환된 쪽의 탄소에 첨가되어 더 많이 치환된 (그리고 더 안정된) 탄소 양이온을 생성한다.

이것이 **Markovnikov 규칙**(Markovnikov's rule)에서 원래 언급한 것이다. 이 규칙을 따르는 반응은 **Markovnikov 배향**(Markovnikov's orientation)을 따른다고 하며, **Markovnikov 생성물**(Markovnikov product)을 만든다고 한다. 양성자 산 이외의 다른 친전자체를 알켄의 이중 결합에 첨가하는 경우도 흔히 관심의 대상이 된다. Markovnikov 규칙은 친천자체가 첨가되어 더 안정한 탄소 양이온이 생성되는 첨가 반응으로 이루어지는 다양한 반응으로 확대 적용할 수 있다.

> MARKOVNIKOV 규칙(확장): 알켄의 친전자성 첨가 반응에서는 친전자체가 가장 안정한 중간체를 생성하는 방법으로 첨가된다.

그림 8-4에서 1-메틸사이클로헥센(1-methylcyclohexene)에 HBr이 첨가되어 알켄에서 이미 가장 많은 수소가 결합된 탄소에 추가로 수소가 결합되는 생성물이 어떻게 만들어지는지 나타냈다. 이러한 배향은 가장 안정한 탄소 양이온이 생성되는 방향으로 양성자가 첨가되는 결과이다.

HBr처럼 HCl이나 HI도 알켄의 이중 결합에 첨가되는데, 역시 Markovnikov 규칙을 따른다. 예를 들면 다음과 같다.

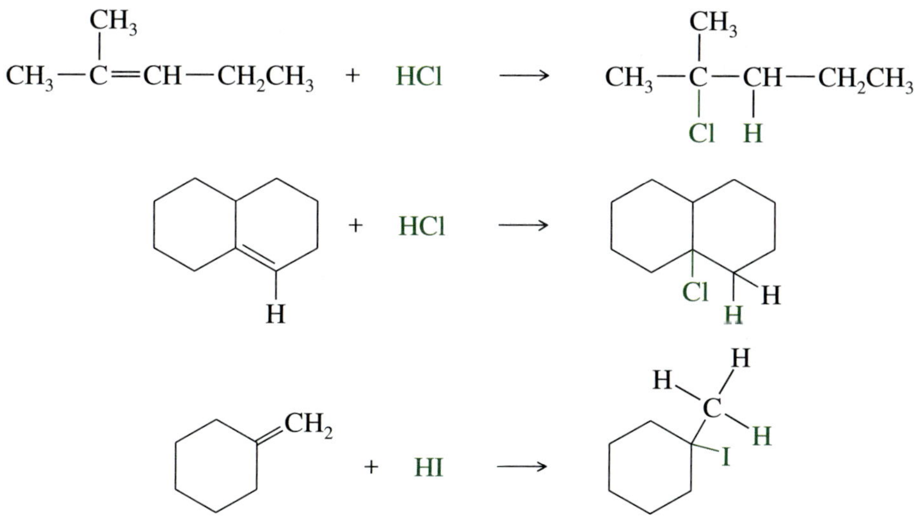

$$CH_3-\overset{CH_3}{\overset{|}{C}}=CH-CH_2CH_3 + HCl \longrightarrow CH_3-\overset{CH_3}{\overset{|}{\underset{Cl}{\underset{|}{C}}}}-\underset{H}{\underset{|}{CH}}-CH_2CH_3$$



> **문제풀이 힌트**
>
> 친전자성 첨가물의 배향 또는 위치 화학은 반응이 비대칭 시약과 비대칭 알켄을 결합할 때 중요하다. 이중 결합과 가장 먼저 반응하는 화학종은 친전자체(HBr을 첨가하는 경우 $H^+$)이다. 친전자체가 어느 곳에 반응하는지에 따라 시약의 두 번째 부분(이 경우 친핵체 $Br^-$)이 어디에서 반응할지 결정된다. 따라서 친전자체가 어느 곳에 반응하는지 결정하는 요인을 이해하면 생성물을 예측할 수 있다. 이것이 Markovnikov의 법칙의 기초이다.

**연습문제 8-1**

다음 반응에서 주생성물을 예측하고, 그 예측을 뒷받침하는 메커니즘을 제안하라.

**(a)** 펜트-1-엔 + HCl　　**(b)** 2-메틸프로펜 + HCl

**(c)** 1-메틸사이클로헥센 + HI　　**(d)** 4-메틸사이클로헥센 + HBr

**연습문제 8-2**

**(a)** 1몰의 뷰타-1,3-다이엔이 1몰의 HBr과 반응하여 3-브로모뷰트-1-엔과 1-브로모뷰트-2엔을 생성한다. 이러한 혼합물의 생성을 설명할 수 있는 메커니즘을 제안하라.

**(b)** 1-클로로사이클로헥센은 HBr과 반응하여 주생성물로 1-브로모-1-클로로사이클로헥세인을 생성한다. 이 반응의 메커니즘을 제안하고, 제안된 중간체가 다른 가능한 중간체보다 보다 안정한 이유를 설명하라.

### 8-3B HBr의 자유 라디칼 첨가 반응: 안티-Markovnikov 첨가

1933년에 M. S. Kharasch와 F. W. Mayo는 HBr(그러나 HCl과 HI는 아님)이 알켄에 첨가되는 어떤 반응에서는 Markovnikov 규칙으로 예상되는 것과 반대되는 생성물을 만드는 것을 발견했다. 이러한 **안티-Markovnikov**(anti-Markovnikov) 반응은 구입한 지 오래되어 장시간 공기에 노출됨으로써 축적된 과산화물을 포함한 용매나 시약에서 일어나는 것으로 생각되었다. 과산화물은 첨가 반응을 개시하는 자유 라디칼을 생성하여 라디칼 메커니즘을 통해 첨가 반응이 일어나게 한다. 과산화물의 산소-산소 결합은 꽤 약하기 때문에 절단되어 2개의 알콕시 라디칼을 생성한다.

$$\mathrm{R{-}\ddot{\underset{..}{O}}{-}\ddot{\underset{..}{O}}{-}R} \xrightarrow{\text{열}} \mathrm{R{-}\ddot{\underset{..}{O}}\cdot} + \mathrm{\cdot\ddot{\underset{..}{O}}{-}R} \qquad \Delta H° = +150\ \mathrm{kJ}(+36\ \mathrm{kcal})$$

HBr의 안티-Markovnikov 첨가는 알콕실 라디칼(R—O·)로 인해 시작된다. 라디칼은 팔전자를 만족하지 않으므로 친전자성이다. 대부분의 경우 라디칼은 팔전자를 이루기 위해 전자를 하나 더 필요로 한다. 라디칼이 이중 결합과 반응할 때 파이 결합의 전자 하나가 팔전자를 채우고, 나머지 전자는 결합의 다른 끝에 라디칼로 남는다. 이 자유 라디칼 연쇄 반응의 메커니즘은 메커니즘 8-3에 나타나 있다.

**메커니즘 8-3 | 알켄에 대한 자유 라디칼 첨가 반응**

개시 단계: 라디칼의 생성

$$\mathrm{R{-}\ddot{\underset{..}{O}}{-}\ddot{\underset{..}{O}}{-}R} \xrightarrow{\text{열}} \mathrm{R{-}\ddot{\underset{..}{O}}\cdot} + \mathrm{\cdot\ddot{\underset{..}{O}}{-}R}$$

$$\mathrm{R{-}\ddot{\underset{..}{O}}\cdot} + \mathrm{H{-}\ddot{\underset{..}{Br}}{:}} \longrightarrow \mathrm{R{-}\ddot{\underset{..}{O}}{-}H} + \mathrm{{:}\ddot{\underset{..}{Br}}\cdot}$$

전파 단계: 라디칼은 반응하여 다른 라디칼을 만든다.

**1단계:** 브로민 라디칼이 이중 결합에 첨가되어 더 많이 치환된 탄소 원자에 알킬 라디칼을 만든다.

$$\mathrm{{:}\ddot{\underset{..}{Br}}\cdot} + \mathrm{{>}C{=}C{<}} \longrightarrow \mathrm{{-}\underset{|}{\overset{:\ddot{Br}:}{\overset{|}{C}}}{-}C\cdot{<}}$$

더 많이 치환된 탄소에 라디칼 생성

**2단계:** 알킬 라디칼은 HBr로부터 수소 원자를 떼어내어 생성물과 브로민 라디칼을 생성한다.

$$\mathrm{{-}\underset{|}{\overset{:\ddot{Br}:}{\overset{|}{C}}}{-}C\cdot{<}} + \mathrm{H{-}\ddot{\underset{..}{Br}}\cdot} \longrightarrow \mathrm{{-}\underset{|}{\overset{:\ddot{Br}:}{\overset{|}{C}}}{-}\underset{|}{\overset{H}{\overset{|}{C}}}{-}} + \mathrm{{:}\ddot{\underset{..}{Br}}\cdot}$$

2단계에서 생성된 브로민 라디칼은 1단계 알켄의 다른 분자와 반응하여 연쇄 반응이 계속된다.

**예: 프로펜의 HBr 라디칼 첨가 반응**

개시 단계: 라디칼이 생성된다.

$$R-O-O-R \xrightarrow{\text{열}} R-O\cdot + \cdot O-R$$

$$R-O\cdot + H-Br \longrightarrow R-O-H + Br\cdot$$

전파 단계: 라디칼이 반응하여 다른 라디칼을 만든다.

**1단계:** 브로민 라디칼이 이중 결합에 첨가되어 2차 탄소 원자에 알킬 라디칼을 생성한다.

$$(H)(H_3C)C{=}C(H)(H) + Br\cdot \longrightarrow (H)(H_3C)\dot{C}-C(Br)(H)-H$$

2° 탄소에 ·

**2단계:** 알킬 라디칼이 수소 원자를 HBr로부터 떼어내어 생성물과 브로민 라디칼을 생성한다.

$$(H)(H_3C)\dot{C}-C(Br)(H)-H + H-Br \longrightarrow H-C(H)(CH_3)-C(Br)(H)-H + Br\cdot$$

2단계에서 생성된 브로민 라디칼은 1단계로 돌아가 연쇄 반응이 계속된다.

개별적인 단계의 반응을 살펴보자. 개시 단계에서는 과산화물로부터 생성된 라디칼이 HBr과 반응하여 브로민 라디칼을 생성한다.

$$R-\ddot{O}\cdot + H-\ddot{Br}: \longrightarrow R-\ddot{O}-H + :\ddot{Br}\cdot \qquad \Delta H° = -63 \text{ kJ}(-15 \text{ kcal})$$

브로민 라디칼은 원자가 껍질에 8개의 전자를 채우지 못하고 있어서 전자가 부족하고 친전자성을 가진다. 이중 결합에 첨가되어 탄소 원자에는 홀수 개의 전자가 있는 새로운 자유 라디칼을 만든다.

$$:\ddot{Br}\cdot + \;\rangle C{=}C\langle \;\longrightarrow -C(:\ddot{Br}:)-\dot{C}\langle \qquad \Delta H° = -12 \text{ kJ}(-3 \text{ kcal})$$

이 자유 라디칼은 HBr 분자와 반응하여 C—H 결합을 생성하고 다른 브로민 라디칼을 생성한다.

$$-C(Br)-\dot{C}\langle + H-\ddot{Br}: \longrightarrow -C(Br)-C(H)- + :\ddot{Br}\cdot \qquad \Delta H° = -25 \text{ kJ}(-6 \text{ kcal})$$

다시 생성된 브로민 라디칼은 알켄의 또 다른 분자와 반응하여 연쇄 반응이 계속된다. 전파 반응의 두 단계는 약간 발열 반응이므로, 종결 단계보다는 신속하게 진행된다. 각 전파 단계는 하나의 라디칼로 시작해서 또 다른 자유 라디칼로 끝나는 것에 유의하라. 시약이 모두 소모될 때까지 자유 라디칼의 개수는 일정하며, 자유 라디칼이 만나 합쳐지고 연쇄 반응이 종결된다.

**비대칭 알켄에 대한 HBr의 라디칼 첨가 반응** 이제 과산화물 촉매 반응의 생성물에서 나타나는 안티-Markovnikov 배향에 대해 알아보자. 2-메틸뷰트-2-엔 같은 비대칭 알켄에서는 브로민 라디칼을 이중 결합의 2차 말단에 첨가하면 3차 라디칼이 생성된다.

$$CH_3-\overset{\overset{CH_3}{|}}{C}=CH-CH_3 + Br\cdot \longrightarrow CH_3-\overset{\overset{CH_3}{|}}{\dot{C}}-\underset{\underset{Br}{|}}{CH}-CH_3 \quad \text{그러나} \quad CH_3-\overset{\overset{CH_3}{|}}{\underset{\underset{Br}{|}}{C}}-\dot{C}H-CH_3$$

3차 라디칼(더 안정함) 2차 라디칼(덜 안정함, 생성되지 않음)

알켄의 양성자 첨가 반응에서 보았듯이 친전자체(이 경우에는 Br·)는 이중 결합의 더 적게 치환된 쪽에 첨가되고, 쌍을 이루지 못한 전자는 더욱 많이 치환된 탄소에 나타나게 되어 더 안정한 자유 라디칼이 생성된다. 중간체는 HBr과 반응하여 안티-Markovnikov 생성물을 만드는데, 이 경우 H가 이중 결합에서 더 많이 치환된(시작할 때 치환된 수소가 더 적었던) 쪽에 첨가된다.

$$CH_3-\overset{\overset{CH_3}{|}}{\dot{C}}-\underset{\underset{Br}{|}}{CH}-CH_3 + H-Br \longrightarrow CH_3-\overset{\overset{CH_3}{|}}{\underset{\underset{H}{|}}{C}}-\underset{\underset{Br}{|}}{CH}-CH_3 + Br\cdot$$

안티-Markovinikov 생성물

**문제풀이 힌트**

라디칼의 안정도는 다음과 같다.

$3° > 2° > 1° > \cdot CH_3$

라디칼은 이중 결합에 첨가되어 가장 안정한 라디칼을 지닌 중간체를 생성한다.

알켄에 HBr이 첨가되는 (과산화물이 존재하거나 없거나) 두 가지 메커니즘 모두 확장된 Markovnikov 규칙을 따른다. 두 경우 모두에서 친전자체는 이중 결합의 더 적게 치환된 쪽에 첨가되고, 탄소 양이온이건, 자유 라디칼이건 더욱 안정한 중간체를 만들어낸다. 이온 반응에서는 친전자체가 $H^+$이다. 과산화물 촉매 자유 라디칼 반응에서는 Br·이 친전자체이다.

과산화물이 존재할 때 자유 라디칼 연쇄 반응이 일어나는 동시에 Markovnikov 배향을 일으키는 반응이 함께 일어나지는 않는지 의문을 품을 수 있다. 실제로 이 반응은 일어나긴 하지만, 과산화물 촉매 반응이 더 신속하게 일어난다. 아주 소량의 과산화물이 존재한다면 Markovnikov와 안티-Markovnikov 생성물을 얻을 수 있다. 과산화물이 어느 정도 존재하면 라디칼 연쇄 반응이 비촉매 이온성 반응보다 신속하게 일어나므로 안티-Markovnikov 생성물만 관찰된다.

과산화물이 존재할 때 배향의 반전이 일어나는 것을 **과산화물 효과**(peroxide effect)라고 한다. 이 효과는 HBr을 알켄에 첨가할 때만 일어난다. 과산화물 효과는 HCl의 경우에는 일어나지 않는데, 알킬 라디칼과의 HCl의 반응은 강한 흡열 반응이기 때문이다.

제안된 HCl의 자유 라디칼 첨가 반응이 일어나지 않음:

$$Cl-\overset{|}{\underset{|}{C}}-\dot{C}< + H-Cl \longrightarrow Cl-\overset{|}{\underset{|}{C}}-\overset{|}{\underset{|}{C}}-H + Cl\cdot \qquad \Delta H° = +42 \text{ kJ } (+10 \text{ kcal})$$

과산화물 효과는 HI의 경우에도 관찰할 수 없는데, 이는 아이오딘 원자와 알켄의 반응이 강한 흡열 반응이기 때문이다. 단지 HBr만이 각 단계에서 꼭맞는 반응성을 보이는 까닭에 자유 라디칼 연쇄 반응이 일어난다.

제안된 HI의 자유 라디칼 첨가 반응이 일어나지 않음:

$$I\cdot + >C=C< \longrightarrow I-\overset{|}{\underset{|}{C}}-\dot{C}< \qquad \Delta H° = +54 \text{ kJ } (+13 \text{ kcal})$$

### 연습문제 8-3

다음 반응에서 주생성물을 예측하고, 이런 예측을 뒷받침하는 메커니즘을 제시하라.

**(a)** 1-메틸사이클로펜텐 + HBr + $CH_3-\overset{O}{\overset{\|}{C}}-O-O-\overset{O}{\overset{\|}{C}}-CH_3$

**(b)** 1-페닐프로펜 + HBr + 과산화 다이-*t*-뷰틸 (페닐 = Ph = $C_6H_5-$)

**문제풀이 힌트**

반응 메커니즘을 제시하거나 반응 경로를 결정할 때 모든 결합과 전하를 포함하는 완전한 구조를 써야 함을 기억하라.

### 예제 8-1

다음의 합성 변환을 어떻게 수행할 것인지를 제시하라.

**(a)** 1-메틸사이클로헥센을 1-브로모-1-메틸사이클로헥세인으로 변환하라.

**풀이**

이 합성은 Markovnikov 배향을 가진 알켄에 HBr을 첨가하여 유발하는 것이 필요하다. HBr의 이온성 첨가 반응을 수행하면 정확한 생성물을 얻을 수 있다.

1-메틸사이클로헥센 + HBr ⟶ 1-브로모-1-메틸사이클로헥세인 ($CH_3$, Br)

**(b)** 1-메틸사이클로헥산올을 1-브로모-2-메틸사이클로헥세인으로 변환하라.

**풀이**

이 합성을 위해서는 이웃한 탄소 원자에 브로민 원자를 도입하면서 알코올을 브로민화 알킬로 변환하는 것이 필요하다. 이는 안티-Markovnikov 생성물이며, HBr을 1-메틸사이클로헥센에 라디칼 촉매 첨가 반응을 수행하면 얻을 수 있다.

1-메틸사이클로헥센 + HBr $\xrightarrow[\text{열}]{R-O-O-R}$ 1-브로모-2-메틸사이클로헥세인 ($CH_3$, Br)

1-메틸사이클로헥센은 1-메틸사이클로헥산올의 탈수 반응을 통해 쉽게 합성할 수 있다. 가장 많이 치환된 알켄이 원하는 생성물이다.

1-메틸사이클로헥산올 ($CH_3$, OH) $\xrightarrow[\text{열}]{H_2SO_4}$ 1-메틸사이클로헥센 + $H_2O$

두 단계 합성은 다음과 같이 요약할 수 있다.

1-메틸사이클로헥산올 ($CH_3$, OH) $\xrightarrow[\text{열}]{H_2SO_4}$ 1-메틸사이클로헥센 $\xrightarrow[\text{ROOR}]{HBr}$ 1-브로모-2-메틸사이클로헥세인 ($CH_3$, Br)

**연습문제 8-4**

다음의 합성 변환을 어떻게 수행할 것인지 제시하라.

(a) 뷰트-1-엔 ⟶ 1-브로모뷰테인

(b) 뷰트-1-엔 ⟶ 2-브로모뷰테인

(c) 2-메틸사이클로헥산올 ⟶ 1-브로모-1-메틸사이클로헥세인

(d) 2-메틸뷰탄-2-올 ⟶ 2-브로모-3-메틸뷰테인

## 8-4 물의 첨가: 알켄의 수화 반응

강한 산 촉매가 존재할 때 알켄은 물과 반응하여 알코올을 생성한다. 외형상으로는 이는 **수화 반응**(hydration, 물의 첨가)인데, 수소 원자가 한 탄소에, 하이드록시기가 다른 탄소에 첨가된다. 알켄의 수화 반응은 7-18절에서 살펴본 알코올의 탈수 반응의 역과정이다.

알켄의 수화 반응

$$>C=C< \quad + \quad H_2O \quad \overset{H^+}{\rightleftharpoons} \quad -\overset{H}{\underset{|}{\overset{|}{C}}}-\overset{OH}{\underset{|}{\overset{|}{C}}}-$$

알켄 알코올 (Markovnikov 배향)

알코올의 탈수 반응

$$-\overset{H}{\underset{|}{\overset{|}{C}}}-\overset{OH}{\underset{|}{\overset{|}{C}}}- \quad \overset{H^+}{\rightleftharpoons} \quad >C=C< \quad + \quad H_2O$$

알코올 알켄

알코올의 탈수 반응은 탈수 작용을 하는 진한 산(예: $H_2SO_4$, $H_3PO_4$)을 사용해서 평형을 알켄에 유리하게 이끌어간다. 반면 알켄의 수화 반응에서는 과량의 물을 첨가해서 평형을 알코올 쪽으로 향하게 한다.

### 8-4A 수화 반응의 메커니즘

미시적 가역 원리(principle of microscopic reversibility)에 따르면 같은 조건(예: 평형)에서 일어나는 정반응이나 부반응은 미시적 세부적인 면에서 같은 반응 경로를 반드시 거쳐야만 한다. 수화 반응과 탈수 반응은 평형에서 서로 상보적인 반응이다. 따라서 같은 반응 경로를 거쳐야만 한다. 역반응에서 에너지가 낮은 전이 상태와 중간체는 역으로 일어난다는 것을 제외하고는, 정반응의 경우와 동일해야 한다.

미시적 가역 원리에 의하면 수화 반응의 메커니즘은 탈수 반응의 단계(7-18절)를 뒤집으면 된다. 이중 결합에 양성자 첨가가 일어나면 탄소 양이온이 생성된다. 물에 의한 친핵성 공격이 일어나고, 잇달아서 양성자가 제거되며 알코올이 생성된다.

### 8-4B 수화 반응의 배향

수화 반응 메커니즘에서 첫 번째 단계는 HBr 첨가 반응의 첫 번째 단계와 비슷하다. 양성자는 이중 결합의 더 적게 치환된 쪽에 첨가되어 더 많이 치환된 탄소 양이온을 만든다. 물이 탄소 양이온

## 메커니즘 8-4 | 알켄의 산 촉매 수화 반응

**1단계:** 이중 결합에 양성자 첨가가 일어나서 탄소 양이온이 생성된다.

$$>C=C< \; + \; H-\overset{+}{\underset{..}{O}}(H)-H \;\rightleftharpoons\; >\overset{+}{C}-C(H)- \; + \; H_2\ddot{O}:$$

더 많이 치환된 탄소에 +

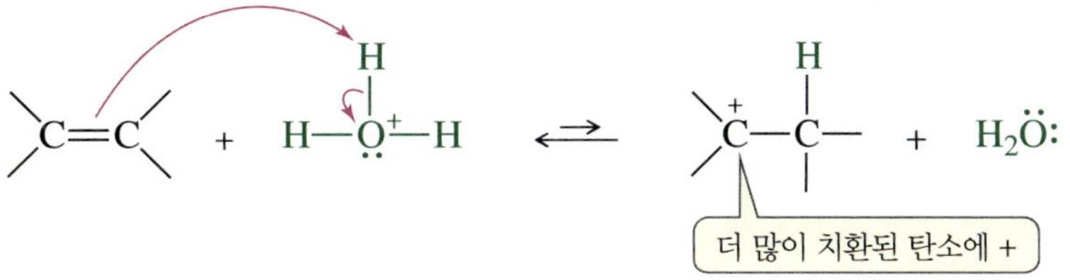

**2단계:** 물이 친핵체로서 공격해서 양성자 첨가된 알코올을 생성한다.

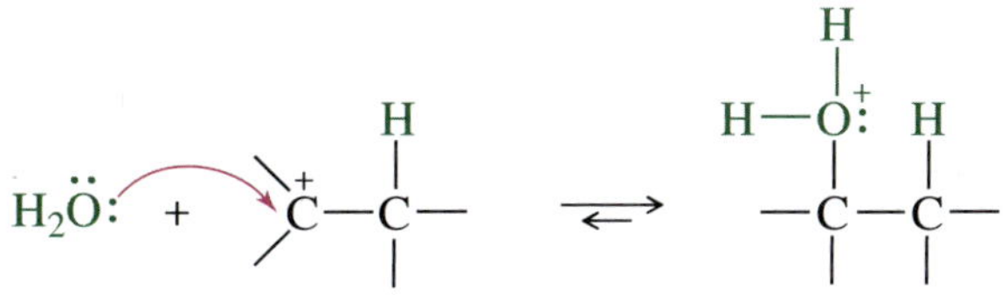

$$H_2\ddot{O}: \; + \; >\overset{+}{C}-C(H)- \;\rightleftharpoons\; -C(H-\overset{+}{\ddot{O}}-H)-C(H)-$$

**3단계:** 탈양성자 반응을 통해 알코올을 생성한다.

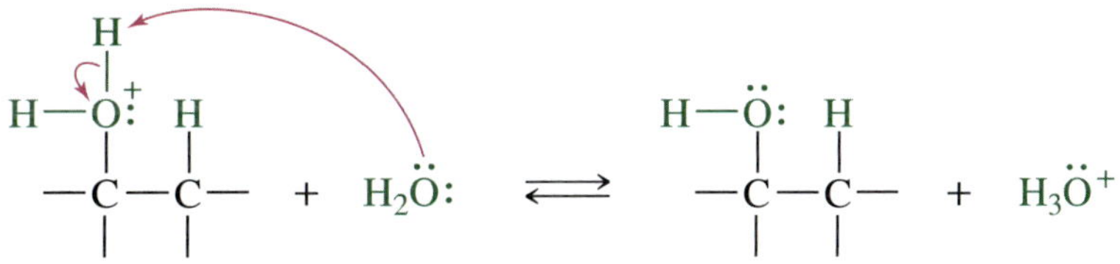

$$-C(H-\overset{+}{\ddot{O}}-H)-C(H)- \; + \; H_2\ddot{O}: \;\rightleftharpoons\; -C(H-\ddot{O}:)-C(H)- \; + \; H_3\ddot{O}^+$$

**예: 프로펜의 산 촉매 수화 반응**

**1단계:** 이중 결합에 양성자 첨가가 일어나서 2차 탄소 양이온이 생성된다.

$$(H)(H_3C)C=CH_2 \; + \; H-\overset{+}{\underset{..}{O}}(H)-H \;\longrightarrow\; (H)(H_3C)\overset{+}{C}-CH_2-H \; + \; H_2\ddot{O}:$$

프로펜

2° 탄소에 +

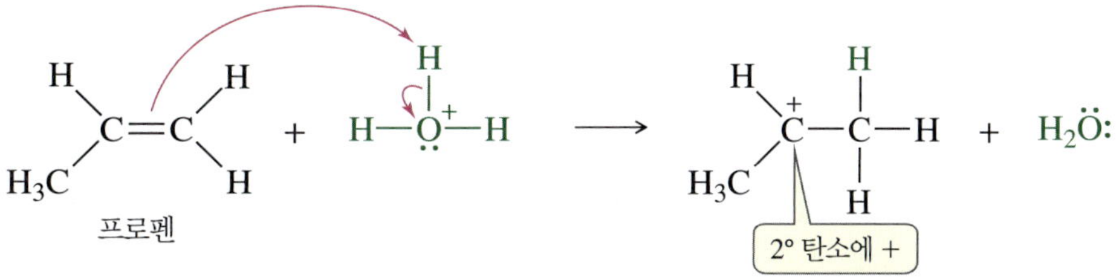

**2단계:** 물이 친핵체로 공격해서 양성자가 첨가된 알코올을 생성한다.

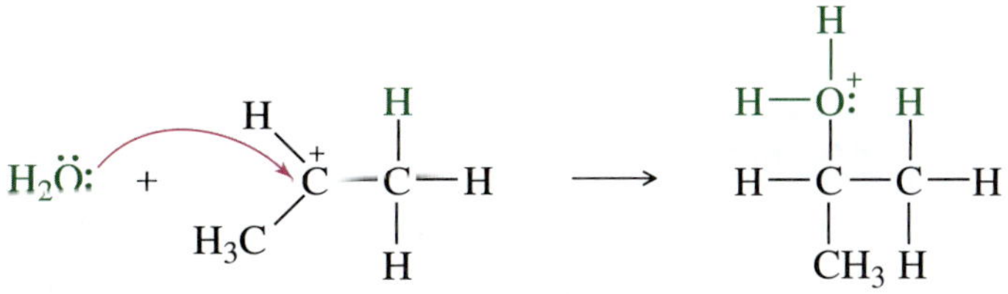

$$H_2\ddot{O}: \; + \; (H)(H_3C)\overset{+}{C}-C(H)(H)-H \;\longrightarrow\; H-C(H-\overset{+}{\ddot{O}}-H)(CH_3)-C(H)(H)-H$$

**3단계:** 탈양성자 반응을 통해 알코올이 생성된다.

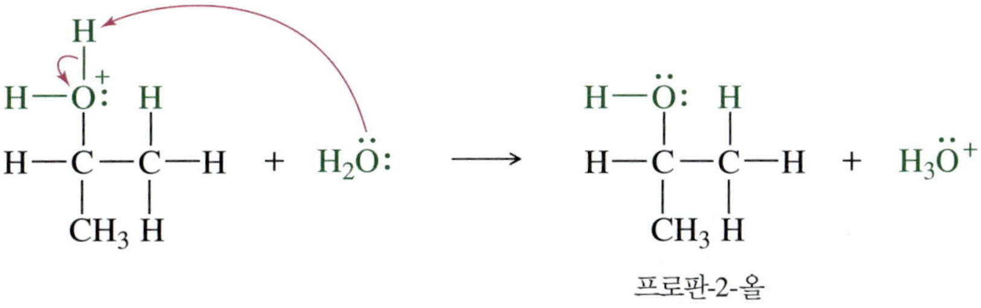

$$H-C(H-\overset{+}{\ddot{O}}-H)(CH_3)-C(H)(H)-H \; + \; H_2\ddot{O}: \;\longrightarrow\; H-C(H-\ddot{O}:)(CH_3)-C(H)(H)-H \; + \; H_3\ddot{O}^+$$

프로판-2-올

을 공격해서 (양성자를 잃어버린 후) OH기가 더 많이 치환된 탄소에 위치하는 알코올을 만든다. 할로젠화 수소의 첨가 반응에서와 같이 수화 반응은 위치 선택적(regioselective)이다. Markovnikov 규칙을 따르며, 새로운 수소가 이중 결합에서 더 적게 치환된 쪽에 첨가된 생성물을 얻는다. 2-메틸뷰트-2-엔의 수화 반응을 생각해보자.

$CH_3-C(CH_3){=}CH-CH_3 + H-\ddot{O}^{+}(H)-H \rightleftharpoons CH_3-\overset{+}{C}(CH_3)-CH(H)-CH_3$ 그러나 $CH_3-C(CH_3)(H)-\overset{+}{C}H-CH_3$

3°, 더 안정함 2°, 덜 안정함(생성되지 않음)

양성자가 이중 결합에서 더 적게 치환된 쪽에 첨가되므로, 양전하는 더 많이 치환된 쪽에 나타난다. 물은 탄소 양이온을 공격해서 양성자가 첨가된 알코올을 만든다.

$CH_3-\overset{+}{C}(CH_3)-CH(H)-CH_3 + H_2\ddot{O}: \rightleftharpoons CH_3-C(CH_3)(\overset{+}{O}H_2)-CH(H)-CH_3 + H_2\ddot{O}: \rightleftharpoons CH_3-C(CH_3)(OH)-CH(H)-CH_3 + H_3\ddot{O}^{+}$

반응은 Markovnikov 규칙을 따른다. 양성자는 이중 결합에서 이미 더 많은 수소를 가진(즉 더 적게 치환된) 쪽에 첨가되며, —OH기는 더 많이 치환된 쪽으로 들어간다.

탄소 양이온이 관여하는 다른 반응에서와 같이 수화 반응은 자리 옮김과 함께 일어날 수 있다. 예를 들어 3,3-다이메틸뷰트-1-엔에 산 촉매 수화 반응이 일어나는 경우 주생성물은 탄소 양이온 중간체의 자리 옮김이 일어나서 생성되는 것이다.

$CH_3-C(CH_3)_2-CH{=}CH_2 \xrightarrow{50\%\ H_2SO_4} CH_3-C(CH_3)(OH)-CH(CH_3)-CH_3$

3,3-다이메틸뷰트1-엔 2,3-다이메틸뷰탄-2-올 (주생성물)

**연습문제 8-5**

3,3-다이메틸뷰트-1-엔이 묽은 $H_2SO_4$ 수용액에서 반응해서 2,3-다이메틸뷰탄-2-올과 소량의 2,3-다이메틸뷰트-2-엔이 어떻게 생성되는지 나타내는 메커니즘을 제시하라.

**문제풀이 힌트**

친전자성 반응의 생성물을 예측할 때는 우선 친전자성 공격으로 생성되는 탄소 양이온(혹은 다른 중간체)의 구조를 그려 보라.

**연습문제 8-6**

다음 수화 반응의 생성물을 예측하라.

**(a)** 1-에틸사이클로헥센 + 묽은 산

**(b)** 2-페닐뷰트-2-엔 + 묽은 산

**(c)** 1-페닐사이클로헵텐 + 묽은 산

## 8-5 산소수은화-탈수은 반응에 의한 수화 반응

많은 알켄에서 산 수용액에서 수화가 쉽게 일어나지 않는다. 어떤 알켄은 산 수용액에서 거의 녹지 않으며, 어떤 알켄은 강한 산성 조건에서 자리 옮김, 중합 반응, 혹은 타서 숯처럼 되는 부반응이 일어난다. 어떤 경우에는 전체 평형에서 알코올보다는 알켄을 선호한다. 아무리 촉매를 넣어도 에너지 면에서 불리하면 반응이 일어날 수 없다.

산소수은화-탈수은 반응은 Markovnikov 배향으로 알켄을 알코올로 변환하는 또 다른 방법이다. 산소수은화-탈수은 반응은 수화 반응이 수월하게 직접적으로 일어나지 않는 많은 알켄에서 효과적이며, 온화한 조건에서 일어난다. 아무런 탄소 양이온도 자유로운 상태로 생성되지 않으며, 따라서 자리 옮김이나 중합 반응이 일어날 가능성이 없다.

**응용: 독성학**

수은과 수은 화합물은 항박테리아제, 피부 크림, 방부제의 성분으로 수 세기 동안 사용되었다. 그러나 수은 화합물은 상당한 독성을 가지고 있다. 생체 내에서 수은은 중요한 효소의 싸이올기와 결합하여 효소를 불활성화한다. 수은 중독은 뇌와 신장에 피해를 주며, 흔히 사망에 이르게 한다.

수은 기반 시약을 사용하는 이러한 반응은 특히 흥미롭고 유용한 개념이므로, 이 장에서 다룬다. 예를 들어 산소수은화-탈수은화는 산 촉매 수화에서 흔히 발생하는 재배열 없이 알켄에 물을 첨가한다. 그러나 수은은 독성이 있으므로, 가능하면 독성이 적은 다른 시약을 사용하는 방법이 선호된다.

산소수은화-탈수은 반응

$$\text{>C=C<} + \ddot{\text{H}}\text{g(OAc)}_2 \xrightarrow{H_2O} -\underset{\text{HO}}{\text{C}}-\underset{:\text{HgOAc}}{\text{C}}- \xrightarrow{NaBH_4} -\underset{\text{HO}}{\text{C}}-\underset{\text{H}}{\text{C}}-$$

(Markovnikov 배향)

수은화 반응의 시약은 아세트산 수은[$Hg(OCOCH_3)_2$, 간단하게 $Hg(OAc)_2$]이다. 이 시약이 어떻게 해서 친전자체로 작용하는가에 대한 몇 가지 이론이 존재한다. 가장 간단한 것은 아세트산 수은의 소량이 해리되어 양전하를 띤 수은 화학종 $^+Hg(OAc)$를 생성한다는 것이다.

$$\underset{Hg(OAc)_2}{CH_3-\overset{O}{\overset{\|}{C}}-O-\ddot{H}g-O-\overset{O}{\overset{\|}{C}}-CH_3} \rightleftharpoons \underset{^+Hg(OAc)}{CH_3-\overset{O}{\overset{\|}{C}}-O-\ddot{H}g^+} + \underset{^-OAc}{CH_3-\overset{O}{\overset{\|}{C}}-O^-}$$

**산소수은화 반응**(oxymercuration)에서는 양전하를 띤 수은 화학종에 의해 이중 결합에 친전자성 공격이 일어난다. 생성물은 삼각형 고리를 지닌 유기금속 양이온인 머큐리늄 이온(mercurinium ion)이다. 두 번째 단계에서는 용매인 물이 머큐리늄 이온을 공격해서 (양성자가 제거된 후) 유기수은화 알코올을 생성한다. 잇따른 반응은 수은이 제거되는 **탈수은 반응**(demercuration)이다. 수소화붕산 소듐($NaBH_4$, 환원제)이 아세트산 수은 부분을 수소 원자로 대체한다.

### 메커니즘 8-5 | 알켄의 산소수은화 반응

**1단계:** 친전자성 공격으로 머큐리늄 이온을 만든다.

$$\text{>C=C<} + {}^+Hg(OAc) \longrightarrow \text{머큐리늄 이온 (C–C 고리에 } Hg^+\text{–OAc 가교)}$$

머큐리늄 이온

**2단계:** 물이 고리를 열어서 유기수은화 알코올을 만든다.

$$H_2\ddot{O}: + \text{머큐리늄 이온} \longrightarrow -\underset{H-\overset{+}{O}-H}{C}-\overset{\ddot{H}g(OAc)}{C}- \xrightarrow{H_2\ddot{O}:} -\underset{:\ddot{O}H}{C}-\overset{\ddot{H}g(OAc)}{C}- + H_3O^+$$

유기수은화 알코올

수은 부분을 수소와 대체하는 탈수은 반응이 일어나고 알코올이 생성된다.

4 유기수은화 알코올 + $NaBH_4$ + 4 $^-OH$ ⟶ 4 알코올 + $NaB(OH)_4$ + 4 Hg↓ (수은 금속) + 4 $^-OAc$

**예: 프로펜의 산소수은화-탈수은 반응**

**1단계:** 친전자성 공격으로 머큐리늄 이온을 만든다.

수은 금속

머큐리늄 이온

**2단계:** 물에 의해 고리가 열려 유기수은화 알코올이 만들어진다.

물은 더 많이 치환된 탄소를 공격한다.

수은 부분을 수소와 대체하는 탈수은 반응이 일어나고 알코올이 생성된다.

$$H_3C-CH(OH)-CH_2-Hg(OAc) \xrightarrow{NaBH_4} H_3C-CH(OH)-CH_3$$

프로판-2-올

앞서 프로펜의 산소수은화 반응에서 보았듯이 비대칭인 알켄의 산소수은화-탈수은 반응은 일반적으로 첨가 반응을 하면 Markovnikov 배향을 갖게 된다. 머큐리늄 이온은 양쪽 탄소 원자에 상당한 정도의 양전하를 생성하긴 하지만, 더 많은 양전하는 더 많이 치환되고 더 안정한 탄소 원자에 있게 된다. 물이 더 친전자성인 이런 탄소를 공격하면 Markonivkov 배향이 일어난다. 친전자체인 $^+Hg(OAc)$는 이중 결합에서 더 적게 치환된 쪽 원자에 결합된 상태로 남아 있게 된다. 유기수은화 알코올을 환원하면 Markovnikov 알코올인 프로판 -2-올을 얻는다.

유사하게 3,3-다이메틸뷰트-1-엔은 산소수은화-탈수은 반응을 거치면 아주 좋은 수율로 Markovnikov 생성물인 3,3-다이메틸뷰탄-2-올이 된다. 이렇게 자리 옮김이 없는 생성물과 동일한 알켄에 대해, 앞서 8-4B절에서 살펴본 산 촉매 수화 반응에서 얻을 수 있는 자리 옮김이 일어난 생성물을 비교해볼 것이다. 산소수은화-탈수은 반응은 신뢰할 수 있게 이중 결합의 양쪽에 자리 옮김 없이 Markovnikov 배향으로 물이 첨가된다.

$$(CH_3)_3C-CH=CH_2 \xrightarrow[H_2O]{Hg(OAc)_2} \text{머큐리늄 이온} \xrightarrow{-H^+} (CH_3)_3C-CH(OH)-CH_2-Hg(OAc)$$

3,3-다이메틸뷰트-1-엔 머큐리늄 이온 Markovnikov 생성물

$$(CH_3)_3C-CH(OH)-CH_2-Hg(OAc) \xrightarrow{NaBH_4} (CH_3)_3C-CH(OH)-CH_3$$

Markovnikov 생성물 3,3-다이메틸뷰탄-2-올 (94% 전체 합산 수율)

이제까지 살펴본 알켄의 Markovnikov 수화 반응 방법 가운데 산소수은화-탈수은 반응은 실험실에서 가장 흔히 사용되는 것이다. 이 방법은 직접적인 산 촉매 수화 반응보다 나은 수율로 얻을 수 있으며, 자리 옮김의 가능성이 없고 격렬한 조건이 필요하지 않다. 물론 단점도 있다. 유기수은 화합물은 독성이 매우 높다. 반드시 매우 조심해서 사용하고 적절하게 폐기해야 한다.

## 8-6 알콕시수은화-탈수은 반응

알코올 용매에서 수은화 반응이 일어나는 경우 알코올이 친핵체로서 머큐리늄 이온을 공격할 수 있다. 그 결과 생성물은 알콕시기(—O—R)를 갖게 된다. 실제로 **알콕시수은화**(alkoxymercuration)-탈수은 반응은 알켄의 이중 결합에 알코올이 나뉘어 첨가됨으로써 알켄을 에터로 변환한다.

$$>C=C< + Hg(OAc)_2 \xrightarrow{ROH} -C(OR)-C(HgOAc)-$$

$$-C(OR)-C(HgOAc)- \xrightarrow{NaBH_4} -C(OR)-C(H)-$$

(Markovnikov 배향)

살펴본 바와 같이 알켄은 반응하여 머큐리늄 이온을 생성하고, 이 이온은 친핵성 용매의 공격을 받는다. 알코올 용매에 의한 공격으로 유기수은화 에터를 생성하고, 이는 환원되어 에터가 된다.

$$\text{머큐리늄 이온} + R-\ddot{O}H \longrightarrow -C(R-O^+H)-C(Hg(OAc))- \longrightarrow -C(R-\ddot{O})-C(Hg(OAc))- \xrightarrow{NaBH_4} -C(R-O)-C(H)-$$

유기수은화 에터 에터

용매는 머큐리늄 이온의 탄소 이중 결합에서 더 많이 치환된($\delta^+$ 전하가 더 많은) 쪽으로 공격해서 첨가 반응이 Markovnikov 배향으로 일어나게 한다. Hg(OAc)기는 이중 결합의 덜 치환된 쪽에 나타난다. 환원을 통해 수소가 더 적게 치환된 이중 결합 쪽에 들어가는 Markovnikov 생성물을 만든다.

### 예제 8-2

메탄올을 용매로 사용하여 1-메틸사이클로펜텐의 알콕시수은화-탈수은 반응을 수행했을 때 결과로 얻을 수 있는 중간체와 생성물을 제시하라.

**풀이**

아세트산제2수은(mercuric acetate)은 1-메틸사이클로펜텐에 첨가되어 고리 머큐리늄 이온이 된다. 이 이온은 더 많이 치환된 3차 탄소 원자에 상당히 많은 정도로 양전하를 띠게 된다. 메탄올은 이 탄소를 반대쪽에서 공격해서 **안티 첨가 반응**(anti addition)이 일어난다. 시약(HgOAc와 $OCH_3$)은 이중 결합의 반대쪽 면으로 첨가된다.

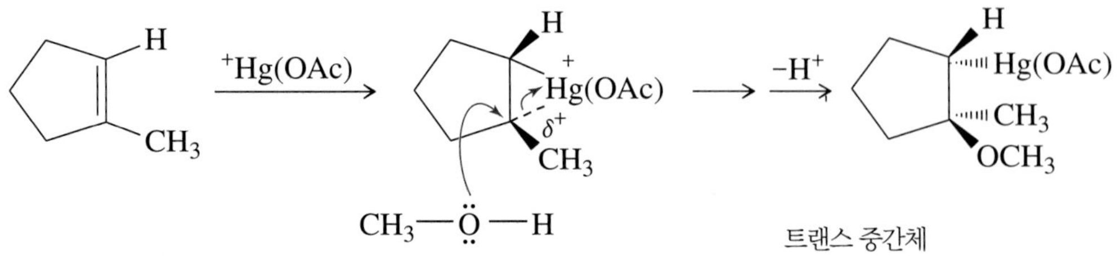

$\xrightarrow{^{+}Hg(OAc)}$ $\xrightarrow{-H^{+}}$

H, $CH_3$, Hg(OAc), $\delta^+$, $CH_3-\ddot{\underset{\cdot\cdot}{O}}-H$, $OCH_3$

1-메틸사이클로펜텐 머큐리늄 이온 트랜스 중간체 (안티 첨가 반응 생성물)

중간체를 환원하면 Markovnikov 생성물인 1-메톡시-1-메틸사이클로펜테인이 만들어진다.

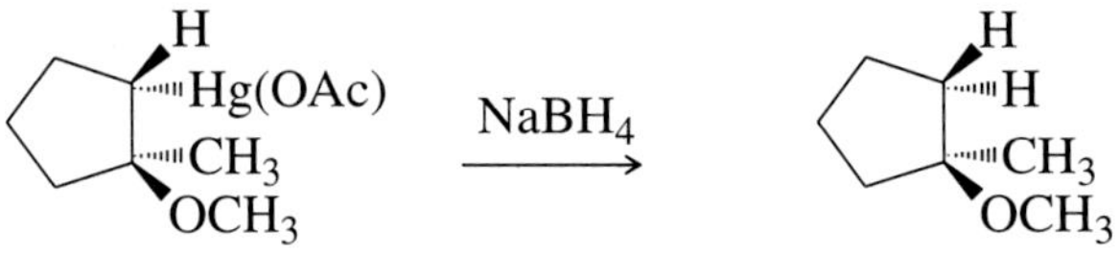

$\xrightarrow{NaBH_4}$

중간체 1-메톡시-1-메틸사이클로펜테인

### 연습문제 8-7

**(a)** 다음 반응의 메커니즘을 제안하라.

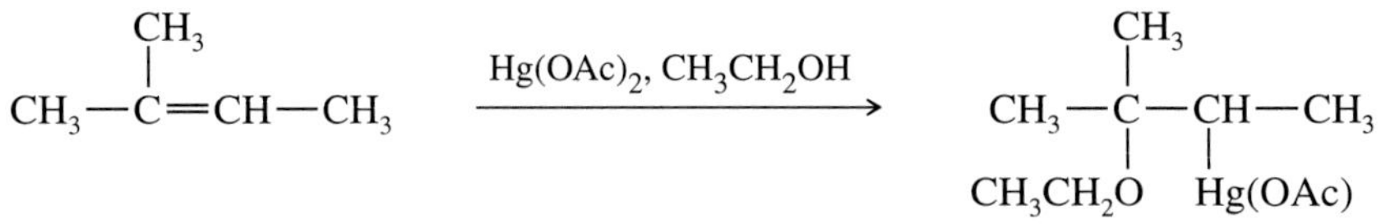

$$CH_3-\overset{\overset{CH_3}{|}}{C}=CH-CH_3 \xrightarrow{Hg(OAc)_2,\ CH_3CH_2OH} CH_3-\overset{\overset{CH_3}{|}}{\underset{\underset{CH_3CH_2O}{|}}{C}}-\underset{\underset{Hg(OAc)}{|}}{CH}-CH_3$$

(90%)

**(b)** 이 중간체를 수소화붕산 소듐(sodium borohydride)으로 환원하여 얻을 수 있는 생성물의 구조를 나타내라.

### 연습문제 8-8

다음 반응의 주생성물을 예측하라.

**(a)** 1-메틸사이클로헥센 + $Hg(OAc)_2$ 수용액

**(b)** $NaBH_4$로 처리된 (a)의 생성물

**(c)** 3-클로로사이클로헵텐 + $CH_3OH$ 속의 $Hg(OAc)_2$

**(d)** $NaBH_4$로 처리된 (c)의 생성물

### 연습문제 8-9

다음 합성적 변환을 수행하기 위해 어떻게 해야 하는지 제시하라.

**(a)** 뷰트-1-엔 → 2-메톡시뷰테인

**(b)** 1-아이오도-2-메틸사이클로펜테인 → 1-메틸사이클로펜탄올

**(c)** 3-메틸펜트-1-엔 → 3-메틸펜탄-2-올

산 촉매 수화 반응이 (c)의 반응을 위해 좋은 선택이 아닌 이유를 설명하라.

## 8-7 알켄의 수소붕소 첨가 반응

Markovnikov 배향으로 알켄을 수화하는 두 가지 방법을 살펴보았다. 그런데 알켄을 안티-Markovnikov 알코올로 변환할 경우에는 어떻게 하면 될까? 예를 들어 다음 변환을 지금까지 살펴본 수화 반응 방법으로는 수행할 수가 없다.

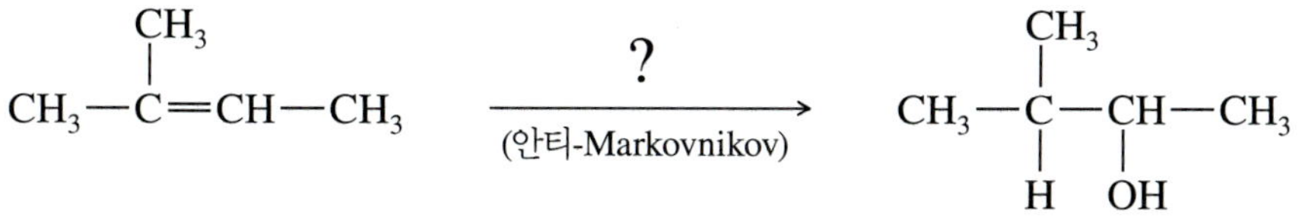

$$CH_3-\underset{\displaystyle}{\overset{\displaystyle CH_3}{\overset{|}{C}}}=CH-CH_3 \xrightarrow[\text{(안티-Markovnikov)}]{?} CH_3-\overset{\displaystyle CH_3}{\overset{|}{\underset{\displaystyle H}{\underset{|}{C}}}}-\underset{\displaystyle OH}{\underset{|}{CH}}-CH_3$$

2-메틸뷰트-2-엔 3-메틸뷰탄-2-올

이러한 안티-Markovnikov 수화 반응은 퍼듀대학교의 H. C. Brown이 알켄에 다이보레인(diborane, $B_2H_6$)이 안티-Markovnikov 배향으로 첨가되어 알킬보레인을 생성하고, 이것이 산화되어 안티-Markovnikov 알코올을 생성할 수 있다는 것을 발견하기 이전에는 불가능했다. 이 발견은 보레인 화학의 거대한 분야를 열게 되었고, 이 연구로 Brown은 1979년에 노벨 화학상을 수상했다.

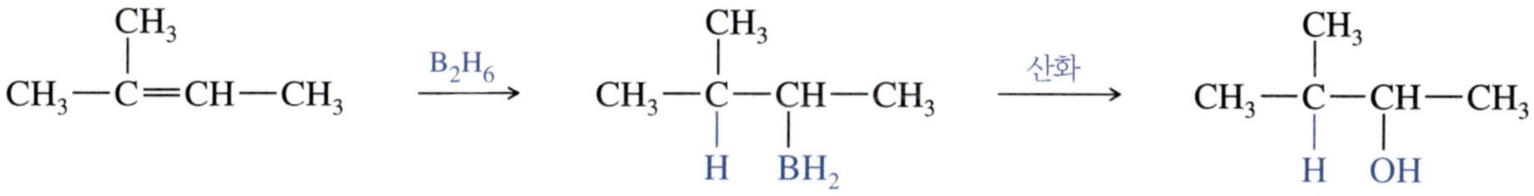

$$CH_3-\overset{\displaystyle CH_3}{\overset{|}{C}}=CH-CH_3 \xrightarrow{B_2H_6} CH_3-\overset{\displaystyle CH_3}{\overset{|}{\underset{\displaystyle H}{\underset{|}{C}}}}-\underset{\displaystyle BH_2}{\underset{|}{CH}}-CH_3 \xrightarrow{\text{산화}} CH_3-\overset{\displaystyle CH_3}{\overset{|}{\underset{\displaystyle H}{\underset{|}{C}}}}-\underset{\displaystyle OH}{\underset{|}{CH}}-CH_3$$

2-메틸뷰트-2-엔 알킬보레인 3-메틸뷰탄-2-올 (90% 이상)

다이보레인($B_2H_6$)은 두 분자의 보레인($BH_3$)으로 구성된 이합체이다. 보레인($BH_3$)에 있는 붕소(boron) 원자가 단 6개의 전자만을 가지고 있는 강한 Lewis 산이기 때문에 다이보레인에서의 결합은 통상적이지 않다. 추가 전자쌍을 획득하려는 경향으로 인해 다이보레인에서는 다른 보레인 분자와 수소 2개를 공유하게 된다. 붕소 원자가 공유하는 2개의 수소다리를 만드는 두 가지 공명 형태를 사용하여 이 구조를 묘사할 수 있다.

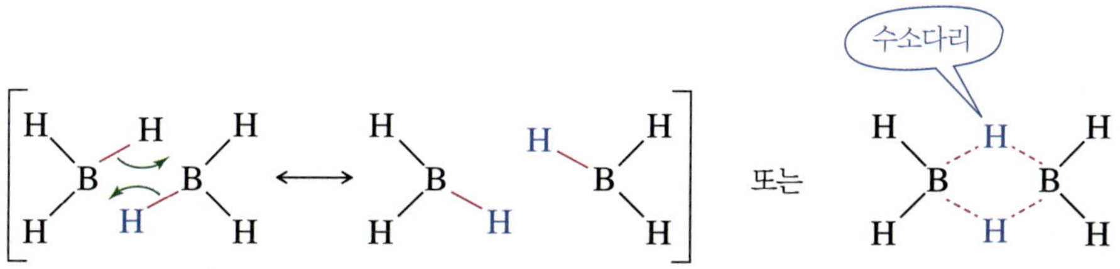

수소다리

다이보레인 또는 다이보레인

다이보레인은 소량의 보레인($BH_3$, 단 6개의 전자만 있는 반응성이 높은 Lewis 산)과 평형에 있다.

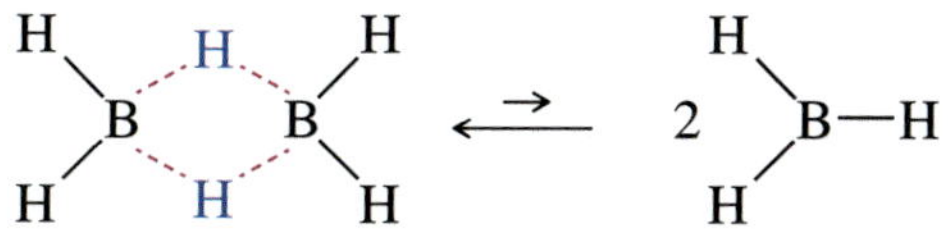

$$B_2H_6 \rightleftarrows 2\ BH_3$$

다이보레인 보레인

다이보레인은 사용이 불편하다. 독성이 있으며, 휘발성이고, 폭발성이 있는 기체이다. 이 화합물은 고리 에터인 테트라하이드로퓨란(tetrahydrofuran, THF)과 착물을 만들면 더 편리하게 사용할 수 있다. 이 착물은 다이보레인처럼 반응하지만, 수월하게 측정하고 옮길 수 있다.

2 테트라하이드로퓨란(THF) + $B_2H_6$ (다이보레인) ⟶ 2 보레인-THF 착물 = $BH_3 \cdot THF$

BH$_3$·THF 시약은 유기 화학 반응에서 흔히 사용되는 형태이다. BH$_3$는 알켄의 이중 결합에 첨가되어 알킬보레인을 생성한다. 염기성 과산화 수소를 사용하여 알킬보레인을 산화하면 알코올을 만들 수 있다. 실제로 수소붕소 첨가-산화 반응은 이중 결합에 안티-Markovnikov 배향으로 물을 나누어 첨가해서 알켄을 알코올로 변환시킨다.

수소붕소 첨가 반응-산화 반응

$$\mathrm{>C=C<} + BH_3\cdot THF \longrightarrow \mathrm{-\underset{H}{C}-\underset{BH_2}{C}-} \xrightarrow{H_2O_2,\ ^-OH} \mathrm{-\underset{H}{C}-\underset{OH}{C}-}$$

안티-Markovnikov 배향
[신(syn) 입체 화학]

### 8-7A 수소붕소 첨가 반응의 메커니즘

보레인은 전자가 부족한 화합물이다. 보레인은 단 6개의 전자를 가지고 있으므로, BH$_3$의 붕소 원자는 팔전자 규칙을 맞출 수 없다. 팔전자 규칙을 따르려 하는 것은 붕소 화합물에서 통상적이 아닌 결합 구조(예: 수소다리)를 갖게 하는 추진력이 된다. 전자가 모자라는 화합물이기 때문에 BH$_3$는 강한 친전자체이며, 이중 결합에 첨가될 수 있다. 이중 결합의 **수소붕소 첨가 반응**(hydroboration)은 한 단계로 일어나는 것으로 생각되며, 메커니즘 8-6에 나타낸 바와 같이 붕소 원자가 이중 결합의 더 적게 치환된 쪽으로 들어간다.

전이 상태에서는 친전자성인 붕소 원자는 파이 결합으로부터 전자를 끌어당겨서 그 결과 이중 결합의 다른 쪽의 탄소에 부분적으로 양전하를 띠게 한다. 이러한 부분 전하는 더 많이 치환된 탄소 원자보다 더 안정하다. 생성물에서 붕소는 이중 결합에서 더 적게 치환된 쪽으로 들어가며, 수소는 더 많이 치환된 쪽으로 결합하게 된다. 또한 입체 장애 때문에 붕소가 이중 결합의 덜 가려진 쪽, 더 적게 치환된 쪽으로 첨가되는 것이 선호된다.

**메커니즘 8-6 | 알켄의 수소붕소 첨가 반응**

이중 결합의 보레인 첨가는 단일 단계로 일어난다. 붕소는 덜 가려진, 더 적게 치환된 탄소에 첨가되며, 수소는 더 많이 치환된 탄소로 들어간다.

$(CH_3)_2C=CHCH_3$ + H—BH$_2$ ⟶ 더 안정한 전이 상태 ($\delta^+$ on C(CH$_3$)$_2$, H---BH$_2$ $\delta^-$) ⟶ $CH_3-C(CH_3)(H)-CH(BH_2)-CH_3$ (안티-Markovnikov 생성물)

✗ 덜 안정한 전이 상태 ($\delta^+$ on CH, H$_2$B---H $\delta^-$)

붕소 원자와 하이드록시기(—OH)를 치환하기 위해 수산화 소듐과 과산화 수소(HOOH 혹은 $H_2O_2$) 수용액을 사용하는 산화 반응을 수행하면 붕소 원자가 제거된다. 안티-Markovnikov 배향은 $BH_3$가 첨가되는 첫 단계에서 결정되는 까닭에 산화 반응은 생성물의 배향에는 영향을 미치지 않는다.

$$CH_3-\underset{H}{\overset{CH_3}{C}}-\underset{BH_2}{\overset{H}{C}}-CH_3 \xrightarrow[H_2O]{H_2O_2,\ NaOH} CH_3-\underset{H}{\overset{CH_3}{C}}-\underset{OH}{CH}-CH_3$$

이러한 수소붕소 첨가-산화 반응에 의한 알켄의 수화는 원래의 Markovnikov 규칙을 따르지 않는 반응(생성물은 안티-Markovnikov)의 또 한 가지 예이다. 그러나 역시 이것도 Markovnikov 규칙의 이유를 이해하면 설명할 수 있다. 전자성 붕소 원자는 이중 결합의 더 적게 치환된 쪽으로 첨가되어 양전하(및 수소 원자)는 더 많이 치환된 쪽으로 위치하게 된다.

**예제 8-3**

1-메틸사이클로펜텐을 2-메틸사이클로펜탄올로 변환할 수 있는가?

**풀이**

역으로 생각해보면 수소붕소 첨가 반응-산화 반응을 사용함으로써 1-메틸사이클로펜텐으로부터 2-메틸사이클로펜탄올을 만들 수 있다. 반응 화살표 위와 아래에 나타낸 (1)과 (2)의 과정은 각각 두 과정의 단계를 나타내고 있다.

$$\text{1-메틸사이클로펜텐} \xrightarrow[(2)\ H_2O_2,\ ^{-}OH]{(1)\ BH_3 \cdot THF} \text{트랜스-2-메틸사이클로펜탄올}$$

1-메틸사이클로펜텐 트랜스-2-메틸사이클로펜탄올

이 합성 과정의 결과로 얻을 수 있는 2-메틸사이클로펜탄올은 순수한 트랜스 이성질체이다. 이러한 입체화학적 결과에 대한 논의는 8-7C절에서 다룰 것이다.

1-메틸사이클로펜텐은 1-메틸사이클로펜탄올의 탈수 과정의 결과로 얻을 수 있는 가장 많이 치환된 알켄이다. 알코올의 탈수 과정을 통해 정확히 원하는 알켄을 만들 수 있다.

$$\text{1-메틸사이클로펜탄올} \xrightarrow[\text{열}]{H_2SO_4} \text{1-메틸사이클로펜텐} + H_2O$$

1-메틸사이클로펜탄올 1-메틸사이클로펜텐

**문제풀이 힌트**

다단계 합성에서는 역으로 생각해보라.

**연습문제 8-10**

다음 반응의 주생성물을 예측하라.

**(a)** 프로펜 + $BH_3 \cdot THF$
**(b)** (a)의 생성물 + $H_2O_2/OH^-$
**(c)** 2-메틸펜트-2-엔 + $BH_3 \cdot THF$
**(d)** (c)의 생성물 + $H_2O_2/OH^-$
**(e)** 1-메틸사이클로헥센 + $BH_3 \cdot THF$
**(f)** (e)의 생성물 + $H_2O_2/OH^-$

**연습문제 8-11**

다음 합성적 변환을 수행하기 위해 어떤 방법을 사용해야 하는지 제시하라.

(a) 뷰트-1-엔 → 뷰탄-1-올

(b) 뷰트-1-엔 → 뷰탄-2-올

(c) 2-브로모-2,4-다이메틸펜테인 → 2,4-다이메틸펜탄-3-올

## 8-7B 수소붕소 첨가 반응의 화학량론

단순하게 하기 위해 알켄 3몰이 $BH_3$의 각 몰과 반응할 수 있다는 것을 무시해왔다. $BH_3$의 각 B—H 결합은 알켄의 이중 결합에 나뉘어 양쪽에 첨가될 수 있다. 첫 번째 첨가 반응은 알킬보레인을 만들고, 두 번째 첨가 반응은 다이알킬보레인을 만들며, 세 번째 첨가 반응은 트라이알킬보레인을 생성한다.

알킬보레인 다이알킬보레인 트라이알킬보레인

요약

$$3\ \mathrm{C{=}C} + BH_3 \longrightarrow (\text{H}-\mathrm{C}-\mathrm{C})_3\mathrm{B} \xrightarrow{H_2O_2,\ ^{-}OH} 3\ \text{H}-\mathrm{C}-\mathrm{C}-\text{OH}$$

트라이알킬보레인은 앞서 논의한 바와 같이 정확히 반응하며 산화되어 안티-Markovnikov 알코올을 생성한다. 트라이알킬보레인은 부피가 상당히 크므로, 붕소가 이중 결합의 덜 가려진 탄소 원자에 첨가되는 경향이 더욱 더 강해진다. 보레인은 구조를 간단하게 하고 분자의 유기 부분을 강조하기 위해 흔히 1:1 모노알킬보레인으로 그린다.

## 8-7C 수소붕소 첨가 반응의 입체 화학

붕소와 수소가 이중 결합에 동시에 첨가되는 과정(메커니즘 8-6 참조)은 **신 첨가 반응**(syn addition)으로 일어난다. 붕소와 수소는 이중 결합의 양쪽으로 분자의 같은 쪽(same side)에서 첨가된다. [분자의 반대쪽 면으로 첨가되면 이러한 과정은 **안티 첨가 반응**(anti addition)이 된다.]

1-메틸사이클로펜텐의 수소붕소 첨가-산화 반응의 입체 화학을 다음에 나타냈다. 붕소와 수소는 이중 결합의 같은 면에 첨가되어(신 첨가 반응) 트라이알킬보레인을 형성한다. 트라이알킬보레인이 산화할 때 보레인은 하이드록시기에 의해 치환되는데, 이때 입체 화학은 그대로 유지된다. 따라서 생성물은 트랜스-2-메틸사이클로펜탄올(*trans*-2-methylcyclopentanol)이 된다. 시약은 비카이랄이고, 생성물은 카이랄이므로, 라셈 혼합물이 형성될 것으로 예상된다.

H CH$_3$ H B—H H

전이 상태

H CH$_3$ H$_2$B H

$$\xrightarrow[^{-}OH]{H_2O_2}$$

H CH$_3$ HO H

트랜스-2-메틸사이클로펜탄올
(85% 전체 합산 수율)
(거울상 이성질체의 라셈 혼합물)

두 번째 단계(알코올을 만들기 위한 보레인의 산화)는 위치 배열이 보존되며 일어난다. 과산화수소 이온이 보레인에 첨가되며, 알킬기가 첨가되고, 알킬기는 위치 배열이 보존되면서 이동한다. 알킬기가 전자쌍을 가지고 이동하며, 알킬기는 이동하는 탄소 원자의 사면체 구조를 변화시키지 않기 때문이다. 붕소산 에스터(borate ester)를 가수 분해하면 알코올을 얻을 수 있다.

과산화 수소 이온의 생성

$$H-\ddot{O}-\ddot{O}-H + {}^{-}:\ddot{O}H \rightleftharpoons H-\ddot{O}-\ddot{O}:^{-} + H_2\ddot{O}:$$

과산화 수소 첨가 및 알킬기의 이동

$$R_3B + {}^{-}:\ddot{O}-\ddot{O}-H \longrightarrow R_3B^{-}-\ddot{O}-\ddot{O}-H \longrightarrow R_2B-\ddot{O}-R + {}^{-}:\ddot{O}H$$

과산화 수소 이온 R 이동 붕소산 에스터

두 번 더 다른 2개의 알킬기 산화

$$R_2B-O-R \xrightarrow{^{-}OOH} \xrightarrow{^{-}OOH} B(OR)_3$$

트라이알킬 붕소산 에스터

붕소산 에스터의 가수 분해

$$B(OR)_3 + {}^{-}:\ddot{O}H \rightleftharpoons (RO)_3B^{-}-OH \rightleftharpoons (RO)_2B-OH + {}^{-}:\ddot{O}-R \xrightarrow{H_2O} (RO)_2B-OH + R-OH + {}^{-}OH$$

(다른 2개의 OR기도 유사하게 가수 분해가 일어난다.)

알켄에 대한 수소붕소 첨가 반응은 **입체 특이성 반응**(stereospecific reaction)의 또 다른 예이다. 입체 특이성 반응에서는 출발 화합물의 서로 다른 이성질체는 생성물의 서로 다른 입체 이성질체를 만들어낸다. 연습문제 8-14는 두 비고리 부분 입체 이성질체를 수소붕소 첨가-산화 반응을 거칠 때 생성되는 서로 다른 생성물에 대해 설명한다.

### 예제 8-4

중수소로 표지된 노보넨(norbornene) 분자가 수소붕소 첨가-산화 반응을 거칠 때 중간체와 생성물의 구조를 나타내라.

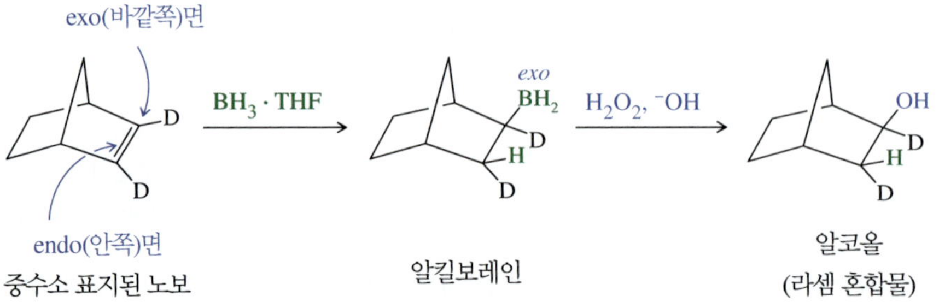

exo(바깥쪽)면

$BH_3 \cdot THF$

exo $BH_2$

$H_2O_2$, $^-OH$

OH

endo(안쪽)면

중수소 표지된 노보

알킬보레인

알코올 (라셈 혼합물)

#### 풀이

노보넨의 이중 결합의 양쪽에 $BH_3$ 신(syn, 동일 방향) 첨가 반응은 대부분 이중 결합의 접근하기 좋은 바깥(exo)면 쪽으로 일어난다. 산화 반응으로 수소 원자와 하이드록시기 둘 다 바깥 위치에 첨가되는 생성물이 만들어진다. [접근하기가 어려운 이중 결합의 안쪽 면은 엔도(endo)면이라고 한다.]

### 연습문제 8-12

예제 8-3에서 나타낸 바와 같이 1-메틸사이클로펜텐의 수소붕소 첨가 반응에서 시약은 비카이랄성이고, 생성물은 카이랄성이다. 생성물은 트랜스-2-메틸사이클로펜탄올의 라셈 혼합물이지만 한 가지 거울상 이성질체만 나타냈다. 어떻게 다른 거울상 이성질체가 생성되는지 제시하라.

### 연습문제 8-13

다음 반응의 주생성물을 필요한 경우 입체 화학을 포함해서 예측하라.

**(a)** 1-메틸사이클로헵텐 + $BH_3 \cdot THF$, 그리고 $H_2O_2$, $OH^-$

**(b)** 트랜스-4,4-다이메틸펜트-2-엔 + $BH_3 \cdot THF$, 그리고 $H_2O_2$, $OH^-$

**(c)** 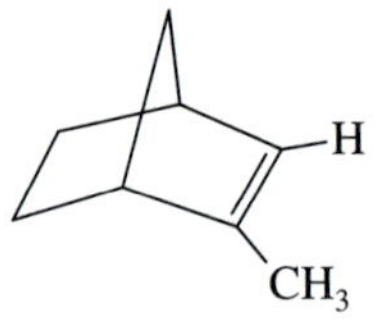 H, $CH_3$ + $BH_3 \cdot THF$, 그리고 $H_2O_2$, $OH^-$

### 연습문제 8-14

**(a)** (*Z*)-3-메틸헥스-3-엔은 수소붕소 첨가-산화 반응을 거치면 두 가지 이성질체인 생성물이 만들어진다. 구조를 그리고, 비대칭 탄소 원자를 (*R*) 또는 (*S*)로 나타내라. 이러한 이성질체 사이의 관계는 어떻게 되는가?

**(b)** (*E*)-3-메틸헥스-3-엔에 대해 (a)의 과정을 되풀이하라. (*Z*)-3-메틸헥스-3-엔으로부터 만들어진 생성물과 (*E*)-3-메틸헥스-3-엔으로부터 만들어진 생성물의 관계는 무엇인가?

**연습문제 8-15**

다음 변환을 어떻게 수행할 수 있는지 제시하라.

(a) → OH

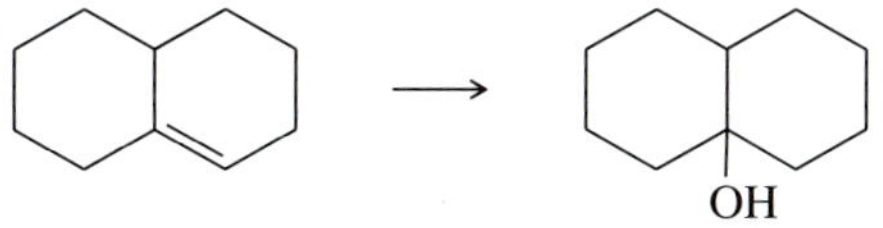

(b) → OH

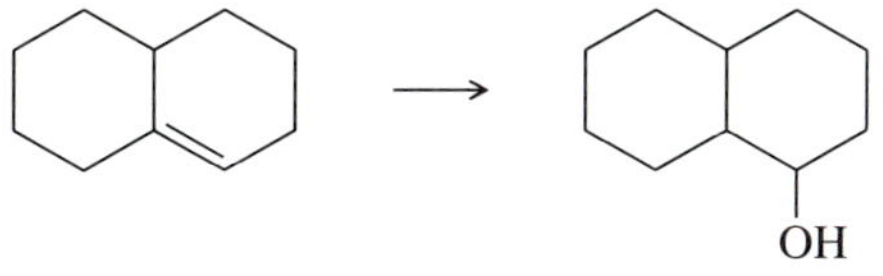

(c) 1-메틸사이클로헵탄올 → 2-메틸사이클로헵탄올

**연습문제 8-16**

(a) 1,2-다이메틸사이클로펜텐의 이중 결합에 양쪽에 HBr을 나누어 첨가할 경우 생성물은 시스 및 트랜스 이성질체의 혼합물이 생성된다. 이러한 첨가 반응이 입체 특이적이지 않은 이유를 설명하라.

(b) 1,2-다이메틸사이클로펜텐이 수소붕소 첨가-산화 반응을 거치면 생성물에서 한 가지 부분 입체 이성질체가 우세하게 생성된다. 이러한 첨가 반응이 입체 특이적인 이유를 설명하고, 주생성물의 입체 화학을 예측하라.

## FOCUS | 수화 반응의 위치 화학과 입체 화학

| 반응 | 시약 | 배향 | 탄소 양이온 중간체 여부 | 자리 옮김 가능성 | —H 및 —OH 입체 화학 |
|---|---|---|---|---|---|
| 산-촉매 수화 | $H^+$, $H_2O$ | Markovnikov | 생성 | 가능 | 신 및 안티 혼합 |
| 산소수은화-탈수은화 | (1) $Hg(OAc)_2$, $H_2O$<br>(2) $NaBH_4$ | Markovnikov | 생성 안 함 | 불가능 | 신 및 안티 혼합 |
| 수소붕소-산화 | (1) $BH_3 \cdot THF$<br>(2) $H_2O_2$, $HO^-$ | 안티-Markovnikov | 생성 안 함 | 불가능 | 신 첨가만 |

**예:**

위치 화학 설명

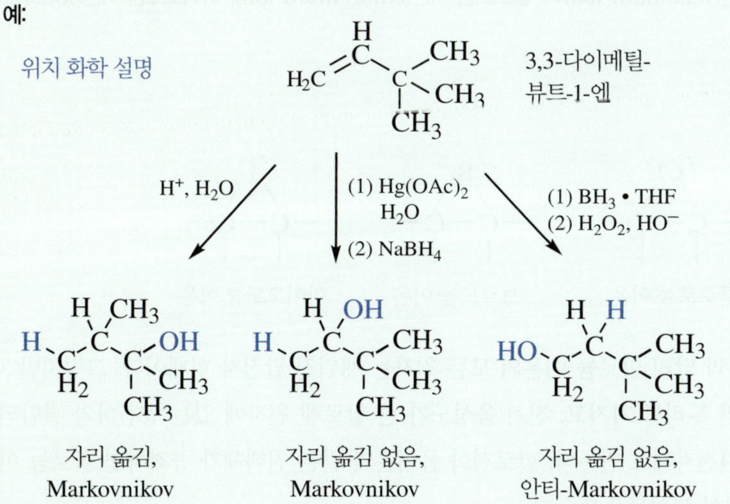

3,3-다이메틸-뷰트-1-엔

$H^+$, $H_2O$ → 자리 옮김, Markovnikov

(1) $Hg(OAc)_2$, $H_2O$ (2) $NaBH_4$ → 자리 옮김 없음, Markovnikov

(1) $BH_3 \cdot THF$ (2) $H_2O_2$, $HO^-$ → 자리 옮김 없음, 안티-Markovnikov

입체 화학 설명

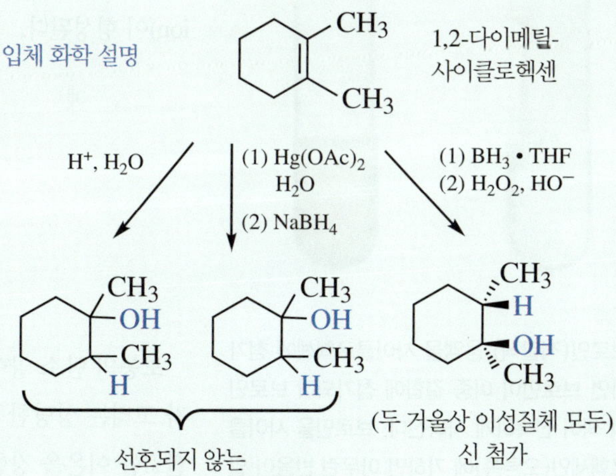

1,2-다이메틸-사이클로헥센

$H^+$, $H_2O$; (1) $Hg(OAc)_2$, $H_2O$ (2) $NaBH_4$ → 선호되지 않는 입체 화학, 신 및 안티 혼합

(1) $BH_3 \cdot THF$ (2) $H_2O_2$, $HO^-$ → (두 거울상 이성질체 모두) 신 첨가

## 8-8 알켄에 대한 할로젠 첨가 반응

할로젠은 알켄에 첨가되어 이웃 자리 다이할로젠화물을 생성한다.

$$>C{=}C< \quad + \quad X_2 \longrightarrow -\overset{X}{\underset{|}{\overset{|}{C}}}-\underset{X}{\underset{|}{\overset{|}{C}}}-$$

$(X_2 = Cl_2, Br_2,$ 때때로 $I_2)$ 보통 안티 첨가

### 8-8A 할로젠 첨가 반응의 메커니즘

할로젠 분자($Br_2$, $Cl_2$, $I_2$)는 친전자성이다. 친핵체는 할로젠과 반응하여 할로젠화 음이온을 치환한다.

$$Nuc:^- + :\ddot{Br}-\ddot{Br}: \longrightarrow Nuc-\ddot{Br}: + :\ddot{Br}:^-$$

이 예에서 친핵체는 한쪽 브로민 원자의 친전자성 핵을 공격하고, 다른 브로민은 이탈기로 작용하여 브로민화 이온을 방출한다. 많은 반응이 이러한 일반적 방식을 따라간다. 예를 들면 다음과 같다.

$$H\ddot{O}:^- + :\ddot{Br}-\ddot{Br}: \longrightarrow HO-\ddot{Br}: + :\ddot{Br}:^-$$

$$H_3N: + :\ddot{Cl}-\ddot{Cl}: \longrightarrow H_3\overset{+}{N}-\ddot{Cl}: + :\ddot{Cl}:^-$$

$$>C{=}C< + :\ddot{Br}-\ddot{Br}: \longrightarrow \text{브로모늄 이온} + :\ddot{Br}:^-$$

브로모늄 이온

마지막 반응에서는 알켄의 파이 전자가 브로민 분자를 공격하여, 브로민화 이온을 방출한다. 그 결과 브로민 원자에 양전하를 띤 3원자 고리를 지닌 **브로모늄 이온**(bromonium ion)을 얻는다. 이 브로모늄 이온은 8-5절에서 논의한 머큐리늄 이온과 비슷한 구조이다. 다른 할로젠과 유사한 반응으로 다른 **할로늄 이온**(halonium ion)과 클로로늄 이온(chloronium ion), 아이오도늄 이온(iodonium ion)이 형성된다.

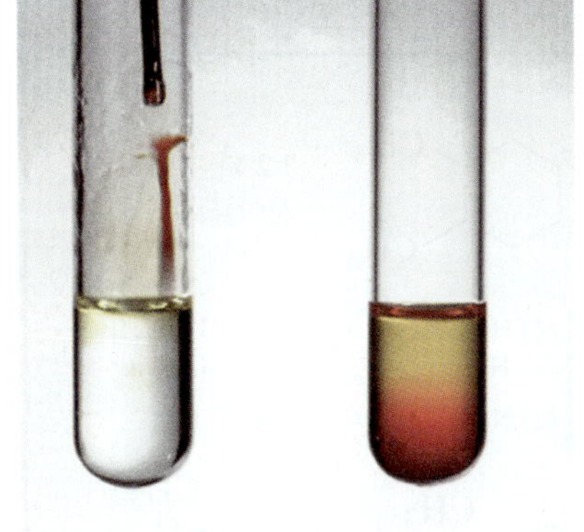

브로민(적갈색) 용액을 사이클로헥센에 첨가하면 브로민이 이중 결합에 첨가되어 브로민의 색이 신속하게 사라진다. 브로민을 사이클로헥세인(오른쪽)에 가하면 아무런 반응이 일어나지 않으므로 색이 사라지지 않는다.

예

클로로늄 이온 브로모늄 이온 아이오도늄 이온

보통의 탄소 양이온과 달리 할로늄 이온의 모든 원자는 채워진 팔전자 형태이다. 그렇지만 3원자 고리는 상당한 고리 무리를 가지고, 전기 음성도가 큰 할로젠 원자에 있는 양전하와 결합되어 할로늄 이온을 강한 친전자체로 만든다. 할로젠화 음이온과 같은 친핵체가 공격하면 할로늄 이온의 고리를 열어서 안정한 생성물을 만든다.

염소와 브로민은 할로늄 이온 메커니즘을 통해 흔히 알켄에 첨가된다. 아이오딘화는 덜 흔하게 사용되는데, 다이아이오딘화물 생성물은 쉽게 분해되기 때문이다. 사용되는 용매는 할로젠에 대한 반응성이 없다. 염화 메틸렌(methylene chloride, $CH_2Cl_2$), 클로로폼(chloroform, $CHCl_3$), 사염화 탄소(carbon tetrachloride, $CCl_4$)는 가장 흔히 사용되는 용매이다.

브로민의 첨가 반응은 올레핀의 이중 결합이 존재하는지 알아보는 간단한 화학적 검사 방법이다. 사염화 탄소의 브로민 용액은 투명한 짙은 적색이다. 이 적색 용액을 알켄에 가하면 적색인 브로민 색이 사라져서(이를 '탈색되었다'고 한다), 투명한 무색 용액이 된다. (브로민 용액의 색을 없애는 다른 작용기가 있기는 하지만, 알켄처럼 신속하게 반응하는 것은 별로 없다.)

## 메커니즘 8-7 | 알켄에 대한 할로젠 첨가 반응

**1단계:** 친전자성 공격으로 할로늄 이온을 생성한다.

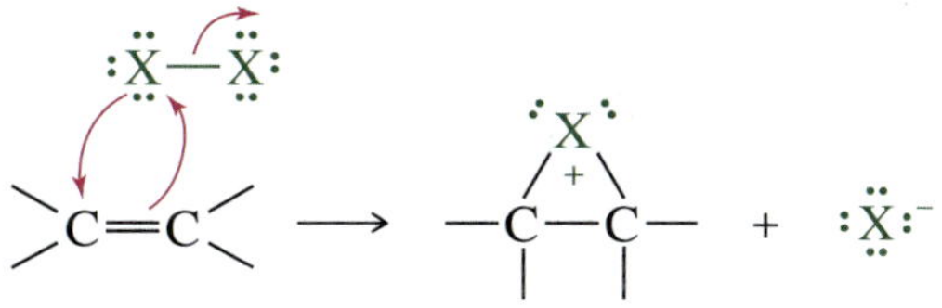

$$\text{X–X} + \text{C=C} \longrightarrow \text{할로늄 이온} + \text{X}^-$$

할로늄 이온

**2단계:** 할로젠화 이온에 의해 할로늄 이온의 고리 열림 반응이 일어난다.

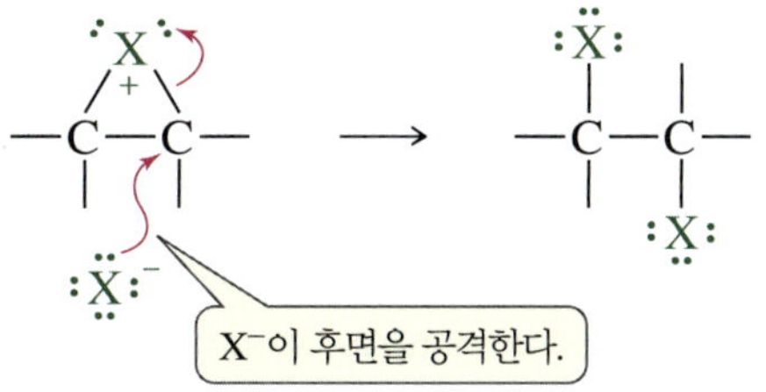

$X^-$이 후면을 공격한다.

**예: 프로펜에 $Br_2$ 첨가**

**1단계:** 친전자체가 공격해서 브로모늄 이온을 생성한다.

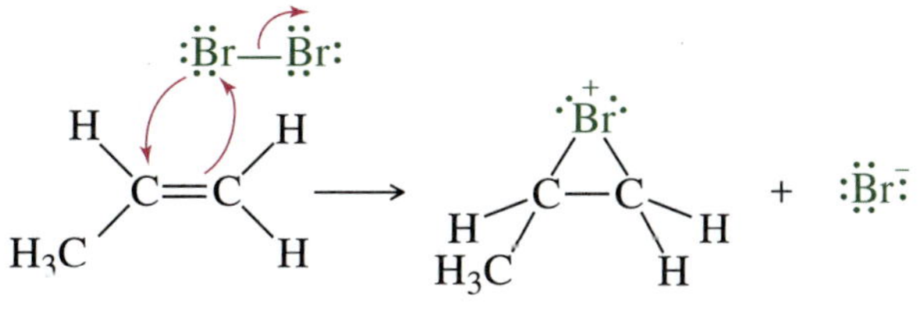

프로펜 브로모늄 이온

**2단계:** 브로민화 이온이 브로모늄 이온을 연다.

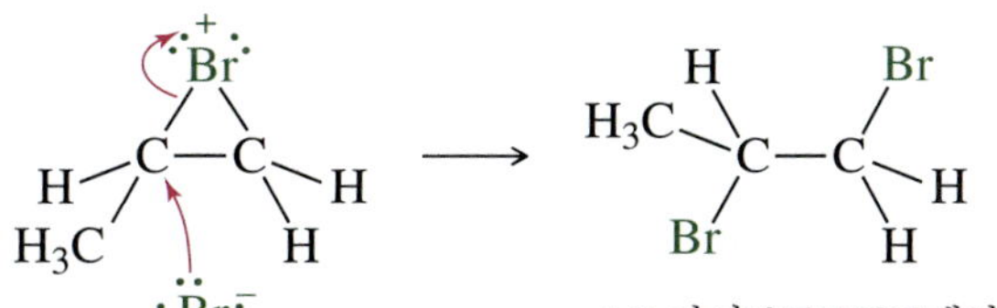

1,2-다이브로모프로페인

### 8-8B 할로젠 첨가 반응의 입체 화학

사이클로펜텐의 브로민 첨가 반응은 입체 특이적인 **안티 첨가 반응**(anti addition)이다.

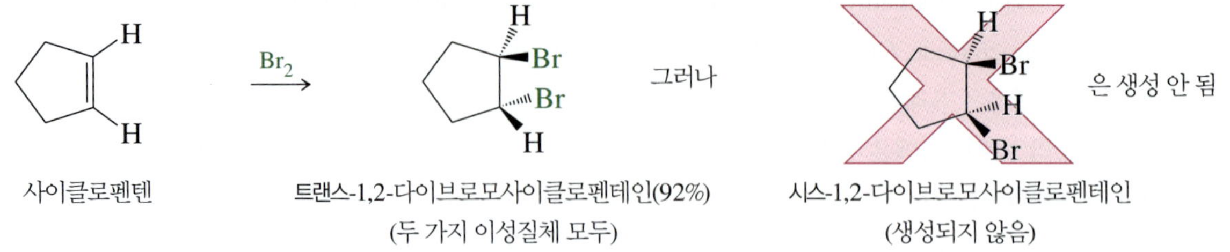

사이클로펜텐 —$Br_2$→ 트랜스-1,2-다이브로모사이클로펜테인(92%) (두 가지 이성질체 모두) 그러나 시스-1,2-다이브로모사이클로펜테인 (생성되지 않음) 은 생성 안 됨

안티 입체 화학은 브로모늄 이온 메커니즘을 거치기 때문에 일어난다. 친핵체가 할로늄 이온을 공격하면 $S_N2$의 메커니즘과 유사하게 반드시 뒤에서 공격해야 한다. 이러한 후면 공격은 확실하게 첨가 반응이 안티 입체 화학으로 일어나게 한다.

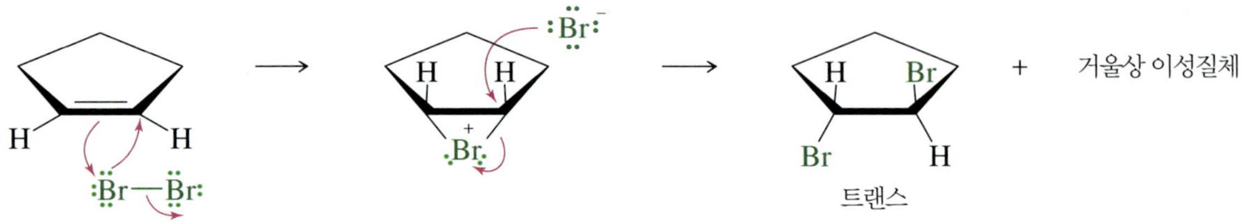

→ 트랜스 + 거울상 이성질체

할로젠 첨가 반응은 입체 특이성 반응의 또 한 가지 예이며, 입체 특이성 반응에서는 출발 화합물의 서로 다른 이성질체는 생성물의 서로 다른 입체 이성질체를 만들어낸다. 그림 8-5는 알켄에 할로젠이 안티 첨가 반응을 일으키는 추가적인 예를 나타낸다.

**연습문제 8-17**

시스 및 트랜스-뷰트-2-엔에 브로민이 첨가될 때(그림 8-5) 관찰되는 생성물의 입체 화학을 설명하는 메커니즘을 제시하라. 시스 이성질체로부터 2개의 생성물이 만들어지지만, 트랜스 이성질체로부터는 단 1개의 생성물만 형성되는 이유는 무엇인가? (모형을 만들어보면 도움이 될 것이다.)

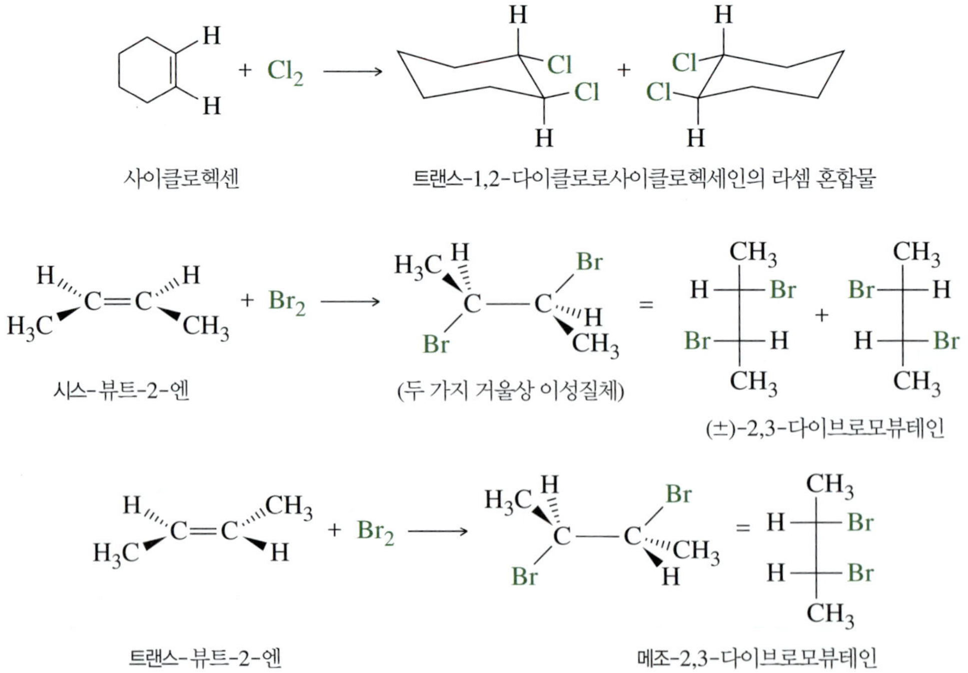

사이클로헥센 + $Cl_2$ → 트랜스-1,2-다이클로로사이클로헥세인의 라셈 혼합물

시스-뷰트-2-엔 + $Br_2$ → (두 가지 거울상 이성질체) = (±)-2,3-다이브로모뷰테인

트랜스-뷰트-2-엔 + $Br_2$ → 메조-2,3-다이브로모뷰테인

**그림 8-5** 알켄에 대한 할로젠의 안티 첨가 반응의 예. 입체 특이적 안티 첨가 때문에 생성물로서 어떤 입체 이성질체가 생성될지 예측이 가능하다.

**연습문제 8-18**

다음 반응의 메커니즘을 제시하고, 주생성물을 예측하라. 필요한 경우 입체 화학을 나타내라.

(a) 사이클로헵텐 + $CH_2Cl_2$ 속의 $Br_2$

(b) 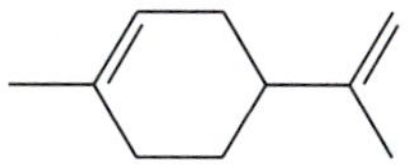 [구조식] + $CCl_4$ 속의 2 $Cl_2$

(c) (*E*)-데크-3-엔 + $CCl_4$ 속의 $Br_2$

(d) (*Z*)-데크-3-엔 + $CCl_4$ 속의 $Br_2$

**문제풀이 힌트**

입체 화학에 관련된 문제의 경우 모형을 사용하는 것이 효과적이다. 메커니즘을 작성할 때는 모든 결합과 전하를 포함한 완벽한 구조를 그리도록 한다.

## 8-9 할로하이드린의 생성

**할로하이드린**(halohydrin)은 이웃한 탄소 원자에 할로젠이 있는 알코올이다. 물이 존재하면 알켄에 할로젠이 첨가되어 할로하이드린을 생성한다. 친전자성인 할로젠은 알켄에 첨가되어 할로늄 이온을 만드는데, 이 할로늄 이온 또한 친전자성이다. 물은 친핵체로 작용하여 할로늄 이온을 열어서 할로하이드린을 생성한다.

**메커니즘 8-8 | 할로하이드린의 생성**

**1단계:** 친전자성 공격에 의해 할로늄 이온이 생성된다.

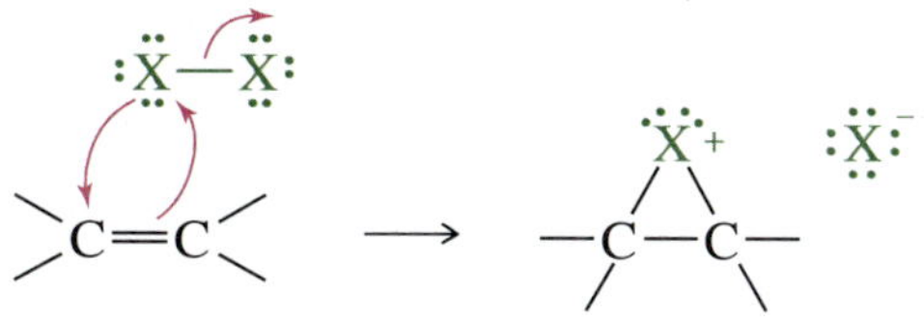

:X—X:  >C=C<  ⟶  할로늄 이온 + :X:⁻

(X = Cl, Br, I)　　할로늄 이온

**2단계:** 물에 의해 할로늄 이온이 열린 후, 탈양성자화가 일어나 할로하이드린이 생성된다.

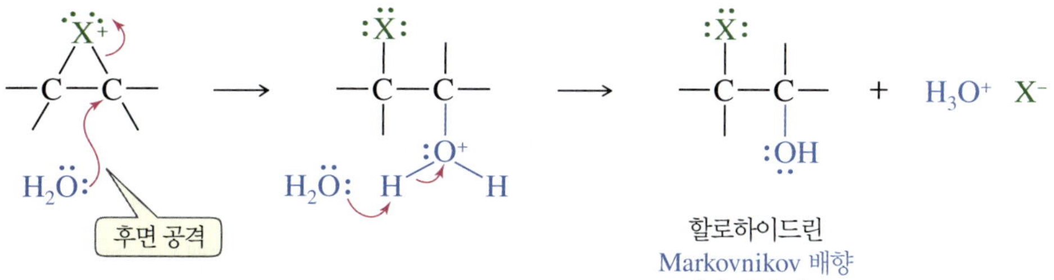

$H_2O$: 후면 공격 ⟶ ⟶ + $H_3O^+$ $X^-$

할로하이드린
Markovnikov 배향
안티 입체 화학

**예: 물이 존재할 때 프로펜의 $Cl_2$ 첨가**

**1단계:** 친전자성 공격에 의해 클로로늄 이온이 생성된다.

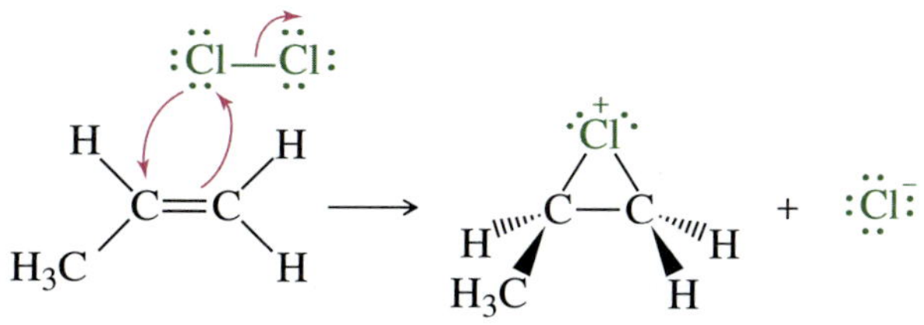

:Cl—Cl:　H, H, $H_3C$, H　⟶　H, $H_3C$, H, H　+ :Cl:⁻

프로펜　　클로로늄 이온

**2단계:** 물의 후면 공격으로 클로로늄 이온이 열린다.

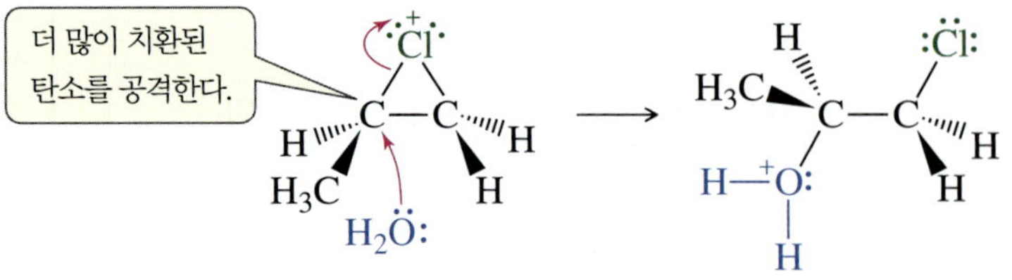

더 많이 치환된 탄소를 공격한다.

**3단계:** 물이 양성자를 제거하여 클로로하이드린을 생성한다.

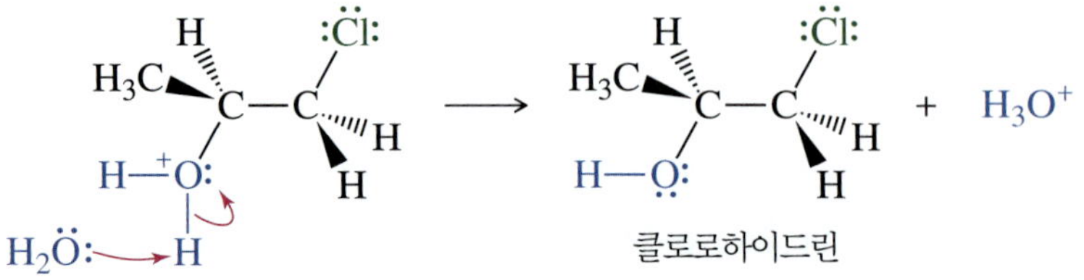

$+ \; H_3O^+$

클로로하이드린
(두 가지 거울상 이성질체)
Markovnikov 생성물

용매가 없거나 사염화 탄소($CCl_4$) 혹은 클로로폼($CHCl_3$)처럼 반응성이 없는 용매에서 할로젠화 반응이 일어날 경우 할로젠화 이온만이 할로늄 이온을 공격하는 친핵체로 기능한다. 그 결과 다이할로젠화물을 얻는다. 그러나 알켄이 물 같은 친핵성 용매와 반응할 때는 할로늄을 공격할 수 있는 친핵체로 용매 분자가 가장 가능성이 있다. 물 분자가 할로늄 이온을 공격할 때는 한 탄소에 할로젠이 있고, 이웃한 탄소에 하이드록시기가 있는 할로하이드린이 최종 생성물이 된다. 생성물은 할로젠에 따라 **클로로하이드린**(chlorohydrin), **브로모하이드린**(bromohydrin), **아이오도하이드린**(iodohydrin)이 될 수 있다.

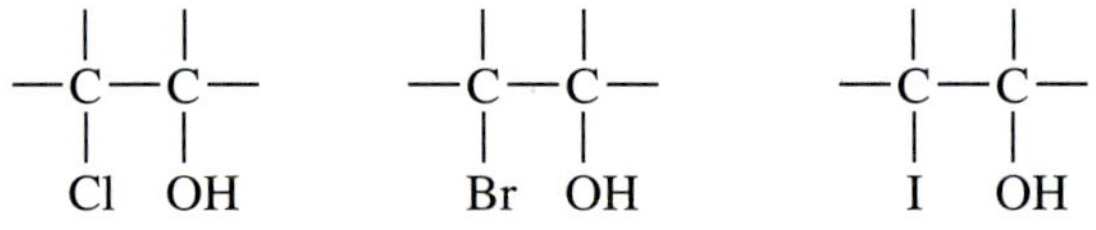

클로로하이드린　브로모하이드린　아이오도하이드린

**할로하이드린 생성의 입체 화학** 메커니즘에 할로하이드린이 포함될 경우에는 첨가 반응의 입체 화학은 할로젠화 반응에서와 같이 안티로 일어난다. 예를 들어 브로민 수용액을 사이클로펜텐에 첨가하면 이중 결합에 안티로 첨가가 일어난 생성물인 트랜스-2-브로모사이클로펜탄올을 만든다.

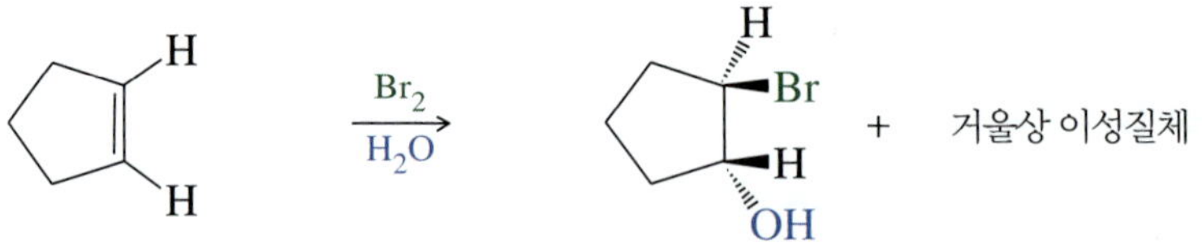

$\xrightarrow[H_2O]{Br_2}$ + 거울상 이성질체

거울상 이성질체

트랜스-2-브로모사이클로펜탄올
(사이클로펜텐 브로모하이드린)

**연습문제 8-19**

브로민 수용액을 사이클로펜텐에 첨가할 경우의 메커니즘을 제안하라. 이 메커니즘이 트랜스 생성물을 얻는 이유는 무엇인가? 두 가지 거울상 이성질체를 함께 얻을 수 있는 이유를 설명할 수 있어야 한다는 것에 유념하라.

**할로하이드린 생성의 배향** 탄소 양이온이 아니라 할로늄 이온이 관여하는 경우라고 해도 확장된 Markovnikov 규칙을 할로하이드린 생성에 적용할 수 있다. 프로펜을 염소 수용액에서 반응시키면 주생성물은 이중 결합에서 더 적게 치환된 탄소에 친전자체(염소 원자)가 결합한 것이 된다. 친핵체(하이드록시기)는 더 많이 치환된 탄소에 결합한다.

$$H_2C{=}CH{-}CH_3 \;+\; Cl_2 \;+\; H_2O \;\longrightarrow\; H_2C(Cl){-}CH(OH){-}CH_3 \;+\; HCl$$

할로하이드린 생성에서 Markovnikov 배향이 관찰되는 것은 할로늄 중간체의 구조로 설명할 수 있다. 할로젠에 결합된 두 탄소 원자는 부분적인 양전하를 가지고 있는데, 더 많이 치환된 탄소 원자가 (할로젠과 더 약한 결합을 하며) 더 많은 전하를 띤다(그림 8-6). 친핵체(물)는 더 많이 치환되고, 더 큰 친전자성을 가진 탄소 원자를 공격한다. 그 결과 안티 입체 화학과 Markovnikov 배향을 얻는다.

할로늄 이온 메커니즘은 친핵성과 비친핵성 용매에서 일어나는 다양한 반응을 설명하는 데 사용된다. 할로늄 이온 메커니즘은 알켄의 산소수은화 반응에서의 머큐로늄 메커니즘과 유사하며, 둘 다 Markovnikov 배향을 보인다(8-5절).

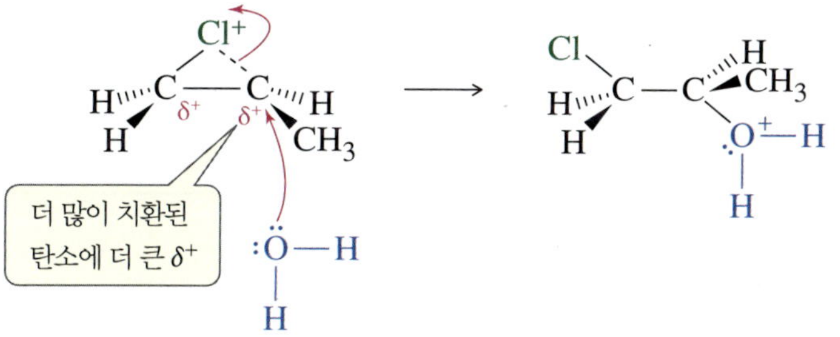

**그림 8-6** 할로하이드린 생성의 배향. 클로로늄 이온에서 더 많이 치환된 탄소는 더 적게 치환된 탄소보다 더 큰 양전하를 가진다. 물은 더 많이 치환된 탄소를 공격하여 Markovnikov 생성물을 만든다.

**예제 8-5**

1-메틸사이클로펜텐과 브로민 수용액의 반응 메커니즘을 제시하라.

**풀이**

1-메틸사이클로펜텐은 브로민과 반응하여 브로모늄 이온을 생성한다. 물은 브로모늄 이온의 2차 탄소 혹은 3차 탄소를 공격한다. 공격은 실제로 더 큰 양전하를 보유하게 되는, 더 많이 치환된 탄소에서 일어난다. 생성물은 라셈 혼합물이다.

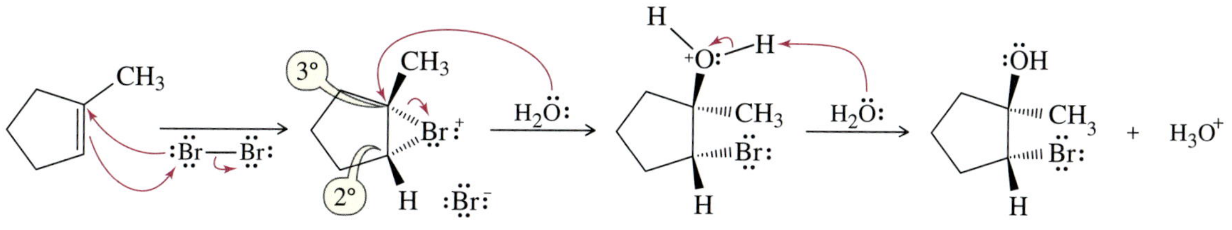

(두 가지 거울상 이성질체)

### 예제 8-6

사이클로헥센을 염화 소듐 포화 수용액에 녹인 브로민과 반응시키면 트랜스-2-브로모사이클로헥산올과 트랜스-1-브로모-2-클로로사이클로헥세인을 얻는다. 이들 두 화합물의 생성을 설명하는 메커니즘을 제시하라.

**풀이**

사이클로헥센은 브로민과 반응시켜 브로모늄 이온을 생성한다. 이 브로모늄이 이온은 존재하는 어떠한 친핵체와도 반응한다. 염화 소듐 포화 수용액에서 가장 많이 존재하는 친핵체는 물과 염화 이온이다. 물이 공격하면 브로모하이드린이 생성되고, 염화 이온이 공격하면 다이할로젠화물이 생성된다. 두 가지 모두 안티 입체 화학을 얻는다.

사이클로헥센 $\xrightarrow{Br_2}$ 브로모늄 이온 $\xrightarrow{:\ddot{Cl}:^-}$ 트랜스-1-브로모-2-클로로사이클로헥세인 + 거울상 이성질체

브로모늄 이온 $\xrightarrow{H_2\ddot{O}:}$ 트랜스-2-브로모사이클로헥산올 + 거울상 이성질체

### 연습문제 8-20

예제 8-5와 8-6의 풀이에서는 생성물에서 한 가지 거울상 이성질체의 생성물이 어떻게 만들어지는 과정을 나타내고 있다. 각 생성물에 대해 동등하게 일어날 수 있는 반응이 어떻게 다른 거울상 이성질체를 생성하는지 밝혀라.

**문제풀이 힌트**

할로늄 이온의 열림 반응은 이 이온의 친전자성 때문에 일어난다. 약한 친핵체는 더 큰 양전하를 가진 탄소를 공격한다.

### 연습문제 8-21

각 반응에 대해 주생성물을 예측하라. 필요한 경우는 입체 화학을 제시하라.

(a) 1-메틸사이클로헥센 + $Cl_2/H_2O$
(b) 2-메틸뷰트-2-엔 + $Br_2/H_2O$
(c) 시스-뷰트-2-엔 + $Cl_2/H_2O$
(d) 트랜스-뷰트-2-엔 + $Cl_2/H_2O$
(e) 1-메틸사이클로펜텐 + 포화 NaCl 수용액에 녹인 $Br_2$

### 연습문제 8-22

다음 합성 변환을 어떻게 수행할 수 있는지 나타내라.

(a) 3-메틸펜트-2-엔 → 2-클로로-3-메틸펜탄-3-올
(b) 클로로사이클로헥세인 → 트랜스-2-클로로사이클로헥산올
(c) 1-메틸사이클로펜탄올 → 2-클로로-1-메틸사이클로펜탄올

## 8-10 알켄의 촉매 수소화 반응

앞서 **촉매 수소화 반응**(catalytic hydrogenation)을 살펴봤지만(7-8A, 8-1절), 메커니즘과 입체화학을 더 자세히 알아볼 것이다. 알켄의 수소화 반응은 형식상으로는 환원 반응이며, 이중 결합에 $H_2$가 첨가되어 알케인을 생성한다. 과정은 보통 Pt, Pd, Ni를 함유하는 촉매가 필요하다.

$$\mathrm{>C{=}C<} \quad + \quad H_2 \xrightarrow[\text{(Pt, Pd, Ni)}]{\text{촉매}} \quad \mathrm{-\underset{H}{\underset{|}{C}}-\underset{H}{\underset{|}{C}}-}$$

알켔          알케인

예

$$CH_3-CH{=}CH-CH_3 \quad + \quad H_2 \xrightarrow{Pt} CH_3-CH_2-CH_2-CH_3$$

대부분의 알켄에서 수소화 반응은 대기압에서 수소 기체를 사용하여 상온에서 일어난다. 알켄은 보통 알코올, 알케인, 아세트산에 녹인다. 소량의 백금, 팔라듐, 니켈 촉매를 첨가한 후, 용기를 반응이 진행하는 동안 흔들어주거나 저어준다. 수소화 반응은 실제로 알켄의 액체 용액이 수소 및 촉매와 접촉하는 금속 표면에서 일어난다.

수소 기체가 이러한 금속 촉매의 표면 위에 흡착되면 촉매는 H—H 결합을 약화시킨다. 실제로 $H_2$와 $D_2$를 백금 촉매 존재하에 혼합하면 두 동위 원소는 신속하게 섞여서 HD, $H_2$, $D_2$가 임의로 섞인 혼합물이 생성된다. (촉매가 없으면 섞임이 일어나지 않는다.) 수소화 반응은 (고체) 촉매가 반응물의 용액과 다른 상에 있는 **불균일 촉매 반응**(heterogeneous catalysis)의 예이다. 대조적으로 **균일 촉매 반응**(homogeneous catalysis)은 알코올의 산 촉매 탈수 반응에서와 같이 촉매와 반응물이 같은 상에 있게 된다.

두 수소 원자는 고체 표면으로부터 첨가되므로 **신**(syn) 입체 화학으로 일어난다. 예를 들어 1,2-다이듀테리오사이클로헥센(1,2-dideuteriocyclohexene)을 수소 기체와 촉매에 반응시키면 생성물은 신 첨가의 결과로 얻는 시스 이성질체가 된다(그림 8-7).

$$\text{1,2-dideuteriocyclohexene} \xrightarrow[Pt]{H_2} \text{cis-1,2-dideuteriocyclohexane}$$

시스 이성질체

알켄의 파이 결합 한쪽 면에서 수소가 표면에 흡착된 촉매에 결합한다. 수소는 파이 결합에 삽입되고, 생성물은 촉매로부터 자유롭게 떨어져 나온다. 두 수소 원자가 촉매와 작물을 이룬 이중 결합

**응용: 트랜스지방**

자연 발생 식물성 기름의 이중 결합은 거의 독점적으로 시스에서 발견된다. 촉매 수소화는 일부 이중 결합을 환원시켜 녹는점을 높이고, 라드(lard)와 유사한 흰색 및 크림색 쇼트닝을 만든다. 촉매 수소화는 가역적인 과정이지만, 일부 분자는 수소화 후 탈수소화하여 무작위 위치에서 이중 결합을 남기며, 종종 트랜스 입체 화학과 함께 나타난다. 인간의 신진대사는 트랜스 이중 결합을 처리하지 못하며, 트랜스지방은 혈청 콜레스테롤 수치를 높이고 심장 질환 발생률이 증가하는 것과 관련이 있다. FDA는 최근 트랜스지방이 함유된 모든 부분 수소화 식물성 기름을 식품에서 제거할 것을 권고했다. 25-3A절을 참조하라.

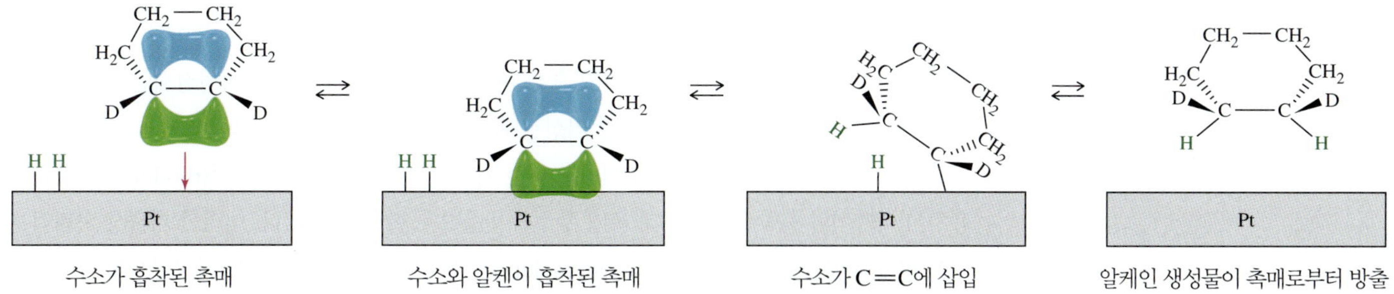


**그림 8-7** 촉매 수소화 반응에서의 신 입체 화학. 고체 불균일 촉매에 의해 두 수소 원자가 파이 결합의 동일한 면으로 첨가된다(신 입체 화학).

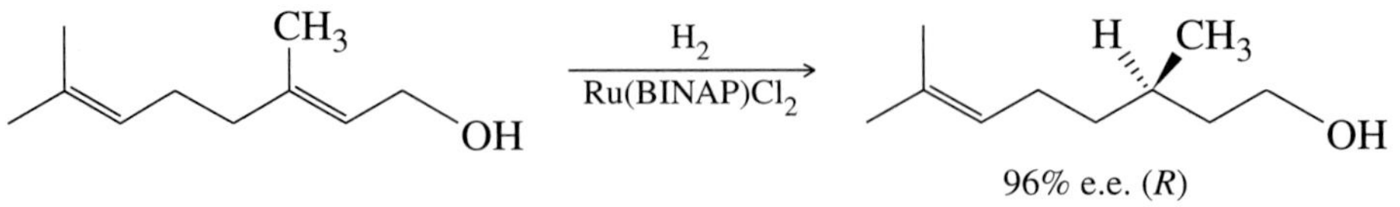

$$\text{(CH}_3\text{-substituted allylic alcohol, geraniol)} \xrightarrow[\text{Ru(BINAP)Cl}_2]{H_2} \text{(R)-citronellol, 96\% e.e. }(R)$$

**그림 8-8** 카이랄 수소화 반응 촉매. 로듐과 루테늄 포스핀은 수소화 반응의 효과적인 균일 촉매이다. 카이랄 리간드를 부착하면 거의 한 가지 거울상 이성질체만 생성되게 새로운 비대칭 탄소를 만들어내는 비대칭 유발 반응을 일으킬 수 있다.

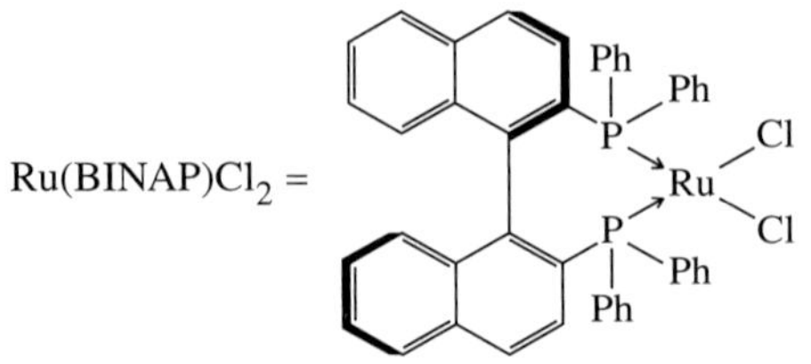

$Ru(BINAP)Cl_2$ =

의 한쪽 면에 첨가된다.

Wilkinson **촉매**(Wilkinson's catalyst) 같은 가용성 균일 촉매도 탄소-탄소 이중 결합의 수소화 반응의 촉매로 작용한다.

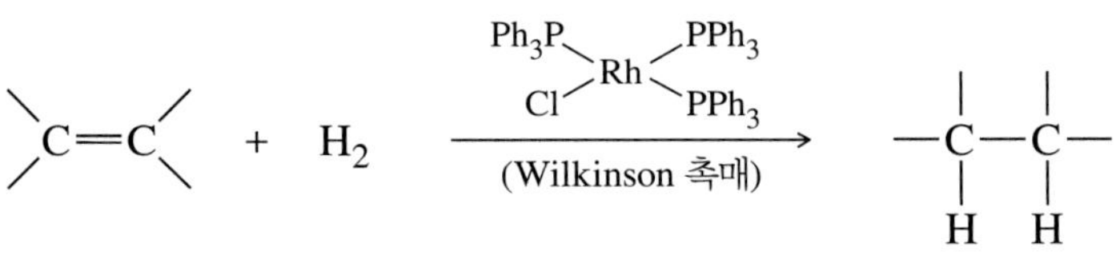

$$>C{=}C< \; + \; H_2 \xrightarrow[\text{(Wilkinson 촉매)}]{(Ph_3P)_3RhCl} -\underset{H}{\overset{|}{C}}-\underset{H}{\overset{|}{C}}-$$

Wikinson 촉매는 카이랄성은 아니지만, 촉매의 트라이페닐포스핀(triphenylphosphine, $PPh_3$) 리간드를 카이랄 리간드로 대체하면 카이랄 촉매를 만들 수 있다. 카이랄 촉매는 광학 활성이 없는 출발 물질을 광학 활성이 있는 생성물로 변환할 수 있는데, 이러한 과정을 **비대칭 유발 반응**(asymmetric induction) 또는 **거울상 선택적 합성**(enantioselective synthesis)이라고 한다. 예를 들어 그림 8-8은 카이랄 루테늄(ruthenium) 착물이 탄소-탄소 이중 결합의 거울상 선택적 수소화 반응의 촉매로 작용하여 한 가지 거울상 이성질체를 훨씬 과량으로 생성하는 것을 나타내고 있다. 촉매가 카이랄성이므로 두 거울상 이성질체인 생성물을 만드는 전이 상태는 부분 입체 이성질체의 관계에 있다. 두 전이 상태는 서로 다른 에너지를 갖는데, (*R*) 거울상 이성질체를 가진 전이 상태가 선호된다. Ryōji Noyori와 William Knowles는 카이랄성 촉매 수소화 반응에 대한 연구로 2001년에 노벨 화학상을 공동 수상했다.

거울상의 선택적 합성은 의약 산업에서 특히 중요한데, 단 한 가지 거울상 이성질체만이 원하는 효과를 보일 것이라고 생각되기 때문이다. 예를 들어 레보도파[levodopa, *l*-도파], 즉 (−)-도파는 뇌에서 신경전달물질의 하나로 작용하는 도파민의 결핍을 막아서 파킨슨병을 치료하는 데 사용된다. 도파민 자체는 '혈액-뇌관문(blood-brain barrier)'을 통과할 수 없으므로, 의약 관점에서는 쓸모가 없다. 즉 혈류로부터 뇌 척수액으로 들어갈 수 없다. 반면 (−)-도파는 타이로신(tyrosine)과 관련된 아미노산이다. (−)-도파는 혈액-뇌 관문을 통과해서 뇌 척수액으로 들어갈 수 있으며, 여기에서 효소로 인한 변환을 거쳐 도파민으로 변환된다. 단지 (−) 거울상 이성질체인 도파만이 도파민으로 변환될 수 있다. 다른 거울상 이성질체, 즉 (+)-도파는 환자에게 독성을 나타낸다.

올바른 거울상 이성질체는 DIOP이라고 하는 카이랄 리간드가 결합된 로듐(rhodium) 착물을 사용하여 비카이랄 출발 물질로부터 촉매 수소화 반응으로 합성될 수 있다. 이러한 거울상 선택적 합성은 라셈 혼합물을 만들고, 이를 분할(resolution)하여 원하지 않는 거울상 이성질체를 버리는 방법보다 더 효과적이다.

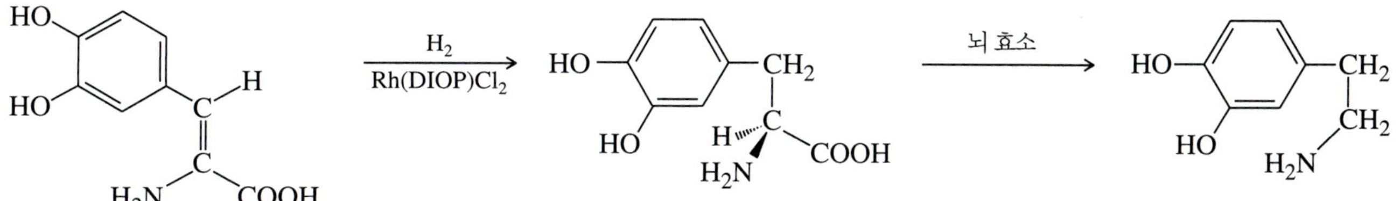

HO, HO, H, C, C, $H_2N$, COOH → $H_2$ / $Rh(DIOP)Cl_2$ → HO, HO, $CH_2$, H, C, COOH, $H_2N$ (S)-(−)-도파 → 뇌 효소 → HO, HO, $CH_2$, $CH_2$, $H_2N$ 도파민

$Rh(DIOP)Cl_2$ = $CH_3$, $CH_3$, C, O, O, H, H, P, P, Ph, Ph, Ph, Ph, Rh, Cl, Cl    Ph =

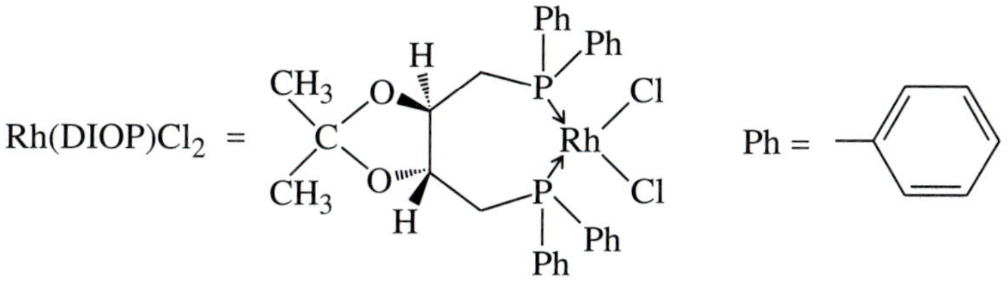

**연습문제 8-23**

각 반응에 대해 예상되는 주생성물을 (가능한 경우) 입체 화학을 포함하여 제시하라.

**(a)** 펜트-1-엔 + $H_2/Pt$

**(b)** 트랜스-뷰트-2-엔 + $H_2/Ni$

**(c)** 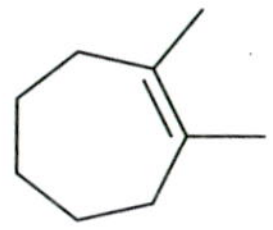 + $H_2/Pt$

**(d)** 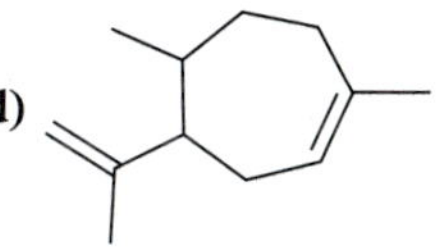 + 과량의 $H_2/Pt$

**연습문제 8-24**

레몬그라스 오일의 주성분은 리모넨(limonene, $C_{10}H_{16}$)이다. 리모넨을 과량의 수소와 백금 촉매로 처리하면 생성물은 화학식이 $C_{10}H_{20}$인 알케인이다. 리모넨의 구조에 대해 어떠한 결론을 내릴 수 있는가?

**연습문제 8-25**

카이랄 BINAP 리간드는 그림 8-8에서와 동일한데, 아무런 비대칭 탄소 원자를 가지고 있지 않다. 이 리간드가 카이랄인 이유를 설명하라.

## 8-11 알켄에 대한 카벤 첨가 반응

메틸렌(:$CH_2$)은 가장 간단한 **카벤**(carbene)이다. 전하를 띠지 않는 반응성 중간체로서 2개의 결합과 2개의 비결합 전자를 가지고 있다. 보레인($BH_3$)과 같이 메틸렌은 팔전자가 채워지지 않은 상태이므로, 강력한 친전자체이다. 알켄의 전자가 풍부한 파이 결합에 첨가되어 사이클로프로페인(cyclopropane)을 생성한다.

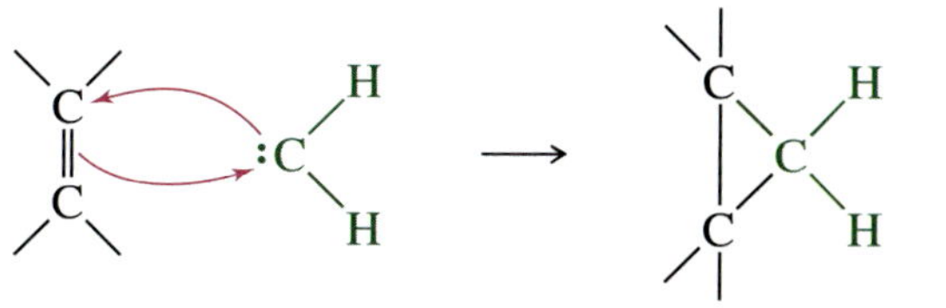

C=C + :C(H)(H) → 사이클로프로페인

알켄　　메틸렌　　사이클로프로페인

**응용: 항생제**

효소가 이중 결합을 환원하는 과정은 궁극적으로 결핵을 일으키는 박테리아의 세포벽으로 들어가는 지방산을 만드는 과정의 핵심 단계이다. 항결핵제인 아이소니아지드(isoniazid)는 이 효소를 방해하여 이중 결합을 환원하지 못하게 한다. 온전한 세포벽이 없으므로, 박테리아는 사멸된다.

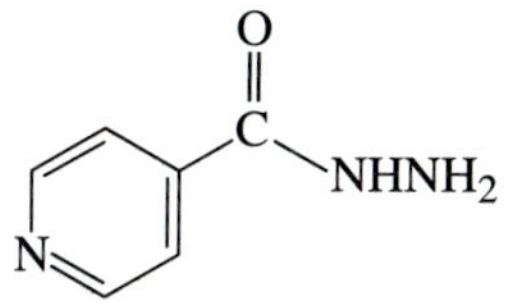

O, C, $NHNH_2$, N

아이소니아지드

**Ryōji Noyori**(1938~)
카이랄 촉매 분야의 선구자인 일본 화학자로, 비대칭 수소화에서 로듐과 루테늄의 복합체를 촉매로 사용한 것으로 가장 유명하며, 이러한 공로로 노벨 화학상(2001)을 수상했다.

다이아조메테인(diazomethane)을 가열하거나 광분해하면 질소 기체와 메틸렌이 생성된다.

$$\left[ {}^{-}\!:\ddot{N}=\overset{+}{N}=CH_2 \longleftrightarrow :N\equiv\overset{+}{N}-\overset{-}{\ddot{C}}H_2 \right] \xrightarrow{\text{열 또는 자외선}} N_2 + :CH_2$$

다이아조메테인 메틸렌

다이아조메테인으로부터 생성된 메틸렌은 알켄과 반응하여 사이클로프로페인을 만든다. 그러나 다이아조메테인은 독성이 크고 폭발성이 있다. 발생된 메틸렌은 반응성이 커서 많은 부생성물을 만들어낸다. Simmons-Smith 시약을 사용하면 더 안정하고 믿을 수 있는 방법으로 사이클로프로페인을 만들 수 있다.

### 8-11A Simmons-Smith 반응

**Simmons-Smith 시약**(Simmons-Smith reagent)은 이 시약을 발견한 듀퐁사(DuPont)의 두 화학자의 이름에서 유래했다. 아이오딘화 메틸렌(methylene iodide, $CH_2I_2$)을 '아연-구리 쌍'(zinc-copper couple, 아연 가루에 구리를 불순물로 섞어서 활성화한 것)에 첨가하면 만들 수 있다. 이 시약은 아이오도메틸 아이오딘화 아연(iodomethyl zinc iodide, $ICH_2ZnI$)과 유사하다. 이런 시약은 카벤류(carbenoid)라고 하는데, 카벤과 같은 반응성을 보이지만, 실제로 2가의 탄소 원자를 가지고 있지는 않기 때문이다.

$$CH_2I_2 + Zn(Cu) \longrightarrow ICH_2ZnI$$

Simmons-Smith 시약
(카벤류)

Simmons-Smith 시약은 메틸렌(:$CH_2$)과 마찬가지로 이중 결합에 첨가되지만, 사용하기 더 쉽고, 훨씬 더 안정적이며, 많은 부반응 없이 더 나은 수율을 제공한다.

$$>C=C< + ICH_2ZnI \longrightarrow \text{(cyclopropane, } CH_2\text{)} + ZnI_2$$

예

$$\text{cyclohexene} \xrightarrow[\text{Zn, CuCl}]{CH_2I_2} \text{bicyclo[4.1.0]heptane}$$

(59%)

**연습문제 8-26**

다음 반응의 카벤류 첨가 생성물을 예측하라.

**(a)** 트랜스-헥스-3-엔 + $CH_2I_2$, Zn(Cu) **(b)** 시스-헵트-2-엔 + $CH_2I_2$, Zn(Cu)

### 8-11B 알파 제거 반응에 의한 카벤 형성

카벤은 할로젠화 화합물이 염기와 반응해도 생성된다. 탄소 원자에 적어도 수소 하나가 결합되어 있고, 충분한 수의 할로젠 원자가 결합되어 있다면 이 수소 원자가 약산성이 되므로 카벤을 생성하는 것이 가능하다. 예를 들어 브로모폼(bromoform, $CHBr_3$)은 50% 수산화 포타슘 수용액과 반응해서 다이브로모카벤(dibromocarbene)을 생성한다.

$$CHBr_3 + K^+ \; ^-OH \rightleftharpoons \; ^-\!:CBr_3 \; K^+ + H_2O$$

브로모폼

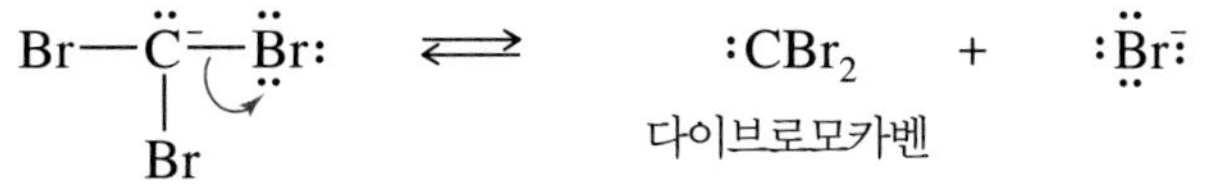

$$Br-\ddot{C}^-(Br)-\ddot{Br}: \rightleftharpoons \; :CBr_2 + :\ddot{Br}:^-$$

다이브로모카벤

이러한 할로젠화 수소 이탈 반응은 수소와 할로젠을 같은 탄소 원자에서 잃어버리기 때문에 **알파 제거 반응**(alpha elimination, $\alpha$ 제거 반응)이라고 한다. 더욱 흔한 (알켄을 생성하는) 할로젠화 수소 이탈 반응은 수소와 할로젠을 이웃한 탄소에서 잃어버리기 때문에 **베타 제거 반응**(beta elimination, $\beta$ 제거 반응)이라고 한다.

$CHBr_3$로부터 생성된 다이브로모카벤은 이중 결합에 첨가되어 다이브로모사이클로프로페인(dibromocyclopropane)을 생성한다.

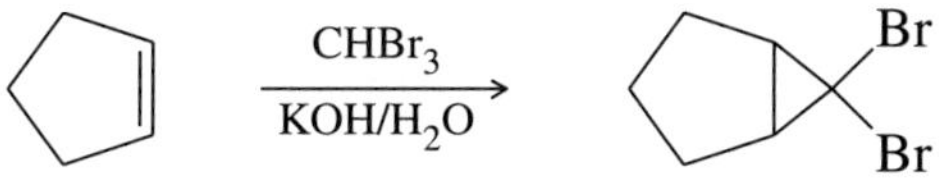

$$\text{사이클로펜텐} \xrightarrow[KOH/H_2O]{CHBr_3} \text{6,6-dibromobicyclo[3.1.0]hexane (Br, Br)}$$

이런 사이클로프로페인화 반응의 생성물에는 반응물의 시스 혹은 트랜스 입체 화학이 유지된다.

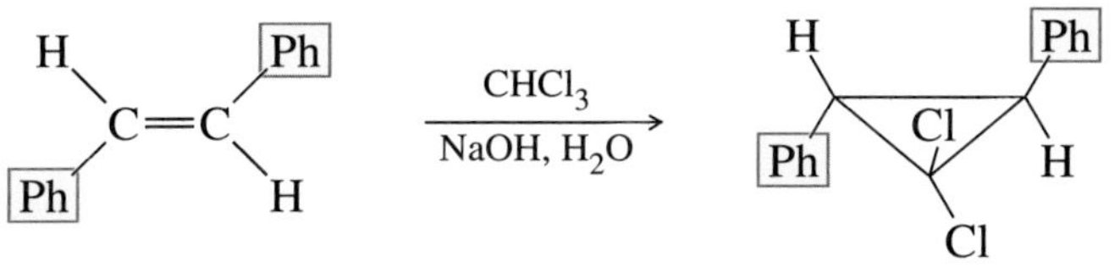

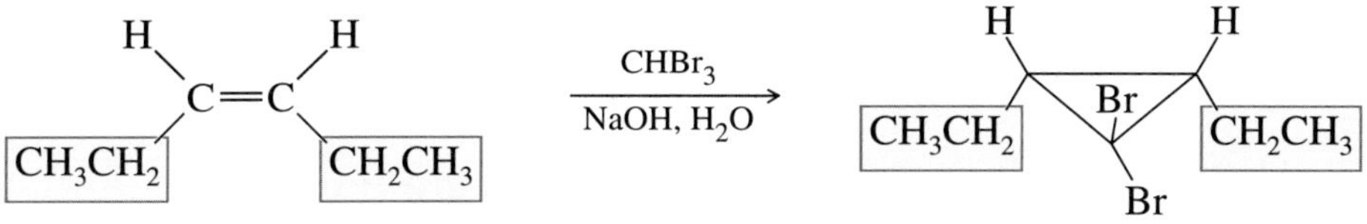

$$\text{H, Ph / C=C / Ph, H (trans)} \xrightarrow[NaOH,\ H_2O]{CHCl_3} \text{H, Ph, Ph, H, Cl, Cl 사이클로프로페인}$$

$$\text{H, H / C=C / } CH_3CH_2, CH_2CH_3 \text{ (cis)} \xrightarrow[NaOH,\ H_2O]{CHBr_3} \text{H, H, } CH_3CH_2, CH_2CH_3, \text{Br, Br 사이클로프로페인}$$

**연습문제 8-27**

다음 반응에서 카벤 첨가 반응 생성물을 예측하라.

(a) 사이클로헥센 + $CHCl_3$, 50% $NaOH/H_2O$

(b) 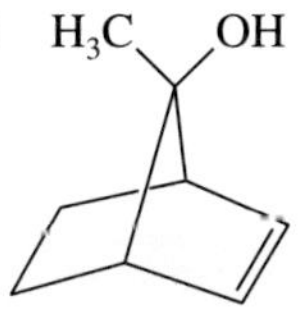 $H_3C$, OH (바이사이클로 알켄) + $CH_2I_2$, Zn(Cu)

(c) 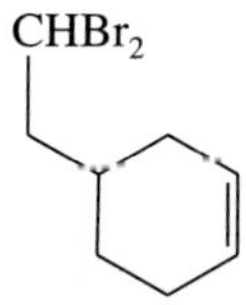 $CHBr_2$ (사이클로헥센 유도체) + 50% $NaOH/H_2O$

**연습문제 8-28**

다음 각 합성 변환을 어떻게 수행할 수 있는지 제시하라.

(a) 트랜스-뷰트-2-엔 ⟶ 트랜스-1,2-다이메틸사이클로프로페인

(b) 사이클로펜텐 ⟶ (H, Br 바이사이클로 화합물)

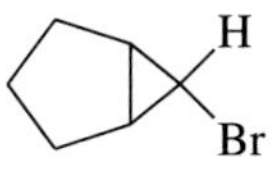

(c) 사이클로헥산올 ⟶ (Cl, Cl 바이사이클로 화합물)

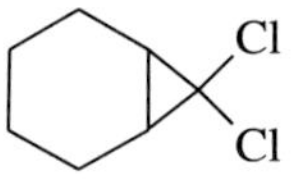

## 8-12 알켄의 에폭시화 반응

알켄의 가장 중요한 반응에는 산화 반응이 포함된다. 산화 반응을 말할 때는 보통 탄소-산소 결합 생성을 의미한다. (할로젠은 산화제이며, 할로젠 분자가 이중 결합에 나뉘어 첨가되는 것 역시 형식적으로는 산화 반응이다.) 산화 반응은 특히 중요한데, 왜냐하면 많은 흔한 작용기가 산소를 포함하며, 알켄의 산화는 산소를 유기 분자에 도입하는 가장 좋은 방법에 속하기 때문이다. 이중 결합의 에폭시화 반응, 다이하이드록시화 반응, 산화적 절단 반응의 방법을 살펴볼 것이다.

**에폭사이드**(epoxide)는 3원자 고리 에터이며, 또한 **옥시레인**(oxirane)이라고 하기도 한다. 에폭사이드는 알켄을 다양한 다른 작용기로 변환하는 데 사용되는 합성 중간체로 중요하다. 여분의 산소 원자를 —O—O—(과산화) 결합으로 가지고 있는 카복실산인 **과산화산**(peroxyacid)에 의해 알켄이 에폭사이드로 변환된다.

$$>C{=}C< \; + \; R{-}\overset{\overset{\large O}{\|}}{C}{-}O{-}\boxed{O}{-}H \longrightarrow >C\overset{\boxed{O}}{—}C< \; + \; R{-}\overset{\overset{\large O}{\|}}{C}{-}O{-}H$$

알켄 과산화산 에폭사이드(옥시레인) 산

산소 원자가 첨가되므로 알켄의 **에폭시화**(epoxidation)는 명확히 산화 반응이다. 과산화산은 매우 선택적인 산화제이다. 몇 가지 간단한 과산화산(때때로 *peracid*)과 해당하는 카복실산이 다음에 나와 있다.

$$R{-}\overset{\overset{\large O}{\|}}{C}{-}O{-}H \qquad CH_3{-}\overset{\overset{\large O}{\|}}{C}{-}O{-}H \qquad Ph{-}\overset{\overset{\large O}{\|}}{C}{-}O{-}H$$

카복실산 아세트산 벤조산, $PhCO_2H$

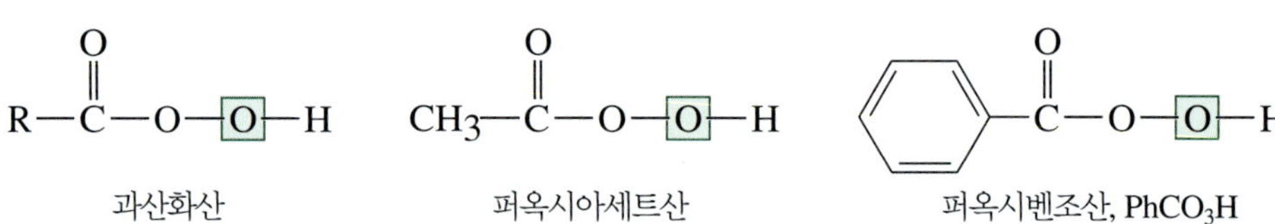


> **응용: 살충제**
>
> 에폭사이드는 곤충에 대한 방어 메커니즘으로 식물이 사용하는 천연물의 성분에서 흔히 찾아볼 수 있다. 전형적으로 에폭사이드는 중요한 세포 내 효소 혹은 DNA와 반응하여, 이들이 정상적인 기능을 수행하는 것을 막는다. 그 결과 곤충은 죽는다.

과산화산은 알켄의 에폭시화를 일으키는데, 몇 개의 결합이 절단되고, 몇 개는 동시에 생성되는 협동 과정인 친전자성 반응으로 일어난다. 알켄과 과산화산으로 출발해서 한 단계 반응으로, 아무런 중간체 없이 에폭사이드와 산을 직접 만든다.

### 메커니즘 8-9 | 알켄의 에폭시화 반응

과산화산은 한 단계 (협동) 과정으로 알켄의 에폭시화 반응이 일어난다.

알켄 과산화산 ⟶ [전이 상태] ⟶ 에폭사이드 + 산

**예: 퍼옥시아세트산에 의한 프로펜의 에폭시화**

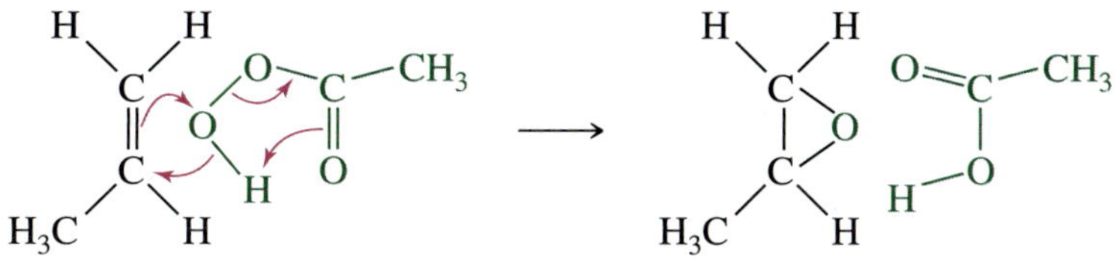

프로펜 (프로필렌) + 퍼옥시 아세트산 → 에폭시프로페인 (산화 프로필렌) + 아세트산

에폭시화 반응이 한 단계로 일어나는 까닭에 알켄 분자는 회전하고, 시스 혹은 트랜스 기하 형태를 변화시킬 기회가 없다. 알켄에서 어떤 입체 화학으로 존재해도 에폭사이드에서는 유지된다.

다음은 흔한 에폭시화 시약인 *m*-클로로퍼옥시벤조산(*m*-chloroperoxybenzoic acid, mCPBA)을 사용하여 알켄을 동일한 시스 및 트랜스 입체 화학을 가진 에폭사이드로 변환하는 예이다. mCPBA는 용해도에 관한 성질 면에서는 사용하기 나쁘지 않다. 과산화산이 용해되고, 사용된 산은 용액에서 침전된다.

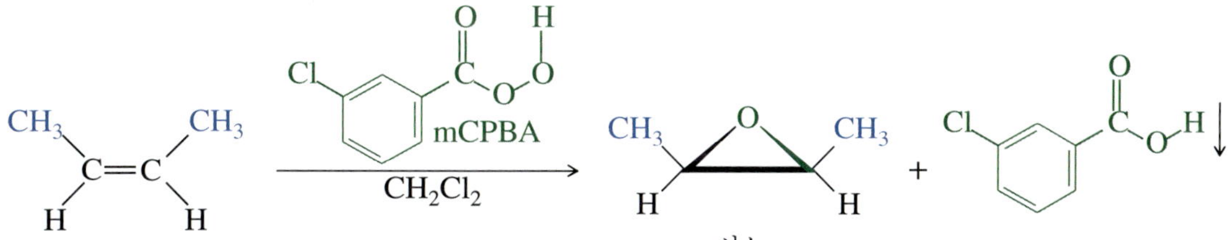

시스 $\xrightarrow[CH_2Cl_2]{mCPBA}$ 시스 + m-클로로벤조산↓

트랜스 $\xrightarrow[CH_2Cl_2]{mCPBA}$ 트랜스 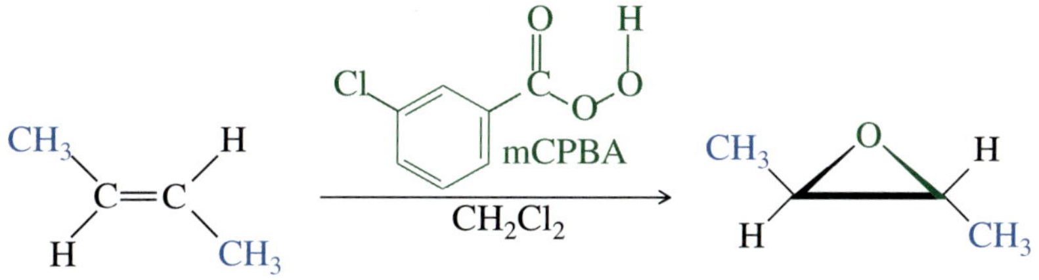 (+ 거울상 이성질체)

**연습문제 8-29**

다음 알켄의 *m*-클로로퍼옥시벤조산을 사용한 에폭시화 반응에서 필요한 경우 입체 화학을 표시한 생성물을 예측하라.

(a) 시스-헥스-2-엔 (b) 트랜스-헥스-2-엔

(c) 시스-사이클로데켄 (d) 트랜스-사이클로데켄

## 8-13 에폭사이드의 산 촉매 열림 반응

대부분의 에폭사이드는 용액이 너무 산성이 아니라면 안정한 생성물로 쉽게 분리할 수 있다. 그러나 어느 정도 강한 산에서는 양성자 첨가가 일어난다. 물은 양성자 첨가된 에폭사이드를 공격해서 고리를 열고, 흔히 **글라이콜**(glycol)이라고 하는 1,2-다이올을 생성한다.

## 메커니즘 8-10 | 에폭사이드의 산 촉매 고리 열림 반응

중요한 단계는 용매가 양성자 첨가된 에폭사이드를 후면 공격하는 것이다.

**1단계:** 에폭사이드에 양성자 첨가가 일어나 친핵성 공격에 대한 활성화가 일어난다.

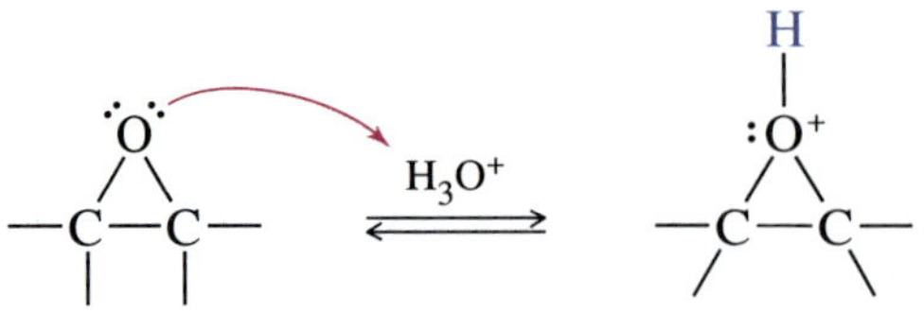

$H_3O^+$

에폭사이드 양성자 첨가 에폭사이드

**2단계:** 용매(물)의 후면 공격을 통해 고리 열림이 일어난다.

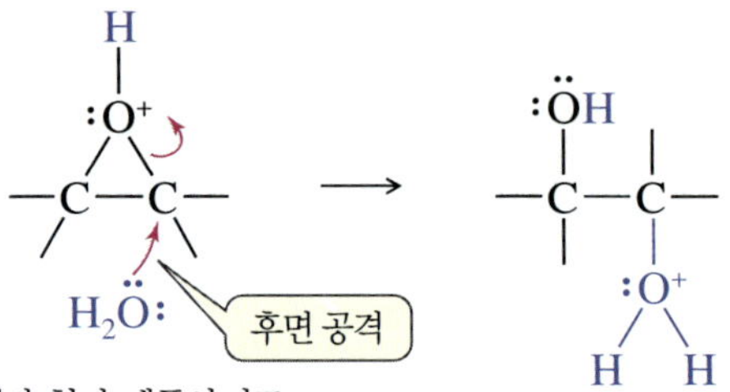

$H_2\ddot{O}$: 후면 공격

양성자 첨가 에폭사이드

**3단계:** 탈양성자 반응에 의해 다이올 생성물이 만들어진다.

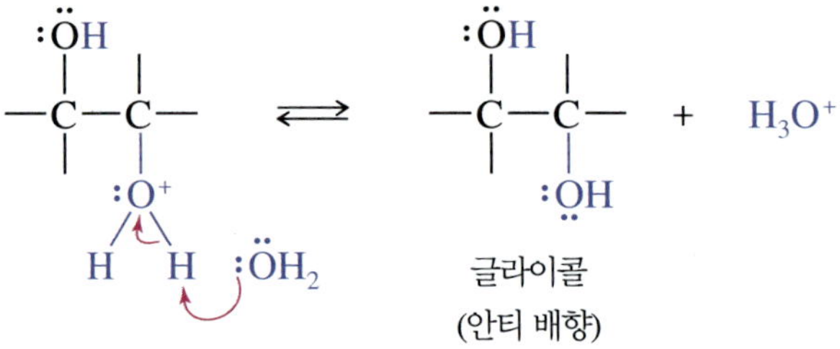

$+ \; H_3O^+$

글라이콜
(안티 배향)

**예: 산화 프로펜(에폭시프로페인)의 산 촉매 가수 분해**

**1단계:** 에폭사이드에 양성자를 첨가한다.

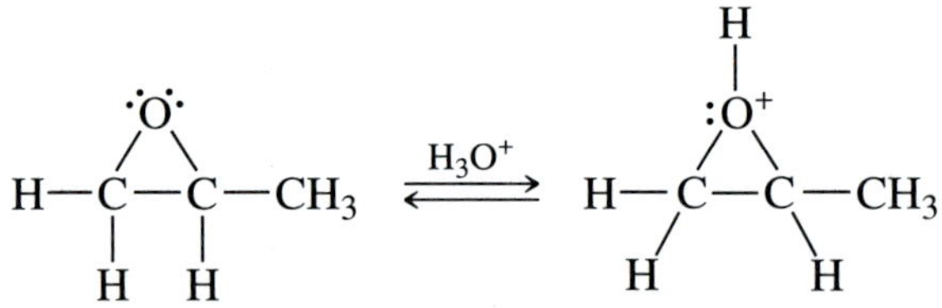

$H_3O^+$

에폭시프로페인
(산화 프로필렌)

양성자 첨가 에폭사이드

**2~3단계:** 물이 후면 공격하고, 생성물에 탈양성자를 첨가한다.

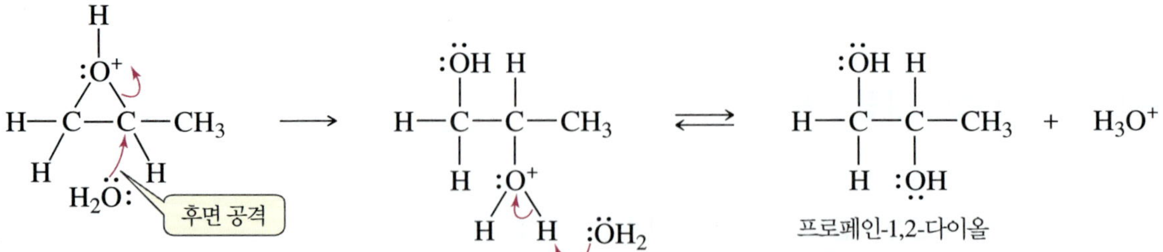

$H_2\ddot{O}$: 후면 공격

양성자 첨가 에폭사이드

$+ \; H_3O^+$

프로페인-1,2-다이올
(프로필렌 글라이콜)

글라이콜 생성은 양성자 첨가된 에폭사이드의 후면 공격으로 인해 이루어지므로, 결과는 이중 결합에서 하이드록시기는 안티 배향이 된다. 예를 들어 1,2-에폭시사이클로펜테인('산화 사이클로펜텐')을 묽은 무기산으로 처리하면 생성물은 트랜스-사이클로펜테인-1,2-다이올이 된다.

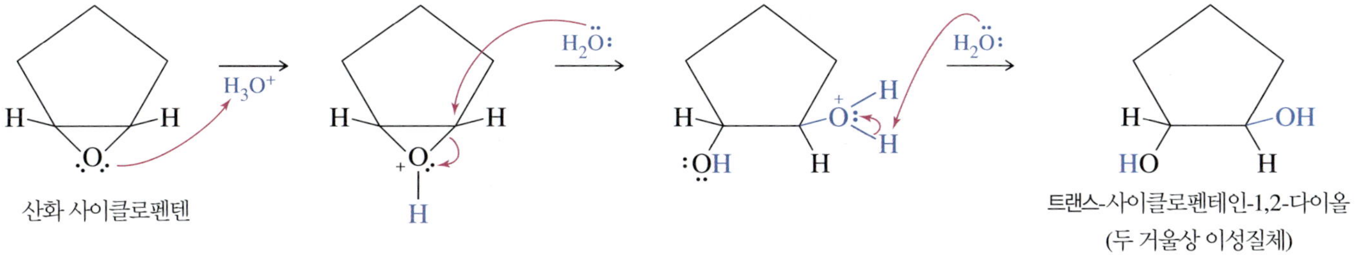

산화 사이클로펜텐 $\xrightarrow{H_3O^+}$ $\xrightarrow{H_2\ddot{O}:}$ $\xrightarrow{H_2\ddot{O}:}$ 트랜스-사이클로펜테인-1,2-다이올 (두 거울상 이성질체)

**연습문제 8-30**

(a) 시스-헥스-3-엔을 에폭사이드(3,4-에폭시헥세인)로 변환하고, 고리 열림 반응을 통해 글라이콜인 헥세인-3,4-다이올을 만드는 메커니즘을 제안하라. 메커니즘에서 중간체와 생성물의 입체 화학에 특히 주의하라.

(b) 트랜스-헥스-3-엔에 대해 (a)를 되풀이하라. 시스- 및 트랜스-헥스-3-엔으로부터 얻을 수 있는 생성물을 비교하라. 반응 과정은 입체 특이적인가?

에폭시화 시약은 에폭사이드 혹은 글라이콜을 선호하게 만들 수 있다. 퍼옥시아세트산은 강한 산성 수용액에서 사용된다. 산성 용액은 에폭사이드에 양성자를 첨가하고 글라이콜로 만든다. 퍼옥시벤조산(peroxybenzoic acid)은 약산으로, 사염화 탄소 같은 비친핵성 용매에서 사용할 수 있는 약산이다. $CCl_4$에서 *m*-클로로퍼옥시벤조산은 일반적으로 좋은 수율로 에폭사이드를 만든다. 그림 8-9는 이 시약을 사용하는 경우를 비교해놓았다.

**응용: 생화학**

신체에서는 의약이나 다른 물질의 알켄 성분을 산화하여 에폭사이드로 만들고, 에폭사이드를 에폭사이드 가수 분해 효소가 가수 분해하여 다이올을 생성한다. 반응성이 더 큰 에폭사이드는 신속하게 수용성인 다이올로 변환되고, 오줌으로 배출한다. 에폭사이드 가수 분해 효소는 때로 유기 합성에 사용되어 카이랄 다이올을 생성한다.

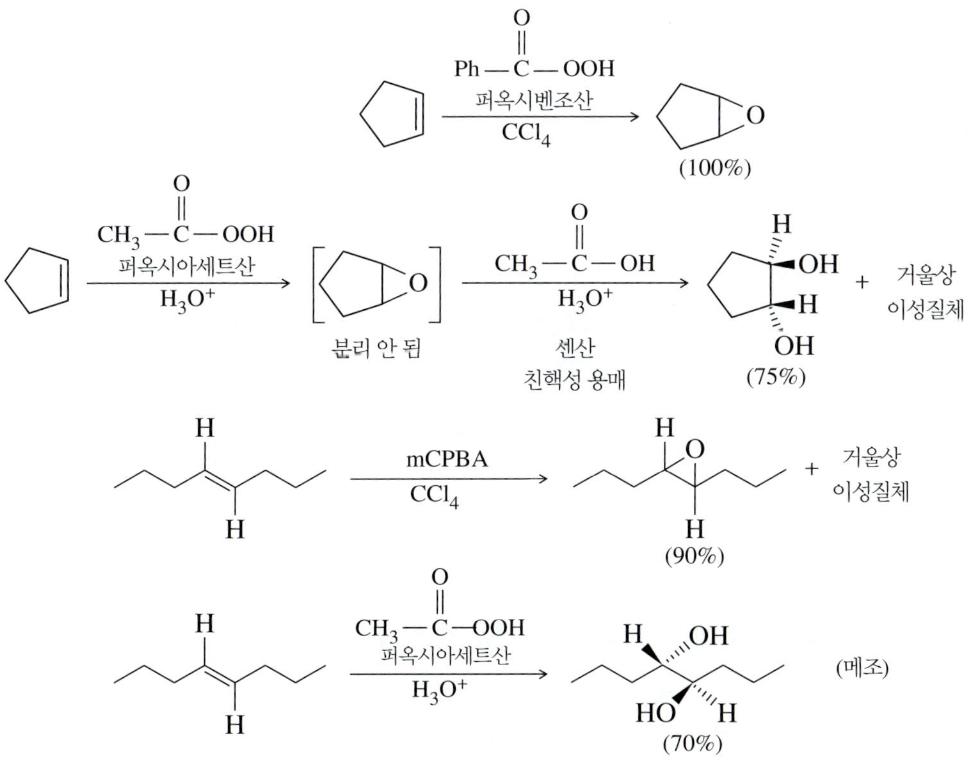

사이클로펜텐 $\xrightarrow[CCl_4]{Ph-C(=O)-OOH,\ 퍼옥시벤조산}$ 에폭사이드 (100%)

사이클로펜텐 $\xrightarrow[H_3O^+]{CH_3-C(=O)-OOH,\ 퍼옥시아세트산}$ [에폭사이드] (분리 안 됨) $\xrightarrow[H_3O^+]{CH_3-C(=O)-OH}$ (센산, 친핵성 용매) 트랜스-다이올 (75%) + 거울상 이성질체

트랜스-헥스-3-엔 $\xrightarrow[CCl_4]{mCPBA}$ 트랜스-에폭사이드 (90%) + 거울상 이성질체

트랜스-헥스-3-엔 $\xrightarrow[H_3O^+]{CH_3-C(=O)-OOH,\ 퍼옥시아세트산}$ 다이올 (70%) (메조)

**그림 8-9** 에폭시화 시약. 퍼옥시아세트산은 센산성 수용액에서 사용된다. 알켄을 에폭시화한 다음 고리 열림을 거쳐 글라이콜이 된다. 퍼옥시벤조산 같은 약산성인 과산화산은 비수용액에서 사용되어 좋은 수율로 에폭사이드를 만든다.

**연습문제 8-31**

MMPP(magnesium monoperoxyphthalate)는 mCPBA와 같이 알켄을 에폭시화하는 데 사용된다. 그러나 MMPP는 더 안정하고, 대량 규모의 공업적 반응에 사용하는 데 더 안전하다. 트랜스-2-메틸헵트-3-엔과 MMPP의 반응 메커니즘을 제안하고, 생성물의 구조를 예측하라.

O H O C O Mg$^{2+}$ O$^-$ C O 2

MMPP

**연습문제 8-32**

다음 반응의 주생성물을 예측하라.

**(a)** 시스-헥스-2-엔 + 클로로폼에 녹인 mCPBA

**(b)** 트랜스-헥스-3-엔 + 물에 녹인 퍼옥시아세트산($CH_3CO_3H$)

**(c)** 1-메틸사이클로헥센 + 에탄올에 녹인 MMPP

**(d)** 트랜스-사이클로데켄 + 산성인 물에 녹인 퍼옥시아세트산

**(e)** 시스-사이클로데켄 + $CH_2Cl_2$에 녹인 mCPBA, 그 후 묽은 산으로 처리

**연습문제 8-33**

1,2-에폭시사이클로헥세인(산화 사이클로헥센)을 메탄올에 녹인 무수 HCl로 처리하면 주생성물은 트랜스-2-메톡시사이클로헥산올이다. 이 생성물의 생성을 설명할 수 있는 메커니즘을 제시하라.

**응용: 촉매 반응**

이전의 다이하이드록시화 과정은 한때 완전한 당량의 $OsO_4$로 반응시키고, 결과로 생성된 오스뮴산 에스터를 환원하기 위해 $NaHSO_3$ 같은 환원제를 사용하는 것이다. 이러한 오래된 과정은 아주 독성이 강하고 값비싼 $OsO_4$를 촉매량만 사용하는 방법으로 대체되었다.

## 8-14 알켄의 신 다이하이드록시화

알켄을 글라이콜로 변환하는 것은 하이드록시기를 이중 결합 양쪽 끝에 첨가하는 것이다. 이러한 첨가 반응을 이중 결합의 **다이하이드록시화**(dihydroxylation) 혹은 **하이드록시화**(hydroxylation)라고 한다. 알켄을 에폭시화한 후 산 가수 분해하면 그 결과 이중 결합의 안티 다이하이드록시화가 일어난다. 알켄의 다이하이드록시화를 신(syn) 입체 화학으로 일으키는 시약도 또한 존재한다. 이런 목적으로 두 가지 가장 흔한 시약은 사산화 오스뮴(osmium tetroxide)과 과망가니즈산 포타슘이다.

$$>C=C< \; + \; OsO_4 \; + \; H_2O_2 \; \longrightarrow \; -\underset{OH}{\overset{|}{C}}-\underset{OH}{\overset{|}{C}}-$$

(또는 $KNnO_4$, $^{-}OH$) 신 첨가

### 8-14A 사산화 오스뮴에 의한 다이하이드록시화 반응

사산화 오스뮴($OsO_4$), 즉 오스뮴산(osmic acid)은 알켄과 협동 단계를 거쳐 반응하여 고리 상태의 오스뮴산 에스터를 만든다. 과산화 수소($H_2O_2$) 혹은 3차 산화 아민($R_3N^+—O^-$) 같은 산화제는

오스뮴산 에스터를 가수 분해하고, 오스뮴을 사산화 오스뮴으로 다시 산화하는 데 사용된다. 재생산된 사산화 오스뮴 촉매는 알켄의 다른 분자를 계속해서 하이드록시화한다.

알켄 + 오스뮴산 → 오스뮴산 에스터 $\xrightarrow[\text{or } R_3N^+-O^-]{H_2O_2}$ 글라이콜 + $OsO_4$

2개의 탄소-산소 결합이 오스뮴산 에스터로부터 동시에 생성되므로, 산소 원자는 이중 결합의 같은 면에 첨가된다. 즉 신 입체 화학으로 첨가된다. 다음 반응은 알켄의 신 다이하이드록시화 반응에 $OsO_4$와 $H_2O_2$가 사용된 것을 나타낸다.

협동 단계를 거치는 오스뮴산 에스터의 생성 → $\xrightarrow{H_2O_2}$ 시스-글라이콜 (65%) + $OsO_4$

$\xrightarrow{OsO_4,\ H_2O_2}$

시스-헥스-3-엔 $\xrightarrow{OsO_4,\ H_2O_2}$ 메조-헥세인-3,4-다이올

## 8-14B 과망가니즈산 이온에 의한 다이하이드록시화

사산화 오스뮴은 가격이 비싸고, 독성이 크며, 휘발성이다. 차갑고 묽은 과망가니즈산 포타슘($KMnO_4$)을 사용하면 대부분의 경우 약간 낮은 수율이긴 하지만 알켄을 또한 신 입체 화학으로 하이드록시화할 수 있다. 사산화 오스뮴과 같이 과망가니즈산 염도 알켄 이중 결합에 첨가되어 고리 에스터를 만든다. 이 경우 망가니즈산 에스터가 된다. 염기성 용액에서 망가니즈산 에스터가 가수 분해되고, 글라이콜과 이산화 망가니스(manganese dioxide, $MnO_2$)의 갈색 침전이 만들어진다.

협동 과정에 의한 망가니즈산 에스터의 생성 → $\xrightarrow[H_2O]{^-OH}$ 시스-글라이콜 (49%) + $MnO_2\downarrow$

과망가니즈산에 의한 알켄의 산화는 합성적 가치와 더불어 알켄의 존재 여부를 판별하는 간단한 화학적 테스트로 사용된다. 알켄을 투명한 짙은 자주색의 과망가니즈산 포타슘 수용액에 첨가하면 용액의 자주색이 사라지고, $MnO_2$의 탁한 불투명한 갈색이 나타난다. (과망가니즈산 염의 색을 없애는 다른 작용기도 있지만, 알켄과 같이 빨리 반응하는 것은 드물다.)

### 8-14C 시약의 선택

알켄을 신 입체 화학으로 다이하이드록시화하는 경우 사산화 오스뮴 혹은 과망가니즈산 포타슘에서 어떤 것이 더 좋은 시약인가? 사산화 오스뮴은 수율이 더 낫지만, 과망가니즈산 포타슘은 저렴하며 사용하는 데 더 안전하다. 그러므로 경우에 따라 답이 달라진다.

출발 물질이 15단계의 어려운 합성 과정을 거칠 것이며 단 2 mg밖에 없다면, 사산화 오스뮴을 사용한다. 출발 물질이 귀하고 값비싼 것이므로 나은 수율이 필수적이며, 소량의 오스뮴산이 필요하다. 다이하이드록시화 반응이 합성의 첫 번째 단계이고 출발 물질을 5 kg을 반응해야 한다면, 과망가니즈산 포타슘을 사용한다. 충분한 양의 사산화 오스뮴을 구입하는 비용이 막대하며, 이러한 휘발성이고 독성인 시약을 다량으로 사용하는 것은 피해야 한다. 이러한 큰 규모의 반응에서는 과망가니즈산 염을 사용하는 산화 반응의 수율이 더 낮더라도 받아들일 수밖에 없다.

**연습문제 8-34**

다음 반응의 주생성물을 입체 화학을 포함해서 예측하라.

**(a)** 사이클로헥센 + $KMnO_4/H_2O$(차갑고 묽은 용액)

**(b)** 사이클로헥센 + 물에 녹인 퍼옥시아세트산

**(c)** 시스-펜트-2-엔 + $OsO_4/H_2O_2$

**(d)** 시스-펜트-2-엔 + 물에 녹인 퍼옥시아세트산

**(e)** 트랜스-펜트-2-엔 + $OsO_4/H_2O_2$

**(f)** 트랜스-펜트-2-엔 + 물에 녹인 퍼옥시아세트산

**연습문제 8-35**

다음 변환을 어떻게 수행할 수 있는지 나타내라.

**(a)** 시스-헥스-3-엔으로부터 메조-헥세인-3,4-다이올

**(b)** 시스-헥스-3-엔으로부터 (*d*,*l*)-헥세인-3,4-다이올

**(c)** 트랜스-헥스-3-엔으로부터 메조-헥세인-3,4-다이올

**(d)** 트랜스-헥스-3-엔으로부터 (*d*,*l*)-헥세인-3,4-다이올

## 8-15 알켄의 산화

방금 알켄을 글라이콜로 산화시키는 두 가지 방법을 설명했다. 강한 조건에서는 글라이콜을 더 산화시켜 원래 이중 결합이었던 결합을 절단할 수 있다. 이러한 **산화 절단**(oxidative cleavage)에 사용되는 가장 일반적인 시약은 과망간산 포타슘과 오존이다.

### 8-15A 과망가니즈산 염에 의한 절단 반응

과망가니즈산 포타슘에 의한 다이하이드록시화 반응에서 용액이 따뜻하거나, 산성이거나 혹은

너무 농축되어 있는 경우 글라이콜의 산화 절단이 일어날 수 있다. 실제로는 이중 결합이 절단되어 2개의 카보닐기가 생성된다. 생성물은 일단 케톤과 알데하이드가 되는데, 알데하이드는 이러한 강한 산화 조건에서는 산화되어 카복실산이 된다. 분자가 말단 $=CH_2$기를 가지고 있다면 이 기는 더욱 산화되어 $CO_2$와 물을 생성한다.

$$R_2C{=}CHR' \xrightarrow[\text{(따뜻한, 농축된)}]{KMnO_4} \left[ R{-}\underset{OH}{\overset{R}{C}}{-}\underset{OH}{\overset{R'}{C}}{-}H \right] \longrightarrow R_2C{=}O + \left[ O{=}C(R')H \right] \longrightarrow O{=}C(R')OH$$

글라이콜 / 케톤 (안정) / 알데하이드 (산화될 수 있음) / 산

예

$$\text{butylidenecyclohexane} \xrightarrow[\text{(따뜻한, 농축된)}]{KMnO_4} \text{cyclohexanone} + CH_3CH_2CH_2COOH$$

$$\text{limonene} \xrightarrow[\text{(따뜻한, 농축된)}]{KMnO_4} CH_3CO{-}CH(COOH){-}CH_2CH_2{-}CO\text{-}CH_3\ \text{(COOH)} + CO_2$$

## 8-15B 가오존 분해

과망가니즈산 염처럼 오존은 이중 결합을 절단하여 케톤과 알데하이드를 생성한다. 그러나 가오존 분해는 온화한 조건에서 일어나며, 케톤과 알데하이드 모두 더 이상의 산화 반응이 안 일어나고 회수된다.

$$R_2C{=}CHR' + O_3 \xrightarrow{-78\ °C} \text{오존화 화합물} \xrightarrow{(CH_3)_2S} R_2C{=}O + O{=}C(R')H$$

오존화 화합물 / 케톤 / 알데하이드

오존($O_3$)은 산소 기체에 자외선이나 전기 방전을 통해 생성되는, 높은 에너지 형태의 산소이다. 태양으로부터의 자외선은 상층 대기의 산소를 오존으로 변환시킨다. 이러한 '오존층'은 지구로 들어올 높은 에너지의 자외선으로부터 지구를 방어한다.

$$\tfrac{3}{2}O_2 + 142\ \text{kJ}\ (34\ \text{kcal}) \longrightarrow O_3$$

오존은 산소보다 142 kJ/mol 정도 에너지가 더 높으며, 훨씬 더 반응적이다. 오존의 Lewis 구조를 살펴보면 중간 산소는 양이온을 띠며, 바깥쪽 산소는 반의 음이온을 가진다.

$$O_3 = \left[ :\ddot{O}^{-}{-}\dot{O}^{+}{=}\ddot{O}: \longleftrightarrow :\ddot{O}{=}\dot{O}^{+}{-}\ddot{O}^{-}: \right]$$

오존은 알켄과 반응해서(오존 1몰이 첨가되기 때문) 1차 **오존화 화합물**(primary ozonide) 혹은 **몰로조나이드**(molozonide)라고 하는 고리 화합물을 형성한다. 이 반응은 일반적으로 과산화 및 기타 부반응을 최소화하기 위해 드라이아이스(−78°C)로 냉각된다. 몰로조나이드는 2개의 퍼옥시(—O—O—) 연결을 갖기 때문에 꽤 불안정하다. 낮은 온도에 서도 신속하게 자리 옮김이 일어나서 오존화 화합물(ozonide)을 만든다.

**응용: 대기 오염**

오존은 폐에 강력한 자극제이며, 기침과 인후염 및 피로감을 유발한다. 또한 알레르기에 대해 민감하게 만든다. 메커니즘에서는 계면활성제로 사용되기도 하고, 기관지의 기도 및 폐를 감싸는 세포막을 구성하는 지방산의 이중 결합이 산화를 포함하기도 한다.

몰로조나이드
(1차 오존화 화합물)

오존화 화합물

오존화 화합물은 그다지 안정하지 않으며, 거의 분리되지 않는다. 대부분의 경우 아연 혹은(더 최근에는) 다이메틸 설파이드(dimethyl sulfide) 같은 온화한 환원제에 의해 즉시 환원된다. 환원 생성물은 케톤과 알데하이드이다.

$$\text{오존화 화합물} \xrightarrow[\text{다이메틸 설파이드}]{CH_3-S-CH_3} R_2C{=}O + O{=}CR'H + CH_3-S(=O)-CH_3$$

케톤, 알데하이드    다이메틸 설폭시화물 (DMSO)

$$R_2C{=}CR'H \xrightarrow[(2)\ (CH_3)_2S]{(1)\ O_3,\ (-78\ °C)} R_2C{=}O \quad O{=}CR'H + (CH_3)_2S{=}O$$

다음 반응은 몇 가지 대표적인 알켄을 가오존 분해할 때 얻을 수 있는 생성물을 나타낸다. 두 단계 반응에서 단계를 나타내는 화살표를 하나만 사용하기 위해 (1)과 (2)를 어떻게 사용하는지 유의해서 살펴보라.

$$\text{논-3-엔} \xrightarrow[(2)\ (CH_3)_2S]{(1)\ O_3,\ (-78\ °C)} CH_3CH_2CH + CH_3(CH_2)_4CH$$

(65%)

$$\xrightarrow[(2)\ (CH_3)_2S]{(1)\ O_3,\ (-78\ °C)}$$

H, CHO, H, CHO

$$\xrightarrow[(2)\ (CH_3)_2S]{(1)\ O_3,\ (-78\ °C)} \quad CHO,\ CHO + H_2C{=}O$$

가오존 분해의 가장 흔한 용도는 알켄에서 이중 결합의 위치를 결정하는 것이다. 예를 들어 메틸사이클로펜텐(methylcyclopentene)의 메틸기의 위치를 잘 모를 경우 가오존 분해-환원의 생성물을 확인하면 원래 알켄의 구조를 확인할 수 있다.

$$\text{1-메틸사이클로펜텐} \xrightarrow[(2)\ (CH_3)_2S]{(1)\ O_3,\ (-78\ °C)}$$

$$\text{3-메틸사이클로펜텐} \xrightarrow[(2)\ (CH_3)_2S]{(1)\ O_3,\ (-78\ °C)}$$

**예제 8-7**

미지의 알켄을 가오존 분해-환원하면 같은 몰 수의 사이클로헥세인카브알데하이드(cyclohexanecarbaldehyde)와 뷰탄-2-온 혼합물이 생성된다. 원래 알켄의 구조를 결정하라.

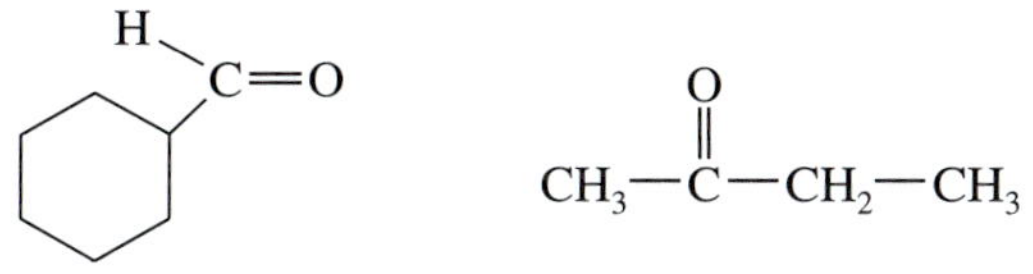

사이클로헥세인카브알데하이드 　 $CH_3-C(=O)-CH_2-CH_3$ 뷰탄-2-온

**풀이**

카보닐기(C=O)의 2개의 산소 원자를 제거하고, 남은 탄소 원자를 이중 결합으로 연결하면 알켄을 다시 만들어낼 수 있다. 그러나 한 가지는 아직 확실하지 않다. 원래 알켄은 두 가지 가능한 기하 이성질체 중 하나일 것이다.

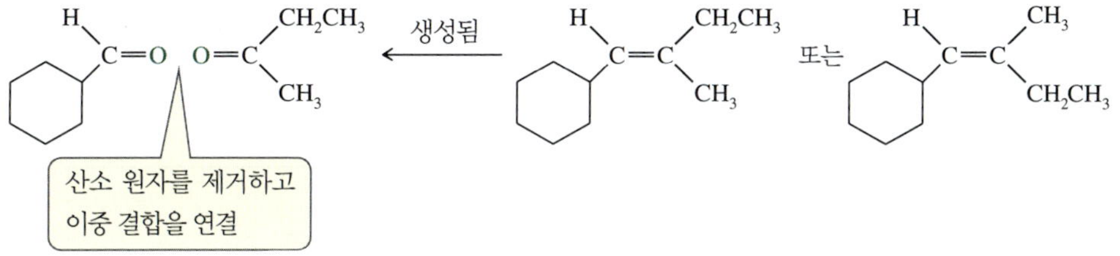

생성됨 　 또는

산소 원자를 제거하고 이중 결합을 연결

**문제풀이 힌트**

알켄의 가오존 분해 생성물을 예측하려면 원래 이중 결합이 있던 자리에 이중 결합을 지우고, 2개의 산소 원자를 카보닐기(C=O)로 더하면 된다.

**연습문제 8-36**

가오존 분해-환원을 통해 다음의 생성물을 만들어내는 알켄의 구조를 제시하라.

(a) $CH_3-C(=O)-CH_2-CH_2-CH_2-C(=O)-CH_2-CH_3$

(b) 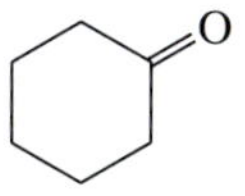 사이클로헥산온 그리고 $CH_3-CH_2-CH_2-C(=O)-H$

(c) $CH_3-CH_2-C(=O)-CH_2-CH_2-CH_2-CH_3$ 그리고 $CH_3-CH_2-C(=O)-H$

**응용: 살균제**

오존은 강한 산화제로, 수영장의 물을 소독하기 위해 염소 대신 사용한다. 오존은 유기 물질을 산화하여 박테리아와 조류를 죽인다. 오존은 염소 대신 쓰이는데, (차아염소산 소듐이나 염소 기체 같은 독성 화학 물질을 사용 및 보관하는 대신) 현장에서 생성할 수 있고 해로운 부생성물을 많이 생성하지 않기 때문이다.

## 8-15C 과망가니즈산 염에 의한 절단과 가오존 분해의 비교

과망가니즈산 염과 가오존 분해는 탄소-탄소 이중 결합을 절단하여 카보닐기(C=O)로 대체한다. 과망가니즈산 염에 의한 절단에서는 생성물인 알데하이드는 더 산화되어 카복실산이 된다. 가오존 분해-환원 과정에서는 알데하이드 생성물이 (오존이 없을 경우) 다이메틸 설파이드 환원 단계에서 생성되고 더 이상 산화되지 않는다.

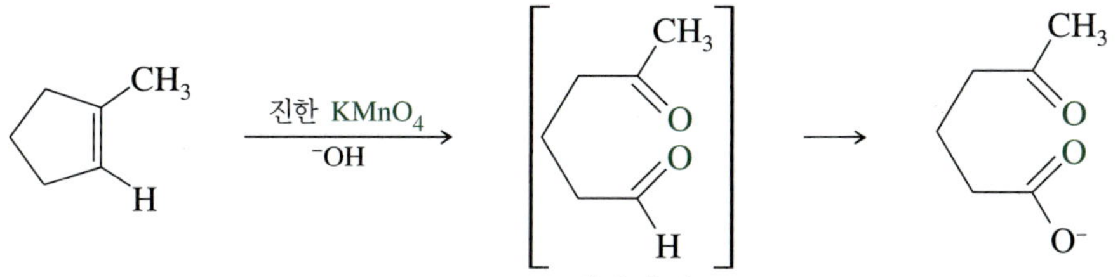

진한 $KMnO_4$, $^{-}OH$

(분리 안 됨)

$$\text{1-methylcyclopentene} \xrightarrow[\text{(2) }(CH_3)_2S]{\text{(1) }O_3,\ (-78\ °C)} CH_3C(=O)CH_2CH_2CH_2CHO$$

**문제풀이 힌트**

세 가지 시약, 즉 (a) 차갑고 희석된 $KMnO_4$, (b) $OsO_4$-$H_2O_2$, (c) $RCO_3H$ 에폭사이드는 알켄의 파이 결합을 산화시키지만, 시그마 결합은 그대로 유지한다.
두 가지 시약, 즉 (a) 따뜻하고 농축된 $KMnO_4$, (b) $O_3$ 및 $(CH_3)_2S$를 첨가한 것은 이중 결합을 완전히 깨뜨려 카보닐기를 생성한다.

**연습문제 8-37**

다음 반응의 주생성물을 예측하라.

(a) (*E*)-3-메틸옥트-3-엔 + 오존, 그리고 $(CH_3)_2S$

(b) (*Z*)-3-메틸옥트-3-엔 + 따뜻하고 진한 $KMnO_4$

(c) cyclohexylidenecyclopentane + $O_3$, 그리고 $(CH_3)_2S$

(d) 1-에틸사이클로헵텐 + 오존, 그리고 $(CH_3)_2S$

(e) 1-에틸사이클로헵텐 + 따뜻하고 진한 $KMnO_4$

(f) 1-에틸사이클로헵텐 + 차갑고 묽은 $KMnO_4$

## 8-16 알켄의 중합 반응

**중합체**(polymer)는 많은 작은 반복 **단위체**(monomer)가 서로 결합되어 만들어진 큰 분자이다. 알켄은 폴리에틸렌, 폴리프로필렌, 폴리스타이렌, 폴리(염화 바이닐) 등 가장 흔한 고분자의 단위체로 쓰인다. 알켄은 중합이 일어나 이중 결합을 통해 첨가 반응이 반복되어 일어나 **첨가 중합체**(addition polymer)를 생성한다.

$$3\ H_2C{=}CHR \xrightarrow{\text{중합}} \left[-CH_2-CHR-CH_2-CHR-CH_2-CHR-\right]_n$$

단위체 R = H, $CH_3$, Ph, Cl 등 중합체 첨가

첨가 중합체는 일반적으로 한 번에 한 분자가 자라나는 고분자 사슬에 신속하게 첨가되는 **사슬 성장 중합 반응**(chain-growth polymerization)으로 생성된다. 자라나는 사슬 끝에는 일반적으로 반응성 중간체(양이온, 음이온, 라디칼)가 존재한다. 사슬 성장 중합 메커니즘에서는 알켄 단위체 이중 결합의 자라나는 사슬의 반응성 말단에 첨가 반응이 일어난다. 다음 절에서 이것이 사슬의 성장 말단에서 양이온, 라디칼, 음이온으로 어떻게 발생하는지 알아보자.

### 8-16A 양이온 중합

쉽게 탄소 양이온을 생성하는 알켄은 알켄의 친전자성 첨가 반응의 단지 다른 예가 되는 **양이온 중합**(cationic polymerization)을 일으키는 좋은 대상이 된다. 순수한 아이소뷰틸렌(isobutylene)을 미량의 진한 황산으로 처리하면 어떤 일이 일어나는지 생각해보자. 알켄에 대한 양성자 첨가는 탄소 양이온을 생성한다. 아이소뷰틸렌의 농도가 높다면 알켄의 다른 분자가 친핵체로 작용하고, 탄소 양이온을 공격하여 이합체(dimer, 서로 연결된 2개의 단위체)를 생성하며, 또 다른 탄소 양이온

을 만든다. 조건이 맞는다면 자라나는 사슬의 양이온 말단은 더 많은 단위체 분자가 계속해서 첨가될 것이다. 아이소뷰틸렌의 중합체는 **폴리아이소뷰틸렌(polyisobutylene)**인데, 내관과 다른 합성 고무 생산품에 쓰이는 **뷰틸 고무(butyl rubber)** 성분 중 하나이다.

양성자 첨가 / 아이소뷰틸렌의 두 번째 분자의 공격

$$H_2SO_4 + H_2C{=}C(CH_3)_2 \longrightarrow CH_3{-}\overset{+}{C}(CH_3)_2 + H_2C{=}C(CH_3)_2 \longrightarrow CH_3{-}C(CH_3)_2{-}CH_2{-}\overset{+}{C}(CH_3)_2$$

아이소뷰틸렌 / 이합체

삼합체가 생성되는 세 번째 분자의 공격

$$CH_3{-}C(CH_3)_2{-}CH_2{-}\overset{+}{C}(CH_3)_2 + H_2C{=}C(CH_3)_2 \longrightarrow CH_3{-}C(CH_3)_2{-}CH_2{-}C(CH_3)_2{-}CH_2{-}\overset{+}{C}(CH_3)_2 \longrightarrow \longrightarrow \text{중합체}$$

이합체 / 세 번째 단위체 / 삼합체

양성자를 잃는 것이 가장 흔한 부반응이며, 사슬의 성장이 마무리된다.

$$CH_3{-}C(CH_3)_2{-}CH_2{-}C(CH_3)_2{-}CH_2{-}\overset{+}{C}(CH_3)_2 \xrightarrow[\;HSO_4^-\;]{-H^+} CH_3{-}C(CH_3)_2{-}CH_2{-}C(CH_3)_2{-}CH{=}C(CH_3)_2$$

트라이플루오린화 붕소(boron trifluoride, $BF_3$)는 양이온 중합의 탁월한 촉매이다. $BF_3$는 탄소 양이온 중간체를 공격해서 중합 반응을 종결시킬 수 있는, 아무런 좋은 친핵체를 남기지 않기 때문이다. 트라이플루오린화 붕소는 전자가 부족하며, 강한 Lewis 산이다. 보통 미량의 물을 포함하며, 이는 $BF_3$에 첨가되고, 그다음 단위체에 양성자 첨가를 일으켜서 조촉매로 작용한다. 양성자 첨가는 알켄 이중 결합에 덜 치환된 쪽 끝에서 일어나며, 더 안정한 탄소 양이온을 생성한다. 추가의 각 단위체 분자는 같은 배향으로 첨가되며, 항상 더 안정한 탄소 양이온을 만든다. 다음 반응은 $BF_3$를 촉매로 사용하는 스타이렌(styrene, 바이닐벤젠)의 중합을 보여준다.

$$BF_3 + H_2\ddot{O}: \longrightarrow F_3\overset{-}{B}{-}\overset{+}{O}H_2 + H_2C{=}CH(Ph) \longrightarrow F_3\overset{-}{B}{-}\ddot{O}H + H{-}CH_2{-}\overset{+}{C}H(Ph)$$

스타이렌

첫 번째 사슬 연장 단계

$$CH_3{-}\overset{+}{C}H(Ph) + H_2C{=}CH(Ph) \longrightarrow CH_3{-}CH(Ph){-}CH_2{-}\overset{+}{C}H(Ph)$$

여러 단계 중합 반응이 계속해서 일어난 후

$$\text{(P)}-CH_2-\underset{Ph}{CH}-CH_2-\overset{H}{C^+}-Ph \;+\; H_2C{=}C(H)Ph \longrightarrow \text{(P)}-CH_2-\underset{Ph}{CH}-CH_2-\underset{Ph}{CH}-CH_2-\overset{H}{C^+}-Ph$$

(P)— = 성장하는 중합체 사슬

$BF_3$ 촉매 중합에서 가장 가능성이 높은 종결 방법은 사슬의 말단에 존재하는 탄소 양이온에서 양성자를 잃어버리는 것이다. 이 부반응은 한 사슬을 종결하지만, 또한 다른 스타이렌 분자의 양성자 첨가를 일으켜 새로운 사슬이 시작된다.

중합체 사슬의 종결

$$\text{(P)}-CH_2-\underset{Ph}{CH}-CH_2-\overset{H}{C^+}-Ph \;+\; H_2C{=}C(H)Ph \longrightarrow \text{(P)}-CH_2-\underset{Ph}{CH}-CH{=}C(H)Ph \;+\; H_3C-\overset{H}{C^+}-Ph$$

폴리스타이렌 새로운 사슬의 시작

이 중합 반응의 생성물은 폴리스타이렌인데, 저렴한 렌즈, 투명 용기, 스티로폼(Styrofoam®) 단열에 흔히 사용되는 깨지기 쉬운 플라스틱이다. 폴리스타이렌은 또한 합성 단백질을 만드는 데 사용되는 수지 구슬(resin bead)의 주된 구성 성분이다(24-11절 참조).

**연습문제 8-38**

**(a)** 다음 반응의 메커니즘을 제안하라.

$$2(CH_3)_2C{=}CH-CH_3 + \text{촉매 } H^+ \longrightarrow \text{2,3,4,4-테트라메틸헥스-2-엔}$$

**(b)** 폴리프로필렌을 얻을 수 있는 프로필렌의 $BF_3$ 촉매 중합 반응에서 첫 세 단계(사합체를 얻을 때까지)를 제시하라.

**연습문제 8-39**

사이클로헥산올에 탈수가 일어나서 사이클로헥센이 될 경우 플라스크에 검 같은 초록 물질이 형성되었다. 이 잔류물이 무엇인지 제시하고, 생성 메커니즘을 나타내라(이합체의 생성까지).

## 8-16B 자유 라디칼 중합

많은 알켄은 라디칼 개시제와 함께 가열하면 **자유 라디칼 중합**(free-radical polymerization)이 일어난다. 예를 들어 스타이렌을 과산화물 개시제와 함께 100℃로 가열하면 중합 반응이 일어나 폴리스타이렌이 된다. 라디칼은 스타이렌에 첨가되어 공명 안정화된 라디칼을 만들고, 이것은 다음 다른 분자를 공격해서 사슬이 연장된 라디칼을 만든다.

개시 단계 $ROOR \xrightarrow{\text{열}} 2\,RO\cdot$

전파 단계

RO· + 스타이렌 ⟶ 안정된 라디칼 + 스타이렌 ⟶ 성장하는 사슬

각 전파 단계에서는 또 다른 분자의 스타이렌이 성장하는 사슬의 라디칼 말단에 첨가된다. 첨가 반응은 항상 또 하나의 공명 안정화된 벤질성(벤젠 고리의 이웃한) 라디칼을 생성하도록 배향이 일어난다.

전파 단계

성장하는 사슬 + 스타이렌 ⟶ 길어진 사슬 —더 많은 스타이렌 분자 첨가→ 폴리스타이렌

$n$ = 약 100~10,000

사슬 성장은 몇백 혹은 몇천의 스타이렌 단위체가 첨가되어 계속된다. 궁극적으로 사슬 반응은 두 사슬의 결합이지만 (산소와 같은) 불순물과의 반응에 의해, 혹은 단순히 단위체가 다 사용되어 멈춘다.

**연습문제 8-40**

성장하는 사슬이 스타이렌 이중 결합의 다른 말단에 첨가된다면 그 결과 얻을 수 있는 중간체를 제시하라. 이러한 최종 중합체에 임의로 배열되는 대신, 탄소 원자에 교대로 페닐기가 존재하는 이유를 설명하라.

에틸렌은 자유 라디칼 사슬 성장 중합 반응에 의해 중합이 일어난다. 에틸렌에서는 자유 라디칼 중간체는 덜 안정하며, 따라서 더 강한 반응 조건이 필요하다. 에틸렌은 3000기압 정도의 압력과 200°C 정도의 온도에서 흔히 자유 라디칼 개시제에 의해 중합된다. 생성물은 **저밀도 폴리에틸렌**(low-density polyethylene)이라고 하는데, 폴리에틸렌 봉지에 흔히 쓰이는 물질이다.

**연습문제 8-41**

다음에 세 단위체의 구조가 있다. 각 경우에 대해 단위체의 중합으로 얻을 수 있는 중합체의 구조를 그려 보라. 염화 바이닐(vinyl chloride)은 중합되어 '바이닐' 플라스틱과 PVC 파이프를 만든다. 테트라플루오로에틸렌(tetrafluoroethylene)은 중합하면 들러붙지 않는 코팅과 PTFE 밸브 및 개스킷에 쓰이는 테프론(Teflon®)을 만들며, 아크릴로나이트릴(acrylonitrile)은 중합하면 스웨터나 카펫에 사용되는 올론(Orlon®)을 만든다.

$H_2C=CHCl$ 염화 바이닐 | $F_2C=CF_2$ 테트라플루오로에틸렌 | $H_2C=CH-C\equiv N$ 아크릴로나이트릴

### 8-16C 음이온 중합

양이온 중합과 마찬가지로 **음이온 중합**(anionic polymerization)은 안정화하는 기의 존재 여부에 의존한다. 음이온을 안정화하려면 이중 결합은 카보닐기, 사이아노기, 나이트로기 같은 강력한 전자를 잡아당기는 기를 가지고 있어야만 한다. $\alpha$-사이아노아크릴산 메틸(methyl $\alpha$-cyanoacrylate)은 두 가지 강력한 전자를 잡아당기는 기를 가지고 있으며, 친핵성 첨가 반응이 매우 쉽게 일어난다. 이런 액체의 단위체가 두 표면 사이에서 얇은 필름으로 펴지면 미량의 염기성 불순물(예: 금속 산화물)이 촉매로 작용해서 중합 반응이 신속하게 일어난다. 고체화된 중합체는 두 표면에서 만난다. 처음으로 이 단위체를 만든 화학자는 얼마나 쉽게 중합이 발생하는지에 주목하고, 이를 순간 접착제로 사용할 수 있다는 사실을 깨달았다. $\alpha$-사이아노아크릴산 메틸은 '슈퍼글루(Super Glue)'로 판매되고 있다.

개시 단계

$$\mathrm{H{-}\ddot{O}{:}^-} + \mathrm{H_2C{=}C(COOCH_3)(CN)} \longrightarrow \mathrm{HO{-}CH_2{-}C{:}^-(COOCH_3)(CN)}$$

미량의 염기 — 슈퍼글루 — 매우 안정화된 음이온

사슬-연장 단계

$$\mathrm{{\sim}CH_2{-}C{:}^-(COOCH_3)(CN)} + \mathrm{H_2C{=}C(COOCH_3)(CN)} \longrightarrow \mathrm{{\sim}CH_2{-}C(COOCH_3)(CN){-}CH_2{-}C{:}^-(COOCH_3)(CN)} \longrightarrow \mathrm{{\sim}[CH_2{-}C(COOCH_3)(CN)]_n{\sim}}$$

성장하는 사슬 — 단위체 — 연장된 사슬 — 중합체

**연습문제 8-42**

$\alpha$-사이아노아크릴산 메틸의 염기 촉매 중합 반응으로 플렉시글라스(Plexiglas®) 중합체를 생성하는 메커니즘을 그려보라.

$$\mathrm{H_2C{=}C(COOCH_3)(CH_3)}$$

$\alpha$-사이아노아크릴산 메틸

## 8-17 올레핀 상호 교환 반응

이중 결합은 알켄에서 가장 강한 결합이지만, 또한 가장 반응성이 큰 결합이다. 알켄의 이중 결합에서 분자를 절단해서 우리가 원하는 대로 다시 맞춰낼 수 있다면 얼마나 유용할지 생각해보라. 이것이 올레핀 상호 교환 반응의 목적이다. 알켄을 2개의 **알킬리덴기**(alkylidene group, $=$CHR)가 이중 결합에 의해 서로 붙잡혀 있다고 생각할 수 있고, 이를 $E$와 $Z$로 명명할 때 분자를 잘라내는 것처럼 생각 속에서 자른다고 상상해보자(7-5B절). **올레핀 상호 교환 반응**(olefin metathesis)은 이러한 알킬리덴기를 바꾸거나 상호 교환하는 모든 반응을 말한다. *metathesis*는 그리스어인 *meta*(변화)와 *thesis*(위치)에서 유래한 것이다. 그림 8-10은 올레핀 상호 교환 반응이 일어날 때 알킬리덴기가 서로 맞교환되는 것을 나타낸다.

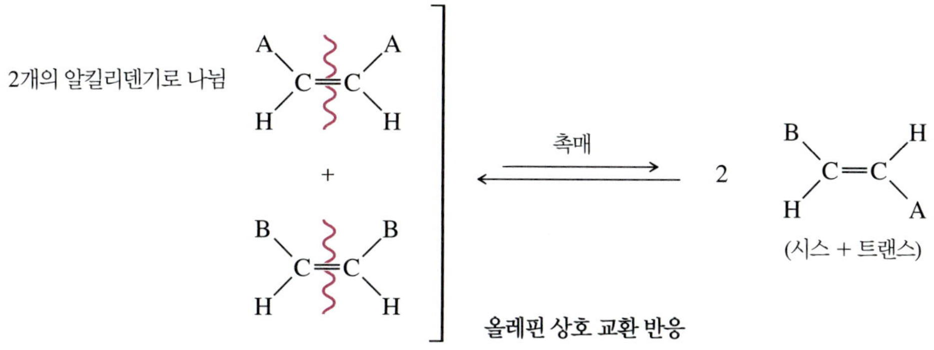

그림 8-10 올레핀 상호 교환 반응. 상호 교환 반응 동안 반응물 올레핀의 알킬리덴기는 짝을 맞교환하고 자리 옮김을 하여 새롭게 조합된 생성물인 알켄이 된다.

2005년도 노벨 화학상은 알켄의 상호 교환 반응이 일어나게 하는 효과적인 방법을 개발한 공로로 Yves Chauvin(프랑스 석유 연구소), Robert Grubbs(캘리포니아공과대학교), Richard Schrock(MIT)에게 수여되었다.

**Yves Chauvin**(1930~2015)
올레핀화 화학 분야의 선구자였던 프랑스 화학자로, 대부분의 노벨상 수상자와 달리 그는 학계 밖에서 경력을 쌓았고 프랑스 석유 연구소에서 근무했다.

## 8-17A 올레핀 상호 교환 반응의 촉매

올레핀 상호 교환 작용은 1950년도에 처음 관찰되었으며, 공업적으로 프로필렌을 뷰트-2엔과 에틸렌의 혼합물로 변환하기 위해 사용되었다. 이런 **필립스 트라이올레핀 공정**(Phillips Triolefin Process)은 정확한 구조가 알려지지는 않은 알루미늄/몰리브데넘(molybdenum) 촉매를 사용한다.

**Robert Grubbs**(1942~2021)
촉매 연구에 기여한 미국의 화학자로, 유기금속 및 합성화학 분야에서의 업적으로 라이너스폴링상(Linus Pauling Award, 2003)을 수상했다.

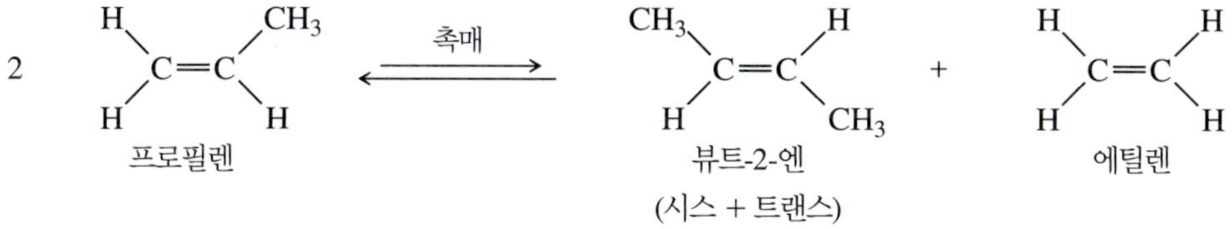

**Richard R. Schrock**(1945~)
유기 화학 분야에서 촉매를 개발한 미국의 화학자로, 듀폰사에서 과학자로 근무했으며, 현재는 모교인 캘리포니아대학교 리버사이드 캠퍼스에서 교수로 재직 중이다.

1990년 즈음에 Richard Schrock은 올레핀의 알킬리덴 부분에 존재하는 다양한 종류의 작용기를 허용하여 상호 교환 반응을 수행할 수 있는 다용도의 몰리브데넘 및 텅스텐 촉매를 개발했다. Schrock 촉매는 그림 8-11a와 같으며, 현재 상업적으로 구입할 수 있다. Schrock 촉매는 공기와 수분에 민감해서 공업적 공정에는 제한적으로 사용된다.

1992년에 Robert Grubbs는 Schrock 촉매보다 산소와 습기에 덜 민감하며 올레핀의 알킬리덴기에서 작용기를 더 허용하는 루테늄 포스핀(ruthenium phosphine) 촉매를 개발했다(그림 8-11b). Schrock과 Grubbs 촉매는 금속 원자가 알킬리덴(=CHR)기에 이중 결합으로 연결되어 있다. 이들을 기호를 사용하여 [M]=CHR로 적을 수 있다. 괄호 속의 [M]은 금속 원자가 반응성을 미세하게 조절하는 다른 리간드를 가지고 있는 것을 말한다.

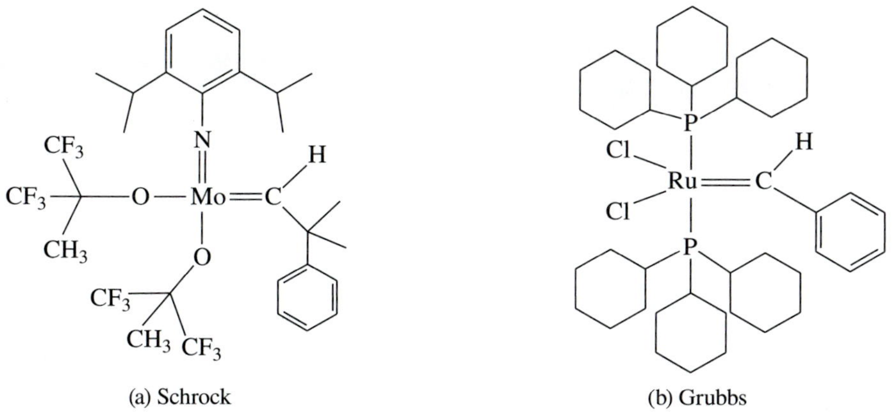

그림 8-11 (a) Schrock 몰리브데넘 상호 교환 반응의 촉매. (b) Grubbs 루테늄 상호 교환 반응 촉매

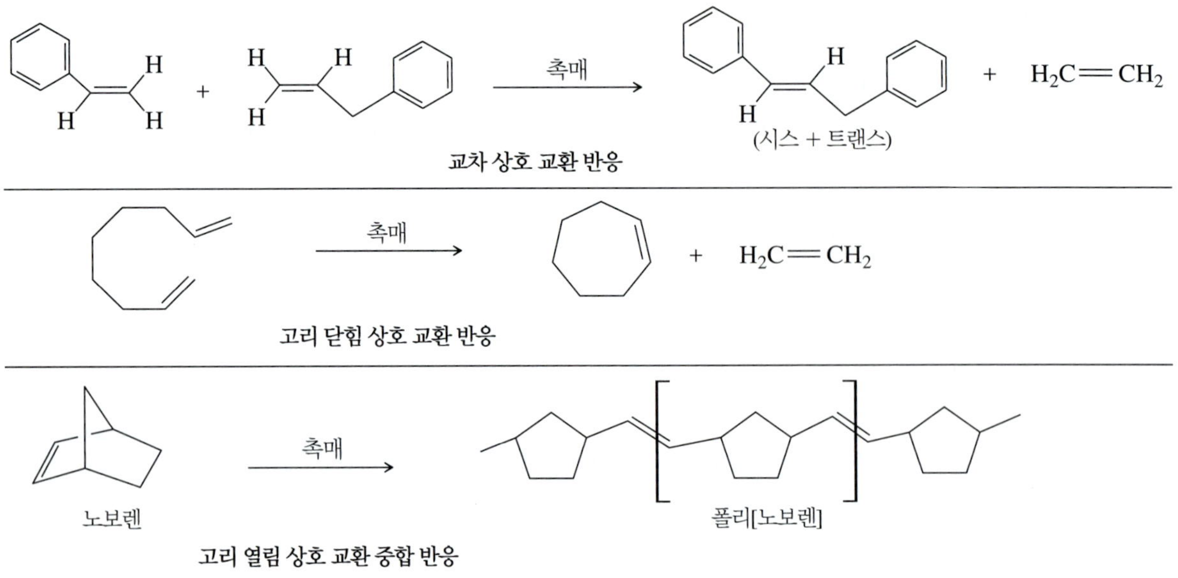

**그림 8-12** 상호 교환 반응의 유용한 예

그림 8-12는 Schrock 및 Grubbs 촉매의 작용으로 일어나는 유용한 반응의 예를 나타낸다. 이러한 상호 교환 반응의 한 가지 중요한 관점은 이 반응이 모두 가역적이며, 따라서 무엇인가 수행하여 반응을 원하는 생성물 쪽으로 밀어가지 않는 한, 반응물과 가능한 모든 생성물의 평형 혼합물을 생성한다는 것이다. 그림 8-12의 첫 번째 두 예는 가장 흔한 방법인 에틸렌 기체의 생성을 이용하고 있다. 에틸렌은 생성되면서 기체 방울로 제거되고, 반응을 효과적으로 완결되게 몰아갈 수 있다. 고리 열림 상호 교환 중합 반응은 발열 반응이며 자연적으로 생성물 쪽으로 이동하는데, 이고리인 노보넨(norbornene)에서 고리 무리로 고리가 열려 중합체를 만들 때 없어지기 때문이다.

## 8-17B 올레핀 상호 교환 반응의 메커니즘

촉매 상호 교환 반응을 설명하기 위해 몇 가지 반응 메커니즘이 제안되었으나, Yves Chauvin이 1971년에 보고한 메커니즘이 정설로 받아들여지고 있다. 알켄은 2개의 알킬리덴기가 서로 결합되어 있는 것으로 볼 수 있다. 유사하게 Schrock과 Grubbs 촉매는 금속 원자가 1개의 알킬리덴기에 금속이 결합된 것으로 볼 수 있다.

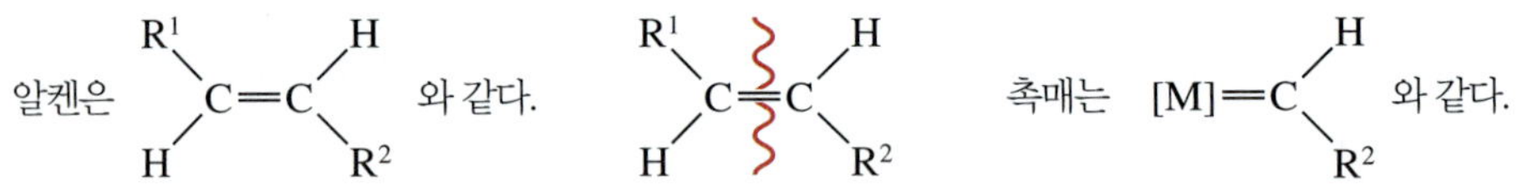

**메커니즘 8-11 ❙ 올레핀 상호 교환 반응**

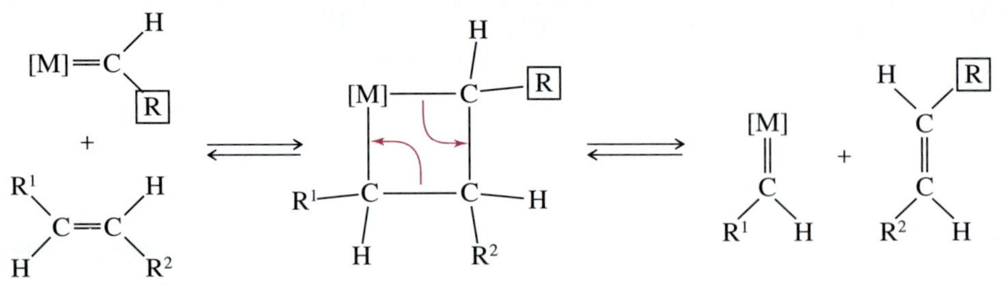

Chauvin은 메커니즘 8-11에 나타나 있듯이 금속-알킬리덴 촉매는 4각형의 고리와 알켄의 중간체를 만든다고 생각했다. 다음 고리가 끊어져서 출발 물질인 알켄과 촉매를 생성하거나 아니면 1개의 알킬리덴기를 촉매와 맞바꾼 새로운 알켄을 만든다.

이 메커니즘은 열역학적인 평형에 도달할 때까지 알킬리덴기가 촉매로 쓰이는 금속과 왔다 갔다 하면서 파트너를 변화하는 것이 허용된다. 앞서 살펴본 바와 같이 생성물의 수율이 좋으려면 (기체상의 부산물이나 고리 무리를 방출하는 것처럼) 원하는 생성물로 만들기 위해 평형을 밀어내기 위한 효과적인 추진력이 있어야 한다.

잡식성인 잎말이벌레(OLR)는 다양한 과일, 채소, 관엽식물을 먹는다. 포도원에서는 OLR 개체수를 조절하기 위해 또는 조절이 필요할 때를 결정하기 위해 페르몬 덫을 사용한다.

**연습문제 8-43**

금속 알킬리덴을 촉매로 사용하는 트라이올레핀 공정의 메커니즘을 제안하라.

$$2\ \text{H(H)C=C(H)CH}_3 \xrightleftharpoons{[\text{M}]=\text{CHCH}_3} \text{CH}_3\text{(H)C=C(H)CH}_3 + \text{H}_2\text{C=CH}_2$$

프로필렌 → 뷰트-2-엔 (시스 + 트랜스) + 에틸렌

**연습문제 8-44**

잡식성인 잎말이벌레(OLR)의 페르몬을 합성하기 위해 이중 결합에 분자를 짜맞추는 올레핀 상호 교환 반응을 사용할 때 어떤 시약이 필요한지 밝혀라.

$$\text{CH}_3\text{CH}_2\text{CH=CH(CH}_2)_{10}\text{O–C(=O)–CH}_3$$

ORL 페로몬(시스 + 트랜스)

## 문제풀이 전략 ❙ 유기 합성

할로젠화 알킬과 알켄은 다른 화합물로부터 쉽게 만들 수 있으며, 다른 작용기로 쉽게 변환될 수도 있다. 이러한 유연성 때문에 유기 합성에서 유용한 반응 시약과 중간체로 사용된다. 알켄은 특히 공업적 합성에서 중요한데, 값이 비싸지 않으며, 석유로부터 크래킹이나 탈수소 반응을 통해 대량으로 얻을 수 있기 때문이다.

**유기 합성**(organic synthesis)은 쉽게 얻을 수 있는 물질로부터 원하는 화합물을 만드는 것이다. 합성은 유기 화학의 중요한 분야로서 이 책의 거의 모든 장에서 유기 합성을 어느 정도는 다루고 있다. 합성은 간단한 한 단계 반응일 수도 있고, 많은 단계가 필요한 경우도 있으며, 모든 작용기를 적합한 위치에 넣기 위해 바른 탄소 골격을 조립하는 정교한 전략을 수립해야 할 수도 있다.

이 책에서 많은 문제는 합성 문제이다. 어떤 합성 문제에서는 주어진 출발 물질로부터 원하는 생성물로 어떻게 변환할 수 있는가를 묻는다. 이러한 문제는 쉽게 알 수 있는 한 단계 답도 있지만, 어떤 경우에는 여러 단계가 필요하며, 맞는 답이 여러 개 있을 수도 있다. 다단계의 합성 문제를 풀 때는 가끔 문제를 거꾸로 생각하는 것이 도움이 된다. 원하는 화합물, 즉 **목표 화합물**(target compound)로부터 시작해서 어떻게 변환하고 절단해서 주어진 출발 물질로 바꿀 수 있는지 생각한다. 이러한 거꾸로 접근하는 방법을 **역합성 분석**(retrosynthetic analysis)이라고 한다.

어떤 문제에서는 어떤 제한하에 화합물을 사용해야 할 때도 있다. 예를 들어 4개보다 많은 탄소 원자를 가진 알코올만 사용하는 것이 허용될 수도 있다. 역합성 분석에서는 목표 화합물을 4개의 탄소 원자 이하의 부분으로 절단하는 것이 필요하다. 그리고 이러한 부분은 작용기의 화학을 사용하여 적합한 알코올로부터 만들 수 있다.

다음 제안은 합성 문제를 푸는 데 도움이 될 것이다.

**1.** 출발 물질을 추정하지 말고, 목표 화합물로 변환하기 위한 모든 가능한 반응을 검토해본다. 오히려 목표 화합물로부터 시작해서 역합성 분석을 통해 단순화한다.

2. 화살표 위와 아래에 시약을 적은 간단한 반응식을 사용해서 반응을 나타낸다. 반응식은 계수를 맞출 필요는 없으나, 반응을 성공적으로 수행하기 위해 중요한 모든 시약과 조건을 포함해야 한다.

$$A \xrightarrow{Br_2,\ \text{빛}} B \xrightarrow[\text{열}]{NaOH,\ \text{알코올}} C \xrightarrow{H^+,\ H_2O} D$$

3. 반응이 일어나는 곳인 작용기에 집중한다. 수정할 의사가 없는 작용기와 반응하는 어떤 시약도 사용하지 않는다.

다단계 합성 문제를 풀 때는 거의 답을 즉시 '알아차릴' 수 없을 것이다. 이러한 문제는 역으로 생각하거나, 다른 경로를 생각하여 체계적으로 접근하는 것이 가장 좋다. 합성 문제를 푸는 데 안내가 될 수 있는 체계적 접근 방법의 예를 들기 위해, 알켄에서부터 복잡한 에터의 합성 문제를 풀어볼 것이다. 여기에서 서술하는 문제풀이에 기반한 방법은 추가될 작용기의 반응에 기초한 다단계 합성을 통해 앞으로 학습할 장에서 더욱 확장될 것이다.

체계적 역합성 분석은 생성물의 구조를 검토하는 것에서 시작한다. 최대 5개의 탄소 원자를 가지고 있는 알켄을 사용해서 다음 화합물을 합성하는 것을 생각해보자.

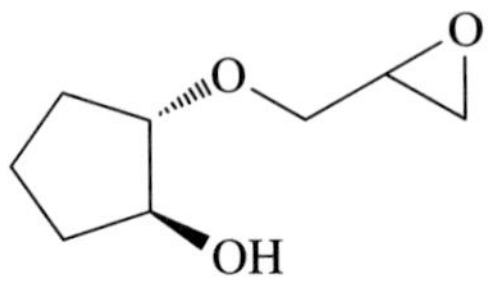

O O OH

1. **목표 화합물의 작용기와 탄소 골격을 검토한다.**

목표 화합물은 에터이다. 에터의 한쪽 알킬기는 5원자 사이클로펜테인 고리인데, 두 산소 원자가 트랜스로 위치하고 있다. 다른 작용기는 반응성이 있는 에폭사이드 고리를 포함하는 3개의 원자를 가지고 있다.

2. **(만일 명시되어 있으면) 출발 물질의 작용기와 탄소 골격을 검토한다. 출발 물질의 골격이 어떻게 목표 화합물에 맞아 들어갈 수 있는지 살핀다.**

합성은 최대 5개의 탄소 원자를 가진 알켄으로부터 시작하므로, 생성물의 모든 작용기는 알켄에서 유도되어야 한다. 5개의 탄소를 지닌 사이클로펜텐과 3개의 탄소를 지닌 프로펜으로부터 시작하는 것이 가장 그럴듯하다.

3. **목표 화합물의 작용기를 합성하는 방법을 비교하고, 적합한 생성물을 만들 것 같은 반응을 선택한다.**

이 단계는 여러 가지 가능한 반응을 적은 후 평가할 필요가 있다.

에터는 할로젠화 알킬과 알콕시화물의 친핵성 반응으로 합성될 수 있다(6-9절). 알콕시화 이온이 할로젠화 알킬을 다음과 같은 두 가지 방법으로 $S_N2$ 공격을 한다면 목표 화합물을 만들 수 있다.

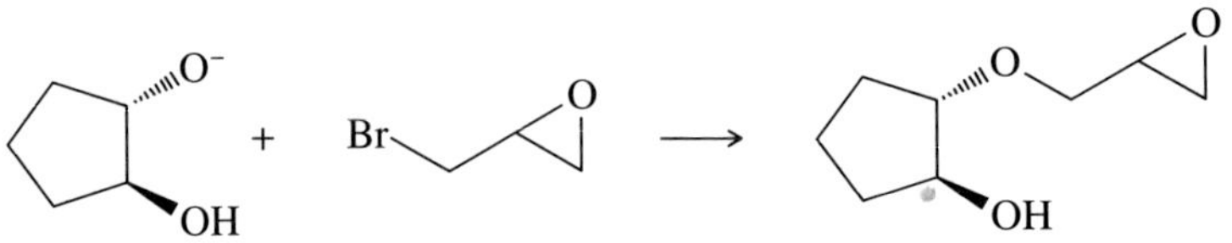

$O^-$ OH + Br O ⟶ O O OH

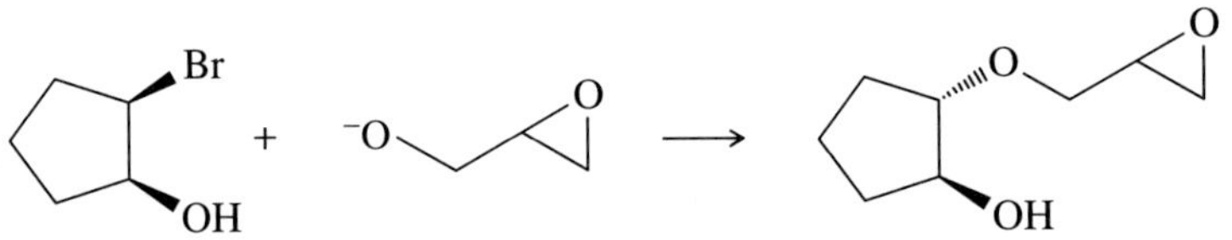

Br OH + $^-O$ O ⟶ O O OH

첫 번째 반응에서는 $S_N2$ 반응이 1차 할로젠화 알킬에서 일어나는 반면, 두 번째 반응에서는 2차 할로젠화 알킬에서 일어나기 때문에 첫 번째 반응이 더 낫다. 또한 두 번째 반응에서 알콕시화물은 왼쪽의 알코올에서 단순히 양성자를 제거해서 원하는 반응이 일어나지 않게 한다.

4. **일반적으로 반응성을 가진 작용기는 합성의 끝부분에 도입하는 것이 가장 좋다.**

목표 화합물은 반응성이 있는 에폭사이드 고리를 포함한다. 에폭사이드는 산 및 염기와 반응하고, 에폭사이드는 앞서 살펴본 중요한 에터 생성 반응을 견딜 수 없을 수도 있다. 아마도 에폭사이드는 에터를 만든 후에 첨가하는 것이 가장 좋을 것이다. 이런 것을 고려하면 합성에서 최종 두 단계를 다음과 같이 생각할 수 있다.

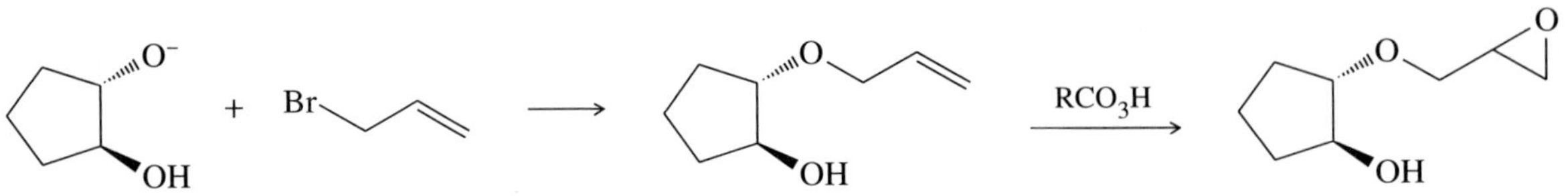

$O^-$ OH + Br ⟶ O OH $\xrightarrow{RCO_3H}$ O O OH

5. **필요한 만큼 가능한 한 많은 단계를 거꾸로 풀어보고, 마지막 단계에 필요한 반응물을 합성하는 방법을 비교해본다.**

이 과정은 명시된 출발 물질을 유념하고, 가능한 몇 가지 반응 과정을 적고 평가해야 할 수도 있다.

두 가지 반응물, 즉 알릴성 할로젠화물과 알콕시화 이온은 에터를 만드는 데 필요하다. 알콕시화 이온은 흔히 알코올과 소듐 금속과의 반응으로 생성된다.

$$R{-}O{-}H \; + \; Na \longrightarrow Na^{+} \; {}^{-}O{-}R \; + \; \tfrac{1}{2}H_2\uparrow$$

에터를 만드는 데 필요한 알콕시화물은 아래에 보인 바와 같이 소듐을 트랜스 다이올에 첨가하면 생성된다. 트랜스 다이올은 알켄의 에폭시화 반응과 가수 분해를 거쳐 생성된다(8-13절).

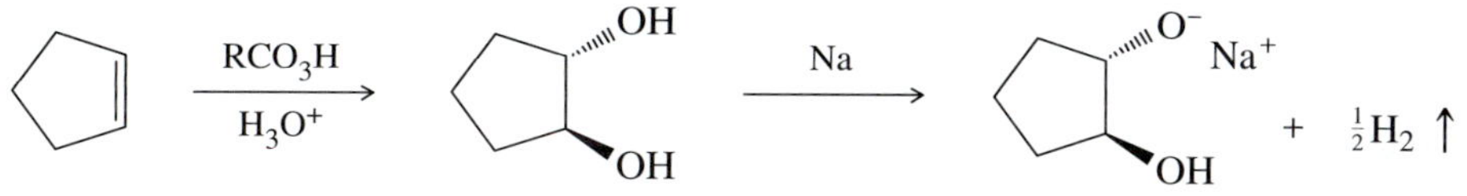

$$\text{cyclopentene} \xrightarrow[H_3O^+]{RCO_3H} \text{trans-cyclopentane-1,2-diol (OH, OH)} \xrightarrow{Na} \text{(O}^- \text{ Na}^+\text{, OH)} + \tfrac{1}{2}H_2\uparrow$$

다른 필요한 조각은 알릴성 브로민화물이다. 알릴성 브로민화물는 알켄의 알릴성 브로민화에 의해 생성된다.

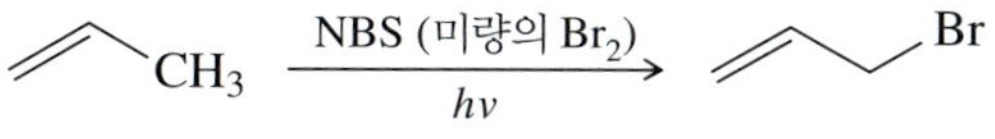

$$CH_2{=}CH{-}CH_3 \xrightarrow[h\nu]{\text{NBS (미량의 } Br_2)} CH_2{=}CH{-}CH_2Br$$

**6. 정방향에서 모든 단계와 시약을 포함해서 완전하게 합성을 요약하고, 잘못한 것과 빠진 것은 없는지 확인한다.**
합성에 포함된 화학과 다단계 합성을 개발하는 데 사용된 방법의 복습으로 요약을 해보는 것이 필요하다.

**문제: 문제풀이 전략에서 개요를 보인 합성을 요약하라. 요약은 합성 방향(정방향)이 되어야 하며, 각 단계와 모든 시약을 나타내야 한다.**

연습문제 8-45는 몇 가지 다단계 합성을 고안하는 것이 필요하다. 이러한 문제의 연습으로 방금 요약한 다섯 단계를 순서적으로 진행하는 것이 좋다.

**연습문제 8-45**

6개보다 적은 탄소 원자를 포함하는 알켄과 사이클로알켄으로부터 출발하여 각 화합물을 어떻게 합성할 것인지 나타내라. 필요하면 추가로 시약을 사용할 수 있다.

(a) C≡N (cyclopent-2-enyl nitrile)
(b) O, $CH_3$ (trans-2-methylcyclopentyl ether of (2,2-dimethylcyclopropyl)methanol)
(c) OH, O (cyclopentadienyl ether of 3-methylbutane-1,2-diol)

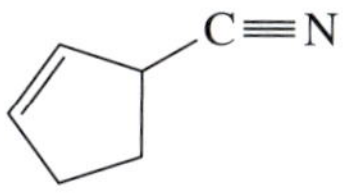

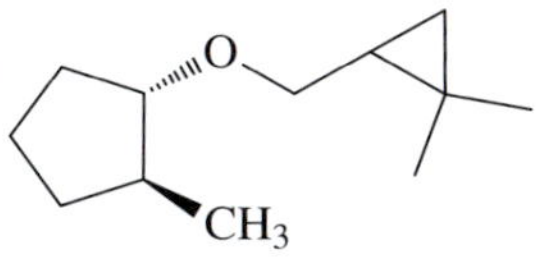

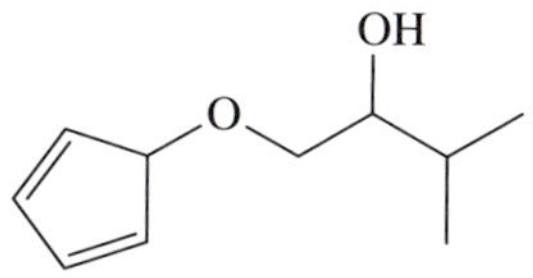

## SUMMARY | 알켄의 반응

**1. 친전자성 첨가 반응**

a. 할로젠화 수소의 첨가(8-3절)

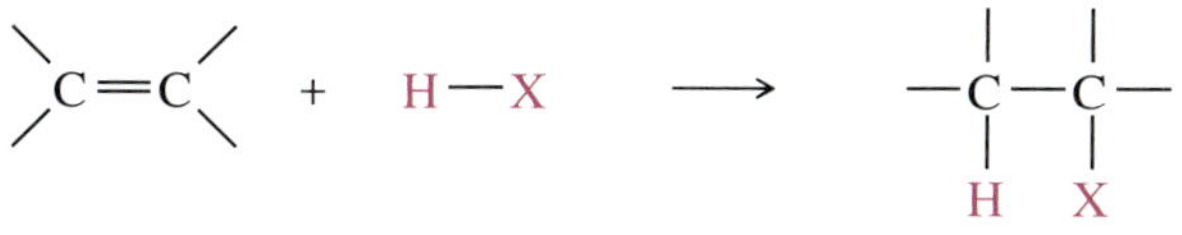

$$\text{>C=C<} + H{-}X \longrightarrow {-}\underset{H}{C}{-}\underset{X}{C}{-}$$

(HX = HCl, HBr, HI)

HCl, HBr, HI와 작용
Markovnikov 배향(HBr 및 과산화물을 사용한 안티-Markovnikov)
자리 옮김 가능

b. 산 촉매 수화(8-4절)

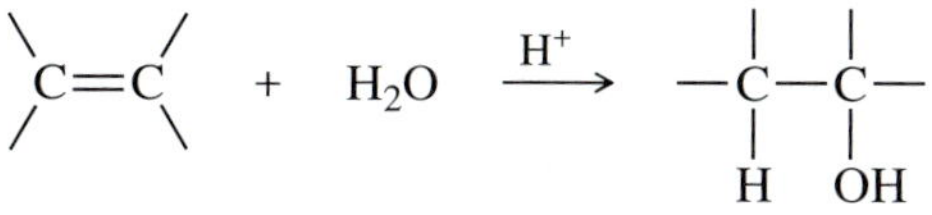

$$\text{>C=C<} + H_2O \xrightarrow{H^+} {-}\underset{H}{C}{-}\underset{OH}{C}{-}$$

Markovnikov 배향
자리 옮김 가능

c. 산소수은화–탈수은 반응(8–5절)

$$\text{>C=C<} + Hg(OAc)_2 \xrightarrow{H_2O} -\underset{HO}{C}-\underset{HgOAc}{C}- \xrightarrow{NaBH_4} -\underset{HO}{C}-\underset{H}{C}-$$

Markovnikov 배향
자리 옮김 없음

d. 알콕시수은화–탈수은 반응(8–6절)

$$\text{>C=C<} + Hg(OAc)_2 \xrightarrow{ROH} -\underset{RO}{C}-\underset{HgOAc}{C}- \xrightarrow{NaBH_4} -\underset{RO}{C}-\underset{H}{C}-$$

Markovnikov 배향

e. 수소붕소 첨가–산화 반응(8–7절)

$$\text{>C=C<} + BH_3 \cdot THF \longrightarrow -\underset{H}{C}-\underset{BH_2}{C}- \xrightarrow{H_2O_2,\ ^-OH} -\underset{H}{C}-\underset{OH}{C}-$$

안티–Markovnikov 배향(신 첨가)
자리 옮김 없음

f. 중합 반응(8–16절)

$$R^+ + \text{>C=C<} \longrightarrow R-\underset{|}{\overset{|}{C}}-C^+ \xrightarrow{\text{>C=C<}} R-C-C-C-C^+ \longrightarrow \text{중합체}$$

양이온, 라디칼, 음이온 중합

**2. 환원: 촉매 수소화 반응(8–10절)**

$$\text{>C=C<} + H_2 \xrightarrow{\text{Pt, Pd, 또는 Ni}} -\underset{H}{C}-\underset{H}{C}-$$

신 첨가

**3. 카벤의 첨가 반응: 사이클로프로페인화 반응(8–11절)**

a. Simmons–Smith 반응

$$\text{>C=C<} + ICH_2ZnI \longrightarrow \text{(cyclopropane with } CH_2) + ZnI_2$$

신 첨가

b. 알파 제거 반응

$$\text{>C=C<} \xrightarrow[NaOH,\ H_2O]{CHX_3} \text{(cyclopropane with } CX_2) + H_2O + NaBr$$

(X = Cl, Br, I)

신 첨가

**4. 산화적 첨가 반응**

a. 할로젠 첨가 반응(8–8절)

$$\text{>C=C<} + X_2 \longrightarrow -\underset{|}{\overset{X}{C}}-\underset{X}{C}-$$

($X_2$ = $Cl_2$, $Br_2$, 때때로 $I_2$)

안티 첨가

(혹은 치환 반응)

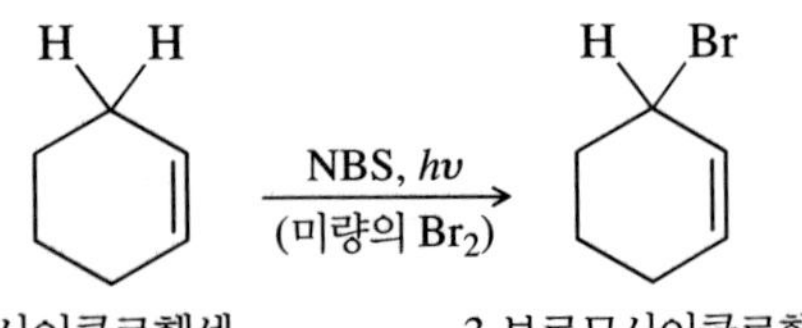


NBS, $h\nu$ (미량의 $Br_2$) →

3-브로모사이클로헥센

$Br_2$의 농도가 낮을 경우 알릴 위치 치환 반응이 관찰될 수 있다. NBS는 (개시제로 빛을 쪼이면) 미량의 $Br_2$를 생성한다. 미량의 $Br_2$가 존재하는 경우에는 라디칼 치환 반응이 이온성 첨가 반응보다 더 빠르게 일어난다(6–6B절).

b. 할로하이드린 생성(8-9절)

1-메틸사이클로헥센 $+ Br_2 \xrightarrow{H_2O}$ (1-$CH_3$, 1-OH, 2-Br, 2-H 사이클로헥세인)

안티 첨가
Markovnikov 배향
$H^+$처럼 $Br^+$ 첨가

c. 에폭시화 반응(8-12절)

$$\mathrm{>C{=}C<} \;+\; \mathrm{R{-}C({=}O){-}O{-}O{-}H} \;\longrightarrow\; \mathrm{{-}C{-}C{-}}\ (\text{O 다리}) \;+\; \mathrm{R{-}C({=}O){-}O{-}H}$$

알켄 퍼옥시산 에폭사이드

신 첨가

d. 안티 다이하이드록시화 반응(8-13절)

$$\mathrm{>C{=}C<} \;+\; \mathrm{R{-}C({=}O){-}O{-}O{-}H} \;\longrightarrow\; \text{에폭사이드} \;\xrightarrow{H^+,\ H_2O}\; \mathrm{{-}C(OH){-}C(OH){-}}$$

안티 첨가

e. 신 다이하이드록시화 반응(8-14절)

$$\mathrm{>C{=}C<} \;+\; KMnO_4 \;+\; {}^{-}OH,\ H_2O \;\longrightarrow\; \mathrm{{-}C(OH){-}C(OH){-}}$$

차갑고 묽은 (또는 $OsO_4$, $H_2O_2$)

신 첨가

**5. 알켄의 산화적 절단(8-15절)**

a. 가오존 분해

$$\mathrm{R_2C{=}CHR'} \;+\; O_3 \;\xrightarrow{-78^\circ C}\; \text{오존 화합물} \;\xrightarrow{(CH_3)_2S}\; \mathrm{R_2C{=}O} \;+\; \mathrm{O{=}CHR'}$$

오존 화합물 케톤 및 알데하이드

알데하이드 잔존

b. 과망가니즈산 포타슘

$$\mathrm{R_2C{=}CHR'} \;+\; KMnO_4 \;\xrightarrow{\text{따듯한}}\; \mathrm{R_2C{=}O} \;+\; \mathrm{O{=}C(OH)R'}$$

케톤 및 산

알데하이드는 산화되어 산으로 변환

**6. 올레핀(알켄) 상호 교환 반응(8-17절)**

$$\mathrm{R^1HC{=}CH_2} \;+\; \mathrm{H_2C{=}CHR^2} \;\underset{}{\overset{\text{Ru 또는 Mo 촉매}}{\rightleftarrows}}\; \mathrm{R^1HC{=}CHR^2} \;+\; \mathrm{H_2C{=}CH_2}$$

(시스 + 트랜스) 에틸렌

## SUMMARY | 알켄에 대한 친전자성 첨가 반응

메틸사이클로펜텐은 방향, 입체 화학, 작용기 같은 산화의 중요한 특징을 보인다. 새로운 원자는 색상으로 표시했다. 반응이 비카이랄 반응물에서 카이랄 생성물을 만들면 라셈 혼합물이 생성된다. *N/A*는 '이 반응에 적용되지 않음'을 의미한다.

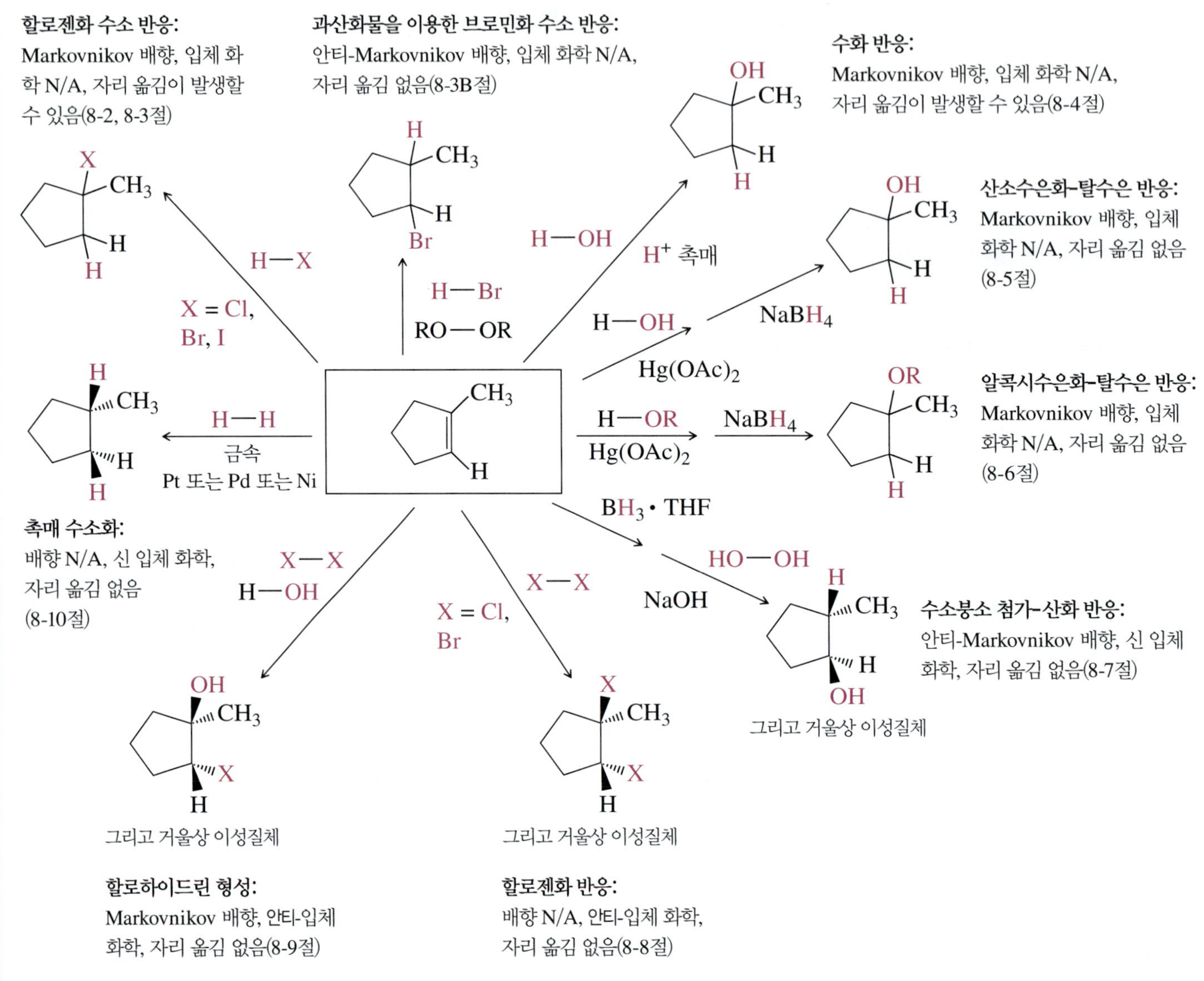

## SUMMARY | 알켄의 산화 및 사이클로프로판화 반응

메틸사이클로펜텐은 방향, 입체 화학, 작용기 같은 산화의 중요한 특징을 보인다. 새로운 원자는 색상으로 표시했다. 반응이 비카이랄 반응물에서 카이랄 생성물을 만들면 라셈 혼합물이 생성된다. *N/A*는 '이 반응에 적용되지 않음'을 의미한다.

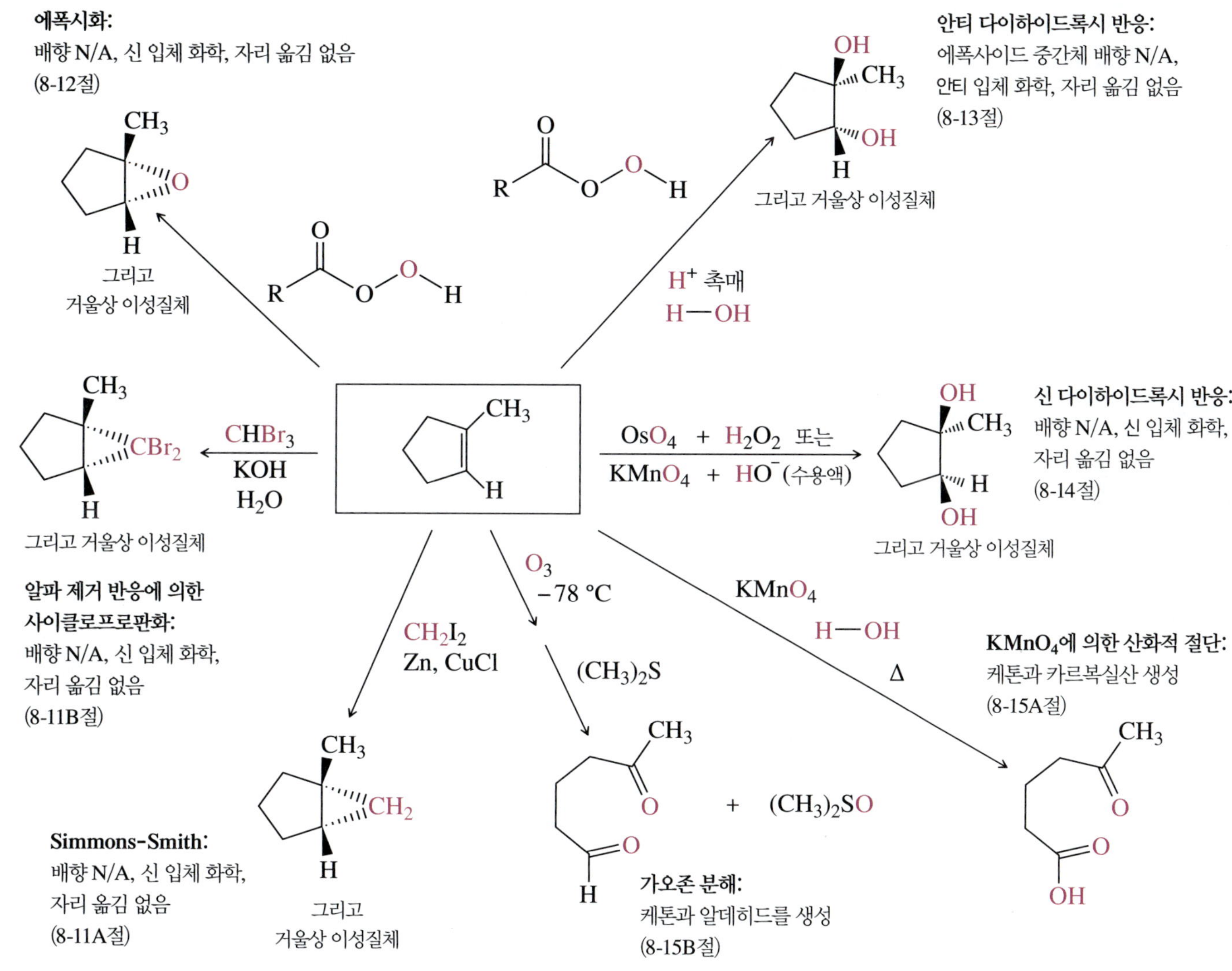

이 유기 반응 가이드는 많은 수의 새로운 반응이 소개된 6개 각 장의 마지막에 게재된다. 주요 반응 범주에 대한 개요를 보여주고, 해당 장의 반응이 더 큰 체계에서 어디에 해당하는지 표시하고, 어떤 반응 유형이 새로운지, 어떤 것이 이전에 다루어졌는지 표시하여 학습 도구로 사용하는 것이 목적이다. 현재 장의 새로운 반응은 빨간색 글씨로 표시되며, 이전 장에서 다루었던 반응은 파란색 글씨로 표시된다. 유기 화학을 학습하면서 이전에 다루었던 내용이 많아지고, 이에 따라 점차 더 많은 반응이 파란색 글씨로 표시될 것이다.

## 핵심 용어

**Markovnikov 규칙(Markovnikov's rule):** (원래의 설명) 양성자 산이 알켄의 이중 결합에 첨가될 때 양성자는 이미 더 많은 수소를 지닌 탄소 원자에 첨가된다.

**Markovnikov 규칙(Markovnikov's rule):** (확장된 설명) 알켄의 친전자성 첨가에서 친전자체는 가장 안정한 중간체를 생성하는 방향으로 첨가된다.

$$\text{1-methylcyclohexene} + HCl \longrightarrow \text{1-chloro-1-methylcyclohexane}$$

Markovnikov 생성물

**Markovnikov 배향(Markovnikov orientation):** Markovnikov 규칙의 원래 설명을 따르는 첨가 반응의 배향. Makovnikov 생성물을 만드는 배향

**안티-Markovnikov 배향(anti-Markovnikov orientation):** Markovnikov 규칙의 원래 설명으로 예상되는 것과 반대로 일어나는 첨가 반응의 배향. 안티-Makovnikov 생성물을 만드는 배향

**mCPBA(*meta*-chloroperoxybenzoic acid):** 알켄을 에폭시화하는 데 흔히 사용되는 시약. mCPBA는 다이클로로메테인 같은 흔한 용매에 녹는다. 에폭시화 반응이 일어나면 부생성물로 *m*-클로로벤조산이 침전된다.

**Simmons-Smith 반응(Simmons-Smith reaction):** 다이아이오도메테인과 아연-구리 쌍(zinc-copper couple)으로부터 생성된 카벤류 시약을 이용하는 알켄의 사이클로프로페인화 반응

$$\text{cyclopentene} \xrightarrow{CH_2I_2,\ Zn(Cu)} \text{bicyclo[3.1.0]hexane}$$

Simmons-Smith 반응

**가오존 분해(ozonolysis):** 흔히 환원 반응이 따라오지만, 오존을 사용해서 이중 결합을 절단하는 것

**과산화물 효과(peroxide effect):** 과산화물이 존재할 때 알켄에 HBr 첨가 배향이 뒤집어지는 것. 이는 자유 라디칼 메커니즘을 통해 일어나기 때문이다.

**과산화산(peroxyacid, peracid):** 추가하는 산소 원자와 퍼옥시(—O—O—) 연결을 지닌 카복실산. 일반적 화학식은 $RCO_3H$이다.

**균일 촉매(homogeneous catalyst):** 반응물과 같은 상에 존재하는 촉매의 사용. 예를 들어 수화 반응에서 산 촉매는 알켄과 같은 액체상에 있다.

**글라이콜(glycol):** 1,2-다이올

**다이하이드록시화 반응(dihydroxylation):** 2개의 하이드록시기를 이중 결합의 각 탄소에 하나씩 첨가하는 반응. 형식상으로는 산화 반응이다. '하이드록시화 반응(hydroxylation)'이라고도 한다.

$$>C=C< + H_2O \xrightarrow{H^+} -\underset{|}{\overset{H}{\overset{|}{C}}}-\underset{|}{\overset{OH}{\overset{|}{C}}}-$$

**단위체(monomer):** 서로 결합해서 중합체를 만드는 하나의 작은 분자

**베타 제거 반응(beta elimination, $\beta$ 제거 반응):** 이웃한 탄소 원자로부터 2개의 원자나 기를 제거하는 반응. 제거 반응의 가장 흔한 형태

$$-\underset{|}{\overset{H}{\overset{|}{C}}}-\underset{|}{\overset{Br}{\overset{|}{C}}}- + KOH \longrightarrow >C=C< + H_2O + KBr$$

**균일 촉매(heterogeneous catalyst):** 반응물로부터 분리된 상에 있는 촉매의 사용. 예를 들어 백금 수소화 반응 촉매는 액체 알켄으로부터 분리된 상인 고체이다.

**비대칭 유발 반응(asymmetric induction):** 광학적으로 비활성인 출발 물질로부터 광학 활성인 생성물을 만드는 것. 이러한 과정은 광학 활성인 시약이나 촉매를 필요로 한다. '거울상 선택적 합성(enantioselective synthesis)'이라고도 한다.

**사슬 성장 중합체(chain-growth polymer):** 자라나는 중합체 사슬에 한번에 한 단위체가 신속하게 첨가되는 결과로 얻는 중합체. 보통 반응성인 중간체(양이온, 라디칼, 음이온)이 자라나는 사슬 말단에 위치한다. 대부분의 사슬 성장 중합체는 알켄이나 다이엔의 첨가 중합체이다.

**산소수은화 반응(oxymercuration):** 아세트산 수은 수용액의 알켄 첨가

$$>C=C< + Hg(OAc)_2 \xrightarrow{H_2O} -\underset{|}{\overset{HO}{\overset{|}{C}}}-\underset{HgOAc}{\underset{|}{\overset{|}{C}}}- + HOAc$$

**산화적 절단(oxidative cleavage):** 산화 반응을 통한 탄소–탄소 결합의 절단. 탄소–탄소 이중 결합은 흔히 가오존 분해/환원 혹은 따뜻하고, 진한 과망가니즈산염에 의해 절단된다.

**상호 교환 반응(metathesis):** 알켄의 알킬리덴기를 상호 교환하는 반응. '올레핀 상호 교환 반응(olefin metathesis)'이라고도 한다.

$$R^1HC{=}CH_2 + HCH{=}CHR^2 \xrightarrow{\text{Ru 또는 Mo 촉매}} R^1HC{=}CHR^2 + H_2C{=}CH_2$$

올레핀 상호 교환 반응 (시스+트랜스) 에틸렌

**수소붕소 첨가 반응(hydroboration):** 보레인($BH_3$)은 유도체(예: $BH_3 \cdot THF$)가 분자에 첨가되는 반응

**수소화 반응(hydrogenation):** 분자에 수소를 첨가하는 반응. 가장 흔한 수소화 반응은 촉매 존재하에 $H_2$를 이중 결합에 나누어서 첨가하는 반응으로, '촉매 수소화 반응(catalytic hydrogenation)' 혹은 '촉매 환원(catalytic reduction)'이 있다.

**수화 반응(hydration):** 분자에 물이 첨가되는 반응. 알켄의 수화는 알코올을 생성한다.

$$\text{>C=C<} + H_2O_2 \xrightarrow{OsO_4} -\underset{|}{\overset{HO}{\overset{|}{C}}}-\underset{|}{\overset{OH}{\overset{|}{C}}}-$$

**알콕시기(alkoxy group, —O—R):** 에터에서와 같이 산소 원자를 통해 결합된 알킬기

**알콕시수은화 반응(alkoxymercuration):** 알코올 용액에서 아세트산 수은을 알켄에 첨가하여 알콕시수은 중간체를 만드는 반응. 탈수은 반응에 의해 에터가 만들어진다.

$$\text{>C=C<} + Hg(OAc)_2 \xrightarrow{R-OH} -\underset{|}{\overset{R-O}{\overset{|}{C}}}-\underset{HgOAc}{\underset{|}{C}}- \xrightarrow{NaBH_4} -\underset{|}{\overset{R-O}{\overset{|}{C}}}-\underset{H}{\underset{|}{C}}-$$

**알킬리덴기(alkylidene group):** 이중 결합의 한쪽 끝에 있는 탄소 원자 중 하나로, 탄소 원자에 치환된 2개의 치환체와 같이 나타낸다. 대부분 흔히 $=CH_2$ 혹은 $=CHR$ 혹은 $=CHR_2$로 표시한다.

**알파 제거 반응(alpha elimination, $\alpha$ 제거 반응):** 동일한 탄소로부터 두 원자나 (치환)기를 제거하는 것. 알파 제거 반응은 카벤 생성에 사용될 수 있다.

$$CHBr_3 + KOH \longrightarrow :CBr_2 + H_2O + KBr$$

**양이온 중합(cationic polymerization):** 성장하는 사슬의 말단에 양이온을 가진 사슬 성장 중합 반응으로 첨가 중합체를 생성하는 과정

**에폭사이드(epoxide):** 3원자 고리 에터. '옥시레인(oxirane)'이라고도 한다.

**에폭시화 반응(epoxidation):** 주로 알켄으로부터 에폭사이드의 생성. 과산화산이 알켄 에폭시화 반응에 주로 사용된다.

**역합성 분석(retrosynthetic analysis):** 다단계 합성 문제를 풀기 위해 합성 방향과 반대로 생각하는 방법

**위치 선택성 반응(regioselective reaction):** 결합 생성과 절단이 모든 다른 방향에 비해 한 방향이 우선적으로 일어나는 반응. 예를 들어 HCl 첨가 반응은 Markovnikov 규칙으로 예측되는 바와 같이 위치 선택적이다. 수소붕소화–산화 반응은 위치 선택적인데, 항상 안티–Markovnikov 배향으로 일어나기 때문이다.

**위치 화학(regiochemistry):** 비대칭 기질에서 화학 반응이 일어날 때의 배향. 알켄에 첨가 반응을 할 때 위치 화학은 시약의 어떤 부분이 비대칭 알켄의 어느 쪽으로 들어가는가를 말한다.

**유기 합성(organic synthesis):** 쉽게 구할 수 있는 물질로부터 원하는 유기 화합물을 만드는 것

**음이온 중합(anionic polymerization):** 성장하는 사슬의 말단에 음이온을 가진 사슬 성장 중합 반응으로해 첨가 중합체를 생성하는 과정

**입체 특이성 반응(stereospecific reaction):** 출발 물질의 서로 다른 입체 이성질체가 서로 다른 입체 이성질체인 생성물로 변환되는 반응

**자유 라디칼 중합(free-radical polymerization):** 성장하는 사슬 말단의 자유 라디칼이 위치하는 사슬 성장 중합 반응으로 첨가 중합체를 생성하는 과정

**중합체(polymer):** 작고 간단한 화합물의 많은 분자로 구성된 고분자량의 화합물로, '단위체(monomer)'라고도 한다.

**중합 반응(polymerization):** 단위체 분자가 중합체를 만드는 반응

**첨가 반응(addition):** 알켄에 결합된 작용기의 수를 증가시키고 불포화 요소의 숫자를 감소시키는 반응

**안티 첨가(anti addition):** ($Br_2$의 첨가 반응처럼) 두 작용기가 이중 결합의 반대되는 면에 들어가는 첨가 반응

**친전자 첨가(electrophilic addition):** 친전자체(전자쌍 받개)가 이중 결합의 탄소 중의 하나에 먼저, 다음에는 친핵체가 들어가는 첨가 반응

**신 첨가(syn addition):** (사산화 오스뮴 다이하이드록시화 반응처럼) 두 작용기가 이중 결합의 같은 면에 들어가는 첨가 반응

**첨가 중합체(addition polymer):** 알켄, 다이엔, 혹은 다른 화합물을 이중 또는 삼중 결합에 첨가한 결과로 얻는 중합체. 대부분의 첨가 중합체는 사슬 성장 과정을 통해 만들어진다.

**카벤(carbene):** 단 2개의 결합과 2개의 비결합 전자만을 보유한 중성인 탄소를 가진 반응 중간체. 메틸렌($:CH_2$)은 가장 간단한 카벤이다.

**탈수은 반응(demercuration):** 분자로부터 수은을 제거하는 반응. 산소수은화 반응과 알콕시수은화 반응의 생성물을 탈수은 반응은 흔히 수소화붕소산 알루미늄($NaBH_4$)을 사용해서 이루어진다.

**하이드록시화 반응(hydroxylation):** 다이하이드록시화 반응 참조

**할로늄 이온(halonium ion):** 할로젠 원자를 가지고 있는 반응성 양이온 3원자 고리 중간체. 보통 '클로로늄 이온(chloronium ion)', '브로모늄 이온(bromonium ion)', '아이오도늄 이온(iodonium ion)'이다.

**할로젠화 반응(halogenation):** 분자에 할로젠($X_2$)의 첨가, 혹은 수소 대신 할로젠으로 자유 라디칼에 의해 치환하는 반응

**할로하이드린(halohydrin):** 할로젠과 하이드록시기가 이웃한 탄소 원자에 있는 베타-할로알코올

$$>C{=}C< \xrightarrow[H_2O]{Cl_2} -\underset{Cl}{\underset{|}{\overset{|}{C}}}-\underset{OH}{\underset{|}{\overset{|}{C}}}- \quad + \quad HCl$$

클로로하이드린

## 기초문제

| | | |
|---|---|---|
| **1** | 확장된 Markovnikov 규칙을 사용하여 알켄에 대한 친전자성 첨가 반응의 위치 화학(배향)을 예측하라. | 관련 연습문제 8-46, 47, 50 |
| **2** | 원하는 생성물을 얻기 위해 알켄에 대한 첨가 반응에서 어떻게 입체 화학과 위치 화학(배향)을 조절할 수 있는지 제시하라. | 관련 연습문제 8-47, 49, 50, 55, 61, 65, 76 |
| **3** | 알켄의 수화를 통해 시약에 따른 Markovnikov 혹은 안티-Markovnikov 배향을 가진 알코올을 생성할 수 있는 방법을 제시하라. | 관련 연습문제 8-46, 49, 50, 51, 79 |
| **4** | 반응의 배향(위치 화학)과 입체 화학을 포함하여 알켄의 할로젠화 반응, 산화 반응, 환원 반응, 절단 반응의 생성물을 예측하라. | 관련 연습문제 8-46, 47, 48, 54, 55, 61, 65, 66, 75 |
| **5** | 알켄의 수소붕소 첨가 반응, 할로젠화 반응, 다이하이드록시화 반응에서 관찰되는 입체 화학을 예측하라. | 관련 연습문제 8-46, 50, 51, 55, 66 |
| **6** | 위치 화학 및 입체 화학을 포함하여 알켄 반응에서 관찰되는 생성물을 설명할 수 있는 논리적 메커니즘을 제안하라. | 관련 연습문제 8-56, 57, 58, 59, 64, 67, 70, 71, 76, 77, 78, 79 |
| **7** | 시약, 중간체, 생성물로서 알켄을 사용하는 다단계 합성 문제를 풀기 위해 역합성 분석을 사용하라. | 관련 연습문제 8-49, 50, 51, 55, 61 |
| | 문제풀이 전략: 유기 합성 | 관련 연습문제 8-49, 50, 51, 55, 61 |
| **8** | 가오존 분해와 같은 반응의 생성물에서 얻은 단서를 이용해서 모르는 알켄의 구조를 결정하라. | 관련 연습문제 8-48, 54, 55, 60, 61, 62, 63, 68 |
| **9** | 상호 교환 반응이 알켄의 일킬리넨(=CHR)기를 교환하여 새롭고 다른 알켄을 생성하는 방법을 제시하라. | 관련 연습문제 8-46, 52, 53 |
| **10** | 특정한 단위체 단위가 주어졌을 때, 결과로 얻을 수 있는 중합체의 구조를 그려보라. | 관련 연습문제 8-72, 73, 74 |

이러한 많은 반응이 소개되는 장에서 모든 반응을 '외워야 하는지' 궁금할 수 있다. 유기 화학을 공부하는 것은 외국어를 말하는 것과 비슷하다. 반응은 어휘가 되는 셈이다. 단어를 모르면 어떻게 문장을 만들 수 있겠는가? 반응을 배우기 위해서는 학습용 카드가 흔히 도움이 될 것이다.

유기 화학에서 메커니즘, 위치 화학, 입체 화학은 문법에 해당된다. 말할 때 단어와 문법을 능숙하게 사용하는 것을 익혀야 하듯이 반응을 능숙하게 이용할 수 있도록 해야 한다. 관련 연습문제와 다단계 합성은 유기 화학에서는 문장과 같다. 이러한 문제를 풀기 위해서는 어휘의 모든 면모를 결합하기 위해 연습해야 한다.

유기 화학 시험에 실패하는 학생들은 흔히 충분히 문제를 연습하지 않아서 그러한 것이 아니라 어휘를 암기하기 때문에 그렇다. 어떤 학생은 문제는 풀 수 있다고 생각하지만, 어휘가 부족하기 때문에 시험에 실패한다. 반응을 이해하고 본문으로 돌아가서 다시 보지 않아도 장 마지막에 나오는 문제를 풀 수 있다면 시험에서도 반드시 잘할 수 있을 것이다.

## 연습문제

**8-46** 다음 반응에서 주생성물을 예측하고, 중간체의 구조를 그려보라. 필요한 경우 입체 화학을 포함하여 나타내라.

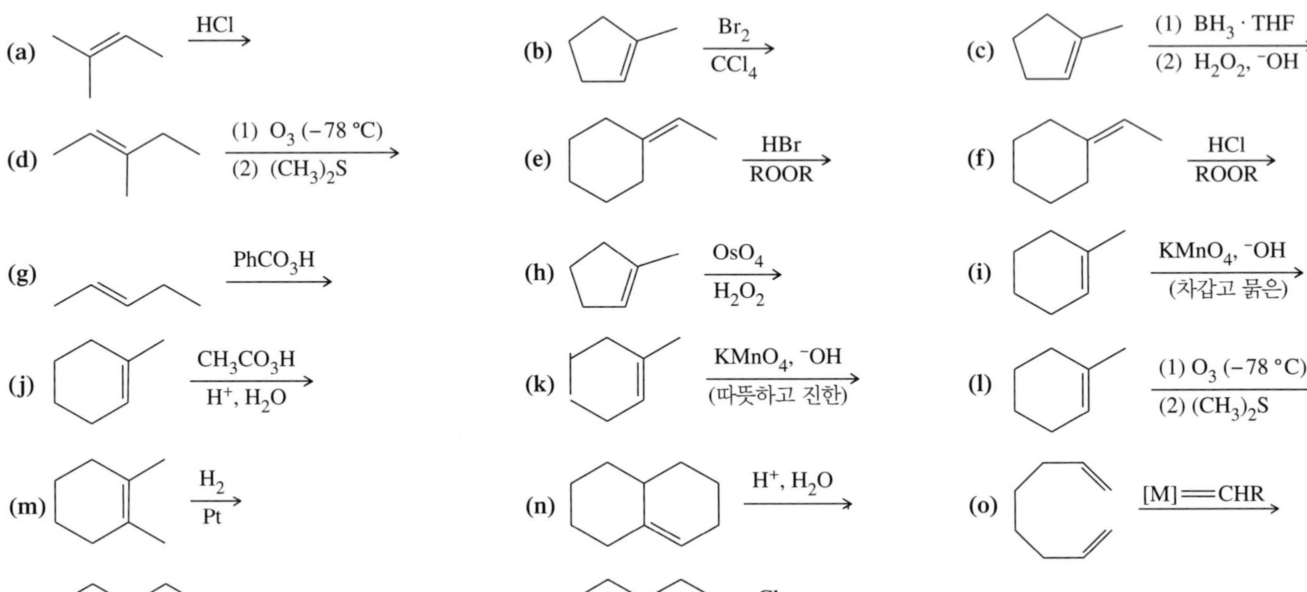


**8-47** 리모넨은 레몬에서 쏘는 맛을 내는 화합물이다. 리모넨이 다음 각 과량의 시약과 반응할 때 예상되는 생성물의 구조를 제시하라.

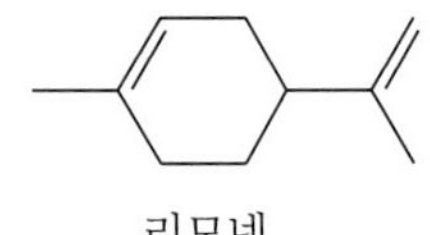

리모넨

**(a)** 테트라하이드로퓨란에 녹인 보레인, 이어서 염기성 과산화 수소(hydrogen peroxide)
**(b)** *m*-클로로퍼옥시벤조산
**(c)** 오존, 그리고 다이메틸 설파이드
**(d)** 오스뮴산과 과산화 수소 혼합물
**(e)** 뜨겁고 진한 과망가니즈산 포타슘
**(f)** 산성 물속의 퍼옥시아세트산
**(g)** 수소와 백금 촉매
**(h)** 브로민화 수소 기체
**(i)** 다이메틸 과산화물(dimethyl peroxide)을 함유하는 용액 중에서 브로민화 수소 기체
**(j)** 브로민 수용액
**(k)** 염소 기체
**(l)** 메탄올에 녹인 아세트산제2수은, 이어서 수소화붕산 소듐
**(m)** $CHBr_3$와 50% NaOH 수용액

**8-48** 다음 화합물을 오존과 반응시킨 후 환원했을 때 나타날 생성물을 예측하라.

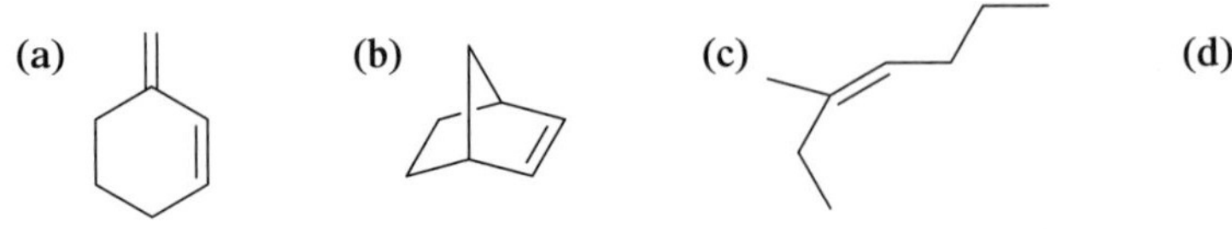

**8-49** 적당한 고리 알켄으로부터 다음 화합물을 어떻게 만들 수 있는지 제시하라.

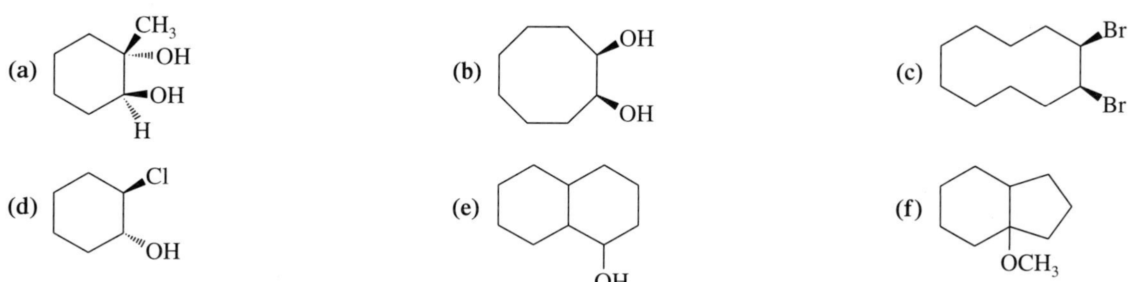


**8-50** 출발 물질로 1,2-다이메틸사이클로헥센을 사용해서 다음 화합물을 합성할 수 있는 방법을 제시하라. (화합물을 합성하는 방법을 제시한 후에는 이 문제의 이후 부분에서는 이를 출발 물질로 사용할 수 있다.) 카이랄 생성물을 나타낸 경우 라셈 혼합물의 부분인 것으로 가정하라.

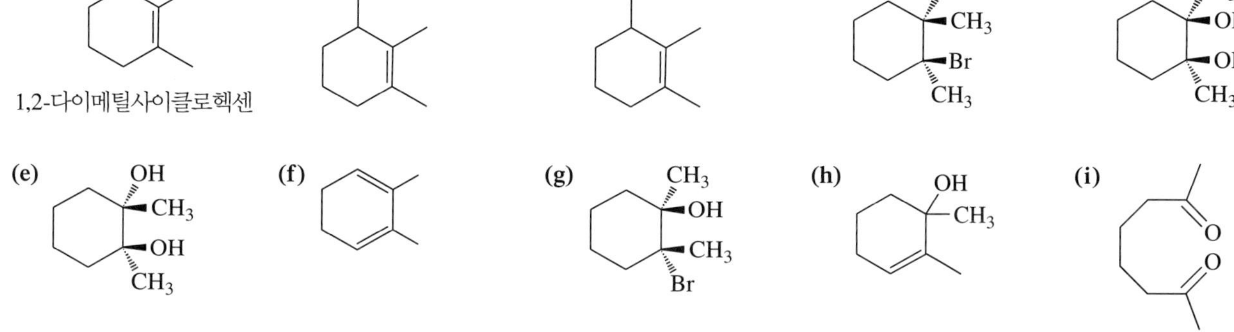


**8-51** 메틸렌사이클로펜테인을 출발 물질로 사용하여 각 화합물을 합성하는 방법을 제시하라.

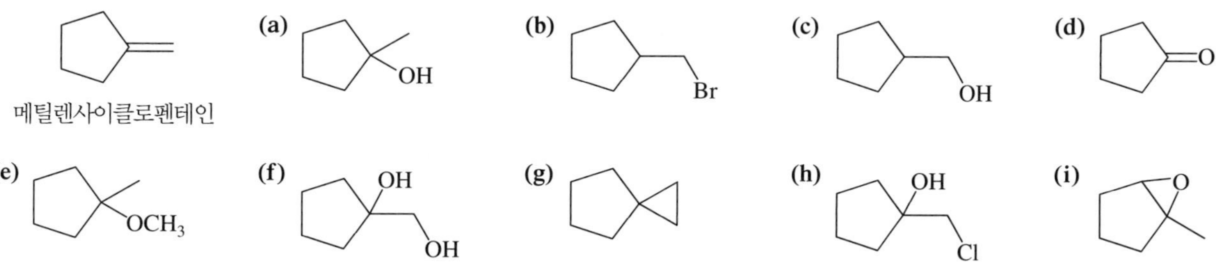


**8-52** Schrock 혹은 Grubbs 촉매를 이용하여 다음 상호 치환 반응으로부터 예상되는 생성물을 나타내라.

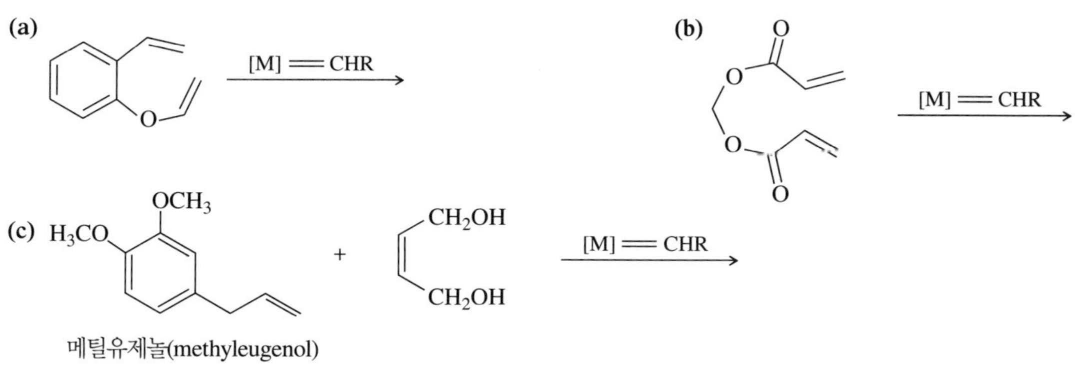


**8-53** 올레핀 상호 교환 작용을 사용하여 더 작은 단위로부터 다음 알켄을 어떻게 만들 수 있는지 나타내라.

(a)

(b)

**8-54** Patrick Dussault 교수(네브래스카대학교 링컨 캠퍼스)는 두 번째 단계에서 오존 화합물의 환원을 요구하는 표준 2단계 오존 분해 반응에 대한 대안을 개발했다. 그는 1단계 공정으로 약염기성 유기 용매인 피리딘을 2~3당량 사용한다(*Organic Letters*, **2012**, *14*, 2242). 다음 예에서 기대되는 생성물을 나타내라.

(a) $\xrightarrow[-78\ °C]{O_3,\ 피리딘}$ ?

(b) t-Bu $\xrightarrow[-78\ °C]{O_3,\ 피리딘}$ ?

(c) $(CH_2)_4COOCH_3$ / $(CH_2)_4CH_3$ $\xrightarrow[-78\ °C]{O_3,\ 피리딘}$ ?

(d) O $\xrightarrow[-78\ °C]{O_3,\ 피리딘}$ ?

**8-55** 중요한 입체 화학을 포함하여 각 단계에서 주요 생성물의 구조를 제공하여 모든 합성을 완료하라.

(a) $\xrightarrow[H_2O]{Br_2}$ **A** $\xrightarrow{과량의\ NH_3}$ **B**

(b) $\xrightarrow[(2)\ NaBH_4]{(1)\ Hg(OAc)_2,\ H_2O}$ **C** $\xrightarrow{H_2SO_4}$ **D** $\xrightarrow[H_2O_2]{OsO_4}$ **E**

(c) $\xrightarrow[ROOR]{과량의\ HBr}$ **F** $\xrightarrow[열]{과량의\ KO\text{-}t\text{-}Bu}$ **G** $\xrightarrow[2)\ (CH_3)_2S]{1)\ 과량의\ O_3,\ -78\ °C}$ **H**

(d) $\xrightarrow{Br_2}$ **J** $\xrightarrow[열]{KOH}$ **K** ($C_{15}H_{20}$) $\xrightarrow[2)\ H_2O_2,\ NaOH]{1)\ 과량의\ BH_3 \cdot THF}$ **L** (입체 이성질체 무시)

(힌트: 벤젠은 대부분의 첨가 반응을 겪지 않는다는 점을 상기하라.)

**8-56** 다음 반응과 일치하는 메커니즘을 제안하라.

(a) $\xrightarrow[ROOR]{HBr}$ Br

(b) $\xrightarrow[H_2O]{H_2SO_4}$ OH

(c) $\xrightarrow{HBr}$ Br + Br

(d) $\xrightarrow[NaOH]{CHBr_3}$ Br Br

(e) Br $\xrightarrow[CH_3CH_2OH]{HCl}$ Cl Br + $OCH_2CH_3$ Br

(f) O, $CH_3CH_2$, $CH_2CH_3$ $\xrightarrow{H^+,\ H_2O}$ $CH_2CH_3$, H—OH, H—OH, $CH_2CH_3$

(g) $\xrightarrow[\text{CH}_3\text{OH}]{\text{H}^+}$ OH, $OCH_3$

(h) $\xrightarrow{\text{H}^+}$ $CH_3$—C—C=C

**8-57** 1-메틸사이클로헥센에 HBr을 이온 첨가하는 두 가지 가능한 경로, 즉 (a) 주생성물인 1-브로모-1-메틸사이클로헥세인의 형성 및 (b) 부생성물인 1-브로모-2-메틸사이클로헥세인의 형성의 곡선을 보여주는 대략적인 반응-에너지 도표를 그려보라. 이러한 곡선에서 1-브로모-1-메틸사이클로헥세인이 더 빨리 형성되는 방법을 설명하라.

**8-58** 사이클로헥센은 염화 리튬을 클로로폼에 녹인 용액에 용해했다. 이 용액에 1당량의 브로민을 가했다. 이 반응에서 분리한 물질은 주로 트랜스-1,2-다이브로모사이클로헥세인과 트랜스-1-브로모-2-클로로사이클로헥세인의 혼합물이다. 이러한 화합물이 생성된 메커니즘을 제시하라.

**8-59** HBr이 아이소뷰틸렌에 자유 라디칼 첨가 반응할 때 전파 단계에 대한 반응-에너지 도표를 그려보라. Markovnikov 및 안티-Markovnikov 생성물을 모두 만드는 반응을 나타내는 곡선을 그려보라. 속도 결정 단계에 대해 $\Delta G°$와 $E_a$의 값을 비교하고, 이러한 생성물 중 단 하나만이 관찰되는 이유를 설명하라.

**8-60** 미지의 화합물 **X**, 즉 $C_5H_9Br$은 브로민이나 묽은 $KMnO_4$와 반응하지 않고, *t*-뷰톡시화 포타슘으로 처리하면 **X**는 단 하나의 생성물 **Y**, 즉 $C_5H_8$을 만든다. **X**와는 달리 **Y**는 브로민의 색을 없애고, $KMnO_4$를 자주색에서 갈색으로 변화시킨다. **Y**의 촉매 수소화 반응으로 메틸사이클로뷰테인이 만들어진다. **Y**를 가오존 분해-환원하면 다이알데하이드 **Z**, 즉 $C_5H_8O_2$가 생성된다. **X**, **Y**, **Z**의 구조를 제시하라. 아직 모르는 **X**의 구조에는 어떤 특징이 있는가?

**8-61** 테레빈유(turpentine)의 성분 중 하나는 화학식이 $C_{10}H_{16}$인 *α*-피넨이다. 다음 도해('로드 맵')는 *α*-피넨의 반응을 보여준다. *α*-피넨의 구조와 **A**~**E** 반응 생성물의 구조를 밝혀라.

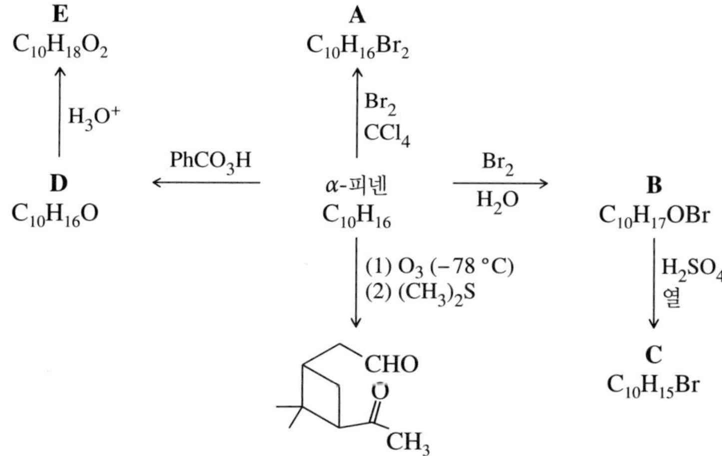


**8-62** 집파리의 성유인물은 화학식이 $C_{23}H_{46}$이다. 따뜻한 과망가니즈산 포타슘으로 처리하면 이 페르몬은 두 생성물, 즉 $CH_3(CH_2)_{12}COOH$와 $CH_3(CH_2)_7COOH$를 만든다. 이 성유인물의 구조를 제시하라. 구조의 어떤 부분이 확실하지 않은지 설명하라.

**8-63** 백금 촉매와 접촉해서 미지의 알켄은 3당량의 수소 기체와 반응하여 1-아이소프로필-4-메틸사이클로헥세인을 만든다. 미지의 알켄을 오존과 반응시키고 환원했을 때 생성물은 다음과 같다.

$$\text{H}-\overset{\text{O}}{\overset{\|}{\text{C}}}-\text{H} \qquad \text{H}-\overset{\text{O}}{\overset{\|}{\text{C}}}-\text{CH}_2-\overset{\text{O}}{\overset{\|}{\text{C}}}-\overset{\text{O}}{\overset{\|}{\text{C}}}-\text{CH}_3 \qquad \text{CH}_3-\overset{\text{O}}{\overset{\|}{\text{C}}}-\text{CH}_2-\overset{\text{O}}{\overset{\|}{\text{C}}}-\text{H}$$

미지의 알켄의 구조를 유도하라.

***8-64** 다음 반응의 메커니즘을 제안하라.

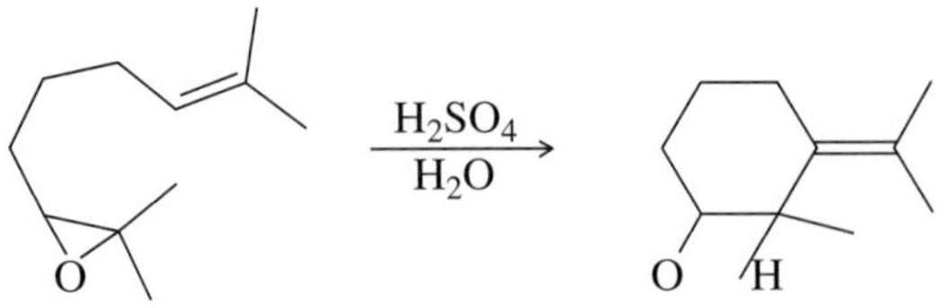

$\xrightarrow[H_2O]{H_2SO_4}$

O H

**8-65** 뷰텐이산(butenedioic acid)의 두 가지는 퓨마르산(fumaric acid, 트랜스)과 말레산(maleic acid, 시스)이다. 2,3-다이하이드록시뷰테인다이오산(2,3-dihydroxybutanedioic acid)은 타타르산(tartaric acid)이라고 한다.

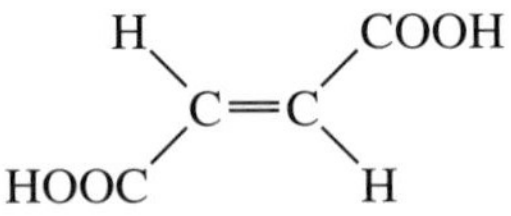

H, COOH, C=C, HOOC, H — 퓨마르산

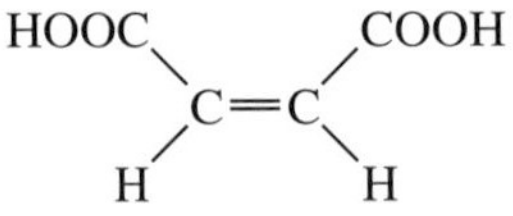

HOOC, COOH, C=C, H, H — 말레산

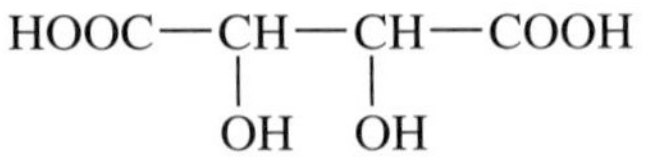

HOOC—CH—CH—COOH (OH, OH) — 타타르산

다음 변환을 유발하는 방법을 제시하라.

**(a)** 퓨마르산에서 (±)-타타르산

**(b)** 퓨마르산에서 메조-타타르산

**(c)** 말레산에서 (±)-타타르산

**(d)** 말레산에서 메조-타타르산

**8-66** 화합물 $BD_3$는 보레인의 중수소화된 형태이다. 1-메틸사이클로헥센이 $BD_3 \cdot THF$, 이어서 염기성 과산화 수소와 반응할 때 만들어지는 생성물을 예측하라.

**8-67** 바이닐사이클로펜테인의 이중 결합에 통상적으로 HBr을 첨가하면 소량의 예상하지 않은 자리 옮김 생성물이 만들어진다. 이 생성물이 만들어지는 메커니즘을 제안하고, 자리 옮김이 일어나는 이유를 설명하라.

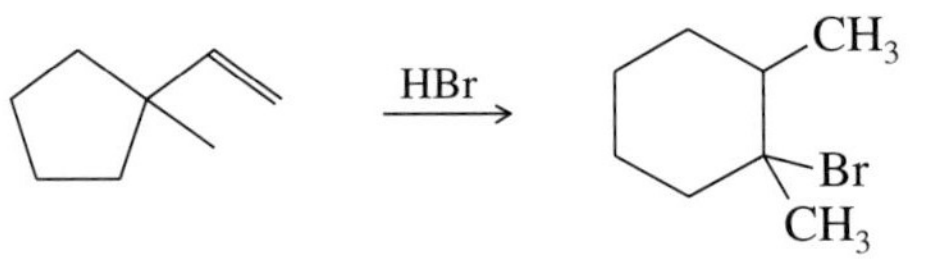

$\xrightarrow{HBr}$ ($CH_3$, Br, $CH_3$)

**8-68** 미지의 화합물은 사염화 탄소에 녹인 브로민의 색깔을 없앤다. 또한 이 화합물은 촉매 환원을 거쳐 헥사하이드로인단(hexahydroindan)이 된다. 따뜻하고 진한 과망가니즈산 포타슘으로 처리하면 이 화합물은 시스-사이클로펜테인-1,2-다이카복실산과 옥살산(oxalic acid)을 만든다. 미지의 화합물의 구조를 제시하라.

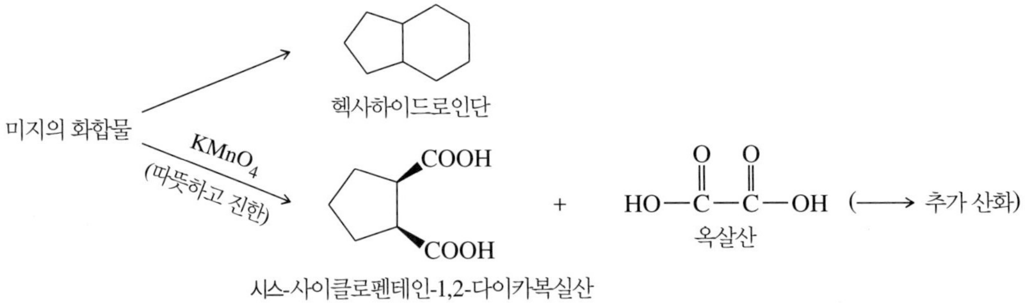

미지의 화합물 → 헥사하이드로인단

미지의 화합물 $\xrightarrow{KMnO_4}$ (따뜻하고 진한) → COOH, COOH (시스-사이클로펜테인-1,2-다이카복실산) + HO—C(=O)—C(=O)—OH (옥살산) (⟶ 추가 산화)

***8-69** 많은 효소가 유기 합성에서 사용하는 반응과 유사한 반응에 촉매 작용을 한다. 효소는 수행하는 반응에서 입체 선택적일 경우가 많고, 비대칭 유도 반응이 흔히 일어난다. 세포 호흡에서 트라이카복실산(tricarboxylic acid) 순환 과정(TCA 회로)의 일부인 다음 반응은 실험실에서 사용하는 반응과 유사하다. 하지만 효소-촉매 반응은 생성물로 말산(malic acid)의 (*S*) 거울상 이성질체만을 생성한다.

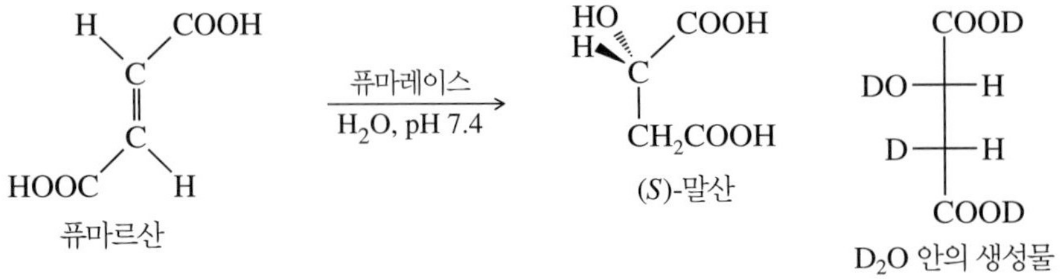

H, COOH, C=C, HOOC, H — 퓨마르산 $\xrightarrow[H_2O,\ pH\ 7.4]{퓨마레이스}$ HO, H, C, COOH, $CH_2COOH$ — (*S*)-말산

COOD; DO—H; D—H; COOD — $D_2O$ 안의 생성물

---

* 본문 내용을 응용한 난이도 높은 문제는 별표(*)로 표시했다.

**(a)** 퓨마르산 효소는 어떤 형태의 반응을 촉매하는가?

**(b)** 퓨마르산은 카이랄인가? 말산은 카이랄인가? 효소-촉매 반응에서 생성물(말산)은 광학 활성이 있는가?

**(c)** 실험실에서 황산을 촉매로하여 앞선 반응을 수행할 때 생성물(말산)은 광학 활성이 있는가?

**(d)** 퓨마르산 효소는 카이랄 분자인가?

**(e)** 효소-촉매 반응이 $D_2O$에서 일어나면 유일한 생성물은 그림에 나타낸 입체 이성질체가 된다. 이 화합물의 다른 거울상 이성질체나 부분 입체 이성질체는 만들어지지 않는다. 효소-촉매 반응은 신 첨가인가, 안티 첨가인가?

**(f)** $BD_3 \cdot THF$에 의한 수소붕소 첨가 반응과 이어서 $D_2O_2$와 NaOD로 산화하여 퓨마르산을 중수소로 치환된 말산으로 변환시키는 조건을 찾았다고 하자. Fischer 투시법을 사용하여 생성될 것으로라 예측되는 중수소화 말산의 입체 이성질체를 제시하라.

***8-70** **(a)** 다음에 나타낸 불포화 알코올의 산소수은화-탈수은 반응에서 고리화가 관찰된다. 이 반응의 메커니즘을 예측하라.

OH —— (1) $Hg(OAc)_2$ / (2) $NaBH_4$ ——→ O

**(b)** 동일한 불포화 알코올과 브로민의 반응으로부터 화학식이 $C_7H_{13}BrO$인 생성물을 예측하라. 예측을 지지하는 메커니즘을 제시하라.

**8-71** 한 대학원생이 아래와 같은 알켄의 아이오도하이드린을 형성하려고 시도했다. 이 학생의 생산물 분석에 따르면 예상치 못한 생산물에서 양호한 수율을 보여주었다. 이 생성물의 형성을 설명하는 메커니즘을 제시하라.

O, OH —— $I_2$ / $H_2O$ ——→ O, O, I; O, O, I

측면

**8-72** 과산화물의 존재하에 프로필렌의 중합 반응에서 첫 번째 3개의 프로필렌 단위의 반응 메커니즘을 제시하라.

$$n\ H_2C{=}CHCH_3 \xrightarrow[\text{높은 압력}]{ROOR} \left[\begin{array}{cc} H & H \\ | & | \\ -C- & -C- \\ | & | \\ H & CH_3 \end{array}\right]_n$$

프로필렌 → 폴리프로필렌

***8-73** 스타이렌(바이닐벤젠)의 공업적인 중합을 수행할 때는 1~3%의 1,4-다이바이닐벤젠이 흔히 스타이렌에 첨가된다. 어느 정도의 다이바이닐벤젠이 들어가면 유기 용매에 대한 강도와 저항이 향상된 중합체가 생성된다. 소량의 다이바이닐벤젠이 어떻게 중합체의 성질에 현격한 효과를 일으키는지 설명하라.

**8-74** 8-16A절에서 아이소뷰틸렌(2-메틸프로펜)의 양이온 중합을 살펴봤다. 아이소뷰틸렌은 흔히 자유 라디칼 조건하에서 중합이 발생한다. 아이소뷰틸렌의 자유 라디칼 중합 반응 메커니즘을 제안하라.

**8-75** 오존 분해는 다양한 유형의 탄소-탄소 이중 결합에 선택적으로 적용될 수 있다. 하기 화합물은 2개의 바이닐 에터 이중 결합을 포함하는데, 이들은 전자 공여 알콕시기 때문에 전자가 풍부하다. 오존은 전자가 풍부한 이중 결합에 더 빨리 반응하고, 방해된 이중 결합에 더 느리게 반응한다. −78℃에서 이 화합물에 신속하게 2당량의 오존을 첨가한다. 오존화물의 즉각적인 환원은 단일 생성물의 양호한 수율을 제공한다. 예상되는 오존 분해 생성물을 나타내고, 생성된 작용기에 라벨을 붙여라. 그중 일부는 단순 알켄의 일반적인 오존 분해가 아니다.

$H_3CO$, $OCH_3$ —— 1) 과량의 $O_3$, −78 ℃ / 2) $(CH_3)_2S$ ——→ ?

**8-76** 다음 두 반응에서 관찰되는 상반된 위치 화학을 설명하는 메커니즘을 제안하라.

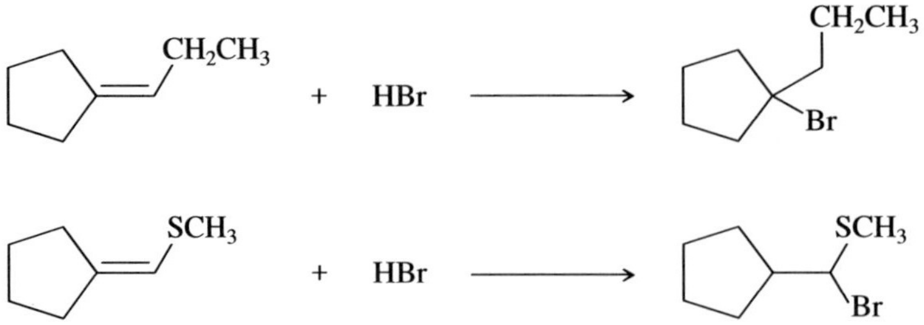

$CH_2CH_3$ + HBr → $CH_2CH_3$ Br

$SCH_3$ + HBr → $SCH_3$ Br

***8-77** 숙련되지 않은 대학원생이 데크-5-엔을 THF에 녹인 보레인과 반응시킨 후, 플라스크를 냉장고에 넣고 파티에 가버렸다. 파티에서 돌아온 후, 냉장고가 고장 난 것을 알았고, 내부가 상당히 따뜻함을 알 수 있었다. 플라스크의 모든 THF는 증발해버렸지만, 잔류물을 염기성의 과산화 수소와 반응시켰더니 놀랍게도 데칸-1-올을 그럴듯한 수율로 회수했다. 이 반응이 일어난 메커니즘을 제시하라. (힌트: $BH_3$ 첨가 반응은 가역적이다.)

***8-78** 할로젠이 알켄에 안티 입체 화학으로 할로늄 이온 메커니즘을 거쳐 첨가되는 많은 예를 보았다. 그러나 1-페닐사이클로헥센이 사염화 탄소에 녹은 염소와 반응하면 시스 및 트랜스 이성질체의 혼합물이 회수된다. 이 메커니즘을 제시하고, 입체 선택성이 없는 이유를 설명하라.

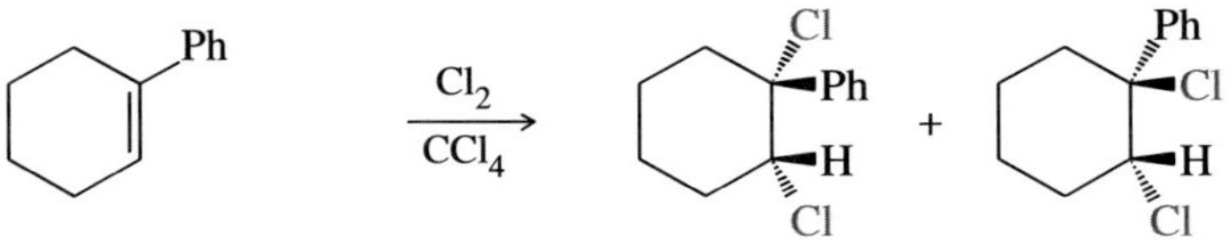

Ph → ($Cl_2$, $CCl_4$) → Cl, Ph, H, Cl + Ph, Cl, H, Cl

1-페닐사이클로헥센 → 시스 및 트랜스-1,2-다이클로로-1-페닐사이클로헥세인

**8-79** 부피가 큰 보레인인 9-BBN은 수소붕소 첨가 반응의 선택성을 높이기 위해 개발되었다. 이 예에서 9-BBN은 다이보레인의 57%에 비해 위치 선택성이 99.3%로 높게 덜 치환된 탄소에 첨가된다.

**(a)** 트라이알킬보레인이 $H_2O_2$/NaOH로 산화될 때 발생하는 두 가지 유기 생성물을 그려보라.

**(b)** 9-BBN은 대칭인 고리형 다이엔에 걸쳐 $BH_3$를 첨가함으로써 합성된다. 다이엔의 구조는 무엇인가?

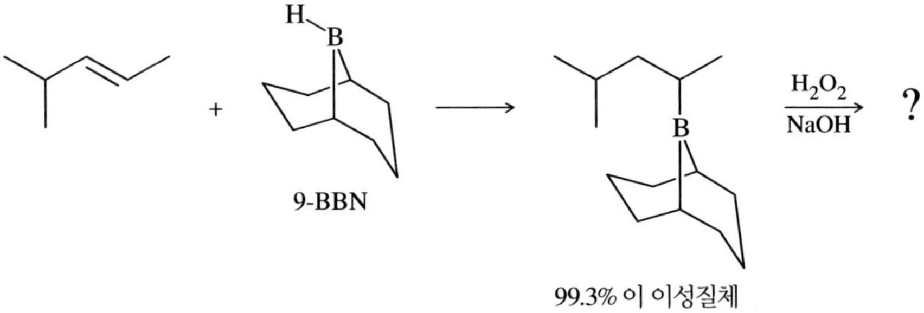

+ H–B (9-BBN) → B → ($H_2O_2$, NaOH) → ?

9-BBN

99.3% 이 이성질체

# 9 알카인

학습목표

**1** 알카인과 그 유도체를 그리고 명명한다.

**2** 할로젠화 알킬의 제거 반응과 아세틸렌화 이온의 첨가 반응 및 치환 반응으로 어떻게 알카인 화합물이 합성되는지 나타낸다.

**3** 알카인 화합물의 반응에서 반응의 방향(위치 화학)과 입체 화학을 고려하여 생성물을 예측한다.

**4** 알카인 반응에서 관찰된 생성물을 설명할 수 있는 메커니즘을 제안한다.

**5** 알카인 화합물이 시약, 중간체, 생성물인 다단계 합성 문제를 해결하기 위해 역합성 분석을 이용한다.

◀ 할리퀸 독개구리(*Dendrobates histrionicus*)는 등 분비샘에서 알칼로이드 히스트리오니코톡신(histrionicotoxin)이 포함된 체액을 분비하여 공격으로부터 자신을 보호한다. 히스트리오니코톡신은 다른 천연물에서는 발견되지 않는 스피로환 중심과 2개의 시스-엔아인 곁사슬을 지닌 독특한 구조를 가지고 있다. 개구리가 히스트리오니코톡신 자체를 합성하는지, 아니면 먹이를 통해 축적하는지 여부는 알려져 있지 않다.

## 9-1 서론

**알카인**(alkyne)은 탄소-탄소 삼중 결합을 포함한 탄화수소이다. 알카인은 가장 간단한 알카인인 아세틸렌의 유도체이기 때문에 **아세틸렌류**(acetylenes)라고도 한다.

| $H-C\equiv C-H$ | $CH_3CH_2-C\equiv C-H$ | $CH_3-C\equiv C-CH_3$ |
|---|---|---|
| 아세틸렌 | 에틸아세틸렌 | 다이메틸아세틸렌 |
| 에타인 | 뷰트-1-아인 | 뷰트-2-아인 |

탄소-탄소 삼중 결합의 화학은 탄소-탄소 이중 결합의 화학과 유사하다. 이 장에서는 알켄의 반응, 특히 첨가 반응과 산화 반응이 알카인에서도 유사하게 일어난다는 것을 알 수 있을 것이다. 또한 알카인에만 있는 특별한 반응도 있으며, 이러한 반응은 $C\equiv C$ 삼중 결합의 특성과 아세틸렌성 $\equiv C-H$ 결합의 특수한 산도로 인해 나타나는 성질이다.

삼중 결합은 같은 탄소 수를 포함하는 알케인보다 4개의 수소가 적은 알카인을 만든다. 다시 말해 2개의 이중 결합을 지닌 분자와 같은 분자식 $C_nH_{2n-2}$를 갖게 된다. 그러므로 삼중 결합은 2개의 불포화 요소(element of unsaturation, eu)를 가진다(7-3절).

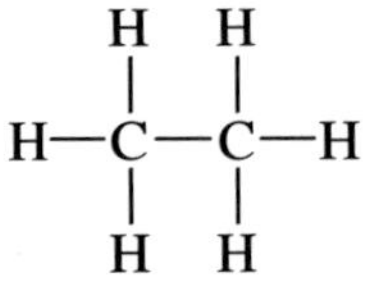

에테인, $C_2H_6$
0 eu, $C_nH_{2n+2}$

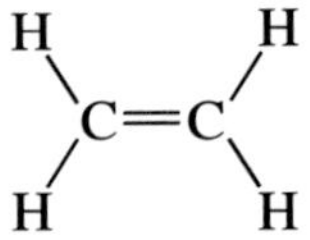

에텐, $C_2H_4$
1 eu, $C_nH_{2n}$

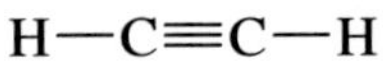

에타인, $C_2H_2$
2 eu, $C_nH_{2n-2}$

알카인은 자연에서 알켄만큼 흔하지는 않지만, 일부 식물과 곤충은 질병이나 포식자로부터 자신을 보호하기 위해 알카인을 사용한다. 몇 가지 흥미로운 예는 다음과 같다.

- 시쿠톡신(cicutoxin)은 독성이 있는 독당근에서 발견되는 독성 화합물이다.
- 인삼에서 발견되는 다이아세틸렌 화합물인 대체 파낙시트라이올(panaxytriol)은 암 화학 요법의 부작용을 완화할 수 있다.
- 병정벌레는 포식자와 병원균을 막기 위해 DHMA를 분비한다.
- 카필린(capillin)은 홍해 근처에서 발견되는 식물이 곰팡이 질병으로부터 자신을 보호하는 데 사용된다.
- 파살마이드(parsalmide)는 진통제로 사용된다.
- 합성 여성 호르몬인 에티닐 에스트라다이올(ethynyl estradiol)은 피임약의 일반적인 성분이다.
- 다이네마이신 A(dynemicin A)는 항종양제로도 테스트되고 있는 항균 화합물이다.

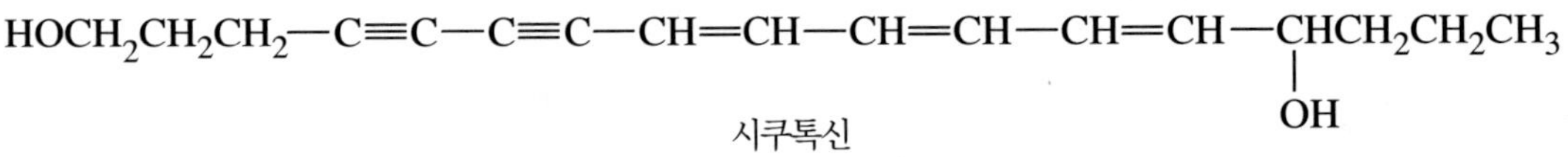

$HOCH_2CH_2CH_2-C\equiv C-C\equiv C-CH=CH-CH=CH-CH=CH-CH(OH)CH_2CH_2CH_3$

시쿠톡신

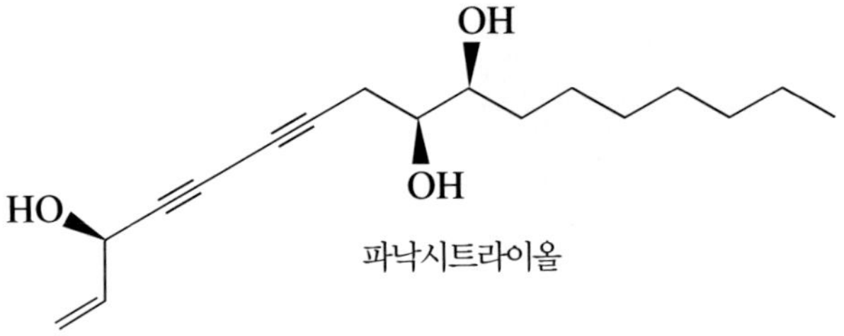

파낙시트라이올

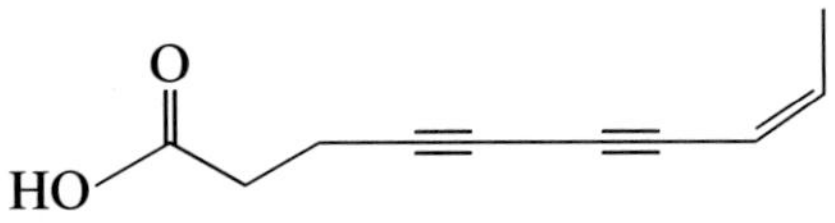

DHMA(8Z-dihydromatricaria acid)

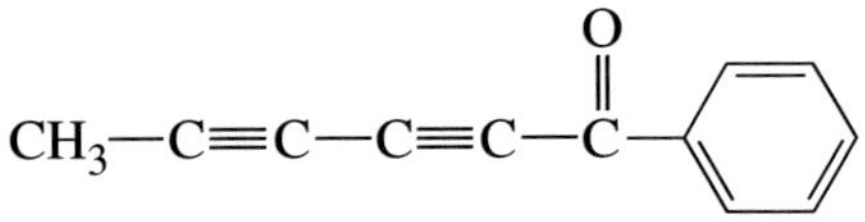

$CH_3-C\equiv C-C\equiv C-C(=O)-C_6H_5$

카필린

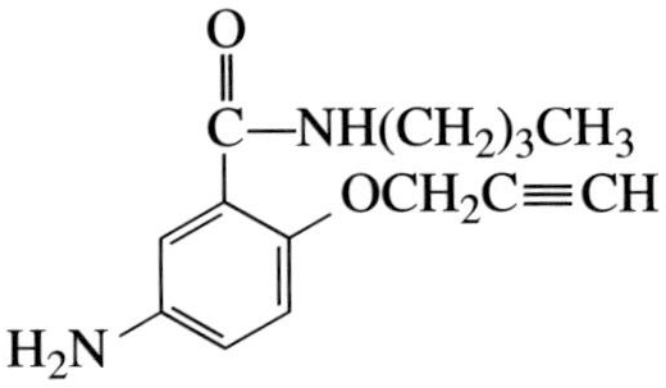

파살마이드

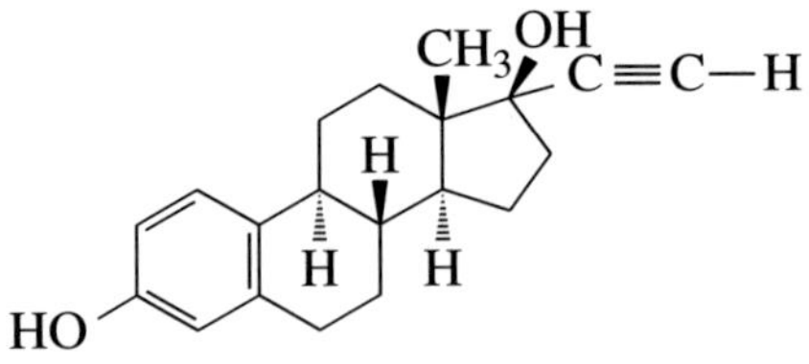

에티닐 에스트라다이올

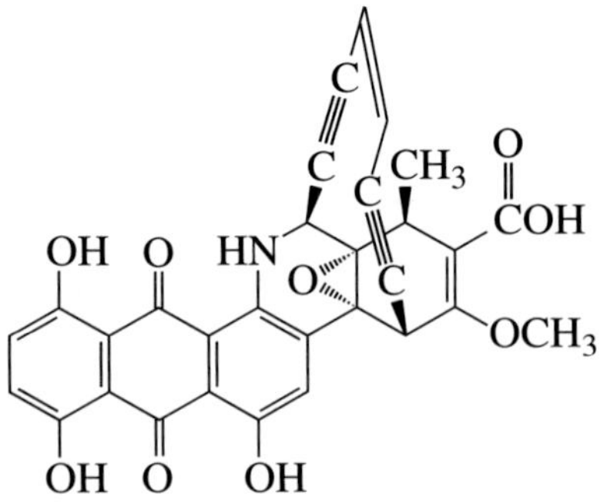

다이네마이신 A

**연습문제 9-1**

**(a)** 위에 나타낸 3개의 구조(시쿠톡신, 카필린, 파낙시트라이올)의 불포화 요소를 계산하라.

**(b)** 각 분자식을 지닌 알카인 구조식을 최소한 2개씩 그려보라.

**(1)** $C_5H_8$ **(2)** $C_8H_{10}$ **(3)** $C_9H_{12}$

## 9-2 알카인의 명명법

**IUPAC명** 알카인의 IUPAC 명명법은 알켄과 유사하다. 삼중 결합을 포함하는 가장 긴 탄소 원자의 사슬을 찾고, 모체 알케인의 어미 -에인(*-ane*)을 -아인(*-yne*)으로 바꾼다. 사슬은 삼중 결합과 가장 가까이 있는 끝 탄소에서부터 번호를 붙인다. 삼중 결합과 가까이 있는 탄소 원자에 작은 숫자가 오게 한다. 치환기는 위치를 나타내기 위해 숫자로 표시한다.

| | H—C≡C—H | $CH_3$—C≡C—H | $CH_3$—C≡C—$CH_3$ | $CH_3$—CH($CH_3$)—C≡C—$CH_2$—CH(Br)—$CH_3$ |
|---|---|---|---|---|
| 옛 IUPAC명: | 에타인 | 프로파인 | 2-뷰타인 | 6-브로모-2-메틸-3-헵타인 |
| 새 IUPAC명: | 에타인<br>(아세틸렌) | 프로파인 | 뷰트-2-아인 | 6-브로모-2-메틸헵트-3-아인 |

또 다른 작용기가 존재할 때 화합물은 접미사를 사용하여 **알켄아인**(alkenyne, 하나의 이중 결합과 하나의 삼중 결합), **알카인올**(alkynol, 하나의 삼중 결합과 하나의 알코올) 등으로 명명한다. 새로운 IUPAC 체계(기 바로 앞에 숫자를 놓는다)는 이름을 명확히 하는 데 도움이 된다. 유기 화합물 명명법에서 작용기의 우선순위를 표 9-1에 나타냈다. 이중 결합과 삼중 결합이 사슬의 양쪽 끝에서 같은 위치에 놓인다면 (알파벳에서 'ene'가 'yne'보다 먼저 나오기 때문에) 이중 결합이 삼중 결합보다 더 낮은 번호를 가진다.

| | $H_2C$=C($CH_3$)—C≡C—$CH_3$ | $CH_3$—CH(OH)—C≡C—H | $CH_2$=CH—$CH_2$—C≡CH |
|---|---|---|---|
| 옛 IUPAC명: | 2-메틸-1-펜텐-3-아인 | 3-뷰타인(butyn)-2-올 | 1-펜텐-4-아인 |
| 새 IUPAC명: | 2-메틸펜트-1-엔-3-아인 | 뷰트-3-아인(yn)-2-올 | 펜트-1-엔-4-아인 |

**관용명** 알카인의 관용명은 아세틸렌의 유도체로 쓴다. 대부분의 알카인은 1개 또는 2개의 알킬 치환기를 지닌 아세틸렌 분자로 이름한다. 이러한 명명법은 산소에 결합된 두 알킬기를 명명했던 에터의 관용명과 같다.

| H—C≡C—H<br>아세틸렌 | R—C≡C—H<br>알킬아세틸렌 | R—C≡C—R′<br>다이알킬아세틸렌 |
|---|---|---|
| $CH_3$—C≡C—H<br>메틸아세틸렌 | Ph—C≡C—H<br>페닐아세틸렌 | $CH_3$—C≡C—$CH_2CH_3$<br>에틸메틸아세틸렌 |
| $(CH_3)_2CH$—C≡C—$CH(CH_3)_2$<br>다이아이소프로필아세틸렌 | Ph—C≡C—Ph<br>다이페닐아세틸렌 | H—C≡C—$CH_2OH$<br>하이드록시메틸아세틸렌<br>(프로파길 알코올) |

**표 9-1** 유기 화합물 명명법에서 작용기의 우선순위

| |
|---|
| 산(최우선) |
| 에스터 |
| 알데하이드 |
| 케톤 |
| 알코올 |
| 아민 |
| 알켄, 알카인 |
| 알케인 |
| 에터 |
| 할로젠화 알킬(최저) |

알카인의 화학적 성질 가운데 대부분은 탄소 사슬의 끝에 삼중 결합이 존재하는 아세틸렌 성수소(H—C≡C)의 유무에 달려 있다. 이와 같은 알카인을 **말단 알카인**(terminal alkyne) 또는 **말단 아세틸렌**(terminal acetylene)이라고 한다. 삼중 결합이 탄소 사슬의 끝이 아닌 다른 곳에 존재한다면 그 알카인은 **내부 알카인**(internal alkyne) 또는 **내부 아세틸렌**(internal acetylene)이라고 한다.

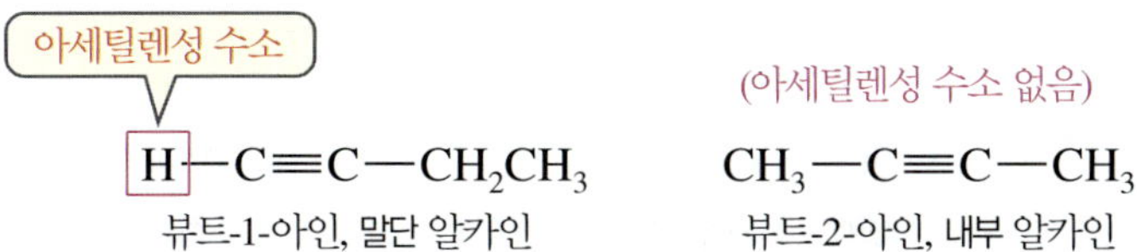

> **문제풀이 힌트**
> 알카인 명명법은 부록 5 유기 화합물 명명법에 나타나 있다.

> **연습문제 9-2**
> 각 분자식에 대해 가능한 모든 이성질체 알카인을 그리고, IUPAC명을 제시하라. 각 말단 알카인의 아세틸렌성 수소에 동그라미를 표시하라.
> **(a)** $C_5H_8$(3개의 이성질체) **(b)** $C_6H_{10}$(7개의 이성질체)

## 9-3 알카인의 물리적 성질

알카인의 물리적 성질(표 9-2)은 비슷한 분자량의 알케인과 알켄의 성질과 유사하다. 알카인은 비교적 비극성이고, 물에 거의 녹지 않는다. 그러나 대부분의 유기 용매, 아세톤, 에터, 염화 메틸렌(methylene chloride), 클로로폼(chloroform), 알코올에 매우 잘 녹는다. 많은 알카인은 특징적인 온화하고 불쾌한 냄새가 난다. 에타인(ethyne), 프로파인(propyne), 뷰타인(butyne)은 같은 탄소수를 가진 알케인 및 알켄처럼 상온에서 기체이다. 실제로 알카인의 끓는점은 유사한 탄소 골격을 가진 알케인, 알켄과 거의 동일하다.

**표 9-2** 선별된 알카인의 물리적 성질

| 이름 | 구조 | 녹는점(°C) | 끓는점(°C) | 밀도(g/cm$_3$) |
|---|---|---|---|---|
| 에타인(아세틸렌) | $H-C\equiv C-H$ | −82 | −84 | 0.62 |
| 프로파인 | $H-C\equiv C-CH_3$ | −101 | −23 | 0.67 |
| 뷰트-1-아인 | $H-C\equiv C-CH_2CH_3$ | −126 | 8 | 0.67 |
| 뷰트-2-아인 | $CH_3-C\equiv C-CH_3$ | −32 | 27 | 0.69 |
| 펜트-1-아인 | $H-C\equiv C-CH_2CH_2CH_3$ | −90 | 40 | 0.70 |
| 펜트-2-아인 | $CH_3-C\equiv C-CH_2CH_3$ | −101 | 55 | 0.71 |
| 3-메틸뷰트-1-아인 | $CH_3-CH(CH_3)-C\equiv C-H$ | | 28 | 0.67 |
| 헥스-1-아인 | $H-C\equiv C-(CH_2)_3-CH_3$ | −132 | 71 | 0.72 |
| 헥스-2-아인 | $CH_3-C\equiv C-CH_2CH_2CH_3$ | −90 | 84 | 0.73 |
| 헥스-3-아인 | $CH_3CH_2-C\equiv C-CH_2CH_3$ | −101 | 82 | 0.73 |
| 3,3-다이메틸뷰트-1-아인 | $(CH_3)_3C-C\equiv C-H$ | −81 | 38 | 0.67 |
| 헵트-1-아인 | $H-C\equiv C-(CH_2)_4CH_3$ | −81 | 100 | 0.73 |
| 옥트-1-아인 | $H-C\equiv C-(CH_2)_5CH_3$ | −79 | 125 | 0.75 |
| 논-1-아인 | $H-C\equiv C-(CH_2)_6CH_3$ | −50 | 151 | 0.76 |
| 데크-1-아인 | $H-C\equiv C-(CH_2)_7CH_3$ | −36 | 174 | 0.77 |

## 9-4 알카인의 상업적 중요성

상업적으로 사용되는 알카인 중에서 아세틸렌은 다른 모든 알카인을 합친 것보다 훨씬 많은 양(연간 약 500만 톤)이 사용된다. 아세틸렌은 알카인 가운데 상업적으로 가장 중요하다. 아세틸렌은 중요한 공업용 원료이지만, 옥시아세틸렌 용접용 토치의 연료로 가장 많이 사용한다.

### 9-4A 아세틸렌과 메틸아세틸렌의 이용

아세틸렌은 무색이고 공기 중에서 노랗고 검게 그을린 빛을 내며 연소되는 구역질 나는 냄새를 가진 기체이다. 불꽃에 순수한 산소가 보충될 때는 색깔이 밝은 파란색으로 바뀌고, 연소 온도는 매우 높은 온도로 상승한다. 아세틸렌의 연소열과 에텐, 에테인의 연소열을 비교해보면 이 기체가 높은 온도의 불꽃을 내는 매우 우수한 연료인 이유를 알 수 있다.

$$CH_3CH_3 + \tfrac{7}{2}\,O_2 \longrightarrow 2\,CO_2 + 3\,H_2O \qquad \Delta H^\circ = -1561\text{ kJ } (-373\text{ kcal})$$

$-1561$ kJ을 생성물 5몰로 나누면 $= -312$ kJ/mol ($-75$ kcal/mol)

$$H_2C{=}CH_2 + 3\,O_2 \longrightarrow 2\,CO_2 + 2\,H_2O \qquad \Delta H^\circ = -1410\text{ kJ } (-337\text{ kcal})$$

$-1410$ kJ을 생성물 4몰로 나누면 $= -352$ kJ/mol ($-84$ kcal/mol)

$$HC{\equiv}CH + \tfrac{5}{2}\,O_2 \longrightarrow 2\,CO_2 + 1\,H_2O \qquad \Delta H^\circ = -1326\text{ kJ}(-317\text{ kcal})$$

$-1326$ kJ을 생성물 3몰로 나누면 $= -442$ kJ/mol ($-106$ kcal/mol)

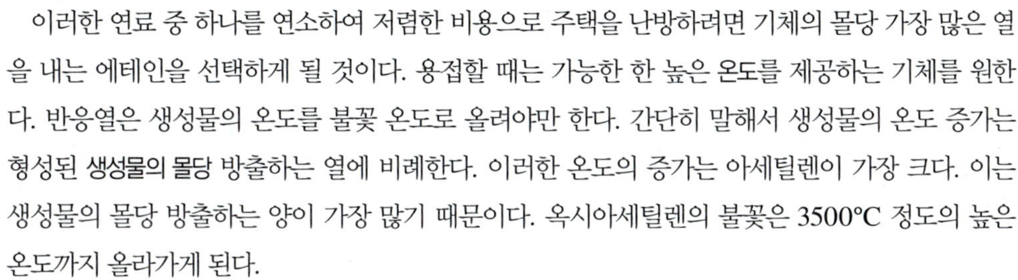

산소-아세틸렌 불꽃은 용접을 위해 강철을 녹일 정도로 충분히 뜨겁다. 절단용 토치는 뜨거운 강철을 절단하기 위해 추가적으로 산소를 분사한다.

이러한 연료 중 하나를 연소하여 저렴한 비용으로 주택을 난방하려면 기체의 몰당 가장 많은 열을 내는 에테인을 선택하게 될 것이다. 용접할 때는 가능한 한 높은 온도를 제공하는 기체를 원한다. 반응열은 생성물의 온도를 불꽃 온도로 올려야만 한다. 간단히 말해서 생성물의 온도 증가는 형성된 **생성물의 몰당** 방출하는 열에 비례한다. 이러한 온도의 증가는 아세틸렌이 가장 크다. 이는 생성물의 몰당 방출하는 양이 가장 많기 때문이다. 옥시아세틸렌의 불꽃은 3500°C 정도의 높은 온도까지 올라가게 된다.

아세틸렌이 처음으로 용접에 사용되었을 때는 위험한 폭발성 기체로 간주되었다. 아세틸렌은 열역학적으로 불안정하다. 압축된 기체가 열적 또는 기계적으로 충격을 받으면 그 원소들로 분해되면서 몰당 234 kJ(56 kcal)의 에너지를 방출한다. 초기 분해로 저장 용기가 파괴되고, 생성물(수소와 고운 탄소)은 공기 중에서 연소된다.

$$H{-}C{\equiv}C{-}H \longrightarrow 2\,C + H_2 \qquad \Delta H^\circ = -234\text{ kj/mol } (-56\text{ kcal/mol})$$

$$2\,C + H_2 \xrightarrow{\frac{5}{2}O_2} 2\,CO_2 + H_2O \qquad \Delta H^\circ = -1090\text{ kj/mol } (-261\text{ kcal/mol})$$

아세틸렌은 아세톤에 젖어 있는 분쇄된 내화벽돌로 가득 찬 실린더 안에서 안전하게 저장되고 취급된다. 아세틸렌은 아세톤에 잘 용해되고, 용해된 기체는 쉽게 분해되지 않는다. 내화벽돌은 아세틸렌을 조절하기 어려워지기 전에 실린더의 자유 부피를 최소화하고 냉각과 분해를 조절함으로써 분해를 적게 하는 데 도움이 된다.

메틸아세틸렌(methylacetylene) 역시 용접에 이용된다. 메틸아세틸렌은 아세틸렌처럼 쉽게 분해되지 않으며 공기 중에서 더 잘 연소한다. 메틸아세틸렌은 프로페인 기체가 미치지 못하는 높은 온도가 필요한 가정용 납땜에 적합하다. 메틸아세틸렌은 공업적으로 합성할 때 이성질체인 프로파다이엔(propadiene), 즉 알렌(allene)과의 혼합물로 얻을 수 있다. 이 혼합물은 상업적으로 MAPP®(MethylAcetylene-ProPadiene) 기체라는 상품명으로 판매되고 있다.

$$CH_3{-}C{\equiv}C{-}H \qquad H_2C{=}C{=}CH_2$$

메틸아세틸렌     프로파다이엔(알렌)

### 9-4B 아세틸렌의 제조

유기 화합물 가운데 가장 저렴한 유기 시약 중 하나인 아세틸렌은 석탄과 천연가스에서 만들 수 있다. 석탄으로부터 합성할 때는 전기로에서 생석회와 코크(구운 석탄)를 가열하여 탄화 칼슘을 만든다. 탄화 칼슘에 물을 첨가하면 아세틸렌과 수산화 칼슘을 얻을 수 있다.

$$\underset{\text{코크}}{3\,C} + \underset{\text{생석회}}{CaO} \xrightarrow{\text{전기로, 2500°C}} \underset{\text{탄화 칼슘}}{CaC_2} + CO$$

$$CaC_2 + 2\,H_2O \longrightarrow \underset{\text{아세틸렌}}{H-C\equiv C-H} + \underset{\text{수화된 생석회}}{Ca(OH)_2}$$

두 번째 반응은 오래전 축전지 전력의 빛을 이용하기 전에 석탄 탄광에서 광원으로 쓸모가 있었다. 광부들이 사용하던 램프는 탄화 칼슘에 물이 한 방울씩 천천히 떨어지도록 설계되어 생성된 아세틸렌이 공기 중에서 노란 불빛을 내는 작은 불꽃으로 연소되었다. 그러나 불행하게도 이 불꽃은 석탄층에서 흔히 발견되는 메테인 가스를 점화시켜 폭발되어 불상사의 원인이 되었다. 그 후 축전지를 이용한 광부의 전등은 더 밝은 불빛을 공급하며 메테인의 폭발 위험성을 감소시켰다.

광부들의 카바이드 램프. 위 칸에 있는 물이 천천히 아래 칸의 칼슘 카바이드에 떨어져 아세틸렌이 생성된다.

천연가스로부터 아세틸렌의 합성은 간단한 과정이다. 천연가스는 대부분 메테인으로 구성되어 있으므로 짧은 시간 동안 고온으로 가열할 때 아세틸렌을 형성한다.

$$2\,CH_4 \xrightarrow[\text{0.01초}]{\text{1500°C}} H-C\equiv C-H + 3\,H_2$$

이 반응은 흡열 반응이지만 생성물의 몰수가 반응물의 몰수보다 2배 더 많아진다. 몰수의 증가로 엔트로피가 증가함으로써 높은 온도에서 $(-T\Delta S)$ 항이 자유 에너지$(\Delta G - \Delta H - T\Delta S)$를 지배하게 된다.

**연습문제 9-3**

1500°C에 오랜 시간 놓아두면 아세틸렌은 어떤 반응을 일으키는가?

## 9-5 알카인의 전자 구조

1-15절에서 삼중 결합의 전자 구조를 배웠다. 아세틸렌을 예로 들어 이 구조를 살펴보자. 아세틸렌의 Lewis 구조는 탄소 핵들 사이에 있는 세 전자쌍을 보여준다.

H:C:::C:H

각 탄소 원자는 2개의 다른 원자와 결합하고, 비결합성 원자가 전자는 없다. 각 탄소 원자는 시그마 결합 골격을 형성하기 위해 2개의 혼성 오비탈이 필요하다. *s* 오비탈과 1개의 *p* 오비탈의 혼성화는 각 탄소 원자에 대해 180° 방향으로 2개의 혼성 오비탈을 만든다. 이러한 *sp* 혼성 오비탈은 서로 그리고 수소의 *s* 오비탈과 겹침으로써 시그마 결합 골격을 형성한다. 실험을 통해 그들이 선형 구조(180°)를 나타내는 것이 확인되었다.

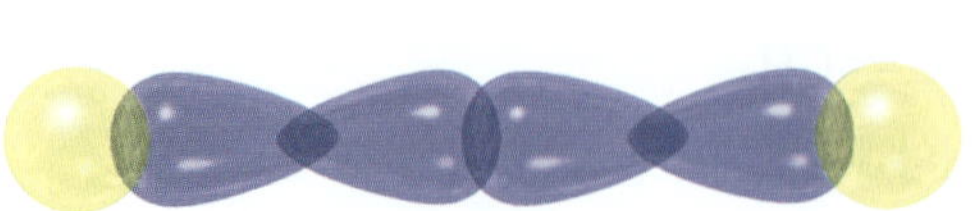

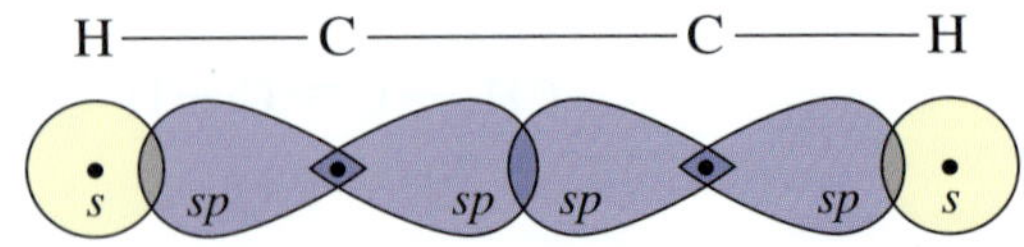


2개의 파이 결합은 각 탄소 원자의 혼성화되지 않고 남아 있는 *p* 오비탈의 겹침으로 형성된다. 이들 오비탈은 직각으로 서로 겹쳐서 C—C 시그마 결합의 위아래로 전자 밀도를 가지고 1개의 파이 결합을 형성하고, 앞과 뒤에서도 전자 밀도를 가지고 또 1개의 파이 결합을 형성한다. 파이 결합의 모양은 2개의 탄소 원자 사이의 시그마 결합을 둘러싼 전자 밀도 원통을 이룬다(그림 9-1).

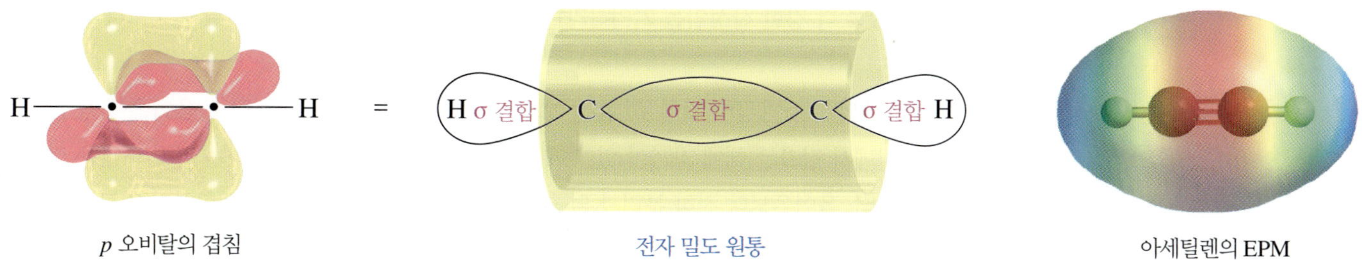


**그림 9-1** 아세틸렌의 결합. C≡C 삼중 결합은 중앙 시그마 결합(탄소 원자에 있는 2개의 *sp* 혼성 오비탈이 겹쳐서 형성됨)과 각 탄소의 나머지 두 *p* 오비탈이 겹쳐서 형성된 2개의 파이 결합으로 구성된다. 계산에 따르면 2개의 파이 결합이 추가되어 시그마 결합을 둘러싼 전자 밀도의 원통을 형성하는 것으로 나타났다.

아세틸렌에서 C—C 결합의 길이는 1.20 Å이고, 각 C—H 결합의 길이는 1.06 Å이다. 두 결합은 에테인과 에텐의 해당하는 결합 길이보다 짧다.

| 에테인 | 에텐 | 에타인 |
|---|---|---|
| $H_3C-CH_3$ | $H_2C=CH_2$ | H—C≡C—H |
| C—C 1.54 Å | C=C 1.33 Å | C≡C 1.20 Å |
| C—H 1.09 Å | C—H 1.08 Å | C—H 1.06 Å |

삼중 결합은 3개의 결합 전자쌍의 인력이 겹치고 ***s* 성질**(*s* character)이 큰 *sp* 혼성 오비탈을 갖기 때문에 비교적 결합 길이가 짧다. *sp* 혼성 오비탈은 약 2분의 1의 *s* 성질을 가지며($sp^2$ 혼성 오비탈은 3분의 1의 *s* 성질, $sp^3$ 혼성 오비탈은 4분의 1의 *s* 성질을 가짐), *s* 오비탈들을 더 가깝 고 강하게 끈다. *sp* 혼성 오비탈은 아세틸렌에서의 C—H 결합이 에틸렌에서의 C—H 결합보다 약간 짧은 이유를 설명해준다.

## 9-6 알카인의 산도: 아세틸렌화 이온의 형성

말단 알카인은 다른 탄화수소보다 산도가 더 크다. 아세틸렌성 수소를 제거하여 알카인 화학의 중요한 역할을 하는 아세틸렌화 이온을 형성한다.

아세틸렌성 수소의 산도는 *sp* 혼성 ≡C—H 결합의 특성에서 유래한다. 표 9-3은 C—H 결합의 산도가 $sp^3 < sp^2 < sp$ 오비탈과 같이 *s* 성질이 증가함에 따라 증가하는 것을 보여준다($pK_a$

**표 9-3**

| 화합물 | 짝염기 | 혼성화 | *s* 성질 | $pK_a$ | |
|---|---|---|---|---|---|
| $H_3C-CH_3$ | $H_3C-CH_2^-$ | $sp^3$ | 25% | 50 | 가장 약산 |
| $H_2C=CH_2$ | $H_2C=CH^-$ | $sp^2$ | 33% | 44 | |
| $:NH_3$ | $^-:\ddot{N}H_2$ | (암모니아) | | 36 | |
| H—C≡C—H | H—C≡C:⁻ | *sp* | 50% | 25 | |
| R—OH | R—Ö:⁻ | (알코올) | | 16~18 | 센산 |

값이 **작을수록** 더 강한 산성임을 기억하라). 아세틸렌성 수소의 산도는 바이닐 수소보다 $10^{19}$배 더 크다.

아세틸렌의 수소가 떨어지면 *sp* 혼성 오비탈에 고립 전자쌍을 지닌 탄소 음이온이 생성된다. 이 오비탈에서 전자는 핵에 가까이 있기 때문에 $sp^2$, $sp^3$ 혼성 오비탈에 있는 짝짓지 않은 전자쌍을 가진 탄소 음이온보다 전하 분리가 덜 일어난다. 암모니아와 알코올을 포함하여 비교해보면 아세틸렌은 아마이드화 이온(amide ion, $^{-}NH_2$)으로 인해 수소가 떨어질 수 있으나 알콕시화 이온($^{-}OR$)에 의해서는 떨어질 수 없다는 것에 유의하라.

아마이드화 소듐($NaNH_2$) 같은 센염기는 말단 아세틸렌으로부터 양성자를 떼어내어 **아세틸렌화 이온**(acetylide ion) 또는 **알카인화 이온**(alkynide ion)이라고 하는 탄소 음이온을 형성한다. 수산화 이온이나 알콕시화 이온은 알카인에서 수소를 떼어낼 만큼 센염기는 아니다. 내부 알카인은 아세틸렌성 양성자를 가지고 있지 않기 때문에 반응하지 않는다.

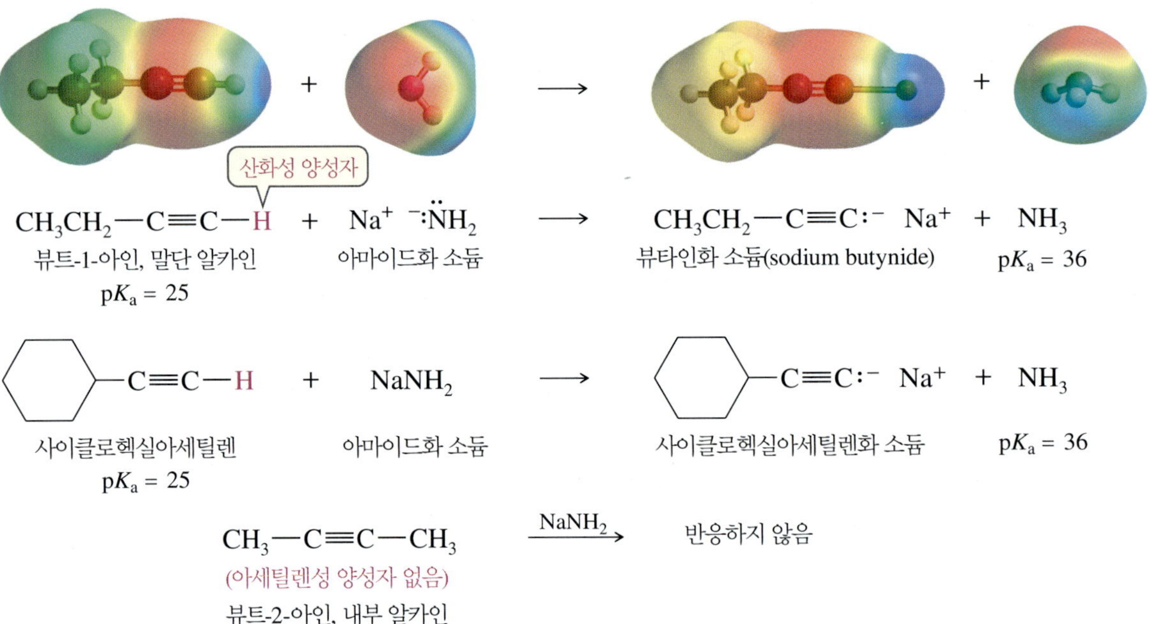


아마이드화 소듐(sodium amide, $Na^{+}\ ^{-}\!:\!\ddot{N}H_2$)은 종종 아세틸렌화 염을 형성하기 위해 염기로 사용한다. 아마이드화 이온($^{-}NH_2$)은 자체로도 염기인 암모니아의 짝염기이다. 암모니아는 $K_a = 10^{-36}$($pK_a = 36$)으로 아주 약산이다. 암모니아의 수소 중 1개가 소듐 금속에 의해 환원됨으로써 매우 센 짝염기인 아마이드화 이온의 소듐 염이 생성된다.

$$\underset{\text{암모니아}}{H-\ddot{N}(H)-H} + Na \xrightarrow{Fe^{3+}\ \text{촉매}} \underset{\substack{\text{아마이드화 소듐}\\ \text{('소다마이드')}}}{Na^{+}\ ^{-}\!:\!\ddot{N}(H)-H} + \tfrac{1}{2}H_2\uparrow$$

$$R-C\equiv C-H + Na^{+}\ ^{-}\!:\!\ddot{N}H_2 \longrightarrow \underset{\text{아세틸렌화 소듐}}{R-C\equiv C\!:^{-}\ Na^{+}} + :NH_3$$

아세틸렌화 이온은 강한 친핵체이다. 사실 치환된 알카인을 합성할 때 가장 좋은 방법 중 하나는 입체적인 방해가 적은 할로젠화 알킬을 아세틸렌화 이온으로 친핵적 공격을 시키는 것이다. 이러한 치환 반응을 9-7A절에서 자세히 고찰할 것이다.

$$CH_3CH_2-C\equiv C:^- \; Na^+ + H_3C-I \longrightarrow CH_3CH_2-C\equiv C-CH_3 + NaI$$

**연습문제 9-4**

헥스-1-엔(64℃)과 헥스-1-아인(71℃)의 끓는점은 매우 비슷하여 증류하여 명확하게 분리하기 어렵다. 헥스-1-아인의 산도를 이용하여 헥스-1-엔에서 적은 양의 헥스-1-아인을 제거할 수 있는 방법을 제시하라.

**연습문제 9-5**

다음 산-염기 반응의 생성물을 예측하라. 반응이 진행되기 어려울 경우 아무런 반응이 일어나지 않는다고 표시하라.

(a) $H-C\equiv C-H + NaNH_2$
(b) $H-C\equiv C-H + CH_3Li$
(c) $H-C\equiv C-H + NaOCH_3$
(d) $H-C\equiv C-H + NaOH$
(e) $H-C\equiv C:^- \; Na^+ + CH_3OH$
(f) $H-C\equiv C:^- \; Na^+ + H_2O$
(g) $H-C\equiv C:^- \; Na^+ + H_2C=CH_2$
(h) $H_2C=CH_2 + NaNH_2$
(i) $CH_3OH + NaNH_2$

## 9-7 아세틸렌화 화합물로부터 알카인의 합성

알카인을 합성할 때 보통 두 가지 다른 방법이 사용된다. 첫 번째는 아세틸렌화 이온이 적당한 친전자체를 친핵성 공격하는 방법이다. 친전자체는 입체 장애가 적은 ($S_N2$ 반응을 하는) 1차 할로젠화 알킬이거나 (첨가하여 알코올이 생성되는) 카보닐 화합물이어야 할 것이다. 어느 반응이든지 두 가지 부분이 결합하여 탄소 골격이 증가된 화합물을 얻게 된다. 많은 실험실에서 알카인의 합성으로 이 방법을 사용하고 있다.

두 번째 방법은 하나의 다이할로젠화물이 이중 할로젠화 수소 이탈 반응을 하여 삼중 결합을 형성하는 것이다. 이 방법으로는 탄소 골격을 늘일 수 없다. 또한 삼중 결합의 이성질화가 일어날지 모른다(9-8절 참조). 그래서 원하는 생성물이 열역학적으로 유리한 위치에 삼중 결합을 가질 때만 할로젠화 수소 이탈 반응이 유용하다.

### 9-7A 아세틸렌화 이온의 알킬화 반응

아세틸렌화 이온은 센염기이면서 강한 친핵체이다. 적합한 기질로부터 할로젠화 이온을 치환시켜 치환된 아세틸렌을 생성한다.

$$R-C\equiv C:^- + R'-X \xrightarrow{S_N2} R-C\equiv C-R' + X^-$$

($R'-X$는 1차 할로젠화 알킬이어야 한다.)

**문제풀이 힌트**

아세틸렌화 이온의 알킬화는 탄소 사슬을 증가시키는 탁월한 방법이다. 필요하다면 삼중 결합은 나중에 알케인 또는 알켄으로 환원될 수 있다.

이러한 $S_N2$ 반응이 좋은 수득률을 얻으려면 할로젠화 알킬은 훌륭한 $S_N2$ 기질이어야 한다. 이는 반응 중심의 가까운 거리에 부피가 큰 치환체나 곁사슬을 지니지 않은 메틸 또는 1차여야 한다. 다음 예에서는 아세틸렌화 이온이 1차 할로젠화물을 치환함으로써 늘어난 알카인이 형성되는 것을 보여준다.

$$H{-}C{\equiv}C{:}^- \; Na^+ + CH_3CH_2CH_2CH_2{-}Br \longrightarrow H{-}C{\equiv}C{-}CH_2CH_2CH_2CH_3 + NaBr$$

아세틸렌화 소듐 / 1-브로모뷰테인 / 헥스-1-아인 (뷰틸아세틸렌) (75%)

$$\text{(cyclohexyl)}{-}C{\equiv}C{-}H \xrightarrow[\text{(2) 브로민화 에틸}]{\text{(1) } NaNH_2} \text{(cyclohexyl)}{-}C{\equiv}C{-}CH_2CH_3$$

에티닐사이클로헥세인 (사이클로헥실아세틸렌) / 1-사이클로헥실뷰트-1-아인 (에틸사이클로헥실아세틸렌) (70%)

만약 뒤쪽 접근에 입체 장애를 받는다면 아세틸렌화 이온은 양성자를 떼어내어 E2 메커니즘에 의해 제거 반응을 하게 된다.

$$CH_3CH_2{-}C{\equiv}C{:}^- + H_3C{-}CH(Br){-}CH_3 \xrightarrow{E2} CH_3CH_2{-}C{\equiv}C{-}H + H_2C{=}CH{-}CH_3 + Br^-$$

뷰타인화 이온 / 브로민화 아이소프로필 / 뷰트-1-아인 / 프로펜

**예제 9-1**

아세틸렌과 필요한 할로젠화 알킬을 이용하여 데크-3-아인을 합성하는 방법을 설명하라.

**풀이**

데크-3-아인의 다른 이름은 에틸 $n$-헥실 아세틸렌(ethyl $n$-hexyl acetylene)이다. 이 물질은 아세틸렌에 헥실기와 에틸기를 첨가함으로써 만들 수 있다. 합성은 어느 순서든 가능하지만, 여기서는 헥실기를 첨가하는 반응부터 시작한다.

$$H{-}C{\equiv}C{-}H \xrightarrow[\text{(2) } CH_3(CH_2)_5Br]{\text{(1) } NaNH_2} CH_3(CH_2)_5{-}C{\equiv}C{-}H$$

아세틸렌 / 옥트-1-아인

$$CH_3(CH_2)_5{-}C{\equiv}C{-}H \xrightarrow[\text{(2) } CH_3CH_2Br]{\text{(1) } NaNH_2} CH_3(CH_2)_5{-}C{\equiv}C{-}CH_2CH_3$$

옥트-1-아인 / 데크-3-아인

**응용: 약**

카보닐기에 아세틸렌화 이온을 첨가하는 것은 졸음을 유발하거나 수면을 유도하는 데 사용되는 약인 에트클로바이놀(ethchlorvynol) 합성에 사용된다. 에트클로바이놀은 비교적 비극성이며 중앙신경계의 지방 조직 안으로 분배된다.

$$CH_3CH_2{-}C(OH)(CH{=}CHCl){-}C{\equiv}CH$$

에트클로바이놀

**연습문제 9-6**

데크-3-아인을 합성할 때 에틸기를 먼저 첨가한 다음 헥실기를 첨가하려고 할 경우 필요한 첨가 시약과 중간체를 나타내라.

**연습문제 9-7**

출발 물질로 아세틸렌과 다른 적당한 할로젠화 알킬을 이용하여 다음 화합물을 합성하는 방법을 설명하라. 이러한 방법으로 합성할 수 없는 화합물이 있다면 그 이유를 설명하라.

**(a)** 헥스-1-아인
**(b)** 헥스-2-아인
**(c)** 헥스-3-아인
**(d)** 4-메틸헥스-2-아인
**(e)** 5-메틸헥스-2-아인
**(f)** 사이클로데카인(cyclodecyne)

### 9-7B 카보닐기에 대한 아세틸렌화 이온의 첨가

다른 탄소 음이온과 마찬가지로 아세틸렌화 이온은 강한 친핵체이며 센염기이다. $S_N2$ 반응으로 할로젠화 이온과 치환될 뿐만 아니라 카보닐기(C$=$O)에 첨가될 수 있다. 그림 9-2는 카보닐기의 구조를 보여준다. 산소가 탄소보다 전기 음성도가 크므로, C$=$O 이중 결합은 극성이다. 산소는 부분적인 음전하를 가지며, 같은 양의 양전하를 탄소 원자가 가진다.

양으로 하전된 탄소는 친전자적이며, 친핵체에게 공격받아 전기 음성적인 산소 원자에 음전하가 놓이게 된다.

$$\text{Nuc:}^- + \overset{\delta^+}{\text{C}}{=}\overset{\delta^-}{\ddot{\text{O}}}\text{:} \longrightarrow \text{Nuc}{-}\text{C}{-}\ddot{\text{O}}\text{:}^-$$

알콕시화 이온

이와 같은 친핵성 공격의 생성물은 센염기인 알콕시화 이온이다. [**알콕시화 이온**(alkoxide ion)은 알코올의 짝염기이다.] 물이나 묽은 산을 첨가하면 알콕시화 이온이 양성자화하여 알코올을 생성한다.

$$\underset{\text{알콕시화 이온}}{\text{Nuc}{-}\text{C}{-}\ddot{\text{O}}\text{:}^-} \quad \underset{(\text{또는 } H_3O^+)}{\text{H}{-}\ddot{\text{O}}{-}\text{H}} \longrightarrow \text{Nuc}{-}\text{C}{-}\ddot{\text{O}}\text{H} + {}^-\text{:}\ddot{\text{O}}\text{H}$$

> **문제풀이 힌트**
>
> 하나의 화살표 위에 있는 숫자 (1), (2), (3)은 일련의 별개의 반응을 나타내는 데 사용된다. 만약 숫자가 빠져 있다면 별개의 단계로 시약을 첨가한 것이 아니라 모든 시약을 함께 섞었다고 잘못 의미하게 된다.

아세틸렌화 이온은 카보닐기에 대한 첨가 반응에서 친핵체로 작용한다. 아세틸렌화 이온이 카보닐기에 첨가하여 알콕시화 이온을 생산한다(별도의 단계에서). 묽은 산의 첨가로서 알콕시화 이온은 양성자가 첨가되어 알코올이 된다.

$$\underset{\text{아세틸렌화 이온}}{R'{-}C{\equiv}C\text{:}^-} + \underset{\text{알데하이드 또는 케톤}}{R_2C{=}\ddot{O}\text{:}} \longrightarrow R'{-}C{\equiv}C{-}CR_2{-}\ddot{O}\text{:}^- \xrightarrow{H_3O^+} \underset{\text{아세틸렌성 알코올}}{R'{-}C{\equiv}C{-}CR_2{-}OH}$$

아세틸렌화 이온이 폼알데하이드($H_2C{=}O$)에 첨가되어(양성자 첨가 단계 후) 아세틸렌화 이온보다 1개 더 많은 탄소 원자를 가진 1차 알코올을 생성한다.

$$R'{-}C{\equiv}C\text{:}^- + \underset{\text{폼알데하이드}}{H_2C{=}\ddot{O}\text{:}} \longrightarrow R'{-}C{\equiv}C{-}CH_2{-}\ddot{O}\text{:}^- \xrightarrow{H_3O^+} \underset{1^\circ\ \text{알코올}}{R'{-}C{\equiv}C{-}CH_2{-}OH}$$

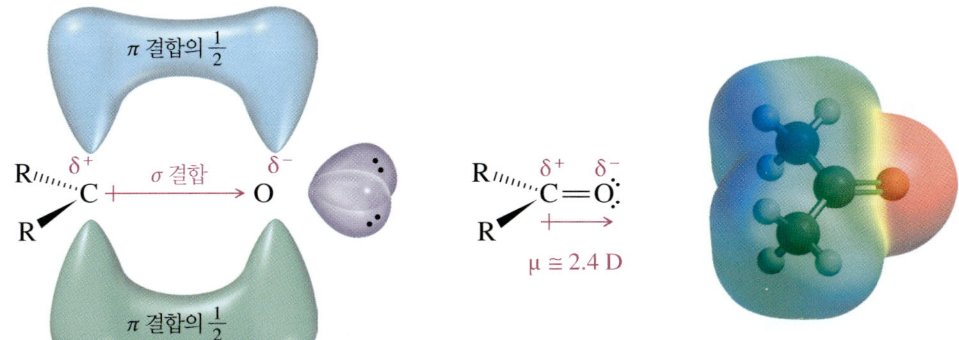


**그림 9-2** 카보닐기의 C$=$O 이중 결합은 알켄의 C$=$C 이중 결합과 유사하다. 그러나 카보닐 이중 결합은 강한 극성이다. 산소 원자는 부분 음전하를, 탄소 원자는 부분 양전하를 가진다.

예

$$\mathrm{CH_3{-}C{\equiv}C{-}H} \xrightarrow[\text{(3) } \mathrm{H_3O^+}]{\text{(1) } \mathrm{NaNH_2} \;\; \text{(2) } \mathrm{H_2C{=}O}} \mathrm{CH_3{-}C{\equiv}C{-}CH_2{-}OH}$$

프로파인 → 뷰트-2-아인(yn)-1-올(1°)

알데하이드에 아세틸렌화 이온을 첨가하고, 양성자 첨가 후 2차 알코올이 생성된다. 2차 알코올의 2개의 반응기는 아세틸렌화 이온과 알데하이드 카보닐기에 결합했던 알킬기이다.

$$\mathrm{R'{-}C{\equiv}C{:}^-} + \mathrm{RHC{=}\ddot{O}{:}} \longrightarrow \mathrm{R'{-}C{\equiv}C{-}CRH{-}\ddot{O}{:}^-} \xrightarrow{\mathrm{H_3O^+}} \mathrm{R'{-}C{\equiv}C{-}CRH{-}OH}$$

알데하이드 → 2° 알코올

예

$$\mathrm{CH_3{-}CH(CH_3){-}C{\equiv}C{-}H} \xrightarrow[\text{(3) } \mathrm{H_3O^+}]{\text{(1) } \mathrm{NaNH_2} \;\; \text{(2) } \mathrm{PhCHO}} \mathrm{CH_3{-}CH(CH_3){-}C{\equiv}C{-}CH(Ph){-}OH}$$

3-메틸뷰트-1-아인 → 4-메틸-1-페닐펜트-2-아인(yn)-1-올(2°)

케톤은 카보닐 탄소 원자에 붙은 2개의 알킬기를 가진다. 아세틸렌화 이온의 첨가 후 양성자 첨가로 3차 알코올이 생성된다. 카비놀 탄소 원자(—OH기를 지닌 탄소)에 결합한 3개의 알킬기는 아세틸렌화 이온과 원래 케톤의 카보닐기에 결합하고 있었던 2개의 알킬기이다.

$$\mathrm{R'{-}C{\equiv}C{:}^-} + \mathrm{R_2C{=}\ddot{O}{:}} \longrightarrow \mathrm{R'{-}C{\equiv}C{-}CR_2{-}\ddot{O}{:}^-} \xrightarrow{\mathrm{H_3O^+}} \mathrm{R'{-}C{\equiv}C{-}CR_2{-}OH}$$

케톤 → 3° 알코올

예

$$\text{cyclohexanone} \xrightarrow[\text{(2) } \mathrm{H_3O^+}]{\text{(1) } \mathrm{Na^+\ {}^-{:}C{\equiv}C{-}H}} \text{1-(C}{\equiv}\text{C}{-}\text{H)cyclohexan-1-ol}$$

사이클로헥산온 → 1-에티닐사이클로헥산올(3°)

**예제 9-2**

아세틸렌과 필요한 시약을 사용하여 다음 화합물을 합성하는 방법을 설명하라.

$$\text{cyclopentyl}{-}\mathrm{CH(OH){-}C{\equiv}C{-}CH_2CH_3}$$

**풀이**

아세틸렌에 2개의 기, 즉 에틸기와 (2차 알코올을 생성하기 위한) 6개의 탄소를 지닌 알데하이드를 첨가하는 것이 필요하다. 알코올을 처음 만들면 약한 산성인 —OH기는 에틸기가 도입되는 알킬화를 방해한다. 그러므로 반응성이 작은 에틸기를 먼저 첨가하고, 나중에 알코올기를 합성한다.

$$H{-}C{\equiv}C{-}H \xrightarrow[(2)\ CH_3CH_2Br]{(1)\ NaNH_2} H{-}C{\equiv}C{-}CH_2CH_3$$

에틸기는 산성을 나타내지 않으며, 두 번째 반응기의 첨가를 방해하지 않는다.

$$H{-}C{\equiv}C{-}CH_2CH_3 \xrightarrow{NaNH_2} Na^+\ {}^-{:}C{\equiv}C{-}CH_2CH_3 \xrightarrow[(2)\ H_3O^+]{(1)\ \text{cyclopentyl-CHO}} \text{cyclopentyl-}CH(OH){-}C{\equiv}C{-}CH_2CH_3$$

**연습문제 9-8**

아세틸렌과 필요한 시약을 사용하여 각 화합물을 어떻게 합성할 수 있는지 나타내라.

**(a)** 프로프-2-아인(yn)-1-올 (프로파길 알코올)

$$H{-}C{\equiv}C{-}CH_2OH$$

**(b)** 헵트-2-아인(yn)-4-올

$$CH_3{-}C{\equiv}C{-}CH(OH){-}CH_2CH_2CH_3$$

**(c)** 2-페닐뷰트-3-아인(yn)-2-올

$$CH_3{-}C(OH)(Ph){-}C{\equiv}C{-}H$$

**(d)** 3-메틸헥스-4-아인(yn)-3-올

$$CH_3CH_2{-}C(OH)(CH_3){-}C{\equiv}C{-}CH_3$$

**문제풀이 힌트**

합성 과정에 아세틸화 이온의 알킬화와 카보닐기에 첨가가 필요하면 활성이 작은 알킬화 후 카보닐기에 첨가한다. 일반적으로 합성 과정에서 활성이 큰 작용기를 나중에 첨가한다.

**연습문제 9-9**

아세토페논(acetophenone, $PhCOCH_3$)과 필요한 다른 시약을 사용하여 2-페닐헥스-3-아인(yn)-2-올을 어떻게 합성할지 나타내라('2-올'은 C2에 OH기가 존재한다는 것을 의미한다).

## FOCUS | 아세틸렌화로부터 알카인의 합성

아세틸렌화 이온은 $NaNH_2$ 같은 센염기를 사용하여 말단 알카인 또는 아세틸렌의 탈양성자화로 생성된 음이온이며, 센염기이자 강한 친핵체이다.

$$\underset{pK_a = 25}{R{-}C{\equiv}C{-}H} + NaNH_2 \longrightarrow \underset{\text{아세틸렌화 소듐}}{R{-}C{\equiv}\ddot{C}^-\ Na^+} + \underset{pK_a = 36}{NH_3}$$

R = H일 경우 출발 물질은 아세틸렌이다.

**1.** 아세틸렌화 이온과 메틸 및 1° 할로젠화 알킬의 반응은 $S_N2$ 메커니즘에 따라 진행된다.

$$R{-}C{\equiv}\ddot{C}^-\ Na^+ + \underset{R\,=\,CH_3\ \text{또는}\ 1^\circ}{R{-}X} \longrightarrow R{-}C{\equiv}C{-}R + NaX$$

제거 반응이 경쟁하기 때문에 2° 및 3° R—X에는 해당되지 않는다.

**2.** 알데하이드와 케톤에 아세틸렌화 이온을 첨가한 후 양성자화하면 알코올이 형성된다.

$$R-C\equiv C^{-} + H_2C{=}O \xrightarrow{H_3O^+} R-C\equiv C-CH_2-OH \quad (1°)$$

폼알데하이드

폼알데하이드에 아세틸렌화 이온을 첨가하면 1° 알코올이 된다.

$$R-C\equiv C^{-} + R'(H)C{=}O \xrightarrow{H_3O^+} R-C\equiv C-CR'(H)-OH \quad (2°)$$

알데하이드

다른 알데하이드에 아세틸렌화 이온을 첨가하면 2° 알코올이 생성된다.

$$R-C\equiv C^{-} + R'_2C{=}O \xrightarrow{H_3O^+} R-C\equiv C-CR'_2-OH \quad (3°)$$

케톤

케톤에 아세틸렌화 이온을 첨가하면 3° 알코올이 생성된다.

## 9-8 제거 반응에 의한 알카인의 합성

어떤 경우에는 다이할로젠화물로부터 HX 분자 2개를 제거함으로써 탄소-탄소 삼중 결합을 만들 수 있다. 같은 자리(geminal) 혹은 이웃 자리(vicinal) 다이할로젠화물의 할로젠화 수소 이탈 반응은 할로젠화 바이닐을 생성하고, 센염기 조건하에서 두 번째 할로젠화 수소 이탈 반응으로 알카인을 생성할 수 있다.

$$R-CHX-CHX-R' \xrightarrow[\text{(빠름)}]{\text{염기, }-HX} (H)(R)C{=}C(R')(X) \xrightarrow[\text{(느림)}]{\text{염기, }-HX} R-C\equiv C-R'$$

이웃 자리 다이할로젠화물    할로젠화 바이닐    알카인

$$R-CH_2-CX_2-R' \xrightarrow[\text{(빠름)}]{\text{염기, }-HX} (H)(R)C{=}C(R')(X) \xrightarrow[\text{(느림)}]{\text{염기, }-HX} R-C\equiv C-R'$$

같은 자리 다이할로젠화물    할로젠화 바이닐    알카인

앞서 할로젠화 알킬의 할로젠화 수소 이탈 반응의 많은 예를 보았다(7-9절). 그 두 번째 단계는 할로젠화 바이닐의 할로젠화 수소 이탈 반응으로, 알카인을 생성하는 새로운 반응이다. 이러한 두 번째 할로젠화 수소 이탈 반응은 오직 극히 센염기성의 조건에서만 일어나는데, 예를 들면 봉합된 튜브 안에서 녹은 KOH나 알코올성 KOH의 온도를 거의 200°C까지 올려준다. 아마이드화 소듐 또한 이중 할로젠화 수소 이탈 반응에 사용된다. 아마이드화 이온($^{-}\ddot{N}H_2$)은 수산화 이온보다 더 센 염기이기 때문에 아마이드 반응은 저온에서도 일어난다.

고온에서 KOH나 아마이드화 소듐을 이용하는 것은 부반응이나 재배열을 유발하는 심한 반응 조건을 의미하며, 수득률이 낮은 경우가 많다. 이러한 반응은 부반응이 발생하지 않는 생성물을 형성하기 위해 신중하게 선택된다. KOH 제거 반응은 가장 안정한 내부 알카인을 생성하는 경향이 있다.

$$CH_3-CH_2-CH(Br)-CH(Br)-CH_3 \xrightarrow[200\ ^\circ C]{KOH(용융된)} CH_3-CH_2-C\equiv C-CH_3$$

2,3-다이브로모펜테인 → 펜트-2-아인(45%)

아마이드화 소듐 반응은 말단 알카인을 생성하는 경향이 있는데, 이는 아세틸렌성 수소가 아마이드화 이온에 의해 탈양성자화되어 최초 생성물로서 아세틸렌화 이온을 생성하기 때문이다.

$$CH_3CH_2CH_2CH_2-CHCl_2 \xrightarrow[150\ ^\circ C]{NaNH_2} CH_3CH_2CH_2C\equiv C{:}^-\ Na^+ \xrightarrow{H_2O} CH_3CH_2CH_2C\equiv CH$$

1,1-다이클로로펜테인 → 아세틸렌화 이온 → 펜트-1-아인(55%)

**연습문제 9-10**

2,2-다이브로모-1-페닐프로페인을 200℃에서 용융된 KOH와 밤새도록 가열할 경우 주생성물은 화학식이 $C_9H_8$인 악취가 나는 화합물이다. 이 생성물의 구조를 제안하라. 그리고 생성물 생성에 대한 메커니즘을 나타내라.

**연습문제 9-11**

2,2-다이브로모-1-페닐프로페인을 150℃에서 아마이드화 소듐과 밤새도록 가열했을 때 주생성물(물 첨가 후)은 화학식이 $C_9H_8$인 악취가 나는 다른 화합물이다. 이 생성물의 구조를 제안하라. 그리고 생성물의 생성에 대한 메커니즘을 나타내라.

**문제풀이 힌트**

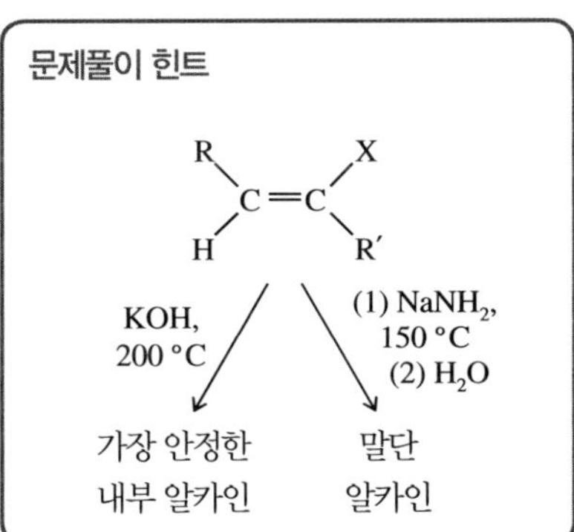


## SUMMARY | 알카인의 합성

**1.** 아세틸렌화 이온의 알킬화 반응(9-7A절)

$$R-C\equiv C{:}^- + R'-X \xrightarrow{S_N2} R-C\equiv C-R' + X^-$$

R′—X는 입체 장애가 없는 1차 할로젠화물이어야 한다.

**2.** 카보닐기에 대한 첨가 반응(9-7B절)

$$R-C\equiv C{:}^- + R'_2C{=}\ddot{O}{:} \longrightarrow R-C\equiv C-CR'_2-\ddot{O}{:}^- \xrightarrow[(또는\ H_3O^+)]{H_2O} R-C\equiv C-CR'_2-OH$$

**3.** 알킬 다이할로젠화물의 이중 할로젠화 수소 이탈 반응(9-8절)

$$R-CHX-CHX-R' \text{ 또는 } R-CH_2-CX_2-R' \xrightarrow[\text{또는 } NaNH_2\ (격렬한\ 조건)]{용융된\ KOH} R-C\equiv C-R'$$

KOH는 내부 알카인을 형성한다.
$NaNH_2$는 말단 알카인을 형성한다.

## 9-9 알카인의 첨가 반응

지금까지 많은 중요한 알카인의 반응에 대해 논의했다. 예를 들어 아세틸렌화 이온이 친전자체에 친핵성 공격을 하는 것은 좀 더 복잡한 알카인을 만드는 가장 좋은 방법 중 하나이다(9-7절). 이제부터는 탄소-탄소 삼중 결합 자체의 변환에 관련된 반응에 대해 검토할 것이다.

알카인의 많은 반응은 상응하는 알켄의 반응과 유사하다. 알카인이나 알켄이나 두 탄소 사이에 파이 결합을 포함하고 있기 때문이다. 알켄의 파이 결합처럼 알카인의 파이 결합은 전자가 풍부하여 쉽게 첨가 반응을 할 수 있다. 탄소-탄소 결합의 종류에 따라 각 결합을 끊을 때 필요한 에너지 계산에 사용할 수 있는 에너지 차이를 표 9-4에 나타냈다. 알카인 삼중 결합의 결합 에너지는 알켄의 이중 결합의 결합 에너지보다 약 226 kJ(54 kcal)이 많다. 이것이 알카인의 파이 결합 중 1개를 깰 수 있는 에너지이다.

**표 9-4** 탄소-탄소 결합의 대략적인 결합

| 결합 | 전체 에너지 | 결합의 종류 | 대략적 에너지 |
|---|---|---|---|
| C—C | 343 kJ(83 kcal) | 알케인 시그마 결합 | 347 kJ(83 kcal) |
| C═C | 611 kJ(146 kcal) | 알켄 파이 결합 | 264 kJ(63 kcal) |
| C≡C | 837 kJ(200 kcal) | 두 번째 알카인 파이 결합 | 226 kJ(54 kcal) |

알카인의 삼중 결합에 첨가되는 시약은 알켄의 이중 결합에 첨가할 때와 아주 유사하다. 사실 이 반응은 1개의 파이 결합과 1개의 시그마 결합을 2개의 시그마 결합으로 바꾸는 것이다. 시그마 결합이 일반적으로 파이 결합보다 강하기 때문에 이 반응은 보통 흡열 반응이다. 알카인은 2개의 파이 결합이 있기 때문에 시약과 조건에 따라 2개의 분자가 삼중 결합에 첨가될 것이다.

$$\underset{\pi\ \text{결합}}{R-C\equiv C-R'} + \underset{\sigma\ \text{결합}}{A-B} \longrightarrow \underset{2\ \sigma\ \text{결합}}{(A)(R)C=C(B)(R')} \xrightarrow{A-B} R-C(A)_2-C(B)_2-R'$$

알카인의 삼중 결합에 시약을 첨가할 때마다 이중 첨가의 가능성을 고려해봐야 한다. 조건에 따라 단일 첨가된 후 반응이 끝나기도 하고, 다른 조건에서는 이중 첨가된 생성물을 얻을 수도 있다.

### 9-9A 촉매 수소화 반응으로 알케인의 합성

적당한 촉매하에서 알카인에 수소가 첨가되면 알케인으로 환원된다. 예를 들어 모든 뷰타인의 이성질체는 백금 촉매하에서 수소화 반응할 때 $n$-뷰테인을 생성한다. 백금, 팔라듐, 니켈 촉매는 보통 이러한 환원에 이용된다.

$$R-C\equiv C-R' + 2\,H_2 \xrightarrow{\text{Pt, Pd, Ni}} R-CH_2-CH_2-R'$$

예

$$\underset{\text{뷰트-1-아인}}{H-C\equiv C-CH_2CH_3} + 2\,H_2 \xrightarrow{\text{Pt}} \underset{\substack{\text{뷰테인}\\(100\%)}}{H-CH_2-CH_2-CH_2CH_3}$$

예

$$\underset{\text{뷰트-2-아인}}{CH_3-C\equiv C-CH_3} + 2\,H_2 \xrightarrow{Pt} \underset{\text{뷰테인(100\%)}}{CH_3-CH_2-CH_2-CH_3}$$

촉매 수소화 반응은 알켄 중간체를 거쳐 두 단계로 일어난다. 백금, 팔라듐, 니켈 같은 촉매를 사용하면 보통 알켄 단계에서 반응을 멈출 수 없다.

$$R-C\equiv C-R' \xrightarrow{H_2,\,Pt} \left[\begin{matrix} R & & R' \\ & C=C & \\ H & & H \end{matrix}\right] \xrightarrow{H_2,\,Pt} R-\underset{H}{\overset{H}{C}}-\underset{H}{\overset{H}{C}}-R'$$

### 9-9B 촉매 수소화 반응에 의한 시스 알켄으로의 변환

알카인의 수소화 반응은 좋은 촉매를 덜 효과적이게 하는 화합물과 처리하여 생성된 '오염된'(부분적으로 활성이 없어진) 촉매를 사용하면 알켄 단계에서 멈출 수 있다. **Lindlar 촉매**(Lindlar's catalyst)* 는 팔라듐(palladium)으로 코팅된 분말 황산 바륨(barium sulfate)으로 구성되어 있는 오염된 팔라듐 촉매로서, 퀴놀린으로 오염되어 있다. 붕소화 니켈($Ni_2B$)은 Lindlar 촉매의 새로운 대체물로서 더 쉽게 만들어지고 때때로 수득률이 더 좋다.

**Herbert Lindlar**(1909~2009)
스위스 취리히 공과대학(ETH Zurich)에서 공부한 영국계 스위스 화학자로, 알켄을 합성하기 위해 알카인에 수소를 입체 선택적으로 첨가하는 데 사용되는 Lindlar 촉매를 개발했다. Lindlar 촉매 반응에 따르면, 수소 존재하에 2개의 수소 원자를 첨가하면 알카인에 신(*syn*) 첨가 반응이 일어나 시스 알켄이 생성된다.

$$\underset{\text{알케인}}{R-C\equiv C-R'} \xrightarrow[\text{퀴놀린 (Lindlar 촉매)},\ CH_3OH]{H_2,\ Pd/BaSO_4} \underset{\text{시스 알켄}}{\begin{matrix} R & & R' \\ & C=C & \\ H & & H \end{matrix}}$$

퀴놀린

(Lindlar 촉매)

알카인의 촉매 수소화 반응은 알켄의 수소화 반응과 유사하여 둘 다 신(syn) 입체 화학을 따른다. 촉매 수소화 반응에서 파이 결합의 면이 고체 촉매에 접촉하고 있으며, 촉매는 파이 결합을 약화시켜 2개의 수소 원자를 첨가한다(그림 9-3). 2개의 수소 원자가 거의 동시에 알카인의 같은 면에 첨가되므로 신 입체 화학을 확실하게 한다.

내부 알카인에서는 신 첨가 반응으로 시스 생성물이 생성된다. 예를 들어 헥스-2-아인(hex-2-yne)이 Lindlar 촉매를 사용하여 수소화되었을 때 생성물은 시스-헥스-2-엔(*cis*-hex-2-ene)이다.

$$\underset{\text{헥스-2-아인}}{CH_3-C\equiv C-CH_2CH_2CH_3} + H_2 \xrightarrow[\text{(또는 }Ni_2B)]{\text{Lindlar 촉매}} \underset{\text{시스-헥스-2-엔}}{\begin{matrix} H_3C & & CH_2CH_2CH_3 \\ & C=C & \\ H & & H \end{matrix}}$$

$$\underset{\text{헥스-1-아인}}{H-C\equiv C-CH_2CH_2CH_2CH_3} + H_2 \xrightarrow[\text{(또는 }Ni_2B)]{\text{Lindlar 촉매}} \underset{\text{헥스-1-엔}}{\begin{matrix} H & & (CH_2)_3CH_3 \\ & C=C & \\ H & & H \end{matrix}}$$

* Lindlar 촉매는 원래 $CaCO_3$에 Pd를 입히고 $Pb(OAc)_2$로 비활성화시킨 것이었다. 이를 Cram과 Allinger가 $BaSO_4$에 Pd를 입히고 퀴놀린으로 비활성화시킨 것으로 변형시켰다.

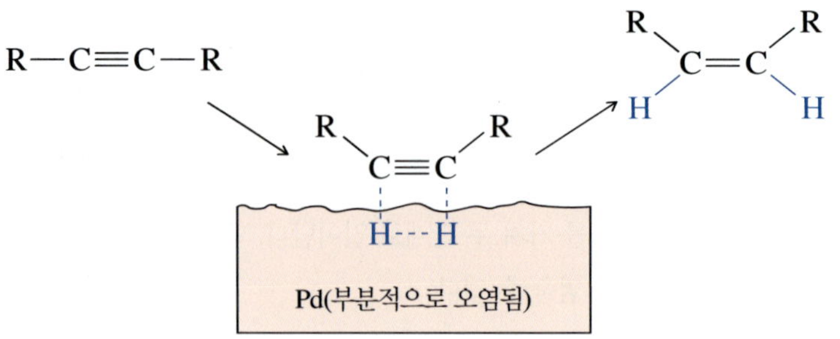

$$R-C\equiv C-R \longrightarrow \text{(Pd 표면)} \longrightarrow \text{cis-RHC=CHR}$$

R C≡C R
H---H
Pd(부분적으로 오염됨)

**그림 9-3** Lindlar 촉매를 이용한 알카인의 촉매 수소화 반응

### 9-9C 금속-암모니아에 의한 트랜스 알켄으로의 환원

트랜스 알켄을 형성하려면 2개의 수소가 알카인에 안티 입체 화학으로 첨가되어야 된다. 금속 소듐(sodium metal)은 액체 암모니아 용액 안에서 안티 입체 화학으로 알카인을 환원시킨다. 따라서 이러한 환원은 알카인을 트랜스 알켄으로 변환시키는 데 이용할 수 있다.

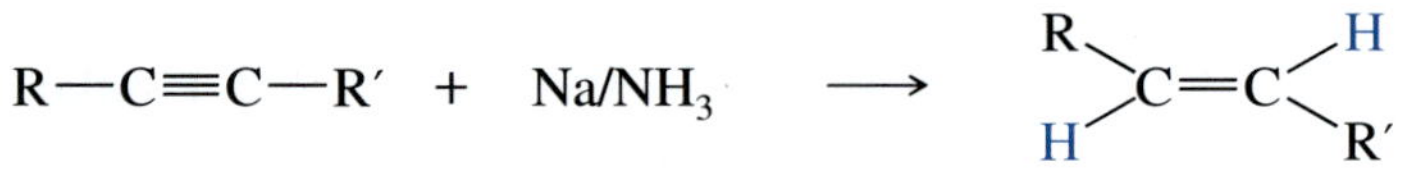

$$\underset{\text{알카인}}{R-C\equiv C-R'} + Na/NH_3 \longrightarrow \underset{\text{트랜스 알켄}}{(R)(H)C=C(H)(R')}$$

예

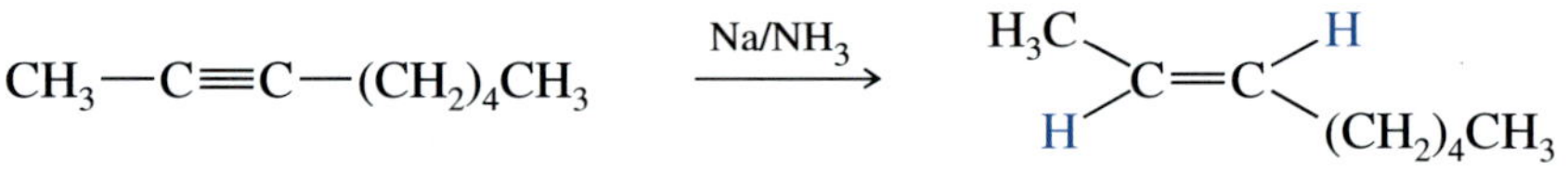

$$\underset{\text{옥트-2-아인}}{CH_3-C\equiv C-(CH_2)_4CH_3} \xrightarrow{Na/NH_3} \underset{\substack{\text{트랜스-옥트-2-엔}\\(80\%)}}{(H_3C)(H)C=C(H)((CH_2)_4CH_3)}$$

암모니아(끓는점 −33°C)는 상온에서 기체이지만 드라이아이스를 이용하여 반응 용기를 차갑게 하면 액체 상태를 유지할 수 있다. 소듐이 액체 암모니아에 녹으면서 전자를 방출하는데, 진한 파란색이 나타난다. 실제 알카인을 환원하는 것은 이들 용매화된 전자이다.

$$NH_3 + Na \longrightarrow \underset{\text{용매화된 전자}}{NH_3\cdot e^-} \text{ (진한 파란색 용액)} + Na^+$$

금속-암모니아 환원은 알카인에 전자를 첨가하여 라디칼 음이온을 형성시킨 다음, 양성자화하여 중성 라디칼을 만든다. 양성자는 암모니아 용매나 보조 용매로 첨가한 알코올에 의해 공급된다. 다른 전자가 첨가되고 양성자화가 뒤따르면 생성물을 얻을 수 있다.

**메커니즘 9-1 | 알카인의 금속-암모니아에 의한 환원**

이 메커니즘은 전자 1개의 첨가 후 양성자 첨가, 그리고 두 번째 전자의 첨가와 두 번째 양성자의 첨가를 수반한다.

**1단계:** 전자 1개가 알카인에 첨가되어 라디칼 음이온을 형성한다.

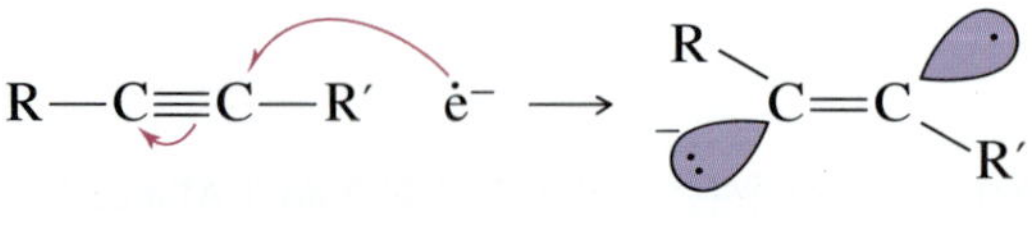

$$\underset{\text{알카인}}{R-C\equiv C-R'} \quad \dot{e}^- \longrightarrow \underset{\text{라디칼 음이온}}{R(^-)C=C(\cdot)R'}$$

**2단계:** 라디칼 음이온이 양성자화하여 라디칼이 생성된다.

$$R(^{-}\!\cdot)C{=}C(\cdot)R' + H{-}NH_2 \longrightarrow R(H)C{=}C(\cdot)R' + {}^{-}{:}NH_2$$

바이닐 라디칼

**3단계:** 전자 1개가 라디칼에 첨가되어 음이온을 생성한다.

$$R(H)C{=}C(\cdot)R' + e^{-} \longrightarrow R(H)C{=}C(:^{-})R'$$

가장 안전한 트랜스

바이닐 음이온

**4단계:** 음이온의 양성자화는 알켄을 생성한다.

$$R(H)C{=}C(:^{-})R' + H{-}NH_2 \longrightarrow R(H)C{=}C(H)R' + {}^{-}{:}NH_2$$

트랜스 알켄

소듐-암모니아 환원의 안티 입체 화학은 알킬기가 멀리 떨어져 있는 트랜스 배열에서 바이닐 라디칼의 안정성이 더 높기 때문에 발생하는 결과로 보인다. 트랜스 라디칼에 전자가 첨가되어 트랜스 바이닐 음이온이 생성되고, 빠르게 양성자가 첨가되어 트랜스 알켄으로 변화된다.

**연습문제 9-12**

다음을 어떻게 변환시킬 수 있는지 제시하라.

(a) 옥트-3-아인을 시스-옥트-3-엔으로

(b) 펜트-2-아인을 트랜스-펜트-2-엔으로

(c) 시스-사이클로데켄을 트랜스-사이클로데켄으로

(d) 뷰트-1-아인을 시스-헥스-3-엔으로

**연습문제 9-13**

(Z)-1-페닐헥스-2-엔-1-올의 냄새는 예민한 감귤류 가시를 가진 장미향과 비슷하다. 벤즈알데하이드(benzaldehyde, PhCHO)와 필요한 다른 시약에서 이 화합물을 어떻게 합성하는지 나타내라.

## 9-9D 할로젠의 첨가

알카인에 브로민이나 염소가 첨가되는 반응은 알켄의 첨가와 유사하다. 만일 1몰의 할로젠이 알카인에 첨가되면 다이할로알켄이 생성된다. 첨가의 입체 화학은 신이나 안티가 될 수 있고, 생성물은 종종 시스 및 트랜스 이성질체의 혼합물이 된다.

$$R{-}C{\equiv}C{-}R' + X_2 \longrightarrow R(X)C{=}C(X)R' + R(X)C{=}C(R')X$$

$(X_2 = Cl_2$ 또는 $Br_2)$

예

$$CH_3(CH_2)_3{-}C{\equiv}C{-}H + Br_2 \longrightarrow CH_3(CH_2)_3(Br)C{=}C(Br)H + CH_3(CH_2)_3(Br)C{=}C(H)Br$$

(72%) (28%)

2몰의 할로젠이 알카인에 첨가된다면 테트라할로젠화물이 생성된다. 때때로 다이할로젠화물에서 반응이 멈추기를 원할 때도 테트라할로젠화물로 반응이 진행되는 과정을 멈추게 하기는 힘들다.

$$\mathrm{R{-}C{\equiv}C{-}R'} \quad + \quad 2\,\mathrm{X_2} \;\; (\mathrm{X_2 = Cl_2} \text{ 또는 } \mathrm{Br_2}) \longrightarrow \mathrm{R{-}CX_2{-}CX_2{-}R'}$$

예

$$\mathrm{CH_3(CH_2)_3{-}C{\equiv}C{-}H} \quad + \quad 2\,\mathrm{Cl_2} \longrightarrow \mathrm{CH_3(CH_2)_3{-}CCl_2{-}CCl_2{-}H} \;\; (100\%)$$

**연습문제 9-14**

헵트-1-아인에 1몰의 브로민의 첨가 반응에서 헵트-1-아인이 브로민 용액에 첨가되는가? 아니면 브로민이 헵트-1-아인에 첨가되는가? 답에 대해 설명하라.

## 9-9E 할로젠화 수소의 첨가

할로젠화 수소는 알켄의 이중 결합에 첨가되는 것과 동일한 방법으로 알카인의 삼중 결합에 첨가된다. 처음 생성물은 할로젠화 바이닐이다. 하나의 할로젠화 수소가 말단 알카인에 첨가되면 생성물은 Markovnikov 규칙에 의해 예측된 배향으로 형성된다. 두 번째 HX 분자 또한 처음과 마찬가지의 배향으로 첨가된다.

$$\mathrm{R{-}C{\equiv}C{-}H} \; + \; \boxed{\mathrm{H}}{-}\mathrm{X} \;\; (\mathrm{HX = HCl, HBr, HI}) \longrightarrow \mathrm{(R)(X)C{=}CH_2} \xrightarrow{\boxed{\mathrm{H}}-\mathrm{X}} \mathrm{R{-}CX_2{-}C(\boxed{\mathrm{H}})_2{-}H}$$

예를 들면 펜트-1-아인(pent-1-yne)이 HBr과 반응할 때 Markovnikov 생성물을 얻는다. 그러나 펜트-2-아인(pent-2-yne) 같은 내부 알카인에서는 아세틸렌의 탄소 원자가 동등하게 치환된 생성물의 혼합물을 얻는다.

$$\underset{\text{펜트-1-아인}}{\mathrm{H{-}C{\equiv}C{-}CH_2CH_2CH_3}} \; + \; \mathrm{HBr} \longrightarrow \underset{\text{2-브로모펜트-1-엔 (Markovnikov 생성물)}}{\mathrm{H_2C{=}C(Br)CH_2CH_2CH_3}}$$

$$\underset{\text{펜트-2-아인}}{\mathrm{CH_3{-}C{\equiv}C{-}CH_2CH_3}} \; + \; \mathrm{HBr} \longrightarrow \underset{\text{2-브로모펜트-2-엔 }(E\text{ 및 }Z\text{ 이성질체})}{\mathrm{CH_3{-}C(Br){=}C(H){-}CH_2CH_3}} \; + \; \underset{\text{3-브로모펜트-2-엔 }(E\text{ 및 }Z\text{ 이성질체})}{\mathrm{CH_3{-}C(H){=}C(Br){-}CH_2CH_3}}$$

메커니즘은 알켄에 할로젠화 수소가 첨가될 때와 유사하다. 첫 단계에서 형성된 짧은 수명의 **바이닐 양이온**(vinyl cation)이 더 많이 치환된 탄소 원자의 양전하로 인해 더 안정된다. 할로젠화 음이온에 의한 공격으로 반응이 종결된다.

$$\mathrm{R-C\equiv C-H} + \boxed{\mathrm{H}}\mathrm{-X} \longrightarrow \mathrm{R-\overset{+}{C}=C(H)(\boxed{H})} + :\ddot{\mathrm{X}}:^- \longrightarrow \mathrm{(R)(X)C=C(H)(\boxed{H})}$$

알카인 / 바이닐 양이온 / Markovnikov 배향

알카인에 할로젠화 수소 2몰이 첨가될 때 두 번째 몰은 항상 처음과 같은 배향을 한다. 이러한 시종일관하는 배향은 같은 자리 다이할로젠화물을 발생시킨다. 예를 들면 펜트-1-아인에 대한 HBr의 이중 Markovnikov 첨가 반응으로 2,2-다이브로모펜테인(2,2-dibromopentane)이 생성된다.

$$\mathrm{H-C\equiv C-CH_2CH_2CH_3} \xrightarrow{\mathrm{HBr}} \mathrm{(H)_2C=C(Br)CH_2CH_2CH_3} \xrightarrow{\mathrm{HBr}} \mathrm{H-CH_2-CBr_2-CH_2CH_2CH_3}$$

펜트-1-아인 / 2-브로모펜트-1-엔 / 2,2-다이브로모펜테인

**연습문제 9-15**

펜트-1-아인과 2몰의 HBr 전체 반응에 대한 메커니즘을 제시하라. HBr이 첫 번째와 두 번째 첨가될 때 Markovnikov 규칙을 따르는 이유를 설명하라.

**연습문제 9-16**

다음 반응의 주생성물을 예상하라.

**(a)** 페닐아세틸렌 + 2 HBr
**(b)** 헥스-1-아인 + 2 HCl
**(c)** 사이클로옥타인 + 2 HBr
***(d)** 헥스-2-아인 + 2 HCl

8-3B절에서 알켄에 HBr이 첨가될 때의 과산화물 효과를 살펴보았다. 과산화물은 알켄의 이중 결합에 HBr이 첨가될 때 안티-Markovnikov 규칙에 따른 자유 라디칼 사슬 반응을 촉진시킨다. 비슷한 반응이 알카인에서도 일어나 HBr 첨가는 안티-Markovnikov 배향을 따른다.

$$\mathrm{H-C\equiv C-CH_2CH_2CH_3} + \boxed{\mathrm{H}}\mathrm{-Br} \xrightarrow{\mathrm{ROOR}} \mathrm{(H)(Br)C=C(\boxed{H})CH_2CH_2CH_3}$$

펜트-1-아인 / 1-브로모펜트-1-엔 ($E$ 및 $Z$ 이성질체의 혼합물)

**연습문제 9-17**

과산화물 존재하에서의 펜트-1-아인과 HBr의 반응에 대한 메커니즘을 제시하라. 안티-Markovnikov 배향 결과가 나타나는 이유를 설명하라.

**연습문제 9-18**

헥스-1-아인이 어떻게 다음 화합물로 변화되는지 제시하라.

**(a)** 1,2-다이클로로헥스-1-엔
**(b)** 1-브로모헥스-1-엔
**(c)** 2-브로모헥스-1-엔
**(d)** 1,1,2,2-테트라브로모헥세인
**(e)** 2-브로모헥세인
**(f)** 2,2-다이브로모헥세인

### 9-9F 알카인의 수화에 의한 케톤과 알데하이드로의 변환

**수은 이온 촉매 수화 반응** 알카인은 촉매로 수은 이온이 존재할 때 삼중 결합에 산 촉매 물 첨가 반응이 진행된다. 이때 황산 용액에 황산 수은(mercuric sulfate)이 혼합된 시약으로 사용된다. 알카인의 수화는 알켄의 수화와 비슷하며, 또한 Markovnikov 배향을 따른다. 그러나 생성물은 우리가 기대하는 알코올이 아니다. 알카인의 수화는 아래에 설명된 대로 빠르게 케톤으로 자리 옮김이 일어나게 함으로써 처음에는 분리할 수 없었던 바이닐 알코올을 생성한다.

$$\underset{\text{알카인}}{R-C\equiv C-H} + H_2O \xrightarrow[H_2SO_4]{HgSO_4} \left[\underset{\text{바이닐 알코올(엔올)}}{(R)(HO)C=CH_2}\right] \overset{H^+}{\rightleftharpoons} \underset{\text{케톤}}{R-C(=O)-CH_3}$$

수은 이온의 친전자성 첨가 반응으로 바이닐 양이온이 생성되고, 물과 반응하여 수소를 잃음으로써 유기수은 알코올이 된다.

$$\underset{\text{알카인}}{R-C\equiv C-H} \xrightarrow{Hg^{2+}} \underset{\text{바이닐 양이온}}{R-\overset{+}{C}=CH(Hg^+)} \xrightarrow{H_2\ddot{O}:} H-\overset{+}{O}(H)-C(R)=CH(Hg^+) \longrightarrow \underset{\text{유기수은 알코올}}{(HO)(R)C=CH(Hg^+)} + H_3O^+$$

산성 반응 조건에서 수은은 수소로 치환되어 **엔올**(enol)이라는 바이닐 알코올이 된다.

$$\underset{\text{유기수은 알코올}}{(H\ddot{O}:)(R)C=CH(Hg^+)} \overset{H^+}{\rightleftharpoons} \underset{\text{공명 안정화된 중간체}}{\left[(H\ddot{O}:)(R)\overset{+}{C}-CH_2(Hg^+) \longleftrightarrow (H\overset{+}{O}=)(R)C-CH_2(Hg^+)\right]} \longrightarrow \underset{\text{바이닐 알코올(엔올)}}{\left[(H\ddot{O}:)(R)C=CH_2\right]} + Hg^{2+}\ SO_4^{2-}$$

**응용: 생화학**

많은 생물학적 반응은 엔올 생성을 동반한다. 연구자들은 이와 같은 반응을 화학요법에 사용하고자 초점을 맞추고 있다. 여러 연구자는 이중 결합 주변에 부피가 큰 치환체를 도입하여 안정한 엔올을 합성했다.

엔올은 불안정한 경향이 있어 케톤 형태로 이성질화한다. 다음에 나타낸 바와 같이 이성질화 반응은 하나의 양성자와 이중 결합의 이동을 포함한다. 네모 안에 있는 하이드록시 양성자를 잃고 메틸 위치에 다시 양성자가 붙는다. 반면 파이 결합은 C=C 위치에서 C=O 위치로 이동한다. 이런 형태의 빠른 평형 상태를 **토토머화 현상**(tautomerism)이라고 한다. 그중 하나가 **케토-엔올 토토머화 현상**(keto-enol tautomerism)이며, 22장에서 자세하게 다룰 것이다. 보통 케토형이 우세하다.

$$\left[\underset{\text{엔올}}{H-O-C=C<} \rightleftharpoons \underset{\text{케토}}{O=C-C-H}\right]$$

케토-엔올 토토머화 현상

**문제풀이 힌트**

산성 조건(예: 토토머 현상)하에서 1개의 양성자를 옮기려면 새로운 위치에 양성자를 첨가하고, 먼저 위치에서 양성자를 제거한다.

산성 용액에서 케토-엔올 토토머화 현상은 이웃한 탄소 원자에 양성자의 첨가, 그 후의 산소로부터 하이드록시 양성자를 잃어버림으로써 발생한다.

## 메커니즘 9-2 | 산 촉매로 케토-엔올 토토머화 현상

산성 조건하에서 양성자는 맨 먼저 이웃한 탄소 원자의 새로운 자리에 첨가된다. 그리고 하이드록시기의 옛 위치로부터 양성자가 제거된다.

**1단계:** 메틸렌기에 양성자를 첨가한다.

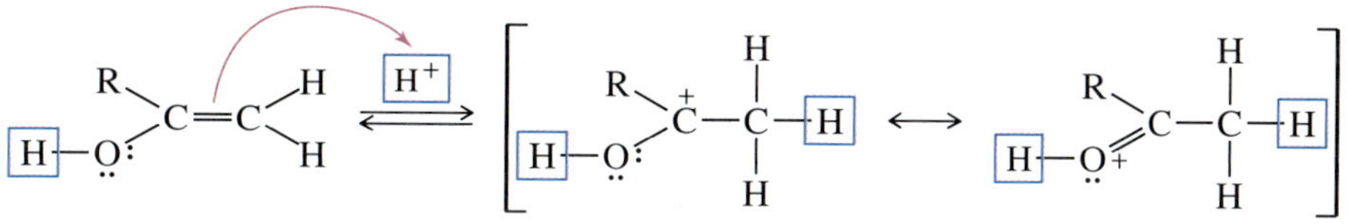

엔올형 공명 안정화된 중간체

**2단계:** 하이드록시 양성자를 잃는다.

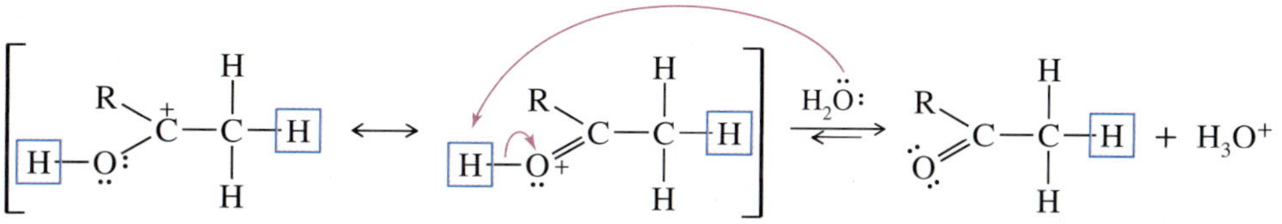

공명 안정화된 중간체 케토형

예를 들면 뷰트-1-아인(but-1-yne)의 수은 이온 촉매 수화는 중간체로 뷰트-1-엔-2-올(but-1-en-2-ol)을 생성한다. 이후 산성 용액에서 중간체는 더 안정한 케토 토토머인 뷰탄-2-온(butan-2-one)으로 빠르게 균형을 이룬다.

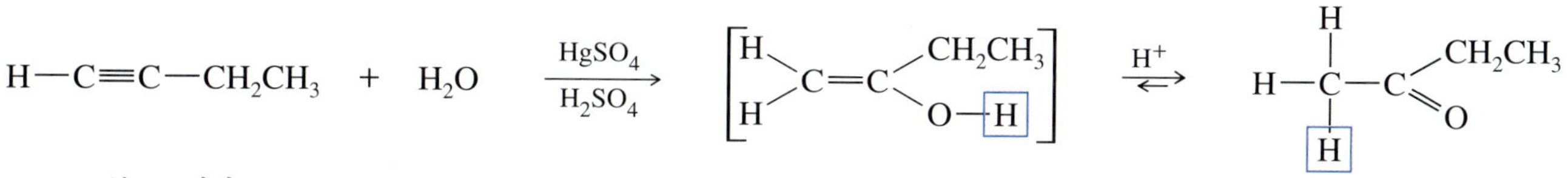

$$H-C\equiv C-CH_2CH_3 + H_2O \xrightarrow[H_2SO_4]{HgSO_4} [H_2C=C(OH)CH_2CH_3] \overset{H^+}{\rightleftharpoons} CH_3-C(=O)-CH_2CH_3$$

뷰트-1-아인 뷰트-1-엔-2-올 뷰탄-2-온

**연습문제 9-19**

묽은 황산 용액에서 펜트-2-아인과 황산 수은이 반응할 때 생성물은 두 가지 케톤의 혼합물이 된다. 생성물의 구조를 그리고 형성되는 메커니즘을 제시하라.

**수소붕소 첨가-산하 반응** 8-7절에서 알켄의 이중 결합에 안티-Markovnikov 배향에 따라 물이 첨가되는 수소붕소 첨가-산화 반응을 살펴보았다. 알카인에서도 유사한 반응이 일어나는데, 삼중 결합에 두 분자의 보레인이 첨가되는 것을 막기 위해 입체 장애가 많은 다이알킬보레인을 사용해야 한다는 것만 다르다. 다이(2차 아이소아밀)보레인은 '다이사이아밀보레인(disiamylborane)'이라고 하는데, 삼중 결합에 오직 한 번만 첨가 반응을 하여 바이닐보레인을 형성한다[**아밀**(amyl)은 펜틸의 오래전 관용명이다]. 말단 알카인에서 붕소 원자는 말단의 탄소 원자와 결합한다.

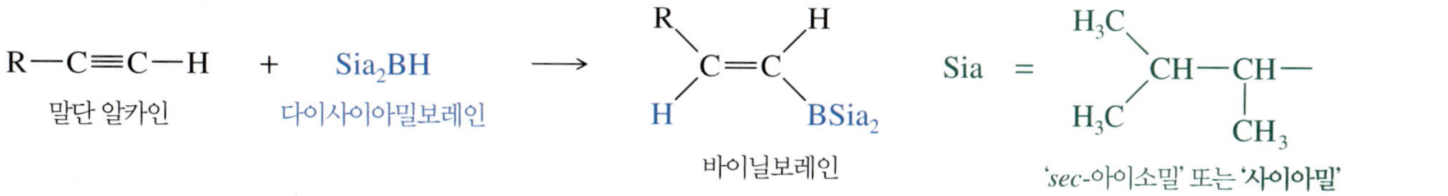

$$R-C\equiv C-H + Sia_2BH \longrightarrow (R)(H)C=C(H)(BSia_2)$$

말단 알카인 다이사이아밀보레인 바이닐보레인

$Sia = (H_3C)_2CH-CH(CH_3)-$

'*sec*-아이소밀' 또는 '**사이아밀**'

바이닐보레인의 산화(염기성의 과산화 수소 이용)는 바이닐 알코올(엔올)을 형성하는데, 삼중결합에 물이 첨가되는 안티-Markovnikov 규칙의 결과이다. 이러한 엔올은 곧바로 안정한 카보닐(케토) 형태로 토토머화한다. 말단 알카인의 경우 케토 생성물은 알데하이드이다. 이 순서는 말단 알카인을 알데하이드로 변환시키는 좋은 방법이다.

$$\text{R(H)C=CH(BSia}_2) \xrightarrow[\text{NaOH}]{H_2O_2} \left[\text{R(H)C=CH(O-H)}\right] \underset{}{\overset{^-OH}{\rightleftharpoons}} \text{R-CH(H)-CH=O}$$

바이닐보레인 불안정한 엔올형 알데하이드

염기성 조건하에서 케토-엔올 토토머화 현상은 산에서의 그것과 다른 메커니즘에 의해 일어난다. 염기 중에서 OH기의 이전의 위치로부터 먼저 양성자가 제거되고, 탄소에 다시 양성자가 붙는다. 산에서 양성자가 먼저 탄소에 첨가되고, 하이드록시기로부터 제거된다.

## 메커니즘 9-3 | 염기 촉매 케토-엔올 토토머화 현상

염기성 조건하에서 양성자는 먼저 엔올의 위치에서 제거된 후 케톤이나 알데하이드의 이웃 탄소 원자 위의 새 위치로 다시 옮겨진다.

**1단계:** 하이드록시 양성자를 잃는다.

$$\text{R(H)C=CH-\ddot{O}-H} \xrightarrow{^-:\ddot{O}H} \left[\text{R(H)C=CH-\ddot{O}:^-} \longleftrightarrow \text{R(H)}^-\text{:C-CH=\ddot{O}:}\right]$$

엔올형 안정화된 '엔올' 음이온

**2단계:** 이웃 탄소 원자에 재양성자화된다.

$$\left[\text{R(H)C=CH-\ddot{O}:^-} \longleftrightarrow \text{R(H)}^-\text{:C-CH=\ddot{O}:}\right] \xrightarrow{H-\ddot{O}:-H} \text{H-C(R)(H)-CH=\ddot{O}:} + {}^-OH$$

안정화된 '엔올' 음이온 케토형

**문제풀이 힌트**

염기성 조건(예: 토토머 현상)하에서 1개의 양성자를 옮기려면 먼저의 위치에서 양성자를 제거하고, 이를 새 위치에서 더한다.

예를 들어 헥스-1-아인의 수소붕소 첨가 반응은 가장 적게 치환된 탄소에 붕소가 있는 바이닐보레인을 생성한다. 이러한 중간체의 산화는 엔올을 생성하고, 이는 토토머화하여 헥산알(hexanal)이 된다.

$$CH_3(CH_2)_3-C\equiv C-H + Sia_2BH \longrightarrow CH_3(CH_2)_3(H)C=CH(BSia_2)$$

헥스-1-아인 바이닐보레인

$$CH_3(CH_2)_3(H)C=CH(BSia_2) \xrightarrow[\text{NaOH}]{H_2O_2} \left[CH_3(CH_2)_3(H)C=CH(O-H)\right] \overset{^-OH}{\rightleftharpoons} CH_3CH_2CH_2CH_2-CH(H)-CH=O$$

바이닐보레인 엔올 헥산알(65%)

**연습문제 9-20**

내부 알카인의 수소붕소 첨가-산화 반응은 케톤을 형성한다.

**(a)** 수소붕소 첨가-산화 반응을 뷰트-2-아인에 적용할 경우 한 가지의 순수한 생성물을 얻을 수 있다. 이 생성물의 구조를 결정하고, 이것이 형성되기 위한 중간체를 나타내라.

**(b)** 수소붕소 첨가-산화 반응을 펜트-2-아인에 적용할 경우 두 가지 생성물을 얻을 수 있다. 비대칭 내부 알카인 화합물의 경우 혼합물이 생성되는 이유를 설명하라.

**연습문제 9-21**

각 화합물에 대해 (1) $HgSO_4/H_2SO_4$ 촉매 수화 반응, (2) 수소붕소 첨가-산화 반응으로 기대되는 생성물을 나타내라.

**(a)** 헥스-1-아인

**(b)** 헥스-2-아인

**(c)** 헥스-3-아인

**(d)** 사이클로데카인

**연습문제 9-22**

다이사이아밀보레인은 1개의 부피가 큰 2차 아이소아밀에 의해 단 하나만 알카인에 첨가된다. 다이사이아밀보레인은 알켄과 $BH_3 \cdot THF$의 반응으로 생성된다.

**(a)** 다이사이아밀보레인을 생성할 때의 시약과 생성물의 구조를 그려보라.

**(b)** (a)에서의 반응이 오직 다이아킬보레인(dialkylborane)까지만 진행되는 이유를 설명하라. $Sia_3B$가 생성되지 않는 이유는 무엇인가?

## 9-10 알카인의 산화

알카인의 산화는 알켄을 산화하는 데 사용되는 것과 동일한 시약인 과망가니즈산 염과 오존을 사용하여 발생한다. 그러나 알카인의 경우 2개의 파이 결합이 산화되어 다양한 유형의 생성물이 생성된다.

### 9-10A 과망가니즈산 염에 의한 산화

온화한 조건에서 과망가니즈산 포타슘은 이웃한 탄소 원자에 2개의 —OH기를 지닌 화합물인 글라이콜로 알켄을 산화시킨다(8-14B절). 이러한 산화는 이중 결합 각각의 말단에 하이드록시기를 첨가하는 것이다(하이드록시화 반응). 알카인에서도 유사한 반응이 일어난다. 알카인을 중성 조건하에서 과망가니즈산 포타슘 수용액으로 처리하면 $\alpha$-다이케톤이 생성된다. 이를 개념적으로 보면 알카인에 있는 2개의 파이 결합 각각에 하이드록시화 반응을 일으킨 후 두 분자의 물을 잃어 다이케톤이 생성되는 것과 같다.

$$\mathrm{R{-}C{\equiv}C{-}R'} \xrightarrow[\mathrm{H_2O,\ 중성}]{\mathrm{KMnO_4}} \left[\mathrm{R{-}\underset{OH}{\overset{OH}{C}}{-}\underset{OH}{\overset{OH}{C}}{-}R'}\right] \xrightarrow{(-2\,\mathrm{H_2O})} \underset{\text{다이케톤}}{\mathrm{R{-}\overset{O}{\overset{\|}{C}}{-}\overset{O}{\overset{\|}{C}}{-}R'}}$$

예를 들어 펜트-2-아인을 차갑고 묽은 중성 과망가니즈산 염 용액으로 처리하면 펜테인-2,3-다이온(pentane-2,3-dione)이 생성된다.

$$\underset{\text{펜트-2-아인}}{CH_3-C{\equiv}C-CH_2CH_3} \xrightarrow[H_2O,\ \text{중성}]{KMnO_4} \underset{\substack{\text{펜테인-2,3-다이온} \\ (90\%)}}{CH_3-\overset{\overset{O}{\|}}{C}-\overset{\overset{O}{\|}}{C}-CH_2CH_3}$$

말단 알카인은 아마도 처음에 케토-알데하이드를 생성할 것이다. 그러나 알데하이드는 이 조건하에서 빠르게 산으로 산화된다.

$$\underset{\text{말단 알카인}}{R-C{\equiv}C-H} \xrightarrow[H_2O,\ \text{중성}]{KMnO_4} \underset{\text{케토-알데하이드}}{\left[R-\overset{\overset{O}{\|}}{C}-\overset{\overset{O}{\|}}{C}-H\right]} \xrightarrow{KMnO_4} \underset{\text{케토-산}}{R-\overset{\overset{O}{\|}}{C}-\overset{\overset{O}{\|}}{C}-OH}$$

반응 혼합물을 따뜻하게 하거나 염기성을 강하게 하면 다이케톤은 산화성 분해를 한다. 생성물은 카복실산 염이고, 산을 첨가해줌으로써 자유로운 산으로 변환된다.

$$R-C{\equiv}C-R' \xrightarrow[H_2O,\ \text{열}]{KMnO_4,\ KOH} \underbrace{R-\overset{\overset{O}{\|}}{C}-O^- + {}^-O-\overset{\overset{O}{\|}}{C}-R'}_{\text{카복실산 염}} \xrightarrow[H_2O]{HCl} R-\overset{\overset{O}{\|}}{C}-OH + HO-\overset{\overset{O}{\|}}{C}-R'$$

예를 들어 따뜻한 염기성 과망가니즈산 염 조건에서 펜트-2-아인(pen-2-yne)의 삼중 결합이 깨지면 아세트산 음이온과 프로피온산 음이온을 생성한다. 산성화로 이들 음이온을 재양성자화하면 아세트산과 프로피온산이 된다.

$$\underset{\text{펜트-2-아인}}{CH_3-C{\equiv}C-CH_2CH_3} \xrightarrow[H_2O,\ \text{열}]{KMnO_4,\ KOH} \underset{\text{아세트산}}{CH_3-\overset{\overset{O}{\|}}{C}-O^-} + \underset{\text{프로피온산}}{{}^-O-\overset{\overset{O}{\|}}{C}-CH_2CH_3} \xrightarrow{H^+} \underset{\text{아세트산}}{CH_3-\overset{\overset{O}{\|}}{C}-OH} + \underset{\text{프로피온산}}{HO-\overset{\overset{O}{\|}}{C}-CH_2CH_3}$$

말단 알카인은 비슷하게 깨져서 카복실산 음이온과 폼산 음이온을 생성한다. 이러한 산화 조건에서 폼산 음이온은 더 산화되어 탄산 음이온이 되고, 이는 양성자 첨가 반응 후 $CO_2$가 된다.

$$\underset{\text{헥스-1-아인}}{CH_3(CH_2)_3-C{\equiv}C-H} \xrightarrow[H_2O]{KMnO_4,\ KOH} \underset{\text{펜탄산}}{CH_3(CH_2)_3-\overset{\overset{O}{\|}}{C}-O^-} + \underset{\text{폼산}}{\left[{}^-O-\overset{\overset{O}{\|}}{C}-H\right]}$$

$$\underset{\text{폼산}}{\left[{}^-O-\overset{\overset{O}{\|}}{C}-H\right]} \xrightarrow[H_2O]{KMnO_4,\ KOH} \underset{\text{탄산}}{{}^-O-\overset{\overset{O}{\|}}{C}-O^-} \xrightarrow{H^+} \underset{\text{탄산}}{\left[HO-\overset{\overset{O}{\|}}{C}-OH\right]} \rightleftarrows CO_2 + H_2O$$

전체 반응은 다음과 같다.

$$\underset{\text{헥스-1-아인}}{CH_3(CH_2)_3-C{\equiv}C-H} \xrightarrow[(2)\ H^+,\ H_2O]{(1)\ KMnO_4,\ KOH,\ H_2O} \underset{\text{펜탄산}}{CH_3(CH_2)_3-\overset{\overset{O}{\|}}{C}-OH} + CO_2\uparrow$$

**연습문제 9-23**

각 화합물을 (1) 묽은 중성 $KMnO_4$, (2) 따뜻한 염기성 $KMnO_4$로 처리한 후 묽은 산을 첨가할 때 기대되는 생성물을 예측하라.

(a) 헥스-1-아인 (b) 헥스-2-아인 (c) 헥스-3-아인
(d) 2-메틸헥스-3-아인 (e) 사이클로데카인

**문제풀이 힌트**

내부 알카인의 산화적 절단으로 2개의 카복실산이 생성된다. 말단 알카인은 하나의 카복실산과 이산화 탄소를 생성한다.

## 9-10B 가오존 분해

알카인을 가오존 분해 후 가수 분해하면 삼중 결합을 분해시켜 2개의 카복실산을 생성한다. 과망가니즈산 염에 의한 분해나 가오존 분해는 미지 알카인의 삼중 결합 위치를 결정하는 데 이용할 수 있다(연습문제 9-24 참조).

$$\mathrm{R{-}C{\equiv}C{-}R'} \xrightarrow[\text{(2) } H_2O]{\text{(1) } O_3\ (-78\ °C)} \mathrm{R{-}COOH} + \mathrm{R'{-}COOH}$$

예

$$\underset{\text{펜트-2-아인}}{CH_3{-}C{\equiv}C{-}CH_2CH_3} \xrightarrow[\text{(2) } H_2O]{\text{(1) } O_3\ (-78\ °C)} \underset{\text{아세트산}}{CH_3{-}COOH} + \underset{\text{프로피온산}}{CH_2CH_3{-}COOH}$$

$$\underset{\text{헥스-1-아인}}{CH_3(CH_2)_3{-}C{\equiv}C{-}H} \xrightarrow[\text{(2) } H_2O]{\text{(1) } O_3\ (-78°C)} \underset{\text{펜탄산}}{CH_3(CH_2)_3{-}\overset{O}{\overset{\|}{C}}{-}OH} + \underset{\text{폼산}}{HO{-}\overset{O}{\overset{\|}{C}}{-}H}$$

**연습문제 9-24**

산화성 분해는 알카인의 삼중 결합의 위치를 결정하는 데 도움을 준다.

(a) 미지의 알카인을 산화성 분해하여 아디프산(adipic acid)과 2당량의 아세트산(acetic acid)을 얻었다. 이 알카인의 구조를 제시하라.

$$\text{미지의 알카인} \xrightarrow[\text{(2) } H_2O]{\text{(1) } O_3\ (-78°C)} \underset{\text{아디프산}}{HOOC{-}(CH_2)_4{-}COOH} + 2\ CH_3COOH$$

(b) 미지 알카인을 산화성 분해하여 다음의 삼산(triacid)과 1당량의 프로피온산(propionic acid)을 얻었다. 이 알카인의 구조를 제시하라.

$$\text{미지의 알카인} \xrightarrow[\text{(2) } H_2O]{\text{(1) } O_3\ (-78\ °C)} \underset{\text{삼산}}{HOOC{-}(CH_2)_7{-}\overset{COOH}{\overset{|}{CH}}{-}COOH} + \underset{\text{프로피온산}}{CH_3CH_2COOH}$$

**문제풀이 전략 | 다단계 합성**

다단계 합성 문제는 유기 반응을 얼마나 알고 있는지 연습해보는 데 유용하다. 앞서 8장에서 합성에 대한 체계적인 접근을 설명했다. 이제는 이러한 접근 방식을 알카인 화학을 강조하는 꽤 어려운 문제에 적용할 것이다. 합성하려는 화합물은 시스-2-메틸헥스-4-엔-3-올(*cis*-2-methylhex-4-en-3-ol)이다('3-올'은 C3에 —OH기가 있다는 것을 의미한다).

$$\underset{\text{시스-2-메틸헥스-4-엔-3-올}}{\overset{6}{H_3C}{-}\overset{5}{CH}{=}\overset{4}{CH}{-}\overset{3}{CH}(OH){-}\overset{2}{CH}(CH_3){-}\overset{1}{CH_3}}\ (cis)$$

출발 물질은 아세틸렌과 4개의 탄소 원자를 포함하는 화합물이다. 이 문제에서 어떻게 탄소 골격을 조립하고, 어떻게 작용기를 도입할지 생각하는 것이 필요할 뿐 아니라, 작용기를 도입하기에 가장 적절한 시기는 언제인가를 생각하는 것도 중요하다. 목표 화합물에 대한 검토를 시작하여 가능한 중간체와 합성 경로를 조사할 것이다.

**1. 목표 화합물의 작용기와 탄소 골격을 살펴본다.**

목표 화합물은 7개의 탄소 원자와 2개의 작용기, 즉 시스 탄소-탄소 이중 결합과 알코올을 포함한다. 시스 이중 결합을 생성하는 가장 좋은 방법은 삼중 결합의 촉매 수소화 반응이다(9-9B절).

$$H_3C{-}C{\equiv}C{-}\underset{OH}{CH}{-}CH(CH_3)_2 \xrightarrow[\text{Lindlar 촉매}]{H_2} \text{(cis) } H(H_3C)C{=}C(H){-}\underset{OH}{CH}{-}\underset{CH_3}{CH}{-}CH_3$$

최종 단계로서 이 수소화 반응을 사용하여 문제를 아세틸렌 알코올 합성으로 축소한다. 삼중 결합 옆에 탄소-탄소 결합을 어떻게 만들 수 있는지를 아세틸렌 알코올의 생성으로 보았다(9-7B절).

**2. 출발 물질의 작용기와 탄소 골격을 살펴보고, 그 골격이 목표 화합물과 잘 들어맞는지 확인한다.**

아세틸렌은 하나의 출발 물질이자 친핵체로서, 아세틸렌화 음이온을 사용하여 삼중 결합 옆에 탄소-탄소 결합을 만드는 좋은 방법을 알고 있다(9-7절). 목표 물질의 구조를 세 조각으로 나눌 수 있는데, 모두 4개 이하의 탄소를 가진다.

$$\underset{\text{1탄소}}{H_3C{-}} \qquad \underset{\text{아세틸렌}}{{-}C{\equiv}C{-}} \qquad \underset{\text{4탄소(작용기화됨)}}{{-}\underset{OH}{CH}{-}\underset{CH_3}{CH}{-}CH_3}$$

**3. 목표 화합물의 탄소 골격을 결합하는 방법을 비교한다. 목표 분자의 작용기로 변환되기 위해 올바르게 배치된 올바른 탄소 골격과 작용기를 지닌 중요한 중간체를 공급하는 방법은 무엇인가?**

아세틸렌 알코올은 아세틸렌화 음이온을 케톤과 알데하이드에 첨가하면 얻을 수 있다(9-7B절). 아세틸렌화 음이온을 2-메틸프로판알과 반응시키면 삼중 결합에 필요한 하나의 기를 생성한다.

$$H{-}C{\equiv}C{:}^- + \underset{\text{2-메틸프로판알}}{H{-}\overset{O}{\overset{\|}{C}}{-}CH(CH_3)_2} \longrightarrow \xrightarrow{H_3O^+} H{-}C{\equiv}C{-}\underset{H}{\overset{OH}{C}}{-}CH(CH_3)_2$$

메틸기는 목표 화합물의 이중 결합의 또 다른 끝에 필요하다. 그러나 메틸화 반응은 아세틸렌화 음이온의 생성을 필요로 한다(9-7A절).

$$CH_3I + {}^-{:}C{\equiv}C{-}R \longrightarrow H_3C{-}C{\equiv}C{-}R + I^-$$

아세틸렌 알코올의 하이드록시기는 아세틸렌성 양성자보다 더 산성이기 때문에 아세틸렌화 음이온의 생성을 위한 어떠한 시도도 실패할 것이다.

$$H{-}C{\equiv}C{-}\underset{}{\overset{OH}{CH}}{-}CH(CH_3)_2 + NaNH_2 \longrightarrow H{-}C{\equiv}C{-}\overset{O^-}{CH}{-}CH(CH_3)_2 + NH_3$$

이 문제는 메틸기를 먼저 도입한 후 알코올 부분을 도입하면 극복할 수 있다. 일반적으로 합성에서 반응성이 덜한 기를 먼저 도입하고, 반응성이 큰 기는 나중에 도입하려 한다. 이 경우 알킬기를 더한 후에 작용기를 첨가하는데, 알킬기가 후속 반응에 덜 영향받기 때문이다.

$$H{-}C{\equiv}C{-}H \xrightarrow[\text{(2) } CH_3I]{\text{(1) } NaNH_2} H_3C{-}C{\equiv}C{-}H \xrightarrow{NaNH_2} H_3C{-}C{\equiv}C{:}^-\ Na^+$$

$$H_3C{-}C{\equiv}C{:}^- + H{-}\overset{O}{\overset{\|}{C}}{-}CH(CH_3)_2 \longrightarrow \xrightarrow{H_3O^+} H_3C{-}C{\equiv}C{-}\overset{OH}{CH}{-}CH(CH_3)_2$$

4. **필요한 많은 단계를 목표 화합물에서부터 거꾸로 생각해보고, 올바른 탄소 골격과 작용기를 가진 중요한 중간체의 결합에 필요한 반응물을 합성하는 방법들을 비교한다.**

   이들 화합물은 모두 출발 물질로 허용된다. 이후에 더 많은 합성 반응을 다룰 때 중요한 중간체를 결합하는 데 필요한 화합물을 만드는 방법을 평가하는 문제에 직면하게 될 것이다.

5. **모든 단계와 모든 시약이 포함된 정방향의 합성 방법을 요약하고, 오류가 있는지 혹은 생략된 것이 있는지를 검사한다.**

   이 마지막 단계는 연습문제로 남길 것이다. 풀이를 보지 말고 노력하여 요약한 합성의 각 단계를 재검토하라.

   연습문제 9-25의 합성을 체계적인 접근으로 연습하라.

**연습문제 9-25**

출발 물질을 아세틸렌과 4개 이상의 탄소 원자를 지닌 알코올을 이용하여 다음 물질의 합성 방법을 개발하라.

**(a)** 3-메틸논-4-아인-3-올(3-methylnon-4-yn-3-ol, '3-ol'은 C3에 1개의 OH기가 있다는 의미)

**(b)** 시스-1-에틸-2-메틸사이클로프로페인

**(c)** $CH_3CH_2$, H (위쪽), O (에폭사이드), H, $CH_2CH_2CH_3$ (아래쪽)

**(d)** 메조-헥세인-3,4-다이올

**문제풀이 힌트**

합성에서 활성이 작은 기를 먼저 붙이고, 활성이 큰 기를 나중에 붙인다.

## SUMMARY | 알카인의 반응

### I. 아세틸화 화학

**1.** 아세틸렌화 음이온의 형성(알카인화, 9-6절)

$$R-C\equiv C-H + NaNH_2 \longrightarrow R-C\equiv C:^- Na^+ + NH_3$$
$$R-C\equiv C-H + R'Li \longrightarrow R-C\equiv CLi + R'H$$
$$R-C\equiv C-H + R'MgX \longrightarrow R-C\equiv CMgX + R'-H$$

**2.** 아세틸렌화 음이온의 알킬화 반응(9-7A절)

$$R-C\equiv C:^- + R'-X \longrightarrow R-C\equiv C-R'$$

(R′—X는 입체 장애가 없는 1차 할로젠화물이거나 토실 음이온이어야 한다.)

**3.** 카보닐기와의 반응(9-7B절)

$$R-C\equiv C:^- + R'_2C=\ddot{O}: \longrightarrow R-C\equiv C-CR'_2-\ddot{O}:^- \xrightarrow[\text{(또는 } H_3O^+)]{H_2O} R-C\equiv C-CR'_2-OH$$

### II. 삼중 결합에 첨가

**1.** 알케인으로의 환원(9-9A절)

$$R-C\equiv C-R' + 2\,H_2 \xrightarrow{\text{Pt, Pd, Ni}} R-CH_2-CH_2-R'$$

**2.** 알켄으로의 환원(9-9B, 9-9C절)

$$R-C\equiv C-R' + H_2 \xrightarrow[\text{(Lindlar 촉매)}]{Pd/BaSO_4,\ \text{퀴놀린}} \underset{\text{시스}}{(R)(H)C=C(R')(H)}$$

$$R-C\equiv C-R' \xrightarrow{Na,\ NH_3} \underset{\text{트랜스}}{(R)(H)C=C(H)(R')}$$

**3.** 할로젠의 첨가($X_2 = Cl_2, Br_2$, 9-9D절)

$$R-C\equiv C-R' \xrightarrow{X_2} R-CX=CX-R' \xrightarrow{X_2} R-CX_2-CX_2-R'$$

**4.** 할로젠화 수소의 첨가(HX = HCl, HBr, HI, 9-9E절)

$$R-C\equiv C-R' \xrightarrow{H-X} \underset{\text{(Markovnikov 배향)}}{R-CH=CX-R'} \xrightarrow{H-X} R-CH_2-CX_2-R'$$

**5.** 물의 첨가(9-9F절)

a. $HgSO_4/H_2SO_4$에 의한 촉매

$$\underset{\text{(Markovnikov 배향)}}{R-C\equiv C-H + H_2O} \xrightarrow{HgSO_4,\ H_2SO_4} \underset{\substack{\text{바이닐 알코올}\\\text{(불안정)}}}{\left[(R)(HO)C=C(H)(H)\right]} \rightleftharpoons \underset{\substack{\text{케톤}\\\text{(안정)}}}{R-C(=O)-CH_3}$$

b. 수소붕소 첨가-산화 반응

$$\underset{\text{(안티-Markovnikov 배향)}}{R-C\equiv C-H} \xrightarrow[\text{(2) } H_2O_2,\ NaOH]{\text{(1) } Sia_2BH \cdot THF} \underset{\substack{\text{바이닐 알코올}\\\text{(불안정)}}}{\left[(R)(H)C=C(H)(OH)\right]} \rightleftharpoons \underset{\substack{\text{알데하이드}\\\text{(안정)}}}{R-CH_2-C(=O)-H}$$

### III. 알카인의 산화(9-10절)

**1.** $\alpha$-다이케톤으로의 산화(9-10A절)

$$R-C\equiv C-R' \xrightarrow[H_2O,\ \text{중성}]{KMnO_4} R-C(=O)-C(=O)-R'$$

**2.** 산화성 절단(9-10B절)

$$R-C\equiv C-R' \xrightarrow[\text{(또는 } O_3\text{, 그다음 } H_2O)]{\text{(1) } KMnO_4,\ {}^-OH \quad \text{(2) } H^+} R-C(=O)-OH + HO-C(=O)-R'$$

**SUMMARY | 말단 알카인의 반응**

말단 알카인은 첨가 반응의 방향성과 입체 화학을 보여준다. 새로운 원자는 색으로 표시했다.

$R-C\equiv C-H$

- 양성자 제거 (9-6절): $NaNH_2$ → $R-C\equiv C:^-$
  - 카보닐에 첨가 (9-7B절): $R_2C=O$, 이어서 H—OH → $R-C\equiv C-C(OH)R_2$
  - 알킬화 (9-7A절): $R-CH_2-X$ → $R-C\equiv C-CH_2R$
- 촉매 수소화[1] (9-9A절): H—H, 금속 Pt 또는 Pd 또는 Ni → $R-CH_2-CH_3$ (R—CH(H)—CH(H)—H)
- 부분 촉매 수소화[2] (9-9B절): H—H, Lindlar 촉매 → 시스 알켄 R(H)C=C(H)H
- 금속-암모니아 환원[3] (9-9C절): Na, $NH_3$ → 트랜스 알켄 R(H)C=C(H)H
- 할로젠 첨가[3] (9-9D절): X—X (X=Cl 또는 Br) → R(X)C=C(X)H; X—X (X=Cl 또는 Br) → R—CX₂—CX₂—H
- 할로젠화 수소 첨가[3] (9-9E절): H—X (X=Cl 또는 Br) → R(X)C=CH₂; H—X (X=Cl 또는 Br) → R—CX₂—CH₂—H
- 수화[1] (9-9F절): H—OH, $Hg^{2+}$, $H_2SO_4$ → $R-C(=O)-CH_3$ (엔올 중간체를 경유)
- 수소붕소-산화[1] (9-9F절): $R_2BH$; NaOH, HO—OH → $R-CH_2-CHO$ (엔올 중간체를 경유)
- 옥소 분해[1] (9-10B절): $O_3$, −78 °C; H—OH → $R-COOH$ + $HO-C(=O)-H$
- 과망가니즈산 염-산화[1] (9-10A절): $KMnO_4$, H—OH → $R-COOH$ + $O=C=O$

참고 1: 내부 알카인에도 적용된다.

참고 2: 내부 알카인을 사용하면 시스 알켄이 생성된다.

참고 3: 내부 알카인을 사용하면 트랜스 알켄이 생성된다.

## 핵심 용어

**Lindlar 촉매(Lindlar's catalyst):** 알카인의 수소화로, 시스 알켄을 생성하기 위한 불균일 촉매. 내부분의 가장 보편적인 형태는 황산 바륨 위에 팔라듐이 얇게 덮여 있고 퀴놀린이 첨가되어 촉매의 활성도를 약화시킨다.

**s 성질(*s* character):** 혼성 오비탈의 *s* 부분이다. *sp* 혼성 오비탈에 대해서는 $\frac{1}{2}$, $sp^2$ 혼성 오비탈에 대해서는 $\frac{1}{3}$, $sp^3$ 혼성 오비탈에 대해서는 $\frac{1}{4}$이다.

**바이닐 양이온(vinyl cation):** C=C 이중 결합 탄소 원자의 하나에 양전하를 가진 양이온으로, 양이온의 탄소 원자는 보통 *sp* 혼성화되어 있다. 바이닐 양이온은 흔히 탄소–탄소 삼중 결합에 친전자체의 첨가 반응으로 생성된다.

$$R-C\equiv C-R' \xrightarrow{E^+} \underset{E}{\overset{R}{}}C=\overset{+}{C}-R$$

($sp^2$, $sp$) 바이닐 양이온

**사이아밀기(siamyl group):** 2차 아이소아밀의 줄인 말. 약자로는 'Sia'이며, 1,2-다이메틸프로필기이다. 다이사이 아밀보레인은 말단 알카인의 수소붕소 첨가 반응을 하는 데 쓰인다. 부피가 큰 보레인이 삼중 결합에 단 한 번만 첨가되기 때문이다.

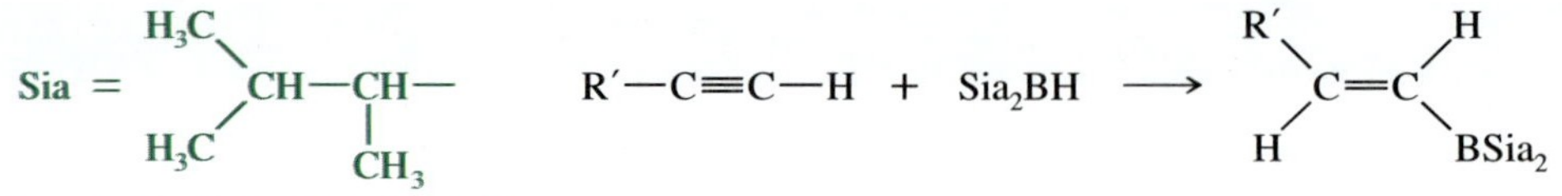

$$\text{Sia} = \begin{array}{l}H_3C\diagdown \\ \quad\quad CH-CH- \\ H_3C\diagup \quad\quad | \\ \quad\quad\quad\quad CH_3\end{array}$$

'*sec*-아이소아밀' 또는 '사이아밀'

$$R'-C\equiv C-H + Sia_2BH \longrightarrow \begin{array}{c}R' \quad\quad H \\ C=C \\ H \quad\quad BSia_2\end{array}$$

알카인 다이사이아밀보레인 바이닐보레인

**아밀(amyl):** 펜틸의 오래된 관용명

**아세틸렌(acetylene):** 가장 간단한 알카인으로, $H-C\equiv C-H$이다. '알카인'의 동의어로 사용되었으며, 일반적으로 $C\equiv C$ 삼중 결합을 포함하는 화합물을 말한다.

**아세틸렌화 이온(acetylide ion):** 말단 알카인의 음이온 염이다. 아세틸렌화 금속은 말단 알카인의 약한 산성인 아세틸렌의 수소가 금속 원자로 치환된 유기금속 화합물이다. '알카나이드 이온(alkynide ion)'이라고도 한다.

$$R-C\equiv C-H \quad + \quad Na^+ \; ^-\!:\ddot{N}H_2 \longrightarrow R-C\equiv\; :^- Na^+ \quad + \quad :NH_3$$

아세틸렌화 소듐

**알카인(alkyne):** 탄소–탄소 삼중 결합을 포함하는 화합물

**말단 알카인(terminal alkyne):** 아세틸렌의 수소를 가진 사슬의 끝에 있는 삼중 결합

**내부 알카인(internal alkyne):** 사슬의 끝이 아닌 곳에 있는 삼중 결합

아세틸렌성 수소

$H-C\equiv C-CH_2CH_3$

뷰트-1-아인, 말단 알카인

(아세틸렌성 수소 없음)

$CH_3-C\equiv C-CH_3$

뷰트-2-아인, 내부 알카인

**알콕시화 이온(alkoxide ion):** $R-O^-$, 알코올의 짝염기

**엔올(enol):** 탄소–탄소 이중 결합의 탄소 원자에 결합된 하이드록시기를 지닌 알코올이다. 대부분의 엔올은 불안정하며, 자발적으로 이성질화가 일어나 토토머인 케토 형태의 화합 물이 된다. 토토머 참조

**토토머(tautomer):** 한 자리에서 다른 자리로 1개의 양성자(및 1개의 이중 결합)의 움직임에 의해 빠르게 상호 변환할 수 있는 이성질체. 토토머들의 평형 상태를 '토토머화 현상(tautomerism)'이라고 한다.

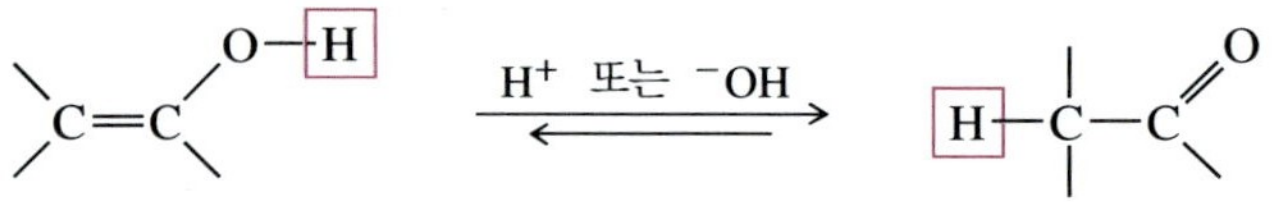

$$>C=C<^{O-H} \quad \underset{}{\overset{H^+ \text{ 또는 } ^-OH}{\rightleftharpoons}} \quad H-\overset{|}{\underset{|}{C}}-C\overset{O}{\diagdown}$$

엔올형 케토형

**케토–엔올 토토머화 현상(keto-enol toutomerism):** 두 토토머 사이의 평형

## 기초문제

| | | |
|---|---|---|
| **1** | 알카인과 유도체를 명명하라. 주어진 이름에 대한 정확한 구조를 그려보라. | 관련 연습문제 9–26, 27, 28, |
| **2** | 알카인이 알케인과 알켄보다 산도가 강한 이유를 설명하라. 친핵성의 아세틸렌화 이온을 생성하는 방법과 합성에서의 이용을 나타내라. | 관련 연습문제 9–31, 34, 35, 36, 37, 40, 42 |
| **3** | 알카인 반응에서 관찰된 생성물을 설명하는 메커니즘을 제시하라. | 관련 연습문제 9–41 |
| **4** | 할로젠화 알킬의 제거 반응과 아세틸렌화 이온의 치환 반응에 의한 알카인 합성의 효과적인 한 단계 반응이나 다단계 반응 경로를 제안하라. | 관련 연습문제 9–29, 31, 34, 35, 37, 40, 42 |
| **5** | 알카인의 첨가, 산화, 환원, 절단 반응의 생성물을 예측하고, 반응의 배향과 입체 화학도 예측하라. | 관련 연습문제 9–30, 32, 33, 34, 35, 36 |
| **6** | 한 단계의 합성이나 다단계 합성에서 출발 물질과 중간체로서 알카인을 이용하라. | 관련 연습문제 9–30, 32, 34, 35, 36, 37, 42 |
| | 문제풀이 전략: 다단계 합성 | 관련 연습문제 9–29, 31, 32, 34, 35, 37, 40, 42 |
| **7** | 가오존 분해 반응과 같은 반응으로 형성되는 생성물로부터 미지 알카인의 구조를 결정하라. | 관련 연습문제 9–38, 39, 43 |

## 연습문제

**9-26** 다음 화합물의 구조식을 제시하라(옛 명명법과 새 명명법 모두 포함).

**(a)** 2-옥타인 **(b)** 에틸아이소펜틸아세틸렌 **(c)** 에티닐벤젠
**(d)** 사이클로헥실아세틸렌 **(e)** 5-메틸-3-옥타인 **(f)** 트랜스-3,5-다이브로모사이클로데카인
**(g)** 5,5-다이브로모-4-페닐사이클로옥트-1-아인 **(h)** (*E*)-6-에틸옥트-2-엔-4-아인 **(i)** 1,4-헵타다이아인
**(j)** 바이닐아세틸렌 **(k)** (*S*)-3-메틸-1-펜텐-4-아인

**9-27** 다음 화합물의 관용명을 제시하라.

**(a)** $CH_3-C\equiv C-CH_2CH_3$ **(b)** $Ph-C\equiv C-H$
**(c)** 3-메틸옥트-4-아인 **(d)** $(CH_3)_3C-C\equiv C-CH(CH_3)CH_2CH_3$

**9-28** 다음 화합물의 IUPAC명을 작성하라.

**(a)** 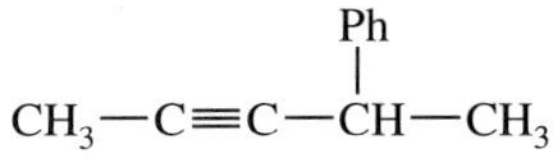 $CH_3-C\equiv C-CH(Ph)-CH_3$

**(b)** 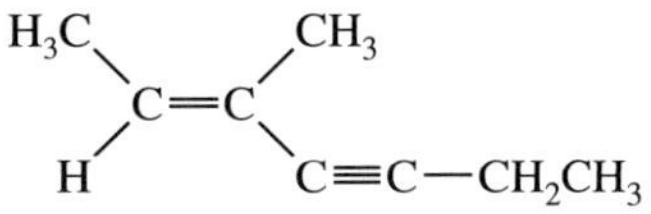 $(H_3C)(H)C=C(CH_3)-C\equiv C-CH_2CH_3$

**(c)** $(CH_3)_3C-C\equiv C-CH(CH_3)CH_2CH_3$

**(d)** $CH_3-CBr_2-C\equiv C-CH_3$

**(e)** 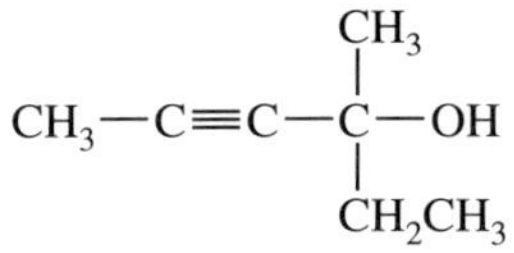 $CH_3-C\equiv C-C(CH_3)(CH_2CH_3)-OH$

**(f)** 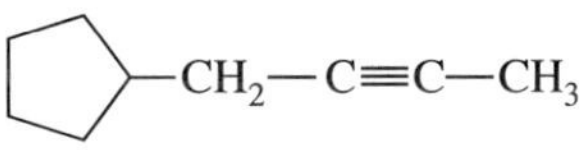 (사이클로펜틸)$-CH_2-C\equiv C-CH_3$

**9-29** 헥스-1-엔을 출발 물질로 사용하여 다음 물질을 합성하라. (합성 방법이 제시된 화합물은 이후에 나오는 연습문제에서 출발 물질로 사용할 수 있다.)

**(a)** 1,2-다이브로모헥세인 **(b)** 헥스-1-아인 **(c)** 2,2-다이브로모헥세인
**(d)** 헥스-2-아인 **(e)** 헥산-2-온 **(f)** 헥산알
**(g)** 펜탄산(pentanoic acid) **(h)** 펜탄알 **(i)** 운데크-6-아인-5-올(undec-6-yn-5-ol)

**9-30** 사이클로옥타인을 출발 물질로 사용하여 다음 물질을 합성하라. (합성 방법이 제시된 화합물은 이후에 나오는 연습문제에서 출발 물질로 사용할 수 있다.)

**(a)** 시스-사이클로옥텐 **(b)** 사이클로옥테인 **(c)** 트랜스-1,2-다이브로모사이클로옥테인
**(d)** 사이클로옥탄온 **(e)** 1,1-다이브로모사이클로옥테인 **(f)** 3-브로모사이클로옥텐
**(g)** 사이클로옥테인-1,2-다이온 **(h)** 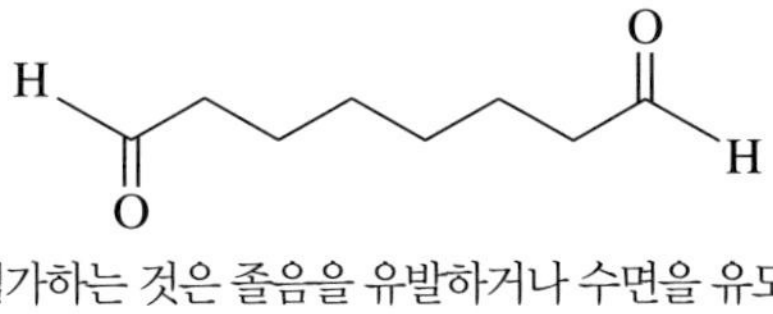 $H-C(=O)-(CH_2)_6-C(=O)-H$ **(i)** 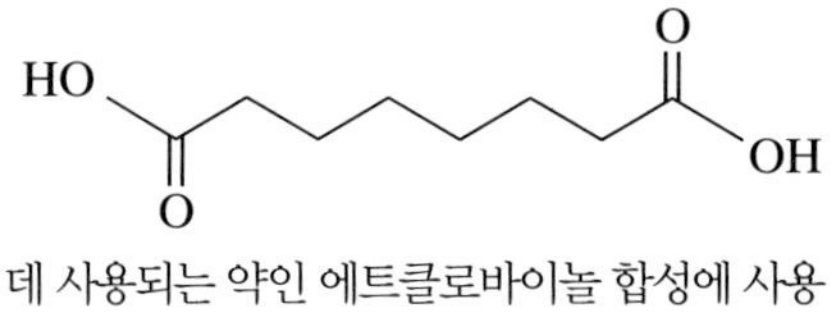 $HO-C(=O)-(CH_2)_6-C(=O)-OH$

**9-31** 462쪽의 응용에서 "카보닐기에 아세틸렌화 이온을 첨가하는 것은 졸음을 유발하거나 수면을 유도하는 데 사용되는 약인 에트클로바이놀 합성에 사용된다"고 기술했다. 아세틸렌과 카보닐 화합물로부터 어떻게 합성할 수 있는지 제시하라.

$CH_3CH_2-C(OH)(C\equiv CH)-C(H)=CHCl$

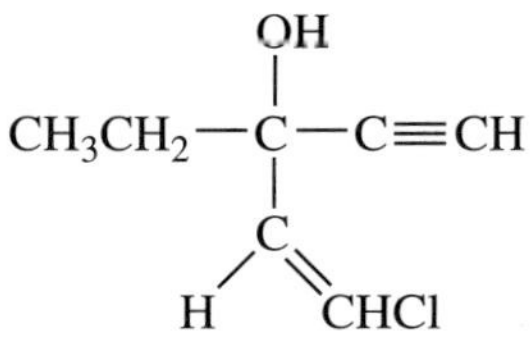

에트클로바이놀

**9-32** 주어진 출발 물질로부터 다음 화합물을 어떻게 합성할 수 있는지 제시하라. 합성의 각 단계에서 형성되는 화합물의 구조를 그려보라. 특히 제시된 합성법에서 에폭사이드의 시스 이성질체를 제시해야 한다.

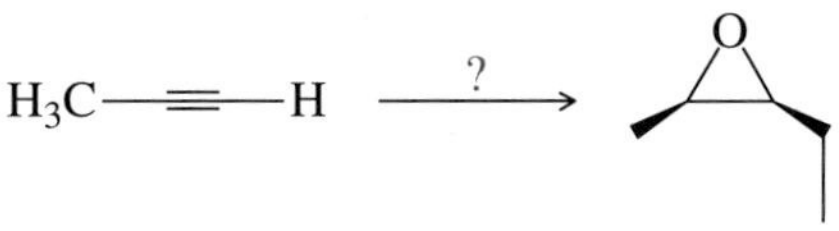

$H_3C-C\equiv C-H \xrightarrow{?}$ (시스-2,3-다이치환 에폭사이드: 메틸, 에틸)

**9-33** 다음 시약들과 뷰트-1-아인이 반응했을 경우의 생성물을 예측하라.

**(a)** 1당량의 HCl
**(b)** 2당량의 HCl
**(c)** 과량의 $H_2$, Ni
**(d)** $H_2$, Pd/$BaSO_4$, 퀴놀린
**(e)** 1당량의 $Br_2$
**(f)** 2당량의 $Br_2$
**(g)** 차갑고 묽은 $KMnO_4$
**(h)** 따뜻하고 진한 $KMnO_4$, NaOH
**(i)** Na, 액체 암모니아
**(j)** $NaNH_2$
**(k)** $H_2SO_4/HgSO_4$, $H_2O$
**(l)** $Sia_2BH$, 그다음 $H_2O_2$, $^-OH$

**9-34** 다음 합성 변환을 어떻게 이룰 것인지 나타내라. 모든 중간체를 나타내라.

**(a)** 2,2-다이브로모뷰테인 ⟶ 뷰트-1-아인
**(b)** 2,2-다이브로모뷰테인 ⟶ 뷰트-2-아인
**(c)** 뷰트-1-아인 ⟶ 옥트-3-아인
**(d)** 트랜스-헥스-2-엔 ⟶ 헥스-2-아인
**(e)** 2,2-다이브로모헥세인 ⟶ 헥스-1-아인
**(f)** 사이클로데카인 ⟶ 시스-사이클로데켄
**(g)** 사이클로데카인 ⟶ 트랜스-사이클로데켄
**(h)** 헥스-1-아인 ⟶ 헥산-2-온, $CH_3COCH_2CH_2CH_2CH_3$
**(i)** 헥스-1-아인 ⟶ 헥산알, $CH_3(CH_2)_4CHO$
**(j)** 트랜스-헥스-2-엔 ⟶ 시스-헥스-2-엔

**9-35** 아세틸렌과 그 밖에 필요한 시약으로부터 다음의 화합물을 어떻게 합성할 수 있는지 나타내라.

**(a)** 시스-2-옥텐
**(b)** 트랜스-3-헵텐
**(c)** 6-페닐헵트-1-엔-4-아인
**(d)** (Fischer projection: top $CH_2Ph$; H—C—OH; H—C—OH; bottom $CH_3$) (그리고 이 화합물의 거울상 이성질체)

**9-36** $CH_3CH_2-C\equiv C{:}^-\,Na^+$가 다음 화합물과 반응할 때 형성될 생성물을 예측하라.

**(a)** 브로민화 에틸
**(b)** 브로민화 *t*-뷰틸
**(c)** 폼알데하이드
**(d)** 사이클로헥산온
**(e)** $CH_3CH_2CH_2CHO$
**(f)** 사이클로헥산올
**(g)** 뷰탄-2-온, $CH_3CH_2COCH_3$

**9-37** 아세틸렌과 4개 이하의 탄소 원자를 포함하는 화합물로 출발하여 다음 화합물을 어떻게 합성할 수 있을지 나타내라.

**(a)** 헥스-1-아인
**(b)** 헥스-2-아인
**(c)** 시스-헥스-2-엔
**(d)** 트랜스-헥스-2-엔
**(e)** 1,1-다이브로모헥세인
**(f)** 2,2-다이브로모헥세인
**(g)** 펜탄알, $CH_3CH_2CH_2CH_2CHO$
**(h)** 펜탄-2-온, $CH_3-CO-CH_2CH_2CH_3$
**(i)** (±)-3,4-다이브로모헥세인
**(j)** 메조-뷰탄-2,3-다이올
**(k)** 2-메틸헥스-3-아인(yn)-2-올

**9-38** 미지의 화합물 **X**를 수소와 백금 촉매로 처리하자 5당량의 수소를 흡수하여 *n*-뷰틸사이클로헥세인이 생성되었다. **X**를 과량의 오존으로 처리한 후 다이메틸 설파이드와 물로 처리했을 때 다음 생성물을 얻었다.

$$H-\overset{O}{\overset{\|}{C}}-CH_2-CH_2-\overset{O}{\overset{\|}{C}}-\overset{O}{\overset{\|}{C}}-H \qquad H-\overset{O}{\overset{\|}{C}}-\overset{O}{\overset{\|}{C}}-H \qquad H-\overset{O}{\overset{\|}{C}}-\overset{O}{\overset{\|}{C}}-OH \qquad H-\overset{O}{\overset{\|}{C}}-OH$$

미지의 화합물 **X**의 구조를 제시하라. 제시한 구조에 불확실한 점이 있는가?

**9-39** 화합물 **Z**를 오존으로 처리하고 다이메틸 설파이드와 물로 씻은 후의 생성물은 폼산(formic acid), 3-옥소뷰탄산(3-oxobutanoic acid), 헥산알이었다.

$$\mathbf{Z} \xrightarrow[(2)\ (CH_3)_2S,\ H_2O]{(1)\ O_3\ (-78\ °C)} H-\overset{O}{\overset{\|}{C}}-OH + CH_3-\overset{O}{\overset{\|}{C}}-CH_2-\overset{O}{\overset{\|}{C}}-OH + CH_3(CH_2)_4-\overset{O}{\overset{\|}{C}}-H$$

화합물 Z의 구조를 제시하라. 제시한 구조에 어떤 불확실한 점이 있는가?

***9-40** 다음 출발 물질을 목표 화합물로 어떻게 변환시킬 수 있는지 나타내라. 필요한 추가적 시약을 사용할 수 있다.

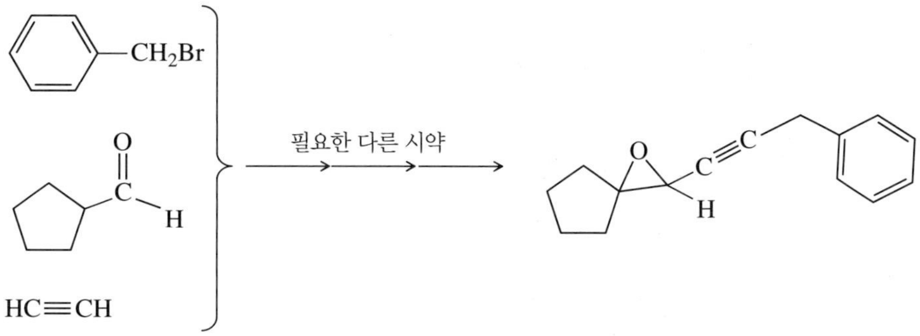

$C_6H_5CH_2Br$, 사이클로펜테인카발데하이드($C_5H_9$–CHO), $HC\equiv CH$ $\xrightarrow{\text{필요한 다른 시약}}$ 옥시레인(사이클로펜테인 스파이로) –H, –$C\equiv C$–$CH_2C_6H_5$

***9-41** 다음 작용기 상호 교환은 알데하이드의 합성에 유용하다.

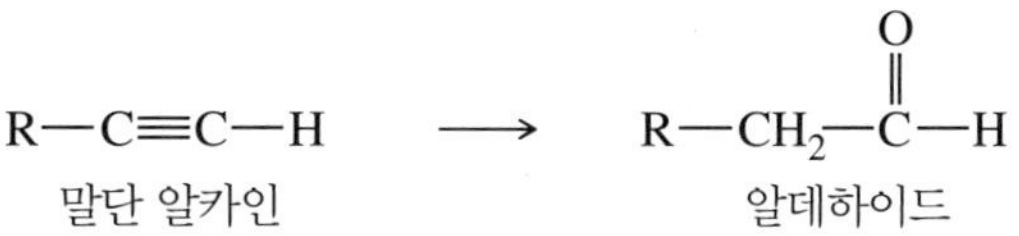

$$\underset{\text{말단 알카인}}{R-C\equiv C-H} \longrightarrow \underset{\text{알데하이드}}{R-CH_2-\overset{O}{\overset{\|}{C}}-H}$$

**(a)** 이 변환을 위해 이 장에서 어떤 시약이 사용되었는가? 예를 들어 설명하라.

**(b)** 이러한 작용기의 변환은 다음 순서를 이용하여 이루어질 수 있다.

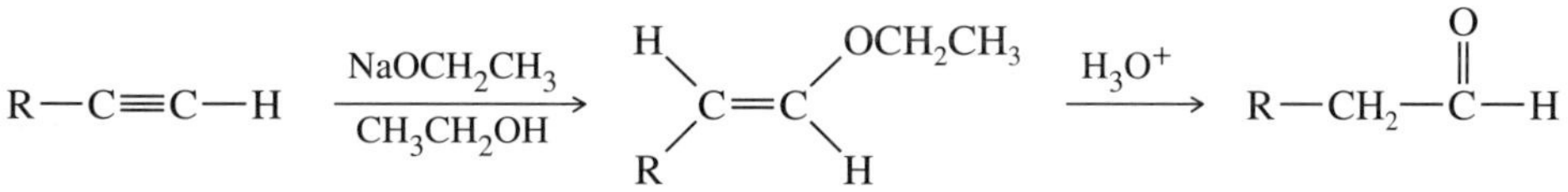

$$R-C\equiv C-H \xrightarrow[CH_3CH_2OH]{NaOCH_2CH_3} (H)(R)C=C(OCH_2CH_3)(H) \xrightarrow{H_3O^+} R-CH_2-\overset{O}{\overset{\|}{C}}-H$$

이들 단계에 대한 메커니즘을 제시하라.

**(c)** 에톡시화 이온 같은 친핵성 시약이 알켄에 첨가되는 것보다 알카인에 첨가되는 것이 더 수월한 이유를 설명하라.

***9-42** 필요한 무기 시약을 사용하여 아세틸렌과 브로민화 아이소뷰틸을 다음 화합물로 어떻게 변환할 수 있는지 나타내라.

**(a)** 메조-2,7-다이메틸옥테인-4,5-다이올, $(CH_3)_2CHCH_2CH(OH)CH(OH)CH_2CH(CH_3)_2$

**(b)** (±)-2,7-다이메틸옥테인-4,5-다이올

**9-43** 주어진 정보로부터 각 화합물의 구조를 추론하라. 연습문제에 제시된 모든 미지 화합물의 분자식은 $C_8H_{12}$이다.

**(a)** 미지 화합물 **W**는 촉매 수소화 반응으로 사이클로옥테인을 제공한다. **W**의 가오존 분해 반응 후 연속적인 다이메틸 설파이드에 의한 환원 반응으로 수베르산[octanedioic acid, HOOC $-(CH_2)_6-$COOH]을 얻는다. W의 구조를 그려보라.

**(b)** 미지 화합물 **X**는 촉매 수소화 반응으로 사이클로옥테인을 제공한다. **X**의 가오존 분해 반응 후 연속적인 다이메틸 설파이드에 의한 환원 반응으로 2당량의 뷰테인다이알(butanedial, $O=CH-CH_2CH_2-CH=O$)을 얻는다. **X**의 구조를 그려보라.

**(c)** 미지 화합물 **Y**는 촉매 수소화 반응으로 사이클로옥테인을 제공한다. **Y**의 가오존 분해 반응 후 연속적인 다이메틸 설파이드에 의한 환원 반응으로 3탄소 다이알데하이드와 5탄소 다이알데하이드를 얻는다. **Y**의 구조를 그려보라.

***(d)** 미지 화합물 **Z**는 촉매 수소화 반응으로 시스-바이사이클로[4.2.0]옥테인을 제공한다. **Z**의 가오존 분해 반응 후 연속적인 다이메틸 설파이드에 의한 환원 반응으로 C1 위치에 3탄소 알데하이드($-CH_2-CH_2-$CHO)기와 C2 위치에 1탄소 알데하이드(—CHO)를 지닌 사이클로뷰테인을 얻는다. **Z**의 구조를 그려보라.

* 본문 내용을 응용한 난이도 높은 문제는 별표(*)로 표시했다.

# 10 알코올의 구조와 합성

**학습목표**

**1** 알코올, 페놀, 다이올, 싸이올의 구조를 그리고, 명명한다.

**2** 알코올과 싸이올의 상대적인 끓는점, 산도, 용해도를 예측한다.

**3** 알켄, 할로젠화 알킬, 카보닐 화합물을 알코올로 어떻게 바꿀 수 있는지 알아본다.

**4** 유기금속 시약을 사용하여 필요한 탄소 골격을 갖춘 1차, 2차, 3차 알코올을 합성한다.

◀ 페퍼민트(*Mentha piperita*)의 추출 혹은 증류는 페퍼민트 오일이라 불리는 수불용성 액체를 제공한다. 페퍼민트 오일의 두 주요 성분은 알코올 *l*-멘톨(alcohol *l*-menthol)과 케톤 *l*-멘톤(ketone *l*-menthone)이며, 둘 다 식물에서 단일 거울상 이성질체로 생성된다. 사람들은 수천 년 동안 향신료와 약으로 페퍼민트를 사용해왔으며, 페퍼민트 오일은 메스꺼움, 구토 및 기타 소화기 질환을 치료하는 데 여전히 사용되고 있다. 페퍼민트 사탕은 세계에서 가장 인기 있는 사탕 중 하나이다.

## 10-1 서론

**알코올**(alcohol)은 하이드록시기(—OH)를 지닌 유기 화합물이다. 알코올은 자연에서, 산업체에서, 그리고 집 주위에서 가장 흔하고 유용한 화합물이다. 알코올(alcohol)이라는 단어는 일찍이 아라비아어 *al-kuhl*에서 유래된 가장 오래된 화학 용어 중 하나이다. 본래의 의미는 '화약(powder)'이고, 이후 '정수(essence)'로 사용되었다. 포도주로부터 증류한 에틸 알코올은 포도주의 정수로 여겨졌다. 에틸 알코올(ethyl alcohol, 곡주)은 알코올 음료, 화장품, 약에 들어 있다. 메틸 알코올(methyl alcohol, 목정)은 연료와 용매로 사용된다. 아이소프로필 알코올(isopropyl alcohol, 소독용 알코올)은 주사할 때 및 베인 상처의 피부 세척제로 사용된다.

| $CH_3—CH_2—OH$ | $CH_3—OH$ | $CH_3—CH(OH)—CH_3$ |
|---|---|---|
| 에틸 알코올 | 메틸 알코올 | 아이소프로필 알코올 |
| 에탄올 | 메탄올 | 프로판-2-올 |

알코올은 다양한 방법으로 합성되고, 하이드록시기는 대부분의 다른 작용기로 변환될 수 있다. 이러한 이유로 알코올은 다양하게 사용되는 합성 중간체이다. 이 장에서는 알코올의 물리적 성질에 대해 논하고, 알코올을 합성하는 방법을 요약한다. 11장(알코올의 반응)에서 시약, 용매, 합성 중간체로서 유기 화학에서 알코올의 중심적 역할에 대해 계속해서 살펴볼 것이다.

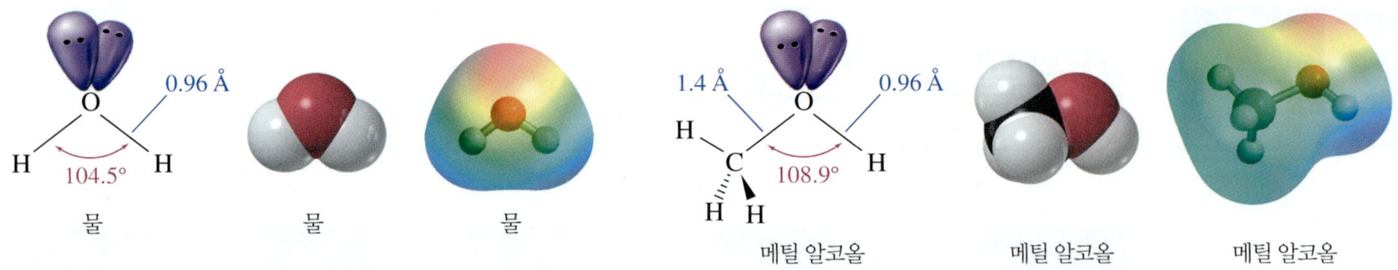


**그림 10-1** 물과 메틸 알코올의 구조 비교

## 10-2 알코올의 구조와 분류

알코올의 구조는 물의 구조와 유사하며, 물의 수소 원자 1개가 알킬기로 치환된 구조이다. 그림 10-1은 물과 메탄올의 구조를 비교한 것이다. 둘 다 $sp^3$으로 혼성화된 산소 원자를 가지고 있으나 메탄올에서의 C—O—H 결합각(108.9°)은 물에서의 H—O—H 결합각(104.5°)보다 상당히 큰데, 이는 메틸기가 수소 원자보다 훨씬 크기 때문이다. 부피가 큰 메틸기는 산소의 비공유 전자쌍에 의해 생기는 결합각이 줄어드는 것을 상쇄한다. O—H 결합 길이는 물과 메탄올에서 같지만(0.96 Å), C—O 결합은 상당히 더 길다(1.4 Å). 이는 수소와 비교해서 탄소의 공유 반지름이 더 크다는 것을 나타낸다.

알코올군을 체계화하는 한 가지 방법은 **카비놀 탄소 원자**(carbinol carbon atom)의 형태에 따라 분류하는 것이다. 카비놀 탄소 원자란 —OH기가 결합한 탄소를 말한다. 이 탄소 원자가 1차라면 (1개의 다른 탄소 원자에 결합된) 그 화합물은 **1차 알코올**(primary alcohol)이다. **2차 알코올**(secondary alcohol)은 —OH기가 2차 탄소에 결합 되어 있고, **3차 알코올**(tertiary alcohol)은 —OH기가 3차 탄소에 결합되어 있다. 앞서 할로젠화 알킬에 대해 공부했을 때(6장) 1차, 2차, 3차 할로젠화물이 다르게 반응하는 것을 보았다. 알코올에 대해서도 같은 원리가 적용된다. 이러한 종류의 알코올이 어떻게 유사하고, 어떠한 조건에서 다르게 반응하는지 알아야 한다. 그림 10-2는 1차, 2차, 3차 알코올의 예를 보여준다.

하이드록시기가 방향족(벤젠) 고리에 직접 결합된 화합물을 **페놀**(phenol)이라고 한다. 페놀은 알코올과 유사한 성질을 많이 가지고 있는 반면, 방향족 특성에서 유래된 알코올과 다른 성질을 가지고 있다. 이 장에서는 알코올의 성질과 유사한 페놀의 성질을 살펴보고, 몇 가지 차이점을 주의해서 볼 것이다. 16장에서는 페놀의 방향족 성질과 방향성 때문에 생기는 반응을 살펴볼 것이다,

## 10-3 알코올과 페놀의 명명법

### 10-3A IUPAC명('알칸올'명)

IUPAC 체계에서 알코올의 이름은 다른 부류의 화합물 명명법과 비슷한 규칙에 따라 알코올의 독특한 명명법을 따른다. 일반적으로 하이드록시기의 위치를 나타내는 숫자와 함께 명명법 접미사로 -올(*-ol*)을 붙인다. 공식적인 규칙은 세 단계 과정으로 요약할 수 있다.

1. —OH기를 지닌 탄소 원자를 포함하는 가장 긴 탄소 사슬을 명명한다. 알케인의 마지막 *-e*를 없애고 접미사 -올(*-ol*)을 알케인 이름에 붙인다.
2. 하이드록시기가 가장 가까이 있는 탄소 사슬의 끝에서부터 탄소 사슬에 숫자를 붙이고, 적절한 숫자를 사용하여 —OH기의 위치를 나타낸다(하이드록시기는 이중 결합과 삼중 결합보

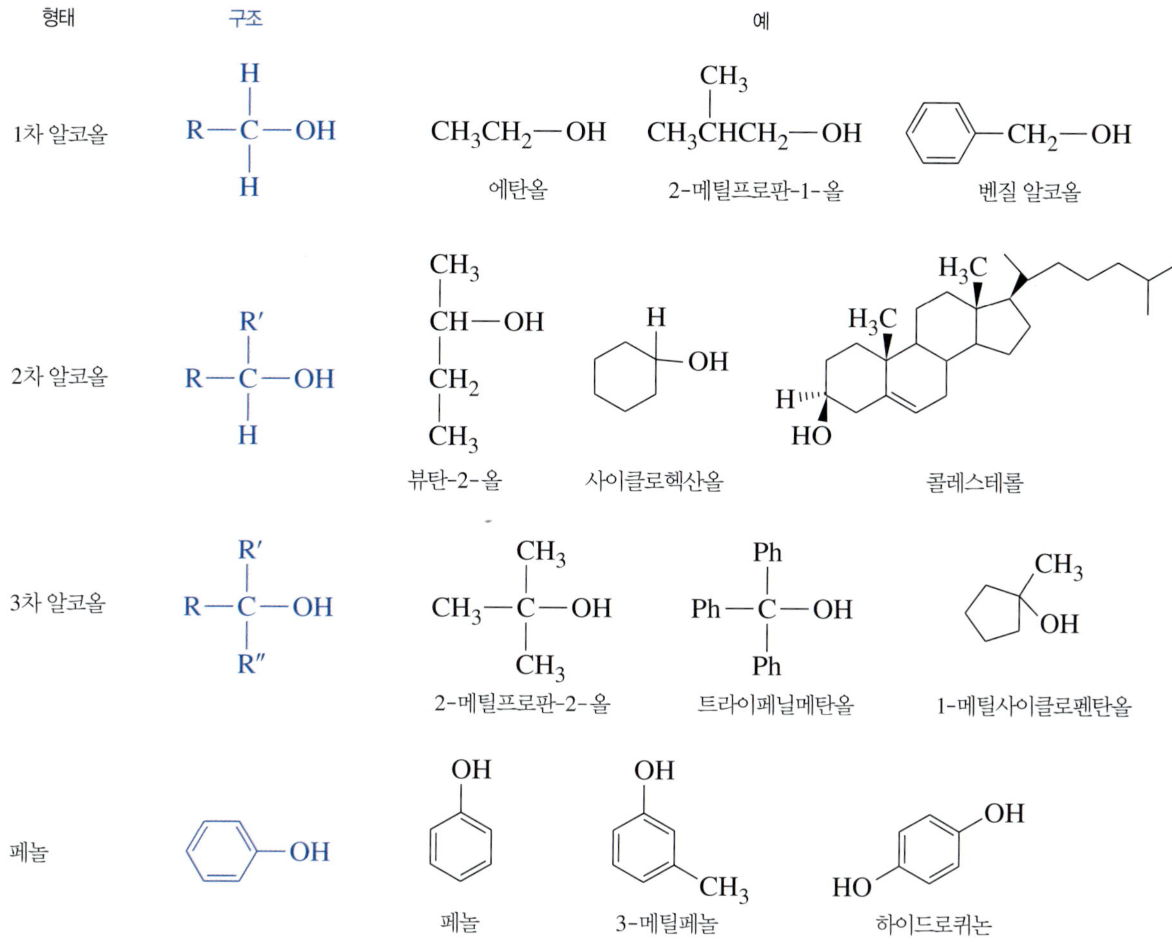


**그림 10-2** 알코올의 분류. 알코올은 하이드록시기가 결합한 탄소 원자의 형태(1차, 2차, 3차)에 따라 분류된다. 페놀은 하이드록시기가 벤젠 고리에 있는 탄소 원자에 결합되어 있다.

다 우선순위가 높다).

3. 알케인이나 알켄에서 했던 것처럼 모든 치환기를 명명하고 숫자를 붙인다.

다음 예에서 가장 긴 탄소 사슬은 4개의 탄소를 가지므로, 기본 이름은 뷰탄올(butanol)이다. —OH기가 두 번째 탄소 원자에 있으므로 뷰탄-2-올(butan-2-ol)이다. 완전한 IUPAC명은 1-브로모-3,3-다이메틸뷰탄-2-올(1-bromo-3,3-dimethylbutan-2-ol)이다.

$$\overset{4}{CH_3}-\overset{3}{C}(CH_3)_2-\overset{2}{CH}(OH)-\overset{1}{CH_2}-Br$$

고리형 알코올은 접두사 사이클로-(*cyclo*-)를 사용하여 명명한다. 하이드록시기는 C1에 붙어 있다고 가정한다.

IUPAC명: 트랜스-2-브로모사이클로헥산올 1-에틸사이클로프로판올

### 예제 10-1

다음 알코올의 IUPAC명을 답하라.

$$CH_3-CH_2-\underset{}{\overset{CH_2I}{CH}}-\overset{CH_2-OH}{CH}-\underset{CH_3}{CH}-CH_3$$

**풀이**

가장 긴 사슬이 6개의 탄소 원자를 포함하지만, 하이드록시기가 결합된 탄소를 포함하지는 않는다. —OH기가 결합된 탄소를 포함하는 가장 긴 사슬은 초록색 상자로 둘러싸인 5개의 탄소 원자를 가진 사슬이다. 이 사슬은 하이드록시기가 있는 탄소 원자가 가능한 한 가장 낮은 숫자가 되도록 오른쪽에서부터 숫자를 붙인다.

$${}^5CH_3-{}^4CH_2-{}^3\overset{CH_2I}{CH}-{}^2\overset{{}^1CH_2-OH}{CH}-\underset{CH_3}{CH}-CH_3$$

이 화합물의 정확한 이름은 3-(아이오도메틸)-2-아이소프로필펜탄-1-올이다.

> **문제풀이 힌트**
>
> 알코올의 명명법은 부록 5 유기 화합물 명명법에 나타나 있다.

이중 결합과 삼중 결합을 포함한 알코올을 명명할 때 알켄 또는 알카인 이름에 접미사 -올(*-ol*)을 사용한다. 알코올 작용기는 이중 결합과 삼중 결합보다 우선하기 때문에 탄소 사슬은 하이드록시기가 결합된 탄소 원자가 가능한 한 낮은 숫자가 되도록 숫자를 붙인다. —OH기의 위치는 -올 접미어 앞에 숫자를 놓아 나타낸다. 다중 결합에 대한 숫자는 한때 이름 앞에 놓았으나, 1993년에 개정된 IUPAC 규칙은 -엔(*-en*) 또는 -아인(*-yn*) 다음에 놓는다. 다음 그림에 옛 명명법과 새 명명법의 숫자 붙이는 예를 나타냈다.

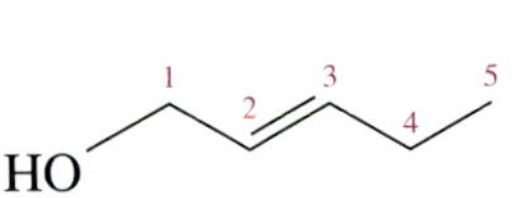


$$\overset{1}{H_3C}-\overset{OH}{\overset{2}{CH}}-\overset{3}{CH}=\overset{4}{CH}-Cl$$

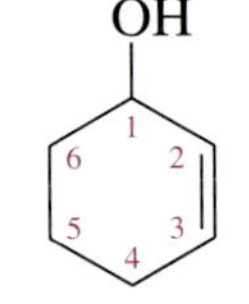


| | | | |
|---|---|---|---|
| 옛 IUPAC명: | 트랜스-2-펜텐-1-올 | (*Z*)-4-클로로-3-뷰텐-2-올 | 2-사이클로헥센-1-올 |
| 새 IUPAC명: | 트랜스-펜트-2-엔-1-올 | (*Z*)-4-클로로뷰트-3-엔-2-올 | 사이클로헥스-2-엔-1-올 |

표 10-1은 IUPAC명을 정하는 데 작용기의 우선순위를 보여주는 부분적인 표이다. 더 완전한 표는 '작용기 명명법 요약'이라는 제목으로 이 책 뒤표지 안쪽에 실었다. 가장 높은 우선순위의 작용기를 '주요' 기로 간주하고 그 밖의 것들은 치환기로서 취급한다.

만약 어떤 구조가 간단한 알코올로서 명명하기 어렵거나, 알코올보다 더 우선순위가 높은 작용기가 있는 구조일 경우에는 —OH 작용기를 **하이드록시**(hydroxy) 치환기*로 사용하여 명명한다.

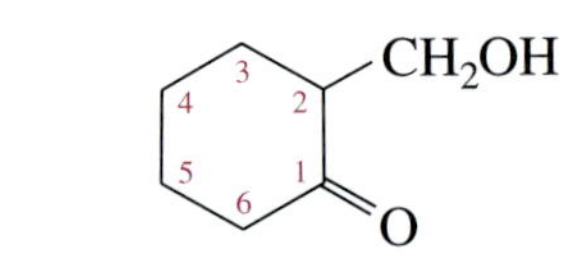


2-(하이드록시메틸)사이클로헥산온

트랜스-3-(2-하이드록시에틸)사이클로펜탄올

(1*R*,3*R*)-3-(2-하이드록시에틸)사이클로펜탄올

$$\overset{4}{CH_3}-\overset{OH}{\overset{3}{CH}}-\overset{2}{CH_2}-\overset{O}{\overset{1}{C}}-OH$$

3-하이드록시뷰탄산

* 과거에는 하이드록시(hydroxy)와 하이드록실(hydroxyl)이라는 용어가 모두 OH기를 설명하는 데 사용되었다. 최근 IUPAC는 '하이드록실(hydroxyl)'이라는 용어는 수산기 라디칼인 ·OH만을 지칭해야 한다고 결정했다. 이러한 새 규칙은 일반적인 사용법에서 종종 무시되기도 한다.

**연습문제 10-1**

다음 알코올의 IUPAC명을 제시하라.

(a) 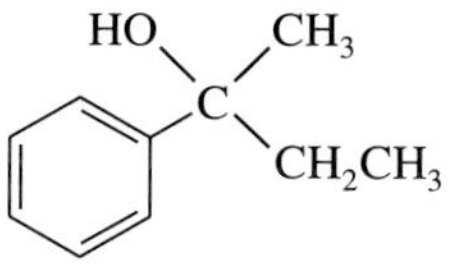 HO, $CH_3$, C, $CH_2CH_3$ (b) OH, Br (c) OH, $CH_3$

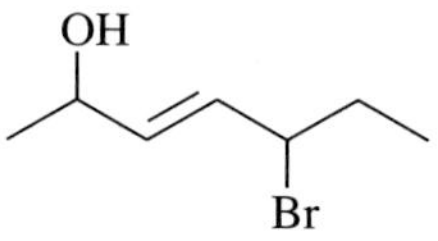

(d) 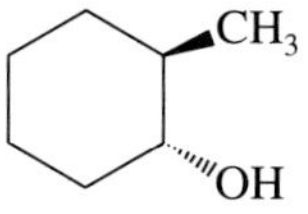 $CH_3$, OH (e) 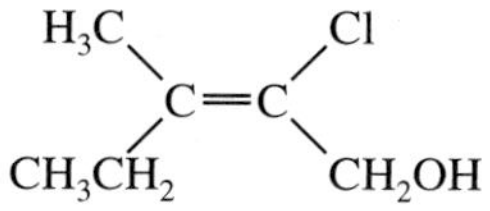 $H_3C$, Cl, C=C, $CH_3CH_2$, $CH_2OH$ (f) 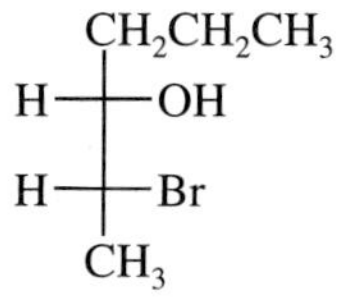 $CH_2CH_2CH_3$, H—OH, H—Br, $CH_3$

**표 10-1** 유기 화합물의 명명시 작용기의 우선순위

| |
|---|
| 산(가장 높음) |
| 에스터 |
| 알데하이드 |
| 케톤 |
| 알코올 |
| 아민 |
| 알켄, 알카인 |
| 알케인 |
| 에터 |
| 할로젠화물(가장 낮음) |

## 10-3B 알코올의 관용명

알코올의 관용명은 알킬기의 관용명과 알코올(alcohol)이라는 단어에서 유래했다. 이 방법은 알코올을 수소 원자 1개가 알킬기로 치환된 물 분자로 묘사하는 것이다. 구조가 복잡해지면 일반 명명법은 사용하기 불편하므로 IUPAC 명명법을 사용해야 한다.

| | $CH_3—OH$ | $CH_3CH_2CH_2—OH$ | 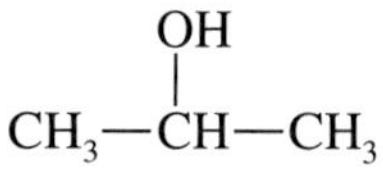 $CH_3—CH(OH)—CH_3$ | $H_2C{=}CH—CH_2—OH$ |
|---|---|---|---|---|
| 관용명: | 메틸 알코올 | *n*-프로필 알코올 | 아이소프로필 알코올 | 알릴 알코올 |
| IUPAC명: | 메탄올 | 프로판-1-올 | 프로판-2-올 | 프로프-2-엔-1-올 |

| | $CH_3CH_2CH_2CH_2—OH$ | $CH_3—CH(OH)—CH_2CH_3$ | $CH_3—C(CH_3)_2—OH$ | $CH_3—CH(CH_3)—CH_2—OH$ |
|---|---|---|---|---|
| 관용명: | *n*-뷰틸 알코올 | *sec*-뷰틸 알코올 | *t*-뷰틸 알코올 | 아이소뷰틸 알코올 |
| IUPAC명: | 뷰탄-1-올 | 뷰탄-2-올 | 2-메틸프로판-2-올 | 2-메틸프로판-1-올 |

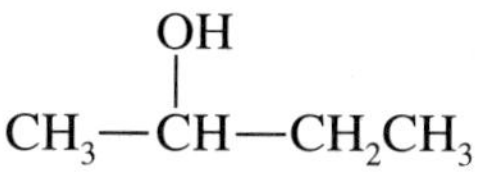

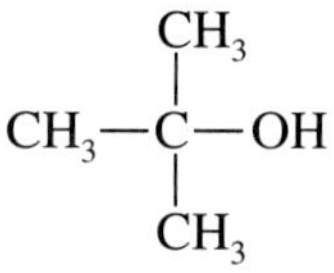

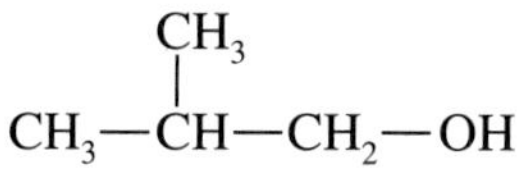

**연습문제 10-2**

각 알코올의 IUPAC명과 관용명을 제시하라.

(a) $CH_3CH(OH)CH_3$ (b) 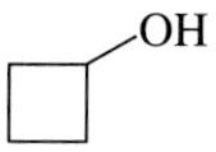 OH (c) 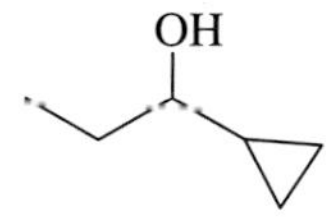 OH

(d) $(CH_3)_2CHCH_2OH$

**연습문제 10-3**

각 분자식에 대해 그 분자식을 가질 수 있는 모든 가능한 알코올의 구조 이성질체를 그려보라. 각 알코올의 IUPAC명을 제시하라.

(a) $C_3H_8O$ (b) $C_4H_{10}O$ (c) $C_3H_6O$ (d) $C_3H_4O$

### 10-3C 다이올의 명명법

2개의 —OH기가 있는 알코올을 **다이올**(diol) 또는 **글라이콜**(glycol)이라고 한다. 접미사 다이올(*diol*)을 사용하는 것과 2개의 하이드록시기가 위치하는 곳을 나타내기 위해 2개의 숫자가 필요하다는 것을 제외하면 다른 알코올의 명명법과 같다. 다이올을 명명하는 데 이 방법이 선호되며, 또한 체계적인(IUPAC) 방법이다.

$CH_3-CH(OH)-CH_2OH$

IUPAC명: 프로페인-1,2-다이올 | 1-사이클로헥실뷰테인-1,3-다이올 | 트랜스-사이클로펜테인-1,2-다이올

글라이콜(glycol)이라는 용어는 일반적으로 1,2-다이올 또는 2개의 하이드록시기가 인접한 탄소 원자에 있는 **이웃 자리 다이올**(vicinal diol)을 의미한다. 글라이콜은 대개 과산화산, 사산화 오스뮴, 과망가니즈산 포타슘을 사용하여 알켄의 하이드록시화 반응으로 합성한다(8-14절).

$$\text{C=C (알켄)} \xrightarrow[\text{또는 } KMnO_4,\ ^-OH \text{ 또는 } OsO_4,\ H_2O_2]{RCO_3H,\ H_3O^+} -\underset{HO}{C}-\underset{OH}{C}-$$

이웃 자리 다이올(글라이콜)

글라이콜의 관용명에는 글라이콜류가 무엇으로부터 합성되었는지 나타나 있다. 글라이콜은 그것이 합성되는 알켄으로부터 명명되었다.

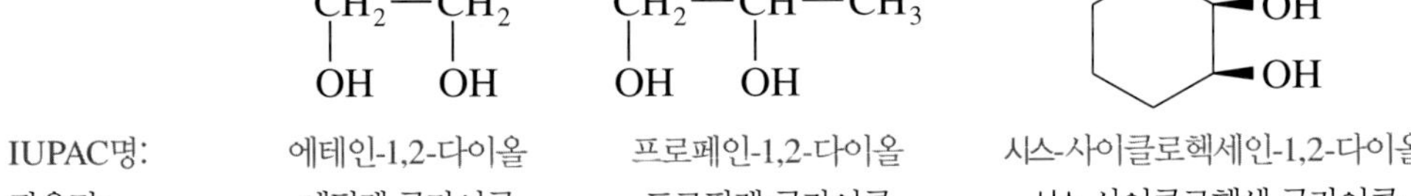

| | | | |
|---|---|---|---|
| IUPAC명: | 에테인-1,2-다이올 | 프로페인-1,2-다이올 | 시스-사이클로헥세인-1,2-다이올 |
| 관용명: | 에틸렌 글라이콜 | 프로필렌 글라이콜 | 시스-사이클로헥센 글라이콜 |

글라이콜의 관용명은 사용하기 불편하고 혼동을 줄 수 있다. 이름의 -엔(*-ene*) 부분은 알켄의 이중 결합이 존재하는 것을 나타내지만 글라이콜에는 이중 결합이 없기 때문이다. 이 책에서는 다이올에 대해 일반적으로 IUPAC의 '다이올(diol)' 명명법을 사용할 것이다. 그러나 '에틸렌 글라이콜(ethylene glycol, 자동차 부동액)'과 '프로필렌 글라이콜(propylene glycol, 의약품과 음식에 사용)'은 보편적으로 많이 쓰이는 관용명이다.

**연습문제 10-4**

각 다이올의 체계적인(IUPAC) 이름을 제시하라.

**(a)** $CH_3CH(OH)(CH_2)_3CH(OH)C(CH_3)_3$ **(b)** $HO-(CH_2)_7-OH$

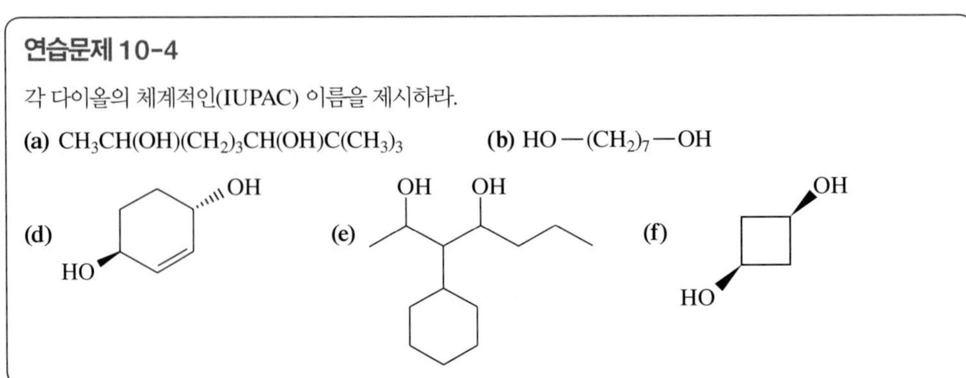

### 10-3D 페놀의 명명법

페놀 구조는 벤젠 고리가 들어 있기 때문에, 오쏘(*ortho*, 1,2-이중 치환된 것), 메타(*meta*, 1,3-이중 치환된 것), 파라(*para*, 1,4-이중 치환된 것) 등의 용어가 관용명에 자주 사용된다. 다음 예는 몇 가지 간단한 페놀의 체계적인 이름과 관용명을 나타낸 것이다.

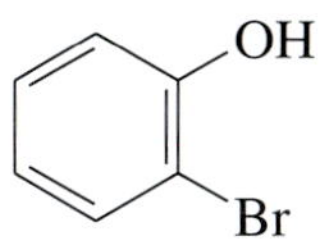

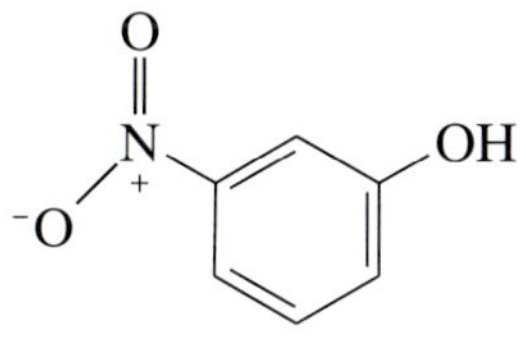

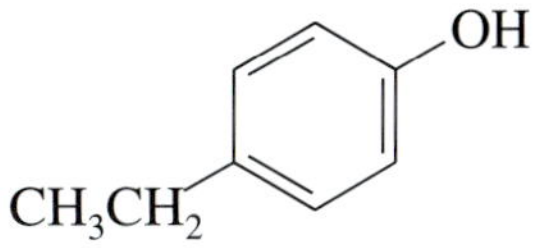

| | | | |
|---|---|---|---|
| IUPAC명: | 2-브로모페놀 | 3-나이트로페놀 | 4-에틸페놀 |
| 관용명: | 오쏘-브로모페놀 | 메타-나이트로페놀 | 파라-에틸페놀 |

메틸페놀(methylphenol)은 크레졸(cresol)이라고 하는 반면, 벤젠다이올(benzenediol)은 구조보다는 역사적인 용도와 출처에 근거해서 명명되었다. 여기서는 일반적으로 페놀 화합물의 체계적인 이름을 사용할 것이다.

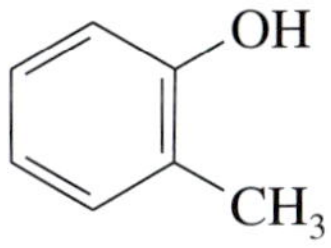

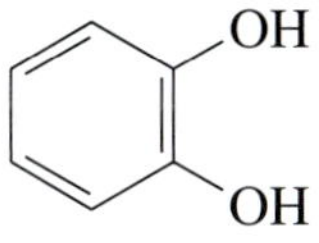

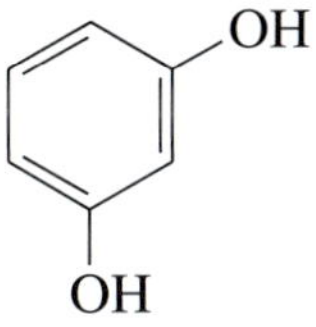

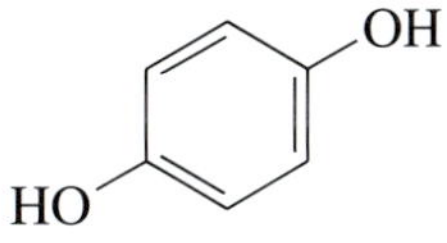

| | | | | |
|---|---|---|---|---|
| IUPAC명: | 2-메틸페놀 | 벤젠-1,2-다이올 | 벤젠-1,3-다이올 | 벤젠-1,4-다이올 |
| 관용명: | 오쏘-크레졸 | 카테콜(catechol) | 레조시놀(resorcinol) | 하이드로퀴논 |

**응용: 방부제**

페놀은 '석탄산(carbolic acid)'이라는 관용명이 있었는데, 이는 페놀이 콜타르의 산성 분율로부터 분리되었기 때문이다. 페놀은 신경 독이고 피부에 노출되면 고통 없이 심한 화상을 야기한다. 약한 페놀 수용액은 방부제로 사용된다.

## 10-4 알코올의 물리적 성질

탄소 원자가 대략 11~12개인 대부분의 일반 알코올은 실온에서 액체이다. 메탄올과 에탄올은 과일향이 나는 휘발성 액체이다. 많은 탄소 수를 가진 알코올[뷰탄올에서 데칸올(decanol)까지]은 다소 점성이 있고, 가지가 많은 이성질체는 실온에서 고체이다. 이들 많은 탄소 수를 가진 알코올은 더 무겁지만 여전히 과일향이 난다. 프로판-1-올(propan-1ol)과 프로판-2-올(propan-2-ol)은 중간에 위치하며, 점성이 거의 없고, 종종 병원에서 나는 특징적인 냄새가 난다. 표 10-2에 여러 가지 일반적인 알코올의 물리적 성질을 나타냈다.

**응용: 환경**

토양 박테리아는 많은 유기 화합물을 카테콜로 변환시킨다. 그러고 나서 고리를 자른 후 나온 생성물을 물과 이산화 탄소로 더 분해시킨다. 고속도로 주변의 토양은 이러한 박테리아가 풍부한데, 이는 이들이 차량에서 배출되어 도로 위에 축적된 탄화수소를 먹고 살기 때문이다.

### 10-4A 알코올의 끓는점

우리는 자주 액체 알코올을 다루기 때문에 분자량이 작은 알코올이 액체라는 사실이 놀랄 만한 일이라는 것을 잊어버린다. 예를 들면 에틸 알코올과 프로페인은 비슷한 분자량을 가지나, 끓는점은 120°C 차이가 난다. 다이메틸 에터(dimethyl ether)는 중간 정도의 끓는점을 가진다.

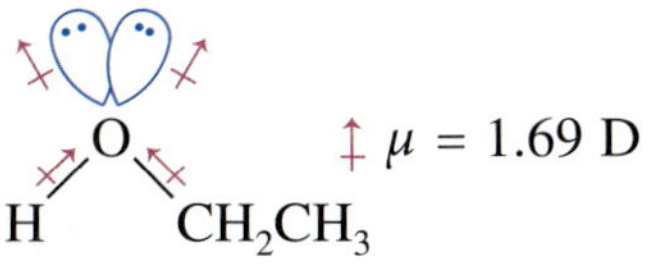

| | | |
|---|---|---|
| $\mu = 1.69$ D | $\mu = 1.30$ D | $\mu = 0.08$ D |
| 에탄올, 분자량 46 | 다이메틸 에터, 분자량 46 | 프로페인, 분자량 44 |
| 끓는점 78°C | 끓는점 −25°C | 끓는점 −42°C |

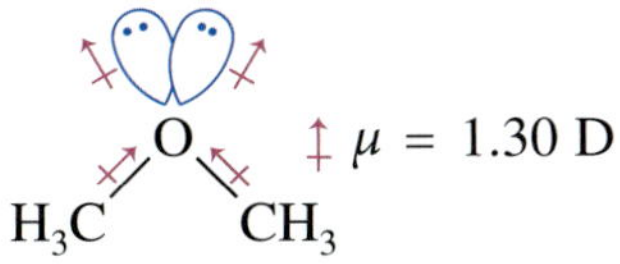

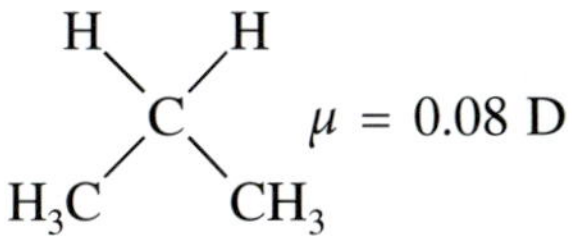

**표 10-2** 여러 가지 알코올의 물리적 성질

| IUPAC명 | 관용명 | 분자식 | 녹는점(°C) | 끓는점(°C) | 밀도(g/mL) |
|---|---|---|---|---|---|
| 메탄올 | 메틸 알코올 | $CH_3OH$ | −97 | 65 | 0.79 |
| 에탄올 | 에틸 알코올 | $CH_3CH_2OH$ | −114 | 78 | 0.79 |
| 프로판-1-올 | *n*-프로필 알코올 | $CH_3CH_2CH_2OH$ | −126 | 97 | 0.80 |
| 프로판-2-올 | 아이소프로필 알코올 | $(CH_3)_2CHOH$ | −89 | 82 | 0.79 |
| 뷰탄-1-올 | *n*-뷰틸 알코올 | $CH_3(CH_2)_3OH$ | −90 | 118 | 0.81 |
| 뷰탄-2-올 | *sec*-뷰틸 알코올 | $CH_3CH(OH)CH_2CH_3$ | −114 | 100 | 0.81 |
| 2-메틸프로판-1-올 | 아이소뷰틸 알코올 | $(CH_3)_2CHCH_2OH$ | −108 | 108 | 0.80 |
| 2-메틸프로판-2-올 | *t*-뷰틸 알코올 | $(CH_3)_3COH$ | 25 | 83 | 0.79 |
| 펜탄-1-올 | *n*-펜틸 알코올 | $CH_3(CH_2)_4OH$ | −79 | 138 | 0.82 |
| 3-메틸뷰탄-1-올 | 아이소펜틸 알코올 | $(CH_3)_2CHCH_2CH_2OH$ | −117 | 132 | 0.81 |
| 2,2-다이메틸프로판-1-올 | 네오펜틸 알코올 | $(CH_3)_3CCH_2OH$ | 52 | 113 | 0.81 |
| 사이클로펜탄올 | 사이클로펜틸 알코올 | *cyclo*-$C_5H_9OH$ | −19 | 141 | 0.95 |
| 헥산-1-올 | *n*-헥실 알코올 | $CH_3(CH_2)_5OH$ | −52 | 156 | 0.82 |
| 사이클로헥산올 | 사이클로헥실 알코올 | *cyclo*-$C_6H_{11}OH$ | 25 | 162 | 0.96 |
| 헵탄-1-올 | *n*-헵틸 알코올 | $CH_3(CH_2)_6OH$ | −34 | 176 | 0.82 |
| 옥탄-1-올 | *n*-옥틸 알코올 | $CH_3(CH_2)_7OH$ | −16 | 194 | 0.83 |
| 노난-1-올 | *n*-노닐 알코올 | $CH_3(CH_2)_8OH$ | −6 | 214 | 0.83 |
| 데칸-1-올 | *n*-데실 알코올 | $CH_3(CH_2)_9OH$ | 6 | 233 | 0.83 |
| 프로프-2-엔-1-올 | 알릴 알코올 | $H_2C{=}CH{-}CH_2OH$ | −129 | 97 | 0.86 |
| 페닐메탄올 | 벤질 알코올 | $Ph{-}CH_2OH$ | −15 | 205 | 1.05 |
| 다이페닐메탄올 | 다이페닐카비놀 | $Ph_2CHOH$ | 69 | 298 | |
| 트라이페닐메탄올 | 트라이페닐카비놀 | $Ph_3COH$ | 162 | 380 | 1.20 |
| 에테인-1,2-다이올 | 에틸렌 글라이콜 | $HOCH_2CH_2OH$ | −13 | 198 | 1.12 |
| 프로페인-1,2-다이올 | 프로필렌 글라이콜 | $CH_3CH(OH)CH_2OH$ | −59 | 188 | 1.04 |
| 프로페인-1,2,3-트라이올 | 글리세롤 | $HOCH_2CH(OH)CH_2OH$ | 18 | 290 | 1.26 |

끓는점에서 이러한 큰 차이는 에탄올 분자가 프로페인 분자보다 분자 간 인력이 더 크다는 사실을 나타낸다. 중요한 두 가지 분자 간 힘은 수소 결합과 쌍극자-쌍극자 인력이다(2-2절).

수소 결합은 에탄올의 끓는점을 높이는 주된 분자 간 인력이다. 에탄올의 하이드록시 수소는 산소에 결합되어 있어 강하게 편극화되고, 다른 알코올 분자의 산소 원자에 있는 비공유 전자쌍과 수소 결합을 형성한다(2-2C절). 에터는 산소 원자에 2개의 알킬기가 결합되어 있으므로 수소 결합을 형성할 O—H 수소 원자가 없다. 수소 결합은 몰당 약 21 kJ(5 kcal)의 강도를 가지며, 이는 공유 결합 세기(300~500 kJ)보다는 훨씬 약하고 쌍극자-쌍극자 당김보다는 훨씬 강하다.

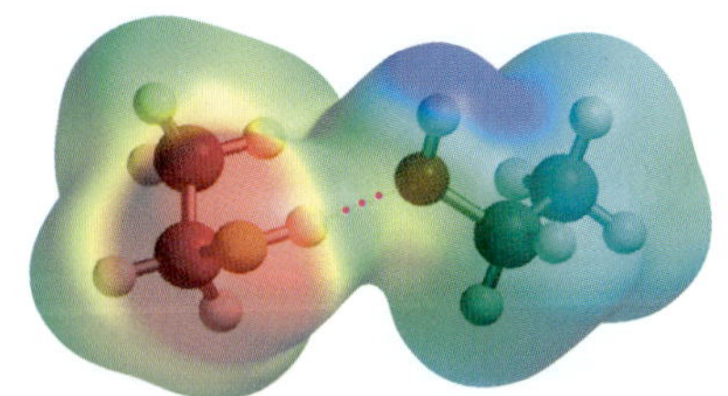
에탄올의 수소 결합

쌍극자-쌍극자 인력 역시 알코올과 에터의 끓는점이 비교적 높은 것에 기여한다. 편극화된 C—O 결합과 H—O 결합, 그리고 비공유 전자쌍은 에탄올의 쌍극자 모멘트를 증가시켜 1.69 D가 되게 한다. 반면 프로페인의 쌍극자-쌍극자 모멘트는 0.08 D이다. 액체 에탄올에서는 이들 쌍극자의 전기적 양성인 끝부분과 전기적 음성인 끝부분이 서로 당기는 상호인력 작용을 위해 정렬한다. 다이메틸 에터를 에탄올과 비교함으로써 수소 결합과 쌍극자-쌍극자 인력의 효과를 비교할 수 있다. 에탄올처럼 다이메틸 에터도 쌍극자 모멘트(1.30 D)가 크지만 —O—H 수소가 없기 때문에 수소 결합을 할 수 없다.



다이메틸 에터의 끓는점은 −25°C로, 프로페인의 끓는점보다 약 17°C 높다. 그러나 에탄올의 끓는점보다는 여전히 103°C 낮다. 수소 결합은 확실히 쌍극자-쌍극자 인력보다 훨씬 강한 분자 간 인력이다.

## 10-4B 알코올의 용해도 성질

물과 알코올은 둘 다 수소 결합을 형성할 수 있는 하이드록시기를 가지고 있으므로 유사한 성질을 가진다. 알코올은 물과 수소 결합을 형성하고 분자량이 작은 여러 알코올은 **물과 섞일 수 있다**(miscible). (즉 어떤 비율로도 녹는다.) 마찬가지로 알코올은 극성 물질에 대해 탄화수소보다 더 좋은 용매이다. 염화 소듐 같은 이온성 화합물은 분자량이 작은 알코올에 상당량 녹는다. 하이드록시기는 물과 다른 극성 물질에 대해 친화력이 있으므로 **친수성**(hydrophilic, '물을 좋아하는'을 의미)이 있다고 한다.

알코올의 알킬기는 알케인처럼 작용하므로 **소수성**(hydrophobic, '물을 싫어하는'을 의미)이 있다고 한다. 이러한 알킬기는 물 같은 극성 용매의 수소 결합과 쌍극자-쌍극자 인력으로 이루어진 네트워크를 파괴한다. 알킬기는 알코올의 친수성을 작게 하고, 비극성 유기 용매에서의 용해도를 증가시킨다. 따라서 많은 알코올이 다양한 비극성 유기 용매와 잘 섞인다.

표 10-3에 일부 간단한 알코올의 물에 대한 용해도를 나타냈다. 물에 대한 용해도는 알킬기가 커질수록 감소한다. 탄소 수가 1개, 2개, 3개인 알킬기가 있는 알코올은 물과 잘 섞인다. 탄소가 4개인 알킬기는 크기가 너무 커서 몇몇 이성질체는 섞이지 않으나, 구형으로 밀집된 *t*-뷰틸 알코올(*tert*-butyl alcohol)은 섞인다. 일반적으로 하이드록시기나 다른 수소 결합기 하나당 물에 대략 4개의 탄소 원자를 운반한다. 6개의 탄소를 가진 헥산-1-올(hexan-1-ol)은 물에 약간만 용해되나, 2개의 수소 결합기를 가진 헥세인-1,6-다이올(hexane-1,6-diol)은 물에 섞인다. 페놀은 탄소가 6개인 알코올 중 이상하게도 가용성인데, 이는 페놀의 밀집된 형태 및 페놀의 —OH기와 물 분자 사이에 형성되는 특별히 강한 수소 결합 때문이다.

**표 10-3** 물에 대한 알코올의 용해도(25°C 기준)

| 알코올 | 물에 대한 용해도 |
|---|---|
| 메틸 | 섞임 |
| 에틸 | 섞임 |
| *n*-프로필 | 섞임 |
| *t*-뷰틸 | 섞임 |
| 아이소뷰틸 | 10% |
| *t*-뷰틸 | 9.1% |
| *n*-펜틸 | 2.7% |
| 사이클로헥실 | 3.6% |
| *n*-헥실 | 0.6% |
| 페놀 | 9.3% |
| 헥세인-1,6-다이올 | 섞임 |

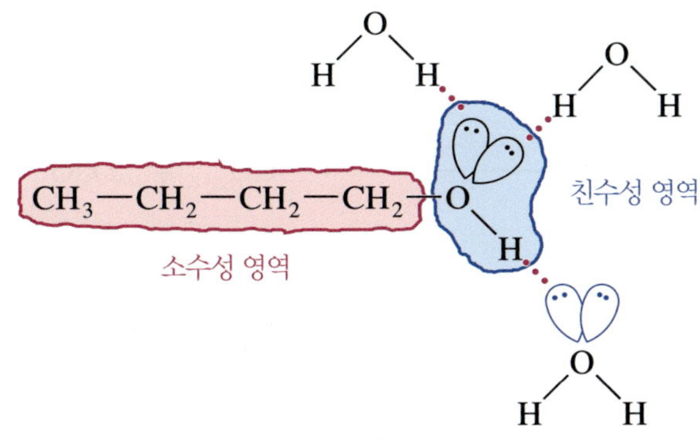

**연습문제 10-5**

각각의 쌍 중에서 어느 것이 물에 더 잘 녹는지 예측하고, 그 이유를 설명하라.

(a) 헥산-1-올 또는 사이클로헥산올
(b) 헵탄-1-올 또는 4-메틸페놀
(c) 3-에틸헥산-3-올 또는 옥탄-2-올
(d) 헥산-2-올 또는 사이클로옥테인-1,4-다이올
(e) H, H, OH, OH 또는 H, H, OH, OH

**연습문제 10-6**

다이메틸아민[dimethylamine, $(CH_3)_2NH$)]은 분자량이 45이고 끓는점이 7.4°C이다. 트라이메틸아민[trimethylamine, $(CH_3)_3N$]은 분자량이 59로 더 크지만, 끓는점은 3.5°C로서 더 낮다. 그 이유를 설명하라.

## 10-5 공업적으로 중요한 알코올

알코올은 전 세계적으로 가장 중요한 재료 중 하나이다. 매년 수백만 톤의 메탄올, 에탄올, 아이소프로필 알코올(프로판-2-올), 에틸렌 글라이콜(에테인-1,2-다이올)이 생산되고 사용된다. 이러한 일반적인 알코올은 연료, 용제, 방부제, 음료 및 화학 합성을 위한 출발 물질로 사용되는 다양한 용도의 화학 물질 중 하나이다.

### 10-5A 메탄올

메탄올(메틸 알코올)은 처음에 공기 없이 나무토막을 분해하고 증류하여 생산된다. 이 원료로부터 **목정**(wood alcohol)이라는 이름이 유래되었다. 금주법 실시 기간(1919~1933) 동안 알코올성 음료의 제조는 금지되었고, '알코올'이라고 불리는 것은 모두 혼합 음료로 사용되었다. 메탄올은 독성이 매우 크기 때문에 이렇게 사용됨으로써 실명하거나 사망하는 경우가 많았다.

인디애나폴리스에서의 경험은 (석탄에서 얻은) 메탄올이 자동차 엔진에 우수한 연료라는 것을 증명했다. 에탄올 산업계가 무료로 에탄올을 공급하기로 하여, 2006년에 주원료를 에탄올로 바꿨다. 2013년부터 85%의 에탄올과 15%의 가솔린이 들어간 E85를 사용 중이다.

오늘날 대부분의 메탄올은 수소와 일산화 탄소의 촉매 반응으로 합성된다. 이러한 반응은 높은 온도와 높은 압력이 필요하며, 대규모의 복잡한 공업적 반응 장치가 필요하다.

$$\underset{\text{합성 가스}}{CO + 2\,H_2} \xrightarrow[\text{CuO–ZnO/Al}_2\text{O}_3]{300\sim400°\text{C, }200\sim300\text{ atm H}_2} CH_3OH$$

메탄올을 제조하려면 수소와 일산화 탄소를 함유하는 **합성 가스**(synthesis gas)가 필요하며, 물 존재하에서 석탄을 부분 연소시켜 얻을 수 있다. 일산화 탄소와 물의 비율이 정확한 합성 가스를 만들기 위해서는 첨가되는 물의 양을 잘 조절해주어야 한다.

$$3\,C + 4\,H_2O \xrightarrow{\text{높은 온도}} CO_2 + \underset{\text{합성 가스}}{2\,CO + 4\,H_2}$$

메탄올은 가장 일반적으로 사용되는 공업적인 용매로, 가격이 저렴하며 비교적 독성이 적고(할로젠화 용매에 비해) 다양한 종류의 극성 또는 비극성 물질을 잘 녹인다. 또한 메탄올은 메틸 에터, 메틸 에스터 및 플라스틱, 약품, 연료와 용매에 이용되는 다양한 화합물의 출발 물질로 사용된다.

메탄올은 내연기관의 좋은 연료이다. 1965~2006년까지 인디애나폴리스 500에 참가하는 모든 차는 메탄올을 연료로 하는 내연기관을 사용했다. 1964년에 일어난 충돌 사고에서 발생한 최악의 화재로 인해 가솔린을 메탄올로 바꾸게 되었다. 메탄올은 가솔린보다 덜 가연성이고, 물은 메탄올 화재에 효과적이다(물은 메탄올과 섞여서 메탄올을 희석시킨다). 메탄올을 대체 연료로 사용하는 데는 장점과 단점이 있다. 메탄올은 에너지 함유량은 낮지만(g당 연소의 H가 적고, 가솔린 1 g이 내는 에너지를 얻기 위해 메탄올은 1.7 g이 필요하다) 옥테인 값이 높고, 오염물질 방출이 적으며, 가연성이 적다는 것이 중요한 점이다. 그러나 메탄올의 우수한 용매 성질 때문에 고무링, 밀폐를 요하는 곳이나 플라스틱 연료 계통에는 사용하기 어렵다. 메탄올은 불꽃이 거의 관찰되지 않으면서 연소하는 성질이 있기 때문에 모르는 사이에 아주 위험한 메탄올 화재가 발생할 수 있다.

## 10-5B 에탄올

선사시대에 에탄올의 발견은 아마도 썩은 과일을 먹으면 취하는 효과가 있다는 것을 알게 되면서 이루어졌을 것이다. 또한 이 발견으로 과일 주스의 인위적인 발효가 이루어졌을 것이다. 이렇게 만들어진 초기의 포도주는 분해의 위험 없이 (밀봉 용기 안에) 저장되었고, 안전하고 오염되지 않은 마실 물의 원천으로 사용되었다. 고대 로마인을 포함한 많은 사회에서는 맥주를 안전한 식수원으로 사용해왔다. 포도주 용기는 기원전 7000년 경에, 맥주 용기는 기원전 5000년 경에 발견되었다.

에탄올은 여러 가지 다른 원료로부터 얻은 당과 전분의 발효에 의해 생성된다. 옥수수, 밀, 호밀, 보리 같은 곡물이 일반적인 원료이기 때문에 에탄올을 **곡주**(grain alcohol)라고 한다. 곡류를 요리할 때 맥아(malt)라고 부르는 싹이 난 보리를 첨가하면 전분의 일부가 더 단순한 당으로 변환된다. 맥주 효모를 첨가하고 용액을 배양하면 효모는 글루코스 같은 단순한 당을 에탄올과 이산화 탄소로 변환시킨다.

$$\underset{\text{글루코스}}{C_6H_{12}O_6} \xrightarrow{\text{효모 효소}} \underset{\text{에탄올}}{2\,C_2H_5OH} + 2\,CO_2$$

발효로 생성된 알코올 용액은 12~15% 정도의 알코올을 함유한 용액인데, 효모 세포가 더 높은 농도의 알코올 용액에서는 살 수 없기 때문이다. 알코올 성분이 많은 알코올 용액은 증류함으로써 대략 40~50%(80~100표준 도수)까지 농도를 증가시킬 수 있다. 에탄올-물 용액을 증류해도 에탄올 농도를 95% 이상으로 증가시킬 수 없는데, 95% 에탄올과 5% 물의 용액은 순수한 물(100°C) 또는 순수한 에탄올(78.3°C)보다 낮은 온도(78.15°C)에서 끓기 때문이다. 각각의 구성 성분보다 더 낮은 온도에서 끓는 액체 혼합물을 최소 비등 **불변 끓음 혼합물**(azeotrope)이라고 한다.

증류로 얻은 95% 알코올은 소량의 물이 반응에 영향을 미치지 않을 때 용매와 시약으로 사용하기에 적당하다. **절대 알코올**(absolute alcohol, 100% 에탄올)이 필요할 때는 95% 불변 끓음 혼합물을 무수 산화칼슘(CaO) 같은 탈수제에 통과시킴으로써 마지막 5% 물을 제거하여 얻는다.

제2차 세계대전 이후로 대부분의 공업적 알코올은 고온, 고압에서 촉매에 의해 물과 에틸렌의 기체상 반응으로 직접 합성한다. 이 과정에는 $P_2O_5$, 텅스텐 산화물, 또는 여러 가지로 특별하게 처리된 점토와 같은 촉매가 사용된다.

$$H_2C{=}CH_2 + H_2O \xrightarrow[\text{촉매}]{100\sim300\text{ atm, }300\text{ °C}} CH_3{-}CH_2{-}OH$$

메탄올처럼 에탄올도 우수한 용매인데, 메탄올에 비해 상대적으로 독성이 적고 생산 비용이 낮다. 그러나 불행하게도 주류세 때문에 상대적으로 비싸진다. 비과세 에탄올을 사용할 수도 있지만,

**응용: 바이오 연료**

미국 정부는 보조금을 지급하여 곡류(우선적으로 옥수수)를 발효하여 연료로 사용할 에탄올을 생산하도록 장려했다. 하지만 곡물의 가격을 인상시켰을 뿐 연료 공급에는 거의 효과가 없었다.

에탄올 생산에서 발효는 가장 효율적인 방법은 아니며, 옥수수를 키워 에탄올로 전환하는 데 쓰이는 에너지가 생산되는 에너지만큼이나 소비된다. 일반적으로 식품은 연료보다 더 비싼 상품이고, 이러한 '식품을 연료로' 전환하는 방법은 정부의 보조 없이는 힘들다.

화학제품의 경제적인 가치는 약품이 가장 비싸고 폐기물이 가장 저렴하다.

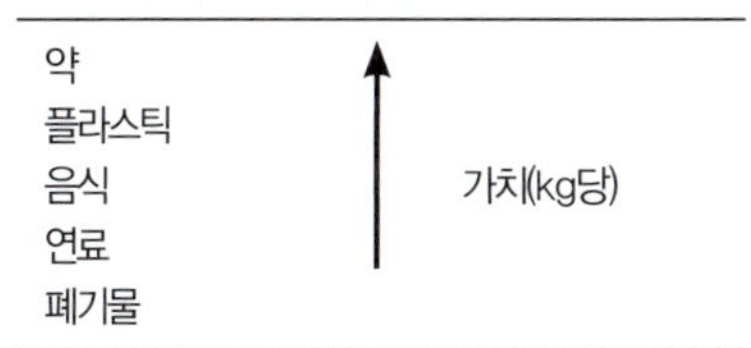


실행 가능한 공정은 싼 출발 물질을 더 비싼 제품으로 전환해야만 한다. 어떤 경우 경제적으로 거의 혹은 전혀 비용이 들지 않는 폐기물이 연료로 전환될 수 있다. 브라질은 사탕수수 폐기물을 에탄올로 전환하여 자동차 연료로 사용함으로써 외국에 기름을 의존하지 않게 되었다.

이 경우에는 관리를 철저히 해야 하며 특별 면허를 취득해야 한다. **변성 알코올**(denatured alcohol)은 비과세이며 불순물(메탄올, 메틸 아이소뷰틸 케톤, 항공 가솔린 등) 때문에 먹을 수도 없지만, 실험실에서 사용하기에도 적당하지 않다.

에탄올은 메탄올과 비슷한 장단점을 가진 좋은 자동차 연료이다. 순수한 에탄올로 주행한 차의 카뷰레터는 (높은 농도의 혼합액에 대해) 재조정되어야 하며, 알코올에 녹지 않는 밀폐 장치를 사용하여 알코올이 새지 않게 만들어져야 한다. 그러나 가솔린에 10%의 에탄올을 섞은 용액(gasohol)은 어떠한 조정도 필요 없이 잘 쓸 수 있다.

**응용: 독성**

많은 양을 섭취하면 모든 것이 독성을 가진다. 물조차도 말이다. 독성은 양과 농도에 의존한다. 중요한 질문은 '얼마나 많은가?'와 '얼마나 위험한가?'이다.

많은 사람이 에탄올은 독성이 없고, 메탄올은 엄청나게 독성이 강할 것이라고 생각한다. 실제로 메탄올은 에탄올의 약 2배 정도의 독성이 있다. 일반적으로 성인에 대한 치사량은 메탄올은 100 mL이고, 에탄올은 200 mL 정도이다. 하지만 메탄올은 소량만 복용해도 시신경에 해를 끼친다. 에탄올의 독성을 과소평가하여 매년 많은 사람이 죽는다. 실험실에서는 이들을 극히 적은 양이라 할지라도 결코 섭취해서는 안 된다. 벤젠이나 클로로폼 같은 위험한 용매에 비해 알코올 용매는 비교적 독성이 없다.

### 10-5C 프로판-2-올

프로판-2-올(2-프로판올, 아이소프로필 알코올)은 프로필렌의 촉매 수화 반응으로 만든다. 아이소프로필 알코올은 일반적으로 (에탄올보다 많이) **소독용 알코올**(rubbing alcohol)로 사용된다. 그 이유는 프로판-2-올은 피부에 대한 건조 효과가 적고, 정부가 규제하지도 않으며, 세금도 없기 때문이다. 프로판-2-올을 먹을 경우 메탄올 정도로 독성이 있다. 그러나 피부에 사용하는 것은 안전한데, 프로판-2-올이 메탄올만큼 쉽게 피부를 통과하지는 못하기 때문이다.

**응용: 방부제**

에탄올과 프로판-2-올은 효과적인 방부제이다. 에탄올은 많은 구강 세척제의 성분이다. 이들 알코올은 상처 표면이나 구강 안의 미세 유기물을 죽일 수 있으나, 피부 세포나 구강 조직은 낮은 독성으로 인해 죽이지 못한다.

$$\underset{\text{프로필렌}}{CH_3{-}CH{=}CH_2} + H_2O \xrightarrow[\text{촉매}]{100\sim300\text{ atm, }300\ °C} \underset{\text{프로판-2-올}}{CH_3{-}\underset{\displaystyle OH}{\underset{|}{CH}}{-}CH_3}$$

## 10-6 알코올과 페놀의 산도

물의 하이드록시기 수소처럼 알코올의 하이드록시기 수소는 약산성이다. 센염기는 하이드록시기 수소를 제거하여 **알콕시화 이온**(alkoxide ion)을 생성한다.

$$\underset{\text{알코올}}{R{-}\ddot{\underset{..}{O}}{-}H} + B{:}^- \rightleftarrows \underset{\text{알콕시화 이온}}{R{-}\ddot{\underset{..}{O}}{:}^-} + B{-}H$$

예

$$\underset{\text{에탄올}}{CH_3CH_2{-}\ddot{\underset{..}{O}}{-}H} + B{:}^- \rightleftarrows \underset{\text{에톡시화 이온}}{CH_3CH_2{-}\ddot{\underset{..}{O}}{:}^-} + B{-}H$$

알코올의 산도는 물과 같은 정도로 산성인 알코올에서부터 훨씬 더 약한 산성인 알코올까지 범위가 매우 넓다. 알코올의 산-해리 상수 $K_a$는 다음 식으로 정의할 수 있다.

$$R{-}O{-}H + H_2O \overset{K_a}{\rightleftarrows} R{-}O^- + H_3O^+$$

$$K_a = \frac{[H_3O^+][RO^-]}{[ROH]} \qquad pK_a = -\log(K_a)$$

**표 10-4** 대표적인 알코올의 산-해리 상수

| 알코올 | 구조 | $K_a$ | $pK_a$ |
|---|---|---|---|
| 메탄올 | $CH_3-OH$ | $3.2\times10^{-16}$ | 15.5 |
| 에탄올 | $CH_3CH_2-OH$ | $1.3\times10^{-16}$ | 15.9 |
| 2-클로로에탄올 | $Cl-CH_2CH_2-OH$ | $5.0\times10^{-15}$ | 14.3 |
| 2,2,2-트라이클로로에탄올 | $Cl_3C-CH_2-OH$ | $6.3\times10^{-13}$ | 12.2 |
| 아이소프로필 알코올 | $(CH_3)_2CH-OH$ | $3.2\times10^{-17}$ | 16.5 |
| *t*-뷰틸 알코올 | $(CH_3)_3C-OH$ | $1.0\times10^{-18}$ | 18.0 |
| 사이클로헥산올 | $C_6H_{11}-OH$ | $1.0\times10^{-18}$ | 18.0 |
| 페놀 | $C_6H_5-OH$ | $1.0\times10^{-10}$ | 10.0 |
| | 다른 산들과 비교 | | |
| 물 | $H_2O$ | $1.8\times10^{-16}$ | 15.7 |
| 아세트산 | $CH_3COOH$ | $1.6\times10^{-5}$ | 4.74 |
| 염산 | HCl | $1\times10^{+7}$ | −7 |

표 10-4에 몇 가지 알코올의 산-해리 상수를 물 및 다른 산들과 비교해놓았다.

## 10-6A 산에 대한 효과

알코올의 산-해리 상수는 메탄올의 약 $10^{-16}$에서부터 3차 알코올의 약 $10^{-18}$까지 알코올의 구조에 따라 다양하다. 산도는 알킬기에 대한 치환이 증가할수록 감소하는데, 더 많이 치환된 알킬기는 알콕시화 이온의 용매화를 방해하고, 음이온을 불안정하게 함으로써 해리 평형을 왼쪽으로 이동시키기 때문이다.

표 10-4는 전자 끌기 할로젠 원자로 치환되면 알코올의 산도가 증가한다는 것을 나타낸다. 예를 들면 2-클로로에탄올(2-chloroethanol)은 에탄올보다 산성이 큰데, 이는 전자 끌기 염소 원자가 2-클로로에톡시화 이온이 안정화되도록 도와주기 때문이다.

$$\underset{\text{에탄올}}{CH_3-CH_2-OH} + H_2O \rightleftharpoons \underset{\substack{\text{에톡시화 이온}\\ \text{(덜 안정함)}}}{CH_3-CH_2-O^-} + H_3O^+ \qquad K_a = 1.3\times10^{-16}$$

$$\underset{\text{2-클로로에탄올}}{Cl-CH_2-CH_2-OH} + H_2O \rightleftharpoons \underset{\substack{\text{2-클로로에톡시화 이온}\\ \text{(Cl에 의해 안정화됨)}}}{Cl-CH_2-CH_2-O^-} + H_3O^+ \qquad K_a = 5.0\times10^{-15}$$

**연습문제 10-7**

각 쌍 중에 어느 것이 산도가 더 클지 예측하고, 그 이유를 설명하라.

(a) 메탄올 또는 *t*-뷰틸 알코올

(b) 2-클로로프로판-1-올 또는 3-클로로프로판-1-올

(c) 2-클로로에탄올 또는 2,2-다이클로로에탄올

(d) 2,2-다이클로로프로판-1-올 또는 2,2-다이플루오로프로판-1-올

**연습문제 10-8**

값을 찾아보지 말고 다음 화합물을 산도가 감소하는 순으로 나열하라. 이들은 산도가 매우 다른 종류의 화합물이다.

물, 에탄올, 2-클로로에탄올, *t*-뷰틸 알코올, 암모니아, 황산, 헥세인, 헥스-1-아인, 아세트산

## 10-6B 알콕시화 소듐과 알콕시화 포타슘의 형성

알콕시화 이온은 강한 친핵체이며 센염기이다. 앞서 그들의 유용한 반응을 많이 살펴보았다. 알콕시화 이온은 합성에 필요한데, 소듐이나 포타슘 금속과 알코올의 반응으로 만들어진다. 이 반응은 금속은 산화되고, 수소 이온은 수소 기체로 환원되는 산화-환원 반응이다. 용액으로부터 수소 기포가 발생하여 날아가고, 알콕시화 이온의 소듐 또는 포타슘 염이 용액 중에 남는다.

$$\text{R—O—H} + \text{Na} \longrightarrow \text{R—O}^- \text{Na}^+ + \tfrac{1}{2}\text{H}_2\uparrow$$

예

$$\underset{\text{에탄올}}{CH_3CH_2OH} + \underset{\text{소듐 금속}}{\text{Na}} \longrightarrow \underset{\text{에톡시화 소듐}}{CH_3CH_2O^- Na^+} + \underset{\text{수소 기체}}{\tfrac{1}{2}H_2\uparrow}$$

메탄올이나 에탄올처럼 산도가 더 큰 알코올은 소듐과 빠르게 반응하여 메톡시화 소듐과 에톡시화 소듐을 형성한다. 프로판-2-올 같은 2차 알코올은 약간 느린 속도로 반응하고, *t*-뷰틸 알코올 같은 3차 알코올은 소듐과 아주 천천히 반응한다. 포타슘은 소듐보다 반응성이 더 크므로 2차나 3차 알코올과 반응시키면 필요한 시간 내에 반응을 완결시킬 수 있다.

$$\underset{t\text{-뷰틸 알코올}}{(CH_3)_3C-OH} + \underset{\text{포타슘 금속}}{\text{K}} \longrightarrow \underset{t\text{-뷰톡시화 포타슘}}{(CH_3)_3C-O^-K^+} + \tfrac{1}{2}H_2\uparrow$$

어떤 알코올은 소듐, 포타슘과 천천히 반응한다. 이 경우 유용한 대체 방법은 테트라하이드로퓨란(tetrahydrofuran, THF) 중에서 수소화 소듐(sodium hydride)으로 처리한다. 수소화 소듐은 잘 반응하지 않는 화합물조차 재빨리 알콕시화 이온으로 만든다.

$$\underset{\text{알코올}}{\text{R—}\ddot{\underset{\cdot\cdot}{O}}\text{—H}} + \underset{\text{수소화 소듐}}{\text{NaH}} \xrightarrow[\text{THF}]{} \underset{\text{알콕시화 소듐}}{\text{R—}\ddot{\underset{\cdot\cdot}{O}}\text{:}^- \quad \text{Na}^+} + \underset{\text{수소}}{H_2\uparrow}$$

## 10-6C 페놀의 산도

페놀은 사이클로헥산올(cyclohexanol)과 구조가 유사하기 때문에 산도도 사이클로헥산올과 같을 것이라고 예상할지 모른다. 그러나 이러한 예상은 옳지 않다. 페놀의 산도는 사이클로헥산올보다 거의 1억($10^8$) 배나 크다.

$$H_2O + \underset{\text{사이클로헥산올}}{\text{C}_6\text{H}_{11}\text{OH}} \underset{}{\overset{K_a = 10^{-18}}{\rightleftharpoons}} \underset{\text{알콕시화 이온}}{\text{C}_6\text{H}_{11}\text{O}^-} + H_3O^+$$

$$H_2O + \underset{\text{페놀}}{\text{C}_6\text{H}_5\text{OH}} \underset{}{\overset{K_a = 10^{-10}}{\rightleftharpoons}} \underset{\text{페녹시화 이온}}{\text{C}_6\text{H}_5\text{O}^-} + H_3O^+$$

**응용: 방부제**

영국의 외과의사인 Joseph Lister(1827~1912)는 상처의 세균을 죽이기 위해 묽은 페놀 용액을 사용했다. 그는 페놀로 소독한 수술이 절단으로 인한 사망률을 거의 50% 감소시키는 것을 발견했다. 이후 10년도 안 되어 페놀에 기초한 Lister의 소독 기술은 수술에 혁명을 가져왔다.

사이클로헥산올은 2차 알코올의 전형적인 산-해리 상수를 가진 2차 알코올이다. 페놀이 산성을 띠는 데는 특별한 이유가 있다. 페녹시화 이온은 전형적인 알콕시화 이온보다 더 안정한데, 이는 음전하가 산소 원자에 한정되어 있지 않고 산소 원자와 고리의 3개의 탄소 원자에 비편재화되어 있기 때문이다.

음전하를 공유하는 4개의 원자 중에 산소 원자가 가장 전기 음성적이므로, 공명 혼성체에 있는 대부분의 음전하는 산소 원자에 있게 된다. 그러나 4개의 원자에 음전하를 비편재화시키는 것은 단 1개의 원자에 음전하를 집중시키는 것보다 더 안정한 이온을 만들 수 있다. 페놀과 수산화 소듐과의 반응은 발열 반응이므로, 다음 반응의 평형은 훨씬 오른쪽에 놓인다.

$$\text{PhOH} + Na^+ \; ^-OH \rightleftharpoons \text{PhO}^- \; Na^+ + H_2O$$

페놀, p$K_a$ = 10.0 　　 페녹시화 소듐 　　 p$K_a$ = 15.7

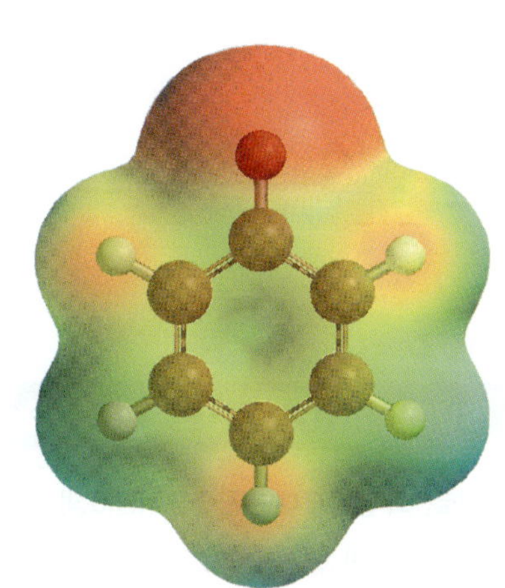
페녹시화 이온의 EPM

페녹시화 이온은 페놀을 수산화 소듐 또는 수산화 포타슘 수용액에 첨가하여 간단히 만들 수 있다. 금속 소듐이나 포타슘을 사용할 필요는 없다. 페놀은 한때 보통 염기를 중화시키는 능력 때문에 석탄산(carbolic acid)으로 불렸다.

**연습문제 10-9**

나이트로기(—$NO_2$)는 인접한 탄소 원자에 있는 음전하를 공명을 통해 안정화한다.

부공명 구조 　 부공명 구조 　 주공명 구조

다음 나이트로페놀 중 두 가지는 페놀 자체보다 훨씬 큰 산도를 가진다. 세 번째는 페놀보다 약간 더 산도가 크다. 페녹시화 이온의 공명 구조를 사용하여 이들 중 두 이온이 특별히 안정한 이유를 설명하라.

2-나이트로페놀 　 3-나이트로페놀 　 4-나이트로페놀

**응용: 생화학**

페놀은 단백질로부터 세포성 DNA를 분리하는 데 많이 사용되는데, 이는 유전자 복제를 하는 과정이다. 페놀 수용액은 DNA를 녹이지만, 단백질은 침전으로 떨어뜨린다. 원심 분리기로 침전된 단백질을 제거한 후, 에탄올을 첨가하여 정제된 DNA를 침전시켜 모은다.

**연습문제 10-10**

다음 화합물은 물에 매우 약간만 녹는다. 이들 중 하나는 묽은 수산화 소듐 용액에 잘 녹지만 다른 하나는 그렇지 못하다.

OH OH

**(a)** 묽은 수산화 소듐 용액에서 이들 화합물의 용해도가 다른 이유를 설명하라.

**(b)** 이 용해도의 차이를 통해 이 두 화합물의 혼합물을 분별 깔때기를 사용하여 어떻게 분리할 수 있는지 설명하라

## 10-7 알코올의 합성: 개요와 복습

알코올이 중요한 합성 중간체인 이유 중 하나는 알코올이 다양한 다른 작용기로부터 직접 합성될 수 있다는 것이다. 6장과 8장에서 할로젠화 알킬이 치환 반응에 의해 알코올로 변환되고 알켄의 수화, 수소붕소 첨가 반응, 하이드록시화 반응에 의해 알코올로 변환되는 것을 살펴보았다.

이들 반응을 복습하기 위해 아래에 요약했다. 이 복습 후에 알코올 합성에 가장 많이 사용하는 방법인 카보닐 화합물에 대한 친핵성 첨가 반응을 알아볼 것이다.

**SUMMARY | 알코올 합성 복습**

**할로젠화 알킬에 대한 친핵성 치환(6장)**

보통 $S_N2$ 반응을 거치며, 제거 반응과 경쟁한다.

$$HO:^- + R(H)(H)C{-}X \longrightarrow [HO\cdots C(R)(H)(H)\cdots X]^{\ddagger -} \longrightarrow HO{-}C(R)(H)(H) \quad {}^-{:}X$$

전이 상태

**알켄으로부터 알코올 합성(8장)**

1. 산 촉매 수화 반응(8-4절)

$$>C{=}C< \;+\; H_2O \xrightarrow{H^+} -\overset{|}{\underset{H}{C}}-\overset{|}{\underset{OH}{C}}-$$

Markovnikov 배향

2. 산소수은화–탈수은 반응(8-5절)

$$>C{=}C< \;+\; Hg(OAc)_2 \xrightarrow{H_2O} -\overset{|}{\underset{(AcO)Hg}{C}}-\overset{OH}{\underset{|}{C}}- \xrightarrow{NaBH_4} -\overset{|}{\underset{H}{C}}-\overset{OH}{\underset{|}{C}}-$$

Markovnikov 배향

**3.** 수소붕소 첨가-산화 반응(8-7절)

$$\mathrm{>C{=}C<} \xrightarrow[\text{(2) } H_2O_2,\ NaOH]{\text{(1) } BH_3\cdot THF} \mathrm{-\underset{H}{C}-\underset{OH}{C}-}$$

산 첨가, 안티-Markovnikov 배향

**4.** 다이하이드록시화 반응: 알켄으로부터 1,2-다이올의 합성(8-13, 8-14절)

신 다이하이드록시화 반응

$$\mathrm{>C{=}C<} \xrightarrow[\text{또는 } KMnO_4,\ ^-OH \text{ (차갑고 묽게)}]{OsO_4,\ H_2O_2} \mathrm{-\underset{HO}{C}-\underset{OH}{C}-}$$

신 다이하이드록시화 반응

안티 다이하이드록시화 반응

$$\mathrm{>C{=}C<} \xrightarrow{R-\overset{O}{\overset{\|}{C}}-OOH,\ H_3O^+} \mathrm{-\underset{OH}{C}-\overset{OH}{C}-}$$

안티 다이하이드록시화 반응

**5.** 카보닐 화합물에 대한 아세틸화 음이온의 첨가(9-7절)

$$R-C{\equiv}C:^- + \underset{R'}{\overset{R'}{>}}C{=}\ddot{O}: \longrightarrow R-C{\equiv}C-\underset{R'}{\overset{R'}{C}}-\ddot{O}:^- \xrightarrow{H_3O^+} R-C{\equiv}C-\underset{R'}{\overset{R'}{C}}-OH$$

아세틸렌화 음이온 / 케톤 또는 알데하이드 / 알콕시화 이온 / 아세틸렌성 알코올

## 10-8 알코올 합성을 위한 유기금속 시약

**유기금속 화합물**(organometallic compound)은 탄소 원자와 금속 원자 사이에 공유 결합을 포함한다. 유기금속 시약은 할로젠화 알킬의 탄소 원자가 친전자성인 것과 대조적으로 친핵성 탄소를 가지고 있어서 유용하다. 대부분의 금속(M)은 탄소보다 전기 양성이므로, C—M 결합은 금속이 부분 양전하로, 탄소가 부분 음전하로 편극화되어 있다. 다음 부분적인 주기율표는 유기금속 화합물을 만드는 데 사용되는 몇 가지 금속의 전기 음성도를 나타낸다.

전기 음성도

| | | | | | | | |
|---|---|---|---|---|---|---|---|
| Li | 1.0 | | | | | C | 2.5 |
| Na | 0.9 | Mg | 1.3 | Al | 1.6 | | |
| K | 0.8 | | | | | | |

C—M 결합

$\overset{\leftarrow\!+}{C-Li}$, $\delta^-\ \delta^+$

$\overset{\leftarrow\!+}{C-Mg}$, $\delta^-\ \delta^+$

앞서 탄소에 음전하를 띤 유기금속 화합물 한 가지를 살펴보았는데, 바로 9-7절에서 다룬 아세틸렌화 소듐이다. 말단 알카인은 약한 산성이어서 매우 강한 염기인 아마이드화 소듐을 첨가하면 아세틸렌화 소듐이 된다. 이 아세틸렌화 소듐은 유용한 친핵체로서 할로젠화 알킬 및 카보닐 화합물과 반응하여 새로운 탄소-탄소 결합을 생성한다.

$$\underset{\text{말단 알카인}}{R-C\equiv C-H} + \underset{\text{아마이드화 소듐}}{NaNH_2} \longrightarrow \underset{\text{아세틸렌화 소듐}}{R-C\equiv C:^- \ Na^+} + \underset{\text{암모니아}}{NH_3}$$

$$\underset{\text{아세틸렌화 음이온}}{R-C\equiv C:^-} + \underset{\text{할로젠화 알킬}}{R'-CH_2-X} \longrightarrow \underset{\text{치환된 알카인}}{R-C\equiv C-CH_2-R'} + X^-$$

$$\underset{\text{아세틸렌화 음이온}}{R-C\equiv C:^-} + \underset{\text{케톤 또는 알데하이드}}{R'_2C=\ddot{O}:} \longrightarrow \underset{\text{알콕시화 이온}}{R-C\equiv C-CR'_2-\ddot{O}:^-} \xrightarrow{H_3O^+} \underset{\text{아세틸렌성 알코올}}{R-C\equiv C-CR'_2-OH}$$

대부분의 알킬 및 알케닐(alkenyl)기는 아마이드화 소듐에 의해 탈양성자 반응이 일어날 정도로 산성은 아니지만, Grignard 시약이나 유기리튬 시약으로 만들 수 있다. 이러한 시약은 매우 유용하며, 탄소-탄소 결합을 만들 때 이용되는 최상의 방법 중 하나이다.

### 10-8A Grignard 시약

> **문제풀이 힌트**
>
> Grignard 반응은 합성 유기 화학 분야에서 지금까지 발견된 가장 소중한 도구 중 일부이다. Grignard 반응은 다양한 유형의 합성에서 탄소-탄소 결합을 형성하기 위해 사용된다.

리튬과 마그네슘 유기금속 화합물은 알코올 합성에 많이 사용된다. 실험식이 R—Mg—X인 할로젠화 유기 마그네슘은 프랑스 화학자 Victor Grignard를 기리기 위해 **Grignard 시약**(Grignard reagent)이라고 이름지었다. Victor Grignard는 1905년경에 Grignard 시약의 유용성을 발견하였으며, 1912년에 노벨상을 수상했다. Grignard 시약은 할로젠화 알킬과 마그네슘 금속의 반응으로 생성된다. 이 반응은 항상 건조한(무수) 에터 용액 중에 수행되는데, 에터 용매는 Grignard 시약이 형성되는 대로 용매화시켜 안정화하는 데 필요하다. 여기서는 Grignard 시약을 R—Mg—X로 나타내지만, 실제 용액에서는 2개, 3개, 4개의 시약이 여러 분자의 에터 용매와 회합되어 있다. 다른 에터도 사용되지만, 다이에틸 에터, 즉 $CH_3CH_2-O-CH_2CH_3$가 이들 반응에 가장 일반적으로 사용되는 용매이다.

$$\underset{(X = Cl,\ Br,\ I)}{R-X} + Mg \xrightarrow{CH_3CH_2OCH_2CH_3} \underset{\text{할로젠화 유기 마그네슘 (Grignard 시약)}}{\overset{\delta-}{R}-\overset{\delta+}{Mg}-X} \qquad R:^-\ \overset{+}{Mg}X \text{ 처럼 반응}$$

Grignard 시약은 1차, 2차, 3차 할로젠화 알킬뿐 아니라 할로젠화 바이닐과 할로젠화 아릴로도 만들 수 있다. 아이오딘화 알킬은 가장 반응성 있는 할로젠화물이고, 그다음으로 브로민화물과 염화물이 따른다. 플루오린화 알킬은 일반적으로 반응하지 않는다.

반응성: $R-I > R-Br > R-Cl \gg R-F$

다음은 몇 가지 대표적인 Grignard 시약의 생성 반응을 나타낸 것이다.

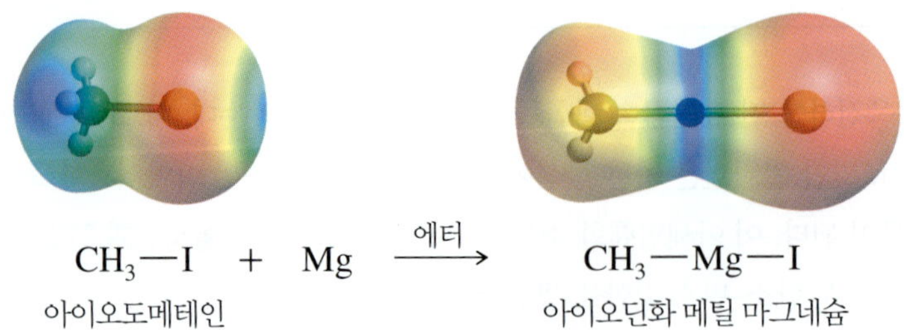

$$\underset{\text{아이오도메테인}}{CH_3-I} + Mg \xrightarrow{\text{에터}} \underset{\text{아이오딘화 메틸 마그네슘}}{CH_3-Mg-I}$$

Br, H + Mg $\xrightarrow{\text{에터}}$ MgBr, H

브로모사이클로헥세인 브로민화 사이클로헥실마그네슘

$$H_2C{=}CH{-}CH_2{-}Br \;+\; Mg \xrightarrow{\text{에터}} H_2C{=}CH{-}CH_2{-}MgBr$$

브로민화 알릴 브로민화 알릴 마그네슘

## 10-8B 유기리튬 시약

마그네슘과 마찬가지로 리튬도 할로젠화 알킬, 할로젠화 바이닐, 할로젠화 아릴과 반응하여 유기금속 화합물을 생성한다. 이 반응에서 에터가 반드시 필요하지는 않다. **유기리튬 시약**(organolithium reagent)은 알케인을 비롯한 다양한 용매에서 만들 수 있고, 사용할 수도 있다.

$$R{-}X \;+\; 2\,Li \longrightarrow Li^{+}\,{}^{-}X \;+\; R{-}Li \qquad R{:}^{-}\,Li^{+}\text{ 처럼 반응}$$

(X = Cl, Br, I) 유기리튬

예

$$CH_3CH_2CH_2CH_2{-}Br \;+\; 2\,Li \xrightarrow{\text{헥세인}} CH_3CH_2CH_2CH_2{-}Li \;+\; LiBr$$

브로민화 *n*-뷰틸 *n*-뷰틸리튬

$$H_2C{=}CH{-}Cl \;+\; 2\,Li \xrightarrow{\text{펜테인}} H_2C{=}CH{-}Li \;+\; LiCl$$

염화 바이닐 바이닐리튬

$$\text{–Br} \;+\; 2\,Li \xrightarrow{\text{에터}} \text{–Li} \;+\; LiBr$$

브로모벤젠 페닐리튬

메틸리튬의 정전기 전위 지도(EPM)가 오른쪽에 나타나 있는데, 금속의 파란색(전자 부족)은 부분적인 양전하에 의한 것이고, 붉은색(전자 풍부)은 메틸기에 부분적인 음전하가 있음을 나타낸다.

$CH_3Li$의 EPM

### 연습문제 10-11

다음 화합물 중 어느 것이 Grignard 반응의 용매로 적당한가?

(a) *n*-헥세인 (b) $CH_3{-}O{-}CH_3$ (c) $CHCl_3$

(d) 사이클로헥세인 (e) 벤젠 (f) $CH_3OCH_2CH_2OCH_3$

(g) 

THF

(테트라하이드로퓨란)

(h) 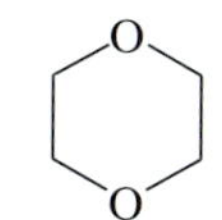

1,4-다이옥세인

### 연습문제 10-12

다음 반응의 생성물을 예측하라.

(a) $CH_3CH_2Br + Mg \xrightarrow{\text{에터}}$

(b) 아이오딘화 아이소뷰틸 + 2Li $\xrightarrow{\text{헥세인}}$

(c) 1-브로모-4-플루오로사이클로헥세인 + Mg $\xrightarrow{\text{THF}}$

(d) $CH_2{=}CCl{-}CH_2CH_3 + 2Li \xrightarrow{\text{에터}}$

## 10-9 카보닐 화합물에 대한 유기금속 시약의 첨가 반응

Grignard 시약과 유기리튬 시약은 탄소 음이온과 닮았기 때문에 강한 친핵체이자 센염기이다. 이들의 가장 유용한 친핵성 반응은 카보닐기(C=O)에 대한 첨가 반응으로, 아세틸렌화 음이온에서 보았던 것과 같다(9-7B절). 카보닐기는 탄소에는 부분 양전하를 띠고, 산소에는 부분 음전하를 띠면서 편극화되어 있다. 양으로 하전된 탄소는 친전자성이다. 친핵체가 공격하면 전기 음성인 산소 원자에 음전하가 놓인다.

$$R{:}^- \;+\; \overset{\delta^+}{C}{=}\overset{\delta^-}{\ddot{O}}{:} \;\longrightarrow\; R-\underset{|}{\overset{|}{C}}-\ddot{O}{:}^-$$

이 친핵성 공격의 생성물은 센염기인 알콕시화 이온이다. 두 번째 단계에서 물 또는 묽은 산을 첨가하면 알콕시화 이온에 양성자가 첨가되어 알코올이 생성된다.

$$\underset{\text{알콕시화 이온}}{R-\underset{|}{\overset{|}{C}}-\ddot{O}{:}^-} \;\; \underset{(\text{또는 } H_3O^+)}{H-\ddot{O}-H} \;\longrightarrow\; R-\underset{|}{\overset{|}{C}}-\ddot{O}H \;+\; {}^-{:}\ddot{O}H$$

이 반응에서 Grignard 시약이나 유기리튬 시약은 카보닐기에 대한 친핵체로 작용할 수 있다. 다음 설명은 Grignard 시약에 관한 것이지만, 유기리튬 시약에도 적용할 수 있다. 핵심 메커니즘 10-1에서 Grignard 시약은 카보닐기에 첨가되어 알콕시화 이온을 형성한다. 묽은 산을 첨가하면 (다음 단계에서) 알콕시화 이온이 양성자화되어 알코올을 생성한다.

먼저 Grignard 시약과 케톤 및 알데하이드의 반응에 관심을 기울여 보자. **케톤**(ketone)은 카보닐기에 2개의 알킬기가 결합된 화합물이다. **알데하이드**(aldehyde)는 카보닐기에 1개의 알킬기와 1개의 수소 원자가 결합되어 있다. **폼알데하이드**(formaldehyde)는 2개의 수소 원자가 카보닐기에 결합되어 있다.

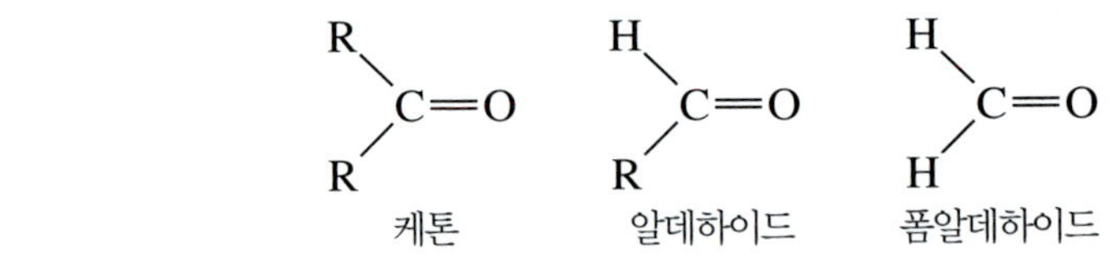

폼알데하이드의 EPM

폼알데하이드의 정전기 전위 지도(EPM)는 카보닐기의 편극화를 나타낸다. 산소 주변은 전자 풍부(붉은색) 구역이고, 탄소 근처는 전자 부족(파란색) 구역이다.

### 핵심 메커니즘 10-1 | Grignard 반응

Grignard 시약과 유기리튬 시약은 탄소 골격을 구성하는 가장 좋은 방법을 제공한다. 이들 강한 친핵체는 케톤과 알데하이드에 첨가되어 알콕시화 이온을 생성하며, 이들 알콕시화 이온이 양성자화되어 알코올을 생성한다.

**Grignard 시약의 생성:** 무수 에터 용액에서 마그네슘이 할로젠화 알킬과 반응한다.

$$R'-X \;+\; Mg \xrightarrow[\text{에터}]{} R'-MgX$$

**반응 1:** Grignard 시약이 카보닐 화합물을 공격하여 알콕시화 염을 생성한다.

$$R'^{\delta-}-^{\delta+}MgX + R_2C{=}\ddot{O}: \xrightarrow{\text{에터}} R'-CR_2-\ddot{O}:^{-}\ {}^{+}MgX$$

알콕시화 마그네슘 염

**반응 2:** 첫 번째 반응이 완결된 후, 물이나 묽은 산을 알콕시화 염에 가하면 알코올이 형성된다.

$$R'-CR_2-\ddot{O}:^{-}\ {}^{+}MgX \xrightarrow{H-O^{+}(H)-H} R'-CR_2-\ddot{O}-H + XMgOH$$

알콕시화 마그네슘 염 / 알코올

**예: 아세톤에 브로민화 페닐마그네슘 첨가 반응**

**Grignard 시약의 생성:** 마그네슘과 브로모벤젠이 에터 용액에서 반응하여 브로민화 페닐마그네슘을 생성한다.

$$C_6H_5-Br + Mg \xrightarrow{\text{에터}} C_6H_5-MgBr$$

브로민화 페닐마그네슘

**반응 1:** Grignard 시약이 카보닐 화합물을 공격하여 알콕시화 염을 생성한다.

$$C_6H_5-MgBr + (H_3C)_2C{=}\ddot{O}: \xrightarrow{\text{에터}} C_6H_5-C(CH_3)_2-\ddot{O}:^{-}\ {}^{+}MgBr$$

알콕시화 마그네슘 염

**반응 2:** 첫 번째 반응이 완결된 후, 물이나 묽은 산을 알콕시화 염에 첨가하면 알코올이 형성된다.

$$C_6H_5-C(CH_3)_2-\ddot{O}:^{-}\ {}^{+}MgBr \xrightarrow{H-O^{+}(H)-H} C_6H_5-C(CH_3)_2-OH + BrMgOH$$

알콕시화 마그네슘 염 / 2-페닐프로판-2-올

**문제: Grignard 시약과 카보닐 화합물의 첫 번째 반응에 우연히 물이 들어갔다면 어떤 결과가 일어나겠는가?**

## 10-9A 폼알데하이드에 대한 첨가 반응: 1차 알코올의 생성

폼알데하이드에 대한 Grignard 시약의 첨가 반응 후에 양성자를 첨가시키면 Grignard 시약보다 탄소 원자가 1개 더 많은 1차 알코올이 생성된다.

$$R-MgX + H_2C{=}O \xrightarrow{\text{에터}} R-CH_2-O^{-}\ {}^{+}MgX \xrightarrow{H_3O^{+}} R-CH_2-OH$$

Grignard 시약 / 폼알데하이드 / 1차 알코올

예를 들면,

$$CH_3CH_2CH_2CH_2-MgBr + H_2C{=}O \xrightarrow[(2)\ H_3O^+]{(1)\ 에테르\ 용매} CH_3CH_2CH_2CH_2-CH_2-OH$$

브로민화 뷰틸마그네슘 폼알데하이드 펜탄-1-올(92%)

**문제풀이 힌트**

분리된 반응을 1개의 화살표로 나타내기 위해 $\xrightarrow[(2)]{(1)}$를 사용함에 유의하라.

**연습문제 10-13**

폼알데하이드에 적절한 Grignard 시약을 첨가하여 다음 알코올을 어떻게 합성할 수 있는지 나타내라.

(a) (cyclohexyl)$CH_2OH$ (b) (3-methylbutan-1-ol, OH) (c) (cyclopent-1-enyl)$CH_2OH$

## 10-9B 알데하이드에 대한 첨가 반응: 2차 알코올의 생성

Grignard 시약을 알데하이드에 첨가하여 양성자 첨가 반응을 유발하면 2차 알코올이 생성된다.

$$R-MgX + R'(H)C{=}O \xrightarrow{에테르} R-CR'(H)-O^-\ {}^+MgX \xrightarrow{H_3O^+} R-CR'(H)-OH$$

Grignard 시약 알데하이드 2차 알코올

2차 알코올의 2개의 알킬기는 Grignard 시약에서 온 알킬기와 알데하이드의 카보닐기에 결합된 알킬기이다.

$$CH_3CH_2-MgBr + H_3C(H)C{=}O \xrightarrow{에테르} CH_3-CH_2-CH(CH_3)-O^-\ {}^+MgBr \xrightarrow{H_3O^+} CH_3CH_2-CH(CH_3)-OH$$

알데하이드 뷰탄-2-올(85%)

**문제풀이 힌트**

2차 알코올은 카비놀 탄소 원자에 2개의 알킬기가 결합되어 있다. 각 알킬기가 Grignard 시약으로 첨가되는 두 가지 가능한 반응을 생각해보라.

**연습문제 10-14**

알데하이드에 적절한 Grignard 시약을 첨가함으로써 다음 2차 알코올을 합성할 수 있는 두 가지 방법을 제시하라.

(a) (4-methylpentan-2-ol, OH) (b) (1-phenylpropan-1-ol, OH) (c) (cyclohexyl)C(H)(OH)$CH_2CH{=}CH_2$

## 10-9C 케톤에 대한 첨가 반응: 3차 알코올의 생성

케톤은 카보닐 탄소 원자에 2개 알킬기가 결합되어 있다. Grignard 시약을 첨가한 다음 양성자를 첨가하면 카비놀 탄소 원자에 3개의 알킬기가 결합된 3차 알코올이 생성된다.

$$R-MgX + R'R''C{=}O \xrightarrow{에테르} R-CR'R''-O^-\ {}^+MgX \xrightarrow{H_3O^+} R-CR'R''-OH$$

Grignard 시약 케톤 3차 알코올

알킬기 중 2개는 케톤의 카보닐 탄소 원자에 이미 결합되어 있던 알킬기이고, 세 번째 알킬기는 Grignard 시약에서 온 것이다.

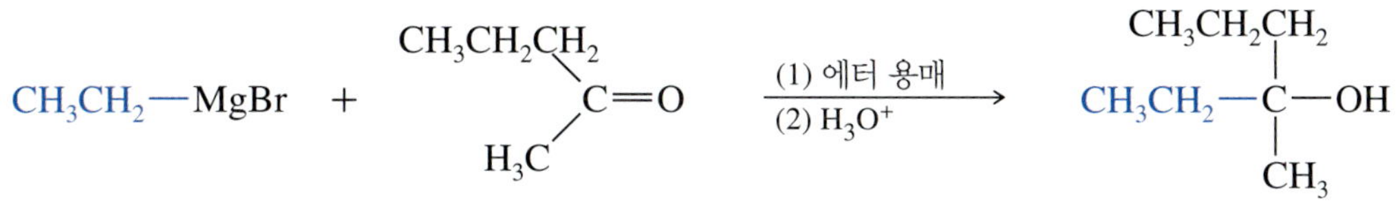

$$CH_3CH_2-MgBr + (CH_3CH_2CH_2)(H_3C)C{=}O \xrightarrow[(2)\ H_3O^+]{(1)\ \text{에터 용매}} CH_3CH_2-C(CH_2CH_2CH_3)(CH_3)-OH$$

펜탄-2-온 → 3-메틸헥산-3-올(90%)

### 예제 10-2

탄소 원자가 5개 이하인 화합물로부터 다음 알코올을 어떻게 합성할 수 있는지 나타내라.

(사이클로펜틸)$C(CH_3)(CH_2CH_3)-OH$

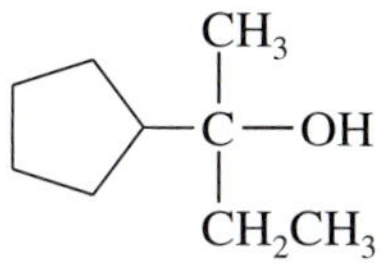

**풀이**

이것은 3차 알코올이다. 3개의 알킬기 어느 것이나 Grignard 시약의 형태로 첨가할 수 있다. 케톤과 Grignard 시약의 세 가지 조합 방법을 생각할 수 있다.

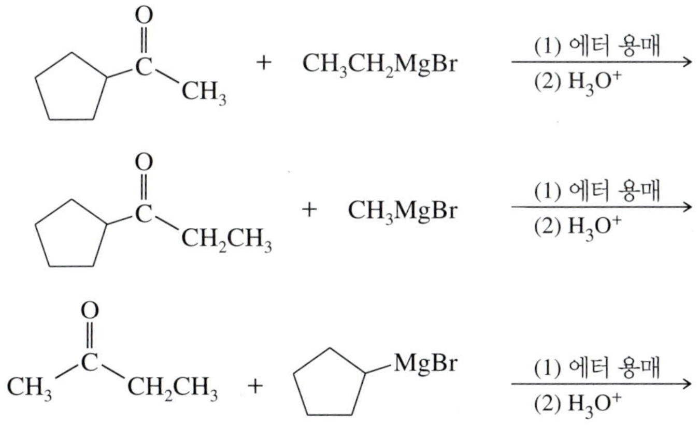

(사이클로펜틸)$C(=O)CH_3$ + $CH_3CH_2MgBr$ $\xrightarrow[(2)\ H_3O^+]{(1)\ \text{에터 용매}}$

(사이클로펜틸)$C(=O)CH_2CH_3$ + $CH_3MgBr$ $\xrightarrow[(2)\ H_3O^+]{(1)\ \text{에터 용매}}$

$CH_3C(=O)CH_2CH_3$ + (사이클로펜틸)MgBr $\xrightarrow[(2)\ H_3O^+]{(1)\ \text{에터 용매}}$

이들 세 가지 방법 모두 가능하지만, 세 번째만이 탄소 원자가 5개 이하이다. 다른 두 가지 방법은 탄소 원자가 5개 이하인 화합물로부터 케톤을 만들기 위해서는 더 많은 단계가 필요하다.

### 연습문제 10-15

케톤에 적절한 Grignard 시약을 첨가하여 다음 3차 알코올을 어떻게 합성할 수 있는지 나타내라.

**(a)** 3-페닐헥산-3-올(세 가지 방법)
**(b)** $Ph_3COH$
**(c)** 1-에틸사이클로펜탄올
**(d)** 2-사이클로펜틸펜탄-2-올

**문제풀이 힌트**

3차 알코올은 카비놀 탄소 원자에 3개의 알킬기가 결합되어 있다. 예제 10-2에서 본 것처럼 각 알킬기가 Grignard 시약으로 첨가되는 세 가지 가능한 반응을 고려하라.

## 10-9D 산 염화물과 에스터에 대한 첨가 반응

**산 염화물**(acid chloride)과 **에스터**(ester)는 카복실산의 유도체이다. 이러한 **산 유도체**(acid derivative)에서는 카복실산의 —OH기가 다른 전자를 끄는 기로 대체된다. 산염화물에서 산의 하이드록시기는 염소 원자로 치환된 것이다. 에스터의 경우 하이드록시기가 알콕시기(—O—R)로 치환된다.

$R-C(=O)-OH$ 카복실산 $R-C(=O)-Cl$ 산 염화물 $R-C(=O)-O-R'$ 에스터

산 염화물과 에스터는 2당량의 Grignard 시약과 반응하여 (양성자 첨가 반응 후) 3차 알코올을 생성한다.

$$2\ R-MgX + R'-C(=O)-Cl \xrightarrow[(2)\ H_3O^+]{(1)\ 에터\ 용매} R'-C(R)(R)-OH$$

산 염화물 → 3차 알코올

$$2\ R-MgX + R'-C(=O)-OR'' \xrightarrow[(2)\ H_3O^+]{(1)\ 에터\ 용매} R'-C(R)(R)-OH$$

에스터 → 3차 알코올

처음에 Grignard 시약 1당량을 첨가하면 불안정한 중간체가 형성되고, 이 불안정한 중간체는 염화 이온(산 염화물에서) 또는 알콕시화 이온(에스터에서)을 내보내며 케톤을 생성한다. 알콕시화 이온은 이 반응에서 적당한 이탈기인데, 그 이유는 알콕시화 이온이 이탈되는 빠르고 강한 발열 단계를 거쳐 음전하를 띠고 있는 중간체가 안정화되기 때문이다.

산 염화물에 대한 공격

$$R-MgX + R'(Cl)C=\ddot{O}: \longrightarrow R-C(R')(Cl)-\ddot{O}:^- \longrightarrow R'(R)C=\ddot{O}: \quad :\ddot{Cl}:^-$$

산 염화물 → 중간체 → 케톤

에스터에 대한 공격

$$R-MgX + R'(R''-\ddot{O}:)C=\ddot{O}: \longrightarrow R-C(R')(\ddot{O}-R'')-\ddot{O}:^- \longrightarrow R'(R)C=O \quad ^-:\ddot{O}-R''$$

에스터 → 중간체 → 케톤

**문제풀이 힌트**

2개의 동일한 알킬기를 가진 3차 알코올을 만들 때 산 염화물이나 에스터의 사용을 고려하라.

케톤은 두 번째 Grignard 시약 1당량과 반응하여 3차 알콕시화물의 마그네슘 염을 형성한다. 양성자를 첨가하면 산 염화물 또는 에스터로부터 유도된 알킬기 1개와 Grignard 시약으로부터 유도된 2개의 알킬기를 가진 3차 알코올이 생성된다.

$$R-MgX + R'(R)C=\ddot{O}: \longrightarrow R-C(R')(R)-\ddot{O}:^-\ ^+MgX \xrightarrow{H_3O^+} R-C(R')(R)-OH$$

Grignard (두 번째 당량) → 케톤 중간체 → 알콕시화 이온 → 3차 알코올

에스터를 사용한 예를 생각해보자. 브로민화 에틸마그네슘(ethylmagnesium bromide) 과량을 벤조산 메틸(methyl benzoate)에 첨가하면 처음 1당량이 첨가된 후 메톡시화 이온이 이탈됨으로써 프로피오페논(propiophenone)이 생성된다. 두 번째 당량이 첨가된 후 양성자가 첨가되면 3차 알코올인 3-페닐펜탄-3-올(3-phenylpentan-3-ol)이 생성된다.

$CH_3CH_2$—MgBr + (벤조산 메틸) → ... → 프로피오페논 + $^-$:$\ddot{O}CH_3$

첫 번째 당량　　벤조산 메틸　　프로피오페논

$CH_3CH_2$—MgBr + 프로피오페논 → $CH_3CH_2$—C($CH_2CH_3$)(Ph)—$\ddot{O}$:$^-$ $^+$MgBr $\xrightarrow{H_3O^+}$ $CH_3CH_2$—C($CH_2CH_3$)(Ph)—OH

두 번째 당량　　프로피오페논　　3-페닐펜탄-3-올(82%)

**연습문제 10-16**

염화 아세틸과 브로민화 페닐마그네슘이 반응하여 1,1-다이페닐에탄올을 생성하는 반응 메커니즘을 제시하라.

$$CH_3-\overset{O}{\overset{\|}{C}}-Cl + 2\ \text{PhMgBr} \xrightarrow[(2)\ H_3O^+]{(1)\ 에터\ 용매} CH_3-\overset{OH}{\overset{|}{C}}(Ph)_2$$

염화 아세틸　　브로민화 페닐마그네슘　　1,1-다이페닐에탄올

**연습문제 10-17**

다음 알코올을 합성하는 데 산염화물과 에스터에 Grignard 시약을 어떻게 첨가해야 하는지 제시하라.

**(a)** $Ph_3C-OH$　　**(b)** 3-에틸-2-메틸펜탄-3-올

**(c)** 다이사이클로헥실페닐메탄올

**문제풀이 힌트**

알킬기가 같은 2차 알코올을 만들 때 폼산 에스터를 사용하는 것을 고려하라.

**연습문제 10-18**

폼산 에틸과 같은 폼산 에스터는 과량의 Grignard 시약과 반응하여 (양성자 첨가 반응 후) 2개의 알킬기가 동일한 2차 알코올을 생성한다.

$$2\,R-MgX + H-\overset{O}{\overset{\|}{C}}-O-CH_2CH_3 \xrightarrow[(2)\ H_3O^+]{(1)\ 에터\ 용매} R-\overset{OH}{\overset{|}{C}H}-R$$

폼산 에틸　　2차 알코올

**(a)** 폼산 에틸이 과량의 브로민화 알릴마그네슘과 반응하고 양성자 첨가 반응 후, 헵타-1,6-다이엔-4-올을 생성하는 반응 메커니즘을 나타내라.

$$2\,H_2C{=}CH{-}CH_2MgBr + H{-}\overset{O}{\overset{\|}{C}}{-}OCH_2CH_3 \xrightarrow[(2)\ H_3O^+]{(1)\ \text{에터 용매}} (H_2C{=}CH{-}CH_2)_2CH{-}OH$$

브로민화 알릴마그네슘 　 폼산 에틸 　 헵타-1,6-다이엔-4-올(80%)

**(b)** Grignard 시약과 폼산 에틸의 반응을 이용하여 다음의 2차 알코올을 어떻게 합성하는지 나타내라.

(i) 펜탄-3-올 (ii) 다이페닐메탄올 (iii) 트랜스,트랜스-노나(nona)-2,7-다이엔-5-올

### 10-9E 산화 에틸렌을 이용한 개환

Grignard 시약은 보통 에터와 반응하지 않지만, **에폭사이드**(epoxide)는 고리 무리 때문에 특이하게 반응성이 크다. 산화 에틸렌(ethylene oxide)은 Grignard 시약과 반응하여 양성자화되므로, 탄소가 2개 늘어난 1차 알코올이 생성된다. Grignard 시약에 의한 친핵성 반응은 고리를 열고, 고리 무리를 감소시킨다는 것에 주목하라.

$$R{-}MgX + \underset{\text{산화 에틸렌}}{CH_2{-}CH_2\ (\text{고리 }O)} \xrightarrow{\text{에터}} \underset{\text{알콕시화 이온}}{R{-}CH_2{-}CH_2{-}\ddot{\underset{..}{O}}{:}^-\ {}^+MgX} \xrightarrow{H_3O^+} \underset{\text{1차 알코올}}{R{-}CH_2{-}CH_2{-}OH}$$

예

$$\underset{\text{브로민화 뷰틸마그네슘}}{CH_3(CH_2)_3{-}MgBr} + \underset{\text{산화 에틸렌}}{CH_2{-}CH_2\ (\text{고리 }O)} \longrightarrow C_4H_9{-}CH_2{-}CH_2{-}O^-\ {}^+MgBr \xrightarrow{H_3O^+} \underset{\text{헥산-1-올(61\%)}}{C_4H_9{-}CH_2{-}CH_2{-}OH}$$

**문제풀이 힌트**

Grignard 시약과 에폭사이드의 반응은 Grignard 반응이 새로운 결합을 형성하는 동일 탄소 원자에 새로운 OH기가 존재하지 않는 유일한 Grignard 반응이다. 이 경우 새로운 OH기는 새로운 결합으로부터 두 번째 탄소에 나타난다.

**연습문제 10-19**

Grignard 시약을 산화 에틸렌에 첨가하여 다음 알코올을 어떻게 합성할 것인지 나타내라.

**(a)** 2-페닐에탄올 **(b)** 4-메틸펜탄-1-올 **(c)** (사이클로헥세인 고리에 $CH_2CH_2OH$와 인접 탄소에 $CH_3$)

**연습문제 10-20**

9-7B절에서 Grignard 시약과 유기리튬 시약이 첨가되는 것과 같은 방법으로 아세틸렌화 음이온이 카보닐기에 첨가 반응을 일으키는 것을 보았다. 아세틸렌화 음이온은 Grignard 시약이나 유기리튬 시약과 동일하게 산화 에틸렌과도 반응한다. 다음 아세틸렌화 음이온을 산화 에틸렌과 반응시킨 후 약한 산으로 처리하여 얻을 수 있는 생성물을 예측하라.

**(a)** $HC{\equiv}C{:}^-$ **(b)** $CH_3CH_2{-}C{\equiv}C{:}^-$

## FOCUS | Grignard 반응에 의한 알코올 합성

원하는 알코올을 생성할 수 있는 Grignard 반응을 결정하는 핵심은 **카비놀 탄소**(carbinol carbon, OH기가 부착된 탄소)에 어떤 기가 있는지 분석하는 것이다.

$R^1-C(OH)(R^3)-R^2$ (카비놀 탄소)

카비놀 탄소의 두 기가 수소이면 폼알데하이드에 Grignard 시약을 첨가해 1차 알코올을 만들 수 있다.

$$H_2C{=}O + R^3-Mg-X \longrightarrow\longrightarrow H-C(OH)(R^3)-H \quad \text{(1차 알코올)}$$

카비놀 탄소의 기 중 하나가 수소이면 알데하이드에 Grignard 시약을 첨가해 2차 알코올을 만들 수 있다.

$$R^1CHO + R^3-Mg-X \longrightarrow\longrightarrow R^1-C(OH)(R^3)-H \quad \text{(2차 알코올)}$$

카비놀 탄소의 모든 기가 알킬 또는 아릴이면 케톤에 Grignard 시약을 첨가해 3차 알코올을 만들 수 있다.

$$\text{케톤 } R^1COR^2 + R^3-Mg-X \longrightarrow\longrightarrow R^1-C(OH)(R^3)-R^2 \quad \text{(3차 알코올)}$$

카비놀 탄소의 두 R기가 동일한 경우에는 산 염화물 또는 에스터에 2당량의 Grignard 시약을 사용해 3차 알코올을 만든다.

$$2\ R^3-Mg-X + R^1C(=O)\text{OR 또는 Cl (에스터 또는 산 염화물)} \longrightarrow\longrightarrow R^1-C(OH)(R^3)-R^3 \quad \text{(3차 알코올)}$$

Grignard 시약이 산화 에틸렌 같은 에폭사이드와 반응하는 특별한 경우에는 새로운 탄소-탄소 결합이 카비놀 탄소에서 생성되지 않고, 오히려 인접한 탄소 원자에서 생성된다.

$$R^3-Mg-X + H_2C\text{—}CH_2 \text{(O 고리, 에폭사이드)} \longrightarrow\longrightarrow H_2C(R^3)-CH_2OH \quad \text{(1차 알코올)}$$

**문제**

다음 알코올을 만드는 두 가지 다른 Grignard 방법을 나타내라.

(a) (구조식) OH
(b) Ph—C(OH)(cyclopentyl)(cyclopentyl)
(c) $C_6H_5CH_2CH_2OH$ ($CH_2CH_2OH$)
(d) (구조식) OH
(e) (구조식) OH
(f) (구조식) OH

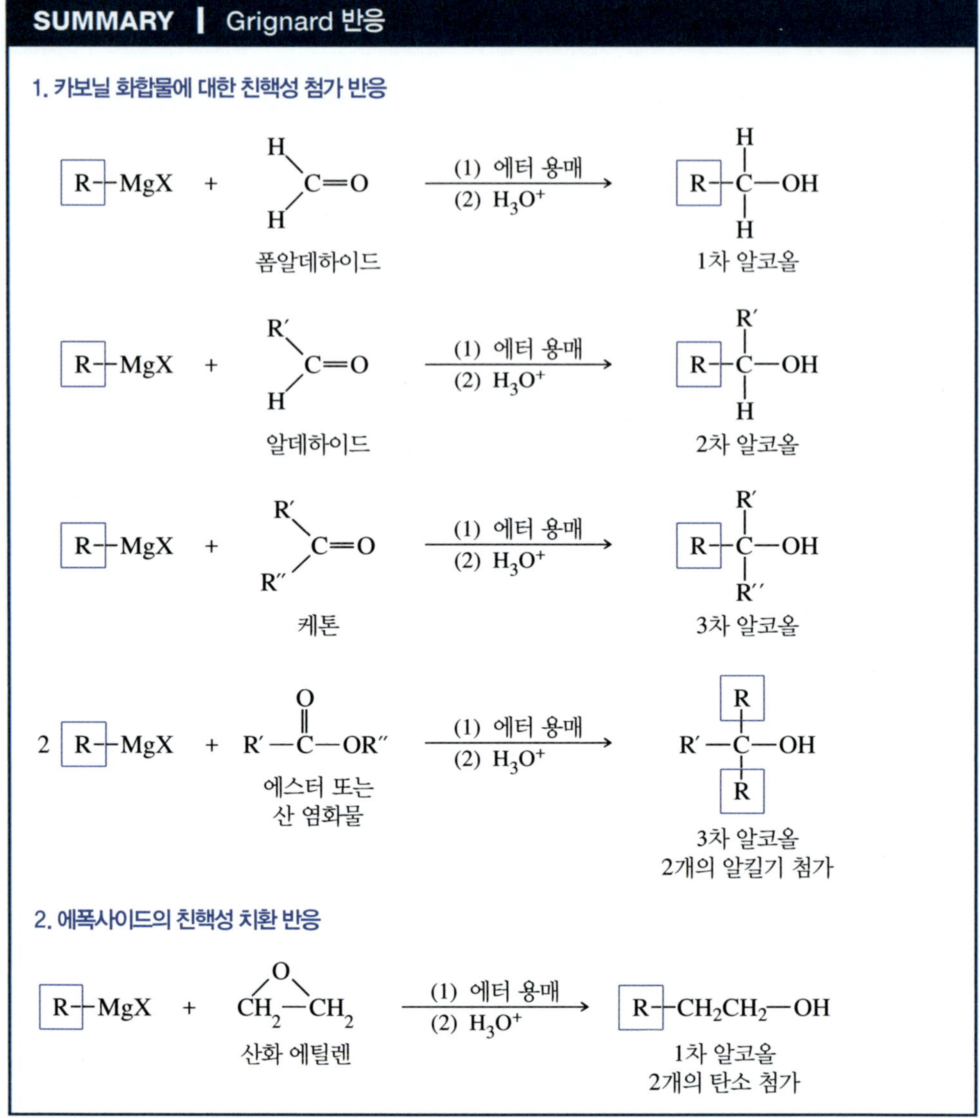


## 10-9F 다이알킬구리산 리튬

9-7절에서 아세틸렌화 음이온이 입체 장애가 없는 할로젠화 알킬을 치환함으로써 어떻게 알킬화되는지 상기해보자.

$$\mathrm{H{-}C{\equiv}C{:}^-} \quad \mathrm{R{-}CH_2{-}Br} \longrightarrow \mathrm{H{-}C{\equiv}C{-}CH_2{-}R} + \mathrm{Br^-}$$

아세틸렌화 음이온처럼 Grignard 시약과 유기리튬 시약은 센염기이며, 강한 친핵체이다. 그러나 다행스럽게도 이들은 아세틸렌화 음이온처럼 쉽게 할로젠 화합물과 치환 반응을 일으키지 못한다. 만약 이들이 할로젠화 알킬과 치환 반응을 일으킨다면 할로젠화 알킬로부터 이런 시약을 만들기가 불가능할 것이다. 한 분자의 시약이 만들어지자마자 이들은 다른 반응물 한 분자와 다시 반응할 것이기 때문이다. 따라서 생성되는 물질은 모두 짝지음 생성물이 된다. 사실 이 짝지음은 많은 Grignard 반응에서 수득률을 낮추는 부반응이다.

바람직하지 않은 짝지음

$$R{-}Br + Mg \xrightarrow{\text{에터}} R{-}Mg{-}Br \xrightarrow{R-Br} R{-}R + MgBr_2$$

두 화합물을 함께 짝지음하기 원하면 유기구리 시약인 **다이알킬구리산 리튬**(lithium dialkylcuprate)을 사용하여 할로젠화 알킬과 짝지음 반응을 유발할 수 있다.

$$\underset{\text{다이알킬구리산 리튬}}{R_2CuLi} + R'{-}X \longrightarrow R{-}R' + R{-}Cu + LiX$$

다이알킬구리산 리튬(Gilman 시약)은 상응하는 유기리튬 시약(10-8B절) 2당량과 아이오딘화 구리를 반응시켜 만들 수 있다.

$$2\,R{-}Li + CuI \longrightarrow \underset{\text{Gilman 시약}}{R_2CuLi} + LiI$$

짝지음 반응은 마치 탄소 음이온(R:⁻)이 존재하여 할로젠화 알킬을 공격함으로써 할로젠화 이온을 치환시키는 것처럼 발생한다. 그러나 이는 아마도 실제 메커니즘이 아닐 것이다. 다이알킬구리산은 염화 바이닐이나 염화 아릴 화합물과도 반응하는데, 이 두 화합물은 $S_N2$ 치환 반응을 할 수 없기 때문이다. 실제 메커니즘은 구리산 염과 할로젠화 알킬의 구조에 따라 달라지며, 추가 단계가 포함될 가능성이 높다.

$$R{-}Cu^{-}(R)\;^{+}Li \quad + \quad {-}\overset{|}{\underset{|}{C}}{-}X \longrightarrow R{-}\overset{|}{\underset{|}{C}}{-} \quad {}^{-}{:}X$$

(가상의 메커니즘)

예

$$2\ \underset{\text{2-클로로뷰테인}}{CH_3CH_2CH(CH_3){-}Cl} \xrightarrow[(2)\ CuI]{(1)\ 2\ Li} \underset{\text{다이알킬구리산 리튬}}{(CH_3CH_2CH(CH_3){-})_2CuLi} \xrightarrow{CH_3CH_2CH_2CH_2{-}Br} \underset{\text{3-메틸헵테인(70\%)}}{CH_3CH_2CH(CH_3){-}CH_2CH_2CH_2CH_3}$$

이러한 결합 반응이 실제로 $S_N2$ 메커니즘을 포함할 수 없다는 사실을 알고 있을 것이다. $S_N2$ 반응을 겪을 수 없는 바이닐 할로젠화물에서도 일어나기 때문이다. 다이알킬구리산 리튬과 할로젠화 바이닐의 반응은 일반적으로 할로젠화 바이닐의 입체 화학을 보존한다.

$$2\ \underset{\text{바이닐리튬}}{CH_2{=}CH{-}Li} \xrightarrow{CuI} \underset{\text{다이바이닐구리산 리튬}}{(CH_2{=}CH)_2CuLi} \xrightarrow{Ph{-}CH{=}CH{-}Br} Ph{-}CH{=}CH{-}CH{=}CH_2$$

다이알킬구리산 리튬은 Grignard 시약만큼 카보닐기에 반응하지 않는다. Gilman 시약은 산 염화물에 비해 케톤과 훨씬 느리게 반응하므로, 케톤 단계에서 반응을 멈출 수 있다. 18장에서 케톤을 합성하기 위해 이러한 선택성을 사용한다.

$$\underset{\substack{\text{다이알킬구리산 리튬}\\ \text{(Gilman 시약)}}}{R_2CuLi} + \underset{\text{산 염화물}}{R'{-}\overset{O}{\overset{\|}{C}}{-}Cl} \longrightarrow \underset{\text{케톤}}{R'{-}\overset{O}{\overset{\|}{C}}{-}R} + R{-}Cu + LiCl$$

**Henry Gilman**(1893~1986)
미국의 유기 화학자였으며, 유기구리 화학의 선구자로 가장 잘 알려져 있는 그는 Gilman 시약의 창시자이다. 1947년에 시력을 잃었기 때문에 그의 업적은 더욱 주목할 만하다. 그는 경력 대부분을 시각 장애인으로 지냈음에도 불구하고 많은 중요한 연구 이정표를 세웠다. 유기금속 화학 분야에서 뛰어난 업적을 인정받아 1977년에 프리스틀리메달(Priestley Medal)을 받았다.

예

$$(CH_2{=}CH)_2CuLi + C_6H_5COCl \longrightarrow C_6H_5COCH{=}CH_2$$

다이바이닐구리산 리튬　　　　염화 벤조일

**연습문제 10-21**

다음 화합물을 6개 이하의 탄소 원자로 된 할로젠화 알킬, 할로젠화 바이닐, 할로젠화 아릴에서 어떻게 합성하는지 나타내라.

**(a)** 옥테인　　**(b)** 바이닐사이클로헥세인

**(c)** 트랜스-옥트-3-엔　　**(d)** 사이클로펜틸 프로필 케톤

## 10-10 유기금속 시약의 부반응: 할로젠화 알킬의 환원

Grignard 시약과 유기리튬 시약은 강한 친핵체이자 센염기이다. 카보닐 화합물에 대한 이들의 첨가 반응 외에 다른 산성 화합물 및 친전자성 화합물과도 반응한다. 몇 가지 경우에는 이들 반응이 유용하지만, 소량의 물 또는 알코올 불순물이 시약을 파괴하기 때문에 종종 원하지 않는 부반응이 나타난다.

### 10-10A 산성 화합물과의 반응

Grignard 시약과 유기리튬 시약은 물과 격렬하게 비가역적으로 반응한다. 따라서 이 반응에 사용되는 모든 시약과 용매는 물이 제거되어야 한다.

$$\overset{\delta^-}{R}—\overset{\delta^+}{MgX} + H—O—H \longrightarrow R—H + XMgOH$$

$$pK_a = 15.7 \qquad pK_a > 45$$

**문제풀이 힌트**

산의 $pK_a$ 값이 약 10 이상 차이가 나는 산-염기 반응은 본질적으로 비가역적이다.

예를 들어 에틸리튬과 물의 반응을 살펴보자.

$$CH_3—\overset{\delta^-}{CH_2}—\overset{\delta^+}{Li} + H—O—H \longrightarrow CH_3—CH_2—H + Li^+ \ {}^-OH$$

에틸리튬　　　　에테인

$$pK_a = 15.7 \qquad pK_a \approx 50$$

이 반응에서 생성물은 매우 잘 만들어진다. 에테인은 매우 약한 산($K_a \fallingdotseq 10^{-50}$)이므로, 역반응(수산화 리튬이 에테인으로부터 양성자를 떼어내는 반응)이 일어나지 않는다. 물에 에틸리튬을 첨가하면 순간적으로 에테인이 생성되면서 물 표면에 기포가 발생한다.

유기금속 시약을 물에 첨가하려는 이유는 무엇인가? 이는 할로젠화 알킬을 알케인으로 환원하는 반응이다.

$$R—X + Mg \xrightarrow[\text{에터}]{} R—MgX \xrightarrow{H_2O} R—H + XMgOH$$

$$R—X + 2Li \longrightarrow R—Li + LiX \xrightarrow{H_2O} R—H + LiOH$$

전체 반응은 전기 음성도가 큰 할로젠 원자가 수소 원자로 바뀌게 되므로 **환원** 반응이 된다. 특히 이 반응은 중수소(수소의 무거운 동위 원소, D 또는 $^2$H)를 가진 화합물을 사용하여 할로젠이 있는 위치를 '표지'하는 방법을 제공한다.

$$CH_3-\underset{\underset{Br}{|}}{CH}(CH_3)-CH-CH_3 \xrightarrow[\text{에터}]{Mg} CH_3-CH(CH_3)-\underset{\underset{MgBr}{|}}{CH}-CH_3 \xrightarrow{D-\ddot{O}-D} CH_3-CH(CH_3)-\underset{\underset{D}{|}}{CH}-CH_3 + BrMgOD$$

O—H기뿐만 아니라 N—H기, S—H기의 양성자와 말단 알카인, —C≡C—H의 수소 원자도 Grignard 시약이나 유기리튬 시약을 양성자화할 수 있을 만큼 충분히 산성이 크다. 이런 시약을 양성자화하고 싶지 않다면 이런 기가 있는 화합물은 Grignard 시약이나 유기리튬 시약과 함께 사용하지 말아야 한다.

$$\underset{}{CH_3CH_2CH_2CH_2Li} + \underset{pK_a = 40}{(CH_3CH_2)_2NH} \longrightarrow \underset{pK_a > 45}{CH_3CH_2CH_2CH_3} + (CH_3CH_2CH)_2N^- \ Li^+$$

$$CH_3CH_2CH_2CH_2Li + \underset{pK_a = 25}{CH_3(CH_2)_4-C{\equiv}C-H} \longrightarrow \underset{pK_a > 45}{CH_3CH_2CH_2CH_3} + CH_3(CH_2)_4-C{\equiv}C-Li$$

**연습문제 10-22**

다음 반응의 생성물을 예측하라.

**(a)** 아이오딘화 *sec*-뷰틸마그네슘 + $D_2O \longrightarrow$

**(b)** *n*-뷰틸리튬 + $CH_3CH_2OH \longrightarrow$

**(c)** 브로민화 아이소뷰틸마그네슘 + 뷰트-1-아인 $\longrightarrow$

**(d)** 사이클로헥실리튬 (H, Li) + 아세트산 $CH_3-\overset{\overset{O}{\|}}{C}-OH \longrightarrow$

**(e)** 브로민화 페닐마그네슘 (MgBr) + $D_2O \longrightarrow$

## 10-10B 친전자성 다중 결합과의 반응

Grignard 시약은 카보닐기의 친전자성 이중 결합을 추가하기 때문에 유용하다. 그러나 시약은 우리가 원하는 친전자성 이중 결합만을 공격한다는 것을 확인해야 한다. 용매나 Grignard 시약 자체에 어떠한 친전자성 이중(또는 삼중) 결합이 있어서는 안 되는데, 이는 이들 친전자성 이중 결합 역시 공격받기 때문이다. 전기 음성도가 큰 원소가 있는 다중 결합, 즉 C=O, S=O, C=N, N=O, C≡N 결합 역시 공격받을 것이다.

다음 장에서는 이러한 시약의 공격을 막기 위해 공격받기 쉬운 작용기를 보호하는 방법을 만나게 될 것이다. 지금은 단지 다음 작용기가 Grignard 시약이나 유기리튬 시약과 반응한다는 사실만 기억하라. 원하는 반응을 나타내는 카보닐기를 제외한 이들 작용기를 포함하는 화합물을 Grignard 시약이나 유기리튬 시약과 함께 사용하는 것을 피해야 한다.

**문제풀이 힌트**

Grignard 시약은 물이나 산과 함께 사용할 수 없다. 묽은 산은 다음 단계에서 알콕시화 마그네슘을 가수 분해하는 데 쓰인다.

옳음: $\xrightarrow[(2)\ H_3O^+]{(1)\ RMgX}$

옳음: $\xrightarrow[\text{에터}]{RMgX} \xrightarrow{H_3O^+}$

틀림: $\xrightarrow[H_3O^+]{RMgX}$

(틀린 예는 산 수용액에서 Grignard 시약을 사용함을 의미한다.)

Grignard 또는 유기리튬의 양성자화: O—H, N—H, S—H, C≡C—H

Grignard 또는 유기리튬에 의해 공격받음: C=O, C=N, C≡N, S=O, N=O

**연습문제 10-23**

다음 틀린 Grignard 합성에서 오류를 지적하라.

(a) 3-bromopiperidine —(1) Mg, 에터 (2) Ph—CHO (3) $H_3O^+$ → (X) 3-(CH(OH)—Ph)piperidine

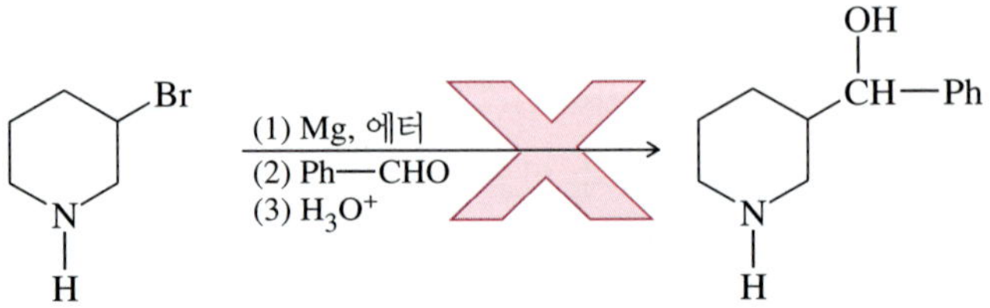

(b) Br-substituted bicyclic lactone —(1) Mg, 에터 (2) $H_2C{=}O$ (3) $H_3O^+$ → (X) $HOCH_2$-substituted bicyclic lactone

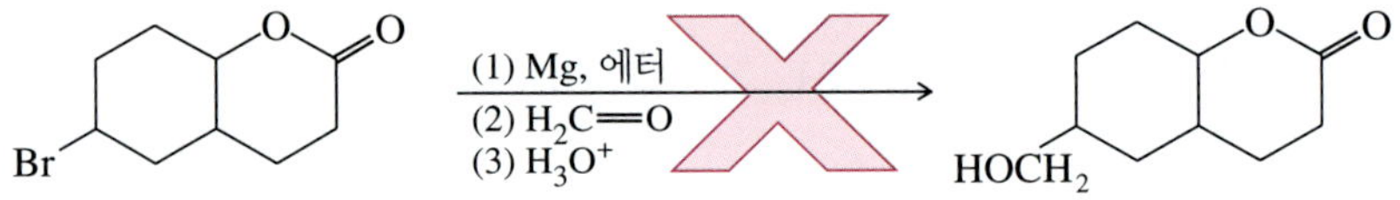

(c) cyclohexyl-MgBr —$CH_3\overset{O}{\overset{\|}{C}}CH_3$, $H_3O^+$ → (X) cyclohexyl-C(CH_3)_2OH

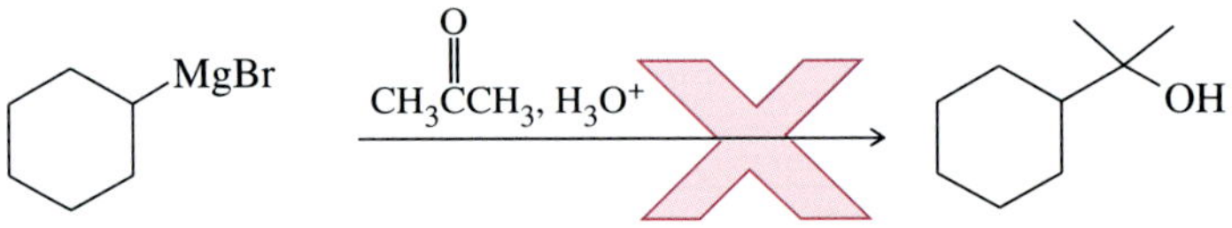

(d) 3-hydroxycyclohexanone —(1) $CH_3CH_2MgBr$ (2) $H_3O^+$ → (X) 1-ethyl-cyclohexane-1,3-diol (HO, $CH_2CH_3$, OH)

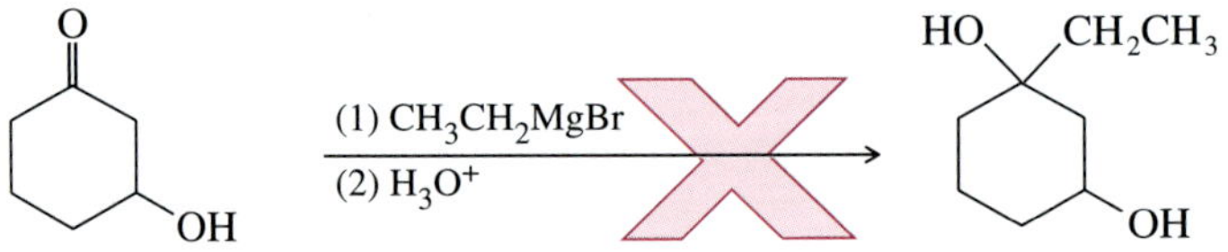

## 10-11 카보닐기의 환원: 1차 및 2차 알코올의 합성

Grignard 시약은 카보닐 화합물에 알킬기를 첨가하여 알코올로 변환시킨다. **수소화물 시약**(hydride reagent)은 수소화 이온(H:⁻)을 첨가하여 카보닐기를 알콕시화 이온으로 환원하는데, 이때 탄소 원자는 첨가되지 않는다. 뒤이어 양성자가 첨가되어 알코올이 생성된다. 케톤 또는 알데하이드가 알코올로 변환되는 반응은 C=O 결합에 수소 원자 2개가 첨가되는 환원 반응이다. 이 환원 반응의 메커니즘이 메커니즘 10-2에 나타나 있다.

가장 유용한 두 가지 수소화물 시약은 수소화붕산 소듐(sodium borohydride, $NaBH_4$)과 수소화 알루미늄 리튬(lithium aluminum hydride, $LiAlH_4$)이며, 카보닐기를 우수한 수득률로 환원한다. 이들 시약의 구조는 $Na^+H^-$ 또는 $Li^+H^-$ 같은 간단한 수소화물 구조가 아니기 때문에 착수소화물(complex hydride)이라고 한다. 착수소화물에서 부분 음전하를 띠는 수소 원자는 붕소와 알루미늄 원자에 공유 결합되어 있다. 이러한 배열은 수소화 이온의 친핵성을 증가시키는 반면에 염기성을 감소시킨다.

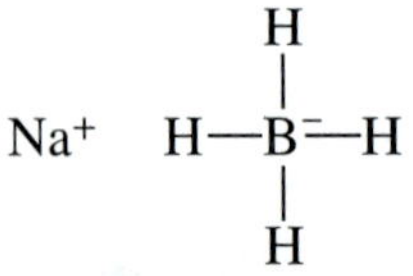

$Na^+\ [BH_4]^-$ (H—B⁻—H with H above and below)

수소화붕산 소듐

$Li^+\ [AlH_4]^-$ (H—Al⁻—H with H above and below)

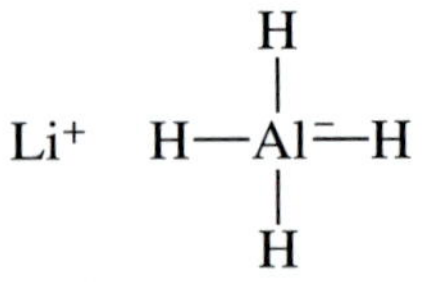

수소화 알루미늄 리튬

## 메커니즘 10-2 | 카보닐기의 수소화물에 의한 환원

수소화붕산 소듐과 수소화 알루미늄 리튬(LAH)은 케톤과 알데하이드를 알코올로 환원시킨다. 두 시약 모두 수소화물 이온(H:⁻)을 카보닐기의 친전자성 말단으로 전달할 수 있다.

수소화 알루미늄 리튬(LAH)은 수산기 용매에 사용할 수 없는 강력한 환원제이다.

**반응 1:** LAH는 수소화 이온(H:⁻)을 탄소로 이동시켜 알콕시화 이온을 형성한다.

$$\mathrm{Li^+\ H{-}\overset{H}{\underset{H}{Al^-}}{-}H} + \mathrm{R_2C{=}\ddot{O}:} \xrightarrow{\text{에터}} \left[\mathrm{H{-}CR_2{-}\ddot{O}:^-}\right]\mathrm{Li^+}\quad \mathrm{AlH_3}$$

수소화 알루미늄 리튬 알콕시화 이온 (복합체 형성)

**반응 2:** 첫 번째 반응이 완결된 후 물이나 묽은 산을 첨가하여 알콕시화 이온을 양성자화한다.

$$\mathrm{H{-}CR_2{-}\ddot{O}:^-} \xrightarrow{\mathrm{H{-}\ddot{O}{-}H}} \mathrm{H{-}CR_2{-}\ddot{O}H}$$

알콕시화 이온 알코올

**예: 수소화붕산에 의한 사이클로펜탄온의 사이클로펜탄올로의 환원**

수소화붕산 소듐은 알코올 용액에 편리하게 사용할 수 있다.

**반응 1:** 수소화붕산은 수소화 이온(H:⁻)을 탄소로 이동시켜 알콕시화 이온을 형성한다.

$$\mathrm{Na^+\ H{-}\overset{H}{\underset{H}{B^-}}{-}H} + \text{사이클로펜탄온} \xrightarrow[\mathrm{R{-}OH}]{} \text{알콕시화 이온 (H, :}\ddot{O}\text{:}^-) + \mathrm{Na^+} + \mathrm{BH_3}$$

수소화붕산 소듐 사이클로펜탄온 알콕시화 이온(복합체 형성)

**반응 2:** 알코올 용매는 알콕시화물을 양성자화한다.

$$\text{알콕시화 이온} \xrightarrow{\mathrm{H{-}\ddot{O}{-}R}} \text{사이클로펜탄올 (H, OH)} + \mathrm{^-OR}$$

알콕시화 이온 사이클로펜탄올

알루미늄은 붕소보다 전기 음성도가 작기 때문에 $AlH_4^-$에서 더 많은 음하전이 수소 원자에 나타난다. 그러므로 수소화 알루미늄 리튬(LAH)은 훨씬 강력한 환원제이고, 수소화붕산 소듐보다 다루기가 훨씬 어렵다. LAH는 물, 알코올과 폭발적으로 반응하여 수소 기체를 발생하며 때로는 불이 붙는다. 수소화붕산 소듐은 pH가 높으면 (염기성) 알코올이나 물과 천천히 반응한다. 수소화붕산 소듐은 편리하면서 매우 선택성이 높은 환원제이다.

전기 음성도 비교

| B—H | Al—H |
|---|---|
| 2.0 2.2 | 1.6 2.2 |

### 10-11A 수소화붕산 소듐의 용도

수소화붕산 소듐($NaBH_4$)은 알데하이드를 1차 알코올로, 케톤을 2차 알코올로 환원시킨다. 이 반응은 알코올, 에터, 물 등 다양한 용매에서 일어난다. 수득률은 일반적으로 우수하다.

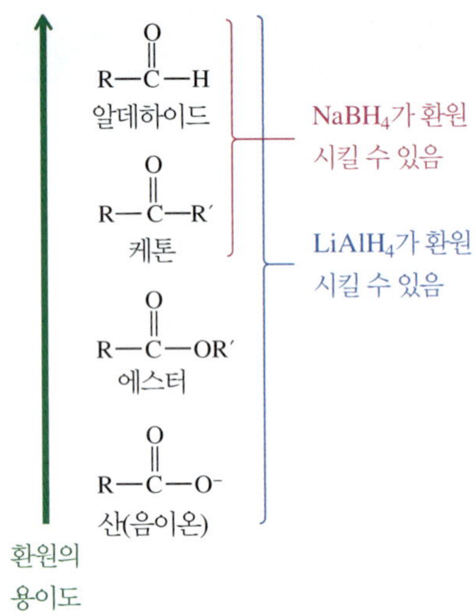


$$\text{사이클로헥세인카브알데하이드 (C}_6\text{H}_{11}\text{—CHO)} \xrightarrow{\text{NaBH}_4,\ \text{CH}_3\text{CH}_2\text{OH}} \text{사이클로헥실메탄올(95\%) (C}_6\text{H}_{11}\text{—CH}_2\text{OH)}$$

$$\underset{\text{뷰탄-2-온}}{\text{CH}_3\text{—C(=O)—CH}_2\text{CH}_3} \xrightarrow{\text{NaBH}_4,\ \text{CH}_3\text{OH}} \underset{(\pm)\text{-뷰탄-2-올(100\%)}}{\text{CH}_3\text{—CH(OH)—CH}_2\text{CH}_3}$$

수소화붕산 소듐은 선택성이 있어서 케톤이나 알데하이드보다 활성이 작은 카보닐기와 반응하지 않는다. 예를 들면 카복실산과 에스터는 수소화붕산 환원에 대해 반응성이 없다. 따라서 수소화붕산 소듐은 산 또는 에스터 존재하에서 케톤 또는 알데하이드를 환원시킬 수 있다.

$$\text{O=C}_6\text{H}_{10}\text{—CH}_2\text{—C(=O)—OCH}_3 \xrightarrow{\text{NaBH}_4} \text{HO(H)C}_6\text{H}_{10}\text{—CH}_2\text{—C(=O)—OCH}_3$$

## 10-11B 수소화 알루미늄 리튬의 용도

**문제풀이 힌트**

LAH와 물은 함께 사용할 수 없다. 물은 다음 가수 분해 단계에서 첨가한다. 폭발과 불이 $LiAlH_4$로 표시한 과정에서 발생한다.

$$\xrightarrow[\text{H}_3\text{O}^+]{\text{LiAlH}_4}$$

수소화 알루미늄 리튬($LiAlH_4$, 약자 LAH)은 수소화붕산 소듐보다 훨씬 강력한 시약으로, 케톤과 알데하이드를 환원하고 산, 에스터, 다른 산 유도체(21장)처럼 반응성이 작은 카보닐기도 쉽게 환원시킨다. LAH는 케톤을 2차 알코올로, 알데하이드, 산, 에스터를 1차 알코올로 환원시킨다. 처음에 알콕시화 이온의 리튬 염이 형성되고 나서 묽은 산의 첨가(주의할 것!)로 알콕시화 이온에 양성자가 첨가된다. 예를 들면 LAH는 앞 예의 케토 에스터의 두 가지 작용기 모두를 환원시킨다.

$$\text{O=C}_6\text{H}_{10}\text{—CH}_2\text{—C(=O)—OCH}_3 \xrightarrow[(2)\ \text{H}_3\text{O}^+]{(1)\ \text{LiAlH}_4} \text{HO(H)C}_6\text{H}_{10}\text{—CH}_2\text{—CH}_2\text{OH}$$

요약하면 수소화붕산 소듐은 간단한 케톤이나 알데하이드를 환원시킬 때 가장 좋은 시약이다. $NaBH_4$를 사용하면 산이나 에스터가 있어도 케톤이나 알데하이드만을 환원시킬 수 있다. 그러나 지금까지는 케톤이나 알데하이드 존재하에서 산이나 에스터만을 환원시키는 방법은 알지 못한다. 반응성이 작은 산이나 에스터에는 $LiAlH_4$를 사용하는데, 이 시약은 케톤과 알데하이드 역시 환원시킨다.

**SUMMARY | $LiAlH_4$와 $NaBH_4$의 반응**

| | | *$NaBH_4$* | *$LiAlH_4$* |
|---|---|---|---|
| 알데하이드 | R—C(=O)—H | $R—CH_2—OH$ | $R—CH_2—OH$ |
| 케톤 | R—C(=O)—R′ | R—CH(OH)—R′ | R—CH(OH)—R′ |
| 알켄 | >C=C< | 반응 안 함 | 반응 안 함 |

| | | | |
|---|---|---|---|
| 산(음이온) | $R-C(=O)-O^-$ 염기 중의 음이온 | 반응 안 함 | $R-CH_2-OH$ |
| 에스터 | $R-C(=O)-OR'$ | 반응 안 함 | $R-CH_2-OH$ |

참고: 위에 나타낸 생성물은 알콕시화물의 가수 분해 후 최종 생성물이다.

**연습문제 10-24**

$NaBH_4$와 다음 화합물의 반응에서 생성물을 예측하라. 용매는 메탄올이라 가정한다.

(a) $CH_3-(CH_2)_8-CHO$ (b) $CH_3CH_2-C(=O)-OCH_3$ (c) Ph — COOH

(d) (e) (f)

**문제풀이 힌트**

1차나 2차 알코올을 만들 때 마지막으로 알킬기(Grignard 시약) 또는 수소(케톤이나 알데하이드의 환원)를 첨가하는 것을 고려해야 한다.

**연습문제 10-25**

$LiAlH_4$를 사용하여(다음 단계에서 가수 분해) 연습문제 10-24를 풀어보라.

## FOCUS | $NaBH_4$와 $LiAlH_4$를 이용한 환원에 의한 알코올 합성

일반 화학에서는 환원과 산화를 각각 금속 원자에 의한 전자의 획득과 손실로 정의한다. 유기 화학에서 환원을 정의하는 가장 간단한 방법은 새로운 C—H 결합이 생성되고, 특정 탄소에서 C—O 결합수가 감소하는 것이다. 산화는 반대로 C—H 결합을 끊고 새로운 C—O 결합을 형성한다.

$NaBH_4$와 $LiAlH_4$ 시약은 H와 전자쌍을 기증하여 C=O의 탄소에서 새로운 결합을 형성하고, C—O 결합을 깨기 때문에 환원제이다. $NaBH_4$는 약한 시약이며, 알데하이드와 케톤에 선택적으로 환원한다. $LiAlH_4$는 더 강력한 시약이며, 카복실산 이온(카복실산에서 유래)과 에스터 또한 환원한다.

알데하이드 또는 케톤의 환원은 $NaBH_4$ 또는 $LiAlH_4$를 사용해 수행되며, 1차 또는 2차 알코올을 생성한다.

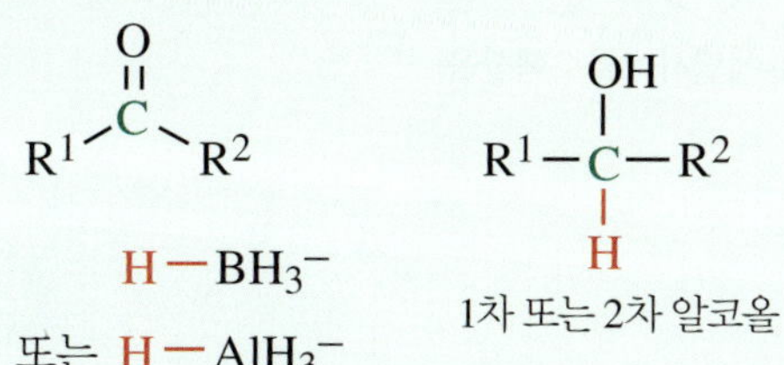


$R^1-C(OH)(H)-R^2$

1차 또는 2차 알코올

에스터 또는 카복실산 염 음이온의 환원에는 더 강력한 시약인 $LiAlH_4$가 필요하다. 2개의 $H:^-$는 $LiAlH_4$에서 나와 2개의 새로운 C—H 결합을 형성한다. 이것이 1차 알코올이다.

에스터 또는 카복실산 염

$NaBH_4$와 반응 없음 $R^1-C(=O)-OR$ 또는 $O^-$   2 $H-AlH_3^-$

$R^1-C(OH)(H)-H$

1차 알코올

**문제**

다음 알코올을 만드는 두 가지 다른 Grignard 방법을 나타내라.

(a) $C_6H_5-CH_2CH_2OH$ (b) (c) (d) (e) (f)

**연습문제 10-26**

적당한 카보닐 화합물을 환원하여 다음 알코올을 합성하는 방법을 나타내라.

**(a)** 헵탄-1-올 **(b)** 헵탄-2-올 **(c)** 2-메틸헥산-3-올 **(d)**

O O OH

## SUMMARY | 카보닐기에 대한 친핵성 첨가 반응에 의한 알코올 합성

(알켄이나 할로젠화 알킬로부터의 알코올 합성법은 10-7절에 요약되어 있다.)

**1.** Grignard 또는 유기리튬 시약의 첨가 반응(10-9절)

$$-\overset{O}{\overset{\|}{C}}- + R{-}MgX \xrightarrow{\text{에터}} -\overset{O^-\ {}^+MgX}{\overset{|}{\underset{R}{\underset{|}{C}}}}- \xrightarrow{H_3O^+} -\overset{OH}{\overset{|}{\underset{R}{\underset{|}{C}}}}-$$

a. 폼알데하이드에 대한 첨가는 1차 알코올을 형성한다.

$$\underset{\text{브로민화 에틸마그네슘}}{CH_3CH_2MgBr} + H_2C{=}O \xrightarrow[(2)\ H_3O^+]{(1)\ \text{에터 용매}} \underset{\text{프로판-1-올}}{CH_3CH_2{-}CH_2{-}OH}$$

b. 알데하이드에 대한 첨가는 2차 알코올을 형성한다.

$$\underset{\text{브로민화 페닐마그네슘}}{C_6H_5{-}MgBr} + \underset{\text{아세트알데하이드}}{CH_3{-}\overset{O}{\overset{\|}{C}}{-}H} \xrightarrow[(2)\ H_3O^+]{(1)\ \text{에터 용매}} \underset{\text{1-페닐에탄올}}{C_6H_5{-}\overset{H}{\overset{|}{\underset{CH_3}{\underset{|}{C}}}}{-}OH}$$

c. 케톤에 대한 첨가는 3차 알코올을 형성한다.

$$CH_3CH_2MgCl + \underset{\text{사이클로헥산온}}{\text{(cyclohexanone)}} \xrightarrow[(2)\ H_3O^+]{(1)\ \text{에터}} \underset{\text{1-에틸사이클로헥산올}}{\text{(OH, } CH_2CH_3\text{)}}$$

d. 산 할로젠화물 또는 에스터에 대한 첨가는 3차 알코올을 형성한다.

$$\left.\begin{matrix} \underset{\text{염화 아세틸}}{CH_3{-}\overset{O}{\overset{\|}{C}}{-}Cl} \\ \text{또는} \\ \underset{\text{아세트산 메틸}}{CH_3{-}\overset{O}{\overset{\|}{C}}{-}OCH_3} \end{matrix}\right\} \xrightarrow[(2)\ H_3O^+]{(1)\ 2\ C_6H_{11}{-}MgBr\ \text{브로민화 사이클로헥실마그네슘}} \underset{\text{1,1-다이사이클로헥실에탄올}}{CH_3{-}\overset{OH}{\overset{|}{C}}(C_6H_{11})_2}$$

e. 산화 에틸렌에 대한 첨가는 (2개의 탄소 원자가 첨가된) 1차 알코올을 형성한다.

$$\text{C}_6\text{H}_{11}\text{MgBr} \xrightarrow[\text{(2) } H_3O^+]{\text{(1) } CH_2{-}CH_2 \text{ (O)}} \text{C}_6\text{H}_{11}\text{CH}_2\text{CH}_2\text{OH}$$

브로민화 사이클로헥실마그네슘 2-사이클로헥실에탄올

**2.** 카보닐 화합물의 환원(10-11절)

a. 알데하이드와 케톤의 촉매 수소화 반응

$$-\overset{\text{O}}{\overset{\|}{\text{C}}}- \; + \; H_2 \xrightarrow{\text{Raney 니켈}} -\overset{\text{OH}}{\overset{|}{\text{CH}}}-$$

이 방법은 수소화물 시약을 사용하는 것만큼 선택적이지도 효과적이지도 않다.

b. 수소화물 시약의 사용

(1) 알데하이드의 환원은 1차 알코올을 형성한다.

$$\text{C}_6\text{H}_5-\overset{\text{O}}{\overset{\|}{\text{C}}}-\text{H} \xrightarrow{NaBH_4} \text{C}_6\text{H}_5-\text{CH}_2\text{OH}$$

벤즈알데하이드 벤질 알코올

(2) 케톤의 환원은 2차 알코올을 생성한다.

$$\text{사이클로헥산온} \xrightarrow{NaBH_4} \text{사이클로헥산올 (H, OH)}$$

사이클로헥산온 사이클로헥산올

(3) 산이나 에스터의 환원은 1차 알코올을 생성한다.

$$\left.\begin{array}{c} CH_3-(CH_2)_8-\overset{\text{O}}{\overset{\|}{\text{C}}}-OH \\ \text{데칸산} \\ CH_3-(CH_2)_8-\overset{\text{O}}{\overset{\|}{\text{C}}}-OCH_3 \\ \text{데칸산 메틸} \end{array}\right\} \xrightarrow[\text{(2) } H_3O^+]{\text{(1) } LiAlH_4} \begin{array}{c} CH_3-(CH_2)_8-CH_2-OH \\ \text{데칸-1-올} \end{array}$$

## 10-11C 케톤과 알데하이드의 촉매 수소화 반응

케톤 또는 알데하이드를 알코올로 환원시키는 반응에서는 C=O 결합에 2개의 수소 원자가 첨가된다. 이 첨가는 촉매를 이용한 수소화 반응으로 수행될 수 있으며, 일반적으로 Raney 니켈을 촉매로 사용한다.

$$-\overset{\text{O}}{\overset{\|}{\text{C}}}- \; + \; H_2 \xrightarrow{\text{Raney 니켈}} -\overset{\text{OH}}{\overset{|}{\text{CH}}}-$$

**Raney 니켈**(Raney nickel)은 니켈-알루미늄 합금을 강한 수산화 소듐 용액으로 처리하여 생성된 수소를 품고 있는 니켈의 고운 가루이다. 합금 중에 있는 알루미늄은 반응하여 수소를 형성하고, 수소로 포화된 고운 니켈 가루를 남긴다. Raney 니켈은 케톤이나 알데하이드를 알코올로 수소화시키는 효율적인 촉매이다. 탄소-탄소 이중 결합도 이 조건에서 환원된다. 따라서 출발 물질에 있는 알켄 이중 결합은 환원될 것이다. 대부분의 경우 간단한 케톤과 알데하이드를 환원하는 데는 수소화붕산 소듐이 더 편리하다.

$$H_2C{=}CH{-}CH_2{-}C(CH_3)_2{-}CHO \;+\; 2\,H_2 \xrightarrow{\text{Raney 니켈}} CH_3{-}CH_2{-}CH_2{-}C(CH_3)_2{-}CH_2OH$$

2,2-다이메틸펜트-4-엔알 → 2,2-다이메틸펜탄-1-올(94%)

$$H_2C{=}CH{-}CH_2{-}C(CH_3)_2{-}CHO \xrightarrow[\text{(비교를 위해)}]{NaBH_4} H_2C{=}CH{-}CH_2{-}C(CH_3)_2{-}CH_2OH$$

2,2-다이메틸펜트-4-엔-1-올

## 10-12 싸이올(머캅탄)

**싸이올**(thiol)은 알코올의 —OH기 대신 —SH기가 있는 알코올의 황 유사체이다. 산소와 황은 주기율표에서 같은 족(6A족)에 있는데, 산소는 2주기, 황은 3주기에 있다. 싸이올의 IUPAC명은 접미사 -싸이올(*-thiol*)을 사용하며, 알케인명에서 유래했다. 싸이올은 **머캅탄**(mercaptan, 수은을 잡는다는 의미)이라고도 하는데, 이들이 안정한 중금속 유도체를 형성하기 때문이다. 관용명은 알킬기의 이름과 머캅탄이라는 단어를 사용하여 알코올의 이름처럼 명명한다. —SH기는 머캅토(mercapto)기라고 한다.

| | $CH_3{-}SH$ | $CH_3CH_2CH_2CH_2{-}SH$ | $CH_3CH{=}CHCH_2{-}SH$ | $HS{-}CH_2CH_2{-}OH$ |
|---|---|---|---|---|
| IUPAC명: | 메테인싸이올 | 뷰테인-1-싸이올 | 뷰트-2-엔-1-싸이올 | 2-머캅토에탄올 |
| 관용명: | 메틸 머캅탄 | *n*-뷰틸 머캅탄 | | |

싸이올은 중금속과 착물을 형성하는 능력이 있기 때문에 중금속 중독의 해독약으로 사용었다. 예를 들면 제2차 세계대전 중 연합군은 독일이 화학전 물질로 휘발성 비소 화합물인 루이사이트(lewisite)를 사용할 것을 우려했다. 싸이올은 비소와 강하게 착물을 형성하는데, 이로부터 영국 과학자들은 효과적인 해독제로 다이머카프롤(dimercaprol), 즉 2,3-다이머캅토프로판-1-올(2,3-dimercaptopropan-1-ol)을 개발했다. 연합군은 이 화합물을 '브리티시 안티-루이사이트(British anti-lewisite, BAL)'라고 명명했고, 이 이름은 지금도 사용되고 있다. 다이머카프롤은 비소, 수은, 금을 포함한 여러 가지 중금속 해독에 유용하다.

싸이올의 공격적인 이용. 스컹크는 사람이나 개 또는 다른 동물로부터 자신을 보호하기 위해 싸이올을 뿜는다.

$$\underset{\text{루이사이트}}{Cl(H)C{=}C(H)AsCl_2} \qquad \underset{\text{다이머카프롤 (브리티시 안티-루이사이트, BAL)}}{CH_2(SH){-}CH(SH){-}CH_2(OH)}$$

싸이올의 냄새는 가장 강한 특성이다. **스컹크**(skunk) 냄새의 주요 구성 성분은 3-메틸뷰테인-1-싸이올(3-methylbutane-1-thiol)과 뷰트-2-엔-1-싸이올(but-2-ene-1-thiol)이고, 소량의 다른 싸이올이 있다. 천연가스(냄새가 없는 메테인)에 에테인싸이올(ethanethiol)을 첨가하여 가스

누출을 감지할 수 있도록 특징적인 '가스' 냄새가 나게 한다.

산소가 황보다 전기 음성도가 더 크지만, 싸이올이 알코올보다 더 산성이다. 산성이 큰 이유는 다음 두 가지 효과 때문이다. 첫 번째는 일반적으로 S—H 결합이 O—H 결합보다 약해서 S—H 결합이 쉽게 끊어지기 때문이다. 두 번째로 **싸이올산 음이온**(thiolate ion, R—S⁻)의 황 원자는 음전하를 띠는데, 작은 산소 원자에 음전하가 몰려 있는 알콕시화 이온보다 더 넓은 영역에 전하가 비편재화되어 있기 때문이다. 싸이올산 음이온은 싸이올에 수산화 소듐 수용액을 첨가함으로써 쉽게 만들 수 있다.

$$\underset{\substack{\text{에테인싸이올} \\ pK_a = 10.5}}{CH_3—CH_2—SH} + {}^-OH \rightleftharpoons \underset{\text{에테인싸이올산}}{CH_3—CH_2—S^-} + \underset{pK_a = 15.7}{H_2O}$$

$$\underset{\substack{\text{벤젠싸이올(싸이오페놀)} \\ pK_a = 7.8}}{C_6H_5—SH} + {}^-OH \rightleftharpoons \underset{\text{벤젠싸이올산}}{C_6H_5—S^-} + \underset{pK_a = 15.7}{H_2O}$$

비교

$$\underset{\substack{\text{에탄올} \\ pK_a = 15.9}}{CH_3—CH_2—OH} + {}^-OH \rightleftharpoons \underset{\text{에톡시화 이온}}{CH_3—CH_2—O^-} + \underset{pK_a = 15.7}{H_2O}$$

**연습문제 10-27**

산도가 감소하는 순서로 다음 화합물을 나열하라.

$CH_3COOH$ $CH_3OH$ $CH_3CH_3$ $CH_3SO_3H$ $CH_3NH_2$ $CH_3SH$ $CH_3C{\equiv}CH$

싸이올은 황화수소산 소듐(sodium hydrosulfide)과 입체 장애가 없는 할로젠화 알킬과의 $S_N2$ 반응을 통해 만들 수 있다. 싸이올 생성물은 여전히 친핵성이다. 그래서 과량의 황화수소물(hydrosulfide)을 사용하면 싸이올 생성물이 또 알킬화되어 설파이드(R—S—R)가 형성되는 것을 방지할 수 있다.

$$\underset{\text{황화수소산 소듐}}{Na^+\ H—\ddot{\underset{..}{S}}:^-} + \underset{\text{할로젠화 알킬}}{R—X} \longrightarrow \underset{\text{싸이올}}{R—SH} + Na^+\ {}^-X$$

알코올과 다르게 싸이올은 쉽게 산화되어 **이황화물**(disulfide)이라고 하는 이합체를 만든다. 이황화물이 싸이올로 환원되는 역반응은 환원 조건에서 일어난다. 이황화물 결합의 생성과 분해는 단백질 화학(24장)에서 중요한 현상이다. 시스테인 아미노산 잔기들 사이의 이황화물 '다리'는 단백질 사슬이 활성 형태로 유지되도록 붙들고 있다. 24-8C절에 이황화물 다리의 더 많은 예가 수록되어 있다.

$$\underset{\text{2개의 싸이올 분자}}{R—SH + HS—R} \underset{Zn,\ HCl}{\overset{Br_2}{\rightleftharpoons}} \underset{\text{이황화물}}{R—S—S—R} + 2\,HBr$$

**응용: 허브**

마늘은 역사적으로 수많은 병의 치료제로 사용됐다. 영화에서는 늑대인간이나 흡혈귀를 물리치는 데 마늘의 힘을 사용한다. 특징적인 마늘의 냄새는 마늘에 있는 많은 황 화합물 때문이다. 그중에 알리신(allicin)은 중요 성분인데, 항박테리아 성질을 가지고 있다.

$$CH_2{=}CH—CH_2—S({=}O)—S—CH_2—CH{=}CH_2$$

알리신

**응용: 효소**

추가적인 이황화 결합을 만들어 고온에서 견디는 단백질을 합성할 수 있다. 예를 들면 세탁물 세제는 종종 단백질과 혈흔을 제거하기 위해 효소를 포함한다. 전략적으로 어느 곳에 존재하는 아미노산 잔기를 시스테인들로 대체함으로써, 뜨거운 물에서도 활성 형태로 존재할 수 있는 변형된 효소가 생성된다.

예

$$\underset{\text{2개의 시스테인 잔기}}{2\ H_2N{-}CH(CH_2SH){-}C(=O){-}OH}\ \underset{\text{[H] (환원)}}{\overset{\text{[O] (산화)}}{\rightleftharpoons}}\ \underset{\text{시스테인 이황화물 다리}}{H_2N{-}CH(COOH){-}CH_2{-}S{-}S{-}CH_2{-}CH(COOH){-}NH_2} + H_2O$$

온건한 산화 반응이 싸이올을 이황화물로 변화시키는 것처럼 격렬한 산화 반응은 이들을 **설폰산**(sulfonic acid)으로 변환시킨다. $KMnO_4$나 질산($HNO_3$) 또는 표백제(NaOCl)조차 이 반응의 산화제로 쓰일 수 있다. 어떠한 설폰산의 Lewis 구조도 형식 전하가 분리되거나 황 주위에 전자가 8개 이상이 되어야 한다. 황은 $SF_4$(10개의 전자)와 $SF_6$(12개의 전자)에서 볼 수 있는 바와 같이 확장된 팔전자계를 쓸 수 있다. 다음 세 가지 공명 구조가 가장 일반적으로 사용되는 형태이다. 유기화학자들은 확장된 팔전자계의 형태를 사용하려는 경향이 있고, 무기 화학자들은 전하 분리 형태를 사용하려는 경향이 있다.

$$\underset{\text{싸이올}}{R{-}SH}\ \xrightarrow[\text{(격렬한 산화)}]{KMnO_4\ \text{또는}\ HNO_3}\ \left[\underset{\text{확장된 팔전자계}}{R{-}S(=O)_2{-}OH} \longleftrightarrow \underset{\text{(둘 다)}}{R{-}S^{+}(=O)(O^{-}){-}OH} \longleftrightarrow \underset{\text{전하 분리}}{R{-}S^{2+}(O^{-})_2{-}OH}\right]$$

설폰산

예

$$\underset{\text{벤젠싸이올}}{C_6H_5{-}SH}\ \xrightarrow[\text{(끓임)}]{HNO_3}\ \underset{\text{벤젠설폰산}}{C_6H_5{-}S(=O)_2{-}OH}$$

**응용: 생화학**

글루타싸이온(glutathione)은 싸이올기를 포함하는 트라이펩타이드인데, 과산화물을 해독하는 온화한 환원제로, 환원 상태에서 헤모글로빈의 시스테인 잔기를 유지하게 한다. 글루타싸이온은 또한 알킬화 시약을 해독할 수 있다. 예를 들면 글루타싸이온의 싸이올기는 $S_N2$ 반응으로, 아이오딘화 메틸(methyl iodide)과 반응하여 해롭지 않게 만들고, 체내에서 다른 분자와의 반응을 막는다.

**연습문제 10-28**

다음 화합물의 IUPAC명을 제시하라.

(a) $CH_3CH(CH_3)CH_2CH(SH)CH_3$

(b) $(CH_3CH_2)(CH_3)C{=}C(CH_2SH)(CH_3)$

(c) 3-위치에 SH가 있는 사이클로헥센 고리 (SH가 붙은 탄소에 이웃한 이중 결합)

**연습문제 10-29**

진짜 스컹크 스프레이는 냄새를 없애는 상품에 가치 있게 사용된다. 쉽게 이용할 수 있는 뷰텐이나 뷰타-1,3-다이엔으로부터 스컹크 가스에 있는 주된 성분 두 가지, 즉 3-메틸뷰테인-1-싸이올과 뷰트-2-엔-1-싸이올을 합성하는 방법을 나타내라.

**SUMMARY | 카보닐 화합물로부터 알코올 합성**

**알데하이드 및 케톤**

R′ = H인 경우 알데하이드

R 및 R′이 알킬 또는 아릴인 경우 케톤

- $NaBH_4$, ROH → R—CH(OH)—R′: R′에 따른 1차 또는 2차 알코올 (10-11A절)
- $LiAlH_4$ → H—OH → R—CH(OH)—R′: R′에 따른 1차 또는 2차 알코올 (10-11B절)
- R″—C≡C:⁻ → H—OH → R—C(OH)(C≡C—R″)—R′: R′에 따른 2차 또는 3차 알코올 (9-7B절)
- R″—Li 또는 R″—MgX → H—OH → R—C(OH)(R″)—R′: R′에 따른 2차 또는 3차 알코올 (10-9ABC절)

**에스터 및 산 염화물**

- RCOCl → $NaBH_4$ → H—OH → R—CH₂—OH: 1차 알코올 (10-11A절)

$NaBH_4$는 에스터가 아닌 산 염화물만 환원시킨다.

- RCOCl 또는 RCOOR′ → $LiAlH_4$ → H—OH → R—CH₂—OH: 1차 알코올 (10-11B절)
- RCOCl 또는 RCOOR′ → R″—Li 또는 R″—MgX → H—OH → R—C(OH)(R″)—R″: 1차 알코올 (10-9D절)

## 핵심 용어

**Grignard 시약(Grignard reagent):** 할로젠화 유기마그네슘으로 R—Mg—X라고 쓴다. 실제 구조는 더 복잡하며, 여러 개의 에터 분자와 복합체를 형성하고 있는 이합체 또는 삼합체이다.

**Raney 니켈(Raney nickel):** NaOH를 첨가하여 알루미늄을 모두 녹여낸 아주 고운 니켈 또는 알루미늄 합금. 알데하이드나 케톤을 알코올로 수소화 반응시킬 때 이용되는 촉매

**곡주(grain alcohol):** 에탄올, 에틸 알코올. '절대 알코올(absolute alcohol)'은 100% 에탄올을 말한다.

**글라이콜(glycol):** '다이올(diol)'과 동의어. 글라이콜이란 용어는 1,2-다이올(1,2-diol)에 대해 일반적으로 적용되며, '이웃 자리 다이올(vicinal diol)'이라고도 한다.

**다이알킬구리산 리튬(lithium dialkylcuprate):** 할로젠화 알킬과 짝지음 반응에 사용될 유기금속 시약. 'Gilman 시약(Gilman reagent)'이라고도 한다.

$$R_2CuLi + R'—X \longrightarrow R—R' + R—Cu + LiX$$

다이알킬구리산 리튬

**다이올(diol):** 2개의 알코올로, —OH기를 가진 화합물

**머캅탄(mercaptan):** 알코올의 황 유사체. R—SH기를 '머캅토(mercapto)'기라 하며, '싸이올(thiol)'이라고도 한다.

**목정(wood alcohol):** 메탄올, 메틸 알코올

**변성 알코올(denatured alcohol):** 독성 있는 불순물을 함유해서 마시기에 부적합한 에탄올

**불변 끓음 혼합물(azeotrope):** 일정 온도에서 증류하고, 증류액의 조성이 일정한 두 가지 이상의 액체들의 혼합물. 예를 들면 95%의 에탄올과 5% 물의 혼합물은 각각의 순수한 에탄올 또는 순수한 물보다 더 낮은 끓는점을 가진다.

**산 유도체(acid derivative):** 카복실산과 관련이 있으나 산의 —OH기 대신 다른 전자를 끄는 기를 가지고 있는 화합물. 세 가지 예로는 '산 염화물(acid chloride)', '에스터(ester)', '아마이드(amide)'가 있다.

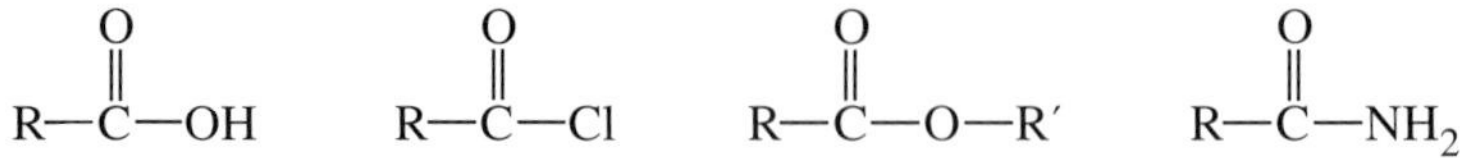

$$\underset{\text{카복실산}}{R-\overset{\overset{\displaystyle O}{\|}}{C}-OH} \qquad \underset{\text{산 염화물}}{R-\overset{\overset{\displaystyle O}{\|}}{C}-Cl} \qquad \underset{\text{에스터}}{R-\overset{\overset{\displaystyle O}{\|}}{C}-O-R'} \qquad \underset{\text{아마이드}}{R-\overset{\overset{\displaystyle O}{\|}}{C}-NH_2}$$

**설폰산(sulfonic acid):** 싸이올의 격렬한 산화 반응으로 생성되는 화학식. R—$SO_3H$의 강한산성 화합물이다.

**섞일 수 있는(miscible):** 어떠한 비율로도 서로 용해하는 성질

**소독용 알코올(rubbing alcohol):** 프로판-2-올, 아이소프로필 알코올

**소수성(hydrophobic):** '물을 싫어하는' 성질. 물에 의한 반발이 나타난다. 물에 불용성이다.

**수소화물 시약(hydride reagent):** 전기 음성도가 작은 원소를 가지고 있는 수소 화합물. 따라서 수소의 공유 전자쌍을 줄 수 있다. NaH, LiH 같은 단순한 수소화물은 친핵체로 작용하기보다는 염기로 작용하여 종종 H+와 반응하여 $H_2$ 기체를 생성한다. $NaBH_4$, $LiAlH_4$ 같은 착수소화물은 다음의 일반적인 반응에서와 같이 카보닐기가 환원되어 새로운 C—H 결합을 하는 경향이 있다.

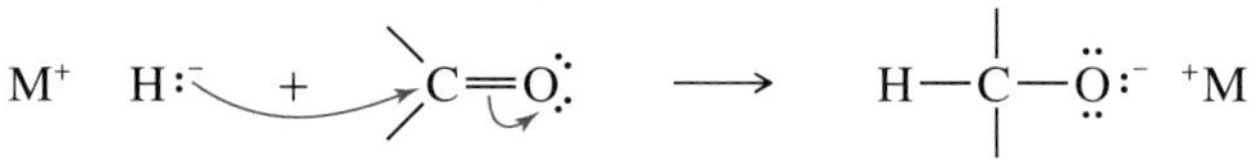

$$\underset{\text{수소화물 시약}}{M^+\ H:^-} + \ \rangle C=\ddot{O}: \longrightarrow \underset{\text{환원됨}}{H-\overset{|}{\underset{|}{C}}-\ddot{O}:^-\ {}^+M}$$

**스컹크(skunk):** 명사로 사용되면 싸이올을 효과적으로 합성하는, 발로 걷는 잡식성 포유류를 뜻하고, 동사로 사용되면 게임이나 경기에 서 득점을 막는 것을 의미한다.

**싸이올(thiol):** 알코올의 황 유사체로 '머캅탄(mercaptan)'이라고도 한다. R—SH

**싸이올산 음이온(thiolate ion):** 싸이올의 탈양성자 반응을 통하여 생성되는 음이온(R—$\ddot{S}:^-$)으로, '머캅타이드(mercaptide)'라고도 한다.

**알데하이드(aldehyde):** 카보닐기에 1개의 알킬기와 1개의 수소 원자가 있는 카보닐 화합물. 폼알데하이드(formaldehyde)는 카보닐기에 2개의 수소 원자를 가진다.

**알코올(alcohol):** 탄화수소의 수소 원자가 —OH로 치환된 화합물. 알코올은 하이드록시기가 결합된 탄소 원자가 1차, 2차, 3차인지에 따라 1차(primary), 2차(secondary), 3차(tertiary) 알코올로 분류된다.

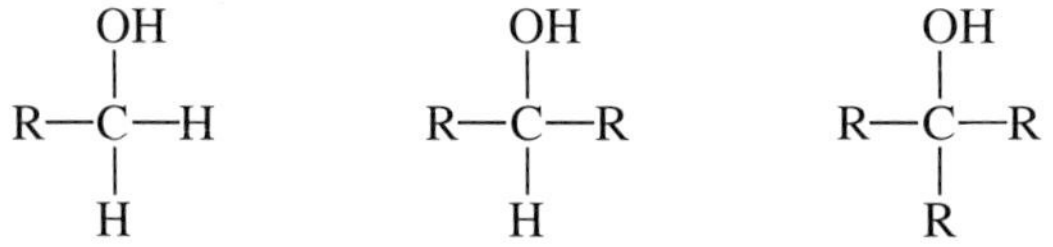

$$\underset{\text{1차 알코올}}{R-\overset{\overset{\displaystyle OH}{|}}{\underset{\underset{\displaystyle H}{|}}{C}}-H} \qquad \underset{\text{2차 알코올}}{R-\overset{\overset{\displaystyle OH}{|}}{\underset{\underset{\displaystyle H}{|}}{C}}-R} \qquad \underset{\text{3차 알코올}}{R-\overset{\overset{\displaystyle OH}{|}}{\underset{\underset{\displaystyle R}{|}}{C}}-R}$$

**알콕시화 이온(alkoxide ion):** 알코올의 탈양성자 반응으로 형성된 음이온(R—$\ddot{O}:^-$)

**에스터(ester):** 카복실산의 하이드록시기가 알콕시(—OR')기로 치환된 산 유도체

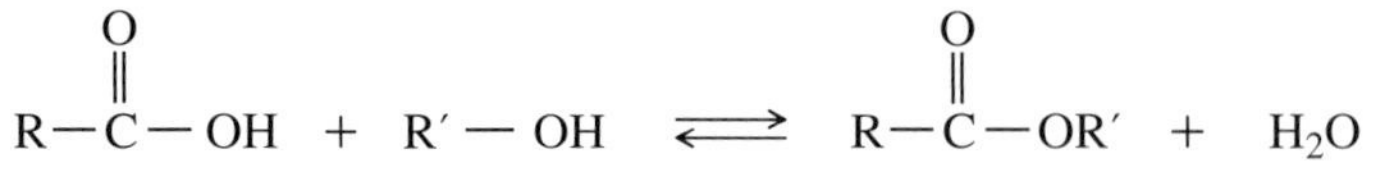

$$\underset{\text{산}}{R-\overset{\overset{\displaystyle O}{\|}}{C}-OH} + \underset{\text{알코올}}{R'-OH} \rightleftharpoons \underset{\text{에스터}}{R-\overset{\overset{\displaystyle O}{\|}}{C}-OR'} + \underset{\text{물}}{H_2O}$$

**에폭사이드(epoxide):** 3원자 고리 안에 산소를 가지고 있는 화합물로, '옥시레인(oxirane)'이라고도 한다.

**유기금속 화합물(organometallic compound):** [유기금속 시약(organometallic reagent)] 탄소에 직접 결합된 금속 원자를 가지고 있는 화합물

**유기리튬 시약(organolithium reagent):** R—Li 형태의 유기금속 시약

**이황화물(disulfide):** 싸이올의 산화된 이합체. R—S—S—R

**친수성(hydrophilic):** '물을 좋아하는' 성질. 물에 대해 친화력이 있고 물에 가용성이다.

**카비놀 탄소 원자(carbinol carbon atom):** 알코올에서 하이드록시기에 결합된 탄소 원자

**케톤(ketone):** 카보닐기에 결합된 2개의 알킬기를 가진 화합물

**페놀(phenol):** 방향족 고리에 직접 결합된 하이드록시기를 지닌 화합물

**하이드록시기(hydroxy group):** 알코올에서와 같이 —OH기[엄밀히 말하면 하이드록실(hydroxyl)이라는 용어는 수산기 라디칼인 ·OH에만 적용되어야 한다.]

## 기초문제

| | | |
|---|---|---|
| **1** | 알코올, 페놀, 다이올, 싸이올의 구조를 그리고, 이름을 명명하라. | 관련 연습문제 10-30, 31, 32 |
| **2** | 알코올의 상대적인 끓는점, 산도, 용해도를 예측하라. | 관련 연습문제 10-33, 34, 35, 42, 53 |
| **3** | 알켄, 할로젠화 알킬, 카보닐 화합물을 어떻게 알코올로 변환시키는지 나타내라. | 관련 연습문제 10-37, 38, 40, 41, 43, 52, 56, 57 |
| **4** | 알켄을 수화 반응, 수소붕소 첨가 반응, 다이하이드록시화 반응을 시켰을 때 생성되는 알코올을 예측하라. | 관련 연습문제 10-36, 47, 49, 51 |
| **5** | 원하는 탄소 골격을 가지는 1차, 2차, 3차 알코올을 합성하기 위해 Grignard나 유기리튬 시약을 이용하라. | 관련 연습문제 10-36, 37, 38, 39, 41, 44, 47, 55, 56, 57, 58 |
| **6** | 간단한 싸이올의 합성과 산화 생성물을 제시하라. | 관련 연습문제 10-37, 40, 50 |

## 연습문제

**10-30** 각 알코올에 대해 체계(IUPAC)명을 제시하라. 1차, 2차, 3차 알코올로 분류하라.

(a) 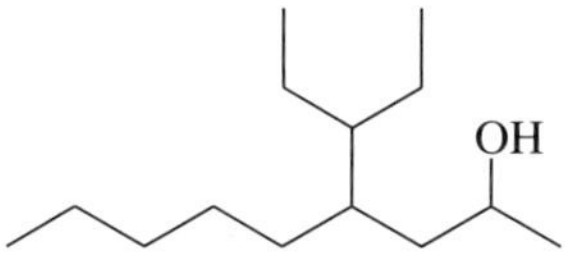 OH (b) 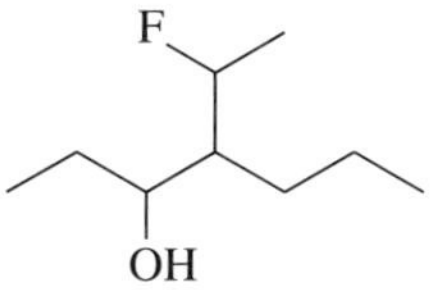 F, OH (c) 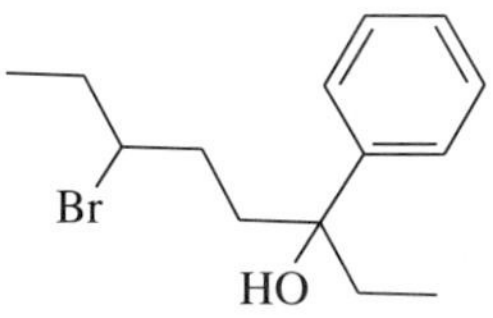 Br, HO (d) 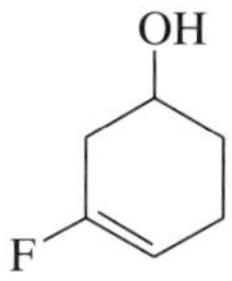 OH, F (e) 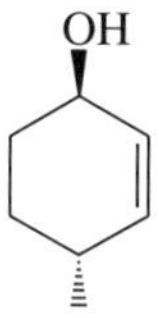 OH (f) 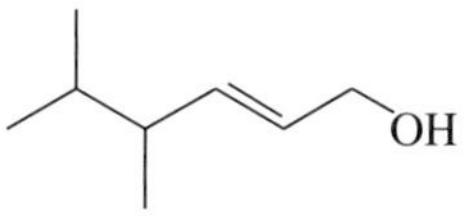 OH (g) 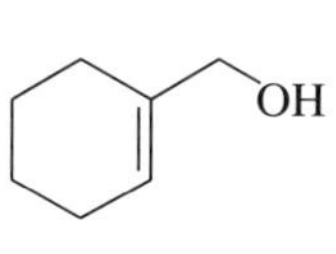 OH

**10-31** 다음 다이올과 페놀에 대한 체계(IUPAC)명을 제시하라.

(a) 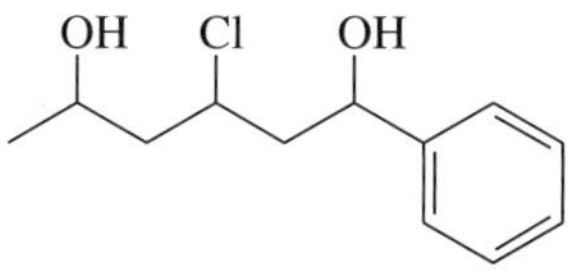 OH Cl OH (b) 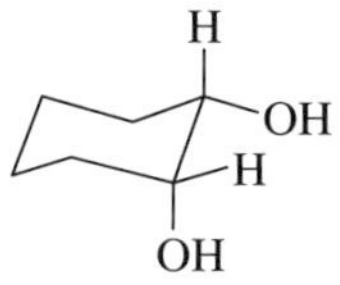 H, OH, H, OH (c) 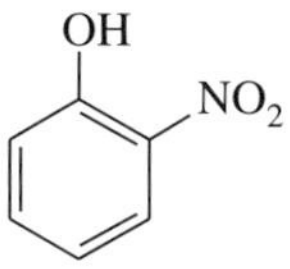 OH, $NO_2$ (d) 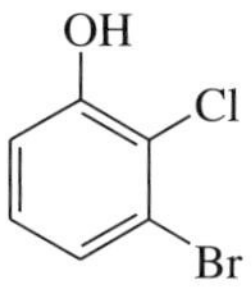 OH, Cl, Br

**10-32** 다음 화합물의 구조를 그려보라.

(a) 다이페닐메탄올 (b) 3-(클로로메틸)헵탄-3-올 (c) 3-사이클로헥센-1-올
(d) 3-사이클로펜틸헥산-2-올 (e) 메조-3,5-헵테인다이올 (f) 사이클로헥센 글라이콜
(g) 3-(브로모메틸)페놀 (h) (2*R*,3*R*)-2,3-펜테인다이올 (i) 사이클로헥스-3-엔-1-싸이올
(j) 이황화 다이에틸(diethyl disulfide) (k) 2-메틸헥스-4-아인(yn)-2-올

**10-33** 각 쌍 중에 어느 것이 끓는점이 더 높을지 예상하고, 그 예상에 대한 이유를 설명하라.

(a) 펜탄-1-올 또는 3-메틸뷰탄-1-올 (b) 펜탄-2-온 또는 펜탄-2-올
(c) 펜탄-2-올 또는 펜테인-1,5-다이올 (d) 펜탄-2-올 또는 헵탄-2-올

**10-34** 각 쌍 중에서 어느 것이 산성이 더 큰지 예상하고, 그 예상에 대한 이유를 설명하라.

(a) 사이클로헥산올 또는 3-클로로페놀 (b) 사이클로펜탄올 또는 사이클로펜테인싸이올
(c) 사이클로펜탄올 또는 사이클로펜테인카복실산 (d) 펜탄-1-올 또는 2,2-다이클로로펜탄-1-올

**10-35** 각 쌍 중에서 어느 것이 물에 가장 잘 녹을지 예상하고, 그 예상에 대한 이유를 설명하라.

**(a)** 뷰탄-1-올, 헥산-1-올, 프로판-2-올

**(b)** 클로로사이클로헵테인, 사이클로헵탄올, 사이클로헵테인-1,2-다이올

**(c)** 페놀, 사이클로헵탄올, 4-메틸사이클로헵탄올

**10-36** 다음 반응(가수 분해 후)으로부터 얻을 수 있는 유기 생성물을 그려보라.

**(a)** (cyclohexyl)MgBr + $H_2C{=}O$

**(b)** (cyclopentyl)MgCl + (pentan-2-one)

**(c)** $CH_3{-}CH(MgI){-}CH_3$ + Ph—CHO

**(d)** $CH_3MgI$ + (3-hydroxycyclohexanone)

**(e)** (cyclopentyl)CHO + $NaBH_4$

**(f)** Ph—MgBr + $Ph{-}C({=}O){-}Ph$

**(g)** 2 Ph—MgBr + (δ-lactone)

**(h)** 2 (cyclopentyl)$CH_2$MgCl + $Ph{-}C({=}O){-}Cl$

**(i)** (cyclopentyl)MgBr + (epoxide)

**(j)** (3-oxocyclohexyl)$CH_2{-}C({=}O){-}OCH_3$ + $NaBH_4$

**(k)** (3-oxocyclohexyl)$CH_2{-}C({=}O){-}OCH_3$ + $LiAlH_4$

**(l)** (octahydronaphthalene) $\xrightarrow[(2)\ NaBH_4]{(1)\ Hg(OAc)_2,\ H_2O}$

**(m)** (octahydronaphthalene) $\xrightarrow[(2)\ H_2O_2,\ {}^-OH]{(1)\ BH_3 \cdot THF}$

**(n)** $H_3C(H)C{=}C(H)CH_2CH_2CH_3$ $\xrightarrow[{}^-OH]{\text{차갑고 묽은 } KMnO_4}$

**(o)** $H_3C(H)C{=}C(H)CH_2CH_2CH_3$ $\xrightarrow[H_3O^+]{HCO_3H}$

**(p)** $(CH_2{=}CH)_2CuLi$ + $CH_3CH_2CH{=}CHCH_2Br$

**10-37** 브로모벤젠과 그 외에 필요한 시약이나 용매를 사용하여 다음 화합물을 어떻게 합성할 수 있는지 나타내라. 이 화합물들은 다른 문제의 출발 물질로 쓰일 수 있다.

**(a)** 1-페닐뷰탄-1-올

**(b)** 1-페닐뷰트-1-엔

**(c)** 1-페닐뷰탄-2-올

**(d)** 1-페닐뷰트-1-엔-3-올

**(e)** 2-페닐펜탄-2-올

**(f)** 2-페닐펜트-2-엔

**10-38** 다음의 알코올을 적당한 알켄으로부터 합성하는 방법을 나타내라.

**(a)** (butan-2-ol: OH)

**(b)** (cyclohexanol with $CH_3$, H)

**(c)** (cyclopentyl)CH(OH)$CH_2CH_3$

**(d)** (1-propylcyclopentan-1-ol: OH)

**10-39** Grignard 합성법을 이용하여 다음에 나타낸 출발 물질과 필요한 다른 시약들로부터 다음 알코올을 제조하는 방법을 나타내라.

**(a)** 헥산알, 즉 $CH_3(CH_2)_4CHO$로부터 옥탄-3-올

**(b)** 1-브로모헵테인으로부터 옥탄-1-올

**(c)** 아세트알데하이드, 즉 $CH_3CHO$로부터 1-사이클로헥실에탄올

**(d)** 브로모사이클로헥세인으로부터 2-사이클로헥실에탄올

**(e)** 브로모벤젠(Ph—Br)으로부터 벤질 알코올(Ph—$CH_2$—OH)

**(f)** (cyclohexyl)$C({=}O){-}OCH_2CH_3$ 로부터 (cyclohexyl)$C(OH)(CH_3){-}CH_3$

**(g)** 벤즈알데하이드(Ph—CHO)로부터 사이클로펜틸페닐메탄올

**(h)** 1-브로모헥세인으로부터 옥탄-1-올

**10-40** 다음 반응을 어떻게 이룰 수 있는지 나타내라. 필요한 어떠한 추가적인 시약도 사용할 수 있다.

(a) 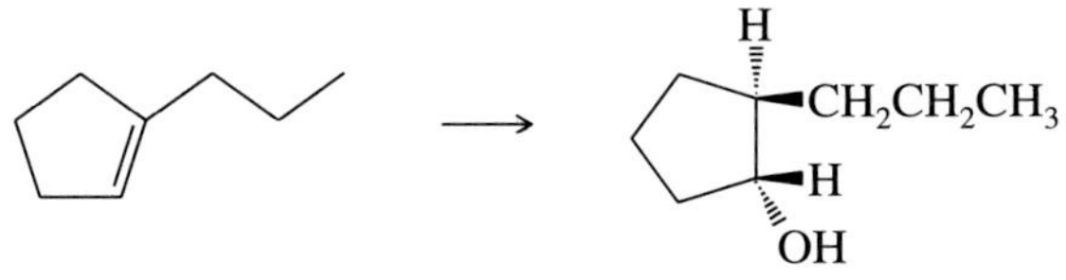 → $CH_2CH_2CH_3$, H, H, OH (라셈형)

(b) 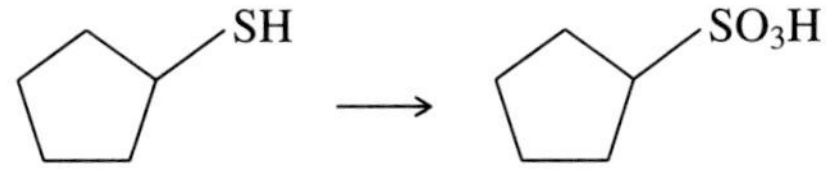 SH → $SO_3H$

(c) 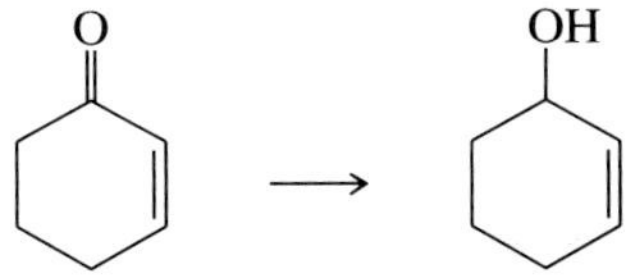 O → OH

(d) 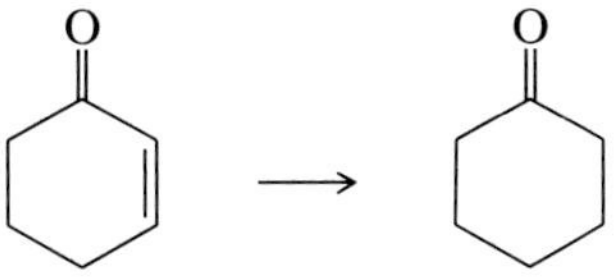 O → O

(e) $CH_3-\overset{O}{\overset{\|}{C}}-CH_2CH_2-\overset{O}{\overset{\|}{C}}-OCH_2CH_3 \longrightarrow CH_3-\overset{OH}{\overset{|}{C}H}-CH_2CH_2-\overset{O}{\overset{\|}{C}}-OCH_2CH_3$

(f) $CH_3-\overset{O}{\overset{\|}{C}}-CH_2CH_2-\overset{O}{\overset{\|}{C}}-OCH_2CH_3 \longrightarrow CH_3-\overset{OH}{\overset{|}{C}H}-CH_2CH_2-\overset{OH}{\overset{|}{C}H_2}$

**10-41** 다음을 어떻게 합성할 것인가?

(a) 적당한 Grignard 시약에 폼알데하이드를 첨가하여 2-페닐에탄올 합성
(b) 적당한 알켄으로부터 2-페닐에탄올 합성
(c) $S_N2$ 반응을 이용하여 할로젠화 알킬로부터 사이클로헥실메탄올 합성
(d) 적당한 Grignard 시약에 산화 에틸렌을 첨가함으로써 3-사이클로헥실프로판-1-올 합성
(e) 적당한 할로젠화 알케닐로부터 시스-펜트-2-엔-1-싸이올 합성
(f) 4개의 탄소를 가진 할로젠화 알킬로부터 2,5-다이메틸헥세인 합성

**10-42** 다음 산-염기 반응을 완결하라. 각 경우에 평형이 반응물 쪽에 있는지, 생성물 쪽에 있는지 지적하고 그 이유를 설명하라.

(a) $CH_3CH_2-O^-$ + (페놀) OH $\rightleftharpoons$

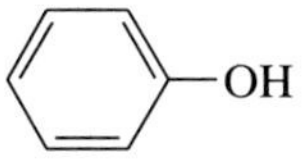

(b) KOH + Cl–(Cl)–OH $\rightleftharpoons$

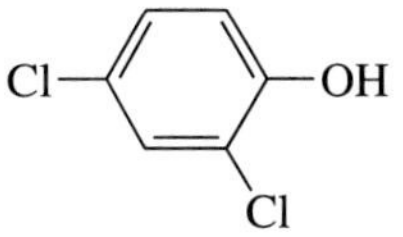

(c) 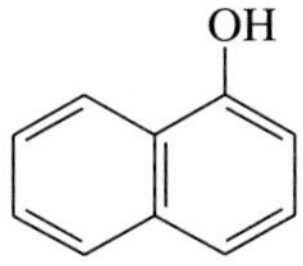 OH (나프톨) + $CH_3O^-$ $\rightleftharpoons$

(d) 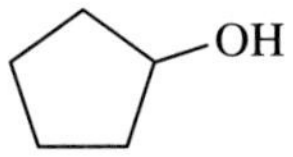 OH (사이클로펜탄올) + KOH $\rightleftharpoons$

(e) $(CH_3)_3C-O^-$ + $CH_3CH_2OH$ $\rightleftharpoons$

(f) $(CH_3)_3C-O^-$ + $H_2O$ $\rightleftharpoons$

(g) KOH + $CH_3CH_2OH$ $\rightleftharpoons$

**10-43** 다음의 알코올을 형성하기 위해 사용할 수 있는 카보닐 화합물과 환원제를 제시하라.

(a) 헵탄-1-올
(b) 1-사이클로헥실에탄올
(c) 1-페닐프로판-1-올
(d) 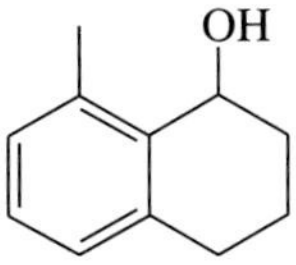 OH
(e) 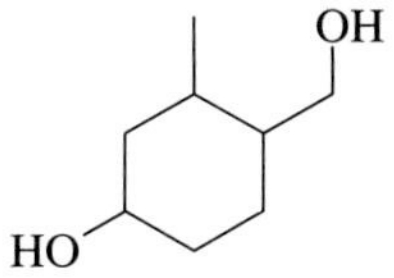 OH, HO
(f) 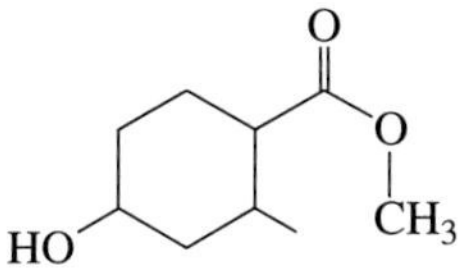 O, O, $CH_3$, HO

**10-44** 6개 이하의 탄소 원자를 가진 출발 물질로부터 다음 화합물을 합성하는 법을 나타내라.

(a) 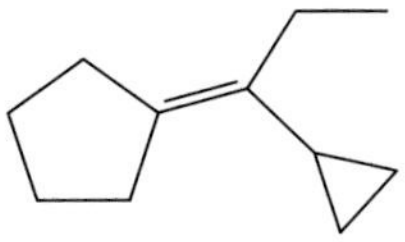
(b) 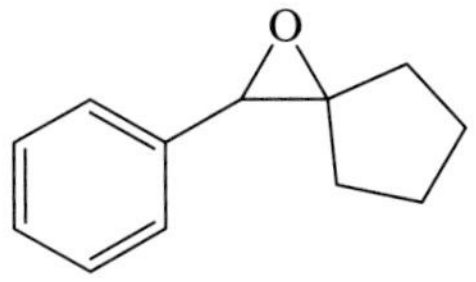 O
(c) 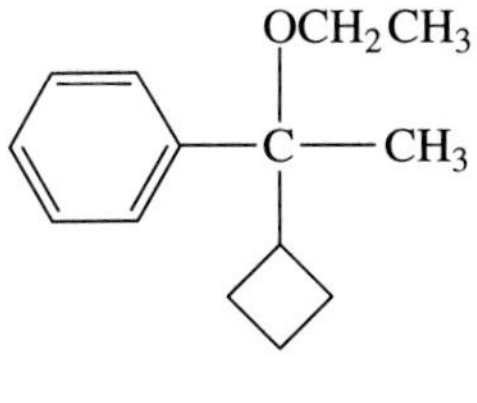 $OCH_2CH_3$, C, $CH_3$

*10-45 같은 자리 다이올, 즉 1,1-다이올은 대개 불안정해서 자발적으로 물을 잃음으로써 카보닐 화합물을 형성한다. 그러므로 같은 자리 다이올은 케톤과 알데하이드의 수화된 형태로 간주된다. 산 촉매하에서 프로페인-2,2-다이올로부터 물을 잃음으로써 아세톤이 생성되는 메커니즘을 제시하라.

$$CH_3-C(OH)_2-CH_3 \overset{H^+}{\rightleftharpoons} CH_3-C(=O)-CH_3 + H_2O$$

프로페인-2,2-다이올 　　 아세톤

10-46 바이닐 알코올은 일반적으로 불안정해서 카보닐 화합물로 빠르게 이성질화한다. 다음 이성질화 반응에 대한 메커니즘을 제시하라.

(a) $H_2C=CH-OH \overset{H^+}{\rightleftharpoons} H_3C-CHO$

바이닐 알코올 　　 아세트알데하이드

(b) 사이클로헥센올 $\overset{H^+}{\rightleftharpoons}$ 사이클로헥산온

(c) 사이클로헥센올 $\overset{^-OH}{\rightleftharpoons}$ 사이클로헥산온

10-47 에터 중에서 **A** 화합물($C_7H_{11}Br$)을 마그네슘으로 처리하니 **B**($C_7H_{11}MgBr$)가 생성되고, 이는 $D_2O$와 격렬하게 반응하여 메틸기에 중수소가 있는 1-메틸사이클로헥센(**C**)이 생성되었다. **B**와 아세톤($CH_3COCH_3$)의 반응(그다음 가수 분해)으로 **D**($C_{10}H_{18}O$)가 생성되었다. **D**를 진한 황산과 함께 가열하니 **E**($C_{10}H_{16}$)가 생성되었고, **E**는 2당량의 $Br_2$를 탈색시키며 **F**($C_{10}H_{16}Br_4$)를 생성했다. **E**는 과량의 $H_2$ 및 Pt 촉매와 함께 수소 첨가 반응을 하여 아이소뷰틸사이클로헥세인을 형성했다. **A**에서 **F**까지의 화합물 구조를 결정하고, 그 이유를 제시하라.

*10-48 Grignard 시약은 옥세테인(oxetane)과 천천히 반응하여 1차 알코올을 생성한다. 이 반응의 메커니즘을 제시하고, 대부분의 에터가 Grignard 시약과는 반응하지 않지만 옥세테인과 반응하는 이유를 제시하라.

$$R-Mg-X + \text{옥세테인} \longrightarrow R-CH_2CH_2CH_2-O^- \ {}^+MgX$$

Grignard 시약 　　 옥세테인 　　 1차 알코올 염

*10-49 필요한 곳에 입체 화학을 포함하여 **A**~**G** 화합물의 구조를 결정하라.

사이클로펜탄온 → (1) $CH_3MgI$, (2) $H_3O^+$ → $C_6H_{12}O$ **A** → $H_2SO_4$, 열 → $C_6H_{10}$ **B** → $H_2$, Pt → 메틸사이클로펜테인

$C_{10}H_{16}$ **G** → $KMnO_4$, 진하고 따뜻함 → 사이클로펜탄온

$C_6H_{12}O$ **D** → $H_2SO_4$, 열 → **B**

사이클로펜텐 → $PhCO_3H$ → $C_5H_8O$ **C** → (1) $CH_3MgI$, (2) $H_3O^+$ → **D**

사이클로펜텐 → HBr → $C_5H_9Br$ **E** → (1) Mg, 에터 (2) 사이클로펜탄온 (3) $H_3O^+$ → $C_{10}H_{18}O$ **F** → $H_2SO_4$, 열 → **G**

*10-50 대부분의 사냥개는 스컹크가 방귀 뀌는 것을 아랑곳하지 않고 스컹크와 코를 맞대고 격렬하게 짖는다. 냄새를 약화시키는 적당히 효과적인 방법은 개를 묽은 과산화 수소, 탄산수소 소듐 및 약간의 접시 세척제로 씻어주는 것이다. 이 혼합물이 어떻게 개에게 스컹크 냄새를 제거하는지 기술하라. 스컹크 기름의 두 가지 주성분은 3-메틸뷰테인-1-싸이올과 뷰트-2-엔-1-싸이올이다.

---

* 본문 내용을 응용한 난이도 높은 문제는 별표(*)로 표시했다.

**10-51** 중간체와 생성물 **A~K**의 구조를 제안하라.

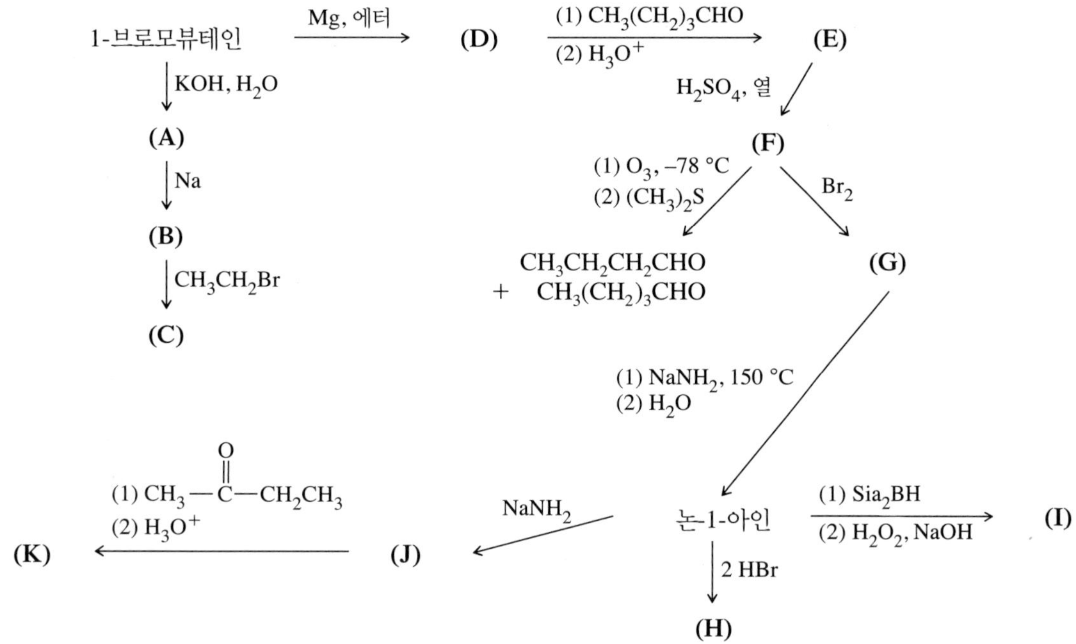


**10-52** 메틸렌사이클로헥세인과 필요한 시약으로 출발하여 다음에 주어진 각 화합물의 합성 방법을 고안하라.

**(a)** 1-메틸사이클로헥산올 **(b)** 사이클로헥실메탄올 **(c)** 1-(하이드록시메틸)사이클로헥산올

**(d)** 트랜스-2-메틸사이클로헥산올 **(e)** 2-클로로-1-메틸사이클로헥산올 **(f)** 1-(페닐메틸)사이클로헥산올

**10-53** 프로판-2-올(**I**)과 헥사플루오로 유사체(**II**)의 물리적 성질을 비교하라.

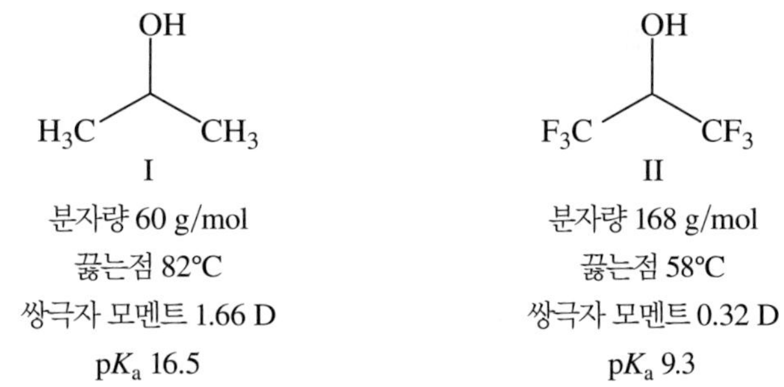


**(a)** 화합물 **II**의 분자량이 **I**의 분자량의 거의 3배에 달함에도 불구하고 끓는점이 더 낮다. 그 이유를 설명하라.

**(b)** 전기 음성도가 큰 플루오린 원자가 6개나 있음에도 불구하고 화합물 **II**의 쌍극자 모멘트가 **I**보다 훨씬 작은 이유를 설명하라.

**(c)** **II**가 **I**보다 더 강한 산인 이유는 무엇인가?

***10-54** 중수소(D $=$ $^2$H)를 포함한 화합물은 새로운 의약품을 이용한 동역학 연구 및 대사 연구에 유용하다. 중수소를 도입하는 한 가지 방법은 $LiAlH_4$와 반응성이 동등한 $LiAlD_4$ 시약을 사용하는 것이다. $LiAlD_4$ 및 $D_2O$를 중수소 공급원으로 사용하고, 중수소화되지 않은 출발 물질을 원하는 경우 중수소 표시 화합물을 만드는 방법을 제시하라.

**(a)** $CH_3CHDOH$ **(b)** $CH_3CD_2OH$ **(c)** $CH_3CD_2OD$

***10-55** $CD_3MgBr$ 및 $D_2O$를 중수소 공급원으로 사용하고, 중수소화되지 않은 출발 물질을 원하는 경우 중수소 표시 화합물을 만드는 방법을 제시하라.

**(a)** $CH_3CH(OD)CD_3$ **(b)** $CH_3C(OH)(CD_3)_2$ **(c)** $CD_3CH_2CH_2OH$ **(d)** $PhC(CD_3)_2OD$

**10-56** 화합물은 종종 두 가지 이상의 방법으로 합성될 수 있다. 다음 물질을 사용해 아래의 3차 알코올을 만드는 방법을 제시하라.

**(a)** 2개의 다른 케톤

**(b)** 2개의 다른 알켄

**(c)** 에스터

**(d)** 3차 브로민화 알킬

OH

**10-57** 아래의 1차 알코올이 다음 물질로부터 어떻게 만들 수 있는지 나타내라.

**(a)** 1차 브로민화 알킬
**(b)** 폼알데하이드
**(c)** 7탄소 알데하이드
**(d)** 카복실산
**(e)** 알켄
**(f)** 산화 에틸렌

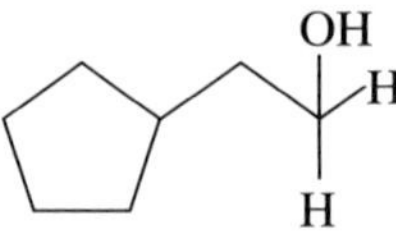


**10-58** 일어날 수 있는 모든 반응이 일어나도록 과량의 각 반응물을 첨가한다고 가정했을 때 각 합성에 대해 브로모사이클로헥세인으로 시작하여 생성물을 예측하라.

(a) Br-cyclohexane $\xrightarrow[\text{EtOH, } \Delta]{\text{KOH}}$ **A** $\xrightarrow[\text{(2) Me}_2\text{S}]{\text{(1) O}_3\text{, −78 °C}}$ **B** $\xrightarrow[\text{에터}]{\text{MgBr}}$ $\xrightarrow{\text{묽은 H}_3\text{O}^+}$ **C**

(b) Br-cyclohexane $\xrightarrow[\text{EtOH, } \Delta]{\text{KOH}}$ **A** $\xrightarrow[\text{NaOH, } \Delta]{\text{KMnO}_4}$ **E** $\xrightarrow[\text{에터}]{\text{LiAlH}_4}$ $\xrightarrow{\text{묽은 H}_3\text{O}^+}$ **F**

(c) Br-cyclohexane $\xrightarrow[\text{EtOH, } \Delta]{\text{KOH}}$ **A** $\xrightarrow{\text{mCPBA}}$ **H** $\xrightarrow[\text{에터}]{\text{PhMgBr}}$ $\xrightarrow{\text{묽은 H}_3\text{O}^+}$ **I** $\xrightarrow[\Delta]{\text{H}_2\text{SO}_4}$ **J**

**10-59** Grignard 반응이 산화 에틸렌과 반응하는 것으로 밝혀진 이후, 화학자들은 이 반응의 한계(반응 범위)를 테스트하기 위해 다른 에폭사이드를 실험해 왔다. 결론은 Grignard 반응의 성공이 에폭사이드의 입체 장애에 의해 제한된다는 것이다. 하나의 기는 하나의 에폭사이드에 대한 여러 Grignard 시약의 결과를 발표했다. 해당 제품 중 하나를 여기에 표시했다. 이 화합물을 만드는 데 어떤 Grignard 시약과 어떤 에폭사이드가 사용됐는가? 에폭사이드의 입체적 요구사항과 제품의 입체 화학에 대해 설명하라. (참고문헌: Schomaker, J. M., et al., *Org. Lett.*, **2003**, *5*(17), 3089.)

OH

**10-60** 연습문제 8-54는 비수성 반응 매질에서 최종 알데하이드와 케톤을 생성하기 위해 피리딘(py)을 사용하는 오존 분해 반응을 수행하는 새로운 방법을 설명한다. 후속 간행물(*J. Org. Chem.*, **2013**, *78*, 42)에서 Dussault 교수(네브래스카대학교 링컨캠퍼스)는 중간체 알데하이드나 케톤을 분리할 필요 없이 두 반응이 순차적으로 수행되는 '탠덤(tandem)' 공정을 설명했다. 각 시퀀스의 최종 생성물을 표시하라. (힌트: 분리된 생성물은 구조의 더 큰 부분에서 나온 것이다. 입체 화학은 무시하라.)

(c) OCH$_3$ (1) $O_3$, py, −78 °C (2) $CH_3MgBr$ (3) $H_3O^+$

(d) (1) $O_3$, py, −78 °C (2) PhMgBr (3) $H_3O^+$

# 11 알코올의 반응

$$\text{아세트산 아이소펜틸: } (CH_3)_2CHCH_2CH_2-O-C(=O)-CH_3$$

$$(Z)\text{-에이코스-11-엔-1-올: } CH_3(CH_2)_7CH=CH(CH_2)_9CH_2OH$$

▲ 군집 내 꿀벌(*Apis millifera*)은 다른 꿀벌이 인식하고 반응하는 화학물질인 페로몬을 사용하여 주로 의사소통한다. 다른 벌을 공격하고 쏘게 만드는 경보 페로몬은 아세트산 아이소펜틸과 알코올인 뷰탄-1-올, 헥산-1-올, 옥탄-1-올, 노난(nonan)-1-올, (*Z*)-에이코스(eicos)-11-엔-1-올을 포함하는 최소 40가지의 화합물로 구성되어 있다.

### 학습목표

**1** 산화-환원 반응에서 산화가 되는 화학종과 환원이 되는 화학종을 찾는다.

**2** 알코올을 산화제, 할로젠화 수소산, 탈수제, 알칼리 금속과 반응시켰을 때 형성되는 생성물을 예측한다.

**3** 알콕시화 이온의 반응 생성물을 예측한다.

**4** 알코올의 탈수 반응이나 산화 반응의 메커니즘을 제안한다.

**5** 알코올을 출발 물질이나 중간체로 사용한 다단계 합성 계획을 세운다.

알코올에서는 —OH기가 거의 모든 작용기로 쉽게 바뀔 수 있으므로, 특히 중요한 유기 화합물이다. 10장에서 알코올을 생성하는 반응을 공부했다. 이 장에서는 알코올이 어떻게 반응하며, 알코올을 다른 종류의 화합물로 만들 때 가장 유용한 시약은 어떤 것인지 이해하고자 한다. 표 11-1에 알코올이 일으키는 반응의 유형과 생성물을 요약했다.

**표 11-1** 알코올의 반응 유형

| R—OH | 반응 유형 → | 생성물 | R—OH | 반응 유형 → | 생성물 |
|---|---|---|---|---|---|
| R—OH | 탈수 반응 | 알켄 | R—OH | 에스터화 반응 | R—O—C(=O)—R′<br>에스터 |
| R—OH | 산화 반응 | 케톤, 알데하이드, 산 | R—OH | 토실화 반응 | R—OTs<br>토실레이트 에스터<br>(좋은 이탈기) |
| R—OH | 치환 반응 | R—X<br>할로젠화물 | | | |
| R—OH | 환원 반응 | R—H<br>알케인 | R—OH | (1) 알콕시화 이온 형성<br>(2) R′X | R—O—R′<br>에터 |

## 11-1 알코올 관련 작용기의 산화 상태

알코올이 산화되면 케톤, 알데하이드, 카복실산이 된다. 이들 작용기는 다시 매우 다양한 추가적인 반응을 한다. 이러한 이유로 알코올의 산화 반응은 가장 일반적인 유기 반응이다.

무기 화학에서는 전자를 잃으면 산화이고, 전자를 얻으면 환원이다. 이러한 모양은 $Cr^{6+}$이 전자를 얻어 $Cr^{3+}$으로 환원될 때와 같이 무기 이온의 경우에는 잘 들어맞는다. 그러나 대부분의 유기 화합물은 전하를 띠고 있지 않으며, 전자를 얻고 잃음이 명확하지 않다. 유기 화학자들은 산화제($O_2$, $Br_2$ 등)를 첨가하여 일어나는 반응을 **산화**(oxidation)라고 하고, 환원제($H_2$, $NaBH_4$ 등)를 첨가하여 일어나는 반응을 **환원**(reduction)으로 생각하는 경향이 있다. 대부분의 유기 화학자들은 물질의 화학식의 변화에 근거를 두고 아래의 단순한 규칙을 습관적으로 사용한다.

> **산화:** O 또는 $O_2$의 첨가, $X_2$(할로젠)의 첨가, $H_2$를 잃음
>
> **환원:** $H_2$(또는 $H^-$)의 첨가, O 또는 $O_2$를 잃음, $X_2$를 잃음
>
> **산화 및 환원 아님:** $H^+$, $^-OH$, $H_2O$, HX 등의 첨가나 잃음은 산화도 환원도 아니다.

알코올의 산화 또는 환원은 탄소 원자에 결합된 C—O 결합의 수를 계산함으로써 말할 수 있다. 산화는 보편적으로 C—H 결합을 C—O 결합으로 변환한다. 그림 11-1에서 구조를 나타낸 첫째 줄은 1차 알코올이 알케인보다 더 산화된 것인데, 카비놀(C—OH) 탄소 원자는 산소와 1개의 결

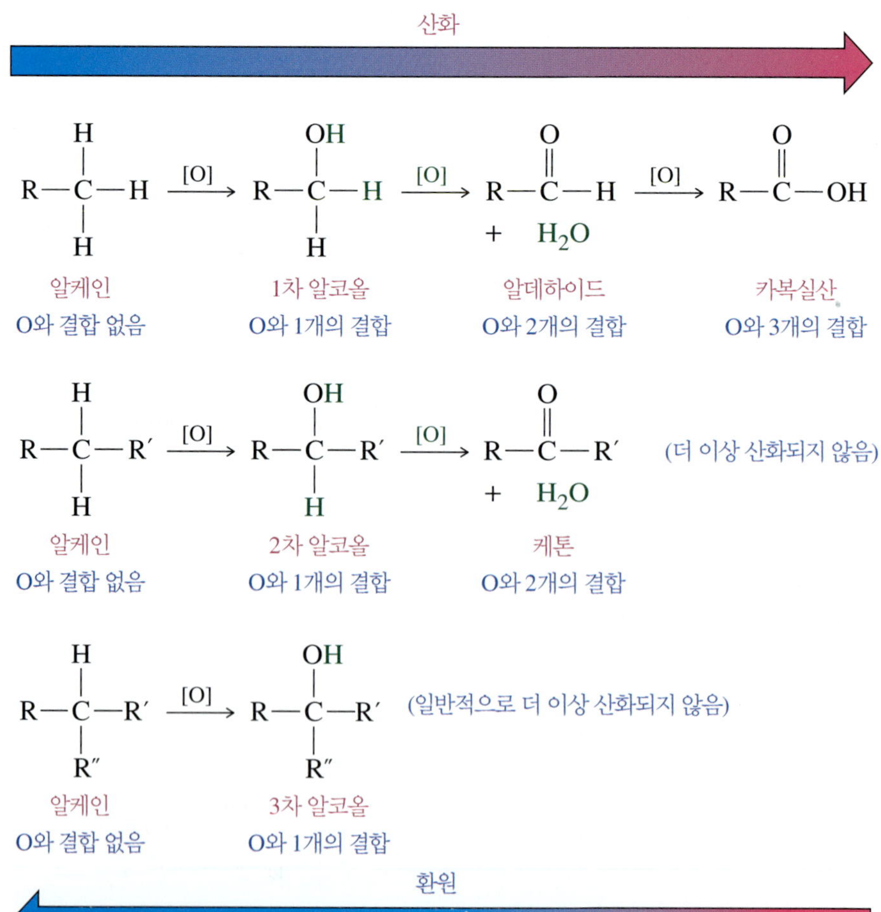


**그림 11-1** 알코올의 산화 상태. 알코올은 알케인보다 더 산화된 것이지만 케톤, 알데하이드, 산 같은 카보닐 화합물보다는 덜 산화된 것이다. 1차 알코올이 산화되면 알데하이드가 되고 더 산화되면 산이 된다. 2차 알코올은 산화되어 케톤이 된다. 3차 알코올이 산화되려면 탄소–탄소 결합이 깨져야만 한다.

합을 하고 있지만, 알케인은 산소와의 결합이 없기 때문이다. 1차 알코올의 산화는 카보닐 탄소가 산소와 2개의 결합을 한 알데하이드를 생성한다. 알데하이드가 산으로 산화하는 것은 산소에 추가적인 결합을 더하여 모두 3개가 된다. 그 이상의 산화는 탄소-탄소 결합을 절단해야 하며, 산소에 4개의 결합이 있는 이산화 탄소의 산화 상태를 생성한다.

그림 11-1은 1차, 2차, 3차 알코올과 이들이 산화 또는 환원되어 얻은 화합물의 산화 상태를 비교한 것이다. [O] 기호는 정해지지 않은 산화제를 의미한다. 1차와 2차 알코올이 산화되면 수소 원자 2개를 잃고 카보닐기(C=O)가 된다. 하나는 카비놀 탄소의 수소이고, 다른 하나는 하이드록시기의 수소이다. 3차 알코올은 카비놀 탄소에 수소 원자가 없기 때문에 쉽게 산화되지 않는다.

**연습문제 11-1**

각 반응을 산화, 환원 두 가지 모두 아닌 것으로 분류하라.

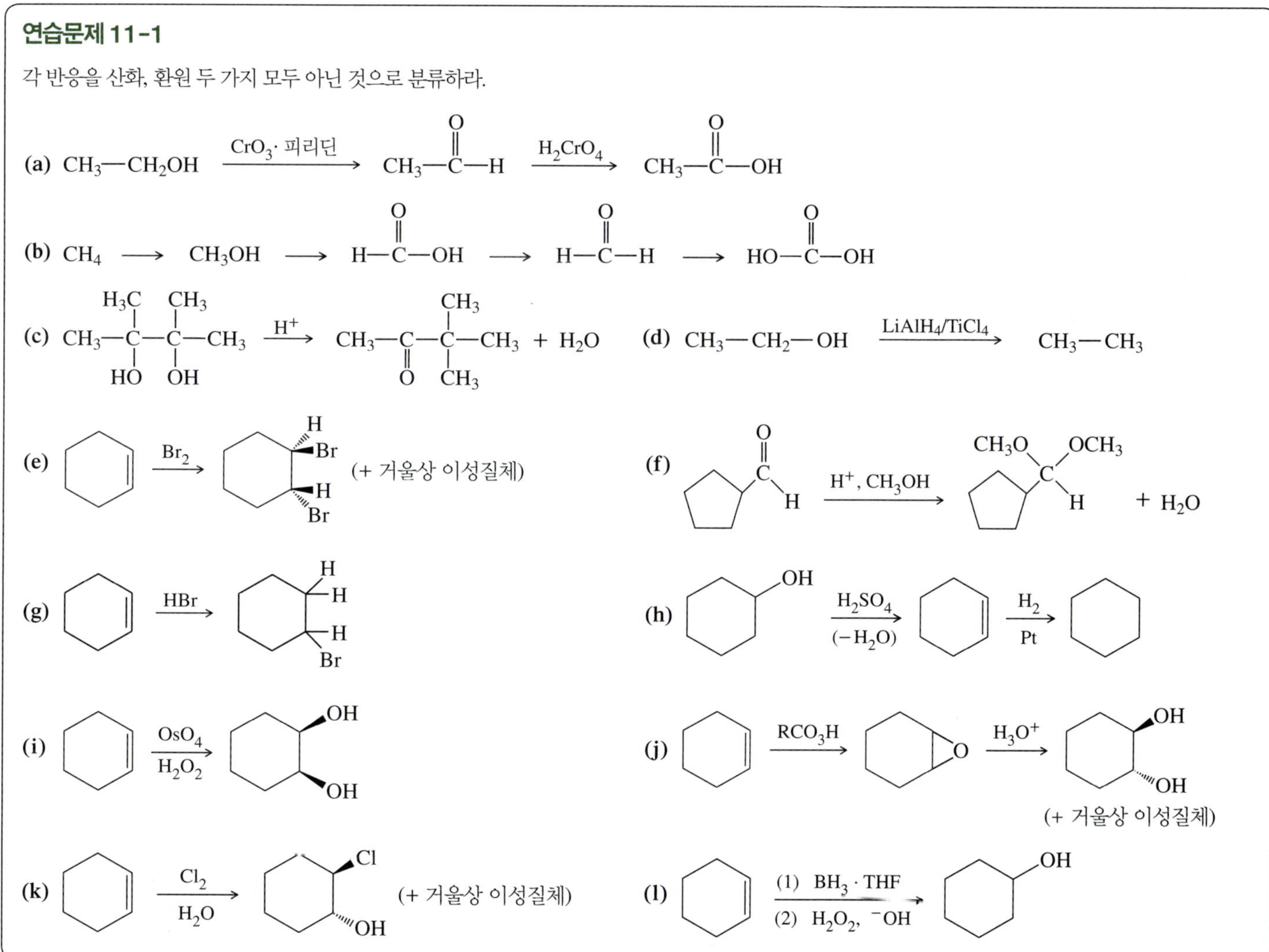


## 11-2 알코올의 산화

알코올 산화는 일반적으로 알데하이드, 케톤, 카복실산을 형성한다. 산화크롬, 과망가니즈산 염, 질산, 차아염소산 소듐(sodium hypochlorite, NaOCl, 가정용 표백제) 등 다양한 산화제가 사용된다. 전통적인 많은 산화제는 크로뮴(chromium, VI) 화합물에 기반을 두고 있다. 이러한 크로뮴 시약은 독성이 매우 높고, 암을 유발하는 것으로 알려져 있으며, 법적으로 처리하기도 어렵다. 화학자들은 독성이 덜한 산화제를 사용하는 것을 선호한다. 여기서는 크로뮴 시약의 전통적인 용도를

**문제풀이 힌트**

페놀은 다른 알코올과 마찬가지로 에스터와 알콕시화물을 형성하지만, 다른 반응에는 방향족 고리가 포함된다. 이러한 반응은 17장에서 다룬다.

다루고, 독성이 덜한 대안에 대해서도 논의할 것이다. 대체적으로 가장 저렴하고 독성이 적으며 쉽게 구할 수 있는 산화제는 가정용 표백제로, 6~8% NaOCl 수용액이다.

일반적인 산화제는 모두 산소와 결합된 높은 산화 상태의 원소(Cr, Cl, I, S, Mn 등)를 가지고 있으며, 유사한 메커니즘을 따른다. 다음 메커니즘은 약산성 촉매로 사용되는 아세트산을 사용한 표백제(NaOCl)에 의한 2차 알코올의 산화를 보인다.

반응성 중간체를 형성하기 위한 차아염소산염의 양성자화

$Na^+ \ ^-:\ddot{O}-\ddot{Cl}:$ ⇌ ($CH_3COOH$, 아세트산) $H-\ddot{O}-\ddot{Cl}:$ ⇌ ($CH_3COOH$, 아세트산) $:\ddot{Cl}-\overset{+}{O}H_2$

차아염소산 소듐 / 차아염소산 / (반응성 중간체)

알킬 차아염소산염 유도체의 형성

2차 알코올 + $:\ddot{Cl}-\overset{+}{O}H_2$ → $R_2CH-\overset{+}{O}(Cl)-H$ + $H_2\ddot{O}$ → $R_2CH-\ddot{O}-\ddot{Cl}:$ + $H_3O^+$

알킬 차아염소산염

이 시점까지는 산화 상태가 변하지 않았다.

HCl을 제거하면 C가 산화되고 Cl이 감소한다.

$CH_3COO^-$ + $R_2CH-O-Cl$ → $R_2C=O$ + $CH_3COOH$ + $:\ddot{Cl}:^-$

마지막 단계에서 아세트산 이온이나 물 같은 염기는 카비놀 탄소 원자에서 양성자를 제거해서 산소에 이중 결합을 부여하고, 이를 산화시킨다. 산화제(이 경우 염소)는 추가 전자쌍을 남기고, 산소와의 결합이 적어서 더 낮은(감소된) 산화 상태를 제공한다.

### 11-2A 2차 알코올의 산화

2차 알코올은 쉽게 산화되어 높은 수득률로 케톤이 된다. 종종 아세트산과 함께 사용되는 차아염소산 소듐은 저렴하고 비교적 안전한 산화제이다.

$$R-CH(OH)-R' \xrightarrow[HOAc]{NaOCl} R-C(=O)-R'$$

2차 알코올 → 케톤

예

사이클로헥산올 → (NaOCl, HOAc) → 사이클로헥산온 (92%)

실험실에서는 주로 산화를 위해 **크로뮴산 시약**(chromic acid reagent)을 사용하는데, 덜 위험한 시약이 좋은 수율을 보이지 못할 경우 가끔 사용된다. 크로뮴산 시약은 황산과 물의 혼합물에 다이크로뮴산 소듐(sodium dichromate, $Na_2Cr_2O_7$)이나 삼산화 크로뮴(chromium trioxide, $CrO_3$)을 용해시켜 제조된다. 극도로 독성이 있고 부식성이 있으며 튀는 경향이 있는 크로뮴산 시약의 형성과 사용에 세심한 주의를 기울여야 한다.

$$\underset{\text{다이크로뮴산 소듐 (또는 } CrO_3)}{Na_2Cr_2O_7} + H_2O + 2\,H_2SO_4 \longrightarrow \underset{\text{크로뮴산 } (H_2CrO_4)}{2\,HO{-}Cr(=O)_2{-}OH} + 2\,Na^+ + 2\,HSO_4^-$$

크로뮴산 산화의 메커니즘은 아마도 크로뮴산 에스터의 형성과 관련되어 있을 것이다. 마지막 단계인 크로뮴산 에스터의 제거는 차아염소산염 산화의 마지막 단계와 비슷하다. 이 단계에서 탄소 원자의 산화와 크로뮴 원자의 환원이 일어난다. 약한 염기는 탄소에서 양성자를 제거해 산소에 이중 결합을 부여한다. 크로뮴은 Cr(VI)에서 Cr(IV)로 이동하며, 추가 전자쌍을 남긴다.

크로뮴산 에스터의 형성

$$\underset{\text{알코올}}{R{-}CHR'{-}O{-}H} + \underset{\text{크로뮴산}}{H{-}O{-}Cr(=O)_2{-}OH} \longrightarrow \underset{\text{크로뮴산 에스터}}{R{-}CHR'{-}O{-}Cr(=O)_2{-}OH} + H_2O$$

크로뮴산 에스터의 제거와 카비놀 탄소의 산화

$$H_2\ddot{O}{:} + R{-}CHR'{-}\ddot{O}{-}\underset{Cr(VI)}{Cr(=O)_2{-}OH} \longrightarrow R{-}CR'{=}\ddot{O}{:} + H_3O^+ + \underset{Cr(IV)}{O{=}Cr(OH){-}O^-}$$

형성된 크로뮴(IV)종은 좀 더 반응하여 안정한 환원형 크로뮴(III)을 형성한다. 다이크로뮴산 소듐과 크로뮴산은 둘 다 오렌지색인 반면에, 크로뮴 이온($Cr^{3+}$)은 진한 파란색이다. 오렌지색을 거쳐 청록색으로 변하는 여러 단계의 과정을 살펴봄으로써 크로뮴산 산화 과정을 추적할 수 있다. 사실 크로뮴산에 의해 관찰되는 색의 변화는 산화가 가능한 알코올의 존재 여부를 시험하는 데 사용될 수 있다.

## 11-2B 1차 알코올의 산화

1차 알코올이 산화되면 처음에는 알데하이드가 생성된다. 그러나 알데하이드는 케톤과 달리 쉽게 더 산화되어 카복실산이 된다.

$$\underset{\text{1차 알코올}}{R{-}CH(OH){-}H} \xrightarrow{[O]} \underset{\text{알데하이드}}{R{-}C(=O){-}H} \xrightarrow{[O]} \underset{\text{카복실산}}{R{-}C(=O){-}OH}$$

**응용: 산화 촉매**

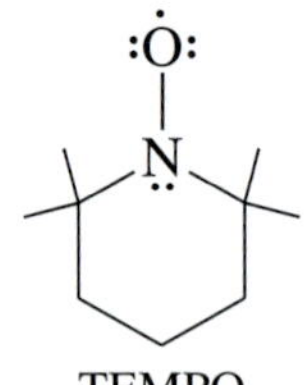


TEMPO(2,2,6,6-tetramethylpiperidinyl-1-oxy)는 다양한 유형의 산화를 촉매하는 안정적인 자유 라디칼이다. 예를 들어 알코올의 차아염소산 소듐 산화에 첨가된 촉매량의 TEMPO는 N—O 결합의 가역적 산화를 포함하는 저에너지 반응 메커니즘을 가능하게 하여 속도를 증가시킨다.

1차 알코올을 산화시킬 만큼 강력한 대부분의 산화제는 알데하이드를 산화시키기 때문에 알데하이드를 얻는 것은 매우 어렵다. 크로뮴산은 일반적으로 1차 알코올을 카복실산까지 산화시킨다.

사이클로헥실메탄올 ($C_6H_{11}CH_2OH$) —($Na_2Cr_2O_7$, $H_2SO_4$)→ 사이클로헥세인카복실산 ($C_6H_{11}COOH$) (92%)

차아염소산 소듐(NaOCl)은 특히 다양한 산화를 촉매하는 안정적인 자유 라디칼인 TEMPO와 함께 사용할 때보다 선택적인 산화제 역할을 할 수 있다(왼쪽 구조 참조). 차아염소산 소듐과 TEMPO의 조합은 신중하게 제어된 조건에서 1차 알코올을 알데하이드로 선택적으로 산화시킬 수 있다.

1차 알코올 (R—CH(OH)—H) —(NaOCl/TEMPO (또는 PCC, $CH_2Cl_2$))→ 알데하이드 (R—C(=O)—H)

예

사이클로헥실메탄올 ($C_6H_{11}CH_2OH$) —(NaOCl, (TEMPO))→ 사이클로헥세인카브알데하이드, 90%

(*S*)-2-메틸뷰탄-1-올 —(NaOCl, (TEMPO))→ (*S*)-2-메틸뷰탄알, 84%

차아염소산 소듐과 TEMPO의 조합은 단순히 과량의 차아염소산염을 사용해 1차 알코올을 카복실산으로 산화시키는 일에도 사용할 수 있다. 많은 경우 이 차아염소산염/TEMPO 조합은 뜨거운 크로뮴산을 사용하는 무차별 대입 기술보다 더 나은 카복실산 수율을 제공한다.

사이클로헥실메탄올 ($C_6H_{11}CH_2OH$) —(과량의 NaOCl, (TEMPO))→ 사이클로헥세인카복실산, 94%

클로로크로뮴산 피리디늄(PCC)

$C_5H_5N^+$—H $CrO_3Cl^-$

$CrO_3$ · 피리딘 · HCl
또는 $pyH^+$ $CrO_3Cl^-$

1차 알코올을 알데하이드까지만 제한적으로 산화시키는 좋은 산화제로는 **클로로크로뮴산 피리디늄**(pyridinium chlorochromate, PCC)이 있다. 이것은 피리딘, 염산, 삼산화 크로뮴의 복합체이다. PCC는 1차 알코올을 높은 수득률로 알데하이드까지 산화시키며, 다른 산화제와 달리 대부분의 유기 화합물에 대해 좋은 용매인 다이클로로메테인($CH_2C_{12}$) 같은 비극성 용매에 녹는다. 그리고 온건한 산화제로서 2차 알코올을 케톤으로 산화시킨다. 그러나 PCC를 사용하는 일이 완전히 간단하지는 않다. 이 시약은 상대적으로 만들기 어렵고, 사용 및 폐기가 위험한 크로뮴 시약을 포함한다.

$$\underset{\text{헵탄-1-올}}{CH_3(CH_2)_5-CH_2OH} \xrightarrow[CH_2Cl_2]{PCC} \underset{\text{헵탄알(78\%)}}{CH_3(CH_2)_5-\overset{\overset{\large O}{\|}}{C}-H}$$

### 11-2C 3차 알코올의 산화에 대한 저항

유기 화학에서 3차 알코올의 산화는 중요한 반응이 아니다. 3차 알코올의 카비놀 탄소에는 수소 원자가 없기 때문에 산화가 되려면 탄소-탄소 결합이 깨져야만 한다. 이들 산화는 격렬한 반응 조건이 필요하고, 생성물도 혼합물로 생성된다.

1차와 2차 알코올에 대한 **크로뮴산 시험**(chromic acid test)은 3차 알코올의 산화에 대한 저항성을 이용한다. 1차 또는 2차 알코올을 크로뮴산 시약에 넣으면 오렌지색이 초록색이나 파란색으로 변하지만 3차 알코올, 케톤, 알케인 같은 산화되지 않는 물질을 크로뮴산 시약에 넣으면 색상의 변화가 일어나지 않는다.

**응용: 휴대용 호흡 측정기**

휴대용 호흡 측정기 속에 들어 있는 조그만 연료 전지가 공기 중 산소에 의해 에탄올의 산화를 촉진한다. 산화 반응은 시료 중의 에탄올 농도에 비례하여 전류를 발생시킨다.

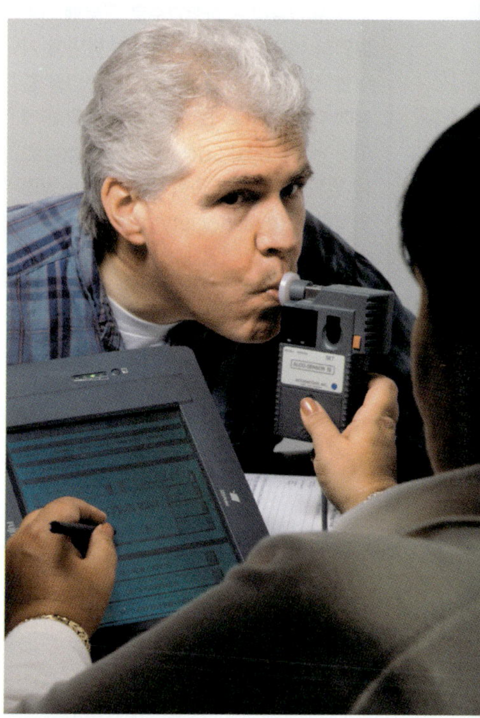

**연습문제 11-2**

다음 화합물과 반응하여 생성되는 생성물을 예측하라.

(1) 크로뮴산 또는 과량의 차아염소산염과 아세트산

(2) PCC 또는 NaOCl(1당량)과 TEMPO

(a) 사이클로헥산올 (b) 1-메틸사이클로헥산올

(c) 사이클로펜틸메탄올 (d) 사이클로헥산온

(e) 사이클로헥세인 (f) 1-페닐프로판-1-올

(g) 헥산-1-올 (h) 아세트알데하이드($CH_3CHO$)

## 11-3 알코올을 산화시키는 다른 방법

알코올을 산화시키는 다양한 시약과 방법이 개발되었다. 몇 가지는 앞서 보았던 과정을 간단히 변형한 것이다. 예를 들면 Collins 시약(Collins reagent)은 삼산화 크로뮴과 피리딘의 복합체로 PCC가 변형된 것이다. Jones 시약(Jones reagent)은 크로뮴산의 온화한 형태로 아세톤에 크로뮴산을 녹인 용액이다.

또 다른 강한 산화제 두 가지는 과망가니즈산 포타슘과 질산이다. 이들 시약은 크로뮴 시약보다 저렴하고, 환경에 독성이 적은 부산물을 만든다. 과망가니즈산 포타슘과 질산은 2차 알코올을 케톤으로 산화시키고, 1차 알코올을 카복실산으로 산화시킨다. 주로 산업에 많이 이용되는데, 이들 강한 산화제는 폭발성의 혼합물을 형성할 수 있고, 온도와 농도가 정확하게 조절되지 않는다면 탄소-탄소 결합이 절단될 것이다.

**Swern 산화**(Swern oxidation)는 산화제로서 다이메틸 설폭사이드(dimethyl sulfoxide, DMSO)를 사용하여 알코올을 케톤과 알데하이드로 바꾼다. DMSO와 염화 옥살릴(oxalyl chloride)을 저온에서 알코올에 첨가하고, 트라이에틸아민 같은 입체 장애가 큰 염기를 첨가한다. 용액 내에서 형성된 반응성이 큰 $(CH_3)_2\overset{+}{S}Cl$이 Swern 산화 반응에서 산화제로 쓰인다고 간주된다. 2차 알코올은 케톤으로 산화되고, 1차 알코올은 알데하이드로만 산화된다. 이 반응의 부생성물은 모두 휘발성이고, 유기 생성물로부터 쉽게 분리된다.

알코올 + DMSO 다이메틸 설폭사이드 ($H_3C-S(=O)-CH_3$) + $(COCl)_2$ 염화 옥살릴 ($Cl-C(=O)-C(=O)-Cl$) $\xrightarrow[CH_2Cl_2]{(CH_3CH_2)_3N:}$ 케톤 또는 알데하이드 + $H_3C-S-CH_3$ 다이메틸 설파이드 + $CO_2$ + CO + 2 HCl

**Ewart Ray Herbert Jones** 경(1911~2002) 웨일스의 화학자로, 옥스퍼드대학교 웨인플리트 화학교수로 근무했으며, 본인의 이름을 딴 존스 산화의 발명에 기여한 것으로 알려져 있다. 그는 천연물 합성에 대한 연구로 1966년에 왕립학회 데이비 메달(Royal Society Davy Medal)을 받았다. 뛰어난 화학자였던 그는 왕립화학학회(Royal Society of Chemistry)의 초대 회장을 역임했다.

예

사이클로펜탄올 $\xrightarrow[Et_3N,\ CH_2Cl_2,\ -60\ °C]{DMSO,\ (COCl)_2}$ 사이클로펜탄온(90%)

$CH_3(CH_2)_8-CH_2-OH$ 데칸-1-올 $\xrightarrow[Et_3N,\ CH_2Cl_2,\ -60\ °C]{DMSO,\ (COCl)_2}$ $CH_3(CH_2)_8-CHO$ 데칸알(85%)

Swern 산화 반응처럼 **DMP**(Dess-Martin periodinane) 시약은 크로뮴이나 중금속을 사용하지 않고 1차 알코올은 알데하이드로, 2차 알코올은 케톤으로 산화시킨다. DMP를 이용한 반응은 온화한 조건(실온, 중성 pH)에서 좋은 수득률로 반응한다. DMP 시약의 산화력은 높은 원자가의 아이오딘에서 비롯되며, 상업적으로 구입하여 쉽게 저장할 수 있는 고체 물질이다.

1차 알코올 (또는 2차) $R-CH(OH)-H$ + DMP 시약 ⟶ 알데하이드 (또는 케톤) $R-CHO$ + 환원된 형태 + 2 HOAc 아세트산

**알코올 산화의 요약**

| 산화될 것 | 생성물 | 크로뮴 없는 시약 | 크로뮴 시약 |
|---|---|---|---|
| 2차 알코올 | 케톤 | NaOCl-HOAc, Swern, DMP | 크로뮴산(또는 PCC) |
| 1차 알코올 | 알데하이드 | NaOCl-TEMPO, Swern, DMP | PCC |
| 1차 알코올 | 카복실산 | NaOCl(과량)-TEMPO | 크로뮴산 |

## FOCUS | 알코올의 산화

알코올 산화는 가장 오래되고 일반적인 유기 반응 중 일부이다. 결과적으로 카비놀 탄소 원자의 C—H 결합을 절단하는 방법에는 여러 가지가 있다. 시약을 구성하는 한 가지 방법은 강도를 기준으로 하는 것이다.

2차 알코올은 산화제에 의해 분해될 수 있는 C—H 결합이 하나만 있다. 케톤은 2차 알코올이 이 절에서 논의된 산화제에 의해 산화될 때 생성된다.

$$R^1-\underset{H}{\overset{OH}{C}}-R^2 \xrightarrow{[O]} R^1-\overset{O}{\overset{\|}{C}}-R^2$$

2차 알코올 → 케톤

[O]는 산화제의 약칭이다.

1차 알코올에는 절단될 수 있는 2개의 C—H 결합이 있으므로, 산화 생성물은 산화제의 세기에 따라 달라진다. 온화한 선택적 산화제는 단 하나의 C—H만 분해하여 알데하이드를 생성한다. 강한 산화제는 C—H 결합을 모두 파괴해 카복실산을 생성한다.

$$R^1-\underset{H}{\overset{OH}{C}}-H \xrightarrow{\text{온화함}} R^1-\overset{O}{\overset{\|}{C}}-H$$

1차 알코올 → 알데하이드

$$R^1-\underset{H}{\overset{OH}{C}}-H \xrightarrow{\text{강함}} R^1-\overset{O}{\overset{\|}{C}}-OH$$

1차 알코올 → 카복실산

온화한 산화제:

**2차 알코올에서 케톤, 1차 알코올에서 알데하이드**

- NaOCl(1당량)-TEMPO*
- Swern[DMSO, $(COCl)_2$]
- DMP(Dess-Martin periodinane)
- PCC(pyridinium chlorochromate)

강한 산화제:

**2차 알코올에서 케톤, 1차 알코올에서 카복실산**

- NaOCl(과량)-TEMPO
- 크로뮴산, $H_2CrO_4$

* NaOCl -HOAc는 주로 2차 알코올에서 케톤으로의 전환에서 사용된다.

### 연습문제 11-3

이제까지 알코올은 산화 반응 전에 높은 산화 상태에서 반응 후에는 낮은 산화 상태로 가며, 활성종으로 다원자가 원자(Cr, Cl, S, I)를 이용하는 여러 산화제에 대해 알아보았다. 알코올을 케톤이나 알데하이드로 산화시키기 전과 후 다음 원자의 Lewis 구조를 그려보라. 각 원자는 산화 반응 전과 후 산소에 얼마나 많이 결합하고 있는가?

**(a)** 크로뮴산의 Cr
**(b)** 차아염소산 소듐의 Cl
**(c)** Swern 산화에서 S
**(d)** DMP 시약의 I
**(e)** 산화되는 알코올의 카비놀 C

### 연습문제 11-4

다음 알코올이 아래의 시약과 반응할 때 주생성물의 구조를 나타내라.

(1) $Na_2Cr_2O_7/H_2SO_4$, (2) PCC, (3) DMP, (4) 1당량 NaOCl-TEMPO

**(a)** 옥탄-1-올
**(b)** 옥탄-3-올
**(c)** 4-하이드록시데칸알
**(d)** 1-메틸사이클로헥산-1,4-다이올

**연습문제 11-5**

다음에 주어진 출발 물질이 아래에 나타낸 과량의 각 시약과 반응했을 때 형성되는 생성물을 예측하라.

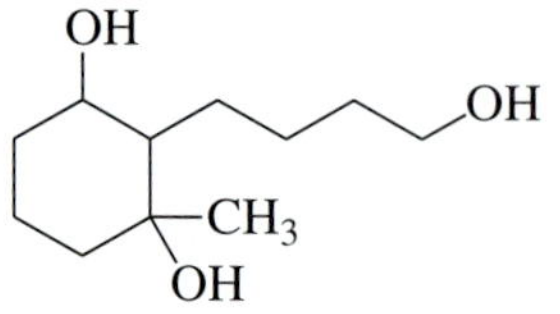

OH
OH
$-CH_3$
OH

(a) 크로뮴산
(b) PCC(클로로크로뮴산 피리디늄)
(c) 차아염소산 소듐/아세트산
(d) DMSO와 염화 옥살릴
(e) DMP(periodinane) 시약

**예제 11-1**

다음 각 화합물의 가장 적절한 실험실 합성법을 제시하라.

(a) 사이클로펜탄올 ⟶ 사이클로펜탄온

**풀이**

간단한 2차 알코올을 케톤으로 산화시키는 데 많은 시약을 이용할 수 있다. 대부분의 실험실에는 삼산화 크로뮴이나 다이크로뮴산 소듐이 있고, 크로뮴산 산화가 효과 있다. 표백제(차아염소산 소듐)와 아세트산(HOAc)은 저렴하고 크로뮴 시약을 대체할 수 있으며 친환경적이다. DMP 및 Swern 산화 역시 작동할 것이다.

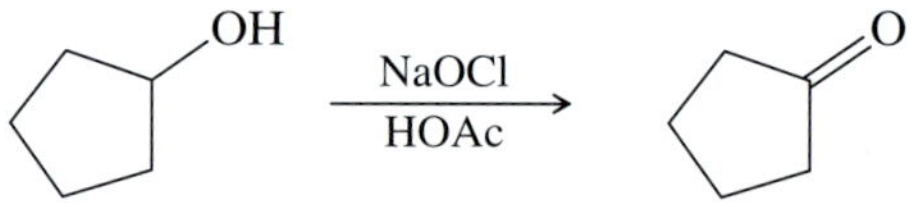

OH ⟶(NaOCl / HOAc) O

사이클로펜탄올 사이클로펜탄온

(b) 옥트-2-엔-1-올 ⟶ 옥트-2-엔알

**풀이**

이 합성은 좀 더 세밀함을 필요로 한다. 알데하이드는 쉽게 카복실산으로 과도하게 산화되며, 이중 결합은 $KMnO_4$ 같은 산화제와 반응한다. 이 책에서의 선택은 TEMPO, DMP, PCC, Swern 산화로 한정한다.

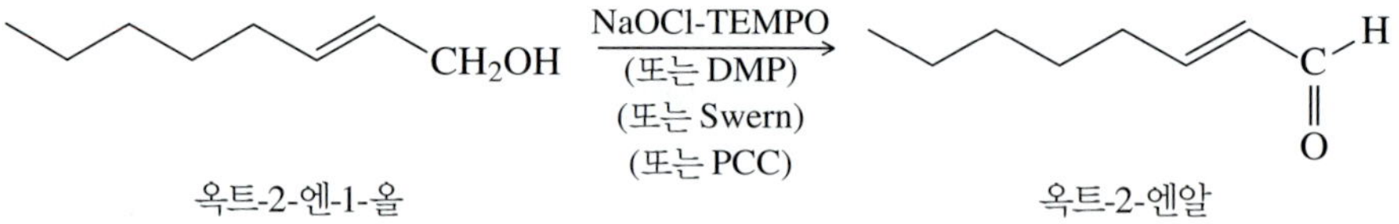

$CH_2OH$ ⟶(NaOCl-TEMPO (또는 DMP) (또는 Swern) (또는 PCC)) C(=O)H

옥트-2-엔-1-올 옥트-2-엔알

**연습문제 11-6**

다음 실험실 합성 각각에 대한 가장 적합한 방법을 제시하라. 각 경우 크로뮴 시약과 크로뮴이 없는 시약을 제안하라.

(a) 뷰탄-1-올 ⟶ 뷰탄알($CH_3CH_2CH_2CHO$)
(b) 뷰트-2-엔-1-올 ⟶ 뷰트-2-엔산($CH_3CH{=}CH{-}COOH$)
(c) 뷰탄-2-올 ⟶ 뷰탄-2-온($CH_3COCH_2CH_3$)
(d) 사이클로펜탄올 ⟶ 1-에틸사이클로펜탄올(두 단계)
(e) 사이클로펜틸메탄올 ⟶ 1-사이클로펜틸프로판-1-올(두 단계)
(f) 1-메틸사이클로헥산올 ⟶ 2-메틸사이클로헥산온(여러 단계)

## 11-4 알코올의 생물학적 산화

에탄올은 독성이 가장 약한 알코올이라고 해도 여전히 독성 물질이다. 누군가가 에탄올 독성 증상을 약하게 겪고 있을 경우 이를 중독되었다고 말한다. 동물들은 종종 발효되어 알코올을 함유한 음식을 섭취하는데, 이때 알코올이 혈액 내에 축적되어 뇌에 손상을 끼치는 것을 방지하려면 음식물 내 알코올을 무독화시켜야 한다. 에탄올을 무독화하기 위해 간은 **알코올 탈수소 효소**(alcohol dehydrogenase, ADH)를 만들어낸다.

알코올 탈수소 효소는 산화 반응을 촉진하여 알코올 분자로부터 2개의 수소 원자를 제거한다. 산화제는 **니코틴아마이드 아데닌 다이뉴클레오타이드**(nicotinamide adenine dinucleotide, NAD)라고 한다. NAD는 두 가지 형태로 존재하는데, 하나는 산화된 형태인 $NAD^+$이고, 다른 하나는 환원된 형태인 NADH이다. 다음 식은 에탄올이 산화되어 아세트알데하이드가 되고, $NAD^+$는 환원되어 NADH가 됨을 보여준다.

$$CH_3-CH(OH)-H + NAD^+ \xrightarrow{ADH} CH_3-C(=O)-H + NADH + H^+$$

에탄올이 환원된 형태

$NAD^+$가 산화된 형태

아세트알데하이드가 산화된 형태

NADH가 환원된 형태

ADH = 알코올 탈수소 효소

당

다음 산화 반응 단계에서 **알데하이드 탈수소 효소**(aldehyde dehydrogenase, ALDH)에 의해 촉매된 산화는 아세트알데하이드를 정상적인 대사물인 아세트산으로 변환시킨다.

$$CH_3-C(=O)-H + H_2O + NAD^+ \xrightarrow{ALDH} CH_3-C(=O)-OH + NADH + H^+$$

$NAD^+$

아세트산

NADH

ALDH = 알데하이드 탈수소 효소

당

이러한 산화는 대부분의 작은 1차 알코올에서 일어난다. 불행하게도 어떤 알코올의 산화 생성물은 아세트산보다 더 독성이 크다. 메탄올은 폼알데하이드로 처음 산화되고, 이어서 폼산으로 산화된다. 이들 화합물은 둘 다 메탄올보다 독성이 더 크다.

$$H-CH_2-O-H \xrightarrow[-2\,H]{[O]} H-C(=O)-H \xrightarrow{[O]} H-C(=O)-O-H$$

메탄올 폼알데하이드 폼산

에틸렌 글라이콜은 독성이 있는 다이올이다. 이것의 산화물은 옥살산(oxalic acid)인데, 대황 및 다양한 식물의 잎에서 발견되는 독성 물질이다.

$$\underset{\text{에틸렌 글라이콜}}{\text{HOCH}_2\text{–CH}_2\text{OH}} \xrightarrow[-4\,H]{2[O]} \text{H–C(=O)–C(=O)–H} + 2\,H_2O \xrightarrow{2[O]} \underset{\text{옥살산}}{\text{HO–C(=O)–C(=O)–OH}}$$

메탄올과 에틸렌 글라이콜 중독이 매년 많이 발생한다. 알코올 중독자들은 종종 메탄올이 첨가된 에탄올을 마신다. 메탄올이 산화되어 폼산이 되는데, 이는 눈을 멀게 하고 죽음에까지 이르게 할 수 있다. 열린 용기에 부동액이 방치되어 있는 경우 개들도 단맛을 내는 에틸렌 글라이콜로 인해 종종 중독된다. 일단 에틸렌 글라이콜이 옥살산으로 체내에서 대사되면 개의 신장이 상하여 죽음에 이른다,

메탄올과 에틸렌 글라이콜 중독의 치료 방법은 동일하다. 환자에게 희석한 에탄올을 정맥 주입한다. ADH 효소는 에탄올을 처리하느라 바빠 메탄올 또는 에틸렌 글라이콜이 폼산 또는 옥살산으로 산화되기 전에 신장으로부터 배설될 수 있는 시간이 생기는데, 이것이 효소에 대한 **경쟁적 억제(competitive inhibition)**의 한 예이다. 이 효소는 에탄올과 메탄올의 산화를 촉진한다. 그러나 많은 양의 에탄올이 효소를 붙잡아두게 되고, 대부분의 메탄올은 산화되기 전에 배설된다.

**응용: 비타민**

$NAD^+$는 니아신으로 알려진 비타민 $B_3$에서 유래한다. 에탄올을 마시기 전날 밤에 니아신을 다량 섭취하면 다음 날 아침 심한 '숙취'를 줄인다는 오해가 있다. 인체 내에서 일어나는 대사는 이 간단한 아이디어가 제안하는 것보다 훨씬 더 복잡하다.

니아신을 다량 섭취한 일반적인 효과는 피부 모세혈관의 확장으로 인한 홍조이다. 이 홍조는 햇볕으로 인한 심한 화상처럼 보이며 매우 불편하지만, 보통 몇 시간 지나면 가라앉는다.

COOH
N

니코틴산
(nicotinic acid, 니아신)

**연습문제 11-7**

만성 알코올 중독자는 알코올 중독이 아닌 환자보다 메탄올 독성에 대한 해독제로 훨씬 더 많은 양의 에탄올을 필요로 한다. 알코올 중독자에게 경쟁적 억제물의 양이 더 많이 필요한 이유를 설명하라.

**연습문제 11-8**

에틸렌 글라이콜과는 달리 프로필렌 글라이콜(프로페인-1,2-다이올)은 일반적인 대사 중간체로 산화되기 때문에 무독하다. 프로필렌 글라이콜의 생물학적 산화 생성물의 구조를 그려보라.

## 11-5 친핵체 및 친전자체로서의 알코올: 토실레이트의 형성

알코올이 다양한 반응성을 가진 화학 중간체인 이유 중 하나는 친핵체와 친전자체로 모두 작용하기 때문이다. 아래의 화학식은 약한 친핵체로 작용하는 알코올이 강력한 친전자체(이 경우 탄소 양이온)에 결합하는 것을 보여준다.

$$\underset{\text{약한 친핵체}}{R–\ddot{O}(H):} + \underset{\text{강력한 친전자체}}{\geq C^+} \longrightarrow R–\overset{+}{O}(H)–C\equiv \xrightarrow{R–\ddot{O}–H} R–\ddot{O}–C\equiv + R–\overset{+}{O}H_2$$

알코올은 알콕시화 이온을 형성하여 강력한 친핵체로 쉽게 변한다. 알콕시화 이온은 할로젠화 알킬 같은 약한 친전자체를 공격할 수 있다

$$\underset{\text{약한 친핵체}}{R–\ddot{O}–H} \xrightarrow{Na} \underset{\text{강력한 친핵체}}{R–\ddot{O}:^-}\ Na^+ + \underset{\text{약한 친전자체}}{\equiv C–X} \longrightarrow R–\ddot{O}–C\equiv + X^-\ Na^+$$

알코올이 친핵체로 작용할 때 약한 친핵체로 작용하거나 강한 친핵체로 작용하는 알콕시화 이온으로 전환할 때의 두 경우 모두 O—H 결합이 깨진다. 그러나 알코올이 친전자체로 작용할 때는 C—O 결합이 깨진다.

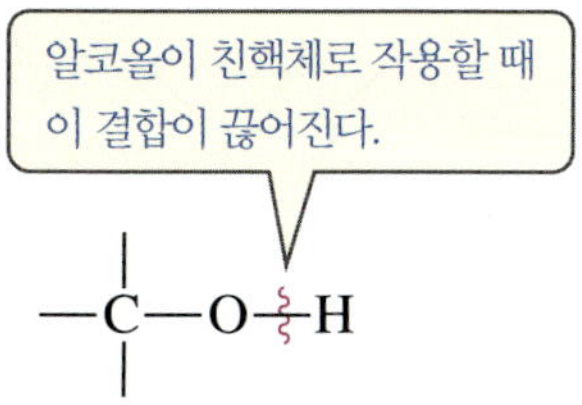

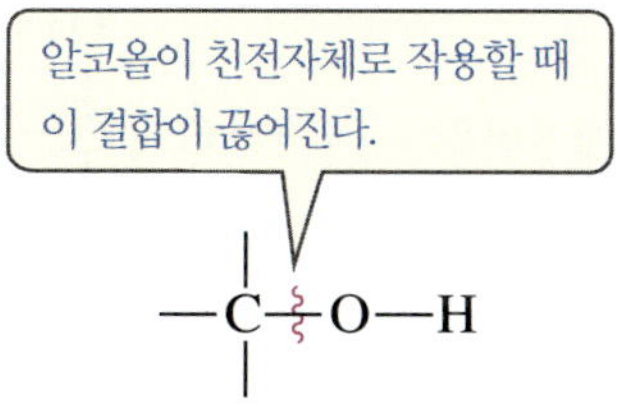

알코올이 친핵체로 작용할 때 이 결합이 끊어진다.

—C—O⌇H

알코올이 친전자체로 작용할 때 이 결합이 끊어진다.

—C⌇O—H

하이드록시기는 나쁜 이탈기이기 때문에 알코올은 약한 친전자체이다. 그러나 하이드록시기에 양성자가 첨가되면 좋은 이탈기($H_2O$)가 된다. 예를 들면 HBr은 1차 알코올과 반응하는데, 이때 브로민화 음이온이 양성자화된 알코올을 $S_N2$ 공격하게 된다. 이 반응에서 C—O 결합이 깨진다는 것에 유의하라.

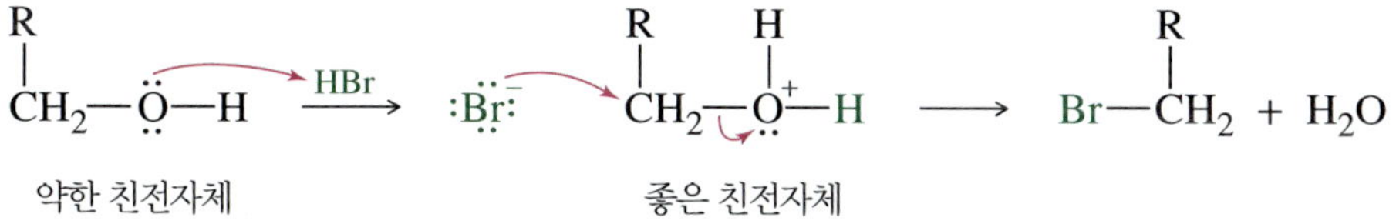

$$RCH_2—\ddot{O}—H \xrightarrow{HBr} :\ddot{Br}:^- \; RCH_2—\overset{+}{O}H_2 \longrightarrow Br—CH_2R + H_2O$$

약한 친전자체 좋은 친전자체

양성자가 첨가된 알코올은 강한 산성 용액을 사용해야 얻을 수 있기 때문에 사용에 문제가 있다. 할로젠화 음이온은 산에 안정하지만, 대부분의 좋은 친핵체는 센산성 용액에 안정하지 않다. 대부분의 강한 친핵체는 염기성이므로 산에서 양성자를 빼온다. 일단 양성자화되면 그 시약은 이미 친핵체가 아니다. 예를 들면 아세틸렌화 음이온을 양성자화된 알코올에 첨가하면 즉시 양성자가 첨가될 것이다.

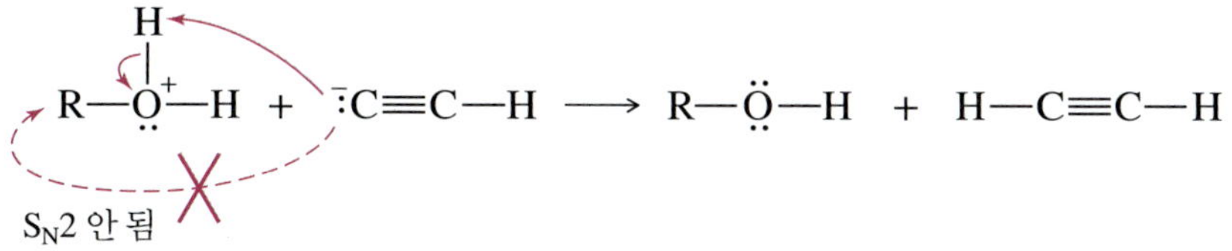

$$R—\overset{+}{\ddot{O}}(H)—H + {}^-:C\equiv C—H \longrightarrow R—\ddot{O}—H + H—C\equiv C—H$$

$S_N2$ 안 됨

염기성 친핵체와 양립할 수 있는 친전자체로 어떻게 알코올을 변환시킬 수 있을까? 알코올을 할로젠화 알킬 또는 토실레이트 에스터로 만들면 된다. **토실레이트 에스터**(tosylate ester, ROT로 표시)는 알코올과 $p$-톨루엔설폰산($p$-toluenesulfonicacid, TsOH로 표시)의 축합 반응으로 얻는다.

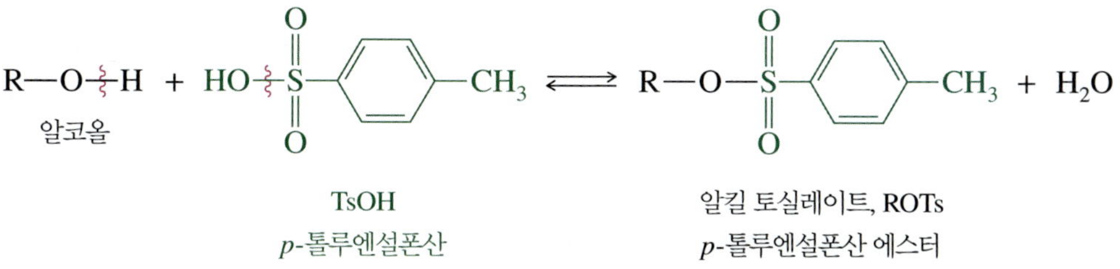

$$R—O⌇H + HO⌇S(=O)_2—C_6H_4—CH_3 \rightleftharpoons R—O—S(=O)_2—C_6H_4—CH_3 + H_2O$$

알코올

TsOH
$p$-톨루엔설폰산

알킬 토실레이트, ROTs
$p$-톨루엔설폰산 에스터

토실레이트기는 아주 좋은 이탈기로, 알킬 토실레이트는 할로젠화 알킬과 같이 치환 반응과 제거 반응을 한다. 많은 경우 토실레이트는 할로젠화 알킬보다 반응성이 크다.

**문제풀이 힌트**

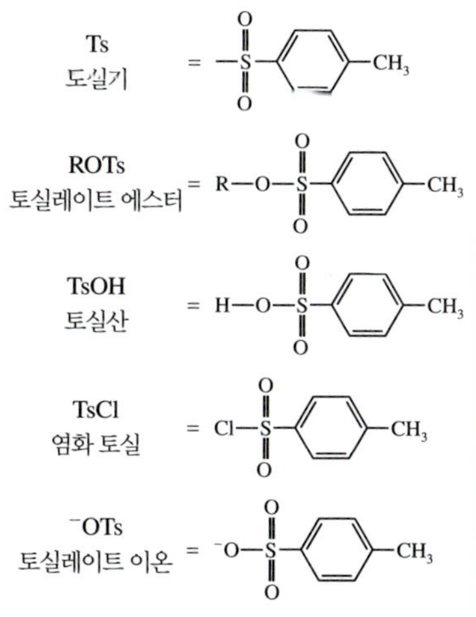

Ts 토실기 = $—S(=O)_2—C_6H_4—CH_3$

ROTs 토실레이트 에스터 = $R—O—S(=O)_2—C_6H_4—CH_3$

TsOH 토실산 = $H—O—S(=O)_2—C_6H_4—CH_3$

TsCl 염화 토실 = $Cl—S(=O)_2—C_6H_4—CH_3$

$^-$OTs 토실레이트 이온 = $^-O—S(=O)_2—C_6H_4—CH_3$

TsCl / 피리딘; Nuc:⁻ (치환 반응); 또는 제거 반응: B:⁻ (제거 반응) + B—H + ⁻OTs

토실레이트는 아래와 같이 피리딘에서 염화 토실(tosyl chloride, TsCl)을 사용하여 알코올로부터 만든다. 이 반응은 TsOH와 반응하는 것보다 수득률이 높다. 토실레이트 생성 메커니즘을 살펴보면 알코올의 C—O 결합은 반응 동안 그대로 유지되며, 따라서 알코올의 입체 화학적 배열이 그대로 유지된다. 피리딘은 안정한 방향족 아민으로 작용하여 반응 동안 생성된 HCl을 제거하는데, 알코올이 양성자화되어 부반응이 일어나는 것을 방지한다.

염화 *p*-톨루엔설포닐
TsCl, '염화 토실'

피리딘

ROTs, 토실레이트 에스터

다음 반응은 (*S*)-2-뷰틸 토실레이트(butyl tosylate)가 $S_N2$ 반응을 통해 위치 배열 반전과 함께 토실레이트 이온($^-OTs$)이 치환된 것을 나타낸다. 토실레이트 이온은 특히 안정한 음이온으로, 음전하들이 3개의 산소 원자에 분산되어 있다.

아이오딘화 (*S*)-2-뷰틸 토실레이트 $S_N2$ 아이오딘화 (*R*)-2-뷰틸 토실레이트 이온

$^-OTs$ = 토실레이트 이온

공명 안정화된 음이온

할로젠화물처럼 토실레이트 이탈기는 많은 다양한 친핵체에 의해 치환된다. 합성에서 $S_N2$ 메커니즘(강한 친핵체)이 $S_N1$ 반응보다 더 자주 사용된다. 다음 반응은 토실레이트의 $S_N2$ 치환 반응의 일반성을 나타내고 있다. 각각의 경우 치환 반응이 제거 반응보다 우선적으로 일어나려면 R은 입체 장애를 받지 않은 1차 또는 2차 알킬기여야 한다.

**SUMMARY | 토실레이트 에스터의 $S_N2$ 반응**

| | | | | | | |
|---|---|---|---|---|---|---|
| R—OTs | + | $^-$OH<br>수산화 이온 | ⟶ | R—OH<br>알코올 | + | $^-$OTs |
| R—OTs | + | $^-$C≡N<br>사이안화 이온 | ⟶ | R—C≡N<br>나이트릴 | + | $^-$OTs |
| R—OTs | + | Br$^-$<br>할로젠화 이온 | ⟶ | R—Br<br>할로젠화 알킬 | + | $^-$OTs |
| R—OTs | + | R′—O$^-$<br>알콕시화 음이온 | ⟶ | R—O—R′<br>에터 | + | $^-$OTs |
| R—OTs | + | :$NH_3$<br>암모니아 | ⟶ | R—$NH_3^+$ $^-$OTs<br>아민 염 | | |
| R—OTs | + | $LiAlH_4$<br>LAH | ⟶ | R—H<br>알케인 | + | $^-$OTs |

**연습문제 11-9**

다음 반응의 주생성물을 예측하라.

(a) 에틸토실레이트 + *t*-뷰톡시화 포타슘

(b) 아이소뷰틸 토실레이트 + NaI

(c) (*R*)-2-헥실 토실레이트 + NaCN

(d) 사이클로헥실메탄올의 토실레이트 + 과량의 $NH_3$

(e) *n*-뷰틸 토실레이트 + 아세틸렌화 소듐(H—C≡C:$^-$ $^+$Na)

**문제풀이 힌트**

토실레이트 에스터는 특히 유용하다. 이들은 종종 할로젠화 이온보다 훨씬 좋은 이탈기이다. Grignard 반응으로 알코올을 만드는데, 이 알코올은 치환 반응이나 제거 반응을 위한 토실레이트로 쉽게 변환될 수 있다.

**연습문제 11-10**

토실레이트 중간체를 이용하여 어떻게 뷰탄-1-올을 다음 화합물로 만들 수 있는지 나타내라. 필요한 경우 다른 시약을 더 사용할 수 있다.

(a) 1-브로모뷰테인

(b) 뷰탄-1-아민($CH_3CH_2CH_2CH_2NH_2$)

(c) 뷰틸 에틸 에터($CH_3CH_2CH_2CH_2OCH_2CH_3$)

(d) 펜타나이트릴(pentanitrile, $CH_3CH_2CH_2CH_2CN$)

## 11-6 알코올의 환원

알코올을 알케인으로 환원하는 것은 일반적인 반응이 아니다. 이 환원 반응은 다른 반응을 할 수 있는 작용기를 제거하기 때문이다. 그럼에도 불구하고 때때로 탄소 골격을 생성하기 위해 Grignard 또는 유사한 반응을 사용하지만, 더 이상 제품의 알코올기를 원하지 않는 경우 OH기를 수소 원자로 환원한다.

$$\text{R—OH} \xrightarrow{\text{환원}} \text{R—H}\ (\text{드뭄})$$

알코올을 두 단계로 환원할 수 있다. 알코올을 탈수시켜 알켄으로 만든 후, 알켄을 수소화시켜 알케인으로 만든다.

사이클로펜탄올 $\xrightarrow[\text{열}]{H_2SO_4}$ 사이클로펜텐 $\xrightarrow[Pt]{H_2}$ 사이클로펜테인

알코올을 환원하는 다른 방법은 알코올을 토실레이트 에스터로 만든 후, 수소화물 환원제를 이용하여 토실레이트 이탈기를 수소로 대체하는 방법이다. 이 반응은 대부분의 1차와 2차 알코올의 환원에 이용된다.

사이클로헥산올 + 염화 토실(TsCl) $\xrightarrow{\text{피리딘}}$ 사이클로헥실 토실레이트 $\xrightarrow{LiAlH_4}$ 사이클로헥세인 (75%)

**연습문제 11-11**

다음 반응의 생성물을 예측하라.

**(a)** 사이클로헥실메탄올 + TsCl/피리딘 **(b)** (a)의 생성물 + $LiAlH_4$

**(c)** 1-메틸사이클로헥산올 + $H_2SO_4$, 열 **(d)** (c)의 생성물 + $H_2$, Pt

## 11-7 알코올과 할로젠화 수소산의 반응

알코올을 토실화한 후 할로젠화 이온으로 토실레이트를 치환하면, 알코올은 할로젠화 알킬이 된다. 그러나 이 방법은 알코올을 할로젠화 알킬로 만드는 일반적인 방법은 아니다. 간단한 1단계 반응들을 이용할 수 있기 때문이다. 일반적인 방법은 알코올을 할로젠화 수소산(HCl, HBr, HI)과 반응시키는 것이다.

산성 용액에서 알코올은 양성자가 첨가된 형태와 평형을 유지하고 있다. 하이드록시기에 양성자를 첨가하면 나쁜 이탈기($^-OH$)에서 좋은 이탈기($H_2O$)로 바뀐다. 알코올이 양성자화되면 모든 일반적인 치환 반응이나 제거 반응이 알코올의 구조(1차, 2차, 3차)에 따라 일어날 수 있다.

$$R-\ddot{O}-H + H^+ \rightleftarrows R-\overset{H}{\underset{}{O^+}}-H \xrightarrow[S_N1 \text{ 또는 } S_N2]{X^-} R-X$$

나쁜 이탈기 좋은 이탈기

대부분의 좋은 친핵체는 염기성이지만, 산성 용액에서 양성자화되면 친핵성을 잃어버린다. 그러나 할로젠화 이온은 예외이다. 할로젠화 이온은 센산의 음이온이고, 따라서 약한 염기이다. HBr, HCl, HI의 용액은 친핵성의 $Br^-$, $Cl^-$, $I^-$이온이 들어 있다. 이러한 산이 알코올을 할로젠화 알킬로 바꾸는 데 일반적으로 사용된다.

### 11-7A 브로민화 수소산과의 반응

$$R-OH + HBr/H_2O \longrightarrow R-Br$$

진한 브로민화 수소산은 *t*-뷰틸 알코올(*tert*-butyl alcohol)을 빠르게 브로민화 *t*-뷰틸(*tert*-butyl bromide)로 바꾼다. 센산은 하이드록시기에 양성자를 첨가시켜 좋은 이탈기로 만든다. 입체 장애가 있는 3차 탄소는 $S_N2$ 치환 반응을 할 수 없으나, 이온화되어 3차 탄소 양이온이 된다. 이를 브로민화 이온이 공격하여 브로민화 알킬로 만든다. 메커니즘은 양성자가 첨가된 알코올로부터 물이 이탈기로 작용하는 것을 제외하면 앞서 공부한 $S_N1$ 메커니즘과 비슷하다.

## 메커니즘 11-1 | 3차 알코올과 HBr의 반응($S_N1$)

3차 알코올은 $S_N1$ 메커니즘으로, HBr과 반응한다.

**예: *t*-뷰틸 알코올의 브로민화 *t*-뷰틸로 전환**

**1단계:** 양성자화되어 하이드록시기가 좋은 이탈기로 변환한다.

$$(CH_3)_3C-\ddot{O}-H + H-\ddot{Br}: \rightleftharpoons (CH_3)_3C-\overset{+}{\ddot{O}}H_2 + :\ddot{Br}:^-$$

*t*-뷰틸 알코올

**2단계:** 물이 이탈하여 탄소 양이온이 생성된다.

$$(CH_3)_3C-\overset{+}{\ddot{O}}H_2 \rightleftharpoons (CH_3)_3C^+ + H_2O$$

탄소 양이온

**3단계:** 브로민화 이온이 탄소 양이온을 공격한다.

$$(CH_3)_3C^+ + :\ddot{Br}:^- \longrightarrow (CH_3)_3C-\ddot{Br}:$$

탄소 양이온 / 브로민화 *t*-뷰틸

다양한 알코올이 HBr과 반응하는데, 반응 메커니즘은 알코올의 구조에 따라 다르다. 예를 들면 뷰탄-1-올(butan-1-ol)은 진한 황산에서 브로민화 소듐(sodium bromide)과 $S_N2$ 치환 반응을 하여 1-브로모뷰테인(1-bromobutane)을 생성한다. 브로민화 소듐/황산 시약이 용액 중에 HBr을 생성한다.

$$CH_3(CH_2)_2-CH_2OH \xrightarrow{NaBr,\ H_2SO_4} CH_3(CH_2)_2-CH_2Br$$

뷰탄-1-올 → 1-브로모뷰테인(90%)

양성자화는 하이드록시기를 좋은 이탈기로 변환하지만, 1차 탄소 양이온으로의 이온화는 유리하지 않다. 그러나 양성자가 첨가된 1차 알코올은 $S_N2$ 치환 반응에 적합하다. 브로민화 이온이 뒤에서 공격하여 1-브로모뷰테인을 생성한다.

## 메커니즘 11-2 | 1차 알코올과 HBr의 반응($S_N2$)

1차 알코올은 $S_N2$ 메커니즘으로 HBr과 반응한다.

**예: 뷰탄-1-올의 1-브로모뷰테인으로의 변환**

**1단계:** 양성자화는 하이드로록시기를 좋은 이탈기로 변환한다.

$$CH_3CH_2CH_2-CH_2-\ddot{O}-H + H-\ddot{Br}: \rightleftharpoons CH_3CH_2CH_2-CH_2-\overset{+}{O}H_2 + :\ddot{Br}:^-$$

뷰탄-1-올

**2단계:** 브로민화 이온이 물을 치환시켜 브로민화 알킬을 생성한다.

$$:\ddot{Br}:^- + CH_3CH_2CH_2-CH_2-\overset{+}{O}H_2 \rightleftharpoons :\ddot{Br}-CH_2CH_2CH_2CH_3 + H_2O$$

1-브로모뷰테인

2차 알코올은 HBr과 반응하여 일반적으로 $S_N1$ 메커니즘에 의해 브로민화 알킬을 생성한다. 예를 들면 시약으로 HBr을 사용하여 사이클로헥산올(cyclohexanol)을 브로모사이클로헥세인(bromocyclohexane)으로 변환하는 것이다.

$$\text{C}_6\text{H}_{11}\text{OH} \xrightarrow{\text{HBr}} \text{C}_6\text{H}_{11}\text{Br}$$

사이클로헥산올 → 브로모사이클로헥세인(80%)

**문제풀이 힌트**

이런 모든 메커니즘을 기억하는 것이 이 물질을 공부하는 최선의 방법은 아니다. 반응 물질에 따라 이러한 반응은 하나 이상의 메커니즘으로 진행할 수 있다. 문제를 해결하는 경험을 쌓고, 각각의 경우를 고려하여 가능한 메커니즘을 제안하라.

**연습문제 11-12**

다음 반응의 메커니즘을 제안하라.

**(a)** 1-메틸사이클로헥산올이 HBr과 반응하여 1-브로모-1-메틸사이클로헥세인을 생성한다.

**(b)** 2-사이클로헥실에탄올이 HBr과 반응하여 1-브로모-2-사이클로헥실에테인을 생성한다.

### 11-7B 염산과의 반응

$$R-OH + HCl/H_2O \xrightarrow{ZnCl_2} R-Cl$$

염산(hydrochloric acid, HCl)은 브로민화 수소산과 거의 같은 방법으로 알코올과 반응한다. 예를 들면 진한 염산은 *t*-뷰틸 알코올과 반응하여 염화 *t*-뷰틸을 생성한다.

$$(CH_3)_3C-OH + HCl/H_2O \longrightarrow (CH_3)_3C-Cl + H_2O$$

*t*-뷰틸 알코올 → 염화 *t*-뷰틸(98%)

**연습문제 11-13**

*t*-뷰틸 알코올은 진한 염산과 $S_N1$ 메커니즘으로 반응한다. 이 반응 메커니즘을 작성하라.

염화 이온은 브로민화 이온보다 약한 친핵체이다. 그 이온이 더 작고, 편극성이 덜하기 때문이다. 1차 알코올 및 2차 알코올과 HCl의 반응을 촉진하기 위해 때로는 염화 아연(zinc chloride, $ZnCl_2$) 같은 Lewis 산의 첨가가 필요하다. 염화 아연은 양성자와 같은 방식으로 알코올의 산소에 배위한다. 그러나 염화 아연이 더욱 강력하게 배위한다.

염산과 $ZnCl_2$로 구성된 시약을 **Lucas 시약**(Lucas reagent)이라고 한다. 2차와 3차 알코올은 Lucas 시약과 $S_N1$ 메커니즘으로 반응한다.

Lucas 시약과의 $S_N1$ 반응(빠름)

$$(CH_3)_2CH-\ddot{O}H \underset{}{\overset{ZnCl_2}{\rightleftharpoons}} (CH_3)_2CH-\overset{+}{O}(H)-\overset{-}{Z}nCl_2 \rightleftharpoons (CH_3)_2\overset{+}{C}H$$

알코올-염화 아연 복합체　　　탄소 양이온

$$(CH_3)_2\overset{+}{C}H \xrightarrow{Cl^-} (CH_3)_2CH-Cl + H\ddot{O}-\overset{-}{Z}nCl_2$$

1차 알코올이 Lucas 시약과 반응할 때는 1차 탄소 양이온이 너무 불안정하므로 이온화할 수 없다. 1차 알코올과는 $S_N2$ 메커니즘으로 반응하고, 이 반응은 2차 및 3차 알코올이 $S_N1$ 메커니즘으로 반응하는 것보다 느리다. 예를 들면 뷰탄-1-올이 Lucas 시약과 반응할 때 염화 이온이 뒤쪽에서 착물을 공격하여 이탈기를 치환한다.

Lucas 시약과의 $S_N2$ 반응(느림)

$$:\ddot{Cl}:^- + CH_3CH_2CH_2-CH_2-\overset{+}{O}(H)-\overset{-}{Z}nCl_2 \longrightarrow \left[\overset{\delta^-}{Cl}\cdots C(H)(H)(CH_2CH_2CH_3)\cdots\overset{\delta^+}{O}(H)-\overset{-}{Z}nCl_2\right]^{\ddagger} \longrightarrow Cl-CH_2CH_2CH_2CH_3 + :\ddot{O}(H)-\overset{-}{Z}nCl_2$$

전이 상태

**Lucas 시험** Lucas 시약은 1차, 2차, 3차 알코올과 각각 예상되는 속도로 반응하고, 이러한 반응 속도 차이에 따라 알코올의 세 가지 형태를 구별할 수 있다. 시약을 알코올에 넣으면 혼합물은 하나의 균일상을 형성한다. 진한 HCl 용액은 극성을 나타내고, 극성의 알코올-염화 아연 착물은 용해된다. 알코올이 반응하여 할로젠화 알킬을 형성하면 비교적 비극성인 할로젠화물은 두 번째 상으로 분리된다. (R—OH는 용해되지만 R—Cl은 용해되지 않는다.)

**Lucas 시험**(Lucas test)은 미지의 알코올에 Lucas 시약을 넣어 두 번째 상이 분리되는지 관찰하는 것이다(표 11-2 참조). 3차 알코올은 상대적으로 안정한 탄소 양이온을 형성하기 때문에 즉각적으로 반응한다. 2차 알코올은 1~5분 사이에 반응이 일어나는데, 이는 2차 탄소 양이온이 3차 이온보다 덜 안정하기 때문이다. 1차 알코올은 매우 느리게 반응한다. 활성화된 1차 알코올이 탄소 양이온을 형성할 수 없기 때문에, 염화 이온이 공격할 때까지 알코올은 용액에 남는다. 1차 알코올과의 반응은 10분 내지 수일이 걸린다.

**표 11-2** 알코올과 Lucas 시약의 반응

| 알코올 형태 | 반응시간(분) |
|---|---|
| 1차 | 6 이상 |
| 2차 | 1~5 |
| 3차 | 1 이하 |

**연습문제 11-14**

다음 화합물을 구별할 수 있는 간단한 화학적 시험 방법을 제시하라. 각 화합물에서 무엇을 관찰할 수 있는지 설명하라.

**(a)** 아이소프로필 알코올과 *t*-뷰틸 알코올

**(b)** 아이소프로필 알코올과 뷰탄-2-온($CH_3COCH_2CH_3$)

**(c)** 헥산-1-올과 사이클로헥산올

**(d)** 알릴 알코올과 프로판-1-올

**(e)** 뷰탄-2-온과 *t*-뷰틸 알코올

## 11-7C 알코올에 대한 할로젠화 수소산 이용에 대한 한계

할로젠화 수소산은 알코올과의 반응으로 기대하는 할로젠화 알킬을 항상 좋은 수득률로 생성하지는 못한다. 네 가지 중요한 한계점이 이 방법의 일반적인 사용을 제한한다.

1. 1차 및 2차 알코올로부터 염화 알킬의 제조는 수득률이 낮다. 1차 및 2차 알코올은 3차 알코올보다 염화 아연을 첨가해도 HCl과 훨씬 더 느리게 반응한다. 이런 조건에서는 부반응 때문에 할로젠화 알킬의 수득률이 낮아진다.
2. 제거 반응. HCl 또는 HBr 같은 진한 산에서 알코올에 열을 가하면 종종 제거 반응이 일어난다. 알코올의 하이드록시기가 양성자화되어 좋은 이탈기가 되면 치환 반응이나 제거 반응이 모두 일어날 수 있다.
3. 자리 옮김. 탄소 양이온 중간체는 항상 자리 옮김을 하려 한다. 6-15절에서 살펴본 바와 같이 수소 원자나 알킬기가 한 탄소에서 다른 탄소로 이동하여 좀 더 안정한 탄소 양이온을 형성한다. 이러한 자리 옮김은 이탈기가 떨어질 때 일어나거나 양이온이 형성된 후에 일어날 수 있다.
4. 아이오딘화 알킬 제조의 한계. 대부분의 알코올은 HI와 반응하여 좋은 수득률로 아이오딘화 알킬을 만들지 못한다. 아이오딘화 알킬은 유용한 중간 화합물이다. 아이오딘화물이 할로젠화 알킬 중 가장 반응성이 좋기 때문이다. 아이오딘화 알킬을 만드는 더 좋은 방법에 대해서는 다음 절에서 논의할 것이다.

**예제 11-2**

3-메틸뷰탄-2-올이 진한 HBr과 반응할 때 주생성물은 2-브로모-2-메틸뷰테인이다. 이 생성물의 형성에 대한 메커니즘을 제안하라.

$$CH_3-\underset{CH_3}{\overset{H}{C}}-\overset{OH}{CH}-CH_3 \xrightarrow{HBr} CH_3-\underset{CH_3}{\overset{Br}{C}}-CH_2-CH_3$$

3-메틸뷰탄-2-올 → 2-브로모-2-메틸뷰테인

**풀이**

센산에 의해 알코올이 양성자화된다. 이 양성자화된 2차 알코올이 물을 잃고 2차 탄소 양이온을 생성한다.

$$\mathrm{CH_3-\underset{CH_3}{\overset{H}{C}}-\overset{:\ddot{O}H}{CH}-CH_3 \underset{}{\overset{H^+}{\rightleftharpoons}} CH_3-\underset{CH_3}{\overset{H}{C}}-\overset{\overset{+}{O}H_2}{CH}-CH_3 \rightleftharpoons CH_3-\underset{CH_3}{\overset{H}{C}}-\overset{+}{C}H-CH_3 \quad H_2\ddot{O}:}$$

양성자화된 알코올 2차 탄소 양이온

수소화물의 자리 옮김으로 2차 탄소 양이온이 좀 더 안정한 3차 탄소 양이온이 된다. 브로민화 이온의 공격으로 생성물이 형성된다.

$$\mathrm{CH_3-\underset{CH_3}{\overset{\boxed{H}}{C}}-\overset{+}{C}H-CH_3 \longrightarrow CH_3-\underset{CH_3}{\overset{+}{C}}-\overset{\boxed{H}}{CH}-CH_3 \xrightarrow{:\ddot{B}r:^-} CH_3-\underset{CH_3}{\overset{Br}{C}}-\overset{\boxed{H}}{CH}-CH_3}$$

2차 탄소 양이온 3차 탄소 양이온 관찰된 생성물

자리 옮김이 귀찮은 부반응으로 보일지라도 현명한 화학자는 자리 옮김을 이용하여 합성 목표를 이룰 수 있다. 연습문제 11-15는 자리 옮김이 수반되는 알코올 치환 반응이 합성에서 어떻게 이용되는지 보여준다.

**연습문제 11-15**

네오펜틸알코올[$(CH_3)_3CCH_2OH$]는 진한 HBr과 반응하여 자리 옮김이 발생함으로써 생성물인 2-브로모-2-메틸뷰테인을 생성한다. 이 생성물 형성에 대한 메커니즘을 제시하라.

**연습문제 11-16**

다음 알코올과 Lucas 시약과의 반응에서 관찰되는 생성물을 설명하라.

(cyclohexane: H, $CH_3$ / $CH_3$, OH) $\xrightarrow{HCl/ZnCl_2}$ (H, $CH_3$ / $CH_3$, Cl) + (H, $CH_3$ / Cl, $CH_3$)

**연습문제 11-17**

시스-2-메틸사이클로헥산올이 Lucas 시약과 반응할 때 주생성물은 1-클로로-1-메틸사이클로헥세인이다. 이 생성물 형성의 메커니즘을 설명하라.

## 11-8 알코올과 할로젠화 인의 반응

몇 가지 할로젠화 인은 알코올을 할로젠화 알킬로 만드는 데 유용하다. 트라이브로민화 인(phosphorus tribromide), 삼염화 인(phosphorus trichloride), 오염화 인(phosphorus pentachloride)은 반응이 잘 되고, 쉽게 구입할 수 있다.

$$3\,R{-}OH + PCl_3 \longrightarrow 3\,R{-}Cl + P(OH)_3$$
$$3\,R{-}OH + PBr_3 \longrightarrow 3\,R{-}Br + P(OH)_3$$
$$R{-}OH + PCl_5 \longrightarrow R{-}Cl + POCl_3 + HCl$$

트라이아이오딘화 인(phosphorus triiodide)은 저장할 만큼 충분히 안정하지는 않지만, 용기 안(반응 혼합물 중)에서 인과 아이오딘을 반응시켜 생성할 수 있다.

$$2\,P + 3\,I_2 \rightleftharpoons 2\,PI_3$$
$$6\,R{-}OH + 2\,P + 3\,I_2 \longrightarrow 6\,R{-}I + 2\,P(OH)_3$$

할로젠화 인은 대부분의 1차 및 2차 할로젠화 알킬을 높은 수득률로 생성할 수 있지만, 어느 것도 3차 알코올에는 효과가 없다. 가장 많이 사용되는 두 종류의 할로젠화 인은 $PBr_3$와 인/아이오딘 혼합물이다. 특히 트라이브로민화 인은 알코올이 센산에서 자리 옮김을 일으킬 경우 1차 또는 2차 알코올을 브로민화 알킬로 변환시키는 데 가장 좋은 시약이다. 인과 아이오딘 혼합물은 1차 알코올 또는 2차 알코올을 아이오딘화 알킬로 만드는 가장 좋은 시약이다. 염화 알킬의 합성을 위해서는 염화 싸이오닐(thionyl chloride, 다음 절 참조)이 $PCl_3$ 또는 $PCl_5$보다 일반적으로 더 좋으며, 특히 3차 알코올에 대해 효과가 더 좋다.

다음 예는 1차와 2차 알코올이 $PBr_3$와 $P/I_2$ 시약과 반응하여 브로민화물과 아이오딘화물이 만들어지는 것을 보여준다.

$$(CH_3)_3C{-}CH_2OH + PBr_3 \longrightarrow (CH_3)_3C{-}CH_2Br$$

네오펜틸 알코올 → 브로민화 네오펜틸 (60%)

$$CH_3(CH_2)_{14}{-}CH_2OH + P/I_2 \longrightarrow CH_3(CH_2)_{14}{-}CH_2I$$

(85%)

사이클로펜탄올 (OH) $\xrightarrow{PBr_3}$ 브로모사이클로펜탄 (Br) (90%)

**연습문제 11-18**

위에 기술한 3개의 반응에 대한 균형 반응식을 제시하라.

**트라이할로젠화 인과의 반응 메커니즘** 알코올과 트라이할로젠화 인의 반응 메커니즘을 통해 자리 옮김이 잘 일어나지 않는 이유와, 할로젠화 인이 3차 알코올과 반응을 잘 안 하는 이유를 알 수 있다. 반응 메커니즘은 $PBr_3$ 시약을 사용하여 다음에 나타냈다. $PCl_3$와 $PI_3$(인과 아이오딘으로부터 생성)도 비슷한 방법으로 반응한다.

**메커니즘 11-3 | 알코올과 $PBr_3$의 반응**

**1단계:** $PBr_3$는 강한 친전자체이다. 알코올은 브로민화 이온을 $PBr_3$로부터 치환시켜 우수한 이탈기를 만든다.

$$R-\ddot{O}(H): + PBr_3 \longrightarrow R-\overset{+}{O}(H)-PBr_2 + :\ddot{Br}:^-$$

우수한 이탈기

**2단계:** 브로민화 이온은 이탈기를 치환시켜 브로민화 알킬을 만든다.

$$:\ddot{Br}:^- + R-\overset{+}{O}(H)-PBr_2 \longrightarrow :\ddot{Br}-R + :\ddot{O}(H)-PBr_2$$

이탈기

**예:** ($R$)-펜탄-2-올과 $PBr_3$의 반응

**1단계:** 브로민화 이온의 치환과 이탈기의 형성

$$CH_3CH_2CH_2(H_3C)(H)C-\ddot{O}H + PBr_3 \longrightarrow CH_3CH_2CH_2(H_3C)(H)C-\overset{+}{O}(H)-PBr_2 \quad :\ddot{Br}:^-$$

($R$)-펜탄-2-올

**2단계:** 브로민화 이온은 이탈기를 치환시켜 ($S$)-2-브로모펜테인을 생성한다.

$$:\ddot{Br}:^- + CH_3CH_2CH_2(H_3C)(H)C-\overset{+}{O}(H)-PBr_2 \longrightarrow :\ddot{Br}-C(H)(CH_3)CH_2CH_2CH_3 + :\ddot{O}(H)-PBr_2$$

($S$)-2-브로모펜테인

자리 옮김이 잘 일어나지 않는데, 그 이유는 탄소 양이온이 전혀 관여되지 않으므로 자리 옮김이 일어날 기회가 없기 때문이다. 이는 또한 3차 알코올의 반응에서 수득률이 나쁜 이유를 설명해 준다. 마지막 단계는 브로민화 이온이 알킬기의 뒤쪽을 공격하는 $S_N2$ 치환이다. 알킬기가 3차라면 이 공격은 방해를 받는다. 3차 알코올의 경우 탄소 양이온으로의 이온화가 필요한데, 이때는 이온화가 느려서 부반응을 일으킨다.

## 11-9 염화 싸이오닐과 알코올의 반응

염화 싸이오닐($SOCl_2$)은 흔히 알코올을 염화 알킬로 만드는 가장 좋은 시약이다. 부산물($SO_2$와 HCl의 기체)은 반응 혼합물에서 떠나고 역반응이 일어날 수 없다.

$$R-OH + Cl-\overset{\overset{O}{\|}}{S}-Cl \xrightarrow{\text{열}} R-Cl + SO_2 + HCl$$

적절한 조건에서 염화 싸이오닐은 다음에 요약한 흥미로운 메커니즘에 의해 반응한다. 첫 번째

단계에서 하이드록시기 산소 원자의 비공유 전자쌍이 염화 싸이오닐의 친전자성 황 원자를 공격한다. 염화 이온이 떨어지고, 양성자가 제거되어 클로로황산 에스터(chlorosulfite ester)를 형성한다. 그다음 단계에서 클로로황산 에스터(R이 2차 및 3차일 경우)는 이온화하여, 황 원자는 빠르게 염화 이온을 탄소 양이온에 전달한다. R이 1차일 때는 아마도 C—O 결합이 깨짐과 동시에 염화 이온이 탄소와 결합하는 것 같다.

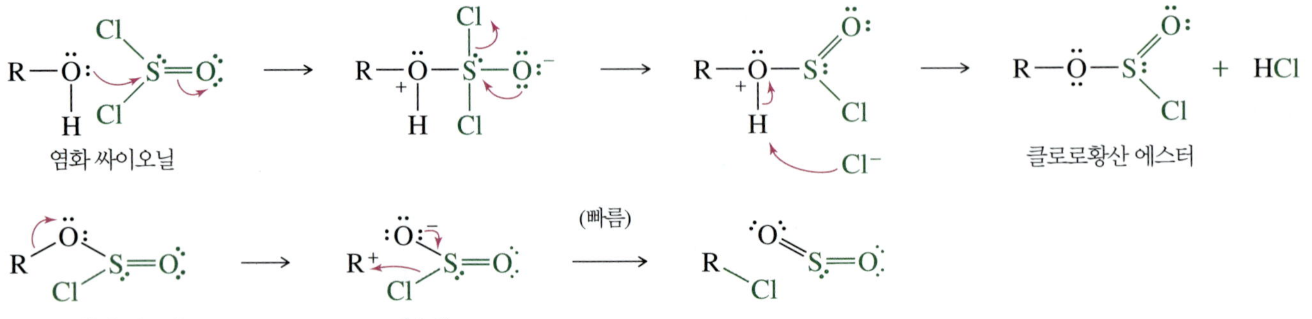

염화 싸이오닐

클로로황산 에스터

(빠름)

클로로황산 에스터

이온쌍

이 메커니즘은 친핵체가 이탈기에 의해 탄소 양이온에 전달되는 것을 제외하면 $S_N1$ 반응과 유사하며, 일반적으로 다음 반응에 나타나듯이 원자의 공간 배열이 동일하게 유지된다(다른 조건에서는 공간 배열의 유지가 관찰되지 않을 수도 있다).

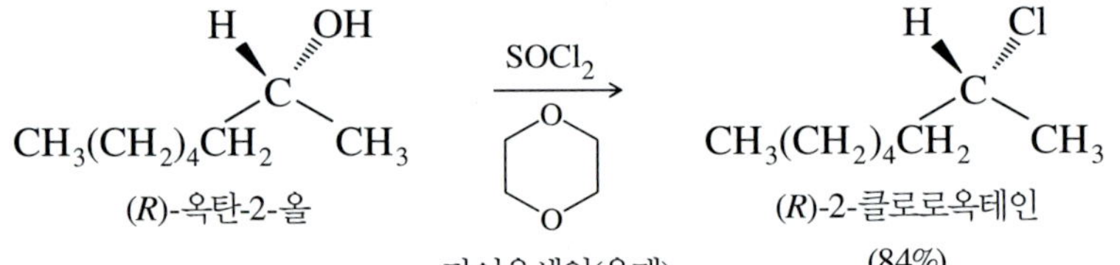

$SOCl_2$

(*R*)-옥탄-2-올

다이옥세인(용매)

(*R*)-2-클로로옥테인

(84%)

**알코올을 할로젠화 알킬로 변환시키는 가장 좋은 시약의 요약**

| 알코올 종류 | 염화물 | 브로민화물 | 아이오딘화물 |
|---|---|---|---|
| 1차 | $SOCl_2$ | $PBr_3$ 또는 HBr* | $P/I_2$ |
| 2차 | $SOCl_2$ | $PBr_3$ | $P/I_2$* |
| 3차 | HCl | HBr | HI* |

* 선택된 경우에만 반응한다.

**연습문제 11-19**

트랜스-4-메틸사이클로헥산올을 다음 화합물로 변환시키는 방법을 설명하라.

**(a)** 트랜스-1-클로로-4-메틸사이클로헥세인 **(b)** 시스-1-클로로-4-메틸사이클로헥세인

**문제풀이 힌트**

염화 싸이오닐은 기질, 용매, 온도에 따라 다양한 메커니즘으로 알코올과 반응한다. 실제 메커니즘을 알고 있지 않는 한 생성물의 구조와 입체 화학을 예측하는 데 주의하라.

**연습문제 11-20**

다음 반응에서 두 생성물이 관찰되었다.

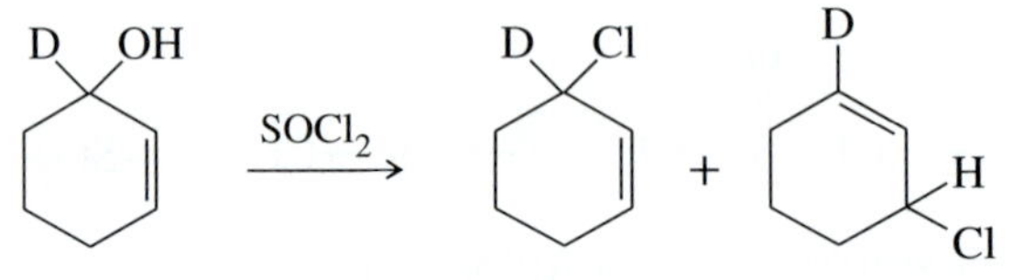

$SOCl_2$

**(a)** 두 생성물이 형성되는 메커니즘을 설명하라.

**(b)** (a)의 메커니즘은 일반적인 $SOCl_2$ 알코올의 반응 메커니즘과 달라야 한다. 이 경우 다른 메커니즘으로 반응이 일어나는 이유를 설명하라.

**연습문제 11-21**

각 알코올과 (1) HCl, $ZnCl_2$, (2) HBr, (3) $PBr_3$, (4) $P/I_2$, (5) $SOCl_2$와 반응할 때 기대되는 생성물의 구조를 그려보라.

**(a)** 뷰탄-1-올

**(b)** 2-메틸뷰탄-2-올

**(c)** 2,2-다이메틸뷰탄-1-올

**(d)** 시스-3-메틸사이클로펜탄올

## 11-10 알코올의 탈수 반응

### 11-10A 알켄의 생성

7-18절에서 알켄의 다른 합성법과 더불어 알코올이 알켄으로 되는 탈수 반응의 메커니즘을 공부했다. 탈수 반응에서는 알코올의 하이드록시기를 양성자화하여 좋은 이탈기로 만들기 위해 산 촉매가 필요하다. 물을 잃고, 이어서 양성자를 잃어 알켄을 생성한다. 반응물과 생성물 사이에는 평형 상태가 이루어진다.

**메커니즘 11-4 | 알코올의 산 촉매 탈수 반응(복습)**

탈수 반응은 양성자화된 알코올의 E1 제거 반응에 의해 일어난다.

**1단계:** 양성자화는 하이드록시기를 좋은 이탈기로 변환한다.

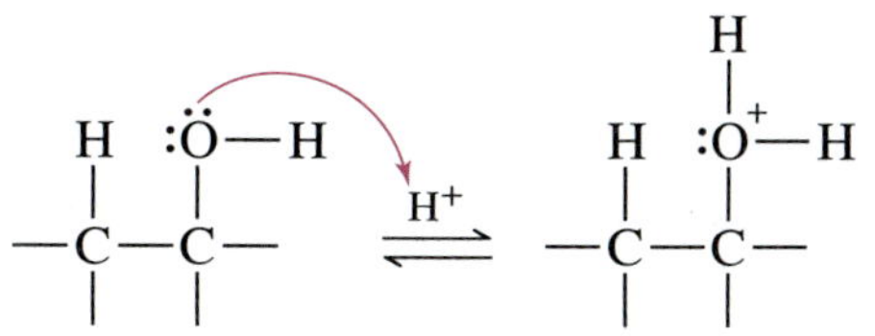

**2단계:** 물이 이탈하고, 탄소 양이온이 생성된다.

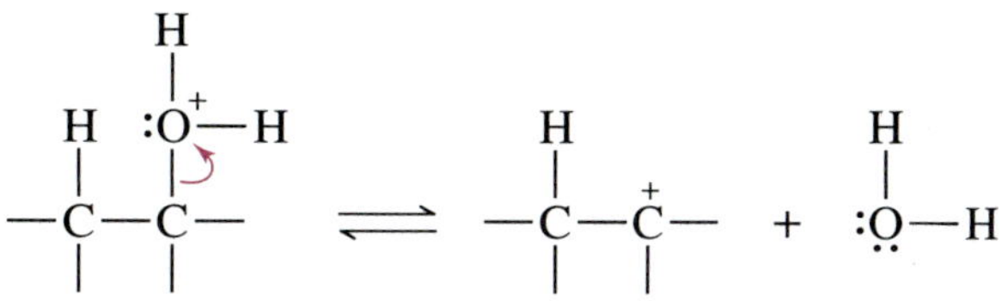

**3단계:** 양성자를 잃고 알켄이 생성된다.

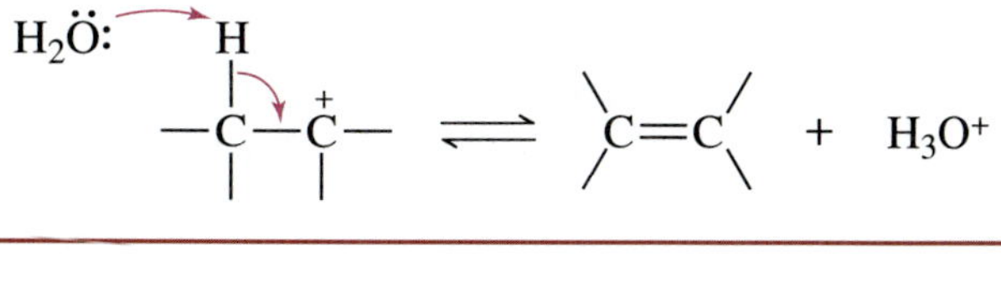

이 평형을 오른쪽으로 이끌려면 생성물이 생성될 때 그 생성물 중 하나 또는 모두를 제거해야 하는데, 이들을 반응 혼합물 중에서 증류해내거나 탈수제를 첨가하여 물을 제거하는 방법이 사용된다. 실제로는 증류와 탈수제를 종종 혼합하여 사용한다. 알코올을 탈수시키는 산과 혼합하고, 이 혼합물에 열을 가해 끓인다. 혼합물 중 끓는점이 알코올보다 낮은 알켄이 증류된다. 알코올은 수소 결합을 하기 때문에 끓는점이 높기 때문이다. 예를 들면 다음과 같다.

$$\text{사이클로헥산올} \xrightleftharpoons{H_2SO_4} \text{사이클로헥센} + H_2O$$

사이클로헥산올, 끓는점 161°C

사이클로헥센, 끓는점 83°C(80%)
(혼합물에서 증류)

일반적으로 알코올의 탈수 반응은 E1 메커니즘으로 일어난다. 하이드록시기를 양성자화하면 좋은 이탈기가 된다. 물을 잃고 탄소 양이온이 형성된 후 양성자를 잃으면 알켄이 된다.

$$\text{사이클로헥산올} \xrightleftharpoons{H_2SO_4} \text{R–}\ddot{O}H_2^{+} + HSO_4^- \rightleftharpoons \text{탄소 양이온} + H_2\ddot{O}: \rightleftharpoons \text{사이클로헥센} + H_3O^+$$

그림 11-2는 알코올의 E1 탈수 과정의 반응-에너지 관계를 보여준다. 첫 번째 단계에서 약한 발열 반응인 양성자화가 일어나고, 이어서 흡열 반응인 반응 속도 제한 단계의 이온화가 일어난다. 알켄을 생성하는 탈양성자화 과정은 빠르고 강한 발열 반응이다. 속도 제한 단계는 탄소 양이온의 생성 단계이므로, 탈수가 용이한 순서는 탄소 양이온의 생성이 용이한 순서를 따른다. 즉 3차 > 2차 > 1차이다. 다른 탄소 양이온의 반응에서처럼 자리 옮김이 잘 일어난다.

1차 알코올의 경우는 자리 옮김과 생성물의 이성질화가 매우 잘 일어나므로, 산 촉매 탈수 반응은 1차 알코올을 알켄으로 만드는 좋은 방법이 아니다. 다음 메커니즘은 뷰탄-1-올이 자리 옮김에 의한 탈수 반응으로서 뷰트-1-엔(but-1-ene)과 뷰트-2-엔(but-2-ene)의 혼합물을 생성하는 것을 보여준다. Zaitsev 규칙(7-11절)에 따라 더 많이 치환된 생성물인 뷰트-2-엔이 주생성물이다.

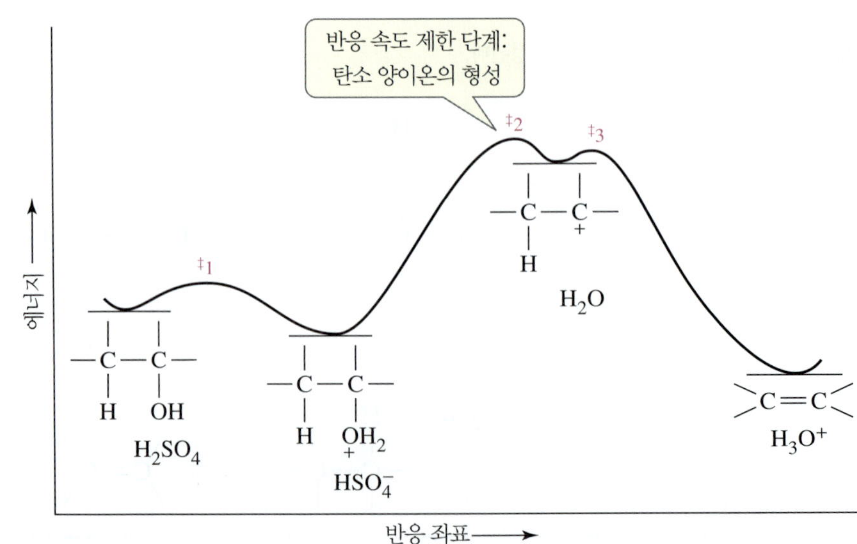


**그림 11-2** 알코올의 탈수 과정에 대한 반응-에너지 도표

양성자화된 알코올의 이온화와 자리 옮김

$H_2O$ 이탈
H:⁻ 이동

2차 탄소 양이온

양성자 어느 1개를 잃고 두 가지 생성물 형성

$H_a^+$ 잃음
뷰트-2-엔(주생성물, 70%)
이중 치환된 알켄

$H_b^+$ 잃음
뷰트-1-엔(소량 생성물, 30%)
단일 치환된 알켄

탈수 반응의 유용성을 요약하고 생성물을 예측할 수 있는 지침을 서술하면 다음과 같다.

1. 탈수 반응은 보통 E1 메커니즘으로 진행한다. 자리 옮김은 더 안정한 탄소 양이온을 형성하기 위해 일어난다.
2. 탈수 반응은 3차 알코올에서 가장 잘 일어나고, 2차 알코올에서도 잘 일어난다. 1차 알코올의 경우는 자리 옮김이 잘 일어나고, 수득률이 낮다.
3. (Zaitsev 규칙) 탄소 양이온의 양성자가 이탈되어 두 가지 이상의 알켄이 형성될 경우 가장 많이 치환된 알켄이 보통 주로 생성된다.

예제 11-3은 이들 규칙이 어떻게 탈수 반응의 생성물을 예측하는 데 이용되는지 보여준다. 탄소 양이온이 형성된 후 자리 옮김이 어떻게 일어나는지, 또 어떻게 한 가지 이상의 생성물이 생기는지를 보여준다.

**예제 11-3**

다음 알코올의 황산 촉매에 의한 탈수 반응 생성물을 예측하라.

(a) 1-메틸사이클로헥산올 (b) 네오펜틸 알코올

**풀이**

(a) 1-메틸사이클로헥산올이 반응하여 3차 탄소 양이온을 형성한다. 양성자는 탄소 세 원자 중 어떤 것에서도 떨어질 수 있다. 2개의 2차 탄소는 동등하고, 이 탄소 중 하나로부터 양성자를 잃으면 3치환 이중 결합을 가진 주생성물을 얻는다. 메틸기에서 양성자를 잃으면 2치환 이중 결합을 가진 소량 생성물이 생성된다.

$-H_2O$

1-메틸사이클로헥산올 양성자화됨 양이온

**문제풀이 힌트**

알코올의 탈수 반응은 대부분 OH기에 양성자가 첨가된 후, 탈수되는 E1 반응 메커니즘을 따른다.

양이온 — $H_a$ 잃음 주생성물 (삼중 치환) — $H_b$ 잃음 부생성물 (이중 치환)

**풀이**

**(b)** 네오펜틸 알코올은 간단히 이온화하여 1차 탄소 양이온을 형성할 수 없다. 이탈기가 떠날 때 자리 옮김이 일어나 3차 탄소 양이온이 생성된다. 이웃한 2차 탄소에서 양성자를 잃고 주생성물인 삼중 치환된 이중 결합을 생성한다. 메틸기로부터 양성자를 잃으면, 부생성물인 이중 치환된 이중 결합이 생성된다.

네오펜틸 알코올 (2,2-다이메틸프로판-1-올) — 자리 옮김과 함께 이온화됨 — 3차 양이온

$H_a$ 잃음 주생성물 (삼중 치환) — $H_b$ 잃음 부생성물 (이중 치환)

**문제풀이 힌트**

탄소 양이온을 그려보고, 자리 옮김이 가능한지 찾아보라. 그러고 나서 원래의 탄소 양이온과 자리 옮김이 일어난 뒤의 탄소 양이온이 양성자를 잃고 알켄을 형성할 수 있는 모든 경우를 생각하라. 주생성물을 예측하는 데 Zaitsev 규칙을 이용하라.

**연습문제 11-22**

다음 알코올의 황산 촉매에 의한 탈수 반응 생성물을 예측하라. 1개 이상의 생성물이 생길 경우 주생성물과 소량 생성물을 구분하라.

**(a)** 2-메틸뷰탄-2-올 **(b)** 펜탄-1-올 **(c)** 펜탄-2-올
**(d)** 1-아이소프로필사이클로헥산올 **(e)** 2-메틸사이클로헥산올

**연습문제 11-23**

어떤 알코올은 산에서 탈수 반응을 할 때 자리 옮김이나 원하지 않는 부반응을 일으킨다. 알코올은 피리딘 용액에서 $POCl_3$(phosphorous oxychloride)를 사용하는 약한 염기 조건에서 탈수 반응을 하기도 한다. 알코올은 $POCl_3$와 반응할 때 염화 토실과의 반응과 유사하게 반응하는데(11-5절), 인에서 염화 이온이 치환되어 알킬다이클로로인산 에스터가 된다. 다이클로로인산기는 아주 훌륭한 이탈기이다. 피리딘은 다이클로로인산 에스터와 반응할 때 염기로 작용하여 E2 제거 반응을 일으킨다. 피리딘 용액에서 $POCl_3$에 의해 사이클로헥산올이 탈수 반응을 할 때의 메커니즘을 제시하라.

옥시염화인(phosphorus oxychloride) 피리딘

### 11-10B 이분자 축합 반응에 의한 에터 생성(공업적)

어떤 경우에는 양성자가 첨가된 1차 알코올이 다른 알코올 분자에 의해 공격을 받아 $S_N2$ 치환이 일어난다. 알짜 반응은 에터를 생성하는 탈수 반응이다. 예를 들면 양성자가 첨가된 에탄올 분자를 에탄올이 공격하여 다이에틸 에터(diethyl ether)를 생성한다.

$$CH_3CH_2-\ddot{O}H: + CH_3CH_2-OH_2^+ \xrightarrow{S_N2} CH_3CH_2-O^+(H)-CH_2CH_3 + H_2O \longrightarrow CH_3CH_2-\ddot{O}-CH_2CH_3 + Et\overset{+}{O}H_2 + H_2O$$

친핵체 친전자체 양성자화된 에터 다이에틸 에터

이러한 알코올의 이분자 탈수 반응은 **축합 반응**(condensation)의 하나인데, 이 반응은 물과 같은 작은 분자를 잃으며, 두 분자(또는 더 많은 분자)를 결합하는 반응이다. 이 방법은 다이에틸 에터($CH_3CH_2-O-CH_2CH_3$)와 다이메틸 에터(dimethyl ether, $CH_3-O-CH_3$)의 공업적 합성에 이용된다. 산 탈수 반응 조건에서 두 반응, 즉 제거 반응(알켄을 형성)과 치환 반응(에터를 형성)이 경쟁한다.

알켄을 형성하는 제거 반응, 일분자 탈수 반응

$$\underset{\text{에탄올}}{CH_3CH_2OH} \xrightarrow{H_2SO_4,\ 180\ ^\circ C} \underset{\text{에틸렌}}{CH_2{=}CH_2} + H_2O$$

에터를 형성하는 치환 반응, 이분자 축합 반응

$$\underset{\text{에탄올}}{2\ CH_3CH_2OH} \xrightarrow{H_2SO_4,\ 140\ ^\circ C} \underset{\text{다이에틸 에터}}{CH_3CH_2-O-CH_2CH_3} + H_2O$$

**연습문제 11-24**

위에 제시된 두 가지의 에탄올 탈수 반응에 관한 메커니즘을 대조하라.

어떻게 이 두 경쟁적인 탈수 반응을 조절할 수 있을까? 에터 합성(치환) 과정을 살펴보면 두 분자의 알코올이 두 분자의 생성물을 만들어내는데, 하나는 다이에틸 에터이고, 다른 하나는 물이다. 제거 반응을 살펴보면 한 분자의 알코올이 두 분자 생성물을 만들어내는데, 하나는 에틸렌이고, 하나는 물이다. 제거 반응은 결과적으로 분자 수를 증가시킴으로써 그 계의 엔트로피를 증가시킨다. 제거 반응이 치환 반응보다 엔트로피($\Delta S$) 면에서 더 긍정적인 변화를 일으킨다. Gibbs 자유 에너지의 $-T\Delta S$항은 온도가 올라갈수록 제거 반응에서 더욱 유리해진다. 치환 반응(에터를 형성)은 140℃ 근처 및 그 이하에서 유리하고, 제거 반응은 180℃ 근처 및 그 이상에서 유리하다. 다이에틸 에터는 산 촉매를 넣은 에탄올을 140℃ 부근으로 가열하여 공업적으로 생산한다.

**연습문제 11-25**

산 촉매에 의한 탈수 방법은 에틸 메틸 에터($CH_3CH_2-O-CH_3$) 같은 비대칭 에터를 합성하는 좋은 방법이 될 수 없는 이유를 설명하라.

## 문제풀이 전략 | 반응 메커니즘 제안하기

앞서 살펴본 수많은 반응의 관점에서 볼 때 전혀 보지 못했던 반응에 대한 메커니즘을 제안하는 일은 거의 불가능해 보일 수 있다. 메커니즘 문제를 해결하는 경험을 쌓아갈수록 이미 알려진 반응과의 유사점을 발견하기 시작할 것이다. 유기 화학자들이 어떻게 메커니즘 문제에 접근해가는지 살펴보자 (이 방법에 대한 좀 더 자세한 내용은 부록 3A 참조). 이런 단계적인 접근법이 모든 문제를 해결할 수는 없더라도 경험과 자신감을 쌓는 중요한 출발점을 제공할 것이다.

### 메커니즘 유형의 결정

첫째, 어떤 종류의 촉매와 반응 조건이 관여하는지를 결정한다. 일반적으로 반응은 (a) 강한 친전자체(산 촉매 반응 포함), (b) 강한 친핵체(염기 촉매 반응 포함), 또는 (c) 자유 라디칼을 포함하는 반응으로 분류된다. 이러한 세 가지 반응 유형은 완전히 구별되며, 우선적으로 어떤 형태의 반응이 관여되었는지를 결정해야 한다.

- **(a)** 센산 또는 해리하여 강한 친전자체를 생성하는 반응물의 존재하에서는 중간체로서 강한 친전자체가 메커니즘에 관여할 것이다. 산 촉매 반응과 탄소 양이온이 관련된 반응(예: $S_N1$, E1과 대부분의 알코올 탈수 반응)이 이 범주에 속한다.
- **(b)** 센염기 또는 강한 친핵체 존재하에서의 메커니즘은 아마도 반응 중간체로서 강한 친핵체가 관여하고 있을 것이다. 염기 촉매 반응과 염기의 세기에 좌우되는 반응(예: $S_N2$, E2)이 이 범주에 속한다.
- **(c)** 자유 라디칼 반응에는 보통 염소, 브로민, NBS, 과산화물 같은 자유 라디칼 개시제가 필요하다. 대부분의 자유 라디칼 반응에는 센산이나 염기가 필요하지 않다.

일단 어떤 유형의 메커니즘인지를 결정했다면 그 문제에 접근하는 체계적인 방법을 사용한다. 여기서 바로 전에 다루었던 친전자성 반응을 생각해본다. 강한 친핵체를 포함하는 반응과 자유 라디칼 반응에 관련된 반응 메커니즘의 서술에 필요한 제언을 부록 3A에 모아놓았다.

### 강한 친전자체가 관여하는 반응

센산 또는 친전자체가 존재할 때 센산이나 강한 친전자체인 반응 중간체를 보게 되리란 것을 예측한다. 일반적으로 양이온 중간체가 있다. 하지만 이러한 반응에서 염기와 친핵체는 반응성이 약하다. 탄소 음이온, 알콕시화 이온, 다른 센염기를 그리는 것을 피한다. 그들은 센산이나 강한 친전자체와는 공존할 수 없을 것이다.

양성자화 또는 강한 친전자체화의 반응으로 작용기들은 탄소 양이온 또는 강한 친전자체로 변환된다. 그다음 탄소 양이온이나 강한 친전자체는 알켄이나 용매와 같은 약한 친핵체와 반응한다.

1. **반응물과 생성물의 탄소 골격을 고려하여 생성물의 어떤 탄소 원자가 반응물의 어떤 탄소원자로부터 유도되었는지 결정한다.**
2. **반응물 중 강한 친전자체이기 때문에 활성화 없이 반응할 수 있는 것이 있는지 생각한다. 만일 없다면 염기 자리의 양성자화, Lewis 산과의 착물 형성, 이온화로 인해 반응물 중 하나가 어떻게 강한 친전자체로 변하는가를 생각한다.**
   예를 들면 알코올의 양성자화로 강한 친전자체가 형성되고, 이 친전자체가 공격하거나 물을 잃어서 더 강한 친전자체인 탄소 양이온이 된다. 알켄이 양성자화 되면 탄소 양이온을 형성한다.
3. **다른 반응물에 있는 (또는 고리 반응에서 같은 분자 내 다른 부분에 있는) 친핵체가 어떻게 강한 친전자체를 공격하여 생성물에 필요한 결합을 형성하는지 고려한다. 이 결합 형성의 생성물을 그린다.**
   반응 중간체가 탄소 양이온이라면 생성물의 결합을 형성하기 위해 자리 옮김이 일어나는지 생각한다. 생성물을 생성시키는 친핵성 공격이 전혀 불가능하다면 반응물 중 하나를 강한 친전자체로 변환시키는 방법을 생각한다.
4. **친핵성 공격에 의한 생성물이 어떻게 최종 물질로 전환되는지(올바른 탄소 골격을 가지고 있을 경우), 또는 최종 물질에 요구되는 다른 결합을 형성하기 위해 재활성화되는지를 생각한다.**
   산성 조건에서 수소 1개를 한 원자에서 다른 원자로 이동시키기 위해서는 (이성질화에서처럼) 새로운 위치에 수소를 첨가하고 예전의 위치에서 수소를 제거한다.
5. **전자의 이동을 표시하기 위해 곡선 화살표를 사용한 메커니즘의 모든 단계를 그린다.**
   한 번에 한 단계만을 그리도록 주의한다.

### 메커니즘을 그리는 데 피해야 할 일반적인 오류

1. 반응 부위를 표시할 때 약식 구조나 선-각으로 표시한 구조식을 사용하지 않는다. 메커니즘 전반에 걸쳐 영향을 받는 모든 결합과 각 탄소 원자

의 치환체를 그린다. 강한 친전자체와 산성 반응 조건이 관여하는 반응에서 3개의 결합을 한 탄소 원자는 탄소 양이온이 될 것이다. 만일 약식 구조나 선-각으로 표시된 구조식을 사용하면 잘못된 탄소에 수소를 그릴 수도 있고, 다른 탄소가 활성을 띤 것처럼 나타낼 수 있다.

**2.** 한 번에 한 단계 이상을 나타내려고 하지 않는다. 실제로 위치 변화가 동시에 일어나지 않는다면 한 단계에서 둘 또는 3개의 결합의 위치 변화를 표시하지 않는다. 예를 들면 알코올의 양성자화와 물을 잃고 탄소 양이온을 형성하는 과정은 두 단계이다. 하이드록시기가 대기하고 있는 양성자와 결합하기 위해서 알코올로부터 '껑충 뛰는 것처럼' 나타내서는 안 된다.

**3.** 굽은 화살표는 항상 친핵체(전자 주개)로부터 친전자체(전자 받개)로의 전자의 이동을 표시하는 것을 기억한다. 예를 들면 이중 결합의 양성자화에서 화살표는 이중 결합에서 양성자 쪽으로 향해야만 하지, 양성자에서 이중 결합으로 향하면 절대로 안 된다. 양성자(또는 다른 시약)가 어디로 가는지를 '표시'하는 화살표 사용은 자제한다.

**예시 문제**

강한 친전자체가 관여하는 반응에 대한 단계적인 방법을 설명하고 아래에 나타낸 고리화 반응을 설명하기 위해 메커니즘을 전개해본다.

$H_2SO_4$, 열

OH

이 반응에서 고리화된 생성물은 부생성물이다. 메커니즘 문제는 합성 문제와 다르다는 것을 명심한다. 메커니즘 문제에서 주어진 제한된 시약과 조건에서 어떻게 생성물이 형성되는지 설명하려는 것이다. 또한 메커니즘 문제는 특이하거나 기대하지 않은 부반응물이 어떻게 형성하는지를 다루기도 한다.

황산 존재하에서 이 반응은 확실히 산 촉매 메커니즘이다. 강한 친전자체, 양이온 중간체(탄소 양이온일 것임)와 센산을 기대할 수 있다. 탄소 음이온, 수산화 이온, 알콕시화 이온, 다른 센염기와 강한 친핵체는 존재하지 않을 것이다.

**1. 반응물과 생성물의 탄소 골격을 고려하여, 생성물의 어떤 탄소 원자가 반응물의 어떤 탄소로부터 유도되었는지 결정한다.**

영향을 받은 탄소 원자의 모든 치환체를 가진 생성물과 출발 물질을 그려보면 아래에 표시된 주된 변화를 볼 수 있다. 바이닐기의 수소가 제거되어야 하고, ═C—C 결합이 생성되어야 하며, 메틸기가 한 탄소 원자 건너 이동해야 하고, 하이드록시기가 제거되어야 한다.

$CH_3$ $CH_3$ $CH_3$ C H H C C C OH $\xrightarrow[\text{열}]{H_2SO_4}$ $CH_3$ $CH_3$ C C $CH_3$ C C H + H—OH

**2. 반응물에서 강한 친전자체이기 때문에 활성화되지 않고 반응할 수 있는 것이 있는지 생각한다. 만일 없다면 염기 자리의 양성자화, Lewis 산과의 착물을 형성, 이온화로 인한 반응물 중 하나가 어떻게 강한 친전자체로 변환될 수 있는가를 생각한다.**

출발 물질은 강한 친전자체가 아니므로 활성화되어야 한다. 황산이 이중 결합을 양성자화하거나 하이드록시기에 양성자를 첨가하여 강한 친전자체를 만들 수 있다. 이중 결합에 양성자를 첨가시키면 이중 결합의 적합하지 않은 끝부분이 활성화된 3차 탄소 양이온을 형성한다. 또한 이 탄소 양이온을 공격하여 올바른 고리를 형성할 수 있는 좋은 친핵성 부위가 이 곁가지에는 없다. 이중 결합에 양성자를 첨가시키는 것은 잘못된 것이다.

$H^+$ $CH_3$ $CH_3$ $CH_3$ C H H C C C OH ⇌ $CH_3$ $CH_3$ $CH_3$ H C H H C C $C^+$ OH ✕ 생성물로 가지 못함

다른 염기 부분은 하이드록시기이다. 알코올은 하이드록시기에 양성자가 첨가되어 물을 잃고 탄소 양이온을 형성한다.

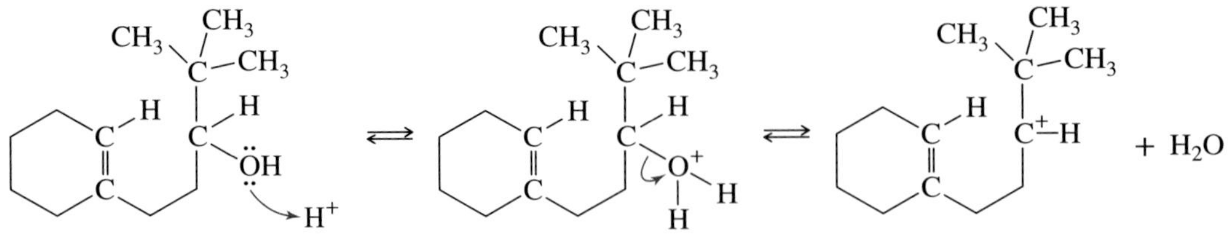

**3. 다른 반응 물질 내에 존재하는 (또는 고리화 반응에서 같은 분자 내 다른 부분에 존재하는) 친핵성 부위가 어떻게 강한 친전자체를 공격하여 생성물에 필요한 결합을 형성하는지 생각한다. 이 결합 형성으로 인한 생성물을 그린다.**

탄소 양이온은 이중 결합에 있는 전자의 공격을 받아 고리를 형성할 수 있다. 그러나 6원자 고리를 형성하려면 양하전은 다른 탄소 원자 위에 있어야 한다. 2차 탄소 양이온이 3차로 자리 옮김함으로써 양전하가 올바른 탄소로 이동되고, 1단계에서 보여준 메틸기의 이동이 이루어진다. 이중 결합의 (약한) 친핵성 전자의 공격이 올바른 6원자 고리를 형성하게 한다.

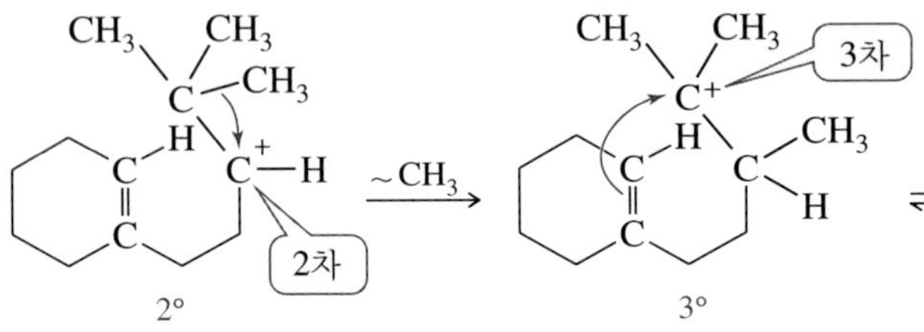

2차 ~$CH_3$ 3차

2° 3°

**4. 친핵성 공격으로 인한 생성물이 어떻게 최종 물질로 변하는지(올바른 탄소 골격을 가지고 있다면) 또는 최종 물질에서 요구하는 다른 결합을 형성하기 위해 재활성화되는지 생각한다.**

양성자 제거(공존할 수 없는 $^-OH$가 아닌 $HSO_4^-$ 또는 $H_2O$) 결과 생성물이 만들어진다.

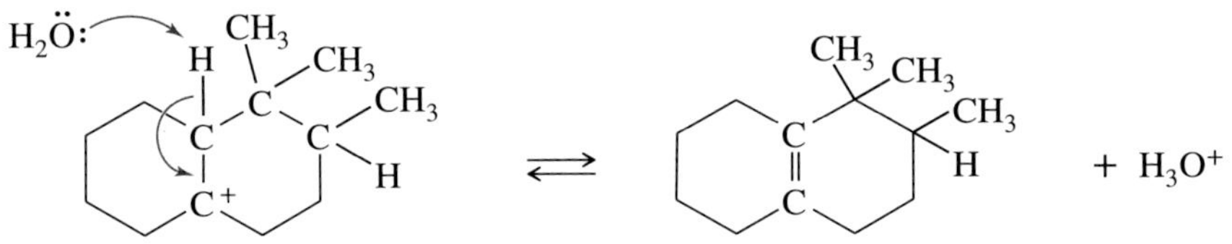

$+ H_3O^+$

**5. 전자의 이동을 표시하기 위해서 곡선 화살표를 사용하여 메커니즘의 모든 단계 그린다.**

위에 기술한 반응식을 종합하면 이 반응에 대한 완성된 메커니즘이 된다.

다음은 강한 친전자체가 관여하는 반응에 대한 메커니즘을 요구하는 문제이다. 위에서 기술한 다섯 단계를 종합하여 각각을 완성하라.

**연습문제 11-26**

각 반응의 메커니즘을 제안하라.

**(a)** OH $\xrightarrow{H_2SO_4,\ 열}$

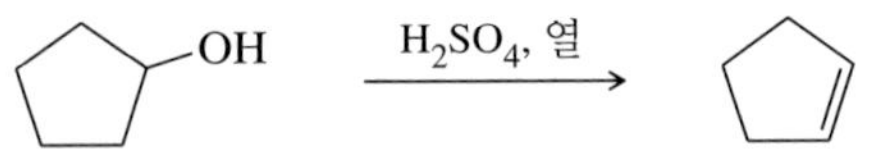

**(b)** $OCH_3$ $\xrightarrow[H_2O]{H^+}$ O + $CH_3OH$

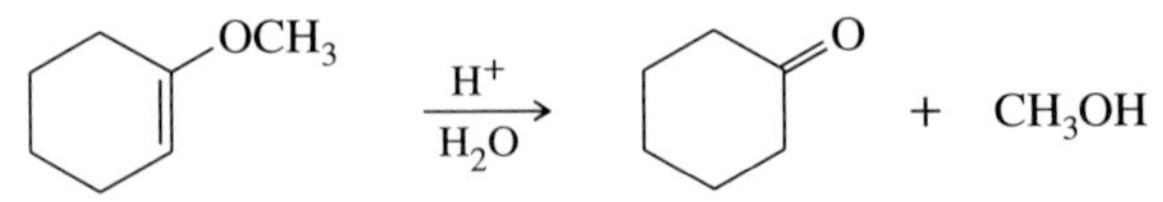

**(c)** $CH_2OH$ $\xrightarrow{H_2SO_4,\ 열}$ + $CH_2$ +

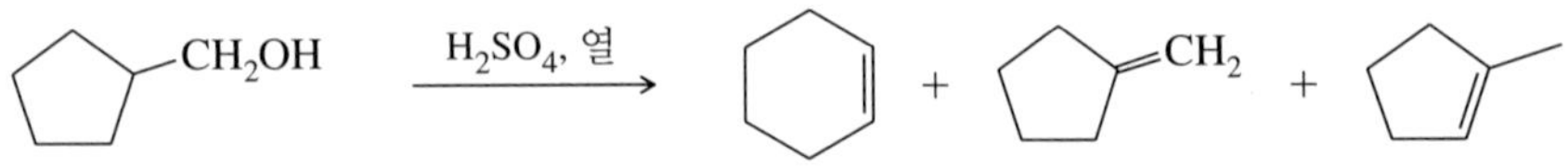

**(d)** O $\xrightarrow[CH_3CH_2OH]{H^+}$ HO $OCH_2CH_3$ $CH_3$

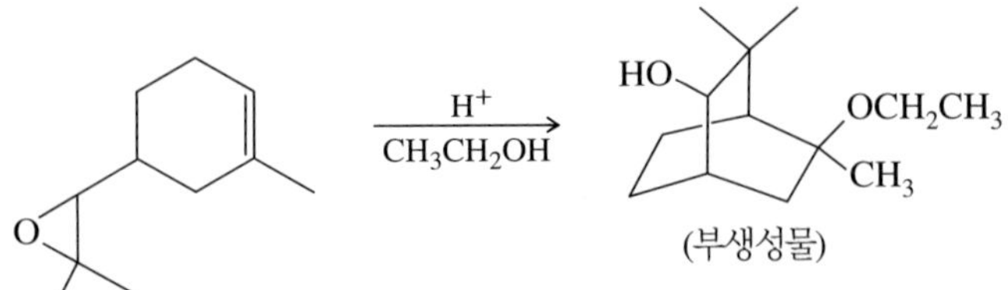

(부생성물)

**연습문제 11-27**

다음 치환된 사이클로헵탄올이 탈수 반응을 할 때 부생성물 중 하나는 고리가 수축한다. 이 고리 수축이 어떻게 일어나는지 메커니즘을 제안하라.

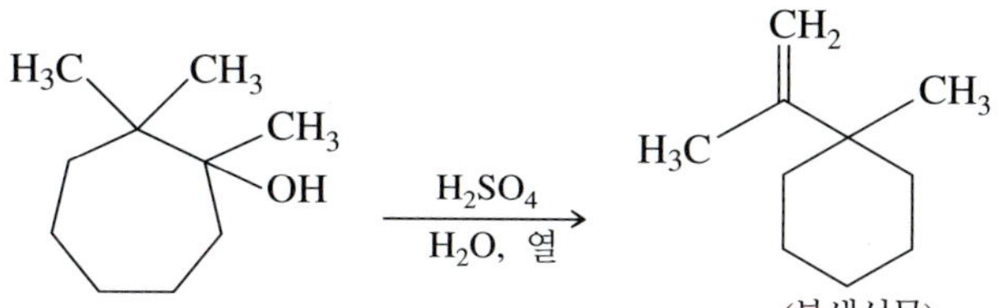

(부생성물)

## 11-11 다이올의 독특한 반응

다이올은 때때로 2개의 인접한 —OH기의 존재에 따라 반응을 겪는다. 이러한 반응에는 피나콜 자리 옮김과 과아이오딘산(periodic acid)에 의한 분해가 있다.

### 11-11A 피나콜 자리 옮김

알코올 반응에 대한 지식을 이용하면 생소해 보이는 결과를 설명할 수 있다. 다음 탈수 반응은 **피나콜 자리 옮김**(pinacol rearrangement)의 한 예이다.

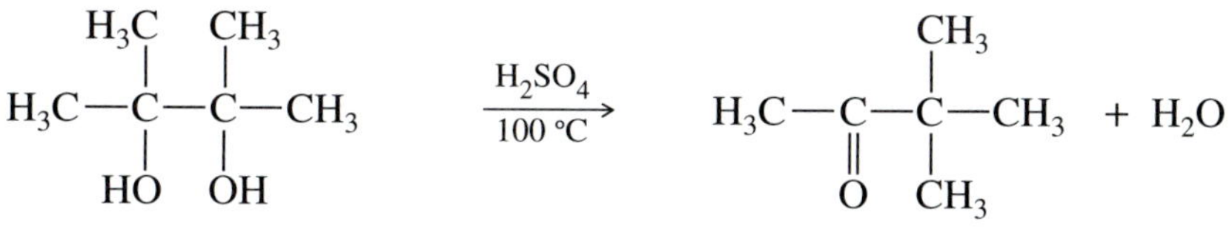

피나콜
(2,3-다이메틸뷰테인-2,3-다이올)

피나콜론
(3,3-다이메틸뷰탄-2-온)

피나콜 자리 옮김은 형식적으로는 탈수 반응이다. 이 반응은 산에 의해 촉매되고, 그 첫 단계에서 2개의 하이드록시기 산소 중 하나에 양성자가 첨가된다. 3차 알코올에서처럼 물이 제거되면 3차 탄소 양이온이 생성된다. 메틸기의 이동으로 둘째 —OH기를 가진 탄소 원자에 양하전이 놓인다. 산소의 비공유 전자는 공명 구조를 통해 양하전을 안정화시킨다. 이러한 여분의 안정도가 자리 옮김의 추진력이 되며, 안정한 3차 탄소 양이온을 공명에 의해 더욱 안정한 탄소 양이온으로 변환한다. 공명으로 안정화된 양이온의 탈양성자화는 피나콜론(pinacolone)이라는 생성물을 생성한다.

**메커니즘 11-5 | 피나콜 자리 옮김**

**1단계:** 하이드록시기가 양성자화된다.

**2단계:** 물을 잃고 탄소 양이온을 생성한다.

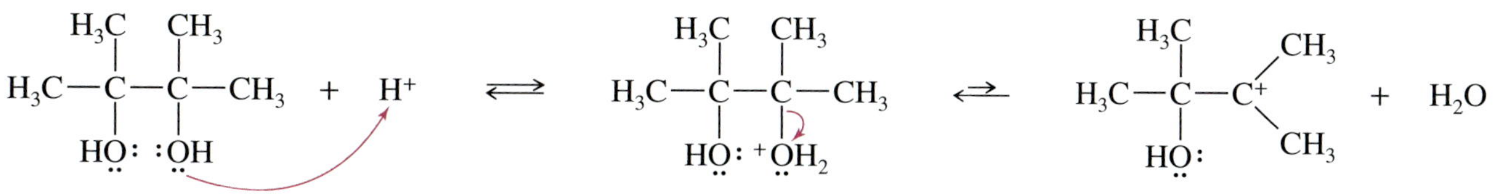

**3단계:** 메틸기의 이동으로 공명으로 안정화된 탄소 양이온이 생성된다.

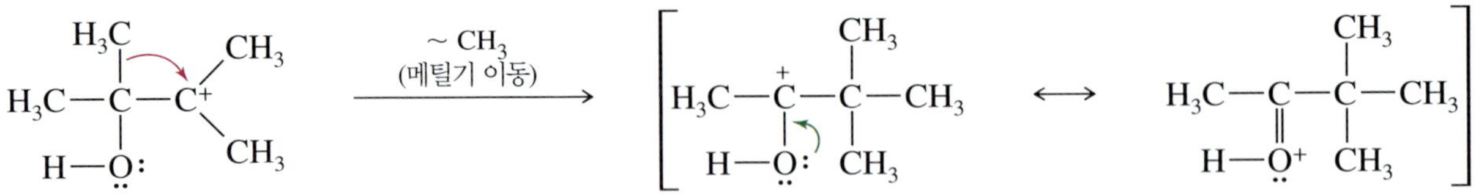

~ $CH_3$ (메틸기 이동)

공명으로 안정화된 탄소 양이온

**4단계:** 탈양성자 반응으로 생성물이 생긴다.

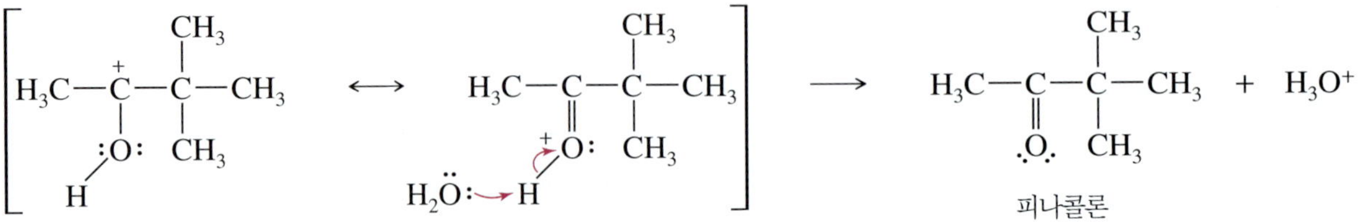

피나콜론

공명으로 안정화된 탄소 양이온

다이올의 산 촉매 반응에서 피나콜과 같은 자리 옮김은 보편적이다. 하이드록시기 중 하나는 양성자가 첨가되고, 물을 잃은 후 탄소 양이온을 형성한다. 자리 옮김이 일어나 공명 안정화된 양이온이 생성되고, 남아 있는 하이드록시기가 양하전의 안정화를 돕는다. 연습문제 11-28은 몇 가지 추가적인 피나콜 자리 옮김의 예를 보여준다.

**문제풀이 힌트**

반응 중 고리의 크기가 변할 때 자리 옮김이 발생하며, 특히 고리 원자가 이동한다. 대부분의 경우 이동은 안정적인 중간체를 형성하기 위해 발생하거나 3원 및 4원 고리의 고리 변형을 풀 수 있다.

**연습문제 11-28**

각 반응의 메커니즘을 제안하라.

(a) $H^+$

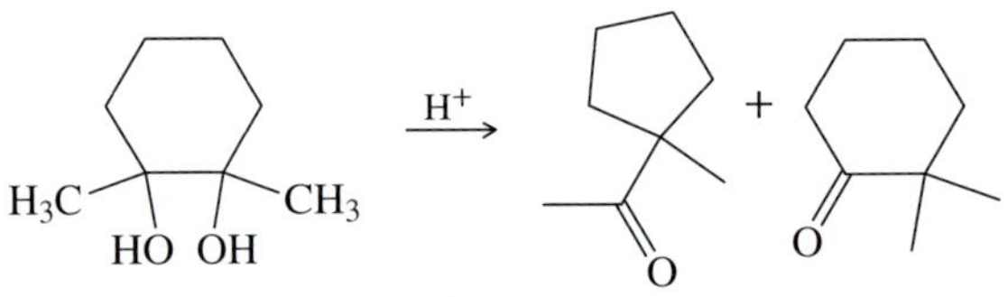

(b) $H_2SO_4$

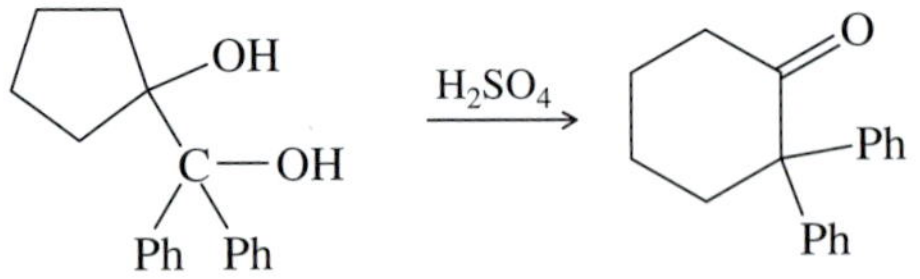

**문제풀이 힌트**

피나콜 자리 옮김과 유사하게 카비놀 탄소 위에 + 전하가 놓일 수 있는 탄소 양이온 자리 옮김을 생각하라. 자리 옮김은 종종 + 전하를 안정화시킬 수 있는 비공유 전자쌍을 가진 산소나 질소가 결합된 탄소 원자로 + 전하를 옮긴다.

**연습문제 11-29**

다음 반응에서 출발 물질은 이중 결합과 하이드록시기를 가지고 있으나, 메커니즘은 피나콜 자리 옮김과 비슷하다. 메커니즘을 제안하고, 피나콜 자리 옮김과 닮은 메커니즘 부분을 지적하라.

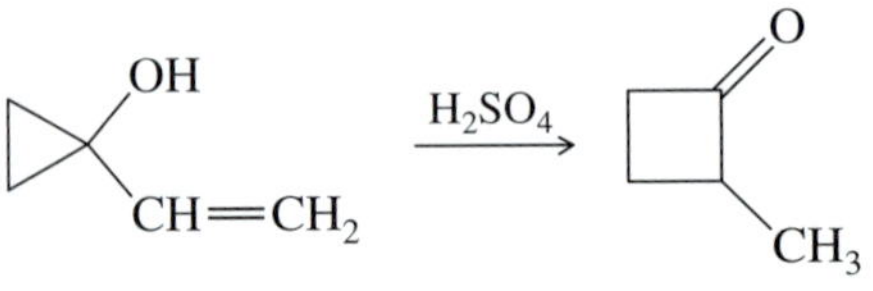

$H_2SO_4$

### 11-11B 글라이콜의 과아이오딘산 분해

알켄의 하이드록시화 반응에 의해 생성되는 화합물인 1,2-다이올(글라이콜)은 과아이오딘산($HIO_4$)에 의해 분해된다. 그 생성물은 알켄의 가오존 분해-환원에 의해 생성되는 물질과 같은 케톤과 알데하이드이다. 1,2-다이올의 과아이오딘산 분해는 각 탄소에 자유로운 —OH기가 있을 경우에만 두 탄소 원자 사이의 결합을 분해하기 때문에, 일반적으로 알려지지 않은 당의 구조를 결정하는 데 사용된다.

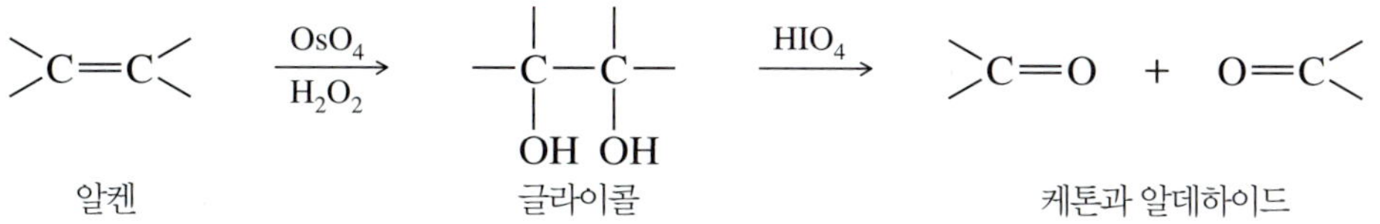

$$>C{=}C< \xrightarrow[H_2O_2]{OsO_4} -\underset{OH}{\overset{|}{C}}-\underset{OH}{\overset{|}{C}}- \xrightarrow{HIO_4} >C{=}O + O{=}C<$$

알켄 글라이콜 케톤과 알데하이드

글라이콜의 과아이오딘산 분해에는 아마도 여기에 표시된 것과 같은 순환 과아이오딘산 염 중간체가 포함될 것이다.

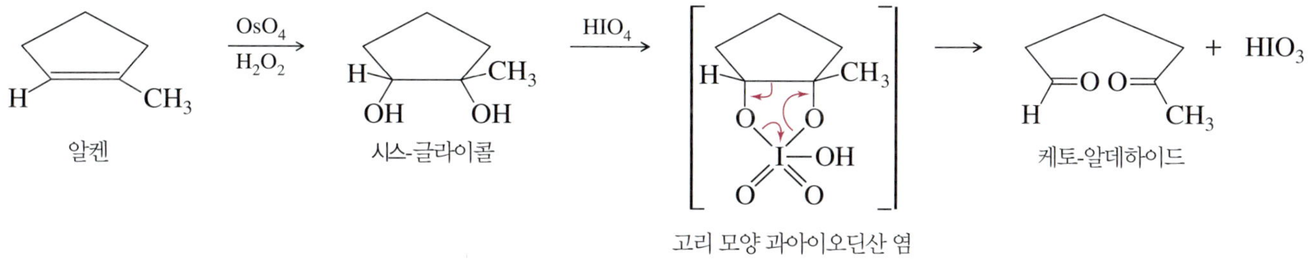

알켄 $\xrightarrow[H_2O_2]{OsO_4}$ 시스-글라이콜 $\xrightarrow{HIO_4}$ [고리 모양 과아이오딘산 염] $\longrightarrow$ 케토-알데하이드 + $HIO_3$

고리 모양 과아이오딘산 염

#### 연습문제 11-30

다음 다이올의 과아이오딘산 분해에 의한 생성물을 예측하라.

(a) $CH_3CH(OH)CH(OH)CH_3$

(b) 1-(하이드록시메틸)사이클로펜탄올 ($CH_2OH$, OH)

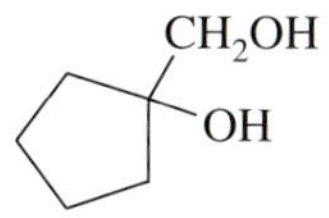

(c) $Ph-C(OH)(CH_3)-CH(OH)CH_2CH_3$

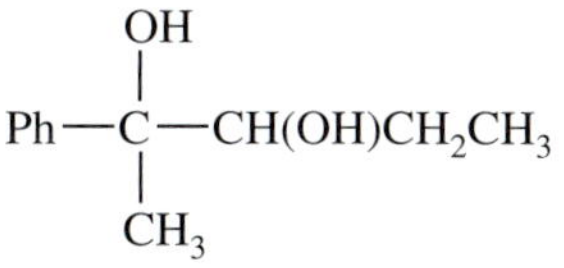

(d) (바이사이클로 고리의 cis-다이올: OH, H, OH, H)

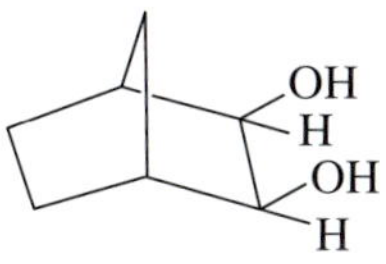

**문제풀이 힌트**

과아이오딘산 1,2-다이올을 분해하여 탄소-탄소 결합을 끊고, 2개의 —OH기를 카보닐기로 산화시킨다.

## 11-12 알코올의 에스터화 반응

유기 화학자들에게 **에스터**(ester)라는 용어는 어떤 종류의 에스터라고 지정하지 않는 한 보통 카복실산의 에스터를 의미한다. —OH기를 알코올의 —OR기로 치환하면 카복실산 에스터가 생성된다. **Fischer 에스터화 반응**(Fischer esterification)이라고 하는 반응은 왼쪽에 있는 알코올 및 산과 오른쪽에 있는 에스터와 물의 관계를 나타낸다.

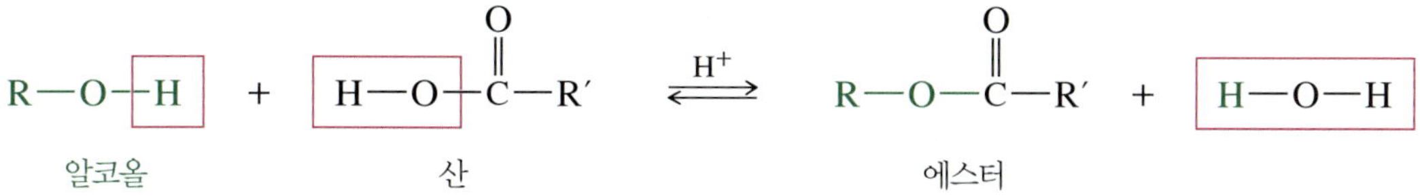

$$R-O-H + H-O-\overset{O}{\overset{\|}{C}}-R' \overset{H^+}{\rightleftharpoons} R-O-\overset{O}{\overset{\|}{C}}-R' + H-O-H$$

알코올 산 에스터

예를 들면 아이소프로필 알코올(isopropyl alcohol)과 아세트산의 혼합물에 촉매로 황산을 떨어뜨리면 다음과 같은 평형이 이루어진다.

$$(CH_3)_2CH-O-H + H-O-C(=O)-CH_3 \underset{}{\overset{H_2SO_4}{\rightleftharpoons}} (CH_3)_2CH-O-C(=O)-CH_3 + H-O-H$$

아이소프로필 알코올 아세트산 아세트산 아이소프로필 물

**응용: 약**

불쾌한 맛을 가진 약의 알코올기는 이러한 맛을 없애기 위해 종종 그의 에스터로 변환한다. 대부분의 경우 에스터는 알코올보다 덜 불쾌한 맛을 가진다.

Fischer 에스터화 반응은 하나의 평형이기 때문에(흔히 불리한 평형 상수를 지님) 에스터를 좋은 수득률로 얻으려면 더욱 현명한 기술이 필요하다. 예를 들면 과량의 알코올이나 산을 이용할 수 있다. 탈수제를 첨가하여 물(생성물 중 하나)을 제거하면 반응을 오른쪽으로 가게 한다. 그러나 불리한 평형을 다룰 필요 없이 에스터를 생성하는 강력한 방법이 있다. 알코올은 산 염화물과 발열 반응을 하며 에스터를 생성한다. 피리딘은 종종 HCl 부산물을 중화하기 위해 이러한 반응에도 첨가되며 촉매로도 기능할 수 있다.

$$R-O-H + Cl-C(=O)-R' \xrightarrow{\text{피리딘}} R-O-C(=O)-R' + C_5H_5N^+-H \; Cl^-$$

알코올 산 염화물 에스터

산 유도체를 형성하는 이 반응의 메커니즘은 21장에서 다룬다.

**문제풀이 힌트**

에스터는 산과 알코올이 물을 잃으며 생성된 합성체이다.

**연습문제 11-31**

다음 에스터를 만드는 데 사용될 수 있는 알코올과 산 염화물을 제시하라.

(a) $CH_3CH_2CH_2C(=O)-OCH_2CH_2CH_3$
뷰티르산 *n*-프로필

(b) $CH_3(CH_2)_3-O-C(=O)-CH_2CH_3$
프로피온산 *n*-뷰틸

(c) $H_3C-C_6H_4-O-C(=O)-CH(CH_3)$
*p*-톨릴아이소뷰티르산

(d) $C_3H_5-O-C(=O)-C_6H_5$
벤조산 사이클로프로필

## 11-13 무기산의 에스터

알코올은 카복실산과 반응하여 에스터를 생성할 뿐만 아니라 질산, 황산, 인산 같은 무기산과도 반응하여 **무기산 에스터**(inorganic ester)를 생성한다. 각 유형의 에스터에서 알코올의 알콕시기(—OR)는 산의 하이드록시기를 치환하면서 물을 잃는다. 앞서 파라-톨루엔설폰산(*para*-toluenesulfonic acid)과 알코올로 구성된 토실레이트 에스터(11-5절에서 염화 토실을 이용하여 만든 것이긴 하지만)를 공부했다. 토실레이트 에스터는 황산과 알코올로 구성되어 있는 황산 에스터(11-13A절)의 유사체이다.

$$R{-}O{-}H + HO{-}SO_2{-}C_6H_4{-}CH_3 \rightleftharpoons R{-}O{-}SO_2{-}C_6H_4{-}CH_3 + H_2O$$

알코올 / 파라-톨루엔설폰산 (TsOH) / 파라-톨루엔설폰산 에스터 (ROTs)

염화 토실을 이용한 제조

$$R{-}O{-}H + Cl{-}SO_2{-}C_6H_4{-}CH_3 \xrightarrow{\text{피리딘}} R{-}O{-}SO_2{-}C_6H_4{-}CH_3 + HCl$$

알코올 / 염화 파라-톨루엔설폰산 (TsCl) / 토실레이트 에스터 (ROTs)

### 11-13A 황산 에스터

**황산 에스터**(sulfate ester)는 알킬기가 황 원자에 직접 결합하지 않은 점을 제외하면 설폰산 에스터와 비슷하다. 황산 알킬 에스터에는 알콕시기가 산소를 통해서 결합되어 있다. 알코올로서 메탄올을 사용하여,

$$HO{-}SO_2{-}OH \xrightleftharpoons{CH_3O{-}H} CH_3{-}O{-}SO_2{-}OH + H_2O \xrightleftharpoons{CH_3OH} CH_3{-}O{-}SO_2{-}O{-}CH_3 + H_2O$$

황산 / 황산 메틸 / 황산 다이메틸

황산 이온은 우수한 이탈기이다. 설폰산 에스터처럼 황산 에스터도 좋은 친전자체이다. 친핵체가 황산 에스터와 반응하여 알킬화된 생성물을 만든다. 예를 들면 황산 다이메틸(dimethyl sulfate)과 암모니아가 반응하여 메틸아민의 황산염($CH_3NH_3^+CH_3OSO_3^-$)을 생성한다.

$$H_3N: + CH_3{-}O{-}SO_2{-}O{-}CH_3 \longrightarrow H_3N^+{-}CH_3 \quad ^-O{-}SO_2{-}O{-}CH_3$$

암모니아 / 황산 다이메틸 / 메틸암모늄 이온 / 황산 메틸 이온

**응용: 생화학**

몸은 일부 약물의 OH기를 황산염 유도체로 전환하여 쉽게 배설되는 수용성 화합물을 생성한다. 신체 내 무기 황산염의 가용성이 제한되어 있기 때문에 반응은 그만큼 흔하지 않다.

**연습문제 11-32**

메테인설폰산(methanesulfonic acid, $CH_3SO_3H$, p$K_a$ = −2.6)이 아세트산($CH_3COOH$, p$K_a$ = 4.8)보다 왜 훨씬 센산인지 짝염기의 공명 구조를 이용하여 설명하라.

### 11-13B 질산 에스터

**질산 에스터**(nitrate ester)는 알코올과 질산으로부터 형성된다.

$$R{-}O{-}H + H{-}O{-}N^+(=O){-}O^- \longrightarrow R{-}O{-}N^+(=O){-}O^- + H{-}O{-}H$$

알코올 / 질산 / 알킬 질산 에스터

1860년경 나이트로글리세린 제조용 기구를 조작하고 있는 Alfred Nobel의 모습. 이 과정 동안 온도를 주의 깊게 측정하고 조절해야 한다. 때문에 그가 앉아 있는 의자의 다리는 그가 졸지 않도록 하나로 되어 있다.

**응용: 약**

나이트로글리세린은 심장이 충분한 산소를 공급받지 못해서 생기는 협심증을 억제하는 데 쓰인다. 협심증은 흔히 정신적 압력이나 운동할 때 생기는 심장의 심한 고통이 특징이다. 다이너마이트 노벨 공장에서 협심증을 가진 작업자가 이 효과를 발견했다. 그들은 일하러 갔을 때 증세가 완화된다는 사실을 발견했다. 미토콘드리아에서 나이트로글리세린이 NO(nitric oxide)로 대사되고, 이것이 많은 대사 과정을 조절한다.

가장 잘 알려진 질산 에스터는 '나이트로글리세린(nitroglycerine)'이다. 이것의 체계명은 삼질산 글리세릴(glyceryl trinitrate)이다. 삼질산 글리세릴은 글리세롤, 즉 1,2,3-프로페인트라이올(1,2,3-propanetriol)과 세 분자의 질산이 반응하여 생성된 것이다.

$$\begin{matrix} CH_2-O-H \\ | \\ CH-O-H \\ | \\ CH_2-O-H \end{matrix} \quad + \quad 3\ HO-NO_2 \quad \longrightarrow \quad \begin{matrix} CH_2-O-NO_2 \\ | \\ CH-O-NO_2 \\ | \\ CH_2-O-NO_2 \end{matrix} \quad + \quad 3\ H_2O$$

글리세롤 (글리세린)    질산    삼질산 글리세릴 (나이트로글리세린)

나이트로글리세린은 1847년에 처음 만들어졌는데, 질산 포타슘, 황, 목탄의 혼합물인 흑색 화약보다 훨씬 강력한 폭발물임이 입증되었다. 흑색 화약에서 질산 포타슘은 산화제이고, 황과 목탄이 산화되는 연료가 된다. 흑색 화약의 폭발 속도는 가열된 질산 포타슘에서 산소가 얼마나 빨리 황과 목탄으로 확산되느냐에 달려 있다. 흑색 화약의 폭발은 반응에서 발생하는 압력의 급격한 증가로 일어난다. 폭발은 대포나 폭죽처럼 밀폐되어야 효과적이다.

나이트로글리세린의 경우 나이트로기는 산화제이고, CH와 $CH_2$기는 산화되는 연료이다. 연료와 산화제의 회합은 폭약으로 전달되어 반응을 개시하는 충격파를 만듦으로써 폭발을 훨씬 빠르게 일어나게 한다. 폭약의 충격파는 밀폐 없이도 바위나 다른 물질을 파괴할 수 있다. 이런 전례 없는 폭발력 때문에 나이트로글리세린은 **고폭약**(high explosive)이라고 한다. 피크르산(picric acid), TNT(trinitrotoluene), PETN(pentaerythritol tetranitrate), RDX(research department explosive) 같은 많은 고폭약이 개발되었다. 나이트로글리세린과 PETN은 질산 에스터이다. 피크르산과 TNT는 에스터가 아니고 나이트로벤젠의 유도체이다.

순수한 나이트로글리세린은 제조, 사용, 수송하기에 위험한 물질이다. Alfred Nobel의 가족은 나이트로글리세린을 만들고 사용하는 데 전문가였지만, 그의 형제와 여러 명의 인부가 폭발로 사망했다. 1866년에 Nobel은 나이트로글리세린을 규조토에 흡수시키면 쉽게 폭발하지 않고 막대기 모양으로 만들 수 있는 반죽 혼합물이 된다는 사실을 발견했다. 그는 이를 **다이나마이트**(dynamite)라고 이름지었고, 세계적인 탄약과 폭발물 제조회사인 다이너마이트 노벨(Dynamite Nobel)을 설립했다. 노벨상은 노벨사의 다이나마이트 사업에서 얻은 수입의 기부금으로 제정되었다.

피크르산: OH, $O_2N$, $NO_2$, $NO_2$ 치환 벤젠    TNT: $CH_3$, $O_2N$, $NO_2$, $NO_2$ 치환 벤젠    PETN: $O_2NOCH_2-C(CH_2ONO_2)_2-CH_2ONO_2$    RDX: 고리형 $(CH_2N-NO_2)_3$

피크르산    TNT    PETN    RDX

## 11-13C 인산 에스터

인산 알킬은 1몰의 인산이 1, 2, 3몰의 알코올과 결합한다. 예를 들면 메탄올은 세 가지 **인산 에스터**(phosphate ester)를 형성한다.

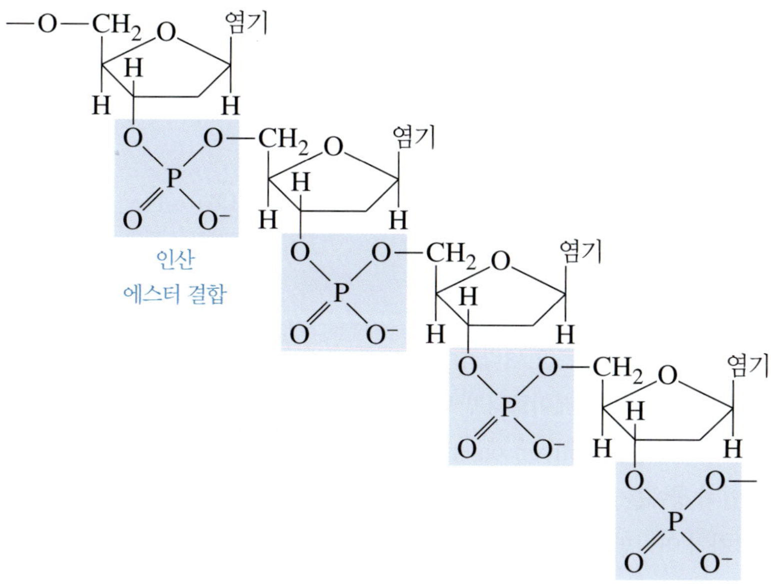

그림 11-3 인산 에스터기는 DNA의 각 뉴클레오타이드를 함께 결합시킨다. 각 뉴클레오타이드의 '염기'는 DNA상에 있는 4개의 헤테로 고리 염기 중 하나에 해당한다(23-15절 참조).

**응용: 생화학**

주요 단백질의 인산염 에스터 형성을 제어함으로써 신체는 많은 세포 과정을 조절할 수 있다. 이러한 인산화 과정이 중단되면 암, 당뇨병, 비만 등 수많은 건강 문제가 발생할 수 있다.

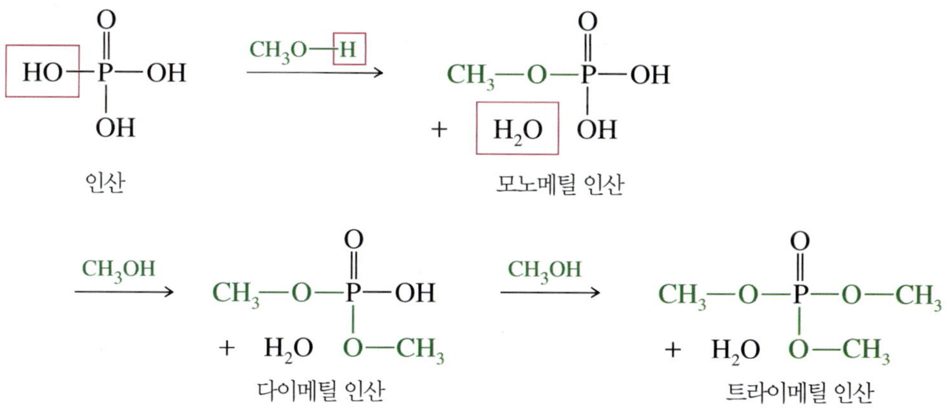

$$\underset{\text{인산}}{HO-P(=O)(OH)-OH} \xrightarrow{CH_3O-H} \underset{\text{모노메틸 인산}}{CH_3-O-P(=O)(OH)-OH} + H_2O$$

$$\xrightarrow{CH_3OH} \underset{\text{다이메틸 인산}}{CH_3-O-P(=O)(O-CH_3)-OH} + H_2O \xrightarrow{CH_3OH} \underset{\text{트라이메틸 인산}}{CH_3-O-P(=O)(O-CH_3)-O-CH_3} + H_2O$$

인산 에스터는 생화학에서 중심적인 역할을 하고 있다. 그림 11-3은 인산 에스터 결합이 어떻게 핵산인 RNA(ribonucleic acid, 리보핵산)와 DNA(deoxyribonucleic acid, 데옥시리보핵산)의 기본 골격을 형성하는지 보여준다. 이들 핵산은 세포 내에서 유전 정보를 전달하는데, 23장에서 논의할 것이다.

## 11-14 알콕시화 이온의 반응

10-6B절에서는 소듐 또는 포타슘 같은 '활성' 금속에 의한 환원으로 알코올로부터 하이드록시기의 양성자가 제거되는 것을 배웠다. 이 반응으로 **알콕시화 이온**(alkoxide ion)의 소듐 염 또는 포타슘 염과 수소 기체가 생성된다.

$$R-\ddot{\underset{..}{O}}-H \quad + \quad Na \longrightarrow R-\ddot{\underset{..}{O}}:^- \; Na^+ \quad + \quad \tfrac{1}{2}H_2\uparrow$$

$$R-\ddot{\underset{..}{O}}-H \quad + \quad K \longrightarrow R-\ddot{\underset{..}{O}}:^- \; K^+ \quad + \quad \tfrac{1}{2}H_2\uparrow$$

소듐과 포타슘에 대한 알코올의 반응성은 메틸 > 1차 > 2차 > 3차의 순서로 감소한다. 소듐은 1차 알코올 및 수종의 2차 알코올과 신속하게 반응한다. 포타슘은 소듐보다 반응성이 더 크며, 3차 알코올 및 몇 가지 2차 알코올과의 반응에 일반적으로 사용된다.

소듐 금속은 에탄올과 같은 간단한 1차 알코올과 격렬하게 반응한다.

어떤 알코올은 소듐 또는 포타슘과 모두 느리게 반응한다. 이런 경우 테트라하이드로퓨란(tetrahydrofuran) 용액에서 수소화 소듐을 대신 유용하게 쓸 수 있다. 수소화 소듐은 반응성이 낮은 화합물과도 빠르게 반응하여 알콕시화 이온을 형성한다.

$$\underset{\substack{\text{알코올} \\ pK_a \approx 16}}{R-\ddot{\underset{\cdot\cdot}{O}}-H} + \underset{\text{수소화 소듐}}{NaH} \xrightarrow{\text{THF}} \underset{\text{알콕시화 소듐}}{R-\ddot{\underset{\cdot\cdot}{O}}{:}^- \; Na^+} + \underset{\substack{\text{수소} \\ pK_a = 36}}{H_2\uparrow}$$

알콕시화 이온은 센염기일 뿐 아니라 강한 친핵체이다. 알코올 그 자체와는 달리 알콕시화 이온은 1차 할로젠화 알킬 및 토실레이트와 반응하여 **에터**(ether)를 형성한다. 이러한 일반적인 반응을 **Williamson 에터 합성법**(Williamson ether synthesis)이라 하는데, $S_N2$ 치환 반응이다. 뒤쪽으로의 공격이 입체 장애를 받지 않기 위해서 할로젠화 알킬(또는 토실레이트)은 1차여야 한다. 할로젠화 알킬이 1차가 아니면 주로 제거 반응이 일어난다.

## 핵심 메커니즘 11-6 | Williamson 에터 합성법

이 합성법은 에터를 만드는 가장 중요한 방법이다.

**1단계:** 입체 장애가 큰 알코올의 알콕시화 이온을 형성한다.

$$R-\ddot{\underset{\cdot\cdot}{O}}-H + Na\ (\text{또는 NaH 또는 K}) \longrightarrow \underset{\text{알콕시화 이온}}{R-\ddot{\underset{\cdot\cdot}{O}}{:}^- \; Na^+} + \tfrac{1}{2} H_2\uparrow$$

**2단계:** 알콕시화 이온은 좋은 $S_N2$ 기질의 이탈기를 치환한다.

$$\underset{\text{알콕시화 이온}}{R-\ddot{\underset{\cdot\cdot}{O}}{:}^- \; {}^+Na} \quad \underset{\text{1차 할로젠화물 또는 토실레이트}}{R'-CH_2-X} \longrightarrow \underset{\text{에터}}{R-\ddot{\underset{\cdot\cdot}{O}}-CH_2-R'} + NaX$$

**예: 사이클로펜틸 에틸 에터 합성**

**1단계:** 입체 장애가 큰 알코올의 알콕시화 이온을 형성한다.

$$\text{C}_5\text{H}_9\text{-OH} + NaH \longrightarrow \text{C}_5\text{H}_9\text{-O}^- \; Na^+ + H_2\uparrow$$

**2단계:** 알콕시화 이온은 좋은 $S_N2$ 기질의 이탈기를 치환한다.

$$\text{C}_5\text{H}_9\text{-O}^- \; Na^+ \quad H_3C-CH_2-Br \longrightarrow \text{C}_5\text{H}_9\text{-O}-CH_2-CH_3 + Na^+ \; Br^-$$

**문제: 사이클로펜틸기가 알콕시화 이온으로 선택되고, 에틸기가 할로젠화물로 선택된 이유는 무엇인가? 사이클로펜틸 에틸 에터를 합성하는 데 브로민화 사이클로펜틸과 에톡시화 소듐을 선택하지 않은 이유는 무엇인가?**

Williamson 에터 합성법에서 할로젠화 알킬(또는 토실레이트)은 좋은 $S_N2$ 기질, 즉 일반적으로 1차여야 함을 기억해야 한다. Williamson 합성법을 제안할 경우 일반적으로 입체 장애가 작은 알킬기가 할로젠화물(또는 토실레이트)이 되고, 입체 장애가 더 큰 기가 알콕시화 이온이 되도록 선택한다.

**연습문제 11-33**

에틸 메틸 에터의 좋은 Williamson 합성법은 아래와 같다.

$$CH_3CH_2—O^-\ Na^+ \ + \ CH_3I \longrightarrow CH_3CH_2—O—CH_3 \ + \ NaI$$

에톡시화 소듐 / 아이오딘화 메틸 / 에틸 메틸 에터

다음 제시된 에틸 메틸 에터 합성에서 잘못된 것은 무엇인가? 먼저 에탄올을 산과 처리하여 하이드록시기를 양성자화했고(좋은 이탈기로 만든다), 그 후 물을 치환시키기 위해 메톡시화 소듐이 첨가된다.

$$CH_3CH_2—OH \ + \ H^+ \longrightarrow CH_3CH_2—\overset{+}{O}H_2 \xrightarrow{Na^+\ ^-OCH_3} \!\!\!\!\!\!\times\ \ CH_3CH_2—O—CH_3$$

(에틸 메틸 에터의 옳지 않은 합성법)

**연습문제 11-34**

(a) 에탄올과 사이클로헥산올이 사이클로헥실 에틸 에터 합성에 어떻게 이용되는지 나타내라. (토실화 후 Williamson 에터 합성법을 사용하라.)

(b) 이 생성물을 합성할 때 두 알코올에 황산을 넣고 가열하는 방법을 사용할 수 없는 이유는 무엇인가?

**문제풀이 힌트**

R—O—R′을 만들기 위한 Williamson 에터 합성법을 이용할 때는 할로젠화 알킬(R′—X)로서 입체 장애가 작은 알킬기를 선택한다. 이것이 보다 나은 $S_N2$ 기질이 되기 때문이다. 알콕시화 이온(R—$O^-$)을 만들기 위해서는 입체 장애가 큰 알킬기를 선택한다. 이는 반응할 때 입체 장애에 덜 예민하기 때문이다.

$$R—O^- + R'—X \longrightarrow R—O—R'$$

**연습문제 11-35**

한 학생이 Williamson 에터 합성법으로 (*R*)-2-에톡시뷰테인을 만들려고 했다. 학생은 Williamson 에터 합성법이 입체 구조의 반전을 수반하는 $S_N2$ 치환과 관련 있다는 것을 알고 있다. 그래서 카이랄 출발 물질로 (*S*)-뷰탄-2-올을 주문했다. 또한 $S_N2$ 반응에는 1차 염화물과 토실레이트가 좋다는 것을 기억해서 에틸 토실레이트와 소듐 (*S*)-뷰트-2-옥사이드를 만들었다. 이 시약들을 가열한 후 2-에톡시뷰테인을 좋은 수득률로 얻을 수 있었다.

(a) 학생이 얻은 2-에톡시뷰테인은 어떤 거울상 이성질체인가? 에틸 토실레이트와 소듐 (*S*)-뷰트-2-옥사이드의 $S_N2$ 반응에서 어떻게 이런 거울상 이성질체가 만들어졌는지 설명하라.

(b) 어떤 것이 (*R*)-2-에톡시뷰테인의 가장 좋은 합성법인가?

(c) 이 학생은 (*S*)-뷰탄-2-올을 어떻게 (*R*)-2-에톡시뷰테인으로 만들 수 있겠는가?

**연습문제 11-36**

페놀($pK_a \approx 10$)은 다른 알코올보다 산성이므로 수산화 소듐(sodium hydroxide)이나 수산화 칼륨에 의해 양성자가 쉽게 제거된다. 페놀 음이온(phenoxide ion)은 Williamson 에터 합성법에 이용된다. 특히 황산 다이메틸 같은 반응성이 매우 큰 알킬화제와 함께 쓰일 때는 더욱 그렇다. 페놀, 황산 다이메틸과 다른 필요한 시약을 이용하여 메틸 페닐 에터를 어떻게 합성하는지 나타내라.

## 문제풀이 전략 ┃ 다단계 합성

화학자들은 유용한 천연물질을 대량 생산하고, 향상된 성질과 생물학적 효과를 보이는 완전히 새로운 화합물을 만들기 위해 유기 합성을 이용한다. 합성 문제를 해결하는 것은 또한 유기 화학의 확고한 영역을 발전시키는 최선책 중 하나로 기능한다. 실제적인 다단계 합성을 계획하는 데는 다양한 유기 반응의 한계성 및 적용에 관련된 충분한 지식이 필요하다. 앞서 배운 반응을 복습하고 보강하기 위해 자주 합성 문제를 이용할 것이다.

다단계 합성 문제를 해결하기 위해 역으로 합성하는 '역합성(retrosynthetic)' 방법으로 풀어가는 체계적인 접근법을 사용한다. 먼저 목표 분자를 연구하고, 간단한 중간 화합물로부터 그 목표 분자를 만드는 데 어떤 최종적인 반응이 이용될 수 있는지 생각한다. 둘 이상의 합성 경로와 관여하는 중간 화합물을 비교하는 것이 항상 필요하다. 결국 역합성 분석은 쉽게 구할 수 있거나 그 문제에서 정의된 요구사항을 충족시킬 수 있는 출발 물질까지 거슬러 올라가야 한다.

이제 체계적인 분석을 알코올과 Grignard 시약이 관련된 문제까지 확장할 수 있다. 예로서 탄소 골격을 구성하고 최종 작용기를 생성하는 중요한 단계에 주목하면서, 고리 화합물이 아닌 다이올과 이중 치환된 사이클로헥세인의 합성을 고려한다.

**예시 문제**

첫 번째 문제는 3개 이하의 탄소를 포함하는 화합물로부터 3-에틸펜테인-2,3-다이올을 합성하는 것이다.

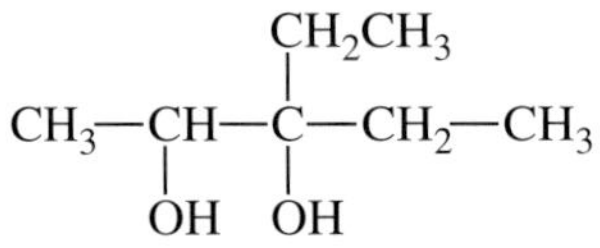

$$CH_3-CH(OH)-C(OH)(CH_2CH_3)-CH_2-CH_3$$

3-에틸펜테인-2,3-다이올

1. **목표 화합물의 작용기와 탄소 골격을 검토한다.**

   목표 화합물은 7개의 탄소 원자를 지닌 이웃 자리 다이올(글라이콜)이다. 글라이콜은 일반적으로 알켄의 다이하이드록시화 반응에 의해 합성되며, 이 글라이콜은 3-에틸펜트-2-엔의 다이하드록시화 반응으로 생성되는데, 이는 효과적으로 목표 화합물로 변환된다.

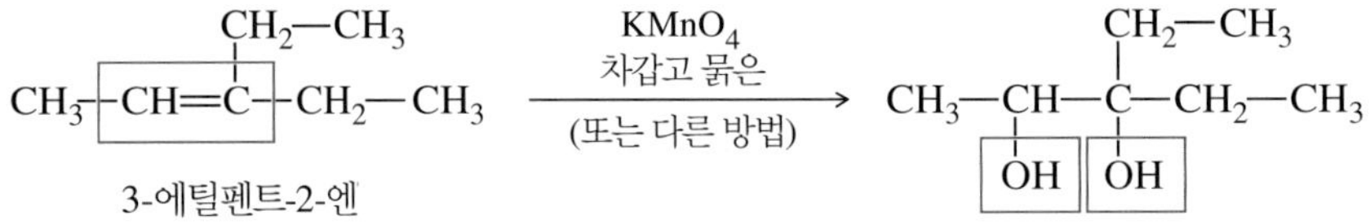

   $$CH_3-CH{=}C(CH_2-CH_3)-CH_2-CH_3 \xrightarrow[\text{(또는 다른 방법)}]{KMnO_4\ \text{차갑고 묽은}} CH_3-CH(OH)-C(OH)(CH_2-CH_3)-CH_2-CH_3$$

   3-에틸펜트-2-엔 → 3-에틸펜테인-2,3-다이올

2. **출발 물질의 작용기와 탄소 골격(만약 이들이 정해져 있다면)을 검토하고, 어떻게 탄소 골격들이 합쳐져 목표 화합물을 이루는가를 살펴본다.**

   제한된 조건은 출발 물질이 3개 이상의 탄소 원자를 포함하지 않는다는 것이다. 7개의 탄소 함유 화합물을 형성하기 위해서는 최소한 3개의 부분이 필요하다. 아마도 하나의 3개의 탄소로 된 부분과 2개의 탄소로 된 두 부분이 필요할 것이다. 알켄으로 바뀔 수 있는 작용기는 사슬의 C2나 C3에 필요하다. 3-에틸펜트-2-엔은 C2와 C3 사이에 이중 결합을 가지고 있기 때문이다. 분자를 구성할 수 있는 방법으로 탄소 2개와 3개로 이루어진 부분에 동그라미를 표시할 수 있다.

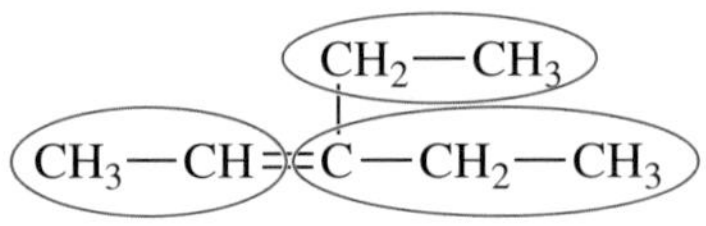

   $$(CH_3-CH)=C(-CH_2-CH_3)(-CH_2-CH_3)$$

3. **목표 화합물의 탄소 골격을 구축하는 방법들을 비교한다. 어떤 방법이 목표 분자 내에서 작용 기능을 가가진 작용기의 정확한 위치와 올바른 탄소 골격을 지닌 핵심 중간체를 제공하는가?**

   여기서 Grignard 반응은 탄소 골격을 구축하는 가장 강력한 방법이며, 1차, 2차, 3차 알코올을 만드는 데 이용될 수 있다(10-9절). 2차 알코올인 3-에틸펜탄-2-올은 C2에 작용기를 가지고 있고, 3차 알코올인 3-에틸펜탄-3-올은 C3에 작용기를 가지고 있다. 이들 알코올 중 어느 것도 적당한 Grignard 반응으로 합성될 수 있으나 3-에틸펜탄-2-올은 탈수되어 생성물이 혼합물로 얻는다. 3-에틸펜탄-3-올은 구조의 대칭성 때문에 탈수되어 원하는 알켄인 3-에틸펜트-2-엔만을 생성한다. 또한 3차 알코올이기 때문에 더 쉽게 탈수된다.

$$CH_3-CH(OH)-CH(CH_2-CH_3)-CH_2-CH_3 \xrightarrow{H_2SO_4} \left\{ CH_3-CH=C(CH_2-CH_3)-CH_2-CH_3 + CH_2=CH-CH(CH_2-CH_3)-CH_2-CH_3 \right\}$$

3-에틸펜탄-2-올 → (주생성물) 3-에틸펜트-2-엔 + (부생성물) 3-에틸펜트-1-엔

더 좋은 합성법:

$$CH_3-CH_2-C(OH)(CH_2-CH_3)-CH_2-CH_3 \xrightarrow{H_2SO_4} CH_3-CH=C(CH_2-CH_3)-CH_2-CH_3$$

3-에틸펜탄-3-올 → (유일한 생성물) 3-에틸펜트-2-엔

4. **필요한 만큼의 여러 단계를 거쳐 역방향으로 검토하여, 핵심 중간체를 만드는 데 필요한 반응 물질의 합성 방법을 비교한다. (이 과정에서는 여러 가지 가능한 단계를 써보고 검토해봐야 하며, 정해진 출발 물질을 염두에 두어야 한다.)**

핵심 중간체인 3-에틸펜탄-3-올은 단순히 3개의 에틸기로 치환된 메탄올이다. 합성 마지막 단계에서 에틸기의 첨가가 필요하다. 브로민화 에틸 마그네슘 시약을 펜탄-3-온에 첨가하여 3-에틸펜탄-3-올을 합성한다.

$$CH_3-CH_2-C(=O)-CH_2-CH_3 \xrightarrow[(2)\ H_3O^+]{(1)\ CH_3CH_2-MgBr} CH_3-CH_2-C(OH)(CH_2-CH_3)-CH_2-CH_3$$

펜탄-3-온 → 3-에틸펜탄-3-올

3탄소 원자 조각과 2탄소 원자 조각으로부터 펜탄-3-온을 합성하려면 여러 단계를 거쳐야 한다(연습문제 11-37 참조). 핵심 중간체가 카비놀 탄소 원자에 3개의 에틸기를 지닌 것을 고려한다면 아마도 더 좋은 방법이 있을 것이다. 2개의 유사한 알킬기는 산 염화물 또는 에스터에 Grignard 반응으로 첨가될 수 있다(10-9D절). 2몰의 브로민화 에틸 마그네슘을 탄소 3개의 산 염화물에 첨가하면 3-에틸펜탄-3-올이 생성된다.

$$CH_3-CH_2-C(=O)-Cl \xrightarrow[(2)\ H_3O^+]{(1)\ 2\ CH_3CH_2-MgBr} CH_3-CH_2-C(OH)(CH_2-CH_3)-CH_2-CH_3$$

염화 프로피온일 → 3-에틸펜탄-3-올

5. **모든 단계와 모든 시약을 포함하여 정방향 쪽으로 완전한 합성 과정을 요약하고, 잘못된 것과 빠뜨린 것이 있는지를 점검한다.**

$$CH_3-CH_2-C(=O)-Cl \xrightarrow[(2)\ H_3O^+]{(1)\ 2\ CH_3CH_2-MgBr} CH_3-CH_2-C(OH)(CH_2-CH_3)-CH_2-CH_3 \xrightarrow{H_2SO_4}$$

염화 프로피온일 → 3-에틸펜탄-3-올

$$CH_3-CH=C(CH_2-CH_3)-CH_2-CH_3 \xrightarrow[\text{(차갑고 묽은)}]{KMnO_4} CH_3-CH(OH)-C(OH)(CH_2-CH_3)-CH_2-CH_3$$

3-에틸펜트-2-엔 → 3-에틸펜테인-2,3-다이올

**연습문제 11-37**

다단계 합성의 초기 단계를 통해 연습을 하기 위해 다음의 합성법을 검토하라.

**(a)** 3개 이하의 탄소 원자를 포함하는 알코올로부터 펜탄-3-온

**(b)** 3개 이하의 탄소 원자를 포함하는 화합물로부터 3-에틸펜탄-2-온

**예시 문제**

다단계 합성에 대한 체계적인 접근법의 다른 예로서 사이클로헥산올로부터 1-브로모-2-메틸사이클로헥세인을 합성하는 방법을 생각해보자.

1. **목표 화합물의 탄소 골격과 작용기를 검토한다.**

   7개의 탄소 원자가 화합물의 골격을 이룬다. 즉 메틸기를 가진 사이클로헥실 고리이다. 이는 브로민화 알킬인데, 메틸기에서 한 탄소 떨어진 고리 탄소에 브로민을 가지고 있다.

2. **출발 물질의 작용기와 탄소 골격(만약 이들이 정해져 있다면)을 검토한다. 그리고 어떻게 출발 물질의 탄소 골격이 모여서 목표 화합물을 이루는가를 알아본다.**

   출발 물질은 6개의 탄소 원자를 가지고 있다. 따라서 메틸기가 작용기에 첨가되어야 한다. 메틸화 시약에 대한 제한은 없지만, 인접해 있는 할로젠으로의 변환이 가능한 작용기를 지닌 생성물을 제공해야 한다.

3. **어떤 방법이 정확한 위치에 올바른 탄소 골격과 목표 물질의 작용기로 변환될 수 있는 작용기를 지닌 핵심 중간체를 제공하는지를 결정하기 위해 목표 화합물의 탄소 골격을 조합하는 방법을 비교한다.**

   가장 좋은 선택은 Grignard 반응이지만, 메틸사이클로헥세인의 골격을 생성하는 데는 두 가지 가능한 방법이 있다. 사이클로헥실 Grignard 시약을 폼알데하이드에 첨가하거나, 메틸 Grignard 시약을 사이클로헥산온에 첨가하는 것이다(다른 가능성도 있지만 더 직접적인 것은 없다).

   MgBr, H, H, C=O, H, (1) 에터, (2) $H_3O^+$, $CH_2OH$, H, 작용기화될 곳

   알코올 **A**

   $CH_3MgBr$ + O, (1) 에터, (2) $H_3O^+$, $CH_3$, OH, 작용기화될 곳

   알코올 **B**

   목표 화합물에서 작용기가 도입되어야 하는 탄소 원자에 알코올 작용기를 가지고 있는 생성물은 없다. 알코올 **A**는 작용기가 2개의 탄소 원자를 이동시킬 필요가 있다. 그러나 알코올 **B**는 오직 한 탄소만 이동하면 된다. 알코올 **B**를 알켄으로 변환하면 올바른 탄소 원자를 작용기화할 수 있다. HBr을 안티-Markovnikov 첨가를 하면 알켄을 올바른 탄소 원자에 브로민 원자를 가진 할로젠화 알킬로 변환할 수 있다.

   $CH_3$, OH, H, H, $H_2SO_4$, 열, $CH_3$, H, HBr, ROOR, H, $CH_3$, Br, H

   알코올 **B** 알켄 목표 화합물

4. **필요한 여러 단계를 거쳐 역방향으로 접근하여, 핵심 중간체를 만드는 데 필요한 반응물의 합성법을 비교한다.**

   남은 것은 사이클로헥산올을 산화시켜 사이클로헥산온을 만드는 것이다.

   OH, H, NaOCl, HOAc, O

**5. 모든 단계와 모든 시약을 포함하여 정방향으로 완벽한 합성을 요약하고, 잘못된 것과 빠뜨린 것이 있는지를 점검한다.**

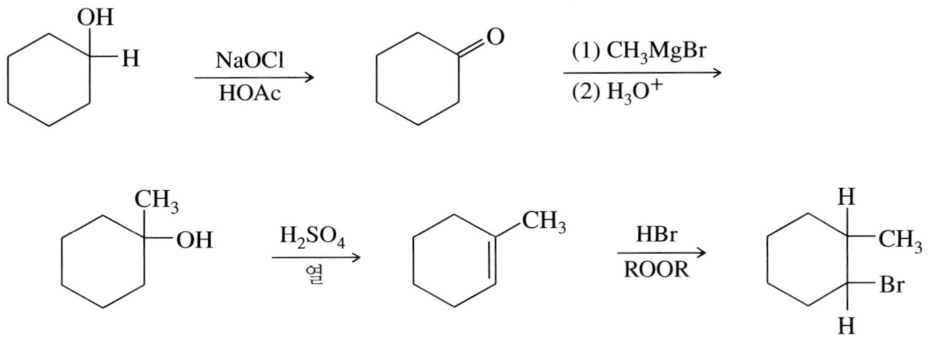

$$\text{cyclohexanol} \xrightarrow[\text{HOAc}]{\text{NaOCl}} \text{cyclohexanone} \xrightarrow[\text{(2) } H_3O^+]{\text{(1) } CH_3MgBr}$$

$$\text{1-methylcyclohexanol} \xrightarrow[\text{열}]{H_2SO_4} \text{1-methylcyclohexene} \xrightarrow[\text{ROOR}]{\text{HBr}} \text{trans-1-bromo-2-methylcyclohexane}$$

연습문제 11-38은 다단계 합성법과 중간체로서의 알코올을 사용하는 연습을 도와줄 것이다.

### 연습문제 11-38

다음 화합물에 대한 합성 방법을 개발하라. 출발 물질로 사이클로펜탄올, 탄소 4개 이하의 알코올, 일반적인 시약과 용매를 사용하라.

**(a)** 트랜스-사이클로펜테인-1,2-다이올 **(b)** 1-클로로-1-에틸사이클로펜테인

**(c)** (spiro epoxide of cyclopentane bearing methyl and ethyl) **(d)** cyclopentyl–$C(OCH_3)(CH_3)$–ethyl **(e)** cyclopentyl–$C(OCH_2CH_3)(CH_2CH_3)$–$CH_2CH{=}CH_2$ **(f)** 1-methoxycyclopentyl–CH(cyclopropyl)–butyl

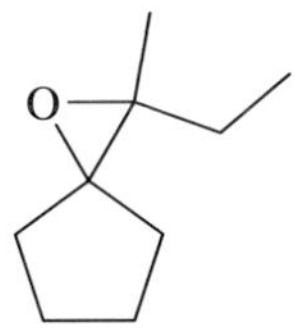

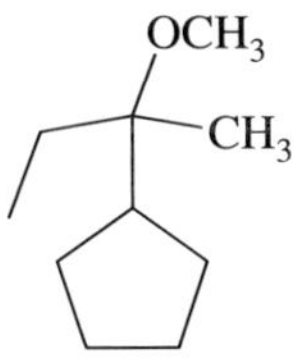

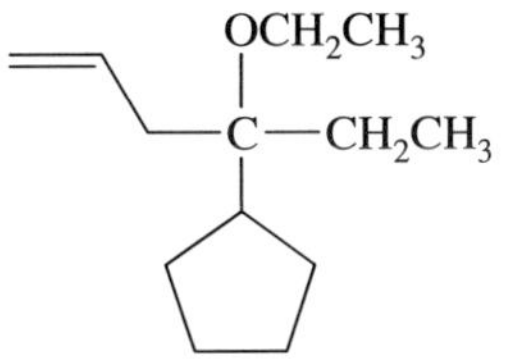

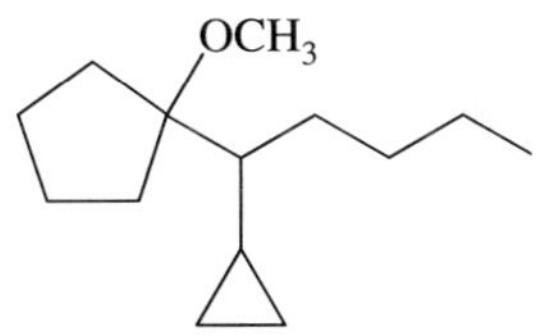

## SUMMARY | 알코올의 반응

**1.** 산화-환원 반응

a. 2차 알코올의 케톤으로의 산화(11-2A, 11-3절)

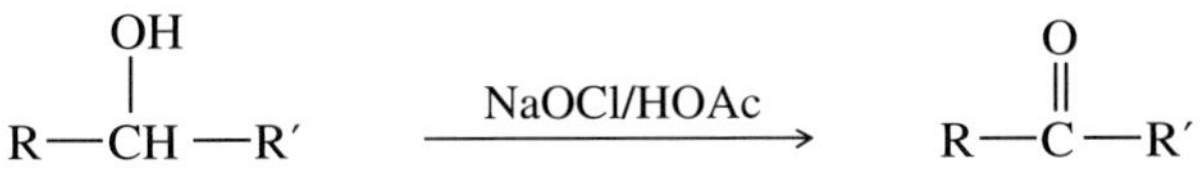

$$R-CH(OH)-R' \xrightarrow{\text{NaOCl/HOAc}} R-C(=O)-R'$$

$H_2CrO_4$, DMP 시약, Swern 산화 등으로 대체 가능하다.

b. 1차 알코올의 카복실산으로의 산화(11-2B, 11-3절)

$$R-CH_2-OH \xrightarrow{\text{과량의 NaOCl/TEMPO}} R-C(=O)-OH$$

$H_2CrO_4$는 크로뮴 대체 물질이다.

c. 1차 알코올의 알데하이드로의 산화(11-2B, 11-3절)

$$R-CH_2-OH \xrightarrow{\text{NaOCl/TEMPO}} R-C(=O)-H$$

DMP 시약, PCC 및 Swern 산화 등으로 대체 가능하다.

d. 알코올의 알케인으로의 환원(11-6절)

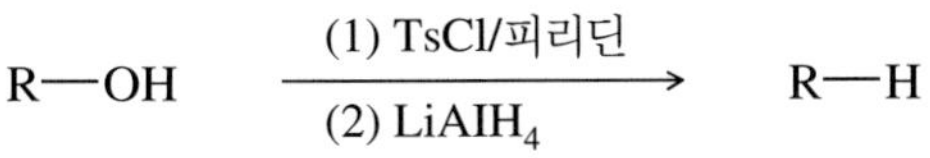

$$R-OH \xrightarrow[\text{(2) } LiAlH_4]{\text{(1) TsCl/피리딘}} R-H$$

**2.** 알코올 하이드록시기의 분해 C⟊O—H

a. 알코올의 할로젠화 알킬로의 변환(11-7~11-9절)

$$R—OH \xrightarrow{\text{HCl 또는 SOCl}_2\text{/피리딘}} R—Cl$$

HCl, HBr, HI는 대부분의 3차 알코올의 변환에서 효과가 좋다.

$$R—OH \xrightarrow{\text{HBr 또는 PBr}_3} R—Br$$

$SOCl_2$, $PBr_3$, $P/I_2$는 1차 및 2차 알코올의 변환에서 효과가 좋다.

$$R—OH \xrightarrow{\text{HI 또는 P/I}_2} R—I$$

b. 알코올의 탈수로 알켄의 생성(11-10A절)

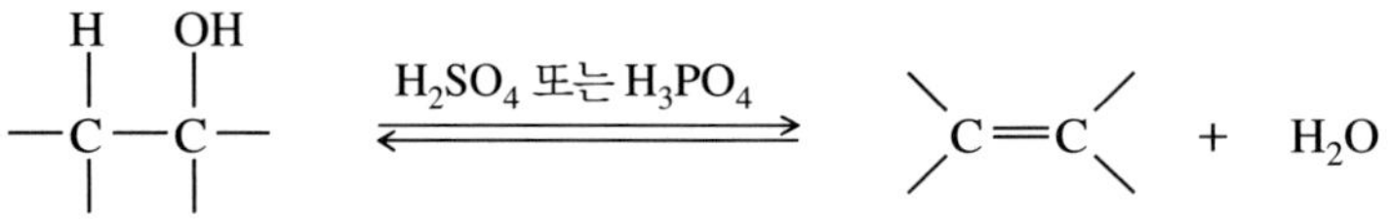

$$—\overset{H}{\underset{|}{\overset{|}{C}}}—\overset{OH}{\underset{|}{\overset{|}{C}}}— \underset{}{\overset{H_2SO_4 \text{ 또는 } H_3PO_4}{\rightleftharpoons}} \;\rangle C{=}C\langle \;+\; H_2O$$

c. 알코올의 공업적 탈수로 에터의 생성(11-10B절)

$$2\,R—OH \overset{H^+}{\rightleftharpoons} R—O—R + H_2O$$

**3.** 하이드록시 양성자의 절단 그림 $—\overset{|}{\underset{|}{C}}—O$⟊H

a. 토실화 반응(11-5절)

$$R—OH + Cl—\overset{O}{\underset{O}{\overset{\|}{\underset{\|}{S}}}}—C_6H_4—CH_3 \xrightarrow{\text{피리딘}} R—O—\overset{O}{\underset{O}{\overset{\|}{\underset{\|}{S}}}}—C_6H_4—CH_3 + HCl$$

알코올 　 염화 토실(TsCl) 　 알킬 토실레이트

b. 아실화에 의한 에스터 생성(11-12절)

$$R—OH \xrightarrow[\text{(염화 아실)}]{R'—\overset{O}{\overset{\|}{C}}—Cl} R—O—\overset{O}{\overset{\|}{C}}—R' + HCl$$

에스터

c. 탈양성자 반응에 의한 알콕시화 이온 생성(11-14절)

$$R—OH + Na\ (\text{또는 } K) \longrightarrow R—O^-\ Na^+ + \tfrac{1}{2}\ H_2\uparrow$$

$$R—OH + NaH \longrightarrow R—O^-\ Na^+ + H_2\uparrow$$

d. Williamson 에터 합성(11-14, 11-15절)

$$R—O^- + R'X \longrightarrow R—O—R' + X^-$$

(R′은 반드시 입체 장애가 작아야 하며, 일반적으로 1차이다.)

## SUMMARY | 알코올의 반응: O—H 분해

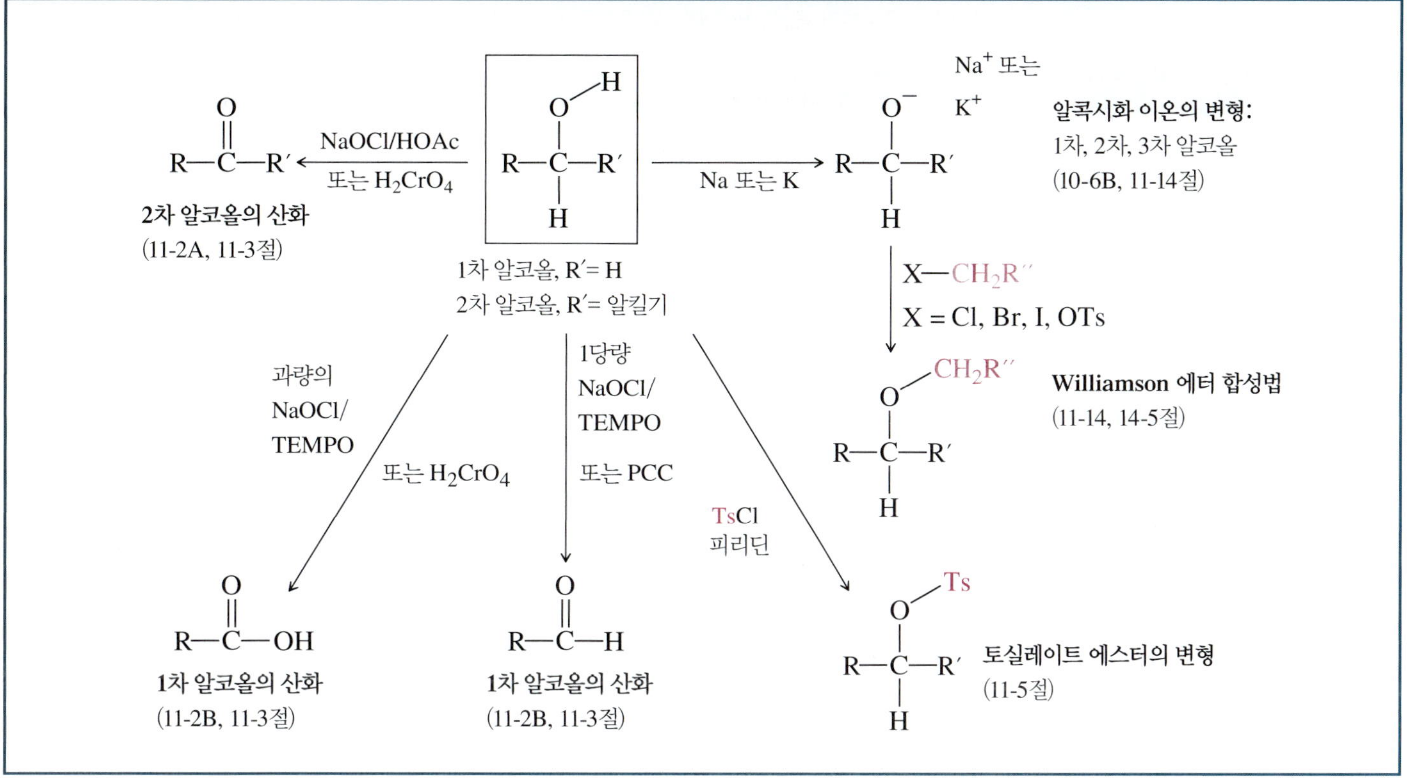

$R-CH(OH)-R'$

1차 알코올, R′= H
2차 알코올, R′= 알킬기

NaOCl/HOAc 또는 $H_2CrO_4$ → $R-C(=O)-R'$
**2차 알코올의 산화**
(11-2A, 11-3절)

Na 또는 K → $R-CH(O^-)-R'$ $Na^+$ 또는 $K^+$
**알콕시화 이온의 변형:**
1차, 2차, 3차 알코올
(10-6B, 11-14절)

$X-CH_2R''$
X = Cl, Br, I, OTs
→ $R-CH(OCH_2R'')-R'$
**Williamson 에터 합성법**
(11-14, 14-5절)

과량의 NaOCl/TEMPO 또는 $H_2CrO_4$ → $R-C(=O)-OH$
**1차 알코올의 산화**
(11-2B, 11-3절)

1당량 NaOCl/TEMPO 또는 PCC → $R-C(=O)-H$
**1차 알코올의 산화**
(11-2B, 11-3절)

TsCl 피리딘 → $R-CH(OTs)-R'$
**토실레이트 에스터의 변형**
(11-5절)

## SUMMARY | 알코올의 반응: C—O 분해

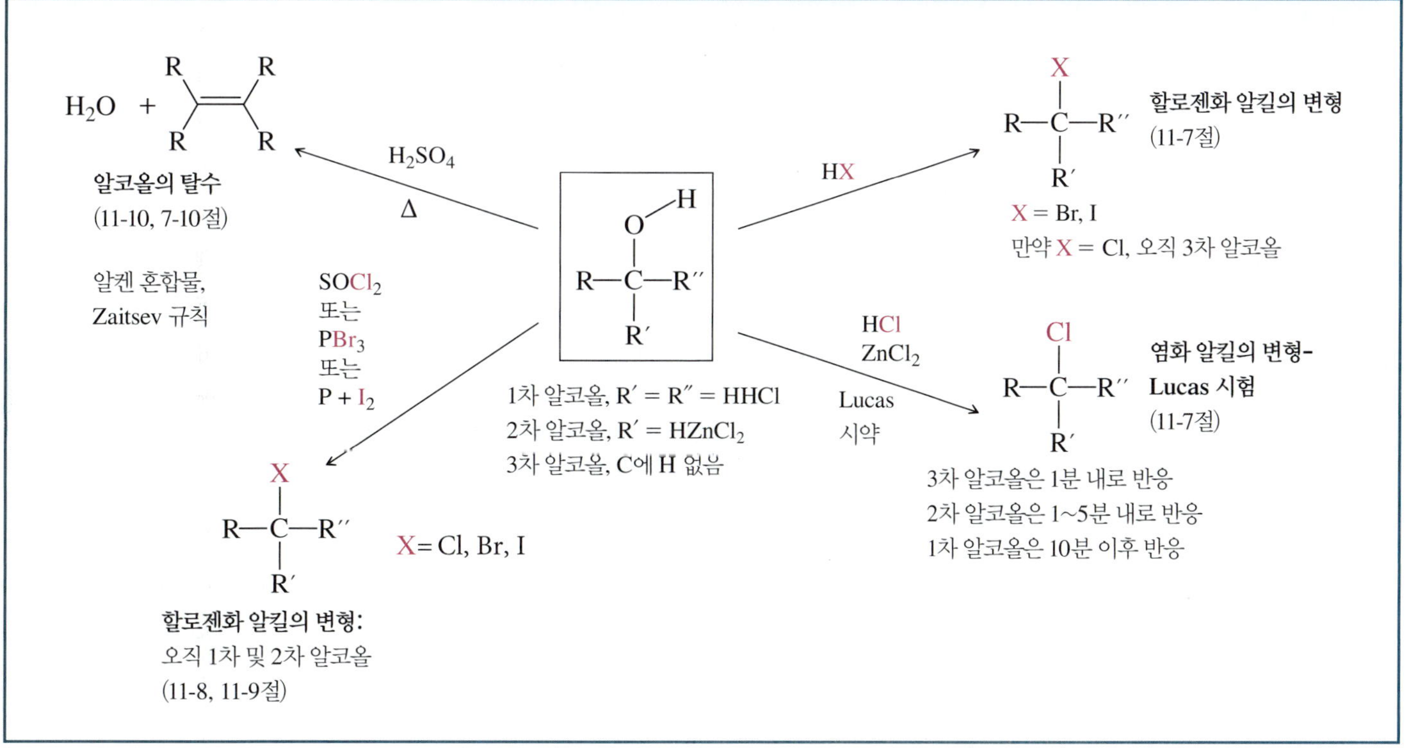

$R-C(OH)(R')-R''$

1차 알코올, R′ = R″ = H
2차 알코올, R′ = H
3차 알코올, C에 H 없음

$H_2SO_4$, Δ → $H_2O$ + $R_2C=CR_2$
**알코올의 탈수**
(11-10, 7-10절)

알켄 혼합물,
Zaitsev 규칙

HX → $R-C(X)(R')-R''$
**할로젠화 알킬의 변형**
(11-7절)
X = Br, I
만약 X = Cl, 오직 3차 알코올

HCl, $ZnCl_2$ (Lucas 시약) → $R-C(Cl)(R')-R''$
**염화 알킬의 변형-Lucas 시험**
(11-7절)
3차 알코올은 1분 내로 반응
2차 알코올은 1~5분 내로 반응
1차 알코올은 10분 이후 반응

$SOCl_2$ 또는 $PBr_3$ 또는 $P + I_2$ → $R-C(X)(R')-R''$
X= Cl, Br, I
**할로젠화 알킬의 변형:**
오직 1차 및 2차 알코올
(11-8, 11-9절)

## 11장 유기 반응 가이드

11장에서 다룬 반응은 빨간색으로, 앞 장에서 다룬 반응은 파란색으로 표시했다.

## 핵심 용어

**DMP 시약(DMP reagent):** Dess–Martin periodinane 시약으로, 1차 알코올을 알데하이드로, 2차 알코올을 케톤으로 산화시키는 데 이용한다. DMP 시약은 높은 산화 상태의 아이오딘을 산화종으로 사용한다.

**Lucas 시험(Lucas test):** 미지의 알코올이 1차, 2차 3차인지 결정하는 데 이용되는 시험법. 이 시험은 진한 염산에 Lucas 시약($ZnCl_2$)과 알코올의 반응 속도를 측정하는 것이다. 3차 알코올이 빠르게 반응하고(수 초), 2차 알코올은 조금 느리게 반응하며(수 분), 1차 알코올은 매우 느리게 반응한다(수 시간).

**Swern 산화(Swern oxidation):** 1차 알코올을 알데하이드로 산화하고, 2차 알코올을 케톤으로 산화할 수 있는 온화한 산화 방법이며, DMSO와 염화 옥살산을 사용한다.

**Williamson 에터 합성(Williamson ether synthesis):** 알콕시화 이온과 1차 할로젠화 알킬 또는 알킬 토실레이트 사이의 $S_N2$ 치환 반응. 생성물은 에터이다.

$$R{-}\ddot{\underset{..}{O}}{:}^{-} \;\; R'{-}X \longrightarrow R{-}\ddot{\underset{..}{O}}{-}R' + X^{-}$$

**글라이콜(glycol):** '다이올(diol)'과 동의어로서, '글라이콜'이라는 용어는 1,2-다이올에 가장 보편적으로 적용되며, 또한 '이웃 자리 다이올'이라고도 한다.

**니코틴 아마이드 아데닌 다이뉴클레오타이드(nicotinamide adenine dinucleotide, NAD):** 알코올 탈수소 효소와 같은 효소와 협동하여 작용하는 생물학적 산화제/환원제

**무기산 에스터(inorganic ester):** 물이 제거되며 알코올과 무기산으로부터 유도된 화합물. 예시는 다음과 같다.

$$R-O-\overset{\overset{O}{\|}}{\underset{\underset{O}{\|}}{S}}-R \qquad R-O-\overset{\overset{O}{\|}}{\underset{\underset{O}{\|}}{S}}-O-R \qquad R-O-\overset{+}{N}(=O)O^- \qquad R-O-\overset{\overset{O}{\|}}{\underset{\underset{O-R}{|}}{P}}-O-R$$

설폰산 에스터 황산 에스터 질산 에스터 인산 에스터

**산화(oxidation):** $H_2$ 제거, O 또는 $O_2$의 첨가, $X_2$(할로젠)의 첨가. 또한 산소나 할로젠에 결합하는 결합수의 증가 또는 수소에 결합하는 결합수의 감소

**알데하이드 탈수소 효소(aldehyde dehydrogenase, ALDH):** 세트알데하이드를 아세트산으로 산화시키기 위해 살아 있는 세포에 의해 사용되는 효소

**알콕시화 이온(alkoxide ion):** $R-O^-$ 구조의 음이온. 음전하를 산소 원자에 가진다. 일반적으로 알코올의 탈양성자화에 의해 형성된다.

$$R-\ddot{O}-H \quad + \quad Na \quad \longrightarrow \quad R-\ddot{O}:^- \ Na^+ \quad + \quad \tfrac{1}{2}H_2\uparrow$$

**알코올 탈수소 효소(alcohol dehydrogenase, ADH):** 에틸 알코올을 아세트알데하이드로 산화시키기 위해 살아 있는 세포에 의해 사용되는 효소

**에스터(ester):** 산과 알코올의 반응에서 물이 제거되어 생성되는 산 유도체. 가장 일반적인 에스터는 카복실산 에스터로, 카복실산과 알코올로 구성된다.

Fischer **에스터화(Fischer esterification):** 알코올과 카복실산의 산 촉매 반응으로 에스터를 생성한다.

$$\underset{\text{카복실산}}{R-\overset{\overset{O}{\|}}{C}-\boxed{OH}} \quad + \quad \underset{\text{알코올}}{\boxed{H}-O-R'} \quad \overset{H^+}{\rightleftharpoons} \quad \underset{\text{카복실산 에스터}}{R-\overset{\overset{O}{\|}}{C}-O-R'} \quad + \quad \boxed{H_2O}$$

**에터(ether):** 2개의 알킬 또는 알릴기에 결합된 산소 원자를 포함하는 화합물

**축합 반응(condensation):** 2개 이상의 분자를 합치는 반응. 이때 물이나 알코올과 같은 작은 분자를 잃는다.

**크로뮴산 시약(chromic acid reagent, $H_2CrO_4$):** 다이크로뮴산 소듐 또는 다이크로뮴산 포타슘(그리고 소량의 물)을 진한 황산에 첨가하여 만든 용액

**크로뮴산 시험(chromic acid test):** 1차 또는 2차 알코올을 크로뮴산에 첨가해 가열하면 오렌지색이 초록색 또는 파란색으로 변한다. 3차 알코올, 케톤, 알케인 같은 산화될 수 없는 화합물은 색 변화를 나타내지 않는다.

**클로로크로뮴산 피리디늄(pyridinium chlorochromate, PCC):** 피리딘, 염산, 삼산화 크로뮴의 복합체로, 카복실산으로 과산화하지 않고 1차 알코올을 알데하이드로 산화시킨다.

**피나콜 자리 옮김(pinacol rearrangement):** 글라이콜에 있는 기 중에서 하나가 이동하여 케톤을 형성하는 글라이콜의 탈수 반응

**환원(reduction):** $H_2$(또는 $H^-$)의 첨가. O 또는 $O_2$의 손실, $X_2$(할로젠)의 손실. 산소와 할로젠에 결합하는 결합수의 감소 또는 수소에 결합하는 결합수의 증가

**토실레이트 에스터(tosylate ester):** $R-OTs$로서 파라-톨루엔설폰산과 알코올의 에스터. 할로젠화 이온처럼 토실레이트 음이온은 좋은 이탈기이다.

## 기초문제

| | | |
|---|---|---|
| **1** | 알케인, 알코올, 알데하이드, 케톤과 산을 상호 변환하는 데 산화 또는 환원이 필요한지 확인하고, 변환할 수 있게 하는 시약을 확인하라. | 관련 연습문제 11–40, 48, 56 |
| **2** | 다음의 시약과 알코올의 반응 생성물을 예측하라.<br>(a) 산화제와 환원제 (b) 카복실산과 산 염화물<br>(c) 탈수제, 특히 황산과 인산 (d) 할로젠화 수소산(HCl, HBr, HI)과 할로젠화 인산<br>(e) 소듐 금속, 포타슘 금속과 수소화 소듐 | 관련 연습문제 11–39, 43, 44, 49, 50, 53 |
| **3** | 알콕시화 이온의 반응 생성물을 예측하라. | 관련 연습문제 11–39, 48, 51, 56, 60 |
| **4** | 앞서 배운 알코올과 다이올 반응의 지식을 이용하여 새로운 유사한 반응의 생성물과 메커니즘을 제안하라. | 관련 연습문제 11–45, 47, 54, 55, 60, 61, 62, 63, 65 |
| | 문제풀이 전략: 반응 메커니즘 제안하기 | 관련 연습문제 11–45, 47, 54, 55, 60, 61, 62, 63, 65 |
| **5** | 알코올을 다른 작용기를 지닌 화합물로 어떻게 변환할 수 있는지 나타내라. | 관련 연습문제 11–40, 41, 42, 46, 47, 48 |
| **6** | 역합성 분석법을 사용하여 알코올을 출발 물질과 중간체로 이용하여 목표 화합물을 한 단계와 다단계로 합성하는 방법을 제안하라. Grignard 시약과 유기리튬 시약을 이용하여 탄소 골격을 어떻게 조합할 수 있는지를 나타내라. | 관련 연습문제 11–42, 46, 48, 56, 57 |
| | 문제풀이 전략: 다단계 합성 | 관련 연습문제 11–40, 46, 48, 56, 57 |

# 연습문제

**11-39** 다음 반응의 주요 생성물을, 필요할 경우 입체 화학과 함께 예측하라.

(a) (*R*)-뷰탄-2-올 + TsCl(피리딘용액 중)
(b) (*S*)-2-뷰틸 토실레이트 + NaBr
(c) 사이클로옥탄올 + NaOCl/HOAc
(d) 사이클로펜틸메탄올 + $CrO_3$ · 피리딘 · HCl
(e) 사이클로펜틸메탄올 + $Na_2Cr_2O_7/H_2SO_4$
(f) 사이클로펜탄올 + $HCl/ZnCl_2$
(g) *n*-뷰탄올 + HBr
(h) 사이클로옥틸메탄올 + $CH_3CH_2MgBr$
(i) *t*-뷰톡시화 포타슘 + 아이오딘화 메틸
(j) 메톡시화 소듐 + 아이오딘화 *t*-뷰틸
(k) 사이클로펜탄올 + $H_2SO_4$/열
(l) (k)로부터 생성물 + $OsO_4/H_2O_2$, 그리고 $HIO_4$
(m) 에톡시화 소듐 + 1-브로모뷰테인
(n) 에톡시화 소듐 + 2-메틸-2-브로모뷰테인
(o) 옥탄-1-올 + DMSO + 염화 옥살릴
(p) 4-사이클로펜틸헥산-1-올 + DMP 시약

**11-40** 2-메틸사이클로헥산올을 다음 화합물로 어떻게 변환할 수 있는지 나타내라. 생성물은 다른 문제의 출발 물질로 사용될 수 있다.

(a) 1-메틸사이클로펜텐
(b) 2-메틸사이클로펜틸 토실레이트
(c) 2-메틸사이클로펜탄온
(d) 1-메틸사이클로펜탄올
(e) 1,2-다이메틸사이클로펜탄올
(f) 1-브로모-2-메틸사이클로펜테인
(g) 아세트산 2-메틸사이클로펜틸
(h) 1-브로모-1-메틸사이클로펜테인

**11-41** 각 경우에 대해 해당되는 알코올로부터 염화물, 브로민화물, 아이오딘화물을 합성하는 방법을 나타내라.

(a) 1-할로프로페인(할로 = 클로로, 브로모, 아이오도)
(b) 1-할로-2-메틸사이클로펜테인
(c) 1-할로-1,3-다이메틸사이클로헥세인
(d) 2-할로-1,3-다이메틸사이클로헥세인

**11-42** 다음 합성 변환 반응을 이루는 방법을 나타내라.

(a) 2-methylcyclohexanol (OH, H) ⟶ ($OCH_2CH_3$, H)
(b) 2 (2-methylbenzyl, $CH_2Br$) ⟶ (stilbene derivative)
(c) (Br, H) ⟶ ($\overset{O}{\overset{\|}{C}}-CH_2CH_2CH_3$, H)
(d) ($CH_2OH$, H) ⟶ (OH, $CHCH_2CH_3$)

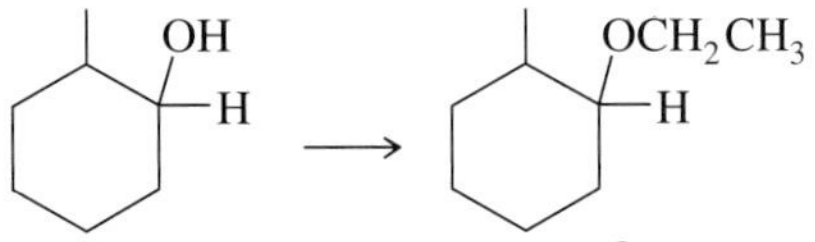

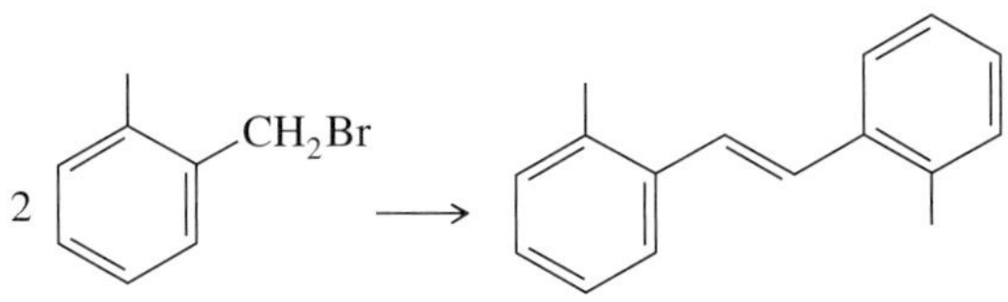

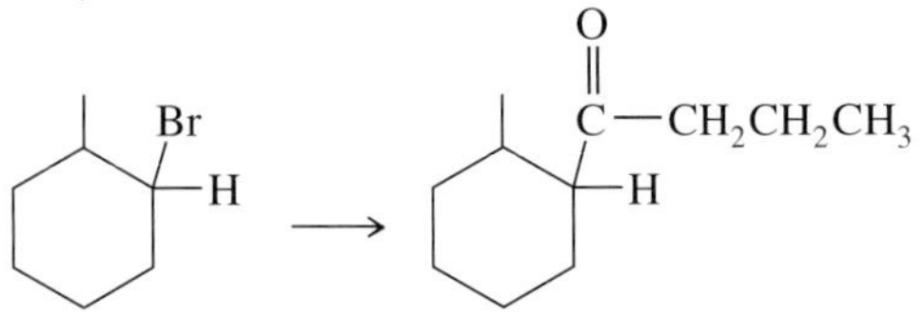

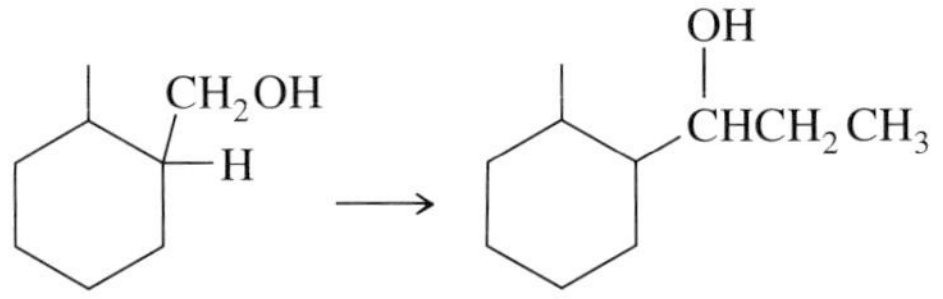

**11-43** 황산 촉매에 의한 탈수 반응의 주생성물을 예측하라.

(a) 헵탄-1-올
(b) 헵탄-2-올
(c) 펜탄-2-올
(d) 1-메틸사이클로헥산올
(e) 사이클로헥실메탄올
(f) 2-메틸사이클로헥산올

**11-44** 다음 산/알코올 쌍의 에스터화 반응 생성물을 예측하라.

(a) $CH_3CH_2COOH + CH_3OH$
(b) $CH_3CH_2OH + HNO_3$
(c) $2\ CH_3CH_2CH_2OH + H_3PO_4$
(d) (benzene–COOH) + $CH_3OH$
(e) (benzene–OH) + (propanoic acid, O, OH)

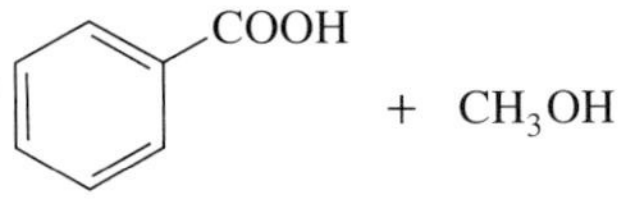

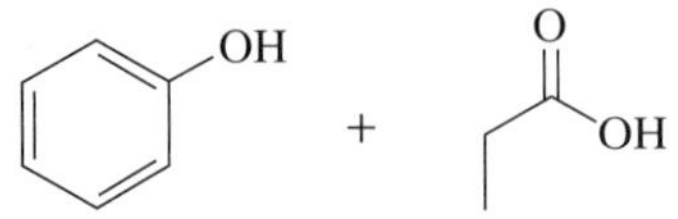

**11-45** 시스- 및 트랜스-2-메틸사이클로헥산올은 모두 따뜻한 황산 용액에서 탈수 반응하여 주생성물로 1-메틸사이클로헥센이 된다. 이들 알코올은 TsCl과 피리딘을 이용하여 토실레이트로 전환한 후 $KOC(CH_3)_3$를 염기로 사용하여 제거 반응을 함으로써 알켄을 만들 수도 있다. 이 염기 조건하에서 시스-2-메틸사이클로헥산올의 토실레이트는 제거 반응 후 1-메틸사이클로헥센이 형성되지만, 트랜스-2-메틸사이클로헥산올은 3-메틸사이클로헥센을 형성한다. 반응물의 입체 화학적 차이가 염기 조건하에서 다른 생성물을 형성하는 이유를 설명하라(산 촉매 제거 반응에서는 일어나지 않는다).

**11-46** (*S*)-헵탄-2-올을 다음 화합물로 변환하는 방법을 나타내라.

(a) (*S*)-2-클로로헵테인
(b) (*R*)-2-브로모헵테인
(c) (*R*)-헵탄-2-올

**11-47** 1-사이클로헥실에탄올을 진한 HBr 수용액으로 처리할 때 주생성물은 1-브로모-1-에틸사이클로헥세인이다.

$$\xrightarrow[H_2O]{HBr}$$

(a) 이 반응의 메커니즘을 제시하라.

(b) 1-사이클로헥실에탄올을 1-(브로모에킬)사이클로헥세인으로 변환시킬 때 어떻게 해야 좋은 수득률로 얻을 수 있겠는가?

$$\xrightarrow{?}$$

**11-48** 적당한 알코올을 선택하여 다음 화합물을 만들어라.

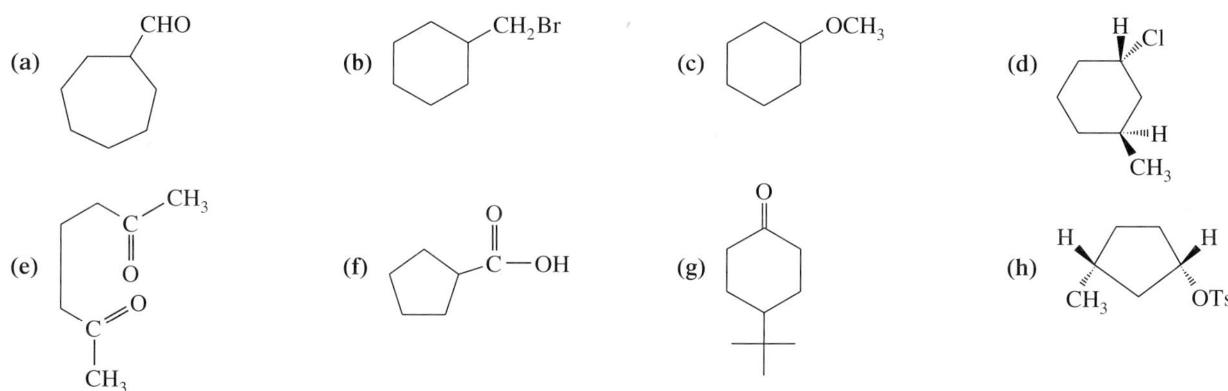


**11-49** 트랜스-3-메틸사이클로헥산올이 다음 시약과 반응할 때 (입체 화학을 포함하여) 주생성물을 예측하라.

(a) $PBr_3$ (b) $SOCl_2$ (c) Lucas 시약

(d) 진한 농도의 HBr (e) TsCl/피리딘, 그리고 NaBr

**11-50** 다음 화합물 쌍을 구별하는 간단한 화학 실험을 나타내라. 각 경우에 대해 실험한 것과 관찰할 것 모두를 기술하라.

(a) 프로판-1-올과 프로판-2-올

(b) 프로판-2-올과 2-메틸프로판-2-올

(c) 4-메틸-사이클로헥산올과 4-메틸-사이클로헥센

(d) 4-메틸-사이클로헥산올과 4-메틸-사이클로헥산온

(e) 4-메틸-사이클로헥산온과 1,4-다이메틸사이클로헥산올

**11-51** 아래의 화합물에는 세 가지 유형의 OH기가 존재하며 모두 산도가 다르다. 이 화합물을 다양한 양의 NaH로 처리한 후 메틸화 시약으로 처리한 뒤 생성된 구조를 나타내라. 간단한 설명을 기술하라.

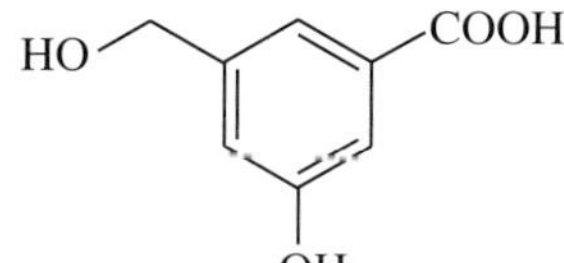


(a) 1당량의 NaH, 1당량의 $CH_3I$와 열

(b) 2당량의 NaH, 2당량의 $CH_3I$와 열

(c) 3당량의 NaH, 3당량의 $CH_3I$와 열

**11-52** 화합물 **A**는 광학적으로 활성을 가진 알코올이다. **A**를 크로뮴산으로 처리하면 케톤 **B**를 생성한다. 다른 반응에서 **A**를 $PBr_3$로 처리하면 **A**가 화합물 **C**로 변환된다. 화합물 **C**를 정제하여 에터 용매 중에서 마그네슘과 반응시켜 Grignard 시약 **D**를 만든다. 이 Grignard 시약의 용액에 화합물 **B**를 첨가한다. 처음 생성물 **E**를 가수 분해한 후, 이 용액이 3,4-다이메틸헥산-3-올을 포함한 것으로 나타났다. 화합물 **A, B, C, D, E**의 구조를 제안하라.

**A** $\xrightarrow{PBr_3}$ **C** $\xrightarrow{\text{Mg, 에터}}$ **D** (Grignard 시약)

**A** $\xrightarrow{NaOCl/HOAc}$ **B**

**D** + **B** → **E** $\xrightarrow{H_3O^+}$ 3,4-다이메틸헥산-3-올

**11-53** **V**부터 **Z**까지의 중간체와 생성물의 구조식을 제시하라.

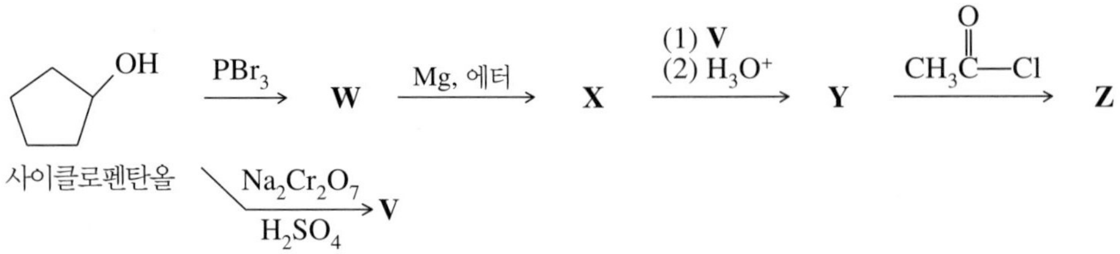

사이클로펜탄올 $\xrightarrow{PBr_3}$ **W** $\xrightarrow{\text{Mg, 에터}}$ **X** $\xrightarrow{(1)\ \mathbf{V}\ (2)\ H_3O^+}$ **Y** $\xrightarrow{CH_3COCl}$ **Z**

사이클로펜탄올 $\xrightarrow{Na_2Cr_2O_7,\ H_2SO_4}$ **V**

**11-54** 산 촉매 반응에서 테트라하이드로푸르푸릴 알코올(tetrahydrofurfuryl alcohol)은 반응하여 놀랍게도 좋은 수득률의 다이하이드로피란(dihydropyran)을 생성한다. 이 유용한 합성법에 대한 메커니즘을 제안하라.

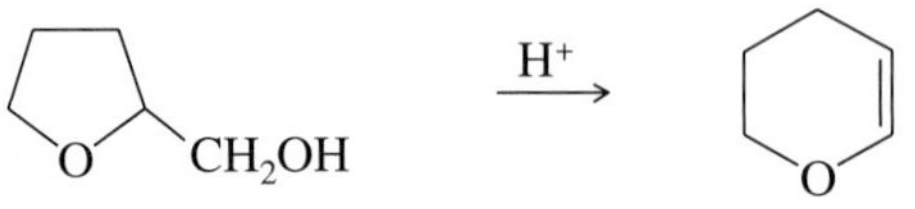

테트라하이드로푸르푸릴 알코올 ($CH_2OH$) $\xrightarrow{H^+}$ 다이하이드로피란

**11-55** 다음 반응에 대한 메커니즘을 제시하라. 대부분의 경우 여기에 나타낸 것보다 더 많은 생성물이 생성된다. 그러나 여기에 나타난 생성물만 설명하라.

(a) $CH_2—OH$ $\xrightarrow{HCl,\ ZnCl_2}$ Cl (부생성물)

(b) $H_3C$, OH $\xrightarrow{H_2SO_4,\ \text{열}}$ $CH_3$ + $CH_3$

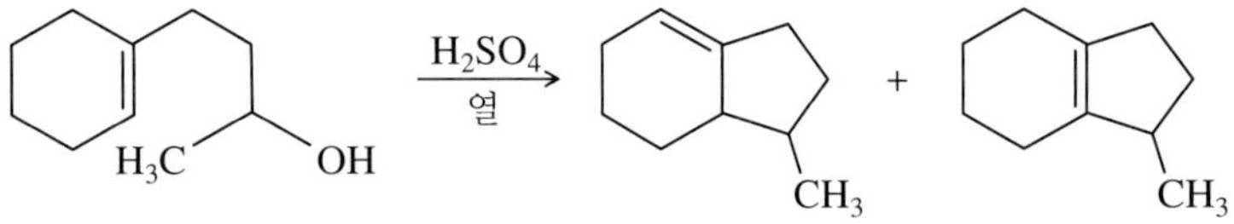

(c) OH, OH $\xrightarrow{H_2SO_4,\ \text{열}}$ + + O

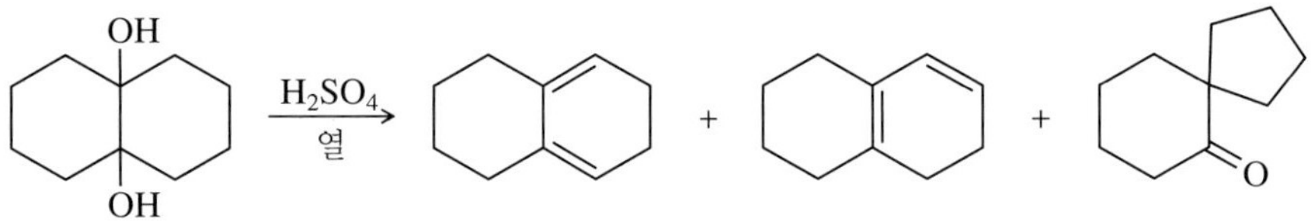

**11-56** 다음 화합물을 합성할 수 있는 방법을 설명하라. 출발 물질로 탄소 원자 4개 또는 그 이하의 수를 포함하는 알코올, 사이클로헥산올과 필요한 용매 및 무기 시약을 사용하라.

(a) $CH_3$, O
(b) O
(c) $OCH_3$, $C—CH_3$, $CH_2CH_3$
(d) OH
(e) OH
(f) Br
(g) $CH_3$, C, H, $N{\equiv}C$, $CH_2CH_3$
(h) $CHOCH_2CH_3$, OH, OH

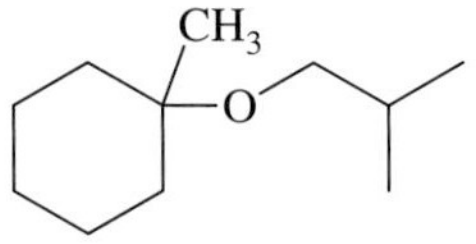

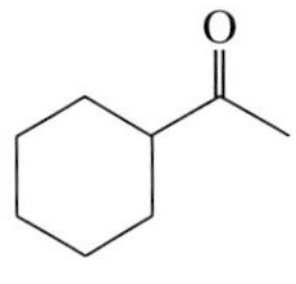

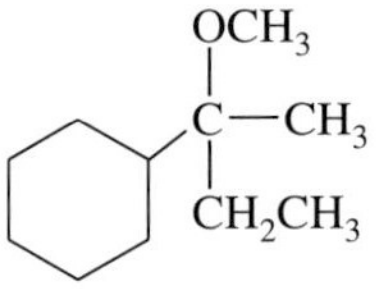

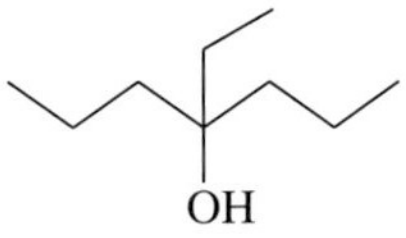

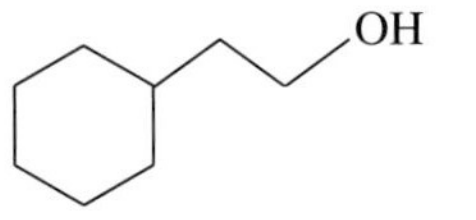

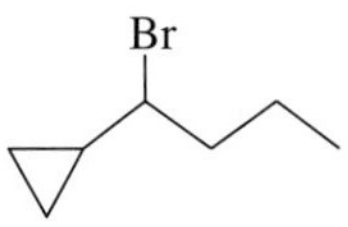

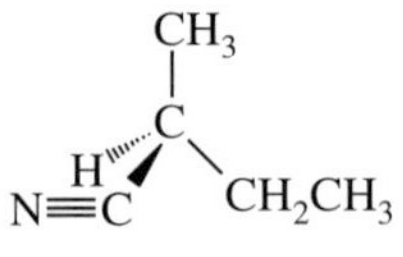

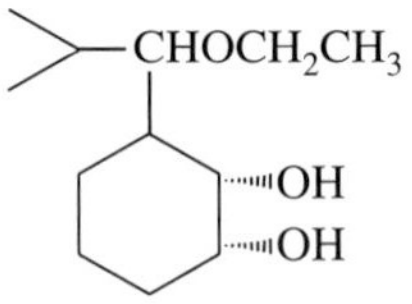

* **11-57** 다음 화합물을 어떻게 합성할 것인지 나타내라. 출발 물질로 탄소 원자 5개 또는 그 이하의 수를 가진 알코올과 필요한 용매 및 무기 시약을 사용하라.

O

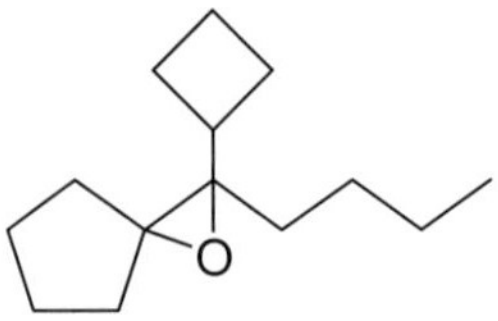

* 본문 내용을 응용한 난이도 높은 문제는 별표(*)로 표시했다.

**11-58** 다음의 가짜 합성(작동하지 않음을 보장)은 보편적인 개념적 잘못을 보여 주는 예이다.

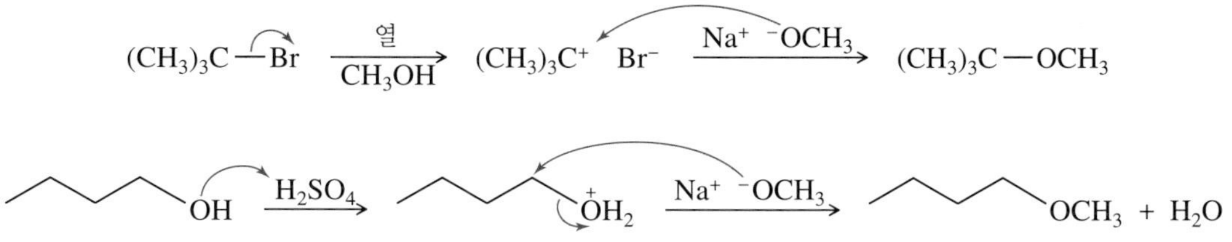

$$(CH_3)_3C—Br \xrightarrow[CH_3OH]{열} (CH_3)_3C^+ \; Br^- \xrightarrow{Na^+ \; ^-OCH_3} (CH_3)_3C—OCH_3$$

$$\text{부탄올(OH)} \xrightarrow{H_2SO_4} \text{R}—\overset{+}{O}H_2 \xrightarrow{Na^+ \; ^-OCH_3} \text{R}—OCH_3 + H_2O$$

(a) 이들 합성에서 개념의 오류는 무엇인가?

(b) 성공할 것으로 예측되는 합성법을 제안하라.

**11-59** $C_4H_8O$의 분자식을 지닌 두 미지의 화합물 **X**, **Y**로 네 종류의 화학 실험을 했더니 다음과 같은 결과가 나왔다. 이 정보와 일치하는 **X**, **Y**의 구조를 제안하라.

| | 브로민 | Na 금속 | 크로뮴산 | Lucas 시약 |
|---|---|---|---|---|
| 화합물 **X** | 탈색 | 기포 | 오렌지색에서 녹색으로 | 반응 없음 |
| 화합물 **Y** | 반응 없음 | 반응 없음 | 반응 없음 | 반응 없음 |

**11-60** Williamson 에터 합성은 알콕시화 이온에 의한 할로젠화 알킬이나 토실레이트의 치환 반응으로 이루어진다. 아래에 나타낸 합성은 토실레이트를 만든 다음, 치환 반응을 하면 가능하겠는가? 그렇다면 반응의 순서를 나타내라. 만약 그렇지 않다면 그 이유를 설명하고, 작동할 것 같은 다른 합성법을 나타내라.

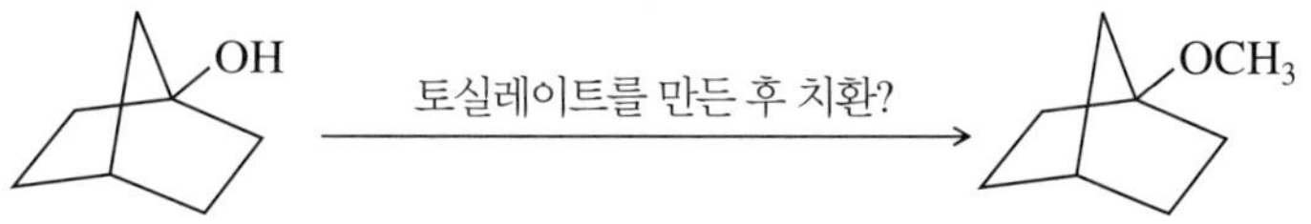

OH → 토실레이트를 만든 후 치환? → $OCH_3$

*** 11-61** 알코올의 크로뮴산 산화(11-2A절)는 두 단계로 일어난다. 크로뮴산 에스터의 생성 후, $H^+$와 크로뮴의 제거 반응이 뒤따른다. 어느 단계가 속도 제한 단계라고 예상되는가? 반응 속도 연구의 결과는 화합물 **A**가 화합물 **B**보다 10배 이상 크로뮴산 산화를 빨리 한다는 것을 밝혔다. 반응 속도에서 이런 큰 차이가 나는 이유를 설명하라.

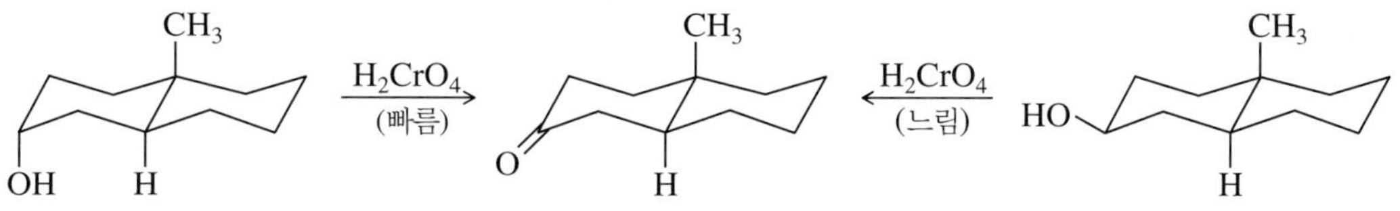

$CH_3$, OH, H — $\xrightarrow[(빠름)]{H_2CrO_4}$ — $CH_3$, O, H — $\xleftarrow[(느림)]{H_2CrO_4}$ — $CH_3$, HO, H

화합물 **A** 화합물 **B**

*** 11-62** (a) 뷰탄-2-올이 진한 HBr 수용액과 반응하면 위치 배열의 유지보다 반전이 더 일어나 부분적인 라셈화가 진행된다. 반전이 더 많은 라셈화를 설명하는 메커니즘을 세시하라.

(b) 동일 조건에서 광학 활성인 트랜스-2-브로모사이클로펜탄올 시료는 진한 HBr 수용액과 반응하여 광학적으로 비활성인 생성물 트랜스-1,2-다이브로모사이클로펜테인(라셈)을 생성한다. 이 반응이 어떻게 명확히 완전하게 배열이 유지되며 반응이 진행되는지, 또는 어떻게 라셈화가 되는지 나타내는 메커니즘을 제시하라. (힌트: 사이클로펜텐이 물에서 $Br_2$와 반응하여 출발 물질인 트랜스-2-브로모사이클로펜탄올이 생성되는 메커니즘을 그려보라. 이 메커니즘의 부분들이 위에 주어진 HBr과의 반응에 어떻게 관련되는지 생각하라.)

*** 11-63** 알코올은 케톤과 알데하이드와 결합하여 18장에서 논의할 흥미 있는 유도체를 생성한다. 다음 반응은 그러한 유도체 2개의 가수 분해를 나타낸다. 이들 반응의 메커니즘을 제안하라.

(a) O, $OCH_3$ $\xrightarrow[H_2O]{H^+}$ HO, O, H + $CH_3OH$

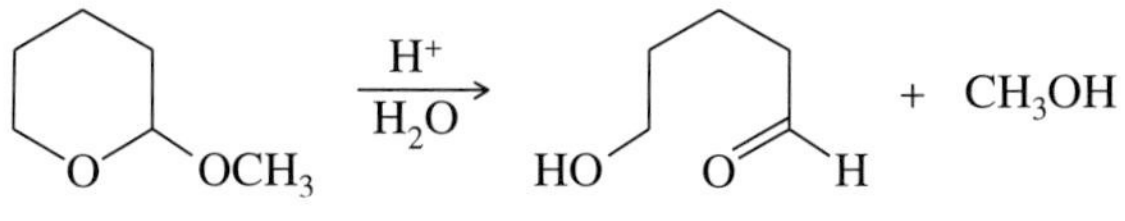

(b) O $\xrightarrow[H_2O]{H^+}$ O, OH

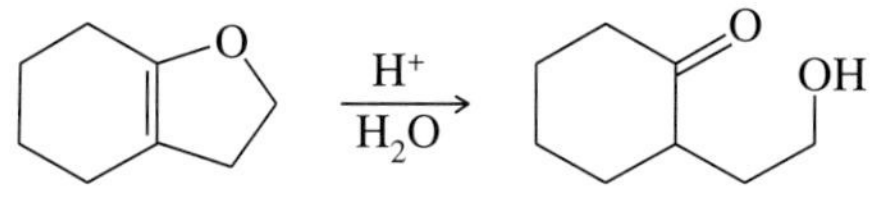

***11-64** 미지의 화합물 **Q**는 분자 화학식 $C_6H1_2O$를 가진다고 결정되었다. **Q**는 광학적으로 활성을 갖지 않으며, 카이랄 컬럼을 통과해도 거울상 이성질체로 분리되지 않는다. **Q**는 $Br_2$와 반응하지 않고, 차갑고 묽은 $KMnO_4$와도 반응하지 않으며, 촉매 수소화 반응 조건에서 $H_2$를 취하지 않는다. **Q**를 $H_2SO_4$와 가열하면 화학식이 $C_6H_{10}$인 생성물 R을 얻는데, 이는 거울상 이성질체로 분리될 수 있다. 1개의 거울상 이성질체 **R**을 가오존 분해시키면 화학식이 $C_6H_{10}O_2$인 비고리, 광학 활성인 케토알데하이드 **S**를 생성한다. 화합물 **Q**, **R**, **S**의 구조를 제안하고, 어떻게 이 구조들이 적절히 반응하여 이러한 결과를 나타내는지 제시하라.

**11-65** '수영장 염소'라고도 알려진 TCICA(trichloroisocyanuric acid)는 HOCl에 의한 산화와 유사한 메커니즘을 따라 알코올을 산화시키는 안정적인 고체이다. TCICA와 알코올(아세토나이트릴과 같은 용매) 사이에는 HCl(수용액) 한 방울을 첨가할 때까지 아무런 반응이 일어나지 않으며, 그 후 몇 분 안에 반응이 종료된다. 산 촉매의 핵심적인 역할을 보여주는 이 산화 메커니즘을 제시하라. 3개의 알코올이 아닌 하나의 알코올 산화를 나타내라. (힌트: 카보닐은 TCICA에서 가장 기본적인 부분이다.)

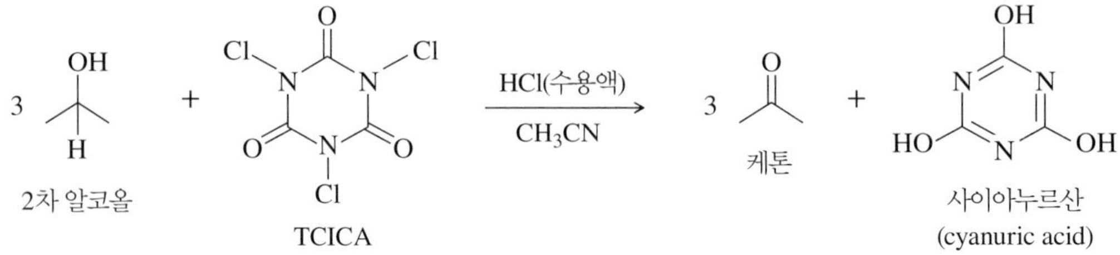

3 (2차 알코올) + TCICA —HCl(수용액), $CH_3CN$→ 3 케톤 + 사이아누르산 (cyanuric acid)

**11-66** 일반적인 상황에서 3차 알코올은 산화되지 않는다. 그러나 3차 알코올이 알릴성(allylic)인 경우 이중 결합의 이동(알릴성 이동)과 그에 따른 알코올의 산화를 겪을 수 있다. 이 반응에 특히 효과적인 시약은 많은 산화에 사용되는 TEMPO와 유사한 Bobbitt 시약이다. (M. Shibuya *et al*., *J. Org. Chem*., **2008**, *73*, 4750.)

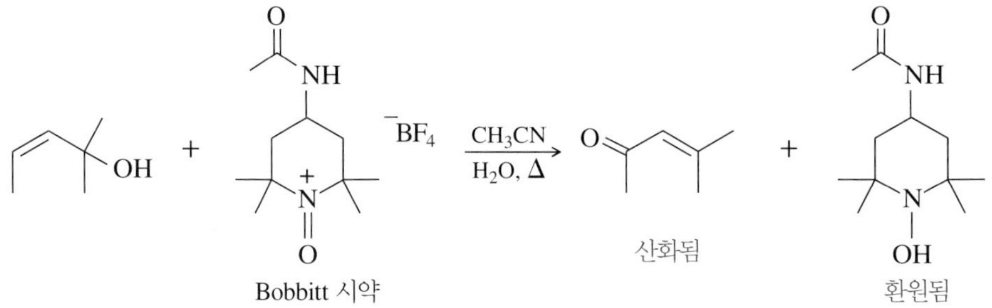

알코올 + Bobbitt 시약 ($^-BF_4$) —$CH_3CN$, $H_2O$, Δ→ 산화됨 + 환원됨

다음 3차 알릴 알코올 각각이 Bobbitt 시약에 의해 산화될 때 예상되는 생성물을 제시하라.

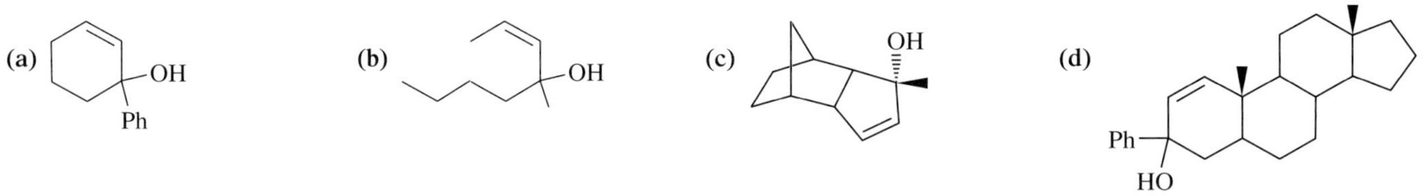

(a) (b) (c) (d)

# 12 적외선 분광법과 질량 분석법

◀ 이 캥거루의 적외선 이미지는 적외선 파장을 가시 색상으로 묘사한 것이다. 적외선의 파장이 짧을수록(에너지가 높을수록) 따뜻하고 밝은 색상으로 표시된다. 차가운 바위 지면은 파란색으로 나타나는 반면, 따뜻한 캥거루의 몸은 붉은색으로 나타난다.

**학습목표**

**1** 적외선 스펙트럼에서 믿을 만한 특징적인 흡수를 찾아내고, 이를 통해 분자 내에 어떤 작용기가 존재할 가능성이 있는지 제안한다.

**2** 적외선 스펙트럼에 어떤 특징적인 피크가 없음으로 인해 분자 내에 어떤 작용기가 존재할 수 없는지 설명한다.

**3** 질량 스펙트럼을 이용하여 어떤 화합물의 분자량을 정한다. 그리고 분자 내에 어떤 원소가 있을 가능성이 있는지 제안한다.

**4** 어떤 구조가 주어졌을 때 분자 이온이 깨어져서 관찰되는 주된 이온이 무엇인지 예측한다. 이를 통해 제안된 구조가 스펙트럼과 맞는지 확인한다.

## 12-1 서론

유기 화학에서 다뤄야 할 가장 중요한 일 가운데 하나는 유기 화합물의 구조를 결정하는 것이다. 천연물로부터 흥미로운 화합물이 분리되었을 때 이 화합물을 합성하기 전에 그 구조가 완벽하게 결정되어야 한다. 반응을 하면 생성물이 원래 의도했던 구조를 가지고 있는지 알아내야 한다. 원하지 않는 생성물이 만들어졌을 때도 그 구조를 반드시 알아내야 원하는 화합물을 만들 수 있도록 반응 조건을 바꿀 수 있다.

많은 경우 화합물은 화학적인 방법으로 확인할 수 있다. 어떤 분자를 구성하는 원소의 조성을 분석하고 분자량을 결정하게 되면 분자식을 정할 수 있다. 만약 어떤 화합물의 성질이 알려져 있다면 이 화합물의 물리적 성질(녹는점, 끓는점 등)을 문헌에 알려진 값과 비교할 수 있다. 물리적 성질을 이용하여 화합물의 구조를 확인하기 전에 화학적 실험을 통해 작용기를 제안하고, 가능한 구조의 범위를 좁힐 수 있다.

그러나 이러한 절차는 전에 합성된 적 없고 성질이 규명된 적 없는 복잡한 화합물의 경우에는 충분하지 않다. 또한 원소를 분석하고 모든 작용기를 완전히 조사하는 데는 비교적 많은 양의 시료가 필요하기 때문에, 얻기 어려운 화합물의 경우 이는 실제적이지 못하다. 따라서 아주 적은 시료로 작업할 수 있고 시료에 손상을 주지 않는 분석 기술이 필요하다.

분광학적 기술을 이용하게 되면 흔히 이러한 요구 조건을 만족시킬 수 있다. **흡수 분광법**(absorption spectroscopy)은 어떤 화합물의 빛 흡수량을 빛 파장의 함수로 측정하는 것이다. 일반적으로 분광기에서는 시료에 광원의 빛을 쪼여주고 시료에 투과된 빛의 양을 파장의 함수로 측정하여 그래프로 그린다. 화학적 실험과 달리 대부분의 분광학적 기술은 비파괴적(nondestructive)이다. 즉 시료가 파괴되지 않는다. 많은 다른 종류의 스펙트럼을 시료에 손상을 거의 주지 않고서도 측정할 수 있다.

이 책에서는 유기 화학에서 구조를 결정하는 데 강력한 도구로 사용되는 네 가지 분광학적 기법 또는 그와 관련된 기술을 다루고자 한다.

**적외선(IR) 분광법**[infrared (IR) spectroscopy]은 화학 결합의 진동을 관찰하여 작용기의 존재에 대한 증거를 제시한다(이 장에서 다룬다).

**질량 분석법**(mass spectrometry, MS)은 화합물이 빛을 흡수하거나 방출하는 것을 측정하지 않기 때문에 분광학적(spectroscopic) 기술이 아니다. 질량 분석기에서는 전자로 분자를 때려 분해시키고, 분해된 조각의 질량을 분석하여 분자량과 가능한 대로 분자식을 알게 하며, 구조와 작용기에 대한 단서를 파악한다. 이 분석법에서는 1 mg보다 적은 시료가 소실된다(이 장에서 다룬다).

**핵자기 공명 분광법**[nuclear magnetic resonance (NMR) spectroscopy]은 수소 원자 또는 탄소 원자의 화학적 환경을 관찰하여 알킬기의 구조에 대한 증거를 제시하며, 작용기에 대한 실마리를 제공한다(13장 참조).

**자외선 분광법**[ultraviolet (UV) spectroscopy]은 전자의 전이를 관찰하여 시료의 전자적 결합에 대한 정보를 제공한다(15장 참조).

이러한 분광학적 기술은 상호보완적이며, 함께 사용하면 강력한 힘을 발휘할 수 있다. 많은 경우 미지의 화합물은 추가적인 정보 없이 하나의 스펙트럼에서 구조를 완벽하게 알아낼 수 없지만, 2개 이상 서로 다른 종류의 스펙트럼을 사용하면 확신을 가지고 구조를 결정할 수 있다. 13장에서는 서로 다른 종류의 분광법을 통해 얻은 정보를 조합하여 화합물의 구조를 확실하게 알아낼 방법에 대해 알아보고자 한다.

## 12-2 전자기 스펙트럼

가시광선, 적외선, 자외선, 마이크로파, 라디오파는 전자기 복사의 예이다. 이들은 모두 빛의 속도 약 $3 \times 10^{10}$ cm/sec로 진행하지만, 각각 서로 다른 진동수와 파장을 가진다. 파동의 **진동수**(frequency)는 1초 동안 고정점을 통과하는 완전한 파동 주기의 수이다. 진동수는 그리스 문자 $\nu$(누)로 나타내는데, 초당 주기를 나타내며, 보통 헤르츠(Hz)로 주어진다. **파장**(wavelength)은 그리스 문자 $\lambda$(람다)로 나타내는데, 파동의 두 피크(또는 두 골짜기) 사이의 거리에 해당한다.

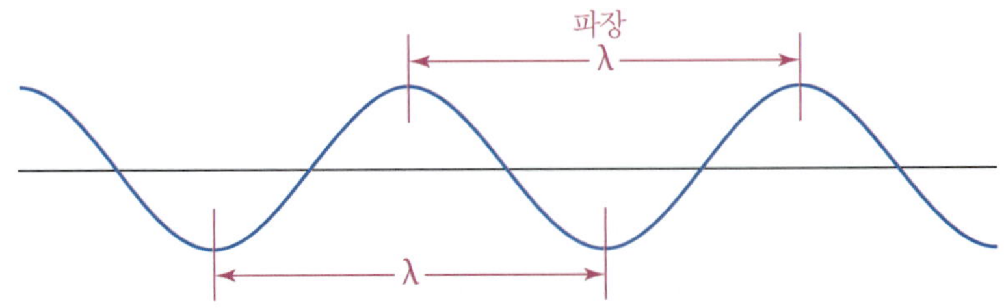

파장과 진동수는 서로 반비례하며, 다음과 같은 관계가 성립한다.

$$\nu\lambda = c \quad \text{또는} \quad \lambda = \frac{c}{\nu}$$

$c$ = 빛의 속도($3 \times 10^{10}$ cm/sec)
$\nu$ = 진동수(Hz)
$\lambda$ = 파장(cm)

전자기파는 질량이 없는 에너지 다발인 **광자**(photon)로 진행한다. 광자의 에너지는 진동수에 비례하고, 파장에 반비례한다. 진동수 $\nu$(또는 파장 $\lambda$)의 광자가 가진 에너지는 다음과 같이 주어진다.

$$E = h\nu = \frac{hc}{\lambda}$$

여기에서 $h$는 플랑크 상수로 $6.62 \times 10^{-37}$ kJ·sec 또는 $1.58 \times 10^{-37}$ kcal·sec이다. 어떤 조건에서는 분자가 광자와 충돌하면 광자의 에너지를 흡수한다. 이때 분자의 에너지는 광자의 에너지인 $h\nu$만큼 증가한다. 이러한 이유로 반응 혼합물에 빛을 쪼이는 것을 종종 $h\nu$로 표시한다.

**전자기 스펙트럼**(electromagnetic spectrum)은 0에서 무한대의 모든 가능한 범위의 진동수를 가진다. 실제로 스펙트럼의 범위는 잠수함과 교신하는 데 사용되는 매우 낮은 라디오파의 진동수에서 매우 높은 감마선의 진동수에 걸쳐 있다. 그림 12-1에서는 전자기 스펙트럼의 여러 영역의 파장과 에너지의 관계를 보여준다.

전자기 스펙트럼은 연속적이며, 다른 영역들 사이의 경계선의 정확한 위치는 임의로 정한 것이다. 그림 12-1에서 스펙트럼의 위로 갈수록 진동수는 높아지고, 파장은 짧아지며, 에너지는 높아진다. 또한 아래로 갈수록 진동수는 낮아지고, 파장은 길어지며, 에너지는 낮아진다. X선은 매우 높은 에너지를 가지고 있어서 전자들을 들뜨게 하여 모든 에너지 준위를 넘을 수 있게 함으로써 결국 이온화시킨다. 자외선-가시광선 영역의 에너지는 전자를 분자 내부의 더 높은 에너지로 들뜨게 한다. 적외선 영역의 에너지는 분자의 진동 운동을 들뜨게 하고, 마이크로파 에너지는 분자의 회전 운동을 들뜨게 한다. 라디오파 진동수(매우 낮은 에너지)는 NMR 분광법에서 핵스핀 전이를 일으킨다.

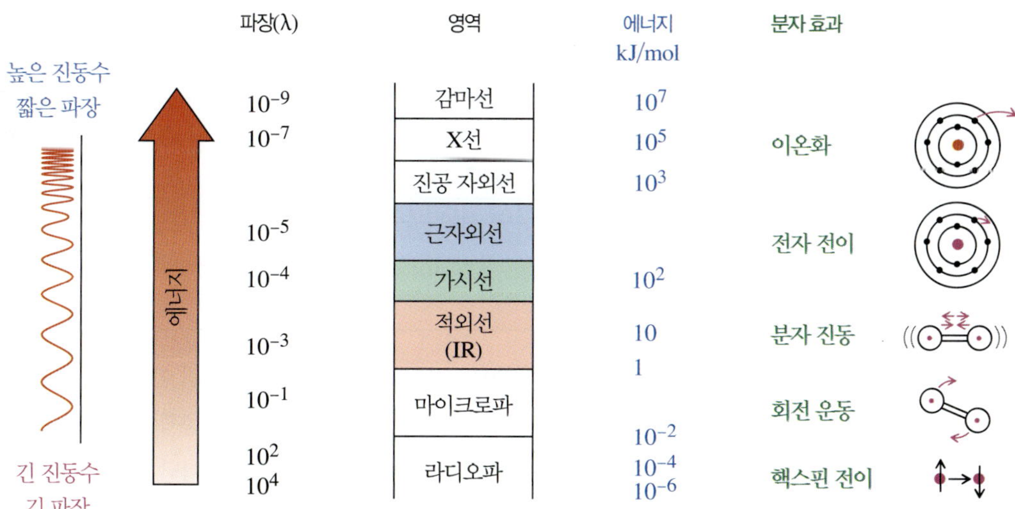


**그림 12-1** 전자기 스펙트럼과 그에 따른 분자 효과

## 12-3 적외선 영역

적외선(라틴어 *infra*에서 유래한 빨강 '아래'라는 의미) 영역의 스펙트럼은 가시광선 진동수의 바로 아래에서부터 가장 높은 마이크로파와 전파탐지기 진동수 바로 위의 진동수 영역에 속하는 것으로서 대략 $8 \times 10^{-5}$ cm에서 $1 \times 10^{-2}$ cm의 파장 영역에 해당한다. 일반적인 적외선 분광계는 이 영역의 중간인 $2.5 \times 10^{-4}$ cm와 $25 \times 10^{-4}$ cm 사이의 파장, 대략 4.6~46 kJ/mol (1.1~11 kcal/mol)의 에너지에 해당하는 영역에서 작동한다. 적외선 광자는 전자 전이를 일으킬 만큼 충분한 에너지를 가지고 있지는 않지만, 원자단이 원자들을 서로 연결하는 결합에 대해 진동하게 한다. 전자 전이와 마찬가지로 이러한 진동 전이는 특정 에너지를 가지며, 분자들은 특정 파장과 진동수의 적외선을 흡수한다.

적외선 띠의 위치는 파장(λ)으로 나타내고 **마이크론**(micron, μm)으로 측정한다. 1마이크론[또는 **마이크로미터**(micrometer)]은 $10^{-6}$ m 또는 $10^{-4}$ cm에 해당한다. 그러나 더 흔히 쓰는 단위는 **파수**(wavenumber, $\bar{\nu}$)이며, 이는 1 cm당 파동주기(파장)의 수에 해당한다. 따라서 파수는 파장(cm)의 역수가 된다. 1 cm= 10,000 μm이므로, 파수는 10,000을 마이크론으로 표시된 파장으로 나누어 계산할 수 있다. 파수의 단위는 $\text{cm}^{-1}$(cm의 역)이다.

$$\bar{\nu}\,(\text{cm}^{-1}) = \frac{1}{\lambda(\text{cm})} = \frac{10{,}000\ \mu\text{m/cm}}{\lambda(\mu\text{m})} \quad \text{또는} \quad \lambda(\mu\text{m}) = \frac{10{,}000\ \mu\text{m/cm}}{\bar{\nu}\,(\text{cm}^{-1})}$$

예를 들면 4 μm 파장의 흡수는 2500 $\text{cm}^{-1}$의 파수에 해당한다.

$$\bar{\nu} = \frac{10{,}000\ \mu\text{m/cm}}{4\ \mu\text{m}} = 2500\ \text{cm}^{-1} \quad \text{또는} \quad \lambda = \frac{10{,}000\ \mu\text{m/cm}}{2500\ \text{cm}^{-1}} = 4\ \mu\text{m}$$

파수($\text{cm}^{-1}$)는 IR 흡수를 나타내는 데 가장 많이 사용되는 방법이 되었으며, 이 책에서도 파수를 사용할 것이다. 파수는 파의 진동수($\nu$)에 비례하므로, 이 진동수의 광자 에너지($E = h\nu$)에도 비례한다. 일부 참고문헌은 여전히 마이크론 단위를 사용하고 있으므로, 이러한 단위를 변환하는 방법을 알아야 한다.

**연습문제 12-1**

다음 변환표를 완결하라.

| $\bar{\nu}$ ($\text{cm}^{-1}$) | 4000 | | | | 1800 | 1670 | 1620 | 400 |
|---|---|---|---|---|---|---|---|---|
| l (mm) | 2.50 | 3.40 | 3.13 | 4.87 | | | | 25.0 |

## 12-4 분자의 진동

특징적인 적외선 흡수에 대해 논의하기 전에 분자의 진동 에너지에 대한 약간의 이론을 이해할 필요가 있다. 다음 그림에서 어떻게 두 원자 사이의 공유 결합이 스프링과 같이 움직이는지 알 수 있다. 결합이 늘어나면 복원력은 평형 결합 길이를 갖는 방향으로 두 원자를 끌어당긴다. 결합이 압축되면 복원력은 두 원자가 서로 멀리 떨어지도록 밀어낸다. 결합이 늘어나거나 줄어든 후에 이완되는 경우 원자들은 진동한다.

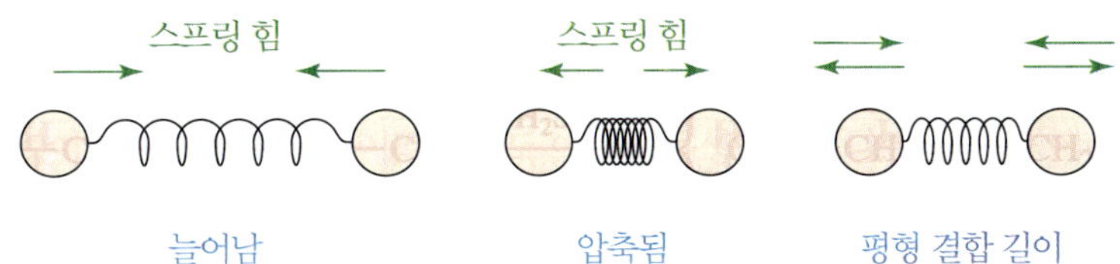


신축 진동의 진동수는 원자의 질량과 결합의 강도에 달려 있다. 무거운 원자가 가벼운 원자보다 더 느리게 진동한다. 예를 들어 C—D 결합의 특징적인 진동수는 C—H 결합의 진동수보다 더 낮다. 비슷한 결합 에너지를 지닌 결합들의 경우 **진동수는 원자량이 증가할수록 감소한다.**

강한 결합일수록 일반적으로 결합이 더 견고하며, 결합이 늘어나거나 줄어들 때 더 큰 힘이 필요하다. 그러므로 (원자들이 비슷한 질량을 가진다면) 강한 결합이 약한 결합에 비해 더 빠르게 진동한다. 예를 들어 O—H 결합은 C—H 결합보다 더 강하므로 더 높은 진동수로 진동한다. 삼중 결합은 이중 결합보다 더 강하기 때문에 삼중 결합이 이중 결합보다 더 높은 진동수로 진동한다. 마찬가지로 이중 결합은 단일 결합보다 더 높은 진동수로 진동한다. 비슷한 질량의 원자를 가진 결합군에서는 **결합 에너지가 클수록 진동수는 증가한다.**

표 12-1에는 원자의 질량과 결합의 세기에 따라 진동수가 어떻게 변하는지를 보여주기 위해 몇 가지 일반적인 유형의 결합과 함께 그들의 신축 진동수를 표시해놓았다.

**적외선 스펙트럼**(infrared spectrum)은 분자가 흡수한 에너지를 빛의 진동수나 파장의 함수로서 그래프로 나타낸다. 그림 12-2에 메탄올의 적외선 스펙트럼이 나타나 있다. 적외선 영역에서는 일반적으로 분자 내 결합의 진동 방식의 들뜸에 의해 빛이 흡수된다. 간단한 분자에서조차 적외선 스펙트럼은 각 결합에 대해 하나가 아닌, 많은 서로 다른 흡수를 보여준다. 메탄올의 스펙트럼(그림 12-2)이 좋은 예이다. 3300 $cm^{-1}$ 부근에서 넓은 O—H 신축 진동, 3000 $cm^{-1}$ 바로 아래에서 C—H 신축 진동, 1000 $cm^{-1}$ 바로 위에서 C—O 신축 진동을 볼 수 있다. 또한 가위질과 비틀림

**표 12-1** 결합 신축 진동수

비슷한 결합 에너지를 가진 결합군에서 진동수는 원자량이 증가함에 따라 감소한다. 비슷한 원자 사이의 결합군에서 진동수는 결합 에너지가 증가함에 따라 증가한다. 여기에 나열된 결합 에너지와 진동수는 대략적인 것이다.

| 결합 | | 결합 에너지 [kJ(kcal)] | | 신축 진동수 ($cm^{-1}$) | |
|---|---|---|---|---|---|
| | | 원자량이 증가함에 따라 진동수는 감소한다. | | | |
| C—H | ↓ 무거운 원자 | 420 (100) | | 3000 | ↓ $\bar{\nu}$ 감소 |
| C—D | | 420 (100) | | 2100 | |
| C—C | | 350 (83) | | 1200 | |
| | | 원자량이 증가함에 따라 진동수는 증가한다. | | | |
| C—C | | 350 (83) | ↓ 강한 결합 | 1200 | ↓ $\bar{\nu}$ 증가 |
| C=C | | 611 (146) | | 1660 | |
| C≡C | | 840 (200) | | 2200 | |
| C—N | | 305 (73) | ↓ 강한 결합 | 1200 | ↓ $\bar{\nu}$ 증가 |
| C=N | | 615 (147) | | 1650 | |
| C≡N | | 891 (213) | | 2200 | |
| C—O | | 360 (86) | ↓ 강한 결합 | 1100 | ↓ $\bar{\nu}$ 증가 |
| C=O | | 745 (178) | | 1700 | |

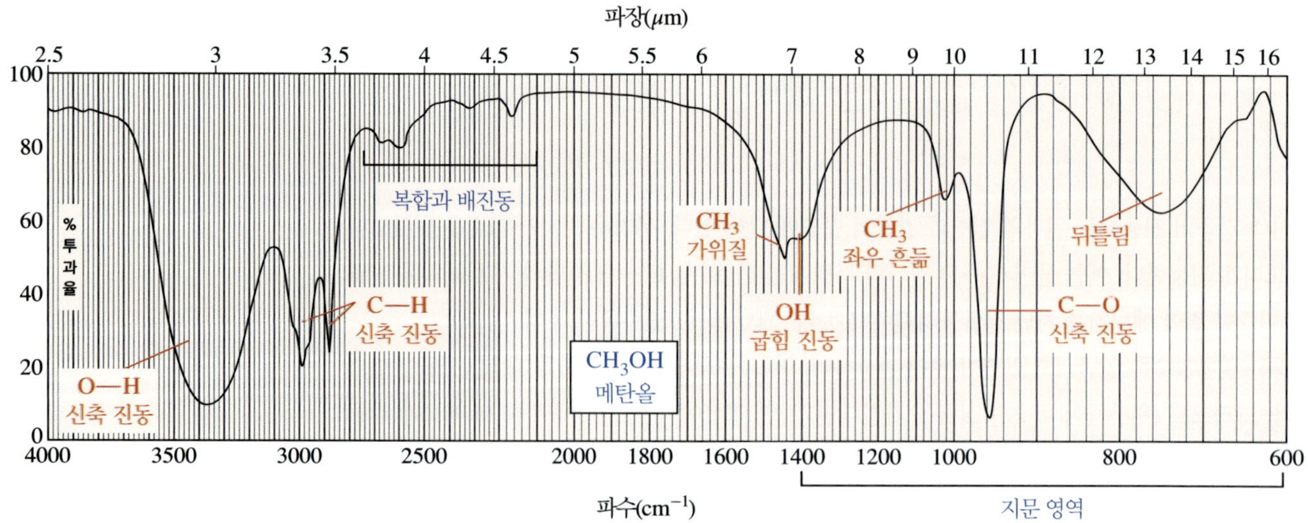


**그림 12-2** 메탄올의 적외선 스펙트럼에서 여러 개의 굽힘 진동 방식으로부터의 흡수와 함께 O—H, C—H, C—O 신축 흡수를 볼 수 있다.

진동을 포함한 굽힘 진동에 의한 흡수를 볼 수 있는데, 굽힘 진동에서 결합 길이는 일정하지만, 결합각이 평형값 근처에서 진동한다.

다음 그림에서 물 분자의 기본적인 진동 방식에 대해 고찰해보자. 2개의 O—H 결합은 서로 대칭적으로 늘어나는 운동, 즉 **대칭 신축 운동**(symmetric stretching)을 하거나 서로 비대칭적으로 늘어나는 운동, 즉 **비대칭 신축 운동**(antisymmetric stretching)을 할 수 있다. 또한 굽힘 진동 때문에 **가위질 운동**(scissoring motion)을 하게 되면 H—O—H 결합각이 변할 수 있다.

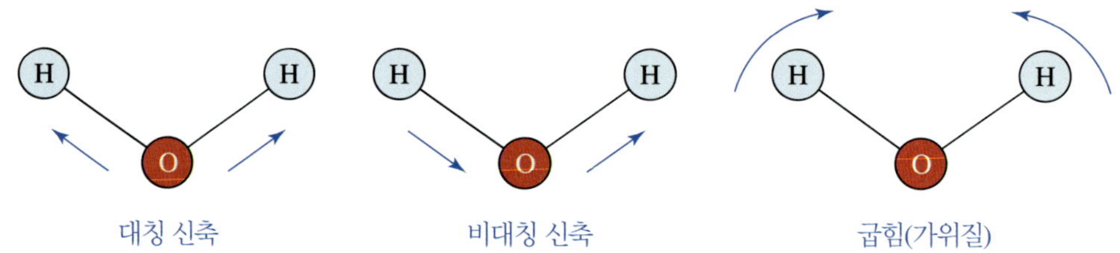


일반적으로 $n$개의 원자를 지닌 비선형 분자는 $3n - 6$개의 기본 진동 방식을 가진다. 물(3원자)은 앞 그림에서 보여준 바와 같이 $3(3) - 6 = 3$개의 기본 진동 방식을 가진다. 메탄올은 $3(6) - 6 = 12$개의 기본 진동 방식, 에탄올은 $3(9) - 6 = 21$개의 기본 진동 방식을 가진다. 또한 간단한 기본 진동 방식의 조합 및 다중(배진동) 진동 방식이 관찰된다. 적외선 스펙트럼에서는 간단한 분자의 경우에도 꽤 많은 흡수가 나타난다.

두 가지의 서로 다른 화합물(거울상 이성질체 제외)의 적외선 스펙트럼에서 여러 가지 모든 복잡한 진동에 대해 진동수가 전부 같을 수는 없다. 이러한 이유로 적외선 스펙트럼은 각 분자의 '지문' 역할을 하게 된다. 사실 대부분의 복잡한 진동을 보여주는 적외선 스펙트럼의 영역(600~1400 $cm^{-1}$)을 흔히 스펙트럼의 **지문 영역**(fingerprint region)이라고 한다.

1600~3500 $cm^{-1}$ 영역의 간단한 신축 진동은 매우 특징적이며 예측할 만하다. 여기에서 적외선 분광학에 대한 학습은 이 영역의 신축 진동에 집중될 것이다. 적외선 스펙트럼의 기초 학습 과정에서 굽힘 진동은 대부분 다루지 않겠지만, 굽힘 진동이 600~1400 $cm^{-1}$ 영역에서 일반적으로 나타난다는 사실을 기억해야 한다. 숙련된 분광학자들은 지문 영역에서 나타나는 '앞뒤 흔듦(wagging)', '가위질(scissoring)', '좌우 흔듦(rocking)', '뒤틀림(twisting)' 같은 여러 종류의 굽힘 진동으로부터 분자 구조에 대해 많은 것을 알 수 있다(그림 12-2). 적외선 진동수의 참조표(부록 2)에 신축과 굽힘 진동의 특정 진동수가 나열되어 있다.

## 12-5 적외선 활성과 적외선 비활성 진동

모든 분자 진동이 적외선을 흡수하지는 않는다. 어느 진동이 적외선을 흡수하고 어느 진동이 흡수하지 않는지를 이해하려면 전자기장이 분자의 결합과 어떻게 상호작용하는지 알아봐야 한다. 이 상호작용의 핵심은 쌍극자 모멘트로 측정되는 결합의 극성에 있다. 쌍극자 모멘트를 지닌 결합은 스프링에 의해 양전하와 음전하로 분리된 것처럼 볼 수 있다. 이 결합이 전기장에 놓이면(그림 12-3) 전기장의 방향에 따라 결합은 늘어나고 줄어들기도 할 것이다.

전자기파의 성분 중 하나는 빠르게 반전하는 전기장($\vec{E}$)으로, 그림 12-3에서와 같이 극성 결합을 교대로 늘어나게 하고 줄어들게 한다. 전기장이 쌍극자 모멘트와 같은 방향으로 있을 때는 결합이 수축되고, 쌍극자 모멘트는 감소한다. 전기장이 쌍극자 모멘트와 반대 방향으로 있을 때 그 결합은 늘어나고, 쌍극자 모멘트는 증가한다. 결합이 교대로 늘어나고 수축되는 것이 분자의 고유 진동 속도로 일어나게 될 때는 에너지가 흡수된다. 일반적으로 쌍극자 모멘트를 지닌 결합의 진동은 적외선을 흡수하게 되고, 이때 **적외선 활성**(IR-active)을 가진다고 말한다.

결합이 대칭적이고 쌍극자 모멘트가 0이 되면 전기장은 결합과 상호작용하지 않는 다. 예를 들면 아세틸렌(H—C≡C—H)의 삼중 결합 쌍극자 모멘트는 0인데, 결합이 늘어나고 수축되더라도 쌍극자 모멘트는 0이다. 진동이 쌍극자 모멘트를 변화시키지 못하기 때문에 에너지의 흡수가 일어나지 않는다. 이와 같은 진동을 **적외선 비활성**(IR-inactive)이라고 하며, 적외선 스펙트럼에서 흡수가 일어나지 않는다. 적외선 활성 진동이 일어나기 위해 가장 중요한 것은 **진동에 의해 분자의 쌍극자 모멘트가 변화되어야 한다는** 것이다.

일반적으로 결합이 쌍극자 모멘트를 가지면 이 결합의 신축 진동은 적외선 스펙트럼에서 흡수를 일으킨다. 만약 결합이 대칭적으로 치환되어 쌍극자 모멘트가 0이 되면 스펙트럼에서 이 결합의 신축 진동은 약하거나 나타나지 않는다. 간혹 결합의 쌍극자 모멘트가 0이 되더라도 분자의 충돌, 회전, 진동 때문에 순간적으로 비대칭으로 되면 적외선 흡수가 약하게 일어나기도 한다. 극성이 매우 큰 결합(예: C═O기)은 매우 강하게 흡수하므로 **배진동**(overtone) 피크를 나타내는데, 이는 기본 진동수의 배수(보통 2배)에서 나타나는 비교적 작은 피크들이다.

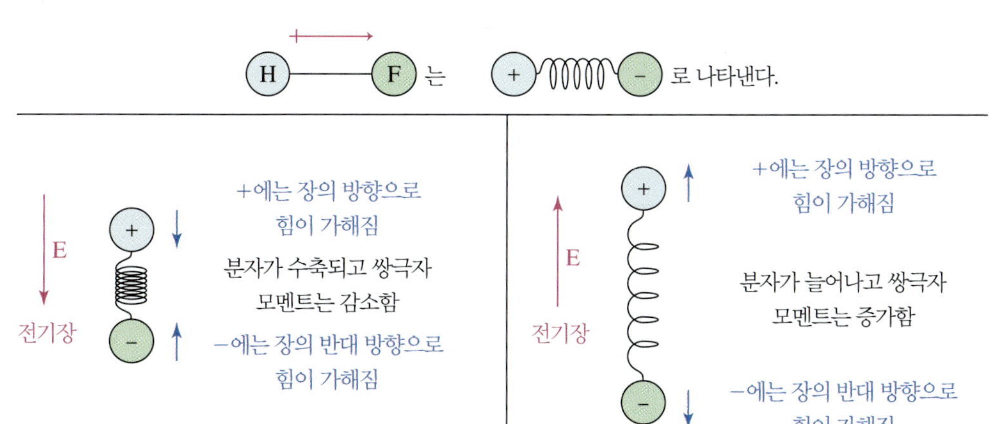


**그림 12-3** 극성 결합에 대한 전기장의 효과. 쌍극자 모멘트를 지닌 결합(예: HF)은 전기장의 방향에 따라 늘어나거나 줄어든다. 양전하에 작용하는 힘은 전기장($\vec{E}$)과 같은 방향으로 있고, 음전하에 작용하는 힘은 전기장과 반대 방향으로 있음을 알기 바란다.

**연습문제 12-2**

붉은색으로 표시된 결합 중에서 어느 것이 적외선 활성 신축 진동수를 가지는지 예측하라.

(a) $H_3C{-}\overset{H_2}{C}{-}C{\equiv}C{-}CH_3$ (b) $H_3C{-}\overset{H_2}{C}{-}C{\equiv}C{-}H$ (c) $H_3C{-}\overset{H_2}{C}{-}C{\equiv}C{-}H$

(d) $H_3C{-}\overset{H_2}{C}{-}C{\equiv}C{-}H$ (e) $H_3C{-}\overset{H_2}{C}{-}C{\equiv}C{-}CH_3$ (f) $H_3C{-}\overset{H_2}{C}{-}C{\equiv}C{-}\overset{H_2}{C}{-}CH_3$

(g) $H_3C{-}\overset{H_2}{C}{-}C{\equiv}C{-}H$ (h) $(H)_2C{=}C(CH_3)_2$

(i) $(H)_2C{=}C(CH_3)_2$ (j) $H_3CH_2C{-}CH_2CH_3$

## 12-6 적외선 스펙트럼의 측정

적외선 스펙트럼은 적외선 광선에 놓인 액체, 고체, 기체 시료를 이용하여 측정할 수 있다. 대부분 중요한 진동수의 적외선을 흡수하지 않는 투명한 NaCl 또는 KBr로 만든 2개의 염으로 된 판 사이에 액체 시료 한 방울을 놓고, 얇은 막을 만들어 측정할 수 있다. 고체 시료는 KBr과 함께 가루를 만들어서 얇은 판으로 압축한 뒤에 적외선 광선에 놓고 측정한다. 또는 고체 시료를 파라핀유와 함께 갈아서 반죽을 만들어 얇은 면사처럼 만들어 측정할 수도 있다. 고체는 관심 있는 영역에서 흡수를 나타내지 않는 $CH_2Cl_2$, $CCl_4$, $CS_2$ 같은 보통 용매에 녹여서 사용할 수 있다. 기체는 윤기를 낸 염으로 된 창을 가진 긴 용기에 채운다. 이들 **기체 용기**(gas cell)는 흔히 거울을 포함하는데, 빛을 더욱 강하게 흡수할 수 있도록 용기 전체적으로 여러 번 광선이 굴절하게 한다.

**적외선 분광계**(infrared spectrometer)는 화합물이 흡수하는 적외선의 진동수를 측정한다. 간단한 적외선 분광계(그림 12-4)는 2개의 광선을 사용한다. **시료 광선**(sample beam)은 시료 용기를 통과하지만, **기준 광선**(reference beam)은 용매만 있는 기준 용기를 통과한다. 회전 거울은 2개의 광선 각각을 교대로 단색화 장치에 들어가게 한다.

단색화 장치는 프리즘 또는 회절 격자를 이용하여 한 번에 한 진동수의 빛만이 검출기에 들어가게 한다. 단색화 장치는 펜이 기록지의 $x$축상에서 해당 진동수를 따라 움직임으로써 적외선 진동수의 전 영역을 탐색한다. 높은 진동수(짧은 파장)는 기록지의 왼쪽에 나타난다. 기준 광선이 공기나 용매에 의한 모든 흡수를 보정해주기 때문에, 검출기의 신호는 시료 용기와 기준 용기를 통과한 두 빛의 세기의 차이에 비례한다. 검출기의 신호는 $y$축을 따라 기록되며, 기록 용지 맨 위에 100%

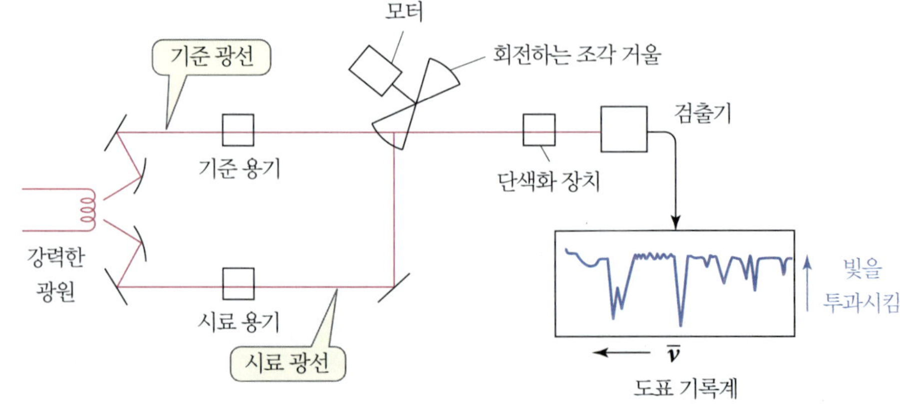


**그림 12-4** 분산적 적외선 분광계의 구성도. 시료 광선은 시료 용기를 통과하고, 기준 광선은 용매만 있는 기준 용기를 통과한다. 회전 거울은 2개의 광선을 각각 교대로 단색화 장치에 들어가게 하여 서로 비교한다. 도표 기록계는 두 광선으로부터의 빛의 투과도 차이를 그래프로 나타낸다.

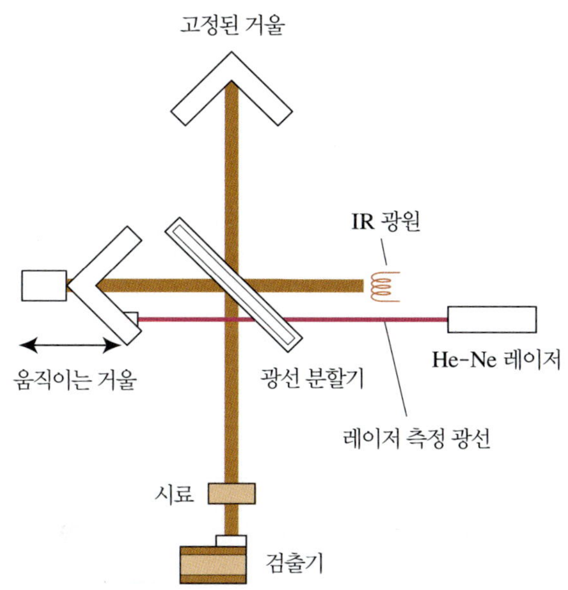


**그림 12-5** FT-IR 분광계에 있는 간섭계의 구성도. 고정된 거울과 움직이는 거울에서 반사된 광선이 결합하여 간섭 그림을 만들고, 이 간섭그림은 시료를 통과하여 검출기에 들어간다.

투과(흡수 없음)를 나타내고, 맨 아래에 0% 투과(모든 빛을 흡수함)를 표시한다.

그림 12-4에 나타난 분광계는 빛을 모든 다른 진동수로 분산시켜 각각의 진동수를 측정하기 때문에 **분산기**라고 한다. 분산기는 고가의 프리즘과 회절 격자를 필요로 하고, 수동으로 조정하고 규칙적으로 보정해야 한다. 한 번에 단 하나의 진동수만 관찰할 수 있으므로 분산기는 강력한 적외선 광원을 필요로 하며, 전 스펙트럼을 찍는 데 2~10분이 필요하다. 대부분 분산 적외선 분광계 대신에 Fourier 변환 적외선(FT-IR) 분광계를 사용하고 있다.

**Fourier 변환 적외선 분광계**(Fourier transform infrared spectrometer, FT-IR)는 그림 12-5에 나타난 바와 같이 **간섭계**(interferometer)를 사용하여 적외선 스펙트럼을 찍는다. 적외선은 광원으로부터 45°로 놓인 보통 잘 닦여진 KBr로 만들어진 광선 분할기로 이동한다. 광선의 일부는 광선 분할기를 통과하고 일부는 90°로 반사된다. 반사된 광선은 고정된 거울에 도달하고 투과된 광선은 일정한 속도로 움직이는 거울에 도달한다. 이러한 광선은 거울에서 다시 돌아와 광선 분할기에서 재결합된다. 움직이는 거울로부터 오는 광선은 고정된 거울로부터 오는 광선과 이동한 거리가 다르기 때문에 두 광선은 만나 **간섭그림**(interferogram)이라고 하는 간섭 무늬를 만들어낸다. 이 간섭그림은 동시에 모든 진동수를 가지는데, 시료가 있는 구역을 지나 검출기에 도달한다.

그림 12-6 상단에 있는 (a) 간섭그림은 하단에 나타낸 (b) 스펙트럼에 포함된 모든 정보를 포함한다. 이 간섭그림은 **시간 영역**(time domain)에 있다고 하는데, 신호를 통한 거울의 움직임에 따라 검출기로 볼 수 있는 에너지에 해당하는 것이다. Fourier 변환이라고 하는 표준 컴퓨터 알고리즘을 이용하여 시간 영역을 **진동수 영역**(frequency domain) 스펙트럼으로 변환시키고, 이로써 흡수의 세기를 진동수(또는 파장)의 함수로 볼 수 있다. 그림 12-6은 *n*-옥테인(octane)의 간섭그림과 적외선 스펙트럼을 보여준다.

FT-IR 분광계는 분산기에 비해 몇 가지 장점이 있다. 각각의 진동수를 측정하기보다는 모든 진동수를 동시에 측정하므로 감도가 더 좋다. 광원으로부터 에너지가 적게 필요하고 탐색 시간이 적게 든다(보통 1~2초). 수 초 내 여러 번의 탐색이 끝나고, 평균화하여 신호를 더 개선할 수 있다. 적외선 광선과 함께 레이저 광선을 사용하여 움직이는 거울의 속도와 데이터 점을 모으는 시간을 조절할 수 있기 때문에 해상도와 정밀도가 향상된다. 레이저 광선은 진동수의 정확한 기준점이 되므로 분광계를 정확하게 보정할 수 있다.

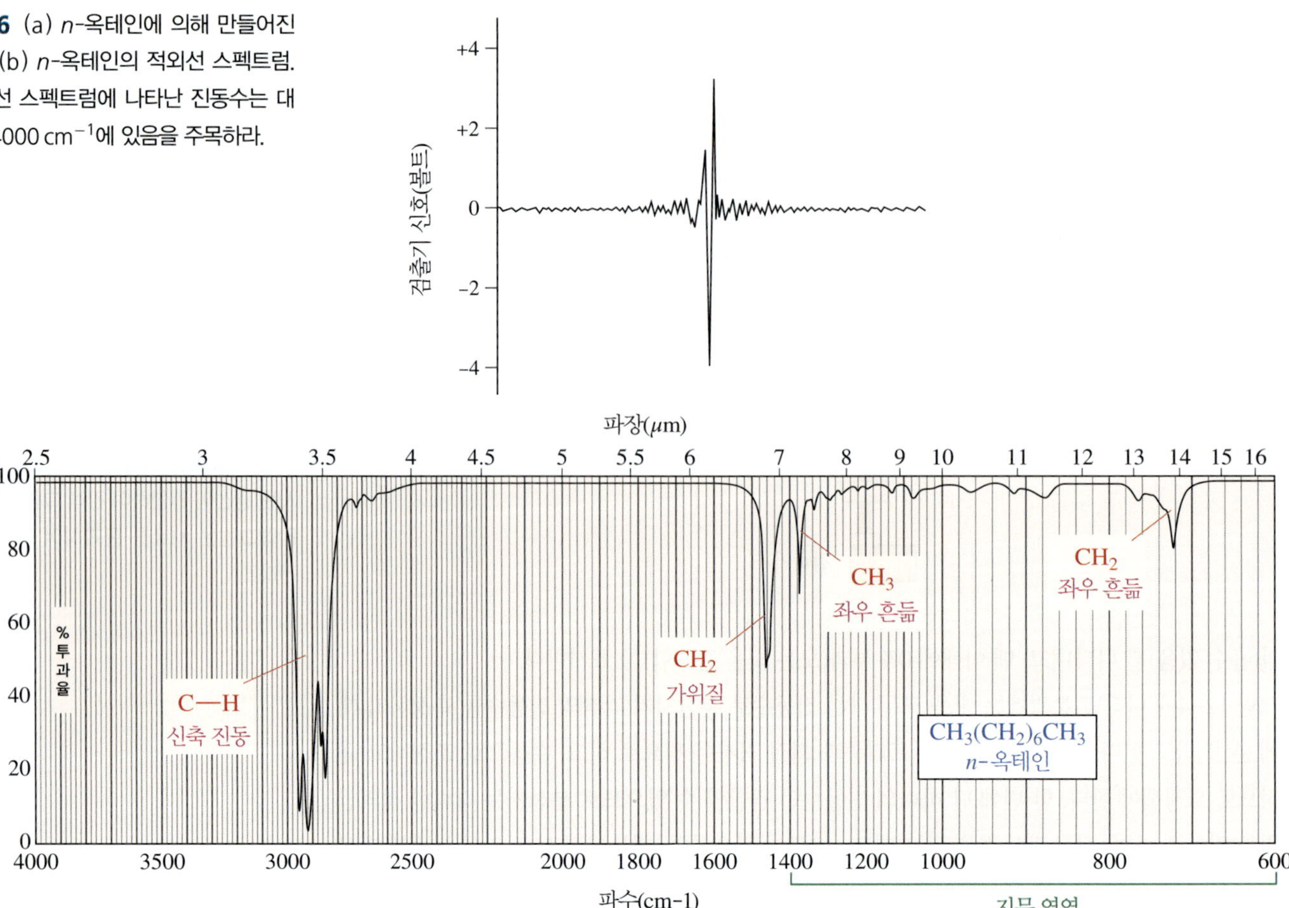


**그림 12-6** (a) *n*-옥테인에 의해 만들어진 간섭그림. (b) *n*-옥테인의 적외선 스펙트럼. 보통 적외선 스펙트럼에 나타난 진동수는 대략 600~4000 $cm^{-1}$에 있음을 주목하라.

*n*-옥테인의 적외선 스펙트럼[그림 12-6(b)]에는 4개의 주요 흡수띠가 있다. 2800 $cm^{-1}$와 3000 $cm^{-1}$ 사이의 넓은 흡수띠는 C—H 신축 진동 때문에 생긴 것이고, 1467 $cm^{-1}$에 있는 흡수띠는 $CH_2$의 가위질 진동에서 생긴 것이다. 1378 $cm^{-1}$와 722 $cm^{-1}$에 있는 흡수는 각각 $CH_3$와 $CH_2$의 좌우 흔듦 진동의 결과이다. 대부분의 유기 화합물은 적어도 포화된 C—H 결합과 몇 개의 $CH_2$ 및 $CH_3$를 포함하고 있으므로 위의 모든 흡수띠가 관찰된다. 사실 비교할 수 있는 인증된 스펙트럼이 없다면 이 스펙트럼을 보고 그 화합물이 옥테인이라고 결정할 수 없을 것이다. 그러나 다른 작용기에 해당하는 흡수띠가 없기 때문에 그 화합물이 알케인이라고 거의 확신할 수 있다.

옥테인의 스펙트럼에서 또 다른 특징은 C—C 신축 진동에 의한 흡수를 확인할 수 없다는 것이다. (표 12-1에서 C—C 신축 진동 흡수는 1200 $cm^{-1}$ 부근에서 나타남을 알 수 있다.) 옥테인에 7개의 C—C 결합이 있지만, 그들의 쌍극자 모멘트는 작기 때문에 적외선 흡수가 약하고 식별하기 어렵다. 이러한 결과는 C—C 결합을 극성으로 만들 수 있는 작용기를 가지고 있지 않은 알케인에 대해 흔히 볼 수 있다.

## 12-7 탄화수소의 적외선 분광법

탄화수소는 탄소-탄소 결합과 탄소-수소 결합만으로 이루어져 있다. 적외선 스펙트럼은 화합물의 구조를 결정적으로 확인할 수 있는 정보를 충분히 제공하지 못하지만('지문'을 비교할 수 있는 인증된 스펙트럼이 없을 경우), 탄소-탄소 및 탄소-수소 결합의 흡수띠를 통해 이중 결합과 삼중 결합이 있음을 알 수 있다.

## 12-7A 탄소-탄소 결합의 신축 운동

결합이 강할수록 결합이 단단하기 때문에, 일반적으로 더 높은 진동수에서 흡수가 일어난다. 탄소-탄소 단일 결합은 1200 $cm^{-1}$ 근처에서, C=C 이중 결합은 1660 $cm^{-1}$ 근처에서, C≡C 삼중 결합은 2200 $cm^{-1}$ 근처에서 각각 흡수가 일어난다.

| 탄소-탄소 결합의 신축 운동 진동수 | |
|---|---|
| C—C | 1200 $cm^{-1}$ |
| C=C | 1660 $cm^{-1}$ |
| C≡C | 2200 $cm^{-1}$ 이하 |

옥테인의 스펙트럼에서 논의했듯이 C—C 단일 결합의 흡수(및 지문 영역 대부분의 다른 흡수)는 믿을 만한 정보가 되지 못한다. 우선 지문 영역을 이용해서 원본 스펙트럼과 비교함으로써 미지의 화합물이 무엇인지를 확인한다.

그러나 C=C 이중 결합의 흡수는 구조 결정에 유용하다. 비대칭적으로 치환된 이중 결합은 대부분 1600~1680 $cm^{-1}$ 영역에서 신축 진동의 흡수가 관찰된다. 이중 결합 신축 진동의 특정 진동수는 근처에 다른 이중 결합의 존재 여부에 영향을 받는다. 2개의 이중 결합이 1개의 결합에 의해 떨어져 있을 때[다음 그림에 있는 사이클로헥사-1,3-다이엔(cyclohexa-1,3-diene)의 경우처럼] **콘쥬게이션**(conjugated)되어 있다고 한다. 15장에서 살펴보겠지만, 콘쥬게이션된 이중 결합은 고립된 이중 결합보다 조금 더 안정한데, 이는 이중 결합 사이에 있는 단일 결합에 약간의 파이 결합이 있기 때문이다. 이와 같이 파이 결합들이 겹치게 되므로 이중 결합 자체의 전자 밀도를 조금 감소시키게 된다. 결과적으로 콘쥬게이션된 이중 결합은 고립된 이중 결합보다 조금 덜 단단하고 좀 더 느리게 진동한다. 고립된 이중 결합은 1640~1680 $cm^{-1}$ 근처에서 흡수가 일어나지만, 콘쥬게이션된 이중 결합은 1620~1640 $cm^{-1}$ 근처에서 흡수가 일어난다.

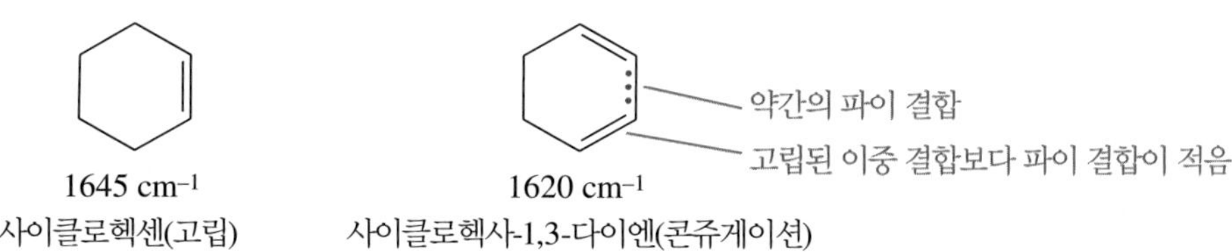


콘쥬게이션의 효과는 방향족 화합물에서 더 뚜렷하게 나타난다. 방향족 화합물은 6원자 고리에 3개의 콘쥬게이션된 이중 결합을 가지고 있다. 방향족 C=C 결합은 순수한 이중 결합이라기보다는 1.5결합이라고 할 수 있으며, 파이 결합이 감소되었으므로 결합이 덜 단단하게 되어 1600 $cm^{-1}$ 근처의 더 낮은 신축 진동수를 갖게 된다.

$\bar{\nu}$ = 1600 $cm^{-1}$

| 특징적인 C=C 신축 진동수 | |
|---|---|
| 고립 C=C | 1640~1680 $cm^{-1}$ |
| 콘쥬게이션 C=C | 1620~1640 $cm^{-1}$ |
| 방향족 C=C | 대략 1600 $cm^{-1}$ |

**문제풀이 힌트**

방향족 고리에서 전자의 공명 비편재화는 원으로 표시할 수 있다. 이 방향족 원은 유기 화학자들 사이에서 흔히 사용되는 표현이다.

알카인의 탄소-탄소 삼중 결합은 탄소-탄소 단일 결합이나 이중 결합보다 더 강하고 단단하므로, 더 높은 진동수에서 적외선 흡수가 일어난다. 대부분의 알카인 C≡C 삼중 결합은 2100 $cm^{-1}$와 2200 $cm^{-1}$ 사이의 신축 진동수를 가진다. 말단 알카인에서는 보통 중간 세기의 뾰족한 신축 진동의 신호가 관찰된다. 그러나 내부 알카인의 C≡C 신축 진동의 흡수는 약하거나 나타나지 않을 수 있다. 이는 삼중 결합이 양쪽으로 치환되면 대칭성을 띠게 되어 쌍극자 모멘트가 매우 작거나 없어지기 때문이다.

$\mu$

R—C≡C—H    C≡C 신축 진동은 2100~2200 $cm^{-1}$ 근처에서 관찰됨

말단 알카인

$\mu$는 매우 작거나 0임

R—C≡C—R′    C≡C 신축 진동은 약하거나 나타나지 않을 수 있음

내부 알카인

### 12-7B 탄소-수소 결합 신축 진동

알케인, 알켄, 알카인은 특징적인 C—H 신축 진동수를 나타낸다. $sp^3$ 혼성 탄소를 지닌 탄소-수소 결합은 일반적으로 3000 $cm^{-1}$ 바로 아래(오른쪽)의 진동수에서 흡수가 일어나며, $sp^2$ 혼성 탄소를 지닌 있는 탄소-수소 결합은 3000 $cm^{-1}$ 바로 위(왼쪽)에서 흡수가 일어난다. 이러한 차이는 결합을 만드는 데 사용된 탄소 오비탈의 $s$ 성질의 양으로 설명할 수 있다. $s$ 오비탈은 $p$ 오비탈보다 원자핵에 더 가깝기 때문에, 오비탈에 $s$ 성질이 많을수록 더 강하고 단단한 결합을 만들게 된다. 알켄의 C=C 흡수는 약하거나 나타나지 않아도 3000 $cm^{-1}$ 위에 나타나는 불포화 C—H 신축 진동을 통해 이중 결합이 있음을 알 수 있다.

$sp^3$ 오비탈은 1/4의 $s$ 성질을 가지는 반면, $sp^2$ 오비탈은 1/3의 $s$ 성질을 가진다. 따라서 $sp^2$ 오비탈을 사용하는 결합이 조금 더 강하고 더 높은 진동수를 가짐을 예측할 수 있다. 말단 알카인의 C—H 결합은 $sp$ 혼성 오비탈을 이용해서 만들어지므로, 1/2의 $s$ 성질을 가진다. 이 결합은 $sp^3$ 또는 $sp^2$ 혼성 오비탈을 이용해서 만들어진 C—H 결합에 비해 더 강하며, 약 3300 $cm^{-1}$의 높은 진동수에서 적외선을 흡수한다.

C—H 결합 신축 진동수: $sp > sp^2 > sp^3$

| | | |
|---|---|---|
| —C—C—H | $sp^3$ 혼성, 1/4 $s$ 성질 | 2800~3000 $cm^{-1}$ |
| C=C—H | $sp^2$ 혼성, 1/3 $s$ 성질 | 3000~3100 $cm^{-1}$ |
| —C≡C—H | $sp$ 혼성, 1/2 $s$ 성질 | 3300 $cm^{-1}$(뾰족함) |

### 12-7C 탄화수소 IR 스펙트럼의 해석

그림 12-7은 헥세인, 헥스-1-엔, 시스-옥트-2-엔의 IR 스펙트럼을 비교하고 있다. 헥세인의 스펙트럼은 $n$-옥테인의 스펙트럼(그림 12-6)과 비슷하다. 2800~3000 $cm^{-1}$ 사이에 있는 흡수띠는 C—H 신축 진동수에 해당하고, 지문 영역에 있는 흡수띠는 그림 12-6에서 논의한 굽힘 진동 때문에 생긴 것이다. 이 스펙트럼은 어떠한 적외선 활성 작용기도 없음을 단적으로 보여준다.

헥스-1-엔의 스펙트럼에서는 추가적으로 이중 결합에 해당하는 흡수가 있음을 알 수 있다. 3080 $cm^{-1}$에 있는 C—H 신축 진동은 $sp^2$ 혼성 탄소가 있는 알켄의 ═C—H 결합에 해당한다.

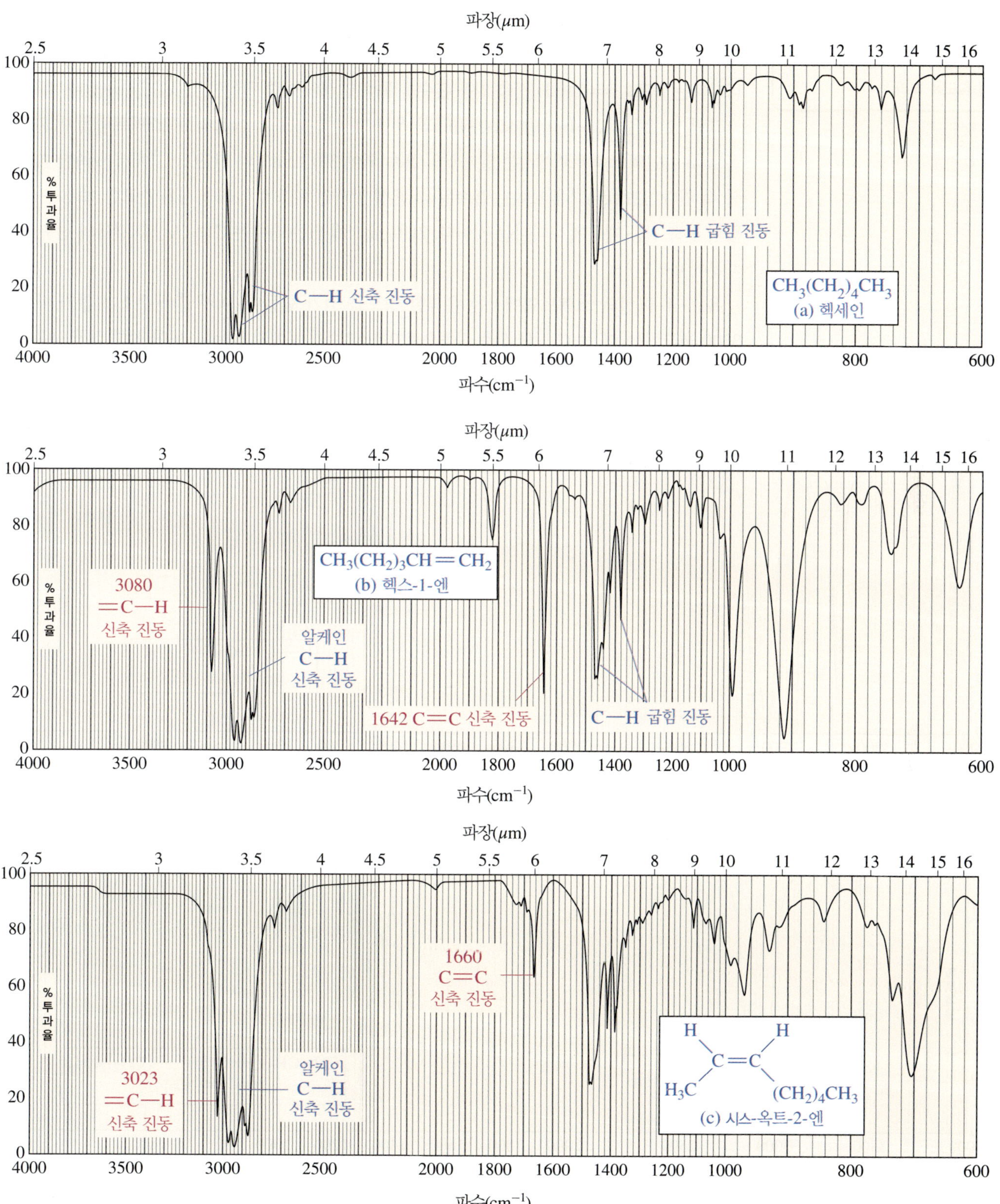


**그림 12-7** (a) 헥세인, (b) 헥스-1-엔, (c) 시스-옥트-2-엔의 IR 스펙트럼의 비교. 헥스-1-엔 스펙트럼에서 가장 큰 특징은 1642 $cm^{-1}$에서 C═C 신축 진동 및 3080 $cm^{-1}$에서 불포화 ═C—H 신축 진동의 흡수가 일어나는 것이다. 시스-옥트-2-엔에서는 이중 결합이 거의 대칭으로 치환되어 있으므로 1660 $cm^{-1}$에서 약한 C═C 흡수가 나타난다. 그러나 3023 $cm^{-1}$에서는 불포화 ═C—H 신축 진동에 해당하는 흡수가 명확하게 나타난다.

1642 cm$^{-1}$에 있는 흡수띠는 C=C 이중 결합의 신축 진동 때문에 나타난 것이다. (1820 cm$^{-1}$에 있는 작은 피크는 910 cm$^{-1}$에 있는 강한 피크의 2배수 진동수에 해당할 확률이 높다.)

**문제풀이 힌트**

3000 cm$^{-1}$의 왼쪽에 불포화된 =C—H 신축 진동이 나타나면 약한 C=C 신축 진동을 찾도록 하라.

시스-옥트-2-엔의 스펙트럼(그림 12-7c)을 보면 이중 치환된 이중 결합의 쌍극자 모멘트가 매우 작기 때문에 1660 cm$^{-1}$에 있는 C=C 신축 진동 흡수가 매우 약한 것을 제외하고는, 헥스-1-엔의 스펙트럼과 유사하다. C=C 신축 진동 흡수가 약하거나 없다고 할지라도, 3000 cm$^{-1}$ 바로 위에 나타나는 불포화 =C—H 신축 진동 흡수를 통해 알켄의 이중 결합이 있음을 알 수 있다.

그림 12-8은 옥트-1-아인(oct-1-yne)과 옥트-4-아인(oct-4-yne)의 IR 스펙트럼을 비교한다. 옥트-1-아인의 스펙트럼에서는 알케인의 흡수 외에 3313 cm$^{-1}$와 2119 cm$^{-1}$에서 뾰족한 피크를 볼 수 있다. 3313 cm$^{-1}$에 보이는 흡수는 *sp* 혼성 알카인 탄소에 의해 형성된 견고한 ≡C—H 결합의 신축 진동 때문에 나타나는 것이다. 2119 cm$^{-1}$에 있는 흡수는 C≡C 삼중 결합의 신축 진동 때문에 나타난다.

옥트-4-아인의 스펙트럼에서는 유익한 정보를 얻기 힘들다. 아세틸렌 수소가 없기 때문에 3300 cm$^{-1}$ 근처에 ≡C—H 신축 진동으로 인한 흡수가 보이지 않는다. 또한 삼중 결합 양쪽으로

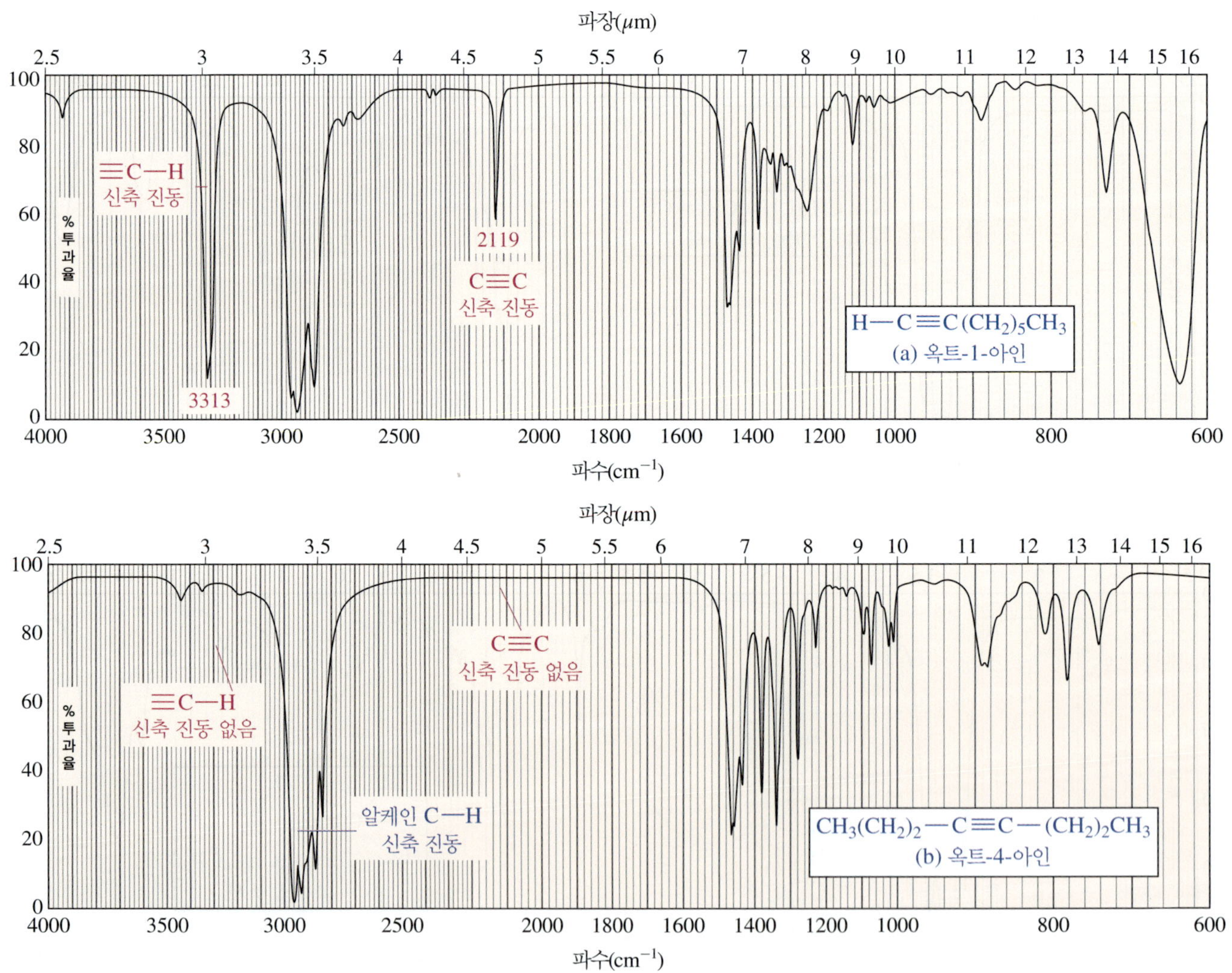


**그림 12-8** 옥트-1-아인과 옥트-4-아인의 IR 스펙트럼의 비교. (a) 옥트-1-아인의 IR 스펙트럼은 3313 cm$^{-1}$(알카이닐≡C—H 신축 진동)과 2119 cm$^{-1}$(C≡C 신축 진동)에서 특징적인 흡수를 보여준다. (b) 옥트-4-아인의 스펙트럼에서는 (a)에서와 같이 특징적인 흡수가 보이지 않기 때문에 알카인이 있음을 알 수 없다. 알카이닐 ≡C—H 결합이 없고, 삼중 결합이 대칭적으로 치환되어 있으므로 쌍극자 모멘트가 아주 작아서 옥트-1-아인의 스펙트럼에 볼 수 있었던 C≡C 신축 진동 흡수가 보이지 않는다.

치환되어 있어서 쌍극자 모멘트가 매우 작기 때문에 2100~2200 cm$^{-1}$ 근처에 C≡C 신축 진동 흡수가 보이지 않는다. 그러므로 이 스펙트럼으로는 삼중 결합이 있음을 알 수 없다.

**연습문제 12-3**

각 탄화수소 스펙트럼에 대해 각 화합물이 알케인, 알켄, 알카인, 방향족 탄화수소인지 결정하라. 1600 cm$^{-1}$ 위(왼쪽)에 있는 주요 흡수띠 각각이 어떤 진동에서 기인한 것인지 밝혀라. 1개 이상의 불포화기가 존재할 수도있다.

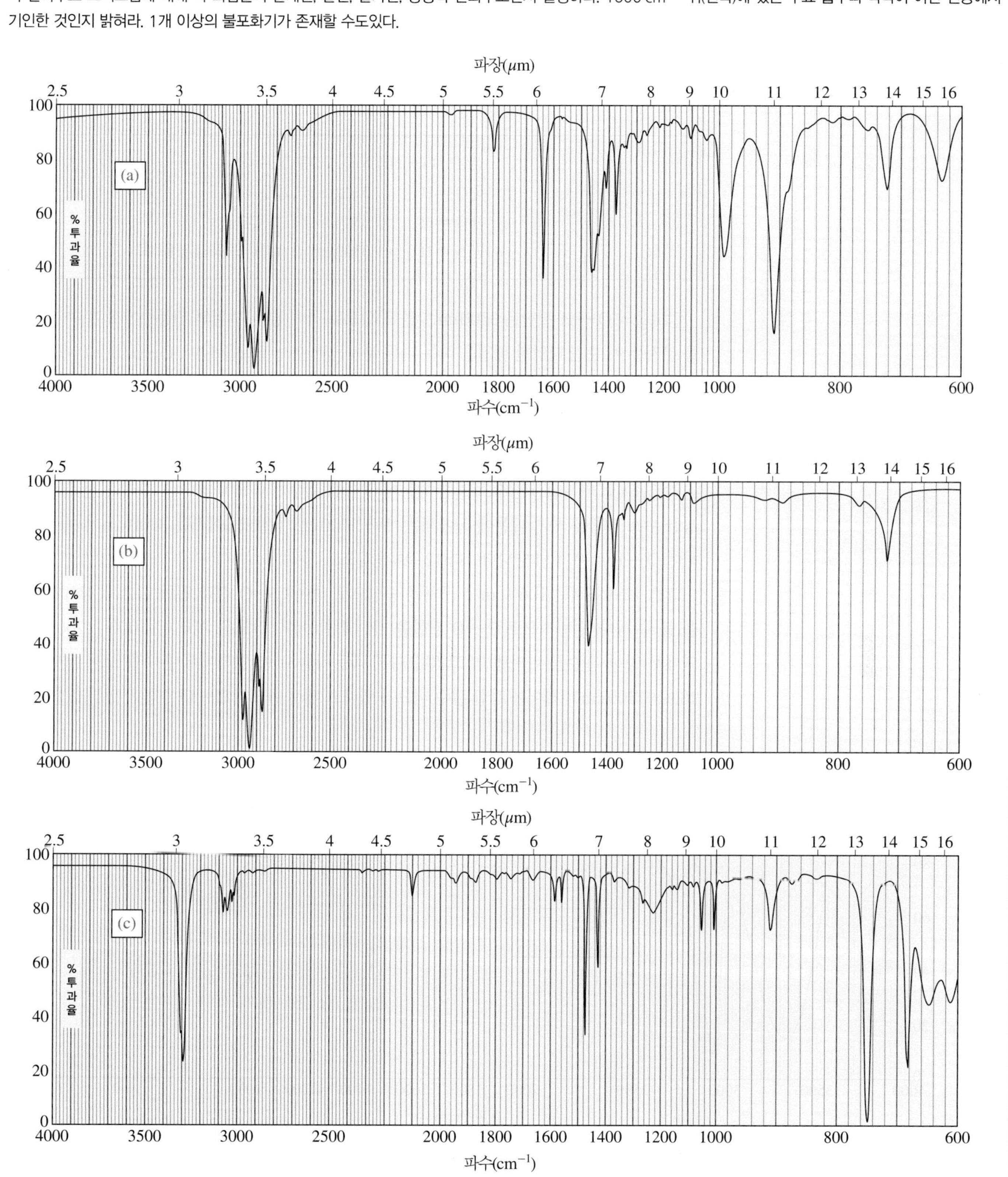

## 12-8 알코올과 아민의 특징적인 흡수

알코올의 O—H 결합과 아민의 N—H 결합은 강하고 단단하므로 그들의 진동수는 대부분의 C—H 결합(알카이닐≡C—H 결합 제외)에 비해 더 높은 곳에서 나타난다.

| R—O—H | R—NH—H | R—NH—R′ | R—NR′′—R′ |
|---|---|---|---|
| 알코올 | 1차 | 2차 | 3차 |
| | 아민 | | |

| O—H와 N—H 신축 진동수 | |
|---|---|
| 알코올 O—H | 3300 $cm^{-1}$, 넓은 피크 |
| 산 O—H | 3300 $cm^{-1}$, 넓은 피크 |
| 아민 N—H | 3300 $cm^{-1}$, 뾰족한 모양의 넓은 피크 |

알코올의 O—H 결합은 3300 $cm^{-1}$를 중심으로 하여 넓은 범위의 진동수에서 흡수한다. 알코올 분자는 매 순간 다양한 배열을 하는 다른 분자들과 수소 결합을 한다. O—H 신축 진동은 이렇게 수소 결합의 배열이 다양하므로 매우 넓은 영역에서 흡수하게 된다. 뷰탄-1-올(butan-1-ol)의 적외선 스펙트럼에서 3300 $cm^{-1}$를 중심으로 하여 O—H 흡수가 넓게 나타남을 주목하라(그림 12-9).

알코올처럼 카복실산은 수소 결합 때문에 O—H 흡수가 넓게 나타난다. 그러나 산 분자는 서로 강한 수소 결합을 하기 때문에 산에서는 대략 3000 $cm^{-1}$(알코올에서는 3300 $cm^{-1}$)를 중심으로 하여 O—H 흡수가 넓게 나타난다(12-9A절 참조).

그림 12-9에서는 1060 $cm^{-1}$ 근처를 중심으로 하여 C—O 신축 진동 흡수가 강하게 나타남을 볼 수 있다. 일반적으로 C—O 결합을 가진 화합물(예: 알코올, 에터)은 1000~1200 $cm^{-1}$ 영역에서 강한 흡수를 나타낸다. 그러나 다른 작용기들도 이 영역에서 흡수를 보여주기 때문에, 1000~1200 $cm^{-1}$ 사이에 강한 흡수 피크가 있다고 해서 반드시 C—O 결합이 있다고 할 수는 없

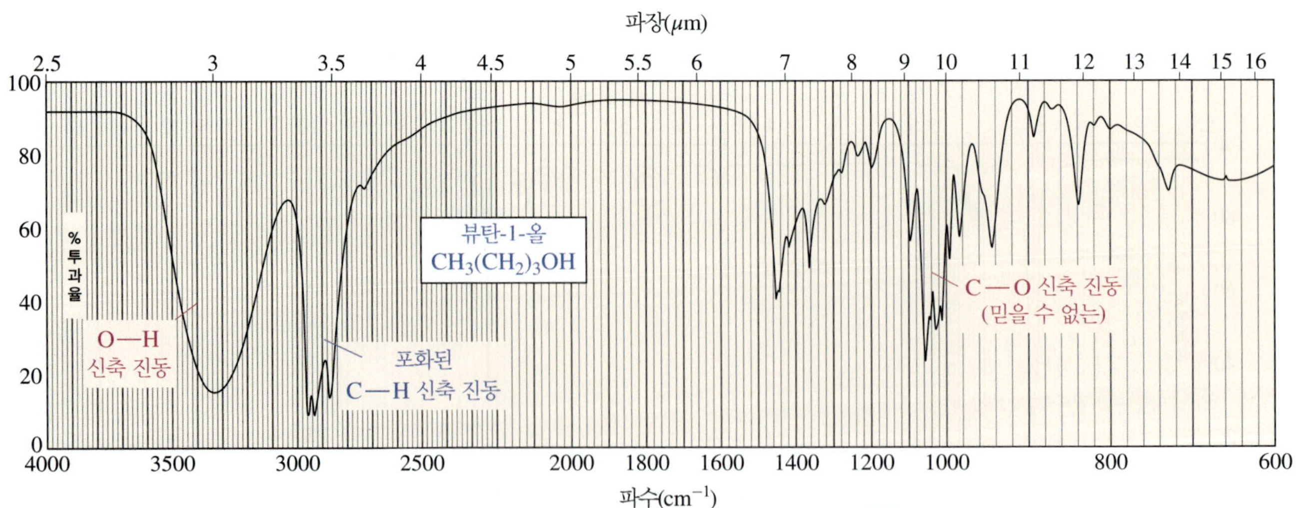


**그림 12-9** 뷰탄-1-올의 IR 스펙트럼은 3300 $cm^{-1}$ 주위를 중심으로 하여 넓고 강한 O—H 신축 진동 흡수를 보여준다. 흡수띠가 넓게 보이는 것은 알코올 분자 사이에 다양한 형태의 수소 결합이 있기 때문이다.

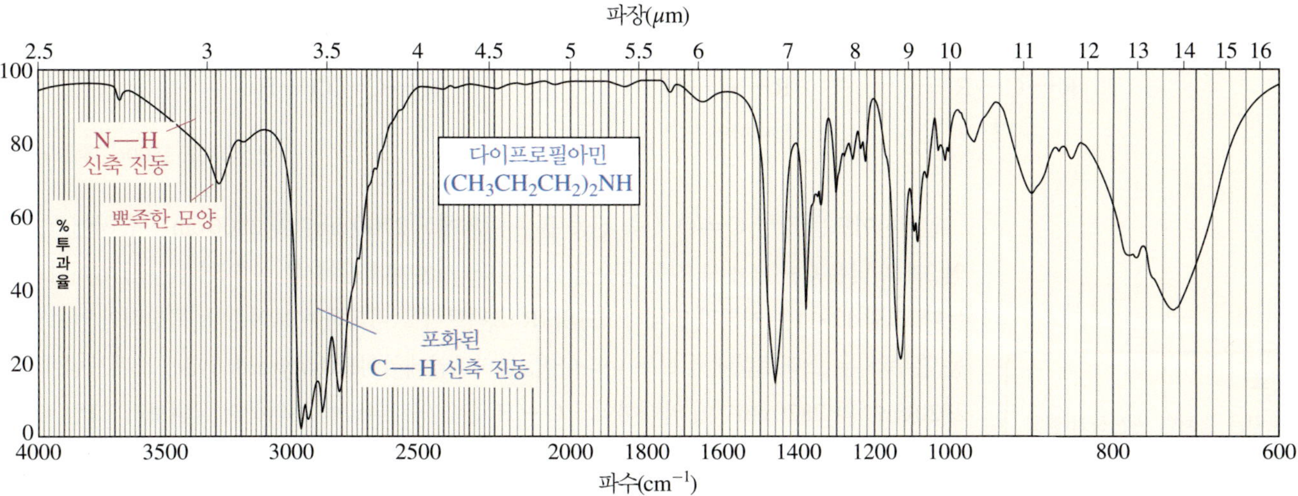


**그림 12-10** 다이프로필아민의 IR 스펙트럼은 3300 $cm^{-1}$ 주위를 중심으로 하여 넓은 N—H 신축 진동 흡수를 보여준다. 이 넓은 흡수띠 내에 있는 뾰족한 모양을 주목하라.

다. 그러나 이 영역에서 흡수가 보이지 않는다면 C—O 결합이 없다고 할 수 있다. 단순한 에터의 경우에는 대개 C—O 흡수가 그 화합물이 에터일 것이라는 유일한 단서가 된다.

아민의 N—H 결합 역시 3300 $cm^{-1}$ 영역 또는 조금 더 높은 진동수에서 신축 진동 흡수를 보여준다. 알코올과 마찬가지로 아민도 수소 결합에 참여하기 때문에 N—H 흡수 영역이 넓어질 수 있다. 그러나 아민의 경우에는 흡수가 다소 약하게 일어나는데, 넓은 N—H 신축 진동 흡수에 하나 또는 그 이상의 뾰족한 모양의 작은 피크가 겹쳐서 나타난다. 2차 아민($R_2NH$)의 경우에는 1개의 N—H 결합에 1개의 N—H가 작은 피크로 나타나고, 1차 아민($RNH_2$)의 경우에는 2개의 N—H 결합에 있는 대칭 및 반대칭 신축 진동 때문에 N—H가 2개의 작은 피크로 나타난다. 분자식에서 질소 원자가 있는 것을 알고 이와 같은 뾰족한 모양의 작은 피크가 있다면 아민을 알코올로부터 구별하는 데 도움이 된다. 3차 아민($R_3N$)은 N—H 결합이 없으므로 IR 스펙트럼에서 N—H 신축 진동 흡수가 나타나지 않는다. 그림 12-10은 2차 아민인 다이프로필아민(dipropylamine)의 스펙트럼을 보여준다.

## 12-9 카보닐 화합물의 특징적인 흡수

C=O 이중 결합은 쌍극자 모멘트가 크기 때문에 신축 진동 흡수가 강하게 일어난다. 카보닐기의 흡수는 1700 $cm^{-1}$ 근처에서 일어나지만, 정확한 진동수는 특정 작용기와 분자의 나머지 부분에 달려 있다. 이러한 이유로 적외선 분광학은 미지의 화합물에 어떤 종류의 카보닐기가 있는지를 검출하고 확인하는 데 최상의 방법으로 사용된다. 카보닐 흡수에 대해 간단히 알아보기 위해 먼저 간단한 케톤, 알데하이드, 카복실산의 '정상적인' 신축 진동수를 고찰한 다음, 이 진동수로부터 벗어나는 카보닐기의 형태를 조사할 것이다.

### 12-9A 간단한 케톤, 알데하이드, 산

간단한 케톤과 카복실산의 C=O 신축 진동은 1710 $cm^{-1}$ 근처의 진동수에서 일어난다. 알데하이드는 약간 높게 약 1725 $cm^{-1}$에 나타난다. C=O 이중 결합이 더 강하고 단단하기 때문에 카보닐의 진동수는 C=C 이중 결합보다 더 높다. 카보닐 흡수는 너무 강해서 기본 진동수의 2배인 3400 $cm^{-1}$ 부근에서 배진동 피크가 작게 나타난다.

R—C(=O)—R′ (1710 cm-1)
케톤

R—C(=O)—H (1725 cm-1; 2700, 2800 cm-1)
알데하이드

R—C(=O)—O—H (1710 cm-1; 넓은 피크, 2500~3500 cm-1)
산

알데하이드는 강한 C═O 신축 진동 흡수 이외에도 2700 $cm^{-1}$와 2800 $cm^{-1}$ 근처에 특징적인 2개의 낮은 C—H 신축 진동 흡수를 나타낸다. 케톤이나 산에서는 이러한 흡수가 일어나지 않는다. 그림 12-11은 케톤과 알데하이드의 IR 스펙트럼을 비교하여 보여준다. 특징적인 카보닐 진동 흡수가 두 스펙트럼에서 모두 나타나며, 뷰티르알데하이드(butyraldehyde) 스펙트럼에서는 2720 $cm^{-1}$와 2820 $cm^{-1}$에 알데하이드 C—H 흡수가 나타남을 주의해서 살펴보라. 그림 12-11의 2개의 스펙트럼에서는 또한 카보닐 진동수의 2배인 3400 $cm^{-1}$ 근처에 작은 배진동 피크를 볼 수 있다.

**문제풀이 힌트**

실제 스펙트럼은 좀처럼 완전하기 힘들다. 시료에는 종종 흔적량의 물이 포함되어 있으므로 O—H 영역에서 약한 흡수가 나타난다.

많은 화합물은 공기 중에 산화한다. 예를 들면 알코올은 산화된 불순물 때문에 종종 약한 C═O 흡수를 나타낸다.

카복실산에는 강한 카보닐 신축 진동 흡수와 더불어 특징적인 O—H 흡수가 넓게 나타난다(그림 12-12). 카복실산에는 수소 결합이 유난히 강하기 때문에 넓은 영역에서 나타나는 O—H 신축 진동 흡수는 약 3000 $cm^{-1}$까지 이동하는데, 대개 C—H 흡수가 가장 강하게 일어나는 곳을 중심

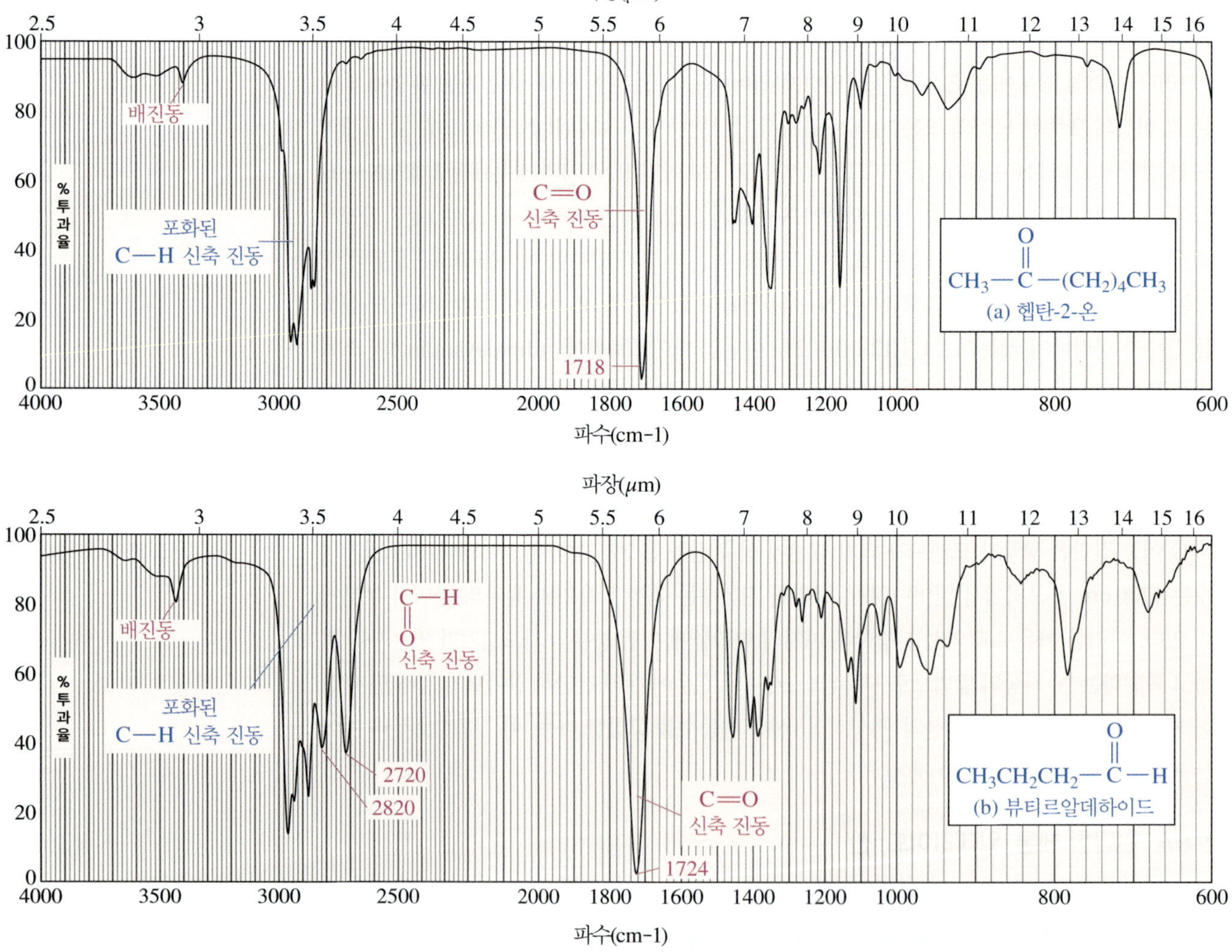


**그림 12-11** (a) 헵탄-2-온과 (b) 뷰티르알데하이드의 적외선 스펙트럼. 케톤과 알데하이드 둘 다 1720 $cm^{-1}$ 근처에서 강한 카보닐 흡수를 보여준다. 알데하이드 스펙트럼에는 알데하이드의 C—H 신축 진동에 해당하는 2개의 특징적인 피크(2720 $cm^{-1}$와 2820 $cm^{-1}$)가 있다.

으로 나타난다. 이렇게 넓게 나타나는 O—H 흡수(2500~2700 $cm^{-1}$ 부근에 어깨 모양의 피크 또는 작고 뾰족한 피크를 보임)는 C—H 신축 진동 영역에서 피크가 특징적으로 과도하게 부풀려진 모양을 나타낸다. 또한 산의 카보닐기가 수소 결합에 참여하기 때문에 강한 카보닐 흡수도 때때로 넓은 영역에서 나타나게 된다.

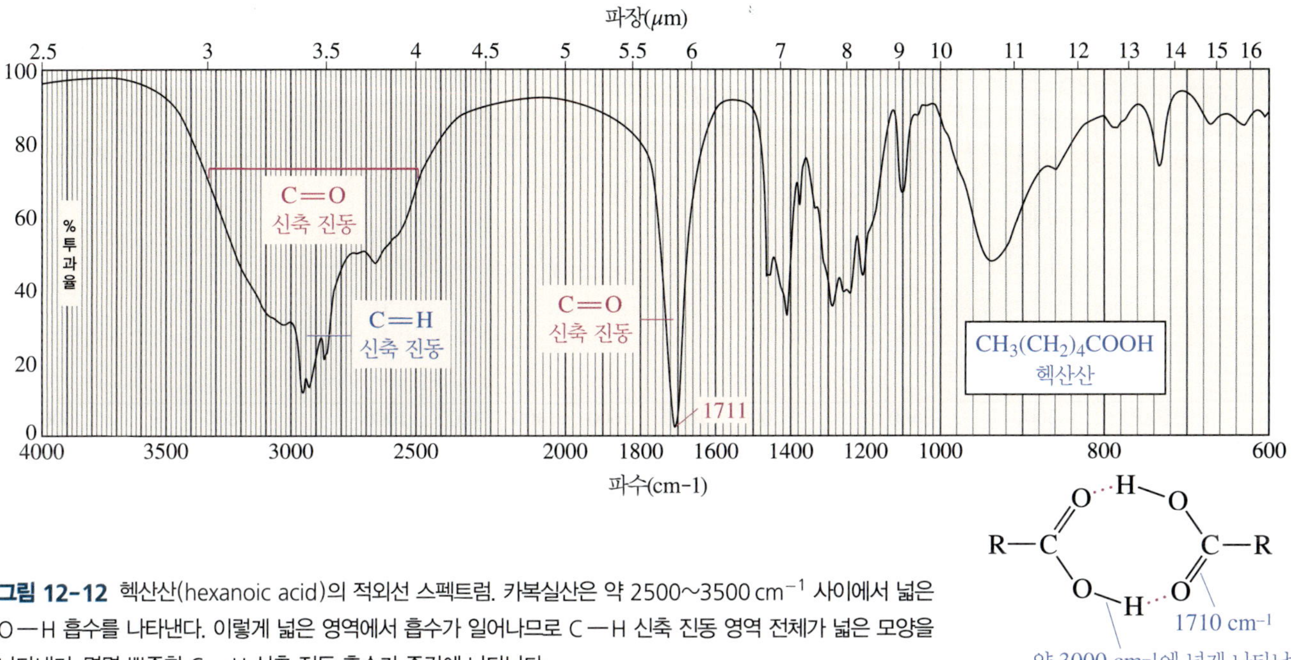


**그림 12-12** 헥산산(hexanoic acid)의 적외선 스펙트럼. 카복실산은 약 2500~3500 $cm^{-1}$ 사이에서 넓은 O—H 흡수를 나타낸다. 이렇게 넓은 영역에서 흡수가 일어나므로 C—H 신축 진동 영역 전체가 넓은 모양을 나타내며, 몇몇 뾰족한 C—H 신축 진동 흡수가 중간에 나타난다.

### 예제 12-1

다음의 IR 스펙트럼을 보이는 화합물에 어떤 작용기가 있는지 제시하라.

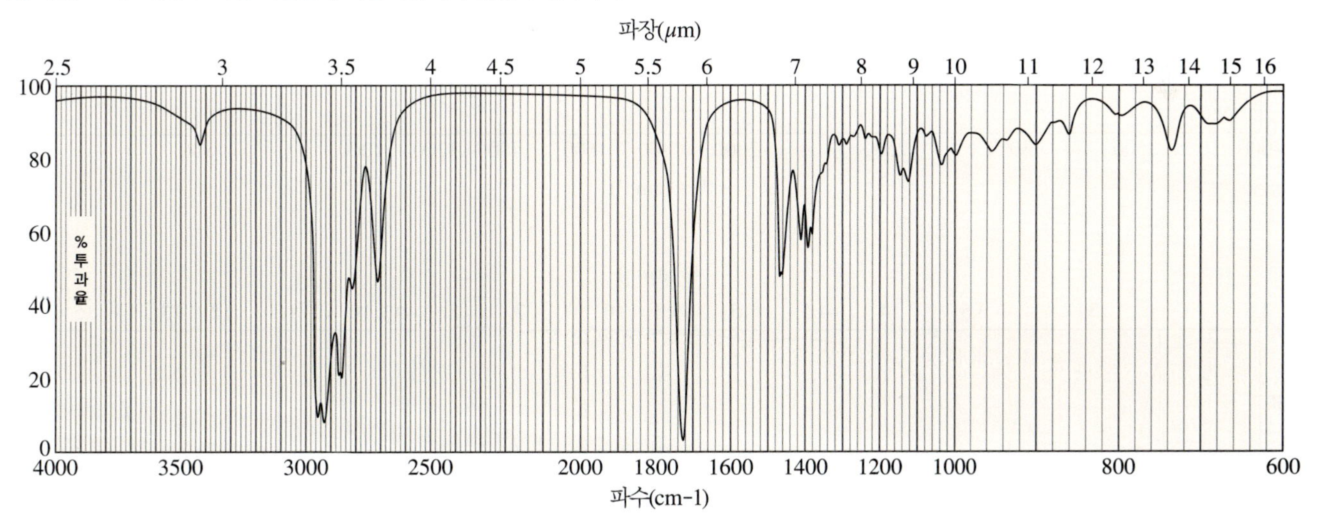


**풀이**

먼저 스펙트럼을 보고 (지문 영역의 밖에 있는) 어떤 피크가 알케인의 피크와 다른지 찾아라. 즉 3420 $cm^{-1}$ 근처의 약한 피크, 약 1725 $cm^{-1}$ 근처의 강한 피크, 그리고 보기 드문 형태의 C—H 신축 진동 영역이 있다. C—H 영역에는 2720 $cm^{-1}$와 2820 $cm^{-1}$ 근처에 2개의 피크가 더 있다. 1725 $cm^{-1}$에 있는 강한 피크는 C=O가 틀림없고, 2720 $cm^{-1}$와 2820 $cm^{-1}$의 피크는 알데하이드임을 암시한다. 3420 $cm^{-1}$ 근처의 약한 피크는 알코올 O—H에 해당하는 것으로 잘못 생각할 수 있다. 경험적으로 볼 때 알코올은 아주 강하면서도 부드러운 O—H 흡수를 일으킨다는 것을 알고 있다. 이 작은 피크는 아마도 강한 C=O 흡수의 배진동에 해당할 것이다. 많은 IR 스펙트럼을 보면 O—H 영역에서 배진동, 물 또는 불순물로부터의 흡수가 나타나기도 한다.

### 연습문제 12-4

세 가지 화합물에 대한 스펙트럼이 주어졌다. 각각의 화합물은 알코올, 아민, 케톤, 알데하이드, 카복실산 같은 작용기를 하나 이상 가지고 있다. 각 화합물에 어떤 작용기가 있는지 밝히고, 1600 $cm^{-1}$ 위에 있는 주요 피크가 어디에서 온 것인지 제시하라.

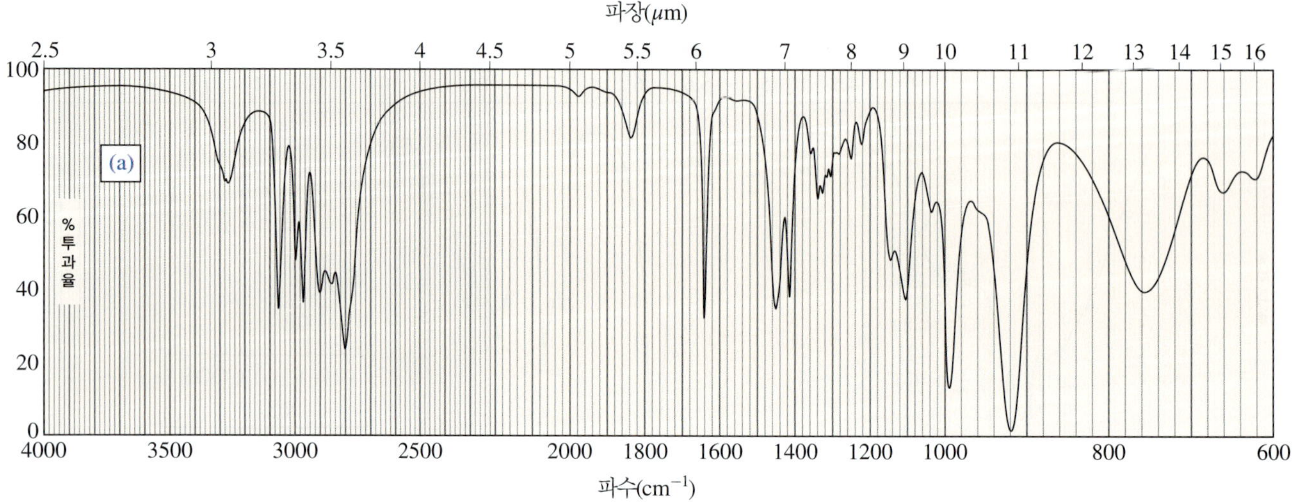


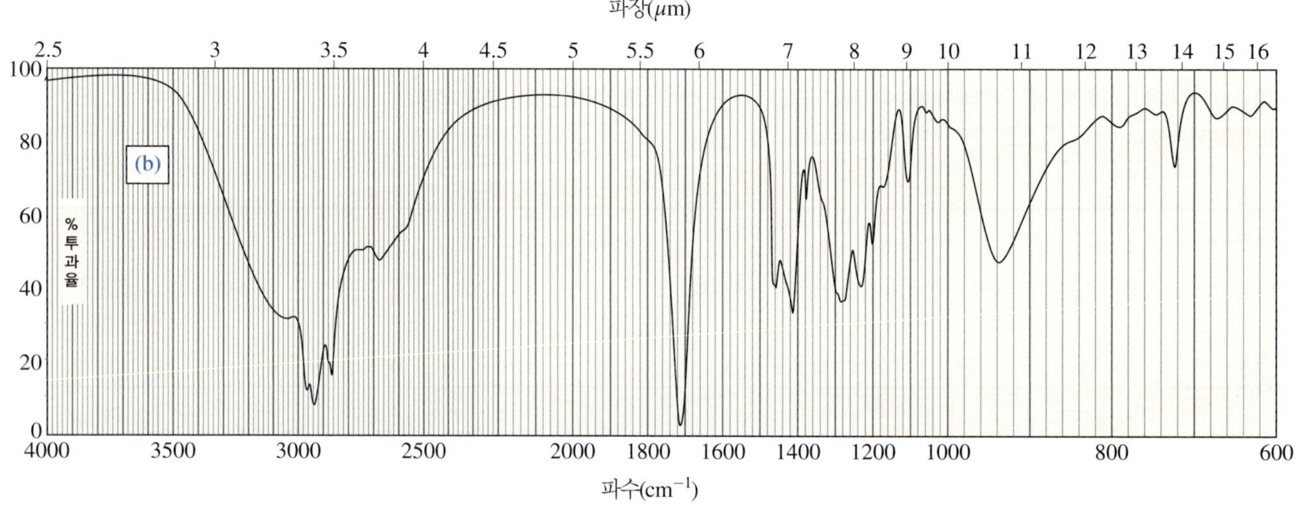


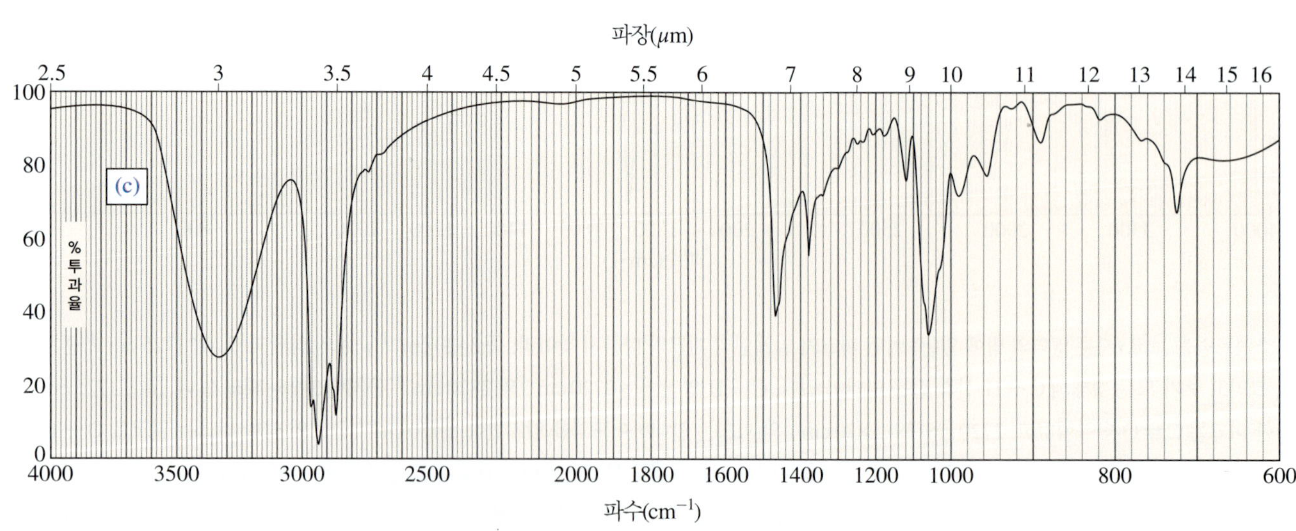

### 12-9B 공명에 의한 카보닐 진동수의 감소

12-7A절에서 C=C 이중 결합이 콘쥬게이션되었을 때 원래보다 낮은 곳에 신축 진동수가 나타남을 보았다. 이 현상은 콘쥬게이션되어 있는 카보닐기에도 똑같이 해당된다. 파이 전자가 비편재화되면 카보닐 이중 결합의 전자 밀도가 감소되고 결합이 약화됨으로써 콘쥬게이션된 케톤, 알데하이드, 그리고 산의 경우에는 1710 $cm^{-1}$에 나타나는 신축 진동수가 약 1685 $cm^{-1}$까지 낮아지게 된다.

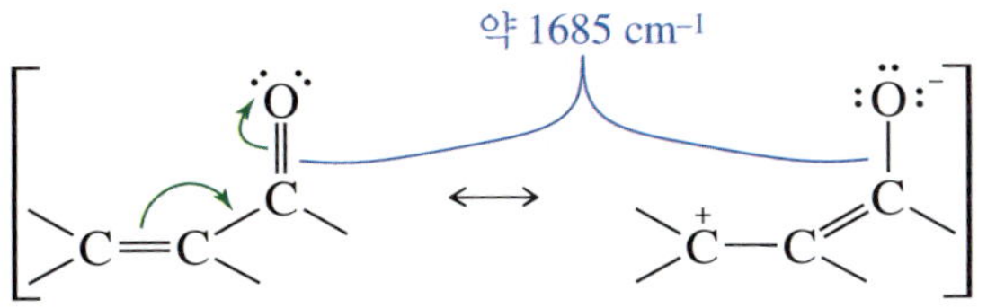

약 1685 $cm^{-1}$

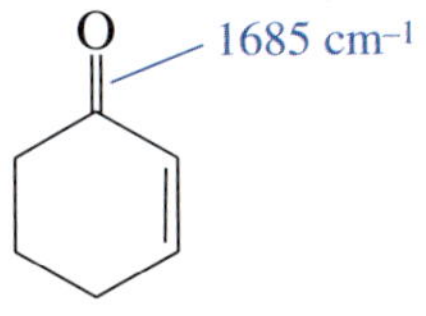

1685 $cm^{-1}$ 1690 $cm^{-1}$ 1687 $cm^{-1}$

사이클로헥스-2-엔온 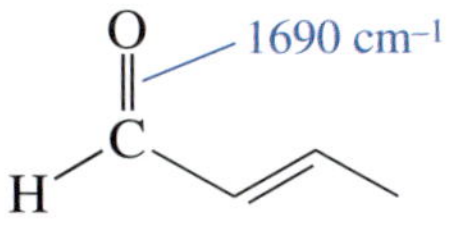 (*E*)-뷰트-2-엔알 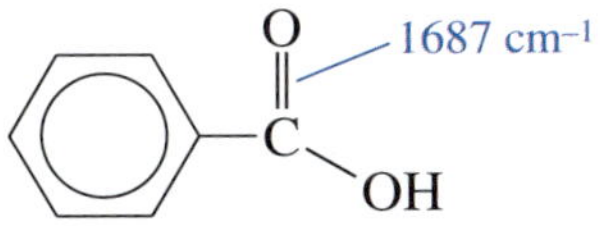 벤조산

콘쥬게이션된 카보닐 화합물에서 C=C 흡수는 C=O 흡수에 비해 매우 약하므로 IR 스펙트럼에서 분명히 나타나지 않을 수 있다. C=C 이중 결합의 존재의 여부는 이러한 이중 결합이 C=O 진동수에 어떤 영향을 미치는지, 그리고 3000 $cm^{-1}$ 위에서 불포화 =C—H 흡수가 나타나는지를 통해 알 수 있다.

아마이드의 카보닐기는 특별히 낮은 IR 진동수인 1640 $cm^{-1}$와 1680 $cm^{-1}$ 사이에서 흡수가 일어난다(그림 12-13). 이는 쌍극자 공명 구조(아래 그림)에 의해 탄소와 질소 사이에는 파이 결합이 부분적으로 생기게 되어, 결과적으로 C=O 이중 결합이 약화되기 때문이다.

**응용: 생화학**

아마이드 N—H기의 IR 흡수 진동수는 수소 결합의 세기에 민감하다. 따라서 IR 분광학을 통해 아마이드기의 수소 결합으로 안정화되는 펩타이드와 단백질의 형태를 구조적으로 알 수 있다.

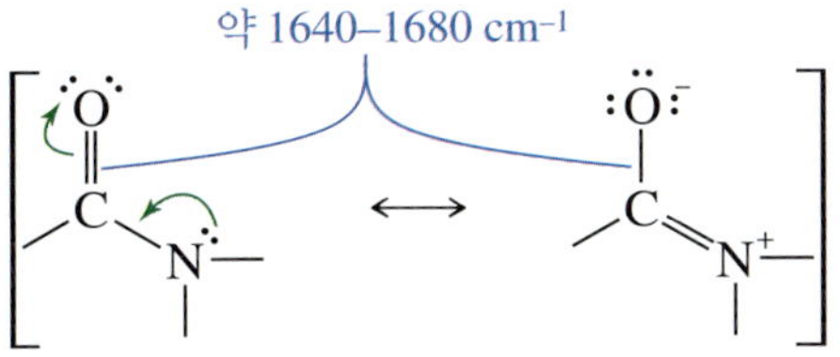

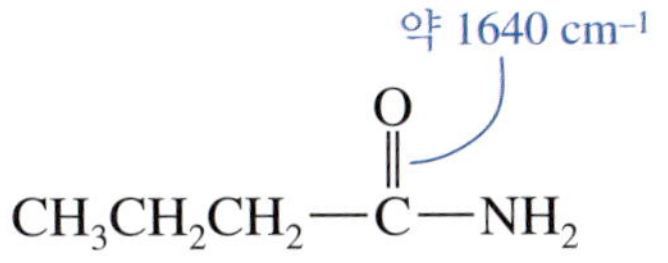

약 1640–1680 $cm^{-1}$ 약 1640 $cm^{-1}$

$CH_3CH_2CH_2—C(=O)—NH_2$

아마이드 카보닐은 매우 낮은 진동수 영역에서 나타나는데, 이를 알켄의 C=C 신축 진동으로 오인할 수 있다. 예를 들면 그림 12-13의 뷰티르아마이드(butyramide, C=O, 1640 $cm^{-1}$)와 1-메틸사이클로펜텐(1-methylcyclopentene, C=C, 1658 $cm^{-1}$)의 스펙트럼을 고찰해보자. 이들 스펙트럼에는 세 가지의 뚜렷한 차이가 있다. (1) 아마이드 카보닐의 흡수는 알켄의 이중 결합의 흡수에 비해 훨씬 강하고 넓게 나타난다(수소 결합 때문). (2) 아마이드의 스펙트럼에는 N—H 신축 진동에 의한 흡수가 뚜렷하게 보인다. (3) 알켄의 스펙트럼에는 불포화 C—H 신축 진동(3000 $cm^{-1}$의 바로 왼쪽)이 나타나 있다. 이러한 예들을 통해 C=O와 C=C에 의한 흡수가 같은 영역에서 나타나더라도 구별할 수 있음을 알 수 있다.

1차 아민과 마찬가지로 대부분의 1차 아마이드는 N—H 신축 진동 영역(약 3300 $cm^{-1}$)에서 뷰티르아마이드의 스펙트럼(그림 12-13)처럼 2개의 뾰족한 피크를 보여준다. 2차 아마이드(2차 아민과 마찬가지로)에서는 일반적으로 N—H 흡수에 해당하는 1개의 뾰족한 피크를 볼 수 있다.

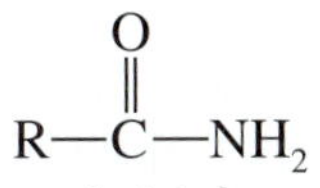

$R—C(=O)—NH_2$
1차 아마이드

$R—NH_2$
1차 아민

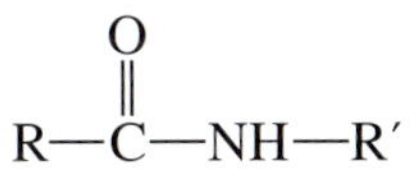

$R—C(=O)—NH—R'$
2차 아마이드

$R—NH—R'$
2차 아민

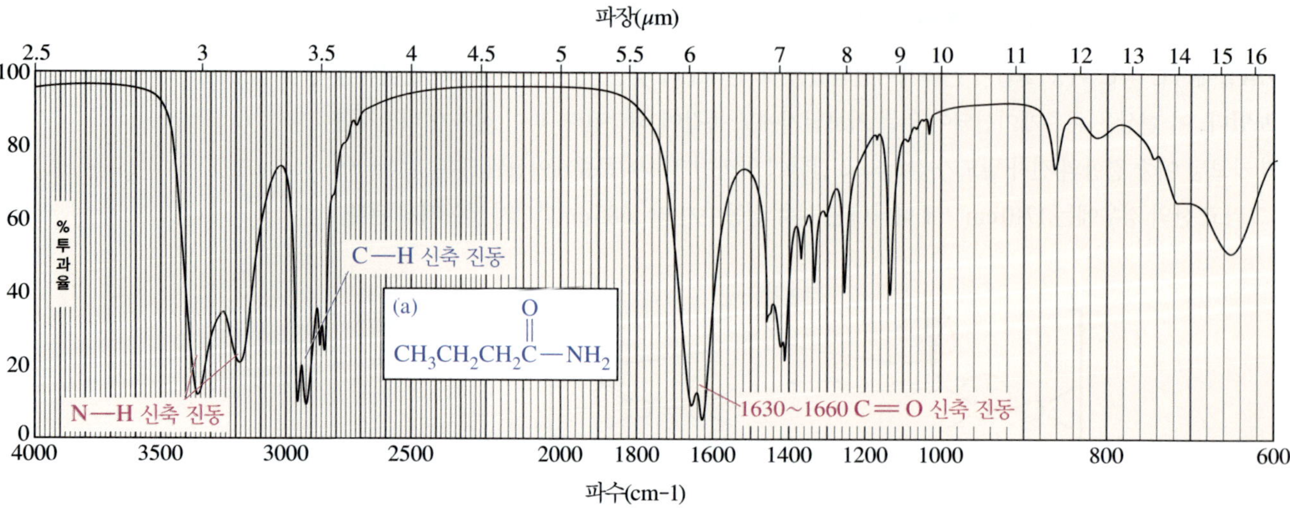


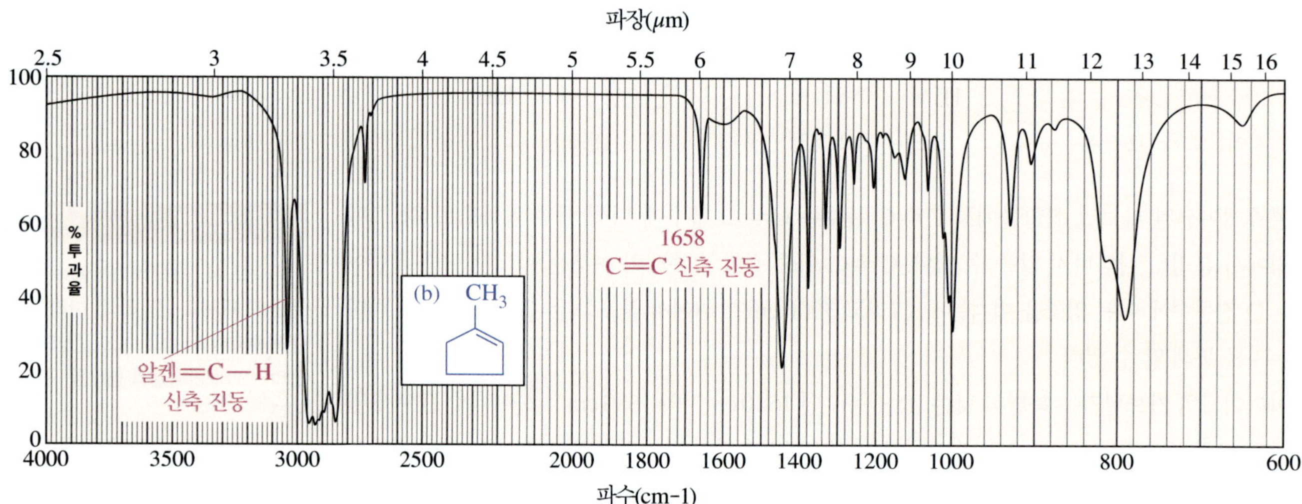


**그림 12-13** 아마이드의 특징적인 IR 스펙트럼. 뷰티르아마이드 (a)의 카보닐기와 1-메틸사이클로펜텐 (b)의 C=C 이중 결합은 동일 영역에서 흡수를 나타내지만, 알켄과 아마이드를 구별하는 세 가지 단서가 있다. (1) 아마이드의 C=O 흡수는 C=C보다 훨씬 더 강하고 넓게 나타나고, (2) 아마이드에는 N—H 흡수(3300 $cm^{-1}$ 근처)가 있으며, (3) 알켄에는 불포화=C—H 흡수가 나타난다.

**응용: 생화학**

적외선 분광학은 생화학 반응의 진행을 추적하는 일에도 이용될 수 있다. 예를 들면 복잡한 지질(글리세롤의 에스터)이 가수 분해되면 1735 $cm^{-1}$에 나타나는 에스터 카보닐의 흡수 세기가 감소하는 특징이 있고, 1710 $cm^{-1}$ 근처에서 카복실산의 흡수가 상응하게 나타난다.

## 12-9C 1725 $cm^{-1}$ 이상에서 나타나는 카보닐 흡수

몇몇 카보닐기는 1725 $cm^{-1}$보다 높은 진동수에서 흡수가 일어난다. 예를 들어 간단한 카복실산 에스터는 1735 $cm^{-1}$ 근처에서 흡수를 일으킨다. 이러한 높은 진동수에서의 흡수는 경직된(strained) 고리형 케톤(5각 고리 또는 그 이하)에서도 관찰된다. 작은 고리에서는 카보닐기에 걸린 결합각 무리(strain) 때문에 C=O 이중 결합의 전자 밀도가 증가하게 되어 결국 강하고 단단한 결합이 형성된다.

$R-C(=O)-O-R'$ (약 1735 $cm^{-1}$)
카복실산 에스터

$CH_3(CH_2)_6C(=O)-OCH_2CH_3$ (1738 $cm^{-1}$)
옥탄산 에틸

사이클로뷰탄온 (C=O, 1785 $cm^{-1}$; 고리 $CH_2$, $CH_2$, $CH_2$)
사이클로뷰탄온

## 12-10 C—N 결합의 특징적인 흡수

탄소-질소 결합에 대한 적외선 흡수는 탄소-탄소 결합의 흡수와 비슷하지만, 탄소-질소 결합의 극성이 더 크기 때문에 흡수가 강하게 일어난다. 탄소-질소 단일 결합은 많은 C—C와 C—O 흡수가 나타나는 1200 $cm^{-1}$ 부근에서 흡수가 일어난다. 그러므로 C—N 단일 결합의 신축 진동은 구조 결정에 거의 쓸모가 없다.

탄소-질소 이중 결합은 C═C 이중 결합과 같은 영역인 1660 $cm^{-1}$ 근처에서 흡수하지만, C═N 결합은 쌍극자 모멘트가 더 크기 때문에 흡수가 더 강하게 일어난다. C═N 신축 진동은 흔히 세기에서 카보닐 흡수와 비슷하다.

가장 쉽게 알아볼 수 있는 탄소-질소 결합은 나이트릴의 삼중 결합이다(그림 12-14). 나이트릴 C≡N 결합의 신축 진동수는 아세틸렌 C≡C 삼중 결합의 진동수인 2200 $cm^{-1}$ 근처에 나타난다. 그러나 알카인의 경우에는 2200 $cm^{-1}$ 아래에서 흡수가 일어나지만, 나이트릴은 일반적으로 2200 $cm^{-1}$ 위(2200~2300 $cm^{-1}$)에서 흡수가 일어난다. 또한 나이트릴의 삼중 결합은 C≡C 삼중 결합보다 극성이 크기 때문에 일반적으로 알카인에 비해 더 강한 흡수를 나타낸다.

C—N 결합 신축 진동수

| | | | |
|---|---|---|---|
| | C—N | 1200 $cm^{-1}$ | 일반적으로 강한 흡수 |
| | C═N | 1660 $cm^{-1}$ | |
| | C≡N | 2200 $cm^{-1}$ 이상 | |
| 비교: | C≡C | 2200 $cm^{-1}$ 이하 | (일반적으로 보통이거나 약한 흡수) |

그림 12-15는 수소와의 결합에 해당하는 IR 스펙트럼 영역을 보여준다. 파수는 삼중 결합, 이중 결합, 더 무거운 원소 사이의 단일 결합 순으로 작아진다.

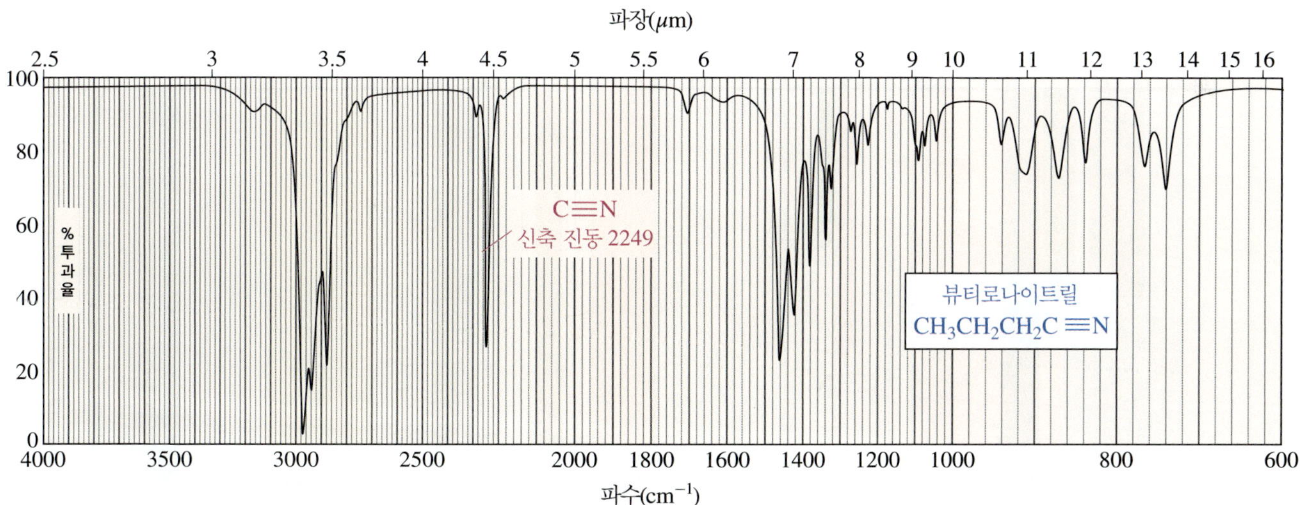


**그림 12-14** 나이트릴 삼중 결합의 신축 진동 흡수는 알카인 삼중 결합의 흡수보다 약간 높은 진동수(그리고 보통 더 강함)에서 일어난다. 뷰티로나이트릴(butyronitrile)의 스펙트럼과 그림 12-8에있는 옥트-1-아인의 스펙트럼을 비교해보라.

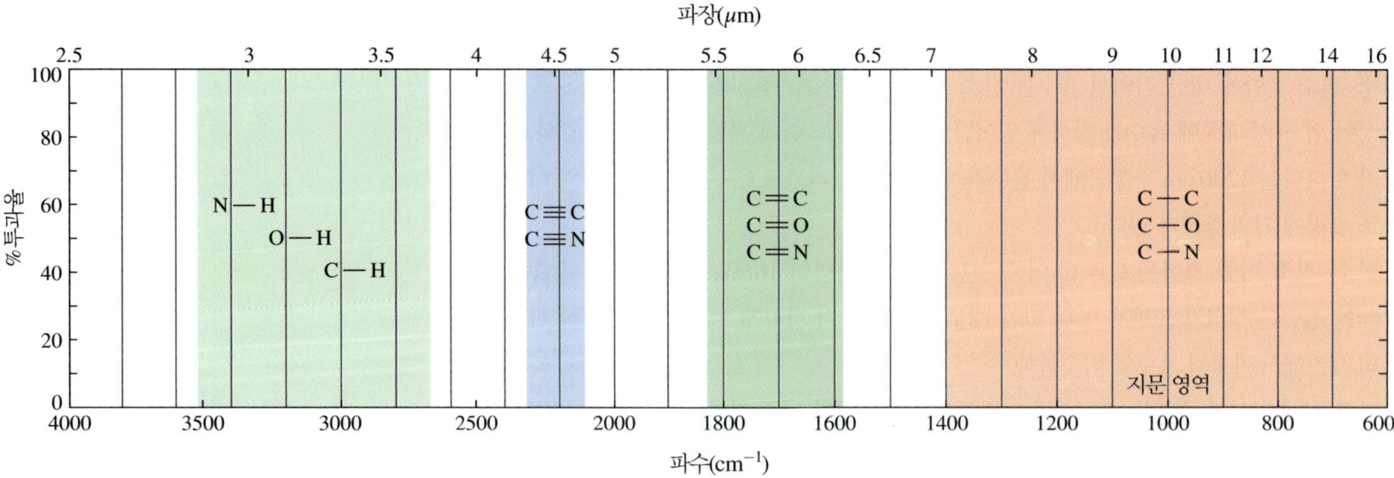


그림 12-15 수소와의 결합에 해당하는 IR 스펙트럼의 가장 높은 진동수(가장 짧은 파장) 영역. 다음으로 높은 것은 삼중 결합이며, 이중 결합, 단일 결합이 그 뒤를 따른다.

## FOCUS | 적외선 스펙트럼의 해석

과학자와 의료 전문가는 정기적으로 그래픽 형식의 데이터를 해석한다. 예를 들어 심전도는 건강한 심장 박동에 중요한 심장 전기 자극의 기능에 대한 그림 정보를 제공한다.

화학자들은 주로 적외선 스펙트럼을 사용하여 물질에 어떤 작용기가 존재하는지 확인한다. 공통적인 질문은 어떻게 유사한 주파수에서 발생하는 흡수들을 구분할 수 있는가이다. 대답은 흡수의 수평 위치가 중요할 뿐만 아니라 흡수의 강도(IR 스펙트럼에서 얼마나 아래로 내려가는가)와 흡수의 모양(예리한 뾰족한 피크 또는 넓은 피크)도 서로 다른 그룹의 특징이라는 것이다. 아래 그래프는 일반적인 흡수의 전형적인 위치와 전형적인 강도를 모두 보여준다. 신호가 겹치는 경우에도 신호의 강도와 모양은 구조에 어떤 작용기가 있는지 제안해준다.

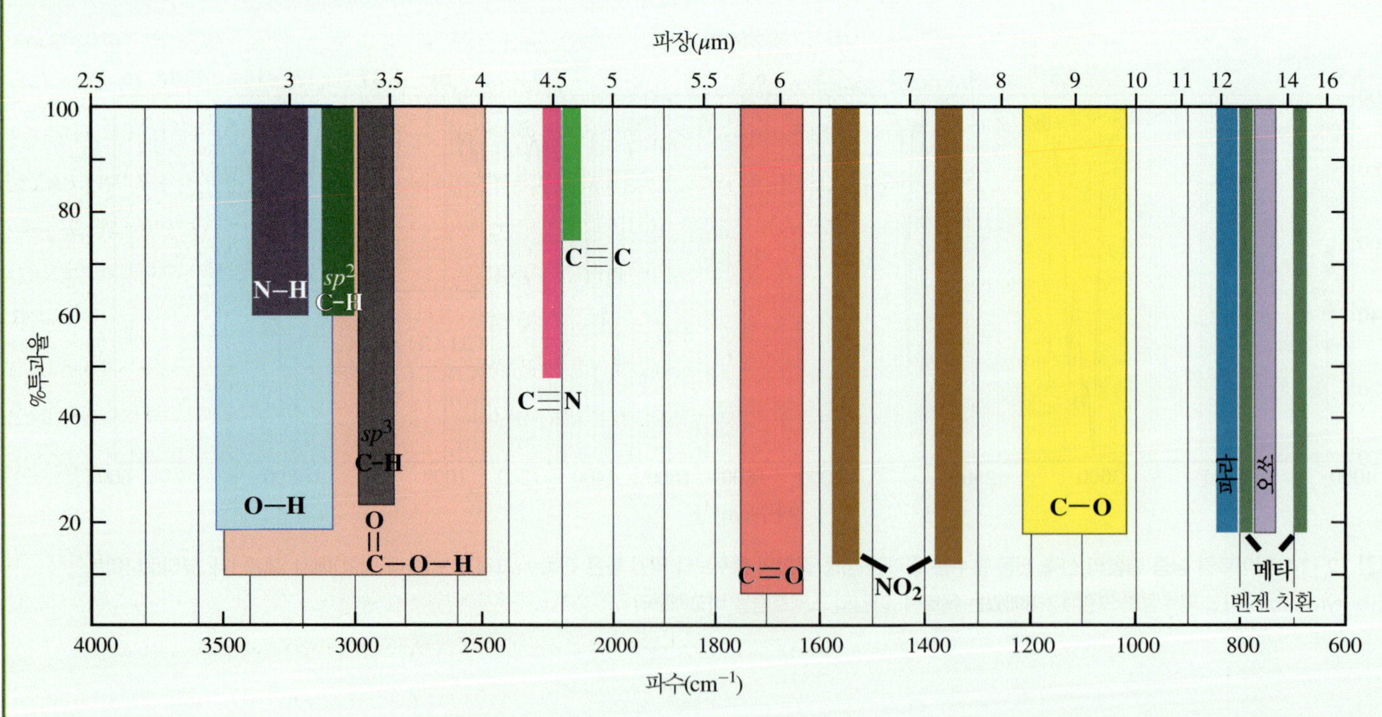

**연습문제 12-5**

다음에 세 가지 화합물에 대한 적외선 스펙트럼이 주어져 있다. 각 화합물은 콘쥬게이션된 케톤, 아마이드, 나이트릴, 알카인 작용기를 하나 이상 가지고 있다. 각 화합물에 어떤 작용기가 있는지 밝히고, 1600 $cm^{-1}$ 위에 있는 주요 피크는 어느 진동에서 온 것인지 제시하라.

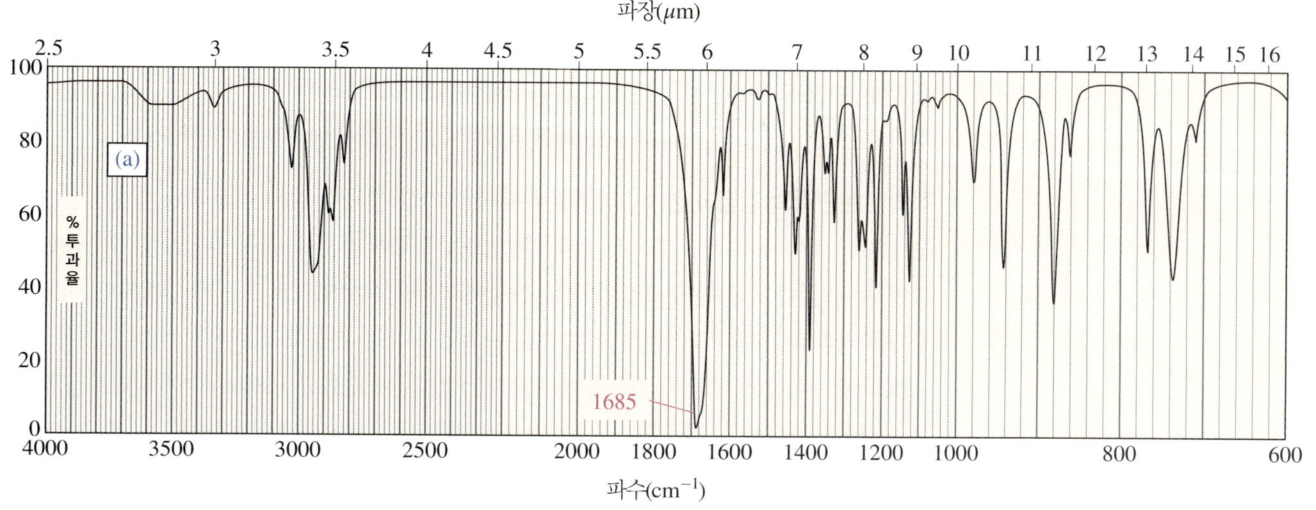


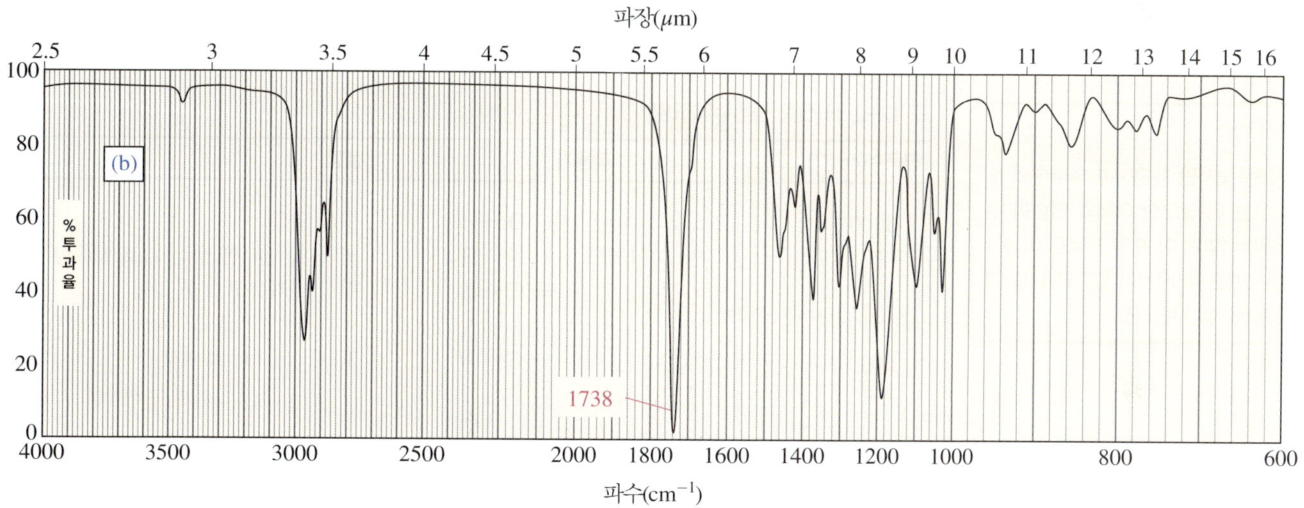


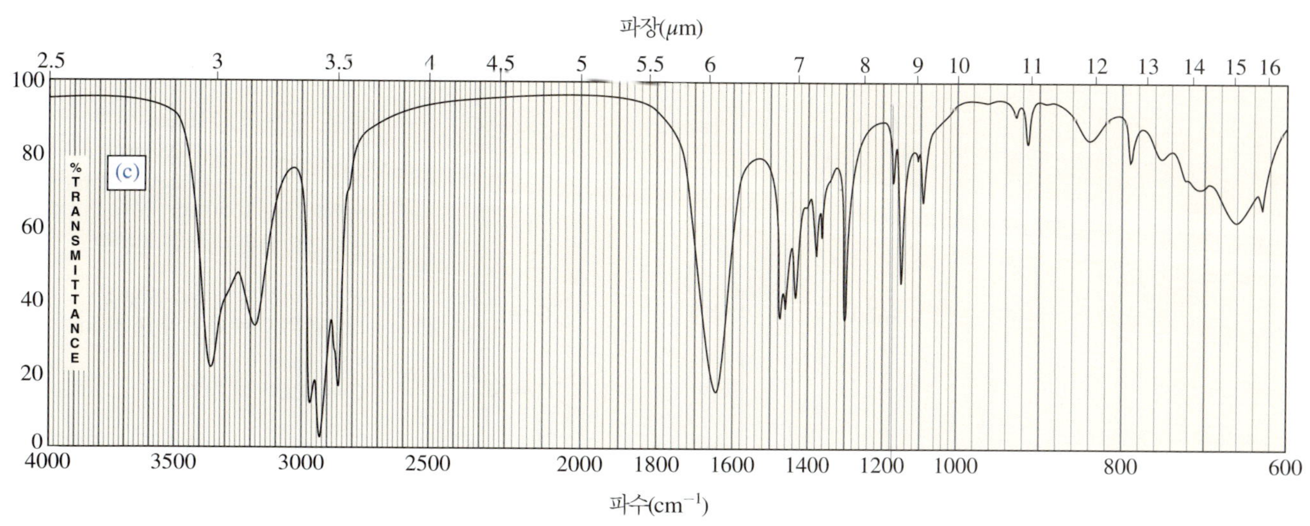

## 12-11 적외선 신축 진동수의 단순화된 요약

적외선 분광학에서는 아주 많은 숫자를 기억해야 하는 것처럼 보인다. 다양한 종류의 화합물에 대해 수백 개의 특징적인 흡수가 있으며, 그 특징적 진동수에 대한 목록이 부록 2에 나타나 있다. 부록 2를 훑어보기 바란다. 부록 2A는 시각적으로 잘 정리되어 있으며, 부록 2B는 작용기별로 정리되어 있다. 일상적인 용도로는 표 12-2에 나타낸 몇 개의 신축 진동수만 기억해도 된다. 이 표를 사용할 때 수치는 근삿값이고 특이한 경우를 다 포함할 수 없음을 기억하라. 또한 콘쥬게이션, 고리 무리(ring strain), 그리고 다른 요인 때문에 진동수가 어떻게 변하는지 기억하라.

**적외선 분광학의 강점과 한계** 적외선 분광학의 가장 유용한 점은 어떤 작용기가 있는지 알아볼 수 있다는 것이다. 그러나 적외선 스펙트럼으로는 화합물의 탄소 골격이나 알 킬기에 대한 정보를 많이 알 수 없다. 이러한 구조적인 면은 13장에서 배울 NMR으로 디 쉽게 결정된다. 아무리 분광학 전문가라고 할지라도 적외선 스펙트럼만으로는 구조를 결정하기는 매우 어렵다.

IR 스펙트럼을 해석할 때 가끔씩 애매할 때가 있다. 예를 들면 1680 $cm^{-1}$에 나타나는 강한 흡수는 아마이드, 고립된 이중 결합, 콘쥬게이션된 케톤, 콘쥬게이션된 알데하이드, 콘쥬게이션된 카복실산에서 일어날 수 있다. 스펙트럼의 다른 영역을 잘 알고 있다면 이러한 작용기 중에 어느 것이 존재하는지 결정할 수 있을 것이다. 다른 분광법으로 추가적인 정보를 얻지 못하면 어떤 작용기가 있는지 전혀 확신할 수 없는 경우도 있다.

**문제풀이 힌트**

표 12-2는 숫자만 제공하고 대부분의 IR 문제를 푸는 데 필요한 이해와 연습이 수록되어 있지 않다. 이 표의 자료를 이용하는 방법을 배운 후 자신이 있다고 느낄 때까지 문제풀이를 연습하라.

**표 12-2** IR 신축 진동수의 요약

| 진동수($cm^{-1}$) | 작용기 | | 설명 |
|---|---|---|---|
| 3300 | 알코올 | O—H | 항상 넓음 |
| | 아민, 아마이드 | N—H | 넓거나, 날카롭거나, 넓고 뾰족함 |
| | 알카인 | ≡C—H | 항상 날카롭고 보통 강함 |
| 3000 | 알케인 | —C—H (sp³) | 3000 $cm^{-1}$ 바로 아래 |
| | 알케인 | =C—H | 3000 $cm^{-1}$ 바로 위 |
| | 산 | O—H | 매우 넓음 |
| 2200 | 알카인 | —C≡C— | 2200 $cm^{-1}$ 바로 아래 |
| | 나이트릴 | —C≡N | 2200 $cm^{-1}$ 바로 위 |
| 1710 (매우 강함) | 카보닐 | >C=O | 케톤, 산은 약 1710 $cm^{-1}$<br>알데하이드는 약 1725 $cm^{-1}$<br>에스터는 1735 $cm^{-1}$보다 더 높음<br>아마이드는 1650 $cm^{-1}$보다 더 낮음<br>콘쥬게이션은 더 낮은 진동수 |
| 1660 | 알켄 | >C=C< | 콘쥬게이션은 진동수를 낮춤<br>방향족의 C=C는 약 1600 $cm^{-1}$ |
| | 이민 | >C=N— | C=C보다 더 강함 |
| | 아마이드 | >C=O | C=C보다 더 강함(위 참조) |

에터, 에스터, 알코올 역시 1000~1200 $cm^{-1}$ 사이에서 C—O 신축 진동을 보인다.

**예제 12-2**

1680 $cm^{-1}$에서 흡수를 나타내는 미지의 시료가 있다. 그것은 아마이드, 고립된 이중 결합, 콘쥬게이션된 케톤, 콘쥬게이션된 알데하이드, 콘쥬게이션된 카복실산일 수 있다. 이러한 작용기 중에 어느 것이 1680 $cm^{-1}$에서의 피크를 나타내는지 결정하는 데 도움이 될 수 있는 스펙트럼의 특징에 대해 각 작용기별로 설명하라.

**풀이**

**아마이드**: (1680에서 강한 피크) 3300 $cm^{-1}$ 근처에 뾰족한 N—H 흡수가 있는지 찾아본다.

**고립된 이중 결합**: (1680에서 약하거나 중간 정도의 피크) 3000 $cm^{-1}$ 바로 위에 =C—H 흡수가 있는지 확인한다.

**콘쥬게이션된 케톤**: (1680에서 강한 피크) 근처에 C=O와 콘쥬게이션된 이중 결합이 반드시 있기 때문에 C=O 진동수가 1680 $cm^{-1}$로 낮아진다. C=C 이중 결합이 1620~1640 $cm^{-1}$ 사이에서 중간 정도의 피크로 나타나는지, =C—H가 3000 $cm^{-1}$ 위에서 나타나는지 찾아본다.

**콘쥬게이션된 알데하이드**: (1680에서 강한 피크) 2700~2800 $cm^{-1}$ 근처에 알데하이드 C—H 신축 진동이 있는지 찾아본다. 또한 1620~1640 $cm^{-1}$에 인접한 C=C 이중 결합이 보이는지, 3000 $cm^{-1}$ 바로 위에 =C—H가 있는지 찾아본다.

**콘쥬게이션된 카복실산**: (1680에서 강한 피크) 3000 $cm^{-1}$ 근처의 C—H 신축 진동의 정점을 중심으로 산의 O—H 신축 진동이 특징적으로 나타나는지 찾아본다. 또한 1620~1640 $cm^{-1}$에 인접한 C=C 이중 결합과 3000 $cm^{-1}$ 바로 위에=C—H가 있는지 찾아본다.

적외선 분광학으로 어떤 두 화합물이 같은지 다른지에 대해 결정적인 증거를 얻을 수 있다. 지문 영역에 있는 피크는 분자 전체를 포함하는 복잡한 진동의 결과로 나타나기 때문에, 어떤 두 화합물(거울상 이성질체 제외)도 똑같은 적외선 스펙트럼을 가지기는 거의 불가능하다.

요약하면 적외선 스펙트럼은 세 가지 면에서 중요하다.

1. 화합물에 어떤 작용기가 있는지를 알려준다.
2. 어떤 작용기가 있다면 강한 흡수를 나타내게 되어 있으므로 어떤 화합물에서 그 작용기가 있는지 없는지를 알 수 있다.
3. 알려진 시료와 비교하여 어떤 화합물이 있는지를 확인할 수 있다.

## 12-12 적외선 스펙트럼의 읽기와 해석(문제풀이)

많은 학생이 적외선 스펙트럼으로부터 얼마나 많은 정보를 얻어낼 수 있는지 잘 모르고 있다. 13장에서는 전체의 구조를 결정하기 위해 NMR과 다른 정보와 함께 IR을 사용한다. 지금은 IR 스펙트럼에서 최대한의 정보를 얻어내는 데 집중하자. 다음 몇 개의 예제를 통해 적외선 스펙트럼에서 어떤 정보를 얻을 수 있는지 살펴보자. 숙련된 분광학자는 이러한 스펙트럼으로부터 더 많은 정보를 얻을 수 있지만, 여기서는 중요하고 가장 확실한 특징에만 집중할 것이다.

각각의 스펙트럼을 보고 중요한 진동수와 그로부터 예상할 수 있는 작용기를 적으면서 이 절을 공부하자. 그 후 풀이를 보고 자신이 푼 것과 비교해보기 바란다. 이러한 화합물의 실제 구조는 이 절의 끝에 나와 있다. 적외선 스펙트럼만 이용해서는 이들 구조를 결정할 수 없으므로, 이들을 풀이에 포함하지 않았다. 완전한 구조는 실제로 적외선 스펙트럼 문제풀이를 통해 얻을 수 있는 것이 아니다.

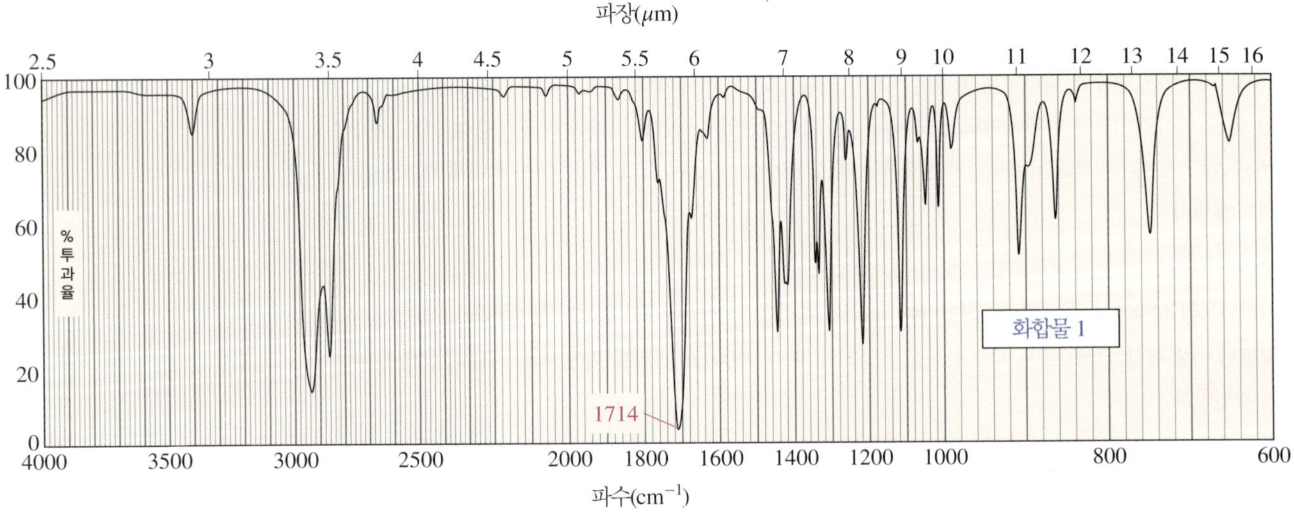


**화합물 1** 이 스펙트럼은 보여주지 않는 부분이 있기 때문에 매우 유용하다. 1714 $cm^{-1}$의 카보닐 흡수 외에는 특이한 사항이 없다. 이 스펙트럼에는 알데하이드 C—H, 하이드록시 O—H, N—H가 없다. 3400 $cm^{-1}$에 있는 약한 흡수는 아마도 강한 C═O 흡수의 배진동에 해당할 것이다. 카보닐 흡수는 알데하이드, 케톤, 산이 존재할 수 있음을 가리키지만, 알데하이드 C—H 신축 진동과 O—H 신축 진동이 없기 때문에 각각 알데하이드와 산을 제외시킬 수 있다. C═C 신축 진동과 3000 $cm^{-1}$ 위에 불포화 C—H 흡수도 보이지 않으므로 이 화합물은 포화된 것처럼 보인다. 이 화합물은 아마도 간단한 케톤일 것이다.

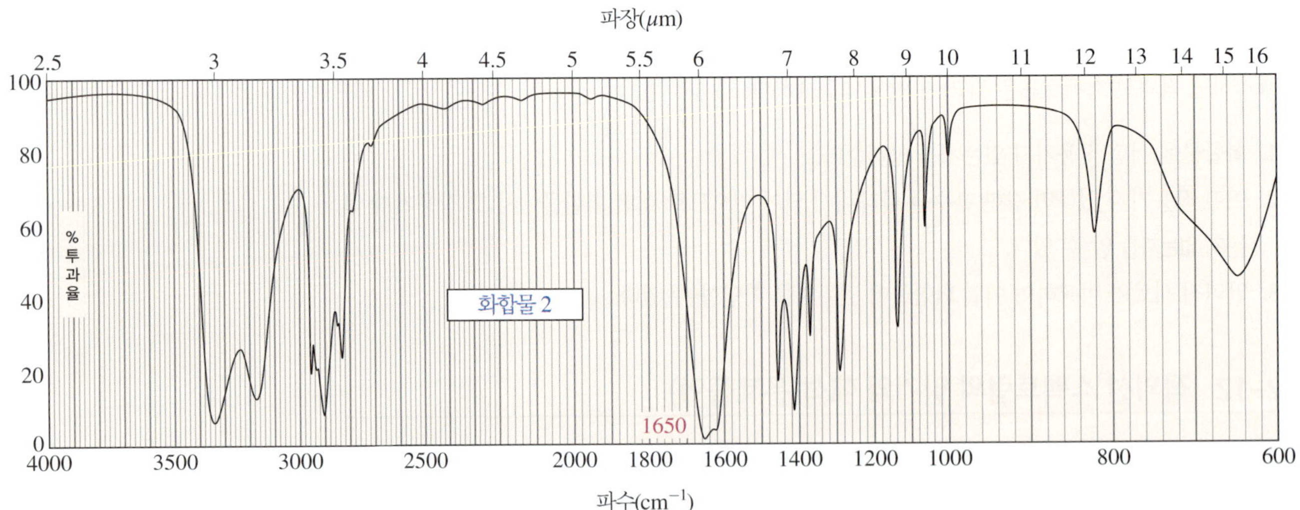


**화합물 2** 1650 $cm^{-1}$에서의 흡수가 매우 강하므로, 아마도 카보닐기를 나타낼 것이다. 카보닐기가 이렇게 낮은 진동수에서 보인다는 것은 아마이드임을 암시한다. 3300 $cm^{-1}$ 근처에서 N—H 흡수가 이중선(한 쌍의 피크)으로 보이기 때문에 이 화합물은 아마도 1차 아마이드, 즉 R—$CONH_2$로 추측된다. 3000 $cm^{-1}$ 위에서는 C—H 흡수가 보이지 않기 때문에 이 화합물은 아마도 포화된 아마이드일 것이다.

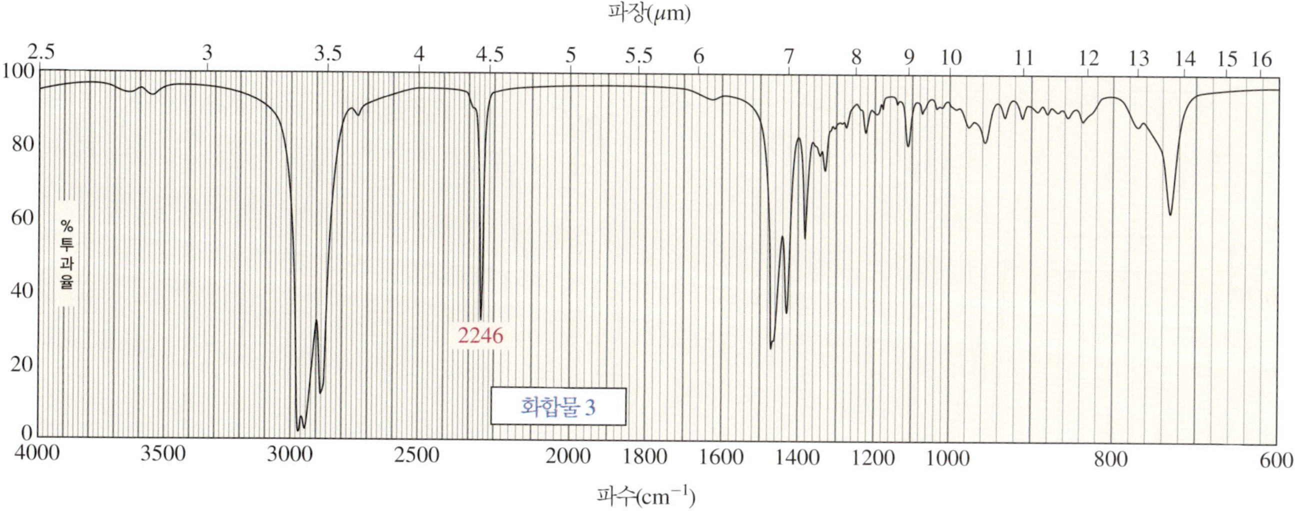


**화합물 3** 2246 $cm^{-1}$에 있는 뾰족한 피크는 나이트릴 C≡N 신축 진동에서 생긴 것이다(알카인 C≡C 신축 진동은 2200 $cm^{-1}$ 아래에 더 약하게 나타난다). C=C 신축 진동 또는 3000 $cm^{-1}$ 위에서 C—H 신축 진동이 없기 때문에 이 나이트릴은 포화되어 있음을 짐작할 수 있다.

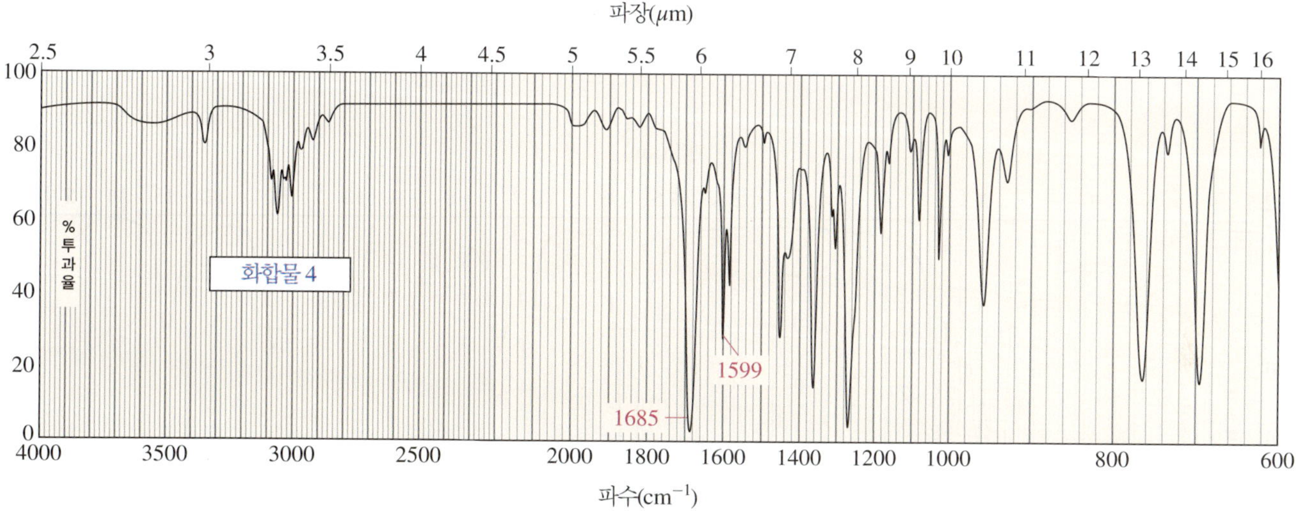


**화합물 4** 1685 $cm^{-1}$에 나타나는 카보닐 흡수는 대체로 콘쥬게이션된 케톤, 알데하이드, 산에 대해 해당하는 값이다(아마이드는 더 낮은 진동수에 나타나며, C=C 이중 결합은 그렇게 강하지 않다). N—H, O—H, 알데하이드 C—H 신축 진동이 보이지 않는 것으로 보아 콘쥬게이션된 케톤일 가능성이 가장 높다. 1599 $cm^{-1}$에 C=C 신축 진동이 보이는 것으로 보아 방향족 고리가 있음을 나타낸다. 이는 3000 $cm^{-1}$ 위에 불포화 C—H 흡수가 있는 것으로 확인된다. 따라서 방향족 고리가 케톤의 카보닐기와 콘쥬게이션되어 있음을 추측할 수 있다.

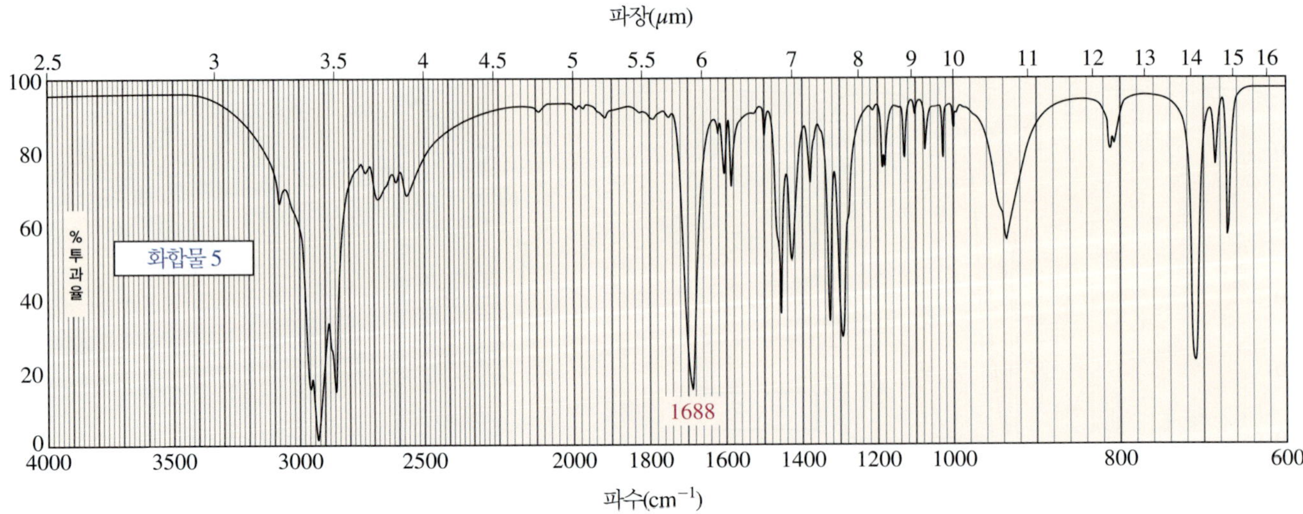


**화합물 5** 넓은 O—H 신축 진동이 C—H 신축 진동 영역 대부분에 걸쳐 있으므로 카복실산이라고 짐작할 수 있다(이 산은 고체이며, O—H 흡수는 그림 12-12에 나타난 액체의 흡수보다 더 약하다). 또한 이 산의 O—H는 2500~2700 $cm^{-1}$ 근처에 뾰족한 피크가 작게 어깨처럼 보인다. C=O 신축 진동이 산에 대한 값으로서는 낮기 때문에(1688 $cm^{-1}$), 콘쥬게이션된 산이라고 추측할 수 있다. 1600 $cm^{-1}$에 방향족 C=C 흡수가 나타나는 것으로 보아 이 산은 방향족 고리와 콘쥬게이션되어 있으리라고 짐작할 수 있다.

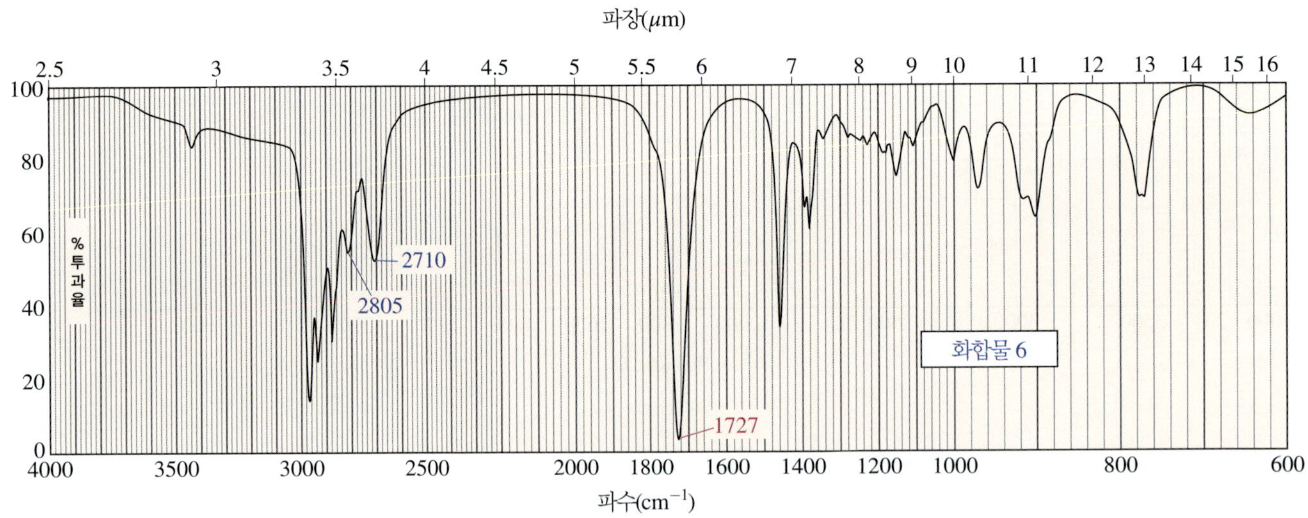


**화합물 6** 1727 $cm^{-1}$에 카보닐 흡수가 있으므로 이 화합물은 알데하이드, 또는 아마도 케톤 또는 산일 것으로 생각된다. 2710 $cm^{-1}$와 2805 $cm^{-1}$에 C—H 신축 진동이 있기 때문에 알데하이드임을 확인할 수 있다. 모든 C—H 신축 진동은 3000 $cm^{-1}$ 아래에 있고, 1660 $cm^{-1}$ 근처에 C=C 신축 진동 또는 1600 $cm^{-1}$ 근처에 방향족 C=C 신축 진동이 보이지 않기 때문에 이 화합물은 아마도 포화된 알데하이드일 것이다.

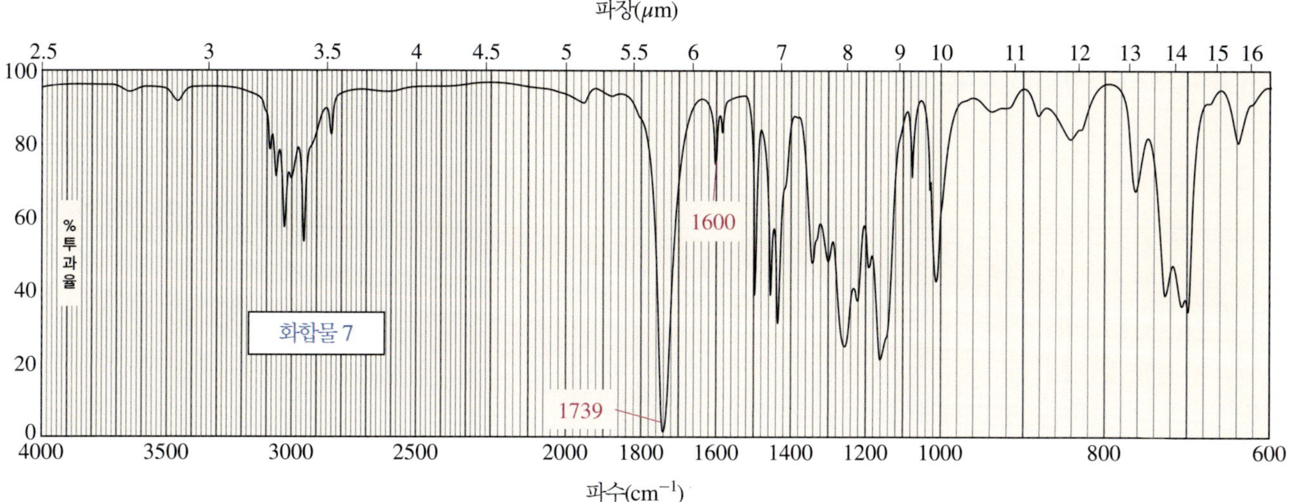


**화합물 7** 1739 cm$^{-1}$에 카보닐 흡수가 있는 것으로 보아 에스터임을 짐작할 수 있다. 1600 cm$^{-1}$의 약한 피크는 방향족 고리가 있음을 나타내지만, 에스터와 콘쥬게이션되어 있지 않다. 왜냐하면 (1) 에스터의 흡수가 (콘쥬게이션되어 있지 않는) 정상 위치에 가깝고, (2) 극성 카보닐기와 콘쥬게이션되어 있다면 방향족 고리를 분극화하여 여기에서 보는 것보다는 방향족 영역의 흡수가 더 강하게 나타날 것이다. 포화(3000 cm$^{-1}$ 이하)와 불포화(3000 cm$^{-1}$ 이상) C—H 신축 진동이 모두 3000 cm$^{-1}$ 영역에 있다는 것은 이 분자 내에 알킬기와 불포화 부분이 모두 있음을 확인해준다.

**문제풀이 힌트**

부록 2A와 2B는 적외선 스펙트럼의 정확한 해석과 예측을 위한 귀중한 표이다. 이 표는 화학의 향후 연구에 계속해서 유용할 것이다.

화합물의 구조

(이들 구조는 IR 스펙트럼만으로는 결정할 수 없다.)

화합물 1 (cyclohexanone, C=O)

$CH_3CH_2—C(=O)—NH_2$

화합물 2

$CH_3(CH_2)_4—C{\equiv}N$

화합물 3

$C_6H_5—C(=O)—CH_3$

화합물 4

$C_6H_5—C(=O)—OH$

화합물 5

$CH_3CH_2—CH(CH_3)—C(=O)—H$

화합물 6

$C_6H_5—CH_2—C(=O)—OCH_3$

화합물 7

## 연습문제 12-6

각 스펙트럼에 대해 1580 cm$^{-1}$ 이상에 나타나는 모든 중요한 신축 진동수를 해석하라.

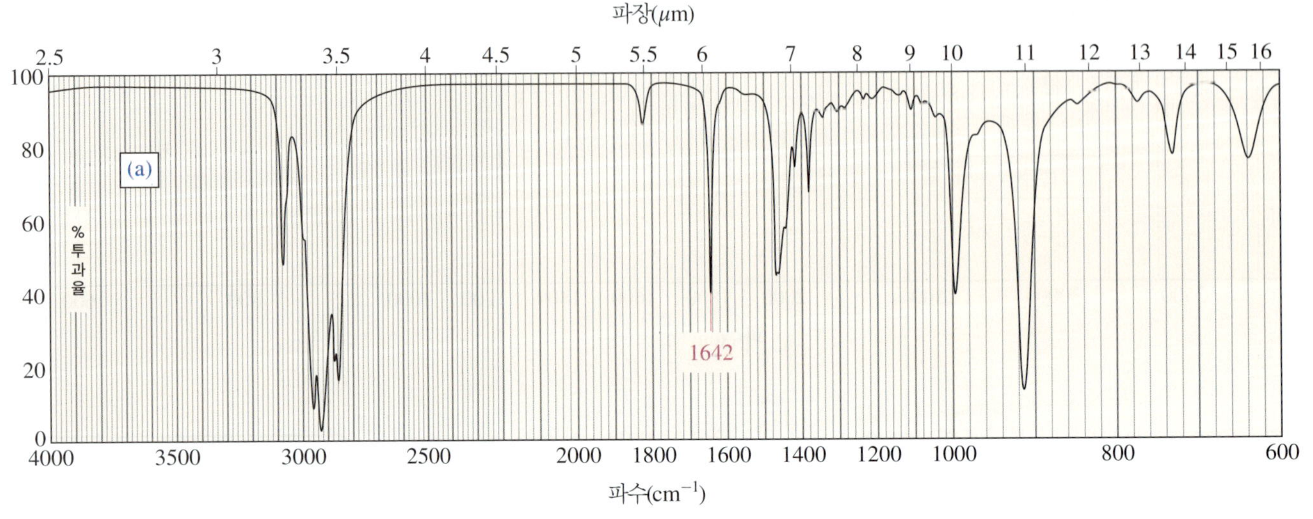


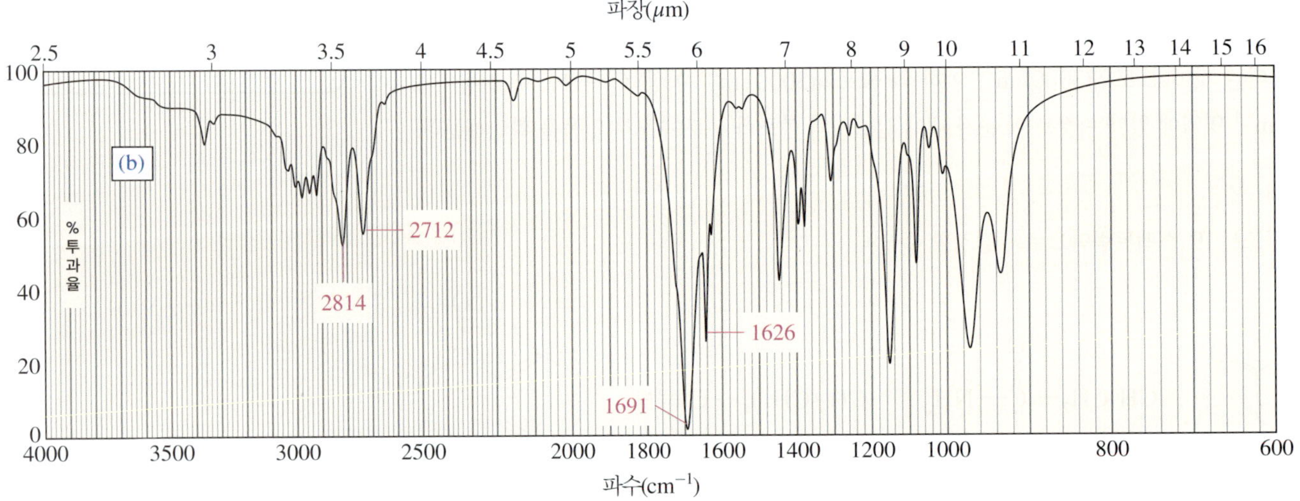


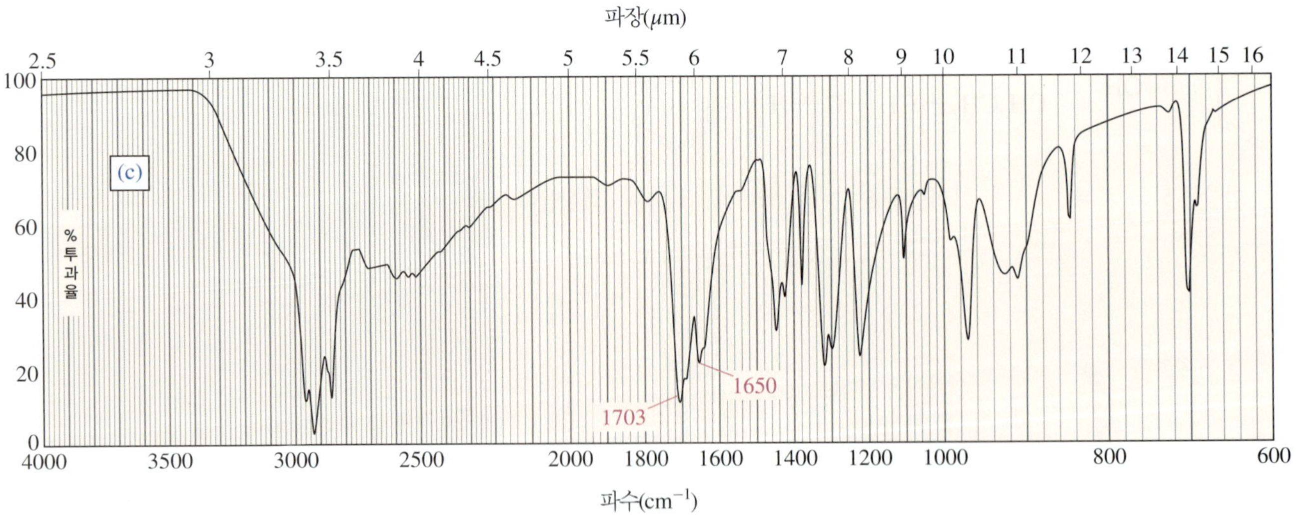

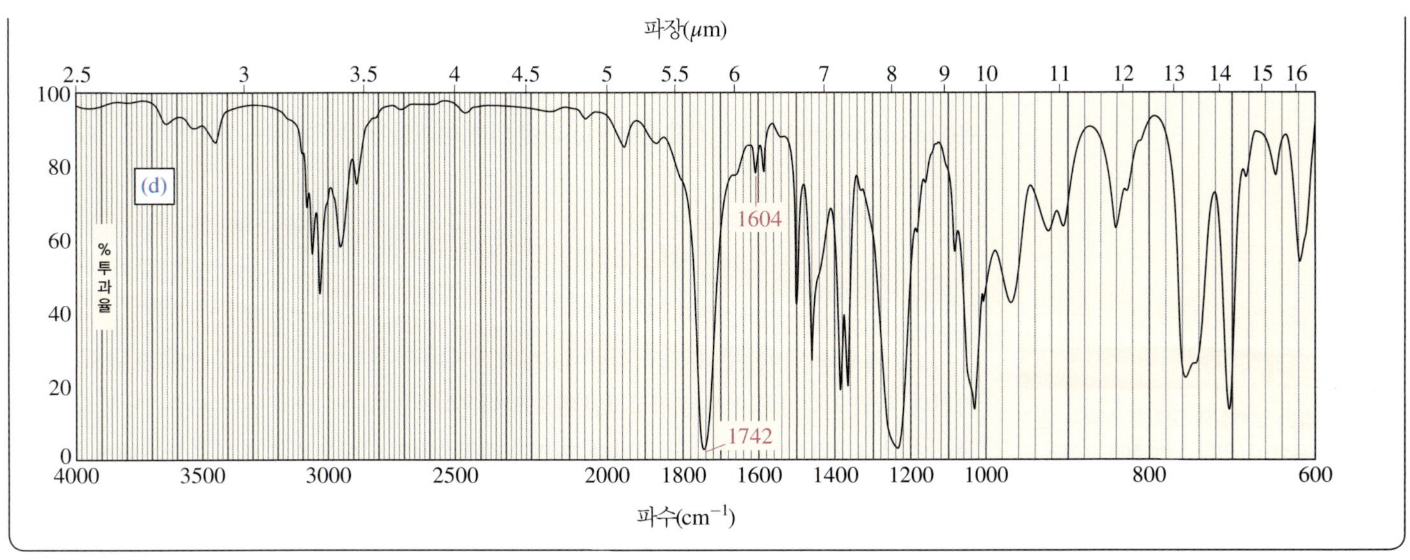


## 12-13 질량 분석법의 소개

적외선 분광학은 분자 내 작용기에 대한 정보를 제공하지만, 분자의 크기나 어떤 헤테로 원자가 있는지에 대해서는 거의 알려주지 못한다. 구조를 결정하려면 분자량과 분자식이 필요하다. 분자식은 한때 원소 조성을 조심스럽게 분석하여 얻을 수 있었으며, 분자량은 어는점 내림 또는 다른 어려운 기술을 이용하여 결정할 수 있었다. 이들은 길고 지루한 과정이며, 많은 양의 순수한 시료가 필요하다. 그러나 많은 중요한 화합물은 오로지 적은 양만 이용할 수 있고, 또한 이들은 순수하지 않을 수도 있다.

**질량 분석법**(mass spectrometry, MS)은 매우 적은 양의 시료를 이용하여 분자량을 알려줄 뿐 아니라 분자식에 대한 유용한 정보를 제공한다. 고분별능 질량 분석법(HRMS)을 이용하면 시료가 순수하지 않더라도 정확한 분자식을 알 수 있다. 또한 질량 스펙트럼을 통해 얻은 구조적인 정보로 NMR과 IR 분광법을 이용하여 유추한 구조를 확인할 수 있다.

질량 분석법은 근본적으로 분광법(spectroscopy)과 다르다. 분광법은 여러 파장 범위에 대한 빛의 흡수(또는 방출)와 관련이 있으나, 질량 분석법은 빛을 전혀 사용하지 않는다. 질량 분석기에서 시료가 높은 에너지를 갖는 전자와 충돌하여 시료의 분자들이 여러 조각으로 깨진다. 쪼개진 조각의 질량이 측정되고, 이 정보는 분자를 재구성하는 데 사용된다. 이 과정은 꽃병을 분석하기 위해 총으로 꽃병을 쏜 뒤, 깨어진 모든 조각의 질량을 재는 것과 비슷하다.

> **Klaus Biemann**(1926~2016)
> '유기 질량 분석법의 아버지'로 널리 알려진 오스트리아계 미국인 유기 생화학자로, 특히 직렬 질량 분석법을 사용한 단백질 서열 분석의 발전에 주목할 만한 연구 업적을 남겼다. 그의 경력에서 눈에 띄는 프로젝트 중 하나는 화성 탐사를 위한 NASA 바이킹호 임무(1976)였다. 그 연구로 그는 NASA에서 뛰어난 과학적 성취(NASA Exceptional Scientific Achievement) 메달을 받았으며(1977), 구겐하임 펠로(Guggenheim Fellow)에 선정되었다(1983).

### 12-13A 질량 분석기

**질량 분석기**(mass spectrometer)는 고진공에서 분자를 이온화시켜 질량에 따라 분류하고, 각각의 질량을 가진 이온의 존재량을 기록한다. **질량 스펙트럼**(mass spectrum)은 질량 분석기에 의해 질량을 $x$축으로, 각각의 질량을 가진 이온들의 상대적인 양(수)을 $y$축으로 하여 그래프로 그린 것이다. 시료를 이온화시킨 후, 이온을 질량에 따라 분리하는 데는 몇 가지 방법이 있다. 이들 중 가장 흔히 사용하는 기술인 전자 충격 이온화(electron impact ionization)에 의한 이온 형성과 자기 휨(magnetic deflection)에 의한 이온 분리에 대해 살펴보자.

**전자 충격 이온화** **이온원**(ion source)에서 시료를 전자빔(선)으로 때린다. 전자가 중성 분자와 충돌하면 중성 분자로부터 또 다른 전자를 때려내어 이온화한다.

$$e^- + M \longrightarrow [M]^{+\cdot} + 2e^-$$

분자가 전자 1개를 잃으면 양전하와 1개의 홀전자를 가지고 있다. 그러므로 이 이온은 **라디칼 양이온**(radical cation)이 된다. 전자 충격 이온화에 의해 메테인이 이온화되는 것을 아래에 나타냈다.

$$\underset{\text{전자}}{e^-} + \underset{\text{메테인}}{\mathrm{H{:}\overset{H}{\underset{H}{C}}{:}H}} \longrightarrow 2e^- + \underset{M^+,\ \text{라디칼 양이온}}{\mathrm{H{:}\overset{H}{\underset{H}{C}}{\overset{+}{\cdot}}H}}$$

(← 홀전자)

## 응용: 단백질 MS

질량 분석법은 단백질의 정확한 질량을 결정하는 데 사용할 수 있다. 단백질은 크기가 크고 휘발성이 작기 때문에 전기 분무 이온화(electrospray ionization) 같은 특수 질량 스펙트럼 기술이 필요하다. 즉 하전을 띤 가열된 증기로 된 방울을 진공실에 분무한 후, 용매를 증발시켜 분석하고자 하는 화합물의 이온만 남긴다.

대부분의 탄소 양이온은 원자가 껍질에 6개의 짝지어진 전자 3개의 결합을 이루는 탄소 원자를 가진다. 위의 라디칼 양이온은 정상적인 탄소 양이온이 아니다. 이 탄소 원자는 주위에 7개의 전자를 가지며, 4개의 다른 원자와 결합한다. 이러한 비정상적인 양이온은 $[CH_4]^{+\cdot}$로 나타내며, +는 양전하를, ·은 홀전자를 나타낸다.

분자를 이온화시킨 후에 높은 에너지를 지닌 전자를 충돌시키면 그 분자를 여러 조각으로 쪼갤 수 있다. 이 **조각내기**(fragmentation) 과정을 통해 여러 특징적인 이온의 혼합물이 만들어진다. 원래 분자의 질량에 해당하는 라디칼 양이온을 **분자 이온**(molecular ion)이라고 하며, $M^+$로 줄여 쓴다. 분자량보다 더 작은 질량의 이온을 조각(fragment)이라고 한다. 예를 들어 에테인 분자에 높은 에너지를 지닌 전자를 충돌시키면 분자 이온과 여러 조각이 만들어진다. 전하를 띤 조각과 전하를 띠지 않은 조각이 모두 형성되지만, 양전하를 띤 조각만이 질량 분석기에 검출된다. 이 책에서는 '검출될 수 없는', 즉 전하를 띠지 않는 조각에 대해서는 녹색으로 표기할 것이다.

$$e^- + \mathrm{H_3C{-}CH_3} \longrightarrow \text{다음이 생길 수 있다.}\ \underset{\text{분자 이온, } M^+,\ m/z = 30}{[\mathrm{H_3C{-}CH_3}]^{+\cdot}} \ \text{또는}\ \underset{m/z = 29}{\mathrm{H_3C{-}CH_2^+}} + \mathrm{H\cdot}$$

$$\text{또는}\ \underset{m/z = 15}{\mathrm{CH_3^+}} + \mathrm{\cdot CH_3}\quad \text{또는 라디칼과 이온의 여러 가지 다른 조합}$$

12-15절에서는 흔히 볼 수 있는 조각내기 방식을 논의할 것이다.

**다른 질량을 가진 이온들의 분리** 이온화와 조각내기를 통해 여러 이온이 형성되면 이 이온들은 분리되어 검출된다. 그림 12-16에 있는 가장 흔한 질량 분석기는 자기 힘으로 이온들을 분리한다.

이온화 후에 양전하를 띤 이온은 음전하를 띤 가속판 쪽으로 끌리며, 이들 중 일부만이 그 안에 있는 좁은 구멍(슬릿)을 통과한다. 그 이온빔(선)은 진공 비행관으로 들어가는데, 비행관의 굽은 부분은 커다란 자석의 두 극 사이에 자리 잡고 있다. 전하를 띤 입자가 자기장을 통과할 때 자기장의 힘에 의해 전하의 진로가 휘어지며, 무거운 이온의 경로는 가벼운 이온의 경로에 비해 덜 휘어진다.

이온 경로의 정확한 곡률 반지름은 ***m/z***(또는 오래된 문헌에서는 ***m/e***)로 표기되는데, 이온의 질량 대 전하의 비에 달려 있다. 이 표현에서 *m*은 이온의 질량(amu 단위)이고, *z*는 전하의 단위로 나타낸 전하이다. 대부분의 이온은 전하가 +1이므로, 이온의 경로는 이들의 질량이 의존하는 양에 따라 휘어지게 된다고 생각할 수 있다.

비행관 끝에 또 다른 슬릿이 있으며, 그 뒤에 이온 검출기가 증폭기와 연결되어 있다. 어떤 주어진 세기의 자기장에서는 하나의 특정 질량을 가진 이온만이 정확한 경로로 휘어져 슬릿을 통과해

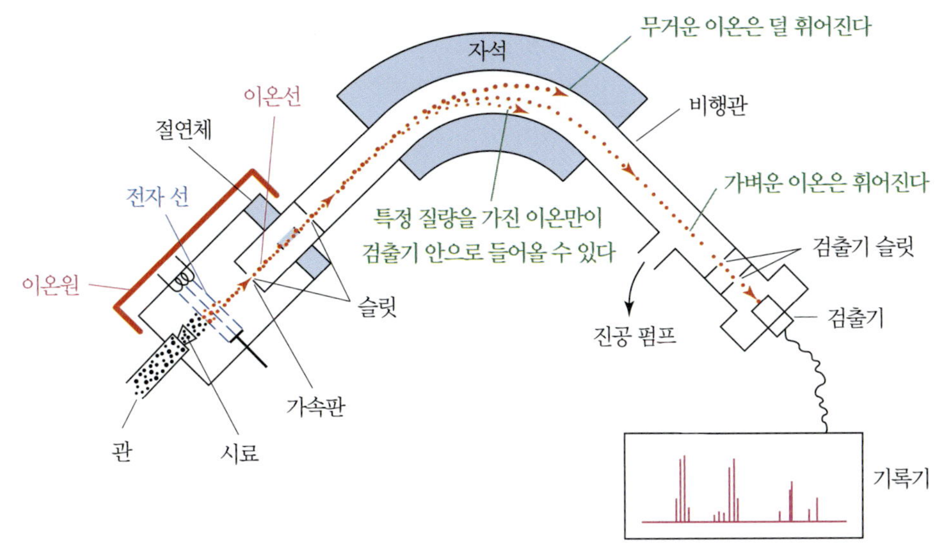


**그림 12-16** 질량 분석기의 그림. 전자선은 분자들을 이온화하고 조각낸다. 이온의 혼합물은 가속된 후에 자기장을 통과하며, 거기에서 가벼운 이온의 경로는 무거운 이온의 경로보다 더 휘어지게 된다. 자기장의 세기를 변화시키면서 각 질량을 가진 이온의 존재량을 그린다.

검출기로 들어간다. 검출기 신호는 검출기에 부딪히는 이온의 수에 비례한다. 자기장의 세기를 변화시키면서 질량 분석기가 모든 가능한 이온의 질량을 검색하며 각각의 질량을 가진 이온의 수를 그래프로 나타낸다.

**응용: 생화학**

단백질과 DNA 조각 같은 거대한 (그러나 깨지기 쉬운) 생체 분자를 기화시켜 이온화하는 새로운 기술이 개발됨에 따라 질량 분석기는 생화학과 분자 생물학에서 중요한 분석 도구가 되었다. 예를 들어 매트릭스-보조 레이저 탈착/이온화(Matrix-Assisted Laser Desorption/Ionization, MALDI) 기술을 사용하면 생체 분자를 자외선을 흡수하는 다른 화합물의 결정 속에 끼워 넣고, 이 매트릭스에 자외선 레이저로 기화시켜 생체 분자를 약하게 이온화한 후에 그것을 기체 상태로 주입하면 질량 스펙트럼을 얻을 수 있다.

## 12-13B 질량 스펙트럼

질량 분석기는 보통 스펙트럼을 컴퓨터 화면에 그래프로 나타낸다. 이러한 정보는 도표로 만들어지고, 스펙트럼은 막대 그래프나 상대적인 존재량의 표로 출력된다(그림 12-17). 출력된 질량 스펙트럼에서 모든 질량은 가장 근접한 정수 값으로 반올림된다. 피크는 **주피크**(base peak)라고 일컫는 가장 큰 피크에 대한 백분율로, 존재비가 표시된다. 주피크는 분자 이온의 질량과 반드시 일치할 필요가 없음을 알기 바란다. 그것은 단순히 가장 큰 피크이며, 다른 피크를 백분율로 표시하는 것을 수월하게 해준다.

분자 이온의 피크(어미 피크라고도 함)는 대부분의 질량 스펙트럼에서 관찰되는데, 이는 검출 가능한 상당수의 분자 이온($M^+$)이 깨어지지 않고 검출기에 도달하는 것을 의미한다. 이러한 분자 이온은 대개 스펙트럼에서 가장 큰 질량을 가진 입자이다. 그리고 (질소를 갖지 않는 화합물의 경우)

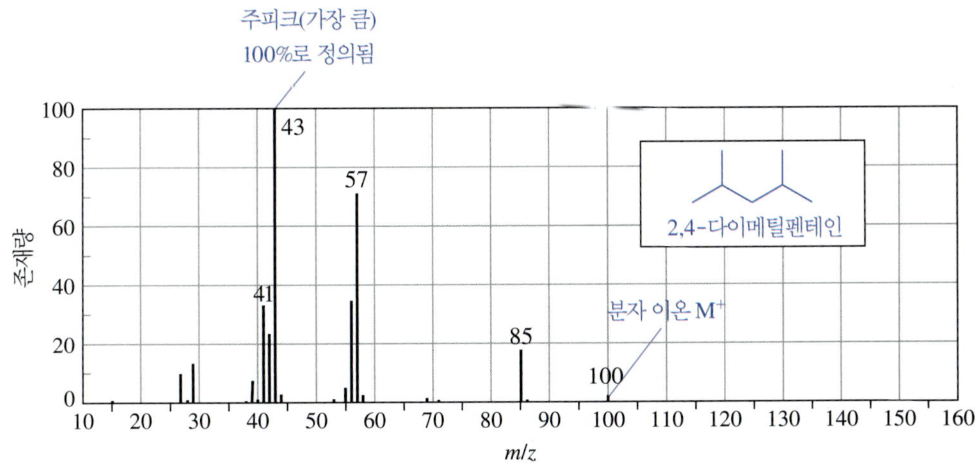


| $m/z$ | 존재량 (주피크에 대한 %) |
|---|---|
| 41 | 34 |
| 42 | 24 |
| 43(주피크) | 100 |
| 56 | 35 |
| 57 | 72 |
| 85 | 19 |
| 100(M+) | 2 |

**그림 12-17** 막대 그래프와 표 형태로 주어진 2,4-다이메틸펜테인의 질량 스펙트럼. 가장 큰 피크(주피크)에 대한 백분율로 존재량이 표시되어 있다. 이 예에서 주피크는 $m/z$ 43에서 나타나며, 분자 이온 피크(어미 피크)는 $m/z$ 100에 나타난다. 분자 이온의 $m/z$는 짝수이며, 대다수 조각의 $m/z$는 홀수임을 주목하라.

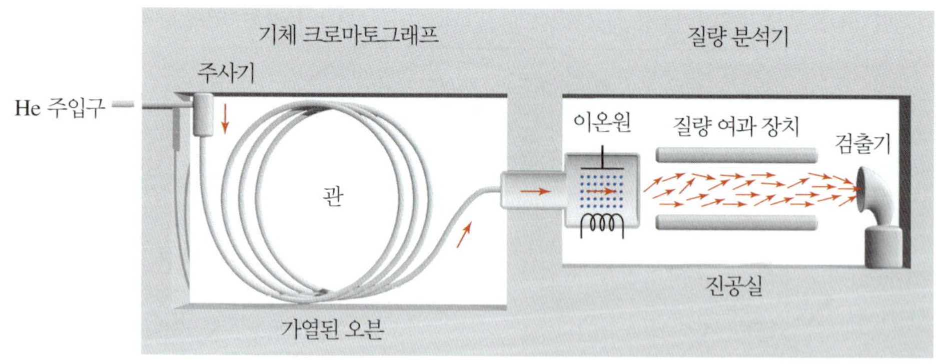


**그림 12-18** 기체 크로마토그래프-질량 분석기(GC-MS)의 구성도. 기체 크로마토그래프 관은 혼합물을 각 성분으로 분리한다. 사중극자 질량 분석기는 분리된 혼합물의 성분들이 관을 떠날 때 질량 스펙트럼을 촬영한다.

분자 이온은 대개 짝수의 질량을 가진다. 분자 이온에 대한 $m/z$ 값은 바로 그 화합물의 분자량이다. 분자 이온 피크가 표준 질량 스펙트럼에서 관찰되지 않는다면 분자를 이온화할 때 좀 더 약한 조건을 사용할 수 있다. 전자 광선 에너지를 일반적으로 사용하는 70전자 볼트(eV)에서 20~25 eV로 낮추면 조각내기가 훨씬 덜 일어난다.

### 12-13C 혼합물의 질량 분석법: GC-MS

질량 분석법을 기체 크로마토그래피와 결합함으로써 반응 혼합물이나 환경 시료와 같은 여러 화합물의 혼합체를 일상적으로 분석할 수 있다. 그림 12-18은 보편적으로 사용되는 GC-MS를 단순화하여 그린 그림이다. **기체 크로마토그래프**(gas chromatograph)는 내부에 실리콘 고무, 또는 다른 정지상(stationary phase)으로 입힌 가열된 모세관을 이용하여 혼합물의 성분을 분리한다. 소량의 시료(약 $10^{-6}$그램이면 충분함)를 가열된 주입관에 주입한다. 주입구에는 헬륨이 관 내부로 약하게 흐른다. 시료가 관을 통해 지나갈 때 휘발성이 큰 성분(정지상과 상호작용이 적음)은 휘발성이 작은 성분보다 더 빠르게 움직인다. 분리된 성분들은 서로 다른 시간에 관을 떠나게 되고, 이동선을 통해 질량 분석기의 이온원으로 들어가서, 분자들이 이온화되고 조각된다.

대부분의 기체 크로마토그래프-질량 분석기는 사중 극자 질량 여과 장치(quadrupole mass filter)를 이용하여 이온을 분리한다. 고진공에서 이온들은 여러 전압을 지닌 4개의 막대에 따라 지나간다(그림 12-18에는 4개 중 2개의 막대만 보인다). 전기장을 바꾸면 이온들은 복잡한 궤도를 따르게 되며, 어느 순간 오직 하나의 질량만이 검출기에 도달한다. 전압을 주사함으로써 넓은 범위에 있는 질량을 1초보다 짧은 시간에 측정할 수 있다. 이와 같은 방법으로 많은 질량 스펙트럼을 찍게 되고, 시료의 성분들이 크로마토그래프 관에서 질량 분석기로 통과할 때 컴퓨터 디스크에 저장된다. 이러한 강력한 GC-MS 조합을 통해 혼합물의 많은 성분을 기체 크로마토그래프로 분리하고, 분리된 각 성분의 질량 스펙트럼으로 확인할 수 있다.

**응용: 약검사**

적외선 분광법(IR) 또는 기체 크로마토그래피-질량 분석법(GC-MS)을 통해 약의 정체를 확인할 수 있다. IR은 작용기에 대한 실마리를 제공하고, 진짜 시료의 스펙트럼과 비교하여 구조를 확증할 수 있다. GC-MS에서는 특징적인 머무르는 시간을 이용하여 어떤 화합물인지 제시할 수 있다. 그리고 머무르는 시간과 질량 스펙트럼을 진짜 시료의 것과 비교함으로써 구조를 확인할 수 있다. GC-MS는 GC를 이용한 분리를 포함하고 있으므로, 순수하지 않는 화합물이나 혼합물에 효과가 좋다.

## 12-14 질량 분석기에 의한 분자식의 결정

질량 분석법은 알려지지 않은 화합물에 대해 대개 신뢰할 수 있는 분자량을 제공한다. 어떤 경우 분자식에 대한 정보도 제공한다. 많은 경우에 매우 정확한 질량 측정을 통해 분자식을 얻을 수 있다. 일부 원소는 특징적인 동위원소 혼합물로 인해 질량 스펙트럼에서 뚜렷하게 나타난다.

### 12-14A 고분별능 질량 분석법

일반적으로 질량 스펙트럼은 가장 근접한 정수로 반올림된 입자 질량을 나타내지만, 실제 질량은 정수가 아니다. 탄소 $^{12}C$의 핵은 정확히 12원자 질량 단위(amu)의 질량을 지닌 것으로 정의되며,

다른 핵은 이를 기준으로 질량이 정해진다. 예를 들어 양성자는 대략 1의 질량을 갖지만 정확한 것은 아니다. 양성자의 질량은 1.007825 amu이다. 표 12-3은 유기 화합물에서 가장 흔히 발견되는 동위 원소의 원자 질량을 보여준다.

**고분별능 질량 분석기**(high-resolution mass spectrometer, HRMS)를 이용하여 분자식을 알아낼 수 있는데, 이 HRMS는 추가적인 정전기 또는 자기 집속 단계를 이용하여 매우 정밀한 이온선을 만들고, 이로써 약 1/20,000의 정확도로 입자의 질량을 검출할 수 있다. HRMS를 이용하여 소수점 아래 몇 자리의 유효 숫자까지 결정된 질량을 **정확한 질량**(exact mass)이라고 한다. 물론 이렇게 정해진 질량이 진짜로 정확하지는 않지만, 대개 정수의 질량수보다는 훨씬 더 정확하다. 정확한 질량과 분자식을 통해 계산된 질량을 비교함으로써 올바른 분자식을 정할 수 있다.

44의 질량을 가진 분자 이온을 생각해보자. 이 근사치의 분자량은 $C_3H_8$(프로페인), $C_2H_4O$(아세트알데하이드), $CO_2$, $CN_2H_4$에 해당할 수 있다. 하지만 각각의 분자식은 각기 다른 정확한 질량을 나타낸다.

| $C_3H_8$ | | $C_2H_4O$ | | $CO_2$ | | $CN_2H_4$ | |
|---|---|---|---|---|---|---|---|
| 3 C | 36.00000 | 2 C | 24.00000 | 1 C | 12.00000 | 1 C | 12.00000 |
| 8 H | 8.06260 | 4 H | 4.03130 | | | 4 H | 4.03130 |
| | | 1 O | 15.99491 | 2 O | 31.98983 | 2 N | 28.00610 |
| | 44.06260 | | 44.02621 | | 43.98983 | | 44.03740 |

만약 HRMS로 측정한 이온의 정확한 질량이 44.029질량 단위라면, 이 화합물은 $C_2H_4O$의 분자식을 가진다고 결론 내릴 수 있는데, 그 이유는 이 분자식에 해당하는 질량이 관측치에 가장 가깝기 때문이다. HRMS로 얻은 값들과 비교하기 위해 정확한 질량을 나타낸 표가 발표되어 있다. 이들 표는 완성도에 따라 황, 할로젠, 또는 다른 원소를 포함하기도 한다.

**표 12-3** 일반적인 동위 원소들의 정확한 질량

| 동위 원소 | 원자 질량(amu) |
|---|---|
| $^{12}C$ | 12.000000 |
| $^{1}H$ | 1.007825 |
| $^{16}O$ | 15.994914 |
| $^{14}N$ | 14.003050 |

## 12-14B 무거운 동위 원소 피크의 이용

고분별능 질량 분석기를 이용할 수 있든 없든, 분자 이온 피크는 분자식에 대한 정보를 제공한다. 대부분의 원소는 단일 동위 원소로 구성되어 있지 않고 더 무거운 동위 원소가 다양한 비율로 포함되어 있다. 이러한 무거운 동위 원소는 $M^+$ 분자 이온 피크보다 더 큰 질량수에서 작은 피크를 나타낸다. $M^+$ 피크보다 1질량 단위 더 무거운 피크를 **M+1 피크**(M+1 peak)라고 하며, 2단위 무거운 피크를 **M+2 피크**(M+2 peak) 등으로 부른다. 표 12-4는 일부 일반적인 원소의 동위 원소 조성을 나타내고 있으며, 동위 원소가 M+1과 M+2 피크에 얼마나 기여하는지 보여준다.

이론적으로 $M^+$, M+1, M+2 피크의 존재비를 신중하게 측정하고, 표 12-4에 있는 동위 원소 조성을 이용하여 화합물의 전체 분자식을 결정할 수 있다. 그러나 실제로 모든 질량수에서 배경 피크가 존재하며, 이러한 배경 피크는 때때로 M+1 피크와 비슷한 세기로 나타나기 때문에 M+1 피크를 정확하게 측정할 수 없다. 고분별능 질량 분석법을 훨씬 더 신뢰할 수 있는 이유가 여기에 있다.

몇몇 원소(특히 S, Cl, Br, I, N)은 다음에 있는 스펙트럼에서 볼 수 있듯이 분자 이온 피크로 식별할 수 있다. 황, 염소, 브로민이 없는 화합물은 작은 M+1 피크를 가지며, M+2 피크는 더 작다. 만약 어떤 화합물이 황을 포함하면 M+2 피크는 M+1 피크보다 더 크며, $M^+$ 피크의 약 4%이다. 만약 염소가 있으면 M+2 피크($^{37}Cl$ 포함)는 $M^+$ 피크($^{35}Cl$ 포함)의 약 1/3 크기로 나타난다. 브로민이 존재하면 $M^+$와 M+2 이온은 거의 동일한 양을 가지며, 분자 이온 피크가 2질량 단위 떨어진 이중선으로 나타나게 되는데, 이들은 각각 $^{79}Br$과 $^{81}Br$의 질량에 해당한다.

**응용: 약검사**

동위 원소 비율은 올림픽 경기에서 금지 물질을 확인하는 데 도움을 줄 수 있다. 예를 들면 질량 분석법을 이용하여 $^{13}C$와 $^{12}C$ 동위 원소 비율의 차이를 알아냄으로써 합성 테스토스테론과 천연 호르몬을 구별할 수 있다.

**표 12-4** 몇 가지 일반적인 원소들의 동위 원소 조성

| 원소 | M⁺ | | M + 1 | | M + 2 | |
|---|---|---|---|---|---|---|
| 수소 | $^{1}H$ | 100.0% | | | | |
| 탄소 | $^{12}C$ | 98.9% | $^{13}C$ | 1.1% | | |
| 질소 | $^{14}N$ | 99.6% | $^{15}N$ | 0.4% | | |
| 산소 | $^{16}O$ | 99.8% | | | $^{18}O$ | 0.2% |
| 황 | $^{32}S$ | 95.0% | $^{33}S$ | 0.8% | $^{34}S$ | 4.2% |
| 염소 | $^{35}Cl$ | 75.5% | | | $^{37}Cl$ | 24.5% |
| 브로민 | $^{79}Br$ | 50.5% | | | $^{81}Br$ | 49.5% |
| 아이오딘 | $^{127}I$ | 100.0% | | | | |

*m/z* 127의 $I^+$ 이온이 있다면 아이오딘임을 알 수 있다. 이는 아이오딘 라디칼이 떨어져 나감으로써 스펙트럼에서 특징적인 127단위의 분자량 감소와 함께 나타난다. 질소(또는 홀수 개의 질소 원자)가 있으면 홀수의 분자량을 갖게 되며, 대개 주로 짝수의 분자량을 지닌 조각을 갖게 된다. 탄소, 수소, 산소만으로 이루어진 안정한 화합물은 짝수의 분자량을 가지며, 대부분의 주요 조각은 홀수의 분자량을 가진다.

| 질량 스펙트럼에서 식별할 수 있는 원소 | |
|---|---|
| Br | M+2는 $M^+$처럼 크다. |
| Cl | M+2는 $M^+$의 1/3 |
| I | $I^+$가 127에 나타나고 간극이 크다. |
| N | $M^+$ 홀수, 몇 개의 짝수 분자량을 가진 조각 |
| S | M+2는 보통보다 크다($M^+$의 4%). |

다음은 황, 염소, 브로민을 포함하는 화합물의 스펙트럼이다.

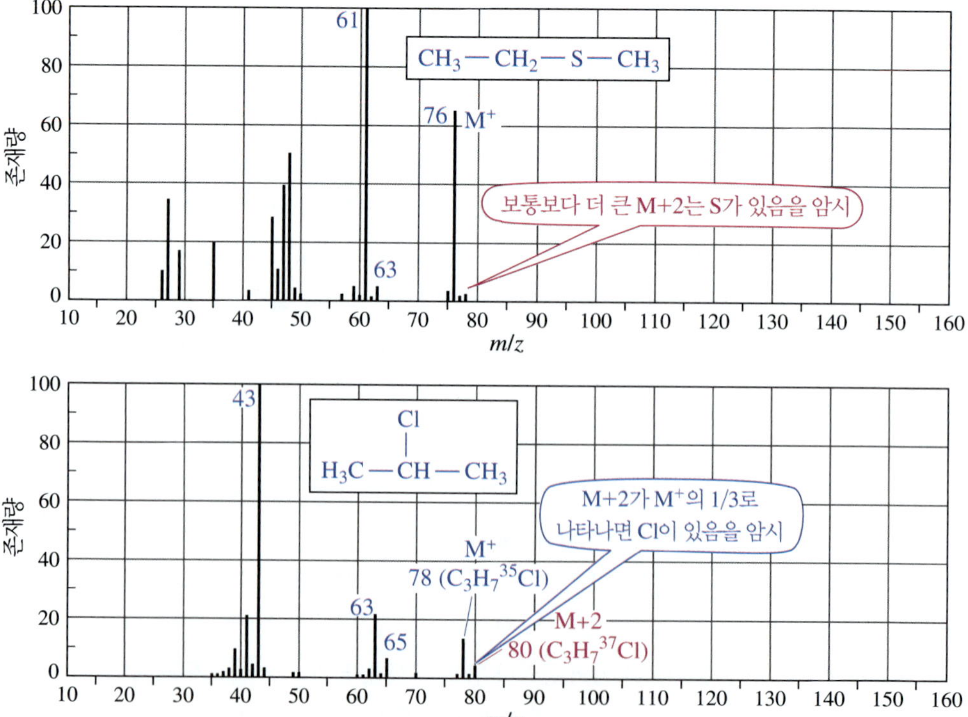

$CH_3-CH_2-CH_2-Br$
43
M⁺와 M+2가 비슷한 크기로 나타나면 Br이 있음을 말해줌
M⁺
122 ($C_3H_7{}^{79}Br$)
M+2
124 ($C_3H_7{}^{81}Br$)
존재량
m/z

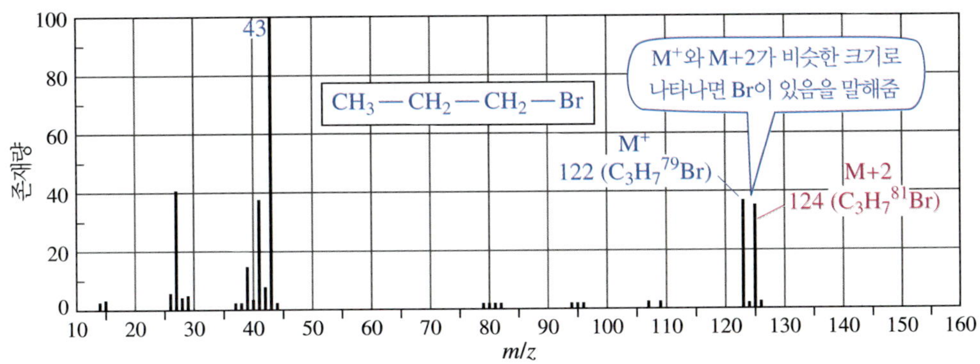

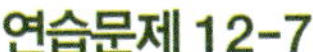

## 연습문제 12-7

다음 4개의 질량 스펙트럼 중 어느 것이 황, 염소, 아이오딘, 질소가 있음을 알려주는지 제시하라. 각각에 대해 분자식을 제안하라.

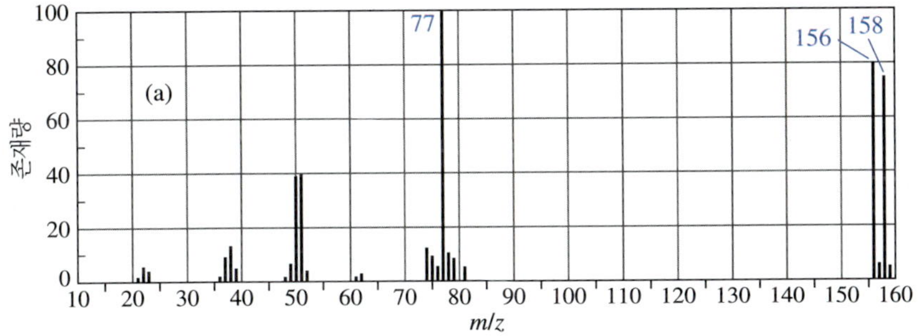

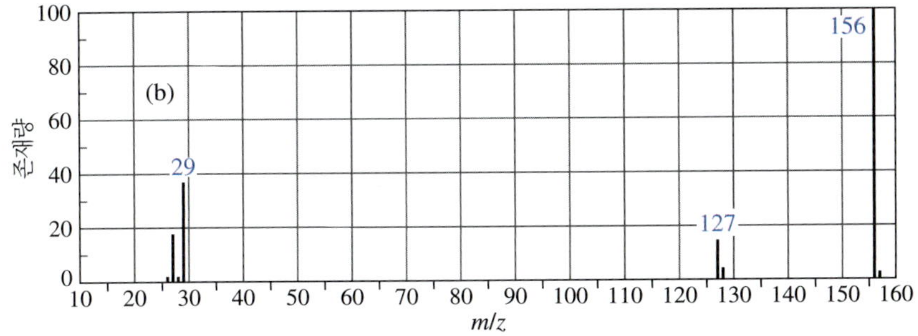

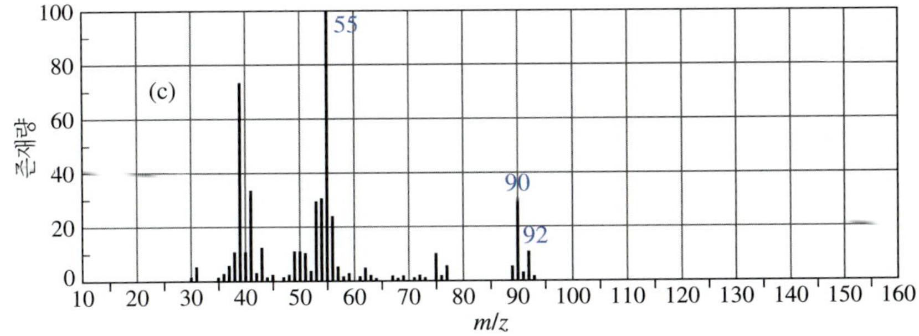

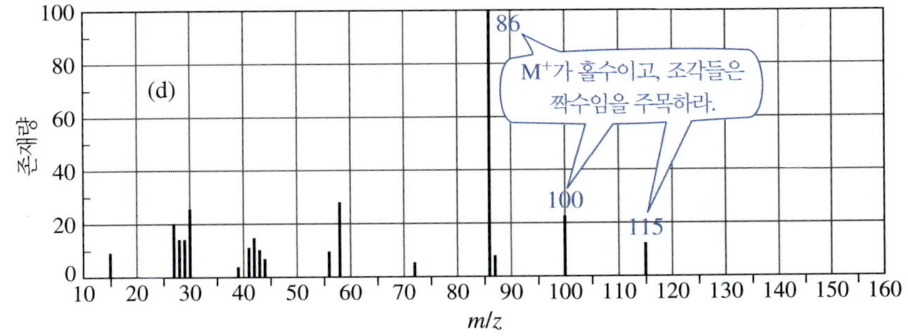

(a)
77
156
158
존재량
m/z

(b)
29
127
156
존재량
m/z

(c)
55
90
92
존재량
m/z

(d)
86
M⁺가 홀수이고, 조각들은 짝수임을 주목하라.
100
115
존재량
m/z

## 12-15 질량 분석법에서의 조각내기 방식

질량 스펙트럼은 분자식 외에도 구조에 관한 정보를 준다. 70 eV(6740 kJ/mol 또는 1610 kcal/mol)의 전형적인 에너지를 가진 전자는 분자를 이온화시키는 데 필요한 것보다 훨씬 더 높은 에너지를 가진다. 고에너지 전자의 충돌로 라디칼 양이온이 형성되고, 흔히 결합이 끊어져 양이온과 라디칼로 분해된다. 이렇게 생성된 양이온은 질량 분석기를 통해 관찰되지만, 전하를 띠지 않는 라디칼은 가속화되거나 검출되지 않는다. 관측된 양이온 조각을 얻기 위해 분자 이온으로부터 떨어져 나간 질량을 계산함으로써 전하를 띠지 않는 라디칼의 질량을 유추할 수 있다.

이온화

$$R{:}R' + e^- \longrightarrow [R\cdot R']^{+\cdot} + 2e^-$$

라디칼 양이온 (분자 이온)

조각내기

$$[R\cdot R']^{+\cdot} \longrightarrow R^+ + \cdot R'$$

$R^+$: 양이온 조각 (관찰됨)
$\cdot R'$: 라디칼 조각 (관찰되지 않음)

결합이 이렇게 끊어지는 것은 무작위로 일어나지 않으며, 가장 안정한 조각을 형성하는 방향으로 일어난다. 서로 다른 종류의 화합물로부터 어떤 안정한 조각이 만들어지는지를 알면 화합물의 구조적 특징을 알 수 있으며, 질량 스펙트럼을 이용하여 제안된 구조를 확인할 수 있다.

### 12-15A 알케인의 질량 스펙트럼

헥세인의 질량 스펙트럼(그림 12-19)은 전형적인 직선형 사슬 알케인의 몇 가지 특징을 보여준다. 질소를 가지고 있지 않는 다른 화합물과 같이 분자 이온($M^+$)은 짝수 질량을 가지고 있고, 대부분의 조각은 홀수 질량을 가진다. 주피크(*m/z* 57)는 분자 이온으로부터 에틸기를 잃고, 에틸 라디칼과 뷰틸 양이온이 생성되었음을 의미한다. 중성인 에틸 라디칼은 전하가 없어서 가속화되거나 굴절되지 않기 때문에 검출되지 않는다.

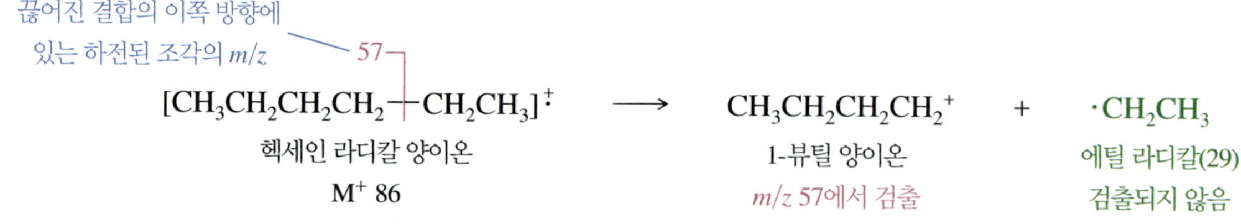


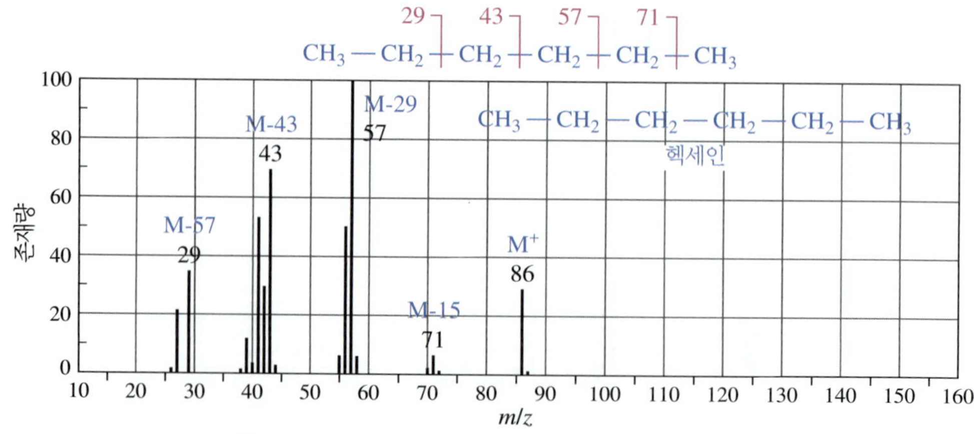


**그림 12-19** 헥세인의 질량 스펙트럼. 이온의 무리는 1-, 2-, 3-, 4-탄소 조각의 소실에 해당한다.

비슷한 조각내기에 의해 에틸 양이온과 뷰틸 라디칼이 생성된다. 이 경우 에틸기 조각(*m*/*z* 29)이 검출된다.

$$[CH_3CH_2CH_2CH_2 \mid CH_2CH_3]^{+\cdot} \longrightarrow CH_3CH_2CH_2CH_2\cdot + {}^{+}CH_2CH_3$$

29

헥세인 라디칼 양이온 M⁺ 86 → 1-뷰틸 라디칼(57) 검출되지 않음 + 에틸 양이온 *m*/*z* 29에서 검출

헥세인 라디칼 양이온이 대칭적으로 끊어지면 프로필 양이온과 프로필 라디칼이 생성된다.

$$[CH_3CH_2CH_2 \mid CH_2CH_2CH_3]^{+\cdot} \longrightarrow CH_3CH_2CH_2^{+} + \cdot CH_2CH_2CH_3$$

43

헥세인 라디칼 양이온 $M^+$ 86 → 프로필 양이온 *m*/*z* 43에서 검출 + 프로필 라디칼(43) 검출되지 않음

**문제풀이 힌트**

대부분의 분자 이온은 짝수의 질량 값을 가진다. 대부분의 조각들은 홀수의 질량값을 가진다(질소 원자를 1개 가질 경우, 분자 이온은 홀수이며, 질소를 포함하는 대부분의 조각들은 짝수이다).

메틸 라디칼이 치환된 라디칼보다 덜 안정하기 때문에, 펜틸 양이온(*m*/*z* 71)과 메틸 라디칼을 형성하는 결합이 끊어지면 세기가 약하게 나타난다. 또한 메틸 양이온은 치환된 양이온보다 덜 안정하기 때문에, 메틸 양이온(*m*/*z* 15)과 펜틸 라디칼을 형성하는 결합이 끊어지는 것은 관찰되지 않는다. 양이온의 안정도가 라디칼의 안정도보다 확실히 더 중요한데, 그 이유는 메틸 라디칼을 잃음으로써 나타나는 피크는 약하게나마 나타나지만, 메틸 양이온을 형성하게 되는 결합이 끊어지는 것은 볼 수 없기 때문이다.

$$[CH_3CH_2CH_2CH_2CH_2 \mid CH_3]^{+\cdot} \longrightarrow CH_3CH_2CH_2CH_2CH_2^{+} + \cdot CH_3$$

71

헥세인 라디칼 양이온 $M^+$ 86 → 펜틸 양이온 *m*/*z* 71에서 검출 + 메틸 라디칼(15) 검출되지 않음

$$[CH_3CH_2CH_2CH_2CH_2 \mid CH_3]^{+\cdot} \not\longrightarrow CH_3CH_2CH_2CH_2CH_2\cdot + {}^{+}CH_3$$

15(형성되지 않음)

헥세인 라디칼 양이온 $M^+$ 86 → 펜틸 라디칼(71) 검출되지 않음 + 메틸 양이온 (매우 불안정함)

마찬가지로 양이온과 라디칼의 안정도는 가지 달린 알케인의 질량 스펙트럼을 설명하는 데에도 도움을 준다. 그림 12-20은 2-메틸펜테인(2-methylpentane)의 질량 스펙트럼이다. 가지 달린 알케인의 조각내기는 일반적으로 가장 많이 치환된 양이온과 라디칼이 형성되도록 가지가 달린 탄소에서 일어난다. 2-메틸펜테인이 가지 달린 탄소 원자에서 조각나면 아래 두 경로 어느 것이든 2차 탄소 양이온을 형성할 수 있다.

$$\left[CH_3CH_2CH_2 \mid CH(CH_3) \mid CH_3\right]^{+\cdot}$$

2-메틸펜테인 라디칼 양이온 *m*/*z* 86

→ $CH_3CH_2CH_2—{}^{+}CH(CH_3)$ + $\cdot CH_3$

2-펜틸 양이온 *m*/*z* 71 + 메틸 라디칼

→ ${}^{+}CH(CH_3)—CH_3$ + $CH_3CH_2CH_2\cdot$

아이소프로필 양이온 *m*/*z* 43(주피크) + 프로필 라디칼

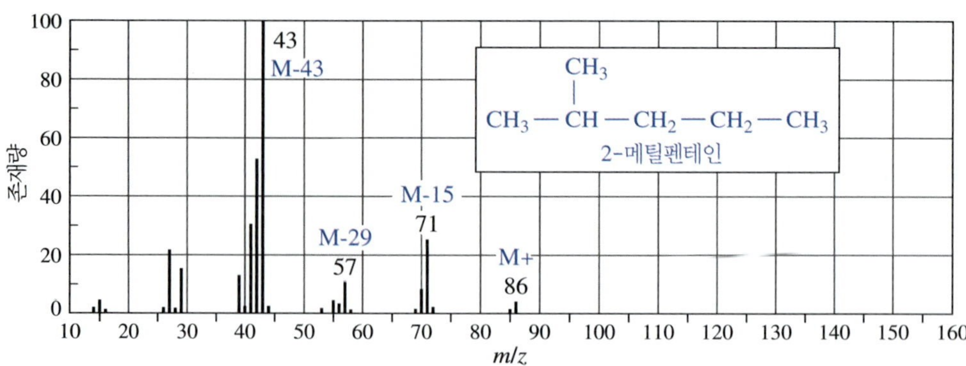


**그림 12-20** 2-메틸펜테인의 질량 스펙트럼. 주피크는 프로필 라디칼이 소실되어 생긴 아이소프로필 양이온에 해당한다.

두 가지 조각내기 과정 모두 2차 양이온을 형성하지만, 두 번째 과정에서는 메틸 라디칼 대신 1차 라디칼이 형성된다. 그러므로 두 번째 조각내기 과정은 주피크(가장 큰 피크)를 설명할 수 있고, 첫 번째 과정은 *m/z* 71의 다른 큰 피크를 설명할 수 있다. (1차 양이온을 형성하는) 다른 조각내기를 통해 약한 피크가 생긴 것을 설명할 수 있다.

> **문제풀이 힌트**
>
> E1 및 $S_N1$ 반응에서 탄소 양이온의 안정도를 예상하는 데 사용되었던 지침은 질량 스펙트럼을 해석하는 데에도 또한 유용하다. 상대적으로 안정한 탄소 양이온은 일반적으로 질량 스펙트럼에서도 더 많이 관찰된다.

**연습문제 12-8**

2-메틸펜테인의 질량 스펙트럼에서 *m/z* 57의 양이온을 생성하는 조각내기를 제시하라. 이 이온이 *m/z* 71과 43에 있는 양이온보다 존재량이 적은 이유를 설명하라.

**연습문제 12-9**

2,4-다이메틸펜테인의 질량 스펙트럼(그림 12-17)에서 *m/z* 43, 57, 85의 피크를 생성하는 조각내기를 제시하라.

### 12-15B 공명 안정화된 양이온을 형성하는 조각내기

질량 분석기에서 조각내기가 일어날 때는 가능한 한 공명 안정화된 양이온이 생성된다. 알켄에서 일어나는 가장 흔한 조각내기는 알릴 결합을 끊음으로써 공명 안정화된 알릴 양이온을 형성하는 것이다.

$$[\mathrm{R{-}CH{=}CH{-}CH_2{+}R'}]^{+\cdot} \longrightarrow [\mathrm{R{-}CH{=}CH{-}\overset{+}{C}H_2} \longleftrightarrow \mathrm{R{-}\overset{+}{C}H{-}CH{=}CH_2}] + \cdot\mathrm{R'}$$

알릴 양이온

그림 12-21은 트랜스-헥스-2-엔(*trans*-hex-2-ene)의 라디칼 양이온의 알릴 자리가 끊어져 *m/z* 55의 주피크에 해당하는 공명 안정화된 양이온을 어떻게 형성하는지 보여준다.

방향족 고리를 포함하는 화합물은 방향족 고리 다음의 탄소, 즉 벤질 자리(benzylic) 탄소에서 깨어지는 경향이 있다. 이렇게 결합이 끊어지면 공명 안정화된 벤질 양이온을 형성한다.

$$[\mathrm{C_6H_5{-}CH_2{+}R}]^{+\cdot} \longrightarrow [\mathrm{C_6H_5{-}\overset{+}{C}H_2} \longleftrightarrow \mathrm{CH_2} \longleftrightarrow \mathrm{CH_2} \longleftrightarrow \mathrm{CH_2}] + \mathrm{R\cdot}$$

벤질 양이온

$$\left[\mathrm{H_3C(H)C{=}C(H)-CH_2 \overset{55}{|} CH_2-CH_3}\right]^{+\cdot} \longrightarrow \left[\mathrm{H_3C(H)C{=}C(H)-\overset{+}{C}H_2} \longleftrightarrow \mathrm{H_3C(H)\overset{+}{C}-C(H){=}CH_2}\right] + \cdot\mathrm{CH_2CH_3}$$

알릴 자리

여기에서 끊어짐

메탈릴 양이온, $m/z$ 55

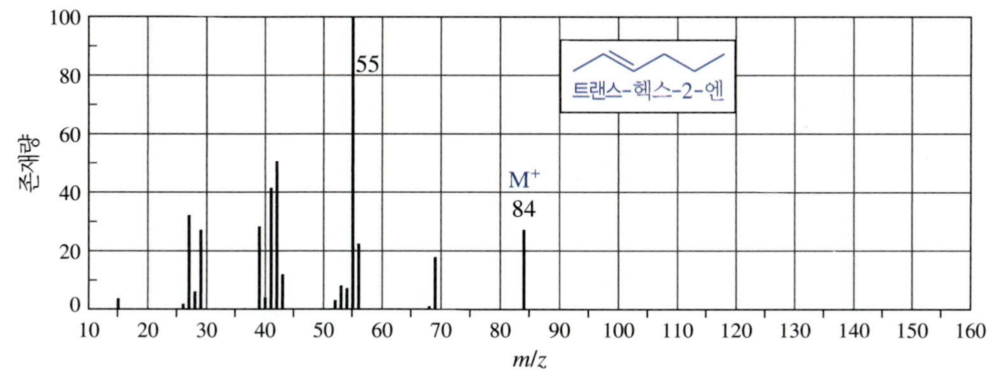


**그림 12-21** 트랜스-헥스-2-엔의 라디칼 양이온은 알릴 결합에서 끊어져 공명 안정화된 $m/z$ 55의 메탈릴 양이온을 생성한다.

또한 에터, 아민, 카보닐 화합물에서도 조각내기가 일어나 공명 안정화된 양이온을 형성한다. 이들 화합물에서 산소와 질소 원자는 모든 원자 위에 팔전자(octet)를 이루는 공명 형태로 양이온의 양전하를 안정화할 수 있는 비결합 전자를 가진다. 흔히 볼 수 있는 조각내기에서는 산소나 질소를 지닌 탄소 원자 옆에 있는 결합이 끊어진다. 이들 작용기의 화학을 다루는 이후의 장에서 이와 같은 용이한 조각내기의 예를 보게 될 것이다.

케톤과 알데하이드: 알킬기를 잃고 아실륨 이온을 생성한다.

$$\left[\mathrm{R-\overset{O}{\overset{\|}{C}} \,|\, R'}\right]^{+\cdot} \longrightarrow \mathrm{R-C{\equiv}O^+} + \cdot\mathrm{R'}$$

짝수의 $m/z$ → 아실륨 이온(홀수의 $m/z$)

에터: $\alpha$를 절단한다.

$$[\mathrm{R \,|\, CH_2-O-R'}]^{+\cdot} \xrightarrow{\alpha\ \text{절단}} \mathrm{H_2C{=}\overset{+}{O}-R'} + \cdot\mathrm{R}$$

짝수의 $m/z$ → 안정화된 양이온(홀수의 $m/z$)

또는 알킬기를 잃는다.

$$[\mathrm{R-CH_2-O \,|\, R'}]^{+\cdot} \longrightarrow \mathrm{R-CH{=}\overset{+}{O}H} + \cdot\mathrm{R'}$$

홀수의 $m/z$ → 안정화된 양이온(홀수의 $m/z$)

아민: $\alpha$ 절단이 일어나 안정화된 양이온이 생성된다.

$$[\mathrm{R_2N-CH_2 \,|\, R'}]^{+\cdot} \longrightarrow \mathrm{R_2\overset{+}{N}{=}CH_2} + \cdot\mathrm{R'}$$

홀수의 $m/z$ → 이미늄 이온(짝수의 $m/z$)

**문제풀이 힌트**

조각내기가 일어나면 간단한 알킬기들이 떨어져 나오기 때문에 그들의 질량수를 확인하는 데 도움이 된다.

| | | |
|---|---|---|
| 메틸 | $CH_3$ | 15 |
| 에틸 | $C_2H_5$ | 29 |
| 프로필 | $C_3H_7$ | 43 |
| 뷰틸 | $C_4H_9$ | 57 |

$CH_2$기의 질량인 14만큼씩 숫자가 증가함을 기억하라.

**연습문제 12-10**

에터는 적외선 스펙트럼으로 쉽게 구별되지 않는다. 그러나 질량 스펙트럼에서 예측할 수 있는 조각을 형성하려는 경향이 있다. 다음 화합물은 비슷하지만 질량 스펙트럼으로 구별이 가능하다.

뷰틸 프로필 에터　　　뷰틸 아이소프로필 에터

이들 화합물 둘 다 *m*/*z* 116, 73, 57, 43에서 뚜렷한 피크가 나타난다. 그러나 화합물 하나는 87에 뚜렷한 큰 피크를 보여주고, 다른 화합물은 101에 큰 피크를 보여준다. 어느 화합물이 87과 101에서 피크를 각각 나타내는지 결정하라. *m*/*z* 116, 101, 87, 73 이온의 존재를 설명할 수 있는 조각내기를 제안하라.

## 12-15C 작은 분자를 잘라내는 조각내기: 알코올의 질량 스펙트럼

작고 안정한 분자를 잃고 나타나는 피크가 질량 스펙트럼에서 종종 관찰된다. 작은 분자가 떨어지면 대개 짝수의 질량수를 잃고, 따라서 짝수 질량수의 피크로 나타난다. 라디칼 양이온은 물(질량 18), CO(28), $CO_2$(44), 심지어 에텐(28) 또는 다른 알켄을 잃을 수 있다. 가장 흔히 볼 수 있는 예는 알코올에서 물이 떨어지는 것인데, 아주 쉽게 일어나기 때문에 분자 이온은 종종 약하거나 보이지 않을 수도 있다. 그러나 물이 떨어져 나가고 생긴 피크(M-18 피크)는 대개 강하게 나타난다.

알코올은 흔히 물을 잃는다.

$$\left[\begin{array}{c} \text{H}\quad\text{OH} \\ -\text{C}-\text{C}- \end{array}\right]^{+\cdot} \longrightarrow \left[\,\rangle\text{C}=\text{C}\langle\,\right]^{+\cdot} + H_2O$$

짝수의 *m*/*z*　　짝수의 *m*/*z*　　18을 잃음

3-메틸뷰탄-1-올(3-methylbutan-1-ol)의 질량 스펙트럼(그림 12-22)은 물이 쉽게 떨어짐을 보여준다. 분자 이온처럼 보이는 *m*/*z* 70(짝수)에서의 피크는 실제로는 강한 M-18 피크이다. 물이 쉽게 소실되기 때문에 분자 이온(*m*/*z* 88)은 관찰되지 않는다. *m*/*z* 55에서 나타나는 주피크는 물과 메틸기가 떨어져서 생긴 것이다.

알코올은 물이 떨어지는 것 외에도 카비놀 탄소 원자 바로 옆에서 조각내기가 일어나 공명에 의해 안정화된 탄소 양이온을 형성한다. 이러한 조각내기를 알파 절단(alpha cleavage)이라고 하는데, 하이드록시기를 가진 탄소 바로 옆에 있는 결합이 끊어지기 때문이다.

알코올의 $\alpha$ 절단

$$\left[\begin{array}{c} \text{OH} \\ -\text{C}-\text{C}- \end{array}\right]^{+\cdot} \longrightarrow \left[\begin{array}{c} :\ddot{\text{O}}\text{H} \\ -\text{C}^{+} \end{array} \longleftrightarrow \begin{array}{c} ^{+}\ddot{\text{O}}\text{H} \\ \| \\ -\text{C} \end{array}\right] + \cdot\text{C}-$$

공명 안정화

$\alpha$ 절단은 연습문제 12-11에서 나타난 바와 같이 2,6-다이메틸헵탄-4-올(2,6-dimethylheptan-4-ol)의 스펙트럼에서 분명히 나타난다.

$$\left[CH_3-\underset{}{\overset{CH_3}{\overset{|}{C}}}H-CH_2-CH_2-OH\right]^{+\cdot} \nearrow H_2O + \left[CH_3-\overset{CH_3}{\overset{|}{C}}H-CH=CH_2\right]^{+\cdot} \quad m/z\ 70$$

$$\searrow H_2O + \cdot CH_3 + \left[\underset{CH_3}{}\overset{H}{\overset{|}{C^+}}-CH=CH_2 \longleftrightarrow \underset{CH_3}{}\overset{H}{\overset{|}{C}}=CH-\overset{+}{C}H_2\right]$$

알릴 양이온 $m/z$ 55
(주피크)

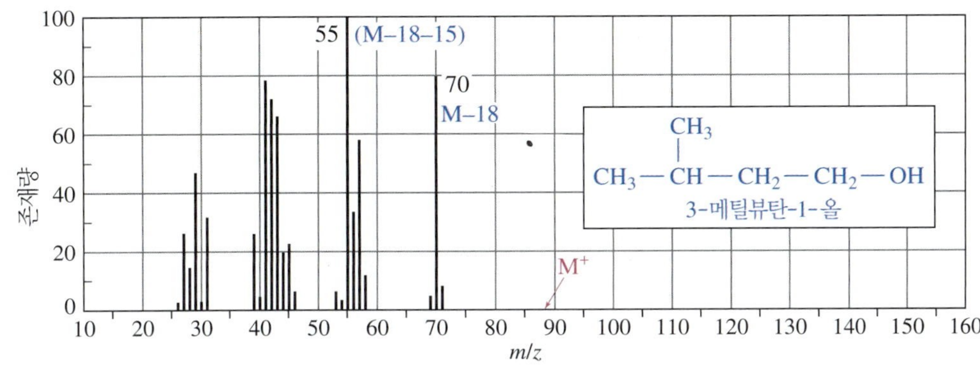


**그림 12-22** 3-메틸뷰탄-1-올의 질량 스펙트럼. $m/z$ 70의 강한 피크는 실제로 물을 잃고 생긴 M-18 피크이다. 물이 쉽게 소실되기 때문에 분자 이온은 보이지 않는다.

**연습문제 12-11**

2,6-다이메틸헵탄-4-올의 질량 스펙트럼에서 $m/z$ 87, 111, 126의 피크를 설명하라.

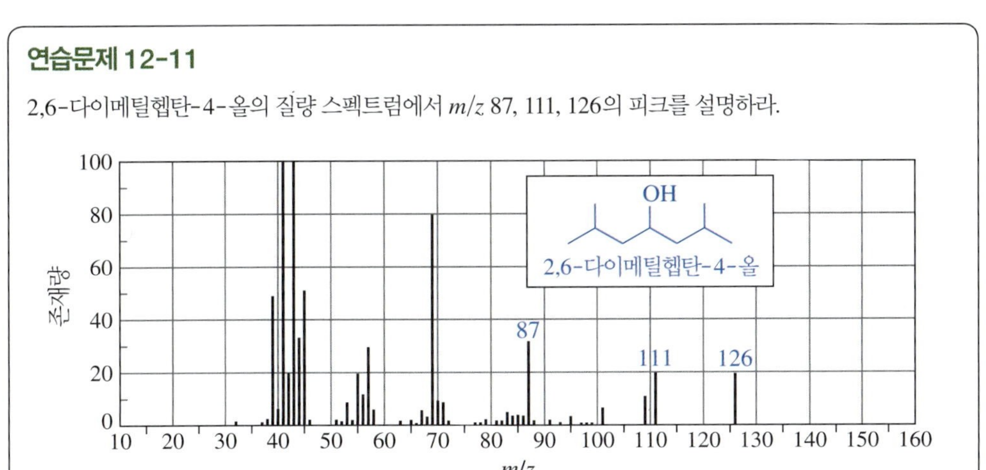


**문제풀이 힌트**

일반적으로 스펙트럼에 있는 2개 또는 3개의 가장 큰 피크가 어떤 용이한 조각내기로부터 생길 수 있는지를 제안할 수 있어야 한다. 또한 스펙트럼은 제안한 구조에서 용이하게 일어날 수 있는 조각내기로부터 생긴 큰 피크를 포함하고 있어야 한다. 그러나 모든 피크를 전부 설명할 수 있을 것으로 예상해서는 안 된다.

## SUMMARY | 일반적인 조각내기 방식

이 요약은 간단한 작용기의 일반적인 조각내기 방식에 대해 신속하게 참고할 수 있게 정리한 것이다. 이 작용기 중 일부는 이후 장에서 자세히 논할 것이다.

**1.** 알케인: 가장 안정한 탄소 양이온을 형성하는 절단(12-15A절)

$$\left[R-\underset{H}{\overset{R'}{C}}-R''\right]^{+\cdot} \longrightarrow R-\underset{H}{\overset{R'}{C^+}} + \cdot R''$$

$m/z$는 짝수 → $m/z$는 홀수

**2.** 알코올: 물을 잃음(12-15C절)

$$\left[-\overset{H}{\underset{|}{\overset{|}{C}}}-\overset{OH}{\underset{|}{\overset{|}{C}}}-\right]^{+\cdot} \longrightarrow \left[>C=C<\right]^{+\cdot} + H_2O$$

$m/z$는 짝수 → $m/z$는 짝수

또는 α 절단(12-15C절)

$$\left[-\overset{\text{OH}}{\underset{|}{\overset{|}{C}}}-\underset{|}{\overset{|}{C}}-\right]^{+\cdot} \longrightarrow \left[-\overset{\text{OH}}{\underset{|}{\overset{|}{C^+}}} \longleftrightarrow -\overset{^+\text{OH}}{\underset{|}{\overset{\|}{C}}}\right] + \cdot\underset{|}{\overset{|}{C}}-$$

m/z는 짝수 m/z는 홀수

**3.** 알켄과 방향족 화합물: 알릴과 벤질 탄소 양이온을 형성하는 절단(12-15B, 16-15절)

$$[R-CH=CH-CH_2 | R']^{+\cdot} \longrightarrow R-CH=CH-\overset{+}{C}H_2 + \cdot R'$$

알릴 양이온(홀수의 m/z)

$$\left[C_6H_5-CH_2 | R\right]^{+\cdot} \longrightarrow C_6H_5-\overset{+}{C}H_2 + \cdot R \longrightarrow C_7H_7^+ + \cdot R$$

벤질 양이온 m/z 91 트로필륨 이온 m/z 91

**4.** 아민: 안정화된 양이온을 형성하도록 질소 원자에 결합된 탄소의 옆에서 알파 절단 발생(12-15B, 19-8D절)

$$[R_2N-CH_2 | R']^{+\cdot} \longrightarrow R_2\overset{+}{N}=CH_2 + \cdot R'$$

m/z는 홀수 이미늄 이온(짝수의 m/z)

**5.** 에터: 알킬기를 잃음(12-15B, 14-4절)

$$[R-CH_2-O | R']^{+\cdot} \longrightarrow R-CH=\overset{+}{O}H + \cdot R'$$

m/z는 짝수 안정화된 양이온(홀수의 m/z)

또는 $[R-CH_2-O | R']^{+\cdot} \longrightarrow R-CH_2-\ddot{\underset{..}{O}}\cdot + {}^+R$

m/z는 짝수 안정화된 양이온(홀수의 m/z)

또는 산소 원자에 결합된 탄소 원자의 옆에서 α 절단이 일어남

$$[R | CH_2-O-R']^{+\cdot} \xrightarrow{\alpha\text{ 절단}} H_2C=\overset{+}{O}-R' + \cdot R$$

m/z는 짝수 안정화된 양이온(홀수의 m/z)

**6.** 케톤과 알데하이드: 산소에 결합된 탄소의 옆에 있는 알킬기가 소실되어 아실륨 이온이 형성됨(12-15B, 18-5절)

$$\left[R-\overset{O}{\overset{\|}{C}} | R'\right]^{+\cdot} \longrightarrow R-C\equiv O^+ + \cdot R'$$

m/z는 짝수 아실륨 이온(홀수의 m/z)

McLafferty 자리 옮김은 케톤을 2개의 알켄으로 분리(18-5절에서 다룸)

γ-수소

$$\left[R-\overset{O}{\overset{\|}{C}}-\underset{|}{\overset{|}{C}}_{\alpha}-\underset{|}{\overset{|}{C}}_{\beta}-\underset{|}{\overset{H}{\overset{|}{C}}}_{\gamma}-R'\right]^{+\cdot} \longrightarrow \left[\overset{O-H}{\overset{|}{C}}(R)=_{\alpha}\underset{|}{C}\right]^{+\cdot} + \;>C_{\beta}=C_{\gamma}<^{R'}$$

m/z는 짝수 m/z는 짝수

## 핵심 용어

**Fourier 변환 적외선 분광계(Fourier-transform infrared spectrometer, FT-IR):** 적외선이 시료와 주사 간섭계를 통과하여 간섭 무늬(간섭그림, interferogram)을 형성한다. 간섭계는 숫자화되고, Fourier 변환 스펙트럼이 계산된다.

**간섭계(interferometer):** FT−IR 분광계의 광측정 부분. 빛이 두 광선으로 갈라지며 하나의 광선은 정지 거울로부터 반사되고, 다른 하나는 움직이는 거울에 의해 반사된다. 이 반사된 광선은 다시 조합하여 간섭그림이라는 간섭 무늬를 형성하고, Fourier 변환이 일어나 스펙트럼이 형성된다.

**고분별능 질량 분석기(high-resolution mass spectrometer, HRMS):** 보통 1/20,000 정도로 매우 정확하게 질량을 측정할 수 있는 질량 분석기. 이 정도의 정밀도 때문에 원소의 알려진 원자량을 이용하여 분자식을 계산할 수 있다.

**광자(photon):** 질량이 없는 전자기 에너지의 다발

**근원(source):** 질량 분석기에서 시료가 이온화되고 조각내기가 일어나는 부분. '이온원(ion source)'이라고도 한다.

**기체 크로마토그래프(gas chromatograph, GC):** 혼합물을 기화시키고 증기를 관을 통과시켜 분리된 성분이 관으로부터 빠져나올 때 각 성분을 검출하는 장비. 질량 분석법은 이 성분을 검출하는 데 쓰이는 하나의 방법이다.

**라디칼 양이온(radical cation):** 홀 전자를 가진 양전하를 띤 이온. 대개 전자 충격 이온화에 의해 생성된다. 이때 충돌하는 전자가 또 다른 전자를 때려낸다.

$$\mathrm{R:R} + e^- \longrightarrow \underset{\text{라디칼 양이온}}{[\mathrm{R\cdot R}]^+} + 2e^-$$

**배진동(overtone):** 기본 진동수의 여러 배(보통 2배)에서 관찰되는 상대적으로 약한 흡수. 카보닐(C ═ O)기의 흡수와 같은 매우 강한 흡수와 함께 일어난다.

**분자 이온(molecular ion, $M^+$):** (어미 이온, parent ion) 질량 분석법에서 원래 화합물의 분자량과 동일한 질량을 가진 이온. 조각내기가 일어나지 않은 상태이다.

- **M+1 피크(M+1 peak):** 분자 이온 피크보다 1질량 단위 무거운 동위 원소 피크
- **M+2 피크(M+2 peak):** 분자 이온 피크보다 2질량 단위 무거운 동위 원소 피크

**적외선 분광계(infrared spectrometer):** 화합물의 적외선 흡수를 진동수 또는 파장의 함수로서 측정하는 장비

**적외선 비활성(IR-inactive):** 분자의 쌍극자 모멘트를 변화시키지 못해 적외선의 흡수를 일으킬 수 없는 진동

**적외선 스펙트럼(infrared spectrum):** 시료가 흡수한 적외선을 진동수(파수, $\bar{\nu}$; 단위는 $cm^{-1}$) 또는 파장(λ, 단위는 mm)의 함수로서 그래프로 나타낸 것

**적외선 활성(IR-active):** 분자의 쌍극자 모멘트를 변화시켜 적외선의 흡수를 일으키는 진동

**전자기 스펙트럼(electromagnetic spectrum):** 모든 가능한 전자기 진동수의 영역은 0부터 무한대이다. 실제로는 라디오파에서 감마선 까지의 범위에 있다.

**조각내기(fragmentation):** 질량 분석기에서 이온화에 의한 분자 이온의 분해

**주피크(base peak):** 질량 스펙트럼에서 가장 큰 피크

**지문 영역(fingerprint region):** 600∼1400 $cm^{-1}$ 사이의 적외선 스펙트럼의 영역으로, 복잡한 진동이 많이 일어난다. 이 영역에서 거울상 이성질체를 제외한 어떠한 화합물도 정확히 같은 흡수를 가질 수 없기 때문에 이러한 이름이 붙여졌다.

**진동수(frequency, $\nu$):** 1초에 한 고정점을 지나는 완전한 파동 주기의 수

**질량 분석기(mass spectrometer):** 분자를 이온화시켜 질량에 따라 이온을 분류하고, 각 질량을 가진 이온들의 존재량을 기록하는 기기

**질량 스펙트럼(mass spectrum):** 질량 분석기에 의해 $x$축에 질량, $y$축에 존재량을 나타내는 그래프

- ***m/z*(이전에는 *m/e*):** 이온의 질량 대 전하비. 대부분의 이온은 +1의 전하를 갖기 때문에 $m/z$는 단순히 질량을 표시한다.

**콘쥬게이션된 이중 결합(conjugated double bond):** 단일 결합과 교대로 있는 이중 결합들로서 파이 결합 궤도가 서로 중첩 가능하다.

**파수(wavenumber, $\bar{\nu}$):** 1 cm 안에 들어오는 파장의 수($cm^{-1}$ 또는 센티미터의 역수). 진동수에 비례한다. 파수($cm^{-1}$)와 파장($\mu$m)의 곱은 10,000이다.

**파장(wavelength, λ):** 파동의 두 피크(또는 두 골) 사이의 거리

**흡수 분광법(absorption spectroscopy):** 어떤 화합물이 흡수한 빛의 양을 파장의 함수로 측정하는 것

## 기초문제

**1** 주어진 적외선 스펙트럼에서 신뢰할 수 있는 특징적인 피크를 확인하라. 어떤 작용기가 그 분자에 있을 수 있는지 제안하라. — 관련 연습문제 12-14, 15, 16, 23, 24, 25, 30

**2** 주어진 적외선 스펙트럼에서 특정 피크가 없음으로 인해 그 분자에 어떤 작용기가 존재할 수 없는지 설명하라. — 관련 연습문제 12-15, 16, 19, 23, 24, 25

**3** 일부 특징적인 적외선 흡수는 대체로 강하고, 어떤 것은 약하거나 없는 이유를 설명하라. — 관련 연습문제 12-14, 16, 19, 25, 28

**4** 적외선 스펙트럼의 흡수로부터 콘쥬게이션 및 무리를 가진 C$=$O 결합과 콘쥬게이션 및 방향족 C$=$C 결합을 확인하라. — 관련 연습문제 12-15, 16, 24, 25, 28, 30

**5** 질량 스펙트럼으로부터 분자량을 정하라. — 관련 연습문제 12-20, 23, 24, 29

**6** 질량 스펙트럼을 이용하여 Br, Cl, I, N, S 원자가 있는지 확인하라. — 관련 연습문제 12-20, 26, 27, 29, 31

**7** 어떤 구조가 주어졌을 때 분자 이온의 조각내기를 이용하여 질량 스펙트럼에서 관찰될 수 있는 주 이온을 예측하라. — 관련 연습문제 12-17, 18, 22, 29, 31

**8** 제안된 구조가 질량 스펙트럼과 일치하는지 조각내기 방식을 이용하여 결정하라. — 관련 연습문제 12-20, 23, 26, 29, 31

## 연습문제

**12-12** 다음 분자에 있는 작용기의 특징적인 적외선 흡수를 예측하라.

**(a)** 사이클로펜텐 **(b)** 헥산-2-올 **(c)** 헥산-2-온
**(d)** 헥스-1-아인 **(e)** 다이메틸아민 **(f)** 헥산산
**(g)** 헥세인나이트릴 **(h)** 아세트산 메틸 **(i)** 헥산아마이드

**12-13** 다음의 적외선 파수를 파장으로 변환하라.

**(a)** 1600 $cm^{-1}$, 방향족 C$=$C에 전형적임
**(b)** 3000 $cm^{-1}$, 포화된 C—H에 전형적임
**(c)** 1715 $cm^{-1}$, 케톤 카보닐에 전형적임
**(d)** 1750 $cm^{-1}$, 에스터 카보닐에 전형적임
**(e)** 2220 $cm^{-1}$, 나이트릴에 전형적임
**(f)** 3300 $cm^{-1}$, 알코올 O—H에 전형적임

**12-14** 다음 모든 화합물은 1600~1800 $cm^{-1}$ 사이의 적외선을 흡수한다.

1. 어느 결합이 이 영역에서 흡수하는지 밝혀라.
2. 대략적인 흡수 진동수를 예측하라.
3. 각 쌍의 화합물 중 어느 것이 이 영역에서 더 강한 흡수를 일으키는지 예측하라.

**(a)** $(H)(H)C{=}C(CH_2CH_3)(H)$ 또는 $O{=}C(CH_2CH_3)(H)$

**(b)** $(H)(H)C{=}C(CH_2CH_3)(H)$ 또는 $(H)(H)C{=}C(OCH_2CH_3)(H)$

**(c)** $H{-}\ddot{N}{=}C(CH_2CH_3)(H)$ 또는 $(H)(H)C{=}C(CH_2CH_3)(H)$

**(d)** $(H)(H_3C)C{=}C(CH_3)(H)$ 또는 $(H)(H)C{=}C(CH_2CH_3)(H)$

**12-15** 다음 화합물 쌍을 구별할 수 있는 특징적인 적외선 흡수 진동수를 기술하라.

**(a)** 2,3-다이메틸펜트-2-엔과 2-에틸-3-메틸뷰트-1-엔
**(b)** 5-메틸사이클로헥사-1,3-다이엔과 3-메틸사이클로헥사-1,4-다이엔

**(c)** $CH_3(CH_2)_2{-}C({=}O){-}H$ (뷰탄알) 그리고 $CH_3(CH_2)_2{-}C({=}O){-}CH_2CH_3$ (헥산-3-온)

**(d)** $CH_3CH_2{-}C({=}O){-}N(H){-}H$ (프로판아마이드) 그리고 $CH_3CH_2CH_2{-}C({=}O){-}CH_2CH_3$ (헥산-3-온)

**(e)** $CH_3(CH_2)_2-C{\equiv}C-H$ 그리고 $CH_3(CH_2)_2-C{\equiv}N$

펜트-1-아인 뷰테인나이트릴

**(f)** $CH_3CH_2-C(=O)-OH$ 그리고 $CH_3CH_2-CH(OH)-CH_2-C(=O)-H$

프로판산 3-하이드록시펜탄알

**(g)** 그리고

2-메틸사이클로헥산올 2-메틸사이클로헥산온

**(h)** 그리고

6-메틸사이클로헥스-2-엔온 6-메틸사이클로헥스-3-엔온

**12-16** 다음 4개의 스펙트럼과 그에 해당하는 4개의 화합물이 있다. 각 스펙트럼에 대해 구조를 결정하고, 스펙트럼 내 피크가 선택한 구조에 어떻게 상응하는지 설명하라.

(사이클로헥산올, OH) $CH_3-CH(CH_3)-C(=O)-CH_3$ $H_2C{=}C(CH_3)-C(=O)-OH$ (벤젠고리)$-CH_2CH_2OH$ (벤젠고리)$-CH_2-C{\equiv}N$

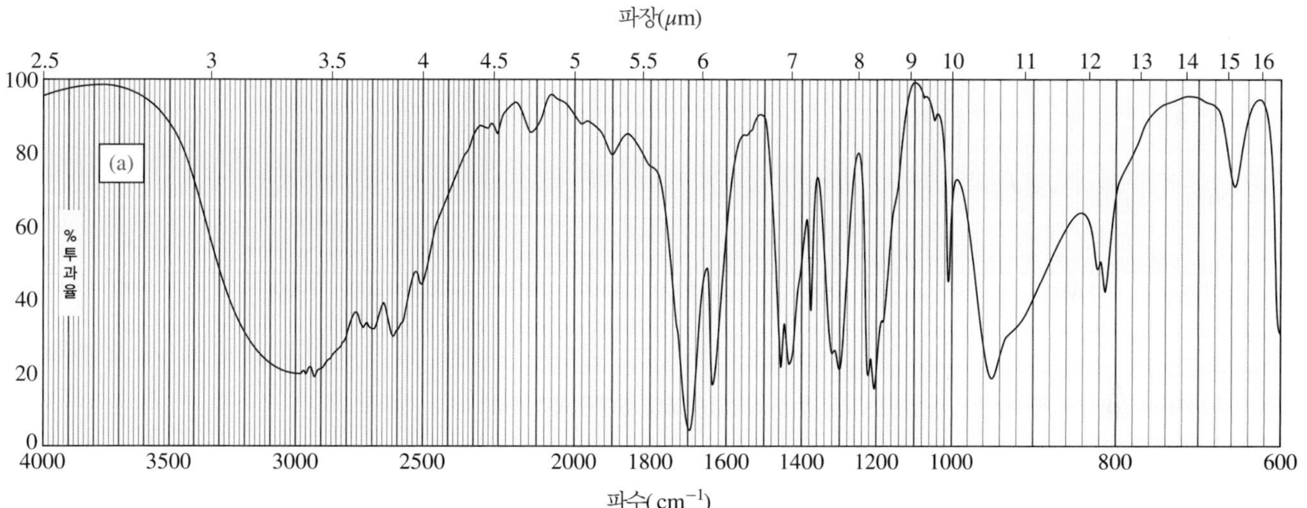


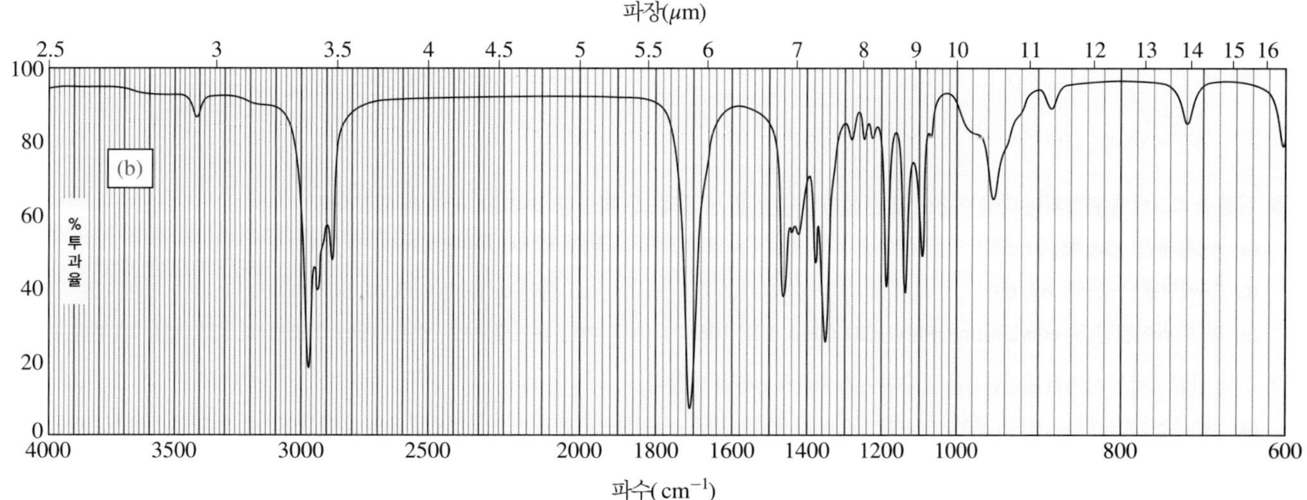

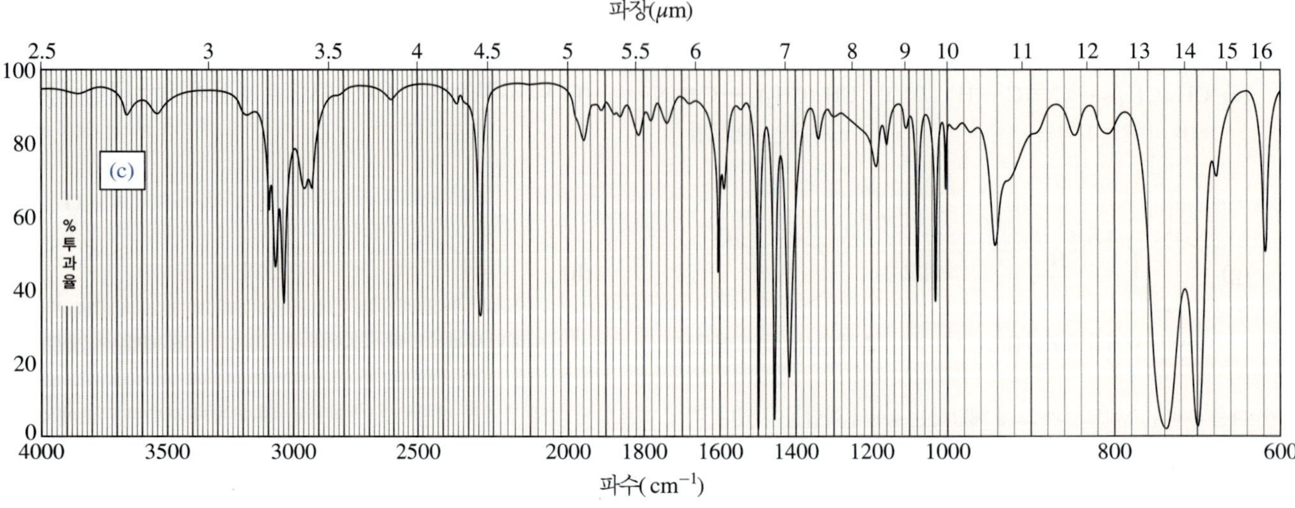


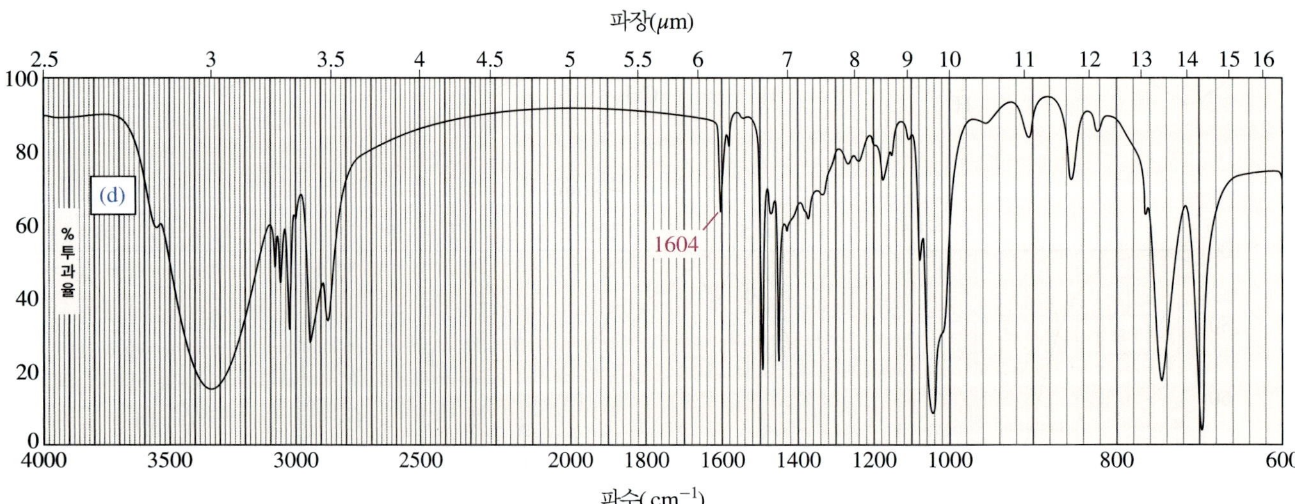


**12-17** 다음 화합물의 질량 스펙트럼에서 관찰되는 가장 많은 조각의 구조와 질량을 예측하라.

**(a)** 2-메틸펜테인

**(b)** 3-메틸헥스-2-엔

**(c)** 4-메틸펜탄-2-올

**(d)** 2-메틸-1-페닐프로페인

**(e)** 사이클로헥실 아이소프로필 에터[사이클로헥실—O—$CH(CH_3)_2$]

**(f)** $CH_3CH_2CH_2NHC(CH_3)_3$ *t*-뷰틸 프로필 아민

**(g)** $C_6H_5$—C(=O)—$CH_3$ 아세토페논

***(h)** 3-브로모-2-메틸펜테인

**12-18** 질량 스펙트럼에 관찰되는 다음 이온에 대해 설명할 수 있는 논리적으로 타당한 조각내기 반응을 제시하라.

**(a)** *n*-옥테인: 114, 85, 71, 57

**(b)** 메틸사이클로헥세인: 98, 83

**(c)** 2-메틸펜트-2-엔: 84, 69

**(d)** 펜탄-1-올: 70, 55, 41, 31

**(e)** *N*-에틸아닐린(*N*-ethylaniline, $PhNHCH_2CH_3$): 121, 106, 77

***(f)** 1-브로모-2-메틸뷰테인: 152, 150, 123, 121, 71(주피크)

**12-19** 보통 실험실에서 사이클로펜탄올을 탈수하여 사이클로펜텐을 만든다.

**(a)** 생성물이 순수한 사이클로펜텐, 순수한 사이클로펜탄올, 또는 사이클로펜텐과 사이클로펜탄올의 혼합물인지를 적외선 스펙트럼을 이용하여 어떻게 알 수 있는지 설명하라. 각각 구별되는 피크들의 대략적인 진동수를 제시하라.

**(b)** 사이클로헥센과 사이클로펜탄올을 구별하는 데 질량 분석법이 좋지 않은 이유를 설명하라.

**12-20** (실화) 새로 온 화학 교수가 학부 창고를 정리하던 중 오로지 '학생 제조'라고만 표시된 흐린 액체(끓는점 100~105°C)가 담긴 반 갤런의 병을 발견했다. 교수는 곧바로 아래와 같은 질량 스펙트럼을 얻었다. 스펙트럼을 보자마자 (실제 질량수를 조사해보지도 않고) 교수는 "무엇인지 알겠다"고 말했다.

**(a)** '학생 제조'는 무슨 화합물인가? 구조에 불확실한 것은 없는가?

**(b)** 136, 107, 93의 조각에 대한 구조를 제안하라. $m/z$ 57의 주피크가 아주 큰 이유는 무엇인가?

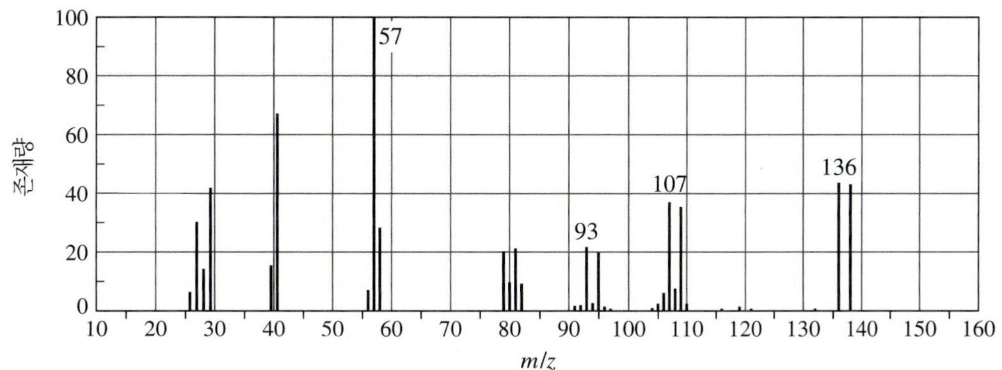


* **12-21** C—D(탄소-중수소) 결합은 전자적으로 C—H 결합과 매우 유사하고, 스프링 상수 $k$로 측정되는 결합의 강도가 비슷하다. 그러나 중수소의 질량($m$)은 수소 원자의 2배이다.

**(a)** 적외선 흡수 진동수가 대략 $\sqrt{k/m}$ 에 비례한다. 이때 결합된 원자 중에서 하나는 다른 것보다 훨씬 무겁고, $m$은 두 원자 중에서 가벼운 것이다(이 경우 수소 또는 중수소). 이 관계식을 이용하여 전형적인 C—D 결합의 적외선 흡수 진동수를 계산하라. 3000 $cm^{-1}$를 전형적인 C—H 흡수 진동수로 이용하라.

**(b)** 어떤 화학자가 시료를 듀테로클로로폼(deuterochloroform, $CDCl_3$)에 녹인 후 적외선 스펙트럼을 얻고자 간단히 대부분의 $CDCl_3$를 증발시켰다. $CDCl_3$ 불순물로 인해 이 적외선 스펙트럼에 존재할 것으로 여겨지는 작용기는 무엇인가?

* **12-22** $n$-옥테인의 질량 스펙트럼은 뚜렷한 분자 이온 피크($m/z$ 114)를 보여준다. $m/z$ 57에도 또한 커다란 피크가 있지만 주피크는 아니다. 3,4-다이메틸헥세인의 질량 스펙트럼은 더 작은 분자 이온을 나타내고, 질량수 57은 주피크이다. 분자 이온과 질량수 57의 이온에 대해 이러한 존재량의 경향을 설명하고 2,2,3,3-테트라메틸뷰테인의 스펙트럼에서 질량수 57과 114에서 나타나는 피크의 세기를 예측하라.

**12-23** 미지의 썩은 냄새가 나는 탄화수소의 질량 스펙트럼과 적외선 스펙트럼이 아래에 주어져 있다.

**(a)** 질량 스펙트럼을 이용하여 분자식을 제안하라. 불포화의 요소가 몇 개 있는가?

**(b)** 적외선 스펙트럼을 이용하여 작용기가 있다면 어떤 작용기가 있는지 밝히라.

**(c)** 이 화합물에 대해 하나 또는 그 이상의 구조를 제안하라. 구조의 어느 부분이 불확실한가? 만약 이 화합물을 수소화해서 $n$-옥테인을 얻었음을 알더라도 여전히 구조가 불확실한가?

**(d)** 질량 스펙트럼에서 39, 67, 81, 95의 주 조각에 대한 구조를 제안하라.

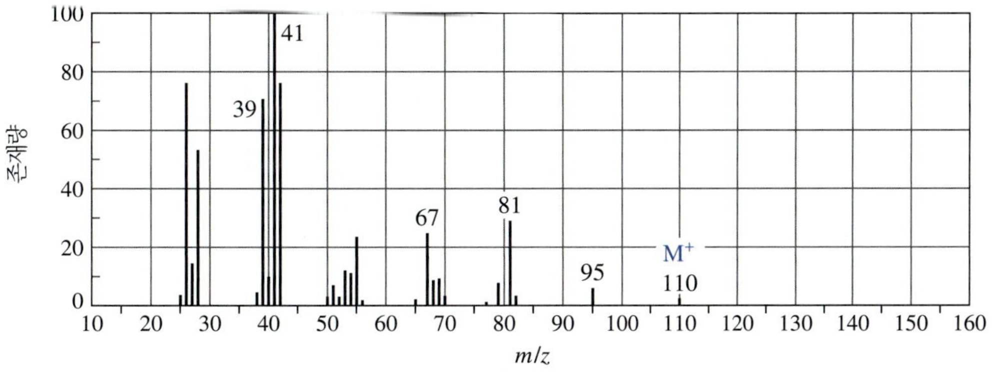


* 본문 내용을 응용한 난이도 높은 문제는 별표(*)로 표시했다.

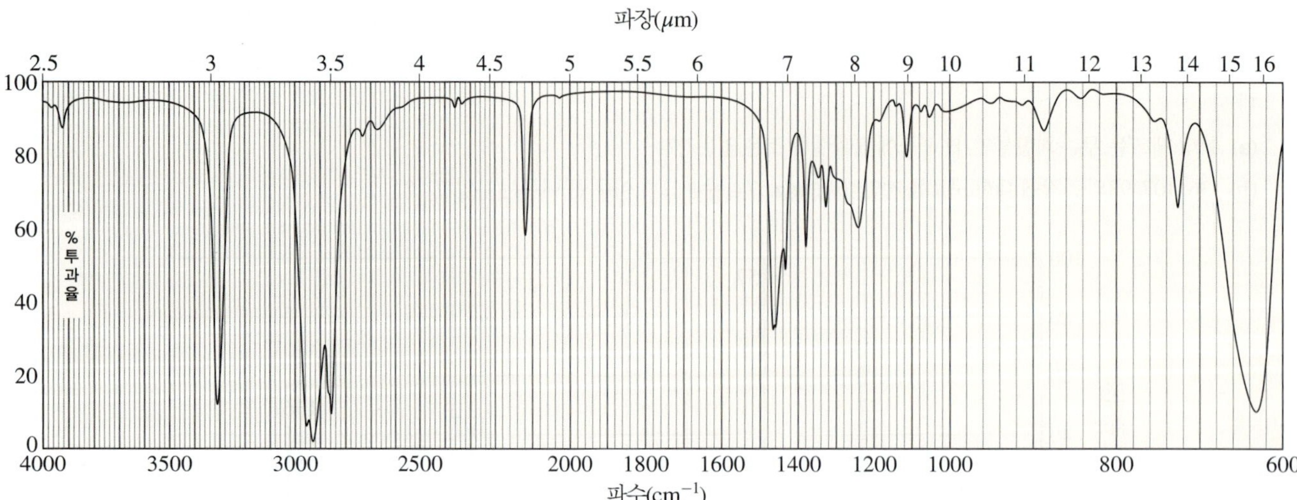


* **12-24** 9장에서는 다이할로젠 화합물(dihalide)에 할로젠화 수소 이탈 반응(dehydrohalogenation)을 두 번 하여 알카인을 합성할 수 있음을 살펴봤다. 어떤 학생이 트랜스-2,5-다이메틸헥스-3-엔에 브로민을 첨가한 뒤에 두 번의 제거 반응을 하여 2,5-다이메틸헥스-3-아인으로 바꾸려고 한다. 주생성물의 적외선과 질량 스펙트럼이 아래에 주어져 있다.

$Br_2$ → (Br, Br) → KOH, 열 ? → —C≡C—

**(a)** 스펙트럼을 보고 올바른 생성물을 얻었음을 확증할 수 있는가? 아니라면 무엇을 얻었는가?

**(b)** 적외선 스펙트럼에서 주요 피크를 설명하라.

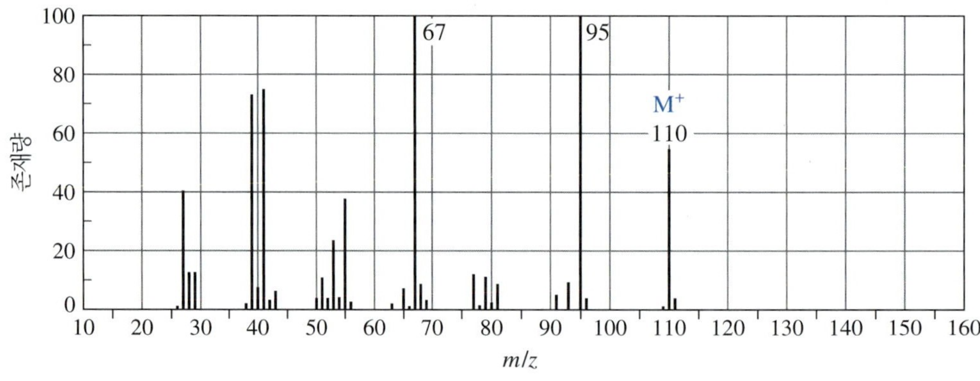


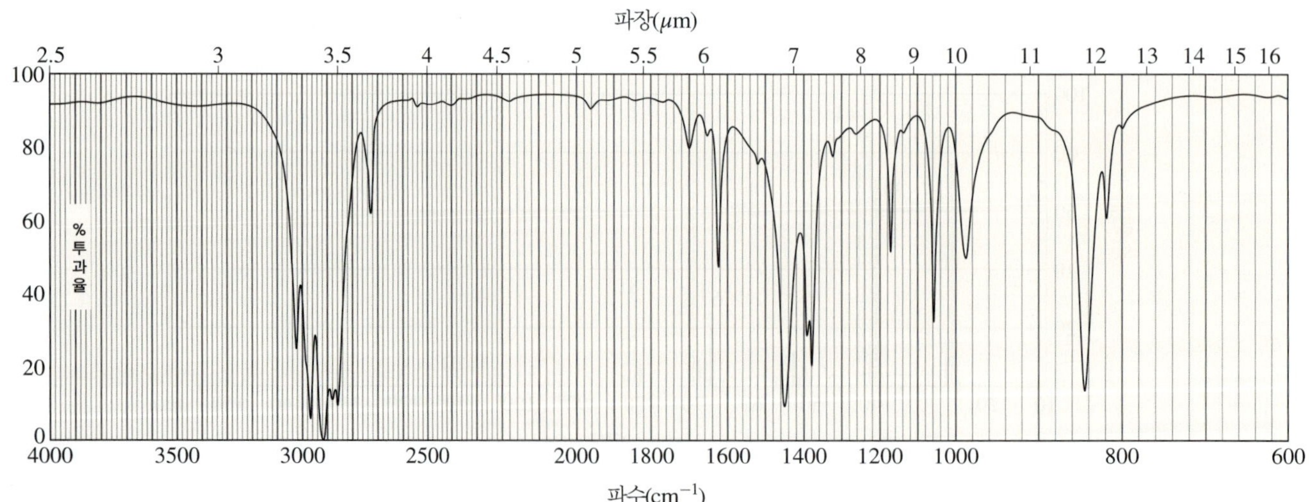

**12-25** 다음 3개의 적외선 스펙트럼과 그에 해당하는 3개의 화합물이 있다. 각 스펙트럼에 대해 구조를 결정하고, 스펙트럼의 피크가 어떻게 선택한 구조에 부합하는지 설명하라.

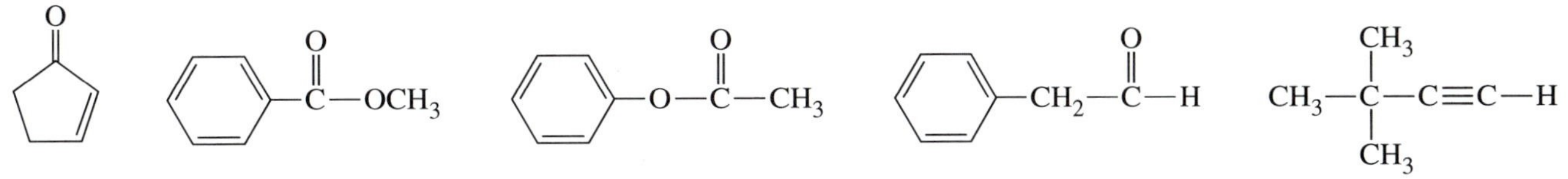

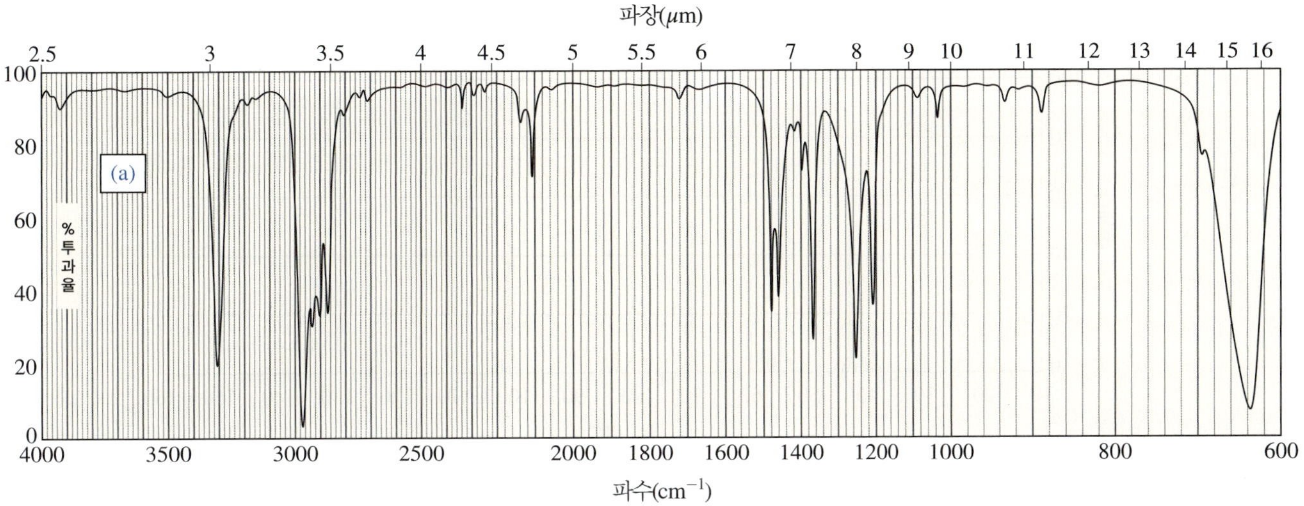

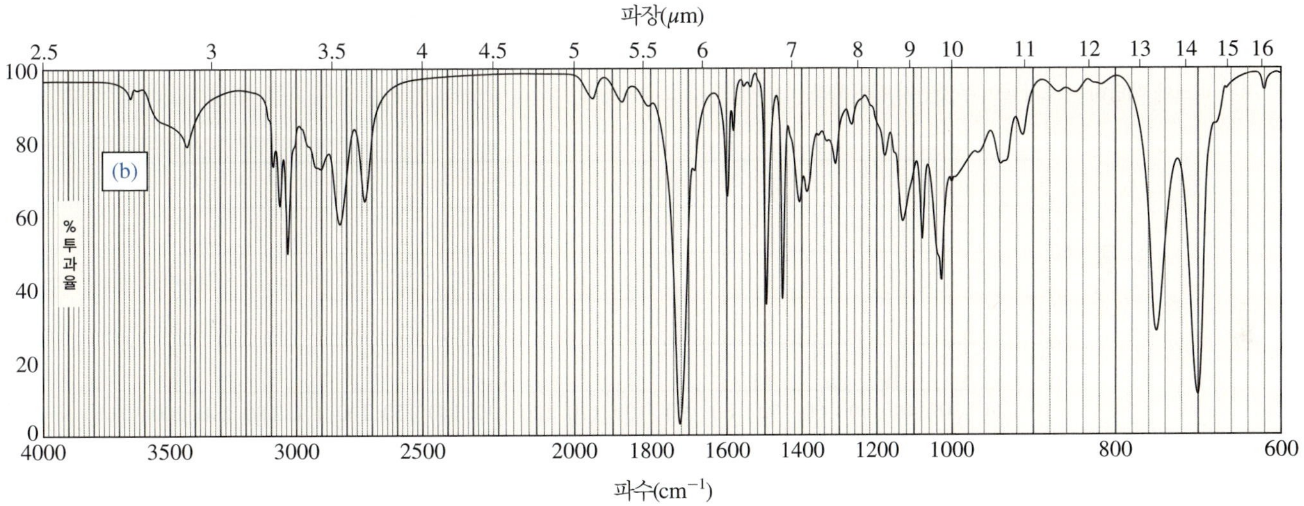

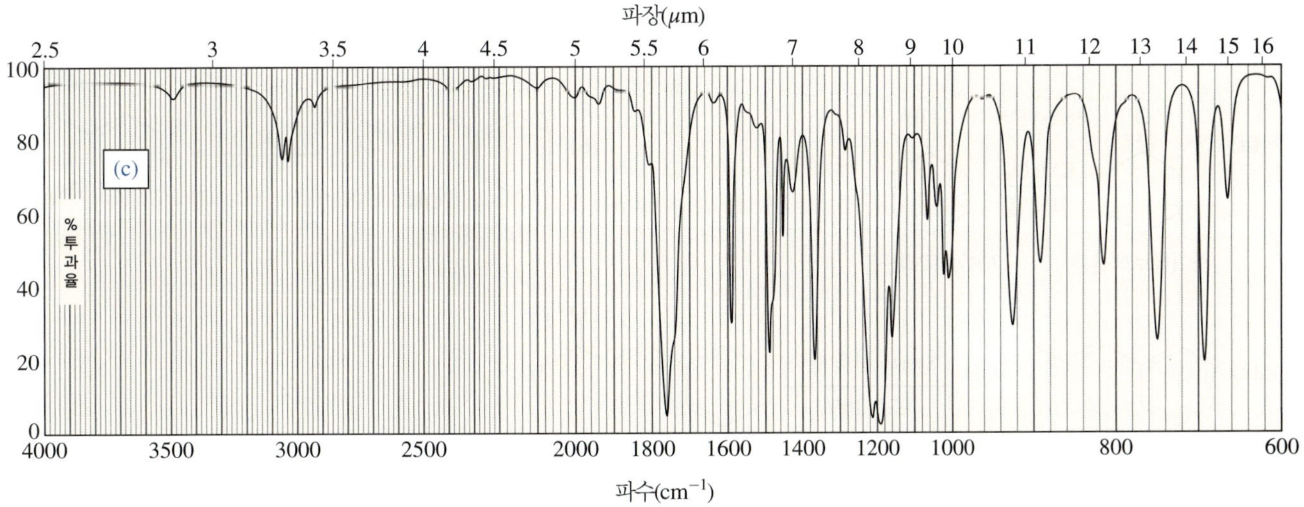

(cyclopentenone) $C_6H_5-C(=O)-OCH_3$ $C_6H_5-O-C(=O)-CH_3$ $C_6H_5-CH_2-C(=O)-H$ $CH_3-C(CH_3)_2-C\equiv C-H$

**12-26** 실험실에서 어떤 학생이 건조한 에테와 마그네슘 조각이 들어 있는 플라스크에 1-브로모뷰테인을 첨가했다. 열이 발생했으며 에터는 수 분간 격렬히 끓었다. 그런 후 반응 혼합물에 아세톤을 첨가했더니 에터는 더욱 격렬하게 끓어올랐다. 묽은 산을 첨가하고 층을 분리했다. 에터 층을 증발시킨 후 143°C에서 끓는 액체를 증류했다. 증류물을 GC-MS로 분석해보니 하나의 주생성물과 몇 가지 소량의 불순물이 있음을 알았다. 아래에 주생성물의 질량 스펙트럼이 주어져 있다.

**(a)** 일어난 반응을 그려보고, 주생성물을 제시하라.

**(b)** 질량 스펙트럼에서 왜 분자 이온이 보이는지 또는 보이지 않는지에 대해 그 이유를 설명하라. 그리고 *m/z* 59, 101에 있는 큰 피크는 무슨 이온 때문에 나타날 가능성이 있는지를 밝혀라.

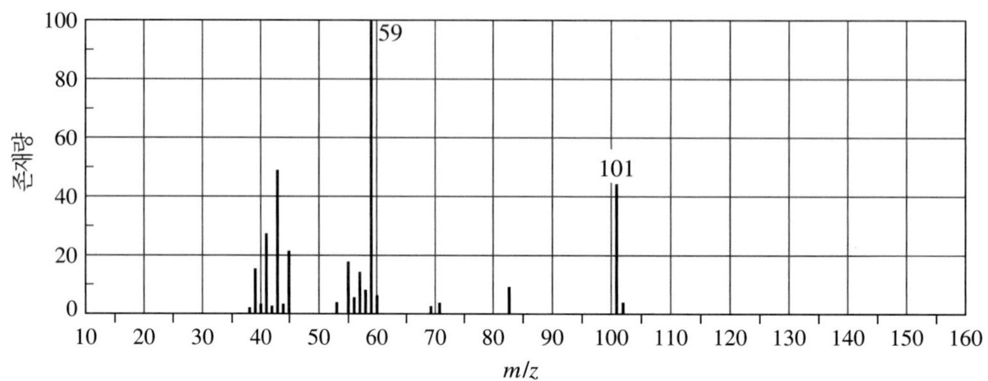


**12-27** (또 다른 실화) 실험실 책상을 조사하던 한 학생이 이전의 학생이 남겨 놓은, 표지가 붙어 있지 않은 시료를 발견했다. 그 학생은 시료가 무엇인지 확인해야 했다. 학생은 적외선 스펙트럼을 찍고 '알케인 같다'고 자신 있게 말했다. 그러나 너무 반응성이 커서 알케인 같지 않았다. GC-MS를 찍어 아래와 같은 질량 스펙트럼을 얻었다. 될 수 있는 대로 그 화합물이 무엇인지 알아보라. 구조를 밝힌 것 중에서 어떤 부분이 불확실한지 말하고, 숫자로 표시된 피크에 해당하는 조각들이 무엇인지 제안하라.

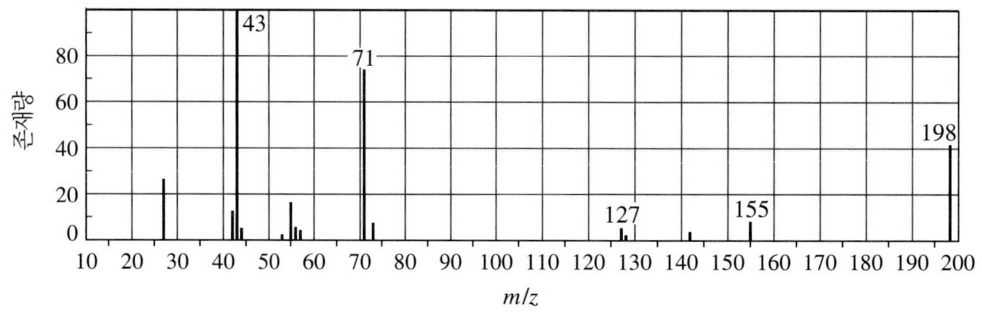


**12-28** 실험실에서 행한 세 가지 공통 실험이 아래에 제시되어 있다. 각각의 경우 생성물의 적외선 스펙트럼이 반응물의 그것과 어떻게 다른지 기술하라. 반응물과 또한 생성물의 적외선 스펙트럼에서 구별되는 피크의 대략적인 진동수를 제시하라.

**(a)** 사이클로헥산온 —(산화 반응; $KMnO_4$, $H^+$, 열)→ 사이클로헥산올 (OH)

**(b)** 살리실산 메틸 (노루발풀) —($H_2O$, $H^+$, 열; 산 가수 분해)→ 살리실산

**(c)** 시나밀 알코올 (OH) —(Swern 산화 반응 또는 PCC)→ 시남알데하이드 (O, H)

* **12-29** MS와 IR이 궁극적으로 얼마나 쓸모가 있는지를 알아보려면 추가 정보 없이 MS와 IR만으로 적당히 복잡한 구조를 알아낼 수 있는지 확인하면 된다. 어떤 화합물의 IR과 MS가 아래에 나타나 있다. IR과 MS에 대해 알고 있는 모든 것과 추론 및 직관을 이용하여 가능한 구조를 알아내라. 그런 후 제안한 구조가 이들 스펙트럼과 얼마나 맞는지 나타내라.

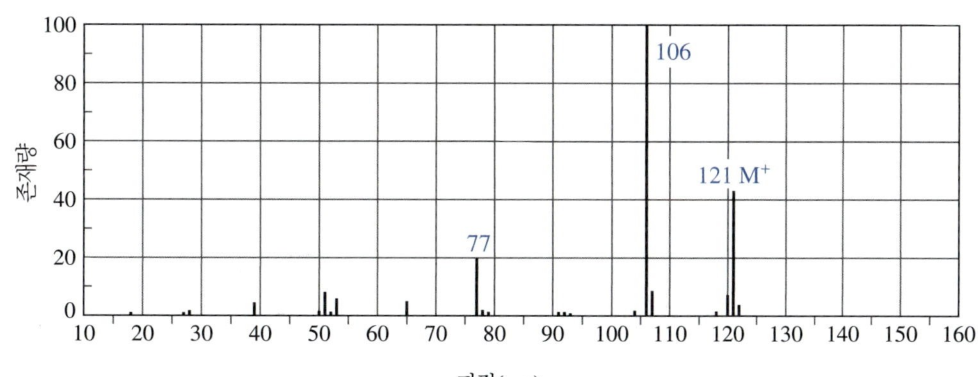


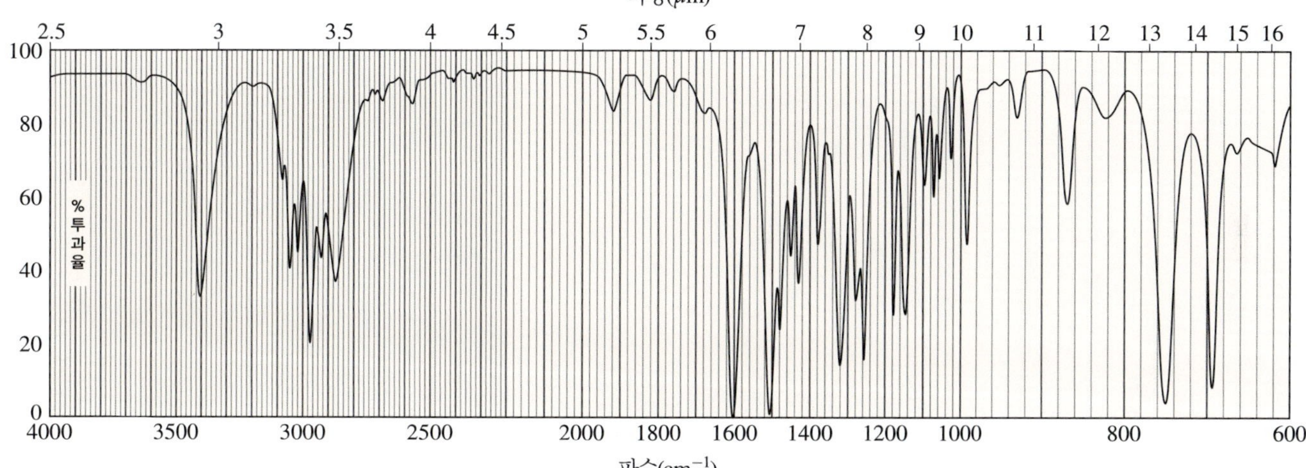


**12-30** 아래 다섯 가지 구조는 모두 IR에서 뚜렷한 흡수를 보인다. 각 구조와 특징적인 흡수를 연결하라.

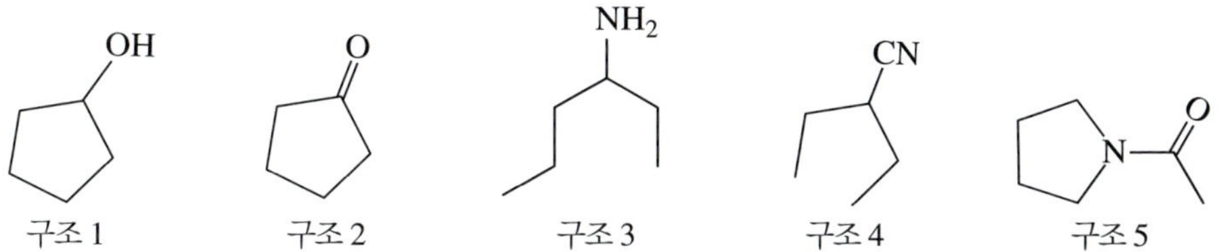


**(a)** 2254 $cm^{-1}$에서 뾰족한 피크

**(b)** 3330 $cm^{-1}$를 중심으로 하는 매우 넓은 피크

**(c)** 1645 $cm^{-1}$의 강하고 약간 넓은 피크

**(d)** 3367 $cm^{-1}$와 3292 $cm^{-1}$에서의 뾰족한 모양의 넓은 피크

**(e)** 1717 $cm^{-1}$에서의 강하고 뾰족한 피크

**12-31** 다음 네 가지 구조와 질량 스펙트럼 데이터를 고려하라. 각 구조를 특징적인 분자 이온 또는 조각과 연결하라. 각각의 경우에 주피크를 담당하는 이온의 가능한 구조를 제시하라.

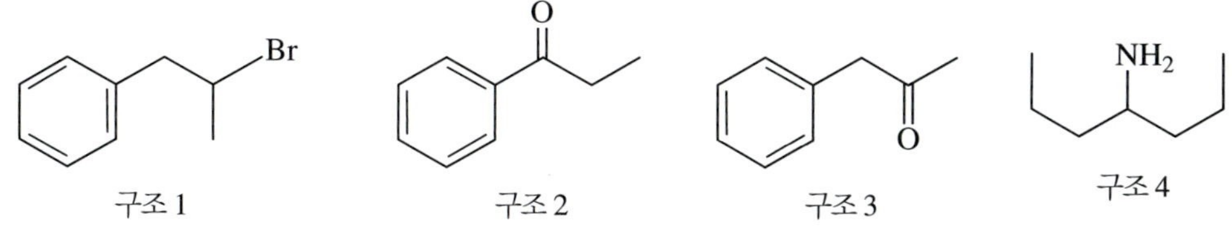


**(a)** 105의 주피크

**(b)** 72의 주피크

**(c)** 198과 200에서 $M^+$의 이중선 피크

**(d)** 91의 주피크, 43에서 큰 피크

# 13 핵자기 공명 분광법

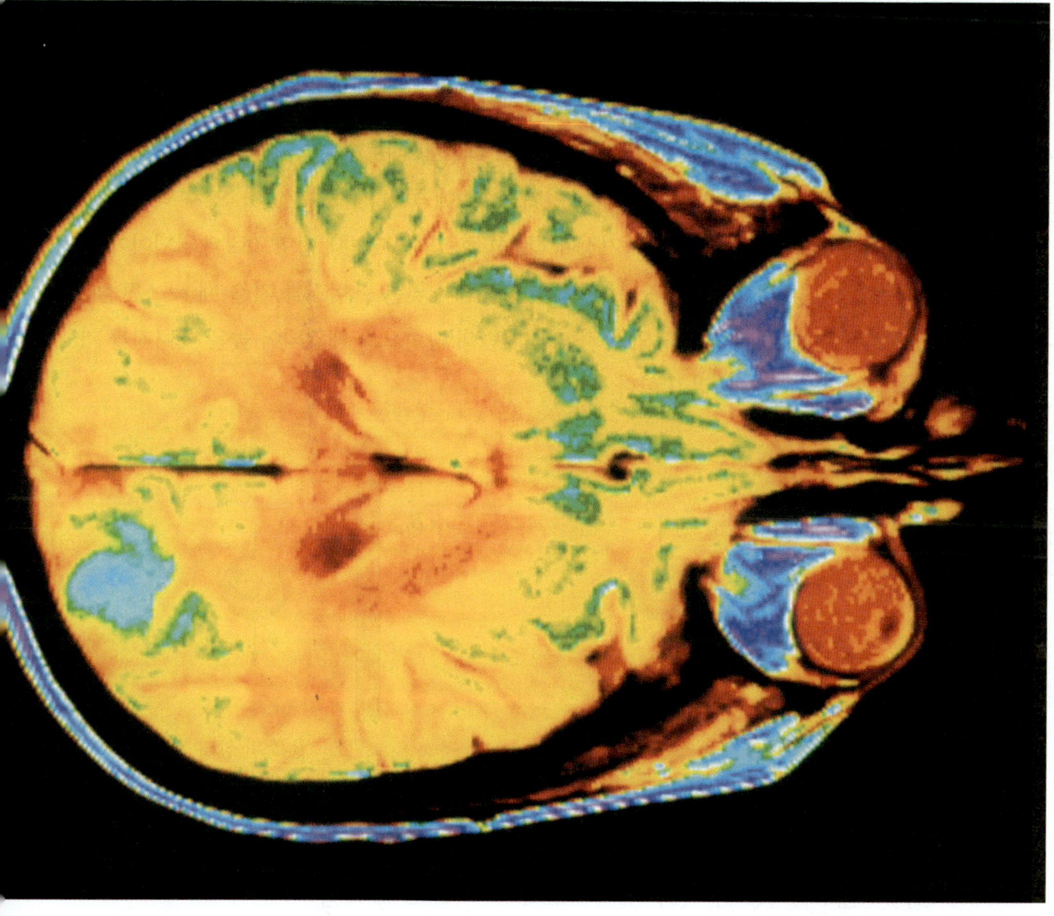

**학습목표**

**1** 양성자 NMR 스펙트럼에서 나타난 화학 이동, 갈라짐의 형태 및 면적비를 이용하여 가능한 화합물에 대한 구조를 제안한다.

**2** $^{13}$C NMR 스펙트럼에 나타난 피크의 수와 화학적 이동을 이용하여 화합물에 존재하는 탄소 원자의 수를 결정하고, 어떤 작용기를 나타내는지 정한다.

**3** 화학 구조가 주어졌을 때 그 구조에 해당하는 양성자 및 $^{13}$C NMR 스펙트럼의 주된 특징을 예측한다.

**4** NMR, IR, 질량 스펙트럼에서 얻은 정보를 조합하여 미지의 유기 화합물 구조를 결정한다.

◀ 여기 보이는 인간 뇌의 MRI 스캔은 왼쪽 후두엽에 밝은 파란색으로 나타나는 전이성 종양을 보여준다. MRI(핵자기 공명 영상) 기기는 대구경 광대역 NMR 장비로, 공간 정보를 얻기 위해 신속하게 변하는 필드 그라디언트를 생성하여 이미지를 형성하는 데 사용된다.

## 13-1 서론

**핵자기 공명 분광법**(nuclear magnetic resonance spectroscopy, NMR)은 유기 화합물의 구조를 결정하는 데 사용되는 가장 강력한 도구이다. IR 분광법과 같이 NMR은 극소량의 시료를 이용하며, 또한 시료에 손상을 주지 않는다. NMR 스펙트럼은 화합물의 구조에 대 하여 많은 정보를 제공하며, 많은 경우 NMR 스펙트럼만으로도 구조를 결정할 수 있다. 그러나 더 일반적으로 NMR 분광법은 여러 가지 다른 분광법 및 화학 분석과 함께 사용함으로써 복잡한 유기 화합물의 구조를 결정할 수 있다.

NMR은 $^{1}$H, $^{13}$C, $^{15}$N, $^{19}$F, $^{31}$P를 포함하는 다양한 핵종을 연구하는 데 사용된다. 수소와 탄소는 유기 화합물의 주된 구성 성분이므로, 유기 화학자들은 **양성자**(proton, $^{1}$**H**)와 **탄소-13**(carbon-13, $^{13}$**C**) **NMR**을 가장 유용하게 사용한다. 역사적으로 NMR은 양성자(수소 원자의 핵)를 연구하기 위해 처음으로 사용되었으며, 양성자 자기 공명($^{1}$H NMR) 분광계가 가장 보편적이다. '핵자기 공명'은 핵에 대한 다른 지칭이 없으면 '양성자 자기 공명'을 의미하는 것으로 간주된다. 이 장에서는 $^{1}$H NMR로 시작하여 $^{13}$C NMR에 대한 논의로 마무리할 것이다.

## 13-2 핵자기 공명의 이론

홀수의 원자 번호 또는 홀수의 질량수를 지닌 핵은 핵 스핀(nuclear spin)을 가지므로, NMR 분광계로 관찰할 수 있다. 양성자는 가장 간단한 핵이며 1의 홀수 원자 번호는 양성자가 스핀을 보유하는 것을 의미한다. 스핀을 지닌 양성자를 양전하를 띤, 회전하는 구로 생각할 수 있다(그림 13-1). 전하의 이러한 운동은 고리 모양의 전선에 전류가 흐르는 것과 같다. 이는 **자기 모멘트**(magnetic moment)라고 하는 자기장($B$로 나타냄)을 유발하며, 작은 막대자석의 자기장과 비슷하다.

작은 막대자석이 더 큰 자석의 자기장 속에 놓여 있을 때(그림 13-2) 더 큰 자석의 자기장에 맞춰 나란히 정렬됨으로써 자기장에 대해 반대 방향으로 배열될 때보다 에너지 배열이 더 낮아진다. 같은 효과를 아래에서와 같이 양성자가 외부 자기장($B_0$)에 놓일 때 볼 수 있다. 양자 역학을 따르게 되면 양성자의 자기 모멘트는 외부 자기장에 나란히 정렬되거나 반대 방향으로 배열되어야 한다. 양성자가 외부 자기장과 같은 방향으로 나란히 정렬되어 낮은 에너지를 가질 때 $\alpha$-스핀 상태(alpha-spin state)라고 하고, 양성자가 외부 자기장과 반대 방향으로 배열되어 높은 에너지를 가질 때 $\beta$-스핀 상태(beta-spin state)라고 한다.

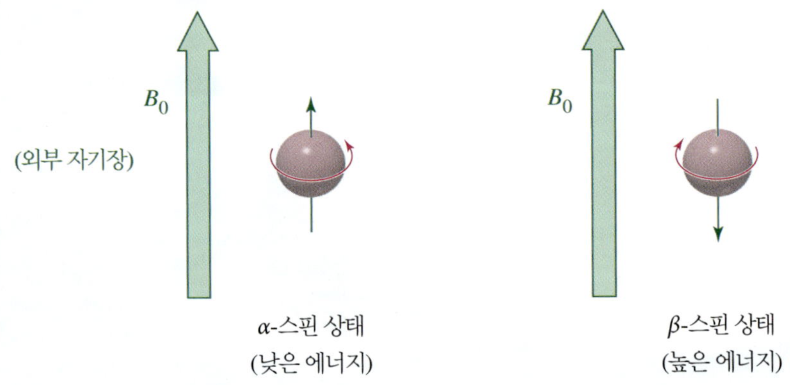


외부 자기장이 없을 때 양성자 자기 모멘트는 임의의 방향을 가진다. 외부 자기장을 걸어주면 시료 속에 있는 각각의 양성자는 $\alpha$ 또는 $\beta$ 상태가 된다. $\alpha$-스핀 상태의 에너지가 더 낮으므로 $\alpha$-스핀이 $\beta$-스핀보다 더 많이 존재하게 된다.

**그림 13-1** 자기 모멘트. 스핀을 가진 양성자는 자기 모멘트라고 불리는 자기장을 유발시킨다. 이 자기장(B)은 작은 고리 모양의 전류나 막대자석의 자기장과 유사하다.

**그림 13-2** 외부 자기장의 효과. 외부 자기장($B_0$)은 작은 막대자석에 힘을 가하여 그 막대자석을 외부 자기장과 나란히 정렬시킨다. 막대자석이 외부 자기장에 순응하는 방향으로 정렬되는 것이 반대 방향으로 정렬되는 것보다 에너지가 낮다.

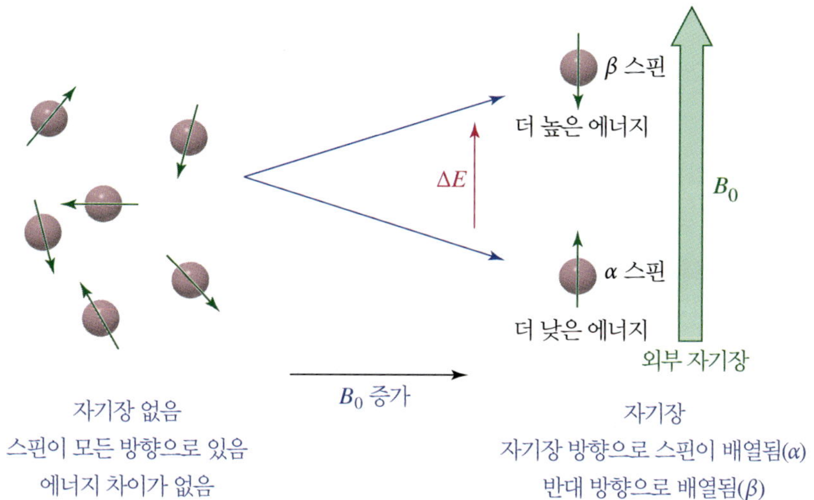


강한 자기장 속에서 두 스핀 상태의 에너지 차이는 약한 자기장에서보다 더 크다. 에너지 차이는 자기장의 세기에 비례하며, 아래의 식으로 표현할 수 있다.

$$\Delta E = \gamma \frac{h}{2\pi} B_0$$

$\Delta E$ = $\alpha$와 $\beta$ 상태 사이의 에너지 차이

$h$ = Planck 상수

$B_0$ = 외부 자기장 세기

$\gamma$ = 자기 회전 비율, 양성자 1개당 26,753 $sec^{-1}$ $gauss^{-1}$

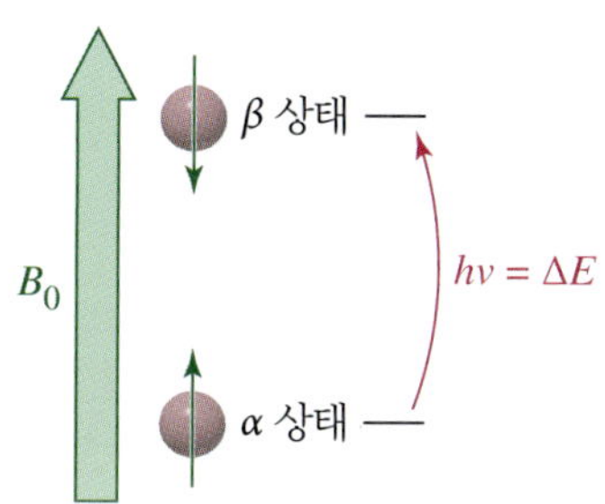


**그림 13-3** NMR 흡수. 핵은 스핀 상태 사이의 에너지 차이와 같은 에너지를 가진 라디오 진동수의 광자를 쪼여줄 때 공명하게 된다. 이 조건에서 $\alpha$-스핀 상태의 양성자는 광자를 흡수하여 $\beta$-스핀 상태로 뒤집어진다.

**자기 회전 비율**(gyromagnetic ratio, $\gamma$)은 핵의 자기 모멘트에 의존하는 상수이다. 자기장은 가우스(gauss)로 측정된다. 예를 들면 지구의 자기장 세기는 약 0.57 gauss이다. 자기장의 SI 단위는 테슬라(tesla, T)이며 10,000 gauss이다.

양성자의 두 스핀 상태 사이의 에너지 차이는 작다. 25,000 gauss(2.5 T)의 강한 외부 자기장에 대해 에너지 차이는 겨우 $10^{-5}$ kcal/mol($4 \times 10^{-5}$ kJ/mol) 정도이다. 이와 같은 작은 에너지 차이도 NMR로 측정할 수 있다. 양성자가 정확한 양의 전자기 에너지를 가진 광자와 상호작용할 때 양성자의 스핀은 $\alpha$에서 $\beta$로, 또는 $\beta$에서 $\alpha$로 전환될 수 있다. 외부 자기장과 같은 방향으로 나란히 정렬된 핵이 전환에 필요한 에너지를 흡수하면 외부 자기장과 반대 방향으로 정렬된다.

핵이 위와 같이 정확한 조합의 자기장과 전자기파에 놓여서 핵의 스핀을 전환할 수 있게 되면 '공명' 상태에 있다고 하며(그림 13-3), 이때 전자기파 에너지 흡수를 NMR 분광계로 검출할 수 있다. 이것이 **핵자기 공명**이라는 용어의 유래이다.

12장에서 살펴본 것처럼 광자의 에너지는 $E = h\nu$로 주어지는데, 이는 에너지 $E$가 전자기파의 진동수인 $\nu$에 비례한다는 것을 의미한다. 이 식은 두 스핀 상태의 에너지 차이를 나타내는 식과 조합할 수 있다.

$$\Delta E = h\nu = \gamma \frac{h}{2\pi} B_0$$

$\nu$에 대해 풀기 위해 이항하면 공명 진동수인 $\nu$가 외부 자기장($B_0$)과 자기회전 비율($\gamma$)에 비례함을 알 수 있다.

$$\nu = \frac{1}{2\pi} \gamma B_0$$

**Richard Robert Ernst**(1933~2021) 스위스의 물리화학자로, 박사학위를 취득한 후에는 민간 회사의 과학자로서 경력을 시작했으며, 거기에서 푸리에 변환 핵자기 공명 및 소음 해제를 발명한 후 학계로 돌아갔다. 그는 1991년에 고해상도 NMR 분광법의 방법론 발전에 대한 기여로 화학 분야의 노벨상을 수상했다.

1개의 양성자에 대해 $\gamma = 26{,}753\ \text{sec}^{-1}\ \text{gauss}^{-1}$인 경우

$$\nu = \frac{(26{,}753\ \text{sec}^{-1}\ \text{gauss}^{-1})}{2\pi} \times B_0 = (4257.8\ \text{sec}^{-1}\ \text{gauss}^{-1}) \times B_0$$

현재 이용할 수 있는 자기장의 경우 양성자 공명 진동수는 스펙트럼의 라디오 진동수(RF)에서 일어난다. NMR 분광계는 대개 분광계의 가격 범위에서 이용할 수 있는 가장 강력한 자석으로 설계되며, 공명에 필요한 라디오 진동수는 자기장의 세기에 따라 계산된다. 더 강력한 자석을 사용하게 되면 $\Delta E$가 더 커지므로 더 쉽게 알아낼 수 있다. 그리고 신호 사이의 진동수 차이가 증가하여 스펙트럼이 더 분명하게 분할되고, 결국 해석이 수월해진다. 과거에는 학생들을 위한 가장 일반적인 분광계의 진동수는 60 MHz(메가헤르츠, 1초당 100만 cycle)였다. 이는 14,092 gauss의 자기장에 해당한다. 고분해능 기기는 주로 46,972~140,918 gauss의 자기장에 해당하는 200~600 MHz, (그리고 더 높은) 진동수에서 작동한다.

**예제 13-1**

60.00 MHz와 300.00 MHz의 양성자 공명 진동수에 해당하는 자기장을 계산하라.

**풀이**

$\nu = (1 > 2\pi)\gamma B_0$를 식에 대입하면

$$60.00\ \text{MHz} = 60.00 \times 10^6\ \text{sec}^{-1} = (4257.8\ \text{sec}^{-1}\ \text{gauss}^{-1}) \times B_0$$
$$B_0 = 14{,}092\ \text{gauss}(1.4092\ \text{tesla})$$

$$300.00\ \text{MHz} = 300.00 \times 10^6\ \text{sec}^{-1} = (4257.8\ \text{sec}^{-1}\ \text{gauss}^{-1}) \times B_0$$
$$B_0 = 70{,}459\ \text{gauss}(7.0459\ \text{tesla})$$

## 13-3 전자에 의한 자기장 가림

지금까지는 자기장 내에서 노출된 양성자의 공명을 고려했지만 유기 화합물에 있는 실제 양성자는 노출되어 있지 않다. 양성자는 외부 자기장으로부터 부분적으로 양성자를 가리는 전자들에 둘러싸여 있다. 전자는 순환하면서 외부 자기장에 대항하는 **작은 유도 자기장**(induced magnetic field)을 형성한다.

원형 도선이 자기장 속으로 움직일 때 비슷한 효과가 일어난다. 도선에 있는 전자들은 그림 13-4에서 보여주는 방향으로 원형 도선 주위를 흐르도록 유도된다. 이는 발전기의 원리로, 유도 전류는 외부 자기장의 반대 방향으로 자기장을 형성한다.

분자에서 각 핵 주위의 전자 구름은 외부 자기장에 감응하는 방향으로 회전하면서 원형 도선처럼 행동한다. 이렇게 유도된 회전은 원형 전류로서 이 전류에 의해 형성되는 자기장은 외부 자기장과는 반대 방향으로 유도된다. 그 결과 핵에서의 자기장은 외부 자기장보다 약해지고, 이때 핵이 **가려진다**(shielded)고 한다. 가려진 양성자에서의 유효 자기장은 외부 자기장보다 항상 약하다. 따라서 주어진 진동수에서 공명이 일어나려면 외부에서 주어지는 자기장을 증가시켜야 한다(그림 13-5).

$$B_{\text{유효}} = B_{\text{외부}} - B_{\text{가림}}$$

300 MHz에서 가려지지 않고 노출된 양성자는 70,459 gauss의 자기장에서 흡수되지만, 가려진 양성자는 더 강한 자기장이 필요하다. 예를 들면 외부 자기장이 70,459 gauss인 경우 어떤 양성

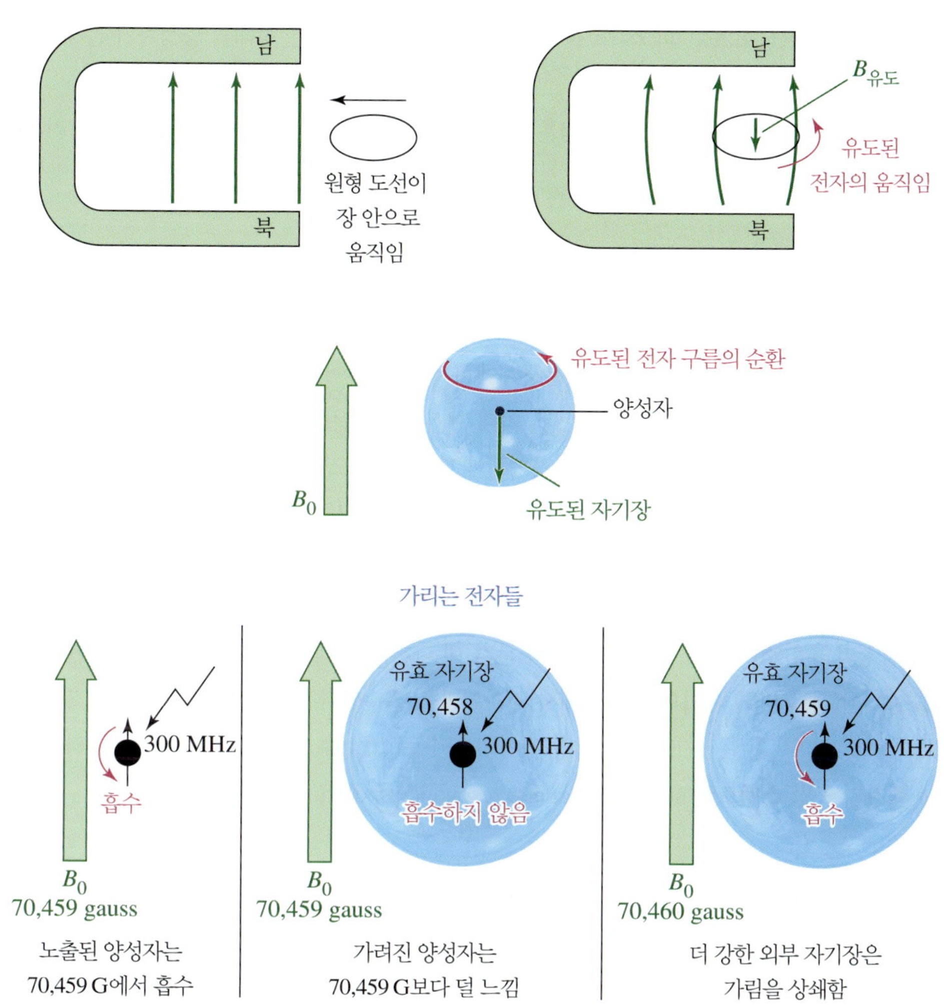


**그림 13-4** 유도된 자기장. 원형 도선이 자기장 안으로 움직일 때 전류가 유도된다. 이 전류는 자체적으로 외부 자기장과 반대되는 방향으로 작은 자기장을 생성한다. 분자 내에서 전자들은 핵 주위를 순환할 수 있다. 이때 생긴 '전류'는 외부 자기장에 반대되는 자기장을 형성하므로 핵은 원래보다 약간 더 약한 장을 느끼게 된다.

**그림 13-5** 전자에 의해 가려진 양성자. 가려진 양성자가 공명할 수 있도록 자기장은 70,459 gauss(300 MHz에서)보다 약간 더 높게 증가되어야 한다.

자가 1 gauss 정도 가려진다면 양성자의 유효 자기장은 70,458 gauss가 된다. 만약 외부 자기장을 70,460 gauss까지 증가시키면 양성자의 유효 자기장은 70,459 gauss까지 증가하여 양성자는 공명하게 된다.

모든 양성자가 같은 양으로 가려진다면 그들은 모두 같은 진동수와 자기장의 조합에서 공명하게 된다. 다행스럽게도 다른 화학적 환경에 있는 양성자들이 가려진 정도는 전부 다르다. 예를 들어 메탄올에서 전기 음성도가 큰 산소 원자는 하이드록시기의 양성자 주위로부터 전자를 어느 정도 끌어당긴다. 하이드록시기의 양성자는 메틸기의 양성자만큼 가려져 있지 않으므로 메틸기의 양성자보다 낮은 자기장에서 흡수한다(그러나 여전히 노출된 양성자보다는 높은 자기장에서 흡수한다). 하이드록시기의 양성자는 전기 음성도가 큰 산소 원자에 의해 다소 **벗겨져 있다**(deshielded)고 한다.

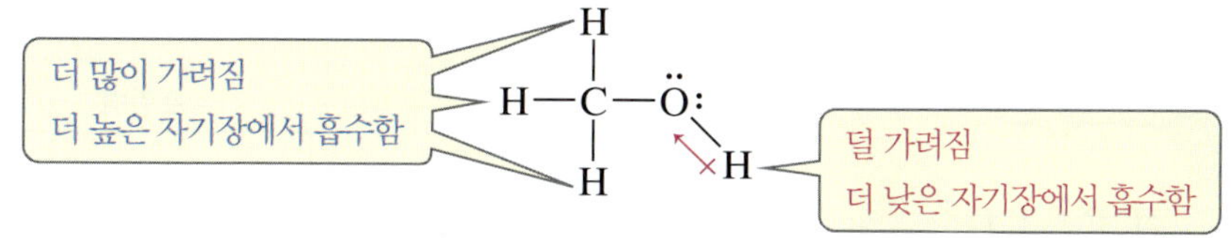


유기 화합물의 구조는 다양하고 복잡하기 때문에 화합물 내 여러 위치에서 일어나는 전자들의 가림 효과는 일반적으로 다르다. 분자 내 여러 양성자가 공명을 일으키는 데 필요한 자기장의 세기를 세심하게 측정함으로써 두 가지 중요한 정보를 얻을 수 있다.

1. 서로 다른 흡수(신호 또는 피크로도 불림)의 수는 얼마나 많은 다른 형태의 양성자가 존재하는지 알려준다.
2. 이들 각각 흡수가 보여주는 가림의 양은 각 형태의 양성자 가까이에서의 전자 구조를 알려준다.

NMR 스펙트럼의 또 다른 두 가지 면은 신호의 세기와 신호의 갈라짐 양식이다.

3. 신호의 세기는 각 형태의 양성자가 얼마나 많이 존재하는지 알려준다.
4. 신호의 갈라짐은 근처의 다른 양성자에 대한 정보를 제공한다.

분광계의 구조를 논하기 전에 NMR 분광계에서 무엇이 일어나는지 살펴보자. (시료 화합물에 있는) 양성자는 외부 자기장 속에 놓이는데, 이때 자기장과 같은 방향 또는 반대 방향으로 있게 된다. 자기장 속에 있는 동안에 양성자들은 자기장에 대해 자기 모멘트의 방향을 바꿈으로써 그들이 흡수할 수 있는 진동수의 전자기파를 받는다. 만약 양성자가 고립되어 있다면 각 양성자는 자기장에 비례하여 같은 진동수에서 흡수할 것이다.

그러나 분자 내 양성자는 외부 자기장으로부터 부분적으로 가려져 있고, 이러한 가려짐의 정도는 각 양성자의 환경에 따라 다르다. 따라서 분자 내 다른 환경에 있는 양성자들은 일정한 진동수에 노출되어 서로 다른 세기의 자기장에서 전자기파를 흡수한다. NMR 분광계는 원래 자기장을 변화시키고 에너지 흡수 그래프를 자기장 세기의 함수로 그릴 수 있도록 개발되었다. 이러한 그래프를 **핵자기 공명 스펙트럼**(nuclear magnetic resonance spectrum)이라고 한다.

## 13-4 NMR 분광계

가장 간단한 처음 나온 유형의 NMR 분광계(그림 13-6)는 네 부분으로 이루어져 있다.

1. 정밀한 자기장을 형성하기 위해 민감한 제어기를 지닌 안정된 자석
2. 정확한 진동수(연속 파장 또는 CW)를 방출하는 라디오 진동수(RF) 전송기
3. 시료가 RF 에너지를 흡수하는 것을 측정하는 검출기
4. 외부에서 가해진 자기장에 대해 검출기에서 나온 결과를 나타내기 위한 기록기

프린터는 걸어준 자기장의 세기를 $x$축, 흡수의 세기를 $y$축으로 하여 그래프를 기록한다. 오른쪽, 즉 **높은 장**(upfield)으로 갈수록 자기장의 값이 더 높아지고, 왼쪽, 즉 **낮은 장**(downfield)으로 갈수록 값이 낮아진다. 더 많이 **가려진**(shielded) 양성자의 흡수는 스펙트럼의 오른쪽, 즉 높은 장에서 나타나고, 더 많이 **벗겨진**(deshielded) 양성자는 스펙트럼의 왼쪽, 즉 낮은 장에서 나타난다. 메

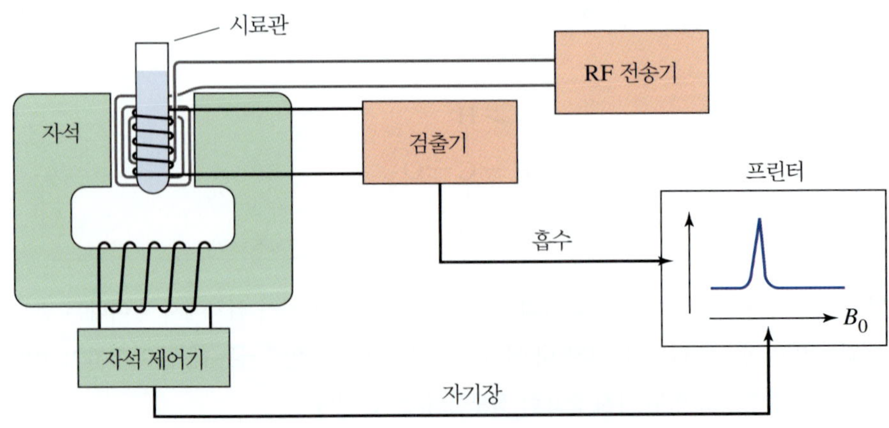


**그림 13-6** 핵자기 공명 분광계의 간략한 구성도

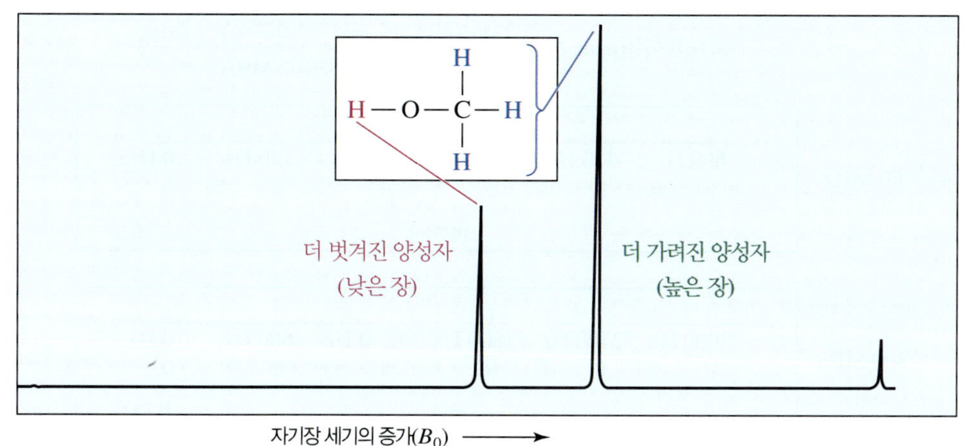


**그림 13-7** 메탄올의 양성자 NMR 스펙트럼. 더 가려진 메틸 양성자는 스펙트럼의 오른쪽(높은 장)에 나타난다. 더 벗겨진 하이드록시 양성자는 왼쪽(낮은 장)에 나타난다.

탄올의 NMR 스펙트럼은 그림 13-7에 나타나 있다.

## 13-5 화학적 이동

NMR 스펙트럼은 분자 내 각 양성자 유형의 전자 환경에 대한 정보를 제공한다. 각 양성자 환경은 해당 양성자가 RF 송신기로부터 에너지를 흡수하게 만드는 자기장의 상대적 강도에 의해 특정된다. 전자로 인한 가려짐과 벗겨짐 때문에 생기는 NMR 흡수의 위치 변화를 **화학적 이동**(chemical shift)이라고 한다.

**화학적 이동**: 관측하고자 하는 양성자와 테트라메틸실레인(TMS)의 공명 진동수의 차이(ppm으로 표기)

### 13-5A 화학적 이동의 측정

실제로 흡수 신호는 외부에서 가해진 70,459 gauss의 자기장에서 수천분의 1 gauss 정도로 다르기 때문에, 실제로 각각의 양성자를 아주 정확하게 구분할 수 있도록 양성자가 흡수를 일으키는 절대적인 자기장의 세기를 측정하기는 어렵다. 화학적 이동을 좀 더 정확하게 나타내려면 시료에 첨가한 표준 물질에 대해 상대적인 값을 결정하면 된다. 시료의 양성자와 표준 물질의 양성자 공명에 대한 자기장 세기의 차이는 매우 정확하게 측정할 수 있다.

$$\begin{array}{c} CH_3 \\ | \\ CH_3—Si—CH_3 \\ | \\ CH_3 \end{array}$$

테트라메틸실레인(TMS)

가장 흔히 사용되는 NMR 표준 물질은 테트라메틸실레인[tetramethylsilane, $(CH_3)_4Si$]이고, 약자로 **TMS**이다. 규소는 탄소보다 전기 음성도가 작기 때문에 TMS의 메틸기는 상대적으로 전자가 풍부하고 양성자는 잘 가려져 있다. 이들은 탄소 혹은 다른 원소와 결합된 대부분의 수소보다 자기장의 세기가 높은 곳에서 흡수를 일으킨다. 따라서 대부분의 NMR 신호는 TMS 신호보다 낮은 장(왼쪽으로, 벗겨짐)에서 나타난다. TMS에 있는 12개의 양성자는 모두 정확하게 똑같은 자기장에서 하나의 강한 흡수를 나타낸다.

소량의 TMS를 시료에 첨가하고, NMR 장비로 시료의 양성자와 TMS의 양성자가 흡수하는 자기장 세기의 차이를 측정한다. 시료에 있는 각 형태의 양성자의 화학적 이동은 각 양성자가 TMS에 비해 얼마나 낮은 장에서 흡수하는지 측정함으로써 알 수 있다. 최근에 나온 분광계는 일정한 세기의 자기장에서 작동한다. 따라서 시료와 TMS의 양성자가 공명을 일으키는 진동수의 차이로 화학적 이동을 측정한다. 진동수의 단위($\nu$)와 자기장의 단위($B_0$)는 $\nu = \gamma B_0/2\pi$의 관계이며, NMR에서 항상 비례함을 기억하라.

$$화학적\ 이동(ppm, \delta) = \frac{TMS로부터\ 낮은\ 장의\ 영역으로\ 이동한\ 값(Hz)}{분광계의\ 총진동수(MHz)}$$

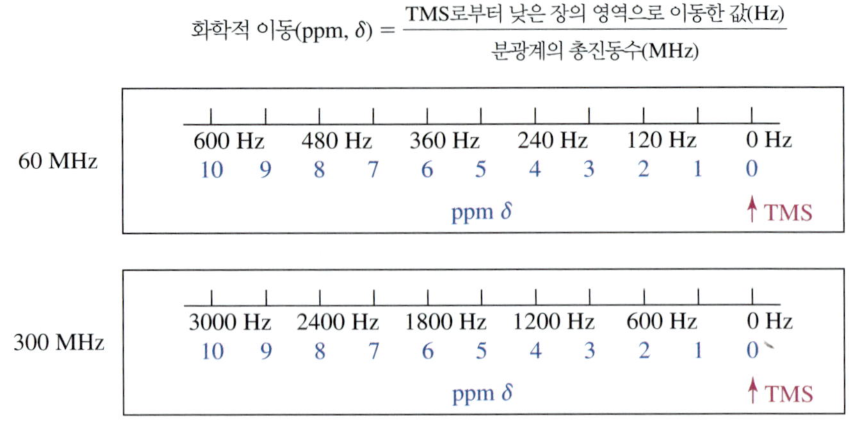


**그림 13-8** 60 MHz와 300 MHz 분광계의 $\delta$ 눈금 사용. TMS 흡수는 0으로 정의되고, 눈금은 오른쪽에서 왼쪽(낮은 장 방향)으로 증가한다. 각 단위는 TMS로부터 1 ppm 차이이며, 60 MHz에서는 60 Hz, 300 MHz에서는 300 Hz이다.

화학적 이동은 백만분율(parts per million, ppm)로 측정하는데, 가해진 총외부 자기장 또는 총 라디오 진동수의 무차원 분수(dimensionless fraction)로 표시한다. 관습적으로 시료의 양성자와 TMS 양성자의 NMR 신호 차이(화학적 이동)는 NMR 스펙트럼의 수평축에 진동수 단위(hertz 또는 Hz)로 나타낸다. ppm 단위의 화학적 이동은 hertz 단위로 측정된 전이를 hertz의 백만 배(megahertz 또는 MHz) 단위로 측정된 분광계의 진동수로 나눔으로써 계산할 수 있다. 예를 들어 300 MHz(300,000,000 Hz) 스펙트럼에서 1 ppm= 300 Hz이다.

$$화학적\ 이동(ppm) = \frac{TMS로부터\ 낮은\ 장의\ 영역으로\ 이동한\ 값(Hz)}{분광계의\ 총진동수(MHz)}$$

어떤 양성자의 화학적 이동(ppm)은 분광계에 작용하는 자기장과 진동수에 관계없이 일정하다. 단위가 없는 화학적 이동을 이용하여 흡수되는 위치를 찾아냄으로써 모든 NMR 분광계에 대한 값을 표준화할 수 있다.

화학적 이동에서 가장 흔히 사용되는 눈금은 $\delta$(델타)이며, 이 책에서는 이 눈금을 사용할 것이다(그림 13-8). 테트라메틸실레인(TMS)의 신호는 $\delta$ 눈금에서 0.00 ppm으로 정의된다. 대부분의 양성자는 TMS보다 낮은 장에서 흡수된다. 따라서 $\delta$ 눈금은 스펙트럼의 왼쪽으로 갈수록 증가한다. 스펙트럼은 진동수와 ppm $\delta$로 보정된다.

**문제풀이 힌트**

주어진 양성자의 화학적 이동(ppm)은 분광계의 자기장 세기와 진동수에 상관없이 어떤 NMR 분광계에서도 동일하다. 진동수 이동(Hz)은 분광계에 작용하는 진동수에 비례한다.

**예제 13-2**

300 MHz 분광계가 TMS로부터 낮은 장 영역으로 2130 Hz 진동수에서 흡수를 일으키는 양성자를 기록했다.

**(a)** 이 양성자의 화학적 이동을 결정하라.

**(b)** 60 MHz에서 이 양성자의 화학적 이동을 예측하라. 60 MHz 분광계에서 이 양성자는 TMS와 얼마나 멀리 떨어진 낮은 장 영역에서 흡수하는가?

**풀이**

**(a)** 화학적 이동은 분수로 나타낸다.

$$\frac{낮은\ 장의\ 영역으로\ 이동한\ 값(Hz)}{분광계의\ 총진동수(MHz)} = \frac{2130\ Hz}{300\ MHz} = 7.10\ ppm$$

**(b)** 화학적 이동은 60 MHz에서도 바뀌지 않는다. 즉 $\delta$ 7.10이다. 진동수 이동은 다음과 같다.

$$60.00\ MHz \times (7.10 \times 10^{-6}) = 426\ Hz$$

**연습문제 13-1**

300 MHz 분광계에서 브로모메테인의 양성자는 TMS로부터 낮은 장 영역으로 660 Hz 떨어진 위치에서 흡수한다.

(a) 이 양성자의 화학적 이동은 얼마인가?

(b) 60 MHz 분광계에서 브로모메테인의 화학적 이동은 얼마인가?

(c) 60 MHz에서 이 양성자는 TMS로부터 낮은 장 영역으로 몇 Hz 떨어져 있어야 흡수하는가?

메탄올의 300 MHz NMR 스펙트럼(그림 13-9)은 $\delta$ 0.0에 있는 TMS 기준 피크와 함께 2개의 신호를 보여준다. 메틸 양성자는 TMS로부터 1025 Hz 낮은 장 영역에서 흡수한다. 그들의 화학적 이동은 3.4 ppm이다. 따라서 이 메틸기의 양성자는 $\delta$ 3.4에서 흡수가 일어난다고 말한다. 하이드록시기의 양성자는 TMS로부터 약 1450 Hz 떨어져 있는, 더 낮은 장 영역에서 흡수한다. 이 양성자의 화학적 이동은 $\delta$ 4.8이다.

메탄올의 하이드록시기 양성자와 메틸기 양성자는 모두 전기 음성도가 큰 산소 원자의 벗겨짐 효과를 보여준다. 알케인에서 메틸기의 화학적 이동은 약 $\delta$ 0.9이다. 그러므로 메탄올의 산소 때문에 메틸 양성자는 부가적으로 2.5 ppm에 해당하는 벗겨짐 현상을 겪는다. 전기 음성도가 큰 다른 원자도 비슷한 벗겨짐 효과를 일으킨다. 표 13-1에 메탄올과 할로젠화 메틸의 화학적 이동을 비교해놓았다. 메틸 양성자의 화학적 이동은 치환기의 전기 음성도에 달려 있는데, 치환기의 전기 음성도가 크면 클수록 벗겨짐 효과가 커지고, 화학적 이동도 더 커진다.

전기 음성도가 큰 기가 화학적 이동에 미치는 영향은 그 기가 양성자로부터 얼마나 떨어져 있는지에 달려 있다. 메탄올에서 하이드록시 양성자는 산소로부터 화학 결합 하나만큼 떨어져 있으며, 화학적 이동은 $\delta$ 4.8이다. 메틸 양성자는 산소로부터 결합 2개만큼 떨어져 있으며, 화학적 이동은 $\delta$ 3.4이다. 일반적으로 전자 당김 치환체의 효과는 거리가 증가함에 따라 감소한다. 그리고 그 효과는 대개 전기 음성도가 큰 기로부터 4개 또는 그 이상의 결합에 의해 떨어져 있는 양성자에 대해서는 무시할 수 있다.

이 감소 효과는 1-브로모뷰테인(1-bromobutane) 양성자와 뷰테인(butane) 양성자의 화학적 이동을 비교함으로써 알 수 있다. 전기 음성도가 큰 치환기의 벗겨짐 효과는 거리에 따라 급속하게 감소한다. 1-브로모뷰테인에서 $\alpha$ 탄소에 있는 양성자는 약 2.5 ppm 정도 벗겨짐 효과를 겪으며

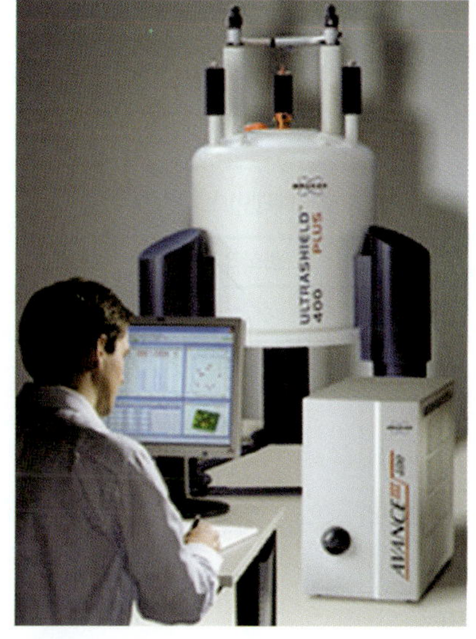


400 MHz NMR 분광계의 사진. 뒷부분의 금속 용기에는 액체 헬륨 용기로 냉각된 초전도 자석이 들어 있다. 분광계를 제어하고 스펙트럼을 계산하는 데 사용되는 전자기기는 오른쪽에 있다.

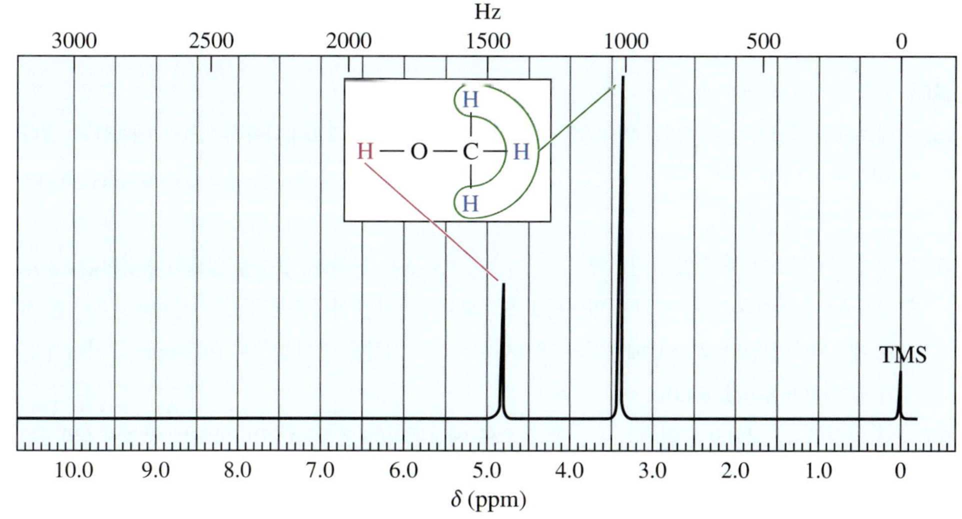


**그림 13-9** 메탄올의 300 MHz 양성자 NMR 스펙트럼. 메틸 양성자는 $\delta$ 3.4에서 흡수하고, 하이드록시 양성자는 $\delta$ 4.8에서 흡수한다.

**표 13-1** 전기 음성도에 따른 화학적 이동의 변화

| | $CH_3-X$ 속의 X | | | | |
|---|---|---|---|---|---|
| | F | OH | Cl | Br | I |
| X의 전기 음성도 | 4.0 | 3.4 | 3.2 | 3.0 | 2.7 |
| $CH_3-X$의 화학적 이동 | $\delta$ 4.3 | $\delta$ 3.4 | $\delta$ 3.0 | $\delta$ 2.7 | $\delta$ 2.2 |

$\beta$ 양성자는 약 0.4 ppm 정도 벗겨진다. $\beta$ 양성자보다 더 멀리 떨어진 양성자는 무시할 수 있는 양만큼 벗겨진다.

뷰테인: $H-CH_2-CH_2-CH_2-CH_2-H$ (H–C(H)(H)–C(H)(H)–C(H)(H)–C(H)(H)–H)

화학적 이동: 0.9 1.3 1.3 0.9

1-브로모뷰테인: H–C($\delta$)–C($\gamma$)–C($\beta$)–C($\alpha$)–Br

화학적 이동: 0.9 1.3 1.7 3.4

Br 때문에 생긴 벗겨짐 효과, ppm: 0.0 0.0 0.4 2.5

만약 1개 이상의 전자 끄는 기가 있다면 벗겨짐 효과는 거의 가산적이다(실제는 그렇지 않다). 클로로메테인(chloromethane)에서(표 13-2) 첫 번째 염소 원자를 첨가하면 $\delta$ 3.0으로 화학적 이동이 발생하고, 두 번째 염소 원자를 첨가하면 흡수가 $\delta$ 5.3으로 이동하고, 세 번째 염소가 들어간 클로로폼(chloroform)의 경우에는 화학적 이동이 $\delta$ 7.2로 옮겨진다. 염소 원자가 1개씩 더해질 때마다 화학적 이동의 차이는 약 2~3 ppm이지만, 각각 염소가 첨가될 때마다 바로 이전에 염소가 첨가될 때에 비해 화학적 이동이 조금 작게 일어난다.

**표 13-2** 클로로메테인의 화학적 이동

| 화합물 | 화학적 이동 | 차이 |
|---|---|---|
| $CH_4$ | $\delta$ 0.2 | |
| | | 2.8 ppm |
| $CH_3Cl$ | $\delta$ 3.0 | |
| | | 2.3 ppm |
| $CH_2Cl_2$ | $\delta$ 5.3 | |
| | | 1.9 ppm |
| $CHCl_3$ | $\delta$ 7.2 | |

참고: 염소 원자가 1개 첨가될 때마다 남아 있는 메틸 양성자의 화학적 이동은 2~3 ppm 증가한다. 이러한 변화는 거의 가산적이다.

## 13-5B 화학적 이동의 특징적인 값

양성자의 화학적 이동은 환경에 의해 결정되므로, 여러 형태의 화합물에 대해 대략적인 화학적 이동의 표를 만들 수 있다. 대표적인 화학적 이동에 대한 작은 표(표 13-3)에서 시작하여 더 흥미롭고 특이한 값에 대한 이유를 생각해보자. 화학적 이동에 대한 포괄적인 표를 부록 1에 수록했다.

### 예제 13-3

표 13-3을 이용하여 다음 화합물에서 양성자의 화학적 이동을 예측하라.

**(a)** $CH_3-C(=O)-OH$ **(b)** $Cl-CH_2^a-CH_2^b-CH_3^c$ **(c)** $(CH_3^a)_3CCH^b{=}CH_2^c$

**풀이**

**(a)** 아세트산의 메틸기는 카보닐기 옆에 있다. 표 13-3을 이용하여 $\delta$ 2.1의 화학적 이동을 예측할 수 있다(실험값은 $\delta$ 2.10). 산의 양성자(—COOH)는 $\delta$ 10~$\delta$ 12 사이에서 흡수를 일으킨다(실험값은 $\delta$ 11.4이고, 다양하게 변한다).

**(b)** 양성자 $a$는 염소가 붙어 있는 탄소에 있고, 이들은 $\delta$ 3~$\delta$ 4 사이에서 흡수를 일으킨다(실험값 $\delta$ 3.7). 양성자 $b$는 탄소 하나만큼 떨어져 있어서 1-브로모뷰테인의 $\beta$ 양성자처럼 $\delta$ 1.7 근처에서 흡수할 것으로 예측된다(실험값: $\delta$ 1.8). 메틸기의 양성자 $c$는 거의 영향을 받지 않으며 $\delta$ 0.9 ppm 근처에서 흡수가 일어난다(실험값: $\delta$ 1.0).

**(c)** 메틸 양성자 $a$는 $\delta$ 0.9 근처에서 흡수할 것으로 예상된다(실험값: $\delta$ 1.0). 바이닐 양성자 $b$와 $c$는 $\delta$ 5~$\delta$ 6 사이에서 흡수가 일어날 것으로 예상된다(실험값 $b$는 $\delta$ 5.8, $c$는 $\delta$ 4.9).

**표 13-3** 화학적 이동의 전형적인 값

| 양성자 유형 | 대략적인 $\delta$ | 양성자 유형 | 대략적인 $\delta$ |
|---|---|---|---|
| 알케인($-CH_3$) 메틸 | 0.9 | $>C=C<$ $CH_3$ 알릴 자리 | 1.7 |
| 알케인($-CH_2-$) 메틸렌 | 1.3 | Ph—H 방향족 | 7.2 |
| 알케인($-\underset{\vert}{C}H-$) 메타인 | 1.4 | $Ph-CH_3$ 벤질 자리 | 2.3 |
| $-C(=O)-CH_3$ 메틸 케톤 | 2.1 | R—C(=O)—H 알데하이드 | 9~10 |
| —C≡C—H 아세틸렌자리 | 2.5 | R—C(=O)—OH 산 | 10~12 |
| $R-CH_2-X$ (X = 할로젠, O) | 3~4 | R—OH 알코올 | 가변성, 약 2~5 |
| $>C=C<$ H 바이닐 | 5~6 | Ar—OH 페놀 | 가변성, 약 4~7 |
| | | $R-NH_2$ 아민 | 가변성, 약 1.5~4 |

참고: 모든 화학적 이동이 이웃하는 치환제의 영향을 받으므로, 이들은 대략적인 값이다. 여기에 제시된 값은 알킬기가 단순히 다른 치환체로 존재한다고 가정하여 제시된 것이다. 화학적 이동의 더 완벽한 표는 부록 1에 수록되어 있다.

**문제풀이 힌트**

표 13-3을 통해 화학적 이동에 대한 값은 알 수 있지만, 대부분의 NMR 문제를 푸는 데 필요한 이해와 연습은 부족하다. 이 표에서 내용을 파악한 후 자신감이 생길 때까지 문제를 푸는 연습을 하기 바란다.

**바이닐과 방향족 양성자** 표 13-3은 이중 결합과 방향족 고리가 이들의 바이닐 양성자와 방향족 양성자에 큰 벗겨짐 효과를 나타냄을 보여준다. 이러한 벗겨짐 효과는 자기장으로부터 핵을 정상적으로 가리는 동일한 형태의 전자 순환 때문에 일어난다. 벤젠과 그의 유도체에서 파이 결합 전자로 이루어진 방향족 고리는 전도체로 작용하며, 외부 자기장은 고리 전류(ring current)를 유도한다(그림 13-10). 고리의 가운데에는 유도된 장이 외부 장과 반대 방향으로 작용한다. 그러나 이렇게 유도된 장선(field line)은 고리 주위를 돌고, 가장자리에서는 유도된 장이 외부 장에 더해진다. 결과적으로 방향족 양성자는 세게 벗겨지고, 높은 화학적 이동이 일어난다. 벤젠은 $\delta$ 7.2에서 흡수하고, 대부분의 방향족 양성자는 $\delta$ 7~$\delta$ 8 사이에서 흡수한다.

벤젠 분자는 항상 그림 13-10에 나타난 것과 같은 방향으로 배열되어 있는 것은 아니다. 벤젠은 용액 속에서 끊임없이 회전하고 있기 때문에 관찰되는 화학적 이동은 모든 가능한 배열의 평균값

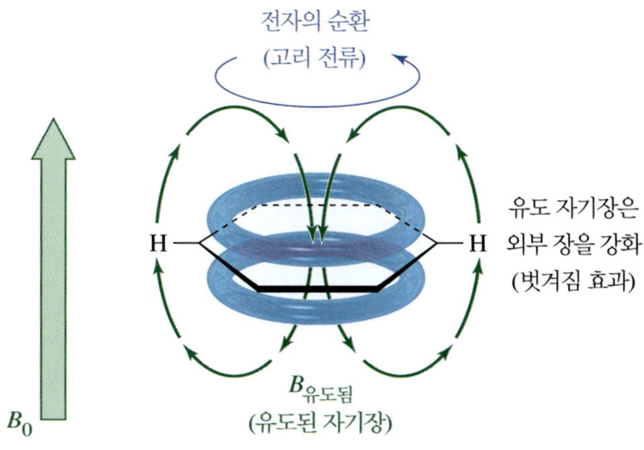


**그림 13-10** 방향족 고리 전류. 순환하는 방향족 전자의 유도 자기장은 고리의 축을 따라 적용된 자기장과 반대 방향이다. 방향족 수소는 고리의 적도 위치에 있다. 유도된 장선은 적도 위치를 돌면서 적용된 장을 강하게 해 준다.

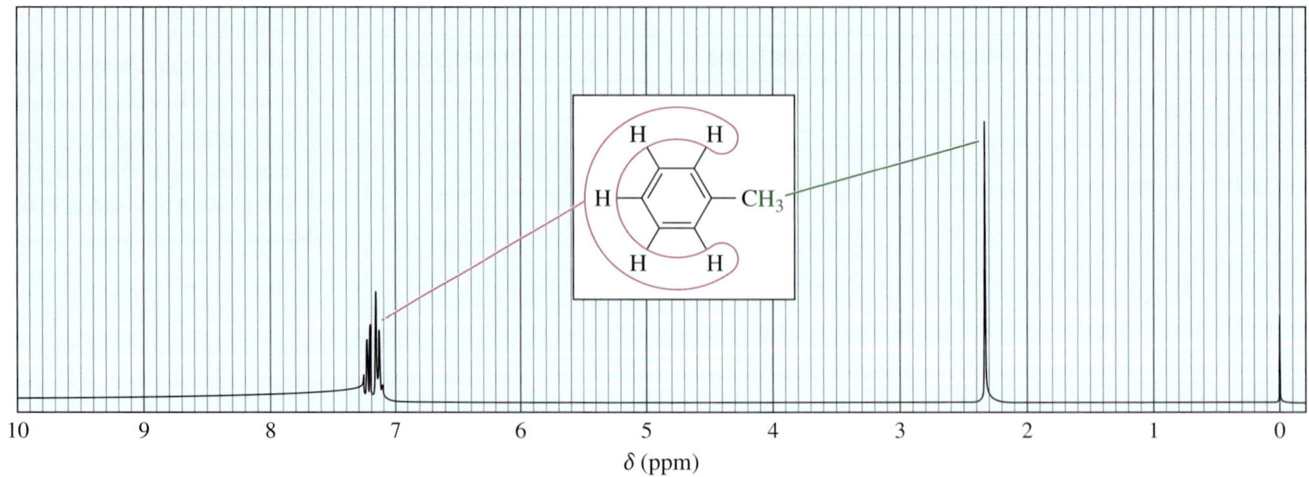


**그림 13-11** 톨루엔의 300 MHz NMR 스펙트럼. 방향족 양성자는 화학적 이동이 δ 7.2 근처에서 흡수하고, 메틸 양성자는 δ 2.3에서 흡수한다.

이다. 만약 벤젠 분자를 그림 13-10에 나타낸 위치로 고정시킬 수 있다면 벤젠의 양성자는 δ 7.2보다 더 낮은 장에서 흡수한다. 자기장에 벤젠 고리의 모서리가 올라가 있는 것과 같은 배향이라면 벤젠의 양성자는 벗겨짐이 적을 것이고, 따라서 높은 장에서 흡수할 것이다. 이런 모든 배향의 평균이 δ 7.2에서 공명으로 관찰되는 것이다.

그림 13-11은 톨루엔(메틸벤젠)의 NMR 스펙트럼을 보여준다. 방향족 양성자는 δ 7.2 근처에서 흡수한다. 메틸 양성자는 조금 벗겨져서 δ 2.3에서 흡수한다.

알켄의 파이 전자는 방향족 고리의 전자가 방향족 양성자를 벗기는 것과 같은 방법으로 바이닐 양성자를 벗긴다. 그러나 이 효과는 알켄에서는 별로 크지 않은데, 그 이유는 벤젠에서서의 크고 효과적인 고리 전류와 같은 것이 알켄에는 없기 때문이다. 다시 파이 전자의 움직임은 이중 결합 중심에서 외부 자기장에 반대되는 유도 자기장을 일으킨다. 그러나 바이닐 양성자는 이 자기장의 둘레에 있는데, 여기에서 유도 자기장은 굽어져서 외부 자기장을 강화한다(그림 13-12). 이러한 벗겨짐 효과의 결과로 대부분의 바이닐 양성자는 δ 5~δ 6 사이의 범위에서 흡수를 일으킨다.

**아세틸렌의 수소** 알켄의 파이 결합이 바이닐 양성자를 벗기므로, 아세틸렌의 수소(—C≡C—H)는 삼중 결합에 있는 2개의 파이 결합 때문에 더욱 많이 벗겨져 있을 것으로 예상되지만, 사실은 그 반대이다. 바이닐 양성자가 δ 5~δ 6 사이에서 나타나는 것과 비교해볼 때 아세틸렌의 수소는 δ 2.5 근처에서 흡수한다. 그림 13-13에서 삼중 결합은 시그마 결합을 둘러싼 실린더 모양의 전자 밀도를 가지는 것을 알 수 있다. 분자가 용액 속에서 회전할 때 일부 배향에서 이 전자의 실린더는 순환하여 유도 자기장을 형성한다. 아세틸렌의 양성자는 이 유도 자기장의 축을 따라 놓

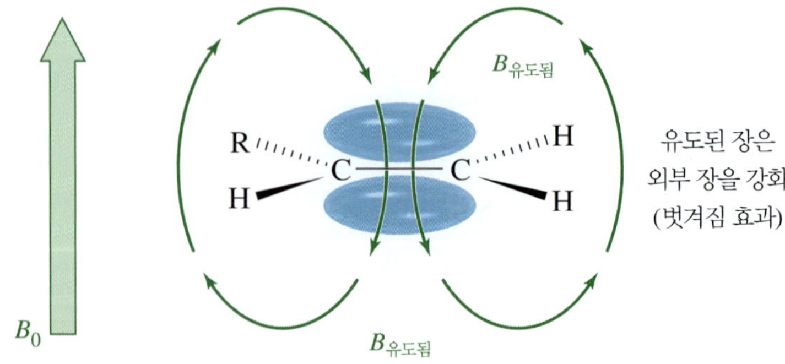


**그림 13-12** 파이 결합에 의한 벗겨짐 효과. 바이닐 양성자는 파이 전자의 유도 자기장 둘레에 위치한다. 이 위치에서 양성자는 유도 자기장에 의해 벗겨진다.

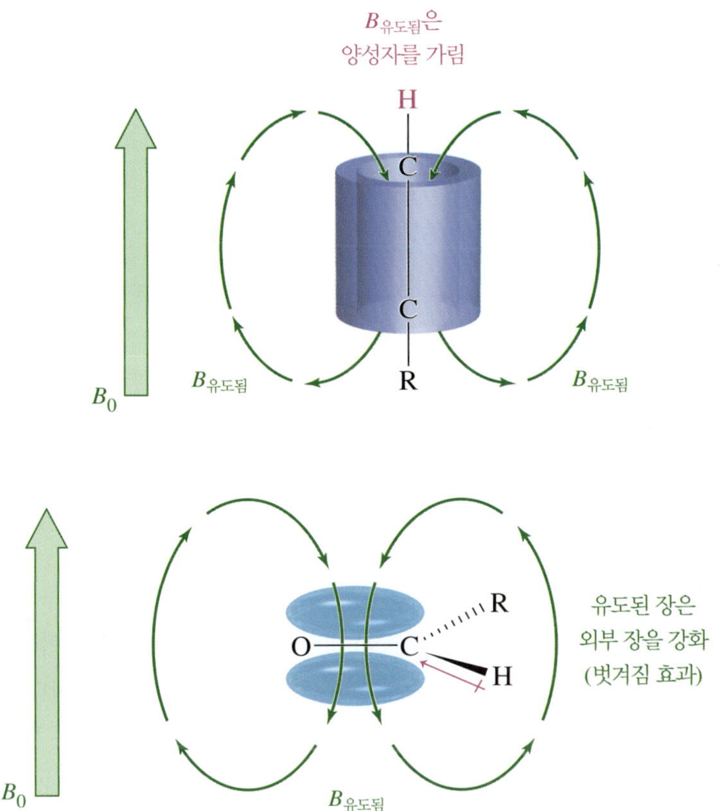


**그림 13-13** 삼중 결합에 의한 부분적인 가려짐. 아세틸렌의 삼중 결합이 자기장과 나란히 있을 때 실린더 형태의 전자는 순환하여 유도 자기장을 형성한다. 아세틸렌의 양성자는 외부 장과 반대 방향인 이 유도된 자기장의 축 상에 놓여 있다.

**그림 13-14** 알데하이드 양성자의 벗겨짐. 바이닐 양성자처럼 알데하이드 양성자는 파이 결합에 있는 전자의 순환으로 인해 벗겨진다. 또한 카보닐기(C═O)의 전자 당김 효과에 의해 벗겨져서 $\delta$ 9~$\delta$ 10 사이에서 공명이 일어난다.

여 있으며 가려진다. 이처럼 가려진 배향을 모든 가능한 다른 (대부분 벗겨진) 배향과 합하여 평균을 내면, 결과적으로 $\delta$ 2.5 근처에서 공명을 일으킨다.

**알데하이드 양성자** 알데하이드 양성자(—CHO)는 바이닐 양성자와 방향족 양성자보다 더 낮은 장인 $\delta$ 9~$\delta$ 10 사이에서 흡수한다. 그림 13-14를 보면 이중 결합의 전자들이 순환하고, 카보닐 산소 원자가 유발 효과에 의해 전자를 끌어당기기 때문에 알데하이드 양성자가 벗겨짐을 알 수 있다.

**수소 결합하는 양성자** 알코올의 O—H 양성자와 아민의 N—H 양성자의 화학적 이동은 농도에 의존한다. 진한 용액 속에서 이들 양성자는 수소 결합에 의해 벗겨지며, 비교적 낮은 장에서 흡수한다. 아민 N—H는 약 $\delta$ 3.5이고, 알코올의 O—H는 약 $\delta$ 4.5이다. 알코올이나 아민을 $CCl_4$와 같이 수소 결합을 하지 않는 용매로 묽어지게 하면 수소 결합은 더 이상 중요하지 않게 된다. 묽은 용액에서 이들의 신호는 $\delta$ 2 근처에서 관찰된다.

수소 결합이 일어나고 이와 함께 양성자가 서로 교환될 때 O—H 또는 N—H 양성자의 피크가 넓어진다. NMR이 공명을 일으키는 동안 한 분자에서 다른 분자로 양성자가 상호 교환되기 때문에 넓은 피크가 생긴다(13-12절 참조). 양성자가 교환되는 동안 이들 양성자는 다양한 환경을 지나게 되어 넓은 범위의 진동수와 자기장을 흡수한다.

**카복실산의 양성자** 카복실산의 양성자는 카보닐기 옆에 있는 산소에 결합하기 때문에 상당히 양전하를 띠게 된다. 이들은 강하게 벗겨져 있으며, $\delta$ 10보다 더 큰 화학적 이동에서 흡수한다. 카복실산은 종종 수소 결합으로 형성된 이합체로 존재하며, 어느 정도 빠른 속도로 양성자를 상호 교환하기 때문에 산의 양성자 흡수는 넓어진다.

카복실산 이합체

그림 13-15에 아세트산의 양성자 NMR 스펙트럼이 나타나 있다. 예상대로 카보닐기 옆에 있는 메틸기는 $\delta$ 2.1의 화학적 이동에서 흡수한다. 산의 양성자 신호의 경우 화학적 이동이 NMR의 일

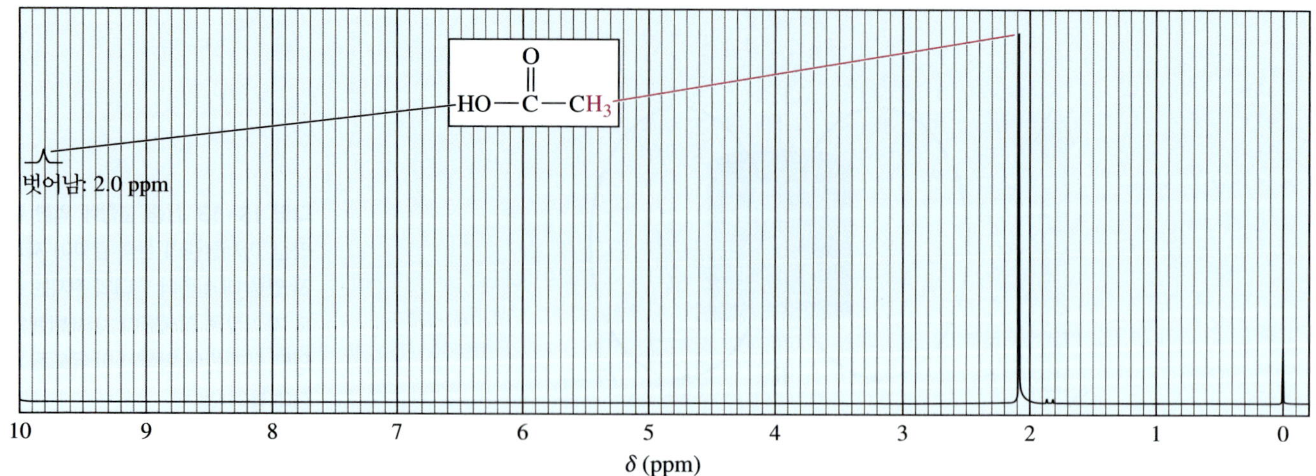


**그림 13-15** 아세트산의 양성자 NMR 스펙트럼. 아세트산의 메틸 양성자는 인접해 있는 카보닐기에 의해 벗겨져 약 $\delta$ 2.1에 나타난다. 산의 양성자는 스펙트럼 범위 밖에서 보인 바와 같이 $\delta$ 11.8에 나타난다.

반적인 범위에서 나타나지 않는다. 대신 2.0 ppm 벗어난 곳에 작게 보이는데, 이는 스펙트럼에 보이는 것보다 2.0 ppm만큼 더 큰 화학적 이동을 하는 진동수에 해당함을 의미한다. 산의 양성자는 $\delta$ 11.8 근처에 나타나는데, 스펙트럼 위에 작게 나타난 $\delta$ 9.8에 눈에 보이지 않는 부분 $\delta$ 2.0을 더한 값이다.

**연습문제 13-2**

다음 화합물에서 양성자의 화학적 이동을 예측하라.

(a) $(CH_3)_3C(H)C{=}C(H)C(CH_3)_3$

(b) 1,2,4,5-테트라메틸벤젠 ($CH_3$ 4개, H 2개)

(c) $CH_3O-C_6H_4-OCH_3$ (H 4개)

(d) $CH_3-C(CH_3)(OH)-C{\equiv}C-H$

(e) $C_6H_5-CH_2CH_2-C(=O)-OH$

(f) $CH_3-C(CH_3)(Br)-CH_2Br$

## 13-6 신호의 수

일반적으로 NMR 신호의 수는 분자 내에 있는 서로 다른 양성자 종류의 수에 해당한다. 예를 들면 메틸 *t*-뷰틸 에터(methyl *tert*-butyl ether)에는 두 가지 유형의 양성자가 있다(그림 13-16). 메톡시 양성자 3개는 화학적으로 동일하며, 이들은 $\delta$ 3.2에서 단일 흡수를 일으킨다. *t*-뷰틸 양성자는 메톡시 양성자와 화학적으로 구별되며, $\delta$ 1.2에서 흡수를 일으킨다.

똑같은 정도로 가려지고 동일한 화학적 환경에 있는 양성자들은 화학적 이동이 동일하다. 이러한 양성자들을 **화학적으로 동등하다**(chemically equivalent)고 한다. 이것이 NMR 분광법을 논의할 때 사용하는 동등함이라는 용어의 의미이다. 메틸 *t*-뷰틸 에터에서 메톡시 양성자 3개는 화학적으로 동등하고, *t*-뷰틸 양성자 9개는 화학적으로 동등하다.

아세토아세트산 *t*-뷰틸(tert-butyl acetoacetate)의 스펙트럼(그림 13-17)은 다음과 같은 세 가

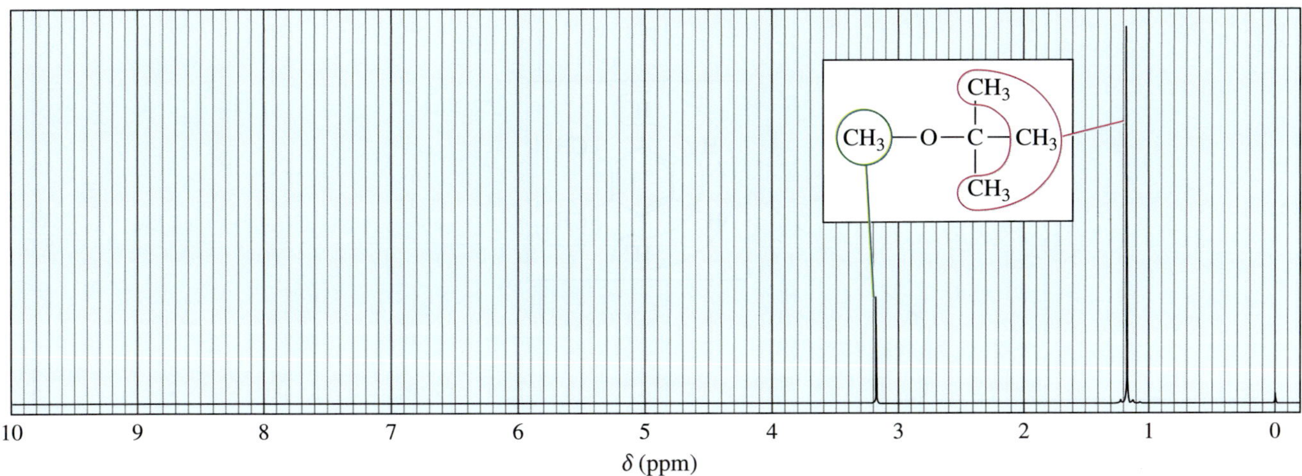


**그림 13-16** 메틸 *t*-뷰틸 에터는 두 가지 유형의 양성자를 가지며, 2개의 NMR 신호를 나타낸다.

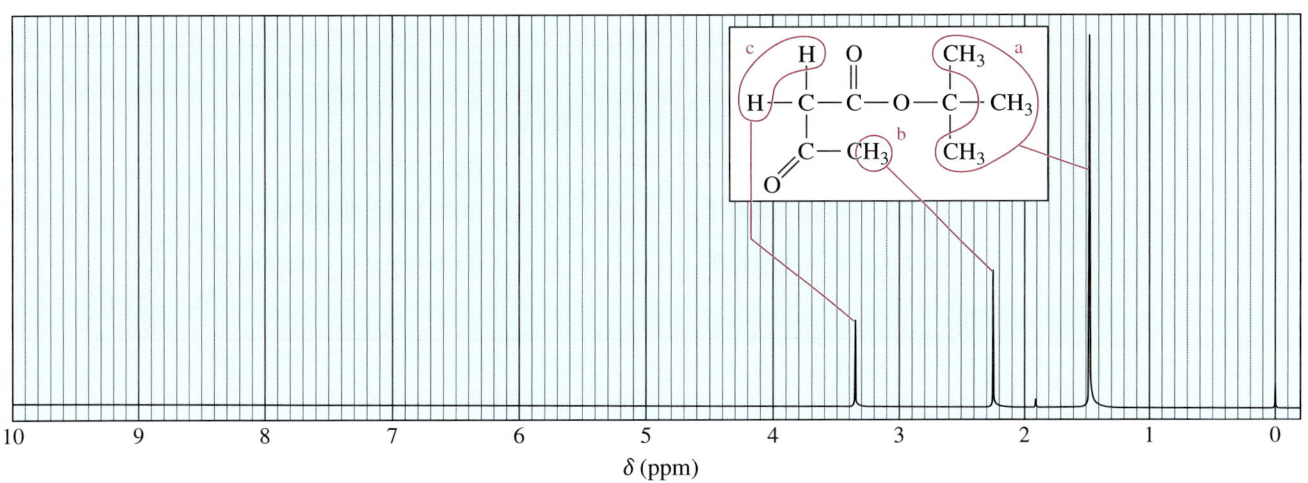


**그림 13-17** 아세토아세트산 *t*-뷰틸은 세 종류의 양성자를 가지고 있고, NMR 스펙트럼에서 3개의 신호를 보여준다.

지 유형의 양성자, 즉 δ 1.5의 화학적 이동을 가진 *t*-뷰틸 양성자 (*a*), 인접해 있는 카보닐기에 의해 벗겨져서 δ 2.25의 화학적 이동을 보여주는 메틸 양성자 (*b*), 인접해 있는 2개의 카보닐기에 의해 벗겨져서 δ 3.35에 있는 메틸렌 양성자 (*c*)를 보여준다.

어떤 경우 분자 내에서 구별되는 양성자 유형의 수보다 신호의 수가 더 적게 나타날 수도 있다. 예를 들어 그림 13-18에 *o*-자일렌(*o*-xylene), 즉 1,2-다이메틸벤젠(1,2-dimethylbenzene)의 구조와 스펙트럼이 나타나 있다. 여기에는 세 가지 서로 다른 종류의 양성자가 있는데, 바로 *a*로 표시된 2개의 동등한 메틸기, 메틸기 옆에 *b*로 나타낸 양성자, 2개의 탄소만큼 떨어져 있으며 *c*로 표시된 양성자이다. 그러나 스펙트럼은 단지 2개의 뚜렷이 구분되는 신호만을 보여준다.

δ 2.3에 있는 높은 장의 신호는 6개의 메틸 양성자인 $H^a$에 해당한다. δ 7.2의 흡수는 4개의 방향족 양성자인 $H^b$와 $H^c$에 해당한다. 두 형태의 방향족 양성자는 서로 다르지만, 메틸기는 고리의 전자 밀도에 큰 영향을 주지 못하거나 고리에 있는 치환체가 느낄 수 있을 만큼의 가림 효과를 주지 못한다. 방향족 양성자는 2개의 신호를 발생시키지만, 이 신호들은 거의 같은 화학적 이동에서 우연히 나타난다. 화학적으로는 같지 않지만 우연히 같은 화학적 이동에서 흡수를 일으키는 양성자를 **우연히 동등하다**(accidentally equivalent)고 한다.

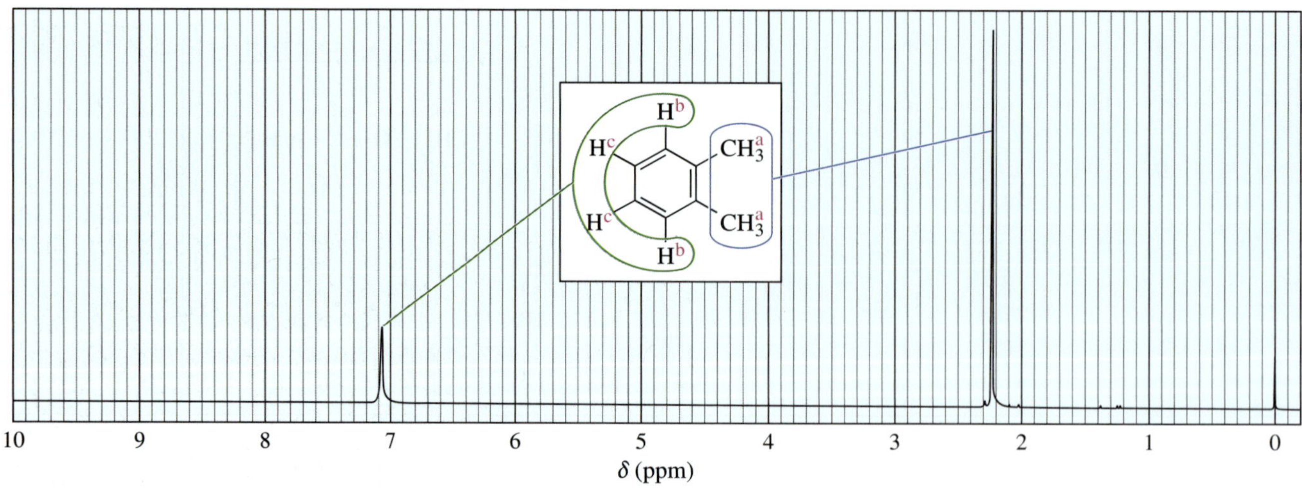


**그림 13-18** *o*-자일렌의 양성자 NMR 스펙트럼. *o*-자일렌에는 세 가지 유형의 양성자가 있지만, 단지 2개의 흡수만이 나타난다. 방향족 양성자 $H^b$와 $H^c$는 우연히 동등하여 δ 7.1에서 폭이 넓은 피크를 나타낸다.

**연습문제 13-3**

각 화합물에서 종류가 다른 양성자의 수를 밝혀라.

**(a)** 1-브로모프로페인 **(b)** 2-브로모프로페인

**(c)** 2,2-다이메틸프로페인 **(d)** 2,2-다이메틸펜테인

**(e)** 1-클로로-4-메틸벤젠 **(f)** 1-클로로-2-메틸벤젠, (Cl, $CH_3$)

**연습문제 13-4**

톨루엔(메틸벤젠)의 NMR 스펙트럼이 그림 13-11에 나타나 있다.

**(a)** 톨루엔에는 종류가 다른 양성자가 몇 개 있는가?

**(b)** δ 7.2 근처의 방향족 영역에서 1개 이상의 뾰족한 흡수를 보이며 넓게 나타나는 이유를 설명하라.

## 13-7 피크의 면적

**문제풀이 힌트**

1. 적분선에 나타난 높이를 측정하는 데 자를 이용하여 밀리미터 단위로 적분값을 측정한다.
2. 수소의 총수를 알 수 없으므로 가장 작은 적분을 1개의 수소로 정하고, 다른 적분은 그 적분 면적에 따라 비례하여 수소의 개수를 정한다. 일부 다른 적분이 정수의 수소 수로 나타나지 않는다면 가장 작은 적분을 필요에 따라 2개 또는 3개의 수소로 정한다. 예를 들면 1:1.3:2는 3:4:6이 될 수 있으며, 6:8:12 또는 9:12:18 등과 같은 비율을 가진 화합물도 찾아볼 수 있다.

**피크 아래의 면적은 그 피크에 기여하는 수소의 수에 비례한다.** 예를 들면 메틸 *t*-뷰틸 에터의 스펙트럼(그림 13-19)에서 *t*-뷰틸 양성자의 흡수는 메톡시 양성자보다 더 크고 강하다. *t*-뷰틸 양성자는 메톡시 양성자보다 3배 더 많기 때문이다. 그러나 단순히 피크의 높이를 비교해서는 안 된다. 피크 아래의 면적은 양성자의 수에 비례한다.

NMR 분광계는 피크의 상대적인 면적을 계산할 수 있는 **적분기**(integrator)를 가지고 있다. 적분기는 피크 위를 지나가면서 생기는 이차적인 자취(적분의 자취)를 그린다. 적분 자취의 양은 피크의 면적에 비례한다. 밀리미터 자를 이용하여 이 적분값을 측정할 수 있다. 최신 디지털 기기는 각 피크의 면적을 나타내는 숫자를 출력한다. 이러한 숫자는 적분 자취의 높이에 해당한다.

적분선(그림 13-19에 파란색으로 표시) 또는 디지털 적분으로는 메틸 *t*-뷰틸 에터가 3개의 메틸 수소와 9개의 *t*-뷰틸 수소를 가짐을 명확히 알 수 없다. 이들은 단지 δ 1.2에 나타난 수소가 δ 3.2에 나타난 수소보다 약 3배 많다는 것을 보여줄 뿐이다. 구조의 면에서 3:1의 비를 의미한다고 해석

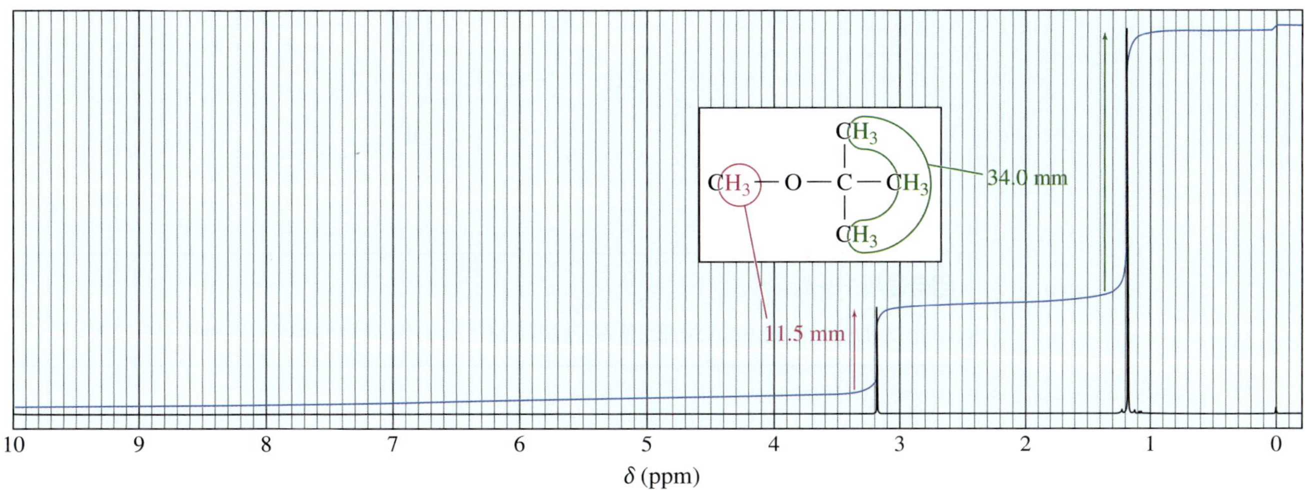


**그림 13-19** 메틸 *t*-뷰틸 에터의 적분이 포함된 양성자 NMR 스펙트럼. 피크를 지나면서 피크 아래의 면적에 비례하는 양에 따라 적분기의 자취(파란색)가 그려진다.

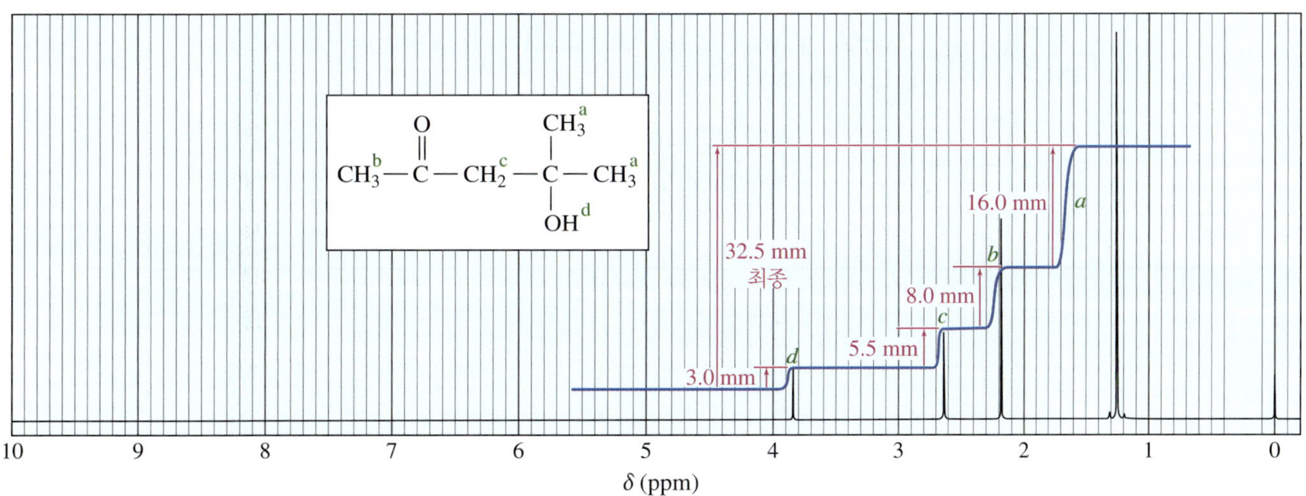


**그림 13-20** $C_6H_{12}O_2$의 분자식을 지닌 화합물의 양성자 NMR 스펙트럼

해야 한다.

그림 13-20은 분자식이 $C_6H_{12}O_2$인 화합물의 적분 스펙트럼을 보여준다. 분자식을 알고 있으므로 적분선을 이용하여 각각의 피크가 나타내는 양성자의 정확한 개수를 밝힐 수 있다. 적분기는 분자 내 12개의 수소를 적분하여, 수직으로 총 32.5 mm를 움직였다. 각 양성자는 아래와 같이 표시된다.

$$\frac{32.5\text{ mm}}{12\text{개의 수소}} = 1\text{개의 수소에 대해 약 }2.7\text{ mm}$$

δ 3.8의 신호는 3.0 mm의 적분값을 가지므로, 1개의 수소를 나타낸다. δ 2.6에서 적분기는 5.5 mm 이동하는데, 이는 2개의 수소에 해당한다. δ 2.2의 신호는 8.0 mm의 적분값을 가지는데, 수소 3개에 해당한다. δ 1.2의 신호(16.0 mm)는 수소 6개에 해당한다. 적분기가 제공하는 정보와 화학적 이동의 예상값을 함께 고려하면 스펙트럼의 어떤 신호가 어느 양성자 때문에 나타나는지 확실히 알 수 있다.

$$\mathrm{H_3^bC-\overset{\overset{\large O}{\|}}{C}-CH_2^c-\underset{\underset{\large OH^d}{|}}{\overset{\overset{\large CH_3^a}{|}}{C}}-CH_3^a}$$

$CH_3^a$: 면적 = 6, $\delta$ 1.2
$H_3^bC$: 면적 = 3, $\delta$ 2.2
$CH_2^c$: 면적 = 2, $\delta$ 2.6
$OH^d$: 면적 = 1, $\delta$ 3.8

**연습문제 13-5**

그림 13-17에 나타난 아세토아세트산 *t*-뷰틸의 NMR 스펙트럼에 대해 예상되는 적분 선을 그려보라.

**연습문제 13-6**

다음 스펙트럼에서 피크의 면적비를 구하라. 화학적 이동과 함께 이 정보를 사용하여 화합물과 스펙트럼의 짝을 맞추라. 각 스펙트럼에 나타난 피크가 분자 구조의 어느 양성자에 해당하는지 밝혀라.

$CH_3-C_6H_4-CH_3$ (p-) $\quad CH_3O-C_6H_4-OCH_3$ (p-) $\quad C_6H_5-C{\equiv}C-H$

$\mathrm{CH_3-\underset{\underset{\large CH_3}{|}}{\overset{\overset{\large OH}{|}}{C}}-C{\equiv}C-H}$ $\quad \mathrm{CH_3-\overset{\overset{\large Br}{|}}{CH}-CH_2-CH_3}$ $\quad \mathrm{Br-\underset{\underset{\large H}{|}}{\overset{\overset{\large H}{|}}{C}}-\underset{\underset{\large Br}{|}}{\overset{\overset{\large CH_3}{|}}{C}}-CH_3}$

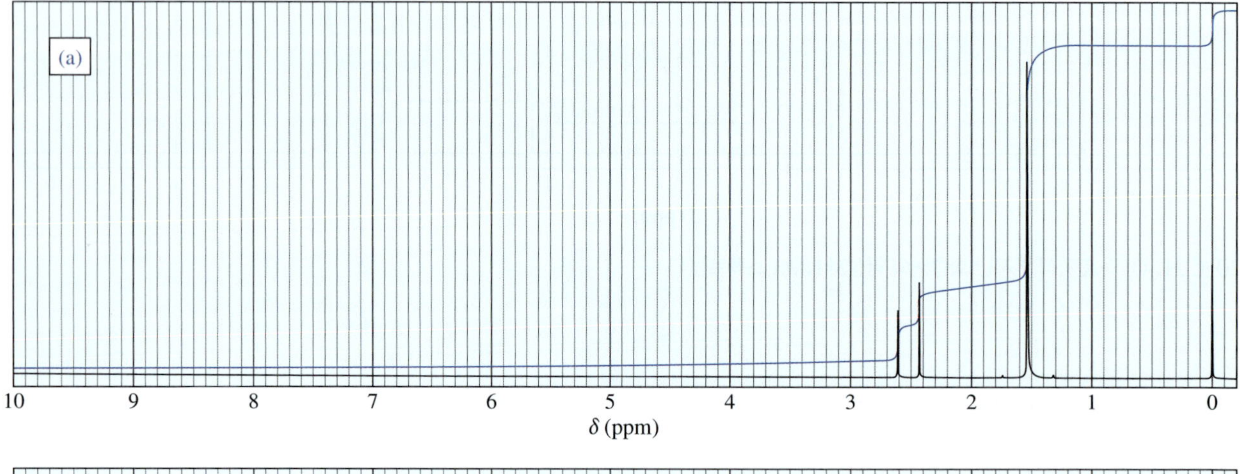


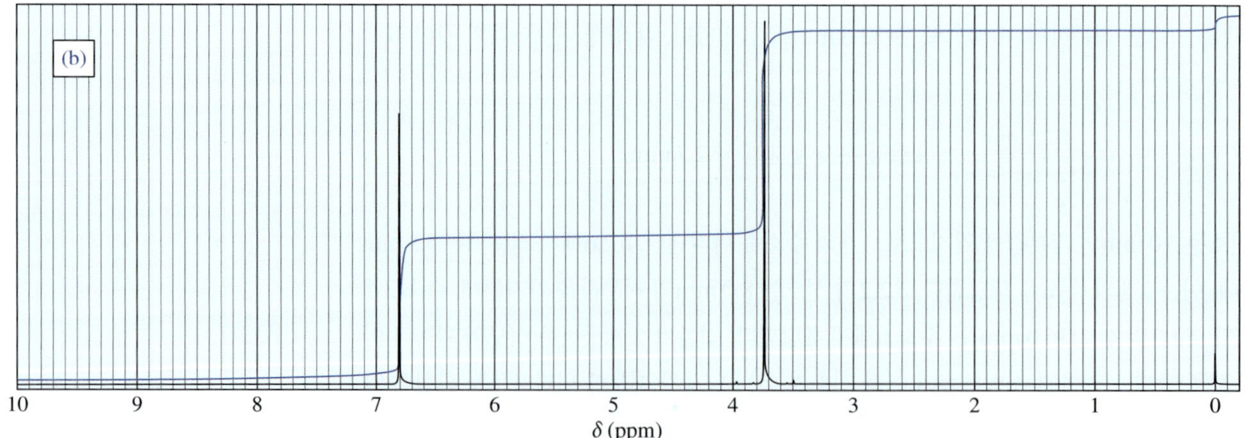

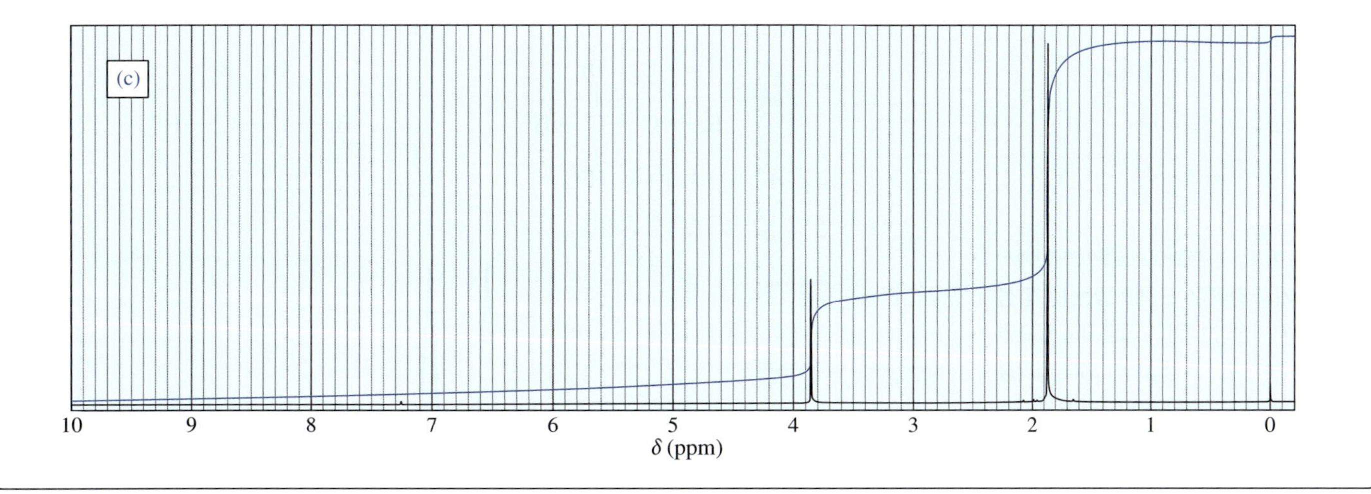


## 13-8 스핀-스핀 갈라짐

NMR 분광기에 놓인 양성자는 외부 자기장 및 전자가 가려짐으로써 생기는 유도 자기장의 영향을 받는다. 만약 근처에 다른 양성자가 있다면 이들에게서 생기는 작은 자기장 또한 우리가 관찰하고자 하는 양성자의 흡수 진동수에 영향을 준다. 이러한 작은 자기장은 예측 가능한 방식으로 인근 양성자에 영향을 미치며 추가적인 구조 정보를 제공한다.

### 13-8A 스핀-스핀 갈라짐 이론

1,1,2-트라이브로모에테인(1,1,2-tribromoethane)의 스펙트럼(그림 13-21)을 생각해보자. 예상한 대로 1:2의 면적비를 지닌 2개의 신호가 존재한다. 2개의 브로민 원자에 의해 벗겨져서 δ5.7에서 작은 신호($H^a$)가 나타난다. 큰 신호($H^b$)는 δ4.1에서 나타난다. 이들 신호는 단일 피크가 아닌 각각 삼중선(3개의 피크)과 이중선(2개의 피크)으로 나타난다. 두 가지 다른 유형의 양성자가 아주 가까이 있어서 그 양성자들의 자기장이 서로 영향을 줄 때 신호가 다중선으로 분리되는데, 이

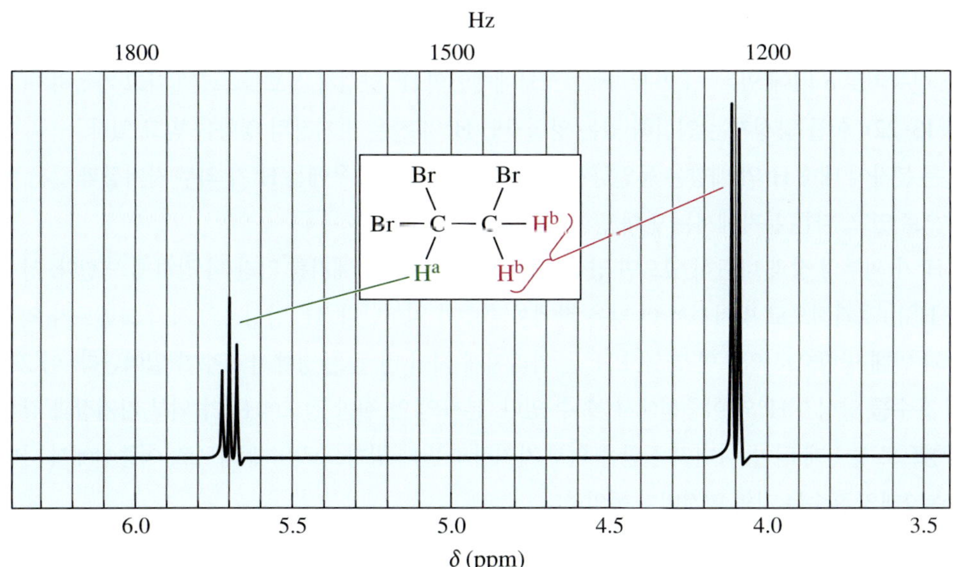


**그림 13-21** 1,1,2-트라이브로모에테인의 양성자 NMR 스펙트럼은 δ5.7(—$CHBr_2$)에서 면적 1의 삼중선과 δ4.1(—$CH_2Br$)에서 면적 2의 이중선을 보여준다.

**문제풀이 힌트**

산소 원자는 전자 밀도에 대해서 σ 끌기(withdrawer)이며 π-주개(donor)이다. 산소 원자는 인접한 탄소 원자의 양성자를 벗겨 δ3~4의 값을 갖게 한다.

H δ3~4
—C—H
OR
σ-끌기

그러나 O—H와 O—R기가 방향족 고리에 연결된 경우에는 고리의 π계 안으로 전자를 밀어준다. 산소에 대해 오쏘나 파라 위치에 있는 양성자는 벤젠에서 보통 나타나는 δ7.2보다 높은 장에서 흡수를 일으켜 대개 δ6.8 근처에서 나타난다.

C=C H
:OR
π-주개

파라, δ6.8 (가려짐)
메타, δ7.2 (영향을 받지 않음)
오쏘, δ6.8 (가려짐)
$OCH_3$

아니솔(anisole)의 오쏘 및 파라 양성자의 가림

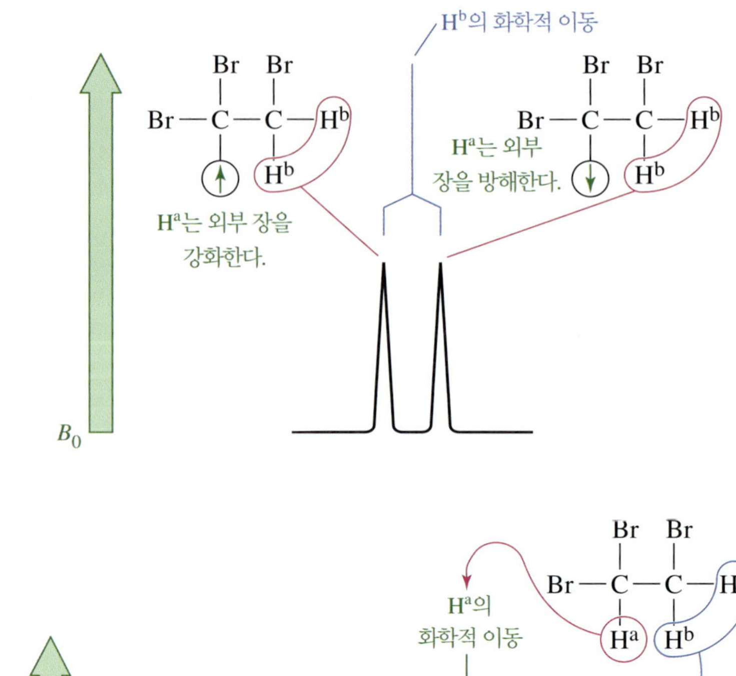


**그림 13-22** 1,1,2-트라이브로모에테인에서 $-CH_2Br$기의 갈라짐. 근처에 있는 $H^a$ 양성자가 외부 자기장과 나란히 정렬되어 있으면 $H^a$는 $H^b$를 벗기고, $H^a$ 양성자가 외부 자기장과 반대 방향으로 정렬되어 있으면 $H^a$는 $H^b$를 가린다.

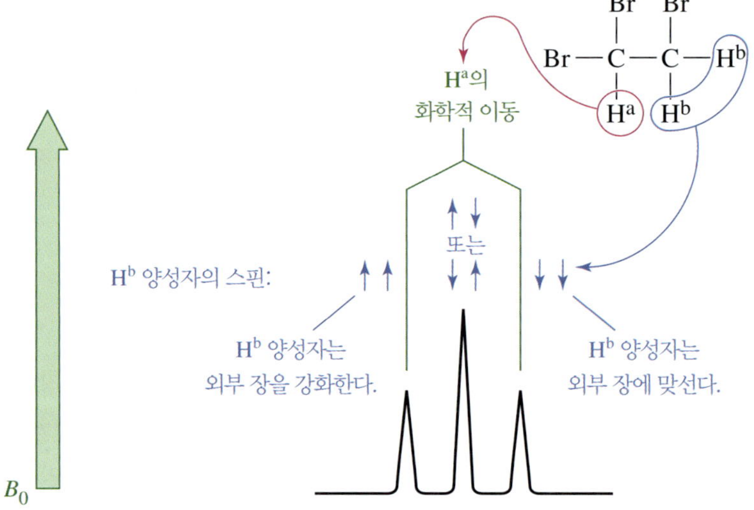


**그림 13-23** 1,1,2-트라이브로모에테인에서 $-CHBr_2$기의 갈라짐. $H^a$ 흡수는 $H^b$ 스핀의 세 가지 조합에 영향을 받는다. $H^b$ 스핀이 외부 자기장을 강화하면 $H^a$ 흡수는 더 낮은 장에서 일어난다. $H^b$ 스핀이 외부 자기장에 맞서면 $H^a$ 흡수는 더 높은 장에서 일어난다. $H^b$ 양성자의 스핀이 서로 상쇄되는 두 가지 조합의 경우에는 $H^a$가 '정상적인' 위치에서 흡수한다. 따라서 피크의 면적비는 1 : 2 : 1이다.

를 **스핀-스핀 갈라짐**(spin-spin splitting)이라고 한다. 이러한 양성자들은 **자기적으로 짝지어졌다**(magnetically coupled)고 한다.

자기적으로 짝지어진 양성자들 각각의 스핀을 고려함으로써 스핀-스핀 갈라짐을 설명할 수 있다. 분광기로 $\delta$ 4.1에 있는 1,1,2-트라이브로모에테인의 $H^b$ 양성자 신호를 스캔한다고 가정하자(그림 13-22). 이들 양성자는 인접해 있는 양성자인 $H^a$의 작은 자기장의 영향을 받고 있다. 시료 내 모든 분자에 대해 $H^a$의 배향은 동일하지 않다. 어떤 분자의 경우에는 $H^a$가 외부 자기장과 같은 방향으로 있고, 다른 분자에서는 반대 방향이다.

$H^a$가 외부의 장과 나란히 있으면 양성자 $H^b$는 총자기장의 세기를 약간 더 강하게 느낀다. 양성자 $H^b$는 효과적으로 벗겨져서 더 낮은 장에서 흡수가 일어난다. $H^a$ 양성자의 자기 모멘트가 외부 장과 반대 방향으로 있으면 양성자 $H^b$는 가려지게 되어 더 높은 장에서 흡수가 일어난다. 이 2개의 흡수를 양성자 $H^b$의 이중선에서 볼 수 있다. 분자의 약 절반 정도에 $H^a$가 외부 자기장과 같은 방향으로 놓이게 되며, 나머지 절반은 외부 자기장과 반대 방향으로 있게 되므로, 이중선에서 나타나는 2개의 흡수는 거의 면적비가 동일하다.

> 스핀-스핀 갈라짐은 상호성을 가진다. 어떤 양성자가 다른 양성자를 갈라지게 하면 그 두 번째 양성자는 첫 번째 양성자를 반드시 갈라지게 한다.

1,1,2-트라이브로모에테인에서 2개의 $H^b$ 양성자 스핀은 네 가지 조합을 보이는데, 그중에서 두 가지 조합이 동일한 자기장을 나타내므로 그림 13-21에서 양성자 *a*는 삼중선($\delta$ 5.7에서)으로 나타난다(그림 13-23). 2개의 $H^b$ 스핀이 외부 장과 나란히 있으면 양성자 *a*는 벗겨지고, 2개의 $H^b$ 스핀이 외부 장과 반대 방향으로 배열되어 있으면 양성자 *a*는 가려진다. 2개의 $H^b$ 스핀이 서로 반대 방향으로 있으면(두 가지 가능한 조합) 서로 상쇄된다. 결과적으로 3개의 신호가 나타나는데, 가운데 신호가 다른 것들보다 2배 크게 나타난다. 이는 가운데 신호가 2개의 가능한 스핀 조합에 해당하기 때문이다.

2개의 $H^b$ 양성자는 서로 갈라지지 않는다. 그들은 화학적으로 동등하고 같은 화학적 이동에서 흡수하기 때문이다. 같은 화학적 이동에서 흡수하는 양성자들은 서로 갈라지게 할 수 없다. 왜냐하면 진동수와 자기장의 강도가 같은 조합에서 공명을 일으키기 때문이다.

## 13-8B *N* + 1 규칙

1,1,2-트라이브로모에테인의 갈라짐에 대해 앞서 살펴본 분석은 더 복잡한 계까지 확장할 수 있다. 일반적으로 NMR 신호의 다중도(피크 수)는 ***N* + 1 규칙**(*N* + 1 rule)으로 주어진다.

> *N* + 1 규칙: 어떤 신호가 인접한 *N*개의 동등한 양성자에 의해 갈라진다면 *N* + 1의 피크로 갈라진다.

*N* + 1개 **다중선**(multiplet)의 상대적인 면적은 대략 Pascal 삼각형(Pascal's triangle)의 적절한 선으로 주어진다.

**대칭적인 다중선 피크의 상대적 세기**

| 갈라짐을 유발하는 동등한 양성자의 수(*N*) | 피크의 수 (다중도, *N*+1) | 면적비 (파스칼 삼각형) |
|---|---|---|
| 0 | 1 (단일선) | 1 |
| 1 | 2 (이중선) | 1 1 |
| 2 | 3 (삼중선) | 1 2 1 |
| 3 | 4 (사중선) | 1 3 3 1 |
| 4 | 5 (오중선) | 1 4 6 4 1 |
| 5 | 6 (육중선) | 1 5 10 10 5 1 |
| 6 | 7 (칠중선) | 1 6 15 20 15 6 1 |

에틸벤젠(ethylbenzene)에서 에틸기의 신호가 갈라지는 현상을 살펴보도록 하자(그림 13-24). 메틸 양성자는 2개의 인접한 양성자에 의해 갈라지고, 1:2:1의 면적비로 높은 장에서 삼중선으로 나타난다. 메틸렌($CH_2$) 양성자는 3개의 양성자에 의해 갈라져 더 낮은 장에서 면적비 1:3:3:1의 사중선으로 나타난다. 이렇게 갈라지는 방식은 전형적으로 에틸기에서 볼 수 있다. 방향족 양성자 5개 모두는 7.2 ppm 근처에서 흡수하는데, 이는 알킬 치환기가 방향족 양성자의 화학적 이동에 아주 조금만 영향을 주기 때문이다. 방향족 양성자는 고해상도 스펙트럼에서 복잡한 양상으로 서로 갈라진다(13-9절). 해상도가 작은 낮은 장에서 이들 방향족 양성자는 분할되지 않고 약간 넓은 단일 피크로 나타난다.

**문제풀이 힌트**

갈라짐이 보일 때는 인접한 탄소 원자에 동등하지 않은 수소가 있는지 살펴본다.

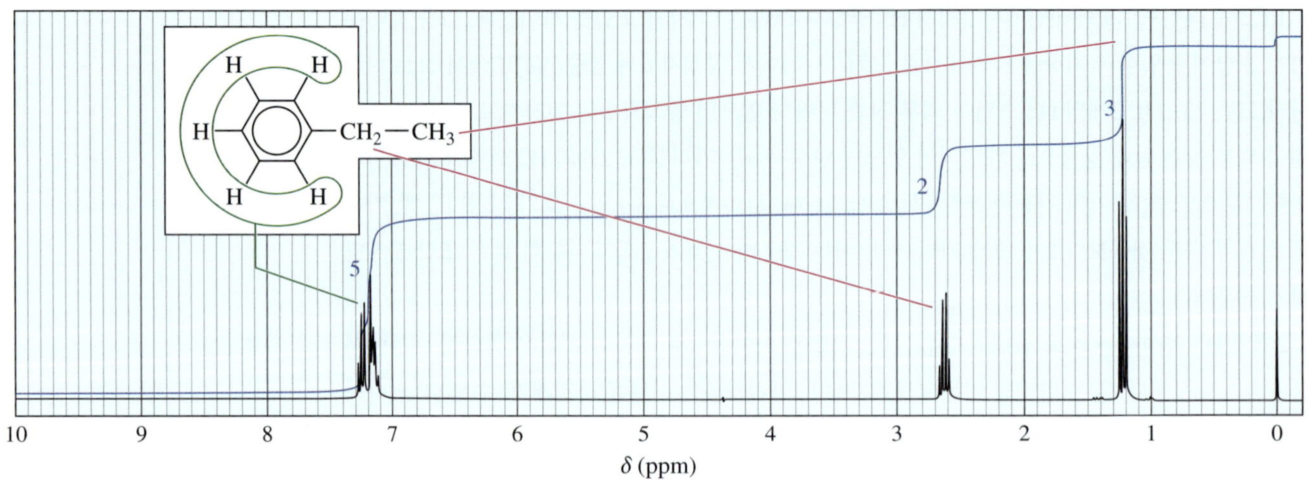


**그림 13-24** 에틸벤젠의 양성자 NMR 스펙트럼. 에틸기는 $\delta$ 1.2($-CH_3$)에서 삼중선과 $\delta$ 2.6($-CH_2-$)에서 사중선으로 나타난다. 방향족 양성자는 $\delta$ 7.2 근처에서 다중선으로 나타난다.

## 13-8C 자기 짝지음의 범위

에틸벤젠에서 방향족 양성자와 에틸기 양성자 사이에 스핀-스핀 갈라짐은 일어나지 않는다. 이들 양성자는 인접한 탄소에 있지 않고 너무 멀리 떨어져 있으므로 자기 짝지음이 일어날 수 없다.

이 양성자들은 인접한 탄소에 있지 않음: 갈라짐이 관찰되지 않음

이 양성자들은 인접한 탄소에 있음: 서로 갈라짐

**문제풀이 힌트**

대부분의 경우 같은 탄소에 있는 양성자들은 동등하므로 서로 갈라지지 않는다. 만약 동등하지 않다면(13-10절) 서로 갈라진다.

스핀-스핀 갈라짐을 일으키는 자기 짝지음은 일차적으로 분자의 결합을 통해 일어난다. 스핀-스핀 갈라짐에 대한 대부분의 예는 3개의 결합으로 떨어져 있는 양성자들 사이의 짝지음과 관련되어 있으며, 이들은 바로 옆의 탄소에 결합되어 있다(이웃 자리 양성자).

대부분의 스핀-스핀 갈라짐은 인접한 탄소에 결합되어 있는 양성자들 사이에서 일어난다.

같은 탄소 원자에 결합되어 있는 양성자(같은 자리 양성자)들은 동등하지 않을 때만 서로 갈라진다. 대부분의 경우 같은 탄소에 있는 양성자들은 동등하며 서로 갈라지지 못한다.

같은 탄소에 결합된 양성자: 양성자들 사이에 2개의 결합이 있음

스핀-스핀 갈라짐이 관찰됨(동등하지 않을 경우)

인접한 탄소에 결합된 양성자: 양성자들 사이에 3개의 결합이 있음

보통 스핀-스핀 갈라짐이 관찰됨(가장 흔한 경우)

특징적인 에틸기

**그림 13-25** 다중선의 기울. 다중선은 갈라짐을 일으키는 양성자를 향해 위쪽으로 기울어진다. 에틸벤젠의 에틸 다중선들은 서로를 향해 기울어져 있다.

인접하지 않은 탄소에 결합된 양성자: 양성자들 사이에 4개 또는 그 이상의 결합이 있음

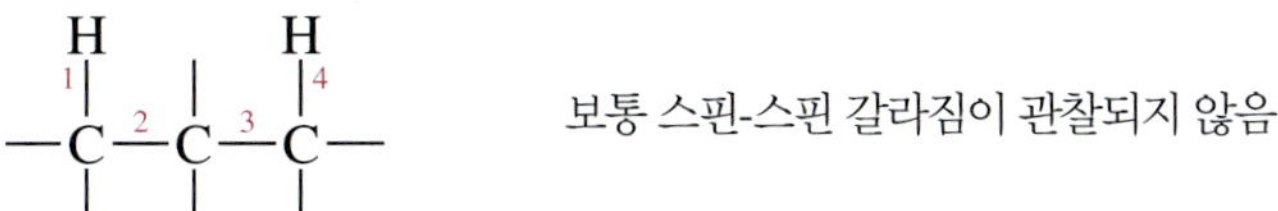


보통 스핀-스핀 갈라짐이 관찰되지 않음

세 결합 이상 떨어진 양성자들은 일반적으로 눈에 띄는 스핀-스핀 갈라짐을 일으키지 않는다. 때때로 이러한 '장거리 짝지음'이 일어나지만, 이는 특별한 경우이다. 우선은 인접한 탄소 원자에 있는 동등하지 않은 양성자들이 자기적으로 짝지어져 있음을 살펴보았다.

에틸벤젠 스펙트럼의 높은 장 영역에 있는 2개의 다중선이 정확히 대칭이 아님을 볼 수 있다. 일반적으로 다중선은 갈라짐을 일으키는 양성자의 신호를 향해 위쪽으로 '기울어져' 있다. 에틸 신호에서(그림 13-25) 낮은 장에 있는 사중선은 높은 장에 있는 삼중선 쪽으로 기울어져 있고, 높은 장의 삼중선은 낮은 장의 사중선 쪽으로 기울어져 있다.

또 다른 특징적인 갈라짐의 방식이 그림 13-26에 있는 메틸 아이소프로필 케톤(methyl isopropyl ketone), 즉 3-메틸뷰탄-2-온(3-methylbutan-2-one)의 NMR 스펙트럼에 나타나 있다.

카보닐기에 결합되어 있는 메틸기의 3개의 양성자 (*a*)는 $\delta$ 2.1 부근에 3의 상대 면적을 가진 단일선으로 나타난다. 메틸 케톤과 아세트산 에스터는 인접한 탄소 원자에 양성자가 없기 때문에 특징적으로 $\delta$ 2.1 근처에서 단일선을 나타낸다.

단일선, $\delta$ 2.1 → $CH_3-C(=O)-R$
메틸 케톤

단일선, $\delta$ 2.1 → $CH_3-C(=O)-O-R$
아세트산 에스터

아이소프로필기의 6개의 메틸 양성자 (*b*)는 동등하며, 결합 2개가 떨어져 있는 카보닐기에 의해 약간 벗겨져서 $\delta$ 1.1에서 6의 상대 면적을 가진 이중선으로 나타난다. 이들 양성자는 메타인 양성자 (*c*)와 자기적으로 짝지음을 이루기 때문에 이중선이 낮은 장 쪽으로 기울어져 있다. 이 이중선은 명확하게 하기 위해 수평 눈금을 넓혀 삽입 상자에 표시되었으며, 피크가 상자에 맞도록 수직 척도가 조정되어 있다.

**문제풀이 힌트**

에틸과 아이소프로필기는 흔하다. 이들의 갈라짐 방식으로부터 이들을 알아낼 수 있도록 공부한다.

메타인 양성자 $H^c$는 $\delta$ 2.6에서 1의 상대적인 면적을 가진 다중선으로 나타난다. 이 흡수는 인접한 6개의 메틸 양성자 (*b*)와 짝지음을 이루기 때문에 칠중선(7개의 피크)으로 나타난다. 이 칠중선

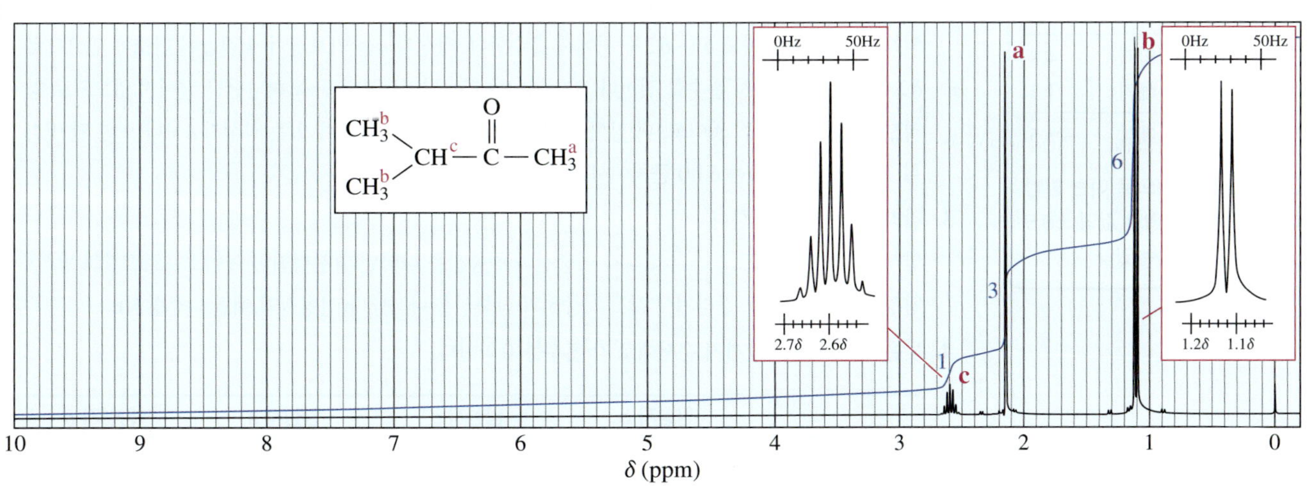


**그림 13-26** 메틸 아이소프로필 케톤의 양성자 NMR 스펙트럼. 아이소프로필기는 높은 장에서 강한 이중선의 특징적인 방식으로 나타나며, 낮은 장에서 약한 다중선(칠중선)으로 나타난다. 메틸기는 $\delta$ 2.1에서 단일선으로 나타난다.

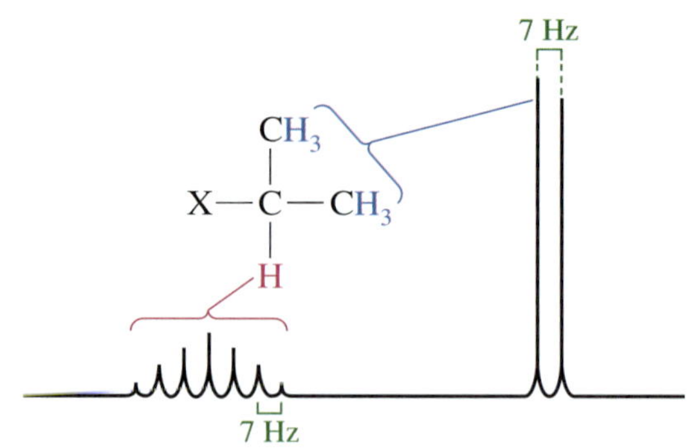


**그림 13-27** 아이소프로필기의 특징적인 갈라짐 방식

의 조금 작은 피크들은 확대한 삽입 상자에 나타난 바와 같이 스펙트럼을 확대하지 않으면 볼 수 없다. 이 스펙트럼은 그림 13-27에 요약되어 있는데, 아이소프로필기의 전형적인 갈라짐 방식을 보여준다. 메틸 양성자는 높은 장에서 강한 이중선을 나타내고, 메타인 양성자는 낮은 장에서 약한 다중선(보통 피크의 수를 세기 어려움)을 나타낸다. 아이소프로필기는 이러한 특징적인 방식 때문에 쉽게 알아낼 수 있다.

## 문제풀이 전략 | NMR 스펙트럼 그리기

**문제풀이 힌트**

2개의 기로 벗겨진 양성자의 화학적 이동을 추정하기 위해 각각의 벗겨짐 기에서 예상되는 화학적 이동을 합한 후 거기에서 1.3(알케인 $CH_2$기에 대한 $\delta$)을 빼라.

$C_6H_5$—$CH_2$—C(=O)—$CH_3$

페닐아세톤

페닐아세톤의 $CH_2$기에 대한 계산:

| | |
|---|---|
| 페닐기 바로 옆에 있는 $CH_2$ | $\delta$ 2.5 |
| C=O 바로 옆에 있는 $CH_2$ | $\delta$ 2.3 |
| 합계 | 4.8 |
| 빼기 | 1.3 |
| 예상 | $\delta$ 3.5 |

(실험값: $\delta$ 3.7) 일반적으로 이런 방법으로 화학적 이동을 정확한 값의 ±0.5~1 ppm 내로 추정할 수 있다.

NMR 스펙트럼을 배울 때 화학적 이동 값은 특정 양성자의 종류를 나타내고, 피크의 면적은 양성자의 수에 비례하며, 이웃하는 양성자는 스핀-스핀 갈라짐을 일으키는 것을 보았다. 이러한 원리를 기억하고 분자의 구조를 분석하면 NMR 스펙트럼의 특징을 예측할 수 있다. 스펙트럼을 그리는 것을 배우게 되면 실제 스펙트럼의 모양을 알아보는 데 도움이 될 것이다. 체계적으로 접근한다면 이 과정은 어렵지 않다. 아래 화합물의 NMR 스펙트럼을 그릴 수 있는 단계적 방법이 여기에 나타나 있다.

$(CH_3^a)_2CH^b$—O—C(=O)—$CH_2^c$—$CH_3^d$

1. **몇 가지 종류의 양성자가 어떤 비율로 존재하는지 결정한다.**
   이 예에서 *a*, *b*, *c*, *d*로 표시된 네 가지 형태의 양성자가 있다. 그 면적비는 6:1:2:3이 되어야 한다.
2. **양성자의 화학적 이동을 추정한다. (표 13.3과 부록 1을 지침으로 이용하라.)**
   양성자 *b*는 산소에 결합된 탄소 원자에 붙어 있어서 $\delta$3~$\delta$4 근처에서 흡수한다. 양성자 *a*는 산소에 의해 덜 벗겨져 아마도 $\delta$1~$\delta$2 근처에서 흡수한다. 양성자 *c*는 카보닐기에 결합된 탄소에 있으므로 $\delta$2.1~$\delta$2.5 부근에서 흡수할 것이다. 양성자 *d*는 카보닐기로부터 탄소 하나만큼 떨어져 있으므로 양성자 *c*보다 덜 벗겨질 것이고, 더 강하게 벗겨져 있는 탄소 원자 옆에 있는 양성자 *a*보다 또한 덜 벗겨질 것이다. 양성자 *d*는 $\delta$1.0 근처에서 흡수를 일으킨다.
3. **갈라짐 방식을 결정한다.**
   양성자 *a*와 *b*는 서로 갈라져서 각각 이중선과 칠중선을 나타낸다(전형적인 아이소프로필기의 방식). 양성자 *c*와 *d*는 서로 갈라져서 각각 사중선과 삼중선을 나타낸다(전형적인 에틸기의 방식).
4. **낮은 장부터 높은 장까지 순서대로 각 흡수를 요약한다.**

| | 양성자 *b* | 양성자 *c* | 양성자 *a* | 양성자 *d* |
|---|---|---|---|---|
| 면적 | 1 | 2 | 6 | 3 |
| 화학적 이동 | 3~4 | 2.1~2.5 | 1~2 | 1 |
| 갈라짐 | 칠중선 | 사중선 | 이중선 | 삼중선 |

**5. 요약한 정보를 이용하여 스펙트럼을 그린다.**

다음 문제를 통해 NMR 스펙트럼 예측에 숙달되도록 하라.

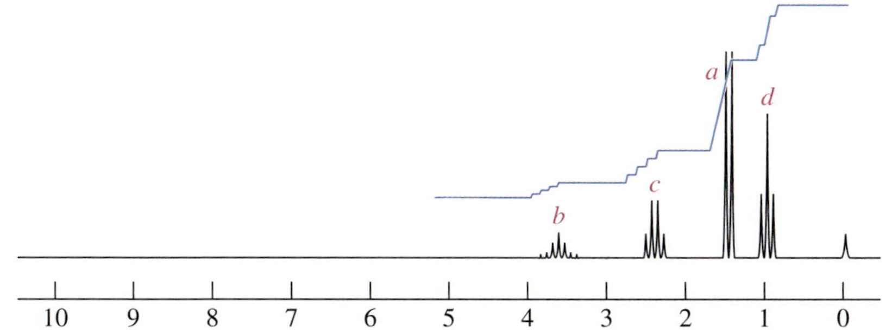


**연습문제 13-7**

다음 화합물에 대해 예상되는 NMR 스펙트럼을 그려보라.

**(a)** $(CH_3)_2CH-O-CH(CH_3)_2$

**(b)** $Cl-CH_2-CH_2-C(=O)-O-CH_3$

**(c)** $Ph-CH(CH_3)_2$

**(d)** $CH_3CH_2O-C_6H_4-OCH_2CH_3$ (para)

**(e)** $CH_2-COOCH_2CH_3$ / | / $CH_2-COOCH_2CH_3$

## 13-8D 짝지음 상수

다중선들의 피크 사이의 거리를 통해 구조에 대한 정보를 추가적으로 알 수 있다. 메틸 아이소프로필 케톤에서 이 거리는 약 7 Hz이다(그림 13-26, 13-27). 자기적으로 짝지어진 어떤 두 양성자는 서로에게 같은 효과를 나타내므로 이러한 갈라짐은 똑같다. $H^c$ 다중선($H^b$에 의해 갈라짐)에 있는 인접해 있는 피크들 사이의 거리는 $H^b$ 이중선($H^c$에 의해 갈라짐) 피크들 사이의 거리와 동일해야 한다.

다중선 피크들 사이의 거리(hertz로 측정)를 **짝지음 상수**(coupling constant)라고 한다. 짝지음 상수는 $J$로 나타내며, $H^a$와 $H^b$ 사이의 짝지음 상수는 $J_{ab}$로 나타낸다. 많은 종류의 양성자를 가진 복잡한 스펙트럼에서 이웃하는 양성자단은 때때로 그들의 짝지음 상수를 측정함으로써 확인할 수 있다. 똑같은 짝지음 상수를 가진 다중선들은 서로를 갈라지게 하는 인접한 양성자단에서 발생한다.

한 양성자가 다른 양성자에 미치는 자기 효과는 그 양성자들을 연결하는 결합에 달려 있지만, 외부 자기장의 세기에 달려 있지는 않다. 이러한 이유 때문에 짝지음 상수(hertz로 측정)는 분광기의 장의 세기로 인해 변하지 않는다. 300 MHz에서 작동하는 분광기는 60 MHz 기기와 같은 짝지음 상수를 나타낸다.

그림 13-28에 짝지음 상수의 대표적인 값이 나와 있다. 가장 많이 관찰되는 짝지음 상수는 자유롭게 회전하는 알킬기에서 이웃한 탄소 원자에 있는 양성자들 사이의 7 Hz 갈라짐이다.

*p*-나이트로톨루엔(*p*-nitrotoluene)의 스펙트럼 경우처럼 갈라짐의 방식과 짝지음 상수는 어떤 화합물의 가능한 이성질체를 구별하는 데 도움을 준다(그림 13-29). 메틸 양성자 (*c*)는 $\delta$ 2.5 근처에서 단일선으로 흡수하고, 방향족 양성자들은 한 쌍의 이중선으로 나타난다. $\delta$ 7.3 근처를 중심으

| | 대략적인 $J$ 값 | | 대략적인 $J$ 값 |
|---|---|---|---|
| (자유 회전) | 7 Hz[a] | (오쏘) | 8 Hz |
| (시스) | 10 Hz | (메타) | 2 Hz |
| (트랜스) | 15 Hz | (알릴성) | 6 Hz |
| (같은 자리) | 2 Hz | | |

**그림 13-28** 양성자 짝지음 상수의 전형적인 값

[a] 알킬기에서 7 Hz의 값은 탄소-탄소 결합 주위로 빠르게 회전하는 것에 대해 평균한 값이다. 만약 회전이 고리나 입체적으로 큰 기에 방해를 받으면 갈라짐 상수가 달라지는 것을 관찰할 수 있다.

로 한 이중선은 메틸기에 가장 가까운 2개의 방향족 양성자 (*a*)에 해당한다. $\delta$ 8.1 근처를 중심으로 한 이중선은 전자를 끌어당기는 나이트로기에 가장 가까운 2개의 양성자 (*b*)에 해당한다.

각 양성자 *a*는 하나의 *b* 양성자와 자기적으로 짝지어져 있으며, $H^a$ 흡수를 이중선으로 갈라지게 한다. 마찬가지로 각 양성자 *b*는 하나의 양성자 *a*와 자기적으로 짝지어져 있으며, $H^b$ 흡수를 이중선으로 가른다. 짝지음 상수는 8 Hz이며, 삽입 상자에 있는 7 Hz 격자보다 약간 넓다. 이 짝지음 값이 8 Hz임을 앎으로써 자기적으로 짝지어진 양성자 $H^a$와 $H^b$가 서로 오쏘 위치에 있음을 짐작할 수 있다.

나이트로톨루엔의 오쏘 및 메타 이성질체는 둘 다 뚜렷이 구별되는 네 가지 종류의 방향족 양성자를 가지고 있으며, 이들 이성질체의 스펙트럼은 더 복잡하다. 그림 13-29는 나이트로톨루엔의 파라 이성질체에 해당한다.

짝지음 상수는 또한 입체 이성질체를 구별하는 데 도움을 준다. 그림 13-30(a)에서 2개의 바이닐 양성자들 사이의 짝지음 상수가 9 Hz라는 것은 그들이 서로 시스임을 나타낸다. 그림 13-30(b)

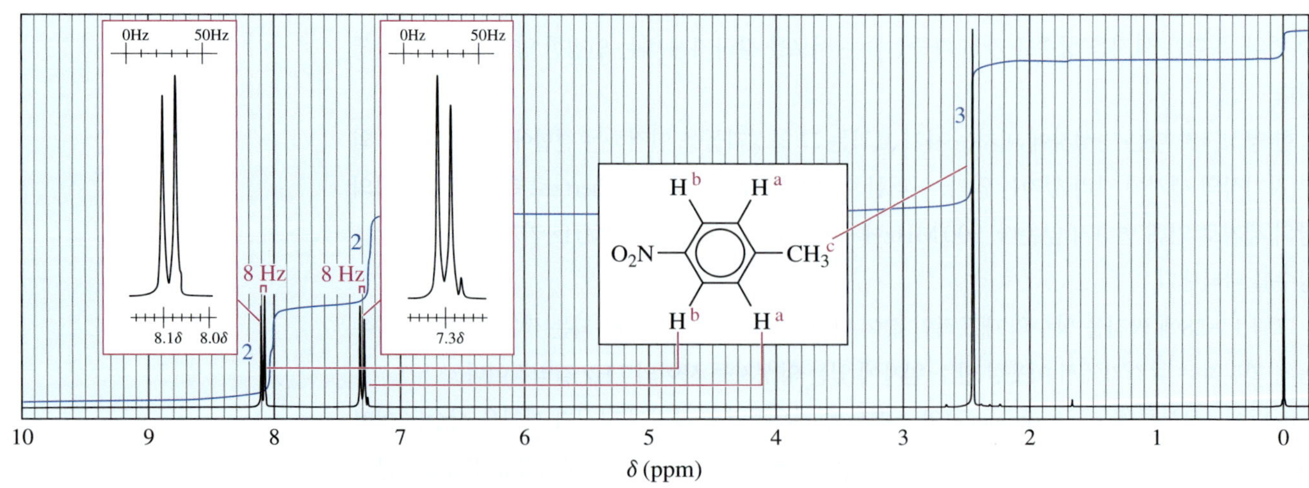


**그림 13-29** *p*-나이트로톨루엔의 양성자 NMR 스펙트럼

에서 15 Hz 짝지음 상수는 2개의 바이닐 양성자가 서로 트랜스임을 나타낸다. 9 Hz 짝지음 상수는 삽입 상자의 7 Hz 격자로 표시한 보통 알킬기의 갈라짐보다 넓다는 것을 알기 바란다. 15 Hz 짝지음은 보통 알킬기의 갈라짐인 7 Hz에 해당하는 격자 간격의 약 2배이다.

### 연습문제 13-8

다음 화합물에서 예상되는 NMR 스펙트럼을 그려보라.

(a) Ph(H)C=C(H)C$(CH_3)_3$

(b) $CH_3O$(Cl)C=C($CH_3$)H

(c) $(CH_3)_3C$(H)C=C(H)C(=O)$-OCH_2CH_3$

(d) $CH_3$–$C_6H_4$–COOH (H, H, H, H)

#### 문제풀이 힌트

$\alpha,\beta$-불포화 카보닐 화합물의 $\beta$-탄소의 양성자는 카보닐기의 전자 끌기 공명 효과 때문에 매우 낮은 장(약 $\delta$ 7)에서 흡수한다.

H–$C_\beta$=$C_\alpha$–C=O ⟷ H–$^{+}C_\beta$–$C_\alpha$=C–$O^-$

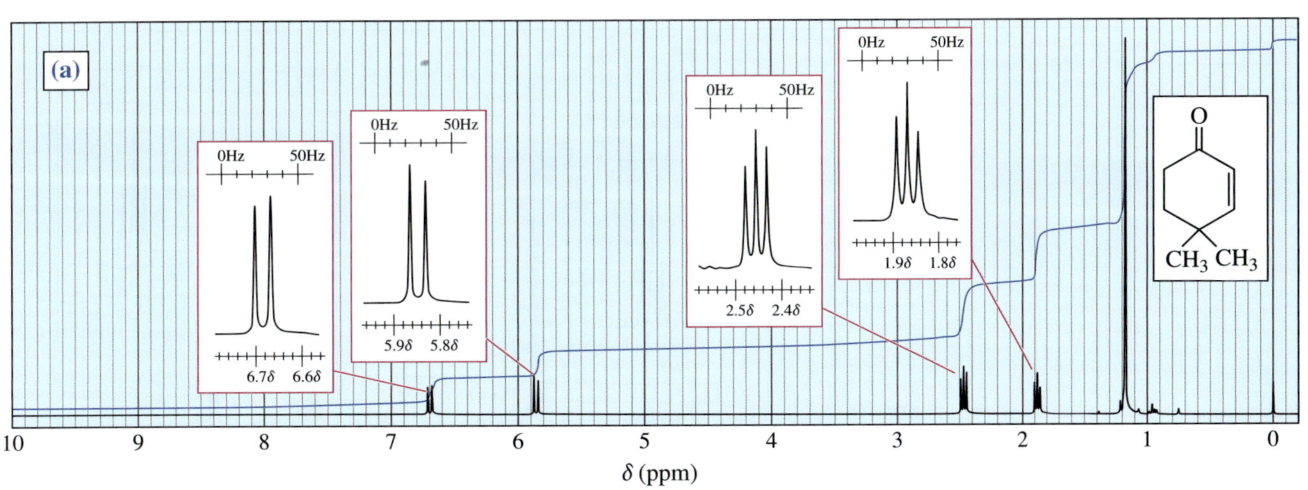


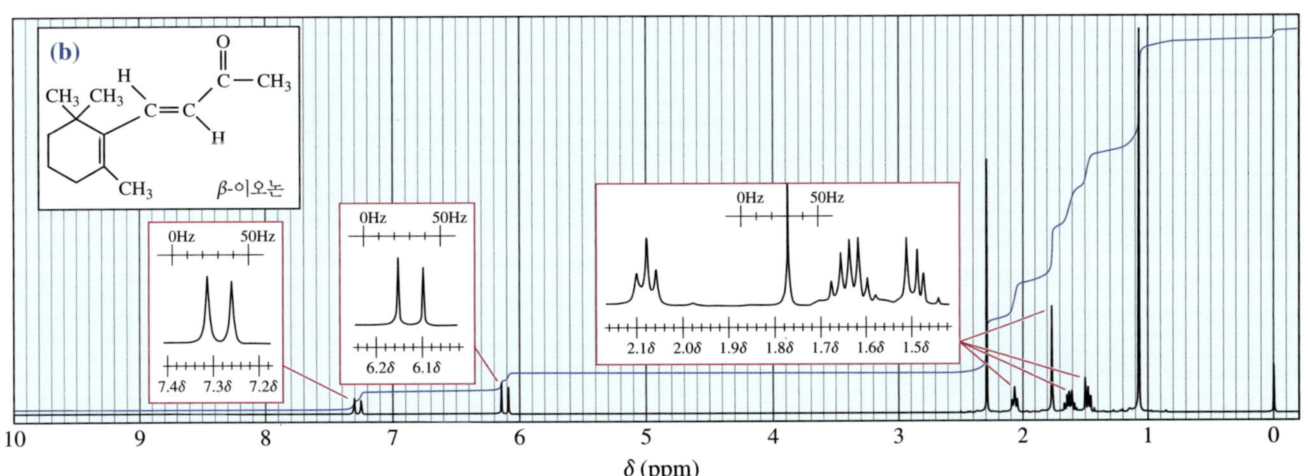


**그림 13-30** (a) 4,4-다이메틸사이클로헥스-2-엔-1-온과 (b) $\beta$-이오논($\beta$-ionone)의 양성자 NMR 스펙트럼

**문제풀이 힌트**

특히 바이닐 영역에서 짝지음 상수가 매우 크다는 것에 유의하라. 이 상수는 이중결합에 대한 입체 화학을 나타낼 수 있다.

**연습문제 13-9**

**(a)** 그림 13-30(a)에 있는 4,4-다이메틸사이클로헥스-2-엔-1-온의 NMR 스펙트럼의 피크가 각각 어떤 양성자에 해당하는지 밝혀라. $\delta$ 1.8과 $\delta$ 2.4에 있는 삼중선이 어떻게 그렇게 갈라지는지 설명하라.

**(b)** 그림 13-30(b)에 있는 $\beta$-이오논의 NMR 스펙트럼의 피크가 각각 어떤 양성자에 해당하는지 밝혀라. $\delta$ 1.5, $\delta$ 1.65, $\delta$ 2.1에 나타난 다중선이 각각 어떻게 그렇게 갈라지는지 설명하라. 이들 다중선이 분자 내 어떤 메틸렌기에 해당하는지 알 수 있는 방법을 설명하라.

**연습문제 13-10**

어떤 미지의 화합물($C_3H_2NCl$)은 1650 cm$^{-1}$와 2200 cm$^{-1}$ 근처에서 다소 강한 IR 흡수를 나타낸다. NMR 스펙트럼은 $\delta$ 5.9와 $\delta$ 7.1에서 2개의 이중선($J$ = 14 Hz)을 나타낸다. 이들 데이터에 맞는 구조를 제안하라.

**연습문제 13-11**

아래에 스펙트럼 2개가 있다. 각 스펙트럼에 해당하는 구조를 제안하라.

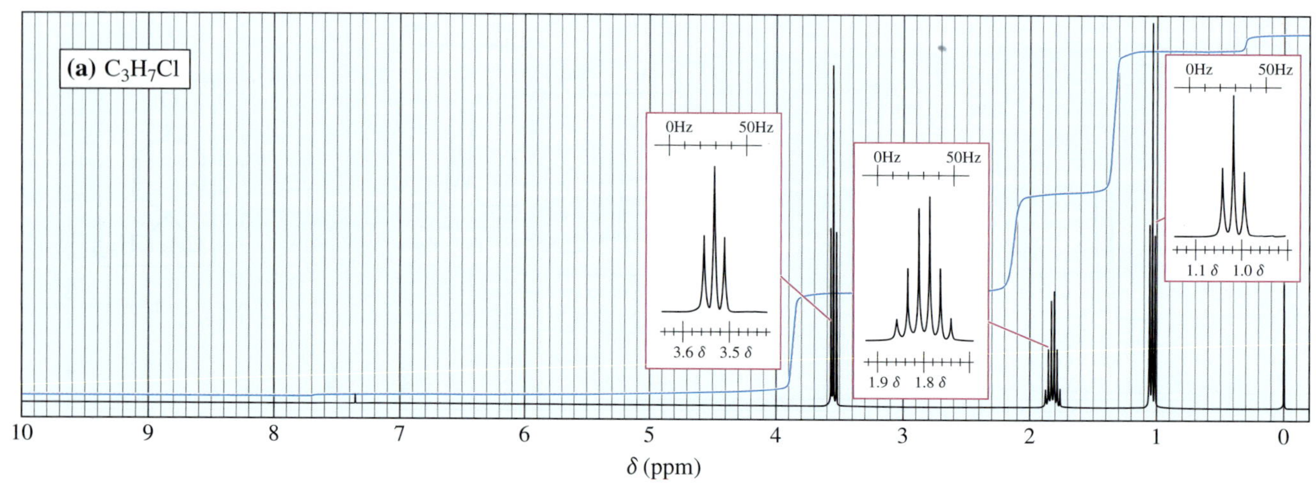


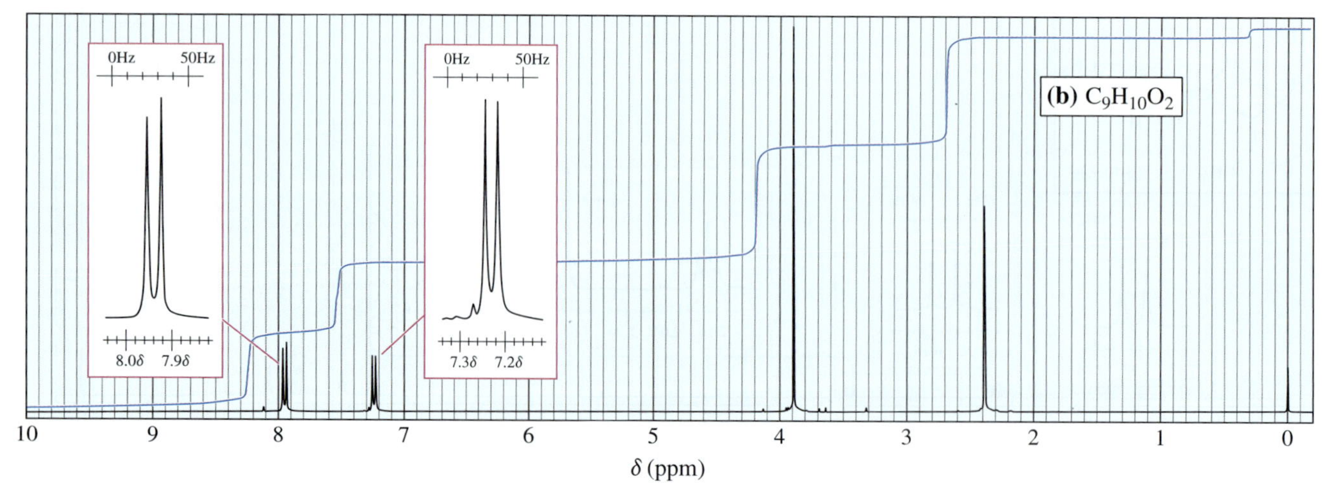

## 13-9 복잡한 갈라짐

한 가지 이상의 인접한 양성자들이 짝지음 상수가 서로 다르게 갈라지는 것처럼 **복잡한 갈라짐**(complex splitting)인 경우가 많다. 스타이렌(styrene)의 양성자 NMR 스펙트럼(그림 13-31)은 복잡한 갈라짐을 나타내는 여러 개의 흡수를 포함한다.

스타이렌의 페닐 고리에 인접한 바이닐 양성자 $H^a$를 생각해보자.

**문제풀이 힌트**

670쪽의 힌트에 제시된 식을 이용하여 $H^a$의 화학적 이동을 추정할 수 있다.

| | |
|---|---|
| 바이닐 양성자 | $\delta$ 5~6 |
| Ph—CH 양성자 | $\delta$ 2.3~2.5 |
| 합계 | 7.3~8.5 |
| 빼기 | 1.3 |
| 화학적 이동의 추정값 | $\delta$ 6~7 |

스타이렌

$H^a$의 화학적 이동은 바이닐기와 방향족 고리에 의해 벗겨져 $\delta$ 6.6에서 나타난다. $H^a$는 $H^b$와 짝지음을 하는데, 전형적인 트랜스 짝지음 상수 $J_{ab}$ = 17 Hz를 나타낸다. $H^a$는 또한 양성자 $H^c$와 $J_{ac}$ = 11 Hz로 짝지음을 한다. 따라서 $H^a$ 신호는 17 Hz 간격의 이중선으로 갈라지며, 이들 이중선 피크 각각은 11 Hz 간격의 이중선으로 다시 갈라져 총 4개의 피크로 나타난다. 이러한 복잡한 갈라짐을 이중선의 이중선(doublet of doublets)이라 하고, 그림 13-32에 나타난 갈라짐 나무(splitting tree)라고 하는 그림으로 해석할 수 있다.

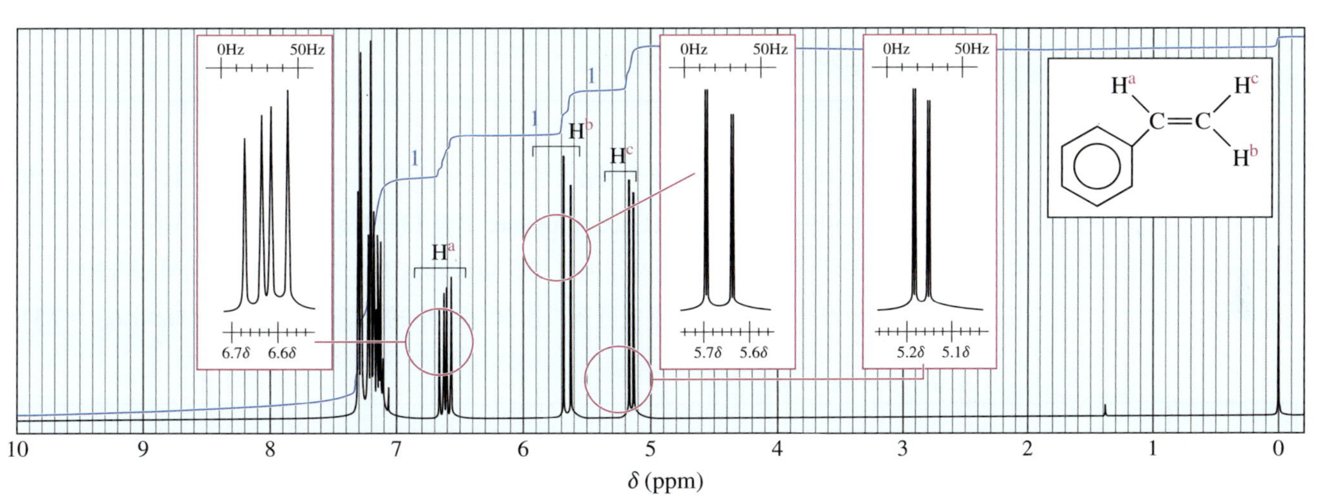


**그림 13-31** 스타이렌의 양성자 NMR 스펙트럼

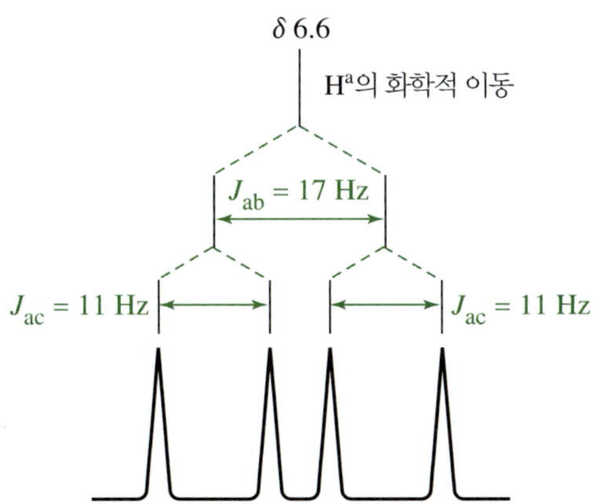


**그림 13-32** 스타이렌의 $H^a$ 양성자에 대한 갈라짐 나무. $H^a$ 신호는 $H^b$와의 짝지음에 의해 갈라지고($J_{ab}$ = 17 Hz), $H^c$와의 짝지음에 의해 더욱 갈라진다($J_{ac}$ = 11 Hz).

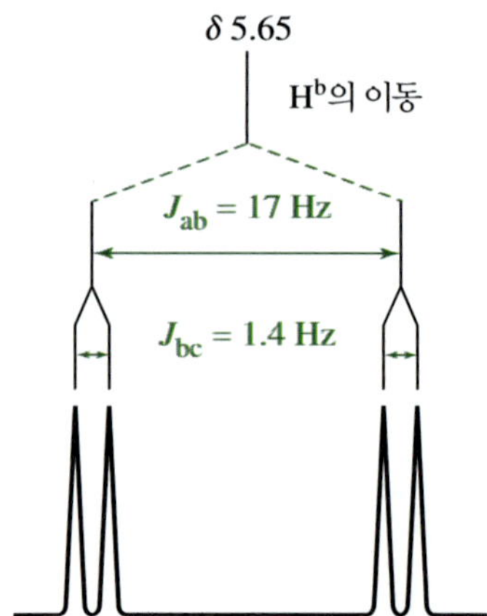


**그림 13-33** 스타이렌의 $H^b$ 양성자에 대한 갈라짐 나무. $H^b$ 신호는 $H^a$와의 짝지음에 의해 갈라지고($J_{ab}$ = 17 Hz), $H^c$와의 짝지음에 의해 더욱 갈라진다($J_{bc}$ = 1.4 Hz).

양성자 $H^b$는 페닐기의 벗김 영향으로부터 더 멀리 떨어져 있으므로 스타이렌의 NMR 스펙트럼에서 δ 5.65에 중심을 둔 다중선을 나타낸다. $H^b$는 또한 2개의 동등하지 않은 양성자에 의해 갈라진다. 즉 $H^a$에 의해 트랜스 짝지음 상수 $J_{ab}$ = 17 Hz로 갈라지고, $H^c$에 의해 같은 자리 짝지음 상수 $J_{bc}$= 1.4 Hz로 한 번 더 갈라진다. 그림 13-33에 있는 $H^b$의 갈라짐 나무에서 좁은 이중선의 이중선을 볼 수 있다.

**연습문제 13-12**

그림 13-32와 13-33처럼 스타이렌의 양성자 $H^c$에 대한 갈라짐 나무를 그려보라. 양성자 $H^c$의 화학적 이동은 얼마인가?

때때로 하나의 신호는 비슷한 짝지음 상수를 가진 둘 또는 그 이상의 서로 다른 양성자에 의해 갈라진다. 1-아이오도프로페인(1-iodopropane, 그림 13-34)을 생각해보자. 가운데 탄소 원자에 있는 *b* 양성자는 두 가지의 양성자인 메틸 양성자($H^c$)와 $CH_2I$ 양성자($H^a$)에 의해 갈라진다.

이러한 두 가지의 상호 작용에 대한 짝지음 상수는 비슷한데, 각각 $J_{ab}$ = 6.8 Hz와 $J_{bc}$ = 7.3 Hz

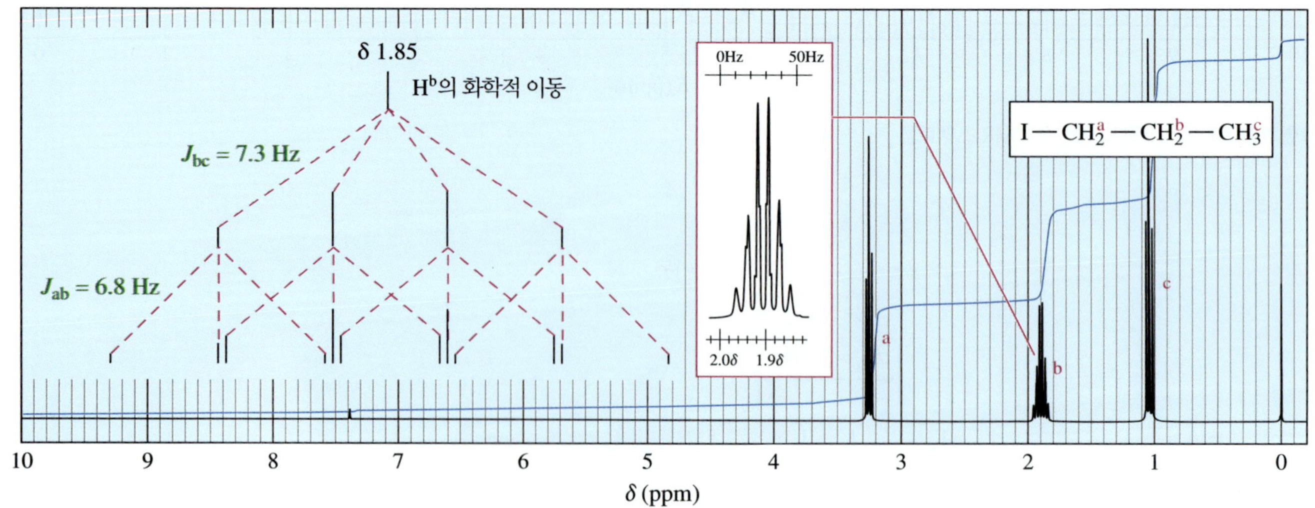


**그림 13-34** 1-아이오도프로페인의 NMR 스펙트럼. $H^b$ 신호는 인접한 탄소 원자에 있는 5개의 수소에 의해 육중선으로 갈라진 것처럼 보인다. 자세히 살펴보면 이 다중선은 완전한 육중선이 아니라 비슷한 갈라짐 상수를 가진 두 종류의 양성자(*a*와 *c*)에 의해 복잡하게 갈라진 결과이다.

이다. 스펙트럼을 보면 마치 5개의 동등한 양성자가 $H^b$와 짝지음한 것처럼 $H^b$ 신호는 육중선으로 나타난다. 삽입 상자에 있는 확대 스펙트럼을 보면 $H^b$ 신호는 완전한 육중선으로 나타나지 않음을 알 수 있다. 갈라짐 양식을 분석해보면 짝지음 상수가 완전히 동일한 $N$개의 양성자에 의해 신호가 갈라지는 경우에만 $N+1$ 규칙으로 인해 갈라짐이 완전한 다중선으로 나타남을 상기해준다.

**연습문제 13-13**

트랜스-헥스-2-엔산(enoic acid)의 스펙트럼은 다음과 같다.

**(a)** 어떤 양성자가 스펙트럼 중 어느 피크를 나타내는지 나타내라.

**(b)** 7 ppm 근처를 중심으로 바이닐 양성자의 복잡한 갈라짐이 어떻게 나타나는지 갈라짐 나무를 그려서 제시하라. 짝지음 상수 값을 추정하라.

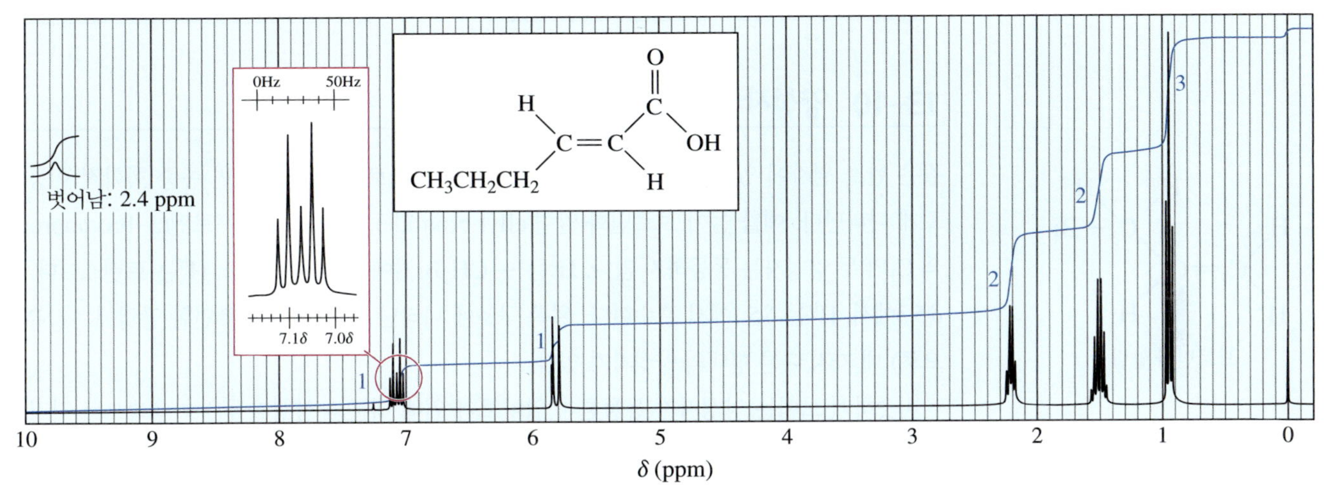


**연습문제 13-14**

시남알데하이드(cinnamaldehyde)의 NMR 스펙트럼은 아래와 같다.

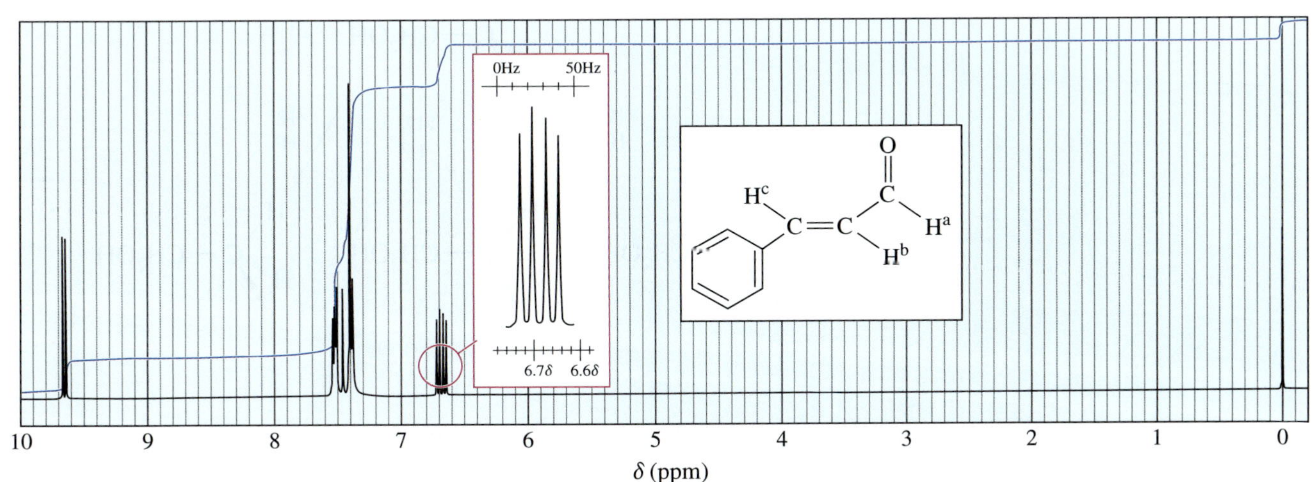


**(a)** $H^a$, $H^b$, $H^c$의 화학적 이동을 밝혀라. 이들 양성자 중 하나의 흡수는 보기 어렵다. 적분값을 주의해보기 바란다.

**(b)** 짝지음 상수 $J_{ab}$와 $J_{bc}$를 추정하라.

**(c)** 갈라짐 나무를 이용하여 $\delta$ 6.7에 중심을 둔 양성자의 복잡한 갈라짐을 분석하라.

**연습문제 13-15**

오른쪽 케톤의 양성자 NMR 스펙트럼을 생각해보자.

**(a)** 각 양성자에 대한 대략적인 화학적 이동을 예상하라.

**(b)** 각 양성자 종류에 대한 NMR 피크 수를 예상하라.

**(c)** 갈라짐 도식을 그려봄으로써 동그라미로 표시된 양성자의 흡수가 어떤 모양의 갈라짐을 나타낼 수 있는지 예측하라.

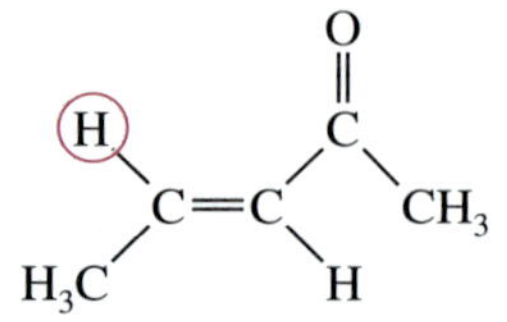

## 13-10 양성자의 입체 화학적 비동등성

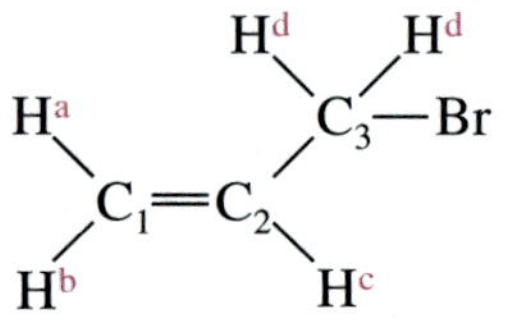

브로민화 알릴

같은 탄소 원자에 있는 양성자들이라도 입체 화학적으로 차이가 있다면 종종 화학적 이동이 다르게 나타난다. 예를 들어 브로민화 알릴(allyl bromide), 즉 3-브로모프로펜(3-bromopropene)의 $C_1$의 두 양성자는 동등하지 않다. $H^a$는 $-CH_2Br$기에 대해 시스이고, $H^b$는 트랜스이다. $H^a$는 $\delta$ 5.3에서, $H^b$는 $\delta$ 5.1에서 흡수한다. 왼쪽 구조에 나타난 바와 같이 브로민화 알릴에는 (NMR상으로) 네 가지 다른 형태의 양성자가 있다.

비슷하게 보이는 양성자가 동등한지 알아보기 위해 의문의 양성자들을 마음속으로 각각 다른 원소로 치환하라. **2개의 양성자 중 어느 것을 가상적으로 치환하더라도 동일한 생성물이 만들어지면 이 두 양성자는 화학적으로 동등하다.** 예를 들어 에탄올의 3개의 메틸 양성자 중 어떤 것을 가상적인 $Z$ 원자로 치환해도 같은 화합물이 생긴다면 이들 수소는 화학적으로 동등하고, 모두 같은 화학적 이동에서 나타날 것이다. 자유롭게 회전하는 $CH_3$기의 경우 양성자들은 모두 화학적으로 항상 동등하다.

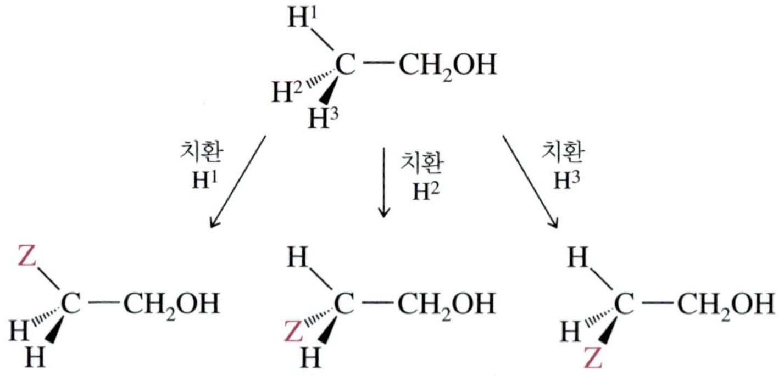

치환 $H^1$ 치환 $H^2$ 치환 $H^3$

같은 화합물의 다른 형태

이러한 가상의 치환 방법을 브로민화 알릴의 $C_1$의 양성자에 적용할 때 가상의 생성물은 다르게 나온다. 시스 수소를 치환하면 시스 부분 입체 이성질체를, 트랜스 수소를 치환하면 트랜스 부분 입체 이성질체를 생성한다. 이 가상의 두 생성물은 부분 입체 이성질체의 관계이므로, $C_1$의 두 양성자는 **부분 입체 이성질성**(diastereotopic) 양성자라고 한다. 부분 입체 이성질성 양성자는 NMR에서 다른 화학적 이동으로 나타나고, 서로 갈라질 수 있다.

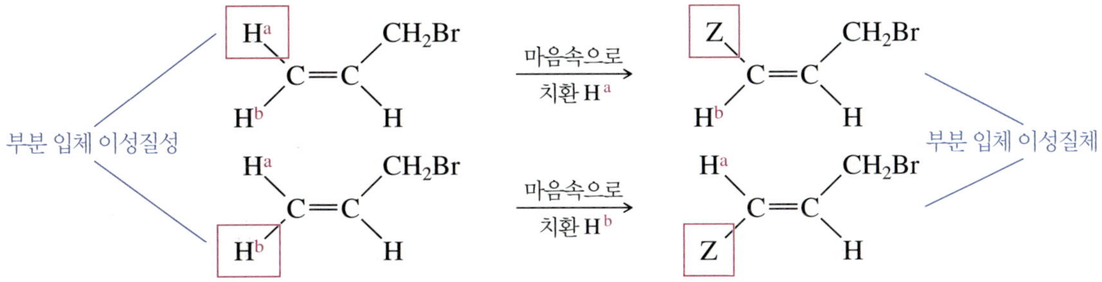

사이클로뷰탄올(cyclobutanol)은 고리계에서 입체 화학적 관계를 보여준다. 하이드록시 양성자 $H^a$는 확실히 특이한데, 용매와 농도에 따라 $\delta 3 \sim \delta 5$ 사이에서 흡수가 일어난다. $H^b$도 독특한데 $\delta 3 \sim \delta 4$ 사이에서 흡수한다. $H^e$와 $H^f$는 부분 입체 이성질성 양성자이다(그리고 다른 자기장에서 흡수한다). $H^e$는 하이드록시기에 대해 시스이나, $H^f$는 트랜스이기 때문이다.

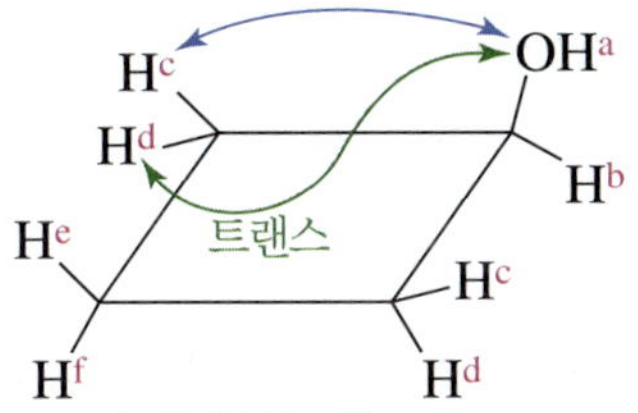

나머지 다른 4개의 양성자를 구별하려면 사이클로뷰탄올이 내부에 대칭면을 가짐을 주목하라. 양성자 $H^c$는 하이드록시기에 시스이나, $H^d$는 트랜스이다. 그러므로 양성자 $H^c$는 양성자 $H^d$와 부분 입체 이성질성의 관계이고, 이 두 종류의 양성자는 다른 자기장에서 흡수를 일으키며 서로를 갈라지게 할 수 있다.

**연습문제 13-16**

가상의 치환 기법을 이용하여 사이클로뷰탄올의 $H^c$와 $H^d$가 부분 입체 이성질성 양성자임을 밝혀라.

**문제풀이 힌트**

두 양성자를 비교하는 데 가상의 치환 기법을 사용하라. 화합물을 그리되, 한 양성자를 가상의 원자(예: Z)로 교체하고, 그런 다음 나머지 양성자를 교체하여 화합물을 다시 그리고, 두 가지 가상 생성물을 비교하라. 그들이 동일하면 양성자들은 화학적으로 동등하다고 할 수 있다(동질성). 그들이 부분 입체 이성질체이면 양성자들은 부분 입체성이다. 그들이 거울상 이성질체라면 양성자들은 거울상 이성질성이다. 대부분의 경우 NMR로는 거울상 이성질성의 양성자들을 구별할 수 없다.

***연습문제 13-17**

2개의 양성자 중 하나를 가상적으로 치환했을 때 거울상 이성질체가 형성된다면 이들은 거울상 이성질성(enantiotopic) 양성자라고 한다. NMR은 카이랄 탐침이 아니므로 거울상 이성질성 양성자들을 구별할 수 없다. 이들은 'NMR로는 동등하게' 보인다.

(a) 가상의 치환법을 이용하여 브로민화 알릴의 $C_3$에 있는 2개의 알릴성 양성자가 거울상 이성질성 양성자임을 밝혀라.

(b) 마찬가지로 사이클로뷰탄올에서 2개의 $H^c$가 거울상 이성질성 양성자임을 나타내라.

(c) 사이클로뷰탄올에서 거울상 이성질성이 있는 다른 양성자는 무엇인가?

부분 입체 이성질성 현상은 포화된 비고리형 화합물에서도 나타난다. 예를 들어 1,2-다이클로로프로페인(1,2-dichloropropane)은 부분 입체 이성질성 양성자를 지닌 간단한 화합물이다. 가상의 치환법을 적용해보면 $-CH_2Cl$기에 있는 두 양성자는 부분 입체 이성질성 양성자임을 알 수 있다.

부분 입체 이성질성 양성자

$ClH_2C^{*}$—CHCl—$CH_3$ = (Cl, $H^a$, $H^b$ on C1; Cl, H on C2; $CH_3$) —마음속으로→ 치환 $H^a$ (Z) 그리고 치환 $H^b$ (Z)

부분 입체 이성질체

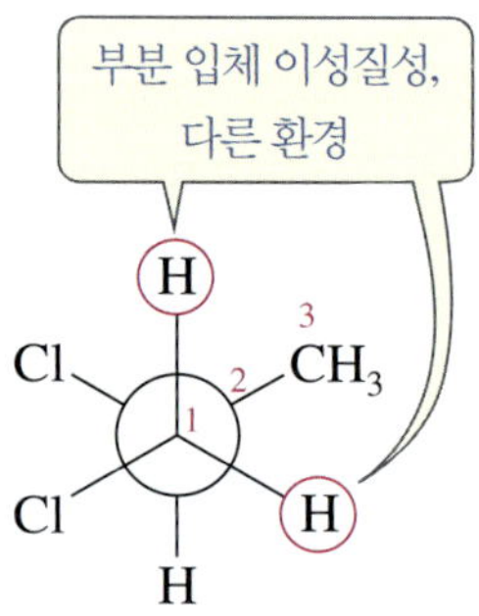


가장 안정한 형태의 1,2-다이클로로프로페인(왼쪽 구조)을 보면 C1에 있는 2개의 부분 입체 이성질성 양성자는 다른 화학적 환경에 놓여 있음을 알 수 있다. 그들이 느끼는 자기장은 다르므로 NMR에 의해 동등하지 않음을 알 수 있다. 1,2-다이클로로프로페인의 NMR 스펙트럼이 그림 13-35에 나타나 있다. 메틸 양성자는 $\delta$ 1.6에 이중선으로 나타나고, C2에 있는 하나의 양성자는 $\delta$ 4.15에서 복잡한 다중성으로 나타난다. C1에 있는 2개의 양성자는 $\delta$ 3.60과 $\delta$ 3.77에 뚜렷한 흡수를 나타낸다. 그들은 C2에 있는 양성자에 의해 갈라지고, 또한 서로에 의해서도 갈라진다.

$CH_2Cl$기 바로 옆에 비대칭 탄소 원자가 있기 때문에 이 2개의 양성자는 서로 다른 화학적 환경에 놓이게 되어 부분 입체 이성질성 양성자가 된다. 어떤 분자에 비대칭 탄소 원자가 있다면 어떤 메틸렌기라도 그 위의 양성자들은 보통 부분 입체 이성질성 양성자가 된다. 그러나 그들은 환경의 차이에 따라 NMR에서 분할되거나 분할되지 않을 수도 있다.

***연습문제 13-18**

각 화합물에 나타나는 이론적인 NMR 신호의 수를 예상하고, 대략적인 화학적 이동을 나타내라. 부분 입체 이성질성 관계에 있는 양성자를 찾아내라.

**(a)** 2-브로모뷰테인 **(b)** 사이클로펜탄올

**(c)** Ph—CHBr—$CH_2Br$ **(d)** 염화 바이닐

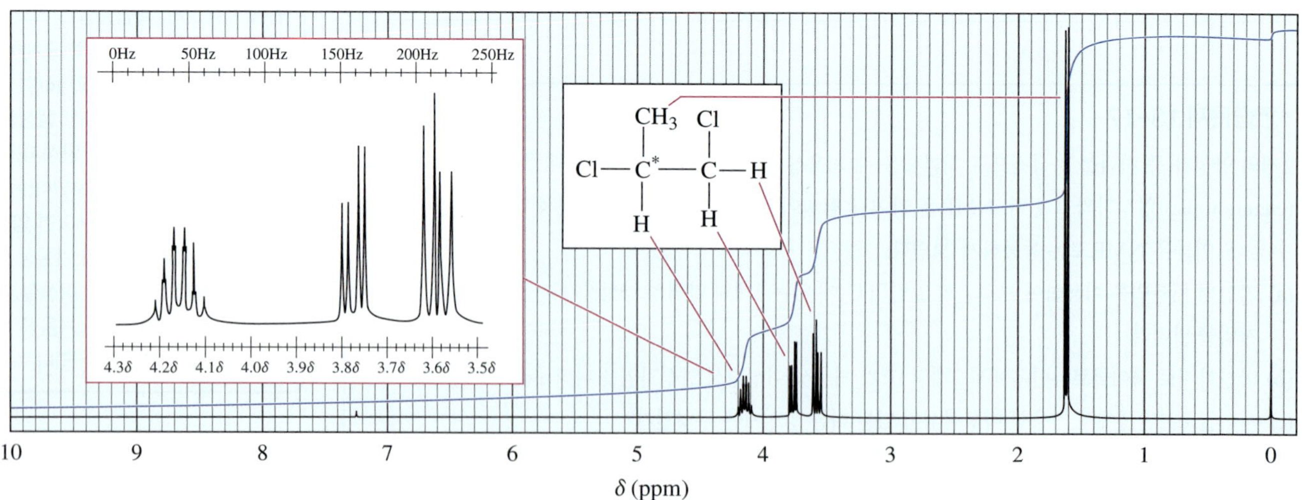


**그림 13-35** 1,2-다이클로로프로페인의 부분 입체 이성질성 양성자. 1,2-다이클로로프로페인의 양성자 NMR 스펙트럼에서 C1의 메틸렌 양성자에 대한 뚜렷한 흡수를 볼 수 있다. 이들 수소 원자는 부분 입체 이성질성을 띠며, 화학적으로 동등하지 않다.

## 13-11 NMR 분광학의 시간 의존

앞서 NMR이 분자의 순간적인 구조에 대한 정보를 주지 못한다는 것을 보았다. 예를 들면 말단 알카인의 스펙트럼에서 분자가 장에 나란하게 배향되었을 때 높은 장에서 흡수가 일어나고, 장에 수직으로 배향되었을 때 낮은 장에서 흡수가 일어나는 것을 볼 수 없다. 사실 1개의 신호를 보게 되는데, 그 신호는 빠르게 회전하는 분자가 지닌 모든 배향에 대한 화학적 이동의 평균값에 해당한다. 일반적으로 어떤 형태의 움직임이나 변화가 0.01초보다 빠르게 일어난다면 NMR 스펙트럼은 평균값을 나타낼 것이다.

### 13-11A 회전 배열의 변화

이 원리는 사이클로헥세인의 스펙트럼으로 알 수 있다. 의자 형태에는 두 종류의 양성자, 즉 수직 방향 수소와 수평 방향 수소가 있다. 의자-의자 상호 전환에 의해 수직 방향 수소는 수평 방향 수소로, 수평 방향 수소는 수직 방향 수소로 변환된다. 이러한 상호 전환은 상온에서 NMR 시간 척도에 비해 빠르다. 사이클로헥세인의 NMR 스펙트럼은 상온에서 단 하나의 뾰족한 피크가 평균값인 $\delta$ 1.4에서 나타난다.

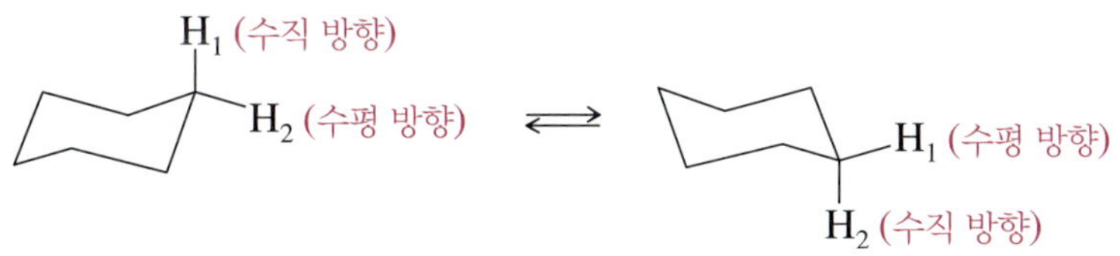

$H_1$ (수직 방향)
$H_2$ (수평 방향) ⇌ $H_1$ (수평 방향)
$H_2$ (수직 방향)

낮은 온도에서는 사이클로헥세인의 의자-의자 상호 전환이 느리게 된다. −89°C의 NMR 스펙트럼을 보면 두 가지 형태의 동등하지 않은 양성자가 서로 갈라져서 수직 방향 및 수평 방향 양성자의 흡수에 해당하는 2개의 넓은 흡수띠를 나타낸다. 흡수띠가 넓어지는 것은 같은 탄소 원자 및 인접한 탄소의 수직 방향 양성자와 수평 방향 양성자 사이에서 스핀-스핀 갈라짐이 일어나기 때문이다. 회전 배열이 상호 전환하는 것을 막기 위해 이와 같이 저온을 사용하는 기술을 일컬어 회전 배열을 결빙시킨다고 한다.

**응용: 생화학**

NMR 분광학은 신경전달 물질 같은 생물 분자의 회전 배열을 밝히는 데 유용하다. 예를 들면 아세틸콜린의 회전 배열에 대한 정보를 이용하여 알츠하이머병을 치료하는 약으로 사용되는 구조적으로 견고한 유사체를 고안해낼 수 있다.

### 13-11B 양성자의 빠른 이동

**하이드록시 양성자** 회전 배열의 상호 전환처럼 화학적 과정은 때때로 NMR로 관찰할 수 있는 것보다 더 빠르게 일어난다. 그림 13-36은 에탄올의 두 가지 NMR 스펙트럼을 보여준다.

그림 13-36(a)는 하이드록시(—OH) 양성자와 인접한 메틸렌(—$CH_2$—) 양성자 사이의 짝지음을 보여주는데, 짝지음 상수는 5 Hz이다. 이는 산, 염기, 물에 의해 오염되지 않은 초고순도의 에탄올 시료이다. (b)는 전형적인 에탄올 시료를 보여주는데, 약간의 산 또는 염기가 있어서 하이드록시 양성자의 상호 교환에 촉매 역할을 한다. 하이드록시 양성자와 메틸렌 양성자 사이의 갈라짐은 일어나지 않는다. NMR 측정 중 하이드록시 양성자 각각은 수많은 에탄올 분자와 결합하고, 메틸렌기가 지닌 모든 스핀 배열을 느낀다. 하이드록시기가 갈라지지 않고 하나의 흡수선으로 보이는 것은 하이드록시 양성자가 많은 에탄올 분자와 결합함으로써 평균 자기장을 느끼기 때문이다.

양성자 상호 교환은 대부분의 알코올, 카복실산 및 많은 아민과 아마이드 화합물에서 일어난다. (대개 —OH 양성자에서와 같이) 상호 교환이 빠르면 하나의 뾰족한 평균 신호만 볼 수 있다. 상호 교환이 매우 느리면 갈라짐을 볼 수 있다. 상호 교환이 적당히 느리면 깔끔하게 갈라지지 않고 명백한 평균값도 주어지지 않아 넓은 흡수 피크를 보게 된다.

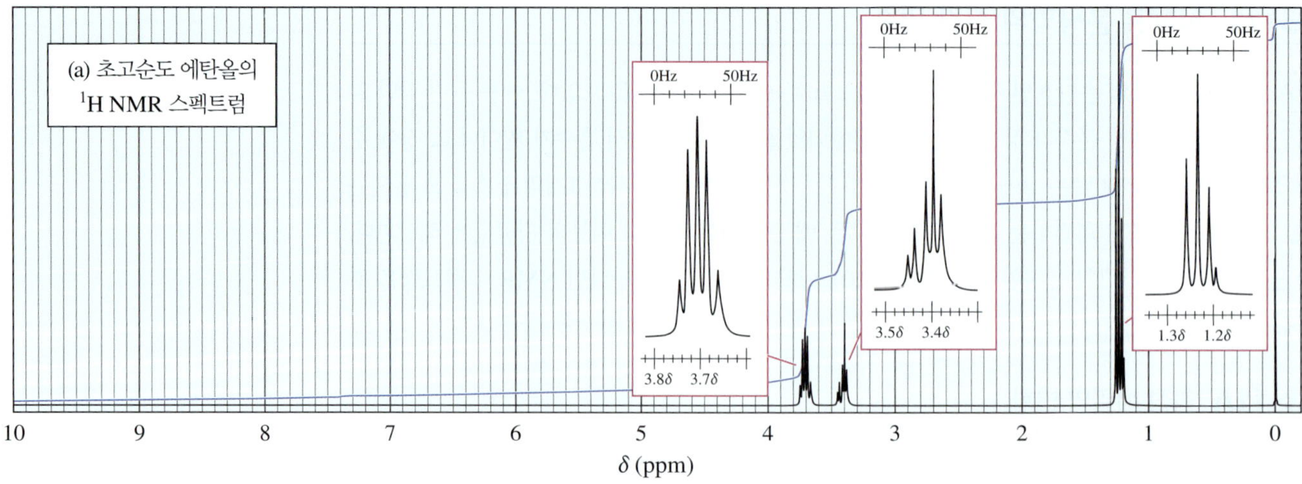


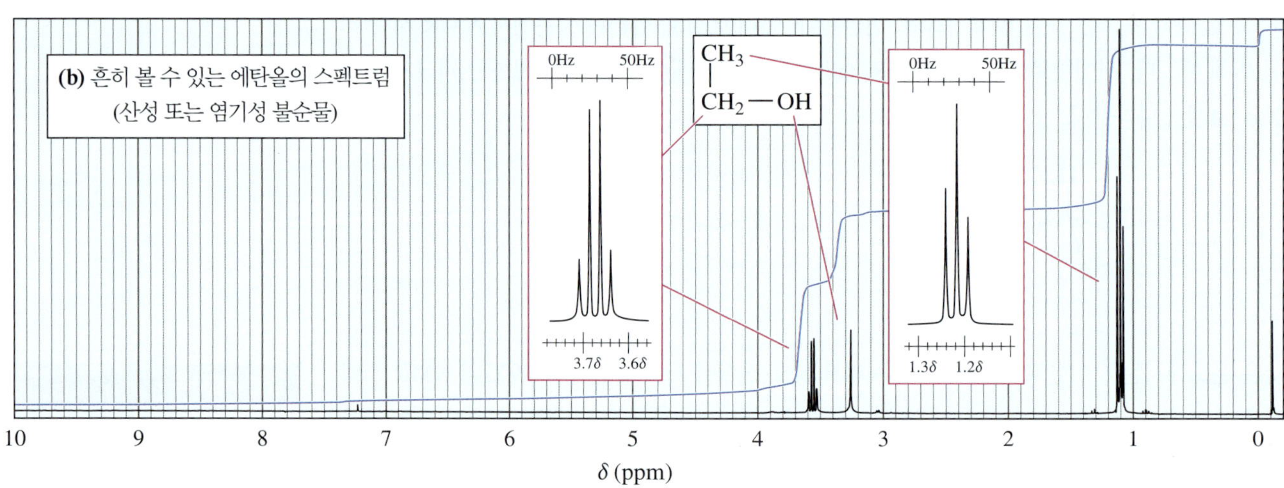


**그림 13-36** 초순수 에탄올과 미량의 산성(또는 염기성) 불순물을 가진 에탄올의 NMR 스펙트럼의 비교. 불순물은 —OH 양성자가 에탄올 분자 사이에서 빠르게 교환할 수 있도록 촉매 역할을 한다. 이렇게 양성자가 빠르게 교환하기 때문에 평균화된 자기장에서 갈라지지 않고 하나의 흡수를 보인다.

**연습문제 13-19**

아래 조건에서 에탄올 분자 사이의 양성자 상호 교환이 어떻게 일어나는지 메커니즘을 제안하라.

**(a)** 산 촉매 **(b)** 염기 촉매

**N—H 양성자** 질소에 있는 양성자는 흔히 NMR에서 폭이 넓은 신호를 보여주는데, 이는 N—H가 중간 속도로 교환하고 질소 원자핵이 자기적 성질을 갖기 때문이다. 교환 속도와 다른 요인에 따라 N—H 양성자가 나타내는 흡수 모양은 날카롭고 깔끔하게 갈라지거나, 날카롭고 갈라지지 않거나(평균화된), 또는 폭넓고 특정 모양이 없다. 그림 13-37의 NMR 스펙트럼은 $-NH_2$ 양성자가 $\delta$ 5.2를 중심으로 매우 넓은 흡수 피크를 보여준다.

O—H와 N—H 양성자의 화학적 이동은 농도와 용매에 달려 있으므로, 주어진 피크가 종종 이러한 형태의 양성자 중 하나에 해당한다고 말하기 어렵다. 시료에 과량의 중수소, 즉 $D_2O$를 넣고 흔들어 양성자를 상호 교환함으로써 그 양성자의 NMR 신호를 확인할 수 있다. 상호 교환이 가능한 수소들은 중수소 원자에 의해 빠르게 치환되어 양성자 NMR 스펙트럼에서 보이지 않게 된다.

**응용: 중수소화**

수소를 중수소로 대체함으로써 복잡한 갈라짐 방식을 종종 단순화할 수 있다. 중수소는 양성자 NMR에서 보이지 않는다. 그러므로 결과적으로 스펙트럼에서 해당 수소의 신호가 나타나지 않고 이웃한 수소들의 신호는 단순하게 나타난다.

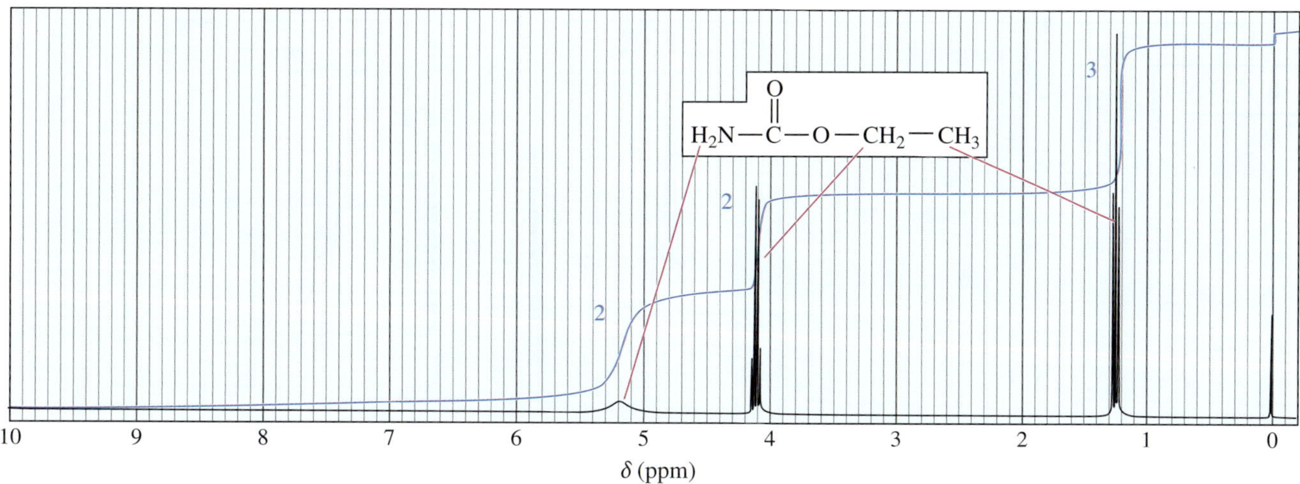


**그림 13-37** 넓은 N—H 흡수를 보여주는 카밤산 에틸(ethyl carbamate)의 양성자 NMR 스펙트럼

$$R-O-H \; + \; D-O-D \; \rightleftharpoons \; R-O-D \; + \; D-O-H$$

$$R-NH_2 \; + \; 2\,D-O-D \; \rightleftharpoons \; R-ND_2 \; + \; 2\,D-O-H$$

$D_2O$를 넣고 흔든 후, NMR 스펙트럼을 기록하면 교환 가능한 양성자들의 신호는 없어지거나 세기가 약해진다.

**연습문제 13-20**

$D_2O$ 한 방울을 넣고 흔든 에탄올에서 예상되는 NMR 스펙트럼을 그려보라.

**연습문제 13-21**

다음 NMR 스펙트럼과 분자식에 맞는 화학 구조를 제안하라. 스펙트럼 (a)에서 δ 1.65와 δ 3.75 근처의 피크가 깔끔한 다중선이 아닌 복잡한 갈라짐을 보이는 이유를 설명하라. 스펙트럼 (b)에서 몇 개의 양성자가 없어진 것처럼 보이는 이유를 설명하라.

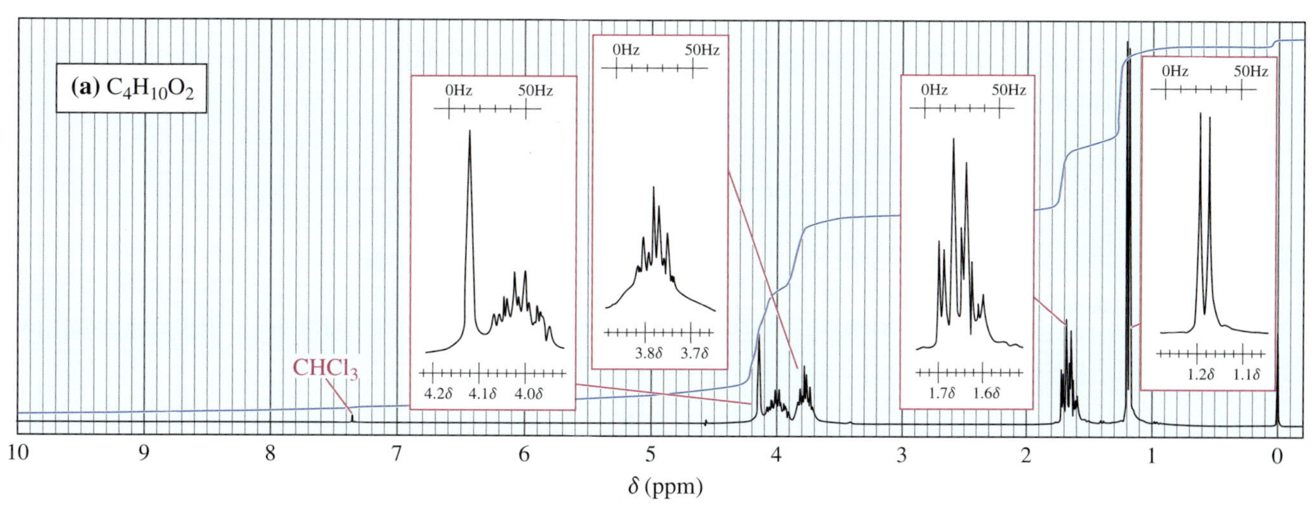

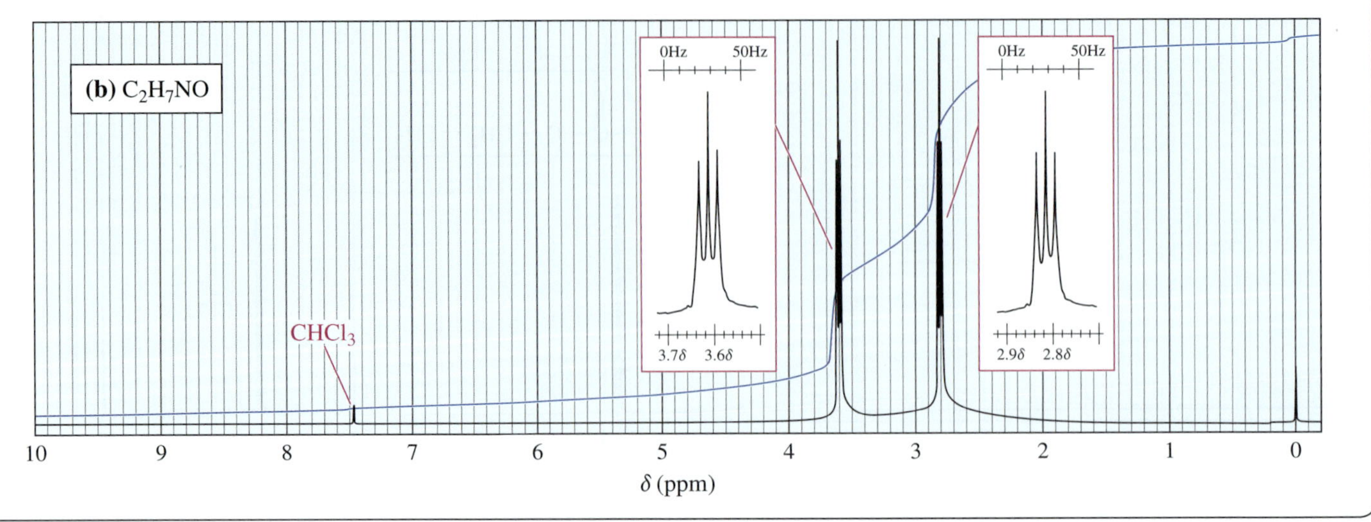


## 문제풀이 전략 | 양성자 NMR 스펙트럼의 해석

NMR 스펙트럼을 해석하려면 많은 예제와 문제를 풀어봐야 한다. 이 장 말미에 있는 문제를 풀어보면 다른 정보와 함께 NMR 스펙트럼으로부터 구조를 구성할 수 있는 자신감을 얻게 될 것이다. 이 절을 통해 스펙트럼 분석을 조금 더 쉽게 할 수 있도록 도와주는 일부 힌트를 얻게 될 것이다.

스펙트럼을 처음 볼 때 사소한 것에 빠지기 전에 중요한 특징을 생각해보라. 여기에 주목해야할 몇 가지 중요한 특징을 나타냈다.

**문제풀이 힌트**

아래에 근거하여 구조에 대한 정보를 찾는 것을 기억하라.

1. 흡수의 수
2. 화학적 이동
3. 피크의 면적
4. 스핀-스핀 갈라짐

1. 만약 분자식을 알고 있다면 이를 이용하여 불포화 요소의 수를 결정한다(7-3절 참조). 불포화 요소는 고리, 이중 결합, 삼중 결합이다. 분자식에서 양성자의 수와 면적비를 맞춰 개별 피크를 나타내는 양성자의 수를 결정한다.
2. 스펙트럼에 넓게 나타난 단일선은 어떤 것이라도 —OH 또는 —NH 양성자 때문일 수 있다. 만약 넓게 나타난 그 단일선이 10 ppm을 지나서 나타난다면 산의 —OH기일 수 있다.

—O—H —N—H (흔히 넓은 단일선)    —C(=O)—OH (넓은(또는 뾰족한) 단일선, $\delta > 10$)

3. $\delta 3 \sim \delta 4$ 근처의 신호는 산소 또는 할로젠 같은 전기 음성도가 큰 원소가 붙어 있는 탄소의 양성자임을 암시한다. 전기 음성도가 큰 원자에서 멀리 떨어진 양성자는 덜 강하게 벗겨진다.

—O—C—H Br—C—H Cl—C H I—C—H

탄소 또는 할로젠이 붙어 있는 탄소의 수소는 $\delta 3 \sim \delta 4$ 근처에 나타남

4. $\delta 7 \sim \delta 8$ 사이에 나타나는 신호는 방향족 고리가 있음을 시사한다. 만약 어떤 방향족의 흡수가 $\delta 7.2$보다 더 낮은 장에서 일어난다면 전자를 끌어당기는 치환기가 붙어 있을 것이다.

(X, Y 치환 벤젠 고리) $\delta 7 \sim \delta 8$ 근처 H

5. $\delta$5와 $\delta$6 근처의 신호는 바이닐 양성자임을 암시한다. 갈라짐 상수를 통해 시스 및 트랜스 이성질체를 구별할 수 있다.

C=C (H, H 시스) $\delta$5~$\delta$6 근처, $J$ = 10 Hz    C=C (H, H 트랜스) $\delta$5~$\delta$6 근처, $J$ = 15 Hz

6. 갈라지는 모양을 이용하여 인접해 있는 양성자의 수를 밝혀라. 그리고 분자의 조각을 조합하여 구조를 만들어보라. 특징적인 갈라짐 양식을 이용하여 에틸기와 아이소프로필기(그리고 이들을 닮은 구조)가 있는지 알아내라.

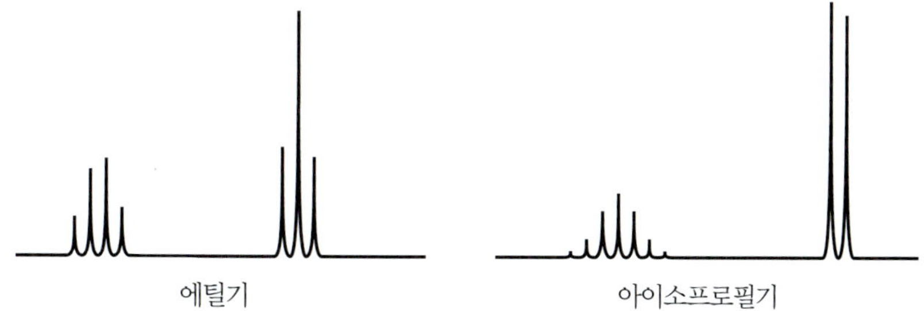


7. $\delta$2.1~$\delta$2.5의 신호는 카보닐기에 인접한 양성자이거나 방향족 고리 옆에 있는 양성자임을 시사한다. $\delta$2.1의 단일선은 흔히 카보닐기에 결합된 메틸기로부터 생긴다.

—C(=O)—C—H: $\delta$2~$\delta$2.5의 신호    —C(=O)—$CH_3$: 단일선, $\delta$2.1    $C_6H_5$—$CH_3$: 단일선, $\delta$2.3

8. $\delta$9~$\delta$10 사이의 신호는 알데하이드임을 나타낸다.

C(=O)H: 알데하이드, $\delta$9~$\delta$10

9. $\delta$2.5 근처의 뾰족한 단일선은 말단 알카인임을 시사한다.

—C≡C—H: $\delta$2.5 근처

이러한 힌트는 정확하지도 않고, 완전하지도 않다. 이러한 방법은 NMR 스펙트럼으로부터 화합물의 주요 특징을 어느 정도 알고 추측할 수 있도록 돕는다. 이 힌트를 이용하여 부분 구조를 그릴 수 있게 되고, 나아가 이들을 조합하여 스펙트럼과 일치하는 분자를 알 수 있도록 모든 가능한 방법을 검토할 수 있게 해준다. 그림 13-38은 가장 흔히 볼 수 있는 화학적 이동 중 몇 가지를 그림으로 보여준다. 화학적 이동에 대한 더 완벽한 표는 부록 1에 나타나 있다.

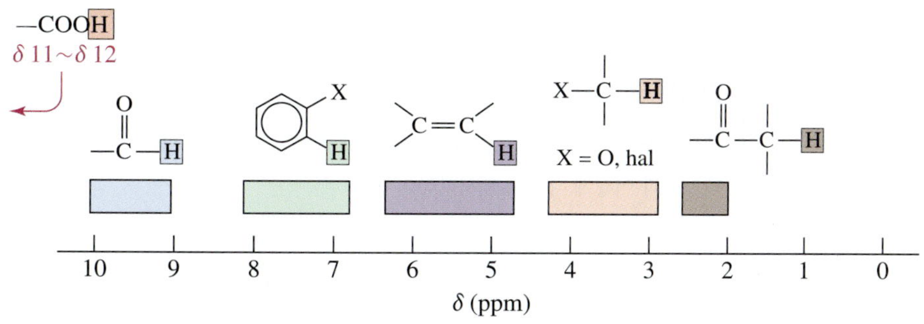


**그림 13-38** [1]H NMR 스펙트럼에서 흔히 볼 수 있는 화학적 이동

**예시 문제**

그림 13-39에 나타난 NMR 스펙트럼에 접근 방법을 생각해보자. 분자식은 $C_4H_8O_2$로 알려져 있는데, 이는 불포화 요소가 1개 있음을 의미하며(포화된 분자식은 $C_4H_{10}O_2$) 세 가지 유형의 양성자가 이 스펙트럼에 나타나 있다. $\delta$ 4.1과 $\delta$ 1.3에 나타난 신호는 에틸기와 유사하며 2:3의 적분비로 확인할 수 있다.

부분 구조: $-CH_2-CH_3$

메틸렌($-CH_2-$) 양성자의 흡수가 $\delta$ 4 근처에서 일어나므로, 에틸기는 아마도 전기 음성도가 큰 원자와 결합되어 있을 것이다. 분자식에 산소가 포함되어 있으므로, 에톡시기를 제안할 수 있다.

부분 구조: $-O-CH_2-CH_3$

$\delta$ 2.1(면적 = 3)의 단일선은 아마도 카보닐기에 결합한 메틸기일 수 있다. 카보닐기는 불포화 요소가 있음을 나타낸다.

부분 구조: $-C(=O)-CH_3$

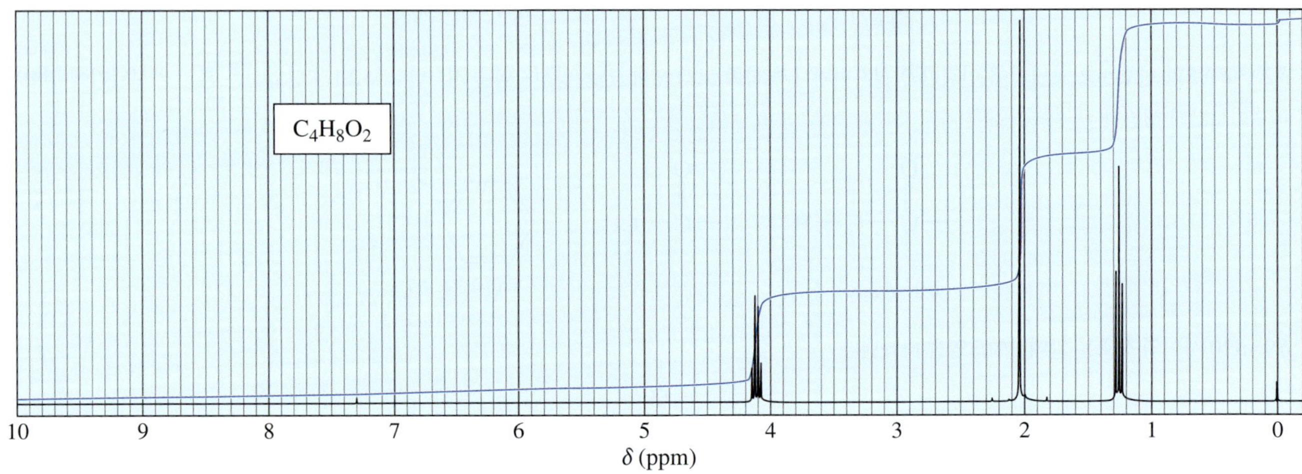


**그림 13-39** 분자식 $C_4H_8O_2$인 화합물에 대한 양성자 NMR 스펙트럼

스펙트럼에 있는 8개의 수소를 모두 확인할 수 있다. 모든 실마리를 조합하여 아래와 같은 구조를 제안할 수 있다.

$$CH_3^a-CH_2^b-O-C(=O)-CH_3^c$$

아세트산 에틸

이 시점에서 위에 제한한 구조가 분자식, 적분에 의한 양성자비, 신호들의 화학적 이동 및 스핀-스핀 갈라짐과 맞는지 다시 확인해야 한다. 아세트산 에틸에서 $H^a$ 양성자는 $\delta$ 1.3에서 면적 3의 삼중선(인접한 $CH_2$기에 의해 갈라짐, $J$ = 7 Hz)으로 주어지고, $H^b$ 양성자는 $\delta$ 4.1에서 면적 2의 사중선(인접한 $CH_3$기에 의해 갈라짐, $J$ = 7 Hz)으로 주어지고, $H^c$ 양성자는 $\delta$ 2.1에서 면적 3의 단일선으로 주어진다.

**연습문제 13-22**

프로피온산 메틸(methyl propionate)에서 예상할수있는 NMR 스펙트럼을 그리고, 아세트산 에틸의 스펙트럼과 어떻게 다른지 제시하라.

$$CH_3-O-C(=O)-CH_2-CH_3$$

프로피온산 메틸

### 예제 13-4

$C_4H_{10}O$의 분자식을 지닌 화합물의 NMR 스펙트럼을 보고, 이 화합물의 구조를 제안하라.

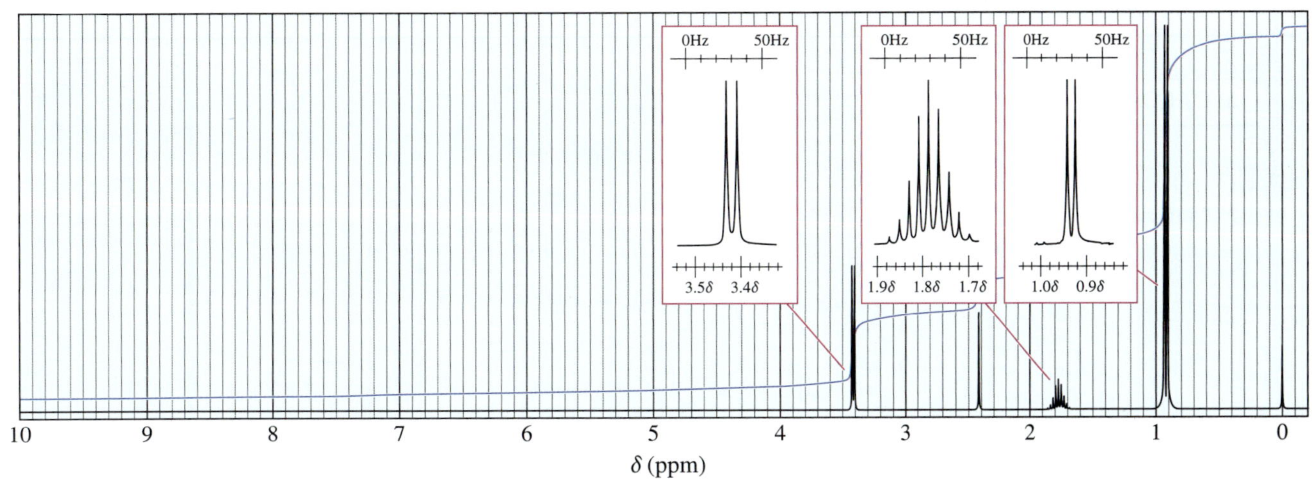


**풀이**

분자식 $C_4H_{10}O$는 불포화 요소가 없음을 나타낸다. 스펙트럼에는 네 종류의 수소가 2 : 1 : 1 : 6의 비율로 나타나 있다. δ 2.4의 단일선(양성자 1개)은 하이드록시기일 것이며, δ 3.4의 신호(양성자 2개)는 산소에 결합된 탄소 원자의 양성자에 해당한다. δ 3.4 신호는 이중선이며, 이웃한 탄소 원자에 수소 1개가 있음을 시사한다.

부분 구조: $\mathrm{H-O-CH_2-\overset{\displaystyle H}{\underset{|}{\overset{|}{C}}}-}$

(δ 2.4 흡수가 실제 하이드록시기인지 확신할 수 없으므로, 시료를 $D_2O$와 섞어 흔들어보는 방법을 생각해볼 수 있다. 만약 2.4 ppm 흡수가 하이드록시기를 나타낸다면 $D_2O$와 흔든 후에 시료는 줄어들거나 사라질 것이다.)

δ 1.8과 δ 0.9의 신호는 아이소프로필기에서 나타나는 형태와 비슷하다. 1 : 6의 적분비는 이 가정을 지지한다. 아이소프로필기의 메타인($\mathrm{-\underset{|}{C}H-}$) 양성자가 꽤 높은 장에서 흡수를 일으키기 때문에 아이소프로필기는 산소보다는 탄소와 결합하고 있음이 틀림없다.

부분 구조: $\mathrm{-\underset{|}{\overset{|}{C}}-CH(CH_3)_2}$

탄소 원자 중에서 두 가지 부분 구조가 나타났으므로, 위의 두 구조는 모두 6개 탄소 원자(분자식에 있는 4개와 비교하여)에 더한다. 부분 구조를 합하여 그려보면 아이소뷰틸 알코올을 얻을 수 있다.

$$\mathrm{H^a-O-CH_2^b-CH^c(CH_3^d)_2}$$

이 구조가 올바른 분자식을 가지는지, 또 스펙트럼이 제공하는 모든 구조적 증거를 설명하는지 확인하기 위해 이 구조를 재검토해야 한다(연습문제 13-23).

### 연습문제 13-23

NMR 스펙트럼의 어느 피크가 아이소뷰틸 알코올(예제 13-4)의 어느 양성자에 각각 해당하는지 밝혀라. 예를 들어 $H^a$는 단일선이고, 면적 = 1, δ 2.4이다.

**연습문제 13-24**

5개의 NMR 스펙트럼이 분자식과 함께 주어졌다. 각 스펙트럼에 맞는 구조를 제안하라.

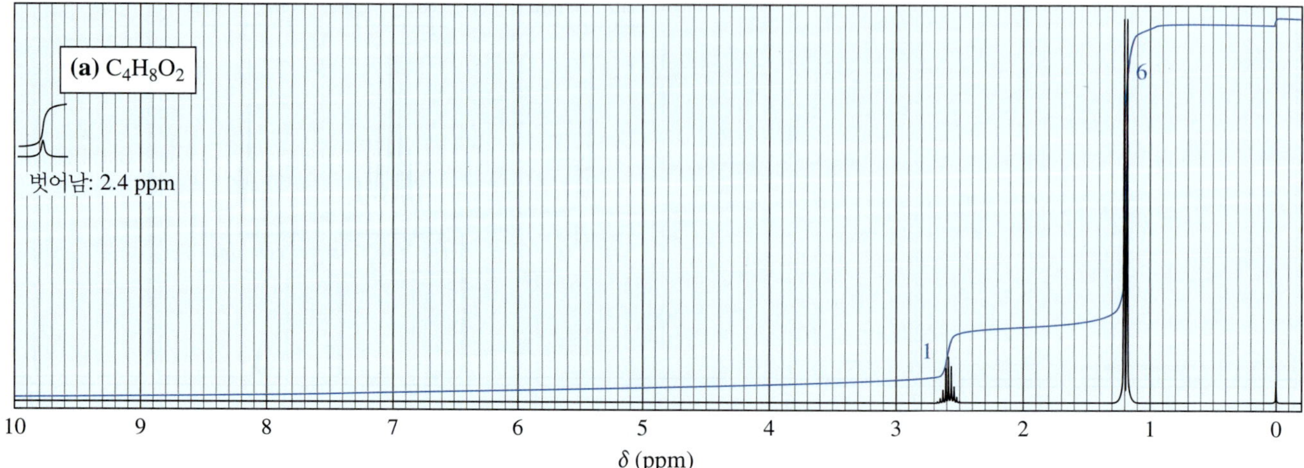


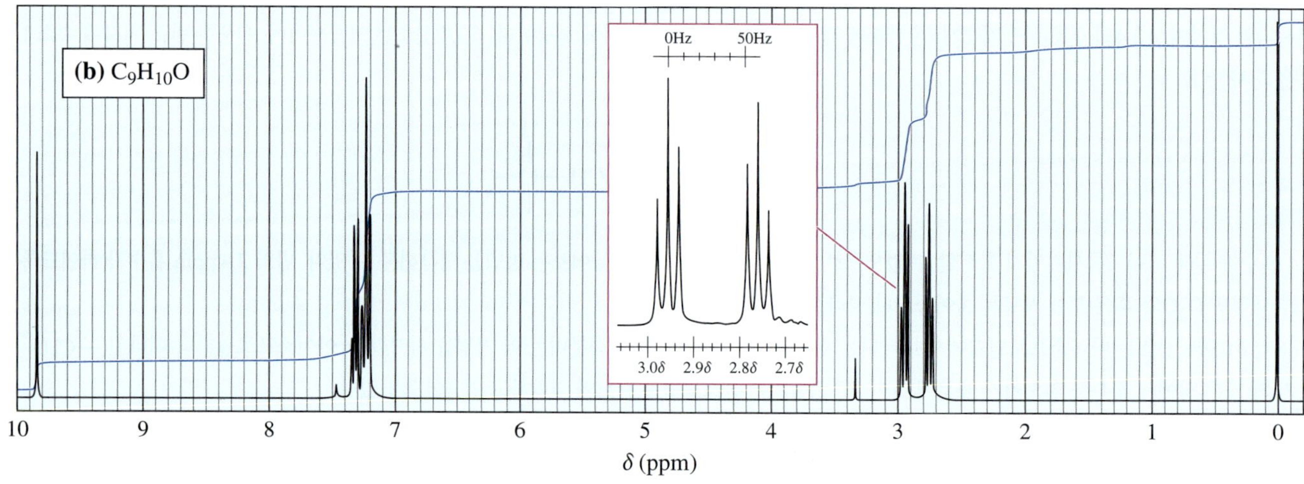


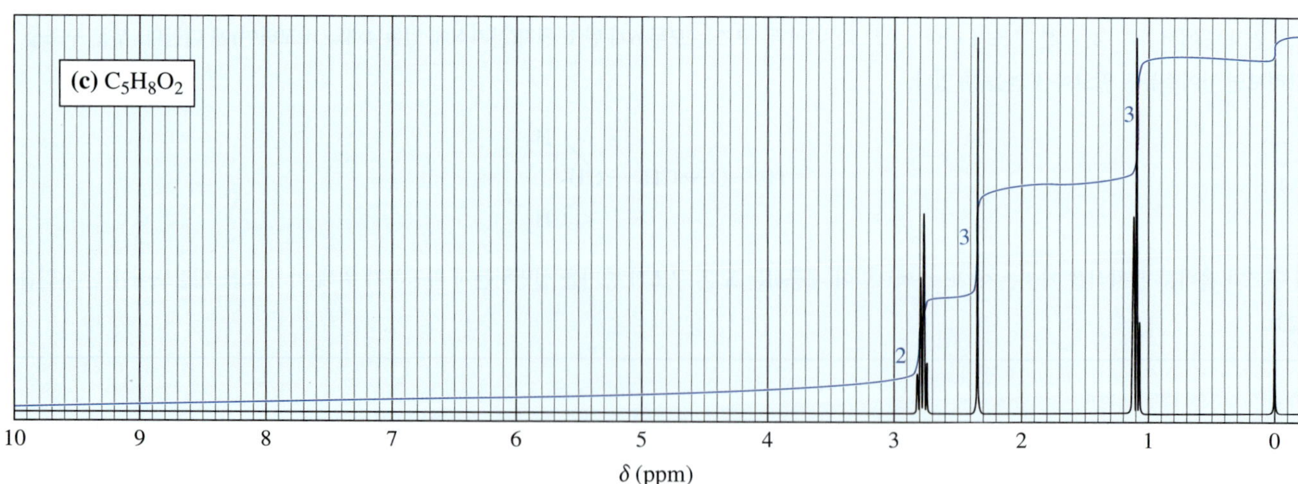

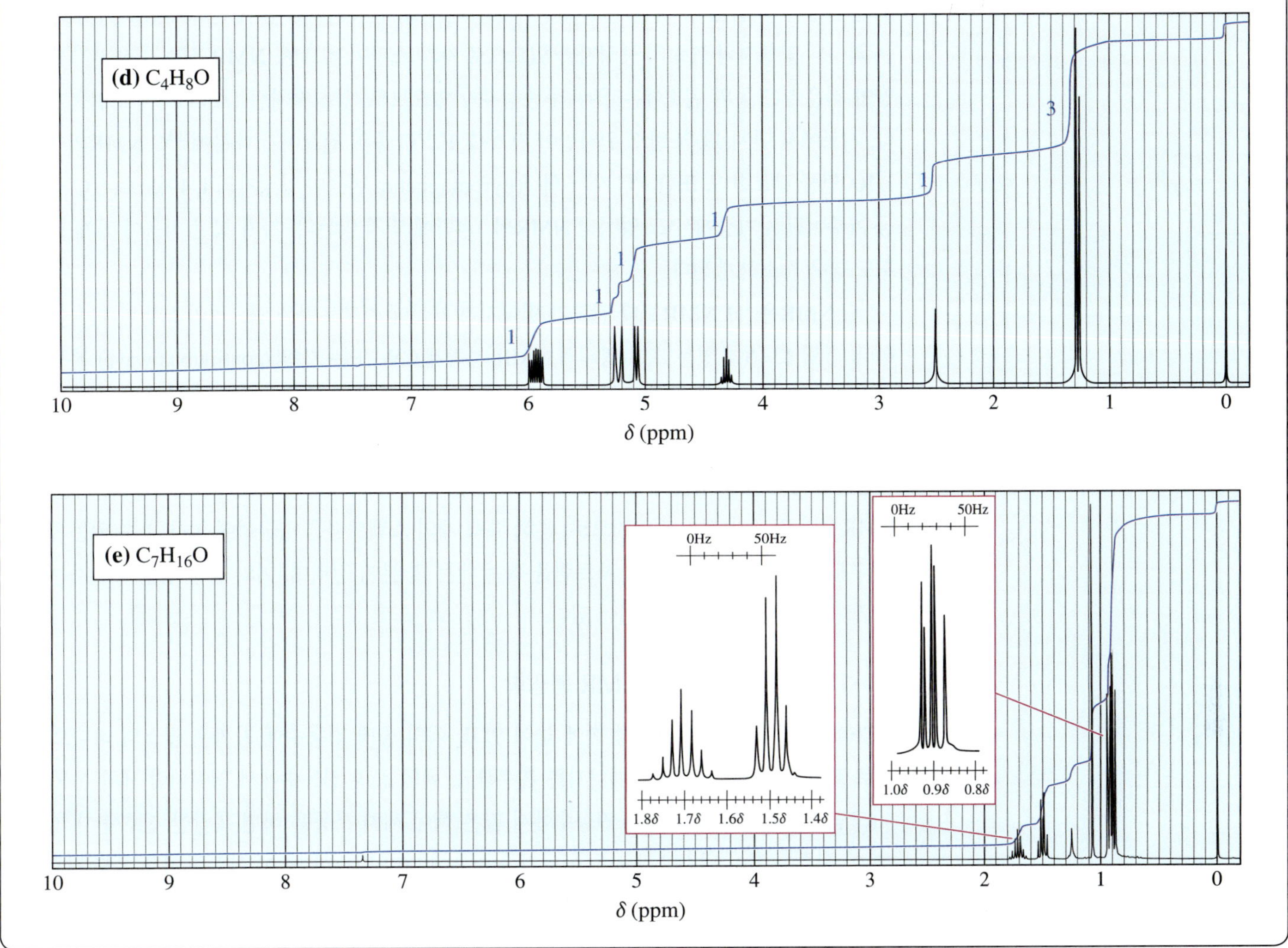


## 13-12 탄소-13 NMR 분광법

NMR에서 카보닐기는 어느 부분에서 흡수가 일어날까? 내부 알카인은 어디에서 흡수가 일어날까? 양성자 NMR에서는 이들 두 기를 확인할 수 없다. 가끔 그들의 존재를 추론할 수는 있다. 만약 카보닐기에 양성자가 붙어 있고(알데하이드 양성자), δ9~δ10 사이에 피크가 있다면 그것이 있음을 알 수 있다. 만일 카보닐기에 인접한 탄소 원자에 수소가 있다면 δ2.1~δ2.5 사이에 있는 신호는 그들 수소에서 온 것임을 암시한다. 그러나 여전히 카보닐기는 볼 수 없다. 내부 알카인의 경우는 더 어렵다. 왜냐하면 양성자 NMR에서뿐만 아니라 보통 IR에서도 특징적인 흡수가 일어나지 않기 때문이다.

Fourier 변환(Fourier transform) NMR 분광학의 발전으로 탄소 NMR($^{13}$C NMR 또는 CMR)이 가능하게 되었고, 높은 장 초전도 분광계로 인해 양성자 NMR($^{1}$H NMR) 같은 정도로 편리하게 쓰이게 되었다. 탄소 NMR을 이용하여 탄소 원자 자체의 자기적 환경을 결정할 수 있다. 카보닐 탄소, 알카인 탄소, 방향족 탄소는 모두 $^{13}$C NMR 스펙트럼에서 특징적인 화학적 이동을 보인다.

### 13-12A 탄소 NMR의 감도

탄소 NMR 신호는 양성자 신호보다 훨씬 약하기 때문에, 탄소 NMR을 일상적으로 사용하기까지는 양성자 NMR보다 시간이 오래 걸렸다. 그래서 초기 NMR 기기의 전자 기술로는 약한 탄소 신호를 검출할 수 없었다. 자연 시료에서 약 99%의 탄소 원자는 $^{12}C$ 동위 원소이다. 이 동위 원소에는 짝수의 양성자와 짝수의 중성자가 있으므로 자기 스핀이 없으며, NMR 신호가 생기지 않는다. 양이 적은 $^{13}C$ 동위 원소에는 홀수의 중성자가 있으므로, 양성자처럼 1/2의 자기 스핀을 나타낸다. 시료에서 단지 1%의 탄소 원자만이 자기를 띤 $^{13}C$ 동위 원소이기 때문에 $^{13}C$ NMR의 감도는 1/100만큼 감소한다. 또한 $^{13}C$ 자기 회전(gyromagnetic) 비율이 양성자의 1/4이므로, $^{13}C$ 공명 진동수(주어진 자기장에서)도 양성자 NMR의 1/4밖에 되지 않는다. 자기 회전 비율이 작게 되면 감도도 더욱 감소하게 된다.

$^{13}C$ NMR은 $^{1}H$ NMR보다 감도가 떨어지기 때문에 스펙트럼을 얻으려면 특별한 기술이 필요하다. 그림 13-6에 있는 초기 형태의 NMR 분광계[CW 또는 지속파(continuous wave) 분광계]로는 $^{13}C$ 신호가 매우 약하게 나오므로 잡음 속에서 사라진다. 그러나 많은 스펙트럼을 평균하면 원하는 신호는 강해지는 반면, 불규칙한 잡음은 지워진다. 여러 개의 스펙트럼을 찍어서 컴퓨터에 저장한다면 그들을 평균하여 축적된 스펙트럼을 컴퓨터로 그려낼 것이다. $^{13}C$ NMR 기술은 $^{1}H$ NMR보다 감도가 훨씬 떨어지므로, 흔히 수백 개의 스펙트럼을 평균하여 사용할 수 있는 결과를 나타내게 된다. 각각의 CW 스펙트럼을 찍는 데는 몇 분이 걸리며, 이와 같은 평균화 절차는 길고 지루하다. 다행히 더 좋은 방법이 있다.

## 13-12B Fourier 변환 NMR 분광학

자기를 띤 핵이 균일한 자기장 속에 놓여 있고, 핵의 공명 진동수에 가까운 펄스의 라디오 진동수로 쪼여줄 때 핵은 약간의 에너지를 흡수하고, 핵의 공명 진동수에서 팽이처럼 세차 운동을 한다(그림 13-40). 조금씩 다른 진동수에서 많은 핵이 세차 운동을 하면 복잡한 신호를 내게 되는데, 이 신호는 핵이 펄스에서 얻은 에너지를 잃음에 따라 감소한다. 이 신호를 **자유 유도 감쇠**(free induction decay, FID) 또는 **일시 상태**(transient)라고 하며, 스펙트럼을 계산하는 데 필요한 모든 정보를 가지고 있다. FID는 라디오 수신기와 컴퓨터로 1~2초 내 기록될 수 있으며, 몇 분 내 많은 FID의 평균값을 구할 수 있다. 컴퓨터를 이용하여 평균화된 일시적인 신호를 스펙트럼으로 변환시킬 수 있다.

Fourier 변환은 FID로부터 스펙트럼 계산에 사용되는 수학적 기술로서, 펄스를 사용하여 일시 상태를 모으는 이 기술을 **Fourier 변환 분광법**(Fourier transform spectroscopy)이라고 한다. Fourier 변환 분광계는 정밀한 펄스를 만들고 복잡한 일시 상태들을 정확하게 받을 수 있는 정교한 전자 기술을 필요로 한다. 좋은 $^{13}C$ NMR 기기는 보통 $^{1}H$ NMR 스펙트럼도 찍을 수 있다. 양성자 분광학과 함께 사용될 경우 Fourier 변환 기술은 매우 적은 양(mg보다 더 적은 양)의 시료로 좋은 스펙트럼을 만들어낸다.

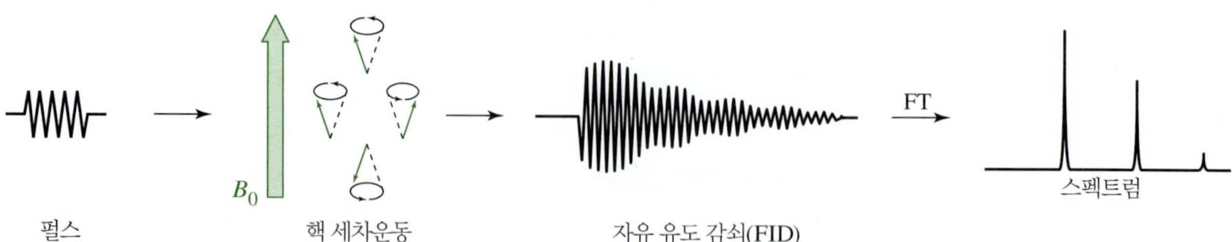


**그림 13-40** Fourier 변환 NMR 분광학. Fourier 변환 NMR 분광계는 핵의 공명 진동수에 가깝게 라디오 진동수 펄스를 만들어낸다. 고유의 공명 진동수에서 세차 운동을 하는 각각의 핵은 FID를 발생시킨다. 일시적으로 생긴 많은 FID들이 쌓이게 되고, 단시간에 평균화된다. 컴퓨터는 평균화된 FID를 Fourier 변환을 해서 스펙트럼을 만들어내고, 프린터에 인쇄한다.

## 13-12C 탄소 화학적 이동

그림 13-41에 유기 분자 내 탄소 원자에 대한 화학적 이동의 전형적인 범위가 나타나 있다. 탄소의 화학적 이동에 대한 더 자세한 표는 부록 1C에 수록되어 있다. 양성자 NMR에서와 같이 많은 $^{13}C$ 신호가 전자-당김 치환기에 의해 벗겨져 있다. 탄소의 화학적 이동은 비교할 만한 양성자의 화학적 이동보다 보통 15~20배 정도 크다. 이는 탄소 원자가 탄소에 붙어 있는 수소보다 가려짐 또는 벗겨짐기에 원자 하나만큼 더 가깝게 있기 때문으로, 이해하기 쉽다. 예를 들면 알데하이드 양성자는 $^{1}H$ NMR 스펙트럼에서 $\delta$ 9.4 근처에서 흡수하고, 카보닐 탄소 원자는 $^{13}C$ 스펙트럼에서 TMS로부터 180 ppm 근처의 낮은 장에서 흡수한다. 그림 13-42에서 복잡한 알데하이드의 양성자 및 탄소 스펙트럼을 비교할 수 있는데, 양성자 및 탄소의 화학적 이동 사이의 관계를 볼 수 있다.

그림 13-42의 양성자(아래)와 탄소(위) 스펙트럼에서 양성자 스펙트럼의 총폭이 10 ppm인 반면, $^{13}C$ 스펙트럼의 폭은 200 ppm으로서 양성자에 비해 20배 큼을 알 수 있다. 두 스펙트럼에서 해당 피크가 거의 수직으로 정렬되어 있음을 알기 바란다. 이처럼 $^{13}C$ NMR과 $^{1}H$ NMR의 화학적 이동이 대략 서로 비례한다는 것으로부터 탄소 원자의 화학적 이동을 먼저 추정할 수 있다. 예를 들어 양성자 스펙트럼에서 알데하이드 양성자의 피크는 $\delta$ 9.5이므로, 탄소 스펙트럼에서 알데하이드 탄소의 피크는 15~20배 큰 화학적 이동($\delta$ 144~$\delta$ 192)에서 나타날 것이다. 실제 위치는 $\delta$ 180이다.

**응용: 생화학**

NMR 분광학은 용액에서 단백질의 3차원 구조를 결정하는 데 사용되는 중요한 방법이다. 고급 기술을 사용하여 $^{13}C$ 및 $^{1}H$ 분광학을 모두 활용하면 가장 낮은 에너지를 가진 일련의 구조가 생성되고, 이들 구조는 컴퓨터가 최종 분자 구조를 계산하는 데 사용된다.

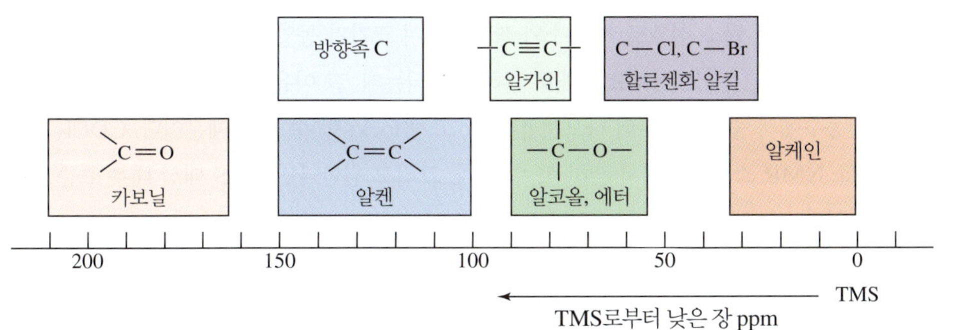


**그림 13-41** $^{13}C$ NMR의 대략적인 화학적 이동 값의 표. 양성자가 탄소 원자에 결합되어 있다면 탄소 원자에 대한 대부분의 값은 양성자의 화학적 이동의 약 15~20배이다.

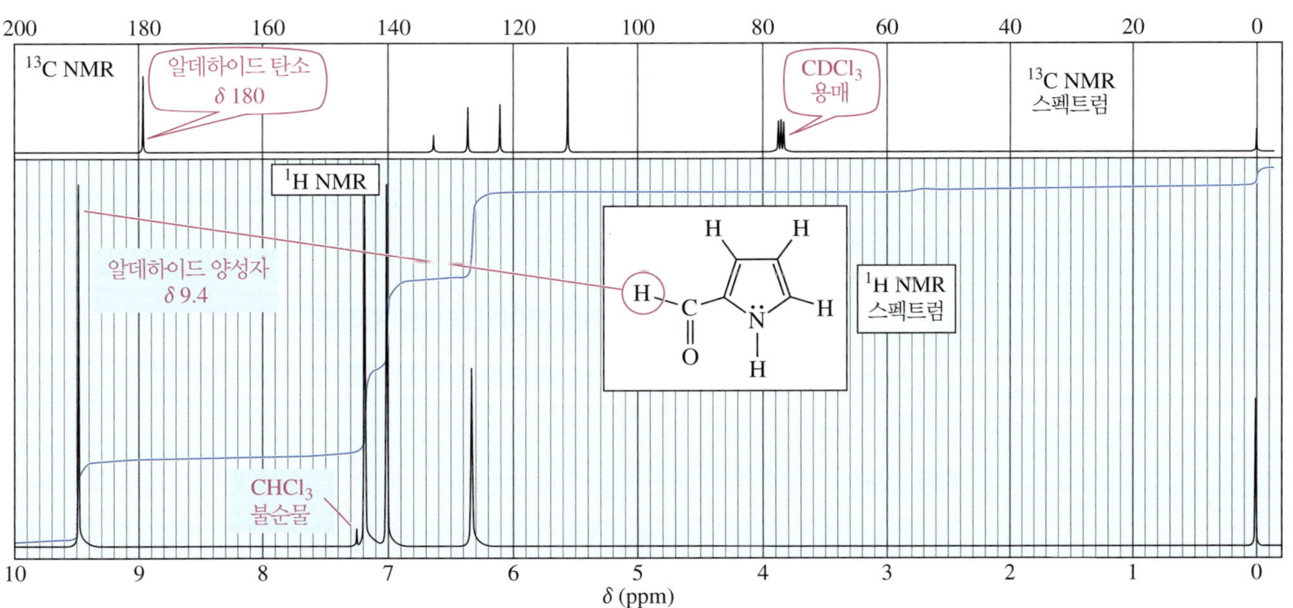


**그림 13-42** 헤테로 고리 알데하이드의 $^{1}H$ NMR(아래)과 $^{13}C$ NMR(위) 스펙트럼. 두 스펙트럼에서 화학적 이동 간의 관계를 주목하라. 양성자 스펙트럼은 10 ppm 범위를 가지며, 탄소 스펙트럼은 200 ppm 범위를 가진다.

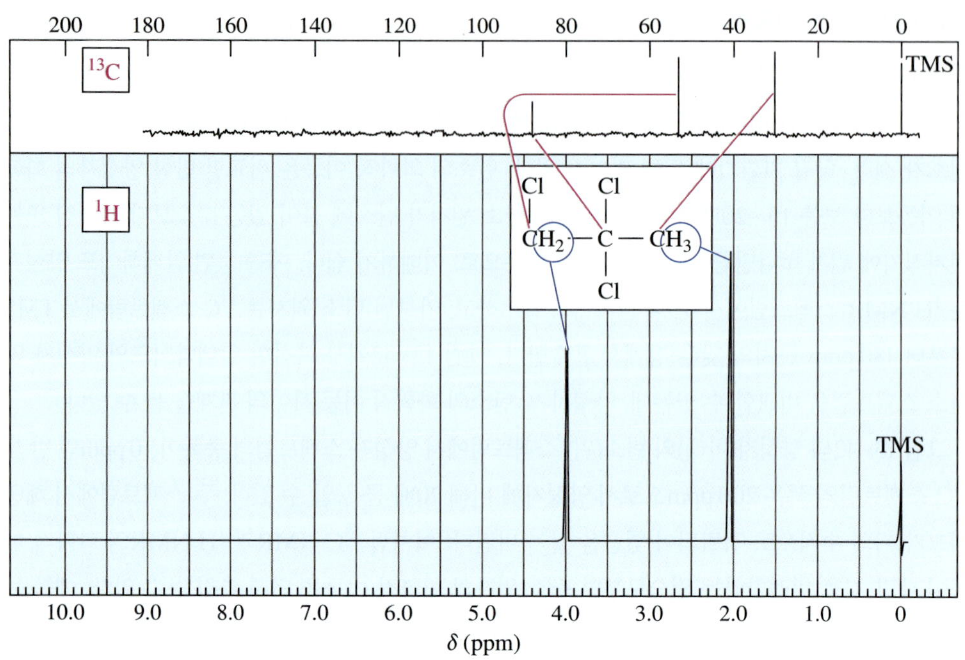


**그림 13-43** 1,2,2-트라이클로로프로페인의 양성자 및 $^{13}$C NMR 스펙트럼

그림 13-42의 $^{13}$C NMR 스펙트럼에서 $\delta$77에 삼중선이 있음을 주목하라. 이는 중수소가 붙은 클로로폼($CDCl_3$)의 탄소 신호로, 중수소와 짝지음하여 크기가 동일한 3개의 피크로 갈라져 있다. 클로로폼-*d* ($CDCl_3$)는 $^{13}$C NMR 용매로 흔히 사용되는데, 그 이유는 분광계가 탄소로부터 나오는 다른 진동수에서 중수소로부터 나오는 신호로 '고정(lock)'할 수 있기 때문이다. $CDCl_3$ 용매의 신호는 탄소 NMR 스펙트럼에서 흔히 볼 수 있다. 그리고 원한다면 TMS 대신 내부 표준으로 사용될 수도 있다.

$^{13}$C NMR에서 화학적 이동의 효과가 더 크기 때문에 전자 끄는 기는 그 기의 $\beta$ 탄소(탄소 하나만큼 떨어진)의 화학적 이동에 상당한 영향력을 나타낸다. 예를 들면 그림 13-43에 1,2,2-트라이클로로프로페인(1,2,2-trichloropropane)의 $^{1}$H NMR과 $^{13}$C NMR이 나타나 있다. 메틸($CH_3$) 탄소는 인접한 $-CCl_2-$ 탄소에 있는 2개의 염소 원자의 영향을 상당히 받기 때문에 TMS로부터 33 ppm 낮은 장에서 흡수한다. 이 메틸 탄소의 화학적 이동은 예측한 대로 이 탄소에 붙어 있는 메틸 양성자의 화학적 이동($\delta$ 2.1)보다 약 15배 크다. 이와 비슷하게 $-CH_2Cl$ 탄소의 화학적 이동(56 ppm)은 양성자($\delta$ 4.0)보다 약 15배이다. $CCl_2$ 탄소는 양성자를 갖지는 않지만 $-CHCl_2$기의 양성자는 일반적으로 $\delta$ 5.8 근처에서 흡수한다. $CCl_2$ 탄소는 87 ppm에서 흡수하는데, 이는 이 양성자 이동의 약 15배이다.

### 13-12D 양성자와 탄소 NMR 기술 사이의 중요한 차이점

$^{13}$C NMR 분광학 특징의 대부분은 $^{1}$H NMR의 특징과 유사하다. 그러나 몇 가지 중요한 차이점이 있다.

**작동 진동수** $^{13}$C의 자기 회전 비율이 양성자의 약 1/4이므로, 공명 진동수 역시 약 1/4이다. 70,459 gauss의 자석을 가진 분광계는 양성자에 대해 300 MHz, $^{13}$C에 대해서는 75.6 MHz의 전송기(transmitter)가 각각 필요하다. 14,092 gauss의 자석을 가진 분광계는 양성자에 대해 60 MHz, $^{13}$C에 대해서는 15.1 MHz의 전송기가 각각 필요하다.

**피크 면적** $^{13}C$ NMR 피크의 면적은 피크를 나타내는 탄소의 수에 반드시 비례하지는 않는다. 2개 또는 3개의 양성자가 붙어 있는 탄소 원자는 대개 강하게 흡수하며, 양성자가 없는 탄소는 약하게 흡수하는 경향이 있다. 최신의 분광계는 짝풀림(decoupling) 기술을 이용하는 적분 방법을 가지고 있어서 탄소 원자가 달라도 흡수가 같아진다. 이 방식을 이용하면 피크의 면적비가 탄소 원자의 상대적인 수에 거의 비례하게 된다.

**문제풀이 힌트**

부록 1A, 1B, 1C는 양성자 및 탄소 NMR 스펙트럼의 정확한 해석 및 예측을 위한 유용한 표이다. 이러한 표는 화학 분야의 추가적인 연구에 계속 유용하게 사용될 것이다.

## 13-12E 스핀-스핀 갈라짐

$^{13}C$ NMR의 갈라짐 방식은 $^{1}H$ NMR에서 관찰되는 것과는 아주 다르다. $^{13}C$ NMR 시료의 탄소 원자 중 단 1%만이 자성을 띠기 때문에, 관찰하는 $^{13}C$ 핵이 다른 $^{13}C$ 핵에 인접할 확률은 매우 낮다. 그러므로 탄소-탄소 갈라짐은 무시될 수 있다. 그러나 탄소-수소 짝지음은 흔히 볼 수 있다. 대부분의 탄소 원자는 수소 원자에 바로 결합되어 있거나 수소 원자에 꽤 가까이 있어서 탄소-수소 스핀-스핀 짝지음을 관찰할 수 있다. 거리가 먼 탄소-수소 짝지음은 갈라짐 방식이 복잡할 수 있으므로 해석하기 어렵다.

**양성자 스핀 짝풀림** $^{13}C$ NMR 스펙트럼을 단순화하기 위해 흔히 **양성자 스핀 짝풀림**(proton spin decoupling)을 이용하여 스펙트럼을 기록한다. 이때 광대역('잡음') 양성자 전송기(broad-band proton transmitter)로 계속 양성자를 조사한다. 결과적으로 모든 양성자는 연속적으로 공명 상태에 있게 되고, 스핀의 반전이 빠르게 일어난다. 탄소 핵은 양성자 스핀 상태에서 가능한 조합의 평균을 보여준다. 어떤 탄소-수소 갈라짐이라도 제거되었기 때문에 각각의 탄소 신호는 갈라지지 않은 단일선으로 나타난다. 그림 13-42와 13-43에 있는 스펙트럼은 이러한 방식으로 얻었다.

**연습문제 13-25**

다음 화합물에서 예상되는 광대역 짝풀림(broadband-decoupled) $^{13}C$ NMR 스펙트럼을 그려보라. 그림 13-41을 이용하여 화학적 이동을 추측하라.

(a) O

(b) 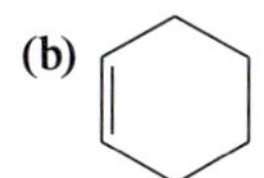

(c) $H_3C-C(=O)-C(=CH_2)-CH_3$

(d) $H_2C=CH-C(=O)-H$

**공명 비킴 짝풀림** 양성자 스핀 짝풀림을 이용해 매우 간단한 스펙트럼을 얻을 수 있지만, 이 과정에서 몇 가지 귀중한 정보를 잃게 된다. **공명 비킴 짝풀림**(off-resonance decoupling)을 이용하면 단순화된 스펙트럼을 얻지만, 갈라짐에 대한 몇 가지 정보는 유지할 수 있다(그림 13-44). 공명 비킴 짝풀림을 이용하게 되면 $^{13}C$ 핵은 바로 결합되어 있는 양성자에 의해서만 갈라진다. 여기서 $N+1$ 규칙이 적용되며, 양성자 1개를 가진 탄소(메타인)는 이중선, 2개의 양성자가 붙어 있는 탄소(메틸렌)는 삼중선으로 나타나고, 메틸 탄소는 사중선으로 갈라진다. 공명 비킴 짝풀림 스펙트럼은 TMS가 각 메틸기의 3개의 양성자에 의해 갈라져서 0 ppm에 사중선으로 나타나는 것으로 쉽게 알 수 있다.

$^{13}C$ NMR 스펙트럼을 얻는 데 가장 좋은 절차는 스펙트럼을 두 번 얻는 것이다. 광대역 짝풀림 스펙트럼의 단일선들은 동등하지 않은 탄소 원자의 수와 그들의 화학적 이동을 나타낸다. 공명 비킴 짝풀림 스펙트럼에서의 신호의 다중도는 각 탄소에 붙어 있는 수소 원자의 수를 알려준다. $^{13}C$ 스펙트럼은 종종 광대역 짝풀림과 공명 비킴 짝풀림의 두 가지로 주어진다. 만약 한 가지만 주어진

**그림 13-44** 1,2,2-트라이클로로프로페인의 공명 비킴 짝풀림 $^{13}C$ NMR 스펙트럼. $CCl_2$기는 단일선, $CH_2Cl$기는 삼중선, $CH_3$기는 사중선으로 나타난다. 그림 13-43과 이 스펙트럼을 비교해보라.

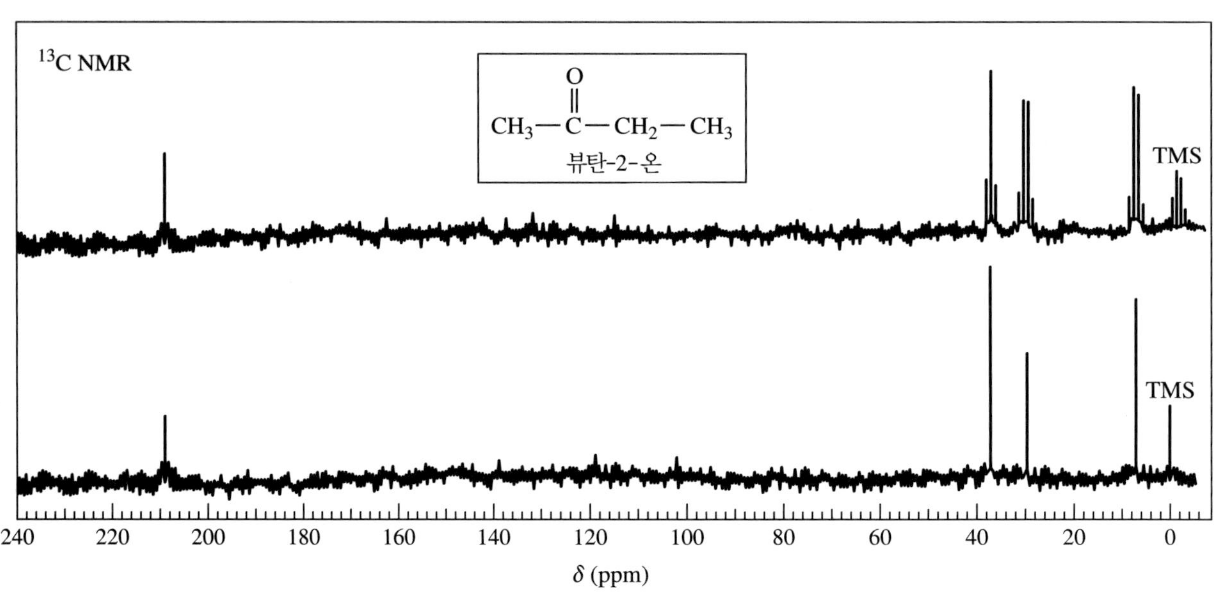


**그림 13-45** 뷰탄-2-온의 공명 비킴 짝풀림(위)과 광대역 짝풀림(아래) $^{13}C$ NMR 스펙트럼

다면 대개 광대역 짝풀림 스펙트럼이다. 그림 13-45에서 뷰탄-2-온(butan-2-one)의 두 가지 스펙트럼을 볼 수 있다.

**연습문제 13-26**

**(a)** 뷰탄-2-온의 $^{13}C$ NMR 스펙트럼(그림 13-45)에서 어떤 탄소 원자가 각각의 피크에 해당하는지 나타내라.

**(b)** 뷰탄-2-온에서 예측할 수 있는 양성자 NMR 스펙트럼을 그려보라. 탄소가 양성자보다 15~20배 큰 화학적 이동을 가진다는 경험 법칙을 이용하여 양성자의 화학적 이동으로 탄소의 화학적 이동을 예측하라.

**연습문제 13-27**

연습문제 13-25의 화합물에 대해 공명 비킴 짝풀림 $^{13}C$ 스펙트럼을 그려보라.

## 13-12F DEPT $^{13}C$ NMR

**DEPT**(Distortionless Enhanced Polarization Transfer)는 최근의 기술로서 공명 비킴 짝풀림과 같은 정보를 제공한다. DEPT는 최신 컴퓨터 제어 Fourier 전환 분광계에서 작동하기 쉽다. DEPT는 감도가 더 좋으며, 모든 피크가 짝지음이 되지 않고 단일선으로 있기 때문에 다중선이 서로 겹치지 않는다.

각 $^{13}C$ 핵은 결합되어 있는 양성자들에 자기적으로 짝지어져 있다. 올바른 상황에서 이렇게 자기적으로 짝지어져 있으면 양성자에서 탄소 핵으로 편극(polarization)이 이전된다. $^{13}C$ 핵에 결합된 양성자의 수는 이 편극 전이가 어떻게 일어나는지를 결정한다. DEPT 실험은 보통 스펙트럼을 3회 스캔한다.

1. 정상적인 짝풀림 스캔을 하여 각 유형의 $^{13}C$ 핵은 단일선으로 나타난다.
2. DEPT-90 스캔으로 꼭 양성자 하나만 결합된 탄소 CH(메타인)만 나타난다.
3. DEPT-135 스캔으로 $CH_3$(메틸)기와 CH(메타인)기는 정상적으로 나타나고, $CH_2$기는 음의 피크로 나타난다. 양성자가 결합되지 않은 탄소는 나타나지 않는다.

표 13-4에 그래프로 나타낸 바와 같이 이 정보를 통해 수소 원자 0, 1, 2, 3개에 결합된 탄소 원자를 구별할 수 있다

- 수소 원자가 없는 탄소는 정상 스펙트럼에만 나타난다. 그러나 DEPT 스펙트럼에는 나타나지 않는다.
- 메타인(CH) 탄소는 3개의 모든 스펙트럼에서 정상적인 양의 피크로 나타난다.
- 메틸렌($CH_2$) 탄소는 정상 스펙트럼에서 정상적으로 피크가 나타나지만, DEPT-90 스펙트럼에서는 피크가 보이지 않으며 DEPT-135 스펙트럼에서는 음의 피크로 나타난다.
- 메틸($CH_3$) 탄소는 정상 스펙트럼에서 정상적으로 나타난다. DEPT-90 스펙트럼에서는 피크가 보이지 않고, DEPT-135 스펙트럼에서는 정상적으로 피크가 보인다.

그림 13-46에 뷰트-3-엔-2-온(but-3-en-2-one)의 정상적인 짝풀림 $^{13}C$ NMR 스펙트럼(1),

**표 13-4** DEPT 스펙트럼의 요약

| | $^{13}C$의 유형 | 양성자 | 정상적인 $^{13}C$ NMR | DEPT-90 | DEPT-135 |
|---|---|---|---|---|---|
| 4차 탄소 | —C— | 0 | | | |
| 메타인 | —C—H | 1 | | | |
| 메틸렌 | $—CH_2$ | 2 | | | |
| 메틸 | $—CH_3$ | 3 | | | |

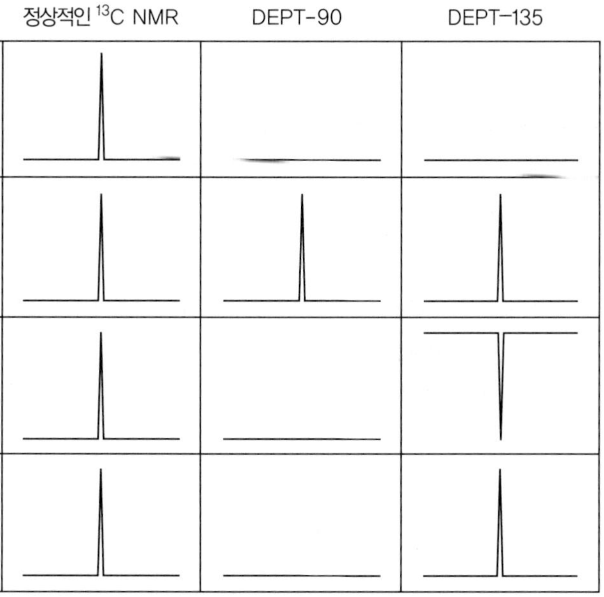

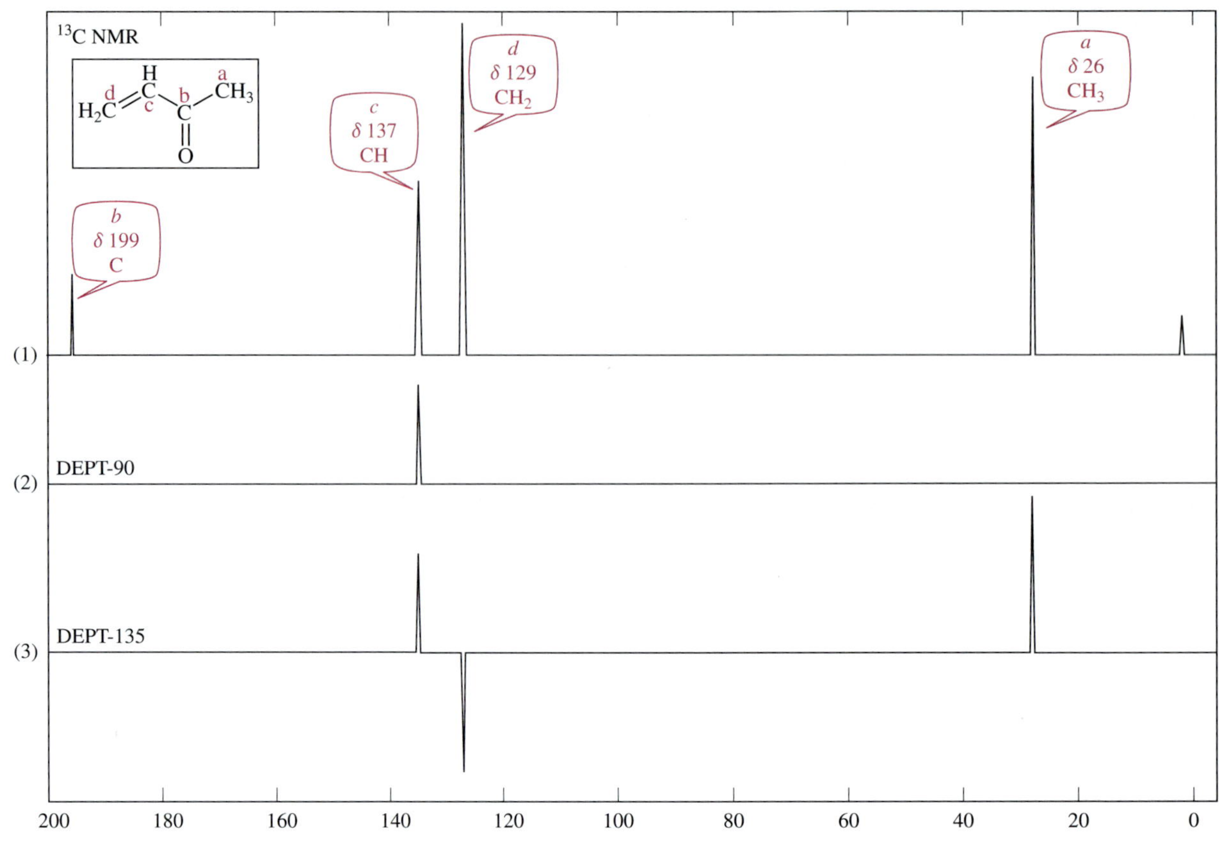


**그림 13-46** 뷰트-3-엔-2-온의 $^{13}$C NMR 스펙트럼과 DEPT 스펙트럼

DEPT-90 스펙트럼(2), DEPT-135 스펙트럼(3)이 나타나 있다. 카보닐 탄소($C_b$, 양성자 없음)는 보통 스펙트럼에서만 나타남을 기억하기 바란다. 양성자 1개를 가진 $C_c$는 모든 스펙트럼에서 정상적으로 나타난다. 양성자 2개를 가진 $C_d$는 DEPT-135 스펙트럼에서 음의 피크로 나타난다. 양성자 3개를 가진 메틸 탄소인 $C_a$는 DEPT-90 스펙트럼에서는 사라지지만, DEPT-135 스펙트럼에서는 정상적인 피크로 나타난다.

**연습문제 13-28**

프로피온산 페닐의 표준 $^{13}$C NMR이 아래에 나타나 있다. DEPT-90과 DEPT-135 스펙트럼의 모양을 예측하라.

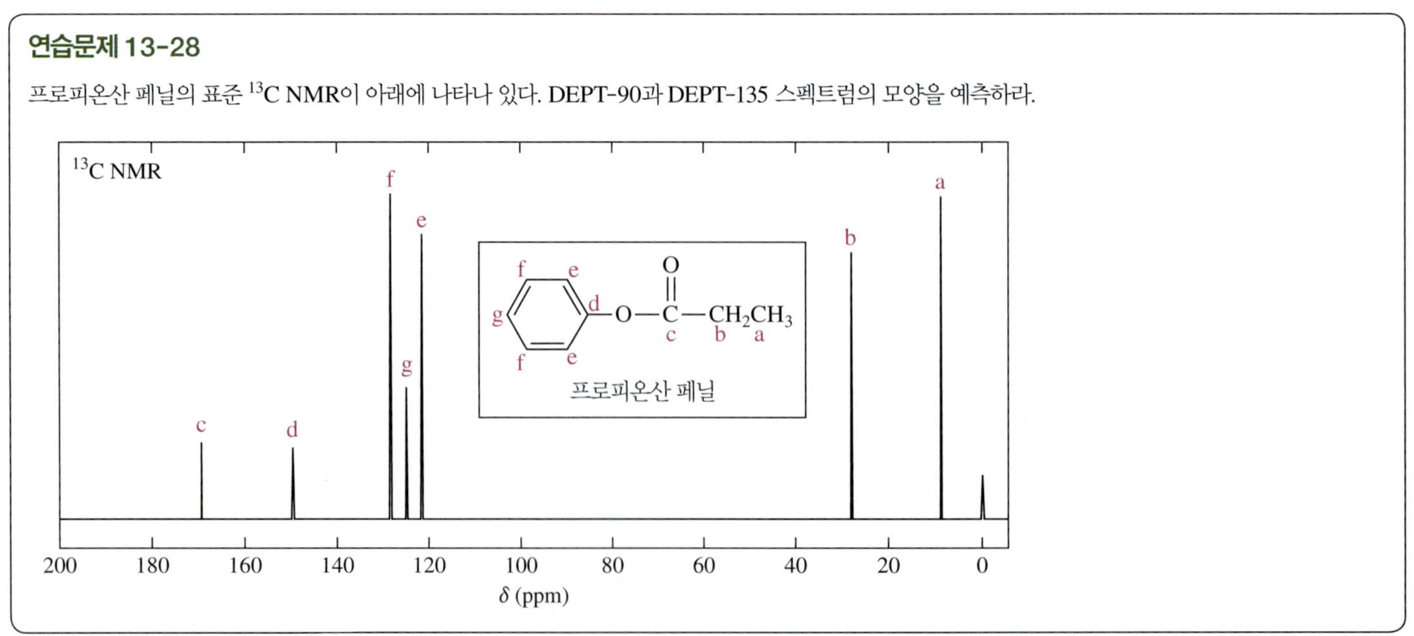

## 13-13 탄소 NMR 스펙트럼 해석하기

$^{13}C$ NMR 스펙트럼을 해석하려면 $^{1}H$ NMR 스펙트럼을 해석할 때와 같은 원리를 사용한다. 사실 탄소 스펙트럼을 해석하기 더 쉬울 때가 많다. $^{13}C$ NMR 스펙트럼은 다음과 같은 정보를 제공한다.

1. 다른 신호의 수를 이용하여 유형이 다른 탄소가 얼마나 있는지 짐작할 수 있다.
2. 이러한 신호의 화학적 이동에서 그 탄소 원자에 어떤 종류의 작용기가 있는지 알 수 있다.
3. 공명 비킴 짝풀림 스펙트럼이나 DEPT-90과 DEPT-135 스펙트럼에서 신호의 갈라짐을 보고, 각 탄소 원자에 양성자 몇 개가 결합되어 있는지 파악할 수 있다.

예를 들어 δ-발레로락톤(δ-valerolactone)의 $^{13}C$ NMR 스펙트럼(그림 13-47)에서 위에 있는 (공명 비킴 짝풀림) 스펙트럼의 $CH_2$기는 삼중선으로 갈라지지만, 아래(광대역 짝풀림) 스펙트럼에서는 단일선으로 나타난다.

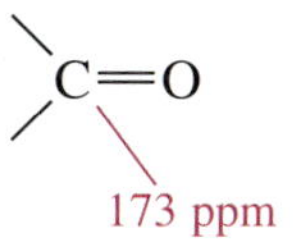

$^{13}C$ NMR 스펙트럼과 분자식만 주어졌다고 할 때 이 구조를 어떻게 풀 수 있을지 생각해보자. 그림 13-41과 13-42에서 보았던 것처럼 173 ppm의 신호는 카보닐 탄소로 적합하다. 공명 비킴 짝풀림 스펙트럼은 173 ppm에서 단일선을 보여주며, 이는 카보닐 탄소에 수소가 결합되어 있지 않다는 것을 의미한다.

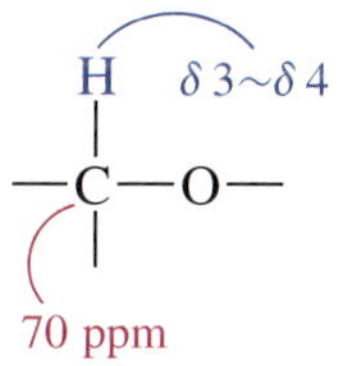

C=O
173 ppm

다음 흡수의 화학적 이동은 약 70 ppm이다. 이는 전기 음성인 원소와 결합한 탄소에 붙어 있는 양성자의 화학적 이동의 약 20배이다. 분자식을 통해 전기 음성인 원소가 산소임을 알 수 있다. 공명 비킴 짝풀림 스펙트럼에서 70 ppm에 나타난 신호는 삼중선이므로, 이 탄소는 메틸렌 ($-CH_2-$)기임이 틀림없다.

H δ3~δ4
—C—O—
70 ppm

부분 구조: $-CH_2-O-$ $\quad -\overset{\overset{\displaystyle O}{\|}}{C}-$

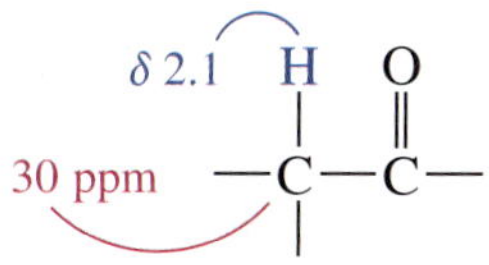

30 ppm에서의 신호는 카보닐기에 결합된 탄소 원자에 해당한다. 카보닐기에 인접한 탄소에 붙어 있는 양성자는 2.1 ppm 근처에서 흡수한다는 것을 기억하면, 이 탄소의 화학적 이동이 약 15~20배 정도 크게 나타날 것으로 예측할 수 있다. 공명 비킴 짝풀림 스펙트럼에서 삼중선으로 나타나기 때문에 이 탄소는 메틸렌기이다.

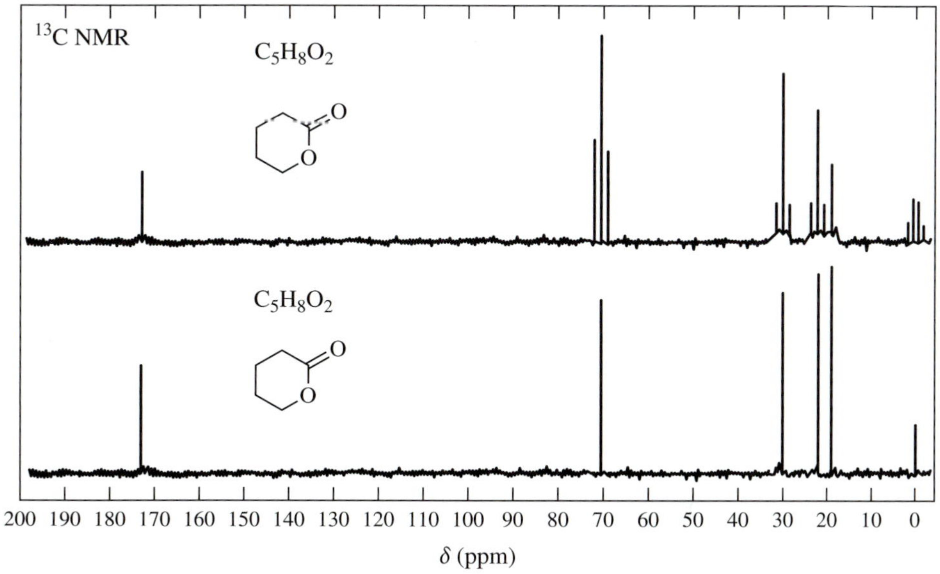

δ 2.1 H O
30 ppm —C—C—



**그림 13-47** $C_5H_8O_2$의 분자식을 지닌 δ-발레로락톤의 공명 비킴 짝풀림 스펙트럼과 광대역 짝풀림 스펙트럼

부분 구조: $—CH_2—O—$ $\quad —CH_2—C(=O)—$

아마도 22 ppm의 탄소가 산소 원자 중 하나에 더 가깝게 있지만, 19 ppm과 22 ppm의 두 신호는 어떤 벗겨짐기에 바로 결합되어 있지 않은 탄소 원자로부터 생겨난 것이다. 이 두 신호는 공명 비킴 짝풀림 스펙트럼에서 역시 삼중선으로 나타나므로 메틸렌기에 해당한다. 다음과 같은 부분 구조를 제안할 수 있다.

부분 구조: $—C(—)(—)—CH_2—CH_2—CH_2—O—$ $\quad —CH_2—C(=O)—$

분자식 $C_5H_8O_2$는 2개의 불포화 요소가 있음을 나타낸다. 카보닐(C=O)기로 1개는 설명할 수 있지만, 더 이상의 카보닐기와 이중 결합성 알켄 탄소 원자는 없다. 따라서 불포화의 다른 요소는 고리임에 틀림없다. 부분 구조와 고리를 조합하면 완전한 구조를 얻을 수 있다.

다음 문제에서는 광대역 짝풀림 스펙트럼만 주어진다. 공명 비킴 짝풀림이나 DEPT 스펙트럼을 이용할 수 있는 경우 양성자의 수는 각 탄소 원자에 0(C), 1(CH), 2($CH_2$), 3($CH_3$)로 주어진다.

**연습문제 13-29**

브로민화 알릴 시약병에서 상당량의 불순물이 발견되었다. 조심스럽게 증류하여 분리한 불순물은 $C_3H_6O$의 분자식을 가지며, 다음과 같은 $^{13}C$ NMR 스펙트럼을 얻었다.

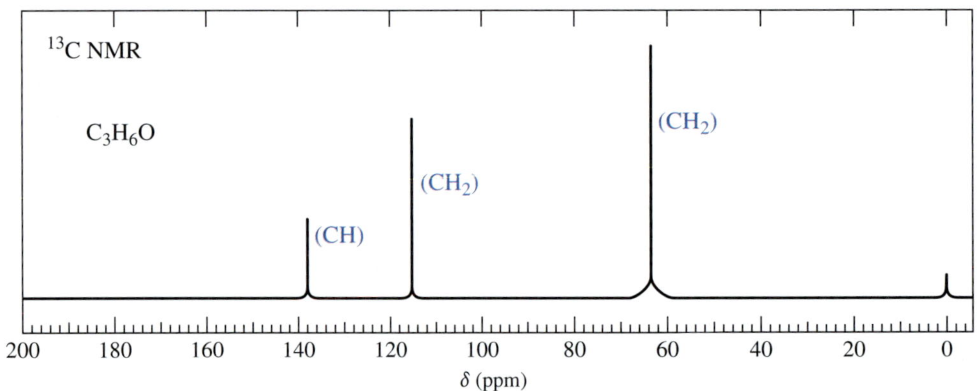


**(a)** 이 불순물에 대한 구조를 제안하라.

**(b)** $^{13}C$ NMR 스펙트럼의 각 피크가 그 분자 구조의 어느 탄소에 해당하는지 밝혀라.

**(c)** 이 불순물이 브로민화 알릴의 시료에서 어떻게 생성되었는지 제안하라.

**연습문제 13-30**

경험이 부족한 어떤 대학원생이 약간의 4-하이드록시뷰탄산(hydroxybutanoic acid)을 만들고 있었다. 대학원생은 다른 화합물을 매우 높은 수득률로 얻었으며, 이 화합물의 $^{13}C$ NMR 스펙트럼은 아래와 같다.

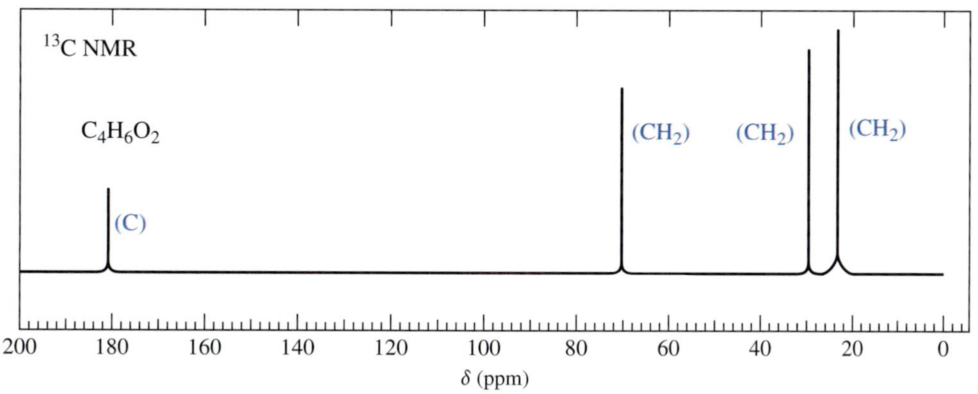


**(a)** 이 생성물의 구조를 제안하라.

**(b)** $^{13}C$ NMR 스펙트럼의 각 피크가 그 분자 구조의 어느 탄소에 해당하는지를 밝혀라.

**연습문제 13-31**

실험실의 어떤 학생이 과량의 진한 황산 속에서 1당량의 브로민화 소듐을 사용하여 사이클로헥산올을 브로민화 사이클로헥실로 전환하고 있었다. 그 학생이 얻은 주생성물은 브로민화 사이클로헥실이 아니라 $C_6H_{10}$ 분자식과 다음의 $^{13}C$ NMR 스펙트럼을 나타내는 화합물이었다.

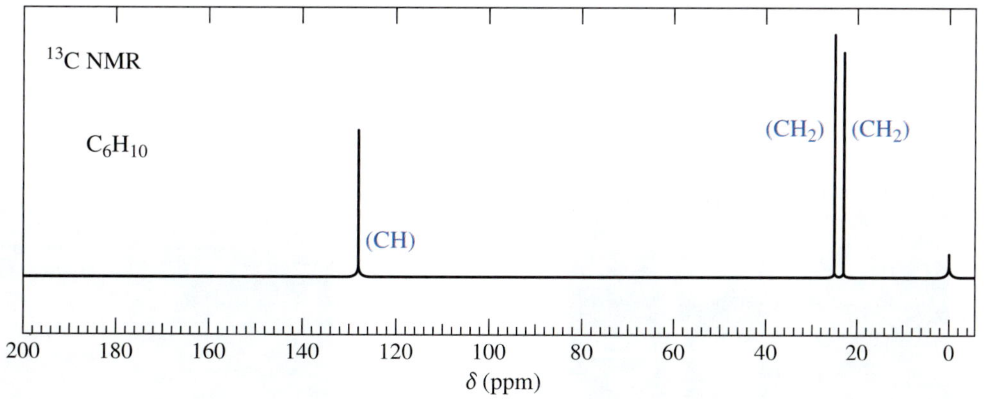


**(a)** 이 생성물의 구조를 제안하라.

**(b)** $^{13}C$ NMR 스펙트럼의 각 피크가 이 분자 구조의 어느 탄소에 해당하는지 밝혀라.

**(c)** 위 반응을 어떻게 수정하면 브로민화 사이클로헥실을 더 높은 수득률로 얻을 수 있는지 제시하라.

## 13-14 핵자기 공명 영상

화학자들이 NMR 분광학을 이용할 때 가능한 한 가장 균일한 자기장(종종 10억분의 1의 범위 내에서 균일)을 얻는 데 많은 노력을 기울인다. 자기장에 균일한 용액이 담겨 있는 작은 튜브를 놓고 그 튜브를 회전시켜 자기장에서 남아 있는 어떤 차이라도 제거함으로써 평균이 되게 한다. 목표는 시료 내 모든 분자가 똑같은 외부 자기장에 놓일 수 있도록 하고, 시료가 자기장에서 마치 한 점에 놓여 있는 것처럼 만드는 것이다.

**핵자기 공명 영상**(nuclear magnetic resonance imaging)은 같은 물리적 효과를 이용하지만, 목표는 화학적 NMR과 거의 반대이다. NMR 영상에서는 불균일 시료(일반적으로 생체)를 구경이 큰 초전도성 자석의 자기장에 놓는다. 시료의 한 평면에 있는 양성자들이 어느 한순간에 공명되도록 자기장은 의도적으로 균일하지 않게 하고 차이가 있게끔 한다. 자기장이 차이를 갖게 하고 정교한 Fourier 변환 기술을 함께 사용함으로써 이 장비를 통해 시료 내 한 점이나 한 선 또는 한 면을 선택적으로 볼 수 있다. 컴퓨터로 시료의 2차원적인 단면의 영상을 얻을 수 있다. 컴퓨터에서 단면을 연속적으로 모아서 시료 대부분의 내부에서의 양성자 공명에 대한 3차원적인 구성을 얻을 수 있다.

의학용 NMR 영상은 핵(nuclear)이라는 단어에 대해 흔히 보이는 공포와 핵이 방사능을 의미한다는 잘못된 인식을 피하기 위해 흔히 **자기 공명 영상**(magnetic resonance imaging, MRI)이라는 이름을 사용한다. NMR 분광계는 방사능과 전혀 관계가 없다. 사실 MRI는 침습성이 가장 적고 가장 해가 없는 방법으로, 신체 내부를 영상화하는 데 이용된다. 흔히 볼 수 있는 단 하나의 흔한 부작용이라면 구경이 넓은 자석의 원통 안에 갇혀 있음으로 인해 느끼는 폐쇄공포증이라 할 수 있다.

**응용: $^{31}$P NMR**

세포와 조직에서 인산염의 $^{31}$P 신호는 $^{31}$P NMR 분광학으로 추적할 수 있다. 이 기술은 ATP 같은 인산염 에스터의 대사에서 운동과 산소 부족의 효과를 연구하는 데 이용된다.

MRI 영상으로 수분 조직, 지방 조직, 뼈, 공간, 혈액 등을 그들의 조성이나 움직임의 차이로 쉽게 구별할 수 있다. 이 기술은 **양성자 이완 시간**(relaxation time)을 이용하여 훨씬 더 유용해졌다. 강한 자기장 내에서 양성자 스핀은 자기장의 반대 방향보다는 자기장과 같은 방향(낮은 에너지 상태)으로 좀 더 많이 정렬된다. 바로 알맞은 시간 동안 라디오 진동수의 펄스를 주면 스핀 일부분이 전환되어 자기장과 반대 방향으로 배열된 스핀의 수가 늘어난다. 이들 스핀은 수 초 동안에 걸쳐 점차 정상 상태로 이완된다. 자유 유도 감쇠를 따라감으로써 분광계는 스핀 이완이 시료의 각 화소에서 얼마나 빨리 일어나는지 측정한다.

달라지는 이완 시간은 영상에서 색이나 세기로 코드화되어 관련된 조직에 관한 귀중한 정보를

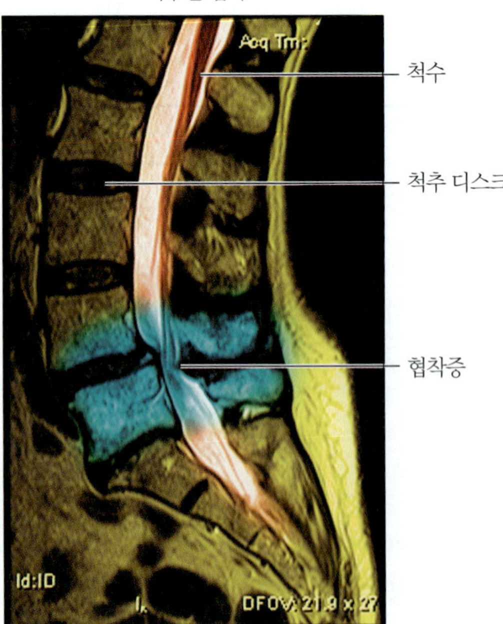


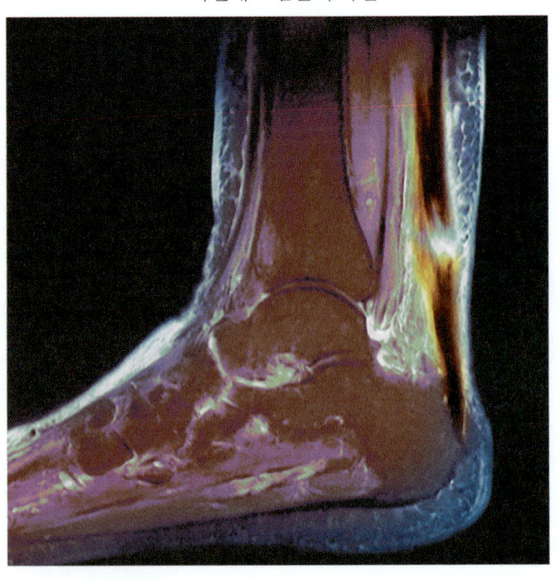


**그림 13-48** (a) 이 MRI 이미지는 요추 척추 L4 및 L5에서의 척추관 협착이 이 환자의 척수를 누르고 있음을 보여준다. 또한 L4와 L5 사이의 경추판이 퇴화되어 더 이상 척추를 올바른 위치에서 지지하지 않는 것을 나타낸다. (b) 이 MRI 이미지는 찢어진 아킬레스 힘줄을 가진 발을 보여준다. 아킬레스 힘줄의 파열은 가장 흔한 힘줄 손상 중 하나로, 종종 운동 중 과도한 스트레스로 인해 발생한다.

알려준다. 예를 들면 종양 조직은 해당하는 정상 조직에 비해 이완 시간이 더 길어지는 경향이 있으므로, NMR 영상으로 쉽게 드러난다. 그림 13-48은 실제 MRI 영상 두 가지를 보여준다. 첫 번째 이미지는 환자의 등을 가로지른 단면으로, 척추관 협착 및 디스크 손상을 보여준다. 이는 환자가 심한 허리 통증을 느끼는 이유를 설명한다. 두 번째 이미지는 환자의 발과 발목을 가로지른 단면으로, 찢어진 아킬레스 힘줄을 보여준다. 이는 수술을 통한 교정이 필요할 것이다.

## 문제풀이 전략 | 분광학 문제

이제까지 질량 분석법, IR, NMR 분광법을 이용하여 미지의 유기 화합물의 구조를 어떻게 알아낼 수 있는지에 대해 배웠다. 이 기법을 함께 사용하면 보통 오류가 생길 일이 거의 없이 유일한 구조를 알려준다. 스펙트럼을 성공적으로 해석하기 위해 주로 해야 할 일은 단순히 스펙트럼을 보고 무언가 확실한 구조가 튀어나오기를 바라기보다는 효과적인 전략을 사용하는 것이다. 체계적으로 접근하려면 각 기법의 장점과 단점을 고려해야 한다. 다음 표는 각각의 분광학적 기법으로 얻을 수 있는 정보를 요약한 것이다.

**각 분광법으로 얻을 수 있는 정보의 요약**

| | MS | IR | NMR |
|---|---|---|---|
| 분자량 | ✓ | | |
| 분자식 | ✓ | | |
| 헤테로 원자 | ✓ (HRMS) | H | S |
| 작용기 | *S* | ✓ | H |
| 알킬 치환기 | *S* | | ✓ |

참고: 보통 ✓가 정보를 제공한다.
H: 보통 도움이 되는 정보를 제공한다.
S: 가끔 도움이 되는 정보를 제공한다.

미지의 화합물을 확인하는 방법에 대해 요약할 수 있지만, 실제적인 과정은 화합물의 화학에 관해 이미 알고 있는 것과 각 스펙트럼으로부터 무엇을 알 수 있는지에 달려 있다. 항상 메모지와 연필로 아래 과정을 따라감으로써 질량수, 화학식, 가능한 작용기, 탄소 골격을 파악하도록 하라.

1. **질량 스펙트럼** 분자 이온을 찾고, 분자량을 잠정적으로 알아낸다. 질소가 없는 대부분의 화합물은 분자 이온이 짝수로 나타나고, 조각은 대부분 홀수로 나타난다. 일부 화합물(예: 알코올)은 분자 이온이 나타나지 않는다. 만약 분자량이 홀수이고, 몇 가지 주요 조각이 짝수로 나타나면 질소 원자를 생각한다. HRMS를 구할 수 있다면 '정확한' 질량을 표와 비교해서 실험값에 가까운 질량을 가진 분자식을 찾는다.

   질량 스펙트럼에서 특이하거나 특징적인 것을 찾는다. 어미 이온의 M+2 피크가 M+1 피크보다 더 크게 보이는가? 그렇다면 황, 염소, 브로민을 포함할 수 있다. 아이오딘에 특징적인 127에 나타나는 피크와 큰 간격이 있는가?

   MS 조각내기 방식을 보고 구조 결정에 도움을 받을 수 있지만, 이는 다른 스펙트럼을 조사하는 것보다 더 많은 시간이 드는 일이다. 일단 구조를 제안한 후, 조각내기 방식을 더 쉽게 확인할 수 있다.

2. **적외선 스펙트럼** 3300 $cm^{-1}$ 영역에서 O—H, N—H, ≡C—H 피크를 찾는다. 3000 $cm^{-1}$ 오른쪽에 C—H 포화 피크가 있는가? 3000 $cm^{-1}$ 왼쪽에 =C—H 불포화 피크가 있는가? 2200 $cm^{-1}$ 근처에서 C≡C 또는 C≡N 신축 진동수와 1600 $cm^{-1}$와 1800 $cm^{-1}$ 사이에서 C=O, C=C, C=N 신축 진동수를 찾는다. 피크의 정확한 위치와 다른 특징(세기, 넓어짐)은 작용기를 결정하는 데 도움을 준다. 예를 들면 3000 $cm^{-1}$에서 C—H 신축 진동 주위에 있는 넓은 O—H 띠는 —COOH, 즉 카복실기임을 암시한다.

   IR과 함께 질량 스펙트럼의 홀수 분자 이온을 보고 아민, 아마이드, 나이트릴 화합물을 확인할 수 있다. IR에서 강한 알코올 —OH 흡수가 있다면 물의 손실로 인해 18단위가 작은 질량수의 분자 이온이 질량 스펙트럼에 나타날 수 있음을 짐작할 수 있다.

3. **핵자기 공명 스펙트럼** 먼저 신호의 수와 그들의 화학적 이동을 살펴보라. 카복실산($\delta$10~$\delta$12), 알데하이드($\delta$9~$\delta$10), 방향족 양성자($\delta$7~$\delta$8) 같은 강하게 벗겨진 양성자를 찾는다. 중간 정도로 벗겨진 피크는 바이닐 양성자($\delta$5~$\delta$6), 산소나 할로젠 같은 전기 음성인 원자에 결합된 탄소에 붙어 있는 양성자($\delta$3~$\delta$4)일 것이다. $\delta$2.1~$\delta$2.5 근처의 피크는 아세틸렌 양성자이거나 카보닐기, 벤젠 고리, 바이닐기와 이웃하는 탄소에 있는 양성자일 수 있다.

이러한 가능성이 맞는지는 IR 스펙트럼과 일치하는지 보고 확인해야 한다. 피크의 적분값을 보고, 이 신호를 나타내는 양성자의 상대적인 수를 알 수 있다. 마지막으로 스핀-스핀 갈라짐 방식을 분석하여 존재하는 알킬기의 구조를 제안해야 한다.

만약 $^{13}C$ NMR 스펙트럼을 이용할 수 있다면 신호의 수와 화학적 이동을 이용하여 서로 다른 종류의 탄소가 얼마나 있는지, 그 탄소들이 어떤 화학적 환경에 있을 수 있는지에 대한 정보를 파악하고, 이들이 IR 스펙트럼으로 알 수 있는 작용기에 대한 정보와 일치하는지 확인하라.

모든 스펙트럼을 살펴보았다면 1개 또는 2개의 구조를 잠정적으로 정할 수 있다. 각 구조는 모든 스펙트럼의 주요 특징을 설명할 수 있는지 살펴봐야 한다.

- 잠정적인 구조의 분자량과 분자식이 질량 스펙트럼에 그 분자 이온이 있는 것(또는 없는 것)과 일치하는가? 질량 스펙트럼의 피크들은 예상되는 소각 생성물에 해당하는가?
- 잠정적인 구조는 적외선 스펙트럼에 있는 각 특징적인 신축 진동수를 설명하는가? 그 분자 구조는 보통 위치에서 진동수가 벗어나 있는 것을 설명하는가?
- 잠정적인 구조는 NMR 스펙트럼의 각 양성자(또는 탄소)를 설명할 수 있는가? 그 구조는 스펙트럼에서 보이는 화학적 이동과 스핀-스핀 갈라짐 방식을 설명할 수 있는가?

만약 스펙트럼에서 나타난 모든 특징으로 잠정적으로 제시한 구조를 성공적으로 설명할 수 있다면 그 구조는 정확하다고 확신할 수 있다.

### 연습문제 13-32(부분적인 풀이)

아래에 두 화합물에 대해 각 3세트의 스펙트럼이 주어져 있다. 각 세트에 대해

(1) 각 스펙트럼을 따로 살펴보고, 그 스펙트럼에서 알아낼 수 있는 구조적인 특징을 열거하라.

(2) 각 3세트의 스펙트럼을 한꺼번에 보고, 잠정적인 구조를 제시하라.

(3) 제시한 구조가 각 스펙트럼의 주요 특징을 설명할 수 있는지 확인하라. 화합물 1에 대한 풀이는 문제 뒤에 주어져 있으나 풀이를 보기 전에 최대한 풀어보기 바란다.

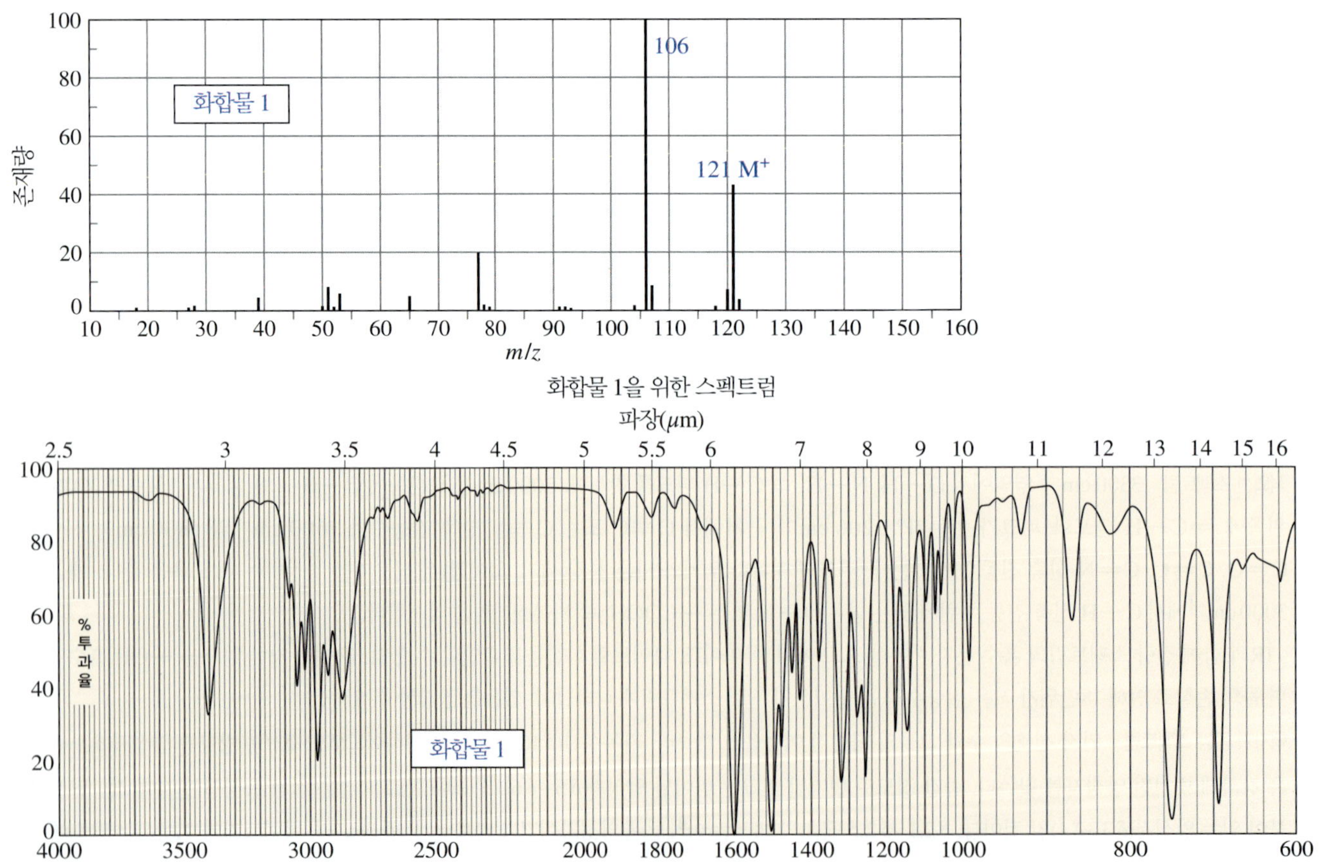


화합물 1을 위한 스펙트럼

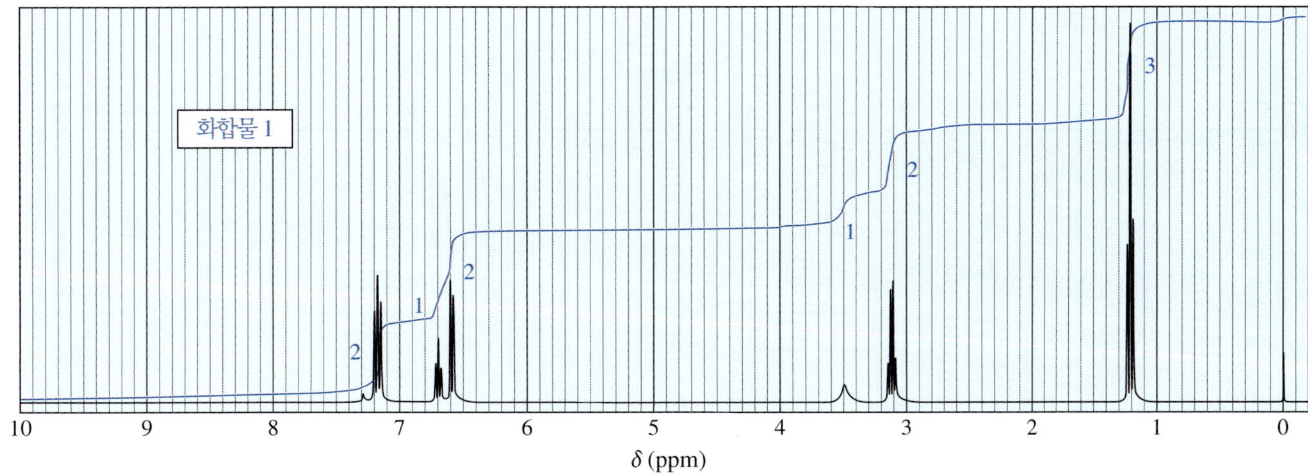


화합물 1에대한 풀이:

**질량 스펙트럼:** MS는 121에서 홀수 분자량과 106에서 짝수의 큰 조각을 보여준다. 이 특징으로부터 질소 원자가 있음을 알 수 있다.

**적외선 스펙트럼:** IR은 3400 $cm^{-1}$ 근처에 뾰족한 피크가 보이며, 이는 아민의 N—H 또는 말단 알카인의 ≡C—H로 생각할 수 있다. MS에서 질소 원자가 있음을 짐작할 수 있고, 알카인에 대한 다른 증거가 없기 때문에(2200 $cm^{-1}$ 근처에 C≡C 신축 진동이 없음), 3400 $cm^{-1}$의 흡수는 아마도 N—H 결합일 것이다. 3000 $cm^{-1}$ 위에 있는 불포화 ═C—H 흡수는 1600 $cm^{-1}$ 근처에 있는 방향족 C═C 신축 진동과 함께 방향족 고리가 있음을 나타낸다.

**NMR 스펙트럼:** NMR 스펙트럼은 방향족 영역에서 갈라짐이 복잡하게 나타나는데, 아마도 벤젠 고리 때문인 듯하다. 총면적이 5에 해당함은 고리가 단일 치환되었음을 나타낸다. 방향족 흡수의 일부가 $\delta$ 7.2보다 높은 장으로 이동하는데, 이는 벤젠 고리에 아민이나 에터와 같은 파이 전자 주개가 붙어 있음을 시사한다. 에틸기(총면적 5)가 $\delta$ 1.2와 $\delta$ 3.1에 보이는데, 질소에 결합된 탄소 원자에 있는 양성자로 적합하다. $\delta$ 3.5에 나타난 면적 1의 넓은 단일선은 아마도 IR 스펙트럼에서 보이는 N—H에서 온 듯하다. 이러한 정보를 종합하면 질소 원자가 수소 원자, 벤젠 고리, 에틸기에 결합되어 있음을 제안할 수 있다. 이 구조에 대한 총분자량은 121인데, 이는 질량 스펙트럼의 분자 이온과 일치한다.

### 화합물 1에 대해 제안된 구조

$$\text{H}_5\text{C}_6\text{ (H–C, C=C, C–C ring with H)}-\ddot{\text{N}}(\text{H})-\text{CH}_2-\text{CH}_3$$

제안된 구조에서 방향족 고리에 있는 5개의 양성자를 볼 수 있는데, 이는 NMR에서 나타난 방향족 신호와 IR에서 1600 $cm^{-1}$에 있는 C═C와 3000 $cm^{-1}$ 위에 있는 ═C—H를 설명할 수 있다. 방향족 고리는 전자를 주는—NHR기에 결합하고 있으며, 이것으로 분자량이 홀수이고, IR에서 N—H 흡수가 있으며, NMR에서 방향족 신호가 $\delta$ 7.2 위로 이동되어 있음을 각각 알 수 있다. NMR에서 에틸 신호가 질소 원자에 의해 벗겨져 $\delta$ 3.1에 나타나는 것으로 보아 에틸기가 질소에 결합되어 있음을 알 수 있다. MS에서 보이는 주피크(M − 15 = 106)는 메틸기가 떨어져 공명 안정화된 양이온이 생긴 것으로 설명할 수 있다.

$$\left[\text{Ph}-\underset{\text{H}}{\ddot{\text{N}}}-\text{CH}_2\overset{106}{\big|}\text{CH}_3\right]^{+\cdot} \longrightarrow \left[\text{Ph}-\underset{\text{H}}{\ddot{\text{N}}}-\overset{+}{\text{C}}\text{H}_2 \longleftrightarrow \text{Ph}-\underset{\text{H}}{\overset{+}{\text{N}}}=\text{CH}_2\right] + \underset{15\text{ 잃음}}{\cdot\text{CH}_3}$$

$m/z$ 106

화합물 2의 스펙트럼

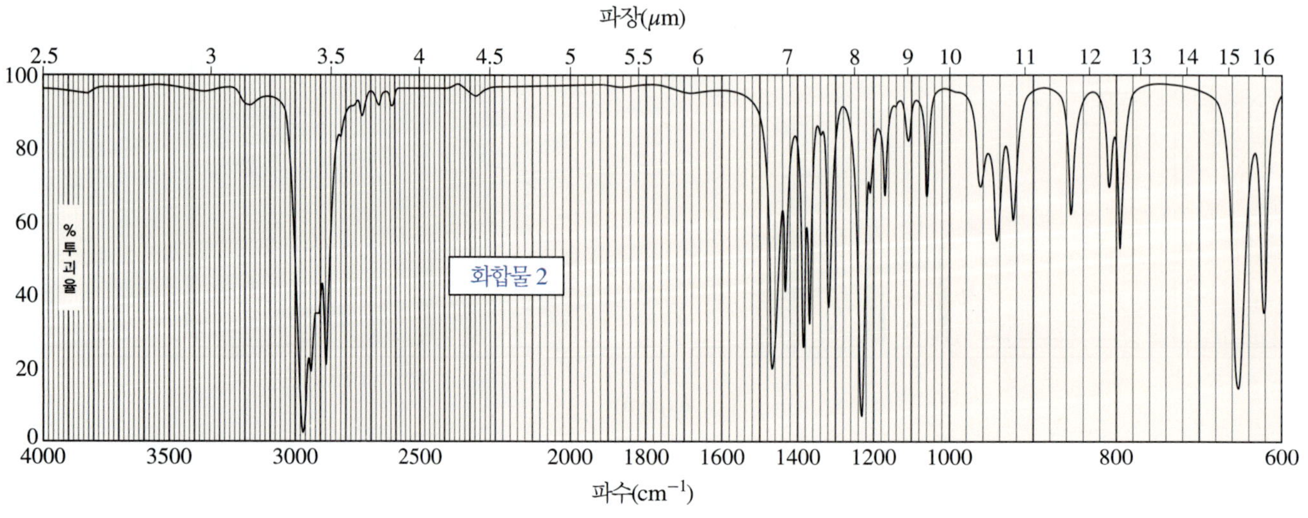
파장(μm)
2.5 3 3.5 4 4.5 5 5.5 6 7 8 9 10 11 12 13 14 15 16
100 80 60 40 20 0
% 투과율
화합물 2
4000 3500 3000 2500 2000 1800 1600 1400 1200 1000 800 600
파수(cm$^{-1}$)

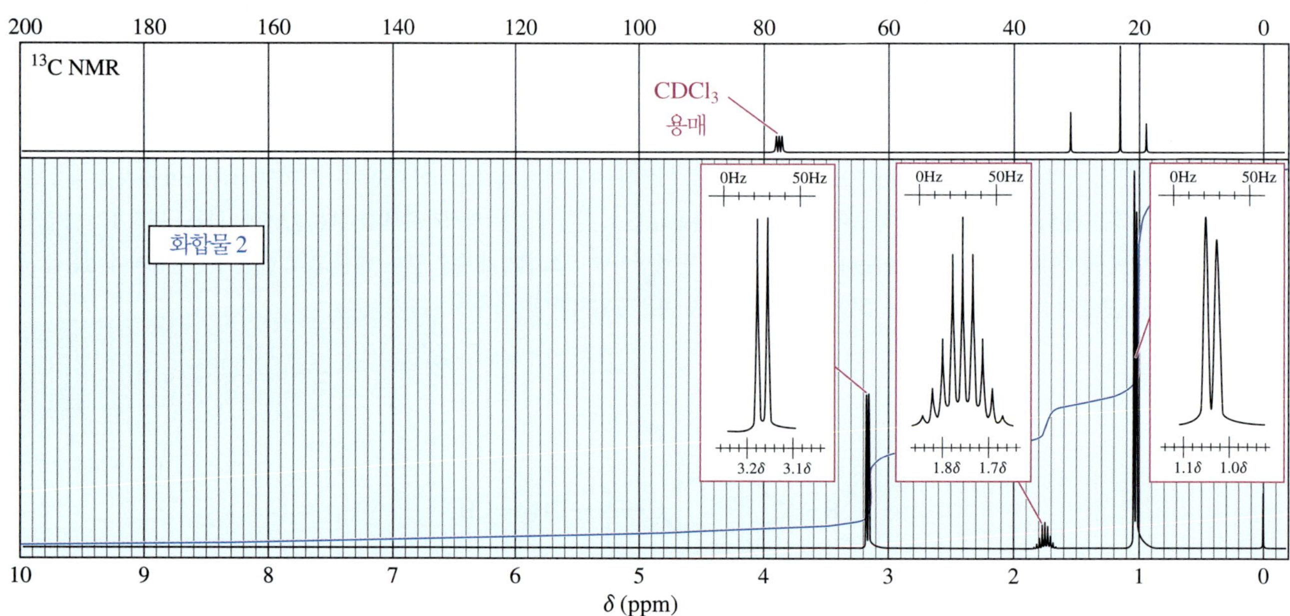
200 180 160 140 120 100 80 60 40 20 0
$^{13}$C NMR
$CDCl_3$
용매
화합물 2
0Hz 50Hz
3.2δ 3.1δ
1.8δ 1.7δ
1.1δ 1.0δ
10 9 8 7 6 5 4 3 2 1 0
δ (ppm)

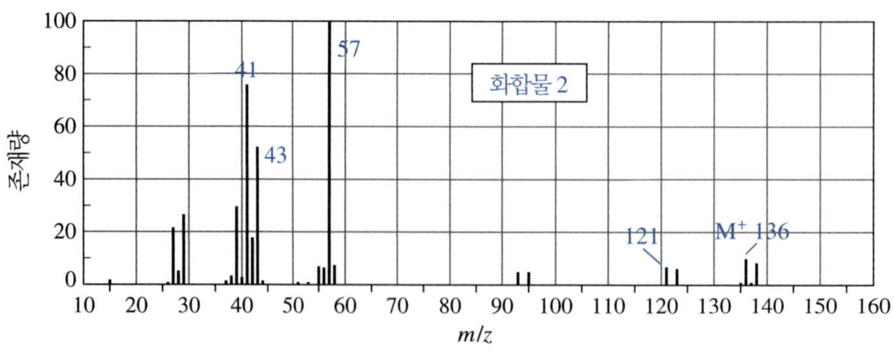
100 80 60 40 20 0
존재량
41
43
57
화합물 2
121
M$^+$ 136
10 20 30 40 50 60 70 80 90 100 110 120 130 140 150 160
m/z

## 핵심 용어

**DEPT(Distortionless Enhanced Polarization Transfer):** 다른 펄스 순서로 몇 가지 $^{13}C$ 실험을 작동하는 방법으로, 탄소 원자에 양성자 0, 1, 2, 3개가 결합됨에 따라 다르게 나타난다.

**Fourier 변환 분광학(Fourier transform spectroscopy):** 모든 공명 진동수를 포함하는 일시 상태를 모아서 수학적인 Fourier 변환을 이용하여 일시 상태의 평균을 낸 후, 스펙트럼으로 변환시키는 분광법이다.

**일시 상태(transient):** 많은 핵을 펄스의 에너지로 쪼여주면 공명 진동수에서 세차운동을 하는데 이때 나타나는 신호로, '자유 유도 감쇠(free induction decay, FID)'라고도 한다.

***N*+1 규칙(*N*+1 rule):** 이웃한 *N*개의 동등한 양성자에 의해 갈라지는 신호는 *N*+1개의 피크를 가진 다중선으로 갈라진다.

**가려짐(shielded):** 외부 자기장에 반대되는 유도 자기장을 가진 전자로 둘러싸이는 현상. 가려진 핵의 유효 자기장은 적용된 자기장보다 작다.

**공명 비킴 짝풀림(off-resonance decoupling):** $^{13}C$ NMR에서 사용되는 기술로, 탄소 원자에 바로 결합되어 있는 양성자만이 스핀–스핀 갈라짐을 일으킨다.

**낮은 장(downfield):** NMR 스펙트럼에서 왼쪽(더 높은 $\delta$ 값)으로 갈수록 적용된 자기장의 값은 더 낮아진다. 핵이 더 많이 벗겨질수록 더 낮은 장에서 흡수한다.

**높은 장(upfield):** NMR 스펙트럼에서 오른쪽(더 낮은 $\delta$ 값)으로 갈수록 적용된 자기장의 값은 더 높아진다. 핵이 더 많이 가려질수록 더 높은 장에서 흡수한다.

**다중선(multiplet):** 한 가지 형태의 핵의 신호가 스핀–스핀 갈라짐에 의해 여러 갈래로 갈라진 피크. '이중선(doublet)'은 2개의 피크를, '삼중선(triplet)'은 3개의 피크를, '사중선(quartet)'은 4개의 피크를 가진다.

**벗겨짐(deshielded):** 핵 근처로부터 전자 밀도의 일부분을 끌어당기는 원자단에 결합된 것. 벗겨진 핵의 흡수는 낮은 장 쪽으로 이동되어 화학적 이동 값은 커진다.

**복잡한 갈라짐(complex splitting):** 다른 짝지음 상수를 가진 둘 이상의 다른 양성자에 의해 갈라지는 것

**부분 입체 이성질성 원자(diastereotopic atom):** 부분 입체 이성질성 위치를 차지하는 핵. 부분 입체 이성질성 원자에 대한 치환 테스트를 하면 부분 입체 이성질체를 갖게 된다. 부분 입체 이성질성 핵은 NMR로 구별이 가능하며, 이들은 우연히 동등하지 않으면 서로를 갈라지게 한다.

**스핀 짝풀림(spin decoupling):** 한 가지 종류의 핵들이 공명 진동수에 계속하여 노출됨으로써 스핀–스핀 갈라짐이 없어지는 현상

**스핀–스핀 갈라짐(spin-spin splitting):** 보통 결합에 의해 연결된 둘 이상의 핵 자기장이 상호작용하는 것. 스핀–스핀 갈라짐 때문에 하나의 신호가 더 작은 피크의 집단인 다중선으로 변환된다. '자기적 짝지음(magnetic coupling)'이라고도 한다.

**우연히 동등한 핵(accidentally equivalent nuclei):** 이 핵은 화학적으로 동등하지 않지만 거의 같은 화학적 이동에서 흡수하고 갈라지지 않는다. 화학적으로 동등하든지 또는 우연히 동등하든지 간에 같은 화학적 이동에서 흡수하는 핵들은 서로를 갈라지게 하지 못한다.

**유도 자기장(induced magnetic field):** 외부 자기장에 대응하여 분자(또는 전선) 내 전자가 움직임으로써 형성되는 자기장

**이완 시간(relaxation time):** 공명 진동수 근처에서 RF 펄스를 준 후에 핵 스핀이 얼마나 천천히 원래의 상태로 돌아가는지 정하는 척도. 다른 뜻으로는 화학 시험을 본 후에 갖는 저녁 시간

**자기 모멘트(magnetic moment):** 자기 회전 비율 $\gamma$와 관련된 핵의 자기장의 크기

**자기 공명 영상(magnetic resonance imaging, MRI):** '핵'이라는 단어를 피하면서 NMR 영상에 대해 사용되는 의학적 용어. 구경이 큰 자석 내에 장의 세기에 차이를 둠으로써 환자 신체의 2차원적 단면을 찍는다.

**자기 회전 비율(gyromagnetic ratio, $\gamma$):** 핵의 자기적 성질에 대한 척도. 공명 진동수($\nu$)는 식 $\nu = \gamma B_{eff}/2\pi$로 주어지고, $B_{eff}$는 핵의 유효 자기장이다. 양성자의 자기 회전 비율은 28,753 $sec^{-1}$ $gauss^{-1}$이다. $^{13}C$ 핵의 자기 회전 비율은 6728 $sec^{-1}$ $gauss^{-1}$이다.

**자기적 짝지음(magnetically coupled):** 핵이 서로 가까워서 핵의 자기장이 서로 영향을 미쳐 스핀–스핀 갈라짐을 일으킨다.

**적분(integration):** 피크 아래의 면적을 측정한 것으로, 피크의 양성자 수에 비례한다.

**짝지음 상수(coupling constant, *J*):** 다중선의 인접한 두 피크 사이의 거리(Hz)

**테트라메틸실레인(tetramethylsilane, TMS):** $\delta$ 0.00에서 흡수한다고 정의된 NMR의 표준 물질

**핵자기 공명 분광학(nuclear magnetic resonance spectroscopy, NMR):** 자기장 속의 핵이 흡수하는 라디오 진동수의 에너지를 측정하는 분광학의 한 형태. 흡수된 에너지는 핵 스핀을 변환시킨다.

**탄소 자기 공명($^{13}C$ NMR, CMR):** 탄소 $^{13}C$ 동위 원소의 NMR

**양성자 자기 공명($^{1}H$ NMR, PMR):** 양성자의 NMR

**화학적 이동(chemical shift):** 관찰하는 양성자(또는 탄소 핵)와 TMS의 공명 진동수의 차이를 ppm으로 나타낸 값. 화학적 이동은 보통 TMS로부터 낮은 장 쪽으로 ppm으로 표시한 $\delta$ 눈금으로 나타낸다.

**화학적으로 동등한 원자(chemically equivalent atom):** 이들 원자는 화학적으로 구별할 수 없다. 화학적으로 동등한 원자에 대한 치환 테스트를 하면 동일한 화합물을 얻는다.

## 기초문제

| | | |
|---|---|---|
| **1** | 어떤 구조가 주어졌을 때 어느 양성자들이 동등한지, 어떤 것들이 동등하지 않은지 설명하라. 양성자 NMR에서 신호의 수와 대략적인 화학적 이동을 예측하라. | 관련 연습문제 13–34, 35, 50, 56, 57 |
| **2** | 화학적 이동이 주어졌을 때 있음직한 유형의 양성자를 제안하라. 적분값을 이용하여 서로 다른 종류의 양성자의 상대적 수를 결정하라. | 관련 연습문제 13–33, 36, 38, 43, 44, 54 |
| | 문제풀이 전략: NMR 스펙트럼 그리기 | 관련 연습문제 13–39 |
| **3** | 스펙트럼에서 어떤 양성자들이 자기적으로 짝지어져 있는지 설명하라. 스핀–스핀 갈라 짐 방식을 이용하여 알킬기와 다른 기의 구조를 밝혀라. | 관련 연습문제 13–36, 38, 43, 44, 45 |
| | 문제풀이 전략: 양성자 NMR 스펙트럼의 해석 | 관련 연습문제 13–33, 36, 38, 43, 44, 54 |
| **4** | 주어진 화합물의 양성자 및 $^{13}C$ NMR 스펙트럼의 일반적 모양을 그려보라. | 관련 연습문제 13–34, 35, 39, 40, 41 |
| **5** | 주어진 화합물에서 탄소 원자의 신호의 수와 대략적인 화학적 이동을 예측하라. | 관련 연습문제 13–41, 49, 50, 51, 53, 55, 57 |
| **6** | $^{13}C$ 흡수의 화학적 이동이 주어졌을 때 있음직한 유형의 탄소를 제안하라. 공명 비킴 짝 풀림 스펙트럼이나 DEPT $^{13}C$ 스펙트럼을 이용하여 주어진 탄소 원자에 결합된 수소 원자의 수를 알아내라. | 관련 연습문제 13–42, 43, 45, 48 |
| **7** | NMR 스펙트럼의 화학적 이동, 적분값 및 스핀–스핀 갈라짐 방식과 적외선 및 질량 스펙트럼으로 얻을 수 있는 정보를 합하여 유기 화합물의 구조를 정하라. | 관련 연습문제 13–47, 48 |
| | 문제풀이 전략: 분광학 문제 | 관련 연습문제 13–43, 45, 47, 48, 52, 57 |

## 연습문제

**13-33** $C_9H_{11}Br$의 분자식을 지닌 미지의 화합물이 있다. 이 화합물의 NMR 스펙트럼은 다음과 같은 흡수를 보여준다.

단일선: $\delta$ 7.1, 적분비: 44 mm

단일선: $\delta$ 2.3, 적분비: 130 mm

단일선: $\delta$ 2.2, 적분비: 67 mm

이 화합물에 대한 구조를 제시하라.

**13-34** 다음 화합물의 모든 양성자 각각이 가질 수 있는 다중도(갈라짐의 결과로 생긴 피크의 개수)와 화학적 이동을 예측하라.

(a) $H_3C$—C(=O)—$H_2C$—$CH_3$

(b) H—C(=O)—$CH_3$

(c) $H_3C$—$CH_2$—C(=O)—$CH_2$—Br

(d) $H_3C$—$CH_2$—C(=O)—OH

(e) $H_3C$—CH(F)—$CH_3$

(f) $H_3C$ H O H $CH_3$ / C C / CH CH

**13-35** 다음 화합물에서 양성자의 대략적인 화학적 이동을 예측하라.

(a) 벤젠

(b) 사이클로헥세인

(c) $CH_3—O—CH_2CH_2CH_2Cl$

(d) $CH_3CH_2—C\equiv C—H$

(e) $CH_3CH_2—C(=O)—CH_3$

(f) $(CH_3)_2CH—O—CH_2CH_2OH$

(g) $C_6H_5$—C(=O)—H

(h) $CH_3—CH=CH—CHO$

(i) HO—C(=O)—$CH_2CH_2$—C(=O)—$OCH(CH_3)_2$

(j) 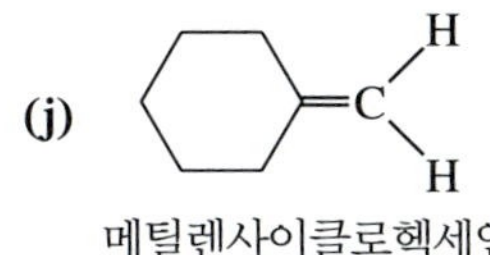

메틸렌사이클로헥세인

(k) 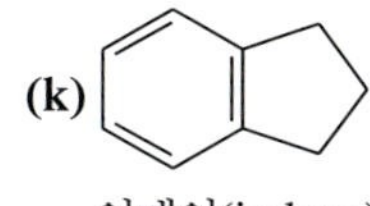
인데인(indane)

(l) 인덴(indene)

**13-36** 다음에 나타난 양성자 NMR 스펙트럼은 $C_3H_8O$의 분자식을 가진다.

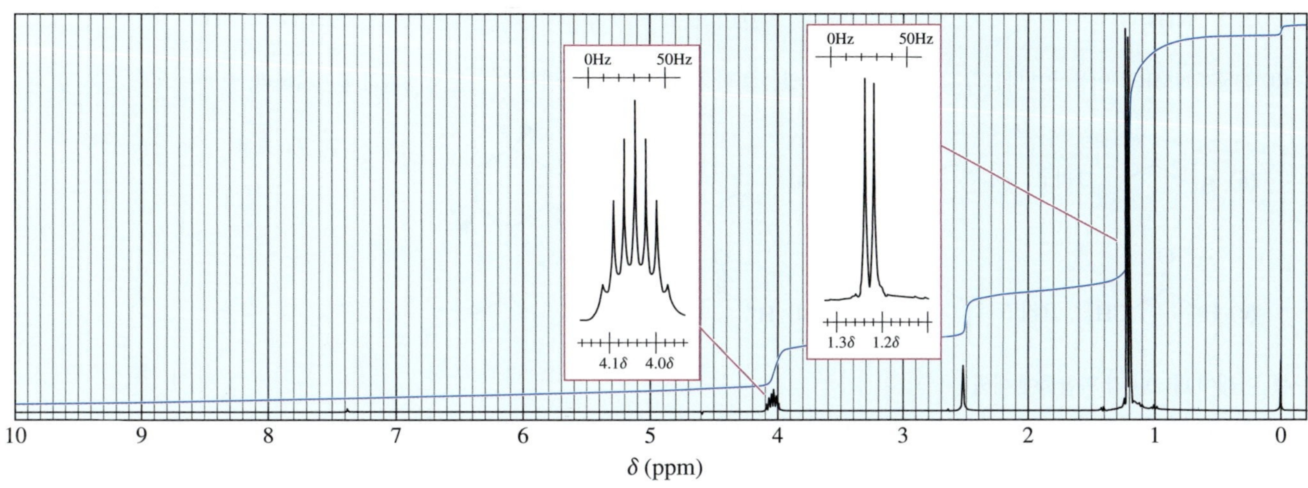


**(a)** 이 화합물의 구조를 제안하라.

**(b)** 스펙트럼에서 어느 양성자가 어느 신호를 나타내는지 각 피크를 지정하라.

**13-37** 60 MHz 분광계를 사용하여 어떤 화학자가 다음과 같은 흡수를 관찰했다.

$$\text{이중선, } J = 7\text{ Hz, } \delta\, 4.00$$

**(a)** 500 MHz 스펙트럼에서 화학적 이동($\delta$)은 얼마가 되는가?

**(b)** 500 MHz 스펙트럼에서 갈라짐 값 $J$는 얼마가 되는가?

**(c)** 60 MHz 스펙트럼에서 이 흡수는 TMS 피크로부터 몇 Hz나 떨어져 있는가? 500 MHz 스펙트럼에서는 어떻게 되는가?

**13-38** 아래 스펙트럼을 가진 화합물($C_{10}H_{12}O_2$)을 2-페닐에탄올과 아세트산의 반응 혼합물로부터 분리했다.

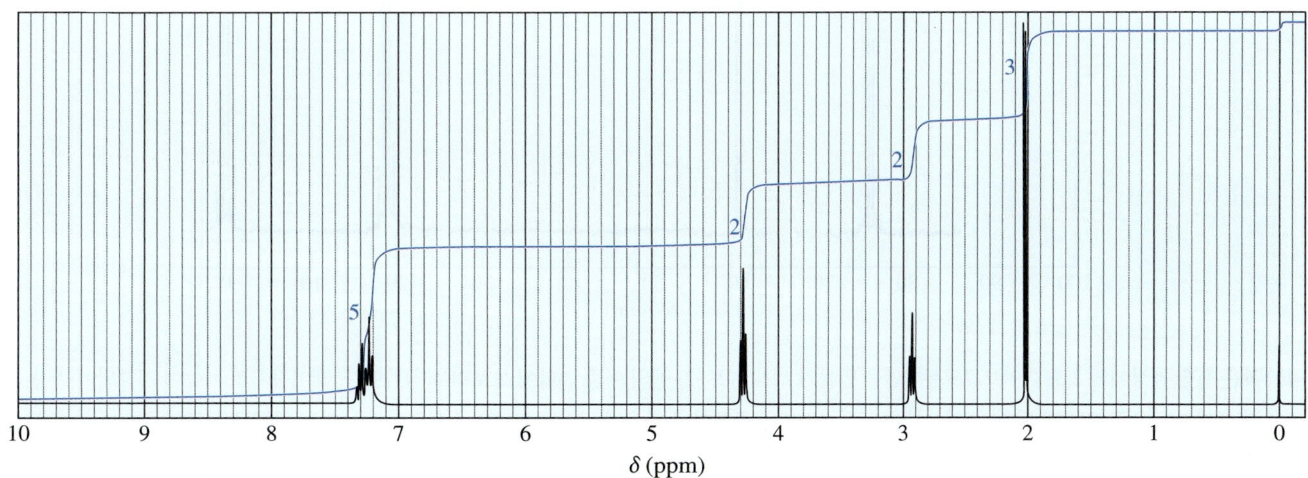


**(a)** 이 화합물의 구조를 제시하라.

**(b)** 스펙트럼에서 어느 양성자가 어느 신호를 나타내는지 각 피크를 지정하라.

**13-39** 다음 화합물에서 예상되는 양성자 NMR 스펙트럼을 그려보라.

**(a)** $CH_3-O-CH_2CH_3$ **(b)** $(CH_3)_2CH-C(=O)-CH_3$ **(c)** $Cl-CH_2-CH_2-CH_2-Cl$

**(d)** (벤젠 고리, $NH_2$, $NH_2$) **(e)** $(CH_3)_2CH-O-C_6H_4-NO_2$ **(f)** $H_3C-CH=CH-C(=O)-CH_3$

**13-40** 양성자 NMR을 이용하여 나음과 같이 짝을 이루고 있는 화합물들을 어떻게 구별할 수 있는지 정확하게 기술하라.

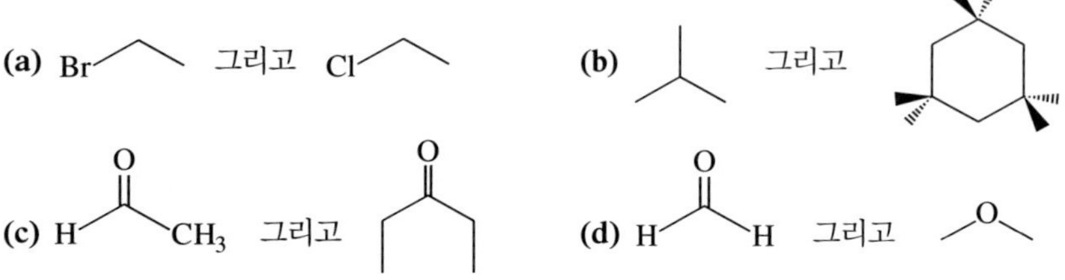


**13-41** 아래에 나타난 각 화합물에 대해

**(1)** 대략적인 화학적 이동을 나타내는 $^{13}C$ NMR 스펙트럼(각 종류의 탄소가 단일선을 가지며 완전히 짝풀림이 됨)을 그려보라.

**(2)** 공명 비킴 짝풀림 스펙트럼에서 각 신호가 어떤 다중선을 보이는지 예측하라.

**(3)** DEPT-90과 DEPT-135 기술을 이용했을 때 예상되는 스펙트럼을 그려보라.

**(a)** $CH_3-C(=O)-O-CH_2-CH_3$
아세트산 에틸

**(b)** $H_2C=CH-CH_2Cl$
3-클로로프로펜

**(c)** $C_6H_5-CH_2CH_2Br$

**(d)** $CH_3-C\equiv C-C(=O)-CH_2CH_3$

**13-42** 아래의 공명 비킴 짝풀림 탄소 NMR을 $C_3H_5Cl_3$의 분자식을 가진 화합물로부터 얻었다. 이 화합물의 구조를 제안하고, 이 스펙트럼에서 어느 탄소 원자가 어느 피크를 나타내는지 밝혀라.

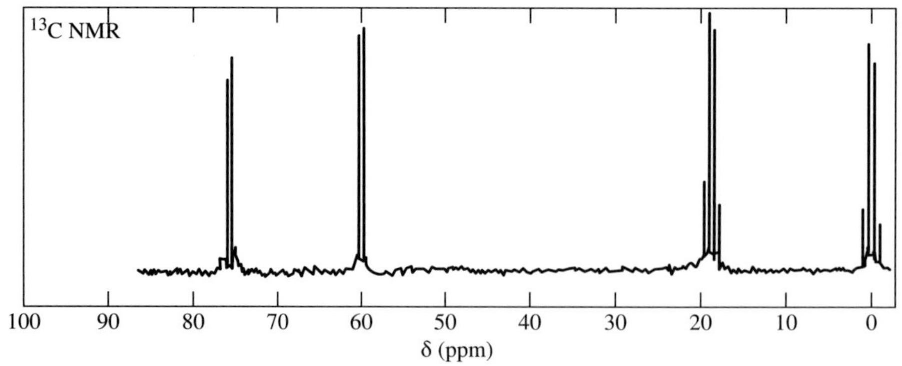


**13-43** 작은 실험 공장에서 2,3-다이브로모뷰테인을 만들기 위해 뷰트-2-엔의 이중 결합에 브로민을 첨가했다. 제어장치의 기능이 저하되어 반응 온도가 안전 한계 이상으로 오르게 되었다. 생성물을 조심스럽게 증류했더니 다음에 나타난 NMR 스펙트럼을 보이는 화합물을 포함하여 몇 가지 불순물이 만들어졌음을 알게 되었다. 다음 스펙트럼에 해당하는 구조를 밝히고, 그 구조에서 어느 양성자가 어느 피크에 해당하는지 나타내라.

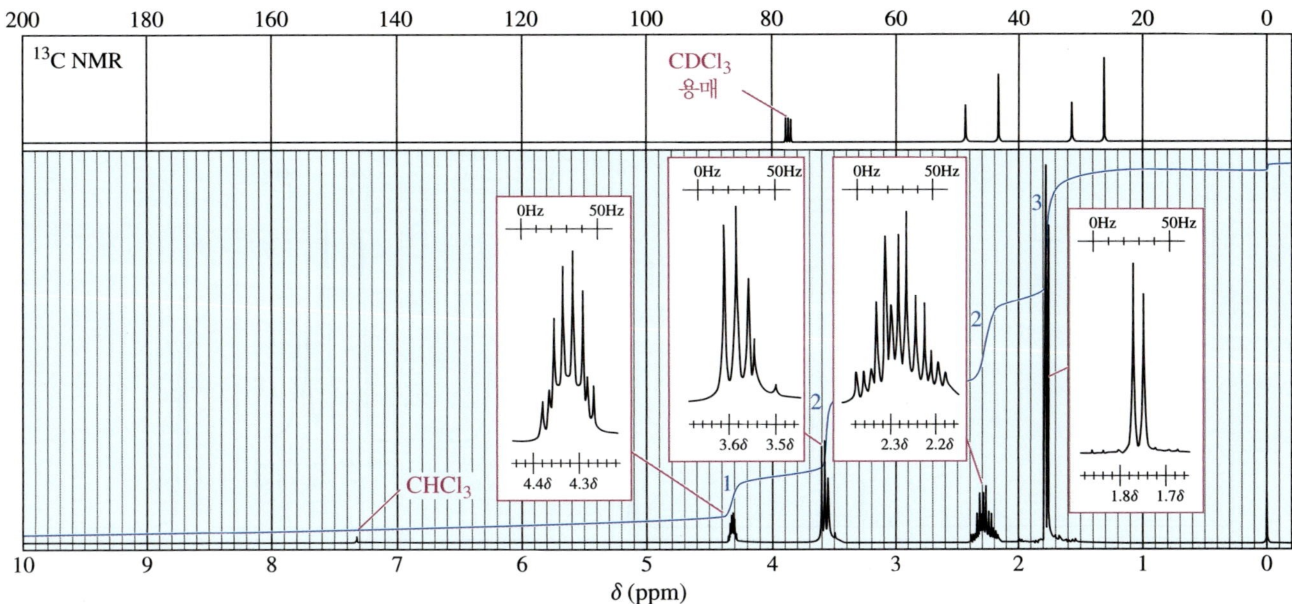


**13-44** 산소가 들어 있는 가솔린 첨가제 관련 일이 진행되고 있는 공장 실험실에 신입 화학자가 들어왔다. 신입 화학자는 시험을 거친 첨가제 가운데 맑고 기분 좋은 냄새가 나는 액체가 담겨 있으나 라벨이 떨어진 오래된 병을 발견했다. 신입 화학자는 아래에 나타난 NMR 스펙트럼을 재빠르게 찍어서 추가 정보도 없이 그 화합물이 무엇인지 알아낼 수 있었다. 구조를 제안하고 각 피크가 어느 양성자인지를 밝혀라. (힌트: 이 화합물은 매우 순수한 시료이다.)

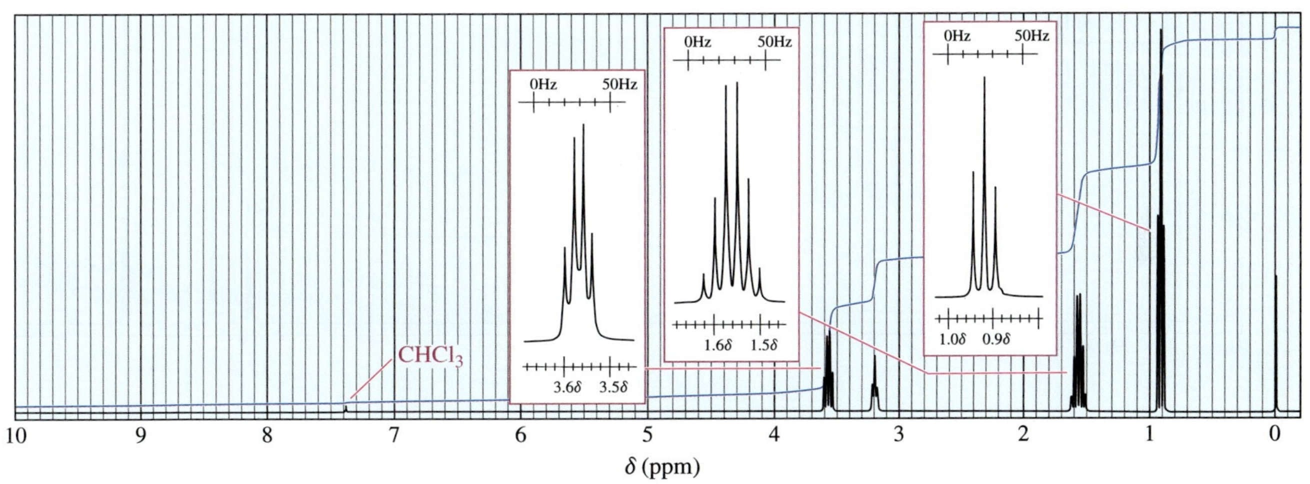


* **13-45** 2-클로로-2-메틸뷰테인을 여러 가지 센염기로 처리할 때 생성물은 분자식 $C_5H_{10}$으로, 항상 2개의 이성질체(A와 B)를 포함하는 듯했다. 수산화 소듐(sodium hydroxide)을 염기로 사용할 때 이성질체 A가 많이 생긴다. *t*-뷰톡시화 포타슘(potassium *tert*-butoxide)을 염기로 사용하면 이성질체 B가 더 많이 생긴다. A와 B의 $^1H$ 및 $^{13}C$ NMR 스펙트럼이 다음에 나타나 있다.

**(a)** 이성질체 A와 B의 구조를 밝혀라.

**(b)** 수산화 소듐을 염기로 사용할 때 A가 주생성물이 되고, *t*-뷰톡시화 포타슘을 염기로 사용하면 B가 주생성물이 되는 이유를 설명하라.

---

* 본문 내용을 응용한 난이도 높은 문제는 별표(*)로 표시했다.

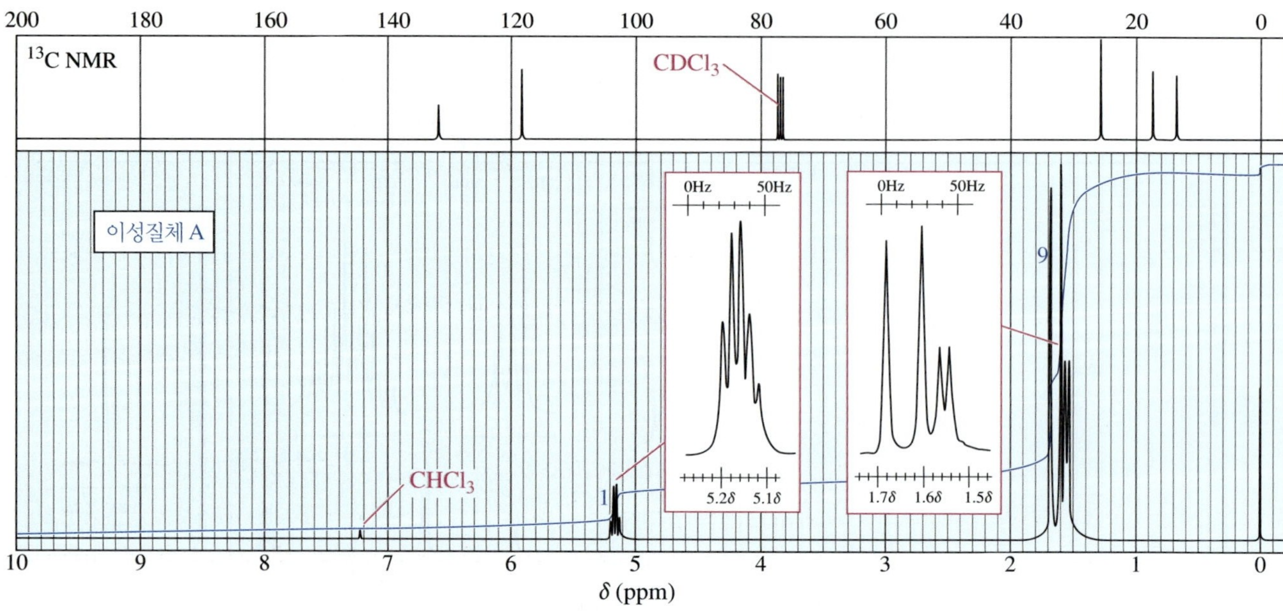


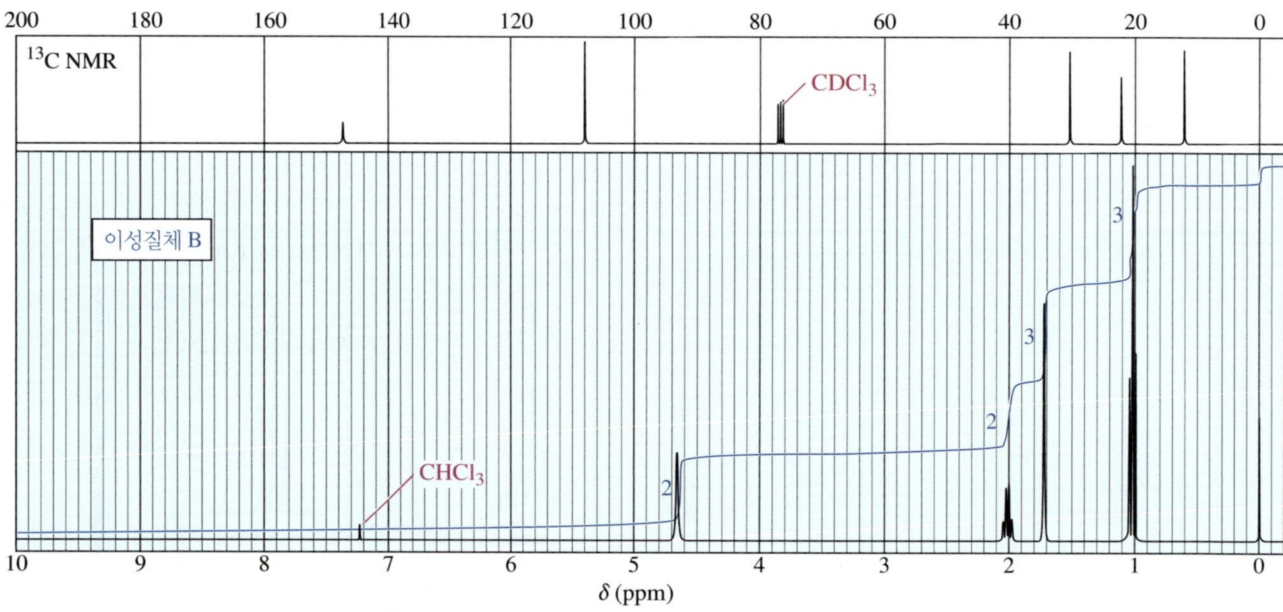


**13-46** (실화) 국립과학재단이 어떤 주요 대학을 국가 핵자기 공명센터로 지정했다. 몇 대의 대형 초전도 기기를 설치하는 중이었는데, 정부 안전감독관이 나와 이 기기가 생산해내는 핵 폐기물을 처리할 때 어떤 대비책을 취하는지 알려달라고 요청했다. 이 NMR 센터의 운영자라고 가정하고, 비과학자가 이해할 수 있도록 설명해보라.

**13-47** 큰다닥냉이 추출물의 사소한 성분으로 어떤 화합물을 분리했다. 그 스펙트럼이 다음에 나타나 있다.

(1) 각 스펙트럼을 각각 따로 보고, 각 스펙트럼으로부터 알아낼 수 있는 구조적 특징을 열거하라.

(2) 스펙트럼 3개를 한꺼번에 보고, 잠정적인 구조를 제안하라.

(3) 제안한 구조가 각 스펙트럼의 주요 특징을 설명할 수 있는지 입증하라.

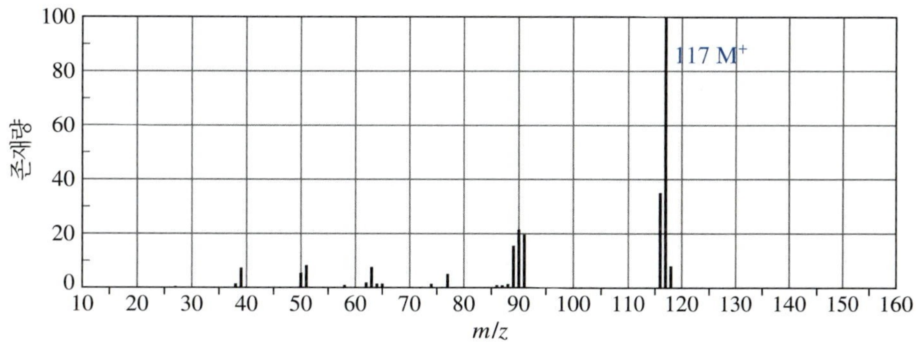


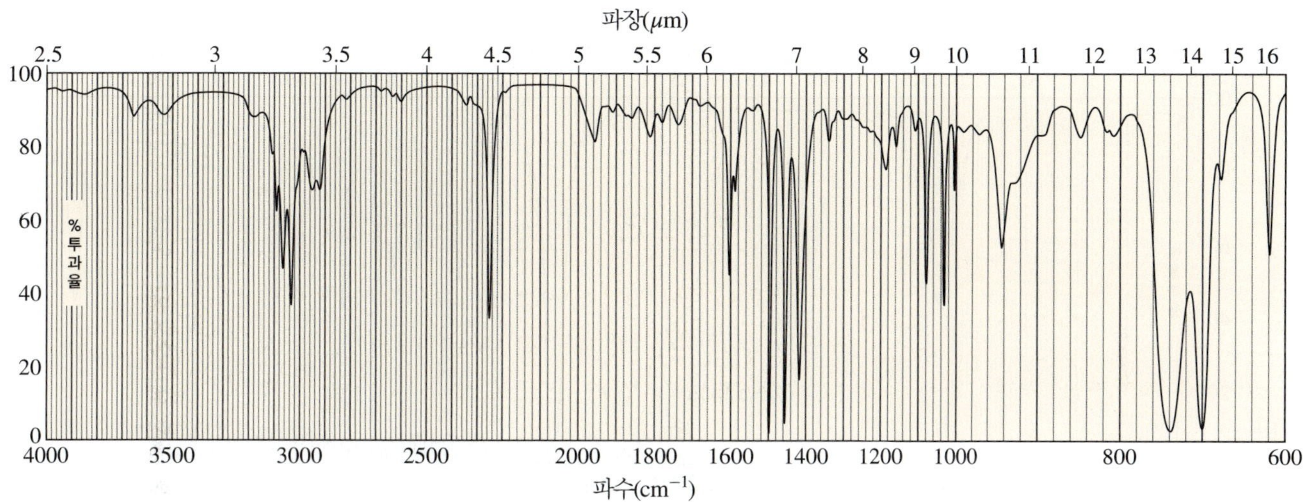


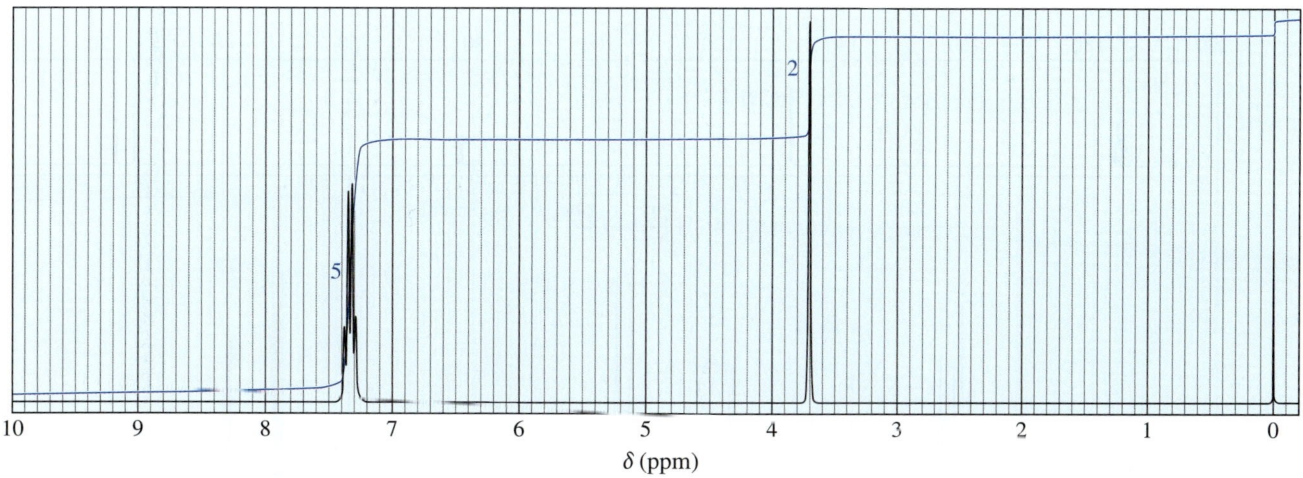


**13-48** 다음 스펙트럼은 유기 합성에서 중요한 출발 물질인 화합물로부터 찍은 것이다. 먼저 각 스펙트럼을 따로 살펴보고, 그 후 모든 스펙트럼을 함께 고찰함으로써 구조를 결정하라. 각 피크가 무엇에 해당하는지 지정하여 제안한 구조가 각 스펙트럼의 모든 주요 특징을 설명할 수 있음을 나타내라. DEPT 정보가 탄소 NMR에서 파란색으로 제공되었다.

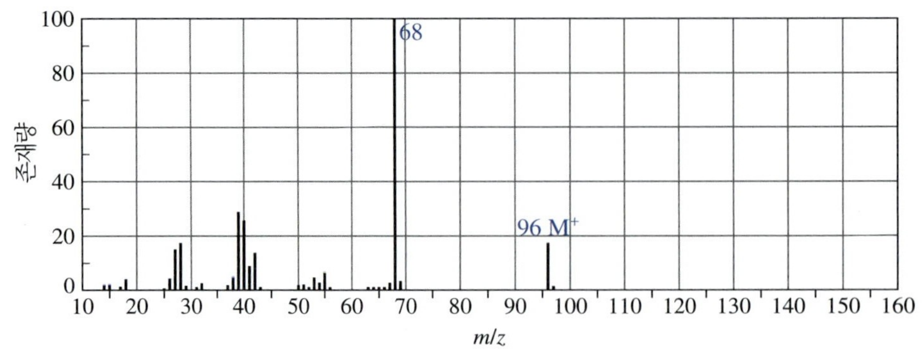


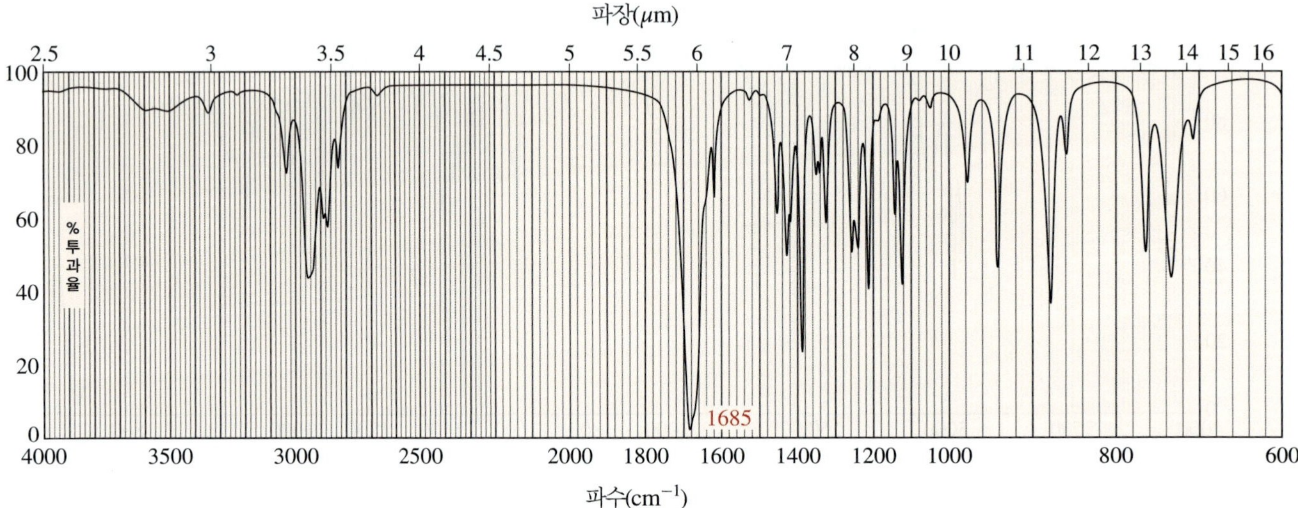


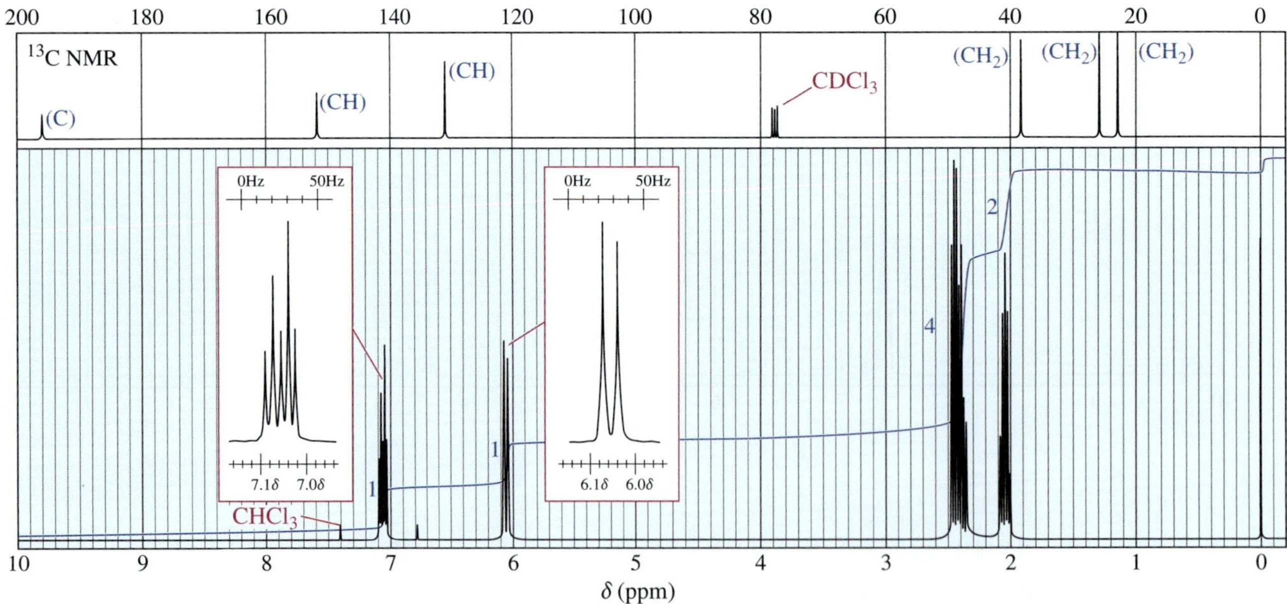


**13-49** 다이클로로벤젠의 세 가지 이성질체는 흔히 오쏘-클로로벤젠, 메타-클로로벤젠, 파라-클로로벤젠이라 명명한다. 이들 세 이성질체는 양성자 NMR로는 구별하기 어렵지만, $^{13}$C NMR을 이용하면 즉시 확인할 수 있다.

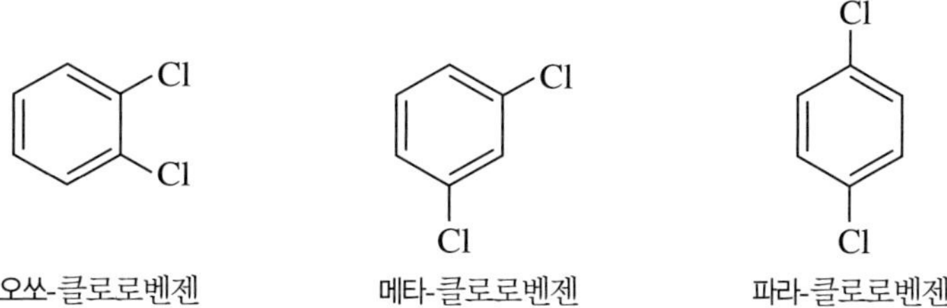


오쏘-클로로벤젠 메타-클로로벤젠 파라-클로로벤젠

**(a)** 탄소 NMR로 이 세 가지 이성질체를 구별하는 방법을 기술하라.

**(b)** 양성자 NMR로 구별하기 어려운 이유를 설명하라.

**13-50** **(a)** $C_3H_6Br_2$ 분자식의 다섯 가지 이성질체 모두를 그려보라(이성질체 포함).

**(b)** 각 구조에 대해 양성자 NMR 스펙트럼에 몇 가지 종류의 H가 나타나는지 제시하라.

**(c)** 각 구조에 대해 $^{13}$C NMR 스펙트럼에 몇 가지 종류의 C가 나타나는지를 제시하라.

**(d)** 식 $C_3H_6Br_2$의 미지 화합물이 세 가지 종류의 H와 세 가지 종류의 C를 보인다면 이 정보를 가지고 그 구조를 밝힐 수 있는가?

**13-51** 알케인에서 다른 종류의 양성자와 탄소는 비슷한 화학적 이동에서 흡수하는 경향이 있기 때문에 구조 결정이 어렵다. DEPT 기술을 포함하여 $^{13}$C NMR 스펙트럼을 이용하면 다음과 같은 네 가지 이성질체를 어떻게 구별할 수 있는지 설명하라.

**13-52** 헥사메틸벤젠은 *N*-브로모석신이미드를 이용하여 자유 라디칼 브로민화 반응으로 단일 브로민화된 생성물($C_{12}H_{17}Br$) 하나와 4개의 이중 브로민화 생성물($C_{12}H_{16}Br_2$)을 형성한다. 이러한 생성물은 GC-MS로 쉽게 분리할 수 있지만, 이중 브로민화된 생성물은 질량 스펙트럼에서 구별하기 어렵다. 단일 브로민화된 생성물과 4개의 이중 브로민화된 생성물을 그리고, $^{13}$C NMR을 사용하여 이 화합물들을 쉽게 구별하는 방법에 대해 설명하라.

**13-53** 다음 4개의 구조물은 모두 분자식 $C_4H_8O_2$를 가지고 있다. 각 구조물에 대해 특징적인 양성자 NMR 신호와 연결하라. (모든 신호가 각 경우에 다 나열되지는 않았다.)

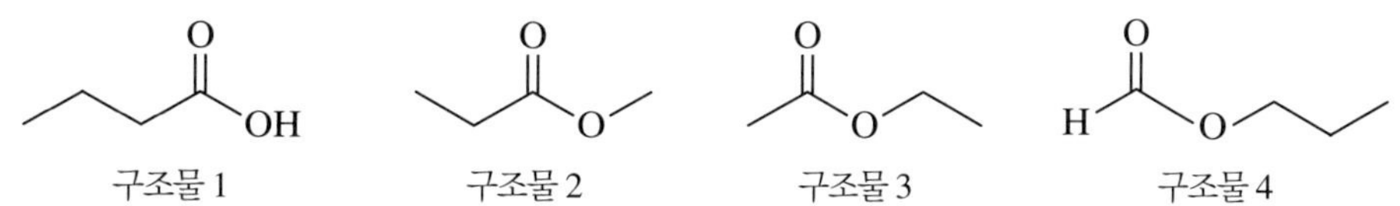


**(a)** $\delta$ 8.0에서 뾰족한 1H 단일선과 $\delta$ 4.0에서 2H 삼중선

**(b)** $\delta$ 2.0에서 뾰족한 3H 단일선과 $\delta$ 4.1에서 2H 사중선

**(c)** $\delta$ 3.7에서 뾰족한 3H 단일선과 $\delta$ 2.3에서 2H 사중선

**(d)** $\delta$ 11.5에서 넓은 1H 단일선과 $\delta$ 2.3에서 2H 삼중선

**13-54** 다음 화합물의 $^{13}$C NMR에서 얼마나 많은 신호가 기대되는가? 각각의 경우에 $^{13}$C NMR에서 동등한 탄소 원자가 어떤 것인지 나타내라.

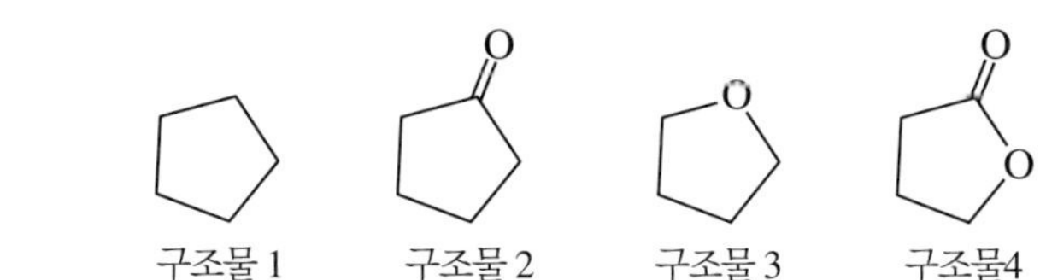


*** 13-55** 페닐 Grignard 시약이 2-메틸프로판알에 첨가되어 아래의 2차 알코올을 생성한다. 2-메틸프로판알의 양성자 NMR에서는 두 메틸기가 동등하다는 것을 나타내는 반면($\delta$ 1.1에서의 1개의 이중선), 라셈 혼합물인 생성물 알코올은 $\delta$ 0.75 및 약 $\delta$ 1.0 근처의 서로 다른 3H 이중선을 보여준다.

MgBr + (O, H) 2-메틸프로판알 —에테르→ —$H_3O^+$→ (H, OH, 1, 2)

(a) 생성물의 C1~C2 축을 가진 Newman 투영도를 그려보라.

(b) 두 메틸기가 다른 NMR 화학적 이동을 보이는지 설명하라. 이들 양성자를 묘사하는 용어는 무엇인가?

* **13-56** 다음 3개의 이성질체를 어떻게 구별할 수 있는지 나타내라.

(a) 다른 정보 없이 적외선 분광법을 이용하여

(b) 다른 정보 없이 양성자 NMR 분광법을 이용하여

(c) 다른 정보 없이 DEPT와 함께 $^{13}C$ NMR을 이용하여

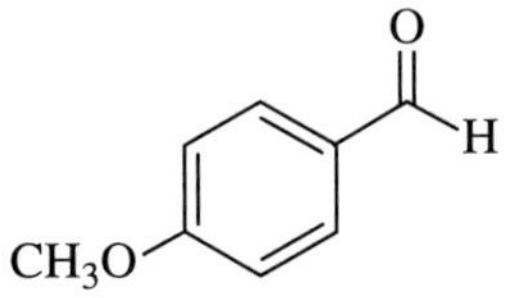

화합물 1 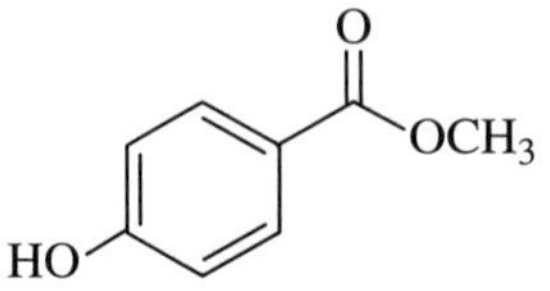 화합물 2 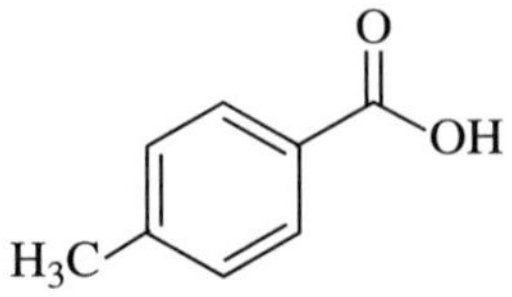 화합물 3

# 14 에터, 에폭사이드, 싸이오에터

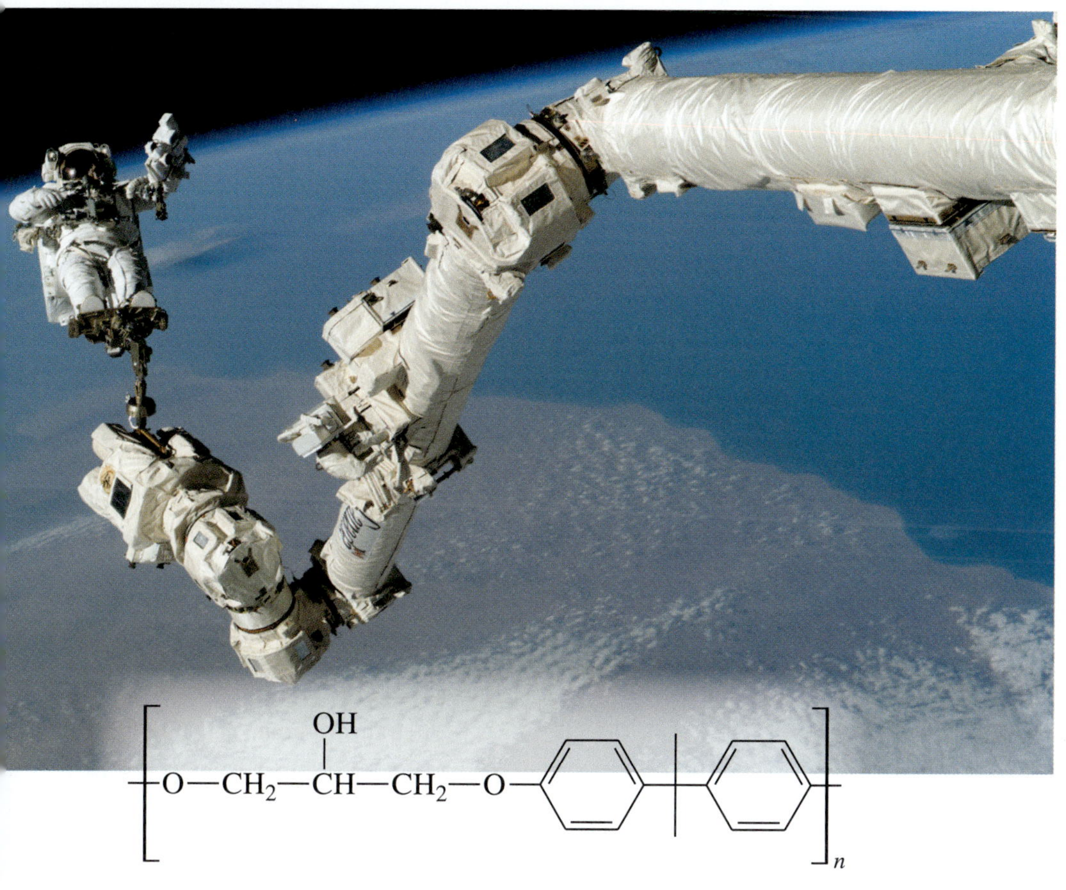


### 학습목표

**1** 에터와 에폭사이드를 포함한 헤테로 고리 에터를 그리고, 명명한다. 이들의 끓는점, 용해도, 용매 성질의 경향성에 대해 설명한다.

**2** 에터의 스펙트럼 구조를 밝히고, 이들의 특징적인 흡수 스펙트럼과 조각내기를 설명한다.

**3** 에터와 에폭사이드의 효율적인 합성법을 고안한다.

**4** 에터와 에폭사이드의 반응에서 생성되는 생성물을 유추한다.

**5** 에터와 에폭사이드를 생성하거나 이들의 반응 메커니즘을 제시한다.

◀ 캐나다암2(Canadarm2)는 국제우주정거장에 있는 모바일 서비스 시스템(MSS)의 주요 구성 요소이다. 캐나다암2의 부 구역은 탄소 섬유 주형(14-16절) 위에서 경화시켜 가벼우면서도 고강도 및 고강성을 가진 에폭시 수지의 복합재료를 사용한다.

## 14-1 서론

**에터**(ether)는 화학식 R—O—R′으로 나타낼 수 있는 화합물로, R과 R′은 알킬기 또는 아릴(벤젠 고리)기이다. 알코올처럼 에터도 물과 관련되어 있는데, 수소 원자가 알킬기로 바뀐 형태이다. 알코올에서는 물의 수소 원자 하나가 알킬기로, 에터에서는 2개의 수소가 알킬기로 바뀌어 있다. **대칭 에터**(symmetrical ether)에서는 2개의 알킬기가 같으나, **비대칭 에터**(unsymmetrical ether)에서는 알킬기가 서로 다르다.

| H—O—H | R—O—H | R—O—R′ |
|---|---|---|
| 물 | 알코올 | 에터 |

에터의 예

| $CH_3CH_2$—O—$CH_2CH_3$ | $C_6H_5$—O—$CH_3$ | (O 고리) |
|---|---|---|
| 다이에틸 에터 (대칭 에터) | 메틸 페닐 에터 (비대칭 에터) | 테트라하이드로퓨란 (대칭, 고리 모양 에터) |

다른 작용기와 마찬가지로 어떻게 에터가 형성되고, 어떤 반응을 하는지 살펴볼 것이다. 그러나 (에폭사이드를 제외한) 에터는 비교적 반응성이 없어 합성 중간체로는 자주 사용되지 않는다. 에터는 여러 형태의 시약에 대해 안정하므로, 유기 반응에서 용매로 널리 사용된다. 이 장에서는 에터의 성질과 이 성질을 이용하여 유기 반응에서 어떻게 유용한 용매로 쓸 수 있는지 알아볼 것이다.

시판되고 있는 가장 중요한 에터는 다이에틸 에터(diethyl ether)로, 종종 '에틸 에터(ethyl ether)' 또는 간단히 '에터'라고 한다. 에터는 반응과 추출에 좋은 용매로 사용되며, 디젤 엔진이나 가솔린 엔진용 휘발성 출발 유동액으로 자주 사용된다. 에터는 (1842년부터) 100여 년 이상 외과 수술 마취제로 사용되었으나, 가연성이 크고 환자가 의식을 되찾을 때 종종 구토를 동반하곤 했다. 지금은 일산화 이질소(nitrous oxide, $N_2O$), 할로테인(halothane, $CF_3$—CHClBr) 등을 포함한 가연성과 부작용이 적은 몇 가지 화합물이 마취제로 사용된다.

**응용: 마취제**

다이에틸 에터는 클로로폼(chloroform)보다 훨씬 안전한 마취제임이 밝혀졌다. 에터는 클로로폼처럼 물보다 지방 조직에 더 잘 용해되어 중추신경계를 지나가기 때문에 빠르게 효과를 나타낸다. 또한 휘발성이 크므로 다루기 쉽다. 그러나 에터는 에탄올로 분해되고 자체적으로 산화될 수 있기 때문에 클로로폼보다 독성이 훨씬 적다.

1847년경의 에터 마취제를 위한 초기의 흡입기. 환자가 숨을 들이쉴 때 에터를 적신 스폰지를 통해 공기가 들어오도록 스폰지가 담긴 유리병에 밸브가 달린 마스크를 연결했다.

## 14-2 에터의 물리적 성질

### 14-2A 에터의 구조와 극성

물처럼 에터는 거의 정사면체 결합각의 $sp^3$ 혼성 산소 원자를 포함한 꺾어진 구조이다. 물에서는 고립 전자쌍이 H—O—H 결합각을 104.5°로 좁히지만, 일반적인 에터에서는 알킬기 덩어리가 결합각을 확대시키는 작용을 한다. 그림 14-1은 110°의 정사면체 결합각을 가진 다이메틸 에터의 구조를 보여준다.

에터에는 알코올 같은 극성 하이드록시기가 없지만, 여전히 극성이 강한 화합물이다. 에터의 쌍극자 모멘트는 실질적으로 2개의 고립 전자쌍에 기인하는 2개의 극성 C—O 결합의 벡터합이다. 표 14-1에 다이메틸 에터, 다이에틸 에터, 테트라하이드로퓨란(tetrahydrofuran, THF)의 쌍극자 모멘트를 비슷한 분자량의 알케인 및 알코올의 쌍극자 모멘트와 비교하여 나타냈다. THF 같은 에터는 하이드록시기의 반응성이 없는 극성이 강한 용매이다.

### 14-2B 에터의 끓는점: 수소 결합

표 14-1에 몇 가지 에터, 알코올, 알케인의 끓는점을 비교했다. 다이메틸 에터와 다이에틸 에터의 끓는점이 분자량이 비슷한 알코올의 끓는점보다 거의 100°C 낮은 것에 주목하라. 이러한 큰 차이는 알코올의 수소 결합 때문이다. 순수한 에터는 O—H기를 가지고 있지 않으므로 수소 결합을 할 수 없다. 에터는 큰 쌍극자 모멘트를 가지고 있으므로 쌍극자-쌍극자 인력이 작용하지만, 이 인력이 끓는점에는 거의 영향을 미치지 않는다.

순수한 에터는 수소 결합을 할 수 있는 수소를 가지고 있지 않지만, O—H기 또는 N—H기를 가지고 있는 다른 화합물과는 수소 결합을 할 수 있다. 그림 14-2는 수소 결합을 하기 위해서는 수소 결합 주개(donor)와 수소 결합 받개(acceptor)가 필요하다는 것을 보여준다. 주개는 O—H기 또

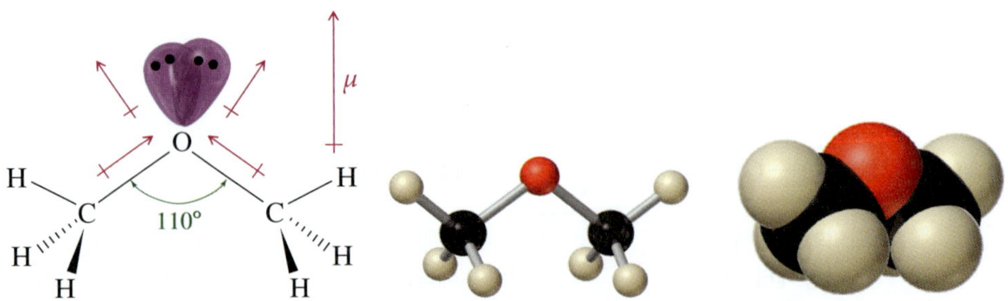


**그림 14-1** 다이메틸 에터의 구조

**표 14-1** 비슷한 분자량의 에터, 알케인, 알코올의 끓는점 비교

| 화합물 | 분자식 | 분자량 | 끓는점(°C) | 쌍극자 모멘트(D) |
|---|---|---|---|---|
| 물 | $H_2O$ | 18 | 100 | 1.9 |
| 에탄올 | $CH_3CH_2-OH$ | 46 | 78 | 1.7 |
| 다이메틸 에터 | $CH_3-O-CH_3$ | 46 | −25 | 1.3 |
| 프로페인 | $CH_3CH_2CH_3$ | 44 | −42 | 0.1 |
| *n*-뷰탄올 | $CH_3CH_2CH_2CH_2-OH$ | 74 | 118 | 1.7 |
| 테트라하이드로퓨란 | O | 72 | 66 | 1.6 |
| 다이에틸 에터 | $CH_3CH_2-O-CH_2CH_3$ | 74 | 35 | 1.2 |
| 펜테인 | $CH_3CH_2CH_2CH_2CH_3$ | 72 | 36 | 0.1 |

참고: 알코올은 매우 높은 끓는 점을 가지고 수소 결합을 한다. 에터는 분자량이 비슷한 알케인과 끓는점이 비슷하다.

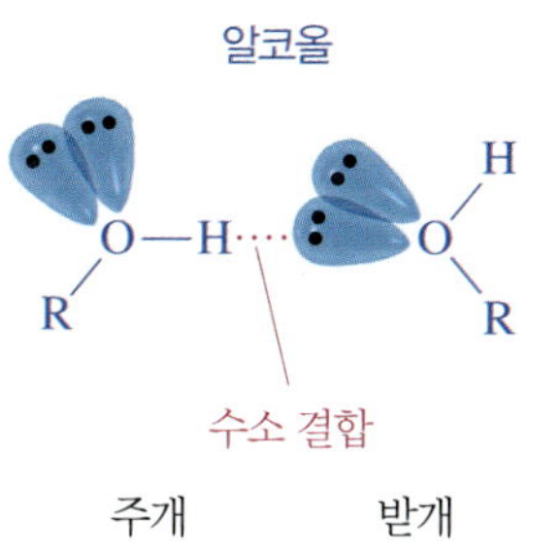


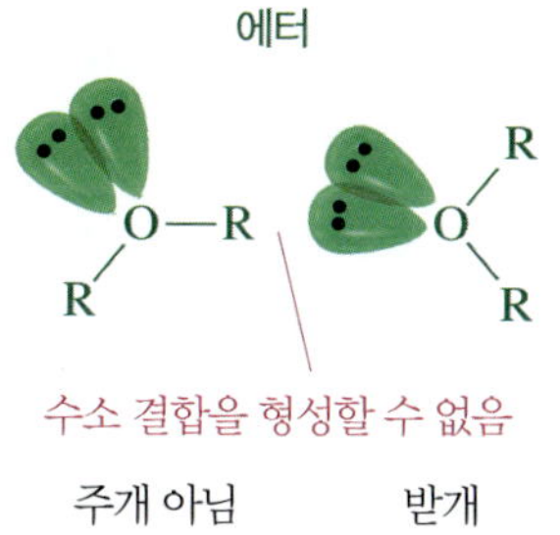


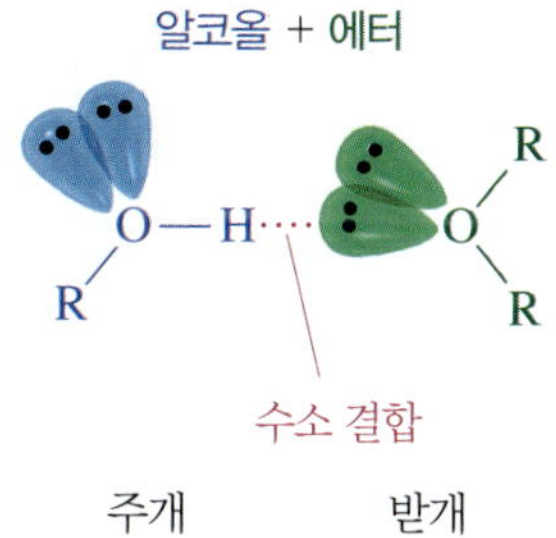


**그림 14-2** 알코올과 에터의 수소 결합. 물이나 알코올의 분자는 둘 다 수소 결합 주개와 받개로 작용할 수 있다. 에터 분자는 하이드록시기가 없으므로 수소 결합 주개가 아니다. 만일 수소 결합 주개가 같이 있다면 에터는 수소 결합 받개로 작용할 수 있다.

**표 14-2** 에터의 물리적 성질

| 화합물명 | 구조 | 녹는점(°C) | 끓는점(°C) | 밀도(g/mL) |
|---|---|---|---|---|
| 다이메틸 에터 | $CH_3-O-CH_3$ | −140 | −25 | 0.66 |
| 에틸 메틸 에터 | $CH_3CH_2-O-CH_3$ | | 8 | 0.72 |
| 다이에틸 에터 | $CH_3CH_2-O-CH_2CH_3$ | −116 | 35 | 0.71 |
| 다이-*n*-프로필 에터 | $CH_3CH_2CH_2-O-CH_2CH_2CH_3$ | −122 | 91 | 0.74 |
| 다이아이소프로필 에터 | $(CH_3)_2CH-O-CH(CH_3)_2$ | −86 | 68 | 0.74 |
| 1,2-다이메톡시에테인(DME) | $CH_3-O-CH_2CH_2-O-CH_3$ | −58 | 83 | 0.86 |
| 메틸 페닐 에터(아니솔) | $CH_3-O-$ | −37 | 154 | 0.99 |
| 다이페닐 에터 | O | 27 | 259 | 1.07 |
| 퓨란 | O | −86 | 32 | 0.94 |
| 테트라하이드로퓨란(THF) | O | −108 | 65 | 0.89 |
| 1,4-다이옥세인 | O, O | 11 | 101 | 1.03 |

는 N—H기를 가지고 있는 분자이다. 받개는 고립 전자쌍이 주개에 붙어 있는 수소 원자에 부분적으로 약한 결합을 형성하는 분자이다. 에터 분자는 고립 전자쌍을 가지고 있어 알코올(또는 수소 결합 주개)과 수소 결합을 형성하지만, 다른 에터 분자와는 수소 결합을 형성할 수 없다. 결국 에터 분자는 비슷한 분자량의 알코올보다 휘발성이 더 크다. 표 14-2에 대표적인 일반 에터의 물리적 성질을 나타냈다.

### 14-2C 극성 용매로서의 에터

**응용: 녹색 화학**

2-메틸테트라하이드로퓨란은 THF처럼 극성 비양성자성 용매로, 석유 자원보다는 옥수수 속대나 다른 폐기물 식물 자원에서 유래되기 때문에 '녹색 용매'로 간주된다.

2-메틸테트라하이드로퓨란

에터는 많은 유기 반응에서 이상적인 용매로 사용된다. 넓은 범위의 극성 및 비극성 물질을 녹일 수 있고 끓는점이 매우 낮기 때문에 간단히 에터를 증발시켜 생성물을 얻을 수 있다. 비극성 물질은 알코올보다 에터에서 더 잘 녹는 경향이 있는데, 에터는 비극성 용질에 의해 깨지는 수소 결합 조직망이 없기 때문이다.

극성 물질은 알코올에서처럼 에터에서도 비슷하게 녹는 경향이 있는데, 이는 에터가 큰 쌍극자 모멘트를 가지고 있으며 수소 결합 받개로 작용할 수 있는 능력이 있기 때문이다. 에터의 비결합 전자쌍은 그림 14-3에서와 같이 양이온을 효과적으로 용매화한다. 그러나 에터는 알코올이 음이온을 용매화하는 것만큼 음이온을 용매화하지는 않는다. 이온 결합을 극복하기 위해 강한 용매화가 필요한 작고 '딱딱한(hard)' 음이온으로 이루어진 이온성 물질은 에터 용매에서 종종 불용성이다. 아이오딘화 이온, 아세트산 음이온, 유기 음이온처럼 확산성이 큰 음이온으로 된 물질은 플루오린화 이온처럼 작고 더 딱딱한(hard) 음이온으로 된 물질보다 에터 용매에 더 잘 녹는 경향이 있다.

알코올은 알콕시화 이온보다 더 센 염기성 시약에서는 용매로 사용할 수 없다. 하이드록시기는 염기에 빠르게 양성자를 줌으로써 염기성 시약을 분해시킨다.

$$\underset{\text{센염기}}{B\!:^-} + \underset{\text{알코올}}{R{-}\ddot{\underset{..}{O}}H} \rightleftharpoons \underset{\text{양성자가 첨가된 염기}}{B{-}H} + \underset{\text{알콕시화 이온}}{R{-}\ddot{\underset{..}{O}}\!:^-}$$

에터에는 하이드록시기가 없으므로 일반적으로 센염기에 대해 반응성이 없다. 이러한 이유로 에터는 매우 강한 극성 염기(예: 극성 용매가 필요한 Grignard 시약)에 대한 용매로 자주 사용된다. 아래의 네 가지 에터는 유기 반응에 사용되는 일반적인 용매이다. DME, THF, 다이옥세인(dioxane)은 물과 섞이지만, 다이에틸 에터는 물에 거의 녹지 않는다.

| $CH_3CH_2{-}O{-}CH_2CH_3$ | $CH_3{-}O{-}CH_2CH_2{-}O{-}CH_3$ | (고리 구조) | (고리 구조) |
|---|---|---|---|
| 다이에틸 에터 | 1,2-다이메톡시에테인 | 테트라하이드로퓨란 | 1,4-다이옥세인 |
| '에터' | DME, '글라임(glyme)' | THF, 옥솔레인(oxolane) | 다이옥세인 |
| 끓는점 35°C | 끓는점 82°C | 끓는점 65°C | 끓는점 101°C |

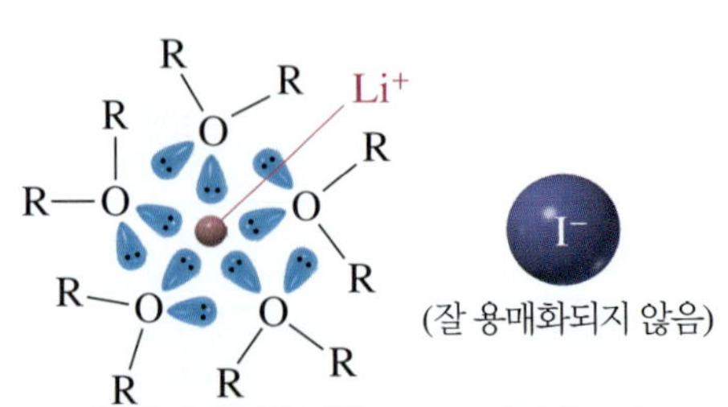


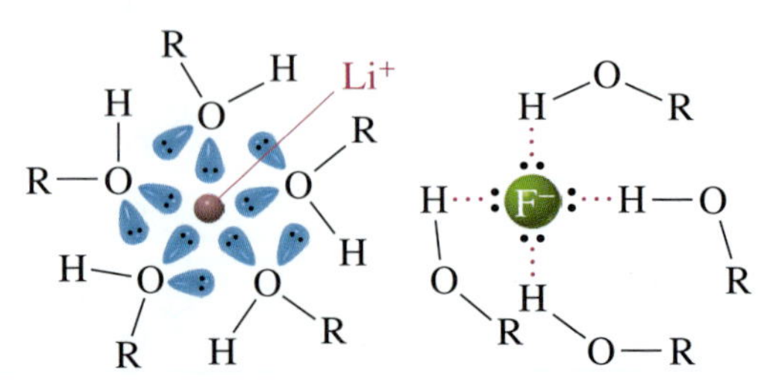


**그림 14-3** 에터는 양이온을 용매화한다. 아이오딘화 리튬(lithium iodide, LiI) 같은 이온성 물질은 에터에 적당히 녹는데, 작은 리튬 양이온이 에터의 고립 전자쌍에 의해 강하게 용매화되기 때문이다. 알코올과는 달리 에터는 수소 결합 주개로 작용할 수 없으므로 음이온을 잘 용매화하지 못한다.

**연습문제 14-1**

다음 각 화합물을 용해시키는 능력이 감소하는 순으로 용매를 나열하라.

용질

(a) $HCOO^-Na^+$ (b) 2-메틸나프탈렌 (c) 1-나프톨

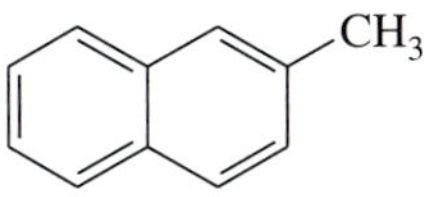

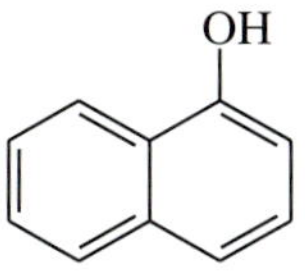

용매

에틸 에터
물
에탄올
다이클로로메테인

## 14-2D 에터와 시약과의 안정한 착물

에터는 특이한 성질(극성이며 고립 전자쌍을 가지고 있지만 비교적 반응성이 없음) 때문에 많은 시약을 만들 때 사용된다. 예를 들면 Grignard 시약은 에터가 없으면 만들어지지 않는데, 이는 에터의 고립 전자쌍을 마그네슘 원자가 공유하기 때문이다. 이 전자의 공유가 시약을 안정화하고, 이 화합물을 용액에서 유지할 수 있도록 돕는다(그림14-4).

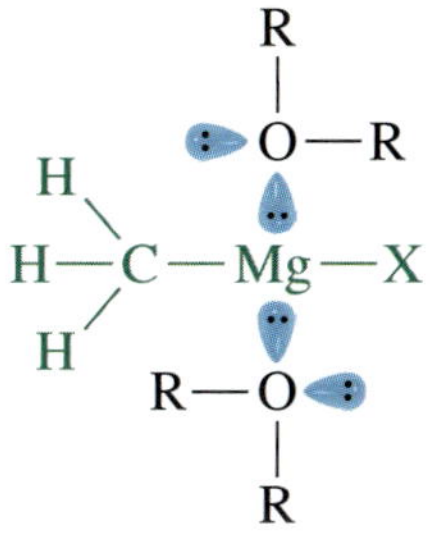

그림 14-4 에터와 Grignard 시약의 착물화는 시약을 안정화하고, 이를 용액에서 유지할 수 있도록 돕는다.

**친전자체와의 착물** 에터의 비공유 전자쌍 역시 보레인(borane, $BH_3$)을 안정화한다. 순수한 보레인은 다이보레인(diborane, $B_2H_6$)이라고 하는 이합체로 존재한다. 다이보레인은 독성이 있고 가연성이며 폭발성 기체이기 때문에 사용하기 위험하고 불편하다. 보레인은 테트라하이드로퓨란과 안정한 착물을 형성한다. 이 $BH_3 \cdot THF$ 착물은 1 M 용액으로 시판되고 있으며, 공기에 민감한 다른 액체 시약처럼 쉽게 칭량할 수 있고 수송할 수도 있다. $BH_3 \cdot THF$는 수소붕소 첨가 반응(hydroboration)에 상당히 편리하게 사용할 수 있다는 점에서 유용하다(8-7절).

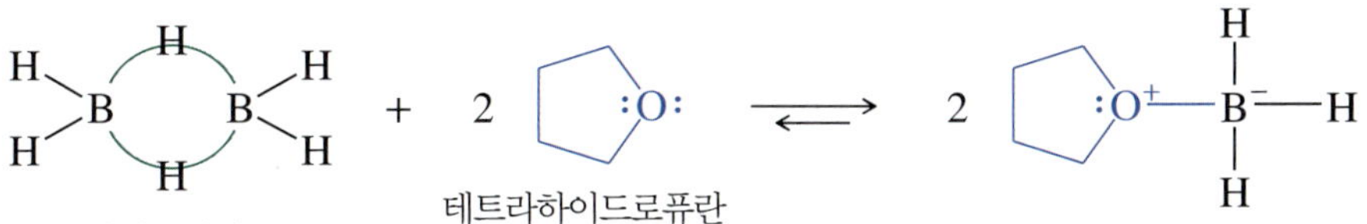

$$B_2H_6 + 2\ \text{THF} \rightleftharpoons 2\ BH_3 \cdot THF$$

다이보레인 테트라하이드로퓨란 $BH_3 \cdot THF$

트라이플루오린화 붕소(boron trifluoride)는 광범위한 반응에서 Lewis 산 촉매로 사용된다. 다이보레인처럼 $BF_3$도 독성 기체이지만, $BF_3$는 에터와 안정한 착물을 형성하기 때문에 쉽게 저장하고 칭량할 수 있다. $BF_3$와 다이에틸 에터의 착물은 '트라이플루오린화 붕소 에터(boron trifluoride etherate)'라고 한다.

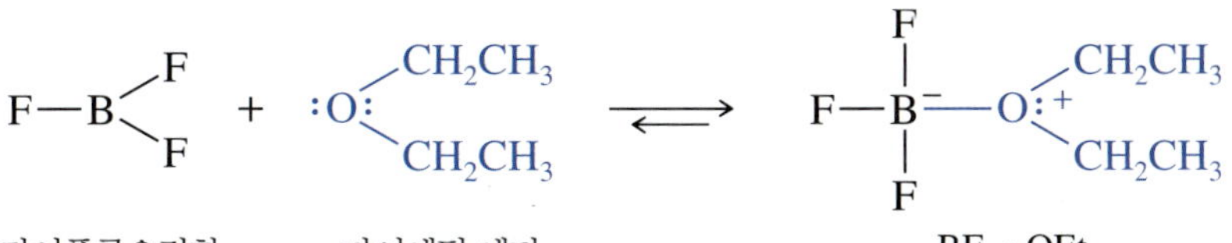

$$BF_3 + (CH_3CH_2)_2O \rightleftharpoons F_3B^-{-}O^+(CH_2CH_3)_2$$

트라이플루오린화 붕소 다이에틸 에터 $BF_3 \cdot OEt_2$ '트라이플루오린화 붕소 에터'

**연습문제 14-2**

삼염화 알루미늄(aluminum trichloride, $AlCl_3$)은 많은 열을 발산하면서 에터에 용해된다. (사실 이 반응은 너무 따뜻하면 더욱 격렬해진다.) 결과물인 염화 알루미늄 에터 착물의 구조를 제시하라.

**응용: 방사능 세정**

크라운 에터는 방사성 폐기물로부터 방사성 원소를 제거하는 일에도 사용된다. 예를 들면 방사성 세슘과 스트론튬은 18-크라운-6의 특수한 유도체를 사용하여 추출할 수 있다.

**크라운 에터 착물** 6장에서 고리 중앙에 금속 이온과 착물을 형성함으로써 금속 양이온을 용매화하는 거대 고리 폴리에터인 **크라운 에터**(crown ether)의 용도를 살펴보았다. 다른 크라운 에터는 다른 양이온을 용매화하는데, 이때 용매화는 크라운 에터와 양이온의 상대적 크기와 양이온 주위의 결합 자릿수에 의존한다. 18-크라운(crown)-6의 EPM을 살펴보면 분자의 중심에 있는 공동이 포타슘 양이온과 복합체를 형성할 수 있는 전자가 풍부한 산소 원자에 둘러싸여 있음을 알 수 있다.

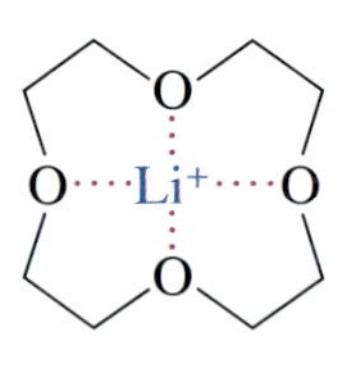


12-크라운-4
$Li^+$을 용매화함

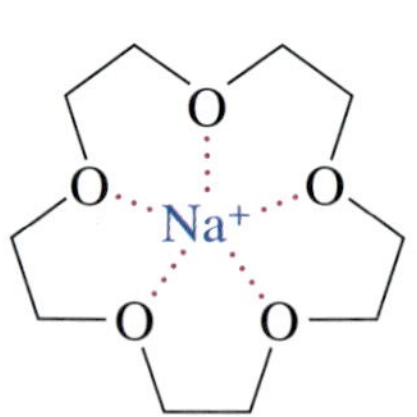


15-크라운-5
$Na^+$을 용매화함

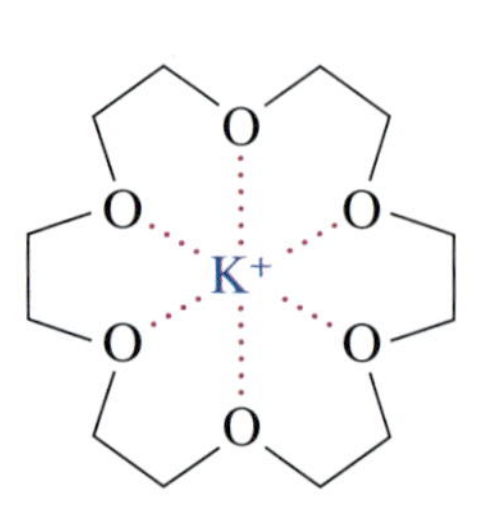


18-크라운-6
$K^+$을 용매화함

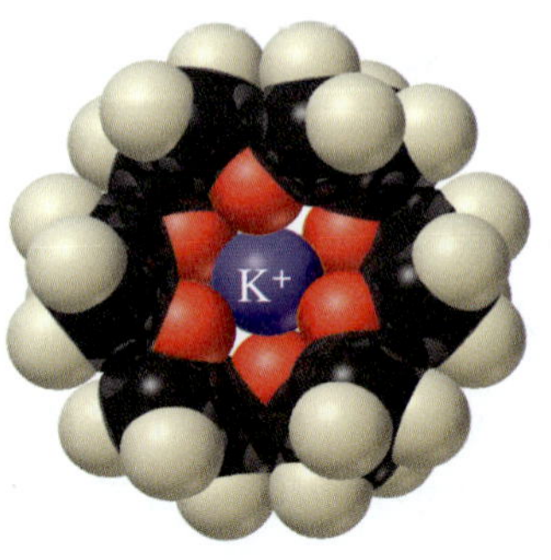


용매화된 $K^+$을 포함한
18-크라운-6

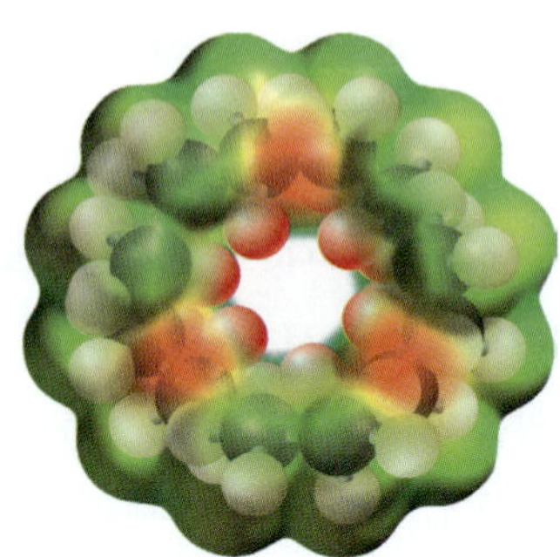

18-크라운-6의 EPM

크라운 에터에 의한 착물 형성은 흔히 극성 무기염을 비극성 유기 용매에 녹일 수 있게 한다. 이렇게 용해도를 증가시키는 방법은 비양성자성 조건(aprotic condition)에서 극성 염을 사용할 수 있게 하는데, 이때 착물화되지 않은 음이온은 상당히 반응성이 증가한다. 예를 들어 6-10B절에서 아세토나이트릴(acetonitrile, $CH_3CN$)에 플루오린화 포타슘(potassium fluoride)을 용해하는 데 18-크라운-6을 사용했는데, 여기서 적게 용매화된 플루오린화 이온은 적당히 강한 친핵체이다. 카복실산 염($RCOO^-K^+$), 사이안화물(KCN), 과망가니즈산 염($KMnO_4$)을 포함하는 많은 다른 염은 크라운 에터를 사용하면 비양성자성(때로는 종종 비극성) 유기 용매에 녹일 수 있다. 이들의 경우 크라운 에터는 양이온과만 착물을 형성하고, 음이온을 알짜 음이온 상태로 만들어 반응성을 크게 한다.

**연습문제 14-3**

18-크라운-6의 존재하에서 과망가니즈산 포타슘(potassium permanganate)은 벤젠에 용해되어 비양성자성 반응 조건에서 알켄을 산화시키는 유용한 시약인 '퍼플벤젠(purple benzene)'을 생성한다. 착물을 그려보고, $KMnO_4$가 벤젠에 용해되는 이유와 과망가니즈산 이온의 반응성이 증가하는 이유를 제시하라.

**응용: 산소화된 가솔린**

1990년의 맑은공기협약(Clean Air Act)은 대기오염이 심각한 지역에서 '산소화된 가솔린'을 사용하도록 촉구했다. 선호되는 '산소화'는 MTBE로, 가솔린과 혼합시켜 연소할 때 오염 물질의 양을 낮추고, 엔진의 변화 없이 연소가 잘되게 하며, 낮은 독성을 갖기 때문이다. 1999년에 캘리포니아주에서는 가솔린에 MTBE 첨가하는 것을 폐지했는데, 지하수를 오염시킬지 모른다는 우려 때문이었다.

## 14-3 에터의 명명법

여기서는 알킬 알킬 에터(alkyl alkyl ether)라고 하는 에터의 일반적인 명명법을 사용해왔다. 좀 더 복잡한 에터를 일반적으로 사용되는 IUPAC 체계에서는 알콕시 알케인(alkoxy alkane)이라고 한다. 간단한 에터에 대해서는 관용명이 항상 사용된다.

### 14-3A 관용명(알킬 알킬 에터명)

에터의 관용명은 산소에 붙어 있는 2개의 알킬기를 명명한 후 에터(*ether*)라는 단어를 붙여서 명명한다. 현 체계에서 알킬기는 알파벳순으로 붙어야 하지만, 많은 사람이 아직도 간단한 것에서부터 좀 더 복잡한 작용기순으로 명명하는 구체계를 사용한다. 예를 들어 알킬기 하나가 메틸이고 다른 하나는 *t*-뷰틸이라면 현재의 관용명은 '*t*-뷰틸 메틸 에터(*tert*-butyl methyl ether)'이다. 그러나 대부분의 화학자는 예전의 관용명인 '메틸 *t*-뷰틸 에터(methyl *tert*-butyl ether, MTBE)'를 사용하고 있다. 만약 양쪽 작용기가 모두 메틸이면 '다이메틸 에터'라고 명명한다. 만일 '에틸 에터'처럼 이름에 하나의 알킬기만 표시되어 있다면 그 에터는 대칭임을 의미한다.

### 14-3B IUPAC명(알콕시 알케인명)

IUPAC명에서는 더 복잡한 알킬기를 모체 이름으로, 에터의 나머지를 **알콕시기**(alkoxy group)로 사용한다. 예를 들어 사이클로헥실 메틸 에터(cyclohexyl methyl ether)는 '메톡시사이클로헥세인(methoxycyclohexane)'이라고 명명한다. 이런 체계적인 명명법은 종종 복잡한 에터를 명확하게 명명한다.

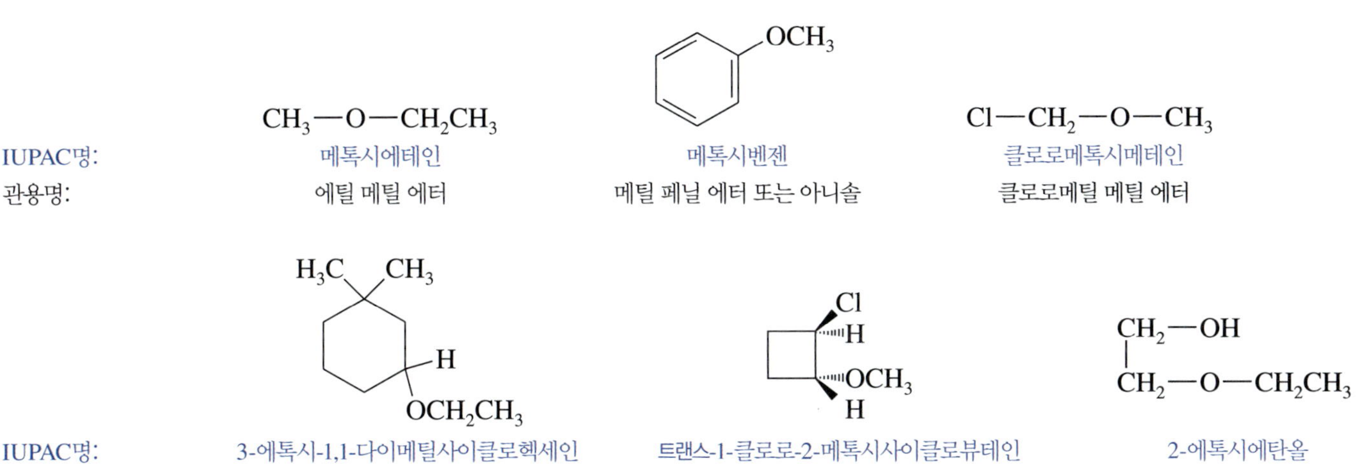


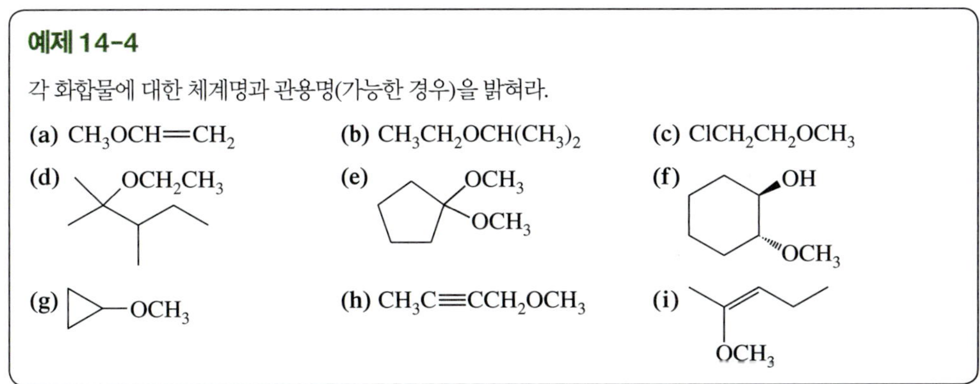


### 14-3C 고리 에터의 명명

고리 에터는 고리 원자가 탄소 이외인 원소를 포함하는 **헤테로 고리 화합물**(heterocyclic compound)의 첫 번째 예이다. **헤테로 원자**(heteroatom)라고 하는 이 원자는 고리 원자들에 번호를 붙일 때 1번이 된다. 헤테로 고리 에터는 중요하고 유용한 에터이다.

**에폭사이드(옥시레인)** 앞서 8-12절에서 에폭사이드의 화학에 대해 몇 가지 다루었다. **에폭사이드**(epoxide)는 3원자 고리 에터로, 알켄의 과산화산(peroxyacid) 산화 반응으로 만들 수 있다. 에폭사이드의 관용명은 산화되는 알켄명에 산화를 붙여 명명한다(영어로 명명할 경우에는 *oxide*를

**응용: 훈증제**

산화 에틸렌은 식품, 섬유, 토양, 생의약 기기를 살균하는 훈증제로 사용된다. 산화 에틸렌은 물질을 손상시키지 않고 쉽게 확산된다. 이 화합물의 항박테리아성 효과는 아마도 세포의 효소를 알킬화하는 능력 때문인 것 같다.

붙인다). 다음 반응식에 두 가지 간단한 에폭사이드의 합성법과 관용명을 나타냈다.

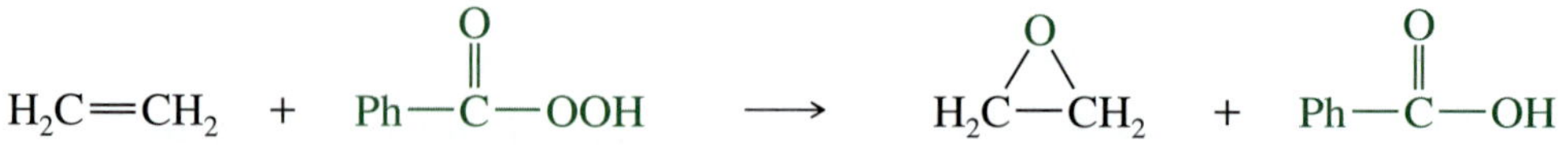

$$H_2C{=}CH_2 + Ph{-}C({=}O){-}OOH \longrightarrow H_2C{-}CH_2\ (\text{O bridge}) + Ph{-}C({=}O){-}OH$$

에틸렌 퍼옥시벤조산 산화 에틸렌 벤조산

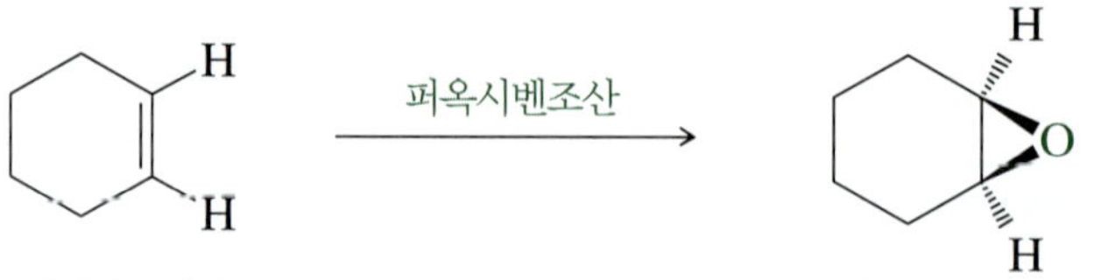

퍼옥시벤조산

사이클로헥센 → 산화 사이클로헥센

에폭사이드를 명명하는 체계적인 방법은 에폭사이드의 산소에 결합된 두 탄소 원자의 번호를 먼저 쓰고 에폭시(*epoxy*)라는 용어를 치환체처럼 붙인 후, 분자의 나머지 이름을 쓴다.

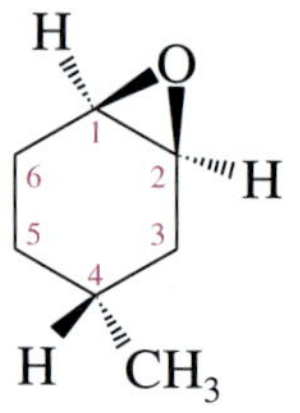

트랜스-1,2-에폭시-4-메틸사이클로헥세인

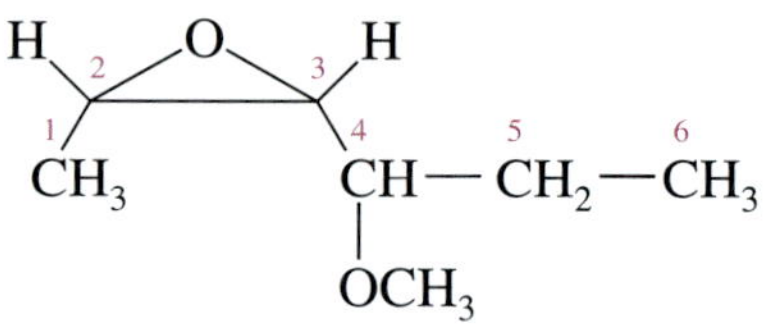

시스-2,3-에폭시-4-메톡시헥세인

또 다른 체계적인 명명법은 에폭사이드를 산화 에틸렌(ethylene oxide)의 체계적인 이름인 '옥시레인(oxirane)'이라는 용어를 사용하여 산화 에틸렌 모체 화합물의 유도체로 명명하는 것이다. 이 체계에서는 헤테로 원자를 1번으로 하여 치환체 번호가 가장 낮은 수가 되는 방향으로 헤테로 고리 화합물의 고리 원자에 번호를 붙여 나간다. 비교하기 위해 '에폭시' 계통 이름(푸른색)도 함께 적었다. 고리보다 가장 긴 사슬에 번호를 붙이는 '에폭시' 명명법과는 다르다는 것을 주목하라.

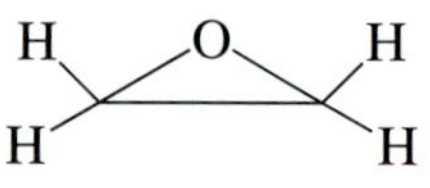

옥시레인
1,2-에폭시에테인

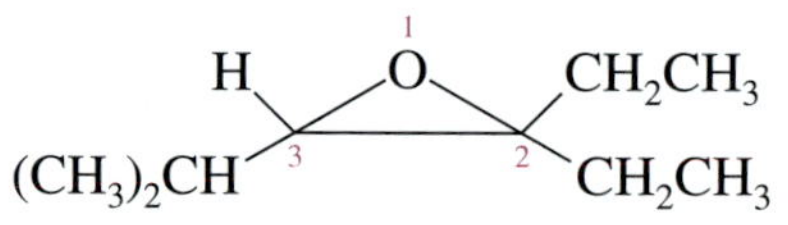

2,2-다이에틸-3-아이소프로필옥시레인
3,4-에폭시-4-에틸-2-메틸헥세인

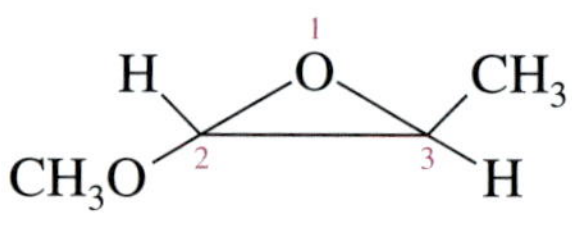

트랜스-2-메톡시-3-메틸옥시레인
1,2-에폭시-1-메톡시프로페인

**옥세테인** 흔하지 않은 고리 에터 가운데 4원자 고리 **옥세테인**(oxetane)이 있다. 이들 4원자 고리는 고리 무리(strain)를 받기 때문에 큰 고리 에터와 열린 사슬 에터보다 반응성이 크다. 그러나 더 고리 무리가 있는 옥시레인(에폭사이드)보다는 반응성이 적다.

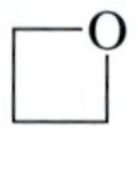

옥세테인 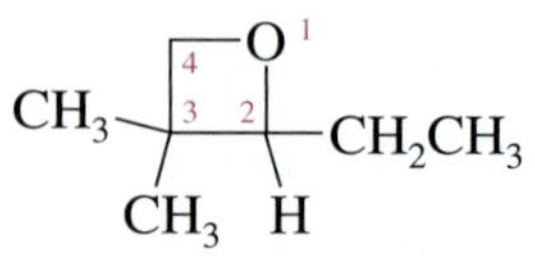 2-에틸-3,3-다이메틸옥세테인

**퓨란(옥솔레인)** 5원자 고리 에터는 일반적으로 방향족 화합물의 일종인 **퓨란**(furan)을 뒤에 붙여 명명한다. 16장에서 퓨란과 헤테로 고리 화합물의 방향족성(aromaticity)을 살펴볼 것이다. **옥솔**

**레인**(oxolane)이란 용어는 산소 원자를 포함하는 5원자 고리에도 사용된다.

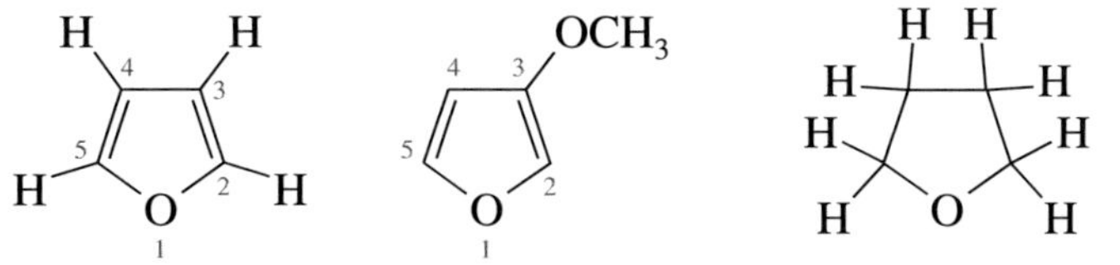

퓨란 3-메톡시퓨란 테트라하이드로퓨란(THF) (옥솔레인)

포화된 5원자 고리 에터는 퓨란을 닮았지만, 4개의 수소 원자를 더 가지고 있다. 따라서 이를 **테트라하이드로퓨란**(tetrahydrofuran, THF)이라고 한다. 극성이 가장 큰 에터 가운데 하나인 테트라하이드로퓨란은 극성 시약에 대한 매우 좋은 비하이드록시기성 유기 용매이다. Grignard 반응이 다이에틸 에터에서는 실패하더라도 THF에서는 종종 성공한다.

**피란(옥세인)** 6원자 고리 에터는 흔히 불포화 에터인 **피란**(pyran) 유도체로 명명된다. 포화 화합물은 4개의 더 많은 수소 원자를 갖기 때문에 **테트라하이드로피란**(tetrahydropyran, THP)이라고 한다. **옥세인**(oxane)이라는 체계적인 용어는 산소 원자를 포함하는 6원자 고리에도 사용된다.

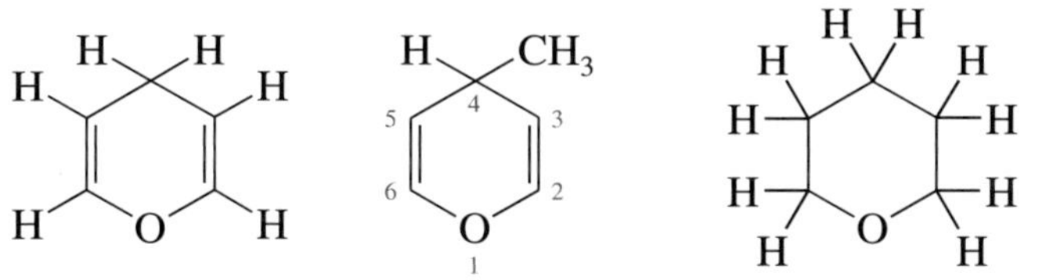

피란 4-메틸피란 테트라하이드로피란(THP) (옥세인)

**다이옥세인** 6원자 고리에 2개의 산소 원자를 가진 헤테로 고리 에터를 **다이옥세인**(dioxane)이라고 한다. 다이옥세인의 가장 일반적인 형태는 1,4 위치에 2개의 산소를 가진 형태이다. 1,4-다이옥세인은 물과 섞이며, 유기 반응의 극성 용매로 널리 사용된다.

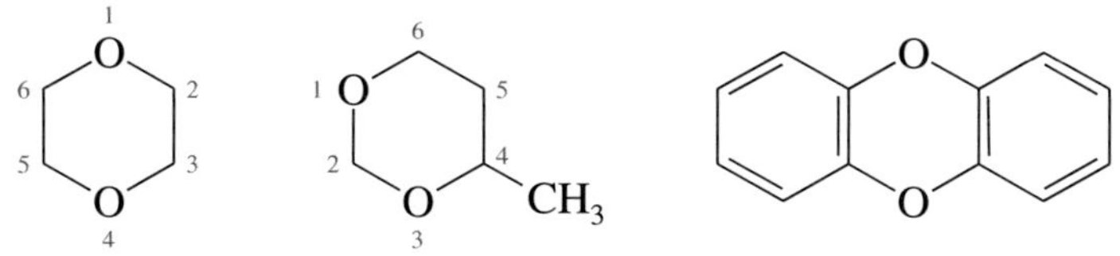

1,4-다이옥세인 4-메틸-1,3-다이옥세인 다이벤조-1,4-다이옥세인(다이옥신)

다이옥신(dioxin)은 다이벤조-1,4-다이옥세인(dibenzo-1,4-dioxane)의 관용명으로, 2개의 벤젠 고리와 1,4-다이옥세인이 융합된 것이다. 다이옥신이라는 명칭은 2,4,5-T 또는 에이전트 오렌지(Agent Orange)라 불리는 제초제를 합성할 때 만들어지는 독성 오염 물질인 2,3,7,8-테트라클로로다이벤조다이옥신(2,3,7,8-tetrachlorodibenzodioxin, TCDD)을 뜻하는 것으로, 종종 뉴스매체에서 잘못 사용되고 있다. 놀랍게도 TCDD는 산불 화재에서도 생성되므로 수백만 년 동안 우리 주위에 있었다. 대부분의 다이옥신은 독성이 있으며, DNA와 결합하여 유전 정보를 잘못 유도하는 (즉 암을 일으키는) 발암 물질이다.

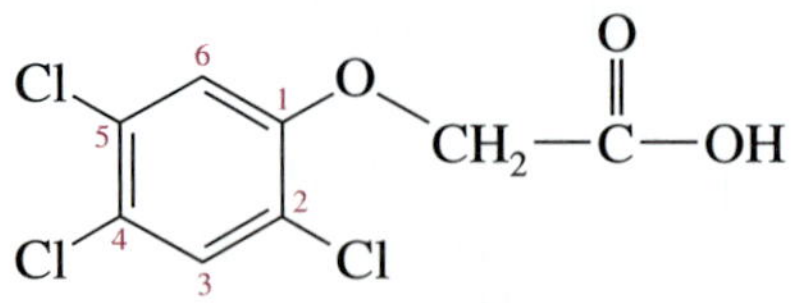

2,4,5-트라이클로로페녹시아세트산
(2,4,5-T 또는 에이전트 오렌지)

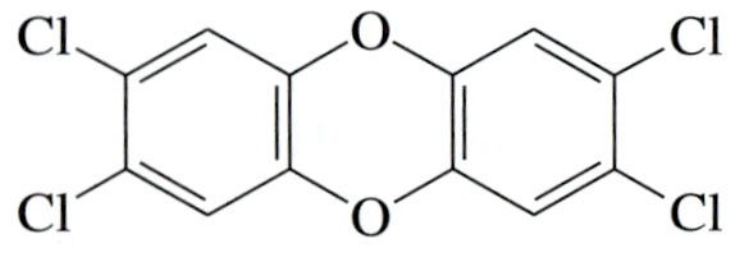

2,3,7,8-테트라클로로다이벤조다이옥신
(TCDD, '다이옥신'으로 잘못 사용됨)

**연습문제 14-5**

1,4-다이옥세인은 알코올의 산 촉매 탈수 반응에 의해 상업적으로 제조된다.

**(a)** 어떠한 알코올이 탈수되어 1,4-다이옥세인을 생성하는지를 나타내라.

**(b)** 이 반응의 메커니즘을 제안하라.

**연습문제 14-6**

다음 헤테로 고리 에터를 명명하라.

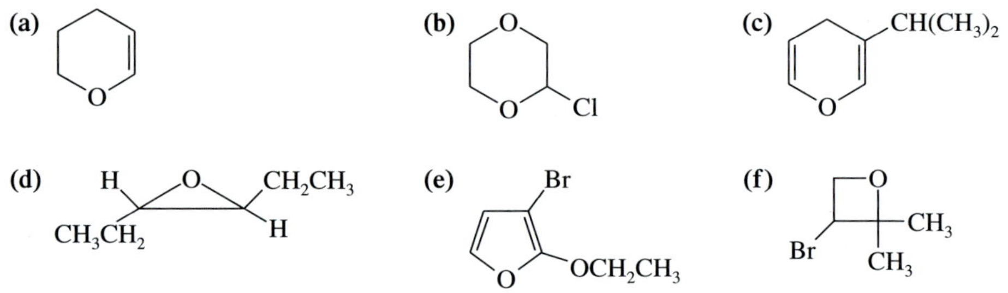

(a) (b) Cl (c) $CH(CH_3)_2$

(d) H, $CH_2CH_3$, $CH_3CH_2$, H (e) Br, $OCH_2CH_3$ (f) $CH_3$, Br, $CH_3$

## 14-4 에터의 분광법

**에터의 적외선 분광법** 에터의 적외선 스펙트럼은 명확하고 확실한 흡수를 보여주지는 않는다. 대부분의 에터는 1000~1200 $cm^{-1}$ 부근에서(지문 영역에서) 중간 정도 크기의 C—O 신축 진동을 나타내지만, 에터 이외의 다른 화합물도 비슷한 흡수를 보여준다. 그러나 IR 스펙트럼에 카보닐(C=O)기와 하이드록시(O—H)기가 없을 경우에는 유용할 수 있다. 만일 분자식에 산소 원자를 포함하고 IR에서 카보닐기나 하이드록시기의 흡수가 없다면 이 화합물은 에터를 의미한다.

**에터의 질량 분석** 에터의 가장 일반적인 조각내기는 산소에 결합된 탄소 원자 다음을 절단하는 것이다. 이 탄소는 산소 원자에 대해 알파 위치에 있으므로 이 조각내기를 ***α* 절단**($\alpha$ cleavage)이라고 한다. 이렇게 만들어진 옥소늄 이온(oxonium ion, 3개의 결합과 양전하를 가진 산소)은 산소에 있는 비결합 전자에 의해 공명 안정화된다.

*α* 절단

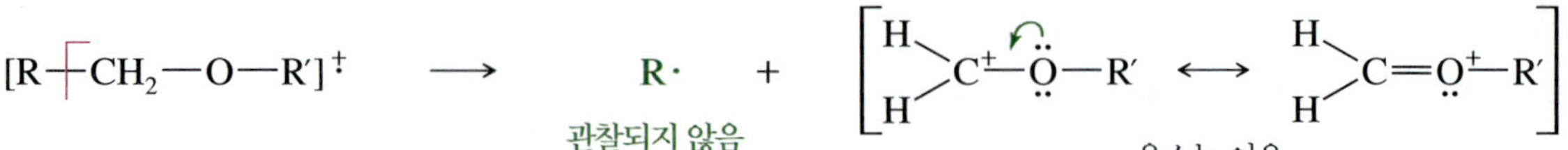

$$[R{-}CH_2{-}O{-}R']^{+\cdot} \longrightarrow R\cdot + \left[ H_2C^{+}{-}\ddot{O}{-}R' \longleftrightarrow H_2C{=}\ddot{O}^{+}{-}R' \right]$$

관찰되지 않음 옥소늄 이온

또 다른 일반적인 절단은 두 알킬기 가운데 하나를 잃어버려 옥소늄 이온 또는 알킬 양이온을 생성하는 것이다.

알킬기의 소실

$$[\mathrm{R{-}CH_2{-}O{+}R'}]^{+\cdot} \xrightarrow{\sim H} \left[\mathrm{R{-}\overset{+}{C}H{-}\ddot{\underset{\cdot\cdot}{O}}{-}H} \longleftrightarrow \mathrm{R{-}CH{=}\overset{+}{\underset{\cdot\cdot}{O}}{-}H}\right] + \cdot\mathrm{R'}$$

옥소늄 이온 관찰되지 않음

또는

$$[\mathrm{R{-}CH_2{-}O{+}R'}]^{+\cdot} \longrightarrow \mathrm{R{-}CH_2{-}O\cdot} + {}^{+}\mathrm{R'}$$

관찰되지 않음 알킬 양이온

다이에틸 에테르의 질량 스펙트럼을 그림 14-5에 나타냈다. 4개의 큰 이온은 분자 이온, 에틸기의 소실, $\alpha$ 절단, $\alpha$ 절단과 함께 에틸렌 분자가 떨어져 나간 것이다. 이들 모든 형태의 절단은 공명 안정화된 옥소늄 이온을 생성한다.

**에테르의 NMR 분광법** $^{13}$C NMR 스펙트럼에서 산소에 결합된 탄소 원자는 일반적으로 $\delta 65{\sim}\delta 90$ 사이에서 흡수한다. 산소에 결합된 탄소에 있는 양성자는 보통 $^1$H NMR 스펙트럼에서 $\delta 3.5{\sim}\delta 4$ 사이의 화학 이동(chemical shift)에서 흡수한다. 알코올과 에테르는 이 영역에서 공명 흡수가 일어난다. 예를 들면 메틸 *t*-뷰틸 에테르(methyl *tert*-butyl ether)와 에탄올의 NMR 스펙트럼을 살펴보자. 만일 C, H, O를 함유하는 화합물이 이 영역에서 공명 흡수를 하고, IR 스펙트럼에서 O—H 또는 C═O 신축 진동이 없다면 작용기는 에테르임이 거의 틀림없다.

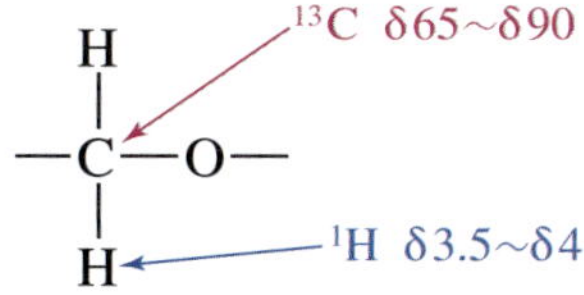


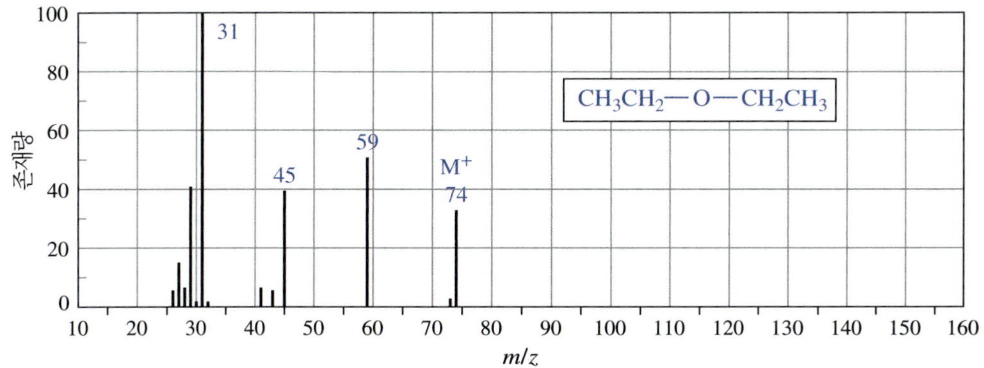


에틸기의 소실

$$[\mathrm{CH_3{-}CH_2{+}O{-}CH_2{-}CH_3}]^{+\cdot} \longrightarrow \mathrm{H{-}\overset{+}{O}{=}CH{-}CH_3} + \cdot\mathrm{CH_2CH_3}$$

45; *m/z* 74; *m/z* 45; 29 잃음

$\alpha$ 절단

$$[\mathrm{CH_3{-}CH_2{-}O{-}CH_2{+}CH_3}]^{+\cdot} \longrightarrow \mathrm{CH_3{-}CH_2{-}\overset{+}{O}{=}CH_2} + \cdot\mathrm{CH_3}$$

59; *m/z* 74; *m/z* 59; 15 잃음

에틸렌 분자의 소실과 조합된 $\alpha$ 절단

$$\mathrm{CH_3{-}CH_2{-}\overset{+}{O}{=}CH_2} \longrightarrow \mathrm{H{-}\overset{+}{O}{=}CH_2} + \mathrm{CH_2{=}CH_2}$$

*m/z* 59; *m/z* 31; 28 잃음

**그림 14-5** 다이에틸 에테르의 질량 스펙트럼은 분자 이온, 에틸기의 소실, $\alpha$ 절단, $\alpha$ 절단과 함께 에틸렌 분자가 떨어져 나간 것의 피크를 보여준다.

**연습문제 14-7**

*n*-뷰틸 아이소프로필 에터의 질량 스펙트럼에서 각 숫자가 표시된 피크에 해당하는 조각내기 구조를 제안하라.

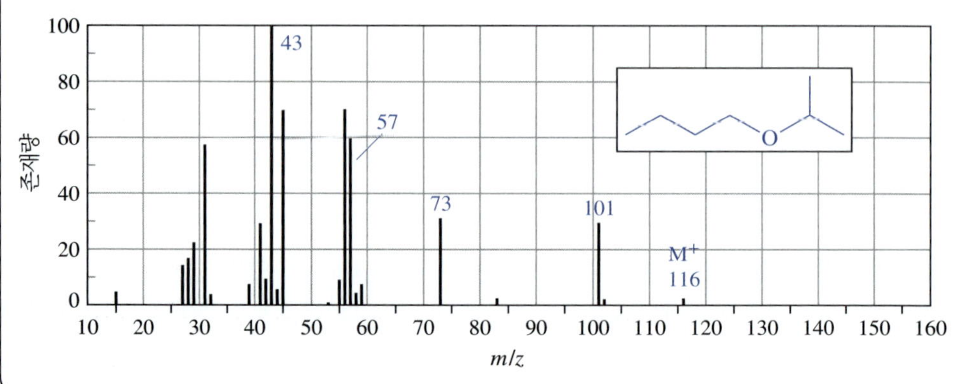


## 14-5 Williamson 에터 합성법

**Alexander William Williamson**
(1824~1904) 평생 심각한 신체적 장애를 가지고 연구를 수행한 영국의 화학자로, 한쪽 눈이 실명되었음에도 Justus von Liebig의 지도하에 박사학위를 받은 몇 안 되는 학생 중 한 명이었다. 또한 그는 오늘날 'Williamson 에터 합성법'(사실 우연히 발견한 것)으로 알려진 에터화 반응의 획기적 발전을 이룬 공로로 1862년 영국 왕립화학회(Royal Society of Chemistry)로부터 왕립 메달을 수상했다.

이제까지 에터를 합성하는 대부분의 일반적인 방법을 보았다. 이번에는 여러 종류의 에터를 합성하는 가장 좋은 방법을 알기 위해 메커니즘을 좀 더 자세히 살펴보고자 한다. **Williamson 에터 합성법**(Williamson ether synthesis)은 가장 확실한 다용도의 에터 합성법이다(11-14절). 이 방법은 입체 장애가 적은 1차 할로젠화 알킬(alkyl halide) 또는 토실레이트(tosylate)를 알콕시화 이온이 $S_N2$ 공격하는 반응이다. 2차 할로젠화 알킬과 토실레이트도 Williamson 합성법에 가끔 사용되지만, 제거 반응(elimination)이 경쟁적으로 일어나며 수득률도 낮다.

$$\mathrm{R{-}\ddot{\underset{..}{O}}{:}^{-}} \quad \mathrm{R'{-}\ddot{\underset{..}{X}}{:}} \longrightarrow \mathrm{R{-}\ddot{\underset{..}{O}}{-}R'} \quad \mathrm{{:}\ddot{\underset{..}{X}}{:}^{-}}$$

알콕시화 　 할로젠화 알킬 　 에터 　 할로젠화

알콕시화 이온은 보통 알코올에서 Na, K, NaH를 첨가하여 만든다(11-14절).

예

사이클로헥산올 (OH) $\xrightarrow[\text{(2) } CH_3CH_2OTs]{\text{(1) Na}}$ 에톡시사이클로헥세인 ($OCH_2CH_3$) (92%)

3,3-다이메틸펜탄-2-올 (OH) $\xrightarrow[\text{(2) } CH_3I]{\text{(1) NaH}}$ 2-메톡시-3,3-다이메틸펜테인 ($OCH_3$) (90%)

**예제 14-1**

**(a)** *t*-뷰틸 프로필 에터의 합성에 대한 다음 반응이 적당하지 않은 이유를 설명하라.

**(b)** 이 반응의 주 생성물은 무엇인지 답하라.

**(c)** *t*-뷰틸 프로필 에터 합성의 더 좋은 방법을 제안하라.

$$CH_3CH_2CH_2-\ddot{\underset{..}{O}}:^- \; Na^+ + CH_3-\underset{CH_3}{\overset{CH_3}{C}}-Br \xrightarrow[\times]{\text{생성되지 않음}} CH_3-\underset{CH_3}{\overset{CH_3}{C}}-O-CH_2CH_2CH_3$$

프로폭시화 소듐 / 브로민화 *t*-뷰틸 / *t*-뷰틸 프로필 에터

**풀이**

**(a)** 3차 할로젠화 알킬에서는 원하는 $S_N2$ 반응이 일어날 수 없다.

**(b)** 알콕시화 이온은 친핵체일 뿐만 아니라 센염기이므로 제거 반응이 주로 일어난다.

$$CH_3CH_2CH_2-\ddot{\underset{..}{O}}:^- \; Na^+ + H-\underset{H}{\overset{H}{C}}-\underset{Br}{\overset{CH_3}{C}}-CH_3 \xrightarrow{E2} H_2C=C(CH_3)_2$$

프로폭시화 소듐 / 브로민화 *t*-뷰틸 / 아이소뷰틸렌

$$+ \; CH_3CH_2CH_2OH \; + \; NaBr$$

**(c)** 더 좋은 합성법은 $S_N2$ 기질로 입체 장애가 적은 알킬기를 사용하고, 입체 장애가 큰 알콕시화 이온을 사용하는 것이다.

$$CH_3-\underset{CH_3}{\overset{CH_3}{C}}-\ddot{\underset{..}{O}}:^- \; Na^+ + CH_3CH_2-\underset{Br}{\overset{H}{C}}-H \xrightarrow{S_N2} CH_3-\underset{CH_3}{\overset{CH_3}{C}}-O-CH_2CH_2CH_3$$

*t*-뷰톡시화 소듐 / 1-브로모프로페인 / *t*-뷰틸 프로필 에터

**연습문제 14-8**

3,3-다이메틸사이클로헥산올과 뷰탄-1-올로부터 3-뷰톡시-1,1-다이메틸사이클로헥세인의 Williamson 합성법을 제안하라.

**페닐 에터의 합성** 페놀(방향족 알코올)은 Williamson 에터 합성법에서 할로젠화 이온 조각이 아니라 알콕시화 이온 조각으로 사용될 수 있다. 페놀은 지방족 알코올보다 산성이 강하여(10-6절) 염기성인 수산화 소듐(sodium hydroxide)을 가하면 페녹시화 음이온을 생성한다. 다른 알콕시화 이온처럼 이와 반응하는 친전자체는 입체 장애가 적은 1차 알킬기와 좋은 이탈기를 가지고 있어야 한다.

$$\text{2-나이트로페놀 (OH, }NO_2\text{)} \xrightarrow[(2)\; CH_3CH_2CH_2CH_2-I]{(1)\; NaOH} \text{2-뷰톡시나이트로벤젠 (}O-CH_2CH_2CH_2CH_3\text{, }NO_2\text{)}$$

2-나이트로페놀 / 2-뷰톡시나이트로벤젠 (80%)

**문제풀이 힌트**

2개의 알코올을 에터로 전환시키려면 입체 장애가 큰 알코올을 알콕시화 이온으로 전환시킨다. 입체 장애가 적은 알코올은 토실레이트(또는 할로젠화 알킬)로 전환시킨다. 토실레이트(또는 할로젠화물)는 좋은 $S_N2$ 기질임을 기억하라.

**연습문제 14-9**

다음 에터를 합성하기 위해 Williamson 에터 합성법을 어떻게 사용해야 하는지 제시하라. 유기 출발 물질로는 어떤 알코올이나 페놀을 사용해도 좋다.

**(a)** 사이클로헥실 프로필 에터 **(b)** 아이소프로필 메틸 에터
**(c)** 1-메톡시-4-나이트로벤젠 **(d)** 에틸 $n$-프로필 에터(두 가지 방법)
**(e)** 벤질 $t$-뷰틸 에터(벤질 = $Ph—CH_2—$)

## 14-6 알콕시수은화-탈수은 반응에 의한 에터의 합성

**알콕시수은화-탈수은 반응**(alkoxymercuration-demercuration) 공정은 알코올 분자를 알켄의 이중 결합에 첨가하는 것이다(8-6절). 생성물은 다음과 같은 에터이다.

$$>C=C< \xrightarrow[ROH]{Hg(OAc)_2} -\overset{|}{\underset{AcOHg}{C}}-\overset{|}{\underset{:\ddot{O}-R}{C}}- \xrightarrow{NaBH_4} -\overset{|}{\underset{H}{C}}-\overset{|}{\underset{OR}{C}}-$$

수은 에터

예

$$\underset{\text{헥스-1-엔}}{CH_3(CH_2)_3-CH=CH_2} \xrightarrow[(2)\ NaBH_4]{(1)\ Hg(OAc)_2,\ CH_3OH} \underset{\text{2-메톡시헥세인, 80\%}}{CH_3(CH_2)_3-\overset{OCH_3}{\overset{|}{C}H}-CH_3}$$

(Markovnikov 생성물)

**문제풀이 힌트**

알콕시수은화 반응은 알코올의 —OR기를 C=C 이중 결합의 더 많이 치환된 탄소 원자에 첨가하면 발생한다.

**연습문제 14-10**

다음 에터가 (1) 알콕시수은화-탈수은 반응, (2) Williamson 합성법을 사용하여 어떻게 합성되는지 나타내라. (주어진 에터에 대해 이들 방법 중 하나를 사용할 수 없다면 그 이유를 설명하라.)

**(a)** 2-메톡시뷰테인 **(b)** 에틸 사이클로헥실 에터
**(c)** 1-메톡시-2-메틸사이클로펜테인 **(d)** 1-메톡시-1-메틸사이클로펜테인
**(e)** 1-아이소프로폭시-1-메틸사이클로펜테인 **(f)** $t$-뷰틸 페닐 에터

## 14-7 공업적 합성: 알코올의 이분자 축합 반응

간단한 대칭 에터를 합성하는 가장 값싼 방법은 11-10B절에서 논의한 산 촉매에 의한 이분자 **축합 반응**(condensation, 물과 같이 작은 분자를 제거하면서 두 분자를 결합시키는 반응)이다. (알켄을 생성하는) 일분자 탈수 반응은 이분자 축합 반응과 경쟁적으로 일어난다. 에터를 생성하려면 알코올에 입체 장애가 적은 1차 알킬기를 가져야 하며, 반응 온도도 너무 높아서는 안 된다. 알코올에 입체 장애가 있는 알킬기가 있거나 반응 온도가 너무 높으면 치환 반응과 제거 반응 사이의 균형이 제거 반응 쪽으로 기울어 에터가 거의 생성되지 않는다. 이분자 축합 반응은 1차 알코올로부터 대칭 에터를 만들기 위해 공업적으로 사용된다. 축합 반응은 사용 범위가 매우 제한적이므로 에터의 실험실적 합성법으로는 별로 사용되지 않는다.

이분자 축합 반응

$$2\,R{-}OH \xrightleftharpoons{H^+} R{-}O{-}R + H_2O$$

예

$$\underset{\text{메틸 알코올}}{2\,CH_3OH} \xrightarrow{H_2SO_4,\ 140\,°C} \underset{\substack{\text{다이메틸 에터}\\(100\%)}}{CH_3{-}O{-}CH_3} + H_2O$$

$$\underset{\text{에틸 알코올}}{2\,CH_3CH_2OH} \xrightarrow{H_2SO_4,\ 140\,°C} \underset{\substack{\text{다이에틸 에터}\\(88\%)}}{CH_3CH_2{-}O{-}CH_2CH_3} + H_2O$$

$$\underset{n\text{-프로필 알코올}}{2\,CH_3CH_2CH_2OH} \xrightarrow{H_2SO_4,\ 140\,°C} \underset{\substack{n\text{-프로필 에터}\\(75\%)}}{CH_3CH_2CH_2{-}O{-}CH_2CH_2CH_3} + H_2O$$

$$\underset{\text{아이소프로필 알코올}}{CH_3{-}\underset{OH}{CH}{-}CH_3} \xrightarrow{H_2SO_4,\ 140\,°C} \underset{\substack{\text{일분자 탈수 반응}\\(\text{에터가 생성되지 않음})}}{H_2C{=}CH{-}CH_3} + H_2O$$

반응 조건을 잘 조절할 경우 분자 간 축합 반응은 다이에틸 에터를 합성할 수 있는 저렴한 방법이다. 사실 이 방법은 매년 수백만 갤런의 다이에틸 에터를 생산하는 데 사용되는 공업적인 방법이다.

**연습문제 14-11**

이분자 축합 반응이 에틸 메틸 에터 같은 비대칭 에터 합성에는 좋은 방법이 아닌 이유를 설명하라.

문제풀이 힌트

알코올의 이분자 축합 반응은 일반적으로 좋지 않은 합성 방법이다.

**연습문제 14-12**

앞서 살펴본 *n*-프로필 알코올의 산 촉매 축합 반응을 통한 *n*-프로필 에터의 생성 메커니즘을 제시하라. 높은 온도에서는 프로펜이 생성된다. 프로펜 생성에 대한 메커니즘을 밝히고, 높은 온도에서 프로펜이 생성되는 이유를 설명하라.

**연습문제 14-13**

다음 중 어떤 에터가 알코올의 축합 반응을 통해 좋은 수득률로 생성될 수 있겠는가? 축합 반응으로 생성될 수 없는 에터에 대해 다른 방법을 제시하라.

**(a)** 다이뷰틸 에터 **(b)** 에틸 *n*-프로필 에터 **(c)** 다이-*sec*-뷰틸 에터

**SUMMARY | 에터의 합성(복습)**

**1.** Williamson 에터 합성(11-14, 14-5절)

$$R-\ddot{O}:^- \;+\; R'-X \longrightarrow R-\ddot{O}-R' \;+\; X^-$$

X = Cl, Br, I, OTs 등　　　R′은 1차여야 한다.

**2.** 이중 결합에 알코올의 첨가: 알콕시수은화-탈수은 반응(8-6, 14-6절)

$$>C=C< \;+\; Hg(OAc)_2 \xrightarrow{R-OH} -\overset{|}{\underset{AcOHg}{C}}-\overset{|}{\underset{OR}{C}}- \xrightarrow{NaBH_4} -\overset{|}{\underset{H}{C}}-\overset{|}{\underset{OR}{C}}-$$

Markovnikov 배향

**3.** 알코올의 이분자 축합 반응: 공업적 합성(11-10B, 14-7절)

$$2\,R-OH \overset{H^+}{\rightleftarrows} R-O-R \;+\; H_2O$$

R은 1차여야 한다.

## 14-8 HBr과 HI에 의한 에터의 합성

에터는 알코올과 달리 합성 중간체로는 그다지 사용되지 않는데, 이는 에터가 많은 반응을 수행하지 않기 때문이다. 이러한 반응성이 없는 에터의 특징이 용매로서의 매력이라고 할 수 있다. 그럼에도 불구하고 에터는 몇 가지 특별한 반응을 한다.

에터를 HBr 또는 HI와 함께 가열하면 절단되어 브로민화 알킬 또는 아이오딘화 알킬이 생성된다.

$$\underset{\text{에터}}{R-O-R'} \xrightarrow[(X\,=\,Br\text{ 또는 }I)]{\text{과량의 HX}} \underset{\text{할로젠화 알킬}}{R-X} \;+\; \underset{\text{할로젠화 알킬}}{R'-X}$$

에터는 대부분의 염기에는 반응하지 않지만, 산성 조건에서는 반응할 수 있다. 양성자가 첨가된 에터는 중성 이탈기인 알코올을 생성하면서 치환 또는 제거 반응을 수행한다. 에터는 진한 HBr 또는 HI와 반응을 할 수 있는데, 이들 시약은 산성이 강하여 에터에 양성자를 첨가할 수 있고, 브로민화 이온과 아이오딘화 이온은 치환 반응에서 좋은 친핵체로 작용할 수 있기 때문이다. 이러한 반응 조건에서 알코올 이탈기는 HX와 더 반응하여 새로운 할로젠화 알킬을 생성한다.

$$\underset{\text{에터}}{R-\ddot{O}-R'} \;+\; \underset{(X\,=\,Br\text{ 또는 }I)}{H^+\;X^-} \rightleftarrows \underset{\text{양성자가 첨가된 에터}}{R-\overset{H}{\overset{|}{O^+}}-R'} \longrightarrow \underset{\text{할로젠화 알킬}}{X-R} \;+\; \underset{\text{알코올}}{:\overset{H}{\overset{|}{\ddot{O}}}-R'} \xrightarrow{HX} X-R \;+\; X-R'$$

실제로 이 반응은 다이알킬 에터를 2개의 할로젠화 알킬로 전환시킨다. 그러나 반응 조건이 격렬하여 산에 민감한 작용기를 지닌 분자에는 이 반응을 사용할 수 없다.

아이오딘화 이온과 브로민화 이온은 좋은 친핵체이고 약한 염기이므로, E2 메커니즘에 의한 제거 반응을 수행하기보다는 $S_N2$ 메커니즘에 의한 치환 반응을 수행하는 경향이 있다. 메커니즘 14-1은 브로민화 이온이 알코올을 치환하면서 양성자가 첨가된 에터를 절단하는 것을 보여준다. 다음 예에서도 사이클로펜틸 에틸 에터(cyclopentyl ethyl ether)가 HBr과 반응하여 이러한 치환을 통해 사이클로펜탄올(cyclopentanol)을 생성한다. 사이클로펜탄올은 HBr과 더 반응하고, 최종 생성물로는 브로민화 에틸(ethyl bromide)과 브로모사이클로펜테인(bromocyclopentane)을 만든다.

## 메커니즘 14-1 | HBr 또는 HI에 의한 에터의 절단

에터는 양성자가 첨가된 에터에 $Br^-$이나 $I^-$의 친핵성 치환으로 인해 절단된다.

**1단계:** 에터의 양성자 첨가는 좋은 이탈기를 생성한다.

$$R{-}\ddot{O}{-}R' + H{-}Br: \rightleftharpoons R{-}\overset{+}{O}(H){-}R' + :Br:^-$$

**2단계:** 양성자가 첨가된 에터에 $S_N2$ 절단이 발생한다.

$$:Br:^- + R{-}\overset{+}{O}(H){-}R' \longrightarrow :Br{-}R + :\ddot{O}(H){-}R'$$

**3단계:** 알코올 조각은 할로젠화 알킬로 변환한다(페놀에서는 이 반응이 일어나지 않음).

$$R'{-}O{-}H \xrightarrow{HBr} R'{-}Br + H_2O$$

이 변환은 알코올의 구조와 반응 조건에 따라 11-7절의 메커니즘 중 어느 것으로도 일어날 수 있다. 양성자가 첨가된 알코올은 브로민화 이온에 의해 $S_N1$이나 $S_N2$ 치환 반응을 보인다.

**예: HBr에 의한 사이클로펜틸 에틸 에터의 절단**

**1단계:** 에터의 양성자 첨가는 좋은 이탈기를 형성한다.

$$C_5H_9{-}\ddot{O}{-}CH_2{-}CH_3 + H{-}Br: \longrightarrow C_5H_9{-}\overset{+}{O}(H){-}CH_2{-}CH_3 + :Br:^-$$

사이클로펜틸 에틸 에터

**2단계:** 양성자가 첨가된 에터가 절단된다.

$$C_5H_9{-}\overset{+}{O}(H){-}CH_2{-}CH_3 + :Br:^- \longrightarrow C_5H_9{-}\ddot{O}{-}H + :Br{-}CH_2{-}CH_3$$

**3단계:** 알코올 조각은 할로젠화 알킬로 변환된다. 먼저 알코올은 양성자가 첨가되어 좋은 이탈기를 형성한다.

$$C_5H_9{-}\ddot{O}{-}H + H{-}Br: \longrightarrow C_5H_9{-}\overset{+}{O}H_2 + :Br:^-$$

양성자가 첨가된 알코올은 브로민화 이온에 의해 $S_N1$ 또는 $S_N2$ 치환 반응을 일으킨다.

$$C_5H_9{-}\overset{+}{O}H_2 \; :Br:^- \longrightarrow C_5H_9^+ \; (H_2\ddot{O}:) \; :Br:^- \longrightarrow C_5H_9{-}Br + H_2O$$

아이오딘화수소산(hydroiodic acid, HI)은 HBr처럼 에터와 반응한다. 수용성 아이오딘화 이온은 수용성 브로민화 이온보다 강한 친핵체이므로, 아이오딘화 이온이 더 빠른 속도로 반응한다. 할로젠화 수소산의 에터 절단에 대한 반응성의 순서는 다음과 같다.

$$\mathrm{HI} > \mathrm{HBr} \gg \mathrm{HCl}$$

**연습문제 14-14**

다음 반응의 메커니즘을 밝혀라.

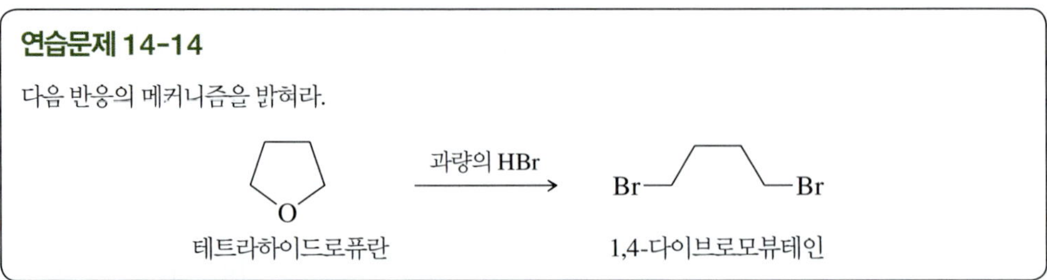


**페닐 에터** 페닐 에터(phenyl ether, 산소에 결합된 작용기 가운데 하나가 벤젠 고리)는 HBr 또는 HI와 반응하여 할로젠화 알킬과 페놀을 생성한다. 페놀은 더 이상 반응하여 할로젠화물을 생성하지 못하는데, 페놀의 $sp^2$ 혼성화 탄소 원자는 할로젠화물로 전환할 때 $S_N2$(또는 $S_N1$) 반응을 수행할 수 없기 때문이다.

$CH_2CH_3$, H—Br, $Br^-$, $CH_2CH_3$, H, :ÖH, + Br—$CH_2CH_3$

에틸 페닐 에터 → 양성자가 첨가된 에터 → 페놀 (더 반응 안 함) + 브로민화 에틸

**문제풀이 힌트**

HBr과 HI는 에터의 두 알킬기(방향족기는 아님)를 할로젠화 알킬로 전환시킨다. 그러나 페놀 생성물은 더 이상 반응하지 않는다.

**연습문제 14-15**

다음 반응의 생성물을 예측하라. 각 경우에 과량의 산을 사용할 수 있다.

(a) 에톡시사이클로헥세인 + HBr

(b) 테트라하이드로피란 + HI

(c) 아니솔(메톡시벤젠) + HBr

(d) (구조식) O + HI

(e) $\mathrm{PhOCH_2CH_2—CH(CH_3)—CH_2OCH_2CH_3}$ + HBr

**연습문제 14-16**

트라이브로민화 붕소(boron tribromide, $BBr_3$)는 에터를 절단하여 할로젠화 알킬과 알코올을 생성한다.

$$\mathrm{R—O—R'} + \mathrm{BBr_3} \longrightarrow \mathrm{R—O—BBr_2} + \mathrm{R'Br}$$

$$\mathrm{R—O—BBr_2} + 3\,\mathrm{H_2O} \longrightarrow \mathrm{ROH} + \mathrm{B(OH)_3} + 2\,\mathrm{HBr}$$

이 반응은 에터와 $BBr_3$(강한 Lewis 산)의 Lewis 산-염기 첨가 생성물에 대한 브로민화 이온의 공격으로 생각된다. 뷰틸 메틸 에터와 $BBr_3$가 반응하여(가수 분해 후) 뷰탄-1-올과 브로모메테인을 생성하는 반응에 대한 메커니즘을 제시하라.

## 14-9 에터의 자체 산화

에터를 대기 중의 산소 존재하에 저장하면 서서히 산화하여 **과산화수소물**(hydroperoxide)과 **다이알킬 과산화물**(dialkyl peroxide)을 생성하는데, 둘 다 폭발성이 있다. 이처럼 대기의 산소에 의한 자발적인 산화 반응을 **자체 산화**(autoxidation)라고 한다.

$$\underset{\text{에터}}{R-O-CH_2-R'} \xrightarrow[\text{(느림)}]{\text{과량의 } O_2} \underset{\text{과산화수소물}}{R-O-\overset{\overset{\large OOH}{|}}{C}H-R'} + \underset{\text{다이알킬 과산화물}}{R-O-O-CH_2-R'}$$

예

$$\underset{\text{다이아이소프로필 에터}}{(H_3C)_2CH-O-CH(CH_3)_2} \xrightarrow[\text{(몇 주 또는 몇 달)}]{\text{과량의 } O_2} \underset{\text{과산화수소물}}{(H_3C)_2CH-O-\overset{\overset{\large OOH}{|}}{\underset{\underset{\large CH_3}{|}}{C}}-CH_3} + \underset{\text{다이아이소프로필 과산화물}}{(H_3C)_2CH-O-O-CH(CH_3)_2}$$

유기 화학자들은 종종 큰 용량의 에터를 구입하여 몇 개월에 걸쳐 조금씩 사용한다. 용기를 개봉하면 에터가 대기 중 산소와 접촉하여 자체 산화가 시작된다. 수개월 후에는 많은 양의 과산화물이 생길 것이다. 이를 증류 또는 증발시키면 과산화물이 농축되어 폭발할 수 있다.

이러한 폭발은 몇 가지 간단한 주의만으로도 피할 수 있다. 에터를 소량씩 구입하고, 용기를 밀봉하며, 신속히 사용한다. 증발이나 증류가 필요한 과정에서는 과산화물이 없는 에터만을 사용해야 한다. 과산화물로 오염된 것 같은 에터는 버리거나 과산화물을 분해시키는 작업을 해야 한다.

**SUMMARY | 에터의 반응**

**1.** HBr과 HI에 의한 절단(14-8절)

$$R-O-R' \xrightarrow[(X = Br,\ I)]{\text{과량의 HX}} R-X + R'-X$$

$$Ar-O-R \xrightarrow[(X = Br,\ I)]{\text{과량의 HX}} Ar-OH + R-X$$

Ar = 방향족 고리

**2.** 자체 산화(14-9절)

$$\underset{\text{에터}}{R-O-CH_2-R'} \xrightarrow[\text{(느림)}]{\text{과량의 } O_2} \underset{\text{과산화수소물}}{R-O-\overset{\overset{\large OOH}{|}}{C}H-R'} + \underset{\text{다이알킬 과산화물}}{R-O-O-CH_2-R'}$$

## 14-10 싸이오에터(설파이드)와 실릴 에터

**설파이드**(sulfide)라고 하는 **싸이오에터**(thioether)는 에터의 산소 원자가 황 원자로 바뀐 것이고, 싸이올(thiol)은 알코올의 산소 원자가 황으로 바뀐 것이다. 싸이오에터의 화학은 황 원자가 산화되고 알킬화될 수 있다는 것만 제외하고는 에터의 화학과 거의 같다.

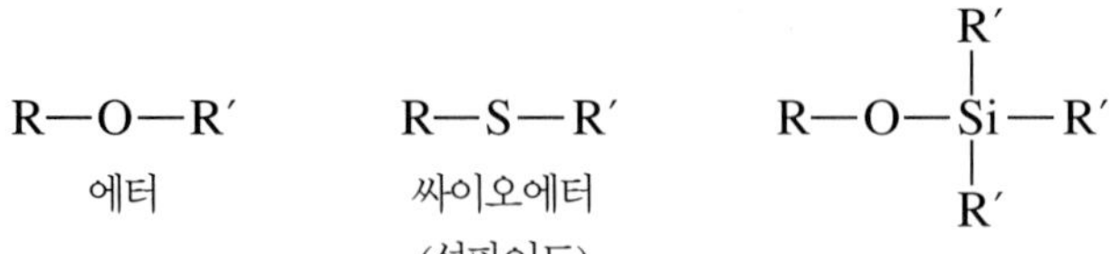

$$R{-}O{-}R'$$
에터

$$R{-}S{-}R'$$
싸이오에터 (설파이드)

$$R{-}O{-}SiR'_3$$
실릴 에터

**실릴 에터**(silyl ether)는 에터의 알킬기 가운데 하나가 치환체를 가진 규소 원자로 된 에터이다. 실릴 에터는 (산, 염기, 산화제에 대해 반응성이 없다는 점에서) 에터의 성질과 비슷하다. 그러나 이들은 에터보다 더 쉽게 만들 수 있고, 쉽게 가수 분해되기도 한다. 이런 성질 때문에 이들을 보호기로 사용할 수 있으므로 알코올을 보호하는 데 종종 실릴 에터가 사용된다.

## 10-14A 싸이오에터(설파이드)

싸이올처럼 싸이오에터는 특징적인 강한 냄새가 있다. 다이메틸 설파이드(dimethyl sulfide)의 냄새는 오랫동안 냉장고에 넣어 두었던 굴을 연상케 한다. 설파이드는 에터와 같이 명명하는데, 관용명에서 '에터' 대신 '설파이드'를 사용한다. (알콕시 알케인의) IUPAC명은 '알콕시(alkoxy)'를 '알킬싸이오(alkylthio)'로 대체한다.

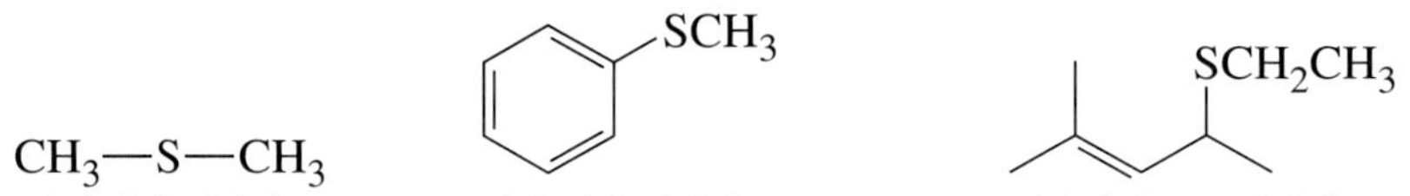

$CH_3{-}S{-}CH_3$ 다이메틸 설파이드

$C_6H_5SCH_3$ 메틸 페닐 설파이드

4-에틸싸이오-2-메틸펜트-2-엔 ($SCH_2CH_3$)

싸이오에터는 친핵체로, 싸이올산 음이온(thiolate ion)을 사용하여 Williamson 에터 합성법으로 쉽게 합성한다.

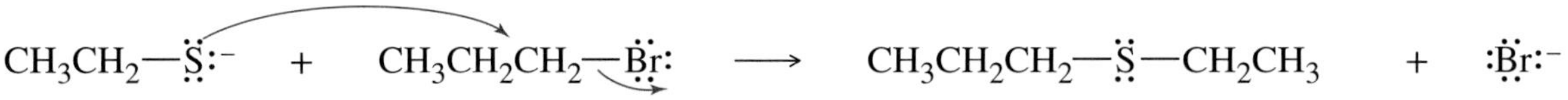

$$CH_3CH_2{-}\ddot{S}{:}^- + CH_3CH_2CH_2{-}Br \longrightarrow CH_3CH_2CH_2{-}S{-}CH_2CH_3 + {:}Br{:}^-$$

에테인싸이올산 (ethanethiolate), 1-브로모프로페인, 에틸 프로필 설파이드

싸이올은 물보다 더 산성이다. 따라서 싸이올산 음이온은 싸이올을 수산화 소듐(NaOH) 수용액과 반응시키면 쉽게 만들 수 있다.

$$\underset{pK_a = 10.5}{CH_3CH_2{-}SH} + Na^+\,{}^-OH \rightleftharpoons \underset{\text{에테인싸이올산 소듐}}{CH_3CH_2{-}S^-\,Na^+} + \underset{pK_a = 15.7}{H_2O}$$

황이 산소보다 크고 더 극성이므로, 싸이올산 음이온은 알콕시화 이온보다 더 좋은 친핵체이다. 싸이올산 음이온은 효과적인 친핵체이기 때문에 2차 할로젠화 알킬과 반응하여 $S_N2$ 생성물을 높은 수율로 생성할 수 있다.

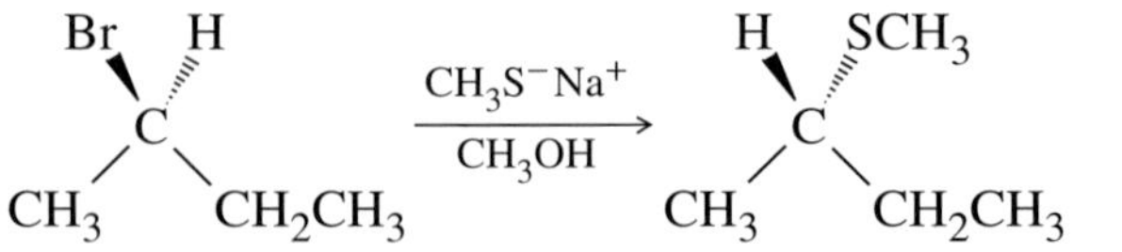

$$(R)\text{-2-브로모뷰테인} \xrightarrow[CH_3OH]{CH_3S^-\,Na^+} (S)\text{-2-(메틸싸이오)뷰테인}$$

(*R*)-2-브로모뷰테인 → (*S*)-2-(메틸싸이오)뷰테인

**연습문제 14-17**

뷰탄-1-올, 프로판-2-올 및 어떤 용매나 시약을 사용하여 뷰틸 아이소프로필 설파이드를 합성하는 방법을 나타내라.

설파이드는 에터보다 훨씬 반응성이 좋다. 설파이드에서 황의 원자가는 채워져 있지 않으므로 황은 다른 원자와 추가적으로 결합할 수 있다. 황은 산소와 강한 결합을 하며, 설파이드는 쉽게 **설폭사이드**(sulfoxide)나 **설폰**(sulfone)으로 산화된다. 설폭사이드와 설폰은 아래와 같이 초원자가 이중 결합 구조나 형식 전하를 띤 단일 결합 구조를 사용하여 그릴 수 있다.

$$\underset{\text{설파이드}}{R-\ddot{S}-R'} \xrightarrow[CH_3COOH]{H_2O_2} \underset{\text{설폭사이드}}{\left[R-\overset{O}{\overset{\|}{S}}-R' \longleftrightarrow R-\overset{O^-}{\overset{|}{S^+}}-R'\right]} \xrightarrow[CH_3COOH]{H_2O_2} \underset{\text{설폰}}{\left[R-\overset{O}{\overset{\|}{\underset{\underset{O}{\|}}{S}}}-R' \longleftrightarrow R-\overset{O^-}{\overset{|}{\underset{\underset{O^-}{|}}{S^{2+}}}}-R'\right]}$$

과산화 수소/아세트산 혼합물은 설파이드에 대한 좋은 산화제이다. 1당량의 과산화 수소는 설폭사이드를 생성하고, 다음 당량은 설폭사이드를 더 산화하여 설폰을 생성한다. 이 혼합 시약은 과산화 수소와 평형으로 형성되는 과산화산을 거쳐 반응한다.

$$\underset{\text{산}}{CH_3-\overset{O}{\overset{\|}{C}}-OH} + H-O-O-H \rightleftharpoons \underset{\text{과산화산}}{CH_3-\overset{O}{\overset{\|}{C}}-O-O-H} + H-O-H$$

설파이드는 쉽게 산화되므로 온화한 환원제로 쓰인다. 예를 들면 알켄의 가오존 분해(ozonolysis)로 생성되는 폭발성 오존화 화합물(ozonide)을 환원하는 데 다이메틸 설파이드를 사용한다 (8-15절).

$$\text{1-methylcyclohexene} \xrightarrow{O_3} \underset{\text{오존화 화합물}}{\text{ozonide}} \xrightarrow[\text{다이메틸 설파이드}]{CH_3-S-CH_3} \text{OHC}(CH_2)_4\text{COCH}_3 + \underset{\text{다이메틸 설폭사이드}}{CH_3-\overset{O}{\overset{\|}{S}}-CH_3}$$

황 화합물은 산소 화합물보다 더 친핵성이 큰데, 이는 황이 더 크고 더 많이 편극화되어 있으며 황의 전자들이 핵으로부터 더 멀리 떨어져 덜 강하게 붙들려 있기 때문이다. 에터는 약한 친핵체이지만, 설파이드는 상당히 강한 친핵체이다. 설파이드는 입체 장애가 없는 할로젠화 알킬을 공격하여 **설포늄 염**(sulfonium salt)을 생성한다.

$$\underset{\text{설파이드}}{R-\ddot{S}-R} \quad \underset{\text{할로젠화 알킬}}{R'-\ddot{X}:} \xrightarrow{S_N2} \underset{\text{설포늄 염}}{R-\overset{R'}{\overset{|}{S^+}}-R} \quad :\ddot{X}:^-$$

예

$$\underset{\text{다이메틸 설파이드}}{CH_3-\ddot{S}-CH_3} + CH_3I \longrightarrow \underset{\text{아이오딘화 트라이메틸설포늄}}{CH_3-\overset{CH_3}{\overset{|}{S^+}}-CH_3} \quad I^-$$

설포늄 염은 좋은 알킬화제이며, 탄소 원자를 편극화시켜 좋은 친전자체가 되게 만든다. 이후 친전자체의 공격으로 매우 좋은 이탈기인 전하가 없는 설파이드가 떨어져 나간다. 황의 편극성은 전이 상태에서 부분 결합을 강화시키고 에너지를 낮춘다.

$$\text{Nuc}:^- + CH_3-\overset{+}{S}R_2 \quad X^- \longrightarrow \text{Nuc}-CH_3 + R-\ddot{S}-R + X^-$$

친핵체 설포늄 염 설파이드

예

$$\text{피리딘} + (CH_3)_3S^+ \; I^- \longrightarrow \text{N-}CH_3\text{ 피리디늄 } I^- + CH_3-\ddot{S}-CH_3$$

피리딘 아이오딘화 트라이메틸설포늄 아이오딘화 *N*-메틸피리디늄 다이메틸 설파이드

설포늄 염은 생물학계에서는 일반적인 알킬화제이다. 예를 들면 메싸이오닌(methionine)은 ATP와 반응하여 생물학적 메틸화제인 *S*-아데노실메싸이오닌(*S*-adenosylmethionine, SAM)의 설포늄 염을 생성한다.

$$CH_3-\ddot{S}-CH_2CH_2-CH(\overset{+}{N}H_3)-COO^- \text{ (메싸이오닌)} + \text{ATP} \longrightarrow \text{SAM}$$

삼인산 아데노신(ATP) *S*-아데노실메싸이오닌(SAM)

SAM은 부신(adrenal gland)에서 노르에피네프린(norepinephrine)을 에피네프린(epinephrine, 아드레날린)으로 전환시킨다.

$$\text{HO-C}_6\text{H}_3\text{(OH)-CH(OH)CH}_2\text{-NH}_2 + CH_3-\overset{+}{S}(\text{아데노신})-CH_2CH_2-CH(\overset{+}{N}H_3)-COO^- \longrightarrow \text{HO-C}_6\text{H}_3\text{(OH)-CH(OH)CH}_2\text{-}\overset{+}{N}H_2-CH_3$$

노르에피네프린 SAM 에피네프린

**응용: 항암 화학 요법**

황 겨자 가스로부터 질소 겨자 가스를 생성했다. 질소 겨자 가스는 항암 약으로 쓰이는 반응성이 적은 알킬화 시약이다. 질소 겨자 가스는 DNA를 알킬화하여 재생을 막고, 궁극적으로 암세포를 사멸시킨다.

$$CH_3-\ddot{N}(CH_2CH_2Cl)_2$$

질소 겨자

**연습문제 14-18**

겨자 가스 $Cl-CH_2CH_2-S-CH_2CH_2-Cl$은 제1차 세계대전에서 독성 화학 물질로 사용되었다. 겨자 가스는 1차 염화 알킬보다 훨씬 독성이 센데, 중요한 대사 효소의 아미노기를 알킬화시켜 효소를 무능하게 만들 수도 있다.

**(a)** 겨자 가스가 잠재력이 큰 알킬화제인 이유를 설명하는 메커니즘을 제시하라.

**(b)** 표백제(sodium hypochlorite, NaOCl; 강한 산화제)는 겨자 가스를 중화하고 비활성화한다. 또한 유기 얼룩에 효과적인데, 색깔이 있는 화합물을 색깔이 없는 물질로 산화시킨다. 겨자 가스와 표백제의 반응으로 생성될 수 있는 생성물을 제안하라.

## 14-10B 알코올 보호기로서의 실릴 에터

어떤 화합물이 둘 또는 그 이상의 작용기를 가지고 있고, 이들 가운데 하나만 변형시키길 원한다면 다른 작용기들이 반응하지 못하도록 그들을 보호해야만 한다. 예를 들어 케토-알코올(keto-alcohol)의 카보닐기만 Grignard 시약으로 반응시키기 위해 시약을 첨가하면 Grignard 시약에 알코올의 양성자 첨가 반응이 일어나 반응은 실패하고 만다.

PhMgBr / 에터 → $O^-$ $^+MgBr$ 이고 · $O^-$ $^+MgBr$, Ph, OH 이 아님

알코올 작용기는 흔하고 유용하지만 산, 염기, 산화제와 반응한다. 분자 내 다른 작용기와 반응시키면서 알코올을 살려두고 싶으면 알코올을 보호해야만 한다. **좋은 보호기**(protecting group)는 보호하려고 하는 작용기에는 쉽게 결합시킬 수 있어야 하고, 분자의 다른 부분 변환에 필요한 시약에는 반응하지 않아야 한다. 끝으로 좋은 보호기는 원래의 작용기로 되돌릴 때 쉽게 제거할 수 있어야 한다. 위의 Grignard 반응을 완료하려면 하이드록시기를 Grignard 시약과 반응하지 않는 작용기로 변환시켜야 한다. 예를 들면 Grignard 반응에서 하이드록시기를 보호하는 데 에터의 사용을 고려해볼 수 있다.

OR → (1) PhMgBr (2) $H_2O$ → HO, Ph, OR → [?] 보호기 제거 → HO, Ph, OH

(OH가 에터로 전환)

에터 보호기는 제거하기(보호기 제거)가 어려울 수 있다. 이를 위해서는 종종 강한 산을 사용해야 하는데, 이 산이 분자에 있는 하이드록시기나 다른 부분과 반응할 수 있다. 규소에 연결된 에터(실릴 에터)는 탄소에 연결된 에터보다 훨씬 제거하기 쉽다. 수용액이나 유기 용매에서 플루오린화 이온은 온건한 조건으로 실릴 에터를 제거하는데, 이는 규소-플루오린 결합이 매우 강하기 때문이다.

합성 유기 화학자들은 반응성이 달라 특수한 용도에만 선택적으로 사용할 수 있는 여러 종류의 실릴 보호기를 개발했다. 한 예로, 구조식이 R-O-Si($i$-Pr)$_3$인 **트라이아이소프로필실릴**(triisopropylsilyl, TIPS) 보호기를 들 수 있다. 3개의 덩치가 큰 아이소프로필기가 친핵체의 공격을 막아 이 실릴 에터를 안정화한다. 실릴 에터는 일반적으로 3차 아민 존재하에서 알코올과 클로로실레인(chlorosilane)을 반응시켜 얻는다. TIPS 에터는 클로로트라이아이소프로필실레인(chlorotriisopropylsilane, TIPSCl)과 알코올을 트라이에틸아민(triethylamine, $Et_3N$:) 같은 3차 아민 존재하에서 반응시켜 얻는다.

$$\text{R—OH} + i\text{-Pr—Si}(i\text{-Pr})_2\text{—Cl} \xrightarrow{Et_3N:} \text{R—O—Si}(i\text{-Pr})_3 \xrightarrow[H_2O]{Bu_4N^+\ F^-} \text{R—OH} + (i\text{-Pr})_3\text{SiF} + Bu_4N^+\ {}^-OH$$

클로로트라이아이소프로필실레인 ($i$-Pr)$_3$SiCl (TIPSCl)

TIPS 에터 (R-O-TIPS) (보호기가 장착됨)

(보호기가 제거됨)

TIPS 에터는 거의 모든 산, 염기, 산화제, 환원제에 대해 안정하다. 앞서 살펴본 케토-알코올은 염화 TIPS(TIPSCl) 및 트라이에틸아민($Et_3N$:)과 반응하여 보호된 알코올을 만든다. 여기에 Grignard 시약을 첨가하여 카보닐기와 반응시킨다.

TIPSCl / $Et_3N$: → O—Si(*i*-Pr)$_3$ ; PhMgBr → $O^-$ $^+$MgBr, Ph, OSi(*i*-Pr)$_3$

Grignard 반응이 종료된 후, 마그네슘 알콕시화 염(magnesium alkoxide salt)에 양성자 첨가 반응과 실릴 에터의 보호기 제거 반응을 수행하면 원하는 생성물을 얻을 수 있다.

$O^-$ $^+$MgBr, Ph, O—Si(*i*-Pr)$_3$ —($Bu_4N^+$ $F^-$ / $H_2O$)→ HO, Ph, OH (보호기가 제거됨) + (*i*-Pr)$_3$SiF + $Bu_4N^+$ $^-$OH

**문제풀이 힌트**

결합-해리 에너지(bond-dissociation energies, BDE)는 Si—Cl 결합이 Si—O 결합보다 약하다. 따라서 염화 실릴로부터 실릴 에터를 형성하는 반응은 일반적으로 발열 반응이다. Si—F 결합이 Si—O 결합보다 훨씬 더 강하다. 이 때문에 플루오린화 이온을 이용해 보호기를 제거하는 단계 또한 발열 반응이다.

| BDE: | kJ/mol | |
|---|---|---|
| $(CH_3)_3Si—Cl$ | 473 | 가장 약함 |
| $(CH_3)_3Si—OR$ | 536 | |
| $(CH_3)_3Si—F$ | 670 | 가장 강함 |

**연습문제 14-19**

4-브로모뷰탄-1-올을 헵트-5-아인(yn)-1-올로 변환시키기 위해 보호기를 어떻게 사용해야 하는지 나타내라.

## 14-11 에폭사이드의 합성

에폭사이드는 알켄으로부터 쉽게 만들어지며, (다른 에터와 달리) 많은 유용한 합성 반응을 한다. 이러한 이유로 에폭사이드는 중요한 합성 중간체이다. 앞서 살펴본 **에폭시화**(epoxidation) 기술(8-12절)을 복습하고, 에폭사이드의 유용한 합성법과 반응을 좀 더 상세히 알아보자.

### 14-11A 과산화산에 의한 에폭시화 반응

**과산화산**(peroxyacid, 때때로 *peracid*라고 함)은 알켄을 에폭사이드로 전환시키는 데 사용된다. 만약 반응이 수용성 산에서 진행되면 에폭사이드는 고리가 열려 글라이콜(glycol)이 된다. 따라서 에폭사이드를 만들려면 센산은 피해야 한다. 메타-클로로퍼옥시벤조산(*meta*-chloroperoxybenzoic acid, **mCPBA**)은 바람직한 용해도 성질 때문에 에폭시화 반응에 자주 사용된다. mCPBA는 $CH_2Cl_2$ 같은 비양성자성 용매에 녹는 약한 산성의 과산화산이다.

C=C (알켄) + R—C(=O)—O—O—H (과산화산) → —C—C— (O 다리) (에폭사이드) + R—C(=O)—O—H (산)

예

사이클로헥센 —(mCPBA / $CH_2Cl_2$)→ 에폭시사이클로헥세인 (100%)

mCPBA = 메타-클로로퍼옥시벤조산 (Cl, C(=O)—O—O—H)

에폭시화 반응은 이중 결합에 있는 치환체의 입체 화학을 유지하는 **협동 반응**(concerted reaction)으로서 한 단계로 반응이 일어난다.

알켄 과산화산 에폭사이드 산

과산화산 에폭시화 반응은 매우 일반적인 반응으로, 전자가 풍부한 이중 결합과는 아주 빠르게 반응한다. 다음 반응은 어려운 변형이지만 선택적이고 입체 특이성이 있는 에폭시화 반응으로 전환이 가능하다. 두 번째 예는 흔히 큰 규모의 에폭시화에 쓰이는 비교적 안정한 수용성 모노퍼옥시프탈산 마그네슘(magnesium monoperoxyphthalate, **MMPP**)을 사용하는 것이다. 이들 수용성 MMPP 에폭시화 반응은 에폭사이드의 고리 열림을 막기 위해 중성 pH에서 반응을 수행할 수 있어 독성의 염소화 용매의 대규모 사용을 막을 수 있다.

1,2-다이메틸사이클로헥사-1,4-다이엔 —mCPBA (1당량)→ 시스-4,5-에폭시-4,5-다이메틸사이클로헥센

MMPP ($Mg^{2+}$)

(*E*)-2-나이트로-1-페닐프로펜 —MMPP, $H_2O/CH_3CN$→ (*E*)-2-메틸-2-나이트로-3-페닐옥시레인

**응용: 항박테리아**

MMPP는 항온처리기 같은 예민한 플라스틱 및 고무장비에서 표면 세균 살균제로 쓰인다. 또한 플라크를 줄이는 구강청결제나 치약 같은 용도로 테스트가 진행되고 있다.

## 14-11B 할로하이드린의 염기 촉진 고리화

에폭사이드와 다른 고리 에터의 두 번째 합성법은 Williamson 에터 합성법의 변형이다. 알콕시화 이온과 할로젠 원자가 같은 분자에 위치해 있으면 알콕시화 이온은 할로젠화 이온을 치환하여 고리를 형성한다. **할로하이드린**(halohydrin)을 염기로 처리하면 내부 $S_N2$ 공격을 통해 에폭사이드를 얻는다.

(X = Cl, Br, I)
할로하이드린 알콕시화 중간체 $X^-$ 에폭사이드

할로하이드린은 알켄을 할로젠의 수용성 용액과 반응시키면 쉽게 생성된다. 브로민수와 염소수가 Markovnikov 배향(8-11절)에 따라 이중 결합에 첨가된다. 다음은 사이클로펜텐(cyclopentene)과 염소수가 반응하여 클로로하이드린(chlorohydrin)을 생성하는 반응이다. 클로로하이드린을 수용성 수산화 소듐과 반응시키면 에폭사이드를 생성한다.

클로로하이드린의 생성

사이클로펜텐 염소수 ($H_2\ddot{O}$:, Cl—Cl) 클로로늄 이온 → $-H^+$ → 트랜스-클로로하이드린 (거울상 이성질체의 혼합물)

클로로하이드린의 치환

트랜스-클로로하이드린 ⇌ ($^-OH$) 알콕시화물 → 에폭사이드 (전체 50%) $Cl^-$

이 반응은 큰 고리를 가진 고리 에터를 합성하는 데 사용할 수 있다. (알코올을 양성자 이탈 반응을 시키기 위해 첨가하는) 염기가 할로젠화물을 공격하여 치환하는 것을 막기는 어렵다. 이를 해결하기 위해 탄소 원자를 쉽게 공격할 수 없는 부피가 큰 염기인 2,6루티딘(2,6-lutidine)을, 하이드록시기를 탈양성자 반응시켜 5원자의 고리 에터를 생성하는 데 사용할 수 있다. 5, 6, 7원자(종종 4원자) 고리 에터는 이 방법으로 만든다.

클로로-알코올 + 2,6-루티딘 (2,6-다이메틸피리딘) ⇌ 알콕시화물 → 2-메틸테트라하이드로퓨란 (85%) $Cl^-$

### 연습문제 14-20

다음 전환을 어떻게 완성할지 나타내라. 몇 가지 예는 한 단계 이상이 필요할 것이다.

**(a)** 2-메틸프로펜 ⟶ 2,2-다이메틸옥시레인

**(b)** 1-페닐에탄올 ⟶ 2-페닐옥시레인

**(c)** 5-클로로펜트-1-엔 ⟶ 테트라하이드로피란

**(d)** 5-클로로펜트-1-엔 ⟶ 2-메틸테트라하이드로퓨란

**(e)** 2-클로로헥산-1-올 ⟶ 1,2-에폭시헥세인

### 연습문제 14-21

2001년 노벨 화학상은 촉매성 비대칭 합성법을 개발한 세 명의 유기 화학자에게 수여되었다. 비대칭(또는 거울상 선택적) 합성은 비카이랄성 출발 물질을 주로 카이랄 화합물의 한 거울상 이성질체로 전환하는 것이다. 스크립스 연구소(Scripps Research Institute)의 K. Barry Sharpless는 알릴성 알코올의 비대칭 에폭시화 반응을 개발했는데, 매우 좋은 화학적 수득률과 90% 이상의 거울상 초과도(enantiomeric excess)를 나타냈다.

Sharpless 에폭시화는 *t*-뷰틸 과산화수소물, 티타늄(IV) 아이소프로폭시화물[titanium (IV) isopropoxide] 및 타타르산 다이알킬(dialkyl tartrate)을 시약으로 사용한다. 다음과 같은 제라니올(geraniol)의 에폭시화 반응이 전형적인 예이다.

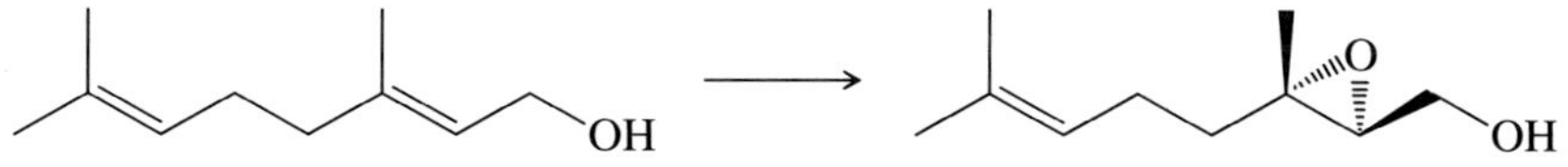

OH → OH

제라니올 수득률 80%, 거울상 초과도 90% 이상

시약: $H_3C-C(CH_3)_2-OOH$ 　 $Ti(O$-$iPr)_4$ 　 $COOCH_2CH_3$ / H—OH / HO—H / $COOCH_2CH_3$

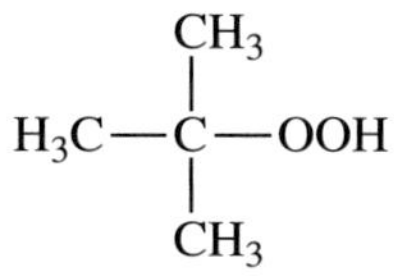

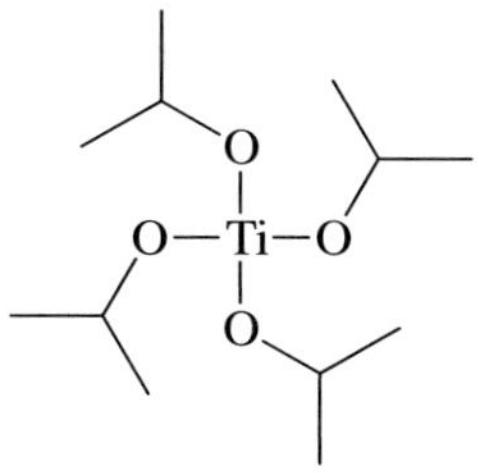

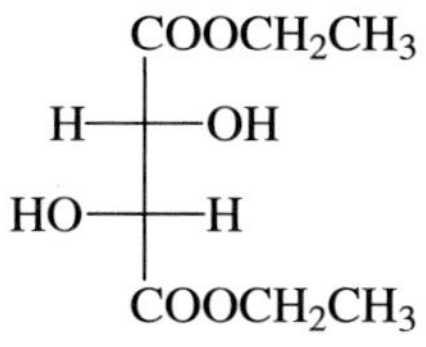

*t*-뷰틸 과산화수소물 　 티타늄(IV) 아이소프로폭시화물 　 L-타타르산 다이에틸

**(a)** 이들 시약 중 어느 것이 산화제인가? 즉 어느 시약이 이 반응에서 환원되는가? 다른 시약의 기능은 무엇인가?

**(b)** 비카이랄성 시약이 반응하여 카이랄 생성물을 생성할 때 생성물은 보통 거울상 이성질체의 라셈 혼합물로 생성된다. Sharpless 에폭시화 반응은 어떻게 거의 순수한 한 가지 거울상 이성질체만을 생성하는가?

**(c)** 생성물의 다른 거울상 이성질체를 그려보라. 만약 제라니올을 에폭시화하여 다른 거울상 이성질체를 생성하려면 무슨 시약을 사용해야 하는가?

**SUMMARY | 에폭사이드의 합성법**

**1.** 과산화산 에폭시화(14-11A절)

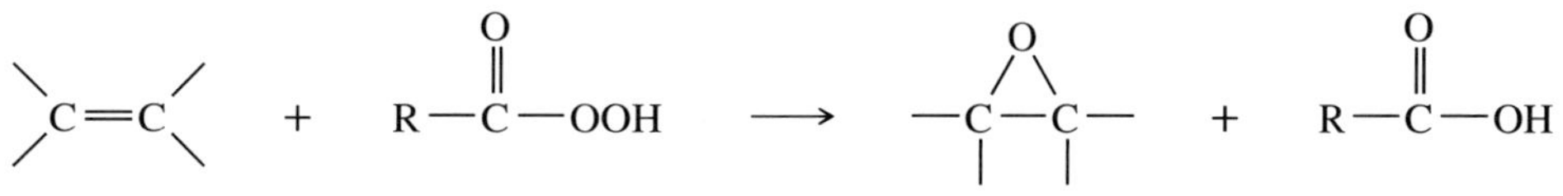

$$\text{>C=C<} + R-\overset{O}{\overset{\|}{C}}-OOH \longrightarrow -\overset{O}{C-C}- + R-\overset{O}{\overset{\|}{C}}-OH$$

알켄 　 과산화산 　 에폭사이드 　 산

**2.** 할로하이드린의 염기 촉진 고리화(14-11B절)

$$-\underset{OH}{C}-\overset{X}{C}- \xrightarrow{\text{염기}} -C-C- \text{ (O 다리)}$$

할로하이드린 　 에폭사이드

X = Cl, Br, I, OTs 등

## 14-12 산 촉매에 의한 에폭사이드의 고리 열림

에폭사이드는 3원자 고리와 관련된 큰 고리 무리 에너지(약 105 kJ/mol 또는 25 kcal/mol)를 가지고 있기 때문에 일반 다이알킬 에테르보다 훨씬 반응성이 크다. 다른 에테르와 달리 에폭사이드는 산성 및 염기성 조건 모두에서 반응한다. 산 촉매하에서 고리 열림 반응의 생성물은 사용하는 용매에 의존한다.

**물에서** 에폭사이드의 산 촉매 가수 분해를 통해 안티 입체 화학(anti stereochemistry)을 가진 글라이콜이 생성된다는 것을 8-13절에서 보았다. 이 가수 분해의 메커니즘은 산소에 양성자 첨가가 일어난 후(좋은 이탈기가 형성됨), 물에 의한 $S_N2$ 공격이 일어난다. 양성자가 첨가된 에폭사이드를 물이 뒤쪽에서 공격함으로써 안티 입체 화학 구조를 얻는다.

## 핵심 메커니즘 14-2 | 물에서 산 촉매에 의한 에폭사이드의 고리 열림

에폭사이드는 산성 용액에서 고리가 열려 글라이콜을 생성한다.

**1단계:** 에폭사이드의 양성자 첨가는 강한 친전자체를 형성한다.

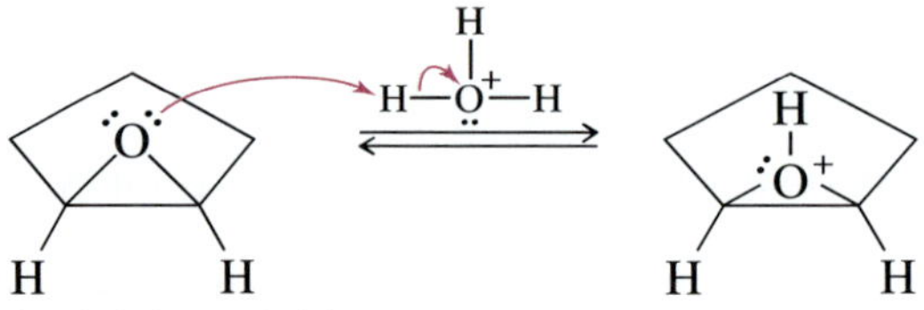

1,2-에폭시사이클로펜테인

**2단계:** 물이 공격하여 고리를 연다.

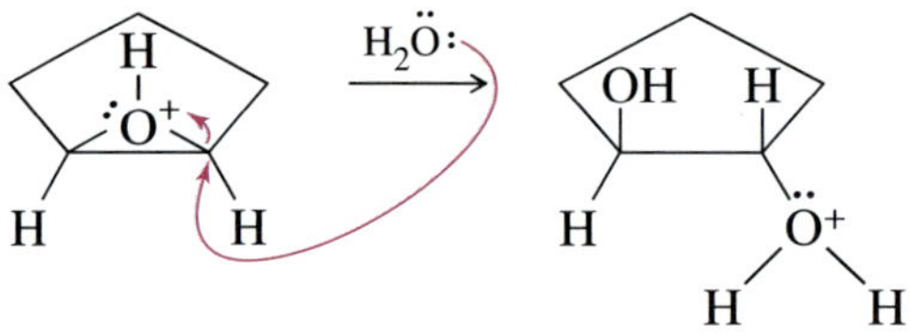

**3단계:** 양성자 이탈은 다이올을 생성한다.

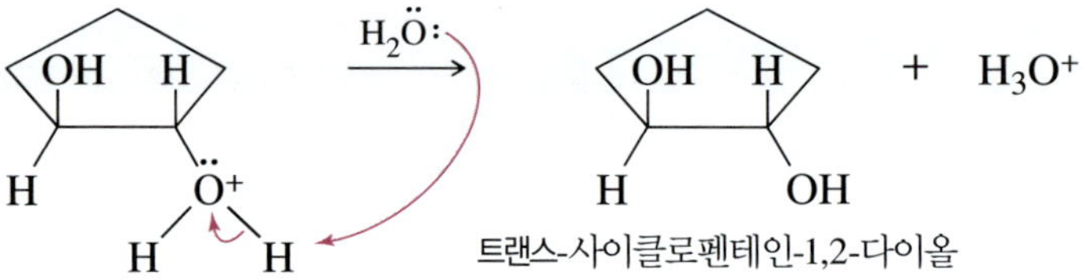

트랜스-사이클로펜테인-1,2-다이올
(거울상 이성질체 혼합물)

알켄의 직접적인 안티 하이드록시화(에폭사이드 중간체의 분리 없이, 8-13절)는 과산화산의 산성 수용액을 사용함으로써 가능하다. 에폭사이드가 생성되자마자 가수 분해되어 글라이콜이 된다. 알켄의 안티 하이드록시화 반응에는 퍼옥시아세트산(peroxyacetic acid, $CH_3CO_3H$)과 퍼옥시폼산(peroxyformic acid, $HCO_3H$)이 종종 사용된다.

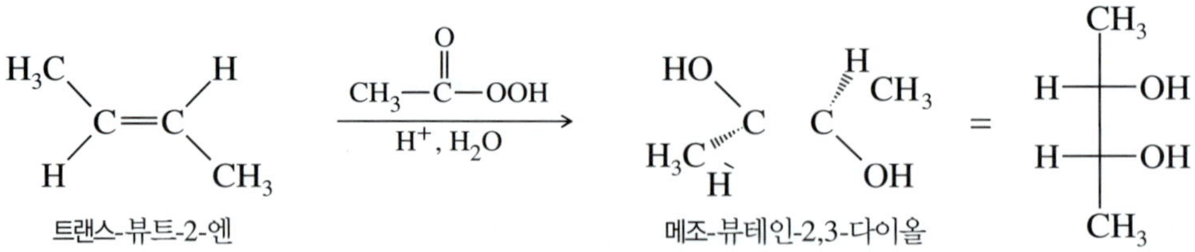

트랜스-뷰트-2-엔 → ($CH_3-C(=O)-OOH$, $H^+$, $H_2O$) → 메조-뷰테인-2,3-다이올

### 문제 14-22

위에서 본 트랜스-뷰트-2-엔의 에폭시화와 가수 분해 반응에 대해 에폭시화와 고리 열림 단계의 메커니즘을 밝혀라. 시스-뷰트-2-엔의 동일한 반응에 대한 생성물을 예측하라.

**알코올에서** 용매로서 알코올과 함께 에폭사이드의 산 촉매 고리 열림이 일어날 때 알코올 분자는 친핵체로 작용한다. 이 반응으로 안티 입체 화학을 가진 알콕시 알코올(alkoxy alcohol)이 생성된다. 이는 인접 탄소 원자에 에터와 알코올 작용기를 가진 화합물을 만드는 좋은 방법이다. 예로 메탄올 용액에서 1,2-에폭시사이클로펜테인(1,2-epoxycyclopentane)의 산 촉매 고리 열림으로 트랜스-2-메톡시사이클로펜탄올(*trans*-2-methoxycyclopentanol)이 생성된다.

### 핵심 메커니즘 14-3 | 알코올 용액 중에서 에폭사이드의 산 촉매 고리 열림

에폭사이드는 산성 알코올에서 고리가 열려 2-알콕시 알코올을 생성한다.

**1단계:** 에폭사이드의 양성자 첨가는 강한 친전자체를 형성한다.

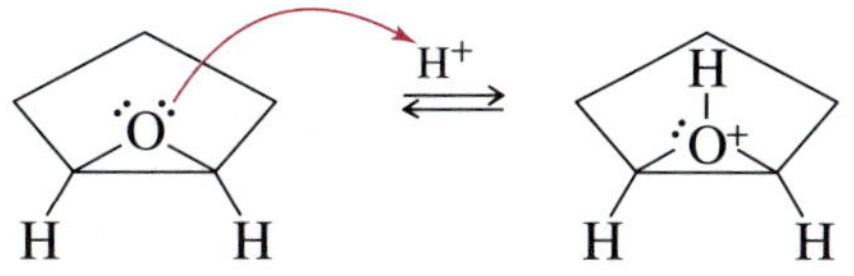

$H^+$

1,2-에폭시사이클로펜테인

**2단계:** 알코올(용매)이 공격하여 고리를 연다.

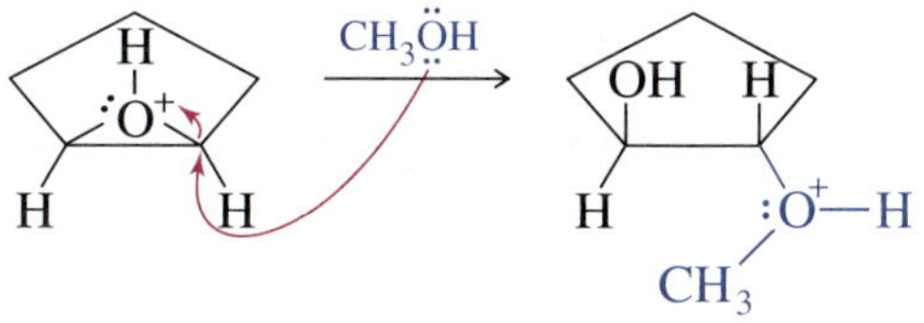

$CH_3\ddot{O}H$

**3단계:** 양성자 이탈 반응으로 생성물인 2-알콕시 알코올이 생긴다.

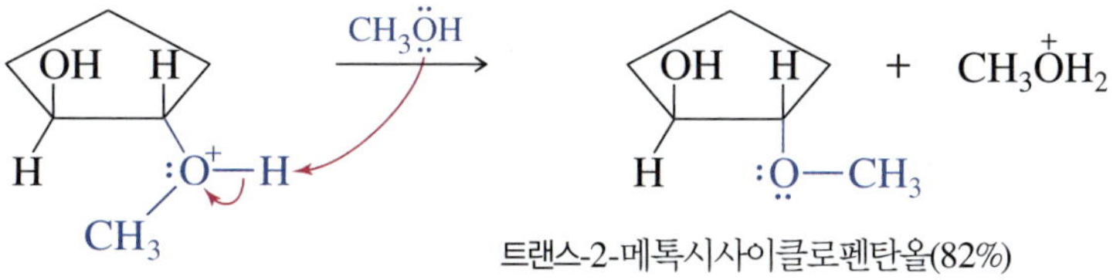

$CH_3\ddot{O}H$

$+ \quad CH_3\overset{+}{O}H_2$

트랜스-2-메톡시사이클로펜탄올(82%)
(거울상 이성질체 혼합물)

**문제 14-23**

셀로솔브(Cellosolve®)는 일반적인 공업 용매인 2-에톡시에탄올의 상품명이다. 이 화합물은 에틸렌을 주원료로 사용하는 화학 공정을 통해 생산된다. 이 공업적인 공정은 어떻게 완성되는지 밝혀라.

**할로젠화 수소산의 사용** 에폭사이드가 할로젠화 수소산(hydrohalic acid; HCl, HBr, HI)과 반응할 때 할로젠화 음이온이 양성자가 첨가된 에폭사이드를 공격한다. 이 반응은 HBr 또는 HI에 의해 에터가 절단되는 반응과 유사하다. 처음 생긴 할로하이드린이 HX와 더 반응하여 1,2-다이할로젠화물(1,2-dihalide)을 생성한다. 그러나 알켄에 $X_2$의 친전자성 첨가 반응을 통해서도 직접 1,2-다이할로젠화물을 생성할 수 있으므로, 이 방법은 유용한 합성 반응이 아니다.

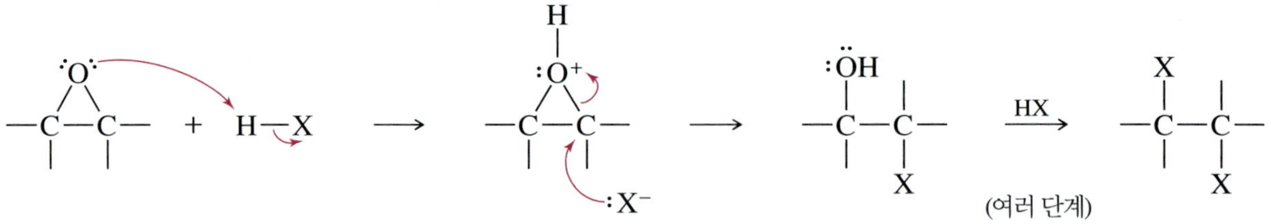

**스쿠알렌-2,3-에폭사이드의 고리 열림** 스테로이드(steroid)는 호르몬(성호르몬), 유화제(담즙산, bile acid), 막성분(콜레스테롤) 등을 포함하여 넓은 범위의 생화학적 기능을 가진 4개 고리(tetracyclic) 화합물이다. 스테로이드의 생화학적 합성은 스쿠알렌-2,3-에폭사이드(squalene-2,3-epoxide)의 산 촉매 고리 열림을 통해 진행된다고 간주된다(그림 14-6). 스쿠알렌은 터펜(terpene, 25-8절 참조)이라고 하는 천연물 가운데 하나이다. **스쿠알렌 에폭시화 효소**(squalene epoxidase)는 스쿠알렌을 에폭사이드로 산화시키는데, 이로 인해 고리가 열려 탄소 양이온이 생성되고, 다른 효소의 제어하에 고리화된다. 고리화된 중간체는 라노스테롤(lanosterol)로 자리 옮김한 후, 콜레스테롤과 다른 스테로이드로 전환된다.

스쿠알렌-2,3-에폭사이드의 고리화는 효소에 제어되지만, 메커니즘은 다른 에폭사이드의 산 촉매 고리 열림과 비슷하다. 즉 에폭사이드 산소에 양성자가 첨가되고, 친핵체의 공격받는다. 이 경우 친핵체는 파이 결합이고, 그 결과 3차 탄소 양이온이 처음 생성된다(그림 14-7).

이 초기 탄소 양이온은 다른 이중 결합에 의해 공격을 받아 또 다른 고리와 새로운 3차 탄소 양이온을 생성한다. 이 과정이 반복되어 그림 14-6에서 보는 것 같은 고리화 중간체가 생성된다. 이 일련의 단계들은 비카이랄, 비고리 출발 물질(스쿠알렌)을 4개의 고리와 7개의 비대칭 탄소 원자를 가진 화합물로 변환시킴에 주목하라. 효소-촉매 과정은 고수득률과 완전한 입체 특이성을 가지고 일어나며, 생물계에서는 비대칭 유발이 뚜렷하게 나타난다.

**응용: 항진균제**

스쿠알렌 에폭시화 효소의 억제제는 운동선수의 발 가려움, 윤선 및 손톱 감염을 치료하는 항진균제로 쓰인다. 티낙틴(Tinactin™, tolnaftate)은 진균이 세포막을 만드는 데 필요한 스테로이드의 합성을 차단하는 스쿠알렌 에폭시화 효소를 억제한다. 손상된 세포막으로 인해 진균이 사멸한다.

**문제 14-24**

그림 14-6의 고리화 중간체 생성에 대한 메커니즘의 나머지를 밝혀라.

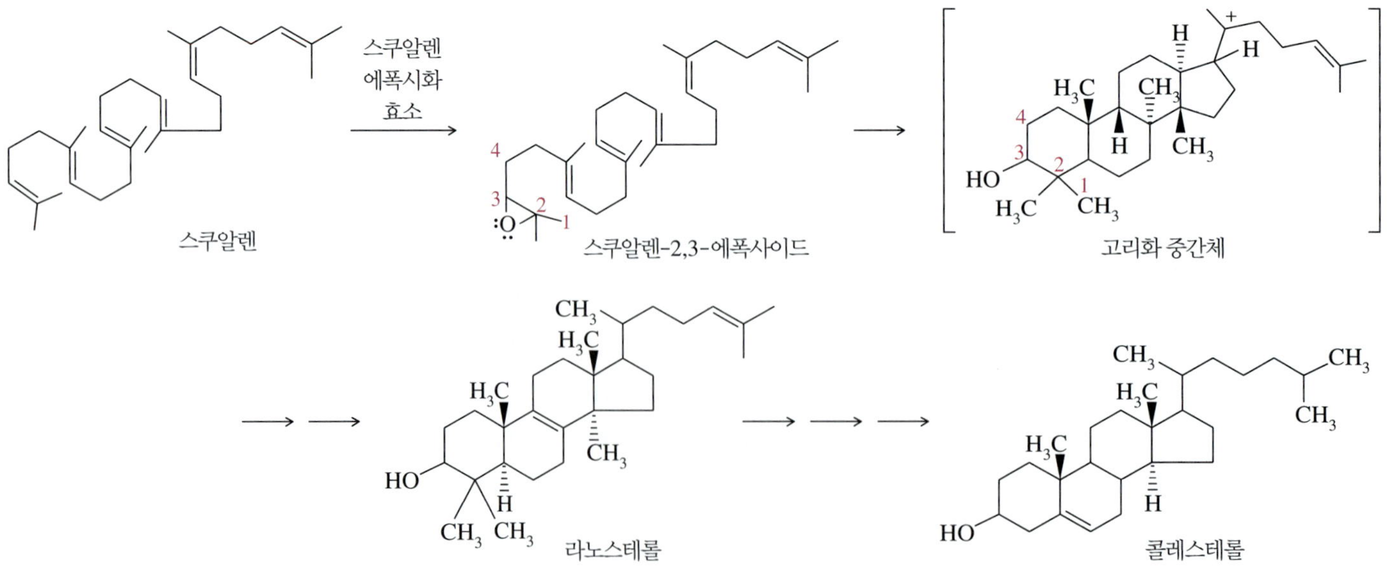

**그림 14-6** 스테로이드의 생합성에서 스쿠알렌의 역할. 스테로이드의 생합성은 스쿠알렌의 에폭시화 반응으로 스쿠알렌-2,3-에폭사이드가 생성되는 것에서 출발한다. 이 에폭사이드의 고리 열림은 효소 제어하에 탄소 골격의 고리화를 촉진한다. 고리화 중간체는 라노스테롤로 전환되고, 그 후 또 다른 스테로이드로 전환된다.

양성자가 첨가된 스쿠알렌-2,3-에폭사이드 3차 탄소 양이온 3차 탄소 양이온

**그림 14-7** 스쿠알렌 에폭사이드의 고리화는 에폭사이드의 산 촉매 고리 열림으로 시작된다. 각 고리화 단계는 또 다른 탄소 양이온을 생성한다.

## 14-13 에폭사이드의 염기 촉매 고리 열림

알콕시화 이온은 좋은 이탈기가 아니기 때문에 대부분의 에터는 염기 조건에서 친핵성 치환 반응이나 제거 반응을 일으키지 않는다. 에폭사이드의 고리 열림으로 풀어지는 105 kJ/mol(25 kcal/mol)의 고리 무리(ring strain)를 가지고 있다. 그러나 이 고리 무리는 나쁜 이탈기인 알콕시화 이온을 보상하기에 충분하다. 그림 14-8에 에터와 에폭사이드에 대한 친핵 성 공격의 에너지 도표를 비교했다. 출발 물질 에폭사이드는 에터보다 에너지가 105 kJ/mol(25 kcal/mol) 높은데, 그것의 치환 반응은 활성화 에너지가 낮다.

에폭사이드와 수산화 이온의 반응은 에폭사이드의 산 촉매 고리 열림 생성물 같은 안티 입체 화학의 1,2-다이올(글라이콜)을 생성한다. 실제로 에폭사이드의 고리 열림 반응에 산 촉매나 염기 촉매 반응이 모두 사용될 수 있지만, 산 촉매 반응이 더 온건한 반응 조건에서 일어난다. 산에 민감한 작용기가 존재하지 않으면 산 촉매 가수 분해가 바람직하다.

수산화 이온처럼 알콕시화 이온은 에폭사이드와 반응하여 고리가 열린 생성물을 만든다. 예를 들어 산화 사이클로펜텐(cyclopentene oxide)을 메탄올에 녹인 메톡시화 소듐(sodium methoxide)과 반응시키면 트랜스-2-메톡시사이클로펜탄올(*trans*-2methoxycyclopentanol)이 생성되는데, 메탄올에서 산 촉매 고리 열림 반응을 할 경우에도 생성물은 같다.

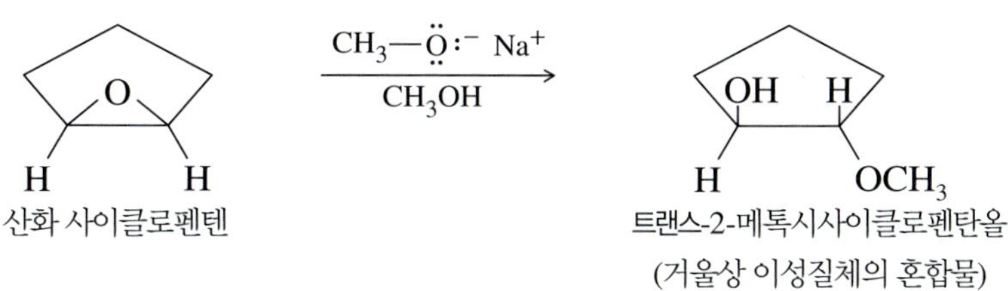


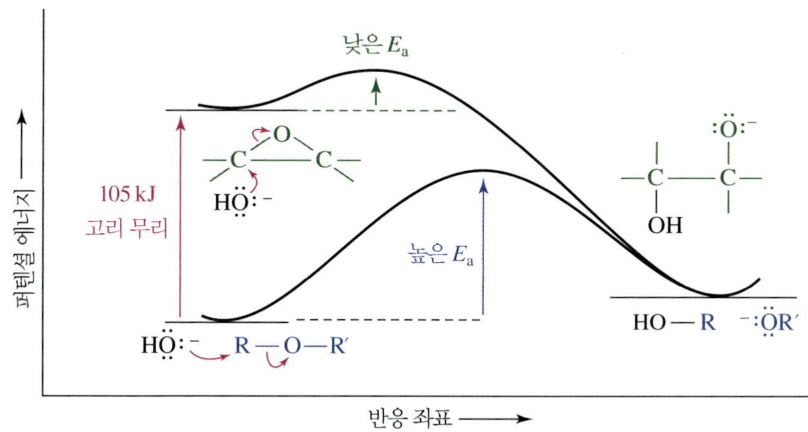


**그림 14-8** 에터와 에폭사이드에 대한 친핵성 공격의 에너지 도표. 에폭사이드는 비고리 에터보다 105 kJ/mol(25 kcal/mol)의 고리 무리만큼 에너지가 높다. 고리 무리는 생성물에서는 방출되어 비고리 에터에서의 생성물과 에너지가 비슷하다. 고리 무리를 풀어줌으로써 에폭사이드의 치환을 열역학적으로 유리하게 한다.

## 핵심 메커니즘 14-4 | 에폭사이드의 염기 촉매 열림

센염기와 친핵체는 대부분의 에터를 공격하거나 절단하지 않는다. 그러나 에폭사이드는 고리가 열리면 삼각형 고리 무리가 해소되기 때문에 반응성이 더 크다. 이탈기가 알콕시화 이온일지라도 센염기는 에폭사이드를 공격하여 고리를 연다.

**1단계:** 센염기는 공격하여 고리를 열어 알콕시화 이온을 만든다.

1,2-에폭시사이클로펜테인

**2단계:** 알콕시화 이온의 양성자 첨가는 다이올을 생성한다.

트랜스-사이클로펜테인-1,2-다이올
(거울상 이성질체의 혼합물)

아민 역시 에폭사이드를 열 수 있다. 산화 에틸렌(ethylene oxide)은 암모니아 수용액과 반응해 중요한 산업 시약인 에탄올아민(ethanolamine)을 생성한다. 에탄올아민의 질소 원자는 여전히 친핵성이며, 더 반응하여 다이에탄올아민(diethanolamine)과 트라이에탄올아민(triethanolamine)을 생성할 수 있다. 과량의 암모니아를 이용하면 높은 수득률로 에탄올아민을 얻을 수 있다.

$$H_2C{-}CH_2\ (\text{O}) + :NH_3 \xrightarrow{H_2O} {}^{-}O{-}CH_2{-}CH_2{-}{}^{+}NH_3 \longrightarrow HOCH_2CH_2\ddot{N}H_2$$

산화 에틸렌 암모니아 에탄올아민

$$HOCH_2CH_2\ddot{N}H_2 \xrightarrow{\text{산화 에틸렌}} (HOCH_2CH_2)_2\ddot{N}H \xrightarrow{\text{산화 에틸렌}} (HOCH_2CH_2)_3N:$$

에탄올아민 다이에탄올아민 트라이에탄올아민

### 문제 14-25

메탄올에서 산화 사이클로펜텐과 메톡시화 소듐의 반응에 대한 메커니즘을 제시하라.

### 문제 14-26

각 시약이 산화 에틸렌과 반응할 경우 주생성물을 예측하라.

(a) $NaOCH_2CH_3$(에톡시화 소듐)
(b) $NaNH_2$(아마이드화 소듐)
(c) NaSPh(싸이오페녹시화 소듐)
(d) $PhNH_2$(아닐린)
(e) KCN(사이안화 포타슘)
(f) $NaN_3$(아자이드화 소듐)

## 14-14 에폭사이드 고리 열림의 지향성

대칭적으로 치환된 에폭사이드(앞의 산화 사이클로펜텐처럼)는 산 촉매와 염기 촉매 고리 열림에서 생성물이 같다. 그러나 비대칭 에폭사이드는 산 촉매와 염기 촉매 조건에서 생성물이 다르다.

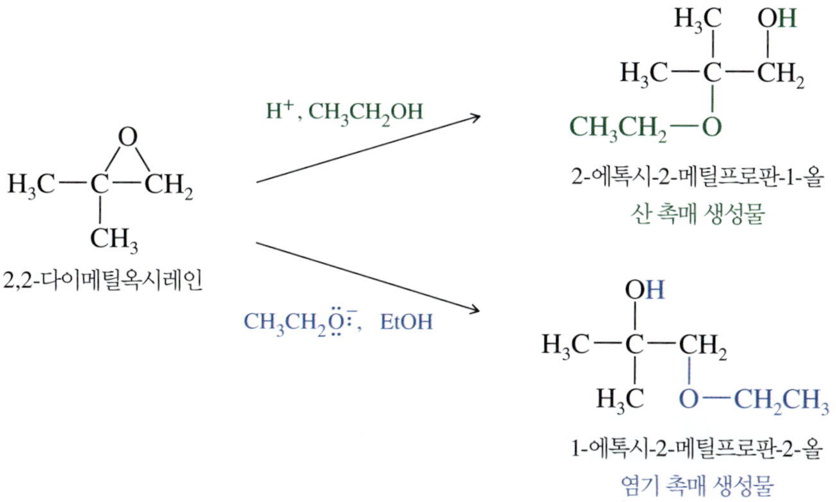

2,2-다이메틸옥시레인 —($H^+$, $CH_3CH_2OH$)→ 2-에톡시-2-메틸프로판-1-올 (산 촉매 생성물)

2,2-다이메틸옥시레인 —($CH_3CH_2\ddot{O}:^-$, EtOH)→ 1-에톡시-2-메틸프로판-2-올 (염기 촉매 생성물)

염기성 조건에서 알콕시화 이온은 $S_N2$ 치환으로 덜 치환된 탄소 원자를 공격한다.

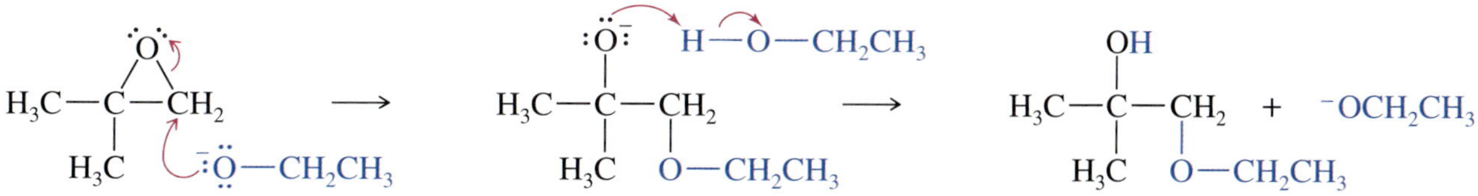

산성 조건에서 알코올은 양성자가 첨가된 에폭사이드를 공격한다. 알코올은 덜 치환된 옥시레인 탄소(oxirane carbon)를 공격할 것 같지만 그렇지 않다. 양성자가 첨가된 에폭사이드에서는 고리 무리와 탄소 원자에 양전하를 갖게 하는 에너지 사이에 힘의 균형이 있다. 고리가 열리기 시작할 때 이 양전하가 어떻게 분포되는지 공명 구조를 그림으로써 알 수 있다. 이러한 '비결합' 공명 구조는 양성자가 첨가된 에폭사이드에서의 전하 분포를 잘 보여준다.

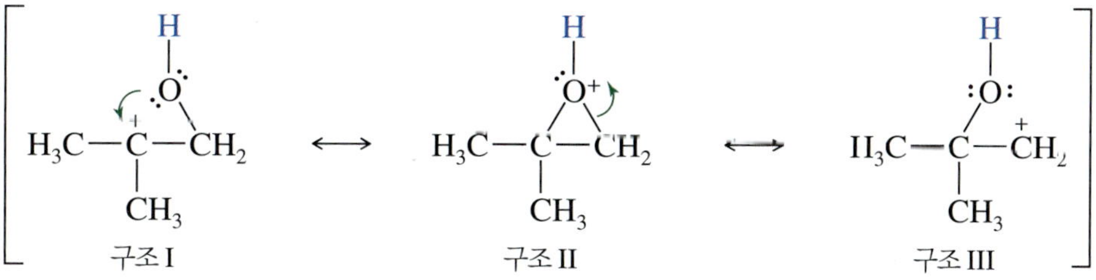

구조 I ⟷ 구조 II ⟷ 구조 III

**문제풀이 힌트**

에폭사이드의 산 촉매 고리 열림에 대한 메커니즘을 밝히는 데 양성자가 첨가된 에폭사이드가 더 안정한(더 많이 치환된) 탄소 양이온으로 고리가 열린다는 것을 기억하라.

구조 II는 양성자가 첨가된 에폭사이드의 가장 일반적인 구조이고, 구조 I과 구조 III는 옥시레인 탄소 원자가 양전하의 일부를 분담하고 있음을 보여준다. 3차 탄소가 양전하의 대부분을 차지하고 있기 때문에 한층 강한 친전자체이다. 즉 구조 I이 구조 III보다 훨씬 중요하다. 3차 탄소와 산소와의 결합은 약하며, 이는 3차 탄소 공격이 낮은 전이 상태의 에너지임을 뜻한다. 약한 친핵체(이 경우 에탄올)의 공격은 친전자체의 힘에 민감하기 때문에 공격은 좀 더 친전자성 3차 탄소에서 일어난다.

이 고리 열림은 브로모하이드린(bromohydrin) 생성에서의 브로모늄 이온의 고리 열림(8-9절)과 산소수은화 반응에서 머큐리늄(mercurinium) 이온의 고리 열림(8-5절)과 유사하다. 이 세 가지 반응은 전부 약한 친핵체에 의한 친전자적 3원자 고리의 고리 열림 반응이다. 공격은 더 큰 친전자 탄소 원자에서 일어나는데, 양전하를 띠고 있기 때문에 보통은 더 많이 치환된 탄소가 친전자성이 크다. 한편 대부분의 염기 촉매 에폭사이드 고리 열림은 강한 친핵체에 의해 덜 치환된 탄소 원자를 공격함으로써 일어난다.

**SUMMARY | 에폭사이드 고리 열림의 지향성**

산성 조건에서 에폭사이드의 산소 원자에 양성자가 첨가되면 $S_N1$ 유형의 반응처럼 친핵체가 더 많이 치환된 위치를 공격한다. 그러나 입체 화학의 반전이 일어난다.

염기성 조건에서 친핵체는 $S_N2$ 유형의 반응처럼 덜 치환된 위치를 공격한다.

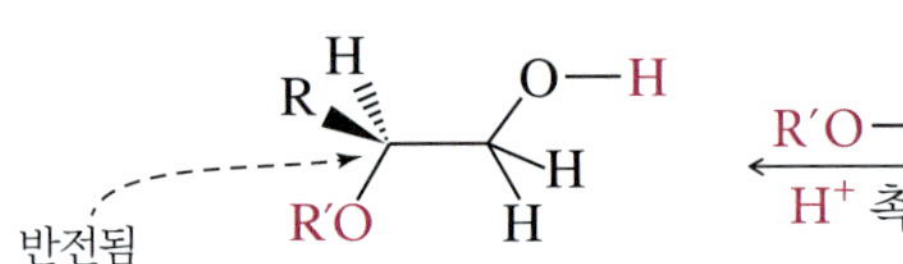


**산 촉매 고리 열림:** 친핵체가 더 많이 치환된 탄소를 공격한다(14-12, 14-14절).

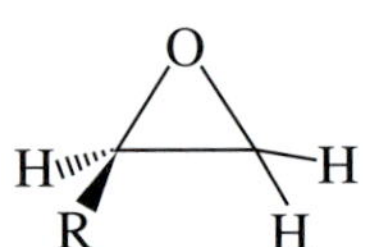

배열의 보존

**염기성 조건에서 고리 열림:** 친핵체가 덜 치환된 탄소를 공격한다(14-13, 14-14절).

**예제 14-2**

1-메틸-1,2-에폭시사이클로펜테인과 다음 시약의 반응을 통해 얻을 수 있는 주생성물을 예측하라.

**(a)** 에탄올 속의 에톡시화 소듐 **(b)** 에탄올 속의 $H_2SO_4$

**풀이**

**(a)** 에톡시화 소듐은 입체 장애가 적은 2차 탄소를 공격하여 (*E*)-2-에톡시-1-메틸사이클로펜탄올을 생성한다.

**(b)** 산성 조건에서 알코올은 양성자가 첨가된 에폭사이드의 더 친전자성인 3차 탄소 원자를 공격한다. 생성물은 (*E*)-2-에톡시-2-메틸사이클로펜탄올이다.

**연습문제 14-27**

적절한 입체 화학을 포함하여 다음 반응의 주생성물을 예측하라.

**(a)** 2,2-다이메틸옥시레인 + $H^+/H_2{}^{18}O$(산소가 표지된 물)

**(b)** 2,2-다이메틸옥시레인 + $H^{18}O^-/H_2{}^{18}O$

**(c)** (2*S*, 3*R*)-2-에틸-2,3-다이메틸옥시레인 + $CH_3O^-/CH_3OH$

**(d)** (2*S*, 3*R*)-2-에틸-2,3-다이메틸옥시레인 + $H^+/CH_3OH$

**문제풀이 힌트**

산 촉매화: 친핵체(용매)는 더 많은 +전하를 띠는 더 치환된 탄소에 첨가된다.

염기 촉매화: 친핵체는 입체 장애가 적은 덜 치환된 탄소를 공격한다.

## 14-15 에폭사이드와 Grignard 또는 유기리튬 시약의 반응

다른 강한 친핵체와 마찬가지로 Grignard 시약과 유기리튬 시약은 에폭사이드를 공격하여 (양성자 첨가 후) 고리가 열린 알코올을 생성한다.

$$R{-}MgX \text{ 또는 } R{-}Li + H_2C\overset{O}{-}CH{-}R' \xrightarrow[(2)\ H_3O^+]{(1)\ \text{에터}} CH_2(R){-}CH(OH){-}R'$$

예를 들어 브로민화 에틸마그네슘(ethylmagnesium bromide)은 옥시레인(산화 에틸렌)과 반응하여 뷰탄-1-올(butan-1-ol)의 마그네슘 염을 만든다. 양성자 첨가 반응을 통해 중성의 알코올을 생성한다.

$$CH_3CH_2{-}MgBr + H_2C\overset{O}{-}CH_2 \longrightarrow CH_3CH_2{-}CH_2{-}CH_2{-}O{-}MgBr \xrightarrow{H_3O^+} CH_3CH_2{-}CH_2{-}CH_2{-}OH$$

뷰탄-1-올

이 반응에서 치환된 에폭사이드를 사용할 수 있는데, 탄소 음이온(carbanion)이 덜 치환된 에폭사이드의 탄소 원자를 공격한다. 이 반응은 옥시레인 탄소의 하나가 치환되어 있지 않아 방해를 덜 받는 친핵 공격을 할 수 있을 때 가장 잘된다. 유기리튬 시약(RLi)은 덜 방해받는 에폭사이드의 탄소 원자를 공격하는데, Grignard 시약보다 더 선택적이다. 하나의 탄소 원자가 아주 큰 입체 장애를 받지 않는 한 Grignard 시약은 생성물의 혼합물을 생성한다.

$$H_2C\overset{O}{-}CH{-}CH_3 + C_6H_{11}{-}Li \xrightarrow{\text{에터}} \xrightarrow{H_3O^+} C_6H_{11}{-}CH_2{-}CH(OH){-}CH_3$$

산화 프로필렌 (메틸옥시레인) + 사이클로헥실리튬 → 1-사이클로헥실프로판-2-올

$$\text{2-사이클로헥실-2-에틸옥시레인} + C_6H_5{-}MgBr \xrightarrow{\text{에터}} \xrightarrow{H_3O^+} C_6H_5{-}CH_2{-}C(OH)(C_6H_{11}){-}CH_2CH_3$$

2-사이클로헥실-2-에틸옥시레인 + 브로민화 페닐마그네슘 → 2-사이클로헥실-1-페닐뷰탄-2-올

**연습문제 14-28**

다음 반응에서 예상되는 생성물은 무엇인가? 필요하면 양성자 첨가 반응 단계를 포함하라.

(a) 2,2-다이메틸옥시레인 + 브로민화 아이소프로필마그네슘

(b) 산화 에틸렌 + $n$-뷰틸리튬

(c) 사이클로헥실옥시레인 + 에틸리튬

## 14-16 에폭시 수지: 현대 아교의 출현

해리어 II(Harrier II) 제트기 꼬리 부분의 표면에 있는 에폭시 코팅된 탄소섬유천의 층은 오토클레이브(autoclave) 안의 열과 압력 아래 접착되고 경화된다. 탄소-에폭시 복합재는 강철만큼 강하지만 알루미늄만큼 가벼워 비행기 부품을 만드는 데 사용된다.

초창기의 접착제는 탄수화물과 단백질로 만들었다. 밀풀은 밀에 있는 글루텐(gluten)을 사용하는데, 글루텐은 빵이 결합되도록 하는 끈적한 탄수화물이다. 가죽 아교는 짐승가죽, 발굽, 힘줄에서 추출한 콜라젠(collagen)이 함유된 단백질이다. 가죽 아교는 수백 년 동안 목재와 종이 접착에 사용되었고, 정밀한 악기나 목재에 상처를 내지 않고 떼어내야 할 제품에 아직도 사용되고 있다. 그러나 가죽 아교는 수용성이어서 습기가 있으면 잘 결합되지 않는다. 건조할 때 젖었던 부피가 수축하기 때문에 틈새를 채우지 못한다. 카세인(casein, 우유 단백질)에 기초한 아교가 개발되어 강하고 내수성 결합에 우수한 접착제가 탄생되었다. 카세인 아교[예: 엘머스(Elmer's®)]는 대부분의 목재와 강하게 결합하고, 물에 대해서도 수 시간 견딘다. 그러나 틈새를 잘 채우지 못하여 금속과 플라스틱에는 잘 작용하지 않는다.

경화될 때 수축되지 않는 아교를 상상해보자. 이때는 틈새를 완전히 채울 수 있으므로 밀착시키기 위해 어떤 것도 필요하지 않다. 물에서도 영구적으로 견디고 목재나 플라스틱처럼 견고하며 어떤 것(예: 목재, 금속, 플라스틱 등)과도 잘 붙는다. 굳지 않지만 일단 적당한 자리에 놓이면 빠르게 굳는다. 이는 흘러 틈새를 채우고 두텁게 또는 반죽 같게도 할 수 있다.

이런 이상적인 접착제는 **에폭시**(epoxy) 접착제가 개발될 때까지는 단순히 하나의 꿈일 뿐이었다. 에폭사이드는 그 자리에서 중합하여 완전한 결합 모양을 한다. 그리하여 표면의 고르지 못한 미세한 부분까지 완전하게 들러붙는다. 증발시킬 용매가 없으므로 수축이 없다. 에폭시는 에터 결합으로 연결되어 물에 영향받지 않는다. 원하면 흐르거나 끈적끈적한 상태인 예비고분자(prepolymer)를 에폭시로 사용할 수 있다. 이들은 경화 시간을 조절할 수 있는 경화제를 사용하는데, 경화제가 없을 때는 오랜 기간 보존할 수 있다.

에폭시 수지의 제조와 판매는 전 세계적으로 약 200억 달러 시장으로 성장했고, 중국이 가장 큰 판매와 소비를 차지한다. 가장 일반적인 에폭시 수지는 비스페놀 A(bisphenol A)와 에피클로로하이드린(epichlorohydrin)으로부터 만들어진 예비고분자를 사용한다.

HO–C₆H₄–C(CH₃)₂–C₆H₄–OH (비스페놀 A(BPA)) + $H_2C\!-\!CH\!-\!CH_2Cl$ (에폭사이드 고리, O 가교) (에피클로로하이드린) ⟶

$H_2C\!-\!CH\!-\!CH_2\!-\![\,O\!-\!C_6H_4\!-\!C(CH_3)_2\!-\!C_6H_4\!-\!O\!-\!CH_2\!-\!CH(OH)\!-\!CH_2\,]_n\!-\!O\!-\!C_6H_4\!-\!C(CH_3)_2\!-\!C_6H_4\!-\!O\!-\!CH_2\!-\!CH\!-\!CH_2$ (양 끝 에폭사이드 고리)

예비고분자

염기 촉매 조건에서 비스페놀 A 음이온이 에피클로로하이드린의 에폭사이드의 고리를 열어 알콕시화 이온을 생성하고, 이것이 또 다른 에폭사이드를 생성한다.

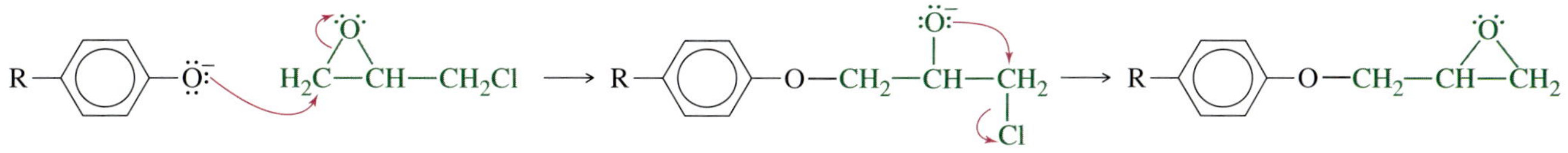

이 2차 에폭사이드는 비스페놀 A의 다른 분자와 반응한다. 비스페놀 A의 각 분자는 에피클로로하이드린 두 분자와 반응할 수 있다.

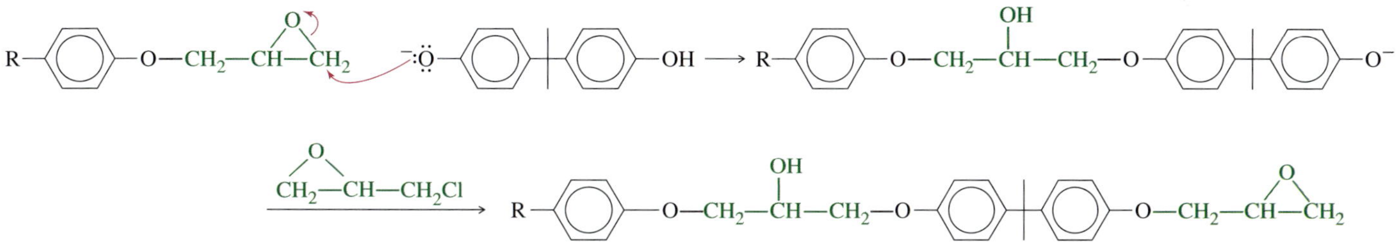

비스페놀 A와 에피클로로하이드린의 똑같은 양이 반응하는 중합 반응은 중합체 사슬이 길어져서 고체 중합체가 될 때까지 계속된다. 그러나 에폭시 수지를 만들 때는 과량의 에피클로로하이드린을 첨가하여 에피클로로하이드린이 양쪽 끝에 있는 짧은 사슬을 만든다. 에피클로로하이드린이 많을수록 짧은 사슬과 흐름성이 좋은 예비고분자를 만든다. 에피클로로하이드린을 적게 사용하면 긴 사슬(에피클로로하이드린/비스페놀 A 단위를 최대 25개까지 포함)을 생성하고, 더 점도가 큰 예비고분자를 생성한다.

시판되는 에폭시 아교는 두 부분으로 되어 있는데, 수지(예비고분자)와 경화제 두 가지이다. 경화제는 염기이거나 친핵성 성질을 가진 여러 화합물이다. 폴리아민이 가장 흔히 사용되는 경화제이다. 경화제는 말단 에폭시기를 공격하여 말단 사슬의 중합 반응을 시작한다.

**응용: 내분비 교란물질**

비스페놀 A(BPA)는 충분히 높은 농도에서 건강에 영향을 미치는 에스트로젠의 효과와 비슷하다. BPA는 폴리카보네이트 병(21-16절 참조)이나 음식을 담는 깡통의 내벽 코팅제에 사용된다. 여러 나라에서는 유아용 폴리카보네이트 병의 판매를 금지하거나 BPA가 담긴 캔 음식 내벽 코팅제의 사용을 금지하는데, 용기에서 고분자가 가수 분해되거나 BPA가 떨어져 나와 음식물이나 물로 들어가기 때문이다.

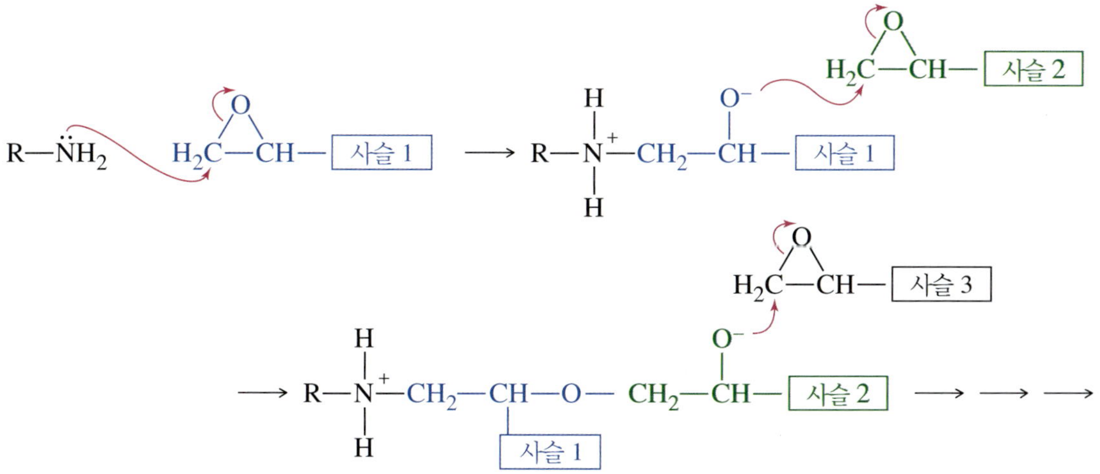

또한 경화제는 사슬 내부에 있는 하이드록시기를 탈양성자 반응시켜 결과적으로 한 사슬과 다른 사슬이 교차 결합하게 한다. 최종 중합체는 복잡한 3차원 네트워크를 이루게 되어 강하고 화학 공격에도 저항성을 가진다.

사슬 1 — $CH_2$ — $H-C-OH$ — $CH_2$ — 사슬 1 $\overset{R-\ddot{N}H_2}{\rightleftharpoons}$ 사슬 1 — $CH_2$ — $H-C-\ddot{O}:^-$ — $CH_2$ — 사슬 1 + $H_2C\overset{O}{-}CH-$ 사슬 2 $\longrightarrow$ 사슬 1 — $CH_2$ — $H-C-O-CH_2-CH(O^-)-$ 사슬 2 (— $CH_2$ — 사슬 1)

사슬 1의 중간

## SUMMARY | 에폭사이드의 반응

**1.** 산 촉매 고리 열림(8-13, 14-12절)

a. 물에서

$$-\overset{|}{C}\overset{O}{-}\overset{|}{C}- \xrightarrow[H_2O]{H^+} -\underset{OH}{\overset{|}{C}}-\overset{OH}{\underset{|}{C}}-$$

안티 입체 화학

b. 알코올에서

$$-\overset{|}{C}\overset{O}{-}\overset{|}{C}- \xrightarrow[R-OH]{H^+} -\underset{OH}{\overset{|}{C}}-\overset{OR}{\underset{|}{C}}-$$

안티 입체 화학

알콕시기는 더 많이 치환된 탄소에 결합한다.

c. 할로젠화 수소산의 사용(X= Cl, Br, I)

$$-\overset{|}{C}\overset{O}{-}\overset{|}{C}- \xrightarrow{H-X} -\underset{X}{\overset{|}{C}}-\overset{OH}{\underset{|}{C}}- \xrightarrow{H-X} -\underset{X}{\overset{|}{C}}-\overset{X}{\underset{|}{C}}-$$

**2.** 염기 촉매 고리 열림

a. 알콕시화 이온이나 수산화 이온과의 반응(14-13절)

$$-\overset{|}{C}\overset{O}{-}CH_2 \xrightarrow[R-OH]{R-\ddot{O}:^-} -\underset{OH}{\overset{|}{C}}-CH_2-OR$$

알콕시기는 덜 치환된 탄소에 결합한다.

b. 유기금속 화합물과의 반응(14-15절)

$$-\overset{|}{C}\overset{O}{-}CH_2 \xrightarrow[(2)\ H_3O^+]{(1)\ R-M} -\underset{OH}{\overset{|}{C}}-CH_2-R$$

M = Li 또는 MgX

R은 덜 치환된 탄소에 결합한다.

## 핵심 용어

**mCPBA:** 일반적인 에폭시화제인 메타-클로로퍼옥시벤조산(*meta*-chloroperoxybenzoic acid)의 약자

**MMPP:** 모노퍼옥시프탈산 마그네슘(magnesium monoperoxyphthalate)의 약자. 흔히 큰 규모로 에폭시화 반응을 시키는 데 쓰이는 비교적 안정한 과산화산

**Williamson 에터 합성법(Williamson ether synthesis):** 할로젠화 알킬 또는 토실화물과 알콕시화 이온의 $S_N2$ 반응에 의한 에터 합성법. 일반적으로 친전자체(R′—X)는 1차여야 하거나 간혹 2차를 사용할 수 있다.

$$R-\ddot{\underset{\cdot\cdot}{O}}:^- \quad R'-X \longrightarrow R-O-R' + X^-$$

**과산화물(peroxide):** —O—O—결합을 가진 모든 화합물. 산소-산소 결합은 쉽게 절단되며, 유기 과산화물은 폭발성이 있다.

| H—O—O—H | R—O—O—H | R—O—O—R′ |
|---|---|---|
| 과산화 수소 | 알킬 과산화수소화물 | 다이알킬 과산화화물 |

**과산화산(peroxyacid, peracid):** 하이드록시기에 여분의 산소를 가진 카복실산

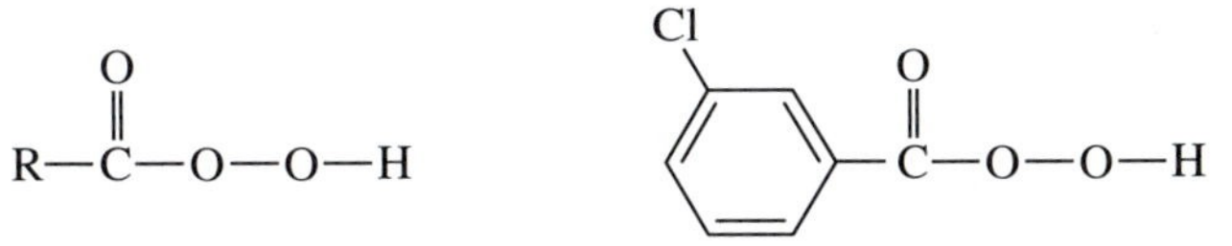

$$R-\overset{O}{\overset{\|}{C}}-O-O-H$$

과산화산

메타-클로로퍼옥시벤조산(mCPBA)

**다이옥세인(dioxane):** 원자 고리에 2개의 산소 원자를 가진 헤테로 고리 에터

**보호기(protecting group):** 분자 내 다른 부분이 반응하는 동안 민감한 작용기가 반응하지 못하도록 막는 데 사용하는 기. 보호기는 나중에 제거된다. 예로 알코올이 실릴 에터로 전환되면 대부분의 산, 염기, 산화제, 환원제에 반응하지 않는다. 플루오린화 테트라알킬암모늄($Bu_4N^+\ F^-$)은 알코올의 보호기를 제거한다.

**설포늄 염(sulfonium salt):** 3개의 알킬기에 결합한 황 원자를 포함하는 염. $R_3S^+$

**설폭사이드(sulfoxide):** R—SO—R′ 식을 가진 화합물

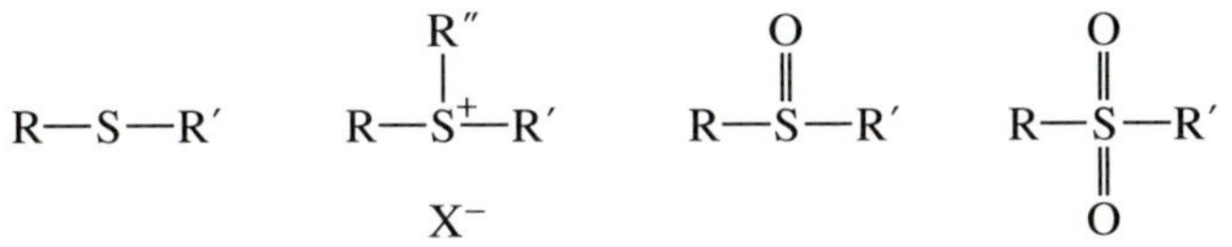

| R—S—R′ | $R-\overset{R''}{\overset{|}{S^+}}-R'\ \ X^-$ | $R-\overset{O}{\overset{\|}{S}}-R'$ | $R-\overset{O}{\overset{\|}{\underset{\underset{O}{\|}}{S}}}-R'$ |
|---|---|---|---|
| 싸이오에터 (설파이드) | 설포늄 염 | 설폭사이드 | 설폰 |

**설폰(sulfone):** $R-SO_2-R'$ 식을 가진 화합물

**실릴 에터(silyl ether):** 에터의 알킬기 하나가 규소 원자로 치환된 $R'\text{-}O\text{-}SiR_3$ 구조의 에터

**트라이아이소프로필실릴 에터(triisopropylsilyl ether, TIPS ether):** 알코올기를 보호하기 위해 일반적으로 사용되는 $R'\text{-}O\text{-}Si(i\text{-}Pr)_3$ 구조의 실릴 에터. 3차 아민 존재하에서 알코올과 TIPSCl를 반응시켜 얻는다. 수용성 플루오린화 염을 사용하여 탈보호 반응을 수행한다.

**싸이오에터(thioether):** 황 원자에 결합한 2개의 알킬(또는 아릴)기를 가진 화합물. R—S—R′이며, '설파이드(sulfide)'라고도 한다.

**알콕시기(alkoxy group):** 산소 원자를 통해 결합된 알킬기로 구성된 치환체. —O—R

**알콕시수은화 반응(alkoxymercuration):** 이중 결합에 수은과 알콕시기의 첨가 반응. 보통은 알코올에서 아세트산 수은 용액을 사용하며, 뒤이어 $NaBH_4$에 의한 환원 반응을 통해 에터를 생성한다.

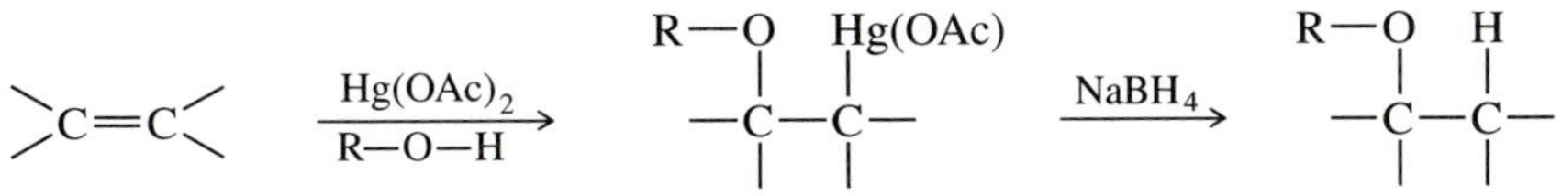

$$\text{>C=C<} \xrightarrow[\text{R—O—H}]{Hg(OAc)_2} -\overset{R-O}{\overset{|}{C}}-\overset{Hg(OAc)}{\overset{|}{C}}- \xrightarrow{NaBH_4} -\overset{R-O}{\overset{|}{C}}-\overset{H}{\overset{|}{C}}-$$

(알콕시수은화 반응) (환원 반응)

**에터(ether):** 산소 원자에 2개의 알킬기(또는 아릴기)가 결합된 화합물. R—O—R′

**대칭 에터(symmetrical ether):** 2개의 같은 알킬기를 가진 에터

**비대칭 에터(unsymmetrical ether):** 2개의 다른 알킬기를 가진 에터

**알파 절단**($\alpha$ cleavage)**:** 에터 산소 원자(또는 다른 작용기)에 인접한 첫 번째와 두 번째 탄소 원자 사이의 결합의 깨짐

**에폭사이드**(epoxide)**:** 3원자의 헤테로 고리 에터를 가진 화합물. '옥시레인(oxirane)'이라고도 한다.

**에폭시 수지**(epoxy resins)**:** 다이하이드록실 화합물(가장 흔하게 비스페놀 A 사용)과 에피클로로하이드린의 축합 반응으로 형성된 중합체

**에폭시화 반응**(epoxidation)**:** 알켄이 에폭사이드로 산화 반응을 일으키는 것. 보통은 알켄을 과산화산과 반응하여 완성시킨다.

**옥세인**(oxane)**:** 6원자 고리 에터(테트라하이드로피란)에 대한 체계명.

**옥세테인**(oxetane)**:** 4원자 헤테로 고리 에터를 포함하는 화합물

**옥솔레인**(oxolane)**:** 5원자 헤테로 고리 에터(테트라하이드로퓨란)에 대한 체계명

**옥시레인**(oxirane)**:** 에폭사이드. 특히 산화 에틸렌에 대한 체계명

**자체 산화**(autoxidation)**:** 대기 중의 산소를 사용하여 자발적으로 진행하는 산화 반응. 에터의 자체 산화로 과산화수소화물과 다이알킬 과산화물이 생성된다.

**축합 반응**(condensation)**:** 물이나 알코올과 같이 작은 분자를 잃으면서 두 분자를 결합시키는 반응

**크라운 에터**(crown ether)**:** 비극성 용매에서 양이온과 착물을 형성하고 용매화하는 데 사용되는 큰 고리 폴리에터

**퓨란**(furan)**:** 2개의 탄소–탄소 이중 결합을 가진 5원자 헤테로 고리 에터 또는 퓨란의 유도체

**피란**(pyran)**:** 2개의 탄소–탄소 이중 결합을 가진 6원자 헤테로 고리 에터 또는 피란의 유도체

**할로하이드린**(halohydrin)**:** 인접 탄소 원자에 할로젠 원자와 하이드록시기를 함유하는 화합물. 클로로하이드린, 브로모하이드린, 아이오도하이드린이 가장 일반적이다.

**헤테로 고리 화합물**(heterocyclic compound, heterocycle)**:** 1개 또는 몇 개의 고리 원자가 탄소가 아닌 원소를 포함하는 화합물. 비탄소 고리 원자를 '헤테로 원자(heteroatom)'라고 한다.

**헤테로 고리 에터**(heterocyclic ehter)

| 에폭사이드 (옥시레인) | 옥세테인 | 퓨란 | THF (옥솔레인) | 피란 | 테트라하이드로피란 (옥세인) | 1,4-다이옥세인 |
|---|---|---|---|---|---|---|

**협동 반응**(concerted reaction)**:** 결합의 깨짐과 결합의 생성이 동시에 한 단계로 일어나는 반응

## 기초문제

**1** 에폭사이드를 포함한 에터, 헤테로 고리 에터의 구조를 그리고, 명명하라. 이들의 상대적인 끓는점, 용해도, 용매 성질을 예측하라. — 관련 연습문제 14–29, 30, 31, 32

**2** 에터의 분광 스펙트럼으로부터 구조를 결정하고, 이들의 특성 피크와 조각내기 구조를 예측하라. — 관련 연습문제 14–38, 44, 51, 52

**3** 다음 반응을 사용하여 에터와 에폭사이드의 효율적인 실험실적 합성법을 제시하라. — 관련 연습문제 14–34, 40, 41, 42, 43, 45, 46, 53

(a) Williamson 에터 합성법

(b) 알콕시수은화–탈수은 반응

(c) 과산화산의 에폭시화 반응

(d) 할로하이드린의 염기 촉진 고리화 반응

(e) 실릴 에터의 생성

**4** 다음 반응을 사용하여 에터와 에폭사이드의 반응 생성물을 예측하라. — 관련 연습문제 14–33, 36, 46, 50, 51

(a) 에터의 절단과 자체 산화

(b) 에폭사이드의 산과 염기 촉진 고리 열림 반응

(c) 에폭사이드와 유기금속 시약과의 반응

(d) 실릴 에터의 절단

**5** 에터와 에폭사이드의 생성와 반응 메커니즘을 제시하라. — 관련 연습문제 14–39, 47, 48, 49, 53, 54

## 연습문제

**14-29** 다음 화합물의 구조식을 작성하라.

**(a)** 메틸 아이소프로필 에터 **(b)** 다이-아이소-뷰틸 에터 **(c)** 2-메톡시옥테인

**(d)** 다이알릴 에터 **(e)** 알릴 에틸 에터 **(f)** 산화 사이클로헵텐

**(g)** 트랜스-2,3-에폭시헥세인 **(h)** (2*R*,3*S*)-2-에톡시펜탄-3-올 **(i)** 시스-2,3-다이메틸옥시레인

**14-30** 다음 화합물의 관용명을 제시하라.

**(a)** $(CH_3)_2CHOCH_2CH_3$ **(b)** $(CH_3)_3COCH_2CH_2CH_3$ **(c)** $PhOCH_3$

**(d)** $ClCH_2OCH_2CH_3$ **(e)** **(f)**

**(g)** 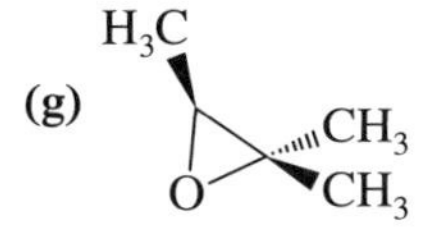


**(h)** 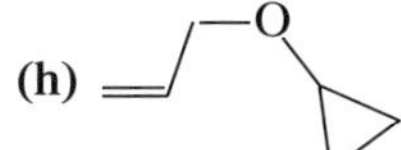


**(i)** 

**(j)**

**14-31** 다음 화합물의 IUPAC명을 제시하라.

**(a)** $CH_3CH_2OCH(CH_3)CH_2OH$ **(b)** $PhOCH_3$ **(c)**

**(d)** 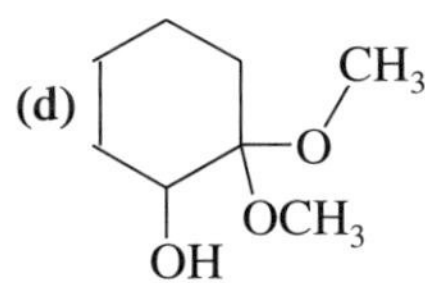


**(e)** 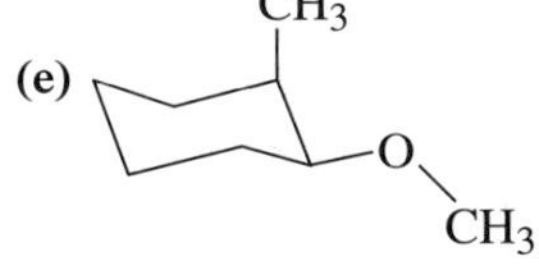


**(f)** 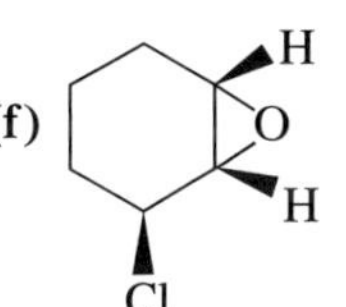


**(g)** **(h)**

**(i)** 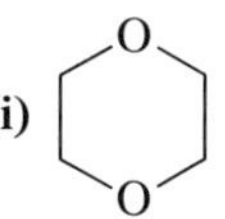


**14-32** 글리세롤(프로페인-1,2,3-트라이올)은 분자량 92 g/mol, 끓는점 290°C, 밀도 1.24 g/mL의 점성이 있는 시럽이다. 3개의 하이드록시기를 (클로로트라이메틸실레인과 3차 아민을 사용하여) 트라이메틸실릴 에터로 바꾸면 분자량 309 g/mol, 끓는점 약 180°C, 밀도 0.88 g/mL의 잘 흐르는 액체가 된다. 이 두 화합물의 구조를 그리고, 글리세롤의 분자량이 낮음에도 불구하고 훨씬 높은 끓는점과 높은 밀도를 갖는 이유를 설명하라.

**14-33** 다음 반응의 생성물을 예측하라.

**(a)** *sec*-뷰틸 아이소프로필 에터 + 진한 HBr, 열 **(b)** 2-에톡시-2-메틸펜테인 + 진한 HBr, 열

**(c)** 다이-*n*-뷰틸 에터 + 뜨겁고 진한 NaOH **(d)** 다이-*n*-뷰틸 에터 + Na 금속

**(e)** 에톡시벤젠 + 진한 HI, 열 **(f)** 1,2-에폭시헥세인 + $H^+$, $CH_3OH$

**(g)** 트랜스-2,3-에폭시옥테인 + $H^+$, $H_2O$ **(h)** 산화 프로필렌 + 메틸아민($CH_3NH_2$)

**(i)** *t*-뷰톡시화 포타슘 + 브로민화 *n*-뷰틸 **(j)** 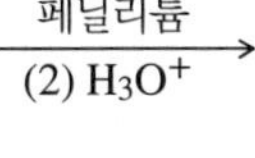


**(k)** 

**(l)** 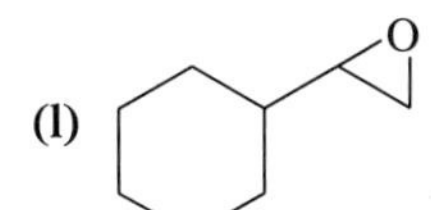


**(m)** 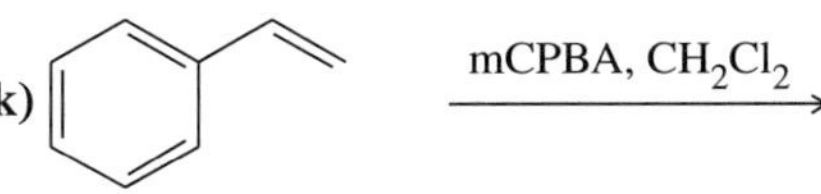


**(n)** $\xrightarrow{CH_3OH,\ H^+}$

**14-34** 출발 물질로 간단한 알코올과 필요한 시약을 사용하여 다음 에터를 어떻게 합성할지 설명하라.

**(a)** 1-메톡시프로페인
**(b)** 2-에톡시-2-메틸뷰테인
**(c)** 4-메틸벤질 사이클로펜틸 에터
**(d)** 트랜스-2-에톡시사이클로헥산올
**(e)** (d)의 TIPS 에터
**(f)** 4-메틸사이클로헥실 사이클로펜틸 에터

**14-35** (실화) 경험이 없는 대학원생이 연구소로 자리를 옮겨 일하기 시작했다. 반응에 다이에틸 에터가 필요해서 '에틸 에터'라고 쓰여 있는 1갤런의 오래되고 녹슨 깡통을 열었더니 반 갤런이 남아 있다는 것을 알았다. 에터를 정제하기 위해 증류 장치를 만들어 조심스럽게 증류를 시작하고, 필요한 다른 시약을 찾으려고 저장실에 갔다. 저장실에 있는 동안 그 학생은 '꽝'하고 울리는 소리를 들었다. 실험실로 빨리 돌아왔더니 다른 실험실에서 온 사람이 불을 끄고 있는 것을 발견했다. 대부분의 증류 장치가 천장에 박혀 있었다.

**(a)** 어떤 일이 일어났는지 설명하라.

**(b)** 이런 재앙에 가까운 일을 어떻게 막을 수 있는지 설명하라.

**14-36** 입체 장애가 있는 화합물의 Grignard 반응은 종종 잘 일어나지 않는다. 산화 에틸렌이나 하나가 치환된 에폭사이드의 경우 Grignard 반응이 높은 수율로 일어나지만, 2개의 치환기를 가진 에폭사이드의 경우 수율이 낮아진다. 치환기가 3~4개 있는 에폭사이드의 경우 반응이 일어나기 매우 어렵다.

**(a)** 에폭사이드에 대한 Grignard 반응으로부터 다음 알코올이 어떻게 형성되는지 나타내라.

**(i)** 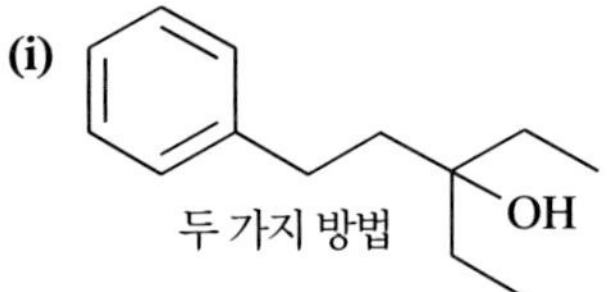


**(ii)** 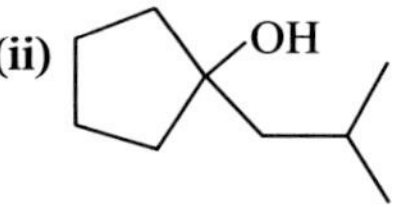


**(b)** 다음 알코올은 Grignard + 에폭사이드로부터 만들 수 없다. 그 이유를 설명하고 이 알코올을 만드는 데 필요한 시약을 제시하라.

**(i)** 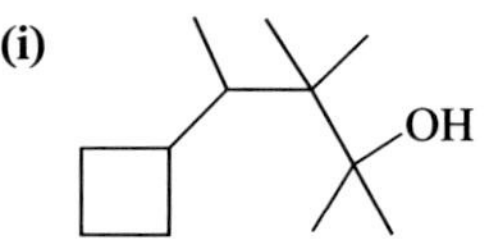


**(ii)** 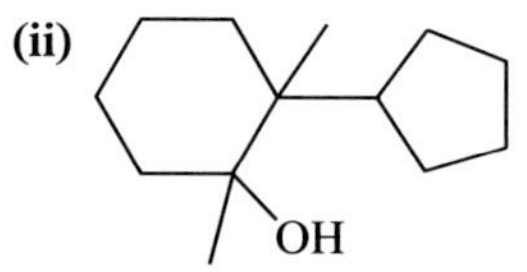


**14-37** **(a)** 순수한 (*R*)-펜탄-2-올과 필요한 시약으로부터 순수한 2-펜틸 메틸 설파이드의 (*R*) 거울상 이성질체를 어떻게 합성할 수 있는지 나타내라.

**(b)** (*R*)-펜탄-2-올과 필요한 시약으로부터 순수한 (*S*) 거울상 이성질체를 어떻게 합성할 수 있는지 제시하라.

**14-38** **(a)** 다이-*n*-프로필 에터의 질량 스펙트럼에서 볼 수 있는 가장 많은 조각의 구조와 $m/z$ 값을 예측하라.

**(b)** 2-메톡시펜테인의 질량 스펙트럼에서 관측되는 102, 87, 71, 59, 31 이온을 설명하는 논리적인 이온 조각을 밝혀라.

**14-39** 다음 반응은 산화 스쿠알렌의 산 촉매 고리화와 유사하다. 이 반응의 메커니즘을 제시하라.

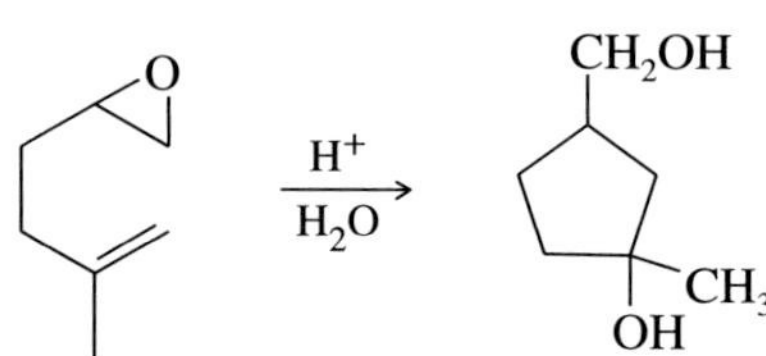


**14-40** 펜트-1-엔을 다음 각각의 화합물로 어떻게 변환시킬 수 있을지 나타내라. 추가 시약과 용매를 이용해도 좋다.

**(a)** 2-메톡시펜테인
**(b)** 1-메톡시펜테인
**(c)** 1-메톡시펜탄-2-올
**(d)** 2-메톡시펜탄-1-올
**(e)** 1-페닐펜탄-2-올
**(f)** 2-메톡시-1-페닐펜테인

**14-41** $LiAlH_4$와 Grignard 시약은 카보닐 화합물과 반응하여 알콕시화물 중간체를 생성한다(수용액으로 반응 후 처리 시 양성자가 첨가된다). 이러한 알콕시화물은 1차, 또는 메틸 할로젠화 알킬이나 토실레이트와 반응하여 에터를 형성한다. 다음 에터가 두 단계 과정을 통해 어떻게 생성되는지 나타내라. 8개 또는 그보다 적은 수의 탄소를 포함하는 어떤 반응물도 출발 물질로 사용할 수 있다.

**(a)** 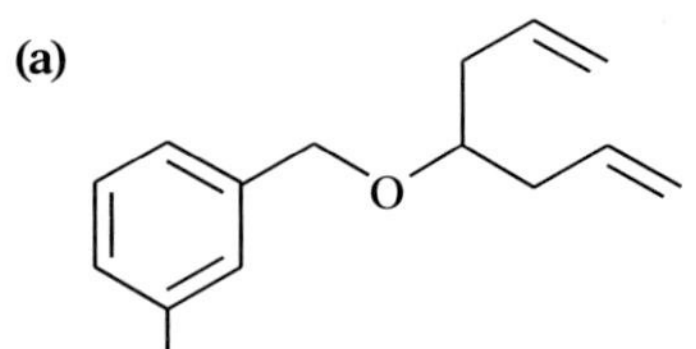


**(b)** 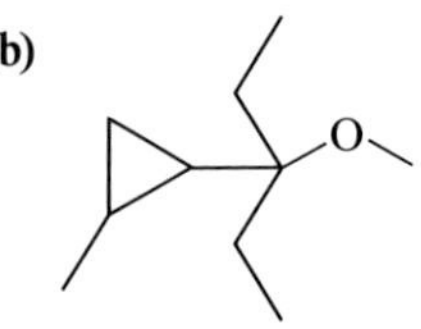


**(c)** 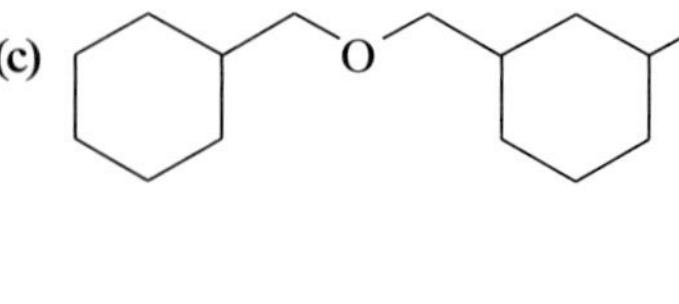

**14-42** 다음 트랜스-1-사이클로헥실-2-메톡시사이클로헥세인 합성에서 A부터 H까지의 중간체 구조를 밝혀라.

Cyclohexanol (OH) —($H_2SO_4$, 열)→ **A** —(1) $Hg(OAc)_2$, $CH_3OH$ (2) $NaBH_4$→ **B** —(진한 HBr, 열)→ **C** (기체) + **D**

**D** —(Mg, 에터)→ **E**

**A** —(mCPBA)→ **F** —(1) **E** (2) $H_3O^+$→ **G** —(Na)→ **H** —(**C**)→ 생성물

**14-43** 이 합성에서 문자로 표시된 중간체의 구조를 제시하라.

Methyl 3-phenylpropanoate ($OCH_3$) —($LiAlH_4$, 에터)→ —($H_3O^+$)→ J —(TsCl, 피리딘)→ L —(KO-*t*Bu)→ M —($Br_2$, $H_2O$)→ N —(TIPS–Cl, $Et_3N$)→ O —(Mg, 에터)→ P

J —(1당량 NaOCl, TEMPO)→ K

P + K —(에터)→ Q —($H_3O^+$, $Bu_4N^+ F^-$)→ 1,7-diphenylheptane-3,5-diol (OH OH)

**14-44** (실화) 유기 실험실 학생이 아이오딘화 메틸마그네슘과 아세톤($CH_3COCH_3$)을 반응시키고 가수 분해했다. 생성물을 분리하기 위한 증류 과정에서 생성물을 받은 용기에 표시하는 것을 잊어버렸다. $C_4H_{10}O$이고 끓는점이 35°C라는 것을 알았다. IR 스펙트럼은 3300 $cm^{-1}$에서 O—H 신축 진동만을, 질량 스펙트럼은 $m/z$ 59 주피크를 나타냈다. NMR 스펙트럼은 $\delta$ 3.5에서 면적 2의 사중선($J$ = 7 Hz)과 $\delta$ 1.3에서 면적 3의 삼중선($J$ = 7 Hz)을 나타냈다. 이 생성물의 구조를 제안하고, 위 스펙트럼과 어떻게 일치하며 이 화합물을 어떻게 분리했는지 설명하라.

**14-45** 지정한 출발 물질과 필요한 추가 시약을 사용하여 다음 에터를 좋은 수득률로 합성하는 방법을 설명하라.

**(a)** 사이클로펜탄올과 프로판-1-올에서 사이클로펜틸 *n*-프로필 에터 합성

**(b)** 페놀과 뷰탄-1-올에서 *n*-뷰틸 페닐 에터 합성

**(c)** 옥텐에서 2-에톡시옥테인 합성

**(d)** 데켄에서 1-메톡시데케인 합성

**(e)** 2-메틸사이클로헥산올에서 1-에톡시-1-메틸사이클로헥세인 합성

**(f)** 옥탄-2-올에서 트랜스-2,3-에폭시옥테인 합성

**14-46** 3-브로모사이클로헥산올을 아래의 다이올(diol)로 변환하는 방법을 제시하라. 어떠한 추가 시약을 사용해도 좋다.

3-Bromocyclohexanol (HO, Br) —(여러 단계)→ 3-(2-hydroxybutan-2-yl)cyclohexanol (HO; $CH_3$, OH, $CH_2CH_3$)

**14-47** Williamson 에터 합성법을 사용하여 옥탄-2-올로부터 2-에톡시옥테인을 만드는 두 가지 방법이 있다. −8.24°의 고유 광회전도(specific rotation)가 있는 순수한 (−)-옥탄-2-올을 소듐 금속과 반응시킨 후, 아이오딘화 에틸과 반응시켰더니 생성물은 −15.6°의 고유 광회전도를 가진 2-에톡시옥테인이었다. 순수한 (−)-옥탄-2-올을 염화 토실(tosyl chloride)과 피리딘으로 처리한 후, 에톡시화 소듐과 반응시켰더니 생성물은 2-에톡시옥테인이었다. 토실화/에톡시화 소듐을 이용하여 만든 2-에톡시옥테인의 회전도를 예측하라. 그리고 이를 설명하는 메커니즘을 제시하라.

**14-48** **(a)** 산화 에틸렌을 무수 HBr 가스로 처리하면 1,2-다이브로모에테인을 주생성물로 얻는다. 그런데 산화 에틸렌을 진한 HBr 수용액으로 처리하면 에틸렌 글라이콜을 주생성물로 얻는다. 이 결과에 대한 메커니즘을 설명하라,

**(b)** 염기 촉매 조건에서 산화 프로필렌의 몇몇 분자가 중합하여 짧은 중합체를 생성한다. 다음 삼합체의 염기 촉매 생성 반응의 메커니즘을 제시하라.

$$3\ H_2C\overset{O}{—}CH—CH_3 \xrightarrow{^-OH} HO—CH_2—\underset{}{\overset{CH_3}{CH}}—O—CH_2—\overset{CH_3}{CH}—O—CH_2—\overset{CH_3}{CH}—OH$$

**14-49** 산 촉매 반응에 용매로서 메틸 셀로솔브(2-메톡시에탄올)을 사용하여 수행했다. 2-메톡시에탄올을 재증류할 때 높은 끓는점 부분(끓는점 162°C)을 회수했다. 이 부분의 질량 스펙트럼은 분자량이 134라는 것을 보여준다. IR 및 NMR 스펙트럼은 다음과 같다. 이 화합물의 구조를 결정하고, 이 물질의 생성 메커니즘을 밝혀라.

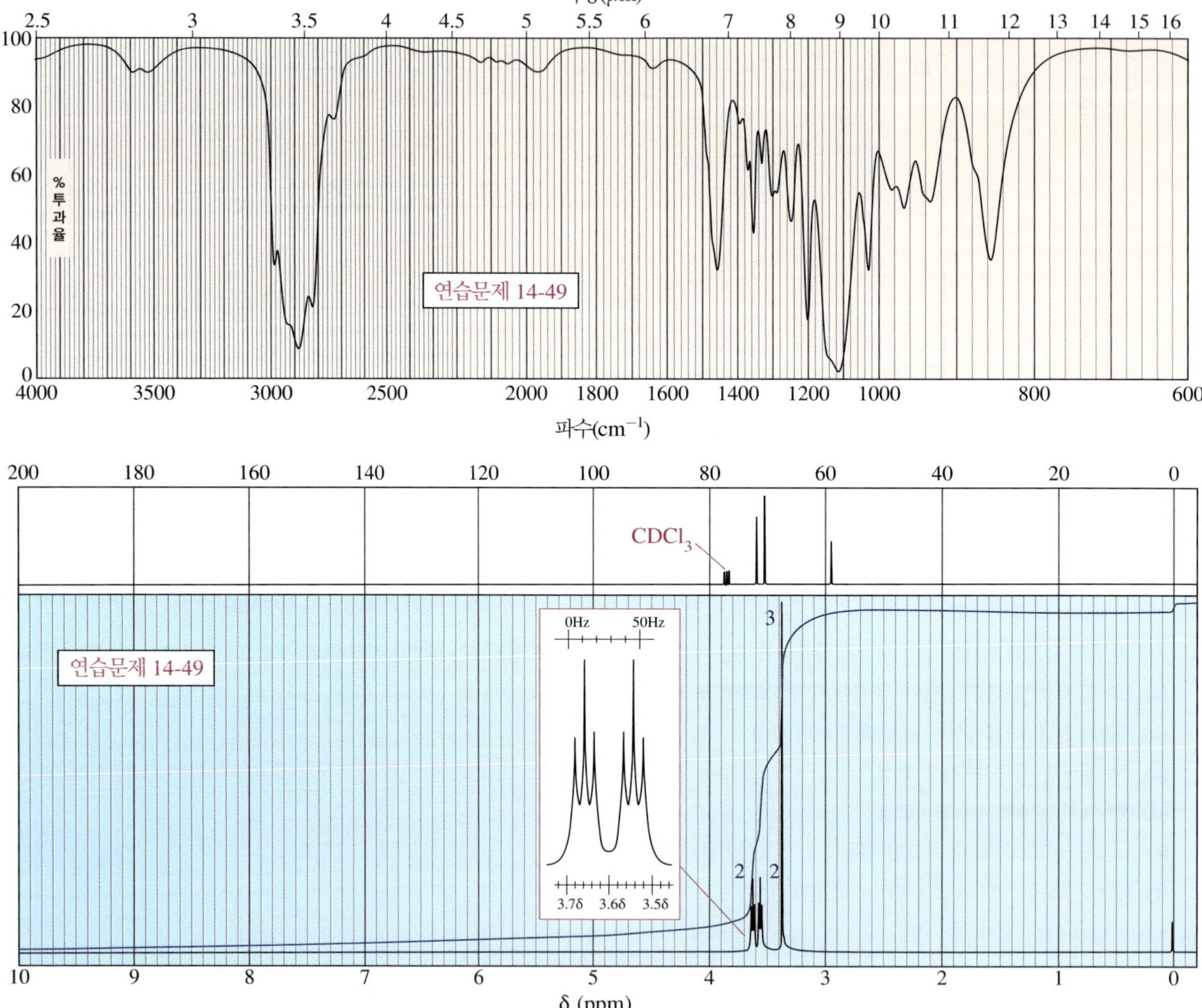


* **14-50** 산화 프로필렌은 카이랄 분자이다. 산화 프로필렌의 가수 분해로 또 다른 카이랄 분자인 프로필렌 글라이콜을 생성한다.

**(a)** 산화 프로필렌의 거울상 이성질체를 그려보라.

**(b)** 순수 (*R*)-산화 프로필렌의 산 촉매 가수 분해 메커니즘을 밝혀라.

**(c)** 순수 (*R*)-산화 프로필렌의 염기 촉매 가수 분해 메커니즘을 밝혀라.

**(d)** 광학 활성인 산화 프로필렌의 산 촉매 가수 분해가 염기 촉매 가수 분해 생성물보다 거울상 초과도가 낮고 반대로 회전하는 생성물을 만드는 이유를 설명하라.

* 본문 내용을 응용한 난이도 높은 문제는 별표(*)로 표시했다.

**14-51** 분자식이 $C_8H_8O$인 화합물의 IR 및 NMR 스펙트럼은 다음과 같다. 구조를 결정하고 관측된 흡수와 어떻게 일치하는지 설명하라.

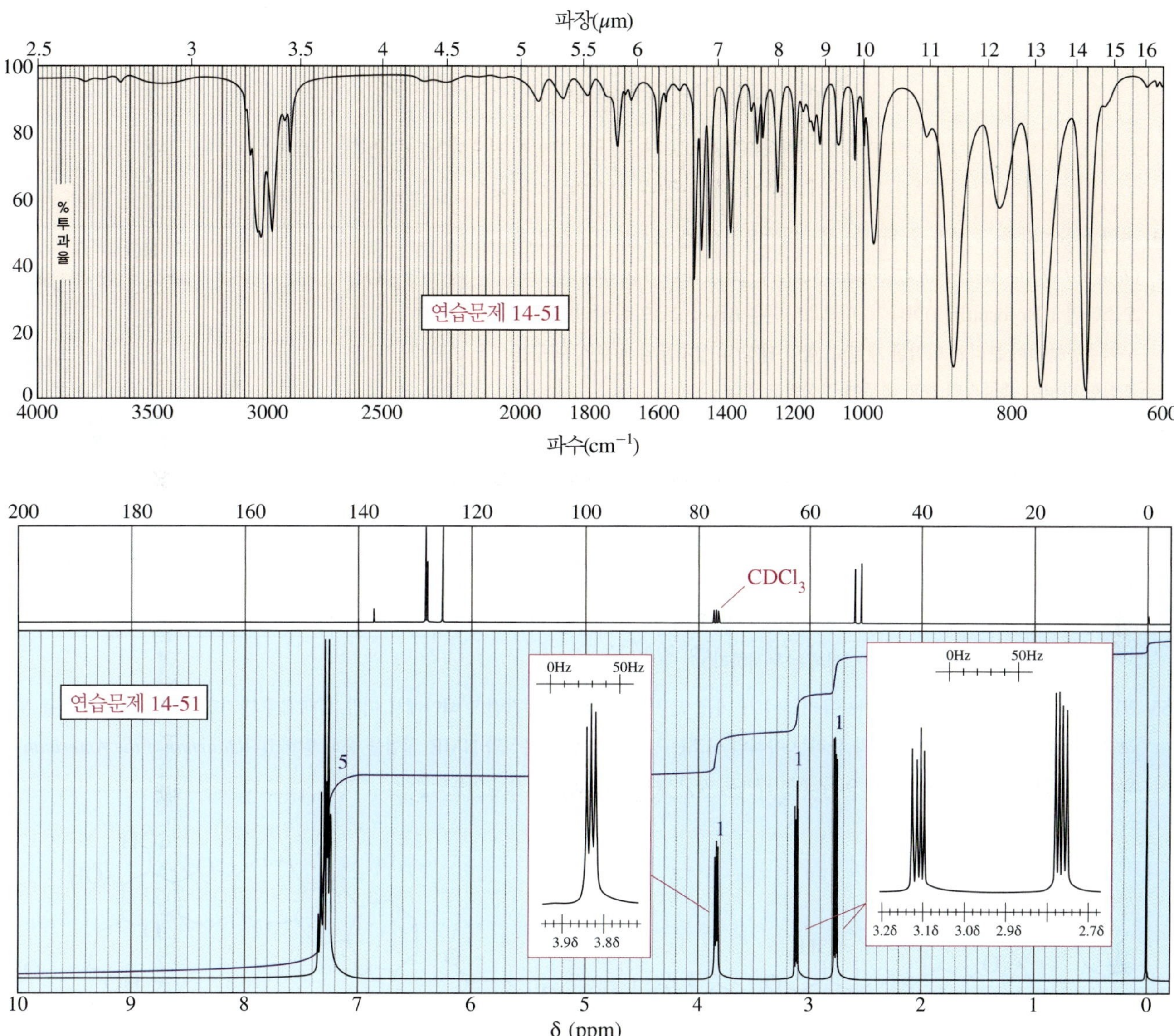


* **14-52** **(a)** 테트라메틸옥시레인은 입체 장애가 커서 *t*-뷰톡시화 포타슘처럼 입체 장애가 큰 알콕시화물에 의한 친핵성 치환 반응이 일어나기 어렵다. 그 대신 아래와 같은 알릴 알코올을 생성물로 얻을 수 있다. 이 반응을 설명하는 메커니즘을 제시하라. 어떤 형태의 메커니즘이 수행되는가?

$$(H_3C)_2C\overset{O}{\frown}C(CH_3)_2 \xrightarrow[(CH_3)_3C-OH]{(CH_3)_3C-O^-\ K^+} H_3C-C(OH)(CH_3)-C(=CH_2)-CH_3$$

테트라메틸옥시레인

**(b)** 온화한 산 촉매 조건에서 1,1-다이페닐옥시레인은 다이페닐에탄알(다이페닐아세트알데하이드)로 잘 전환된다. 이 전환에 대한 메커니즘을 제시하라. (힌트: 피나콜을 생각하라.)

$$\text{1,1-다이페닐옥시레인 (Ph, Ph)} \xrightarrow{H^+} Ph_2CH-C(=O)H$$

**14-53** 적당한 조건에서는 다음 산 촉매 이중 고리화가 상당히 좋은 수득률로 진행된다. 메커니즘을 제안하라. 이 반응은 당신이 알고 있는 생화학적 과정과 비슷한가?

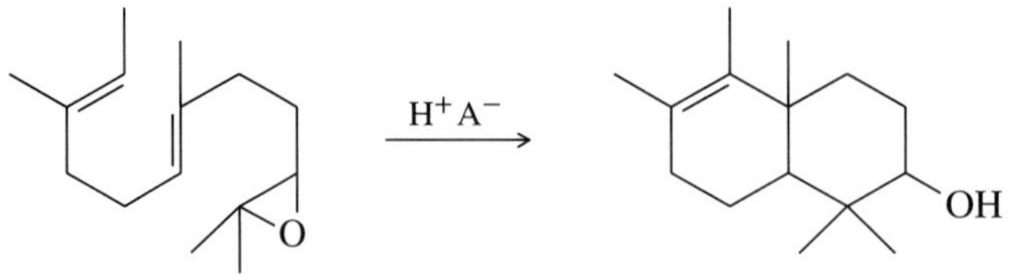

$H^+ A^-$

OH

O

* **14-54** 천연물 합성의 최고 성과 중 하나는 유타대학교의 Gary Keck 교수가 발표(*Journal of the American Chemical Society*, **2011**, *133*, 744-747)한 브리오스타틴 1(Bryostatin 1)이다. 브리오스타틴은 Bryozoan으로 알려진 수생 무척추동물에서 분리된 화합물 계열로, 항암 활성 및 설치류의 뇌 손상 복구를 포함한 다양한 생물적인 효과 때문에 관심받고 있다.

**(a)** 브리오스타틴 1에 존재하는 에터 작용기는 몇 개인가?

**(b)** 산소를 포함하는 다른 작용기를 밝혀라.

**(c)** 이 화합물은 큰 고리에 많은 수의 원자를 포함하고 있기 때문에 매크로라이드(macrolide)라고 불린다. 큰 고리에는 몇 개의 원자가 있는가?

**(d)** 이 분자에 존재하는 카이랄성 중심은 몇 개인가?

**(e)** (d)에서 답한 카이랄성 수를 이용하여 가능한 입체 이성질체의 수를 계산하라. (이중결합에서의 입체 이성질체는 무시하라.)

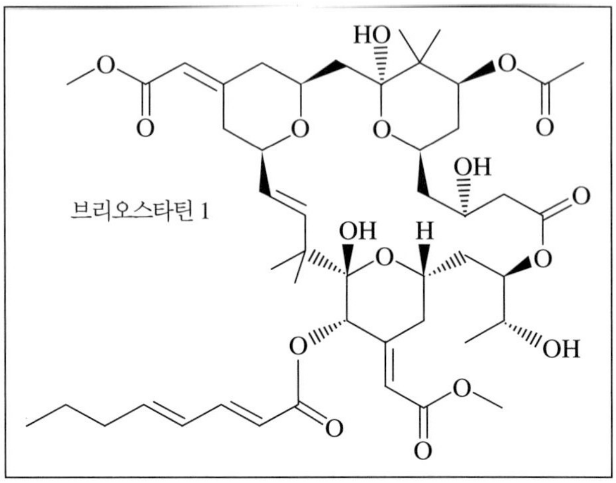

브리오스타틴 1

* **14-55** 2012년에 도쿄대학교의 사타케 마사유키 교수가 이끈 연구팀이 1998년 뉴질랜드 해안에서 어류 생태계를 망가뜨린 해조류의 독소를 분리하고 구조를 결정했다. Brevisulcenal-F라 불리는 아래의 구조는 광범위한 질량 분석과 NMR 실험을 통해 밝혀졌다(*Journal of the American Chemical Society*, **2012**, *134*, 4963-4968). 이 구조는 17개의 가장 많은 수의 접합 고리로 이루어졌다.

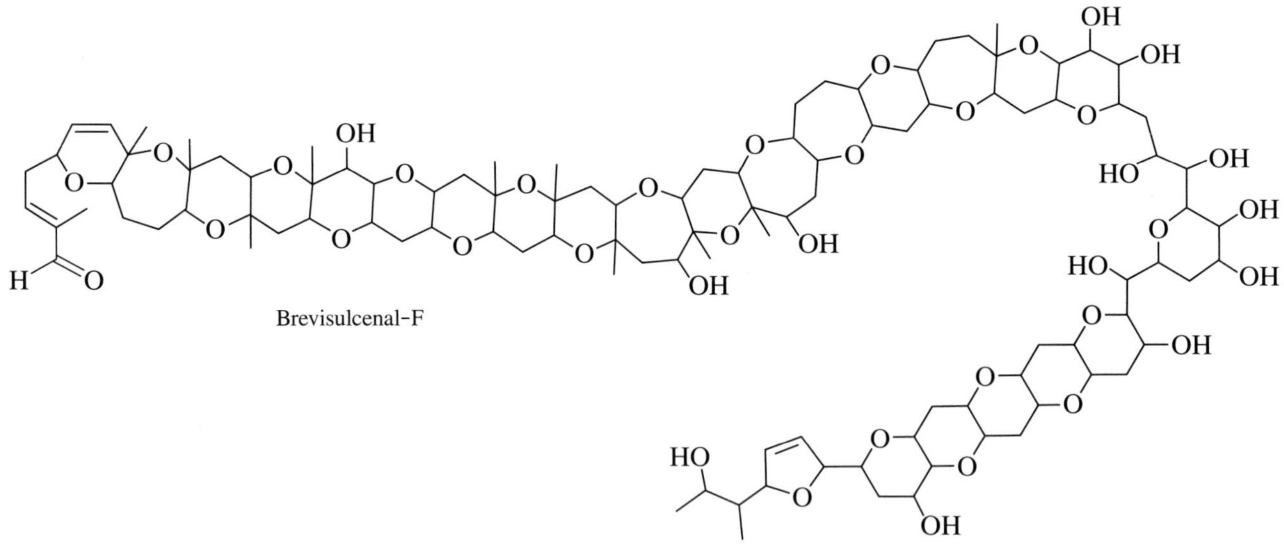

Brevisulcenal-F

**(a)** 몇 개의 에터가 존재하는가?

**(b)** 얼마나 많은 수의 알코올기가 있는가? 각 알코올을 1차, 2차, 3차로 분류하라.

**(c)** 산소를 포함하는 다른 작용기가 존재하는가? 있다면 어떤 것인가?

# 15 콘쥬게이션계, 오비탈 대칭, 자외선 분광법

▲ 왼쪽의 영국 군대와 오른쪽의 고급 이탈리아산 바이올린 사이에는 어떤 공통점이 있을까? 군인이 입은 코트의 직물과 바이올린의 바니시 모두 라틴어로 '염색업자의 빨강'이라고 불리는 서양꼭두서니(*Rubia tinctorum*) 뿌리 추출물로부터 특유의 붉은색을 가지게 된다. 이 붉은 염료의 주요 성분은 알리자린(alizarin, 1,2-다이하이드록시안트라퀴논)이다. 알리자린의 색상은 pH와 금속 염의 존재 여부에 따라 분홍색에서부터 진홍색 및 짙은 갈색까지 다양하다.

**학습목표**

**1** 뷰타다이엔과 다른 콘쥬게이션계의 분자 오비탈을 그리는 방법을 설명한다.

**2** 공액계 반응물과 공명 안정화된 중간체를 포함하는 반응의 향상된 속도와 관찰된 생성물을 설명할 수 있는 공명 구조를 그리고, 메커니즘을 제시한다.

**3** Diels-Alder 반응 생성물을 예측하고, 어떤 Diels-Alder 반응이 어떤 특정 합성 생성물을 생성하는지 확인한다.

**4** 반응물의 분자 오비탈 대칭을 비교함으로써 어느 고리 첨가 반응이 열적으로 허용되고, 어느 것이 광화학적으로 허용되는지 예측한다.

**5** UV-가시광선 스펙트럼의 $\lambda_{max}$ 값을 사용하여 콘쥬게이션계의 길이를 예측한다.

## 15-1 서론

하나의 단일 결합에 의해 떨어져 있는 두 이중 결합은 서로 상호작용한다. 이렇게 상호작용하는 이중 결합을 **콘쥬게이션되었다**(conjugated)고 한다(7-8F절). 2개 또는 더 많은 단일 결합에 의해 떨어져 있는 이중 결합은 거의 상호작용하지 않는데, 이를 **고립된 이중 결합**(isolated double bond)이라고 한다. 예를 들어 펜타-1,3-다이엔(penta-1,3-diene)은 콘쥬게이션된 이중 결합을 가지고, 펜타-1,4-다이엔(penta-1,4-diene)은 고립된 이중 결합을 가진다.

$>C{=}C<$ — $>C{=}C<$

콘쥬게이션된 이중 결합
(고립된 이중 결합보다 더 안정함)

$H_2C{=}CH{-}CH{=}CH{-}CH_3$

펜타-1,3-다이엔

$>C{=}C<$ — $CH_2$ — $>C{=}C<$

고립된 이중 결합

$H_2C{=}CH{-}CH_2{-}CH{=}CH_2$

펜타-1,3-다이엔

이중 결합 간의 상호작용으로 인해 콘쥬게이션된 이중 결합을 포함하는 계는 고립된 이중 결합을 가진 비슷한 계보다 더 안정한 경향이 있다. 이 장에서는 콘쥬게이션계의 독특한 성질과 이러한 여분의 안정성에 대한 이론적인 배경, 콘쥬게이션된 이중 결합을 지닌 분자의 몇 가지 특징적인 반응을 살펴볼 것이다. 또한 콘쥬게이션 구조를 결정하는 한 방법인 자외선 분광법도 공부할 것이다.

## 15-2 다이엔의 안정도

7장에서 알켄(alkene)의 상대적인 안정도를 비교하는 데 **수소화열**(heat of hydrogenation)을 사용했다. 예를 들어 펜트-1-엔(pent-1-ene)과 트랜스-펜트-2-엔(*trans*-pent-2-ene)의 수소화열은 트랜스-펜트-2-엔에서의 이중 치환된 이중 결합이 펜트-1-엔에서의 단일 치환된 이중 결합보다 12 kJ/mol(2.9 kcal/mol) 더 안정하다는 것을 보여준다.

펜트-1-엔 $\xrightarrow[\text{Pt}]{H_2}$ 펜테인 $\Delta H° = -126$ kJ (−30.1 kcal)

트랜스-펜트-2-엔 $\xrightarrow[\text{Pt}]{H_2}$ 펜테인 $\Delta H° = -114$ kJ (−27.2 kcal)

한 분자에 2개의 고립된 이중 결합이 있을 경우 수소화열은 각 이중 결합 수소화열의 합과 비슷하다. 예를 들어 펜타-1,4-다이엔(penta-1,4-diene)의 수소화열은 −252 kJ/mol(−60.2 kcal/mol)로, 펜트-1-엔의 수소화열의 약 2배이다.

펜타-1,4-다이엔 $\xrightarrow[\text{Pt}]{2\,H_2}$ 펜테인 $\Delta H° = -252$ kJ (−60.2 kcal)

콘쥬게이션된 이중 결합의 수소화열은 각 이중 결합의 합보다 작다. 예를 들면 트랜스-펜타-1,3-다이엔은 펜트-1-엔에서와 같은 단일 치환된 이중 결합과 펜트-2-엔에서와 같은 이중 치환된 이중 결합을 가지고 있다. 펜트-1-엔과 펜트-2-엔의 수소화열의 합은 −240 kJ/mol(−57.3 kcal/mol)이지만, 트랜스-펜타-1,3-다이엔의 수소화열은 단지 −225 kJ/mol(−53.7 kcal/mol)로, 콘쥬게이션된 이중 결합이 약 15 kJ/mol(3.6 kcal/mol)의 추가적인 안정성을 가지고 있다는 것을 보여준다.

| | 펜트-1-엔 | + | 트랜스-펜트-2-엔 | $\stackrel{?}{=}$ | 예상값 |
|---|---|---|---|---|---|
| 예상: | −126 kJ | + | −114 kJ | = | −240 kJ (−57.3 kcal) |

트랜스-펜타-1,3-다이엔 $\xrightarrow[\text{Pt}]{2\,H_2}$ 펜테인

| | | |
|---|---|---|
| 실제 값 | −225 kJ | (−53.7 kcal) |
| 더 안정함 | 15 kJ | (3.6 kcal) |

2개의 이중 결합이 콘쥬게이션계에서보다 더 가까이 있으면 무슨 일이 일어날까? 단일 결합 없이 연속적인 이중 결합을 **연이은 이중 결합**(cumulated double bond)이라고 한다. 연이은 이중 결합을 지닌 펜타-1,2-다이엔(penta-1,2-diene)을 생각해보자. 이러한 1,2-다이엔계(1,2-diene systme)를 **알렌**(allene)이라고 한다. 이 부류의 가장 간단한 물질은 프로파-1,2-다이엔(propa-1,2-diene), 즉 '알렌'($H_2C{=}C{=}CH_2$)이다. 펜타-1,2-다이엔의 수소화열은 다른 어떤 펜타다이엔보다 더 큰 값인 −292 kJ/mol(69.8 kcal/mol)이다.

$$\underset{\text{펜타-1,2-다이엔(에틸알렌)}}{H_2C{=}C{=}CHCH_2CH_3} \xrightarrow[\text{Pt}]{2\,H_2} \underset{\text{펜테인}}{CH_3CH_2CH_2CH_2CH_3} \qquad \Delta H° = -292\text{ kJ }(-69.8\text{ kcal})$$

수소화열의 합 펜트-1-엔 + 펜트-2-엔 $\Delta H° = -240$ kJ ($-57.3$ kcal)

펜타-1,2-다이엔이 52 kJ (12.5 kcal)만큼 덜 안정하다.

펜타-1,2-다이엔은 펜타-1,4-다이엔보다 수소화열이 크기 때문에 알렌의 연이은 이중 결합은 고립된 이중 결합보다 덜 안정하고, 콘쥬게이션된 이중 결합보다는 훨씬 덜 안정하다고 결론지을 수 있다. 그림 15-1에 고립된, 콘쥬게이션된, 연이은 이중 결합의 상대적 안정도를 알카인과 비교하여 요약했다.

**연습문제 15-1**

각 무리의 화합물을 수소화열이 증가하는 순으로 나열하라.

**(a)** 헥사-1,2-다이엔, 헥사-1,3,5-트라이엔, 헥사-1,3-다이엔, 헥사-1,4-다이엔, 헥사-1,5-다이엔, 헥사-2,4-다이엔

**(b)**

**연습문제 15-2**

강한 산성 용액에서 사이클로헥사-1,4-다이엔은 사이클로헥사-1,3-다이엔으로 토토머화한다. 자리 옮김에 대한 메커니즘을 밝히고, 이 반응이 에너지적으로 유리한 이유를 설명하라.

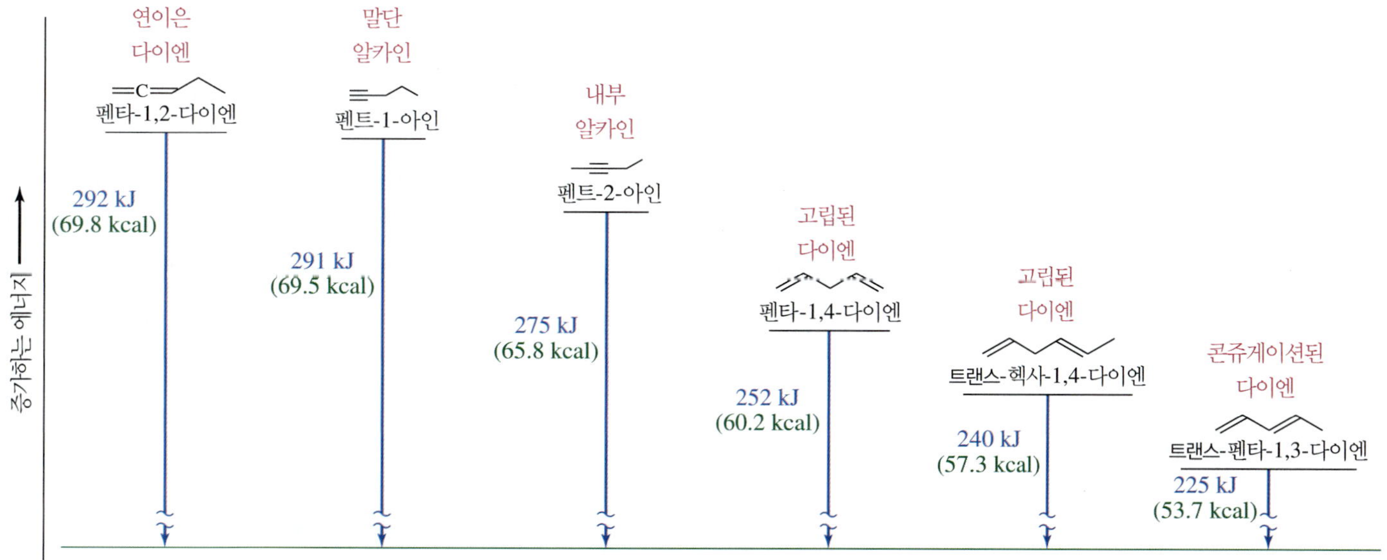


**그림 15-1** 수소화열에 근거하여 알카인과 비교한 콘쥬게이션된 다이엔, 고립된 다이엔, 연이은 다이엔의 상대적인 에너지

**연습문제 15-3**

(복습) 알렌의 중앙 탄소 원자는 두 이중 결합의 성분이고, 분자의 두 끝이 서로에 대해 90°의 각도로 된 흥미로운 오비탈 배치를 한다.

**(a)** 알렌의 오비탈 그림을 그리고, 두 끝이 직각인 이유를 제시하라.

**(b)** 펜타-2,3-다이엔의 두 거울상 이성질체를 그려보라. 모형이 도움이 될 것이다.

## 15-3 콘쥬게이션계의 분자 오비탈 그림

콘쥬게이션된 이중 결합을 지닌 화합물이 고립된 이중 결합을 지닌 유사한 화합물보다 15 kJ/mol(3.6 kcal/mol) 더 안정하다는 것을 그림 15-1에서 보여주었다. 콘쥬게이션된 분자에서 이러한 15 kJ/mol의 여분의 안정성을 계의 **공명 에너지**(resonance energy)라고 한다. [일부 화학자들이 선호하는 또 다른 용어로는 **콘쥬게이션 에너지**(conjugation energy), **비편재화 에너지**(delocalization energy), **안정화 에너지**(stabilization energy)가 있다.] 콘쥬게이션의 이 여분의 안정성은 이들의 **분자 오비탈**(molecular orbital)을 살펴봄으로써 잘 설명할 수 있다. 가장 간단한 콘쥬게이션된 다이엔인 뷰타-1,3-다이엔(buta-1,3-diene)의 분자 오비탈부터 시작하자.

### 15-3A 뷰타-1,3-다이엔의 구조와 결합

뷰타-1,3-다이엔의 수소화열은 뷰트-1-엔(but-1-ene) 수소화열의 2배보다 약 15 kJ/mol (3.6 kcal/mol) 적은데, 이는 뷰타-1,3-다이엔의 공명 에너지가 15 kJ/mol이라는 것을 의미한다. 그림 15-2는 뷰타-1,3-다이엔의 가장 안정한 형태를 보여준다. 이 형태는 두 파이 결합의 $p$ 오비탈이 한 방향으로 정렬된 평면임을 주목하라.

$$\underset{\text{뷰타-1,3-다이엔}}{H_2C{=}CH{-}CH{=}CH_3} \xrightarrow{2\,H_2,\ Pt} CH_3{-}CH_2{-}CH_2{-}CH_3 \qquad \Delta H° = -237\ \text{kJ}\ (-56.6\ \text{kcal})$$

$$\underset{\text{뷰트-1-엔}}{H_2C{=}CH{-}CH_2{-}CH_3} \xrightarrow{H_2,\ Pt} CH_3{-}CH_2{-}CH_2{-}CH_3 \quad \Delta H° = -126\ \text{kJ}\ (-30.1\ \text{kcal})$$

$$\times 2 = -252\ \text{kJ}\ (-60.2\ \text{kcal})$$

$$\text{뷰타-1,3-다이엔의 공명 에너지} = 252\ \text{kJ} - 237\ \text{kJ} = 15\ \text{kJ} \quad (3.6\ \text{kcal})$$

뷰타-1,3-다이엔에서 C2—C3 결합(1.48 Å)은 알케인에서의 탄소-탄소 단일 결합(1.54 Å)보다 짧다. 이 결합은 $sp^2$ 혼성 오비탈의 증가된 $s$ 성질에 의해 약간 짧아진다. 그러나 이 결합 길이가 짧은 가장 중요한 원인은 파이 결합의 겹침으로 인한 부분적인 이중 결합 성질 때문이다. 두 이중 결합의 $p$ 오비탈이 한 방향으로 정렬된 평면 구조가 파이 결합끼리 겹칠 수 있게 한다. 실제로

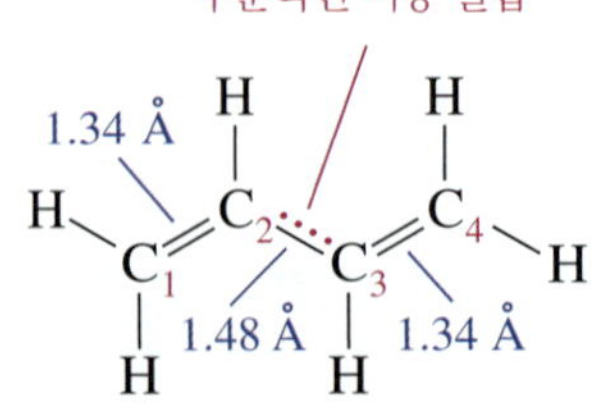


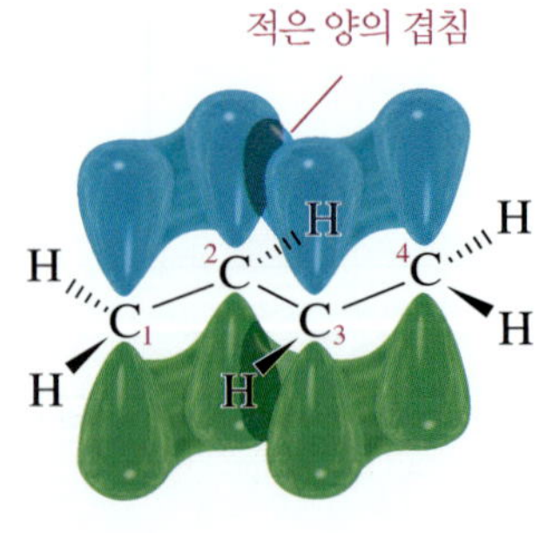


**그림 15-2** 가장 안정한 형태의 뷰타-1,3다이엔의 구조. 1.48 Å의 중앙 탄소-탄소 단일 결합은 부분적인 이중 결합 성질 때문에 알케인의 전형적인 결합인 1.54 Å보다 짧다.

이중 결합들의 전자는 분자 전체에 걸쳐 **비편재화**(delocalized)되어 있고, *p* 오비탈의 겹침이 생겨 C2—C3 결합에서 약간의 파이 결합이 생긴다. 이 결합 길이는 단일 결합의 정상적인 길이와 이중 결합의 정상적인 길이의 중간이다.

Lewis 구조는 뷰타-1,3-다이엔과 같은 비편재화된 분자를 표현하기에는 적절하지 않고, 콘쥬게이션계에서의 결합을 정확히 표현하기 위해서는 한 번에 하나의 결합이 아니라 전체 콘쥬게이션 파이계를 표현하는 분자 오비탈을 고려해야만 한다.

## 15-3B 뷰타-1,3-다이엔의 분자 오비탈 그리기

뷰타-1,3-다이엔의 모든 4개 탄소 원자는 $sp^2$ 혼성이고, (평면 상태에서) 모든 *p* 오비탈은 서로 겹친다. 두 탄소 원자의 *p* 원자 오비탈로부터 에틸렌(ethylene)의 *p* 분자 오비탈(MOs)을 어떻게 만드는지 복습해보자(그림 15-3). 각각의 *p* 오비탈은 2개의 로브(lobe)로 구성되어 있는데, 두 로브에서 파동함수는 반대상을 가진다. 이 오비탈을 그리는 데 사용되는 +, − 부호는 전자의 전하가 아니라 파동함수의 위상을 나타낸다. 혼란을 최소화하고 상 차이를 강조하기 위해 *p* 오비탈의 로브에 +상에는 파란색, −상에는 녹색을 넣었다.

에틸렌의 **결합 분자 오비탈**(bonding molecular orbital)에서는 핵 간 결합 영역에서 동일한 부호(+와 + 겹침, −와 − 겹침)를 가진 로브의 겹침이 있다. 이러한 강화를 **보강 겹침**(constructive overlap)이라고 한다.

**반결합 분자 오비탈**(antibonding molecular orbital, *로 표시)에서는 결합 영역에서 반대 부호(+와 −) 간 겹침이 있다. 이러한 파동함수의 약화를 **상쇄 겹침**(destructive overlap)이라고 한다. 핵 사이의 중앙, 즉 +상과 −상이 정확히 소멸되는 전자 밀도가 0인 지역을 **마디**(node)라고 한다.

전자는 원래의 *p* 오비탈에서보다 **결합 MO**(bonding MO)에서 에너지가 낮으며, **반결합 MO**(antibonding MO)에서는 에너지가 높다. 에틸렌의 바닥 상태에서는 2개의 전자가 결합 MO에 있지만, 반결합 MO는 비어 있다. 안정한 분자는 채워진 결합 MO와 비어 있는 반결합 MO를 갖는 경향이 있다.

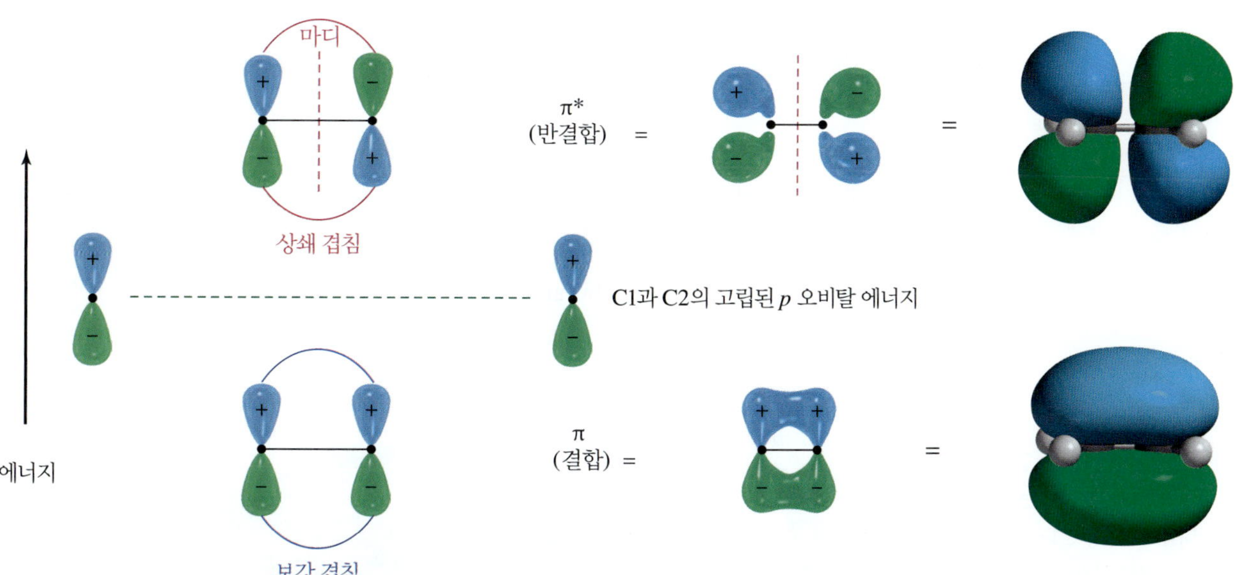


**그림 15-3** 에틸렌의 파이 분자 오비탈. 에틸렌의 파이 결합 오비탈은 $sp^2$ 혼성 탄소 원자에 있는 비혼성 *p* 오비탈의 보강 겹침으로 생성된다. 이들 *p* 오비탈의 상쇄 겹침으로 반결합 파이 오비탈이 생성된다. 2개의 원자 오비탈의 결합은 꼭 2개의 분자 오비탈을 생성한다.

**그림 15-4** 뷰타-1,3-다이엔의 $\pi_1$ 결합 MO. 뷰타-1,3-다이엔의 가장 낮은 에너지의 오비탈은 모든 인접 탄소 원자 사이에 결합 상호작용을 한다. 이 오비탈은 파이 결합 오비탈이며, 가장 낮은 에너지를 가지므로 $\pi_1$이라고 한다.

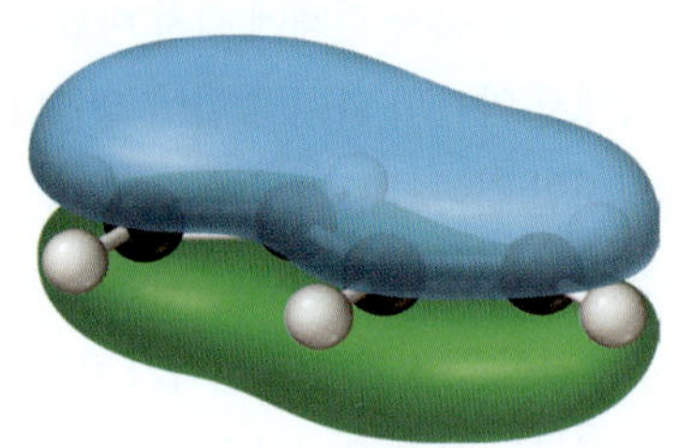

**문제풀이 힌트**

안정한 분자는 채워진 결합 MO와 비어 있는 반결합 MO를 갖는 경향이 있다.

그림 15-3에 몇 가지 중요한 원리가 설명되어 있다. 보강 겹침으로 인해 결합 상호작용이 생기고, 상쇄 겹침으로 인해 반결합 상호작용이 생긴다. 또한 분자 오비탈의 수는 MO를 생성하는 데 사용된 원자 오비탈의 수와 항상 같다. 이 분자 오비탈은 초기의 *p* 오비탈 에너지로부터 위아래로 대칭적으로 분포된 에너지들을 가진다. 절반은 결합 MO, 절반은 반결합 MO이다.

이제 뷰타-1,3-다이엔의 분자 오비탈을 만들 준비가 되었다. C1에서 C4까지 4개의 *p* 오비탈 겹침은 4개의 $\pi$ 분자 오비탈을 형성한다. 2개의 MO는 결합, 2개는 반결합이다. 4개의 *p* 오비탈을 나타내기 위해 4개의 *p* 오비탈을 선으로 이어보자. 뷰타-1,3-다이엔이 선형은 아니더라도 이 간단한 직선 표현법은 분자 오비탈을 그리기 쉽게 하고, 눈에 쉽게 보이도록 해준다.

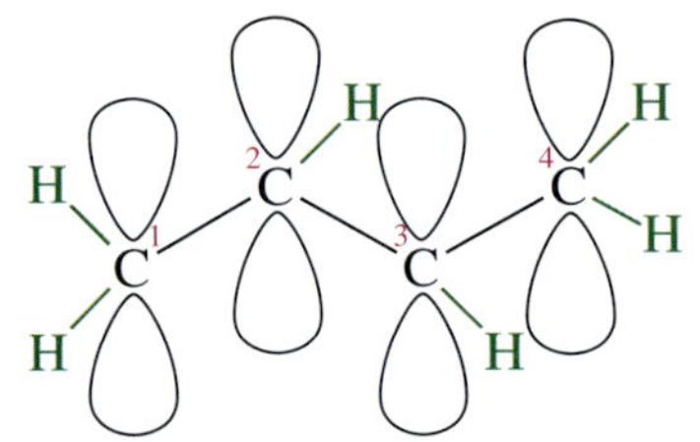

간단하게 표현하면

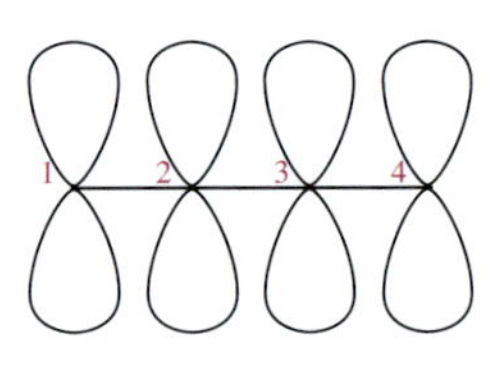

가장 낮은 에너지의 분자 오비탈은 항상 전체가 결합 상호작용으로 이루어진다. 윗면에서는 *p* 오비탈의 +상이 모두 보강 겹침을 하고, 아랫면에서는 *p* 오비탈의 −상이 모두 보강 겹침을 한다. 그림 15-4는 뷰타-1,3-다이엔의 가장 낮은 에너지 MO를 보여준다. 이 MO는 4개의 모든 *p* 오비탈에 전자 밀도를 갖는데, C2와 C3에 약간 더 높은 전자 밀도를 가지고 있다. (이들 그림에서 특정 MO의 어떤 원자가 더 많은 전자 밀도를 갖는지 보여주기 위해 크고 작은 *p* 오비탈이 사용된다.)

이 가장 낮은 에너지의 오비탈은 상당히 안정한데, 거기에는 두 가지 이유가 있다. 3개의 결합 상호작용이 있고, 전자는 4개의 핵에 비편재화되어 있다. 이 오비탈은 콘쥬게이션계가 2개의 고립된 이중 결합보다 더 안정한 이유를 설명해준다. 또한 C2와 C3 사이에 약간의 파이 결합이 있음을 보여주는데, 이것이 평면 구조의 에너지를 안정화하고, C2—C3의 결합 길이가 짧은 것을 설명해준다.

에틸렌에서와 같이 뷰타다이엔(butadiene)의 두 번째 분자 오비탈($\pi_2$)은 분자 중앙에 1개의 수직 마디를 가진다(그림 15-5). 이 MO는 다이엔의 고전적인 그림을 나타낸다. C1—C2와

**그림 15-5** 뷰타-1,3-다이엔의 $\pi_2$ 결합 MO. 뷰타-1,3-다이엔의 두 번째 MO는 분자 중앙에 하나의 마디를 가진다. C1—C2와 C3—C4 결합에서는 결합 상호작용이 있고, C2와 C3 사이에서는 (약한) 반결합 상호작용이 있다. $\pi_2$ 오비탈은 결합이지만, $\pi_1$만큼 강한 결합은 아니다.

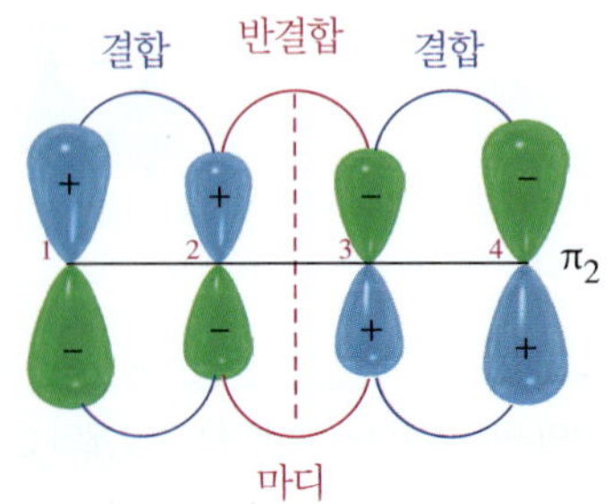

**그림 15-6** 뷰타-1,3-다이엔의 $\pi_3^*$ 반결합 MO. 뷰타-1,3-다이엔의 세 번째 MO는 2개의 마디를 가지고 있는데, 2개의 반결합 상호작용과 1개의 결합 상호작용을 한다. 이는 반결합 오비탈이며, 바닥 상태에서 비어 있다.

C3—C4 결합에서 결합 상호작용이 있고, C2와 C3 사이에는 (약한) 반결합 상호작용이 있다.

$\pi_2$ 오비탈은 2개의 결합 상호작용과 하나의 반결합 상호작용을 가진다. 따라서 결합 오비탈이 될 것이라 기대된다(2개의 결합 − 1개의 반결합 = 1개의 결합). 이는 모두 결합인 $\pi_1$ 오비탈만큼 강한 결합은 아니며, 에너지도 낮지 않다. 결합 및 반결합 상호작용의 더하기 빼기는 분자 오비탈의 에너지를 계산하는 믿을 만한 방법은 아니지만 주어진 오비탈이 결합이냐 반결합이냐를 예측하거나 오비탈의 에너지 순서를 매기는 데 유용하다.

세 번째 뷰타다이엔 MO($\pi_3^*$)는 2개의 마디를 가지고 있다(그림 15-6). C2—C3 결합에서는 결합 상호작용이 생기고, 반면에 C1—C2 및 C3—C4 결합에서는 2개의 반결합 상호작용이 생긴다.

뷰타-1,3-다이엔의 마지막 네 번째 분자 오비탈($\pi_4^*$)은 3개의 마디를 가지고 있는데, 전부 반결합이다(그림 15-7). 이 MO는 에너지가 가장 높고, 분자 바닥 상태에서 비어 있다. 이는 가장 높은 에너지 MO($\pi_4^*$)의 전형적인 형태이다. 대부분의 계에서 가장 높은 에너지 MO는 모든 인접 원자 사이에 반결합 상호작용을 한다.

뷰타다이엔은 위에서 언급한 4개의 MO에 채워야 할 4개의 파이 전자(Lewis 구조에서 2개의 이중 결합 각각에 2개의 전자)가 있다. 각각의 MO는 2개의 전자를 수용할 수 있고, 가장 낮은 에너지의 MO부터 채워진다. 따라서 4개의 파이 전자는 $\pi_1$과 $\pi_2$로 들어간다. 그림 15-8은 뷰타-1,3-다이엔의 전자 배치를 보여준다. 두 결합 MO는 채워지고, 두 반결합 MO는 비어 있다. 대부분의 안정한 화합물은 채워진 결합 오비탈과 비어 있는 반결합 오비탈을 배치한다. 그림 15-8은 에틸렌 MO와 뷰타다이엔 MO의 상대적인 에너지를 비교함으로써 콘쥬게이션된 뷰타다이엔계가 2개의 에틸렌 이중 결합보다 약간 더 안정하다는 것을 보여준다.

뷰타-1,3-다이엔에서 C2와 C3 사이의 부분적인 이중 결합 성질은 분자가 평면 형태에서 가장 안정한 이유를 설명한다. 실제로 C2와 C3 사이의 겹침을 허용하는 2개의 평면 구조가 있다. 이들 구조는 C2—C3 결합을 회전함으로써 생기는 단일 결합 유사체로, 이중 결합에 대해 트랜스 및 시스 이성질체로 생각할 수 있다. 따라서 이들을 ***s*-트랜스 형태**(*s*-trans conformation, 'single'-트랜스)와 ***s*-시스 형태**(*s*-cis conformation, 'single'-시스)라고 명명한다.

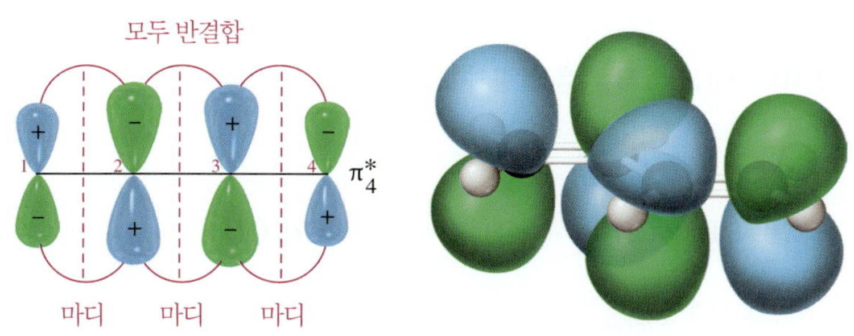


**그림 15-7** 뷰타-1,3-다이엔의 $\pi_4^*$ 반결합 분자 오비탈. 뷰타-1,3-다이엔의 가장 높은 에너지 MO는 3개의 마디를 가지고, 3개의 반결합 상호작용을 가진다. 강한 반결합이며 바닥 상태에서 비어 있다.

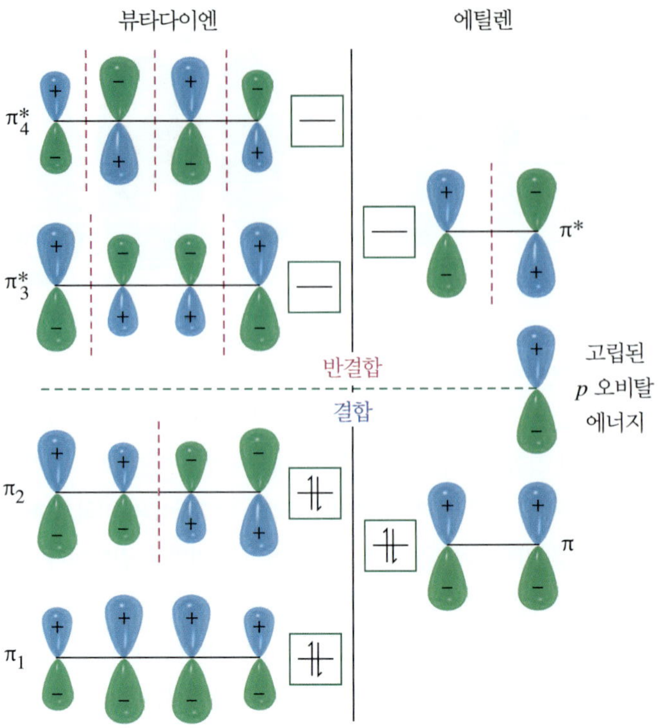


**그림 15-8** 에틸렌과 뷰타-1,3-다이엔의 전자 배치. 뷰타-1,3-다이엔과 에틸렌에서 결합 MO는 채워져 있고, 반결합 MO는 비어 있다. 전자의 평균 에너지는 뷰타다이엔에서 약간 낮다. 이 낮은 에너지는 콘쥬게이션된 다이엔의 공명 안정화이다.

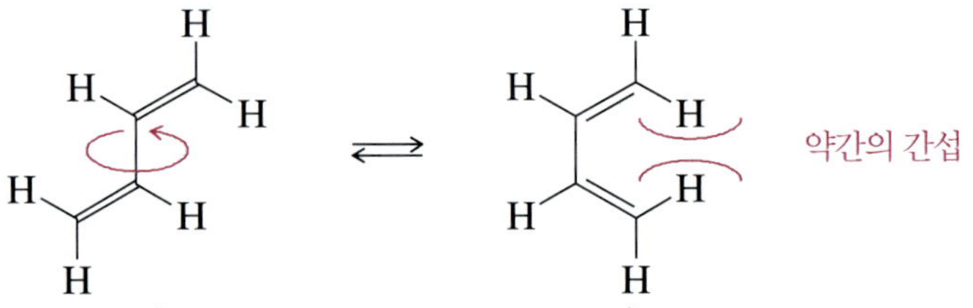


*s*-트랜스 형태는 2개의 인접 수소 원자 사이의 간섭을 보여주는 *s*-시스 형태보다 12 kJ/mol (2.8 kcal/mol) 더 안정하다. 알켄에서 이중 결합의 회전이 약 250 kJ/mol(60 kcal/mol)인 것에 비해 *s*-트랜스에서 *s*-시스로 바뀌기 위한 C2—C3 결합의 회전 장벽은 약 29 kJ/mol(약 7 kcal/mol)에 불과하다. 뷰타다이엔의 *s*-시스 형태와 *s*-트랜스 형태(이들 사이에서의 모든 비틀린 형태)는 실온에서 쉽게 상호 전환된다.

## 15-4 알릴성 양이온

콘쥬게이션된 화합물은 많은 종류의 반응을 하는데, 콘쥬게이션계의 공명 안정화를 유지하는 중간체를 거쳐 진행한다. 일반적인 중간체는 알릴계, 특히 알릴성 양이온과 알릴성 라디칼을 포함한다. 알릴성 양이온과 알릴성 라디칼은 비편재화에 의해 안정화된다. 우선 알릴성 양이온과 알릴성 라디칼을 포함하는 몇 가지 반응을 검토하고, 그들 결합의 분자 오비탈 함수 그림을 유도하자(15-8절).

7장에서 $-CH_2-CH=CH_2$기를 **알릴기**(allyl group)라고 했다. 많은 관용명에서 이 용어를 사용한다.

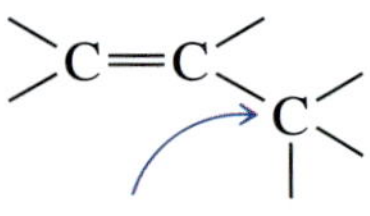


$H_2C=CH-CH_2Br$
브로민화 알릴

$H_2C=CH-CH_2OH$
알릴 알코올

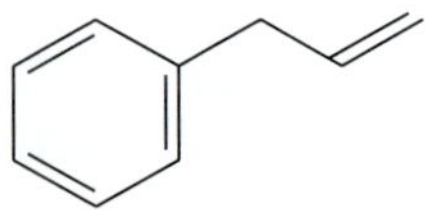
알릴벤젠

브로민화 알릴(allyl bromide)을 좋은 이온성 용매와 함께 가열하면 +전하를 지닌 알릴기, 즉 **알릴 양이온**(allyl cation)으로 이온화한다. 더 많이 치환된 유사체를 **알릴성 양이온**(allylic cation)이라고 한다. 모든 알릴성 양이온은 인접 이중 결합과 공명으로 안정화되는데, + 전하를 2개의 탄소 원자에 비편재화한다.

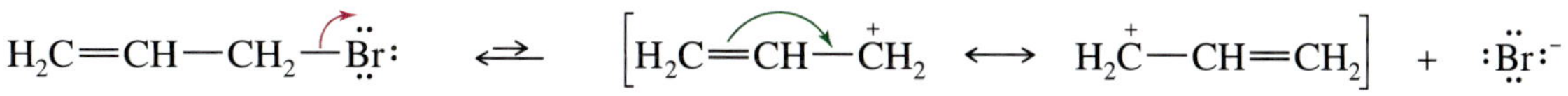

$$H_2C{=}CH{-}CH_2{-}\ddot{Br}: \rightleftarrows \left[H_2C{=}CH{-}\overset{+}{C}H_2 \longleftrightarrow H_2\overset{+}{C}{-}CH{=}CH_2\right] + :\ddot{Br}:^-$$

브로민화 알릴 알릴 양이온

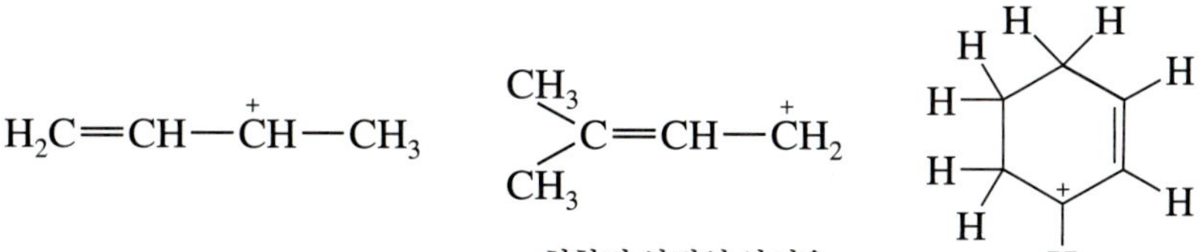

$$H_2C{=}CH{-}\overset{+}{C}H{-}CH_3 \qquad (CH_3)_2C{=}CH{-}\overset{+}{C}H_2$$

치환된 알릴성 양이온

### 연습문제 15-4

위에 있는 치환된 알릴성 양이온 각각에 대해 다른 공명 구조를 그려서 + 전하가 다른 탄소 원자에 어떻게 분산되는지 나타내라. 각 경우 두 번째 공명 구조가 처음 구조보다 더 중요한 공명 기여체인지, 혹은 덜 중요한 기여체인지 답하라. (어떤 구조가 좀 더 많이 치환된 탄소 원자에 + 전하를 갖게 하는가?)

### 연습문제 15-5

3-브로모-1-메틸사이클로헥센이 뜨거운 에탄올에서 가용매 분해 반응을 할 때 2개의 생성물이 생긴다. 이 두 생성물을 설명할 수 있는 메커니즘을 제안하라.

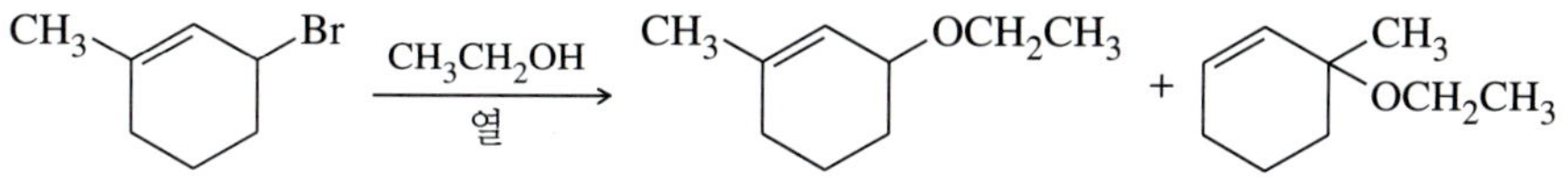

$CH_3$, Br $\xrightarrow[\text{열}]{CH_3CH_2OH}$ $CH_3$, $OCH_2CH_3$ + $CH_3$, $OCH_2CH_3$

알릴 양이온과 같은 비편재화된 이온을 아래 왼쪽 그림과 같은 공명 구조로, 또는 오른쪽 그림처럼 혼합한 구조로 표현할 수 있다. 혼합된 구조가 더 간결하다고 할지라도 둘 또는 그 이상의 공명 구조를 함축하는 모든 정보를 나타내려고 하기 때문에 때로는 혼란스럽다.

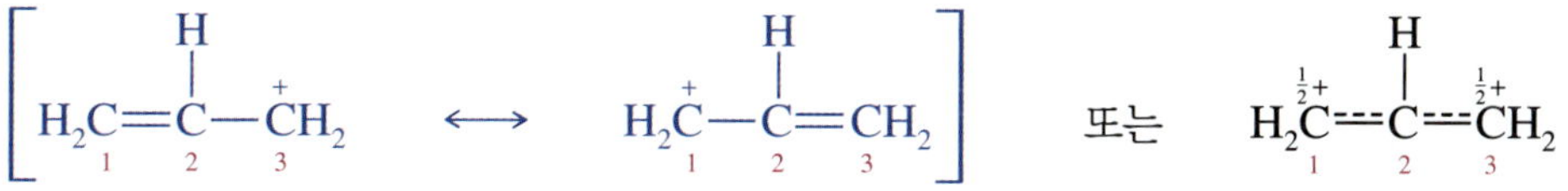

$$\left[H_2C{=}\underset{}{\overset{H}{C}}{-}\overset{+}{C}H_2 \longleftrightarrow H_2\overset{+}{C}{-}\overset{H}{C}{=}CH_2\right] \quad \text{또는} \quad H_2\overset{\frac{1}{2}+}{C}{\cdots}\overset{H}{C}{\cdots}\overset{\frac{1}{2}+}{C}H_2$$

공명 구조 혼합된 구조

공명 안정화로 인해 (1차) 알릴 양이온은 아이소프로필 양이온 같은 간단한 2차 탄소 양이온 정도로 안정하다. 대부분의 치환된 알릴성 양이온은 적어도 하나 이상의 + 전하를 지닌 2차 탄소 원자를 가진다. 그들은 *t*-뷰틸 양이온 같은 간단한 3차 탄소 양이온만큼 안정하다.

**탄소 양이온의 안정도**

$H_3C^+ < 1° < 2°$, 알릴 $< 3°$, 치환된 알릴성 양이온

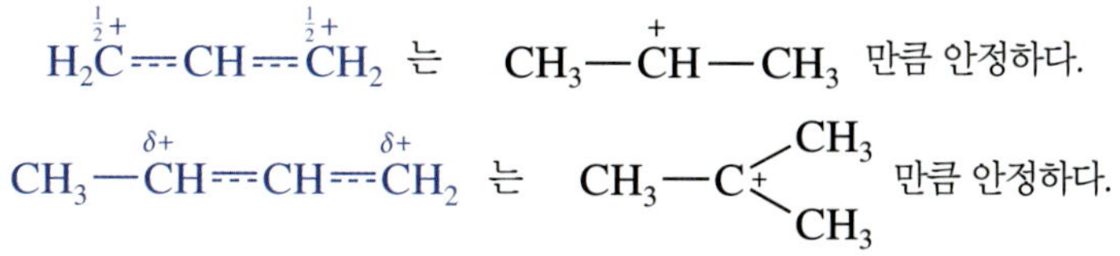

$H_2\overset{\frac{1}{2}+}{C}{\cdots}CH{\cdots}\overset{\frac{1}{2}+}{C}H_2$ 는 $CH_3{-}\overset{+}{C}H{-}CH_3$ 만큼 안정하다.

$CH_3{-}\overset{\delta+}{C}H{\cdots}CH{\cdots}\overset{\delta+}{C}H_2$ 는 $CH_3{-}\overset{+}{C}(CH_3)_2$ 만큼 안정하다.

## 15-5 콘쥬게이션 다이엔에 대한 1,2- 및 1,4-첨가

콘쥬게이션된 다이엔에 대한 친전자 첨가 반응은 보통 중간체로서 알릴성 양이온을 포함한다. 단순한 탄소 양이온과 달리 알릴성 양이온은 양이온성 원자들의 어느 쪽에서든 친핵체와 반응할 수 있다. 두 종류의 구조 이성질체 생성 혼합물을 만드는 뷰타-1,3-다이엔에 HBr을 첨가하는 친전자성 첨가 반응을 생각해보자. 한 경우는 이중 결합 하나에 Markovnikov 첨가를 통해 3-브로모뷰트-1-엔(3-bromobut-1-ene)이 생성된다. 또 다른 생성물로는 1-브로모뷰트-2-엔(1-bromobut-2-ene)으로 이중 결합이 C2—C3 위치로 옮겨간 것이다.

$$H_2C{=}CH{-}CH{=}CH_2 + HBr \longrightarrow H_2C(H){-}CH(Br){-}CH{=}CH_2 + H_2C(H){-}CH{=}CH{-}CH_2(Br)$$

3-브로모뷰트-1-엔
1,2-첨가

1-브로모뷰트-2-엔
1,4-첨가

첫 번째 생성물은 이중 결합에 HBr의 친전자성 첨가 반응으로 인해 생긴다. 이 화합물을 명명할 때 이들 두 탄소 원자가 1, 2번이 되든지 안 되든지, 이 과정을 **1,2-첨가 반응**(1,2-addition)이라고 한다. 두 번째 생성물에서는 양성자와 브로민화 이온이 콘쥬게이션된 계 양 끝의 1,4-관계에 있는 탄소 원자에 첨가된다. 이 화합물을 명명할 때 이들 탄소 원자가 1, 4번이 되는 것에 상관없이 이러한 첨가를 **1,4-첨가 반응**(1,4-addition)이라고 한다.

$$\text{C=C−C=C} \xrightarrow{A-B} \text{C}^1(A)\text{−C}^2(B)\text{−C=C} + \text{C}^1(A)\text{−C}^2\text{=C}^3\text{−C}^4(B)$$

1,2-첨가 1,4-첨가

### 메커니즘 15-1 | 콘쥬게이션 다이엔에 대한 1,2- 및 1,4-첨가

**1단계:** 이중 결합 가운데 하나에 대한 양성자 첨가는 공명 안정화 알릴성 양이온을 생성한다.

$$Br{-}H + H_2C{=}CH{-}CH{=}CH_2 \longrightarrow \left[ H_3C{-}\overset{+}{C}H{-}CH{=}CH_2 \longleftrightarrow H_3C{-}CH{=}CH{-}\overset{+}{C}H_2 \right] Br^-$$

알릴성 양이온

**2단계:** 친핵체는 친전자성 탄소 원자의 어느 하나를 공격한다.

$$\left[ H_3C{-}\overset{+}{C}H{-}CH{=}CH_2 \longleftrightarrow H_3C{-}CH{=}CH{-}\overset{+}{C}H_2 \right] \xrightarrow{:\ddot{Br}:^-} H_3C{-}CH(Br){-}CH{=}CH_2 \text{ 그리고 } H_3C{-}CH{=}CH{-}CH_2{-}Br$$

1,2 1,4

1,2-첨가 1,4-첨가

메커니즘은 알켄에 대한 다른 친전자성 첨가와 비슷하다. 양성자는 친전자체이며, 알켄에 첨가되어 가장 안정한 탄소 양이온을 생성한다. 뷰타-1,3-다이엔의 양성자 첨가로 알릴성 양이온이 생성되는데, 이는 두 탄소 원자에 + 전하의 공명 비편재화에 의해 안정화된다. 브로민화 이온은 + 전하를 분담하는 2개의 탄소 원자 어느 쪽이든 이 공명 안정화 중간체를 공격할 수 있다. 2차 탄소에 공격하면 1,2-첨가, 1차 탄소에 공격하면 1,4-첨가이다.

이 두 생성물 형성의 핵심은 안정화된 알릴성 양이온을 생성할 수 있는 이중 결합이 존재한다는 것이다. 그와 같은 이중 결합을 가진 분자는 공명 안정화된 중간체를 거쳐 반응한다.

**연습문제 15-6**

할로젠화 알킬을 알코올성 $AgNO_3$와 반응시키면 종종 이온화를 촉진한다.

$$Ag^+ + R—Cl \longrightarrow AgCl + R^+$$

4-클로로-2-메틸헥스-2-엔이 에탄올에서 $AgNO_3$와 반응할 때 2개의 에터 이성질체가 생성된다. 구조를 제시하고, 생성 메커니즘을 밝혀라.

**연습문제 15-7**

각 반응에 대한 메커니즘을 밝히고, 관측된 혼합 생성물이 어떻게 형성되는지 명확히 나타내라.

(a) 3-메틸뷰트-2-엔(en)-1-올 + HBr ⟶ 1-브로모-3-메틸뷰트-2-엔 + 3-브로모-3-메틸뷰트-1-엔

(b) 2-메틸뷰트-3-엔(en)-2-올 + HBr ⟶ 1-브로모-3-메틸뷰트-2-엔 + 3-브로모-3-메틸뷰트-1-엔

(c) 사이클로펜타-1,3-다이엔 + $Br_2$ ⟶ 3,4-다이브로모사이클로펜트-1-엔 + 3,5-다이브로모사이클로펜트-1-엔

(d) 1-클로로뷰트-2-엔 + $AgNO_3$, $H_2O$ ⟶ 뷰트-2-엔(en)-1-올 + 뷰트-3-엔(en)-2-올

(e) 3-클로로뷰트-1-엔 + $AgNO_3$, $H_2O$ ⟶ 뷰트-2-엔(en)-1-올 + 뷰트-3-엔(en)-2-올

## 15-6 뷰타-1,3-다이엔에 HBr 첨가의 속도론적 지배 대 열역학적 지배

뷰타-1,3-다이엔과 HBr 반응의 흥미로운 특징 중 하나는 생성물에 미치는 온도 효과이다. 시약을 −80°C에서 짧게 반응시키면 1,2-첨가 생성물이 지배적이다. 그러나 그 후 이 반응 혼합물을 40°C로 가열하거나 반응 자체를 40°C에서 수행하면 주성분은 1,4-첨가 생성물이 된다.

HBr + $H_2C{=}CH{-}CH{=}CH_2$

−80 °C:
- (80%) $H_2C(H){-}CH(Br){-}CH{=}CH_2$ (1,2-생성물)
- (20%) $H_2C(H){-}CH{=}CH{-}CH_2(Br)$ (1,4-생성물)

↓ 40 °C

40 °C:
- (15%) $H_2C(H){-}CH(Br){-}CH{=}CH_2$ (1,2-생성물)
- (85%) $H_2C(H){-}CH{=}CH{-}CH_2(Br)$ (1,4-생성물)

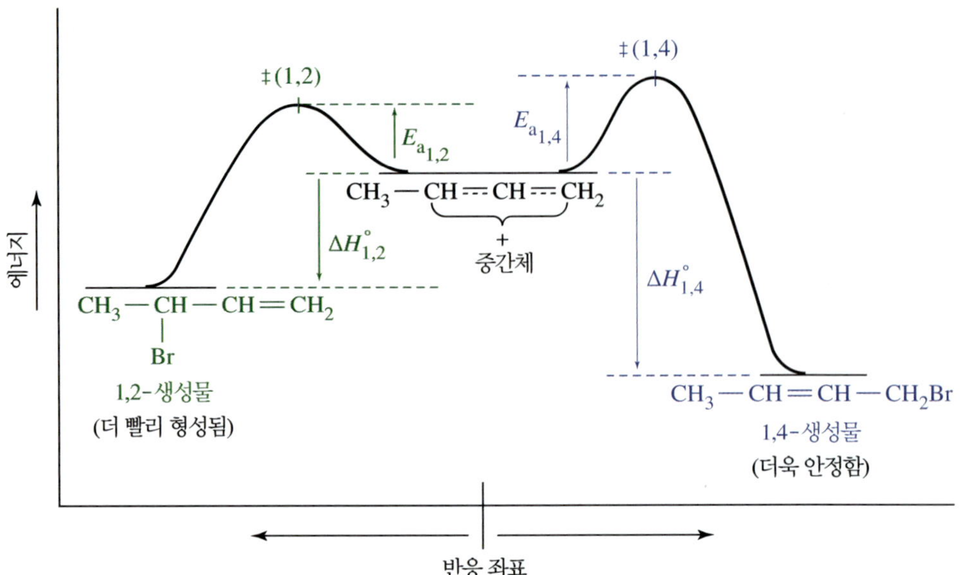


**그림 15-9** 뷰타-1,3-다이엔에 대한 HBr의 첨가 반응의 두 번째 단계에 대한 반응 에너지 그림. 알릴성 탄소 양이온(가운데)은 친전자성 탄소의 어느 쪽에서든 반응할 수 있다. 1,2-첨가를 유도하는 전이 상태(‡)는 1,4-첨가를 유도하는 전이 상태보다 에너지가 낮다. 따라서 1,2-생성물이 빨리 생성된다(속도론적 생성물). 그러나 1,2-생성물은 1,4-생성물만큼 안정하지 못하다. 평형에 도달하면 1,4-생성물이 지배적이다(열역학적 생성물).

이러한 생성물 조성의 변화는 가장 안정한 생성물이 항상 주생성물이 아니라는 것을 말해준다. 두 생성물 중 1-브로모뷰트-2-엔(1-bromobut-2-ene, 1,4-생성물)이 더 많이 치환된 이중 결합을 가지고 있으므로, 더 안정할 것이라고 예상된다. 이는 반응 혼합물을 40°C로 가열하여 평형 상태가 되면 이 이성질체가 지배적으로 된다는 사실로부터 확인할 수 있다.

이 반응의 두 번째 단계에 대한 반응 에너지 그림(그림 15-9)은 왜 낮은 온도에서 어떤 생성물이 선호되며, 왜 높은 온도에서는 다른 생성물이 선호되는지 보여준다. 알릴성 양이온이 그림 중앙에 있다. 왼쪽으로 반응하면 1,2-생성물을, 오른쪽으로 반응하면 1,4-생성물을 만든다. 처음 생성물은 브로민화 이온이 어떤 공명 안정화 알릴성 양이온을 공격하는가에 달려 있다. 브로민화 이온은 + 전하를 분담하는 2개의 탄소 중 어느 것이라도 공격할 수 있다. 2차 탄소를 공격하면 1,2-첨가, 1차 탄소를 공격하면 1,4-첨가 생성물이 된다.

$H^+$
$H_2C=CH-CH=CH_2 \longrightarrow \left[ H_3C-\overset{+}{C}H-CH=CH_2 \longleftrightarrow H_3C-CH=CH-\overset{+}{C}H_2 \right]$ 비편재화된 알릴성 양이온

$:\ddot{Br}:^-$ / $:\ddot{Br}:^-$

2차 탄소 공격 → $H_3C-CH(Br)-CH=CH_2$ 1,2-첨가 생성물

1차 탄소 공격 → $H_3C-CH=CH-CH_2Br$ 1,4-첨가 생성물

**−80°C에서의 속도론적 지배** 1,2-첨가의 전이 상태가 1,4-첨가의 전이 상태보다 에너지가 낮으므로, 1,2-첨가가 낮은 활성화 에너지($E_a$)를 가진다. 이는 놀라운 사실이 아닌데, 그 이유는 1차 탄소 양이온보다 + 전하를 더 많이 지닌, 더 많이 치환된 2차 탄소 양이온이 더 안정화되고, 이를 브로민화 이온이 공격하면 1,2-첨가가 이루어지기 때문이다. 1,2-첨가가 1,4-첨가보다 활성화 에너지가 작기 때문에 (모든 온도에서) 1,2-첨가가 빨리 일어난다.

브로민화 이온이 알릴성 양이온을 공격하는 것은 매우 큰 발열 과정이므로, 역반응은 큰 활성화

에너지를 가진다. −80°C에서는 이와 같이 큰 에너지에서의 충돌이 거의 일어나지 않으므로 역반응 속도는 0이다. 이러한 조건에서는 빨리 생성되는 생성물이 지배적이다. 반응 속도가 생성물을 결정하므로, 이 경우를 반응의 **속도론적 지배**(kinetic control)라고 한다. 이러한 조건에서 유리한 1,2-생성물을 **속도론적 생성물**(kinetic product)이라고 한다.

**40°C에서의 열역학적 지배** 40°C에서 분자 충돌의 많은 부분은 역반응이 일어나기에 충분한 에너지를 가진다. 1,2-첨가의 역반응에 대한 활성화 에너지는 1,4-첨가의 역반응에 비해 작다는 것을 주목하라. 1,2-생성물이 여전히 빨리 생성되지만, 또한 1,4-생성물보다 더 빨리 알릴성 양이온으로 되돌아간다. 40°C에서 평형이 이루어지고, 각 화학종의 상대적인 에너지가 그들의 농도를 결정한다. 1,4-생성물이 가장 안정한 화학종이기 때문에 이것이 지배적이다. 열역학이 결과를 결정하므로 이 경우를 반응의 **열역학적 지배**(thermodynamic control) 또는 **평형 지배**(equilibrium control)라고 한다. 이들 조건에서 유리한 1,4-생성물을 **열역학적 생성물**(thermodynamic product)이라고 한다.

앞으로 반응 조건에 따라 속도론적 지배 또는 열역학적 지배에 의해 생성물이 결정되는 많은 첨가 반응을 접하게 될 것이다. 일반적으로 쉽게 역반응으로 진행하지 않는 반응은 평형이 이루어지지 않으므로 속도론적으로 지배된다. 속도론적으로 지배되는 반응에서는 가장 낮은 에너지의 전이 상태를 지닌 생성물이 지배적이다. 평형이 형성되는 것을 막지만 않는다면 쉽게 역반응이 가능한 반응은 열역학적으로 지배된다. 열역학적으로 지배되는 반응에서는 가장 낮은 에너지의 생성물이 지배적이다.

**연습문제 15-8**

−15°C에서 $Br_2$를 뷰타-1,3-다이엔에 첨가할 경우 생성물은 생성물 A의 60%와 생성물 B의 40% 혼합물이다. 같은 반응이 60°C에서 일어날 경우 생성물 비는 A의 10%와 B의 90%이다.

**(a)** 생성물 A와 생성물 B의 구조를 나타내라. (힌트: 많은 경우 알릴성 탄소 양이온은 브로모늄 이온보다 더 안정하다.)

**(b)** A와 B 생성에 대한 메커니즘을 밝혀라.

**(c)** −15°C에서는 A가 지배적이고 60°C에서는 B가 지배적인 이유는 무엇인가?

**(d)** 순수한 A 용액을 가지고 있고, 온도를 60°C로 올린다면 어떠한 일이 발생할지 예상하라. 이러한 예측을 뒷받침하는 메커니즘을 밝혀라.

## 15-7 알릴성 라디칼

알릴성 양이온처럼 알릴성 라디칼은 공명 비편재화로 인해 안정화된다. 예를 들면 사이클로헥센(cyclohexene)의 자유 라디칼 브로민화 반응 메커니즘은 메커니즘 15-2와 같다. 치환은 전부 알릴성 위치에서 일어나는데, 수소 원자 하나를 떼어냄으로써 공명 안정화된 알릴성 라디칼이 중간체로 생성된다.

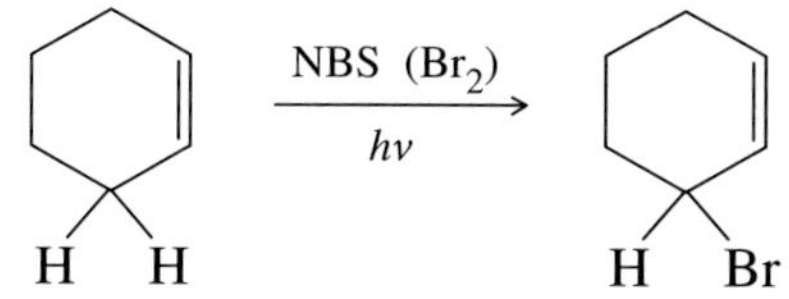

## 메커니즘 15-2 | 자유 라디칼 알릴 자리 브로민화 반응

**개시:** 라디칼의 생성

$$Br{-}Br \xrightarrow{h\nu} 2\ Br\cdot$$

**전파:** 각 단계는 라디칼을 소비하고, 생성물을 유도하는 또 다른 라디칼을 생성한다.

**1차 전파 단계:** 브로민 라디칼은 알릴성 수소를 떼어내어 알릴성 라디칼을 생성한다.

알릴성 수소 + Br· ⟶ [알릴성 라디칼 ⟷ 알릴성 라디칼] + HBr

알릴성 수소 알릴성 라디칼

**2차 전파 단계:** 알릴성 라디칼은 다시 브로민 분자와 반응하여 알릴성 브로민화물과 새로운 브로민 원자를 만들고, 이 브로민 라디칼은 연쇄 반응을 계속한다.

[알릴성 라디칼 ⟷ 알릴성 라디칼] + Br—Br ⟶ 알릴성 브로민화물 + Br· 연쇄 반응을 계속함

알릴성 라디칼 알릴성 브로민화물

**$Br_2$의 재생성:** NBS는 HBr과 반응하여 알릴성 브로민화 단계에 사용될 브로민 분자를 재생성한다.

HBr + NBS (N—Br) ⟶ $Br_2$ + 석신이미드 (N—H)

*N*-브로모석신이미드(NBS) 석신이미드(succinimide)

**알릴성 라디칼의 안정도** (첫 번째 전파 단계에서) 왜 브로민 라디칼은 다른 2차 탄소 위치의 수소가 아닌 꼭 알릴성 수소 원자만을 떼어내는 것일까? 알릴성 수소만을 선택적으로 떼어내는 것은 결과적으로 생성되는 알릴성 자유 라디칼의 공명 안정화에 기인한다. 몇 개의 자유 라디칼 발생을 위해 필요한 결합-해리 에너지를 다음에 비교했다. 사실 알릴 라디칼(1차 자유 라디칼)이 3차 뷰틸 라디칼보다 31 kJ/mol(7 kcal/mol) 더 안정하다는 것을 주목하라.

| | | | | |
|---|---|---|---|---|
| 1차: | $CH_3CH_2{-}H$ | ⟶ | $CH_3CH_2\cdot + H\cdot$ | $\Delta H = +423$ kJ (+101 kcal) |
| 2차: | $(CH_3)_2CH{-}H$ | ⟶ | $(CH_3)_2CH\cdot + H\cdot$ | $\Delta H = +413$ kJ (+ 99 kcal) |
| 3차: | $(CH_3)_3C{-}H$ | ⟶ | $(CH_3)_3C\cdot + H\cdot$ | $\Delta H = +403$ kJ (+ 96 kcal) |
| 알릴: | $H_2C{=}CH{-}CH_2{-}H$ | ⟶ | $H_2C{=}CH{-}CH_2\cdot + H\cdot$ | $\Delta H = +372$ kJ (+ 89 kcal) |

사이클로헥센의 자유 라디칼 브로민화 반응에서 알릴성 사이클로헥스-2-엔일 라디칼(allylic cyclohex-2-enyl radical)은 2개의 2차 탄소 원자에 비편재화된 홀전자를 가지고 있으므로 치

환체가 없는 알릴 라디칼보다도 훨씬 안정하다. 두 번째 전파 단계는 라디칼 탄소의 어떤 곳에서도 일어날 수 있으며, 이와 같이 대칭 구조에서는 어떤 경우든 생성물은 3-브로모사이클로헥센(3-bromocyclohexene)이 된다. 비대칭 화합물은 **알릴 자리 이동**(allylic shift)을 통해 혼합 생성물을 만든다. 생성물에서 이중 결합은 알릴성 라디칼의 공명 구조에서 차지하는 어떤 위치에서도 나타날 수 있다. 라디칼 반응에서 알릴 자리 이동은 다이엔의 HBr 같은 친전자체의 1,4-첨가와 비슷하다(15-5절).

> **문제풀이 힌트**
>
> 자유 라디칼의 안정도
>
> · $CH_3 < 1° < 2° < 3°$ 알릴성, 벤질

다음 전파 단계는 뷰트-1-엔의 자유 라디칼 알릴 자리 브로민화 반응으로부터 어떻게 혼합 생성물을 얻을 수 있는지 보여준다.

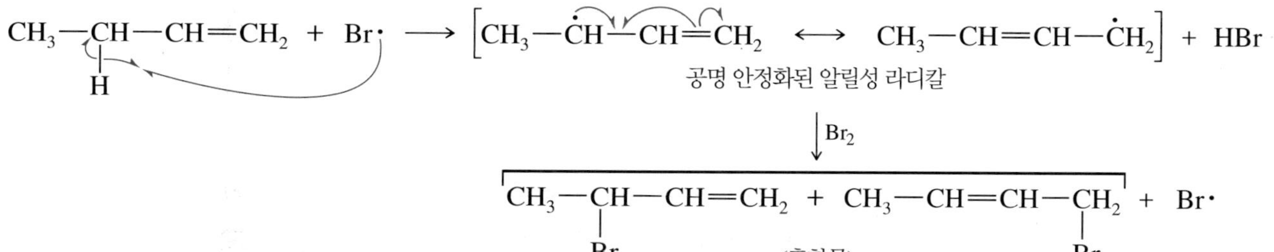

$$CH_3-CH(H)-CH=CH_2 + Br\cdot \longrightarrow \left[CH_3-\dot{C}H-CH=CH_2 \longleftrightarrow CH_3-CH=CH-\dot{C}H_2\right] + HBr$$

공명 안정화된 알릴성 라디칼

$$\downarrow Br_2$$

$$CH_3-CH(Br)-CH=CH_2 + CH_3-CH=CH-CH_2Br + Br\cdot$$

(혼합물)

> **연습문제 15-9**
>
> 메틸렌사이클로헥세인(methylenecyclohexane)에 전등으로 빛을 쪼여 낮은 농도의 브로민과 반응시키면 두 생성물이 생긴다.
>
> 메틸렌사이클로헥세인 + $Br_2$ $\xrightarrow{h\nu}$ 2개의 치환 생성물 + HBr 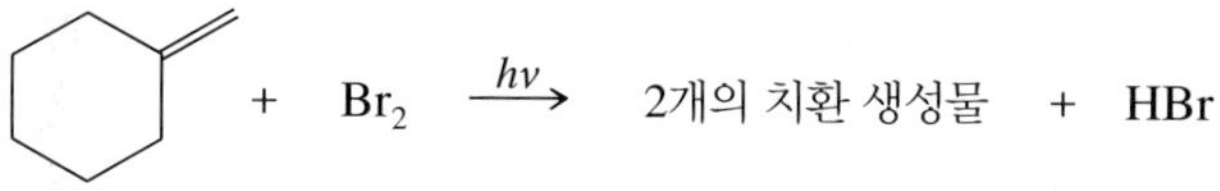
>
> **(a)** 이 두 생성물의 구조를 밝혀라.
>
> **(b)** 이러한 생성물을 설명할 수 있는 메커니즘을 제시하라.

**NBS를 사용한 브로민화 반응** 높은 농도에서 브로민은 (브로모늄 이온을 경유하여) 이중 결합에 첨가되어 포화된 다이브로민화물(dibromide)을 생성한다(8-8절). 방금 보았던 알릴 자리 브로민화 반응에서는 브로민이 수소 원자를 **치환**한다. 이 치환 반응의 핵심은 빛이나 반응을 개시할 자유 라디칼과 함께 낮은 농도의 브로민이다. 자유 라디칼은 매우 활 성이 크고, 적은 농도의 라디칼에서조차 빠른 연쇄 반응을 일으킨다.

단순히 브로민을 첨가하면 농도가 너무 높아져 이중 결합 전체에 브로민 이온이 첨가될 수 있다. 알릴 자리 브로민화 반응에 이용되는 편리한 브로민 공급원은 *N*-브로모석신이미드(*N*-bromosuccinimide, NBS)로, 4개 탄소의 이중산인 석신산(succinic acid)의 고리형 이미드의 브로민화물 유도체이다.

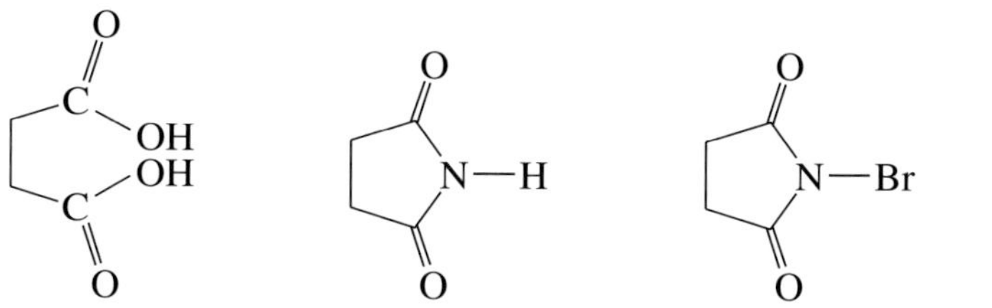

석신산 석신이미드 *N*-브로모석신이미드(NBS)

NBS는 일정하고 낮은 농도의 $B_{r2}$를 제공하는데, 이는 치환에 의해 생성되는 HBr과 반응하여 다시 $Br_2$로 전환되기 때문이다. 이 반응은 HBr 부산물을 제거하고 자유 라디칼 연쇄 반응을 수행함으로써 그것이 이중 결합에 첨가되는 것을 방지한다.

**1단계:** 자유 라디칼 알릴성이 치환된다(메커니즘 15-2).

$$R—H + Br_2 \xrightarrow{hv} R—Br + HBr$$

**2단계:** NBS는 HBr 부산물을 $Br_2$로 변환시킨다.

$$\text{NBS} + HBr \longrightarrow \text{석신산이미드 (N—H)} + Br_2$$

NBS 석신산이미드

NBS 반응은 말끔하게 진행된다. 알릴성 화합물을 사염화 탄소(carbon tetrachloride)에 용해시키고, NBS 1당량을 첨가한다. NBS는 $CCl_4$보다 밀도가 크고 잘 용해되지 않으므로, $CCl_4$ 용액 바닥에 가라앉는다. 반응은 전등을 사용하거나 과산화물 같은 라디칼 개시제에 의해 시작된다. NBS는 점차 $CCl_4$ 층의 위로 올라온다. 실상은 NBS가 $CCl_4$보다 밀도가 작은 석신이미드(succinimide)로 전환되는 것이다. 모든 고체 석신이미드가 위로 전부 올라오면 전등을 끄고, 용액을 여과하여 석신이미드를 제거한 후 $CCl_4$를 증발하여 생성물을 회수한다.

**연습문제 15-10**

$CCl_4$ 용액에서 헥스-1-엔에 *N*-브로모석신이미드를 첨가하고 혼합물에 전등을 쪼이면 세 가지 생성물을 얻는다.

**(a)** 이들 세 가지 생성물의 구조를 나타내라.

**(b)** 이들 세 가지 생성물의 생성을 설명하는 메커니즘을 제시하라.

**연습문제 15-11**

$CCl_4$ 용액에서 다음 출발 물질과 NBS와의 광-개시 반응에 대한 생성물을 예측하라.

**(a)** 사이클로헥센 **(b)** 3,4-다이메틸헥스-3-엔 **(c)** $C_6H_5—CH_2—CH_3$

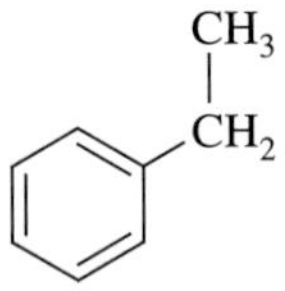

에틸벤젠

## 15-8 알릴계의 분자 오비탈

알릴 라디칼을 예로 들어 알릴계의 전자 구조를 좀 더 세밀히 살펴보자. 하나의 공명 구조는 C1에 라디칼 전자를 가지고, C2와 C3 사이에 파이 결합, 또 하나는 C3에 라디칼 전자를 가지고 C1과 C2 사이가 파이 결합이라는 것을 보여준다. 이들 두 공명 구조는 C1에 라디칼 전자의 절반과 C3에 라디칼 전자의 절반을 가지고, C1과 C2 사이에 파이 결합의 절반과 C2와 C3 사이에 파이 결합의 절반을 가진다는 것을 의미한다.

π 결합

π 결합

**그림 15-10** 알릴 양이온, 알릴 라디칼, 알릴 음 이온의 기하 구조

공명 구조 혼합된 구조

공명 구조는 독립적으로 존재할 수 없다는 것을 기억하라. 한 화합물은 모든 공명 구조를 동시에 보유하는 특성을 가지고 있다. 그러나 그것은 그들 사이에서 공명하지는 않는다. C1과 C2, C2와 C3 사이에서 동시에 겹치는 파이 결합을 갖기 위해서는 세 탄소 원자의 $p$ 오비탈이 모두 평행이어야 한다. 알릴계의 기하 구조는 그림 15-10에 나타나 있다. 알릴 양이온, 알릴 라디칼, 알릴 음이온은 파이 전자의 개수만 다를 뿐 모두 이와 똑같은 기하 구조를 가진다.

뷰타-1,3-다이엔의 4개의 $p$ 오비탈이 겹쳐서 4개의 분자 오비탈을 형성하는 것처럼 알릴계의 3개의 원자 $p$ 오비탈이 겹쳐서 3개의 분자 오비탈을 이루는 것을 그림 15-11에서 보여준다. 이들 3개의 MO는 뷰타다이엔계의 MO와 몇 가지 중요한 특징을 같이 한다. 첫 번째 MO는 완전한 결합, 두 번째는 1개의 마디를 가지고, 세 번째는 2개의 마디를 가지고 있으며 (가장 높은 에너지 MO이므로) 완전한 반결합이다.

뷰타다이엔처럼 MO의 절반은 결합이고, 절반은 반결합일 것이라고 예상할 수 있다. 그러나 홀수의 MO에서는 그들을 대칭적으로 나눌 수 없다. MO 중 하나는 결합도 아니고 반결합도 아닌 에

**문제풀이 힌트**

파이 MO를 그릴 때 몇 개의 $p$ 오비탈을 결합하여 같은 수의 절반은 결합, 절반은 반결합 MO를 만든다. 홀수의 MO가 있으면 가운데 것은 비결합이다. 가장 낮은 에너지 MO는 마디가 없다. 각 단계별 높은 에너지 MO는 1개 더 많은 마디를 가진다.

가장 높은 에너지 MO는 각 겹침에서 마디를 가진 완전한 반결합이다.

안정한 계에서 결합 MO는 채워져 있고, 반결합 MO는 비어 있다.

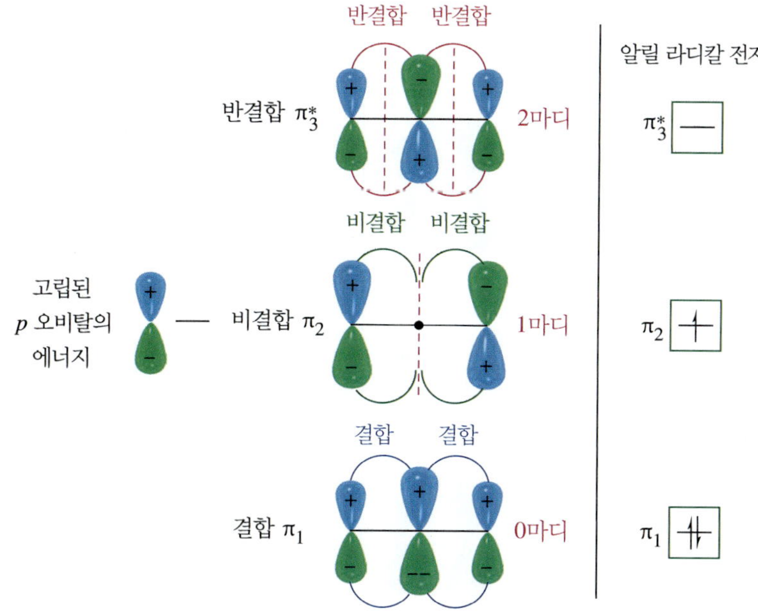


**그림 15-11** 알릴계의 세 가지 분자 오비탈. 가장 낮은 에너지 MO($\pi_1$)는 마디가 없고, 완전한 결합이다. 중간 오비탈($\pi_2$)은 비결합이고 중앙 탄소 원자와 일치하는 하나의 대칭 마디를 가진다. 가장 높은 에너지 MO($\pi_3^*$)는 2개의 마디를 가지며 완전한 반결합이다. 알릴 라디칼에서 $\pi_1$은 채워져 있다. $\pi_2$에는 짝짓지 않은 전자가 있고, C1과 C3에만 전자 밀도를 가진다.

너지 준위의 중간에서 나타나야만 한다. 이것이 **비결합 분자 오비탈**(nonbonding molecular orbital)이다. 비결합 오비탈에서 전자는 고립된 $p$ 오비탈에서와 같은 에너지를 가진다.

비결합 오비탈($\pi_2$)의 구조는 중심 $p$ 오비탈(C2)에 전자 밀도가 0이므로 이상하게 보인다. $\pi_2$가 1개의 마디만을 가져야 하고, 1개의 마디에 대한 단 하나의 대칭 위치는 분자 중앙에 있는 C2이므로, 이것은 옳다. C2의 $p$ 오비탈이 C1과 겹침이 없고 C3와도 겹침이 없는 $\pi_2$의 이러한 구조로부터 $\pi_2$가 비결합이어야 한다고 말할 수 있다. 전체는 0 결합, 즉 비결합 오비탈이다.

## 15-9 알릴 라디칼, 양이온, 음이온의 전자 배치

그림 15-11의 오른쪽에 가장 낮은 분자 오비탈에 3개의 파이 전자를 지닌 알릴 라디칼에 대한 전자 구조를 보여준다. 2개의 전자는 모두 결합 MO($\pi_1$)에 있고, 파이 결합이 C1—C2 결합과 C2—C3 결합 사이에 있다는 것을 나타낸다. 홀전자는 중심 탄소 원자(C2)의 전자 밀도가 0인 $\pi_2$로 간다. 이 MO 표현은 라디칼 전자가 C2에는 없고, C1과 C3에 똑같이 분산되어 있는 것을 보여주는 공명 그림과 일치한다. 공명과 MO 그림 모두는 라디칼이 양쪽의 끝 탄소 원자인 C1이나 C3 어디에서든 반응할 것임을 성공적으로 예측하고 있다.

알릴 양이온의 전자 배치(그림 15-12)는 알릴 라디칼의 전자 배치와는 다른데, C1과 C3의 전자 밀도가 반반 기여하고 있는 $\pi_2$에 홀전자가 없다. 이는 C1과 C3의 각각으로부터 전자의 절반씩을 제거하고, C2는 변하지 않게 남겨둔 것과 같다. 이 MO 그림은 C1과 C3에 의해 분산된 + 전하를 보여주는 공명 그림과 일치한다.

공명 구조 혼합된 구조

또한 그림 15-12는 알릴 음이온의 전자 배치를 보여주는데, 알릴 라디칼과 달리 비결합 오비탈인 $\pi_2$가 추가의 전자를 가진다. 이때 전자 밀도는 C1과 C3 사이에 똑같이 나뉜다.

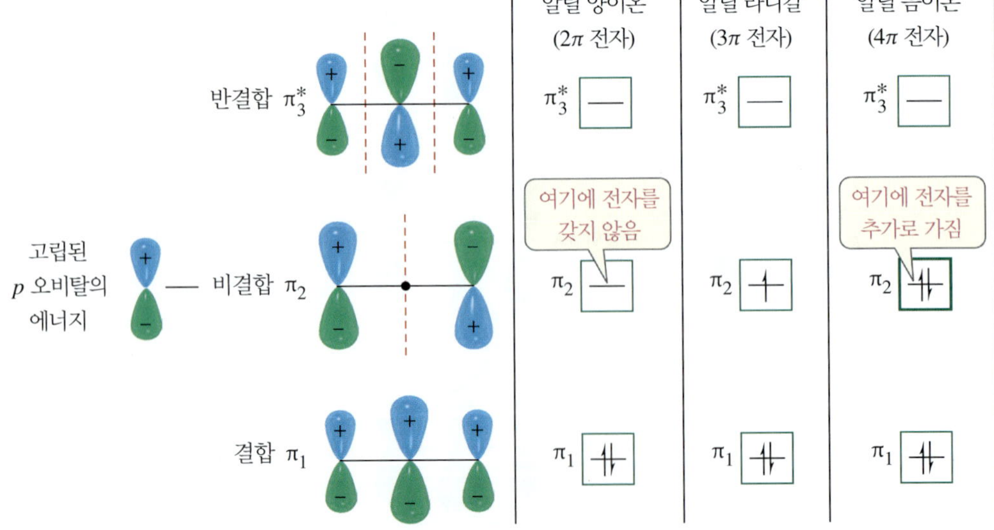


**그림 15-12** 알릴 양이온, 알릴 음이온, 알릴 라디칼의 전자 구조의 비교. 알릴 양이온은 $\pi_2$에 전자를 보유하지 않고, C1과 C3 각각에 반쪽의 + 전하를 가진다. 알릴 음이온은 $\pi_2$에 2개의 전자를 가지고, C1과 C3의 각각에 반쪽의 − 전하를 가진다.

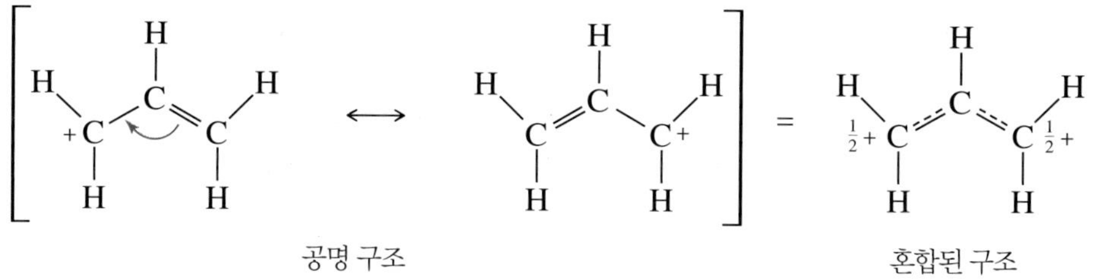

공명 구조 혼합된 구조

알릴 음이온의 이러한 분자 오비탈 표현은 앞서 살펴본 음전하를 띠고, 비결합 전자의 고립 전자쌍이 C1과 C3 사이에 대등하게 나누어진 공명 구조와 일치한다.

**연습문제 15-12**

무수 에터에서 1-브로모뷰트-2-엔에 마그네슘 금속을 첨가하면 Grignard 시약이 생성된다. 물을 이 Grignard 시약에 첨가하면 뷰트-1-엔과 뷰트-2-엔(시스 및 트랜스)의 혼합물이 발생한다. 3-브로모뷰트-1-엔을 사용하여 Grignard 시약을 만들어 물을 첨가해도 아주 똑같은 혼합 생성물이 똑같은 비율로 생긴다. 이러한 흥미로운 결과를 설명하라.

## FOCUS | 콘쥬게이션계

이 장에서는 콘쥬게이션계의 전자 분포를 보다 엄밀하게 다루기 위해 분자 오비탈 그림을 사용했다. 그러나 전하 밀도, 라디칼 등이 콘쥬게이션계에 어떻게 분포되어 있는지 보여주는 데 공명 구조 역시 유용하다.

가장 간단한 공명 계통은 알릴 양이온, 라디칼, 음이온이다.

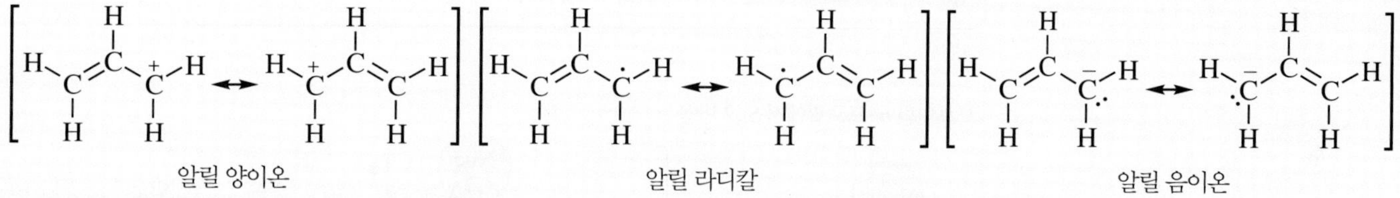

알릴 양이온 알릴 라디칼 알릴 음이온

탄소 이외의 원자도 콘쥬게이션계를 형성할 수 있다.

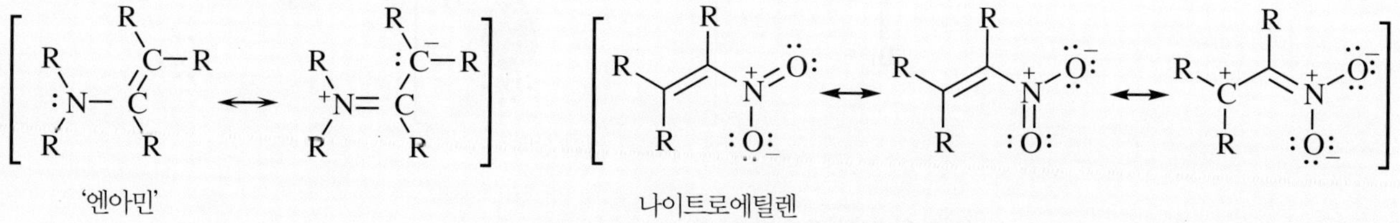

'엔아민' 나이트로에틸렌

거리와 따라 감소하는 유도 효과와 달리 공명 효과는 콘쥬게이션계의 전체 길이에 걸쳐 나타난다.

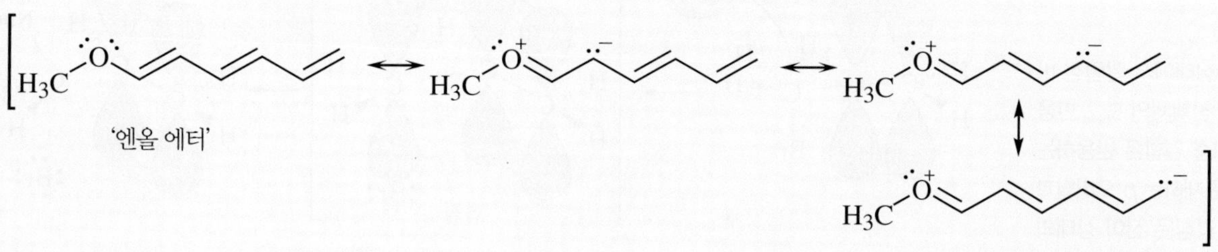

'엔올 에터'

## 15-10 알릴성 할로젠화물과 토실레이트의 $S_N2$ 치환 반응

알릴성 할로젠화물(allylic halide)과 토실레이트(tosylate)는 $S_N2$ 메커니즘으로 진행되는 친핵성 치환 반응에 대해 높은 반응성을 보인다. 예로서 브로민화 알릴은 친핵체와 $S_N2$ 메커니즘에 의해 브로민화 *n*-프로필(*n*-propyl bromide)보다 약 40배 빠르게 반응한다.

그림 15-13은 전이 상태에서 전자의 알릴성 비편재화가 어떻게 반응 속도를 증가시키는지 설명한다. $S_N2$ 반응에 대한 전이 상태는 3개의 치환체에 수직인 *p* 오비탈을 지닌 삼각형의 탄소 원자처럼 보인다. 공격하는 친핵체의 전자는 *p* 오비탈의 로브 1개와 결합을 형성하고, 이탈기의 전자는 다른 로브로부터 떠난다. 기질이 알릴일 때 전이 상태는 파이 결합의 *p* 오비탈과 콘쥬게이션을 통해 공명 안정화된다. 이 안정화는 전이 상태의 에너지를 낮추고, 결과적으로 활성화 에너지를 낮추어 반응 속도를 높인다.

알릴성 할로젠화물과 토실레이트의 높은 반응성은 이들을 $S_N2$ 반응에 대해 친전자체로서 특히 매력적이게 한다. 알릴성 할로젠화물은 매우 반응성이 커서 Grignard 시약 또는 유기리튬 시약과도 잘 반응하는데, 이들 시약은 활성화되지 않은 할로젠화물과는 잘 반응하지 않는다.

$$H_2C{=}CH{-}CH_2Br \; + \; CH_3(CH_2)_3{-}Li \longrightarrow H_2C{=}CH{-}CH_2{-}(CH_2)_3CH_3 \; + \; LiBr$$

브로민화 알릴    *n*-뷰틸리튬    헵트-1-엔(85%)

**연습문제 15-13**

4개 또는 그보다 적은 탄소 원자를 지닌 할로젠화 알킬 또는 할로젠화 알케닐, 브로모벤젠을 출발 물질로 하여 다음 화합물을 어떻게 합성할 수 있는지 밝혀라.

**(a)** 3-페닐프로프-1-엔    **(b)** 5-메틸헥스-2-엔    *__(c)__ 데크-5-엔

브로민화 *n*-프로필에서 $S_N2$ 반응

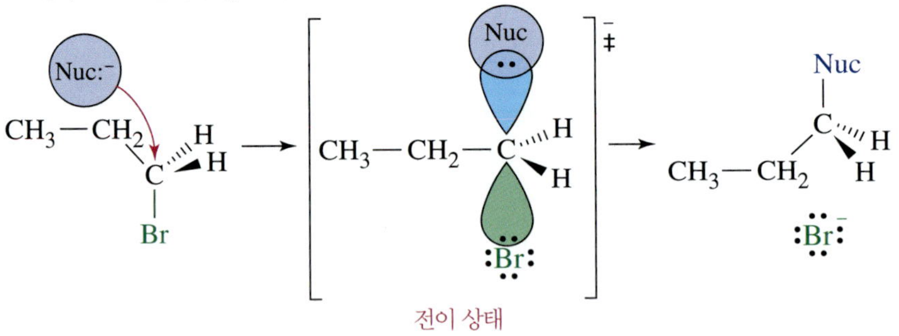

Nuc:⁻ CH₃—CH₂—C(H)(H)—Br → [CH₃—CH₂—C(H)(H) Nuc :Br:]‡ → CH₃—CH₂—C(Nuc)(H)(H) :Br:⁻

전이 상태

브로민화 알릴에서 $S_N2$ 반응

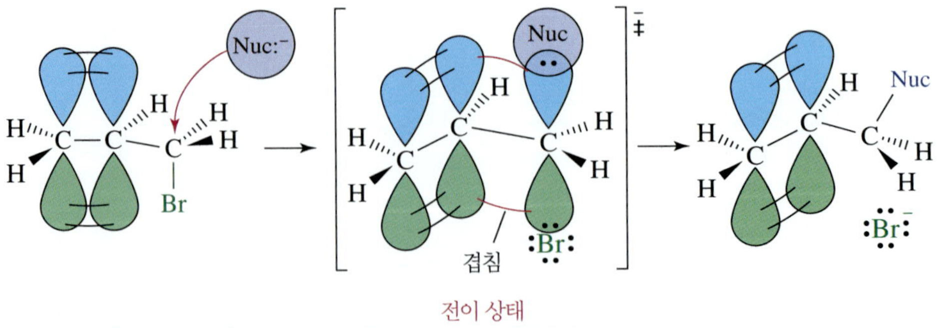

겹침

전이 상태

**그림 15-13** $S_N2$ 전이 상태에서 알릴성 비편재화. 브로민화 알릴과 친핵체의 $S_N2$ 반응에 대한 전이 상태에서 이중 결합은 반응하는 탄소 원자에 순간적으로 존재하는 *p* 오비탈과 콘쥬게이션된다. 이러한 겹침은 전이 상태의 에너지를 낮추어 반응 속도를 증가시킨다.

## 15-11 Diels-Alder 반응

1928년에 독일 화학자 Otto Diels와 Kurt Alder는 전자 끄는 기를 지닌 알켄과 알카인이 콘쥬게이션된 다이엔과 반응하여 6원자 고리를 형성한다는 것을 발견했다. **Diels-Alder 반응**(Diels-Alder reaction)은 다양한 기능성과 입체 화학을 조절할 수 있는 6원자 고리를 만드는 가장 좋은 방법 가운데 하나로, 유용한 합성 수단임이 입증되었다. Diels과 Alder는 이러한 연구에 대한 공로로 1950년에 노벨상을 받았다.

Diels-Alder 반응:

Δ(열)

C≡N

다이엔 (4개의 π 전자) 친다이엔체 (2개의 π 전자) Diels-Alder 생성물

Diels-Alder 반응은 다이엔의 4개의 파이 전자와 알켄 또는 알카인의 2개의 파이 전자의 상호작용에 의해 고리가 형성되므로 **[4 + 2] 고리 첨가 반응**([4 + 2] cycloaddition)이라고 한다. 전자가 부족한 알켄 또는 알카인이 다이엔과 반응하기 때문에, **친다이엔체**(dienophile, 다이엔을 좋아함)라고 한다. 사실 Diels-Alder 반응은 2개의 파이 결합을 2개의 시그마 결합으로 전환한다. Diels-Alder 반응을 세 쌍의 전자 이동을 나타내기 위해 3개의 화살표 기호로 나타낼 수 있다. 이 전자 움직임은 **협동적**(concerted)으로 세 쌍의 전자가 동시에 이동한다.

### 핵심 메커니즘 15-3 | Diels-Alder 반응

Diels-Alder 반응은 한 단계의 협동 메커니즘이다.

전자가 부족한 알켄과 반응하여 새로운 사이클로헥센 고리를 생성한다. (W는 전자 끄는 기이다.)

Δ (열)

다이엔 전자 풍부 친다이엔체 전자 부족 사이클로헥센 고리

다이엔은 전자가 부족한 알카인과 반응하여 사이클로헥사다이엔을 생성한다.

Δ

다이엔 친다이엔체 사이클로헥사-1,4-다이엔 고리

예:

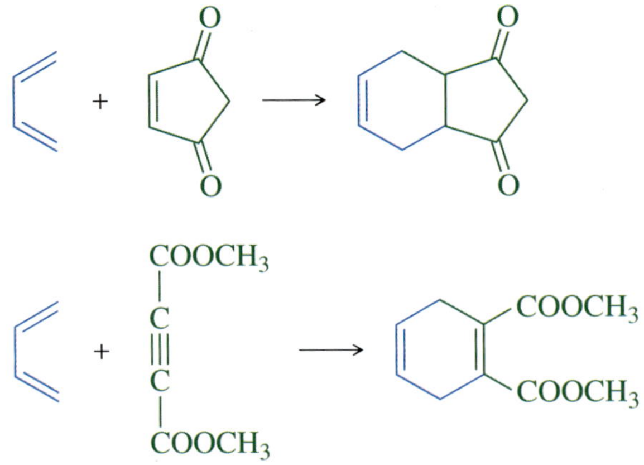

Diels-Alder 반응은 친핵체-친전자체 반응과 같다. 다이엔은 전자가 풍부하며, 친다이엔체는 전자가 부족하다. 뷰타-1,3-다이엔 같은 간단한 다이엔은 Diels-Alder 반응에 효과적인 다이엔이 되기에 충분히 전자가 풍부하다. 알킬기 또는 알콕시(—OR)기 같은 전자를 주는 기(—D)가 있으면 다이엔의 반응성을 더욱 증가시킬 수 있다.

그러나 에텐과 에타인 같은 간단한 알켄과 알카인은 좋은 친다이엔체가 아니다. 일반적으로 좋은 친다이엔체는 파이 결합으로부터 전자 밀도를 끌어내리는 1개 또는 더 많은 전자 끄는 기(—W)를 가진다. 친다이엔체는 보통 Diels-Alder 반응성을 증가시키기 위해 카보닐(C=O)기 또는 사이아노(—C≡N)기를 가진다. 그림 15-14에 여러 종류의 다이엔과 친다이엔체를 포함하는 일부 대표적인 Diels-Alder 반응을 보여준다.

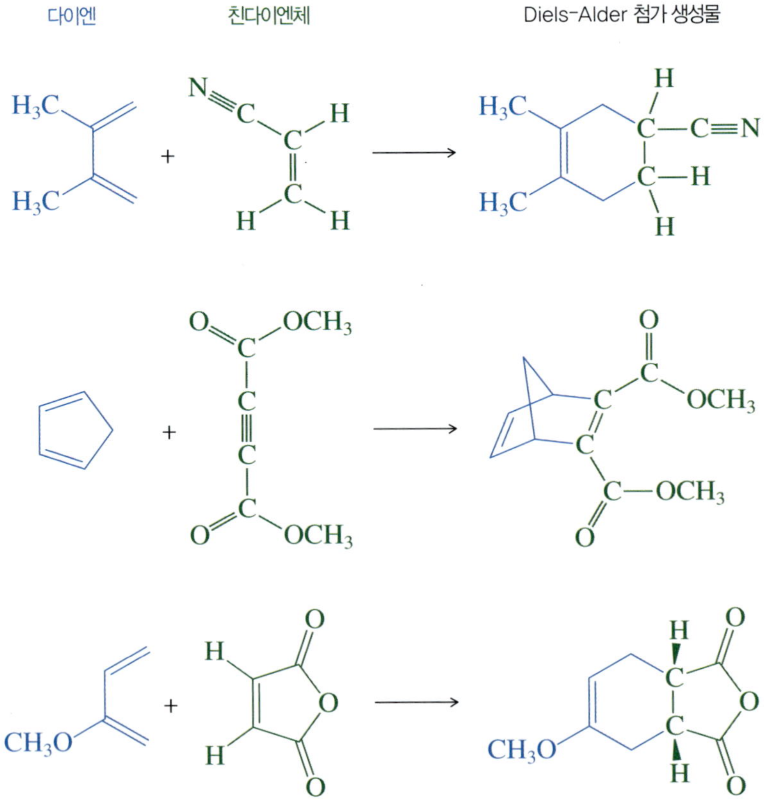

다이엔 친다이엔체 Diels-Alder 첨가 생성물

**그림 15-14** Diels-Alder 반응의 예. 전자 주는 치환체는 다이엔을 활성화하고, 전자 끄는 치환체는 친다이엔체를 활성화한다.

**연습문제 15-14**

다음에 나타낸 Diels-Alder 반응의 생성물을 예측하라.

(a) 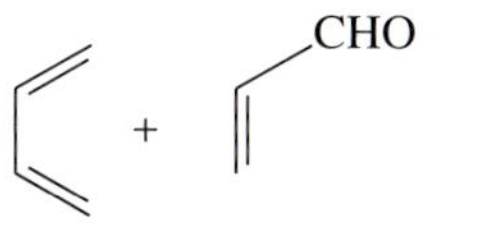 1,3-뷰타다이엔 + $CH_2=CH-CHO$

(b) 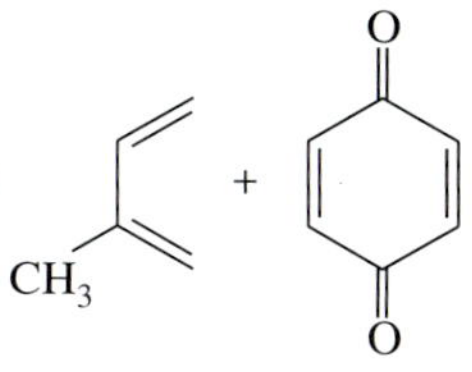 2-메틸-1,3-뷰타다이엔($CH_3$) + 1,4-벤조퀴논

(c) 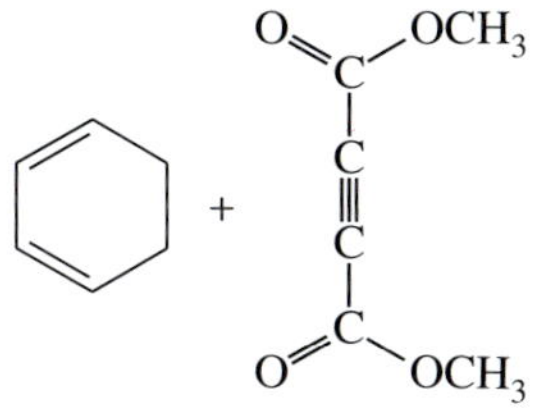 1,3-사이클로헥사다이엔 + $CH_3O-C(=O)-C\equiv C-C(=O)-OCH_3$

(d) 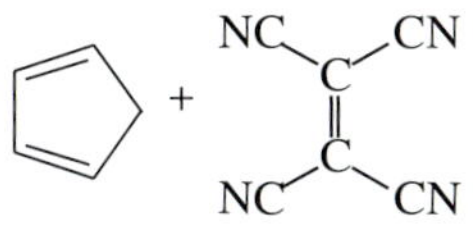 사이클로펜타다이엔 + $(NC)_2C=C(CN)_2$

(e) 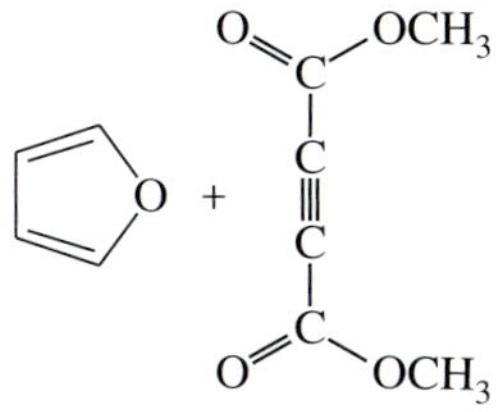 퓨란 + $CH_3O-C(=O)-C\equiv C-C(=O)-OCH_3$

(f) 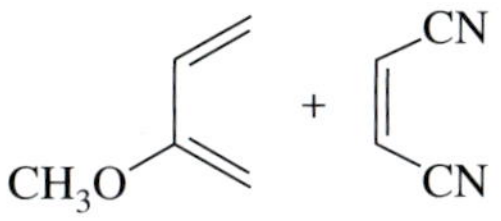 2-메톡시-1,3-뷰타다이엔($CH_3O$) + cis-$NC-CH=CH-CN$

**문제풀이 힌트**

Diels-Alder 생성물은 항상 반응물보다 하나 더 많은 고리를 가지고 있다. 다이엔의 두 끝은 친다이엔체 끝에 새로운 결합을 형성한다. 다이엔의 중앙(먼저는 단일) 결합은 이중 결합이 된다. 친다이엔체의 이중 결합은 단일 결합(또는 삼중 결합은 이중 결합)이 된다.

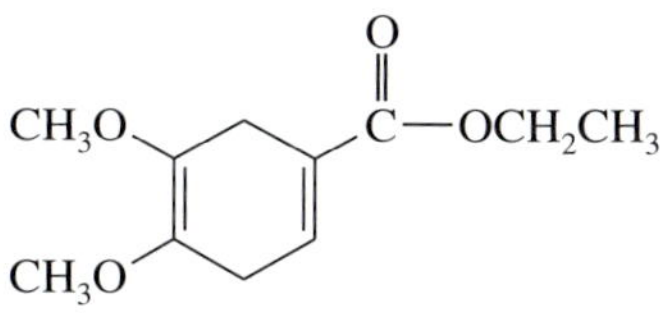

**연습문제 15-15**

다음 Diels-Alder 생성물을 얻기 위해 어떤 다이엔과 친다이엔체를 반응시킬 것인지 답하라.

(a) 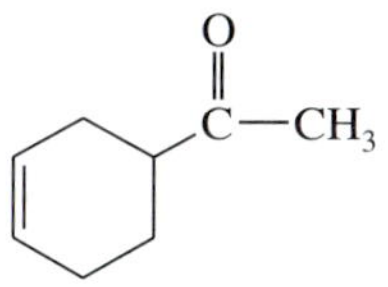 사이클로헥센 고리에 $-C(=O)-CH_3$

(b) $CH_3O$, $CH_3O$가 치환된 사이클로헥사다이엔 고리에 $-C(=O)-OCH_2CH_3$

(c) 산소 다리 바이사이클로 고리에 CN

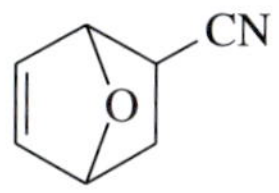

(d) 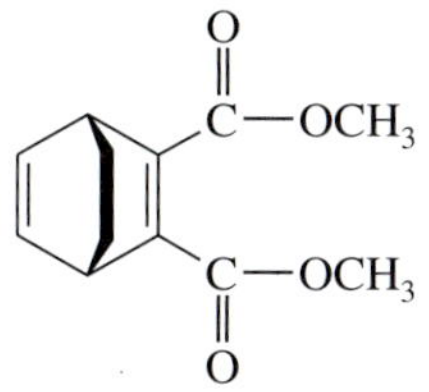 바이사이클로 고리에 $-C(=O)-OCH_3$ 두 개

(e) 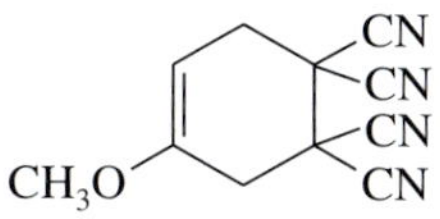 $CH_3O$가 치환된 사이클로헥센 고리에 CN 네 개

(f) 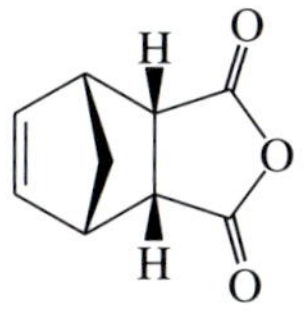 H, H, O, O, O를 가진 바이사이클로 무수물

**문제풀이 힌트**

Diels-Alder 생성물을 분해하기 위해 다이엔의 중앙이었던 이중 결합을 찾아라. 직접적으로 고리를 가로지르는 것은 보통 전자 끄는 기를 지닌 친다이엔체 결합이다. (단일 결합이면 친다이엔체는 이중 결합, 이중 결합이면 친다이엔체는 삼중 결합을 가진다.) 다이엔과 친다이엔체를 연결하는 두 결합을 깨고 다이엔의 2개의 이중 결합과 친다이엔체의 이중 결합(또는 삼중 결합)을 회복하라.

## 15-11A Diels-Alder 전이 상태의 입체 화학적 필요 조건

Diels-Alder 반응의 메커니즘은 다이엔에 있는 4개의 전자와 친다이엔체에 있는 2개의 전자, 즉 6개 전자의 동시적인 고리화 이동이다. 세 쌍의 전자가 동시에 움직이려면 전이 상태는 다이엔의 2개의 끝 $p$ 오비탈과 친다이엔체의 $p$ 오비탈의 겹침을 허용하는 기하 구조를 가져야만 한다. 그림 15-15는 전이 상태가 가져야 할 기하 구조를 보여준다. Diels-Alder 전이 상태의 기하 구조는 왜 어떤 이성질체가 다른 이성질체와 다르게 반응하는지 설명해주고, 생성물의 입체 화학을 예상할 수 있게 해준다.

Diels-Alder 반응의 세 가지 입체 화학적 특징은 전이 상태의 필요 조건에 의해 지배된다.

**다이엔의 *s*-시스 형태** 다이엔은 *s*-시스 형태에 있어야만 반응한다. 다이엔이 *s*-트랜스 형태에 있을 때 가장자리의 $p$ 오비탈은 친다이엔체의 $p$ 오비탈과 겹치기에는 너무 멀리 떨어져 있다. *s*-트랜스 형태는 보통 *s*-시스보다 에너지가 낮지만, 이 에너지 차이는 대부분의 다이엔이 Diels-Alder 반응을 수행하는 것을 막을 정도로 충분하지는 않다. 예를 들어 뷰타다이엔의 *s*-트랜스 형태는 *s*-시스 형태보다 에너지가 단지 12 kJ/mol(2.9 kcal/mol) 낮을 뿐이다.

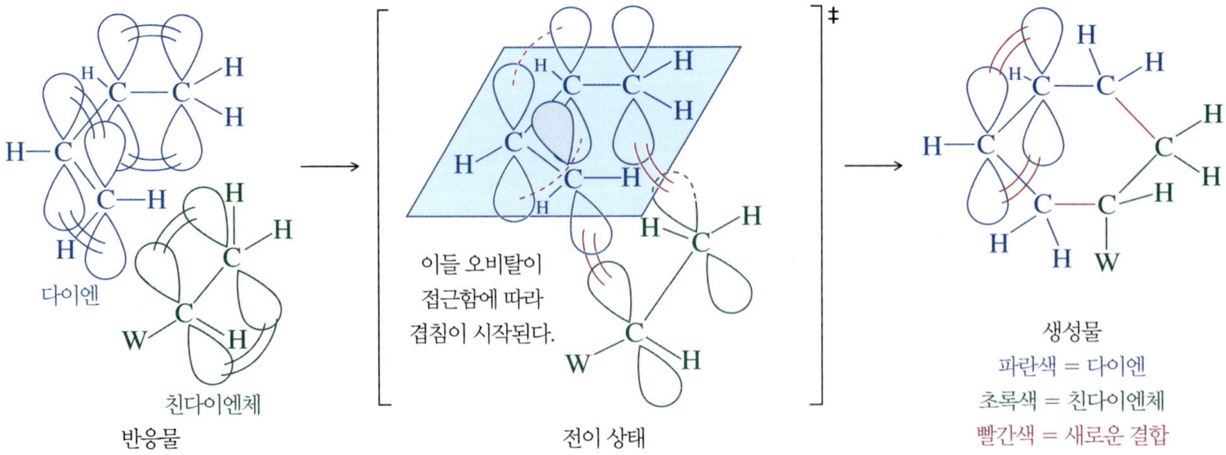

**그림 15-15** Diels-Alder 전이 상태의 기하 구조. Diels-Alder 반응은 모든 결합 생성과 결합 깨짐이 한 단계에서 일어나는 협동 메커니즘을 가진다. 세 쌍의 전자는 동시에 움직이고, 다이엔의 끝 $p$ 오비탈과 친다이엔의 끝 $p$ 오비탈 사이에 겹침을 가진 전이 상태를 필요로 한다.

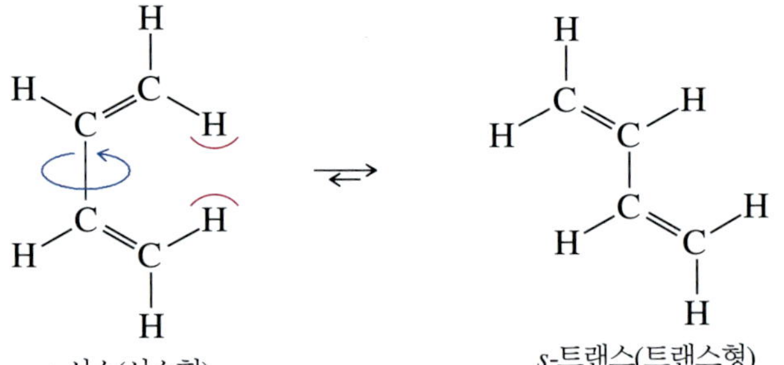

다이엔이 *s*-시스 형태를 이루는 데 도움을 주거나 방해하는 구조적 특징은 Diels-Alder 반응을 수행하는 능력에 영향을 미친다. 그림 15-16은 *s*-시스 형태가 되는 것을 방해하는 작용기를 지닌 다이엔이 뷰타다이엔보다 느리게 반응한다는 것을 보여준다. *s*-트랜스 형태가 되는 것을 방해하는 작용기를 지닌 다이엔은 뷰타다이엔보다 더 빠르게 반응한다.

사이클로펜타다이엔(cyclopentadiene)은 *s*-시스 형태로 고정되어 있기 때문에 Diels-Alder 반응에서 상당히 반응성이 크다. 실제로 사이클로펜타다이엔은 반응성이 크기 때문에 실온에서 자기들끼리 반응하여 다이사이클로펜타다이엔(dicyclopentadiene)을 생성한다. 이 이합체를 약 200°C까지 가열하면 사이클로펜타다이엔으로 재생된다. 이 온도에서 Diels-Alder 반응은 가역적이고, 더 휘발성인 사이클로펜타다이엔 단위체(monomer)는 증류를 통해 냉각 플라스크에 모을 수 있다. 단위체는 드라이아이스 온도에서 무한정으로 저장할 수도 있다.

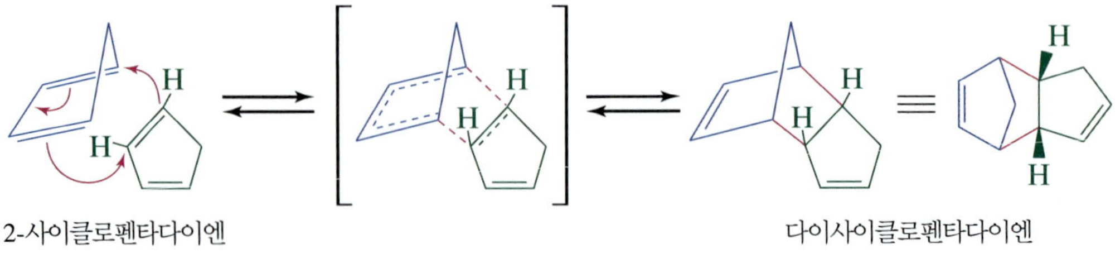

**신 입체 화학** Diels-Alder 반응은 다이엔과 친다이엔체 모두에 대해 신 첨가(syn addition)이다. 친다이엔체는 다이엔의 한 면에 첨가되고, 다이엔은 친다이엔체의 한 면에 첨가된다. 그림 15-15의 전이 상태에서 볼 수 있듯이 반응이 진행되는 동안 어떤 치환체도 입체 화학적 위치가 바뀌지

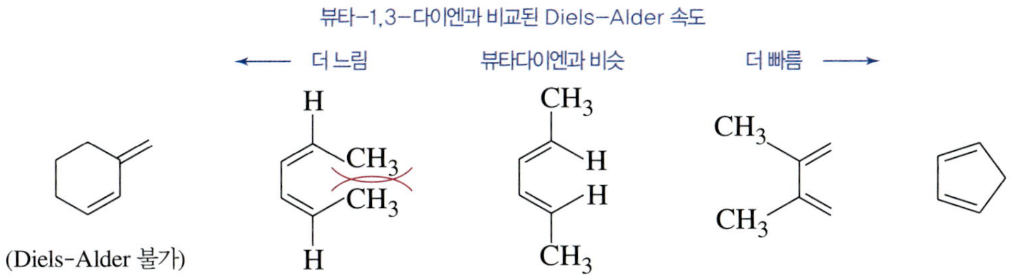

**그림 15-16** 쉽게 *s*-시스 형태를 취하는 다이엔은 좀 더 쉽게 Diels-Alder 반응을 수행한다.

않는다. 다이엔과 친다이엔체의 같은 쪽에 있는 치환체는 새롭게 생성되는 고리에서도 시스 위치에 있을 것이다. 다음의 예는 이 신 첨가의 결과를 보여준다.

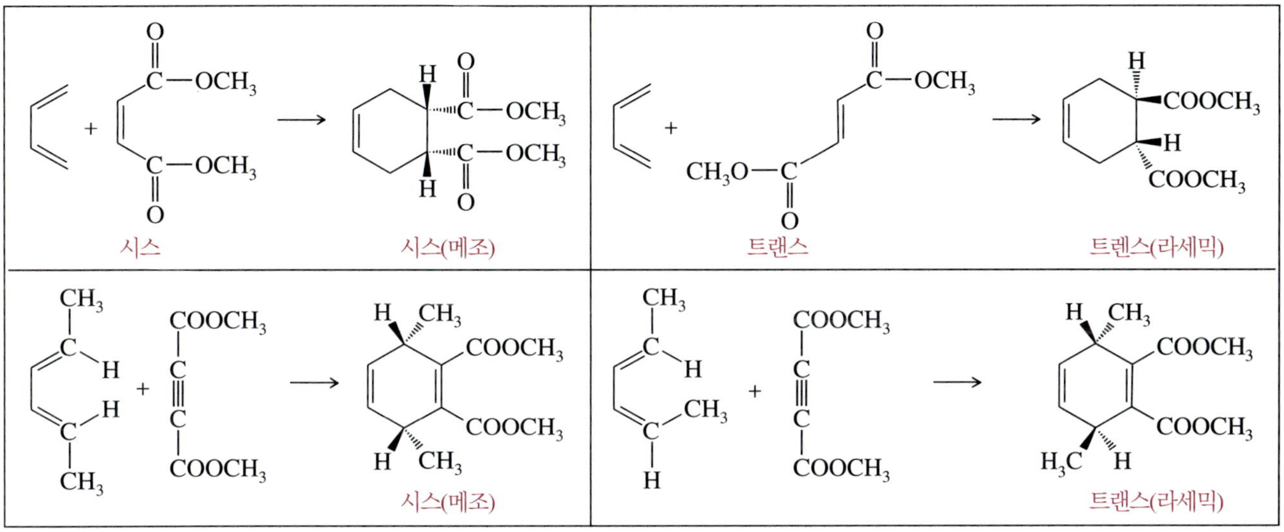

**내향 규칙** 친다이엔체의 파이 결합에 전자 끄는 기(예: 카보닐기 또는 사이아노기)를 가지고 있을 경우 전자 끄는 기에 있는 $p$ 오비탈은 다이엔의 중앙 탄소(C2 또는 C3)에 접근한다. 이러한 접근을 통해 전자 끄는 기의 $p$ 오비탈과 다이엔의 C2와 C3 $p$ 오비탈이 겹쳐지면서 **2차 겹침**(secondary overlap)이 생긴다(그림 15-17). 이 2차 겹침은 전이 상태를 안정화한다.

2차 겹침 효과는 사이클로펜타다이엔으로부터 이중 고리계(bicyclic ring system)를 생성하는 반응에서 처음으로 관측되었다. 이중 고리 생성물, 즉 노보넨(norbonene)에서 전자 끄는 치환체는 입체 화학상 다이엔의 중심 원자 가까운 쪽에 위치한다. 치환체가 노보넨의 6원자 고리로 인해 생성되는 호주머니의 안쪽인 것처럼 보이기 때문에 이 위치를 **내향 위치**(endo position)라고 한다. 전자 끄는 기가 입체 화학적으로 내향 위치를 선호하는 것을 **내향 규칙**(endo rule)이라고 한다.

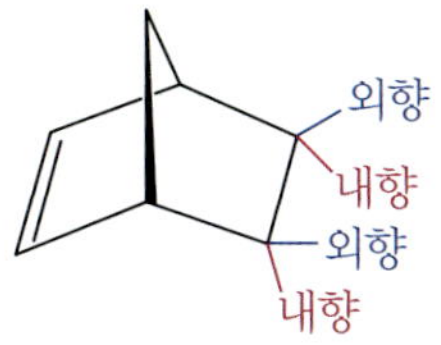

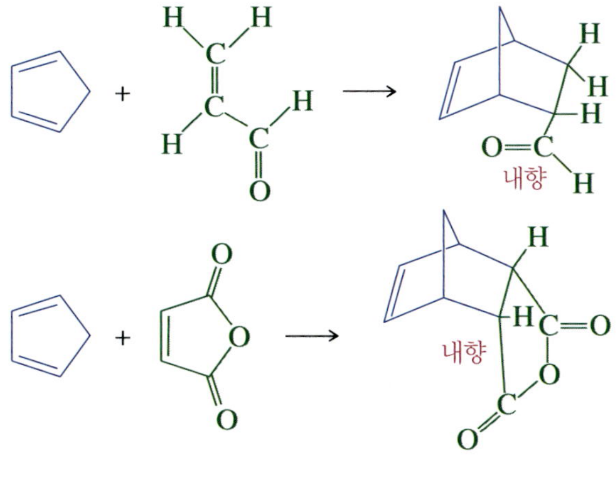

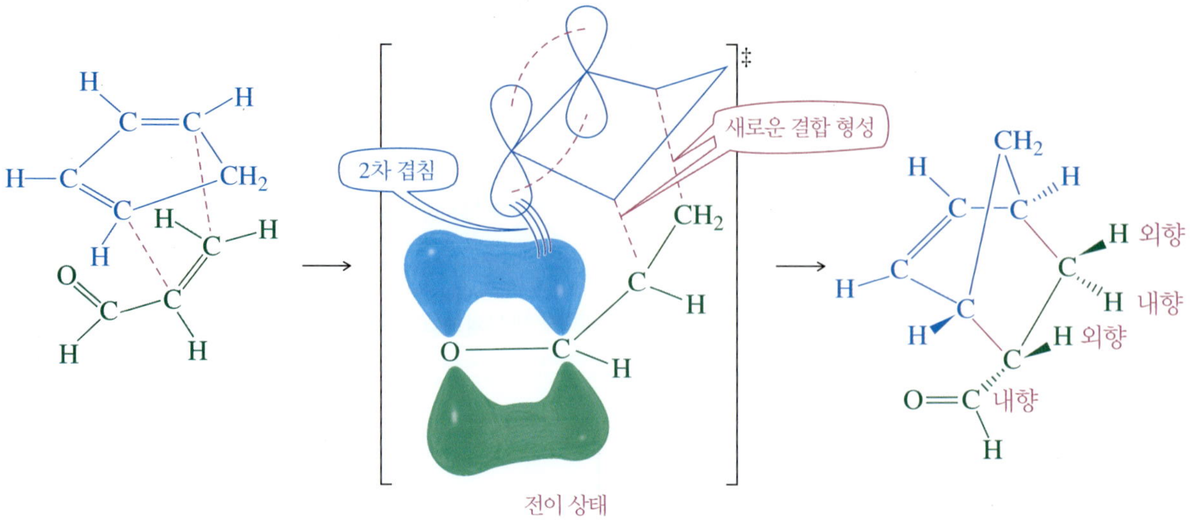

**그림 15-17** 대부분의 Diels-Alder 반응에서 전자 끄는 기의 *p* 오비탈과 다이엔의 중앙 탄소 원자의 *p* 오비탈 사이에 2차 겹침이 있다. 2차 겹침은 전이 상태를 안정화하고, 내향 위치에 전자 끄는 기를 가진 생성물을 형성하게 한다.

내향 규칙은 사이클로펜타다이엔을 사용하여 노보넨계를 생성하는 것과 관계없이 여러 형태의 Diels-Alder 반응 생성물을 예측하는 데 유용하다. 다음은 다른 형태의 Diels-Alder 반응에서 내향 규칙을 사용한 예를 보여준다.

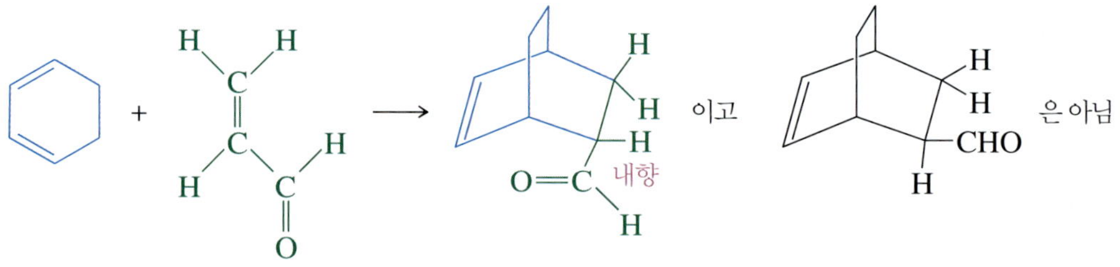

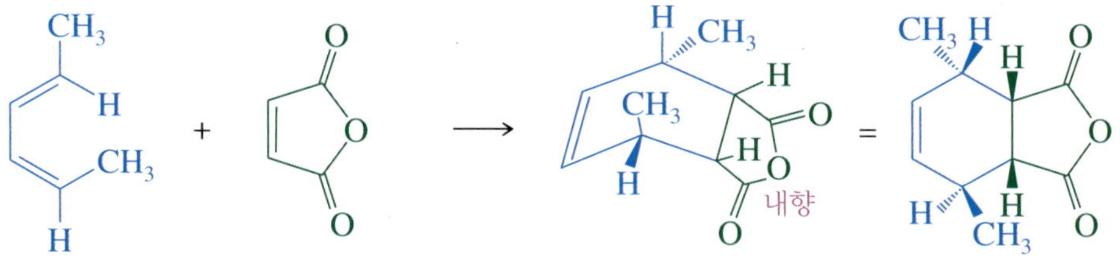

### 예제 15-1

내향 규칙을 사용하여 다음 고리 첨가 반응의 생성물을 예측하라.

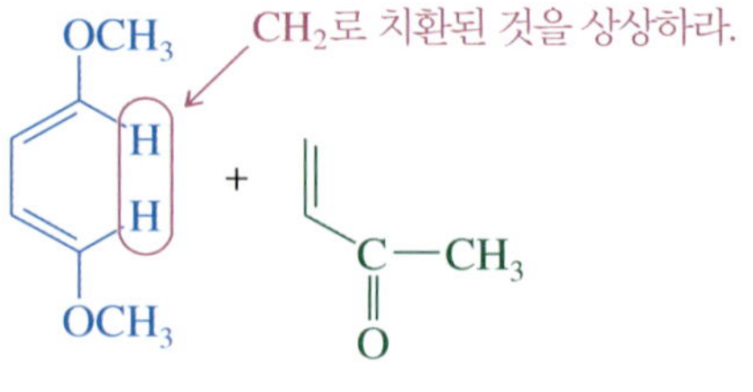

**풀이**

이 다이엔을 치환된 사이클로펜타다이엔이라고 상상하라. 내향 생성물이 형성될 것이다.

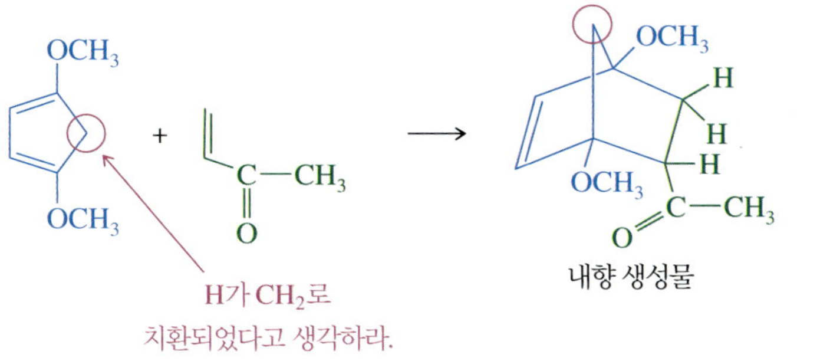

$OCH_3$ + C—$CH_3$ O → $OCH_3$ H H H $OCH_3$ C—$CH_3$ O

H가 $CH_2$로 치환되었다고 생각하라.

내향 생성물

가상적인 반응에서 두 내부 수소를 사이클로펜타다이엔 고리의 나머지와 바꾼다. 이제 그들을 되돌려 실제 생성물을 만든다.

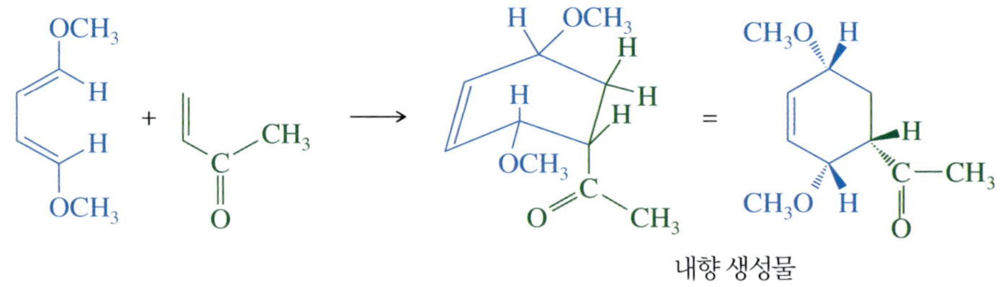

$OCH_3$ H H $OCH_3$ + $CH_3$ C O → H $OCH_3$ H H H $OCH_3$ C $CH_3$ O = $CH_3O$ H H C—$CH_3$ O $CH_3O$ H

내향 생성물

**연습문제 15-16**

각각 제시된 Diels-Alder 반응에 대해 주생성물을 예측하라. 적절한 곳에 입체 화학을 포함하라.

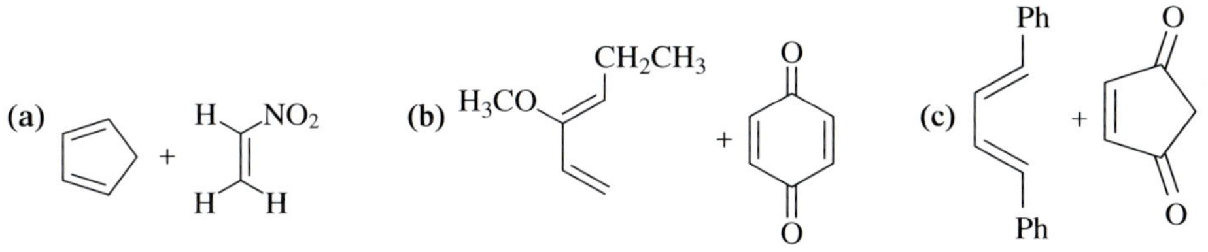

(a) + H $NO_2$ H H (b) $H_3CO$ $CH_2CH_3$ + O O (c) Ph Ph + O O

## 15-11B 비대칭 시약을 사용한 Diels-Alder 반응

다이엔과 친다이엔체 모두 비대칭적으로 치환되어 있을 때도 Diels-Alder 반응은 보통 혼합물이 아닌 단독 생성물(또는 주생성물)을 만든다. 보통 치환체들이 전하가 분리된 공명 구조에서 다이엔과 친다이엔체를 어떻게 분극시키는지를 살펴봄으로써 주생성물을 예측할 수 있다. 반응물인 다이엔(전자 풍부)에서 가장 음으로 하전된 탄소와 친다이엔체(전자 부족)의 가장 양으로 하전된 탄소가 결합하도록 배열함으로써 보통 올바른 치환체의 배향을 예측할 수 있다. 다음 예에서 다이엔의 전자 주는 치환기(D)와 친다이엔체의 전자 끄는 치환기(W)가 보통 생성물에서 1,2- 또는 1,4-관계를 나타내는 것을 보여준다.

1,4-생성물의 형성

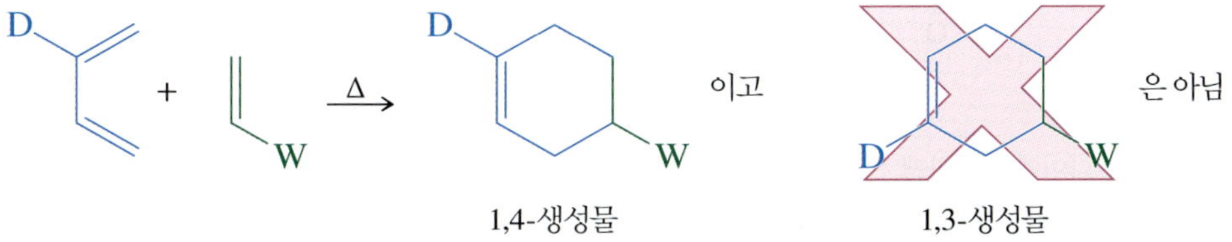

D + W →(Δ) D W 이고 D W 은 아님

1,4-생성물 1,3-생성물

생성물 예측하기

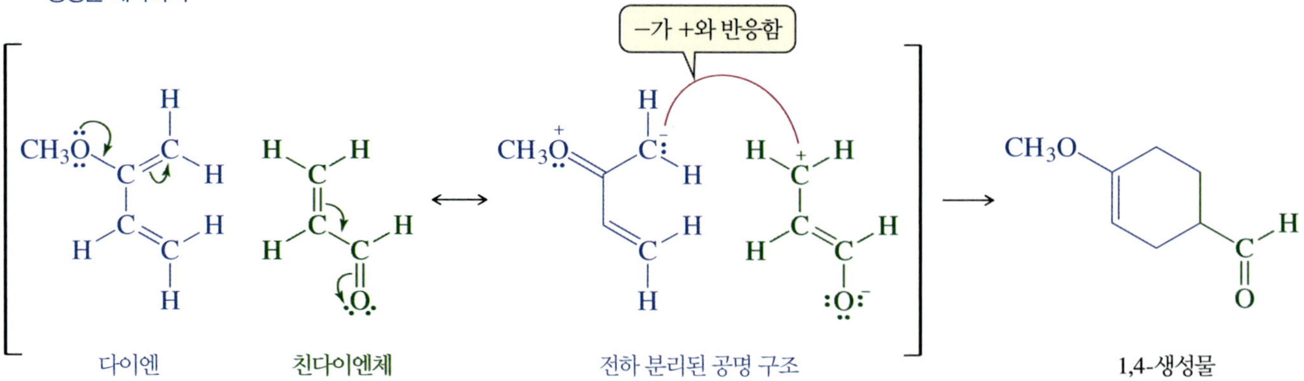

1,2-생성물의 형성

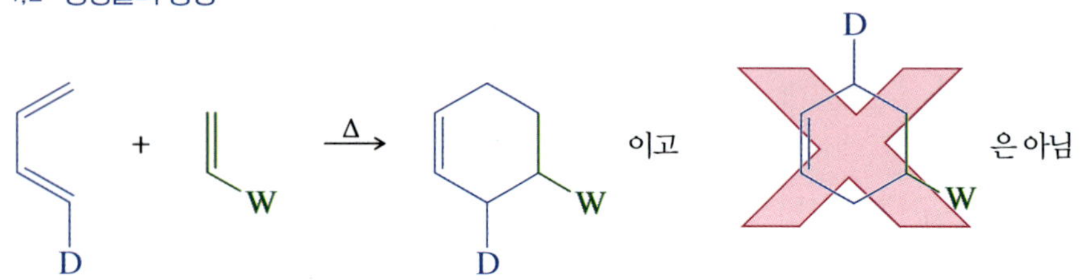

생성물 예측하기

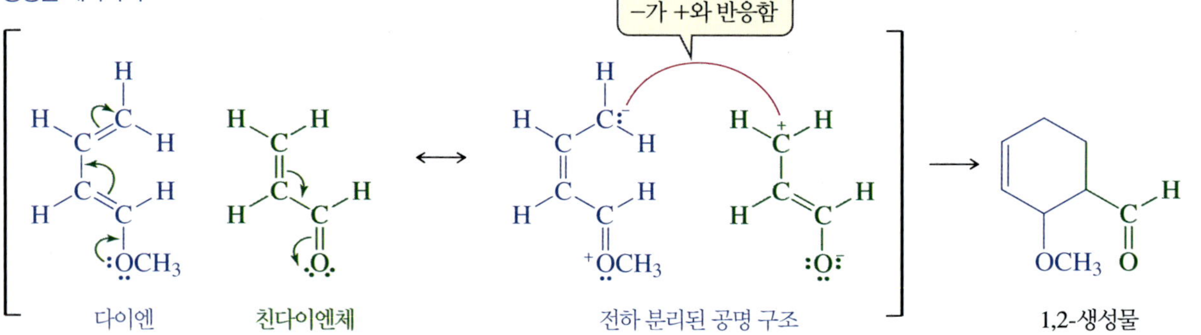

대부분의 경우 반응물의 어느 배향이 우세한지 결정하기 위해 전하 분리된 공명 구조를 그릴 필요조차 없다. 이 비대칭 Diels–Alder 반응의 주생성물은 다이엔의 전자 주는 기와 친다이엔체의 전자 끄는 기가 보통 생성물에서 1,3-관계가 아닌 1,2-관계 또는 1,4-관계를 가진다는 것을 기억함으로써 간단히 생성물을 예측할 수 있다.

**예제 15-2**

다음 제안된 Diels–Alder 반응의 생성물을 예측하라.

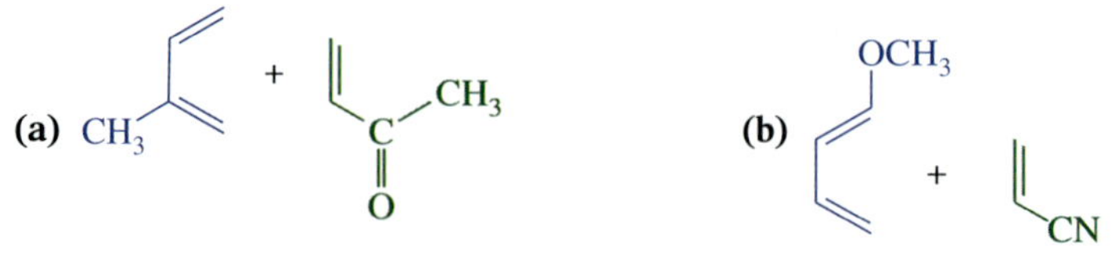

**(a)** $CH_3$ … + … $CH_3$ (C=O)

**(b)** $OCH_3$ … + … CN

**풀이**

**(a)** 메틸기는 다이엔에 약하게 전자를 주고, 카보닐기는 친다이엔체로부터 전자를 끌어당긴다. 2개의 가능한 지향은 이들 작용기가 1,4-관계 또는 1,3-관계에 있음을 알 수 있다. 예상한 생성물로 1,4-관계

를 선택한다. (실험 결과는 1,4-생성물이 70 : 30임을 보여준다.)

1,4-관계(주생성물) (70%)

1,3-관계(부생성물) (30%)

**(b)** 메톡시기($-OCH_3$)는 다이엔에 강하게 전자를 주고, 사이아노기($-C\equiv N$)는 친다이엔체로부터 전자를 끌어당긴다. 첨가 반응의 지향에 따라 생성물은 이들 두 기가 1,2-관계 또는 1,3-관계를 가진다. 따라서 1,2-관계를 선택하고, 내향 규칙은 두 치환체가 시스 입체 화학임을 예측할 수 있다.

1,2-관계(생성물)

1,3-관계(형성되지 않음)

**연습문제 15-17**

예제 15-2에서 생성물은 치환체가 1,2-관계 또는 1,4-관계를 가진다고 간단히 예측했다. 이러한 예측을 뒷받침하는 반응물의 전하 분리된 공명 구조를 그려보라.

**연습문제 15-18**

다음 Diels-Alder 반응의 생성물을 예측하라.

**(a)** **(b)** **(c)** *(d)

## FOCUS | Diels-Alder 반응

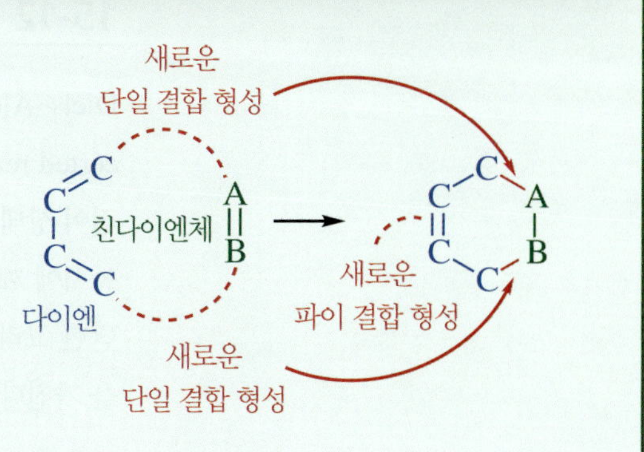


**Diels-Alder 반응**은 새로운 6원자 고리를 형성하는 가장 중요한 방법이다. 이 반응은 2개의 이중 결합을 포함하는 4원자 분자인 다이엔과 하나의 이중(또는 경우에 따라 삼중) 결합을 포함하는 2원자 분자인 **친다이엔체**를 결합한다.

공식적인 분류는 **[4 + 2] 고리 첨가 반응**이다. 이 원자들은 보통 탄소이지만, 일부 경우에는 질소(N)와 산소(O)가 포함될 수 있다.

**생성물의 파이 결합 위치가 처음 친다이엔체에 존재했던 파이 결합 위치의 반대편에 있음을 주목하라.**

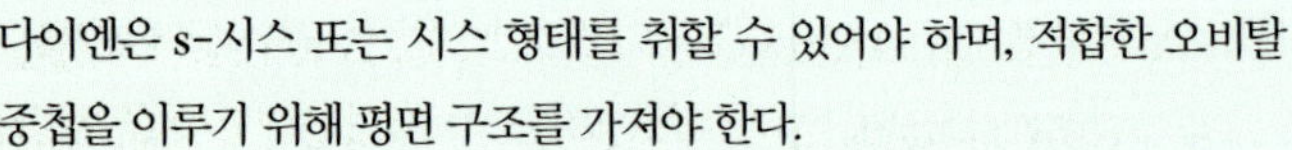
다이엔은 s-시스 또는 시스 형태를 취할 수 있어야 하며, 적합한 오비탈 중첩을 이루기 위해 평면 구조를 가져야 한다.

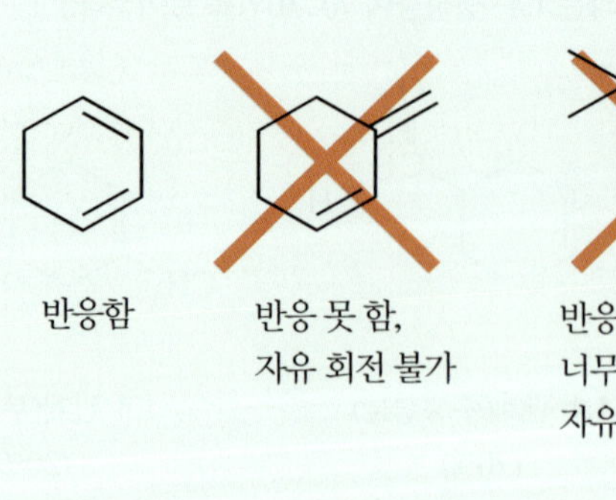


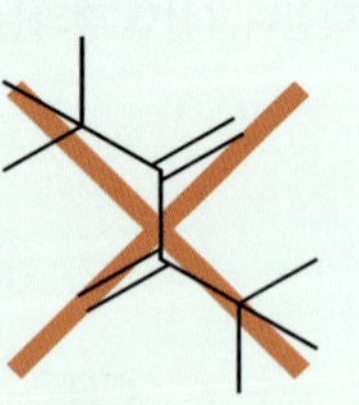

반응 못 함,
너무 큰 입체 장애로
자유 회전 불가

친다이엔체에서의 입체 화학은 생성물에서도 유지된다.

A
B
A
B
A
B
A
B

반응은 다이엔에 전자 주개(D)가 있을 때, 그리고 친다이엔체에 전자 받개(W)가 있을 때 가속된다.

D
그리고
D
다이엔
전자 주개 치환 시
더 빠른 반응
**D** = R, OR, $NR_2$

W
친다이엔체
전자 받개 치환 시
더 빠른 반응
**W** = $NO_2$, CN, C=O

친다이엔체가 파이 결합을 지닌 치환기를 가지고 있다면, 생성물은 이 치환기가 생성물의 파이 결합 가까이에 존재하게 하는 입체 이성질체를 선호하게 된다. 이를 엔도 규칙이라고 한다.

O
HC
O
H
O
H
가장 가까이
접근
O=CH
내향 입체 화학

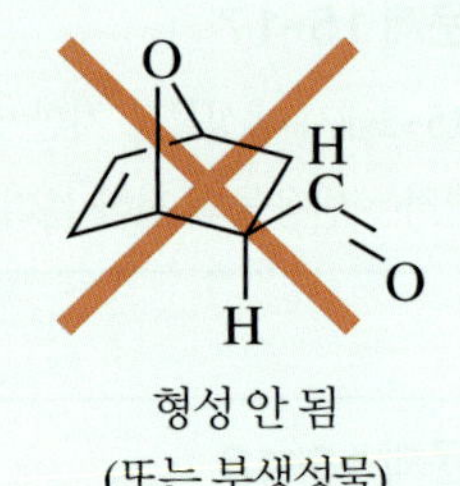


형성 안 됨
(또는 부생성물)
외향 입체 화학

다이엔과 친다이엔체가 모두 비대칭적으로 치환된 경우 주생성물은 1,3-치환된 고리가 아닌 1,2- 또는 1,4-치환된 고리이다. 여기서 입체 이성질체는 무시된다.

D
W
D
W
1,2-위치
D
W
D
W
1,4-위치

## 15-12 고리 전이 상태 반응의 예: Diels-Alder 반응

Diels-Alder 반응은 **고리 첨가 반응**(cycloaddition)이다. 한 단계에서 두 분자가 **협동 반응**(concerted reaction)을 통해 새로운 고리를 형성한다. Diels-Alder 반응 같은 고리 첨가 반응은 **고리 전이 상태 반응**(pericyclic reaction)의 한 부류로 상호작용하는 오비탈의 닫힌 고리 안에서 결합이 동시에 깨지고 생성된다. 그림 15-15는 Diels-Alder 전이 상태에서 오비탈이 상호작용함으로써 닫힌 고리를 만드는 것을 보여준다. 새로운 고리의 각 탄소 원자는 이 닫힌 고리에 하나의 오비탈을 가진다.

협동 고리 전이 상태 반응은 1개의 전이 상태를 가지며, 활성화 에너지는 가열(열 유도) 또는 자외선(광화학적 유도)을 통해 공급된다. 일부 고리 전이 상태 반응은 오로지 열 유도하에서만 일어나고, 다른 것은 광화학적 유도에 의해서만 일어난다. 또한 일부 고리 전이 상태 반응은 열과 광화학적 조건에서 일어나지만, 이 두 종류의 조건은 서로 다른 생성물을 만든다.

오랫동안 고리 전이 상태 반응은 잘 이해되지 못했고, 예측할 수 없었다. 1965년경 Robert B. Woodward와 Roald Hoffmann은 반응물과 생성물의 분자 오비탈의 대칭성을 고려함으로 써 고리 전이 상태 반응의 결과를 예측하는 이론을 발전시켰다. 그들의 이론을 **오비탈 대칭보존**(conservation of orbital symmetry)이라고 하며, 반응물의 MO는 대칭성의 큰 변화 없이 생성물의 MO로 매끄럽게 흘러가야만 한다는 것이다. 즉 전이 상태를 안정화하는 데 기여하는 결합 상호작용이 있어야만 한다는 것이다. 만일 전이 상태에서 이러한 결합 상호작용이 일어나지 않는다면 활성화 에너지가 너무 커서 고리 전이 상태 반응이 일어날 수 없다. 대칭성 보존은 어떤 고리 전이 상태 반응이 가능한지, 어떤 생성물을 얻을 수 있을지 예측하는 '규칙'을 발전시키는 데 사용되었다. 이 규칙을 **Woodward-Hoffmann 규칙**(Woodward-Hoffmann rule)이라고 한다.

**응용: 비타민 D**

비타민 D의 선구 물질은 태양의 자외선에 피부가 노출되면 고리 전이 상태 고리 열림 반응을 유발한다. 추운 기후에서 햇빛에 적게 노출된 어린이는 충분한 비타민 D를 생산하거나 소비할 수 없어 그 결과 구루병이 나타난다. 생선의 간유(liver oil)는 풍부한 비타민 D의 원천이다.

7-탈수소콜레스테롤

고리 전이 상태 반응

프로비타민 $D_3$

**Robert Burns Woodward**(1917~1979) 미국의 유기 화학자로, 20세에 MIT에서 박사 학위를 취득했다. 페로센(Ferrocene)의 올바른 구조 및 오비탈 대칭성의 Woodward-Hoffman 규칙을 밝혔으며, 1965년에는 생체 분자를 창의적으로 유기 합성한 공로로 노벨 화학상을 수상했다.

## 15-12A Diels-Alder 반응에서의 오비탈 대칭 보존

이 책에서 모든 Woodward-Hoffmann 규칙을 전개하지는 않겠지만, 분자 오비탈이 고리 첨가 반응이 일어날지 안 일어날지를 어떻게 예측할 수 있는지 보여줄 것이다. 뷰타다이엔(butadiene)과 에틸렌(ethylene)의 간단한 Diels-Alder 반응을 첫 번째 예로 살펴보자. 뷰타다이엔과 에틸렌의 분자 오비탈을 그림 15-18에 나타냈다. 4개의 $p$ 오비탈을 지닌 뷰타다이엔은 4개의 분자 오비탈을 갖는데, 2개는 결합 MO(채워져 있음), 2개는 반결합 MO(비어 있음)이다. 2개의 $p$ 오비탈을 지닌 에틸렌은 2개의 MO를 갖는데, 하나는 결합 MO(채워져 있음), 하나는 반결합 MO(비어 있음)이다.

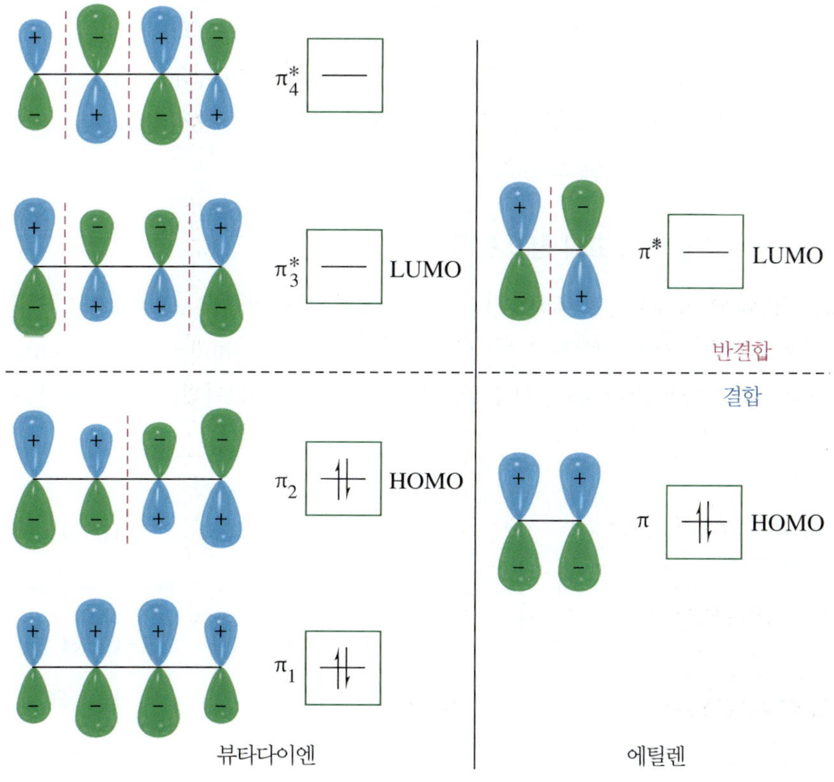


**그림 15-18** 뷰타다이엔과 에틸렌의 분자 오비탈

**그림 15-19** 대칭-허용 반응. 뷰타다이엔의 HOMO는 에틸렌의 LUMO와 겹쳐서 결합을 형성한다. 오비탈은 비슷한 대칭성을 갖기 때문이다. 따라서 이 반응은 대칭-허용이다.

뷰타다이엔 HOMO

결합 상호작용

에틸렌 LUMO

Diels-Alder 반응에서 다이엔은 전자가 풍부한 친핵체로, 친다이엔체는 전자가 부족한 친전자체로 작용한다. 다이엔이 친다이엔체에 한 쌍의 전자를 공여한다면 다이엔의 가장 높은 에너지 전자는 그러한 공여에 대해 가장 작은 활성화 에너지를 필요로 한다. 가장 높은 에너지를 점유한 오비탈에 있는 전자를 **최고 점유 분자 오비탈**(Highest Occupied Molecular Orbital, HOMO)이라고 하며, 이 전자들은 매우 약하게 붙들려 있기 때문에 중요하다. 뷰타다이엔의 HOMO는 $\pi_2$이며, 이것의 대칭성이 반응 방향을 결정한다.

이들 전자를 받는 에틸렌 오비탈은 가장 낮은 에너지의 비점유 오비탈, 즉 **최저 비점유 분자 오비탈**(Lowest Unoccupied Molecular Orbital, LUMO)이다. 에틸렌에서 LUMO는 $\pi^*$ 반결합 오비탈이다. 뷰타다이엔의 HOMO에 있는 전자가 에틸렌의 LUMO로 매끄럽게 흘러갈 수 있다면 협동 반응이 일어날 수 있다.

그림 15-19는 뷰타다이엔의 HOMO가 에틸렌의 LUMO와 겹치기 위해 올바른 대칭성을 가진다는 것을 보여준다. 올바른 대칭성을 가진다는 것은 새로운 결합을 형성하는 오비탈이 보강 겹침(즉 +와 +, −와 −로)을 할 수 있다는 것을 의미한다. 이러한 결합 상호작용은 전이 상태를 안정화하여 협동 반응을 촉진한다. 이 바람직한 결과는 이 반응이 **대칭-허용**(symmetry-allowed)이라는 것을 예측하게 한다. 이 Diels-Alder 반응은 흔히 일어날 수 있는 반응이며, 이 이론을 통해 유리한 전이 상태를 올바르게 예측할 수 있다.

**응용: 피부암**

자외선에 DNA가 노출되면 이웃한 타이민의 이중 결합 사이에 [2+2] 고리 첨가 반응이 일어난다. 그 결과 생성된 사이클로뷰테인 고리를 함유한 타이민 이합체는 DNA 재생산을 막아 피부암을 일으킬 수 있다.

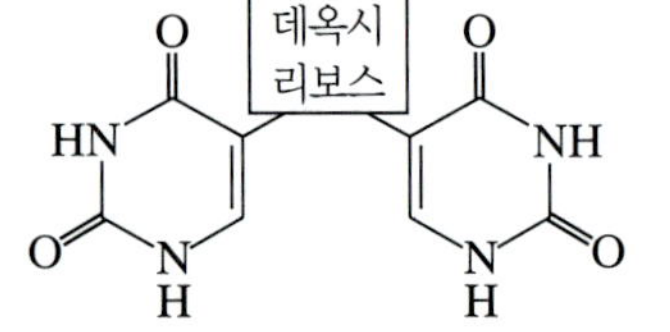


DNA에 이웃한 2개의 타이민 뉴클레오타이드

$h\nu$(자외선)

데옥시 리보스

DNA에 이웃한 2개의 타이민 뉴클레오타이드끼리의 결합

## 15-12B '금지'된 [2+2] 고리 첨가 반응

고리 첨가 반응으로 +상과 −상 오비탈이 중첩되면(상쇄 중첩) 반결합 상호작용이 일어난다. 반결합 상호작용은 활성화 에너지를 높이므로 이 반응을 **대칭-금지**(symmetry-forbidden)로 분류한다. 사이클로뷰테인(cyclobutane) 생성을 위한 두 에틸렌의 열적 [2 + 2] 고리 첨가 반응은 대칭-금지 반응이다.

열 열

2개의 에틸렌 (전이 상태) 사이클로뷰테인

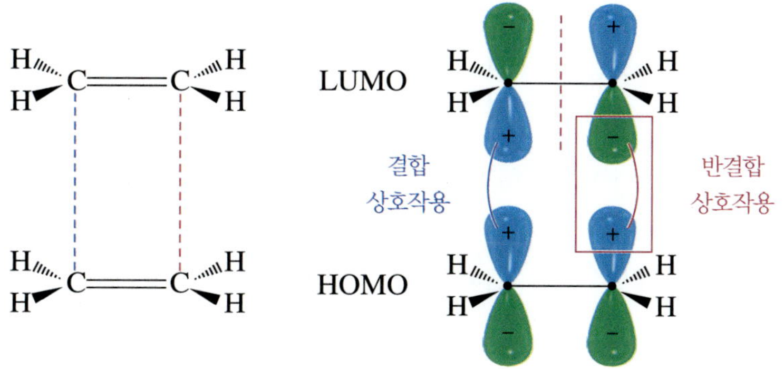


**그림 15-20** 대칭-금지 반응. 두 에틸렌 분자의 HOMO와 LUMO는 다른 대칭을 가지고 겹쳐서 반결합 상호작용을 형성한다. 따라서 협동 [2 + 2] 고리 첨가 반응은 대칭-금지이다.

이 [2 + 2] 고리 첨가 반응은 어떤 에틸렌의 LUMO와 겹치기 위해 또 다른 에틸렌의 HOMO가 필요하다. 그림 15-20은 이 겹침의 결과로 활성화 에너지를 높이는 반결합 상호작용을 보여준다. 사이클로뷰테인 분자를 얻으려면 MO 중 하나는 그의 대칭성을 바꿔야만 한다. 오비탈 대칭성이 보존되지 않기 때문에 반응은 대칭-금지이다. 이러한 대칭-금지 반응 역시 때로는 일어날 수 있지만, 위에서 본 것처럼 고리 전이 상태 반응 양식으로는 일어나지 않는다.

## 15-12C 고리 첨가 반응의 광화학적 유도

고리 전이 상태 반응을 유도하기 위해 열 대신 자외선이 사용되면 일반적으로 우리의 예상과는 반대가 된다. 예를 들어 두 에틸렌의 [2 + 2] 고리 첨가 반응은 광화학적으로 '허용'되고 있다. 알맞은 에너지를 가진 광자가 에틸렌을 때리면 하나의 파이 전자는 다음 높은 분자 오비탈로 들뜬다(그림 15-21). 예전의 LUMO였던 이 높은 오비탈이 채워진다. 이것이 들뜬 분자의 HOMO인 새로운 HOMO*이다.

들뜬 에틸렌 분자의 HOMO*는 바닥 상태 분자의 LUMO와 같은 대칭성을 가진다. 들뜬 분자는 바닥 상태 분자와 반응하여 사이클로뷰테인을 생성한다(그림 15-22). 따라서 [2 + 2] 고리 첨가 반응은 광화학적으로 허용되지만, 열역학적으로는 금지되어 있다. 대부분의 경우 광화학적으로 허용된 반응은 열화학적으로 금지되어 있고, 열화학적으로 허용된 반응은 광화학적으로 금지되어 있다.

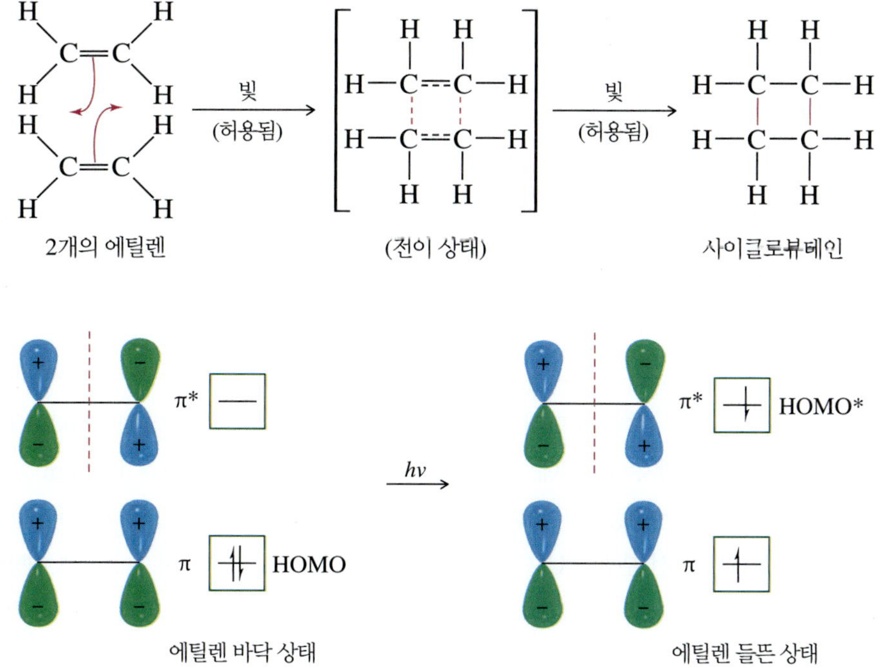


**그림 15-21** 에틸렌에 대한 자외선의 영향. 자외선이 에틸렌의 파이 전자 하나를 반결합 오비탈로 들뜨게 한다. 이때 반결합 오비탈이 채워지고, 이것이 새로운 HOMO*이다.

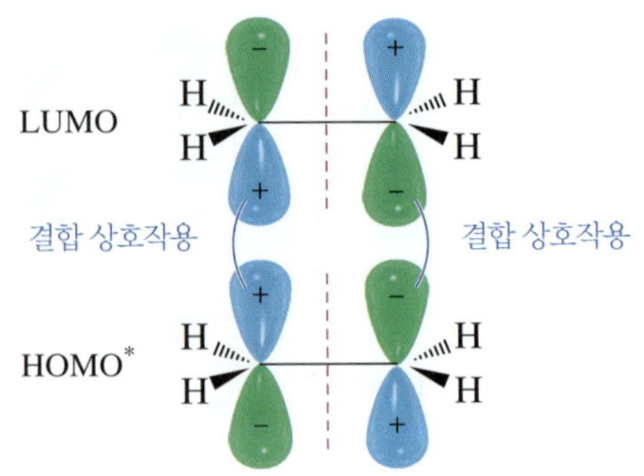


**그림 15-22** 광화학적 [2 + 2] 고리 첨가 반응. 들뜬 에틸렌의 HOMO*는 들뜨지 않은 (바닥 상태) 분자의 LUMO와 유리하게 중첩한다. 이 반응은 대칭-허용 반응이다.

**연습문제 15-19**

[4 + 2] Diels-Alder 반응이 광화학적으로 금지되어 있음을 제시하라.

**연습문제 15-20**

**(a)** 2개의 뷰타다이엔 분자의 [4 + 4] 고리 첨가 반응으로 사이클로옥타-1,5-다이엔을 생성하는 반응은 열역학적으로 금지되어 있지만, 광화학적으로는 허용됨을 제시하라.

**(b)** 2개의 뷰타다이엔 분자는 서로 다르면서 열역학적으로 허용된 고리 첨가 반응을 한다. 이 반응을 나타내고, 열역학적으로 허용되는 이유를 설명하라. (힌트: 사이클로펜타다이엔의 이합체를 고려하라.)

카시니(Cassini) 우주선이 자외선 영상 분광 사진기로 토성의 고리 영상을 찍었다. 이 사진은 고리 외부에 바위와 먼지(주황색)보다 얼음(청록색)이 더 많음을 보여준다.

## 15-13 자외선 흡수 분광법

앞서 유기 화학자가 사용하는 세 가지 강력한 분석 기술을 살펴보았다. 적외선 분광법(IR, 12장)은 분자 결합의 진동을 측정함으로써 분자에 있는 작용기와 결합 성질에 관한 정보를 제공한다. 핵자기 공명 분광법(NMR, 13장)은 핵 전이를 검출함으로써 핵의 전자와 분자 환경에 관한 정보를 제공한다. NMR 스펙트럼으로부터는 분자에 있는 알킬기의 구조를 결정할 수 있고, 종종 작용기도 유추할 수 있다. 질량 분석기(MS, 12장)는 전자로 분자를 때려서 분자를 예상할 수 있는 방식으로 자른다. 분자 이온과 조각에 대한 질량 분석으로 원래 화합물의 구조적 정보는 물론 분자량(과 아마도 분자식)도 알 수 있다.

이제 콘쥬게이션계의 전자 전이를 감지하여 분자의 콘쥬게이션 부분의 길이와 구조에 관한 정보를 제공하는 **자외선(UV) 분광법**[ultraviolet (UV) spectroscopy]을 공부해보자. UV 분광법은 IR이나 NMR보다 좀 더 특정한 정보를 알려주며 다른 기술보다는 드물게 사용된다.

### 15-13A 스펙트럼의 영역

자외선 주파수는 파장이 짧으며 적외선보다 에너지가 더 높다(표 15-1). UV 영역은 가시광선 바로 너머의 주파수 범위이다. *ultra*는 '너머'를, *violet*은 '가장 높은 주파수인 가시광선'을 뜻한다. UV의 주파수는 나노미터(nm, $10^{-9}$ m) 단위로 주어진다. 보통의 UV 분광기는 약 300~600 kJ/mol (약 70~140 kcal/mol)의 광자 에너지에 해당하는 200~400 nm($2 \times 10^{-5}$~$4 \times 10^{-5}$ cm) 범위에서 작동한다. 이들 분광기는 종종 가시광선 영역(더 긴 파장, 낮은 에너지)까지 확장시켜 사용하는데, 이 때문에 **UV-가시광선 분광기**(UV-visible spectrometer)라고 한다. 전자 전이에 해당하는 UV-가시광선 에너지는 한 분자 오비탈로부터 다른 분자 오비탈로 전자를 들뜨게 하는 데 필요한 에너지이다.

**표 15-1** 분광학에 사용되는 파장의 비교

| 스펙트럼의 영역 | 파장, λ | 에너지 범위, kJ/mol(kcal/mol) |
|---|---|---|
| 자외선 | 200~400 nm (2~4 × $10^{-5}$ cm) | 300~600 (70~140) |
| 가시광선 | 400~800 nm (4~8 × $10^{-5}$ cm | 150~300 (35~70) |
| 적외선 | 2.5~25 μm (2.5~25 × $10^{-4}$ cm) | 4.6~46 (1.1~11) |
| NMR(라디오) | 0.3~5 m | 2~40 × $10^{-5}$ (0.5~10 × $10^{-5}$) |

## 15-13B 자외선과 전자 전이

분자에 의해 흡수되는 UV선의 파장은 분자 오비탈 사이의 전자 에너지 차이에 따라 결정된다. 시그마 결합은 매우 안정하고, 시그마 결합에 있는 전자는 보통 200 nm 이상의 UV 파장의 빛에는 영향받지 않는다. 파이 결합은 높은 에너지의 오비탈로 쉽게 들뜰 수 있는 전자를 가지고 있다. 콘쥬게이션계는 특히 낮은 위치의 비어 있는 오비탈을 가지려 하고, 이 오비탈로 전자 전이가 발생하면 특정 UV를 흡수한다.

예를 들어 에틸렌은 결합 오비탈(π, HOMO)과 반결합 오비탈(π*, LUMO), 이 2개의 π 오비탈을 가진다. 바닥 상태는 결합 오비탈에 2개의 전자가 있고, 반결합 오비탈은 비어 있다. 전자는 꼭 맞는 양의 에너지를 지닌 광자를 흡수하여 결합 오비탈(π)로부터 반결합 오비탈(π*)로 들뜰 수 있다. 이 π 결합 오비탈로부터 π* 반결합 오비탈로의 전이를 $\pi \longrightarrow \pi^*$ 전이(transition)라고 한다(그림 15-23).

에틸렌의 $\pi \longrightarrow \pi^*$ 전이는 171 nm(686 kJ/mol 또는 164 kcal/mol)의 빛을 흡수한다. 대부분의 UV 분광기는 이러한 흡수를 검출할 수 없는데, 공기 중의 산소에서도 흡수가 일어나 불분명해지기 때문이다. 그러나 콘쥬게이션계에서는 200 nm보다 더 긴 파장에 해당하는 낮은 에너지의 전자 전이가 있다. 그림 15-24에 뷰타다이엔의 HOMO와 LUMO가 에틸렌의 HOMO와 LUMO보다 에너지가 가깝게 있다는 것을 보여주기 위해 에틸렌과 뷰타다이엔의 MO 에너지를 비교했다. 뷰타다이엔의 HOMO는 에틸렌의 HOMO보다 에너지가 높다. 뷰타다이엔의 LUMO는 에틸렌의 LUMO보다 에너지가 낮다. 이 둘의 차이가 뷰타다이엔의 $\pi_2 \longrightarrow \pi_3^*$ 전이의 상대적 에너지를 줄인다. 결국 217 nm(540 kJ/mol 또는 129 kcal/mol)에서 흡수가 일어나는데, 이는 표준 UV 분광기로 측정할 수 있다.

콘쥬게이션된 다이엔이 간단한 알켄보다 더 긴 파장에서 흡수하는 것처럼 콘쥬게이션된 트라이엔은 더욱 긴 파장에서 흡수한다. 일반적으로 HOMO와 LUMO의 에너지 차이는 공명 길이가 증가하면 감소한다. 예를 들어 헥사-1,3,5-트라이엔(hexa-1,3,5-triene, 그림 15-25)에서 HOMO는 $\pi_3$, LUMO는 $\pi_4^*$이다. 헥사-1,3,5-트라이엔에서 HOMO는 뷰타-1,3-다이엔 HOMO에 비해 에

**문제풀이 힌트**

IR 분광법은 낮은 신축 진동수를 통해 콘쥬게이션된 이중 결합을 찾아낸다.

| | |
|---|---|
| 1640~1680 $cm^{-1}$ | 고립된 |
| 1620~1640 $cm^{-1}$ | 콘쥬게이션된 |
| 1600 $cm^{-1}$ | 방향족 |



**그림 15-23** 171 nm 광자의 흡수는 에틸렌의 π 결합 MO로부터 π* 반결합 MO로 전자를 들뜨게 한다. 이러한 흡수는 전형적인 UV 분광기의 범위보다 높은 에너지(짧은 파장)를 지닌 빛이 필요하다.

π* LUMO
171 nm
(686 kJ)
π HOMO
에너지
에틸렌
$\pi_4^*$
$\pi_3^*$ LUMO
$\pi_2$ HOMO
$\pi_1$
hv
217 nm
217 nm
(540 kJ)
바닥 상태
들뜬 상태
뷰타-1,3-다이엔

**그림 15-24** HOMO-LUMO 에너지 차이의 비교. 뷰타-1,3-다이엔에서 $\pi \longrightarrow \pi^*$ 전이는 217 nm(540 kJ/mol)에서, 에틸렌에서는 171 nm(686 kJ/mol)에서 흡수가 일어난다. 이렇게 길어진 파장(낮은 에너지) 흡수는 에틸렌보다 뷰타다이엔에서 HOMO와 LUMO 사이의 에너지 차이가 작기 때문이다.

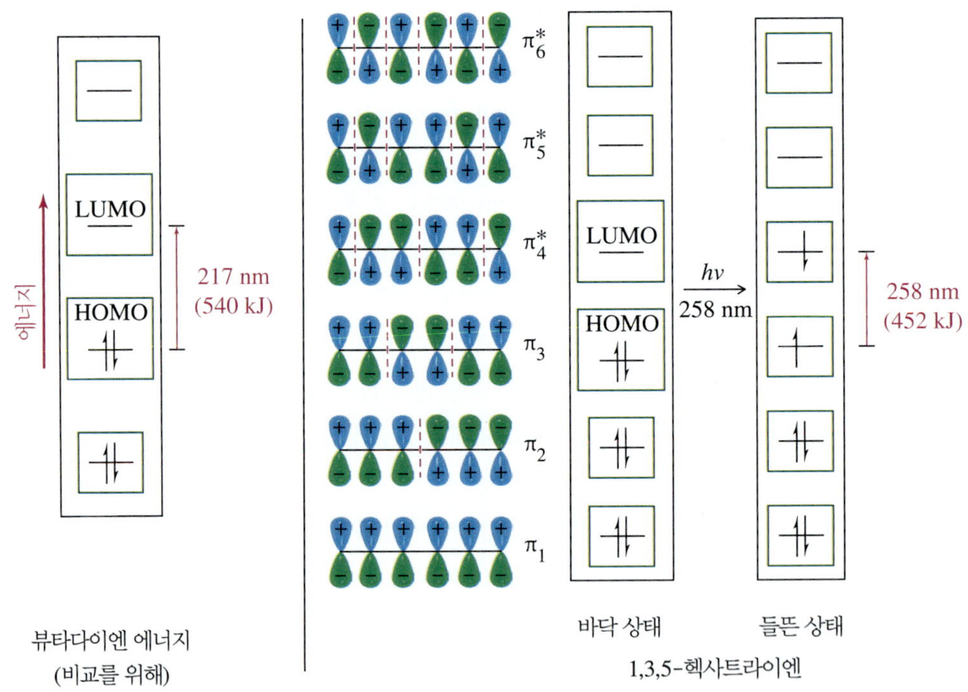


**그림 15-25** 헥사-1,3,5-트라이엔의 HOMO와 LUMO 사이의 에너지 차이(452 kJ/mol)가 뷰타-1,3-다이엔(540 kJ/mol)보다 작다. 이러한 에너지 차이는 $\pi \longrightarrow \pi^*$ 전이에 해당하며, 뷰타-1,3-다이엔은 217 nm에서 흡수하는 데 비해 헥사-1,3,5-트라이엔은 더 긴 파장인 258 nm에서 흡수한다.

너지가 약간 높고, 헥사-1,3,5-트라이엔 LUMO는 에너지가 약간 낮다. 다시 한번 말하면 HOMO와 LUMO 사이의 에너지를 좁히는 것은 낮은 에너지, 즉 긴 파장 흡수를 하게 한다. 헥사-1,3,5-트라이엔에서의 주된 $\pi \longrightarrow \pi^*$ 전이는 258 nm(452 kJ/mol 또는 108 kcal/mol)에서 일어난다.

UV 흡수 파장에 미치는 콘쥬게이션 효과를 일반적인 규칙으로 요약할 수 있다. **콘쥬게이션된 이중 결합의 긴 사슬을 지닌 화합물은 더 긴 파장에서 빛을 흡수한다.** 콘쥬게이션 사슬이 길어져 긴 파장으로 계속 진행되어 7개의 콘쥬게이션된 이중 결합이 되면 흡수는 400 nm를 넘어 가시광선 영역으로 들어간다.

4 C=C, 290 nm

5 C=C, 334 nm

6 C=C, 362 nm

7 C=C, >400 nm

고립된 이중 결합은 상호작용이 없으므로 UV 흡수를 더 긴 파장 쪽으로 옮기지 못한다. 그들의 반응과 UV 흡수는 간단한 알켄과 비슷하다. 예를 들어 펜타-1,4다이엔(penta-1,4-diene)은 178 nm에서 흡수하는데, 이 값은 콘쥬게이션된 다이엔보다 간단한 알켄의 전형적인 값이다.

고립된 콘쥬게이션된

펜트-1-엔, 176 nm　펜타-1,4-다이엔, 178 nm　펜타-1,3-다이엔, 223nm

## 15-13C UV 스펙트럼 얻기

화합물의 UV(또는 UV-가시광선) 스펙트럼을 측정하려면 200 nm 이상에서 시료를 흡수하지 않는 용매에 녹여야 한다. 시료 용액을 석영 용기에 넣고 용매를 **기준 용기**(reference cell)에 넣는다. UV 분광기는 시료를 통과하는 빛, 즉 **시료 빛살**(sample beam)의 양과 **기준 빛살**(reference beam)에서 통과하는 빛의 양을 비교함으로써 작동한다. 기준 용기를 통과한 기준 빛살은 용기와 용매에 의한 빛의 흡수를 보정한다.

분광기(그림 15-26)는 모든 주파수의 UV광(200 nm 이상)을 방출하는 광원을 가지고 있다. 이 빛은 프리즘이나 회절발을 사용하는 단색화 장치(monochromator)를 통과하여 빛을 스펙트럼에 분산시키고 하나의 파장을 선택한다. 이 빛의 단일파장은 2개의 빛살로 나뉘는데, 한 빛살은 시료 용기를, 또 다른 하나는 기준(용매) 용기를 통과한다. 검출기는 시료 빛살($I_s$)과 기준 빛살($I_r$)을 비교하여 강도비를 계속해서 측정한다. 분광기가 UV 영역에서 파장을 스캔하여 기록기에 파장의 함수로 시료의 흡수 그래프(스펙트럼)를 그린다.

특정 파장에서 시료의 흡광도(absorbance) A는 Beer 법칙(Beer's law)을 따른다.

$$\text{Beer 법칙:}\quad A = \log\left(\frac{I_r}{I_s}\right) = \varepsilon c l$$

$c$ = 시료 농도(mol/L)

$l$ = 용기를 통과하는 빛의 투과 길이(cm)

$\varepsilon$ = 시료의 **몰흡광 계수**(molar absorptivity 또는 molar extinction coefficient)

몰흡광 계수($\varepsilon$)는 시료가 어떤 파장에서 얼마나 강하게 빛을 흡수하는가를 알려주는 척도이다.

시료가 특정 파장에서 빛을 흡수하면 시료 빛살($I_s$)은 기준 빛살($I_r$)보다 덜 강해 $I_r/I_s$의 비는 1보다 크다. 흡수가 없을 때 비는 1이다. 따라서 흡광도(비의 log 값)는 시료가 흡수할 때는 0보다 크

**응용: 약의 분석**

최대 흡수 파장 $\lambda_{max}$와 관련된 몰흡광 계수 $\varepsilon$은 특히 약의 농도를 결정하는 데 유용하다. 예를 들면 테트라사이클린(tetracycline)의 농도는 380 nm에서 측정되며, 몰흡광 계수는 16,200 이다.

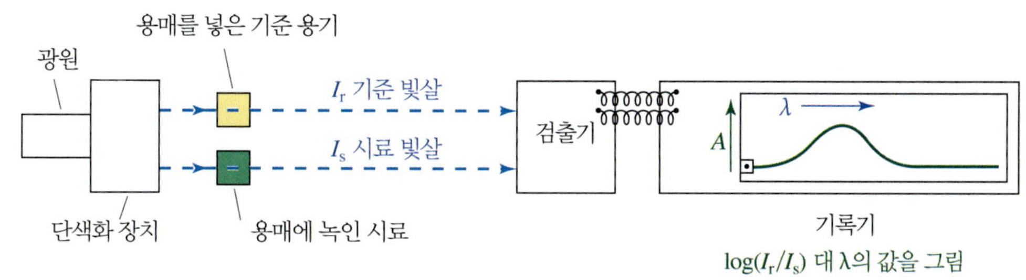


**그림 15-26** 자외선 분광기의 그림. 자외선 분광기에서 단색화 장치는 하나의 파장을 지닌 빛을 선택하고, 이것이 2개의 빛살로 나뉜다. 하나의 빛살은 시료 용기를 통과하고, 다른 하나는 기준 용기를 통과한다. 검출기는 두 빛살의 비를 측정하고, 기록기는 이 비를 파장의 함수로 그린다.

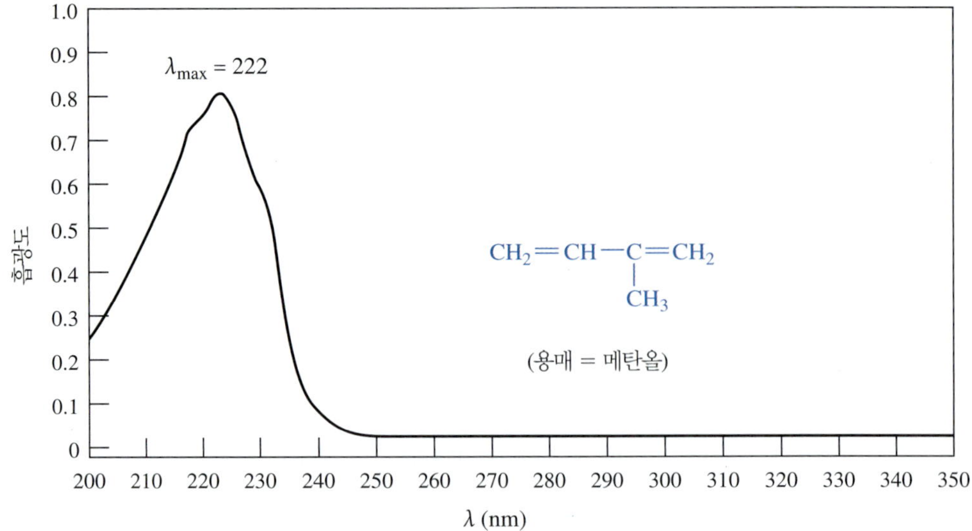


**그림 15-27** 메탄올에 용해된 아이소프렌의 UV 스펙트럼은 $\lambda_{max}$ = 222 nm, ε = 20,000을 보여준다.

고, 흡수하지 않을 때는 0이다. UV 스펙트럼은 파장에 대한 시료의 흡광도 A를 그린 것이다.

UV-가시광선 스펙트럼은 넓은 영역의 흡수 피크를 보여주는 경향이 있다. 시료의 가장 특징적인 스펙트럼 데이터는 다음과 같다.

1. 최대 흡수 파장 $\lambda_{max}$
2. 각 최대 흡수 파장에서 몰흡광 계수 ε

UV-가시광선 스펙트럼은 넓고 세밀하지 않기 때문에 실제 스펙트럼은 인쇄하지 않는다. 스펙트럼 정보는 $\lambda_{max}$ 값과 각 $\lambda_{max}$에 대한 몰흡광 계수의 목록으로 만든다.

아이소프렌[isoprene, 2-메틸뷰타-1,3-다이엔(2-methylbuta-1,3-diene)]의 실제 UV-스펙트럼을 그림 15-27에 나타냈다. 이 스펙트럼은 다음과 같이 요약할 수 있다.

$$\lambda_{max} = 222 \text{ nm} \qquad \varepsilon = 20{,}000$$

$\lambda_{max}$의 값은 스펙트럼으로부터 직접 읽을 수 있지만 몰흡광 계수 ε은 용액의 농도와 용기의 통과 길이를 계산해야만 한다. 1 cm 용기와 $4 \times 10^{-5}$ M의 아이소프렌 농도에 대해 몰흡광 계수는 Beer 법칙($A = \varepsilon cl$)을 사용하여 구할 수 있다.

$$\varepsilon = \frac{A}{cl} = \frac{0.8}{4 \times 10^{-5}} = 20{,}000$$

5,000~30,000 범위에서의 몰흡광 계수는 콘쥬게이션된 폴리엔계(polyene)의 $\pi \longrightarrow \pi^*$ 전이에 대한 전형적인 값이다. 이렇게 큰 몰흡광 계수는 매우 적은 양의 시료로도 스펙트럼을 얻을 수 있으므로 도움이 된다. 한편 UV-분광법에 사용하는 시료와 용매는 아주 순수해야 한다. 큰 몰흡광 계수를 가진 미량의 불순물은 원하는 화합물의 스펙트럼을 쉽게 방해할 수 있다.

**응용: 자연 안개**

블루리지 산맥의 푸른 색은 풍부한 식물 생태가 존재함으로써 이루어진 결과이다. 식물, 특히 침엽수는 아이소프렌과 다른 터펜(아이소프렌을 지닌 알켄, 25장 참조)을 대기로 방출한다. 이 알켄들은 공기 중 오존 및 수분과 반응하게 되는데(8장 참조), 이때 형성되는 입자들은 하늘에서 푸른 빛을 산란시킨다.

**연습문제 15-21**

분자량이 160인 화합물 1 mg을 에탄올 10 mL에 녹이고, 그 용액을 1 cm UV 용기에 넣었다. UV 스펙트럼을 찍었더니 $\lambda_{max}$ = 247 nm인 흡수가 있었고, 247 nm에서 최대 흡광도는 0.50이다. 이 흡수에 대한 ε 값을 계산하라.

**표 15-2** 몇몇 대표적인 분자의 자외선 최대 흡수 파장

**고립됨**

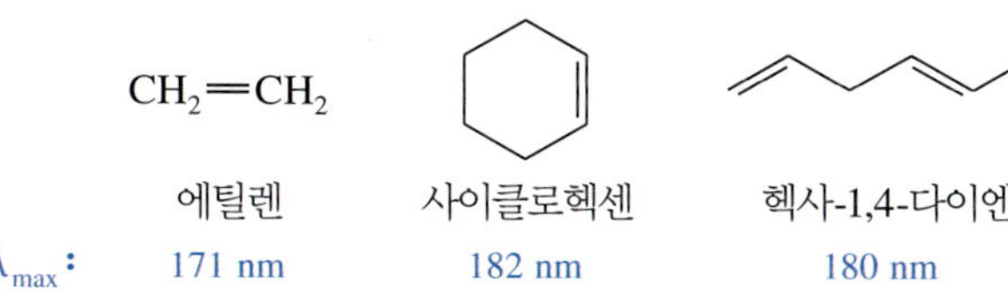


**콘쥬게이션된 다이엔**

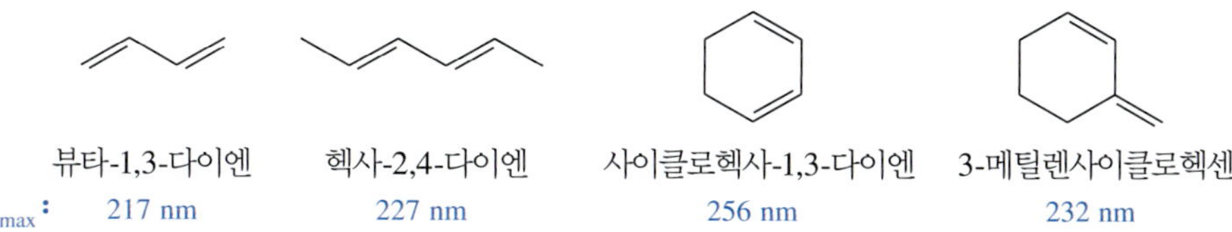


**콘쥬게이션된 트라이엔** | **콘쥬게이션된 테트라엔**

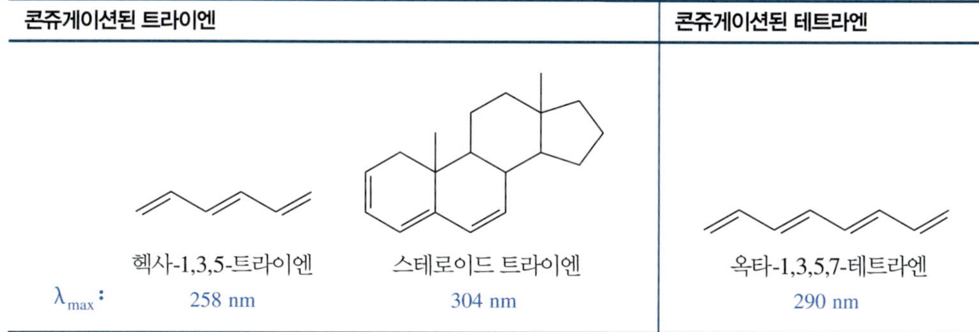


## 15-13D UV-가시광선 스펙트럼의 해석

콘쥬게이션 분자의 $\lambda_{max}$와 $\varepsilon$ 값은 콘쥬게이션계와 그 치환체의 성질에 정확히 의존한다. 대부분의 목적에 맞게 일반적인 형태의 계에 대한 $\lambda_{max}$의 근삿값을 알아내기 위해 몇 가지 간단한 화학식을 사용할 수 있다. 표 15-2에 몇 가지 형태의 고립된 알켄, 콘쥬게이션된 다이엔, 콘쥬게이션된 트라이엔, 콘쥬게이션된 테트라엔에 대한 $\lambda_{max}$ 값을 나타냈다.

표 15-2의 예는 콘쥬게이션계에 또 다른 이중 결합을 첨가하면 $\lambda_{max}$에 큰 영향을 미친다는 사실을 보여준다. 에틸렌(171 nm)에서 뷰타-1,3-다이엔(217 nm), 헥사-1,3,5-트라이엔(258 nm), 옥타-1,3,5,7-테트라엔(290 nm)으로 감에 따라 $\lambda_{max}$ 값은 콘쥬게이션계를 늘이는 각 이중 결합에 대해 약 30~40 nm씩 증가한다. 알킬기 또한 알킬기당 약 5 nm로 $\lambda_{max}$ 값을 증가시킨다.

**예제 15-3**

다음 다이엔을 $\lambda_{max}$ 값이 증가하는 순으로 번호를 나열하라. (실제 최대 흡수 파장은 185 nm, 235 nm, 273 nm, 300 nm이다.)

**풀이**

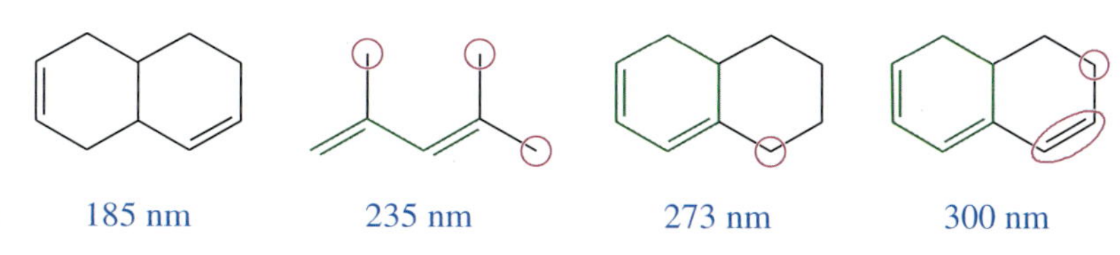


**문제풀이 힌트**

경험에서 얻은 좋은 법칙: 콘쥬게이션된 C=C의 추가는 약 30~40 nm의 $\lambda_{max}$를 증가시킨다. 알킬기의 추가는 약 5 nm의 $\lambda_{max}$를 증가시킨다. 유용한 기본 값은 다음과 같다.

이들 화합물은 하나는 고립된 다이엔, 2개는 콘쥬게이션된 다이엔, 또 다른 하나는 콘쥬게이션된 트라이엔이다. 고립된 다이엔은 가장 짧은 $\lambda_{max}$(185 nm)를 갖는데, 이는 사이클로헥센의 $\lambda_{max}$(182 nm)와 비슷하다.

두 번째 화합물은 추가된 3개의 알킬 치환체(원형으로 표시)를 가진 뷰타-1,3-다이엔(217 nm)처럼 보인다. 따라서 이것의 최대 흡수는 대략 (217 + 15) nm여야 하며, 235 nm가 정확한 $\lambda_{max}$ 값임에 틀림없다.

세 번째 화합물은 사이클로헥사-1,3-다이엔(256 nm)처럼 보이지만, 알킬 치환체(원형으로 표시)가 추가되어 있으므로 값이 증가할 것이다. 따라서 $\lambda_{max}$는 273 nm가 맞는 값일 것이다.

네 번째 화합물은 사이클로헥사-1,3-다이엔(256 nm)처럼 보이지만, 추가로 콘쥬게이션된 이중 결합(원형으로 표시)과 또 다른 알킬기(원형으로 표시)를 가지고 있다. 사이클로헥사-1,3다이엔보다 35 nm 더 긴 $\lambda_{max}$ 값을 예측할 수 있으므로 300 nm가 맞는 값일 것이다.

**응용: 합성에서의 UV**

비타민 $B_{12}$의 합성에서 Woodward와 Eschenmoser는 정교한 자외선의 예민도를 이용하여 반응을 추적했다. UV를 사용하여 미세한 양의 합성 중간체의 구조적 변화를 찾아낼 수 있었다.

비타민 $B_{12}$

**연습문제 15-22**

표 15-2의 예를 이용하여 다음 UV 최대 흡수($\lambda_{max}$)와 맞는 화합물 4개를 찾아보라.

(1) 232 nm (2) 256 nm (3) 273 nm (4) 292 nm (5) 313 nm (6) 353 nm

(a) (b)

(c) (d)

## 15-14 유색 유기 화합물

사람 눈으로는 약 400 nm(푸른색-보라색)에서 700 nm(붉은색)가 약간 넘는 파장 영역의 전자기파 스펙트럼을 볼 수 있다. 400 nm보다 작은 파장은 고에너지의 자외선('보라색 넘어') 영역이고, 700 nm 이상의 낮은 에너지의 파장은 적외선('붉은색 아래') 영역이다. 흰빛은 모든 파장의 빛을 다 가지고 있어서 흰빛을 프리즘이나 회절발을 사용하여 각 성분의 파장으로 분리해보면 무지개의 모든 색을 볼 수 있다.

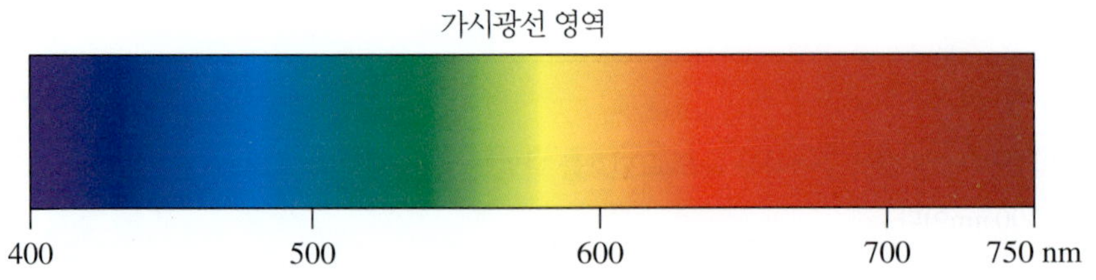

카로텐 유도체는 콘쥬게이션계의 길이와 다른 작용기의 존재에 따라 다른 파장의 빛을 흡수한다. 가장 일반적인 카로텐은 파란색 빛을 흡수하여 다양한 주황색을 띤다.

색깔이 있는 물체는 자신의 빛을 발산하지 않는다. 자신에게 오는 주위의 빛 일부를 반사하는 것이다. 흰빛은 모든 빛을 반사하지만, 색깔이 있는 물체는 스펙트럼 파장의 일부를 흡수하고 나머지는 반사하는 것이다. 우리가 보는 색깔은 이 반사된 빛으로, 전체 스펙트럼에서 흡수된 부분을 뺀 것이다. 따라서 우리는 흡수된 빛의 보색 또는 보완(complement)된 쪽을 보는 것이다. 예를 들면

에키노크롬 A 462 nm, 497 nm, 533 nm
(붉은색-성게-나프토퀴논)

염화 사이아니딘 535 nm
(진홍색-체리와 꽃-안토시아닌)

인디고 602 nm
(청색-여러 식물-인디고이드)

퀘세틴 372 nm
(붉은색-주황색-포도와 양파-플라본)

제아잔틴 452 nm, 483 nm
(노란색-옥수수-카로테노이드)

**그림 15-28** 색깔이 있는 천연 화합물

당근의 주황색인 베타-카로텐($\beta$-carotene)은 11개의 콘쥬게이션된 이중 결합을 가지고 있다. 이는 스펙트럼의 푸른색 부분인 454 nm를 강하게 흡수하고, 주황색 부분을 반사한다.

베타-카로텐

베타-카로텐: $\lambda_{max}$ = 454 nm($\varepsilon$ = 140,000)

푸른색을 흡수, 주황색을 반사한다.

자연의 모든 색이 콘쥬게이션된 유기 화합물로부터 오는 것은 아니다. 예를 들어 광물은 여러 가지 산화 상태의 금속 원자로부터 색깔을 나타낸다. 그러나 식물이나 동물에서 나타나는 색은 사실 콘쥬게이션된 유기 화합물 때문이다. 그림 15-28에 생물에서 나타나는 몇 가지 부류의 색 화합물을 나타냈다. 이 화합물들은 각각 확장된 콘쥬게이션을 가지고 있다는 것을 주목하라. 밝은 빛을 내는 화합물은 큰 흡광도 계수를 가지고 있으므로 미량만 있어도 강한 색깔을 낸다.

**염료**는 섬유, 플라스틱, 잉크 및 다른 물질에 사용되는 강한 색깔을 내는 화합물이다. 염료는 원래 식물이나 동물에서 추출하여 의복을 물들이는 데 사용되었다. 예를 들면 붉은 카민(carmine)은 코치닐(cochineal) 곤충으로부터 추출하고, 푸른색 인디고(indigo, 청바지에 사용되는 염료)는 식물에서 추출했다. 이제는 이 두 염료를 대량으로 합성한다. 로마인들은 인디고 유도체인 티리언 퍼플(Tyrian purple, 황제색)을 바다 달팽이에서 추출하여 황제와 귀족들의 도포를 물들이는 염료로 사용했다.

*Bolinus brandaris*는 다양한 무렉스 바다달팽이들 중의 하나로, 그들이 분비하는 타이리안 보라색 염료를 얻기 위해 수백만 마리가 수확되고 있다.

이 사진은 아프리카 여성이 천연 인디고 염료를 사용하여 면 원단을 염색하는 모습을 보여준다.



티리언 퍼플
6,6′-다이브로모인디고



모베인 A

합성 염료의 시대는 William Henry Perkin 경 덕분이라고 할 수 있는데, 그는 1856년(당시 18세)에 우연히 퀴닌을 만들려고 하던 중 보라색 염료인 모베인(mauveine)을 합성했다. 모베인은 티리언 퍼플의 값싼 대체품이었다. 화학자들은 곧 많은 합성 염료를 개발했고, 1800년대 말경에는 염료 산업이 유럽에서 주요 화학 산업 가운데 하나가 되었다. 한때는 왕족들만 쓸 수 있던 색깔을 일반인들 모두 물들여 입을 수 있게 되었다. 염료 산업은 유기 화학, 특히 벤젠으로부터 만들 수 있는 화합물에 대한 화학의 많은 초기 연구에 대한 동기와 상업적인 기금을 제공해주었다.

산업 화학자들은 섬유, 모발 염색, 잉크, 장난감, 식품처럼 상상할 수 있는 거의 모든 것에 사용할 수천 가지의 상업적인 염료를 개발했다. 많은 염료에 독성이 있기 때문에 1906년부터 미국 정부는 음식에 이들을 사용하는 것을 규제했으며, 이때 식품위생과 약품에 관한 법률(Pure Food and Drug Act)을 통해 식품 염료를 승인하게 되었다. 모든 불필요한 식품 첨가물과 마찬가지로 식품 염료도 어떤 것이 안전하고, 어떤 것이 심각한 부작용을 일으키는지 집중적인 조사를 실시했다. 현재 미국에서는 단 7개의 염료만이 식품에 제한 없이 사용하도록 허가받았다. 이 가운데 2개는 아래에서 볼 수 있는 인디고 카민(Indigo Carmine)과 선셋 옐로(Sunset Yellow)이다.



FD&C blue #2
'인디고 카민'



FD&C yellow #6
'선셋 옐로'

**연습문제 15-23**

페놀프탈레인(phenolphthalein)은 pH 8 이하에서는 무색이고, pH 8 이상에서는 붉은색 인산-염기 지시약이다. 첫 번째 구조는 무색이고, 두 번째 구조는 색깔이 나타나는 이유를 간략히 설명하라.

## 15-15 생물학과 의학에서의 UV-가시광선 분석

최근 생물학과 의학에서의 많은 발전은 세포와 분자 수준에서 생리학을 기반으로 하는 생화학과 분자생물학의 응용에서 비롯되었다. 세포 과정을 이해하려면 시료를 증발시키거나 파괴하지 않고, 때로는 온전한 세포에서 마이크로몰 또는 더 낮은 농도의 화합물을 탐지할 필요가 있다. UV-가시광선 분광기는 비파괴적이고 높은 감도를 가지고 있어 수용액에 있는 핵산과 단백질과 같은 고분자뿐만 아니라 ATP 같은 콘쥬게이션된 대사물질의 작은 농도도 측정할 수 있다. 관심 있는 분자의 몰흡광 계수(ε)와 최대 흡수 파장($\lambda_{max}$)을 알고 있다면 종종 복잡한 혼합물 안에 있는 극소 농도의 이러한 생체 분자를 Beer 법칙을 사용하여 계산할 수 있다.

단백질, DNA, ATP 및 다른 많은 생체 분자는 UV 스펙트럼 영역에서 강한 특성 흡수를 보여주는 파이 결합의 콘쥬게이션계를 가지고 있다. 산소와 질소처럼 비공유 결합 전자를 지닌 일반적인 헤테로 원자는 종종 그들의 독특한 특성을 나타내는 콘쥬게이션 파이계의 일부가 된다. 표 15-3은 생체 분자에서 흔히 발견되는 몇 가지 콘쥬게이션계를 보여준다.

단백질은 20개의 일반적인 아미노산(24장)과 종종 희귀 아미노산을 더하여 이루어진 고분자이다. 20개의 일반적인 아미노산 중 4개는 UV 빛을 강하게 흡수하는 콘쥬게이션 고리계를 가지고 있으므로 거의 모든 단백질은 UV 분석법으로 탐지 및 정량할 수 있다. (다음에서 볼 수 있는) 4개의 일반적인 UV-흡수 아미노산은 페닐알라닌(phenylalanine), 타이로신(tyrosine), 히스티딘(histidine), 트립토판(tryptophan)이다. 단백질 흡수를 측정하는 데 사용되는 기준 파장은 280 nm인데, 대부분의 흡수는 페닐알라닌을 가지고 있는 트립토판과 타이로신에 기인한다.

임상 화학자들은 혈액과 오줌을 분석하여 호르몬, 대사물질 및 다른 것들의 농도를 측정해서 빠르고 정확하게 병을 진단한다. 현대 혈액 분석에 사용되는 주요 장비는 UV-가시광선 분광기이다.

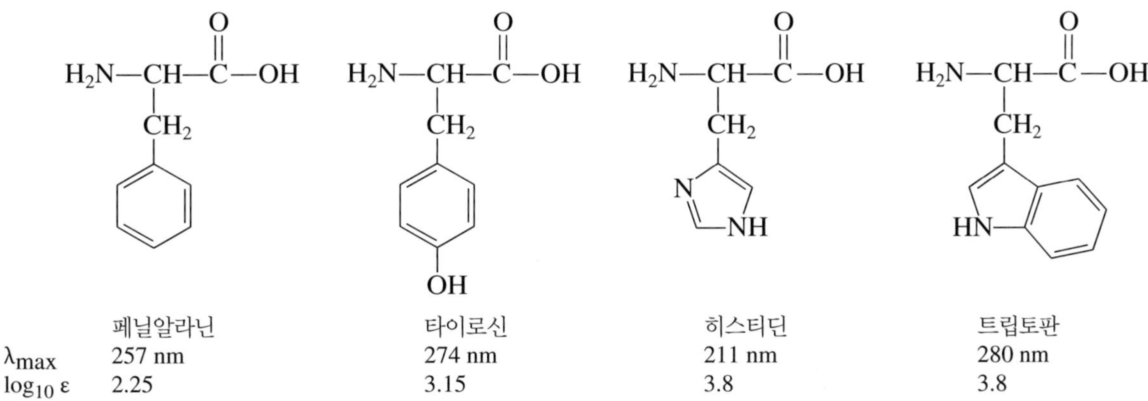


| | 페닐알라닌 | 타이로신 | 히스티딘 | 트립토판 |
|---|---|---|---|---|
| $\lambda_{max}$ | 257 nm | 274 nm | 211 nm | 280 nm |
| $\log_{10} \varepsilon$ | 2.25 | 3.15 | 3.8 | 3.8 |

측정하는 생체 분자의 UV 흡수에 따라 분광기는 물질을 직접 측정할 수도 있고, 관심 있는 분자와 반응할 때 UV 흡수를 변화시키는 특수한 '색 유발 시약(color-developing reagent)'을 이용하여

**표 15-3** 생체 분자에서 발견되는 일반적인 고리계의 UV 흡수

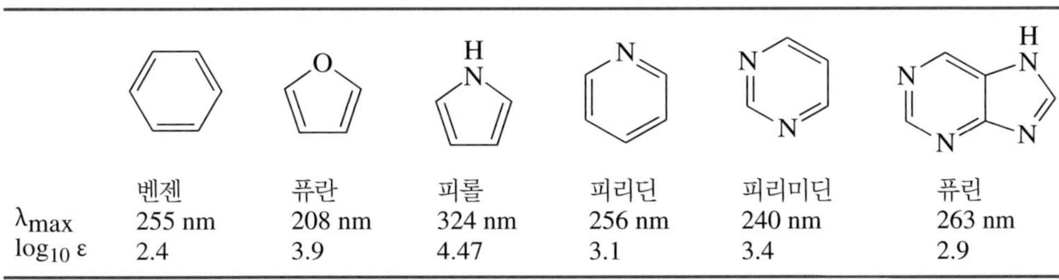


| | 벤젠 | 퓨란 | 피롤 | 피리딘 | 피리미딘 | 퓨린 |
|---|---|---|---|---|---|---|
| $\lambda_{max}$ | 255 nm | 208 nm | 324 nm | 256 nm | 240 nm | 263 nm |
| $\log_{10} \varepsilon$ | 2.4 | 3.9 | 4.47 | 3.1 | 3.4 | 2.9 |

측정할 수도 있다.

한 가지 예로, 알칼리성 인산 분해 효소(alkaline phosphatase)가 있는데, 여러 형태의 생체 분자에서 인산염을 제거한다. 알칼리성 인산 분해 효소의 농도가 비정상적인 수준이 되면 여러 가지 가운데 간이나 뼈에 이상이 있다는 것을 알려준다. 알칼리성 인산 분해 효소는 다른 단백질과 UV 스펙트럼이 비슷해서 직접적인 측정에 방해받게 된다. 그러나 인산염이 제거되는 능력을 확실하게 측정할 수 있다. 무색의 인독실 인산염(indoxyl phosphate)을 첨가하면 알칼리성 인산 분해 효소와 반응하여 인산염을 잃게 된다. 생성물은 인독실이 되는데, 빠르게 이합체가 되어 푸른색 인디고가 된다. UV-가시광선 분광기를 일정 시간에 만들어지는 인디고의 양을 측정하도록 맞춰 놓으면 혈액에 있는 알칼리성 인산 분해 효소의 양을 계산할 수 있다.

$OPO_3^{2-}$ 알칼리성 인산 분해 효소 → [OH 인독실] —[O]→ 인디고

인독실 인산염 '색 유발 시약' 인독실 인디고, $\lambda_{max} = 602\ nm$

## 핵심 용어

**1,2-첨가(1,2-addition):** 2개의 원자나 작용기가 인접 탄소 원자에 더해지는 첨가 반응

1 2 C=C + A—B —1,2-첨가→ —C—C— A B

**1,4-첨가(1,4-addition):** 2개의 원자나 작용기가 1,4-관계를 가진 탄소 원자에 더해지는 첨가 반응

1 2 3 4 C=C—C=C + A—B —1,4-첨가→ A—C—C=C—C—B

**Diels-Alder 반응(Diels-Alder reaction):** [4+2] 고리 첨가 반응([4+2] cycloaddition)에 의한 6원자 고리의 합성. 이 용어는 한 분자에 있는 4개의 $\pi$ 전자가 다른 분자에 있는 2개의 $\pi$ 전자와 상호작용하여 새로운 고리를 생성한다는 것을 뜻한다.

사이클로펜타다이엔 다이엔 + 아크릴로나이트릴 친다이엔체 (CN) → Diels-Alder 첨가 생성물 내향 입체 화학 (H, CN)

외향 내향 외향 내향

**친다이엔체(dienophile):** Diels–Alder 반응에서 다이엔과 반응하는 $\pi$ 전자를 가진 성분

**내향 규칙(endo rule):** 이고리 Diels–Alder 생성물에서 친다이엔체에 있는 전자 부족 치환체가 내향 위치로 가는 입체 화학적 선호성

**2차 겹침(secondary overlap):** 친다이엔체의 전자 끄는 기의 $p$ 오비탈과 다이엔의 중앙 원자(C2 또는 C3)의 $p$ 오비탈의 겹침. 이 겹침은 전이 상태를 안정화시 키고, 고리 다이엔과는 내향 생성물을 만든다.

**HOMO:** 최고 점유 분자 오비탈(Highest Occupied Molecular Orbital)의 약자. 광학적으로 들뜬 상태에서 이 오비탈은 HOMO*로 표시한다.

**LUMO:** 최저 비점유 분자 오비탈(Lowest Unoccupied Molecular Orbital)의 약자

***s*-시스 형태(*s*-cis conformation):** 콘쥬게이션된 다이엔 또는 폴리엔에서 단일 결합에 대해 시스 같은 형태

***s*-트랜스 형태(*s*-trans conformation):** 콘쥬게이션된 다이엔 또는 폴리엔에서 단일 결합에 대해 트랜스 같은 형태

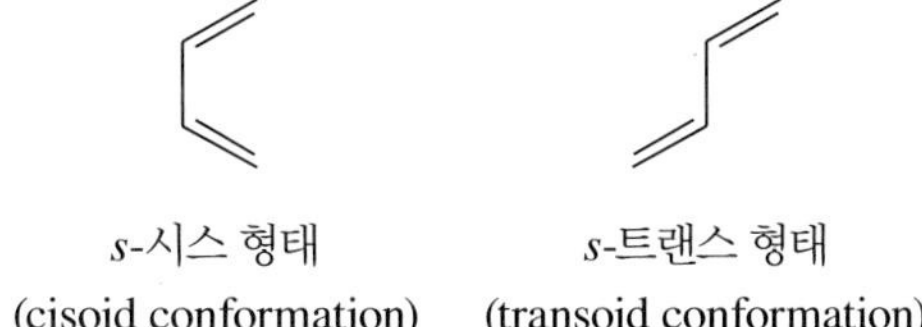

*s*-시스 형태 (cisoid conformation) *s*-트랜스 형태 (transoid conformation)

**UV-가시광선 분광법(UV-visible spectroscopy):** 자외선과 가시광선의 흡수를 파장의 함수로서 측정하는 것. 자외선은 약 100~400 nm의 파장으로 구성되어 있다. 가시광선은 약 400 nm(보라색)에서 750 nm(빨간색) 사이의 빛이다.

**Woodward-Hoffmann 규칙(Woodward-Hoffmann rule):** 특정한 고리 전이 상태 반응의 대칭–허용 또는 대칭–금지인가를 예측하는 일련의 규칙

**고리 전이 상태 반응(pericyclic reaction):** 상호작용하는 오비탈의 닫힌 고리 내 전자의 협동적인 재조직을 포함하는 반응. 고리 첨가 반응은 고리 전이 상태 반응의 한 부류이다.

**고리 첨가 반응(cycloaddition):** 2개의 알켄 또는 폴리엔이 반응하여 고리 생성물을 형성하는 반응. 고리 첨가 반응은 종종 2개의 불포화된 분자에 있는 $\pi$ 전자의 협동적인 상호작용을 통해 일어난다.

**공명 에너지(resonance energy):** 편재화된 구조와 비교하여 비편재화에 의해 제공되는 여분의 안정도. 다이엔과 폴리엔에 대해 공명 에너지는 같은 수의 고립된 이중 결합을 가진 화합물의 에너지와 비교하여 콘쥬게이션계의 여분의 안정도에 해당한다.

**기준 빛살(reference beam):** 분광기 안에서 용매만 함유하는 기준 용기(referencce cell)를 통과하는 제2의 빛살. 시료 빛살(sample beam)은 이 빛살과 비교하여 용기나 용매에 의한 흡수를 보정한다.

**대칭-금지(symmetry-forbidden):** 반응물의 MO가 하나의 협동 단계에서 생성물의 MO에 흘러 들어가기에 적합하지 않은 대칭이다.

**대칭-허용(symmetry-allowed):** 반응물의 MO가 오비탈 대칭 보존 규칙에 따라 하나의 협동 단계에서 생성물의 MO로 흘러갈 수 있다. 대칭–허용 고리 첨가 반응에서는 한 분자의 HOMO와 또 다른 분자의 LUMO 사이에는 (+상은 +상과, −상은 −상과) 보강 겹침이 있다.

**마디(node):** 전자 밀도가 0인 분자 오비탈의 영역

**몰흡광 계수(molar absorptivity, molar extinction coefficient, $\varepsilon$):** 특정 파장에서 한 화합물이 어느 정도 강하게 빛을 흡수하는지의 척도. Beer 법칙으로 정의된다.

$$A = \log\left(\frac{I_r}{I_s}\right) = \varepsilon cl$$

$A$는 흡광도, $I_r$과 $I_s$는 기준 빛살과 시료 빛살을 통과한 빛의 양, $c$는 시료의 농도, $l$은 용기를 통과하는 빛의 거리이다.

**보강 겹침(constructive overlap):** 결합에 기여하는 오비탈의 겹침. 유사한 상(+상과 +상, −상과 −상)을 가진 로브의 겹침은 일반적으로 보강 겹침이다.

**분자 오비탈(molecular orbital, MO):** 분자 안에서 1개 이상의 원자를 포함하는 오비탈. 분자 오비탈에는 결합, 반결합, 비결합이 있다.

**결합 분자 오비탈(bonding molecular orbital):** 고립된 원자 오비탈보다 낮은 에너지를 가진 MO. 이 오비탈에 있는 전자는 원자를 서로 결합시키려고 한다.

**반결합 분자 오비탈(antibonding molecular orbital):** 고립된 원자 오비탈보다 높은 에너지를 가진 MO. 이 오비탈에 있는 전자는 원자를 떼어 놓으려고 한다.

**비결합 분자 오비탈(nonbonding molecular orbital):** 고립된 원자 오비탈과 비슷한 에너지의 MO. 이 오비탈에 있는 전자는 원자의 결합에 영향을 미치지 않는다.

**비편재화된 오비탈(delocalized orbital):** 3개 또는 그 이상의 원자 오비탈의 조합으로부터 생성되는 분자 오비탈. 채워져 있을 경우 이들 오비탈에 포함된 모든 원자에 전자 밀도가 분산된다.

**상쇄 겹침(destructive overlap):** 반결합에 기여하는 오비탈의 겹침. 반대상(+상과 −상)을 가진 로브의 겹침은 일반적으로 상쇄 겹침이다.

**속도론적 지배(kinetic control):** 생성물 분포가 여러 생성물이 형성되는 반응 속도에 의해 지배되는 것

**속도론적 생성물(kinetic product):** 가장 빨리 생성되는 생성물. 속도론적 지배하의 주생성물

**수소화열(heat of hydrogenation):** 1몰의 불포화 화합물에 수소를 첨가할 때 생성되는 반응 엔탈피

$$\text{C}{=}\text{C} \; + \; \text{H}_2 \xrightarrow{\text{촉매}} -\underset{\text{H}}{\overset{|}{\text{C}}}-\underset{\text{H}}{\overset{|}{\text{C}}}- \qquad \Delta H^\circ = \text{수소화열}$$

**알릴기(allyl group):** 2-프로페닐기, $-CH_2-CH=CH_2$에 대한 관용명

**알릴 자리 이동(allylic shift):** 알릴 중간체의 비편재화를 통해 일어나는 이중 결합의 이성질화

$$H_2C{=}CH{-}CH_2{-}CH_3 \xrightarrow[hv]{NBS} H_2C{=}CH{-}CHBr{-}CH_3 \;+\; BrCH_2{-}CH{=}CH{-}CH_2$$

알릴 자리 이동 생성물

**알릴 자리(allylic position):** 탄소-탄소 이중 결합 이웃의 탄소 원자. 이 용어는 할로젠화 알릴처럼 명명하는 데 사용되며, '알릴성 양이온(allylic cation)', '알릴성 라디칼(allylic radical)', '알릴성 음이온(allylic anion)' 같은 반응 중간체를 가리킬 때도 사용된다.

알릴 자리

$H_2C{=}CH{-}CHBr{-}CH_3$ 할로젠화 알릴

$(CH_3)_2C{=}CH{-}\overset{+}{C}(CH_3)_2$ 알릴성 양이온

**열역학적 지배(thermodynamic control):** 생성물의 분포가 생성물의 안정도에 의해 지배되는 것. 열역학적 지배는 반응 혼합물이 평형에 도달하려고 할 때 작용한다. '평형 지배(equilibrium control)'라고도 한다.

**열역학적 생성물(thermodynamic product):** 가장 안정한 생성물. 열역학적 지배하의 주생성물

**오비탈 대칭 보존(conservation of orbital symmetry):** 대칭성의 현저한 변화 없이 반응물의 MO가 생성물의 MO로 매끄럽게 흘러가는 것을 서술하는 고리 전이 상태 반응의 이론

**콘쥬게이션 이중 결합(conjugated double bond):** 단일 결합과 교대로 된 이중 결합. 2개의 파이 결합에 있는 *p* 오비탈의 겹침에 의한 상호작용을 가진다.

콘쥬게이션된 고립된 연이은

**고립 이중 결합(isolated double bond):** 2개 혹은 그 이상의 단일 결합으로 인해 분리된 이중 결합. 고립된 이중 결합은 간단한 알켄에서처럼 독립적으로 반응한다.

**연이은 이중 결합(cumulated double bond):** 단일 결합의 개입 없는 연속적인 이중 결합

**알렌(allen):** 연이은 탄소-탄소 이중 결합을 가진 화합물로, '큐물렌(cumulene)'이라고도 한다.

**협동 반응(concerted reaction):** 모든 결합의 생성과 결합의 분해가 한 단계에서 일어나는 반응. E2, $S_N2$, Diels-Alder 반응은 협동 반응의 예이다.

## 기초문제

**1** 에틸렌, 뷰타다이엔, 알릴성계의 분자 오비탈을 어떻게 만들지를 나타내라. 에틸렌, 뷰타다이엔, 알릴 양이온, 알릴 라디칼, 알릴 음이온의 전자 배치를 나타내라. 관련 연습문제 15-36, 37

**2** 자유 라디칼 반응과 양이온 반응처럼 어떤 반응이 중간체의 공명 안정화에 의해 증가되는 반응인지 설명하라. 증가된 반응 속도와 관찰된 생성물을 설명하기 위해 메커니즘을 전개하고, 안정화된 중간체의 공명 구조를 그려보라. 관련 연습문제 15-25, 26, 32

**3** 비대칭 시약과의 고리 첨가 반응의 지향성과 생성물의 입체 화학을 포함하여 Diels-Alder 반응의 생성물을 예측하라. 관련 연습문제 15-29, 30, 31, 33, 36, 39, 41

**4** 반응물의 분자 오비탈의 대칭을 비교함으로써 어떤 고리 첨가 반응이 열역학적으로 허용될지, 광화학적으로 허용될지를 예측하라. 관련 연습문제 15-35, 36

**5** UV-가시광선 스펙트럼으로부터 $\lambda_{max}$ 값을 이용하여 콘쥬게이션계의 길이를 추정하고, 비슷한 구조의 화합물과 비교하라. 관련 연습문제 15-28, 32, 38, 40

## 연습문제

**15-24** 다음 다이엔과 폴리엔을 고립된, 콘쥬게이션, 연이은 또는 이들 부류의 조합으로 분류하라.

**(a)** 사이클로헵타-1,3-다이엔 **(b)** 사이클로헵타-1,4-다이엔

**(c)** 사이클로데카-1,2-다이엔 **(d)** 사이클로헵타-1,3,5-트라이엔

**(e)** 사이클로펜타-1,3,5-다이엔 **(f)** 헥사-1,2,4-트라이엔

**15-25** 다음 반응의 생성물을 예측하라.

**(a)** 브로민화 알릴 + 브로민화 사이클로헥실 마그네슘

**(b)** 사이클로펜타다이엔 + 무수 HCl

**(c)** 2-메틸프로펜 + NBS, 빛

**(d)** 퓨란 + 트랜스-1,2-다이사이아노에틸렌

**(e)** 뷰타-1,3-다이엔 + 브로민수

**(f)** 헥사-1,3,5-트라이엔 + $CCl_4$ 속의 브로민

**(g)** 1-(브로모메틸)-2-메틸사이클로펜텐, 메탄올에서 가열

**(h)** 사이클로펜타다이엔 + 아크릴산 메틸, $CH_2{=}CH{-}COOCH_3$

**(i)** 사이클로헥사-1,3-다이엔 + $CH_3{-}C({=}O){-}C{\equiv}C{-}C({=}O){-}CH_3$

**15-26** 다음 탄화수소를 합성하기 위해 어떠한 할로젠화 알릴과 Grignard 시약이 사용되어야 하는지 제시하라.

**(a)** 4-메틸헥스-1-엔 **(b)** 2,5,6-트라이메틸헵트-2-엔 **(c)** 1-사이클로헥실펜트-2-엔

**15-27** 다음 양이온, 음이온, 라디칼에 대한 주요 공명 기여체를 그려보라.

**(a)** $^+CH_2$ **(b)** $\dot{C}H_2$ **(c)** $COCH_3$, $^-O$

**(d)** H, H, H (+) **(e)** $^-CH_2$, O, C, H **(f)** O, $O^-$

**(g)** O, $^+CH_2$ **(h)** $OCH_3$, $^+CH_2$, C, C, H, H

**15-28** 미지의 스테로이드(분자량 = 약 255) 0.0010 g을 에탄올 100 mL에 녹인 용액을 준비했다. 이 용액의 일부를 1 cm 용기에 넣고 UV 스펙트럼을 측정했다. 이 용액은 $\lambda_{max}$ = 235 nm, $A$ = 0.74인 것으로 확인되었다.

**(a)** 235 nm에서 몰흡광 계수를 계산하라.

**(b)** 다음 화합물 가운데 어느 것이 이 스펙트럼에 해당하는지 답하라.

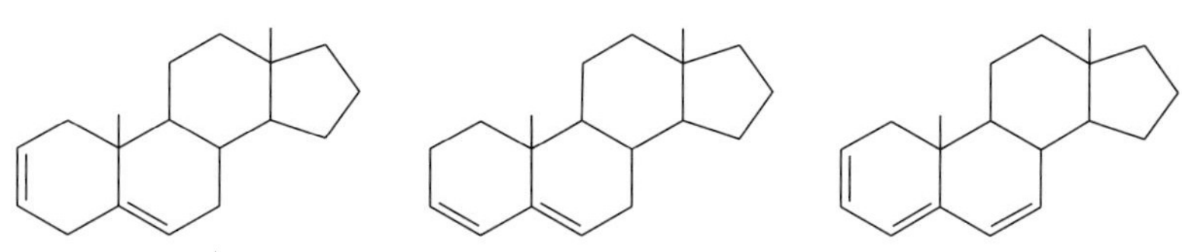

**15-29** (a)에 나타낸 다이엔 락톤(diene lactone)은 1개의 전자 주는 기(—OR)와 1개의 전자 끄는 기(C=O)를 가진다. 이 다이엔 락톤은 Diels-Alder 반응에서 다이엔으로 작용할 만큼 충분하게 전자가 풍부하다.

**(a)** 이 다이엔이 강한 친다이엔체인 아세틸렌카복실산 메틸(methyl acetylenecarboxylate)과 반응하여 어떤 생성물을 생성할 것으로 예상하는가?

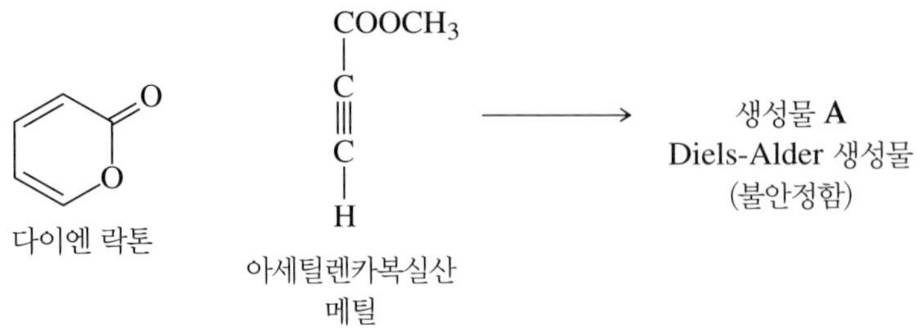

다이엔 락톤 + 아세틸렌카복실산 메틸 ($COOCH_3$—C≡C—H) ⟶ 생성물 **A** Diels-Alder 생성물 (불안정함)

**(b)** Diels-Alder 생성물 **A**는 그다지 안정하지 않다. 온화하게 가열하면 반응하여 $CO_2$ 기체와 매우 안정한 생성물인 벤조산 메틸($PhCOOCH_3$)을 생성한다. 이렇게 강한 발열 탈카복실화 반응(decarboxylation)이 어떻게 일어나는지 설명하라. (힌트: 알맞은 조건에서 Diels-Alder 반응은 가역적이다.)

**15-30** 필요하면 입체 화학을 포함하여 다음 Diels-Alder 반응의 생성물을 예측하라.

**(a)** 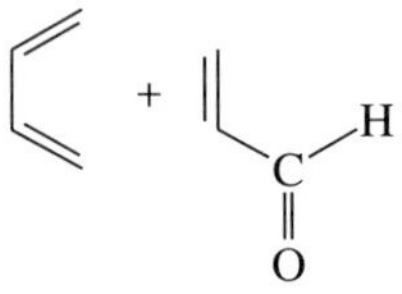 (b) 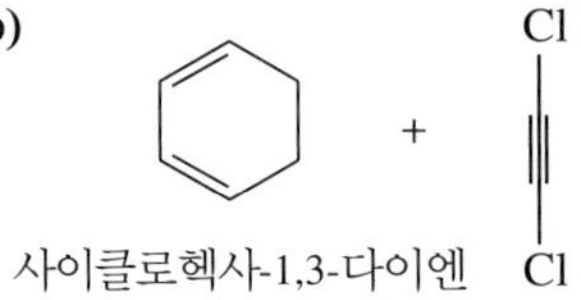 사이클로헥사-1,3-다이엔 + Cl—C≡C—Cl (c) 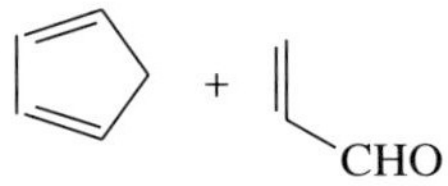 + CHO (d) 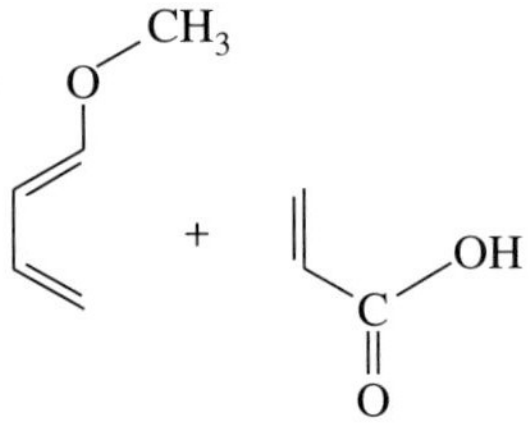 + OH (e) 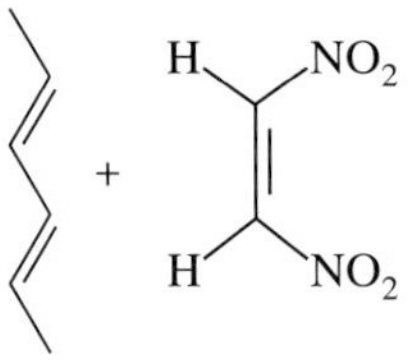 (f)

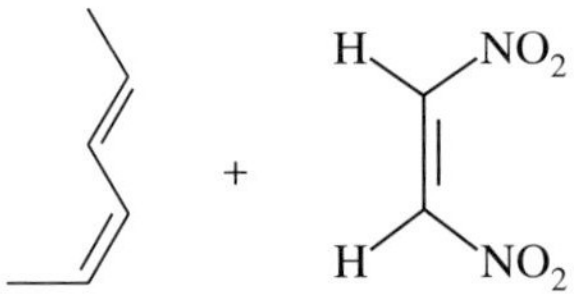

**15-31** 필요하면 입체 화학을 포함하여 다음 반응의 생성물을 예측하라.

**(a)** 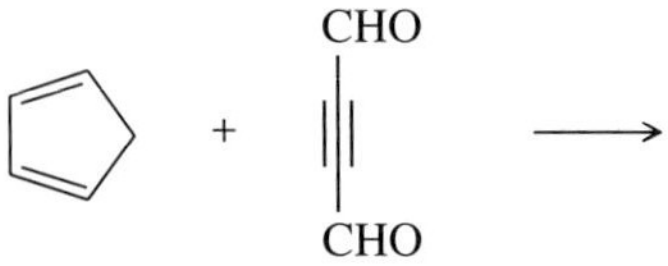 (b) 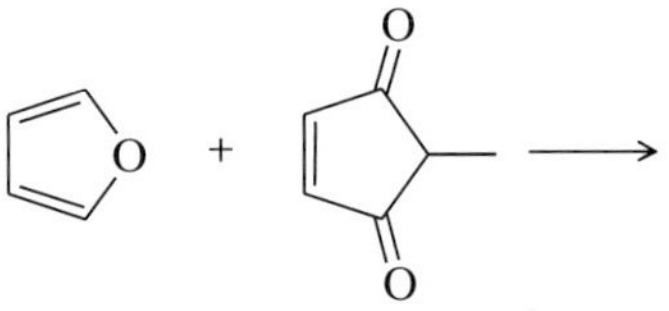 (c) 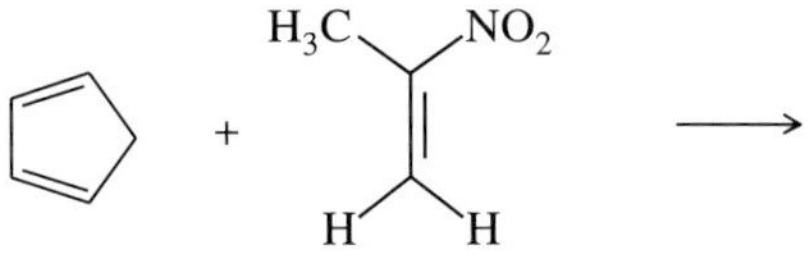 (d) 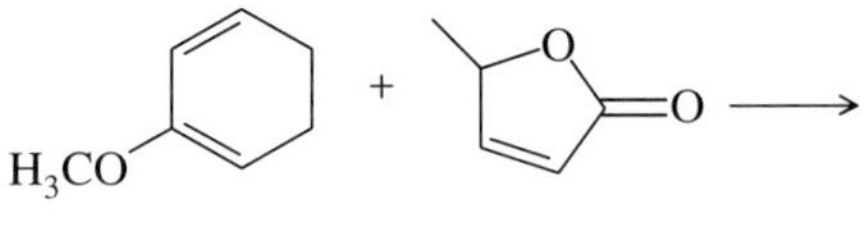 (e) 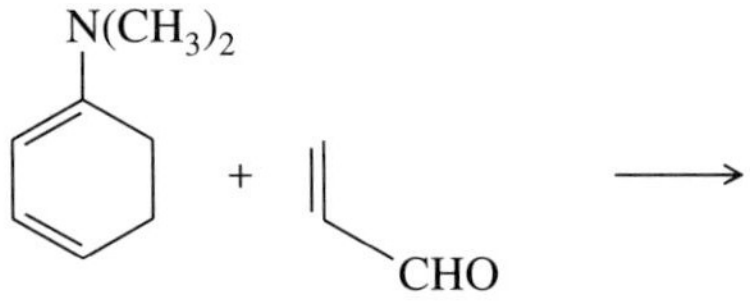 (f)

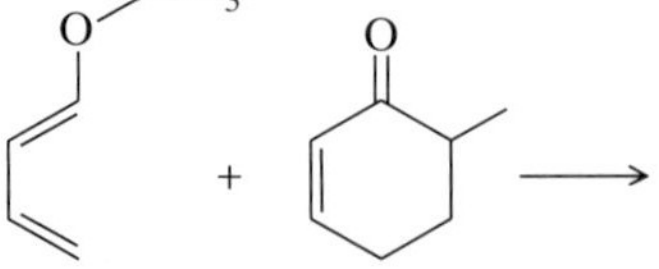

**15-32** 한 대학원생이 3-프로필사이클로헥사-1,4-다이엔을 합성하기 위해 어떤 실험 방법을 따르고 있었다. 작업 과정 중 연구 지도자가 대학원생을 사무실로 불렀고, 대학원생이 다시 자리로 돌아왔을 때 그 생성물은 지도받은 것보다 더 높은 온도로 데워져 있었다. 생성물을 분리하여 IR에서 적절한 =C—H 신축 진동을 보았다. 그러나 목적 생성물에 대해 문헌 값인 1650 $cm^{-1}$와 달리 1630 $cm^{-1}$ 부근에서 C=C 신축 진동이 나타났다. 질량 스펙트럼은 맞는 분자량을 보였으나, 주 피크는 예상되는 M−43이 아니라 M−29에서 나타났다. 이례적인 IR 스펙트럼 때문에 UV 스펙트럼을 찍었더니 $\lambda_{max}$가 261 nm에서 나타났다.

**(a)** IR을 다시 보정해야 하는가? 아니면 온도를 조금 더 조심스럽게 보면서 실험을 다시 해야 하는가? 1630 $cm^{-1}$ 흡수는 무엇을 의미하는지 답하라.

**(b)** 목적 생성물의 구조를 그리고, 실제 생성물 구조를 그려보라.

**(c)** 대학원생이 M−43에서 주피크가 나타날 것이라고 예측한 이유는 무엇인가? 당신이 제안한 구조가 M−29에서 어떻게 강한 피크를 나타내는지 밝혀라.

**15-33** 다음 화합물을 합성하기 위해 Diels-Alder 반응을 어떻게 사용해야 하는지 나타내라.

(a) (b) (c) $CH_3$, $COOCH_3$, $CH_3$

(d) (e) (f)

(g) 클로르데인(chlordane) (h) 알드린(aldrin) (i)

**15-34** 이 합성에서 문자로 표시되는 생성물의 구조를 제시하라.

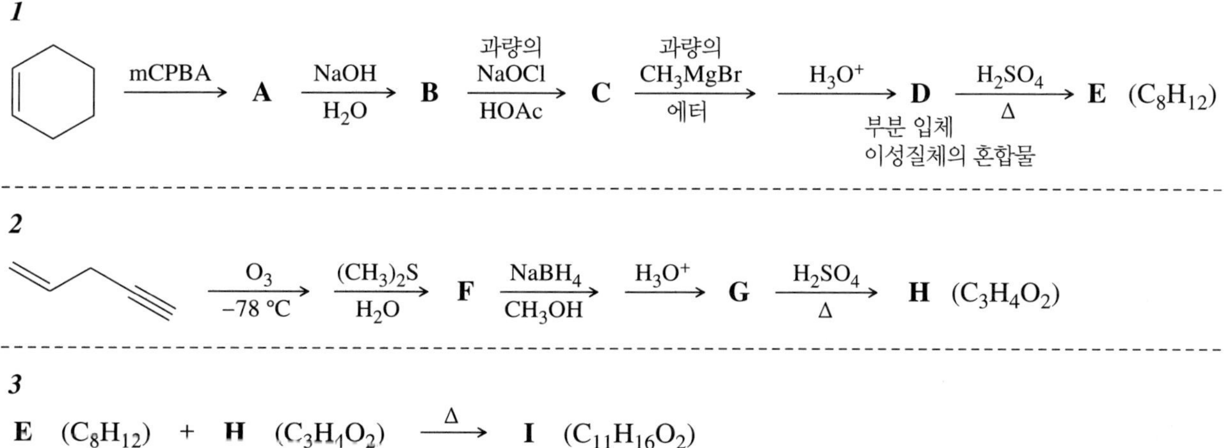


**15-35** 퓨란과 말레이미드(maleimide)는 25°C에서 Diels-Alder 반응을 하여 내향 이성질체를 생성한다. 그러나 90°C에서 반응을 수행하면 주생성물이 외향 이성질체이다. 더 많이 연구한 결과 생성물인 내향 이성질체는 90°C에서 외향 이성질체로 이성질화한다.

퓨란: 말레이미드:

**(a)** 퓨란과 말레이미드의 Diels-Alder 첨가 생성물의 내향 및 외향 이성질체를 그려보라.

**(b)** 어떤 이성질체가 일반적으로 예상되는 이성질체인가? 이 이성질체가 선호되는 이유를 설명하라.

(c) (b)에 대한 답을 검토하고, 이 답이 속도론적 지배, 열역학적 지배 또는 그 둘 모두에 적용되는지 답하라.

(d) 25℃에서 반응이 일어날 경우 내향 이성질체가 주로 생성되는 이유를 설명하고, 90℃에서는 외향 이성질체가 주로 생성되는 이유를 설명하라.

**15-36** (a) 헥사-1,3,5-트라이엔의 $\pi$ 분자 오비탈을 그려보라(그림 15-25).

(b) 헥사-1,3,5-트라이엔의 바닥 상태의 전자 배치를 그려보라.

(c) 헥사-1,3,5-트라이엔과 말레산 무수물(maleic anhydride)의 [6 + 2] 고리 첨가 반응 결과 어떤 생성물이 생길 것인지 밝혀라.

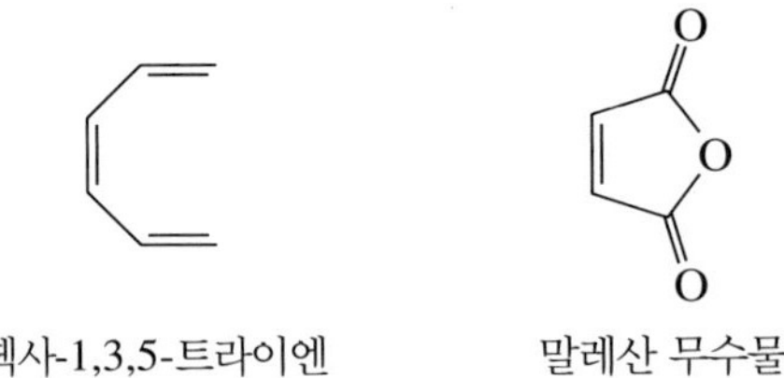


(d) 헥사-1,3,5-트라이엔과 말레산 무수물의 [6 + 2] 고리 첨가 반응이 열적으로는 금지이지만 광화학적으로 허용된다는 것을 나타내라.

(e) 헥사-1,3,5-트라이엔과 말레산 무수물을 가열함으로써 생성되는 실제 Diels-Alder 생성물을 밝혀라.

**15-37** 펜타다이엔일 라디칼($H_2C{=}CH{-}CH{=}CH{-}CH_2\cdot$)은 3개의 탄소 원자에 비편재화된 홀전자를 가지고 있다.

(a) 공명 구조를 사용하여 어떤 세 탄소가 홀전자를 갖는지 나타내라.

(b) 펜타다이엔일 라디칼의 분자 오비탈 그림에는 몇 개의 분자 오비탈이 있는가?

(c) 펜타다이엔일계의 가장 낮은 에너지 MO에는 몇 개의 마디가 있는가? 가장 높은 에너지 MO에는 몇 개가 있는가?

(d) 펜타다이엔일계의 MO를 에너지가 증가하는 순서로 그려보라.

(e) 펜타다이엔일 라디칼(바닥 상태)의 각 MO에는 몇 개의 전자가 있는지 밝혀라.

(f) 어떠한 분자 오비탈 그림이 홀전자가 세 탄소 원자에 비편재화되는 공명 그림과 일치하는지를 나타내라.

(g) 펜타다이엔일 라디칼로부터 가장 높은 에너지의 전자를 제거하여 펜타다이엔일 양이온을 생성한다. + 전하가 어떤 탄소 원자에 분산되는가? 이 그림이 공명 구조 그림과 일치하는가?

(h) 펜타다이엔일 라디칼에 전자를 첨가하여 펜타다이엔일 음이온을 생성한다. − 전하가 어떤 탄소 원자에 분산되는가? 이 그림이 공명 그림과 일치하는가?

*** 15-38** 한 학생이 터펜(terpene) 합성법을 연구하는데, 아래 그림에 나타낸 화합물을 만들려고 한다. 우선 아래에 나타낸 대로 3-브로모-6-메틸사이클로헥센을 알코올 **A**로 전환한다. 알코올 **A**를 황산과 함께 가열하고, 혼합물로부터 한 성분(화합물 **B**)을 정제한다. 화합물 **B**는 목표 생성물에 맞는 분자식을 가지고 있다.

(a) 3-브로모-6-메틸사이클로헥센이 어떻게 알코올 **A**로 전환되는지 밝혀라.

(b) 화합물 **B**의 UV 스펙트럼은 269 nm에서 $\lambda_{max}$를 보여준다. 화합물 **B**는 올바른 생성물인가? 그렇지 않다면 UV 데이터와 일치하는 화합물 **B**에 대한 구조를 제시하라.

(c) 알코올 **A**의 탈수 반응으로 화합물 **B**가 되는 메커니즘을 밝혀라.

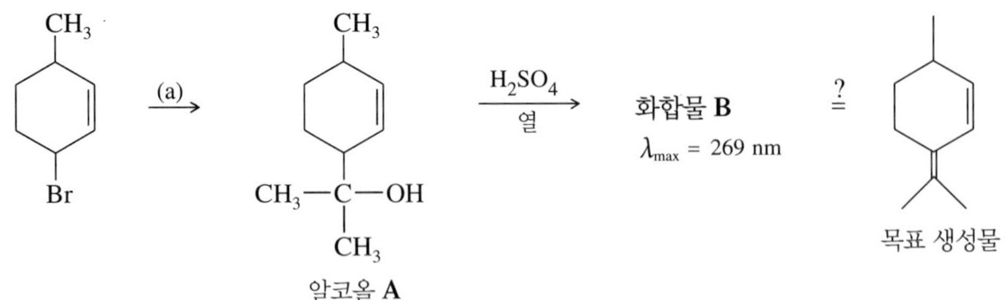


* 본문 내용을 응용한 난이도 높은 문제는 별표(*)로 표시했다.

* **15-39** 하버드대학교의 E. J. Corey와 David Watt의 연구에서 합성의 한 부분은 다음 피론(pyrone)과 사이클로헥센온의 Diels–Alder 고리 첨가 반응을 포함하고 있다. 초기 반응에서는 내향 생성물이 생성되고, 이산화 탄소를 잃는 역 Diels–Alder 반응을 통해 입체 화학과 작용기를 예측할 수 있는 방법으로 반응이 진행되어 다이엔을 생성한다. 최종 생성물의 IR과 UV 분광학은 에스터와 콘쥬게이션된 이중 결합과 콘쥬게이션이 안 된 케톤을 포함하고 있음을 보여준다. 입체 화학에 특히 주의하면서 중간체의 구조와 최종 생성물의 구조를 결정하라.

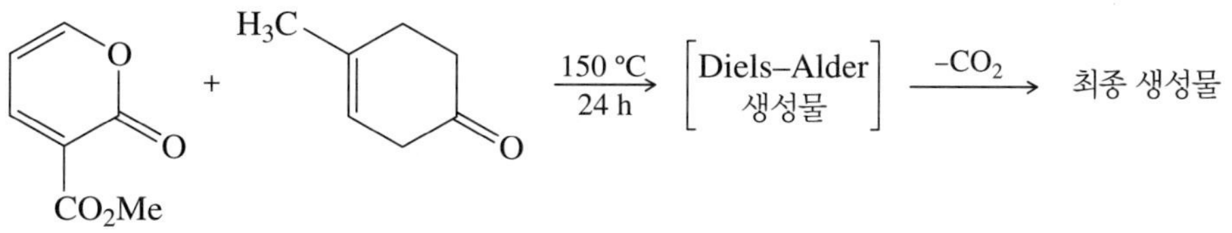

$CO_2Me$ + $H_3C$ ; 150 °C, 24 h → [Diels–Alder 생성물] —$-CO_2$→ 최종 생성물

**15-40** 다음 각 구조가 색깔이 있을 것인지 없을 것인지 확인하라. 색깔이 있을 것으로 예견되는 구조에 대해 연속적인 $sp^2$ 혼성 원자를 표시하여 확장된 콘쥬게이션을 나타내라.

(a) N, O, $Cl^-$, $\overset{+}{N}$, $CH_3$, $CH_3$

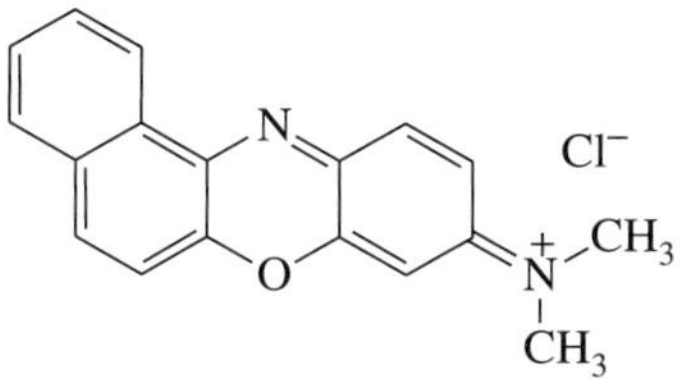

(b) O, COOH, HO, OH

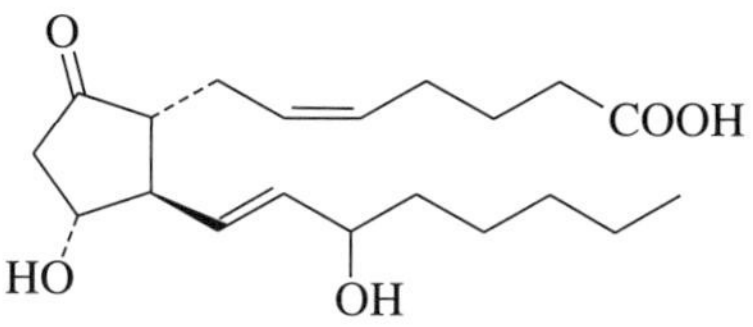

(c) OH, O, $CH_3$, COOH, HO, OH, OH, O

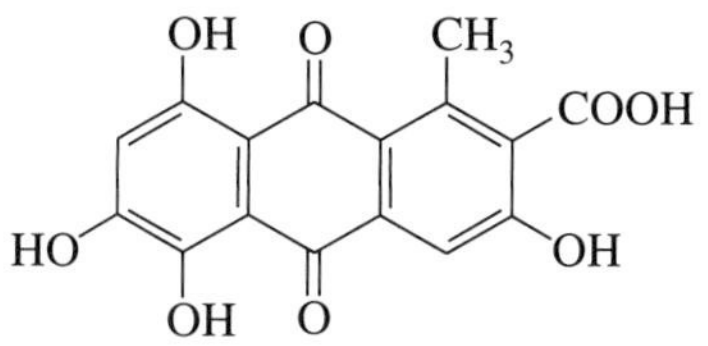

(d) OH, HO, N=N, $Na^+\ ^-O_3S$

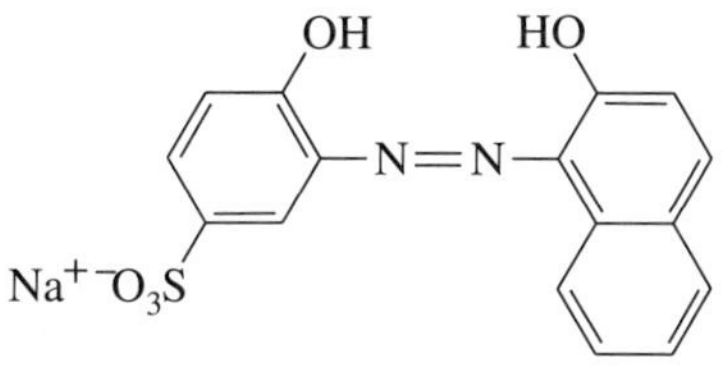

(e) $H_3CO$, $N(CH_3)_2$, $H_3C$, O

(f) HO, C, O

(g) I, I, $Na^+\ ^-O$, O, O, I, I, $COO^-\ Na^+$

(h) $NO_2$, HO

(i) O, O

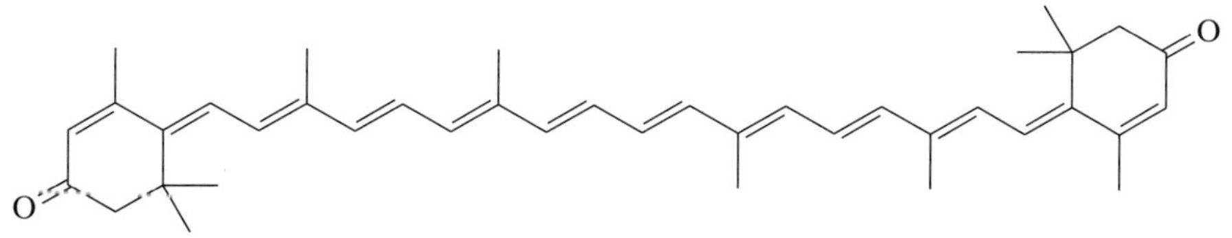

(j) $Na^+\ ^-OOC$, N, N, $SO_3^-\ Na^+$, $Na^+\ ^-O_3S$, N=N, OH

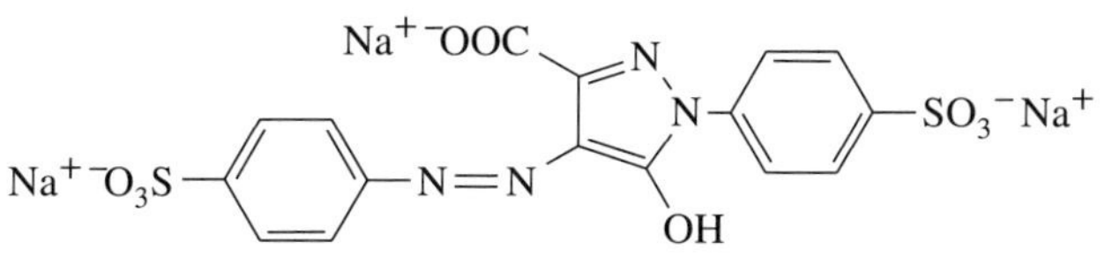

(k) Cl, Cl, Cl, Cl, OH, $NH_2$, O

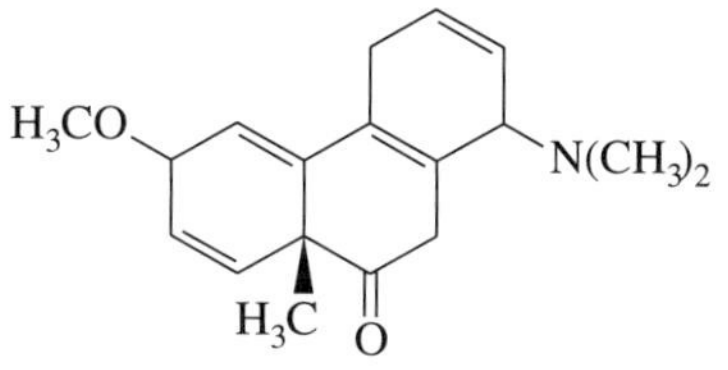

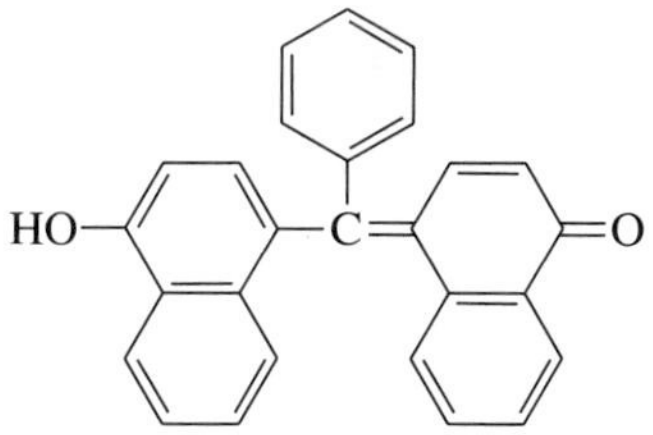

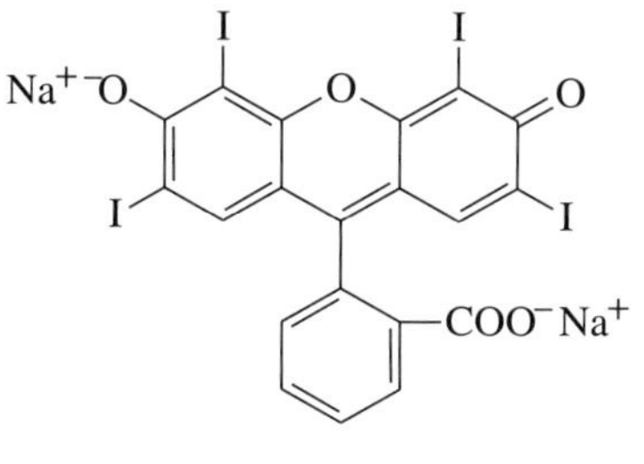

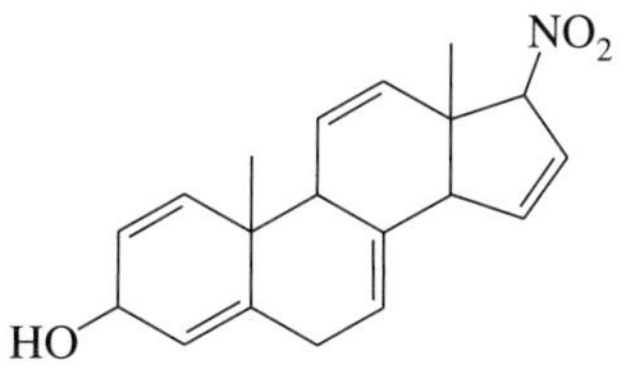

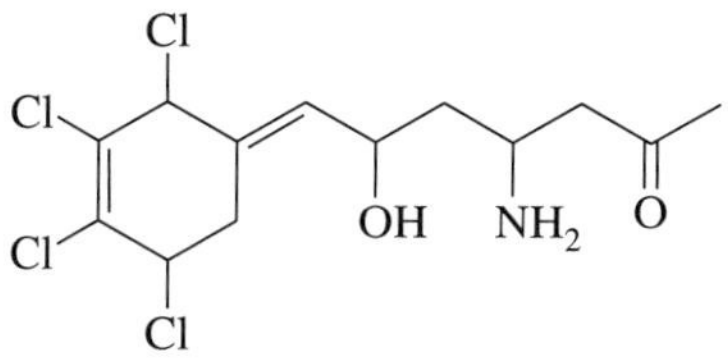

**15-41** Diels-Alder 반응의 중요한 변형 중 하나는 분자 내 다이엔-친다이엔체 결합 반응이다. 이 유형의 Diels-Alder 반응은 2개의 새로운 고리를 형성한다. 각 예시에서 생성된 화합물을 그려보고, 입체 화학을 예측해보라. (모형을 사용하는 것이 도움이 될 것이다). 경우에 따라 Lewis 산 촉매가 사용될 수 있지만, 이 문제에서는 무시한다.

**(a)**

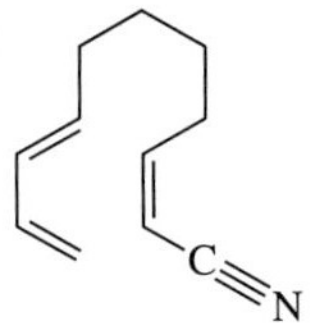

C≡N

**(b)**

O

$OSiR_3$

$OR^2$

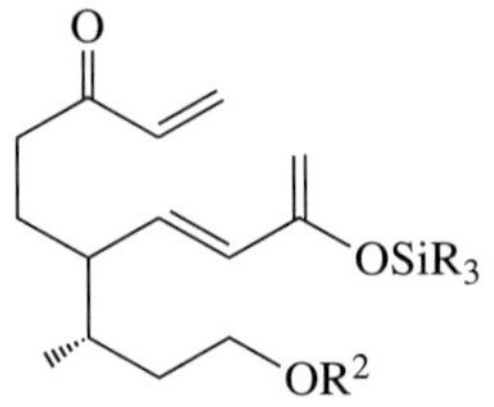

Prof. H. Miyaoka, Tokyo U.
*Synthesis Letters*, **2011**, *547.* (R과 $R^2$은 다른 알킬기이다.)

**(c)**

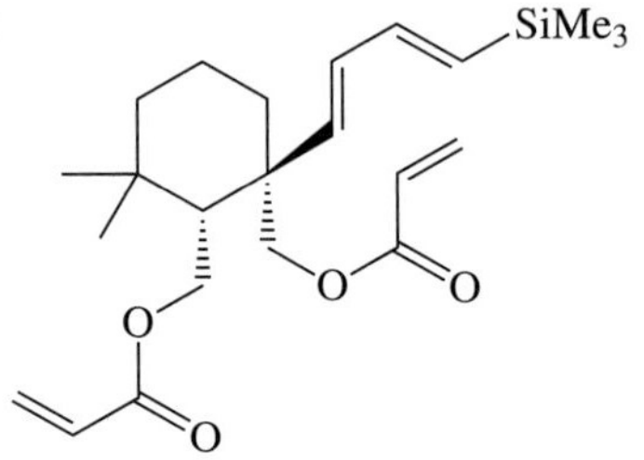

$SiMe_3$

O O O O

Prof. H. Zhai, Lanzhou U.
*Organic Letters*, **2014**, *16*, 216.

**(d)**

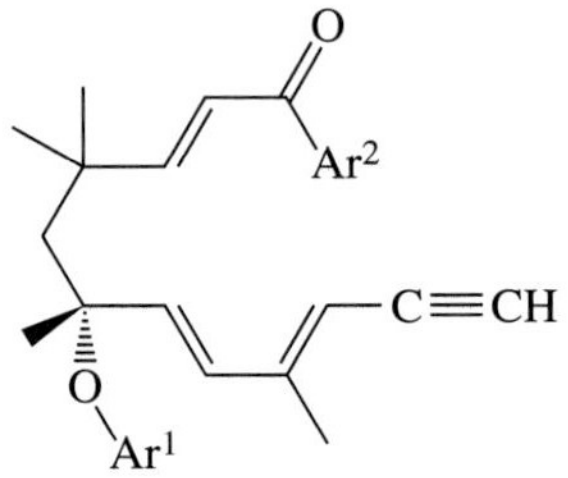

O

$Ar^2$

C≡CH

O

$Ar^1$

Prof. A. Kirschning, Leibnitz U. Hannover
*Organic Letters*, **2014**, *16*, 568.
($Ar^1$과 $Ar^2$은 다른 아릴기이다.)

# 16 방향족 화합물

자일론®

**학습목표**

**1** Hückel 규칙을 주어진 구조에 적용할 수 있는지 결정하고, 그 화합물이 방향족, 반방향족, 비방향족 중 어느 것인지 예측한다.

**2** 벤젠, 사이클로뷰타다이엔과 유사한 콘쥬게이션 고리계의 분자 오비탈을 구축하는 방법을 나타낸다.

**3** 주어진 헤테로 고리 화합물이 방향족인지 예측할 수 있다. 질소를 포함하는 헤테로 고리에 대해 질소의 고립 전자쌍이 방향족계에 사용되는지 결정할 수 있고, 질소 원자가 센염기성인지 약염기성인지 예측한다.

**4** IR, NMR, UV, 질량 스펙트럼을 이용하여 방향족 화합물의 구조를 결정한다. 방향족 화합물에 대해 스펙트럼의 두드러진 특징을 예측한다.

◀ 이 테니스 라켓 줄에 사용된 금색은 자일론(Zylon®) 섬유의 특성이다. 자일론은 알려진 가장 강한 고분자 중 하나로, 케블라(Kevlar®)의 파단 강도의 약 1.6배이다. 또한 780°C까지 분해되지 않는 우수한 열 안정성을 가지고 있으며, 탄성력이 높다. 자일론의 뛰어난 강도와 안정성은 전적으로 방향족 고리로 이루어진 구조에서 비롯된 것이다. 테니스 라켓 외에도 자일론은 소방 장비, 레이싱 슈트, 돛 천, 레이싱 및 항공 우주 응용 분야의 고강도 밧줄로 사용된다.

## 16-1 서론: 벤젠의 발견

1825년에 Michael Faraday는 가스등의 연료인 조명가스를 농축한 오일성 혼합물로부터 끓는점이 80°C인 순수한 화합물을 분리했다. 원소 분석 결과에 따르면 이 물질의 실험식은 CH로서 수소와 탄소의 비가 1 : 1로 특이하게 작았다. Faraday는 이 새 화합물을 '수소의 비카르부렛(bicarburet of hydrogen)'이라고 명명했다. 1834년에 Eilhard Mitscherlich는 고무 벤조인(gum benzoin)으로부터 분리한 벤조산(benzoic acid)을 석회 존재하에서 가열하여 동일한 화합물을 합성했는데, 그도 이 화합물의 실험식이 CH라는 사실을 발견했다. Mitscherlich는 증기 밀도를 측정하여 분자량이 약 78이라는 사실도 확인했는데, 이 값은 분자식이 $C_6H_6$임을 말해준다. 그는 이 새로운 화합물이 벤조인에서 유도되었다고 하여 벤진(benzin)이라고 명명했는데, 오늘날에는 벤젠(benzene)이라고 한다.

19세기에 발견된 그 밖의 많은 화합물은 벤젠과 관련이 있어 보였다. 이들 화합물은 기분 좋은 향기를 가졌을 뿐만 아니라 수소와 탄소의 비가 작았으며, 벤젠 또는 관련된 화합물로 전환될 수도 있었다. 이러한 종류의 화합물은 기분 좋은 냄새가 나기 때문에 **방향족**(aromatic)이라고 불렸다. 이러한 성질을 갖지 않는 다른 유기 화합물은 **지방족**(aliphatic)이라고 하는데, 이 말은 '지방 같은(fatlike)'이라는 의미이다. 방향족 화합물의 특이한 안정성이 알려짐에 따라 방향족이라는 용어는 그들이 가진 냄새와 상관없이 이러한 안정성을 가진 화합물에 적용되었다.

## 16-2 벤젠의 구조와 성질

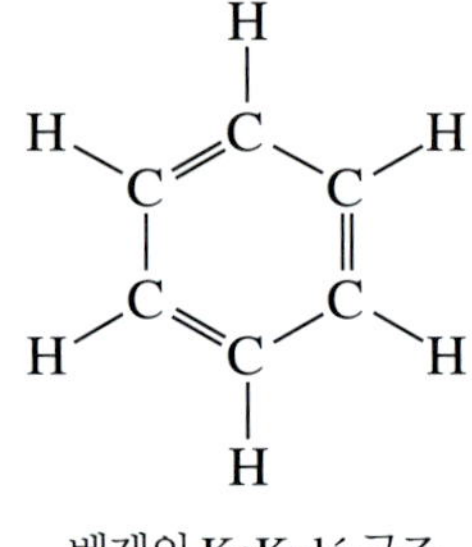

벤젠의 KeKulé 구조

**Kekulé 구조** 1866년에 Friedrich Kekulé는 벤젠에 대해 3개의 이중 결합을 가진 고리 구조를 제안했다. 그 당시에는 다중 결합이 제안된 지 얼마 되지 않았기 때문에(1859년), 단일 결합과 이중 결합을 번갈아 가진 고리 구조는 다소 이상하게 여겨졌다.

그러나 **Kekulé 구조**(Kekulé structure)에는 단점이 있다. 예를 들면 그의 제안대로라면 1,2-다이클로로벤젠(1,2-dichlorobenzene)은 2개의 다른 구조가 가능하지만, 실제로는 단 하나의 구조만 존재한다. 이에 대해 Kekulé는 1,2-다이클로로벤젠의 두 이성질체가 빠르게 상호 변환하는 평형 상태로 존재할 것이라고 (부정확하게) 제안했다.

Cl Cl ? Cl Cl

1,2-다이클로로벤젠

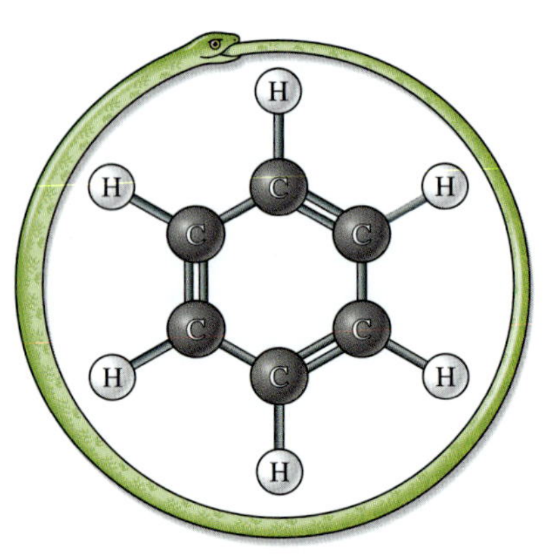

1860년대 동안 벤젠의 다중 불포화는 설명하기 어려웠다. 한 가지 전해지는 이야기는 이 문제를 고찰하다가 잠든 Kekulé의 꿈 내용인데, 꿈속에서 원자들이 눈 앞에서 춤추며 뒤틀리는 뱀과 같은 움직임을 보였고, 그중 하나의 뱀이 자신의 꼬리를 잡았다고 한다. Kekulé는 잠에서 깨어나 3개의 이중 결합이 함께 고리를 형성하는 벤젠 구조를 깨닫게 되었고, 이를 통해 벤젠의 공식과 특성을 설명했다.

**공명의 표현** 벤젠의 공명 그림은 Kekulé의 가정을 자연스럽게 확장한 것이다. Kekulé 구조에 따르면 C—C 단일 결합이 이중 결합보다 더 길어야 한다. 그러나 분광학적인 방법으로 분석한 결과에 따르면 벤젠 고리는 평면 구조이며, 모든 결합의 길이가 1.397 Å으로 동일하다. 고리가 평면상이고 탄소 핵이 같은 거리에 위치해 있기 때문에 두 Kekulé 구조는 파이 전자들의 위치만 다르다.

실제로 벤젠은 두 Kekulé 구조의 공명 혼성체이다. 이러한 표현은 파이 전자들이 비편재화(고르게 퍼져 있음)되어 있음을 의미하며, 이때 인접한 탄소 원자들 사이의 결합 차수는 $1\frac{1}{2}$이 된다. 벤젠의 탄소-탄소 결합 길이는 전형적인 단일 결합보다 짧지만, 전형적인 이중 결합보다는 길다.

모든 C—C 결합 길이 1.397 Å

이중 결합 1.397 Å

단일 결합 1.48 Å

공명 표현

결합 차수 = $1\frac{1}{2}$

통합된 표현

뷰타다이엔

공명-비편재 그림은 벤젠과 그 유도체, 즉 벤젠류(benzenoid) 방향족 화합물의 구조적 특성을 대부분 설명할 수 있다. 파이 결합이 고리에 비편재화되어 있으므로, 벤젠을 그릴 때 3개의 편재된 이중 결합을 나타내는 대신 육각형 안쪽에 원을 그려 넣을 수도 있다. 이렇게 나타내면 벤젠에는 편재화된 단일 결합 또는 이중 결합이 없다는 것을 상기할 수 있고, 또한 이중 결합의 위치가 다른 이성질체를 그리려고 애쓸 필요도 없게 된다. 그러나 반응 메커니즘을 기술할 때는 Kekulé 구조를 사용하여 각 전자쌍의 움직임을 나타낸다.

**August Kekulé**(1829~1896)
독일의 유기 화학자로, 화학 구조 이론의 선구자이자, 특히 벤젠의 Kekulé 구조로 유명하다. 그 뛰어난 업적을 인정받아 1885년에 코플리(Copley) 메달을 수상했으며, 1895년에는 독일의 Kaiser Wilhelm 2세에게 귀족 작위를 받았다. 그는 첫 번째 노벨 화학상(1901) 시상 전에 사망했지만, 그의 전 학생들이 최초 5회 노벨 화학상 중 3회를 수상했다(1901, 1902, 1905).

**연습문제 16-1**

벤젠의 Kekulé 표현에 대한 Lewis 구조를 제시하라. 모든 원자가 전자를 나타내라.

이러한 공명 그림을 사용하면 벤젠을 더욱 사실적으로 그릴 수 있다(그림 16-1). 벤젠은 6개의 $sp^2$ 혼성 탄소 원자로 이루어진 고리이며, 각 탄소에는 수소 원자가 하나씩 결합되어 있다. 모든 탄소-탄소 결합 길이는 동일하며, 모든 결합각은 정확히 120°이다. 각 $sp^2$ 탄소 원자는 고리 평면에 수직인 비혼성 $p$ 오비탈을 가지며, 6개의 전자가 $p$ 오비탈의 고리를 점유한다.

이제부터 **방향족 화합물**(aromatic compound)을 콘쥬게이션된 이중 결합을 보유한, 공명 에너지가 유별나게 큰 고리 화합물로 정의할 것이다. 벤젠을 예로 들어 방향족 화합물이 지방족 화합물과 어떻게 다른지 고찰해볼 것이다. 그런 다음 방향족 고리가 특별히 더 안정한 이유와 몇 가지 흥미롭고 특이한 화합물에서의 방향족성(aromaticity)을 예측하는 방법을 논의할 것이다.

**벤젠의 특이한 반응** 벤젠은 공명-비편재 구조로부터 예측한 것보다 훨씬 더 안정하다. Kekulé 구조와 공명-비편재 구조 모두 벤젠이 고리 형태의 콘쥬게이션된 트라이엔임을 보여준다. 벤젠이 폴리엔계 화합물의 전형적인 반응을 보일 것이라고 예상되지만, 실제로는 아주 특이한 반응을 나타낸다. 예를 들면 알켄은 과망가니즈산 포타슘(potassium permanganate)과 반응하여 글라이콜(glycol)을 형성하는데(8-14절), 이때 과망가니즈산 염의 보라색은 사라지며 이산화 망가니즈(manganese dioxide)의 침전물이 형성된다. 그러나 과망가니즈산 염이 벤젠에 첨가되면 아무런 반응도 일어나지 않는다.

$$\text{cyclohexene} \xrightarrow{KMnO_4,\ H_2O} \textit{cis}\text{-cyclohexane-1,2-diol} + MnO_2$$

$$\text{benzene} \xrightarrow{KMnO_4,\ H_2O} \text{반응이 일어나지 않음}$$

대부분의 알켄은 사염화 탄소(carbon tetrachloride) 내에서 브로민 용액의 색을 사라지게 한다(8-10절). 브로민의 붉은색은 브로민이 이중 결합에 첨가되면서 사라진다. 그러나 브로민이 벤젠에 첨가되면 아무런 반응도 일어나지 않으며, 브로민의 붉은색도 변하지 않는다.

$$\text{cyclohexene} \xrightarrow[CCl_4]{Br_2} \textit{trans}\text{-1,2-dibromocyclohexane}$$

$$\text{benzene} \xrightarrow[CCl_4]{Br_2} \text{반응이 일어나지 않음}$$

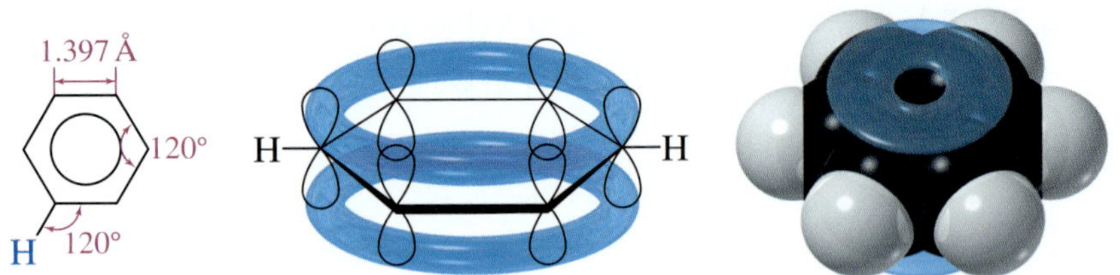


**그림 16-1** 벤젠은 $sp^2$ 혼성 탄소 원자로 이루어진 평평한 고리인데, 혼성되지 않은 *p* 오비탈은 모두 수직으로 정렬되며 서로 겹친다. *p* 오비탈의 고리에는 6개의 전자가 있다. 탄소-탄소 결합 길이는 모두 1.397 Å이며, 결합각은 정확히 120°이다.

브로민화 철(ferric bromide) 같은 촉매를 브로민과 벤젠의 혼합물에 첨가하면 브로민의 색은 서서히 사라진다. 부산물로 HBr 기체가 생기지만, 예상했던 $Br_2$ 첨가 반응(addition)은 일어나지 않는다. 그 대신 수소 원자가 브로민 원자로 치환(substitution)되고, 3개의 이중 결합이 그대로 남아 있는 유기 생성물을 얻는다.

$$C_6H_6 \xrightarrow[CCl_4]{Br_2,\ FeBr_3} C_6H_5Br + HBr\uparrow$$

형성되지 않음

**벤젠의 특이한 안정성** 벤젠이 전형적인 알켄의 반응을 하지 않는다는 사실은 벤젠이 이례적으로 안정하다는 것을 암시한다. 몰 수소화 반응열을 비교해보면 안정성을 정량화할 수있다. 벤젠, 사이클로헥센(cyclohexene), 사이클로헥사다이엔(cyclohexadiene)은 모두 수소화 반응에 의해 사이클로헥세인(cyclohexane)이 된다. 그림 16-2는 실험적으로 얻은 수소화 반응열이 다음 추론에 의해 어떻게 사이클로헥사-1,3-다이엔(cyclohexa-1,3-diene)과 벤젠의 **공명 에너지**(resonance energy)를 계산하는 데 사용되는지를 보여준다.

1. 사이클로헥센의 수소화는 120 kJ/mol(28.6 kcal/mol) 발열 반응이다.
2. 사이클로헥사-1,4-다이엔(cyclohexa-1,4-diene)의 수소화는 사이클로헥센 수소화열의 약 2배에 해당하는 240 kJ/mol(57.4 kcal/mol) 발열 반응이다. 따라서 사이클로헥사-1,4-다이엔의 고립된 이중 결합의 공명 에너지는 거의 0이다.
3. 사이클로헥사-1,3-다이엔의 수소화는 사이클로헥센의 2배 값보다 약 8 kJ/mol(1.8 kcal/mol) 작은 232 kJ/mol(55.4 kcal/mol) 발열 반응이다. 8 kJ(1.8 kcal)의 공명 에너지는 콘쥬게이션된 다이엔의 전형적인 값이다.
4. 벤젠의 수소화는 더 높은 압력의 수소와 활성이 더 큰 촉매를 필요로 한다. 이러한 수소화 반응은 사이클로헥센의 3배 값보다 약 151 kJ(36.0 kcal)만큼 작은 208 kJ/mol(49.8 kcal/mol) 발열 반응이다.

$$C_6H_6 + 3\ H_2 \xrightarrow[\text{높은 압력}]{\text{촉매}} C_6H_{12}$$

| | | |
|---|---|---|
| $\Delta H°$ | = | 208 kJ/mol |
| 3 × 사이클로헥센 | = | 359 kJ/mol |
| 공명 에너지 | = | 151 kJ/mol |

151 kJ/mol(36 kcal/mol)이나 되는 벤젠의 공명 에너지는 콘쥬게이션 효과만으로는 설명할 수 없다. 벤젠의 수소화열은 실제로 사이클로헥사-1,3-다이엔의 값보다도 작다. 벤젠의 첫 번째 이중 결합의 수소화는 흡열 반응으로, 이 책에 나온 수소화 반응 중 최초의 흡열 반응이다. 실제로 이 반

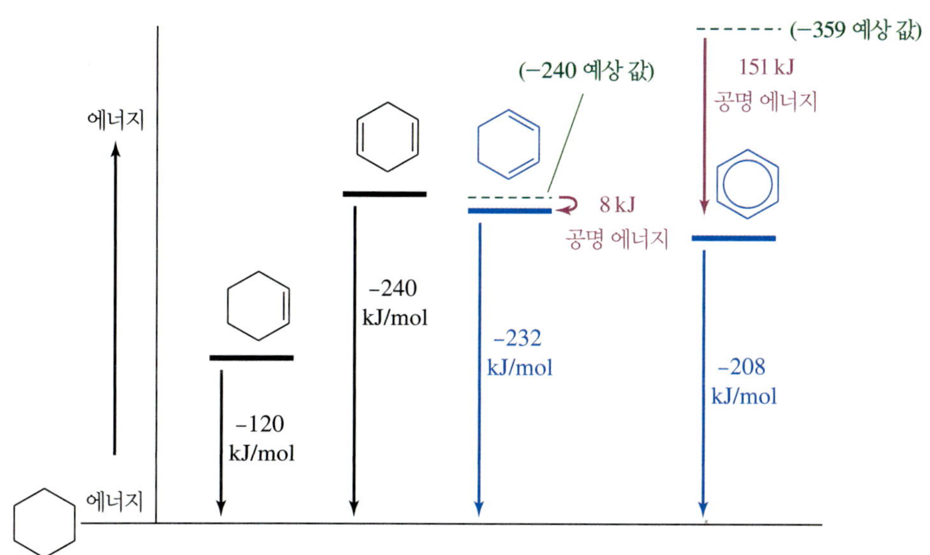


**그림 16-2** 사이클로헥센, 사이클로헥사-1,4-다이엔, 사이클로헥사-1,3-다이엔, 벤젠의 몰 수소화 반응열과 상대적인 에너지. 점선은 모든 이중 결합이 사이클로헥센의 이중 결합과 동일한 에너지를 가진다고 가정할 때 예상되는 에너지를 나타낸 것이다.

응은 $H_2$ 1몰을 첨가한 후에는 멈추기 어려운데, 생성물(사이클로헥사-1,3-다이엔)이 벤젠보다 더 쉽게 수소화되기 때문이다. 분명 벤젠 고리의 반응성은 예외적으로 작다.

벤젠 + $H_2$ $\xrightarrow{\text{촉매}}$ 사이클로헥사-1,3-다이엔

| | $\Delta H^\circ_{\text{수소화}}$ | |
|---|---|---|
| 벤젠: | −208 kJ | (−49.8 kcal) |
| 사이클로헥사-1,3-다이엔: | −232 kJ | (−55.4 kcal) |
| $\Delta H^\circ$ = | +24 kJ | (+5.6 kcal) |

**연습문제 16-2**

그림 16-2를 이용하여 다음 반응의 $\Delta H^\circ$ 값을 계산하라.

(a) 벤젠 + $H_2$ $\xrightarrow{\text{촉매}}$ 사이클로헥사-1,4-다이엔

(b) 벤젠 + 2 $H_2$ $\xrightarrow{\text{촉매}}$ 사이클로헥센

(c) 사이클로헥사-1,4-다이엔 + $H_2$ $\xrightarrow{\text{촉매}}$ 사이클로헥센

**공명 그림의 단점** 여러 해 동안 화학자들은 벤젠이 큰 공명 에너지를 가진 것은 2개의 동일하고 안정한 공명 구조 때문이라고 생각했다. 그들은 단일 결합과 이중 결합이 교대로 배열되어 콘쥬게이션계로 된 다른 탄화수소도 비슷한 안정성을 가질 것이라고 생각했다. 이처럼 단일 결합과 이중 결합이 교대로 배열된 고리 탄화수소를 **아눌렌**(annulene)이라고 한다. 예를 들면 벤젠은 6원자 아눌렌이므로, [6]아눌렌이라고 명명한다. 사이클로뷰타다이엔(cyclobutadiene)은 [4]아눌렌, 사이클로옥타테트라엔(cyclooctatetraene)은 [8]아눌렌이라고 명명하며, 더 큰 아눌렌도 이와 유사하게 명명한다.

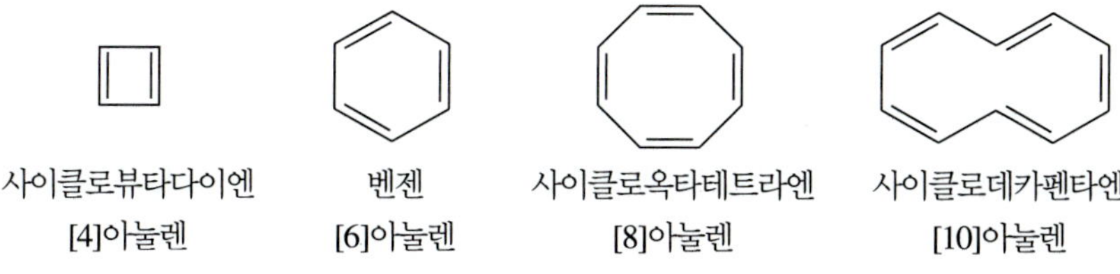

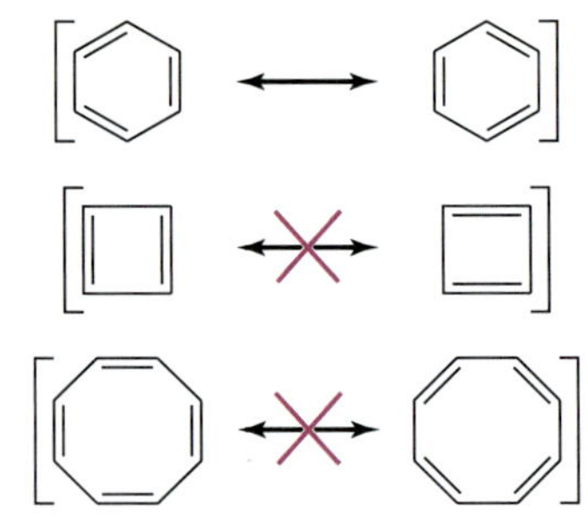

**그림 16-3** 사이클로뷰타다이엔과 사이클로옥타테트라엔은 벤젠과 마찬가지로 단일 결합과 이중 결합이 교대로 배열된 구조로 구성되어 있다. 이전에는 이들 화합물을 방향족이라고 잘못 생각했다.

이중 결합들이 완전히 콘쥬게이션되려면 아눌렌은 파이 결합의 $p$ 오비탈들이 겹칠 수 있도록 평면을 이루어야 한다. 아눌렌이 평면을 이룬다고 가정할 때만 벤젠 같은 공명을 보여주는 두 Kekulé 구조를 그릴 수 있다. 그림 16-3에서 벤젠 같은 공명 구조로 사이클로뷰타다이엔과 사이클로옥타테트라엔을 나타냈다. 이러한 공명 구조는 [4]아눌렌과 [8]아눌렌이 이례적으로 안정할 것이라고 제시하지만, 이들은 이례적으로 안정하지 않다는 사실이 실험으로 밝혀졌다. 이러한 결과는 단순한 공명 그림이 부정확하다는 것을 의미한다.

사이클로뷰타다이엔은 분리된 적도, 정제된 적도 없다. 이 화합물은 매우 빠른 Diels-Alder 이합체화 반응(dimerization)을 한다. 이러한 Diels-Alder 반응을 피하려면 사이클로뷰타다이엔을 기체상 낮은 농도에서 제조하거나 저온의 동결 아르곤 조건에서 개개의 분자 상태로 얻어야 한다. 이는 예외적으로 안정한 분자로부터 예상할 수 있는 거동은 아니다.

1911년에 Richard Willstätter는 사이클로옥타테트라엔을 합성했는데, 이 물질이 보통의 폴리엔처럼 반응한다는 사실을 발견했다. 브로민이 사이클로옥타테트라엔에 쉽게 첨가되며, 과망가니즈산 염은 이중 결합을 산화시킨다. 이는 사이클로옥타테트라엔이 벤젠보다 훨씬 덜 안정함을 보여준다. 실제로 그 구조가 평면이 아니라는 것이 밝혀졌다. 가장 안정한 사이클로옥타테트라엔의 구조는 이웃하는 파이 결합들 사이의 겹침이 적은 '욕조(tub)' 형태이다.

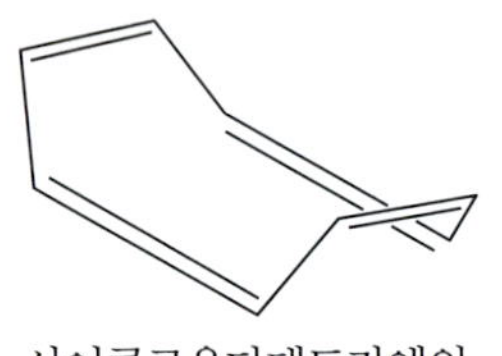

사이클로옥타테트라엔의 '욕조' 형태

**연습문제 16-3**

(a) 벤젠, 사이클로뷰타다이엔, 사이클로옥타테트라엔의 공명 구조를 그려보라. (모든 탄소와 수소 원자를 나타내라.)

(b) 이 분자들이 모두 평면 형태라고 가정하고, $sp^2$ 혼성 탄소 원자들에 있는 $p$ 오비탈이 어떻게 탄소 원자들의 평면 위아래에 겹쳐진 오비탈의 고리를 형성하는지 나타내라.

**연습문제 16-4**

사이클로뷰타다이엔의 Diels-Alder 이합체화 반응의 생성물을 제시하라. (이 반응은 15-11절에서 논의한 사이클로펜타다이엔의 이합체화 반응과 유사하다.)

## 16-3 벤젠의 분자 오비탈

벤젠을 두 Kekulé 구조의 공명 혼성으로 나타낸다고 하더라도 방향족 고리의 이례적인 안정성을 충분히 설명할 수는 없다. 다른 콘쥬게이션계에서 살펴본 바와 같이 분자 오비탈 이론은 방향족성을 이해하는 열쇠가 될 뿐만 아니라 어떤 화합물이 방향족계의 안정성을 가질지 예상하는 데에도 중요한 수단이 된다.

벤젠은 6개의 $sp^2$ 혼성 탄소 원자로 이루어진 평면형 고리이고, 각각의 비혼성 $p$ 오비탈이 인접한 $p$ 오비탈과 겹쳐져서 탄소 원자들의 평면 위아래에 연속적인 고리를 형성한다. 6개의 파이 전자가 겹쳐진 $p$ 오비탈의 고리에 들어 있다.

6개의 $p$ 오비탈이 겹쳐져서 분자 오비탈의 고리계가 형성된다. 이러한 분자 오비탈의 고리계는 뷰타-1,3-다이엔(buta-1,3-diene)과 알릴계 같은 선형계와는 다르다. 2차원 고리계는 2차원 분자 오비탈을 필요로 하며, 이때 별개의 두 분자 오비탈은 같은 에너지를 가지고 있을 가능성이 있다. 하지만 벤젠의 분자 오비탈을 나타내는 데 여전히 아래의 동일한 원리를 따른다.

1. 서로 겹쳐져서 벤젠의 파이계를 형성하는 6개의 *p* 원자 오비탈이 존재한다. 따라서 6개의 분자 오비탈이 존재해야 한다.
2. 에너지가 가장 낮은 분자 오비탈은 인접한 *p* 오비탈의 모든 쌍이 보강 중첩하여 이루어진 완전한 결합 오비탈이다. 이 분자 오비탈(MO)에는 마디가 없다.
3. MO의 에너지가 증가함에 따라 마디의 수는 증가한다.
4. MO는 결합 MO와 반결합 MO로 균등하게 나뉜다. 때로는 비결합 MO가 생긴다.
5. 안정한 계는 채워진 결합 MO와 비어 있는 반결합 MO를 가질 것이라고 예상한다.

**문제풀이 힌트**

벤젠의 MO를 그리는 데 사용된 이러한 원리는 많은 MO 문제에 적용할 수 있다.

그림 16-4는 벤젠에 있는 6개의 파이 분자 오비탈을 위에서 본 것이며, +와 −는 각 *p* 오비탈의 상위 로브의 부호이다. 첫 번째 MO($\pi_1$)는 완전한 결합이며 마디가 없다. 이러한 분자 오비탈은 매우 낮은 에너지를 가지고 있는데, 6개의 결합 상호작용이 존재하고, 전자들이 6개의 탄소 원자 모두에 고르게 분산되어 있기 때문이다. *p* 오비탈의 상부 로브는 모두 같은 부호를 가지며, 이때 하위 로브 역시 같은 부호를 가진다. 6개의 *p* 오비탈은 겹쳐져서 전자 밀도가 연속적으로 결합된 고리를 형성한다.

겹쳐진 *p* 오비탈을 가진 고리계에서 중간 에너지 단계는 **축퇴**(degenerate)된다(에너지가 같다). 즉 각 에너지 단계마다 2개의 오비탈을 가진다. 두 번째 에너지 단계에 있는 $\pi_2$와 $\pi_3$는 모두 하나의 마디 평면을 가진다. $\pi_2$는 4개의 결합 상호작용과 2개의 반결합 상호작용을 한다. 따라서 총 2개의 알짜 결합 상호작용을 한다는 것에 유의하라. 마찬가지로 $\pi_3$는 4개의 결합 상호작용과 2개의 비결합 상호작용을 하므로, 총 2개의 알짜 결합 상호작용을 한다. 결합과 반결합 상호작용의 수를 오비탈 에너지의 정량적인 척도로 이용할 수는 없다고 하더라도, $\pi_2$와 $\pi_3$가 $\pi_1$만큼 강하지는 않지만, 결합 MO인 것은 분명하다.

모두 결합

$\pi_1$

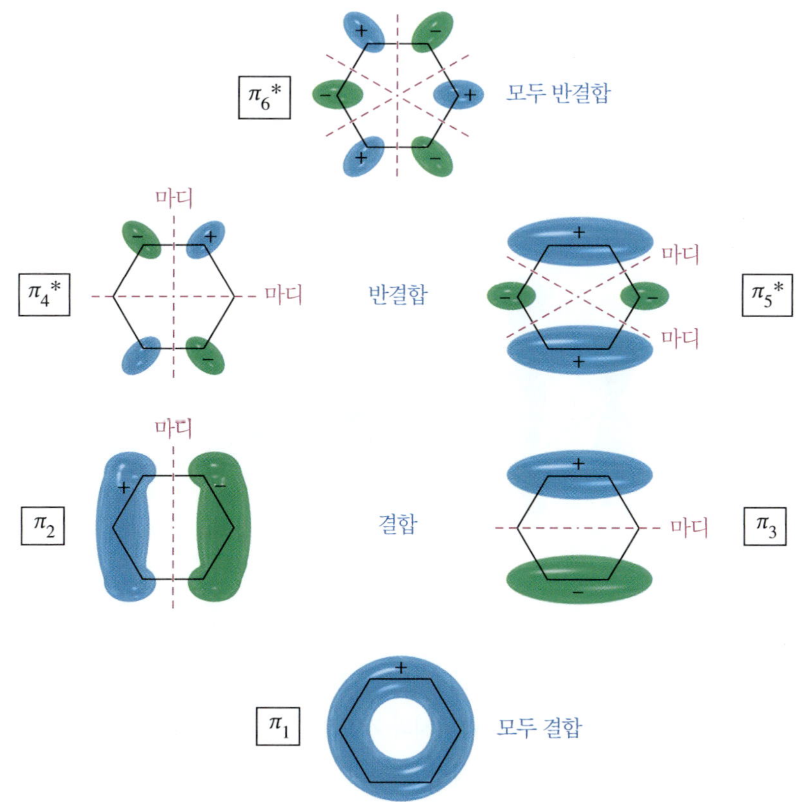


**그림 16-4** 벤젠의 6개의 $\pi$ 분자 오비탈을 위에서 본 그림. 마디 평면의 수는 에너지가 증가함에 따라 증가하며, 중간의 에너지 단계에는 각각 2개의 축퇴된 MO가 있다.

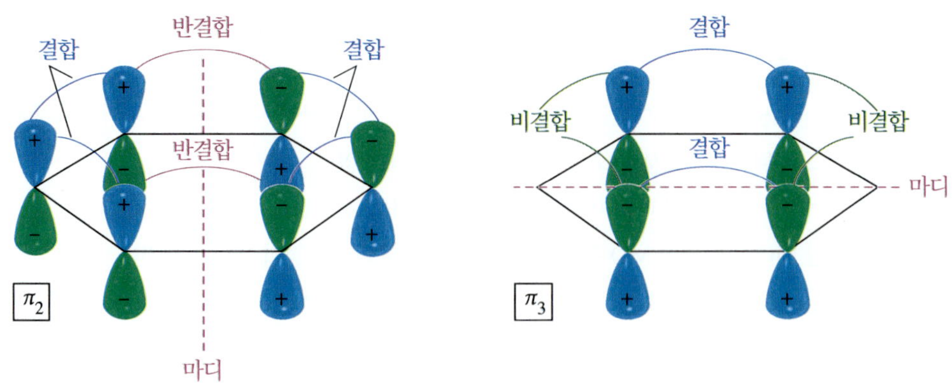


다음 단계의 오비탈인 $\pi_4^*$와 $\pi_5^*$ 또한 축퇴되어 있고, 각각 2개의 마디 평면을 가진다. $\pi_4^*$ 오비탈은 2개의 반결합 상호작용과 4개의 비결합 상호작용을 가진다. 즉 $\pi_4^*$ 오비탈은 반결합(*) 오비탈이다. 또 하나의 축퇴된 오비탈인 $\pi_5^*$는 4개의 반결합 상호작용과 2개의 결합 상호작용을 한다. 즉 총 2개의 반결합 상호작용을 한다. 이 축퇴된 MO쌍인 $\pi_4^*$와 $\pi_5^*$는 $\pi_2$와 $\pi_3$가 결합성을 가지는 것만큼 강력한 반결합성을 보인다.

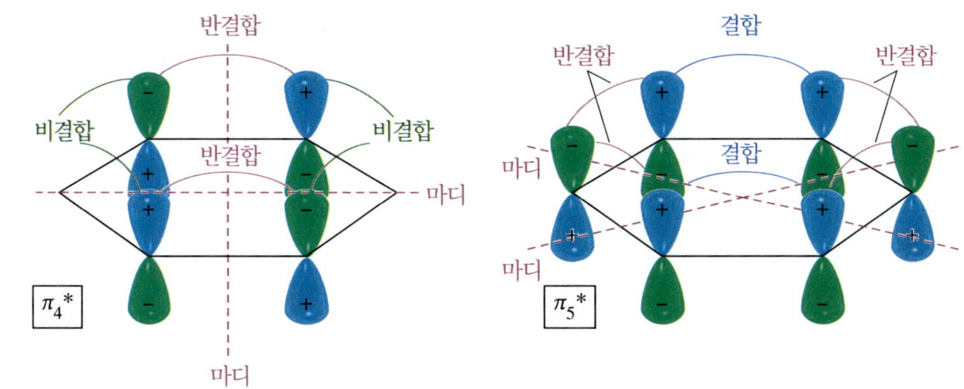


모두 반결합인 $\pi_6^*$는 3개의 마디 평면을 가진다. 이웃한 $p$ 오비탈의 각 쌍은 부호가 일치하지 않으므로 모두 상쇄 상호작용을 한다.

모두 반결합

마디

마디

$\pi_6{}^*$

마디

**벤젠의 에너지 도표** 벤젠 MO의 에너지 도표(그림 16-5)를 보면 이들이 비결합 선(고립된 $p$ 오비탈의 에너지)의 위와 아래에 대칭적으로 분포되어 있음을 알 수 있다. 모두 결합인 오비탈 $\pi_1$과 모두 반결합인 오비탈 $\pi_6^*$는 각각 가장 낮은 에너지와 가장 높은 에너지를 가지고 있다. 축퇴된 결합 오비탈($\pi_2$와 $\pi_3$)은 $\pi_1$보다 에너지가 더 높지만, 여전히 결합이다. 축퇴된 $\pi_4^*$와 $\pi_5^*$는 반결합이며, 모두 반결합인 $\pi_6^*$ 오비탈보다 에너지가 높지는 않다.

**응용: 제초제**

사람과 동물은 필수 아미노산인 페닐알라닌(phenylalanine)의 핵심 성분인 벤젠핵을 만들 수 없기 때문에 음식물에서 페닐알라닌을 얻어야 한다. 그러나 식물과 박테리아는 방향족 고리를 합성하고 필요한 페닐알라닌을 합성할 수 있다. 글라이포세이트(Glyphosate®)는 식물에서 페닐알라닌의 합성을 차단한다. 박테리아에서 이러한 경로를 차단하는 화합물은 항생제로 개발되고 있다.

$H_2N—CH—COOH$, $CH_2$—(벤젠 고리)

페닐알라닌

$HO—P(=O)(OH)—CH_2NHCH_2COOH$

글라이포세이트

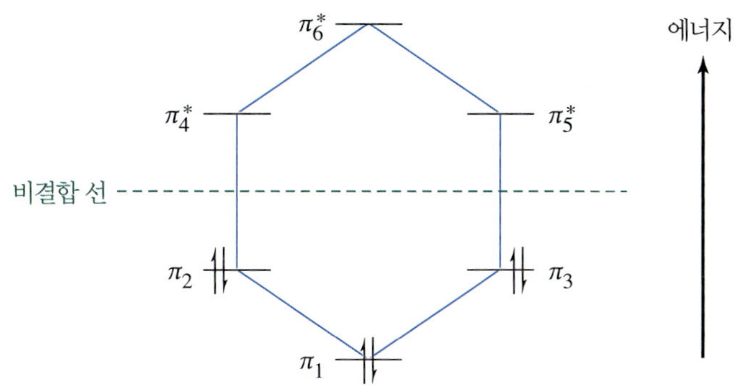


**그림 16-5** 벤젠의 분자 오비탈의 에너지 도표. 벤젠의 6개의 파이 전자는 3개의 결합 오비탈을 채우고, 반결합 오비탈은 비어 있다.

벤젠의 Kekulé 구조에는 6개의 전자(3쌍)가 있다는 것을 나타내는 3개의 파이 결합이 있다. 6개의 전자는 벤젠계의 3개의 결합 MO를 채운다. 벤젠의 이례적인 안정성은 이러한 전자 배치로 설명할 수 있다. 첫 번째 MO는 모두 결합이고, 에너지가 가장 낮다. 두 번째와 세 번째의 축퇴된 MO는 여전히 강한 결합이다. 이 3개의 결합 오비탈에서 전자들은 여러 핵에 분산되어 있다. 모든 결합 오비탈이 채워진('닫힌 결합 껍질') 이러한 배치는 에너지 관점에서 매우 유리하다.

## 16-4 사이클로뷰타다이엔의 분자 오비탈 그림

사이클로뷰타다이엔을 벤젠과 유사한 공명 구조(그림 16-3)로 그릴 수는 있지만, 실험으로 사이클로뷰타다이엔은 불안정하다는 사실이 밝혀졌다. 이러한 불안정성은 그림 16-6에 나타낸 분자 오비탈로 설명할 수 있다. 4개의 $sp^2$ 혼성 탄소 원자는 사이클로뷰타다이엔 고리를 형성하고, 4개의 $p$ 오비탈은 겹쳐져서 4개의 분자 오비탈을 형성한다. 에너지가 가장 낮은 MO는 $\pi_1$이고, 마디가 없는 모두 결합 MO이다.

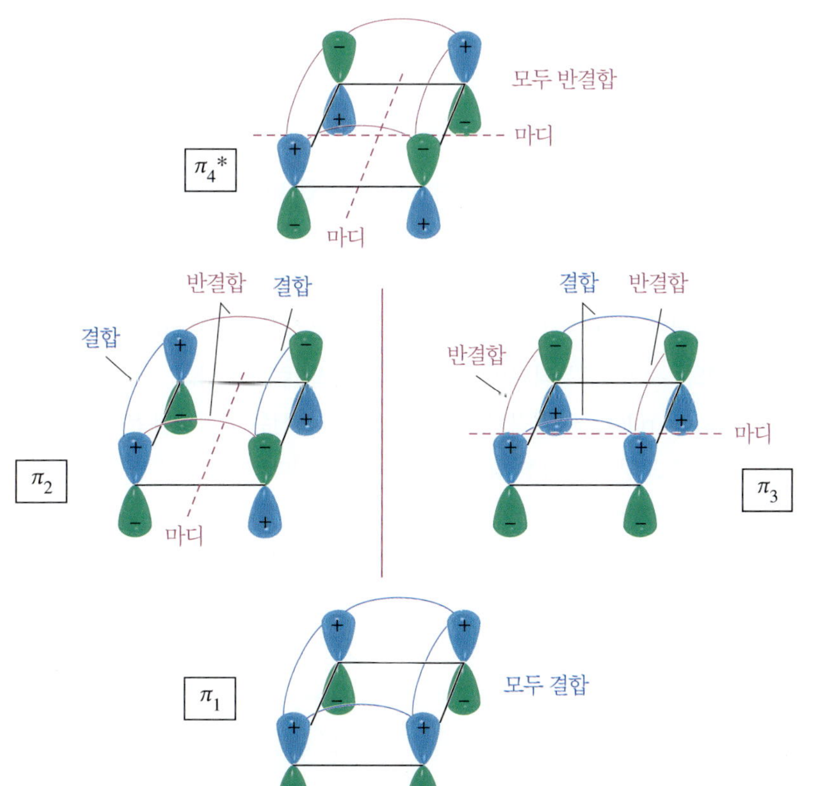


**그림 16-6** 사이클로뷰타다이엔의 파이 분자 오비탈. 4개의 MO, 즉 에너지가 가장 낮은 결합 오비탈, 에너지가 가장 높은 반결합 오비탈, 2개의 축퇴된 비결합 오비탈이 있다.

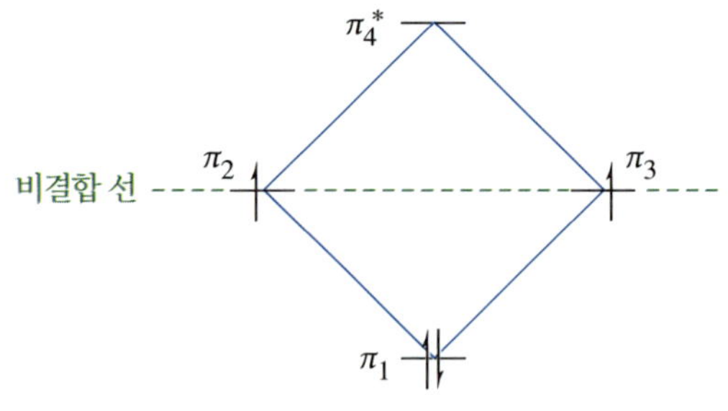


**그림 16-7** 사이클로뷰타다이엔의 전자 에너지 도표는 2개의 전자가 별개의 두 비결합 분자 오비탈에 쌍을 이루지 않고 따로 위치함을 보여준다.

그다음 오비탈인 $\pi_2$와 $\pi_3$는 축퇴(같은 에너지)되어 있는데, 각각은 대칭적으로 위치한 마디 평면을 하나씩 가진다. 이러한 두 MO는 각각 2개의 결합 상호작용과 2개의 반결합 상호작용을 한다. 알짜 결합 차수는 0이므로, 이 둘은 비결합이다. 마지막 MO인 $\pi_4^*$는 2개의 마디 평면을 가지고 있고, 전체적으로 반결합이다.

그림 16-7은 4개의 사이클로뷰타다이엔 MO의 에너지 도표이다. 에너지가 가장 낮은 MO인 $\pi_1$은 강한 결합이고, 에너지가 가장 높은 MO인 $\pi_4^*$는 같은 정도로 반결합이다. 축퇴된 두 비결합 분자 오비탈은 에너지가 $\pi_1$과 $\pi_4$의 중간으로, 비결합 선(고립된 $p$ 오비탈의 에너지)상에 위치한다.

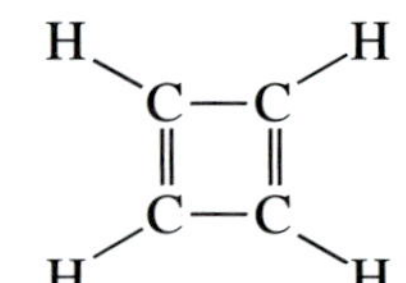


사이클로뷰타다이엔의 편재 구조는 2개의 이중 결합을 보여준다.

사이클로뷰타다이엔의 편재 구조에는 4개의 파이 전자가 있음을 의미하는 2개의 이중 결합이 있다. 전자 2개가 가장 낮은 오비탈인 $\pi_1$을 채운다. 일단 $\pi_1$이 채워지면 남아 있는 두 전자가 들어갈 수 있는 에너지가 동일한 두 오비탈인 $\pi_2$와 $\pi_3$가 위치한다. 만약 두 전자가 같은 오비탈에 들어간다면 이 둘은 스핀쌍을 이루며 같은 공간을 공유해야 한다. 전자들은 서로 반발하기 때문에 두 전자는 각기 다른 축퇴된 오비탈을 점유하여 쌍을 이루지 않는 스핀 상태로 존재해야 에너지가 적게 든다. 이 원리는 Hund 규칙(1-2절)을 적용한 또 다른 예이다.

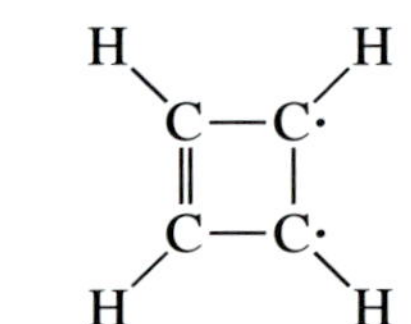


정사각형 사이클로뷰타다이엔의 MO 도표는 실제 그림이 이중 라디칼임을 시사한다.

그림 16-7의 전자 배치는 사이클로뷰타다이엔이 불안정하다는 것을 보여준다. 에너지가 가장 높은 전자는 비결합 오비탈($\pi_2$와 $\pi_3$)에 있으므로 반응성이 매우 크다. Hund 규칙에 따르면 이 화합물은 바닥 상태에서 이중 라디칼(2개의 쌍을 이루지 않은 전자)로 존재한다. 이러한 이중 라디칼은 반응성이 매우 클 것으로 예상된다. 따라서 분자 오비탈 이론에 의하면 벤젠과 사이클로뷰타다이엔 사이의 안정성의 차이를 성공적으로 예측할 수 있다.

**다각형 규칙** 벤젠(그림 16-5)과 사이클로뷰타다이엔(그림 16-7)의 분자 오비탈의 패턴은 다른 아눌렌의 패턴과 유사하다. 에너지가 가장 낮은 MO는 마디가 없는 독특한 MO이다. 이로부터 MO는 오직 하나의 가장 높은 에너지를 가진 MO가 남아 있을 때까지 축퇴된 (에너지가 같은) 쌍으로 존재한다. 벤젠의 경우 에너지 도표는 벤젠 고리의 육각형처럼 보인다. 사이클로뷰타다이엔의 경우 에너지 도표는 사이클로뷰타다이엔 고리의 마름모처럼 보인다.

**다각형 규칙**(polygon rule)은 규칙적이고 완전히 콘쥬게이션된 고리계의 분자 오비탈 에너지 도표는 그 화합물과 같은 모양의 다각형 형태를 가진다는 것이다. 이때 다각형의 한 꼭짓점(모두 결합인 MO)이 바닥에 위치한다. 비결합 선은 다각형의 중심을 수평으로 가른다. 그림 16-8은 다각형 규칙으로 벤젠, 사이클로뷰타다이엔, 사이클로옥타테트라엔의 MO 에너지 도표를 어떻게 예측

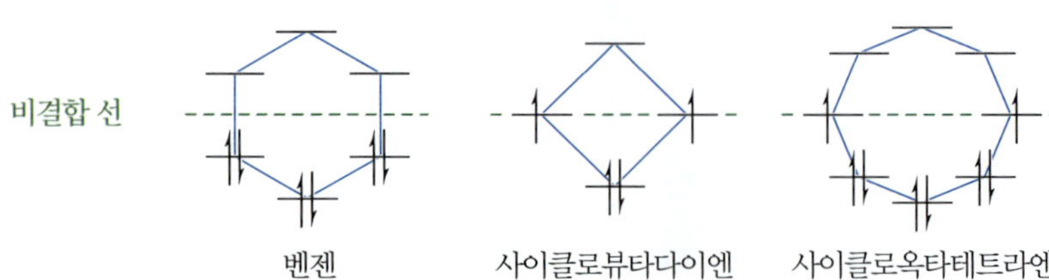


**그림 16-8** 다각형 규칙은 이들 아눌렌의 MO 에너지 도표가 아눌렌의 다각형 모양을 닮을 것이라는 사실을 예측하게 해준다.

할 수 있는지 보여준다. 파이 전자들은 전자 배치 원리(aufbau principle, 에너지가 가장 낮은 오비탈부터 채워진다)와 Hund 규칙에 따라 오비탈에 채워진다.

> **문제풀이 힌트**
>
> 다각형 규칙은 전자 배치를 그리는 빠른 방법을 제시한다. 또한 그려진 분자 오비탈에서 어느 것이 결합, 반결합, 비결합인지를 신속히 확인할 수 있게 도와준다.
>
> 원 안에 내접하는 다각형은 때때로 프로스트 원(Frost circle) 또는 프로스트-무수린 다이어그램(Frost-Musulin diagram)이라고도 한다.

> **연습문제 16-5**
>
> 사이클로옥타테트라엔의 MO 에너지 도표(그림 16-8)는 특별히 안정한 배치로 보이는지 아니면 불안정한 배치로 보이는지 설명하라.

## 16-5 방향족, 반방향족, 비방향족 화합물

방향족 화합물이란 콘쥬게이션된 이중 결합을 가지고 있고, 공명 에너지가 이례적으로 큰 고리 화합물이라고 대략 정의했다. 이제 방향족 화합물(또는 이온)의 특성을 좀 더 구체적으로 살펴보자.

**방향족 화합물**(aromatic compound)은 다음과 같은 기준을 만족시키는 화합물이다.

1. 콘쥬게이션된 파이 결합을 가진 고리 구조여야 한다.
2. 고리를 구성하는 각 원자는 비혼성화된 $p$ 오비탈을 가져야 한다. (고리 원자는 보통 $sp^2$ 혼성화되어 있으나, 때로는 $sp$ 혼성화되어 있기도 하다.)
3. 비혼성화된 $p$ 오비탈은 겹쳐져서 평행인 오비탈의 연속적인 고리를 형성해야 한다. 대부분의 경우 효과적인 겹침을 위해 평면(또는 거의 평면) 구조를 가져야 한다.
4. 고리상에 있는 파이 전자들의 비편재화는 전자 에너지를 안정화해야 한다.

**반방향족 화합물**(antiaromatic compound)은 처음 세 기준을 만족시키지만, 고리에 있는 파이 전자의 비편재화가 전자 에너지를 증가시킨다.

방향족 구조는 열린 사슬 구조보다 더 안정하다. 예를 들면 벤젠은 헥사-1,3,5-트라이엔(hexa-1,3,5-triene)보다 더 안정하다.

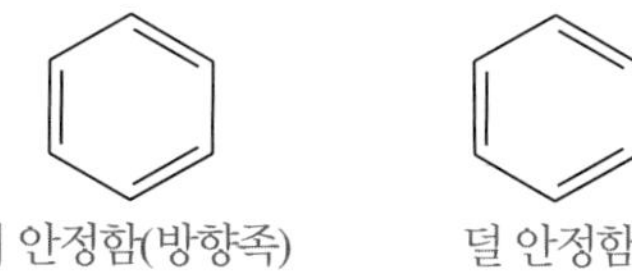

더 안정함(방향족) 덜 안정함

사이클로뷰타다이엔은 $p$ 오비탈이 겹치는 연속적인 고리 구조를 가졌으므로, 처음 세 기준을 만족시키지만, 파이 전자들의 비편재화가 전자 에너지를 증가시킨다. 사이클로뷰타다이엔은 열린 사슬 화합물인 뷰타-1,3-다이엔보다 덜 안정하고, 반방향족이다.

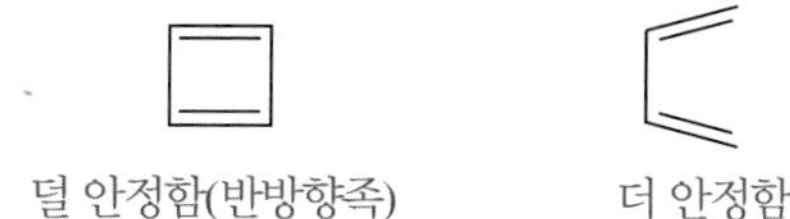

덜 안정함(반방향족) 더 안정함

$p$ 오비탈이 연속적으로 겹쳐진 고리를 갖지 않은 화합물은 방향족 또는 반방향족이라고 할 수 없다. 이는 **비방향족**(nonaromatic) 또는 지방족이라고 한다. 이 화합물의 전자 에너지는 열린 사슬 화합물과 유사하다. 예를 들면 사이클로헥사-1,3-다이엔은 대략 시스,시스-헥사-2,4-다이엔(*cis*,*cis*-hexa-2,4-diene)만큼 안정하다.

(비방향족) ⟵ 비슷한 안정도 ⟶ $CH_3$ $CH_3$

## 16-6 Hückel 규칙

1931년경에 Erich Hückel은 아눌렌 및 이와 관련된 화합물 중 어느 것이 방향족이고, 어느 것이 반방향족인지 예측할 수 있는 손쉬운 방법을 고안해냈다. Hückel 규칙을 이용하려면 대상 화합물이 방향족 또는 반방향족계에 대한 기준을 만족하는지 확인해야 한다.

> 방향족 또는 반방향족이 되려면 *p* 오비탈이 평면 형태로 겹쳐진 고리 구조여야 한다.

이러한 기준을 충족하면 **Hückel 규칙**(Hückel's rule)을 적용할 수 있다.

> Hückel 규칙: 고리계의 파이 전자의 수가
> ($4N+2$)개이면, 이 계는 방향족이고,
> ($4N$)개이면, 이 계는 반방향족이다.
> 여기서 $N$은 보통 0, 1, 2, 3의 정수이다.

보통의 방향족계는 $N$이 0, 1, 2일 때 각각 2, 6, 10개의 파이 전자를 가진다.
반방향족계는 $N$이 1, 2, 3일 때 4, 8, 12개의 파이 전자를 가진다.

벤젠은 $p$ 오비탈이 겹쳐진 고리 구조를 가진 [6]아눌렌이다. 벤젠은 6개의 파이 전자(고전적 구조에서는 3개의 이중 결합)를 가지므로, $N$이 1인 경우의 ($4N+2$)계이다. Hückel 규칙에 따르면 벤젠은 방향족이라 예상된다.

벤젠처럼 사이클로뷰타다이엔([4]아눌렌)은 겹쳐지는 $p$ 오비탈을 가진 고리 화합물이지만, 4개의 파이 전자(고전적 구조에서는 2개의 이중 결합)를 가지므로, $N = 1$인 경우의 ($4N$)계이다. 따라서 Hückel 규칙에 따르면 사이클로뷰타다이엔은 반방향족이라 예상된다.

사이클로옥타테트라엔은 [8]아눌렌으로, 고전적 구조에서 보면 8개의 파이 전자(4개의 이중 결합)를 가지므로, $N = 2$인 경우의 ($4N$)계이다. Hückel 규칙에 따르면 사이클로옥타테트라엔은 반방향족이라 예상된다. 그러나 사이클로옥타테트라엔은 끓는점이 153°C인 안정한 탄화수소이다. 이 화합물은 반방향족 화합물의 높은 반응성을 보이지 않고, 그렇다고 방향족성을 띠지도 않으며, 전형적인 알켄의 반응성을 보인다.

Hückel 규칙을 적용하면 사이클로옥타테트라엔은 반방향족이라 할 수 있으므로, 이중 결합의 콘쥬게이션은 에너지 관점에서 유리하지 않다. Hückel 규칙은 겹쳐진 $p$ 오비탈의 고리가 대략 평면일 때만 적용된다는 점을 상기하자. 사이클로옥타테트라엔은 사이클로뷰타다이엔보다 더 유연하며, 이웃한 파이 결합들이 겹쳐지기 힘든 비평면의 '욕조' 형태를 가진다. 따라서 Hückel 규칙이 적용되지 않는다.

> **문제풀이 힌트**
> Hückel 규칙은 방향족과 방향족을 결정하는 데 흔히 사용된다. 이 규칙을 적용하려면 겹쳐진 $p$ 오비탈이 연속적인 평면 고리여야 한다. 그렇지 않으면 그 계는 비방향족이다.

8개의 파이 전자

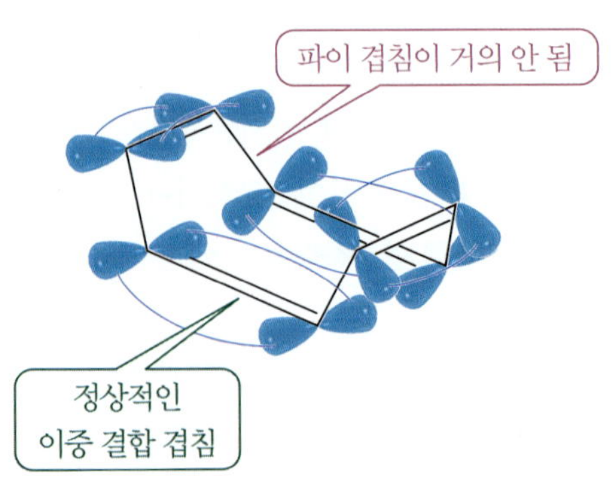

**연습문제 16-6**

욕조 형태인 사이클로옥타테트라엔의 모델을 만들어보라. 이 형태를 그리고, 인접한 파이 결합에 있는 $p$ 오비탈들 사이의 각을 추정하라.

**큰 고리 아눌렌** 사이클로옥타테트라엔처럼 $(4N)$계의 더 큰 아눌렌은 비평면 형태를 가질 만큼 유연하기 때문에 방향족성을 나타내지 않는다. [12]아눌렌, [16]아눌렌, [20]아눌렌이 $(4N)$계$(N = 3, 4, 5)$라 할지라도 이들은 모두 부분적으로 콘쥬게이션된 폴리엔처럼 반응한다.

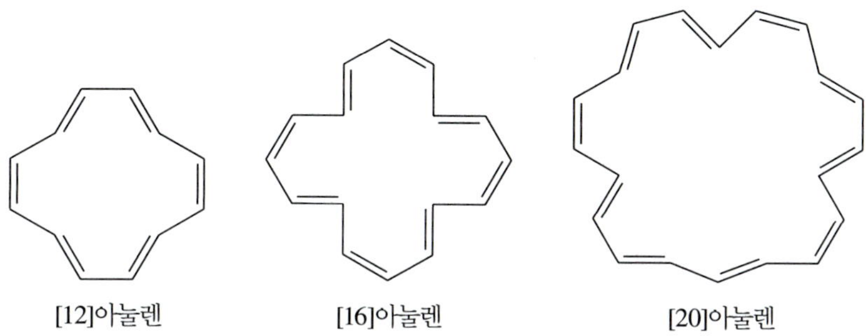

[12]아눌렌 [16]아눌렌 [20]아눌렌

더 큰 $(4N+2)$아눌렌의 방향족성은 그 분자가 평면 형태를 가질 수 있느냐에 달려 있다. 모두 시스인 [10]아눌렌이 평면 형태를 가지려면 큰 결합각 스트레인(angle strain)이 요구된다. 2개의 트랜스 이중 결합을 가진 [10]아눌렌 이성질체는 두 수소 원자가 서로 방해하므로 평면 형태를 가질 수 없다. 이 두 가지 [10]아눌렌은 $(4N+2)$ 파이 전자$(N = 2)$를 가지고 있다 하더라도 방향족성이 아니다. 트랜스 이성질체에서 평면 구조를 방해하는 수소 원자를 부분적으로 제거한다면 그 분자는 평면 형태를 가질 수 있다. 이러한 수소 원자가 없는 대신 결합을 이루고 있다면 방향족 화합물인 나프탈렌이 된다.

모두-시스 2개의 트랜스 나프탈렌
비방향족 비방향족 방향족

$(4N+2)$ 파이 전자를 지닌 일부 큰 아눌렌은 평면 형태를 가질 수 있다. 예를 들면 아래의 [14]아눌렌과 [18]아눌렌은 방향족 성질을 나타낸다.

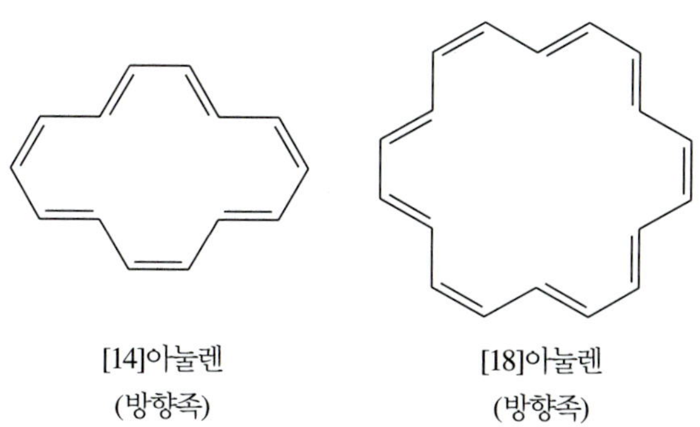

[14]아눌렌 (방향족) [18]아눌렌 (방향족)

**문제풀이 힌트**

크고 헐렁한 아눌렌의 평면성을 예측하는 것은 종종 어렵다. 아눌렌이 평면형 방향족이라면 공명 에너지$(\Delta H)$ 측면에서는 평면 구조가 타당하겠으나, 엔트로피$(-T\Delta S)$ 측면에서는 통상적으로 더욱 무질서한 형태를 취할 것이다. 어느 요인이 더 우세한지 결정하는 것은 어려운 일이며, 온도와 용매에 따라 달라질 수 있다.

아눌렌이 평면이면서 반방향족이라면 공명 에너지와 엔트로피 모두 더 무질서한 구조를 선호하게 된다. 그리하여 분자들이 평면 형태로 묶여 있지 않다면 비평면 형태를 띠게 된다.

**연습문제 16-7**

다음 화합물을 방향족, 반방향족, 비방향족으로 분류하라.

(a)

(b)

(c)

(d)

**연습문제 16-8**

다음 화합물 중 하나는 다른 두 화합물보다 훨씬 더 안정하다. 각각을 방향족, 반방향족, 비방향족으로 분류하라.

메틸헵탈렌 메틸아줄렌 메틸펜탈렌

## 16-7 Hückel 규칙의 분자 오비탈적 유도

벤젠은 같은 에너지를 가진 오비탈들의 전자 껍질이 채워져 있으므로 방향족이다. 축퇴된 두 오비탈 $\pi_2$와 $\pi_3$는 채워져 있고, 모든 전자는 쌍을 이루고 있다. 이와는 대조적으로 사이클로뷰타다이엔은 하나의 채워지지 않은 전자 껍질을 가지고 있다. 절반만 채워진 오비탈이 2개 있으므로 전자를 쉽게 주거나 받을 수 있다. Hückel 규칙을 유도하기 위해서는 어떤 일반적인 조건에서 채워진 오비탈의 껍질이 있는지 보여야 한다.

콘쥬게이션된 고리계의 분자 오비탈 패턴을 상기해보자. 에너지가 가장 낮고 모두 결합인 분자 오비탈 하나와 한 쌍의 축퇴된 결합 분자 오비탈이 있다. (반결합 분자 오비탈에 관해서는 우려할

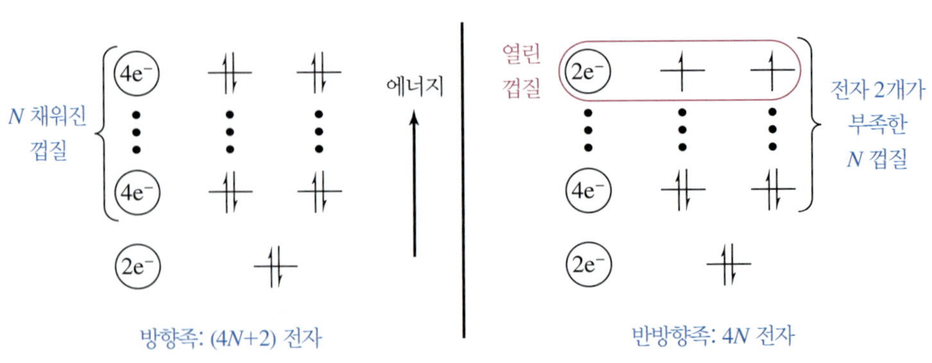


**그림 16-9** 콘쥬게이션 고리계의 분자 오비탈 패턴. 콘쥬게이션 고리계에서는 에너지가 가장 낮은 분자 오비탈은 2개의 전자로 채워진다. 그다음 각 껍질은 2개의 축퇴된 분자 오비탈로 구성되는데, 총 4개의 전자를 가질 수 있다. 어떤 분자가 $(4N+2)$ 파이 전자를 가진다면 그 분자의 전자 껍질은 모두 채워질 것이다. 만일 $(4N)$ 파이 전자를 가진다면 2개의 축퇴된 오비탈에 각각 1개의 미분화된 홑전자가 있게 된다.

필요가 없는데, 바닥 상태에서 비어 있기 때문이다.) 에너지가 가장 낮은 분자 오비탈은 항상 채워져 있다(전자 2개가 있음). 그다음 각 껍질은 2개의 축퇴된 분자 오비탈로 이루어져 있는데, 이 껍질을 채우려면 4개의 전자가 필요하다. 그림 16-9는 이러한 패턴, 즉 에너지가 가장 낮은 오비탈에 전자 2개가 있고, 그다음 각 껍질에 전자 4개가 있는 패턴을 보여준다.

어떤 화합물의 오비탈 껍질이 모두 채워져 있다면 에너지가 가장 낮은 오비탈에 2개의 전자를 가지고 있고, 여기에 더하여 ($4N$)개의 전자를 가질 것이다. 여기서 $N$이란 축퇴된 오비탈에 있는 채워진 전자쌍의 수를 말한다. 이 경우 파이 전자의 총수는 ($4N+2$)개가 된다. 만약 어떤 계가 ($4N$)개의 전자를 가진다면 축퇴된 오비탈의 $N$쌍을 채우는 데 전자 2개가 부족할 것이다. 축퇴된 오비탈 $N$번째 쌍에는 전자 2개만 들어간다. 이는 절반만 채워진 껍질이며, Hund 규칙에 의하면 이들 전자는 쌍을 이루지 않는다(이중 라디칼).

**연습문제 16-9**

(a) 다각형 규칙을 이용하여 평면 형태의 사이클로옥타테트라엔일계의 분자 오비탈에 대한 에너지 도표를 그려보라(그림 16-5, 16-7 참조).

(b) 사이클로옥타테트라엔에 대해 8개의 파이 전자를 채워보라. 이 전자 형태는 방향족성인가, 아니면 반방향족성인가? 사이클로옥타테트라엔계가 전자를 얻거나 잃는다면 이는 방향족성을 띠겠는가?

*(c) 사이클로옥타테트라엔의 3개의 결합 분자 오비탈과 2개의 비결합 분자 오비탈을 그림으로 나타내라(그림 16-4와 16-6 참조). 모두 반결합인 분자 오비탈을 제외하고는 반결합 오비탈은 그리기가 어렵다.

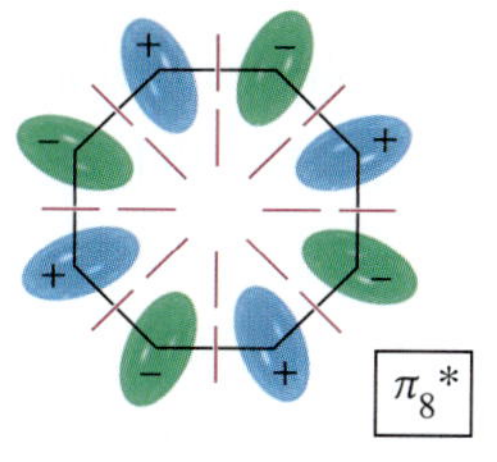


**문제풀이 힌트**

다각형 규칙 및 다음과 같은 단계에 따라 고리형 완전한 콘쥬게이션계의 MO 에너지 도표를 그릴 수 있다.

1. 콘쥬게이션된 고리와 동일한 변의 수를 가진 정다각형을 그린다. 한 꼭짓점을 맨 아래에 놓는데, 이는 결합 오비탈로만 이뤄진 MO가 된다.
2. 각 꼭짓점의 높이는 MO의 에너지를 나타낸다. 각 MO는 2개의 전자를 수용할 수 있다.
3. 다각형의 중심을 가로지르는 비결합선(nonbonding line)을 수평으로 그린다. 이 선 아래의 MO는 결합성이며, 안정한 화합물에서는 보통 채워진다. 이 선 위의 MO는 반결합성이며, 안정한 화합물에서는 보통 비어 있다. 이 선에 위치한 MO는 비결합성이며, 채워질 수도 있고 비어 있을 수도 있다.
4. 그려진 MO에 파이 전자 수를 추가한다. 공명 형태에 있는 파이 결합들은 각각 전자 2개를 추가하고, 라디칼은 하나, 그리고 탄소 음이온, 질소 원자, 산소 원자 같은 $p$ 오비탈을 차지하는 비결합 전자쌍은 2개를 추가한다.

## 16-8 방향족성 이온

지금까지 아눌렌을 예로 들어 방향족을 설명했다. 아눌렌은 짝수 개의 탄소 원자를 가지고 있고, 단일 결합과 이중 결합이 번갈아 있으며 전하가 없는 분자이다. Hückel 규칙은 홀수 개의 탄소 원자를 가지고 있고 양전하 또는 음전하를 가진 분자에도 적용된다. 몇 가지 흔히 볼 수 있는 방향족성 이온과 반방향족성 이온에 대해서 알아보자.

### 16-8A 사이클로펜타다이엔일 이온

모든 비혼성화된 $p$ 오비탈이 일렬로 늘어서서 연속적인 고리를 이루는, $sp^2$ 혼성 탄소 원자로 이루어진 5원자 고리를 그려보자. 이 분자는 5개의 파이 전자를 가지고 있으므로 중성일 것 같지만, 홀수의 전자는 모두 쌍을 이룰 수 없으므로 라디칼이다. Hückel 규칙에 따르면 4개의 파이 전자를 가지면 (양이온) 반방향족이고, 6개의 파이 전자를 가지면 (음이온) 방향족이라고 예측할 수 있다.

$\pi_4^*$ $\pi_5^*$ $\pi_2$ $\pi_3$ $\pi_1$

반방향족

빈 $p$ 오비탈

4개의 전자
사이클로펜타다이엔일 양이온

$p$ 오비탈에 있는 2개의 전자

6개의 전자
사이클로펜타다이엔일 음이온

$\pi_4^*$ $\pi_5^*$ $\pi_2$ $\pi_3$ $\pi_1$

방향족

사이클로펜타다이엔일(cyclopentadienyl) 음이온(6개의 파이 전자)은 방향족이므로, 다른 음이온에 비해 이례적으로 안정하다. 이는 알켄으로서는 매우 산성인 사이클로펜타다이엔으로부터 양성자 하나를 떼어냄으로써 형성될 수 있다. 사이클로헥센의 p$K_a$가 46인 데 반해, 사이클로펜타다이엔의 p$K_a$는 16이다. 실제로 사이클로펜타다이엔은 거의 물만큼 산성이며, 다수의 알코올보다 더 산성이다. 이는 *t*-뷰톡시화 포타슘(potassium *tert*-butoxide)에 의해 완전히 이온화된다.

$$\text{C}_5\text{H}_6 + {}^-\text{OC(CH}_3)_3 \rightleftharpoons \text{C}_5\text{H}_5^- + \text{HOC(CH}_3)_3$$

p$K_a$ = 16    사이클로펜타다이엔일 음이온 (6개의 파이 전자)    p$K_a$ = 18

사이클로펜타다이엔은 특이하게 산성을 띠는데, 비방향족의 다이엔이 양성자를 잃고 방향족의 사이클로펜타다이엔일 음이온으로 전환되기 때문이다. 사이클로펜타다이엔은 비혼성 $p$ 오비탈을 갖지 않은 하나의 $sp^3$ 혼성 탄소(—$CH_2$—)를 가지고 있기 때문에, 이 고리의 $p$ 오비탈은 전체가 연속적으로 존재할 수 없다. —$CH_2$—기에서 양성자 하나가 제거되면 이 오비탈에는 전자 한 쌍이 남는다. 이 오비탈은 $p$ 오비탈과 재혼성하여 6개의 파이 전자(양성자가 제거된 탄소에 있는 2개의 전자와 원래의 이중 결합에 있는 4개의 전자)를 가진 $p$ 오비탈의 고리를 이룬다.

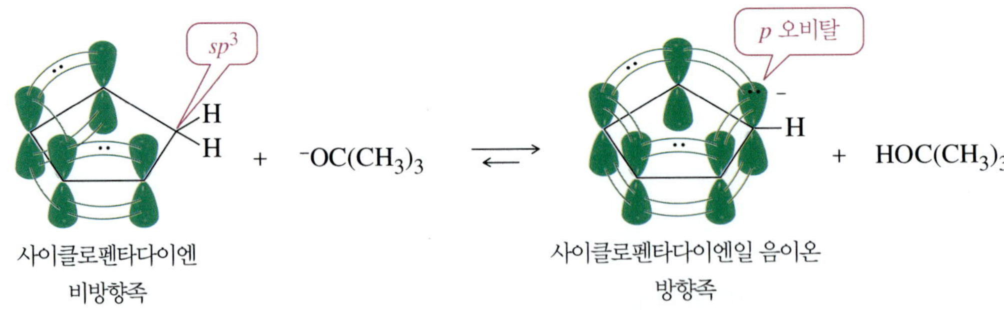


사이클로펜타다이엔일 음이온이 방향족이기는 하지만 이는 벤젠만큼 안정하다는 의미가 아니다. 사이클로펜타다이엔일 음이온은 탄소 음이온으로서 친전자체와 쉽게 반응한다. 그렇지만 이 이온은 방향족이고, 열린 사슬 이온보다 더 안정하다.

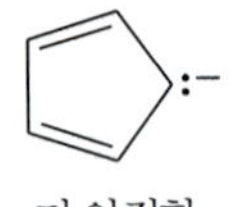

더 안정함
(방향족)

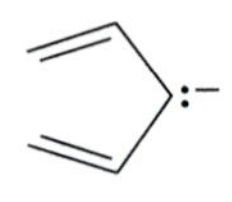

덜 안정함

Hückel 규칙에 의하면 4개의 파이 전자를 가진 사이클로펜타다이엔일 양이온은 반방향족이라고 예상할 수 있다. 예상한 바와 같이 사이클로펜타다이엔일 양이온은 쉽게 형성되지 않는다. 양성자가 첨가된 사이클로펜타-2,4-다이엔-1-올(cyclopenta-2,4-dien-1-ol)은 진한 황산하에서도 물을 잃고 사이클로펜타다이엔일을 형성하지 않는다. 이 반방향족성의 양이온은 너무 불안정하다.

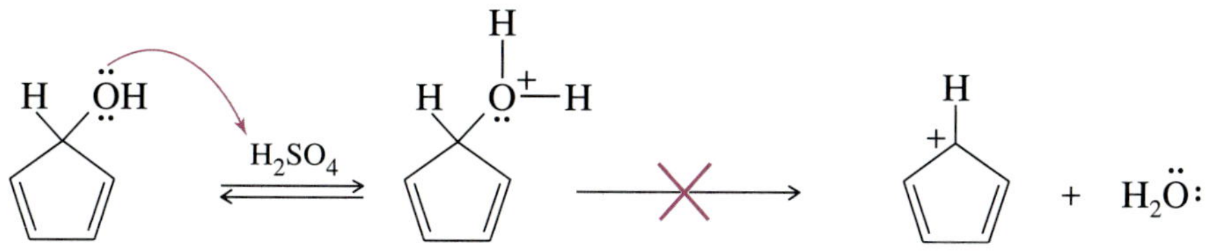


사이클로펜타-2,4-다이엔-1-올 (반응이 안 일어남) 형성되지 않음 (4개의 파이 전자)

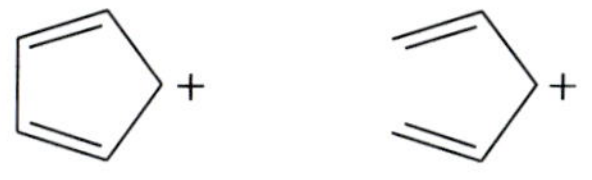
덜 안정함 (반방향족) 더 안정함

단순히 공명 이론을 적용한다면 사이클로펜타다이엔일 양이온과 음이온은 모두 이례적으로 안정하다고 잘못 예측할 수 있다. 다음에 나타낸 공명 구조는 음이온의 음전하와 양이온의 양전하가 고리에 있는 5개의 탄소 원자 전체에 분산되어 있음을 보여준다. 이러한 콘쥬게이션된 고리 구조에서는 공명 이론이 안정도를 잘 예측하지 못한다는 것을 보여준다. 분자 오비탈 이론에 기초한 Hückel 규칙을 사용하면 방향족과 반방향족을 더 정확히 예측할 수 있다.

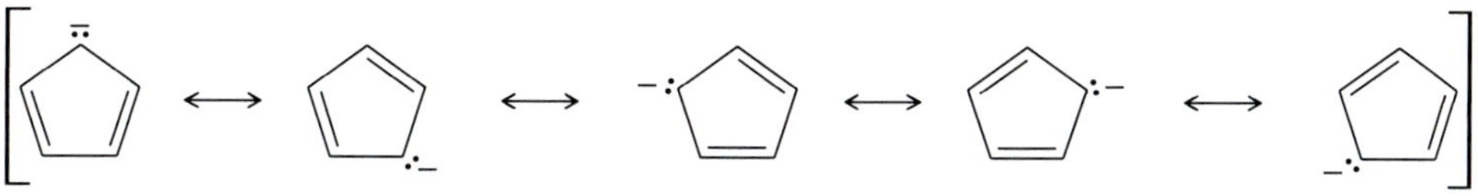
사이클로펜타다이엔일 음이온: 6개의 파이 전자, 방향족

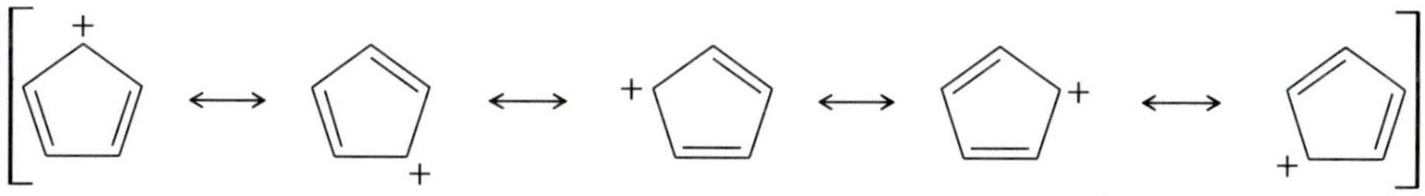
사이클로펜타다이엔일 양이온: 4개의 파이 전자, 반방향족
공명 그림은 안정도를 잘못 제시해준다.

**연습문제 16-10**

(a) 사이클로프로페닐 경우의 분자 오비탈을 그려보라.

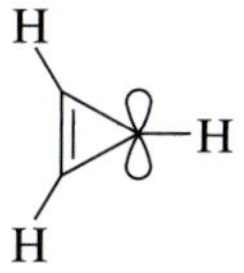

(3개의 *p* 오비탈이 있으므로 3개의 분자 오비탈, 즉 모두 결합인 분자 오비탈 하나와 한 쌍의 축퇴된 분자 오비탈이 존재해야 한다.)

(b) 사이클로프로페닐 분자 오비탈의 에너지 도표를 그려보라. (다각형 규칙이 도움이 된다.) 각 분자 오비탈을 결합, 반결합, 비결합으로 표시하고, 비결합 선을 나타내라. 분자 오비탈의 대략적인 평균치를 통과하는 것에 주목하라.

(c) 사이클로프로페닐 양이온과 사이클로프로페닐 음이온의 형태를 알 수 있도록 에너지 도표에 전자를 표시하라. 어느 것이 방향족이고, 어느 것이 반방향족인가?

**연습문제 16-11**

연습문제 16-10의 사이클로프로페닐을 사이클로펜타다이엔일 이온으로 바꿔 문제를 풀어보라. 모두 결합인 분자 오비탈과 한 쌍의 축퇴된 분자 오비탈을 그리고, 마지막 남은 축퇴된 분자 오비탈 한 쌍을 그려보라. 에너지 도표를 그리고, 전자를 채워 넣은 다음 사이클로펜타다이엔일 양이온과 음이온의 전자 형태를 확인하라.

### 16-8B 사이클로헵타트라이엔일 이온

5원자 고리에서와 마찬가지로 7개의 *p* 오비탈이 정렬하여 형성된 평평한 7원자 고리도 이온 형태일 때 방향족이 될 수 있다. 그 양이온과 음이온은 각각 6개와 8개의 파이 전자를 가진다. 공명 구조를 그려보면 고리를 형성하는 7개의 원자에 양이온의 양전하 또는 음이온의 음전하가 비편재되어 있음을 알 수 있다. 그러나 이제는 6개의 전자를 가진 것은 방향족이고, 8개의 전자를 가진 것은 반방향족이라는 것을 알고 있다(평면 구조일 경우).

사이클로헵타트라이엔일 양이온(트로필륨 이온): 6개의 파이 전자, 방향족

사이클로헵타트라이엔일 음이온: 8개의 파이 전자, 반방향족(평면 구조일 경우)
공명 그림은 안정도를 잘못 제시해준다.

사이클로헵타트라이엔일 양이온은 상응하는 알코올을 묽은 황산 수용액(0.01몰)으로 처리하면 쉽게 얻는다. 이는 수용액에서 안정한 탄화수소 양이온의 첫 번째 예이다.

(pH < 3)
$H^+$, $H_2O$

트로필륨 이온, 6개의 파이 전자

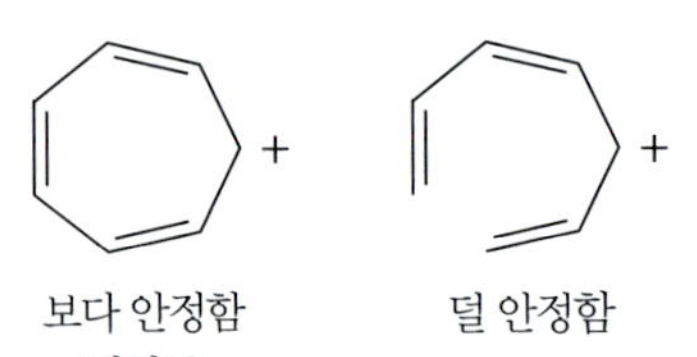

보다 안정함 (방향족) 덜 안정함

사이클로헵타트라이엔일 양이온은 **트로필륨 이온**(tropylium ion)이라고 한다. 이 방향족성 이온은 대부분의 탄소 양이온보다 반응성이 훨씬 작다. 어떤 트로필륨 염은 분리될 수 있으며, 수개월간 저장해도 분해되지 않는다. 그렇지만 트로필륨 이온은 벤젠만큼 안정하지는 않다. 방향족이란 단지 고리형 이온이 열린 사슬보다 더 안정하다는 의미이다.

트로필륨 이온은 쉽게 형성되지만, 상응하는 음이온은 반방향족이므로 형성되기 어렵다. 사이클로헵타트라이엔(p$K_a$ = 39)은 프로펜(propene, p$K_a$ = 43)보다 약간 더 산성이고, 음이온은 반응성이 매우 크다. 이러한 결과는 사이클로헵타트라이엔일 음이온이 평면 구조라면 반방향족이라는 Hückel 규칙의 예측과 일치한다.

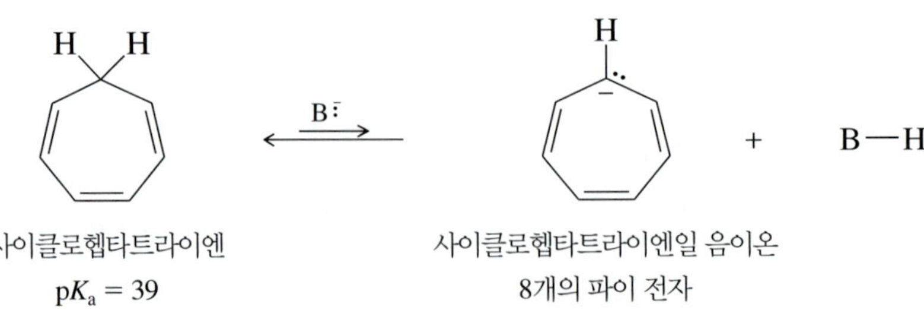

사이클로헵타트라이엔 p$K_a$ = 39

사이클로헵타트라이엔일 음이온 8개의 파이 전자

### 16-8C 사이클로옥타테트라엔 이중음이온

방향족 화합물은 안정하므로, 사이클로펜타다이엔일 음이온처럼 이례적으로 안정한 탄화수소 음이온이 형성될 수 있음을 알았다. 탄화수소의 이중음이온은 드물며, 보통은 형성되기 어렵다. 그러나 사이클로옥타테트라엔은 금속 포타슘과 반응하여 방향족성 이중음이온을 형성한다.

$$\text{C}_8\text{H}_8 + 2\,\text{K} \longrightarrow [\text{C}_8\text{H}_8]^{2-} + 2\,\text{K}^+$$

10개의 파이 전자

사이클로옥타테트라엔 이중음이온은 평평한 정팔각형 구조를 가지고 있는데, 이 음이온의 C—C 결합 길이는 벤젠의 결합 길이인 1.397 Å과 거의 같은 1.40 Å이다. 사이클로옥타테트라엔 자체는 8개의 파이 전자를 가지므로, 그 이중음이온은 10개의 전자를 가진다($4N+2$, 여기서 $N = 2$). 사이클로옥타테트라엔 이중음이온은 방향족이므로 쉽게 얻을 수 있다.

**연습문제 16-12**

다음 각 화합물 또는 이온이 방향족, 반방향족, 비방향족인 이유를 설명하라.

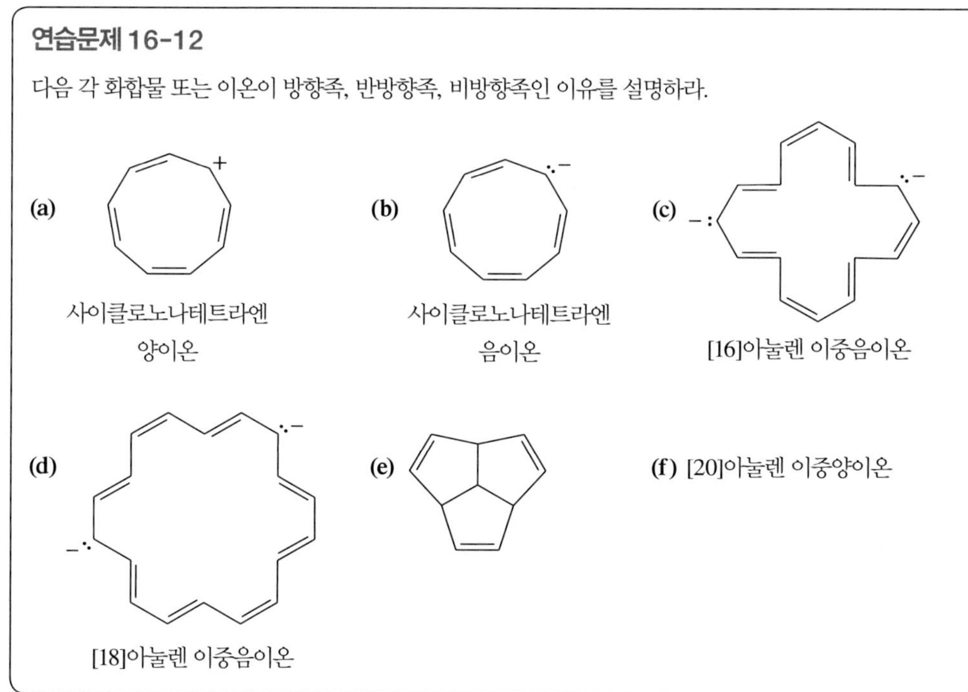


**문제풀이 힌트**

공명보다는 Hückel 규칙(과 적용 기준)을 이용하여 어떤 아눌렌과 이온이 방향족인지, 반방향족인지, 비방향족인지 결정하라.

**연습문제 16-13**

다음 탄화수소는 이례적으로 큰 쌍극자 모멘트를 가지고 있다. 커다란 쌍극자 모멘트가 생기는 이유를 설명하라.

**연습문제 16-14**

3-클로로사이클로프로펜을 $AgBF_4$로 처리하면 AgCl이 침전된다. 이때 생성되는 유기물은 결정성 물질로 얻을 수 있는데, 이는 나이트로메테인 같은 극성 용매에는 녹지만, 헥세인에는 녹지 않는다. 이 결정성 물질을 KCl을 함유한 나이트로메테인에 녹이면 출발 물질인 3-클로로사이클로프로펜이 재생된다. 이 결정성 물질의 구조를 정하고, 결정 형성 반응식과 염화 이온과의 반응식을 작성하라.

**연습문제 16-15**

카보닐기의 분극은 다음과 같은 한 쌍의 공명 구조로 나타낼 수 있다.

$$\left[\ \rangle C{=}\ddot{O}{:} \quad \longleftrightarrow \quad \rangle\overset{+}{C}{-}\ddot{\underset{..}{O}}{:}^{-}\ \right]$$

사이클로프로페논(cyclopropenone)과 사이클로헵타트라이엔온(cycloheptatrienone)은 예상보다 더 안정하다. 그러나 사이클로펜타다이엔온은 비교적 불안정하여 빠르게 Diels-Alder 반응을 함으로써 이합체(dimer)를 형성한다. 이에 대해 설명하라.

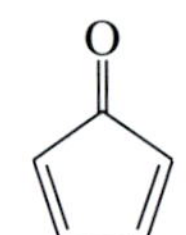


사이클로프로페논 사이클로헵타트라이엔온 사이클로펜타다이엔온

## 16-8D 아눌렌과 그 이온에 관한 요약

Hückel 규칙을 다양한 고리형 파이 전자계에 적용하면 다음과 같이 요약된다. 이러한 계는 파이 전자의 수에 따라 분류된다. 2개, 6개, 10개의 $\pi$ 전자계는 방향족이고, 4개, 8개의 $\pi$ 전자계는 평면 구조일 경우 반방향족이다.

$2\pi$ 전자계(방향족)

사이클로프로페닐 양이온(사이클로프로페늄 이온)

$4\pi$ 전자계(반방향족)

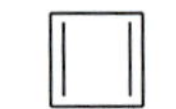

사이클로뷰타다이엔

사이클로프로페닐 음이온

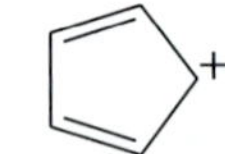

사이클로펜타다이엔일 양이온

$6\pi$ 전자계(방향족)

벤젠

사이클로펜타다이엔일 음이온
(사이클로펜타다이엔화 이온)

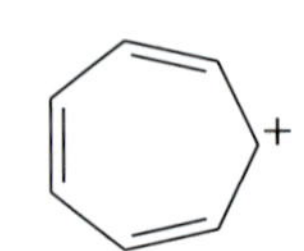

사이클로헵타트라이엔일 양이온
(트로필륨 이온)

헤테로 고리 $6\pi$계(방향족)

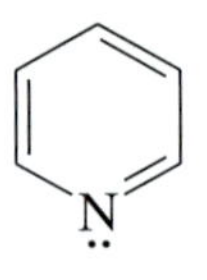


피리딘

피롤

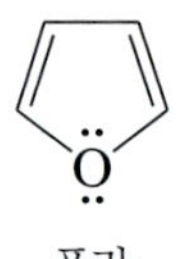


퓨란

8$\pi$ 전자계(평면일 경우 반방향족)

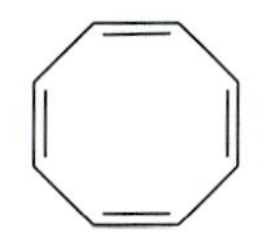

사이클로옥타테트라엔
(평면 구조가 아님)

사이클로헵타트라이엔일
음이온

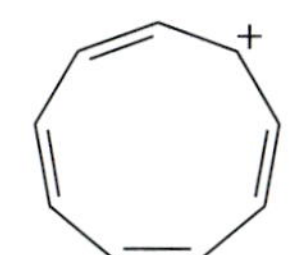

사이클로노나테트라엔일
양이온

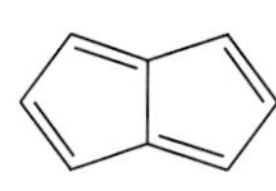

펜탈렌

10$\pi$ 전자계(방향족)

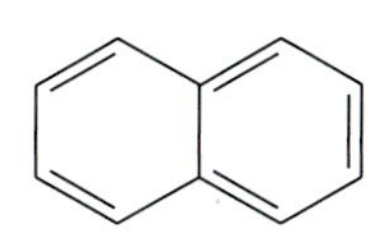

나프탈렌

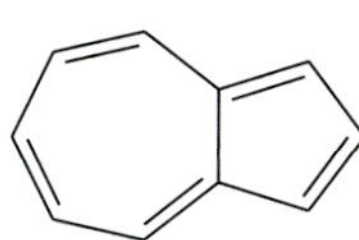

아줄렌

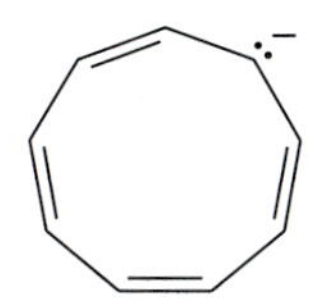

사이클로노나테트라엔일
음이온

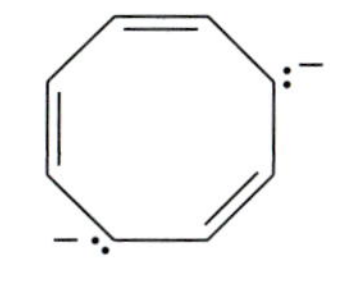

사이클로옥타테트라엔일
이중음이온

(나프탈렌은 2개의 접합된 벤젠으로 간주할 수 있다.)

헤테로 고리 10$\pi$계(방향족)

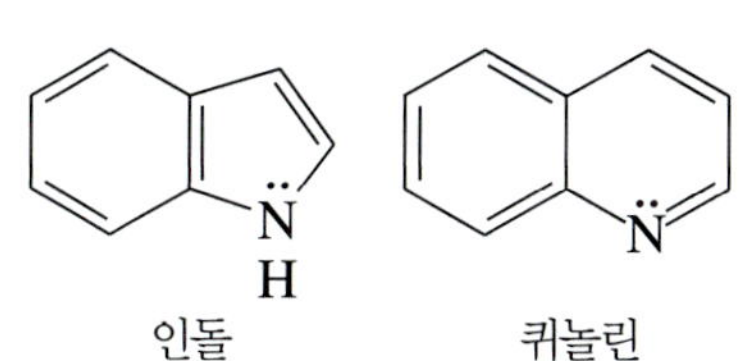

인돌　　퀴놀린

12$\pi$ 전자계(평면일 경우 반방향족)

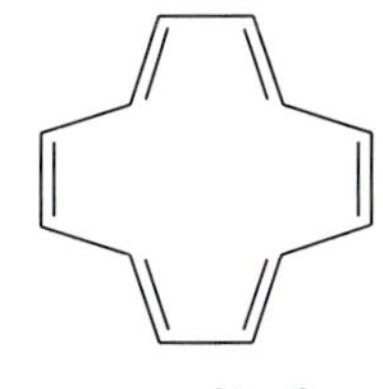

[12]아눌렌
(평면 구조가 아님)

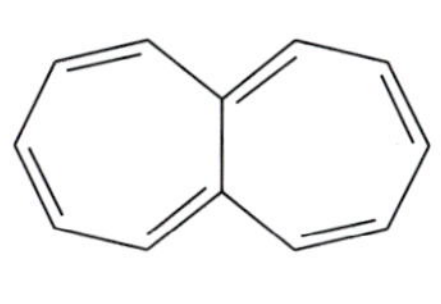

헵탈렌

## 16-9 방향족 헤테로 고리 화합물

Hückel 규칙은 비혼성화된 $p$ 오비탈이 겹쳐서 연속적인 고리를 형성하는 고리 화합물에만 적용할 수 있다. 지금까지 방향족에 대해서는 $sp^2$ 혼성 탄소 원자로 이루어진 고리 화합물만 논의했다. 그러나 $sp^2$ 혼성화된 다른 원소를 가진 **헤테로 고리 화합물**(heterocyclic compound)도 방향족일 수 있다. 방향족 헤테로 고리 화합물에 가장 흔히 발견되는 헤테로 원자에는 질소, 산소, 황이 있다.

### 16-9A 피리딘

피리딘(pyridine)은 벤젠의 방향족 질소 유도체로, 6원자 헤테로 고리이며 6개의 파이 전자를 가진다. 피리딘에는 질소 원자 하나가 벤젠에 있는 6개의 C—H 단위 중 하나를 대신하고, 질소에 있는 비결합 전자쌍이 수소 원자와의 결합을 대신한다. 이러한 비결합 전자는 고리 평면에 있는 $sp^2$ 혼성 오비탈에 위치하며(그림 16-10), 이들은 파이 전자계와는 수직으로 있기 때문에 겹치지 않는다.

피리딘은 방향족 화합물의 모든 특성을 나타낸다. 피리딘의 공명 에너지는 113 kJ/mol(27 kcal/mol)이며, 보통은 첨가 반응보다는 치환 반응을 한다. 피리딘은 비결합 전자쌍을 가지고 있으므로 염기성이다(그림 16-11). 산성 용액에서 피리딘에 양성자가 첨가되면 피리디늄(pyridinium) 이온을 형성한다. 피리디늄 이온 역시 방향족인데, 첨가된 양성자가 방향족성인 6개의 파이 전자에 아무런 영향을 미치지 않기 때문이다. 양성자는 단순히 피리딘의 비결합 전자쌍에 결합한다.

피리딘

**그림 16-10** 피리딘의 파이 결합 구조. 피리딘은 고리형 파이 전자계에 6개의 비편재화된 전자를 가지고 있다. 질소에 있는 2개의 비결합 전자는 $sp^2$ 오비탈에 있고, 이들은 고리의 파이 전자계와 상호작용하지 않는다.

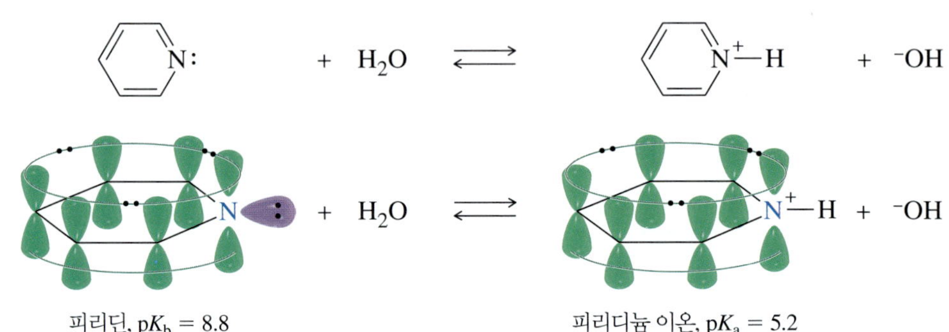


**그림 16-11** 피리딘은 비결합 전자가 양성자를 빼앗으므로 염기성이다. 양성자를 받은 피리딘(피리디늄 이온)은 여전히 방향족이다.

### 16-9B 피롤

피롤(pyrrole)은 방향족 5원자 헤테로 고리이며, 하나의 질소 원자와 2개의 이중 결합을 가지고 있다(그림 16-12). 피롤에는 단 4개의 파이 전자가 있는 것으로 보이지만, 질소에 비공유 전자 한 쌍이 존재한다. 피롤의 질소 원자는 $sp^2$ 혼성이며, 비혼성화된 $p$ 오비탈이 탄소 원자의 $p$ 오비탈과 겹쳐 연속적인 고리를 형성한다. 질소의 비공유 전자쌍은 $p$ 오비탈을 점유하는데, (피리딘의 비공유 전자쌍과 달리) 이 전자들은 파이 결합에 참여한다. 이 두 전자는 2개의 이중 결합에 있는 4개의 파이 전자와 함께 방향족 6원자계를 완성한다. 피롤은 92 kJ/mol(22 kcal/mol)의 공명 에너지를 가진다.

**응용: 생화학**

치환된 피롤인 포포빌리노젠(porphobilinogen)은 헴(heme) 고리를 이루는 구성 요소이며, 산소의 운반과 저장 같은 생리적인 기능을 수행한다. 헴의 거대 고리 구조도 방향족이며, 콘쥬게이션된 고리 시스템에 18개의 $\pi$ 전자를 가진다.

포포빌리노젠

헤모글로빈과 미오글로빈에서 발견되는 헴

**연습문제 16-16**

(a) 피롤이 사이클로펜타다이엔일 음이온과 등전자인 이유를 설명하라.
(b) 특히 사이클로펜타다이엔일 음이온과 피롤의 차이점은 무엇인가?
(c) 피롤 구조에서 전하 분포를 나타내는 공명 구조를 그려보라.

피롤(p$K_b$ = 13.6)은 피리딘(p$K_b$ = 8.8)보다 약한 염기이다. 이러한 차이는 양성자를 얻은 피롤의 구조에서 기인한다(그림 16-13). 하나의 양성자와 결합하기 위해 방향족 6원자계는 한 쌍의 전자를 사용해야 한다. 양성자화된 피롤에서는 질소 원자가 4개의 다른 원자(2개의 탄소 원자와 2개의 수소 원자)와 결합하기 위해 $sp^3$ 혼성화되므로, 비혼성화된 $p$ 오비탈은 존재하지 않는다. 양성자를 얻은 피롤은 비방향족이다. 실제로 충분히 강한 산은 피롤의 질소 원자보다는 2번 탄소 원자를 양성자화한다.

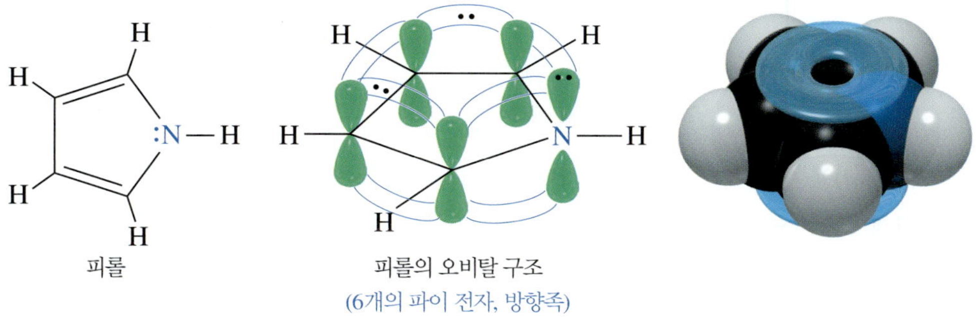

피롤

피롤의 오비탈 구조
(6개의 파이 전자, 방향족)

**그림 16-12** 피롤의 파이 결합 구조. 피롤의 질소 원자는 $sp^2$ 혼성이며, $p$ 오비탈에 비공유 전자쌍 하나를 가지고 있다. 이 $p$ 오비탈은 탄소 원자의 $p$ 오비탈과 겹쳐져 연속적인 고리를 형성한다. 4개의 전자가 이중 결합에 있고, 2개의 전자가 질소의 $p$ 오비탈에 있으므로 파이 전자는 총 6개이다.

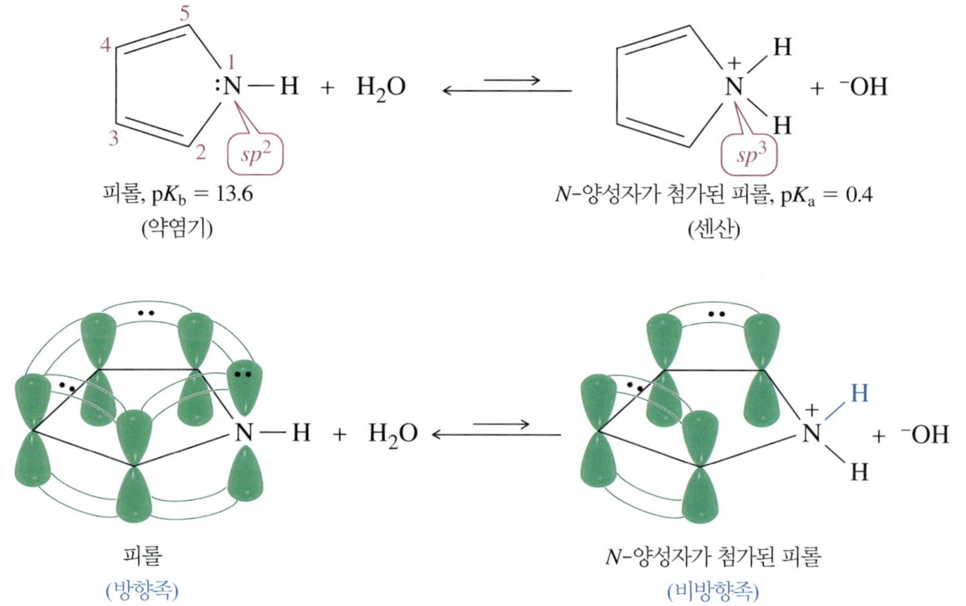

피롤, $pK_b = 13.6$
(약염기)

$N$-양성자가 첨가된 피롤, $pK_a = 0.4$
(센산)

피롤
(방향족)

$N$-양성자가 첨가된 피롤
(비방향족)

**그림 16-13** 피롤은 매우 약한 염기이다. 피롤의 질소 원자는 양성자를 빼앗아 $sp^3$ 혼성화된다. 따라서 방향족성에 필요한 비혼성 $p$ 오비탈이 없어진다.

## 16-9C 피리미딘과 이미다졸

피리미딘(pyrimidine)은 6원자 헤테로 고리이며, 2개의 질소 원자가 1,3-배열로 위치해 있다. 두 질소 원자는 피리딘의 질소와 유사하다. 각 질소 원자는 방향족 고리 평면의 $sp^2$ 혼성 오비탈에 비공유 전자쌍을 가진다. 이 비공유 전자쌍은 방향족 6전자계를 이루는 데 필요하지 않으며, 피리딘의 전자쌍처럼 염기성을 나타낸다.

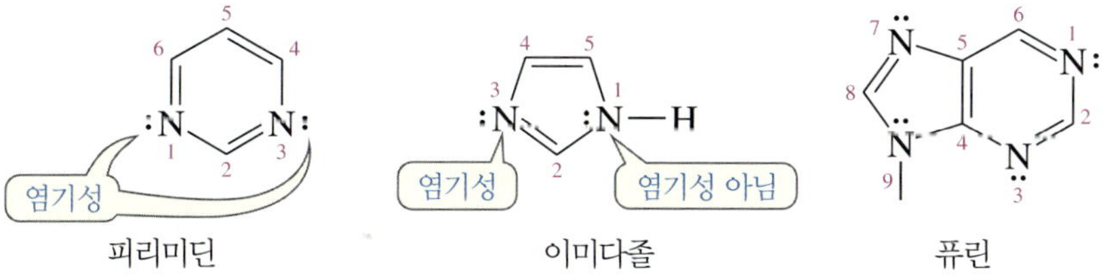

피리미딘

이미다졸

퓨린

**문제풀이 힌트**

염기성 및 비염기성 질소 원자를 알아내는 연습을 하라. 대부분의 비염기성(예: 피롤) 질소는 3개의 단일 결합과 $p$ 오비탈에 한 쌍의 고립 전자를 가진다. 대부분의 염기성(예: 피리딘) 질소는 고리에 하나의 이중 결합과 $sp^2$ 혼성 오비탈에 고립 전자쌍을 가진다.

이미다졸(imidazole)은 2개의 질소 원자를 가진 방향족 5원자 헤테로 고리이다. 한 질소 원자(수소와 결합하지 않은 것)에 있는 비공유 전자쌍은 방향족계에 참여하지 않은 $sp^2$ 오비탈에 있는데, 이 비공유 전자쌍은 염기성을 나타낸다. 다른 질소 원자는 3번째 $sp^2$ 오비탈을 사용하여 수소와 결합하는데, 그 비공유 전자쌍은 방향족 6전자계에 참여한다. 피롤의 질소 원자처럼 이미다졸의 N—H 질소도 염기성이 매우 크지는 않다. 이미다졸이 양성자를 얻으면 두 질소 원자는 화학적으로 동등해진다. 한 질소 원자는 양성자를 잃고 다시 이미다졸 분자로 된다.

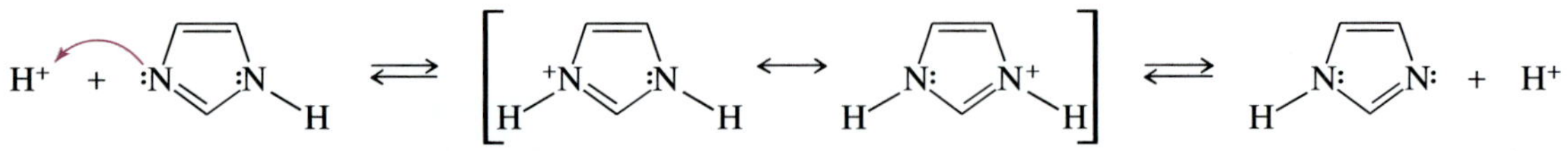

이미다졸 양성자화된 이미다졸 이미다졸

퓨린(purine)에는 이미다졸 고리가 피리미딘 고리와 접합되어 있다. 퓨린은 3개의 염기성 질소 원자와 1개의 피롤 같은 질소를 가지고 있다.

피리미딘과 퓨린 유도체는 DNA와 RNA를 구성하여 유전 암호를 형성한다. 이미다졸 유도체는 효소의 촉매 활동을 돕는다. 중요한 헤테로 고리 유도체에 대해서는 23장과 24장에서 좀 더 자세히 다룰 것이다.

**응용: 화학요법**

DNA 합성을 차단하면 보통 건강한 세포보다는 암세포를 더 죽인다. 암세포는 빠르게 쪼개져 신속히 DNA를 합성해야 하기 때문이다. 많은 수의 퓨린과 피리미딘 유도체는 항암제로 유용하게 사용된다. 예를 들면 5-플루오로유라실(5-fluorouracil)은 DNA의 주요 염기인 타이미딘(thymidine)을 생산하는 효소를 차단하여 많은 암세포를 죽인다. 이때 일부 건강한 세포도 죽는다.

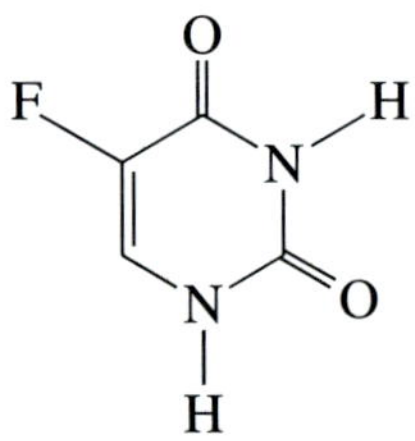

5-플루오로유라실

**응용: 석탄 속의 황**

석탄에는 싸이오펜과 기타 황을 함유하는 유기 및 무기 화합물이 들어 있다. 석탄을 태우면 대기 중으로 $SO_2$가 방출되는데, 이는 산성비의 원인이 된다. 싸이오펜이나 황 화합물을 먹이로 사용하는 미생물들이 진화해왔다. 이러한 미생물을 석탄의 탈황에 응용한다면 대기오염을 줄일 수 있을 것이다.

**연습문제 16-17**

퓨린에 있는 어느 질소가 염기성이고, 어느 질소가 염기성이 아닌지 나타내라. 비염기성 질소의 경우 비결합 전자가 쉽게 양성자화되지 않는 이유를 설명하라.

**연습문제 16-18**

다음에 나타낸 2-피리돈(2-pyridone)의 양성자 NMR 스펙트럼상의 화학 이동 값을 보고, 물음에 답하라.

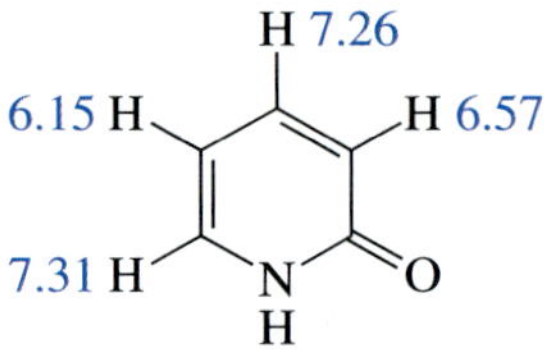

2-피리돈 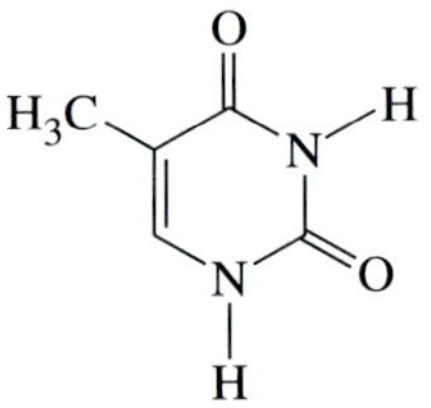 타이민

**(a)** 2-피리돈은 방향족인가?

**(b)** 공명 구조를 이용하여 (a)에 답하라. 그리고 $\delta$ 7.31과 $\delta$ 7.26에서 관찰되는 양성자들이 다른 2개($\delta$ 6.15, $\delta$ 6.57)보다 더 가려지지 않는 이유를 설명하라.

**(c)** 타이민(thymine)은 DNA에서 발견되는 헤테로 고리 염기 중 하나이다. 타이민은 방향족으로 예상되는가? 이에 대해 설명하라.

**(d)** 5-플루오로유라실(5-fluorouracil)의 구조를 '응용: 화학요법'에 나타냈다. 5-플루오로유라실은 방향족인가? 이에 대해 설명하라.

## 16-9D 퓨란과 싸이오펜

퓨란(furan)은 피롤과 마찬가지로 방향족 5원자 헤테로 고리이지만, 헤테로 원자로서 질소 대신 산소를 가지고 있다. 퓨란의 고전적인 구조(그림 16-14)는 산소 원자가 2개의 비공유 전자쌍을 가지고 있음을 보여준다. 산소 원자는 $sp^2$ 혼성화되어 있고, 비공유 전자 한 쌍이 $sp^2$ 혼성 오비탈을 점유한다. 나머지 비공유 전자 한 쌍은 비혼성 $p$ 오비탈을 점유함으로써 이중 결합에 있는 4개의 전자와 함께 방향족 6전자계를 형성한다. 퓨란은 67 kJ/mol(16 kcal/mol)의 공명 에너지를 가진다.

싸이오펜(thiophene)은 퓨란과 유사하지만, 퓨란의 산소 대신 황 원자를 함유한다. 결합에서도 싸이오펜은 퓨란과 유사한데, 다른 점은 황 원자가 탄소 원자의 $2p$ 오비탈과 겹치기 위해 비혼성 $3p$ 오비탈을 사용한다는 것이다. 싸이오펜의 공명 에너지는 121 kJ/mol(29 kcal/mol)이다.

사이클로펜타다이엔일 음이온 피롤 퓨란 싸이오펜

2p 오비탈 3p 오비탈 $sp^2$ 오비탈

6개의 파이 전자 6개의 파이 전자 6개의 파이 전자 6개의 파이 전자

**그림 16-14** 피롤, 퓨란, 싸이오펜은 사이클로펜타다이엔일 음이온과 등전자성(isoelectronic)이다. 퓨란과 싸이오펜에서는 $sp^2$ 혼성 오비탈에 있는 하나의 비결합 전자쌍이 피롤의 N—H 결합을 대신한다.

**연습문제 16-19**

다음 각 화합물이 방향족, 반방향족, 비방향족인 이유를 설명하라.

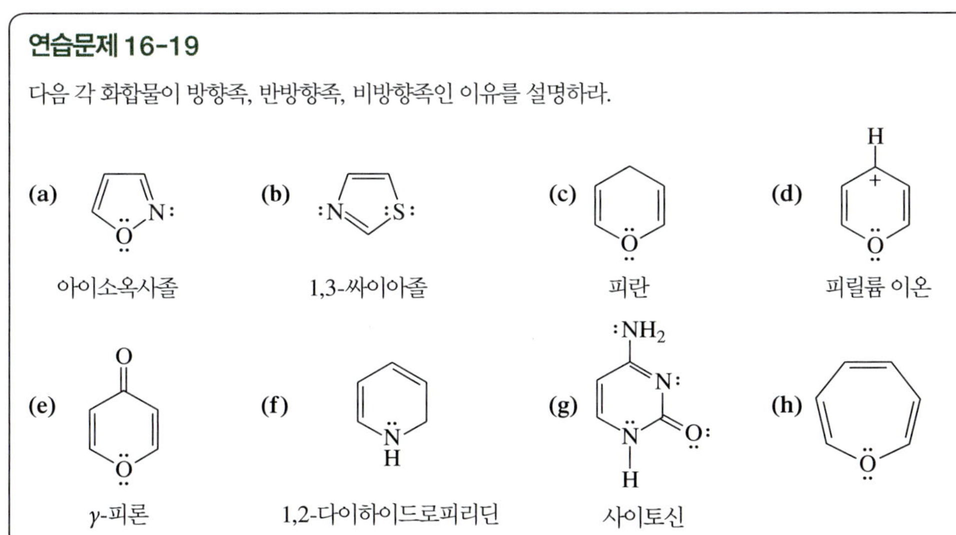


**문제풀이 힌트**

비공유 전자쌍을 가진 헤테로 원자(예: N, O, P, S)는 방향족계에 단 한 쌍의 전자만 기여할 수 있다. 헤테로 원자로부터 한 쌍의 전자를 사용하여 방향족계를 형성한다면 전자쌍을 공유할 것이다(예: 피롤, 퓨란). 헤테로 원자로부터 한 쌍의 전자를 사용하여 반결합성계를 형성한다면 비공유 전자쌍은 파이 전자계와 겹치지 않을 것이다[예: 피리딘의 질소와 연습문제 16-19(h)의 산소].

**연습문제 16-20**

보라졸(borazole, $B_3N_3H_6$)은 이례적으로 안정한 고리 화합물이다. 보라졸의 구조를 제안하고, 이것이 방향족인 이유를 설명하라.

## 16-10 여러 고리 방향족 탄화수소

**여러 고리 방향족 탄화수소**(polynuclear aromatic hydrocarbon, 약자로 PAH 또는 PNA)는 2개 또는 그 이상의 벤젠 고리가 접합하여 이루어져 있다. **접합 고리**(fused ring)는 그들 사이에 2개의 탄소 원자와 결합을 공유한다.

**나프탈렌** 나프탈렌($C_{10}H_8$)은 2개의 벤젠 고리가 접합하여 형성된 가장 간단한 접합 방향족 화합물이다. 나프탈렌은 3개의 Kekulé 공명 구조 중 하나를 사용하거나 방향족 고리를 표시할 때 사용되는 원 표시법을 사용하여 나타낸다.

나프탈렌

나프탈렌의 두 방향족 고리는 총 10개의 파이 전자를 가진다. 분리된 두 방향족 고리는 각각의 방향족계에 6개씩 총 12개의 파이 전자를 가질 것이다. 나프탈렌의 공명 에너지[252 kJ/mol (60 kcal/mol) 또는 방향족 고리당 126 kJ(30 kcal)]는 벤젠의 공명 에너지[151 kJ/mol(36 kcal/mol)]의 2배보다 작다.

**안트라센과 페난트렌** 접합된 방향족 고리의 수가 증가함에 따라 고리당 공명 에너지는 감소하고 화합물은 반응성이 더 커진다. 세 고리를 가진 안트라센(anthracene)의 공명 에너지는 351 kJ/mol (84 kcal/mol)이며, 고리당 117 kJ(28 kcal)이다. 페난트렌(phenanthrene)의 공명 에너지는 약간 큰 381 kJ/mol(91 kcal/mol) 또는 방향족 고리당 127 kJ(30 kcal)의 값을 가진다. 3개의 벤젠 고리에는 18개의 전자가 있는 데 비해 이들 각 화합물은 3개의 방향족 고리 안에 단 14개의 파이 전자를 가지고 있다.

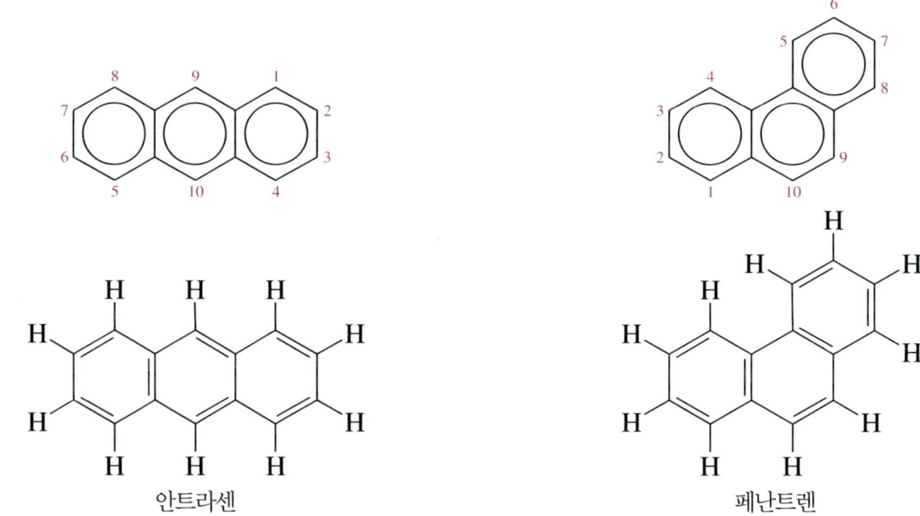


(각 화합물에 대해 단 하나의 Kekulé 구조만 나타냈다.)

디젤 배기가스에 있는 검은 물질은 PAH가 풍부한 작은 입자들로 이루어져 있다.

안트라센과 페난트렌은 벤젠만큼 크게 안정하지는 않기 때문에 비방향족 폴리엔 화합물에서 주로 볼 수 있는 첨가 반응을 한다. 안트라센은 9 위치와 10 위치에서 1,4-첨가 반응이 일어나 완전히 방향족인 2개의 벤젠 고리를 가진 생성물이 형성된다. 페난트렌도 이와 유사하게 9 위치와 10 위치에서 1,2-첨가 반응이 일어나 완전한 방향족 고리 2개를 가진 생성물이 형성된다. (이러한 접합 방향족 화합물의 다리목 탄소 원자들은 치환기를 거의 갖지 않기 때문에 종종 번호를 매기지 않는다.)

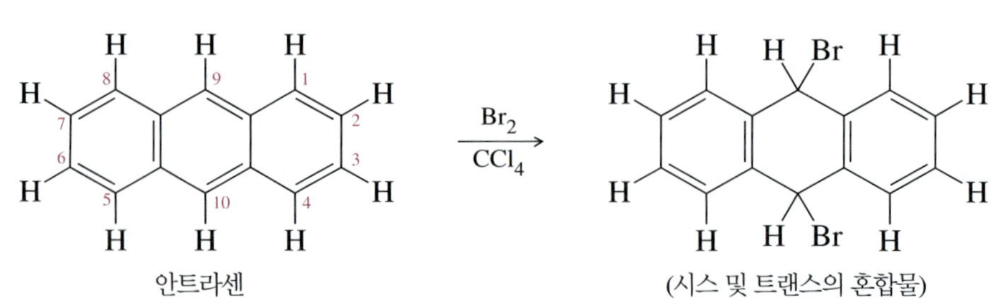

페난트렌 $\xrightarrow[CCl_4]{Br_2}$ (시스 및 트랜스의 혼합물)

**연습문제 16-21**

**(a)** 안트라센과 페난트렌의 모든 Kekulé 구조를 그려보라.

**(b)** 위에 나타낸 두 첨가 반응의 메커니즘을 제시하라.

**(c)** 브로민이 이중 결합에 첨가될 때는 대부분 안티 입체 화학을 나타낸다(8장 참조). 페난트렌에 첨가될 경우 신과 안티 혼합물이 형성되는 이유를 설명하라.

**(d)** (c)에서 얻은 생성물을 가열할 때는 HBr이 방출되며, 9-브로모페난트렌이 생성된다. 이러한 할로젠화 수소 이탈 반응의 메커니즘을 제시하라.

**더 큰 여러 고리 방향족 탄화수소** 더 큰 여러 고리 방향족 탄화수소는 안트라센이나 페난트렌보다 더 많은 접합 고리를 가지고 있고, 고리 하나당 공명 에너지는 더 작으며 반응성은 더 크다. 이들 화합물을 그릴 때는 고리들을 방향족으로 보이게 하는 Kekulé 구조를 선택해야 한다. 이들 PAH는 대부분의 연소 과정에서 생성되며, 대부분이 발암성(암을 일으킬 수 있는 성질)이기 때문에 많은 관심을 받는다. 예를 들면 다음 세 화합물은 담배 연기에 들어 있다. 이러한 화합물은 너무 위험하기 때문에 이를 취급하는 실험실은 반드시 제거시설을 갖춰야 한다. 흡연가들은 담배를 피울 때마다 폐를 이 화합물들에 노출시키고 있는 셈이다.

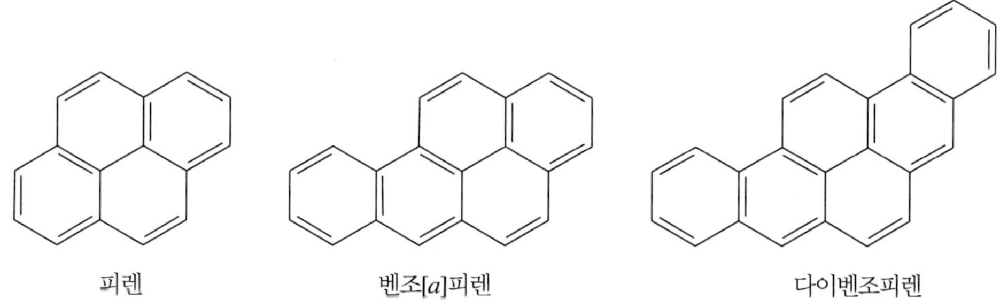

피렌　　벤조[*a*]피렌　　다이벤조피렌

가장 많이 연구된 발암물질 중 하나인 벤조[*a*]피렌(benzo[a]pyrene)은 유기 화합물이 불완전 연소할 때마다 생성된다. 예를 들면 벤조[*a*]피렌은 굴뚝, 구운 스테이크, 담배 연기에서 발견된다. 우리 조상들은 불을 이용하는 법을 배우기 훨씬 이전부터 산불에서 발생된 연기와 재에 들어 있는 벤조[*a*]피렌에 노출되었다. 이 물질의 발암성 효과는 아렌 산화물로 에폭시화된 결과로 보이는데, 에폭시 고리는 DNA의 친핵성 자리에 의해 공격받을 수 있다. 이렇게 생성된 DNA 유도체는 적절히 전사될 수 없다. 이 때문에 복제할 때 오류가 발생하여 유전자 안에서 돌연변이가 야기된다.

벤조[*a*]피렌 $\xrightarrow[\text{간 효소}]{O_2}$ 산화 4,5-벤조[*a*]피렌 + 산화 7,8-벤조[*a*]피렌

산화 아렌

시티딘(DNA 염기) + 산화 아렌 ⟶ ⟶ DNA 유도체

DNA 고분자

**응용: 발암**

검댕에 있는 벤조[*a*]피렌은 1700년대에 굴뚝을 청소하던 어린 소년들에서 다수 발견된 피부암의 주범이다. 신체는 이 화합물을 반응성이 큰 에폭사이드인 산화 4,5-벤조[*a*]피렌으로 전환시키는데, 이것은 DNA와 공유 결합을 형성한다.

## 16-11 탄소의 방향족 동소체

수백만 또는 수십억 개의 벤젠 고리가 서로 결합된 매우 큰 여러 고리 방향족 탄화수소가 만들어진다면 어떤 물질을 얻을 수 있겠는가? 바로 가장 오래전에 알려진 순수한 탄소 형태의 하나인 흑연이다. 방향족성이 오래전에 알려진 탄소 형태와 새롭게 알려진 탄소 형태의 안정성에 어떻게 기여하는지 살펴보자.

### 16-11A 탄소의 동소체: 다이아몬드

탄소 원소는 보통 유기 화합물로 간주되지 않는다. 역사적으로 탄소는 세 가지 **동소체**(allotrope, 다른 성질을 지닌 원소 형태), 즉 무정형 탄소, 다이아몬드, 흑연으로 존재한다고 알려졌다.

'무정형 탄소'는 숯, 검댕, 석탄, 카본 블랙이다. 이 물질들은 대부분 흑연의 미세 결정 형태를 하고 있다. 이들은 부분적으로 포화된 원자가와 더불어 작은 크기와 큰 표면적을 가진다는 특징을 보인다. 이 작은 입자들은 용액으로부터 기체와 용질을 쉽게 흡수하며, 타이어에 분산되어 있는 카본 블랙처럼 고분자 내에서 강하고 안정하게 분산된다.

다이아몬드는 자연에 존재하는 가장 단단한 물질로 알려져 있다. 다이아몬드는 정사면체의 탄소 원자들이 3차원 격자 형태로 서로 연결된 결정 구조를 가진다(그림 16-15). 이 격자는 결정 전체에 확장되어 있기 때문에, 다이아몬드는 실제로는 하나의 거대 분자이다. 다이아몬드는 전자들이 단일 결합(결합 길이는 1.54 Å으로, 이는 전형적인 C—C 단일 결합의 길이에 해당한다)으로 단단히 연결되어 있으므로 전류를 운반할 수 없기 때문에 전기 절연체이다.

### 16-11B 흑연

흑연은 그림 16-15에 나타낸 바와 같이 층상의 평면 구조를 가진다. 한 층에 있는 C—C 결합 길이는 모두 1.415 Å로, 이는 벤젠의 C—C 결합 길이(1.397 Å)와 상당히 유사하다. 층간 거리는 탄소의 van der Waals 반경의 약 2배에 해당하는 3.35 Å인데, 이는 층 사이에는 결합이 거의 없다는 것을 말해준다. 층은 쉽게 떨어져 나가 미끄러지므로, 흑연을 좋은 윤활제로 만든다. 이러한 층 구

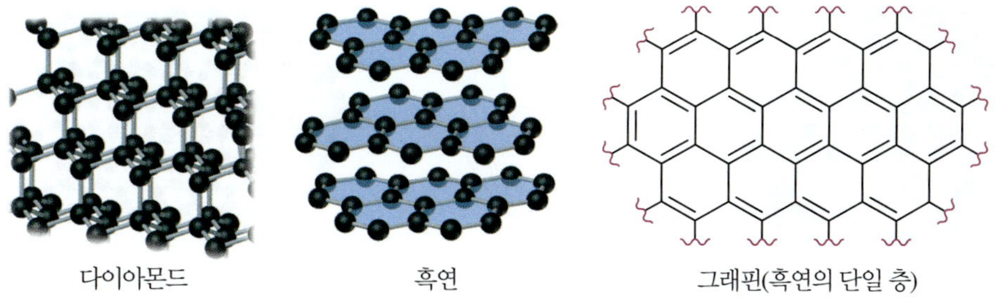


**그림 16-15** 다이아몬드, 흑연, 그래핀의 구조. 다이아몬드는 탄소 원자들이 정사면체 격자 형태를 이루면서 단단한 3차원 배열을 하고 있다. 흑연은 접합 방향족 고리의 평평한 층들로 이루어져 있다. 그래핀은 한 원자 두께를 가진 흑연의 단일 층이다.

조는 흑연의 특이한 전기적 성질을 설명하는 데 도움을 준다. 흑연은 층에 평행한 방향으로 전류를 전달하는 좋은 전도체이지만, 층에 수직 방향의 전류 흐름에는 저항성을 보인다.

흑연의 각 층은 접합된 방향족 고리의 무한 격자로 나타낸다. 모든 원자가는 충족되어 있고(모서리는 제외), 층과 층 사이에는 결합이 필요하지 않다. 단지 약한 van der Waals 힘이 각 층을 잡아두고 있어서 한 층이 다른 층위로 잘 미끄러질 수 있다. 층 내 파이 전자는 층에 평행한 방향으로 이동할 수 있어서 전류를 흐르게 하지만, 층 사이를 뛰어오르는 것은 쉽지 않다.

흑연은 방향족이기 때문에 다이아몬드보다 약간 더 안정하고, 다이아몬드로부터 흑연으로의 변환은 약간 발열 과정($\Delta H° = -2.9$ kJ/mol 또는 $-0.7$ kcal/mol)이다. 다이아몬드에 투자한 사람들에게는 다행스럽게도 다이아몬드가 흑연으로 변환되는 과정은 매우 느리다. 다이아몬드의 밀도(3.51 g/cm$^3$)는 흑연의 밀도(2.25 g/cm$^3$)보다 높은데, 이는 흑연을 다이아몬드로 변환하는 일에 매우 높은 압력이 필요하다는 것을 의미한다. 실제로 산업용으로 사용되는 조그만 다이아몬드를 합성하려면 흑연을 125,000 atm과 약 3,000°C의 온도에서 Cr이나 Fe 같은 촉매를 사용해야 한다.

2010년에 맨체스터대학교의 Andre Geim과 Konstantin Novoselov는 한 원자 두께의 흑연 한 층인 그래핀(graphene)을 얻어서 특성을 연구한 공로로 노벨 물리학상을 수상했다. 그들은 접착 테이프를 사용하여 흑연 표면으로부터 한 층을 떼어낼 수 있었다. 한 층으로 된 그래핀은 투명하고 강하며 뛰어난 전기 전도성을 가진다. 그래핀은 트랜지스터를 만드는 데 사용되었으며, 만약 이를 큰 판으로 대량 생산할 수 있다면 터치스크린 모니터를 만드는 데 사용할 수 있을 것이다.

## 16-11C 풀러렌

1985년경 라이스대학교의 Kroto, Smalley, Curl은 흑연을 레이저(또는 전기 아크)로 기화시켜 얻은 검댕으로부터 화학식이 $C_{60}$인 분자를 분리했다. 분자 스펙트럼은 $C_{60}$이 특이한 대칭 구조를 하고 있음을 보여주었다. $^{13}$C NMR에서는 단 한 종류의 탄소 원자 피크($\delta$ 143 ppm)만 관찰되었고, 단 2종류의 결합(1.39 Å과 1.45 Å)이 존재했다. 그림 16-16은 미국의 건축가인 R. Buckminster Fuller에서 유래한 **벅민스터풀러렌**(buckminsterfullerene)이라고 명명한 $C_{60}$의 구조를 보여준다. Fuller는 측지 돔의 굽은 지붕을 만들기 위해 5각형과 6각형 고리를 사용했다. $C_{60}$ 분자는 때때로 '버키볼(buckyball)'이라고 부르는데, 이런 형태의 화합물($C_{60}$ 또는 이와 유사한 덩어리)을 **풀러렌**(fullerene)이라고 한다.

축구공은 $C_{60}$과 같은 구조인데, 각 정점은 탄소 원자를 나타낸다. 모든 탄소 원자는 화학적으로 동일하다. 각 탄소 원자는 2개의 6원자 고리와 1개의 5원자 고리의 다리목 역할을 한다. $C_{60}$에는 단 2종류의 결합이 있다. 하나는 5원자 고리와 6원자 고리에 의해 공유된 결합(1.45 Å)이고, 다른 하나는 2개의 6원자 고리에 의해 공유된 결합(1.39 Å)이다. 이들 결합 길이를 전형적인 이중 결합(1.33 Å), 전형적인 방향족 결합(1.40 Å), 전형적인 단일 결합($sp^2$ 탄소 사이에 있는 1.48 Å)과 비교해보라. 6원자 고리는 방향족처럼 보이지만 그림 16-16에서 알 수 있듯이 이중 결합은 6원자 고리

**그림 16-16** $C_{60}$와 탄소 나노 튜브의 구조. $C_{60}$ 내 각 탄소는 1개의 5원자 고리와 2개의 6원자 고리에 대한 다리목 탄소이다. 나노 튜브는 흑연과 유사한 방향족 6원자 고리로 이루어져 있다. 튜브의 끝은 $C_{60}$ 반구이다. 5원자 고리가 있기 때문에 튜브의 끝이 곡면을 이룬다는 사실에 주목하라.

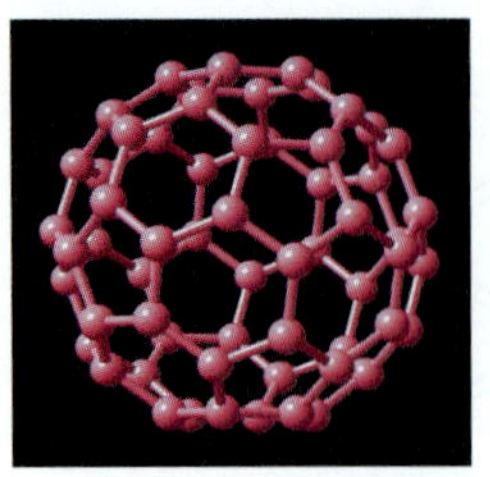
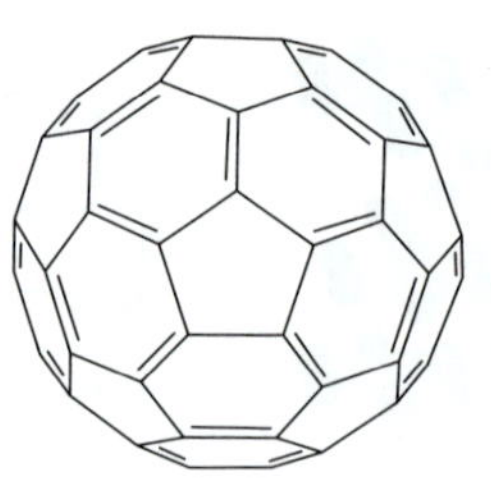

버키볼($C_{60}$)

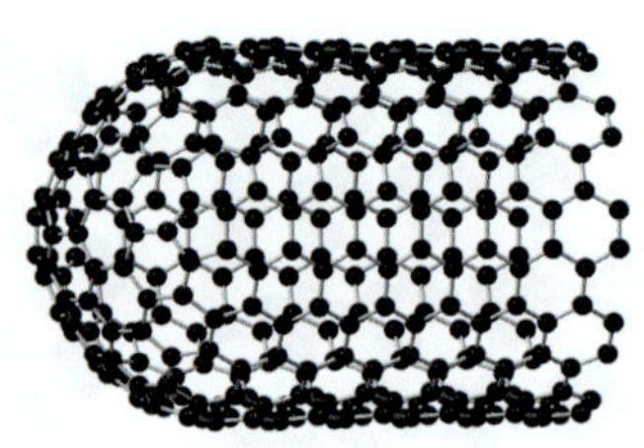

탄소 나노 튜브

들 사이에 다소 편재되어 있다. 이들 이중 결합은 전형적인 이중 결합보다 반응성이 낮지만, 몇 가지 알켄의 첨가 반응을 보인다.

**나노 튜브**(nanotube, 그림 16-16)는 1991년에 발견되었다. 이들 구조는 $C_{60}$ 반구로 시작하여 접합 6원자 고리들이 접합함으로써 하나의 원통을 이룬 형태를 하고 있다. 나노 튜브는 튜브의 길이 방향으로만 전기 전도성을 가지며, 무게당 강도가 우수하기 때문에 많은 관심을 받고 있다. 매년 수천 톤의 나노 튜브가 상업적으로 생산된다. 나노 튜브들은 종종 고분자 수지에 첨가되어 경화된 고분자를 더 강하게 하거나, 내열성을 더 향상시키거나 전기 전도성을 높이는 데 사용된다. 또한 세포 배양에서 뼈 성장 촉진을 위한 지지대로 사용되며, 원자 힘 현미경 탐침의 팁으로도 사용된다.

## 16-12 접합 헤테로 고리 화합물

퓨린(purine)은 두 원자와 그들 사이의 화학 결합을 공유한 고리를 지닌 많은 접합 헤테로 고리 가운데 하나이다. 예를 들면 다음 화합물은 모두 접합 헤테로 고리를 가진 방향족 화합물이다.

퓨린 인돌 벤지미다졸 퀴놀린 벤조퓨란 벤조싸이오펜

일반적으로 접합 헤테로 고리는 성질이 간단한 헤테로 고리와 유사하다. 접합 헤테로 고리 화합물은 자연계에서 흔히 볼 수 있으며, 또한 다양한 질병을 치료하는 약으로 사용된다. 그림 16-17에 나타낸 것들은 자연계에 존재하거나 의약품으로 사용할 목적으로 합성된 접합 헤테로 고리 화합물이다.

시프로플록사신

**연습문제 16-22**

시프로플록사신(ciprofloxacin)은 플루오로퀴놀론(fluoroquinolone)계 항생제 중 하나이다.

**(a)** 고리 중 어느 것이 방향족인가?

**(b)** 어느 질소 원자가 염기성인가?

**(c)** 어느 양성자가 양성자 NMR 스펙트럼상의 $\delta 6 \sim \delta 8$ 사이에서 나타날 것으로 예상되는가?

## 16-13 벤젠 유도체의 명명법

벤젠 유도체는 100년 넘게 공업용 시약으로 사용되었다. 이들에 대한 이름은 화학의 역사적 전통에 근거하여 지어졌다. 다음 화합물은 통상적으로 체계적인 IUPAC명보다는 관용명으로 불린다.

L-트립토판, 아미노산  벤지오다론, 혈관 확장제  LSD, 환각제  퀴닌, 말라리아 치료제

**그림 16-17** 생리 활성을 보이는 접합 헤테로 고리 화합물

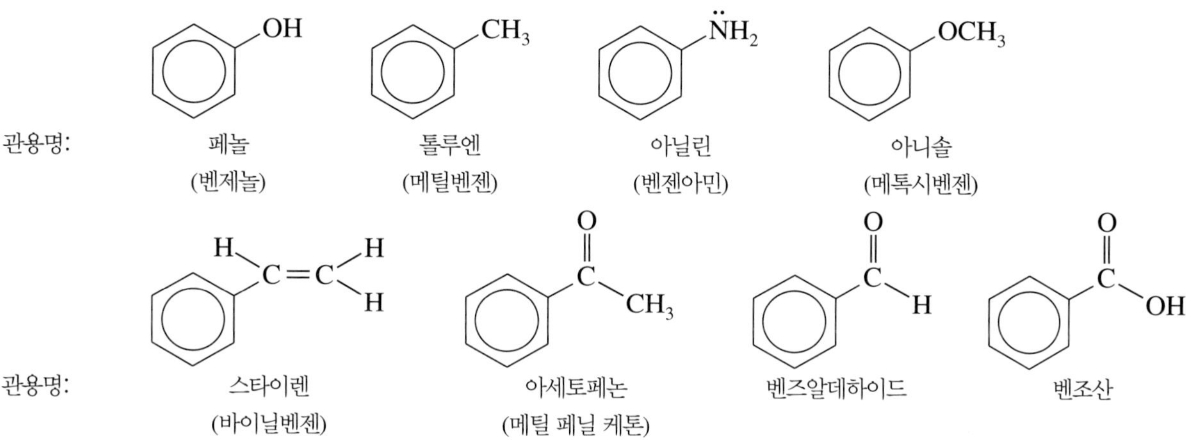


많은 화합물이 벤젠 유도체로 명명되는데, 치환기는 이들이 알케인에 붙은 것처럼 명명한다.

*t*-뷰틸벤젠  나이트로벤젠  에티닐벤젠 (페닐아세틸렌)  벤젠설폰산

치환기가 2개인 벤젠의 경우 치환된 유형을 명시하기 위해 접두사 **오쏘-**(ortho-), **메타-**(meta-), **파라-**(para-)를 사용하여 명명하는데, 이들은 각각 *o*-, *m*-, *p*-로 간단히 쓸 수 있다. 이때 치환기의 위치는 숫자로 나타낼 수도 있다.

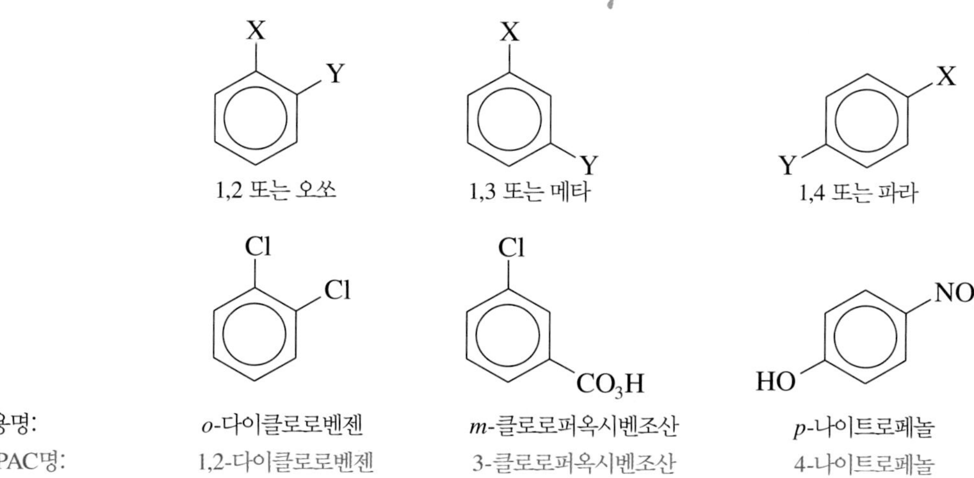

**문제풀이 힌트**

만약 치환 형태를 알 수 없거나 중요하지 않다면 구조를 모호하게 그릴 수 있다. 예를 들면 다음 구조는 오쏘-, 메타-, 파라-나이트로페놀이거나 이성질체의 혼합물임을 나타낸다.

벤젠 고리에 3개 이상의 치환기가 있을 경우 위치를 나타내기 위해 숫자를 사용한다. 치환기를 지닌 사이클로헥세인에서 했던 대로 숫자를 정한다. 기본 이름에 들어 있는 작용기[페놀(phenol)의 OH 또는 벤조산의 COOH]를 가지고 있는 탄소 원자를 C1으로 한다.

1,3,5-트라이나이트로벤젠 1,3,5-다이나이트로페놀 3,5-다이하이드록시벤조산

치환기가 2개인 많은 벤젠(과 치환기가 여럿인 벤젠)은 역사적인 이름을 가지고 있다. 이들 중 일부는 모호하며, 분자의 구조와 명확한 연결이 없는 경우도 있다.

| | | | | |
|---|---|---|---|---|
| 관용명: | *m*-자일렌 | 메시틸렌(mesitylene) | *o*-톨루산 | *p*-크레졸 |
| IUPAC명: | 1,3-다이메틸벤젠 | 1,3,5-트라이메틸벤젠 | 2-메틸벤조산 | 4-메틸페놀 |

벤젠 고리를 다른 분자의 치환기로 명명할 때는 **페닐기**(phenyl group)라고 한다. 페닐기는 알킬기라는 말처럼 사용되며, 복잡한 구조를 그릴 때는 Ph(또는 $\phi$)로 간략히 쓰기도 한다.

또는 $Ph-CH_2-C\equiv C-CH_3$
1-페닐뷰트-2-아인

또는 $Ph_2O$
다이페닐 에터

3-페녹시사이클로헥센

또는 $PhCH_2CH_2OH$
2-페닐에탄올

벤젠 고리와 메틸렌($-CH_2-$)기로 이루어진 7탄소 단위는 종종 **벤질기**(benzyl group)라고 부른다. 벤질기(7개의 탄소)를 페닐기(6개의 탄소)와 혼동하지 않도록 주의하라.

**문제풀이 힌트**

벤젠 고리가 치환기일 때는 페닐기(6탄소)이다. 벤질기는 $CH_2$기를 하나 더 가지고 있다(7탄소).

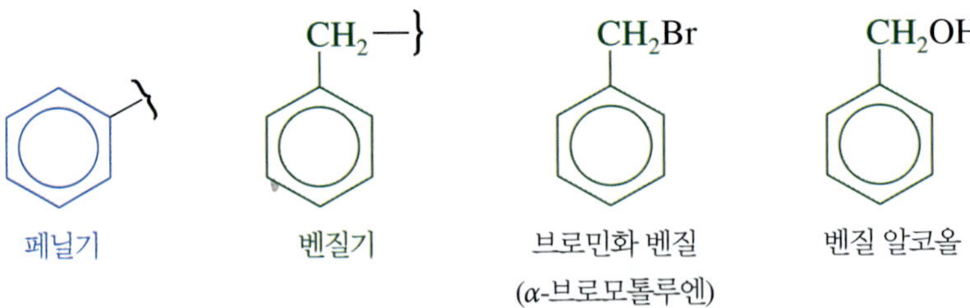

페닐기 벤질기 브로민화 벤질 (α-브로모톨루엔) 벤질 알코올

방향족 탄화수소는 때로는 **아렌**(arene)이라고 부른다. **아릴기**(aryl group, 간략하게 **Ar**)는 방향족 고리에서 수소 원자 하나를 제거한 후 남는 방향족기이다. 페닐기, **Ph**는 가장 간단한 아릴기이다. **R**은 알킬기를 나타내고, **Ar**은 방향족 화합물인 아릴기를 나타낸다.

아릴기의 예

페닐기 *o*-나이트로페닐기 *p*-톨릴기 3-피리딜기

일반적인 아릴기의 사용 예

| Ar—MgBr | $Ar_2O$ 또는 Ar—O—Ar′ | Ar—$NH_2$ | Ar—$SO_3H$ |
|---|---|---|---|
| 브로민화 아릴마그네슘 | 다이아릴 에터 | 아릴아민 | 아릴설폰산 |

**연습문제 16-23**

1~6개의 염소 원자를 가진 염소화 벤젠을 모두 그리고, 명명하라.

**연습문제 16-24**

다음 화합물을 명명하라.

(a) F (b) $CH_2CH_2C{\equiv}CH$ (c) OH, $CH_3$ (d) $CH{=}CH_2$, $NO_2$

(e) COOH, Br (f) $OCH(CH_3)_2$ (g) OH, $NO_2$, $NO_2$ (h) $CH_2OCH_2CH_3$

## 16-14 벤젠과 그 유도체의 물리적 성질

벤젠과 그 유도체의 녹는점, 끓는점, 밀도를 표 16-1에 나타냈다. 벤젠 유도체는 유사한 지방족 화합물보다 대칭성이 높으므로, 결정화하기 수월하며 녹는점이 더 높다. 예를 들면 헥세인은 −95°C에서 녹는 반면, 벤젠은 6°C에서 녹는다. 이와 유사하게 파라-이중 치환 벤젠은 오쏘- 및 메타-이성질체보다 대칭성이 더 높아서 결정화하기 쉬우므로 녹는점이 더 높다.

벤젠 유도체의 상대적인 끓는점은 쌍극자 모멘트와 관련이 있다. 예를 들면 다이클로로벤젠은 쌍극자 모멘트에 따라 다른 끓는점을 가진다. 대칭적인 *p*-다이클로로벤젠은 쌍극자 모멘트가 0이고, 끓는점이 가장 낮다. *m*-다이클로로벤젠은 쌍극자 모멘트가 작으며, 끓는점은 약간 높다. *o*-다이클로로벤젠은 쌍극자 모멘트가 가장 높아서 끓는점도 가장 높다. *p*-다이클로로벤젠은 비록 끓는점이 가장 낮지만, 결정화가 가장 잘되므로, 세 다이클로로벤젠 중에서 녹는점이 가장 높다.

| *o*-다이클로로벤젠 | *m*-다이클로로벤젠 | *p*-다이클로로벤젠 |
|---|---|---|
| 끓는점 181°C | 끓는점 173°C | 끓는점 170°C |
| 녹는점 −17°C | 녹는점 −25°C | 녹는점 54°C |

벤젠과 다른 방향족 탄화수소는 유사한 비방향족 탄화수소보다 밀도가 약간 높으나 물보다는 밀도가 낮다. 할로젠화 벤젠은 물보다 밀도가 높다. 방향족 탄화수소와 할로젠화 방향족들은 일반적으로 물에 녹지 않고, 다만 강한 극성 치환기(페놀, 벤조산 등)를 지닌 일부 유도체들은 물에 적당히 녹는다.

**응용: 캡사이신**

포유류는 고추 씨앗을 먹고 소화하여 씨앗을 해치지 않고 퍼뜨리지만, 새들은 그렇지 않다. 캡사이신은 입 안에서 매운 자극을 주는 물질로, 많은 사람이 이를 기분 좋은 매콤함으로 느낀다. 캡사이신은 또한 의약적으로 연고나 패치 형태로 사용되어 근육과 관절의 통증을 완화하는 데 도움을 준다.

캡사이신

**응용: 마취제**

프로포폴

프로포폴(propofol, 2,6-다이아이소프로필페놀)은 수술실에서 엄격한 감독하에 사용될 때 안전하고 효과적인 정맥 마취제이다. 팝스타 Michael Jackson은 불면증 치료를 위해 집에서 다른 약물과 함께 프로포폴을 투여받다가 사망했다.

**응용: 살충제**

좀약은 $p$-다이클로로벤젠 또는 나프탈렌으로 구성되어 있다. 이 두 화합물은 높은 증기압을 가진 결정질 고체이기 때문에 사용된다. 이 화합물의 증기는 밀폐된 옷장이나 가방 속의 옷에 스며들지만, 옷을 공기 중에 노출시키면 냄새가 사라진다.

**표 16-1** 벤젠과 그 유도체의 물리적 성질

| 화합물 | 녹는점(°C) | 끓는점(°C) | 밀도(g/mL) |
|---|---|---|---|
| 벤젠 | 6 | 80 | 0.88 |
| 톨루엔 | −95 | 111 | 0.87 |
| 에틸벤젠 | −95 | 136 | 0.87 |
| 스타이렌 | −31 | 146 | 0.91 |
| 에티닐벤젠 | −45 | 142 | 0.93 |
| 플루오로벤젠 | −41 | 85 | 1.02 |
| 클로로벤젠 | −46 | 132 | 1.11 |
| 브로모벤젠 | −31 | 156 | 1.49 |
| 아이오도벤젠 | −31 | 188 | 1.83 |
| 나이트로벤젠 | 6 | 211 | 1.20 |
| 페놀 | 43 | 182 | 1.07 |
| 아니솔 | −37 | 156 | 0.98 |
| 벤조산 | 122 | 249 | 1.31 |
| 벤질 알코올 | −15 | 205 | 1.04 |
| 아닐린 | −6 | 186 | 1.02 |
| $o$-자일렌 | −26 | 144 | 0.88 |
| $m$-자일렌 | −48 | 139 | 0.86 |
| $p$-자일렌 | 13 | 138 | 0.86 |
| $o$-다이클로로벤젠 | −17 | 181 | 1.31 |
| $m$-다이클로로벤젠 | −25 | 173 | 1.29 |
| $p$-다이클로로벤젠 | 54 | 170 | 1.46 |

## 16-15 방향족 화합물의 분광법

**적외선 분광법(복습)** 방향족 화합물은 1600 $cm^{-1}$ 근처에서 특징적인 C=C 신축 진동을 나타내므로 쉽게 확인할 수 있다. 이는 고립된 알켄(1640~1680 $cm^{-1}$) 또는 콘쥬게이션된 다이엔(1620~1640 $cm^{-1}$)보다 낮은 C=C 신축 진동 값을 갖는데, 방향족 결합 차수가 대략 $1\frac{1}{2}$에 불과하기 때문이다. 따라서 방향족 결합은 정상적인 이중 결합보다 덜 경직되어 있고 더 낮은 진동수를 나타낸다.

결합 차수 = $1\frac{1}{2}$
$\bar{\nu}$ = 1600 $cm^{-1}$

$\bar{\nu}$ = 3030 $cm^{-1}$

알켄과 마찬가지로 방향족 화합물은 3000 $cm^{-1}$ 바로 위(보통 3030 $cm^{-1}$ 근처)에서 불포화 =C—H 신축을 보인다. 1600 $cm^{-1}$ 근처에서의 방향족 C=C 신축과 3000 $cm^{-1}$ 바로 위에서 =C—H 신축이 관찰되었다는 것은 방향족 고리가 있다는 것을 거의 확신하게 해준다. 12장에 있는 화합물 4, 5, 7의 스펙트럼은 방향족 고리를 포함하는 화합물의 예이다.

**NMR 분광법(복습)** 방향족 화합물은 방향족 고리 전류에 의해 강하게 가려지지 않은 ¹H NMR 신호를 $\delta$7~$\delta$8 근처에서 관찰할 수 있다(13-5B절). 벤젠에서 방향족 양성자는 $\delta$7.2 근처에서 흡수가 관찰된다. 흡수 신호는 카보닐, 나이트로, 사이아노기 같은 전자 끄는 기가 있으면 더 낮은 장으로 이동하고, 하이드록시, 알콕시, 아미노기 같은 전자 주는 기가 있으면 더 높은 장으로 이동한다.

*o*-나 *m*-위치에 있는 동등하지 않은 방향족 양성자는 보통 서로 갈라진다. 스핀-스핀 갈라짐 상수는 오쏘 양성자인 경우에는 약 8 Hz이고, 메타 양성자인 경우에는 2 Hz이다. 그림 13-11, 13-18, 13-24, 13-29, 13-31은 방향족 화합물의 ¹H NMR이다.

방향족 탄소 원자는 ¹³C NMR 스펙트럼에서 $\delta$120~$\delta$150에서 관찰된다. 알켄의 탄소 원자들도 이 영역에서 관찰되지만, ¹³C NMR 외에 ¹H NMR 또는 IR을 얻으면 방향족 고리의 존재를 확인할 수 있다.

**질량 분석법** 알킬벤젠 유도체에서 가장 흔한 질량 스펙트럼의 절단은 공명 안정화된 벤질 양이온을 형성하는 벤질성 결합의 절단이다. 예를 들면 *n*-뷰틸벤젠(*n*-butylbenzene)의 질량 스펙트럼에서 기본 피크는 *m*/*z* 91에서 나타나는데(그림 16-18), 이는 벤질 양이온에 의한 것이다. 벤질 양이온은 자리 옮김되어 방향족의 트로필륨 이온을 생성하기도 한다. 알킬벤젠은 종종 *m*/*z* 91에서 트로필륨 이온에 해당하는 이온을 형성한다.

**자외선 분광법** 방향족 화합물의 자외선 스펙트럼은 비방향족 폴리엔의 스펙트럼과는 아주 다르다. 예를 들면 벤젠은 자외선 영역에서 세 가지 흡수가 일어나는데, $\lambda_{max}$ = 184 nm($\varepsilon$ = 68,000)에서 강한 흡수 띠가, 204 nm($\varepsilon$ = 8,800)에서 중간 정도의 띠가, 254 nm($\varepsilon$ = 200~300) 근처에 집중하여 특징적인 여러 개의 약한 띠가 나타난다. 그림 16-19에 있는 벤젠의 UV 스펙트럼에서는 184 nm에서의 흡수 띠는 보이지 않는데, 이는 200 nm보다 짧은 파장의 띠는 표준 UV-가시광선 분광계로 접근할 수 없기 때문이다.

벤젠 스펙트럼에서 3개의 주요 띠는 $\pi \rightarrow \pi^*$ 전이에 의해 나타나는 띠이다. 184 nm에서 나타나는 흡수는 전자가 2개의 HOMO 중 하나에서 2개의 LUMO 중 하나로 전이하는 데 따른 것이다. 204 nm에서 나타나는 약한 띠는 '금지' 전이에 해당하는데, 이 띠는 벤젠이 항상 흐트러짐 없이 완전한 육각형의 구조라면 관찰하기 어렵다.

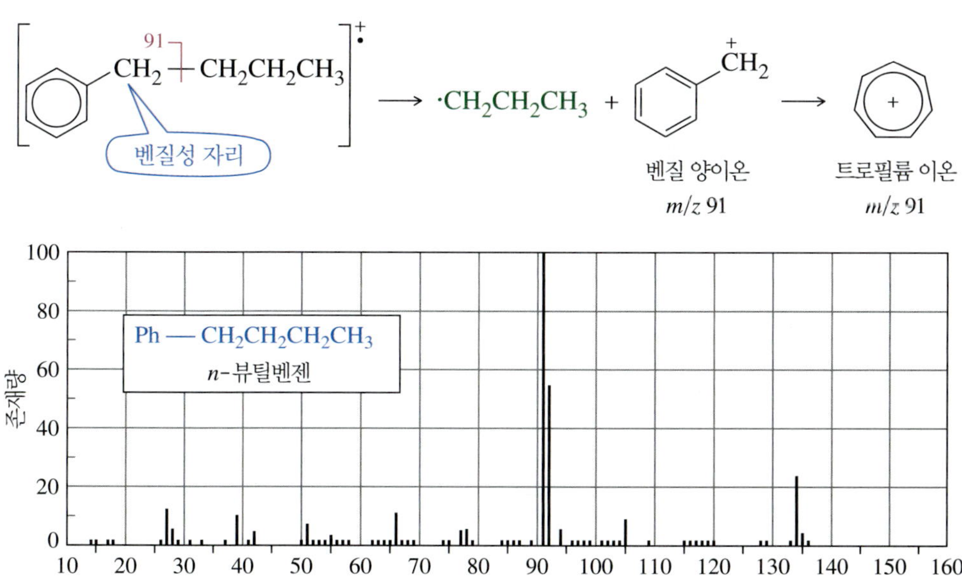


**그림 16-18** 뷰틸벤젠의 질량 스펙트럼에서 기본 피크는 *m*/*z* 91에서 나타나는데, 이는 벤질성 결합 절단에 의한 것이다. 그 결과 절단된 조각으로 벤질 양이온과 프로필 라디칼이 생성된다. 벤질 양이온은 자리 옮김 반응을 하여 트로필륨 이온으로 되는데, 이 피크는 *m*/*z* 91에서 검출된다.

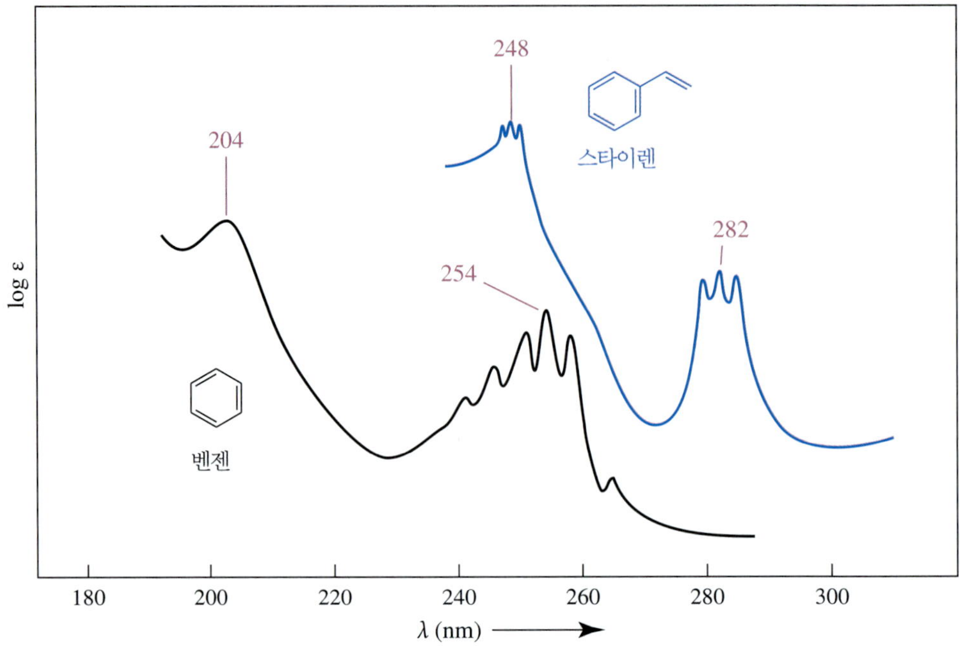

**그림 16-19** 벤젠과 스타이렌의 UV 스펙트럼

스펙트럼의 가장 특징적인 부분은 254 nm에 집중된 흡수 띠인데, 이를 **벤젠형 띠**(benzenoid band)라고 한다. 대략 3개 내지 6개의 작고 날카로운 피크(미세 구조)가 이 띠에서 나타난다. 이들의 몰 흡광 계수는 작으며, 보통 200 내지 300의 값을 가진다. 이 벤젠형 흡수도 금지 전이에 해당한다.

간단한 벤젠 유도체는 벤젠이 가진 대부분의 특징을 보이는데, 예를 들면 210 nm 영역에서 나타나는 중간 크기의 띠와 260 nm 영역에서 나타나는 벤젠형 띠가 있다. 알킬과 할로젠 치환기가 있는 경우에는 $\lambda_{max}$ 값이 약 5 nm 증가한다(표 16-2 참조). 콘쥬게이션된 이중 결합이 더 있으면 $\lambda_{max}$ 값은 약 30 nm 증가한다(그림 16-19에서 스타이렌의 UV 스펙트럼 참조).

**표 16-2** 벤젠과 일부 유도체의 UV 스펙트럼

| 화합물 | 구조 | 중간 크기의 띠 | | 벤젠형 띠 | |
|---|---|---|---|---|---|
| | | $\lambda_{max}$(nm) | ε | $\lambda_{max}$(nm) | ε |
| 벤젠 |  | 204 | 8,800 | 254 | 250 |
| 에틸벤젠 | 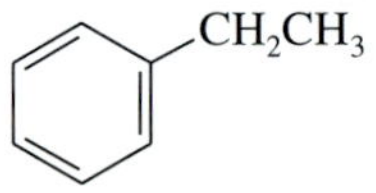 $CH_2CH_3$ | 208 | 7,800 | 260 | 220 |
| *m*-자일렌 | 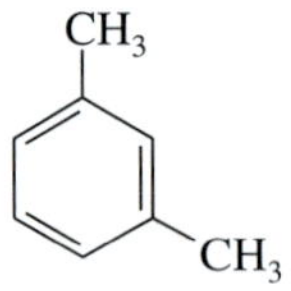 $CH_3$, $CH_3$ | 212 | 7,300 | 264 | 300 |
| 브로모벤젠 | 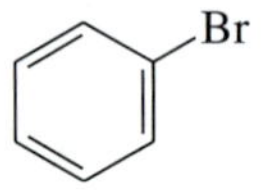 Br | 210 | 7,500 | 258 | 170 |
| 스타이렌 | 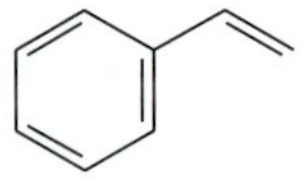 | 248 | 15,000 | 282 | 740 |

**연습문제 16-25**

1-페닐프로프-2-엔-1-올의 UV 스펙트럼은 220 nm에서 강한 흡수 띠를 보이고, 258 nm에서는 더욱 약한 띠를 보인다. 이 화합물을 묽은 황산으로 처리하면 자리 옮김 반응을 하여 250 nm에서 강한 흡수 띠를 보이며, 290 nm에서는 더욱 약한 띠를 보이는 이성질체로 된다. 이성질체의 구조를 제시하고, 이것이 형성되는 메커니즘을 제안하라.

## 핵심 용어

**Hückel 규칙**(Hückel's rule): *p* 오비탈들이 겹쳐져 연속된 고리를 형성하는 고리 형태의 화합물 또는 이온으로 다음의 두 가지가 있다.

1. $(4N+2)$개의 파이 전자가 있으면 방향족($N$은 정수)
2. $(4N)$개의 파이 전자가 있으면 반방향족($N$은 정수)

**Kekulé 구조**(Kekulé structure): 방향족 화합물의 고전적 구조식으로, 편재된 이중 결합을 보여준다.

**공명 에너지**(resonance energy): 편재화된 구조와 비교하여, 비편재화는 구조를 더욱 안정화한다. 방향족 화합물에서 공명 에너지는 방향족 고리에 있는 전자들의 비편재화에 의해 생기는 추가적인 안정성이다.

**나노 튜브**(nanotube): 흑연을 닮은 6원자 접합 고리의 원통과 $C_{60}$ 반구 형태의 말단으로 이루어진 탄소 튜브를 지칭하는 관용명

**다각형 규칙**(polygon rule): 규칙적이고 완전히 콘쥬게이션된 고리계의 분자 오비탈의 에너지 도표는 그 화합물과 동일한 다각형 모양을 가지며, 바닥에 꼭짓점(모두 결합인 분자 오비탈)이 하나 있다. 비결합 선은 다각형의 중심을 통과하여 수평으로 자른다.

에너지 도표

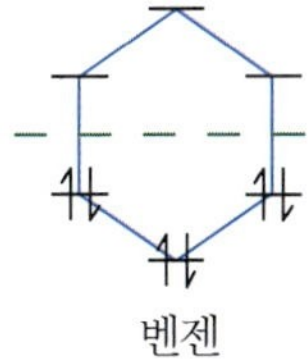
벤젠

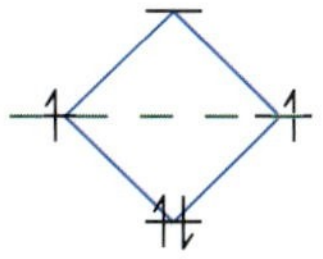
사이클로뷰타다이엔

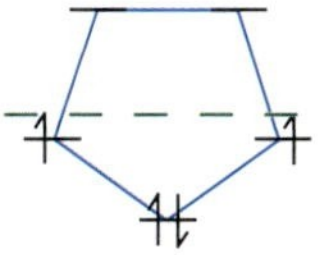
사이클로펜타다이엔일 양이온

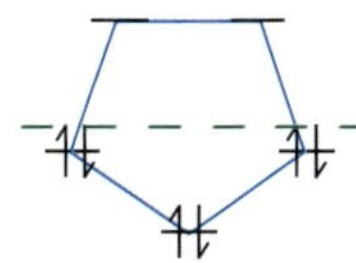
사이클로펜타다이엔일 음이온

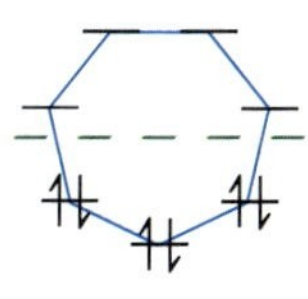
트로필륨 이온

**다이아몬드**(diamond): 가장 단단하고 가장 밀도가 크고 가장 투명한 탄소의 동소체. Marilyn Monroe에 따르면 "여성의 가장 친한 친구"

**동소체**(allotrope): 다른 성질을 가진 원소의 다른 형태. 예를 들면 다이아몬드, 흑연, 풀러렌은 탄소 원소의 다른 동소체 형태

**메타**(meta): 벤젠 고리에서 1,3-관계를 가진 것

**반방향족 화합물**(antiaromatic compound): 방향족 화합물에서와 같이 *p* 오비탈의 연속적인 고리를 가지고 있으나 고리에 비편재화된 파이 전자들이 전자 에너지를 증가시킨다. 대부분의 경우 구조는 평면이어야 하고, $(4N)$개의 파이 전자를 가져야 한다($N$은 정수).

**방향족 화합물**(aromatic compound): 몇 개의 콘쥬게이션된 이중 결합을 지닌 고리 화합물로, 공명 에너지가 이례적으로 크다. 방향족이기 위해서는 고리에 있는 모든 원자는 혼성화되지 않은 *p* 오비탈을 가지고 있어야 하며, 이들은 겹쳐져서 연속적인 고리를 형성해야 한다. 대부분의 경우 평면 구조를 가져야 하며 $(4N+2)$개의 파이 전자를 가져야 한다($N$은 정수). 고리에 파이 전자들이 비편재화되면 전자 에너지가 낮아진다.

**벅민스터풀러렌**(buckminsterfullerene): 축구공 같은 대칭성을 지닌 $C_{60}$ 분자를 지칭하는 관용명. 5원자 고리와 6원자 고리의 배열은 측지 돔의 배열과 유사하다. '버키볼'이라고도 한다.

**벤젠형 띠**(benzenoid band): 벤젠형 방향족 화합물의 UV 스펙트럼에서 250~270 nm 근처에서 나타나는 약한 띠. 이 띠는 여러 개의 날카로운 흡수(미세 구조)를 보이는 특징이 있다.

**벤질기**(benzyl group, $PhCH_2-$): 벤젠 고리와 메틸렌기로 이루어진 7개의 탄소 단위

**비방향족 화합물**(nonaromatic compound): 방향족도 아니고 반방향족성도 아니다. 즉 *p* 오비탈들이 겹쳐서 이루어진 연속적인 고리가 없으므로 방향족 또는 반방향족을 만족시키지 못한다.

**아눌렌**(annulene): 단일 결합과 이중 결합이 번갈아 있는 고리형 탄화수소

[6]아눌렌(벤젠)

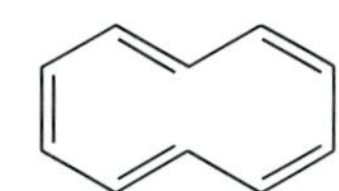
[10]아눌렌(사이클로데카펜타엔)

**아렌(arene):** 통상적으로 기본 구조로서 벤젠 고리에 기초하는 방향족 탄화수소

**아릴기(aryl group, Ar):** 방향족 고리에서 수소 원자 하나를 떼어낸 후에 남는 방향족기. 알케인에서 수소 원자 하나를 떼어낸 후에 남는 지방족기는 알킬기(R)라고 한다.

**여러 고리 방향족 화합물(polynuclear aromatic compound):** 2개 이상의 접합 방향족 고리를 지닌 방향족 화합물. 나프탈렌은 여러 고리 방향족 화합물(PAH 또는 PNA)이다. 인돌은 여러 고리 방향족 헤테로 고리이다.

나프탈렌 인돌

**오쏘(ortho):** 벤젠 고리에서 1,2-관계를 가진 것

**접합 고리(fused ring):** 탄소–탄소 결합과 그 결합의 두 탄소 원자를 공유하는 고리

**지방족 화합물(aliphatic compound):** 방향족이 아닌 유기 화합물

**축퇴 오비탈(degenerate orbital):** 같은 에너지를 지닌 오비탈

**트로필륨 이온(tropylium ion):** 사이클로헵타트라이엔일 양이온. 이 양이온은 방향족이며(앞의 에너지 도표 참조), 알킬 벤젠의 질량 스펙트럼에서는 종종 $m/z$ 91에서 관측된다.

**파라(para):** 벤젠 고리에서 1,4-관계를 가진 것

오쏘(1,2) 메타(1,3) 파라(1,4)

**페닐기(phenyl group, Ph 또는 $\phi$):** 수소 원자 1개가 떨어져 나간 벤젠 고리로, 다른 분자의 치환기일 때 부르는 이름이다.

**풀러렌(fullerene):** $C_{60}$(벅민스터풀러렌) 또는 이와 관련된 화합물과 유사한 탄소 덩어리를 지칭하는 일반적인 용어

**헤테로 고리 화합물(heterocyclic compound, heterocycle):** 고리형 화합물에서 고리를 구성하는 원자 중에 탄소 이외의 원자가 하나 또는 그 이상 있는 화합물

**방향족 헤테로 고리(aromatic heterocycle):** 방향족을 만족하며 상당한 양의 공명 에너지를 가진 헤테로 고리 화합물

## 기초문제

| | | |
|---|---|---|
| **1** | 벤젠 및 사이클로뷰타다이엔과 유사한 콘쥬게이션 고리계의 분자 오비탈을 그리는 방법을 설명하라. 다각형 규칙을 사용하여 에너지 도표를 그리고, 주어진 화합물 또는 이온이 방향족인지 반방향족인지 전자를 채워 나타내라. | 관련 연습문제 16–11, 16–48 |
| **2** | Hückel 규칙을 이용하여 아눌렌, 헤테로 고리, 이온이 방향족, 반방향족, 비방향족인지 예측하라. | 관련 연습문제 16–29, 32, 33, 35, 40, 43, 44, 50, 51 |
| **3** | 질소 원자를 포함하는 헤테로 고리에 대해 질소의 비공유 전자쌍이 방향족계에 사용되는지 결정하고, 질소 원자가 센염기성인지 약염기성인지 예상하라. | 관련 연습문제 16–34, 35, 43, 44 |
| **4** | 여러 고리 방향족 탄화수소와 접합 헤테로 고리 화합물 같은 접합 방향족계를 인지하고, 방향족 화합물의 이론을 이용하여 이들의 성질을 설명하라. | 관련 연습문제 16–33, 43 |
| **5** | 방향족 화합물을 명명하고, 그 이름으로부터 구조를 그려보라. | 관련 연습문제 16–26, 27, 28 |
| **6** | 방향족 화합물의 성질과 방향족 고리가 분자의 이웃 부분에 미치는 영향을 예측하라. | 관련 연습문제 16–29, 33, 36, 39, 41, 47 |
| **7** | IR, NMR, UV, 질량 스펙트럼을 이용하여 방향족 화합물의 구조를 결정하라. 주어진 방향족 화합물 스펙트럼의 두드러진 특징을 예측하라. | 관련 연습문제 16–38, 44, 45, 46, 48, 51 |

## 연습문제

**16-26** 각 화합물의 구조를 그려보라.

**(a)** *p*-나이트로아니솔 **(b)** 2,3-다이메톡시페놀 **(c)** *m*-아미노벤조산
**(d)** 3-나이트로아닐린 **(e)** *p*-클로로톨루엔 **(f)** *o*-다이바이닐벤젠
**(g)** *o*-브로모스타이렌 **(h)** 3,4-다이메톡시벤즈알데하이드 **(i)** 브로민화 트로필륨
**(j)** 사이클로펜타다이엔화 포타슘 **(k)** 2-페닐프로판-2-올 **(l)** 벤질 에틸 에터
**(m)** *o*-톨루엔설폰산 **(n)** *m*-자일렌 **(o)** 2-벤질피리딘

**16-27** 다음 각 화합물을 명명하라.

**(a)**
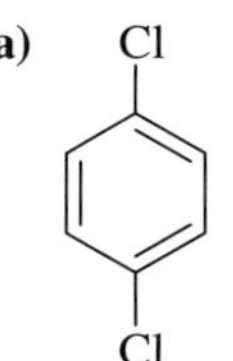


**(b)**
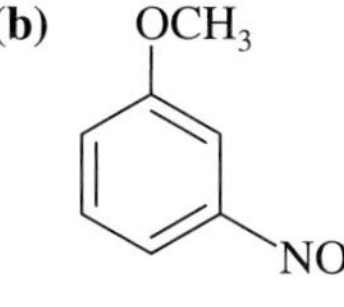


**(c)**
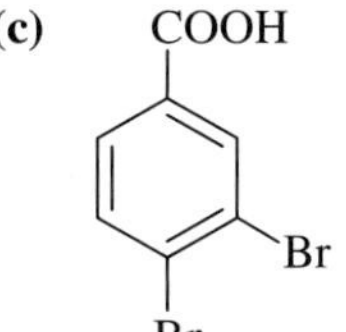


**(d)**
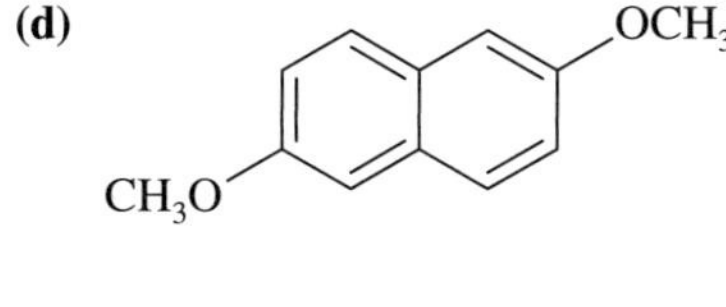


**(e)** **(f)** **(g)** **(h)**

**16-28** 모든 페놀, 메틸페놀, 하이드록시페놀을 그리고, 명명하라.

**16-29** 다음에 4개의 화합물이 있다. 이들 화합물은 콘쥬게이션이 덜 된 유사한 화합물보다 더 빠르게 반응하며, 더 유리한 평형 상수로 반응한다. 각각의 경우에서 반응성이 더 큰 이유를 설명하라.

**(a)** 은 보다 더 염기성이다.

**(b)** 은 보다 더 쉽게 이온화된다.

**(c)** 은 보다 더 쉽게 탈수된다.

**(d)** 은 보다 더 산성이다.

**16-30** 다음 탄화수소 중 1개는 다른 것들보다 산성이 훨씬 크다. 어느 것인지 지적하고, 그 이유를 설명하라.

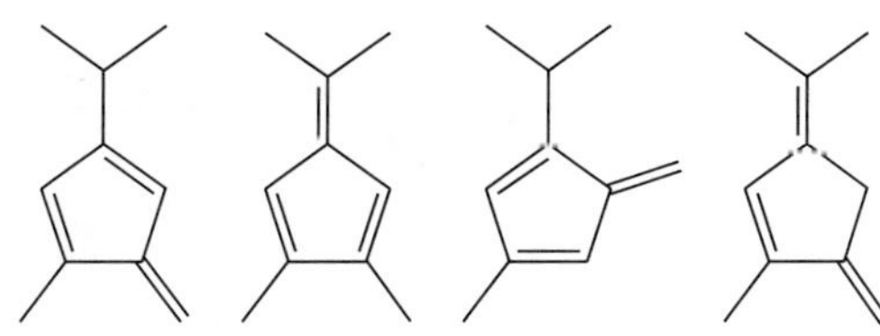

**16-31** Kekulé 시대에는 사이클로헥세인이 알려지지 않았고, 벤젠이 6원자 고리라는 증거도 없었다. 벤젠은 전형적인 알켄처럼 반응하지 않는다는 것과 단일 치환, 이중 치환된 벤젠의 수에 근거하여 그 구조가 결정되었다. 분자식이 $C_6H_6$인 다음 구조는 벤젠의 구조라고 생각되었던 것들이다.

(편재화된 이중 결합)

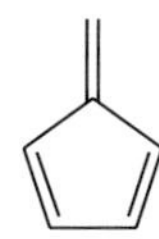

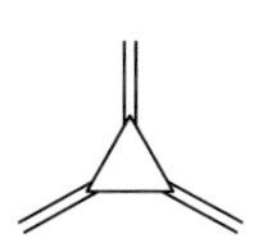

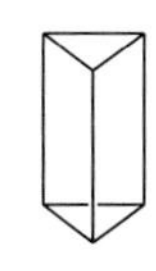

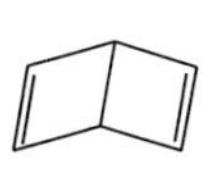

**(a)** 각 구조에서 6개의 수소 원자가 어디에 있는지 나타내라.

**(b)** 각 구조에 대해 임의로 수소 원자 1개가 브로민 1개로 치환된 모노브로모 유도체($C_6H_5Br$)의 모든 가능한 구조를 그려보라. 벤젠은 단 1개의 모노브로모 유도체를 가진다고 알려졌다.

**(c)** (b)에서 단 1개의 모노브로모 유도체를 지닌 구조에 대해 다이브로모 유도체의 모든 가능한 구조를 그려보라. 그 당시에는 벤젠이 3개의 다이브로모 유도체를 가진다고 알려졌었지만 공명 이론은 알려지지 않았다.

**(d)** 그 시대에 벤젠에 대해 알려진 사실은 벤젠의 모노브로모 유도체는 1개이고, 다이브로모 유도체는 3개이며, 알켄을 확인하는 시험에서는 음성 반응을 나타낸다는 것이었다. 이러한 사실과 가장 일치하는 벤젠의 구조를 결정하라.

**(e)** 가장 유력한 벤젠의 구조는 제안자의 이름을 따서 Ladenburg 벤젠이라고 한다. 실제 벤젠에서 관찰된 안정성에 반해 Ladenburg 벤젠이 상대적으로 불안정하게 되는 요인은 무엇인가?

**16-32** 다음 분자와 이온은 유사한 구조끼리 분류되어 있다. 각각을 방향족, 반방향족, 비방향족으로 분류하라. 방향족과 반방향족에 대해서는 고리에 있는 파이 전자의 수를 나타내라.

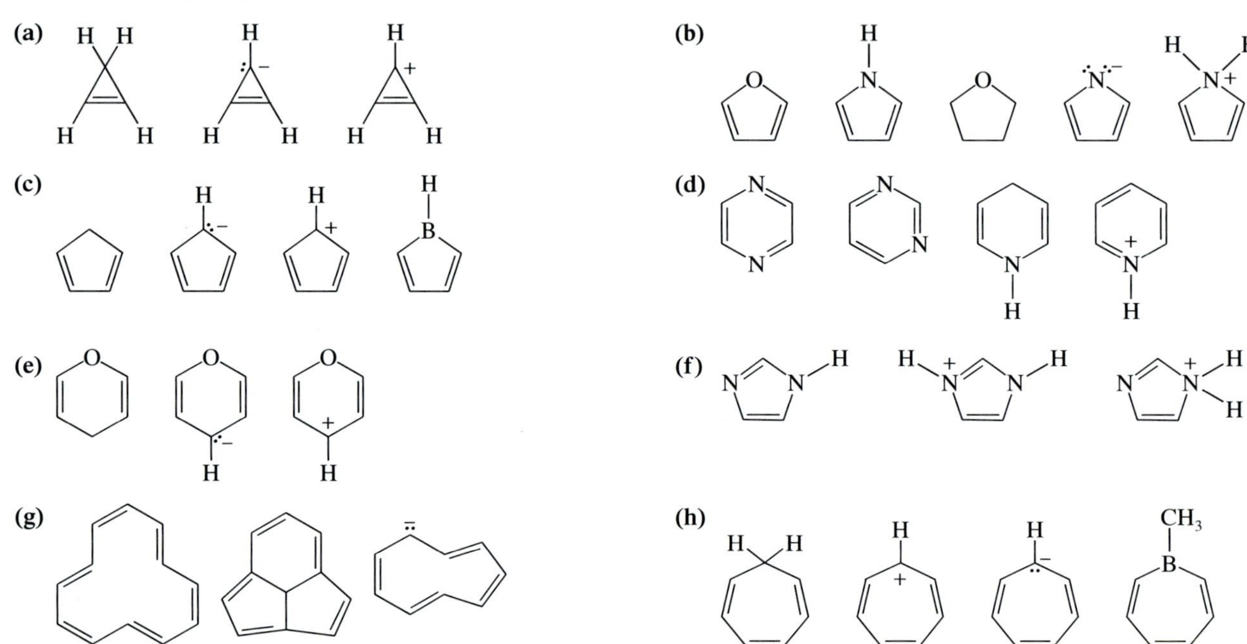


**16-33** 아줄렌은 공명 에너지가 205 kJ/mol(49 kcal/mol)인 짙은 파란색의 탄화수소이다. 아줄렌은 10개의 파이 전자를 가지고 있으므로 하나의 커다란 방향족 고리로 분류된다. 이 화합물의 정전기 전위 지도를 보면 고리 하나는 전자가 풍부하고(붉은색) 다른 하나는 전자가 부족한 것(파란색)을 알 수 있다. 쌍극자 모멘트(1.0 D)는 탄화수소로서는 예외적으로 크다. 이러한 전하 분리가 어떻게 일어나는지 나타내라.

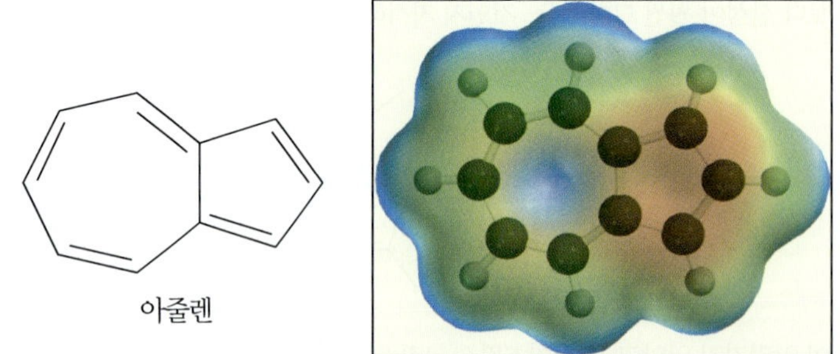


**16-34** 다음 헤테로 고리는 1개 또는 그 이상의 질소 원자를 가지고 있다. 각 질소 원자는 센염기성인지 약염기성인지 질소 원자에 있는 비공유 전자쌍의 유용성에 따라 분류하라.

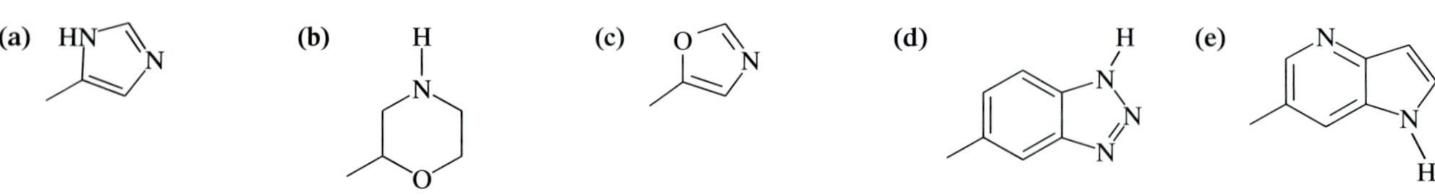

**16-35** 다음 화합물 중에서 어떤 것은 방향족이고, 다른 것은 그렇지 않다.

1. 어느 것이 방향족인지 예측하고, 그 이유를 설명하라.
2. 어느 질소 원자가 물보다 더 염기성이고 어느 것이 덜 염기성인지 예측하라.

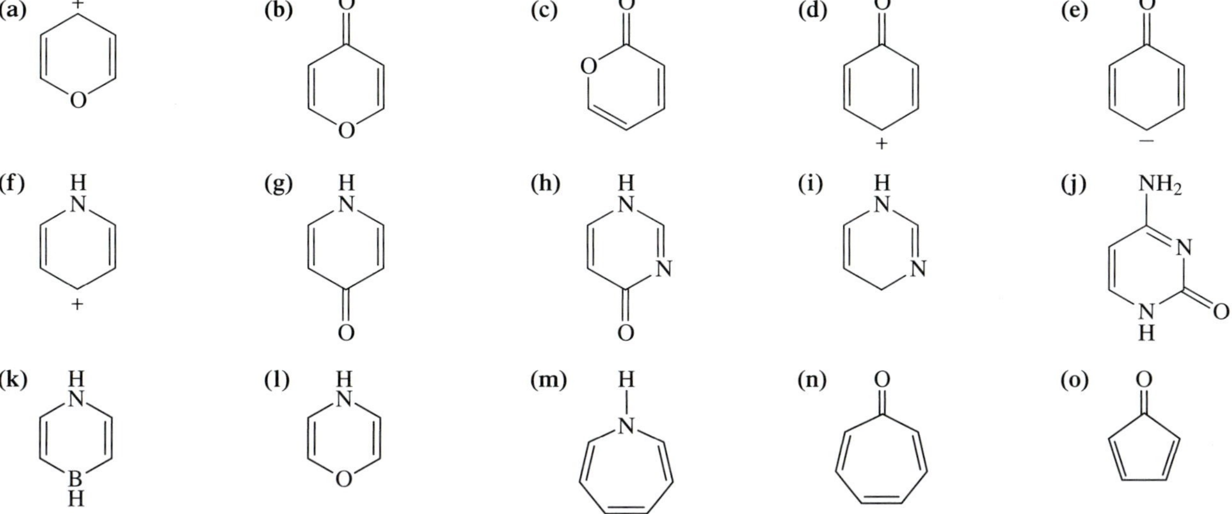

**16-36** 이중 결합이 알릴성 자리에 있는 기의 반응성을 변화시키는 것과 마찬가지로 벤젠은 **벤질성 자리**에 있는 이웃한 기의 반응성을 변화시킨다.

$H_2C{=}CH{-}CH_2{-}R$ (알릴성 자리) — $C_6H_5{-}CH_2{-}$ (벤질기) — $C_6H_5{-}CH_2{-}R$ (벤질성 자리) — $C_6H_5{-}\dot{C}H_2$ (벤질 라디칼)

벤질 양이온, 음이온, 라디칼은 모두 간단한 알킬 중간체들보다 더 안정하다.

**(a)** 공명 구조를 이용하여 벤질 양이온, 라디칼, 음이온의 양전하, 홀전자, 음전하의 비편재화(4개의 탄소 원자에 대해)를 나타내라.

**(b)** 톨루엔은 빛이 있을 때 브로민과 반응하여 브로민화 벤질을 생성한다. 이 반응의 메커니즘을 제안하라.

$$C_6H_5{-}CH_3 + Br_2 \xrightarrow{h\nu} C_6H_5{-}CH_2Br + HBr$$

톨루엔 브로민화 벤질

**(c)** 다음 반응 중 어느 것이 더 빠르게 진행되고 수득률이 더 높겠는가? 전이 상태 그림을 사용하여 설명하라.

$$C_6H_{11}{-}CH_2Br \xrightarrow[CH_3OH]{NaOCH_3} C_6H_{11}{-}CH_2OCH_3$$

$$C_6H_5{-}CH_2Br \xrightarrow[CH_3OH]{NaOCH_3} C_6H_5{-}CH_2OCH_3$$

**16-37** 분광법이 발명되기 전에는 이중 치환된 벤젠이 오쏘, 메타, 파라 이성질체인지 결정하기 위해 Körner 절대 방법(Körner's absolute method)이 사용되었다. Körner 방법은 세 번째 기(주로 나이트로기)를 도입시켜 얼마나 많은 이성질체가 형성되는지를 알아보는 것이다. 예를 들면 *o*-자일렌이 나이트로화(17장에 나타낸 방법으로)되면 2개의 이성질체가 형성된다.

$$o\text{-}C_6H_4(CH_3)_2 \xrightarrow[H_2SO_4]{HNO_3} 3\text{-}NO_2\text{-}1,2\text{-}(CH_3)_2C_6H_3 + 4\text{-}NO_2\text{-}1,2\text{-}(CH_3)_2C_6H_3$$

**(a)** $m$-자일렌을 나이트로화하면 몇 개의 이성질체가 형성되는가?

**(b)** $p$-자일렌을 나이트로화하면 몇 개의 이성질체가 형성되는가?

**(c)** 한 화학자가 분자식이 $C_6H_4Br_2$인 방향족 화합물을 분리했다. 그는 이 화합물을 나이트로화하고 정제하여 화학식이 $C_6H_3Br_2NO_2$인 3개의 이성질체를 얻었다. 원래의 화합물과 3개의 나이트로화된 유도체의 구조를 제안하라.

**16-38** 다음 각각의 NMR 스펙트럼에 대해 스펙트럼과 추가로 주어진 정보와 일치하는 구조를 제안하라.

**(a)** 원소 분석 결과 분자식은 $C_8H_7OCl$임이 밝혀졌다. IR 스펙트럼에서는 1602 $cm^{-1}$에서 보통의 흡수가, 1690 $cm^{-1}$에서 강한 흡수가 관찰되었다.

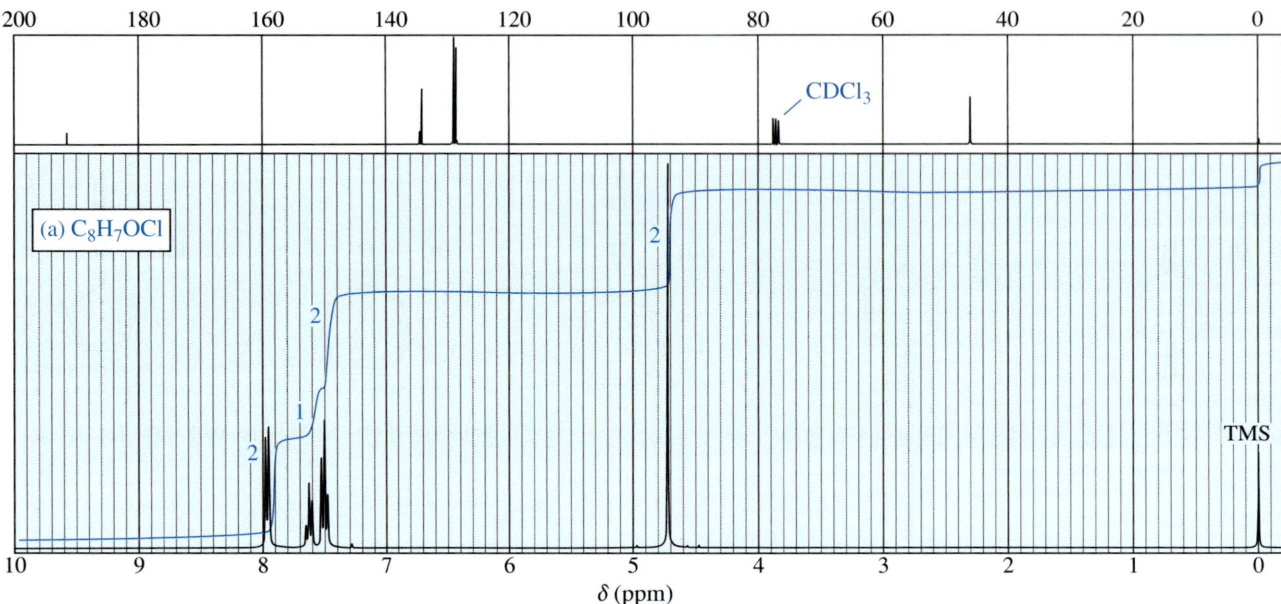


**(b)** 질량 스펙트럼에서는 $m/z$ 184와 186에서 이중 분자 이온이 1 : 1의 비로 관찰되었다.

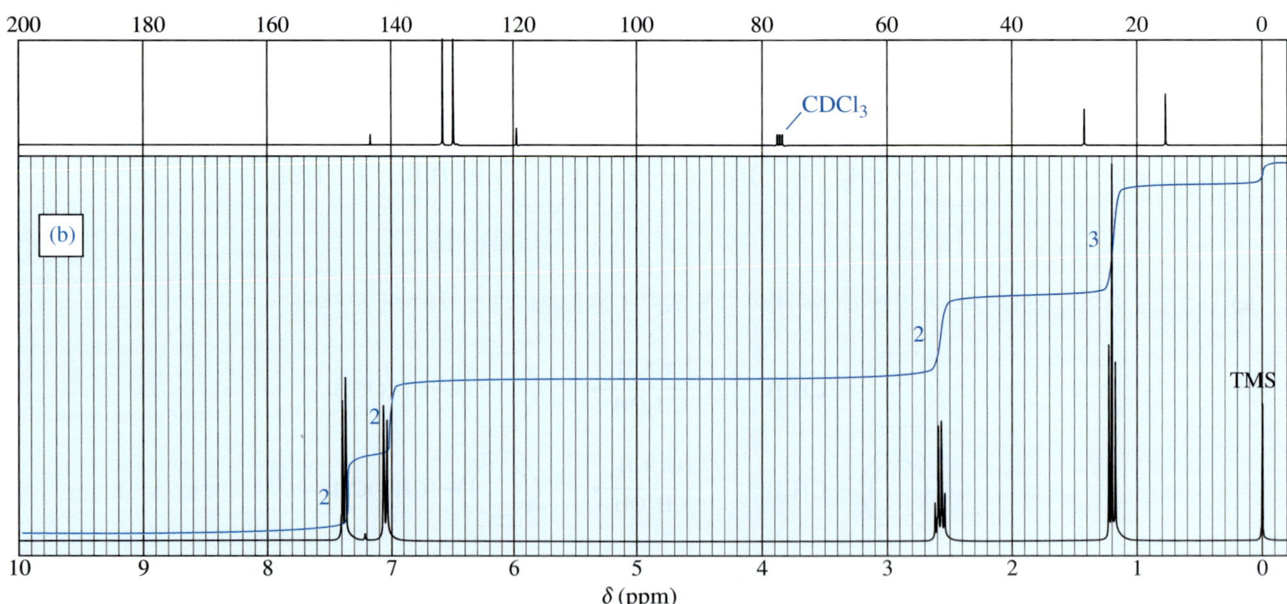


**16-39** 16-10절에서 살펴본 안트라센의 두 위치는 가끔 방향족 화합물보다는 폴리엔처럼 반응한다는 사실을 상기하라.

**(a)** 안트라센의 반응성이 있는 위치가 어떻게 Dield-Alder 반응에 적합한 다이엔의 끝인지를 보여주는 Kekulé 구조를 그려보라.

**(b)** 안트라센과 말레산 무수물(maleic anhydride)의 Diels-Alder 반응은 흔히 하는 유기 화학 실험의 하나이다. 이 Diels-Alder 반응의 생성물을 예측하라.

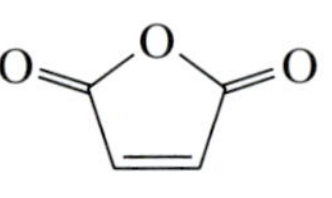

말레산 무수물

**16-40** 바이페닐(바이페닐)의 구조는 다음과 같다.

바이페닐

**(a)** 바이페닐은 (접합) 여러 고리 방향족 탄화수소인가?

**(b)** 바이페닐의 두 방향족 고리에는 몇 개의 파이 전자가 있는가? 나프탈렌의 파이 전자 수와 비교하라.

**(c)** 바이페닐의 수소화열은 약 418 kJ/mol(100 kcal/mol)이다. 바이페닐의 공명 에너지를 계산하라.

**(d)** 바이페닐의 공명 에너지와 2개의 벤젠 고리를 가진 나프탈렌의 공명 에너지를 비교하라. 나프탈렌과 바이페닐의 공명 에너지가 차이가 나는 이유를 설명하라.

**16-41** 탄화수소의 음이온은 흔치 않으며, 탄화수소의 이중음이온은 극히 드물다. 다음 탄화수소는 2당량의 뷰틸리튬과 반응하여 $[C_9H_9]^{2-}$를 형성한다. $[C_9H_9]^{2-}$의 구조를 제안하고, 이것이 쉽게 형성되는 이유를 제시하라.

$$+ \ 2\,C_4H_9Li \longrightarrow [C_9H_9]^{2-}\ (Li^+)_2 \ + \ 2\,C_4H_{10}\uparrow$$

**16-42** 다음 화합물을 방향족 화합물로 전환시키는 방법을 말하라.

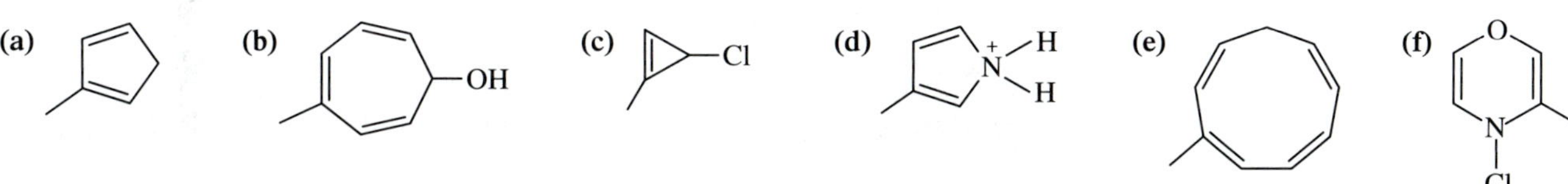


* **16-43** 리보핵산(RNA)을 구성하는 리보뉴클레오사이드(ribonucleoside)는 D-리보스(당)와 4개의 헤테로 고리 '염기'로 이루어져 있다. 리보뉴클레오사이드의 일반적인 구조는 다음과 같다.

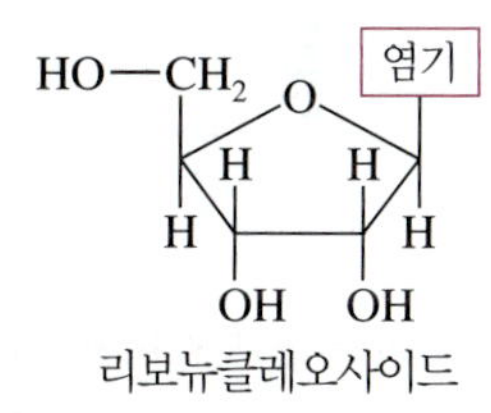

리보뉴클레오사이드

4개의 헤테로 고리 염기는 사이토신, 유라실, 구아닌, 아데닌이다. 사이토신과 유라실은 구조가 피리미딘과 유사하기 때문에 **피리미딘 염기**라고 부른다. 구아닌과 아데닌은 구조가 퓨린과 유사하기 때문에 **퓨린 염기**라고 부른다.

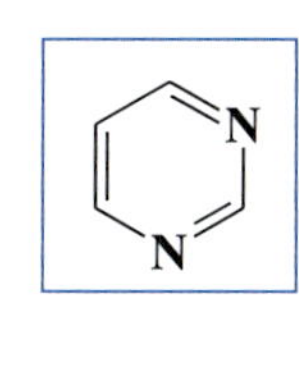
**피리미딘**

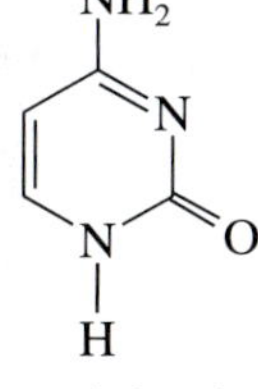
사이토신

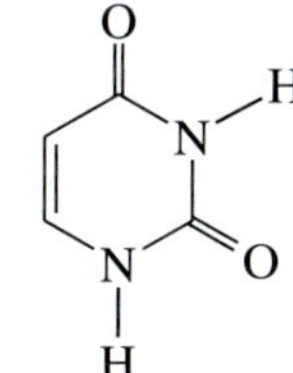
유라실

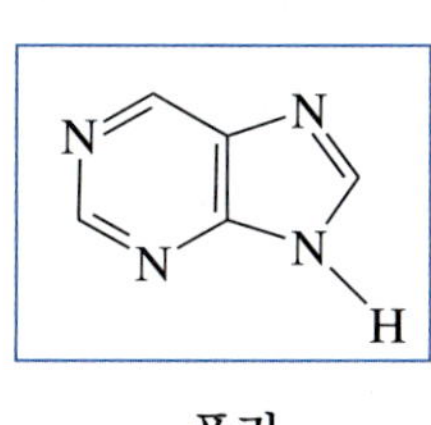
**퓨린**

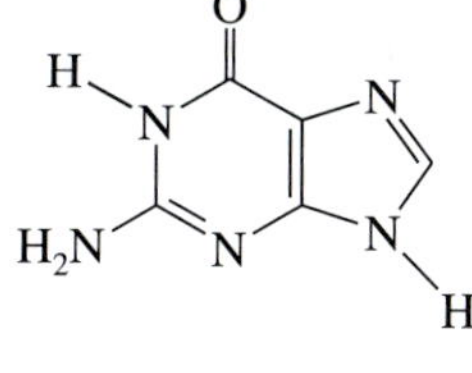
구아닌

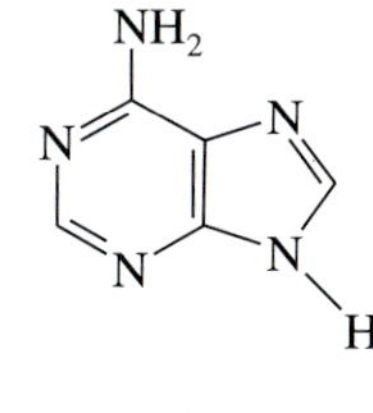
아데닌

**(a)** 이들 염기 중 어느 고리가 방향족인지 결정하라.

**(b)** 어느 질소 원자가 염기성인지 예측하라.

**(c)** 이들 염기 중 어느 것이 방향족성인 토토머(tautomer)를 쉽게 형성하는가? (페놀 유도체를 형성하기 위해 양성자가 질소에서 카보닐기로 이동하는 것을 고려하라.)

* **16-44** 다음 화합물이 어떻게 합성되고, 어떤 성질을 갖는지 생각해보라.

$(CH_3)_3C$, $C(CH_3)_3$, $(CH_3)_3C$, N

**(a)** 이 분자가 완전히 콘쥬게이션되어 있다고 가정하면 이 분자는 방향족, 반방향족, 비방향족 중 어느 것이겠는가?

**(b)** 이 분자가 3개의 *t*-뷰틸 치환기를 지닌 구조로 합성된 이유는 무엇인가? 치환기를 갖지 않는 화합물이 합성되어 연구되지 않는 이유는 무엇인가?

**(c)** 질소 원자는 염기성이라고 예상하는가? 이에 대해 설명하라. 질소의 비공유 전자쌍이 이중 결합과 겹쳐져서 전자 수가 총 6 개인 파이계를 형성하지 않는 이유는 무엇인가?

**(d)** 실온에서 양성자 NMR 스펙트럼은 비가 1:2인 2개의 단일선만을 보여준다. 이들 중 더 작은 신호는 모든 온도에서 변하지 않는다. 온도를 −110℃로 낮추면 더 큰 신호는 넓어지고 새로운 2개의 단일선으로 분리된다. −110℃에서 스펙트럼은 면적비가 1:1:1인 3개의 단일선으로 분리된다. 이러한 분자 결합에서 이 NMR 데이터는 무엇을 나타내는가? NMR 데이터에 근거한 결론은 (a)에서의 예상과 어떻게 일치하는가?

* 본문 내용을 응용한 난이도 높은 문제는 별표(*)로 표시했다.

**16-45** 한 학생이 저장실에서 '싸이몰(thymol)'이라고 표시된 낡은 병을 발견했다. 기분 좋은 냄새를 맡은 학생은 다음과 같은 질량 스펙트럼, IR, NMR 스펙트럼을 얻었다. $\delta$ 4.8에서의 NMR 피크는 $D_2O$와 함께 흔들어주면 사라졌다. 싸이몰의 구조를 제안하고, 그 구조가 스펙트럼과 어떻게 일치하는지 나타내라. $m/z$ 135에서의 MS 피크를 설명하기 위한 조각을 제안하고, 그 이온이 왜 상대적으로 안정한지 나타내라.

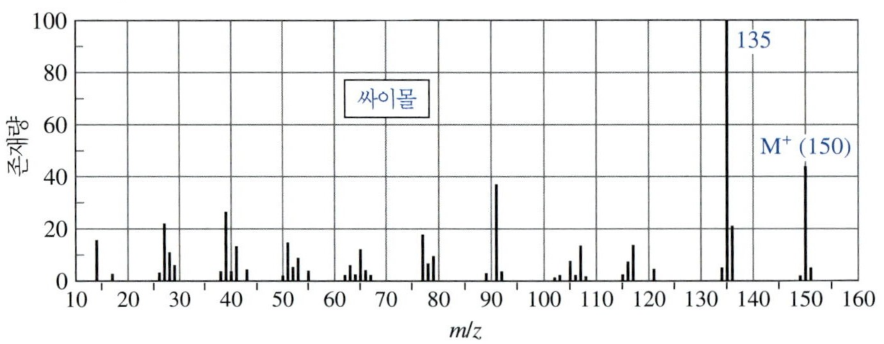


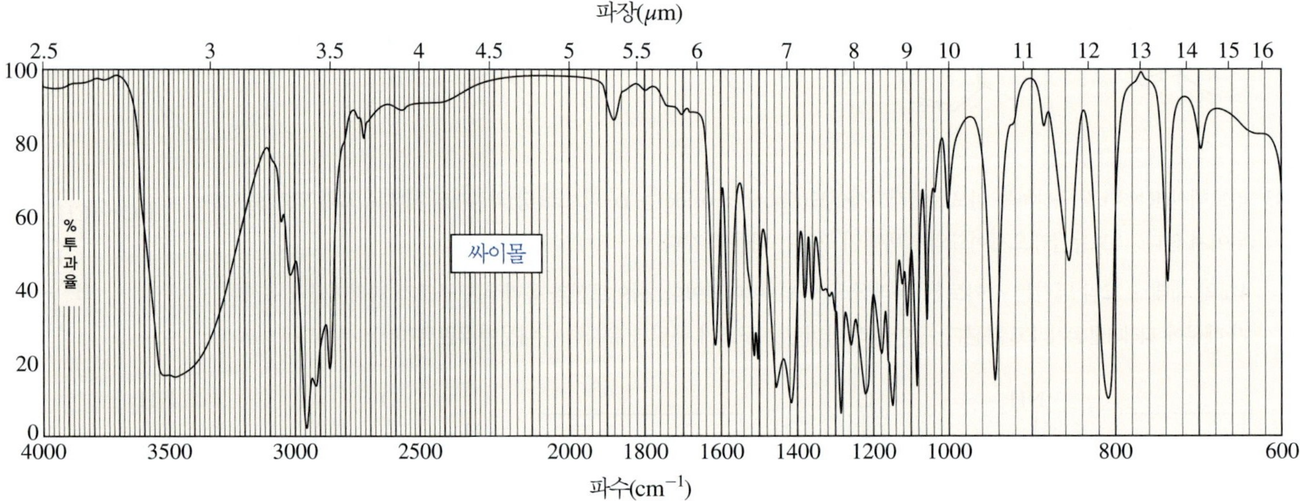


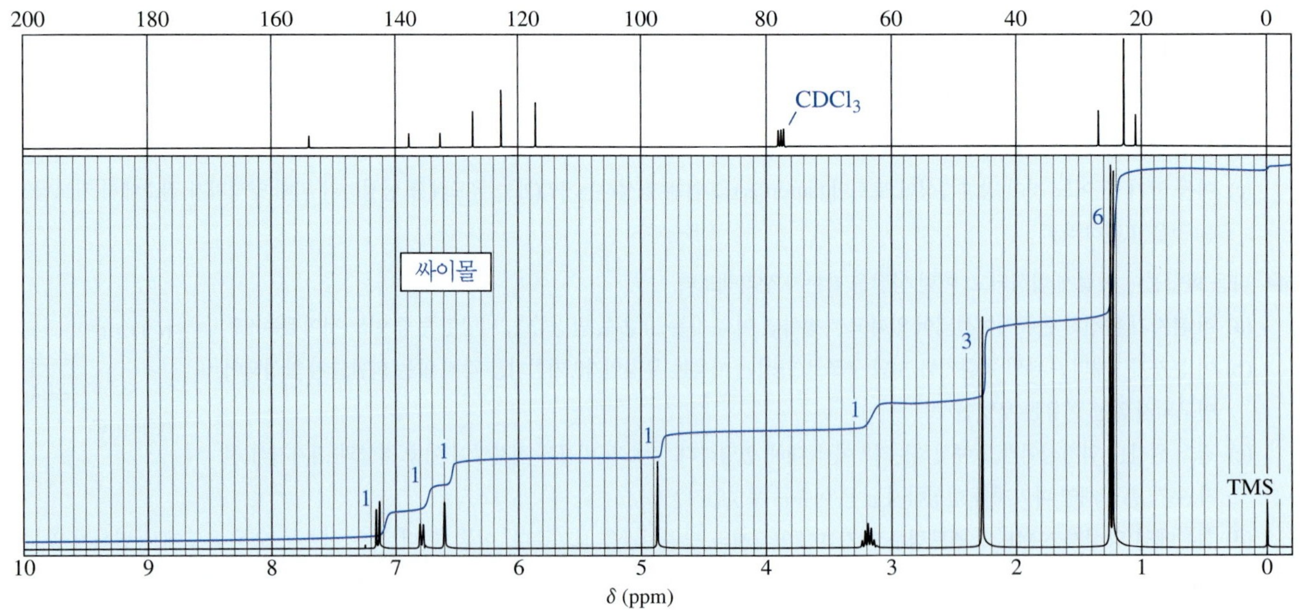

***16-46** 다음은 미지의 한 화합물의 질량 스펙트럼, IR, NMR 스펙트럼이다. 구조를 제안하고 그것이 스펙트럼들과 어떻게 일치하는지를 나타내라. 질량 스펙트럼상의 $m/z$ 127과 155에 있는 두드러진 피크를 나타내는 조각을 제시하라.

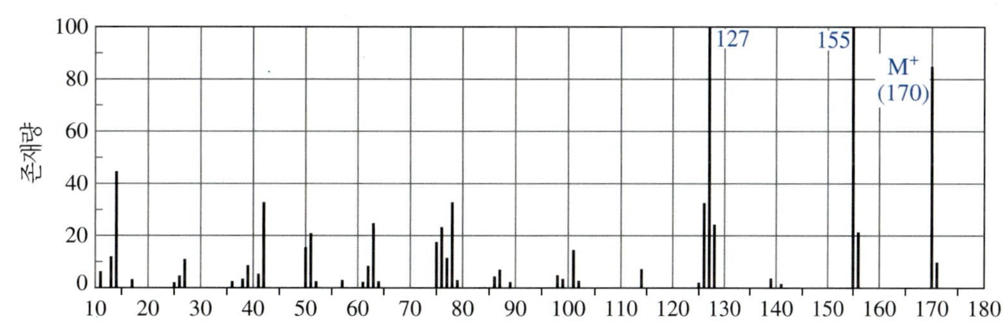


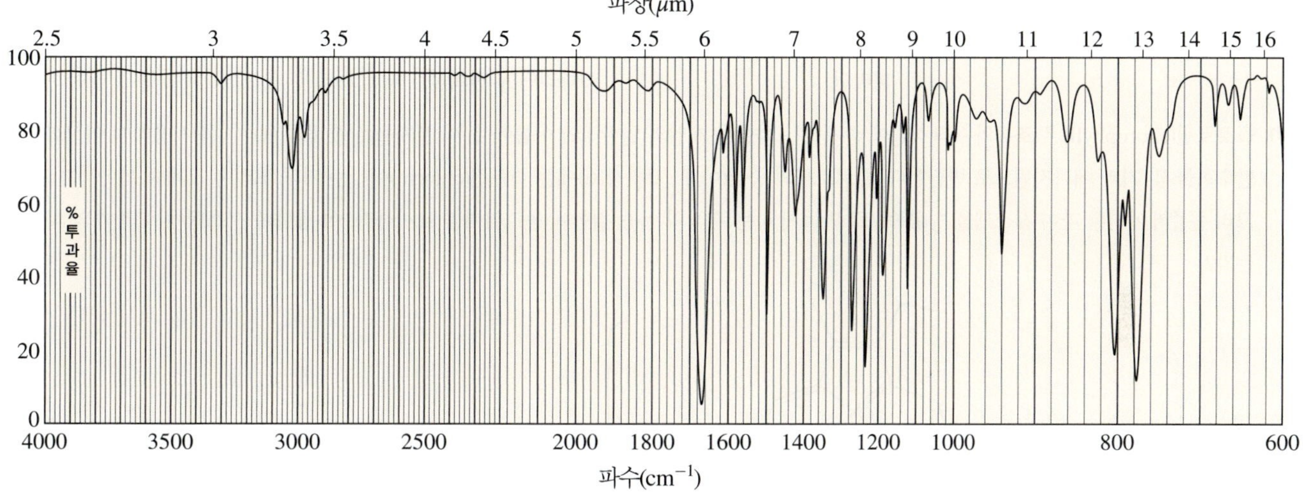


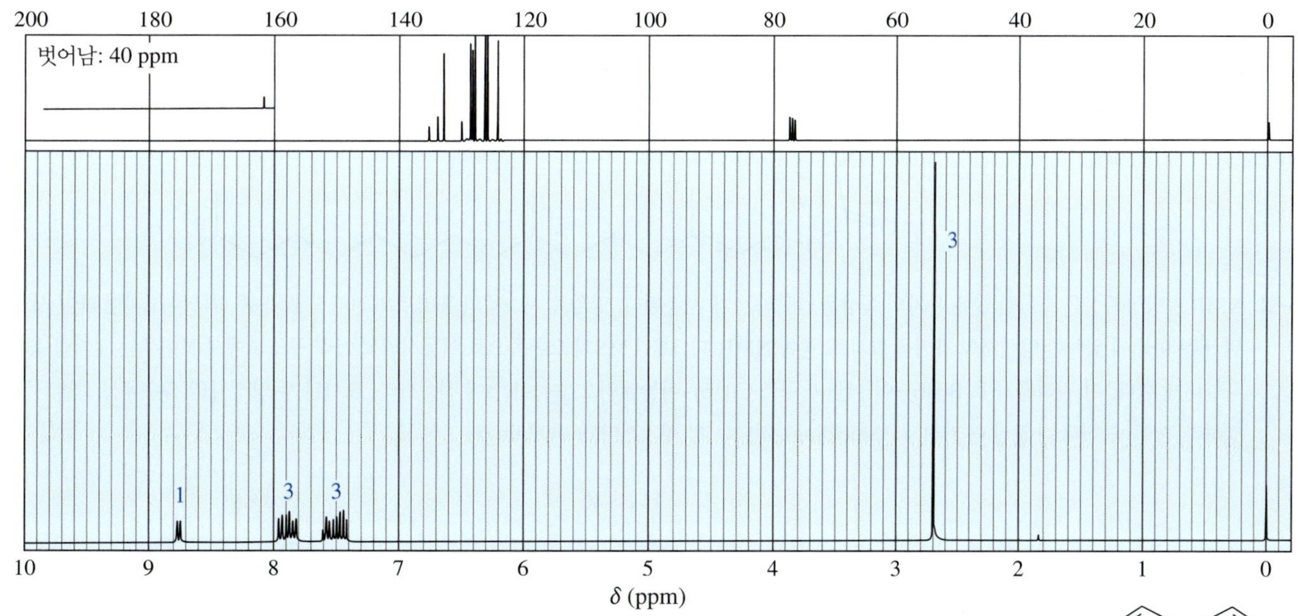


**16-47** 헥사헬리센(hexahelicene)은 광학 활성이 작은 것처럼 보이는데, 이는 모든 탄소 원자가 $sp^2$ 혼성이며 아마도 평평하게 보이기 때문이다. 그럼에도 불구하고 헥사헬리센은 합성되었고 거울상 이성질체로 분리되었다. 이 화합물의 고유 광회전도 $[\alpha]_D$는 3700°로, 굉장히 크다. 헥사헬리센이 광학 활성인 이유를 설명하고, 회전도가 그렇게 큰 이유를 추측하라.

헥사헬리센

**16-48** 사이클로헵타트라이엔일 양이온에 대한 **결합성**(bonding) 파이 분자 오비탈을 그려보라. 모든 분자 오비탈의 상대적인 에너지를 나타내도록 에너지 도표를 그리고, 전자가 바닥 상태에서 점유하는 오비탈을 제시하라. 이 이온은 방향족, 반방향족, 비방향족 중 어느 것인지 예측하라,

**16-49** 피리딘의 양성자 NMR에서의 화학 이동 값이 아래에 주어져 있다. 이 값들은 전형적인 방향족의 화학 이동이며 $\delta$ 8.60에서 관찰되는 (질소에 결합된 탄소에 있는) 오쏘 양성자는 예외적으로 벗겨져 있다. 적당한 산화제(예: 과산화산)는 피리딘에 산소 원자를 주어 피리딘 *N*-산화물을 생성한다. 첨가된 산소 원자의 효과로 인해 오쏘 양성자의 화학 이동값은 $\delta$ 8.60에서 $\delta$ 8.19로 높은 장으로 이동한다. 메타 양성자는 $\delta$ 7.25에서 $\delta$ 7.40으로 낮은 장으로 이동한다. 파라 양성자는 $\delta$ 7.64에서 $\delta$ 7.32로 높은 장으로 이동한다. 이처럼 어떤 것은 높은 장으로, 다른 것은 낮은 장으로 이동하는 기이한 효과를 설명하라.

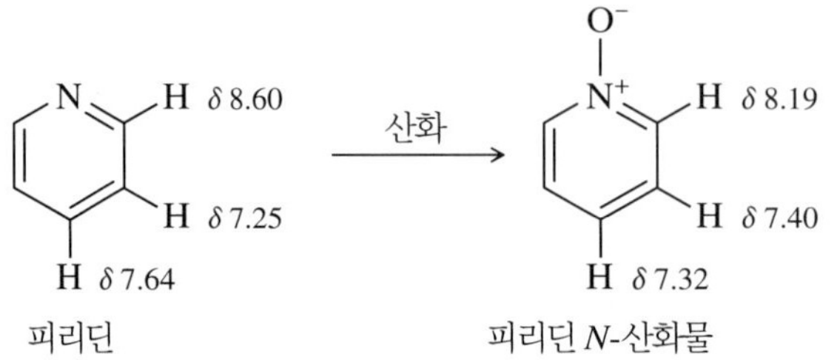

피리딘 → 피리딘 *N*-산화물

**16-50** 클로로필(chorophyll)은 조류와 녹색식물에 존재하는 화합물 계열의 일반적인 이름이다. 이 분자들은 햇빛의 에너지를 사용하여 이산화 탄소와 물을 탄수화물 및 기타 에너지원으로 변환한다. 클로로필의 중심(아래 그림 참조)에는 클로린(chlorin)이라는 거대 고리 마그네슘 복합체가 있다. 이 거대 고리 콘쥬게이션된 파이 시스템을 방향족으로 만들게 하는 각각의 이중 결합에 동그라미를 표시하라. 이 방향족 시스템에는 몇 개의 파이 전자가 있는가?

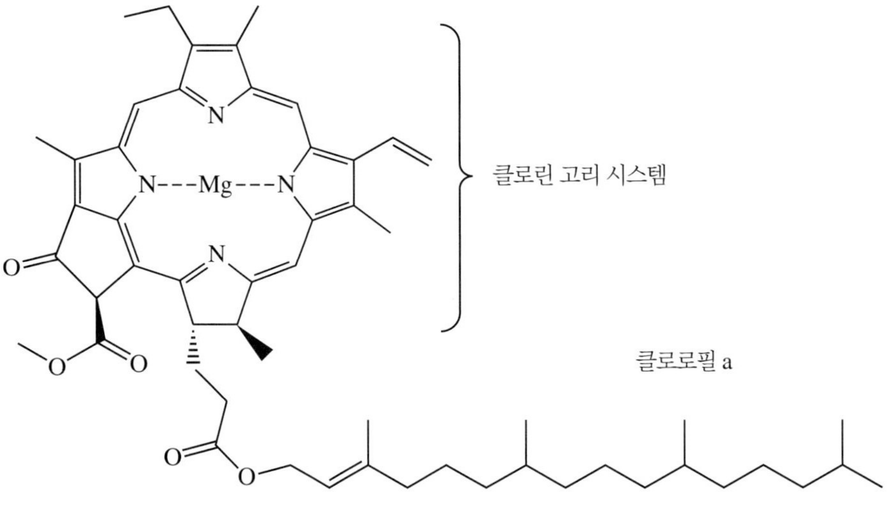

클로로필 a

**16-51** NMR은 방향족성을 포함한 많은 분자의 특성을 탐구하는 데 사용된다. 방향족 시스템의 흥미로운 전자적 효과 중 하나는 고리형 파이 시스템의 내부, 위 또는 아래에 위치한 양성자의 가리움 효과로, 종종 NMR 피크를 TMS의 오른쪽으로 이동시키고 아래 구조 A에서 보여주는 것처럼 음의 이동값을 나타내게 한다. 이 원리를 구조 B([16]-아눌렌)와 구조 C([16]-아눌렌의 2가 음이온)에 적용하라. 표시된 두 양성자의 흡수에서 관찰되는 효과를 설명하라. 이들 중 하나는 훨씬 더 가려지고(shielding), 하나는 더 벗겨진다(deshielding).

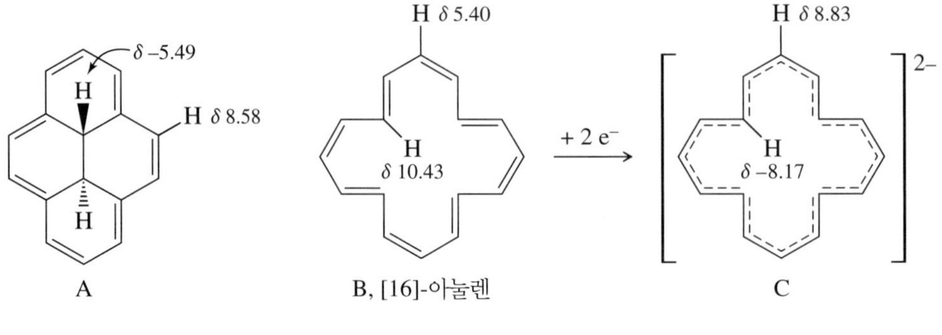

A　B, [16]-아눌렌　C

# 17 방향족 화합물의 반응

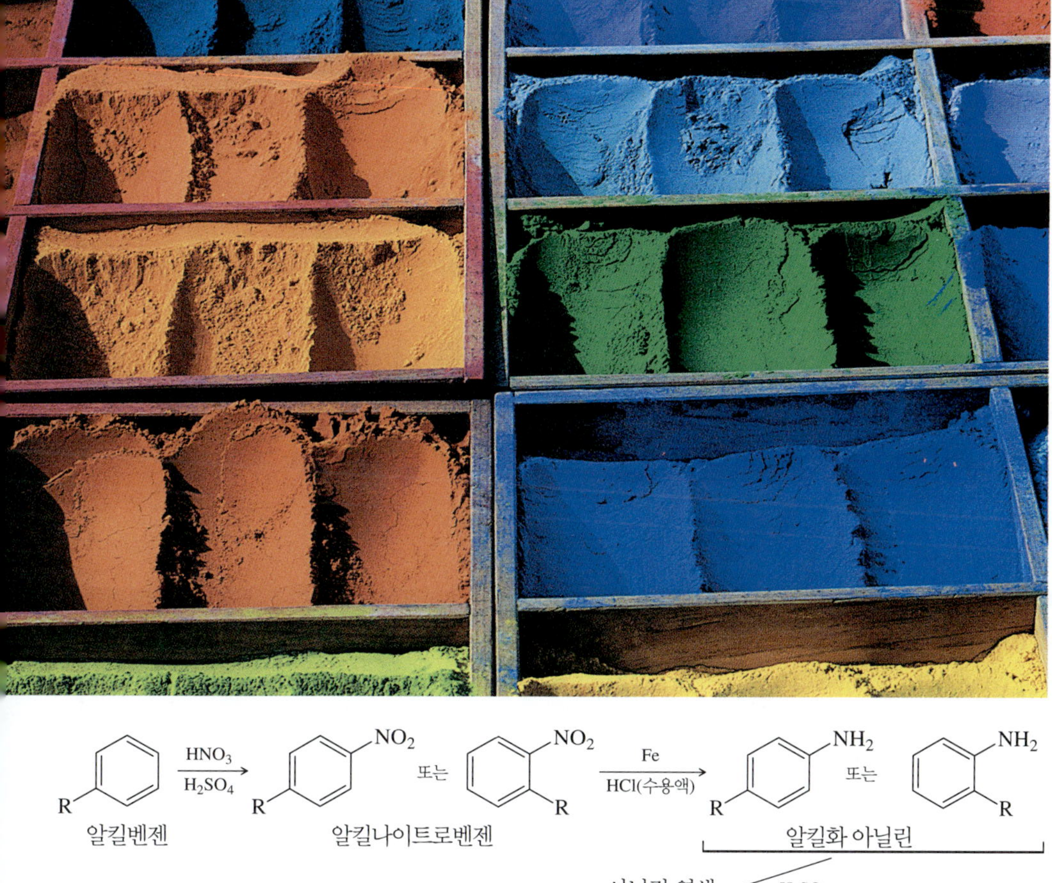


**학습목표**

**1** 친전자성 및 친핵성 방향족 치환 반응의 메커니즘을 이해한다. 이들을 합성에 이용하고, 이들 반응의 생성물을 예측한다.

**2** 방향족 고리의 치환기가 일부 위치에서는 치환 반응을 촉진하지만 다른 위치에는 그렇지 않은 이유를 설명한다.

**3** 유기금속 치환 반응의 짝지음 생성물을 예측하고, 그들을 합성에 이용한다.

**4** 수소화 반응, 염화 반응, Birch 환원 반응을 포함한 방향족 고리의 산화 반응 및 환원 반응의 생성물을 예측한다. 페놀의 산화 반응의 생성물을 예측한다.

◀ 1856년, 독일 화학자들은 아닐린과 알킬 치환된 아닐린을 황산으로 처리하고, 이들 간의 반복적인 친전자성 방향족 치환을 통해 진한 색상의 색소를 얻게 되었다. 이러한 아닐린 염료의 발견은 화학자들이 천연자원에서 수확한 염료보다 훨씬 더 저렴하고 효율적으로 합성 염료를 만들 수 있게 했다. 예를 들어 아닐린 염료인 모베인(mauvine)은 바다달팽이에서 어렵게 수확되는 값비싼 로열퍼플을 빠르게 대체했다.

방향족 화합물은 많은 반응을 하지만, 방향족 고리 자체가 결합에 영향을 미치는 반응은 비교적 적다. 이들 반응의 대부분은 방향족 화합물의 독특한 특성이다. 이 장의 대부분은 방향족 화합물의 반응 중 메커니즘에 있어 가장 중요한 **친전자성 방향족 치환 반응**(electrophilic aromatic substitution)에 할애했다. 벤센과 벤젠 유도체 대부분의 반응은 친전자성 방향족 치환 반응의 작은 변형만으로도 설명할 수 있다. 이 장에서는 이러한 몇 가지 반응을 학습하고, 방향족 고리에 있는 치환기들이 친전자성 방향족 치환 반응의 반응성과 위치 화학에 어떤 영향을 미치는지 고찰할 것이다. 또한 방향족 화합물의 다른 반응, 즉 친핵성 방향족 치환 반응, 첨가 반응, 곁가지 반응, 페놀의 특이한 반응 등을 학습할 것이다.

## 17-1 서론

알켄처럼 벤젠도 시그마 결합 골격 위와 아래에 파이 전자 구름을 가진다. 벤젠의 파이 전자가 안정된 방향족계를 이룰지라도 강한 친전자체를 공격하여 탄소 양이온이 된다. 이 공명 안정화된 탄소 양이온을 **시그마 착물**(sigma complex)이라고 하는데, 친전자체가 새로운 시그마 결합을 해서 벤젠 고리에 결합되기 때문이다.

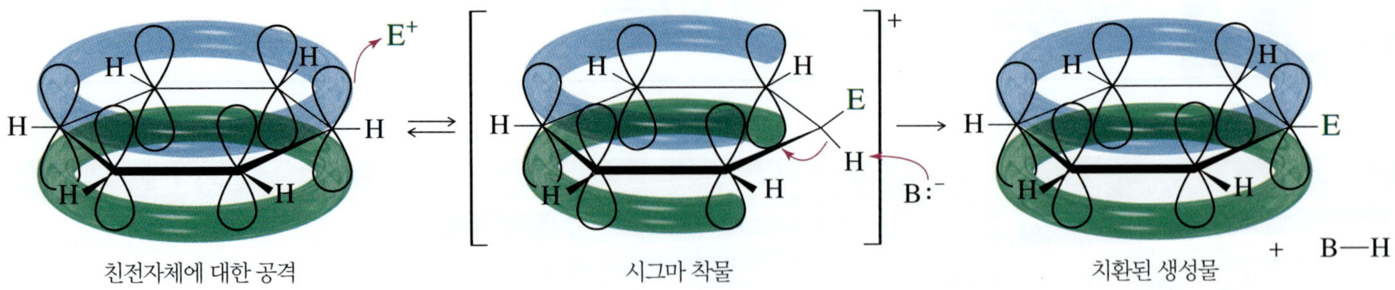


친전자체에 대한 공격 시그마 착물 치환된 생성물

이 시그마 착물, 즉 아레늄 이온(arenium ion)은 $sp^3$ 혼성 탄소 원자가 $p$ 오비탈 고리를 방해하기 때문에 방향족성이 아니다. 이러한 방향족성의 손실로 인해 이 친전자성 공격의 첫 단계는 흡열 반응이 된다. 시그마 착물은 첫 단계의 역반응(반응물로 되돌아감)이나 정사면체 탄소 원자의 양성자를 잃어 치환 생성물을 유도함으로써 방향족성을 회복한다.

전체 반응은 방향족 고리에서 양성자($H^+$)를 친전자체($E^+$)로 치환한 반응이다. 즉 **친전자성 방향족 치환 반응**(electrophilic aromatic substitution)이다. 이 반응은 광범위한 친전자체 시약에 의한 치환 반응을 포함한다. 친전자성 방향족 치환 반응은 방향족 고리에 직접 작용기를 도입할 수 있기 때문에 치환된 방향족 화합물 합성에 가장 중요한 방법이다.

## 핵심 메커니즘 17-1 | 친전자성 방향족 치환 반응

**1단계:** 친전자체에 대한 공격은 시그마 착물을 형성한다.

시그마 착물(아레늄 이온)

**2단계:** 양성자 1개를 잃어 방향족성을 회복하고, 치환 생성물을 생성한다.

염기:− → + 염기–H

**예:** 톨루엔의 아이오딘화 반응

**예비 단계:** 친전자체 $I^+$(아이오딘 양이온)의 형성

$$\tfrac{1}{2}I_2 + H^+ + HNO_3 \longrightarrow I^+ + NO_2 + H_2O$$

**1단계:** 친전자체에 대한 공격은 시그마 착물을 형성한다.

**2단계:** 탈양성자 반응은 방향족성을 다시 얻고, 치환 생성물을 생성한다.

$$\text{(시그마 착물: H, I, CH}_3\text{, +)} + H_2\ddot{O}: \longrightarrow \text{(I, CH}_3\text{ 치환 벤젠)} + H_3O^+$$

(다른 이성질체를 더함)

**연습문제 17-1**

벤젠의 아이오딘화에 관한 2단계는 물이 염기로 작용하고, 시그마 착물로부터 양성자를 제거하는 것을 보여준다. 여기서는 친핵체로 작용하는 물의 가능성을 고려하지 않았다. 또한 알켄에 대한 친전자체의 첨가 같은 탄소 양이온의 공격도 고려하지 않았다. 물이 친핵체로 공격하고 탄소 양이온에 첨가되는 반응에 대한 그림을 그려보라. 이러한 형태의 반응을 관찰하기 힘든 이유를 설명하라.

## 17-2 벤젠의 할로젠화 반응

**벤젠의 브로민화 반응** 브로민화 반응은 친전자성 치환 반응의 일반적인 메커니즘을 따른다. 브로민 자체는 벤젠과 반응할 수 있을 정도로 충분한 친전자체가 아니며, $Br^+$의 형성은 어렵다. 그러나 $FeBr_3$ 같은 강한 Lewis 산은 $Br_2$와 중간체를 형성하여 $Br^+$처럼 반응하도록 촉매 역할을 한다. 브로민은 $FeBr_3$에 전자쌍을 제공하여 약해진 Br—Br 결합을 가지며, 한 브로민 원자에 부분적인 양전하를 가진 반응성이 큰 친전자체를 형성한다. 이를 벤젠이 공격하여 시그마 착물을 형성한다. $FeBr_4^-$로부터 생성된 브로민화 이온은 약한 염기로 작용하여 시그마 착물로부터 양성자를 떼어 방향족 생성물과 HBr을 생성하고 촉매도 재생한다.

**메커니즘 17-2 | 벤젠의 브로민화 반응**

**1단계:** 강한 친전자체를 형성한다.

$$:\ddot{Br}-\ddot{Br}: + FeBr_3 \rightleftharpoons [:\ddot{Br}-\overset{+}{\ddot{Br}}-\overset{-}{Fe}Br_3]$$

$Br_2 \cdot FeBr_3$, 중간체

($Br_2$보다 더 강한 친전자체)

**2단계:** 친전자성 공격과 시그마 착물을 형성한다.

$$C_6H_6 + :\ddot{Br}-\overset{+}{\ddot{Br}}-\overset{-}{Fe}Br_3 \rightleftharpoons [\text{시그마 착물 공명 구조 3개}] + FeBr_4^-$$

시그마 착물

**3단계:** 양성자를 잃고 생성물을 생성한다.

$$\text{시그마 착물} + FeBr_4^- \longrightarrow C_6H_5Br + HBr + FeBr_3$$

브로모벤젠

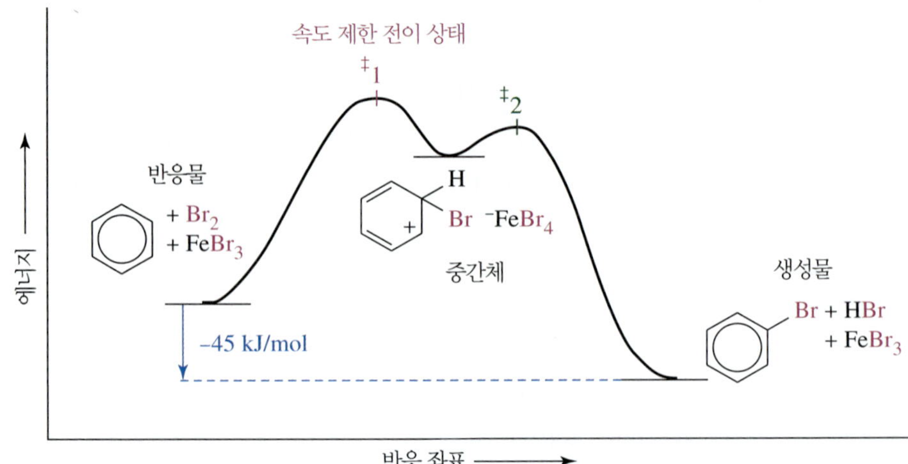


**그림 17-1** 벤젠의 브로민화에 대한 에너지 도표는 첫 번째 단계가 흡열 반응이고 속도 제한 단계이며, 두 번째 단계가 강한 발열 반응임을 보여준다.

시그마 착물을 형성하는 반응이 속도 제한 단계인데, 이 반응의 전이 상태가 에너지 도표의 가장 높은 위치를 차지한다(그림 17-1). 이 단계는 강한 흡열 반응으로, 비방향족 탄소 양이온을 형성하기 때문이다. 두 번째 단계는 다시 획득한 방향족성과 생성된 HBr 분자 때문에 발열 반응이 된다. 전체 반응은 45 kJ/mol(10.8 kcal/mol)의 발열 반응이다.

**알켄과의 비교** 벤젠은 실온에서 브로민과 빠르게 반응하여 첨가 반응 생성물을 만드는 알켄만큼 반응성이 크지는 않다(8-8절). 예를 들면 사이클로헥센(cyclohexene)은 브로민과 반응하여 트랜스-1,2-다이브로모사이클로헥세인(*trans*-1,2-dibromocyclohexane)을 형성한다. 이 반응은 약 121 kJ/mol(29 kcal/mol)의 발열 반응이다.

$$\text{cyclohexene} + Br_2 \longrightarrow \textit{trans}\text{-1,2-dibromocyclohexane} \qquad \Delta H^\circ = -121\ \text{kJ}\ (-29\ \text{kcal})$$

벤젠에 브로민을 첨가하는 것과 유사한 **흡열 반응**은 방향족 안정성의 상실을 필요로 한다. 이러한 첨가 반응은 일반적인 조건에서는 일어나지 않는다. 수소 원자에 대한 브로민의 **치환 반응**은 방향족성 생성물을 생성한다. 치환은 발열 과정이지만 브로민을 더욱 강한 친전자체로 변환하려면 Lewis 산이 필요하다.

$$C_6H_6 + Br_2 \not\longrightarrow C_6H_6Br_2 \qquad \Delta H^\circ = +8\ \text{kJ}\ (+2\ \text{kcal})$$

$$C_6H_6 + Br_2 \xrightarrow{FeBr_3} C_6H_5Br + HBr \qquad \Delta H^\circ = -45\ \text{kJ}\ (-10.8\ \text{kcal})$$

브로모벤젠 (80%)

**벤젠의 염화 반응** 벤젠의 염화 반응은 염화 알루미늄(aluminum chloride, $AlCl_3$)이 Lewis 산 촉매로 가장 빈번하게 사용되는 것을 제외하고는 브로민화 반응과 유사하게 반응한다.

$$C_6H_5\text{–}H + Cl_2 \xrightarrow{AlCl_3} C_6H_5\text{–}Cl + HCl$$

벤젠 → 클로로벤젠 (85%)

**연습문제 17-2**

염화 알루미늄을 촉매로 사용하여 벤젠과 염소를 반응시켰을 때의 메커니즘을 제시하라.

**문제풀이 힌트**

시그마 착물의 세 가지 공명 구조는 치환되는 자리의 오쏘 및 파라의 세 탄소 위에 양전하가 형성되는 것을 보여준다.

**벤젠의 아이오딘화 반응** 벤젠의 아이오딘화 반응에는 질산 같은 산성 산화제가 필요하다. 반응에서 질산이 소비되기 때문에 촉매제라기보다 시약(산화제)이다.

$$C_6H_5\text{–}H + \tfrac{1}{2}I_2 + HNO_3 \longrightarrow C_6H_5\text{–}I + NO_2 + H_2O$$

벤젠 → 아이오도벤젠 (85%)

아이오딘화 반응은 아마도 아이오딘 양이온($I^+$)이 친전자체로 작용하는 친전자성 방향족 치환 반응일 것이다. 아이오딘 양이온은 질산에 의해 산화되어 생성된다.

$$H^+ + HNO_3 + \tfrac{1}{2}I_2 \longrightarrow I^+ + NO_2 + H_2O$$

($I^+$: 아이오딘 양이온)

## 17-3 벤젠의 나이트로화 반응

벤젠은 뜨겁고 진한 질산과 반응하여 나이트로벤젠(nitrobenzene)이 된다. 이러한 느린 반응은 산화될 수 있는 물질과 진한 질산의 뜨거운 혼합물이 폭발할 수 있으므로 손쉽지 않다. 더 안전하고 편리한 과정은 황산과 질산의 혼합물을 사용하는 것이다. 황산은 촉매로 작용하여 더 빠르고 더 낮은 온도에서 나이트로화 반응을 유발한다.

$$C_6H_6 + HNO_3 \xrightarrow{H_2SO_4} C_6H_5\text{–}NO_2 + H_2O$$

나이트로벤젠 (85%)

황산은 질산과 반응하여 강력한 친전자체인 **나이트로늄 이온**(nitronium ion, $^+NO_2$)을 생성한다. 이 메커니즘은 황산을 촉매로 한 다른 탈수 반응과 유사하다. 황산은 질산의 하이드록시기에 양성자를 주어서 이 하이드록시기가 물로 제거되게 한다. 나이트로늄 이온은 벤젠과 반응하여 시그마 착물을 형성한다. 시그마 착물에서 양성자를 제거하면 나이트로벤젠이 형성된다.

## 메커니즘 17-3 | 벤젠의 나이트로화 반응

**예비 단계:** 나이트로늄 이온, $NO_2^+$의 형성

질산은 양성자가 첨가될 수 있는 하이드록시기를 가진다. 그리고 알코올의 탈수와 비슷하게 물로서 이탈한다.

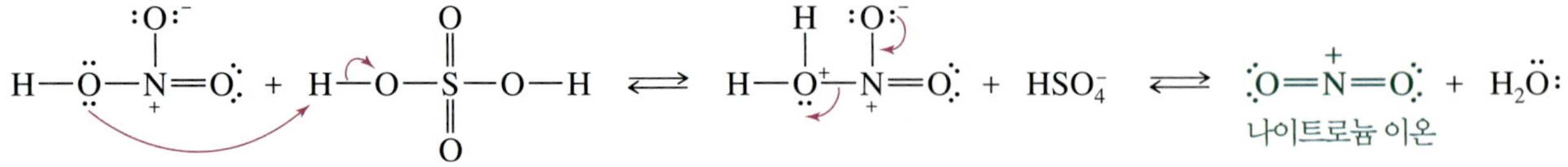

$$H-\ddot{O}-\overset{+}{N}(O^-)=O + H-O-SO_2-O-H \rightleftharpoons H-\overset{+}{O}(H)-\overset{+}{N}(O^-)=O + HSO_4^- \rightleftharpoons O=\overset{+}{N}=O + H_2\ddot{O}:$$

나이트로늄 이온

나이트로늄 이온에 의한 친전자성 방향족 치환 반응은 나이트로벤젠을 생성한다.

**1단계:** 친핵체에 대한 공격은 시그마 착물을 형성한다.

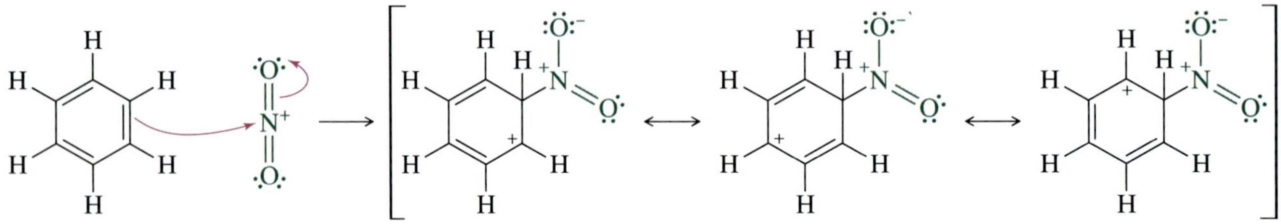

벤젠 나이트로늄 이온 시그마 착물

**2단계:** 양성자를 잃음으로 나이트로벤젠을 생성한다.

$$\xrightarrow{HSO_4^-} \quad + H_2SO_4$$

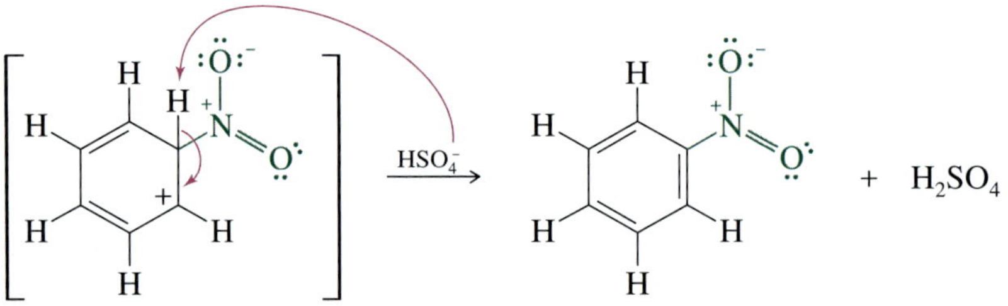

시그마 착물 (비편재화된 공명 구조) 나이트로벤젠

**응용: 약 합성**

*p*-나이트로톨루엔(*p*-nitrotoluene)은 국부 마취에 쓰이는 두 가지 화합물인 벤조카인(benzocaine)과 프로카인(procaine) 합성의 출발점이다(19-20C절 참조).

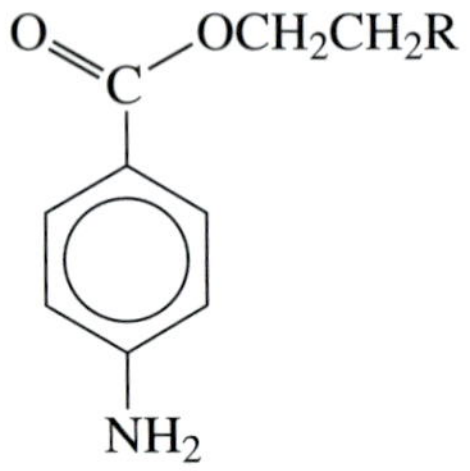

$O=C(OCH_2CH_2R)$ / $NH_2$

벤조카인(R = H)
프로카인(R = $NEt_2$)

방향족성 나이트로기는 주석, 아연, 철 같은 활성 금속과 묽은 산에서 처리하여 아미노기($-NH_2$)로 쉽게 환원된다. 나이트로화 후 환원은 흔히 방향족 고리에 아미노기를 도입하는 가장 좋은 방법이다.

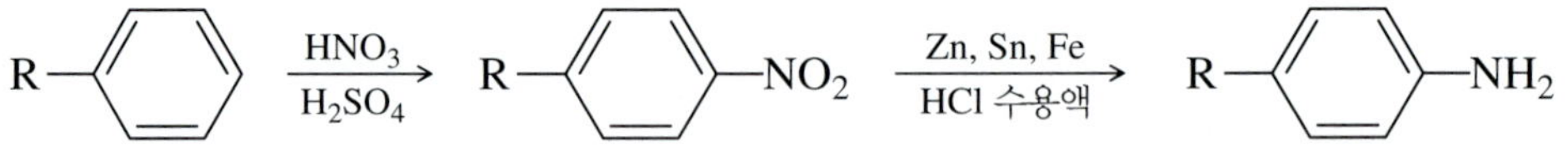

$$R-C_6H_5 \xrightarrow[H_2SO_4]{HNO_3} R-C_6H_4-NO_2 \xrightarrow[\text{HCl 수용액}]{Zn, Sn, Fe} R-C_6H_4-NH_2$$

알킬벤젠 나이트로화된 알킬벤젠 알킬 치환된 아닐린

**연습문제 17-3**

*p*-자일렌은 벤젠보다 훨씬 빠르게 나이트로화된다. 시그마 착물의 공명 구조를 사용하여 이러한 가속화된 반응 속도를 설명하라.

## 17-4 벤젠의 설폰화 반응

앞서 *p*-톨루엔설폰산(*p*-toluenesulfonic acid)의 에스터를 우수한 이탈기인 토실기를 지닌 알코올의 활성화된 유도체로 사용했다(11-5절). *p*-톨루엔설폰산은 아릴설폰산(일반식: $Ar-SO_3H$)의

한 예인데, 비극성 유기 용매에 녹는 센산 촉매로 자주 사용된다. 아릴설폰산은 벤젠 유도체의 설폰화 반응, 즉 친전자체로 삼산화 황(sulfur trioxide, $SO_3$)을 사용하는 친전자성 방향족 치환 반응에 의해 쉽게 합성된다.

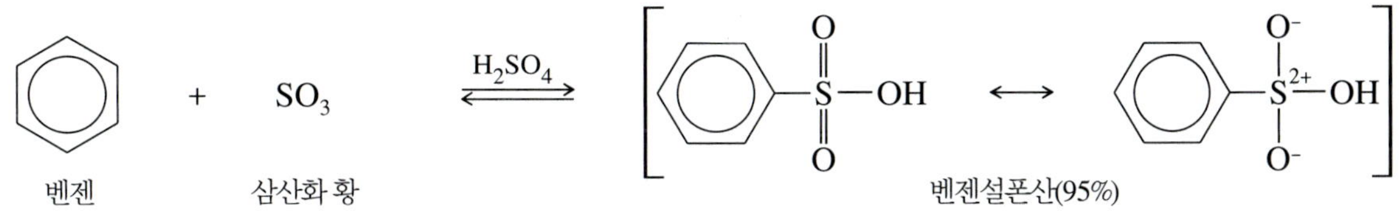

$$\text{벤젠} + SO_3 \ \underset{}{\overset{H_2SO_4}{\rightleftharpoons}} \ \text{벤젠설폰산(95\%)}$$

벤젠 + 삼산화 황 → 벤젠설폰산(95%)

'발연 황산(fuming sulfuric acid)'은 황산 안에 7%의 $SO_3$를 함유하는 용액의 관용명이다. 삼산화 황은 황산의 무수물인데, $SO_3$에 물을 첨가하면 $H_2SO_4$가 된다. 하전되지 않았을지라도 삼산화 황은 3개의 설포닐 결합(S=O)이 황 원자로부터 전자 밀도를 끌어오기 때문에 강한 친전자체이다. 벤젠은 삼산화 황을 공격하여 시그마 착물을 형성한다. 사면체 탄소에서 양성자를 떼어내고 산소에 다시 양성자를 주면 벤젠설폰산이 된다.

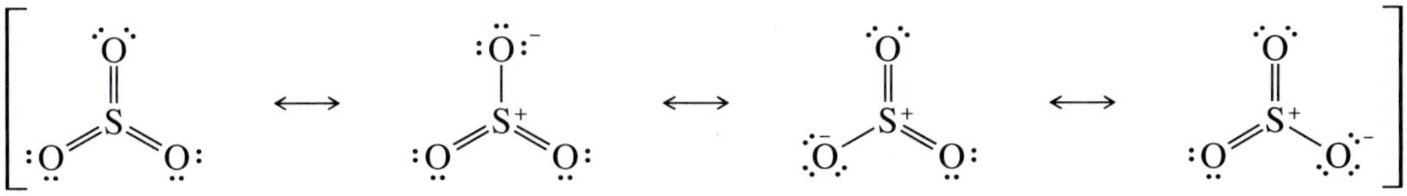

삼산화 황, 강력한 친전자체

## 메커니즘 17-4 | 벤젠의 설폰화 반응

삼산화 황은 강력한 친전자체이다.

**1단계:** 친전자체에 대한 공격은 시그마 착물을 형성한다.

벤젠 삼산화 황 ⇌ 시그마 착물 (비편재화된 공명 구조)

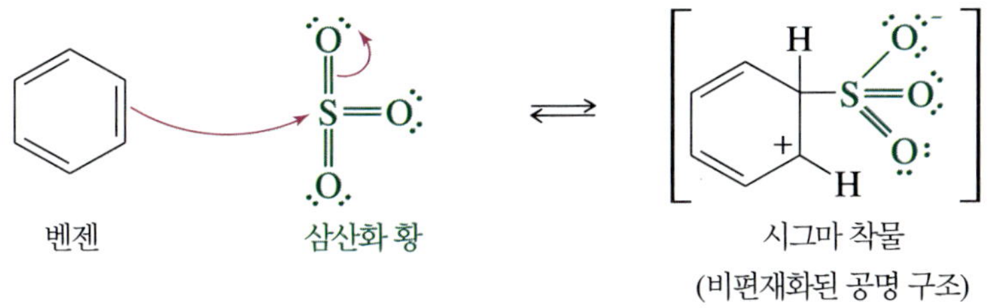

**2단계:** 양성자를 잃고 방향족 고리를 재생한다.

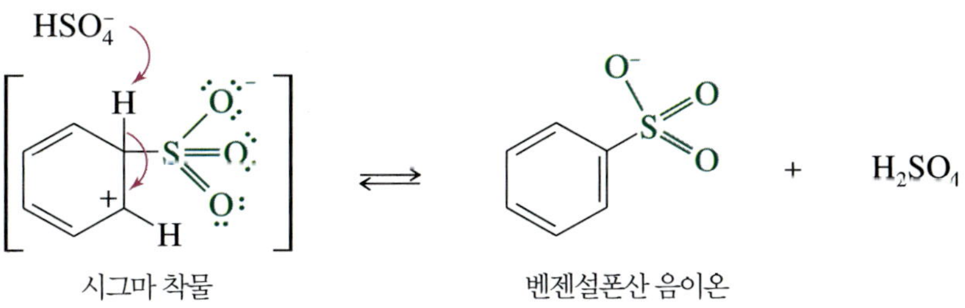

$HSO_4^-$

시그마 착물 ⇌ 벤젠설폰산 음이온 + $H_2SO_4$

**3단계:** 설폰산 음이온기에 센산으로부터 양성자가 첨가된다.

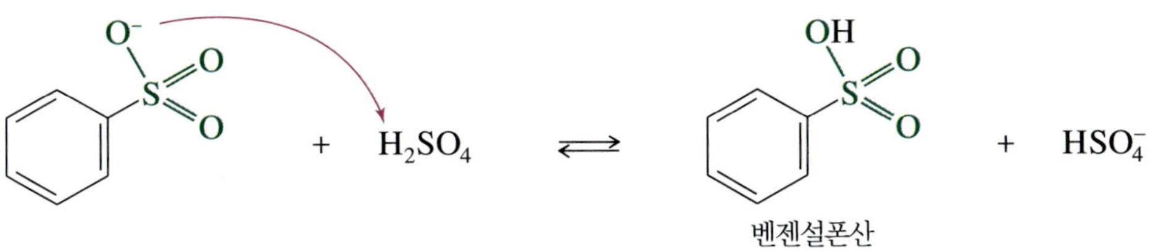

$+ \ H_2SO_4 \ \rightleftharpoons$ 벤젠설폰산 $+ \ HSO_4^-$

설폰화 반응은 경제적으로 중요한데, 알킬벤젠의 설폰화물은 세탁제로 널리 쓰인다. 알킬벤젠 (R = 곁사슬이 없는 $C_{10}$~$C_{14}$)의 설폰화는 알킬벤젠설폰산을 생산하며, 이들을 염기로 중화하면 알킬벤젠설포산 염 세탁제가 생성된다. 세탁제는 25-4절에서 자세히 다룬다.

알킬벤젠 $\xrightarrow[H_2SO_4]{SO_3}$ 알킬벤젠설폰산 $\xrightarrow{NaOH}$ 알킬벤젠설폰산 음이온 세탁제 ($Na^+$)

**연습문제 17-4**

공명 구조를 이용하여 위의 쌍극자 시그마 착물이 양전하를 3개의 탄소 원자에 분산하고 음전하를 3개의 산소 원자에 분산함을 나타내라.

**응용: 세탁제**

설폰화된 방향족 화합물은 산업계와 가정용 세탁제로 사용된 후 환경으로 방출된다. 환경에 존재하는 미생물은 가지 없는 알킬벤젠설폰산 이온(alkylbenzenesulfonate)을 쉽게 대사화하기 때문에 이들 화합물은 '생분해(biodegradable)'되는 것으로 간주된다.

최초의 합성세제는 가지 달린 알킬기를 가졌다. 이들 가지 달린 알킬설폰산 이온은 쉽게 생분해되지 않고 환경에 축적된다. 호수와 강에 거품이 생기고, 야생생물들은 세탁제의 계면활성제 때문에 정상적으로 방수가 되어야 하는 털과 깃털이 물에 젖게 되어 고통받았다.

**탈설폰 반응** 설폰화 반응은 가역적이고, 설폰산기는 묽은 황산 용액에서 가열하면 방향족 고리에서 제거될 수 있다. 실제로 종종 수증기가 **탈설폰 반응**(desulfonation)을 위한 물과 열원으로 사용된다.

$$\text{벤젠설폰산} + H_2O \underset{}{\overset{H^+, \Delta(\text{열})}{\rightleftharpoons}} \text{벤젠(95\%)} + H_2SO_4$$

탈설폰 반응은 방향이 반대라는 것을 제외하고는 설폰화 반응과 메커니즘이 같다. 양성자는 고리 탄소에 도입되어 시그마 착물을 형성하고, 그 후 삼산화 황이 제거되면서 비치환 방향족 고리가 된다. 과량의 물은 $SO_3$를 황산으로 수화시켜 제거한다.

(비편재화된 공명 구조)

$(SO_3 + H_2O \rightleftharpoons H_2SO_4)$

**방향족 고리의 양성자 첨가 반응: 수소-중수소 교환** 탈설폰 반응은 방향족 고리에 양성자를 첨가하여 시그마 착물을 형성한다. 마찬가지로 양성자가 벤젠을 공격하면 시그마 착물은 사면체 탄소의 두 양성자 중 하나를 잃을 수 있다. 양성자 대신 중수소 이온($D^+$)을 사용하면 생성물이 수소 대신 중수소 원자를 가지고 있음을 보임으로써 이 반응을 증명할 수 있다. 이 실험은 $D_2O$(중수)에 $SO_3$를 첨가하여 $D_2SO_4$를 생성시켜주면 쉽게 진행된다. 벤젠은 반응하여 중수소화된 생성물이 된다.

$(D_3O^+)$

(비편재화된 공명 구조)

이 반응은 가역적이지만, 평형 상태에서의 최종 생성물은 용액 중 D/H 비율을 반영한다. 과량의 중수소는 벤젠의 수소 6개 모두가 중수소로 치환된 생성물을 만든다. 이 반응은 보편적인 NMR 용매인 벤젠-$d_6$($C_6D_6$)를 합성하는 데 사용된다.

벤젠 ⇌ (매우 큰 과량의 $D_2SO_4/D_2O$) 벤젠-$d_6$

## 17-5 톨루엔의 나이트로화 반응: 알킬 치환기의 효과

지금까지는 친전자성 방향족 치환 반응의 기질로 벤젠만을 고려한다. 더 복잡한 방향족 화합물을 합성하려면 다른 치환기가 치환 반응에 끼치는 영향을 고려해야 한다. 예를 들면 톨루엔은 벤젠과 매우 비슷하게 질산과 황산의 혼합물과 반응하지만, 흥미로운 차이점이 있다.

1. 톨루엔은 같은 조건에서 벤젠보다 약 25배 빠르게 반응한다. 톨루엔이 친전자성 방향족 치환 반응에 대해 **활성화**(activated)되었다고 하며, 메틸기를 **활성화기**(activating group)라고 한다.
2. 톨루엔의 나이트로화 반응은 주로 오쏘 및 파라 위치에서 치환 반응을 일으켜 혼합 생성물을 형성한다. 이와 같은 선호성 때문에 톨루엔의 메틸기를 **오쏘, 파라 배향기**(ortho, para-director)라고 한다.

톨루엔 → ($HNO_3$, $H_2SO_4$) *o*-나이트로톨루엔 (60%) + *m*-나이트로톨루엔 (4%) + *p*-나이트로톨루엔 (36%)

이 생성물 비율은 치환 반응의 배향성이 임의가 아닌 것을 보여준다. 각 C—H 위치의 반응성이 같다면 모두 오쏘, 메타 치환은 동일한 양만큼 일어나고, 파라 치환은 절반만큼 일어날 것이다(오쏘 40%, 메타 40%, 파라 20%). 이는 2개의 오쏘 위치, 2개의 메타 위치, 단 하나의 파라 위치가 치환 반응에 이용될 수 있다는 것에 근거한 통계적 예측이다.

$CH_3$: 오쏘, 오쏘, 메타, 메타, 파라

2개의 오쏘 위치 2개의 메타 위치 1개의 파라 위치

친전자성 방향족 치환 반응에서 속도 제한 단계(가장 에너지가 높은 전이 상태)는 첫 번째 단계인 시그마 착물 형성 단계이다. 이 단계에서 친전자체가 고리에 결합되면 치환 반응 패턴을 결정한다. 반응 중간체인 시그마 착물의 구조를 살펴보면 오쏘, 파라 치환에 대한 선호성과 반응 속도가 증가되는 것을 설명할 수 있다. 이러한 흡열 반응에서 시그마 착물을 형성하려는 전이 상태 구조는

**응용: 나이트로 화합물**

방향족 나이트로 화합물은 많은 약품과 소비제의 성분이다. 예를 들면 나이트로마이드(nitromide, 3,5-다이나이트로벤즈아마이드)는 강력한 항박테리아 약품이고, 울트라주스(Ultrasüss)인 5-나이트로-2프로폭시아닐린(5-nitro-2-propoxyaniline)의 당도는 사탕수수보다 4100배 높다.

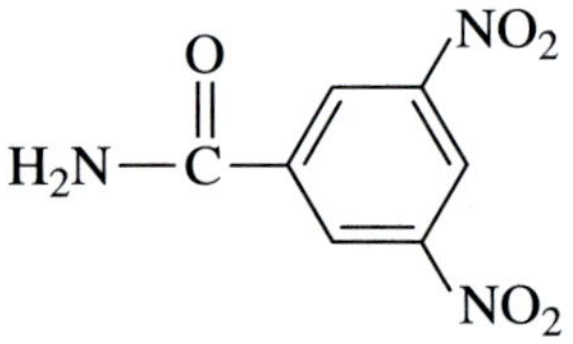

나이트로마이드
(3,5-다이나이트로벤즈아마이드)

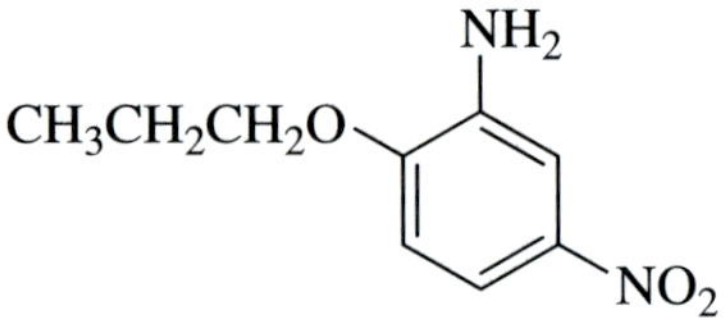

울트라주스
(5-나이트로-2-프로폭시아닐린)

생성물인 시그마 착물과 유사하다(Hammond 가정, 4-14절). 시그마 착물 형성 단계에서 전이 상태의 상대 에너지를 표시하기 위해 시그마 착물의 안정성을 사용하는 것은 당연하다.

벤젠이 나이트로늄 이온과 반응할 때 생성되는 시그마 착물에는 양전하가 3개의 2차(2°) 탄소 원자에 분산되어 있다.

벤젠

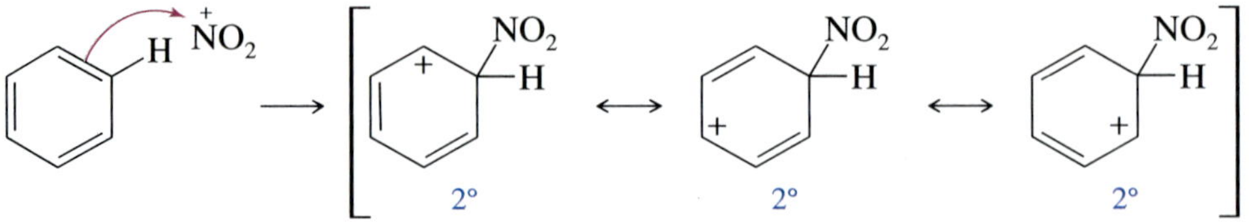

톨루엔의 오쏘나 파라 치환 반응에서는 양성자가 2개의 2차 탄소와 1개의 (메틸기를 가진) 3차(3°) 탄소에 분산되어 있다.

오쏘 공격

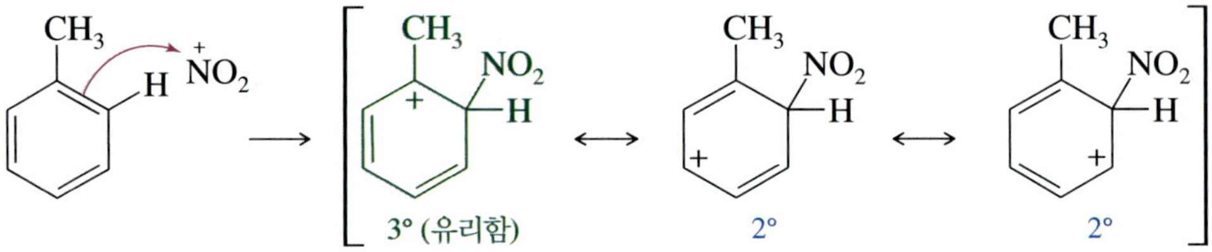

3° (유리함) 2° 2°

파라 공격

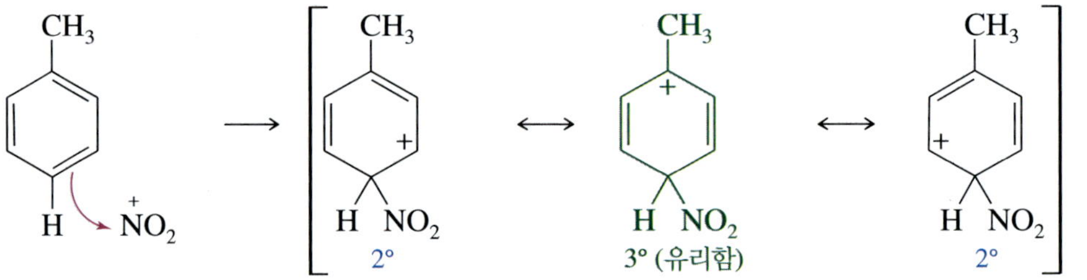

2° 3° (유리함) 2°

오쏘 및 파라 공격에 의한 시그마 착물은 3차 탄소 양이온을 포함하는 공명 구조를 갖기 때문에 벤젠의 나이트로화에 의한 시그마 착물보다 더 안정하다. 그러므로 톨루엔은 오쏘와 파라 위치에서 벤젠보다 더 빠르게 반응한다.

메타 치환에 의한 시그마 착물은 3개의 2차 탄소에 분산되어 있는 양전하를 가진다. 이 중간체는 에너지 면에서 볼 때 벤젠의 치환 반응에서 나타나는 중간체와 유사하다. 그러므로 톨루엔의 메타 치환 반응은 오쏘 및 파라 치환 반응처럼 속도 증가가 크지 않다.

메타 공격

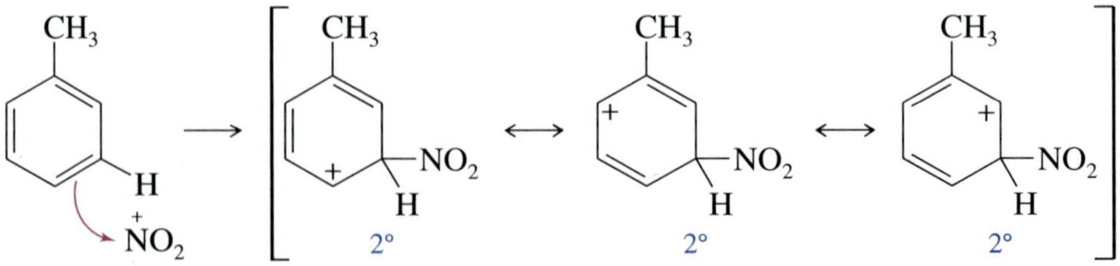

2° 2° 2°

톨루엔에서 메틸기는 전자를 공급한다. 메틸기는 중간체 시그마 착물과 그에 이르는 속도 제한 전이 상태를 안정화한다. 이러한 안정화 효과는 치환기의 오쏘나 파라 위치에서 일어날 때 크게 나타나며, 양전하는 3차 탄소에서 비편재화된다. 반면 치환이 메타 위치에서 일어날 때는 양이온이

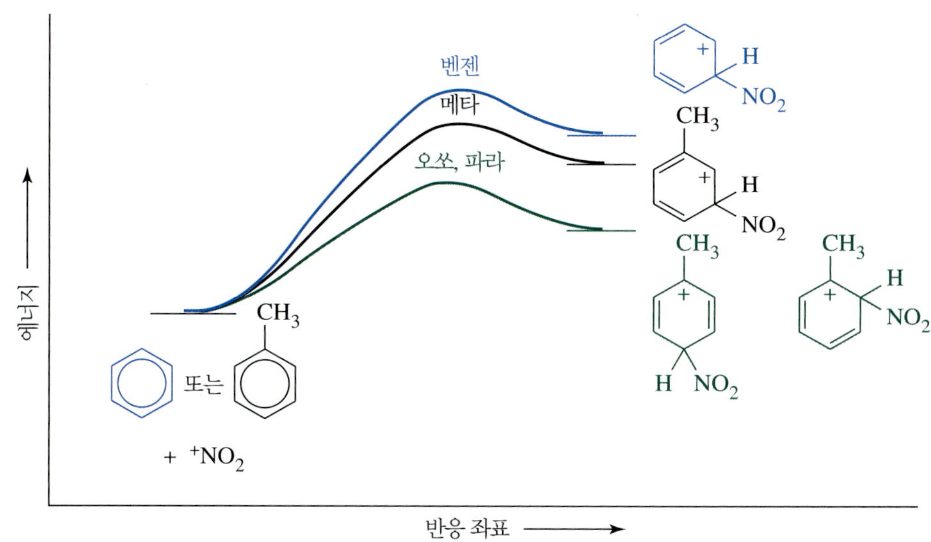


**그림 17-2** 활성화기를 가진 에너지 측면도. 톨루엔의 메틸기는 시그마 착물과 그에 이르는 전이 상태를 안정화한다. 이러한 안정화는 메틸기가 치환기 위치에 대해 오쏘나 파라일 때 가장 효과가 크다.

3차 탄소에서 비편재화되지 않으며, 메틸기는 시그마 착물의 안정성에 미치는 영향이 적다. 그림 17-2는 오쏘, 메타, 파라 위치에서의 벤젠과 톨루엔의 나이트로화 반응에 대한 에너지 도표를 비교한 것이다.

## 17-6 활성화기, 오쏘, 파라-배향 치환기

메틸기 외에도 벤젠 고리의 오쏘 및 파라 위치에 친전자성 방향족 치환을 촉진하는 치환기가 있다. 이 절에서는 이와 유사한 효과를 가진 다른 그룹들을 살펴보고, 그다음 절에서는 반대 효과를 가진 그룹들을 살펴보자.

### 17-6A 알킬기

톨루엔에서 관찰한 결과는 친전자성 방향족 치환 반응을 하는 알킬벤젠에서 일반적인 결과로 일어난다. 알킬기에 대해 오쏘나 파라 위치에서 일어나는 치환 반응은 3차 탄소 원자가 양전하를 공유하는 중간체와 전이 상태를 형성한다. 결과적으로 알킬벤젠은 벤젠보다 친전자성 방향족 치환 반응이 더 빠르며, 생성물은 주로 오쏘나 파라 치환이 된다. 그러므로 알킬기는 활성화 치환기이며 **오쏘, 파라-배향성**(ortho, para-directing)이다. 이러한 효과를 **유도 안정화**(inductive stabilization)라 하는데, 알킬기가 벤젠 고리와 연결시키는 시그마 결합을 통해 전자 밀도를 공급하기 때문이다.

브로민화 철 촉매하에서의 에틸벤젠(ethylbenzene)과 브로민의 반응은 다음과 같다. 톨루엔과 마찬가지로 오쏘-치환 이성질체 및 파라-치환 이성질체의 형성 속도는 메타 이성질체에 비해 크게 증가한다.

$CH_2CH_3$ (에틸벤젠) $\xrightarrow[FeBr_3]{Br_2}$ *o*-브로모 (38%) + *m*-브로모 (1% 미만) + *p*-브로모 (62%)

**연습문제 17-5**

**(a)** $FeBr_3$ 촉매하에 에틸벤젠과 브로민 반응의 세부 메커니즘을 그리고, 시그마 착물과 이에 이르는 전이 상태의 에너지가 메타 위치 치환보다 오쏘와 파라 위치 치환에서 에너지가 더 낮은 이유를 설명하라.

**(b)** *m*-자일렌이 *p*-자일렌보다 나이트로화 반응이 100배 빠른 이유를 설명하라.

**연습문제 17-6**

스타이렌(바이닐벤젠)은 벤젠보다 훨씬 더 빠르게 친전자성 방향족 치환 반응을 일으키며, 생성물은 일차적으로 오쏘- 및 파라- 치환된 스타이렌이다. 중간체의 공명 구조를 사용하여 이러한 결과를 설명하라.

### 17-6B 비결합 전자가 있는 치환기

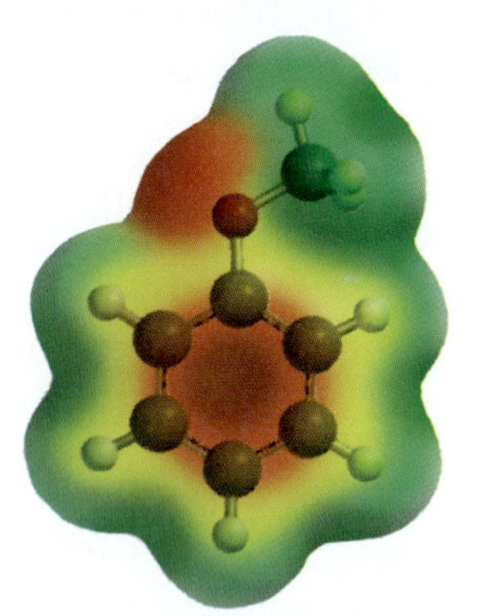

아니솔의 EPM은 방향족성 고리가 전자가 풍부함(붉은색)을 나타내며, 이는 아니솔이 친전자체에 대한 반응에 강한 활성을 나타내는 것과 일치한다.

**알콕시기** 아니솔(anisole), 즉 메톡시벤젠(methoxybenzene)은 벤젠보다 약 10,000배, 톨루엔보다 약 400배 빠르게 나이트로화된다. 산소가 강한 전기 음성도를 가진 기이기 때문에 이러한 결과는 이상하게 보인다. 그러나 산소는 전자 밀도를 제공하여 전이 상태와 시그마 착물을 안정화한다. 탄소 양이온에 이웃한 산소 원자의 비결합 전자가 공명을 통해 양전 하를 안정화함을 상기하라.

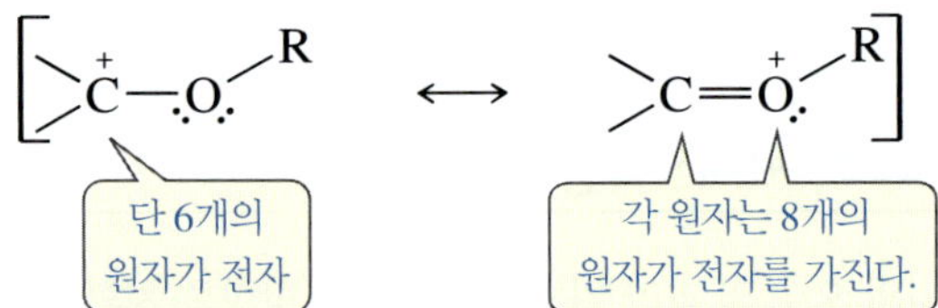


두 번째 공명 구조는 양전하를 전기적으로 음성인 산소에 두었다. 그러나 이 구조는 공유 결합을 더 많이 가지며, 각 원자의 원자가 껍질에 팔전자를 제공한다. 이러한 종류의 안정화를 **공명 안정화**(resonance stabilization)라고 하며, 산소 원자는 공명 구조 중 하나에서 파이 결합을 통해 전자 밀도를 제공하므로 **공명 주개**(resonance-donating) 또는 **파이 주개**(pi-donating)라고 한다. 아니솔의 메톡시는 알킬기처럼 오쏘와 파라 위치를 우선적으로 활성화한다.

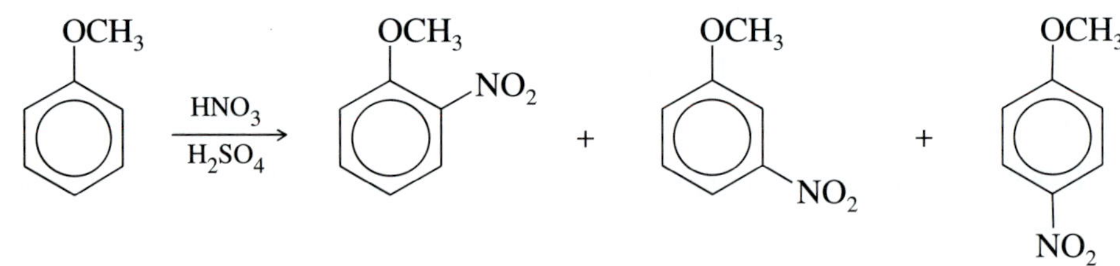


아니솔 *o*-나이트로아니솔(30%) *m*-나이트로아니솔(2%) *p*-나이트로아니솔(67%)

공명 구조는 메톡시기가 치환 위치에 대해 메타가 아니라 오쏘나 파라에 있을 경우 시그마 착물을 효과적으로 안정화함을 보여준다. 공명 안정화는 $-OCH_3$ 치환기와 고리 사이의 파이 결합에 의해 제공된다.

오쏘 공격

특히 안정함

메타 공격

파라 공격

특히 안정함

메톡시기는 매우 강력하게 아니솔을 활성화하여 촉매 없이도 물에서 빠르게 브로민화한다. 과량의 브로민 존재하에서 이 반응은 트라이브로민화물까지 진행된다.

$$\text{아니솔} \xrightarrow[H_2O]{3\ Br_2} \text{2,4,6-트라이브로모아니솔 (100\%)} + 3\ HBr$$

**연습문제 17-7**

에톡시벤젠에 대한 브로민화 반응으로 o- 및 *p*-브로모에톡시벤젠이 생성되는 메커니즘을 제시하라.

**아민기** 알콕시기 같은 비결합 전자쌍이 있는 질소 원자는 강력한 활성화기로 작용한다. 예를 들면 아닐린은 (촉매 없이) 브로민수 중에서 빠르게 브로민화하여 트라이브로민화물을 생성시킨다. 탄산수소 소듐은 생성된 HBr을 중화시키고, 염기성 아미노기($-NH_2$)가 양성자화되는 것을 방지하기 위해 첨가된다(연습문제 17-10 참조).

$$\text{아닐린} \xrightarrow[\substack{H_2O \\ NaHCO_3 \\ \text{(HBr을 중화시키기 위해)}}]{3\ Br_2} \text{2,4,6-트라이브로모아닐린 (100\%)} + 3\ HBr$$

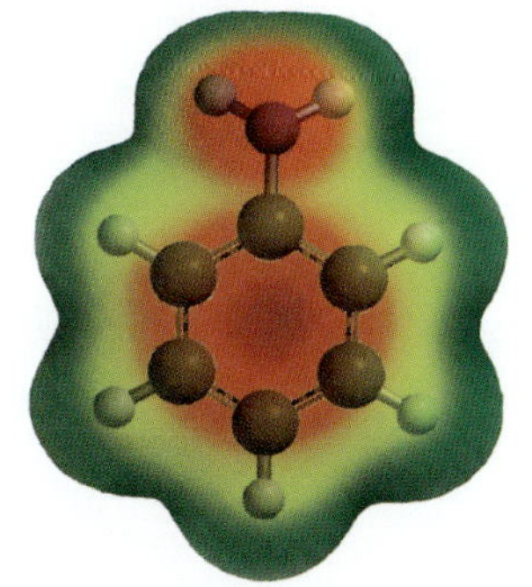

아닐린의 EPM은 방향족성 고리가 아니솔보다 더 전자가 풍부함(붉은색)을 나타낸다.

질소의 비결합 전자는 공격이 질소 원자의 오쏘나 파라 위치에서 일어난다면 시그마 착물에 공명 안정화를 제공한다.

오쏘 공격

파라 공격

(다른 공명 구조를 더함)

(다른 공명 구조를 더함)

> **연습문제 17-8**
>
> 아닐린의 오쏘, 메타, 파라 위치에서의 브로민화에 대한 시그마 착물의 공명 구조를 모두 그려보라.

따라서 고리에 결합된 원자에 비공유 전자쌍을 가진 치환기는 시그마 착물에 공명 안정화를 제공할 수 있다. 요약에 여러 예를 방향족 고리의 활성화가 감소하는 순서로 정리했다. 이러한 모든 치환기는 강력한 활성화기이며 오쏘, 파라-배향기이다.

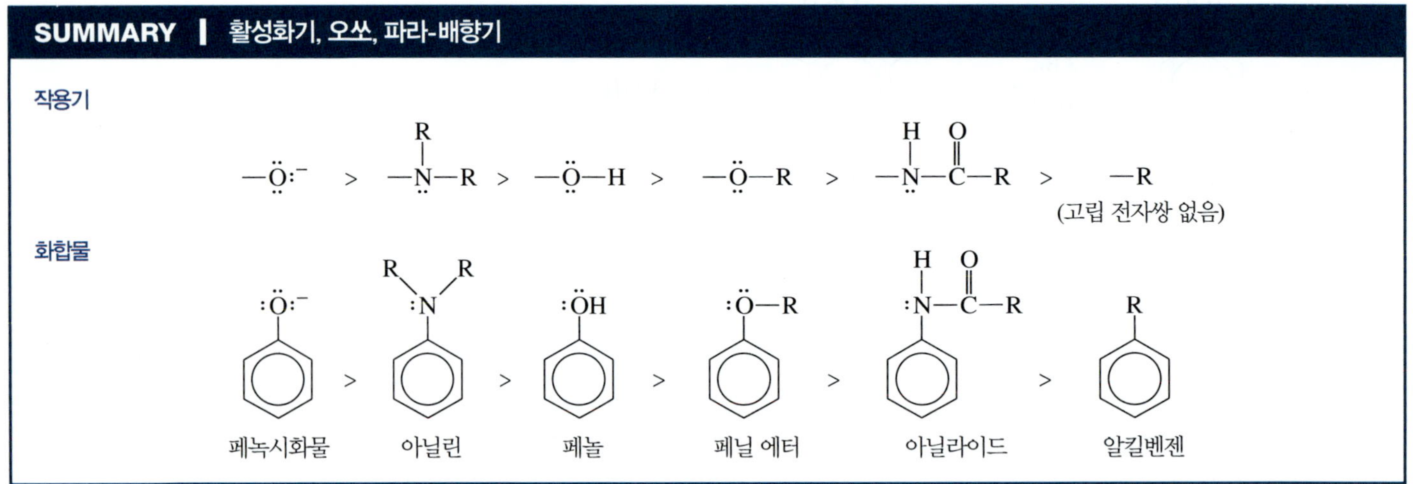


> **연습문제 17-9**
>
> 페닐 *t*-뷰틸 에터를 담은 비커와 사이클로헥센을 담은 비커에 브로민을 넣으면 두 비커에서 브로민의 색이 사라진다. 알켄과 아릴 에터를 구별할 수 있다는 가정 아래 이 실험을 수행한다면 어떤 관찰을 할 수 있겠는가?

## 17-7 활성 감소기, 메타-배향성 치환기

나이트로벤젠은 벤젠보다 친전자성 방향족 치환 반응에 대한 반응성이 약 100,000배 작다. 예를 들면 나이트로벤젠의 나이트로화 반응은 100°C 이상의 반응 온도에서 진한 질산과 황산이 필요하다. 나이트로화 반응은 느리게 진행하여 주생성물로 메타 이성질체를 형성한다.

다이나이트로벤젠

나이트로벤젠 $\xrightarrow[H_2SO_4]{HNO_3,\ 100\ °C}$ 오쏘(6%) + 메타(93%) + 파라(0.7%)

이러한 결과는 놀라운 일이 아니다. 벤젠 고리의 치환기는 치환기의 오쏘와 파라 위치에 있는 탄소 원자에 가장 크게 영향을 미친다는 것을 앞서 살펴보았다. 전자 주는 기는 주로 오쏘와 파라 위치를 활성화하고, 전자 끄는 기(예: 나이트로기)는 주로 오쏘와 파라 위치를 비활성화한다.

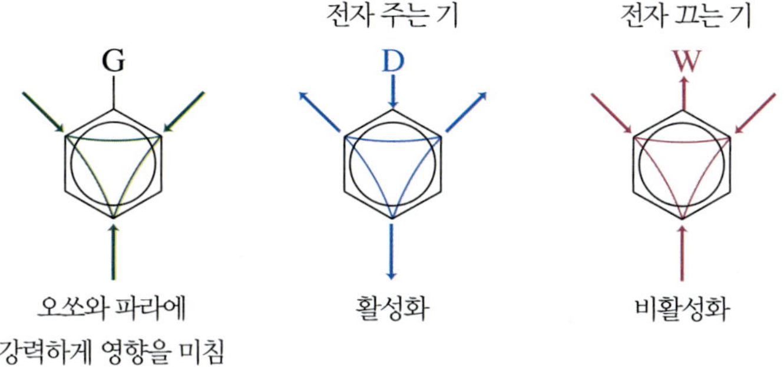


이러한 선택적 비활성화로 인해 메타 위치의 반응성이 가장 커지며, 메타 치환체가 생성물 가운데 나타난다. 종종 **메타-허용**(meta-allowing) 치환기라고도 하는 **메타-배향기**(meta-director)는 오쏘와 파라 위치보다 메타 위치를 덜 비활성화함으로써 메타 치환체를 생성한다.

공명 구조를 살펴보면 나이트로기가 왜 강한 **활성 감소기**(deactivating group)인지 알 수 있다. Lewis 점 구조에서 전자를 어떤 위치에 놓더라도 질소 원자는 언제나 형식 양전하를 가진다.

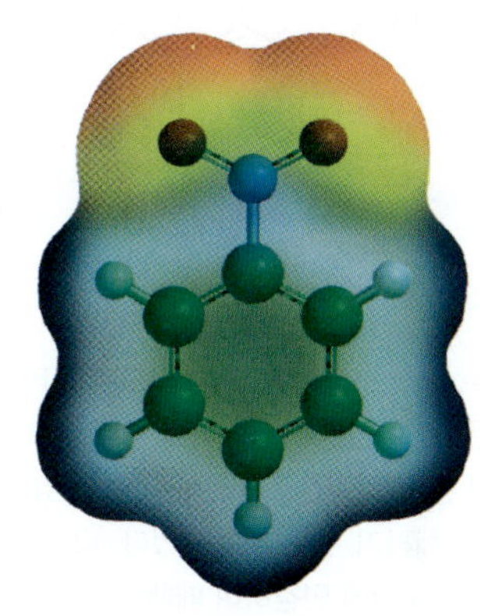

나이트로벤젠의 EPM은 방향족성 고리가 전자 부족(파란색)임을 나타내며, 이는 나이트로벤젠이 친전자체에 대한 반응에서 비활성인 것과 일치한다.

양으로 하전된 질소는 방향족 고리로부터 전자 밀도를 유도적으로 끌어당긴다. 이 방향족 고리는 벤젠보다 전자가 덜 풍부하므로 친전자체와의 반응이 비활성화된다.

아래 반응은 왜 비활성화 효과가 오쏘와 파라 위치에서 가장 강력한지 보여준다. 각 시그마 착물에는 양전하가 탄소 원자 3개에 분산되어 있다. 오쏘와 파라 위치 치환 반응에서 양으로 하전된 탄소 원자 중 하나가 나이트로기의 양으로 하전된 질소 원자와 결합되어 있다. 같은 전하들은 서로 반발하므로, 이렇게 양으로 하전된 두 전하가 가까이 있으면 특히 불안정해진다.

오쏘 공격

+ 전하가 이웃에 있음

오쏘

특히 불안정함

## 응용: 더 안전한 폭발물

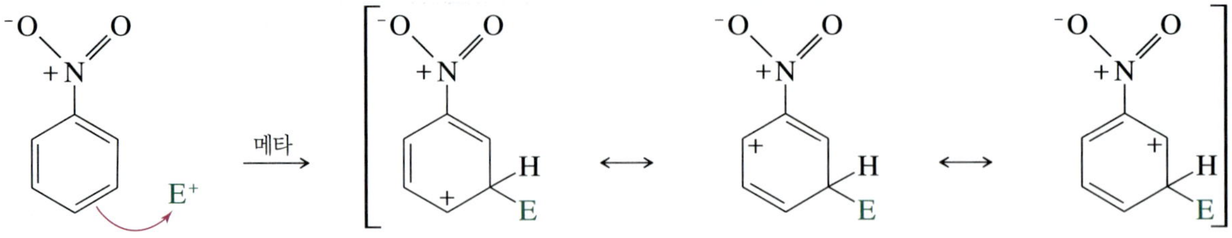

피크르산(picric acid, 2,4,6-트라이나이트로페놀)은 더 안전한 고성능 폭발물로, 제1차 세계대전 동안 나이트로글리세린(11-13B절 참조)을 대체하기 위해 사용되었다. 나이트로글리세린은 충격에 민감하여 때때로 대포의 포신 내에서 폭발하곤 했다. 피크르산은 페놀로부터 생성되며, 페놀은 친전자성 방향족 치환 반응에 대해 활성을 보여 3개의 나이트로기를 치환시킨다.

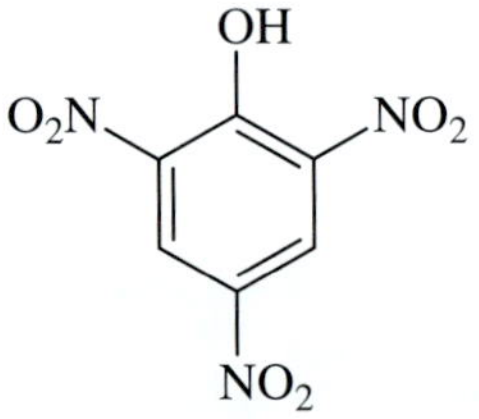

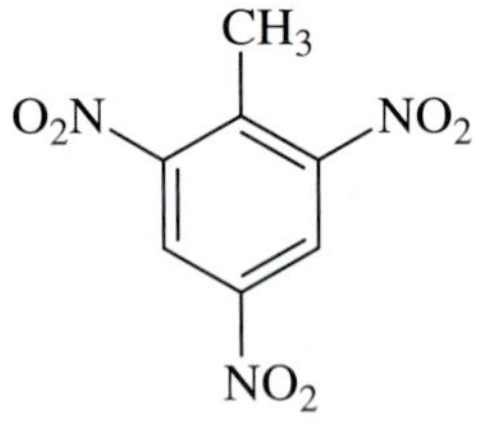

TNT(2,4,6-트라이나이트로톨루엔)은 폭발성이 낮아 취급하기 더 안전했기 때문에 피크르산을 대체했다. TNT를 녹여 몰드에 부은 후 원하는 형태에서 다시 고체화되도록 하는 것이 성형된 폭약을 주조하는 표준 절차이다.

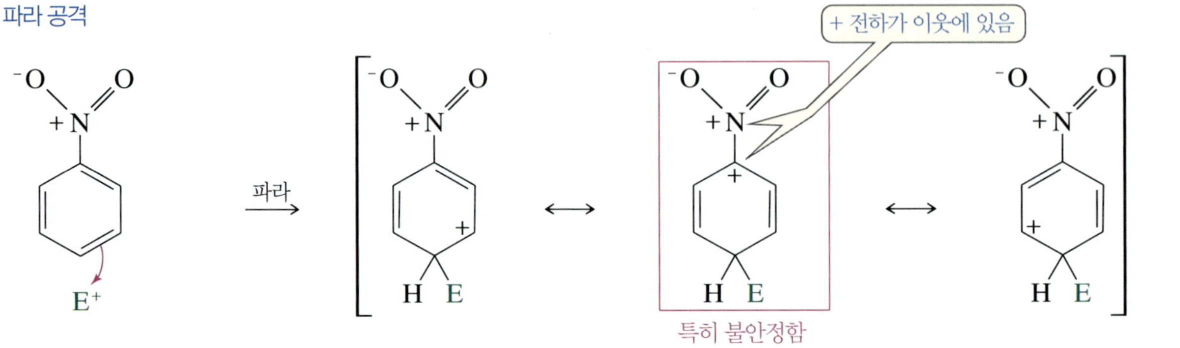

메타 치환 반응을 하는 시그마 착물에서는 나이트로기에 결합된 탄소가 고리의 양전하를 공유하지 않는다. 이러한 경우 양전하들이 더 멀리 떨어져 있으므로 더 안정적이게 된다. 결과적으로 나이트로벤젠은 주로 메타 위치에서 반응한다. 나이트로기는 활성 감소기 이고 메타-배향기(또는 메타-허용기)이다.

그림 17-3의 에너지 도표는 오쏘, 메타, 파라 위치에서 치환 반응을 하는 나이트로벤젠과 벤젠의 전이 상태 및 중간체의 에너지를 보여준다. 어떤 위치에서든지 나이트로벤젠의 치환 반응이 벤젠보다 활성화 에너지가 더 높고, 따라서 반응 속도가 더 느린 것에 주목하라.

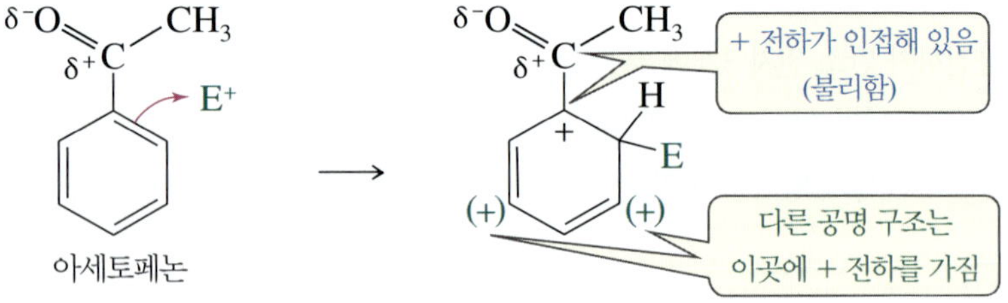

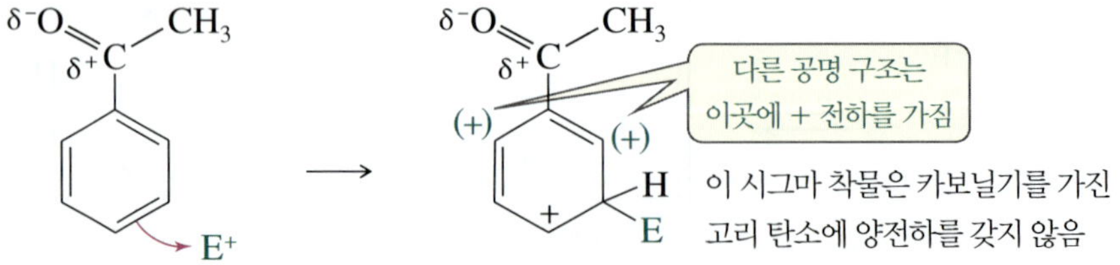

활성화 치환기는 모두 오쏘, 파라-배향적인 것처럼 대부분의 비활성화 치환기는 메타-배향기이다. 일반적으로 비활성화 치환기는 방향족 고리와 결합된 원자가 양전하(또는 부분 양전하)를 가진다. 나이트로기처럼 이렇게 양으로 하전된 원자는 고리상의 인접한 탄소에 있는 양전하와 서로 반발한다. 모든 가능한 시그마 착물 중 메타 위치로 치환 반응을 이끄는 시그마 착물만이 이 고리 탄소에 양전하를 가하지 않게 한다. 예를 들면 카보닐 탄소의 부분 양전하는 주로 메타 위치에서 치환 반응을 유발한다.

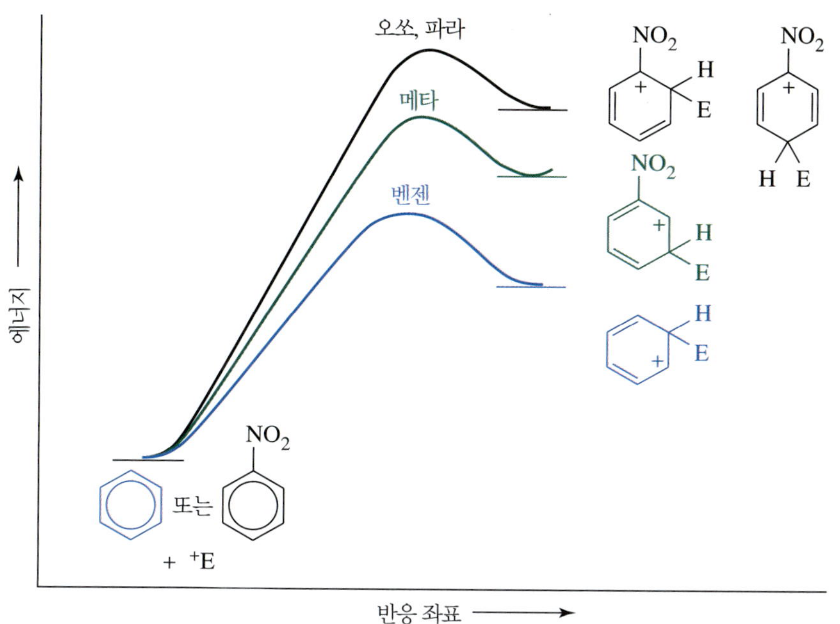


**그림 17-3** 활성 감소기를 가진 에너지 측면도. 나이트로벤젠은 어떤 위치에서도 친전자성 방향족 치환 반응에 대해 활성이 감소하지만, 오쏘와 파라 위치가 강하게 비활성이다. 반응은 메타 위치에서 일어나지만 벤젠의 반응보다 느리다.

다음 요약에 있는 도표에 일반적인 비활성화 메타-배향 치환기가 정리되어 있다. 방향족 고리에 결합된 원자에 양전하가 어떻게 발생하는지를 보여주기 위해 공명 구조도 제시되어 있다.

## SUMMARY | 활성 감소기, 메타-배향기

| 작용기 | 공명 구조 | 예 |
|---|---|---|
| $-NO_2$<br>나이트로 | $[-\overset{+}{N}(=O)(-O^-) \longleftrightarrow -\overset{+}{N}(-O^-)(=O)]$ | $C_6H_5-NO_2$<br>나이트로벤젠 |
| $-SO_3H$<br>설폰산 | $[-S(=O)_2-OH \longleftrightarrow -\overset{+}{S}(-O^-)(=O)-OH \longleftrightarrow -\overset{+}{S}(=O)(-O^-)-OH]$ | $C_6H_5-SO_3H$<br>벤젠설폰산 |
| $-C{\equiv}N:$<br>사이아노 | $[-C{\equiv}N: \longleftrightarrow -\overset{+}{C}{=}\overset{-}{N}:]$ | $C_6H_5-C{\equiv}N$<br>벤조나이트릴 |
| $-C(=O)-R$<br>케톤 또는 알데하이드 | $[-C(=O)-R \longleftrightarrow -\overset{+}{C}(-O^-)-R]$ | $C_6H_5-C(=O)-CH_3$<br>아세토페논 |
| $-C(=O)-O-R$<br>에스터 | $[-C(=O)-O-R \longleftrightarrow -\overset{+}{C}(-O^-)-O-R \longleftrightarrow -C(-O^-){=}\overset{+}{O}-R]$ | $C_6H_5-C(=O)-OCH_3$<br>벤조산 메틸 |
| $-\overset{+}{N}R_3$<br>사차 암모늄 | $-\overset{+}{N}R_3$ | $C_6H_5-\overset{+}{N}(CH_3)_3\ I^-$<br>아이오딘화<br>트라이메틸아닐리늄 |

**연습문제 17-10**

탄산수소 소듐(sodium bicarbonate)을 함유하는 수용액에서 아닐린은 브로민과 빠르게 반응하여 2,4,6-트라이브로모아닐린이 된다. 아닐린의 나이트로화에는 매우 강한 조건이 필요하며, 수득률도 낮다(대부분 *m*-나이트로아닐린).

**(a)** 나이트로화 반응에 어떤 조건이 필요하며, 이 조건에서 아닐린이 어떤 형태로 존재하는가?

**(b)** 아닐린의 나이트로화 반응이 매우 느린 이유와 대부분 메타 배향인 이유를 설명하라.

***(c)** 아닐린의 나이트로화 반응이 매우 느리고 대부분 메타 치환을 할지라도 아세트아닐라이드(acetanilide, $PhNHCOCH_3$)의 나이트로화 반응은 빠르게 진행되며, 대부분 파라 치환을 한다. 공명 구조를 사용하여 이러한 반응성의 차이를 설명하라.

## 17-8 할로젠 치환기: 활성 감소기, 오쏘, 파라-배향기

할로벤젠에는 일반적인 규칙이 적용되지 않는다. 할로젠은 활성 감소기이지만 오쏘, 파라배향기이다. 이러한 유별난 특징을 다음과 같이 설명할 수 있다.

1. 할로젠은 전기 음성도가 크므로 시그마 결합을 통해 탄소 원자로부터 전자 밀도를 끌어당긴다(유도 끌기).
2. 할로젠은 비결합 전자쌍을 가지므로 파이 결합을 통해 전자 밀도를 줄 수 있다(공명 주개).

전자가 덜 풍부함

이러한 유도 효과와 공명 효과는 서로 상충된다. 탄소-할로젠 결합은 강하게 편극화되는데, 쌍극자의 양전하가 탄소 원자에 놓인다. 이러한 편극화는 벤젠 고리로부터 전자 밀도를 잡아당겨 친전자성 치환에 대한 반응성을 약화시킨다.

그러나 친전자체가 오쏘나 파라 위치에서 반응하면 시그마 착물의 양전하는 할로젠과 결합한 탄소 원자에 의해 공유된다. 할로젠의 비결합 전자는 전하를 더욱 분산시켜 **할로늄 이온**(halonium ion) 구조를 생성한다. 이 공명 안정화로 인해 할로젠은 시그마-끌기일지라도 파이-주개 역할을 한다.

오쏘 공격

다른 공명 구조는 이곳에 + 전하를 가짐

브로모늄 이온 (다른 구조를 더함)

파라 공격

브로모늄 이온 (다른 구조를 더함)

메타 공격

브로모늄 이온을 형성하지 않음

메타 위치에서의 반응을 통해 양전하는 할로젠을 함유한 탄소 원자에 분산되지 않은 시그마 착물을 생성한다. 그러므로 메타 중간체는 할로늄 이온 구조에 의해 안정화되지 않는다. 다음 반응은 클로로벤젠의 나이트로화 반응에서 오쏘와 파라 치환 반응이 우세함을 보여준다.

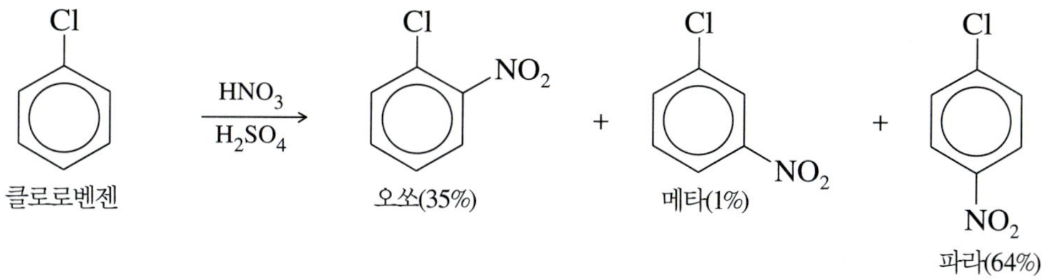

클로로벤젠 $\xrightarrow[H_2SO_4]{HNO_3}$ 오쏘(35%) + 메타(1%) + 파라(64%)

> **문제풀이 힌트**
>
> 어느 치환기가 활성화기이며, 어느 치환기가 비활성기인지 기억하라. 활성화기는 오쏘, 파라-배향이며, 비활성기는 할로젠을 제외하고 메타-배향이다.

그림 17-4는 할로젠 원자의 영향을 에너지 도표를 사용하여 나타냈는데, 클로로벤젠과 벤젠에 대한 친전자체 공격 시 전이 상태와 중간체들의 에너지를 비교한다. 클로로벤젠의 반응 중 특히 메타 위치에서 공격할 경우 에너지가 더 높다.

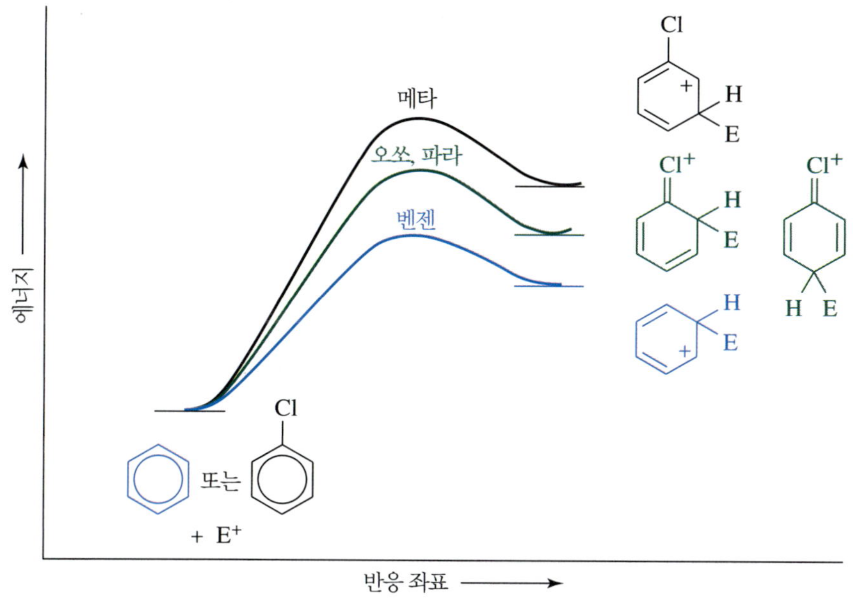

**그림 17-4** 할로젠 치환기를 가진 에너지 측면도. 중간체와 전이 상태의 에너지는 벤젠보다 클로로벤젠이 더 높다. 메타 위치에서 치환 반응의 에너지가 가장 높으며, 오쏘와 파라에서 치환 반응의 에너지는 할로늄 이온 구조에 의한 안정화 때문에 약간 낮다.

> **연습문제 17-11**
>
> 브로모벤젠이 오쏘, 메타, 파라 위치에서 나이트로화 반응을 할 때 형성되는 시그마 착물의 공명 구조를 모두 그려보라. 메타 치환에서의 중간체가 다른 두 중간체보다 덜 안정한 이유를 제시하라.

## SUMMARY | 치환기의 배향 효과

| π-주개 | σ-주개 | 할로젠 | 카보닐 | 기타 |
|---|---|---|---|---|
| $-\ddot{N}H_2$ | —R 알킬 | —F | —C(=O)—R | $-SO_3H$ |
| $-\ddot{O}H$ | 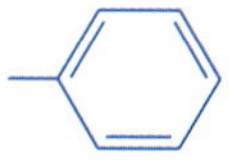 아릴(약한 파이 주개) | —Cl | —C(=O)—OH | $-C\equiv N$ |
| $-\ddot{O}R$ | | —Br | —C(=O)—OR | $-NO_2$ |
| $-\ddot{N}HCOCH_3$ | | —I | | $-\overset{+}{N}R_3$ |

오쏘, 파라-배향 (π-주개, σ-주개, 할로젠) / 메타-배향 (카보닐, 기타)

활성화 (π-주개, σ-주개) ⟷ 비활성화 (할로젠, 카보닐, 기타)

## 17-9 친전자성 방향족 치환 반응에서 다중 치환기 효과

둘 이상의 치환기는 방향족 고리의 반응성에 복합적인 영향을 미친다. 만일 치환기들이 서로를 강화하면 결과는 예상하기 쉽다. 예를 들면 모든 자일렌(xylene), 즉 다이메틸벤젠(dimethylbenzene)은 친전자성 치환 반응에 대해 활성을 나타낸다. 왜냐하면 두 메틸기가 서로 활성화하기 때문이다. 나이트로벤조산의 경우 두 치환기가 모두 활성 감소기이므로, 나이트로벤조산이 친전자체의 공격에 대해 비활성화되어 있음을 예상할 수 있다.

| $CH_3$, $CH_3$ | COOH, $NO_2$ | $OCH_3$, $NO_2$ |
|---|---|---|
| *o*-자일렌 | *m*-나이트로벤조산 | *m*-나이트로아니솔 |
| 활성 | 비활성 | 명확하지 않음 |

치환 반응의 배향성은 많은 경우 쉽게 예상된다. 예를 들면 *m*-자일렌의 경우 한 메틸기에서는 오쏘이고, 다른 메틸기에서는 파라에 해당하는 2개의 치환 위치를 가지고 있다. 친전자성 치환 반응은 이 두 동등한 위치에서 먼저 일어난다. 2개 메틸기 사이의 위치(즉 두 메틸기가 서로 오쏘 위치)에서 약간의 치환 반응도 있으나, 이 위치는 입체 장애를 받아 다른 두 활성화된 위치보다 반응성이 작다. *p*-나이트로톨루엔의 경우 메틸기는 오쏘 위치로 친전자체를 배향시킨다. 나이트로기는 그로부터 메타 위치에 오게 되므로 동일한 위치에 배향된다.

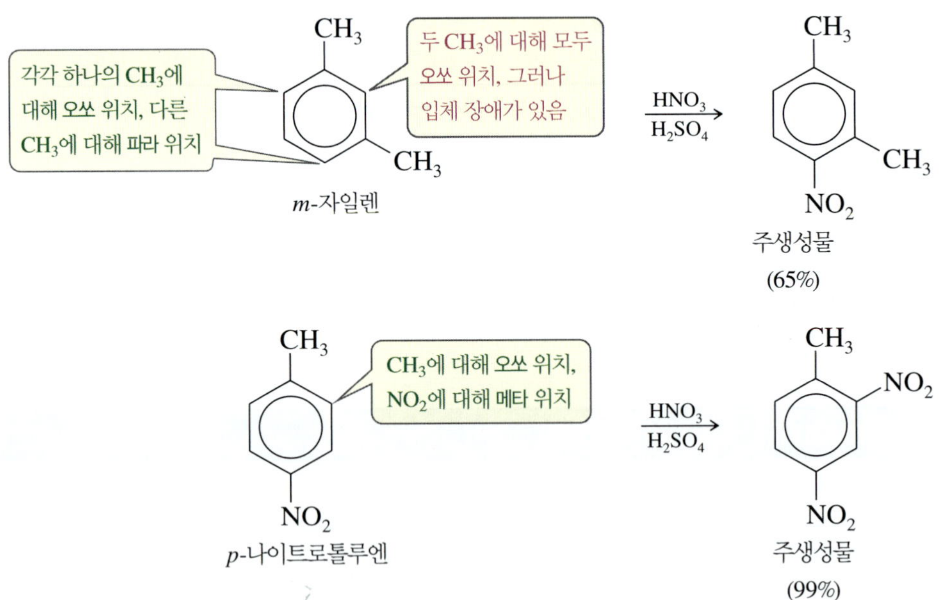


**연습문제 17-12**

다음 화합물의 단일 나이트로화 반응의 생성물을 예상하라.

**(a)** *o*-톨루엔설폰산
**(b)** *m*-브로모톨루엔
**(c)** *o*-클로로벤조산
**(d)** *p*-에톡시벤조산
**(e)** *m*-에틸페놀
**(f)** *o*-하이드록시벤즈알데하이드

다중 치환기의 배향 효과가 대립될 경우 친전자체가 반응할 자리를 예견하기는 어렵다. 많은 경우 혼합물이 생성된다. 예를 들면 *o*-자일렌은 모든 위치에서 활성화되어 치환 생성물로 혼합물을 만든다.

$$o\text{-자일렌} \xrightarrow[H_2SO_4]{HNO_3} \text{4-nitro-}o\text{-xylene } (58\%) + \text{3-nitro-}o\text{-xylene } (42\%)$$

활성화기와 비활성화기가 서로 대립될 경우 보통 활성화기가 치환 반응의 방향을 이끈다. 다음과 같이 이를 일반화할 수 있다.

> 활성화기는 비활성화기보다 보통 더 강력한 배향기이다.

사실상 치환기를 가장 강력한 것부터 가장 약한 것까지 세 등급으로 분류하는 것이 도움이 된다.

1. 공명을 통해 시그마 착물을 안정화하는 강력한 오쏘, 파라-배향기(예: —OH, —OR, $—NR_2$기)
2. 중간 등급의 오쏘, 파라-배향기(예: 알킬기와 할로젠)
3. 모든 메타-배향기

$$—OH,\ —OR,\ —NR_2 \quad > \quad —R,\ —X \quad > \quad —\overset{\overset{\large O}{\|}}{C}—R,\ —SO_3H,\ —NO_2$$

벤젠에 존재하는 2개의 치환기가 새롭게 도입되는 친전자체를 서로 다른 반응 위치로 배향하면 더 강력한 등급인 치환기가 우세하게 작용한다. 두 치환기가 같은 등급이면 혼합물이 생성될 것이다. *m*-나이트로아니솔의 경우 더 강력한 등급의 치환기가 우세하게 작용하고, 도입되는 친전자체의 위치를 결정한다. 메톡시기는 나이트로기보다 더 강력한 배향기이므로, 치환 반응은 메톡시기에 대해 오쏘나 파라 위치에서 일어난다. 입체 효과는 메톡시기와 나이트로기 둘 다에 오쏘 위치인 혼잡한 곳에서 치환 반응이 일어나는 것을 막는다.

활성화 / 활성화 그러나 혼잡 / 활성화

$$m\text{-나이트로아니솔} \xrightarrow[H_2SO_4]{SO_3} \text{(주생성물: } SO_3H \text{ para to } OCH_3) + \text{(} HO_3S \text{ ortho to } OCH_3)$$

주생성물

**문제풀이 힌트**

다중 치환기를 가진 화합물의 생성물을 예측하는 데 가장 강력한 활성 치환기를 찾아라.

### 예제 17-1

*p*-클로로아세트아닐라이드를 브로민화시켰을 때의 주생성물을 예측하라.

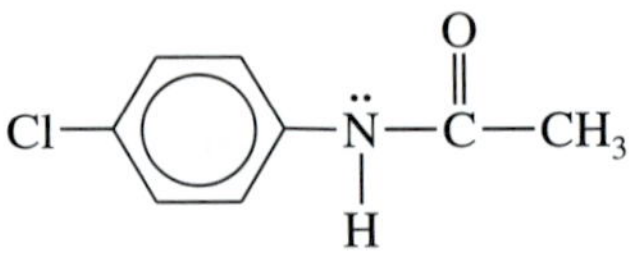

$$Cl-C_6H_4-\ddot{N}H-C(=O)-CH_3$$

**풀이**

아마이드기($-NHCOCH_3$)는 비결합 전자쌍을 지닌 질소 원자가 방향족 고리에 결합되어 있으므로 강력한 활성화기이며 배향기이다. 아마이드기는 염소 원자보다 강력한 배향기이기 때문에 치환 반응은 대부분 아마이드기의 오쏘 위치에서 일어난다. 알콕시기와 마찬가지로 아마이드기는 특히 강한 활성화기로 반응할 때 약간의 다이브로민화된 생성물도 생성한다.

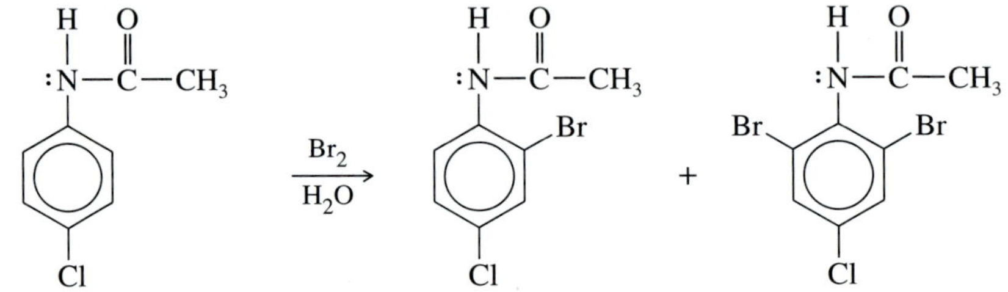

$$\text{p-클로로아세트아닐라이드} \xrightarrow[H_2O]{Br_2} \text{2-브로모 생성물} + \text{2,6-다이브로모 생성물}$$

*p*-클로로아세트아닐라이드

### 연습문제 17-13

다음 방향족 화합물의 단일 나이트로화 생성물을 설명하라.

**(a)** *p*-메틸아니솔

**(b)** *m*-나이트로클로로벤젠

**(c)** *p*-클로로페놀

**(d)** *m*-나이트로아니솔

**(e)** $C_6H_4(CH_3)-NH-C(=O)-CH_3$

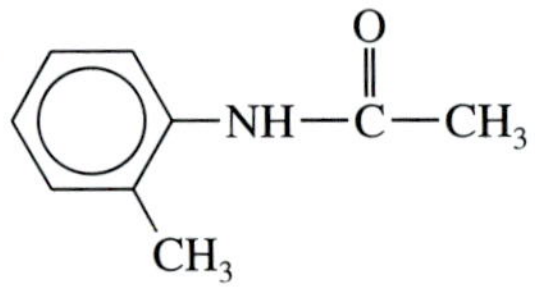

*o*-메틸아세트아닐라이드

**(f)** $CH_3-C(=O)-NH-C_6H_4-C(=O)-NH_2$

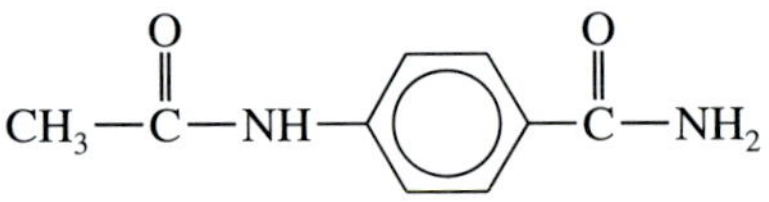

(이들 작용기의 구조를 고려하라. 하나는 활성이고, 다른 것은 비활성이다.)

### 연습문제 17-14

바이페닐(biphenyl)은 두 벤젠 고리가 단일 결합으로 연결된 것이다. 바이페닐의 치환 자리는 (1) 어떤 페닐 고리가 더 활성화되었는지(또는 덜 비활성화되었는지)와 (2) 페닐 치환기가 오쏘, 파라-배향기라는 사실을 고려하여 고리의 어떤 위치가 반응성이 가장 높은지에 따라 결정된다.

**(a)** 시그마 착물의 공명 구조를 이용하여 페닐 치환기가 오쏘, 파라-배향기인 이유를 나타내라.

**(b)** 다음 화합물의 단일 나이트로화 반응 생성물을 예상하라.

**(i)** 바이페닐 **(ii)** OH **(iii)** $-C(=O)-CH_3$

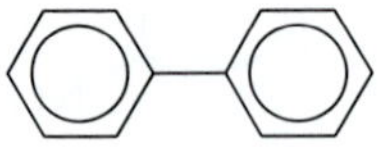

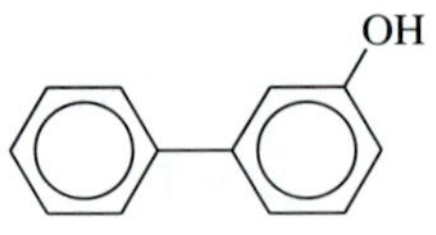

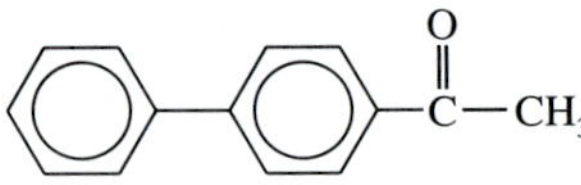

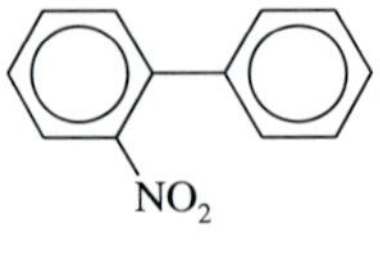

**(iv)** $NO_2$ **(v)** O, O **(vi)**

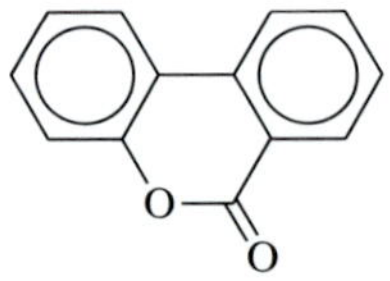

**문제풀이 힌트**

1개 이상의 고리를 가진 화합물에 대한 치환 반응 생성물을 예상할 때 먼저 어느 고리가 더 활성화(또는 비활성화)되는지 결정한 후, 그 고리만 고려할 때 반응성이 가장 높은 자리를 결정하라.

## 17-10 Friedel-Crafts 알킬화 반응

탄소 양이온은 아마도 방향족 치환 반응을 하는 가장 중요한 친전자체일 것이다. 왜냐하면 이러한 치환 반응은 새로운 탄소-탄소 결합을 형성하기 때문이다. 방향족 화합물에 대한 탄소 양이온의 반응은 1877년에 프랑스의 알칼로이드 화학자인 Charles Friedel과 미국인 동료인 James Crafts가 최초로 연구했다. 염화 알루미늄($AlCl_3$)이나 염화 철($FeCl_3$) 같은 Lewis 산 촉매 존재하에서 할로젠화 알킬은 벤젠을 알킬화하여 알킬벤젠을 생성한다. 이렇게 유용한 이 반응을 **Friedel-Crafts 알킬화 반응**(Friedel-Crafts alkylation)이라고 한다.

**James Mason Crafts**(1839~1917)
미국의 유기 화학자로, 1876년 Charles Friedel과 함께 Friedel-Crafts 알킬화 및 아실화 반응을 공동 개발한 것으로 가장 잘 알려져 있다. Crafts는 독일에서 화학을 공부하며 Robert Bunsen의 조수로 근무했다. 파리에서 이뤄진 중요한 연구 활동들로 그는1892년 MIT(매사추세츠 공과대학교)의 유기 화학 교수가 되었고, 이후 대학 총장으로도 재직했다. 과학에 대한 이러한 뛰어난 공로를 인정받아 그는 1885년 프랑스 정부로부터 레지옹 도뇌르(Legion of Honor) 훈장을 받았다.

Friedel-Crafts 알킬화 반응

$$\text{C}_6\text{H}_5\text{–H} + \text{R–X} \xrightarrow[(\text{AlCl}_3,\ \text{FeBr}_3,\ \text{등})]{\text{Lewis 산}} \text{C}_6\text{H}_5\text{–R} + \text{H–X}$$

(X = Cl, Br, I)

예를 들면 염화 알루미늄은 염화 *t*-뷰틸(*tert*-butyl chloride)로 인한 벤젠의 알킬화 반응을 촉매화한다. 이때 HCl 기체가 생성된다.

$$\underset{\text{벤젠}}{\text{C}_6\text{H}_6} + \underset{\text{염화 }t\text{-뷰틸}}{(\text{CH}_3)_3\text{C–Cl}} \xrightarrow{\text{AlCl}_3} \underset{t\text{-뷰틸벤젠(90\%)}}{\text{C}_6\text{H}_5\text{–C(CH}_3)_3} + \text{HCl}$$

이 알킬화 반응은 *t*-뷰틸 양이온이 친전자체로 작용하는 전형적인 친전자성 방향족 치환 반응이다. *t*-뷰틸 양이온은 염화 *t*-뷰틸이 촉매인 염화 알루미늄과 반응하여 형성된다. *t*-뷰틸 양이온은 벤젠과 반응하여 시그마 착물을 형성한다. 양성자를 잃은 후 생성물 *t*-뷰틸벤젠(*tert*-butylbenzene)을 얻는다. 염화 알루미늄 촉매는 마지막 단계에서 재생된다.

Friedel-Crafts 알킬화 반응은 매우 다양한 1차, 2차, 3차 할로젠화 알킬을 사용한다. 2차, 3차 할로젠화물의 경우 반응하는 친전자체는 아마도 탄소 양이온일 것이다.

$$\underset{(\text{R은 2차 또는 3차})}{\text{R–X}} + \text{AlCl}_3 \rightleftharpoons \underset{\text{반응하는 친전자체}}{\text{R}^+} + \text{X–}\bar{\text{Al}}\text{Cl}_3$$

### 메커니즘 17-5 | Friedel-Crafts 알킬화 반응

Friedel-Crafts 알킬화 반응은 알킬 양이온이 친전자체로 작용하는 친전자성 방향족 치환 반응이다.

**예: *t*-뷰틸 양이온에 의한 벤젠의 알킬화 반응**

**1단계:** 탄소 양이온을 생성한다.

$$\underset{\text{염화 }t\text{-뷰틸}}{(\text{CH}_3)_3\text{C–}\ddot{\text{C}}\text{l:}} + \text{AlCl}_3 \rightleftharpoons \underset{t\text{-뷰틸 양이온}}{(\text{CH}_3)_3\text{C}^+} + \text{Cl–}\bar{\text{Al}}\text{Cl}_3$$

**2단계:** 친전자성 공격은 시그마 착물을 생성한다.

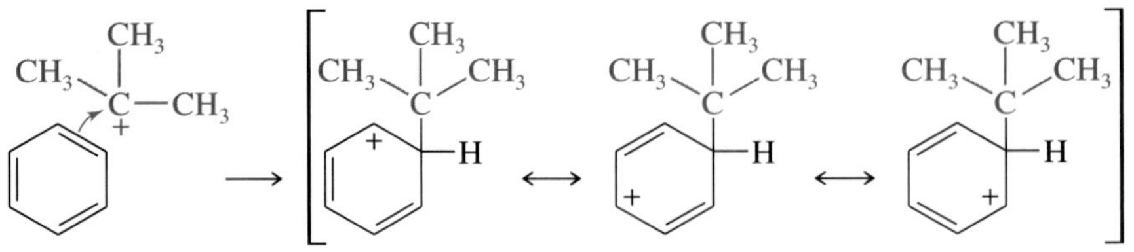

시그마 착물

**3단계:** 양성자를 잃고 방향족 고리를 재생한다. 그리고 알킬화 생성물을 생성한다.

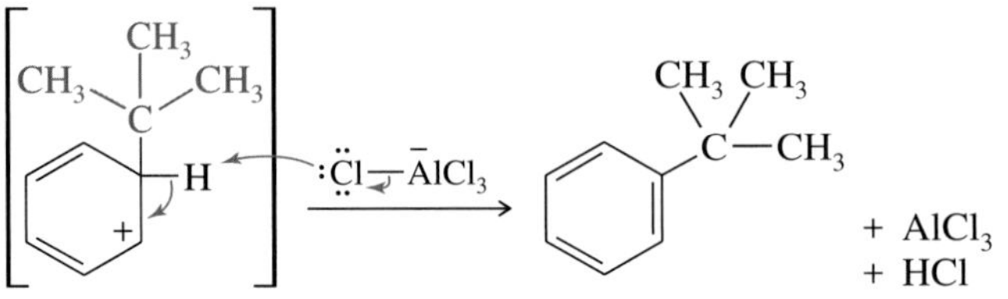

$+ AlCl_3$
$+ HCl$

시그마 착물

1차 할로젠화 알킬의 경우 독립된 1차 탄소 양이온이 너무 불안정하다. 실질적인 친전자체는 할로젠화 알킬과 염화 알루미늄의 복합체이다. 이 복합체에서 탄소-할로젠 결합은 약화되고, 탄소 원자는 상당한 양전하를 띤다. 염화 알루미늄 촉매로 사용하는 벤젠과 염화 에틸의 반응 메커니즘은 다음과 같다.

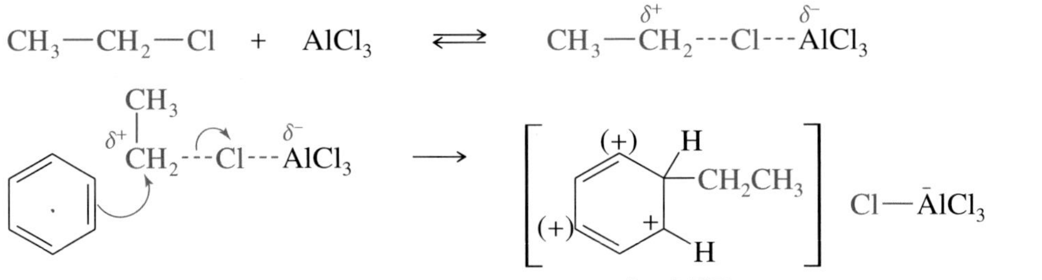

$$CH_3-CH_2-Cl + AlCl_3 \rightleftharpoons CH_3-\overset{\delta+}{C}H_2\text{---}Cl\text{---}\overset{\delta-}{Al}Cl_3$$

$Cl-\bar{A}lCl_3$

시그마 착물

$$\longrightarrow \text{C}_6\text{H}_5CH_2CH_3 + H-Cl + AlCl_3$$

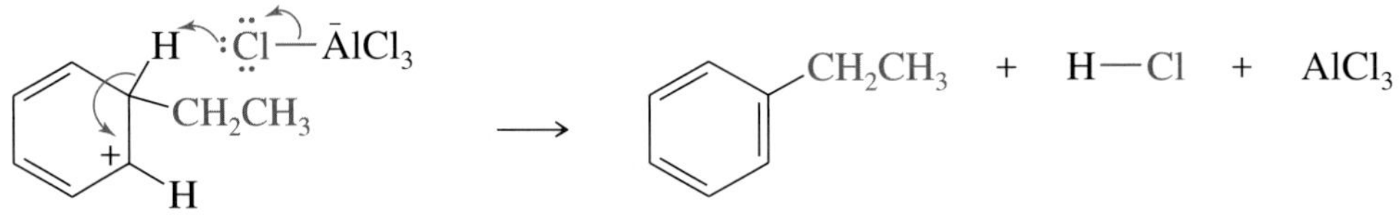

**연습문제 17-15**

$AlCl_3$ 촉매하에서 다음 반응의 생성물(존재할 경우)과 메커니즘을 제안하라.

(a) 벤젠과 클로로사이클로헥세인

(b) 아니솔과 염화 메틸

*(c) 아이소프로필벤젠과 3-클로로-2,2-다이메틸뷰테인

**다른 탄소 양이온 공급원을 이용한 Friedel-Crafts 알킬화 반응** 탄소 양이온을 만드는 여러 방법을 알아보았는데, 이러한 대부분의 방법은 Friedel-Crafts 알킬화에서 사용될 수 있다. 두 가지 방법, 즉 알켄의 양성자 첨가 반응과 알코올을 $BF_3$로 처리하는 방법이 자주 사용된다.

알켄은 HF에 의해 탄소 양이온이 된다. 이 플루오린화 이온은 약한 친핵체로, 탄소 양이온을 즉시 공격하지 못한다. 만일 벤젠(또는 활성화된 벤젠 유도체)이 존재하면 친전자성 치환 반응이 일어날 것이다. 양성자 첨가 단계는 Markovnikov 규칙을 따르며, 더 안정한 탄소 양이온을 형성한 후 방향족 고리를 알킬화한다.

$$H_2C{=}CH{-}CH_3 + HF \rightleftharpoons H_3C{-}\overset{+}{C}H{-}CH_3 + F^-$$

시그마 착물

알코올은 Friedel-Crafts 알킬화를 위한 탄소 양이온의 또 다른 공급원이다. 알코올은 트라이플루오린화 붕소(boron trifluoride, $BF_3$) 같은 Lewis 산으로 처리하면 보통 탄소 양이온을 형성한다. 벤젠(또는 활성화된 벤젠 유도체)이 존재한다면 치환 반응이 일어날 수 있다.

양이온 형성

벤젠에서 친전자성 치환 반응

시그마 착물

이 반응에서 사용된 $BF_3$는 소비되고 재생되지 않는다. 같은 양의 Lewis 산이 필요하다. 이 반응은 $BF_3$에 의해 촉매화되기보다는 오히려 $BF_3$에 의해 촉진된다고 볼 수 있다.

**연습문제 17-16**

각 반응에서 친전자체의 생성물을 보여주고, 생성물을 예상하라.

**(a)** 벤젠 + 사이클로헥센 + HF

**(b)** *t*-뷰틸 알코올 + 벤젠 + $BF_3$

**(c)** *t*-뷰틸벤젠 + 2-메틸프로펜 + HF

**(d)** 프로판-2-올 + 톨루엔 + $BF_3$

**Friedel-Crafts 알킬화 반응의 한계** Friedel-Crafts 알킬화 반응이 원리로는 훌륭하게 보일지라도 사용을 어렵게 하는 세 가지 주요한 한계가 있다.

한계 1 Friedel-Crafts 반응은 벤젠, 할로벤젠, 활성화된 유도체에서만 진행되며, 나이트로벤젠, 벤젠설폰산, 페닐 케톤처럼 강한 비활성화기를 지닌 유도체에서는 실패한다. 어떤 경우에는

Friedel-Crafts 단계 이후에 활성 감소기를 첨가하거나 활성화기를 비활성화기로 바꿔 이러한 한계를 극복할 수 있다.

**문제풀이 힌트**

Friedel-Crafts 반응은 강하게 비활성된 계에서는 일어나지 않는다.

**예제 17-2**

벤젠으로부터 *p*-나이트로-*t*-뷰틸벤젠을 합성하는 방법을 고안하라.

**풀이**

*p*-나이트로-*t*-뷰틸벤젠을 합성하려면 먼저 Friedel-Crafts 반응을 이용하여 *t*-뷰틸벤젠을 합성한다. 나이트로화 반응으로 정확한 생성물을 얻는다. 처음으로 나이트로벤젠을 합성하면 Friedel-Crafts 반응으로 *t*-뷰틸기를 도입하는 일은 실패할 것이다.

좋음

$$\text{benzene} \xrightarrow[AlCl_3]{(CH_3)_3C-Cl} C_6H_5C(CH_3)_3 \xrightarrow[H_2SO_4]{HNO_3} p\text{-}O_2N-C_6H_4-C(CH_3)_3 \quad \text{(오쏘를 더함)}$$

나쁨

$$\text{benzene} \xrightarrow[H_2SO_4]{HNO_3} C_6H_5NO_2\ \text{(비활성)} \xrightarrow[AlCl_3]{(CH_3)_3C-Cl} \text{(반응 실패)}$$

**문제풀이 힌트**

Friedel-Crafts 알킬화에서 알킬 탄소 양이온은 자리 옮김을 하는 경향이 있다.

한계 2 탄소 양이온의 다른 반응처럼 Friedel-Crafts 알킬화는 탄소 양이온 자리 옮김 반응을 일으키기 쉽다. 이러한 한계는 특정 알킬벤젠만이 Friedel-Crafts 알킬화 반응으로 합성될 수 있다. *t*-뷰틸벤젠, 아이소프로필벤젠(isopropylbenzene), 에틸벤젠은 Friedel-Crafts 알킬화 반응에 의해 합성될 수 있다. 대응하는 양이온이 자리 옮김 경향을 갖지 않기 때문이다. Friedel-Crafts 알킬화에 의해 *n*-프로필벤젠을 만들려고 할 때 일어날 수 있는 일을 생각해보자.

자리 옮김과 이온화로 아이소프로필 양이온 생성

$$CH_3-CH_2-CH_2-Cl + AlCl_3 \rightleftarrows CH_3-CH(H)-\overset{\delta+}{CH_2}\cdots Cl\cdots \overset{\delta-}{AlCl_3} \longrightarrow CH_3-\overset{+}{C}H-CH_3 + {}^{-}AlCl_4$$

벤젠과의 반응으로 아이소프로필벤젠 생성

$$CH_3-\overset{+}{C}H-CH_3\ {}^{-}AlCl_4 + \text{benzene} \longrightarrow C_6H_5-CH(CH_3)-CH_3 + HCl + AlCl_3$$

**문제풀이 힌트**

Friedel-Crafts 알킬화는 다중 알킬화를 일으키는 경향이 있다.

한계 3 알킬기가 활성화 치환기이기 때문에, Friedel-Crafts 알킬화 반응의 생성물은 출발 물질보다 반응성이 더 크다. 그러므로 다중 알킬화 반응은 피하기 힘들다. 이 한계는 심각할 수 있다. 에틸벤젠을 만들려면 염화 에틸 1몰과 벤젠 1몰의 혼합물에 약간의 $AlCl_3$를 첨가해야 할 것이다. 그렇지만 에틸벤젠이 약간 형성됨에 따라 에틸벤젠이 활성화되어 벤젠 자체보다 훨씬 빠르게 반응한다. 생성물은 (오쏘와 파라) 다이에틸벤젠, 트라이에틸벤젠, 소량의 에틸벤젠과 남아 있는 벤젠의 혼합물이다.

$$\text{C}_6\text{H}_6 \; (1몰) + \text{CH}_3\text{CH}_2\text{—Cl} \; (1몰) \xrightarrow{\text{AlCl}_3} p\text{-C}_6\text{H}_4(\text{CH}_2\text{CH}_3)_2 + o\text{-C}_6\text{H}_4(\text{CH}_2\text{CH}_3)_2 + \text{C}_6\text{H}_5\text{CH}_2\text{CH}_3 + 트라이에틸벤젠 + 벤젠$$

과알킬화 문제는 과량의 벤젠을 사용하여 피할 수 있다. 예를 들면 벤젠 50몰에 에틸벤젠 1몰을 사용하면 에틸벤젠의 농도는 항상 낮아지므로 친전자체는 에틸벤젠보다 벤젠과 더 잘 반응할 것이다. 증류를 통해 벤젠에서 생성물을 분리한다. 연속 증류로 반응하지 않은 벤젠을 재생시킬 수 있으므로, 이는 공업적인 방법으로 사용된다.

실험실에서는 벤젠보다 더 고가인 방향족 화합물을 종종 알킬화해야 한다. 과량의 출발 물질을 사용할 여유가 없기 때문에 더 선택적인 방법이 필요하다. 다행스럽게도 17-11절에서 논의될 Friedel-Crafts 아실화는 폴리알킬화 반응이나 자리 옮김이 일어날 위험 없이 단 하나의 작용기만 도입할 수 있다.

**연습문제 17-17**

다음 반응의 생성물(있을 경우)을 예상하라.

**(a)** (과량의) 벤젠 + 염화 아이소뷰틸 + $AlCl_3$

**(b)** (과량의) 톨루엔 + 뷰탄-1-올 + $BF_3$

**(c)** (과량의) 나이트로벤젠 + 2-클로로프로페인 + $AlCl_3$

**(d)** (과량의) 벤젠 + 3,3-다이메틸뷰트-1-엔 + HF

**연습문제 17-18**

좋은 수득률로 원하는 생성물을 생성하는 반응은 어느 것인가? 각 경우 염화 알루미늄을 촉매로 첨가한다고 가정해도 된다. 원하는 생성물을 좋은 수득률로 생성하지 않는 반응의 주생성물을 예상하라.

| 시약 | 원하는 생성물 |
|---|---|
| **(a)** 벤젠 + 브로민화 *n*-뷰틸 | *n*-뷰틸벤젠 |
| **(b)** 에틸벤젠 + 염화 *t*-뷰틸 | *p*-에틸-*t*-뷰틸벤젠 |
| **(c)** 브로모벤젠 + 염화 에틸 | *p*-브로모에틸벤젠 |
| **(d)** 벤즈아마이드($PhCONH_2$) + $CH_3CH_2Cl$ | *p*-에틸벤즈아마이드 |
| **(e)** 톨루엔 + $HNO_3$, $H_2SO_4$, 열 | 2,4,6-트라이나이트로톨루엔(TNT) |

**연습문제 17-19**

벤젠으로부터 다음 방향족 유도체를 합성하는 방법을 나타내라.

**(a)** *p*-*t*-뷰틸나이트로벤젠 **(b)** *p*-톨루엔설폰산 **(c)** *p*-클로로톨루엔

## 17-11 Friedel-Crafts 아실화 반응

**아실기**(acyl group)는 알킬기가 결합된 카보닐기이다. 아실기의 명명법은 알케인명에서 -*e*를 빼고 -오일(-*oyl*) 접미사를 붙이는 것이다. 그러나 폼일기(formyl group), 아세틸기(acetyl group), 프로피온일기(propionyl group) 같은 역사적인 이름도 종종 쓰인다.

$$\underset{\text{아실기}}{R-\overset{O}{\overset{\|}{C}}-}\qquad \underset{\text{폼일 (메탄오일)}}{H-\overset{O}{\overset{\|}{C}}-}\qquad \underset{\text{아세틸 (에탄오일)}}{CH_3-\overset{O}{\overset{\|}{C}}-}\qquad \underset{\text{프로피온일 (프로판오일)}}{CH_3CH_2-\overset{O}{\overset{\|}{C}}-}\qquad \underset{\text{벤조일}}{C_6H_5-\overset{O}{\overset{\|}{C}}-}$$

**염화 아실**(acyl chloride)은 아실기에 한 염소 원자가 결합된 것이다. 대응하는 카복실산이 염화 싸이오닐과 반응하면 염화 아실이 만들어진다. 그러므로 염화 아실은 또한 **산 염화물**(acid chloride)이라고 한다. 21장에서 산 유도체를 학습할 때 더 자세하게 염화 아실에 대해 고찰할 것이다.

$$\underset{\text{(산 염화물) 염화 아실}}{R-\overset{O}{\overset{\|}{C}}-Cl}\qquad \underset{\text{염화 아세틸}}{CH_3-\overset{O}{\overset{\|}{C}}-Cl}\qquad \underset{\text{염화 벤조일}}{C_6H_5-\overset{O}{\overset{\|}{C}}-Cl}$$

$$\underset{\text{카복실산}}{R-\overset{O}{\overset{\|}{C}}-OH} + \underset{\text{염화 싸이오닐}}{Cl-\overset{O}{\overset{\|}{S}}-Cl} \longrightarrow \underset{\text{염화 아실}}{R-\overset{O}{\overset{\|}{C}}-Cl} + SO_2\uparrow + HCl\uparrow$$

알루미늄 존재하에서 염화 아실은 벤젠(또는 활성화된 벤젠 유도체)과 반응하여 일종의 페닐 케톤인 아실벤젠(acylbenzene)이 된다. **Friedel-Crafts 아실화 반응**(Friedel-Crafts acylation)이라고도 하는 이 반응은 시약으로 할로젠화 알킬 대신 염화 아실을 사용하고, 생성물이 알킬벤젠 대신 아실벤젠, 즉 '페논(phenone)'이라는 것을 제외하고는 Friedel-Crafts 알킬화 반응과 유사하다.

Friedel-Crafts 아실화 반응

$$\underset{\text{벤젠}}{C_6H_6} + \underset{\text{할로젠화 아실}}{R-\overset{O}{\overset{\|}{C}}-Cl} \xrightarrow{AlCl_3} \underset{\text{아실벤젠 (페닐 케톤)}}{C_6H_5-\overset{O}{\overset{\|}{C}}-R} + HCl$$

예

$$\underset{\text{벤젠}}{C_6H_6} + \underset{\text{염화 아세틸}}{CH_3-\overset{O}{\overset{\|}{C}}-Cl} \xrightarrow{AlCl_3} \underset{\text{아세틸벤젠(95\%) (아세토페논)}}{C_6H_5-\overset{O}{\overset{\|}{C}}-CH_3} + HCl$$

### 17-11A 아실화 반응의 메커니즘

Friedel-Crafts 아실화 반응의 메커니즘(다음 내용 참조)은 친전자체가 공명 안정화된 **아실륨 이온**(acylium ion)인 것을 제외하고 알킬화 반응 메커니즘과 유사하다. 아실륨 이온은 친전자성 방향족 치환 반응을 통해 벤젠 또는 활성화된 벤젠 유도체와 반응하여 아실벤젠을 생성한다.

## 메커니즘 17-6 | Friedel-Crafts 아실화 반응

Friedel-Crafts 아실화 반응은 친전자체로 작용하는 아실륨 이온과 함께 친전자성 방향족 치환 반응이다.

**1단계:** 아실륨 이온의 형성

$$\mathrm{R-C(=O)-Cl} + \mathrm{AlCl_3} \rightleftharpoons \mathrm{R-C(=O)-\overset{+}{Cl}-\overset{-}{Al}Cl_3} \rightleftharpoons {}^{-}\mathrm{AlCl_4} + [\mathrm{R-\overset{+}{C}=O} \longleftrightarrow \mathrm{R-C\equiv \overset{+}{O}}]$$

염화 아실 착물 아실륨 이온

**2~3단계:** 친전자성 공격이 시그마 착물을 형성한 후, 양성자를 잃고 방향족계를 재생한다.

시그마 착물 아실벤젠

+ $AlCl_3$ + HCl

**4단계:** 생성물의 착물화. 생성물 착물은 물에 의해 가수 분해되어 자유 아실벤젠으로 분리되어야 한다.

아실벤젠 + $AlCl_3$ → 생성물 착물 —과량의 $H_2O$→ 자유 아실벤젠 + 알루미늄 염

아실화(아실벤젠)의 생성물은 케톤이다. 케톤의 카보닐기는 비결합 전자를 가지고 있어 $AlCl_3$의 완전한 당량을 필요로 하는 Lewis 산($AlCl_3$)과 착물을 형성한다. 최초 생성물은 아실벤젠과 염화 알루미늄 착물이다. 물을 가하면 이 착물이 가수 분해되어 자유 아실벤젠이 된다.

Friedel-Crafts 아실화 반응에서 친전자체는 $\mathrm{R-\overset{+}{C}=O}\ {}^{-}\mathrm{AlCl_4}$처럼 부피가 큰 착물로 나타낸다. 파라 치환 반응은 보통 방향족 기질이 오쏘, 파라-배향기를 가질 때 우세하다. 이는 아마도 친전자체가 오쏘 위치에 효과적인 공격을 하기에는 너무 부피가 크기 때문일 것이다. 예를 들면 에틸벤젠이 염화 아세틸(acetyl chloride)과 반응할 때 주생성물은 *p*-에틸아세토페논(*p*-ethylacetophenone)이다.

$$\text{에틸벤젠} + \mathrm{CH_3-C(=O)-Cl} \xrightarrow[(2)\ H_2O]{(1)\ AlCl_3} p\text{-에틸아세토페논 } (70\sim80\%)$$

에틸벤젠 염화 아세틸 *p*-에틸아세토페논 (70~80%)

Friedel-Crafts 아실화 반응의 가장 매력적인 특징 중 하나는 치환 반응이 더 진행되지 못하도록 생성물의 활성이 감소한다는 것이다. 아실벤젠은 방향족 고리에 결합된 카보닐기(활성 감소기)를 가진다. Friedel-Crafts 반응은 강하게 비활성화된 고리에서 일어나지 않기 때문에 아실화 반

응은 치환이 한 번 일어난 후에 멈춘다.

$$\text{C}_6\text{H}_5\text{—H} \xrightarrow[\text{AlCl}_3]{\text{R—C(=O)—Cl}} \text{C}_6\text{H}_5\text{—C}^{\delta+}(=\text{O}^{\delta-})\text{—R}$$

그러므로 Friedel-Crafts 아실화 반응은 알킬화 반응의 세 가지 한계 중 두 가지를 극복할 수 있다. 아실륨 이온은 안정화되어 자리 옮김 반응이 일어나지 않고, 아실벤젠 생성물은 비활성화되므로 반응이 더 일어나지 않는다. 그러나 알킬화 반응처럼 아실화 반응도 강하게 비활성화된 방향족 고리에서는 일어나지 않는다.

**SUMMARY | Friedel-Crafts의 알킬화 반응과 아실화 반응의 비교**

| 알킬화 | 아실화 |
|---|---|
| 알킬화 반응은 강하게 비활성화된 유도체에서는 사용할 수 없다. | 역시 옳다. 단지 벤젠, 할로벤젠, 활성화된 유도체만 반응에 적용된다. |
| 알킬화 반응에 관련된 탄소 양이온은 자리 옮김을 일으킬 수도 있다. | 공명 안정화된 아실륨 이온은 자리 옮김 경향이 없다. |
| 다중 알킬화 반응은 흔한 문제점이다. | 아실화는 비활성화된 아실벤젠을 형성하고, 더 이상 반응하지 않는다. |

## 17-11B Clemmensen 환원: 알킬벤젠의 합성

Friedel-Crafts 알킬화 반응을 통해 만들 수 없는 알킬벤젠은 어떻게 합성할까? Friedel-Crafts 알킬화 반응을 사용하여 아실벤젠을 합성한 후, 이를 다음과 같이 **Clemmensen 환원 반응**(Clemmensen reduction)을 통해 알킬벤젠을 생성한다. HCl 수용액과 아말감화 아연(amalgamated zinc, 수은염과 반응시킨 아연)을 사용한다.

$$\text{C}_6\text{H}_6 + \text{R—C(=O)—Cl} \xrightarrow[\text{(2) H}_2\text{O}]{\text{(1) AlCl}_3} \text{C}_6\text{H}_5\text{—C(=O)—R} \xrightarrow[\text{HCl 수용액}]{\text{Zn(Hg)}} \text{C}_6\text{H}_5\text{—CH}_2\text{—R}$$

이러한 두 단계 합성법을 이용하여 직접적인 알킬화로 생성할 수 없는 많은 알킬벤젠을 합성할 수 있다. 예를 들면 앞서 Friedel-Crafts 알킬화 반응이 $n$-프로필벤젠을 생성하는 데 이용될 수 없다는 사실을 알아봤었다. 벤젠은 염화 $n$-프로필 및 $AlCl_3$와 반응하면 아이소프로필벤젠이 되고, 약간의 다이아이소프로필벤젠(diisopropylbenzene)을 함께 얻는다. 아실화 반응에서는 벤젠이 염화 프로판오일(propanoyl chloride) 및 $AlCl_3$와 반응하여 에틸 페닐 케톤(ethyl phenyl ketone), 즉 프로피오페논(propiophenone)이 되고, 쉽게 환원되어 $n$-프로필벤젠이 된다.

$$\text{C}_6\text{H}_6 + \underset{\text{염화 프로판오일}}{\text{CH}_3\text{CH}_2\text{—C(=O)—Cl}} \xrightarrow[\text{(2) H}_2\text{O}]{\text{(1) AlCl}_3} \underset{\text{프로피오페논}}{\text{C}_6\text{H}_5\text{—C(=O)—CH}_2\text{CH}_3} \xrightarrow[\text{HCl 수용액}]{\text{Zn(Hg)}} \underset{n\text{-프로필벤젠}}{\text{C}_6\text{H}_5\text{—CH}_2\text{CH}_2\text{CH}_3}$$

Clemmensen 환원의 시약과 조건은 나이트로기를 아민으로 환원하는 데 사용되는 것들과 비슷하다. 방향족 치환과 그에 따른 환원은 다음 합성과 같이 특정 치환형을 가진 화합물을 만드는 가치 있는 과정이다.

$\xrightarrow[AlCl_3]{\text{벤젠}}$ $\xrightarrow[H_2SO_4]{HNO_3}$ $NO_2$

$NO_2$ $\xrightarrow[\text{HCl 수용액}]{\text{Zn 또는 Sn}}$ $^+NH_3$ $Cl^-$ $\xrightarrow{^-OH}$ $NH_2$

카복실산과 산 무수물은 또한 Friedel-Crafts 반응에서 아실화제로 작용한다. 20장과 21장에서 카복실산과 그 유도체의 반응을 학습할 때 이 아실화제를 논할 것이다.

## 17-11C Gattermann-Koch 폼일화 반응: 벤즈알데하이드의 합성

일반적인 방법으로는 Friedel-Crafts 아실화 반응을 통해 벤젠에 폼일기를 추가할 수 없다. 문제는 필수적인 시약인 염화 폼일(formyl chloride)이 불안정해서 구입할 수도, 저장할 수도 없다는 것이다.

$H-\overset{O}{\overset{\|}{C}}-$ 폼일기 $\quad$ $\left[H-\overset{O}{\overset{\|}{C}}-Cl\right]$ 염화 폼일

폼일화 반응은 고압의 일산화 탄소와 HCl의 혼합물을 염화 구리(CuCl)와 염화 알루미늄의 혼합물을 촉매로 사용하여 만들 수 있다. 이 혼합물은 적은 농도의 염화 폼일로도 폼일 양이온을 형성할 수 있다. 벤젠과 반응하여 벤즈알데하이드(benzaldehyde)로 더 잘 알려진 폼일 벤젠(formyl benzene)이 된다. **Gattermann-Koch 합성**(Gattermann-Koch synthesis)이라고 하는 이 반응은 아릴 알데하이드를 합성하는 데 공업적으로 널리 사용된다.

$$CO + HCl \rightleftarrows \left[H-\overset{O}{\overset{\|}{C}}-Cl\right] \xrightarrow{AlCl_3/CuCl} \left[H-\overset{+}{C}=\ddot{O}:\right]\ {}^-AlCl_4$$

염화 폼일 (불안정) $\quad$ 폼일 양이온

$$\text{벤젠} + H-\overset{+}{C}=O \longrightarrow C_6H_5-\overset{O}{\overset{\|}{C}}-H + HCl$$

벤즈알데하이드

**문제풀이 힌트**

Friedel-Crafts 아실화는 일반적으로 자리 옮김과 다중 치환 반응을 일으키지 않는다. 그러나 이 반응은 강하게 비활성화된 고리에서는 일어나지 않는다.

**연습문제 17-20**

다음 화합물을 만드는 데 Friedel-Crafts 아실화 반응, Clemmensen 환원 반응, Gattermann-Koch 합성을 이용하는 방법을 나타내라.

(a) $Ph-C(=O)-CH_2CH(CH_3)_2$ 아이소뷰틸 페닐 케톤

(b) $Ph-C(=O)-C(CH_3)_3$ *t*-뷰틸 페닐 케톤

(c) $Ph-C(=O)-Ph$ 다이페닐 케톤

(d) *p*-메톡시벤즈알데하이드

(e) 3-메틸-1-페닐뷰테인

(f) 1-페닐-2,2-다이메틸프로페인

(g) *n*-뷰틸벤젠

(h) $H_3C-C(=O)-C_6H_4-NH-C(=O)-CH_3$ (벤젠으로부터)

## 17-12 친핵성 방향족 치환 반응

친핵체는 특히 방향족 고리에 치환되어 있는 할로젠기의 오쏘, 파라 위치에 강한 전자 끄는 기가 있을 때 할로젠화 아릴로부터 할로젠화 이온을 치환할 수 있다. 친핵체가 방향족 고리의 이탈기를 치환하므로, 이러한 종류의 반응을 **친핵성 방향족 치환 반응**(nucleophilic aromatic substitution)이라고 한다. 다음 예는 암모니아와 수산화 이온이 2,4-다이나이트로클로로벤젠(2,4-dinitrochlorobenzene)에서 염화 이온을 치환할 수 있다는 것을 보여준다.

2,4-다이나이트로클로로벤젠 + $2\ NH_3$ $\xrightarrow{\text{(열, 압력)}}$ 2,4-다이나이트로아닐린 (90%) + $NH_4^+\ Cl^-$

2,4-다이나이트로클로로벤젠 $\xrightarrow[100\ °C]{2\ NaOH}$ 2,4-다이나이트로페녹사이드 ($O^-\ Na^+$) + NaCl + $H_2O$ $\xrightarrow{H^+}$ 2,4-다이나이트로페놀 (95%)

친핵성 방향족 치환 반응은 친전자성 방향족 치환 반응보다 응용 면에서 훨씬 제한적이다. 친핵성 방향족 치환 반응에서는 강력한 친핵체가 할로젠화 이온 같은 이탈기를 치환한다. 그러나 앞서 살펴본 친핵성 방향족 치환 반응의 메커니즘은 분명해 보이지 않는다. 할로젠화 아릴은 후방 공격(back-side attack)에 의한 치환을 위한 적절한 기하 구조를 이룰 수 없으므로, $S_N2$ 메커니즘은 사용할 수 없다. 방향족 고리는 할로젠과 결합된 탄소의 뒤쪽으로 친핵체가 접근하는 것을 막는다.

$S_N1$ 메커니즘도 적용될 수 없다. 강한 친핵체가 필요하며, 반응 속도가 친핵체의 농도에 비례하기 때문이다. 친핵체가 전이 상태에 관여함이 틀림없다.

전자 끄는 치환기(예: 나이트로기)는 친핵성 치환 반응에 대해 고리를 활성화한다. 이는 전이 상태가 고리에 음전하를 증가시킨다는 것을 시사한다. 실제로 친핵성 방향족 치환 반응은 적어도 하나의 강력한 전자를 끄는 기 없이는 매우 어렵다. (이러한 효과는 친전자성 방향족 치환 반응과 반대된다. 친전자성 방향족 치환 반응은 전자를 끄는 치환기가 반응을 느리게 하거나 멈추게 한다.)

친핵성 방향족 치환 반응은 자세히 연구되었으며, 반응물에 따라 두 가지 메커니즘이 제안되었다. 하나는 친전자성 치환 반응의 메커니즘과 유사한데, 친전자체와 탄소 양이온 대신 친핵체와 탄소 음이온이 관계하고 있다. 다른 메커니즘은 흥미롭고 특이한 활성 중간체인 '벤자인(benzyne)'에 관계한다.

## 17-12A 첨가-제거 메커니즘

2,4-다이나이트로벤젠과 수산화 소듐의 반응을 생각해보자. 수산화 이온(친핵체)이 염소를 가진 탄소를 공격할 때 음으로 하전된 시그마 착물이 생긴다. 음전하는 고리의 오쏘와 파라 탄소에 분산되고, 전자를 끄는 나이트로기에 의해 더욱 분산된다. 시그마 착물로부터 염화 이온이 제거되어 염기 용액에서 양성자가 이탈된 2,4-다이나이트로페놀(2,4-dinitrophenol)이 생성된다.

**메커니즘 17-7 | 친핵성 방향족 치환 반응(첨가-제거)**

첨가-제거 메커니즘은 음으로 하전된 시그마 착물을 안정화하기 위해 강한 전자 끄는 기가 필요하다.

**1단계:** 친핵체에 의한 공격은 공명 안정화된 시그마 착물을 생성한다.

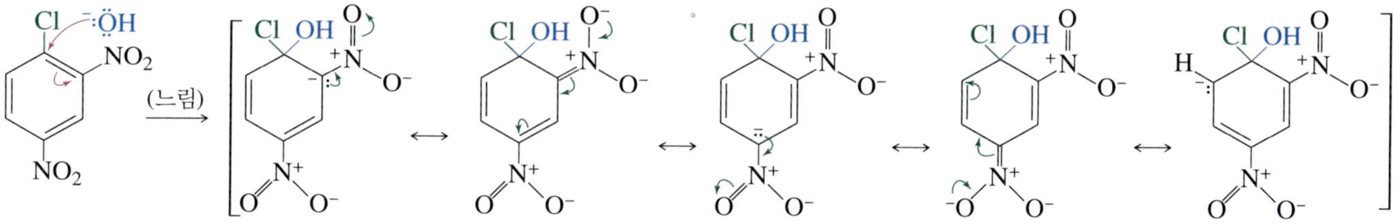

Cl, :ÖH, $NO_2$, $NO_2$ —(느림)→ [Cl OH, $^+N$, O, $O^-$ ↔ … ↔ … ↔ … ↔ H, Cl OH, $N^+$, $O^-$]

**2단계:** 이탈기가 떨어져 나가 생성물이 생성된다.

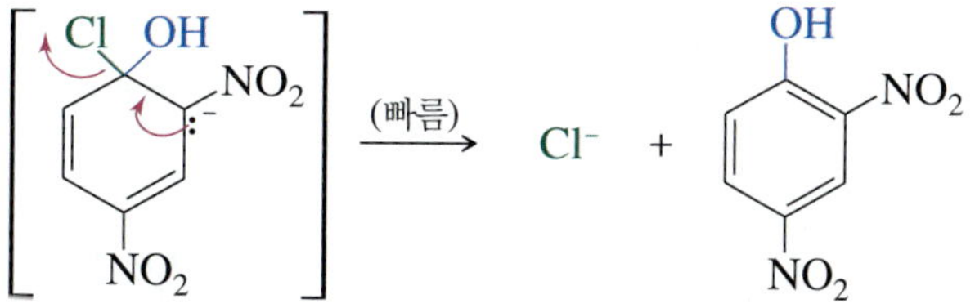

[Cl OH, $NO_2$, $NO_2$] —(빠름)→ $Cl^-$ + OH, $NO_2$, $NO_2$

시그마 착물 페놀

**3단계:** 이 생성물(페놀)은 산성이고, 염기에 의해 양성자가 이탈한다.

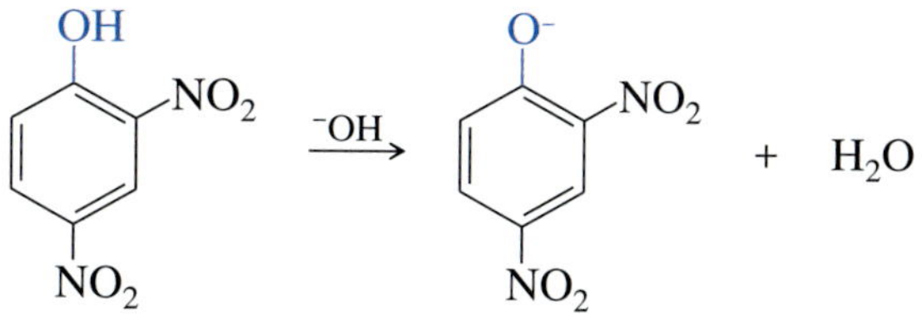

OH, $NO_2$, $NO_2$ —$^-OH$→ $O^-$, $NO_2$, $NO_2$ + $H_2O$

페놀 페녹시화 이온

반응이 완결된 후 산을 첨가해 페놀을 재생한다.

메커니즘 17-7에 나타난 공명 구조는 할로젠에 대해 오쏘와 파라 위치에 있는 나이트로기가 어떻게 중간체를 안정화하는지 보여준다. 이들 위치에 강하게 전자를 끄는 기가 없다면 음으로 하전된 시그마 착물은 아마도 형성되지 못할 것이다.

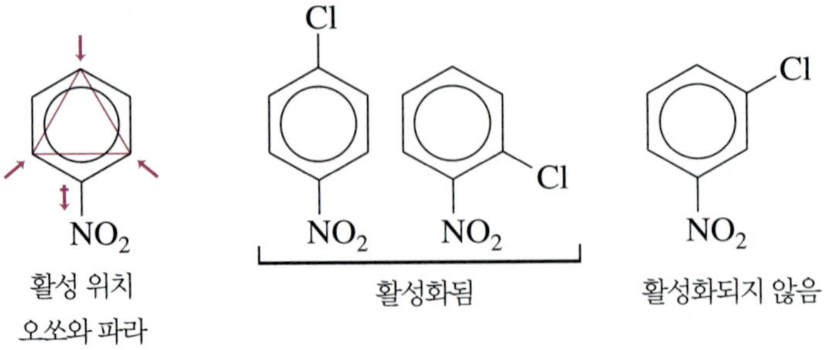

활성 위치 오쏘와 파라 — 활성화됨 — 활성화되지 않음

**연습문제 17-21**

플루오린화 이온은 편극성이 강하지 않기 때문에 보통 약한 이탈기이다. 플루오린화 이온은 펩타이드 구조를 결정하는 데 사용되는 Sanger 시약(2,4-다이나이트로플루오로벤젠)에서 이탈기로 작용한다(24장). $S_N1$과 $S_N2$ 메커니즘에서 약한 이탈기일지라도 친핵성 방향족 치환 반응에서 플루오린화 이온이 이탈기로 작용하는 이유를 설명하라.

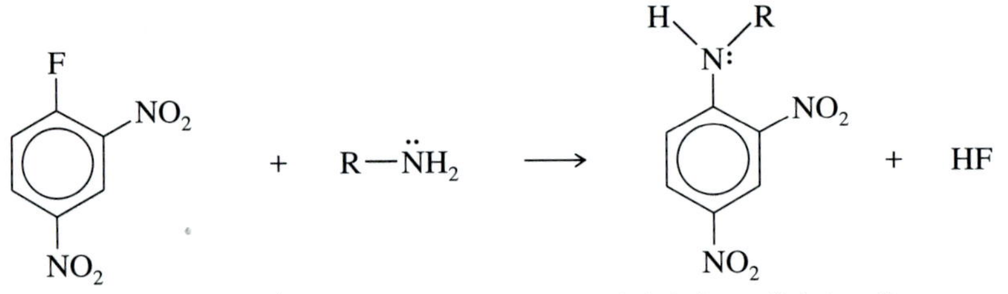

2,4-다이나이트로플루오로벤젠 (Sanger 시약) + 아민 ($R-\ddot{N}H_2$) ⟶ 2,4-다이나이트로페닐 유도체 + HF

## 17-12B 벤자인 메커니즘: 제거-첨가

친핵성 방향족 치환 반응을 위한 첨가-제거 메커니즘은 방향족 고리에 강하게 전자를 끄는 치환기를 요구한다. 하지만 극한 조건에서는 활성화되지 않은 할로벤젠도 센염기와 반응한다. 예를 들면 페놀의 상업적 합성법('Dow 과정')은 클로로벤젠을 350°C의 고압 반응기에서 수산화 소듐과 소량의 물로 처리한다.

클로로벤젠 —(2 NaOH, 350 °C, $H_2O$)→ 페녹시화 소듐 ($O^- Na^+$) + NaCl —($H^+$)→ 페놀

유사하게 클로로벤젠은 아마이드화 소듐($NaNH_2$, 매우 강한 염기)과 반응하여 아닐린, $Ph-NH_2$를 생성한다. 이 반응은 고온일 필요가 없으며, −33°C의 액체 암모니아에서 일어난다.

비활성화된 벤젠 유도체의 친전자성 치환 반응은 나이트로 치환된 할로벤젠에서 볼 수 있던 첨가-제거 반응과는 다른 메커니즘으로 일어난다. 메커니즘에 대한 실마리는 *p*-브로모톨루엔과 아마이드화 소듐의 반응을 통해 얻을 수 있다. 이 반응의 생성물은 *m*- 및 *p*-톨루이딘(*p*-toluidine)의 50 : 50 혼합물이다.

Br, CH$_3$ / p-브로모톨루엔 →($Na^+ \, ^-NH_2$ / $NH_3$, −33 °C) NH$_2$, CH$_3$ / p-톨루이딘 (50%) + NH$_2$, CH$_3$ / m-톨루이딘 (50%)

이 두 생성물은 **벤자인 메커니즘**(benzyne mechanism)이라고 하는 제거-첨가 메커니즘으로 설명할 수 있다. 아마이드화 소듐(또는 Dow 과정에서의 수산화 소듐)이 양성자를 제거하는 염기로 작용한다. 생성물은 원래 C—H 결합을 형성했던 $sp^2$ 오비탈에 편재된 비결합 전자쌍을 가지고 있으며, 또한 음전하를 함유하는 탄소 음이온이다.

$sp^2$ 혼성화 / 탄소 음이온 / Br⁻ 잃음 / $sp^2$ 혼성화(비틀림) / '벤자인'

탄소 음이온은 브로민화 이온을 잃음으로써 중성이 될 수 있다. 브로민화 이온은 결합 전자를 가지고 이탈하기 때문에 빈 $sp^2$ 오비탈을 남긴다. 이 오비탈은 옆에 있는 채워진 오비탈과 중첩하여 두 탄소 사이에 또 하나의 결합을 형성한다. 두 $sp^2$ 오비탈은 서로 방향이 60° 떨어져 있으므로 중첩이 효과적이지 못하다. 이 반응 중간체를 **벤자인**(benzyne)이라고 하는데, 이는 두 탄소 원자 사이에 삼중 결합을 그려서 나타낼 수 있기 때문이다. 그러나 삼중 결합은 보통 직선형이므로, 반응성이 매우 크고 비틀림이 크다.

아마이드 이온은 강력한 친핵체로, 결합이 약하고 반응성이 큰 벤자인 삼중 결합의 한 끝을 공격한다. 뒤이어 양성자를 얻음으로써 톨루이딘이 된다. 이 생성물의 약 절반은 아마이드 이온이 메타 탄소를 공격하여 얻고, 다른 절반은 파라 탄소를 공격하여 얻는다.

벤자인 →($:\ddot{N}H_2^-$) 탄소 음이온 →(H—NH$_2$) p-톨루이딘 + $:\ddot{N}H_2^-$

벤자인 →($:\ddot{N}H_2^-$) 탄소 음이온 →(H—NH$_2$) m-톨루이딘 + $:\ddot{N}H_2^-$

요약하면 벤자인 메커니즘은 친핵성 방향족 치환 반응에 대해 할로벤젠이 비활성이고, 센염기를 사용한 가혹한 조건에서 작동한다. 2단계 제거 반응은 반응성이 있는 벤자인 중간체를 형성한다. 친핵성 공격에 이은 양성자화에 의해 치환된 생성물이 형성된다.

## 메커니즘 17-8 | 친핵성 방향족 치환 반응(벤자인 메커니즘)

벤자인 메커니즘(제거-첨가)은 고리에 강한 전자 끄는 기가 없을 때 발생할 가능성이 높다. 흔히 강력한 염기나 고온이 필요하다.

**1단계:** 이탈기 이웃에서의 탈양성자 반응은 탄소 음이온을 생성한다.

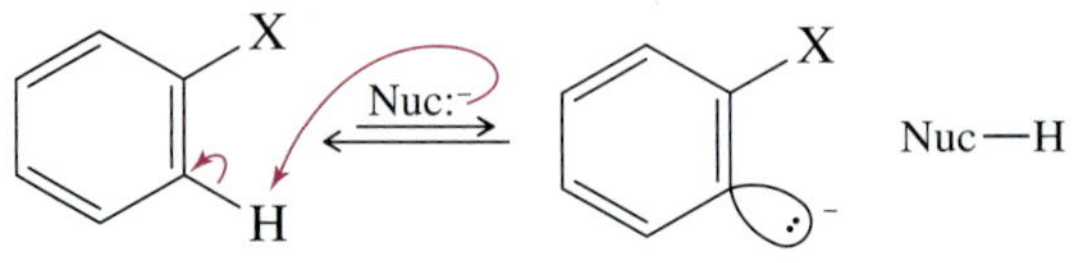

X, H, Nuc:⁻, X, Nuc—H

**2단계:** 탄소 음이온은 이탈기를 쫓아내어 '벤자인' 중간체를 형성한다.

X, '벤자인', + X:⁻

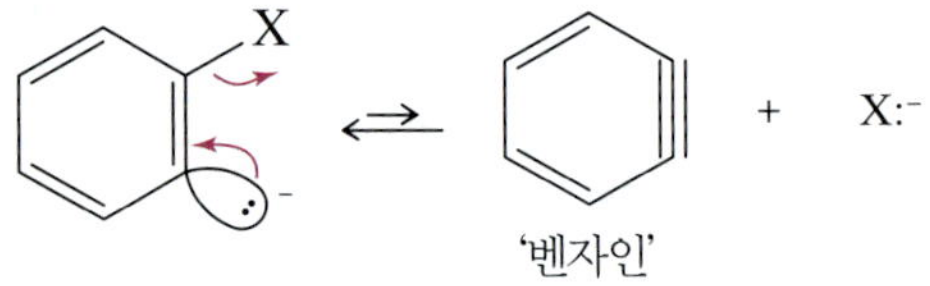

**3단계:** 반응성이 큰 벤자인 삼중 결합의 어느 한쪽을 친핵체가 공격한다.

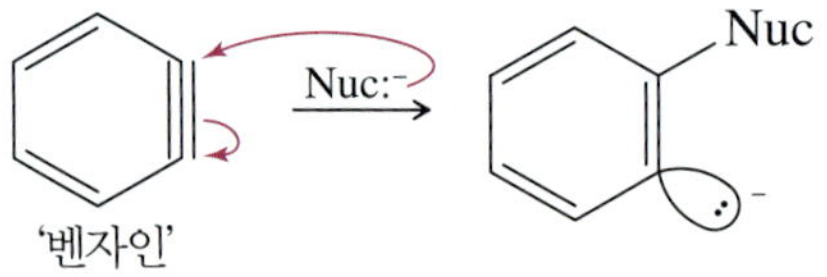

'벤자인', Nuc:⁻, Nuc

**4단계:** 재양성자화는 생성물을 생성한다.

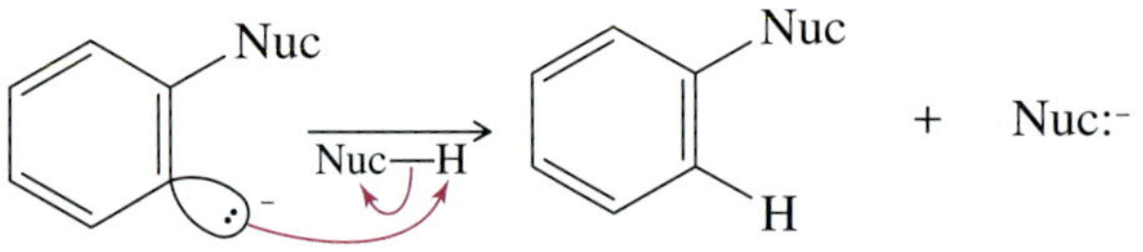

Nuc, Nuc—H, Nuc, H, + Nuc:⁻

### 연습문제 17-22

*p*-클로로톨루엔이 350°C에서 수산화 소듐과 반응하여 *p*-크레졸과 *m*-크레졸의 혼합물을 생성하는 이유를 설명할 수 있는 자세한 메커니즘을 제시하라.

**문제풀이 힌트**

강한 전자 끄는 기가 오쏘나 파라 위치에 있으면 첨가-제거 메커니즘이 일어날 것이다. 이러한 활성화기가 없으면 더 강력한 조건이 요구되며 벤자인 메커니즘이 일어날 것이다.

### 연습문제 17-23

다음 반응의 메커니즘과 예상되는 생성물을 제안하라.

(a) 2,4-다이나이트로클로로벤젠 + 메톡시화 소듐($NaOCH_3$)

(b) 2,4-다이메틸클로로벤젠 + 수산화 소듐, 350°C

(c) *p*-나이트로브로모벤젠 + 메틸아민($CH_3-NH_2$)

(d) 2,4-다이나이트로클로로벤젠 + 과량의 하이드라진($H_2N-NH_2$)

**연습문제 17-24**

매우 반응성이 큰 벤자인 삼중 결합은 강력한 친다이엔체이다. 벤자인(클로로벤젠과 NaOH을 가열하여 얻음)과 사이클로펜타다이엔의 Diels-Alder 반응의 생성물을 예측하라.

## 17-13 유기금속 시약을 이용한 방향족 치환 반응

여러 유형의 작용기가 존재하는 방향족 고리에 알킬, 아릴, 바이닐기를 추가할 수 있는 합성 기술이 필요하다. 17-10절에서 Friedel-Crafts 알킬화와 한계에 대해 논의했다. (1) 자리 옮김과 다중 알킬화가 일반적이다. (2) 비활성화된 고리에는 반응이 일어나지 않는다. (3) 반응을 위해서는 $AlCl_3$와 탄소 양이온 같은 강력한 친전자체가 필요한데, 이들은 다른 많은 작용기와 반응하지 않아야 한다. 이러한 한계를 피하기 위해 유기 화학자들은 다양한 작용기를 견딜 다양한 방법을 사용하여 새로운 짝지음 반응(탄소-탄소 결합을 형성하는 반응)을 개발했다.

가장 성공적인 짝지음 반응 가운데 일부는 원자가가 쉽게 바뀌는 전이 금속을 사용하는 방법으로, 전이 금속의 산화 상태가 변함에 따라 치환기의 첨가 및 제거 반응이 일어난다. 8-17절은 전이 금속 화합물이 어떻게 올레핀 상호 교환 반응에서 파트너 교환을 촉진하는지 보여주었다. 연습문제 10-21(10-9절)은 유기구리 시약(Gilman 시약)이 할로젠화 알킬과 어떻게 결합할 수 있는지 설명했다. 유기구리 시약은 아릴 및 할로젠화 바이닐과 짝지음하여 치환된 벤젠과 연장된 알켄을 만들 수 있다. 최근 연구에서는 다른 전이 금속을 시약과 촉매로 이용하여 추가적인 짝지음 방법을 개발했다.

방향족성 고리와 알켄 같은 $sp^2$ 혼성화 탄소에 새로운 탄소-탄소 결합을 형성하는 팔라듐 촉매 짝지음 반응을 개발한 공로로 Richard F. Heck(델라웨어대학교), Ei-Ichi Negishi(퍼듀대학교), Akira Suzuki(홋카이도대학교)에게 2010년 노벨 화학상이 수여되었다. 이러한 반응의 대부분은 방향족성 고리 또는 알켄에 있는 할로젠을 유기 작용기와 치환한다. 먼저 유기구리에 의해 방향족성 고리와 알켄이 짝지음하는 것으로 설명을 시작하고, 그 후 치환된 방향족 고리를 형성시키기 위한 팔라듐 촉매 반응을 살펴볼 것이다.

### 17-13A 유기구리 시약을 이용한 짝지음 반응

리튬 다이알킬구리 시약(Gilman 시약)은 2당량의 유기리튬 시약과 아이오딘화 구리의 반응을 통해 형성된다. 할로젠화 알킬, 아릴, 바이닐과 다이알킬구리 간의 반응으로 새로운 탄소-탄소 결합이 형성된다.

유기리튬 시약의 제조:

$$\mathrm{R{-}X} + 2\,\mathrm{Li} \longrightarrow \mathrm{R{-}Li} + \mathrm{LiX}$$

(R = 알킬, 바이닐, 아릴)

리튬 유기구리 시약의 제조:

$$2\,\mathrm{R{-}Li} + \mathrm{CuI} \longrightarrow \mathrm{R_2CuLi} + \mathrm{LiI}$$

유기구리와 할로젠화 알킬, 아릴, 바이닐의 짝지음 반응:

$$\mathrm{R'{-}X} + \mathrm{R_2CuLi} \longrightarrow \mathrm{R'{-}R} + \mathrm{R{-}Cu} + \mathrm{LiX}$$

**문제풀이 힌트**

10-9F절에서는 리튬 다이알킬구리 시약과 할로젠 알킬의 반응을 통해 더 큰 알케인을 생성하는 방법을 다뤘다.

유기구리의 반응 메커니즘은 사용된 유기구리와 할로젠화 알킬의 형태에 따라 다양하며, 잘 알려져 있지 않다. 유기구리의 짝지음 반응은 단순하게 $S_N2$ 반응으로 진행될 것으로 생각할 수 있지만, $S_N2$ 치환 반응이 일어나지 않는 할로젠화 바이닐과 아릴 같은 $sp^2$ 혼성화된 기질과도 잘 반응하기 때문에 $S_N2$ 반응이 아니다. 다음 예는 유기구리의 반응으로 합성되는 다양한 화합물을 보여준다. 방향족성 고리는 할로젠화 아릴 또는 다이알킬구리 시약 내에 존재할 수 있다.

예:

**1.** 할로젠화 아릴과 알킬 또는 바이닐 구리

I + ( )$_2$CuLi ⟶

아이오도벤젠 다이바이닐구리산 리튬 스타이렌

**2.** 할로젠화 바이닐의 입체 화학이 보존하는 아릴 구리가 포함된 할로젠화 바이닐

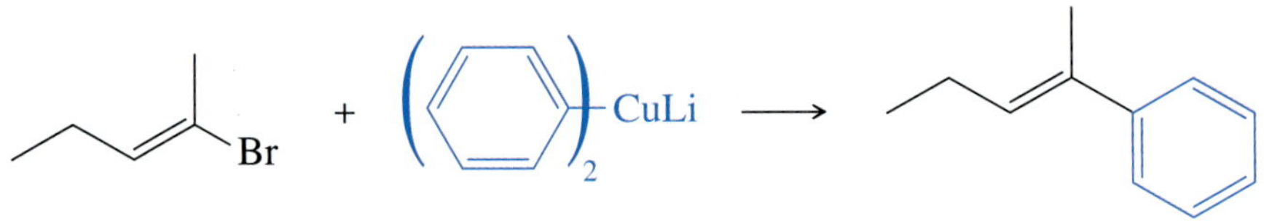

Br + ( )$_2$CuLi ⟶

**3.** 할로젠화 알킬과 아릴 구리

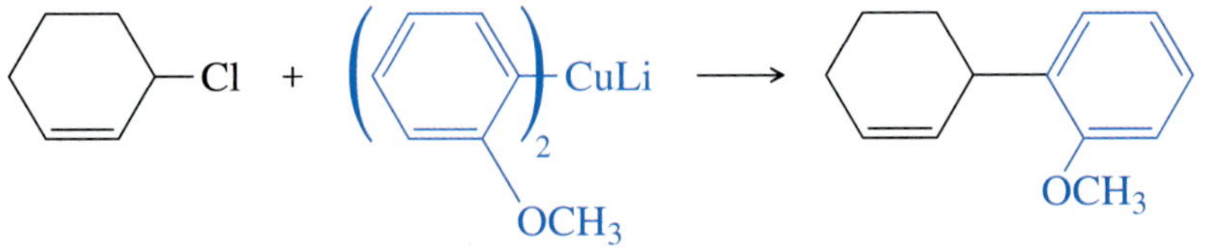

Cl + ( )$_2$CuLi ⟶ OCH$_3$ OCH$_3$

**4.** 케톤을 합성하는 유기구리가 포함된 할로젠화 아실

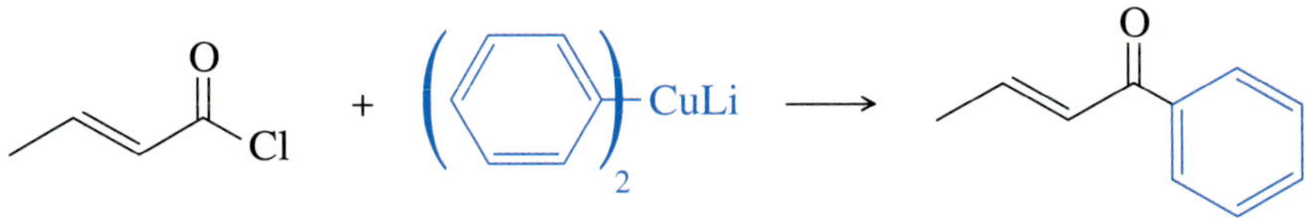

O Cl + ( )$_2$CuLi ⟶ O

**연습문제 17-25**

다음 반응으로부터 예상되는 생성물을 나타내라.

(a) 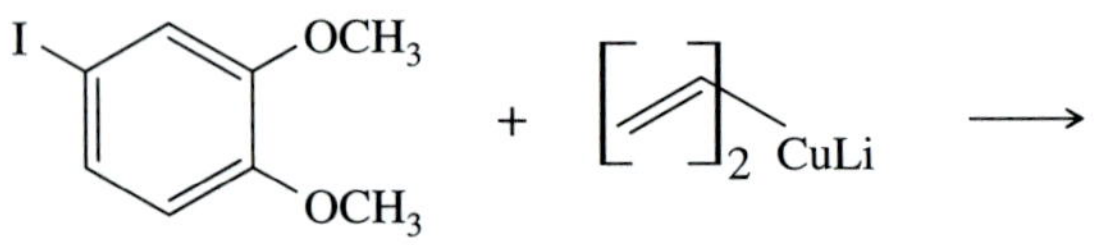 I OCH$_3$ OCH$_3$ + [ ]$_2$ CuLi ⟶

(b) 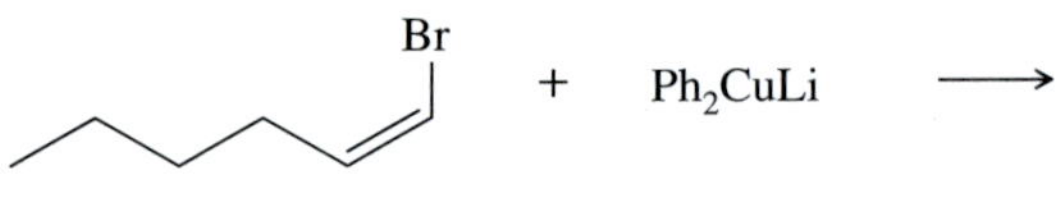 Br + $Ph_2CuLi$ ⟶

**연습문제 17-26**

다음 치환 반응을 위해 어떤 유기구리 시약을 사용해야 하는지 나타내라.

(a) 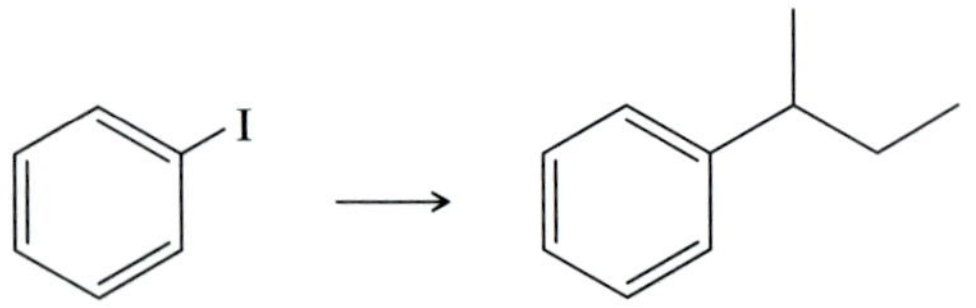 I ⟶

(b) 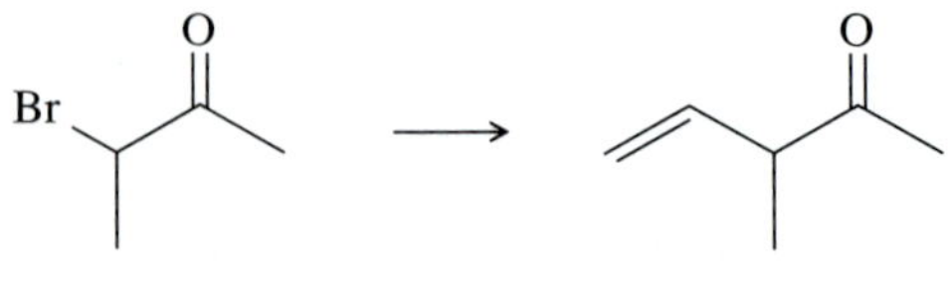 Br O ⟶ O

### 17-13B Heck 반응

Heck 반응은 할로젠화 아릴 또는 바이닐과 알켄의 팔라듐 촉매 짝지음 반응으로, 알켄에서 치환기가 적은 끝 쪽에 새로운 C—C 결합을 형성하며, 보통 트랜스 입체 화학을 나타낸다.

Heck 반응

R—X + (알켄)R′ —Pd 촉매 / $Et_3N$:과 같은 염기→ R(트랜스 알켄)R′ + $Et_3\overset{+}{N}H\ X^-$

(R = 아릴 또는 바이닐)
(X = Br 또는 I)

대부분의 경우 할로젠화물은 브로민화물 또는 아이오딘화물이며, 알켄은 일반적으로 단일 치환체이다. 팔라듐 촉매로는 $Pd(OAc)_2$, $PdCl_2$ 또는 다른 다양한 팔라듐 화합물이 사용된다. 단지 소량의 비싼 팔라듐 촉매가 필요하다. 반응에서 방출되는 HX를 중화하기 위해 트라이에틸아민 또는 아세트산 소듐 같은 염기가 첨가된다. 많은 반응에서 팔라듐과 착물을 형성하기 위해 트라이페닐포스핀(triphenylphosphine, $PPh_3$)을 사용하는데, 이는 팔라듐 착물의 안정화를 돕고 반응성을 향상시킨다.

Heck 반응과 그의 변형된 반응은 약물 합성에 일상적으로 사용되며, 팔라듐 촉매는 회수되어 재활용된다. 어떤 Heck 반응은 유해한 유기용제의 구입과 폐기가 필요 없는 물이 용매로 사용된다. 다음 예는 Heck 반응의 다양한 응용성을 보여준다.

Heck 반응의 예:

1. 할로젠화 아릴과 아릴 올레핀

아이오도벤젠 + 스타이렌 —$Pd(OAc)_2$ / $PPh_3$, $Et_3N$→ 트랜스-스틸벤

2. 할로젠화 아릴과 콘쥬게이션된 산 또는 에스터

브로모벤젠 + 아크릴산 메틸 ($OCH_3$, O) —$Pd(OAc)_2$ / $PPh_3$, $Et_3N$:→ 시남산 메틸 ($OCH_3$, O)

3. 할로젠화 바이닐과 콘쥬게이션 나이트릴

(*E*)-1-아이오도뷰트-I-엔 (I) + 아크릴로나이트릴 (CN) —$Pd(OAc)_2$ / $PPh_3$, $Et_3N$:→ (2*E*,4*E*)-헵타-2,4-다이엔나이트릴 (CN)

**4.** 처방전 없는 진통제 및 소염제인 나프록센(naproxen)의 산업적 합성

$CH_3O$ (naphthalene) Br $\xrightarrow[\text{Pd 촉매 (Heck 반응)}]{H_2C{=}CH_2}$ $CH_3O$ (vinyl naphthalene) $\xrightarrow{\text{(여러 단계)}}\rightarrow$ $CH_3O$ (naphthalene) C(H)(CH_3)COOH

**5.** 일반적인 햇빛 차단제인 메톡시시남산 옥틸(octyl methoxycinnamate)의 산업적 합성

$CH_3O$–C₆H₄–Br + $H_2C{=}CH{-}COOH$ $\xrightarrow[\text{(Heck 반응)}]{\text{Pd 촉매}}$ $CH_3O$–C₆H₄–CH=CH–C(=O)OH

$CH_3O$–C₆H₄–CH=CH–C(=O)OH $\xrightarrow{\text{2-ethylhexanol (OH)}}$ $CH_3O$–C₆H₄–CH=CH–C(=O)–O–(2-ethylhexyl)

'메톡시시남산 옥틸'

($E$)-2-에틸헥실-4-메톡시시남산

**연습문제 17-27**

다음 반응의 예상되는 생성물을 나타내라.

(a) 4-bromoacetophenone (O, Br) + 4-methyl-1-pentene $\xrightarrow[PPh_3,\ Et_3N]{PdCl_2}$

(b) 2-bromo-2-pentene (Br) + 4-methoxystyrene ($OCH_3$) $\xrightarrow[PPh_3,\ Et_3N]{Pd(OAc)_2}$

**연습문제 17-28**

Heck 반응을 이용하여 다음 생성물을 제조하는 데 어떤 치환된 알켄을 사용해야 하는지 나타내라.

(a) 2-iodotoluene (I, $CH_3$) + ? $\xrightarrow[PPh_3,\ Et_3N]{Pd(OAc)_2}$ ($CH_3$)C₆H₄–CH=CH–C(=O)$OCH_3$

(b) 6-bromotetralin (Br) + ? $\xrightarrow[PPh_3,\ Et_3N]{Pd(OAc)_2}$ tetralin–CH=CH–CN

## 17-13C Suzuki 반응(Suzuki 짝지음)

Suzuki 반응은 할로젠화 아릴 또는 할로젠화 바이닐과 알킬, 알케닐, 아릴 보론산, 보론산 에스터와 짝지음을 하는 팔라듐 촉매 치환 반응이다. 이 기본적인 반응을 바탕으로 다양한 작용기를 포함한 많은 변형이 가능하다.

**응용: 친환경 시약**

과거에는 이러한 종류의 짝지음 반응을 위해 중금속과 다른 유독 화합물이 필요했다. 폐기물 처리가 어려웠고, (제약회사에서) 제품이 유해한 잔여 화합물로 오염되지 않았다고 증명하는 것이 어려웠다.

Suzuki 짝지음은 붕산과 보론산 에스터 같은 훨씬 덜 유독한 부산물을 생성한다. 이러한 부산물은 덜 위험하고 폐기하기 더 수월하다.

Suzuki 반응(Suzuki 짝지음)

$$\mathrm{R{-}X} + \mathrm{R'{-}B(OH)_2} \xrightarrow[\text{NaOH와 같은 염기}]{\text{Pd 촉매}} \mathrm{R{-}R'} + \mathrm{B(OH)_3} + \mathrm{NaX}$$

(R = 아릴 또는 바이닐)
(X = Br, I, Cl)
보론산
또는 보론산 에스터[$R'B(OR)_2$]
붕산

Heck 반응과 마찬가지로 Suzuki 짝지음 반응은 물을 용매로 사용할 수 있다. 물을 기본으로 하는 Suzuki 반응은 독성 용매 구매 및 폐기의 최소화를 원하는 생산 과정이나 연구실 모두에 매력적이다.

**1.** 시약의 입체 화학을 보존하는 알케닐보론산 에스터가 포함된 할로젠화 바이닐

(Z)-할로젠화 바이닐 + (E)-알케닐보론산 에스터 $\xrightarrow[\text{NaOH}]{\text{Pd(PPh}_3)_4}$ (E,Z) 입체 화학을 가진 다이엔

**2.** 탄소 기반 팔라듐과 물을 용매로 사용하는 아릴보론산이 포함된 할로젠화 아릴

p-브로모페놀 + 페닐보론산 $\xrightarrow[K_2CO_3,\ H_2O]{10\%\ \text{Pd/C}}$ p-페닐페놀

**3.** 물을 용매로 사용하고 탄소 기반 팔라듐을 재사용이 가능한 촉매로 사용하는 친환경적인 Suzuki 짝지음에 의한 소염제 플루비프로펜(flurbiprofen)의 합성

(Br, F, H, $CH_3$, COOH 치환 벤젠) + 테트라페닐보론산 소듐 ($\bar{B}Ph_3\ Na^+$) $\xrightarrow[\text{H}_2\text{O (Suzuki 짝지음)}]{\text{Pd/C}}$ 플루비프로펜

Suzuki 반응에 사용되는 보론산 에스터는 시판되는 알킬보론산, 바이닐 보론산, 아릴보론산으로부터 합성할 수 있다. 알킬 및 바이닐 보론산 에스터는 8장과 9장에서 소개된 알켄과 알카인의 수소붕소 첨가 반응과 유사하게 이중 결합과 삼중 결합의 수소붕소 첨가 반응으로도 합성할 수 있다. 붕소 원자는 일반적으로 이중 또는 삼중 결합의 치환기가 적은 쪽으로 치환됨을 기억하라. 또한 B와 H는 삼중 결합의 같은 면에 첨가(신 첨가)되어 트랜스 알케닐보론산 에스터를 생성한다.

$$R'HC{=}CH_2 + H{-}B(OR)_2 \longrightarrow R'H_2C{-}CH_2{-}B(OR)_2$$

알켄 다이알콕시보레인 알킬보론산 에스터

$$R{-}C{\equiv}C{-}H + H{-}B(OR)_2 \longrightarrow R'HC{=}CH{-}B(OR)_2$$

알카인 다이알콕시보레인 트랜스 알케닐보론산 에스터

아릴보론산 에스터는 두 단계의 과정으로 제조된다. 할로젠화 아릴은 아릴리튬 화합물로 변환된다(10장). 보론산 트라이알킬(종종 보론산 트라이메틸)의 첨가는 유기리튬 화합물이 탄소-붕소 결합을 형성하고 알콕시기를 내보낸다.

$$C_6H_5{-}Br \xrightarrow{2\ Li} C_6H_5{-}Li \xrightarrow[\text{(보론산 트라이메틸)}]{B(OMe)_3} C_6H_5{-}B(OCH_3)_2 + LiOCH_3$$

브로모벤젠 페닐리튬 아릴보론산 에스터 (다이메틸 페닐보론산)

Suzuki 반응은 메커니즘 17-9에서 설명된 흥미로운 메커니즘을 통해 진행된다. 첫 번째 단계는 팔라듐 원자가 R—X 결합에 삽입되어 R—Pd—X를 형성하는 것으로, 이는 마그네슘이 R—X 결합에 삽입되어 R—Mg—X를 형성하는 Grignard 시약의 형성과 유사하다.

두 번째 단계에서는 음전하를 가진 알킬보론산염의 알킬기가 팔라듐 내 할로젠을 대체하면서 할로젠 이온이 배출된다. 마지막 단계에서는 팔라듐 내 두 알킬기가 결합하여 Pd 원자를 원래의 (0) 산화 상태로 방출시킨다. 이 팔라듐 원자는 추가 반응을 촉매화할 수 있어 진정한 촉매로 작용한다.

**메커니즘 17-9 | Suzuki 반응**

**1단계:** 팔라듐에 대한 산화성 첨가는 팔라듐의 산화 수를 높인다.

$$R{-}X + Pd^0 \longrightarrow R{-}Pd^{II}{-}X$$

**2단계:** 팔라듐에서 리간드의 교환이 발생한다.

$$R{-}Pd^{II}{-}X + R'{-}B^-(OH)_3 \longrightarrow R{-}Pd^{II}{-}R' + HO{-}B(OH)_2 + X^-$$

$R'B(OH)_2$에 $^-OH$가 첨가되어 생성됨

**3단계:** 팔라듐에서의 환원성 제거는 팔라듐의 산화 수를 낮춘다.

$$R{-}Pd^{II}{-}R' \longrightarrow R{-}R' + Pd^0$$

**연습문제 17-29**

다음 Suzuki 짝지음 반응으로부터 예상되는 생성물을 나타내라.

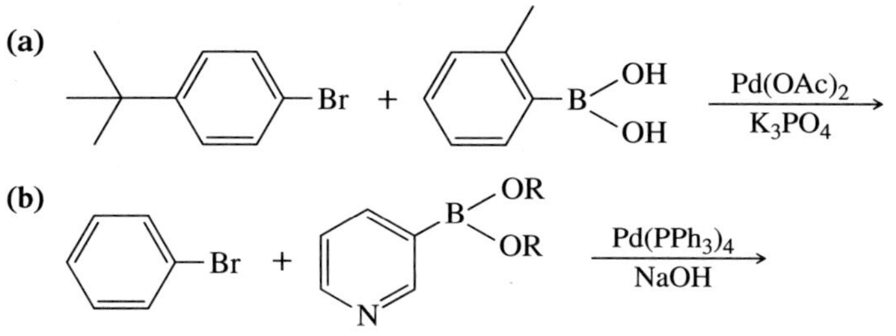

(a) 4-tert-butylbromobenzene + 2-methylphenylboronic acid ($B(OH)_2$) $\xrightarrow[K_3PO_4]{Pd(OAc)_2}$

(b) bromobenzene + 3-pyridyl-$B(OR)_2$ $\xrightarrow[NaOH]{Pd(PPh_3)_4}$

**연습문제 17-30**

제시된 출발 물질로부터 생성물을 합성하기 위해 Suzuki 반응이 어떻게 이용되는지 나타내라. 필요한 추가 시약을 사용할 수 있다.

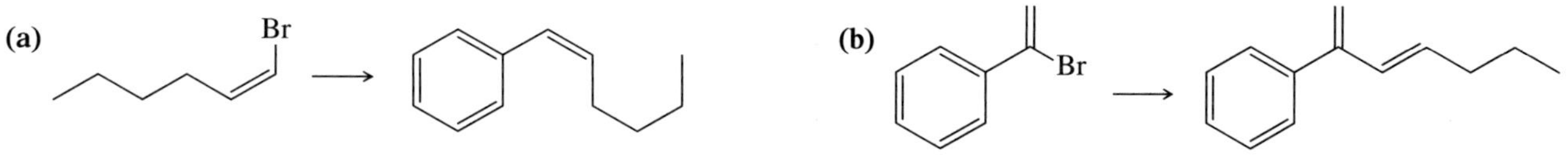

(a) (Z)-1-bromohexene (Br) ⟶ (Z)-1-phenylhexene

(b) α-bromostyrene (Br) ⟶ 2-phenyl-1,3-diene

## 17-14 벤젠 유도체의 첨가 반응

치환 반응이 더 일반적이지만, 가혹한 조건하에서는 방향족 화합물도 첨가 반응을 겪을 수 있다. 이러한 첨가 반응은 방향족 화합물들의 가장 중요한 산업적 반응의 일부분이다.

### 17-14A 염소화 반응

치환 반응이 더 흔할지라도 방향족 화합물에 가혹한 조건이 사용되면 첨가 반응이 일어날 수도 있다. 벤젠은 온도와 압력을 가한 (또는 광선을 조사하는) 조건에서 과량의 염소를 가할 때 6개의 염소 원자가 첨가되어 1,2,3,4,5,6-헥사클로로사이클로헥세인(1,2,3,4,5,6-hexachlorocyclohexane)이 생성된다. 이 생성물은 벤젠을 직접 염소화하여 합성할 수 있기 때문에 종종 **육염화 벤젠**(benzene hexachloride, BHC)이라고 한다.

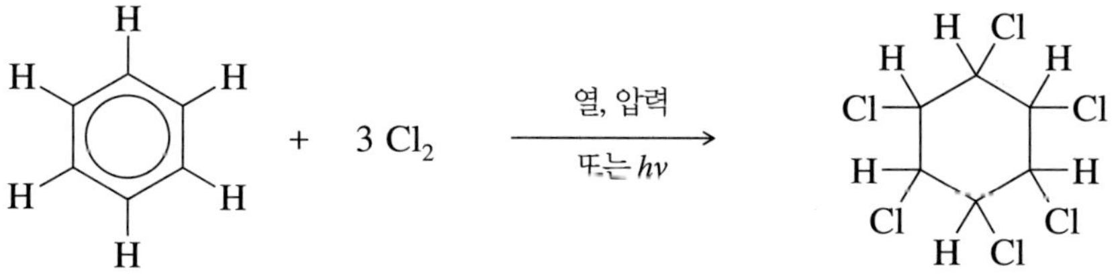

$$C_6H_6 + 3\,Cl_2 \xrightarrow[\text{또는 } h\nu]{\text{열, 압력}} C_6H_6Cl_6$$

벤젠 → 육염화 벤젠(BHC) (8개의 이성질체)

자유 라디칼 메커니즘과 관련 있다고 간주되는 벤젠에 염소를 첨가하는 반응은 중간체 단계에서 멈추는 것이 일반적으로 불가능하다. 첫 번째 첨가는 고리의 방향족성을 파괴하고, 다음에 첨가되는 염소 2몰은 매우 빠르게 첨가된다. 모두 8개의 입체 이성질체가 서로 다른 양으로 생성된다. 상업적으로 가장 중요한 이성질체는 살충제인 린데인(lindane)인데, 이는 머리 이를 죽이는 샴푸에 이용된다.

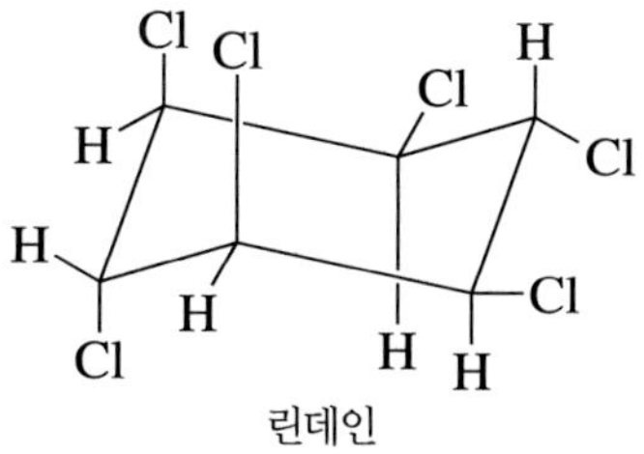

린데인

### 17-14B 방향족 고리의 촉매 수소화 반응

벤젠에서 사이클로헥세인을 생성하는 촉매 수소화 반응은 고온 및 고압에서 루테늄(ruthenium)이나 로듐(rhodium) 촉매로 사용하여 일어난다. 치환된 벤젠은 반응하여 치환된 사이클로헥세인을 생성한다. 이중 치환된 벤젠은 종종 시스 및 트랜스 이성질체를 생성한다.

$$\text{벤젠} \xrightarrow[\text{Pt, Pd, Ni, Ru, Rh}]{3\ H_2,\ 1000\ \text{psi}} \text{사이클로헥세인(100\%)}$$

$$m\text{-자일렌} \xrightarrow[\text{Ru 또는 Rh 촉매, 100 °C}]{3\ H_2,\ 1000\ \text{psi}} \text{1,3-다이메틸사이클로헥세인(100\%)}$$

(시스 및 트랜스 혼합물)

벤젠의 촉매 수소화는 사이클로헥세인과 치환된 사이클로헥세인 유도체를 생성하는 상업적인 방법이다. 환원 반응은 중간체 단계인 사이클로헥센 또는 사이클로헥사다이엔(cyclohexadiene)에서 멈출 수 없다. 이는 알켄이 벤젠보다 더 빠르게 환원되기 때문이다.

### 17-14C Birch 환원 반응

1944년에 호주 화학자인 A. J. Birch는 벤젠 유도체를 액체 암모니아와 알코올의 혼합물에서 소듐이나 리튬으로 처리하면 환원되어 콘쥬게이션되지 않은 사이클로헥사-1,4-다이엔이 생성된다는 사실을 알아냈다. **Birch 환원 반응**(Birch reduction)은 흥미롭고 유용한 여러 고리화된 다이엔을 만드는 데 편리한 방법이다.

$$\text{벤젠} \xrightarrow[NH_3(l),\ \text{ROH}]{\text{Na 또는 Li}} \text{사이클로헥사-1,4-다이엔(90\%)}$$

Birch 환원 반응의 메커니즘(다음 내용 참조)은 알카인이 소듐/액체 암모니아에 의해 트랜스-알켄이 되는 것과 비슷하다(9-9C절). 액체 암모니아 용액에 있는 소듐은 벤젠에 첨가되어 라디칼 음이온을 형성할 수 있는 용매화된 전자를 가진다. 센염기성 라디칼 음이온은 용매 속의 알코올로부터 양성자를 얻어 사이클로헥사다이엔일 라디칼을 형성한다. 이러한 라디칼은 빨리 다른 용매화된 전자를 추가하여 사이클로헥사다이엔일 음이온을 형성한다. 이 음이온은 양성자를 얻음으로써 환원된 생성물을 형성한다.

## 메커니즘 17-10 | Birch 환원 반응

Birch 환원 반응은 용매화된 전자를 방향족 고리에 두 번 첨가하고, 이어서 양성자화한다.

**사전 단계:** 암모니아 용액 중에 용매화된 전자가 생성된다.

$$NH_3 + Na \rightleftharpoons NH_3 \cdot e^- \text{ (진한 파란 용액)} + Na^+$$

용매화된 전자

**1~2단계:** 전자를 첨가한 후 양성자화에 의해 라디칼이 형성된다.

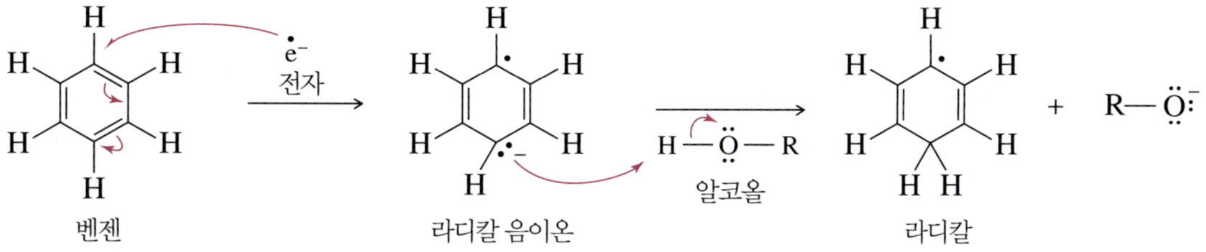

벤젠 → (e⁻ 전자) → 라디칼 음이온 → (H—Ö—R 알코올) → 라디칼 + R—Ö:⁻

**3~4단계:** 두 번째 전자를 첨가한 후 양성자화에 의해 생성물이 생성된다.

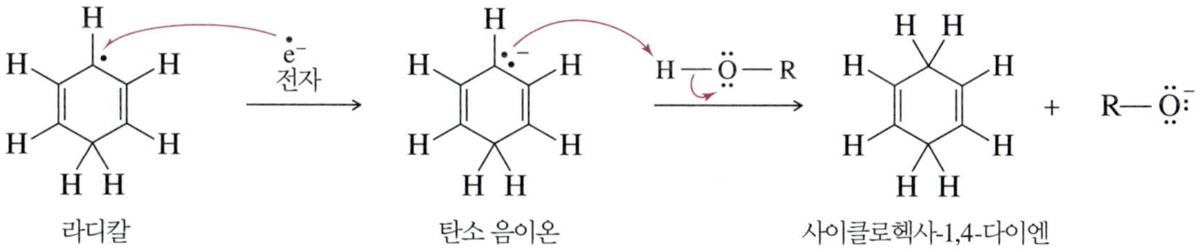

라디칼 → (e⁻ 전자) → 탄소 음이온 → (H—Ö—R) → 사이클로헥사-1,4-다이엔 + R—Ö:⁻

환원된 두 탄소 원자는 탄소 음이온성 중간체를 거친다. 전자 끄는 치환기는 탄소 음이온을 안정화하고, 반면에 전자 주는 치환기는 불안정하게 한다. 그러므로 환원은 전자 끄는 치환기(예: 카보닐기를 포함하는 치환기)를 지닌 탄소 원자에서 일어나고, 전자를 주는 치환기(예: 알킬기와 알콕시기)를 지닌 탄소 원자에서는 일어나지 않는다.

전자를 끄는 카보닐기를 가진 탄소는 환원된다.

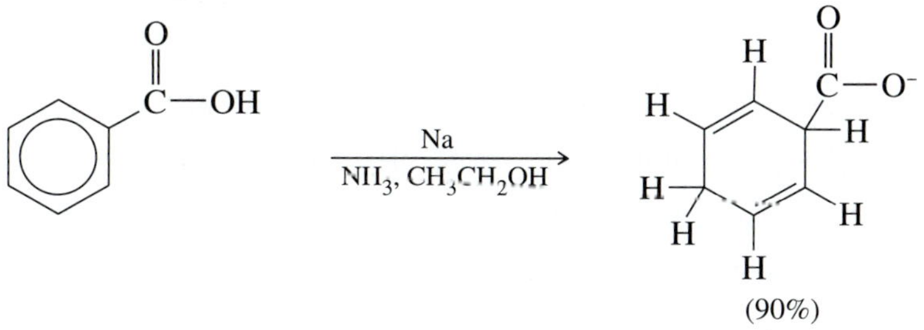

$$C_6H_5COOH \xrightarrow[NH_3,\ CH_3CH_2OH]{Na} \text{(cyclohexa-2,5-diene carboxylate, } C{-}O^-\text{)}$$

(90%)

전자 주는 알콕시기를 가진 탄소는 환원되지 않는다.

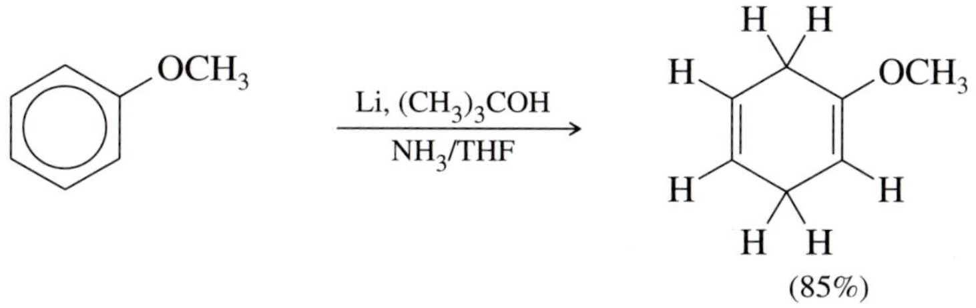

$$C_6H_5OCH_3 \xrightarrow[NH_3/THF]{Li,\ (CH_3)_3COH} \text{(1-methoxycyclohexa-1,4-diene)}$$

(85%)

전자를 강하게 주는 치환기(예: $-OCH_3$)는 Birch 환원 반응에 대해 방향족 고리의 활성을 저하시킨다. 리튬은 비활성화된 계에서 공용매(종종 THF) 및 더 약한 양성자원(*t*-뷰틸 알코올)과 함께 빈번히 사용된다. 강력한 환원제가 약한 양성자원과 함께 사용되면 환원력이 증가한다.

**연습문제 17-31**

앞에서 나타낸 벤조산과 아니솔의 Birch 환원 반응의 메커니즘을 제시하라. 각 환원 반응에서 관찰된 배향성이 선호되는 이유를 나타내라.

**연습문제 17-32**

다음 반응의 주생성물을 예측하라.

**(a)** 톨루엔 + 과량의 $Cl_2$(열, 압력)

**(b)** 벤즈아마이드($PhCONH_2$) + Na(액체 $NH_3$, $CH_3CH_2OH$)

**(c)** *o*-자일렌+ $H_2$(1000 psi, 100°C, Rh 촉매)

**(d)** *p*-자일렌+ Na(액체 $NH_3$, $CH_3CH_2OH$)

**(e)** $CH_3O$–(나프탈렌)–$OCH_3$ $\xrightarrow[(CH_3)_3COH]{\text{과량의 Li},\ NH_3(l)/THF}$

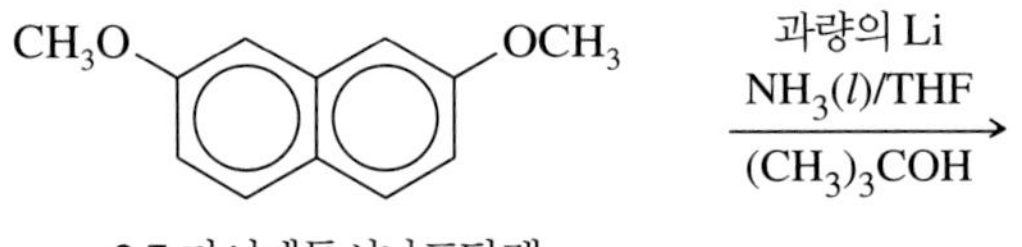

2,7-다이메톡시나프탈렌

## 17-15 벤젠 유도체의 곁가지 반응

많은 반응은 벤젠 고리가 인접해 있을 경우 큰 영향을 받지 않는다. 그러나 어떤 반응은 벤젠 고리에 의해 반응이 촉진된다. 예를 들면 Clemmensen 환원 반응은 종종 지방족 케톤을 알케인으로 환원할 때 사용되지만, 아릴 케톤을 알킬벤젠으로 환원할 때 가장 잘 적용된다. 여러 곁가지 반응은 인접한 방향족 고리 효과를 보여준다.

### 17-15A 과망가니즈산 염 산화

방향족 고리는 곁가지의 가장 인접한 탄소에 특별한 안정성을 부여한다. 방향족 고리와 곁사슬 중 첫 번째 탄소 원자 하나는 과망가니즈산 염의 강력한 산화 반응으로부터 살아남을 수 있다. 생성물은 벤조산의 카복실산 염이다. 이러한 산화는 때때로 다른 작용기들이 산화 반응을 견디는 한 벤조산 유도체를 만드는 데 유용하게 사용될 수 있다. (뜨거운 크로뮴산이 또한 이와 같은 산화 반응에 사용될 수 있다.) $-NO_2$, 할로젠, $-COOH$, $-SO_3H$ 같은 기가 극한 산화 조건에서 살아남는 작용기이다.

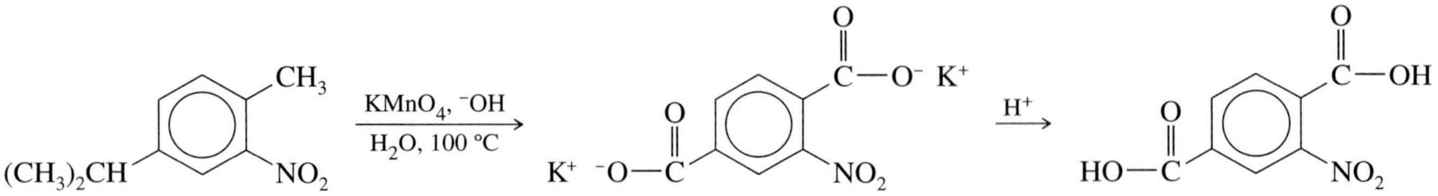

$$(CH_3)_2CH\text{–}C_6H_3(CH_3)(NO_2) \xrightarrow[H_2O,\ 100\ °C]{KMnO_4,\ ^-OH} K^+\ {}^-O\text{–}\overset{O}{\overset{\|}{C}}\text{–}C_6H_3(NO_2)\text{–}\overset{O}{\overset{\|}{C}}\text{–}O^-\ K^+ \xrightarrow{H^+} HO\text{–}\overset{O}{\overset{\|}{C}}\text{–}C_6H_3(NO_2)\text{–}\overset{O}{\overset{\|}{C}}\text{–}OH$$

(1) $KMnO_4$, $H_2O$, 100 °C
(2) $H^+$
(또는 $Na_2Cr_2O_7$, $H_2SO_4$, 열)

**연습문제 17-33**

다음 화합물을 고온의 진한 과망가니즈산 포타슘으로 처리한 후, 묽은 염산으로 산성화시켰을 때의 주생성물을 예측하라.

**(a)** 아이소프로필벤젠 **(b)** *p*-자일렌 **(c)** 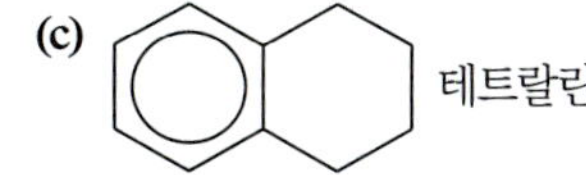 테트랄린

## 17-15B 곁가지의 할로젠화 반응

알킬벤젠은 알케인보다 훨씬 더 쉽게 자유 라디칼 할로젠화 반응을 한다. **벤질 자리**(benzylic position)의 수소 원자가 제거되어 공명 안정화된 벤질 라디칼이 형성되기 때문이다. 예를 들면 에틸벤젠은 빛의 존재하에서 염소와 반응하여 $\alpha$-클로로에틸벤젠($\alpha$-chloroethylbenzene)을 생성한다. 염화 반응을 더 진행하면 이염화 생성물을 형성할 수 있다.

벤질 자리 $Cl\cdot$ 공명 안정화된 벤질성 라디칼 + HCl

벤질성 라디칼 $\alpha$-클로로에틸벤젠 + 염소 라디칼 사슬과 연속 반응 $\xrightarrow[h\nu]{Cl_2}$ 이염화물

염화 반응이 $\alpha$ 치환($\alpha$ 자리는 벤젠 고리에 결합된 벤질성 탄소)을 선호할지라도 염소 라디칼은 너무 반응성이 크므로 전부 벤질 치환을 하는 것은 아니며, 종종 이성질체 혼합물이 생성된다. 에틸벤젠의 염화 반응에서 $\beta$ 탄소에서 상당량의 치환 반응이 일어난다.

벤질 자리

에틸벤젠 ($C_6H_5CH_2CH_3$, α, β) $\xrightarrow[h\nu]{Cl_2}$ α-클로로에틸벤젠 (56%) ($C_6H_5CHClCH_3$) + β-클로로에틸벤젠 (44%) ($C_6H_5CH_2CH_2Cl$) + 이염화 생성물

브로민 라디칼은 염소 라디칼만큼 반응성이 크지 않으므로, 브로민화 반응은 염화 반응보다 더 선택적이다(4-13C절). 브로민은 전적으로 벤질 자리에서 반응한다.

에틸벤젠 ($C_6H_5CH_2CH_3$) $\xrightarrow[h\nu]{Br_2\text{ 또는 NBS}}$ α-브로모에틸벤젠 ($C_6H_5CHBrCH_3$) + (미량) α,α-다이브로모에틸벤젠 ($C_6H_5CBr_2CH_3$)

원소 브로민(가격이 더 저렴함)이나 *N*-브로모석신이미드(*N*-bromosuccinimide)는 벤질성 브로민화 반응의 시약으로 사용할 수 있다. 알릴 자리 브로민화 반응에서 $Br_2$는 이중 결합에 첨가될 수 있으므로, *N*-브로모석신이미드가 주로 사용된다(15-7절). 강력한 활성화 치환기가 없는 한 벤젠 고리는 비교적 반응성이 적으므로, 그 이중 결합에 $Br_2$가 첨가되지 않는다.

**문제풀이 힌트**

방향족 고리의 곁사슬에 일어나는 반응을 예상할 때는 전하 또는 라디칼 전자가 고리에 분산되는 공명 구조를 생각하라.

**연습문제 17-34**

위에 나타낸 에틸벤젠의 브로민화 반응의 메커니즘을 제시하라.

**연습문제 17-35**

염소가 임의로 메틸기나 메틸렌 양성자를 떼어낸다면 염소와 에틸벤젠의 반응에서 생성물의 비율은 어떠하겠는가? 벤질 자리의 수소와 메틸기의 수소는 반응성에서 어떤 비율을 보이는가?

**연습문제 17-36**

다음 화합물에 빛을 조사하면서 (1) 1몰의 $Br_2$와 (2) 과량의 $Br_2$로 처리했을 때 주생성물을 예측하라.

**(a)** 아이소프로필벤젠

**(b)** 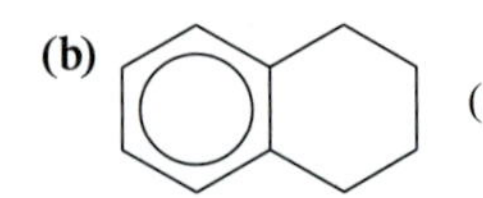 (테트랄린)

## 17-15C 벤질 자리에서의 친핵성 치환 반응

15장에서 할로젠화 알릴은 $S_N1$과 $S_N2$ 반응에서 대부분의 할로젠화 알킬보다 반응성이 더 크다는 것을 보았다. 할로젠화 벤질은 할로젠화 알릴과 유사하기 때문에 이러한 치환 반응에서 반응성이 크다.

**1차 반응** 1차 친핵성 치환 반응에서는 할로젠화물이 이온화되어 탄소 양이온이 형성된다. 벤질성 할로젠화물의 경우에는 탄소 양이온이 공명에 의해 안정화된다. 예를 들면 1-페닐에틸 양이온(2°)은 거의 3차 알킬 양이온만큼이나 안정하다.

$$\left[ C_6H_5\overset{+}{C}H(CH_3) \longleftrightarrow \cdots \longleftrightarrow \cdots \longleftrightarrow \cdots \right] \text{은} \quad (CH_3)_3C^+ \ \text{만큼 안정하다.}$$

1-페닐에틸 양이온(2°) t-뷰틸 양이온(3°)

할로젠화 벤질은 비교적 안정한 양이온을 형성하기 때문에 비교적 쉽게 $S_N1$ 반응을 한다.

$$C_6H_5-CH_2-Br \xrightarrow{CH_3CH_2OH,\ \Delta\ (\text{열})} C_6H_5-CH_2-OCH_2CH_3$$

브로민화 벤질 벤질 에틸 에터

벤질성 양이온이 하나 이상의 페닐기와 결합되어 있으면 안정화 효과는 추가된다. 극단적인 예로서 트라이페닐메틸 양이온을 들 수 있다. 이 양이온은 3개의 페닐기가 양전하를 안정화하므로 예외적으로 안정하다. 실제로 플루오로보론산 트라이페닐메틸(triphenylmethyl fluoroborate)은 안정한 이온성 고체로, 수년 동안 보관할 수 있다.

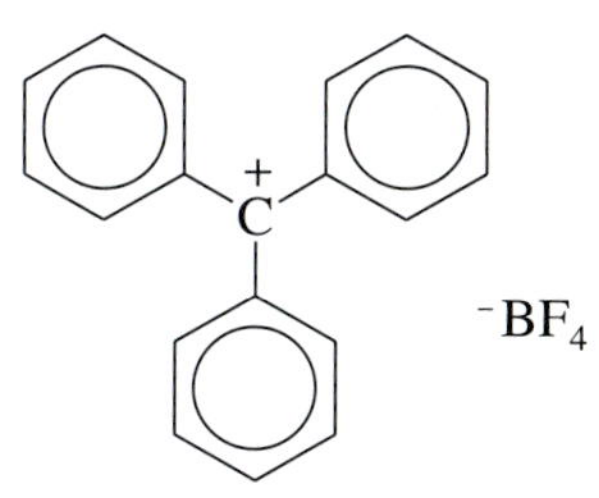

플루오로보론산 트라이페닐메틸

**연습문제 17-37**

브로민화 벤질과 에탄올이 반응하여 벤질 에틸 에터(위 그림 참조)가 생성되는 반응에 대한 메커니즘을 제안하라.

**2차 반응** 알릴성 할로젠화물과 마찬가지로 벤질성 할로젠화물은 $S_N2$ 치환 반응에서 1차 할로젠화 알킬보다 약 100배 반응성이 더 크다. 이렇게 증가된 반응성에 대한 설명은 할로젠화 알릴의 반응성에 대한 설명과 유사하다.

벤질성 할로젠화물에 $S_N2$ 치환 반응이 일어나는 동안 부분적으로 친핵체와 이탈기에 결합한 *p* 오비탈은 고리의 파이 전자와 중첩된다(그림 17-5). 이러한 안정화된 콘쥬게이션에 의해 전이 상태의 에너지는 낮아지고, 반응 속도는 증가한다.

할로젠화 벤질의 $S_N2$ 반응은 효과적으로 방향족 메틸기를 작용기로 전환시킨다. 할로젠화 반응과 이어지는 치환 반응에 의해 작용기를 가진 생성물이 형성된다.

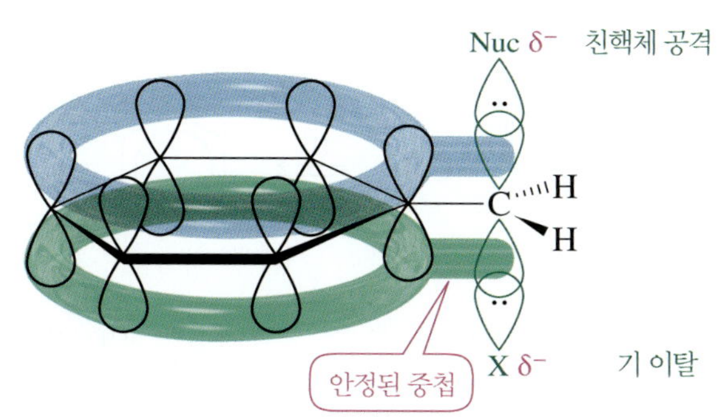


**그림 17-5** 벤질성 할로젠화물의 $S_N2$ 치환 반응의 전이 상태는 고리의 파이 전자와의 콘쥬게이션으로 안정화된다.

$$p\text{-}NO_2C_6H_4CH_3 \xrightarrow[h\nu]{Br_2} p\text{-}NO_2C_6H_4CH_2Br \xrightarrow[CH_3OH]{NaOCH_3} p\text{-}NO_2C_6H_4CH_2OCH_3$$

$$o\text{-}BrC_6H_4CH_3 \xrightarrow[h\nu]{Br_2} o\text{-}BrC_6H_4CH_2Br \xrightarrow[\text{아세톤}]{NaCN} o\text{-}BrC_6H_4CH_2CN$$

**연습문제 17-38**

(a) 알킬 양이온과 벤질성 양이온의 상대적 안정성에 관해 알고 있는 것을 근거로 하여 1-페닐프로펜에 HBr을 첨가하는 반응의 생성물을 예상하라.

(b) 이 반응의 메커니즘을 제안하라.

(c) 알킬 라디칼과 벤질성 라디칼의 상대적 안정성에 관해 알고 있는 것에 근거하여 자유 라디칼 개시제가 존재할 경우 1-페닐프로펜에 HBr을 첨가하는 반응의 생성물을 예측하라.

(d) 이 반응의 메커니즘을 제안하라.

**연습문제 17-39**

제시된 출발 물질을 사용하여 다음 화합물을 어떻게 합성할 것인지 제시하라.

(a) 스타이렌으로부터 3-페닐뷰탄-1-올

(b) $CH_3-CH(C_6H_4\text{-}p\text{-}OCH_3)-OCH_3$ 아니솔로부터

(c) $O_2N\text{-}C_6H_4\text{-}CH_2CN$ (para) 톨루엔으로부터

**응용: 아스피린**

아스피린은 근육의 부드러움을 조절하고 염증을 촉진하는 강력한 호르몬인 프로스타그란딘의 합성을 차단하는 소염제이다(25-7절). 또한 아스피린은 피의 응결 형성 1차 단계인 혈소판의 응집을 촉진하고 혈관을 수축하는 데 관련된 트롬복세인의 합성을 차단한다. 많은 의사는 심장마비, 발작, 색전증을 일으키는 혈관 내 응집 위험을 감소시키려면 매일 적은 양의 아스피린을 복용할 것을 추천한다.

## 17-16 페놀의 반응

페놀의 화학은 대부분 지방족 알코올과 비슷하다. 예를 들면 페놀은 아실화 반응을 하여 에스터가 되고, 페녹시화 이온은 Williamson 에터 합성법에서 친핵체로 작용한다(14-5절). 페놀이 물보다 산성도가 크므로 페녹시화 이온은 특히 쉽게 형성된다. 페놀의 양성자는 수산화 소듐 수용액에 의해 제거되어 페녹시화 이온이 된다.

$$o\text{-}HOC_6H_4COOH + CH_3COOH \underset{}{\overset{H^+}{\rightleftharpoons}} o\text{-}CH_3COOC_6H_4COOH + H_2O$$

살리실산 아세트산 아세틸살리실산 (아스피린)

(반응식: 4-(프로프-1-엔일)페놀 —$NaOH$, $H_2O$→ 페녹사이드 $O^- Na^+$ —$CH_3OSO_2OCH_3$ 황산 다이메틸 (또는 $CH_3I$)→ $OCH_3$ 화합물)

아네톨(감초맛)

앞서 언급했던 모든 알코올류의 반응은 페놀성 O—H 결합의 절단을 수반한다. 이는 페놀이 반응하는 일반적인 경로이다. 하지만 페놀의 C—O 결합을 절단하는 것은 훨씬 더 어렵다. C—O 결합의 절단을 수반하는 알코올에서 일어나는 흔한 반응의 대부분이 페놀에서는 일어나지 않는다. 예를 들면 페놀은 산 촉매 제거 반응을 하지 않고, $S_N2$ 후방 공격을 하지 않는다.

페놀 또한 지방족 알코올에서 일어날 수 없는 반응을 수행할 수 있다. 독특한 페놀의 여러 반응을 살펴보자.

## 17-16A 페놀의 산화에 의한 퀴논의 합성

페놀은 산화 반응을 하지만 지방족 알코올의 산화 반응과는 다른 생성물을 형성한다. 페놀을 크로뮴산으로 산화하면 **퀴논**(quinone)이라고 하는 콘쥬게이션된 1,4-다이케톤이 생성된다. 공기 중에서 페놀을 방치하면 느리게 자체 산화되어 퀴논을 포함하는 흑색 혼합물이 형성된다.

(반응식: *m*-크레졸 (OH, $CH_3$) —$Na_2Cr_2O_7$, $H_2SO_4$→ 2-메틸-1,4-벤조퀴논 (O, O, $CH_3$))

*m*-크레졸

2-메틸-1,4-벤조퀴논

하이드로퀴논(hydroquinone, 벤젠-1,4-다이올)은 고리에 결합된 2개의 산소 원자로 인해 쉽게 산화된다. 브로민화 은(silver bromide, AgBr) 같은 매우 약한 산화제조차도 하이드로퀴논을 산화시킬 수 있다. 브로민화 은은 빛에 민감한 반응을 하여 흑색, 금속성의 은으로 환원된다. 빛에 노출된 브로민화 은(AgBr*) 알갱이는 노출되지 않은 알갱이보다 더 빠르게 반응한다.

$$\text{하이드로퀴논} + 2\ AgBr^* \longrightarrow \text{퀴논} + 2\ Ag\downarrow + 2\ HBr$$

하이드로퀴논
(벤젠-1,4-다이올)

퀴논
(1,4-벤조퀴논)

흑백 사진은 이 반응에 근거한 것이다. 많은 작은 알갱이의 브로민화 은을 함유하는 필름이 초점상에 의해 빛에 노출되면 이 알갱이들은 활성화된다. 이때 필름을 하이드로퀴논 용액(현상액, developer)으로 처리하면 활성화된 브로민화 은 알갱이는 환원되어 빛에 노출된 필름에 검은 퇴적물을 남긴다. 그 결과 필름 중 빛이 닿는 부분이 어둡게 되어 음상이 형성된다.

**연습문제 17-40**

투구풍뎅이는 배로 뜨거운 퀴논을 살포하여 자신을 방어한다(사진 참조). 이 용액은 과산화 수소에 의해 하이드로퀴논의 효소-촉매 산화를 통해 형성된다. 이러한 산화 반응에 대한 균형 반응식을 작성하라.

**응용: 열매의 갈색화**

열매의 갈색화는 페놀이 퀴논으로 산화하는 보편적인 예이다. 사과, 배, 감자 등은 폴리페놀 산화 효소(polyphenol oxidase, PPO)를 함유하는데, 이 효소는 천연에서 발생하는 카테콜(벤젠-1,2-다이올) 유도체가 대기 중 산소에 의해 산화되는 것을 촉진한다. 생성물은 오쏘-퀴논(ortho-quinone)으로, 불안정하며 빠르게 농축되어 갈색 고분자를 만든다.

갈색화는 환원제나 PPO 효소의 활성을 억제하는 산성 용액을 첨가함으로써 통제될 수 있다. 갓 자른 과일의 갈변화를 늦추기 위해 보통 아황산수소 소듐(sodium bisulfite) 용액, 아스코브산(비타민 C) 용액, 레몬주스 등을 첨가한다.

(반응식: 카테콜 유도체 (R, OH, OH) —$O_2$, PPO→ 오쏘-퀴논 (불안정함) (R, O, O) → 갈색 중합체)

카테콜 유도체

오쏘-퀴논 (불안정함)

갈색 중합체

투구풍뎅이는 위협을 받을 때 효소와 함께 하이드로퀴논 및 $H_2O_2$를 혼합한다. 과산화 수소가 하이드로퀴논을 퀴논으로 산화시켜 용액을 뜨겁게 데운다. 투구풍뎅이는 이 뜨겁고 자극적인 액체를 복부 끝에서 방출한다.

퀴논은 자연계에 광범위하게 존재하는데, 생물학적 산화-환원제로 작용한다. **퀴논 보조 효소 *Q*** (coenzyme Q, CoQ)는 산소를 소비하는 유기체 어디에서나 발견되므로 **유비퀴논(ubiquinone)** 이라고도 한다. 보조 효소 Q는 세포 내 미토콘드리아 안에서 산화제로 작용한다. 다음 반응은 NADH(니코틴아마이드 아데닌 다이뉴클레오타이드의 환원된 형태)에 의해 보조 효소 Q가 환원되는 것을 보여주는데, 이때 NaDH는 산화되어 $NAD^+$가 된다.

보조 효소 Q 산화된 형태 + NADH 환원된 형태 + $H^+$ ⟶ 보조 효소 Q 산화된 형태 + $NAD^+$ 산화된 형태

$$R = -(CH_2-CH{=}C(CH_3)-CH_2)_{10}-H$$

## 17-16B 페놀의 친전자성 방향족 치환 반응

하이드록시기의 비결합 전자가 오쏘나 파라 위치의 공격에 의해 형성되는 시그마 착물을 안정화시키므로, 페놀은 친전자성 방향족 치환 반응에 대해 매우 큰 반응성을 보인다(17-6B절). 따라서 하이드록시기는 강한 활성화기이며 오쏘, 파라-배향기이다. 페놀은 할로젠화, 나이트로화, 설폰화와 일부 Friedel-Crafts 반응에서 뛰어난 기질로 작용한다. 페놀은 반응성이 매우 크므로, 알킬화 반응이나 아실화 반응 시 과도한 알킬화나 아실화를 피하기 위해 비교적 약한 Friedel-Crafts 촉매(예: HF)를 사용한다.

$$\text{phenol} + CH_3-CH(OH)-CH_3 \xrightarrow{HF} p\text{-}CH(CH_3)_2\text{-phenol} + o\text{-}CH(CH_3)_2\text{-phenol}$$

페녹시화 이온은 페놀에 수산화 소듐을 처리하면 쉽게 얻을 수 있는데, 친전자성 방향족 치환 반응에 대한 반응성이 페놀보다 훨씬 더 크다. 페녹시화 이온은 음으로 하전되어 있으므로 양으로 하전된 친전자체와 반응하여 퀴논 구조를 닮은 중성 시그마 착물을 형성한다.

페놀 $\xrightarrow[H_2O]{NaOH}$ 페녹시화 이온 (+ Br—Br) $\xrightarrow[Br_2]{\text{과량의}}$ 시그마 착물 ($^-OH$) ⟶ p-브로모페녹시화 이온 $\xrightarrow{Br_2}\xrightarrow{Br_2}$ 2,4,6-트라이브로모페녹시화 이온

페녹시화 이온은 매우 강하게 활성화되어 있으므로 약한 친전자체인 이산화 탄소와도 친전자성 방향족 치환 반응을 할 수 있다. 페녹시화 이온의 카복실화는 아스피린 합성의 중간체인 살리실산

(salicylic acid)을 공업적으로 합성하는 데 이용된다.

$$\text{페녹사이드} + CO_2 \longrightarrow \longrightarrow \xrightarrow{H^+} \text{살리실산}$$

살리실산

### 연습문제 17-41

*m*-크레졸(*m*-메틸페놀)이 다음 화합물과 반응할 때 생성되는 생성물을 예측하라.

(a) NaOH, 그 후 브로민화 에틸
(b) 염화 아세틸, $CH_3-C(=O)-Cl$
(c) 어두운 곳에서 $CCl_4$ 속의 브로민
(d) 빛이 있는 곳에서 $CCl_4$ 속 과량의 브로민
(e) $H_2SO_4$ 속의 다이크로뮴산 소듐
(f) 2당량의 염화 *t*-뷰틸과 $AlCl_3$

### 연습문제 17-42

1,4-벤조퀴논은 좋은 Diels-Alder 친다이엔체이다. 다음 물질과의 반응 생성물을 예측하라.

(a) 뷰타-1,3-다이엔
(b) 사이클로펜타-1,3-다이엔

## 문제풀이 전략 | 친전자성 방향족 치환 반응을 이용한 합성

방향족 치환 반응은 100년 이상 동안 중요한 합성 도구로 사용되어왔다. 대부분의 중요한 합성 과정에서는 하나 이상의 치환 반응이 필요하며, 각 새로운 치환기는 다음 치환 반응이 발생할 위치에 영향을 미친다. 따라서 다단계 반응 과정은 초기 치환기가 후속 반응을 올바른 반응 위치로 유도할 수 있도록 세심하게 계획되어야 한다.

이러한 반응을 지배하는 여러 요소가 있다.

**1. 치환 순서가 생성물을 결정한다.**

$$\text{벤젠} \xrightarrow[FeBr_3]{Br_2} \text{브로모벤젠} \xrightarrow[H_2SO_4]{HNO_3} p\text{-브로모나이트로벤젠} + \text{오쏘}$$

Br ← o,p-배향기

오쏘 및 파라 혼합물에서는 파라 이성질체가 일반적으로 주요 생성물이며, 다른 이성질체와 분리될 수 있다.

$$\text{벤젠} \xrightarrow[H_2SO_4]{HNO_3} \text{나이트로벤젠} \xrightarrow[FeBr_3]{Br_2} m\text{-브로모나이트로벤젠}$$

$NO_2$ ← m-배향기

결론: 오쏘 또는 파라 생성물을 얻으려면 먼저 o,p-배향기가 치환되어 있어야 한다. 메타 생성물을 얻고자 한다면 먼저 m-배향기가 부착되어 있어야 한다. 일부 반응(예: Friedel-Crafts 반응)은 강하게 비활성화된 고리에서는 잘 작동하지 않음을 기억하라.

**연습문제 17-43**

각 반응의 최종 주요 생성물을 예측하라.

(a) 벤젠 $\xrightarrow[H_2SO_4]{SO_3}$ $\xrightarrow[AlCl_3]{Cl_2}$

(b) 벤젠 $\xrightarrow[AlCl_3]{Cl_2}$ $\xrightarrow[H_2SO_4]{SO_3}$

**2. 두 치환기의 배향 효과가 충돌할 때는 더 강한 활성화기를 따른다.**

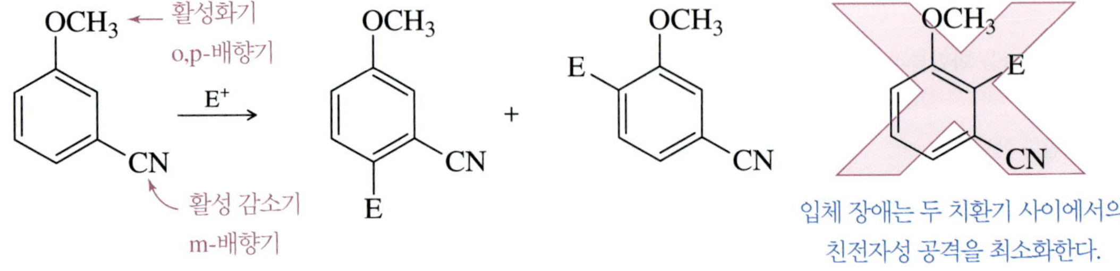


**연습문제 17-44**

이 화합물에서 친전자성 공격의 위치를 예측하라.

(a) OH, $NO_2$

(b) $OCH_3$, $H_3C$, $CH_3$

**3. Friedel-Crafts 반응은 방향족 화합물에 아실기와 알킬기를 치환시키지만, 한계가 있다.**

**A.** 알킬화에서 탄소 양이온 중간체는 자리 옮김을 할 수 있다. 단순한 Friedel-Crafts 알킬화로는 직쇄형 알킬벤젠을 생성할 수 없다.

벤젠 + Cl $\xrightarrow{AlCl_3}$

주요 생성물은 탄산 양이온의 자리 옮김에 의해 생성된다.

**연습문제 17-45**

생성물을 예측하라.

(a) 벤젠 + Cl $\xrightarrow{AlCl_3}$

(b) 벤젠 + Cl $\xrightarrow{AlCl_3}$ 두 가지 자리 옮김 생성물 (힌트: 수소 음이온의 이동과 고리 확장)

이 한계는 Friedel-Crafts 아실화 반응(자리 옮김 없음, 다중 알킬화 없음)을 진행한 후 Clemmensen 환원을 통해 아실기를 알킬기로 변환함으로써 피할 수 있다. 메타 위치에 다른 치환기를 추가하려면 아실벤젠에서 반응시키면 되고, 오쏘, 파라 위치에 다른 치환기를 추가하려면 알킬벤젠에서 하면 된다.

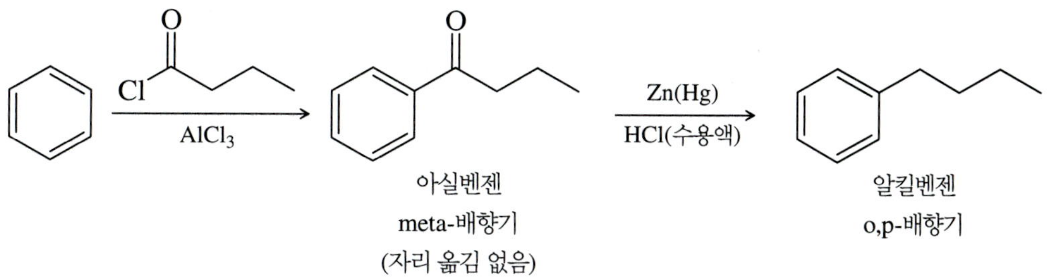

$\xrightarrow[AlCl_3]{ClCOCH_2CH_2CH_3}$ 아실벤젠 $\xrightarrow[HCl(수용액)]{Zn(Hg)}$ 알킬벤젠

아실벤젠
meta-배향기
(자리 옮김 없음)

알킬벤젠
o,p-배향기

**연습문제 17-46**

*m*-에틸벤젠설폰산을 합성하기 위해 한 학생이 벤젠설폰산과 브로모에테인의 Friedel-Crafts 알킬화를 시도했다. 이 반응을 성공했다고 예상하는가? 그렇지 않다면 다른 합성법을 제안하라.

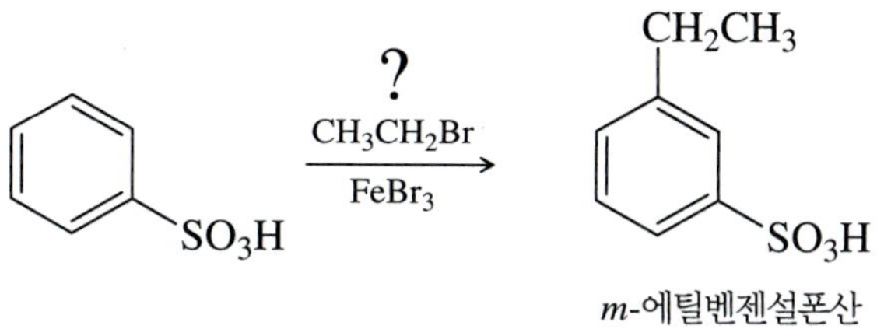

$SO_3H$ $\xrightarrow[FeBr_3]{CH_3CH_2Br}$ ? $CH_2CH_3$, $SO_3H$

*m*-에틸벤젠설폰산

**B.** 알킬화에서 치환은 한 번 이상 발생할 수 있다. (연이은 각 치환은 활성을 증가시킨다.)

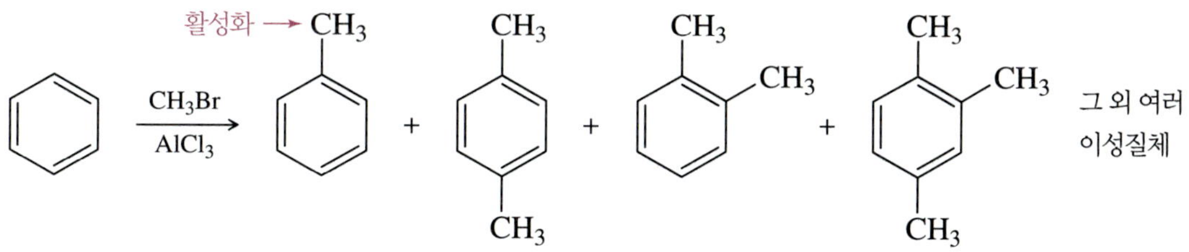

$\xrightarrow[AlCl_3]{CH_3Br}$ 활성화 → $CH_3$ + $CH_3$, $CH_3$ + $CH_3$, $CH_3$ + $CH_3$, $CH_3$, $CH_3$ 그 외 여러 이성질체

과량의 방향족 화합물(이 경우 벤젠)을 반응물로 사용하여 다중 알킬화를 최소화할 수 있으며, 반응이 가지 않은 방향족 화합물은 일반적으로 재활용된다.

**C.** Friedel-Crafts 반응은 강하게 비활성화된 벤젠과 같은 화합물에서 작동하지 않는다. 즉 할로벤젠보다 반응성이 낮은 방향족 화합물에서는 반응이 가지 않는다.

강한 활성 감소기들 $NO_2$, $SO_3H$, CN, $CF_3$, 그리고 —C(=O)—

**D.** Friedel-Crafts 반응은 보호되지 않은 $—NH_2$ 및 $—NR_2$ 치환기가 있는 벤젠에서는 작동하지 않는다. 이 경우 질소의 비공유 전자쌍이 $AlCl_3$ 촉매와 결합하여 양전하를 생성시킴으로써 활성 감소기로 전환된다.

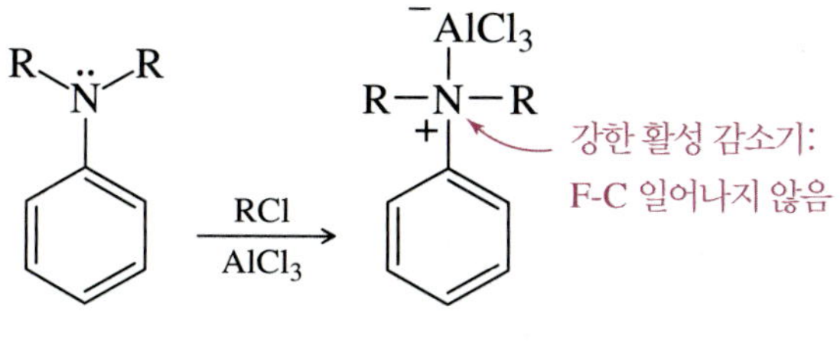

R–N̈–R $\xrightarrow[AlCl_3]{RCl}$ $^-AlCl_3$, R–N$^+$–R

강한 활성 감소기:
F-C 일어나지 않음

아민류는 HCl 및 $H_2SO_4$ 같은 센산성 시약과 반응하여 질소가 양성자화됨으로써, 메타-배향성 및 강한 활성 감소기로 변한다. 아민을 아마이드로 변환하면 이 양성자화 반응으로부터 보호할 수 있다(아래 내용 참조).

해결 방법: 아민을 아마이드로 변환하면 센산성(Lewis 산 포함) 시약으로부터 보호한다. 아마이드는 여전히 활성화된 o,p-배향기이며, Friedel-Crafts 및 기타 여러 반응과 호환된다. 필요한 경우 합성이 끝나면 아마이드를 제거할 수 있다.

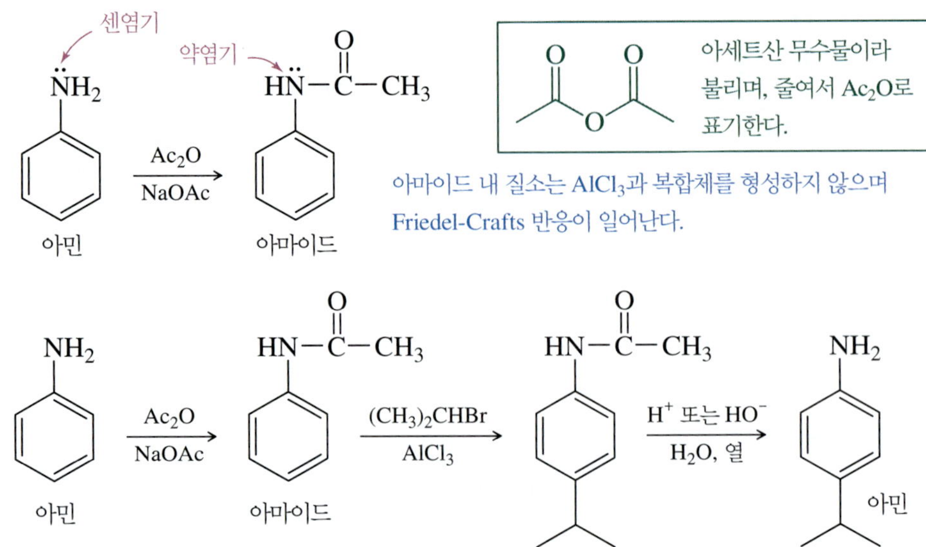


**4. 다른 반응이 유용할 수 있다.**

**A.** 방향족 고리에 카복실기(COOH)를 첨가하는 것은 알킬기를 치환한 후 산화를 통해 가능하다. 추가적인 치환기들은 알킬벤젠 단계에서 오쏘 및 파라 위치에 추가될 수 있으며, 산화 후에는 메타 위치에 추가될 수도 있다. 이 산화는 강력하며, OH 및 $NH_2$ 치환기는 생존하지 않는다. 할로젠, $NO_2$, $SO_3H$는 $KMnO_4$ 산화에도 생존한다.

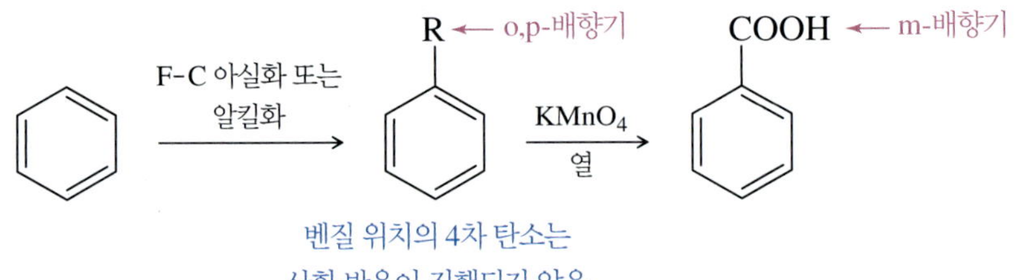


벤질 위치의 4차 탄소는 산화 반응이 진행되지 않음

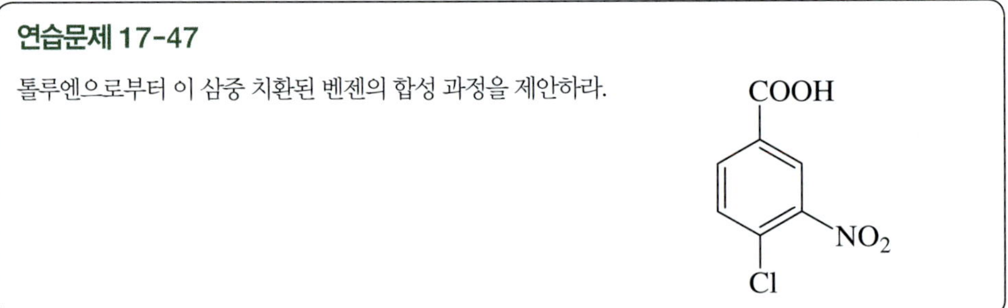

**연습문제 17-47**

톨루엔으로부터 이 삼중 치환된 벤젠의 합성 과정을 제안하라.



**B.** $NO_2$를 $NH_2$로 환원

$NO_2$ —(Fe 또는 Sn / HCl(수용액))→ $NH_2$

m--배향기가 o,p-배향기로 전환

예:

$NO_2$ —($Cl_2$ / $AlCl_3$)→ $NO_2$, Cl —(Fe / HCl(수용액))→ $NH_2$, Cl

서로 메타 위치에 있는 2개의 o,p-배향기

Clemmensen 환원의 조건은 [Zn(Hg) + HCl] 또는 [Fe + HC]이며, 이는 $NO_2$기들도 환원시킨다.

**C.** 보호기로서 $SO_3H$기

$SO_3H$기는 고리의 치환 위치를 보호하는 데 사용될 수 있다. 이는 파라 위치가 오쏘 위치보다 더 반응성이 높을 때 오쏘 치환 생성물을 만들기 위한 보편적인 방법이다. $SO_3H$기를 사용하여 파라 위치를 보호하고, 오쏘 치환을 진행 후 보호기를 제거하면 된다.

$SO_3H$

$SO_3$

$H_2SO_4$

$H_2O$, 열

설폰화는 가역적이다. 설폰산기는 증기 증류를 통해 제거할 수 있다.

$CH_3$ — $SO_3$ / $H_2SO_4$ → $CH_3$, $SO_3H$ — $HNO_3$ / $H_2SO_4$ → $CH_3$, $NO_2$, $SO_3H$ — $H_2O$ / 열 → $CH_3$, $NO_2$

파라가 주생성물

파라 없이 오쏘 생성물만 얻음

### 예제 17-48

톨루엔으로 부터 오쏘-, 메타-, 파라-클로로벤조산의 합성 과정을 제안하라.

### 연습문제 17-49

톨루엔으로부터 이 삼중 치환된 벤젠의 합성 과정을 제안하라.

Cl

COOH

$NH_2$

## SUMMARY | 방향족 화합물의 반응

**1. 친전자성 방향족 치환 반응**

**a.** 할로젠화 반응(17-2절)

$$+ \ Br_2 \xrightarrow{FeBr_3} \ (Br) \ + \ HBr$$

브로모벤젠

**b.** 나이트로화 반응(17-3절)

$$+ \ HNO_3 \xrightarrow{H_2SO_4} \ -\overset{+}{N}(=O)-O^- \ + \ H_2O$$

나이트로벤젠

나이트로화 반응에 이어 환원 반응으로 아닐린을 생성한다.

**c.** 설폰화 반응(17-4절)

$$C_6H_6 + SO_3 \underset{H_3O^+,\ 열}{\overset{H_2SO_4}{\rightleftharpoons}} C_6H_5\text{—}SO_2\text{—}OH$$

벤젠설폰산

**d.** Friedel–Crafts 알킬화 반응(17-10절)

$$C_6H_6 + (CH_3)_3C\text{—}Cl \xrightarrow{AlCl_3} C_6H_5\text{—}C(CH_3)_3 + HCl$$

*t*-뷰틸벤젠

**e.** Friedel–Crafts 아실화 반응(17-11절)

$$C_6H_6 + CH_3CH_2\text{—}\overset{O}{\overset{\|}{C}}\text{—}Cl \xrightarrow[(2)\ H_2O]{(1)\ AlCl_3} C_6H_5\text{—}\overset{O}{\overset{\|}{C}}\text{—}CH_2CH_3 + HCl$$

프로피오페논

**f.** Gattermann–Koch 합성(17-11C절)

$$C_6H_6 + CO,\ HCl \xrightarrow{AlCl_3/CuCl} C_6H_5\text{—}\overset{O}{\overset{\|}{C}}\text{—}H$$

벤즈알데하이드

**g.** 치환기 효과(17-5~17-9절)

**활성화기, 오쏘, 파라-배향:** —R, —$\ddot{O}$R, —$\ddot{O}$H, —$\ddot{O}$:$^-$, —$\ddot{N}R_2$ (아민, 아마이드)

**활성 감소기, 오쏘, 파라-배향:** —Cl, —Br, —I

**활성 감소기, 메타-배향:** —$NO_2$, —$SO_3H$, —$\overset{+}{N}R_3$, —$\overset{|}{C}$=O, —C≡N

**2. 친핵성 방향족 치환 반응**(17-12절)

$$\text{G}_2C_6H_3\text{—}X + Nuc:^- \longrightarrow \text{G}_2C_6H_3\text{—}Nuc + X^-$$

할로벤젠 강한 친핵체

(G = $NO_2$ 또는 강한 전자 끄는 기)

**예**

$$\text{2,4-}(O_2N)_2C_6H_3\text{—}Cl + NaNH_2 \longrightarrow \text{2,4-}(O_2N)_2C_6H_3\text{—}NH_2 + NaCl$$

2,4-다이나이트로클로로벤젠 2,4-다이나이트로아닐린

만약 G가 강한 전자 끄는 기가 아니면 격렬한 반응 조건이 요구되고, 벤자인 메커니즘이 포함된다(17-12B절).

### 3. 유기금속 짝지음 반응

**a.** 유기구리 짝지음(17-13A절)

아이오도벤젠 + 다이바이닐구리산 리튬 $\left(\text{CH}_2{=}\text{CH}\right)_2\text{CuLi}$ ⟶ 스타이렌

**b.** Heck 짝지음(17-13B절)

브로모벤젠 + 아크릴산 메틸 $\xrightarrow[\text{PPh}_3,\ \text{Et}_3\text{N:}]{\text{Pd(OAc)}_2}$ 시남산 메틸

**c.** Suzuki 짝지음(17-13C절)

*p*-브로모페놀 + 페닐보론산 $\xrightarrow[\text{K}_2\text{CO}_3,\ \text{H}_2\text{O}]{10\%\ \text{Pd/C}}$ *p*-페닐페놀

### 4. 첨가 반응

**a.** 염화 반응(17-14A절)

벤젠 + $3\ \text{Cl}_2$ $\xrightarrow[\text{또는 빛}]{\text{열과 압력}}$ 육염화 벤젠(BHC)

**b.** 촉매 수소화 반응(17-14B절)

*o*-다이에틸벤젠 + $3\ \text{H}_2$ $\xrightarrow[100\ ^\circ\text{C},\ 1000\ \text{psi}]{\text{Ru 또는 Rh 촉매}}$ 1,2-다이에틸사이클로헥세인 (시스 및 트랜스 혼합물)

**c.** Birch 환원 반응(17-14C절)

에틸벤젠 $\xrightarrow[\text{NH}_3(l),\ \text{R—OH}]{\text{Na 또는 Li}}$ 1-에틸사이클로헥사-1,4-다이엔

### 5. 곁사슬 반응

**a.** Clemmensen 환원(아실벤젠을 알킬벤젠으로 변환, 17-11B절)

아실벤젠 (Ph—C(=O)—R) $\xrightarrow[\text{묽은 HCl}]{\text{Zn(Hg)}}$ 알킬벤젠 ($\text{Ph—CH}_2\text{—R}$)

**b.** 과망가니즈산 염 산화 반응(17-15A절)

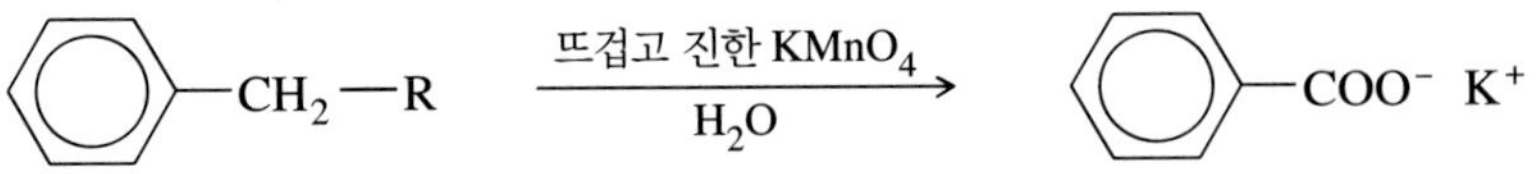

$$\text{알킬벤젠 } C_6H_5-CH_2-R \xrightarrow[H_2O]{\text{뜨겁고 진한 } KMnO_4} C_6H_5-COO^-\ K^+ \text{ (벤조산 염)}$$

할로젠, $-NO_2$, $-SO_3H$기는 이러한 강한 산화에도 살아남는다.

**c.** 곁사슬 할로젠화 반응(17-15B절)

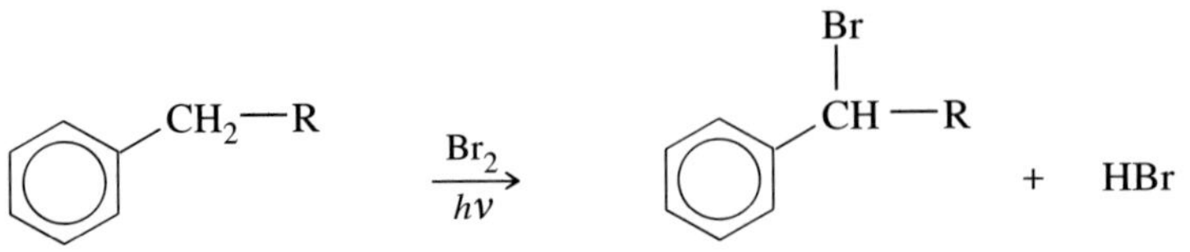

$$\text{알킬벤젠 } C_6H_5-CH_2-R \xrightarrow[h\nu]{Br_2} C_6H_5-CH(Br)-R \text{ (}\alpha\text{-브로모 알킬벤젠)} + HBr$$

**d.** 벤질 자리의 친핵성 치환 반응(17-15C절)

벤질 자리는 $S_N1$과 $S_N2$ 치환 반응에 대해 모두 활성화된다.

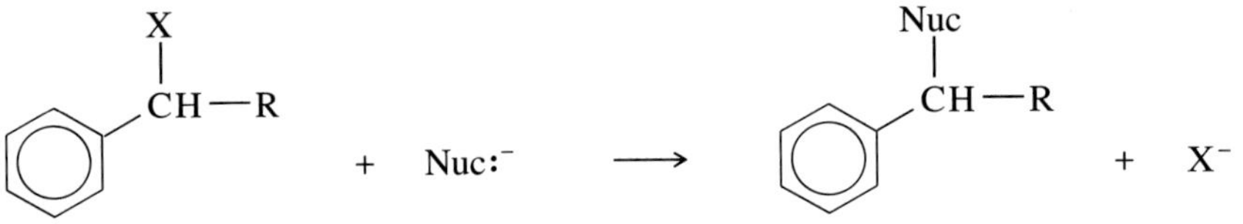

$$C_6H_5-CH(X)-R \text{ (}\alpha\text{-할로 알킬벤젠)} + Nuc:^- \longrightarrow C_6H_5-CH(Nuc)-R + X^-$$

**6.** 페놀로부터 퀴논으로의 산화 반응(17-16A절)

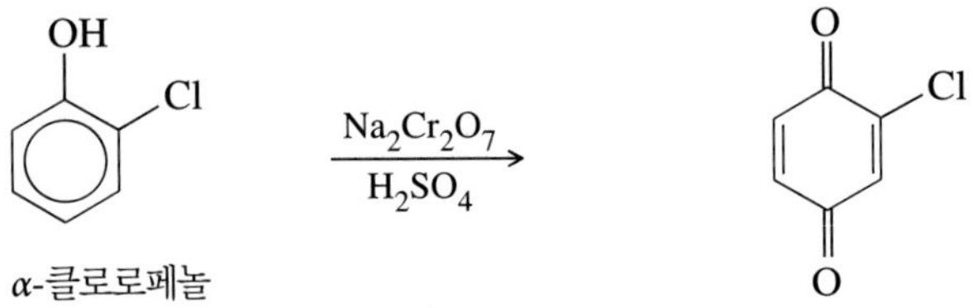

$$\alpha\text{-클로로페놀} \xrightarrow[H_2SO_4]{Na_2Cr_2O_7} \text{2-클로로-1,4-벤조퀴논}$$

## SUMMARY | 벤젠의 친전자성 치환 반응

각 반응마다 양성자 산(예: $H_2SO_4$) 또는 Lewis 산(예: $FeBr_3$ 또는 $AlCl_3$)과 같은 촉매가 필요하다.

**브로민화** (17-2절): Br—Br, $FeBr_3$ 촉매 → 브로모벤젠 + H—Br

**염소화** (17-2절): Cl—Cl, $AlCl_3$ 촉매 → 클로로벤젠 + H—Cl

**나이트로화** (17-3절): $HNO_3$, $H_2SO_4$ 촉매 → $NO_2$-벤젠 + H—OH

**설폰화** (17-4절): $SO_3$, $H_2SO_4$ → $SO_3H$-벤젠

**Friedel-Crafts 아실화:** R—C(=O)—Cl, $AlCl_3$ 촉매 → 아실벤젠 + H—Cl
새로운 C—C 결합,
자리 옮김 없음,
다중 아실화 없음
(17-11절)

**Friedel-Crafts 알킬화:** R—X (X = Cl, Br, I), $AlCl_3$ 촉매 → R-벤젠 + H—X
새로운 C—C 결합,
자리 옮김 가능, 다중 알킬화 가능
(17-10절)

## SUMMARY | 할로젠화 아릴의 치환 반응

할로젠화 아릴에서는 $S_N1$ 및 $S_N2$ 반응이 관찰되지 않는다. $sp^2$ 탄소로부터 X의 교체는 일반적으로 반응 중간체나 금속을 포함한 특수 조건이 필요하다.

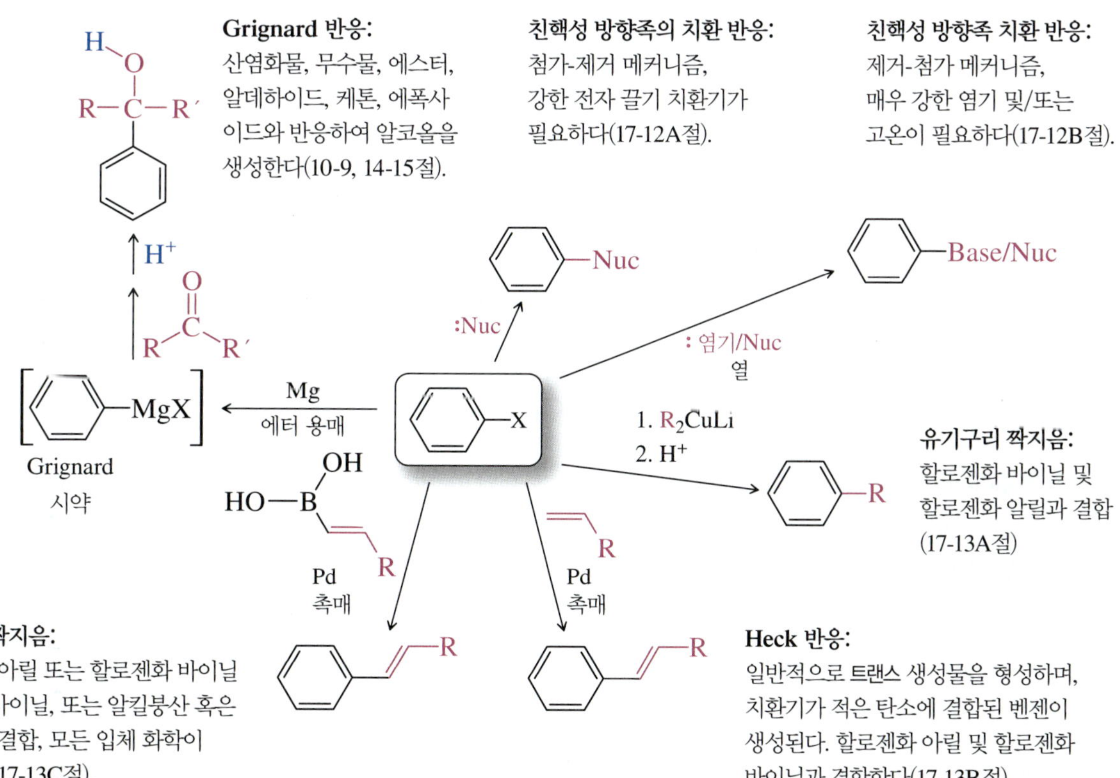


**Grignard 반응:**
산염화물, 무수물, 에스터, 알데하이드, 케톤, 에폭사이드와 반응하여 알코올을 생성한다(10-9, 14-15절).

**친핵성 방향족의 치환 반응:**
첨가-제거 메커니즘,
강한 전자 끌기 치환기가 필요하다(17-12A절).

**친핵성 방향족 치환 반응:**
제거-첨가 메커니즘,
매우 강한 염기 및/또는 고온이 필요하다(17-12B절).

**유기구리 짝지음:**
할로젠화 바이닐 및 할로젠화 알릴과 결합
(17-13A절)

**Suzuki 짝지음:**
할로젠화 아릴 또는 할로젠화 바이닐이 아릴, 바이닐, 또는 알킬붕산 혹은 에스터와 결합, 모든 입체 화학이 보존된다(17-13C절).

**Heck 반응:**
일반적으로 트랜스 생성물을 형성하며, 치환기가 적은 탄소에 결합된 벤젠이 생성된다. 할로젠화 아릴 및 할로젠화 바이닐과 결합한다(17-13B절).

## 17장 유기 반응 가이드

17장에서 다룬 반응은 빨간색으로, 앞 장에서 다룬 반응은 파란색으로 표시했다.

## 핵심 용어

**Birch 환원 반응(Birch reduction):** 액체 암모니아에서 소듐이나 리튬을 통해 벤젠 고리를 부분 환원하는 반응. 생성물은 보통 사이클로헥사-1,4-다이엔이다.

$$\text{C}_6\text{H}_5\text{OCH}_3 \xrightarrow[\text{NH}_3(l)]{\text{Li, CH}_3\text{CH}_2\text{OH}} \text{1-methoxycyclohexa-1,4-diene (OCH}_3\text{)}$$

**Clemmensen 환원 반응(Clemmensen reduction):** 묽은 염산에서 아말감화 아연, Zn(Hg)으로 카보닐기를 메틸렌기로 환원하는 반응

**아말감(amalgam):** 금속과 수은의 합금

**Friedel-Crafts 아실화 반응(Friedel-Crafts acylation):** 방향족 고리의 수소를 아실륨 이온으로 치환하여 아실벤젠을 형성하는 반응

$$\text{R}-\overset{\text{O}}{\overset{\|}{\text{C}}}-\text{Cl} + \text{AlCl}_3 \longrightarrow \left[\text{R}-\overset{+}{\text{C}}=\ddot{\text{O}}: \longleftrightarrow \text{R}-\text{C}\equiv\text{O}:^{+}\right] \xrightarrow{\text{C}_6\text{H}_6} \text{C}_6\text{H}_5-\overset{\text{O}}{\overset{\|}{\text{C}}}-\text{R}$$

아실륨 이온 아실벤젠

**Friedel-Crafts 알킬화 반응(Friedel-Crafts alkylation):** 방향족 고리의 수소를 알킬 탄소 양이온이나 탄소 양이온 같은 종으로 치환하여 알킬 치환된 벤젠 유도체를 형성하는 반응

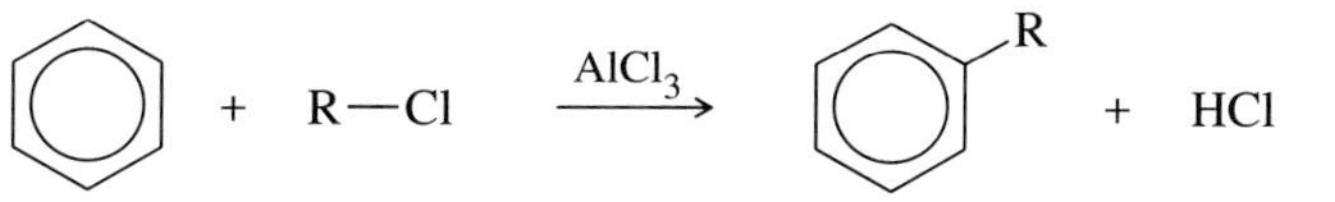

$$\text{C}_6\text{H}_6 + \text{R—Cl} \xrightarrow{\text{AlCl}_3} \text{C}_6\text{H}_5\text{R} + \text{HCl}$$

**Gattermann–Koch 합성(Gattermann–Koch synthesis):** $AlCl_3$/CuCl 촉매를 사용하여 벤젠 유도체를 CO와 HCl로 처리하여 벤즈알데하이드를 합성하는 반응

**Heck 반응(Heck reaction):** 알켄의 덜 치환된 말단에 새로운 C—C 결합을 형성하기 위해 할로젠화 아릴 또는 바이닐과 알켄의 팔라듐 촉매를 사용한 짝지음 반응

**Suzuki 반응(Suzuki reaction, Suzuki coupling):** Suzuki 반응은 할로젠화 아릴 또는 바이닐과 알킬, 아릴, 보론산 바이닐, 보론산 에스터와 짝지음을 하는 팔라듐 촉매 치환 반응

**공명 안정화(resonance stabilization):** 파이 결합을 통해 전자 밀도를 밀거나 끌어서 반응 중간체를 안정화하는 현상

**공명 주개(resonance-donating, pi-donating):** 파이 결합을 포함한 공명을 통해 전자를 주는 것

**공명 끌기(resonance-withdrawing, pi-withdrawing):** 파이 결합을 포함한 공명을 통해서 전자를 끄는 것

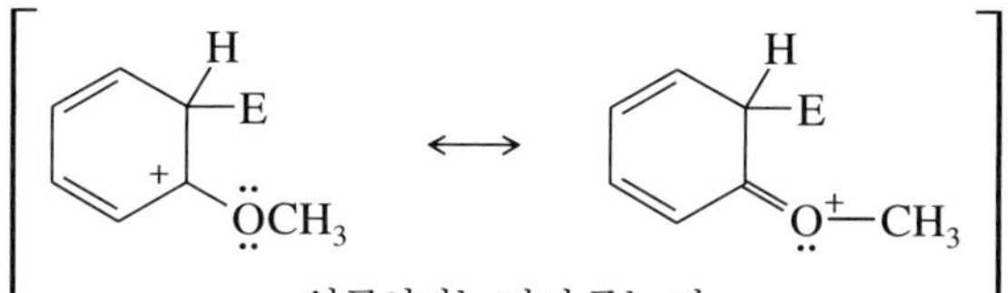

알콕시기는 파이 주는 기

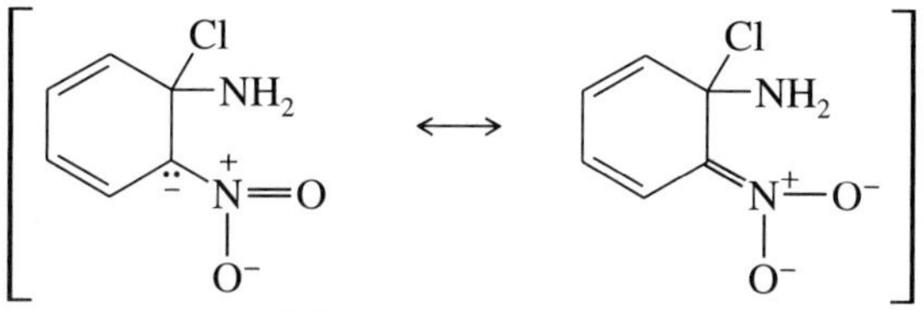

나이트로기는 파이 끄는 기

**나이트로화 반응(nitration):** 수소 원자를 나이트로기, 즉 $-NO_2$로 치환하는 반응

**나이트로늄 이온(nitronium ion):** $NO_2^+$ 이온, $O{=}\overset{+}{N}{=}O$

**메타–배향기(meta-director, meta-allower):** 주로 오쏘와 파라 위치를 비활성화하여 상대적으로 메타 위치의 반응성을 가장 크게 만드는 치환기

**벤자인(benzyne):** 친핵성 방향족 치환 반응에서 반응 중간체. 벤자인은 벤젠에서 수소 원자 2개가 제거된 것이다. 벤자인은 6원자 고리에 강하게 무리가 걸린 삼중 결합으로 그려질 수 있다.

또는 또는

**벤질 자리(benzylic position):** 벤젠 고리에 직접 결합된 알킬기의 탄소 원자. 벤젠 고리의 $\alpha$ 위치

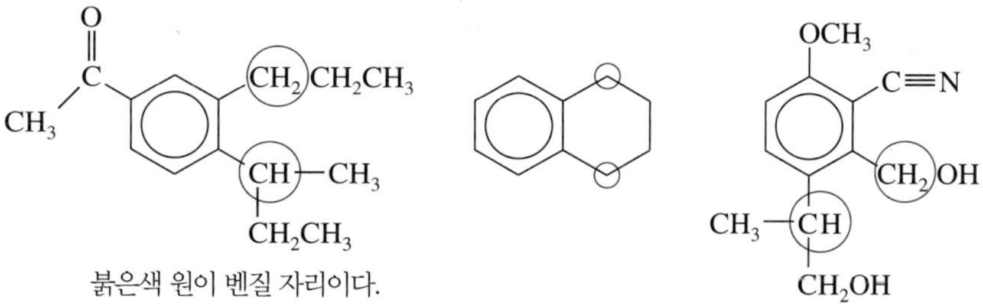

붉은색 원이 벤질 자리이다.

**설폰화 반응(sulfonation):** 수소 원자를 설폰산기, 즉 $-SO_3H$로 치환하는 반응

**탈설폰 반응(desulfonation):** $-SO_3H$기를 수소로 치환하는 반응. $-SO_3H$기를 가진 벤젠 유도체를 물이나 수증기와 함께 가열할 때 일어난다.

**시그마 착물(sigma complex):** 친전자성 방향족 치환 반응 및 친핵성 방향족 치환 반응에서 친전자체나 친핵체와 방향족 고리 사이에 시그마 결합을 한 중간체. 시그마 착물은 친전자성 방향족 치환 반응에서는 편재되지 않은 양전하를, 친핵성 방향족 치환 반응에서는 편재되지 않은 음전하를 가진다.

**아실기(acyl group):** $(\text{R}-\overset{\text{O}}{\overset{\|}{\text{C}}}-)$ 알킬기가 결합되어 있는 카보닐기

**염화 아실(acyl chloride):** 염소 원자가 결합된 아실기, RCOCl. '산 염화물(acid chloride)'이라고도 한다.

**아실륨 이온(acylium ion):** 양으로 하전된 아실기 조각. $R-C{\equiv}O^+$

**알콕시기(alkoxy group):** 산소를 통해 결합된 알킬기로 구성된 치환체. $-O-R$

**오쏘, 파라-배향기(ortho, para-director):** 시약의 공격에 대해 오쏘, 파라 위치를 활성화하는 치환기

**유기구리(organocuprate):** 일반적인 화학식 $R_2CuLi$(Gilman 시약)의 탄소-구리 결합을 가진 화합물. 다이알킬구리산 리튬(또는 다이아릴구리 또는 다이바이닐구리)가 유기할로젠과 치환 반응으로 새로운 C—C 결합을 형성한다.

**유도 안정화(inductive stabilization):** 시그마 결합을 통해 전자 밀도를 밀거나 끌어서 반응 중간체를 안정화하는 것

**친전자성 방향족 치환 반응(electrophilic aromatic substitution, EAS):** 방향족 고리의 수소를 강한 친전자체로 치환하는 반응

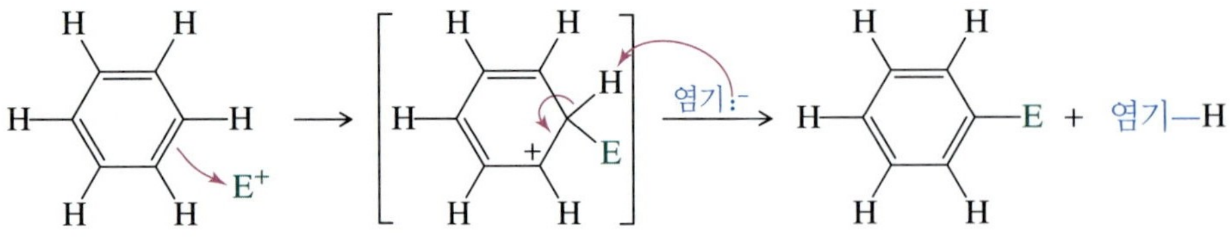

친전자성 공격 — 시그마 착물 — 치환된 생성물

**친핵성 방향족 치환 반응(nucleophilic aromatic substitution, NAS):** 방향족 고리의 이탈기를 강한 친핵체로 치환하는 반응. 보통 첨가-제거 메커니즘이나 벤자인 메커니즘으로 일어난다.

**퀴논(quinone):** 사이클로헥사다이엔-다이온의 유도체. 일반적인 퀴논은 1,4-퀴논(파라-퀴논)이며, 덜 안정된 1,2-퀴논(오쏘-퀴논)은 흔하지 않다.

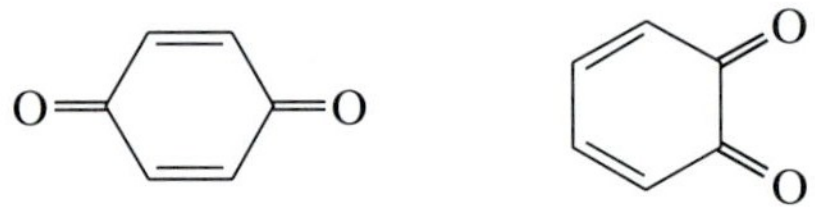

*p*-퀴논 *o*-퀴논

**할로늄 이온(halonium ion):** 양전하(또는 부분 양전하)를 지닌 할로젠 이온. 방향족 화학에서 할로늄 이온의 양전하는 보통 공명을 통해 할로젠에 분산된다(특히 클로로늄 이온, 브로모늄 이온 등).

**활성 감소기(deactivating group):** 방향족 고리의 반응성(보통 친전자성 방향족 치환 반응에 대한)을 벤젠보다 약화시키는 치환기

**활성화기(activating group):** 방향족 고리를 벤젠보다 (보통 친전자성 치환 반응에) 반응성이 더 크게 만드는 치환기

## 기초문제

| | | |
|---|---|---|
| **1** | 할로젠화, 나이트로화, 설폰화, Friedel-Crafts 알킬화, 아실화 같은 일반적인 친전자성 방향족 치환 반응의 메커니즘을 제시하고 생성물을 예측하라. | 관련 연습문제 17-50, 53, 54, 57, 66, 71, 77 |
| **2** | 치환된 방향족 고리에 대한 친전자성 공격으로 생성되는 시그마 착물의 공명 구조를 그려보라. 어떤 치환기가 활성화기이고 어떤 치환기가 활성 감소기인지를 설명하고, 그들이 오쏘, 파라-배향 또는 메타-배향인 이유를 설명하라. | 관련 연습문제 17-53, 54, 60, 64, 67, 71 |
| **3** | 하나 또는 그 이상의 방향족 고리에 치환기를 가진 분자에 친전자성 방향족 치환 반응이 일어날 위치를 예측하고, 치환기의 영향을 이용하여 올바른 이성질체가 형성될 수 있는 합성법을 고안하라. | 관련 연습문제 17-52, 53, 54, 57, 60, 63, 67, 76 |
| **4** | 어떤 친핵성 방향족 치환 반응이 가능한지 결정하고, 첨가-제거 형태와 벤자인 형태에 대한 메커니즘을 모두 제시하라. | 관련 연습문제 17-58, 68, 69, 70, 73 |
| **5** | 유기구리, Heck, Suzuki 반응의 짝지음 생성물을 예측하고, 합성에서 이들 반응을 이용하라. | 관련 연습문제 17-55, 61, 62, 72, 75 |
| **6** | 방향족 화합물에 대한 Birch 환원, 수소화, 염소화 반응의 생성물을 예측하고, 합성에서 이들 반응을 이용하라. | 관련 연습문제 17-51, 57, 59, 74 |
| **7** | 방향족 고리는 곁사슬 반응에 어떤 영향을 주는지 설명하고, 곁사슬 반응의 생성물을 예측하라. 합성에서 이들 반응을 이용하라. | 관련 연습문제 17-51, 53, 74 |
| **8** | 페놀의 반응에서 생성물을 예측하고, 합성에서 이들 반응을 이용하라. | 관련 연습문제 17-52, 63, 66, 76 |
| | 문제풀이 전략: 친전자성 방향족 치환 반응을 이용한 합성 | 관련 연습문제 17-50, 52, 60, 63, 72, 75, 76 |

## 연습문제

**17-50** 벤젠이 다음 시약과 반응할 때(단 한 번만) 형성되는 주생성물을 예측하라.

(a) 염화 *t*-뷰틸, $AlCl_3$
(b) 1-브로모뷰테인, $AlCl_3$
(c) 브로민화 아이소뷰틸 + $BF_3$
(d) 브로민 + 철가루
(e) 아이소뷰틸렌 + HCl
(f) 삼산화 황을 포함한 황산(기름)
(g) 1-브로모-2,2-다이메틸프로페인 + $AlCl_3$
(h) 브로민화 벤조일 + $AlCl_3$
(i) 염소 + 철 나사
(j) 아이오딘화 메틸, $AlCl_3$
(k) 일산화 탄소, HBr, 그리고 $AlCl_3$/CuCl
(l) $CH(CH_3)(COCl)_2$, $AlCl_3$

**17-51** 인데인(indane)은 지방족 고리의 어떤 알킬 위치에서든 자유 라디칼 염소화 반응이 일어날 수 있다.

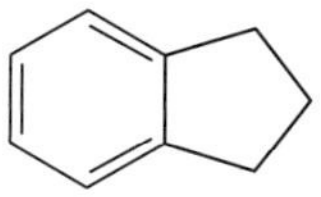

(a) 이 반응으로 생성 가능한 일염소화 생성물을 그려보라.
(b) 이 반응으로 생성 가능한 이염소화 생성물을 그려보라.
(c) 얼마나 많은 생성물이 형성되는지, 그리고 이 생성물 중 일염소화 생성물이 얼마나 되는지 또는 이염소화 생성물이 얼마나 되는지를 결정하는 데 가장 도움이 될 도구적 기술은 무엇인지 나타내라.
(d) 생성물을 분리했을 때 모든 염소화 생성물의 구조를 결정하는 데 가장 도움이 될 도구적 기술은 무엇인지 나타내라.

인데인

**17-52** 벤젠 또는 톨루엔과 필요한 아실화 시약을 사용하여 다음 화합물을 합성하라. 오쏘, 파라 혼합물에서 파라를 주생성물(오쏘로부터 분리)로 가정하라.

(a) 1-페닐-1-브로모뷰테인
(b) 1-페닐-1-메톡시뷰테인
(c) 3-페닐프로판-1-올
(d) 에톡시벤젠
(e) 1,2-다이클로로-4-나이트로벤젠
(f) 1-페닐프로판-2-올
(g) *p*-아미노벤조산
(h) 2-메틸-1-페닐뷰탄-2-올
(i) 5-클로로-2-메틸아닐린
(j) 3-나이트로-4-브로모벤조산
(k) 3-나이트로-5-브로모벤조산
(l) 4-뷰틸페놀
(m) 2-(4-메틸페닐)뷰탄-2-올

**17-53** 다음 반응의 주생성물을 예측하라.

(a) 2,4-다이나이트로클로로벤젠 + $NaOCH_3$
(b) 페놀 + 염화 *t*-뷰틸 + $AlCl_3$
(c) 나이트로벤젠 + 발연 황산
(d) 나이트로벤젠 + 염화 아세틸 + $AlCl_3$
(e) *p*-메틸아니솔 + 염화 아세틸 + $AlCl_3$
(f) *p*-메틸아니솔 + $Br_2$, 빛
(g) 1,2-다이클로로-4-나이트로벤젠 + $NaNH_2$
(h) *p*-나이트로톨루엔 + Zn + 묽은 HCl
(i) *p*-에틸벤젠설폰산 + 스팀/$H^+$
(j) *p*-에틸벤젠설폰산 + $HNO_3$, $H_2SO_4$
(k) $Ph-\overset{O}{\overset{\|}{C}}-NHPh + CH_3CH_2-\overset{O}{\overset{\|}{C}}-Cl$, $AlCl_3$
(l) 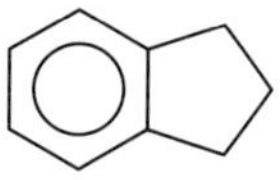 (인데인) + 뜨겁고 진한 $KMnO_4$

인데인

**17-54** 어두운 곳에서 $Br_2$와 $FeBr_3$를 사용하여 다음 화합물을 브로민화했을 때 주생성물을 예측하라.

(a) 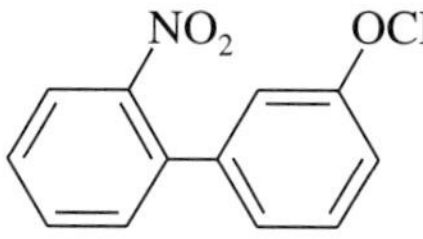 $NO_2$ $OCH_3$
(b) 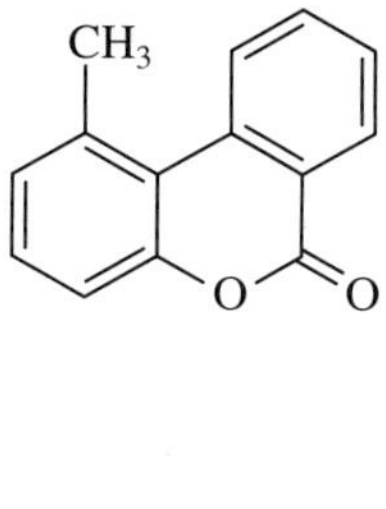 $CH_3$ O O
(c) 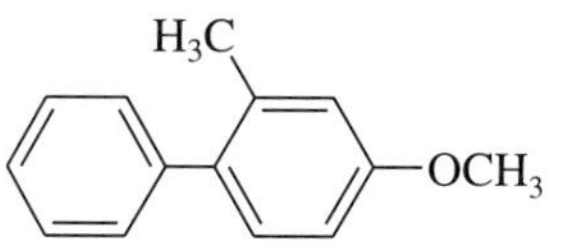 $H_3C$ $OCH_3$

**17-55** 다음 짝지음 반응의 생성물을 예측하라.

(a) 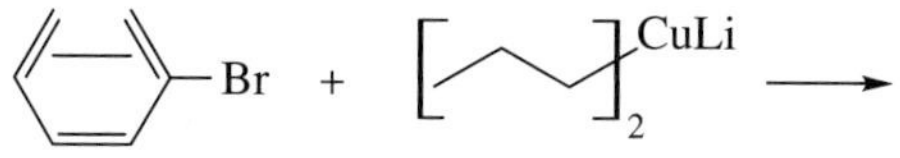 (벤젠)−Br + $[\text{부틸}]_2CuLi$ ⟶
(b) 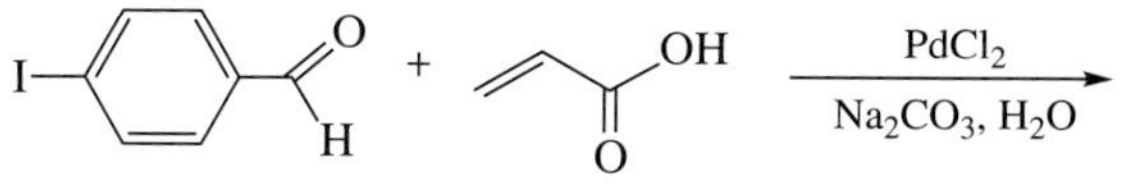 I−(벤젠)−CHO + (아크릴산, OH, O) $\xrightarrow[Na_2CO_3,\ H_2O]{PdCl_2}$

(c) Br + $PhB(OH)_2$ $\xrightarrow{\text{Pd 촉매, 염기}}$

(d) Br + $B(OR)_2$ $\xrightarrow{\text{Pd 촉매, 염기}}$

(e) Br + $NO_2$ $\xrightarrow[\text{PPh}_3,\ \text{Et}_3\text{N:}]{\text{Pd(OAc)}_2}$

**17-56** 한 학생이 NaCl과 $AlCl_3$이 1 : 1로 혼합된 용융물을 170°C로 조절한 후 여기에 3-페닐프로판산($PhCH_2CH_2COOH$)을 첨가했다. 5분 후 그 학생이 용융물을 물에 붓고 다이클로로메테인을 추출했다. 다이클로로메테인을 증발시켜 다음 스펙트럼을 나타내는 생성물을 96% 수득률로 얻었다. 생성물의 질량 스펙트럼은 $m/z$ 132에서 분자 이온을 보인다. 생성물은 무엇인가?

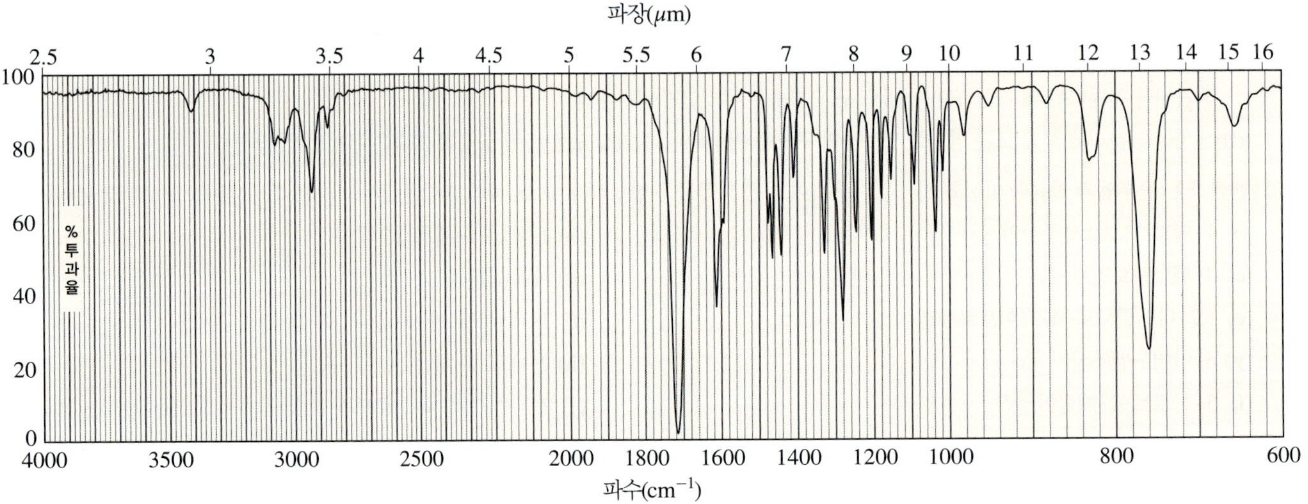


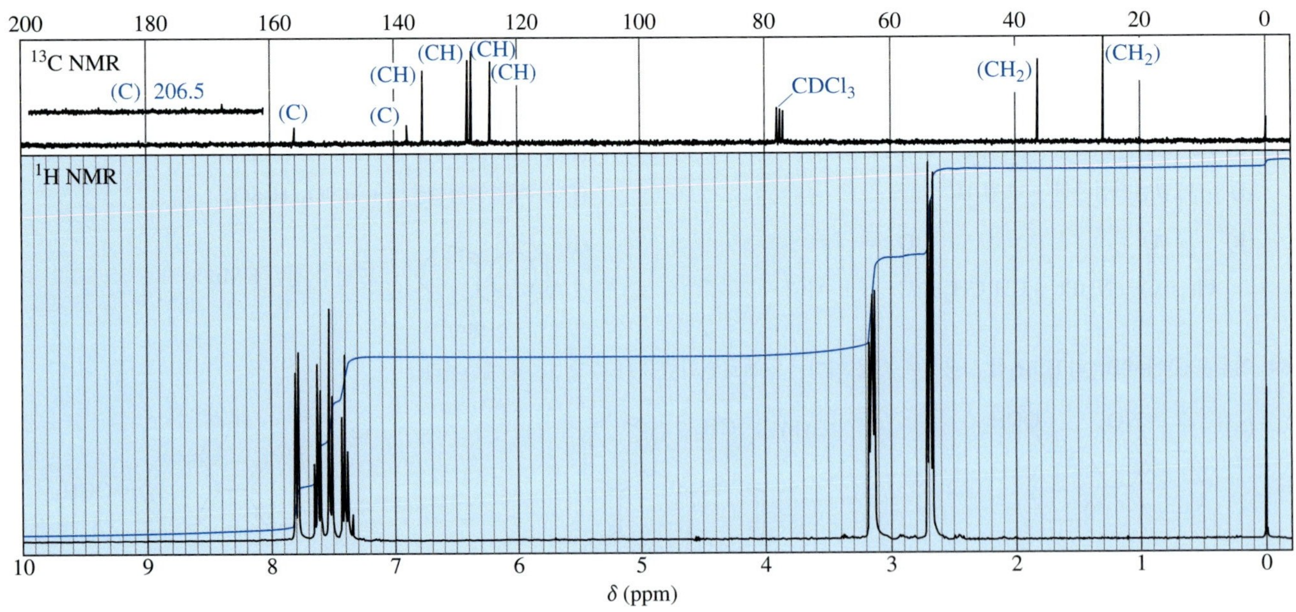

**17-57** 다음 일련의 반응에서 **A~H** 화합물의 구조를 제시하라.

$CF_3$-벤젠 → (이소발레릴 클로라이드, $AlCl_3$) **A**; **A** → ($HNO_3$, $H_2SO_4$) **B**; **A** → (Zn(Hg), HCl) **C**; **C** → ($KMnO_4$ (뜨겁고 진한)) **D**; **C** → ($Br_2$, $h\nu$) **E**; **E** → ($NH_3$ (과량)) 생성물($H_2N$, $CF_3$); **E** → ($(CH_3)_3CO^- K^+$) **G** → (HBr) **H**; **E** → ($NaOCH_3$) **F**

**17-58** 다음 화합물은 (밀봉된 튜브 내에 있는) 뜨겁고 진한 NaOH 용액과 반응하여 두 가지 생성물로 이루어진 혼합물을 형성한다. 이들 생성물의 구조를 제안하고, 생성 메커니즘을 제시하라.

Cl-테트랄린 → (NaOH, $H_2O$, 350 °C) 2개의 생성물

**17-59** α-테트라론(α-tetralone)은 Birch 환원 반응을 하여 뛰어난 수득률로 단일 생성물이 된다. 이 생성물의 구조를 그리고, 생성 메커니즘을 제안하라.

α-테트라론 → (Na, $NH_3(l)$, $CH_3CH_2OH$)

**17-60** 친전자성 방향족 치환 반응은 안트라센의 9 위치에서 보통 일어난다. 안트라센이 다음 시약과 반응하여 얻을 수 있는 주생성물을 예상하라.

**(a)** $HNO_3$, $H_2SO_4$ **(b)** $Br_2$, $FeBr_3$ **(c)** $CH_3CH_2COCl$, $AlCl_3$

**(d)** 아이소뷰틸렌과 HF **(e)** 사이클로헥산올과 $BF_3$ **(f)** 발연 황산

(안트라센 번호: 1, 2, 3, 4, 5, 6, 7, 8, 9, 10)

**17-61** 친핵성 방향족 치환 반응은 페놀 유도체를 제조하는 흔한 방법 가운데 하나이다(다른 방법은 19-17절 참조). 벤젠 또는 톨루엔으로부터 아래에 해당하는 페놀의 합성 과정을 나타내고, 일부 경우에서는 혼합 생성물이 만들어지는 이유를 설명하라.

**(a)** *p*-나이트로페놀 **(b)** 2,4,6-트라이브로모페놀 **(c)** *p*-클로로페놀

**(d)** *m*-크레졸 **(e)** *p*-*n*-뷰틸페놀

**17-62** Suzuki 반응을 이용하여 다음 시스-1-브로모펜트-1-엔과 아세틸렌성 알코올로부터 실크나방의 성호르몬인 봄비콜(bombykol)을 합성하라.

Br-CH=CH-CH₂CH₂CH₃ (시스), H—C≡C—$(CH_2)_8$—$CH_2OH$ → $(CH_2)_8$—$CH_2OH$

봄비콜

**17-63** 2,4-다이클로로페녹시아세트산(2,4-D)은 넓은 잎담배의 잡초를 죽이는 가장 흔한 선택적인 제초제이다. 벤젠, 클로로아세트산($ClCH_2COOH$)과 다른 필수적인 시약과 용매로부터 2,4-D를 합성하는 방법을 나타내라.

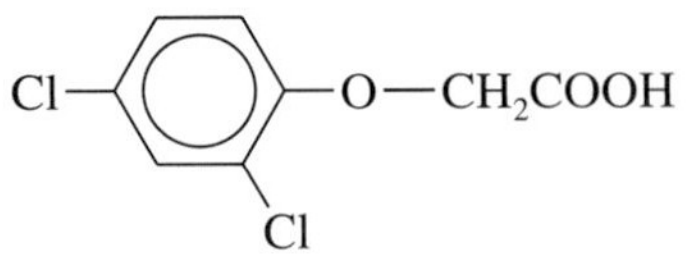

Cl—(C₆H₃)(Cl)—O—$CH_2COOH$

2,4-다이클로로페녹시아세트산(2,4-D)

**17-64** 퓨란은 벤젠보다 더 쉽게 친전자성 방향족 치환 반응을 한다(온화한 시약과 조건이면 충분하다). 예를 들면 퓨란은 브로민과 반응하여 2브로모퓨란이 된다.

**(a)** 2 위치와 3 위치에서 퓨란을 브로민화했을 때의 메커니즘을 제시하라. 각 시그마 착물의 공명 구조를 그리고, 안정성을 비교하라.

**(b)** 퓨란의 2 위치에서 일차적으로 브로민화 반응(과 다른 친전자성 방향족 치환 반응)이 일어나는 이유를 설명하라.

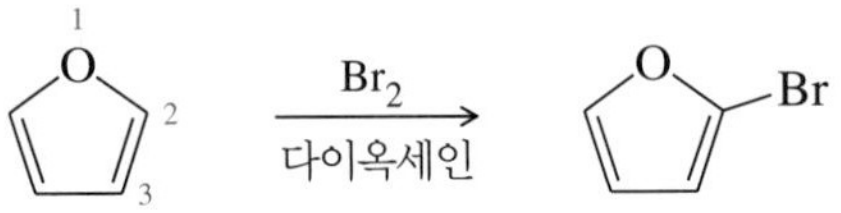

퓨란 $\xrightarrow[\text{다이옥세인}]{Br_2}$ 2브로모퓨란

**17-65** **(a)** 다이하이드록시벤젠의 세 가지 이성질체를 그려보라.

**(b)** 각각 175°C, 197°C, 168°C의 녹는점을 가진 이성질체가 있다. 모든 가능한 위치에 나이트로화된 이성질체들이 구조를 결정하는 데 사용된다. 175°C에서 녹는 이성질체는 2개의 단일나이트로 이성질체를 생성했다. 197°C에서 녹는 이성질체는 3개의 단일나이트로 이성질체를 생성했다. 168°C에서 녹는 이성질체는 단 1개의 단일나이트로 이성질체를 생성했다. 어느 이성질체가 어느 녹는점을 갖는지 나타내라.

***17-66** 비스페놀 A는 폴리탄산 염, 폴리유레테인과 에폭시 수지 등의 많은 중합체에서 중요한 요소이다. 이 화합물은 염산을 촉매로 하여 페놀과 아세톤으로부터 합성된다. 이 반응의 메커니즘을 제안하라.

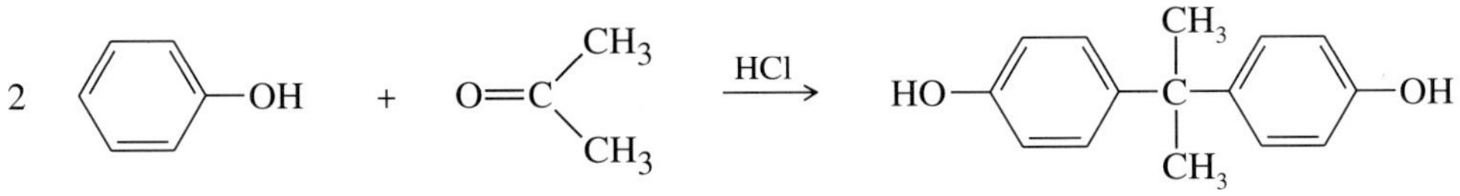

2 페놀 + 아세톤 ($O{=}C(CH_3)_2$) $\xrightarrow{HCl}$ 비스페놀 A ($HO{-}C_6H_4{-}C(CH_3)_2{-}C_6H_4{-}OH$)

**17-67** 대부분의 친전자성 방향족 치환 반응과 달리 설폰화 반응은 종종 가역적이다(17-4절 참조). 톨루엔을 각각 0°C와 100°C에서 설폰화하면 치환 반응 생성물이 다른 비율로 생성된다.

| | 반응 온도 | |
|---|---|---|
| **생성물의 이성질체** | **0°C** | **100°C** |
| *o*-톨루엔설폰산 | 43% | 13% |
| *m*-톨루엔설폰산 | 4% | 8% |
| *p*-톨루엔설폰산 | 53% | 79% |

**(a)** 온도 증가에 따른 생성물의 변화를 설명하라.

**(b)** 0°C에서 반응한 생성물 혼합물은 100°C로 가열했을 때 무슨 일이 일어날지 예측하라.

**(c)** $SO_3H$기는 벤젠 고리에 첨가되고 나중에 제거될 수 있기 때문에, 때로는 막음 원자단(blocking group)이라고 한다. 중간 단계에서 설폰화 및 탈설폰 반응을 사용하여 톨루엔으로부터 2,6-다이브로모톨루엔을 합성하라.

* 본문 내용을 응용한 난이도 높은 문제는 별표(*)로 표시했다.

**17-68** 1,2-다이브로모-3,5-다이나이트로벤젠을 50°C에서 과량의 NaOH로 처리할 때 브로민 원자 중 단 1개만 치환되었다. 예상하는 생성물을 보여주는 이 반응의 식을 그려보라. 예상되는 생성물의 생성을 설명하는 메커니즘을 나타내라.

***17-69** 안트라센을 350°C에서 클로로벤젠과 진한 NaOH의 반응 혼합물에 첨가했을 때 분자식이 $C_{20}H_{14}$인 Diels-Alder 첨가물이 생성된다. 생성물의 $^1H$ NMR 스펙트럼에서는 $\delta$3 주위에 면적 2의 단일선과 $\delta$7 주위에 면적 12의 넓은 단일선이 발견되었다. 생성물의 구조를 제시하고, 안트라센의 방향족 고리 중 하나가 다이엔으로 반응한 이유를 설명하라.

**17-70** 14장에서 오렌지 시약(Agent Orange)이 2,4,5-T로 불리는 아세트산(2,4,5-트라이클로로페녹시)을 함유한다는 것을 살펴보았다. 이 화합물은 1,2,4,5-테트라클로로벤젠이 수산화 소듐과 부분적으로 반응하고, 뒤이어서 클로로아세트산 소듐($ClCH_2CO_2Na$)과 반응하여 합성된다.

**(a)** 이들 화합물의 구조를 그리고, 이들 반응의 화학 반응식을 작성하라.

**(b)** 베트남에서 사용된 오렌지 시약의 불순물로 종종 다이옥신이라 부정확하게 불리는 2,3,7,8-테트라클로로다이벤조다이옥신(2,3,7,8-TCDD)이 있다. 2,3,7,8-TCDD가 어떻게 2,4,5-T 합성 과정에서 형성되는지 메커니즘을 제시하라.

**(c)** 첫 단계 후부터 합성이 완결될 때까지 TCDD 오염을 제거할 수 있는 방법을 제시하라.

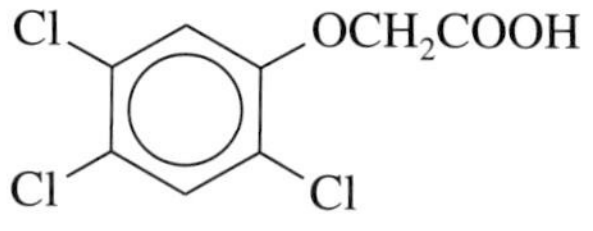

Cl, OCH$_2$COOH, Cl, Cl
2,4,5-T

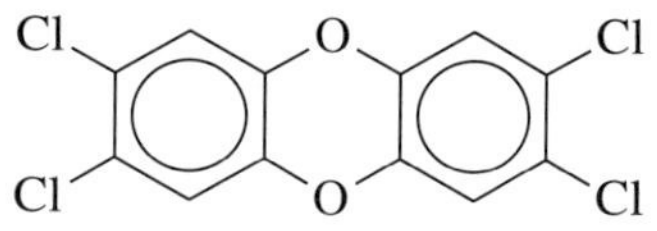

Cl, O, Cl, Cl, O, Cl
2,3,7,8-테트라클로로다이벤조다이옥신(TCDD)

**17-71** 페놀은 $CCl_4$를 용매로 하여 어두운 곳에서 3당량의 브로민과 반응하여 화학식이 $C_6H_3OBr_3$인 생성물을 생성한다. 이 생성물을 브로민수(bromine water)에 첨가하면 용액으로부터 침전되어 분자식이 $C_6H_2OBr_4$인 노란 고체가 석출된다. 노란 침전물의 IR 스펙트럼은 1680 cm$^{-1}$ 근처에서 강한 흡수를 나타낸다(퀴논의 스펙트럼처럼). 이 두 화합물의 구조를 제안하라.

**17-72** 벤젠과 필요한 다른 시약을 출발 물질로 하여 다음 화합물을 합성하라. (힌트: 마지막 단계에서 Pd 촉매 짝지음 반응을 고려하라.)

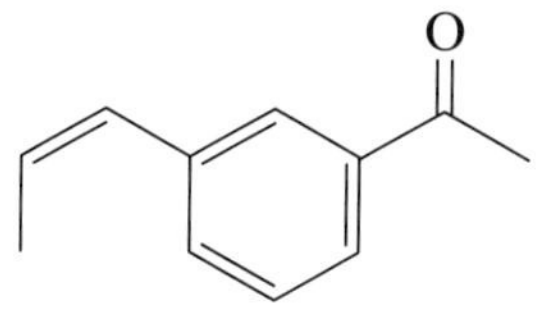

O

***17-73** 한 대학원생이 브로민화 *o*-플루오로브로모벤젠 용액에 마그네슘을 첨가하여 브로민화 *o*-플루오로페닐마그네슘을 만들려고 시도했다. 이 반응에서 당황스러운 결과를 얻은 후, 소량의 퓨란을 포함하는 테트라하이드로퓨란을 용매로 사용하여 반응을 되풀이했다. 이 반응으로부터 다음 화합물을 꽤 좋은 수득률로 분리했다. 이 반응의 메커니즘을 제안하라.

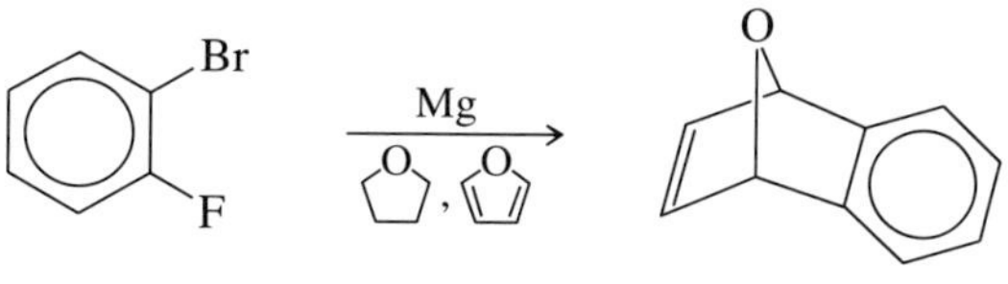

Br, F — Mg (THF, 퓨란) → O

***17-74** 메스암페타민(methamphetamine)의 일반적인 불법 합성은 흥미로운 Birch 환원의 변형이 포함되어 있다. 알코올에 녹은 에페드린(ephedrine) 용액을 액체 암모니아에 첨가하고, 이어서 몇 조각의 리튬 금속을 첨가한다. Birch 환원은 흔히 방향족 고리(17-14C절)를 환원하는데, 이 경우에서는 에페드린의 하이드록시기를 제거하여 메스암페타민을 생성한다. 이러한 반응의 특이한 경로를 설명하기 위해 Birch 환원에 대한 것과 유사한 메커니즘을 제안하라.

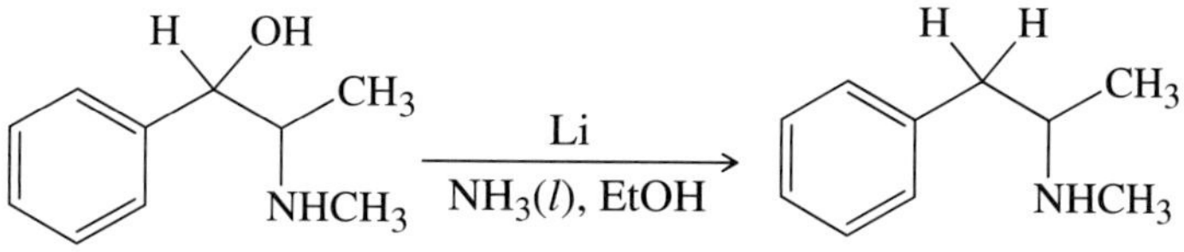

H, OH, $CH_3$, $NHCH_3$ — Li, $NH_3(l)$, EtOH → H, H, $CH_3$, $NHCH_3$

에페드린 → 메스암페타민

**17-75** Suzuki 반응을 이용하여 다음 바이아릴 화합물을 합성하라. 출발 물질로 2개의 제시된 화합물과 필요한 추가 시약을 사용할 수 있다.

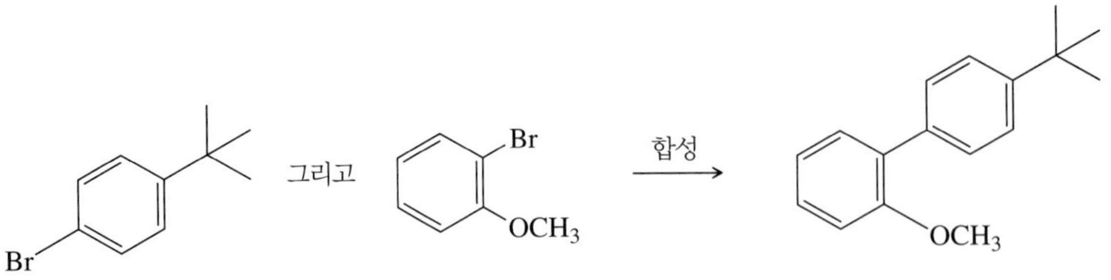

Br — (4-tert-butylphenyl) 그리고 (2-Br, OCH$_3$ benzene) —합성→ (biaryl, OCH$_3$)

**17-76** 항산화제 BHA와 BHT는 보편적으로 음식물 방부제로 쓰인다. 페놀과 하이드로퀴논으로부터 BHA와 BHT를 합성하는 방법을 나타내라.

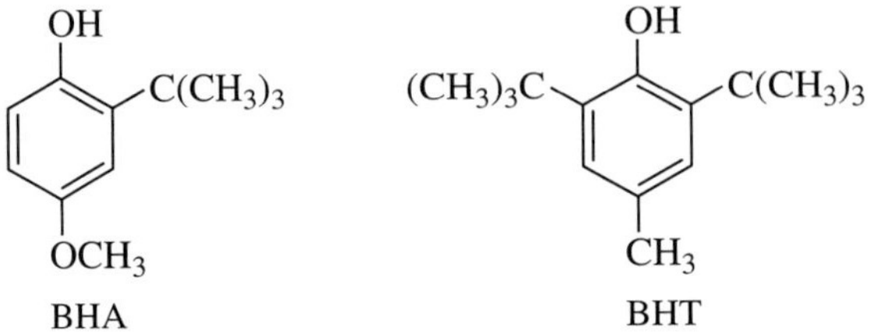

OH, C(CH$_3$)$_3$, OCH$_3$ — BHA

OH, (CH$_3$)$_3$C, C(CH$_3$)$_3$, CH$_3$ — BHT

**17-77** 트라이페닐메탄올은 물에 불용성이지만, 진한 황산으로 처리했을 때 밝은 황색 용액이 된다. 이 밝은 황색 용액을 물로 희석하면 색이 사라지고 트라이페닐메탄올이 다시 침전으로 나타난다. 밝은 황색종의 구조를 제안하고, 이러한 특이한 행동을 설명하라.

**17-78** 흔한 비처방 하제(nonprescription laxative)인 페놀프탈레인(phenolphthalein)은 산에서 무색이고, 염기에서는 붉은색인 산-염기 지시약이다. 페놀프탈레인은 프탈산 무수물(phthalic anhydride)이 2당량의 페놀과 산 촉매 반응으로 합성된다.

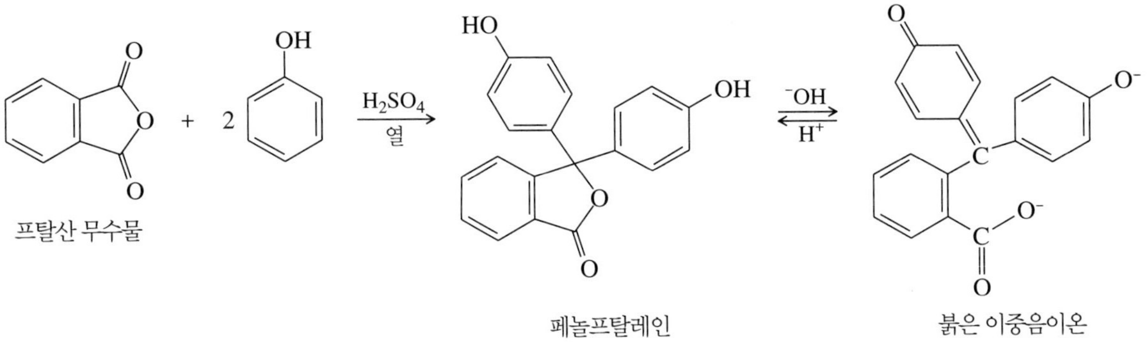

프탈산 무수물 + 2 (페놀, OH) —$H_2SO_4$, 열→ 페놀프탈레인 (HO, OH, O) ⇌ ($^-$OH / $H^+$) 붉은 이중음이온 (O, O$^-$, C, O$^-$)

(a) 페놀프탈레인의 합성 메커니즘을 제안하라.

(b) 페놀프탈레인을 염기에서 붉은색 이중음이온으로 전환시키는 반응의 메커니즘을 제안하라.

(c) 공명 구조를 이용하여 2개의 페놀성 산소 원자가 붉은색 페놀프탈레인 이중음이온(dianion)에서 등가(각각 절반의 음전하)인 것을 나타내라.

# 18 케톤과 알데하이드

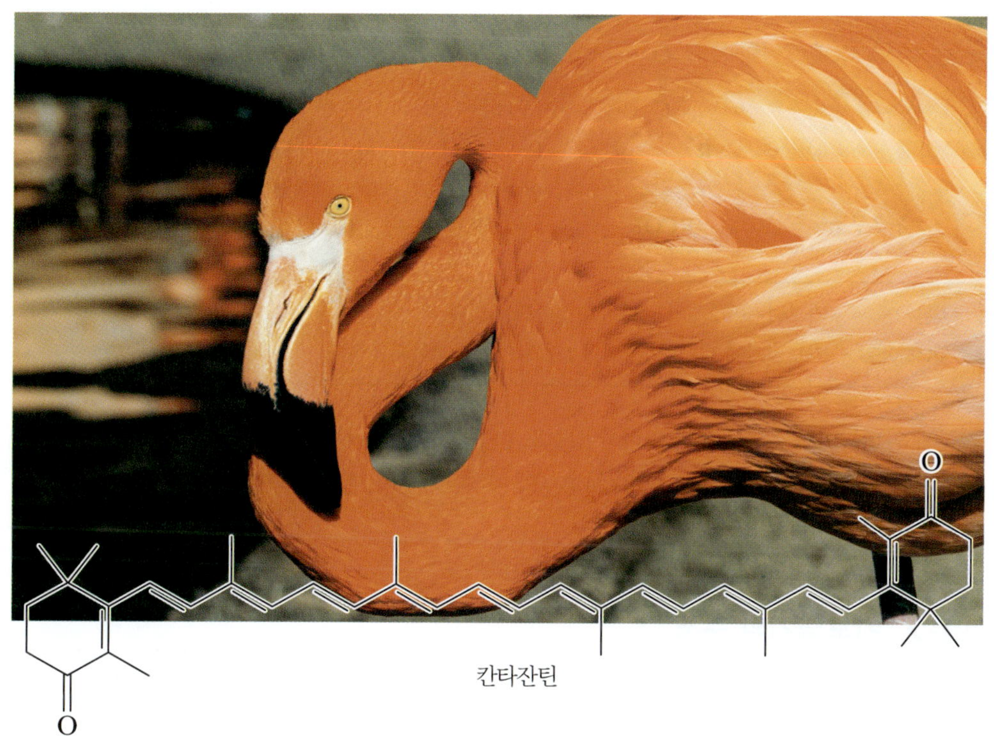


## 학습목표

**1** 케톤과 알데하이드를 그려 보고, 명명하고, 스펙트럼 자료로부터 구조를 결정한다.

**2** 여러 가지 작용기로부터 한 단계 또는 여러 단계를 거쳐 케톤이나 알데하이드를 만드는 합성법을 알아본다.

**3** 케톤이나 알데하이드가 산화제, 환원제나 아민, 알코올, 인 일라이드 등과 반응했을 때 얻는 생성물의 구조를 예상하고 생성 메커니즘을 제안한다.

**4** 케톤이나 알데하이드를 출발 물질 또는 중간체로 이용하는 다단계 합성을 제시한다. 필요하면 카보닐기에 보호기를 먼저 도입한다.

◀ 칸타잔틴(canthxanthin, $\beta,\beta$-카로텐-4,4′-다이온)은 카로테노이드 색소의 일종으로 플라멩고가 분홍색을 띠게 한다. 플라밍고의 실제 깃털은 흰색이나 밝은 회색이지만, 분홍색 카로테노이드 색소로 인해 분홍색이 되며, 이는 그들이 섭취한 새우와 해조류에서 유래한 것이다. 섭취된 카로틴은 물질대사 과정을 거쳐 플라멩고의 깃털 속 지방 성분에 용해된다. 동물원에서는 플라멩고의 선홍색 빛을 강조하기 위해 종종 칸타잔틴을 먹이에 넣기도 한다.

## 18-1 카보닐 화합물

카보닐 화합물은 유기 화학, 생화학, 생물학에서 매우 중요한 위치를 차지하고 있으므로, **카보닐기**(carbonyl group, C═O)를 가진 화합물에 대해 자세히 살펴보자. 카보닐 화합물의 일반적인 모습은 표 18-1에 있다.

카보닐 화합물은 어디에나 존재한다. 이들은 시약이나 용매로 사용되며, 또한 옷감, 향료, 플라스틱, 의약품을 구성하는 성분이기도 하다. 자연에 존재하는 카보닐 화합물로는 식물과 동물을 구성하고 있는 단백질, 탄수화물과 핵산이 대표적이다. 이후 장들에서는 간단한 카보닐 화합물의 성질과 반응성에 대해 알아볼 것이다. 그러고 나서 23장과 24장에서는 앞서 배운 카보닐 화학을 탄

**표 18-1** 카보닐 화합물의 일반적인 분류

| 분류 | 일반식 | 분류 | 일반식 |
|---|---|---|---|
| 케톤 | R—C(═O)—R′ | 알데하이드 | R—C(═O)—H |
| 카복실산 | R—C(═O)—OH | 산 염화물 | R—C(═O)—Cl |
| 에스터 | R—C(═O)—O—R′ | 아마이드 | R—C(═O)—$NH_2$ |

수화물, 핵산과 단백질에 적용해볼 것이다.

가장 간단한 카보닐 화합물은 케톤과 알데하이드이다. **케톤**(ketone)은 카보닐기의 탄소 원자에 2개의 알킬기(또는 아릴기)를 가지고 있다. **알데하이드**(aldehyde)는 카보닐기의 탄소 원자에 1개의 알킬기(또는 아릴기)와 1개의 수소 원자를 가지고 있다. 폼알데하이드(formaldehyde)는 가장 간단한 알데하이드 화합물인데, 카보닐기에 2개의 수소 원자가 결합되어 있다.

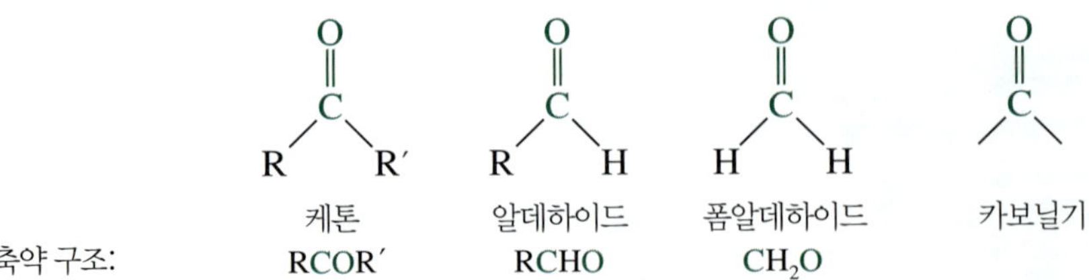


| | |
|---|---|
| **케톤:** | 카보닐기에 2개의 알킬기가 결합되어 있다. |
| **알데하이드:** | 카보닐기에 1개의 알킬기와 1개의 수소가 결합되어 있다. |

케톤과 알데하이드는 구조뿐만 아니라 성질도 비슷하다. 그러나 다른 점도 있는데, 특히 산화제나 친핵체와의 반응에서 차이를 보인다. 대부분의 경우 알데하이드가 케톤보다 반응성이 큰데, 그 이유는 앞으로 설명할 것이다.

## 18-2 카보닐기의 구조

카보닐의 탄소 원자는 $sp^2$ 혼성화되어 있으며, 같은 평면에서 서로 120°만큼 떨어져 있는 시그마 결합에 의해 3개의 다른 원자와 결합하고 있다. 혼성화되지 않은 탄소의 나머지 $p$ 오비탈은 산소의 $p$ 오비탈과 파이 결합을 형성한다. 탄소와 산소 간 이중 결합은 알켄의 C=C 이중 결합과 유사하지만, 카보닐 이중 결합이 더 짧고 강하며, 더 큰 극성을 띤다.

| | 길이 | 에너지 |
|---|---|---|
| 케톤 C=O 결합 | 1.23 Å | 745 kJ/mol (178 kcal/mol ) |
| 알켄 C=C 결합 | 1.34 Å | 611 kJ/mol (146 kcal/mol) |

카보닐기의 이중 결합은 큰 쌍극자 모멘트를 갖는데, 이는 산소의 전기 음성도가 탄소보다 커서 결합 전자들이 동등하게 공유되지 않기 때문이다. 특히 느슨하게 결합되어 있는 파이 전자는 산소 원자 쪽으로 더 많이 치우쳐 있으므로, 케톤과 알데하이드는 대부분의 할로젠 알킬이나 에터보다 큰 쌍극자 모멘트를 가진다. 여기서 파이 전자가 이렇게 동등하게 공유되지 않는다는 것을 나타내기 위해 공명 구조를 사용할 수 있다.

$$\left[ R_2C{=}\ddot{O}\!: \longleftrightarrow R_2\overset{+}{C}{-}\ddot{O}\!:^- \right]$$

주물질 부물질

첫 번째 공명 구조가 더 많은 결합과 작은 전하 분리를 포함하기 때문에 더 중요하다. 두 번째 공명 구조의 기여는 다음에 나타낸 케톤과 알데하이드의 큰 쌍극자 모멘트에 의해 알 수 있다.

$\mu = 2.7$ D
아세트알데하이드

$\mu = 2.9$ D
아세톤

비교하기:

$\mu = 1.9$ D
클로로메테인

$\mu = 1.30$ D
다이메틸 에터

이와 같은 카보닐기의 편극화는 케톤과 알데하이드의 반응성에 기여한다. 양으로 편극화된 탄소 원자는 친전자체(Lewis 산)로 작용하고, 음으로 편극화된 산소는 친핵체(Lewis 염기)로 작용한다.

## 18-3 케톤과 알데하이드의 명명법

**IUPAC명** 체계적인 케톤의 이름은 알케인의 끝 글자 -*e*를 -온(-*one*)으로 바꿔서 명명한다. 즉 '알케인(alkane)'의 이름이 '알칸온(alkanone)'으로 된다. 열린 사슬 케톤 화합물의 경우 카보닐 탄소가 포함된 가장 긴 사슬에 대해 카보닐기에 가장 가까운 말단 탄소 원자부터 시작해서 번호를 붙이며, 이러한 번호로 카보닐기의 위치를 나타낸다. 고리형 케톤에서는 카보닐 탄소 원자가 1번이 되도록 번호를 붙인다.

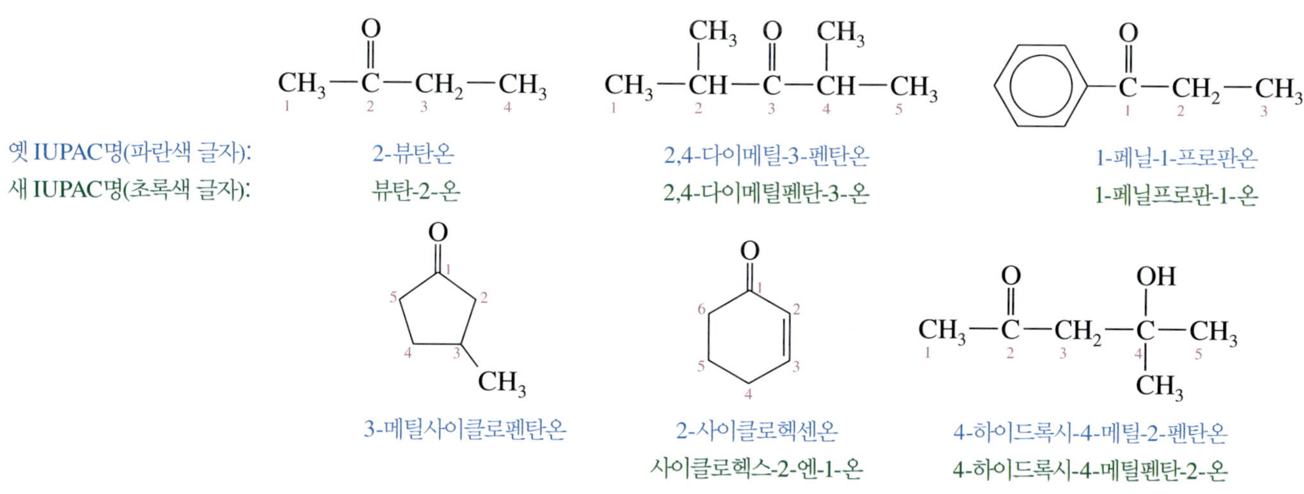


알데하이드의 체계적인 이름은 알케인의 어미 -*e*를 -알(-*al*)로 바꿔서 명명한다. 알데하이드 탄소는 사슬의 끝부분에 있으므로, 번호는 1이 된다. 알데하이드가 큰 단위(보통 고리)에 붙어 있으면, 접미사 카브알데하이드(carbaldehyde)를 사용한다.

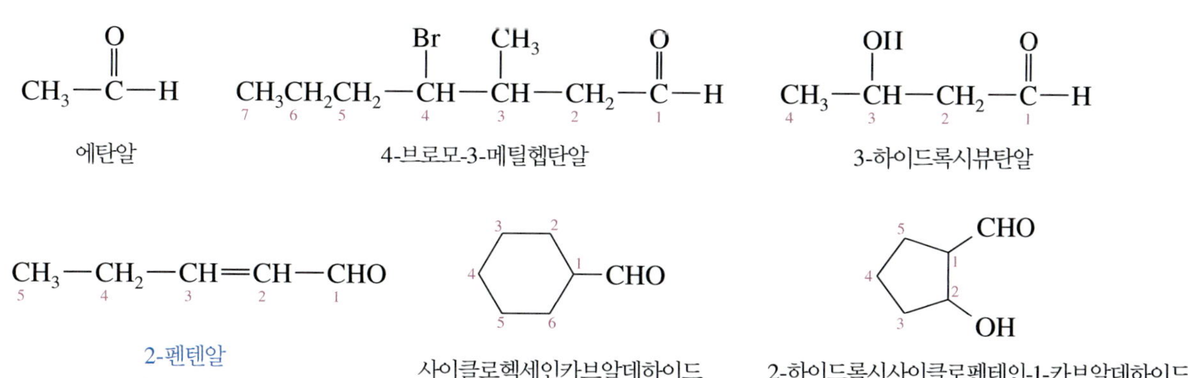

| 유기 화합물 명명에서 작용기의 우선순위 | |
|---|---|
| (가장 높음) | 산 |
| | 에스터 |
| | 알데하이드 |
| | 케톤 |
| | 알코올 |
| | 아민 |
| | 알켄, 알카인 |
| | 알케인 |
| | 에터 |
| (가장 낮음) | 할로젠 |

우선순위가 높은 다른 작용기로 기본명이 결정된 분자에서 케톤이나 알데하이드기는 치환기로 간주하여 명명된다. 카보닐기가 이 기본명의 가장 긴 사슬에서 일부일 경우 케톤이나 알데하이드의 카보닐기 이름에는 접두사인 옥소-(*oxo-*)가 사용된다. 알데하이드의 —CHO기가 치환기이며 가장 긴 사슬의 일부가 아닐 경우에는 접두사 **폼일**(*formyl*)을 사용한다. 카복실산에는 케톤이나 알데하이드기가 포함되어 있는데, 이때 카보닐기는 치환기로 간주하여 명명한다.

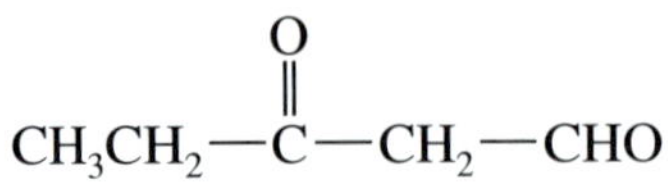

$CH_3CH_2—C(=O)—CH_2—CHO$
3-옥소펜탄알

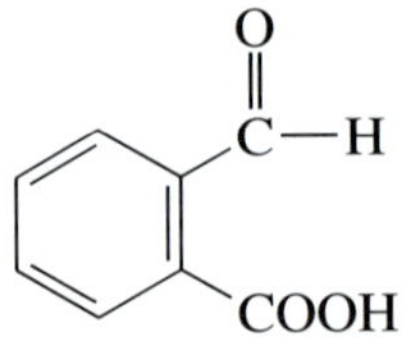

2-폼일벤조산

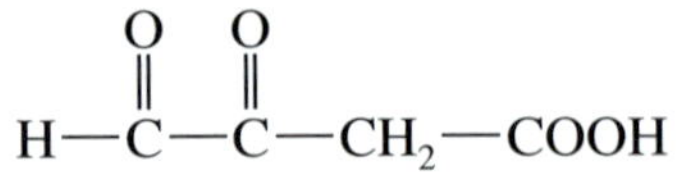

$H—C(=O)—C(=O)—CH_2—COOH$
3,4-다이옥소뷰탄산

**관용명** 다른 종류의 화합물과 마찬가지로 케톤이나 알데하이드 화합물도 체계적인 IUPAC명보다는 종종 관용명이 사용된다. 케톤의 관용명은 카보닐기에 붙어 있는 2개의 알킬기의 이름으로 구성된다. 치환기의 위치는 카보닐기의 다음 탄소로부터 시작하여 그리스 문자를 사용하여 나타낸다.

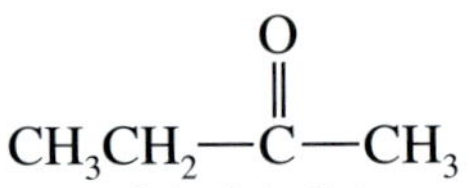

$CH_3CH_2—C(=O)—CH_3$
메틸 에틸 케톤

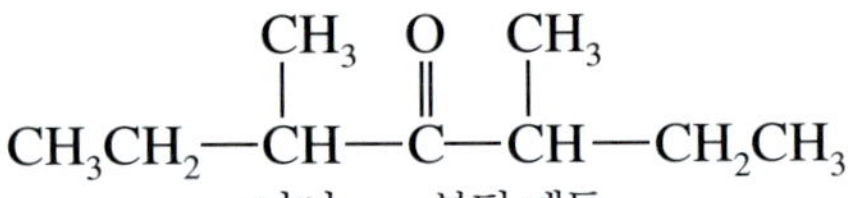

$CH_3CH_2—CH(CH_3)—C(=O)—CH(CH_3)—CH_2CH_3$
다이-*sec*-뷰틸 케톤

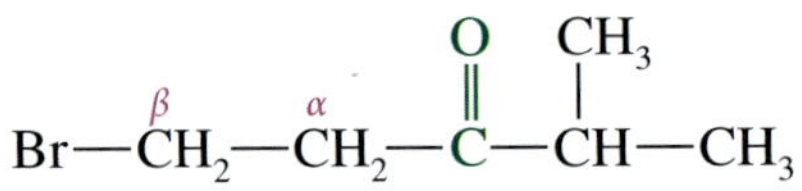

$Br—\overset{\beta}{C}H_2—\overset{\alpha}{C}H_2—C(=O)—CH(CH_3)—CH_3$
*β*-브로모에틸 아이소프로필 케톤

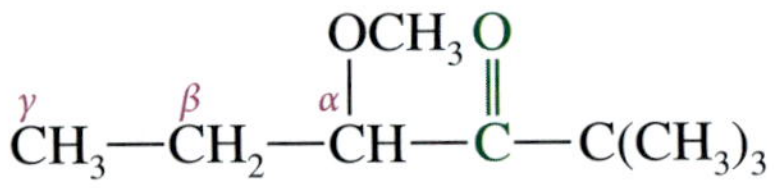

$\overset{\gamma}{C}H_3—\overset{\beta}{C}H_2—\overset{\alpha}{C}H(OCH_3)—C(=O)—C(CH_3)_3$
*t*-뷰틸 *α*-메톡시프로필 케톤

일부 케톤 화합물은 오래전부터 잘 알려진 관용명을 가지고 있다. 다이메틸 케톤(dimethyl ketone)은 항상 **아세톤**(acetone)이라 하고, 알킬 페닐 케톤(alkyl phenyl ketone)은 아실기 이름 다음에 접미사 **-페논**(*-phenone*)을 붙여서 명명된다.

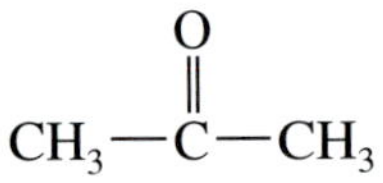

$CH_3—C(=O)—CH_3$
아세톤

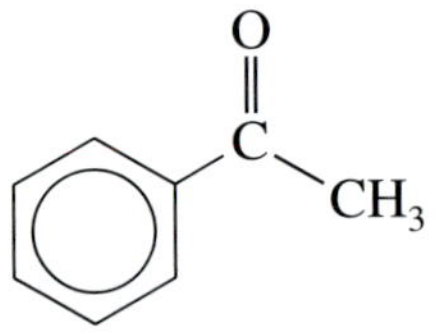

아세토페논

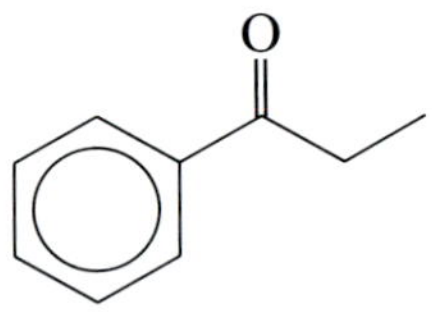

프로피오페논

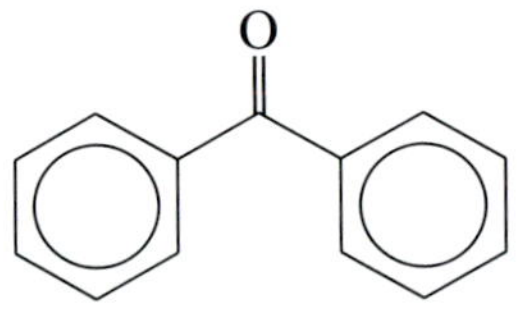

벤조페논

알데하이드의 관용명은 보통 해당 골격을 가진 카복실산의 관용명에서 유래했다(표 18-2). 이러한 이름은 산이나 알데하이드 원재료의 특징을 나타내는 라틴어나 그리스어를 잘 반영하고 있다. 그리스 문자는 알데하이드 화합물의 관용명에서 치환기의 위치를 나타내는 데 사용된다. 첫 번째 문자 *α*는 카보닐기에 이웃한 탄소 원자에 주어진다(참고로 IUPAC 명명법 체계에서 이 탄소의 번호는 2번이다).

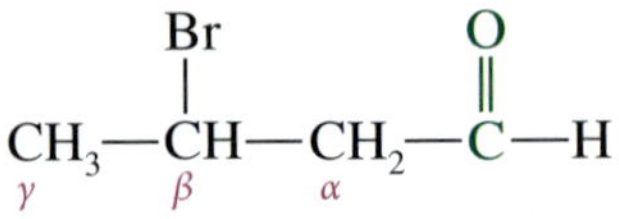

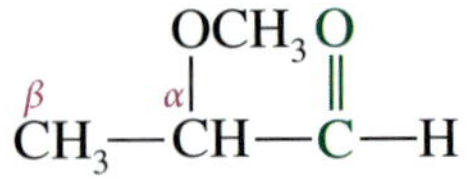

$\underset{\gamma}{C}H_3—\underset{\beta}{C}H(Br)—\underset{\alpha}{C}H_2—C(=O)—H$

$\overset{\beta}{C}H_3—\overset{\alpha}{C}H(OCH_3)—C(=O)—H$

| | | |
|---|---|---|
| 관용명: | *β*-브로모뷰티르알데하이드 | *α*-메톡시프로피온알데하이드 |
| IUPAC명: | 3-브로모뷰탄알 | 2-메톡시프로판알 |

**표 18-2** 몇 가지 산과 알데하이드의 관용명

| 카복실산 | 어원 | 알데하이드 |
|---|---|---|
| $H-C(=O)-OH$<br>폼산<br>(메탄산) | *formica*, '개미' | $H-C(=O)-H$<br>폼알데하이드<br>(메탄알) |
| $CH_3-C(=O)-OH$<br>아세트산<br>(에탄산) | *acetum*, '시큼한' | $CH_3-C(=O)-H$<br>아세트알데하이드<br>(에탄알) |
| $CH_3-CH_2-C(=O)-OH$<br>프로피온산<br>(프로판산) | *protos pion*, '첫 번째 지방' | $CH_3-CH_2-C(=O)-H$<br>프로피온알데하이드<br>(프로판알) |
| $CH_3-CH_2-CH_2-C(=O)-OH$<br>뷰티르산<br>(뷰탄산) | *butyrum*, '버터' | $CH_3-CH_2-CH_2-C(=O)-H$<br>뷰티르알데하이드<br>(뷰탄알) |
| 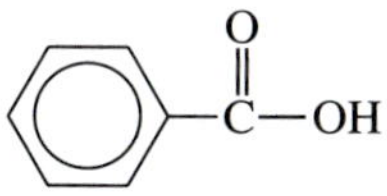 $C_6H_5-C(=O)-OH$<br>벤조산 | *gum benzoin*, '혼합' | 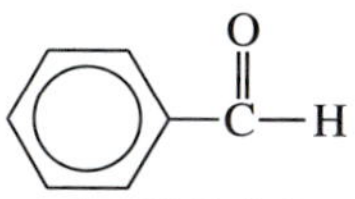 $C_6H_5-C(=O)-H$<br>벤즈알데하이드 |

**연습문제 18-1**

다음 화합물에 대해 IUPAC명과 (가능하면) 관용명을 각각 기술하라.

(a) $CH_3-CH(OH)-CH_2-C(=O)-CH_2CH_3$

(b) $CH_3-CH(Ph)-CH_2-CHO$

(c) 사이클로헥세인 고리에 $OCH_3$와 $CHO$가 이웃 탄소에 치환된 화합물 (H, H 표시)

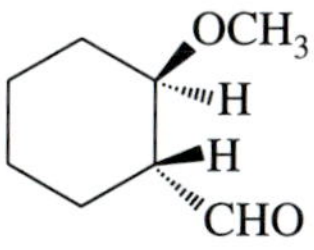

(d) 6,6-다이메틸사이클로헥사-2,4-다이엔온 구조 (O, $CH_3$, $CH_3$ 표시)

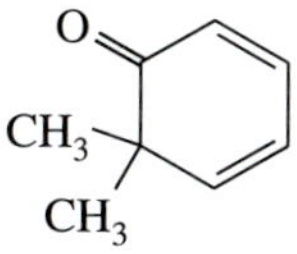

**문제풀이 힌트**

부록 5에 케톤과 알데하이드 명명법이 자세히 나와 있다.

## 18-4 케톤과 알데하이드의 물리적 성질

카보닐기의 편극화 현상에 의해 케톤과 알데하이드 분자들 간에 쌍극자-쌍극자 인력을 발생시키기 때문에, 이들의 끓는점은 비슷한 분자량을 가진 탄화수소 화합물이나 에터보다 높다. 케톤과 알데하이드는 O—H나 N—H 결합이 없으므로, 서로 간에 수소 결합을 형성할 수 없다. 그러므로 이들의 끓는점은 비슷한 분자량을 가진 알코올보다 낮다. 아래에 분자량이 58 또는 60인 화합물을 끓는점이 증가하는 순서로 나열했다. 케톤과 알데하이드는 에터와 알케인보다 극성이 강하고 끓는점이 높지만, 수소 결합을 하는 알코올보다는 끓는점이 낮다.

| $CH_3CH_2CH_2CH_3$ | $CH_3-O-CH_2CH_3$ | $CH_3CH_2-C(=O)-H$ | $CH_3-C(=O)-CH_3$ | $CH_3CH_2CH_2-OH$ |
|---|---|---|---|---|
| 뷰테인 | 메톡시에테인 | 프로판알 | 아세톤 | 프로판-1-올 |
| 끓는점 0°C | 끓는점 8°C | 끓는점 49°C | 끓는점 56°C | 끓는점 97°C |

대표적인 케톤과 알데하이드 화합물의 녹는점, 끓는점, 수용성을 표 18-3에 나타냈다.

케톤이나 알데하이드는 서로 수소 결합을 형성할 수는 없으나, 비공유 전자쌍을 가지고 있으므로 O—H나 N—H 결합을 가진 화합물과 수소 결합 수용체로 작용할 수 있다. 예를 들면 물 또는 알코올의 —OH 수소는 카보닐 산소 원자에 있는 비공유 전자 쌍과 수소 결합을 형성할 수 있다.

**표 18-3** 케톤과 알데하이드의 물리적 성질

| IUPAC명 | 관용명 | 구조 | 녹는점 (°C) | 끓는점 (°C) | 밀도 (g/cm³) | $H_2O$ 용해도(%) |
|---|---|---|---|---|---|---|
| | | 케톤 | | | | |
| 프로판-2-온 | 아세톤 | $CH_3COCH_3$ | −95 | 56 | 0.79 | ∞ |
| 뷰탄-2-온 | 메틸 에틸 케톤(MEK) | $CH_3COCH_2CH_3$ | −86 | 80 | 0.81 | 25.6 |
| 펜탄-2-온 | 메틸 *n*-프로필 케톤 | $CH_3COCH_2CH_2CH_3$ | −78 | 102 | 0.81 | 5.5 |
| 펜탄-3-온 | 다이에틸 케톤 | $CH_3CH_2COCH_2CH_3$ | −41 | 101 | 0.81 | 4.8 |
| 헥산-2-온 | | $CH_3CO(CH_2)_3CH_3$ | −57 | 127 | 0.83 | 1.6 |
| 헥산-3-온 | | $CH_3CH_2COCH_2CH_2CH_3$ | −55 | 124 | 0.82 | |
| 헵탄-2-온 | | $CH_3CO(CH_2)_4CH_3$ | −36 | 151 | 0.81 | 1.4 |
| 헵탄-3-온 | | $CH_3CH_2CO(CH_2)_3CH_3$ | −39 | 147 | 0.82 | 0.4 |
| 헵탄-4-온 | 다이-*n*-프로필 케톤 | $(CH_3CH_2CH_2)_2CO$ | −34 | 144 | 0.82 | |
| 4-메틸펜트-3-엔-2-온 | 메시틸 옥사이드 | $(CH_3)_2C=CHCOCH_3$ | −59 | 131 | 0.86 | |
| 뷰트-3-엔-2-온 | 메틸 바이닐 케톤(MVK) | $CH_2=CHCOCH_3$ | −6 | 80 | 0.86 | |
| 사이클로헥산온 | | | −47 | 157 | 0.94 | 15 |
| 아세토페논 | 메틸 페닐 케톤 | $C_6H_5COCH_3$ | 21 | 202 | 1.02 | 0.5 |
| 프로피오페논 | 에틸 페닐 케톤 | $C_6H_5COCH_2CH_3$ | 21 | 218 | 1.009 | |
| 벤조페논 | 다이페닐 케톤 | $C_6H_5COC_6H_5$ | 48 | 305 | 1.08 | |
| | | 알데하이드 | | | | |
| 메탄알 | 폼알데하이드 | HCHO 또는 $CH_2O$ | −92 | −21 | 0.82 | 55 |
| 에탄알 | 아세트알데하이드 | $CH_3CHO$ | −123 | 21 | 0.78 | ∞ |
| 프로판알 | 프로피온알데하이드 | $CH_3CH_2CHO$ | −81 | 49 | 0.81 | 20 |
| 뷰탄알 | *n*-뷰티르알데하이드 | $CH_3(CH_2)_2CHO$ | −97 | 75 | 0.82 | 7.1 |
| 2-메틸프로판알 | 아이소뷰티르알데하이드 | $(CH_3)_2CHCHO$ | −66 | 61 | 0.79 | 11 |
| 펜탄알 | *n*-발레르알데하이드 | $CH_3(CH_2)_3CHO$ | −91 | 103 | 0.82 | |
| 3-메틸뷰탄알 | 아이소발레르알데하이드 | $(CH_3)_2CHCH_2CHO$ | −51 | 93 | 0.80 | |
| 헥산알 | 카프로알데하이드 | $CH_3(CH_2)_4CHO$ | −56 | 129 | 0.83 | 0.1 |
| 헵탄알 | *n*-헵트알데하이드 | $CH_3(CH_2)_5CHO$ | −45 | 155 | 0.85 | 0.02 |
| 프로펜알 | 아크롤레인 | $CH_2=CH-CHO$ | −88 | 53 | 0.84 | 30 |
| 뷰트-2-엔알 | 크로톤알데하이드 | $CH_3-CH=CH-CHO$ | −77 | 104 | 0.86 | 18 |
| 벤즈알데하이드 | | $C_6H_5CHO$ | −56 | 179 | 1.05 | 0.3 |

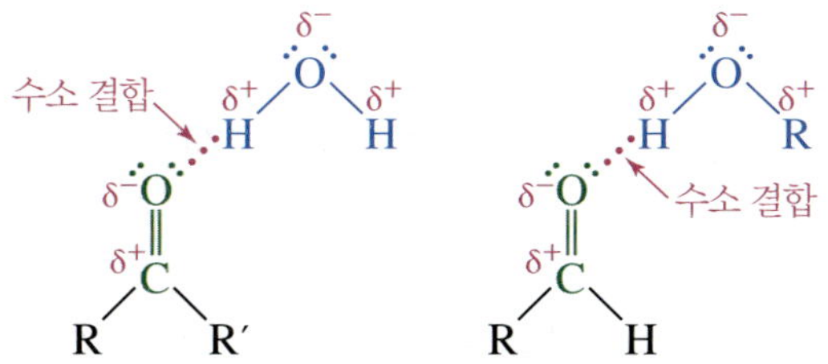

이러한 수소 결합 덕분에 케톤과 알데하이드는 알코올 같은 하이드록시기가 있는 극성 용매에 좋은 용질이 된다. 이들은 물에도 비교적 잘 녹는다. 표 18-3은 아세트알데하이드(acetaldehyde)와 아세톤이 (모든 비율로) 물과 섞일 수 있고, 4개의 탄소로 이루어진 케톤과 알데하이드까지는 물에 상당히 잘 녹는다는 것을 보여준다. 이러한 용해성은 물과 수소 결합을 하는 에터나 알코올의 용해성과 유사하다.

**응용: 당뇨병**

당뇨병 증상 중 하나는 환자의 호흡에서 특징적으로 과일향 같은 아세톤 냄새가 나는 것이다. 당뇨병 환자는 탄수화물을 제대로 처리할 수 없어서 케톤증(ketosis)이라고 하는 상태가 된다. 이때 체내에서 아세톤과 여러 가지 케톤 화합물이 생성된다.

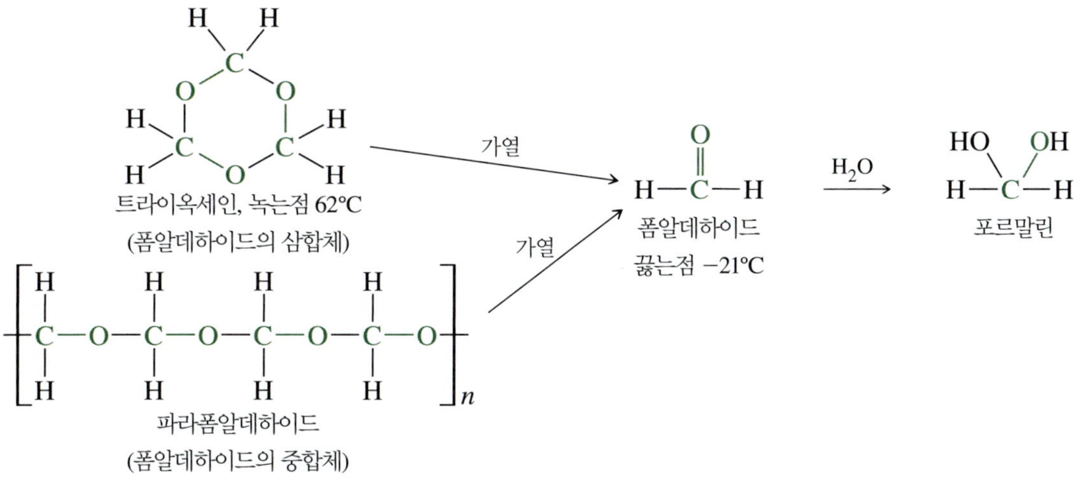

폼알데하이드와 아세트알데하이드는 가장 흔한 알데하이드이다. 폼알데하이드는 실온에서는 기체이므로, **포르말린**(formalin)이라고 하는 40% 수용액으로 저장되어 사용된다. 무수 폼알데하이드가 필요하다면 폼알데하이드의 고체 유도체인 **트라이옥세인**(trioxane)이나 **파라폼알데하이드**(paraformaldehyde)를 가열해서 얻을 수 있다. 트라이옥세인은 고리형 **삼합체**(trimer)이며, 3개의 폼알데하이드 단위를 가지고 있다. 파라폼알데하이드는 선형 **중합체**(polymer)이며, 여러 개의 폼알데하이드 단위를 가지고 있다. 이러한 고체 유도체는 순수한 폼알데하이드에 소량의 산 촉매를 첨가하면 저절로 생성된다.



트라이옥세인, 녹는점 62°C
(폼알데하이드의 삼합체)

파라폼알데하이드
(폼알데하이드의 중합체)

폼알데하이드
끓는점 −21°C

포르말린

아세트알데하이드는 실온 근처에서 끓으며, 액체로 다룰 수 있다. 아세트알데하이드는 산 촉매 하에서 삼합체, 즉 **파라알데하이드**(paraldehyde)와 사합체, 즉 **메타알데하이드**(metaldehyde)로 만들어서 사용할 수 있다. 이러한 화합물을 가열하면 무수 아세트알데하이드를 얻는다. 파라알데하이드는 의학에서 진정제로, 메타알데하이드는 달팽이 및 나방유충의 미끼와 독극물로 사용된다.

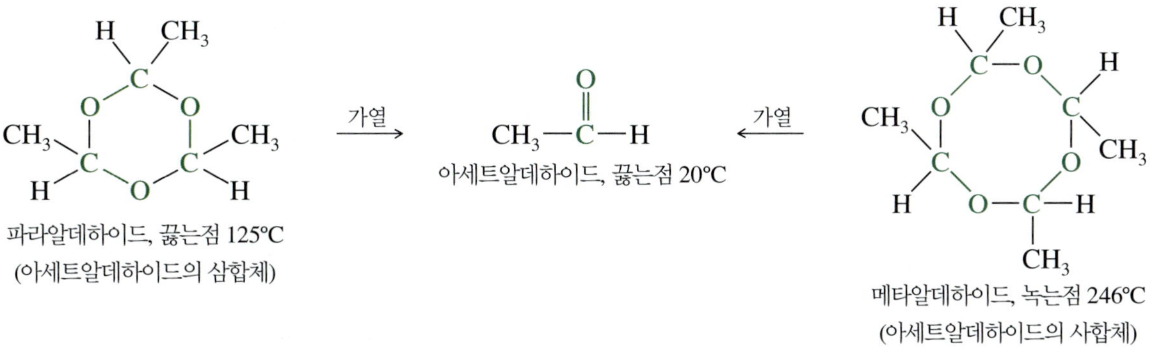

파라알데하이드, 끓는점 125°C
(아세트알데하이드의 삼합체)

아세트알데하이드, 끓는점 20°C

메타알데하이드, 녹는점 246°C
(아세트알데하이드의 사합체)

## 18-5 케톤과 알데하이드의 분광학

12장과 13장에서 케톤과 알데하이드의 기본적인 분광학적 특성을 살펴보았다. 약간의 복습과 함께, 이들의 분광 분석으로부터 어떤 정보들을 더 얻을 수 있는지 알아보도록 하자.

### 18-5A 케톤과 알데하이드의 적외선 스펙트럼

간단한 케톤의 카보닐(C=O)기 신축 진동은 1710 $cm^{-1}$ 근처에서, 그리고 간단한 알데하이드는 1725 $cm^{-1}$ 근처에서 일어난다. 카보닐기는 큰 쌍극자 모멘트를 가지고 있으므로, 이들의 흡광 피크는 매우 크다. 알데하이드 화합물은 이 카보닐 흡광과 더불어 낮은 진동수 영역인 2710 $cm^{-1}$와 2810 $cm^{-1}$ 근처에 한 쌍의 C—H 신축 흡광이 있다.

1710 $cm^{-1}$ (R—C(=O)—R′) 케톤 / 1725 $cm^{-1}$, 2710, 2810 $cm^{-1}$ (R—C(=O)—H) 알데하이드

그림 12-11은 간단한 케톤과 알데하이드의 IR 스펙트럼을 비교한 것이다.

콘쥬게이션은 케톤과 알데하이드의 카보닐 신축 진동수를 낮춰준다. 이는 콘쥬게이션된 2개의 이중 결합 사이의 단일 결합이 부분적인 파이 결합 성질을 가지고 있어서 카보닐 파이 결합의 전자 밀도를 낮추기 때문이다. 이렇게 약화된 카보닐 결합의 신축 진동수는 약 1685 $cm^{-1}$로 낮아진다. 고리 무리(ring strain)는 반대 효과를 보여주며, 3, 4, 5원자 고리를 가진 케톤의 카보닐 신축 진동수를 증가시킨다.

[>C=C—C(=O)— ⟷ >C⁺—C=C(—O⁻)—] 약 1685 $cm^{-1}$

아세토페논 1685 $cm^{-1}$ / 뷰트-2-엔알 1690 $cm^{-1}$ / 사이클로펜탄온 1745 $cm^{-1}$ / 사이클로프로판온 1815 $cm^{-1}$

### 18-5B 케톤과 알데하이드의 양성자 NMR 스펙트럼

케톤과 알데하이드의 양성자 NMR 스펙트럼에서는 주로 카보닐기에 붙어 있는 양성자(알데하이드의 양성자)와 카보닐기 옆에 있는 탄소(α 탄소 원자)에 결합된 양성자를 본다. 알데하이드 양성자는 화학 이동 값이 δ 9~δ 10 사이이다. α 탄소에 수소 원자가 결합된 경우 알데하이드 양성자의 흡광 피크는 2개로 갈라져서 나타날 수도 있다($J$ = 1~5 Hz). 케톤이나 알데하이드의 α 탄소 원자에 있는 양성자는 주위에 다른 전자 끄는 기가 없으면 대개 화학 이동 값은 δ 2.1~δ 2.4 사이이다. 메틸 케톤은 δ 2.1 근처에서 나타나는 단일 피크가 특징이다.

알데하이드: R—$CH_2$—C(=O)—H (α 탄소; δ 2.4, δ 9~δ 10) / 메틸 케톤: R—C(=O)—$CH_3$ (α 탄소; δ 2.1) / 다른 케톤: R—C(=O)—$CH_2$R′ (α 탄소; δ 2.4)

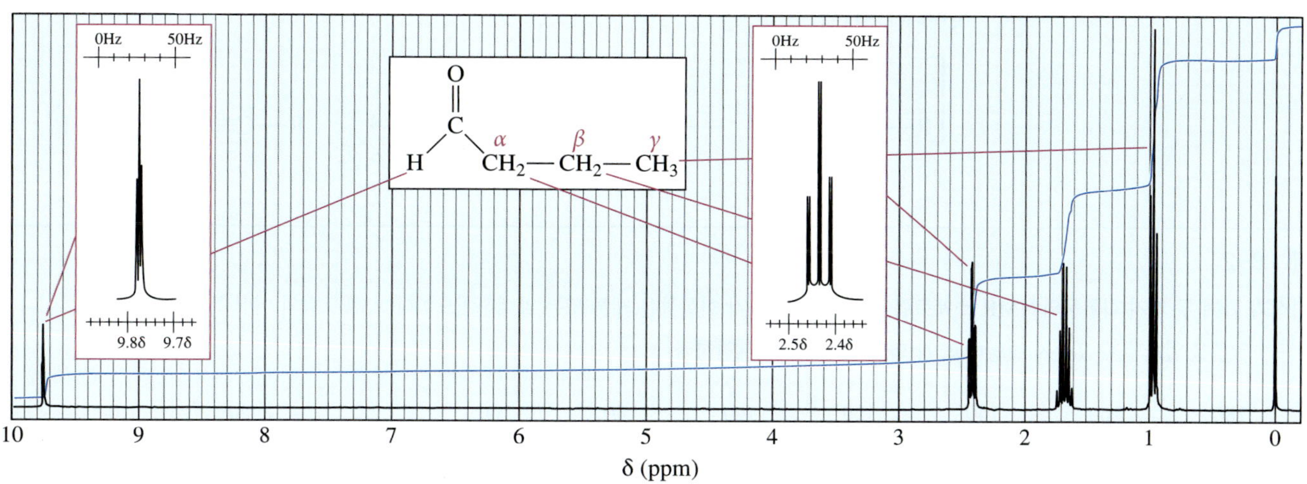


**그림 18-1** 뷰탄알(뷰티르알데하이드)의 양성자 NMR 스펙트럼. 알데하이드 양성자가 $\delta$ 9.8에 나타나며, 2개의 $\alpha$ 양성자 때문에 삼중선($J$ = 1 Hz)으로 갈라진다. $\alpha$, $\beta$, $\gamma$ 양성자는 카보닐기로부터 거리가 멀어질수록 $\delta$ 값이 더 작다.

그림 18-1은 뷰탄알(butanal)의 양성자 NMR 스펙트럼을 보여준다. 알데하이드의 양성자는 $\delta$ 9.75에서 보이는데, 이웃한 $\alpha$ 탄소에 있는 양성자에 의해 작게 쪼개져서 나타난다(짝지음 상수 $J$ = 1 Hz). $\alpha$ 양성자는 $\delta$ 2.4에서, $\beta$ 및 $\gamma$ 양성자는 카보닐기의 벗김 영향으로부터 멀리 떨어져 있게 되어 더 높은 자기장 영역에서 피크가 나타난다.

## 18-5C 케톤과 알데하이드의 탄소 NMR 스펙트럼

알데하이드와 케톤의 카보닐 탄소 원자는 탄소 NMR 스펙트럼에서 화학 이동 값이 200 ppm이다. 케톤 카보닐 탄소 원자는 결합된 수소가 없기 때문에 알데하이드에 비해 약하게 흡광한다. $\alpha$ 탄소 원자는 약 30~40 ppm 사이의 화학 이동 값에서 흡광한다. 그림 18-2는 헵탄 2-온(heptan-2-one)의 스핀-짝풀림된(spin-decoupled) 탄소 NMR 스펙트럼을 보여준다. 카보닐 탄소는 208 ppm에서, $\alpha$ 탄소 원자는 30 ppm(메틸)과 44 ppm(메틸렌)에서 각각 흡수한다.

## 18-5D 케톤과 알데하이드의 질량 스펙트럼

질량 분석기에서 케톤과 알데하이드는 알킬기를 잃어버리고 공명 안정화된 아실륨(acylium) 이온을 생성하는데, 이는 Friedel-Crafts 아실화 반응에서 친전자체로 작용하는 아실륨 이온과 동일한

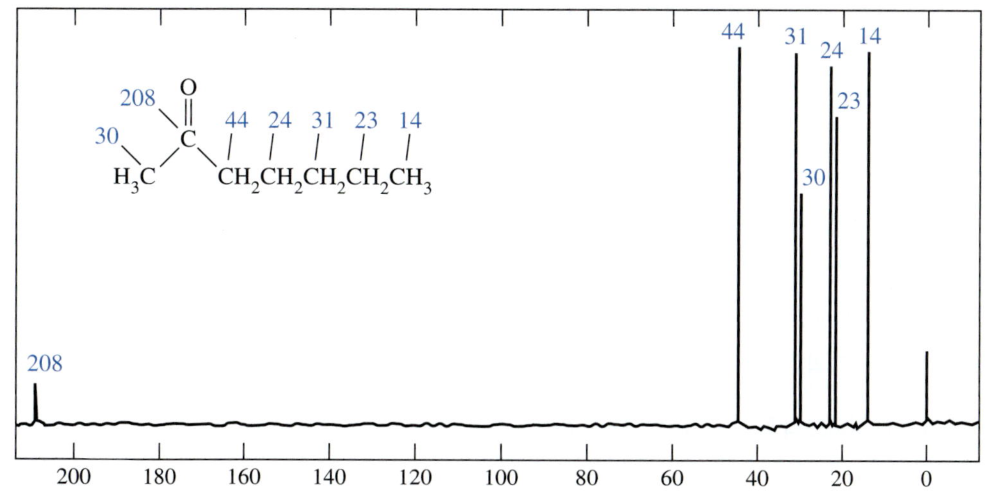


**그림 18-2** 헵탄-2-온의 스핀-짝풀림된 탄소 NMR 스펙트럼을 보여준다. 카보닐 탄소는 208 ppm에서 $\alpha$ 탄소 원자는 30 ppm(메틸)과 44 ppm(메틸렌)에서 각각 나타남에 유의하라.

것이다(17-11절).

$$\left[\mathrm{R{-}\overset{\ddot{O}:}{\overset{\|}{C}}{-}R'}\right]^{+\cdot} \longrightarrow [\mathrm{R{-}\overset{+}{C}{=}\ddot{O}:} \longleftrightarrow \mathrm{R{-}C{\equiv}O^{+}}] + \cdot\mathrm{R'}$$

아실륨 이온

**연습문제 18-2**

다음 분자식과 함께 두 가지 화합물의 NMR 스펙트럼이 나타나 있다. 각 화합물은 케톤 또는 알데하이드이다. 스펙트럼의 어떤 특징으로부터 케톤이나 알데하이드가 있음을 알아낼 수 있는지 설명하고, 각 화합물의 구조도 제안하라.

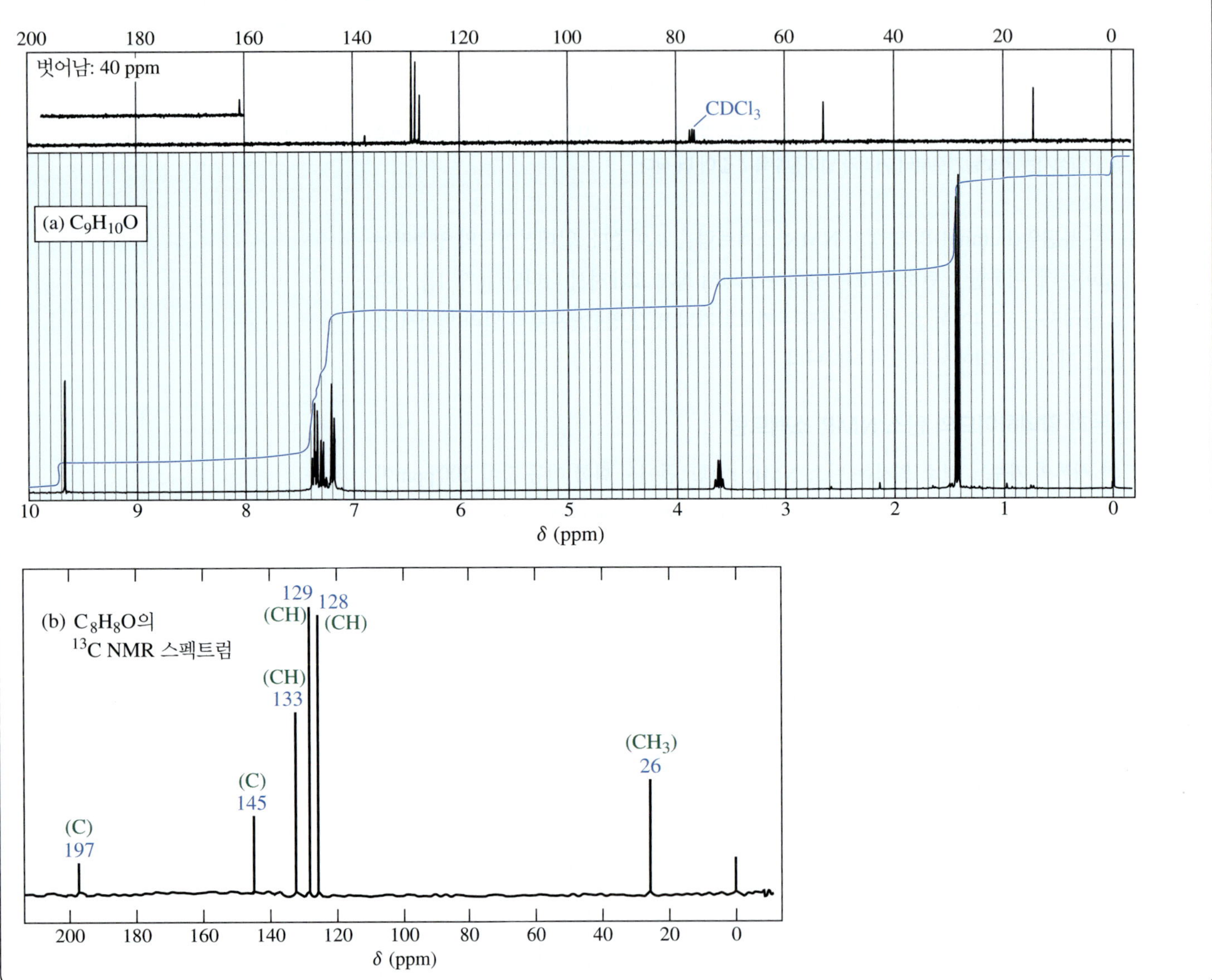


그림 18-3은 메틸 에틸 케톤(methyl ethyl ketone), 즉 뷰탄-2-온(butan-2-one)의 질량 스펙트럼을 나타낸다. 분자 이온은 $m/z$ 72에서 뚜렷하게 보인다. 가장 큰 기준 피크는 $m/z$ 43인데, 이는 에틸기 손실 후의 $m/z$에 해당된다. 메틸 라디칼은 에틸 라디칼보다 불안정하기 때문에, 메틸기를 잃은 피크($m/z$ 57)의 높이는 에틸기를 잃은 피크보다 훨씬 작다.

**케톤과 알데하이드의 McLafferty 자리 옮김** 뷰티르알데하이드(butyraldehyde)의 질량 스펙트럼(그림 18-4)은 예상한 대로 $m/z$ 72(분자 이온), $m/z$ 57(메틸기를 잃은 것), $m/z$ 29(프로필기를

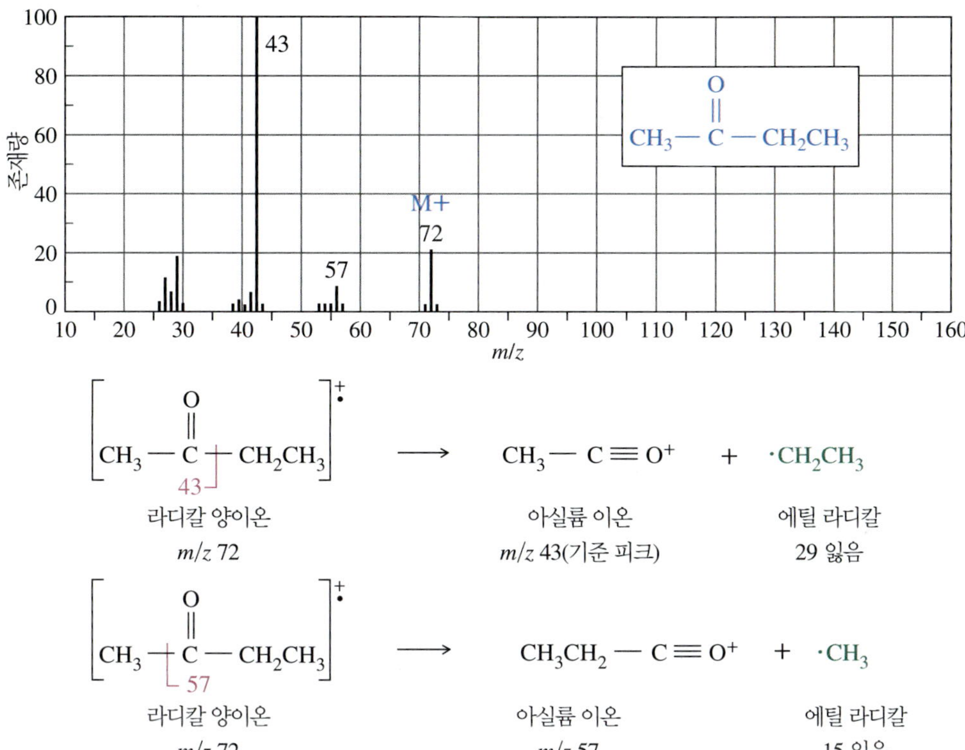


**그림 18-3** 뷰탄-2-온의 질량 스펙트럼. 분자 이온 피크와 에틸 라디칼을 잃어 생성된 아실륨 이온 피크가 크게 잘 보인다.

잃은 것)에서 피크를 보여준다. $m/z$ 57에 있는 피크는 $\beta$와 $\gamma$ 탄소 사이가 깨져서 만들어진 공명 안정화된 탄소 양이온에 해당된다. 이는 카보닐 화합물에서 공통적으로 볼 수 있는 피크인데, 다른 홀수를 가진 피크들처럼 라디칼이 떨어져 나가서 생긴 조각에 해당된다.

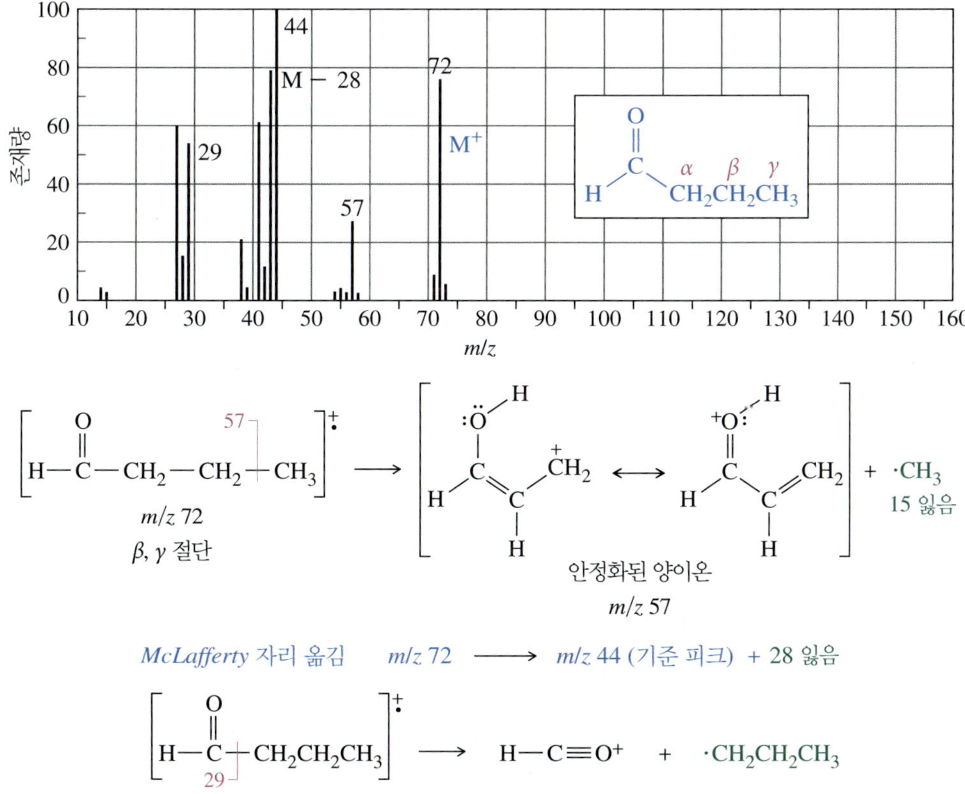


**그림 18-4** 뷰티르알데하이드의 질량 스펙트럼은 예상되는 질량 이온 72, 57, 29를 보여준다. 기준 피크 $m/z$ 44는 McLafferty 자리 옮김 반응으로 인해 에틸렌을 잃어버려서 생긴 것이다.

γ 수소

m/z 72 → 에틸렌 28 잃음 + 엔올 m/z 44

뷰티르알데하이드의 McLafferty 자리 옮김

엔올 + 알켄 잃음

일반적인 케톤 또는 알데하이드의 McLafferty 자리 옮김

**그림 18-5** McLafferty 자리 옮김 메커니즘. 이 자리 옮김은 여기에 나타낸 것처럼 동시에 일어나거나 γ 수소가 먼저 옮겨간 후 조각내기가 일어나는 것일 수도 있다.

> **문제풀이 힌트**
>
> McLafferty 자리 옮김은 결국 카보닐기의 α와 β 탄소 원자 사이가 끊어지면서 생긴 조각에 전이되는 H에 해당되는 1질량 단위가 더해진 것과 같다. 따라서 McLafferty 자리 옮김으로부터 생긴 조각은 짝수의 질량을 가진다.

기준 피크는 $m/z$ 44에 나타나는데, 질량이 28인 조각이 떨어져 나간 결과이다. 떨어져 나간 조각의 질량수가 짝수이면 '전기적으로 중성인 분자'이다(알코올로부터 이탈된 질량 18짜리 조각이 물 분자인 것처럼). 질량 28에 해당되는 조각은 에틸렌 분자($C_2H_4$)에 해당한다. 이러한 이탈 조각은 **McLafferty 자리 옮김**(McLafferty rearrangement) 과정을 통해 발생하며, 그림 18-5에서 보듯이 γ 탄소의 수소가 분자 내에서 고리 형태의 전이를 통해 카보닐 산소로 이동하는 과정을 거친다.

McLafferty 자리 옮김은 케톤과 알데하이드가 γ 수소를 가지고 있는 경우 발생하는 특징적인 조각내기이다. 이는 α와 β 탄소 사이의 결합이 끊어져서 생기는 조각으로 옮겨가는 수소에 해당하는 질량 1을 더한 것과 같다.

**연습문제 18-3**

뷰탄-2-온의 스펙트럼에서 McLafferty 자리 옮김에 의한 생성물이 보이지 않는 이유는 무엇인가? (그림 18-3)

**연습문제 18-4**

옥탄-2-온의 질량 스펙트럼에서 숫자가 표기된 조각 피크가 어떻게 생성되었는지 보여주는 반응식을 각각 작성하라.

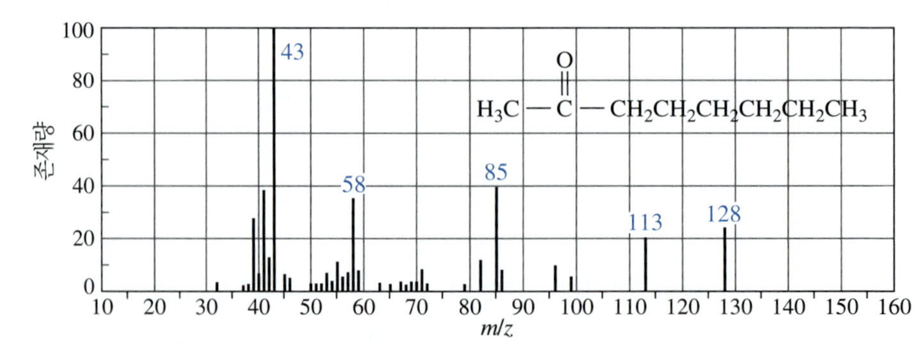

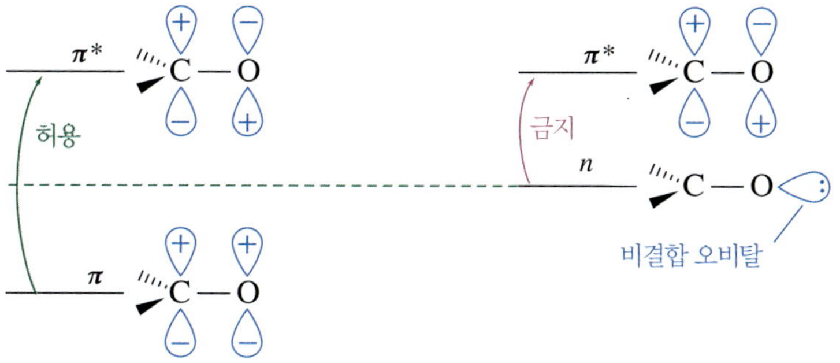

π*
허용
π
'허용'된 전이
$\varepsilon \cong 5000\sim200{,}000$

π*
금지
n
비결합 오비탈
'금지'된 전이
$\varepsilon \cong 10\sim200$

**그림 18-6** $\pi \longrightarrow \pi^*$와 $n \longrightarrow \pi^*$ 전이의 비교. 비결합($n$) 전자가 결합 $\pi$ 전자보다 높은 에너지 상태에 있기 때문에 $n \longrightarrow \pi^*$ 전이는 더 적은 에너지가 필요하다.

## 18-5E 케톤과 알데하이드의 자외선 스펙트럼

**$\pi \longrightarrow \pi^*$ 전이** 케톤과 알데하이드의 자외선 스펙트럼에서 가장 강한 것은 $\pi \longrightarrow \pi^*$ 사이의 전자 전이에 해당되는 흡수이다. 알켄 화합물의 경우와 같이 이러한 카보닐 이중 결합도 또 다른 이중 결합과 콘쥬게이션되어 있어야만 흡수 파장이 충분히 커지므로($\lambda_{max} > 200$ nm) 관찰이 가능해진다. 아래의 프로펜알(propenal)은 콘쥬게이션된 카보닐 화합물 중 가장 간단한 형태이다. 프로펜알의 $\pi \longrightarrow \pi^*$ 전이는 210 nm에서 $\lambda_{max}$를 보인다($\varepsilon = 11{,}000$). 알킬 치환기는 알킬기 1개당 10 nm 정도의 $\lambda_{max}$ 값을 증가시킨다. 콘쥬게이션된 이중 결합이 1개 더 있으면 $\lambda_{max}$ 값은 30 nm 정도 증가한다. 콘쥬게이션된 다이엔(diene)의 $\pi \longrightarrow \pi^*$ 전이에서 본 것처럼 이 경우도 상당히 큰 몰흡광계수를 가진다($\varepsilon > 5000$).

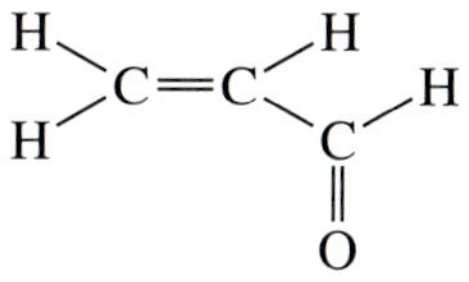

프로펜알
$\lambda_{max} = 210$ nm, $\varepsilon = 11{,}000$

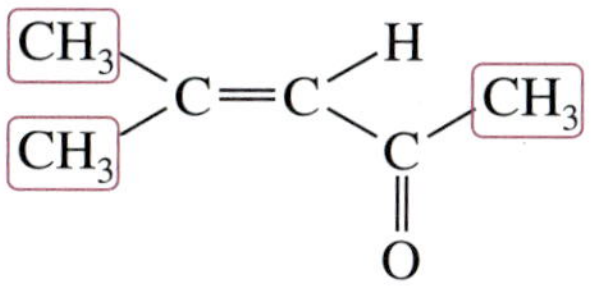

3개의 알킬기
$\lambda_{max} = 237$ nm, $\varepsilon = 12{,}000$

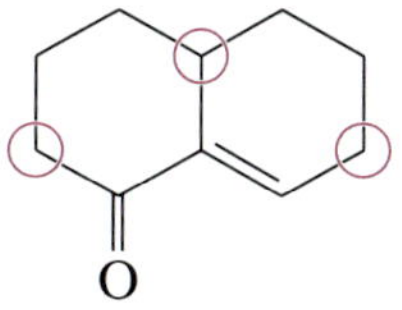

3개의 알킬기
$\lambda_{max} = 244$ nm, $\varepsilon = 12{,}500$

**$n \longrightarrow \pi^*$ 전이** 케톤과 알데하이드의 자외선 스펙트럼에서 관찰되는 또 다른 약한 흡수띠는 산소에 있는 비결합 전자 1개가 $\pi^*$ 반결합 오비탈로 전이하면서 발생한다. 이러한 전이에서는 $\pi \longrightarrow \pi^*$ 전이보다 적은 양의 에너지가 관여하며, 결과적으로 낮은 주파수(긴 파장)의 파동을 흡수한다(그림 18-6). 콘쥬게이션되지 않은 간단한 케톤이나 알데하이드의 $n \longrightarrow \pi^*$ 전이에서 $\lambda_{max}$는 280 nm와 300 nm 사이의 값을 가진다. 카보닐기와 콘쥬게이션된 이중 결합은 1개당 30 nm 정도 $\lambda_{max}$ 값을 증가시킨다. 예를 들면 아세톤의 $n \longrightarrow \pi^*$ 전이는 280 nm에서 $\lambda_{max}$를 보인다 ($\varepsilon = 15$).

카보닐기의 $n \longrightarrow \pi^*$ 전이는 일반적으로 10~200 정도로 몰흡광계수가 작다. 이 흡수는 $\pi \longrightarrow \pi^*$ 전이보다 1000배 정도나 약한데, 이는 $n \longrightarrow \pi^*$ 전이가 일어날 가능성이 적은 '금지'된 전자 전이에 해당되기 때문이다. 산소에 있는 비결합 오비탈은 $\pi^*$ 반결합 오비탈에 대해 서로 수직이므로, 이들 오비탈 사이에는 겹침이 일어나지 않는다(그림 18-6 참조). 이와 같은 금지된 전이는 가끔 일어나지만 '허용'된 $\pi \longrightarrow \pi^*$ 전이보다 훨씬 적은 빈도로 일어난다.

**문제풀이 힌트**

콘쥬게이션된 카보닐 화합물은 UV 스펙트럼에서 특징적인 $\pi \longrightarrow \pi^*$ 흡광성을 보인다.

기준값: 210 nm

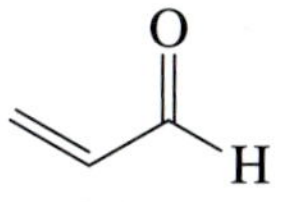

콘쥬게이션된 C=C기의 추가는 개당 30 nm 정도 $\lambda_{max}$를 증가시킨다. 추가되는 알킬기는 개당 약 10 nm만큼을 증가시킨다.

**문제풀이 힌트**

카보닐 $n \longrightarrow \pi^*$ 흡수는 매우 약하며, 다른 강한 흡수 피크로 인해 잘 보이지 않게 가려지기도 한다. 따라서 $\pi \longrightarrow \pi^*$ 흡수만큼 유용하지 않다.

**연습문제 18-5**

콜레스테롤 분자를 산화시키면 알코올기가 케톤으로 바뀐다. 이후 산이나 염기로 처리하면 아래와 같이 C=C 이중 결합이 더 안정한 위치로 이동한다. IR이나 NMR 분광법이 개발되기 전에 화학자들은 UV 스펙트럼을 측정함으로써 산화 반응을 관찰했다. 이중 결합이 케톤과 콘쥬게이션된 형태인 생성물인 콜레스트-4-엔-3-온(cholest-4-en-3-one)의 UV 스펙트럼이 콜레스테롤에 비해 어떻게 다른지 설명하라.

$CH_3$, $H_3C$, H, H, H, HO → [O] → $CH_3$, $H_3C$, H, H, H, O

콜레스테롤 콜레스트-4-엔-3-온

**응용: 폼알데하이드**

많은 건축용 재료에 페놀-폼알데하이드 수지가 사용된다. 잔류된 폼알데하이드는 피부, 눈, 코, 기관지를 자극하는 독성을 가지고 있다. 완성된 제품에 잔류하는 폼알데하이드의 농도는 0.1 ppm 이하로 유지되어야 한다.

## 18-6 케톤과 알데하이드의 산업적 중요성

화학 산업에서 케톤과 알데하이드는 다른 화합물의 합성에 필요한 용매, 기초 원료, 시약으로 사용된다. 폼알데하이드는 생물 표본을 보존하기 위해 사용하는 포르말린 용액으로도 유명하지만, 매년 40억 킬로그램씩 생산되는 폼알데하이드는 베이클라이트(Bakelite®), 페놀-폼알데하이드 수지, 요소-폼알데하이드 접착제, 기타 중합체 등의 제조에 대부분 사용된다. 아세트알데하이드는 아세트산, 중합체, 의약품 제조의 출발 물질로 주로 이용된다.

아세톤은 산업에서 가장 중요한 케톤이며, 매년 30억 킬로그램 이상 사용된다. 아세톤과 메틸 에틸 케톤(뷰탄-2-온)은 산업에서 흔히 사용되는 용매이다. 이들은 다양한 종류의 유기 물질을 용해시키며, 증류해서 분리하기도 쉬우며, 독성도 비교적 적다는 장점을 가지고 있다.

**표 18-4** 가정용품에 사용되는 케톤과 알데하이드

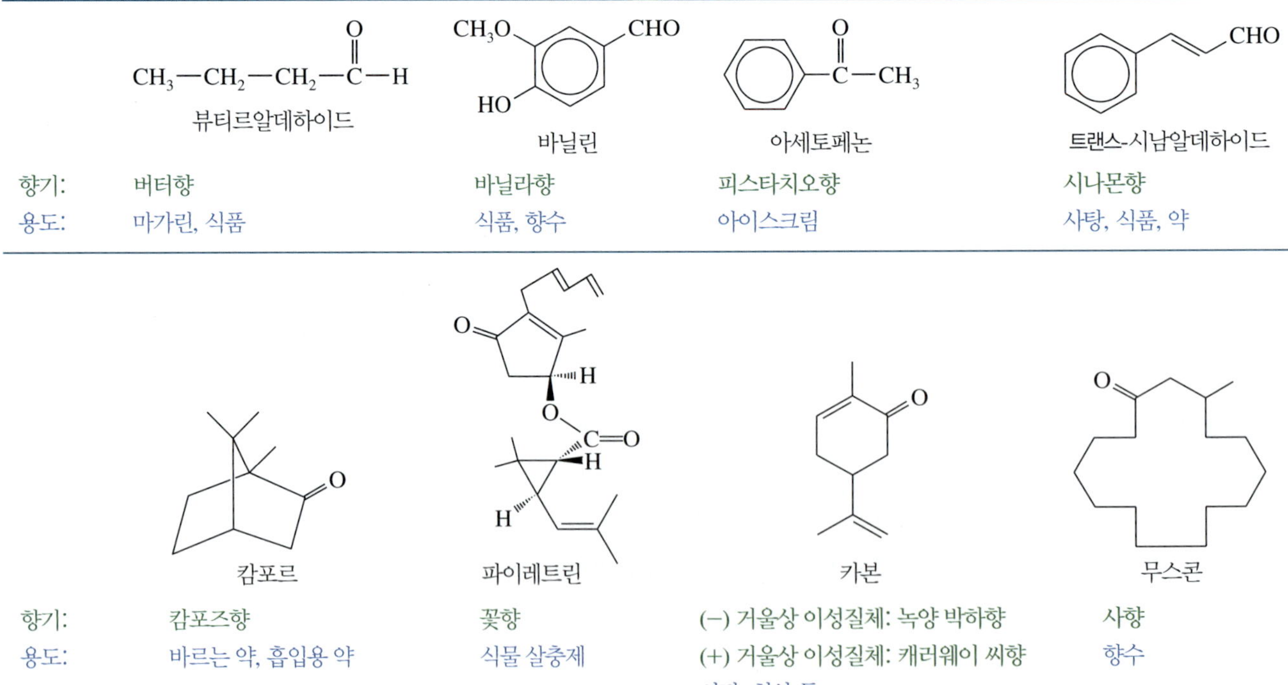

| | 뷰티르알데하이드 ($CH_3—CH_2—CH_2—C(=O)—H$) | 바닐린 ($CH_3O$, HO, CHO) | 아세토페논 ($C(=O)—CH_3$) | 트랜스-시남알데하이드 (CHO) |
|---|---|---|---|---|
| 향기: | 버터향 | 바닐라향 | 피스타치오향 | 시나몬향 |
| 용도: | 마가린, 식품 | 식품, 향수 | 아이스크림 | 사탕, 식품, 약 |

| | 캄포르 | 파이레트린 | 카본 | 무스콘 |
|---|---|---|---|---|
| 향기: | 캄포즈향 | 꽃향 | (−) 거울상 이성질체: 녹양 박하향<br>(+) 거울상 이성질체: 캐러웨이 씨향 | 사향 |
| 용도: | 바르는 약, 흡입용 약 | 식물 살충제 | 사탕, 치약 등 | 향수 |

이외에도 다양한 케톤과 알데하이드 화합물이 향료나 식품의 첨가제, 의약품을 비롯한 여러 용도로 사용되고 있다. 예를 들면 벤즈알데하이드(benzaldehyde)는 아몬드 추출물의 주성분이며, (−)-카본(carvone)은 박하 껌에서 박하 냄새를 내는 화합물이다. 표 18-4에 잘 알려진 향기와 맛을 가진 간단한 케톤과 알데하이드가 정리되어 있다. **제충국**(pyrethrum) 꽃에 주로 존재하는 **파이레트린**(pyrethrin)은 천연 살충제로 사용하기 위해 상업적으로 추출되고 있다. 자연에서 얻든, 합성해서 얻든 파이레트린은 심각한 알레르기 반응, 오심, 구토 및 다른 독성을 야기할 수 있다.

## 18-7 케톤과 알데하이드 합성법 복습

지금까지 다른 작용기의 반응을 공부하면서 케톤과 알데하이드를 합성하는 방법을 몇 가지 배웠다. 우선 이러한 반응을 정리하고 요약할 것인데, 이후에 추가적으로 합성법 몇 가지를 더 익혀보자. 케톤과 알데하이드 합성법을 정리한 표는 951쪽에 있다.

### 18-7A 알코올 산화에 의한 케톤과 알데하이드의 합성(11-2절)

케톤과 알데하이드는 흔히 알코올을 산화시켜 만든다. 카보닐 화합물이 필요할 때 Grignard 시약을 사용해서 적절한 구조를 가진 알코올을 먼저 합성한 다음 산화시켜 얻는 경우가 많다.

알데하이드 ⟶ 2차 알코올 ⟶ 케톤

$$\underset{\text{Grignard 시약}}{R{-}MgX} + \underset{\text{알데하이드}}{R'{-}\overset{\overset{\displaystyle O}{\|}}{C}{-}H} \xrightarrow[\text{에터}]{} \xrightarrow{H_3O^+} \underset{\text{2차 알코올}}{R{-}\overset{\overset{\displaystyle OH}{|}}{C}H{-}R'} \xrightarrow[\text{HOAc}]{\text{NaOCl}} \underset{\text{케톤}}{R{-}\overset{\overset{\displaystyle O}{\|}}{C}{-}R'}$$

황산에 용해시킨 다이크로뮴산 소듐(sodium dichromate), 즉 크로뮴산(chromic acid, $H_2CrO_4$)은 실험실에서 2차 알코올을 케톤으로 산화시킬 때 사용하는 전통적인 시약이다. 가정용 표백제(NaOCl)는 값이 저렴하며, 크로뮴 성분이 없는 대체 산화제로서 2차 알코올을 케톤으로 잘 산화시킨다.

$$\underset{\text{알데하이드}}{C_5H_9{-}\overset{\overset{\displaystyle O}{\|}}{C}{-}H} \xrightarrow[\text{(2) } H_3O^+]{\text{(1) PhMgBr, 에터}} \underset{\text{2차 알코올}}{C_5H_9{-}\overset{\overset{\displaystyle OH}{|}}{\underset{\underset{\displaystyle Ph}{|}}{C}}{-}H} \xrightarrow[\text{HOAc}]{\text{NaOCl}} \underset{\text{케톤}}{C_5H_9{-}\overset{\overset{\displaystyle O}{\|}}{C}{-}Ph}$$

1차 알코올은 보통 이들 조건에서 과산화되어 카복실산을 생성한다.

1차 알코올 ⟶ 알데하이드

$$\underset{\text{1차 알코올}}{R{-}\overset{\overset{\displaystyle OH}{|}}{C}H_2} \xrightarrow[-2\,H]{[\text{산화제}]} \underset{\text{알데하이드}}{R{-}\overset{\overset{\displaystyle O}{\|}}{C}{-}H} \xrightarrow[{[O]}]{[\text{과산화}]} \underset{\text{카복실산}}{R{-}\overset{\overset{\displaystyle O}{\|}}{C}{-}OH}$$

1차 알코올을 산화시켜 알데하이드를 얻으려면 카복실산까지 과도하게 산화되는 것을 막아야 하므로, 산화제를 잘 선택해야 한다. **클로로크로뮴산 피리디늄**(pyridinium chlorochromate, PCC)은 삼산화 크로뮴(chromium trioxide)과 피리딘(pyridine) 및 HCl이 서로 결합된 착화물인데, 과산화 없이 좋은 수득률로 알데하이드를 만들어준다. Swern 산화 반응(산화제로 DMSO 사용)이나

DMP(Dess-Martin periodinane, 산화제로 고원자가 아이오딘 화합물 사용) 산화 반응은 인체에 유해한 크로뮴 화합물을 사용하지 않으면서 1차 알코올을 과산화 없이 알데하이드로 잘 산화시킨다. 이러한 특별한 시약은 11-3절에서 다루었다.

$CH_2OH$ NaOCl (TEMPO) CHO

사이클로헥실메탄올 → 사이클로헥세인카브알데하이드 (90%)

## 18-7B 알켄의 오존 분해에 의한 케톤과 알데하이드의 합성(8-15B절)

알켄은 오존 분해 반응을 시킨 후 온화한 조건에서 환원시키면 케톤과 알데하이드로 분해된다.

$$\mathrm{R(H)C{=}CR'R''} \xrightarrow[(2)\ (CH_3)_2S]{(1)\ O_3,\ -78\ ^\circ C} \mathrm{R(H)C{=}O} + \mathrm{O{=}CR'R''} + (CH_3)_2S{=}O$$

오존 분해는 합성법뿐만 아니라 분석을 위한 기법으로도 유용하며, 수득률도 높다.

$$\text{1-메틸사이클로헥센} \xrightarrow[(2)\ (CH_3)_2S]{(1)\ O_3,\ -78\ ^\circ C} \text{6-옥소헵탄알 (65\%)}$$

## 18-7C 페닐 케톤과 알데하이드: Friedel-Crafts 아실화 반응(17-11절)

Friedel-Crafts 아실화는 알킬 아릴 케톤 또는 다이아릴 케톤을 만드는 매우 훌륭한 합성 방법이다. 그러나 이 반응은 강한 비활성화기가 치환된 방향족 화합물에는 이용할 수 없다.

$$\mathrm{R{-}\overset{O}{\overset{\|}{C}}{-}Cl} + \text{G-벤젠} \xrightarrow[(2)\ H_2O]{(1)\ AlCl_3} \text{G-}C_6H_4\text{-}\mathrm{\overset{O}{\overset{\|}{C}}{-}R}\ (para) + \text{G-}C_6H_4\text{-}\mathrm{\overset{O}{\overset{\|}{C}}{-}R}\ (ortho)$$

R은 알킬기 또는 아릴기이다. G는 수소, 활성기, 할로젠이다.

$$\text{염화 }p\text{-나이트로벤조일} + \text{벤젠} \xrightarrow[(2)\ H_2O]{(1)\ AlCl_3} p\text{-나이트로벤조페논 (90\%)}$$

Gattermann-Koch 합성법은 Friedel-Crafts 아실화 반응의 일종인데, 이 반응에서는 일산화 탄소와 염산이 반응해서 염화 폼일(formyl chloride) 같은 중간체 물질을 먼저 만들어낸다. Gattermann-Koch 폼일화 반응도 Friedel-Crafts 반응처럼 벤젠이나 활성화된 벤젠 유도체에 적용할 수 있다.

$$\text{톨루엔 (}CH_3C_6H_5\text{)} \xrightarrow[AlCl_3/CuCl]{CO,\ HCl} p\text{-메틸벤즈알데하이드(주생성물) (50\%)}$$

톨루엔

p-메틸벤즈알데하이드(주생성물)
(50%)

## 18-7D 알카인의 수화 반응에 의한 케톤과 알데하이드의 합성(9-9F절)

**산과 수은염에 의한 촉매 반응** 말단 알카인의 수화 반응은 메틸 케톤을 얻는 편리한 합성 방법이다. 이 반응은 황산과 수은 이온에 의해 촉진된다. Markovnikov 수화 반응의 처음 생성물은 **엔올**(enol)인데, 엔올은 매우 빠르게 토토머화 반응이 일어나서 케토(keto) 형태로 전환된다. 내부 알카인 화합물도 수화될 수 있지만, 대개 한 가지가 아닌 여러 종류의 케톤 화합물이 만들어진다.

$$R-C\equiv C-H \xrightarrow[H_2O]{Hg^{2+},\ H_2SO_4} \left[\begin{matrix} R & & H \\ & C=C & \\ HO & & H \end{matrix}\right] \xrightarrow{H^+} R-\overset{O}{\overset{\|}{C}}-CH_3$$

알카인 엔올(분리되지 않음) 메틸 케톤

예

$$\text{에티닐사이클로헥세인} \xrightarrow[H_2O]{H_2SO_4,\ Hg^{2+}} [\text{엔올}] \xrightarrow{H^+} \text{사이클로헥실 메틸 케톤 (90\%)}$$

에티닐사이클로헥세인 엔올 사이클로헥실 메틸 케톤
(90%)

**알카인의 수소붕소 첨가-산화** 알카인의 수소붕소 첨가-산화 반응은 삼중 결합에 물 분자가 안티 Markovnikov 첨가한 생성물을 만들어낸다. 이때 다이사이아밀보레인(disiamylborane)이라고 하는 다이(2차 아이소아밀)보레인을 사용하는 이유는 부피가 커서 삼중 결합에 두 번 첨가되지 않기 때문이다. 보레인(borane)을 산화시키면 엔올이 생성되는데, 불안정해서 매우 빠르게 알데하이드로 토토머화된다(9-9F절 참조).

$$R-C\equiv C-H \xrightarrow[(2)\ H_2O_2,\ NaOH]{(1)\ Sia_2BH} \left[\begin{matrix} R & & H \\ & C=C & \\ H & & OH \end{matrix}\right] \xrightarrow{^-OH} R-CH_2-\overset{O}{\overset{\|}{C}}-H$$

알카인 엔올(분리되지 않음) 알데하이드

예

$$\text{에티닐사이클로헥세인} \xrightarrow[(2)\ H_2O_2,\ NaOH]{(1)\ Sia_2BH} C_6H_{11}-CH_2-\overset{O}{\overset{\|}{C}}-H$$

에티닐사이클로헥세인 사이클로헥실에탄알(65%)

다음 절에서는 아직 배우지 않은 몇 가지 새로운 케톤과 알데하이드 합성법을 공부한다. 카복실산, 나이트릴, 산 염화물, 할로젠화 알킬로부터 케톤과 알데하이드를 합성하는 방법을 알아보자.

**예제 18-1**

탄소 개수가 6개 이하인 출발 물질로부터 다음 화합물을 합성하라.

(a) (b) $CH_2$—$CH_2$—C(=O)—H

**풀이**

**(a)** 이 화합물은 12개의 탄소 원자를 가진 케톤이다. 필요한 탄소 골격은 Grignard 반응을 이용하여 6개의 탄소를 가진 조각 2개를 조합하여 만들 수 있을 것이다. 생성된 알코올 분자를 산화시키면 목적하는 케톤을 얻을 수 있다.

MgBr + C(=O)H —(1) 에터 용매 (2) $H_3O^+$→ H OH —NaOCl/HOAc→ 목표 물질 (a)

또 다른 방법으로는 Friedel-Crafts 아실화 반응을 이용하는 것이다.

+ C(=O)Cl —$AlCl_3$→

**(b)** 이 화합물은 8개의 탄소 원자가 있는 알데하이드이다. 알데하이드는 Grignard 반응으로 얻은 알코올을 산화시키거나, 알카인으로부터 수소붕소 첨가 반응을 통해 생성할 수 있다. Grignard 반응을 이용한다면 출발 물질의 탄소 개수가 6개 이하여야 한다는 제한 때문에 먼저 메틸사이클로펜틸 조각에 2개의 탄소를 붙여 1차 알코올을 만들어야 한다. 에폭사이드와 Grignard 첨가 반응을 수행하면, 이를 이룰 수 있다.

$CH_2MgBr$ —(1) O, 에터 (2) $H_3O^+$→ $CH_2$—$CH_2$—$CH_2$OH —NaOCl/TEMPO→ 목표 물질 (b)

또 다른 방법으로는 2개의 탄소 조각으로 아세틸렌을 사용해서 탄소 골격을 만들 수 있다. 이렇게 만든 끝부분의 알카인은 수소붕소 첨가 반응으로 원하는 알데하이드를 만든다.

$CH_2Br$ —H—C≡C:$^-$ $Na^+$→ $CH_2$—C≡C—H —(1) $Sia_2BH$ (2) $H_2O_2$, $^-OH$→ 목표 물질 (b)

**연습문제 18-6**

탄소 원자가 6개 이하인 출발 물질을 사용하여 다음 화합물을 합성하라.

(a) C(=O)$CH_2CH_3$ (b) C(=O)$CH_2CH_3$ (c) $CH_2$—C(=O)—$CH_3$

## 18-8 카복실산으로부터 케톤의 합성

유기리튬 시약을 사용해서 카복실산으로부터 케톤을 생성할 수 있다. 유기리튬 시약은 카보닐기에 대한 반응성이 워낙 크기 때문에, 카복실산 리튬도 공격해서 이중음이온을 생성한다. 합성된 이중음이온에 수소 양이온이 첨가되면 케톤 수화물이 만들어지고, 바로 물이 빠져나와서 케톤을 만든다(18-12절 참조).

$$\underset{\text{카복실산}}{R-\overset{O}{\overset{\|}{C}}-OH} \xrightarrow{LiOH} \underset{\text{카복실산 리튬}}{R-\overset{O}{\overset{\|}{C}}-O^- Li^+} \xrightarrow{R'-Li} \underset{\text{이중음이온}}{R-\overset{O^- Li^+}{\overset{|}{\underset{R'}{\underset{|}{C}}}}-O^- Li^+} \xrightarrow{H_3O^+} \underset{\text{수화물}}{\left[R-\overset{OH}{\overset{|}{\underset{R'}{\underset{|}{C}}}}-OH\right]} \xrightarrow{-H_2O} \underset{\text{케톤}}{R-\overset{O}{\overset{\|}{C}}-R'}$$

유기리튬 시약이 그리 비싸지 않다면 카복실산에 2당량의 유기리튬 시약을 첨가해도 된다. 첫 번째 유기리튬 시약은 카복실산 염을 만들고, 두 번째 것은 카보닐기를 공격한다. 그 후 수소 양이온이 첨가되어 케톤을 형성한다. (특별히 원자 핵에 포함된 양성자를 지칭하지 않는 한 유기 화학에서 양성자와 수소 양이온은 같으며, 혼용한다.)

사이클로헥세인 카복실산 (C₆H₁₁—COOH) —(2 페닐리튬)→ 이중음이온 [C₆H₁₁—C(OLi)₂—C₆H₅] —$H_3O^+$→ 수화물 [C₆H₁₁—C(OH)₂—C₆H₅] —$-H_2O$→ 사이클로헥실 페닐 케톤

**연습문제 18-7**

유기리튬 시약을 산에 첨가하여 다음 합성 전환을 어떻게 이룰 수 있는지 나타내라.

(a) 벤젠—COOH ⟶ 벤젠—C(=O)—$CH_3$

(b) 사이클로펜틸—Br ⟶ 사이클로펜틸—C(=O)—$CH_3$

(c) 펜탄산 ⟶ 헵탄-3-온

(d) 페닐아세트산 ⟶ 3,3-다이메틸-1-페닐뷰탄-2-온

## 18-9 나이트릴로부터 케톤과 알데하이드의 합성

나이트릴도 케톤의 합성에 출발 물질로 사용될 수 있다. 21장에서 언급하겠지만 나이트릴은 사이아노기(—C≡N)를 지닌 화합물이다. 질소는 탄소보다 전기 음성도가 크기 때문에, —C≡N의 삼중 결합은 카보닐기의 C═O 결합에서처럼 편극되어 있다. 친핵체는 친전자성 탄소 원자를 공격해서 —C≡N의 삼중 결합에 첨가될 수 있다.

Grignard 시약이나 유기리튬 시약은 나이트릴을 공격하여 이민의 마그네슘 염을 형성한다. 이러한 이민에 산을 가해 가수 분해시키면 케톤을 얻을 수 있다. 이와 같은 산성 가수 분해의 메커니즘은 18-14절에 있는 산 촉매를 이용한 이민 형성 반응과 반대이다. 케톤은 약산성의 물을 첨가해서 케톤으로 가수 분해하는데, 이때 남아 있던 과량의 Grignard 시약이 먼저 반응해서 전부 파괴된다. 따라서 Grignard 시약이 케톤의 카보닐기를 공격하는 일은 일어나지 않는다.

$R'—Mg—X$ + $R—C≡N:$ ⟶ $R'(R)C{=}N—MgX$ $\xrightarrow{H^+}$ $R'(R)C{=}N—H$ $\xrightarrow{H_3O^+}$ $R'(R)C{=}O$ + $NH_4^+$

친핵성 공격 | 이민의 마그네슘 염 | 이민 | 케톤

예

벤조나이트릴 + 브로민화 페닐마그네슘 $\xrightarrow{\text{에터}}$ 벤조페논 이민 (마그네슘 염) $\xrightarrow{H_3O^+}$ 벤조페논 (80%)

수소화 알루미늄을 사용해서 나이트릴을 환원시키면 알데하이드를 생성할 수 있다. 이러한 유형의 환원 반응에는 약자로 $(i\text{-Bu})_2AlH$ 혹은 **DIBAL-H**로 표기하는 다이아이소뷰틸알루미늄 하이드라이드(diisobutylaluminum hydride)가 주로 사용된다. 반응 후 원래 생성물은 알루미늄 착화물인데, 가수 분해하여 알데하이드를 얻는다.

$R—C≡N:$ $\xrightarrow{(1)\ (i\text{-Bu})_2AlH}$ $R—CH{=}N—Al(i\text{-Bu})_2$ $\xrightarrow{(2)\ H_3O^+}$ $R—CHO$ + $NH_4^+$

나이트릴 | 알루미늄 착화물 | 알데하이드

예

헥스-4-엔온나이트릴 $\xrightarrow[(2)\ H_3O^+]{(1)\ \text{DIBAL-H}}$ 헥스-4-엔알

$H—Al(CH_2CH(CH_3)_2)_2$

다이아이소뷰틸 알루미늄 하이드라이드
$(i\text{-Bu})_2AlH$ 혹은 DIBAL-H

**연습문제 18-8**

다음 반응에서 얻을 수 있는 생성물을 예측하라.

**(a)** $CH_3CH_2CH_2C≡N + CH_3CH_2MgBr$, 그리고 $H_3O^+$ 반응

**(b)** $CH_3CH_2CH_2C≡N$ + DIBAL-H, 그리고 $H_3O^+$ 반응

**(c)** 염화 벤질 + 사이안화 포타슘

**(d)** (c)의 생성물 + 염화 사이클로펜틸마그네슘, 그리고 산성 가수 분해

**(e)** (c)의 생성물 + DIBAL-H, 그리고 가수 분해

**연습문제 18-9**

다음 화학적 변환을 어떻게 하면 좋은 수득률로 이룰 수 있는지 나타내라. 필요한 시약은 얼마든지 사용해도 좋다.

**(a)** 브로모벤젠 ⟶ 프로피오페논

**(b)** $CH_3CH_2CN$ ⟶ 헵탄-3-온

**(c)** 벤조산 ⟶ 페닐 사이클로펜틸 케톤

**(d)** 1-브로모헵트-2-엔 ⟶ 옥트-3-엔알

## 18-10 산 염화물과 에스터로부터 알데하이드와 케톤의 합성

알데하이드가 산으로 쉽게 산화되기 때문에 사람들은 산을 알데하이드로 쉽게 환원할 수 있는지에 대해 매우 궁금해한다. 그러나 생성되는 알데하이드의 반응성이 산보다 훨씬 크기 때문에 산을 환원시킬 수 있는 환원제는 당연히 알데하이드를 먼저 환원시킨다.

$$\underset{\text{산}}{R-\overset{O}{\overset{\|}{C}}-OH} \xrightarrow[\text{(느림)}]{LiAlH_4} \left[\underset{\substack{\text{알데하이드}\\\text{(분리되지 않음)}}}{R-\overset{O}{\overset{\|}{C}}-H}\right] \xrightarrow[\text{(빠름)}]{LiAlH_4} \underset{\text{알콕시화 이온}}{R-CH_2-O^-}$$

따라서 산을 환원하여 알데하이드를 얻으려면 먼저 산을 알데하이드보다 환원이 잘되는 작용기로 변환시킨 후 환원 반응을 진행하면 된다. 산 염화물(염화 아실)은 카복실산 유도체의 일종으로 반응성이 매우 높으며, 산의 하이드록시기가 염소 원자로 대체된 화합물이다. 산 염화물은 보통 카복실산을 염화 싸이오닐(thionyl chloride, $SOCl_2$)로 처리하여 얻는다.

$$\underset{\text{산}}{R-\overset{O}{\overset{\|}{C}}-OH} + \underset{\text{염화 싸이오닐}}{Cl-\overset{O}{\overset{\|}{S}}-Cl} \longrightarrow \underset{\text{산 염화물}}{R-\overset{O}{\overset{\|}{C}}-Cl} + HCl\uparrow + SO_2\uparrow$$

$LiAlH_4$ 같은 강력한 환원제는 산 염화물을 1차 알코올까지 환원시킨다. 리튬 트라이-*t*-뷰톡시알루미늄 하이드라이드(lithium tri-*tert*-butoxyaluminum hydride)는 그보다 약한 환원제인데, 알데하이드보다 산 염화물과 더 빠르게 반응한다. 따라서 산 염화물을 리튬 트라이-*t*-뷰톡시알루미늄 하이드라이드로 환원시키면 알데하이드를 좋은 수득률로 얻을 수 있다.

$$\underset{\text{산 염화물}}{R-\overset{O}{\overset{\|}{C}}-Cl} \xrightarrow[\text{리튬 트라이-}t\text{-뷰톡시알루미늄 하이드라이드}]{Li^+\ {}^-AlH(O\text{-}t\text{-}Bu)_3} \underset{\text{알데하이드}}{R-\overset{O}{\overset{\|}{C}}-H}$$

예

$$\underset{\text{아이소발레르산}}{CH_3\overset{CH_3}{\overset{|}{C}}HCH_2-\overset{O}{\overset{\|}{C}}-OH} \xrightarrow{SOCl_2} \underset{\text{염화 아이소발레르오일}}{CH_3\overset{CH_3}{\overset{|}{C}}HCH_2-\overset{O}{\overset{\|}{C}}-Cl} \xrightarrow{Li^+\ {}^-AlH(O\text{-}t\text{-}Bu)_3} \underset{\text{아이소발레르알데하이드(65\%)}}{CH_3\overset{CH_3}{\overset{|}{C}}HCH_2-\overset{O}{\overset{\|}{C}}-H}$$

DIBAL-H는 드라이아이스 온도인 −78°C에서 에스터를 알데하이드로 직접 환원시킬 수 있다. 에스터를 알코올까지 환원시키는 $LiAlH_4$와 달리 저온에서 DIBAL-H는 알데하이드까지만 환원시킨다. 그 이유는 초기 생성물인 알루미늄 착물은 환원 반응에 대해 안정하며, 물을 사용한 워크업 과정에서 가수 분해되어 알데하이드로 전환되기 때문이다.

$$\underset{\text{에스터}}{R-C(=O)-OR'} \xrightarrow[(-78\ ^\circ C)]{(1)\ (i\text{-}Bu)_2AlH} \underset{\text{알루미늄 착물}}{R-\overset{O-Al(i\text{-}Bu)_2}{\overset{|}{\underset{OR'}{\underset{|}{C}}}}-H} \xrightarrow{(2)\ H_2O} \underset{\text{알데하이드}}{R-C(=O)-H}$$

예

$$\text{사이클로펜테인카복실산 에틸 } (\text{C}_5\text{H}_9\text{–C(=O)–OEt}) \xrightarrow[(2)\ \text{H}_2\text{O}]{(1)\ \text{DIBAL-H}\ (-78\ °\text{C})} \text{사이클로펜테인카브알데하이드 } (\text{C}_5\text{H}_9\text{–C(=O)–H})$$

**케톤 합성** Grignard 시약과 유기리튬 시약은 산 염화물과 반응하며, 이때 수소화물 시약이 $H^-$가 첨가되는 것과 같은 방식으로 시약의 $R^-$기가 첨가된다. 10-9절에서 논의한 바와 같이 Grignard 시약과 유기리튬 시약은 산 염화물에 첨가되어 케톤을 생성하지만, 이 케톤에 시약이 다시 작용해서 결과적으로 3차 알코올이 만들어진다.

$$\underset{\text{산 염화물}}{R'\text{–C(=O)–Cl}} \xrightarrow[\text{(빠름)}]{\text{RMgX}} \underset{\text{케톤}}{\left[R'\text{–C(=O)–R}\right]} \xrightarrow[\text{(빠름)}]{\text{RMgX}} \underset{\text{알콕시화물}}{R'\text{–C(O}^{-}\ {}^{+}\text{MgX)(R)–R}}$$

이 반응을 케톤 단계에서 멈추게 하려면 반응성이 약한 유기금속 시약, 다시 말하면 산 염화물과는 반응을 잘하지만, 케톤과의 반응은 느린 시약이 필요하다. **리튬 다이알킬쿠프레이트**(lithium dialkylcuprate)을 비롯한 여러 형태의 유기구리 시약(10-9F절 및 17-13a)이 이에 해당되며, 산 염화물과 반응해서 좋은 수율로 다양한 케톤을 생성한다.

$$\underset{\substack{\text{리튬 다이알킬쿠프레이트}\\\text{(Gilman 시약)}}}{R_2\text{CuLi}} + \underset{\text{산 염화물}}{R'\text{–C(=O)–Cl}} \longrightarrow \underset{\text{케톤}}{R'\text{–C(=O)–R}} + R\text{–Cu} + \text{LiCl}$$

리튬 다이알킬쿠프레이트는 CuI를 2당량의 유기리튬 시약과 반응시켜서 만든다.

$$2\ R\text{–Li} + \text{CuI} \longrightarrow R_2\text{CuLi} + \text{LiI}$$

예

$$2\ \text{CH}_3\text{CH}_2\text{CH}_2\text{CH}_2\text{Cl} \xrightarrow[(2)\ \text{CuI}]{(1)\ 2\ \text{Li}} (\text{CH}_3\text{CH}_2\text{CH}_2\text{CH}_2)_2\text{CuLi} \xrightarrow{\text{PhC(=O)Cl}} \text{PhC(=O)CH}_2\text{CH}_2\text{CH}_2\text{CH}_3\ \ 80\%$$

**연습문제 18-10**

다음 반응의 생성물을 예측하라.

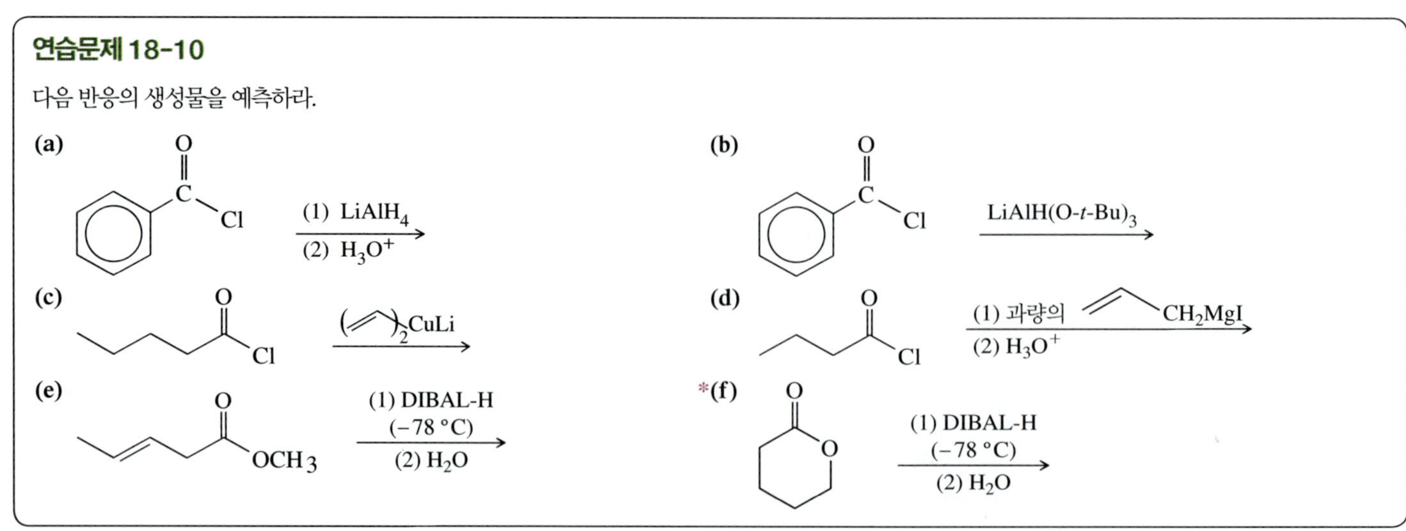

## SUMMARY | 케톤과 알데하이드의 합성

**1.** 알코올의 산화(11-2, 11-3절)

**a.** 2차 알코올 ⟶ 케톤

$$\underset{\text{2차 알코올}}{\text{R—CH(OH)—R}'} \xrightarrow[\text{(또는 } H_2CrO_4)]{\text{NaOCl/HOAc}} \underset{\text{케톤}}{\text{R—C(=O)—R}'}$$

**b.** 1차 알코올 ⟶ 알데하이드

$$\underset{\text{1차 알코올}}{R—CH_2OH} \xrightarrow[\text{(또는 PCC 또는 Swern 또는 DMP)}]{\text{NaOCl/TEMPO}} \underset{\text{알데하이드}}{\text{R—C(=O)—H}}$$

**2.** 알켄의 오존 분해(8-15B절)

$$\underset{\text{알켄}}{(R)(H)C{=}C(R')(R'')} \xrightarrow[(2)\ (CH_3)_2S]{(1)\ O_3,\ -78\ °C} \underset{\text{알데하이드}}{(R)(H)C{=}O} + \underset{\text{케톤}}{O{=}C(R')(R'')}$$

(출발 물질에 따라 알데하이드나 케톤이 생성된다.)

**3.** Friedel-Crafts 아실화 반응(17-11절)

$$\text{R—C(=O)—Cl} + \text{G—C}_6\text{H}_5 \xrightarrow{AlCl_3} \underset{\text{아릴 케톤}}{\text{G—C}_6\text{H}_4\text{—C(=O)—R}} \quad (+\ \text{오쏘})$$

R = 알킬 또는 아릴

G = 수소, 활성기, 할로젠

Gattermann-Koch 폼일화 반응(17-11C절)

$$\text{HCl} + \text{CO} + \text{G—C}_6\text{H}_5 \xrightarrow{AlCl_3,\ CuCl} \underset{\text{벤즈알데하이드 유도체}}{\text{G—C}_6\text{H}_4\text{—C(=O)—H}}$$

G = 수소, 활성기, 할로젠

**4.** 알카인의 수화 반응(9-9F절)

**a.** 산과 수은 염에 의한 촉매 반응(Markovnikov 배향)

$$\underset{\text{알카인}}{R—C{\equiv}C—H} \xrightarrow[H_2O]{Hg^{2+},\ H_2SO_4} \underset{\text{엔올(분리되지 않음)}}{\left[(R)(HO)C{=}C(H)(H)\right]} \longrightarrow \underset{\text{메틸 케톤}}{\text{R—C(=O)—CH}_3}$$

**b.** 수소붕소 첨가-산화 반응(안티 Markovnikov 배향)

$$\underset{\text{알카인}}{R—C{\equiv}C—H} \xrightarrow[(2)\ H_2O_2,\ NaOH]{(1)\ Sia_2BH} \underset{\text{엔올(분리되지 않음)}}{\left[(R)(H)C{=}C(H)(OH)\right]} \longrightarrow \underset{\text{알데하이드}}{\text{R—CH}_2\text{—C(=O)—H}}$$

**5.** 카복실산과 유기리튬 시약을 이용한 케톤의 합성(18-8절)

$$\underset{\text{카복실산}}{R-\overset{\overset{\displaystyle O}{\|}}{C}-OH} \xrightarrow{2\,R'-Li} \underset{\text{이중음이온}}{R-\overset{\overset{\displaystyle OLi}{|}}{\underset{\underset{\displaystyle R'}{|}}{C}}-OLi} \xrightarrow{H_3O^+} \underset{\text{케톤}}{R-\overset{\overset{\displaystyle O}{\|}}{C}-R'}$$

**6.** 산 염화물과 유기구리 시약을 이용한 케톤의 합성(18-10절)

$$\underset{\text{산 염화물}}{R'-\overset{\overset{\displaystyle O}{\|}}{C}-Cl} + \underset{\text{유기구리}}{R_2CuLi} \longrightarrow \underset{\text{케톤}}{R'-\overset{\overset{\displaystyle O}{\|}}{C}-R}$$

**7.** 나이트릴로부터 케톤의 합성(18-9절)

$$\underset{\text{나이트릴}}{R-C\equiv N} + \underset{(\text{또는 } R'-Li)}{R'-Mg-X} \longrightarrow \underset{\text{이민의 마그네슘 염}}{R-\overset{\overset{\displaystyle N-MgX}{\|}}{C}-R'} \xrightarrow{H_3O^+} \underset{\text{케톤}}{R-\overset{\overset{\displaystyle O}{\|}}{C}-R'}$$

**8.** 나이트릴의 환원에 의한 알데하이드 합성(18-9절)

$$\underset{\text{나이트릴}}{R-C\equiv N:} \xrightarrow{(1)\ (i\text{-Bu})_2AlH} \underset{\text{알루미늄 착화물}}{R-C(=\ddot{N}-Al(i\text{-Bu})_2)-H} \xrightarrow{(2)\ H_3O^+} \underset{\text{알데하이드}}{R-C(=O)-H}$$

**9.** 산 염화물의 환원에 의한 알데하이드의 합성(18-10절)

$$\underset{\text{산 염화물}}{R-\overset{\overset{\displaystyle O}{\|}}{C}-Cl} \xrightarrow[(\text{또는 } H_2,\ Pd,\ BaSO_4,\ S)]{Li^+\ {}^-AlH(O\text{-}t\text{-}Bu)_3} \underset{\text{알데하이드}}{R-\overset{\overset{\displaystyle O}{\|}}{C}-H}$$

**10.** 에스터의 환원에 의한 알데하이드의 합성(18-10절)

$$\underset{\text{에스터}}{R-C(=O)-OR'} \xrightarrow[(-78\ °C)]{(1)\ (i\text{-Bu})_2AlH} \underset{\text{알루미늄 착화물}}{R-\overset{\overset{\displaystyle O-Al(i\text{-Bu})_2}{|}}{\underset{\underset{\displaystyle OR'}{|}}{C}}-H} \xrightarrow{(2)\ H_2O} \underset{\text{알데하이드}}{R-C(=O)-H}$$

## 18-11 케톤과 알데하이드의 반응: 친핵성 첨가 반응

케톤과 알데하이드는 다양한 화학 반응을 통해 여러 가지 유용한 유도체를 만든다. 가장 일반적인 반응은 **친핵성 첨가 반응**(nucleophilic addition)이며, C=O 이중 결합에 친핵체와 수소 양이온이 첨가된다. 카보닐기의 반응성은 산소 원자의 전기 음성도 때문에 탄소-산소 이중 결합이 편극화되어 있는 것에 기인한다. 친전자성 카보닐 탄소 원자는 $sp^2$ 혼성 오비탈을 가지고 있으므로 평면이기 때문에 입체 장애가 작으며 이중 결합의 양쪽 면에서 쉽게 공격을 받는다.

친핵체가 카보닐기를 공격하면 탄소 원자는 $sp^2$ 혼성 오비탈에서 $sp^3$ 혼성 오비탈로 변환된다. 파이 결합의 전자는 산소 원자 쪽으로 밀려가서 알콕시화 음이온이 되는데, 이후 수소 양이온을 받아들여서 친핵성 첨가 반응 생성물이 만들어진다.

$$\mathrm{Nuc:^-} + \mathrm{R_2C^{\delta+}{=}O^{\delta-}} \rightleftharpoons \mathrm{R_2C(Nuc){-}\ddot{O}:^-} \xrightarrow{\mathrm{H{-}Nuc}} \mathrm{R_2C(Nuc){-}O{-}H} + \mathrm{Nuc:^-}$$

친핵성 공격 알콕시화 이온 생성물

지금까지 케톤과 알데하이드의 친핵성 첨가 반응에 대한 예를 적어도 2개 정도 살펴보았다. Grignard 시약(탄소 음이온 성질을 가진 강력한 친핵체, R:⁻)은 친전자성인 카보닐 탄소 원자를 공격해 알콕시화물 중간체를 형성한 후, 산으로부터 수소 양이온을 받아들여서 알코올을 만들어낸다.

$$\mathrm{CH_3CH_2^{\delta-}{-}MgBr^{\delta+}} + \mathrm{(CH_3)_2C^{\delta+}{=}O^{\delta-}} \longrightarrow \mathrm{CH_3CH_2{-}C(CH_3)_2{-}\ddot{O}:^-\ \overset{+}{M}gBr} \xrightarrow{\mathrm{H_3O^+}} \mathrm{CH_3CH_2{-}C(CH_3)_2{-}O{-}H}$$

브로민화 에틸마그네슘 아세톤 알콕시화물 2-메틸뷰탄-2-올

수소 음이온에 의한 케톤 또는 알데하이드의 환원은 친핵성 첨가 반응의 또 다른 예인데, 수소 음이온(H:⁻)이 친핵체로 작용한다. 수소 음이온의 공격이 알콕시화 이온을 생성하고, 이후 수소 양이온을 받아들여서 최종적으로 알코올이 된다.

$$\mathrm{Na^+\ H_3\overset{-}{B}{-}H} + \mathrm{(CH_3)_2C{=}O} \longrightarrow \mathrm{H{-}C(CH_3)_2{-}\ddot{O}:^-} \xrightarrow[\text{(용매)}]{\mathrm{CH_3CH_2OH}} \mathrm{H{-}C(CH_3)_2{-}\ddot{O}{-}H} + \mathrm{CH_3CH_2O^-}$$

아세톤 알콕시화물 프로판-2-올

물이나 알코올 같은 약한 친핵체도 산성 조건에서는 활성화된 카보닐기에 첨가될 수 있다. 카보닐기는 약한 염기인데, 산성 용액에서 수소 양이온이 첨가된다. 산소 원자에 수소 양이온(혹은 다른 친전자체)이 결합된 카보닐기는 강한 친전자성을 갖기 때문에, 물과 알코올 같은 약한 친핵체에 의해서도 공격을 받는다.

$$\mathrm{R_2C{=}\ddot{O}:} + \mathrm{H^+} \rightleftharpoons \left[\mathrm{R_2C{=}\overset{+}{O}{-}H} \longleftrightarrow \mathrm{R_2\overset{+}{C}{-}\ddot{O}{-}H}\right] \xrightarrow{\mathrm{Nuc:^-}} \mathrm{R_2C(Nuc){-}\ddot{O}{-}H}$$

활성화된 카보닐

아래에 아세톤의 카보닐기에 대한 산 촉매를 이용한 물의 친핵성 첨가 반응이 나타나 있다. 이러한 케톤이나 알데하이드의 수화 반응에 대해서는 18-12절에서 자세히 알아본다.

$$\mathrm{(CH_3)_2C{=}\ddot{O}:} + \mathrm{H{-}\overset{+}{O}H_2} \rightleftharpoons \left[\mathrm{(CH_3)_2C{=}\overset{+}{O}{-}H} \longleftrightarrow \mathrm{(CH_3)_2\overset{+}{C}{-}\ddot{O}{-}H}\right] + \mathrm{H_2O}$$

아세톤 수소 양이온이 첨가된, 활성화된 아세톤

$$\mathrm{H_2\ddot{O}:} + \mathrm{(CH_3)_2C{=}\overset{+}{O}{-}H} \rightleftharpoons \mathrm{H_2\overset{+}{O}{-}C(CH_3)_2{-}\ddot{O}{-}H} \rightleftharpoons \mathrm{H{-}\ddot{O}{-}C(CH_3)_2{-}\ddot{O}{-}H} + \mathrm{H_3O^+}$$

물에 의한 공격 H⁺ 잃음 아세톤 수화물

염기 촉매 조건에서 카보닐기에 대한 첨가 반응은 먼저 강한 친핵체의 친핵성 공격이 일어난 다음 수소 양이온이 첨가되는 순서로 일어난다. 산 촉매 조건에서 첨가 반응은 먼저 수소 양이온이 카보닐의 산소에 첨가된 다음에 약한 친핵체가 공격하는 순서로 일어난다. 많은 첨가 반응은 반응물과 생성물의 상대적인 안정성에 따라서 평형의 위치가 달라지는 가역 반응이다.

대부분의 경우 알데하이드가 케톤보다 친핵성 첨가에 대해 반응성이 크다. 이들은 케톤보다 빨리 반응하며, 평형의 위치 또한 케톤의 반응에서보다 생성물에 더 치우쳐 있다. 알데하이드가 가진 상대적으로 높은 반응성은 **전자 효과**(electronic effect)와 **입체 효과**(steric effect)로 설명할 수 있다. 케톤에 비해 알데하이드는 전자를 밀어주는 성질을 가진 알킬기가 하나만 있으므로, 알데하이드의 카보닐기의 전자가 약간 더 부족하며, 친전자성도 약간 더 큰 상태가 된다(**전자 효과**). 또한 알데하이드는 부피가 큰 알킬기가 하나만 있기 때문에 2개의 알킬기가 있는 케톤에 비해 친핵성 공격이 더 쉽다. 특히 부피가 큰 친핵체와의 반응에서 입체 효과는 중요한데, 알데하이드와의 반응이 케톤과의 반응보다 입체 장애가 작다(**입체 효과**).

**문제풀이 힌트**

앞서 다룬 간단한 형태의 메커니즘에 우선 친숙해져야 한다. 앞으로 좀 더 복잡한 반응의 예를 보게 될 것이다. 사실 여기서 다루는 많은 중요한 다단계 메커니즘은 대부분 이들의 간단한 메커니즘 조합이다.

$R_2C{=}O \xrightleftharpoons{Nuc:^-} R_2C(O^-)(Nuc) \xrightleftharpoons{H{-}Nuc} R_2C(OH)(Nuc)$

케톤 — 친자성이 덜함 → 알콕시화물 — 더 복잡함 → 생성물 — 더 복잡함

$RHC{=}O \xrightleftharpoons{Nuc:^-} RHC(O^-)(Nuc) \xrightleftharpoons{H{-}Nuc} RHC(OH)(Nuc)$

알데하이드 — 친전자성이 덜함 → 알콕시화물 — 덜 복잡함 → 생성물 — 덜 복잡함

**연습문제 18-11**

어떻게 하면 다음 화학적 변환을 이룰 수 있을지 나타내라. 필요한 시약이나 용매 등은 제한 없이 추가로 사용해도 된다.

(a) $Ph{-}CHO \longrightarrow Ph{-}C(=O){-}Ph$

(b) $Ph{-}C(=O){-}Ph \longrightarrow Ph_3C{-}OH$

(c) $Ph{-}C(=O){-}Ph \longrightarrow Ph{-}CH(OH){-}Ph$

(d) $PhCHO \longrightarrow PhCH(OH)C{\equiv}CCH_2CH_3$

**연습문제 18-12**

수소화 트라이아세톡시붕산 소듐[sodium triacetoxyborohydride, $NaBH(OAc)_3$]는 약한 환원제이며, 케톤보다 알데하이드를 더 빠르게 환원시킨다. 다음 반응에서와 같이 이 환원제는 케톤의 존재하에서 알데하이드를 선택적으로 환원하는 데 사용할 수 있다.

$$CH_3{-}C(=O){-}CH_2{-}C(=O){-}H \xrightarrow[CH_3COOH]{NaBH(OAc)_3} CH_3{-}C(=O){-}CH_2{-}CH_2(OH)$$

**(a)** 수소화 트라이아세톡시붕산 소듐의 상세한 Lewis 구조를 그려보라.

**(b)** 수소화 트라이아세톡시붕산 소듐에 의한 알데하이드의 환원 반응에 대한 메커니즘을 제시하라.

다음 글상자에 친핵성 첨가 반응에 대한 염기 촉매를 사용한 친핵성 첨가 반응과 산 촉매를 사용한 친핵성 첨가 반응의 메커니즘과 이들의 역반응도 포함해서 요약 정리했다.

## 핵심 메커니즘 18-1 | 카보닐기에 대한 친핵성 첨가 반응

**염기 조건(강한 친핵체)**

**1단계:** 강한 친핵체는 카보닐기를 공격해서 알콕시화 이온을 생성한다.

Nuc:⁻ + >C=O: → Nuc—C—O:⁻

**2단계:** 약한 산이 알콕시화 이온에 수소 양이온을 첨가하여 첨가 생성물을 생성한다.

Nuc—C—O:⁻ + H—Nuc → Nuc—C—O—H  Nuc:⁻

**예:** 사이아노하이드린의 형성(18-13절 참조)

**1단계:** 강한 친핵체가 카보닐기에 첨가하여 알콕시화 이온을 형성한다.

벤즈알데하이드 + ⁻:C≡N: ⇌ (알콕시화 이온)

**2단계:** 약한 산이 알콕시화 이온에 수소 양이온을 첨가하여 첨가 생성물을 생성한다.

(알콕시화 이온) + H—C≡N: → 벤즈알데하이드 사이아노하이드린 + ⁻:C≡N:

**역반응:** 수소 양이온 제거 후 친핵체의 이탈

Nuc—C—O—H + :Nuc⁻ → Nuc—C—O:⁻ → Nuc:⁻ + >C=O:

**문제:** 위 예에서 보여준 벤즈알데하이드 사이아노하이드린 형성은 가역적이다. 역반응의 메커니즘을 나타내라.

---

**산성 조건(약한 친핵체, 활성화된 카보닐)**

**1단계:** 수소 양이온 첨가는 카보닐기를 활성화하여 친핵성 공격을 쉽게 한다.

>C=O: + $H^+$ Nuc:⁻ → [ >C=O⁺—H ↔ ⁺C—O:—H ]

**2단계:** 약한 친핵체가 활성화된(수소 양이온이 첨가된) 카보닐기에 첨가된다.

[ >C=O⁺—H ↔ ⁺C—O:—H ] + Nuc:⁻ → Nuc—C—O—H

**예: 반아세탈의 생성(18-16절 참조)**

**1단계:** 수소 양이온 첨가는 카보닐기를 활성화하여 친핵성 공격을 쉽게 한다.

$$\text{벤즈알데하이드 } C_6H_5CHO \xrightleftharpoons{H^+,\ CH_3OH} \left[ C_6H_5CH{=}\overset{+}{O}H \longleftrightarrow C_6H_5\overset{+}{C}H{-}OH \right]$$

벤즈알데하이드

**2단계:** 약한 친핵체가 활성화된(수소 양이온이 첨가된) 카보닐기에 첨가된다. 이후 수소 양이온이 떨어져 반아세탈을 형성한다.

$$\left[ C_6H_5CH{=}\overset{+}{O}H \right] + CH_3OH \rightleftharpoons C_6H_5CH(OH){-}\overset{+}{O}H{-}CH_3 \xrightleftharpoons{CH_3OH} C_6H_5CH(OH){-}OCH_3 + CH_3\overset{+}{O}H_2$$

반아세탈

역반응: 약한 친핵체를 잃은 후 수소 양이온의 이탈

$$\text{Nuc}{-}\overset{|}{\underset{|}{C}}{-}O{-}H \rightleftharpoons \text{Nuc:}^- \left[ {>}C{=}\overset{+}{O}{-}H \longleftrightarrow {>}\overset{+}{C}{-}O{-}H \right] \rightleftharpoons {>}C{=}O: \quad \text{Nuc}{-}H$$

**문제: 예에서 보았던 반아세탈 형성 반응은 가역적이다. 역반응의 메커니즘을 그려보라.**

## 18-12 케톤과 알데하이드의 수화 반응

수용액에서 케톤이나 알데하이드는 물과 반응하여 **수화물**(hydrate)을 생성하며, 서로 평형을 이룬다. 수화물은 같은 자리 다이올(geminal diol)이라고 할 수 있는데, 케톤의 경우 평형은 수화되지 않은 케톤형에 치우쳐 있다.

$$\underset{\text{케토형}}{RR'C{=}O} + H_2O \rightleftharpoons \underset{\substack{\text{수화물}\\ \text{(같은 자리 다이올)}}}{RR'C(OH)_2} \qquad K_{eq} = \frac{[\text{수화물}]}{[\text{케톤}][H_2O]}$$

예

$$\underset{\text{아세톤}}{CH_3{-}\overset{O}{\overset{\|}{C}}{-}CH_3} + H_2O \rightleftharpoons \underset{\text{아세톤 수화물}}{CH_3{-}C(OH)_2{-}CH_3} \qquad K_{eq} = 0.002$$

수화 반응은 메커니즘 18-2에 나타낸 바와 같이 물(산에서) 혹은 수산화 이온(염기에서)이 친핵체로 작용하는 친핵성 첨가 반응 메커니즘을 거친다.

## 메커니즘 18-2 ｜ 케톤과 알데하이드의 수화 반응

**산성 조건**

산 촉매 수화 반응은 전형적인 카보닐기에 대한 산 촉매 첨가 반응이다. 수소 양이온 첨가 후 물이 첨가된 후 수소 양이온이 제거되어 최종적으로 수화물을 생성한다.

**1단계:** 수소 양이온 첨가 반응 **2단계:** 물 첨가 **3단계:** 수소 양이온 이탈 반응

**염기성 조건**

염기 촉매 수화 반응은 카보닐기에 대한 염기 촉매 첨가 반응의 완벽한 예이다. 강한 친핵성 첨가 반응 후에 수소 양이온 첨가 반응으로 수화물을 형성한다.

**1단계:** 수산화 이온 첨가 **2단계:** 수소 양이온 첨가 반응

알데하이드는 케톤보다 더 쉽게 안정한 수화물을 형성한다. 케톤의 친전자성 카보닐기가 전자를 내놓는 2개의 알킬기에 의해 안정화되지만, 알데하이드 카보닐기는 그러한 알킬기가 1개뿐이다. 즉 알데하이드 탄소의 부분 양전하가 덜 안정화되었다는 의미이다. 그러므로 알데하이드는 케톤보다 친전자성이 강하고 덜 안정하다. 따라서 전자를 내놓는 기가 없는 폼알데하이드는 더욱 불안정하다.

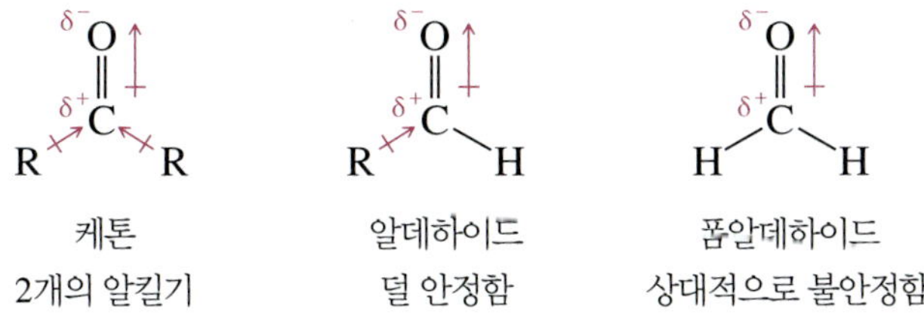


이러한 안정성 효과는 케톤이나 알데하이드의 수화 반응에 대한 평형 상수 값을 보면 분명히 알 수 있다. 케톤은 대개 $10^{-4}$에서 $10^{-2}$ 정도의 $K_{eq}$ 수치인 반면, 대부분의 알데하이드에서 수화 반응의 평형 상수는 1에 가깝다. 카보닐 탄소에 알킬기가 없는 폼알데하이드의 수화 반응 평형 상수는 약 40이다. 케톤이나 알데하이드의 알킬기에 전자를 강하게 당기는 치환체가 있으면 카보닐기가 더욱 불안정하게 되며, 수화 반응은 더 잘 일어난다. 클로랄(chloral), 즉 트라이클로로아세트알데하이드(trichloroacetaldehyde)는 강한 전자 끌개인 트라이클로로메틸기를 가지고 있으므로 수화 반응이 매우 잘 일어난다. 클로랄은 영화에서 '기절 약물(knockout drops)' 혹은 '미키핀(Mickey Finn)'이라고 알려진 안정한 결정성 수화물을 형성한다.

**문제풀이 힌트**

염기성 조건에서 강한 친핵체는 보통 직접적으로 카보닐기에 첨가된다. 산성 조건에서는 강한 친핵체라는 것이 존재할 수 없다. 산(또는 Lewis 산)은 보통 카보닐기에 수소 양이온을 첨가하여 활성화시킴으로써 약한 친핵체도 쉽게 공격할 수 있게 한다.

**응용: 기절 약물**

몸 안에 들어온 클로랄(트라이클로로아세트알데하이드)은 신속하게 트라이클로로에탄올로 환원되는데, 이로 인해 수면을 유발하는 효과가 나타난다.

$$\underset{\text{프로판알}}{CH_3-CH_2-\overset{O}{\overset{\|}{C}}-H} + H_2O \rightleftarrows \underset{\text{프로판알 수화물}}{CH_3-CH_2-C(OH)_2-H} \qquad K_{eq} = 0.7$$

$$\underset{\text{폼알데하이드}}{H_2C{=}O} + H_2O \rightleftarrows \underset{\text{포르말린}}{H_2C(OH)_2} \qquad K_{eq} = 40$$

$$\underset{\text{클로랄}}{Cl_3C-\overset{O}{\overset{\|}{C}}-H} + H_2O \rightleftarrows \underset{\text{클로랄 수화물}}{Cl_3C-C(OH)_2-H} \qquad K_{eq} = 500$$

**문제풀이 힌트**

많은 알데하이드의 IR 스펙트럼에서 수화물 때문에 생긴 O—H 신축 진동을 보게 되더라도 놀라지 않기를 바란다.

**연습문제 18-13**

다음에 대해 반응 메커니즘을 제시하라.

**(a)** 클로랄의 산 촉매 수화 반응으로 인해 클로랄 수화물의 생성

**(b)** 아세톤의 염기 촉매 수화 반응으로 인한 아세톤 수화물의 생성

**연습문제 18-14**

평형에서 수화물의 함량이 증가하는 순서대로 다음 화합물을 나열하라.

(사이클로헥실아세트알데하이드: cyclohexyl–$CH_2$–CHO) (사이클로펜탄온) (Br 치환: cyclohexyl–CH(Br)–CHO) (2-브로모사이클로펜탄온)

**응용: FYI**

노래기(*Apheloria montana*)는 잡아먹히지 않기 위해 HCN과 벤즈알데하이드 혼합물을 분비한다. 노래기는 만델로나이트릴(mandelonitrile, 벤즈알데하이드 사이아노하이드린)을 저장하고 있다가 공격받게 되면 이를 분해 촉매와 함께 반응실로 방출하며, 사이아노하이드린을 촉매 반응을 통해 벤즈알데하이드와 HCN으로 전환시킨다.

## 18-13 사이아노하이드린의 형성

사이안화 수소(hydrogen cyanide, H—C≡N)는 독성이 있고 끓는점이 26°C인 수용성 액체이다. HCN은 약하긴 하지만, 산성을 띠기 때문에 흔히 '사이안화수소산(hydrocyanic acid)'으로 불린다.

$$H-C{\equiv}N{:} + H_2O \rightleftarrows H_3O^+ + {}^-{:}C{\equiv}N{:} \qquad pK_a = 9.2$$

사이안화 수소의 짝염기는 사이안화 이온($^-$:C≡N:)이다. 사이안화 이온은 강한 염기인 동시에 강한 친핵체이다. 이는 케톤과 알데하이드를 공격하여 **사이아노하이드린**(cyanohydrin)이라고 하는 첨가 생성물을 만든다. 반응 메커니즘은 메커니즘 18-3에 나타낸 바와 같이 염기 촉매 친핵성 첨가 반응이다. 사이안화 이온이 카보닐기를 공격해서 만들어진 알콕시화 이온은 수소 양이온을 받아들여 사이아노하이드린이 생성된다.

사이아노하이드린은 액체 HCN과 촉매량의 사이안화 소듐(sodium cyanide) 또는 사이안화 포타슘(potassium cyanide)을 사용하여 만들 수도 있다. 그러나 HCN은 독성과 휘발성이 있어 다루기 위험하다. 많은 생산 과정에서 전체 당량만큼의 사이안화 소듐 또는 (HCN보다는) 사이안화 포타슘을 사용하여 이들을 양성자를 내어놓을 수 있는 용매에 녹인다.

## 메커니즘 18-3 | 사이아노하이드린의 형성

사이아노하이드린의 생성 반응은 카보닐기에 대한 염기 촉매 첨가 반응의 완벽한 예이다. 첫 번째 단계에서 강한 친핵체가 첨가되어 알콕시화 이온을 만든다. 여기에 수소 양이온이 첨가되어 사이아노하이드린이 만들어진다.

**1단계:** 사이안화 이온이 카보닐기에 첨가된다.

**2단계:** 수소 양이온이 첨가되어 사이아노하이드린이 생성된다.

케톤 또는 알데하이드 → 중간체 → 사이아노하이드린

**예: 벤즈알데하이드 사이아노하이드린의 형성**

**1단계:** 사이안화 이온이 카보닐기에 첨가된다.

**2단계:** 수소 양이온이 첨가되어 사이아노하이드린이 생성된다.

벤즈알데하이드

벤즈알데하이드 사이아노하이드린
(만델로나이트릴)

사이아노하이드린 형성은 가역 반응이고, 평형 상수는 사이아노하이드린 형성에 유리하거나 그렇지 않을 수도 있다. 이러한 평형 상수는 케톤과 알데하이드의 일반적인 반응성의 경향을 따른다.

폼알데하이드 > 기타 다른 알데하이드 > 케톤

폼알데하이드는 HCN과 빠르고 정량적으로 반응한다. 대부분의 알데하이드도 반응을 잘하며, 사이아노하이드린의 형성을 선호한다. 케톤과 HCN과의 반응에서는 평형의 위치가 구조에 따라 달라진다. 큰 알킬기를 가진 케톤은 입체 장애 때문에 HCN과의 반응이 느리며, 사이아노하이드린의 수득률도 좋지 않다.

$CH_3CH_2CHO + HCN \xrightarrow{KCN} CH_3CH_2CH(OH)CN$

프로판알 → 프로판알 사이아노하이드린(100%)

$CH_3CH_2COCH_3 + HCN \overset{KCN}{\rightleftharpoons} CH_3CH_2C(OH)(CN)CH_3$

뷰탄-2-온 → 뷰탄-2-온 사이아노하이드린(95%)

$(CH_3)_3CCOC(CH_3)_3 + HCN \overset{KCN}{\rightleftharpoons} (CH_3)_3CC(OH)(CN)C(CH_3)_3$ (5% 이하)

다이-*t*-뷰틸케톤 → 느림 반응, 나쁜 수득률

부피가 큰 케톤과의 반응이 잘 진행되지 않는 이유는 대개 입체 효과 때문이다. 사이아노 하이드린의 형성은 $sp^2$ 카보닐 탄소에서 $sp^3$ 카보닐 탄소로의 재혼성을 포함하는데, 이로 인해 알킬기 간의 각도가 120°에서 109.5°로 작아져서 입체 간섭이 커진다.

**연습문제 18-15**

앞서 살펴본 사이아노하이드린 합성의 메커니즘을 제시하라.

사이아노기(—C≡N)를 가지고 있는 유기 화합물을 **나이트릴**(nitrile)이라고 한다. 그러므로 사이아노하이드린은 α-하이드록시나이트릴(a-hydroxynitrile)이 된다. 나이트릴은 산성 조건에서 카복실산으로 가수 분해되므로(21-7D절 참조), 사이아노하이드린은 α-하이드록시산으로 가수 분해된다. 이것이 α-하이드록시산을 만드는 가장 편리한 방법이다.

$$\underset{\text{알데하이드}}{R{-}C({=}O){-}H} + HCN \underset{}{\overset{^-:CN}{\rightleftharpoons}} \underset{\text{사이아노하이드린}}{R{-}C_{\alpha}(OH)(H){-}CN} \xrightarrow{H_3O^+} \underset{\alpha\text{-하이드록시산}}{R{-}C_{\alpha}(OH)(H){-}C({=}O){-}OH}$$

**연습문제 18-16**

어떻게 하면 다음 합성을 이룰 수 있는지 나타내라.

(a) 아세토페논 ⟶ 아세토페논 사이아노하이드린

(b) 사이클로펜테인카브알데하이드 ⟶ 2-사이클로펜틸-2-하이드록시아세트산

(c) 헥산-1-올 ⟶ 2-하이드록시헵탄산

## 18-14 이민의 형성

적절한 조건에서 암모니아나 1차 아민은 케톤이나 알데하이드와 반응하여 **이민**(imine)을 형성한다. 이민은 케톤과 알데하이드의 질소 유사체인데, 카보닐기 위치에 탄소-질소 이중 결합이 있다. 이민은 많은 생체 내 합성이나 산업적 합성 과정에서 합성 중간체로 관여한다. (생체나 실험실을 막론하고) 아민을 만드는 가장 좋은 방법은 이민을 먼저 만든 후 환원하는 것이다(19-18절).

아민과 같이 이민도 염기성을 띠는데, 치환기를 가지고 있는 경우 별도로 **Schiff 염기**(Schiff base)라고도 한다. 이민의 형성이 속해 있는 반응의 분류는 **축합**(condensation)인데, 물이나 알코올 같은 작은 분자가 제거되면서 2개(또는 그 이상)의 분자들이 서로 연결되는 반응이다.

$$\underset{\text{케톤 또는 알데하이드}}{{>}C{=}O} + \underset{\text{1차 아민}}{R{-}\ddot{N}H_2} \overset{H^+}{\rightleftharpoons} \underset{\substack{\text{카비놀아민}\\(\text{반아미날})}}{\left[{-}C(OH){-}\ \ R{-}\ddot{N}{-}H\right]} \rightleftharpoons \underset{\text{이민(Schiff 염기)}}{{>}C{=}\ddot{N}{-}R} + H_2O$$

이민 형성(핵심 메커니즘 18-4)은 카보닐기에 대한 아민의 산 촉매적 친핵성 첨가 반응으로부터 시작한다. 아민이 공격한 후, 질소 원자에서 수소 양이온이 제거되면서 **카비놀아민**(carbinolamine)이라고 하는 불안정한 중간체 물질이 형성된다.

카비놀아민은 물 분자를 잃고 이중 결합을 형성하면서 이민이 된다. 이러한 탈수 반응은 알코올의 산 촉매 탈수 반응과 동일한 메커니즘을 따른다(11-10절). 하이드록시기에 수소 양이온이 첨가되면 하이드록시기가 좋은 이탈기로 변하게 되어 물로 쉽게 떨어져 나온다. 이렇게 형성된 양이온은 팔전자가 채워지기 위해 질소에 양전하가 있는 공명 구조 등에 의해 안정화된다. 이후 수소 양이온이 제거되어 이민이 형성된다.

카비놀아민은 반아미날(hemiaminal, IUPAC명) 혹은 α-아미노알코올(α-aminoalcohol)이라고도 한다.

## 핵심 메커니즘 18-4 | 이민의 형성

이 메커니즘은 두 부분으로 나누면 쉽게 기억할 수 있다.[1]

1. 카보닐기에 대한 아민의 산 촉매 첨가 반응
2. 산 촉매 탈수 반응

**첫 번째 부분:** 카보닐기에 대한 아민의 산 촉매 첨가 반응

**1단계:** 카보닐기에 수소 양이온 첨가 **2단계:** 아민의 첨가 **3단계:** 수소 양이온 이탈 반응

$H^+$ R—$NH_2$ $H_2O$: + $H_3O^+$

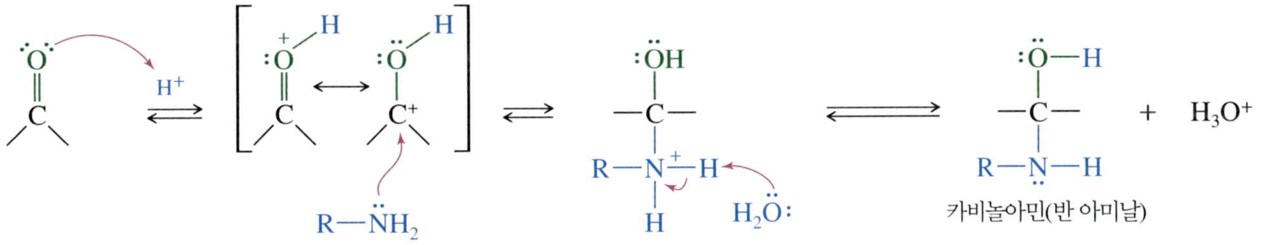

카비놀아민(반 아미날)

**두 번째 부분:** 산 촉매에 의한 탈수 반응

**4단계:** —OH기에 수소 양이온 첨가 **5단계:** 물 분자 이탈 **6단계:** 수소 양이온 이탈 반응

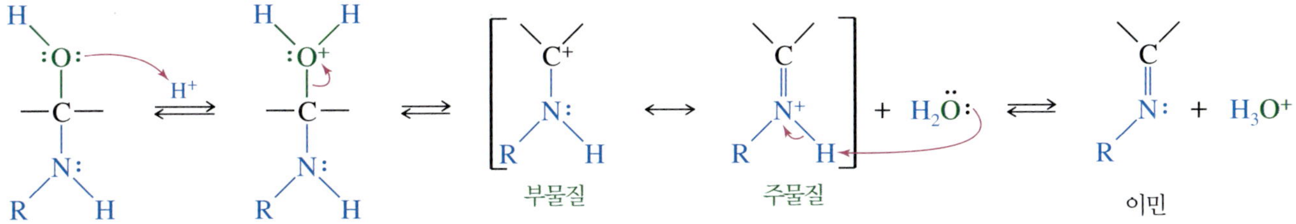

카비놀아민 수소 양이온 첨가 부물질 주물질 중간체(모두 팔전자로 채워짐) + $H_2O$: + $H_3O^+$ 이민 (Schiff 염기)

**예: 벤즈알데하이드 메틸 이민의 형성**

**첫 번째 부분:** 카보닐기에 대한 아민의 산 촉매 첨가 반응

**1단계:** 카보닐기에 수소 양이온 첨가 **2단계:** 아민의 첨가 **3단계:** 카비놀아민의 수소 양이온 제거

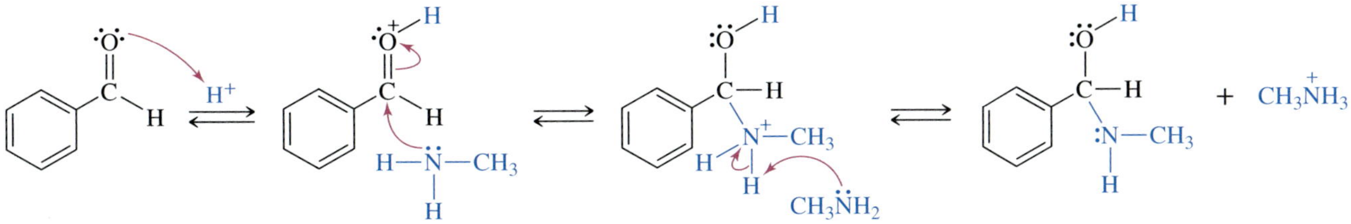

벤즈알데하이드 $H^+$ 메틸아민 $CH_3NH_2$ 카비놀아민(반 아미날) + $CH_3\overset{+}{N}H_3$

1. 이 메커니즘은 약간 산성인 pH에서 일어난다. 아민은 강한 친핵체가 될 수 있으므로, 이 메커니즘의 전반부(카보닐기에 대한 첨가)는 산 촉매나 염기 촉매 반응 모두 가능하다. 후반부(탈수)는 산 촉매 반응이므로 이에 맞추어 전체 메커니즘은 산 촉매 반응으로 나타냈다.

**두 번째 부분:** 산 촉매 탈수 반응

**4단계:** —OH기에 수소 양이온 첨가 **5단계:** 물 분자 이탈 **6단계:** 수소 양이온 이탈 반응

카비놀아민 이민

**문제:**

(a) 만일 너무 많은 산을 넣어서 반응물이 지나치게 산성이 되면 어떤 일이 일어나겠는가?

(b) 만약 지나치게 염기성이라면 어떤 일이 일어나겠는가?

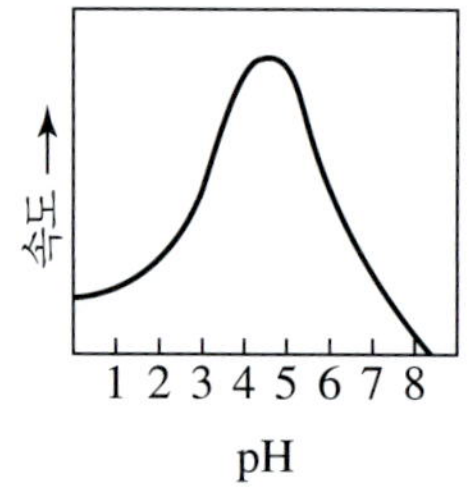


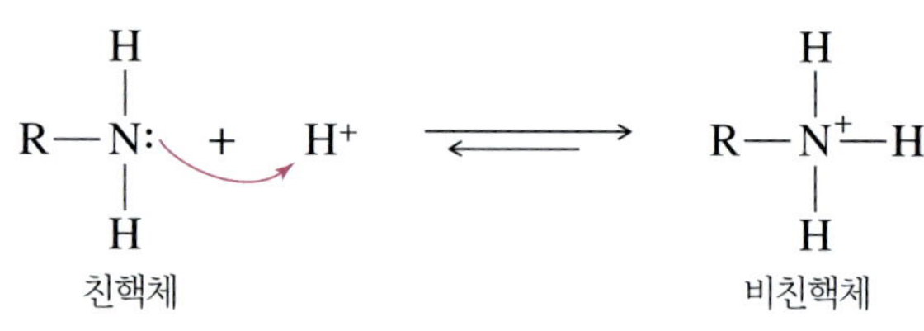


**그림 18-7** 카비놀아민의 탈수 반응은 산 촉매되지만 너무 많은 산은 아민에 수소 양이온을 첨가함으로써 첫 번째 단계를 멈추게 한다. 이민의 생성은 pH 4.5에서 가장 빠르다.

이민 형성에서는 적당한 pH가 매우 중요하다. 메커니즘상 반응의 두 번째 부분은 산 촉매 반응이기 때문에 반응 용액은 어느 정도 산성이어야 한다. 그러나 용액이 지나치게 산성이 되면 아민에 수소 양이온이 첨가되고 친핵성을 잃어버려 첫 번째 부분의 단계가 잘 진행되지 않는다. 그림 18-7은 이민 형성이 pH 4.5 정도에서 가장 빨리 진행됨을 보여준다.

몇 가지 이민 형성 반응을 아래에 나타냈다. 케톤이나 알데하이드의 C=O기가 이민의 C=N—R기로 대체된 것에 주목하라.

사이클로헥산온 + $NH_3$ (암모니아) $\overset{H^+}{\rightleftharpoons}$ 사이클로헥산온 이민 + $H_2O$

사이클로펜탄온 + 아닐린 $\overset{H^+}{\rightleftharpoons}$ 사이클로펜탄온 페닐 이민 + $H_2O$

벤즈알데하이드 + $CH_3-NH_2$ (메틸아민) $\overset{H^+}{\rightleftharpoons}$ 벤즈알데하이드 메틸 이민 + $H_2O$

**문제풀이 힌트**

이민 형성은 이 장에서 가장 중요한 메커니즘 중 하나인데, 2개의 간단한 메커니즘으로 구성되었으므로 기억하기 쉽다.

1. 카보닐기에 대한 산 촉매 친핵성 첨가 반응
2. 산 촉매 탈수 반응(알코올과 함께)

**연습문제 18-17**

앞서 살펴본 세 가지 이민 형성 반응의 메커니즘을 제시하라.

**연습문제 18-18**

반응 조건에 따라 벤즈알데하이드와 메틸아민의 반응으로 분자식이 $C_8H_9N$인 두 가지 서로 다른 이민이 형성된다. 두 가지 이민의 구조를 그려보고, 이에 대해 설명하라.

**연습문제 18-19**

다음의 이민 형성에 사용되는 카보닐 화합물과 아민의 구조식을 그려보라.

(a) N—$CH_3$

(b) 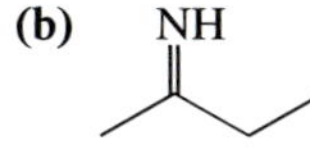

(c) N=$CHCH_3$

(d) N, $CH_3$

(e) N

(f) N

**응용: 독성학**

다량의 아세트아미노펜(acetaminophen)은 몸에서 벤조퀴논(benzoquinone)의 이민을 생성하므로 독이 될 수 있다. 매우 활성이 큰 이 대사물은 심각한 간 손상을 유발하며, 사망에 이르게도 한다.

OH, $HNCOCH_3$ —[O]→ O, NH

아세트아미노펜 벤조퀴논이민

이민 형성은 가역적인 반응이며, 대부분의 이민은 가수 분해되어 아민과 케톤 또는 알데하이드로 되돌아간다. 미시적 가역성(microscopic reversibility, 8-4A절) 원리는 정반응과 동일한 조건에서 일어나는 역반응이 동일한 경로를 단지 방향만 거꾸로 따라가는 것이다. 따라서 이민의 가수 분해 메커니즘은 단순히 이민 생성 메커니즘의 역이다.

$$\text{PhCH}{=}\ddot{\text{N}}{-}\text{CH}_3 \underset{}{\overset{\text{H}^+,\ 과량의\ \text{H}_2\text{O}}{\rightleftharpoons}} \text{PhCH}{=}\text{O} + \text{CH}_3{-}\overset{+}{\text{N}}\text{H}_3$$

벤즈알데하이드 메틸 이민 벤즈알데하이드

**연습문제 18-20**

위에 나타낸 벤즈알데하이드 메틸 이민의 가수 분해에 대한 반응 메커니즘을 제시하라.

## 18-15 하이드록실아민과 하이드라진의 축합 반응

케톤과 알데하이드는 하이드록실아민(hydroxylamine)과 치환기를 가진 하이드라진(hydrazine) 같은 암모니아 유도체와 축합 반응을 하며, 해당 이민 유도체를 생성한다. 이들 반응의 평형 상수는 간단한 아민과의 반응에서보다 훨씬 크다. 하이드록실아민은 케톤 및 알데하이드와 반응하여 **옥심**(oxime)을 형성하고, 하이드라진과 그 유도체는 **하이드라존**(hydrazone)을 형성하며, 세미카바자이드(semicarbazide)는 반응하여 **세미카바존**(semicarbazone)을 생성한다. 이들 반응의 메커니즘은 이민 형성 메커니즘과 비슷하다.

**응용: 로켓 연료**

무수 하이드라진은 로켓의 연료로 사용된다. 대부분의 경우 액체 산소는 산화제로 사용된다. 연료와 산화제는 연소실로 분사되는데, 반응하면서 열과 압력을 발생시켜 반응 생성물을 로켓 노즐로 분출시킨다.

$$\text{페닐-2-프로판온} + H_2\ddot{N}\text{—}\boxed{OH} \xrightarrow{H^+} \text{페닐-2-프로판온 옥심} + H_2O$$

페닐-2-프로판온 + 하이드록실아민 → 페닐-2-프로판온 옥심

$$\text{PhCHO} + H_2\ddot{N}\text{—}\boxed{NH_2} \xrightarrow{H^+} \text{PhCH}{=}\ddot{N}\text{—}\boxed{NH_2} + H_2O$$

벤즈알데하이드 + 하이드라진 → 벤즈알데하이드 하이드라존

$$\text{사이클로헥산온} + H_2\ddot{N}\text{—}\boxed{NH\text{—}Ph} \xrightarrow{H^+} \text{C}_6\text{H}_{10}{=}\ddot{N}\text{—}\boxed{NH\text{—}Ph} + H_2O$$

사이클로헥산온 + 페닐하이드라진 → 사이클로헥산온 페닐하이드라존

$$CH_3\text{—}\overset{O}{\overset{\|}{C}}\text{—}CH_2CH_3 + H_2\ddot{N}\text{—}\boxed{NH\text{—}\overset{O}{\overset{\|}{C}}\text{—}NH_2} \xrightarrow{H^+} CH_3\text{—}\overset{\boxed{NH\text{—}\overset{O}{\overset{\|}{C}}\text{—}NH_2}}{\overset{|}{\overset{\ddot{N}}{\overset{\|}{C}}}}\text{—}CH_2CH_3 + H_2O$$

2-뷰탄온 + 세미카바자이드 → 뷰탄-2-온 세미카바존

**문제풀이 힌트**

이러한 유도체를 잘 익히도록 하자. 특히 실험실에서 많이 접하게 될 것이다.

이들 유도체는 다른 반응의 출발 물질(19-18절 참조)로, 카보닐 화합물의 구조 결정과 확인에 유용하게 사용된다. 특히 옥심, 세미카바존, 페닐하이드라존은 특정한 녹는점을 지닌 고체 화합물이다. 화학자들은 수천 가지의 케톤과 알데하이드에 대해 위의 유도체의 녹는점을 표에 정리했다.

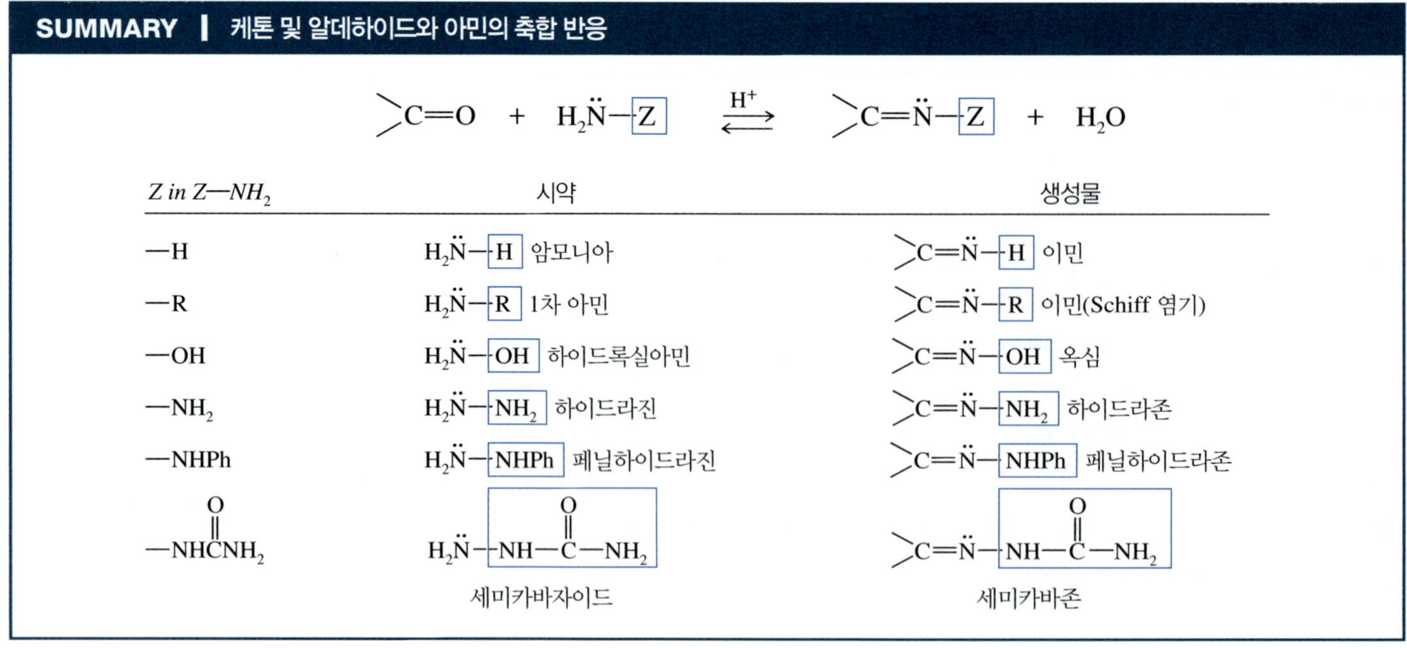

**SUMMARY | 케톤 및 알데하이드와 아민의 축합 반응**

$$>C{=}O + H_2\ddot{N}\text{—}\boxed{Z} \overset{H^+}{\rightleftharpoons} >C{=}\ddot{N}\text{—}\boxed{Z} + H_2O$$

| *Z in Z—NH₂* | 시약 | 생성물 |
|---|---|---|
| —H | $H_2\ddot{N}$—H 암모니아 | $>C{=}\ddot{N}$—H 이민 |
| —R | $H_2\ddot{N}$—R 1차 아민 | $>C{=}\ddot{N}$—R 이민(Schiff 염기) |
| —OH | $H_2\ddot{N}$—OH 하이드록실아민 | $>C{=}\ddot{N}$—OH 옥심 |
| —$NH_2$ | $H_2\ddot{N}$—$NH_2$ 하이드라진 | $>C{=}\ddot{N}$—$NH_2$ 하이드라존 |
| —NHPh | $H_2\ddot{N}$—NHPh 페닐하이드라진 | $>C{=}\ddot{N}$—NHPh 페닐하이드라존 |
| —$NH\overset{O}{\overset{\|}{C}}NH_2$ | $H_2\ddot{N}$—$NH\text{—}\overset{O}{\overset{\|}{C}}\text{—}NH_2$ 세미카바자이드 | $>C{=}\ddot{N}$—$NH\text{—}\overset{O}{\overset{\|}{C}}\text{—}NH_2$ 세미카바존 |

미지의 카보닐 화합물은 위에 언급한 유도체 중 하나로 변환하여, 녹는점을 표의 알려진 화합물과 비교하여 구조를 알아낼 수 있다. 화합물의 옥심, 세미카바존, 페닐하이드라존 유도체의 녹는점이 동일하고, 물리적 성질 또한 알려진 화합물과 일치한다면 미지의 화합물이 무엇인지에 대한 정확한 판단 근거로 사용할 수 있다.

옥심으로부터 1차 아민을 합성하는 것은 많은 용도 가운데 하나이다(19-18절 참조). 옥심 유도체로부터 *N*-옥실(*N*-oxyl, $R_2C{=}NO\cdot$)과 이미닐($R_2C{=}N\cdot$) 라디칼을 얻을 수 있는데, 이들은 헤테로 고리 화합물을 포함한 많은 유용한 화합물을 만드는 데 사용된다. 나아가 케톤으로부터 얻은 옥심은 산성 조건에서 자리 옮김 반응을 거쳐 아미드를 생성할 수 있다(Beckmann 자리 옮김 반응). 옥심에 존재하는 탄소, 질소, 산소 원자는 고리화 첨가 반응에 의해 헤테로 고리 시스템에 전부 옮겨진다.

**연습문제 18-21**

2,4-다이나이트로페닐하이드라진(2,4-dinitrophenylhydrazine)으로부터 얻는 2,4-다이나이트로페닐하이드라존(2,4-dinitrophenylhydrazone, 2,4-DNP 유도체라고도 함) 유도체가 페닐하이드라존(phenylhydrazone) 유도체보다 고체로 더 잘 떨어지고, 녹는점도 명확하기 때문에, 케톤이나 알데하이드 유도체 생성에 자주 사용된다. 아세톤을 약산성 조건에서 2,4-다이나이트로페닐하이드라진과 반응시켰을 때 얻는 생성물의 구조와 생성 메커니즘을 제시하라.

**연습문제 18-22**

다음 반응의 생성물을 예측하라.

(a) 사이클로펜탄온 $+\ HONH_2 \xrightarrow{H^+}$

(b) α-테트랄론 $+\ H_2NNH_2 \xrightarrow{H^+}$

(c) $Ph{-}\overset{O}{\overset{\|}{C}}{-}Ph\ +\ PhNHNH_2 \xrightarrow{H^+}$

(d) $PhCH{=}CHCHO\ +\ H_2N\overset{O}{\overset{\|}{C}}NHNH_2 \xrightarrow{H^+}$

**연습문제 18-23**

다음 각 유도체를 합성하려면 어떤 아민과 카보닐 화합물을 사용해야 하는지 나타내라.

(a) $Ph{-}CH{=}N{-}NH{-}\overset{O}{\overset{\|}{C}}{-}NH_2$

(b) 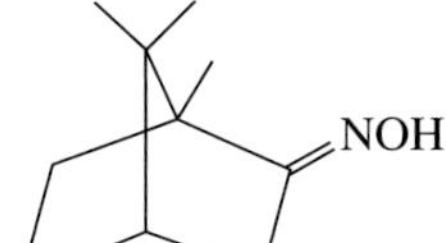


(c) N—NHPh

(d) NNH, $O_2N$, $NO_2$

(e) N, $CH_3$

(f) N, N

## 18-16 아세탈 형성

케톤과 알데하이드가 물과 반응하여 수화물을 형성하듯이 이들은 알코올과 반응하여 아세탈을 만든다. **아세탈**(acetal)은 케톤이나 알데하이드의 유도체로서 카보닐기 대신 두 개의 알콕시기를 가지고 있다. 케톤으로부터 형성된 아세탈은 **케탈**(ketal)[2]로 불리기도 한다. 아세탈은 세상에서 가장 흔한 유기 화합물 가운데 일종이다. 설탕, 무명천, 목재 선박 등이 모두 아세탈로 구성되었다. 탄수화물 아세탈과 그들의 중합체에 대해서는 23장에서 다룬다.

아세탈은 두 분자의 알코올이 카보닐기에 첨가되고, 한 분자의 물이 제거되어 생성된다.

$$\text{RCHO (알데하이드)} + 2\,\text{R}'\text{—OH} \overset{\text{H}^+}{\rightleftharpoons} \text{R—CH(OR}')_2\text{ (아세탈)} + \text{H}_2\text{O}$$

$$\text{RCOR}'\text{ (케톤)} + 2\,\text{R}''\text{—OH} \overset{\text{H}^+}{\rightleftharpoons} \text{R(R}')\text{C(OR}'')_2 + \text{H}_2\text{O}$$

알데하이드 / 아세탈 / 케톤 / 아세탈(관용명) 케탈(특정명)

수화물 형성에는 산이나 염기 모두 촉매로 사용될 수 있지만, 아세탈 형성은 산 촉매가 반드시 필요하다. 예를 들어 *p*-톨루엔설폰산(*p*-toluenesulfonic acid)에 의해 촉진되는 사이클로헥산온(cyclohexanone)과 메탄올(methanol)의 반응을 생각해보자.

전체 반응

$$\text{사이클로헥산온} + 2\,\text{CH}_3\text{OH} \xrightarrow[p\text{-톨루엔설폰산}]{\text{CH}_3\text{C}_6\text{H}_4\text{SO}_2\text{OH (Ts—OH)}} \text{사이클로헥산온 다이메틸 아세탈 (CH}_3\text{O, OCH}_3\text{)} + \text{H}_2\text{O}$$

사이클로헥산온 / 사이클로헥산온 다이메틸 아세탈

이 반응의 메커니즘은 핵심 메커니즘 18-5에 나타나 있다. 첫 번째 단계는 전형적인 카보닐기에 대한 산 촉매 첨가 반응이다. 산 촉매는 카보닐기에 수소 양이온을 첨가시키고, 알코올(약한 친핵체)은 수소 양이온 첨가로 인해 활성화된 카보닐기를 공격한다. 이후 양전하를 띤 중간체에서 수소 양이온이 떨어져 나와 **반(半)아세탈**(hemiacetal)이 생성된다. 반아세탈이라는 이름은 '절반'이라는 의미의 그리스어 접두사 *hemi*-에서 유래한다. 알코올 한 분자가 부가되어 생성된 반아세탈은 '완전' 아세탈까지 절반 정도 완성된 것이다. 케톤과 알데하이드의 수화물처럼 대부분의 반아세탈은 너무 불안정하여 분리 및 정제할 수 없다.

메커니즘의 후반부에서 반아세탈은 더 안정한 아세탈로 전환된다. 하이드록시기에 수소 양이온이 첨가된 후, 물이 제거되어 공명 안정화된 탄소 양이온이 형성된다. 이 탄소 양이온에 대한 메탄올 분자의 공격에 이은 수소 양이온의 제거를 통해 아세탈이 형성된다.

---

2. 케탈(ketal)이라는 용어는 한때 IUPAC 공식 용어에서 배제되었으나, 현재는 아세탈의 세부 집단의 이름으로 재지정되었다. 그러므로 케톤에서 생성된 아세탈은 케탈(ketal) 혹은 좀 더 일반적인 용어인 아세탈로 부를 수 있다.

## 핵심 메커니즘 18-5 | 아세탈 형성

이민 형성에서와 같이 아세탈 형성을 두 부분으로 나눔으로써 쉽게 기억할 수 있다.

1. 전반부는 카보닐기에 대한 알코올의 산 촉매 첨가 반응이다.
2. 후반부는 반아세탈의 수소 양이온 첨가에 이은 $S_N1$ 치환 반응이다.

**전반부:** 카보닐기에 대한 알코올의 산 촉매 첨가 반응

**1단계:** 수소 양이온 첨가 **2단계:** 알코올 첨가 **3단계:** 수소 양이온 이탈 반응

$CH_3$—OH H HÖ: O+ $CH_3$ :O: H—OTs H H H O—$CH_3$ HÖ: :Ö$CH_3$

케톤 양성자화된(활성화된) 케톤 반아세탈

**후반부:** 반아세탈의 수소 양이온 첨가에 이은 $S_N1$ 치환 반응

**4단계:** 수소 양이온 첨가 **5단계:** 물 분자 이탈

$CH_3$—Ö Ö—H $H^+$ $CH_3$—Ö :O—H H $CH_3$ :O: $CH_3$ :O+ + $H_2O$

반아세탈 수소 양이온 첨가, 물 분자 이탈 공명 안정화된 탄소 양이온

**6단계:** 두 번째 알코올의 첨가 **7단계:** 수소 양이온 이탈 반응

$CH_3$ :O: $CH_3$—Ö—H H H :O—$CH_3$ $CH_3$—Ö :O+—$CH_3$ $CH_3$—Ö Ö—$CH_3$ + $CH_3$—O+—H H

메탄올에 의한 공격 아세탈

### 연습문제 18-24

벤즈알데하이드와 메탄올이 반응하여 벤즈알데하이드 다이메틸 아세탈을 생성하는 산 촉매 반응의 메커니즘을 제시하라.

수화 반응은 산뿐만 아니라 염기에 의해서도 촉진되기 때문에, 아세탈 형성은 산에 의해서만 촉진된다는 사실에 의문이 들지도 모른다. 사실 첫 번째 단계(반아세탈의 형성)는 염기에 의해 촉진

될 수 있는데, 알콕시화 이온이 먼저 공격하고, 생성된 알콕시화 이온에 수소 양이온이 첨가되는 방식이다. 두 번째 단계에서는 반아세탈의 —OH기가 알코올의 —OR″기로 치환되어야 한다. 그러나 $S_N2$ 반응에서 수산화 이온은 잘 떨어져나가는 기가 아니기 때문에 알콕시화 이온이 —OH 기를 치환할 수 없다. 그러나 이 치환 반응은 산성 조건에서는 잘 일어나는데, —OH기에 수소 양이온이 첨가되면 물 분자로 제거된 후 공명 안정화된 양이온을 형성하기 때문이다.

염기 촉매 조건에서 아세탈 형성 시도

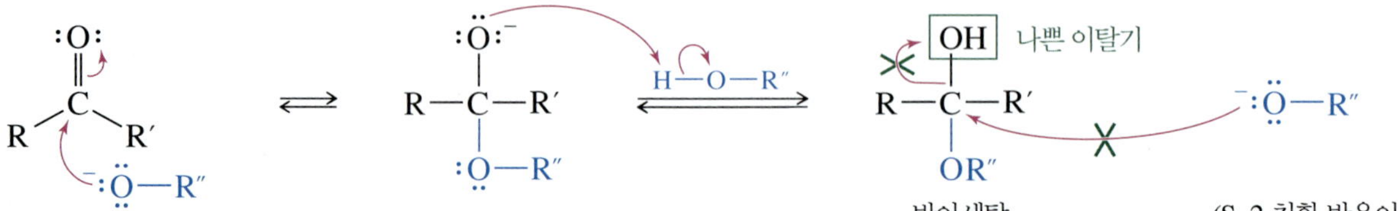

:O: R C R′ :Ö—R″ 케톤 (또는 알데하이드)에 공격 ⇌ :O:⁻ R—C—R′ :O—R″ H—O—R″ ⇌ OH 나쁜 이탈기 R—C—R′ OR″ 반아세탈 ⁻:Ö—R″ ($S_N2$ 치환 반응이 일어나지 않음)

**아세탈 형성의 평형** 아세탈 형성은 가역 반응이고, 평형 상수는 평형 상태에서 존재하는 반응물과 생성물의 비율을 나타낸다. 간단한 알데하이드의 경우 평형 상수는 일반적으로 큰 값을 가지며 아세탈 생성을 선호한다. 아세트알데하이드와 에탄올의 산 촉매 반응에서 보듯이 아세탈을 좋은 수득률로 얻는다.

입체 장애가 있는 알데하이드와 대부분의 케톤의 경우 평형 상수는 작으며, 평형은 아세탈보다는 카보닐 화합물을 선호한다. 이러한 반응이 잘 일어나게 하기 위해 아예 알코올을 용매로 사용하는 방법도 많이 사용된다. 부산물로 생성되는 물은 증류하여 제거하면 평형을 더 오른쪽으로 치우치게 한다.

대부분의 아세탈은 단순히 물에서 묽은 산과 함께 흔들어주면 가수 분해된다. 과량의 물은 평형을 케톤이나 알데하이드 쪽으로 가게 한다. 반응 메커니즘은 아세탈 형성 과정의 반대이다. 예를 들면 사이클로헥산온 다이메틸 아세탈(cyclohexanone dimethyl acetal)을 묽은 산으로 잠시 처리하면 가수 분해되어 정량적인 사이클로헥산온을 얻는다.

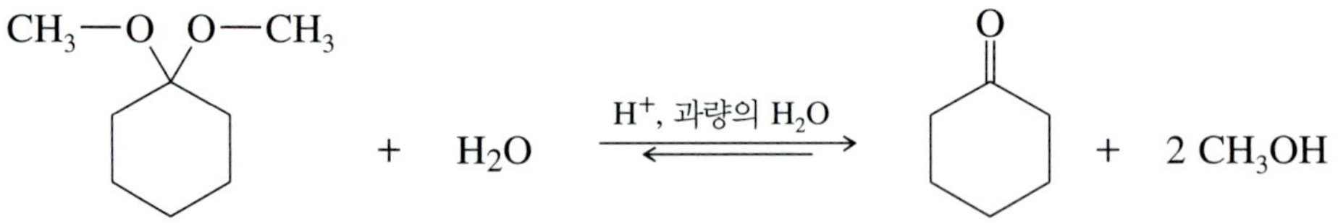

$CH_3$—O O—$CH_3$ (cyclohexane) + $H_2O$ ⇌ ($H^+$, 과량의 $H_2O$) (cyclohexanone, O) + 2 $CH_3OH$

**문제풀이 힌트**

아세탈 형성은 여기서 다루는 중요한 메커니즘 가운데 하나인데, 2개의 간단한 메커니즘으로 구성된 반응으로 기억하도록 하자.

1. 카보닐기에 대한 산 촉매 친핵성 첨가 반응
2. 수소 양이온 첨가와 OH기의 제거, 이후 알코올 분자가 공격하는 형태의 $S_N1$ 반응

**연습문제 18-25**

사이클로헥산온 다이메틸 아세탈의 산 촉매 가수 분해 반응의 메커니즘을 제시하라.

**응용: 국소 스테로이드**

플루오시노론 아세토나이드(fluocinolone acetonide)는 습진이나 건선 같은 피부 질환을 치료하는 데 사용되는 스테로이드 아세탈이다. 아세탈기는 스테로이드 모체의 물에 대한 용해도를 감소시켜서 효능을 증가시키며, 효과가 더 오래 지속되게 돕는다.

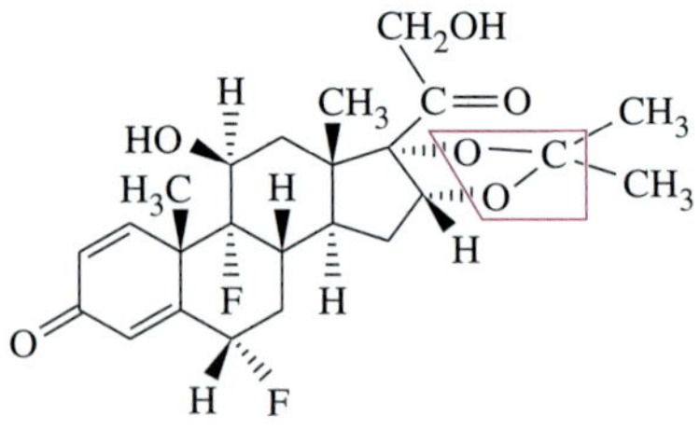

$CH_2OH$ C=O $CH_3$ HO H $CH_3$ O C $CH_3$ $H_3C$ H O H O F H H F

플루오시노론 아세토나이드

**고리형 아세탈** 일반적인 알코올 대신 다이올을 사용하면 고리형 아세탈을 얻는다. 고리형 아세탈 형성의 평형 상수는 대개 값이 큰데, 이는 2개의 분자(케톤과 다이올)가 축합할 때 3개 분자(케톤과 두 분자의 알코올)가 축합하는 경우보다 엔트로피 손실이 덜하기 때문이다. 에틸렌 글라이콜(ethylene glycol)은 고리형 아세탈을 만드는 데 사용하는 가장 흔한 다이올이며, 이로부터 생성된 아세탈은 **에틸렌 아세탈**(ethylene acetal) 또는 **에틸렌 케탈**(ethylene ketal)이라고 한다.

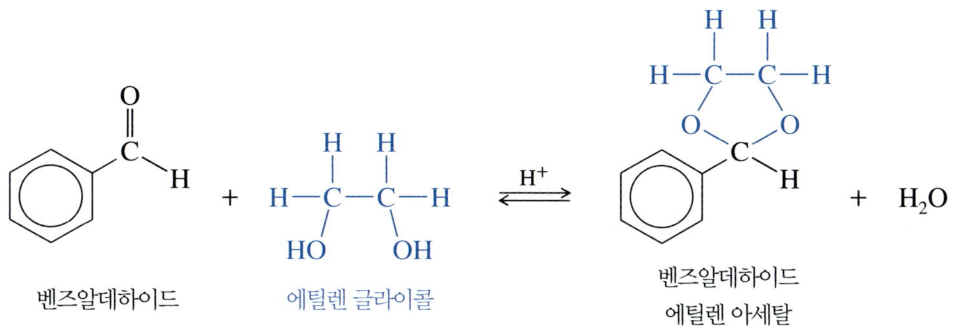

$$\text{C}_6\text{H}_5\text{CHO} + \text{HOCH}_2\text{CH}_2\text{OH} \xrightleftharpoons{H^+} \text{벤즈알데하이드 에틸렌 아세탈} + H_2O$$

벤즈알데하이드 에틸렌 글라이콜 벤즈알데하이드 에틸렌 아세탈

**탄수화물** 당과 기타 탄수화물은 가장 일반적으로 고리형 아세탈과 반아세탈로 존재한다. 예를 들면 글루코스는 반아세탈로서 가장 안정한 6탄소당이다. 락토스는 아세탈 1개와 반아세탈 1개를 가지고 있는 (2개의 당 단위로 구성된) 이당류이다. 23장에서 탄수화물의 구조를 자세히 살펴볼 것이다.

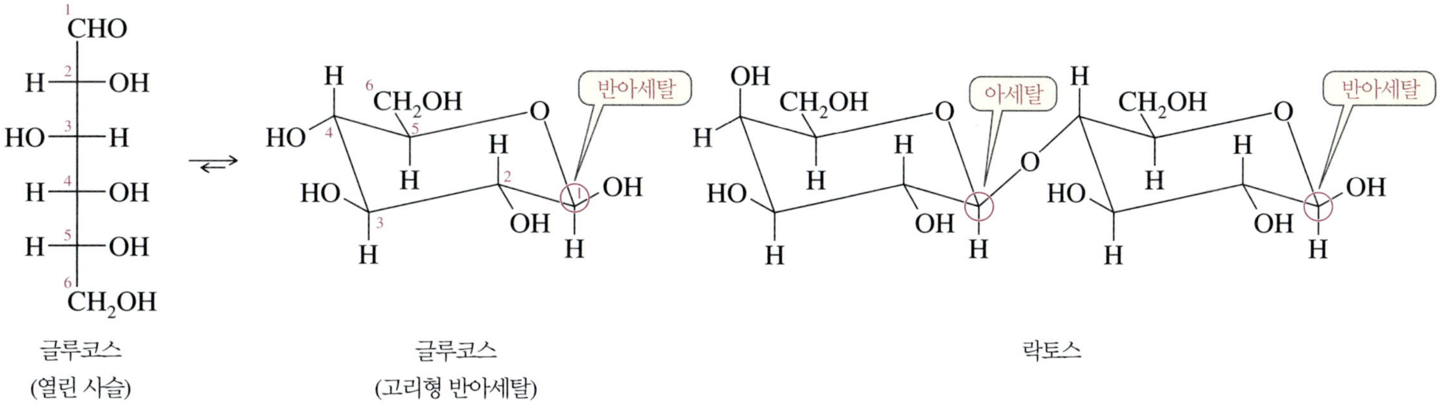

글루코스 (열린 사슬) 글루코스 (고리형 반아세탈) 락토스

반아세탈 아세탈 반아세탈

### 연습문제 18-26

아래의 유도체를 합성하려면 어떤 알코올과 카보닐 화합물을 사용해야 하는가?

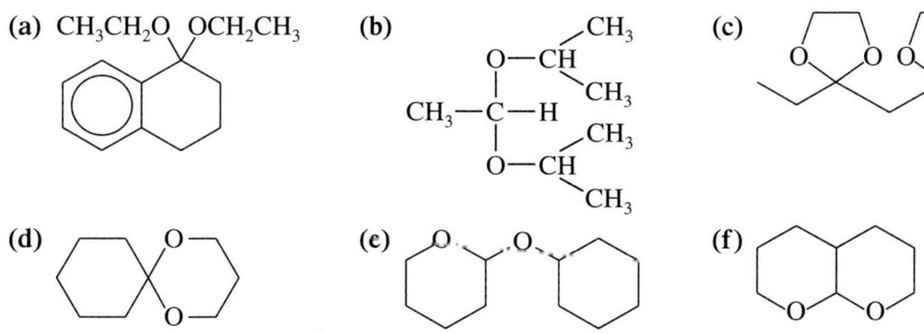

(a) $CH_3CH_2O$ $OCH_2CH_3$ (b) (c)

(d) (e) (f)

#### 문제풀이 힌트

아세탈(또는 반아세탈) 형성은 카보닐 탄소 원자의 산화 상태를 변화시키지 않는다. 아세탈 또는 반아세탈에서 카보닐 탄소 원자는 산소와 2개의 결합을 형성한다.

## 문제풀이 전략 ┃ 반응 메커니즘 제안하기

여기서 아세탈 가수 분해의 반응 메커니즘 제안을 위해 일반적인 원리를 적용해보자. 이 원리는 7장과 11장에 소개되었고, 부록 3A에 요약되어 있다. 메커니즘에 관여하는 탄소 원자에 있는 모든 결합과 치환체를 그려야 한다는 것을 기억하자. 굽은 화살표(친핵체에서 친전자체로)로 전자쌍의 움직임을 표시하며, 모든 단계를 따로 구별해서 나타낸다.

이제 다음에 나타낸 아세탈의 산 촉매 가수 분해 반응에 대한 메커니즘을 제안해보자.

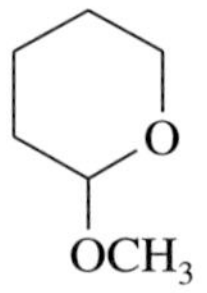

$OCH_3$

산 촉매 반응이므로 반응 메커니즘은 강한 친전자체와 양이온 중간체(아마도 탄소 양이온)를 포함할 것이며, 강한 친핵체나 염기, 탄소 음이온이나 자유 라디칼 등은 관여하지 않을 것이다.

**1. 반응물과 생성물의 탄소 골격을 잘 보고, 생성물에 있는 어떤 탄소 원자가 반응물로부터 왔을지를 판단한다.**

먼저 아세탈을 가수 분해했을 때 예상되는 생성물이 무엇인지 알아야 한다. 아세탈과 반아세탈 화합물에서 산소가 2개 결합된 탄소 원자는 카보닐기에서 유래한다.

반응식에는 반응에 의해 영향을 받는 모든 원자가 전부 포함되어야 한다. 반응식을 보면 물이 어떤 방식으로 (아마도 친핵성 공격에 의해) 첨가되고, 고리는 반드시 절단되어야 함을 알 수 있다.

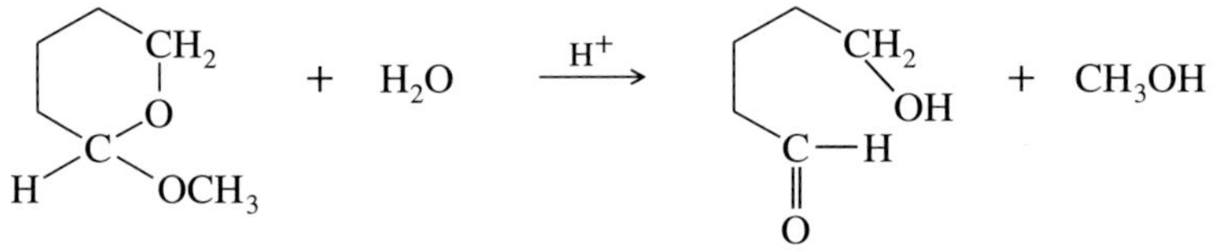

$CH_2$, O, C, H, $OCH_3$ + $H_2O$ $\xrightarrow{H^+}$ $CH_2$, OH, C—H, O + $CH_3OH$

**2. 반응물의 친전자성이 활성화가 필요 없을 정도로 충분히 강력한지 살펴본다. 만일 그렇지 않다면 반응물 중 하나가 Lewis 염기로 작용해서 수소 양이온이 첨가되어(또는 Lewis 산과 착물화를 이루어) 강한 친전자체로 될 수 있는지를 고려한다.**

반응물이 수소 양이온 첨가에 의해 활성화되지 않으면 아마도 물과 반응하기 어려울 것이다. 둘 중 하나의 산소 원자에 수소 양이온이 붙게 되겠지만, 임의로 고리의 산소에 수소 양이온을 첨가해본다. 수소 양이온이 첨가되면 화합물의 고리가 쉽게 끊어져서 안정한(강한 친전자적인) 양이온이 만들어진다.

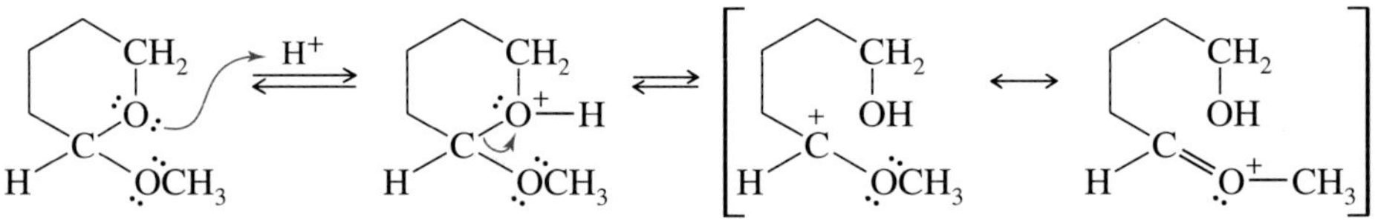

$CH_2$, O, C, H, $OCH_3$ $\xrightleftharpoons{H^+}$ $CH_2$, $O^+$—H, C, H, $OCH_3$ ⇌ [ $CH_2$, OH, $C^+$, H, $OCH_3$ ⟷ $CH_2$, OH, C=$O^+$—$CH_3$, H ]

수소 양이온 첨가 절단 공명 안정화된 이온



**3. 다른 반응물에 있는 친핵성 기가 강한 친전자체를 어떻게 공격해서 생성물의 형성에 필요한 결합을 만드는지 생각해본다. 또 형성된 생성물을 그려본다.**

양이온에 물이 공격하면 수소 양이온이 첨가된 반아세탈이 생성된다.

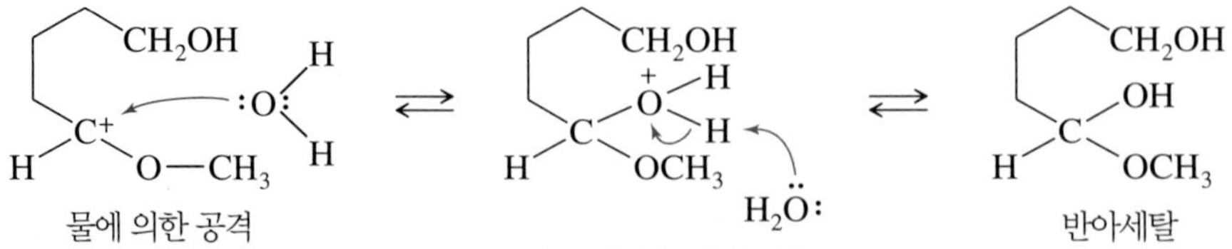

$CH_2OH$, $C^+$, H, O—$CH_3$, :O(H)(H) ⇌ $CH_2OH$, $O^+$(H)(H), C, H, $OCH_3$, $H_2O$: ⇌ $CH_2OH$, OH, C, H, $OCH_3$

물에 의한 공격 수소 양이온 이탈 반응 반아세탈

**4. 친핵성 공격을 통해 만들어진 생성물이 어떻게 최종 생성물로 변환되는지(만일 정확한 탄소 골격을 이루었다면), 또는 어떻게 다시 활성화되어 생성물의 형성에 필요한 또 다른 결합을 만들어낼지 생각해본다.**

수소 양이온 첨가 후 물 분자가 떨어져 나와 —OH기가 제거되듯이 —$OCH_3$기도 수소 양이온 첨가에 이은 메탄올 분자의 이탈을 통해 제거된다. 생성물은 첨가된 형태로 수소 양이온을 얻는다.

수소 양이온 첨가

공명 안정화된 중간체

수소 양이온 이탈 반응

생성물

**5. 전자 이동을 나타내는 굽은 화살표를 사용해서 반응 메커니즘의 모든 단계를 그려본다.**

위에 나타낸 반응식을 모두 모아서 조합하면 완전한 메커니즘을 알 수 있다. 합성 단계를 잘 익히려면 메커니즘을 작성해봐야 한다.

반응 메커니즘 제안의 복습을 위해 이러한 5단계를 유념해서 연습문제 18-27과 18-28을 풀어보라.

**연습문제 18-27**

위에서 보여준 아세탈 가수 분해의 메커니즘에서는 고리의 산소 원자에 먼저 수소 양이온이 첨가되어 고리가 끊어진 후, 메톡시기가 제거되었다. 메톡시의 산소 원자에 수소 양이온이 첨가되어 메톡시기가 떨어져 나간 후, 고리가 끊어지는 방식의 메커니즘을 제안할 수도 있다. 이 메커니즘을 그려보라.

**문제풀이 힌트**

역반응의 메커니즘은 동일한 조건에서 반응이 일어나는 한 일반적으로 정반응 메커니즘의 반대이다. 아세탈 형성 메커니즘을 알고 있다면 동일한 중간체들을 반대순으로 사용하여 아세탈의 가수 분해에 대한 메커니즘을 기술할 수 있다.

**연습문제 18-28**

**(a)** 사이클로헥산온 에틸렌 아세탈을 생성하는 사이클로헥산온과 에틸렌 글라이콜의 산 촉매 반응의 메커니즘을 제시하라.

**(b)** 사이클로헥산온 에틸렌 아세탈의 산 촉매 가수 분해 반응의 메커니즘을 제시하라.

**(c)** (a)와 (b)에서 제시한 메커니즘을 비교하라. 역반응에 대한 두 메커니즘은 얼마나 유사한가?

**(d)** 연습문제 18-26(f)에 주어진 아세탈의 산 촉매 가수 분해 반응의 메커니즘을 제시하라.

## 18-17 보호기로서 아세탈의 이용

아세탈은 산성 조건에서는 쉽게 가수 분해되지만, 센염기나 친핵체에서는 안정하다. 아세탈은 케톤과 알데하이드로부터 쉽게 생성되며, 또한 원래의 카보닐 화합물로 쉽게 되돌아가게 할 수 있다. 이와 같은 손쉬운 상호 변환성 때문에 아세탈은 알데하이드나 케톤이 센염기나 친핵체와의 반응을 막아주는 **보호기**(protecting group)의 역할을 한다. 보호기의 개념은 14-10절에서 처음 다뤘는데, 알코올 보호를 위해 실릴 에터를 사용했다.

예로 아래의 합성 계획을 생각해보자. 여기서 제안된 Grignard 시약은 알데하이드의 카보닐기가 친핵성인 유기금속 작용기와 반응하기 때문에 만들 수 없을 것이다.

제안된 합성

상반된 작용기

$$\text{사이클로헥산온} + BrMg{-}CH_2CH_2{-}C(=O){-}H \;\not\rightarrow\; \text{(OMgBr)}{-}CH_2CH_2{-}C(=O){-}H \xrightarrow{H_3O^+} \text{(OH)}{-}CH_2CH_2{-}C(=O){-}H$$

사이클로헥산온 (불가능한 시약) 목표 화합물

만일 알데하이드를 아세탈로 보호한다면 이는 Grignard 시약과 반응하지 않을 것이다. 따라서 '보호된' 알데하이드 화합물로부터 Grignard 시약을 만들 수 있을 것이므로, 사이클로헥산온과의 반응에 이용할 수 있을 것이다. 반응 후 약간의 묽은 산을 넣으면 알콕시화 이온에 수소 양이온이 첨가되어 알코올이 생기며, 아세탈 보호기는 가수 분해되어 최종적으로 알데하이드를 만들어낸다.

실제 합성

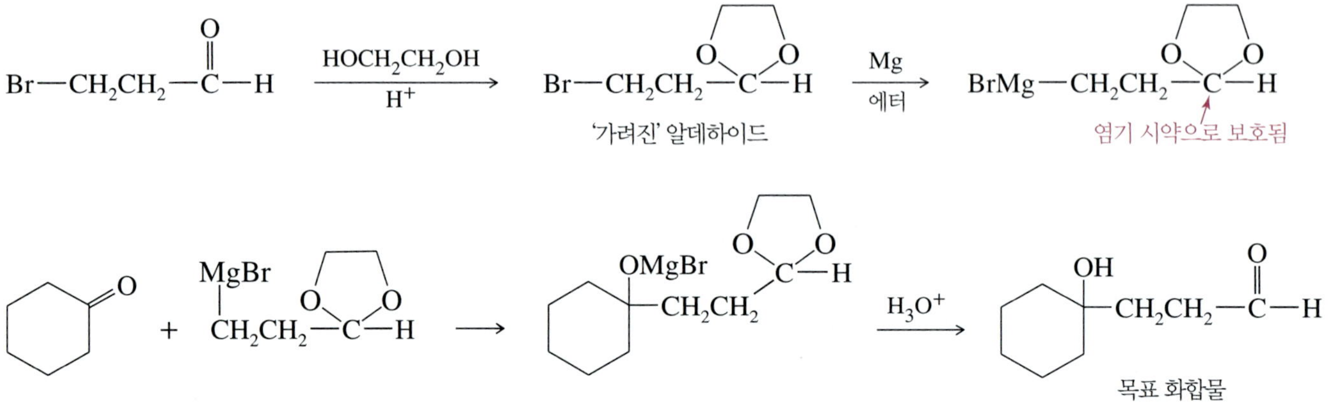

$$Br-CH_2CH_2-\overset{O}{\overset{\|}{C}}-H \xrightarrow[H^+]{HOCH_2CH_2OH} Br-CH_2CH_2-C(OCH_2CH_2O)-H \xrightarrow[\text{에터}]{Mg} BrMg-CH_2CH_2-C(OCH_2CH_2O)-H$$

'가려진' 알데하이드

염기 시약으로 보호됨

$$\text{cyclohexanone} + MgBr-CH_2CH_2-C(OCH_2CH_2O)-H \longrightarrow \text{(1-OMgBr-cyclohexyl)}-CH_2CH_2-C(OCH_2CH_2O)-H \xrightarrow{H_3O^+} \text{(1-OH-cyclohexyl)}-CH_2CH_2-\overset{O}{\overset{\|}{C}}-H$$

목표 화합물

**아세탈의 선택적 형성** 알데하이드가 케톤보다 아세탈을 더 쉽게 형성하기 때문에 케톤이 있더라도 알데하이드를 선택적으로 보호할 수 있다. 이러한 선택적인 보호를 통해 반응성이 더 큰 알데하이드기를 건드리지 않은 채 중성이나 염기성 조건을 사용해서 케톤을 다른 기로 선택적으로 변환하는 것이 가능하다. 아래에 반응성이 더 큰 알데하이드의 존재하에 케톤을 선택적으로 환원하는 과정을 예로 들었다.

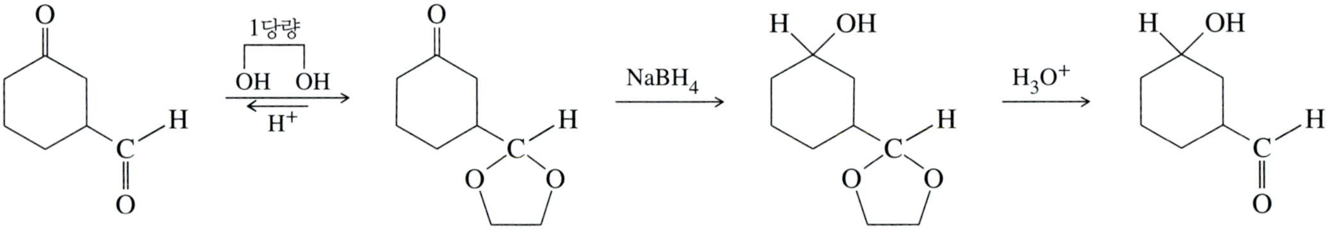

$$\text{3-formylcyclohexanone} \underset{H^+}{\overset{\text{1당량 } HOCH_2CH_2OH}{\rightleftharpoons}} \text{3-(1,3-dioxolan-2-yl)cyclohexanone} \xrightarrow{NaBH_4} \text{3-(1,3-dioxolan-2-yl)cyclohexanol} \xrightarrow{H_3O^+} \text{3-hydroxycyclohexanecarbaldehyde}$$

## 연습문제 18-29

어떻게 다음 합성을 성공적으로 수행할 수 있는지 나타내라. 필요한 시약은 추가해도 된다.

(a) 3-CHO-cyclohexanone $\longrightarrow$ 3-$CH_2OH$-cyclohexanone

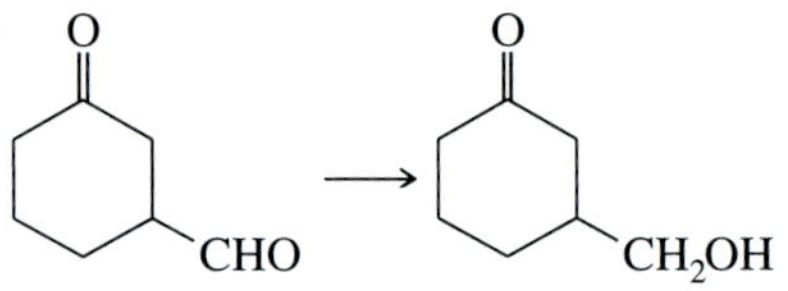

(b) 3-CHO-cyclohexanone $\longrightarrow$ 1-HO, 1-$CH_3$, 3-CHO-cyclohexane

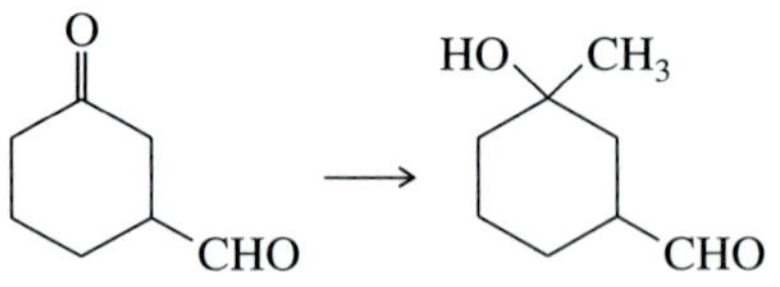

(c) 2-$CH_2Br$-cyclohexanone $\longrightarrow$ 2-(CH=CH–Ph)-cyclohexanone

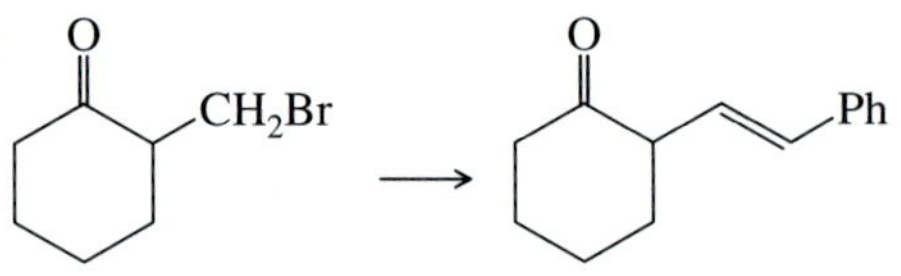

(d) 2,6-di-$CH_3$-cyclohexane-1,4-dione $\longrightarrow$ 4-H, 4-OH-3,5-di-$CH_3$-cyclohexanone

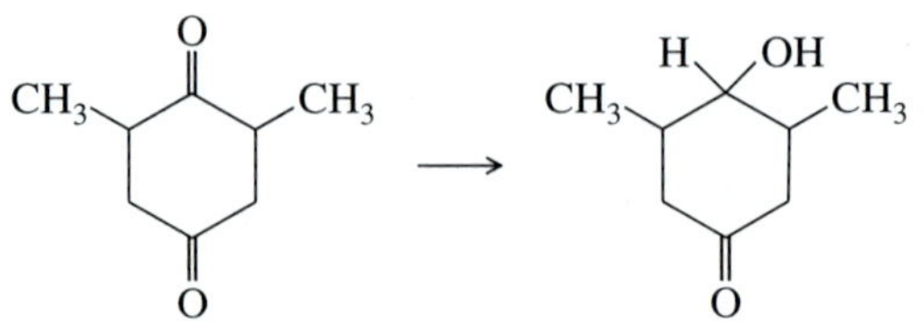

(e) cyclopentanone $\longrightarrow$ 1-OH-cyclopentyl–$CH_2-\overset{O}{\overset{\|}{C}}-Ph$

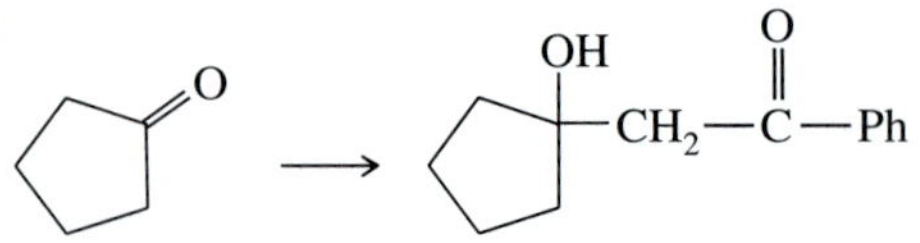

(f) $BrCH_2CH_2\overset{O}{\overset{\|}{C}}CH_3 \longrightarrow HC{\equiv}CCH_2CH_2\overset{O}{\overset{\|}{C}}CH_3$

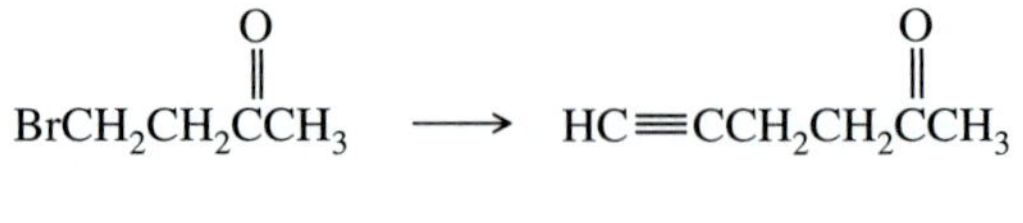

## 18-18 Wittig 반응

이제까지 카보닐기가 Grignard 시약, 유기리튬 및 아세틸화 이온 등 여러 가지 탄소 음이온 같은 시약과 첨가 반응을 잘한다는 사실을 알았다. 1954년에 Georg Wittig는 인(phosphorus)에 의해 안정화된 탄소 음이온을 케톤이나 알데하이드에 첨가하는 방법을 찾아냈다. 이 반응의 최종 생성물은 알코올이 아니라 알켄인데, 그 이유는 첨가 반응 후 생성된 중간체가 곧바로 제거 반응을 하기 때문이다. **Wittig 반응**(Wittig reaction)은 케톤이나 알데하이드의 카보닐기를 새로운 C=C 이중 결합으로 변환시키는 역할을 한다. 이 반응은 매우 유용하여 이 공로로 Wittig는 1979년에 노벨 화학상을 수상했다.

**Georg Wittig**(1897~1987)
독일 화학자인 Georg Wittig가 개발한 Wittig 반응은 보고되자마자 바로 비타민 D의 입체 선택적 합성과 비타민 A의 산업적 대량 생산에 바로 사용되었다. Wittig는 현대 합성에서 '벤자인(benzyne)'의 특성 결정 등을 포함한 많은 핵심적 개념을 정립하는 데 큰 공헌을 했다. 그의 이름을 딴 또 다른 반응으로 Wittig 자리 옮김 반응이 있다.

Wittig 반응

$$R'_2C{=}O + R(H)\overset{-}{C}{:}-\overset{+}{P}Ph_3 \longrightarrow \longrightarrow R'_2C{=}C(R)H + Ph_3P{=}O$$

케톤 또는 알데하이드    인 일라이드    알켄

인-안정화된 탄소 음이온은 **일라이드**(ylide)의 일종이며, 전체적으로 전하를 띠지 않지만 음전하를 띠는 탄소 원자가 양전하를 띠는 헤테로 원자에 결합된 형태의 분자이다. 인 일라이드(phosphorus ylide)는 트라이페닐포스핀(triphenylphosphine)과 할로젠화 알킬로부터 두 단계 과정을 거쳐 만들어진다. 첫 번째 단계는 입체 장애가 적은 (일반적으로 1차) 할로젠화 알킬에 대한 트라이페닐포스핀의 친핵성 공격이다. 그 생성물은 알킬트라이페닐포스포늄 염(alkyltriphenylphosphonium salt)이다. 이 포스포늄 염을 센염기, 보통 뷰틸리튬(butyllithium)으로 처리하여 인에 연결된 탄소로부터 수소 양이온을 떼어낸다.

$$Ph_3P{:} + H-CH(R)-X \longrightarrow Ph_3\overset{+}{P}-CH(R)-H\;X^- \xrightarrow[\text{뷰틸리튬}]{\delta^-CH_2(CH_2CH_2CH_3)-Li^{\delta+}} \left[Ph_3\overset{+}{P}-\ddot{C}^-HR \leftrightarrow Ph_3P{=}CHR\right] + C_4H_{10} + LiX$$

트라이페닐포스핀    할로젠화 알킬    포스포늄 염    인 일라이드    뷰테인

예

$$Ph_3P{:} + CH_3-Br \longrightarrow Ph_3\overset{+}{P}-CH_3\;Br^- \xrightarrow{Bu-Li} Ph_3\overset{+}{P}-\ddot{C}H_2^-$$

메틸트라이페닐포스포늄 염    일라이드

$$Ph_3P{:} + Ph-CH_2-Br \longrightarrow Ph_3\overset{+}{P}-CH_2-Ph\;Br^- \xrightarrow{Bu-Li} Ph_3\overset{+}{P}-\ddot{C}^-H-Ph$$

벤질트라이페닐포스포늄 염    일라이드

인 일라이드는 2개의 공명 구조를 가지고 있다. 하나는 탄소와 인 사이에 이중 결합을 지닌 것이고, 다른 하나는 탄소와 인이 각각 전하를 띠고 있다. 이중 결합된 공명 구조는 인의 원자가 껍질에 10개의 전자가 있어야 하므로, *d* 오비탈을 사용한다. 탄소와 인 사이의 파이 결합은 약하므로, 전

체 모습에는 전하를 띤 공명 구조가 큰 기여자이다. 탄소 원자는 실제로 부분적인 음전하를 띠고 있으며, 인의 양전하에 의해 균형을 이룬다.

**연습문제 18-30**

트라이메틸포스핀(trimethylphosphine)은 트라이페닐포스핀보다 훨씬 강한 친핵체이지만, 일라이드를 만드는 데 잘 사용되지 않는다. 트라이메틸포스핀이 인 일라이드 합성에 적합하지 않은 이유는 무엇인가?

탄소 음이온의 특성 때문에 일라이드 탄소 원자는 친핵성이 크다. 이는 카보닐기를 공격하여 베테인(betaine)이라고 하는 전하 분리된 중간체를 생성한다. 베테인은 특별한 형태의 화합물인데, 두 이웃하는 탄소 원자에 음전하를 띠는 산소와 양전하를 띤 인을 함유하는 드문 화합물이다. 산소는 강한 결합을 형성하고, 반대 전하의 인력은 4원자 **옥사포스페테인**(oxaphosphetane) 고리의 형성을 촉진한다. (몇 가지 경우 옥사포스페테인은 베테인을 경유하지 않고 직접 고리화 첨가 반응에 의해 형성되기도 한다.)

4원자 고리는 빠르게 열려 알켄과 산화 트라이페닐포스핀(triphenylphosphine oxide)을 생성한다. 산화 트라이페닐포스핀은 매우 안정하여 트라이페닐포스핀에서 산화 트라이페닐포스핀의 변환이 Wittig 반응을 유도하는 힘을 제공한다.

## 메커니즘 18-6 | Wittig 반응

**1단계:** 일라이드가 카보닐기를 공격하여 베테인을 형성한다.

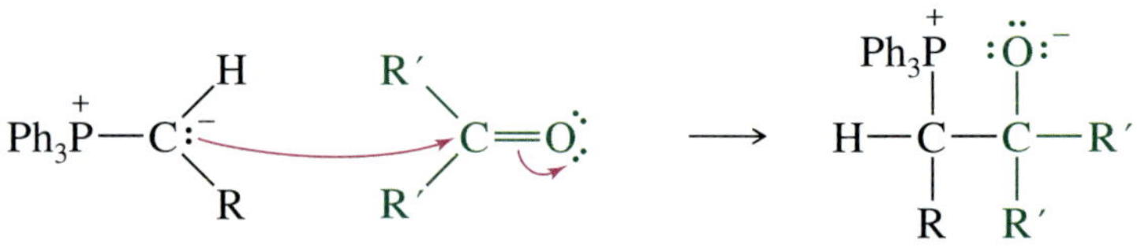

$$Ph_3\overset{+}{P}-\overset{..}{C}^{-}(H)(R) + R'_2C=\ddot{O}: \longrightarrow Ph_3\overset{+}{P}-C(H)(R)-C(R')_2-\ddot{O}:^-$$

일라이드 케톤 또는 알데하이드 베테인

**2단계:** 베테인은 4원자 고리 옥사포스페테인을 형성하기 위해 닫힌다(첫째 P—O 결합이 형성된다).

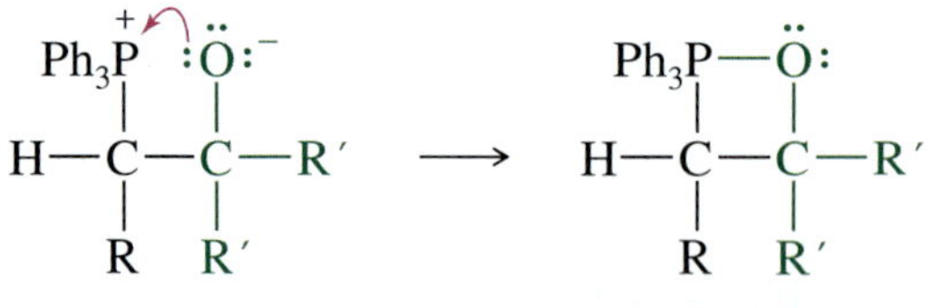

베테인 → 옥사포스페테인

**3단계:** 고리가 분해되어 생성물을 만든다(둘째 P—O 결합이 형성된다).

$$\text{4원자 고리} \longrightarrow Ph_3P=\ddot{O}: + (H)(R)C=C(R')_2$$

4원자 고리 산화 트라이페닐포스핀 + 알켄

다음 예는 Wittig 반응을 이용한 탄소-탄소 이중 결합의 형성을 보여준다. 기하 이성질 현상이 가능할 경우 시스 및 트랜스 이성질체의 혼합물이 생성된다.

$$\text{cyclohexanone (}{=}\text{O)} + Ph_3\overset{+}{P}{-}\ddot{C}H_2^{-} \longrightarrow \text{methylenecyclohexane (}{=}CH_2\text{)}$$

85%

$$PhCH{=}O + Ph_3\overset{+}{P}{-}\ddot{C}^{-}HPh \longrightarrow PhCH{=}CHPh$$

(시스 + 트랜스)

**연습문제 18-31**

트라이페닐포스핀은 비교적 강한 친핵체이며, 에폭사이드를 공격해서 고리를 열 수 있다. 초기 생성물(베테인)은 빠르게 고리화되며, 이를 통해 얻은 옥사포스페테인은 곧바로 알켄과 산화 트라이페닐포스핀으로 붕괴된다.

(a) 트랜스-2,3-에폭시뷰테인과 트라이페닐포스핀이 반응하여 뷰트-2-엔을 생성하는 반응의 모든 단계를 나타내라. 생성물에서 이중 결합의 입체 화학적 특성은 무엇인가?

(b) 시스-사이클로옥텐이 트랜스-사이클로옥텐으로 전환하는 데 이 단계적 반응을 어떻게 이용할 수 있는지 제시하라.

**Wittig 합성 계획** Wittig 반응은 카보닐기로부터 탄소-탄소 이중 결합을 도입하는 매우 유용한 합성 수단이다. Wittig 반응을 통해 다양한 알켄 화합물을 만들 수 있다. 필요한 시약을 결정하려면 마음속으로 목표 분자의 이중 결합을 끊은 후, 2개의 구성 요소 중 어느 것을 카보닐 화합물에서, 그리고 어느 것을 일라이드에서 만들어낼 것인지 정해야 한다.

일반적으로 일라이드는 입체 장애가 크지 않은 할로젠화 알킬에서 만들어져야 한다. 트라이페닐포스핀은 부피가 큰 시약이므로 입체 장애가 없는 1차나 할로젠화 메틸과 가장 잘 반응한다. 가끔 입체 장애가 크지 않은 2차 할로젠화물과 반응을 하기도 하지만, 대체로 속도가 느리고 수득률도 낮다. 다음 예와 예제에서 Wittig 반응 합성 계획에 대해 살펴보자.

분석

$$(H_3C)_2C{=}CH(CH_2CH_3) \xRightarrow{\text{합성할 수 있음}} \begin{cases} (H_3C)_2C{=}O + Ph_3\overset{+}{P}{-}\ddot{C}^{-}H(CH_2CH_3) \quad \text{(우선적임)} \\ \text{또는} \\ (H_3C)_2\ddot{C}^{-}{-}\overset{+}{P}Ph_3 + O{=}CH(CH_2CH_3) \end{cases}$$

합성

$$BrCH_2CH_2CH_3 \xrightarrow[\text{(2) BuLi}]{\text{(1) }Ph_3P} Ph_3\overset{+}{P}{-}\ddot{C}^{-}H(CH_2CH_3) \xrightarrow{(H_3C)_2C=O} (H_3C)_2C{=}CH(CH_2CH_3)$$

### 예제 18-2

1-페닐뷰타-1,3-다이엔을 합성하기 위해 Wittig 반응을 어떻게 이용할지 나타내라.

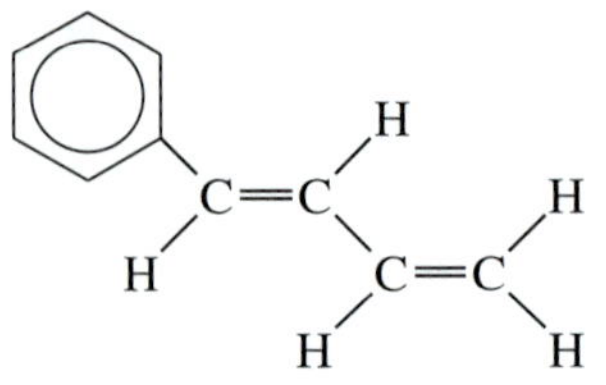

1-페닐뷰타-1,3-다이엔

### 풀이

이 분자는 Wittig 반응을 통해 만들 수 있는 이중 결합을 2개 가지고 있다. 중앙의 이중 결합은 다음에 나타낸 두 가지 방법으로 만들 수 있다. 두 방법 모두 잘 진행되어 시스 및 트랜스 이성질체 혼합물이 생성될 것으로 보인다.

분석

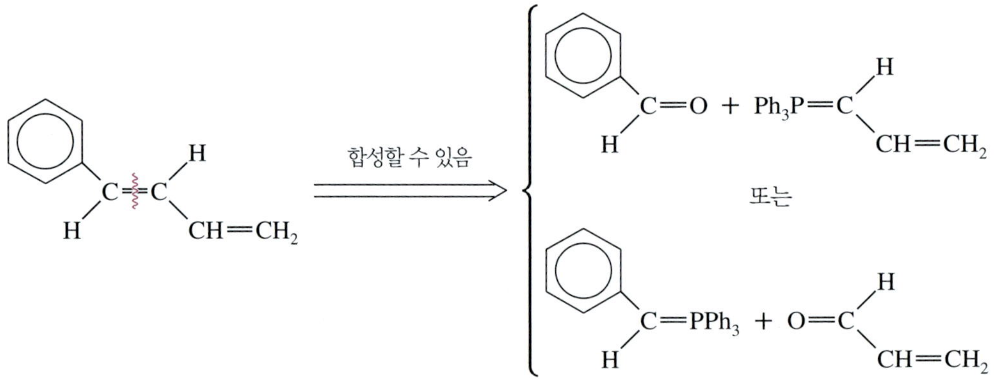

Ph–CH=C(H)–CH=$CH_2$ ⟹ (합성할 수 있음)

Ph–CH=O + $Ph_3P$=CH–CH=$CH_2$

또는

Ph–CH=$PPh_3$ + O=CH–CH=$CH_2$

이 분석으로 도출된 합성 과정을 그려서 풀이를 완성하라(연습문제 18-32).

**문제풀이 힌트**

입체 장애가 작은 이중 결합의 말단을 일라이드에서 얻을 수 있도록 Wittig 합성을 계획한다. 일라이드는 트라이페닐포스핀이 입체 장애가 없는 할로젠화 알킬을 $S_N2$ 공격한 후 탈양성자 반응을 하여 만들어진다는 것을 기억하라.

### 연습문제 18-32

**(a)** 예제 18-2에 나타낸 화합물에 대해 알데하이드와 할로젠화 알킬로부터 출발하여 합성하는 경로를 작성하라.

**(b)** 위에 나타낸 1-페닐뷰타-1,3-다이엔의 두 가지 합성 경로 모두 중앙 이중 결합을 형성한다. 말단 이중 결합을 만들어서 목표 분자를 합성하려면 어떻게 해야 하는가?

### 연습문제 18-33

다음 화합물을 만드는 데 Wittig 반응을 어떻게 이용할 수 있는지 나타내라. 할로젠화 알킬과 케톤 또는 알데하이드로부터 출발하라.

**(a)** Ph—CH=$C(CH_3)_2$

**(b)** Ph—$C(CH_3)$=$CH_2$

**(c)** Ph—CH=CH—CH=CH—Ph

**(d)** (cyclohexylidene)=CH–$CH_3$

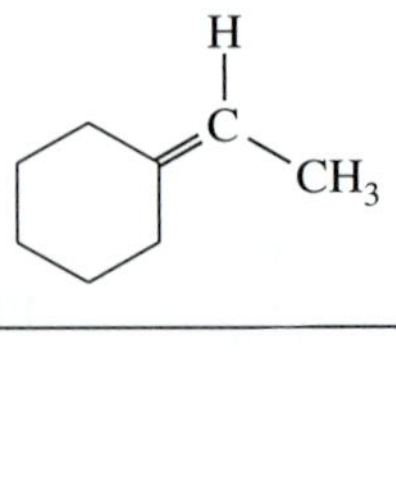

## FOCUS | 알데하이드와 케톤의 친핵성 첨가 반응

알데하이드와 케톤의 특징적 반응은 친핵성 첨가 반응이다.

$$\text{Nuc:}^- + R_1R_2C{=}O \longrightarrow \xrightarrow{\text{양성자 공급원}} \text{Nuc}-C(R_1)(R_2)-OH$$

사용되는 시약이 양성자 공급원처럼 어울릴 수 없는 경우 양성자 첨가 반응을 별도의 단계에서 진행한다.

예

- 유기금속 시약: Grignard(RMgX), 10-9절; 유기리튬(R-Li); 아세틸렌화 소듐($RC{\equiv}C^-Na^+$), 9-7B절
- 수소 음이온(hydride) 환원($H:^-$, $NaBH_4$나 $LiAlH_4$로부터), 10-12절과 18-20A절
- 수화(HO—H), 18-12절
- 사이아노하이드린 형성($N{\equiv}C^-$), 18-13절

---

아세탈(혹은 케탈, **18-16절** 및 **18-17절**)은 친핵성 첨가 반응 후 생긴 OH기를 두 번째 알코올 분자로 치환되면 형성된다. 첫 번째 단계(친핵성 첨가 반응)은 매우 소량의 산이나 염기 존재하에서도 잘 진행된다. 그러나 두 번째 단계인 치환 반응에는 산 촉매가 반드시 필요한데, 제거 시 OH기가 양성자화되어야 하기 때문이다(이때 OH는 $H_2O$의 형태로 제거된다).

$$RO-H + R_1R_2C{=}O^+H \rightleftharpoons \underset{\text{반아세탈}}{RO-C(R_1)(R_2)-OH} \underset{\text{치환}}{\overset{H^+\text{ 촉매},\ R'O-H}{\rightleftharpoons}} \underset{\text{아세탈}}{RO-C(R_1)(R_2)-OR'} + H_2O$$

- 반응의 평형은 보통 반아세탈 쪽으로 기울어져 있다. 아세탈을 선호하게 하려면 물을 제거해야 한다.
- 아세탈의 두 OR기는 대개 동일한데, 서로 다를 수 있다.

---

18장에 있는 친핵성 첨가 후 산소가 제거되는 반응 두 가지는 다음과 같다.

a) $$R-\ddot{N}H_2 + R_1R_2C{=}O \underset{}{\overset{\text{친핵성 첨가}}{\rightleftharpoons}} \underset{\text{카비놀아민 (반아미날)}}{RNH-C(R_1)(R_2)-OH} \overset{\text{제거},\ H^+\text{ 촉매}}{\rightleftharpoons} \underset{\text{이민}}{R_1R_2C{=}N-R} + H_2O$$

- 이민 형성 반응(**18-14절** 및 **18-15절**)은 이민을 선호하는 평형 상태인데, 과량의 물을 사용하면 평형을 왼쪽으로 이동시킬 수 있다.
- R기가 서로 다른 알데하이드나 케톤으로부터 다양한 이민을 만들 수 있다.

b) $$\underset{\text{일라이드}}{R-\ddot{C}^-H(-{}^+PPh_3)} + R_1R_2C{=}O \xrightarrow{\text{친핵성 첨가}} \underset{\text{베테인}}{R-CH(-{}^+PPh_3)-C(R_1)(R_2)-O^-} \xrightarrow{\text{제거}} R_1R_2C{=}CHR + O^--{}^+PPh_3$$

- Wittig 반응(**18-18절**)은 강한 친핵성을 가진 인 일라이드를 사용한다(이때 탄소 음이온은 인 원자에 의해 어느 정도 안정화되어 있다).
- 이후 일어나는 제거 반응은 자발적이며 비가역적이다.

## 18-19 알데하이드의 산화

케톤과 달리 알데하이드는 표백제[차아염소산 소듐(sodium hypochlorite)], 크로뮴산(chromic acid), 과망가니즈산 염(permanganate), 대부분의 과산화산(peroxy acid) 같은 일반적인 산화제에 의해 카복실산으로 쉽게 산화된다. 알데하이드는 공기 중 산소에 의해서도 천천히 산화되므로, 오래 보관하려면 용기에서 공기를 제거해야 한다. 알데하이드는 쉽게 산화되기 때문에, 산화가 가능한 다른 작용기가 있더라도 $Ag_2O$ 같은 약한 산화제를 사용하면 알데하이드만 선택적으로 산화시킬 수 있다.

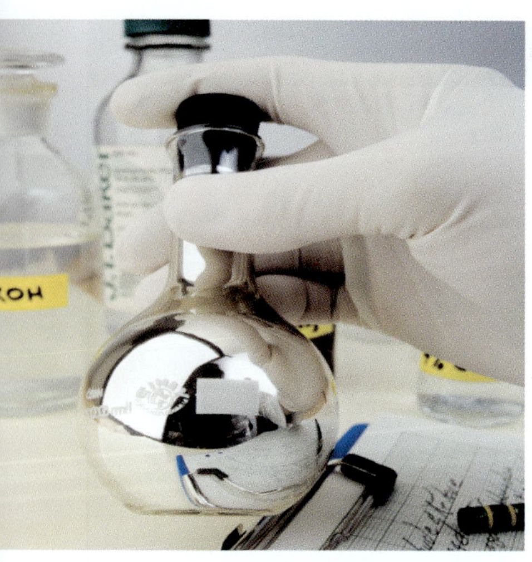


Tollens 시험 반응은 보통 작은 규모로 수행하지만, 큰 은거울을 만드는 데 이용할 수도 있다.

$$\mathrm{R{-}\overset{O}{\overset{\|}{C}}{-}H} \xrightarrow[\text{(산화제)}]{[O]} \mathrm{R{-}\overset{O}{\overset{\|}{C}}{-}OH}$$

예

$$\underset{\text{아이소뷰티르알데하이드}}{\mathrm{CH_3{-}\underset{CH_3}{\underset{|}{C}H}{-}\overset{O}{\overset{\|}{C}}{-}H}} \xrightarrow[\text{묽은 } H_2SO_4]{Na_2Cr_2O_7} \underset{\text{아이소뷰티르산(90\%)}}{\mathrm{CH_3{-}\underset{CH_3}{\underset{|}{C}H}{-}\overset{O}{\overset{\|}{C}}{-}OH}}$$

$$\text{사이클로헥스-3-엔-1-카브알데하이드} \xrightarrow[THF/H_2O]{Ag_2O} \text{사이클로헥스-3-엔-1-카복실산 (97\%)}$$

알데하이드 검출 실험에서 은 이온($Ag^+$)은 알데하이드를 선택적으로 산화시킨다. **Tollens 시험**(Tollens test)은 미지의 화합물에 은-암모니아 착물, 즉 **Tollens 시약**(Tollens reagent) 용액을 넣어서 변화를 관찰한다. 알데하이드가 존재할 경우 알데하이드는 빠르게 산화되어 은 이온을 금속 상태의 은으로 환원시키며, 용기 내에서 검은 부유물 혹은 용기 안쪽의 벽에 은 거울의 형태로 존재하게 된다. 간단한 탄화수소, 에터, 케톤, 알코올은 Tollens 시약과 반응하지 않고, 투명한 무색 용액으로 그대로 남아 있다.

$$\underset{\text{알데하이드}}{\mathrm{R{-}\overset{O}{\overset{\|}{C}}{-}H}} + \underset{\text{Tollens 시약}}{2\,\overset{+}{Ag}(NH_3)_2} + 3\ {}^{-}OH \xrightarrow{H_2O} \underset{\text{은}}{2\,Ag\downarrow} + \underset{\text{카복실산 음이온}}{\mathrm{R{-}\overset{O}{\overset{\|}{C}}{-}O^-}} + 4\,NH_3 + 2\,H_2O$$

**연습문제 18-34**

다음 반응의 주생성물을 예상하라.

(a) 4-hydroxycyclohexane(CHO, HO) $+ Ag_2O$

(b) 4-hydroxycyclohexane(CHO, HO) $+ K_2Cr_2O_7/H_2SO_4$

(c) 3-oxocyclohexane(CHO, O) $+ \overset{+}{Ag}(NH_3)_2\ {}^{-}OH$

(d) cyclohexenone(CHO, O) $+ KMnO_4$ (차갑고 묽은 용액)

## 18-20 케톤과 알데하이드의 환원

케톤과 알데하이드의 몇 가지 환원 반응에 대해 공부했는데, 이러한 반응과 더불어 몇 가지 유용한 반응에 대해 한 번 더 살펴보자.

### 18-20A 하이드라이드 환원 반응(복습)

케톤과 알데하이드의 환원에는 수소화붕산 소듐(10-11절, 18-11절)이 가장 일반적으로 사용된다.

수소화붕산 소듐(sodium borohydride, $NaBH_4$)은 케톤을 2차 알코올로, 알데하이드를 1차 알코올로 환원시킨다. 수소화 알루미늄 리튬(lithium aluminum hydride, $LiAlH_4$)도 사용이 가능하지만, 너무 강력한 환원제이므로 다루기 쉽지 않다. 그러므로 간단한 케톤이나 알데하이드의 환원에는 수소화붕산 소듐을 사용하는 것이 더 낫다. 트라이아세트옥시수소화붕산 소듐[$NaBH(OAC)_3$]은 $NaBH_4$보다 반응성이 적으며, 케톤이 있을 때조차도 선택적으로 알데하이드를 환원시킨다.

$$\text{C}_6\text{H}_{11}\text{–CHO} \xrightarrow{\text{NaBH}_4,\ \text{CH}_3\text{CH}_2\text{OH}} \text{C}_6\text{H}_{11}\text{–CH}_2\text{OH}$$

사이클로헥세인카브알데하이드 → 사이클로헥실메탄온(95%)

$$\text{CH}_3\text{–C(=O)–CH}_2\text{CH}_3 \xrightarrow{\text{NaBH}_4,\ \text{CH}_3\text{OH}} \text{CH}_3\text{–CH(OH)–CH}_2\text{CH}_3$$

뷰탄-2-온 → (±) 뷰탄-2-올(100%)

## 18-20B 촉매 수소화 반응

알켄의 이중 결합처럼 카보닐 이중 결합도 촉매 수소화 반응에 의해 환원될 수 있다. 그러나 카보닐기의 촉매 수소화는 올레핀성 이중 결합의 반응에 비해 훨씬 더 느리다. 수소화붕산 소듐이 보편적으로 이용되기 전까지는 종종 촉매 수소화 반응이 알데하이드와 케톤의 환원에 사용되었다. 그러나 탄소-탄소 이중 결합이 존재하면 불가피하게 같이 환원되었다. 실험실에서는 촉매 수소화보다는 수소화붕산 소듐이 더 선호되는데, 그 이유는 케톤이나 알데하이드를 올레핀 이중 결합보다 훨씬 빨리 환원시킬 수 있으며, 별도의 기체 조절 장치를 요구하지 않기 때문이다. 그러나 $H_2$가 $NaBH_4$보다 가격이 저렴하며, 공장에서는 기압 장치의 설치는 큰 문제가 아니기 때문에 산업계에서는 촉매 수소화 반응이 더 널리 사용된다.

케톤과 알데하이드의 촉매 수소화 반응에 가장 널리 사용되는 촉매는 **Raney 니켈**(Raney nickel)이다. Raney 니켈은 니켈-알루미늄 합금을 강한 수산화 소듐 용액으로 처리한 분말 형태이며, 수소를 함유한다. 합금속의 알루미늄이 수산화 이온과 반응하여 수소를 생성함으로써 수소로 포화된 분말 형태의 니켈을 생성해내는 원리이다. Pt와 Rh 촉매도 케톤과 알데하이드의 수소화 반응에 사용된다.

$$\text{C}_6\text{H}_9\text{–CHO} \xrightarrow[\text{(Raney 니켈)}]{\text{Ni-H}_2} [\text{C}_6\text{H}_{11}\text{–CHO}] \xrightarrow{\text{Ni-H}_2} \text{C}_6\text{H}_{11}\text{–CH}_2\text{OH}$$

(90%)

## 18-20C 케톤과 알데하이드의 탈산소 반응

**탈산소 반응**(deoxygenation)은 케톤과 알데하이드의 카보닐 산소 원자를 2개의 수소 원자로 대체하는 것이다. 즉 카보닐기가 알코올 단계를 지나 메틸렌기로 환원되는 반응이다. 탈산소 반응은 다음 반응식에 나타난 바와 같이 4전자 환원에 해당한다. 이 반응식에는 수소 한 분자가 2전자 환원에 해당된다는 일반적 원리에 따라 실제 환원제를 대신하는 기호로 $H_2$가 사용되었다. 탈산소 반응은 4전자 환원에 해당하는 $H_2$ 두 분자가 필요하다.

2 $H_2$
탈산소 반응
(4-*e* 환원)

C=O —($H_2$, 2-*e* 환원)→ H–C–OH —($H_2$, 2-*e* 환원)→ H–C–H + $H_2O$

실제 반응에서 $H_2$는 케톤과 알데하이드의 탈산소 반응에 그리 효과적이지 못하다. 대부분의 탈산소 반응에는 Clemmensen 환원(산성 조건)이나 Wolff-Kishner 환원(염기성 조건)이 사용된다.

**Clemmensen 환원(복습)** **Clemmensen 환원 반응**(Clemmensen reduction)은 아실벤젠(Friedel-Crafts 아실화 반응에서, 17-11B절)으로부터 알킬벤젠을 만들 때 주로 사용되는데, 산에 민감하지 않은 다른 케톤이나 알데하이드의 탈산소에도 많이 이용된다. 카보닐 화합물에 과량의 아말감화 아연(수은으로 처리한 아연)과 염산을 넣고 가열한다. 실제 환원 반응은 아연 표면에서 일어나며 반응 메커니즘은 상당히 복잡하다.

$$\mathrm{Ph{-}C({=}O){-}CH_2CH_3} \xrightarrow[\mathrm{HCl,\ H_2O}]{\mathrm{Zn(Hg)}} \mathrm{Ph{-}CH_2{-}CH_2CH_3}$$

프로피오페논 → *n*-프로필벤젠(90%)

$$\mathrm{CH_3{-}(CH_2)_5{-}CHO} \xrightarrow[\mathrm{HCl,\ H_2O}]{\mathrm{Zn(Hg)}} \mathrm{CH_3{-}(CH_2)_5{-}CH_3}$$

헵탄알 → *n*-헵테인(72%)

사이클로헥산온 —(Zn(Hg), HCl, $H_2O$)→ 사이클로헥세인(75%)

**Wolff-Kishner 환원** 뜨거운 산에 견디지 못하는 화합물은 **Wolff-Kishner 환원 반응**(Wolff-Kishner reduction)을 사용해서 탈산소화할 수 있다. 케톤이나 알데하이드로부터 하이드라존 유도체를 만든 후, 이를 KOH 또는 *t*-뷰톡시화 포타슘(potassium tertbutoxide) 같은 센염기와 함께 가열한다. 두 번째 단계에서 필요한 높은 온도(140~200°C)에 쉽게 도달하도록 에틸렌 글라이콜, 다이에틸렌 글라이콜(diethylene glycol) 혹은 다른 끓는점이 높은 용매를 사용한다.

$$\mathrm{C{=}O} + \mathrm{H_2N{-}NH_2} \xrightarrow{\mathrm{H^+}} \mathrm{C{=}N{-}NH_2} + \mathrm{H_2O} \xrightarrow[\text{열}]{\mathrm{KOH}} \mathrm{H{-}C{-}H} + \mathrm{H_2O} + \mathrm{N{\equiv}N}\uparrow$$

하이드라존

예

프로피오페논 —($N_2H_4$)→ 하이드라존 (C=$NNH_2$) —(KOH, 175 °C, $HOCH_2CH_2OCH_2CH_2OH$ (다이에틸렌 글라이콜))→ *n*-프로필벤젠(82%) + $N_2$

사이클로헥산온 $\xrightarrow{N_2H_4}$ 하이드라존 $\xrightarrow[\text{(DMSO, 용매)}]{t\text{-BuO}^- K^+,\ CH_3-S(=O)-CH_3}$ 사이클로헥세인(80%) + $N_2$

하이드라존의 생성 메커니즘은 이민 형성 메커니즘과 같다(18-14절의 핵심 메커니즘 18-4). 실제 환원 단계에는 질소에서 탄소로 두 번의 토토머화된 수소 양이온의 이동이 일어난다(메커니즘 18-7). 강한 염기 용액에서 질소가 수소 양이온을 잃고 난 후, 탄소에 수소 양이온이 첨가됨으로써 수소 양이온이 질소에서 탄소로 이동한다고 생각할 수 있다. 두 번째 수소 양이온이 제거되어 생성되는 중간체는 곧바로 질소 분자($N_2$)를 잃어버려 탄소 음이온이 된다. 이 탄소 음이온에 수소 양이온이 빠르게 첨가되어 생성물이 발생한다.

## 메커니즘 18-7 | Wolff-Kishner 환원

**하이드라존의 형성: 핵심 메커니즘 18-4 참조**

**1단계:** N으로부터 C로 수소 양이온 전달(염기성 조건: 제거 후 다시 놓기)

하이드라존 $\xrightleftharpoons{^-:\ddot{O}H}$ [N으로부터 수소 양이온 제거 ⟷ C에 수소 양이온 다시 놓기] $\xrightleftharpoons{H_2O}$ $R'R(H)C-N=N-H$ + $^-OH$

다른 수소 양이온 이탈은 $N_2$를 잃게 한다.

**2단계:** N으로부터 수소 양이온 제거

**3단계:** 질소 잃음

**4단계:** 수소 양이온 첨가

$R'R(H)C-N=N-H \xrightleftharpoons{^-:\ddot{O}H} R'R(H)C-N=N:^- \rightleftharpoons R'R(H)C:^-$ (탄소 음이온) + $:N\equiv N:$ $\xrightarrow{H_2O}$ $R'R(H)C-H$ (생성물) + $^-OH$

**연습문제 18-35**

사이클로헥산온의 Wolff-Kishner 환원의 두 부분, 즉 하이드라존 형성과 이후 질소 기체 이탈을 수반하는 염기 촉매 환원 반응 모두에 대해 반응 메커니즘을 제시하라.

**연습문제 18-36**

다음 반응의 주생성물을 예측하라.

(a) $\xrightarrow[\text{HCl, } H_2O]{\text{Zn(Hg)}}$

(b) $\xrightarrow[\text{(2) KOH, 열}]{\text{(1) } H_2NNH_2}$

(c) $\xrightarrow[\text{(2) KOH, 열}]{\text{(1) } N_2H_4}$

(d) $\xrightarrow[\text{HCl, } H_2O]{\text{Zn(Hg)}}$

## SUMMARY | 케톤과 알데하이드의 반응

**1.** 유기금속 시약의 첨가(9-7B, 10-9절)

$$R-\overset{\overset{\large O}{\|}}{C}-R' + R''-M \longrightarrow R-\underset{\underset{\large R''}{|}}{\overset{\overset{\large O^- M^+}{|}}{C}}-R' \xrightarrow{H_3O^+} R-\underset{\underset{\large R''}{|}}{\overset{\overset{\large OH}{|}}{C}}-R'$$

(M = 금속 = MgX, Li 등) 알콕시화물 알코올

**2.** 환원(10-12, 18-20A절)

$$R-\overset{\overset{\large O}{\|}}{C}-R' + NaBH_4 \text{ (또는 } LiAlH_4\text{)} \longrightarrow R-\underset{\underset{\large H}{|}}{\overset{\overset{\large O^-}{|}}{C}}-R' \xrightarrow{H^+} R-\underset{\underset{\large H}{|}}{\overset{\overset{\large OH}{|}}{C}}-R$$

케톤 또는 알데하이드; (또는 $H_2$/Raney 니켈); 알콕시화물; 알코올

탈산소 반응

**a.** Clemmensen 환원(17-11B, 18-20C절)

$$R-\overset{\overset{\large O}{\|}}{C}-R' + Zn(Hg) \xrightarrow{HCl} R-CH_2-R'$$

케톤 또는 알데하이드

**b.** Wolff-Kishner 환원(18-20C절)

$$R-\overset{\overset{\large O}{\|}}{C}-R' + H_2N-NH_2 \longrightarrow R-\overset{\overset{\large N-NH_2}{\|}}{C}-R' \xrightarrow[\text{열}]{KOH} R-CH_2-R' + H_2O + N{\equiv}N\uparrow$$

케톤 또는 알데하이드; 하이드라진; 하이드라존

**3.** 수화 반응(18-12절)

$$R-\overset{\overset{\large O}{\|}}{C}-R' + H_2O \rightleftharpoons R-C(OH)_2-R'$$

케톤 또는 알데하이드; 수화물

**4.** 사이아노하이드린의 형성(18-13절)

$$R-\overset{\overset{\large O}{\|}}{C}-R' + HCN \underset{}{\overset{^-CN}{\rightleftharpoons}} R-C(OH)(CN)-R'$$

케톤 또는 알데하이드; 사이아노하이드린

**5.** 이민의 형성(18-14절)

$$R-\overset{\overset{\large O}{\|}}{C}-R' + R''-NH_2 \overset{H^+}{\rightleftharpoons} R-\overset{\overset{\large N-R''}{\|}}{C}-R' + H_2O$$

케톤 또는 알데하이드; 1차 아민; 이민(Schiff 염기)

**6.** 옥심과 하이드라존의 형성(18-15절)

$$R-\overset{O}{\overset{\|}{C}}-R' \;+\; H_2N-OH \xrightarrow{H^+} R-\overset{N-OH}{\overset{\|}{C}}-R'$$

케톤 또는 알데하이드 / 하이드록실아민 / 옥심

$$R-\overset{O}{\overset{\|}{C}}-R' \;+\; H_2N-NH-R'' \xrightarrow{H^+} R-\overset{N-NH-R''}{\overset{\|}{C}}-R'$$

케톤 또는 알데하이드 / 하이드라진 시약 / 하이드라존 유도체

| $R''$ = | 시약명 | 유도체명 |
|---|---|---|
| $-H$ | 하이드라진 | 하이드라존 |
| $-Ph$ | 페닐하이드라진 | 페닐하이드라존 |
| $-\overset{O}{\overset{\|}{C}}-NH_2$ | 세미카바자이드 | 세미카바존 |

**7.** 아세탈 형성(18-16절)

$$R-\overset{O}{\overset{\|}{C}}-R' \;+\; 2\,R''-OH \overset{H^+}{\rightleftharpoons} R-\overset{R''O\ \ OR''}{C}-R' \;+\; H_2O$$

케톤 또는 알데하이드 / 알코올 / 아세탈(또는 케탈)

**8.** Wittig 반응(18-18절)

$$Ph_3\overset{+}{P}-\overset{-}{C}R_2 \;+\; R'_2C=O \longrightarrow R_2C=CR'_2 \;+\; Ph_3P=O$$

인 일라이드 / 케톤 또는 알데하이드 / 알켄

**9.** 알데하이드 산화(18-19절)

$$R-\overset{O}{\overset{\|}{C}}-H \xrightarrow{\text{표백제, } Ag^+ \text{ 등}} R-\overset{O}{\overset{\|}{C}}-OH$$

알데하이드 / 산

Tollens 시험

$$R-\overset{O}{\overset{\|}{C}}-H \;+\; 2\,Ag(NH_3)_2^+ \;+\; 3\,^-OH \xrightarrow{H_2O} 2\,Ag\downarrow \;+\; R-\overset{O}{\overset{\|}{C}}-O^- \;+\; 4\,NH_3 \;+\; 2\,H_2O$$

알데하이드 / Tollens 시약 / 은 / 카복실산 음이온

**10.** $\alpha$ 위치에서 케톤과 알데하이드의 반응

이 반응의 대부분은 22장에서 다루어진다.

예

알돌(aldol) 축합 반응

$$2\,CH_3-\overset{O}{\overset{\|}{C}}-H \overset{\text{염기}}{\rightleftharpoons} CH_3-\underset{H}{\overset{OH}{C}}-CH_2-\overset{O}{\overset{\|}{C}}-H$$

## SUMMARY | 알데하이드와 케톤의 친핵성 첨가 반응

아래 가운데 구조는 R이나 R′이 H이면 알데하이드, R과 R′이 알킬이나 아릴기이면 케톤이다. 일반적으로 케톤은 입체 장애가 알데하이드보다 커서 친핵체와의 반응이 더 느리게 진행된다.

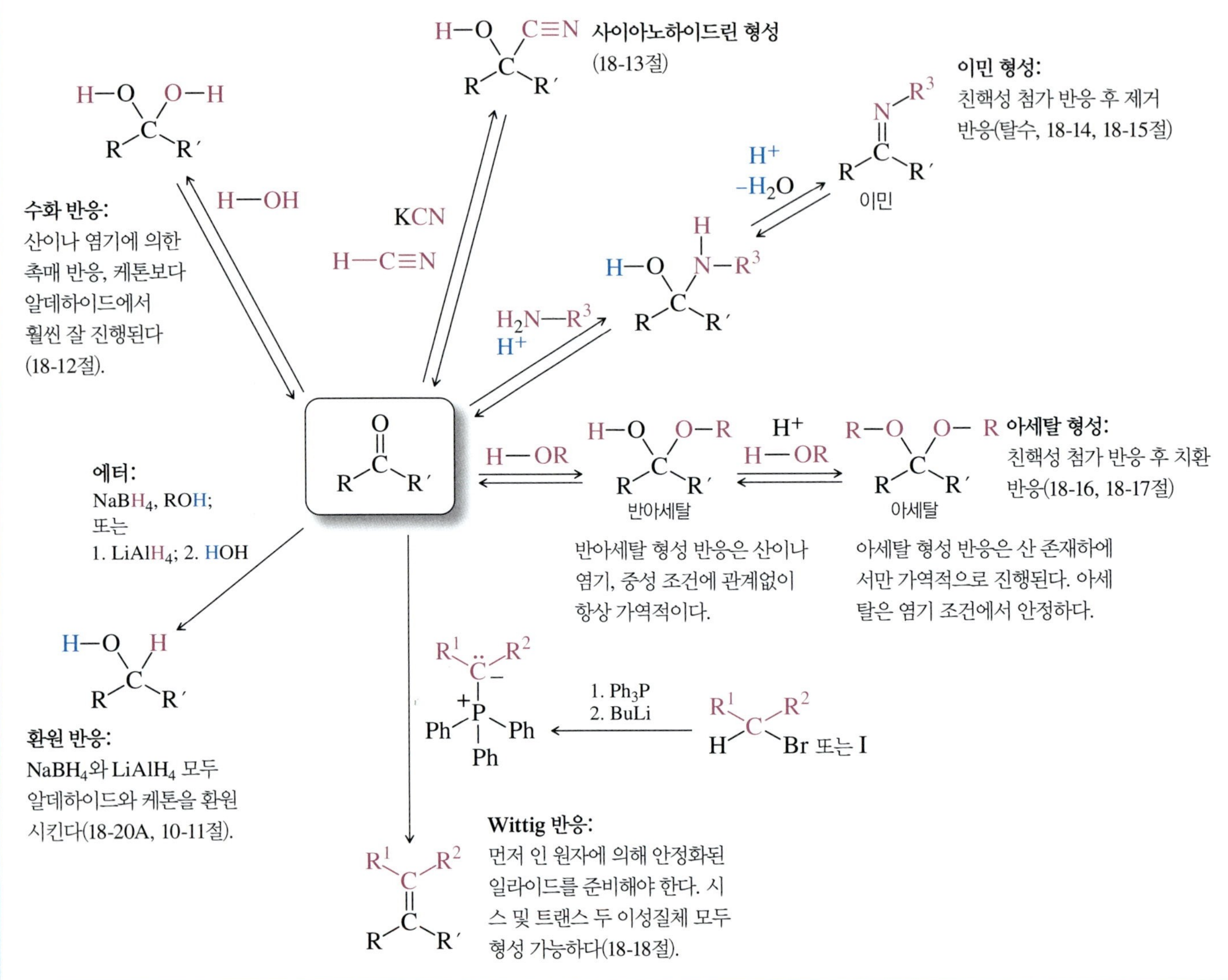

## 18장 유기 반응 가이드

18장에서 다룬 반응은 빨간색으로, 앞 장에서 다룬 반응은 파란색으로 표시했다.

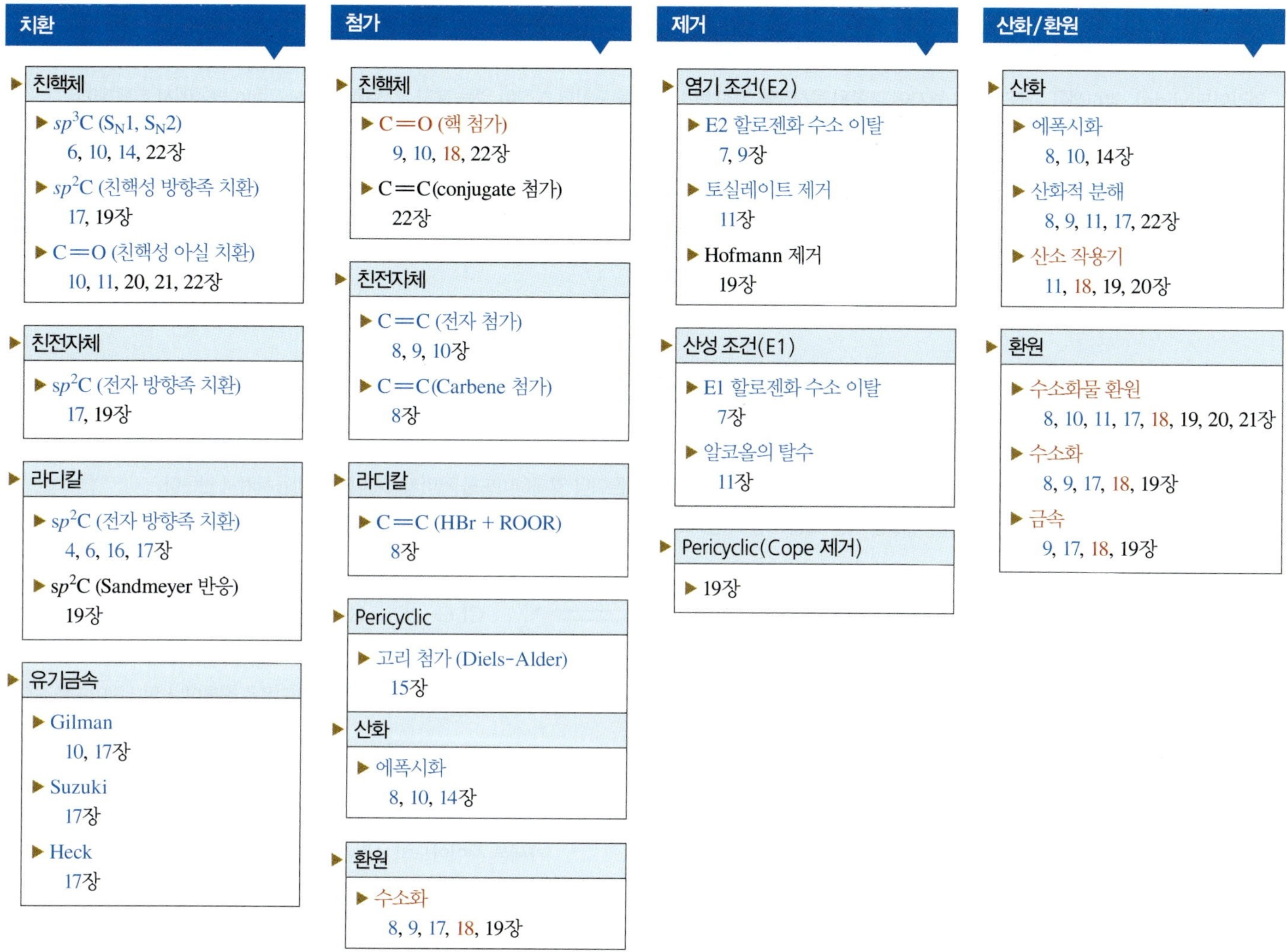


## 핵심 용어

**Clemmensen 환원 반응(Clemmensen reduction):** 아말감화 아연과 묽은 염산으로 처리하는 케톤이나 알데하이드의 탈산소 반응

**DIBAL-H:** Diisobutylaluminum hydride의 약자이며, 분자식은 $(i\text{-Bu})_2AlH$이다. 나이트릴이나 에스터 그룹을 알데하이드 그룹으로 선택적으로 환원시킬 때 사용된다.

**McLafferty 자리 옮김 반응(McLafferty rearrangement):** 질량 분석기에서 $\gamma$ 수소를 지닌 카보닐 화합물의 고리형 자리 옮김으로, 알켄 토막이 떨어져 나간다.

**Raney 니켈(Raney nickel):** 수소를 가지고 있는 니켈이 잘게 쪼개진 것인데, 니켈-알루미늄합금에서 알루미늄은 반응하여 수소를 만들고, 포화된 미세한 니켈 가루를 형성한다.

**Raney 니켈(Raney nickel):** 수소를 가지고 있는 니켈이 잘게 쪼개진 것인데, 니켈-알루미늄합금에서 알루미늄은 반응하여 수소를 만들고, 포화된 미세한 니켈 가루를 형성한다.

**Tollens 시험(Tollens test):** 알데하이드 시험 반응으로 Tollens 시약[은-암모니아 착물, $Ag(NH_3)_2^+\,{}^-OH$]을 첨가하면, 카복실산 염과 유리병 안쪽에 은거울이 생성된다.

**Wittig 반응(Wittig reaction):** 알데하이드와 케톤이 인 일라이드와 반응하여 알켄을 생성한다. 알켄을 합성하는 가장 유용한 반응의 하나이다.

$$R_2C{=}O \;+\; R'_2\overset{-}{C}{:}-\overset{+}{P}Ph_3 \longrightarrow \longrightarrow R_2C{=}CR'_2 \;+\; Ph_3P{=}O$$

케톤 또는 알데하이드 인 일라이드 알켄

**일라이드(ylide):** 양하전을 가진 헤테로 원자에 결합된 음하전을 가진 탄소 원자를 포함한 하전이 없는 분자. 인 일라이드는 Wittig 반응에서 친핵제이다.

**Wolff-Kishner 환원(Wolff-Kishner reduction):** 케톤과 알데하이드의 탈산소 반응으로, 하이드라존이 된 후 센염기로 처리한다.

**나이트릴(nitrile):** 사이아노기(C≡N)를 가진 화합물

**리튬 다이알킬쿠프레이트(lithium dialkylcuprate):** 할로젠화 알킬 및 할로젠화 아실(산 염화물)과 짝짓는 유기금속 시약. 'Gilman 시약(Gilman reagent)'이라고도 한다.

$$R_2CuLi \;+\; R'-\overset{O}{\overset{\|}{C}}-Cl \longrightarrow R'-\overset{O}{\overset{\|}{C}}-R \;+\; R-Cu \;+\; LiCl$$

**반아미날(heminaminal):** 카비놀아민의 IUPAC명이며, 아민과 하이드록시기가 동일한 탄소에 연결되어 있다.

**반아세탈(hemiacetal):** 아세탈과 유사하지만, 이전의 카보닐 탄소 원자에 1개의 알콕시기와 1개의 하이드록시기를 지닌 알데하이드 또는 케톤의 유도체

**보호기(protecting group):** 분자의 다른 부위에 화학 반응하면서 반응에 예민한 작용기를 반응에서 보호하는 데 사용하는 작용기. 보호기는 나중에 제거한다.

**세미카바존(semicarbazone):** $C{=}N-NH-CONH_2$기를 지닌 화합물이며, 케톤이나 알데하이드를 세미카바자이드와 반응시켜서 만든다.

**수화물(hydrate):** (알데하이드 또는 케톤의) 카보닐 이중 결합에 물이 첨가되어 형성되며, 같은 탄소에 2개의 하이드록시기가 있다.

$$Cl_3C-\overset{O}{\overset{\|}{C}}-H \quad H_2O \;\underset{}{\overset{H^+ \text{ 또는 } ^-OH}{\rightleftharpoons}}\; Cl_3C-C(OH)_2-H$$

클로랄 클로랄 수화물

**사이아노하이드린(cyanohydrin):** 하이드록시기와 사이아노기가 같은 탄소 원자에 있는 화합물. 일반적으로 사이아노하이드린은 케톤이나 알데하이드를 HCN과 반응시켜서 생성된다.

$$CH_3-\overset{O}{\overset{\|}{C}}-CH_3 \;+\; HCN \rightleftharpoons CH_3-C(OH)(CN)-CH_3$$

아세톤 아세톤 사이아노하이드린

**아세탈(acetal):** 카보닐기 대신 2개의 알콕시기를 지닌 알데하이드 또는 케톤의 유도체. 케톤의 아세탈을 '케탈(ketal)'이라고도 한다.

$$CH_3-\overset{O}{\overset{\|}{C}}-H \;+\; 2\,CH_3OH \;\overset{H^+}{\rightleftharpoons}\; CH_3-C(OCH_3)_2-H \;+\; H_2O$$

아세트알데하이드 아세트알데하이드 다이메틸 아세탈

**에틸렌 아세탈(ethylene acetal):** 알코올로, 에틸렌 글라이콜을 사용한 고리형 아세탈. '에틸렌 케탈(ethylene ketal)'이라고도 한다.

**알데하이드(aldehyde):** 알킬기와 수소 원자가 결합된 카보닐기를 가지고 있는 화합물

**엔올(enol):** 바이닐 알코올. 간단한 엔올은 일반적으로 케톤형으로 토토머화된다.

$$HO-C{=}C \;\overset{H^+ \text{ 또는 } ^-OH}{\rightleftharpoons}\; O{=}C-C-H$$

엔올 케토

**옥심(oxime):** $C{=}N-OH$기를 지닌 화합물인데, 케톤이나 알데하이드를 하이드록실아민과 반응시켜서 만든다.

**이민(imine):** 탄소-질소 이중 결합을 가진 화합물로, 케톤이나 알데하이드를 1차 아민과 반응시켜 얻는다. 치환된 이민은 'Schiff 염기(Schiff base)'라고도 한다.

$$CH_3-\overset{O}{\overset{\|}{C}}-CH_3 \;+\; CH_3-\ddot{N}H_2 \;\overset{H^+}{\rightleftharpoons}\; CH_3-\overset{\ddot{N}-CH_3}{\overset{\|}{C}}-CH_3 \;+\; H_2O$$

아세톤 메틸아민 아세톤 메틸 이민

**축합(condensation):** 둘 이상의 분자가 연결되는 반응으로, 물이나 알코올 같은 작은 분자의 제거가 동반된다.

**친핵성 첨가 반응(nucleophilic addition):** 다중 결합의 친전자성 부분에 친핵체의 공격으로 다중 결합에 시약이 첨가된다. 여기서는 C=O 결합에 친핵체와 양성자가 첨가된다.

**카비놀아민(carbinolamine):** 이민 형성 시 생성되는 중간체로, 아민과 하이드록시기가 하나의 탄소에 연결된 구조를 가지고 있다. '반아미날(hemiaminal)'이라고도 한다.

$$\mathrm{R{-}\overset{\overset{\displaystyle O}{\|}}{C}{-}R} \;+\; \mathrm{R'{-}NH_2} \;\rightleftharpoons\; \left[\mathrm{R{-}\overset{HO\quad NH{-}R'}{C}{-}R}\right] \;\rightleftharpoons\; \mathrm{R{-}\overset{\overset{\displaystyle N{-}R'}{\|}}{C}{-}R} \;+\; \mathrm{H_2O}$$

카비놀아민 이민

**카보닐기(carbonyl group):** C=O으로 표시되는 작용기

**케탈(ketal):** 케톤의 아세탈에 대한 관용명. 케탈이라는 용어는 IUPAC 명명법에서 한때 사라졌으나, 최근 아세탈의 한 종류를 일컫는 용어로 재지정되었다.

**케톤(ketone):** 2개의 알킬기 또는 아릴기에 결합된 카보닐기를 가진 화합물

**탈산소반응(deoxygenation):** 2개의 수소 원자로 케톤이나 알데하이드의 카보닐 산소 원자를 대체하는 4전자 환원. 탈산소 반응의 가장 보편적인 두 방법은 Clemmensen 환원과 Wolff–Kishner 환원이다.

**하이드라존(hydrazone):** $C{=}N{-}NH_2$기를 가지고 있는 화합물로, 케톤이나 알데하이드가 하이드라진과 반응하여 형성된다.

**2,4-DNP 유도체(2,4-DNP derivative):** 2,4–다이나이트로페닐하이드라진을 사용해서 만든 하이드라존

사이클로펜탄온 —($O_2N$–$C_6H_3$($NO_2$)–NH–$NH_2$, $H^+$)→ 사이클로펜탄온의 2,4-DNP 유도체 (=N–NH–$C_6H_3$($NO_2$)$_2$)

## 기초문제

| | | |
|---|---|---|
| **1** | 케톤과 알데하이드의 이름을 제시하고, 이들의 이름으로부터 구조식을 그려보라. 이들의 수화물, 아세탈, 이민, 다른 유도체를 확인하라. | 관련 연습문제 18–37, 38, 40, 41, 61 |
| **2** | 케톤과 알데하이드의 IR, NMR, UV, 질량 스펙트럼을 해석하고, 이들의 구조를 결정하는 데 스펙트럼 정보를 활용하라. | 관련 연습문제 18–42, 43, 44, 45, 46, 71, 73, 74, 75, 76 |
| **3** | 알코올, 알켄, 알카인, 카복실산, 나이트릴, 산 염화물, 에스터와 방향족 화합물로부터 케톤과 알데하이드를 합성하는 단단계와 다단계 합성 방법을 제안하라. | 관련 연습문제 18–55, 56, 60, 64 |
| **4** | 케톤과 알데하이드가 다음 화합물과 반응하여 얻을 수 있는 생성물을 예측하고, 메커니즘을 제시하라. (a) 수소화물 환원제, (b) Clemmensen과 Wolff–Kishner 시약, (c) Grignard 및 유기리튬 시약, (d) 인 일라이드, (e) 물, (f) 사이안화 수소, (g) 암모니아 및 1차 아민, (h) 하이드록실아민과 하이드라진 유도체, (i) 알코올, (j) 산화제 | 관련 연습문제 18–39, 48, 49, 53, 54, 65, 66 |
| **5** | 이전에 보지 못했으나 비슷한 반응의 메커니즘과 생성물을 제안하기 위해 케톤과 알데하이 드 반응의 메커니즘에 대한 지식을 이용하라. | 관련 연습문제 18–50, 58, 62, 63, 68, 69, 70, 72, 73, 75 |
| | 문제풀이 전략: 반응 메커니즘 제안하기 | 관련 연습문제 18–50, 58, 62, 68, 69, 70, 72, 73, 75 |
| **6** | 케톤과 알데하이드를 어떻게 다른 작용기로 변환시킬 것인지 제시하고, 케톤과 알데하이드 를 출발 물질과 중간체로 사용하는 다단계 합성을 제안하라. | 관련 연습문제 18–47, 51, 52, 59, 60 |

## 연습문제

**18-37** 다음 유도체의 구조를 그려보라.

**(a)** 아세톤의 2,4-다이나이트로페닐하이드라존
**(b)** 사이클로펜탄온의 세미카바존
**(c)** 사이클로뷰탄온 옥심
**(d)** 헥산-2-온의 에틸렌 아세탈
**(e)** 아세트알데하이드 다이에틸 아세탈
**(f)** 아세트알데하이드의 에틸 반아세탈
**(g)** 프로피오페논의 에틸이민의 (*Z*) 이성질체
**(h)** 6-하이드록시헥산알의 반아세탈형

**18-38** 다음 케톤과 알데하이드를 명명하라. 가능하면 관용명과 IUPAC명 둘 다 제시하라.

**(a)** $CH_3CO(CH_2)_4CH_3$
**(b)** $CH_3(CH_2)_2CO(CH_2)_2CH_3$
**(c)** $CH_3(CH_2)_5CHO$
**(d)** PhCOPh
**(e)** $CH_3CH_2CH_2CHO$
**(f)** $CH_3COCH_3$
**(g)** $CH_3CH_2CHBrCH_2CH(CH_3)CHO$
**(h)** Ph—CH═CH—CHO
**(i)** $CH_3CH$═CH—CH═CH—CHO
**(j)** 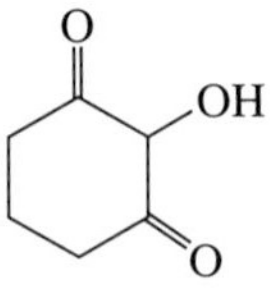 O, OH, O
**(k)** 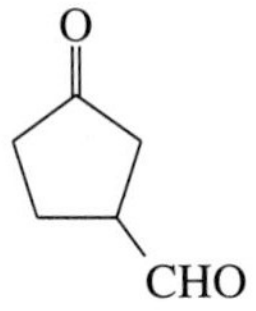 O, CHO
**(l)** 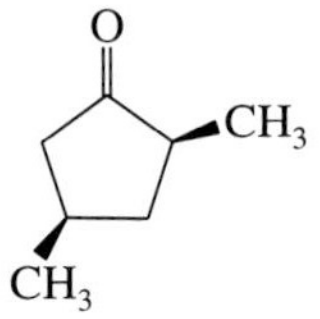 O, $CH_3$, $CH_3$

**18-39** 다음 각 반응에 대해 주생성물을 예상하라.

**(a)** 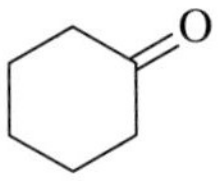 O; $PhNHNH_2$, $H^+$ →
**(b)** O, $OCH_3$; (1) DIBAL-H (−78°C) (2) $H_2O$ →
**(c)** CN; (1) DIBAL-H (2) $H_3O^+$ →
**(d)** 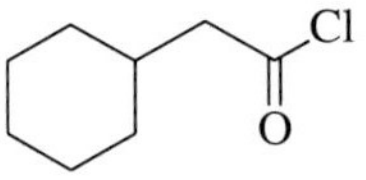 Cl, O; $(CH_2CH)_2CuLi$ →
**(e)** 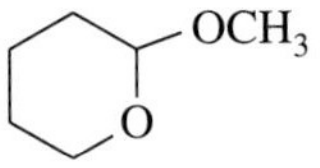 $OCH_3$, O; $H_3O^+$ →
**(f)** 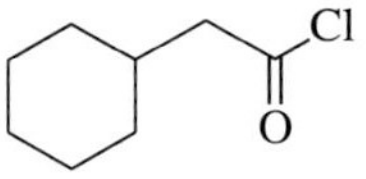 Cl, O; LiAlH(O-*t*-Bu)$_3$ →
**(g)** 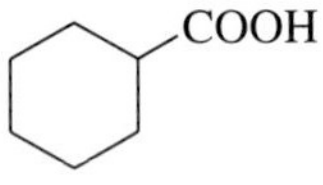 COOH; (1) 2 $CH_3CH_2Li$ (2) $H_3O^+$ →
**(h)** H, C═$PPh_3$ + O →
**(i)** 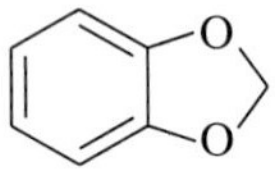 O, O; $H_3O^+$ →
**(j)** 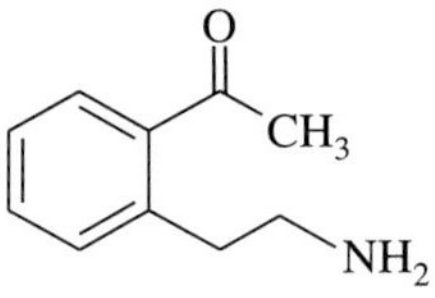 O, $CH_3$, $NH_2$; $H^+$, 열 ($H_2O$ 잃음) →

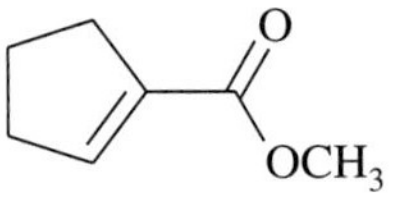

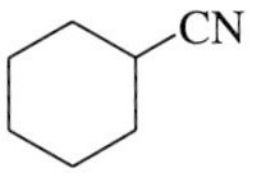

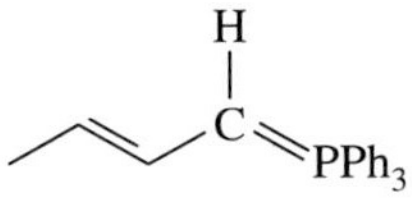

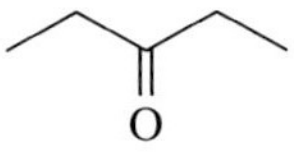

**18-40** 수화 반응에 대해 다음 카보닐 화합물을 평형 상수가 증가하는 순서로 나열하라.

$CH_3COCH_2Br$ $BrCH_2CHO$ $CH_2O$ $CH_3COCH_3$ $CH_3CHO$

**18-41** 아세탈은 알데하이드와 케톤은 물론 1,2-다이올에 대한 보호기로 사용된다. 아세탈이 아세톤과 다이올로부터 생길 때 아세탈을 아세토나이드(acetonide)라고 한다. 산 촉매하에서 아세톤과 다이올로부터 생성되는 아세토나이드를 제시하라.

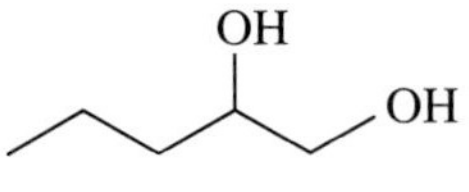

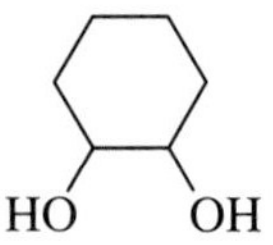

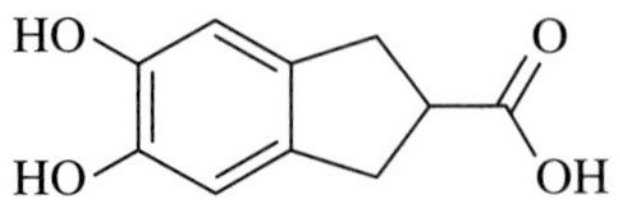

OH, OH　HO, OH　HO, HO, O, OH

**18-42** 3,3-다이메틸뷰탄알의 예상되는 양성자 NMR 스펙트럼을 그려보라.

**18-43** 화학식이 $C_6H_{10}O_2$인 화합물이 양성자 NMR에서 단 2개의 흡수 피크를 보여준다. 즉 2.67 ppm에서 단일선과 2.15 ppm에서 단일선이다. 이들 흡수의 비율은 2∶3이다. IR 스펙트럼은 1708 $cm^{-1}$에서 강력한 흡수를 보여준다. 이 화합물의 구조를 예측하라.

**18-44** 다음은 화학식이 $C_{10}H_{12}O$인 화합물의 양성자 NMR 스펙트럼이다. 이 화합물은 산성 조건에서 2,4-다이나이트로페닐하이드라진과 반응해서 결정성 유도체를 만들지만 Tollens 시험에는 반응하지 않는다. 이 화합물의 구조를 제안하고, 아래 스펙트럼의 흡수 피크에 해당되는 부분을 지정하라.

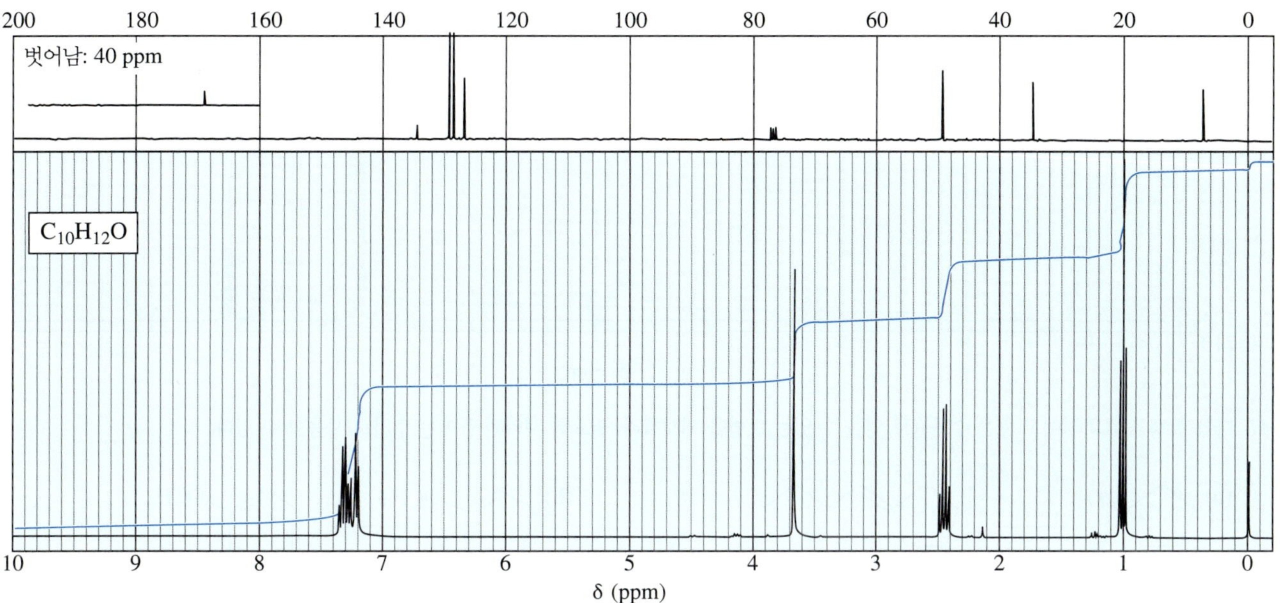


**18-45** 다음 화합물은 질량 분석기에서 McLafferty 자리 옮김을 한다. 생성되는 전하를 띤 조각의 질량을 예측하라.

**(a)** 펜탄알 **(b)** 3-메틸헥산-2-온 **(c)** 4-메틸헥산-2-온

**18-46** 미지의 화합물이 질량 스펙트럼상에 $m/z$ 70의 분자 이온을 보여준다. 이 화합물은 세미카바자이드의 염산염(semicarbazide hydrochloride)과 반응하여 결정성 유도체를 만들며, Tollens 시험에는 반응하지 않는다. NMR과 IR 스펙트럼은 다음과 같다. 이 화합물의 구조를 제시하고, 분자 구조에서 스펙트럼의 각 흡수 피크에 해당되는 부분을 지정하라. IR 스펙트럼에서 1790 $cm^{-1}$에 비정상적인 흡수 피크가 나타나는지 설명하라.

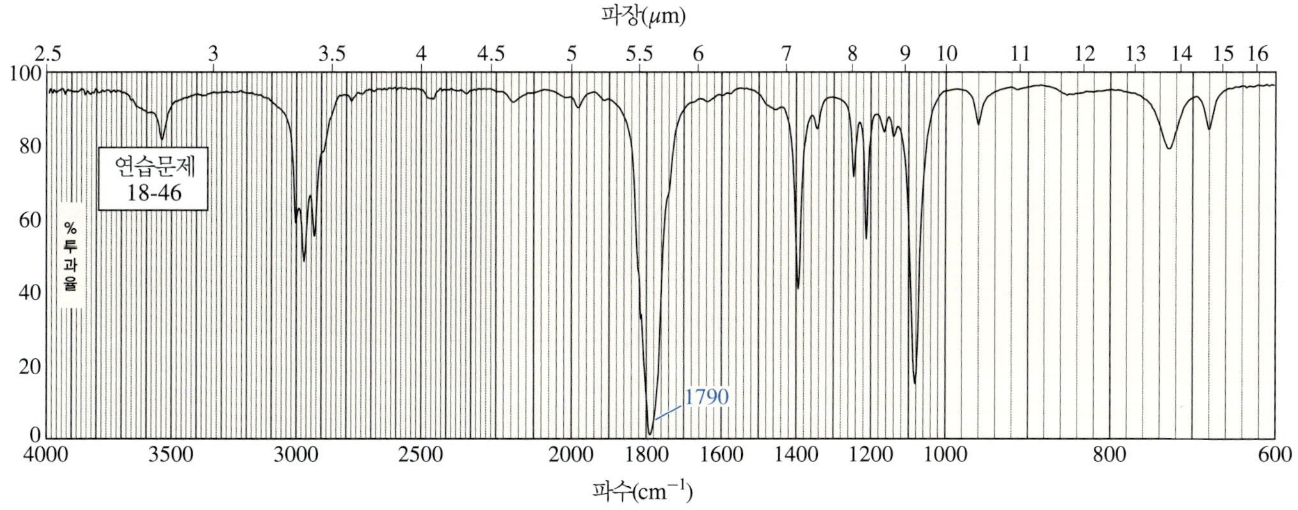

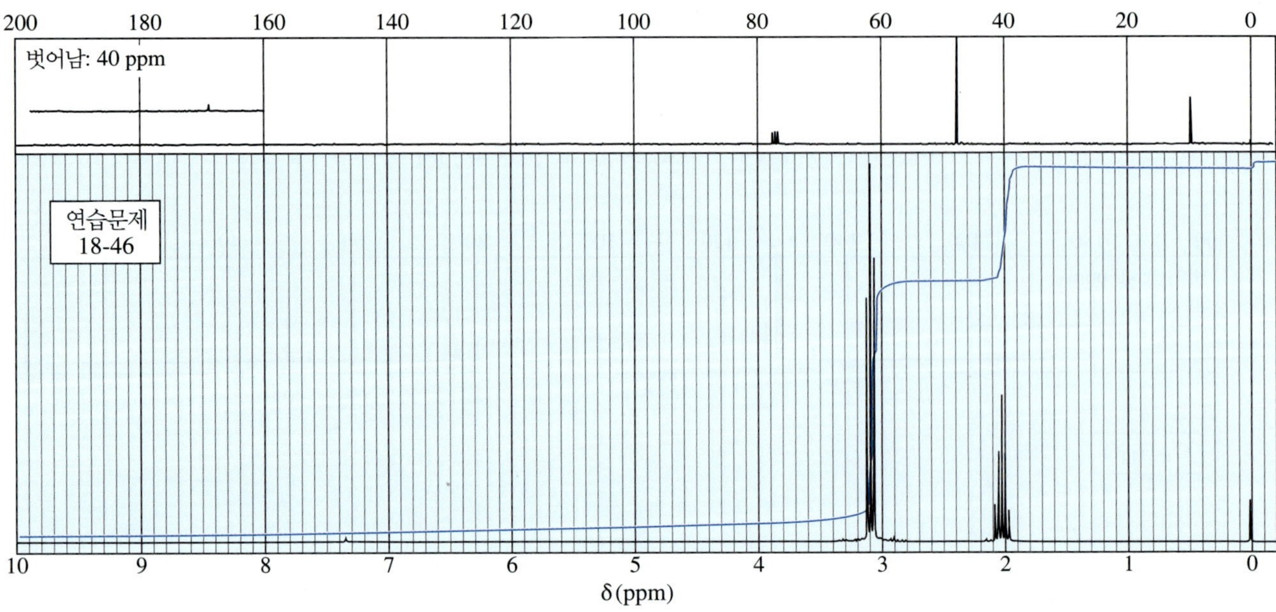


**18-47** 다음 합성을 효과적이고 좋은 수득률로 얻을 수 있는 방법을 제시하라. 필요한 시약과 용매는 추가로 사용할 수 있다.

**(a)** O ⟶

**(b)** $OCH_3$ ⟶ $OCH_3$, CHO

**(c)** $CH_2Br$ ⟶ O, H

**(d)** $CH_2Br$ ⟶

**(e)** COOH ⟶ O

**(f)** O, O ⟶ O, H, OH

**(g)** COOH ⟶ O, Ph

**(h)** $CH_2OH$, CH, HO, $CH_3$ ⟶ CHO, $H_2C$=C, $CH_3$

**18-48** 다음의 합성 길 찾기 문제는 이 반응에서 중요한 중간체인 화합물 **A**의 구조와 성질을 중심으로 하고 있다. 화합물 **A**에서 **J**까지의 구조식을 그려보라.

OH, $CH_2OH$ $\xrightarrow[\text{(과량)}]{\text{DMP}}$ **B** $\xrightarrow[\text{TsOH}]{\text{HO OH (1당량)}}$ **A** $\xrightarrow{KMnO_4}$ **D**

**A** $\xrightarrow[\text{(2) } H_3O^+]{\text{(1) } CH_3MgI}$ **G**

**H** $\xleftarrow{NaBH_4}$ **G** $\xrightarrow[\text{따뜻하고 온화하게}]{H^+}$ **I** $\xrightarrow[\text{(2) } H_3O^+]{\text{(1) } \textbf{J}}$ OH

**A** $\xrightarrow[\text{묽은 } H_2SO_4]{PhNHNH_2 \text{ (과량)}}$ **C**

**A** $\xrightarrow{H_3O^+\text{, 다음 과량의 } Na_2Cr_2O_7}$ **E** $\xrightarrow[\text{HCl}]{\text{Zn (Hg)}}$ **F**

**18-49** 각 화합물에 대해

1. 작용기를 명명하라.

2. 완전히 가수 분해하여 얻을 수 있는 화합물을 제시하라.

**(a)** 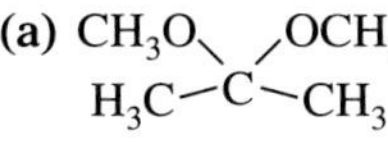


**(b)** HO $OCH_2CH_3$ **(c)** **(d)**

**(e)** **(f)** **(g)** **(h)** $NNH_2$

**18-50** 다음 반응의 메커니즘을 제시하라.

**(a)** $Ph-C(=O)-H \xrightarrow{CH_3OH,\ H^+} Ph-C(OCH_3)(OCH_3)-H$

**(b)** $CH_3-C(=O)-H \xrightarrow{PhNHNH_2,\ H^+} CH_3-C(=N-NHPh)-H$

**(c)** $\xrightarrow{Ph_3P{=}CH_2}$ $CH_2$

**(d)** $\xrightarrow[H_2O]{H^+}$ =O + $CH_2-CH_2$ (OH, OH)

**(e)** N H $\xrightarrow[H_2O]{H^+}$ CHO $^+NH_3$

**(f)** $OCH_3$ $OCH_3$ $\xrightarrow[CH_3CH_2NH_2]{CH_3CH_2\overset{+}{N}H_3\ Cl^-}$ $NCH_2CH_3$

**18-51** 다음 합성을 효과적이고 좋은 수득률로 얻을 수 있는 방법을 제시하라. 필요한 시약은 사용할 수 있다.

**(a)** 아세트알데하이드 ⟶ 락트산[$CH_3CH(OH)COOH$]

**(b)** O ⟶ CHPh **(c)** O, CHO ⟶ O, $CH_2OH$ **(d)** O, CHO ⟶ H OH, CHO

**(e)** O, CHO ⟶ $CHCH_2CH_3$, CHO **(f)** O ⟶ O **(g)** O ⟶ OH

**18-52** 적당한 카보닐 화합물로부터 다음 유도체를 합성할 수 있는 방법을 제시하라.

**(a)** =N, OH **(b)** N: **(c)** N̈

**(d)** O, O **(e)** N **(f)** $CH_3O$ $OCH_3$

**18-53** 사이클로헥산온이 다음 시약과 반응할 때 얻을 수 있는 생성물을 예측하라.

**(a)** $CH_3NH_2$, $H^+$

**(b)** 과량의 $CH_3OH$, $H^+$

**(c)** 하이드록실아민과 약산

**(d)** 에틸렌 글라이콜과 *p*-톨루엔설폰산

**(e)** 페닐하이드라진과 약산

**(f)** PhMgBr, 이후 약한 $H_3O^+$

**(g)** Tollens 시약

**(h)** 아세틸렌화 소듐, 이후 약한 $H_3O^+$

**(i)** 하이드라진, 이후 용융된 뜨거운 KOH

**(j)** $Ph_3P{=}CH_2$

**(k)** 사이안화 소듐

**(l)** (k)의 생성물에 대한 산 촉매 가수 분해

**18-54** 사이클로펜테인카브알데하이드가 다음 시약과 반응할 때 얻을 수 있는 생성물을 예측하라.

**(a)** PhMgBr, 이후 $H_3O^+$　**(b)** Tollens 시약　**(c)** 세미카바자이드와 약산
**(d)** 과량의 에탄올과 산　**(e)** 프로페인-1,3-다이올, $H^+$　**(f)** 아말감화 아연과 묽은 염산

**18-55** 각 화합물로부터 옥탄-2-온을 합성할 방법을 제시하라. 필요한 시약을 사용해도 좋다.

**(a)** 헵탄알　**(b)** 옥트-1-아인　**(c)** 2,3-다이메틸논-2-엔
**(d)** 옥탄-2-올　**(e)** 헵탄산　**(f)** $CH_3(CH_2)_5CN$

**18-56** 각 화합물로부터 옥탄알을 합성하는 방법을 제시하라. 필요한 시약은 사용할 수 있다.

**(a)** 옥탄-1-올　**(b)** 논-1-엔　**(c)** 옥트-1-아인
**(d)** 1-브로모헵테인　**(e)** 1-브로모헥세인　**(f)** 옥탄산(octanoic acid)
**(g)** 옥탄산 에틸(ethyl octanoate)

**18-57** $NaBH_4$와 $NaBD_4$ 둘 다 구입이 가능하며, $D_2O$는 흔하고 가격 또한 비싸지 않다. 프로판온에서 시작해서 다음과 같이 동위 원소로 표지된 화합물을 합성할 수 있는 방법을 제시하라.

**(a)** $CH_3C(OH)(D)-CH_3$　**(b)** $CH_3C(OD)(D)-CH_3$　**(c)** $CH_3C(OD)(H)-CH_3$

**18-58** 3-메틸사이클로펜탄온을 $LiAlH_4$로 환원시키면 60%의 시스-3-메틸사이클로펜탄올과 40%의 트랜스-3-메틸사이클로펜탄올 혼합물을 얻는다. 분자 모델과 3차원 그림을 사용하여 시스 이성질체가 더 많이 생성되는 이유를 설명하라.

**18-59** Wittig 반응은 비교적 덜 안정한 위치에 이중 결합을 도입하는 데 유용하게 사용된다. 예를 들면 다음의 변환은 Wittig 반응을 이용하여 쉽게 이루어진다.

사이클로헥산온 (=O) ⟶ 메틸렌사이클로헥세인 (=$CH_2$)

**(a)** 이렇게 되도록 Wittig 반응이 어떻게 이용되는지 나타내라.
**(b)** Wittig 반응을 이용하지 않고 어떻게 위에서 나타낸 변환을 이룰 수 있는지 나타내고, Wittig 반응이 훨씬 좋은 방법인 이유를 설명하라.

**18-60** 다음 합성을 수행할 수 있는 방법을 제시하라.

**(a)** 벤젠 ⟶ *n*-뷰틸벤젠
**(b)** 벤조나이트릴 ⟶ 프로피오페논
**(c)** 벤젠 ⟶ *p*-메톡시벤즈알데하이드
**(d)** Ph—$(CH_2)_4$—OH ⟶ 테트라론

**18-61** 다이옥세인의 이성질체는 총 3개인데, 1,2-다이옥세인, 1,3-다이옥세인, 1,4-다이옥세인이다. 이들 중 하나는 에터처럼 행동하고 Grignard 반응의 용매로 자주 사용된다. 다른 하나는 가열 시 폭발 가능성이 있다. 나머지 것은 묽은 산에서 빠르게 가수 분해된다. 단순한 에터처럼 행동하는 이성질체는 어느 것이며, 왜 어떤 이성질체는 폭발성이 있는지 설명하라. 또 한 나머지 이성질체의 산 가수 분해 반응에 대한 메커니즘을 제시하라.

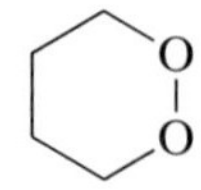
1,2-다이옥세인

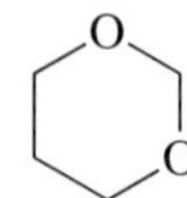
1,3-다이옥세인

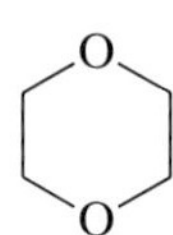
1,4-다이옥세인

**18-62** 본문 969쪽에 있듯이 **글루코스**(glucose) 당은 두 가지 구조식을 가진다. 열린 사슬형과 고리형 반아세탈의 상호 변환은 산 또는 염기에 의해 촉진된다.

**(a)** 미량의 산이 존재할 때 고리화되는 반응의 메커니즘을 제시하라.

**(b)** 고리형 반아세탈이 열린 사슬형보다 안정하기 때문에, 평형 상태에서 열린 사슬형은 거의 존재하지 않는다. 글루코스 수용액은 Tollens 시약을 환원시켜서 양성 반응을 보일 것인가? 이에 대해 설명하라.

**18-63** **푸룩토스**(fructose, 과당)의 두 가지 구조식이 아래에 있다. 수용액에서는 대부분 고리형 구조로 존재한다.

**(a)** 고리형 구조식에서 탄소 원자에 번호를 매겨라. 고리형에서 C2 위치에 있는 작용기는 무엇인가?

**(b)** 미량의 산이 존재할 때 고리화되는 반응의 메커니즘을 제시하라.

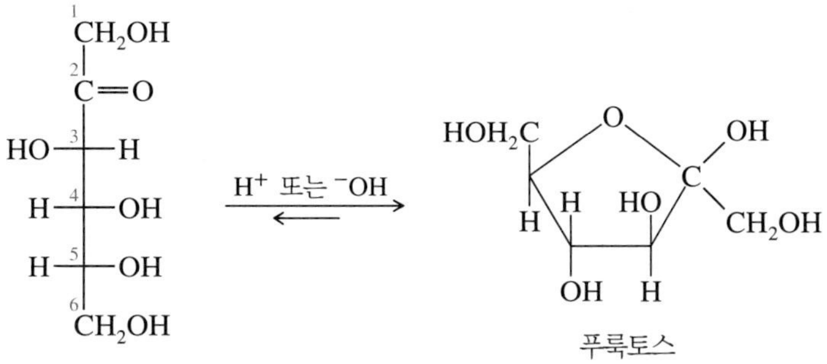

**18-64** (산소수은화 반응을 경유하는) 알카인의 수화 반응은 대칭 또는 끝부분에 삼중 결합이 있는 알카인의 경우 좋은 수득률로 1개의 생성물을 만든다. 다음 화합물의 수화 반응에서 얻을 수 있는 생성물을 제시하라.

**(a)** 헥스-3-아인 **(b)** 헥스-2-아인 **(c)** 헥스-1-아인

**(d)** 사이클로데카인(cyclodecyne) **(e)** 3-메틸사이클로데카인

**18-65** 다음 화합물 중 어느 것이 Tollens 시험에 반응할 것인가? (Tollens 시험은 약한 염기성 수용액에서 반응한다는 사실을 기억하라.)

**(a)** $CH_3CH_2COCH_3$ **(b)** $CH_3CH_2CHO$ **(c)** $CH_3CH_2CH{=}CHCH{=}CHOH$

**(d)** $CH_3CH_2CH_2CH(OH)OCH_3$ **(e)** $CH_3CH_2CH_2CH(OCH_3)_2$ **(f)**

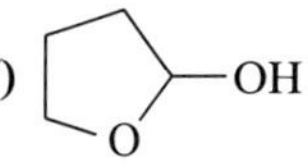

**18-66** 다음 도로 지도 문제를 해결하려면 중요한 중간체인 **A**의 구조를 알아내야 한다. 화합물 **A**에서부터 **K**까지 각 화합물의 구조를 제시하라.

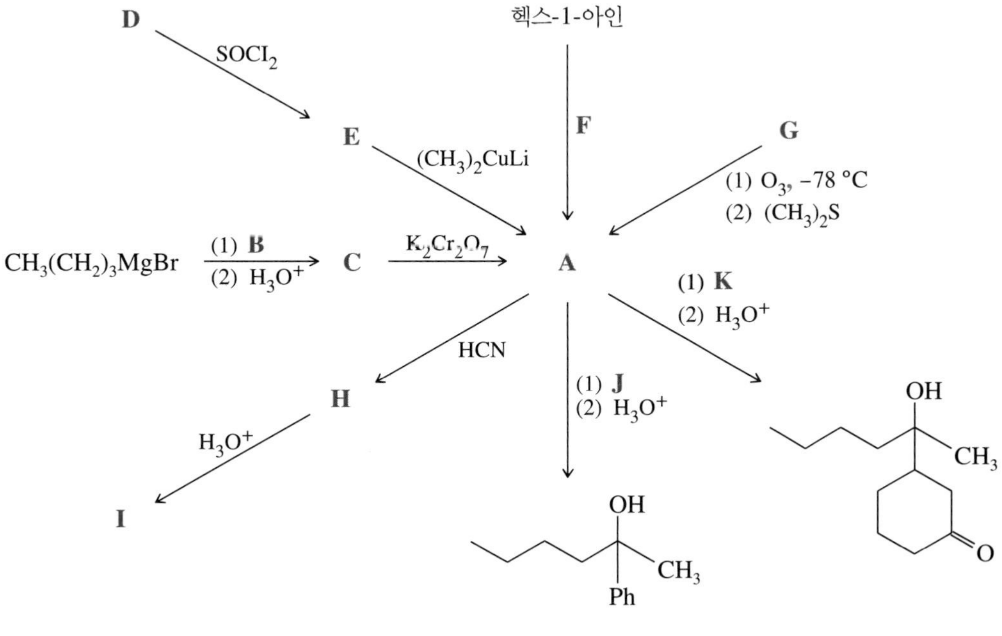

**18-67** 아래에 나타낸 각 구조의 그룹에서 염기성 조건에서 친핵성 첨가 반응이 가장 빠른 것과 가장 느린 것을 각각 표시하라.

**(a)**

**(b)**

**(c)**

**18-68** 다음 화합물 중 하나는 묽은 산성 용액과 반응하는 반면, 다른 하나는 반응하지 않는데, 반응하는 것의 반응 메커니즘을 그리고, 반응하지 않는 것은 그 이유를 제시하라.

**(a)** $\xrightarrow{H_3O^+}$ ?

**(b)** $\xrightarrow{H_3O^+}$ ?

**18-69** 다이에틸 에터에서 HCl 기체가 촉매로 작용하는 아래 평형 반응에 대해 상세한 메커니즘을 제시하라.

$\underset{Et_2O}{\overset{HCl(g)}{\rightleftharpoons}}$

**18-70** 아래 나타낸 반응의 상세한 메커니즘을 제시하라.

$+ \ CH_3OH \ \overset{HCl}{\rightleftharpoons} \ + \ H_2O$

**18-71** 미지 화합물의 UV 스펙트럼이 225 nm($\varepsilon$ = 10,000)와 318 nm($\varepsilon$ = 40)에서 $\lambda_{max}$ 수치를 보여주었다. 질량 분석 스펙트럼은 $m/z$ 96에서 분자 이온을 보여주고, $m/z$ 68에서 뚜렷한 기준 피크를 보여주었다. IR과 NMR 스펙트럼은 아래에 있다. 구조식을 제안하고, 구조식이 어떻게 관찰된 흡수와 부합하는지 제시하라. 질량 분석 스펙트럼에서 $m/z$ 68의 MS 기준 피크를 설명하는 토막 이온을 제시하라($C_2H_4$ 잃음).

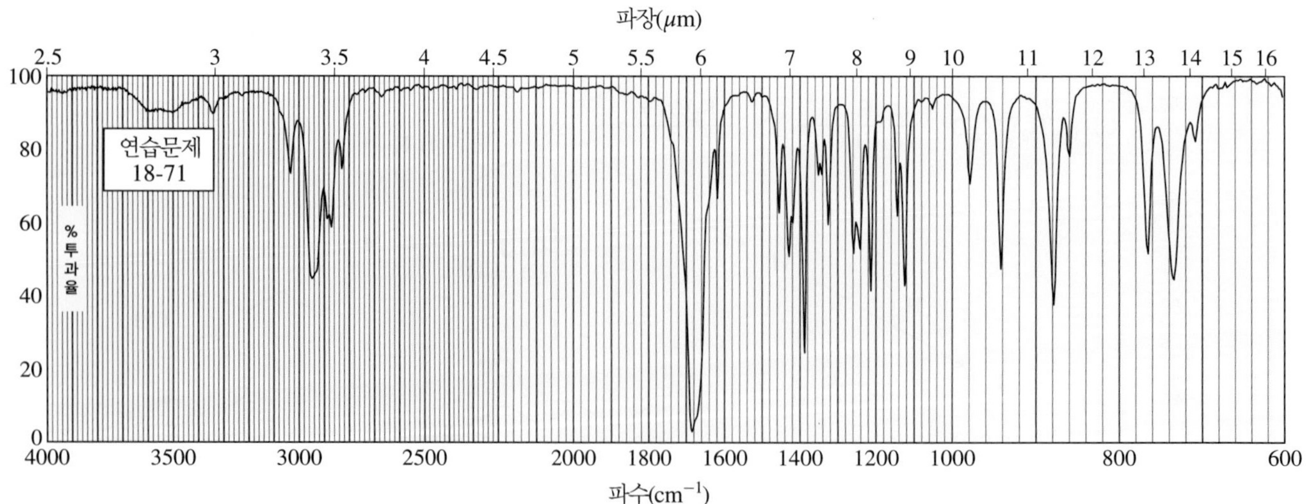

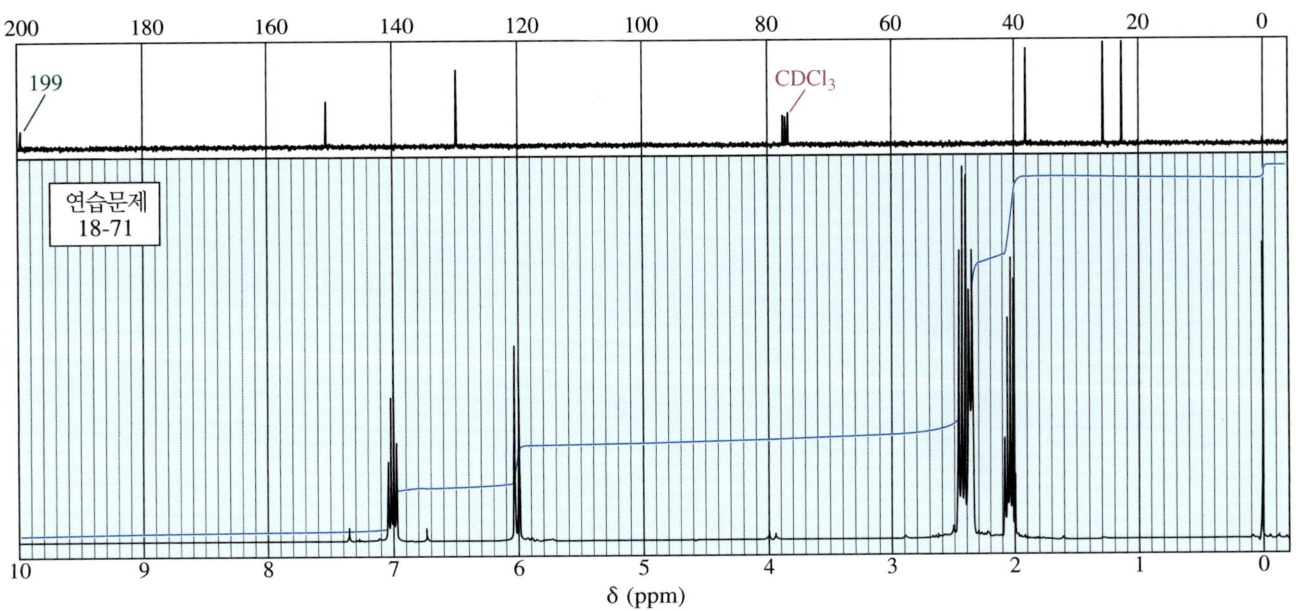


* **18-72** **(a)** 간단한 아미노아세탈은 묽은 산에서 빠르고 쉽게 가수 분해한다. 다음 아미노아세탈의 가수 분해 메커니즘을 제시하라.

$N(CH_3)_2$ , H $\xrightarrow{H_3O^+}$ OH H, =O + $(CH_3)_2\overset{+}{N}H_2$

**(b)** DNA를 구성하는 뉴클레오사이드는 아미노아세탈 작용기로 데옥시리보스에 결합된 헤테로 고리를 가진다. 데옥시사이티딘(deoxycytidine)과 데옥시아데노신(deoxyadenosine)에서 아미노아세탈 연결을 지적하라.

$NH_2$, N, $HOH_2C$, O, N, O, H, H, H, H, OH, H

데옥시사이티딘

$NH_2$, N, N, N, N, $HOH_2C$, O, H, H, H, H, OH, H

데옥시아데노신

**(c)** 우리의 유전적 암호는 DNA의 안정에 의존한다. 운이 좋게 DNA의 아미노아세탈 연결은 쉽게 절단되지 않는다. (a)의 메커니즘이 데옥시사이티딘과 데옥시아데노신에 잘 맞지 않는 이유를 제시하라.

**18-73** 미지 화합물 **A**의 질량 스펙트럼은 $m/z$ 116에서 분자 이온을, 그리고 $m/z$ 87에서 커다란 피크를 보여준다. 이 화합물의 UV 스펙트럼은 200 nm 이상에서 최대 흡수를 보여주지 않는다. **A**의 IR과 NMR 스펙트럼은 다음에 있다. 화합물 **A**를 묽은 산성 수용액으로 세척하고, 다이클로로메테인으로 추출하고 용매를 증발시켜 화합물 **B**를 얻었다. 이 화합물 **B**는 IR 스펙트럼의 1715 $cm^{-1}$에서 강력한 카보닐 흡수를 보여주고, UV 스펙트럼의 274 nm($\varepsilon$ = 16)에서 약한 최대 피크를 나타낸다. **B**의 질량 스펙트럼은 $m/z$ 72의 분자 이온을 보여준다. **A**와 **B**의 구조를 결정하라. 그리고 $m/z$ 87과 101의 피크를 설명하는 토막 과정을 설명하라.

* 본문 내용을 응용한 난이도 높은 문제는 별표(*)로 표시했다.

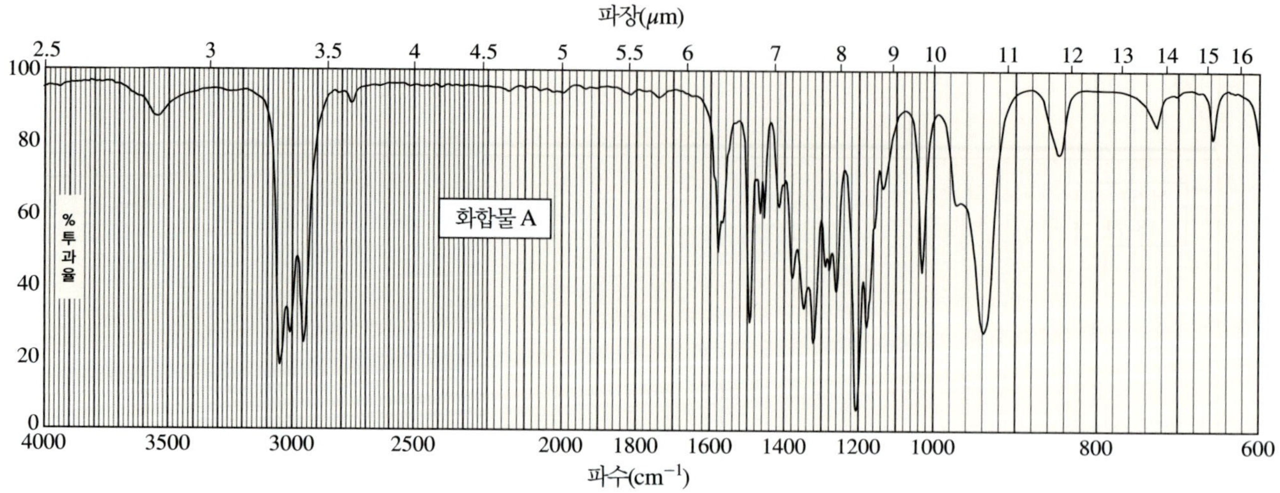

파장(μm)
화합물 A
% 투과율
파수(cm$^{-1}$)

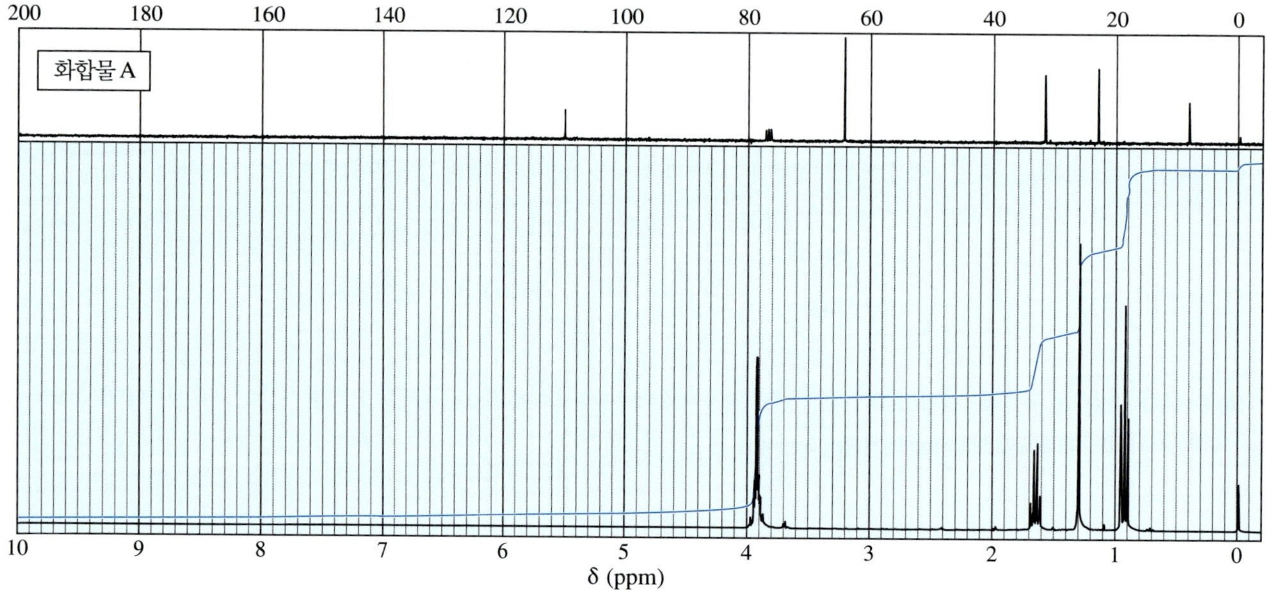

화합물 A
δ (ppm)

* **18-74** (실화) 화학과 관리인이 유기 화학 실험실을 청소하다가 내용물에 대한 표시가 없는 병을 선반에서 떨어뜨려 휘발성 액체를 쏟았다. 쏟아진 화합물을 닦아내기 시작하자 관리인은 눈이 타는 듯했고 코는 전기 드릴로 찌르는 듯함을 느꼈다. 그는 방을 나와서 소방서에 전화를 걸었고, 소방수는 산소통을 메고 들어가서 화학 물질을 닦아냈다. 관리인을 치료하고 그 화합물을 잘 처리하기 위해 3명의 학생에게 화학 물질을 빨리 확인해달라고 했다. 학생들은 IR과 NMR 스펙트럼은 220 nm($\varepsilon$ = 16,000)에서 $\lambda_{max}$ 수치를 확인했다. 질량 분광계는 고장 나서 분자량을 제시하지 못했다. 이 불쾌한 화합물의 구조를 결정하고, 이 구조가 스펙트럼과 잘 부합하는지 나타내라.

파장(μm)
연습문제 18-74
% 투과율
파수(cm$^{-1}$)

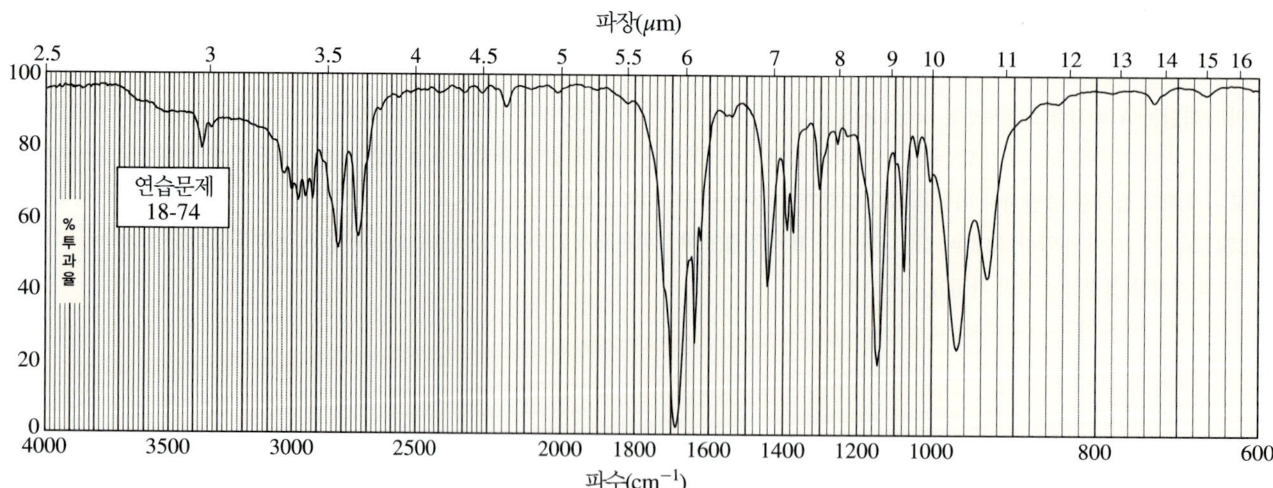

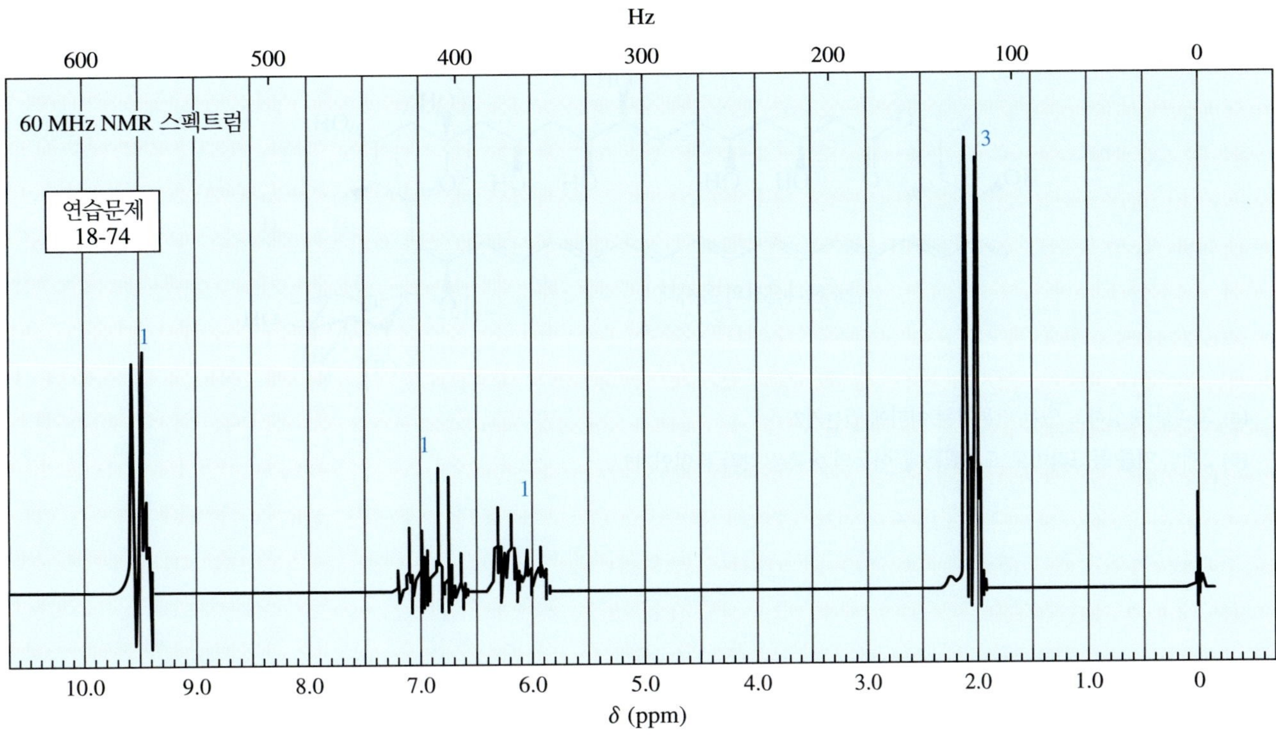


* **18-75** 물이 없는 상태에서 *o*-프탈알데하이드(*o*-phthalaldehyde)는 아래의 구조를 가진다. IR 스펙트럼을 보면 가장 강한 피크가 1687 $cm^{-1}$에서 나타나고, 양성자 NMR을 측정하면 다음과 같다. 물을 넣으면 새로운 화합물이 생기는데, IR 스펙트럼을 측정하면, 3400 $cm^{-1}$에서 강한 흡수를 보이는 반면, C=O 영역에서 흡수 피크는 없다. 양성자 NMR 자료가 아래에 있는데, 이 미지의 화합물 **X**의 구조를 제시하고, 이 화합물이 어떻게 만들어졌는지 설명하라.

singlet at δ 10.5
doublet at δ 8.0
doublet at δ 7.8

*o*-프탈알데하이드
$C_8H_6O_2$

+ 1 $H_2O$ ⟶ **X** $C_8H_8O_3$

**HNMR 자료**
broad singlet at δ 5.0 (2H)
sharp singlet at δ 5.9 (2H)
doublet at δ 7.2 (2H)
doublet at δ 7.3 (2H)

* **18-76** 당신이 아주 심각한 대사질환을 연구하는 병리학자라고 상상해보자. 실험실 동물에게 중수소로 표지된 물질을 먹였고, 이제 소변 속의 대사물질을 분석해야 한다. 서로 다른 위치에 중수소가 포함된 아래 네 종류의 알데하이드를 중 하나를 얻었는데, 질량분석기를 사용하면 어떤 대사물질을 얻었는지 알 수 있는가? 중수소의 질량은 2이다. (힌트: 다음 화합물들에 대해 예상되는 주요 단편화 반응을 생각해보자.)

**W** **X** **Y** **Z**

**18-77** 매크로라이드(macrolide)계 항생제는 에스터기로 연결된 큰 고리(거대 고리)를 가지고 있다(고리형 에스터는 따로 락톤이라고 불린다). 항진균성을 가진 암포테리신 B(amphoterin B)가 한 예인데, 간과 심장에 대한 독성 때문에 잘 사용하지는 않는다. 일리노이대학교의 Martin Burke 교수는 항진균성은 유지하면서 독성은 제거된 유사체를 합성해오고 있다. 그중 하나를 2015년에 보고했는데[*Nature Chemical Biology* (2015) doi: 10.1038/

nchembio.1821], 구조는 아래와 같으며, 원래 있던 카복시기가 요소기로 바뀌었다.

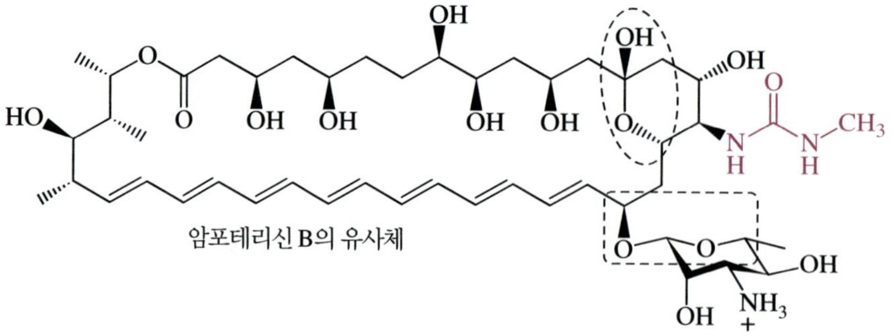

암포테리신 B의 유사체

**(a)** 고리를 형성하고 있는 락톤기는 어디에 있는가?

**(b)** 2개의 기를 동그라미로 표시했는데, 이들의 이름은 각각 무엇인가?

# 19 아민

## 학습목표

**1** 아민을 그려서 명명하고, 분광학적 정보를 이용하여 구조를 결정한다.

**2** 아민의 염기도를 다른 일반 염기와 비교하고, 그들의 염기도가 혼성화, 방향족성, 공명, 유도 효과에 따라 변하는 이유를 설명한다.

**3** 아민의 물리적 성질의 경향을 기술하고, 그 염들의 물리적 성질과 대조한다.

**4** 아민이 케톤, 알데하이드, 산 염화물, 질산, 할로젠화 알킬, 산화제 등과 반응하여 생기는 생성물을 예측하고, 메커니즘을 제안한다.

**5** 다른 작용기를 지닌 화합물로부터 아민을 합성하는 단 단계, 다단계 과정을 제안한다.

◀ 아민은 생선 비린내로 잘 알려져 있다. 활어는 세포의 삼투압을 조절하기 위해 트라이메틸아민 산화물(TMAO) 같은 아민 유도체를 사용한다. 물고기가 죽으면 효소와 박테리아가 이러한 화합물을 트라이메틸아민 및 기타 분해된 아민으로 전환하기 시작한다. 신선하지 않은 생선에서는 이러한 아민이 비린내를 유발한다. 일부 사람들은 효소 결함으로 인해 트라이메틸아민(음식 소화에서 발생)이 산화 트라이메틸아민으로 산화되는 것을 방지하는 대사 질환인 트라이메틸아민뇨증(TMAU)을 앓고 있다. 트라이메틸아민이 축적되면 사람의 호흡, 땀, 소변에서 강한 비린내가 난다.

$$(CH_3)_3N^+\!-\!O^- \;\rightleftharpoons\; (CH_3)_3N \;+\; \tfrac{1}{2}O_2$$

산화 트라이메틸아민 (TMAO) — 트라이메틸아민

## 19-1 서론

**아민**(amine)은 질소 원자에 하나 이상의 알킬기나 아릴기를 가진 암모니아 유도체이다. 아민은 몇 가지 가장 중요한 생물학적 화합물 중 한 부류로 포함되어 있으며, 생물학적인 조절, 신경전달, 침략자에 대한 방어와 같이 생체 기관 내에 많은 기능을 담당한다. 생물학적 활성도가 높기 때문에 많은 아민은 약품이나 의학에 이용된다. 생물학적으로 중요한 활성을 가진 몇 가지 아민의 구조와 용도를 그림 19-1에 나타냈다.

알칼로이드는 자연에서 발생하는 대규모 아민 그룹이며, 독소를 비롯한 다양한 생물학적 활성을 가질 수 있다. 이러한 구조적으로 다양한 화합물은 주로 해충, 병원균, 초식동물 및 경쟁 식물에 대한 방어 수단으로 식물에서 생산된다. 현재 알칼로이드에서 기인하는 것으로 알려진 식물 추출물의 생물학적 효과는 수 세기 동안 전 세계 사람들이 다양한 실용적, 치료적 목적으로 이를 사용함으로써 알려졌다. 최근에는 이러한 개별 화합물 중 일부가 천연 공급원에서 분리되었다. 식물의 화학 구조가 밝혀지면서 식물이나 그 추출물 대신 순수한 화합물을 사용할 수 있게 되었다.

도파민
신경전달물질

에피네프린
아드레날 호르몬

L-트립토판
아미노산

피페라진(piperazine)
구충제

니코틴산
니아신, 비타민

피리독신(pyridoxine)
비타민 $B_6$

히스타민
혈관을 팽창시킴

**그림 19-1** 생물학적 활성을 가진 몇 가지 아민의 예

탁솔

니코틴(담배에서)

퀴닌

모르핀(양귀비에서)

**그림 19-2** 대표적인 알칼로이드

그림 19-2는 알려진 수천 가지 알칼로이드 중 단 네 가지 구조를 보여준다. 주목(Pacific yew tree) 껍질에서 처음 분리된 탁솔(Taxol) 화합물은 여러 암 치료에 널리 사용된다. 니코틴은 살충 특성을 통해 니코틴을 생산하는 식물에 도움이 되지만, 사람들에게는 담배에 존재하는 중독성 물질인 니코틴으로 더 친숙할 것이다. 말라리아 치료제로 퀴닌을 사용하는 것은 잘 알려져 있다. 퀴닌은 친코나 나무껍질에서 자연적으로 발생하며, 토닉워터의 성분이다. 모르핀은 양귀비 식물인 *Papaversomniferum*에서 추출되며, 수 세기 동안 진통제로 사용되고 있다.

## 19-2 아민의 명명법

아민은 질소에 알킬기나 아릴기가 1개, 2개, 3개가 결합된 것에 따라 **1차**(1°), **2차**(2°), **3차**(3°) 아민으로 분류한다. 헤테로 고리 아민에서 질소 원자는 지방족이나 방향족 고리의 한 부분이다.

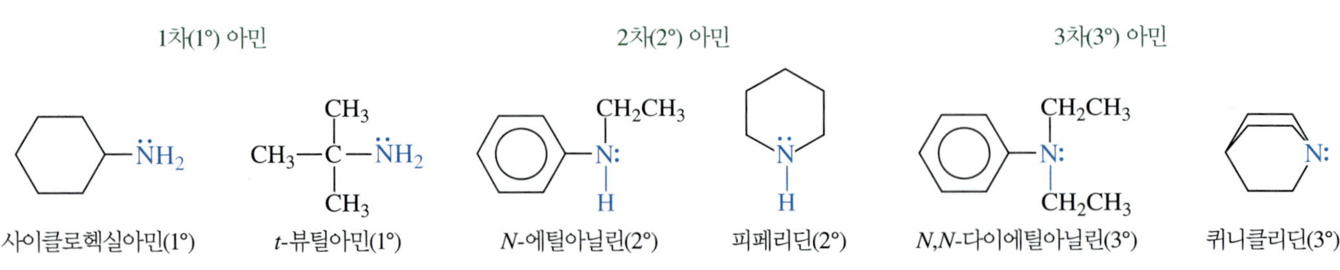

**4차 암모늄 염**(quaternary ammonium salt)은 질소 원자에 4개의 알킬기나 아릴기가 결합되어 있다. 질소 원자는 염화 암모늄 같은 간단한 암모늄 염에서와 같이 양전하를 가진다. 다음은 4차(4°) 암모늄 염의 예이다.

$(CH_3CH_2)_4N^+\ I^-$ — 아이오딘화 테트라에틸암모늄

$C_5H_5N^+{-}CH_2CH_2CH_2CH_3\ Br^-$ — 브로민화 *N*-뷰틸피리디늄

$CH_3{-}C(=O){-}O{-}CH_2CH_2{-}N^+(CH_3)_3$ — 아세틸콜린, 신경전달물질

## 응용: 니코틴 중독

니코틴의 구조는 그림 19-2에 나와 있다. 모든 알칼로이드와 마찬가지로 니코틴도 독성이 있으며, 인간의 경우 치사량은 약 60~500 mg이다. 그러나 소량의 니코틴에도 중독성이 있다. 담배 한 개비는 뇌의 도파민 방출과 부신의 에피네프린 분비를 자극할 수 있는 약 2 mg의 니코틴을 전달한다. 에피네프린은 흡연자가 갈망하는 초기 '흥분'을 제공하는 자극제이다. 도파민은 뇌 보상 시스템의 화학 물질 중 하나이다.

### 19-2A 관용명

아민의 관용명은 질소에 결합된 알킬기의 이름 앞에 -아민(*-amine*)을 붙여서 부른다. 접두사인 다이(*di-*), 트라이(*tri-*), 테트라(*tetra-*)는 둘, 셋, 넷의 동일한 치환기를 표시하기 위해 사용된다.

| $CH_3CH_2\ddot{N}H_2$ | $((CH_3)_2CHCH_2CH_2)_2\ddot{N}H$ | $(CH_3CH_2)_2\ddot{N}CH_3$ | $(CH_3CH_2CH_2CH_2)_4N^+\ Cl^-$ |
|---|---|---|---|
| 에틸아민 | 다이아이소펜틸아민 | 다이에틸메틸아민 | 염화 테트라뷰틸암모늄 |

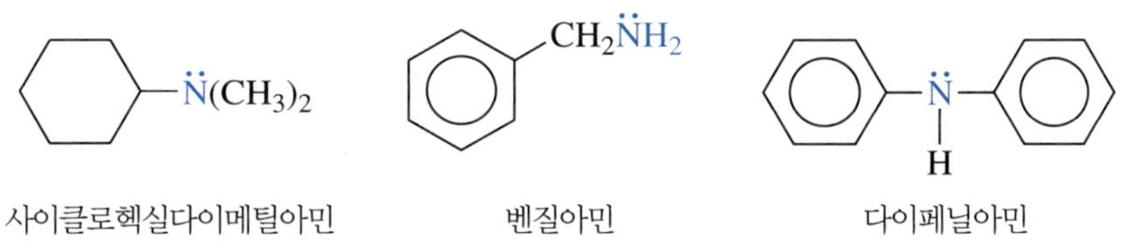

사이클로헥실다이메틸아민 벤질아민 다이페닐아민

더 복잡한 구조를 가진 아민을 명명하는 데는 $-NH_2$기를 **아미노**(amino)기라고 부른다. 다른 치환기와 마찬가지로 아미노기의 위치는 고리나 탄소 사슬에 숫자나 기호를 사용하여 명명한다.

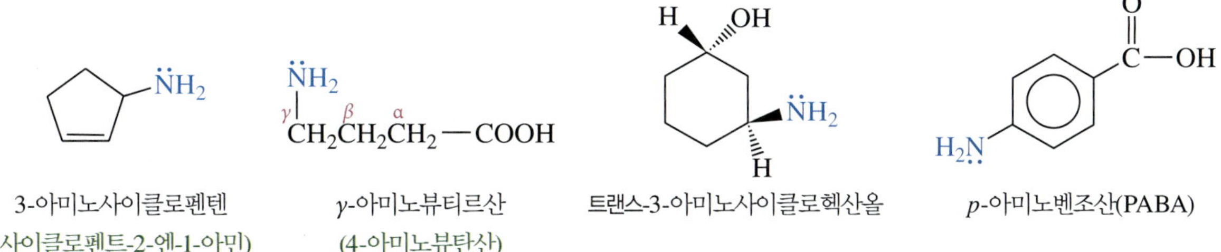

3-아미노사이클로펜텐 (사이클로펜트-2-엔-1-아민)
γ-아미노뷰티르산 (4-아미노뷰탄산)
트랜스-3-아미노사이클로헥산올
*p*-아미노벤조산(PABA)

2차 및 3차 아민도 이 체계를 사용하여 알킬아미노기와 같이 질소 원사(알킬기와 함께)를 구분하여 명명한다. 이때 가장 크거나 가장 복잡한 알킬기를 어미 분자로 한다.

$CH_3CH_2CH_2CH(\ddot{N}(CH_3)_2)CH_2CH_2OH$ — 3-(다이메틸아미노)헥산-1-올

$O{=}C_6H_9{-}\ddot{N}(CH_3)(CH_2CH_3)$ — 4-(에틸메틸아미노)사이클로헥산온

방향족이나 헤테로 고리 아민은 일반적으로 역사적 이름으로 알려져 있다. 예를 들면 페닐아민은 아닐린(aniline)으로 불리고, 이것의 유도체들은 아닐린의 유도체로 명명되고 있다.

**응용: 네오니코티노이드계 살충제**

이미다클로프리드

이미다클로프리드(imidacloprid)는 세계에서 가장 널리 사용되는 살충제 가운데 하나이다. 니코틴과 마찬가지로(그림 19-2) 신경 신호를 차단하고 곤충을 마비시켜 죽이기 때문에 네오니코티노이드라고 불린다. 이미다클로프리드는 전신 살충제로, 식물에 흡수되어 꽃가루와 꿀을 포함하여 식물의 모든 부분에 분포된다. 씹고 빨아먹는 해충은 빨리 죽는다. 벌이나 나비 같은 수분 매개자는 더 적은 양을 섭취하지만, 시간이 지남에 따라 치사량 이하의 양은 사망률을 지연시킬 수 있다. 네오니코티노이드계 살충제는 꿀벌 군집 붕괴 장애의 주요 원인으로 간주되고 있으며, 한 지역에 서식하는 무려 40%에 달하는 벌을 모두 죽게 했다.

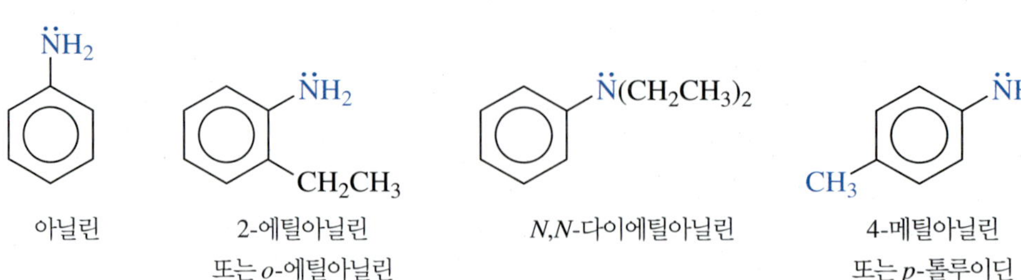

아닐린 | 2-에틸아닐린 또는 *o*-에틸아닐린 | *N*,*N*-다이에틸아닐린 | 4-메틸아닐린 또는 *p*-톨루이딘

앞서 16-9절에서 질소 헤테로 고리를 언급했다. 몇 가지 일반 화합물의 명명과 구조를 다음에 나타냈다. 헤테로 원자가 보통 1번 위치로 주어진다.

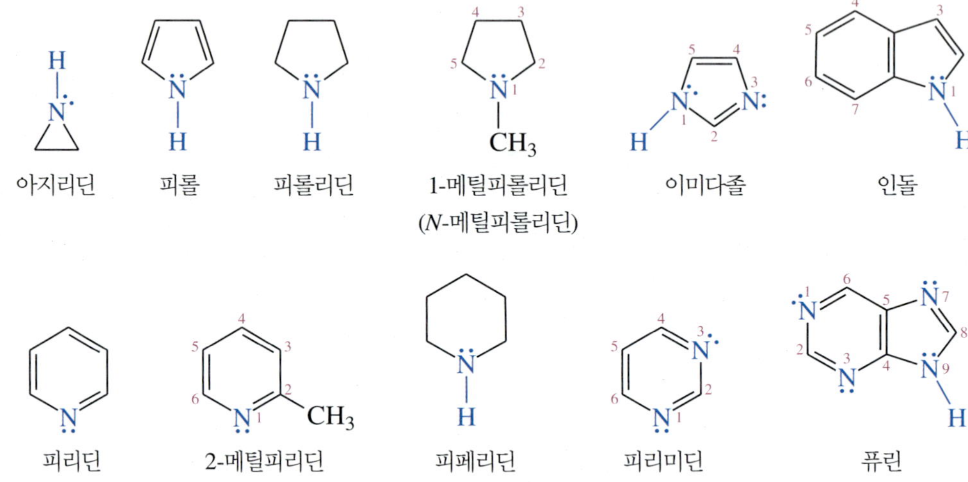

아지리딘 | 피롤 | 피롤리딘 | 1-메틸피롤리딘 (*N*-메틸피롤리딘) | 이미다졸 | 인돌

피리딘 | 2-메틸피리딘 | 피페리딘 | 피리미딘 | 퓨린

**연습문제 19-1**

위에 주어진 헤테로 고리 아민 중 어느 것이 방향족인가? 그리고 그 이유를 설명하라.

## 19-2B IUPAC명

아민의 IUPAC 명명은 알코올의 명명과 비슷하다. 가장 긴 탄소 원자의 사슬을 주 이름으로하고, 알케인 이름의 끝 -*e*를 -아민(-*amine*)으로 바꾸며, 사슬을 따라 아미노기의 위치를 숫자로 표시한다. 탄소 사슬에 붙은 다른 치환기들에도 숫자를 붙이고, 접두사 *N*-은 질소에 붙은 각 치환기에 사용된다.

| | $CH_3CH_2CH(NH_2)CH_3$ | $CH_3CH(CH_3)CH_2CH_2NH_2$ | $CH_3CH_2CH(NHCH_3)CH_3$ | $CH_3CH_2CH(CH_3)CH[N(CH_3)_2]CH(CH_3)CH_3$ |
|---|---|---|---|---|
| 옛 IUPAC명: | 2-뷰탄아민 | 3-메틸-1-뷰탄아민 | *N*-메틸-2-뷰탄아민 | *N*,*N*,2,4-테트라메틸-3-헥산아민 |
| 새 IUPAC명: | 뷰탄-2-아민 | 3-메틸뷰탄-1-아민 | *N*-메틸뷰탄-2-아민 | *N*,*N*,-2,4-테트라메틸헥산-3-아민 |

**문제풀이 힌트**

아민의 명명법은 부록 5 유기 화합물 명명법에 나타나 있다.

**연습문제 19-2**

다음 화합물의 구조를 그려보라.

**(a)** 아이소뷰틸아민
**(b)** *β*-아미노프로피온알데하이드
**(c)** 3-(다이메틸아미노)피리딘
**(d)** 2,2-다이메틸아지리딘
**(e)** *N*-메틸-*N*-프로필헥산-3-아민
**(f)** *p*-클로로아닐린

**연습문제 19-3**

다음 아민의 정확한 이름을 제시하라.

(a) $CH_3—CH_2—CH_2—CH(NH_2)—CH_3$

(b) $CH_3—CH_2—CH(NHCH_3)—CH_3$

(c) $NH_2$, OH

(d) $CH_3$, N, H

(e) $NH_2$, H, H, $NH_2$

(f) $NH_2$, H, H, CHO

## 19-3 아민의 구조

1장에서 암모니아는 약간 뒤틀린 사면체 모양을 하고 있음을 보았다. 비결합 전자쌍인 한 아민 구조 쌍의 고립 전자쌍은 사면체의 한쪽을 차지하고 있다. 이 기하 구조는 질소가 $sp^3$ 혼성으로 표시되지만, 부피가 큰 고립 전자쌍으로 인해 H—N—H의 결합각이 '이상적인' $sp^3$ 각도인 109.5°에서 107°로 압축된다. 트라이메틸아민(trimethylamine)의 경우는 큰 메틸기들이 각도를 약간 열기 때문에 각도 압축이 좀 적다.

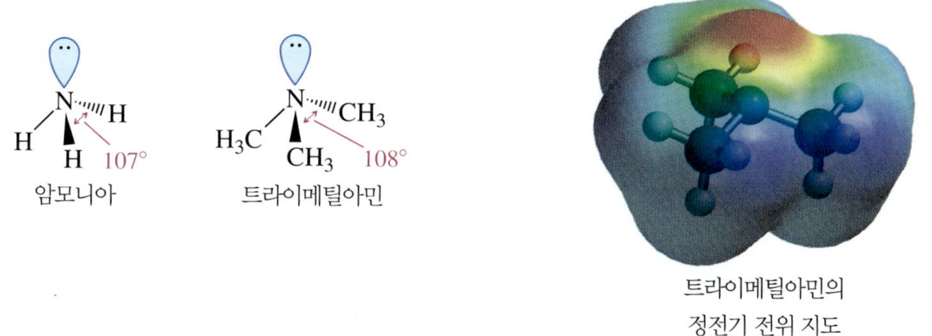


트라이메틸아민의
정전기 전위 지도

트라이메틸아민의 정전기 전위 지도는 피라미드 모양의 질소 원자 위에 비결합 전자들이 붉은색 구역(높은 음전위)을 나타내는 것을 보여준다.

3개의 다른 치환기(그리고 고립 전자쌍 1개)를 가진 사면체의 아민은 거울상이 서로 겹치지 않는다. 그러한 아민을 2개의 거울상 이성질체로 분리하고자 하지만, 대개의 경우 그 거울상 이성질체가 너무 빠르게 전환되기 때문에 분리가 불가능하다(그림 19-3). 이러한 상호 전환은 **질소 반전**(nitrogen inverson)에 의해 일어나는데, 고립 전자쌍이 한 면에서 다른 면으로 이동하게 된다. 질소 원자는 전이 상태에서 $sp^2$로 혼성화되고, 비공유 전자쌍은 $p$ 오비탈을 점유한다. 이는 25 kJ/mol (6 kcal/mol)이라는 작은 활성화 에너지에 의해 나타나듯이 꽤 안정한 전이 상태이다. (*R*) 및 (*S*)-

$sp^3$ 오비탈 / $p$ 오비탈 / $sp^3$ 오비탈

(*R*)-에틸메틸아민 ⇌ [전이 상태]$^‡$ ⇌ (*S*)-에틸메틸아민

**그림 19-3** 질소 반전은 간단한 카이랄 아민의 두 거울상을 상호 전환하게 한다. 그 전이 상태는 $p$ 오비탈에 고립 전자쌍을 가진 평면형의 $sp^2$ 혼성이다.

에틸메틸아민(ethylmethylamine)의 상호 전환은 실온에서 초당 수백 번 발생한다. 카이랄 아민의 거울상 이성질체 이름은 비결합 전자쌍을 가장 낮은 우선순위로 하여 Cahn-Ingold-Prelog 규약으로 정한다(5-3절).

대부분의 간단한 아민은 거울상으로 분리할 수는 없지만, 몇 가지 형태의 카이랄 아민들은 분리할 수도 있다.

1. **비대칭 탄소 원자의 존재로 인한 카이랄 아민** 대부분의 카이랄 아민은 이 부류로 나뉜다. 질소는 카이랄성 중심이 아니므로 질소 반전은 관련이 없다. 예를 들면 뷰탄-2-아민(butan-2-amine)은 2-뷰틸기가 카이랄성이기 때문에 거울상 이성질체로 분리할 수 있다.

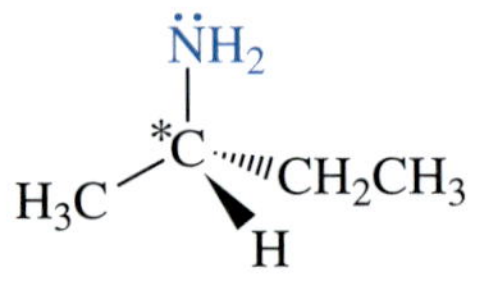

$NH_2$, *C, $H_3C$, $CH_2CH_3$, H
(*S*)-뷰탄-2-아민

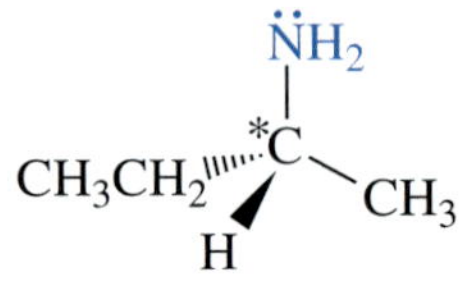

$NH_2$, *C, $CH_3CH_2$, $CH_3$, H
(*R*)-뷰탄-2-아민

2. **비대칭 질소 원자를 가진 4차 암모늄 염** 질소 반전에 영향을 주는 고립 전자쌍이 없기 때문에 배열의 반전은 불가능하다. 예를 들면 메틸 에틸 아이소프로필 아닐리늄 염(methyl ethyl isopropyl anilinium salt)은 거울상으로 분리될 수 있다.

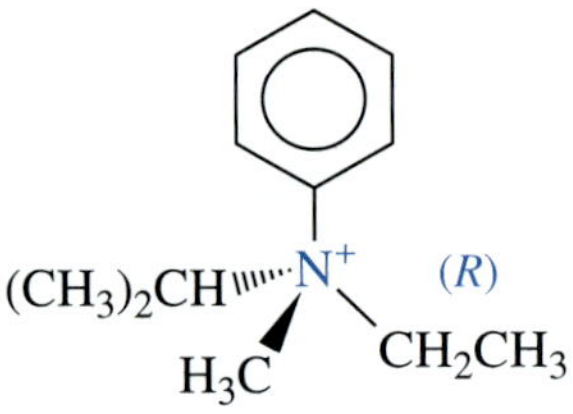

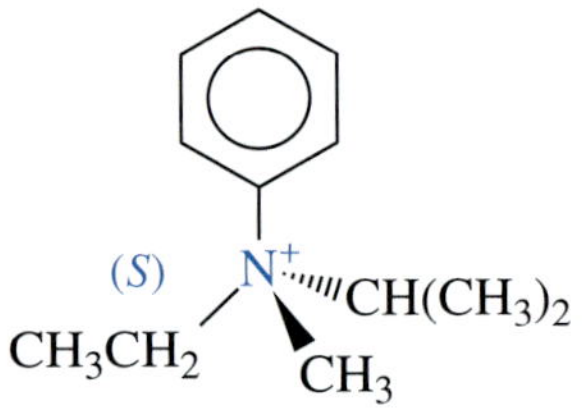

$(CH_3)_2CH$, $N^+$, $H_3C$, $CH_2CH_3$ (*R*)

(*S*) $N^+$, $CH(CH_3)_2$, $CH_3CH_2$, $CH_3$

3. **질소 반전을 위한 $sp^2$ 혼성 전이 상태에 이룰 수 없는 아민** 예를 들어 질소 원자가 작은 고리 내에 포함되어 있다면, 반전을 용이하게 하는 120° 결합각에 이르지 못한다. 그러한 화합물은 반전에 더 높은 활성화 에너지가 필요하며, 반전은 느리고, 거울상 이성질체는 분리될 수 있다. 카이랄 아지리딘(질소를 포함한 삼차원 고리)은 각각의 거울상 이성질체로 분리될 수 있다.

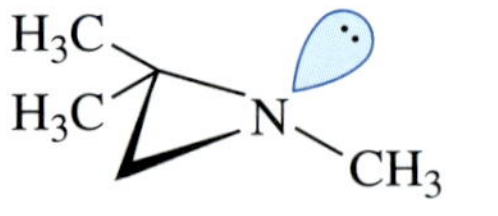

$H_3C$, $H_3C$, N, $CH_3$
(*R*)-1,2,2-트라이메틸아지리딘

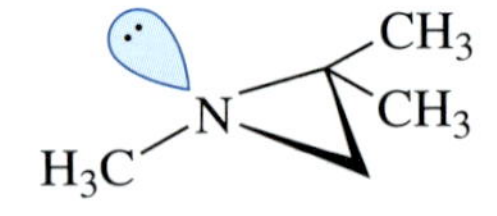

$CH_3$, $CH_3$, N, $H_3C$
(*S*)-1,2,2-트라이메틸아지리딘

**응용: 항암제**

위암과 대장암 치료에 사용되는 항암제인 미토마이신 C(mitomycin C)는 아지리딘 고리를 포함한다. 아지리딘 작용기는 약물의 DNA 분해에 참여하여 암세포를 사멸시킨다.

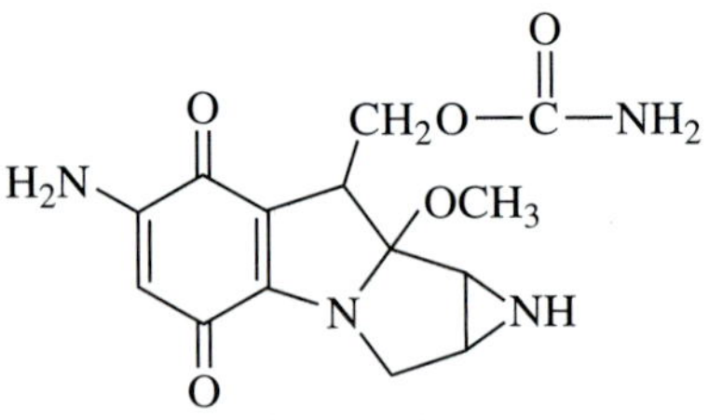

O, $CH_2O-C(=O)-NH_2$, $H_2N$, $OCH_3$, N, NH, O
미토마이신 C

**연습문제 19-4**

다음 중 어떤 아민을 거울상 이성질체로 분리할 수 있는가? 각 경우 거울상 이성질체는 상호 전환이 일어나는가, 일어나지 않는가?

**(a)** 시스-2-메틸사이클로헥산아민
**(b)** *N*-에틸-*N*-메틸사이클로헥산아민
**(c)** *N*-메틸아지리딘
**(d)** 아이오딘화 에틸메틸아닐리늄
**(e)** 아이오딘화 메틸에틸프로필아이소프로필암모늄

## 19-4 아민의 물리적 성질

아민은 고립 전자쌍의 큰 쌍극자 모멘트가 C ↔ N과 H ↔ N 결합의 쌍극자 모멘트에 더해지므로 강한 극성을 나타낸다. 1차나 2차 아민은 N—H 결합이 있기 때문에 수소 결합을 할 수 있다. N—H 결합이 없는 순수한 3차 아민은 수소 결합을 할 수 없다. 그러나 O—H 또는 N—H 결합을 가진 분자들과는 수소 결합을 수용할 수 있다.

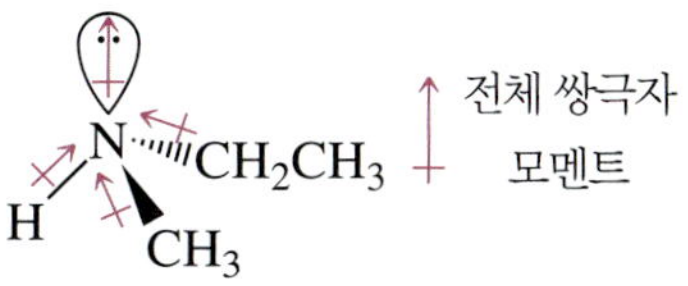

전체 쌍극자 모멘트

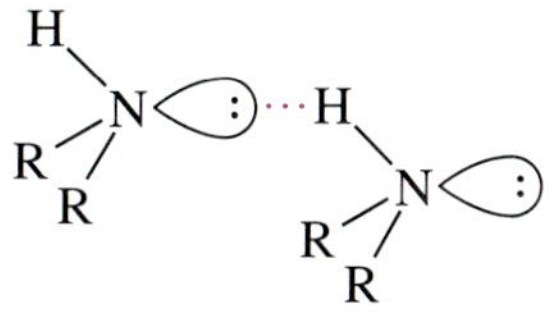

1° 또는 2° 아민: 수소 결합 주개와 받개

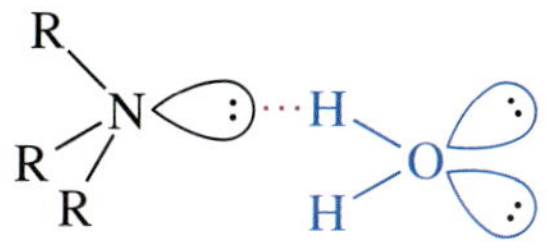

3° 아민: 수소 결합 받개

질소는 산소보다 전기 음성도가 작기 때문에 N—H 결합은 O—H 결합보다 극성이 작다. 그래서 아민은 비슷한 분자량을 가진 알코올보다 더 약한 수소 결합을 형성한다. 1차 또는 2차 아민은 알코올보다 끓는점이 낮지만, 비슷한 분자량을 가진 에터보다는 끓는점이 높다. 수소 결합을 하지 않는 3차 아민은 비슷한 분자량의 1차 또는 2차 아민보다 끓는점이 낮다. 표 19-1에 비슷한 분자량을 가진 에터, 알코올, 아민의 끓는점을 비교했다.

**표 19-1** 끓는점에 미치는 수소 결합의 영향

| 화합물 | 끓는점(°C) | 형태 | 분자량 |
|---|---|---|---|
| $(CH_3)_3N$: | 3 | 3차 아민 | 59 |
| $CH_3—O—CH_2—CH_3$ | 8 | 에터 | 60 |
| $CH_3—NH—CH_2—CH_3$ | 37 | 2차 아민 | 59 |
| $CH_3CH_2CH_2—NH_2$ | 48 | 1차 아민 | 59 |
| $CH_3CH_2CH_2—OH$ | 97 | 알코올 | 60 |

3차 아민을 포함해서 모든 아민은 물이나 알코올 같은 하이드록시기(—OH)를 지닌 용매와 수소 결합을 한다. 아민은 알코올에 녹는 경향이 있고, 분자량이 작은 아민(탄소 원자 4개까지)은 비교적 물에 잘 녹는다. 표 19-2에 간단한 지방족과 방향족 아민의 녹는점, 끓는점, 용해도를 나타냈다.

아민의 가장 명백한 성질은 아마도 생선이 썩는듯한 특유의 냄새라고 할 수 있다. 특히 어떤 다이아민은 자극성이 있는데, 다음 다이아민은 교묘하게 냄새를 나타내는 일반명을 가지고 있다.

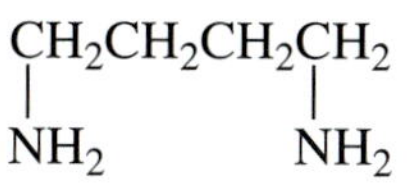

$H_2N—CH_2CH_2CH_2CH_2—NH_2$
푸트레신
(뷰테인-1,4-다이아민)

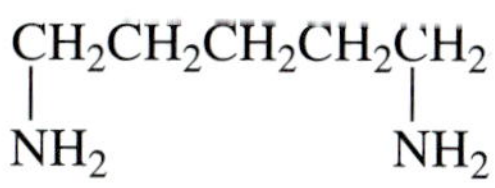

$H_2N—CH_2CH_2CH_2CH_2CH_2—NH_2$
카다베린
(펜테인-1,5-다이아민)

**응용: 세균 분해**

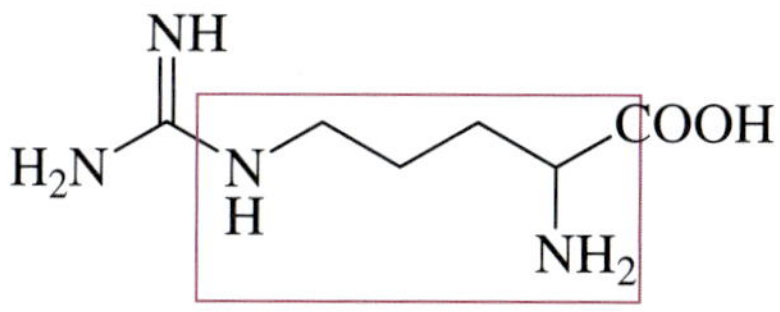

아르기닌 → 푸트레신

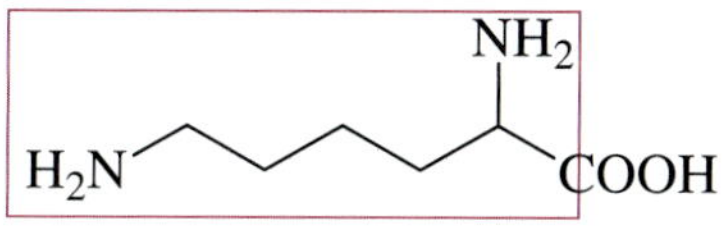

라이신 → 카다베린

썩은 고기에서는 아미노산인 아르기닌(arginine)과 라이신(lysine)이 세균에 의해 분해되어 각각 푸트레신(putrescine)과 카다베린(cadaverine)이 생성된다.

**연습문제 19-5**

다음 각 조의 화합물을 끓는점이 증가하는 순서로 나열하라.

(a) 트라이에틸아민, 다이-*n*-프로필아민, *n*-프로필 에터

(b) 에탄올, 다이메틸아민, 다이메틸 에터

(c) 다이에틸아민, 다이아이소프로필아민, 트라이메틸아민

**표 19-2** 여러 아민의 물리적 성질

| 이름 | 구조 | 분자량 | 녹는점(°C) | 끓는점(°C) | $H_2O$ 용해도 |
|---|---|---|---|---|---|
| | | 1차 아민 | | | |
| 메틸아민 | $CH_3NH_2$ | 31 | −93 | −7 | 매우 잘 녹음 |
| 에틸아민 | $CH_3CH_2NH_2$ | 45 | −81 | 17 | ∞ |
| *n*-프로필아민 | $CH_3CH_2CH_2NH_2$ | 59 | −83 | 48 | ∞ |
| 아이소프로필아민 | $(CH_3)_2CHNH_2$ | 59 | −101 | 33 | ∞ |
| *n*-뷰틸아민 | $CH_3CH_2CH_2CH_2NH_2$ | 73 | −50 | 77 | ∞ |
| 사이클로헥실아민 | 사이클로-$C_6H_{11}NH_2$ | 99 | −18 | 134 | 약간 녹음 |
| 벤질아민 | $C_6H_5CH_2NH_2$ | 107 | | 185 | ∞ |
| 아닐린 | $C_6H_5NH_2$ | 93 | −6 | 184 | 3.7% |
| | | 2차 아민 | | | |
| 다이메틸라민 | $(CH_3)_2NH$ | 45 | −96 | 7 | 매우 잘 녹음 |
| 다이에틸아민 | $(CH_3CH_2)_2NH$ | 73 | −42 | 56 | 매우 잘 녹음 |
| 다이-*n*-프로필아민 | $(CH_3CH_2CH_2)_2NH$ | 101 | −40 | 111 | 약간 녹음 |
| 다이아이소프로필아민 | $[(CH_3)_2CH]_2NH$ | 101 | −61 | 84 | 약간 녹음 |
| *N*-메틸아닐린 | $C_6H_5NHCH_3$ | 107 | −57 | 196 | 약간 녹음 |
| 다이페닐아민 | $(C_6H_5)_2NH$ | 169 | 54 | 302 | 녹지 않음 |
| | | 3차 아민 | | | |
| 트라이메틸아민 | $(CH_3)_3N$ | 59 | −117 | 3.5 | 매우 잘 녹음 |
| 트라이에틸아민 | $(CH_3CH_2)_3N$ | 101 | −115 | 90 | 14% |
| 트라이-*n*-프로필아민 | $(CH_3CH_2CH_2)_3N$ | 143 | −94 | 156 | 약간 녹음 |
| *N,N*-다이메틸아닐린 | $C_6H_5N(CH_3)_2$ | 121 | 2 | 194 | 1.4% |
| 트라이페닐아민 | $(C_6H_5)_3N$ | 251 | 126 | 225 | 녹지 않음 |

## 19-5 아민의 염기도

아민은 비결합 전자쌍이 친전자체와 결합을 형성할 수 있기 때문에 친핵체(Lewis 염기)이다. 또한 아민은 양성자산으로부터 양성자를 받아들여 Brønsted-Lowry 염기로 작용할 수 있다.

친핵체로서 아민의 반응

$$R{-}\ddot{N}H_2 + CH_3{-}I \longrightarrow R{-}\overset{+}{N}H_2{-}CH_3 \quad I^-$$

친핵체 친전자체 새롭게 형성된 N—C 결합

양성자 염기로서 아민의 반응

$$R{-}\ddot{N}H_2 + H{-}X \longrightarrow R{-}\overset{+}{N}H_2{-}H \quad X^-$$

염기 양성자산 양성자 첨가

아민은 상당히 센염기이기 때문에 수용액은 염기성이다. 아민은 물에서 양성자를 빼앗아 암모늄 이온과 수산화 이온을 이룰 수 있다. 이 반응의 평형 상수를 $K_b$로 표시되는 아민에 대한 **염기 해리 상수**(base-dissociation constant)라고 한다(2-6B절 참조).

$$R-\ddot{N}H_2 + H-O-H \overset{K_b}{\rightleftharpoons} R-NH_3^+ + {}^-OH$$

$$K_b = \frac{[RNH_3^+][^-OH]}{[RNH_2]} \qquad pK_b = -\log_{10}K_b$$

대부분의 아민에서 $K_b$ 값은 상당히 작아서(약 $10^{-3}$ 또는 더 작은 값) 해리에 대한 평형이 왼쪽에 놓여 있다. 그럼에도 아민의 수용액은 분명히 염기성이고, 리트머스 종이를 파랗게 변화시킨다.

염기 해리 상수는 10의 곱으로 크게 변하기 때문에 보통 음의 대수 값, 즉 $pK_b$로 표시한다. 예를 들어 $K_b = 10^{-3}$ 값은 $pK_b = 3$이다. 산의 세기($pK_b$ 값이 작을수록 센산이다)를 표시할 때 $pK_a$ 값을 사용한 것처럼 양성자 염기로서 아민의 상대적인 세기를 비교하기 위해 $pK_b$ 값을 사용한다.

> $pK_b$ 값이 작을수록 더 센염기이다.

일부 아민에 대한 $pK_b$ 값을 표 19-3에 나타냈다.

**표 19-3** 아민의 염기도

| 아민 | $K_b$ | $pK_b$ | $R_3\overset{+}{N}H$의 $pK_a$ |
|---|---|---|---|
| 암모니아 | $1.8 \times 10^{-5}$ | 4.74 | 9.26 |
| | 1차 알킬 아민 | | |
| 메틸아민 | $4.3 \times 10^{-4}$ | 3.36 | 10.64 |
| 에틸아민 | $4.4 \times 10^{-4}$ | 3.36 | 10.64 |
| *n*-프로필아민 | $4.7 \times 10^{-4}$ | 3.32 | 10.68 |
| 아이소프로필아민 | $4.0 \times 10^{-4}$ | 3.40 | 10.60 |
| 사이클로헥실아민 | $4.7 \times 10^{-4}$ | 3.33 | 10.67 |
| 벤질아민 | $2.0 \times 10^{-5}$ | 4.67 | 9.33 |
| | 2차 아민 | | |
| 다이메틸아민 | $5.3 \times 10^{-4}$ | 3.28 | 10.72 |
| 다이에틸아민 | $9.8 \times 10^{-4}$ | 3.01 | 10.99 |
| 다이-*n*-프로필아민 | $10.0 \times 10^{-4}$ | 3.00 | 11.00 |
| | 3차 아민 | | |
| 트라이메틸아민 | $5.5 \times 10^{-5}$ | 4.26 | 9.74 |
| 트라이에틸아민 | $5.7 \times 10^{-4}$ | 3.24 | 10.76 |
| 트라이-*n*-프로필아민 | $4.5 \times 10^{-4}$ | 3.35 | 10.65 |
| | 아릴 아민 | | |
| 아닐린 | $4.0 \times 10^{-10}$ | 9.40 | 4.60 |
| *N*-메틸아닐린 | $6.1 \times 10^{-1^{10}}$ | 9.21 | 4.79 |
| *N,N*-다이메틸아닐린 | $1.2 \times 10^{-9}$ | 8.94 | 5.06 |
| *p*-브로모아닐린 | $7 \times 10^{-11}$ | 10.2 | 3.8 |
| *p*-메톡시아닐린 | $2 \times 10^{-9}$ | 8.7 | 5.3 |
| *p*-나이트로아닐린 | $1 \times 10^{-13}$ | 13.0 | 1.0 |
| | 헤테로 고리 아민 | | |
| 피롤 | $5 \times 10^{-15}$ | 14.3 | −0.3 |
| 피롤리딘 | $1.9 \times 10^{-3}$ | 2.73 | 11.27 |
| 이미다졸 | $8.9 \times 10^{-8}$ | 7.05 | 6.95 |
| 피리딘 | $1.8 \times 10^{-9}$ | 8.75 | 5.25 |
| 피페리딘 | $1.3 \times 10^{-3}$ | 2.88 | 11.12 |

**문제풀이 힌트**

아민의 $pK_a$는 다른 화합물과 다르게 정의한다는 것을 주목하라. 일부 경우 양성자화된 아민의 $pK_a$를 아민 자체의 $pK_a$로 사용한다. 예를 들어, 메틸아민의 실제 $pK_a$는 약 40이며, 이는 강력한 염기인 $CH_3NH^-$의 형성에 해당된다. 일부 출처에서는 메틸아민의 $pK_a$를 10.64로 표시하는데, 이는 실제로 $CH_3NH_3^+$의 $pK_a$이다.

일부 참고문헌에는 아민에 대한 $K_b$나 $pK_b$ 값이 나열되어 있지 않다. 그 대신 암모늄 이온인 짝산에 대한 $K_a$나 $pK_a$ 값을 나열했다. 다음에서 암모늄 이온에 대한 $K_a$와 아민에 대한 $K_b$의 곱이 상온에서 물의 이온곱(ionic product), 즉 $10^{-14}$임을 알 수 있다. 이는 어떤 짝산-염기쌍이든 적용된다(2-6B절 참조).

$$R'-\overset{+}{N}H_3 + H_2O \xrightarrow{K_a} R'-\ddot{N}H_2 + H_3O^+$$

암모늄 이온 아민

$$K_a = \frac{[RNH_2][H_3O^+]}{[RNH_3^+]} \qquad K_b = \frac{[RNH_3^+][^-OH]}{[RNH_2]}$$

$$K_a \times K_b = [H_3O^+][^-OH] = K_W = 1.0 \times 10^{-14}$$

$$pK_a + pK_b = 14 \qquad pK_b = 14 - pK_a$$

**문제풀이 힌트**

$RNH_3^+$의 $pK_a$는 분자의 절반이 양성자가 첨가된 pH이다. 낮은(더 산성인) pH에서 아민은 대부분 양성자가 첨가되고($RNH_3^+$), 높은(더 염기성인) pH에서 아민은 대부분 탈양성자($RNH_2$)가 된다.

이 관계는 암모늄 이온에 대한 $K_a$(또는 $pK_a$) 값과 아민에 대한 $K_b$(또는 $pK_b$) 값의 변환을 가능하게 한다. 또한 센염기인 아민은 약한 산성인 암모늄 이온을 가지며, 약한 염기인 아민은 센산성인 암모늄 이온을 가지게 됨을 알 수 있다.

## 19-6 아민 염기도의 효과

그림 19-4는 아민이 물과 반응할 때의 에너지 도표를 나타낸다. 왼쪽은 반응물인 아민과 물이고, 오른쪽은 생성물인 암모늄 이온과 수산화 이온이다.

암모늄 이온을 안정화하는 구조적 특징(아민과 비교해서)은 반응을 오른쪽으로 이동시키는 아민을 더 센염기로 만든다. 또한 아민을 안정화하는 특징(암모늄 이온에 비교해서)은 반응을 왼쪽으로 이동시켜 아민을 더 약한 염기로 만들게 된다.

**알킬기에 의한 치환** 예로서 암모니아와 메틸아민의 상대적인 염기도를 생각해보자. 알킬기는 양이온에 대한 전자 주개이므로, 메틸아민은 질소의 양전하를 안정화하는 데 도움을 주는 메틸기를 가지고 있다. 이 안정화가 메틸암모늄 양이온의 위치 에너지를 더 낮게 하며, 메틸아민을 암모니아보다 더 센염기로 만든다. 일반적으로 알킬아민이 암모니아보다 더 센염기이다.

$$NH_3 + H_2O \rightleftharpoons NH_4^+ + {}^-OH \qquad pK_b = 4.74$$

(더 약염기)

$$H_3C-NH_2 + H_2O \rightleftharpoons H_3C-\overset{+}{N}H_3 + {}^-OH \qquad pK_b = 3.36$$

(더 센염기)

알킬기에 의해 안정화됨

2차 아민은 1차 아민보다 더 센염기일 것으로 여겨지고(옳다), 3차 아민은 가장 센염기가 될 것으로 생각된다(틀리다). 실제의 경우는 용매 효과로 인해 더 복잡하다. 암모늄 이온은 전하를 띠고 있어 물에 의해 더 강하게 용매화되며, 용매화 에너지가 안정화에 기여한다. 2차나 3차 아민은 암모늄 이온 주변에 알킬기를 더 가지고 있으므로 이온 가까이 접근하여 용매화할 수 있는 물 분자의 수를 감소시킨다. 유도 안정화와 용매화의 입체 장애가 서로 반대로 작용하여 2차 아민의 경우 서로 균형을 이루게 되고, 그 결과 1차 및 3차 아민보다 약간 강한 염기도를 보이게 된다.

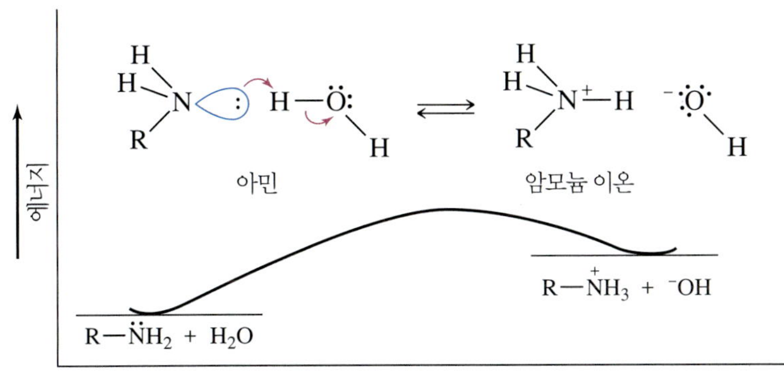


**그림 19-4** 아민 염기의 해리 반응에 대한 위치 에너지 그림

**염기도에 대한 공명 효과** 아릴아민(아닐린과 그 유도체)은 보통의 지방족 아민보다 더 약한 염기이다(표 19-3). 이와 같은 염기도의 감소는 자유 아민에 있는 비공유 전자들이 공명에 의해 비편재화되기 때문이다. 그림 19-5는 반응물(아민)의 안정화가 어떻게 아민의 염기성을 약하게 하는지 보여준다. 아닐린에서 질소의 방향족 고리와 질소 원자의 고립 전자쌍을 포함하는 오비탈 사이의 중첩은 고립 전자쌍을 안정화하므로 반응성을 약하게 한다. 이러한 중첩은 아닐리늄 이온에서 사라지므로, 그로 인해 반응물(아닐린)은 생성물에 비해 안정화된다. 결국 반응은 왼쪽으로 이동하고, 아닐린은 지방족 아민보다 염기성이 약하다.

공명 효과는 피롤(pyrrole)의 염기도에도 영향을 준다. 피롤은 아주 약한 염기이고 p$K_b$는 15 정도이다. 15장에서 살펴본 것처럼 피롤은 질소의 비공유 전자들이 $p$ 오비탈에 존재하고, 방향족의 6전자계에 기여하므로 방향족이다. 피롤의 질소가 양성자화되면 피롤은 방향족의 안정화를 잃어버린다. 따라서 질소의 양성자화는 방향족에 불리하므로, 피롤은 매우 약한 염기이다.

피롤 (방향족) + $H_2O$ $\overset{K_b}{\rightleftharpoons}$ 양성자 첨가 (방향족이 아님) + $^-OH$

$K_b = 10^{-15}$

**문제풀이 힌트**

방향족 아민은 일반적으로 지방족 아민보다 염기성이 작다. 이는 질소 원자가 방향족계(피리딘의 혼성 효과)의 일부이거나 방향족 고리(아닐린의 공명 효과)에 결합되어 있을 때 모두 해당된다.

**혼성화 효과** 말단 알카인(9-6절)의 내용에서 보면 더 큰 $s$ 성질을 가진 전자들은 오비탈에 더 단단히 붙들려 있다. 이 원리는 왜 불포화 아민이 단순한 지방족 아민보다 더 약한 염기성을 나타내

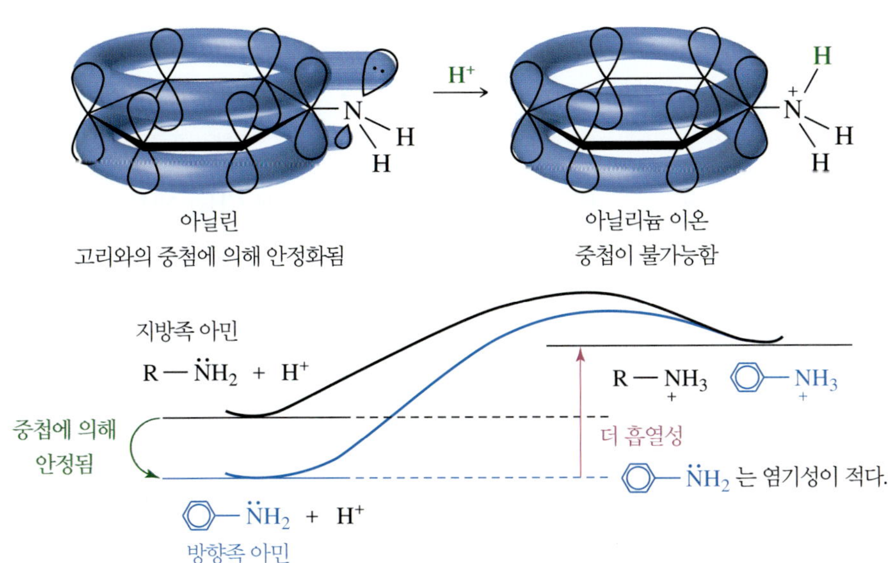


**그림 19-5** 아닐린은 고립 전자쌍이 방향족 고리와의 중첩으로 안정화되었다. 이러한 중첩이 아닐리늄 이온에서는 불가능하다.

는지 설명하는 데 도움이 된다. 예를 들어 피리딘에서 비공유 전자들은 *s* 성질이 더 큰 $sp^2$ 오비탈에 있기 때문에 지방족 아민의 $sp^3$ 오비탈에 있는 전자보다 더 단단히 붙들려 있다. 피리딘의 비공유 전자들은 양성자와 결합하기가 더 어렵다. 피리딘은 양성자화되어도 방향족성은 잃지 않으므로 피롤보다는 더 센염기이다.

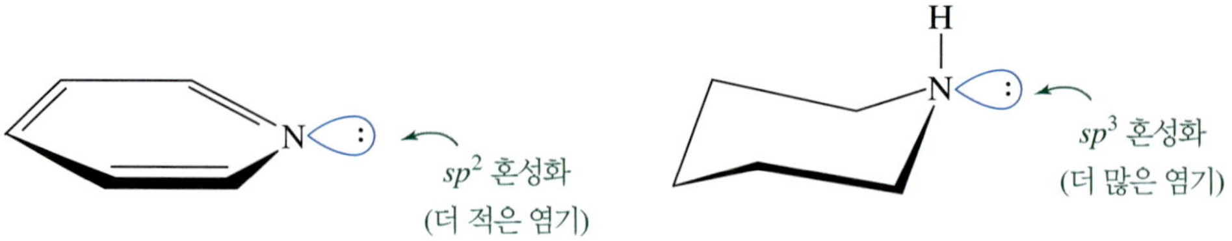

$sp^2$ 혼성화
(더 적은 염기)

$sp^3$ 혼성화
(더 많은 염기)

피리딘, $pK_b = 8.75$

피페리딘, $pK_b = 2.88$

염기도에서 *s* 성질의 증가 효과는 *sp* 혼성화된 나이트릴에서도 더 분명하다. 예를 들면 아세토나이트릴의 $pK_b$는 24이며, 매우 약한 염기이다. 실제로 아세토나이트릴을 양성자 첨가하기 위해서는 진한 무기산이 쓰인다.

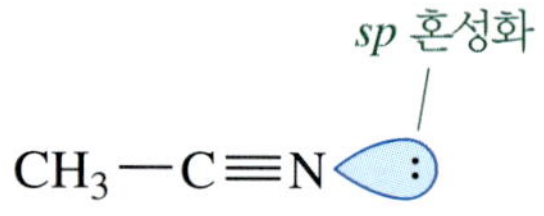

*sp* 혼성화

$CH_3-C\equiv N:$ 매우 약한 염기성

$pK_b = 24$

> **연습문제 19-6**
>
> 다음 일련의 화합물을 염기도가 증가하는 순서로 나열하라.
>
> **(a)** NaOH, $NH_3$, $CH_3NH_2$, Ph—$NH_2$
>
> **(b)** 아닐린, *p*-메틸아닐린, *p*-나이트로아닐린
>
> **(c)** 아닐린, 피롤, 피리딘, 피페리딘
>
> **(d)** 피롤, 이미다졸, 3-나이트로피롤

## 19-7 아민의 염

아민의 양성자 첨가는 **아민 염**(amine salt)을 생산한다. 아민 염은 두 가지 형태의 이온, 즉 양성자가 첨가된 아민 양이온(암모늄 이온)과 산에서 유도된 음이온으로 구성되어 있다. 간단한 아민 염은 치환된 **암모늄 염**(ammonium salt)으로 명명한다. 복잡한 아민 염은 그 염을 형성한 아민과 산의 이름을 이용한다.

$$CH_3CH_2CH_2-\ddot{N}H_2 + HCl \rightleftharpoons CH_3CH_2CH_2-NH_3^+\ Cl^-$$

*n*-프로필아민 + 염산 ⇌ 염화 *n*-프로필암모늄

$$(CH_3CH_2)_3N: + H_2SO_4 \rightleftharpoons (CH_3CH_2)_3NH^+\ HSO_4^-$$

트라이에틸아민 + 황산 ⇌ 트라이에틸암모늄 황산수소염

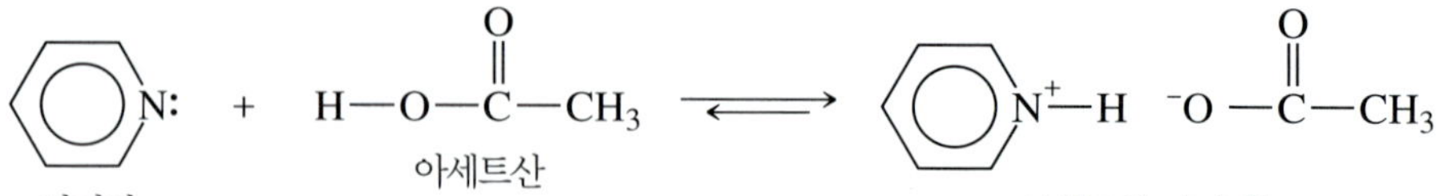

$$C_5H_5N: + H-O-\overset{O}{\overset{\|}{C}}-CH_3 \rightleftharpoons C_5H_5\overset{+}{N}-H\ \ {}^-O-\overset{O}{\overset{\|}{C}}-CH_3$$

피리딘 + 아세트산 ⇌ 아세트산 피리디늄

아민 염은 이온성이고, 녹는점이 높은 비휘발성 고체이다. 아민 염은 본래의 아민보다 물에 더 잘 녹으며, 무극성 유기 용매에는 약간 녹는다.

아민 염의 생성은 아민을 분리하거나 확인하는 데 사용될 수 있다. 탄소 원자 6개 이상으로 된 대개의 아민은 비교적 물에 녹지 않는다. 묽은 산 수용액에서 아민들은 같은 암모늄 염을 생성하는데, 대부분이 물에 녹는다. 수용성인 염의 생성은 아민 작용기의 특성을 시험하는 방법 중 하나로 사용된다.

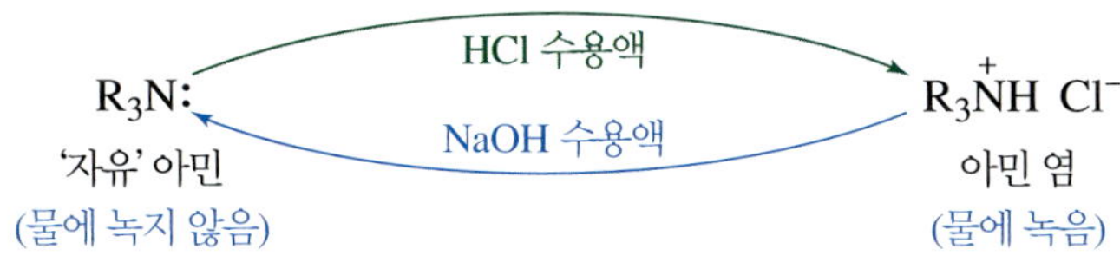


덜 염기성인 화합물로부터 아민을 분리하는 데 아민 염을 형성하는 방법이 쓰이곤 한다(그림 19-6). 먼저 2개의 상인 에터와 물의 혼합물을 흔들어주면 아민은 주로 에터 층에 녹는다. (무기 불순물이 있는) 물을 뽑아내고 여기에 묽은 산을 첨가하면 아민은 양성자가 첨가되어 대부분 수용액 상에 녹는다. 그다음 (유기 불순물이 있는) 에터를 뽑아내고 새 에터를 첨가한다. 묽은 NaOH를 가하면 알칼리 수용액에서 탈양성자 반응이 일어나 아민을 얻을 수 있다. 정제된 자유 아민은 새 에터상에 녹아 있고, 증류하여 순수한 아민을 얻는다.

많은 약품과 생물학적으로 중요한 아민들은 그 염으로 저장되고 사용된다. 아민 염은 산화나 다른 반응에 의해 분해되는 경우가 적고, 생선 냄새도 없다. 또한 염은 물에 녹고 시럽과 주사제 용액으로 쉽게 변환된다.

감기와 알레르기 치료약에 널리 쓰이는 약품 에페드린(ephedrine)을 예로 들어보자. 에페드린은 79℃에서 녹고 불쾌한 생선 냄새를 내며 공기 중에 산화되어 다른 물질로 변한다. 그러나 에페드린 염산 염은 217℃에서 녹고 쉽게 산화되지 않으며 냄새도 없다. 따라서 염산 염은 화합물을 의약품화하는 데 유리하다.

**응용: 허브 치료제**

에페드린은 마황의 주요 성분인데, 원래 천식을 치료하는 데 사용되는 본초 치료법의 하나이다. 오늘날 이 치료법은 기분을 좋게 하고, 피로를 줄이며 체중을 감소시키는 '천연' 방법으로 광고되고 있다. 그러나 심장에 자극 효과를 주어 치명적일 수 있다.

'천연'이라는 말은 안전성 및 순도와는 아무런 관계가 없다. 대부분의 발암 물질, 독성 물질, 위험한 약물은 '천연' 물질이다.

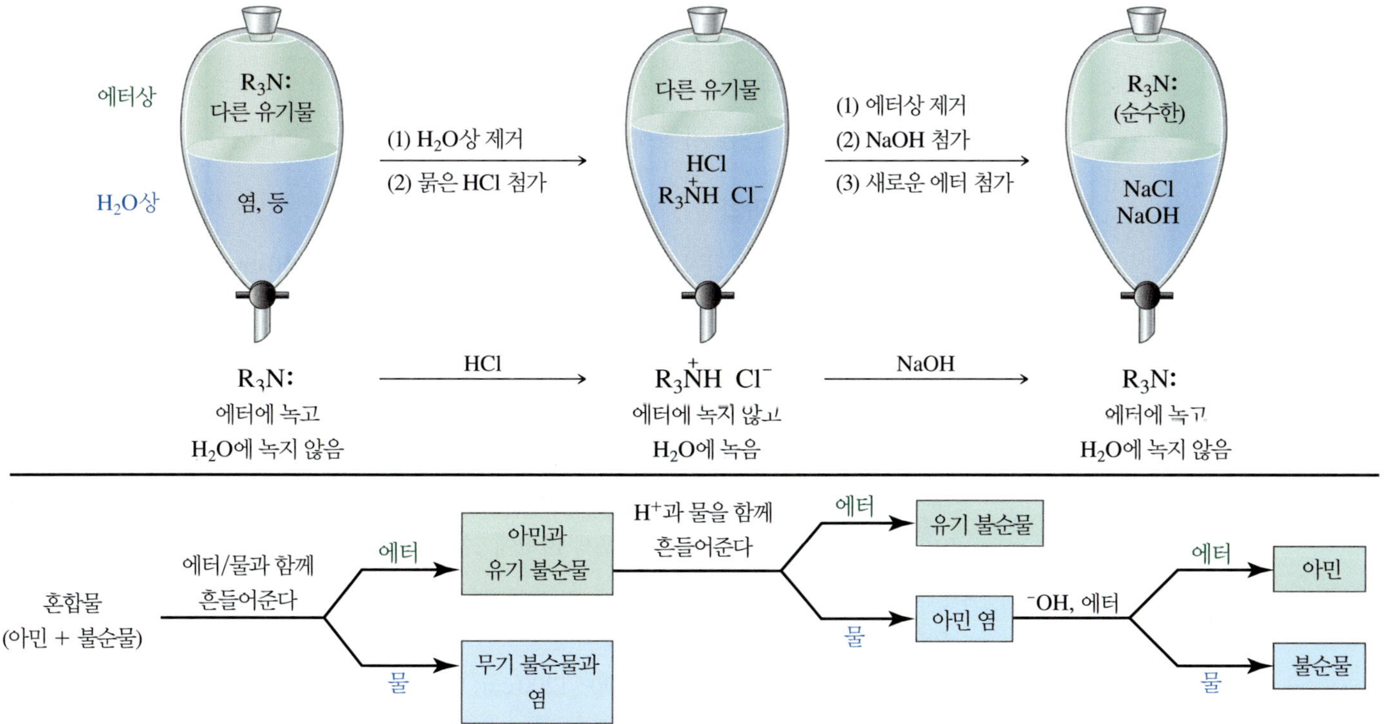


**그림 19-6** 아민의 염기도는 정제하는 데 이용될 수 있다. 아민은 처음에는 물에서보다 에터에서 더 잘 녹는다. 묽은 HCl을 첨가하면 물에 녹는 염산 염으로 변환된다. NaOH로 중화하여 자유 아민을 재생한다.

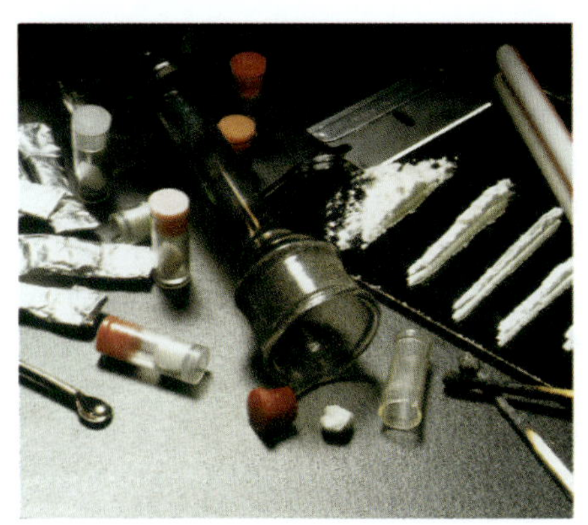

코카인 염산 염을 종종 거울 위에 '선형' 형태로 나누어 놓고 나서 증기를 맡아본다. '균열' 코카인은 '덩어리' 형태로 팔리고 있으며 대개 파이프로 흡입한다.

$$C_6H_5-CH(OH)-CH(CH_3)-\ddot{N}H(CH_3) + HCl \longrightarrow C_6H_5-CH(OH)-CH(CH_3)-\overset{+}{N}H_2(CH_3)\ Cl^-$$

에페드린
녹는점 75°, 역겨운 냄새
공기 중에 쉽게 산화됨

녹는점 217°, 냄새 없음
안정함

아민 염들의 화학은 마약 불법 거래에 큰 역할을 한다. 예를 들어 코카인은 염산 염으로 밀반입되어 흡입되는데, 그렇게 하면 코카인이 더 안정하게 되고 냄새가 덜 나기 때문이다. 흡연성 코카인은 폐 조직에 빠르게 흡수되기 때문에 더 강한 중독성을 가진다. 그 이유는 코카인 염산 염의 휘발성 때문이 아니라 증발되기 전에 분해되는 경향 때문이다. 코카인 염산을 수산화 소듐으로 처리하고 에테르로 추출하면 다시 흡입에 좋은 휘발성 '자유 염기'가 된다. '자유 염기성' 코카인은 다량의 에테르를 포함하기 때문에 해가 더 크다. 더 간단한 방법으로 $NaHCO_3$로 코카인 염산 염을 반죽해서 말리면 '덩어리'가 된다. 이 혼합물은 가열할 때 부서지는 소리를 내기 때문에 '균열 코카인(crack cocaine)'이라고 한다.

코카인 염산 ($Cl^-$, $\overset{+}{N}H(CH_3)$, $C(=O)-OCH_3$, $O-C(=O)-Ph$) $\xrightarrow{\text{NaOH 또는 NaHCO}_3}$ 코카인 '자유 염기' ($\ddot{N}-CH_3$); 역반응: HCl

코카인 염산　　　　코카인 '자유 염기'

## 19-8 아민의 분광법

이전 장에서 아민 분광학의 일반적인 측면을 논의했다. 여기서는 보다 구체적인 내용을 다루고, 이러한 정보를 결합하여 아민의 존재를 어떻게 식별하는지에 알아볼 것이다.

### 19-8A 적외선 분광법

1차 아민과 2차 아민의 가장 확실한 IR 흡수는 진동수 3200~3500 $cm^{-1}$ 사이에서 나타나는 N—H 신축이다. 이 흡수는 가끔 광범위해서 알코올의 O—H 흡수와 쉽게 혼동된다. 그러나 대부분의 경우 아민 스펙트럼의 N—H 신축 영역에 하나 이상의 뾰족한 끝을 볼 수 있다. 1차 아민 (R—$NH_2$)은 대칭과 반대칭 신축으로 보통 2개의 N—H 끝이 보이고, 2차 아민($R_2N$—H)은 1개만이 보인다. 3차 아민($R_3N$)은 N—H 흡수가 나타나지 않는다.

그림 19-7은 1차 아민인 프로판-1-아민(propan-1-amine)의 IR 스펙트럼인 넓은 N—H 피크 위에 2개의 끝을 나타냈다. 연습문제 19-7에 2차 아민의 N—H 신축을 1차 아민과 알코올의 O—H 신축과 대조시켜 놓았다.

아민의 IR 스펙트럼이 C—N 결합의 진동으로 인한 흡수를 포함하지만, 이러한 진동은 C—C와 C—O 진동과 동일한 구역인 1000~1200 $cm^{-1}$ 근처에 나타난다. 따라서 이들은 아민을 확인하는 데 유용하지 않다.

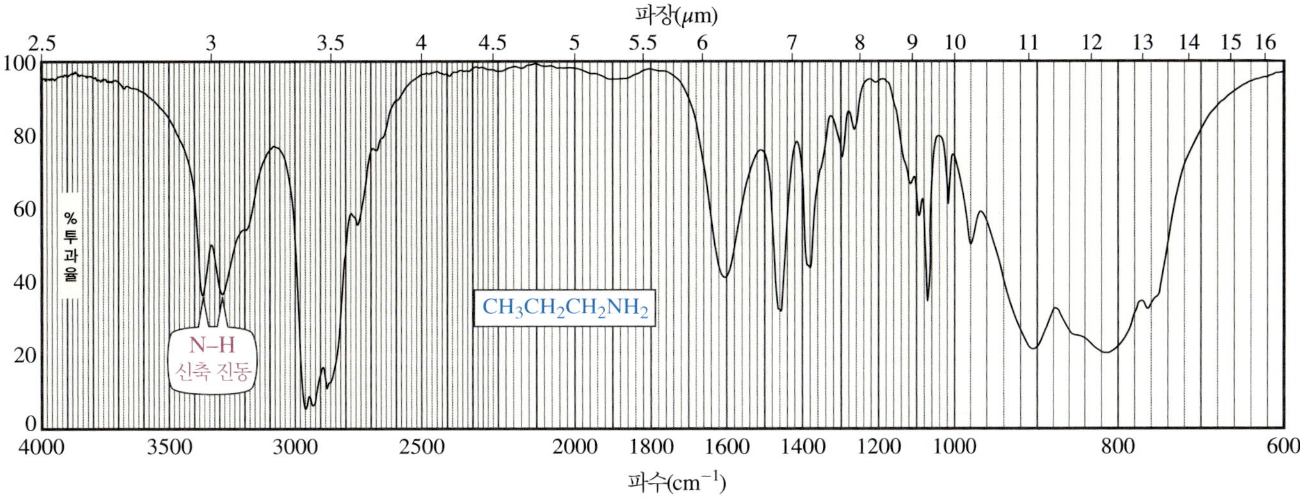


**그림 19-7** 프로판-1-아민의 적외선 스펙트럼. 3300 $cm^{-1}$과 3400 $cm^{-1}$에 특징적인 N—H 신축 진동에 주목하라.

**연습문제 19-7**

다음 부분적인 IR 스펙트럼은 1차 아민, 2차 아민, 알코올에 해당한다. 각 스펙트럼에 대한 작용기를 표시하라.

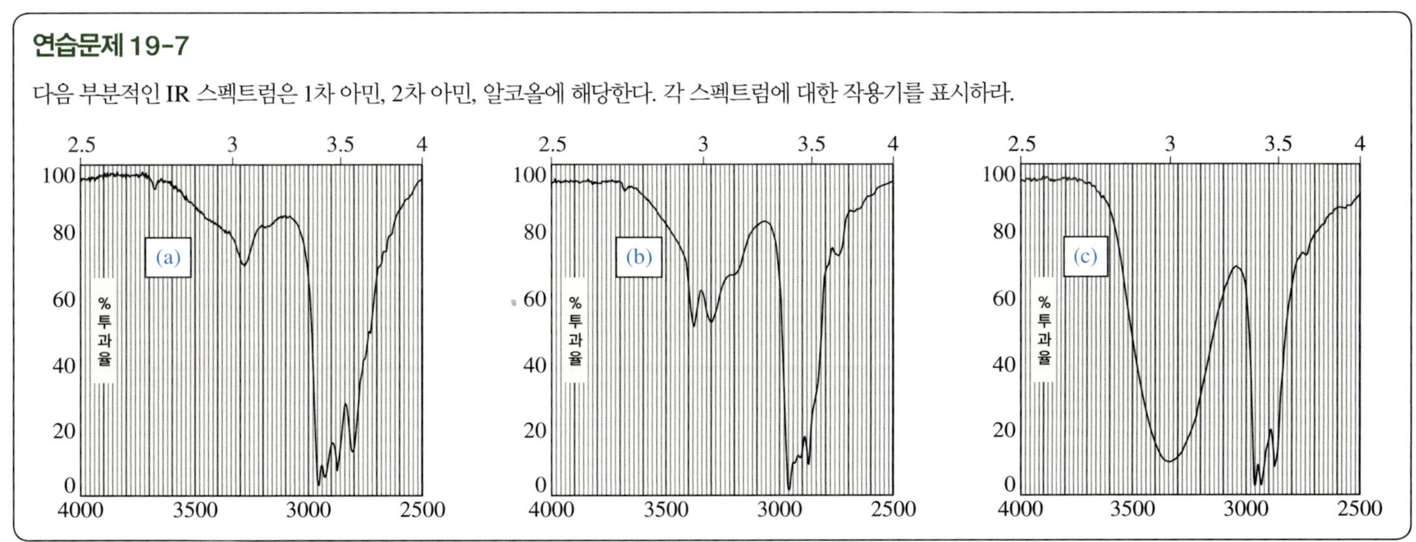


## 19-8B 양성자 NMR 분광법

알코올의 O—H 양성자와 같이 아민의 N—H 양성자는 수소 결합의 정도에 따른 화학적 이동에서 흡수한다. 용매와 시료 농도는 수소 결합에 영향을 주기 때문에 화학 이동에도 영향을 준다. 전형적인 N—H 화학 이동은 $\delta$ 1~$\delta$ 4의 범위에서 나타난다.

O—H와 N—H 양성자 사이의 또 다른 유사성은, 대부분의 경우 스핀-스핀 갈라짐이 나타나지 않는다는 점이다. 어떤 시료에서는 N—H 양성자가 NMR 실험상의 시간 척도보다 더 빠른 속도로 한 분자에서 다른 분자로 교환되기 때문에, N—H 양성자들의 자기적 상호작용을 볼 수없다. 때에 따라서는 아주 순수한 아민의 N—H 양성자들의 깨끗한 갈라짐을 볼 수 있지만, 이는 드문 현상이다. 대부분의 경우 N—H 양성자들은 넓은 피크를 나타낸다. 그 넓은 피크는 N—H 양성자인지 의심하게 한다. O—H 양성자와 같이 N—H 양성자의 흡수는 시료를 $D_2O$와 함께 잘 흔들어주면 감소되거나 사라진다.

질소는 산소나 할로젠과 같이 전기 음성이 아니기 때문에 아민의 $\alpha$ 탄소 원자에 붙은 양성자는 강하게 벗겨지지 않는다. 일반적으로 아민의 $\alpha$ 탄소 원자에 붙은 양성자는 $\delta$ 2~$\delta$ 3 사이를 흡수하지만, 정확한 위치는 아민의 구조와 치환기에 따라 다르다.

$$\overset{\downarrow}{CH_3}—NR_2 \qquad R—\overset{\downarrow}{CH_2}—NR_2 \qquad R_2\overset{\downarrow}{CH}—NR_2$$

메틸 $\delta$ 2.3 메틸렌 $\delta$ 2.7 메타인 $\delta$ 2.9

질소 원자의 $\beta$에 붙은 양성자는 효과가 더 작아서 보통 $\delta$ 1.1~$\delta$ 1.8의 범위에서 흡수가 일어난다. 이들의 화학 이동은 $\beta$ 관계로 인해 약 0.2 ppm이 이동한 낮은 장을 보인다. 프로판-1-아민(그림 19-8)의 NMR 스펙트럼은 이러한 특성의 화학 이동을 보여준다.

$\gamma$ 양성자 $\beta$ 양성자 $\alpha$ 양성자

$$CH_3—CH_2—CH_2—NH_2$$

$\delta$ 0.9 $\delta$ 1.4 $\delta$ 2.6 변하기 쉬운 값(이 스펙트럼에서는 $\delta$ 1.7)

## 19-8C 탄소 NMR 분광법

아민의 질소에 결합된 $\alpha$ 탄소 원자는 보통 약 30~50 ppm 사이에 화학 이동이 일어난다. 이 범위는 탄소 원자가 그 탄소에 결합된 양성자에 비해 20배 정도 더 큰 화학 이동을 보인다는 일반 규칙과 일치한다. 예를 들어 프로판-1-아민(그림 19-8)에서 $\alpha$ 탄소 원자는 45 ppm에서 흡수하는 데 비해 양성자는 2.7 ppm에서 흡수한다. $\beta$ 탄소 원자는 양성자의 흡수가 1.5 ppm인 것에 비해 덜 벗겨져 27 ppm에서 흡수한다. $\gamma$ 탄소 원자는 그다지 질소 원자의 영향을 받지 않아서 11 ppm에서 흡수가 나타난다. 표 19-4에 몇 가지 대표적인 아민의 탄소 NMR 화학 이동을 나타냈다.

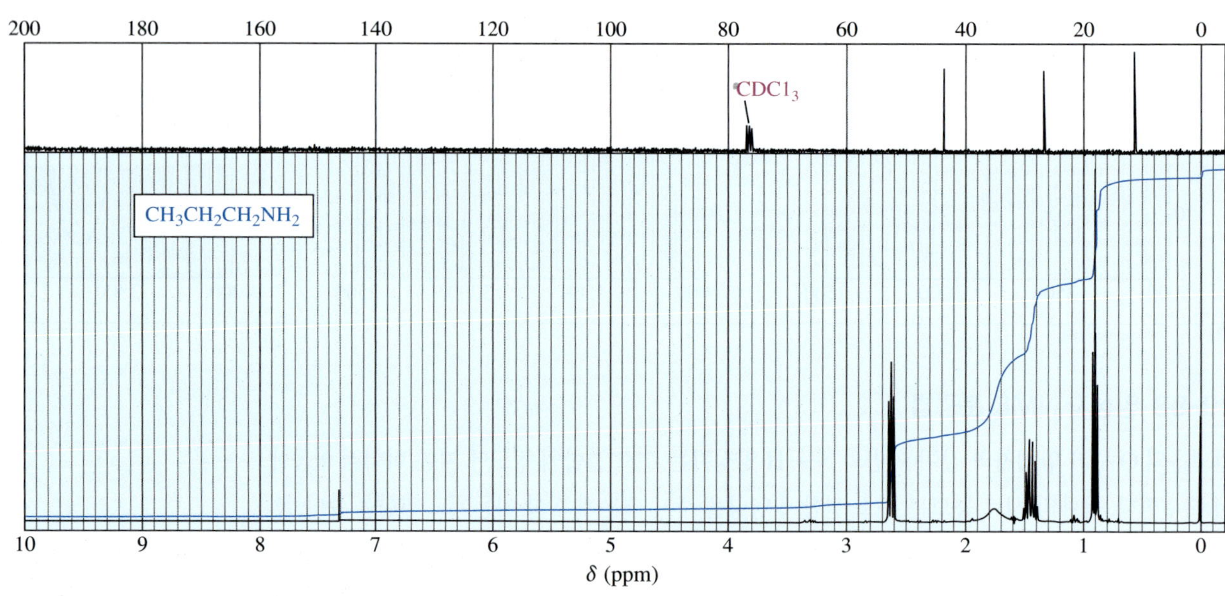


**그림 19-8** 프로판-1-아민의 $^{13}C$와 양성자 NMR 스펙트럼

**표 19-4** 몇 가지 대표적인 아민의 탄소 NMR 화학 이동

| $\delta$ | $\gamma$ | $\beta$ | $\alpha$ | |
|---|---|---|---|---|
| | | | $CH_3—NH_2$<br>26.9 | 메탄아민 |
| | | $CH_3—$<br>17.7 | $CH_2—NH_2$<br>35.9 | 에탄아민 |
| | $CH_3—$<br>11.1 | $CH_2—$<br>27.3 | $CH_2—NH_2$<br>44.9 | 프로판-1-아민 |
| $CH_3—$<br>14.0 | $CH_2—$<br>20.4 | $CH_2—$<br>36.7 | $CH_2—NH_2$<br>42.3 | 뷰탄-1-아민 |

### 연습문제 19-8

화합물 $C_4H_{11}N$의 양성자와 $^{13}C$ NMR 스펙트럼은 다음과 같다. 이 아민의 구조를 결정하고, 그 구조의 모든 양성자에 의해 나타난 피크를 설명하라.

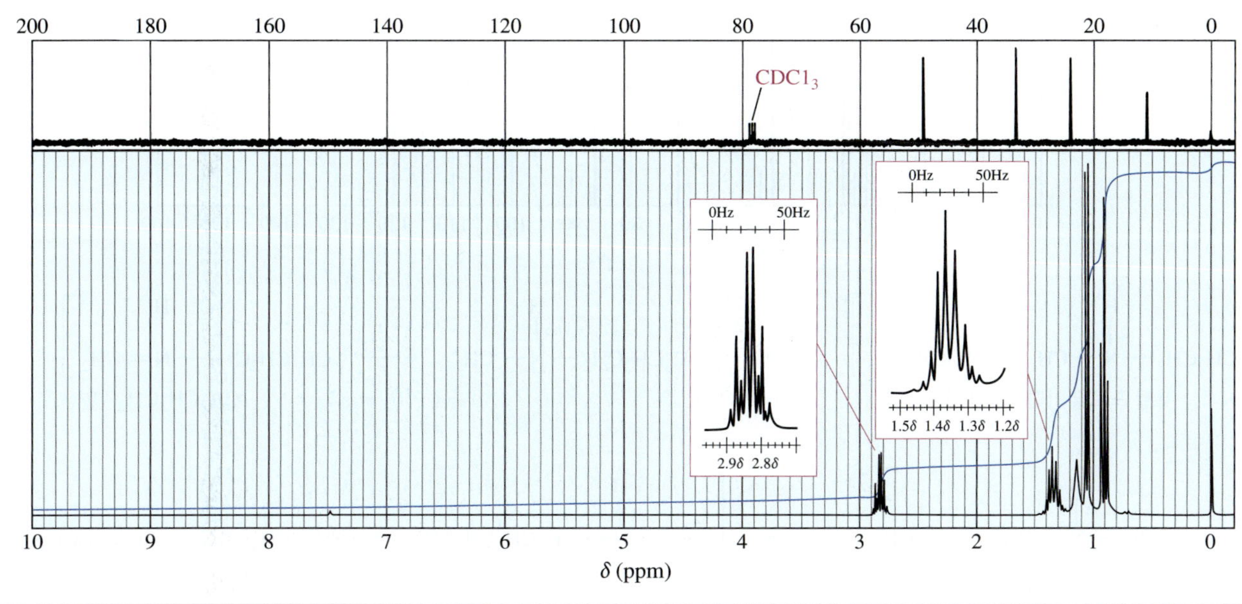


### 연습문제 19-9

다이에틸메틸아민, 피페리딘, 프로판-1-올, 프로판알의 탄소 NMR 화학 이동은 다음과 같다. 어떤 스펙트럼이 각 구조에 일치하고, 각 흡수가 어떤 탄소 원자에 해당되는지 결정하라.

**(a)** 25.9, 27.8, 47.9 **(b)** 12.4, 41.0, 51.1 **(c)** 7.9, 44.7, 201.9 **(d)** 10.0, 25.8, 63.6

## 19-8D 질량 분석법

질량 스펙트럼을 통해 얻을 수 있는 가장 확실한 정보는 분자량이다. 탄소, 수소, 산소, 염소, 브로민, 아이오딘만을 가진 안정한 화합물은 짝수의 질량수를 가진 분자 이온들로 주어진다. 대부분의 그들 조각은 질량수가 홀수이다. 이는 탄소와 산소가 짝수의 원자가와 짝수의 질량수를 가지고 수소, 염소, 브로민, 아이오딘은 홀수의 원자가와 홀수의 질량수를 가지기 때문이다.

질소는 홀수의 원자가와 짝수의 질량수를 가지고 있다. 질소 원자가 안정한 분자에 있을 때 분자량은 홀수이다. 실제로 분자에 홀수의 질소 원자가 들어있을 때 분자 이온은 질량수가 홀수이다. 대부분의 조각은 질량수가 짝수이다.

아민의 가장 일반적인 쪼개짐은 공명 안정화된 양이온, 즉 이미늄(iminium) 이온으로의 α 절단이 일어난다. 이 이온은 이민을 양성자 첨가한 것이다(18-14절).

$$\left[R-CH_2-\overset{+}{\dot{N}}(R)(H)\right] \longrightarrow R\cdot + \left[H_2\overset{+}{C}-\ddot{N}(R)(H) \longleftrightarrow H_2C=\overset{+}{N}(R)(H)\right]$$

α 절단 이미늄 이온

그림 19-9는 뷰틸 프로필 아민(butyl propyl amine)의 질량 스펙트럼이다. 이 기준 피크($m/z$ 72)는 공명 안정화된 이미늄 이온을 생성하기 위한 프로필 라디칼의 손실로 인한 α 절단에 해당한다. 또한 에틸 라디칼은 손실된 α 절단으로 인한 $m/z$ 86에 피크를 보인다.

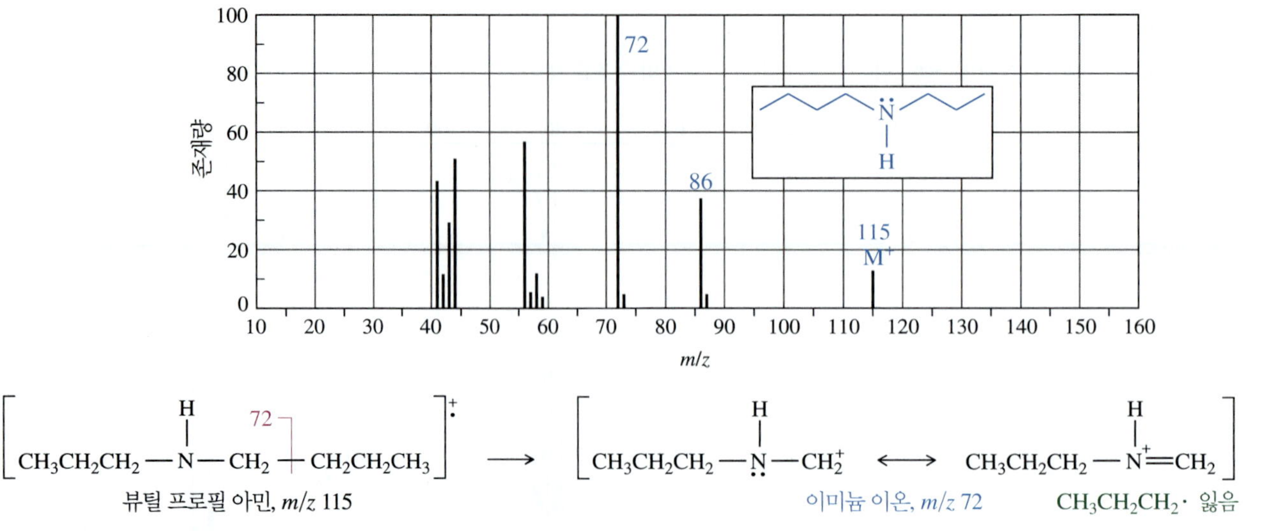


$$\left[ CH_3CH_2 \overset{86}{+} CH_2 - \overset{H}{N} - CH_2CH_2CH_2CH_3 \right]^{+\cdot} \longrightarrow \left[ \overset{+}{C}H_2 - \overset{H}{\ddot{N}} - CH_2CH_2CH_2CH_3 \longleftrightarrow CH_2 = \overset{H}{N^+} - CH_2CH_2CH_2CH_3 \right]$$

뷰틸 프로필 아민, $m/z$ 115　　　이미늄 이온, $m/z$ 86　　　$CH_3CH_2\cdot$ 잃음

**그림 19-9** 뷰틸 프로필 아민의 질량 스펙트럼. 분자 이온은 질량수가 홀수이고, 대부분의 조각은 질량수가 짝수임에 주목하라. 기준 피크는 뷰틸기 내 $\alpha$ 절단에 해당하며, 프로필 라디칼과 공명 안정화된 이미늄 이온을 생성한다.

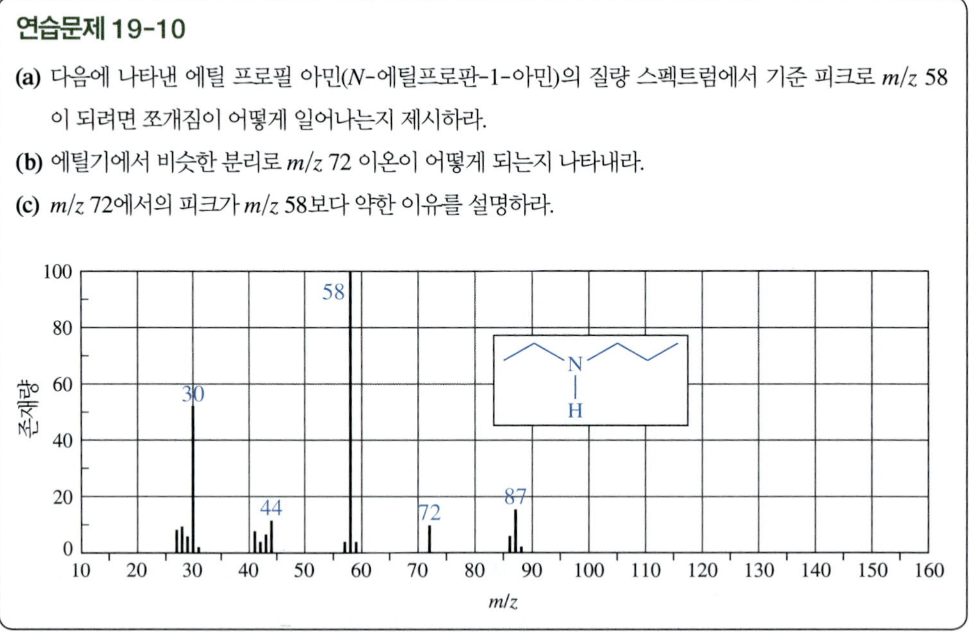

**연습문제 19-10**

**(a)** 다음에 나타낸 에틸 프로필 아민(*N*-에틸프로판-1-아민)의 질량 스펙트럼에서 기준 피크로 $m/z$ 58이 되려면 쪼개짐이 어떻게 일어나는지 제시하라.

**(b)** 에틸기에서 비슷한 분리로 $m/z$ 72 이온이 어떻게 되는지 나타내라.

**(c)** $m/z$ 72에서의 피크가 $m/z$ 58보다 약한 이유를 설명하라.



## 19-9 아민의 케톤과 알데하이드의 반응(복습)

다른 작용기와 달리 합성을 공부하기 전에 아민의 반응을 먼저 공부할 것이다. 이러한 접근은 대부분의 아민 합성이 아민의 반응을 포함하기 때문에 더 좋은 방법이다. 대개 아민(또는 암모니아)으로부터 시작하여 기들을 첨가하여 더 치환된 아민을 만든다. 이에 관한 반응을 연구함으로써 간단한 아민으로부터 더 복잡한 아민을 얻는 데 이런 반응을 어떻게 이용하는지 쉽게 이해할 수 있다.

18-14절에서 아민이 케톤과 알데하이드를 공격한다는 사실을 알았다. 이 친핵성 공격에서 탈수가 이어진다면 이민(Schiff 염기)을 얻는다. 하이드라진 유도체에 대한 같은 반응으로 하이드라존(hydrazone)이 생성되고, 하이드록실아민과의 반응으로 옥심(oxime)이 생성된다. 19-18절에서 아민의 합성을 위해 이들 반응을 이용할 것이다.

Y = H 또는 알킬 이민 생성
Y = OH 옥심 생성
Y = NHR 하이드라존 생성

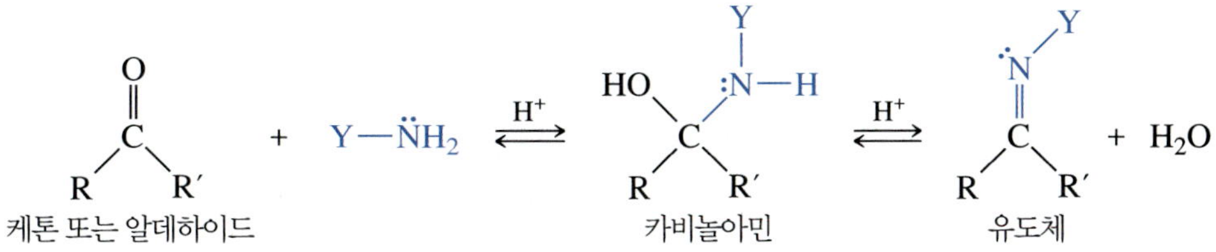

케톤 또는 알데하이드 + Y—$\ddot{N}H_2$ ⇌ ($H^+$) 카비놀아민 (반아미날) ⇌ ($H^+$) 유도체 + $H_2O$

## 19-10 아릴아민과 피리딘의 방향족 치환 반응

아릴아민(arylamine)과 피리딘은 가끔 아민 합성에 중요한 방향족 치환 반응을 필요로 한다. 이 절에서는 이러한 방향족 치환 반응을 다룰 것이다.

### 19-10A 아릴아민의 친전자성 방향족 치환 반응

아릴아민에서 질소의 비공유 전자는 아민 치환기의 오쏘와 파라 위치에 친전자체의 공격으로 생긴 중간체의 안정화를 돕는다. 따라서 아미노기는 강한 활성화기이고, 오쏘, 파라 배향기이다. 그림 19-10은 아닐린의 오쏘와 파라 위치에 치환된 시그마 착물을 보여준다.

다음 반응은 촉매 없이 쉽게 일어나는 아닐린 유도체의 할로젠화 반응이다. 시약을 과량으로 사용하면 아미노기의 모든 오쏘와 파라 위치에 치환된다.

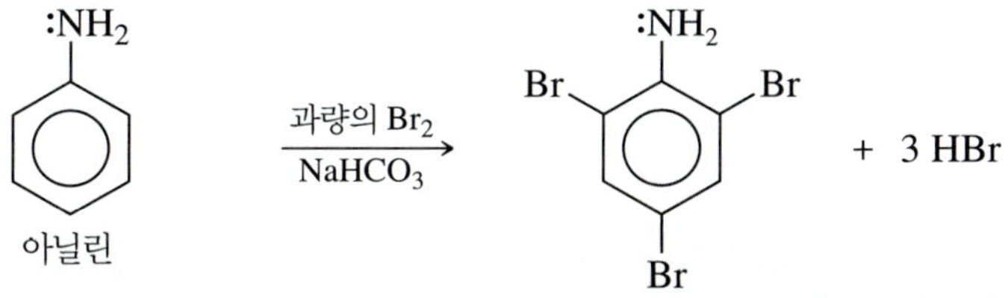

아닐린 —(과량의 $Br_2$, $NaHCO_3$)→ 2,4,6-트라이브로모아닐린 + 3 HBr

아닐린 ⇌ σ 착물 ⇌ 오쏘 치환 + $H^+$

아닐린 ⇌ σ 착물 ⇌ 파라 치환 + $H^+$

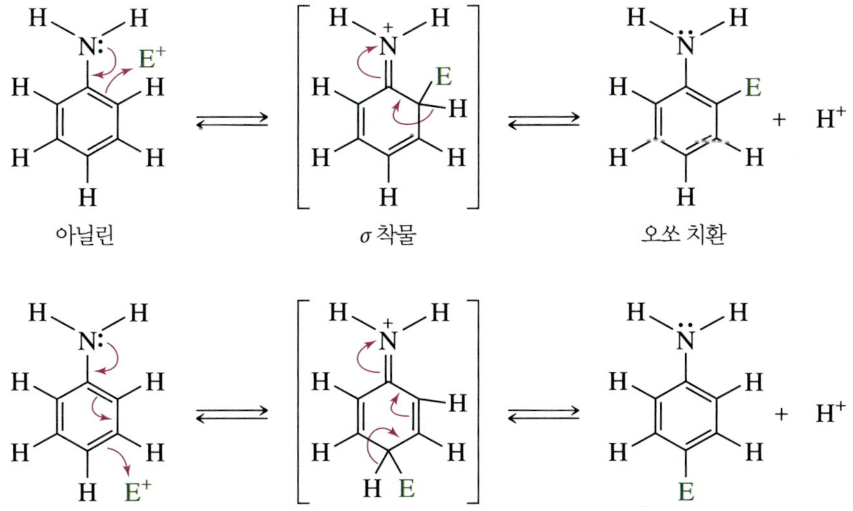

**그림 19-10** 아미노기는 강한 활성화기로, 오쏘 및 파라 배향기이다. 질소의 비결합 전자는 오쏘, 파라 위치에 공격이 일어난 시그마 착물을 안정화한다.

$o$-나이트로아닐린 —(과량의 $Cl_2$, $NaHCO_3$)→ 4,6-다이클로로-2-나이트로아닐린 + 2 HCl

그러나 아닐린 유도체와의 반응에 주의해야 한다. 강한 산성 시약은 아미노기에 양성자를 첨가하여 양전하를 띤 암모늄 염을 만든다. $-NH_3^+$기는 강하게 비활성화(메타-허용)한다. 그러므로 강한 산성 시약은 아닐린의 치환에 적당하지 않다. 산화성 산(예: 질산, 황산)은 아미노기를 산화시켜 분해하고, 경우에 따라서는 격렬한 반응을 일으키기도 한다. 19-12절에서 아미노기가 염기도를 감소시키기 위해 어떻게 아실화되어 다양한 친전자체에 의해 치환할 수 있는지 볼 수 있다.

활성화 —(센산)→ 비활성화

$-NH_2$ —($HNO_3$ (진한), $H_2SO_4$ (진한))→ $-NH_2$기의 산화 (타거나 폭발할 수 있음)

### 19-10B 피리딘의 친전자성 방향족 치환 반응

방향족 치환 반응에서 피리딘은 크게 비활성화된 벤젠과 같다. Friedel-Crafts 반응은 일어나지 않고, 다른 치환 반응도 매우 강한 조건이 필요하다. 이와 같은 비활성화는 전기 음성적인 질소 원자의 전자를 끌어당기는 효과에 따른다. 그 비공유 전자는 $\pi$계에 수직으로 배열되어 양전하를 띤 중간체를 안정화할 수 없다. 피리딘은 반응할 때 비활성화한 벤젠 유도체에서 일어나는 메타 치환과 같이 3 위치에서 치환된다. 메커니즘 19-1은 3 위치의 피리딘 치환을 보여준다.

#### 메커니즘 19-1 | 피리딘의 친전자성 방향족 치환 반응

**1단계:** 3 위치에서 공격이 일어난다.

3 위치에서 공격은 중간체를 더 안정화한다.

피리딘 ⇌ 공명 비편재화된 시그마 착물

**2단계:** 양성자를 잃고 생성물을 생성한다.

$H_2\ddot{O}$:

→ 3-나이트로피리딘(관찰됨) + $H_3O^+$

2 위치 공격에 의해 형성되는 불리한 구조의 중간체와 비교해보자.

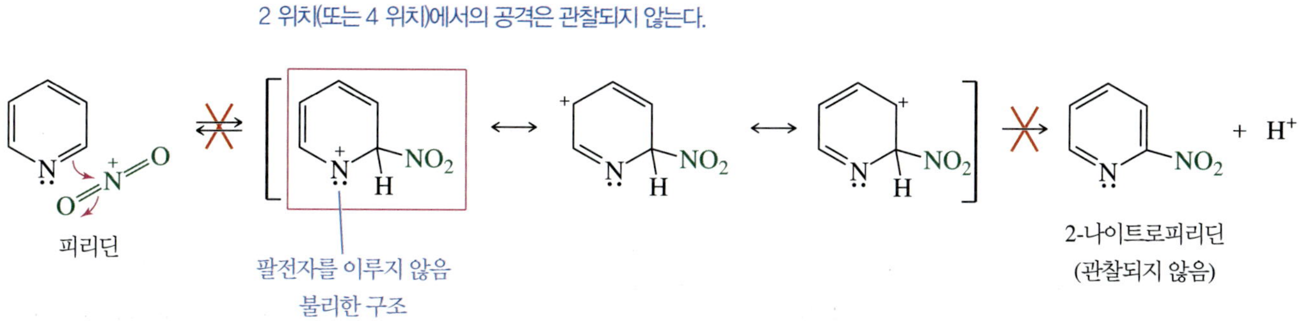

2 위치(또는 4 위치)에서의 공격은 관찰되지 않는다.

피리딘

팔전자를 이루지 않음
불리한 구조

2-나이트로피리딘
(관찰되지 않음)

피리딘의 2 위치에 친전자성 공격은 공명 구조의 하나가 질소에 양전하를 띠고, 6개의 전자만 갖게 되어 불안정한 중간체가 형성된다. 그와 반대로 3 위치에서 친전자성 공격은 생성된 중간체 3개의 모든 구조가 전기 음성이 작은 탄소 원자에 양전하를 띠게 된다.

피리딘의 친전자성 치환은 친전자체의 공격이 질소 원자에 이루어지므로 장애가 되고, 질소가 양전하를 띠게 된다. 양전하를 띤 피리디늄(pyridinium) 이온은 피리딘보다 친전자성 치환 반응에 저항이 크다.

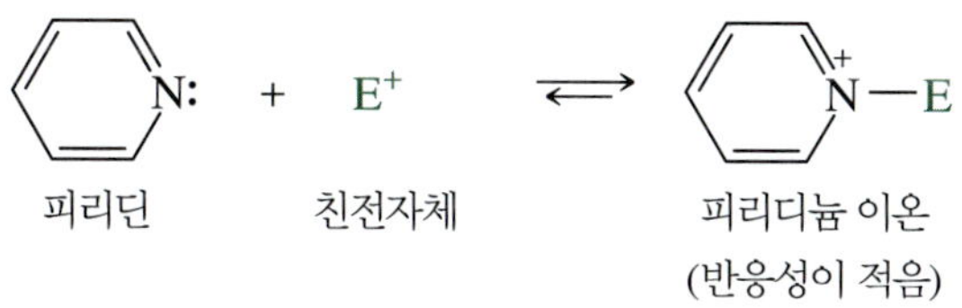

피리딘 + $E^+$ (친전자체) ⇌ 피리디늄 이온 (반응성이 적음)

**연습문제 19-11**

피리딘의 4 위치에 나이트로화 반응 메커니즘을 표시하고, 이러한 배향이 잘 일어나지 않는이유를 설명하라.

피리딘에 대한 두 가지 친전자성 치환 반응을 다음에 표시했다. 이 반응은 가혹한 조건이 필요하며, 수득률은 낮거나 보통임을 주목하라.

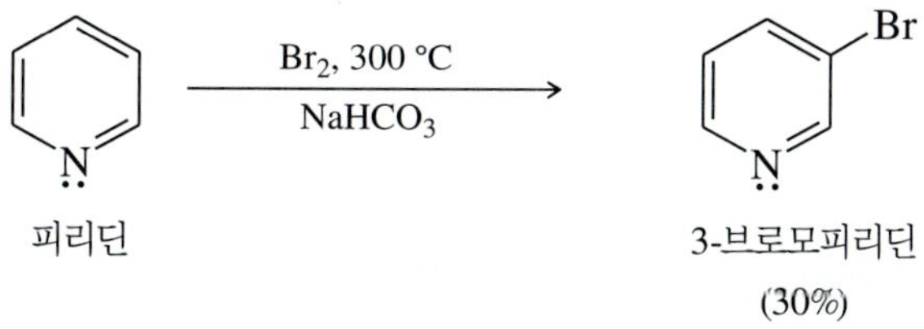

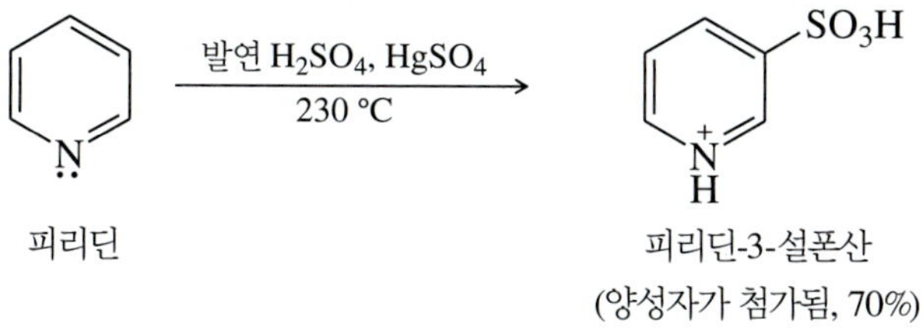

피리딘 —($Br_2$, 300 °C / $NaHCO_3$)→ 3-브로모피리딘 (30%)

피리딘 —(발연 $H_2SO_4$, $HgSO_4$ / 230 °C)→ 피리딘-3-설폰산 (양성자가 첨가됨, 70%)

**연습문제 19-12**

피리딘의 설폰화 반응의 메커니즘을 제안하고, 설폰화가 3 위치에서 일어나는 이유를 지적하라.

### 19-10C 피리딘의 친핵성 방향족 치환 반응

피리딘은 친전자성 공격에 대해 비활성이지만, 전자가 풍부한 친핵체에 의한 공격, 즉 친핵성 방향족 치환에 대해서는 활성화된다. 좋은 이탈기가 2 위치나 4 위치에 있을 경우 친핵체가 공격해서 이탈기와 치환할 수 있다. 다음 반응은 2 위치에서 친핵성 공격에 의한 것이다. 이 중간체는 전기 음성인 질소 원자 위에 음전하의 비편재화로 안정화되었다. 이러한 안정화는 3 위치에 공격이 일어날 경우에는 불가능하다.

**메커니즘 19-2 | 피리딘의 친핵성 방향족 치환 반응**

**1단계:** 2 위치(또는 4 위치)에 대한 친핵성 공격은 안정한 중간체를 형성한다.

$^-OCH_3$ 1 2 N Cl → [ N OCH$_3$ Cl ↔ N OCH$_3$ Cl ↔ N OCH$_3$ Cl ]

전기 음성적인 질소에 음전하(유리한 구조)

**2단계:** 이탈기의 제거로 생성물을 생성한다.

[ N OCH$_3$ Cl ] → N OCH$_3$ + $Cl^-$

(공명 비편재화되지 않음)

3 위치에 대한 친핵성 공격(관찰되지 않음)

$^-OCH_3$ Cl N ✗→ [ OCH$_3$ Cl N ↔ OCH$_3$ Cl N ↔ OCH$_3$ Cl N ] ✗→ OCH$_3$ N + $Cl^-$

(N에 음전하가 비편재화되지 않음)

**연습문제 19-13**

피리딘의 2 위치와 3 위치에서의 친핵성 방향족 치환 반응은 고려했지만, 4 위치는 그렇지 않았다. 메톡시화 이온과 4-클로로피리딘(4-chloropyridine) 반응에 대한 메커니즘이 가능한 세 가지 경우를 완성하라. 중간체는 질소 원자 위에 있는 전하의 비편재화에 의해 어떻게 안정화되는지 나타내라.

**연습문제 19-14**

**(a)** 2-브로모피리딘과 아마이드화 소듐(sodium amide)의 반응으로 2-아미노피리딘(2-aminopyridine)이 생성되는 메커니즘을 제시하라.

**(b)** 이 반응에 3-브로모피리딘을 사용했을 때 더 강한 반응 조건이 요구되며, 3-아미노피리딘과 4-아미노피리딘의 혼합물이 생성된다. 이 이상한 결과를 설명하는 메커니즘을 제시하라.

## 19-11 할로젠화 알킬에 의한 아민의 알킬화 반응

아민은 1차 할로젠화 알킬과 반응하여 알킬화한 할로젠화 암모늄을 생성한다. 이 알킬화 반응은 $S_N2$ 메커니즘으로 진행되는데, 3차 할로젠화물의 경우 방해가 너무 커서 쉽게 일어나지 않는다. 2차 할로젠화물은 수득률이 좋지 않고, 치환 반응보다는 제거 반응이 우선한다.

$$\underset{\text{1차 아민}}{R-\ddot{N}H_2} + \underset{\text{1차 할로젠화물}}{R'-CH_2-Br} \longrightarrow \underset{\text{2차 아민의 염}}{R-\overset{+}{N}H_2-CH_2-R' \quad Br^-}$$

불행히도 처음에 생성된 염은 탈양성자 반응을 할 수 있다. 그 결과 2차 아민은 친핵체로, 다른 할로젠화 분자와 반응할 수 있다.

$$R-\overset{+}{N}H_2-CH_2-R' \ Br^- + R-\ddot{N}H_2 \rightleftharpoons \underset{2°\text{ 아민}}{R-\ddot{N}H-CH_2-R'} + R-\overset{+}{N}H_3 \ Br^-$$

$$\underset{2°\text{ 아민}}{R-\ddot{N}H-CH_2-R'} + R'-CH_2-Br \longrightarrow \underset{3°\text{ 아민의 염}}{R-\overset{+}{N}H(CH_2-R')-CH_2-R' \quad Br^-}$$

직접 알킬화 반응은 반응이 원하는 단계에서 정지된다. 즉 할로젠화물 1당량을 첨가해도 일부 아민 분자는 한 번 반응하고, 또 어떤 아민은 두 번 반응하고, 또 어떤 아민은 세 번 반응(4차 알킬 암모늄 염을 생성하기 위해)한다. 그리고 전혀 반응하지 않는 아민도 있다. 결과적으로 복합 혼합물이 생성된다.

아민의 알킬화 반응은 두 가지 형태의 반응에서 원하는 알킬화한 생성물을 좋은 수득률로 얻을 수 있다.

1. **4차 알킬암모늄 염으로 '완전' 알킬화 반응** 다른 알킬화의 생성 혼합물은 할로젠화 알킬을 가능한 한 여러 번 아민의 알킬화에 충분히 첨가해준다면 피할 수 있다. 이러한 **완전 알킬화 반응**(exhaustive alkylation)은 하나의 4차 알킬암모늄 염을 생성한다. 부드러운 염기($NaHCO_3$ 또는 묽은 NaOH)를 알킬화한 아민 중간체를 탈양성자화하기 위해 첨가해준다.

$$CH_3CH_2CH_2-NH_2 + 3\ CH_3-I \xrightarrow{NaHCO_3} \underset{(90\%)}{CH_3CH_2CH_2-\overset{+}{N}(CH_3)_3 \ I^-}$$

**연습문제 19-15**

이러한 4차 암모늄 염을 생성하는 각 알킬화 반응을 나타내는 메커니즘을 제시하라.

2. **과량의 암모니아와 반응** 암모니아는 값이 저렴하고 분자량이 작으므로 아주 많은 양을 사용하기 편리하다. 1차 할로젠화 알킬을 과량의 암모니아에 서서히 첨가하면 1차 아민이 생성되는데, 다이알킬화 반응이 일어날 확률은 적다. 과량의 암모니아는 쉽게 날려보낼 수 있다.

$$\underset{10\text{몰}}{\ddot{N}H_3} + \underset{1\text{몰}}{R-CH_2-X} \longrightarrow R-CH_2-\overset{+}{N}H_3 \ X^-$$

**연습문제 19-16**

다음 화합물을 직접 알킬화하여 합성하려면 어떻게 해야 하는가?

(a) 아이오딘화 벤질트라이메틸암모늄(benzyltrimethylammonium iodide)

(b) 펜탄-1-아민

(c) 벤질아민

## 19-12 산 염화물에 의한 아민의 아실화 반응

1차 및 2차 아민은 산 염화물과의 반응으로 아마이드를 생성한다. 이 반응은 친핵성 아실 치환 반응(nucleophilic acyl substitution)으로, 카보닐 탄소에 붙은 이탈기 대신 친핵체가 치환된다. 이 경우 염화 이온이 아민으로 치환된다. 20장과 21장에서 친핵성 아실 치환에 대해 상세히 알아볼 것이다.

$$R'-\ddot{N}H_2 + R-\overset{\overset{\displaystyle O}{\|}}{C}-Cl \xrightarrow{\text{피리딘}} R-\overset{\overset{\displaystyle O}{\|}}{C}-\ddot{N}H-R' + C_5H_5\overset{+}{N}-H\ Cl^-$$

아민은 케톤이나 알데하이드의 카보닐기를 공격하는 것처럼 산 염화물의 카보닐기를 공격한다. 산 염화물은 전기 음성인 염소 원자가 카보닐 탄소로부터 전자를 끌어당겨 카보닐 탄소를 더 친전자성으로 하기 때문에 케톤이나 알데하이드보다 반응성이 더 크다. 따라서 염소 원자는 좋은 이탈기이다. 사면체의 중간체가 염화 이온을 축출하고 아마이드를 만든다. 생성된 HCl을 제거하기 위해 피리딘이나 NaOH 같은 염기가 종종 첨가된다.

**메커니즘 19-3 | 산 염화물에 의한 아민의 아실화 반응**

**1단계:** 친핵체가 산 염화물의 친전자성 카보닐기를 강하게 공격하여 사면체 중간체를 형성한다.

$$\underset{\text{산 염화물}}{R-\overset{\overset{\displaystyle :\ddot{O}:}{\|}}{C}-Cl} + \underset{\text{아민}}{R'-\ddot{N}H_2} \rightleftharpoons \underset{\text{사면체 중간체}}{R-\overset{\overset{\displaystyle :\ddot{O}:^-}{|}}{\underset{\underset{\displaystyle ^+NH_2-R'}{|}}{C}}-Cl}$$

**2단계:** 사면체 중간체가 염화 이온을 축출한다.

**3단계:** 양성자를 잃고 아마이드를 생성한다.

$$\underset{\text{사면체 중간체}}{R-\overset{\overset{\displaystyle :\ddot{O}:^-}{|}}{\underset{\underset{\displaystyle ^+NH_2-R'}{|}}{C}}-Cl} \longrightarrow R-\overset{\overset{\displaystyle \ddot{O}}{\|}}{C}-\overset{+}{N}H(H)-R'\ Cl^- \xrightarrow{\text{피리딘}} \underset{\text{아마이드}}{R-\overset{\overset{\displaystyle \ddot{O}}{\|}}{C}-\ddot{N}H-R'} + C_5H_5\overset{+}{N}H\ Cl^-$$

예

$$C_6H_5-\overset{\overset{\displaystyle O}{\|}}{C}-Cl + CH_3-NH_2 \xrightarrow{\text{피리딘}} C_6H_5-\overset{\overset{\displaystyle O}{\|}}{C}-NHCH_3 \quad (95\%)$$

이 반응으로 생성된 아마이드는 더 아실화하지 않는다. 아마이드는 질소에 비공유 전자를 가진 구조와 질소에 양전하를 띤 구조의 공명 구조로 안정화되었다. 그 결과 아마이드는 아민보다 염기성이나 친핵성이 더 작다.

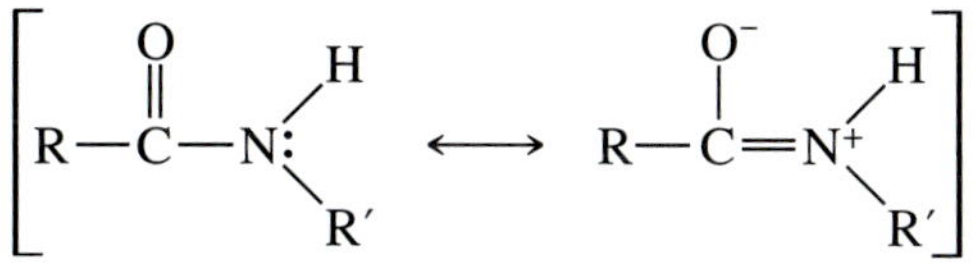

아마이드의 공명 안정화

아마이드의 감소된 염기도는 친전자성 방향족 치환 반응에 유리하게 사용될 수 있다. 예를 들어 아닐린의 아미노기가 아세틸화하여 아세트아닐라이드(acetanilide)가 되면, 아마이드는 여전히 활성적이고 오쏘, 파라 배향을 한다. 그러나 아닐린과는 달리 아세트아닐라이드는 아래와 같이 산성 시약(온화한 산화제)으로 처리할 수도 있다. 아릴아미노기는 고리에 치환이 더 진행되기 전에 아실화하고, 아실기는 나중에 산성 또는 염기에 의해 가수 분해로 제거된다(21-7C절).

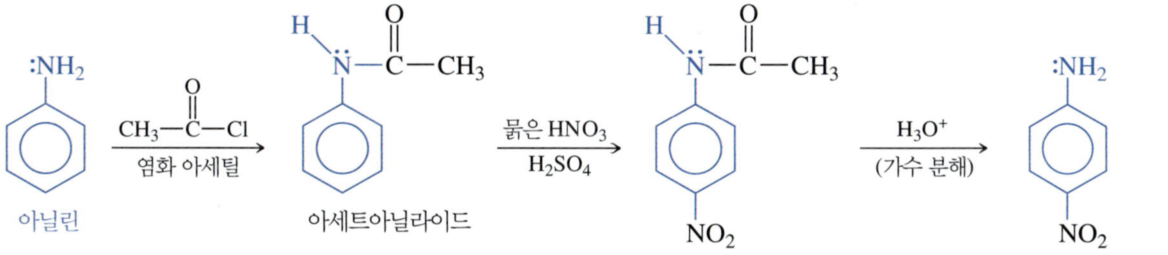

아닐린 → ($CH_3COCl$, 염화 아세틸) → 아세트아닐라이드 → (묽은 $HNO_3$, $H_2SO_4$) → ($H_3O^+$, (가수 분해)) → *p*-나이트로아닐린

이러한 방법을 사용하는 아민 아실화의 한계로는 반응에서 HCl이 생성되고, 산 염화물 반응물이 불안정하다는 것이다. 2019년에 중국 연구팀은 이러한 문제를 극복하는 대체 공정을 발표했다. 그들은 전기화학적 공정에서 산 염화물 대신 카복실산을 사용하여 아민을 아실화했고, 85% 수율로 멜라토닌 합성에 이 방법론을 적용했다. 멜라토닌은 수면-각성 주기를 조절하는 데 도움이 되는 호르몬이며, 수면 부족을 돕기 위해 치료 목적으로 사용된다.

**예제 19-1**

다음 합성 변환을 좋은 수득률로 이루려면 어떻게 해야 되는가?

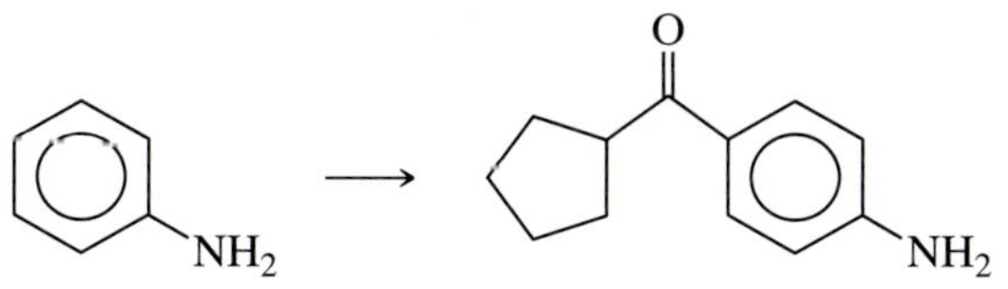

**풀이**

아닐린에 Friedel-Crafts 아실화를 시도하기는 어렵다. 자유 아미노기가 산 염화물과 Lewis 산 촉매를 모두 공격하기 때문이다.

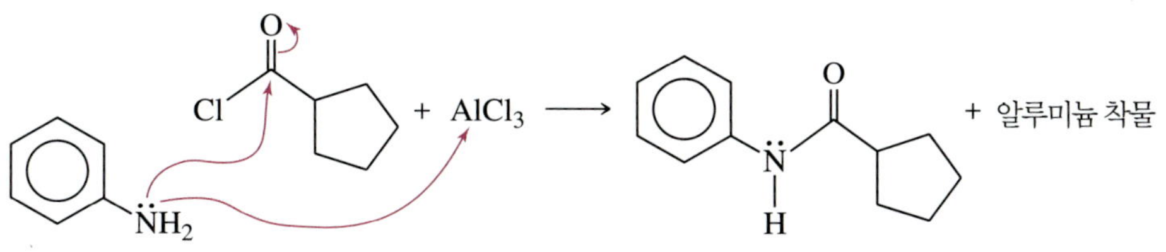

+ $AlCl_3$ → + 알루미늄 착물

아닐린의 아미노기를 아마이드로 변환시켜 친핵도를 조절할 수 있는데, 아마이드는 Friedel-Crafts 반응에서 오쏘 및 파라 배향성이고, 활성화되어 있다. 즉 아실화 후 아마이드를 가수 분해함으로써 원하는 생성물을 얻을 수 있다.

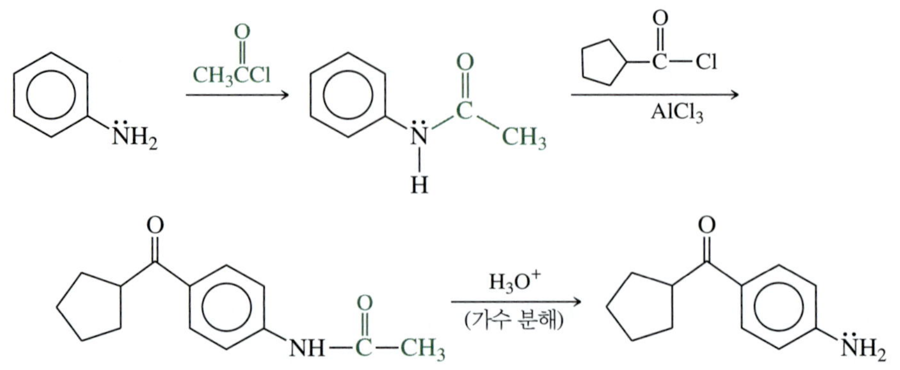

$CH_3CCl$ (O) ; $AlCl_3$ ; $H_3O^+$ (가수 분해)

NH₂ → NH—C(=O)—CH₃ → NH₂

### 연습문제 19-17

다음 반응에서 예상되는 생성물을 답하라.

(a) 염화 아세틸 + 에틸아민

(b) 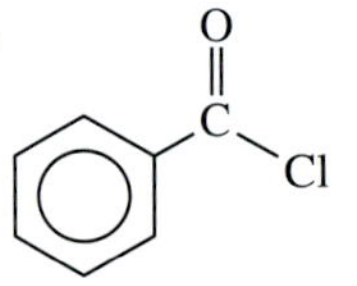 염화 벤조일 + $(CH_3)_2NH$ 다이메틸아민

(c) $CH_3—(CH_2)_4—C(=O)—Cl$ 염화 헥산오일 + 피페리딘

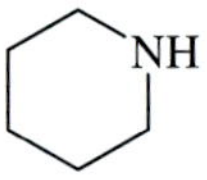

## 19-13 설폰아마이드의 형성

염화 설폰일(sulfonyl chloride)은 설폰산의 산 염화물이다. 염화 아실과 마찬가지로 염화 설폰일은 강한 친전자체이다.

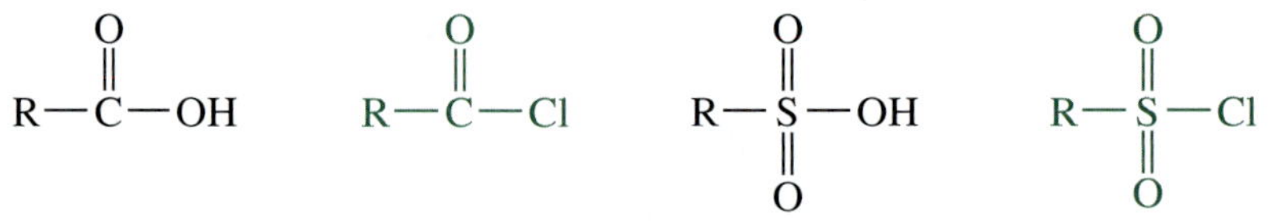

| R—C(=O)—OH | R—C(=O)—Cl | R—S(=O)₂—OH | R—S(=O)₂—Cl |
|---|---|---|---|
| 카복실산 | 염화 아실 (산 염화물) | 설폰산 | 염화 설폰산 |

1차 및 2차 아민은 염화 설폰일을 공격해서 염화 이온 대신 아마이드가 생성된다. 설폰산의 아마이드를 **설폰아마이드**(sulfonamide)라고 한다. 이 반응은 염화 설폰일(예: 염화 토실)과 알코올로부터 설폰산 에스터를 생성하는 것과 비슷하다(11-5절).

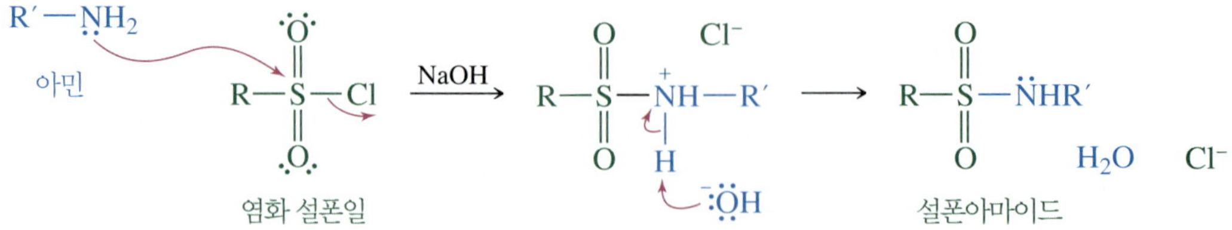

$R'—NH_2$ (아민) + $R—SO_2—Cl$ (염화 설폰일) $\xrightarrow{NaOH}$ $R—SO_2—\overset{+}{N}H—R'$ ($Cl^-$, $^-:OH$) ⟶ $R—SO_2—NHR'$ (설폰아마이드) + $H_2O$ + $Cl^-$

설파제(sulfa drug)는 항박테리아에 사용되는 설폰아마이드의 한 부류이다. 1936년 설판일아마이드(sulfanilamide)가 연쇄상구균의 감염에 효과적으로 저항한다는 사실이 발견되었다. 설판일아마이드는 아세트아닐라이드(acetanilide, 아마이드로 아미노기를 보호)를 클로로설폰화 반응과 암모니아로 처리하여 합성한 후 보호기를 가수 분해하여 얻는다.

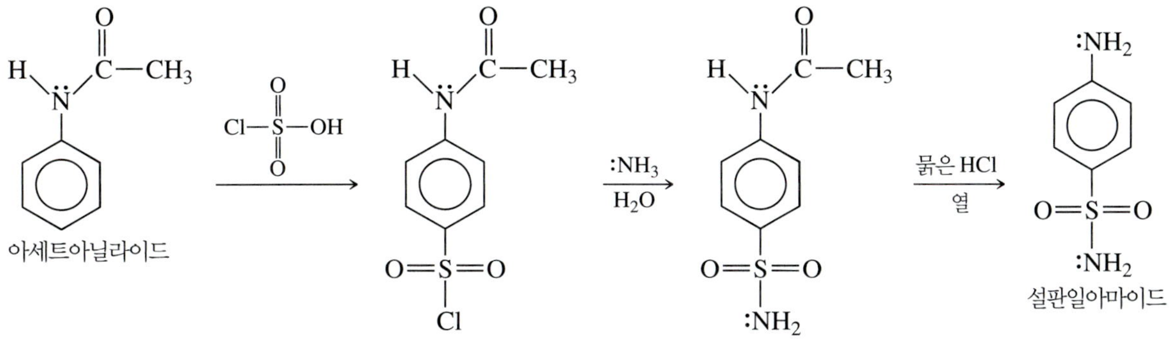

아세트아닐라이드 —($Cl-SO_2-OH$)→ —(:$NH_3$, $H_2O$)→ —(묽은 HCl, 열)→ 설판일아마이드

### 연습문제 19-18

아미노기가 클로로설폰화 반응 단계에서 아마이드로 보호되지 않는다면 설판일아마이드 합성에서 어떤 일이 발생하는가?

**응용: 설폰아미드 약**

'설파제'라는 용어는 일반적으로 항생제와 관련이 있지만, 이 그룹에는 당뇨병, 염증 및 고혈압 치료에 사용되는 약물도 포함된다. 설폰아마이드 항생제는 설폰아마이드 질소 원자에 부착된 질소 헤테로사이클의 존재로 구별한다.

설판일아마이드의 생물학적 활성이 자세히 연구되었다. 설판일아마이드는 *p*-아미노벤조산과 유사하다. 연쇄상구균은 성장과 재생산에 필요한 폴산(folic acid)을 합성하는 데 *p*-아미노벤조산을 사용한다.

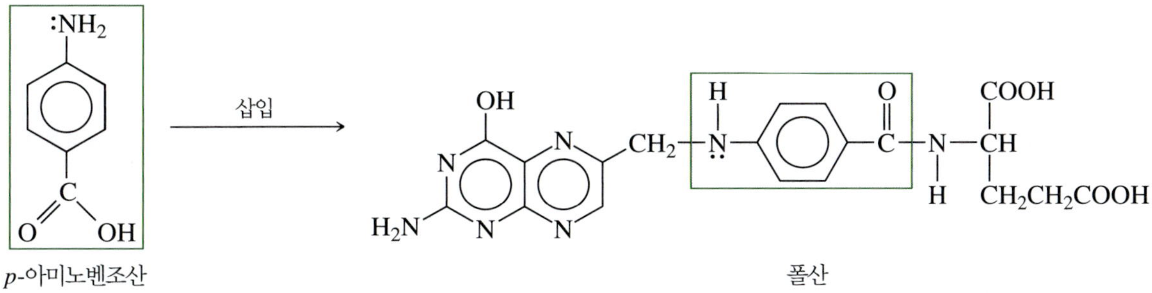

*p*-아미노벤조산 —(삽입)→ 폴산

설판일아마이드는 폴산을 만드는 데 사용될 수 없으나, 세균성 효소는 설판일아마이드와 *p*-아미노벤조산을 구별하지 못한다. 활성인 폴산의 생성이 억제되어 조직체의 성장이 멈춘다. 설판일아마이드가 세균을 죽이지 못하고 세균의 성장과 재생산을 억제함으로써 몸 자체의 방어 기능으로 감염을 파괴한다.

### 연습문제 19-19

설판일아마이드 합성에 사용되었을 때와 같이 염화 설폰일이 설파싸이아졸(sulfathiazole)과 설파피리딘(sulfapyridine) 합성에 어떻게 사용되는지 나타내라.

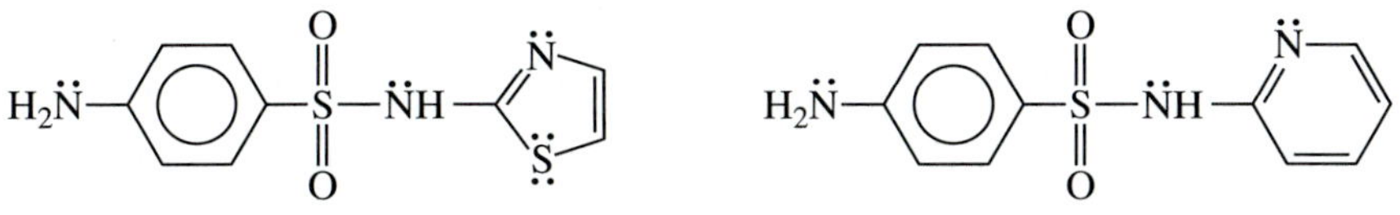

설파싸이아졸 설파피리딘

**응용: 약의 저항성**

설파제의 효과는 오늘날 세균의 저항 때문에 한계에 도달했다. 저항을 억제하는 한 가지 방법은 약의 농도를 효율적으로 묽게 해서 *p*-아미노벤조산을 과도하게 생산하는 것이다.

## 19-14 이탈기로서의 아민: Hofmann 제거

알코올과 할로젠화 알킬이 제거 반응으로 알켄을 생성하는 것처럼, 아민은 제거 반응에 의해 알켄으로 변환될 수 있다(11-10, 7-9절). 그러나 아민은 직접 제거 반응을 일으킬 수는 없다. 이탈기가 매우 센염기이고, 좋지 않은 이탈기인 아마이드화 이온($^-NH_2$ 또는 $^-NHR$)이기 때문이다.

아미노기는 완전히 메틸화시킴으로써 좋은 이탈기로 변환될 수 있다. 중성 아민으로 이탈할 수 있도록 4차 암모늄 염으로 변환시킨다. 완전한 메틸화는 보통 아이오딘화 메틸을 사용하여 이룬다.

아민의 완전한 메틸화

$$R-\ddot{N}H_2 + 3\,CH_3-I \longrightarrow R-\overset{+}{N}(CH_3)_3\ I^- + 2\,HI$$

나쁜 이탈기 (R—NH₂의 N) / 좋은 이탈기 ($\overset{+}{N}(CH_3)_3$)

4차 암모늄 염의 제거 반응은 보통 센염기를 필요로 하는 E2 메커니즘으로 일어난다. 염기를 공급하기 위해 산화 은(I)을 통해 4차 아이오딘화 암모늄을 수산화 염으로 변환시킨다.

수산화 염으로 변환

$$\underset{\text{4차 아이오딘화 암모늄}}{R-\overset{+}{N}(CH_3)_3\ I^-} + \tfrac{1}{2}Ag_2O + H_2O \longrightarrow \underset{\text{4차 수산화 암모늄}}{R-\overset{+}{N}(CH_3)_3\ ^-OH} + AgI\downarrow$$

4차 수산화 암모늄을 가열하면 E2 제거로 인해 알켄이 생성된다. 이와 같이 4차 수산화 암모늄의 제거 반응을 **Hofmann 제거 반응**(Hofmann elimination)이라고 한다.

### 메커니즘 19-4 | Hofmann 제거 반응

Hofmann 제거 반응은 이탈기로서 아민을 사용하는 단일 단계, 즉 협동 E2 반응이다.

$$HO^- \ H-\overset{|}{\underset{|}{C}}-\overset{|}{C}-\overset{+}{N}(CH_3)_3 \xrightarrow[\text{(E2)}]{\text{열}} H-O-H \quad \underset{\text{알켄}}{>C=C<} \quad \underset{\text{아민}}{:N(CH_3)_3}$$

예를 들면 뷰탄-2-아민(butan-2-amine)을 완전히 메틸화하여 수산화 염으로 변환시킨 후 가열하면, 제거 반응이 일어나 뷰트-1-엔(but-1-ene)과 뷰트 -2-엔(but-2-ene)의 혼합물이 생성된다.

완전 메틸화와 수산화 염으로 변환

$$\underset{\text{뷰탄-2-아민}}{\overset{1}{C}H_3-\overset{2}{C}H(:NH_2)-\overset{3}{C}H_2-\overset{4}{C}H_3} \xrightarrow[\text{(2) } Ag_2O,\ H_2O]{\text{(1) 과량의 } CH_3I} \underset{\text{4차 수산화 암모늄}}{\overset{1}{C}H_3-\overset{2}{C}H(\overset{+}{N}(CH_3)_3)-\overset{3}{C}H_2-\overset{4}{C}H_3\quad ^-OH}$$

가열과 Hofmann 제거 반응

$^{-}$:ÖH 또는 $^{-}$:ÖH

$$\underset{1}{H_2C}(H)-\underset{2}{CH}(^{+}N(CH_3)_3)-\underset{3}{CH}(H)-\underset{4}{CH_3} \xrightarrow{150\ ^\circ C} \underset{1}{H_2C}=\underset{2}{CH}-\underset{3}{CH_2}-\underset{4}{CH_3} + \underset{1}{CH_3}-\underset{2}{CH}=\underset{3}{CH}-\underset{4}{CH_3} + H_2O + :N(CH_3)_3$$

뷰탄-1-엔 Hofmann 생성물 95%     뷰탄-2-엔($E$와 $Z$) Zaitsev 생성물 5%

7장에서 할로젠화 알킬의 제거 반응이 Zaitsev 규칙, 즉 가장 치환기가 많은 생성물이 우선해서 생긴다는 사실을 보았다. 이는 가장 치환기를 많이 가진 알켄이 보편적으로 가장 안정하기 때문이다. Hofmann 제거 반응에서는 생성물로 가장 치환기를 적게 가진 알켄이 생성된다. 따라서 제거를 주로 Zaitsev **생성물**(가장 많은 치환기를 가진 알켄)과 Hofmann **생성물**(가장 적은 치환기를 가진 알켄)로 분류한다.

Zaitsev 제거 반응

$$\underset{1}{CH_3}-\underset{2}{CH}(Cl)-\underset{3}{CH_2}-\underset{4}{CH_3} + Na^{+}\ {}^{-}OCH_3 \longrightarrow \underset{1}{H_2C}=\underset{2}{CH}-\underset{3}{CH_2}-\underset{4}{CH_3} + \underset{1}{CH_3}-\underset{2}{CH}=\underset{3}{CH}-\underset{4}{CH_3}$$

2-클로로뷰테인    메톡시화 소듐    뷰트-1-엔 Hofmann 생성물 (33%)    뷰트-2-엔($E$와 $Z$) Zaitsev 생성물 (67%)

가장 적은 치환기를 가진 알켄이 생성되는 Hofmann 제거 반응에 우세한 요인이 있는데, 그중에서도 가장 강력한 것은 큰 이탈기를 가진 것이다. E2 메커니즘은 양성자와 이탈기가 동일 평면의 서로 반대쪽에 배열되게 하는데(7-9절), Hofmann 제거 반응에서 아주 큰 트라이알킬아민 이탈기는 흔히 이러한 동일 평면 배열을 방해한다.

그림 19-11은 뷰탄-2-아민에서 Hofmann 제거 반응의 입체 화학을 보여준다. 메틸화한 암모늄 염은 C1이나 C3에 있는 양성자와 트라이메틸아민을 잃어버리는 제거 반응을 한다. C2—C3 결합

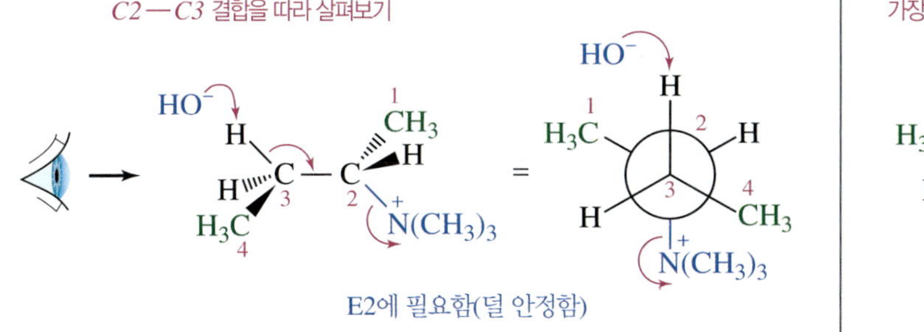




**그림 19-11** 뷰탄-2-아민의 Hofmann 제거 반응. C2—C3 결합의 가장 안정한 형태는 이탈기에 대해 서로 상반된 관계에서 C3에 양성자가 없는 것이다. C1—C2 결합에서 엇갈린 어떤 형태도 양성자와 이탈기 사이에 반대관계를 가진다. C1에서 양성자를 제거하면 Hofmann 생성물이 생성된다.

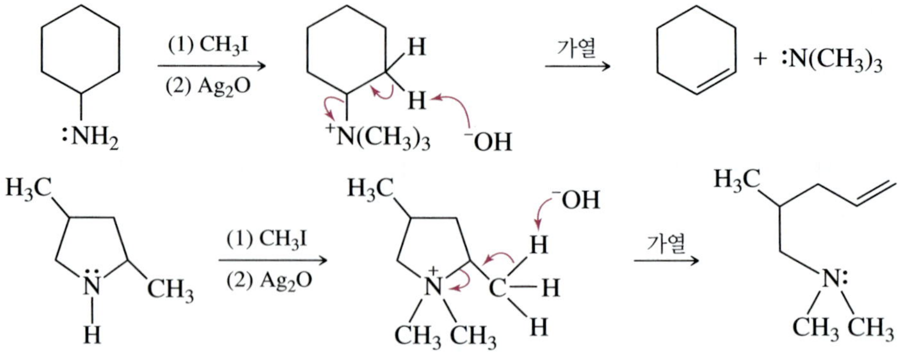

**그림 19-12** Hofmann 제거 반응의 예. 가장 적게 치환된 알켄이 보통 유리한 생성물이다.

에 따른 가능한 형태를 그림 19-11 위쪽에 나타냈다. C3 양성자와 이탈기 사이의 안티 동일 평면 배열은 C4 메틸기와 큰 트라이메틸암모늄기 사이의 공수 작용이 필요하다. C2—C3 결합에 대해 가장 안정한 형태는 C2—C3 결합의 제거를 막는 동일 평면 반대쪽에 메틸기를 갖는 것이다.

그림 19-11 아래쪽은 C1—C2 결합의 형태이다. C1—C2 결합의 3개의 어떤 엇갈린 형태도 하나의 양성자와 이탈기 사이에 안티 관계를 나타낸다. Hofmann의 생성이 우선하는데, 이는 C1 양성자 하나가 제거되는 것이 에너지가 낮고 Zaitsev(C2—C3) 제거 반응이 필요로 하는 장애를 받는 전이 상태보다는 더 가능한 전이 상태가 되기 때문이다.

Hofmann의 제거 반응은 복잡한 아민을 더 간단한 아민으로 변화시키므로 복잡한 아민의 구조를 확인하는 데 사용할 수 있다. 제거 반응의 방향은 가장 적게 치환된 알켄이 생기므로 예측이 쉽다. 그림 19-12는 Hofmann 제거 반응을 통해 복잡한 아민을 단순하게 하는 두 가지 예이다.

**예제 19-2**

다음 아민이 과량의 아이오도메테인으로 처리되고 다시 산화 은과 함께 가열될 때 생성되는 주생성물을 예측하라.

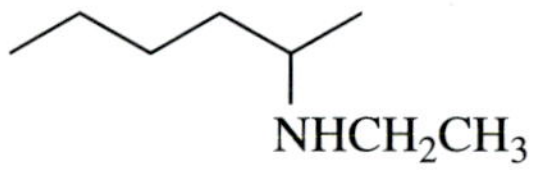

$NHCH_2CH_3$

**풀이**

이런 형태의 문제를 풀 때는 메틸화된 염의 모든 가능한 제거 반응을 찾아내야 한다.

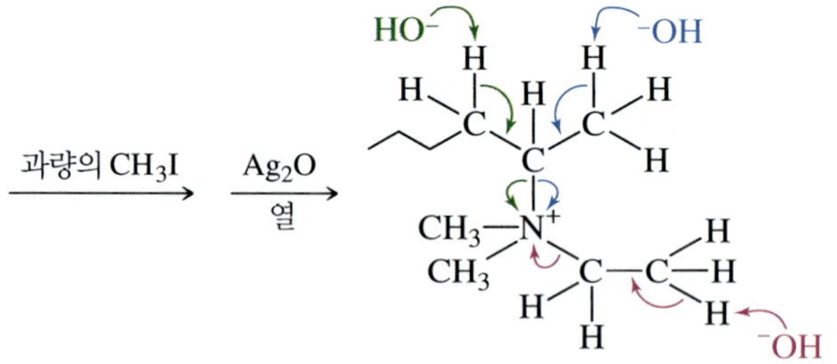

과량의 $CH_3I$ → $Ag_2O$, 열 →

초록색, 파란색, 붉은색 화살표는 가능한 세 가지 제거 경로를 나타낸다. 생성물은 다음과 같다.

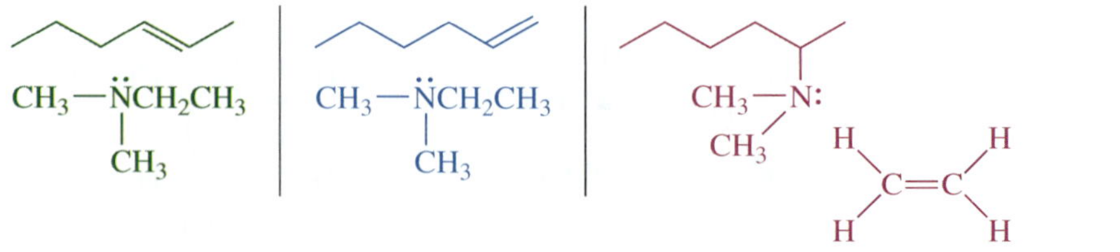

첫째(초록색) 알켄은 이중 치환된 이중 결합을 가진다. 둘째(파란색) 알켄은 단일 치환, 붉은색 알켄(에틸렌)은 치환기 없는 이중 결합을 가진다. 붉은색 생성물이 우선하리라 본다.

**문제풀이 힌트**

Hofmann 제거 반응의 문제를 푸는 비결은 화합물이 제거 반응을 일으킬 수 있는 길을 찾는 것이다. 그리고 가장 적게 치환된 알켄을 생성하는 길이 아마도 유리할 것이다.

**연습문제 19-20**

다음 아민이 완전히 메틸화된 후 $Ag_2O$로 처리하고 가열할 때 생성되는 주생성물을 예측하라.

(a) 헥산-2-아민 (b) 2-메틸피페리딘 (c) *N*-에틸피페리딘

(d)

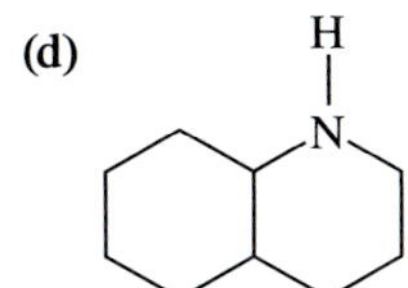

(e)

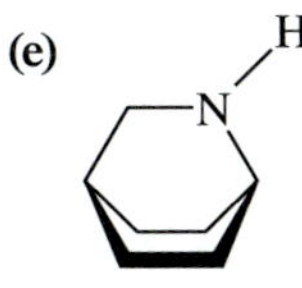

(f)

**문제풀이 힌트**

Hofmann 제거 반응의 일부 입체 화학적 양상은 모형을 통해 공부하는 것이 이해하기 쉽다. 모형은 연습문제 19-20과 같은 제거 반응을 포함한 문제를 푸는 데 필수적이다.

## 19-15 아민의 산화: Cope 제거 반응

아민은 아주 쉽게 산화되는데, 이러한 산화는 합성 시에, 또는 공기가 접촉하는 저장 시에도 자주 부반응을 일으킨다. 아민을 저장하거나 의약품으로 사용하려면 염으로 변환시켜야 하는데, 이는 공기 산화를 막기 위해서이다.

다음 부분적인 구조들은 아민의 결합과 산화 상태의 일부를 보여준다.

아민 이민 암모늄 염 하이드록실아민 아민 산화물 나이트로소 나이트로

산화가 더 잘 일어남

주어진 구조에 따라 이들 상태는 일반적으로 왼쪽에서 오른쪽으로 감에 따라 더 산화되기 쉽다(산소에 대한 결합의 수가 증가함을 주목하라).

대부분의 아민은 $H_2O_2$와 과망가니즈산 염 및 과산화산 같은 보편적인 산화제에 의해 산화된다. 1차 아민은 쉽게 산화되지만, 복잡한 생성물을 혼합물로 얻는다. 다음 일련의 순서는 1차 아민에서 산화가 증가되는 순으로 왼쪽에서 오른쪽으로 나열한 것이다. [O] 표기는 일반적인 산화제를 나타내는 데 사용된다.

$$\text{R—NH}_2 \xrightarrow{[O]} \text{R—NH—OH} \xrightarrow{[O]} \text{R—N=O} \xrightarrow{[O]} \text{R—N}^+(=\text{O})\text{O}^-$$

1° 아민 하이드록실아민 나이트로소 나이트로

산화가 더 잘 일어남

2차 아민은 **하이드록실아민**(hydroxylamine)으로 쉽게 산화된다. 그러나 부생성물이 자주 생성되고 수득률이 낮다. 아민의 산화 반응 메커니즘은 부분적으로 많은 경로(특히 자유 라디칼과 관련된 경로)가 가능하므로 잘 밝혀져 있지 않다.

**응용: 생화학**

1차 아민은 모노아민 산화 효소(MAO)에 의해 체내에서 산화된다. MAO는 아민을 이민으로 변환시키고, 이민은 알데하이드와 암모니아로 가수 분해된다. MAO 기능 중 하나는 신경전달체 세로토닌(serotonin)과 노르에피네프린(norepinephrine)의 수준을 조절하는 것이다. 모노아민 산화 효소 억제제는 이들 신경전달체의 산화(및 불활성화)를 막고 기분을 좋게 한다. MAO 억제제는 최초의 항우울제였지만, 지금은 많은 부작용 때문에 별로 쓰이지 않는다.

세로토닌

노르에피네프린

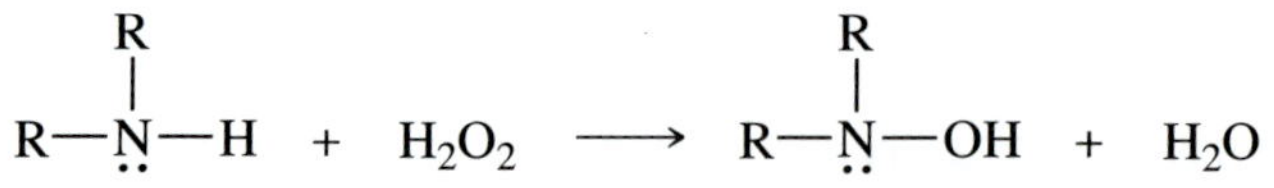

$$\text{R}_2\ddot{\text{N}}\text{—H} + H_2O_2 \longrightarrow \text{R}_2\ddot{\text{N}}\text{—OH} + H_2O$$

2° 아민 → 2° 하이드록실아민

3차 아민은 보통 좋은 수득률로 **아민 산화물**(amine oxide)로 산화된다. $H_2O_2$나 과산화산이 이 산화에 이용된다. 아민 산화물은 나이트로 화합물에서와 같이 질소에 양전하로 산소에는 음이온으로 나타내야 한다. 아민 산화물의 N—O 결합은 질소 전자 주개에 의해 형성되므로, 옛 문헌에서 이 결합은 흔히 화살표(N → O)로 기록되어 있다.

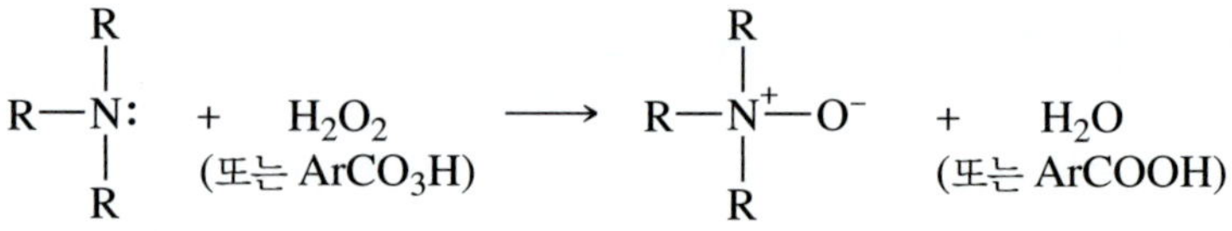

$$\text{R}_3\text{N:} + H_2O_2\ (\text{또는 } ArCO_3H) \longrightarrow \text{R}_3\text{N}^+\text{—O}^- + H_2O\ (\text{또는 } ArCOOH)$$

3° 아민 → 3° 아민 산화물

질소의 양전하로 인해 아민 산화물은 4차 암모늄 염의 Hofmann 제거 반응과 같이 **Cope 제거 반응**(Cope elimination)을 일으킬 수 있다(메커니즘 19-5). 아민 산화물은 고리형 전이 상태를 통해 그 자신이 염기로 작용하기 때문에 센염기를 필요로 하지 않는다. Cope 제거 반응은 Hofmann의 제거 반응 같은 배향의 반응 결과로 가장 적게 치환된 알켄을 생성한다.

## 메커니즘 19-5 | 아민 산화물의 Cope 제거 반응

Cope 제거 반응은 염기와 이탈기로 아민 산화물을 이용한 1단계, 협동 E2 반응이다. Cope 제거 반응에는 신(syn) 입체 화학이 필요하다.

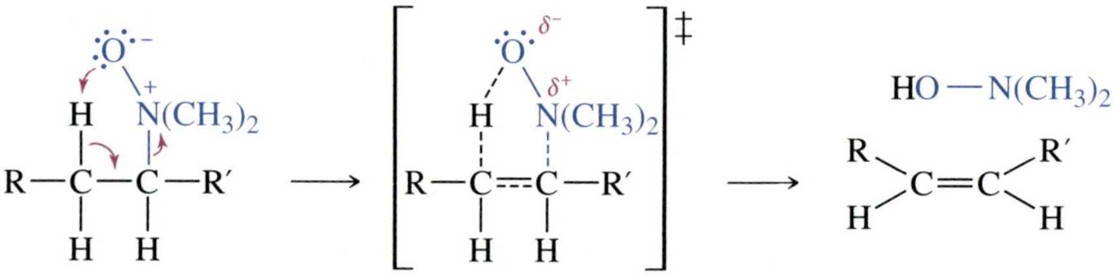

$$\text{R—CH}_2\text{—CH(R')—N}^+(CH_3)_2\text{—O}^- \longrightarrow [\text{전이 상태}]^\ddagger \longrightarrow \text{RCH=CHR'} + \text{HO—N}(CH_3)_2$$

[전이 상태]

Cope 제거 반응은 Hofmann 제거 반응보다 더 온화한 조건에서 일어난다. Cope 제거 반응은 민감하고 반응성이 있는 알켄이 아민의 제거로 합성되어야 할 때 특히 유용하다. Cope 제거 반응은 고리형 전이 상태를 내포하므로, 신(syn)의 입체 화학을 통해 일어난다.

### 예제 19-3

다음 화합물이 $H_2O_2$로 처리되고 가열될 때 예상되는 생성물을 예측하라.

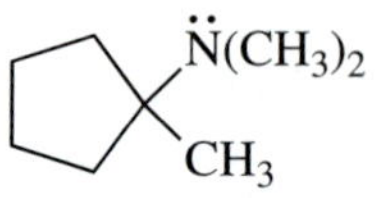

(1-메틸사이클로펜틸)–$\ddot{N}(CH_3)_2$, $CH_3$

**풀이**

산화를 통해 3차 아민에서 아민 산화물로 변환된다. Cope 제거 반응으로 두 알켄 중 어느 하나가 생성된다. 장애가 더 적은 제거 반응이 우선하므로 Hofmann 생성물이 생성될 것으로 예상된다.

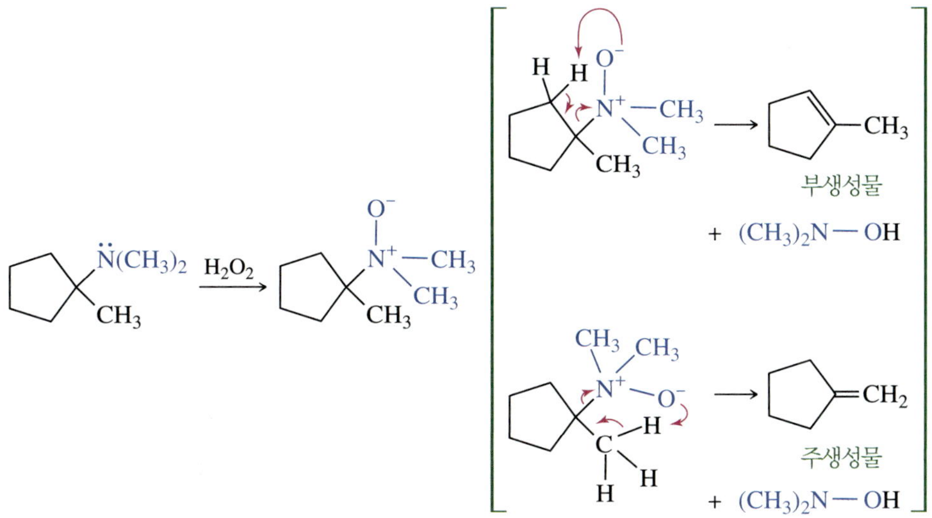

부생성물

+ $(CH_3)_2N-OH$

주생성물

+ $(CH_3)_2N-OH$

**연습문제 19-21**

다음 3차 아민에 과산화산을 첨가하고 가열했을 때 예상되는 생성물을 제시하라.

**(a)** *N*,*N*-다이메틸헥산-2-아민

**(b)** *N*,*N*-다이에틸헥산-2-아민

**(c)** 사이클로헥실다이메틸아민

**(d)** *N*-에틸피페리딘

**연습문제 19-22**

다음 아민 이성질체(*R*,*R*)에 과량의 아이오딘화 메틸을 첨가한 다음, 산화 은을 첨가하고, 가열했을 때 발생하는 주생성물은 Hofmann 생성물이다.

**(a)** 주생성물(Hofmann 생성물)의 구조를 그려보라.

**(b)** 약간의 Zaitsev 생성물이 생성되었는데 (*E*) 배열을 보였다. 같은 아민을 mCPBA로 처리하고 가열했는데 발생한 Zaitsev 생성물은 (*Z*) 배열이었다. 이러한 결과를 전이 상태의 입체 화학적 그림을 사용하여 설명하라.

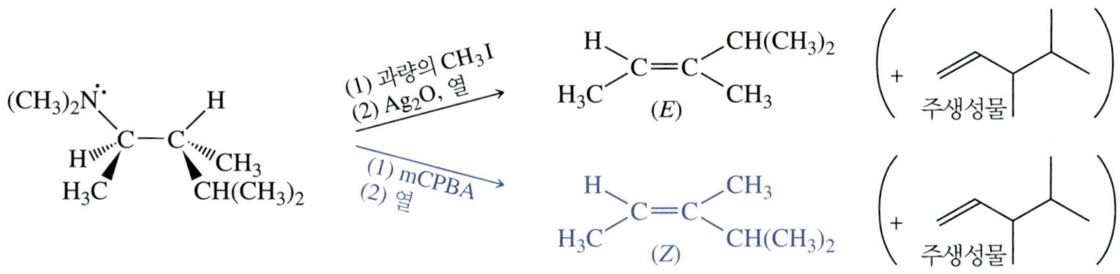

(1) 과량의 $CH_3I$ (2) $Ag_2O$, 열 → (*E*) (+ 주생성물)

(1) mCPBA (2) 열 → (*Z*) (+ 주생성물)

## 19-16 아질산과 아민의 반응

아민과 아질산(nitrous acid, H—O—N=O)의 반응은 특히 합성에 유용하다. 아질산은 불안정하기 때문에 아질산 소듐(sodium nitrite, $NaNO_2$)에 차갑고 묽은 염산을 혼합해서(반응 혼합물에서) 만든다.

$$Na^+\ ^-{:}\ddot{O}-\ddot{N}=O{:} + H^+Cl^- \rightleftharpoons H-\ddot{O}-\ddot{N}=O{:} + Na^+Cl^-$$

아질산 소듐 아질산

산성 용액에서 아질산은 양성자가 첨가되어 물을 잃고 나이트로소늄(nitrosonium) 이온 $^+N{=}O$를 생성한다. 나이트로소늄 이온은 대부분의 아민과 아질산의 반응에서 반응 중간체로 나타난다.

$$H{-}\ddot{O}{-}\ddot{N}{=}\ddot{O}: + H^+ \rightleftharpoons H{-}\overset{H}{\overset{|}{O^+}}{-}\ddot{N}{=}\ddot{O}: \rightleftharpoons H_2O + \left[:\overset{+}{N}{=}\ddot{O}: \longleftrightarrow :N{\equiv}\overset{+}{O}:\right]$$

아질산 양성자가 첨가된 아질산 나이트로소늄 이온

**1차 아민과의 반응: 다이아조늄 염의 생성** 1차 아민은 아질산과 반응해서 나이트로소늄 이온을 거쳐 $R{-}\overset{+}{N}{\equiv}N$ 형태의 다이아조늄(diazonium) 양이온을 생성한다. 이 과정을 아민의 **다이아조화**(diazotization)라고 한다(메커니즘 19-6). 다이아조늄 염은 아민과 아질산의 반응으로 생성된 가장 유용한 생성물이다. 다이아조늄 염 생성의 메커니즘은 나이트로소늄 이온에 친핵체가 공격해서 *N*-나이트로소아민(*N*-nitrosoamine)을 생성하는 것이다.

**메커니즘 19-6 | 아민의 다이아조화**

**1단계:** 나이트로소늄 이온(강한 친전자체)에 대한 공격에 이어서 탈양성자 반응은 *N*-나이트로소아민을 생성한다.

$$R{-}\ddot{N}H_2 + {}^+\ddot{N}{=}\ddot{O}: \rightleftharpoons R{-}\overset{H}{\underset{H}{N^+}}{-}\ddot{N}{=}\ddot{O}: \xrightarrow{H_2\ddot{O}:} R{-}\underset{H}{\ddot{N}}{-}\ddot{N}{=}\ddot{O}: + H_3O^+$$

1차 아민 나이트로소늄 이온 *N*-나이트로소아민

**2단계:** 질소로부터 산소로 양성자의 이전(토토머화)은 하이드록시기와 둘째 N—N 결합을 생성한다.

$$R{-}\overset{H}{\ddot{N}}{-}\ddot{N}{=}\ddot{O}: + H_3O^+ \rightleftharpoons \left[R{-}\overset{H}{\ddot{N}}{-}\ddot{N}{=}\overset{+}{O}{-}H \longleftrightarrow R{-}\overset{H}{N^+}{=}\ddot{N}{-}\ddot{O}H\right] + H_2\ddot{O}: \rightleftharpoons$$

*N*-나이트로소아민 양성자가 첨가된 *N*-나이트로소아민

$$R{-}\ddot{N}{=}\ddot{N}{-}\ddot{O}H + H_3O^+$$

둘째 N—N 결합 형성

**3단계:** 하이드록시기의 양성자 첨가 후 물을 잃고 다이아조늄 이온을 생성한다.

$$R{-}\ddot{N}{=}\ddot{N}{-}\ddot{O}H \xrightleftharpoons{H_3O^+} R{-}\ddot{N}{=}\ddot{N}{-}\overset{+}{O}H_2 \longrightarrow R{-}\overset{+}{N}{\equiv}N: + H_2\ddot{O}:$$

다이아조늄 이온

전체적인 다이아조화 반응은 다음과 같다.

$$R{-}\ddot{N}H_2 + NaNO_2 + 2\,HCl \longrightarrow R{-}\overset{+}{N}{\equiv}N\ \ Cl^- + 2\,H_2O + NaCl$$

1차 아민 아질산 소듐 다이아조늄 염

알케인다이아조늄 염(alkanediazonium salt)은 불안정하여 질소와 탄소 양이온으로 분해된다.

$$R{-}\overset{+}{N}{\equiv}N: \longrightarrow R^+ + :N{\equiv}N:$$

알케인다이아조늄 양이온 탄소 양이온 질소

이 반응의 추진력은 특별히 안정한 $N_2$의 생성이다. 이러한 방법으로 생성된 탄소 양이온은 다른 것들과 이미 잘 알려진 반응을 한다. 즉 친핵체 공격에 의한 치환 반응, 양성자 상실에 의한 제거 반응, 그리고 자리 옮김 반응을 한다. 이처럼 여러 경쟁 반응을 통해 알케인다이아조늄 염은 쉽게 분해되어 복잡한 혼합물을 생성한다. 따라서 1차 알킬아민의 다이아조화 반응은 합성에 많이 사용되지 않는다.

아렌다이아조늄 염(arenediazonium salt, 아릴아민으로부터 생성)은 비교적 안정하여 합성 반응의 중간체로 이용된다. 이들 반응은 19-17절에서 논의할 것이다.

**2차 아민과의 반응 *N*-나이트로소아민의 생성** 2차 아민은 나이트로소늄 이온과 반응하여 때로 나이트로사민(nitrosamine)이라고도 하는 2차 ***N*-나이트로소아민**(*N*-nitrosoamine)을 생성한다.

$$R_2NH \;(2°\ 아민) + {}^{+}N{=}O \;(나이트로소늄\ 이온) \rightleftharpoons R_2N^{+}(H){-}N{=}O \xrightarrow{H_2O:} R_2N{-}N{=}O \;(2°\ N\text{-}나이트로소아민) + H_3O^+$$

2차 *N*-나이트로소아민은 다이아조늄 이온을 형성하는 데 토토머화(1차 아민으로 설명한 메커니즘 19-6 참조)에 필요한 N—H 양성자를 가지고 있지 않기 때문에 반응 조건에 따라 안정하다. 2차 *N*-나이트로소아민은 기름 모양의 액체로, 반응 혼합물로부터 쉽게 분리할 수 있다.

소량의 *N*-나이트로소아민만으로도 실험용 동물에게 암을 유발한다고 알려져 있는데, 이는 베이컨, 햄, 핫도그 같은 고기를 보존하는 데 아질산 소듐을 사용하는 것에서 비롯된 것이다. 고기를 먹을 때 아질산 소듐이 위산과 결합하여 아질산이 발생하는데, 이는 음식물 중에 들어 있는 아민을 *N*-나이트로소아민으로 변하게 할 수도 있기 때문이다. 아질산 화합물은 천연 음식물 속에도 들어 있으므로, 고기를 보존하는 데 아질산 소듐을 사용한다고 해서 얼마나 많은 위험이 더해지는지는 확실하지 않다. 이러한 위험을 검토하는 많은 연구가 진행되고 있다.

아민과 아질산의 가장 유용한 반응은 아릴아민의 반응으로 아렌다이아조늄 염을 만드는 것이다. 다이아조늄 염이 합성 중간체로 사용될 수 있는지에 대해 생각해보자.

**연습문제 19-23**

묽은 염산에서 다음 아민과 아질산 소듐의 반응으로 발생하는 생성물을 예측하라.

**(a)** 사이클로헥산아민 **(b)** *N*-에틸헥산-2-아민 **(c)** 피페리딘 **(d)** 아닐린

## 19-17 아렌다이아조늄 염의 반응

알케인다이아조늄 염과 달리 아렌다이아조늄 염은 0~10℃의 수용액에서 비교적 안정하다. 이 온도 이상이 되면 아렌다이아조늄 염은 분해되고, 이를 분리하여 건조하면 폭발이 일어날 수도 있다. 다이아조늄기($-\overset{+}{N}{\equiv}N$)는 —H, —OH, —CN, 할로젠을 포함한 다양한 작용기로 치환될 수 있다.

아렌다이아조늄 염은 1차 방향족 아민의 다이아조화에 의해 생성된다. 1차 방향족 아민은 일반적으로 방향족 고리를 나이트로화하고, 나이트로기를 아미노($-NH_2$)기로 환원하여 만든다. 아민을 생성하고 다이아조화하므로, 활성화된 방향족 위치에 여러 작용기로 변환시킬 수 있다. 예를 들

면 톨루엔은 이러한 과정으로 여러 치환기를 가진 유도체로 변환시킬 수 있다.

$$\underset{CH_3}{C_6H_5} \xrightarrow[H_2SO_4]{HNO_3} \underset{CH_3}{\overset{NO_2}{C_6H_4}} \xrightarrow[(2)\ ^-OH]{(1)\ Fe,\ HCl} \underset{CH_3}{\overset{NH_2}{C_6H_4}} \xrightarrow[HCl]{NaNO_2} \underset{CH_3}{\overset{N\equiv N^+}{C_6H_4}}\ Cl^- \xrightarrow{\text{다양한 시약}} \underset{CH_3}{\overset{Z}{C_6H_4}}$$

다음 공정도는 아렌다이아조늄 염을 통해 얻을 수 있는 몇 가지 작용기를 보여준다.

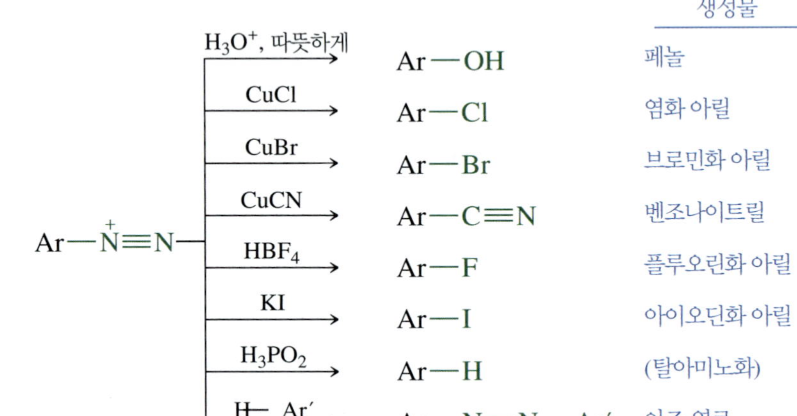


**문제풀이 힌트**

다이아조늄 염의 반응은 방향족 합성 문제를 푸는 데 매우 유용하다.

**다이아조늄기의 OH로의 치환: 가수 분해** 가수 분해는 아렌다이아조늄 염의 산성 용액을 첨가하고 따뜻하게 했을 때 일어난다. 물의 하이드록시기가 $N_2$를 치환시켜 페놀을 생성한다. 이는 페놀의 실험실 합성 방법으로 유용하다. (친핵성 방향족 치환과 달리) 강한 전자를 끄는 치환기나 센염기 및 친핵체가 필요하지 않기 때문이다.

$$Ar-\overset{+}{N}\equiv N \quad Cl^- \xrightarrow[H_2O]{H_2SO_4,\ \text{열}} Ar-OH \ + \ N_2\uparrow \ + \ H^+$$

예

$$\underset{\text{(3-아세틸, }C(=O)-CH_3)}{\overset{:NH_2}{C_6H_4}} \xrightarrow[(2)\ H_2SO_4,\ H_2O,\ \text{열}]{(1)\ NaNO_2,\ HCl} \underset{\text{(3-아세틸, }C(=O)-CH_3)}{\overset{OH}{C_6H_4}} \ (75\%)$$

**다이아조늄기의 염화 이온, 브로민화 이온, 사이안화 이온으로의 치환: Sandmeyer 반응** 구리(I) 염[Cu(I)]은 특히 다이아조늄 염에 친화력을 가지고 있다. 염화 구리(I), 브로민화 구리(I), 사이안화 구리(I)는 아렌다이아조늄과 반응하여 염화 아릴, 브로민화 아릴, 사이안화 아릴을 생성한다. 반응하는 동안 반응을 완전히 진행시키기 위해서는 가열이 필요하다. 아렌다이아조늄기를 치환하기 위해 구리(I) 염을 사용하는 반응을 **Sandmeyer 반응**(Sandmeyer reaction)이라고 한다. 사이안화 구리(I)(CuCN)를 사용하는 Sandmeyer 반응은 방향족 고리에 또 다른 탄소 치환기를 붙게 하는 매우 좋은 방법이다.

Sandmeyer 반응

$$\mathrm{Ar{-}\overset{+}{N}{\equiv}N\quad Cl^- \xrightarrow[(X = Cl,\ Br,\ C\equiv N)]{CuX} Ar{-}X + N_2\uparrow}$$

예

:$NH_2$ (5,6,7,8-테트라하이드로나프탈렌-1-아민) —(1) $NaNO_2$, HCl; (2) CuCl→ Cl 치환 생성물 (75%)

:$NH_2$, $CH_3$ (2-메틸아닐린) —(1) $NaNO_2$, HCl; (2) CuBr→ Br, $CH_3$ 생성물 (90%)

**Traugott Sandmeyer**(1854~1922)
놀랍게도 화학 학위가 없었던 Traugott Sandmeyer는 과학장비의 제작 및 공급과 관련된 직종에서 근무했는데, 이로 인해 취리히대학교의 직원을 알게 되었으며, 1882년에는 그곳에서 화학자 Victor Meyer와 함께 일하기 시작했다. Sandmeyer는 유명한 색상 화학자가 되었으며, 염료 산업에 상당한 공헌을 했다. 그의 또 다른 위대한 업적은 치료 화합물과 염료 제조의 핵심 출발 물질인 이사틴(isatin)의 합성 방법을 개선한 것이다.

**다이아조늄기의 플루오린화 이온 및 아이오딘화 이온으로의 치환** 아렌다이아조늄 염에 테트라플루오로붕소산(fluoroboric acid, $HBF_4$)을 첨가하면 용액에 테트라플루오로보론산 다이아조늄 염이 침전된다. 이 염을 여과해서 가열하면 분해되면서 플루오린화 아릴이 석출된다. 이 반응은 잠재적으로 폭발성인 다이아조늄 염의 분리와 가열이 필요하지만, 적당한 장비를 사용한다면 안전하게 수행할 수 있다. 플루오린화 아릴을 만드는 다른 몇 가지 방법이 있다.

$$\mathrm{Ar{-}\overset{+}{N}{\equiv}N\quad Cl^- \xrightarrow{HBF_4} Ar{-}\overset{+}{N}{\equiv}N\ {}^-BF_4 \xrightarrow{열} Ar{-}F + N_2\uparrow + BF_3}$$

테트라플루오로보론산 다이아조늄 염

예

:$NH_2$ (아닐린) —(1) $NaNO_2$, HCl; (2) $HBF_4$→ $N^+{\equiv}N$ $^-BF_4$ —열→ F (플루오로벤젠) (50%)

**응용: 플루오린화 아릴을 사용한 방사성 추적자**

HO, HO, O, OH, $NH_2$, $^{18}F$

플루오로도파 또는 2-플루오로-L-도파

플루오로도파는 방향족 고리의 2 위치에 $^{18}F$ 동위 원소가 치환된 L-도파이다. 플루오로도파는 양전자 방출 단층촬영(PET) 스캔에 중요한 방사성 추적자이다. 예를 들어 파킨슨병은 다음과 같은 원인으로 발생한다. 뇌의 도파민 생성 뉴런이 죽으면 심각한 도파민 결핍이 발생하는데, 파킨슨병에 걸린 뇌는 일반 환자의 뇌보다 방사성 플루오로도파를 더 빨리 흡수한다. 플루오로도파를 합성하려면 방향족 고리에 방사성 불소 원자를 도입해야 한다. 플루오로보론산 염(fluoroborate salt)을 가열한 후 다이아조화는 이를 수행하는 몇 안 되는 합성 방법 중 하나이다.

아이오딘화 아릴은 아렌다이아조늄 염과 아이오딘화 포타슘과의 반응으로 합성된다. 이는 아이오도벤젠 유도체를 합성하는 가장 좋은 방법 중 하나이다.

$$\mathrm{Ar{-}\overset{+}{N}{\equiv}N\quad Cl^- \xrightarrow{KI} Ar{-}I + N_2\uparrow}$$

예

:$NH_2$ (1-(3-아미노페닐)부탄-1-온) —(1) $NaNO_2$, HCl; (2) KI→ I 치환 생성물, O (75%)

**다이아조늄기의 수소로의 환원: 아닐린의 탈아민화 반응** 하이포인산($H_3PO_2$)은 아렌다이아조늄 염과의 반응으로 다이아조늄기 대신 수소로 치환된다. 실제 이 반응은 아렌다이아조늄 이온의 환원 반응이다.

$$Ar-\overset{+}{N}\equiv N\quad Cl^- \xrightarrow{H_3PO_2} Ar-H + N_2\uparrow$$

예

:$NH_2$ (3-amino, 2-COOH, $CH_3CH_2$) $\xrightarrow[(2)\ H_3PO_2]{(1)\ NaNO_2,\ HCl}$ COOH, $CH_3CH_2$ (70%)

이 반응은 때로 고리를 활성화하기 위해 첨가된 아미노기를 제거하는 데 사용된다. 예제 19-4는 이 기법을 어떻게 이용할 수 있는지 보여준다.

**예제 19-4**

톨루엔을 좋은 수득률로 3,5-다이브로모톨루엔으로 변환할 방법을 제시하라.

**풀이**

톨루엔의 직접적인 브로민화로 3,5-다이브로모톨루엔을 생성할 수 없다. 메틸기는 오쏘와 파라 위치를 활성화하기 때문이다.

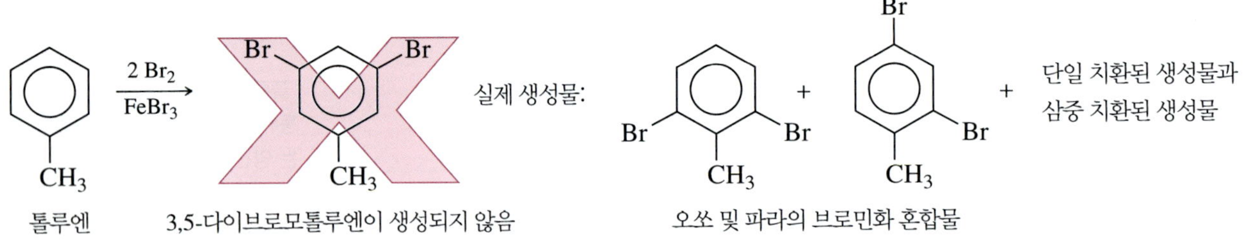


그러나 *p*-톨루이딘(*p*-메틸아닐린)으로 출발하여 강하게 활성화된 아미노기의 오쏘 위치에 직접 브로민화를 유도하고 아미노기를 제거(탈아민화 반응)하여 원하는 생성물을 얻는다.

$CH_3$ (톨루엔) $\xrightarrow[H_2SO_4]{HNO_3}$ $NO_2$, $CH_3$ $\xrightarrow[(2)\ ^-OH]{(1)\ Fe,\ HCl}$ $NH_2$, $CH_3$ (*p*-톨루이딘) $\xrightarrow{2\ Br_2}$ $NH_2$, Br, Br, $CH_3$ $\xrightarrow[(2)\ H_3PO_2]{(1)\ NaNO_2,\ HCl}$ H, Br, Br, $CH_3$ (탈아민화됨)

**친전자체로서의 다이아조늄 염: 다이아조 짝지음** 아렌다이아조늄 염은 친전자성 방향족 치환 반응에서 약한 친전자체로 작용한다. 생성물은 —N═N— **아조**(azo) 결합을 포함하는 Ar—N═N—Ar′ 구조를 가진다. 이러한 이유로 생성물을 아조 화합물이라고 하고, 이 반응을

**다이아조 짝지음**(diazo coupling)이라고 한다. 약한 친핵체이기 때문에 다이아조늄 염은 강하게 활성화된(예: 아닐린, 페놀 유도체) 고리하고만 반응한다.

$$\mathrm{Ar{-}\overset{+}{N}{\equiv}N} \quad + \quad \mathrm{H{-}Ar'} \longrightarrow \mathrm{Ar{-}N{=}N{-}Ar'} \quad + \quad \mathrm{H^+}$$

다이아조늄 이온 (활성화) 아조 화합물

예

$$^-\mathrm{O{-}SO_2{-}C_6H_4{-}\overset{+}{N}{\equiv}N:}\ \mathrm{Cl^-} + \mathrm{C_6H_5{-}\ddot{N}(CH_3)_2} \longrightarrow {}^-\mathrm{O{-}SO_2{-}C_6H_4{-}\ddot{N}{=}\ddot{N}{-}C_6H_4{-}\ddot{N}(CH_3)_2} + \mathrm{HCl}$$

메틸 오렌지(지시약)

**연습문제 19-24**

메틸 오렌지(methyl orange)의 합성에 관한 메커니즘을 제시하라.

아조 화합물은 이중 치환체인 방향족 고리가 강한 발색단인 아조기와 콘쥬게이션하며 연결된 것이다. 따라서 대부분의 아조 화합물은 강한 색을 띠며, **아조 염료**로 알려진 우수한 염료를 만든다. 보통의 아조 염료의 다이아조 짝지음 합성은 다음과 같다.

$$\mathrm{O_2N{-}C_6H_4{-}\overset{+}{N}{\equiv}N:} + \text{2-나프톡사이드}(\mathrm{O^-}) \longrightarrow \mathrm{O_2N{-}C_6H_4{-}\ddot{N}{=}\ddot{N}{-}}(\text{2-하이드록시-1-나프틸, HO})$$

파라 빨간색

다이아조 짝지음은 페놀성의 $-\mathrm{OH}$기, 설폰산, 카복실기의 탈양성자 반응이 친전자성 방향족 치환에 대해 방향족 고리를 활성화하기 때문에 주로 염기 용액에서 일어난다. 대부분의 아조 염료는 물에 대한 용해도를 촉진하고, 면이나 양털 같은 섬유의 극성 표면에 염료가 결합하는 것을 돕기 위해 분자에 하나 이상의 설폰산($-\mathrm{SO_3^-}$)기나 카복실산($-\mathrm{COO^-}$)기를 가지고 있다.

**연습문제 19-25**

아닐린을 다음 화합물로 어떻게 변화시키는시 나타내라.

**(a)** 플루오로벤젠
**(b)** 클로로벤젠
**(c)** 1,3,5-트라이메틸벤젠
**(d)** 브로모벤젠
**(e)** 아이오도벤젠
**(f)** 벤조나이트릴
**(g)** 페놀
**(h)** $\mathrm{C_6H_5{-}\ddot{N}{=}\ddot{N}{-}C_6H_3(OH)_2}$ (2,4-다이하이드록시페닐; HO, OH) [아닐린과 레조시놀(resorcinol) 사용]

## SUMMARY | 아민의 반응

**1.** 양성자 염기로서의 반응(19-5절)

$$R-\ddot{N}H_2 + H-X \rightleftharpoons R-N^{+}H_3\ X^-$$

염기 양성자 산 암모늄 염

**2.** 케톤 또는 알데하이드와의 반응(18-14, 18-15, 19-9절)

Y = H 또는 알킬기로 인한 이민 생성
Y = OH로 인한 옥심 생성
Y = NHR로 인한 하이드라존 생성

$$RC(=O)R' + Y-\ddot{N}H_2 \overset{H^+}{\rightleftharpoons} \left[ HO-C(R)(R')-\ddot{N}(Y)-H \right] \overset{H^+}{\rightleftharpoons} RC(=\ddot{N}Y)R' + H_2O$$

케톤 또는 알데하이드 카비놀아민 유도체

**3.** 알킬화 반응(19-11절)

$$R-\ddot{N}H_2 + R'-CH_2-Br \longrightarrow R-\overset{+}{N}H_2-CH_2-R'\ Br^-$$

아민 1차 할로젠화물 알킬화된 아민 염

과알킬화 반응이 일반적이다.

**4.** 아마이드 생성을 위한 아실화 반응(19-12절)

$$R'-\ddot{N}H_2 + R-C(=O)-Cl \xrightarrow{\text{피리딘}} R-C(=O)-\ddot{N}H-R'$$

아민 산 염화물 아마이드

**5.** 염화 설폰일과의 반응에 의한 설폰아마이드 생성(19-13절)

$$R-\ddot{N}H_2 + Cl-S(=O)_2-R' \longrightarrow R-\ddot{N}H-S(=O)_2-R' + HCl$$

아민 염화 설폰일 설폰아마이드

**6.** Hofmann과 Cope 제거 반응

**a.** Hofmann 제거 반응(19-14절)

4차 수산화 암모늄으로의 변환

$$R-CH_2-CH_2-\ddot{N}H_2 \xrightarrow{3\ CH_3I} R-CH_2-CH_2-\overset{+}{N}(CH_3)_3\ I^-$$

$$\xrightarrow{Ag_2O} R-CH_2-CH_2-\overset{+}{N}(CH_3)_3\ {}^-OH$$

제거 반응

$$HO^- + R-CH(H)-CH(H)-{}^{+}N(CH_3)_3 \xrightarrow{\text{열}} H-O-H + RCH=CH_2 + :N(CH_3)_3$$

Hofmann 제거 반응은 보통 치환기가 가장 적은 알켄을 생성한다.

**b.** 3차 아민 산화물의 Cope 제거 반응(19-15절)

$$R-CH_2-CH(R')-:N(CH_3)_2 \xrightarrow[\text{또는 } H_2O_2]{\text{과산}} R-CH_2-CH(R')-\overset{+}{N}(CH_3)_2-O^- \xrightarrow{\text{열}} HO-\ddot{N}(CH_3)_2 + RCH=CHR'$$

Cope 제거 반응으로 치환기가 가장 적은 알켄이 생성된다.

**7.** 산화(19-15절)

**a.** 2차 아민

$$\underset{2°\text{ 아민}}{R_2\ddot{N}{-}H} + H_2O_2 \longrightarrow \underset{2°\text{ 하이드록실아민}}{R_2\ddot{N}{-}OH} + H_2O$$

**b.** 3차 아민

$$\underset{3°\text{ 아민}}{R_3N\!:} + \underset{(\text{또는 }ArCO_3H)}{H_2O_2} \longrightarrow \underset{3°\text{ 아민 산화물}}{R_3\overset{+}{N}{-}O^-} + \underset{(\text{또는 }ArCOOH)}{H_2O}$$

**8.** 다이아조화(19-16절)

$$\underset{1\text{차 알킬아민}}{R{-}\ddot{N}H_2} \xrightarrow{NaNO_2,\ HCl} \underset{\text{알케인다이아조늄 염}}{R{-}\overset{+}{N}{\equiv}N\!:\ Cl^-}$$

$$\underset{1\text{차 아릴아민}}{Ar{-}\ddot{N}H_2} \xrightarrow{NaNO_2,\ HCl} \underset{\text{아렌다이아조늄 염}}{Ar{-}\overset{+}{N}{\equiv}N\!:\ Cl^-}$$

**a.** 다이아조늄 염의 반응(19-17절)

(I) 가수 분해

$$Ar{-}\overset{+}{N}{\equiv}N\!:\ Cl^- \xrightarrow[H_2O]{H^+,\ \text{열}} Ar{-}OH + N_2\uparrow + HCl$$

(II) Sandmeyer 반응

$$Ar{-}\overset{+}{N}{\equiv}N\!:\ Cl^- \xrightarrow[X\,=\,Cl,\ Br,\ C\equiv N]{CuX} Ar{-}X + N_2\uparrow$$

(III) 플루오린화 이온 또는 아이오딘화 이온에 의한 치환

$$Ar{-}\overset{+}{N}{\equiv}N\!:\ Cl^- \xrightarrow{HBF_4} Ar{-}\overset{+}{N}{\equiv}N\!:\ \ BF_4^- \xrightarrow{\text{열}} Ar{-}F + N_2\uparrow + BF_3$$

$$Ar{-}\overset{+}{N}{\equiv}N\!:\ Cl^- \xrightarrow{KI} Ar{-}I + N_2\uparrow + KCl$$

(IV) 수소로의 환원

$$Ar{-}\overset{+}{N}{\equiv}N\!:\ \ Cl^- \xrightarrow{H_3PO_2} Ar{-}H + N_2\uparrow$$

(V) 다이아조 짝지음

$$\underset{\text{다이아조늄 이온}}{Ar{-}\overset{+}{N}{=}N\!:} + \underset{(\text{활성화})}{II{-}Ar'} \longrightarrow \underset{\text{아조 화합물}}{Ar{-}\ddot{N}{=}\ddot{N}{-}Ar'} + H^+$$

## 19-18 환원성 아민화에 의한 아민의 합성

아민을 합성하는 방법은 여러 가지가 있다. 이러한 방법의 대부분은 앞부분에서 언급한 아민의 반응에서 나온 것이다. 가장 보편적인 아민 합성은 암모니아나 아민으로 출발해서 다른 알킬기를 첨가하는 것이다. 그러한 과정은 암모니아를 1차 아민으로, 1차 아민을 2차 아민으로, 2차 아민을 3차 아민으로 변환시킨다.

$$:NH_3 \longrightarrow \longrightarrow R-\ddot{N}H_2$$

암모니아 → 1° 아민

$$\rangle\ddot{N}-H \longrightarrow \longrightarrow \rangle\ddot{N}-R$$

1° 또는 2° 아민 → 2° 또는 3° 아민

**환원성 아민화 반응**(reductive amination)은 아민을 합성하는 가장 일반적인 방법으로, 1차 및 2차 알킬기를 아민에 첨가할 수 있다. 환원성 아민화 반응은 두 단계 과정이다. 첫 번째 케톤이나 알데하이드의 이민 또는 옥심 유도체를 형성한다. 사실 환원성 아민화 반응은 알킬기 1개를 질소 원자에 붙이는 것이다. 생성물은 출발 아민이 0, 1, 2개의 알킬기를 보유하는지에 따라 1차, 2차, 3차 아민이 될 수 있다.

$$R-\ddot{N}H_2 + O=C\langle \underset{}{\overset{H^+}{\rightleftharpoons}} R-\ddot{N}=C\langle \xrightarrow{\text{환원}} R-\ddot{N}(H)-C(H)\langle$$

1° 아민 + 케톤 또는 알데하이드 ⇌ 이민 + $H_2O$ → 2° 아민

**1차 아민** 1차 아민은 하이드록실아민(알킬기 없음)과 케톤이나 알데하이드의 축합으로 생성된 옥심을 환원시켜서 얻는다. 이 반응은 대부분의 옥심이 안정하고 쉽게 분리해낼 수 있는 화합물이므로 편리한 반응이다. 옥심은 촉매성 환원, 수소화 알루미늄 리튬, 아연, HCl을 사용하여 환원된다.

$$R-C(=O)-R' \xrightarrow[H^+]{H_2\ddot{N}-OH} R-C(=\ddot{N}-OH)-R' \xrightarrow{\text{환원}} R-CH(\ddot{N}H_2)-R'$$

케톤 또는 알데하이드 → 옥심 → 1° 아민

예

$$CH_3CH_2CH_2-C(=O)-CH_3 \xrightarrow[H^+]{H_2\ddot{N}-OH} CH_3CH_2CH_2-C(=\ddot{N}-OH)-CH_3 \xrightarrow[Ni]{H_2} CH_3CH_2CH_2-CH(\ddot{N}H_2)-CH_3$$

펜탄-2-온 → 펜탄-2-온 옥심 → 펜탄-2-아민

$$C_6H_5-C(=O)-H \xrightarrow[H^+]{H_2\ddot{N}-OH} C_6H_5-C(=\ddot{N}-OH)-H \xrightarrow[(2)\ H_2O]{(1)\ LiAlH_4} C_6H_5-CH_2-\ddot{N}H_2$$

벤즈알데하이드 → 벤즈알데하이드 옥심 → 벤질아민

**2차 아민** 케톤이나 알데하이드와 1차 아민의 축합으로 *N*-치환 이민(Schiff 염기)을 생성한다. $LiAlH_4$ 또는 $NaBH_4$를 사용한 이민의 환원은 2차 아민을 생성한다.

$$R-C(=O)-R' \xrightarrow[H^+]{\text{1° 아민}\ R''-\ddot{N}H_2} R-C(=\ddot{N}-R'')-R' \xrightarrow{\text{환원}} R-CH(\ddot{N}HR'')-R'$$

케톤 또는 알데하이드 → *N*-치환 아민 → 2° 아민

예

$$CH_3-\overset{O}{\overset{\|}{C}}-CH_3 \xrightarrow[H^+]{Ph-\ddot{N}H_2} CH_3-\overset{\ddot{N}-Ph}{\overset{\|}{C}}-CH_3 \xrightarrow[(2)\ H_2O]{(1)\ LiAlH_4} CH_3-\overset{\ddot{N}HPh}{\overset{|}{C}H}-CH_3$$

아세톤 → *N*-아이소프로필아닐린 (75%)

**3차 아민** 케톤이나 알데하이드는 2차 아민과의 축합으로 이미늄 염을 생성한다. 이미늄 염은 매우 불안정하여 분리해내기 어렵다. 용액 내에서 환원제는 이미늄 염을 3차 아민으로 환원한다. 환원제는 이미늄 염을 환원시키고 케톤이나 알데하이드의 카보닐기를 환원해서는 안 된다. 수소화 트라이아세트옥시붕산 소듐[sodium triacetoxyborohydride, $NaBH(OCOCH_3)_3$ 또는 $NaBH(OAc)_3$]은 수소화붕산 소듐(sodium borohydride)보다 반응성이 적어서 카보닐기를 환원시키지 않는다. 수소화트라이아세트옥시붕산 소듐은 더 오래되고 독성이 크며 효율적이지 못한 수소화사이아노붕산 소듐(sodium cyanoborohydride, $NaBH_3CN$)을 대체한다.

$$R'-\overset{O}{\overset{\|}{C}}-R'' \underset{H^+}{\overset{R-\ddot{N}H-R}{\rightleftharpoons}} \left[R'-\overset{R-\overset{+}{N}-R}{\overset{\|}{C}}-R''\right] \xrightarrow[CH_3COOH]{NaBH(OAc)_3} R'-\overset{R-\ddot{N}-R}{\overset{|}{C}H}-R''$$

케톤 또는 알데하이드 (2° 아민) → 이미늄 염 → 3° 아민

예

$$\text{사이클로헥산온} \xrightarrow[H^+]{H\ddot{N}(CH_3)_2} [\text{이미늄 염 } (H_3C)(CH_3)\overset{+}{N}{=}C_6H_{10}] \xrightarrow[CH_3COOH]{NaBH(OAc)_3} \text{N,N-다이메틸사이클로헥실아민 } (85\%)$$

사이클로헥산온 이미늄 염 *N,N*-다이메틸사이클로헥실아민

환원성 아민화의 최근 발전에는 선구카이랄 알데하이드와 케톤으로부터 카이랄 아민을 합성하는 것이 포함된다. 구조에 카이랄 아민을 특징으로 하는 약물 분자의 예가 많이 있으므로, 이러한 화합물의 순수한 거울상 이성질체를 제조하는 합성 방법이 중요하다. 비대칭 환원성 아민화에는 카이랄 전이 금속 촉매가 있는 상태에서 수소 가스를 사용하는 방법이 있다. 1999년 비대칭 환원성 아민화에 대한 첫 번째 보고 이후 이 핵심 과정의 가능성을 조사하기 위해 전 세계적으로 광범위한 연구가 수행되고 있다.

**예제 19-5**

다음 아민을 주어진 출발 물질로부터 어떻게 합성해야 하는지 나타내라.

**(a)** 아닐린으로부터 *N*-사이클로펜틸아닐린 **(b)** 피롤리딘으로부터 *N*-에틸피롤리딘

**풀이**

**(a)** 이 합성 방법에서는 사이클로펜틸기를 아닐린(1차)에 첨가하여 2차 아민을 만들어야 한다.

$$Ph-\ddot{N}H-H + O{=}C_5H_8 \xrightarrow{H^+} Ph-\ddot{N}{=}C_5H_8 \xrightarrow[Ni]{H_2} Ph-\ddot{N}H-C_5H_9$$

아닐린 사이클로펜탄온

**문제풀이 힌트**

환원성 아민화 반응은 가장 유용한 아민 합성법으로, 1차 또는 2차 알킬기를 질소에 첨가하는 것이다. 1차 알킬기를 첨가하기 위해 알데하이드를, 2차 알킬기를 첨가하기 위해 케톤을 이용하라.

$$\text{Y—}\ddot{\text{N}}\text{H}_2 \xrightarrow[\text{H}^+]{\text{R}_2\text{C=O}} \text{Y—}\ddot{\text{N}}\text{=CR}_2 \xrightarrow[\text{3차 아민을 만들기 위해 NaBH(OAc)}_3]{\text{LiAlH}_4} \text{Y—}\ddot{\text{N}}\text{H—CHR}_2$$

1° 또는 2°기 첨가

하이드록실아민 ⟶ 1차 아민

1차 아민 ⟶ 2차 아민

2차 아민 ⟶ 3차 아민

**(b)** 이 합성법에서는 에틸기를 2차 아민에 첨가하여 3차 아민을 만들어야 한다. 카보닐 화합물은 아세트알데하이드이다. 또한 환원성 아민화에 의한 3차 아민의 생성은 $NaBH(OAc)_3$(트라이아세트옥시붕산 소듐)로 환원된 이미늄 중간체를 포함한다.

$$\text{피롤리딘 (N—H)} + \text{CH}_3\text{—CHO (아세트알데하이드)} \underset{}{\overset{\text{H}^+}{\rightleftharpoons}} \left[\text{N}^+\text{=CH—CH}_3\right] \xrightarrow{\text{NaBH(OAc)}_3} \text{N—CH}_2\text{—CH}_3$$

피롤리딘 　 아세트알데하이드

**연습문제 19-26**

다음 아민을 주어진 출발 물질로부터 환원성 아민화로 합성하는 방법을 나타내라.

(a) 벤즈알데하이드로부터 벤질메틸아민

(b) 피페리딘으로부터 *N*-벤질피페리딘

(c) 사이클로헥산온으로부터 *N*-사이클로헥실아닐린

(d) 사이클로헥산온으로부터 사이클로헥실아민

(e) $PhCH_2COCH_3$ (1-페닐프로판-2-온) 로부터 $PhCH_2CH(\ddot{N}H_2)CH_3$ ((±)-암페타민)

(f) 피페리딘으로부터 N-사이클로펜틸피페리딘

## 19-19 아실화-환원 반응에 의한 아민의 합성

아민 합성의 두 번째 일반적인 방법은 **아실화-환원 반응**(acylation-reduction)이다. 환원성 아민화 반응처럼 아실화-환원 반응은 출발 아민의 질소 원자에 알킬기를 1개 첨가한다. 산 염화물에 의한 출발 아민의 아실화 반응은 훨씬 더 친핵성이고, 아실화를 넘어서지 않고 아마이드를 생성한다(19-12절). 아마이드를 수소화 알루미늄 리튬($LiAlH_4$)으로 환원하여 똑같은 아민을 얻는다.

$$\underset{\text{아민}}{\text{R—}\ddot{\text{N}}\text{H}_2} + \underset{\text{산 염화물}}{\text{Cl—C(=O)—R}'} \xrightarrow[\text{피리딘 또는 NaOH}]{\text{아실화}} \underset{\text{아마이드}}{\text{R—}\ddot{\text{N}}\text{H—C(=O)—R}'} \xrightarrow[\text{(2) H}_2\text{O}]{\text{환원 (1) LiAlH}_4} \underset{\text{알킬화된 아민}}{\text{R—}\ddot{\text{N}}\text{H—CH}_2\text{—R}'}$$

아실화-환원 반응은 암모니아를 1차 아민으로, 1차 아민을 2차 아민으로, 2차 아민을 3차 아민으로 변환한다. 이러한 반응은 아주 보편적이지만, 한 가지 제한점이 있는데, 질소에 결합된 탄소가 아마이드의 카보닐기로부터 유도된 것이므로 첨가된 알킬기는 항상 1차로서 메틸렌($—CH_2—$)기로 환원된다는 것이다.

1차 아민

$$\underset{\text{산 염화물}}{\text{R—C(=O)—Cl}} + \underset{\text{암모니아}}{\ddot{\text{N}}\text{H}_3} \longrightarrow \underset{\text{1° 아마이드}}{\text{R—C(=O)—}\ddot{\text{N}}\text{H}_2} \xrightarrow[\text{(2) H}_2\text{O}]{\text{(1) LiAlH}_4} \underset{\text{1° 아민}}{\text{R—CH}_2\text{—}\ddot{\text{N}}\text{H}_2}$$

예

$$CH_3-\underset{}{CH}(CH_3)-CH_2-\overset{O}{\overset{\|}{C}}-Cl \xrightarrow{\ddot{N}H_3} CH_3-CH(CH_3)-CH_2-\overset{O}{\overset{\|}{C}}-\ddot{N}H_2 \xrightarrow[(2)\ H_2O]{(1)\ LiAlH_4} CH_3-CH(CH_3)-CH_2-CH_2-\ddot{N}H_2$$

염화 3-메틸뷰탄오일 3-메틸뷰탄아마이드 3-메틸뷰탄-1-아민

2차 아민

$$R-\overset{O}{\overset{\|}{C}}-Cl + R'-\ddot{N}H_2 \longrightarrow R-\overset{O}{\overset{\|}{C}}-\ddot{N}H-R' \xrightarrow[(2)\ H_2O]{(1)\ LiAlH_4} R-CH_2-\ddot{N}H-R'$$

산 염화물 1° 아민 N-치환된 아마이드 2° 아민

예

$$CH_3CH_2CH_2-\overset{O}{\overset{\|}{C}}-Cl + C_6H_5\ddot{N}H_2 \longrightarrow CH_3CH_2CH_2-\overset{O}{\overset{\|}{C}}-\ddot{N}H-C_6H_5 \xrightarrow[(2)\ H_2O]{(1)\ LiAlH_4} CH_3CH_2CH_2-CH_2-\ddot{N}H-C_6H_5$$

염화 뷰탄오일 아닐린 *N*-페닐뷰탄아마이드 *N*-뷰틸아닐린

3차 아민

$$R-\overset{O}{\overset{\|}{C}}-Cl + R'_2\ddot{N}H \longrightarrow R-\overset{O}{\overset{\|}{C}}-\ddot{N}R'_2 \xrightarrow[(2)\ H_2O]{(1)\ LiAlH_4} R-CH_2-\ddot{N}R'_2$$

산 염화물 2° 아민 *N,N*-이중 치환된 아마이드 3° 아민

예

$$C_6H_5-\overset{O}{\overset{\|}{C}}-Cl + H-\ddot{N}(CH_2CH_3)_2 \longrightarrow C_6H_5-\overset{O}{\overset{\|}{C}}-\ddot{N}(CH_2CH_3)_2 \xrightarrow[(2)\ H_2O]{(1)\ LiAlH_4} C_6H_5-CH_2-\ddot{N}(CH_2CH_3)_2$$

염화 벤조일 다이에틸아민 *N,N*-다이에틸벤즈아마이드 벤질다이에틸아민

**예제 19-6**

아실화-환원 반응을 통해 피롤리딘으로부터 *N*-에틸피롤리딘을 합성하는 방법을 나타내라.

**풀이**

이 합성은 에틸기를 피롤리딘에 첨가하여 3차 아민을 만드는 것이 필요하다. 필요한 산 염화물은 염화 아세틸이다. 아마이드의 환원은 *N*-에틸피롤리딘을 생성한다.

$$\text{(pyrrolidine)}\ddot{N}-H + CH_3-\overset{O}{\overset{\|}{C}}-Cl \xrightarrow{\text{피리딘}} \text{(pyrrolidine)}\ddot{N}-\overset{O}{\overset{\|}{C}}-CH_3 \xrightarrow[(2)\ H_2O]{(1)\ LiAlH_4} \text{(pyrrolidine)}\ddot{N}-CH_2-CH_3$$

피롤리딘 염화 아세틸

이 합성을 예제 19-5(b)와 비교하여 환원성 아민화 반응과 아실화-환원 반응이 어떻게 동일한 결과를 이루는지 나타내라.

**문제풀이 힌트**

아실화-환원 반응은 환원성 아민화 반응과 같이 질소에 알킬기 1개를 첨가한 것이다. 이는 첨가된 기가 항상 1차이기 때문에 더 제한적이다.

$$X-\ddot{N}(Y)-H \xrightarrow{R-\overset{O}{\overset{\|}{C}}-Cl} X-\ddot{N}(Y)-\overset{O}{\overset{\|}{C}}-R \xrightarrow{LiAlH_4} X-\ddot{N}(Y)-CH_2-R$$

1°기 첨가

암모니아 ⟶ 1차 아민
1차 아민 ⟶ 2차 아민
2차 아민 ⟶ 3차 아민

**연습문제 19-27**

다음 아민을 지시한 출발 물질로부터 아실화-환원 반응을 통해 어떻게 합성할 수 있는지 나타내라.

**(a)** 피페리딘으로부터 *N*-뷰틸피페리딘 **(b)** 아닐린으로부터 *N*-벤질아닐린

## 19-20 1차 아민으로 제한된 합성

1차 아민은 가장 일반적인 부류의 아민으로, 2차 및 3차 아민의 합성을 위한 출발 물질로 사용된다. 암모니아의 간단한 알킬화부터 복잡한 다단계 합성까지 1차 아민을 만드는 많은 방법이 개발되었다. 더 보편적인 몇 가지 방법을 검토할 것이다.

### 19-20A 직접 알킬화와 Gabriel 합성

아민과 할로젠화 알킬 사이의 $S_N2$ 반응은 지나친 알킬화 반응으로, 단일 알킬화와 다알킬화 반응의 혼합 생성물로 인해 복잡해진다(19-11절). 간단한 1차 아민은 할로젠화물이나 토실레이트(좋은 $S_N2$ 기질이어야 함)에 과량의 암모니아를 첨가하여 얻을 수 있다. 이는 과량의 암모니아가 있으므로 아민 생성물을 과도하게 알킬화할 수 있는 확률보다 할로젠화물 분자가 암모니아를 알킬화할 가능성이 더 크기 때문이다.

$$R{-}CH_2{-}X \quad + \quad \text{과량의 } NH_3 \quad \longrightarrow \quad R{-}CH_2{-}NH_2 \quad + \quad NH_4^+ \quad X^-$$

예

$$\underset{\text{1-브로모펜테인}}{CH_3CH_2CH_2CH_2CH_2{-}Br} \quad + \quad \text{과량의 } NH_3 \quad \longrightarrow \quad \underset{\text{펜탄-1-아민}}{CH_3CH_2CH_2CH_2CH_2{-}NH_2} \quad + \quad NH_4^+ \quad Br^-$$

**연습문제 19-28**

암모니아 1당량을 1-브로모헵테인을 첨가하면 헵탄-1-아민, 약간의 다이알킬아민, 약간의 트라이알킬아민, 약간의 브로민화 테트라알킬암모늄의 혼합물을 얻을 수 있다.

**(a)** 이 반응이 어떻게 일어나는지 다이알킬아민까지 메커니즘을 나타내라.

**(b)** 헵탄-1-아민을 상당한 수득률로 얻을 수 있게 하기 위해 이 방법을 어떻게 수정하겠는가?

1887년에 Siegmund Gabriel(베를린대학교 소속)은 지나친 알킬화 반응의 위험 없이 1차 아민을 합성하기 위해 **Gabriel 아민 합성법**(Gabriel amine synthesis)을 개발했다. 그는 알킬화가 한 번 이상 일어나지 않도록 암모니아를 보호하는 형태로 프탈이미드(phthalimide) 음이온을 사용했다. 프탈이미드는 수산화 포타슘(KOH)에 의해 추출되어 음이온이 되는 하나의 N—H 양성자($pK_a = 8.3$)를 가지고 있다.

O O :N—H KOH $H_2O$ :Ö: :N:⁻ ⟷ :Ö:⁻ N: ⟷ N: :Ö:⁻

프탈이미드 공명 안정화된 프탈이미드화 음이온

프탈이미드화 음이온은 좋은 $S_N2$ 기질의 할로젠화 또는 토실화 이온을 치환하는 강한 친핵체이다. *N*-프탈이미드를 하이드라진과 함께 가열하면 매우 안정한 프탈이미드의 하이드라자이드(hydrazide)와 1차 아민이 생성된다.

프탈이미드화 음이온 —(R—X, 할로젠화 알킬 (보통 1°))→ *N*-알킬 프탈이미드 —($H_2\ddot{N}-\ddot{N}H_2$, 열)→ 프탈이미드 하이드라자이드 + $R-\ddot{N}H_2$ (1차 아민)

예

$Br-CH_2CH_2CH(CH_3)CH_3$ (브로민화 아이소펜틸) —(프탈이미드화 음이온, $K^+$)→ *N*-아이소펜틸프탈이미드 —($H_2N-NH_2$, 열)→ $H_2\ddot{N}-CH_2CH_2CH(CH_3)CH_3$ 아이소펜틸아민(95%)

**연습문제 19-29**

다음 아민을 합성하기 위해 Gabriel 합성법을 어떻게 이용해야 하는가?

(a) 벤질아민 (b) 헥산-1-아민 (c) $\gamma$-아미노뷰티르산

## 19-20B 아자이드와 나이트릴의 환원

질소 원자를 1차 아민으로 만드는 데 프탈이미드화 음이온이 사용된 Gabriel 합성처럼 다른 친핵체를 이용할 수 있다. 단 한 번 알킬화할 수 있는 좋은 친핵체가 필요하며, 쉽게 아미노기로 변환되어야 한다. 질소 원자를 도입하는 데 2개의 중요한 친핵체는 아자이드화 이온과 사이안화 이온이다. 아자이드화 이온은 환원 후 $-NH_2$기로 바뀌고, 사이안화 이온은 $-CH_2-NH_2$기로 변환된다.

**Siegmund Gabriel**(1851~1924) 독일의 화학자로 Robert Bunsen의 지도하에 박사 과정을 수행했다. 그의 이름을 딴 1차 아민 합성은 화학 분야에서 뛰어난 경력을 쌓은 Gabriel의 가장 잘 알려진 업적이다. 그는 1차 아민 합성을 아미노산 제조에 성공적으로 적용했으며, 질소 헤테로사이클 화학 분야에서 많은 성과를 거두었다.

**아자이드의 생성과 환원** **아자이드화**(azide) 이온($N_3^-$)은 장애가 없는 1차 또는 2차 할로젠화 알킬과 토실화물로부터 이탈기 대신에 들어가는 뛰어난 친핵체이다. 반응 생성물은 아자이드화 알킬($RN_3$)이고, 더 이상 반응이 진행되지는 않는다. 아자이드는 $LiAlH_4$나 촉매에 의한 수소화 반응으로 쉽게 1차 아민으로 환원된다. 아자이드화 알킬은 폭발할 수 있으므로 정제 없이 환원해야 한다.

$$R-X + Na^+ \ :\ddot{N}^-{=}N^+{=}\ddot{N}: \xrightarrow{S_N2} [R-\ddot{N}{=}N^+{=}\ddot{N}^-: \longleftrightarrow R-\ddot{N}^-{-}N^+{\equiv}N:] \xrightarrow[\text{또는 } H_2/Pd]{(1)\ LiAlH_4\ (2)\ H_2O} R-\ddot{N}H_2$$

할로젠화물 또는 토실레이트 (반드시 1° 또는 2°) / 아자이드화 소듐 / 아자이드화 알킬 / 1° 아민

예

$$\text{C}_6\text{H}_5-\text{CH}_2\text{CH}_2-\text{Br} \xrightarrow[\text{S}_\text{N}2]{\text{Na}^+ \ ^-:\ddot{\text{N}}=\overset{+}{\text{N}}=\ddot{\text{N}}:^-} \text{C}_6\text{H}_5-\text{CH}_2\text{CH}_2-\ddot{\text{N}}=\overset{+}{\text{N}}=\ddot{\text{N}}:^- \xrightarrow[\text{(2) H}_2\text{O}]{\text{(1) LiAlH}_4} \text{C}_6\text{H}_5-\text{CH}_2\text{CH}_2-\ddot{\text{N}}\text{H}_2$$

1-브로모-2-페닐에테인 → 아자이드화 2-페닐에틸 → 2-페닐에틸아민(89%)

$$\text{C}_6\text{H}_{11}\text{Br} \xrightarrow{\text{NaN}_3} \text{C}_6\text{H}_{11}\text{N}_3 \xrightarrow[\text{(2) H}_2\text{O}]{\text{(1) LiAlH}_4} \text{C}_6\text{H}_{11}\text{NH}_2$$

브로민화 사이클로헥실 → 아자이드화 사이클로헥실 → 사이클로헥실아민(54%)

**응용: 자동차 에어백**

대부분 차량의 에어백은 아자이드화 소듐($NaN_3$)을 추진제로 사용한다. 속도계가 충돌을 감지하면 전자 제어기가 아자이드화 소듐을 점화시킨다. 폭발적으로 분해되면서 질소 기체가 생성되고, 에어백을 가득 채우게 된다.

$$2\ \text{NaN}_3 \longrightarrow 2\ \text{Na} + 3\ \text{N}_2(g)$$

아자이드화 이온은 다양한 친핵체와 반응한다. 다음은 아자이드화 이온이 어떻게 에폭시화 고리를 여는지 나타낸다. 그 생성물은 아미노알코올로 환원될 수 있다.

$$\text{에폭시사이클로헥세인} \xrightarrow{\text{Na}^+ \ ^-:\ddot{\text{N}}=\overset{+}{\text{N}}=\ddot{\text{N}}:^-} \textit{trans-}\text{2-아자이도사이클로헥산올 (N}_3\text{, H, OH, H)} \xrightarrow{\text{H}_2,\ \text{Pd}} \textit{trans-}\text{2-아미노사이클로헥산올 (NH}_2\text{, H, OH, H)}$$

에폭시사이클로헥세인

**나이트릴의 생성과 환원** 아자이드화 이온과 마찬가지로 사이안화 이온($^-:C\equiv N:$)도 좋은 $S_N2$ 친핵체로, 장애가 없는 1차 및 2차 할로젠화 알킬과 토실화물의 이탈기 대신 치환된다. 그 생성물이 **나이트릴**(nitrile, $R-C\equiv N$)이고, 더 이상 반응은 일어나지 않는다. 나이트릴도 $LiAlH_4$나 촉매에 의한 수소화 반응에 의해 1차 아민으로 환원된다.

$$\text{R}-\text{X} + {}^-:\text{C}\equiv\text{N}: \longrightarrow \text{R}-\text{C}\equiv\text{N}: \xrightarrow[\text{또는 H}_2\text{/촉매}]{\text{LiAlH}_4} \text{R}-\text{CH}_2-\ddot{\text{N}}\text{H}_2$$

할로젠화물 또는 토실레이트 (반드시 1° 또는 2°) → 나이트릴 → 아민 (1개의 탄소 첨가)

예

$$\text{CH}_3\text{CH}_2\text{CH}_2\text{Br} \xrightarrow{\text{K}^+\ ^-:\text{C}\equiv\text{N}:} \text{CH}_3\text{CH}_2\text{CH}_2-\text{C}\equiv\text{N}: \xrightarrow[\text{(2) H}_2\text{O}]{\text{(1) LiAlH}_4} \text{CH}_3\text{CH}_2\text{CH}_2-\text{CH}_2-\ddot{\text{N}}\text{H}_2$$

1-브로모프로페인 → 뷰테인나이트릴 → 뷰탄-1-아민(70%)

사이아노($-C\equiv N$)기가 첨가되고 환원되면 아민은 탄소 원자 1개가 증가된다. 결과적으로 사이안화 이온 치환-환원 과정은 $-CH_2-NH_2$기가 첨가되는 것과 같다. 다음 합성은 아자이드 합성으로 만들었던 2-페닐에틸아민을 만드는 것이다.

$$\text{C}_6\text{H}_5-\text{CH}_2-\text{Br} \xrightarrow{^-:\text{C}\equiv\text{N}:} \text{C}_6\text{H}_5-\text{CH}_2-\text{CN}: \xrightarrow[\text{Ni}]{\text{H}_2} \text{C}_6\text{H}_5-\text{CH}_2\text{CH}_2\ddot{\text{N}}\text{H}_2$$

브로민화 벤질 → 페닐아세토나이트릴 → 2-페닐에틸아민

이 경우 출발 물질이 탄소 하나가 적기 때문에 사이안화물 합성은 탄소 1개와 질소 1개가 첨가되었다는 사실을 알 수 있다.

앞서 사이안화 이온이 케톤이나 알데하이드에 첨가될 때 사이아노하이드린이 생성된다는 사실을 배웠다(18-13절). 사이아노하이드린의 $-C{\equiv}N$기 환원은 $\beta$-하이드록시 아민을 합성하는 하나의 방법이다.

사이클로펜탄온 $\xrightarrow[HCN]{^-:C{\equiv}N:}$ 사이클로펜탄온 사이아노하이드린 (OH, CN) $\xrightarrow[(2)\ H_3O^+]{(1)\ LiAlH_4}$ 1-(아미노메틸)사이클로펜탄올 (OH, $CH_2NH_2$)

> **연습문제 19-30**
>
> 다음 합성 변환이 어떻게 이루어지는지 나타내라.
>
> **(a)** 브로민화 벤질 → 벤질아민
>
> **(b)** 1-브로모-2-페닐에테인 → 3-페닐프로판-1-아민
>
> **(c)** 펜탄산(pentanoic acid) → 펜탄-1-아민
>
> **(d)** 펜탄산 → 헥산-1-아민
>
> **(e)** (*R*)-2-브로모뷰테인 → (*S*)-뷰탄-2-아민
>
> **(f)** (*R*)-2-브로모뷰테인 → (*S*)-2-메틸뷰탄-1-아민
>
> **(g)** 헥산-2-온 → 1-아미노-2-메틸헥산-2-올

> **문제풀이 힌트**
>
> 할로젠화 알킬(또는 알코올, 토실화물을 거쳐)을 아민으로 변환시키기 위해 아자이드를 생성하고 환원한다. 또한 할로젠화 알킬을 탄소 1개가 증가된 아민으로 변환시키기 위해 나이트릴을 만들고 환원시킨다. 어떤 경우든 알킬기는 $S_N2$ 치환에 적합해야 한다.

## 19-20C 나이트로 화합물의 환원

방향족이나 지방족 나이트로기는 아미노기로 쉽게 환원된다. 가장 일반적인 방법은 촉매에 의한 수소화 반응과 활성 금속에 의한 산성 환원 반응이다. 더 강한 환원제인 $LiAlH_4$가 사용될 수도 있다.

$$R-NO_2 \xrightarrow[\text{또는 활성 금속과 } H^+ \text{; 활성 금속 = Fe, Zn, Sn}]{H_2/\text{촉매; 촉매 = Ni, Pd, Pt}} R-NH_2$$

예

o-나이트로톨루엔 ($NO_2$, $CH_3$) $\xrightarrow{H_2,\ Ni}$ o-톨루이딘(90%) ($\ddot{N}H_2$, $CH_3$)

$$\underset{\text{2-나이트로펜테인}}{CH_3CH_2CH_2-\overset{NO_2}{\overset{|}{C}H}-CH_3} \xrightarrow{Sn,\ H_2SO_4} CH_3CH_2CH_2-\overset{HSO_4^-\ \ ^+NH_3}{\overset{|}{C}H}-CH_3 \xrightarrow{^-OH} \underset{\text{펜탄-2-아민(85\%)}}{CH_3CH_2CH_2-\overset{:NH_2}{\overset{|}{C}H}-CH_3}$$

방향족 나이트로 화합물을 환원하는 가장 일반적인 이유는 치환된 아닐린을 만드는 것이다. 대부분의 이 화학 분야는 아조 짝지음 반응(19-17절)을 통해 아닐린 염료를 만드는데, 아닐린 유도체를 사용하는 염료 공업에 의해 개발되었다. 방향족 고리의 (친전자성 방향족 치환에 의한) 나이트로화 반응으로 나이트로 화합물이 생기고, 이 화합물은 방향족 아민으로 환원된다.

$$Ar-H \xrightarrow{HNO_3,\ H_2SO_4} Ar-NO_2 \xrightarrow{\text{환원}} Ar-NH_2$$

예를 들어 나이트로화에 이어서 환원 반응으로 다음과 같은 벤조카인(benzocaine, 국소 마취제) 합성에 이용된다. 안정한 나이트로기가 산화와 에스터화 반응을 통해 유지된다는 사실을 알아야 한다. 반응의 마지막 단계는 나이트로기를 비교적 민감한 아민(산화 단계에서는 남지 않음)으로 환원한다.

$$C_6H_5CH_3 \xrightarrow[\text{나이트로화}]{HNO_3,\ H_2SO_4} p\text{-}NO_2C_6H_4CH_3 \xrightarrow[\text{(2) } H^+ \text{ 산화}]{\text{(1) } KMnO_4,\ ^-OH} p\text{-}NO_2C_6H_4COOH \xrightarrow[\text{(11-12절 참조) 에스터화}]{CH_3CH_2OH,\ H^+} p\text{-}NO_2C_6H_4COOCH_2CH_3$$

$$p\text{-}NO_2C_6H_4COOCH_2CH_3 \xrightarrow[CH_3CH_2OH \text{ 환원}]{Zn,\ HCl} p\text{-}NH_3^+C_6H_4COOCH_2CH_3\ Cl^-$$

벤조카인 · HCl

**연습문제 19-31**

다음 방향족 아민이 방향족 나이트로화에 따른 환원 반응을 통해 어떻게 생성되는지 나타내라. 방향족 출발 물질로 벤젠이나 톨루엔을 사용해도 좋다.

**(a)** 아닐린
**(b)** *p*-브로모아닐린
**(c)** *m*-브로모아닐린
**(d)** *m*-아미노벤조산

## SUMMARY | 아민의 합성

1. 환원성 아미노화 반응(19-18절)

a. 1차 아민

$$R-\overset{O}{\overset{\|}{C}}-R' \xrightarrow{H_2N-OH} R-\overset{:N-OH}{\overset{\|}{C}}-R' \xrightarrow{\text{환원}} R-\overset{:NH_2}{\overset{|}{CH}}-R'$$

케톤 또는 알데하이드 → 옥심 → 1° 아민

b. 2차 아민

$$R-\overset{O}{\overset{\|}{C}}-R' \xrightarrow[R''-NH_2]{1^\circ \text{ 아민}} R-\overset{:N-R''}{\overset{\|}{C}}-R' \xrightarrow{\text{환원}} R-\overset{:NHR''}{\overset{|}{CH}}-R'$$

케톤 또는 알데하이드 → *N*-치환된 이민 → 2° 아민

c. 3차 아민

$$\underset{\text{케톤 또는 알데하이드}}{R'-\overset{\overset{\displaystyle O}{\|}}{C}-R''} \underset{H^+}{\overset{\text{2° 아민}}{\underset{R-NH-R}{\rightleftharpoons}}} \underset{\text{이미늄 염}}{\left[\begin{matrix} R-\overset{+}{N}-R \\ \| \\ R'-C-R'' \end{matrix}\right]} \xrightarrow{NaBH(OAc)_3} \underset{\text{3° 아민}}{\begin{matrix} R-\ddot{N}-R \\ | \\ R'-CH-R'' \end{matrix}}$$

**2.** 아민의 아실화-환원 반응(19-19절)

$$\underset{\text{아민}}{R-\ddot{N}H_2} + \underset{\text{산 염화물}}{R'-\overset{\overset{\displaystyle O}{\|}}{C}-Cl} \xrightarrow{\text{아실화}} \underset{\substack{\text{아마이드} \\ \text{(아실화된 아민)}}}{R'-\overset{\overset{\displaystyle O}{\|}}{C}-\ddot{N}H-R} \xrightarrow[\text{(1) } LiAlH_4 \text{ (2) } H_2O]{\text{환원}} \underset{\text{알킬화된 아민}}{R'-CH_2-\ddot{N}H-R}$$

**3.** 암모니아의 알킬화(19-20A절)

$$R-CH_2-X \;+\; \text{과량의 } \ddot{N}H_3 \longrightarrow R-CH_2-\ddot{N}H_2 \;+\; NH_4^+ \;\; X^-$$

**4.** 1차 아민의 Gabriel 합성(19-20A절)

$$\underset{\text{할로젠화 알킬}}{R-X} \xrightarrow[\text{프탈이미드화 음이온}]{\text{(phthalimide } :\ddot{N}:^- \; K^+)} \underset{N\text{-알킬 프탈이미드}}{\text{(phthalimide)}\ddot{N}-R} \xrightarrow[\text{열}]{H_2NNH_2} \underset{\text{1° 아민}}{R-\ddot{N}H_2}$$

**5.** 아자이드의 환원(19-20B절)

$$\underset{\text{아자이드화 알킬}}{R-\ddot{N}=\overset{+}{N}=\ddot{N}:^-} \xrightarrow[\text{또는 } H_2/Pd]{LiAlH_4} \underset{\text{1° 아민}}{R-\ddot{N}H_2}$$

**6.** 나이트릴의 환원(19-20B절)

$$\underset{\text{나이트릴}}{R-C\equiv N:} \xrightarrow{H_2/\text{촉매 또는 } LiAlH_4} \underset{\text{1° 아민}}{R-CH_2-\ddot{N}H_2}$$

**7.** 나이트로 화합물의 환원(19-20C절)

$$R-NO_2 \xrightarrow[\text{또는 활성 금속과 } H^+]{H_2/\text{촉매}} R-\ddot{N}H_2$$

촉매 = Ni, Pd, Pt

활성 금속 = Fe, Zn, Sn

**8.** 친핵체 방향족 치환 반응(17-12절)

$$R-\ddot{N}H_2 \;+\; Ar-X \longrightarrow R-\ddot{N}H-Ar \;+\; HX$$

(방향족 고리는 친핵성 공격에 대해 활성화되어야 한다.)

## 핵심 용어

**나이트릴(nitrile):** 사이아노기(—C≡N)를 포함하는 R—C≡N 화학식을 가진 화합물

**다이아조 짝지음(diazo coupling):** 친전자성 방향족 치환 반응에서 친전자체로서 다이아조늄 염이 사용되는 반응이다.

$$\mathrm{Ar{-}\overset{+}{N}{\equiv}N} + \mathrm{H{-}C_6H_4{-}Y} \longrightarrow \mathrm{Ar{-}N{=}N{-}C_6H_4{-}Y} + \mathrm{H^+}$$

다이아조늄 이온 (활성화됨) 아조 화합물

**설폰아마이드(sulfonamide):** 설폰산의 아마이드로, 설폰산 에스터의 질소 유사체

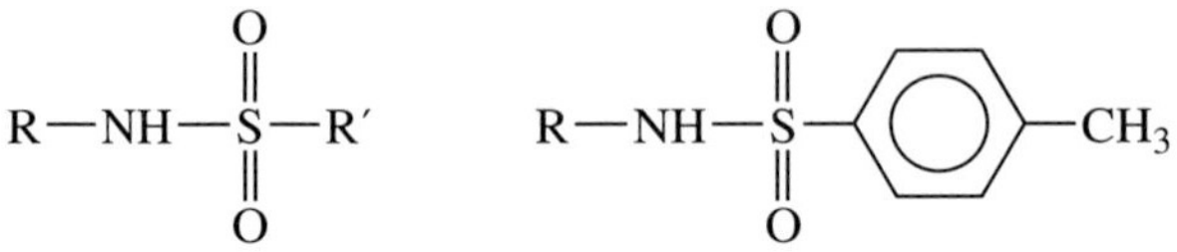

$$\mathrm{R{-}NH{-}S(=O)_2{-}R'} \qquad \mathrm{R{-}NH{-}S(=O)_2{-}C_6H_4{-}CH_3}$$

설폰아마이드 *p*-톨루엔설폰아마이드(토실아마이드)

**아민(amine):** 질소 원자에 1개 이상의 알킬기나 아릴기가 결합된 암모니아 유도체

**1차 아민(primary amine, 1° 아민):** 질소 원자에 1개의 알킬기가 결합된 것

**2차 아민(secondary amine, 2° 아민):** 질소 원자에 2개의 알킬기가 결합된 것

**3차 아민(tertiary amine, 3° 아민):** 질소 원자에 3개의 알킬기가 결합된 것

$$\mathrm{R{-}\ddot{N}H{-}H} \qquad \mathrm{R{-}\ddot{N}H{-}R'} \qquad \mathrm{R{-}\ddot{N}(R''){-}R'}$$

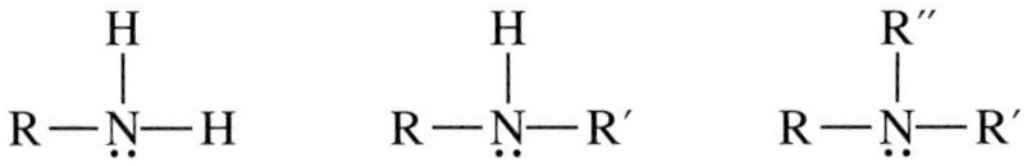

1차 아민 2차 아민 3차 아민

**아미노기(amino group):** $-NH_2$기. 알킬화하면 알킬아미노기(—NHR) 또는 다이알킬아미노기($-NR_2$)가 된다.

**아민의 다이아조화 반응(diazotization of an amine):** 1차 아민이 아질산과 반응하여 다이아조늄 염을 생성하는 반응

**아민 산화물(amine oxide):** 산소 원자와 네 번째 결합을 한 아민. 아민 산화물에서 질소 원자는 양전하를 띠고 산소 원자는 음전하를 띤다.

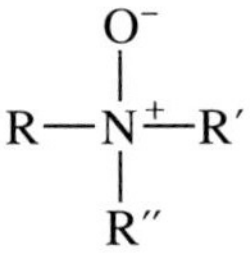

$$\mathrm{R{-}\overset{+}{N}(O^-)(R''){-}R'} \qquad \mathrm{R{-}NH_3^+\ X^-} \qquad \mathrm{R{-}\overset{+}{N}R_3\ X^-}$$

아민 산화물 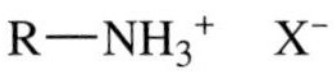 암모늄 염 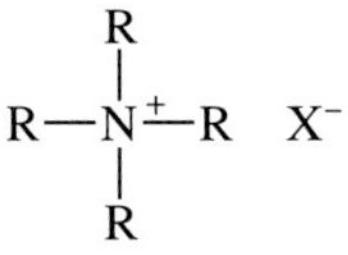 4차 암모늄 염

**아실화(acylation):** 일반적으로 수소 원자 대신에 아실기($R-\overset{O}{\overset{\|}{C}}-$)의 첨가이다. 아민의 아실화 반응으로 아마이드가 생성된다.

$$\mathrm{R{-}NH_2} + \mathrm{Cl{-}C(=O){-}R'} \longrightarrow \mathrm{R{-}NH{-}C(=O){-}R'} + \mathrm{HCl}$$

아민 산 염화물 아마이드

**아세틸화 반응(acetylation):** 아세틸기($CH_3-\overset{O}{\overset{\|}{C}}-$)에 의한 아실화 반응

**아실화–환원 반응(acylation-reduction):** 암모니아나 아민을 아실화한 다음에 아마이드를 환원하여 아민을 합성하는 방법

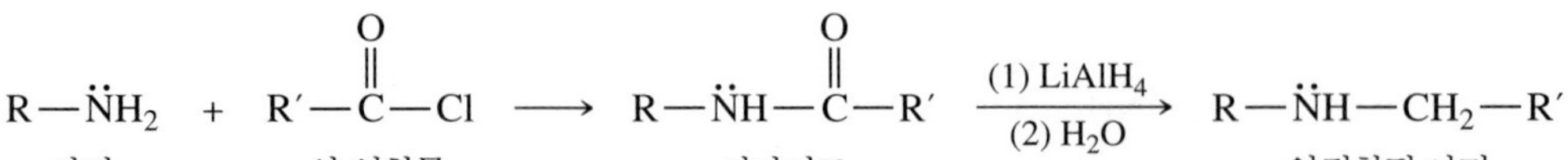

$$\mathrm{R{-}\ddot{N}H_2} + \mathrm{R'{-}C(=O){-}Cl} \longrightarrow \mathrm{R{-}\ddot{N}H{-}C(=O){-}R'} \xrightarrow[\text{(2) } H_2O]{\text{(1) } LiAlH_4} \mathrm{R{-}\ddot{N}H{-}CH_2{-}R'}$$

아민 산 염화물 아마이드 알킬화된 아민

**아자이드(azide):** 아자이드기(—$N_3$)를 가진 화합물

$$\left[CH_3CH_2-\ddot{\underset{\cdot\cdot}{N}}^{-}-\overset{+}{N}\equiv N: \longleftrightarrow CH_3CH_2-\ddot{N}=\overset{+}{N}=\ddot{N}:^{-}\right]$$

에틸 아자이드

**암모늄 염(ammonium salt):** 양전하를 띤 질소 원자에 4개의 결합을 가진 아민의 유도체. 아민은 산에 의해 양성자가 첨가되어 암모늄 염이 된다. 4차 암모늄 염은 4개의 알킬기나 아릴기가 질소 원자에 결합된 화합물이다. '아민 염(amine salt)'이라고도 한다.

**염기 해리 상수(base-dissociation constant, $K_b$):** 아민 같은 화합물의 염기도 측정은 다음 반응에 대해 평형 상수로 정의한다. $K_b$의 음의 상용 대수($\log_{10}$) 값은 p$K_b$로 주어진다.

$$R-\ddot{N}H_2 + H-O-H \overset{K_b}{\rightleftharpoons} R-\overset{+}{N}H_3 + {}^{-}OH$$

**완전 알킬화 반응(exhaustive alkylation):** 아민이 과량의 알킬화 시약(흔히 아이오딘화 메틸)과의 반응으로 4차 암모늄 염을 생성하는 반응

$$R-NH_2 \xrightarrow[\text{염기}]{\text{과량의 } CH_3I} R-\overset{+}{N}(CH_3)_3 \quad I^-$$

**질소 반전(nitrogen inversion):** 질소의 비결합 전자쌍이 분자의 한 면에서 다른 쪽으로 이동함으로써 질소 원자의 배열이 뒤집히는 현상. 전이 상태가 *p* 오비탈에 비결합 전자쌍을 가진 평면이다. '피라미드 반전(pyramidal inversion)'이라고도 한다.

**하이드록실아민(hydroxylamine):** 화합물 $H_2NOH$ 또는 일반적으로 아민에서 질소에 결합된 3개의 치환기 중에 1개가 하이드록시기인 화합물

$$R-\underset{\cdot\cdot}{N}(R')-OH$$

**환원성 아민화 반응(reductive amination):** 아민을 합성하는 가장 일반적인 반응으로, 케톤이나 알데하이드의 이민 또는 옥심 유도체들이 환원하는 반응이다.

$$\underset{\text{케톤 또는 알데하이드}}{R-\overset{O}{\overset{\|}{C}}-R'} \xrightarrow[H^+]{R''-NH_2} \underset{N\text{-치환된 이민}}{R-\overset{\ddot{N}-R''}{\overset{\|}{C}}-R'} \xrightarrow{\text{환원}} \underset{2°\text{ 아민}}{R-\overset{\ddot{N}HR''}{\overset{|}{C}H}-R'}$$

**Cope 제거 반응(Cope elimination):** Hofmann 제거 반응의 변형으로, 3차 아민 산화물에서 이탈기로서 하이드록실아민이 제거되고 알켄이 생성되는 반응이다.

**Gabriel 아민 합성(Gabriel amine synthesis):** 프탈이미드화 포타슘 염의 알킬화에 이은 하이드라진에 의한 아민의 치환으로 1차 아민을 합성하는 반응이다.

**Hofmann 제거 반응(Hofmann elimination):** 이탈기로 아민을 포함한 4차 수산화 암모늄의 제거 반응이다. Hofmann 제거로 치환기가 가장 작은 알켄이 생성된다.

$$HO^- + R-\overset{H}{\underset{H}{C}}-\overset{H}{\underset{^+N(CH_3)_3}{C}}-H \xrightarrow{\text{가열}} H-O-H + \underset{H}{\overset{R}{}}C=C\underset{H}{\overset{H}{}} + :N(CH_3)_3$$

***N*-나이트로소아민(*N*-nitrosoamine):** 질소 원자에 나이트로소기(—N=O)가 결합된 아민이다. 2차 아민이 아질산과의 반응 으로 2차 *N*–나이트로소아민을 생성한다. '나이트로사민(nitrosamine)'이라고도 한다.

**Sandmeyer 반응(Sandmeyer reaction):** 아렌다이아조늄 염에 있는 $-\overset{+}{N}\equiv N$기가 CuCl, CuBr, CuCN 같은 구리(I) 염에 의해 치환되는 반응

$$Ar-\overset{+}{N}\equiv N: \; {}^{-}Cl \xrightarrow[(X = Cl,\ Br,\ C\equiv N)]{CuX} Ar-X + N_2\uparrow$$

## 기초문제

| | | |
|---|---|---|
| **1** | 아민을 명명하고, 그 명명을 통해 구조를 그려보라. | 관련 연습문제 19-32, 38, 47, 48, 52 |
| **2** | 아민의 IR, NMR, 질량 스펙트럼을 설명하고, 스펙트럼들의 정보를 통해 구조를 결정하라. | 관련 연습문제 19-41, 53, 56, 58, 59 |
| **3** | 아민의 염기도를 다른 일반적인 염기와 비교하고, 아민의 염기도가 혼성화나 방향족성에 따라 어떻게 변하는지 설명하라. | 관련 연습문제 19-33, 34, 35, 37, 60, 61 |
| **4** | 아민의 물리적 성질의 경향을 설명하고, 아민 염의 물리적 성질과 비교하라. | 관련 연습문제 19-36, 37 |
| **5** | 아민이 케톤, 알데하이드, 할로젠화 알킬, 토실화물, 산 염화물, 염화설폰일, 아질산, 산화제와 각각 반응할 때 생성물을 적고 적당한 메커니즘을 제시하라. | 관련 연습문제 19-38, 39, 46, 54, 55, 62, 63, 64 |
| **6** | 다이아조 짝지음 반응과 아릴 염화물, 브로민화물, 아이오딘화물, 플루오린화물, 나이트릴의 합성에서 아렌다이아조늄을 사용하는 예를 나타내라. | 관련 연습문제 19-40, 45, 50 |
| **7** | Hofmann 제거 반응과 Cope 제거 반응의 용도와 메커니즘을 설명하고, 주생성물을 예측하라. | 관련 연습문제 19-38, 42 |
| **8** | 아민을 다른 아민, 케톤, 알데하이드, 산 염화물, 나이트로 화합물, 할로젠화 알킬, 나이트릴, 아마이드로부터 합성하는 단일 단계 또는 다단계 합성을 제시하라. | 관련 연습문제 19-40, 42, 43, 44, 45, 47, 48, 49, 50, 51 |
| **9** | 아민을 다른 작용기로 변환시키는 방법을 제시하라. 그리고 출발 물질이나 중간체로서 아민을 사용하는 다단계 합성을 고안해보라. | 관련 연습문제 19-40, 42, 50, 51 |

## 연습문제

**19-32** 각 화합물에 대해

**(1)** 질소를 포함한 작용기들을 분류하라.

**(2)** 적당한 이름을 답하라.

(a) 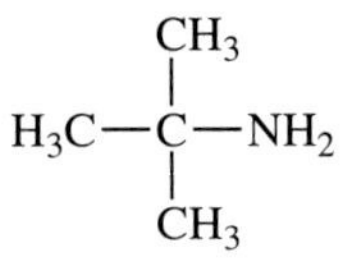 $(CH_3)_3C-NH_2$ (b) 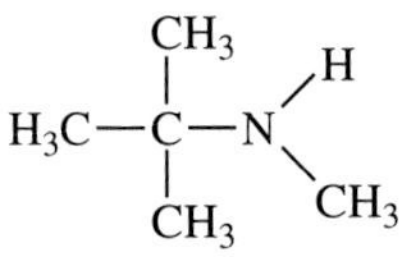 $(CH_3)_3C-NH-CH_3$ (c) 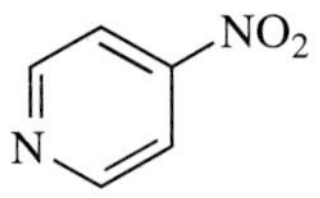 $NO_2$-pyridine (d) 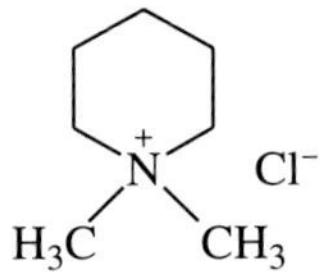 $N^+$, $H_3C$, $CH_3$, $Cl^-$ (e) $O^-$, $H_3C-N^+-CH_3$, phenyl (f) 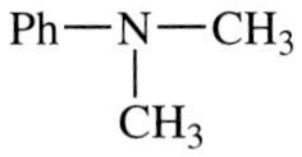 $Ph-N(CH_3)-CH_3$ (g) 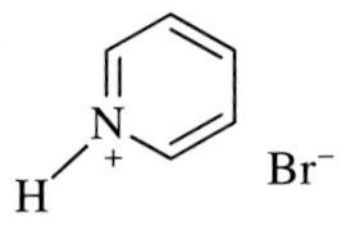 $N^+$–H, $Br^-$ (h) $NHCH_3$, $CH_3$

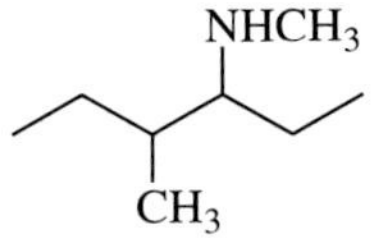

**19-33** 각 조의 아민을 염기도가 증가하는 순서로 나열하라.

(a) 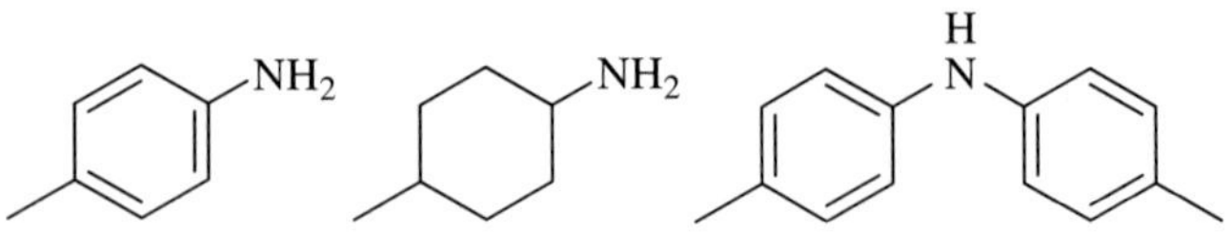 $NH_2$ $NH_2$ H N (b) 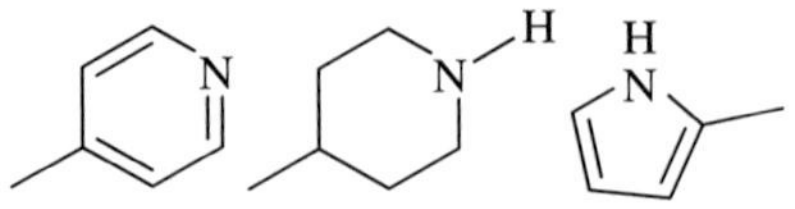 N N–H H N

(c) 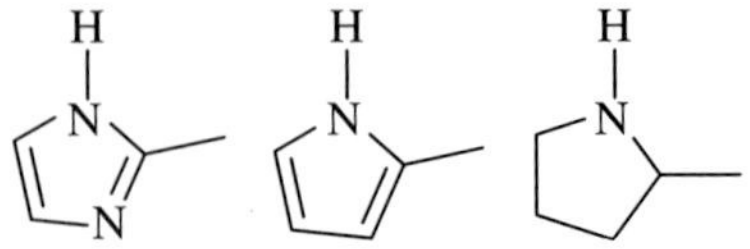 H N N H N H N (d) 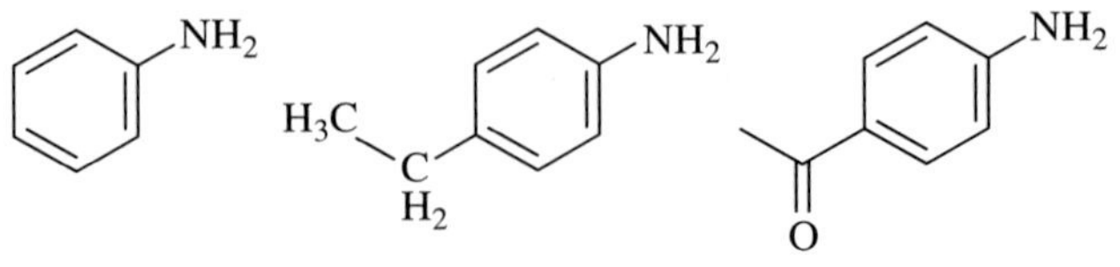 $NH_2$ $H_3C$ C $H_2$ $NH_2$ $NH_2$ O

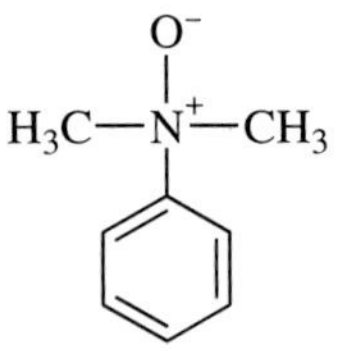

(e) 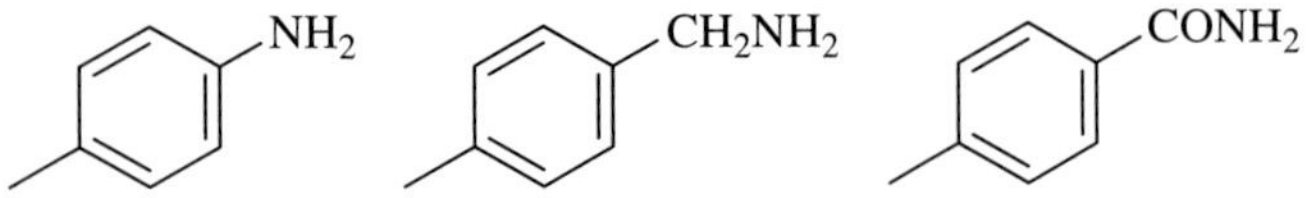 $NH_2$ $CH_2NH_2$ $CONH_2$

**19-34** 각 구조 내에서 질소의 염기도가 증가하는 순서를 표시하라.

**(a)** 니코틴

**(b)** *LSD*

**(c)** 이아메마진(*cyamemazine*, 항정신병 약물)

**(d)** 아타브린(*atabrine*, 항말라리아제)

**(e)**

**(f)** 입사피론(*ipsapirone*, 항불안제)

**19-35** 각 화합물 쌍에서 더 강한 염기를 선택하고, 그 이유를 설명하라.

**(a)** $HOCH_2NH_2$ 또는 $CH_3NH_2$

**(b)** $PhNH_2$ 또는 $PhCH_2CH_2NH_2$

**(c)** 또는

*__(d)__ 또는

**19-36** 다음 중 어느 화합물이 거울상 이성질체로 분리될 수 있는가?

**(a)** *N*-에틸-*N*-프로필아닐린

**(b)** 2-에틸피페리딘

**(c)** 1-에틸피페리딘

**(d)** 1,2,2-트라이에틸아지리딘

**(e)**

**(f)**

**(g)**

**(h)**

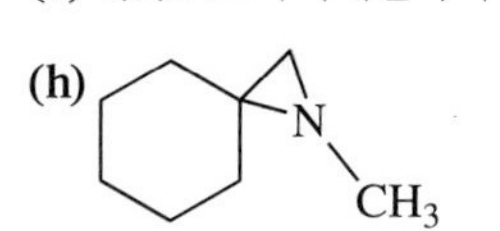


**19-37** 다음에 제시한 산-염기 반응을 완성하고, 반응물과 생성물 중 어느 것이 우선하는지 표시하라.

**(a)** 피리딘 + HCOOH 폼산 ⟶

**(b)** 피롤 + HCOOH 폼산 ⟶

**(c)** 염화 피리디늄 + 피롤리딘 ⟶

**(d)** 염화 아닐리늄 + 피페리딘 ⟶

**19-38** 다음 반응의 생성물을 예측하라.

**(a)** 과량의 $NH_3$ + Ph—$CH_2$ $CH_2$ $CH_2$ Br ⟶

**(b)** 1-브로모펜테인 $\xrightarrow[\text{(2) LiAlH}_4 \text{ (3) H}_3\text{O}^+]{\text{(1) NaN}_3}$

(c) N-메틸피페리딘 + $H_2O_2$ ⟶

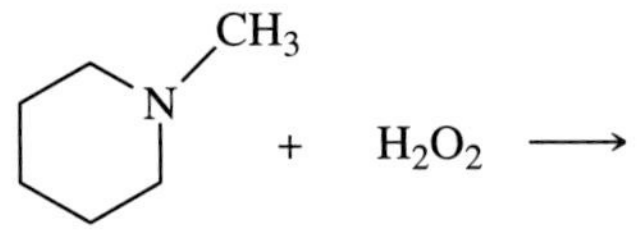

(d) (c)의 생성물 —열→

(e) 퀴놀리지딘 —(1) 과량의 $CH_3I$ (2) $Ag_2O$ (3) 열→

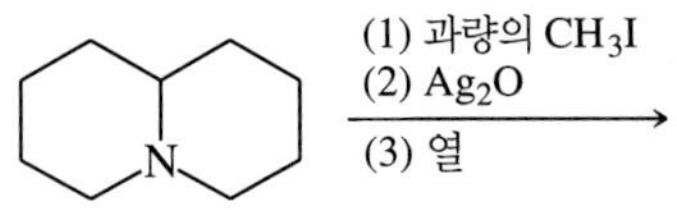

(f) (e)의 생성물 —(1) 과량의 $CH_3I$ (2) $Ag_2O$ (3) 열→

(g) 피페리딘(NH) + $NaNO_2$ + HCl ⟶

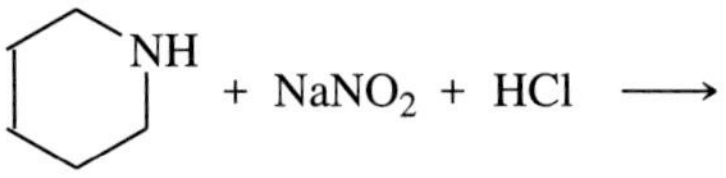

(h) 나이트로벤젠($NO_2$) —Zn, HCl→

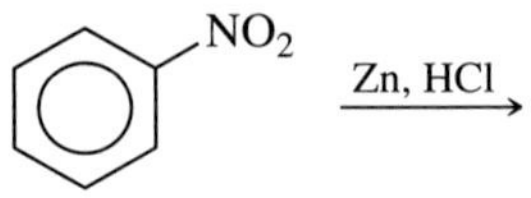

(i) $CH_3NH_2$ + 사이클로헥실-$CH_2-C(=O)-Cl$ —피리딘→

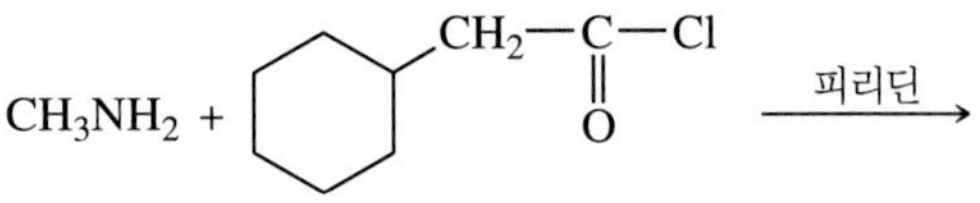

(j) (i)의 생성물 —(1) $LiAlH_4$ (2) $H_3O^+$→

(k) $CH_3-(CH_2)_3-C(=NCH_3)-CH_2CH_3$ —(1) $LiAlH_4$ (2) $H_3O^+$→

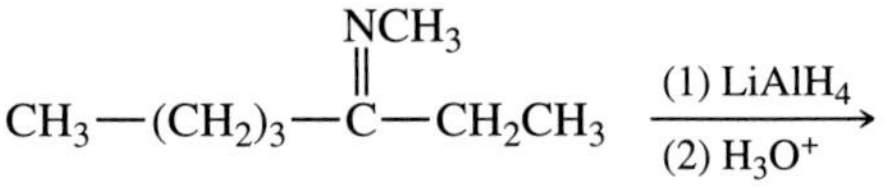

(l) $Ph-CH_2-CH(CN)-CH_3$ —(1) $LiAlH_4$ (2) $H_3O^+$→

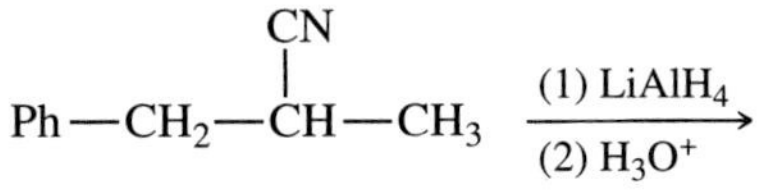

**19-39** 필요한 시약을 사용하여 다음 합성을 수행할 수 있는지 예측하라.

(a) 뷰탄-2-온 + 다이에틸아민 —$NaBH(OAc)_3$→

(b) 4-플루오로피리딘 —$NaOCH_2CH_3$→

(c) 3-나이트로아닐린 —(1) HCl, $NaNO_2$ (2) CuBr→

(d) 뷰탄-2-온 —(1) KCN, HCN (2) $LiAlH_4$→

(e) 사이클로펜탄온 —(1) 아닐린, $H^+$ (2) $LiAlH_4$→

(f) 2-브로모펜테인 —(1) $(CH_3)_3N$: (2) $Ag_2O$, 열→

(g) 사이클로헥산온 —$H^+$, $EtNH_2$ / $-H_2O$→

(h) 사이클로헥산온 —$Et_2NH$ / $Na(OAc)_3BH$→

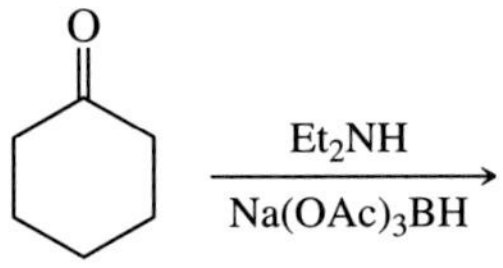

(i) (D, H, $NMe_2$, 3,3-다이메틸사이클로헥세인) —?→ (H, 4,4-다이메틸사이클로헥센)

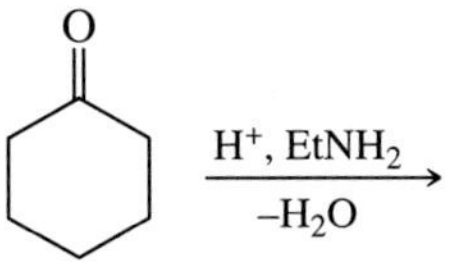

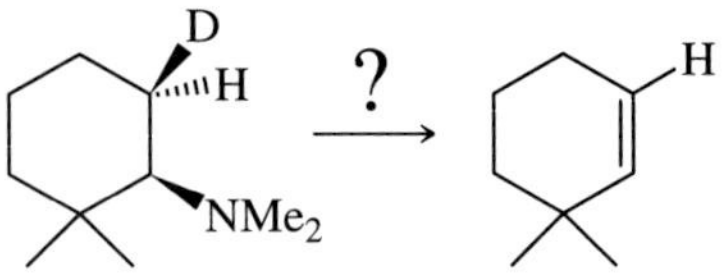

(j) (D, H, $NMe_2$, 3,3-다이메틸사이클로헥세인) —?→ (D, 4,4-다이메틸사이클로헥센)

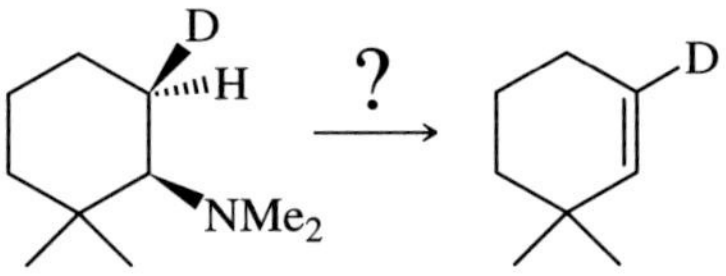

**19-40** 필요한 시약을 사용하여 *p*-톨루이딘이 어떻게 다음 화합물로 전환될 수 있는지 나타내라.

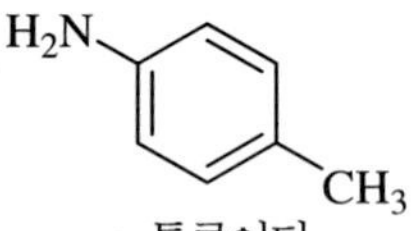

$H_2N$–C₆H₄–$CH_3$
*p*-톨루이딘

(a) *p*-톨루오나이트릴 (N≡C–C₆H₄–$CH_3$)

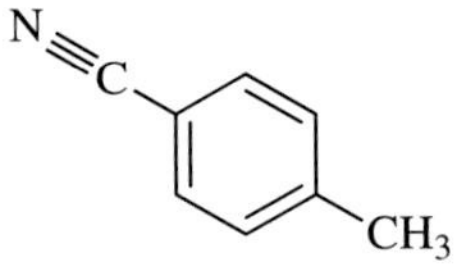

(b) *p*-메틸벤질아민 ($CH_3$–C₆H₄–$CH_2NH_2$)

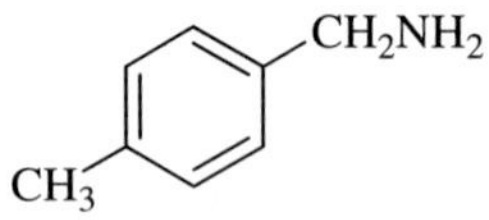

(c) *p*-아이오도톨루엔 ($CH_3$–C₆H₄–I)

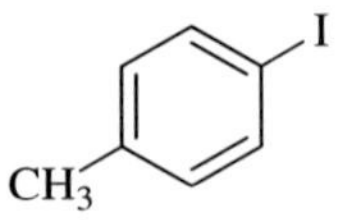

(d) *p*-크레졸 ($CH_3$–C₆H₄–OH)

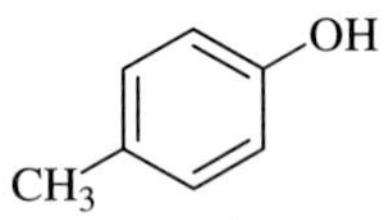

(e) 4-메틸-3-나이트로아닐린 ($O_2N$, $NH_2$, $CH_3$)

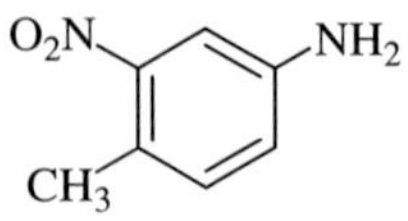

(f) *N*-사이클로펜틸-*p*-톨루이딘 ($CH_3$–C₆H₄–NH–사이클로펜틸)

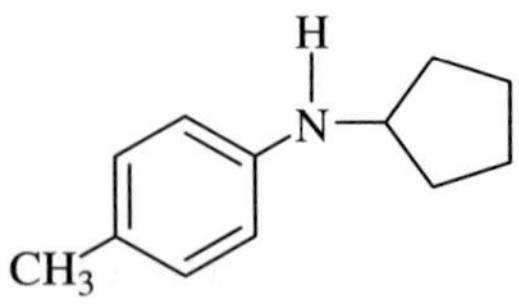

**19-41** $t$-뷰틸아민의 질량 스펙트럼은 $m/z$ 58에서 강한 기준 피크를 나타낸다. 기준 피크를 설명하는 절단을 보여주는 도표를 사용하고, 이 스펙트럼에서는 분자 이온이 보이지 않는 이유를 답하라.

**19-42** 필요한 시약을 사용하여 다음 합성이 어떻게 이루어지는지 나타내라.

**(a)** → N—C(=O)—

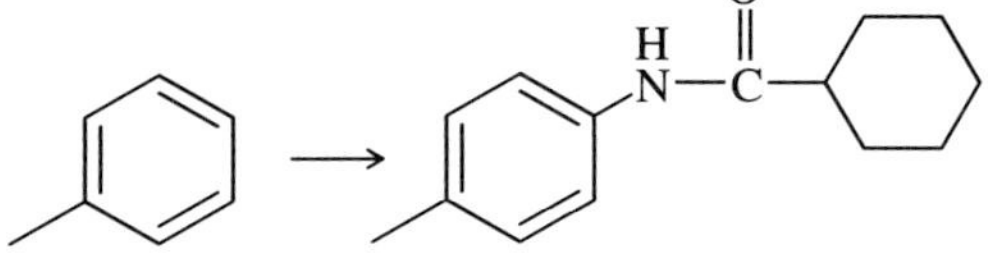

**(b)** $NH_2$ → —N(H)—S(=O)(=O)— —$CH_3$

**(c)** N—H → $N(CH_3)_2$

**(d)** O → $NH_2$

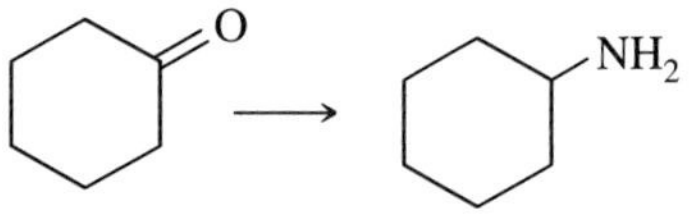

**(e)** N—$CH_3$ → $N^{\oplus}$—$CH_3$, $O^{\ominus}$

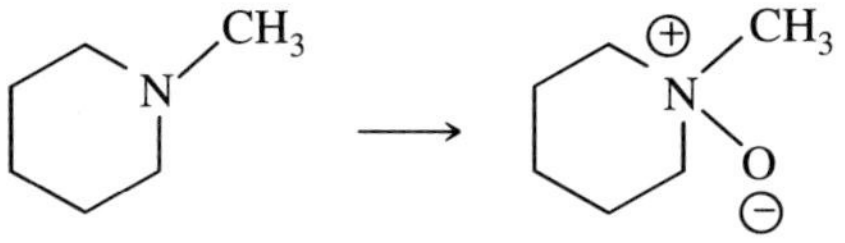

**(f)** N—$CH_3$ → N(—$CH_3$)—OH

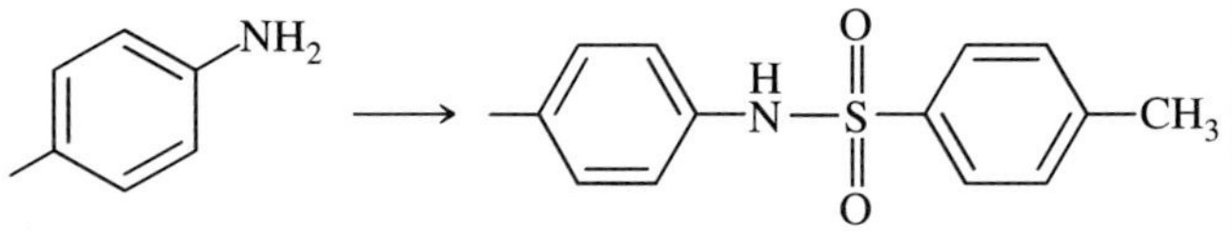

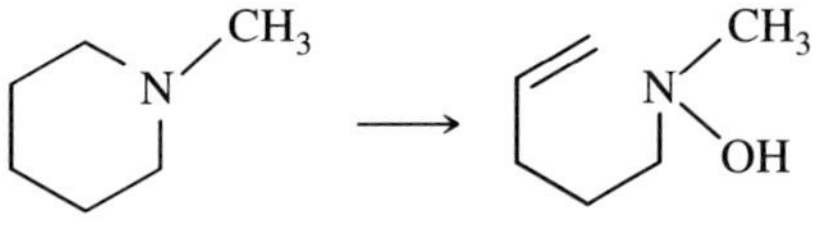

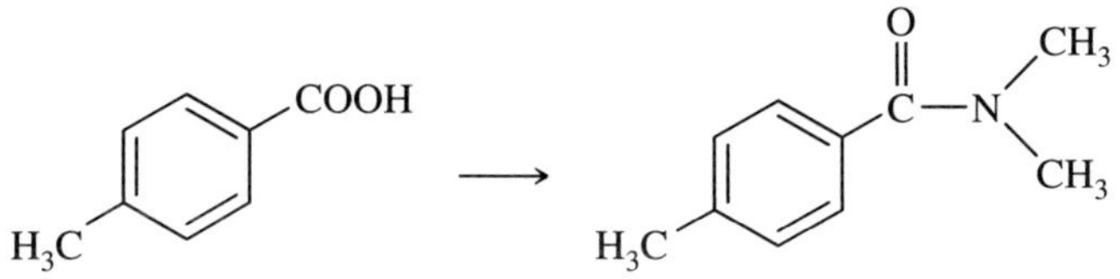

**(g)** $H_3C$— —COOH → $H_3C$— —C(=O)—N($CH_3$)($CH_3$)

**(h)** $H_3C$— —COOH $\xrightarrow{SOCl_2}$ $H_3C$— —C(=O)—Cl $\xrightarrow{HN(CH_3)_2}$ $H_3C$— —C(=O)—N($CH_3$)($CH_3$)

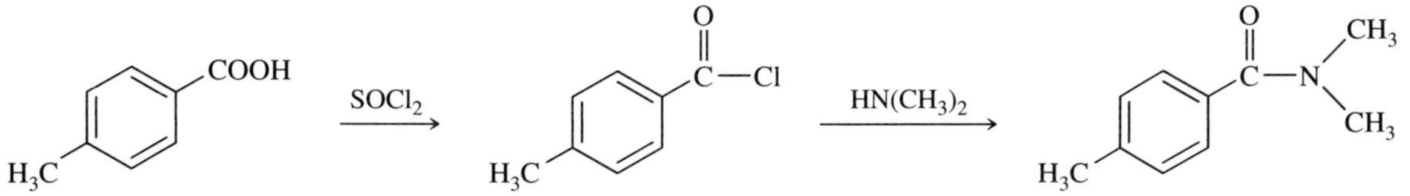

**19-43** 다음 약품을 이전 장과 이 장에 소개된 방법을 이용하여 합성했다. 탄소 원자 6개 이하를 가진 화합물을 출발 물질로 하여 각 화합물을 합성하는 방법을 고안하라.

**(a)** 진통제에서 아스피린이나 카페인과 함께 사용되는 페나세틴(phenacetin)

**(b)** 지금은 뇌 조직의 중독제나 유해제로 알려져 있지만, 한때 안전한 식이요법 알약으로 생각되었던 메스암페타민(methamphetamine)

**(c)** 뇌의 신경전달물질의 하나인 도파민(dopamine), 파킨슨병은 도파민 결핍에 의한 것이다.

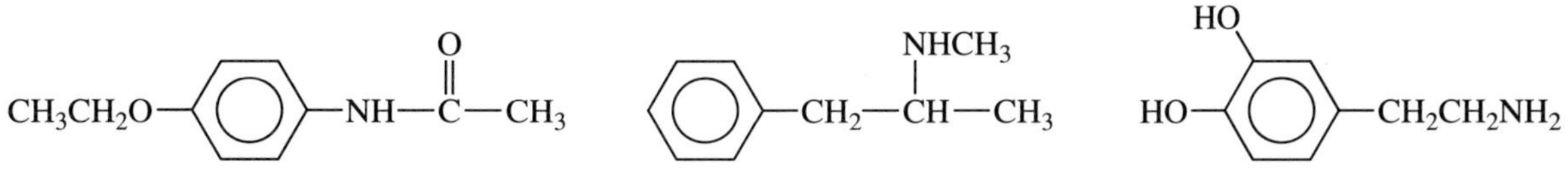

$CH_3CH_2O$— —NH—C(=O)—$CH_3$
페나세틴

—$CH_2$—CH($NHCH_3$)—$CH_3$
메스암페타민

HO, HO— —$CH_2CH_2NH_2$
도파민

**19-44** 벤젠과 탄소 수 4개 이하의 기타 시약으로부터 노보카인(novocaine)을 합성하라.

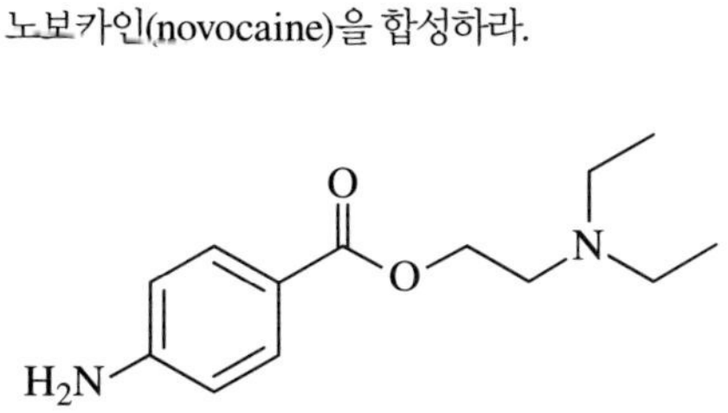

$H_2N$— —C(=O)—O—CH₂CH₂—N(Et)₂

**19-45** 벤젠으로부터 다음 물질을 합성하라. (힌트: 이들 중 일부는 다이아조늄 이온이 필요하다.)

**(a)** 4-메틸아닐린

**(b)** 3-에틸페놀

**(c)** 2-에틸-5-하이드록시벤조산

**(d)** 4-에톡시아닐린

**19-46** 다음 반응의 메커니즘을 제시하라.

(a) 사이클로헥산온 + $(CH_3)_2NH$ $\xrightarrow[H^+]{NaBH(OAc)_3}$ $N(CH_3)_2$ (b) CN, O $\xrightarrow[H^+]{H_2,\ Pt}$ N H

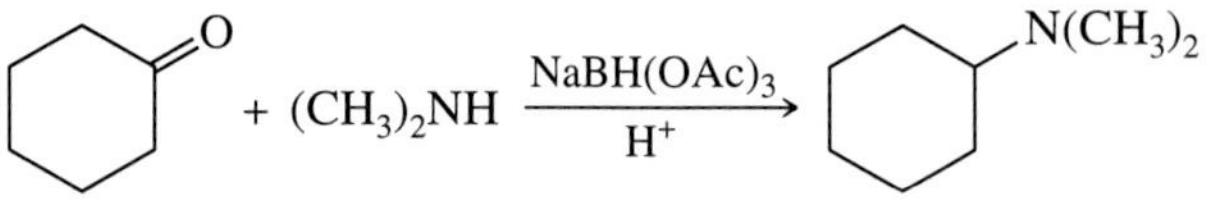

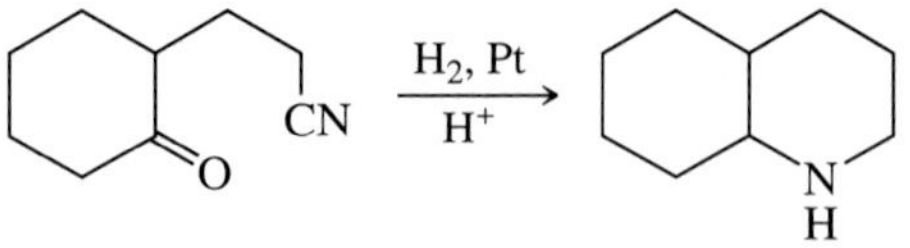

**19-47** 가장 일반적인 2개의 아민 합성법은 아마이드의 환원과 카보닐 화합물의 환원성 아민화 반응이다. 이러한 기술이 다음 합성에 어떻게 사용되는지 나타내라.

**(a)** 벤조산 → 벤질아민

**(b)** 벤즈알데하이드 → 벤질아민

**(c)** 피롤리딘 → *N*-에틸피롤리딘

**(d)** 사이클로헥산온 → *N*-사이클로헥실피롤리딘

**(e)** HOOC—$(CH_2)_3$—COOH → 펜테인-1,5-다이아민(카다베린, cadaverine)

**19-48** 몇 가지 아민 합성법이 1차 아민을 효과적으로 만드는 데 한정적으로 이용된다. 아자이드와 나이트로 화합물의 환원과 Gabriel 합성은 탄소 사슬이 변하지 않은 채 유지되고 있다. 나이트릴의 생성과 환원은 탄소 원자 1개가 첨가된다. 이러한 아민 합성법이 다음 변환에 어떻게 사용되는지 나타내라.

**(a)** 브로민화 알릴 → 알릴아민

**(b)** 에틸벤젠 → *p*-에틸아닐린

**(c)** 1-브로모-3-페닐헵테인 → 3-페닐헵탄-1-아민

**(d)** 1-브로모-3-페닐헵테인 → 4-페닐옥탄-1-아민

**19-49** 다음 3차 아민을 세 가지 다른 방법을 통해 각각 다른 2차 아민과 아래의 방법으로 최종 치환기를 첨가하여 합성할 수 있을지 나타내라.

**(a)** 환원성 아민화(세 가지 방법)

**(b)** 아실화-환원(세 가지 방법)

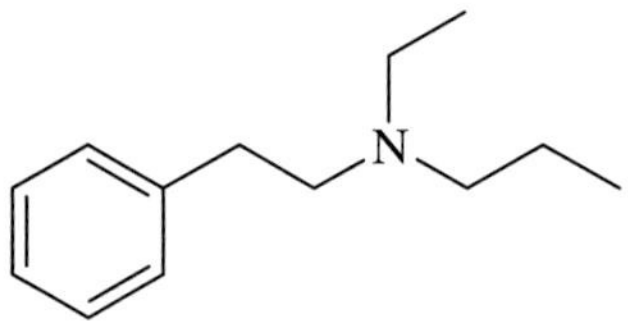

N

**19-50** 유기 출발 물질로 4개 이하의 탄소 원자를 가진 벤젠, 알코올과 톨루엔을 사용하여 다음 화합물이 어떻게 좋은 수득률로 합성되는지 나타내라. 오쏘, 파라 혼합물 중 파라가 주생성물(그리고 오쏘와는 분리됨)이라고 가정하라.

**(a)** 펜탄-1-아민

**(b)** *N*-메틸뷰탄-1-아민

**(c)** *N*-에틸-*N*-프로필뷰탄-2-아민

**(d)** *N*-벤질프로판-1-아민

**(e)** —N=N— —OH

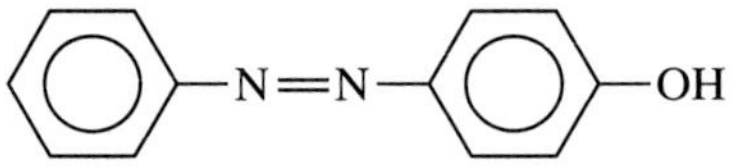

**(f)** 3-프로필아닐린

**(g)** 4-아이소뷰틸아닐린

**19-51** 필요한 시약을 사용하여 다음 다단계 합성이 어떻게 이루어지는지 나타내라.

**(a)** → $NH_2$, $CH_2CH_2CH_2CH_3$

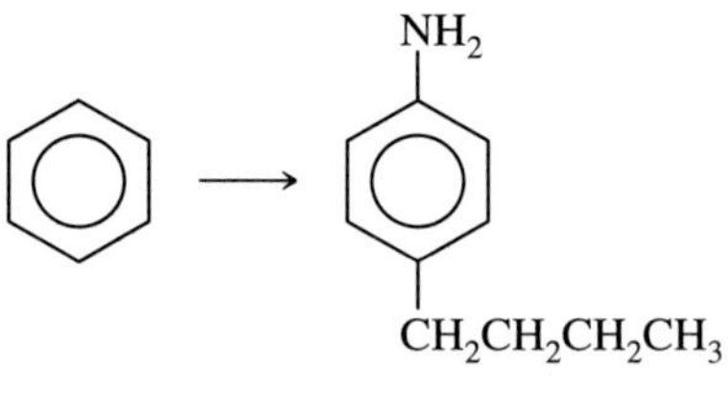

**(b)** N → $CH_3$ N, CH=$CH_2$

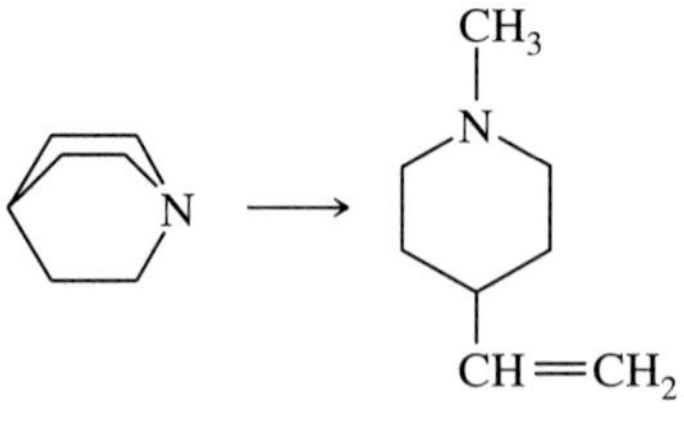

**(c)** → $CH_2CH_3$, $CH_2NH_2$

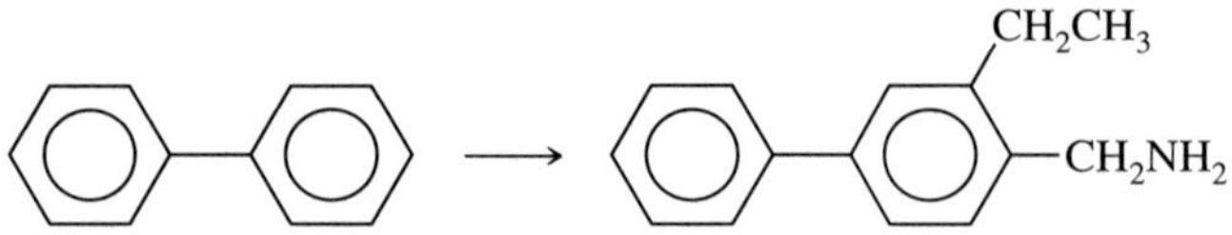

**19-52** 알칼로이드 코닌(alkaloid coniine)을 솔송나무로부터 분리해서 정제했으며, 분자식은 $C_8H_{17}N$이다. 코닌을 과량의 아이오딘화 메틸과 반응시킨 후 산화 은을 첨가하고 가열했더니 순수한 *N,N*-다이메틸옥트-7-엔-4-아민의 (*S*) 거울상 이성질체를 얻었다. 코닌의 완전한 구조식을 표시하라. 그리고 이 반응으로 주어진 생성물이 어떻게 생성되는지 밝히라.

**19-53** 한 화학자가 쓰레기 처리 장소에서 새어나오는 성분을 측정하기 위해 부식된 쓰레기통을 수집했다. 그 쓰레기통에서는 심한 생선 냄새가 났다. 화학자는 마스크를 하고 통 속의 시료를 채취하여 실험실로 옮겼다.

질량 스펙트럼에 의하면 $m/z$ 101에서 분자 이온이 보였고, 가장 많은 조각은 $m/z$ 86에서 나타났다. IR 스펙트럼의 경우 3000 $cm^{-1}$ 이상에서 흡수가 보이지 않았고, 2800 $cm^{-1}$와 3000 $cm^{-1}$에서 여러 개의 흡수를 보였으며, 1500~2800 $cm^{-1}$ 사이에서 흡수가 없었다. 양성자 NMR 스펙트럼에서는 $\delta$ 1.0에서 삼중선($J$ = 7 Hz), $\delta$ 2.4에서 사중선(J = 7 Hz)으로 적분치가 17 : 11이었다.

(a) 어떤 구조적 정보가 각 스펙트럼에 의해 의미화되는지 미지의 독성 폐기물에 대한 구조식을 제안하라.

(b) 현재의 EPA 규약은 용기 밖으로 흘러나오는 액체 폐기물의 처리를 금지하고 있다. 이러한 폐기물을 재매장하기 위한 무취의 고체로 변환시키는 저렴한 방법을 제시하라.

(c) 화학자의 옷에서 생선 냄새를 없앨 수 있는 방법을 제안하라.

* **19-54** 피롤은 벤젠보다 더 쉽게 친전자성 방향족 치환 반응을 하며, 순한 시약과 조건이면 충분하다. 이들 반응은 다음 예에서 볼 수 있는 것처럼 보통 3 위치보다 2 위치에서 일어난다.

$$\text{피롤} + CH_3-\overset{O}{\overset{\|}{C}}-O-\overset{O}{\overset{\|}{C}}-CH_3 \xrightarrow{SnCl_4} \text{2-아세틸피롤} + CH_3-\overset{O}{\overset{\|}{C}}-OH$$

아세트산 무수물

(a) 위의 반응에서 피롤의 아세틸화에 대한 메커니즘을 제시하라. 피롤과 아실륨(acylium) 이온($CH_3-C\equiv O^+$)으로 시작하라. 중간체의 모든 공명 구조를 그리도록 주의하라.

(b) 피롤이 벤젠보다 더 쉽게 반응하는 이유와 치환이 3 위치보다 2 위치에 주로 일어나는 이유를 설명하라.

**19-55** 17-12절은 강한 전자 끄는 기가 치환되는 자리의 오쏘 또는 파라에 있다면 어떻게 친핵성 방향족 치환 반응이 일어나 아릴 아민이 생성되는지 보여주었다. 다음 반응을 검토하라.

$$\text{2,4-}(NO_2)_2C_6H_3F \xrightarrow[NaHCO_3]{CH_3NH_2} \text{2,4-}(NO_2)_2C_6H_3NHCH_3$$

(a) 이 반응의 메커니즘을 제시하라.

(b) 보통 플루오린화 이온을 나쁜 이탈기로 생각한다. 이러한 반응이 쉽게 플루오린화 이온을 이탈기로 치환하는 이유를 설명하라.

(c) 이 반응은 다른 다이나이트로플루오로벤젠과 반응하기보다 원하는 생성물로 중지되는 이유를 설명하라.

**19-56** 다음 **A**와 **B** 화합물 스펙트럼은 두 구조 이성질체에 해당한다. 스펙트럼 **A**에서 $\delta$ 1.16의 NMR 단일선은 시료를 $D_2O$에 넣고 흔들 때 사라진다. $D_2O$에 넣고 흔들었을 때 스펙트럼 **B**에서는 $\delta$ 0.6 ppm의 단일선이 사라진다. 이 이성질체의 구조를 제안하라. 그리고 구조가 스펙트럼과 일치하는지 밝히라. 질량 스펙트럼 **A**에서 어떤 절단이 기준 피크 $m/z$ 44에 상응하며, 질량 스펙트럼 **B**에서 큰 피크 $m/z$ 58은 어떤 절단에 상응하는지 나타내라.

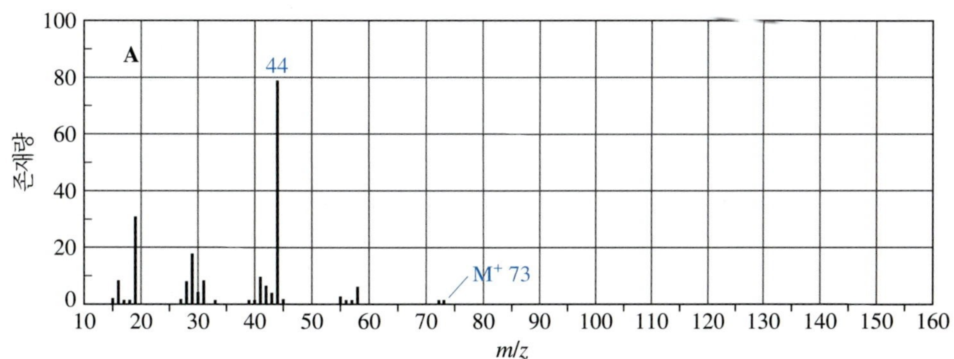


* 본문 내용을 응용한 난이도 높은 문제는 별표(*)로 표시했다.

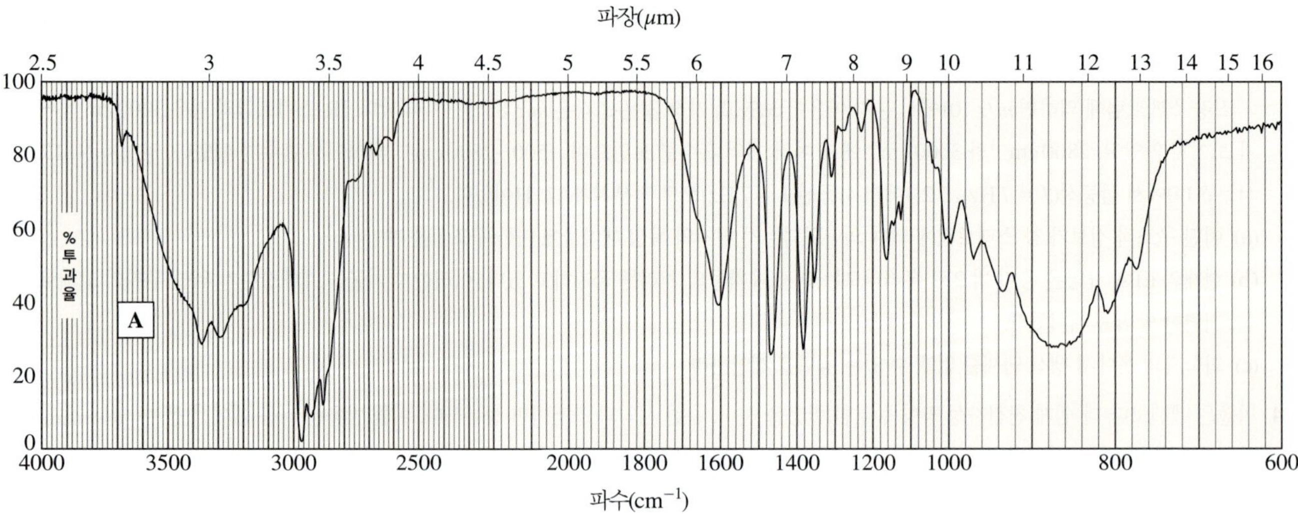
파장(μm)
2.5
3
3.5
4
4.5
5
5.5
6
7
8
9
10
11
12
13
14
15
16
100
80
60
40
20
0
% 투과율
A
4000
3500
3000
2500
2000
1800
1600
1400
1200
1000
800
600
파수(cm⁻¹)

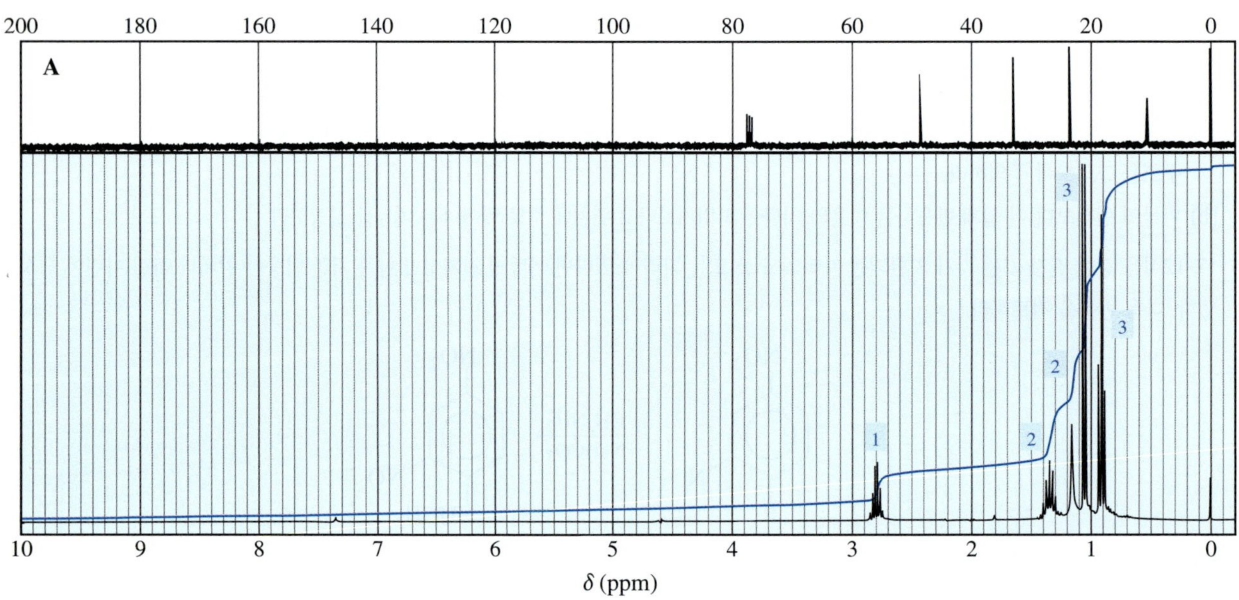
200
180
160
140
120
100
80
60
40
20
0
A
3
3
2
2
1
10
9
8
7
6
5
4
3
2
1
0
δ (ppm)

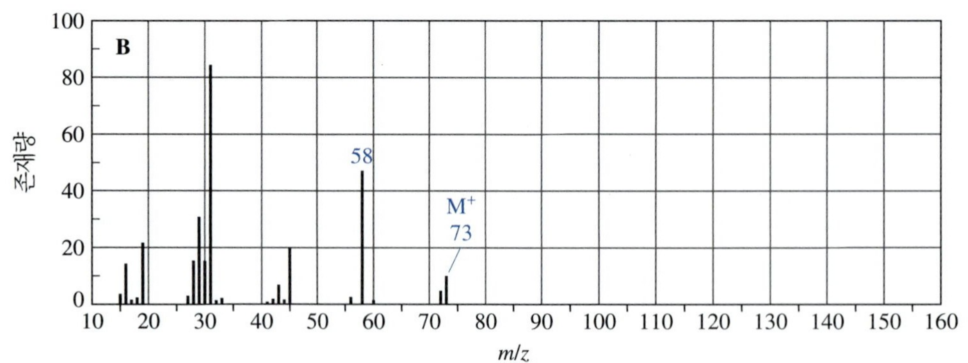
100
80
60
40
20
0
B
존재량
58
M+
73
10
20
30
40
50
60
70
80
90
100
110
120
130
140
150
160
m/z

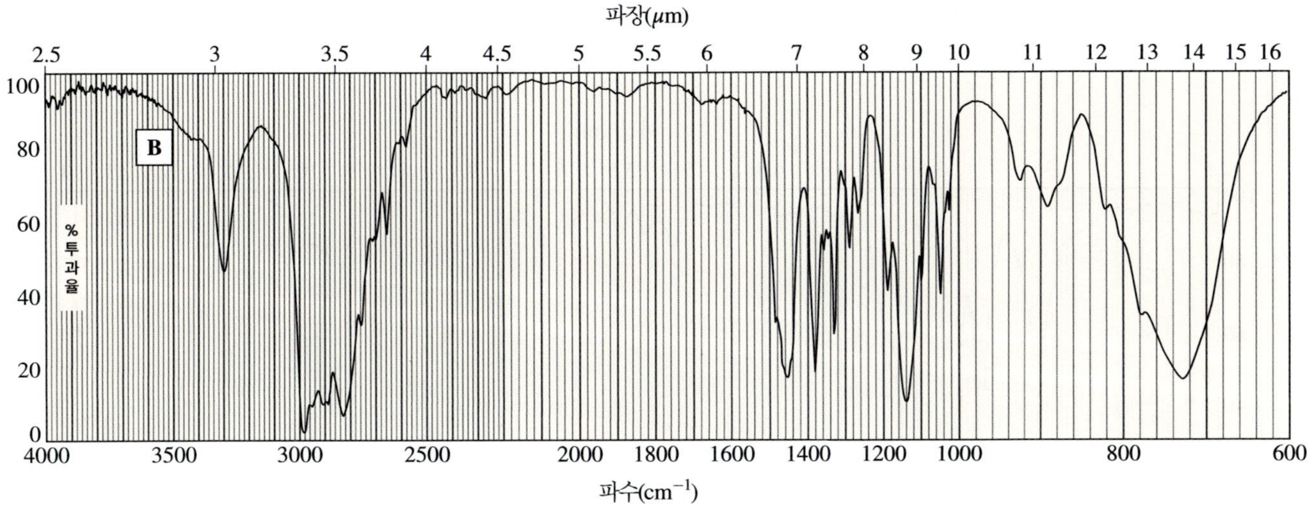

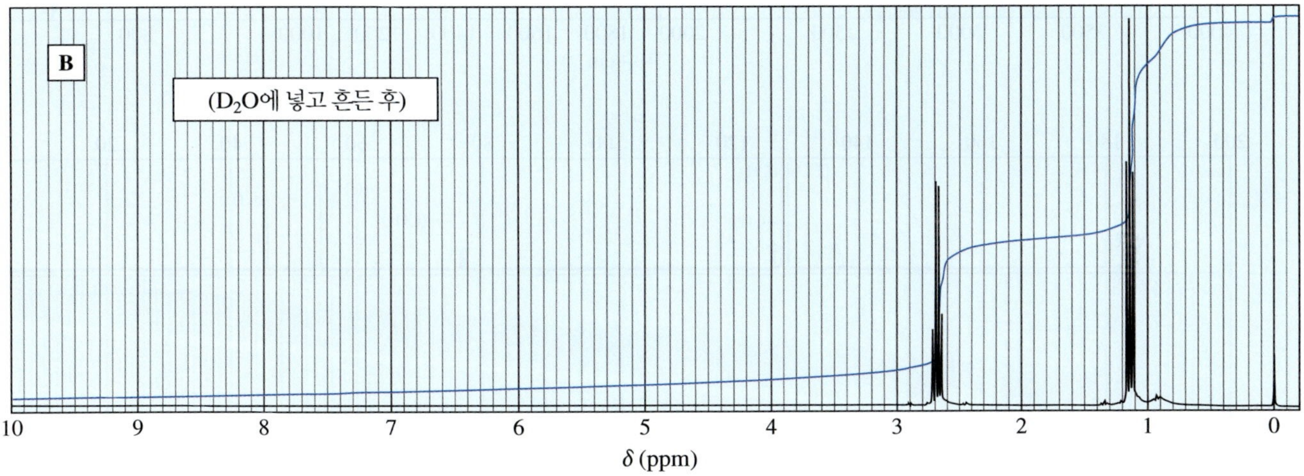

파장(μm)

B

% 투과율

파수($cm^{-1}$)

B

($D_2O$에 넣고 흔든 후)

δ (ppm)

**19-57** 미지 화합물의 질량 스펙트럼에서 분자 이온 크기가 $m/z$ 87에서 약하게 보였고, 유일하게 큰 피크는 $m/z$ 30에서 나타났다. IR 스펙트럼은 아래에 표시했다. NMR 스펙트럼의 경우 3개의 단일선만 나타났는데, 하나는 $\delta$ 0.9에 9의 크기로, $\delta$ 1.0에 2의 크기로, $\delta$ 2.4에서 2의 크기를 보였다. $\delta$ 1.0에서 보인 단일선은 시료를 $D_2O$에 넣고 흔들었을 때 사라졌다. 화합물의 구조를 결정하고 $m/z$ 30에 나타난 이온을 설명할 수 있는 타당한 조각을 표시하라.

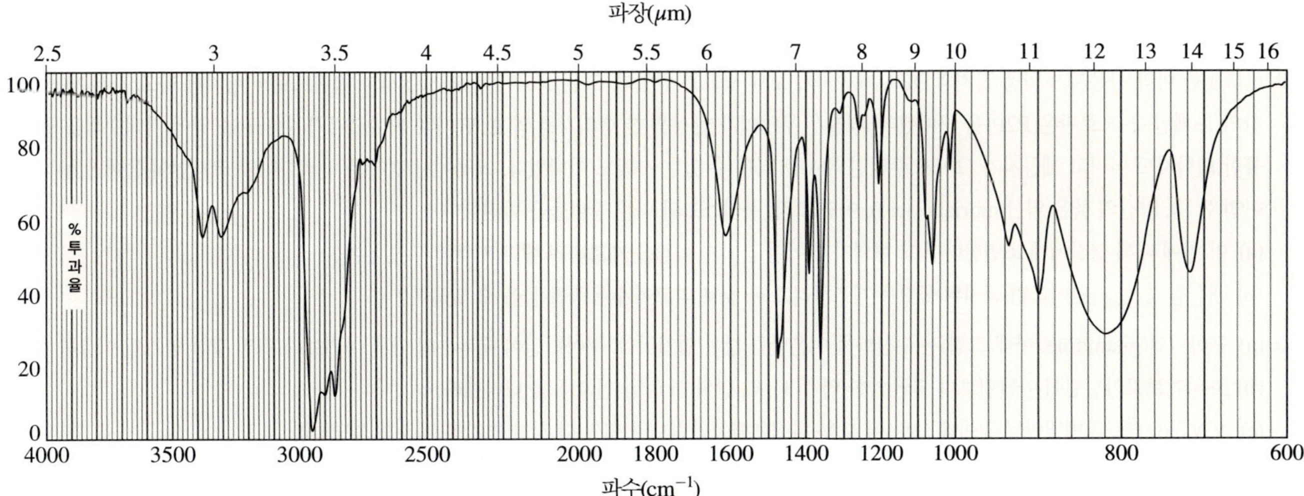

* **19-58** 화학식이 $C_{11}H_{16}N_2$인 화합물의 IR, $^1$H NMR, $^{13}$C NMR 스펙트럼을 아래에 표시했다. 양성자 NMR에 나타난 $\delta$ 2.0의 피크는 $D_2O$와 함께 흔들었을 때 사라졌다. 이 화합물의 구조를 제시하고, 주어진 흡수로 그 구조를 어떻게 설명할 수 있는지 나타내라.

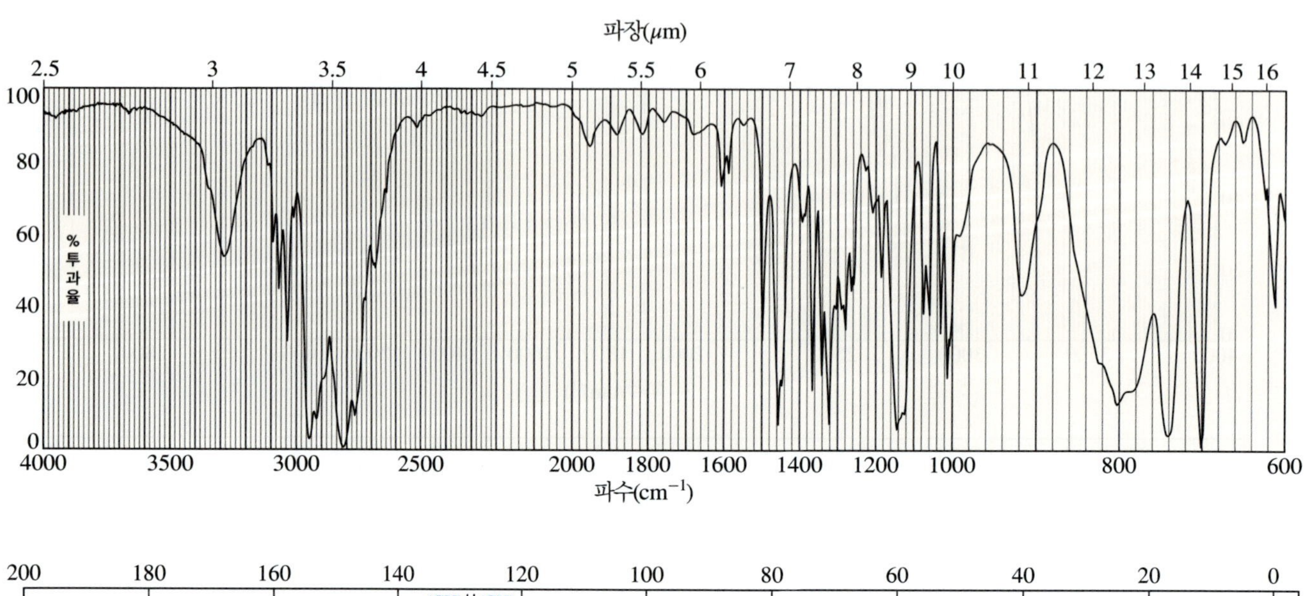


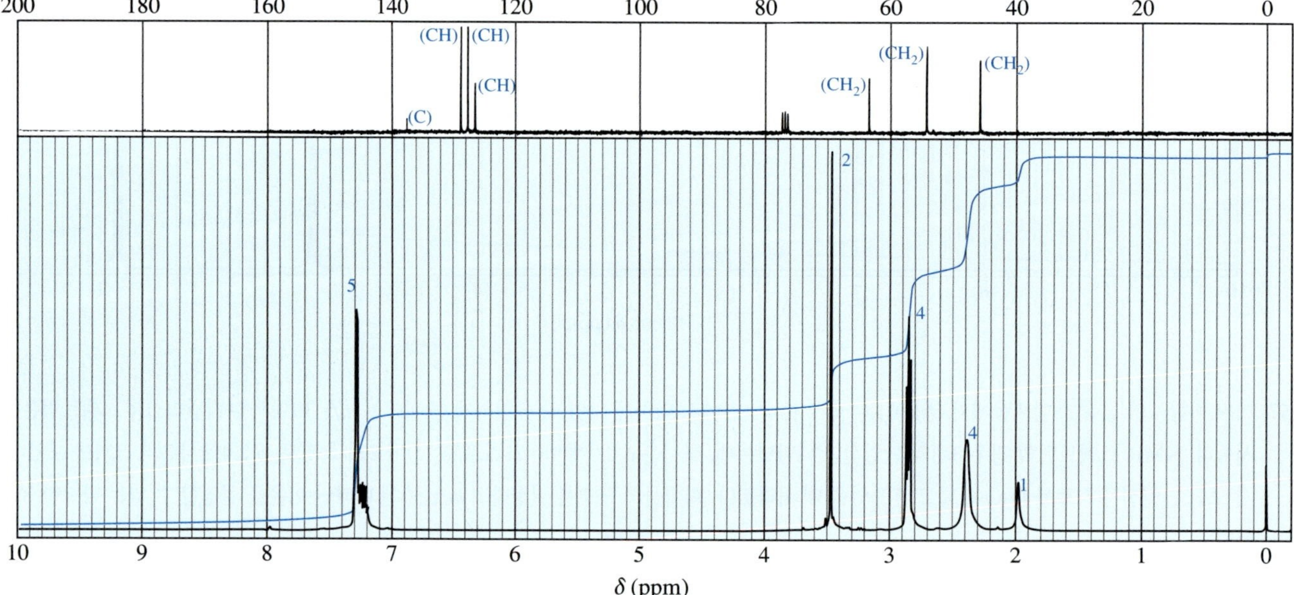


* **19-59** (실화) 한 마약 사용자가 약품 잡지의 DEA 제공자가 보낸 광고를 받았다. 그는 그 후 콜로라도에서 메릴랜드로 비행기를 타고 가서 제공자로부터 약간의 1-페닐-2-프로판온(P2P)을 구매했다. 경찰은 무엇인가 합성을 한 혐의자를 약 한 달가량 기다렸다가 수사권을 얻어 가택수색을 했다. 그는 훌륭한 화학자도 아니고 제공자가 그에게 주었던 지시를 따를 수 있는 사람도 아니었다. 그곳에서 경찰은 마리화나와 코카인이 들어 있는 파이프, 메틸아민 한 병, 약간의 묽은 염산(muriatic acid), 아연 조각, 플라스크와 다른 장비들을 발견했다.

**(a)** 이 일에 대해 경찰에게 조언한다면 그 혐의자가 어떤 금지된 물질을 제조하려 했다고 말할 수 있는가?

**(b)** 배심원 중 한 사람이라면 금지된 물질을 제조하려고 한 일로 피고에게 유죄를 물을 수 있을까?

**19-60** **(a)** 구아니딘(guanidine, 아래 그림)은 수산화물 이온만큼 강한 염기이다. 구아니딘이 대부분의 다른 아민보다 훨씬 강한 염기인 이유를 설명하라.

**(b)** *p*-나이트로아닐린이 아닐린보다 훨씬 약한 염기(3 p$K_b$ 단위 더 약함)인 이유를 나타내라.

**(c)** *N*,*N*,2,6-테트라메틸아닐린(아래 그림)이 *N*,*N*-다이메틸아닐린보다 훨씬 더 강한 염기인 이유를 설명하라.

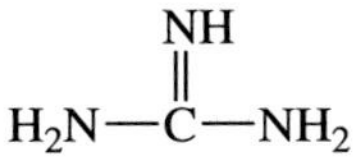

$H_2N-C(=NH)-NH_2$ 구아니딘 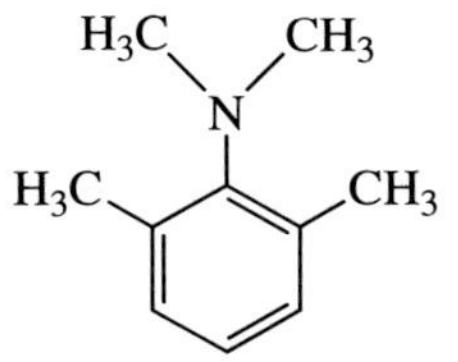 / *N*,*N*,2,6-테트라메틸아닐린 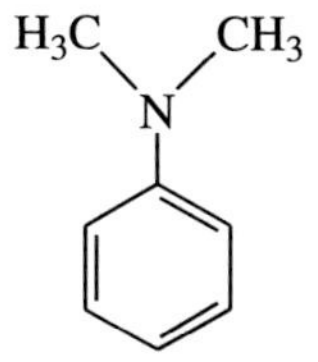 / *N*,*N*-다이메틸아닐린

*** 19-61** 염기도는 양성자를 결합하는 전자쌍의 가용성에 따라 달라진다. 이들 아민의 구조적 효과를 염기성과 연관시켜보라.

**(a)** 염기도 순서를 설명하라.

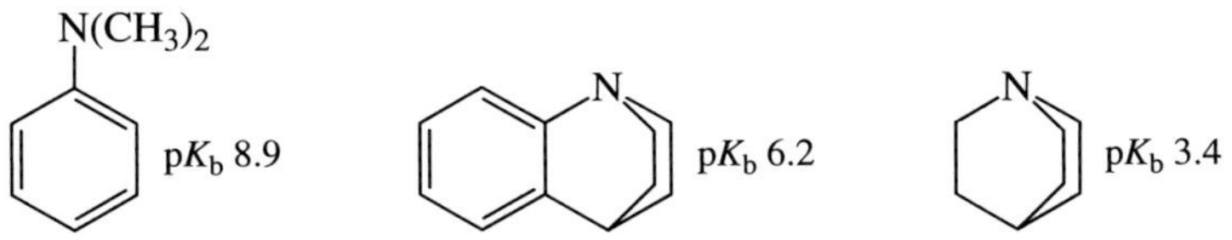

$N(CH_3)_2$ p$K_b$ 8.9    p$K_b$ 6.2    p$K_b$ 3.4

**(b)** 설명:

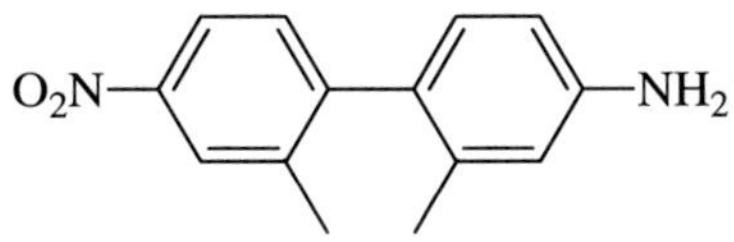

$O_2N$–(바이페닐, 메틸 치환)–$NH_2$ 가 $O_2N$–(바이페닐)–$NH_2$ 보다 더 강한 염기인 이유를 설명하라.

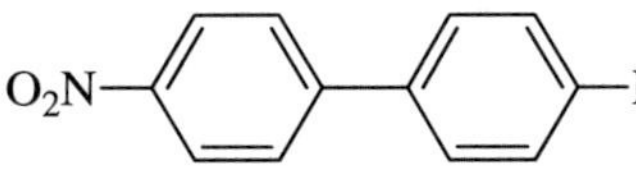

**(c)** 이 화합물의 p$K_b$는 −2.3이므로 일반적인 아닐린보다 더 강한 염기일 뿐만 아니라 수산화물 이온보다도 훨씬 더 강한 염기이다. 그 이유를 설명하라.

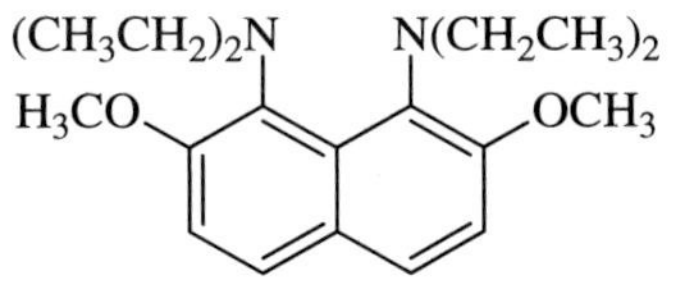

$(CH_3CH_2)_2N$   $N(CH_2CH_3)_2$   $H_3CO$   $OCH_3$

*** 19-62** 19-10B절에서 피리딘의 친전자성 치환 반응이 느리고, 강한 조건을 필요로 하지만 수득률은 실망스럽다는 것을 보았다. 대조적으로 피리딘 *N*-산화물은 적당한 조건에서 EAS를 하고 C2와 C4에 좋은 수득률로 치환이 일어난다. 이러한 놀랄 만한 차이에 대해 설명하라.

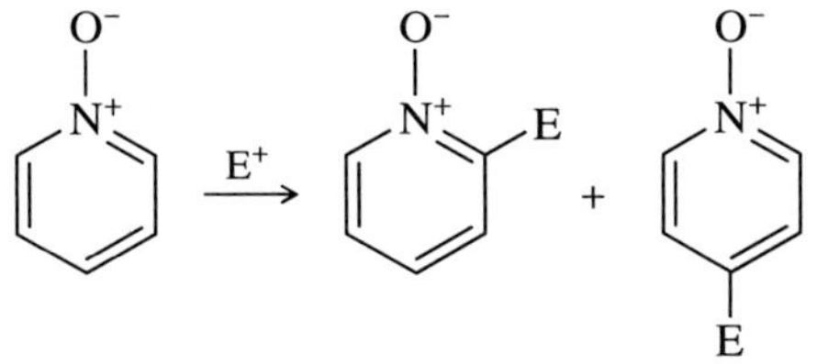

$O^-$, $N^+$ $\xrightarrow{E^+}$ $O^-$, $N^+$, E + $O^-$, $N^+$, E

*** 19-63** 알데하이드와 케톤의 환원성 아민화는 알킬기를 아민에 부착하는 다양한 방법이지만, 이 방법에서는 알킬기가 1° 또는 2° 탄소로 제한된다. 스크립스 연구소(Scripps Research Institute)의 Phil Baran 교수는 방향족 나이트로기를 환원시키고 생성된 아민을 알켄에 첨가하여 방향족 아민이 3° 탄소에 결합되게 하는 새로운 방법을 발표했다(*Science*, **2015**, *348*(6237), 886–891). 이는 모두 연속적인 반응 순서이다. 예를 들면 다음과 같다.

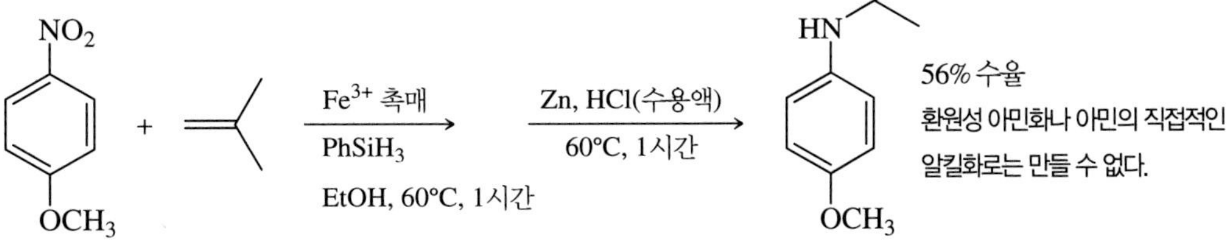

$NO_2$, $OCH_3$ + $\xrightarrow[\text{PhSiH}_3,\ \text{EtOH, 60°C, 1시간}]{Fe^{3+}\ 촉매}$ $\xrightarrow[\text{60°C, 1시간}]{\text{Zn, HCl(수용액)}}$ HN, $OCH_3$

56% 수율
환원성 아민화나 아민의 직접적인 알킬화로는 만들 수 없다.

이 논문에 보고된 방법을 참고하여, 아래의 출발 물질을 사용하여 합성 가능한 생성물을 제시하라.

(a) (b) 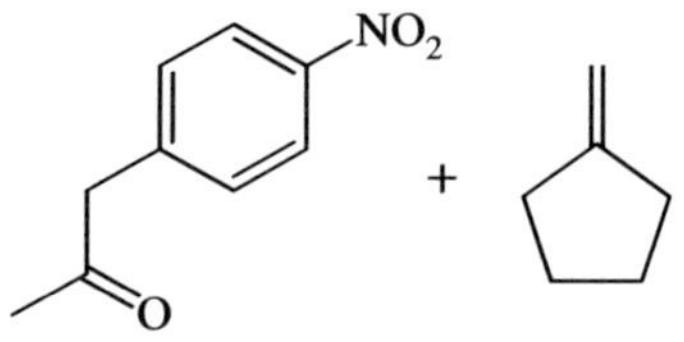 (c) 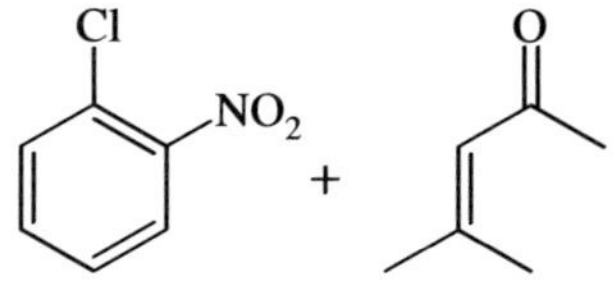 (d)

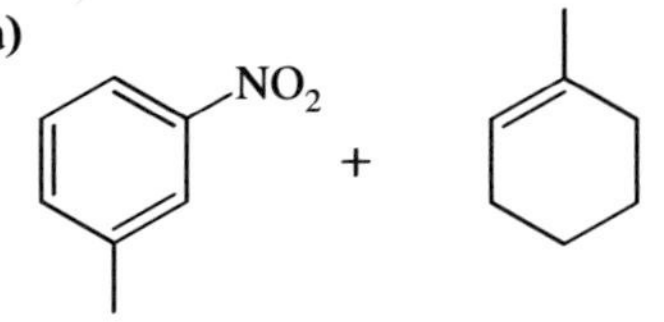

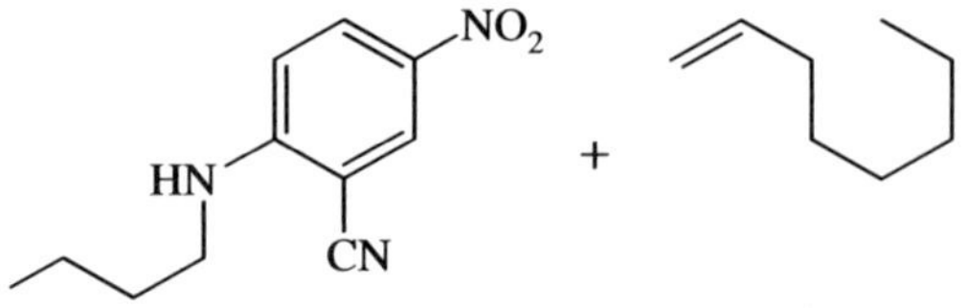

**19-64** 아조기(N=N)를 함유한 치환기가 친전자성 및 친핵성 방향족 치환을 촉진할 수 있는 방법을 나타내라.

(a) + "$CF_3$" 56% 수율

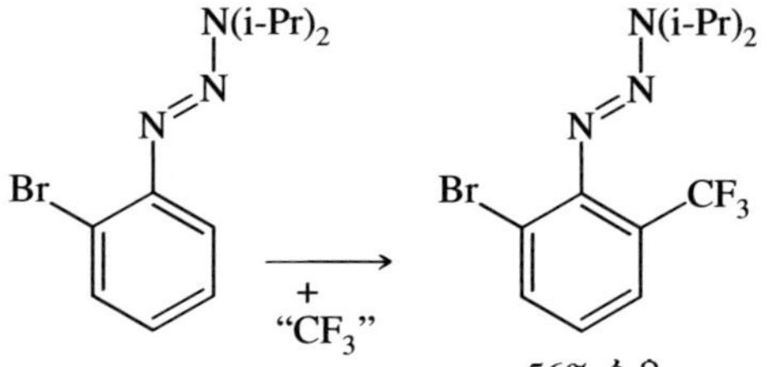

(b) $Et_2NH$ 74% 수율

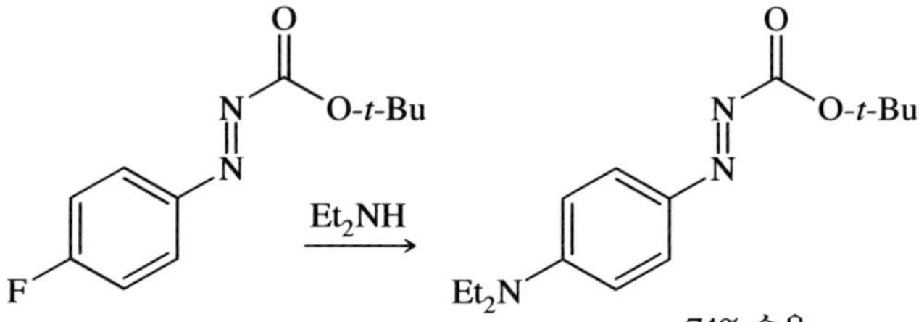

A. Hafner and S. Brase, *Angewandte Chemie Int. Ed*., **2012**, *51*, 3713. M. Heinrich et al., *Journal of Organic Chemistry*, **2012**, *77*, 1520.

**19-65** 모든 매크로라이드계(macrolide) 항생제는 에스터가 고리를 만드는 큰 고리(대형 고리)를 가지고 있다. 고리형 에스터를 락톤(lactone)이라고 한다. 한 가지 예는 1950년대 토양 박테리아에서 처음 분리된 에리스로마이신 A(erythromycin A)이다. 시간이 지남에 따라 일부 병원성 박테리아는 케톤에서 대형 고리를 절단하는 효소 메커니즘을 발전시켜 에리스로마이신에 대한 내성을 갖게 되었다.

이러한 저항성에 대응하기 위해 화학자들은 에리스로마이신 구조를 수정하여 케톤을 박테리아가 해독할 수 없는 아민으로 대체했다. 이 변형된 항생제인 아지스로마이신[azithromycin, 상품명 지스로맥스(Zithromax®)]은 호흡기 감염에 대해 세계에서 가장 많이 처방되는 약물 중 하나이다.

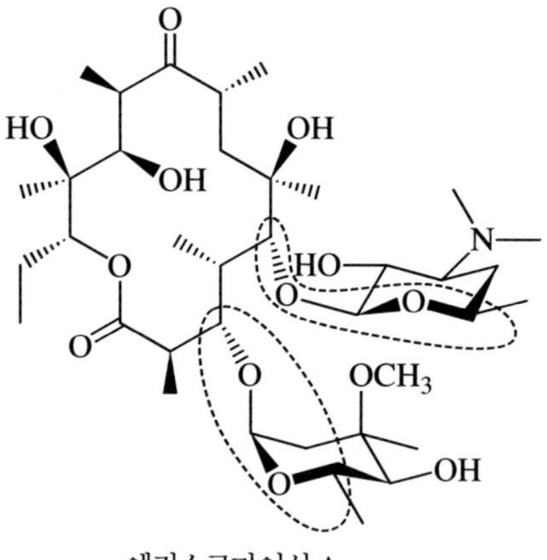

에리스로마이신 A 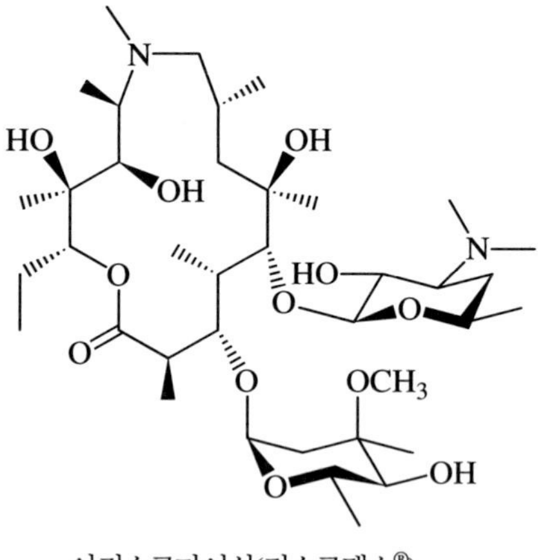 아지스로마이신(지스로맥스®)

**(a)** 매크로라이드로 분류 가능한 각 구조에서 락톤기를 표시하라.

**(b)** 아래 점선 원으로 표시된 두 기는 어떤 종류의 작용기인가? 이에 대해 설명하라.

**(c)** 박테리아가 해독 부위로 삼는 에리스로마이신에서 케톤기를 표시하라.

**(d)** 아지스로마이신에서 아민기를 표시하라. 어떠한 종류의 아민기인가?

**(e)** 케톤과 아민의 반응성에 대해 알고 있는 바에 따르면 아민이 '케톤의 화학적 대안'이 되는 좋은 선택인 이유는 무엇인가?

# 20 카복실산

(*S*)-락트산

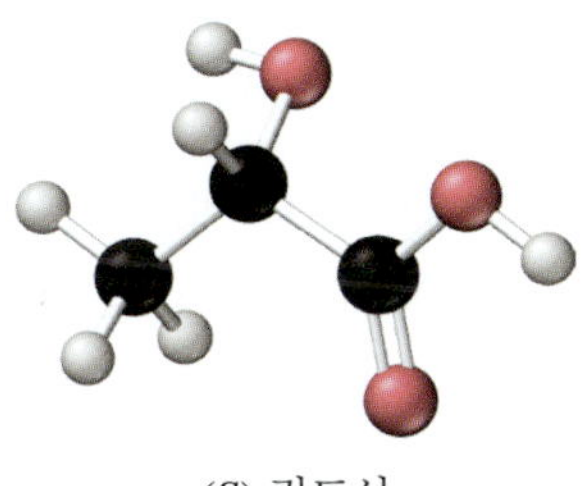

(*S*)-락트산

**학습목표**

**1** 카복실산과 다이카복실산을 그려서 명명하고, 분광학 정보를 이용하여 구조를 결정한다.

**2** 카복실산의 산도와 물리적 성질의 경향을 적어보고, 산도가 산의 치환체에 따라 어떻게 변화하는지 설명한다.

**3** 다른 작용기를 지닌 화합물로부터 카복실산을 합성하는 단일 단계 방법과 다단계 방법을 제시한다.

**4** 카복실산이 환원제, 알코올, 아민, 유기금속 시약 등과 반응하여 생기는 생성물을 적고, 메커니즘을 제시한다.

**5** 카복실산과 산 염화물을 출발 물질과 중간체로 사용하는 다단계 합성을 제시한다.

◀ 단거리 경주처럼 근육이 빠르게 에너지를 생성해야 할 때 포도당을 (*S*)-락트산[(*S*)-lactic acid]으로 대사한다. 락트산의 $pK_a$는 3.86이며, 이는 산이 일반적인 신체 pH 7.4에서 카복실산 음이온[락트산(lactate) 이온]으로 존재함을 의미한다. 강렬한 운동을 하면 근육은 제거될 수 있는 것보다 더 빨리 락트산을 생성하므로, 락트산 농도는 일반적인 값인 1~2 mmol/L에서 최대 20 mmol/L까지 증가한다. 수년 동안 과학자들은 근육 피로가 락트산의 증가로 인해 발생한다고 믿었다.

## 20-1 서론

같은 탄소 원자에 **카보**닐기(carbonyl)와 하이드록**실**(hydroxyl)기가 결합된 것을 **카복실기**(carboxyl group)라고 부른다. 카복실기를 포함하는 화합물은 산성을 뚜렷이 나타내며, **카복실산**(carboxylic acid)으로 명명된다.

$$-\overset{\overset{\large O}{\|}}{C}-O-H \qquad R-\overset{\overset{\large O}{\|}}{C}-O-H \qquad R-COOH \quad R-CO_2H$$

카복실기 카복실산 축소 구조식

카복실산은 카복실기에 결합된 치환체에 따라 분류된다. **지방족 산**(aliphatic acid)은 카복실기에 결합된 알킬기를, **방향족 산**(aromatic acid)은 아릴기를 가지고 있다. 가장 간단한 카복실산은 폼산(formic acid)이며, 카복실기에 결합된 수소 원자를 가지고 있다. **지방산**(fatty acid)은 지방과 기름의 가수 분해에서 유도된 긴 사슬 모양의 지방족 산이다(20-6절).

$$H-\overset{\overset{\large O}{\|}}{C}-O-H \qquad CH_3-CH_2-\overset{\overset{\large O}{\|}}{C}-O-H \qquad C_6H_5-\overset{\overset{\large O}{\|}}{C}-O-H \qquad CH_3(CH_2)_{16}-\overset{\overset{\large O}{\|}}{C}-O-H$$

폼산 / 프로피온산 (지방족산) / 벤조산 (방향족 산) / 스테아르산 (지방산)

카복실산은 산성을 띠는 O—H 결합의 불균일 분해에 의해 양성자와 **카복실산 음이온**(carboxylate ion)을 생성한다. 카복실산의 산성도에 영향을 미치는 인자와 산성도의 크기는 20-4절에서 설명한다.

$$\underset{\text{카복실산}}{R-\overset{\overset{\displaystyle O}{\|}}{C}-O-H} + H_2O \rightleftharpoons \underset{\text{카복실산 음이온}}{R-\overset{\overset{\displaystyle O}{\|}}{C}-O^-} + H_3O^+$$

## 20-2 카복실산의 명명법

대부분의 유기 화합물과 마찬가지로 카복실산도 관용명과 체계(IUPAC)명을 모두 가지고 있다. 카복실산은 수백 년 동안 알려져 왔으므로, 관용명의 사용이 일상생활에서 확고히 자리잡고 있다. 이는 지방산에서 파생된 생체 분자의 이름에도 나타난다. 따라서 이러한 이름을 배우는 것은 다음 학습을 위해서도 매우 유용하다.

### 20-2A 관용명

여러 지방족 카복실산은 수 세기 동안 알려져 왔으며, 관용명은 역사적 근원을 반영한다. **폼산**(formic acid)은 개미(라틴어로 *formica*)로부터 유래되었다. 아세트산(acetic acid)은 라틴어로 *acetum*('시큼한')이라 불리는 식초에서 비롯되었다. 프로피온산(propionic acid)은 최초의 지방산으로 분류되었으며, 이름은 그리스어인 *protos pion*('최초의 지방')에서 유래되었다. 뷰티르산(butyric acid)은 라틴어로 *butyrum*인 버터의 향미인 뷰티르알데하이드(butyraldehyde)의 산화

**표 20-1** 카복실산의 이름과 물리적 성질

| IUPAC명 | 관용명 | 화학식 | 녹는점(°C) | 끓는점(°C) | 용해도 (g/100 g $H_2O$) |
|---|---|---|---|---|---|
| methanoic | formic | HCOOH | 8 | 101 | ∞ (잘 섞임) |
| ethanoic | acetic | $CH_3COOH$ | 17 | 118 | ∞ |
| propanoic | propionic | $CH_3CH_2COOH$ | −21 | 141 | ∞ |
| prop-2-enoic | acrylic | $H_2C{=}CH{-}COOH$ | 14 | 141 | ∞ |
| butanoic | butyric | $CH_3(CH_2)_2COOH$ | −6 | 163 | ∞ |
| 2-methylpropanoic | isobutyric | $(CH_3)_2CHCOOH$ | −46 | 155 | 23.0 |
| *trans*-but-2-enoic | crotonic | $CH_3{-}CH{=}CH{-}COOH$ | 71 | 185 | 8.6 |
| pentanoic | valeric | $CH_3(CH_2)_3COOH$ | −34 | 186 | 3.7 |
| 2,2-dimethylpropanoic | pivalic | $(CH_3)_3C{-}COOH$ | 35 | 164 | 2.5 |
| hexanoic | caproic | $CH_3(CH_2)_4COOH$ | −4 | 206 | 1.0 |
| octanoic | caprylic | $CH_3(CH_2)_6COOH$ | 16 | 240 | 0.7 |
| decanoic | capric | $CH_3(CH_2)_8COOH$ | 31 | 269 | 0.2 |
| dodecanoic | lauric | $CH_3(CH_2)_{10}COOH$ | 44 | | i (안 섞임) |
| tetradecanoic | myristic | $CH_3(CH_2)_{12}COOH$ | 54 | | i |
| hexadecanoic | palmitic | $CH_3(CH_2)_{14}COOH$ | 63 | | i |
| octadecanoic | stearic | $CH_3(CH_2)_{16}COOH$ | 72 | | i |
| benzoic | benzoic | $C_6H_5COOH$ | 122 | 249 | 0.3 |

로 생성된다. 카프로산(caproic acid), 카프릴산(caprylic acid), 카프르산(capric acid)은 라틴어로 *caper*에서 유래되었는데, 이는 염소의 피부 분비물에서 발견된다. 일부 카복실산의 명명과 물리적 성질은 표 20-1에 나타냈다.

관용명에서 치환체의 위치는 그리스 문자를 사용하여 명명된다. 명명은 카복실 탄소에 인접한 탄소 원자를 $\alpha$ 탄소로 시작하는 것에 주목하라. 관용명으로 접두어 아이소-(*iso*-)는 종종 $-CH(CH_3)_2$기로 끝나는 산에 사용된다.

$$-\underset{\varepsilon}{C}-\underset{\delta}{C}-\underset{\gamma}{C}-\underset{\beta}{C}-\underset{\alpha}{C}-\overset{O}{\overset{\|}{C}}-OH$$

$$\underset{\beta}{CH_3}-\underset{\alpha}{\overset{Cl}{\overset{|}{CH}}}-\overset{O}{\overset{\|}{C}}-OH$$

$\alpha$-클로로프로피온산

$$\underset{\gamma}{\overset{NH_2}{\overset{|}{CH_2}}}-\underset{\beta}{CH_2}-\underset{\alpha}{CH_2}-\overset{O}{\overset{\|}{C}}-OH$$

$\gamma$-아미노뷰티르산

$$\underset{\gamma}{CH_3}-\underset{\beta}{\overset{CH_3}{\overset{|}{CH}}}-\underset{\alpha}{CH_2}-\overset{O}{\overset{\|}{C}}-OH$$

아이소발레르산

($\beta$-메틸뷰티르산)

## 20-2B IUPAC명

카복실산에 대한 IUPAC명은 탄소 원자의 가장 긴 연속 사슬에 해당하는 알케인의 이름을 사용한다. 즉 알케인명 끝에 '-산'이라는 접미사를 붙여서 명명한다(영어명인 경우는 끝의 -*e*를 -*oic acid*로 교체한다). 사슬의 명명은 카복실 탄소 원자를 출발로 하여 사슬에 따라 치환체의 위치에 번호를 붙여준다. 명명에서 카복실기는 앞에 설명한 어떤 다른 작용기보다도 우선권이 주어진다.

$$-\underset{6}{C}-\underset{5}{C}-\underset{4}{C}-\underset{3}{C}-\underset{2}{C}-\underset{1}{\overset{O}{\overset{\|}{C}}}-OH$$

$$H-\overset{O}{\overset{\|}{C}}-OH \qquad CH_3-\overset{O}{\overset{\|}{C}}-OH \qquad \underset{3}{CH_3}-\underset{2}{\overset{C_6H_{11}}{\overset{|}{CH}}}-\underset{1}{\overset{O}{\overset{\|}{C}}}-OH \qquad CH_3\overset{O}{\overset{\|}{C}}-\overset{2}{CH}(\underset{3\ \ 4\ \ 5}{CH_2CH_2CH_3})-\underset{1}{\overset{O}{\overset{\|}{C}}}-OH$$

| | | | | |
|---|---|---|---|---|
| IUPAC명: | 메탄산 | 에탄산 | 2-사이클로헥실프로피온산 | 2-아세틸펜탄산 |
| 관용명: | 폼산 | 아세트산 | $\alpha$-사이클로헥실프오피온산 | $\alpha$-아세틸발레르산 |

$$\underset{4}{\overset{NH_2}{\overset{|}{CH_2}}}-\underset{3}{CH_2}-\underset{2}{CH_2}-\underset{1}{\overset{O}{\overset{\|}{C}}}-OH \qquad \underset{5}{CH_3}-\underset{4}{CH_2}-\underset{3}{\overset{Ph}{\overset{|}{CH}}}-\underset{2}{CH_2}-\underset{1}{\overset{O}{\overset{\|}{C}}}-OH \qquad \underset{4}{CH_3}-\underset{3}{\overset{CH_3}{\overset{|}{CH}}}-\underset{2}{CH_2}-\underset{1}{\overset{O}{\overset{\|}{C}}}-OH$$

| | | | |
|---|---|---|---|
| IUPAC명: | 4-아미노뷰탄산 | 3-페닐펜탄산 | 3-메틸뷰탄산 |
| 관용명: | $\gamma$-아미노뷰티르산 | $\beta$-페닐발레르산 | 아이소발레르산 |

불포화산은 해당하는 알켄의 이름을 사용하여 명명되며, 끝에 '-산'을 붙인다(영어명은 -*e*를 -*oic acid*로 교체한다). 탄소 사슬은 카복실 탄소를 출발로 하여 번호를 붙여주며, 이중 결합의 위치에도 번호를 부여한다. 입체 화학 용어인 시스 및 트랜스(*Z*와 *E*)는 다른 알켄에서와 마찬가지로 사용된다. $-COOH$ 치환체를 지닌 사이클로알케인은 일반적으로 **사이클로알케인카복실산**(cycloalkanecarboxylic acid)으로 명명한다.

옛 IUPAC명: (*E*)-4-메틸-3-헥센산 / 트랜스-3-페닐-2-프로펜산 / 3,3-다이메틸사이클로헥세인카복실산

새 IUPAC명: (*E*)-4-메틸헥스-3-엔산 / (*E*)-3-페닐프로프-2-엔산 (시남산)

Ar—COOH 형태의 방향족 산은 벤조산(benzoic acid), Ph—COOH의 유도체로 명명된다. 다른 방향족 화합물의 경우 접두사 오쏘-(*ortho*-), 메타-(*meta*-), 파라-(*para*-)는 부수적인 치환체의 위치를 나타내는 데 사용된다. 숫자는 방향족 고리에 2개 이상의 치환체가 있을 경우 사용된다. 많은 방향족 산은 구조와 무관한 관용명을 갖기도 한다.

벤조산 / *p*-아미노벤조산 / *o*-하이드록시벤조산 (살리실산) / *p*-메틸벤조산 (*p*-톨루산) / α-나프토산 (α-naphthoic acid)

## 20-2C 다이카복실산의 명명법

**다이카복실산의 관용명** 다이산(diacid)이라고도 하는 **다이카복실산**(dicarboxylic acid)은 2개의 카복실기를 지닌 화합물이다. 간단한 다이카복실산의 관용명은 체계명보다 더 빈번하게 사용되기도 한다. 이러한 관용명을 차례로 기억하는 데는 "*O*h *m*y, *s*uch *g*ood *a*pple *p*ie"를 사용하면 유용하다. 이는 옥살산(oxalic acid), 말론산(malonic acid), 석신산(succinic acid), 글루타르산(glutaric, acid), 아디프산(adipic acid), 피멜산(pimelic acid)을 뜻한다. 일부 다이카복실산의 명명 및 물리적 성질을 표 20-2에 나타냈다.

**표 20-2** 다이카복실산의 이름 및 물리적 성질

| IUPAC명 | 관용명 | 화학식 | 녹는점(°C) | 용해도 (g/100 g $H_2O$) |
|---|---|---|---|---|
| ethanedioic | oxalic | HOOC—COOH | 189 분해 | 14 |
| propanedioic | malonic | $HOOCCH_2COOH$ | 136 | 74 |
| butanedioic | succinic | $HOOC(CH_2)_2COOH$ | 185 | 8 |
| pentanedioic | glutaric | $HOOC(CH_2)_3COOH$ | 98 | 64 |
| hexanedioic | adipic | $HOOC(CH_2)_4COOH$ | 151 | 2 |
| heptanedioic | pimelic | $HOOC(CH_2)_5COOH$ | 106 | 5 |
| *cis*-but-2-enedioic | maleic | 시스-HOOCCH=CHCOOH | 130.5 | 79 |
| *trans*-but-2-enedioic | fumaric | 트랜스-HOOCCH=CHCOOH | 302 승화 | 0.7 |
| benzene-1,2-dicarboxylic | phthalic | 1,2-$C_6H_4(COOH)_2$ | 231 | 0.7 |
| benzene-1,3-dicarboxylic | isophthalic | 1,3-$C_6H_4(COOH)_2$ | 348 | 0.54 |
| benzene-1,4-dicarboxylic | terephthalic | 1,4-$C_6H_4(COOH)_2$ | 300 승화 | 0.002 |

치환된 다이카복실산의 관용명은 간단한 카복실산의 경우처럼 그리스 문자를 사용하여 명명된다. 그리스 문자는 치환체가 더 가까이 있는 카복실기에 인접한 탄소 원자로부터 표기된다.

$$HO-\overset{O}{\overset{\|}{C}}-\underset{\alpha}{CH_2}-\underset{\beta}{\overset{Br}{\overset{|}{CH}}}-CH_2-CH_2-\overset{O}{\overset{\|}{C}}-OH$$

$\beta$-브로모아디프산

$$HO-\overset{O}{\overset{\|}{C}}-\underset{\alpha}{\overset{CH_3}{\overset{|}{CH}}}-\underset{\beta}{\overset{Ph}{\overset{|}{CH}}}-CH_2-\overset{O}{\overset{\|}{C}}-OH$$

$\alpha$-메틸-$\beta$-페닐글루타르산

2개의 카복실기를 지닌 벤젠류 화합물은 **프탈산**(phthalic acid)으로 명명된다. 프탈산 자체는 오쏘 이성질체이며, 메타 이성질체는 아이소프탈산(isophthalic acid), 파라 이성질체는 테레프탈산(terephthalic acid)으로 불린다.

| COOH / COOH (ortho) | HOOC / COOH (meta) | HOOC / COOH (para) |
|---|---|---|
| *o*-프탈산 | *m*-프탈산 | *p*-프탈산 |
| 프탈산 | 아이소프탈산 | 테레프탈산 |

**다이카복실산의 IUPAC명** 지방족 다이카복실산은 알케인의 모체명에 접미사 '-이산'을 붙여서 간단히 명명한다(영어로는 모체명에 접미사 *-dioic acid*를 붙인다). 직선 사슬 모양의 다이카복실산에서 알케인의 모체명은 2개의 카복실기를 포함하는 가장 긴 연속 사슬을 사용하여 결정한다. 사슬의 번호는 치환체가 더 가까운 카복실 탄소 원자로부터 시작하며, 치환체의 위치를 표시하는 데 사용된다.

$$HO-\underset{1}{\overset{O}{\overset{\|}{C}}}-\underset{2}{CH_2}-\underset{3}{\overset{Br}{\overset{|}{CH}}}-\underset{4}{CH_2}-\underset{5}{CH_2}-\underset{6}{\overset{O}{\overset{\|}{C}}}-OH$$

3-브로모헥세인이산

$$HO-\underset{1}{\overset{O}{\overset{\|}{C}}}-\underset{2}{\overset{CH_3}{\overset{|}{CH}}}-\underset{3}{\overset{Ph}{\overset{|}{CH}}}-\underset{4}{CH_2}-\underset{5}{\overset{O}{\overset{\|}{C}}}-OH$$

2-메틸-3-페닐펜테인이산

고리 다이카복실산에서는 카복실기를 고리 구조에 대한 치환체로 취급하여 체계적으로 명명한다.

| | | |
|---|---|---|
| 옛 IUPAC명: | 트랜스-1,3-사이클로펜테인다이카복실산 | 1,3-벤젠다이카복실산 |
| 새 IUPAC명: | (1*R*,3*R*)-사이클로펜테인-1,3-다이카복실산 | 벤젠 1,3-다이카복실산 |

**연습문제 20-1**

다음 카복실산의 구조를 그려보라.

(a) $\beta$-메틸뷰티르산
(b) 3-브로모뷰탄산
(c) 2-아미노펜탄산
(d) 트랜스-4-페닐뷰트-2-엔산
(e) 시스-2-메틸사이클로헥세인카복실산
(f) 2,3-다이에틸퓨마르산
(g) *o*-클로로벤조산
(h) 4-메틸프탈산
(i) $\alpha$-아미노아디프산
(j) 2-클로로헵테인이산
(k) 3-옥소헵탄산
(l) 3-페닐프로판산

**문제풀이 힌트**

카복실산의 명명법은 부록 5 유기 화합물 명명법에 나타나 있다.

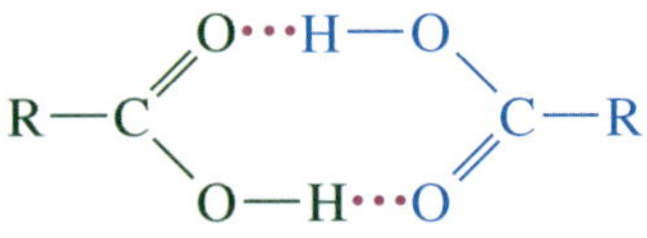

**연습문제 20-2**

다음 카복실산을 명명하라(가능하면 관용명과 체계명을 모두 답하라).

(a) (b) 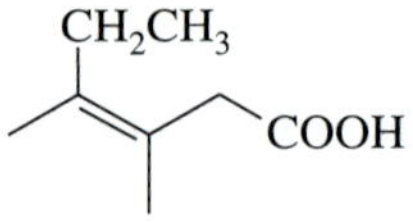 (c) 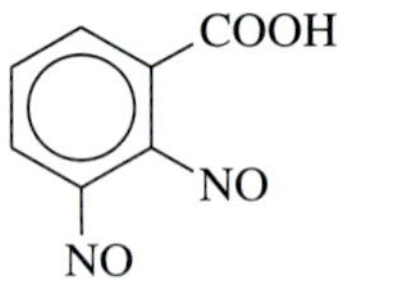 (d) 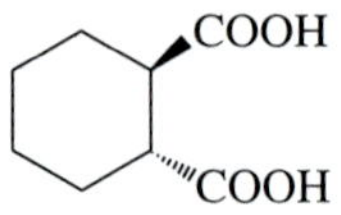 (e) 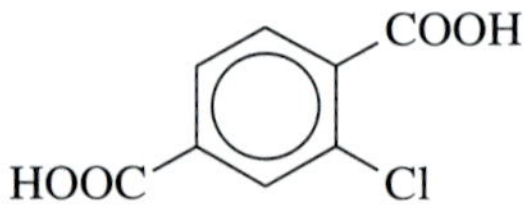 (f)

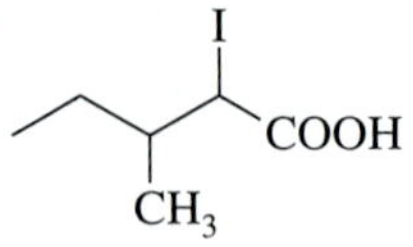

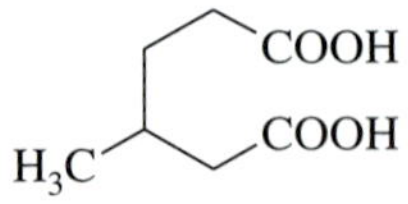

## 20-3 카복실산의 구조와 물리적 성질

**카복실산의 구조** 폼산의 가장 안정한 형태의 구조는 다음에 그려져 있다. 분자 전체는 거의 평면이다. $sp^2$ 혼성화 카보닐 탄소 원자는 거의 삼각형의 결합각을 지닌 평면이다. O—H 결합은 또한 이 평면 위에 놓여 있으므로, C=O 결합에 중첩되어 있다.

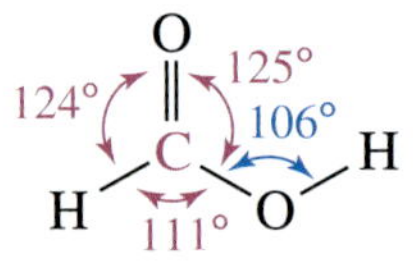

결합각

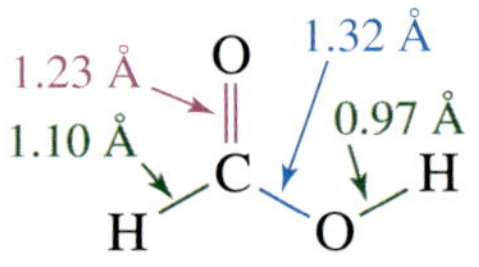

결합 길이

가려진 형태가 가장 안정하다는 것이 뜻밖일지도 모른다. 하이드록시 산소 원자에 있는 비공유 전자쌍 중 1개는 카복실기의 친전자성 파이 구조에 비편재화된다. 이러한 비편재화를 나타내는 공명 구조를 다음과 같이 그릴 수 있다.

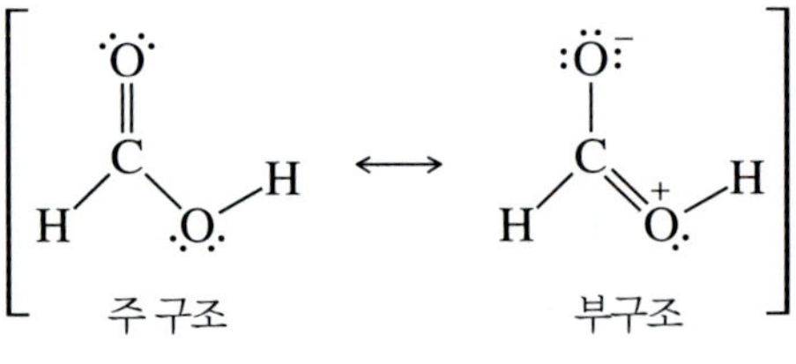

주 구조 부구조

**끓는점** 카복실산은 유사한 분자량의 알코올이나 케톤 혹은 알데하이드보다 상당히 높은 온도에서 끓는다. 예를 들어 아세트산(acetic acid, 분자량 60)은 118°C에서 끓고, 프로판-1-올(propan-1-ol, 분자량 60)은 97°C에서 끓으며, 프로피온알데하이드(propionaldehyde, 분자량 58)는 49°C에서 끓는다.

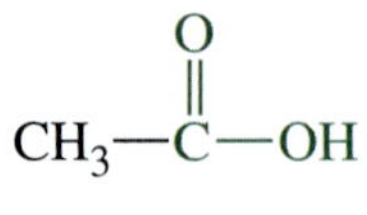

$CH_3-C(=O)-OH$ 아세트산, 끓는점 118°C

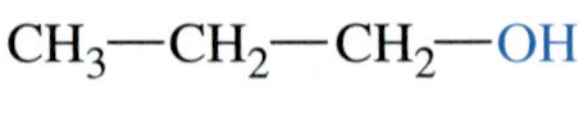

$CH_3-CH_2-CH_2-OH$ 프로판-1-올, 끓는점 97°C

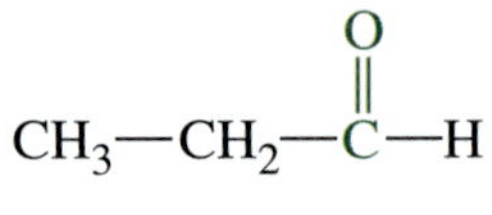

$CH_3-CH_2-C(=O)-H$ 프로피온알데하이드, 끓는점 49°C

수소 결합한 산 이합체

카복실산의 끓는점이 높은 이유는 안정한 수소 결합 이합체가 생성되기 때문이다. 이러한 이합체는 2개의 수소 결합으로 이루어진 8원자 고리로, 액체상을 이탈하는 분자의 분자량이 2배가 되는 효과가 있고, 끓기 위해서는 더 많은 에너지(더 높은 온도)가 필요하다.

**녹는점** 일부 일반적인 카복실산의 녹는점은 표 20-1에 제시되어 있다. 탄소 원자의 수가 8개 이상이면서 이중 결합을 지니지 않는 카복실산은 대개 고체이다. 긴 사슬에 이중 결합(특히 시스 이중 결합)이 존재하면 안정한 결정 격자의 생성을 방해함으로써 녹는점을 낮춘다. 예를 들어 스테아르산(stearic acid), 즉 옥타데칸산(octadecanoic acid)과 리놀레산(linoleic acid), 즉 시스,시스-9,12-옥타데카다이엔산(*cis*,*cis*-octadeca-9,12-dienoic acid)은 모두 18개의 탄소 원자를 가지고 있지만, 스테아르산은 70°C에서 녹고, 리놀레산은 −5°C에 서 녹는다.

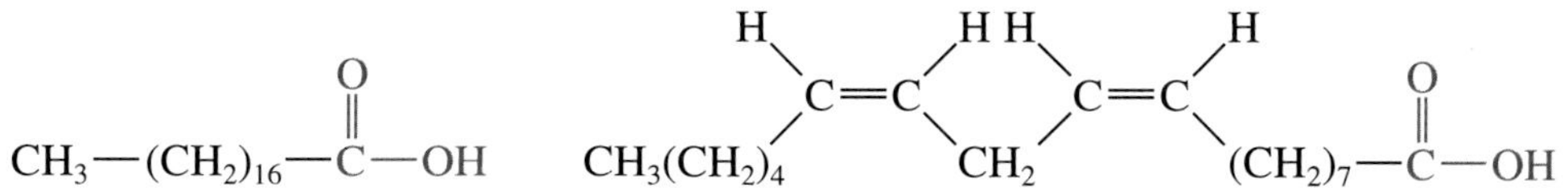

$$CH_3-(CH_2)_{16}-\overset{\overset{\displaystyle O}{\|}}{C}-OH$$

스테아르산, 녹는점 70°C

$$CH_3(CH_2)_4-CH=CH-CH_2-CH=CH-(CH_2)_7-\overset{\overset{\displaystyle O}{\|}}{C}-OH \quad (\text{cis, cis})$$

리놀레산, 녹는점 −5°C

다이카복실산의 녹는점(표 20-2)은 비교적 높다. 다이산(diacid)은 분자당 2개의 카복실기를 가지므로 수소 결합의 힘이 특히 강하며, 결정의 수소 결합 격자를 끊어서 다이산을 녹이는 데 높은 온도가 필요하다.

**용해도** 카복실산은 물과 수소 결합을 형성하며, 작은 분자량의 카복실산(4개의 탄소 원자 수까지)은 물과 잘 섞인다. 탄화수소 사슬의 길이가 증가함에 따라 물에 대한 용해도는 감소하며, 탄소 수가 10개 이상인 산은 물에서 거의 불용성이다. 일부 간단한 카복실산과 다이산의 물에 대한 용해도는 표 20-1과 표 20-2에 제시되어 있다.

카복실산은 알코올과 수소 결합을 형성하므로 알코올에 매우 잘 녹는다. 또한 알코올은 물만큼 극성이 아니므로 긴 사슬의 산은 물보다 알코올에 더 잘 녹는다. 대부분의 카복실산은 비극성 용매에서 이합체의 형태로 존재하므로, 클로로폼 같은 비교적 비극성 용매에 꽤 잘 녹는다. 따라서 산이 비극성 용매에 녹을 때도 고리형 이합체의 수소 결합은 끊어지지 않는다.

## 20-4 카복실산의 산도

카복실산의 많은 특성과 반응은 산도와 관련이 있다. 2장에서는 일반적으로 산의 강도에 영향을 미치는 다양한 요인을 다루었다. 여기서는 카복실산과 치환된 카복실산의 상대적 산도에 영향을 미치는 요인을 강조한다.

### 20-4A 산도의 측정

카복실산은 물에서 해리되어 양성사와 카복실산 음이온을 생성한다. 이러한 반응의 평형 상수 $K_a$는 산 해리 상수(acid-dissociation constant)라고 한다. 산의 $pK_a$는 $K_a$의 마이너스 로그 값이며, 여러 가지 산(표 20-3)의 상대적인 산도의 지표로 사용된다.

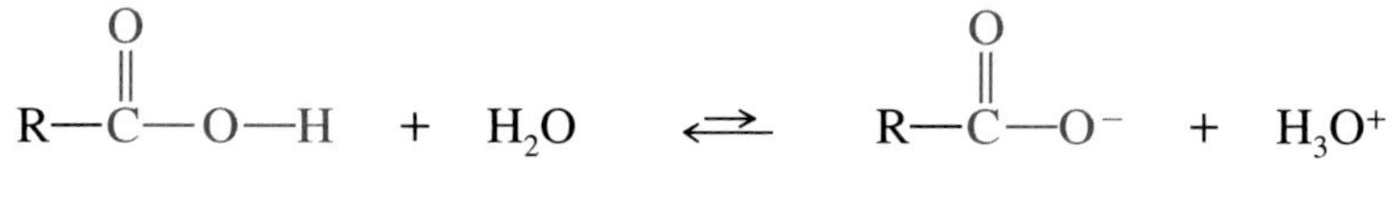

$$R-\overset{\overset{\displaystyle O}{\|}}{C}-O-H \;+\; H_2O \;\rightleftharpoons\; R-\overset{\overset{\displaystyle O}{\|}}{C}-O^- \;+\; H_3O^+$$

$$K_a = \frac{[R-CO_2^-][H_3O^+]}{[R-CO_2H]}$$

$$pK_a = -\log_{10} K_a$$

간단한 카복실산의 $pK_a$ 값은 약 5($K_a = 10^{-5}$)이다. 예를 들어 아세트산의 $pK_a$ 값은 4.7($K_a =$

**표 20-3** 카복실산과 다이카복실산의 $K_a$와 $pK_a$ 값

| 화학식 | 이름 | 값 | | | |
|---|---|---|---|---|---|
| | | 간단한 카복실산 | | | |
| | | $K_a$ (25°C에서) | $pK_a$ | | |
| HCOOH | 폼산 | $1.77 \times 10^{-4}$ | 3.75 | | |
| $CH_3COOH$ | 아세트산 | $1.76 \times 10^{-5}$ | 4.74 | | |
| $CH_3CH_2COOH$ | 프로피온산 | $1.34 \times 10^{-5}$ | 4.87 | | |
| $CH_3(CH_2)_2COOH$ | 뷰티르산 | $1.54 \times 10^{-5}$ | 4.82 | | |
| $CH_3(CH_2)_3COOH$ | 펜탄산 | $1.52 \times 10^{-5}$ | 4.81 | | |
| $CH_3(CH_2)_4COOH$ | 헥산산 | $1.31 \times 10^{-5}$ | 4.88 | | |
| $CH_3(CH_2)_6COOH$ | 옥탄산 | $1.28 \times 10^{-5}$ | 4.89 | | |
| $CH_3(CH_2)_8COOH$ | 데칸산 | $1.43 \times 10^{-5}$ | 4.84 | | |
| $C_6H_5COOH$ | 벤조산 | $6.46 \times 10^{-5}$ | 4.19 | | |
| *p*-$CH_3C_6H_4COOH$ | *p*-톨루산 | $4.33 \times 10^{-5}$ | 4.36 | | |
| *p*-$ClC_6H_4COOH$ | *p*-클로로벤조산 | $1.04 \times 10^{-4}$ | 3.98 | | |
| *p*-$NO_2C_6H_4COOH$ | *p*-나이트로벤조산 | $3.93 \times 10^{-4}$ | 3.41 | | |
| | | 다이카복실산 | | | |
| | | $K_{a1}$ | $pK_{a1}$ | $K_{a2}$ | $pK_{a2}$ |
| HOOC—COOH | oxalic | $5.4 \times 10^{-2}$ | 1.27 | $5.2 \times 10^{-5}$ | 4.28 |
| $HOOCCH_2COOH$ | malonic | $1.4 \times 10^{-3}$ | 2.85 | $2.0 \times 10^{-6}$ | 5.70 |
| $HOOC(CH_2)_2COOH$ | succinic | $6.4 \times 10^{-5}$ | 4.19 | $2.3 \times 10^{-6}$ | 5.64 |
| $HOOC(CH_2)_3COOH$ | glutaric | $4.5 \times 10^{-5}$ | 4.35 | $3.8 \times 10^{-6}$ | 5.42 |
| $HOOC(CH_2)_4COOH$ | adipic | $3.7 \times 10^{-5}$ | 4.43 | $3.9 \times 10^{-6}$ | 5.41 |
| 시스-HOOCCH=CHCOOH | maleic | $1.0 \times 10^{-2}$ | 2.00 | $5.5 \times 10^{-7}$ | 6.26 |
| 트랜스-HOOCCH=CHCOOH | fumaric | $9.6 \times 10^{-4}$ | 3.02 | $4.1 \times 10^{-5}$ | 4.39 |
| 1,2-$C_6H_4(COOH)_2$ | phthalic | $1.1 \times 10^{-3}$ | 2.96 | $4.0 \times 10^{-6}$ | 5.40 |
| 1,3-$C_6H_4(COOH)_2$ | isophthalic | $2.4 \times 10^{-4}$ | 3.62 | $2.5 \times 10^{-5}$ | 4.60 |
| 1,4-$C_6H_4(COOH)_2$ | terephthalic | $2.9 \times 10^{-4}$ | 3.54 | $3.5 \times 10^{-5}$ | 4.46 |

$1.8 \times 10^{-5}$)이다. 카복실산은 대부분의 무기산보다 센산은 아니지만, 앞서 공부한 어떤 작용기보다 훨씬 산성이 크다. 예를 들어 알코올은 16~18 범위의 $pK_a$ 값을 가지므로 아세트산($pK_a = 4.74$)은 대부분의 산성 알코올보다도 약 $10^{11}$배 더 산성이 크다. 실제로 진한 아세트산은 피부에 접촉될 때 화상을 유발한다.

산이나 알코올이 해리되면 O—H 결합이 끊어진다. 카복실산이 해리되면 음전하가 2개의 산소 원자에 동등하게 분산된 카복실산 음이온을 생성하지만, 알코올이 해리되면 생성된 알콕시화 이온에는 단 1개의 산소 원자에 음전하가 존재한다(그림 20-1). 카복실산 음이온은 비편재화된 전하로 인해 알콕시화 이온보다 더 안정하다. 따라서 카복실산이 카복실산 음이온으로 해리되는 과정은 알코올이 알콕시화 이온으로 해리되는 과정보다 작은 흡열 반응이다.

카복실산 음이온은 공명 혼성체(그림 20-1) 혹은 4개의 전자를 지닌 3개의 $p$ 오비탈의 콘쥬게이션 구조로 표현될 수 있다. 탄소 원자와 2개의 산소 원자는 $sp^2$ 혼성화되며, 각각은 혼성화되지 않은 $p$ 오비탈을 가지고 있다. 이러한 3개의 $p$ 오비탈이 겹쳐지면 3중심 $\pi$ 분자 오비탈(three-center

$$\mathrm{R{-}\ddot{O}{-}H + H_2\ddot{O}: \rightleftharpoons R{-}\ddot{O}:^- + H_3O^+}\qquad pK_a \cong 16\ (K_a \cong 10^{-16})$$

알코올 알콕시화 이온

$$\mathrm{R{-}C({=}\ddot{O})\,{-}\ddot{O}{-}H + H_2\ddot{O}: \rightleftharpoons \left[R{-}C({=}\ddot{O}){-}\ddot{O}:^- \longleftrightarrow R{-}C(\ddot{O}:^-){=}\ddot{O}\right] + H_3O^+}\qquad pK_a \cong 5\ (K_a \cong 10^{-5})$$

산 카복실산 음이온

$R{-}O^-$ + $H_3O^+$

$R{-}OH + H_2O$

$R{-}C(O^{\frac{1}{2}-})(O^{\frac{1}{2}-})$ + $H_3O^+$

$R{-}COOH + H_2O$

에너지 ⟶

카복실산 음이온의 안정화

**그림 20-1** 카복실산 음이온의 안정성. 카복실산은 카복실산 음이온이 알콕시화 이온보다 더 안정하므로 알코올보다 더 산성이다. 카복실산 음이온은 음전하가 2개의 산소 원자에 비편재화되어 있으나 알콕시화 이온에서는 단 1개의 산소 원자 위에 음전하가 있다.

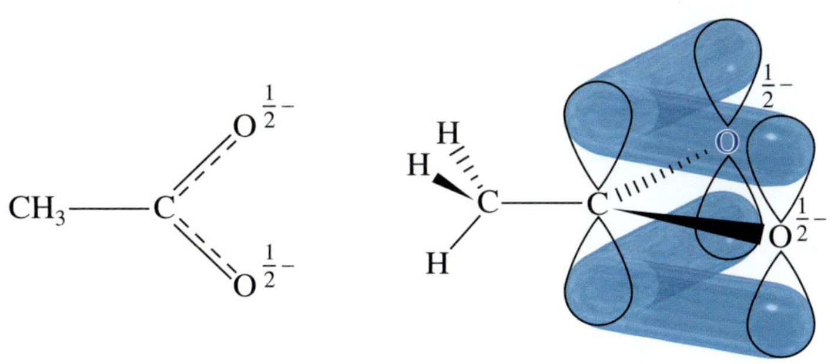


**그림 20-2** 아세트산 음이온의 구조. 각 C—O 결합은 $\frac{1}{2}$개의 시그마 결합과 개의 파이 결합으로 이루어진 $\frac{3}{2}$의 결합 차수를 가진다. 각 산소 원자는 음전하의 $\frac{1}{2}$씩 지닌다.

$\pi$ molecular orbital)이 생성된다. 탄소와 각 산소 원자 사이의 결합은 $\pi$ 결합의 절반이며, 각 산소 원자에 음전하가 절반씩 존재한다(그림 20-2).

표 20-3은 간단한 카복실산의 p$K_a$ 값 이외에 다이카복실산의 p$K_a$ 값을 제시한다. 다이산은 2개의 해리 상수를 가진다. 즉 $K_{a1}$은 1차 해리 상수이며, $K_{a2}$는 2차 해리 상수로 이중음이온을 생성한다. 두 번째 카복실기는 첫 번째보다 훨씬 산성이 약하다($K_{a2} \ll K_{a1}$). 이는 두 번째 음전하가 가까이 있어 첫 번째 음전하에 서로 반발력을 미치므로 두 번째 음이온을 생성할 때 여분의 에너지가 필요하기 때문이다. 이러한 반발 효과는 사슬이 길어질수록 감소한다.

$$\mathrm{HO{-}C({=}O){-}CH_2{-}C({=}O){-}OH} \underset{}{\overset{K_{a1}}{\rightleftharpoons}} \mathrm{{}^-O{-}C({=}O){-}CH_2{-}C({=}O){-}OH} \overset{K_{a2}}{\rightleftharpoons} \mathrm{{}^-O{-}C({=}O){-}CH_2{-}C({=}O){-}O^-}$$

말론산 + 2 $H_2O$ $K_{a1} = 1.4 \times 10^{-3}$ 음이온 + $H_3O^+$ + $H_2O$ $K_{a2} = 2.0 \times 10^{-6}$ 이중음이온 + 2 $H_3O^+$

## 20-4B 산도에 미치는 치환체 효과

음으로 하전된 카복실산 음이온을 안정화하는 치환체는 해리를 촉진하여 센산이 되게 한다. 전기음성도가 큰 원자는 카복실산 음이온에서 전자 밀도를 감소시켜 산의 세기를 증가시킨다. 이러한

**문제풀이 힌트**

전자 끄는 기는 짝염기(카복실산 음이온)의 음전하를 안정화하는 데 도움이 되므로 산도를 증가시킨다. 안정화의 크기는 다음 요소에 달려 있다.

1. 전자 끄는 기의 개수
2. 전자 끄는 기의 세기
3. 카복실기와 전자 끄는 기 사이의 거리

**표 20-4** 치환된 카복실산의 $K_a$와 $pK_a$ 값

| 산 | $K_a$ | $pK_a$ | |
|---|---|---|---|
| $F_3CCOOH$ | $5.9 \times 10^{-1}$ | 0.23 | |
| $Cl_3CCOOH$ | $2.3 \times 10^{-1}$ | 0.64 | 더 센산 ↑ |
| $Cl_2CHCOOH$ | $5.5 \times 10^{-2}$ | 1.26 | |
| $O_2N-CH_2COOH$ | $2.1 \times 10^{-2}$ | 1.68 | |
| $NCCH_2COOH$ | $3.4 \times 10^{-3}$ | 2.46 | |
| $FCH_2COOH$ | $2.6 \times 10^{-3}$ | 2.59 | |
| $ClCH_2COOH$ | $1.4 \times 10^{-3}$ | 2.86 | |
| $CH_3CH_2CHClCOOH$ | $1.4 \times 10^{-3}$ | 2.86 | |
| $BrCH_2COOH$ | $1.3 \times 10^{-3}$ | 2.90 | |
| $ICH_2COOH$ | $6.7 \times 10^{-4}$ | 3.18 | |
| $CH_3OCH_2COOH$ | $2.9 \times 10^{-4}$ | 3.54 | |
| $HOCH_2COOH$ | $1.5 \times 10^{-4}$ | 3.83 | |
| $CH_3CHClCH_2COOH$ | $8.9 \times 10^{-5}$ | 4.05 | |
| PhCOOH | $6.46 \times 10^{-5}$ | 4.19 | |
| $PhCH_2COOH$ | $4.9 \times 10^{-5}$ | 4.31 | |
| $ClCH_2CH_2CH_2COOH$ | $3.0 \times 10^{-5}$ | 4.52 | |
| $CH_3COOH$ | $1.8 \times 10^{-5}$ | 4.74 | |
| $CH_3CH_2CH_2COOH$ | $1.5 \times 10^{-5}$ | 4.82 | |

**문제풀이 힌트**

산도에 대한 이러한 영향은 2-9~2-12절에 자세히 설명되어 있다. 이들 중 익숙하지 않은 부분이 있으면 해당 절을 살펴 보라.

유발 효과(inductive effect)는 $\alpha$ 탄소 원자에 1개 이상의 강한 전자 끄는 기가 존재할 때 크게 나타난다. 예를 들어 클로로아세트산(chloroacetic acid, $ClCH_2-COOH$)은 $pK_a$ 값이 2.86이므로 아세트산($pK_a = 4.74$)보다 센산임을 뜻한다. 다이클로로아세트산($Cl_2CH-COOH$)은 $pK_a$ 값이 1.26이므로 더 센산이다. 그러나 트라이클로로아세트산($Cl_3C-COOH$)은 $pK_a$ 값이 0.64이므로 몇몇 무기산과 산의 세기가 비슷하다. 표 20-4에 몇 가지 치환된 카복실산의 $K_a$와 $pK_a$ 값이 나열되어 있으며, 어떻게 전자 끄는 기가 산의 강도를 증가시키는지 보여준다.

치환체 효과의 크기는 카복실기로부터의 거리에 의존한다. $\alpha$ 탄소 원자에 있는 치환체는 산의 세기를 증가시키는 데 가장 효과적이다. 더 멀리 있는 치환체는 산도에 영향을 적게 미치므로 유발 효과는 거리에 따라 급격히 감소한다.

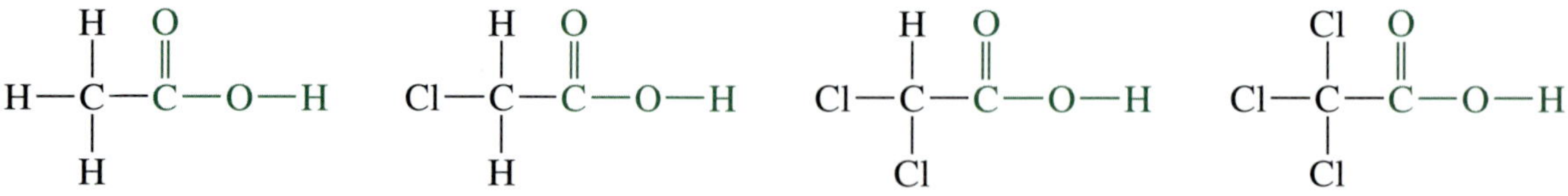

$CH_3-COOH$ 아세트산 $pK_a = 4.74$ | $ClCH_2-COOH$ 클로로아세트산 $pK_a = 2.86$ | $Cl_2CH-COOH$ 다이클로로아세트산 $pK_a = 1.26$ | $Cl_3C-COOH$ 트라이클로로아세트산 $pK_a = = 0.64$

더 센산 →

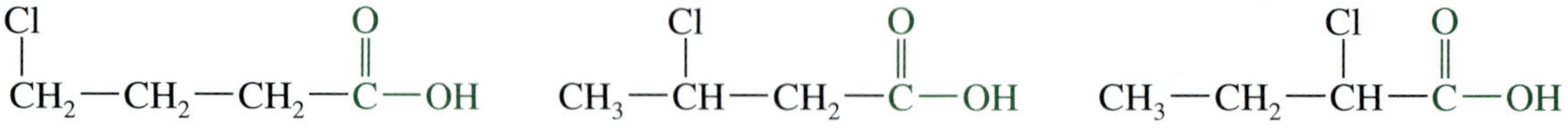

$ClCH_2-CH_2-CH_2-COOH$ 4-클로로뷰탄산 $pK_a = 4.52$ | $CH_3-CHCl-CH_2-COOH$ 3-클로로뷰탄산 $pK_a = 4.05$ | $CH_3-CH_2-CHCl-COOH$ 2-클로로뷰탄산 $pK_a = 2.86$

치환된 벤조산은 산도에서 비슷한 경향을 보이는데, 전자 끄는 기는 산의 강도를 증가시키고, 전자 주는 기는 산의 강도를 감소시킨다. 이들 효과는 오쏘와 파라 위치의 치환체에 대해 가장 강력하다. 아래의 예에서 나이트로 치환체(전자 끄는 기)는 산의 강도를 증가시키나 메톡시 치환체(전자 주는 기)는 산의 강도를 감소시킨다. 나이트로기는 메타 위치보다 오쏘와 파라 위치에서 더 큰 효과를 나타낸다.

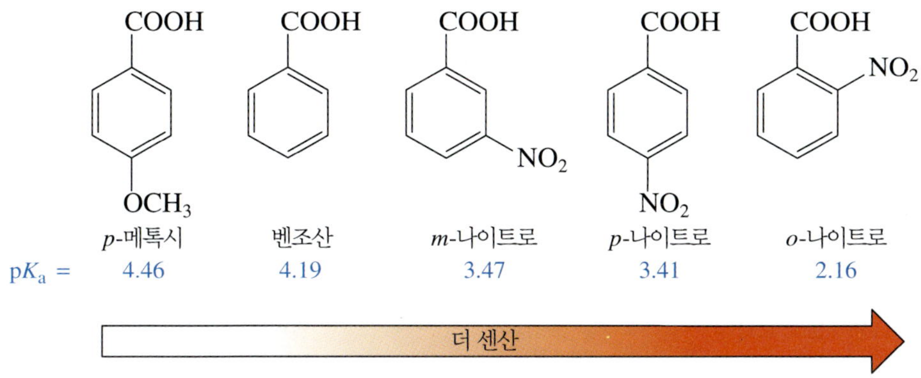

| | *p*-메톡시 | 벤조산 | *m*-나이트로 | *p*-나이트로 | *o*-나이트로 |
|---|---|---|---|---|---|
| $pK_a$ = | 4.46 | 4.19 | 3.47 | 3.41 | 2.16 |

더 센산 →

**연습문제 20-3**

각 항의 화합물을 산의 세기가 증가하는 순서로 나열하라.

**(a)** $CH_3CH_2COOH$ $CH_3CHBrCOOH$ $CH_3CBr_2COOH$

**(b)** $CH_3CH_2CH_2CHBrCOOH$ $CH_3CH_2CHBrCH_2COOH$ $CH_3CHBrCH_2CH_2COOH$

**(c)** $CH_3CH(NO_2)COOH$ $CH_3CH(Cl)COOH$ $CH_3CH_2COOH$ $CH_3CH(C{\equiv}N)COOH$

**응용: 경구 약**

많은 경구 투입된 카복실기를 포함한 약의 흡수는 그들의 $pK_a$ 값에 달려 있다. 예를 들면 아스피린($pK_a$ = 3.5)은 산성 환경인 위($pK_a$ = 1~3)에서 주로 흡수된다. 왜냐하면 아스피린은 산으로 존재하여 혈액 속으로 막을 통해 쉽게 통과하기 때문이다.

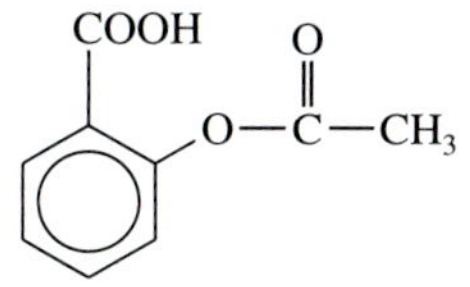

아스피린

아스피린은 혈액 응고를 억제하고 위 내막의 모세혈관 누출을 유발한다. 일부 제조업체에서는 아스피린이 소장에 도달할 때까지 흡수를 지연시키기 위해 완충제(MgO 및 $CaCO_3$)를 첨가했다.

## 20-5 카복실산의 염

센염기는 카복실산을 완전히 탈양성자화할 수 있다. 생성물은 카복실산 음이온과 염기에서 남은 양이온 및 물이다. 카복실산 음이온과 양이온이 결합된 화합물이 **카복실산의 염**(salt of a carboxylic acid)이다.

$$\underset{\text{카복실산}}{R-C(=O)-O-H} + \underset{\text{센염기}}{M^+\ ^-OH} \rightleftharpoons \underset{\text{산 염}}{R-C(=O)-O^-\ M^+} + \underset{\text{물}}{H_2O}$$

예를 들어 수산화 소듐은 아세트산을 탈양성자화하여 아세트산의 소듐 염을 생성한다.

$$\underset{\text{아세트산}}{CH_3-C(=O)-O-H} + \underset{\text{수산화 소듐}}{Na^+\ ^-OH} \rightleftharpoons \underset{\text{아세트산 소듐}}{CH_3-C(=O)-O^-\ Na^+} + H_2O$$

무기산은 카복실산보다 더 센산이므로, 무기산을 첨가하면 카복실산 염은 본래의 카복실산으로 다시 전환된다.

$$\underset{\text{산 염}}{R-C(=O)-O^-\ M^+} + H^+ \rightleftharpoons \underset{\text{재생된 산}}{R-C(=O)-O-H} + M^+$$

**문제풀이 힌트**

수용액에서 산은 만약 그 pH가 산의 $pK_a$보다 크면(더 염기성) 거의 해리하고, 산의 $pK_a$보다 작으면(더 산성이면) 거의 해리하지 않는다.

예

$$CH_3-\overset{O}{\overset{\|}{C}}-O^-\ Na^+ + H^+Cl^- \rightleftharpoons CH_3-\overset{O}{\overset{\|}{C}}-OH + Na^+Cl^-$$

아세트산 소듐 아세트산

카복실산 염은 냄새가 적고 물에서 용해도가 증가하는 등, 산과는 성질이 매우 다르다. 산과 그 산의 염은 쉽게 상호 전환될 수 있으므로, 이러한 염은 카복실산의 유용한 유도체 역할을 한다.

**카복실산 염의 명명법** 카복실산 염은 양이온을 먼저 명명하고, 산 이름의 *-ic acid* 부분을 *-ate*로 교체하여 카복실산 음이온을 명명함으로써 간단히 명명된다. 위의 예는 수산화 소듐이 아세트산과 반응하여 아세트산 소듐을 생성함을 보여준다. 다음 예는 일부 다른 염의 생성 및 명명을 보여준다.

$$CH_3CH_2CH_2CH_2-\overset{O}{\overset{\|}{C}}-OH + LiOH \longrightarrow CH_3CH_2CH_2CH_2-\overset{O}{\overset{\|}{C}}-O^-\ Li^+$$

IUPAC명: 펜탄산(pentanoic acid) 수산화 리튬 펜탄산 리튬(lithium pentanoate)

관용명: 발레르산(valeric acid) 발레르산 리튬(lithium valerate)

$$CH_3CH_2CH_2-\overset{O}{\overset{\|}{C}}-OH + :NH_3 \longrightarrow CH_3CH_2CH_2-\overset{O}{\overset{\|}{C}}-O^-\ NH_4^+$$

IUPAC명: 뷰탄산(butanoic acid) 암모니아 뷰탄산 암모늄(ammonium butanoate)

관용명: 뷰티르산(butyric acid) 뷰티르산 암모늄(ammonium butyrate)

**응용: 방부제**

싸이메로살(thimerosal, merthiolate)은 수년간 화제의 방부제로 사용되었다. 항세균 효과는 주로 오쏘-머캅토 벤조산의 머캅토기에 의해 결합되고 안정화되는 수은 원자의 독성에서 기인한다. 그 산의 카복실산 음이온 염은 이 유기수은 화합물의 용해도를 증가시키는 데 이용된다. 싸이메로살은 콘택트렌즈 용액의 방부제로 사용되었는데, 싸이메로살의 예민성과 수은에의 만성적 노출에 관한 우려로 인해 싸이메로살을 사용하지 않는 방부제와 콘택트렌즈를 개발하게 되었다.

COOH, O—C(=O)—$CH_3$ (벤젠 고리)

싸이메로살

**산 염의 성질** 아민의 염(19-7절)처럼 카복실산 염도 냄새가 없는 고체이다. 카복실산 염은 대개 높은 온도에서 녹고, 녹는점에 도달하기 전에 분해되기도 한다. 알칼리 금속($Li^+$, $Na^+$, $K^+$)과 카복실산 암모늄($NH_4^+$)의 카복실산 염은 대개 물에 잘 녹지만, 무극성 용매에는 상대적으로 불용성이다. 비누는 긴 사슬 지방산(25장)의 소듐 염으로, 카복실산 음이온 염의 일반적인 예다. 대부분의 다른 금속 이온 중 카복실산 음이온 염은 물에 불용성이다. 예를 들어 비누는 칼슘, 마그네슘, 철 이온을 포함하는 센물에서 사용할 때 불용성 카복실산 음이온 염이 '센물 찌꺼기' 형태로 침전된다.

$$2\ CH_3(CH_2)_{16}-\overset{O}{\overset{\|}{C}}-O^-\ Na^+ + Ca^{2+} \longrightarrow [CH_3(CH_2)_{16}-\overset{O}{\overset{\|}{C}}-O]_2Ca\downarrow + 2\ Na^+$$

비누 '센물 찌꺼기'

염의 생성을 통해 산을 알아내고 정제하는 데 이용할 수 있다. 카복실산은 약염기인 탄산수소 소듐에 의해 탈양성자되어 산의 소듐 염, 이산화 탄소, 물을 생성한다. 물에는 불용성이고 탄산수소 소듐 용액에 녹아 이산화 탄소 기포를 발생하는 미지의 화합물은 거의 대개 카복실산이다.

$$R-\overset{O}{\overset{\|}{C}}-O-H + NaHCO_3 \rightleftharpoons R-\overset{O}{\overset{\|}{C}}-O^-\ Na^+ + H_2O + CO_2\uparrow$$

물에 녹지 않음 물에 녹음

몇 가지 산을 정제하는 방법은 산과 그 염의 용해도 차이를 이용하는 것이다. 비산성(혹은 약산성) 불순물은 산-염기 추출에 의해 카복실산으로부터 제거될 수 있다(그림 20-3). 우선 산을 에터와 같은 유기 용매에 녹이고 물에 넣어 흔들어준다. 물에 녹는 불순물은 수용액 층으로 씻겨나가며 산은 유기상에 남게 된다. 다음으로 산을 수용성 탄산수소 소듐($Na^+HCO_3^-$)으로 씻으면 염을 형성하여 수용액상에 녹는다. 비산성 불순물(및 페놀과 같은 약산성 불순물)은 에터상에 남아 있다. 상을 분리하여 수용액상을 산성화하면 산이 재생되는데, 이는 물에 불용이고 새로운 에터에는 녹는다. 최종 에터 층을 증발시켜 정제된 산을 얻는다.

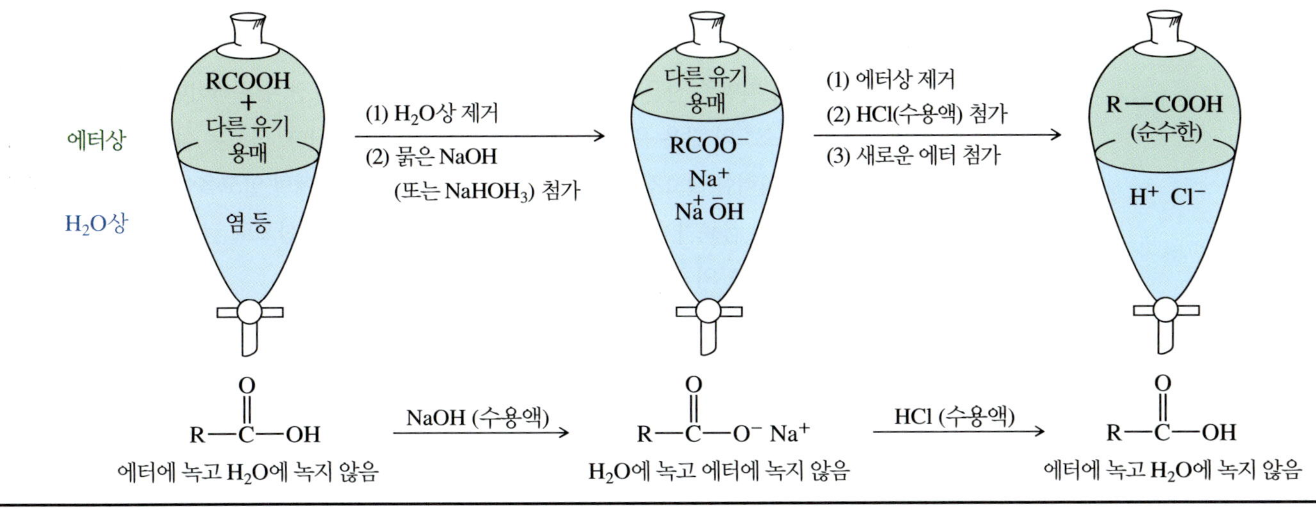


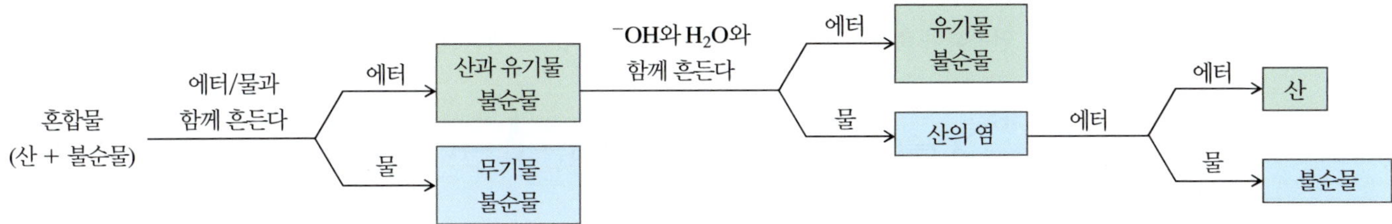


**그림 20-3** 산과 이들 염의 용해도 성질은 비산성 불순물을 제거하는 데 사용된다. 카복실산은 유기 층에 더 잘 녹는다. 그러나 그 염은 물 층에 더 잘 녹는다. 산-염기 추출은 에터 층으로부터 물 층으로 산을 옮긴 뒤에 불순물을 에터 층에 남긴다.

### 연습문제 20-4

헵탄-1-올로부터 헵탄산(heptanoic acid)을 합성했다고 가정하자. 생성물은 다이크로뮴산 소듐(sodium dichromate), 황산(sulfuric acid), 헵탄-1-올, 헵탄알 등의 불순물이 섞여 있다. 산염기 추출로 헵탄산을 정제할 수 있는 방법을 설명하라. 그림 20-3과 같은 도표를 이용하여 각 단계에 어떤 불순물이 있는지 나타내라.

### 연습문제 20-5

페놀은 p$K_a$ 값이 10 근처이므로 카복실산보다 약한 산성이다. 페놀은 수산화 소듐 용액으로 탈양성자되지만(그러므로 용액에 녹음) 탄산수소 소듐(sodium bicarbonate) 용액으로는 탈양성자되지 않는다. 추출을 이용하여 *p*-크레졸(*p*-메틸페놀), 사이클로헥산온, 벤조산의 혼합물을 분리할 수 있는 방법을 설명하라.

### 연습문제 20-6

1차 알코올의 알데하이드로의 산화 반응은 보통 과산화 반응으로, 카복실산을 생성한다. 펜탄-1-올을 펜탄알로 산화시키는 데 PCC를 사용했다고 가정하자.

**(a)** 펜탄알을 정제하는 데 산-염기 추출을 어떻게 이용할 수 있는지 나타내라.

**(b)** 산-염기 추출로 예상되는 불순물 중 어느 것이 펜탄알로부터 제거될 수 없는가? 이러한 불순물은 어떻게 제거할 수 있는가?

## 20-6 카복실산의 상업적 근원

가장 중요한 상업적 지방족 산은 아세트산이다. 식초는 5% 아세트산 수용액이며, 채소의 절임, 케첩 및 샐러드용 흰 소스와 같은 음식을 만들고 요리하는 데 사용된다. 식초는 설탕 및 녹말의 발효에 의해 생성된다. 이러한 발효작용에서 생성된 중간체 화합물은 에틸 알코올이다. 술이나 사이다 같은 발효된 알코올성 음료가 공기 중에 노출되면 알코올이 아세트산으로 전환된다. 이것이 '포도주 식초' 및 '사이다 식초'의 근원이다.

$$\text{설탕과 녹말} \xrightarrow{\text{발효}} \underset{\text{에틸 알코올}}{CH_3-CH_2-OH} \xrightarrow[O_2]{\text{발효}} \underset{\text{식초}}{CH_3-\overset{\overset{\displaystyle O}{\|}}{C}-OH}$$

아세트산은 또한 산업 화학제품이며 용매, 합성의 출발 물질 및 다양한 반응의 촉매 역할을 한다. 대부분의 아세트산은 아세틸렌을 촉매에 의한 수화 반응을 통해 아세트알데하이드를 만들고, 연속하여 촉매화된 산화 반응에 의해 상업적으로 생산된다.

$$\underset{\text{에틸렌}}{H_2C=CH_2} \xrightarrow[\substack{PdCl_2/CuCl_2 \\ (\text{촉매})}]{O_2} \underset{\text{아세트알데하이드}}{CH_3-\overset{\overset{\displaystyle O}{\|}}{C}-H} \xrightarrow[\substack{\text{아세트산 코발트} \\ (\text{촉매})}]{O_2} \underset{\text{아세트산}}{CH_3-\overset{\overset{\displaystyle O}{\|}}{C}-OH}$$

메탄올은 또한 아세트산의 상업적 합성을 위한 원료 역할을 한다. 로듐(rhodium) 촉매하에서 메탄올과 일산화 탄소의 반응에는 높은 압력이 필요하며, 이 방법은 실험실에서는 적합하지 않다.

$$\underset{\text{메탄올}}{CH_3OH} + CO \xrightarrow[\text{열, 압력}]{\text{Rh 촉매}} \underset{\text{아세트산}}{CH_3COOH}$$

**응용: 살균제**

$$\underset{\substack{\text{운데실렌산} \\ \text{(undec-10-enoic acid)}}}{CH_2=CH(CH_2)_8COOH}$$

운데실렌산(undencylenic acid)은 피마자 기름에서 추출한 천연 살균제로, 보통 무좀과 백선 같은 균성 피부 감염에 대한 치료제로 사용된다. 운데실렌산을 함유한 원약은 화학명을 짧게 해서 만들어진 것을 기호로 하여 데세넥스(Desenex®)로 명명했다.

그림 20-4는 긴 사슬 지방족 산이 어떻게 지방과 기름의 가수 분해(25장 참조)로부터 얻는가를 보여준다. 지방과 기름에서 발견되는 **지방산**(fatty acid)은 대개 탄소 원자의 수가 $C_6$와 $C_{18}$ 사이의 짝수 값을 지닌 직선 사슬 모양의 산이다. 동물 지방을 가수 분해하면 주로 포화 지방산이 생성되지만, 식물성 기름은 1개 이상의 올레핀 이중 결합을 지닌 불포화 지방산이 많이 생성된다.

일부 방향족 카복실산은 또한 공업적으로 중요하다. 벤조산은 약물의 성분, 음식의 방부제, 합성의 출발 물질로 사용된다. 벤조산은 톨루엔을 과망가니즈산 포타슘이나 질산 혹은 다른 강산화제로 산화시켜 생산될 수 있다.

$$\underset{\text{톨루엔}}{C_6H_5-CH_3} \xrightarrow{KMnO_4,\ H_2O,\ \text{열}} \underset{\text{벤조산}}{C_6H_5-COOH}$$

$$\underset{\text{지방 또는 기름}}{\begin{array}{l} CH_2-O-\overset{\overset{\displaystyle O}{\|}}{C}-R \\ CH-O-\overset{\overset{\displaystyle O}{\|}}{C}-R \\ CH_2-O-\overset{\overset{\displaystyle O}{\|}}{C}-R \end{array}} \xrightarrow[\text{가수 분해}]{^-OH/H_2O} \underset{\text{글리세롤}}{\begin{array}{l} CH_2-OH \\ CH-OH \\ CH_2-OH \end{array}} \quad \underset{\text{지방산 염(비누)}}{\begin{array}{l} ^-O-\overset{\overset{\displaystyle O}{\|}}{C}-R \\ ^-O-\overset{\overset{\displaystyle O}{\|}}{C}-R \\ ^-O-\overset{\overset{\displaystyle O}{\|}}{C}-R \end{array}}$$

**그림 20-4** 지방이나 기름의 가수 분해는 직선사슬 지방산 염의 혼합물을 생성한다. 동물의 지방은 주로 포화 지방산을, 대부분의 식물성 기름은 다중 불포화 지방산을 생성한다.

2개의 가장 중요한 상업적 다이산은 아디프산(adipic acid, 헥세인이산)과 테레프탈산(벤젠-1,4-다이카복실산)이다. 아디프산은 나일론 66 제조에 사용되며, 프탈산은 폴리에스터를 제조하는 데 사용된다. 아디프산은 벤젠을 출발 물질로 하여 공업적으로 합성된다. 벤젠을 수소화 반응시켜 사이클로헥세인으로 전환한 후, 이를 코발트/아세트산 촉매를 사용하여 산화시키면 아디프산을 얻는다. 테레프탈산은 코발트-몰리브데넘(cobalt-molybdenum) 촉매를 사용하여 나프탈렌이나 파라-자일렌(*para*-xylene)을 직접 산화시켜 생산된다.

벤젠 $\xrightarrow[\text{높은 압력}]{H_2,\ Ni}$ 사이클로헥세인 $\xrightarrow[Co(OCOCH_3)_3,\ CH_3COOH]{O_2}$ 아디프산 (COOH, COOH)

*p*-자일렌 ($CH_3$, $CH_3$) + $3\ O_2$ $\xrightarrow[CH_3COOH]{\text{Co/Mo 촉매}}$ 테레프탈산 (COOH, COOH) + $2\ H_2O$

## 20-7 카복실산의 분광법

앞선 장에서 카복실산 분광학의 일반적인 측면을 논의했다. 여기에서는 더 구체적인 내용을 다루고, 그 정보를 결합하여 카복실산기의 존재를 식별하는 방법을 살펴보자.

### 20-7A 적외선 분광법

카복실산의 적외선 스펙트럼에서 가장 뚜렷한 현상은 카보닐 신축의 강한 흡수이다. 포화된 산에서 이 진동은 1710 $cm^{-1}$ 근처에서 일어나며 종종 카보닐기를 포함하는 수소 결합에 의해 넓어진다. 콘쥬게이션된 산에서 카보닐기의 신축 진동수는 약 1690 $cm^{-1}$ 이하에서 나타난다.

R—C(=O)—O—H: C=O 1710 $cm^{-1}$, O—H 2500~3500 $cm^{-1}$

>C=C(—)—C(=O)—O—H: C=O 1690 $cm^{-1}$, O—H 2500~3500 $cm^{-1}$

카복실산의 O—H 신축 진동은 2500~3500 $cm^{-1}$ 근처에서 넓은 띠 모양으로 흡수를 일으킨다. 이 진동수 범위는 물과 알코올의 신축 진동수보다 낮으며 물과 알코올의 O—H기는 약 3300 $cm^{-1}$를 중심으로 흡수를 일으킨다. 카복실산의 스펙트럼에서 넓은 하이드록시 띠는 C—H 신축 구역의 오른쪽에서도 나타난다. 이로 인해 3000 $cm^{-1}$ 구역에는 넓은 피크(O—H 신축)와 뾰족한 피크(C—H 신축)가 겹쳐진다. 많은 카복실산은 C—H 신축의 오른쪽에 있는 넓은 O—H 피크에 1개의 돌출부나 작은 뾰족한 부분(2500~2700 $cm^{-1}$ 근처)을 보여준다. 그림 20-5와 연습문제 20-7은 전형적인 산의 O—H 신축 흡수를 보여준다.

2-메틸프로펜산(2-methylpropenoic acid), 즉 메타크릴산(methacrylic acid)의 IR 스펙트럼은 그림 20-5에 나타나 있다. 이 콘쥬게이션된 예와 헥산산(hexanoic acid, 그림 12-12)의 스펙트럼과 비교해보라. 콘쥬게이션된 불포화산에서는 카보닐 흡수의 이동이 일어나며, 카보닐 흡수의 바로 오른쪽인 1630 $cm^{-1}$ 근처에서 꽤 강한 C=C 신축 흡수가 일어나는 점에 주목하라.

**응용: 녹색 합성**

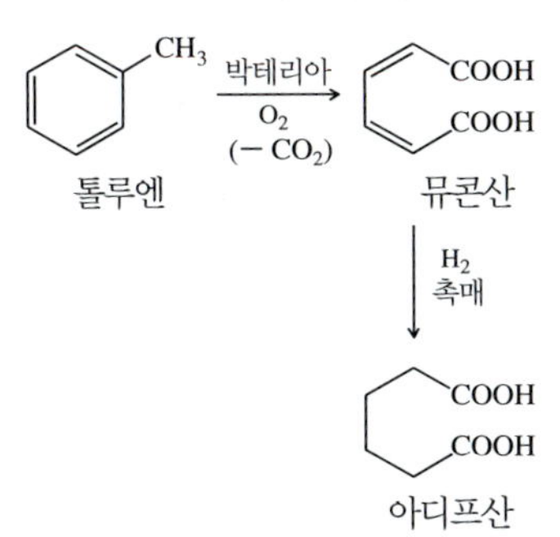


아디프산의 다른 합성은 미생물에 의해 톨루엔을 뮤콘산(muconic acid, 헥사-2,4-다이엔이산)으로 분해시킨 후, 촉매 수소 첨가 반응시켜 이루어진다. 만약 이 과정이 경제적으로 경쟁력이 있다면 벤젠으로부터의 화학적인 합성보다 환경에 충격을 덜 줄 것이다.

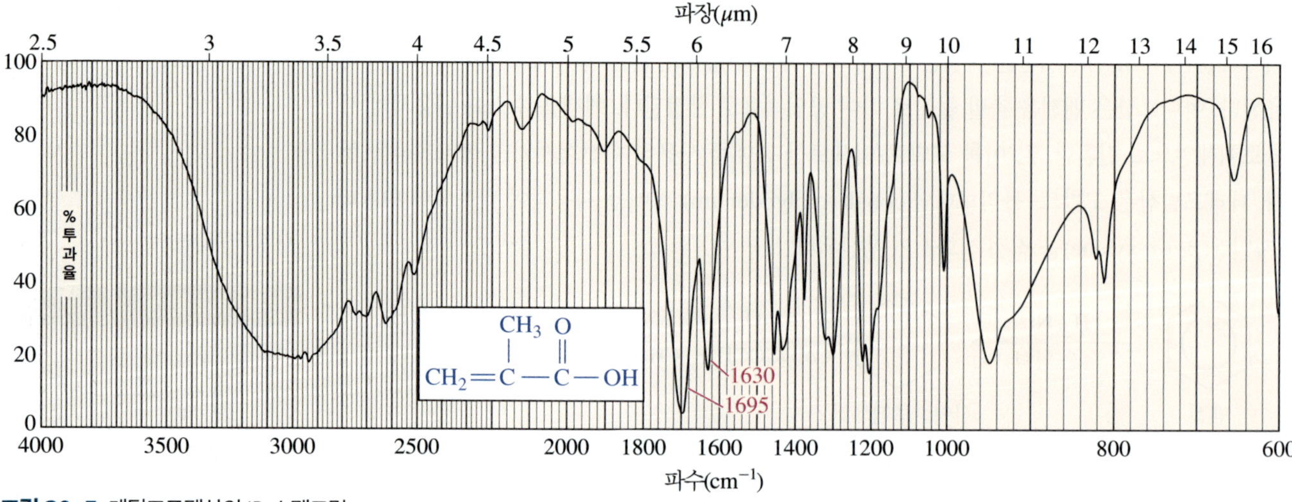


**그림 20-5** 메틸프로펜산의 IR 스펙트럼

---

**연습문제 20-7**

트랜스-옥트-2-엔산의 IR 스펙트럼은 아래와 같다. 이를 카복실산이라고 말할 수 있는 스펙트럼상의 특성을 지적하고, 이 산이 불포화이면서 콘쥬게이션된 것을 단정할 수 있는 특징을 설명하라.

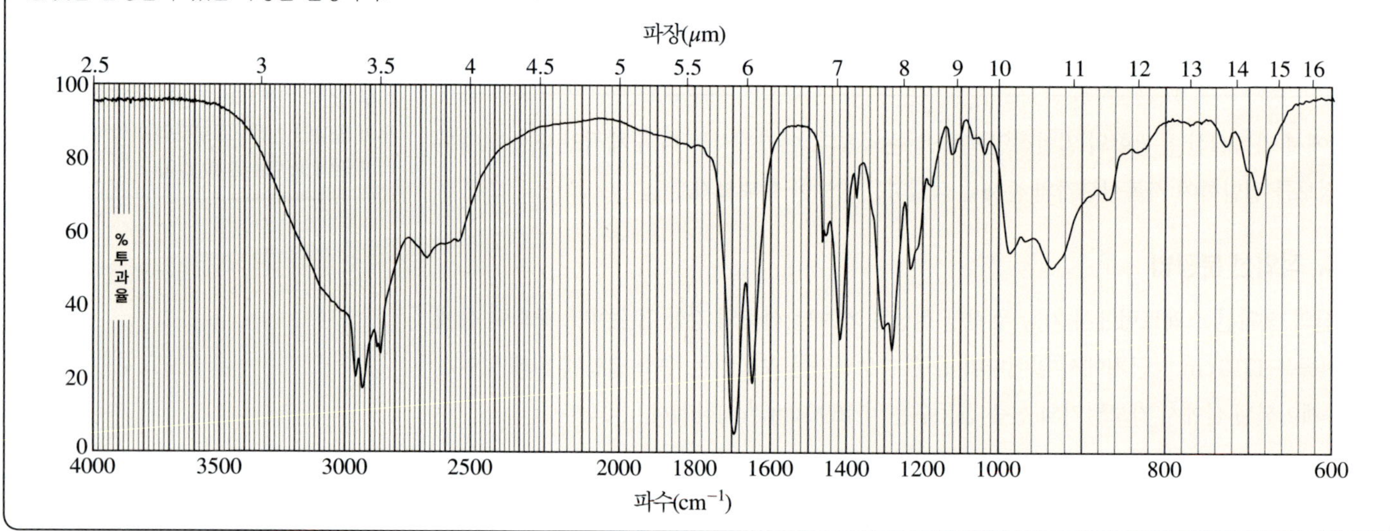


---

## 20-7B NMR 분광법

$$-\overset{\text{H}}{\underset{\text{H}}{\text{C}}}-\overset{\text{O}}{\overset{\|}{\text{C}}}-\text{O}-\text{H}$$

(O–H: δ 10~δ 13; C–H: δ 2.0~δ 2.5)

카복실산의 양성자는 δ 10과 δ 13 사이에서 흡수를 일으키므로, 앞서 다룬 종류 가운데 가장 벗겨진 수소이다. 산의 양성자 피크는 용매의 종류와 농도에 따라 뾰족하거나 넓게 나타나지만, 양성자 교환으로 인해 흡수 피크는 항상 갈라지지 않게 된다.

α 탄소 원자의 양성자는 δ 2.0과 δ 2.5 사이에서 흡수를 일으키며, 케톤이나 알데하이드의 α 양성자는 거의 같은 위치에서 나타난다. 뷰탄산(butanoic acid)의 양성자 NMR 스펙트럼은 그림 20-6에 나타나 있다.

$$\text{H}-\text{O}-\overset{\text{O}}{\overset{\|}{\text{C}}}-\text{CH}_2-\text{CH}_2-\text{CH}_3$$

H: δ 11.2 단일선; $CH_2$: δ 2.4 삼중선; $CH_2$: δ 1.6 육중선(삼중선의 겹친 사중선); $CH_3$: δ 1.0 삼중선

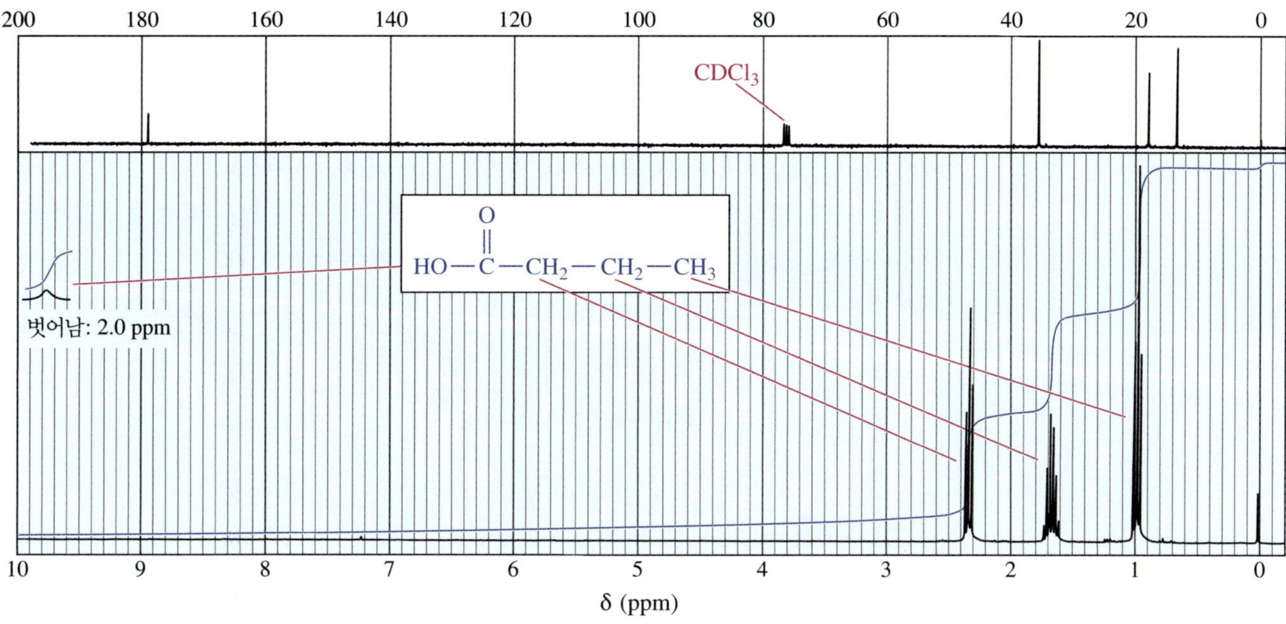


**그림 20-6** 뷰탄산의 양성자 NMR 스펙트럼

카복실산의 탄소 NMR의 화학적 이동은 케톤과 알데하이드와 유사하다. 카보닐 탄소 원자는 약 170~180 ppm에서 흡수를 일으키며, $\alpha$ 탄소 원자는 약 30~40 ppm에서 흡수를 일으킨다. 헥산산에서 탄소 원자의 화학적 이동은 다음과 같다.

$$\underset{181}{\overset{\overset{\displaystyle O}{\|}}{\mathrm{HO{-}C}}}\mathrm{-}\underset{34}{\mathrm{CH_2}}\mathrm{-}\underset{25}{\mathrm{CH_2}}\mathrm{-}\underset{31}{\mathrm{CH_2}}\mathrm{-}\underset{22}{\mathrm{CH_2}}\mathrm{-}\underset{14\ (\mathrm{ppm})}{\mathrm{CH_3}}$$

**연습문제 20-8**

**(a)** 양성자 NMR 스펙트럼이 다음과 같은 카복실산의 구조를 결정하라.

**(b)** 산화되어 이 카복실산을 생성하는 알데하이드의 NMR 스펙트럼을 그려보라.

**(c)** 알데하이드와 산의 스펙트럼에서 두 가지 뚜렷한 차이점을 지적하라.

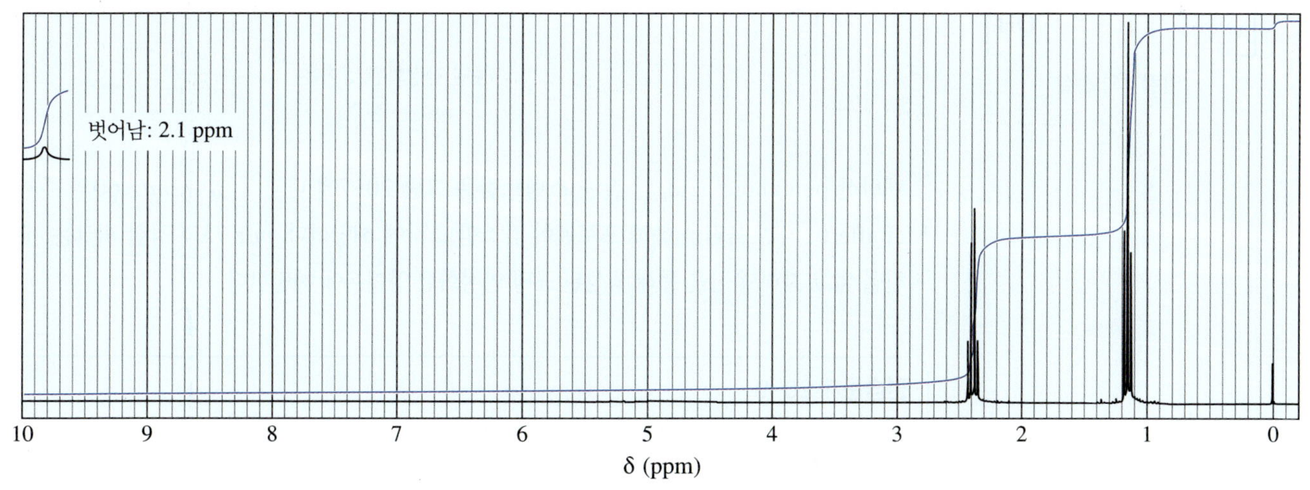

### 20-7C 자외선 분광법

포화 카복실산은 약 200~215 nm 사이에서 흡수를 일으키는 약한 $n \longrightarrow \pi^*$ 전이 상태를 가진다. 이러한 흡수는 케톤과 알데하이드의 스펙트럼에서 약 270~300 nm 사이의 약한 전이에 해당한다. 몰흡광 계수는 매우 약하므로(약 30 ~100), 이러한 흡수는 종종 무시되기도 한다.

콘쥬게이션된 산은 훨씬 더 강한 흡수를 보여준다. 카복실기에 1개의 C=C 이중 결합이 콘쥬게이션되면 $\lambda_{max}$값이 약 200 nm에서 나타나지만 몰흡광 계수는 약 10,000이 된다. 두 번째 이중 결합이 콘쥬게이션되면 다음 예에서 볼 수 있듯이 $\lambda_{max}$ 값이 약 250 nm까지 증가한다.

$$CH_2{=}CH{-}C({=}O){-}OH \qquad \lambda_{max} = 200\text{ nm} \qquad \varepsilon = 10{,}000$$

$$CH_3{-}CH{=}CH{-}CH{=}CH{-}C({=}O){-}OH \qquad \lambda_{max} = 254\text{ nm} \qquad \varepsilon = 25{,}000$$

### 20-7D 질량 분석법

카복실산의 분자 이온 피크는 조각내기가 잘 일어나므로 항상 작다. 가장 일반적인 조각내기는 알켄 분자의 손실이다(McLafferty 자리 옮김, 18-5D절 참조). 조각의 손실에서 발생한 홀수 이온과는 대조적으로 McLafferty 자리 옮김에서 발생하는 이온(분자 손실로부터)은 짝수 질량을 가진다. 다른 일반적인 조각내기는 알킬 라디칼을 잃고, 2개의 산소 원자와 알릴계에 양전하가 비편재화된 공명 안정화된 양이온을 생성하는 것이다.

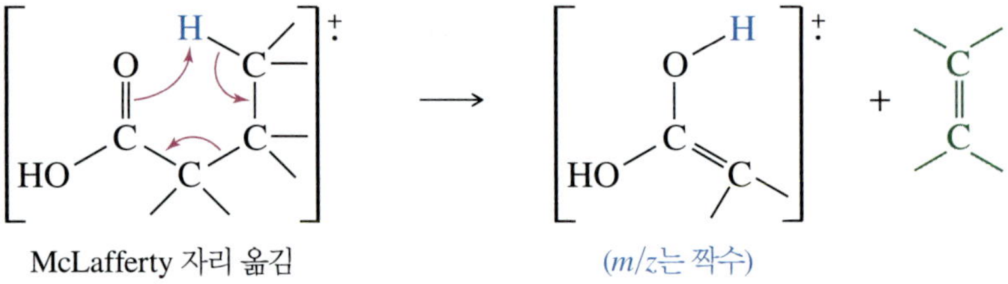

McLafferty 자리 옮김

($m/z$는 짝수)

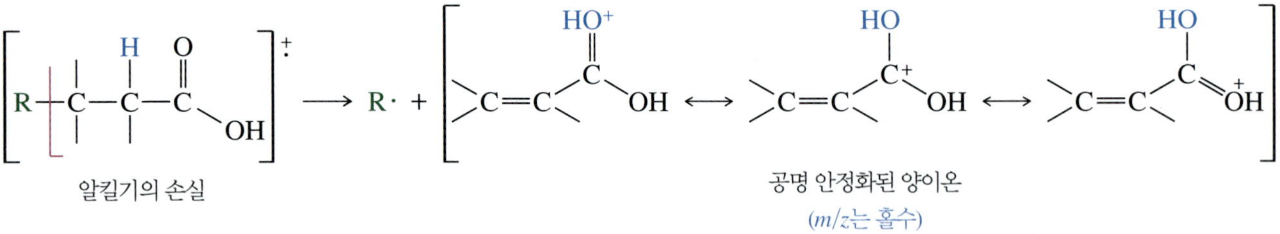

알킬기의 손실

공명 안정화된 양이온

($m/z$는 홀수)

펜탄산(pentanoic acid)의 질량 스펙트럼은 그림 20-7에 나타나 있다. $m/z$ 60의 주피크는 McLafferty 자리 옮김을 통해 프로펜이 감소한 조각에 해당한다. $m/z$ 73의 강한 피크는 에틸 라디칼을 잃고 자리 옮김을 통해 생성된 공명 안정화된 양이온에 해당한다.

**연습문제 20-9**

펜탄산의 질량 스펙트럼에서 $m/z$ 73의 조각에 관한 4개의 공명 구조 모두를 그려보라.

$$\left[\mathrm{HO{-}C(=O){-}CH_2{-}CH_2{-}CH(H){-}CH_3}\right]^{+\cdot} \longrightarrow \left[\mathrm{HO{-}C(OH){=}CH_2}\right]^{+\cdot} + \mathrm{CH_3CH{=}CH_2}$$

*m/z* 60 중성 관찰되지 않음

$$\left[\mathrm{CH_3CH_2{-}CH_2{-}CH_2{-}C(=O){-}OH}\right]^{+\cdot} \longrightarrow \mathrm{CH_3CH_2\cdot} + \left[\mathrm{H_2C{=}C(H){-}C^{+}(OH)_2}\right]$$

73 중성 관찰되지 않음 *m/z* 73

100 80 60 40 20 0 조재량 60 73 102 $\mathrm{CH_3CH_2CH_2CH_2COOH}$ 10 20 30 40 50 60 70 80 90 100 110 120 130 140 150 160 *m/z*

**그림 20-7** 펜탄산의 질량 스펙트럼은 약한 어미 피크와 McLafferty 자리 옮김으로부터 생성된 짝수의 주피크 및 에틸 라디칼을 잃은 다른 강한 피크를 보여준다.

**연습문제 20-10**

**(a)** 대부분의 긴 사슬 지방산이 *m/z* 60에 질량 스펙트럼의 큰 피크가 나타나는 이유는 무엇인가?

**(b)** 2-메틸펜탄산의 질량 스펙트럼에서 *m/z* 74와 *m/z* 87의 뚜렷한 피크를 반응식을 사용하여 설명하라.

**(c)** 2-메틸펜탄산의 질량 스펙트럼에서 *m/z* 60에서 큰 피크가 나타나지 않는 이유는 무엇인가?

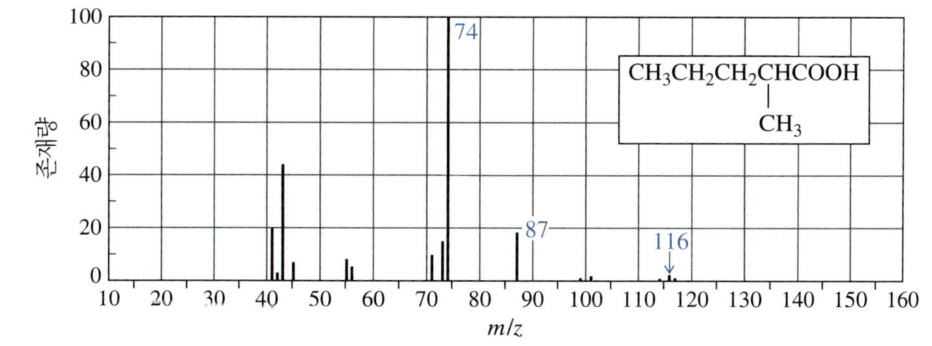


**응용: 어패류 중독**

도모산(domoic acid)은 몇 종류의 홍조류와 규조류가 생성한 독성 물질이며, '적조' 생물의 증가와 연관되어 있다. 어패류, 멸치, 정어리 등이 독성 있는 유기물을 섭취하면 조직 내 축적된다. 사람과 바다 포유동물이 도모산을 가진 생선이나 어패류를 섭취하면 '기억상실성 패독(ASP)'의 증상이 나타나며, 떨림이나 발작, 뇌손상 또는 사망에 이를 수 있다. 조류가 대증식하면 관리기관은 오염된 수산물을 채취하지 않도록 특정 지역에서 낚시를 금지시킨다.

도모산

## 20-8 카복실산의 합성

이전 장에서 카복실산을 만드는 가장 유용한 방법 중 일부를 살펴보았다. 여기에서는 이를 검토하고 Grignard 시약과 나이트릴을 중간체로 사용하는 두 가지 다른 중요한 합성에 대해 논의하자.

### 20-8A 이전 합성의 복습

앞서 이미 카복실산을 제조하는 세 가지 방법, 즉 (1) 알코올과 알데하이드의 산화, (2) 알켄과 알카인의 산화성 절단, (3) 알킬벤젠의 격렬한 곁사슬 산화를 배웠다.

1. 1차 알코올과 알데하이드는 일반적으로 촉매로 사용되는 TEMPO와 함께 차아염소산 소듐(sodium hypochlorite, 표백제, NaOCl)이나 크로뮴산($H_2CrO_4$)에 의해 산으로 산화된다(11-2B, 18-19절).

$$\underset{\text{1차 알코올}}{R-CH_2-OH} \xrightarrow[\text{(또는 } H_2CrO_4)]{\text{NaOCl, TEMPO}} \underset{\text{(분리되지 않음)}}{\left[\underset{\text{알데하이드}}{R-\overset{O}{\overset{\|}{C}}-H}\right]} \xrightarrow[\text{(또는 } H_2CrO_4)]{\text{과량의 NaOCl, TEMPO}} \underset{\text{카복실산}}{R-\overset{O}{\overset{\|}{C}}-OH}$$

예

$$\underset{\text{3-페닐프로판-1-올}}{Ph-CH_2-CH_2-CH_2-OH} \xrightarrow[\text{(또는 } H_2CrO_4)]{\text{과량의 NaOCl, TEMPO}} \underset{\text{3-페닐프로판산}}{Ph-CH_2-CH_2-\overset{O}{\overset{\|}{C}}-OH}$$

2. 차갑게 희석된 과망가니즈산 포타슘은 알켄과 반응하여 글라이콜을 생성한다. 따뜻하고 진한 과망가니즈산 포타슘 용액은 글라이콜을 더욱 산화시켜 중심의 탄소-탄소 결합을 절단시킨다. 본래의 이중 결합의 치환 정도에 따라 케톤이나 산이 생성된다(8-15A절).

$$\underset{\text{알켄}}{(R)(H)C=C(R')(R'')} \xrightarrow{\text{진한 } KMnO_4} \underset{\text{글라이콜(분리되지 않음)}}{\left[H-\underset{HO}{\overset{R}{C}}-\underset{OH}{\overset{R'}{C}}-R''\right]} \longrightarrow \underset{\text{산}}{R-COOH} + \underset{\text{케톤}}{O=C(R')(R)}$$

예

$$(Ph)(H)C=C(H)(CH_2-CH_3) \xrightarrow{\text{진한 } KMnO_4} Ph-COOH + CH_3-CH_2-COOH$$

$$\text{사이클로헥센} \xrightarrow{\text{진한 } KMnO_4} \text{아디프산 } (HOOC-(CH_2)_4-COOH)$$

알카인은 가오존 분해나 격렬한 과망가니즈산 염의 산화 반응으로 삼중 결합이 절단되어 카복실산을 생성한다(9-10절).

$$\underset{\text{알카인}}{R-C\equiv C-R'} \xrightarrow[\text{또는 (1) } O_3 \text{ (2) } H_2O]{\text{진한 } KMnO_4} \underset{\text{(분리되지 않음)}}{\left[R-\overset{O}{\overset{\|}{C}}-\overset{O}{\overset{\|}{C}}-R'\right]} \longrightarrow \underset{\text{카복실산}}{R-COOH + HOOC-R'}$$

예

$$CH_3CH_2CH_2-C\equiv C-Ph \xrightarrow[(2)\ H_2O]{(1)\ O_3} CH_3CH_2CH_2-COOH + Ph-COOH$$

3. 알킬벤젠의 곁사슬이 뜨거운 과망가니즈산 포타슘 혹은 뜨거운 크로뮴산으로 처리되면 벤조산 유도체로 산화된다. 이 산화 반응에는 격렬한 반응 조건이 필요하므로, 산화되지 않는 작용기를 지닌 벤조산 유도체를 제조하는 일에만 유용하다. 산화가 일어나지 않는 작용기는 $-Cl$, $-NO_2$, $-SO_3H$, $-COOH$이다(17-15A절).

R(알킬)-벤젠(Z) $\xrightarrow[\text{또는 } KMnO_4,\ H_2O,\ \text{열}]{Na_2Cr_2O_7,\ H_2SO_4,\ \text{열}}$ COOH-벤젠(Z)

알킬벤젠 (Z는 산화가 일어나지 않아야 함) → 벤조산

예

$p\text{-}Cl\text{-}C_6H_4\text{-}CH(CH_3)\text{-}CH_3 \xrightarrow[\text{열}]{Na_2Cr_2O_7,\ H_2SO_4} p\text{-}Cl\text{-}C_6H_4\text{-}COOH$

*p*-클로로아이소프로필벤젠 → *p*-클로로벤조산

큰전갈(whip-tail scorpion)은 아세트산 84%, 옥탄산 5%, 물 11%를 포함한 방어용 물보라를 내쏜다. 옥탄산은 습윤제와 유포제로 작용한다.

## 20-8B Grignard 시약의 카복실화

앞서 Grignard 시약이 케톤과 알데하이드의 카보닐기에 첨가될 때 강한 친핵체로 작용함을 배웠다(10-9절). 이와 유사하게 이산화 탄소를 Grignard 시약에 첨가하면 카복실산의 마그네슘 염이 생성된다. 묽은 산을 첨가하면 이 마그네슘 염에 양성자를 주게 되어 카복실산을 생성한다. 이 방법은 탄소 원자가 1개 늘어나면서 할로젠화물 작용기를 카복실산 작용기로 전환시키기 때문에 유용하다.

$$R{-}X \xrightarrow[\text{에터}]{Mg} R{-}MgX \xrightarrow{O{=}C{=}O} R{-}C({=}O){-}O^- \ \overset{+}{M}gX \xrightarrow{H^+} R{-}C({=}O){-}OH$$

(할로젠화 알킬 또는 할로젠화 아릴)

예

$$C_6H_{11}{-}Br \xrightarrow[\text{에터}]{Mg} C_6H_{11}{-}MgBr \xrightarrow{O{=}C{=}O} C_6H_{11}{-}C({=}O){-}O^- \ \overset{+}{M}gBr \xrightarrow{H^+} C_6H_{11}{-}COOH$$

브로모사이클로헥세인 → 사이클로헥세인카복실산

카복실산 작용기의 탄소와 산소 원자에 접근하기 위해 $CO_2$를 사용하는 것은 풍부하고 사용하기 쉽다는 점을 고려할 때 매우 논리적이다. 카복실화는 Grignard 시약 대신 다양한 기질을 사용하여 전기화학적으로 달성할 수도 있다. 알켄, 할로젠화 알킬, 알데하이드, 케톤, 이민은 모두 $CO_2$와 전기화학적으로 반응하여 음극에서 $CO_2$가 환원됨으로써 형성된 라디칼 음이온 $CO_2^{\bullet-}$을 통해 카복실산을 생성할 수 있다. 대안적으로 화합물은 음극에서 $CO_2$와 반응하는 라디칼 음이온 또는 탄소 음이온으로 환원될 수 있다.

## 20-8C 나이트릴의 형성과 가수 분해

할로젠화 알킬(혹은 토실레이트)의 탄소 원자를 1개 증가시키면서 카복실산으로 전환시키는 다른 방법은 할로젠화물을 사이안화 소듐으로 치환시키는 것이다. 생성물은 탄소 원자가 1개 늘어난 나이트릴이다. 나이트릴을 산 혹은 염기성 가수 분해를 시키면 21장에 논의할 메커니즘에 의해 카복실산을 생성한다. 이 방법은 $S_N2$ 치환을 잘 일으키는 할로젠화물과 토실레이트에 국한되는데, 보통 1차 및 입체 장애가 없는 것을 사용한다.

$$R-CH_2-X \xrightarrow[\text{아세톤}]{NaCN} R-CH_2-C\equiv N: \xrightarrow[\text{또는 }^-OH,\ H_2O]{H^+,\ H_2O} R-CH_2-\overset{O}{\overset{\|}{C}}-OH + NH_4^+$$

예

$$\text{브로민화 벤질 } (C_6H_5-CH_2-Br) \xrightarrow[\text{아세톤}]{NaCN} \text{페닐아세토나이트릴 } (C_6H_5-CH_2-C\equiv N) \xrightarrow{H^+,\ H_2O} \text{페닐아세트산 } (C_6H_5-CH_2-\overset{O}{\overset{\|}{C}}-OH) + NH_4^+$$

**문제풀이 힌트**

알코올의 산화는 탄소 원자수를 변환시키지 않는다. 알켄과 알카인의 산화성 절단은 탄소 원자수를 감소시킨다(고리형의 경우는 예외). Grignard 시약의 카복실화나 나이트릴의 생성 및 가수 분해는 탄소 원자수를 1개 증가시킨다.

**연습문제 20-11**

제시된 출발 물질을 사용하여 다음의 카복실산을 어떻게 합성하는지 나타내라.

**(a)** 헥스-3-아인 ⟶ 프로판산
**(b)** 시스-사이클로데켄 ⟶ 데케인이산
**(c)** 아이오도벤젠 ⟶ 페닐아세트산
**(d)** 펜탄-3-올 ⟶ 2-에틸뷰탄산
**(e)** *o*-자일렌 ⟶ 프탈산
**(f)** 브로민화 알릴 ⟶ 뷰트-3-엔산

## SUMMARY | 카복실산의 합성

**1.** 1차 알코올과 알데하이드의 산화(11-2B, 18-19절)

$$\underset{\text{1차 알코올}}{R-CH_2-OH} \xrightarrow[\text{또는 } H_2CrO_4]{NaOCl,\ TEMPO} \underset{\text{알데하이드}}{R-\overset{O}{\overset{\|}{C}}-H} \xrightarrow[\text{또는 } H_2CrO_4]{NaOCl,\ TEMPO} \underset{\text{카복실산}}{R-\overset{O}{\overset{\|}{C}}-OH}$$

**2.** 알켄 및 알카인의 산화성 절단(8-15A, 9-10절)

$$\underset{\text{알켄}}{(R)(H)C=C(R')(R'')} \xrightarrow[\Delta,\ H_2O]{\text{진한 } KMnO_4} \underset{\text{산}}{R-COOH} + \underset{\text{케톤}}{O=C(R')(R'')}$$

$$\underset{\text{알카인}}{R-C\equiv C-R'} \xrightarrow[\text{또는 (1) } O_3\ \text{(2) } H_2O]{\text{진한 } KMnO_4} \underset{\text{카복실산}}{R-COOH + HOOC-R'}$$

**3.** 알킬벤젠의 산화(17-15A절)

$$\underset{\substack{\text{알킬벤젠}\\ \text{(Z는 산화가 일어나지 않아야 함)}}}{Z-C_6H_4-R(\text{알킬})} \xrightarrow[\text{또는 } Na_2Cr_2O_7,\ H_2SO_4]{KMnO_4,\ H_2O} \underset{\text{벤조산}}{Z-C_6H_4-COOH}$$

**4.** Grignard 시약의 카복실화(20-8B절)

$$\underset{\substack{\text{할로젠화 알킬}\\ \text{또는 할로젠화 아릴}}}{R-X} \xrightarrow[\text{에터}]{Mg} R-MgX \xrightarrow{O=C=O} R-\overset{O}{\overset{\|}{C}}-O^-\ \overset{+}{M}gX \xrightarrow{H_3O^+} \underset{\text{산}}{R-\overset{O}{\overset{\|}{C}}-OH}$$

**5.** 나이트릴의 형성과 가수 분해(20-8C절)

$$R-CH_2-X \xrightarrow[\text{아세톤}]{NaCN} R-CH_2-C\equiv N: \xrightarrow[\text{또는 } {}^-OH,\ H_2O]{H^+,\ H_2O} R-CH_2-\overset{\overset{\large O}{\|}}{C}-OH$$

**6.** 할로폼 반응[메틸 케톤을 카복실산 음이온과 할로폼(haloform)으로 전환한다. 22장]

$$R-\overset{\overset{\large O}{\|}}{C}-CH_3 \xrightarrow[{}^-OH]{X_2} R-\overset{\overset{\large O}{\|}}{C}-O^- + HCX_3$$

$X = Cl, Br, I$

**7.** 말론산 에스터 합성(치환된 아세트산을 만든다. 22장)

$$CH_2(COOEt)_2 \xrightarrow[(2)\ R-X]{(1)\ Na^+\ {}^-OCH_2CH_3} R-CH(COOEt)_2 \xrightarrow[(2)\ H^+,\ \text{열}]{(1)\ {}^-OH} R-CH_2-\overset{\overset{\large O}{\|}}{C}-OH + CO_2$$

## 20-9 카복실산과 그 유도체의 반응: 친핵성 아실 치환 반응

케톤, 알데하이드, 카복실산은 모두 카보닐기를 포함하지만, 산의 반응 및 케톤과 알데하이드의 반응과는 꽤 다르다. 케톤과 알데하이드는 보통 카보닐기에 친핵성 첨가에 의해 반응을 일으킨다. 그러나 카복실산(및 그 유도체)은 보통 **친핵성 아실 치환 반응**(nucleophilic acyl substitution)에 의해 반응을 일으키며, 친핵체가 아실(C=O) 탄소 원자에 결합된 다른 기를 치환한다.

친핵성 아실 치환 반응

$$R-\overset{\overset{\large \ddot{O}}{\|}}{C}-X + Nuc:^- \rightleftarrows R-\overset{\overset{\large \ddot{O}}{\|}}{C}-Nuc + :X^-$$

산 유도체

$R-\overset{\overset{O}{\|}}{C}-OH$ 카복실산

$R-\overset{\overset{O}{\|}}{C}-X$ 할로젠화 아실

$R-\overset{\overset{O}{\|}}{C}-O-\overset{\overset{O}{\|}}{C}-R$ 산 무수물

$R-\overset{\overset{O}{\|}}{C}-O-R'$ 에스터

$R-\overset{\overset{O}{\|}}{C}-NH_2$ 아마이드

산 유도체는 아실 탄소에 결합된 친핵체의 종류[예: —OH(산), —Cl(염화 아실), —OR′(에스터), $-NH_2$(아마이드 또는 아민)]에 따라 매우 다르다. 친핵성 아실 치환은 이들 유도체를 상호 전환시키는 가장 일반적인 방법이다. 이 장과 21장('카복실산의 유도체')에서 친핵성 아실 치환 반응의 많은 예를 살펴볼 것이다. 특정한 메커니즘은 시약과 조건에 좌우되지만, 여기서는 반응이 산성 또는 염기성 조건에서 일어나는지에 따라 일반적으로 나눌 것이다.

염기성 조건에서 강한 친핵체는 카보닐기에 첨가하여 정사면체 중간체를 형성할 것이다. 이 중간체는 이탈기를 축출한다. 에스터의 염기 촉매 가수 분해로 생성된 산의 카복실산 염 생성이 이러한 메커니즘의 예이다(메커니즘 20-1). 수산화 이온이 카보닐기에 첨가되어 정사면체의 중간체가 생성되고, 이는 알콕시화 이온을 축출하여 안정화된다. 알콕시화 이온은 빠르게 산($pK_a = 5$)과 반응하여 알코올($pK_a = 16$)과 카복실산 음이온을 생성한다.

**메커니즘 20-1 | 에스터의 염기성 가수 분해에서 친핵성 아실 치환 반응**

**1단계:** 수산화 이온은 카보닐기에 첨가되어 정사면체의 중간체를 형성한다.

**2단계:** 알콕시화 이온은 C═O 이중 결합을 형성하면서 이탈한다.

$$R-C(=O)-OR' + {}^{-}OH \rightleftharpoons R-C(O^-)(OH)-OR' \rightleftharpoons R-C(=O)-OH + {}^{-}O-R'$$

에스터 + $^{-}OH$ 정사면체 중간체 산 + 알콕시화 이온

**3단계:** 빠르고 열이 발생하는 양성자의 이동이 반응을 완결시킨다.

$$R-C(=O)-O-H + {}^{-}O-R' \longrightarrow R-C(=O)-O^- + H-O-R'$$

산 + 알콕시화 이온 카복실산 음이온 + 알코올

**예: 벤조산 에틸의 염기성 가수 분해**

**1단계:** 수산화 이온의 첨가 **2단계:** 알콕시화 이온의 제거

$$Ph-C(=O)-OCH_2CH_3 + {}^{-}OH \rightleftharpoons Ph-C(O^-)(OH)-OCH_2CH_3 \rightleftharpoons Ph-C(=O)-OH + {}^{-}OCH_2CH_3$$

에스터 + $^{-}OH$ 정사면체 중간체 산 + 알콕시화 이온

**3단계:** 양성자 이동

$$Ph-C(=O)-O-H + {}^{-}OCH_2CH_3 \longrightarrow Ph-C(=O)-O^- + H-O-CH_2CH_3$$

산 + 알콕시화 이온 카복실산 음이온 + 알코올

**Emil Fischer**(1852~1919)
유명한 Fischer 에스터화와 Fischer 투영을 포함하여 많은 것이 현대 유기 화학의 선구자였던 Fischer의 이름을 따서 명명되었다. Fischer는 설탕과 퓨린(purine)에 관한 획기적인 연구로 1902년 노벨 화학상을 수상했다. 많은 경력을 쌓은 그는 모든 종류의 생물학적 분자를 조사하고 많은 연구자를 교육했으며, 화학자 교육과 협업을 통해 화학 산업도 지원했다. Fischer는 또한 독일 화학 연구소 및 학회에서 강력한 리더이자 영향력 있는 인물이었다.

친핵성 아실 치환 반응은 산에서도 일어난다. 산성 조건에서 카보닐기를 공격하는 강한 친핵체는 없다. 카보닐기는 양성자가 첨가되어 친핵성 아실 치환 반응에 활성화된다. 약한 친핵체에 의한 공격이 정사면체 중간체를 형성한다. 대부분의 경우 이탈기는 이탈되기 전에 양성자화되므로 중성 분자로 이탈된다. 이제 산 촉매화된 친핵성 아실 치환의 가장 유용한 예인 Fischer 에스터화 반응을 살펴보자.

## 20-10 산과 알코올의 축합: Fischer 에스터화 반응

**Fischer 에스터화**(Fischer esterification)는 산 촉매를 사용한 친핵성 아실 치환 반응을 통해 카복실산과 알코올을 직접 에스터로 전환한다. 반응의 순수한 결과는 산의 —OH기가 알코올의 —OR기로 치환된 것이다.

$$\underset{\text{산}}{R-\overset{\overset{\large O}{\|}}{C}-OH} + \underset{\text{알코올}}{R'-OH} \overset{H^+}{\rightleftharpoons} \underset{\text{에스터}}{R-\overset{\overset{\large O}{\|}}{C}-O-R'} + H_2O$$

예

$$CH_3-\overset{\overset{\large O}{\|}}{C}-OH + CH_3CH_2-OH \underset{K_{eq}=3.38}{\overset{H_2SO_4}{\rightleftharpoons}} CH_3-\overset{\overset{\large O}{\|}}{C}-O-CH_2CH_3 + H_2O$$

$$\underset{\text{프탈산}}{C_6H_4(COOH)_2} \xrightleftharpoons{\text{과량의 } CH_3OH,\ H^+} \underset{\text{프탈산 다이메틸}}{C_6H_4(COOCH_3)_2}$$

이 Fischer 에스터화 메커니즘(핵심 메커니즘 20-2)은 산 촉매화에 의한 친핵성 아실 치환 반응이다. 카복실산의 카보닐기는 충분한 친전자성을 띠지 못하므로 알코올에 공격받지 못한다. 산 촉매는 카보닐기에 양성자를 첨가함으로써 친핵성 공격을 쉽게 일으키게 하며, 알코올의 공격에 이어 수소가 이탈되면 에스터의 수화물이 생성된다.

## 핵심 메커니즘 20-2 | Fischer 에스터화 반응

**1단계:** 카보닐기에 대한 알코올의 산 촉매 첨가

양성자가 카보닐을 활성화함 — 알코올 첨가 — 탈양성자 반응은 반응을 완결시킴

$$R-C(=O)-OH \overset{H^+}{\rightleftharpoons} \left[R-C(=\overset{+}{O}H)-OH\right] \xrightarrow{R'-OH} R-C(OH)(OH)(\overset{+}{O}HR') \rightleftharpoons R-C(OH)(OH)(OR') + R'\overset{+}{O}H_2$$

(괄호 안의 화학종은 공명 안정화됨)

에스터 수화물

**2단계:** 산 촉매 탈수

양성자 첨가가 OH기를 이탈하게 함 — 물 이탈 — 탈양성자 반응은 반응을 완결시킴

$$R-C(OH)(OR')-OH \overset{H^+}{\rightleftharpoons} R-C(OH)(OR')-\overset{+}{O}H_2 \rightleftharpoons \left[R-C(=\overset{+}{O}H)-OR'\right] + H_2O \overset{ROH}{\rightleftharpoons} R-C(=O)-OR' + R\overset{+}{O}H_2$$

양성자가 첨가된 에스터 — 에스터

**예: 메탄올과 벤조산으로부터 벤조산 메틸의 산 촉매 형성**

**1단계:** 카보닐기에 대한 메탄올의 산 촉매 첨가 반응

양성자 첨가가 카보닐기를 활성화함 메탄올 참가 탈양성자 반응은 반응을 완결시킴

에스터 수화물

**2단계:** 산 촉매 탈수

양성자 첨가가 OH기를 이탈하게 함 물 이탈 탈양성자 반응은 반응을 완결시킴

양성자가 첨가된 에스터 벤조산 메틸

**문제:** Fischer 에스터화 반응은 왜 염기성 촉매하에서 일어날 수 없는가?

에스터의 수화물로부터 물의 손실은 케톤의 수화물로부터 물이 손실되는 메커니즘과 동일하게 일어난다(18-13절). 2개의 하이드록시기 중 하나에 양성자가 첨가되면 물의 이탈이 일어나서 공명 안정화된 양이온을 생성한다. 두 번째 하이드록시기로부터 양성자가 이탈되면 에스터가 생성된다. 이 메커니즘은 공명 안정화되어 있기 때문에 상대적으로 안정적인 중간체를 포함한다. 주요 공명 형태 중 하나 주위에 괄호로 표시되었다.

Fischer 에스터화 반응의 메커니즘을 기억할 때 길고 복잡하게 보일지 모르지만, 이를 2개의 구성 요소, 즉 (1) 카보닐에 대한 알코올의 산 촉매 첨가, (2) 산 촉매화된 탈수 반응으로 분류하면 쉽게 이해할 수 있다. 만약 이러한 메커니즘의 구성 요소를 이해한다면 외우지 않고도 Fischer 에스터화 메커니즘을 기술할 수 있을 것이다.

**문제풀이 힌트**

Fischer 에스터화 메커니즘은 산 촉매 친핵성 아실 치환 반응의 완벽한 예이다. 이 메커니즘을 잘 이해해야 한다.

**연습문제 20-12**

(a) Fischer 에스터화에 대한 핵심 메커니즘에서는 대괄호 안에 나타난 중간체는 몇 가지 중요한 공명 형태를 제외했다. 이들 두 중간체에 대한 모든 공명 형태를 그려서 메커니즘을 완성하라.

(b) 아세트산이 에탄올과 반응하여 아세트산 에틸을 생성하는 산 촉매 반응에 대한 메커니즘을 제시하라.

(c) 미시적 가역성 원리는 같은 조건(평형 상태)에서 일어나는 가역 반응은 미시적 관점에서 같은 반응 경로를 따른다고 말한다. Fischer 에스터화의 역반응은 에스터의 산 촉매 가수 분해이다. 벤조산 에틸(ethyl benzoate, $PhCOOCH_2CH_3$)의 산 촉매 가수 분해에 대한 메커니즘을 제시하라.

## FOCUS | Fisher 에스터화의 메커니즘

핵심 메커니즘 20-2는 산성 조건에서 카복실산과 알코올로부터 에스터가 어떻게 형성되는지 보여준다. 이는 평형 반응이므로, 미세한 가역성의 원리에 따라 동일한 단계를 역으로 수행하면 산성 조건에서 에스터가 카복실산과 알코올로 가수분해되는 방식을 보여준다.

앞서 이 메커니즘의 모든 단계를 살펴보았다. 6단계 중 4단계는 양성자의 이동으로, 친핵성 공격과 이탈기로서의 물이 제거될 때 나타난다. 이러한 단계는 에스터 생성 반응의 가장 간단한 예인 폼산 에틸(methyl formate)의 생성을 사용하여 나타냈다.

Fisher 에스터화의 6단계
A단계: 양성자 첨가(공명 안정화)
B단계: 친핵체 공격
C단계: 양성자 제거
D단계: 양성자 첨가
E단계: 이탈기 제거(공명 안정화)
F단계: 양성자 제거

폼산 — A단계 (H—A) — B단계 — C단계 — D단계 (A—H) — E단계 ($-H_2O$) — F단계 — 폼산 메틸

### 연습문제 20-13

대부분의 Fischer 에스터화 메커니즘은 아세탈 생성의 메커니즘과 동일하다. 차이점은 탄소 양이온이 양성자를 이탈시켜 에스터를 생성하는 마지막 단계이다. 다음에 제시된 두 반응에 대해 직접 서로 비교할 수 있는 단계의 메커니즘을 작성하라. 에스터화 반응(양성자 잃음)의 마지막 단계에서는 왜 아세탈 생성에서처럼 탈양성자가 일어날 수 없는지 설명하고, 그 대신 무엇이 일어나는지를 제시하라.

$$\underset{\text{알데하이드}}{\mathrm{Ph{-}C(=O){-}H}} \xrightarrow{H^+,\ CH_3OH} \underset{\text{아세탈}}{\mathrm{Ph{-}C(OCH_3)(OCH_3){-}H}} + H_2O$$

$$\underset{\text{산}}{\mathrm{Ph{-}C(=O){-}OH}} \xrightarrow{H^+,\ CH_3OH} \underset{\text{에스터}}{\mathrm{Ph{-}C(=O){-}OCH_3}} + H_2O$$

### 연습문제 20-14

카복실산은 2개의 산소 원자를 가지며, 각각 2개의 비공유 전자쌍을 가지고 있다.

**(a)** 하이드록시 산소 원자에 양성자가 첨가된 카복실산의 공명 구조를 그려보라.

**(b)** 위에 제시된 공명 구조를 카보닐 산소 원자에 양성자가 첨가된 산의 공명 구조와 비교하라.

**(c)** 카복실산의 카보닐 산소 원자가 하이드록시 산소보다 더 염기성인 이유를 설명하라.

Fischer 에스터화 반응은 평형이며 에스터화 반응의 전형적인 평형 상수 값은 크지 않다. 예를 들어 아세트산 1몰과 에탄올 1몰을 혼합하면 평형 혼합물은 아세트산 에틸과 물이 각각 0.65몰, 아세트산과 에탄올이 각각 0.35몰이다. 2차 및 3차 알코올을 사용한 에스터화 반응의 평형 상수 값은 더 작다.

평형 혼합물

$$\underset{0.35\text{몰}}{CH_3-\overset{\overset{\large O}{\|}}{C}-OH} + \underset{0.35\text{몰}}{CH_3CH_2OH} \xrightleftharpoons{K_{eq} = 3.38} \underset{0.65\text{몰}}{CH_3-\overset{\overset{\large O}{\|}}{C}-OCH_2CH_3} + \underset{0.65\text{몰}}{H_2O}$$

에스터화 반응은 반응물 중 하나를 과량 사용하거나 생성물 중의 하나를 제거함으로써 평형을 오른쪽으로 이동시킬 수 있다. 예를 들어 아세트산 에틸을 제조할 때 가능한 한 에스터 쪽으로 평형을 유도하기 위해 종종 과량의 에탄올을 사용한다. 또 다른 방법은 물을 증류하거나 황산 마그네슘 혹은 **분자체**[molecular sieve, 물을 흡착하는 탈수된 제올라이트(zeolite) 결정] 같은 탈수제를 첨가하여 물을 제거하는 것이다.

Fischer 에스터화 반응을 유리한 평형 쪽으로 이동시키는 것은 어렵지 않다. 그러므로 이는 실험실이나 공장에서 에스터를 만드는 보편적인 방법이다. 산 염화물도 알코올과 반응하여 에스터를 생성하지만(20-15절), 산 염화물은 더 비싸고 알코올의 탈수 반응과 같은 부반응을 촉진하기 쉽다.

**문제풀이힌트**

평형 반응에서 과량의 시약을 사용하는 방법이나 형성되자마자 생성물을 제거하는 방법을 찾아라. 용매로서 시약 중 하나를 사용하는 것이 가능한가? 생성물을 증류하거나 물을 따라버릴 수 있는가?

**연습문제 20-15**

다음 에스터를 제조하는 데 Fischer 에스터화 반응이 어떻게 이용되는지를 나타내라. 각 경우 반응을 완결시키는 방법을 제시하라.

**(a)** 살리실산 메틸 **(b)** 폼산 메틸(끓는점 32°C) **(c)** 페닐아세트산 에틸

**연습문제 20-16**

Fischer 에스터화 반응 메커니즘은 과거부터 논쟁거리였는데, 1938년에 컬럼비아대학교의 Irving Roberts와 Harold Urey가 알코올의 산소 원자에 동위 원소 표지를 사용하여 반응이 진행되는 동안 알코올의 산소를 추적했다. 1몰의 아세트산과 $^{18}O$ 동위 원소를 포함하는 1몰의 특별한 메탄올과의 혼합물에 촉매량의 황산을 첨가했다. 잠시 후에 반응을 멈추기 위해 산이 중화되었고, 혼합물의 성분들이 분리되었다.

$$CH_3-\overset{\overset{\large O}{\|}}{C}-O-H + CH_3-{}^{18}O-H \xrightleftharpoons{H_2SO_4} CH_3-\overset{\overset{\large O}{\|}}{C}-O-CH_3 + H_2O$$

**(a)** 이 반응의 메커니즘을 제시하라.

**(b)** 메커니즘에서 표지된 $^{18}O$ 원자는 생성물 중 어느 것에서 발견되는지 나타내라.

**(c)** $^{18}O$ 동위 원소는 방사성이 없다. 혼합물의 분리된 성분에서 $^{18}O$의 양을 실험적으로 어떻게 결정할 수 있는지 설명하라.

**예제 20-1**

오쏘폼산 에틸(ethyl orthoformate)은 산에서 쉽게 가수 분해하여 폼산(formic acid)과 3당량의 에탄올을 생성한다. 오쏘폼산 에틸의 가수 분해 메커니즘을 제시하라.

$$HC(OCH_2CH_3)_3 \xrightarrow[H_2O]{H^+} HCOOH + 3\ CH_3CH_2OH$$

오쏘폼산 에틸 폼산 에탄올

**풀이**

오쏘폼산 에틸은 여분의 알콕시기를 가진 아세탈과 유사하다. 그러므로 이 메커니즘은 아세탈의 가수 분해와 유사해야 한다(18-17절). 3개의 동일한 염기성 자리가 있는데, 즉 3개의 산소 원자이다. 이들 중 하나의 양성자 첨가는 에탄올을 이탈하게 하며, 공명 안정화된 양이온을 생성한다. 물의 공격으로 여분의 알콕시기를 가진 반아세탈을 닮은 중간체를 생성한다. (괄호 안의 화학종은 공명 안정화된 형태이다.)

$$HC(OEt)_3 \overset{H^+}{\rightleftharpoons} HC(OEt)_2\overset{+}{O}(H)Et \rightleftharpoons [H\overset{+}{C}(OEt)_2] \overset{H_2O:}{\rightleftharpoons} HC(OEt)_2\overset{+}{O}H_2 \overset{H_2O:}{\rightleftharpoons} HC(OEt)_2OH$$

양성자 첨가에 이어서 둘째 에톡시기의 이탈은 양성자가 첨가된 에스터인 중간체를 생성한다.

$$HC(OEt)_2OH \overset{H^+}{\rightleftharpoons} HC(OEt)(OH)\overset{+}{O}(H)Et \rightleftharpoons [HC(=\overset{+}{O}H)OEt] \overset{H_2O:}{\rightleftharpoons} HC(=O)OEt$$

양성자화된 에스터 폼산 에틸

폼산 에틸(ethyl formate)의 가수 분해는 Fischer 에스터화의 역반응 경로를 따른다. 메커니즘의 이 부분은 연습문제로 남겨둔다.

**연습문제 20-17**

(a) 예제 20-1의 해답은 대괄호 안에 나타난 중간체는 몇 개의 중요한 공명 형태가 빠져 있다. 이 중간체들의 모든 공명 형태를 그려서 이 반응의 메커니즘을 완성하라. 공명 형태가 매우 온화한 조건(미량의 산을 가진 물)에서 이러한 반응이 일어나는 이유를 설명하는 데 도움을 주는가?

(b) 폼산 에틸의 산 촉매 가수 분해에 대한 메커니즘을 제시하여 예제 20-1의 해답을 완성하라.

## 20-11 다이아조메테인을 이용한 에스터화

카복실산은 다이아조메테인(diazomethane)의 에터 용액을 첨가함으로써 메틸 에스터로 간단히 전환된다. 유일한 부산물은 질소 기체이며, 과량의 다이아조메테인은 또한 휘발한다. 에스터를 정제하기 위해 단지 용매를 휘발시키면 된다. 대부분의 경우 수득률은 거의 정량적이다.

$$R-\overset{O}{\overset{\|}{C}}-OH + CH_2N_2 \longrightarrow R-\overset{O}{\overset{\|}{C}}-O-CH_3 + N_2\uparrow$$

산 다이아조메테인 메틸 에스터

**응용: 의약품 분석**

다이아조메테인은 흔히 질량 분광학 분석을 위해 극성 또는 반응성이 있는 화합물의 에스터화에 사용된다. 예를 들면 코카인에 대한 소변 검사는 시료를 다이아조메테인으로 처리하여 코카인 성분이 있는 소변 속 주대사물인 벤조일에크고닌(benzoylecgonine)을 휘발성인 메틸 에스터로 변환시켜 MS 분석하는 것과 관련된다.

벤조일에크고닌

예

$$\text{사이클로뷰테인카복실산 (c-}C_4H_7\text{-COOH)} \xrightarrow{CH_2N_2} \text{c-}C_4H_7\text{-}COOCH_3 + N_2\uparrow$$

사이클로뷰테인카복실산 → 사이클로뷰테인카복실산 메틸(100%)

다이아조메테인은 독성이 있고 에터에 녹는 폭발성의 노란색 기체이므로, 에터 용액으로 사용하는 것은 꽤 안정하다. 카복실산과 다이아조메테인의 반응은 아마도 산의 양성자가 이동하여 메틸다이아조늄 염(methyldiazonium salt)을 생성하게 된다. 이 다이아조늄 염은 질소 기체를 이탈기로 가진 우수한 메틸화 시약이다. 메커니즘 20-3은 이 반응을 보여준다.

**메커니즘 20-3 | 다이아조메테인을 이용한 에스터화**

**1단계:** 양성자 이동으로 카복실산 음이온과 메틸다이아조늄 이온을 생성한다.

$$R-C(=O)-O-H + \left[CH_2=\overset{+}{N}=\overset{-}{N}: \leftrightarrow {}^{-}:CH_2-\overset{+}{N}\equiv N:\right] \longrightarrow R-C(=O)-O:^{-} + CH_3-\overset{+}{N}\equiv N:$$

카복실산 음이온 메틸다이아조늄 이온

**2단계:** 메틸기에 대한 친핵성 공격은 질소를 치환한다.

$$R-C(=O)-O:^{-} + CH_3-\overset{+}{N}\equiv N: \longrightarrow R-C(=O)-O-CH_3 + :N\equiv N:\uparrow$$

다이아조메테인을 대량으로 사용하는 것은 위험하므로, 산업적인 용도 혹은 실험실에서 대량으로 반응시키지는 않는다. 그러나 메틸 에스터의 수득률은 우수하기 때문에 다이아조메테인은 값비싸거나 특별한 카복실산을 소량으로 에스터화하는 데 종종 사용된다.

## 20-12 산과 아민의 축합: 아마이드의 직접 합성

아마이드는 카복실산으로부터 직접 합성할 수 있는데, 열로 물을 제거하여 반응을 완결한다. 카복실산과 아민의 최초 산-염기 반응은 카복실산 암모늄 염의 생성이다. 카복실산 음이온은 친전자성이 나쁘고 암모늄 이온은 친핵적이지 않으므로, 반응은 이 단계에서 멈춘다. 이러한 염을 100°C 이상에서 가열하면 수증기가 제거되어 아마이드가 생성된다. 이러한 아마이드의 직접 합성은 중요한 공업적 과정이고 실험실에서도 흔히 잘 쓰인다.

$$\underset{\text{산}}{R-C(=O)-OH} + \underset{\text{아민}}{R'-\ddot{N}H_2} \rightleftarrows \underset{\text{카복실산 암모늄 염}}{R-C(=O)-O^{-}\ \ H_3\overset{+}{N}-R'} \xrightarrow{\text{열}} \underset{\text{아마이드}}{R-C(=O)-\ddot{N}H-R'} + H_2O\uparrow$$

예

$$\underset{\text{벤조산}}{C_6H_5COOH} + \underset{\text{에틸아민}}{CH_3CH_2\ddot{N}H_2} \longrightarrow \underset{\text{벤조산 에틸암모늄}}{C_6H_5COO^{-}\ H_3\overset{+}{N}CH_2CH_3} \xrightarrow{\text{열}} \underset{N\text{-에틸벤즈아마이드}}{C_6H_5C(=O)-\ddot{N}HCH_2CH_3} + H_2O\uparrow$$

**연습문제 20-18**

적당한 카복실산과 아민을 사용하여 다음 화합물을 합성하는 방법을 나타내라.

(a) $CH_3C_6H_4-C(=O)-N(CH_2CH_3)_2$

*N,N*-다이에틸-메타-톨루아마이드 (DEET 곤충 구충제)

(b) $C_6H_5-NH-C(=O)-CH_3$

아세트아닐라이드

(c) $H-C(=O)-N(CH_3)_2$

*N,N*-다이메틸폼아마이드(DMF)

## 20-13 카복실산의 환원

수소화 알루미늄 리튬(Lithium aluminum hydride, $LiAlH_4$ 또는 LAH)은 카복실산을 1차 알코올로 환원한다. 이 환원에서 알데하이드가 중간체이며, 알데하이드는 본래의 산보다 더 쉽게 환원되므로 분리될 수 없다.

$$\underset{\text{산}}{R-C(=O)-OH} \xrightarrow[(2)\ H_3O^+]{(1)\ LiAlH_4} \underset{\text{1차 알코올}}{R-CH_2-OH}$$

예

$$\underset{\text{페닐아세트산}}{C_6H_5-CH_2-C(=O)-OH} \xrightarrow[(2)\ H_3O^+]{(1)\ LiAlH_4} \underset{\substack{(75\%)\\ \text{2-페닐에탄올}}}{C_6H_5-CH_2-CH_2OH}$$

수소화 알루미늄 리튬은 센염기이므로, 첫 단계에서 산의 탈양성자 반응에 의해 수소 기체가 발생하고 리튬 염이 생성된다.

$$R-C(=O)-O-H + Li^+\ H-\overset{-}{Al}H_3 \longrightarrow H_2\uparrow + R-C(=O)-O^-\ Li^+ + AlH_3$$

나머지 메커니즘에는 여러 단계가 가능하다. 하나의 있을 법한 경로는 $AlH_3$를 카복실산 리튬 염의 카보닐기에 첨가하는 단계이다.

$$R-C(=O)-O^-\ Li^+ + AlH_3 \longrightarrow R-C(=O)(-O-\overset{-}{Al}H_3)\ Li^+ \longrightarrow R-CH(O-AlH_2)-O^-\ Li^+$$

제거 반응으로 알데하이드가 생성되며, 이는 곧바로 알콕시화 리튬으로 환원된다.

$$R-CH(O-AlH_2)-O^-\ Li^+ \longrightarrow \underset{\text{알데하이드}}{R-CH=O}\ (LiOAlH_2) + H-\overset{-}{Al}H_3\ Li^+ \longrightarrow \underset{\text{알콕시화 리튬}}{R-CH_2-O^-\ Li^+} + AlH_3$$

두 번째 단계에서 물을 첨가하면 알콕시화 이온을 양성자화하여 1차 알코올이 생성된다.

$$R-CH_2-O^- \ Li^+ + H_2O \longrightarrow R-CH_2-OH + LiOH$$

카복실산은 또한 보레인(borane)에 의해 1차 알코올로 환원된다. 보레인(THF와 착물 형성, 8-7절 참조)은 다른 어떤 카보닐기보다도 카복실기와 더 빠르게 반응한다. 보레인은 우수한 선택성을 보이며, 다음 예에서 볼 수 있듯이 케톤은 영향받지 않지만($LiAlH_4$는 또한 케톤을 환원시킴) 카복실산은 환원이 일어난다.

$$H_3C-C(=O)-C_6H_4-C(=O)-OH \xrightarrow[(2)\ H_3O^+]{(1)\ BH_3\cdot THF\ (\text{또는}\ B_2H_6)} H_3C-C(=O)-C_6H_4-CH_2OH$$

(80%)

**알데하이드로의 환원** 알데하이드는 대부분의 환원제에 대해 카복실산보다 반응성이 더 크기 때문에 카복실산을 알데하이드로 환원시키기는 어렵다. 산을 알데하이드로 환원시키는 대부분의 환원제는 또한 알데하이드를 1차 알코올로 환원시킨다. 18-10절에서 수소화 트라이-*t*-뷰톡시알루미늄 리튬, $LiAlH(O\text{-}t\text{-}Bu)_3$는 수소화 알루미늄 리튬보다 약한 환원제라는 것을 보았다. 이는 산 염화물을 알데하이드로 환원시키는 데 산 염화물이 수소화 이온의 친핵성 첨가 반응에 대해 강하게 활성화되었기 때문이다. 이러한 조건에서 알데하이드는 더욱 느리게 환원되므로 쉽게 분리된다. 따라서 산의 알데하이드로의 환원은 두 단계 과정이다. 산을 산 염화물로 전환(20-15절)하고 나서 수소화 트라이-*t*-뷰톡시알루미늄 리튬으로 환원시킨다.

$$\underset{\text{산 염화물}}{R-C(=O)-Cl} + LiAlH(O\text{-}t\text{-}Bu)_3 \rightleftarrows R-CH(O^-\ Li^+)-Cl + Al(O\text{-}t\text{-}Bu)_3 \longrightarrow \underset{\text{알데하이드}}{R-C(=O)-H} + LiCl$$

예

1단계: 산 염화물로 전환 2단계: 알데하이드로 환원

$$\underset{\text{아이소뷰티르산}}{CH_3-CH(CH_3)-C(=O)-OH} \xrightarrow{SOCl_2} \underset{\text{염화 아이소뷰틸}}{CH_3-CH(CH_3)-C(=O)-Cl} \xrightarrow{LiAlH(O\text{-}t\text{-}Bu)_3} \underset{\text{아이소뷰티르알데하이드}}{CH_3-CH(CH_3)-C(=O)-H}$$

**연습문제 20-19**

적당한 카복실산이나 산 유도체로부터 다음 화합물을 합성하는 방법을 나타내라.

**(a)** $C_6H_5-CH_2CH_2$ **(b)** $C_6H_5-CH_2CHO$ **(c)** O=(cyclopentane)-$CH_2OH$

## 20-14 카복실산의 알킬화 반응에 의한 케톤의 생성

카복실산을 2당량의 유기리튬 시약과 반응시켜 케톤을 생성한다. 이 반응은 18-8절에서 논의되었다.

$$R-C(=O)-O-H \xrightarrow[(2)\ H_2O]{(1)\ 2\ R'-Li} R-C(=O)-R' + R'-H$$

예

$$\text{C}_6\text{H}_5\text{COOH} \xrightarrow[\text{(2) } H_2O]{\text{(1) } 2\,CH_3CH_2\text{—Li}} \text{C}_6\text{H}_5\text{C(=O)—CH}_2\text{CH}_3$$

벤조산 → 프로피오페논

유기리튬 시약의 첫 번째 1당량은 단순히 산을 탈양성자화한다. 두 번째의 1당량은 카보닐에 첨가되어 안정한 이중음이온을 생성한다. (물을 첨가하여) 이중음이온을 가수 분해하면 케톤의 수화물이 생성된다. 케톤은 독립적인 가수 분해 단계에서 생성되기 때문에(유기리튬 시약의 존재하에서보다) 과알킬화 반응은 관찰되지 않는다.

$$\text{R—C(=O)—OH} \xrightarrow{2\,R'\text{—Li}} \text{R'—H} + \text{R—C(=O)—OLi} \;(+\,R'\text{—Li}) \longrightarrow \text{R—C(OLi)(R')—OLi}$$

카복실산 → 이중음이온

$$\text{R—C(OLi)(R')—OLi} \xrightarrow{H_3O^+} \text{R—C(OH)(R')—OH} \rightleftarrows \text{R—C(=O)—R'} + H_2O$$

이중음이온 → 케톤의 수화물 ⇌ 케톤

**연습문제 20-20**

온화한 산성 조건에서 이중음이온이 케톤으로 전환하는 메커니즘을 제시하라.

**연습문제 20-21**

필요한 시약을 사용하여 지시한 산으로부터 다음 케톤을 합성하는 방법을 나타내라.

**(a)** 프로피온산으로부터 프로피오페논(두 가지 방법, 산의 알킬화 및 Friedel-Crafts 아실화 이용)

**(b)** 사이클로헥세인카복실산으로부터 메틸 사이클로헥실 케톤

## 20-15 산 염화물의 합성과 용도

할로젠화 이온은 친핵성 아실 치환 반응의 좋은 이탈기이다. 따라서 할로젠화 아실은 산 유도체를 제조하기 위한 중간체로 유용하다. 특히 산 염화물(염화 아실)은 쉽게 제조되며, 보통 카복실산의 활성화 형태로 사용된다. 카보닐 산소와 염소 원자 모두 아실 탄소 원자로부터 전자 밀도를 끌어당기므로 아실 탄소는 강한 친전자성을 형성한다. 산 염화물은 일반적으로 친핵성 아실 치환의 첨가-제거 메커니즘을 통해 다양한 친핵체와 반응한다.

$$\text{R—C(=O)—Cl} + \text{Nuc:}^- \underset{}{\overset{\text{첨가}}{\rightleftarrows}} \left[\text{R—C(O}^-\text{)(Nuc)—Cl}\right] \xrightarrow{\text{제거}} \text{R—C(=O)—Nuc} + Cl^-$$

산 염화물(염화 아실), 산 염화물, 정사면체 중간체, 산 유도체

카복실산을 산 염화물로 전환시키는 가장 좋은 시약은 염화 싸이오닐(thionyl chloride, $SOCl_2$)

과 염화 옥살릴[oxalyl chloride, $(COCl)_2$]이며, 이들은 기체상의 부산물을 생성하므로 생성물을 오염시키지 않는다. 염화 옥살릴은 특히 62℃에서 끓으며, 여분은 반응 혼합물로부터 쉽게 증발되기 때문에 사용이 쉽다.

$$R-\overset{O}{\overset{\|}{C}}-OH \xrightarrow[\text{또는 } Cl-\overset{O}{\overset{\|}{C}}-\overset{O}{\overset{\|}{C}}-Cl]{Cl-\overset{O}{\overset{\|}{S}}-Cl} R-\overset{O}{\overset{\|}{C}}-Cl$$

예

$$CH_3(CH_2)_7CH{=}CH(CH_2)_7-\overset{O}{\overset{\|}{C}}-OH \xrightarrow[\text{염화 싸이오닐}]{Cl-\overset{O}{\overset{\|}{S}}-Cl} CH_3(CH_2)_7CH{=}CH(CH_2)_7-\overset{O}{\overset{\|}{C}}-Cl + SO_2\uparrow + HCl\uparrow$$

올레산 → 염화 올레오일 (95%)

$$C_6H_5-CH_2-CH_2-\overset{O}{\overset{\|}{C}}-OH \xrightarrow[\text{염화 옥살릴}]{Cl-\overset{O}{\overset{\|}{C}}-\overset{O}{\overset{\|}{C}}-Cl} C_6H_5-CH_2-CH_2-\overset{O}{\overset{\|}{C}}-Cl + HCl\uparrow + CO\uparrow + CO_2\uparrow$$

3-페닐프로판산 → 염화 3-페닐프로판오일(95%)

이 반응의 메커니즘은 알코올과 염화 싸이오닐의 반응과 비슷하게 시작된다. 산의 산소 원자가 황을 공격하여 친핵성 아실 치환에서 황이 탄소를 대신하는 메커니즘에 의해 염소를 치환시킨다. 생성물은 반응성이 큰 클로로아황산 무수물(chlorosulfite anhydride)이다.

$$R-C(-\ddot{O}H)=\ddot{O} + Cl_2S=\ddot{O} \longrightarrow \left[ R-C(-\ddot{O}H)=\overset{+}{O}-SCl_2-\ddot{O}^- \longleftrightarrow R-C(=\overset{+}{O}H)-\ddot{O}-SCl_2-\ddot{O}^- \right]$$

$$R-C(=\overset{+}{O}H)-\ddot{O}-SCl_2-\ddot{O}^- \longrightarrow R-C(=\overset{+}{O}H)-\ddot{O}-\overset{O}{\overset{\|}{S}}-Cl \xrightarrow{Cl^-} R-\overset{O}{\overset{\|}{C}}-\ddot{O}-\overset{O}{\overset{\|}{S}}-Cl + HCl$$

클로로아황산 무수물

이러한 반응성이 강한 무수물은 염화 이온에 의해 친핵성 아실 치환을 일으켜 산 염화물을 생성한다.

$$R-\overset{O}{\overset{\|}{C}}-\ddot{O}-\overset{O}{\overset{\|}{S}}-Cl + Cl^- \longrightarrow R-\underset{Cl}{\underset{|}{C}}(-\ddot{O}^-)-\ddot{O}-\overset{O}{\overset{\|}{S}}-Cl \longrightarrow R-\overset{O}{\overset{\|}{C}}-Cl + SO_2 + Cl^-$$

**＊연습문제 20-22**

벤조산과 염화 옥살릴의 반응 메커니즘을 제시하라. 이 메커니즘은 염화 싸이오닐 반응과 유사하게 시작되어 반응성이 강한 혼합된 무수물을 생성한다. 염화 이온에 의한 친핵성 아실 치환으로 정사면체 중간체가 생성되며, 이 중간체는 이탈기가 제거되면서 이산화 탄소, 일산화 탄소, 염화 이온으로 분해된다.

산 염화물은 알코올과 반응하여 앞에 논의된 첨가-제거 메커니즘에 의한 친핵성 아실 치환 반응을 통해 에스터를 생성한다. 알코올이 친전자성 카보닐기에 공격하여 정사면체 중간체를 생성하며, 염화 이온의 이탈 및 양성자 이탈 반응을 거쳐 에스터를 생성한다.

$$\text{R—C(=O)—Cl} + \text{R}'\text{—}\ddot{\text{O}}\text{H} \rightleftharpoons \left[\text{R—C(O}^-\text{)(Cl)—O}^+\text{(H)—R}'\right] \longrightarrow \text{R—C(=O)—O}^+\text{(H)—R}' + \text{Cl}^- \longrightarrow \text{R—C(=O)—}\ddot{\text{O}}\text{—R}' + \text{HCl}$$

에스터

이 반응은 카복실산을 에스터로 전환시키는 효율적인 2단계 방법이다. 산은 산 염화물로 전환되며, 이는 알코올과 반응하여 에스터를 생성한다. 생성된 HCl을 중화시키기 위해 피리딘이나 다른 염기를 흔히 첨가한다. 그렇지 않으면 알코올(특히 3차 알코올)은 센산성 조건에서 탈수 반응을 한다.

$$\underset{\text{산}}{\text{R—C(=O)—OH}} \xrightarrow[\text{또는 } SOCl_2]{(COCl)_2} \underset{\text{산 염화물}}{\text{R—C(=O)—Cl}} \xrightarrow[\text{알코올}]{\text{R}'\text{—O—H}} \underset{\text{에스터}}{\text{R—C(=O)—O—R}'} + \text{HCl}$$

예

$$\underset{\text{벤조산}}{\text{Ph—C(=O)—OH}} \xrightarrow{SOCl_2} \underset{\text{염화 벤조일}}{\text{Ph—C(=O)—Cl}} \xrightarrow[\text{피리딘}]{CH_3CH_2\text{—OH}} \underset{\text{벤조산 에틸}}{\text{Ph—C(=O)—O—}CH_2CH_3} + C_5H_5N^+\text{—H}\ Cl^-$$

암모니아와 아민은 산 염화물과 반응하여 친핵성 아실 치환의 첨가-제거 메커니즘을 통해 아마이드를 생성한다. 카복실산은 산 염화물로 전환되며, 이는 아민과 반응하여 아마이드를 생성한다. 피리딘 또는 NaOH 같은 염기가, HCl이 아민을 양성자 첨가하는 것을 막기 위해 자주 첨가된다.

$$\underset{\text{산 염화물}}{\text{R—C(=O)—Cl}} + \underset{\text{아민}}{\text{R}'\text{—}\ddot{\text{N}}H_2} \longrightarrow \underset{\text{아마이드}}{\text{R—C(=O)—}\ddot{\text{N}}\text{H—R}'} + \text{HCl}$$

예

$$\underset{\text{염화 아세틸}}{CH_3\text{—C(=O)—Cl}} + \underset{\text{메틸아민}}{CH_3\text{—}\ddot{\text{N}}H_2} \xrightarrow{\text{NaOH}} \underset{N\text{-메틸아세트아민}}{CH_3\text{—C(=O)—N(H)—}CH_3} + \text{NaCl} + H_2O$$

**연습문제 20-23**

벤조산 에틸과 *N*-메틸아세트아마이드를 생성하는 친핵성 아실 치환 반응의 메커니즘을 위와 같이 제안하라.

**연습문제 20-24**

산 염화물을 중간체로 사용하여 다음 화합물을 합성하는 방법을 제시하라.

**(a)** 벤조산과 아닐린으로부터 *N*-페닐벤즈아마이드(PhCONHPh)

**(b)** 프로피온산과 페놀로부터 프로피온산 페닐($CH_3CH_2COOPh$)

## SUMMARY | 카복실산의 반응 1

일반적인 반응 형태

$$R-\overset{O}{\overset{\|}{C}}-OH \longrightarrow R-\overset{O}{\overset{\|}{C}}-O^- \quad \text{탈양성자 반응}$$

$$R-\overset{O}{\overset{\|}{C}}-OH \longrightarrow R-\overset{O}{\overset{\|}{C}}-Nuc \quad \text{친핵성 아실 치환 반응}$$

$$R-\overset{O}{\overset{\|}{C}}-OH \longrightarrow R-CH_2-OH \quad \text{환원 반응}$$

$$R-\overset{O}{\overset{\|}{C}}-OH \longrightarrow R-H + CO_2 \quad \text{탈카복실 반응(22장)}$$

**1.** 염 생성(20-5절)

$$\underset{\text{산}}{R-\overset{O}{\overset{\|}{C}}-OH} + \underset{\text{센염기}}{M^+ \ {}^-OH} \rightleftharpoons \underset{\text{염}}{R-\overset{O}{\overset{\|}{C}}-O^- \ M^+} + H_2O$$

**2.** 에스터로의 전환(20-10, 20-11, 20-15절)

Fischer 에스터화:

$$\underset{\text{산}}{R-\overset{O}{\overset{\|}{C}}-OH} + \underset{\text{알코올}}{R'-OH} \overset{H^+}{\rightleftharpoons} \underset{\text{에스터}}{R-\overset{O}{\overset{\|}{C}}-O-R'} + H_2O$$

$$\underset{\text{산 염화물}}{R-\overset{O}{\overset{\|}{C}}-Cl} + \underset{\text{알코올}}{R'-OH} \longrightarrow \underset{\text{에스터}}{R-\overset{O}{\overset{\|}{C}}-O-R'} + HCl\uparrow$$

$$\underset{\text{산}}{R-\overset{O}{\overset{\|}{C}}-OH} + \underset{\text{다이아조메테인}}{CH_2N_2} \longrightarrow \underset{\text{메틸 에스터}}{R-\overset{O}{\overset{\|}{C}}-O-CH_3} + N_2\uparrow$$

**3.** 아마이드로의 전환(20-12, 20-15절)

$$\underset{\text{산}}{R-\overset{O}{\overset{\|}{C}}-OH} + \underset{\text{아민}}{R'-NH_2} \rightleftharpoons \underset{\text{염}}{R-\overset{O}{\overset{\|}{C}}-O^- \ H_3\overset{+}{N}-R'} \xrightarrow{\text{열}} \underset{\text{아마이드}}{R-\overset{O}{\overset{\|}{C}}-NH-R'} + H_2O$$

$$\underset{\text{산 염화물}}{R-\overset{O}{\overset{\|}{C}}-Cl} + \underset{\text{아민}}{R'-NH_2} \xrightarrow{NaOH} \underset{\text{아마이드}}{R-\overset{O}{\overset{\|}{C}}-NH-R'} + NaCl + H_2O$$

**4.** 산 무수물로의 전환(21-5절)

$$\underset{\text{산 염화물}}{R-\overset{O}{\overset{\|}{C}}-Cl} + \underset{\text{산}}{HO-\overset{O}{\overset{\|}{C}}-R'} \longrightarrow \underset{\text{산 무수물}}{R-\overset{O}{\overset{\|}{C}}-O-\overset{O}{\overset{\|}{C}}-R'} + HCl$$

**5.** 1차 알코올로의 환원(10-11, 20-13절)

$$\underset{\text{산}}{R-\overset{O}{\overset{\|}{C}}-OH} \xrightarrow[\text{(2) } H_3O^+ \ (\text{또는 } BH_3\cdot THF \text{ 사용})]{\text{(1) } LiAlH_4} \underset{\text{1차 알코올}}{R-CH_2-OH}$$

**6.** 알데하이드로의 환원(18-10, 20-13절)

$$\underset{\text{산}}{R-\overset{O}{\overset{\|}{C}}-OH} + \underset{\text{염화 싸이오닐}}{Cl-\overset{O}{\overset{\|}{S}}-Cl} \longrightarrow \underset{\text{산 염화물}}{R-\overset{O}{\overset{\|}{C}}-Cl} \xrightarrow{LiAlH(O\text{-}t\text{-}Bu)_3} \underset{\text{알데하이드}}{R-\overset{O}{\overset{\|}{C}}-H}$$

**7.** 알킬화 반응에 의한 케톤의 생성(18-8, 20-14절)

$$\underset{\text{카복실산 리튬}}{R-\overset{O}{\overset{\|}{C}}-O^- \ Li^+} \xrightarrow[\text{(2) } H_2O]{\text{(1) } R'-Li \text{ 알킬리튬}} \underset{\text{케톤}}{R-\overset{O}{\overset{\|}{C}}-R'}$$

**8.** 산 염화물로의 전환(20-15절)

$$\underset{\text{산}}{R-\overset{O}{\overset{\|}{C}}-OH} + \underset{\text{염화 싸이오닐}}{Cl-\overset{O}{\overset{\|}{S}}-Cl} \longrightarrow \underset{\text{산 염화물}}{R-\overset{O}{\overset{\|}{C}}-Cl} + SO_2\uparrow + HCl\uparrow$$

**9.** 결사슬 할로젠화 반응(Hell-Volhard-Zelinsky 반응, 22-6절)

$$R-CH_2-\overset{O}{\overset{\|}{C}}-OH \xrightarrow{Br_2/PBr_3} \underset{\text{브로민화 }\alpha\text{-브로모 아실}}{R-\overset{Br}{\overset{|}{C}H}-\overset{O}{\overset{\|}{C}}-Br} \xrightarrow{H_2O} \underset{\alpha\text{-브로모산}}{R-\overset{Br}{\overset{|}{C}H}-\overset{O}{\overset{\|}{C}}-OH} + HBr$$

## SUMMARY | 카복실산의 반응 2

카복실산은 자연계(예: 세포 생물학 및 생화학)와 상업 분야에서 풍부하게 존재하는 화합물이다. 더 많은 반응은 21장에서 논의할 것이다.

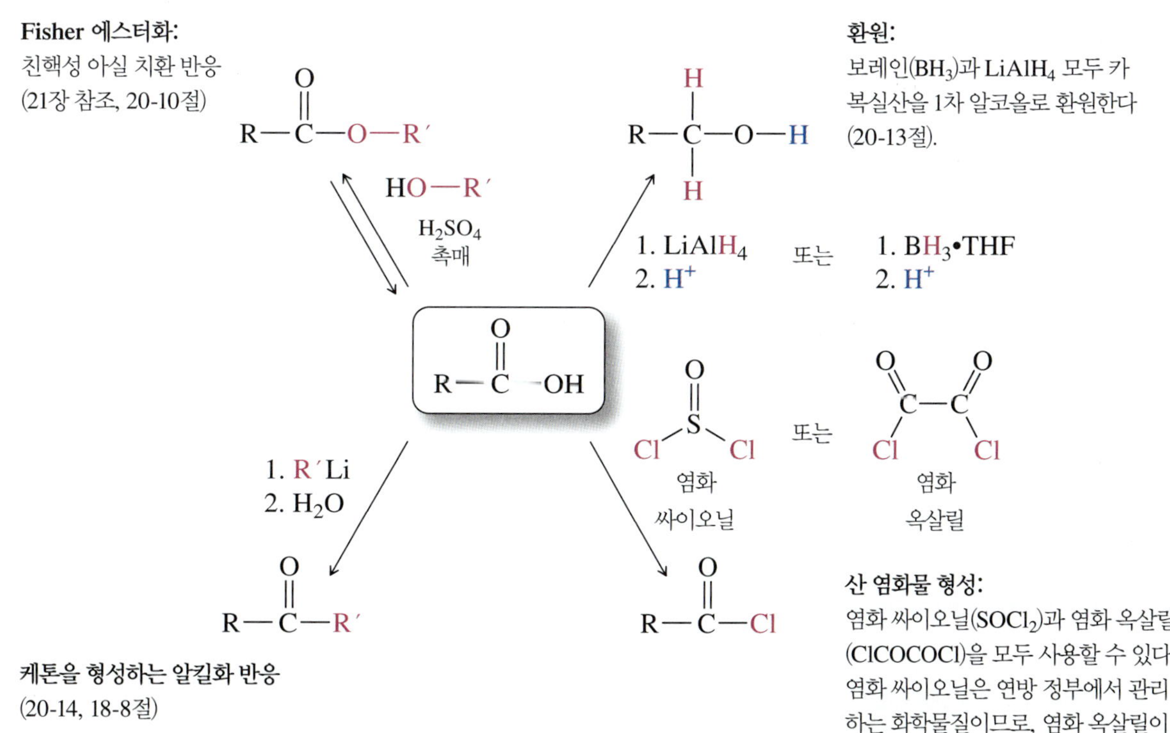

## 핵심 용어

**Fischer 에스터화(Fischer esterification):** 카복실산과 알코올이 에스터를 형성하는 산 촉매 반응

$$\underset{\text{산}}{R-\overset{O}{\overset{\|}{C}}-O-H} + \underset{\text{알코올}}{R'-OH} \underset{}{\overset{H^+}{\rightleftharpoons}} \underset{\text{에스터}}{R-\overset{O}{\overset{\|}{C}}-O-R'} + H_2O$$

**분자체(molecular sieve):** 더 작은 분자를 받아들일 수 있도록 구멍 크기가 균일하며 탈수된 제올라이트 결정. 용매나 반응으로부터 물을 흡수하기 위해 종종 사용된다.

**산 무수물(anhydride, acid anhydride):** 두 분자의 산에서 물을 잃고 생긴 화합물. 혼합 무수물은 두 종류의 다른 산을 포함한다.

$$\underset{\text{아세트산 무수물}}{CH_3-\overset{O}{\overset{\|}{C}}-O-\overset{O}{\overset{\|}{C}}-CH_3} + H_2O \rightleftharpoons 2\ \underset{\text{아세트산}}{CH_3-\overset{O}{\overset{\|}{C}}-OH} \qquad \underset{\text{아세트산 벤조산 무수물}}{Ph-\overset{O}{\overset{\|}{C}}-O-\overset{O}{\overset{\|}{C}}-CH_3}$$

**산 염화물(acid chloride, acyl chloride):** 카복실산의 하이드록시기가 염소 원자로 치환된 활성화된 산 유도체

**지방산(fatty acid):** 긴 사슬 선형 카복실산. 몇몇 지방산은 포화이며, 나머지 지방산은 불포화이다.

**친핵성 아실 치환 반응(nucleophilic acyl substitution):** 친핵체가 카보닐 탄소 원자에 결합된 이탈기를 치환시키는 반응. 친핵성 아실 치환 반응은 대개 다음과 같은 첨가–제거 메커니즘을 통해 일어난다.

$$R-\overset{:\ddot{O}}{\overset{\|}{C}}-X + Nuc:^- \rightleftharpoons R-\underset{Nuc}{\underset{|}{\overset{:\ddot{O}:^-}{\overset{|}{C}}}}-X \longrightarrow R-\overset{:\ddot{O}}{\overset{\|}{C}}-Nuc + :X^-$$

친핵성 아실 치환 반응의 첨가-제거 메커니즘

**카복실기(carboxyl group):** 카복실산의 —COOH 작용기

**카복실산 음이온(carboxylate ion):** 카복실산의 탈양성자 반응으로부터 생성된 음이온

**카복실산(carboxylic acid):** 카복실기 —COOH를 포함하는 어떤 화합물

- **지방족 산(aliphatic acid):** 카복실기에 결합된 알킬기를 지닌 것
- **방향족 산(aromatic acid):** 카복실기에 결합된 아릴기를 지닌 것
- **다이카복실산(dicarboxylic acid, 다이산):** 2개의 카복실기를 지닌 것

**카복실산의 염(salt of a carboxylic acid):** 카복실산의 양성자 이탈된 음이온(카복실산 음이온, R—$COO^-$)을 포함하는 이온성 화합물. 산의 염은 산과 염기의 반응에 의해 생성된다.

**카복실화(carboxylation):** 중간체에 $CO_2$를 첨가하여 어떤 화합물(대개는 카복실산)이 생성되는 반응. Grignard 시약에 $CO_2$를 첨가하는 반응이 카복실화의 예이다.

**프탈산(phthalic acid):** 벤젠다이카복실산. 프탈산 그 자체는 오쏘 이성질체이다. 메타 이성질체는 아이소프탈산(isophthalic acid)이며, 파라 이성질체는 테레프탈산(terephthalic acid)이다.

## 기초문제

| | | |
|---|---|---|
| **1** | 카복실산을 명명하고, 이름으로부터 구조식을 그려보라. | 관련 연습문제 20–25, 26, 27 |
| **2** | 카복실산과 일반 산의 산도를 비교하고, 치환에 따라 산도가 어떻게 변하는지 나타내라. | 관련 연습문제 20–28, 29, 30, 32, 33, 34, 42, 47 |
| **3** | 카복실산의 물리적 성질의 경향을 설명하고, 카복실산 염의 물리적 성질과 비교하라. | 관련 연습문제 20–29, 31 |
| **4** | 카복실산의 IR, UV, NMR, 질량 스펙트럼을 해석하고, 구조를 결정하기 위해 스펙트럼 정보를 사용하라. | 관련 연습문제 20–40, 43, 45 |

| | | |
|---|---|---|
| **5** | 알코올 및 알데하이드의 산화, Grignard 시약의 카복실화, 알켄과 산화적 절단, 나이트릴의 가수 분해, 알킬벤젠의 산화로부터 카복실산이 어떻게 합성되었는지 나타내라. | 관련 연습문제 20–36, 39, 44 |
| **6** | 카복실산이 알코올, 아민, 다이아조메테인, 환원제, 유기금속 시약 등과 반응해서 생기는 생성물을 적어 보고, 적절한 메커니즘을 제시하라. | 관련 연습문제 20–35, 37, 48 |
| **7** | Fischer 에스터화 반응의 메커니즘을 제시하고, 평형이 어떻게 생성물 혹은 반응물 쪽으로 유도되는지 나타내라. | 관련 연습문제 20–37, 38, 41, 48 |
| **8** | 카복실산이 다른 작용기로 어떻게 전환되는지 제시하고, 출발 물질이나 중간체로서 카복실산을 이용하는 다단계 합성을 고안해보라. 산 염화물이 어떻게 카복실산의 활성화된 유도체인 지 설명하라. | 관련 연습문제 20–35, 36, 39, 44 |

## 연습문제

**20-25** 다음 화합물의 IUPAC명을 제시하라.

(a) $CH_3C{\equiv}CCOOH$ (b) $CH_3CH(OH)CH(NH_2)COOH$ (c) $CH_3CH{=}CHCOOH$

(d) $CH_3$, COOH (e) Cl, COOH, Cl, Cl (f) COOH, O

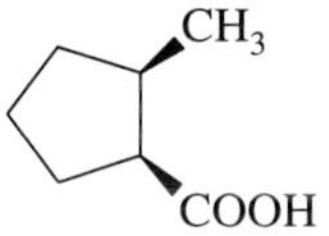

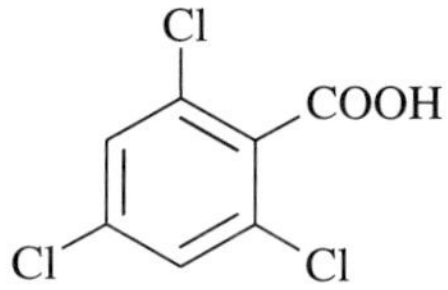

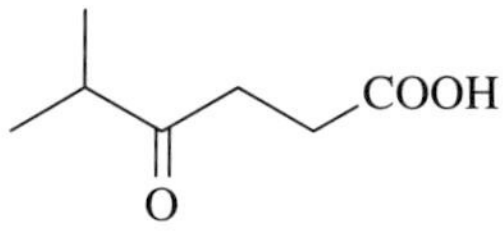

**20-26** 다음 화합물의 IUPAC명을 제시하라.

(a) $PhCH_2COOH$ (b) $PhCO_2Na$ (c) $(CH_3)_2CHCHClCOOH$

(d) $HOOC(CH_2)_4CO_2H$ (e) $(CH_3)_2CHCH_2COOK$ (f) $CH_3CH(NH_2)COOH$

(g) COOH, Cl (h) $COO^-$, $COO^-$ $Ca^{2+}$ (i) $OCH_3$, COOH, COOH

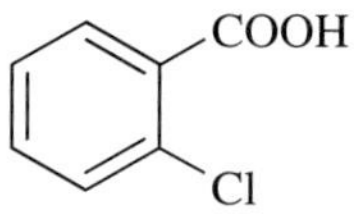

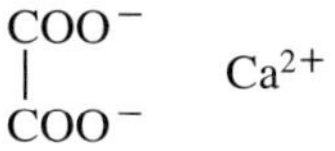

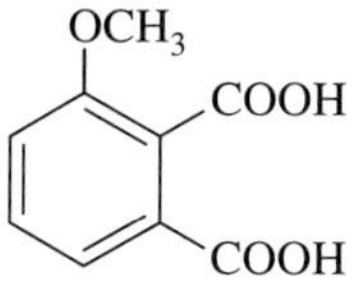

**20-27** 다음 화합물의 구조를 그려보라.

(a) 프로판산 (b) 프탈산 (c) 폼산 칼슘(calciumformate)

(d) 석신산 (e) 다이브로모아세트산 (f) 아세틸살리실산(acetylsalicylate, 아스피린)

(g) 데칸산 아연(zincdecanoate, 운동선수의 발 분말) (h) 벤조산 포타슘(식품 방부제)

(i) 플루오로아세트산 포타슘

**20-28** 화합물 벤조산, 페놀, 벤질 알코올, 아닐린의 혼합물을 분리하기 위해 분별 깔때기로 추출할 방법을 제시하라.

**20-29** 염기도가 증가하는 순서로 다음 화합물을 나열하라.

(a) $CH_3COO^-$, $ClCH_2COO^-$, $PhO^-$ (b) 아세틸렌화 소듐, 아마이드화 소듐, 아세트산 소듐

(c) 벤조산 소듐, 에톡시화 소듐, 페녹시화 소듐 (d) 피리딘, 에톡시화 소듐, 아세트산 소듐

**20-30** 다음 산-염기 반응의 생성물(존재할 경우)을 예측하라.

(a) 폼산 + 암모니아 (b) 테레프탈산 + 과량의 NaOH

(c) *p*-톨루산 + 트라이플루오로아세트산 소듐 (d) α-클로로프로피온산 + 프로피온산 소듐

(e) 벤조산 + 페녹시화 포타슘

**20-31** 다음 이성질체를 끓는점이 증가하는 순서로 나열하고, 그 이유를 설명하라.

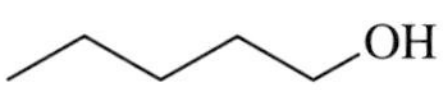

OH — *n*-펜탄올 $CH_3-\overset{O}{\overset{\|}{C}}-OCH_2CH_3$ — 아세트산 에틸 O, OH — 발레르산

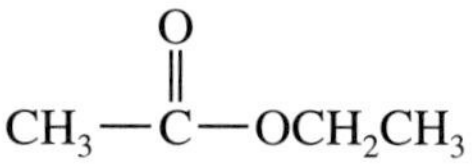

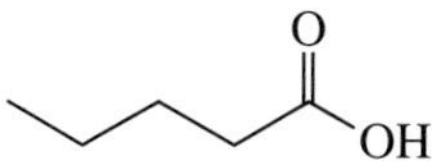

**20-32** 각 그룹의 화합물을 산도가 증가하는 순서로 나열하라.

**(a)** 페놀, 에탄올, 아세트산

**(b)** *p*-톨루엔설폰산, 아세트산, 클로로아세트산

**(c)** 벤조산, *o*-나이트로벤조산, *m*-나이트로벤조산

**(d)** 뷰티르산, *α*-브로모뷰티르산, *β*-브로모뷰티르산

**(e)**

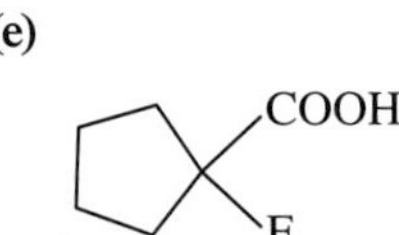


Cl, COOH

Br, COOH

**20-33** 다음 화합물의 p$K_a$ 값으로부터 나이트로, 사이아노, 클로로, 하이드록시기의 전자 끌기 능력에 대해 무엇을 말할 수 있는가?

$CH_2COOH$–$NO_2$ 1.68  $CH_2COOH$–CN 2.46  $CH_2COOH$–Cl 2.86  $CH_2COOH$–OH 3.83  $CH_2COOH$–H 4.74

**20-34** 아스코브산(비타민 C)의 구조가 다음과 같이 주어져 있다.

**(a)** 아스코브산은 카복실산인가?

**(b)** 아스코브산의 산의 세기(p$K_a$ = 4.71)를 아세트산과 비교하라.

**(c)** 아스코브산의 어느 양성자가 가장 산성인지 예측하라.

**(d)** 체내(수용액, pH = 7.4)에서 아스코브산은 어떤 형태로 존재하는가?

H, OH, O, O, $HOCH_2$, HO, OH

아스코브산

**20-35** 다음 반응의 생성물(존재할 경우)을 예측하라.

**(a)** (사이클로헥산카복실산) COOH $\xrightarrow[(2)\ H_3O^+]{(1)\ LiAlH_4}$

**(b)** (사이클로펜텐) $-CH_2Br$ $\xrightarrow[(2)\ H_3O^+,\ 열]{(1)\ NaCN}$

**(c)** (3-페닐프로판산) COOH $\xrightarrow[(2)\ AlCl_3]{(1)\ SOCl_2}$

**(d)** 헥스-3-아인 $\xrightarrow[(따뜻하고\ 진함)]{KMnO_4,\ H_2O}$

**(e)** (사이클로펜텐) $-CH_2OH$ $\xrightarrow{Na_2Cr_2O_7,\ H_2SO_4}$

**(f)** $H_3C-CH(Ph)-COOH$ $\xrightarrow[(2)\ H_3O^+]{(1)\ BH_3{\cdot}THF}$

**(g)** $CH_3(CH_2)_3COOH \longrightarrow CH_3(CH_2)_3-C(=O)-OCH_3$ (두 가지 방법)
발레르산 → 발레르산 메틸

**(h)** (삼환 화합물) $\xrightarrow[(따뜻하고\ 진함)]{KMnO_4,\ H_2O}$

**(i)** Cl–(사이클로펜탄, $CH_3$)–CH(1,3-다이옥솔레인) $\xrightarrow[(3)\ H_3O^+]{(1)\ Mg,\ 에터\quad (2)\ CO_2}$

**(j)** $H_3C-C_6H_4-COOH$ $\underset{}{\overset{뷰탄\text{-}1\text{-}올,\ H^+}{\rightleftharpoons}}$

**20-36** 다음 합성을 효율적으로 시행할 수 있는 방법을 제시하라(어떠한 필요한 시약을 사용해도 좋다).

**(a)** 트랜스-1-브로모뷰트-2-엔 ⟶ 트랜스-펜트-3-엔산(두 가지 방법)

**(b)** 헥스-3-엔 ⟶ 프로판산

**(c)** 뷰트-2-엔알 ⟶ 뷰트-2-엔산

**(d)** 헥산산 ⟶ 헥산알

**(e)** $CH_3(CH_2)_3COOH \longrightarrow CH_3(CH_2)_3-C(=O)-OCH_3$ (두 가지 방법)
발레르산 → 발레르산 메틸

**(f)** (사이클로펜탄)–COOH ⟶ (사이클로펜탄)–$CH_2OH$

**(g)** $C_6H_5CH_2COOH \longrightarrow C_6H_5CH_2CONHCH_3$

**(h)** (*cis*-3-클로로프로펜산) Cl, COOH ⟶ (사이클로헥산) Cl, COOH

**20-37** 다음 반응에 대한 생성물과 메커니즘을 예측하라.

(a) $C_6H_5COOCH_2CH_3 \xrightarrow[\text{과량의 } H_2O]{H^+}$

(b) $C_6H_5COOCH_2CH_3 \xrightarrow[\text{과량의 } H_2O]{^-OH}$

(c) $HOCH_2CH_2CH_2CH_2COOH \xrightarrow[H_2O \text{ 제거}]{H^+}$

(d) $HOCH_2CH_2CH_2CH_2COOH \xrightarrow[H_2O \text{ 제거}]{^-OH}$

**20-38** 순수한 (*S*)-락트산이 라셈 뷰탄-2-올로 에스터화될 때 생성물은 다음 구조와 같이 락트산 2-뷰틸(2-butyl lactate)이다.

$$\underset{\text{락트산}}{CH_3-CH(OH)-COOH} + \underset{\text{뷰탄-2-올}}{CH_3-CH(OH)-CH_2CH_3} \overset{H^+}{\rightleftharpoons} \underset{\text{락트산 2-뷰틸}}{CH_3-CH(OH)-C(=O)-O-CH(CH_3)-CH_2CH_3}$$

**(a)** 각 비대칭 탄소 원자에 배열을 정하여 두 입체 이성질체의 삼차원적 구조를 그려보라(모형을 사용하면 도움이 될 것이다).

**(b)** (a)에서 그린 두 입체 이성질체 사이의 관계를 결정하라.

**20-39** 다음 다단계 합성을 이룰 방법을 제시하라. 필요하면 추가적인 시약과 용매를 이용할 수 있다.

(a) $PhCH_2CH_2CH_2OH \longrightarrow PhCH_2CH_2CH_2COOH$

(b) methylenecyclopentane ($=CH_2$) $\longrightarrow$ 1-methylcyclopentane-1-carboxylic acid ($CH_3$, $COOH$)

(c) methylenecyclopentane ($=CH_2$) $\longrightarrow$ cyclopentyl-$CH_2COOH$

(d) 5-bromo-2-indanone (Br, O=) $\longrightarrow$ 2-oxoindane-5-carboxylic acid (O=, COOH)

(e) cyclopentyl-COOH $\longrightarrow$ 2,2-dicyclopentyl-1,3-dioxane (O, O)

(f) 2 cyclohexyl-C(=O)OH $\longrightarrow$ cyclohexyl-C(=O)-O-CH$_2$-cyclohexyl

**20-40** 다음 NMR 스펙트럼은 각각 분자식 (a) $C_9H_{10}O_2$, (b) $C_4H_6O_2$, (c) $C_6H_{10}O_2$의 화합물에 상응한다. 구조식을 제안하고 구조식들이 흡수 띠와 어떻게 일치하는지 나타내라.

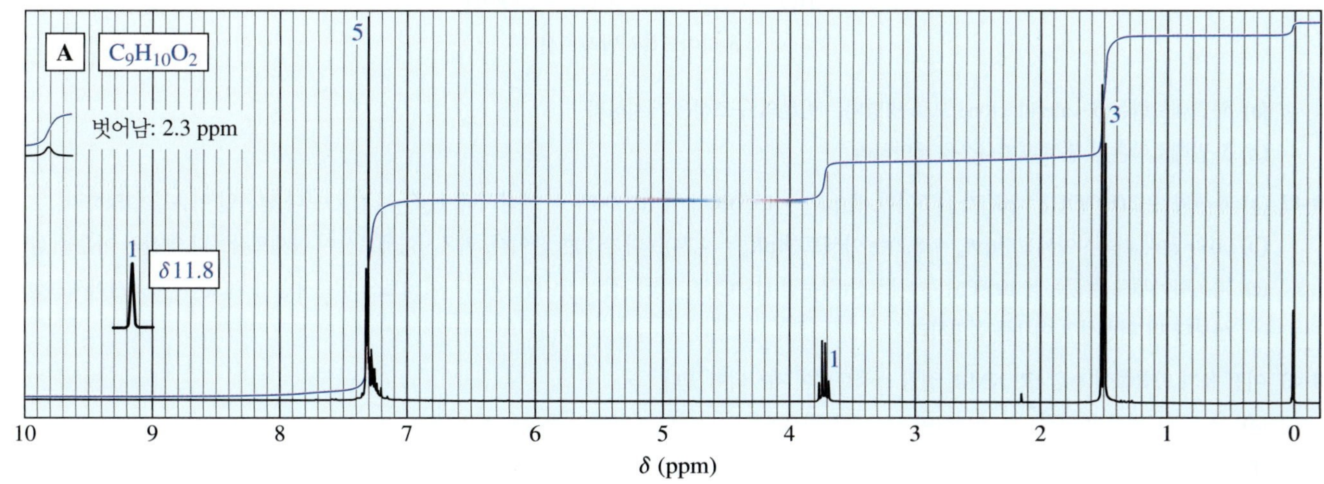

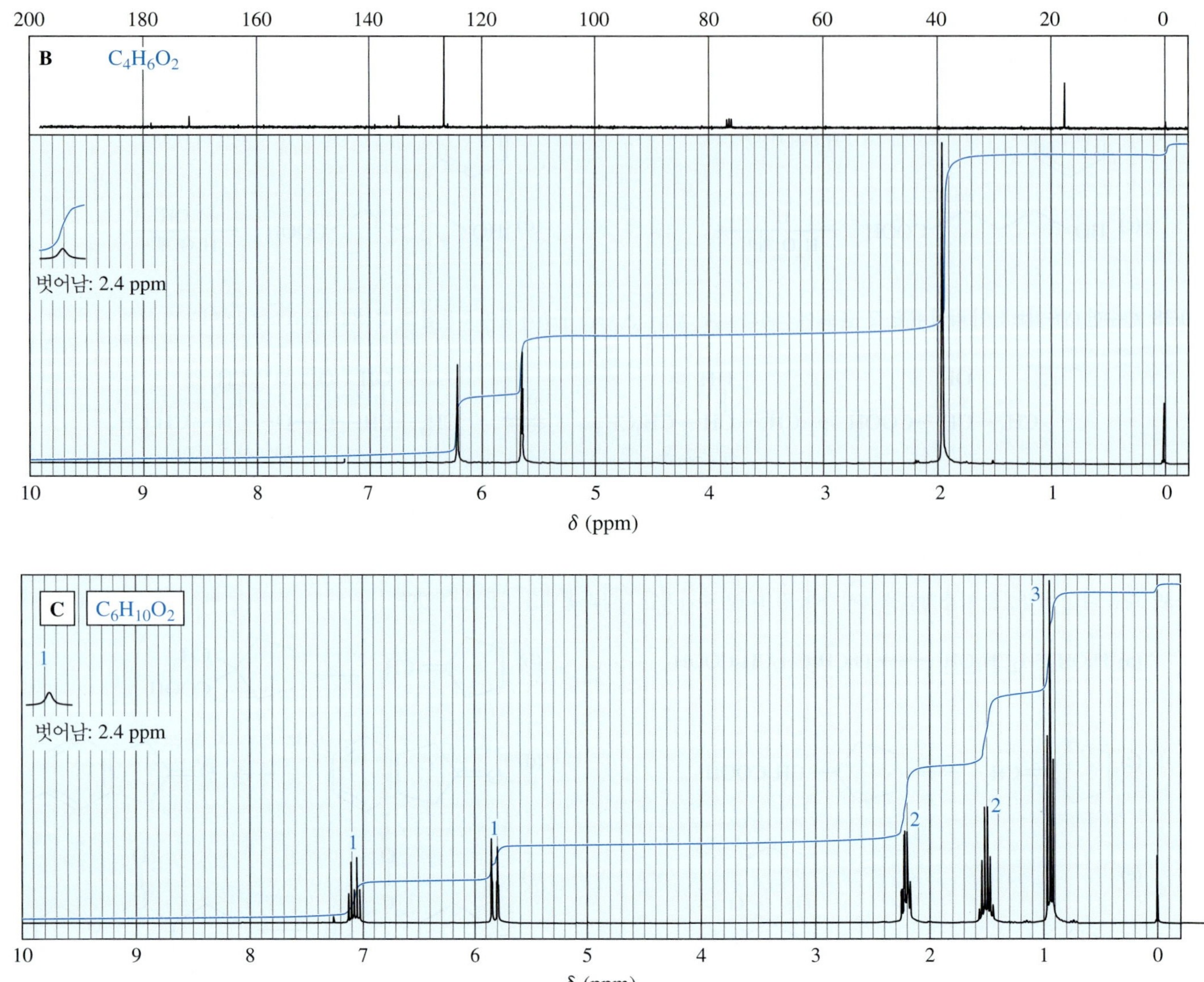


**20-41** 미량의 산 존재하에서 δ-하이드록시발레르산(δ-hydroxyvaleric acid)은 고리형 에스터(락톤)를 생성한다.

$$\mathrm{HO—CH_2CH_2CH_2CH_2—COOH}$$

δ-하이드록시발레르산

**(a)** δ-발레로락톤(δ-valerolactone)으로 명명되는 락톤의 구조식을 제시하라.

**(b)** δ-발레로락톤의 생성 메커니즘을 제안하라.

**20-42** **(a)** 과산화 수소(HOOH)는 $pK_a$가 11.6이며, 물($pK_a = 15.7$)보다 약 10,000배 더 센산이다. $H_2O_2$가 $H_2O$보다 센산인 이유를 설명하라.

**(b)** (a)와 달리 퍼옥시아세트산($pK_a = 8.2$)는 아세트산($pK_a = 4.74$)보다 더 약한 산이다. 퍼옥시아세트산이 아세트산보다 약산인 이유를 설명하라.

**(c)** 퍼옥시아세트산(끓는점 105°C)는 아세트산(끓는점 118°C)보다 끓는점이 낮지만, 퍼옥시아세트산의 분자량이 더 높다. 퍼옥시아세트산이 아세트산보다 더 휘발성인 이유를 설명하라.

**20-43** 어떤 유기 화합물에 관한 IR, NMR, 질량 스펙트럼이 제시되어 있다.

**(a)** 각 스펙트럼을 독립적으로 고려하여 그 스펙트럼으로부터 나타나는 분자의 특성을 설명하라.

**(b)** 화합물의 구조식을 제안하고, 그 구조식이 스펙트럼과 어떻게 일치하는지 나타내라.

* **(c)** 양성자 NMR 스펙트럼에서 중요한 신호가 관찰되지 않는 이유를 설명하라.

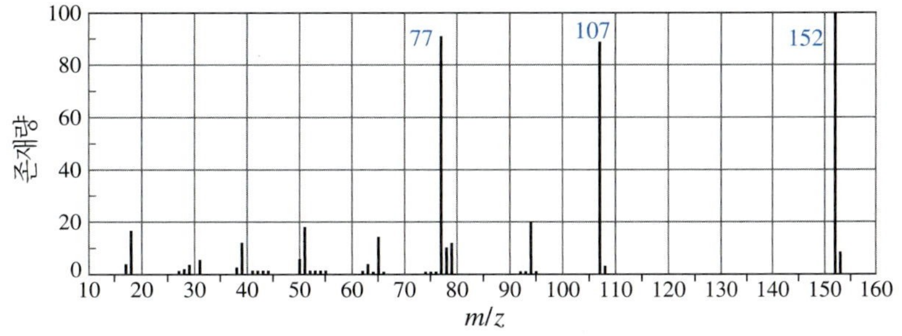

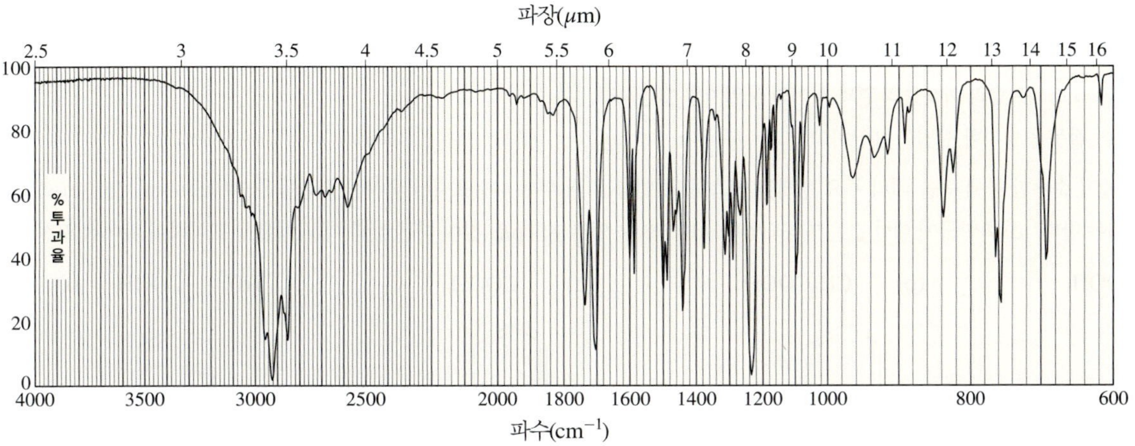

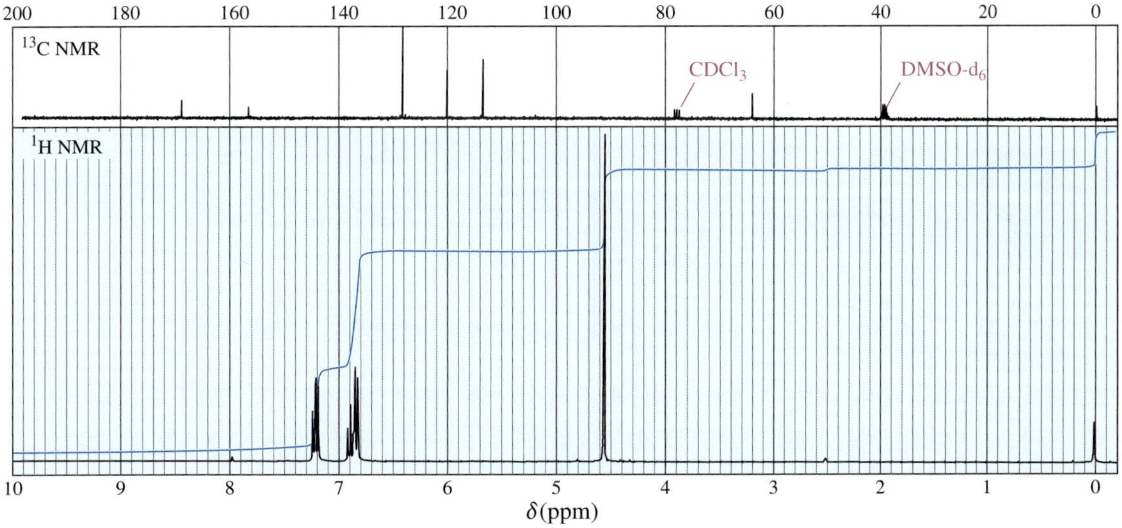

**20-44** 할로젠화 알킬을 카복실산으로 변환하는 두 가지 방법을 20-8B절과 20-8C절에서 다루었다. 하나는 Grignard 시약의 생성과 이산화 탄소의 첨가 후 묽은 산으로 처리하는 것이고, 다른 하나는 사이안화 이온에 의한 치환 반응 후 생성된 나이트릴의 가수 분해이다. 각 변환에 대해 하나 또는 두 가지 방법이 작동되는지 결정하고, 그 이유를 설명하라. 그리고 이용할 반응을 나타내라.

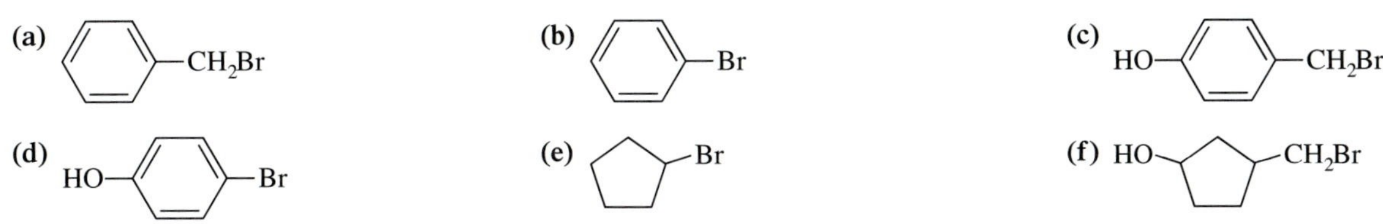


**20-45** (실화) 유기 화학 준비실의 담당자가 '케톤과 알데하이드' 실험에 사용할 미지의 화합물을 병으로부터 시험관에 두 방울씩 옮겨 놓고 필요할 때까지 여러 날 동안 보관했다. 모든 학생이 미지 화합물 중 하나를 다르다고 확인했다. 이 미지 화합물은 병에 '헵트알데하이드(heptaldehyde)'로 표기되어 있었다. 준비실 담당자가 측정한 병에 있는 액체의 IR 스펙트럼은 1720 $cm^{-1}$에서 강한 카보닐 신축 진동을 가지며, 2710 $cm^{-1}$와 2810 $cm^{-1}$에서 작고 뾰족한 피크가 관찰되었다.

그러나 학생들은 스펙트럼이 2710 $cm^{-1}$와 2810 $cm^{-1}$에 피크가 없음을 불평했고, 대신 3000 $cm^{-1}$을 중심으로 넓은 흡수를 일으켰으며, 1715 $cm^{-1}$에서 카보닐 피크가 관찰되었다. 그들은 또한 미지의 화합물이 묽은 수산화 소듐 수용액에 녹는다고 주장했다.

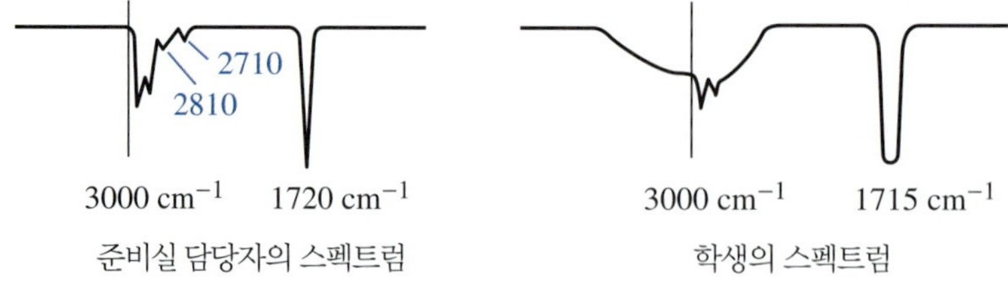


**(a)** 준비실 담당자의 병에 들어 있는 화합물과 학생들의 시험관에 들어 있는 화합물을 각각 확인하라.

**(b)** 준비실 담당자의 스펙트럼과 학생들의 결과 사이의 불일치를 설명하라.

**(c)** 추후에 이러한 잘못을 방지할 방법을 제안하라.

**20-46** 아래의 각 화합물이 순수한 물에 녹을 때의 주요 형태를 예측하라. 이를 위해 부록 4에 표시된 유사한 화합물을 기반으로 (a), (b), (c) 화합물에 대한 $pK_a$ 값을 추정해야 한다. (d) 화합물에 대한 값은 제공되었다. (d) 화합물 일부분의 $pK_a$ 값이 다른 값과 다른 이유를 포함하여 차이점을 설명하라.

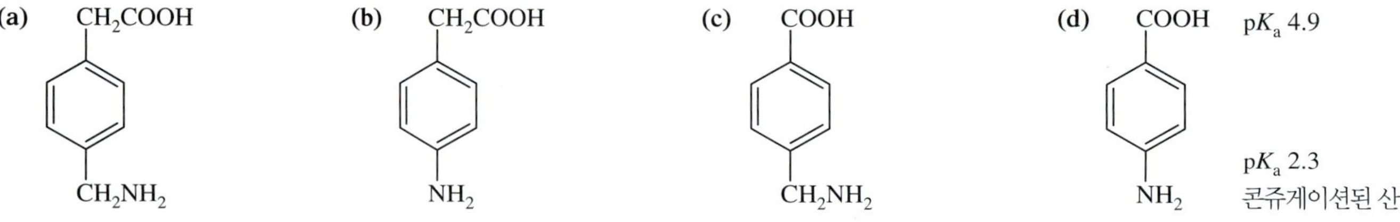


***20-47** 치환체 효과: 공명 및 유발 효과

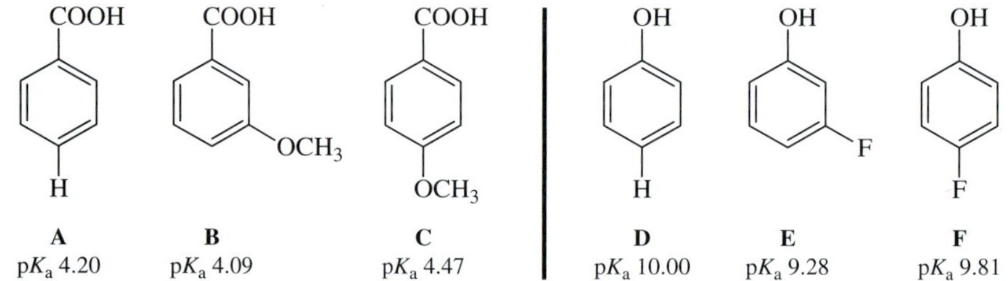


**(a)** **B**의 메톡시기가 메타 위치에 있을 때 산은 **A**보다 더 강한가, 아니면 더 약한가? 메타 위치에 있는 메톡시기는 전자를 주는가, 아니면 당기는가?

**(b)** 메톡시기가 **C**의 파라 위치에 있을 때 산은 **A**보다 강한가, 약한가? 파라 위치에 있는 메톡시기는 전자를 주는가, 아니면 당기는가?

**(c)** 모순처럼 보이는 이 현상을 어떻게 설명할 수 있는가? 메톡시의 어떤 효과가 더 강한가?

**(d)** **E**의 플루오로기가 메타 위치에 있을 때 산은 **D**보다 강한가, 약한가? 메타 위치에 있는 플루오로기는 전자를 주는가, 아니면 당기는가?

**(e)** **F**의 플루오로기가 파라 위치에 있을 때 산은 **D**보다 강한가, 약한가? 파라 위치에 있는 플루오로기는 전자를 주는가, 아니면 당기는가?

**(f)** 플루오로기의 결과를 위의 메톡시기의 결과와 비교하라. 메톡시기와 비교하여 플루오로의 공명 및 유발 효과의 상대적 강도에서 무엇이 달라야만 하는가?

***20-48** 한 학생이 화합물 **1**(아래)을 합성했다. 화합물을 정제하기 위해 염기성 수용액으로 추출했다. 그리고 그 산을 다시 양성자화하기 위해 용액을 산성화했다. 그리고 에터로 다시 추출할 수 있었다. 에터를 증발시킨 후 그 생성물이 완전히 화합물 **2**로 변환되었음을 알았다.

**(a)** 화합물 **1**에서 고리를 형성한 작용기는 무엇인가? 화합물 **2**에서는 무엇인가?

**(b)** 화합물 **1**에 몇 개의 탄소 원자가 있는가? 화합물 **2**의 다른 탄소 원자들은 어디로 갔는가?

**(c)** 반응이 일어났을 때 학생들은 언제 염기를 첨가했는가? 혹은 언제 산을 첨가했는가?

**(d)** 화합물 **1**이 화합물 **2**로 전환하는 메커니즘을 제안하라.

* 본문 내용을 응용한 난이도 높은 문제는 별표(*)로 표시했다.

# 21 카복실산 유도체

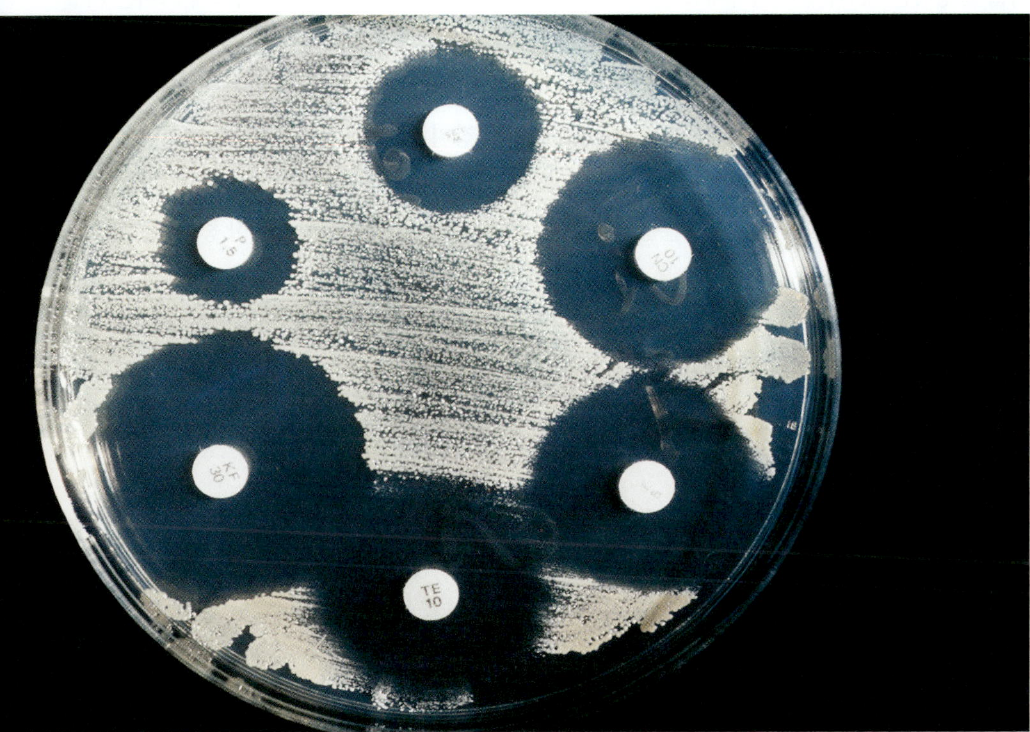


페니실린 V
페니실린

세파렉신(케플렉스®)
세파로스포린

이미페넴(프리막심®)
카바페넴

◀ 세균 항생제 민감도 검사: 다양한 항생제를 함유한 얇은 웨이퍼를 병원성 유기체를 접종한 한천 플레이트에 놓고 배양한다. 박테리아는 내성이 생긴 항생제 주변에서 자랄 수 있다. 고리가 넓으면 이 유기체에 대해 더 효과적인 항생제에 해당한다는 것을 의미한다. 많은 항생제의 활성 작용기는 4각 고리형 아미드기인 $\beta$-락탐($\beta$-lactam)이다. 나타낸 구조는 $\beta$-락탐 항생제의 세 가지 일반적인 유형이다(21–13절 참조).

**학습목표**

**1** 카복실산 유도체를 그리고, 명명하며, 스펙트럼 정보로부터 구조를 결정한다.

**2** 산 유도체의 물리적 성질의 경향성을 서술하고, 에스터, 싸이오에스터, 아마이드, 나이트릴, 산 무수물, 산 할로젠화물의 상대적 반응성을 비교한다.

**3** 다른 작용기를 가진 화합물로부터 한 단계 또는 여러 단계의 산 유도체의 합성을 제안한다.

**4** 카복실산 유도체와 환원제, 알코올, 아민, 유기금속 시약과의 반응 생성물을 예측하고, 메커니즘을 제시한다.

**5** 산 유도체를 출발 물질 또는 중간체로 사용하여 다단계 합성을 제안한다.

## 21-1 서론

카복실산 유도체는 단순히 산성 또는 염기성 가수 분해에 의해 카복실산으로 만들어질 수 있는 작용기를 가진 화합물이다. 가장 중요한 산 유도체로는 에스터, 아마이드, 나이트릴이 있다. 종종 완전히 별개의 화합물이 아닌 어미산의 활성화된 형태로 간주되는 산 할로젠화물과 무수물도 이 군에 포함된다.

| | 산 할로젠화물 | 산 무수물 | 에스터 | 아마이드 | 나이트릴 |
|---|---|---|---|---|---|
| 구조 | R—C(=O)—X | R—C(=O)—O—C(=O)—R | R—C(=O)—O—R′ | R—C(=O)—$NH_2$ | R—C≡N |
| 축약 구조식: | RCOX | $(RCO)_2O$ | $RCO_2R'$ | $RCONH_2$ | RCN |

유기 화학의 많은 발전은 카복실산 유도체의 합성과 이용을 수반한다. 단백질은 아마이드기로 결합되어 있고, 화학자들은 단백질의 기대되는 성질을 모방한 합성 아마이드를 만들었다. 예로, 등산용 밧줄의 나일론은 거미줄의 단백질을 모방한 합성 폴리아마이드이다. 페니실린과 세파로스포

린(cephalosporin)계 항생제는 모두 천연 항생제의 항균성의 연장선에 있는 아마이드이다.

아마이드처럼 에스터도 자연과 화학 산업 모두에서 흔히 볼 수 있다. 동물성 지방과 식물성 기름은 에스터의 혼합물이며, 밀랍과 경랍(spermaceti) 같은 왁스성 물질도 같은 종류이다. 식물은 열매와 꽃에 독특한 맛과 냄새를 주는 에스터를 합성한다. 화학자들은 맛, 향, 윤활제에 쓰이는 에스터를 합성하는 것 외에도 의복에 쓰이는 데이크론 폴리에스터 섬유와 자기테이프에 쓰이는 마일러(Mylar) 폴리에스터 같은 합성 폴리에스터를 만들었다.

다음은 천연 에스터와 아마이드의 예이다. 아세트산 아이소아밀(isoamyl acetate)은 바나나가 익을 때의 향이며, 아세트산 제라닐(geranyl acetate)은 장미, 제라늄 등 여러 꽃의 기름에서 발견된다. *N*,*N*-다이에틸-메타-톨루아마이드(*N*,*N*-diethyl-*meta*-toluamide, DEET®)는 가장 좋은 곤충 퇴치제 가운데 하나이며, 페니실린 G는 현대의학에 혁명을 가져온 항생물질 중 하나이다.

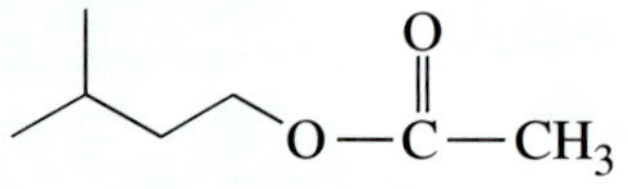

$O-C(=O)-CH_3$

아세트산 아이소아밀
(바나나 기름)

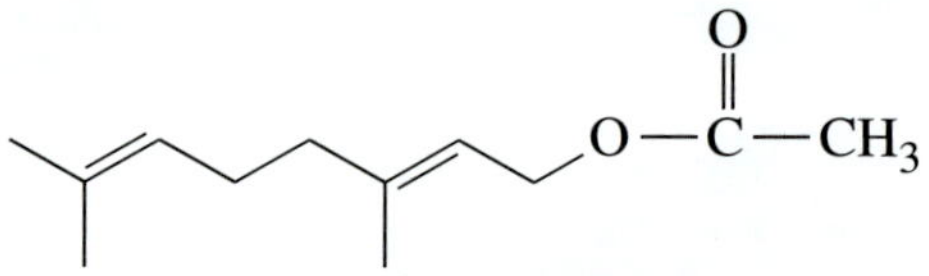

$O-C(=O)-CH_3$

아세트산 제라닐
(제라늄 기름)

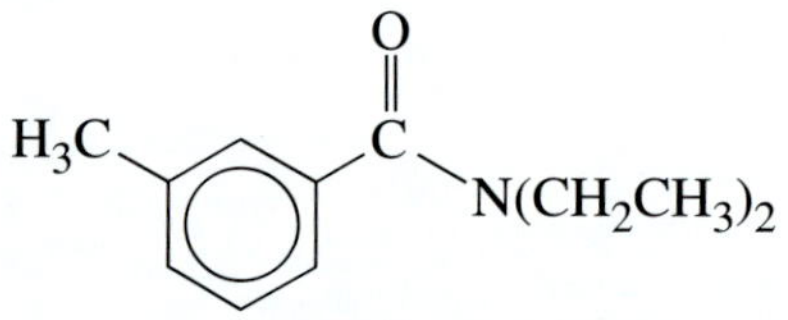

$H_3C$, $C(=O)$, $N(CH_2CH_3)_2$

*N*,*N*-다이에틸-메타-톨루아마이드

$PhCH_2-C(=O)-NH$, S, $CH_3$, $CH_3$, N, O, COOH

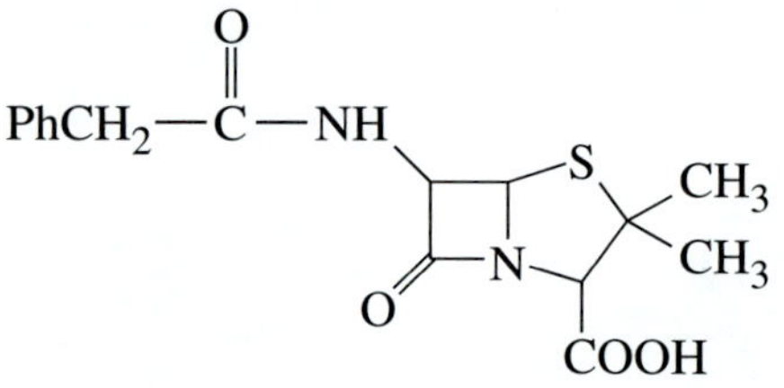

페니실린 G

## 21-2 산 유도체의 구조 및 명명법

대부분의 산 유도체에는 공통적인 구조적 특징이 있다. 나이트릴을 제외하고 이들은 모두 전기 음성 원자(Cl, O, N)에 결합된 카보닐기를 가지고 있다. 이들의 체계적 명명법은 관련 카복실산의 명명법을 기반으로 한다. 나이트릴은 가수분해되어 산을 생성할 수 있기 때문에 산 유도체에 포함된다.

### 21-2A 카복실산의 에스터

**에스터**(ester)는 하이드록시기(—OH)가 알콕시기(—OR)로 치환된 카복실산 유도체이다. 에스터는 카복실산과 알코올이 한 분자의 물을 내어놓으면서 결합한 것이다. 앞서 에스터가 산과 알코올로부터 Fischer 에스터화 반응에 의해 형성되는 것을 살펴보았다(20-10절).

$$\underset{\text{산}}{R-\overset{O}{\overset{\|}{C}}-OH} + \underset{\text{알코올}}{R'-OH} \xrightleftharpoons{H^+} \underset{\text{에스터}}{R-\overset{O}{\overset{\|}{C}}-O-R'} + H_2O$$

에스터의 이름은 복합 구조를 반영한 두 단어로 구성되어 있다. 첫 번째 단어는 알코올의 알킬기로부터 유래되고, 두 번째 단어는 카복실산의 카복실산 음이온에서 유래되었다. IUPAC명은 알킬기와 산 음이온의 IUPAC명에서 유래되며, 관용명은 각 관용명으로부터 유래되었다. 다음은 에스터의 IUPAC명과 관용명의 예이다.

$$CH_3CH_2{-}OH + HO{-}\overset{\large O}{\overset{\|}{C}}{-}CH_3 \underset{}{\overset{H^+}{\rightleftharpoons}} CH_3CH_2{-}O{-}\overset{\large O}{\overset{\|}{C}}{-}CH_3 + H_2O$$

IUPAC명: 에탄올 / 에탄산 / 에탄산 에틸

관용명: 에틸 알코올 / 아세트산 / 아세트산 에틸

$$(CH_3)_2CH{-}O{-}\overset{O}{\overset{\|}{C}}{-}H \qquad C_6H_5{-}O{-}\overset{O}{\overset{\|}{C}}{-}C_6H_5 \qquad CH_3{-}O{-}\overset{O}{\overset{\|}{C}}{-}CH_2{-}C_6H_5$$

IUPAC명: 메탄산 1-메틸에틸 / 벤조산 페닐 / 2-페닐에탄산 메틸

관용명: 폼산 아이소프로필 / 벤조산 페닐 / 페닐아세트산 메틸

$$Ph{-}CH_2{-}O{-}\overset{O}{\overset{\|}{C}}{-}\overset{CH_3}{\overset{|}{C}H}{-}CH_3 \qquad CH_3{-}O{-}\overset{O}{\overset{\|}{C}}{-}C_5H_9 \qquad C_6H_{11}{-}O{-}\overset{O}{\overset{\|}{C}}{-}H$$

IUPAC명: 2-메틸프로판산 벤질 / 사이클로펜테인카복실산 메틸 / 메탄산 사이클로헥실

관용명: 아이소뷰티르산 벤질 / 사이클로펜테인카복실산 메틸 / 폼산 사이클로헥실

**락톤** 고리형 에스터를 **락톤**(lactone)이라고 한다. 락톤은 열린 사슬인 하이드록시산으로부터 하이드록시기가 산기와 반응하여 에스터를 형성하여 얻는다.

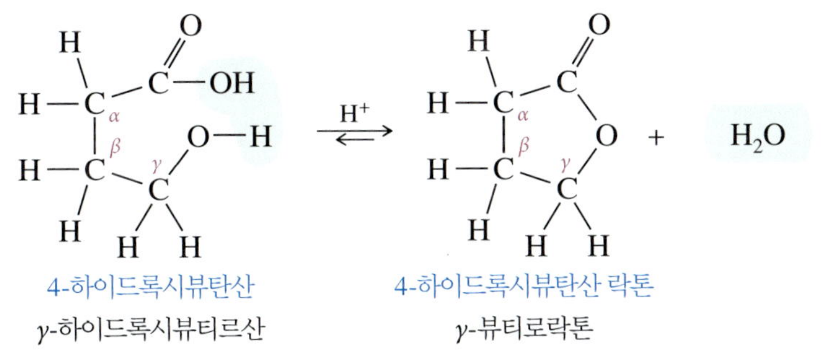


락톤의 IUPAC명은 어미산의 이름 끝에 락톤이라는 용어를 덧붙인다. IUPAC명보다 흔하게 사용되는 락톤의 관용명은 하이드록시산의 끝부분인 –산(*-ic acid*)을 –오락톤(*-olactone*)으로 바꾸면 된다. 그리스 문자는 고리를 형성하는 하이드록시기를 포함하는 탄소 원자의 위치를 나타낸다. 치환체는 어미 산에서와 동일하게 명명된다.

IUPAC명: 5-하이드록시펜탄산 락톤 / 4-하이드록시-2-메틸펜탄산 락톤

관용명: δ-발레로락톤 / α-메틸-γ-발레로락톤

**응용: 호르몬 길항제**

스피로노락톤

스피로노락톤(spironolactone)은 안드로젠(남성 호르몬)의 작용을 차단하는 강력한 합성 길항제로, 주로 고혈압과 심부전 치료에 사용된다. 스피로노락톤은 테스토스테론 수치 상승으로 인해 발생하는 여성의 여드름과 과도한 얼굴 털을 치료하는 데에도 사용할 수 있을 정도로 안전하다.

### 21-2B 아마이드

**아마이드**(amide)는 카복실산과 암모니아 또는 아민의 혼성체이다. 산은 아민과 반응하여 암모늄 카복실산 염을 형성한다. 이염을 100℃ 이상으로 가열하면 물이 빠져나가면서 아마이드가 형성된다.

$$\underset{\text{산}}{R{-}\overset{O}{\overset{\|}{C}}{-}OH} + \underset{\text{아민}}{H_2\ddot{N}{-}R'} \longrightarrow \underset{\text{염}}{R{-}\overset{O}{\overset{\|}{C}}{-}O^- \; H_3\overset{+}{N}{-}R'} \xrightarrow{\text{열}} \underset{\text{아마이드}}{R{-}\overset{O}{\overset{\|}{C}}{-}\ddot{N}H{-}R'} + H_2O\uparrow$$

단순한 아마이드 구조는 질소 원자에 존재하는 한 쌍의 비공유 전자쌍을 보여준다. 그러나 아민과 달리 아마이드는 아주 약염기성을 가져 아마이드 작용기는 중성으로 취급한다. 아마이드를 양성자화하려면 진한 강한 산이 필요하며, 양성자화는 질소 원자가 아닌 카보닐의 산소 원자에서 일어난다. 아마이드가 염기성이 없는 이유는 일반적인 구조와 탄소와 질소 사이에 이중 결합을 지닌 구조의 공명 혼성화를 그림으로써 설명할 수 있다.

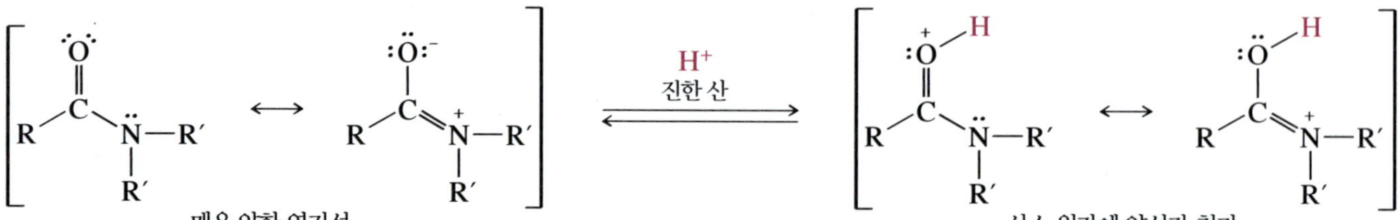

매우 약한 염기성

$H^+$ 진한 산

산소 원자에 양성자 첨가

**응용: 마취제**

많은 국소 마취제는 아마이드이다. 이러한 약의 원조 격인 리도케인(lidocaine)이 가장 널리 사용되고 있다.

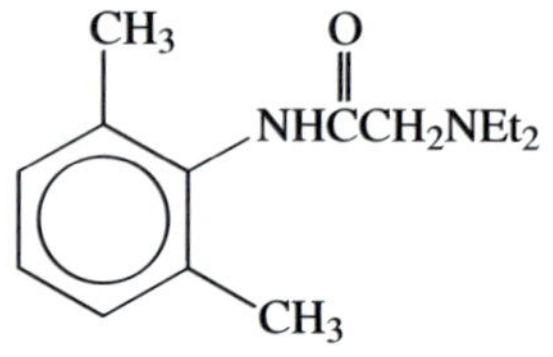

리도케인

이러한 공명 구조로의 묘사는 $sp^2$ 혼성 구조인 평면 구조의 아마이드 질소 원자가 카보닐 탄소 원자와 파이 결합을 형성할 수 있게 해줌을 정확히 예측한다. 예를 들어 폼아마이드(formamide)는 알켄처럼 평면 구조이다. 여기서 C—N 결합은 회전 장벽 에너지가 75 kJ/mol(18 kcal/mol)로, 부분적인 이중 결합 성질을 가진다.

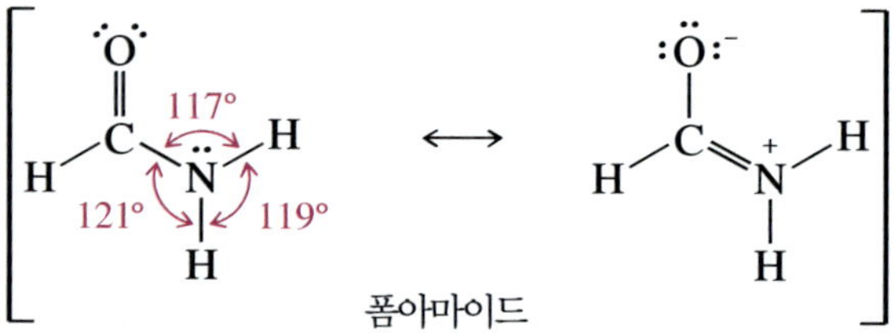

117° 121° 119°

폼아마이드

R—CO—$NH_2$ 형태의 아마이드는 질소에 1개만의 탄소 원자가 결합되어 있으므로 **1차 아마이드**(primary amide)라고 한다. 질소에 하나의 알킬기가 치환된 아마이드(R—CO—NHR′)는 **2차 아마이드**(secondary amide) 또는 ***N*-치환 아마이드**(*N*-substituted amide)라고 한다. 아마이드 질소에 2개의 알킬기가 있는 아마이드(R—CO—$NR'_2$)는 **3차 아마이드**(tertiary amide) 또는 ***N,N*-이중 치환된 아마이드**(*N,N*-disubstituted amide)라고 한다.

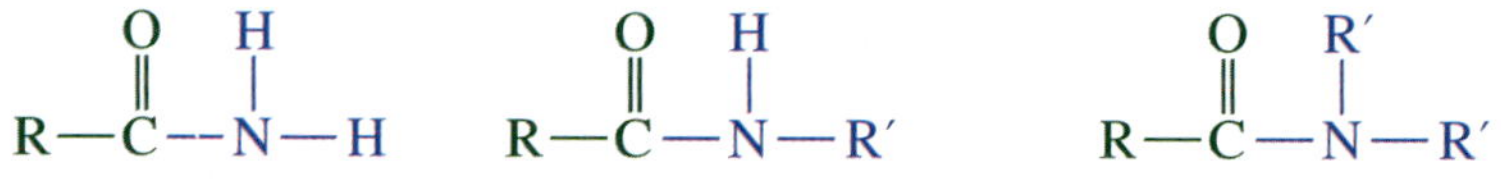

1차 아마이드 | 2차 아마이드 (*N*-치환 아마이드) | 3차 아마이드 (*N,N*-이중 치환된 아마이드)

1차 아마이드의 명명은 우선 해당되는 산을 명명한다. 산의 접미사 -산(-*ic acid* 또는 -*oic acid*)을 떼어 버리고 접미사 -아마이드(-*amide*)를 추가한다. 2차 및 3차 아마이드에서는 질소 원자의 알킬기를 치환체로 취급하고 접두사 *N*-으로 위치를 표시한다.

| | $CH_3-C(=O)-NH-CH_2CH_3$ | $H-C(=O)-N(CH_3)_2$ | $(CH_3)_2CH-C(=O)-N(CH_2CH_3)-CH_3$ |
|---|---|---|---|
| IUPAC명: | *N*-에틸에탄아마이드 | *N,N*-다이메틸메탄아마이드 | *N*-에틸-*N*,2-다이메틸프로판아마이드 |
| 관용명: | *N*-에틸아세트아마이드 | *N,N*-다이메틸폼아마이드 | *N*-에틸-*N*-메틸아이소뷰티르아마이드 |

알케인카복실산으로 명명되는 산의 아마이드는 접미사 -카복스아마이드(-*carboxamide*)를 사용하여 명명한다. 아세트아닐라이드(acetanilide) 같은 역사적인 이름의 아마이드도 여전히 일반적으로 사용된다.

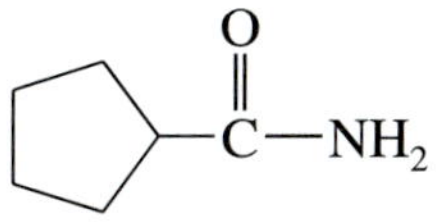

사이클로펜테인카복스아마이드 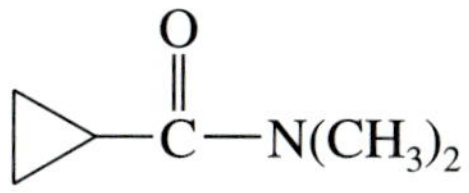　　*N*,*N*-다이메틸사이클로프로페인카복스아마이드 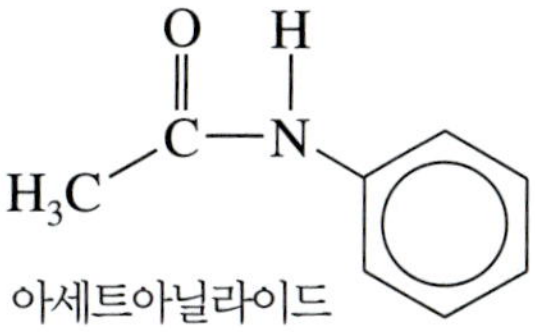　　아세트아닐라이드

**락탐** 고리형 아마이드를 **락탐**(lactam)이라고 한다. 락탐은 아미노산으로부터 아미노기와 카복실기가 결합하여 아마이드를 생성하여 얻는다. 락탐은 락톤처럼 어미산의 IUPAC명 끝에 락탐을 추가하여 명명한다. 락탐의 관용명은 아미노산 끝의 -산(-*ic acid*)을 -오락탐(-*olactam*)으로 바꾸면 된다.

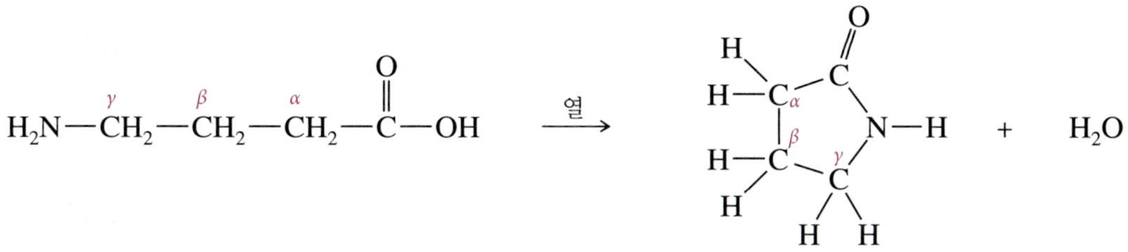

$$H_2N-\overset{\gamma}{C}H_2-\overset{\beta}{C}H_2-\overset{\alpha}{C}H_2-\overset{O}{\overset{\|}{C}}-OH \xrightarrow{\text{열}} \text{(락탐)} + H_2O$$

IUPAC명: 4-아미노뷰탄산　　4-아미노뷰탄산 락탐

관용명: γ-아미노뷰티르산　　γ-뷰티로락탐

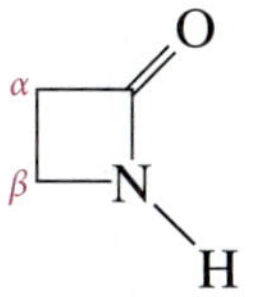

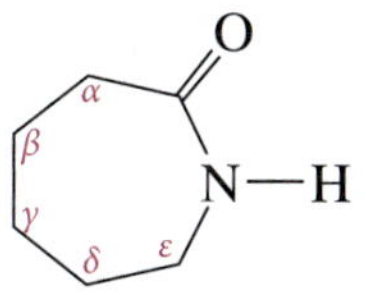

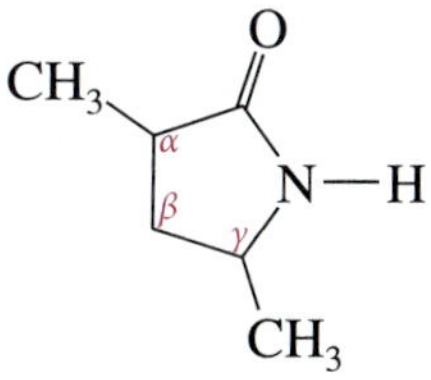

IUPAC명: 3-아미노프로판산 락탐　　6-아미노헥산산 락탐　　4-아미노-2-메틸펜탄산 락탐

관용명: β-프로피오락탐　　ε-카프로락탐　　α-메틸-γ-발레로락탐

## 21-2C 나이트릴

**나이트릴**(nitrile)은 **사이아노기**(cyano group, $-C\equiv N$)를 가지고 있다. 나이트릴은 카복실산의 카보닐기를 가지고 있지 않지만, 가수 분해되면 카복실산을 생성하고 아마이드의 탈수 반응으로 합성될 수 있으므로 산 유도체로 분류된다.

산으로의 가수 분해

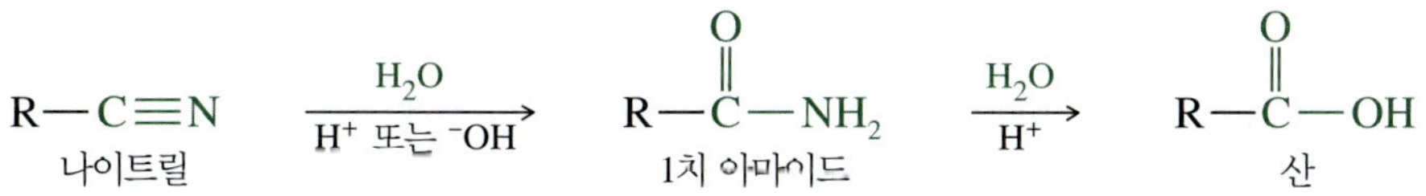

$$\underset{\text{나이트릴}}{R-C\equiv N} \xrightarrow[H^+ \text{ 또는 } ^-OH]{H_2O} \underset{\text{1치 아마이드}}{R-\overset{O}{\overset{\|}{C}}-NH_2} \xrightarrow[H^+]{H_2O} \underset{\text{산}}{R-\overset{O}{\overset{\|}{C}}-OH}$$

산으로부터의 합성

$$\underset{\text{산}}{R-\overset{O}{\overset{\|}{C}}-OH} \xrightarrow[\text{열}]{NH_3} \underset{\text{1차 아마이드}}{R-\overset{O}{\overset{\|}{C}}-NH_2} \xrightarrow{POCl_3} \underset{\text{나이트릴}}{R-C\equiv N}$$

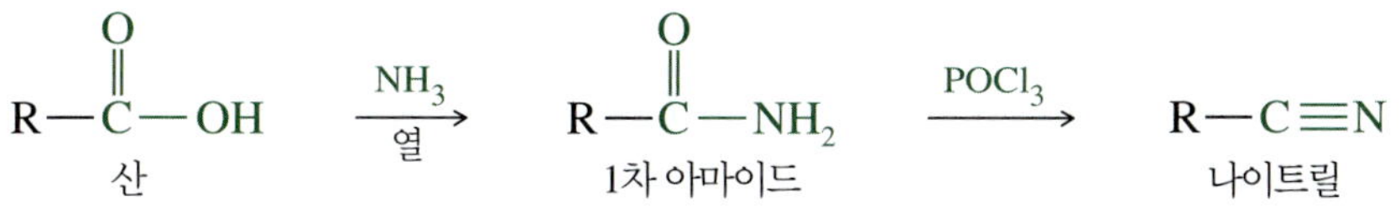

사이아노기의 탄소와 질소 원자는 모두 *sp* 혼성화이며, $R-C\equiv N$의 결합각은 180°(선형)이다. 나이트릴의 구조는 나이트릴의 질소 원자가 알카인의 아세틸렌 수소 원자 대신 비공유 전자쌍을 가지고 있는 것 외에는 말단 알카인의 구조와 유사하다. 그림 21-1은 아세토나이트릴(acetonitrile)과 프로파인(propyne)의 구조를 비교한다.

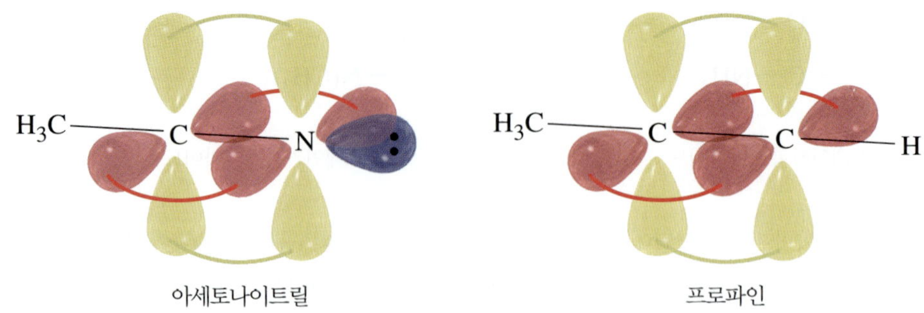


**그림 21-1** 아세토나이트릴과 프로파인(메틸아세틸렌)의 전자 구조 비교. 두 화합물에서 모두 삼중 결합의 끝에 있는 원자는 *sp* 혼성이며, 결합각은 180°이다. 나이트릴은 아세틸렌의 수소 원자 대신 질소의 *sp* 오비탈에 비공유 전자쌍을 가진다.

나이트릴은 질소 원자에 비공유 전자쌍을 가지고 있지만 염기성은 크지 않다. 일반적인 나이트릴의 $pK_b$는약 24이므로, 나이트릴의 양성자 첨가 반응은 진한 무기산 용액이 필요하다. 나이트릴의 염기성이 떨어지는 이유는 나이트릴의 비공유 전자쌍이 50%의 *s* 성질을 지닌 *sp* 혼성 오비탈에 존재하기 때문이다. 이 오비탈은 핵에 가까우므로 전자들이 핵에 단단히 결합되어 있어 상대적으로 반응성이 없다.

나이트릴의 관용명은 해당하는 카복실산에서 유래된다. 산의 관용명으로 시작하여 접미사 -산(*-ic acid*)을 -오나이트릴(*-onitrile*)로 바꾼다. IUPAC명은 알케인 이름에 접미사 -나이트릴(*-nitrile*)을 추가하여 만든다.

| | $CH_3—C≡N$ | $CH_3—CH(Br)—CH_2—C≡N$ | $CH_3—CH(OCH_3)—CH_2CH_2CH_2—C≡N$ |
|---|---|---|---|
| IUPAC명: | 에테인나이트릴 | 3-브로모뷰테인나이트릴 | 5-메톡시헥세인나이트릴 |
| 관용명: | 아세토나이트릴 | *β*-브로모뷰티로나이트릴 | *δ*-메톡시카프로나이트릴 |

알케인카복실산으로 명명되는 산에서 해당되는 나이트릴은 접미사 -카보나이트릴(*-carbonitrile*)을 사용하여 명명한다. —C≡N기는 치환체 사이아노기(*cyano group*)로 명명될 수도 있다.

▷—CN
사이클로프로페인카보나이트릴

$\overset{5}{C}H_3—\overset{4}{C}H_2—\overset{3}{C}H(CN)—\overset{2}{C}H_2—\overset{1}{C}OOH$
3-사이아노펜탄산

### 21-2D 산 할로젠화물

**할로젠화 아실**(acyl halide)이라고도 불리는 **산 할로젠화물**(acid halide)은 에스터, 아마이드, 아실벤젠(Friedel-Crafts 아실화에서) 같은 다른 아실 화합물의 합성에 사용되는 활성화된 유도체이다. 가장 흔한 할로젠화 아실은 산 염화물(염화 아실)이며, 일반적으로 산 염화물을 예로 사용할 것이다.

| R—C(=O)— 할로젠 | R—C(=O)—Cl | R—C(=O)—Br |
|---|---|---|
| 산 할로젠화물<br>(할로젠화 아실) | 산 염화물<br>(염화 아실) | 산 브로민화물<br>(브로민화 아실) |

할로젠화 아실의 할로젠 원자는 카보닐 탄소로부터 전자 밀도를 유도 효과로 끌어당겨 친전자성을 높여줌으로써 친핵성 아실 치환 반응에 특히 반응성이 높게 해준다. 할로젠화 이온은 좋은 이탈기로도 작용한다.

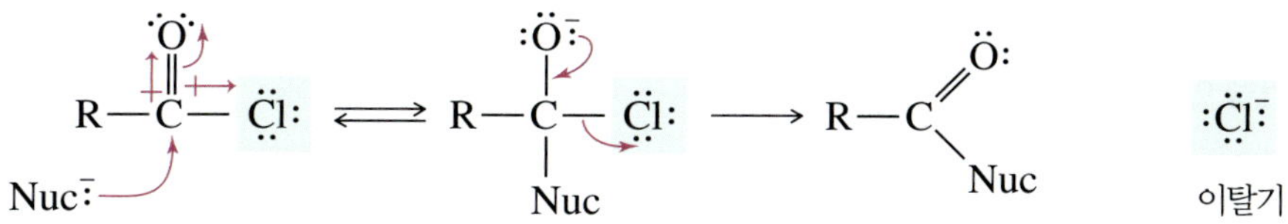

$$R-C(=O)-Cl + Nuc^- \rightleftarrows R-C(-O^-)(Nuc)-Cl \longrightarrow R-C(=O)-Nuc + Cl^-$$

이탈기

산 할로젠화물은 산의 이름(관용명 또는 IUPAC명)의 접미사 -산(*-ic acid*)을 -일(*-yl*)과 할로젠 이름으로 바꾸어 명명한다. 알케인카복실산으로 명명된 산의 산 염화물은 **염화 -카보닐**(*-carbonyl chloride*)을 사용하여 명명한다.

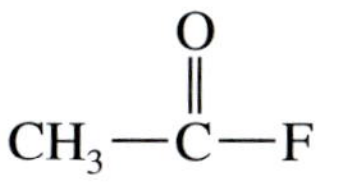

$CH_3-C(=O)-F$
플루오린화 에탄오일
플루오린화 아세틸

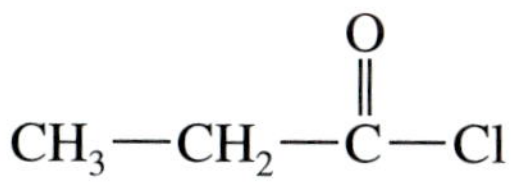

$CH_3-CH_2-C(=O)-Cl$
염화 프로판오일
염화 프로피온일

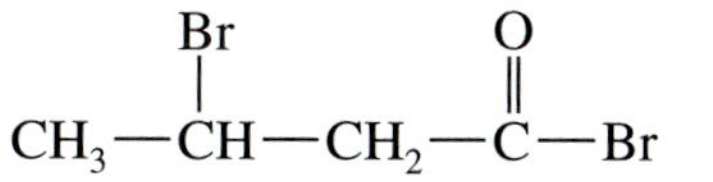

$CH_3-CH(Br)-CH_2-C(=O)-Br$
브로민화 3-브로모뷰탄오일
브로민화 β-브로모뷰티릴

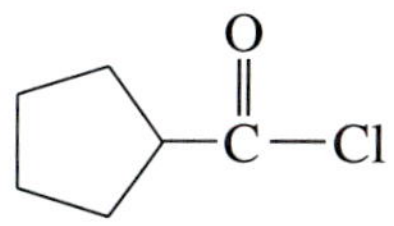

$C_5H_9-C(=O)-Cl$
염화 사이클로펜테인카보닐

## 21-2E 산 무수물

**무수물**(anhydride)이란 말은 '물이 없다'는 의미이다. 산 무수물은 한 분자의 물을 잃은 두 분자의 산을 가지고 있다. 무수물에 물을 첨가하면 두 분자의 카복실산이 다시 만들어진다.

$$R-C(=O)-O-C(=O)-R + H_2O \rightleftarrows R-C(=O)-OH + HO-C(=O)-R$$

무수물 물 두 분자의 산

무수물은 산 할로젠화물만큼 반응성이 높지는 않지만, 산 할로젠화물과 같이 카복실산의 활성화된 유도체이다. 산 염화물에서는 염소 원자가 카보닐기를 활성화하면서 이탈기로 작용한다. 무수물에서는 카복실산기가 이러한 역할을 한다.

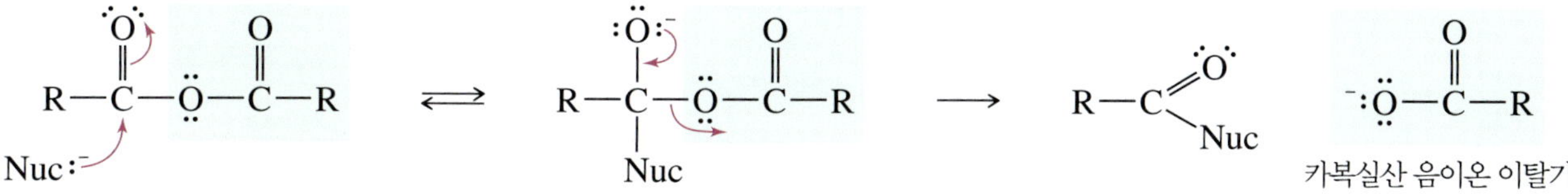

$$R-C(=O)-O-C(=O)-R + Nuc^- \rightleftarrows R-C(-O^-)(Nuc)-O-C(=O)-R \longrightarrow R-C(=O)-Nuc + {}^-O-C(=O)-R$$

카복실산 음이온 이탈기

무수물의 산 부분의 반은 이탈기로 잃어버린다. 산의 가격이 비싼 경우에는 산의 유도체를 만들기 위해 무수물을 활성화된 산으로 사용하지 않을 것이다. 염화 이온을 이탈기로 사용하는 산 염화물이 더 효율적인 대안이다. 무수물은 저렴하고 쉽게 얻는 경우 우선적으로 사용된다. 아세트산 무수물, 프탈산 무수물, 석신산 무수물, 말레산 무수물 등이 가장 흔하게 사용되는 것들이다. 다이산(diacid)은 특히 5각 또는 6각 고리가 생성될 경우 쉽게 고리형 무수물을 생성한다.

무수물의 명명은 매우 단순하다. 관용명과 IUPAC명(별로 쓰이지 않음) 모두에서 **무수물**을 덧붙인다. (영어명에서는 *acid*를 *anhydride*로 대체하면 된다.) 다음 예가 흔히 볼 수 있는 무수물의 이름이다.

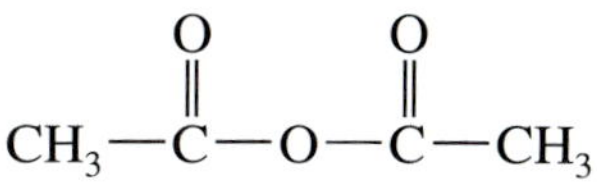

$CH_3-C(=O)-O-C(=O)-CH_3$
(약어로 $Ac_2O$)
에탄산 무수물
아세트산 무수물

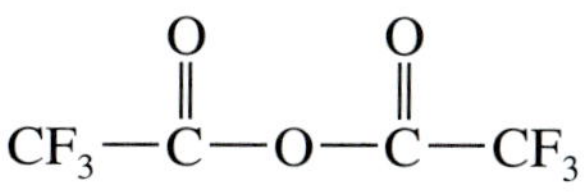

$CF_3-C(=O)-O-C(=O)-CF_3$
(약어로 TFAA)
트라이플루오로에탄산 무수물
트라이플루오로아세트산 무수물

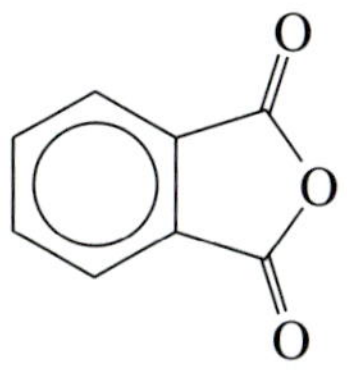

벤젠-1,2-다이카복실산 무수물
프탈산 무수물

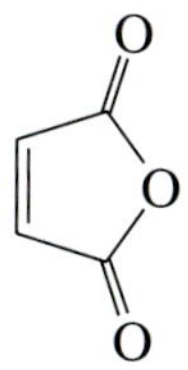

뷰트-2-엔이산 무수물
말레산 무수물

두 가지의 서로 다른 산으로 구성된 무수물을 **혼성 산 무수물**(mixed anhydride)이라고 하며, 각 산의 이름을 이용하여 명명한다.

$$CH_3-\overset{\overset{\displaystyle O}{\|}}{C}-O-\overset{\overset{\displaystyle O}{\|}}{C}-H \qquad CH_3CH_2-\overset{\overset{\displaystyle O}{\|}}{C}-O-\overset{\overset{\displaystyle O}{\|}}{C}-CF_3$$

| | | |
|---|---|---|
| IUPAC명: | 에탄산 메탄산 무수물 | 트라이플루오로에탄산 프로판산 무수물 |
| 관용명: | 아세트산 폼산 무수물 | 트라이플루오로아세트산 프로피온산 무수물 |

## 21-2F 다작용기 화합물의 명명

이제까지 공부한 모든 작용기에 대해 다작용기 화합물의 어느 작용기가 주 작용기이고, 어느 작용기가 치환체로 명명되어야 하는가는 항상 명확하지는 않다. 어근명을 위한 주 작용기의 선정에 다음과 같은 우선순위를 이용한다.

산 > 에스터 > 아마이드 > 나이트릴 > 알데하이드 > 케톤 > 알코올 > 아민 > 알켄, 알카인

표 21-1은 주 작용기에 사용되는 접미사 및 치환체에 사용되는 접두사와 함께 이러한 우선순위를 요약한 것이다. 다음 예는 다작용기 화합물을 명명하는 데 이러한 우선순위를 잘 보여준다.

(benzene ring with $-\overset{\overset{\displaystyle O}{\|}}{C}-OCH_2CH_3$ and ortho $CN$)

*o*-사이아노벤조산 에틸

(cyclohexane ring with $-\overset{\overset{\displaystyle O}{\|}}{C}-NH_2$ and adjacent $-\underset{\underset{\displaystyle O}{\|}}{C}-H$)

2-폼일사이클로헥세인카복스아마이드

$$CH_3-CH_2-\overset{\overset{\displaystyle OH}{|}}{CH}-C\equiv N$$

2-하이드록시뷰테인나이트릴

**표 21-1** 작용기 명명법 요약

| 작용기 | 작용기로서의 이름<br>우선순위 순서로 배열된 주 작용기 | 치환체로서의 이름 |
|---|---|---|
| 카복실산 | -산(-oic acid) | 카복시 |
| 에스터 | -산(-oate) | 알콕시카보닐 |
| 아마이드 | -아마이드(-amide) | 아미도 |
| 나이트릴 | -나이트릴(-nitrile) | 사이아노 |
| 알데하이드 | -알(-al) | 폼일 |
| 케톤 | -온(-one) | 옥소 |
| 알코올 | -올(-ol) | 하이드록시 |
| 아민 | -아민(-amine) | 아미노 |
| 알켄 | -엔(-ene) | 알케닐 |
| 알카인 | -아인(-yne) | 알카이닐 |
| 알케인 | -에인(-ane) | 알킬 |
| 에터 | | 알콕시 |
| 할로젠화물 | | 할로 |

**연습문제 21-1**

다음 카복실산 유도체를 관용명과 IUPAC명으로 답하라.

(a) $PhCOOCH_2CH(CH_3)_2$ (b) $PhOCHO$ (c) $PhCH(CH_3)COOCH_3$

(d) $PhNHCOCH_2CH(CH_3)_2$ (e) $CH_3CONHCH_2Ph$ (f) $CH_3CH(OH)CH_2CN$

(g) $(CH_3)_2CHCH_2COBr$ (h) $Cl_2CHCOCl$ (i) $(CH_3)_2CHCOOCHO$

(j) O—C(=O)

(k)

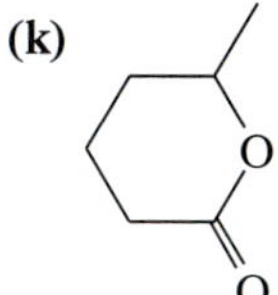

(l) PhCONH—

(m)

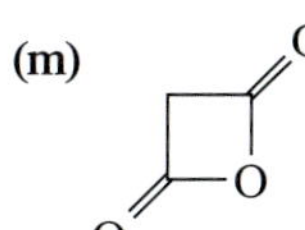

(n)

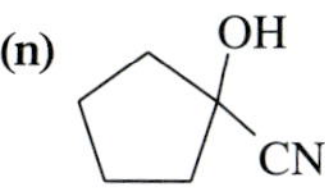

(o) H, COOH, H, CN

(p) COCl, Br

(q) O, N—$CH_3$, $CH_2OH_3$

(r) O, N—C—$CH_3$

(힌트: 피페리딘 유도체로 명명하라.)

**문제풀이 힌트**

카복실산 유도체의 명명법은 부록 5 유기 화합물 명명법에 나타나 있다.

## 21-3 카복실산 유도체의 물리적 성질

산 유도체의 물리적 특성은 극성과 수소 결합 특성에 따라 크게 달라진다. 예를 들어 아마이드는 강한 수소 결합을 보이며, 끓는점과 녹는점이 비정상적으로 높다.

### 21-3A 끓는점과 녹는점

그림 21-2는 산 유도체 분자량에 대한 끓는점을 그린 것이다. 비교를 위해 $n$-알케인이 포함되었다. 에스터와 산 염화물은 분자량이 비슷한 곁가지를 지니지 않는 알케인과 끓는점이 비슷하다는 것에 주목하라. 이들 산 유도체는 높은 극성의 카보닐기를 가지고 있으나, 이 극성은 끓는점에는 아주 작은 영향만을 미친다(18-4절).

카복실산은 액체상에서는 강한 수소 결합을 하여 끓는점을 높여준다. 안정한 수소 결합 이합체는 유효 분자량을 높여 끓는점이 더 높다. 나이트릴도 비슷한 분자량의 에스터나 산 염화물보다 끓는점이 더 높다. 이는 인접한 사이아노기 사이의 강한 쌍극성 인력 때문이다.

R—C(=O···H—O)(—O—H···O=)C—R

카복실산 이합체

$R-\overset{\delta+}{C}\equiv \overset{\delta-}{N}:$

$\overset{\delta-}{:N}\equiv \overset{\delta+}{C}-R$

나이트릴의 쌍극성 인력

아마이드는 분자량이 비슷한 다른 화합물에 비해 끓는점과 녹는점이 훨씬 더 높다. 1차 및 2차 아마이드는 그림 21-3에 나타나 있듯이 특히 강한 수소 결합을 가지고 있다. 공명 구조에서 산소 원자는 부분 음전하를, 질소 원자에는 부분 양전하를 띠고 있음을 볼 수 있다. 양으로 하전된 질소 원자는 N—H 결합을 극성화시켜 수소가 강한 친전자체가 되게 한다. 음으로 하전된 산소의 비공유 전자쌍은 위와 같이 극성화된 N—H의 수소 원자와 수소 결합을 효과적으로 한다.

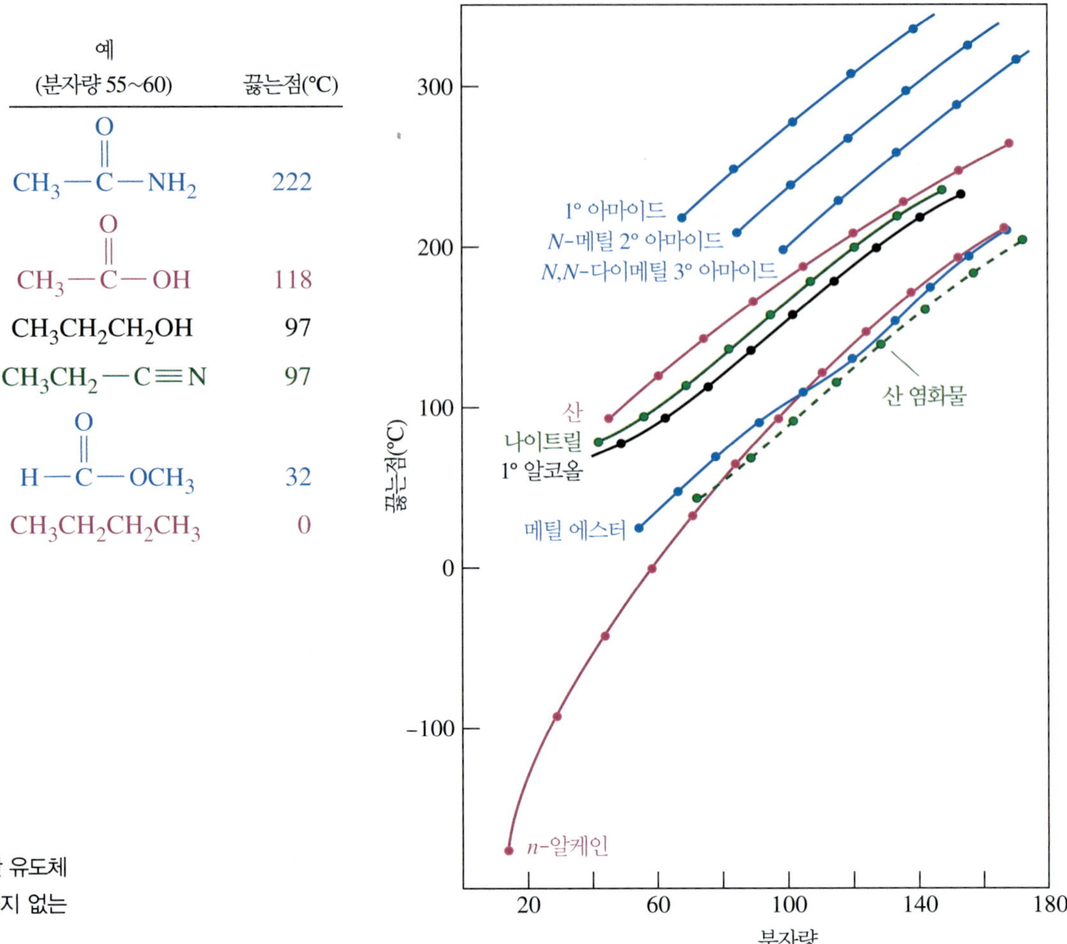

| 예<br>(분자량 55~60) | 끓는점(°C) |
|---|---|
| $CH_3-C(=O)-NH_2$ | 222 |
| $CH_3-C(=O)-OH$ | 118 |
| $CH_3CH_2CH_2OH$ | 97 |
| $CH_3CH_2-C\equiv N$ | 97 |
| $H-C(=O)-OCH_3$ | 32 |
| $CH_3CH_2CH_2CH_3$ | 0 |



**그림 21-2** 분자량에 따라 표시한 산 유도체의 끓는점. 비교를 위해 알코올과 가지 없는 알케인도 포함되었다.

순수한 3차 아마이드는 N—H 결합이 없으므로 수소 결합을 할 수 없다(여전히 아주 좋은 수소 결합 받개이다). 그럼에도 불구하고 3차 아마이드는 끓는점이 높으므로 비슷한 분자량의 카복실산과 끓는점이 비슷하다. 그림 21-3은 두 분자쌍 사이의 강한 인력으로 인해 액체상에서 안정화됨을 보여준다. 증발이 일어나려면 이러한 배열을 끊어줘야 하므로 끓는 데 더 높은 온도가 필요하다.

1차 및 2차 아마이드는 강한 분자 간 수소 결합으로 인해 녹는점 또한 특별히 높다. 예를 들면 *N*-메틸아세트아마이드(*N*-methylacetamide, 2차, 1개의 N—H 결합)의 녹는점은 28°C이며, 이

아마이드의 이중 극성 공명

아마이드의 강한 수소 결합

아마이드의 분자 간 인력

**그림 21-3** 아마이드의 공명 구조는 강한 극성을 보여준다. 수소 결합과 이중 극성 인력이 액체상을 안정화하여 끓는점을 높인다.

는 이것의 이성질체인 다이메틸폼아마이드(dimethylformamide, 3차, N—H 결합 없음)의 녹는점(−61°C)보다 89°C나 더 높다. 2개의 N—H 결합이 수소 결합에 참여하는 1차 아마이드인 프로피온아마이드(propionamide)는 이것의 이성질체, 즉 2차 아마이드인 *N*-메틸아세트아마이드보다 50°C 정도 더 높은 79°C의 녹는점을 가진다.

$$\mathrm{H{-}\overset{\displaystyle O}{\overset{\|}{C}}{-}N(CH_3)_2}\qquad \mathrm{CH_3{-}\overset{\displaystyle O}{\overset{\|}{C}}{-}N(H)CH_3}\qquad \mathrm{CH_3CH_2{-}\overset{\displaystyle O}{\overset{\|}{C}}{-}NH_2}$$

다이메틸폼아마이드 녹는점 −61°C | *N*-메틸아세트아마이드 녹는점 28°C | 프로피온아마이드 녹는점 79°C

### 21-3B 용해도

산 유도체(에스터, 산 염화물, 무수물, 나이트릴, 아마이드)는 알코올, 에터, 염화 알케인, 방향족 탄화수소 같은 일반적인 유기 용매에 녹는다. 산 염화물과 무수물은 물이나 알코올 같은 용매와 반응하기 때문에 친핵성 용매는 사용할 수 없다. 작은 크기의 에스터, 아마이드, 나이트릴은 극성이 높고 물과 수소 결합을 할 수 있으므로 물에 꽤 녹는다(표 21-2).

에스터, 3차 아마이드, 나이트릴은 양성자를 내어주거나 친핵체로 작용할 수 있는 O—H나 N—H기를 가지고 있지 않고 극성의 반응 환경을 만들어주므로 유기 반응의 용매로 자주 사용된다. 아세트산 에틸(ethyl acetate)은 끓는점이 77°C이므로 반응 후에 쉽게 날려버릴 수 있 는 중간 극성의 용매이다. 아세토나이트릴, 다이메틸폼아마이드(DMF), 다이메틸아세트아마이드(DMA)는 O—H, N—H기의 반응성은 없고 거의 물처럼 이온 등을 용매화시키는 높은 극성의 용매이다. 이들은 물과도 잘 섞이며 종종 물과의 혼합 용매로도 쓰인다.

**표 21-2** 유기 반응에 용매로 흔히 사용되는 에스터, 아마이드, 나이트릴

| 화합물 | 이름 | 녹는점(°C) | 끓는점(°C) | 물에 대한 용해도 |
|---|---|---|---|---|
| $\mathrm{CH_3{-}\overset{O}{\overset{\|}{C}}{-}OCH_2CH_3}$ | 아세트산 에틸 | −83 | 77 | 10% |
| $\mathrm{H{-}\overset{O}{\overset{\|}{C}}{-}N(CH_3)_2}$ | 다이메틸폼아마이드(DMF) | −61 | 153 | 물에 잘 섞임 |
| $\mathrm{CH_3{-}\overset{O}{\overset{\|}{C}}{-}N(CH_3)_2}$ | 다이메틸아세트아마이드(DMA) | −20 | 165 | 물에 잘 섞임 |
| $\mathrm{CH_3{-}C{\equiv}N}$ | 아세토나이트릴 | −45 | 82 | 물에 잘 섞임 |

## 21-4 카복실산 유도체의 분광법

여러 특징을 통해 산 유도체를 분광학으로 구별할 수 있다. NMR의 화학적 이동과 함께 적외선 카보닐 흡수의 변화를 이용하여 대부분의 산 유도체에 대해 예측할 수 있으며 신뢰할 수 있다.

### 21-4A 적외선 분광법

여러 형태의 카보닐기는 적외선 스펙트럼에서 서로 다른 위치에서 특징적인 강한 흡수를 보여준다. 그 결과 적외선 분광법은 다양한 카복실산 유도체들을 구별하여 검출하는 데 가장 적합한 방법

**표 21-3** 특징적인 카보닐 IR 신축 흡수

| 작용기 | 구조 | 진동 수 | 비고 |
|---|---|---|---|
| 케톤 | R—C(=O)—R | C=O, 1710 cm$^{-1}$ | 콘쥬게이션되어 있으면 더 낮고, 무리가 있으면 더 높다(알데하이드 1725 cm$^{-1}$). |
| 산 | R—C(=O)—OH | C=O, 1710 cm$^{-1}$<br>O—H, 2500~3500 cm$^{-1}$ | 콘쥬게이션되어 있으면 더 낮다.<br>C—H 신축 진동의 끝이 넓다. |
| 에스터 | R—C(=O)—O—R′ | C=O, 1735 cm$^{-1}$ | 콘쥬게이션되어 있으면 더 낮고, 무리가 있으면 더 높다. |
| 아마이드 | R—C(=O)—N(H)—R′ | C=O, 1640~1680 cm$^{-1}$<br>N—H, 3200~3500 cm$^{-1}$ | R—CO—$NH_2$는 2개의 피크,<br>R—CO—NHR′은 1개의 피크 |
| 산 염화물 | R—C(=O)—Cl | C=O, 1800 cm$^{-1}$ | 매우 높은 진동수 |
| 산 무수물 나이트릴 | R—C(=O)—O—C(=O)—R<br>R—C≡N | C=O, 1800 cm$^{-1}$, 1750 cm$^{-1}$<br>C≡N, 2200 cm$^{-1}$ | 2개의 피크<br>2200 cm$^{-1}$보다 약간 높다. |

이다. 표 21-3은 카보닐 작용기의 특징적인 IR 흡수를 요약해놓았다. 12장에서와 같이 비교의 기준으로 단순한 케톤과 산에 해당하는 1710 cm$^{-1}$을 사용한다. 부록 2에 더 많은 특징적인 IR 진동수가 나와 있다.

**에스터** 에스터의 카보닐기는 비교적 높은 진동수인 1735 cm$^{-1}$ 부근에서 흡수를 일으킨다. 각 무리(strained) 고리형 케톤을 제외하면 이 영역에서 강한 흡수를 일으키는 작용기는 거의 없다. 에스터는 1000~1200 cm$^{-1}$ 사이에서 C—O 단일 결합의 신축 흡수를 갖지만 이 영역에서는 다른 많은 형태의 결합도 흡수를 일으킨다. 그러므로 이러한 흡수는 에스터를 식별하는 특징으로 고려하지 않지만, 식별이 불확실한 경우에는 고려할 수도 있다.

콘쥬게이션은 에스터의 카보닐 신축 진동수를 감소시킨다. 콘쥬게이션된 에스터는 1710~1725 cm$^{-1}$ 근처에서 흡수하며, 종종 단순한 케톤(1710 cm$^{-1}$)이나 알데하이드(1725 cm$^{-1}$)와 쉽게 혼동될 수 있다. 이 영역에서의 강한 카보닐 흡수와 1620~1640 cm$^{-1}$ 부근에서의 콘쥬게이션된 C=C 흡수는 콘쥬게이션된 에스터를 나타낸다. 이러한 차이를 보기 위해 그림 21-4의 옥탄산 에틸(ethyl octanoate)과 벤조산 메틸(methyl benzoate)의 스펙트럼을 비교해보자.

**연습문제 21-2**

프로판산 페닐 스펙트럼의 어떠한 특성이 1730 cm$^{-1}$에서 흡수를 나타내는 알데하이드나 카복실산 작용기를 배제하는가?

**연습문제 21-3**

알데하이드, 케톤, 카복실산, 아마이드는 모두 IR 스펙트럼에서 강한 카보닐 신축 흡수를 나타낸다. 이들 네 가지 흔한 작용기를 서로 구별하려면 IR 스펙트럼에서 다른 피크들을 어떻게 이용할 수 있는가?

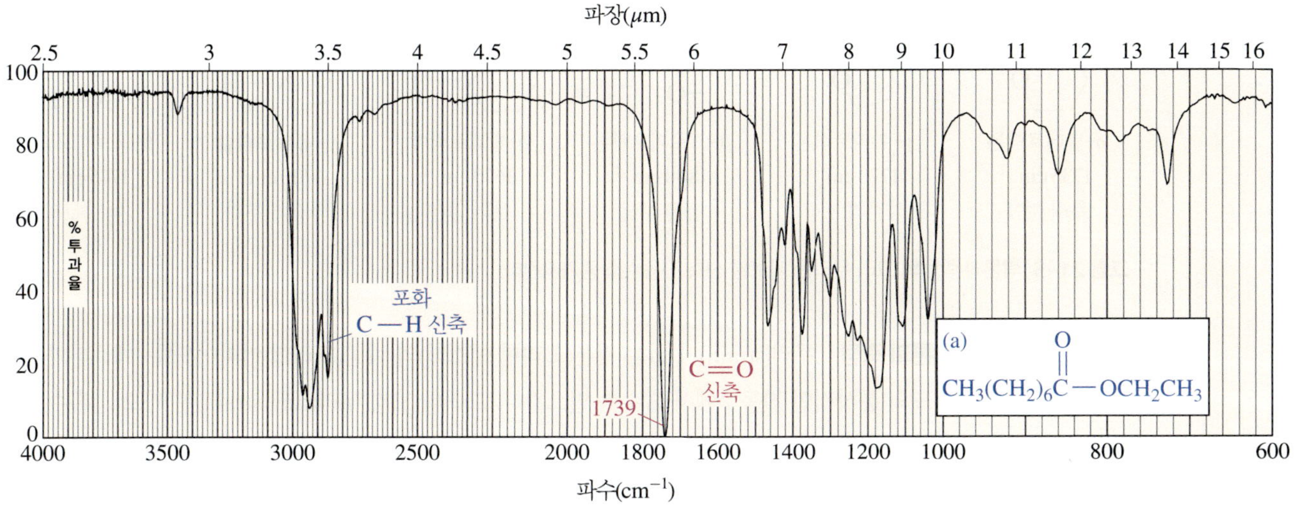

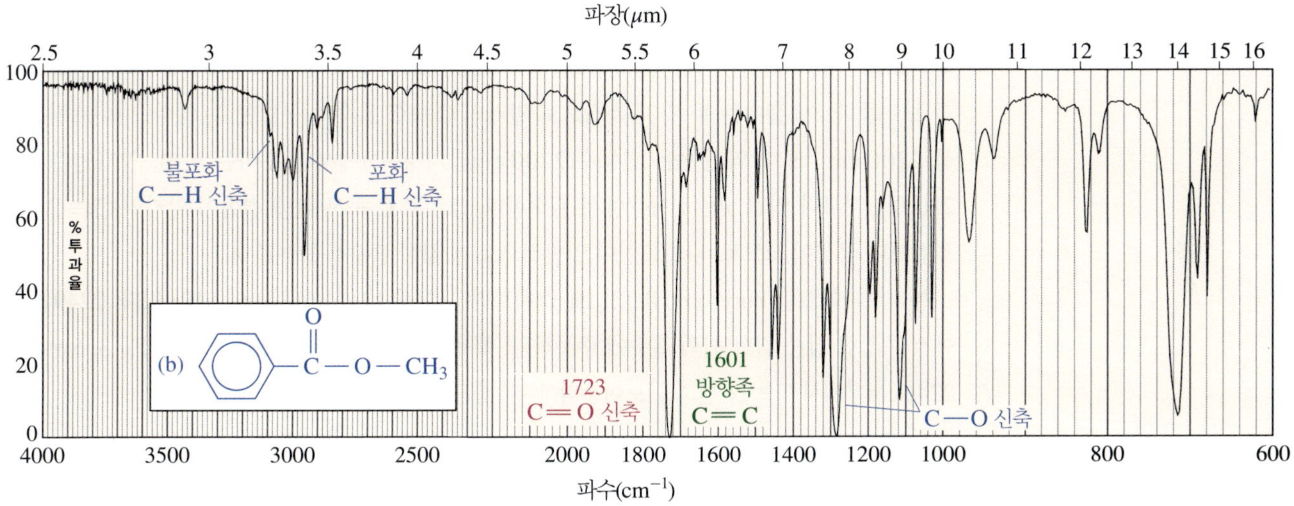

**그림 21-4** (a) 옥탄산 에틸, (b) 벤조산 메틸의 적외선 스펙트럼. 단순한 에스터의 카보닐 신축 진동수는 1735 cm$^{-1}$ 근처이며, 콘쥬게이션된 에스터는 1710~1725 cm$^{-1}$이다.

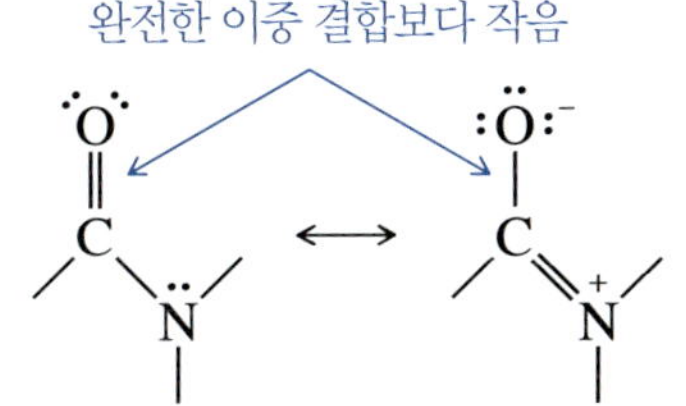


**아마이드** 단순한 아마이드는 다른 카복실산 유도체보다 1640~1680 cm$^{-1}$ 근처의(종종 근접한 이중선으로) 훨씬 낮은 카보닐 신축 진동수를 가진다. 이러한 낮은 진동수의 흡수는 아마이드의 공명 구조와 잘 일치한다. 아마이드 카보닐의 C=O 결합은 충분한 이중 결합이 되지 않는다. 즉 단순한 케톤이나 카복실산의 C=O 결합만큼 강하지 않으므로, 아마이드 C=O는 신축 진동수가 낮다.

1차 및 2차 아마이드는 3200~3500 cm$^{-1}$ 영역에서 적외선 신축 흡수를 하는 N—H 결합을 가진다. 이 흡수는 넓게 나타나는 알코올의 O—H의 흡수 같은 영역에서 나타나지만, 일반적으로 아마이드의 N—H 흡수는 더 뾰족하다. 1차 아마이드(R—CO—$NH_2$)에는 2개의 N—H 결합이 있으므로 3200~3500 cm$^{-1}$ 영역에서 2개의 뾰족한 피크가 나타난다. 2차 아마이드(R—CO—NHR′)는 N—H 결합을 하나만 가지고 있어 스펙트럼의 N—H 영역에서 피크가 하나만 보인다. 3차 아마이드(R—CO—$NR'_2$)는 N—H 결합이 없으므로 N—H 흡수도 없다.

뷰티르아마이드(butyramide)의 적외선 스펙트럼은 그림 12-13a(612쪽)에 있고, 프로판아마이드(propanamide)는 화합물 2(618쪽)에 나와 있다. 1630~1660 cm$^{-1}$ 주변의 강한 신축 흡수와 3350 cm$^{-1}$, 3180 cm$^{-1}$에서 2개의 N—H 신축 흡수에 주목하라.

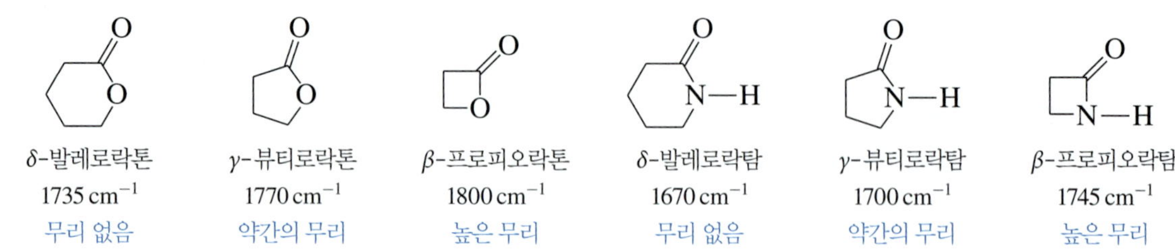


**그림 21-5** 락톤과 락탐의 고리 무리는 카보닐 신축 진동수를 증가시킨다.

**락톤과 락탐** 무리(strain)가 없는 락톤(고리형 에스터)과 락탐(고리형 아마이드)는 에스터와 아마이드의 통상적인 진동수에서 흡수를 일으킨다. 그러나 고리 무리(ring strain)는 카보닐 흡수 진동수를 높여준다. 5각형 또는 더 작은 고리형 케톤에서 카보닐 신축 진동수가 증가했던 것을 기억해 보자(18-5A절). 그림 21-5는 락톤과 락탐의 C=O 신축 진동수에 대한 고리 무리의 효과를 보여준다.

**나이트릴** 나이트릴은 적외선 스펙트럼에서 2200 $cm^{-1}$ 근처에서 특징적인 C≡N 신축 흡수를 보여준다. 이 흡수는 두 가지 특징으로 알카인 C≡C 흡수와 구별할 수 있다. 나이트릴은 보통 2200 $cm^{-1}$보다 약간 높은 진동수(2200 $cm^{-1}$의 왼쪽)에서 흡수하는 반면, 알카인은 보통 2200 $cm^{-1}$보다 약간 낮은 진동수에서 흡수한다. 그리고 C≡N 삼중 결합이 알카인 C≡C 삼중 결합보다 극성이 크므로, 나이트릴이 일반적으로 더 강한 흡수를 보여준다.

뷰티로나이트릴(butyronitrile)의 IR 스펙트럼은 그림 12-14(613쪽)에 나와 있다. 2249 $cm^{-1}$에서의 강한 삼중 결합 신축 흡수에 주목하라. 헥세인나이트릴(hexanenitrile, 화합물 3, 619쪽)은 2246 $cm^{-1}$에서 C≡N 신축을 보여준다.

**산 할로젠화물과 산 무수물** 산 할로젠화물과 산 무수물은 미지 화합물로 분리되는 경우가 거의 없지만 흔히 시약이나 중간체로 사용되며, 적외선 분광법을 통해 산이 순수한 산 할로젠화물이나 산 무수물로 변환되었는지 확인할 수 있다. 산 염화물의 카보닐 신축 진동은 1800 $cm^{-1}$ 근처의 높은 진동수에서 나타난다.

산 무수물은 1800 $cm^{-1}$와 1750 $cm^{-1}$ 근처에서 2개의 카보닐 신축 흡수를 보여준다. 그림 21-6은 1818 $cm^{-1}$와 1751 $cm^{-1}$에서 카보닐 흡수를 보이는 프로피온산 무수물(propionic anhydride)

**문제풀이 힌트**

표 21-3에 나열된 흡수는 미지의 산 유도체의 작용기를 결정하는 데 활용되는 최고의 분광법적 정보이다.

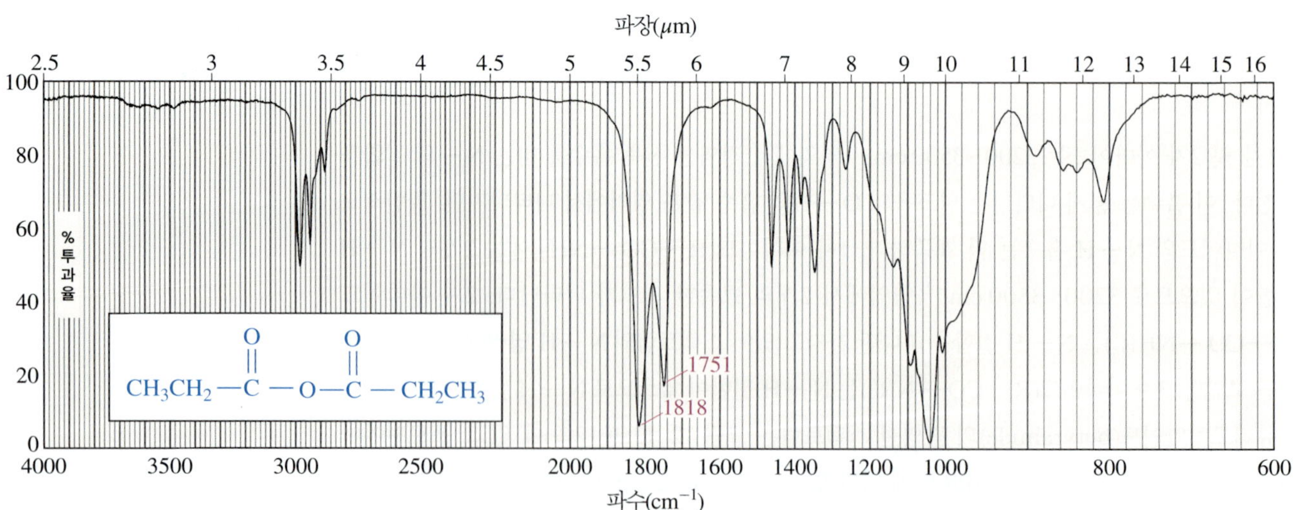


**그림 21-6** 프로피온산 무수물의 적외선 스펙트럼. 1818 $cm^{-1}$과 1751 $cm^{-1}$에서 C=O 신축 흡수를 보여준다.

의 스펙트럼을 보여준다.

**연습문제 21-4**

다음 IR 스펙트럼은 카복실산, 에스터, 아마이드, 나이트릴, 산 염화물, 산 무수물을 포함할 수 있다. 각 스펙트럼이 보여주는 작용기를 결정하고, 결정에 사용된 특정한 진동수를 나열하라.

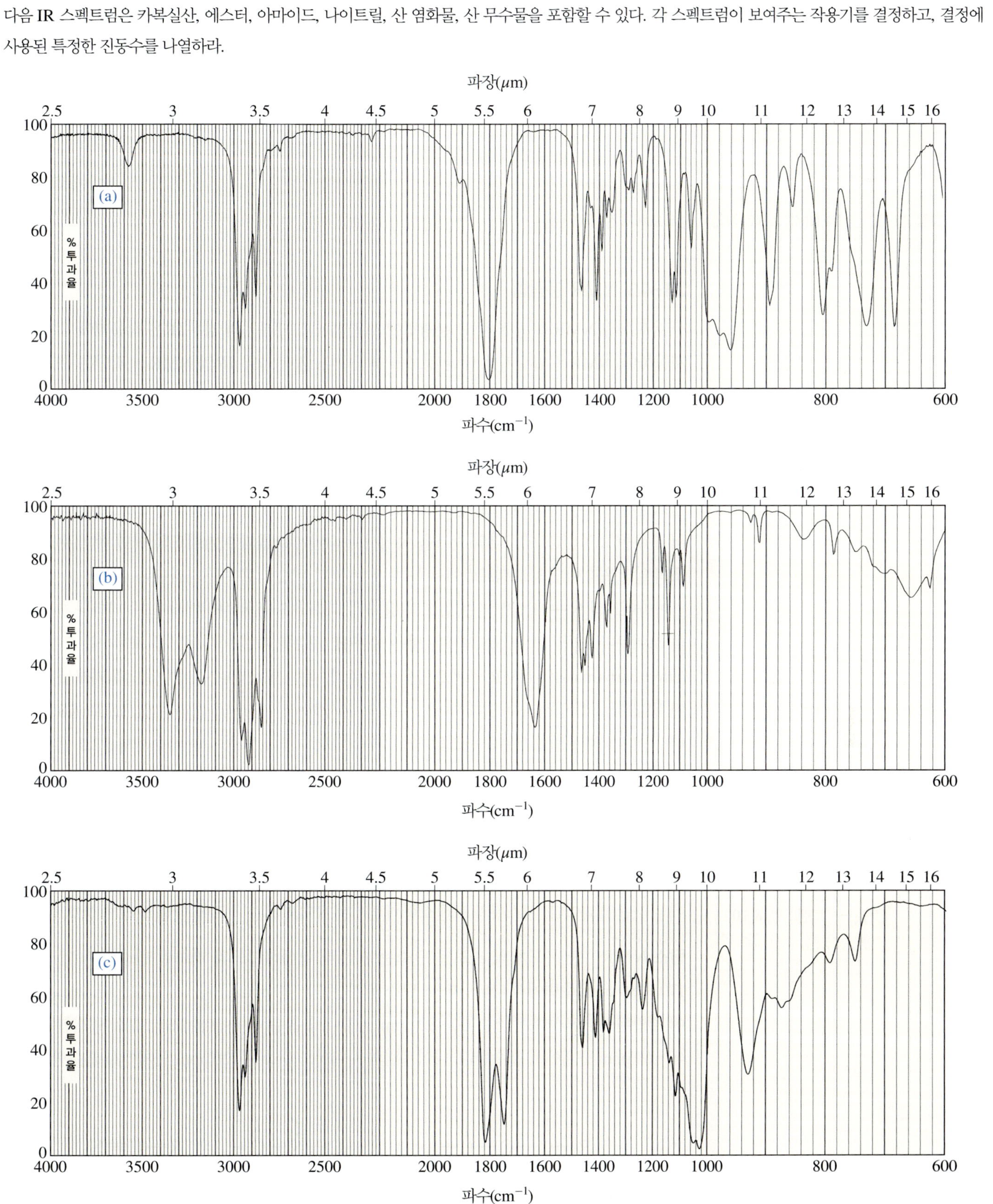

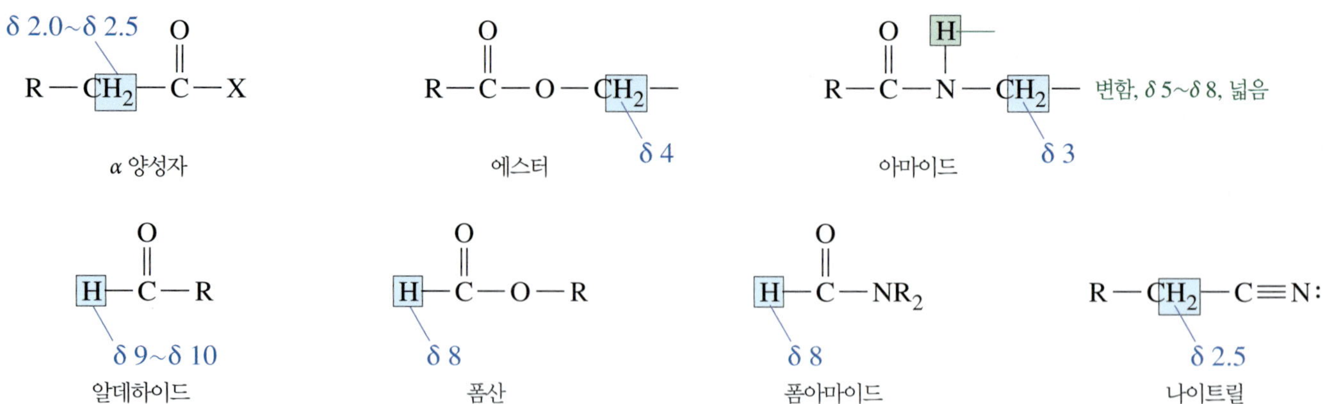


**그림 21-7** 양성자 NMR 스펙트럼에서 산 유도체의 전형적인 흡수

## 21-4B NMR 분광법

산 유도체의 NMR 분광법은 IR 분광법에 보완적이다. 대부분의 경우 IR은 작용기에 대한 정보를 제공하며, NMR은 알킬기에 대한 정보를 제공한다. 많은 경우 IR과 NMR의 결합은 구조 결정에 충분한 정보를 제공한다.

**양성자 NMR** 산 유도체에서 볼 수 있는 양성자의 화학적 이동은 케톤, 알데하이드, 알코올, 아민의 유사한 양성자의 화학적 이동에 가깝다(그림 21-7). 예를 들면 카보닐기의 $\alpha$-자리의 수소들은 카보닐기가 케톤, 알데하이드, 산, 에스터, 아마이드 중 어느 것에 속하더라도 $\delta$ 2.0과 $\delta$ 2.5 사이에서 흡수를 보여준다. 에스터의 알코올 쪽에서 유래된 수소들과 아마이드의 아민 쪽의 수소들은 당초의 알코올과 아민의 스펙트럼에서 볼 수 있는 것과 비슷한 흡수를 나타낸다.

아마이드의 N—H 양성자는 농도와 용매에 따라 $\delta$ 5~$\delta$ 8 사이에서 넓게 나타나거나 갈라짐을 보여준다. 그림 13-37(683쪽)은 넓은 N—H 흡수를 가진 아마이드를 포함하는 카밤산 에틸(ethyl carbamate)의 NMR 스펙트럼을 보여준다. 폼산 에스터나 폼아마이드의 카보닐기에 결합된 폼일(formyl) 양성자는 알데하이드 수소와 유사하지만 약간 더 가려져 있으므로 $\delta$ 8 근처에서 나타난다. 나이트릴에서는 $\alpha$ 탄소의 양성자가 카보닐기의 $\alpha$ 양성자와 비슷하게 $\delta$ 2.5 근처에서 나타난다.

H—C(=O)—N(CH₃)₂: $CH_3$ — 시스형, $\delta$ 2.9; $CH_3$ — 트랜스형, $\delta$ 3.0

*N*,*N*-다이메틸폼아마이드(그림 21-8)의 NMR 스펙트럼은 $\delta$ 8 근처에서 폼일 양성자(H—C═O)를 보여준다. 2개의 메틸기는 $\delta$ 2.9와 $\delta$ 3.0 근처에서 2개가 단일선(스핀-스핀 갈라짐 이중선이 아님)으로 나타난다. 이 두 단일선은 아마이드 결합을 중심으로 회전이 방해받기 때문에 나타난 결과이다. 시스형과 트랜스형 메틸기는 NMR 시간 척도에 대해 느리게 상호 전환한다.

**탄소 NMR** 산 유도체의 카보닐 탄소는 케톤과 알데하이드의 카보닐 탄소보다 더 가려져서 170~180 ppm 주변에서 나타난다. $\alpha$ 탄소 원자는 30~40 ppm 근처에서 흡수한다. 에스터의 산소에 결합된 $sp^3$ 혼성화 탄소는 60~80 ppm 근처에서 흡수하며 아마이드의 질소에 결합된 탄소는 40~60 ppm 근처에서 흡수한다. 나이트릴의 사이아노 탄소는 120 ppm 근처에서 흡수한다.

R—C(=O)—O—C—: C=O ~170 ppm, O—C ~70 ppm; R—C(=O)—N—C—: C=O ~170 ppm, N—C ~50 ppm; R—C≡N: ~120 ppm

200
180
160
140
120
100
80
60
40
20
0
O
C
N
H
CH3
CH3
10
9
8
7
6
5
4
3
2
1
0
δ (ppm)

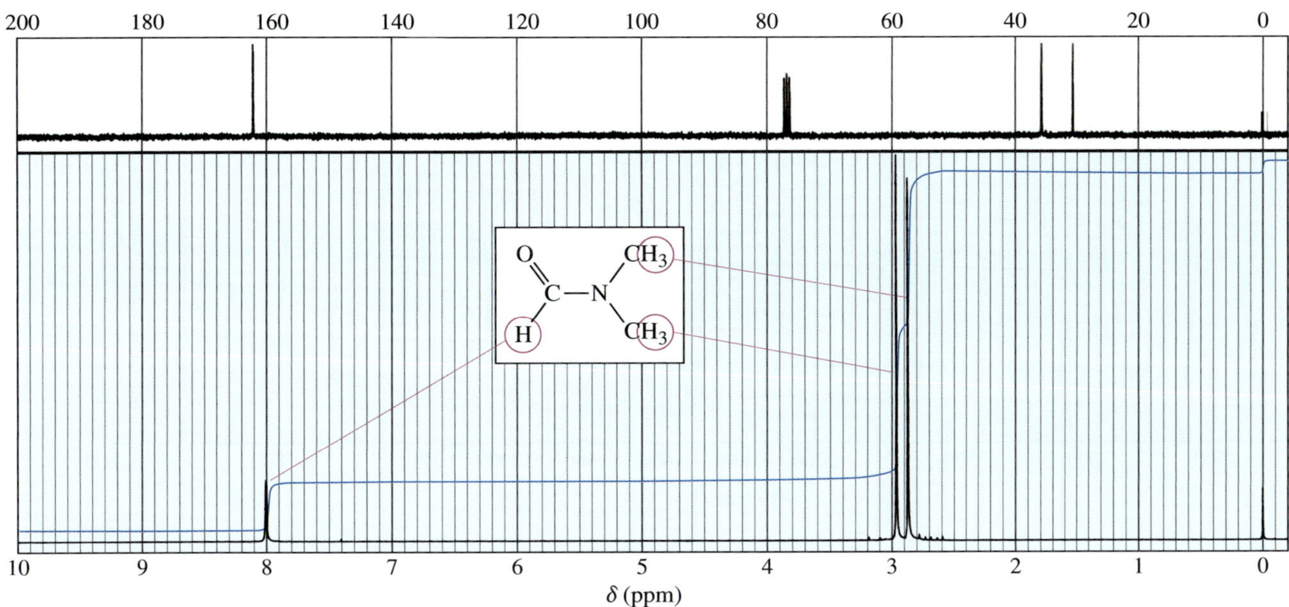

**그림 21-8** *N,N*-다이메틸폼아마이드의 양성자와 탄소 NMR 스펙트럼은 아마이드 결합 주위로 회전을 방해받아 얻는 2개의 메틸 단일선을 보여준다. 2개의 스펙트럼 모두에서 트랜스형 메틸기가 시스형 메틸기보다 더 낮은 장에 있다.

그림 21-8은 *N,N*-다이메틸폼아마이드(DMF)의 탄소 NMR 스펙트럼을 보여준다. 카보닐 탄소는 162 ppm, 2개의 구별되는 시스형과 트랜스형 탄소는 각각 31 ppm과 36 ppm에서 나타나는 것을 기억하라.

**연습문제 21-5**

다음 각 IR, NMR 스펙트럼 쌍에 대해 미지의 화합물 구조를 결정하라. 제안한 구조가 스펙트럼에 어떻게 맞아 들어가는지 설명하라.

**(a)** $C_3H_5NO$ **(b)** $C_5H_8O_2$

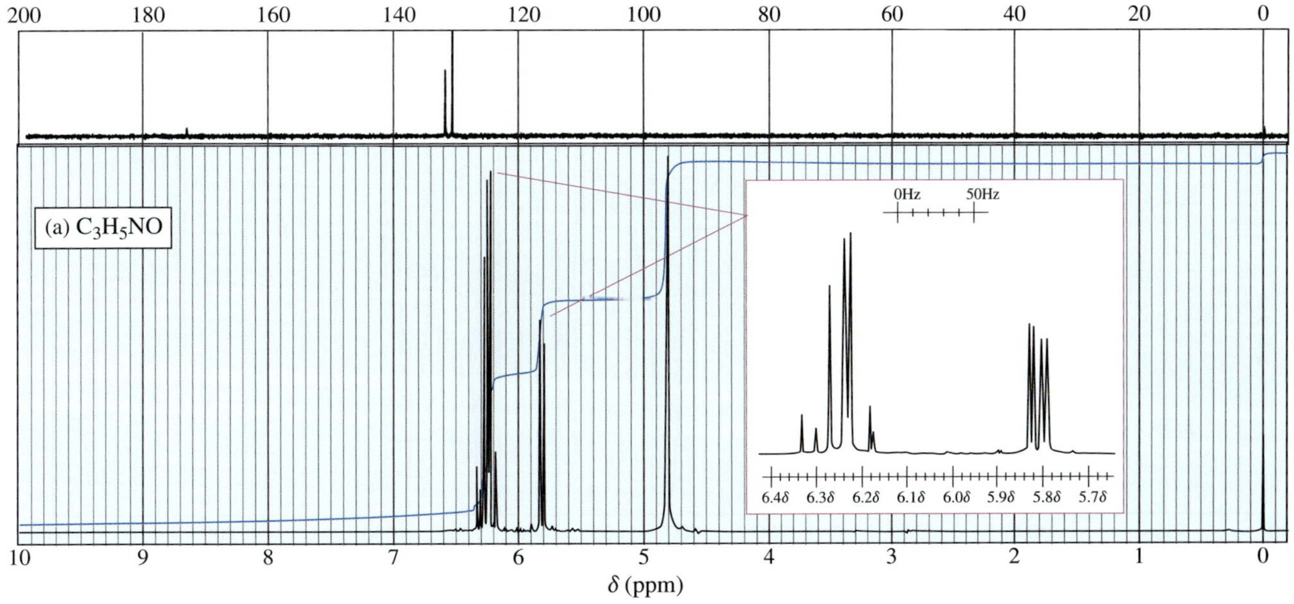

200
180
160
140
120
100
80
60
40
20
0
(a) C3H5NO
0Hz
50Hz
6.4δ
6.3δ
6.2δ
6.1δ
6.0δ
5.9δ
5.8δ
5.7δ
10
9
8
7
6
5
4
3
2
1
0
δ (ppm)

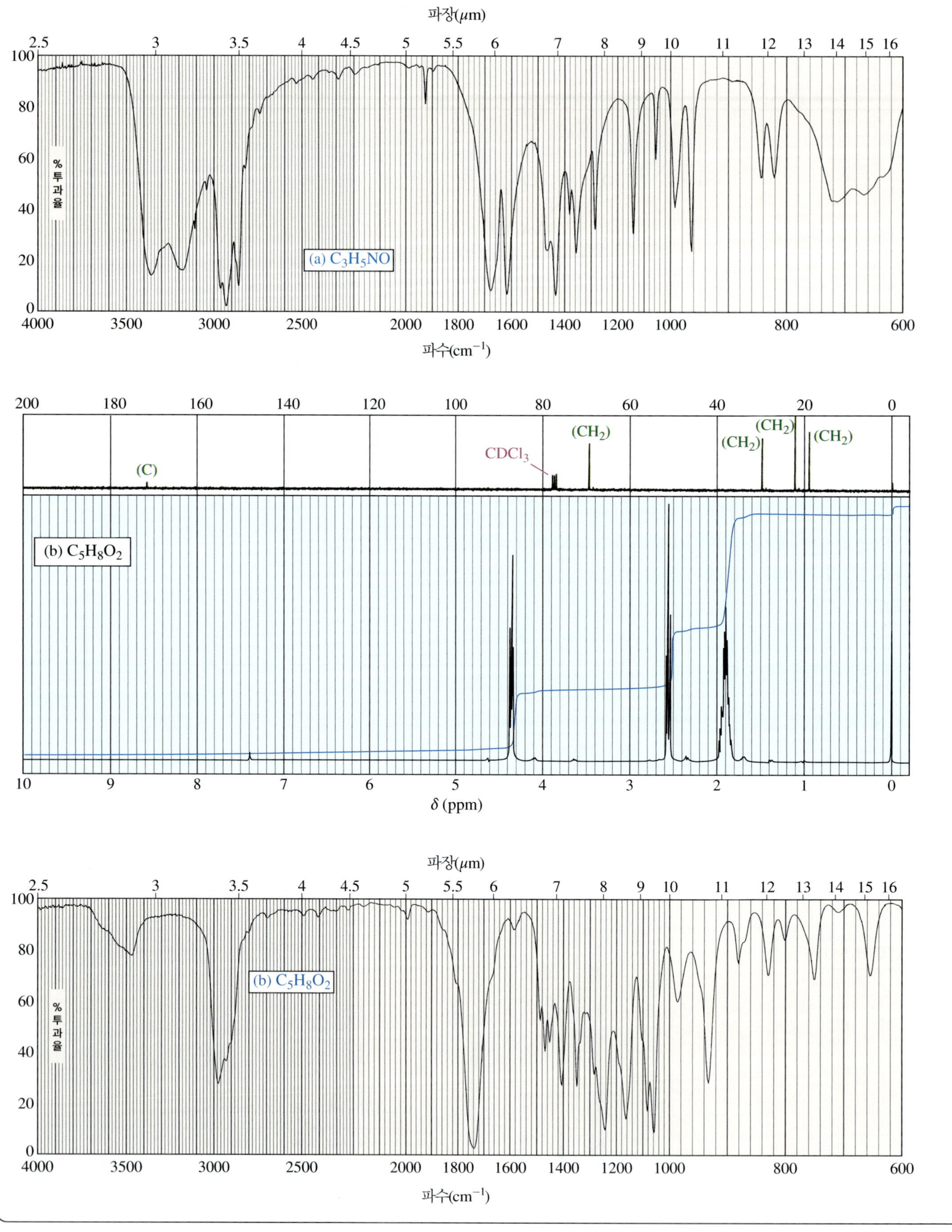
파장(μm)
%투과율
(a) $C_3H_5NO$
파수($cm^{-1}$)
(C)
$CDCl_3$
($CH_2$)
($CH_2$)
($CH_2$)
($CH_2$)
(b) $C_5H_8O_2$
δ (ppm)
파장(μm)
%투과율
(b) $C_5H_8O_2$
파수($cm^{-1}$)

## 21-5 친핵성 아실 치환에 의한 산 유도체들의 상호 전환

**미리보기** 산 유도체는 염기성 또는 산성 조건에서 다양한 친핵체 시약과 반응한다. 대부분의 반응은 유사한 반응 메커니즘인 **친핵성 아실 치환 반응**(nucleophilic acyl substitution)이다. 각 경우 친핵성 시약은 카보닐기에 첨가되어 정사면체 중간체를 생성한 후, 이탈기를 방출하여 카보닐기를 다시 만들어준다. 이러한 첨가-제거 과정을 통해 친핵성 시약이 이탈기를 치환한다. 다음 절에서는 이러한 반응의 몇 가지 예를 순차적으로 염기성 조건과 산성 조건에서 다룰 것이다. 각 경우 동일한 첨가-제거 반응 경로를 따르는 반응들의 유사성에 주목하라.

친핵성 아실 치환 반응은 아실기가 이탈기에서 공격하는 친핵체로 전달되므로 **아실 전이**(acyl transfer) 반응이라고 부르기도 한다. 이러한 반응은 화학과 생화학 모두에서 흔히 발생한다. 많은 경우 반응성이 더 높은 산 유도체로 시작하여 적절한 친핵체로 처리함으로써 화합물을 합성할 수

**문제풀이 힌트**

이 메커니즘은 이 장의 대부분의 반응에 응용된다.

**핵심 메커니즘 21-1 | 친핵성 아실 치환의 첨가-제거 메커니즘**

**1단계:** 친핵체의 첨가는 정사면체 중간체를 생성한다.

Nuc:⁻ + R–C(=O)–Y ⇌ [R–C(O⁻)(Y)–Nuc]

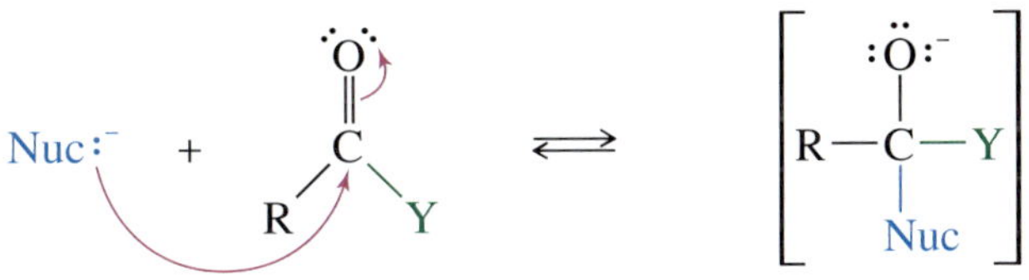

친핵성 공격 정사면체 중간체

**2단계:** 이탈기의 제거는 카보닐기를 재생한다.

[R–C(O⁻)(Y)–Nuc] ⇌ R–C(=O)–Nuc + Y:⁻

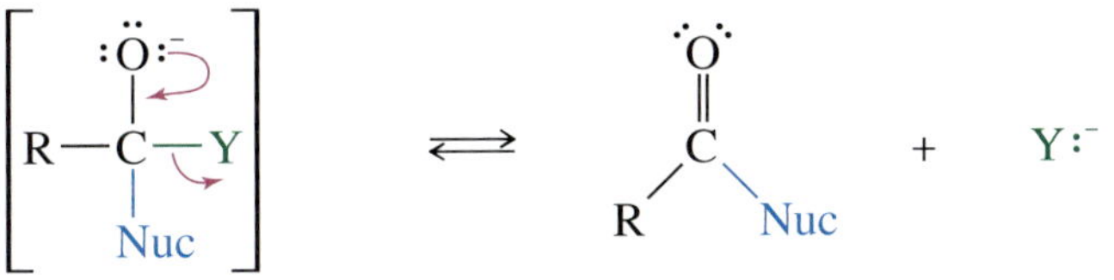

정사면체 중간체 생성물 이탈기

**예: 에스터인 벤조산 사이클로펜틸의 염기 촉매 에스터 교환 반응**

**1단계:** 친핵체의 첨가는 정사면체 중간체를 생성한다.

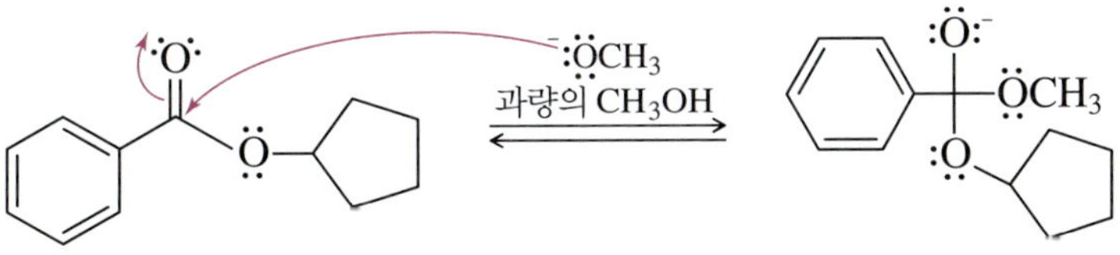

벤조산 사이클로펜틸 + ⁻:ÖCH$_3$ (과량의 CH$_3$OH) ⇌ 정사면체 중간체

**2단계:** 이탈기의 제거는 카보닐기를 재생한다.

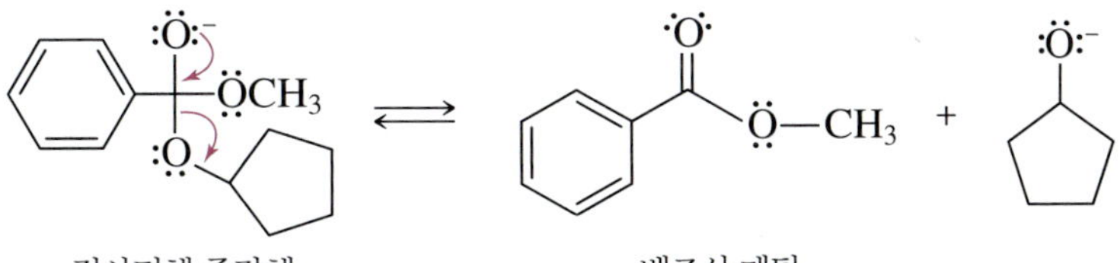

정사면체 중간체 ⇌ 벤조산 메틸 (Ö–CH$_3$) + 사이클로펜톡사이드 (:Ö:⁻)

**문제:** 예에 있는 반응은 촉매량의 메톡시화 이온이 필요하다. 촉매가 재생되는 방법을 제시하라.

있다. 생화학에서 가장 중요한 변형 중 일부는 세포 내에서 분자를 형성하거나 분해하는 데 사용되는 아실 전이 반응이다. 다음은 염기성 조건에서의 친핵성 아실 치환의 일반화된 **첨가-제거 메커니즘**(addition-elimination mechanism)이다.

친핵체와 이탈기에 따라 어떠한 산 유도체라도 대부분의 다른 산 유도체로 전환된다는 것을 생각할 수 있다. 그러나 이러한 모든 반응이 모두 실용적인 것은 아니다. 선호되는 반응은 일반적으로 반응성이 더 높은 유도체를 반응성이 더 낮은 것으로 전환하는 것이다. 이러한 반응을 예측하려면 산 유도체들의 상대적인 반응성에 대한 지식이 필요하다.

## 21-5A 산 유도체의 반응성

산 유도체는 친핵성 아실 치환에 대한 반응성에 크게 차이가 난다. 예를 들면 염화 아세틸은 물과 격렬하게 발열 반응을 하는 반면, 아세트아마이드는 끓는 물에서도 안정하다. 아세트아마이드는 센산이나 센염기에서 여러 시간 동안 끓여야 가수 분해된다.

$$CH_3-\overset{O}{\overset{\|}{C}}-Cl \quad + \quad H_2O \quad \xrightarrow{\text{(매우 빠름)}} \quad CH_3-\overset{O}{\overset{\|}{C}}-OH \quad + \quad HCl$$

$$CH_3-\overset{O}{\overset{\|}{C}}-NH_2 \quad + \quad Na^+\ {}^-OH \quad \xrightarrow[\text{(느림)}]{H_2O,\ \text{끓임}} \quad CH_3-\overset{O}{\overset{\|}{C}}-O^-\ Na^+ \quad + \quad NH_3$$

산 유도체의 친핵성 공격에 대한 반응성은 유도체의 구조와 공격하는 친핵체의 성질에 의존한다. 일반적으로 반응성은 다음 순서를 따른다.

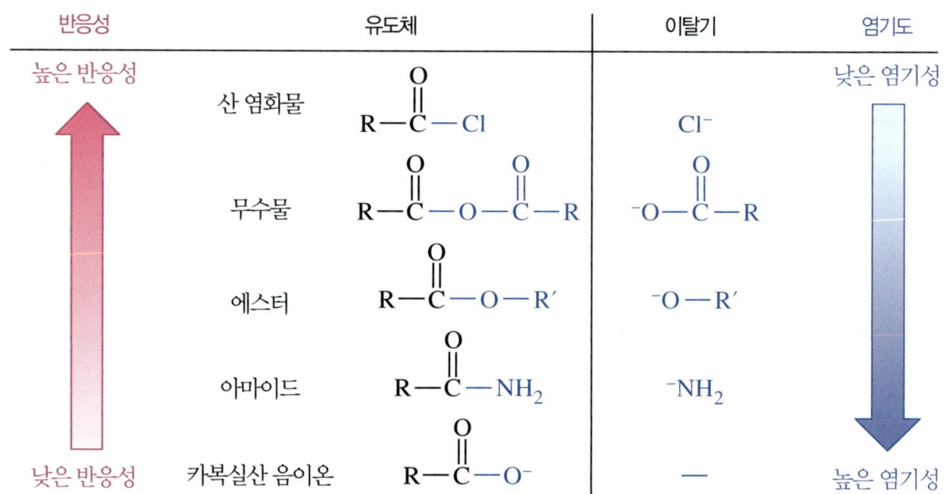


이 반응성 순서는 부분적으로는 이탈기의 염기도에서 비롯된다. 센염기는 좋은 이탈기가 아니며, 유도체의 반응성은 이탈기의 염기성이 커질수록 감소한다.

공명 안정화도 산 유도체의 반응성에 영향을 준다. 예를 들면 아마이드는 친핵성 공격으로 공명 안정화를 잃는다.

$$\left[ R-\overset{:\ddot{O}}{\overset{\|}{C}}-\ddot{N}H_2 \longleftrightarrow R-\overset{:\ddot{O}:^-}{\overset{|}{C}}=\overset{+}{N}H_2 \right] \xrightleftharpoons{Nuc:^-} R-\underset{Nuc}{\underset{|}{\overset{:\ddot{O}:^-}{\overset{|}{C}}}}-\ddot{N}H_2$$

아마이드에서의 강한 공명 안정화      공명 안정화 없음

에스터에서는 적은 양의 안정화가 존재한다.

$$\left[\mathrm{R-\overset{O}{\overset{\|}{C}}-\ddot{O}-R'} \longleftrightarrow \mathrm{R-\overset{O^-}{\overset{|}{C}}=\overset{+}{O}-R'}\right] \xrightleftharpoons{\mathrm{Nuc}:^-} \mathrm{R-\underset{Nuc}{\underset{|}{\overset{O^-}{\overset{|}{C}}}}-\ddot{O}-R'}$$

에스터에서의 약한 공명 안정화 　　　　 공명 안정화 없음

무수물의 공명 안정화는 에스터와 유사하지만, 안정화가 2개의 카보닐기 사이에 공유된다. 각 카보닐기는 에스터의 카보닐기보다 적은 안정화를 얻는다.

$$\left[\mathrm{R-\overset{O}{\overset{\|}{C}}-\ddot{O}-\overset{O}{\overset{\|}{C}}-R} \longleftrightarrow \mathrm{R-\overset{O^-}{\overset{|}{C}}=\overset{+}{O}-\overset{O}{\overset{\|}{C}}-R}\right] \xrightleftharpoons{\mathrm{Nuc}:^-} \mathrm{R-\underset{Nuc}{\underset{|}{\overset{O^-}{\overset{|}{C}}}}-\ddot{O}-\overset{O}{\overset{\|}{C}}-R}$$

공유, 무수물에서의 약한 공명 안정화

산 염화물에서는 공명 안정화가 거의 없어 반응성이 꽤 높다.

일반적으로 반응성이 큰 유도체를 반응성이 낮은 것으로 전환해주는 친핵성 아실 치환은 쉽게 일어날 수 있다. 즉 산 염화물은 쉽게 무수물이나 에스터, 아마이드로 전환될 수 있다. 무수물은 쉽게 에스터나 아마이드로 전환된다. 에스터는 쉽게 아마이드로 전환되지만, 아마이드는 오직 산이나 카복실산 음이온으로(염기성 조건) 가수 분해될 수 있다. 그림 21-9는 이러한 전환을 도표로 보여준다. 염화 싸이오닐(thionyl chloride, $SOCl_2$)이 산을 가장 반응성이 높은 유도체인 산 염화물로 바꾸어주는 것에 주목하라(20-15절).

이러한 산 유도체의 전환을 공부하다 보면 여러 가지 개별 메커니즘이 관여하는 것처럼 느껴질 것이다. 그러나 이 모든 메커니즘은 친핵성 아실 치환의 첨가-제거 메커니즘(핵심 메커니즘 21-1)이라는 한 가지 주제의 변형일 뿐이다. 이들 반응은 친핵체, 이탈기, 실제 치환 전후에 필요한 양성자 전이의 성질만이 다를 뿐이다. 이들 메커니즘을 공부하면서 이러한 차이점에 주목하고, 각각의 특정한 메커니즘을 배워야 한다고 생각하지 말아야 한다.

**문제풀이 힌트**

이 장의 거의 모든 반응은 산 또는 염기성 조건에서 첨가-제거 메커니즘을 따르는 친핵성 아실 치환이다.

염기성 경로에서는 친핵체가 카보닐 산소를 공격하여 정사면체 중간체를 형성한다. 이 중간체는 이탈기를 쫓아내어 카보닐기를 재생한다.

산성 경로에서는 산 촉매가 카보닐기를 양성자화하여 약한 친핵체도 첨가할 수 있다. 대부분의 경우 이탈기도 이탈하기 전에 양성자화되어 센염기 대신 약염기로 이탈한다.

이 두 경로를 이용하여 연습해보고, 언제 이들이 적용되는지 구별해보라. 이러한 방법이 각 메커니즘을 기억하려고 노력하는 것보다 훨씬 좋은 전략이다.

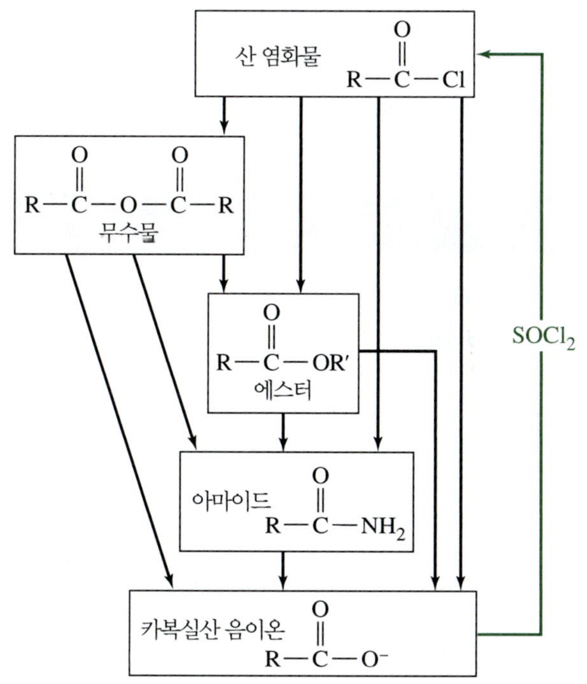


**그림 21-9** 높은 반응성의 산 유도체는 쉽게 낮은 반응성의 유도체로 전환된다. $\mathrm{R-\overset{O}{\overset{\|}{C}}-W}$ 로부터 $\mathrm{R-\overset{O}{\overset{\|}{C}}-Z}$ 로의 '내리막길' 반응은 일반적으로 친핵성 아실 치환의 친핵체로 $Z^-$ 또는 H—Z가 필요하다.

### 21-5B 산 유도체의 선호되는 상호 전환

산 염화물은 가장 반응성이 높은 산 유도체로, 다른 어떤 산 유도체로도 쉽게 전환된다. 산 염화물은 무수물, 에스터, 아마이드를 합성하는 데 자주 쓰인다. 산 염화물은 카복실산(또는 카복실산 염)과 반응하여 무수물을 생성한다. 산의 두 산소 원자 중 구별 없이 어느 것이라도 산 염화물의 강한 친전자성 카보닐기를 공격하여 정사면체 중간체를 형성한다. 염화 이온과 양성자를 잃고 무수물을 형성한다.

**메커니즘 21-2 | 산 염화물의 무수물로의 전환**

이 메커니즘은 첨가-제거 메커니즘의 표준 양식을 따라 양성자를 잃고 최종 생성물을 만든다.

**1단계:** 친핵체의 첨가

산 염화물 + 산 ⇌

**2단계:** 이탈기의 제거

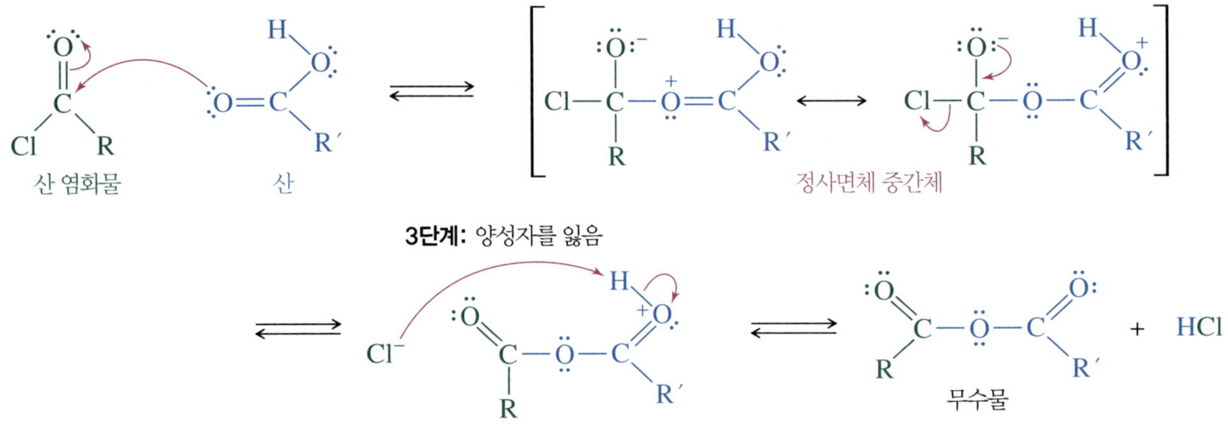

정사면체 중간체

**3단계:** 양성자를 잃음

⇌ 무수물 + HCl

예

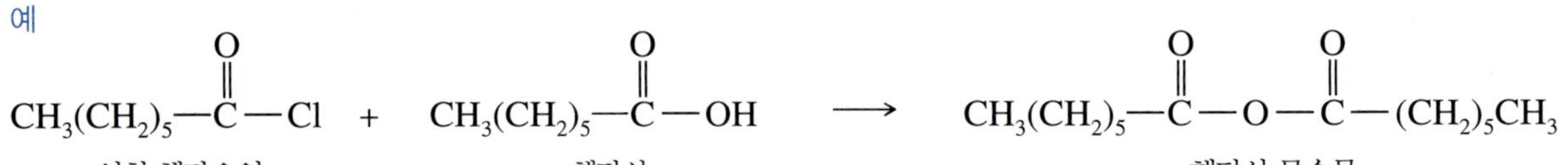

$$CH_3(CH_2)_5-\overset{O}{\overset{\|}{C}}-Cl + CH_3(CH_2)_5-\overset{O}{\overset{\|}{C}}-OH \longrightarrow CH_3(CH_2)_5-\overset{O}{\overset{\|}{C}}-O-\overset{O}{\overset{\|}{C}}-(CH_2)_5CH_3$$

염화 헵탄오일 헵탄산 헵탄산 무수물

산 염화물은 알코올과 빠르게 반응하여 강한 발열 반응을 통해 에스터를 생성한다. 이 반응은 산 염화물이 강력한 탈수제이기 때문에 알코올의 탈수를 피하기 위해 온도를 낮게 유지하도록 조심해야 한다. 반응 용액에 피리딘(pyridine, 또는 다른 염기)을 첨가하여 HCl 부산물을 중성화한다.

**메커니즘 21-3 | 산 염화물의 에스터로의 전환**

이는 표준 첨가-제거 반응을 따르는 또 다른 반응으로, 양성자를 잃고 최종 생성물을 만든다.

**1단계:** 친핵체의 첨가 **2단계:** 이탈기의 제거 **3단계:** 양성자를 잃음

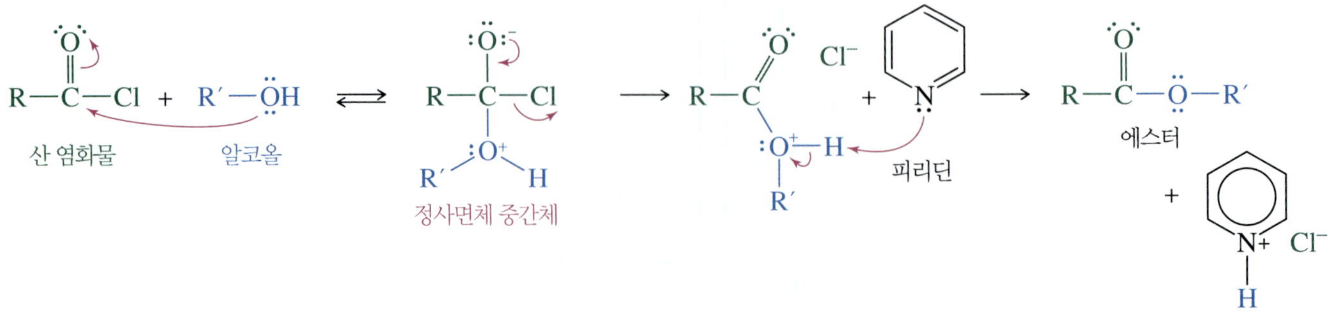

산 염화물 + 알코올 ⇌ 정사면체 중간체 → $Cl^-$ + 피리딘 → 에스터 + 피리디늄 $Cl^-$

예

$$\text{C}_5\text{H}_9\text{-COCl} + CH_3-CH(OH)-CH_3 \xrightarrow{\text{피리딘}} \text{C}_5\text{H}_9\text{-C(=O)OCH(CH}_3)_2 + \text{C}_5\text{H}_5\text{N}^+\text{-H Cl}^-$$

염화 사이클로펜테인카보닐 프로판-2-올 사이클로펜테인카복실산 2-프로필

산 염화물은 암모니아와 아민과 빠르게 반응하여 아마이드를 생성한다. 이 반응에서 생성되는 HCl은 아민 출발 물질을 양성자화할 수 있으므로 2배의 과량의 아민이 요구된다. 다른 방법으로는 피리딘이나 NaOH 같은 염기를 아민과 함께 넣어 HCl을 중화함으로써 아민을 과량으로 사용하는 것을 피할 수 있다.

## 메커니즘 21-4 | 산 염화물의 아마이드로의 전환

이 반응도 표준 첨가-제거 메커니즘의 단계를 따라 진행되어 양성자를 잃고 아마이드를 생성한다.

**1단계:** 친핵체의 첨가 **2단계:** 이탈기의 제거 **3단계:** 양성자를 잃음

$$R-C(=O)-Cl + 2\,R'_2NH \rightleftharpoons R-C(O^-)(Cl)-N^+HR'_2 \longrightarrow R-C(=O)-N^+HR'_2 \; (+\,R'_2NH) \longrightarrow R-C(=O)-NR'_2 + R'_2NH_2^+\,Cl^-$$

산 염화물 아민 정사면체 중간체

산 염화물의 암모니아와의 반응은 1차 아마이드를 생성한다. 1차 아민과는 2차 아마이드, 2차 아민과는 3차 아마이드가 생성된다.

예

$$CH_3-(CH_2)_4-C(=O)-Cl + \text{C}_6\text{H}_{11}-NH_2 \longrightarrow CH_3-(CH_2)_4-C(=O)-NH-\text{C}_6\text{H}_{11} + HCl$$

염화 헥산오일 사이클로헥실아민 (1차 아민) *N*-사이클로헥실헥산아마이드 (2차 아마이드)

산 무수물은 산 염화물만큼 반응성이 좋지는 않지만, 친핵성 아실 치환에 대해서는 여전히 활성이 있다. 무수물은 알코올과 반응하여 에스터를 만든다. 무수물의 2개의 산 단위 중 하나는 이탈기로 빠져나간다는 사실을 기억하라.

## 메커니즘 21-5 | 산 무수물의 에스터로의 전환

이 반응은 표준 첨가-제거 메커니즘을 따라 양성자를 잃고 에스터를 생성한다.

**1단계:** 친핵체의 첨가 **2단계:** 이탈기의 제거 **3단계:** 양성자를 잃음

R—C(=O)—O—C(=O)—R + R′—OH ⇌ R—C(O⁻)(—O⁺(H)R′)—O—C(=O)—R → R—C(=O)—O⁺(H)R′ + ⁻O—C(=O)—R

무수물 알코올 정사면체 중간체

⇌ R—C(=O)—O—R′ + R—C(=O)—OH

에스터 산

예

사이클로펜탄올 + $CH_3$—C(=O)—O—C(=O)—$CH_3$ → 사이클로펜틸—O—C(=O)—$CH_3$ + AcOH

사이클로펜탄올 아세트산 무수물 아세트산 사이클로펜틸 아세트산

산 무수물은 암모니아나 아민과 빠르게 반응한다. 무수물의 암모니아와의 반응은 1차 아마이드를 생성한다. 무수물이 1차 아민과 반응하면 2차 아마이드, 2차 아민과 반응하면 3차 아마이드를 생성한다.

## 메커니즘 21-6 | 산 무수물의 아마이드로의 전환

이 반응은 표준 첨가-제거 메커니즘을 따라 양성자를 잃고 아마이드를 생성한다.

**1단계:** 친핵체의 첨가 **2단계:** 이탈기의 제거 **3단계:** 양성자를 잃음

R—C(=O)—O—C(=O)—R + $R'_2NH$ ⇌ R—C(O⁻)(—N⁺H$R'_2$)—O—C(=O)—R → R—C(=O)—N⁺H$R'_2$ + ⁻O—C(=O)—R

무수물 아민 정사면체 중간체

⇌ R—C(=O)—$NR'_2$ + R—C(=O)—OH

아마이드 산

예

아닐린($C_6H_5NH_2$) + $CH_3$—C(=O)—O—C(=O)—$CH_3$ → $C_6H_5$—NH—C(=O)—$CH_3$ + AcOH

아닐린 아세트산 무수물 아세트아닐라이드 아세트산

에스터는 산 무수물보다 반응성이 떨어지지만, 암모니아나 아민과 함께 가열하면 아마이드로 전환될 수 있다. 이 반응을 '아민에 의한 분해(절단)'를 뜻하는 **가암모니아 분해**(ammonolysis)라고 한다. 암모니아를 사용한 가암모니아 분해는 1차 아마이드를 만든다. 1차 아민은 반응하여 2차 아마이드를 만들고, 2차 아민은 반응하여 (종종 매우 느리게) 3차 아마이드를 생성한다. 모든 경우에서 에스터의 아실기는 알코올의 산소 원자에서 아민의 질소 원자로 전달된다.

**메커니즘 21-7 | 에스터의 아마이드로의 전환(에스터의 가암모니아 분해)**

이 반응도 역시 표준 첨가-제거 메커니즘으로 양성자를 잃고 아마이드를 생성한다.

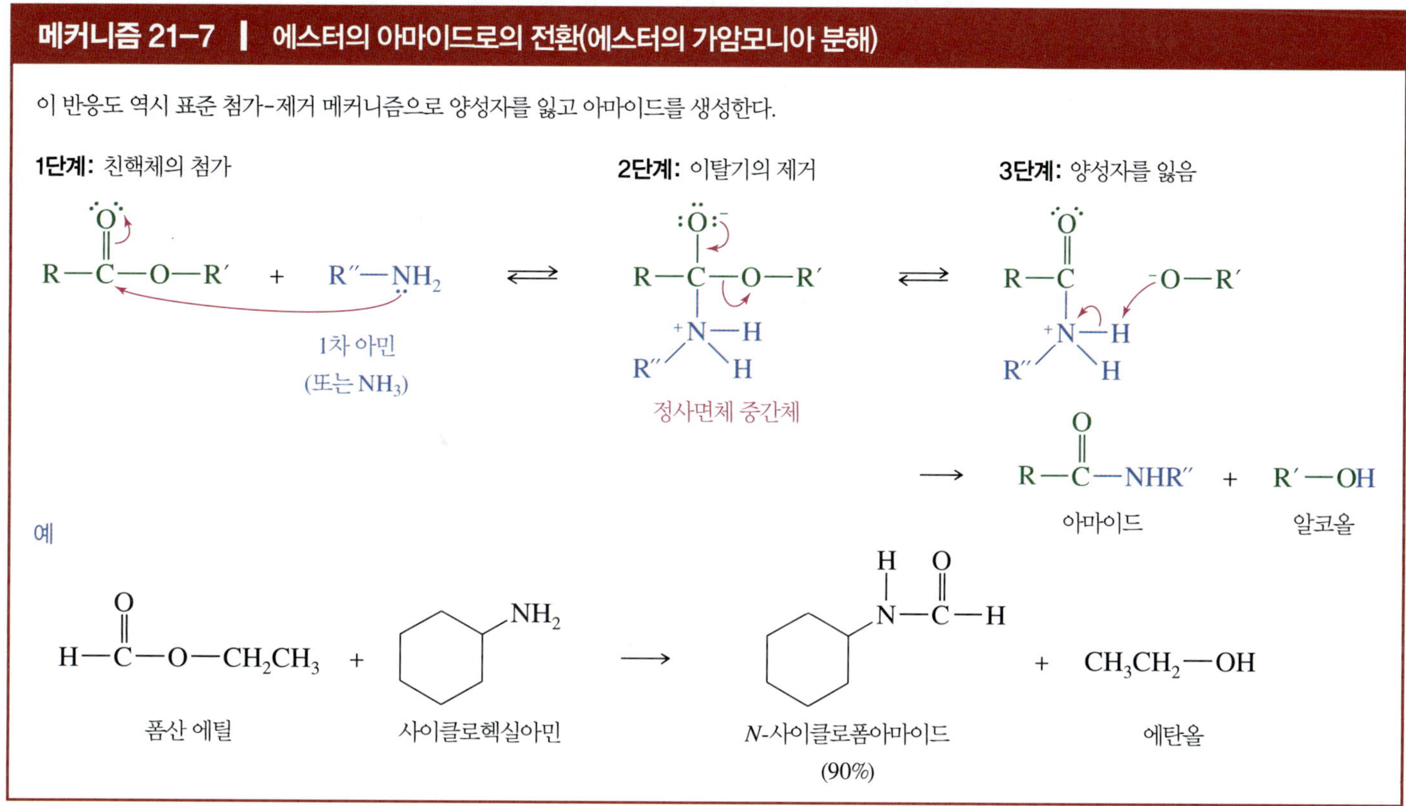


**연습문제 21-6**

**(a)** 벤질 알코올과 염화 아세틸이 반응하여 아세트산 벤질이 생성되는 반응의 메커니즘을 제시하라.

**(b)** 벤조산과 염화 아세틸이 반응하여 아세트산 벤조산 무수물(acetic benzoic anhydride)이 생성되는 반응 메커니즘을 제시하라.

**(c)** 벤조산과 염화 아세틸이 반응하여 아세트산 벤조산 무수물이 생성되는 반응의 또 다른 메커니즘을 제시하라. 이번에는 벤조산의 다른 산소가 염화 아세틸의 카보닐기를 공격하는 친핵체로 작용하게 한다. 두 산소 원자 사이에서의 양성자 진달은 빠르기 때문에 이 두 메커니즘을 실험으로 구별하기는 어렵다.

**(d)** 아닐린과 아세트산 무수물이 반응하여 아세트아닐라이드를 생성하는 반응의 메커니즘을 제시하라.

**(e)** 아닐린과 아세트산 에틸이 반응하여 아세트아닐라이드를 생성하는 반응의 메커니즘을 제시하라. 그 메커니즘의 이탈기는 무엇인가? 이는 $S_N2$ 반응에서 적합한 이탈기인가?

## 21-5C 친핵성 아실 치환에서의 이탈기

에스터의 가암모니아 분해의 두 번째 단계에서 이탈기로 알콕시화 이온을 잃는 것은 의외라고 생각될 것이다.

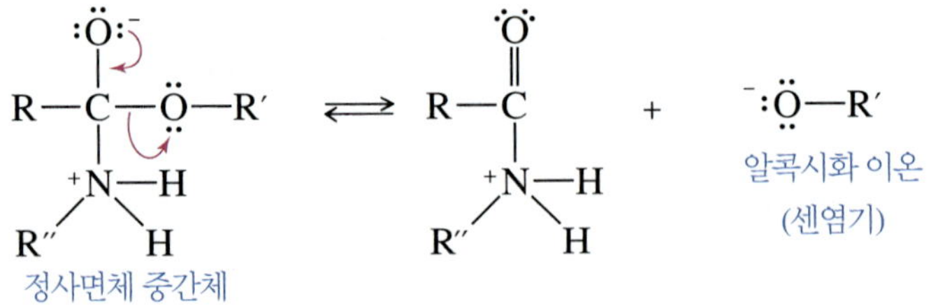

알킬 치환과 제거 반응($S_N1$, $S_N2$, E1, E2)을 공부할 때 수산화 이온이나 알콕시화 이온 같은 강한 염기는 나쁜 이탈기임을 보았다. 그림 21-10은 아실 첨가-제거 메커니즘을 $S_N2$ 메커니즘과 비교한 것이다. 메커니즘에서의 차이는 센염기가 알킬 치환에서는 이탈기가 될 수 없지만 아실 치환에서는 이탈기로 작용할 수 있는 이유를 설명해준다.

$S_N2$ 반응의 단일 단계 메커니즘은 크게 흡열 반응도 발열 반응도 아니다. 이탈기의 결합은 전이 상태에서 반쯤 끊어져 있으므로, 반응 속도는 이탈기의 성질에 민감하다. 알콕시화 이온 같은 나쁜 이탈기에서 이러한 반응은 꽤 느리다.

아실 치환에서 이탈기는 별도의 두 번째 단계에서 이탈한다. 이 두 번째 단계는 높은 발열 단계이다. Hammond 가설(4-14절)은 전이 상태가 반응 물질, 즉 정사면체 중간체를 닮은 것을 예측한다. 이 전이 상태에서 이탈기에의 결합은 거의 끊어지지 않는다. 전이 상태의 에너지(따라서 반응 속도)는 이탈기의 성질에 크게 예민하지 않다.

친핵성 아실 치환은 센염기가 이탈기인 반응의 첫 예이다. 이러한 반응의 많은 예를 살펴볼 것이다. 일반적으로 센염기는 불안정한, 음으로 하전된 중간체가 안정한 분자로 전환되는 경우인 높은 발열 단계에서 이탈될 때 이탈기로 작용한다.

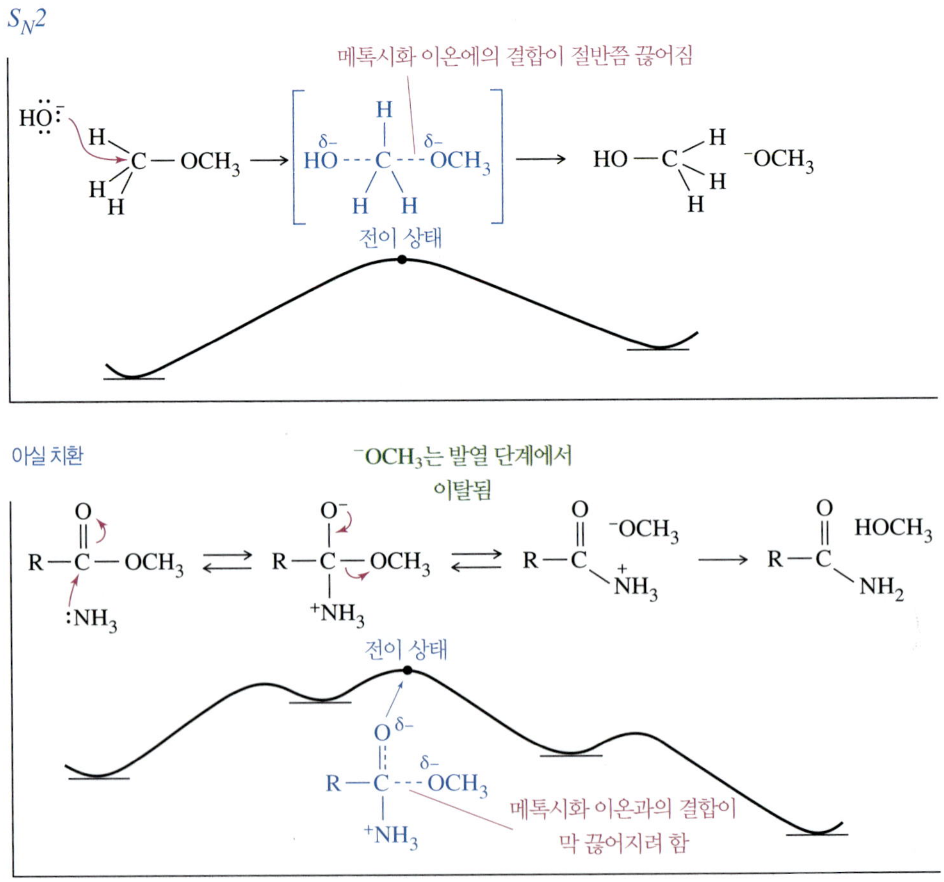

**문제풀이 힌트**

센염기는 그것이 보통 불안정하고 음으로 하전된 중간체를 안정한 분자로 전환시키는 매우 높은 발열 단계에서 이탈하면 이탈기로 작용한다.



**그림 21-10** 메톡시화 이온을 이탈기로 한 $S_N2$와 아실 첨가-제거 반응의 비교. 협동 $S_N2$에서 메톡시화 이온은 살짝 흡열 단계이며, 메톡시화 이온에의 결합은 전이 상태에서 대부분 끊어져 있다. 아실 치환에서 메톡시화 이온은 발열인 두 번째 단계에서 반응물을 닮은 전이 상태로 이탈된다. 즉 메톡시화 이온에의 결합은 전이 상태에서 막 끊어지기 시작한다.

## FOCUS | 산 유도체의 상호 전환

그림 21-9에는 세 가지 중요한 교훈이 포함되어 있다.

1. 반응성 순서(상단이 가장 반응성이 크고 하단이 가장 반응성이 낮음)는 반응의 '내리막' 방향이 자발적인 방향임을 나타낸다. 즉 다음과 같다.
   - 산염화물 ⟹ 무수물, 에스터, 아마이드, 카복실산 음이온
   - 무수물 ⟹ 에스터, 아마이드, 카복실산 음이온
   - 에스터 ⟹ 아마이드, 카복실산 음이온
   - 아마이드 ⟹ 카복실산 음이온
2. 카복실산기(카복실산의 음이온)는 이 표에서 독특한 위치를 차지한다. 유일한 '오르막' 반응은 반응성이 가장 낮은 그룹인 카복실산 염에서 시작된다. 염화 싸이오닐(thionyl chloride, $SOCl_2$)은 카복실산 염을 가장 반응성이 높은 그룹인 산 염화물로 전환시키며, 이로부터 다른 모든 그룹이 생성될 수 있다.

   카복실산 자체는 산 촉매를 사용한 Fischer 에스터화를 통해 알코올과 반응하여 에스터를 형성할 수 있다. 유사하게 카복실산은 아민과 반응하여 카복실 염을 형성할 수 있으며, 가열하면 물을 잃어 아마이드가 생성된다.
3. 아실 치환 반응은 또한 어떤 친핵체가 필요한지 밝혀준다.

$$\underset{\text{반응물}}{R-\overset{O}{\overset{\|}{C}}-LG} \xrightarrow{\text{Nuc}} \underset{\text{생성물}}{R-\overset{O}{\overset{\|}{C}}-\boxed{\text{Nuc}}}$$

친핵체 Nuc는 항상 카보닐에 결합하며 이탈기 LG를 대체한다. 이 **생성물**은 친핵체가 무엇인지 보여준다. **반응물**은 이탈기가 무엇인지 보여준다.

**연습문제 21-7**

다음 제시된 반응 중 온화한 조건에서 반응이 바르게 일어나는 것은 어느 것인가?

(a) $CH_3-\overset{O}{\overset{\|}{C}}-NH_2 + NaCl \longrightarrow CH_3-\overset{O}{\overset{\|}{C}}-Cl + NaNH_2$

(b) $Ph-\overset{O}{\overset{\|}{C}}-Cl + CH_3NH_2 \longrightarrow Ph-\overset{O}{\overset{\|}{C}}-NHCH_3 + HCl$

(c) $(CH_3)_2CH-\overset{O}{\overset{\|}{C}}-NH_2 + CH_3OH \longrightarrow (CH_3)_2CH-\overset{O}{\overset{\|}{C}}-OCH_3 + NH_3$

(d) $CH_3CH_2-\overset{O}{\overset{\|}{C}}-Cl + CH_3-\overset{O}{\overset{\|}{C}}-OH \longrightarrow CH_3CH_2-\overset{O}{\overset{\|}{C}}-O-\overset{O}{\overset{\|}{C}}-CH_3 + HCl$

(e) $CH_3-\overset{O}{\overset{\|}{C}}-O-\overset{O}{\overset{\|}{C}}-CH_3 + CH_3NH_2 \longrightarrow CH_3-\overset{O}{\overset{\|}{C}}-NHCH_3 + CH_3COOH$

**연습문제 21-8**

적절한 염화 아실과 알코올로부터 다음 에스터를 합성하라.

(a) 프로피온산 에틸
(b) 3-메틸헥산산 페닐
(c) 벤조산 벤질
(d) 사이클로헥세인카복실산 사이클로프로필
(e) 아세트산 *t*-뷰틸
(f) 석신산 다이알릴

**연습문제 21-9**

적절한 염화 아실과 아민으로부터 다음 아마이드를 합성하라.

**(a)** *N,N*-다이메틸아세트아마이드 **(b)** 아세트아닐라이드($PhNHCOCH_3$)

**(c)** 사이클로헥세인카복스아마이드 **(d)** (벤젠고리)–C(=O)–N(피페리딘 고리)

**연습문제 21-10**

**(a)** 아세트산 무수물과 적절한 알코올 또는 아민을 이용하여 **(i)** 아세트산 벤질, (ii) *N,N*-다이에틸아세트아마이드를 합성하라.

**(b)** (a)의 각 합성에 대한 메커니즘을 제시하라.

**연습문제 21-11**

아세트산 벤질과 메틸아민의 반응에 대한 메커니즘을 제시하라. 공격하는 친핵체와 이탈기를 표시하고, 이탈기가 이탈하는 전이 상태를 그려보라.

## 21-6 에스터 교환 반응

에스터는 산 또는 염기 조건에서 하나의 알콕시기가 다른 것으로 치환되는 **에스터 교환 반응**(transesterification)을 한다. 한 알코올의 에스터를 산이나 염기 존재하에서 다른 알코올로 처리하면 두 알코올기가 상호 교환될 수 있다. 평형에 이르게 되며, 이 평형은 원하는 알코올을 과량으로 사용하거나 다른 알코올을 제거함으로써 원하는 에스터 쪽으로 유도할 수 있다.

에스터 교환 반응

$$R-\overset{O}{\overset{\|}{C}}-O-R' + \underset{(\text{매우 과량})}{R''-OH} \xrightleftharpoons{H^+ \text{ 또는 } {}^-OR''} R-\overset{O}{\overset{\|}{C}}-O-R'' + R'-OH$$

예

$$\underset{\text{벤조산 에틸}}{C_6H_5-\overset{O}{\overset{\|}{C}}-O-CH_2CH_3} + \underset{\text{메탄올}}{CH_3-OH} \xrightleftharpoons{H^+ \text{ 또는 } {}^-OCH_3} \underset{\text{벤조산 메틸}}{C_6H_5-\overset{O}{\overset{\|}{C}}-O-CH_3} + \underset{\text{에탄올}}{CH_3CH_2-OH}$$

에스터 교환 반응은 산 촉매 또는 염기 촉매 친핵성 아실 치환 메커니즘의 가장 단순하면서도 최고의 예가 될 것이다. 그 이유는 이 반응이 정반응과 역반응이 똑같은 메커니즘인 공평하게 균형 맞은 평형이기 때문이다.

## 문제풀이 전략 | 반응 메커니즘 제안하기

단순히 산 촉매 또는 염기 촉매 에스터 교환의 메커니즘을 보여주기보다는 실전 문제 속에서 이 메커니즘이 어떻게 작용하는지 고려해보자.

**염기 촉매 에스터 교환**

우선 벤조산 에틸과 메탄올의 염기 촉매 에스터 교환을 생각해보자. 이는 첨가-제거 메커니즘을 통한 친핵성 아실 치환의 전형적인 예이다. 메톡시화 이온은 에스터의 카보닐기를 공격하기에 충분히 친핵성이다. 에톡시화 이온은 아주 큰 발열인 두 번째 단계에서 이탈기로 작용한다.

$$\text{PhC(=O)OCH}_2\text{CH}_3 + \text{CH}_3\ddot{\text{O}}:^- \rightleftharpoons \text{PhC(O}^-\text{)(OCH}_3\text{)OCH}_2\text{CH}_3 \rightleftharpoons \text{PhC(=O)OCH}_3 + {}^-:\ddot{\text{O}}\text{CH}_2\text{CH}_3$$

친핵성 공격　　정사면체 중간체

연습문제 21-12에서 스스로 염기 촉매 메커니즘을 시도해보라.

### 연습문제 21-12

4-하이드록시뷰티르산 에틸을 미량의 염기 촉매(아세트산 소듐)하에서 가열할 때 발생하는 생성물 중 하나는 락톤이다. 이 락톤의 생성 메커니즘을 제시하라.

**산 촉매 에스터 교환**

산 촉매 반응은 비슷한 메커니즘을 따르지만, 양성자 이동이 추가적으로 발생하기 때문에 더 복잡하다. 메탄올이 에탄올로 치환되는 다음 반응에서 메커니즘을 제시하는 단계적인 과정을 따라가 보자.

$$\text{PhC(=O)OCH}_2\text{CH}_3 + \text{CH}_3\text{OH} \xrightleftharpoons{\text{H}^+} \text{PhC(=O)OCH}_3 + \text{CH}_3\text{CH}_2\text{OH}$$

1. **반응물과 생성물의 탄소 골격을 고려하고 생성물의 어느 탄소 원자가 반응물의 어느 탄소 원자에서 왔는지 생각한다.**

   이 경우 메톡시기가 에톡시기에 의해 치환된다.

2. **반응물 중 어느 것이 활성화되지 않고도 반응할 수 있는 충분히 강한 친전자체인지 생각한다. 그렇지 않으면 반응물 중 하나가 Lewis 염기성 자리의 양성자화를 통해 강한 친전자체로 전환될 수 있는지 생각한다.**

   에스터 카보닐기는 메탄올과 반응할 만큼 좋은 친전자체는 아니다. 양성자화가 이를 강한 친전자체로 바꾸어준다(3단계에 나타남).

3. **다른 반응물의 친핵성 자리가 어떻게 강한 친전자체를 공격하여 생성물에서 필요한 결합을 형성하는지 생각한다.**

   메탄올은 활성화된 카보닐기를 공격하여 생성물에서 필요한 C—O 결합을 형성할 수 있는 친핵성 산소 원자를 가지고 있다.

### 응용: 바이오디젤

염기 촉매의 에스터 교환 반응은 폐식용유를 바이오디젤 연료로 바꿔주는 반응이다.

지방과 기름은 3개의 긴 사슬 지방산을 가진 글리세롤(glycerol)의 트라이에스터[**트라이글리세라이드**(triglyceride)]로, 큰 분자량을 지닌 저휘발성 분자이다. 염기 촉매 에스터 치환 반응은(메탄올을 알코올로 사용하고, NaOH가 촉매) 지방과 기름을 각각 3개의 지방산 메틸 에스터로 변환시킨다. 원래 트라이글리세라이드 분자량의 약 1/3의 분자량을 가진 이 메틸 에스터는 휘발성이 높아져 디젤 엔진에서 잘 작동한다. 이 지방산의 메틸 에스터 혼합물을 **바이오디젤**(biodiesel)이라고 한다.

트라이글리세라이드 $\xrightarrow[\text{(에스터 교환)}]{3\,\text{CH}_3\text{OH},\ \text{NaOH}}$ 3 $\text{CH}_3\text{–O–C(=O)R}$ (메틸 에스터) + $\text{CH}_2(\text{OH})\text{–CH(OH)–CH}_2\text{OH}$ (글리세롤)

폐식용유를 바이오디젤로 전환시키는 것은 폐기물을 가치 있는 생성물로 바꾸는 화학적 재활용의 좋은 예이다. 반면 식품 수준의 지방과 기름을 바이오디젤로 바꾸는 것은 경제적으로나 환경적인 면에서 바람직하지 않다. 식품 수준의 기름은 디젤 연료 가격보다 몇 배 비싸게 팔린다. 연료에서 바이오디젤을 요구하는 규정은 식물성 기름, 특히 야자 기름의 인위적인 큰 수요를 가져와 큰 면적의 열대우림이 야자 기름 농장으로 전환되도록 촉진했다.

C=O의 활성화

(공명 안정화)

$CH_3\ddot{O}H$

친핵성 공격

정사면체 중간체

## 문제풀이 힌트

산 촉매 친핵성 아실 치환은 보통 두 가지 면에서 염기 촉매 반응과 다르다.

1. 카보닐기는 약한 친핵체의 공격이 가능하도록 양성자 첨가로 활성화되어야 한다.
2. 산 조건에서 이탈기는 일반적으로 양성자가 첨가되어 중성 분자로 빠져나간다.

**4. 친핵성 공격의 생성물이 어떻게 최종 생성물로 전환되는지 또는 생성물에서 필요한 다른 결합을 형성하는지 생각한다.**

여기서 해야 할 일은 결합을 만드는 것이 아니라 결합을 끊는 것이다. 에톡시기($OCH_2CH_3$)는 없어져야 한다. 산 조건에서 작용기를 없애는 가장 보편적인 메커니즘은 작용기에 양성자를 첨가하여 (좋은 이탈기로 만들어) 없애는 것이다. 실제로 에톡시기를 없애는 것은 메톡시기를 얻는 데 사용되는 메커니즘의 정확히 반대이다.

양성자 첨가는 에톡시기가 이탈될 수 있게 준비시킨다. 에톡시기가 이탈된 생성물은 최종 생성물에 양성자가 첨가된 형태이다.

**5. 전자의 이동을 보여주는 곡선 화살표를 이용하여 메커니즘의 모든 단계를 그린다.**

이 요약이 메커니즘을 복습하는 데 도움이 되도록 직접 다시 해보라.

### 연습문제 21-13

이 산 촉매 에스터 교환 반응의 메커니즘을 모든 개별 단계를 그려 완성하라. 각 공명 안정화 중간체에 대해 중요한 공명기의 구조를 그려보라.

### 연습문제 21-14

다음 고리 열림 에스터 교환의 메커니즘을 제시하라. 연습문제 21-13의 메커니즘을 모델로 사용하라.

$$\text{(lactone)} + CH_3OH \overset{H^+}{\rightleftharpoons} HO\text{–}(CH_2)_4\text{–}C(=O)OCH_3$$

## 메커니즘 21-8 | 에스터 교환

다음은 염기 또는 산 조건하에서의 에스터 교환의 메커니즘 요약이다.

**염기 촉매화**

염기 촉매 에스터 교환은 단순한 두 단계 친핵성 아실 치환이다.

**1단계:** 친핵체의 첨가 **2단계:** 이탈기의 제거

$C_6H_5C(=O)OCH_3 + {}^-:OR \rightleftharpoons C_6H_5C(O^-)(OR)OCH_3 \rightleftharpoons C_6H_5C(=O)OR + {}^-:OCH_3$

정사면체 중간체

**산 촉매화**

산 촉매 에스터 교환은 주 단계의 전후에 모두 양성자 전달이 필요하다. 전체 반응은 2개의 과정을 거친다. 반응의 앞부분은 친핵체의 산 촉매 첨가를 수반하고, 뒷부분은 이탈기의 산 촉매 제거를 동반한다.

앞부분: 친핵체의 산 촉매 첨가

**1단계:** 카보닐의 양성자 첨가 **2단계:** 친핵체 공격 **3단계:** 탈양성자

$C_6H_5C(=O)OCH_3 \overset{H^+}{\rightleftharpoons} [C_6H_5C(=\overset{+}{O}H)OCH_3] + R\ddot{O}H \rightleftharpoons C_6H_5C(OH)(OCH_3)\overset{+}{O}(H)R \overset{R\ddot{O}H}{\rightleftharpoons} C_6H_5C(OH)(OCH_3)OR$

(공명 안정화) 정사면체 중간체

뒷부분: 이탈기의 산 촉매 제거

**1단계:** 이탈기의 양성자 첨가 **2단계:** 이탈기의 제거 **3단계:** 탈양성자

$C_6H_5C(OH)(OR)OCH_3 \overset{H^+}{\rightleftharpoons} C_6H_5C(OH)(OR)\overset{+}{O}(H)CH_3 \rightleftharpoons [C_6H_5C(=\overset{+}{O}H)OR] \overset{CH_3\ddot{O}H}{\rightleftharpoons} C_6H_5C(=O)OR + CH_3\overset{+}{O}H_2$

(공명 안정화)

염기성 친핵성 아실 치환이 일어나는 일부 반응은 실제로는 산 촉매에서 훨씬 더 잘 일어난다. 예를 들면 이스피린(aspirin)은 살리실산(salicylic acid)과 아세트산 무수물로부터 만들어진다. 이 시약들을 섞으면 반응은 천천히 진행된다. 황산 한 방울을 첨가하면 반응이 가속되어 1~2분 내에 반응이 완결된다.

$$o\text{-}HOC_6H_4COOH + CH_3C(=O)OC(=O)CH_3 \xrightarrow[\text{빠름}]{H_2SO_4} o\text{-}CH_3C(=O)OC_6H_4COOH + CH_3COOH$$

살리실산 아세트산 무수물 아스피린 (아세틸살리실산)

**연습문제 21-15**

(a) 살리실산과 아세트산 무수물의 산 촉매 반응의 메커니즘을 제시하라.

(b) 한 방울의 황산이 극적으로 반응 속도를 증가시키는 이유를 설명하라.

## 21-7 카복실산 유도체의 가수 분해

모든 산 유도체는 가수 분해되어 카복실산을 만든다. 대부분의 경우 가수 분해는 산성 또는 염기성 조건에서 일어난다. 산 유도체의 가수 분해에 대한 반응성은 반응성이 높은 산 할로젠화물로부터 상대적으로 낮은 반응성의 아마이드까지 다양하다.

### 21-7A 산 할로젠화물과 무수물의 가수 분해

산 할로젠화물과 무수물은 반응성이 커서 중성 조건에서 가수 분해된다. 산 할로젠화물 또는 무수물의 가수 분해는 습기가 있는 공기 중에 노출되어 일어나는 성가신 부반응이다. 가수 분해 반응은 산 할로젠화물과 무수물을 건조한 질소하에서 보관하거나 무수 용매와 시약을 사용하여 피할 수 있다.

$$R-C(=O)-Cl + H_2\ddot{O}: \longrightarrow R-C(-O^-)(-Cl)(-{}^+OH_2) \longrightarrow R-C(=O)-{}^+OH_2\ \ Cl^-\ \ H_2\ddot{O}: \longrightarrow R-C(=O)-\ddot{O}-H + H_3O^+\ \ Cl^-$$

### 21-7B 에스터의 가수 분해

에스터의 산 촉매 가수 분해 반응은 Fischer 에스터화 평형의 단순히 반대이다. 과량의 물을 첨가하면 평형이 산과 알코올 쪽으로 이동한다.

**비누화**(saponification)로 불리는 에스터의 염기성 가수 분해는 Fischer 에스터화의 평형을 피할 수 있다. 수산화 이온이 카보닐기를 공격하여 정사면체 중간체를 만든다. 알콕시화 이온이 제거되어 산을 만들고, 빠른 양성자 전달을 통해 카복실산 음이온과 알코올이 생성된다. 이러한 강한

**메커니즘 21-9 | 에스터의 비누화**

이는 또 다른 표준 첨가-제거 메커니즘으로 양성자 전달을 통해 최종 생성물을 만든다.

**1단계:** 친핵체 첨가 **2단계:** 이탈기의 제거 **3단계:** 양성자 전달

$$R-C(=O)-O-R' + {}^-:\ddot{O}-H \rightleftharpoons R-C(-O^-)(-\ddot{O}-R')(-\ddot{O}-H) \rightleftharpoons R-C(=O)-\ddot{O}-H + {}^-:\ddot{O}-R' \longrightarrow R-C(=O)-\ddot{O}:^- + H-\ddot{O}-R'$$

정사면체 중간체 / 산 / 알콕시화 이온 / 카복실산 음이온 / 알코올

예

$$CH_3CH_2-C(=O)-O-CH_2CH_3 + Na^+\ {}^-OH \longrightarrow CH_3CH_2-C(=O)-O^-\ Na^+ + CH_3CH_2-OH$$

프로피온산 에틸 / 프로피온산 소듐 / 에탄올

발열 과정의 양성자 전달이 비누화를 완결시킨다. 같은 당량 수의 염기가 산에서 탈양성자화하는 데 소모된다.

**비누화**(라틴어로 *saponis*, '비누')는 글자 그대로 '비누 만들기'를 뜻한다. 비누는 긴 사슬 카복실산(지방산)과 트라이올 글리세롤(triol glycerol)의 에스터인 지방의 염기성 가수 분해로 만들어진다. 수산화 소듐으로 지방을 가수 분해하면 우리가 비누로 알고 있는 긴 사슬의 카복실산 염을 만든다. 비누와 세제는 25장에서 더 자세히 다룰 것이다.

$$\text{지방(트라이에스터)} + 3\,NaOH \longrightarrow \text{글리세롤 } (CH_2OH\text{—}CHOH\text{—}CH_2OH) + 3\,Na^+\ {}^-O\text{—}C(=O)\text{—R}$$

지방(글리세롤의 트라이에스터) 글리세롤 비누(지방산의 염)

**연습문제 21-16**

다음과 같이 산소 원자 1개가 $^{18}O$ 동위 원소로 표지된 광학적으로 순수한 아세트산 (*R*)-2-뷰틸을 생각해보자.

$$CH_3\text{—}C(=O)\text{—}{}^{18}O\text{—}C(H)(CH_2CH_3)(CH_3)$$

(a) 염기성 조건에서 이 화합물의 가수 분해 메커니즘을 그려보라. 생성물 중 어디에 $^{18}O$가 포함되는지 예측하라. 또한 뷰탄-2-올 생성물은 순수한 (*R*), 순수한 (*S*), 라셈화 중 어느 것인지 예측하라.

(b) 이 화합물의 산 촉매 가수 분해 반응에 대해 (a)의 질문에 답하라.

(c) $^{18}O$가 생성물의 어느 부분에 나타나는지 실험적으로 증명할 수 있는 방법을 설명하라($^{18}O$는 방사성이 아니다).

**연습문제 21-17**

(a) 에스터의 산성 가수 분해 반응을 산 **촉매화**라고 부르는 반면, 염기성 가수 분해 반응을 염기 **촉신화**라고 부르는 이유를 설명하라.

(b) 비누 제조업자들은 지방의 가수 분해에 항상 산 대신 염기를 사용한다. 염기성 가수 분해가 선호되는 이유 두 가지를 제시하라.

**연습문제 21-18**

*γ*-뷰티로락톤의 염기 촉진 가수 분해의 메커니즘을 제시하라.

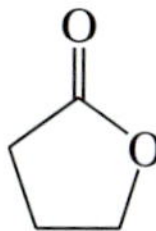

### 21-7C 아마이드의 가수 분해

아마이드는 산성 또는 염기성 조건에서 모두 카복실산으로 가수 분해된다. 아마이드는 산 유도체 중 가장 안정하여 에스터의 가수 분해보다 더 강한 조건이 필요하다. 전형적인 가수 분해 조건은 6 M HCl 또는 40% NaOH 수용액에서 장시간 가열하는 것이다.

염기성 가수 분해

$$R-\overset{O}{\overset{\|}{C}}-NHR' + Na^+\,{}^-OH \xrightarrow{H_2O} R-\overset{O}{\overset{\|}{C}}-O^-\;Na^+ + R'NH_2$$

예

$$C_6H_5-\overset{O}{\overset{\|}{C}}-N(CH_2CH_3)_2 + NaOH \xrightarrow{H_2O} C_6H_5COO^-\;Na^+ + (CH_3CH_2)_2NH$$

*N,N*-다이에틸벤즈아마이드 → 벤조산 소듐, 다이에틸아민

산성 가수 분해

$$R-\overset{O}{\overset{\|}{C}}-NHR' + H_3O^+ \longrightarrow R-\overset{O}{\overset{\|}{C}}-OH + R'\overset{+}{N}H_3$$

예

$$C_6H_5CH_2-\overset{O}{\overset{\|}{C}}-NHCH_3 + H_2SO_4 \xrightarrow{H_2O} C_6H_5CH_2-\overset{O}{\overset{\|}{C}}-OH + CH_3\overset{+}{N}H_3\;\;HSO_4^-$$

*N*-메틸-2-페닐아세트아마이드 → 페닐아세트산, 황산 메틸암모늄

염기성 가수 분해 메커니즘(1차 아마이드에 대해서는 다음 내용 참조)은 에스터의 가수 분해와 비슷하다. 수산화 이온은 카보닐을 공격하여 정사면체 중간체를 만든다. 아마이드 이온이 제거되어 카복실산을 생성하고, 이는 바로 탈양성자화되어 산과 암모니아의 염을 만든다.

**메커니즘 21-10 | 아마이드의 염기성 가수 분해**

이것 또한 표준 첨가-제거 메커니즘으로 양성자 전달이 최종 생성물을 만든다. 최종 양성자 이동은 매우 빠르며 좋지 않은 이탈기($^-NH_2$)가 제거될 때 발생할 수 있다.

**1단계:** 친핵체의 첨가 **2단계:** 이탈기의 제거 **3단계:** 양성자 전달

$$R-\overset{O}{\overset{\|}{C}}-\ddot{N}H_2 \;\; {}^-:\ddot{O}H \rightleftharpoons R-\underset{OH}{\underset{|}{\overset{:\ddot{O}:^-}{\overset{|}{C}}}}-\ddot{N}H_2 \rightleftharpoons R-\overset{O}{\overset{\|}{C}}-\ddot{O}-H \;\; {}^-:\ddot{N}H_2 \longrightarrow R-\overset{O}{\overset{\|}{C}}-\ddot{O}:^- \;\; :NH_3$$

정사면체 중간체

산성 조건에서 아마이드의 가수 분해 메커니즘은 에스터의 산 촉매 가수 분해와 유사하다. 카보닐기의 양성자 첨가는 이를 활성화시켜 물의 친핵성 공격으로 정사면체 중간체를 생성한다. 아미노기에의 양성자 첨가는 이것이 아민으로 이탈될 수 있도록 해준다. 빠른 발열 양성자 전달은 산과 양성자가 첨가된 아민을 생성한다.

## 메커니즘 21-11 | 아마이드의 산성 가수 분해

이 메커니즘은 두 과정으로 일어난다.

전반부: 친핵체(물)의 산 촉매 첨가

**1단계:** 카보닐의 양성자 **2단계:** 친핵체의 첨가 **3단계:** 양성자를 잃음

$$R-C(=O)-NH_2 + H^+ \rightleftharpoons \left[R-C(=\overset{+}{O}-H)-NH_2 \quad H_2O:\right] \rightleftharpoons R-C(OH)(NH_2)-\overset{+}{O}H_2 \quad H_2O: \rightleftharpoons R-C(OH)(NH_2)-OH + H_3O^+$$

(공명 안정화)

후반부: 이탈기의 산 촉매 제거

**1단계:** 이탈기의 양성자 **2단계:** 이탈기의 제거 **3단계:** 탈양성자

$$R-C(OH)_2-NH_2 + H^+ \rightleftharpoons R-C(OH)_2-\overset{+}{N}H_3 \rightleftharpoons \left[R-C(=\overset{+}{O}-H)-OH\right] :NH_3 \longrightarrow R-C(=O)-OH \quad NH_4^+$$

(공명 안정화)

**연습문제 21-19**

아마이드의 산 촉매 가수 분해의 메커니즘에서 공명 안정화 양이온(괄호 안)에 대해 중요한 공명화 구조를 그려보라.

**연습문제 21-20**

*N,N*-다이메틸아세트아마이드의 가수 분해 반응의 메커니즘을 제시하라.

**(a)** 염기성 조건에서 **(b)** 산성 조건에서

**연습문제 21-21**

산성 조건 및 염기성 조건에서 아마이드의 가수 분해 반응의 평형은 생성물을 선호한다. *N,N*-다이메틸아세트아마이드의 가수 분해 메커니즘을 이용하여 어느 단계가 반응을 완결시키기에 충분히 발열 단계인지 나타내라.

### 21-7D 나이트릴의 가수 분해

나이트릴은 산 또는 염기 수용액에서 가열하면 가수 분해되어 아마이드를 생성한 후 카복실산까지 가수 분해된다. 온화한 조건에서는 나이트릴은 아마이드까지만 가수 분해될 수 있다. 더 강한 조건에서는 카복실산까지 가수 분해될 수 있다.

나이트릴의 염기성 가수 분해

$$R-C\equiv N: + H_2O \xrightarrow[H_2O]{^-OH} R-\overset{O}{\overset{\|}{C}}-NH_2 \xrightarrow[H_2O]{^-OH} R-\overset{O}{\overset{\|}{C}}-O^- + :NH_3$$

나이트릴 — 1° 아마이드 — 카복실산 음이온

예

$$\text{(3-pyridyl)}-C\equiv N: \xrightarrow[H_2O/EtOH,\ 50\ °C]{NaOH} \text{(3-pyridyl)}-\overset{O}{\overset{\|}{C}}-\ddot{N}H_2$$

니코티노나이트릴(nicotinonitrile) — 니코틴아마이드(nicotinamide)

나이트릴의 산성 가수 분해

$$R-C\equiv N: \xrightarrow[H_2O]{H^+} R-\overset{O}{\overset{\|}{C}}-NH_2 \xrightarrow[H_2O]{H^+} R-\overset{O}{\overset{\|}{C}}-OH + NH_4^+$$

나이트릴 — 1° 아마이드 — 카복실산 음이온

예

$$Ph-CH_2-C\equiv N: \xrightarrow[H_2O/EtOH]{H_2SO_4,\ 열} Ph-CH_2-\overset{O}{\overset{\|}{C}}-OH$$

페닐아세토나이트릴 — 페닐아세트산

염기성 가수 분해의 메커니즘은 사이아노기의 친전자성 탄소를 수산화 이온이 공격하는 것으로 시작한다. 양성자 첨가는 아마이드의 불안정한 엔올 토토머를 생성한다. 산소로부터 양성자를 제거하고, 질소에 다시 양성자를 첨가하면 아마이드가 생성된다. 아마이드를 더 가수 분해하여 카복실산 음이온을 만드는 것은 앞서 공부한 염기 촉진 메커니즘과 같은 메커니즘을 따른다.

**메커니즘 21-12 | 나이트릴의 염기 촉매 가수 분해**

**1단계:** 수산화 이온이 사이아노기의 탄소에 첨가된다.

**2단계:** 양성자 첨가는 아마이드의 엔올을 생성한다.

$$R-C\equiv N: + {}^-:\ddot{O}-H \rightleftarrows R-\overset{:\ddot{O}-H}{\overset{|}{C}}=\ddot{N}:^- \xrightleftharpoons{H-\ddot{O}-H} R-\overset{:\ddot{O}-H}{\overset{|}{C}}=\ddot{N}-H + {}^-:\ddot{O}-H$$

나이트릴 — 아마이드의 엔올 토토머

**3단계:** 양성자의 제거와 복원(토토머화)으로 아마이드가 생성된다.

$$\mathrm{R{-}C({-}\ddot{O}{-}H){=}\ddot{N}{-}H} \;\; \overset{^{-}:\ddot{O}-H}{\rightleftharpoons} \;\; \left[\mathrm{R{-}C(-\ddot{O}:^{-}){=}\ddot{N}{-}H} \longleftrightarrow \mathrm{R{-}C({=}O){-}\ddot{N}^{-}{-}H}\right] \;\; \overset{H-\ddot{O}-H}{\rightleftharpoons} \;\; \mathrm{R{-}C({=}\ddot{O}){-}\ddot{N}H_2} + {}^{-}:\ddot{O}{-}H$$

엔올 토토머 아마이드의 엔올산 음이온 아마이드

**연습문제 21-22**

벤조나이트릴의 가수 분해로 벤조산 음이온과 암모니아가 생성되는 메커니즘을 제시하라.

**연습문제 21-23**

나이트릴의 산성 가수 분해 메커니즘은 나이트릴이 우선 양성자 첨가로 활성화되어 약한 친핵체(물)의 공격을 받을 수 있는 것을 제외하면 염기성 가수 분해와 비슷하다. 산 조건에서는 양성자 전달(토토머화)이 질소에 양성자를 첨가한 후 산소에서 탈양성자화를 통해 일어난다. 벤조나이트릴의 벤즈아마이드로 산 촉매 가수 분해되는 메커니즘을 제시하라.

## 21-8 산 유도체의 환원

카복실산과 그 유도체는 알코올, 알데하이드, 아민 등으로 환원될 수 있다. 이들은 상대적으로 환원시키기 어렵기 때문에 일반적으로 수소화 알루미늄 리튬(lithium aluminum hydride, $LiAlH_4$) 같은 강한 환원제가 필요하다.

### 21-8A 알코올로의 환원

수소화 알루미늄 리튬은 산, 산 염화물, 에스터를 1차 알코올로 환원시킨다(산의 환원은 20-13절 참조). 산 염화물은 다른 산 유도체보다 더 반응성이 높다. 수소화 알루미늄 리튬이나 수소화 붕산 소듐(sodium borohydride)은 산 염화물을 1차 알코올로 전환시킨다.

$$\underset{\text{에스터 (또는 산 염화물)}}{\mathrm{R{-}C({=}O){-}O{-}R'}} \xrightarrow{LiAlH_4} \underset{\text{1차 알콕시화 음이온}}{\mathrm{R{-}CH_2O^-\,Li^+}} + \mathrm{R'{-}O^-\,Li^+} \xrightarrow{H_3O^+} \underset{\text{1차 알코올}}{\mathrm{R{-}CH_2OH}} + \mathrm{R'{-}OH}$$

예

$$\underset{\text{페닐아세트산 에틸}}{\mathrm{C_6H_5{-}CH_2{-}C({=}O){-}OCH_2CH_3}} \xrightarrow[(2)\ H_3O^+]{(1)\ LiAlH_4} \underset{\text{2-페닐에탄올}}{\mathrm{C_6H_5{-}CH_2{-}CH_2OH}} + \mathrm{CH_3CH_2OH}$$

에스터와 산 염화물은 첨가-제거 메커니즘을 통해 반응하여 알데하이드를 생성하고, 이 생성물은 빠르게 알콕시화 이온으로 환원된다. 환원이 완결되면 알콕시화 이온을 양성자화하기 위해 묽은 산을 첨가한다.

**메커니즘 21-13 | 에스터의 수소화물 환원**

**1단계:** 친핵체(수소화물)의 첨가

$$R-\overset{O}{\overset{\|}{C}}-O-R' + H-\overset{H}{\underset{H}{Al^-}}-H \ Li^+$$

에스터

**2단계:** 알콕시화 이온의 제거

$$R-\overset{O^-}{\underset{H}{C}}-O-R' \ Li^+ \longrightarrow R-\overset{O}{\overset{\|}{C}}-H + Li^+ \ ^-:O-R$$

정사면체 중간체 알데하이드 알콕시화 이온

**3단계:** 두 번째 수소화물 첨가

$$R-\overset{O}{\overset{\|}{C}}-H + H-\overset{H}{\underset{H}{Al^-}}-H \ Li^+ \longrightarrow$$

알데하이드

**4단계:** 산 첨가로 알콕시화 이온의 양성자화

$$R-\overset{O^-}{\underset{H}{C}}-H \ Li^+ \xrightarrow{H_3O^+} R-\overset{OH}{\underset{H}{C}}-H$$

염 1차 알코올

**연습문제 21-24**

(a) 에스터의 수소화물 환원의 어느 단계에서 화합물이 환원되는가? (힌트: 산소에 대한 결합을 세어보라.)

(b) 수산화 알루미늄 리튬에 의한 염화 옥탄오일의 환원에 대한 메커니즘을 제시하라.

## 21-8B 알데하이드로의 환원

산 염화물은 다른 산 유도체보다 반응성이 커서 수소화 트라이-*t*-뷰톡시알루미늄 리튬[lithium tri-*tert*-butoxyaluminum hydride, $LiAlH(O\text{-}t\text{-}Bu)_3$] 같은 온화한 환원제를 사용하면 알데하이드로 환원된다. 수소화 다이아이소뷰틸알루미늄(diisobutylaluminum hydride, DIBAL-H)은 낮은 온도에서 에스터를 알데하이드로 환원시키며, 나이트릴도 알데하이드로 환원시킨다. 이러한 환원은 18-9, 18-10절에서 다루었다.

$$R-\overset{O}{\overset{\|}{C}}-Cl \xrightarrow[\text{에터}]{LiAlH(O\text{-}t\text{-}Bu)_3} R-\overset{O}{\overset{\|}{C}}-H$$

예

$$CH_3(CH_2)_6-\overset{O}{\overset{\|}{C}}-Cl \xrightarrow{LiAlH(O\text{-}t\text{-}Bu)_3} CH_3(CH_2)_6-\overset{O}{\overset{\|}{C}}-H$$

염화 옥탄오일 옥탄알

$$R-\overset{O}{\overset{\|}{C}}-OR' \xrightarrow[-78\ ^\circ C]{(1)\ (i\text{-}Bu)_2AlH} R-\overset{O-Al(i\text{-}Bu)_2}{\underset{OR'}{C}}-H \xrightarrow{(2)\ H_2O} R-\overset{O}{\overset{\|}{C}}-H$$

예

$$Ph-CH=CH-\overset{O}{\overset{\|}{C}}-OEt \xrightarrow[(2)\ H_2O]{(1)\ \text{DIBAL-H},\ -78\ ^\circ C} Ph-CH=CH-\overset{O}{\overset{\|}{C}}-H$$

시남산 에틸 시남알데하이드

### 21-8C 아민으로 환원

수소화 알루미늄 리튬은 아마이드와 나이트릴을 아민으로 환원시켜주는 최선의 아민 합성 방법 가운데 하나이다(19-19, 19-20B절). 1차 아마이드와 나이트릴은 1차 아민으로 환원된다. 2차 아마이드는 2차 아민으로 환원되고, 3차 아마이드는 3차 아민으로 환원된다.

아마이드

$$R-\overset{O}{\overset{\|}{C}}-NH_2 \xrightarrow[(2)\ H_2O]{(1)\ LiAlH_4} R-CH_2-NH_2$$

1차 아마이드 → 1차 아민

$$R-\overset{O}{\overset{\|}{C}}-NHR' \xrightarrow[(2)\ H_2O]{(1)\ LiAlH_4} R-CH_2-NHR'$$

2차 아마이드 → 2차 아민

$$R-\overset{O}{\overset{\|}{C}}-NR'_2 \xrightarrow[(2)\ H_2O]{(1)\ LiAlH_4} R-CH_2-NR'_2$$

3차 아마이드 → 3차 아민

예

$$CH_3-\overset{O}{\overset{\|}{C}}-NH-Ph \xrightarrow[(2)\ H_2O]{(1)\ LiAlH_4} CH_3-CH_2-NH-Ph$$

아세트아닐라이드 → *N*-에틸아닐린

이 환원의 메커니즘은 수소화 이온을 카보닐기에 첨가하여 정사면체의 중간체를 형성하는 전형적인 친핵성 아실 치환처럼 시작한다. 그러나 질소 원자는 나쁜 이탈기이므로, 알루미늄에 착물화된 카보닐에 있던 산소가 비교적 좋은 이탈기가 된다. 산소 원자는 이탈되어 이민 또는 이민 염을 형성하고, 이들은 빠르게 아민으로 환원된다.

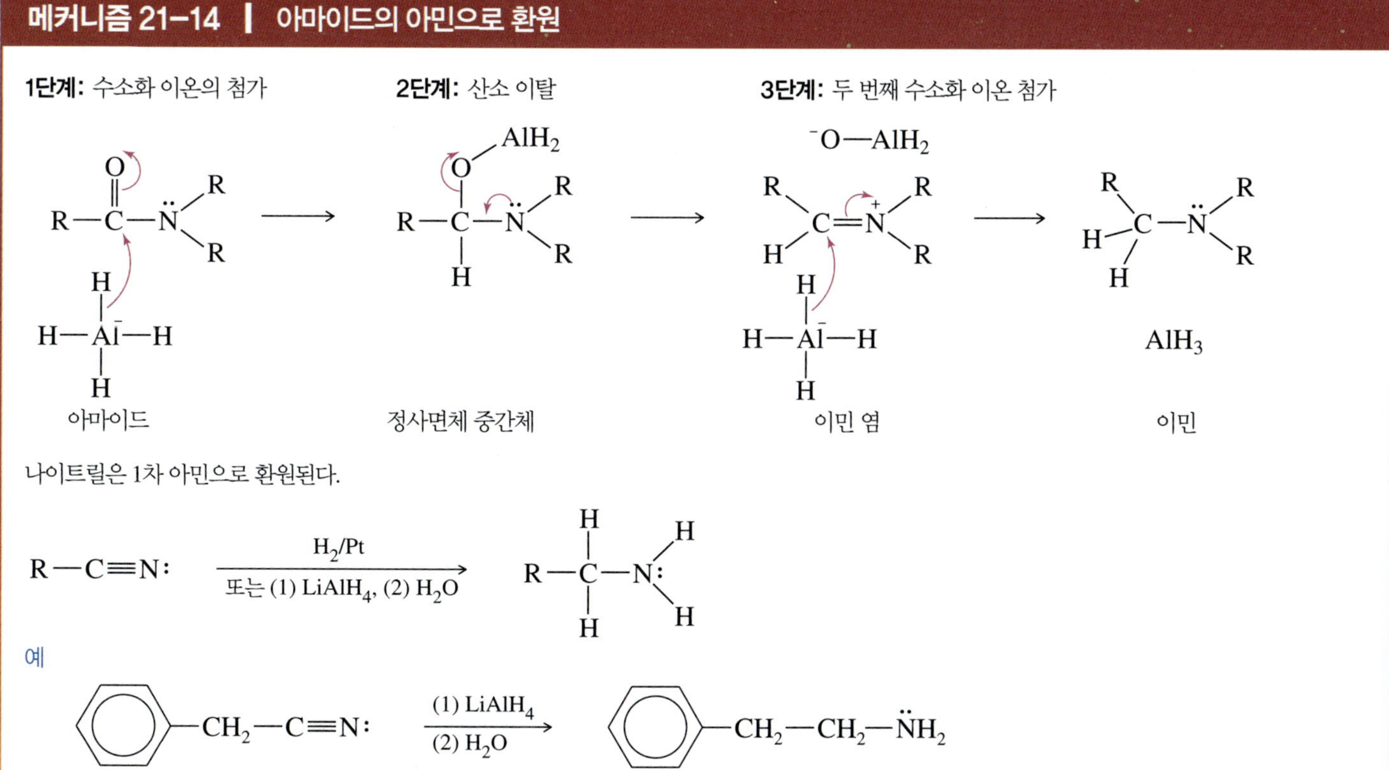

**연습문제 21-25**

다음 화합물의 수산화 알루미늄 리튬으로의 환원에서 (가수 분해 후) 예상되는 생성물을 제시하라.

**(a)** 뷰티로나이트릴 **(b)** *N*-사이클로헥실아세트아마이드 **(c)** *ε*-카프로락탐

**(d)** (H, N, O, O 표시 구조) **(e)** (N, $CH_3$, $CH_2CH_3$, C, O 표시 구조) **(f)** (CN 표시 구조)

## 21-9 산 유도체와 유기금속 시약의 반응

**에스터와 산 염화물** Grignard와 유기리튬 시약은 산 염화물과 에스터에 두 번 첨가하여 알콕시화 이온을 만든다(10-9D절). 이 알콕시화 이온의 양성자화를 통해 알코올을 얻는다.

$$\underset{\text{에스터}}{R-\overset{O}{\overset{\|}{C}}-OR'} \xrightarrow[\text{(또는 2 R''Li)}]{\text{2 R''MgX}} \underset{\text{알콕시화 염}}{R-\underset{R''}{\overset{OMgX}{C}}-R''} + R'OMgX \xrightarrow{H_3O^+} \underset{\text{3차 알코올}}{R-\underset{R''}{\overset{OH}{C}}-R''}$$

예

$$\underset{\text{에스터}}{Ph-\overset{O}{\overset{\|}{C}}-OEt} + 2\,PhMgBr \longrightarrow Ph-\underset{Ph}{\overset{OMgBr}{C}}-Ph \xrightarrow{H_3O^+} \underset{\text{3차 알코올}}{Ph-\underset{Ph}{\overset{OH}{C}}-Ph}$$

$$\underset{\text{폼산 에스터}}{H-\overset{O}{\overset{\|}{C}}-OEt} + 2\,C_4H_9Li \longrightarrow H-\underset{C_4H_9}{\overset{OLi}{C}}-C_4H_9 \xrightarrow{H_3O^+} \underset{\text{2차 알코올}}{H-\underset{C_4H_9}{\overset{OH}{C}}-C_4H_9}$$

$$\underset{\text{산 염화물}}{CH_3CH_2-\overset{O}{\overset{\|}{C}}-Cl} + 2\,PhMgBr \longrightarrow CH_3CH_2-\underset{Ph}{\overset{OMgBr}{C}}-Ph \xrightarrow{H_3O^+} \underset{\text{3차 알코올}}{CH_3CH_2-\underset{Ph}{\overset{OH}{C}}-Ph}$$

메커니즘은 아실 탄소 원자에의 친핵성 치환이 관여한다. 유기금속 시약이 탄소 음이온류를 공격한 후에 (에스터에서) 알콕시화 이온, (산 염화물에서) 염화 이온이 이탈되어 케톤을 형성한다. 두 번째 당량의 유기금속 시약이 이 케톤에 첨가되어 알콕시화 이온을 형성한다. 가수 분해를 통해 2차 알코올을 생성하는 폼산 에스터(R$=$H)의 경우를 제외하면 3차 알코올을 얻는다. 각 경우 생성물의 동일한 2개의 알킬(알릴)기는 유기금속 시약에서 얻은 것이다.

**메커니즘 21-15 | 에스터와 2당량의 Grignard 시약과의 반응**

**1단계:** Grignard 시약 첨가

**2단계:** 알콕시화 이온의 제거

$$R-C(=O)-OR' + \overset{\delta^-}{R''}-\overset{\delta^+}{MgX} \longrightarrow R-C(-O^-\ {}^+MgX)(R'')-OR' \longrightarrow R-C(=O)-R'' + R'OMgX$$

에스터 Grignard 정사면체 중간체 케톤

**3단계:** 또 다른 Grignard 첨가

**처리:** 산 첨가를 통한 알콕시화 이온의 양성자화

$$R-C(=O)-R'' + R''-MgX \longrightarrow R-C(-O^-\ {}^+MgX)(R'')-R'' \xrightarrow{H_3O^+} R-C(OH)(R'')-R'' + MgXOH$$

케톤 알콕시화 이온

산 염화물은 다이알킬구리(dialkylcuprate, Gilman 시약)와 한 번만 반응하여 케톤을 생성한다(18-10절).

$$R-C(=O)-Cl + R'_2CuLi \longrightarrow R-C(=O)-R'$$

예

$$C_5H_9-C(=O)-Cl + [CH_2=CH]_2CuLi \longrightarrow C_5H_9-C(=O)-CH=CH_2$$

**나이트릴** Grignard 또는 유기리튬 시약은 친전자성의 사이아노기를 공격하여 이민의 염을 형성한다. (별도의 단계인) 산성 가수 분해는 이민을 형성하고, 이는 다시 가수 분해되어 케톤을 형성한다(18-9절).

사이아노기에의 친전자성 공격

양성자 첨가 산성 가수 분해

$$\overset{\delta^-}{R'}-\overset{\delta^+}{Mg}-X + R-C\equiv N: \longrightarrow R'(R)C=N-MgX \xrightarrow{H_3O^+} R'(R)C=N-H \xrightarrow{H_3O^+} R'(R)C=O$$

이민 염 이민 케톤

예

$$Ph-C\equiv N: + CH_3MgI \longrightarrow Ph(CH_3)C=N-MgI \xrightarrow{H_3O^+} Ph(CH_3)C=O$$

벤조나이트릴 아이오딘화 메틸마그네슘 마그네슘 염 아세토페논

**문제풀이 힌트**

Grignard 시약은 에스터와 산 염화물에 첨가하여 에스터나 산 염화물에서 유래된 1개의 기와 Grignard에서 온 2개의 동일한 기로 이루어진 3차 알코올을 만든다. 폼산 에스터는 에스터에서 온 수소화 이온과 Grignard에서 온 2개의 동일한 기로 된 2차 알코올을 생성한다.

**연습문제 21-26**

앞의 마그네슘 염이 산성 가수 분해되어 아세토페논으로 되는 메커니즘을 그려보라.

**연습문제 21-27**

염화 프로판오일과 2당량의 브로민화 페닐마그네슘의 반응 메커니즘을 그려보라.

**연습문제 21-28**

다음을 합성하기 위해 어떤 에스터 또는 나이트릴에 어느 Grignard 시약을 첨가하면 되는지 나타내라.

**(a)** 4-페닐헵탄-4-올　　**(b)** 헵탄-4-올　　**(c)** 펜탄-2-온

## 21-10 산 염화물 화학의 요약

모든 일반적인 산 유도체의 반응과 메커니즘의 특성을 알아보았으므로, 이제 각 화합물의 합성과 반응을 복습해보자. 여기서는 각 특정 산 유도체만의 독특한 반응도 알아볼 것이다.

**산 염화물의 합성**　산 염화물(염화 아실)은 다양한 시약을 사용하여 해당되는 카복실산으로부터 합성한다. 염화 싸이오닐($SOCl_2$)과 염화 옥살릴[oxalyl chloride, $(COCl)_2$]은 기체 부산물만 생성하므로, 가장 편리한 시약이다(20-15절).

$$\mathrm{R{-}\overset{\overset{\displaystyle O}{\|}}{C}{-}OH} \xrightarrow[\text{또는 } (COCl)_2]{SOCl_2} \mathrm{R{-}\overset{\overset{\displaystyle O}{\|}}{C}{-}Cl} + SO_2\uparrow + HCl\uparrow$$

**산 염화물의 반응**　산 염화물은 물이나 친핵체와 빠르게 반응하므로 자연에서는 발견되지 않는다. 산 염화물은 가장 반응성이 높은 산 유도체이므로, 이것으로부터 쉽게 다른 산 유도체를 만들 수 있다. 종종 에스터, 무수물, 아마이드의 가장 좋은 합성법은 산 염화물을 중간체로 사용하는 것이다.

$\mathrm{R{-}\overset{\overset{O}{\|}}{C}{-}Cl}$ 산 염화물 (염화 아실)

$$\xrightarrow{H_2O} \mathrm{R{-}\overset{\overset{\displaystyle O}{\|}}{C}{-}OH} + HCl \quad \text{(21-7A절)}$$

산

$$\xrightarrow{R'OH} \mathrm{R{-}\overset{\overset{\displaystyle O}{\|}}{C}{-}OR'} + HCl \quad \text{(20-15, 21-5절)}$$

에스터

$$\xrightarrow{R'NH_2} \mathrm{R{-}\overset{\overset{\displaystyle O}{\|}}{C}{-}NHR'} + HCl \quad \text{(20-15, 21-5절)}$$

아마이드

$$\xrightarrow{R'COOH} \mathrm{R{-}\overset{\overset{\displaystyle O}{\|}}{C}{-}O{-}\overset{\overset{\displaystyle O}{\|}}{C}{-}R'} + HCl \quad \text{(21-5절)}$$

무수물

Grignard와 유기리튬 시약은 산 염화물에 두 번 첨가하여 (가수 분해 후) 3차 알코올을 생성한다. 다이알킬구리산 리튬은 한 번만 첨가하여 케톤을 생성한다. 수소화붕소산 소듐 또는 수소화 알루미늄 리튬은 산 염화물에 수소화 이온을 두 번 첨가하여 산 염화물을 (가수 분해 후) 1차 알코올로 환원한다. 산 염화물은 약한 환원제인 수소화 트라이-$t$-뷰톡시알루미늄 리튬과 반응하여 알데하이드를 생성한다.

$$R-\overset{O}{\overset{\|}{C}}-Cl \xrightarrow[(2)\ H_2O]{(1)\ 2\ R'MgX} R-\underset{R'}{\overset{OH}{C}}-R' \quad \text{(10-9, 21-9절)}$$

산 염화물 (염화 아실) → 3차 알코올

$$R-\overset{O}{\overset{\|}{C}}-Cl \xrightarrow{R'_2CuLi} R-\overset{O}{\overset{\|}{C}}-R' \quad \text{(18-10절)}$$

케톤

$$R-\overset{O}{\overset{\|}{C}}-Cl \xrightarrow[(2)\ H_2O]{(1)\ NaBH_4\ \text{또는}\ LiAlH_4} R-CH_2OH \quad \text{(21-8A절)}$$

1차 알코올

$$R-\overset{O}{\overset{\|}{C}}-Cl \xrightarrow{LiAlH(O\text{-}t\text{-}Bu)_3} R-\overset{O}{\overset{\|}{C}}-H \quad \text{(18-10, 21-8B절)}$$

알데하이드

**방향족 고리의 Friedel-Crafts 아실화** 염화 알루미늄 존재하에서 할로젠화 아실은 벤젠, 할로벤젠, 활성화된 벤젠 유도체를 아실화시킨다. Friedel-Crafts 아실화는 17-11절에서 상세히 공부했다.

$$R-\overset{O}{\overset{\|}{C}}-Cl + \text{Z-C}_6\text{H}_5 \xrightarrow[(2)\ H_2O]{(1)\ AlCl_3} \text{Z-C}_6\text{H}_4-\overset{O}{\overset{\|}{C}}-R$$

(Z = H 할로젠, 활성화기) 아실벤젠

예

$$CH_3-CH_2-\overset{O}{\overset{\|}{C}}-Cl + CH_3O-C_6H_5 \xrightarrow[(2)\ H_2O]{(1)\ AlCl_3} CH_3O-C_6H_4-\overset{O}{\overset{\|}{C}}-CH_2CH_3$$

염화 프로피온일 아니솔 $p$-메톡시프로피오페논 (주생성물)

**연습문제 21-29**

염화 프로피온일에 의한 아니솔의 아실화 반응의 메커니즘을 그려보라. Friedel-Crafts 아실화에서는 친전자성 방향족 치환에서 아실륨 이온이 친전자체로 작용하는 것을 기억하라.

**연습문제 21-30**

다음 화합물의 Friedel-Crafts 아실화를 이용한 합성을 나타내라.

**(a)** 아세토페논 **(b)** 벤조페논 **(c)** $n$-뷰틸벤젠

## 21-11 무수물 화학의 요약

산 염과물과 마찬가지로 무수물은 활성화된 산 유도체이며, 같은 종류의 아실화에 사용된다. 무수물은 산 염화물만큼 반응성이 높지 않아 종종 자연에서 발견되기도 한다. 예를 들면 칸타리딘(cantharidin)은 사마귀를 제거할 때 발포제(화상과 수포를 만드는)로 사용하는 '무당가뢰(spanish fly)'의 독성 성분이다.

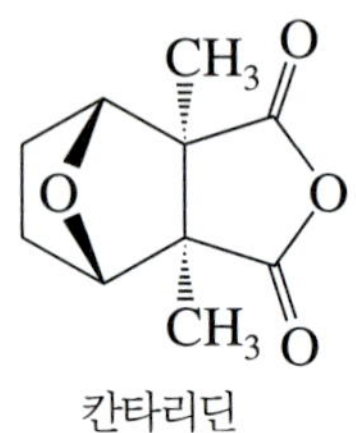

칸타리딘

무수물은 산 염화물만큼 반응성이 높지 않으므로 반응에서 더 선택적이다. 무수물은 산 염화물의 반응성이 너무 높거나, 염화물이 존재하지 않거나, 무수물보다 가격이 비싼 경우 쓸모가 있다.

땅가뢰(blister beetle)는 강력한 발포제인 칸타리딘을 분비한다. 이를 손가락으로 부수면 피부에 심각한 수포 현상을 유발한다. 말이 땅가뢰가 포함된 건초를 먹게 되면 칸타리딘 중독으로 위장 염과 신부전증으로 사망에 이르기도 한다.

**아세트산 무수물** 아세트산 무수물은 가장 중요한 카복실산 무수물이다. 아세트산 무수물은 연간 약 182만 톤이 생산되어 플라스틱, 섬유, 의약 등의 합성에 사용된다(1137쪽의 아스피린 합성 참조). 아세트산 무수물은 두 분자의 아세트산에서 물 한 분자를 뺀 것으로 구성되어 있다. 가장 흔한 공업적 합성법은 아세트산을 탈수하여 케텐(ketene)을 형성하는 것에서 시작된다.

$$\underset{\text{아세트산}}{CH_3-\overset{\overset{\displaystyle O}{\|}}{C}-OH} \xrightleftharpoons[]{\substack{750\ °C \\ (EtO)_3P=O}} \underset{\text{케텐}}{H_2C=C=O} + H_2O$$

이 탈수 반응은 흡열 반응($\Delta H = +147$ kJ/mol $= +35$ kcal/mol)이지만, 한 분자가 2개로 쪼개져 엔트로피가 크게 증가한다. 그 결과 충분히 높은 온도(전형적으로 750°C)에서 평형은 생성물을 선호한다. 인산 트라이에틸(triethyl phosphate)은 반응 속도를 증가시키는 촉매로 작용한다.

케텐(상온에서 기체)은 바로 아세트산에 넣으면 정량적으로 빠르게 반응하여 아세트산 무수물을 생성한다. 이 저가의 대규모 제조법은 아세트산 무수물을 유용한 저가의 아실화 시약이 되게 한다.

$$\underset{\text{아세트산}}{CH_3-\overset{\overset{\displaystyle O}{\|}}{C}-OH} + \underset{\text{케텐}}{H_2C=C=O} \longrightarrow \underset{\text{아세트산 무수물}}{CH_3-\overset{\overset{\displaystyle O}{\|}}{C}-O-\overset{\overset{\displaystyle O}{\|}}{C}-CH_3}$$

**일반적인 무수물 합성** 보통의 무수물은 보편적인 방법으로 합성되어야 한다. 가장 일반적인 무수물의 합성법은 산 염화물과 카복실산 또는 카복실산 염과의 반응이다.

$$\underset{\text{산 염화물}}{R-\overset{\overset{\displaystyle O}{\|}}{C}-Cl} + \underset{\substack{\text{카복실산 음이온}\\(\text{또는 산})}}{^-O-\overset{\overset{\displaystyle O}{\|}}{C}-R'} \longrightarrow \underset{\text{산 무수물}}{R-\overset{\overset{\displaystyle O}{\|}}{C}-O-\overset{\overset{\displaystyle O}{\|}}{C}-R'} + Cl^-$$

예

$$\underset{\text{염화 아세틸}}{CH_3-\overset{\overset{\displaystyle O}{\|}}{C}-Cl} + \underset{\text{벤조산}}{HO-\overset{\overset{\displaystyle O}{\|}}{C}-Ph} \xrightarrow{\text{피리딘}} \underset{\text{아세트산 벤조산 무수물}}{CH_3-\overset{\overset{\displaystyle O}{\|}}{C}-O-\overset{\overset{\displaystyle O}{\|}}{C}-Ph} + \underset{\text{피리딘}\cdot HCl}{C_5H_5NH^+\ Cl^-}$$

$$\underset{\text{염화 아세틸}}{CH_3-\overset{\overset{\displaystyle O}{\|}}{C}-Cl} + \underset{\text{폼산 소듐}}{H-\overset{\overset{\displaystyle O}{\|}}{C}-O^-\,Na^+} \longrightarrow \underset{\text{아세트산 폼산 무수물}}{CH_3-\overset{\overset{\displaystyle O}{\|}}{C}-O-\overset{\overset{\displaystyle O}{\|}}{C}-H} + NaCl$$

일부 고리형 무수물은 단순히 해당되는 다이산(diacid)을 가열하여 얻을 수 있다. 종종 반응을 촉진하기 위해 염화 아세틸(acetyl chloride), 아세트산 무수물 같은 탈수제를 넣기도 한다. 5각형 및 6각형 고리 무수물은 특히 안정하기 때문에 평형은 고리 생성물을 선호한다.

프탈산 —(열)→ 프탈산 무수물 + $H_2O$ (증기)

석신산 + $CH_3CCl$ (O) → 석신산 무수물 + $CH_3COH$ (O) + HCl

**무수물의 반응** 무수물은 산 염화물과 동일한 많은 반응을 일으킬 수 있으므로, 손쉽게 반응성이 더 작은 산 유도체로 전환된다.

$R-C(=O)-O-C(=O)-R$ (무수물)

- $\xrightarrow{H_2O}$ $R-C(=O)-OH$ (산) + $R-COOH$ (21-7A절)
- $\xrightarrow{R'OH,\ H^+}$ $R-C(=O)-OR'$ (에스터) + $R-COOH$ (21-5절)
- $\xrightarrow{R'NH_2}$ $R-C(=O)-NHR'$ (아마이드) + $R-COOH$ (21-5절)

산 염화물과 마찬가지로 무수물은 Friedel-Crafts 아실화에 참여한다. 촉매로는 염화 알루미늄, 폴리인산(PPA) 외에 산성 화합물이 사용된다. 고리형 무수물은 방향족 생성물의 곁가지에 작용기를 추가로 제공할 수 있다.

Z–벤젠 (Z = H, 할로젠, 활성화기) + $R-C(=O)-O-C(=O)-R$ $\xrightarrow{AlCl_3}$ (또는 다른 산성 촉매) Z–$C_6H_4$–$C(=O)-R$ (아실벤젠)

예

벤젠 + 석신산 무수물 $\xrightarrow{(1)\ AlCl_3,\ (2)\ H_2O}$ 4-옥소-4-페닐뷰탄산 ($C_6H_5C(=O)CH_2CH_2COOH$)

무수물의 대부분의 반응은 2개의 산 분자 중 하나를 이탈기로 잃는 과정을 포함한다. 만약 귀중한 산이 활성화되어야 하면 무수물로의 전환은 산 작용기의 절반만 이 반응을 유발하게 하므로, 이 경우에는 산을 모든 산 작용기가 반응에 참여하게 되는 산 염화물로 전환하는 것이 더 효율적이다. 그러나 무수물이 선호되는 세 가지 특정한 경우가 있다.

1. **아세트산 무수물의 이용** 아세트산 무수물은 싸고 손쉽게 사용할 수 있을 뿐 아니라 (아세트산 에스터를 위한) 알코올이나 (아세트아마이드를 위한) 아민의 아세틸화에서 종종 염화 아세틸보다 더 좋은 수득률을 보여준다.
2. **아세트산 폼산 무수물의 이용** 염화 폼일(폼산의 산 염화물)은 빠르게 CO와 HCl로 분해되기 때문에 폼일화 반응에 사용할 수 없다. 폼산 소듐과 염화 아세틸로부터 생성되는 아세트산 폼산 무수물은 기본적으로 폼일기 쪽에서 반응한다. 입체 장애나 전자를 내어주는 알킬기가 없는 폼일기는 아세틸기보다 입체 장애가 적고 더 친전자성이다. 알코올이나 아민은 아세트산 폼산 무수물에 의해 폼일화되어 폼산 에스터와 폼아마이드를 생성한다.

$$CH_3-\overset{O}{\overset{\|}{C}}-O-\overset{O}{\overset{\|}{C}}-H + R-OH \longrightarrow H-\overset{O}{\overset{\|}{C}}-O-R + CH_3COOH$$

반응성이 더 큰 카보닐 — 폼산 에스터

$$CH_3-\overset{O}{\overset{\|}{C}}-O-\overset{O}{\overset{\|}{C}}-H + R-NH_2 \longrightarrow H-\overset{O}{\overset{\|}{C}}-NH-R + CH_3COOH$$

폼아마이드

3. **2개의 작용기를 가진 화합물을 위한 고리형 무수물의 이용** 종종 다이산(diacid) 중 하나의 산기를 에스터나 아마이드로 전환시킬 필요가 생긴다. 이러한 전환은 고리 형 무수물을 사용하면 쉽게 이룰 수 있다.

   알코올이나 아민이 고리형 무수물과 반응하면 무수물 중 한쪽 카복실기만이 에스터나 아마이드로 전환된다. 나머지 산은 카복실산 음이온으로 이탈되어 한쪽만 작용 기화된 유도체를 생성한다.

$$\text{글루타르산 무수물} + CH_3CH_2-OH \longrightarrow \text{모노에틸 에스터 } (O-CH_2CH_3,\ OH)$$

### 응용: 항응혈제

'쿠마딘(coumadin)'으로도 알려진 '와파린(warfarin)'은 항응혈제로 사용되는 치환된 쿠마린(coumarin)이다. 와파린은 혈액의 응고를 늦춰 혈전증(비정상적인 응혈 현상)이 잘 생기는 사람들에게 심장마비나 뇌졸중을 막아주는 역할을 한다. 모든 약이 그렇듯이 와파린은 과량 사용하면 독약이 된다. 와파린은 당초에 곡식에 첨가하여 쥐가 섭취하면 체내 출혈을 일으켜 죽게 하는 쥐약으로 판매되었었다. 과거의 쥐약이 현재는 가장 많이 처방되는 항응혈제가 되었다.

와파린(쿠마딘)

#### 연습문제 21-31

**(a)** 아세트산 폼산 무수물이 각각 (i) 아닐린, (ii) 벤질 알코올과 반응할 때 예상되는 생성물을 제시하라.
**(b)** 이들 반응의 메커니즘을 제시하라.

#### 연습문제 21-32

다음 화합물을 무수물을 이용하여 합성하라. 각 경우 무수물이 산 염화물보다 선호되는 이유를 설명하라.

**(a)** 폼산 $n$-옥틸
**(b)** 아세트산 $n$-옥틸
**(c)** 프탈산 모노아마이드
**(d)** 석신산 모노에틸 에스터

## 21-12 에스터 화학의 요약

에스터는 가장 흔한 산 유도체에 속한다. 에스터는 과일이 익을 때 나는 과일 향을 내는 식물 기름에서 발견된다. 예를 들면 익은 바나나 향은 주로 아세트산 아이소아밀(isoamyl acetate)에서 온다. 노루발풀(wintergreen)의 기름은 약으로도 사용되는 살리실산 메틸(methyl salicylate)을 포함한다. 라벤더 기름과 전동싸리는 약간의 쿠마린(coumarin)을 포함하고 있어 그 냄새가 진하고 오래가게 한다. 향유고래는 물에서 부양력을 조절하고 수중 소통을 위한 공명통의 역할로 추측되는 밀랍 에스터인 경랍(spermaceti)을 사용한다.

O—C(=O)—$CH_3$ 아세트산 아이소아밀 (아세트산 아이소펜틸)

C(=O)—$OCH_3$, OH 살리실산 메틸 노루발풀 기름

O O 쿠마린

O—$(CH_2)_{15}CH_3$, O=C—$(CH_2)_{14}CH_3$ 경랍 (팔미트산 세틸)

에스터는 산업체에서 용매로 널리 사용된다. 아세트산 에틸은 다양한 종류의 화합물에 대해 좋은 용매이며, 다른 용매에 비해 독성도 낮다. 아세트산 에틸은 세제, 광택제, 접착제, 분무 마감제 등과 같은 가정용 생활용품에서도 발견된다. 뷰티르산 에틸(ethyl butyrate)과 뷰티르산 뷰틸(butyl butyrate)은 페인트와 항공기 날개의 덮개 구조물을 단단하고 딱딱하게 하기 위해 뿌려주는 데 사용하는 '뷰티르산 도료' 같은 마무리재 등으로 한때 널리 사용되었다. 폴리에스터(이번 절과 26장 참조)는 직물(데이크론®), 플라스틱(음료수병), 가볍지만 고강도 무거운 리프팅 케이블을 만드는 데 사용되는 내구성과 내열성이 매우 뛰어난 액정 폴리머(예: 벡트란™)에 사용되는 가장 흔한 고분자 중 하나이다.

**Oyo Mitsunobu**(1934~2003)
일본의 화학자로, 1967년 도쿄공과대학에서 연구를 수행하던 중 처음으로 자신의 이름을 딴 반응을 보고했다. 반응을 촉진하기 위해 사용되는 시약의 조합과 그 변형이 Mitsunobu 시약으로 알려지게 되었다.

**에스터의 합성** 에스터는 일반적으로 산과 알코올의 Fischer 에스터화 반응 또는 산 염화물(또는 무수물)과 알코올의 반응으로 합성된다. 메틸 에스터는 산을 다이아조메테인(diazomethane)으로 처리해도 얻을 수 있다. 에스터의 알코올기는 염기 또는 산 촉매하에서 에스터 교환 반응을 통해 바뀔 수 있다.

**Mitsunobu 반응**(Mitsunobu reaction)은 시약 트라이페닐포스핀($PPh_3$) 및 아조다이카복실산 다이에틸(diethyl azodicarboxylate, DEAD)이 있는 상태에서 1차 및 2차 알코올로부터 에스터를 합성하는 데 사용할 수 있는 현대적인 공정이다. 이 반응의 독특한 특징은 2차 알코올기 탄소 원자의 입체 화학이 반전된다는 것이나.

$$\underset{\text{산}}{R-\overset{O}{\overset{\|}{C}}-OH} + \underset{\text{알코올}}{R'-OH} \overset{H^+}{\rightleftharpoons} \underset{\text{에스터}}{R-\overset{O}{\overset{\|}{C}}-OR'} + H_2O \quad \text{(20-10절)}$$

$$\underset{\text{산 염화물}}{R-\overset{O}{\overset{\|}{C}}-Cl} + \underset{\text{알코올}}{R'-OH} \longrightarrow \underset{\text{에스터}}{R-\overset{O}{\overset{\|}{C}}-OR'} + HCl \quad \text{(20-15절)}$$

$$\underset{\text{무수물}}{R-\overset{O}{\overset{\|}{C}}-O-\overset{O}{\overset{\|}{C}}-R} + \underset{\text{알코올}}{R'-OH} \xrightarrow{H^+} \underset{\text{에스터}}{R-\overset{O}{\overset{\|}{C}}-OR'} + RCOOH \quad \text{(21-5절)}$$

$$R-\overset{O}{\overset{\|}{C}}-OR'' + R'-OH \xrightleftharpoons{H^+ \text{ 또는 } {}^-OR'} R-\overset{O}{\overset{\|}{C}}-OR' + R''OH \quad \text{(21-6절)}$$

에스터 + 알코올 → 에스터

$$R-\overset{O}{\overset{\|}{C}}-OH + CH_2N_2 \longrightarrow R-\overset{O}{\overset{\|}{C}}-OCH_3 + N_2\uparrow \quad \text{(20-11절)}$$

산 + 다이아조메테인 → 메틸 에스터

**에스터의 반응** 에스터는 산 염화물이나 무수물보다 훨씬 안정하다. 예를 들면 대부분의 에스터는 중성 조건에서 물과 반응하지 않는다. 그러나 에스터는 산 또는 염기성 조건에서 가수 분해되며, 아민은 알콕시기를 치환하여 아마이드를 형성한다. 수소화 알루미늄 리튬은 에스터를 1차 알코올로 환원시키며, Grignard와 유기금속 리튬 시약은 두 번 첨가하여 (가수 분해 후) 알코올을 만든다.

에스터 $R-\overset{O}{\overset{\|}{C}}-OR'$ 의 반응:

$$\xrightarrow[H^+ \text{ 또는 } {}^-OH]{H_2O} R-\overset{O}{\overset{\|}{C}}-OH + R'OH \quad \text{(21-7B절)}$$

산

$$\xrightarrow[H^+ \text{ 또는 } {}^-OR'']{R''OH} R-\overset{O}{\overset{\|}{C}}-OR'' + R'OH \quad \text{(21-6절)}$$

에스터

$$\xrightarrow{R''NH_2} R-\overset{O}{\overset{\|}{C}}-NHR'' + R'OH \quad \text{(21-5절)}$$

아마이드

$$\xrightarrow[(2)\ H_2O]{(1)\ LiAlH_4} R-CH_2OH + R'OH \quad \text{(10-11B, 21-8A절)}$$

1차 알코올

$$\xrightarrow[(2)\ H_2O]{(1)\ 2\ R''MgX} R-\underset{R''}{\overset{OH}{C}}-R'' + R'OH \quad \text{(10-9D, 21-9절)}$$

3차 알코올

$$\xrightarrow[(2)\ H_2O]{(1)\ \text{DIBAL-H}, -78\ ^\circ C} R-\overset{O}{\overset{\|}{C}}-H + R'OH \quad \text{(18-10, 21-8절)}$$

알데하이드

**락톤의 형성** 오각형 및 육각형 고리를 포함하는 단순한 락톤은 열린 사슬형의 하이드록시산보다 더 안정하다. 이러한 락톤은 산성 조건에서 (Fischer 에스터화를 통해) 자발적으로 생성된다.

$$\text{(OH, COOH 하이드록시산)} \xrightleftharpoons{H^+} \text{(락톤)} + H_2O$$

27% 73%

열역학적으로 불리한 락톤은 평형을 생성물 쪽으로 유도하여 합성할 수 있다. 예를 들면 십각형의 9-하이드록시노난산(9-hydroxynonanoic acid)의 락톤은 미량의 *p*-톨루엔설폰산(*p*-toluenesulfonic acid)이 포함된 묽은 벤젠 용액에서 형성된다. 이 반응은 물을 제거하여 평형을 오른쪽으로 보내기 위해 벤젠/물의 불변 끓음 혼합물(azeotrope)을 증류함으로써 완결시킬 수 있다.

**응용: 페로몬 덫**

아세트산 (Z)-11-헥사데케닐

사과좀나방인 *Argyresthia conjugella*는 덜 익은 사과에 구멍을 뚫어 안쪽부터 먹어 치우는 침략성 해충이다. 이것의 성 페로몬 중 하나인 아세트산 (Z)-11-헥사데케닐[(Z)-11-hexadecenyl acetate]은 상업화되어 성충을 유인하여 잡는다. 곤충 유인제는 농업에 중요한 화학 물질이다. 페로몬을 미끼로 하는 끈끈한 곤충 덫은 '유기농' 농업 규정에 따라 허용되기 때문이다.

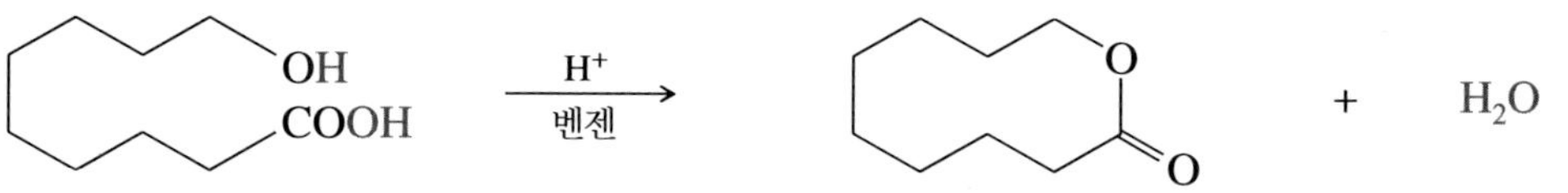

OH / COOH —($H^+$, 벤젠)→ 락톤 + $H_2O$

9-하이드록시노난산 9-하이드록시노난산 락톤 (95%) (제거됨)

락톤은 흔한 천연물이다. 예로 L-아스코브산(L-ascorbic acid, 비타민 C)는 괴혈병으로 알려진 결합 조직병을 피하기 위해 식생활에서 필수적이다. 산성 용액상에서 아스코브산은 고리형과 직선형이 평형을 이루어 고리형이 대부분인 혼합물로 존재한다. 에리트로마이신(erythromycin)은 *Streptomyces erythraeus*에서 추출된 매크로라이드(거대 고리 락톤)계 항생제이다. 에리트로마이신은 박테리아의 단백질 합성을 저해하여 박테리아의 성장과 발달을 멈추게 한다. 에리트로마이신은 포도상구균, 연쇄구균, 클라미디아, 재향군인병(legionnaire' disease) 등의 광범위한 질병에 효과적이다.

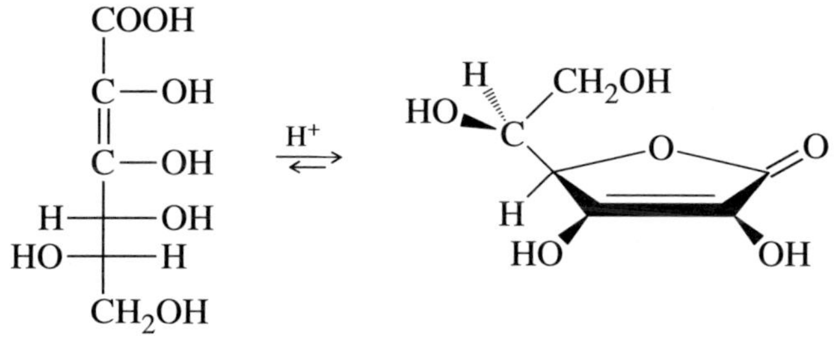

L-아스코브산(비타민 C) 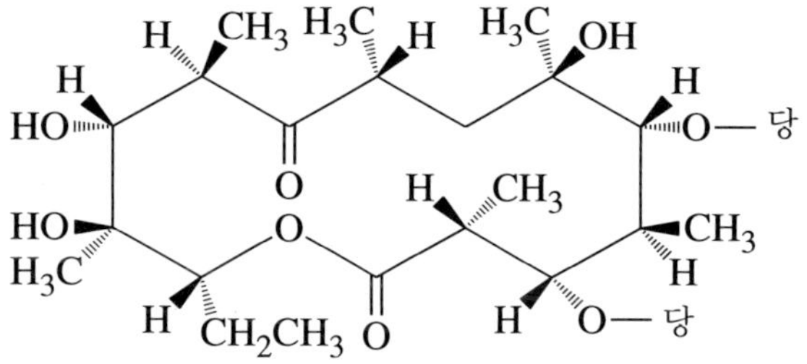 에리트로마이신

### 연습문제 21-33

위의 그림에 나타낸 9-하이드록시노난산 락톤의 형성 메커니즘을 제시하라.

### 연습문제 21-34

다음 각 화합물 합성에 적합한 시약을 제안하고, 그 이유를 설명하라.

(a) 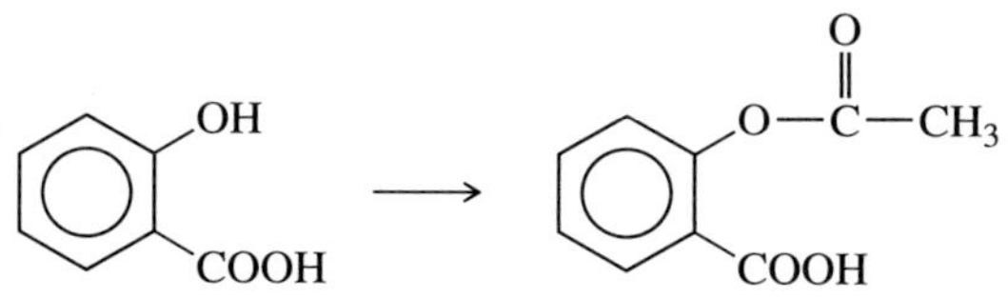 살리실산 (OH, COOH) → O—C(=O)—$CH_3$, COOH

(b) 살리실산 (OH, COOH) → OH, C(=O)—$OCH_3$

(c) $CH_3$, C(=O)—$OCH_3$ → $CH_3$, $CH_2OH$

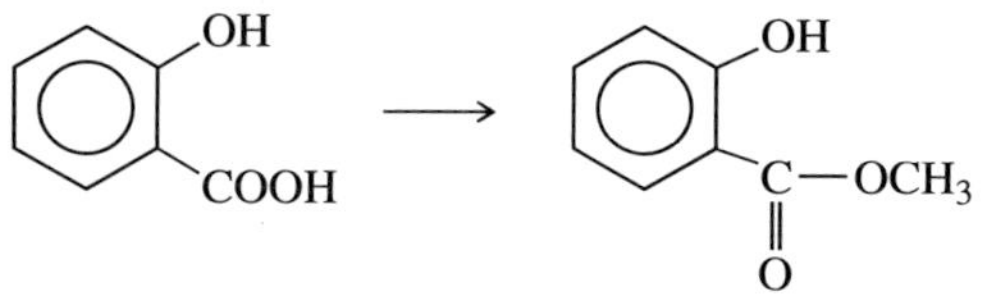

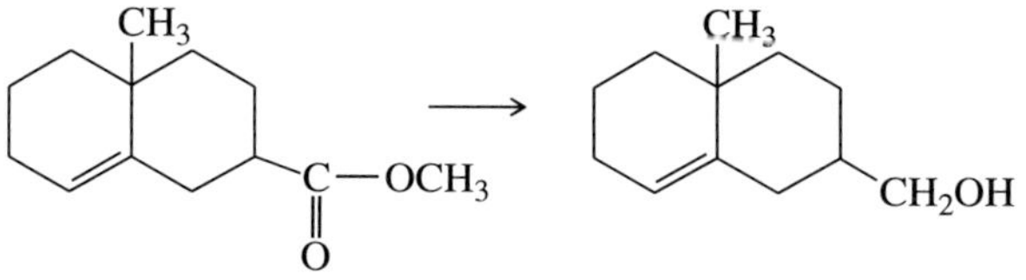

(d) 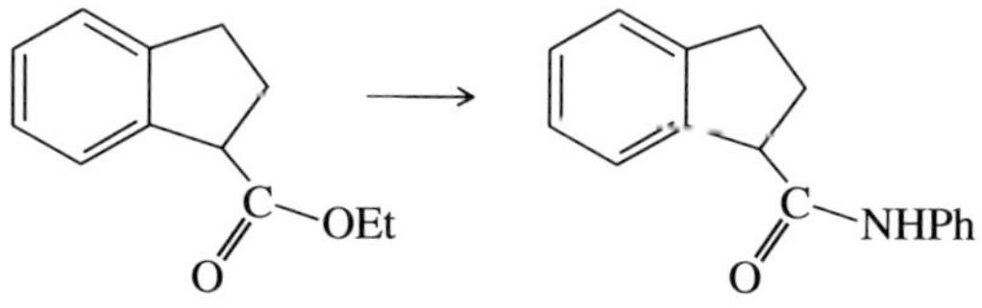 C(=O)—OEt → C(=O)—NHPh

### 연습문제 21-35

탄소 수가 8개 이하인 에스터에서 출발하여 다음 화합물을 합성하라. 그 외에 필요한 시약은 어느 것을 사용하여도 좋다.

(a) $Ph_3C-OH$ (b) $(PhCH_2)_2CHOH$ (c) $PhCONHCH_2CH_3$ (d) $Ph_2CHOH$ (e) $PhCH_2OH$
(f) PhCOOH (g) $PhCH_2COOCH(CH_3)_2$ (h) $PhCH_2-C(OH)(CH_2CH_3)_2$ (i) $HO-(CH_2)_8-OH$

에코(Echo) 위성은 금속화된 마일러(Mylar®) 필름으로 만들어진 41미터 풍선으로, 대륙 간 전화, 라디오, 텔레비전의 전파를 반사하기 위해 1964년에 출시되었다. 에코는 1969년까지 지구 궤도를 돌면서 맨눈으로 쉽게 볼 수 있었는데, 1969년 대기권으로 재진입하며 불탔다.

**폴리에스터** 지금 당장 주변을 둘러보면 적어도 다섯 가지 이상의 폴리에스터로 만든 물건을 볼 수 있을 것이다. 옷은 아마도 데이크론(Dacron®) 폴리에스터 섬유를 포함하고 있을 것이며, 거의 확실하게 데이크론 실로 재봉되어 있을 것이다. 아주 오래된 컴퓨터는 마일러(Mylar®)로 만들어진 플로피 디스크를 사용했고, DVD의 광학필름도 마일러로 만들어졌 다. 소지한 휴대폰의 일부 전자부품은 아마도 (충격으로부터 보호하기 위해) 글리프탈(Glyptal®) 폴리에스터 수지에 심어져 있을 것이다. 청량음료는 페트(PET)로 더 잘 알려진 폴리(테레프탈산 에틸렌) 수지를 불어 성형한 (blow-molded) 플라스틱병에 들어 있을 것이다.

이 모든 플라스틱은 기본적으로 테레프탈산(terephthalic acid), 즉 *p*-프탈산(*para*-phthalic acid)의 에스터화된 에틸렌 글라이콜(ethylene glycol)로 이루어진 한 가지 화합물이다. 이 폴리에스터는 테레프탈산 다이메틸(dimethyl terephthalate)과 에틸렌 글라이콜이 150°C 근처에서 염기 촉매 에스터 교환 반응으로 만들어진다. 이 온도에서 메탄올이 기체 상태로 날아감으로써 반응을 완결시킨다. 폴리에스터를 포함한 고분자에 대해서는 26장에서 자세히 다룬다.

$$CH_3O-C(=O)-C_6H_4-C(=O)-OCH_3 + HO-CH_2CH_2-OH \xrightarrow[NaOCH_3]{\text{열, } CH_3OH \text{ 잃음}}$$

테레프탈산 다이메틸 에틸렌 글라이콜

$$\cdots-C(=O)-C_6H_4-C(=O)\left[-O-CH_2CH_2-O-C(=O)-C_6H_4-C(=O)-\right]_n-O-CH_2CH_2-O-\cdots$$

데이크론 폴리에스터 또는 마일러 필름이라고도 하는 폴리(테레프탈산 에틸렌) 또는 PET

## 21-13 아마이드 화학의 요약

**아마이드의 합성** 아마이드는 가장 반응성이 낮은 산 유도체이며, 다른 모든 산 유도체로부터 만들 수 있다. 실험실에서 아마이드는 보통 산 염화물(또는 무수물)과 아민의 반응으로 만든다. 가장 보편적인 상업적 합성은 산과 아민을 함께 가열하여 (산소가 없는 조건의 높은 온도에서) 물을 제거함으로써 농축을 촉진하여 합성한다. 이 간단한 산업 기술은 실험실에서는 거의 사용할 수 없으므로 결합 시약(24-10절)을 사용하여 합성한다. 에스터는 아민이나 암모니아와 반응하여 아마이드를 생성하고, 나이트릴의 부분 가수 분해로도 아마이드를 얻을 수 있다.

$$\underset{\text{산}}{R-C(=O)-OH} + \underset{\text{아민}}{R'-NH_2} \xrightarrow[(300°C)]{\text{열}} \underset{\text{아마이드}}{R-C(=O)-NHR'} + H_2O\uparrow \quad \text{(20-12절)}$$

$$\underset{\text{산 염화물}}{R-C(=O)-Cl} + \underset{\text{아민}}{2\,R'_2NH} \longrightarrow \underset{\text{아마이드}}{R-C(=O)-NR'_2} + R'_2\overset{+}{N}H_2\ Cl^- \quad \text{(20-15, 21-5절)}$$

$$\underset{\text{무수물}}{R-C(=O)-O-C(=O)-R} + \underset{\text{아민}}{R'_2NH} \longrightarrow \underset{\text{아마이드}}{R-C(=O)-NR'_2} + RCOOH \quad \text{(21-5절)}$$

$$\underset{\text{에스터}}{R-\overset{O}{\overset{\|}{C}}-OR''} + \underset{\text{아민}}{R'-NH_2} \longrightarrow \underset{\text{아마이드}}{R-\overset{O}{\overset{\|}{C}}-NHR'} + R''OH \qquad \text{(21-5절)}$$

$$\underset{\text{나이트릴}}{R-C\equiv N} + H_2O \xrightarrow{H^+ \text{ 또는 } {}^-OH} R-\overset{O}{\overset{\|}{C}}-NH_2 \quad \text{1차 아마이드} \qquad \text{(21-7D절)}$$

**아마이드의 반응** 아민과 달리 아마이드는 그다지 강한 염기성이 아니다. 아마이드의 $-NH_2$기는 형식적으로 비결합 전자쌍을 가진다. 하지만 그 비공유 전자쌍은 카보닐기와 강한 공명에 관여하여 염기성 또는 친핵성이 되는 것을 막는다.

$$\left[ R-C(=\ddot{O}:)-\ddot{N}H_2 \longleftrightarrow R-C(-\ddot{O}:^-)=\overset{+}{N}H_2 \right]$$

아마이드는 센산이 있는 경우에만 양성자화될 수 있다. 그럼에도 불구하고 생성된 짝산의 공명 안정화로 인해 양성자화는 일반적으로 카보닐기에서 발생한다.

$$\underset{pK_a = -5}{CH_3-C(=\ddot{O}:)-\ddot{N}H_2 + H_2SO_4} \rightleftharpoons \underset{pK_a = 0}{\left[ CH_3-C(=\overset{+}{\ddot{O}}-H)-\ddot{N}H_2 \longleftrightarrow CH_3-C(-\ddot{O}-H)=\overset{+}{N}H_2 \right]} + HSO_4^-$$

아마이드는 가장 안정한 산 유도체이므로 친핵성 아실 치환으로 쉽게 다른 유도체로 전환되지 않는다. 합성의 관점에서 볼 때 아마이드의 가장 중요한 반응은 아민으로의 환원으로 아민을 만드는 가장 좋은 방법 중 하나이다. 아마이드는 센산이나 센염기로 가수 분해된다. 나이트릴이 아마이드로 가수 분해되는 것처럼 아마이드는 탈수되어 나이트릴이 될 수 있다.

$$\underset{\text{아마이드}}{R-\overset{O}{\overset{\|}{C}}-NHR'} \xrightarrow[H^+ \text{ 또는 } {}^-OH]{H_2O} \underset{\text{산}}{R-\overset{O}{\overset{\|}{C}}-OH} + R'NH_2 \qquad \text{(21-7C절)}$$

$$\xrightarrow[(2)\ H_2O]{(1)\ LiAlH_4} R-CH_2NHR' \qquad \text{(19-19, 21-8C절)}$$

$$\underset{\text{1차 아마이드}}{R-\overset{O}{\overset{\|}{C}}-NH_2} \xrightarrow[(\text{또는 } P_2O_5)]{POCl_3} \underset{\text{나이트릴}}{R-C\equiv N} \qquad \text{(21-13절)}$$

아마이드의 환원은 승인된 의약품의 제조 및 신약 개발 연구에 관련된 아민 합성하는 중요한 방법으로 계속해서 사용되고 있다. 산업적 규모의 합성에 대한 '친환경' 접근법으로 전이 금속 촉매가 있는 상태에서 환원제로 수소($H_2$) 가스를 사용하는 등 보다 지속 가능한 방법론이 점점 더 강조되고 있다.

**아마이드의 나이트릴로의 탈수 반응** 강한 탈수제는 1차 아마이드에서 물을 제거하여 나이트릴을 만든다. 아마이드의 탈수는 나이트릴을 합성하는 가장 보편적인 방법 중 하나이다. 오산화 인(phosphorus pentoxide, $P_2O_5$)은 이 탈수에 사용되는 일반적인 시약이지만, 종종 옥시염화 인(phosphorus oxychloride, $POCl_3$)이 더 좋은 수율로 생성하게 한다.

$$R-\overset{O}{\overset{\|}{C}}-\ddot{N}H_2 \xrightarrow[\text{(또는 } P_2O_5)]{POCl_3} R-C\equiv N:$$

1차 아마이드 → 나이트릴

예

$$CH_3CH_2CH_2CH_2-\underset{}{\overset{CH_3CH_2}{\overset{|}{C}H}}-\overset{O}{\overset{\|}{C}}-\ddot{N}H_2 \xrightarrow{P_2O_5} CH_3CH_2CH_2CH_2-\overset{CH_3CH_2}{\overset{|}{C}H}-C\equiv N:$$

2-에틸헥산아마이드 → 2-에틸헥세인나이트릴(90%)

**락탐의 형성** 오각형 락탐($\gamma$-락탐)과 육각형 락탐($\delta$-락탐)은 해당하는 $\gamma$-아미노산이나 $\delta$-아미노산을 가열하거나 탈수제를 넣으면 형성된다. 더 작거나 더 큰 고리를 가진 락탐은 이 조건에서는 쉽게 얻을 수 없다.

$\gamma$-아미노뷰티르산 $\xrightarrow{\text{가열}}$ $\gamma$-뷰티로락탐 + $H_2O$

$\delta$-아미노발레르산 $\xrightarrow{\text{가열}}$ $\delta$-발레로락탐 + $H_2O$

**$\beta$-락탐의 생물학적 반응성** $\beta$-락탐은 비정상적으로 반응성이 높은 락탐이기 때문에 다양한 친핵체를 아실화할 수 있다. 사각형 고리의 상당한 무리가 $\beta$-락탐의 비정상적인 반응성 뒤에 있는 추진력이다. $\beta$-락탐이 친핵체로 아실화될 때 고리가 열리며, 고리의 무리가 해소된다.

$\beta$-프로피오락탐 + Nuc:$^-$ ⇌ (사면체 중간체) → $H-\ddot{N}:^-$ … $C(=O)-Nuc$ $\xrightarrow{H-\ddot{O}-H}$ $:NH_2-CH_2-CH_2-C(=O)-Nuc$

$\beta$-락탐은 모두 곰팡이에서 분리된 세 가지 중요한 항생제에서 발견된다. 페니실린(penicillin)은 황 원자를 가진 오각 고리에 접합된 $\beta$-락탐을 가지고 있다. 세파로스포린(cephalosporin)은 황 원자를 포함하는 불포화 육각 고리에 접합된 $\beta$-락탐을 가지고 있다. 카바페넴(carbapenem)은 황 원자가 고리에 결합된 불포화 오각 고리에 접합된 $\beta$-락탐을 가지고 있다. 페니실린 V, 세팔렉신, 이미페넴의 구조는 이들 세 종류의 항생제의 예이다.

활성 효소

아실화된 비활성 효소

**그림 21-11** β-락탐 항생제의 작용. β-락탐 항생제는 박테리아의 세포벽을 만드는 데 필요한 효소 중 하나를 아실화하여 비활성화하는 역할을 한다.

페니실린 V
페니실린

세파렉신(케플렉스®)
세파로스포린

이미페넴(프리막심®)
카바페넴

β-락탐 항생제는 박테리아의 세포벽 합성을 방해하는 작용을 한다. 그림 21-11은 β-락탐의 카보닐기가 세포벽을 만드는 데 관여하는 효소 중 (세린 잔기에 있는) 하나의 하이드록시기를 아실화하는 것을 보여준다. 아실화된 효소는 세포벽 단백질을 합성하지 못한다. 이 아실화 과정은 흡열 반응으로 예상되는 '오르막길' 반응인 아마이드를 에스터로 변환시키는 면에서 예외적이다. 그러나 β-락탐에서는 사각 고리의 무리가 아마이드를 충분히 활성화하여 발열 반응으로 알코올을 아실화하여 에스터를 생성한다.

**응용: 약내성**

내성을 가진 박테리아는 β-락탐 항생제를 락탐 고리의 아마이드를 가수 분해하여 비활성화시킨다. 오구멘틴(Augmentin®)은 β-락탐 항생제(아목시실린, amoxicillin)과 가수 분해를 일으키는 효소를 차단하는 화합물인 클라뷰란산 포타슘(potassium clavulanate)으로 구성되어 아목시실린이 효소에 의해 비활성화되는 것을 막는다.

**연습문제 21-36**

다음 합성을 수행할 방법을 나타내라. 필요한 시약은 어느 것이나 사용할 수 있다.

(a) N-에틸벤즈아마이드 ⟶ 벤즈에틸아민 (b) 벤조산 에틸 ⟶ N-에틸벤즈아마이드

(c) 피롤리딘 ⟶ N-아세틸피롤리딘 (d) γ-아미노뷰티르산 ⟶ 피롤리딘

**연습문제 21-37**

다음 합성을 아마이드를 중간체로 이용하여 완성하라. 필요한 시약은 어느 것이나 사용할 수 있다.

(a) 벤조산 ⟶ 벤질메틸아민 (b) 피롤리딘 ⟶ N-에틸피롤리딘

(c) 사이클로펜테인카복실산 ⟶ 사이클로펜테인카보나이트릴

연속 올실 나일론 타이어 끈 생산

**폴리아마이드: 나일론** 1938년 나일론(nylon)의 발견은 고강도 섬유, 직물, 플라스틱 등 오늘날 당연히 여겨지는 다양한 것을 가능하게 해주었다. 가장 흔히 사용되는 나일론은 나일론 6,6으로, 각각 6개의 탄소로 이루어진 다이산(diacid)과 다이아민의 반복 단위로 이루어진다. 나일론 6,6은 아디프산(adipic acid)과 헥세인-1,6-다이아민[hexane-1,6-diamine, 관용명: 헥사메틸렌다이아민(hexamethylenediamine)]을 섞어 나일론 염을 만들고, 이 염을 가열하여 물을 제거하여 아마이드

결합을 형성하여 만든다. 용융 상태의 생성물은 연속 올실로 방사되고, 폴리머 사슬이 일직선이 되도록 당겨준다. 섬유에서 일직선으로 배열된 폴리머 사슬과 사슬 사이의 강력한 아마이드 수소 결합이 나일론 섬유의 강도를 높게 해준다. 나일론 화학은 26장에서 자세히 다루기로 한다.

$$\underset{\text{아디프산}}{HO-\overset{O}{\overset{\|}{C}}-(CH_2)_4-\overset{O}{\overset{\|}{C}}-OH} + \underset{\text{헥사메틸렌다이아민}}{H_2N-(CH_2)_6-NH_2} \longrightarrow \underset{\text{나일론 염}}{{}^{-}O-\overset{O}{\overset{\|}{C}}-(CH_2)_4-\overset{O}{\overset{\|}{C}}-O^{-} \quad H_3\overset{+}{N}-(CH_2)_6-\overset{+}{N}H_3}$$

가열, $-H_2O$

$$\underset{\text{나일론 6,6으로 불리는 폴리(헥사메틸렌 아디프아마이드)}}{\cdots\overset{O}{\overset{\|}{C}}-(CH_2)_4-\overset{O}{\overset{\|}{C}}\left[NH-(CH_2)_6-NH-\overset{O}{\overset{\|}{C}}-(CH_2)_4-\overset{O}{\overset{\|}{C}}\right]_n NH-(CH_2)_6-NH\cdots}$$

## 21-14 나이트릴 화학의 요약

나이트릴은 아실기를 가지고 있지 않지만, 가수 분해되어 카복실산이 되므로 산 유도체로 취급된다. 나이트릴은 흔히 (동수의 탄소 원자를 가진) 카복실산을 1차 아마이드로 전환시킨 후, 탈수를 통해 만든다. 나이트릴은 1차 할로젠화 알킬이나 토실레이트로부터 (탄소 하나를 추가하여) 사이안화 이온의 친핵성 치환 반응으로 만들 수 있다. 사이안화 아릴은 아릴다이아조늄 염과 사이안화 구리(i)의 Sandmeyer 반응으로 만들 수 있다. $\alpha$-하이드록시나이트릴(사이아노하이드린)은 케톤이나 알데하이드와 HCN의 반응으로 만들어진다.

$$\underset{\text{1차 아마이드}}{R-\overset{O}{\overset{\|}{C}}-NH_2} \xrightarrow{POCl_3} \underset{\text{나이트릴}}{R-C\equiv N} \qquad \text{(21-13절)}$$

$$\underset{\text{할로젠화 알킬}}{R-X\ (1°)} \xrightarrow{NaCN} \underset{\text{나이트릴}}{R-C\equiv N} + Na^{+}\ X^{-} \qquad \text{(6-9절)}$$

$$\underset{\text{다이아조늄 염}}{Ar-\overset{+}{N}\equiv N} \xrightarrow{CuCN} \underset{\text{아릴 나이트릴}}{Ar-C\equiv N} + N_2\uparrow \qquad \text{(19-17절)}$$

$$\underset{\text{케톤 또는 알데하이드}}{R-\overset{O}{\overset{\|}{C}}-R'} \xrightarrow[KCN]{HCN} \underset{\text{사이아노하이드린}}{R-\overset{HO\ \ C\equiv N}{C}-R'} \qquad \text{(18-14절)}$$

**나이트릴의 반응** 나이트릴은 산성 또는 염기성 가수 분해로 아마이드가 되며, 이 아마이드는 계속 가수 분해하여 카복실산을 만들 수 있다. 수소화 알루미늄 리튬으로 나이트릴을 환원하면 1차 아민이 만들어지고, Grignard 시약과의 반응은 이민을 만들며, 이는 가수 분해되어 케톤이 된다.

$$R-C\equiv N \text{ (나이트릴)}$$

$$\xrightarrow[H^+ \text{ 또는 } {}^-OH]{H_2O} R-C(=O)-NH_2 \text{ (아마이드)} \xrightarrow[H^+ \text{ 또는 } {}^-OH]{H_2O} R-C(=O)-OH \text{ (산)}$$ (21-7D절)

$$\xrightarrow[(2)\ H_2O]{(1)\ LiAlH_4} R-CH_2NH_2 \text{ (아민)}$$ (19-20B, 21-8C절)

$$\xrightarrow{R'MgX} R-C(=N-MgX)-R' \text{ (이민 염)} \xrightarrow{H_3O^+} R-C(=O)-R' \text{ (케톤)}$$ (18-9, 21-9절)

$$\xrightarrow[(2)\ H_3O^+]{(1)\ \text{DIBAL-H},\ -78\ ^\circ C} R-C(=O)-H \text{ (알데하이드)}$$ (18-9, 21-8절)

**연습문제 21-38**

다음 출발 물질을 정해진 나이트릴로 전환하는 것을 나타내라.

**(a)** 페닐아세트산 ⟶ 페닐아세토나이트릴

**(b)** 페닐아세트산 ⟶ 3-페닐프로피오나이트릴

**(c)** *p*-클로로나이트로벤젠 ⟶ *p*-클로로벤조나이트릴

**응용: 행성 대기**

다른 행성의 대기 중에 나이트릴이 존재한다는 것은 그것이 기본적으로 중요한 생체 분자의 전구체가 될 수 있기 때문에 큰 의미가 있다. 예로 나이트릴은 단백질의 단위체인 아미노산(24-5C절)으로 될 수 있다.

**연습문제 21-39**

다음 변환을 나이트릴을 중간체로 사용하여 완성하라. 필요한 시약을 사용해도 된다.

**(a)** 헥산-1-올 ⟶ 헵탄-1-아민

**(b)** 사이클로헥세인카복스아마이드 ⟶ 사이클로헥실 에틸 케톤

**(c)** 옥탄-1-올 ⟶ 데칸-2-온

## 21-15 싸이오에스터

대부분의 카복실 에스터는 카복실산과 알코올로 구성되어 있다. **싸이오에스터**(thioester)는 카복실산과 싸이올로 이루어져 있다. 싸이오에스터는 싸이올의 유도체임을 강조하기 위해 싸이올 에스터(thiol ester)로 부르기도 한다.

$$\underset{\text{산}}{R-C(=O)-OH} + \underset{\text{알코올}}{R'-OH} \rightleftarrows \underset{\text{에스터}}{R-C(=O)-O-R'} + H_2O$$

$$\underset{\text{산}}{R-C(=O)-OH} + \underset{\text{싸이올}}{R'-SH} \rightleftarrows \underset{\text{싸이오에스터}}{R-C(=O)-S-R'} + H_2O$$

싸이오에스터는 일반적인 에스터보다 친핵성 아실 치환에 더 반응성이 크고 산 염화물이나 무수물보다는 반응성이 낮다. 싸이오에스터를 포함한 반응성 순서는 다음과 같다.

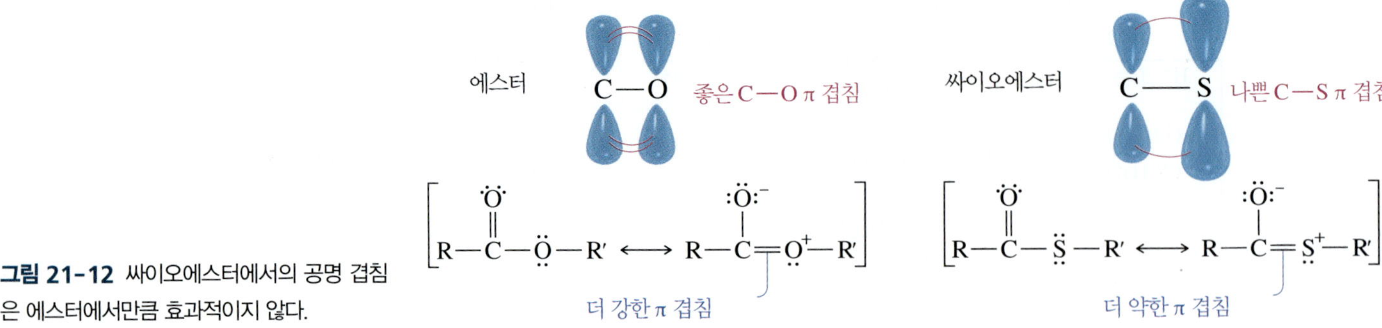


**그림 21-12** 싸이오에스터에서의 공명 겹침은 에스터에서만큼 효과적이지 않다.

상대적 반응성

$$\underset{\text{산 염화물}}{R-\overset{O}{\overset{\|}{C}}-Cl} > \underset{\text{무수물}}{R-\overset{O}{\overset{\|}{C}}-O-\overset{O}{\overset{\|}{C}}-R} > \underset{\text{싸이오에스터}}{R-\overset{O}{\overset{\|}{C}}-S-R'} > \underset{\text{에스터}}{R-\overset{O}{\overset{\|}{C}}-O-R'} > \underset{\text{아마이드}}{R-\overset{O}{\overset{\|}{C}}-NH_2}$$

싸이오에스터에서 증가된 반응성은 두 가지 차이점에서 비롯된다. 첫째로 싸이오에스터의 공명 안정화는 에스터보다 작다. 싸이오에스터에서 두 번째 공명 구조는 탄소의 $2p$ 오비탈과 황의 $3p$ 오비탈의 겹침이 관여한다(그림 21-12). 이 두 오비탈은 크기가 다르고, 핵으로부터의 거리도 다르다. 겹침은 약하고 상대적으로 비효율적이어서 에스터의 C—O 결합보다 싸이오에스터의 C—S 결합이 더 약하게 해준다.

두 번째의 차이점은 이탈기에 있다. 즉 황화 알킬 음이온($^{-}$:S̤—R)은 알콕시화 이온($^{-}$:Ö—R)보다 염기성이 작고 황 원자는 더 커서 음전하를 더 넓은 공간에 펼칠 수 있으므로 더 좋은 이탈기이다. 또한 황은 산소보다 더 잘 편극화될 수 있으므로 황화 알킬 음이온이 이탈될 때 더 많은 결합이 가능하다(6-11A절).

생명체도 아실화 시약이 필요하지만, 산 할로젠화물이나 무수물은 선택적인 아실화 반응을 하기에는 반응성이 너무 크다. 또한 이들은 생명체의 수용액 조건에서는 가수 분해될 것이다. 싸이오

$$\underset{\text{싸이오에스터}}{CH_3-\overset{O}{\overset{\|}{C}}-S}-CH_2CH_2\overset{H}{N}-\overset{O}{\overset{\|}{C}}-CH_2CH_2\overset{H}{N}-\overset{O}{\overset{\|}{C}}-\underset{OH}{CH}-\overset{CH_3}{\underset{CH_3}{C}}-CH_2-O-\overset{O^-}{\underset{O}{P}}-O-\overset{O^-}{\underset{O}{P}}-O-CH_2-\text{(adenosine 3'-phosphate, }{}^{+}NH_3\text{)}$$

보조 효소 A(CoA)

$$\underset{\text{아세틸 보조 효소 A}}{CH_3-\overset{O}{\overset{\|}{C}}-S-\boxed{CoA}} + Nuc:^- \rightleftarrows \underset{\text{정사면체 중간체}}{CH_3-\overset{O^-}{\underset{Nuc}{C}}-S-\boxed{CoA}} \longrightarrow \underset{\text{아실화된 생성물}}{CH_3-\overset{O}{\overset{\|}{C}}-Nuc} + {}^{-}:S-\boxed{CoA}$$

**그림 21-13** 보조 효소 A(CoA)는 싸이올로, 보조 효소 A의 싸이오에스터는 생화학적 아실 이동 시약으로 작용한다. 아세틸 CoA는 보조 효소 A가 이탈기의 역할을 하여 아세틸기를 친핵체로 전달한다.

에스터는 가수 분해가 쉽게 일어나지 않으며, 선택적인 아실화 시약으로 탁월하다. 이러한 이유에서 싸이오에스터는 생명체에서 일반적인 아실화 시약이다. 많은 생화학적 아실화 반응은 보조 효소 A(CoA)의 싸이오에스터로부터 아실기를 전달하는 일에 관여한다. 그림 21-13은 아세틸 보조 효소 A의 구조와 친핵체로의 아세틸기 전달의 메커니즘을 보여준다. 실제로 아세틸 CoA는 생명체에서 염화 아세틸(또는 아세트산 무수물)의 물에 안정한 동등체 역할을 한다.

## 21-16 탄산의 에스터와 아마이드

**탄산**(carbonic acid, $H_2CO_3$)은 이산화 탄소가 물에 녹을 때 가역적으로 생성된다. 모든 탄산음료는 $CO_2$ 및 물과 평형에 있는 탄산을 포함한다.

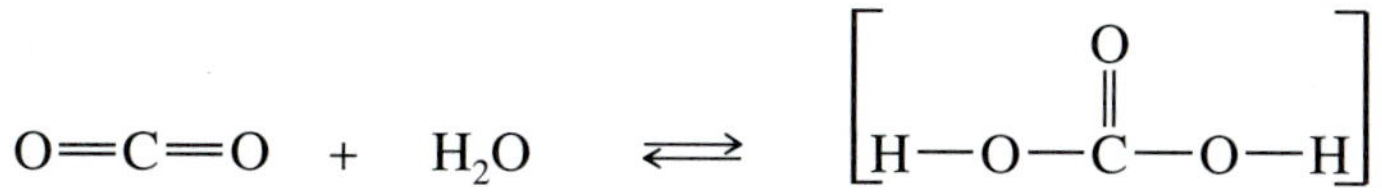

$$O{=}C{=}O \; + \; H_2O \; \rightleftharpoons \; \left[ H{-}O{-}\overset{\overset{\displaystyle O}{\|}}{C}{-}O{-}H \right]$$

탄산(불안정)

탄산은 그 자체로도 항상 이산화 탄소와 물과 평형을 이루고 있지만, 몇 가지 중요한 안정한 유도체를 가지고 있다. **탄산 에스터**(carbonate ester)는 2개의 알콕시기가 탄산의 하이드록시기를 치환한 탄산의 다이에스터이다.

$$R{-}O{-}\overset{\overset{\displaystyle O}{\|}}{C}{-}O{-}R \qquad CH_3CH_2{-}O{-}\overset{\overset{\displaystyle O}{\|}}{C}{-}O{-}CH_2CH_3 \qquad C_6H_{11}{-}O{-}\overset{\overset{\displaystyle O}{\|}}{C}{-}O{-}CH_2CH_3$$

탄산 에스터 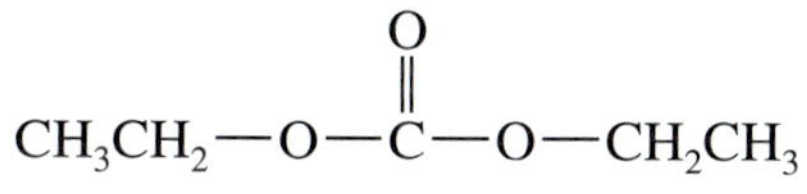 탄산 다이에틸 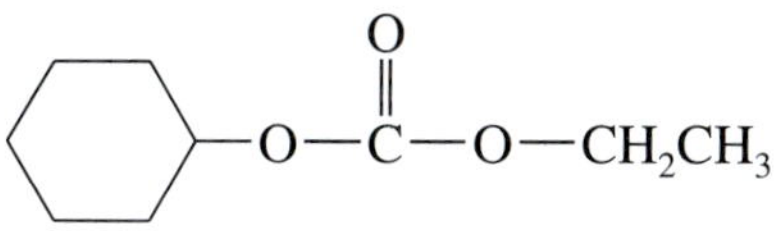 탄산 사이클로헥실 에틸

**요소**(urea)는 2개의 질소 원자가 카보닐기에 결합된 탄산의 다이아마이드이다. 치환되지 않은 요소(이를 단순히 요소라고 부른다)는 포유류에서 과량의 단백질 대사로부터 분비되는 찌꺼기 생성물이다. 테트라메틸요소(tetramethylurea, TMU)는 높은 끓는점(177°C)의 극성 비양성자성 용매로 자주 사용된다. 물에 잘 녹기 때문에 용액에서 씻어낼 수 있다.

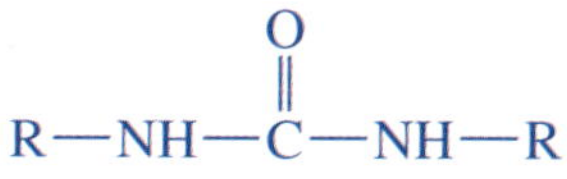

$$R{-}NH{-}\overset{\overset{\displaystyle O}{\|}}{C}{-}NH{-}R \qquad H_2N{-}\overset{\overset{\displaystyle O}{\|}}{C}{-}NH_2 \qquad (CH_3)_2N{-}\overset{\overset{\displaystyle O}{\|}}{C}{-}N(CH_3)_2$$

치환된 요소 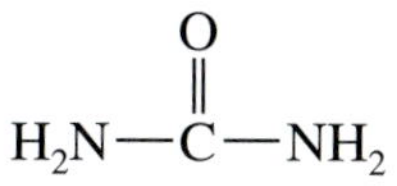 요소 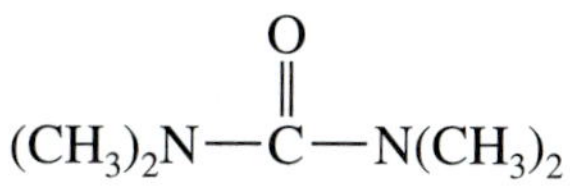 테트라메틸요소(TMU)

**카밤산 에스터**(carbamate ester), 즉 **유레테인**(urethane)은 탄산의 단일 아마이드인 불안정한 카밤산(carbamic acid)의 안정한 에스터이다.

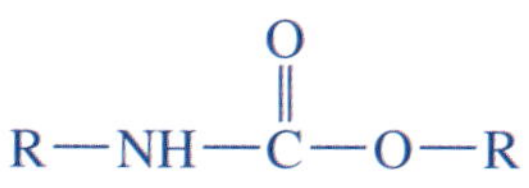

$$R{-}NH{-}\overset{\overset{\displaystyle O}{\|}}{C}{-}O{-}R \qquad \left[ H_2N{-}\overset{\overset{\displaystyle O}{\|}}{C}{-}OH \right] \qquad H_2N{-}\overset{\overset{\displaystyle O}{\|}}{C}{-}OEt \qquad CH_3{-}\underset{\underset{\displaystyle H}{|}}{N}{-}\overset{\overset{\displaystyle O}{\|}}{C}{-}O{-}C_{10}H_7$$

카밤산 또는 유레테인 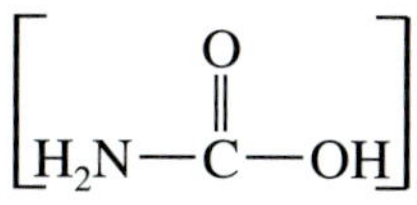 카밤산 (불안정) 카밤산 에틸 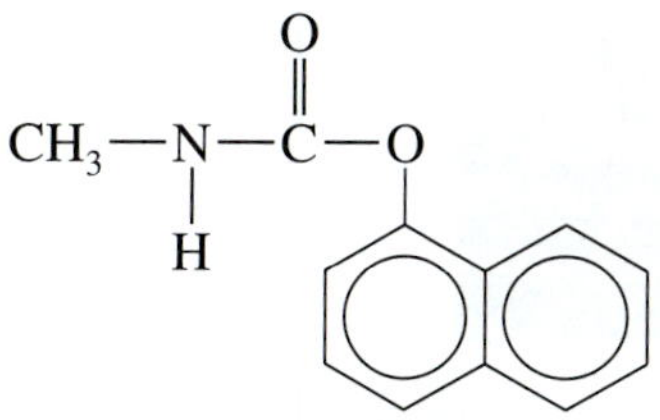 1-나프틸-*N*-메틸카밤산 (세빈® 살충제)

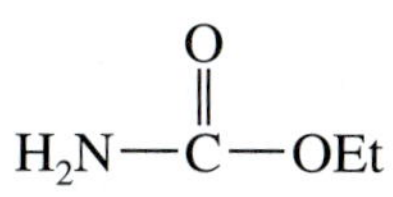

이들 유도체의 대부분은 탄산의 산 염화물인 포스젠(phosgen)으로부터 친핵성 아실 치환으로 합성될 수 있다.

$$Cl-C(=O)-Cl + 2\ CH_3CH_2-OH \longrightarrow CH_3CH_2-O-C(=O)-O-CH_2CH_3 + 2\ HCl$$

포스젠 → 카밤산 다이에틸

$$Cl-C(=O)-Cl \xrightarrow{CH_3CH_2OH} Cl-C(=O)-OCH_2CH_3 \xrightarrow{C_6H_{11}NH_2} C_6H_{11}-NH-C(=O)-OCH_2CH_3$$

카밤산 *N*-사이클로헥실

$$Cl-C(=O)-Cl + 2\ (CH_3)_2NH \longrightarrow (CH_3)_2N-C(=O)-N(CH_3)_2 + 2\ HCl$$

테트라메틸요소

유레테인을 만드는 다른 방법은 알코올이나 페놀을 카밤산의 무수물인 **아이소사이아인산 염**(isocyanate)으로 처리하는 것이다. 카밤산은 불안정한 반면, 유레테인은 안정하다. 살충제 세빈(Sevin®)은 이렇게 만들어졌다.

$$R-N=C=O + HO-R' \longrightarrow R-NH-C(=O)-O-R'$$

아이소사이아인산 염 + 알코올 → 카밤산 에스터(유레테인)

예

$$CH_3-N=C=O + \text{1-나프톨} \longrightarrow CH_3-NH-C(=O)-O-(1\text{-나프틸})$$

아이소사이아인산 메틸 + 1-나프톨 → 세빈® 살충제

$$R-N=C=O + H_2O \longrightarrow \left[R-NH-C(=O)-OH\right] \longrightarrow R-NH_2 + CO_2$$

아이소사이아인산 염 → 카밤산(불안정) → 아민

**연습문제 21-40**

아이소사이아인산 메틸과 1-나프톨로부터 살충제 세빈이 만들어지는 반응의 메커니즘을 제시하라.

탄력 있고 단단한 폴리유레테인 바퀴가 개발되기 전에는 롤러스케이트에 거리의 아주 작은 돌이나 갈라진 틈을 만나면 급정거하는 성질의 강철 바퀴가 쓰였다. 바퀴와 윗부분의 ABS 플라스틱에 사용되는 고분자 기술이 없었다면 롤러블레이드는 존재하지 않았을 것이다.

**연습문제 21-41**

다음 각 헤테로 고리 화합물에 대해

**(i)** 어떤 형태의 산 유도체가 존재하는지 설명하라.

**(ii)** 완전한 가수 분해 반응으로 생성되는 화합물을 그려보라.

**(iii)** 방향족인 고리가 있는가? 이에 대해 설명하라.

(a) (b) (c)

(d) (e) 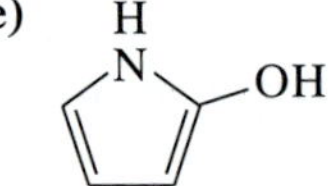 (f)

**폴리탄산 염과 폴리유레테인** 고분자의 많은 유형 중 두 가지, 즉 **폴리탄산 염**(polycarbonate)과 **폴리유레테인**(polyurethane)은 탄산 유도체의 작용기를 포함하는 결합으로 연결되어 있기 때문에 탄산 유도체의 화학은 매우 중요하다. 폴리탄산 염은 탄산 에스터 연결로 결합된 고분자이고, 폴리유레테인은 카밤산 에스터 연결로 결합된 고분자이다. 렉산(Lexan®) 폴리탄산 염은 강하고 투명한 고분자로, 방탄유리나 헬멧에 사용된다. 렉산의 합성에 사용되는 다이올은 비스페놀 A(bisphenol A)라고 불리는 페놀로, 폴리에스터나 폴리유레테인 합성의 흔한 중간체이다.

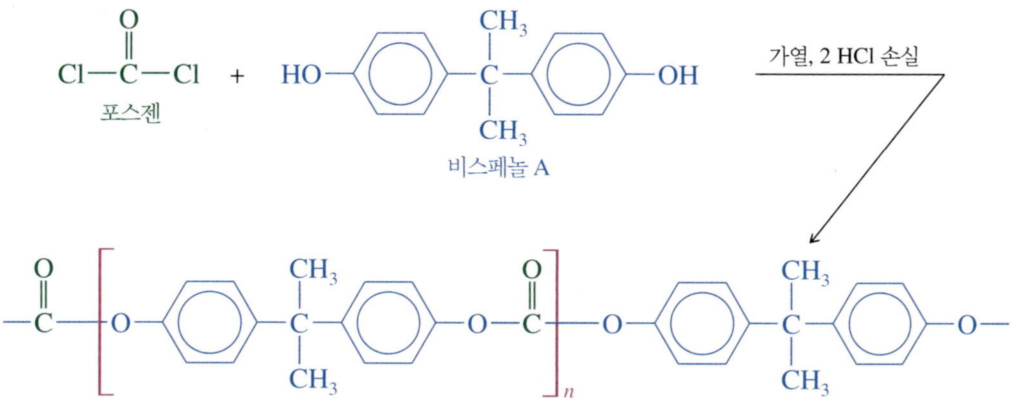

Cl—C(=O)—Cl + HO—C₆H₄—C(CH₃)₂—C₆H₄—OH →(가열, 2 HCl 손실)

포스젠 비스페놀 A

—C(=O)—[O—C₆H₄—C(CH₃)₂—C₆H₄—O—C(=O)]ₙ—O—C₆H₄—C(CH₃)₂—C₆H₄—O—

렉산 폴리카보네이트

폴리유레테인은 2개의 아이소사이안산 염을 가진 화합물인 다이아이소사이안산 염과 다이올이 반응하면 얻을 수 있다. 폴리유레테인의 일반적인 형태는 에틸렌 글라이콜을 다이아이소사이안산 톨루엔(toluene diisocyanate)과 반응시켜 생성된다.

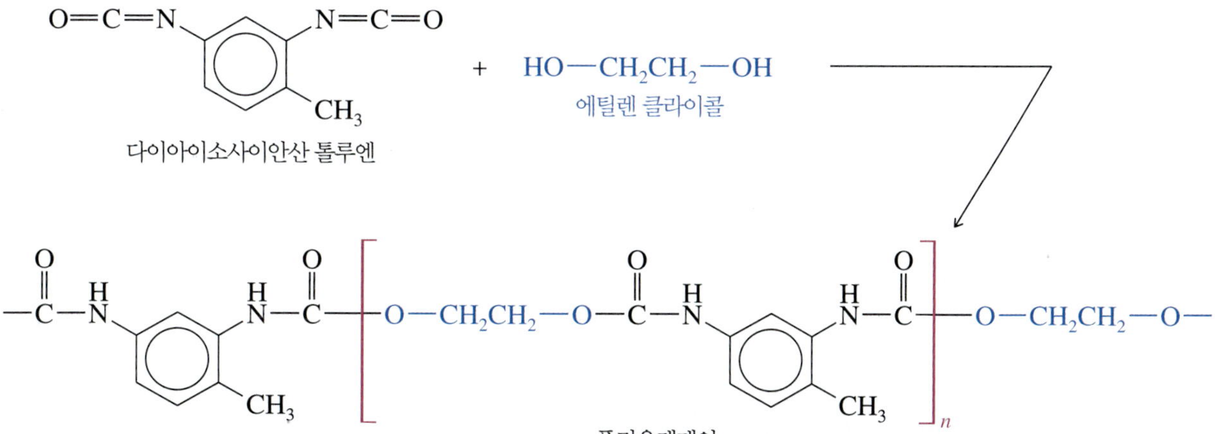

O=C=N—C₆H₃(CH₃)—N=C=O + HO—$CH_2CH_2$—OH →

다이아이소사이안산 톨루엔 에틸렌 글라이콜

—C(=O)—NH—C₆H₃(CH₃)—NH—C(=O)—[O—$CH_2CH_2$—O—C(=O)—NH—C₆H₃(CH₃)—NH—C(=O)]ₙ—O—$CH_2CH_2$—O—

폴리유레테인

**응용: 살충제**

세빈(Sevin®) 및 관련된 살충제의 개발은 알칼로이드로 카밤산 메틸 부분을 보유한 피조스티그민(physostigmine)의 연구 결과로 이루어졌다. 이 연구는 사린(Sarin) 같은 강력한 신경 가스의 개발로 이어졌다.

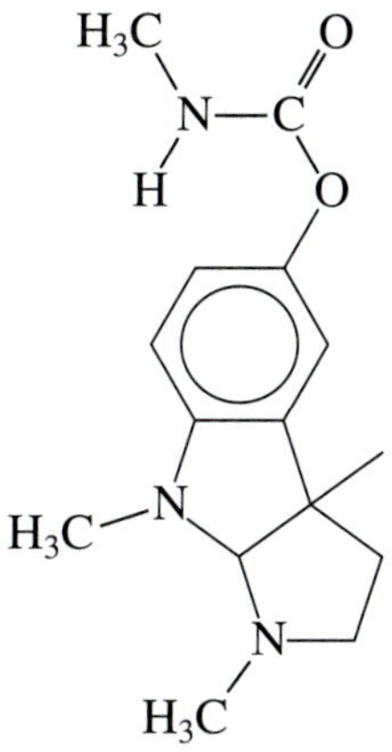

$H_3C$—NH—C(=O)—O— ... N—$CH_3$ ... N—$CH_3$

피조스티그민

$(CH_3)_2CHO$—P(=O)($CH_3$)—F

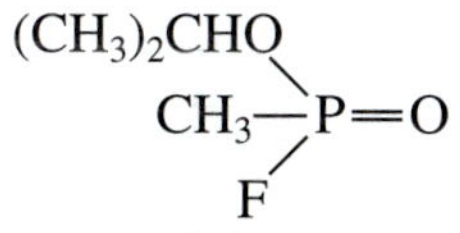

사린

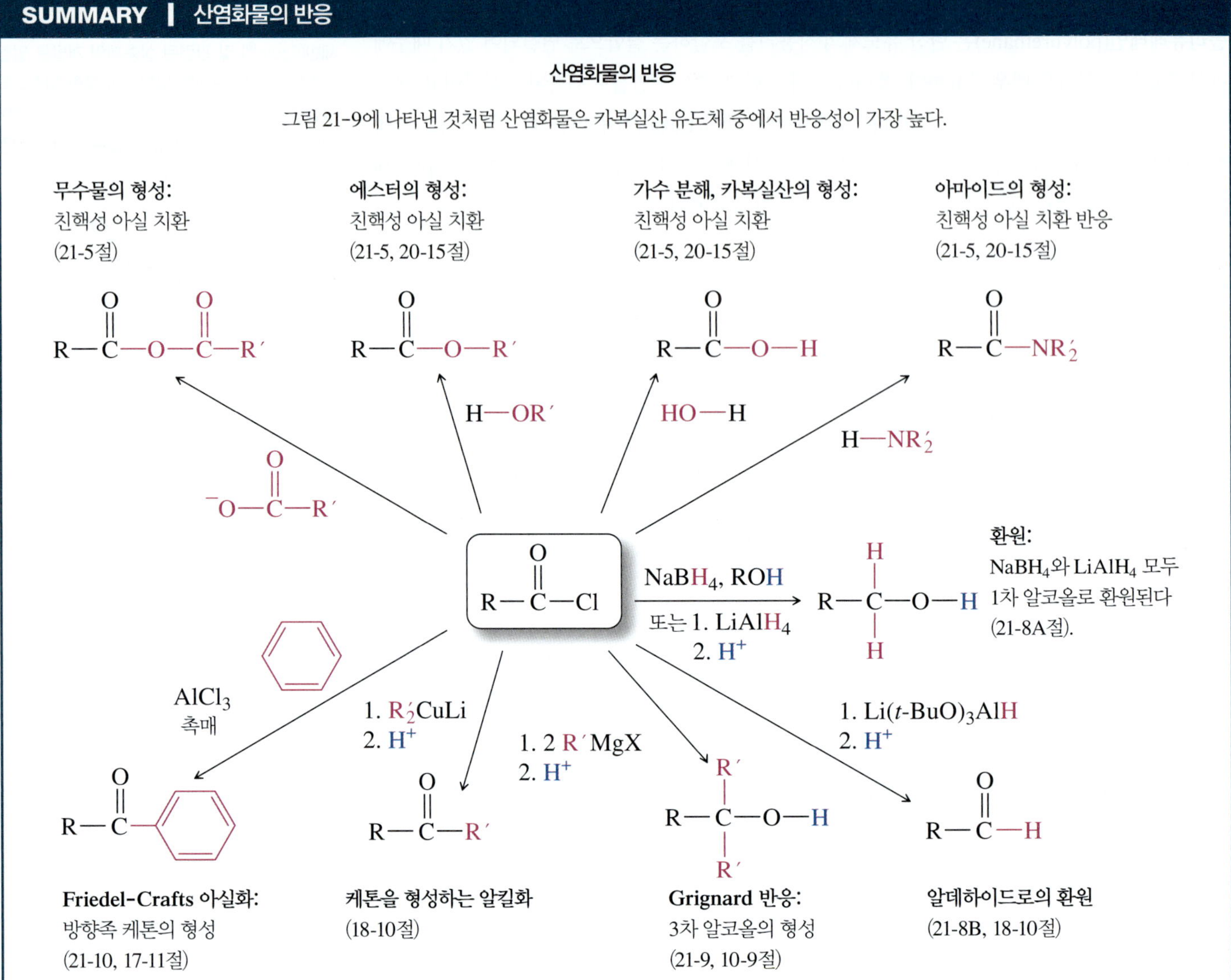


## 핵심 용어

**Fischer 에스터화(Fischer esterification):**

$$\underset{\text{산}}{R-\overset{O}{\overset{\|}{C}}-OH} + \underset{\text{알코올}}{R'-OH} \overset{H^+}{\rightleftharpoons} \underset{\text{에스터}}{R-\overset{O}{\overset{\|}{C}}-O-R'} + H_2O$$

**나이트릴(nitrile):** 사이아노기, 즉 C≡N을 가지고 있는 유기 화합물

**락탐(lactam):** 고리형 아마이드

**락톤(lactone):** 고리형 에스터

**무수물(anhydride):** 두 분자의 산이 물 한 분자를 잃고 생성된 활성화된 산 유도체. 혼합 무수물은 2개의 다른 산 분자로부터 얻은 무수물

$$2\ \underset{\text{산}}{R-\overset{O}{\overset{\|}{C}}-OH} \rightleftharpoons \underset{\text{무수물}}{R-\overset{O}{\overset{\|}{C}}-O-\overset{O}{\overset{\|}{C}}-R} + H_2O$$

**비누화(saponification):** 에스터의 알코올과 카복실산 염으로의 염기성 가수 분해 반응

## 21장 유기 반응 가이드

21장에서 다룬 반응은 빨간색으로, 앞 장에서 다룬 반응은 파란색으로 표시했다.

**산 유도체(acid derivative)**: 산성 또는 염기성 가수 분해로 카복실산으로 전환될 수 있는 작용기를 포함하는 화합물

상대적 반응성

$$\underset{\text{산 염화물}}{\mathrm{R{-}C({=}O){-}Cl}} > \underset{\text{무수물}}{\mathrm{R{-}C({=}O){-}O{-}C({=}O){-}R}} > \underset{\text{싸이오에스터}}{\mathrm{R{-}C({=}O){-}S{-}R'}} > \underset{\text{에스터}}{\mathrm{R{-}C({=}O){-}O{-}R'}} > \underset{\text{아마이드}}{\mathrm{R{-}C({=}O){-}NH_2}}$$

**산 할로젠화물(acid halide)**: 산의 하이드록시기가 할로젠, 보통 염소로 치환된 활성화된 산 유도체. '할로젠화 아실(acyl halide)'이라고도 한다.

**싸이오에스터(thioester)**: 산의 하이드록시기가 황 원자와 여기에 붙은 알킬 또는 아릴기로 치환된 산 유도체. 싸이오에스터는 카복실산과 싸이올의 복합체이다.

**아마이드(amide)**: 산의 하이드록시기가 질소 원자와 여기에 붙은 수소나 알칼리로 치환된 산 유도체. 아마이드는 카복실산과 아민의 복합체이다.

$$\mathrm{R{-}C({=}O){-}NH_2}\qquad \mathrm{R{-}C({=}O){-}N(H){-}R'}\qquad \mathrm{R{-}C({=}O){-}N(R'){-}R'}$$

1차 아마이드 / 2차 아마이드 (*N*-치환 아마이드) / 3차 아마이드 (*N*,*N*-이중 치환된 아마이드)

**아실 전이(acyl transfer)**: 친핵성 아실 치환의 또 다른 용어. 아실 전이는 이탈기로부터 공격하는 친핵체로의 아실기의 '전이'를 강조한다.

**아이소사이안산 염(isocyanate)**: R−N=C=O 화학식을 가진 화합물

**에스터(ester):** 산의 하이드록시기가 알콕시기로 치환된 산 유도체. 에스터는 카복실산과 알코올의 복합체이다.

**에스터 교환 반응(transesterification):** 에스터의 알콕시기를 다른 알콕시기로 치환하는 반응. 에스터 교환은 산성 또는 염기성 조건에서 일어날 수 있다.

**에스터의 가암모니아 분해(ammonolysis of an ester):** 암모니아(또는 아민)에 의한 에스터의 아마이드와 알코올로의 분할

**요소(urea):** 탄산의 다이아마이드

**유레테인(urethane, 카밤산 에스터):** 카밤산, 즉 RNH—COOH의 에스터. 탄산의 단일 에스터 단일 아마이드

**카밤산 에스터(carbamate ester):** 유레테인 참조

**탄산(carbonic acid):** 탄소가 1개인 이중 카복실산 HOCOOH. 탄산은 이산화 탄소와 물과 항상 평형을 이루고 있다. 이것의 에스터와 아마이드는 안정하다.

[H—O—C(=O)—O—H] 탄산(불안정)

R—O—C(=O)—O—R 탄산 에스터

R—NH—C(=O)—NH—R 치환된 요소

R—NH—C(=O)—O—R 카밤산 에스터 또는 유레테인

**탄산 에스터(carbonate ester):** 탄산의 다이에스터

**친핵성 아실 치환(nucleophilic acyl substitution):** 카보닐 탄소에 결합된 이탈기에의 친핵성 치환. 친핵성 아실 치환은 첨가–제거 메커니즘을 따라 진행된다.

$$R—C(=O)—X + Nuc:^- \rightleftharpoons \left[R—C(O^-)(Nuc)—X\right] \rightleftharpoons R—C(=O)—Nuc + :X^-$$

친핵성 아실 치환의 첨가-제거 메커니즘

**중합체(polymer):** 여러 개의 작은 단위(단위체)가 같이 결합된 큰 분자

**폴리아마이드(polyamide):** 단위체들이 아마이드 결합을 통해 결합된 중합체. '나일론(nylon)'이라고도 한다.

**폴리탄산 염(polycarbonate):** 단위체들이 탄산 에스터 연결로 결합된 중합체

**폴리에스터(polyester):** 단위체들이 에스터 연결로 결합된 중합체

**폴리유레테인(polyurethane):** 단위체들이 카밤산 에스터 연결로 결합된 중합체

**트라이글리세라이드(triglyceride, triacylglycerol):** 3개의 지방산으로 에스터화된 트라이올인 글리세롤의 트라이에스터

## 기초문제

| | | |
|---|---|---|
| **1** | 카복실산 유도체를 명명하고 이름으로부터 구조를 그려보라. | 관련 연습문제 21–42, 43 |
| **2** | 산 유도체의 물리적 성질을 비교하고, 아마이드의 높은 끓는점과 녹는점을 설명하라. 에스터, 싸이오 에스터, 아마이드, 나이트릴, 무수물, 산 염화물의 상대적 반응성을 비교하라. | 관련 연습문제 21–51, 52, 59, 60, 62 |
| **3** | 산 유도체의 스펙트럼을 해석하고, 구조 결정에 스펙트럼 정보를 이용하라. IR에서 카보닐 신축 진동수가 산 유도체의 구조에 따라 어떻게 변하는지 나타내라. | 관련 연습문제 21–52, 61, 64, 65, 66, 67, 68, 69, 70 |
| **4** | 다른 작용기를 포함하는 화합물로부터 산 유도체의 단일 또는 다단계 합성을 제안하라. 산 유도체를 출발 물질과 중간체로 사용한 다단계 합성을 제시하라. | 관련 연습문제 21–48, 50, 53, 54, 55, 57 |
| **5** | 산 유도체가 산성 또는 염기성 조건에서 어떻게 카복실산으로 가수 분해되는지 나타내라. 일부 산 유도체(예: 아마이드)가 다른 것들보다 더 강한 가수 분해 조건이 필요한 이유를 설명하라. | 관련 연습문제 21–47, 49, 58, 59, 62 |
| **6** | 산 유도체가 어떻게 친핵성 아실 치환 반응으로 반응성이 높은 유도체에서 낮은 유도체로 쉽게 전환되는지 제시하라. 산 염화물이 산을 다른 산 유도체로 전환시키는 데 중간체로 어떻게 사용되는지 나타내라. | 관련 연습문제 21–46, 49, 51, 58, 63 |
| **7** | 카복실산 유도체와 환원제, 알코올, 아민, Grignard, 유기리튬, 유기구리 시약 같은 유기 금속 시약과의 반응 생성물과 메커니즘을 예측하라. | 관련 연습문제 21–48, 50, 52, 53, 54, 55, 60 |
| | 문제풀이 전략: 반응 메커니즘 제안하기 | 관련 연습문제 21–46, 49, 56, 70 |

## 연습문제

**21-42** 다음의 관용명, 체계적 이름에 해당하는 구조를 그려보라.

**(a)** 폼산 페닐 **(b)** 벤조산 사이클로헥실 **(c)** 페닐아세트산 사이클로펜틸
**(d)** $N$-뷰틸아세트아마이드 **(e)** $N,N$-다이메틸폼아마이드 **(f)** 벤조산 프로피온산 무수물
**(g)** 벤즈아마이드 **(h)** $\gamma$-하이드록시발레로나이트릴 **(i)** 염화 $\alpha$-브로모뷰티르일
**(j)** $\beta$-뷰티로락톤 **(k)** 아이소사이안산 페닐 **(l)** 탄산 사이클로뷰틸 에틸
**(m)** $\delta$-카프로락탐 **(n)** 트라이클로로아세트산 무수물 **(o)** 카밤산 에틸 $N$-메틸

**21-43** 다음 화합물의 적절한 이름을 답하라.

**(a)** $CH_3CH_2CH_2CH_2-C(=O)-Cl$
**(b)** $Ph-C(=O)-O-C(=O)-CH_3$
**(c)** $CH_3CH_2-C(=O)-NH-Ph$
**(d)** $CH_3CH_2-NH-C(=O)-Ph$
**(e)** $CH_3CH_2-C(=O)-O-Ph$
**(f)** $CH_3CH_2-O-C(=O)-Ph$
**(g)** (페닐-$CH_2$-C≡N)
**(h)** (페닐-$CH_2CH_2CH_2CH_2$-C≡N)
**(i)** $CH_3CH_2O-C(=O)$-(벤젠 1,3)-$C(=O)-OCH_2CH_3$
**(j)** $CH_3$-(벤젠 1,4)-$C(=O)-N(CH_2CH_3)_2$
**(k)** ($H_3C$, O, =O 고리)
**(l)** $H_3C$, H, N, O (고리)

**21-44** 염화 페닐아세틸($PhCH_2COCl$)이 다음 시약과 반응하여 생성되는 주생성물을 예측하라.

**(a)** 에탄올 **(b)** 아세트산 소듐 **(c)** 아닐린
**(d)** 아니솔과 염화 알루미늄 **(e)** 과량의 브로민화 벤질마그네슘, 반응 후 약산 **(f)** $LiAlH(O\text{-}t\text{-}Bu)_3$

**21-45** 다음 반응의 생성물을 예측하라.

**(a)** 페닐메탄올 + 아세트산 무수물 **(b)** 페닐메탄올 + 아세트산 폼산 무수물
**(c)** 벤질아민 + 프탈산 무수물 **(d)** 벤젠 + 석신산 무수물과 염화 알루미늄
**(e)** $PhCH_2-CH(OH)-CH_2-NH_2$ + 1당량의 아세트산 무수물 **(f)** $PhCH_2-CH(OH)-CH_2-NH_2$ + 과량의 아세트산 무수물

**21-46** 산 촉매 에스터 교환 반응 및 Fischer 에스터화 반응은 거의 동일한 메커니즘으로 진행된다. 에스터 교환은 염기 촉매로도 진행되지만, 염기 촉매 Fischer 에스터화(예: $^-OR''$)는 진행되지 않는다. Fischer 에스터화 반응이 염기 촉매로 진행되지 못하는 이유를 설명하라.

**21-47** 다음 에스터의 비누화 반응 생성물을 예측하라.

**(a)** $Ph-O-C(=O)-CH_3$
**(b)** (페닐)$-CH_2-O-C(=O)-H$
**(c)** (O, =O 고리)
**(d)** (O, O, =O, =O 고리)

**21-48** 다음 합성을 좋은 수율로 완성하는 방법을 제시하라.

**(a)** (페닐)$-NH_2$ ⟶ (페닐)$-NH-C(=O)-H$
**(b)** (페닐)$-COOH$ ⟶ (페닐)$-C(=O)-O-C(=O)-CH_3$
**(c)** (사이클로헥세인, H, OH, OH, H) ⟶ (H, O, =O, O, =O, H 고리)
**(d)** (벤젠)(COOH)(COOH) ⟶ (벤젠)($C(=O)OCH(CH_3)_2$)(COOH)

(e) $CHO$ / $CH_2OH$ → (lactone)

(f) $CHO$ / $COOH$ → (lactone)

*(g) $O=$(cyclohexane)$(COOCH_3)_2$ → $O=$(cyclohexane)$(CH_2OCCH_3)_2$ (with C=O)

*(h) (cyclopentene) → (2-oxocyclopentane)$COOH$

**21-49** 다음 반응의 메커니즘을 제시하라.

(a) $Ph-C(=O)-Cl + (CH_3)_2CHOH \longrightarrow Ph-C(=O)-OCH(CH_3)_2$

(b) $Ph-C(=O)-OCH_3 \xrightarrow[H_2O]{NaOH} Ph-C(=O)-O^- + CH_3OH$

(c) $Ph-C(=O)-OCH_2CH_3 \xrightarrow[H_2O]{H^+} Ph-C(=O)-OH + CH_3CH_2OH$

(d) (bicyclic lactone) $\xrightarrow[EtOH]{EtO^-}$ HO(cyclopentane)COOEt

(e) $H_2N$~~~$CH=O$ $\xrightarrow{H^+}$ (cyclic imine, N)

(f) $H_2N$~~~$C(=O)OCH_3$ ⟶ (lactam, N–H, C=O)

(g) $CH_3-\overset{*}{C}H(OH)-CH_2CH_3$ $\xrightarrow[\text{(아세트산 무수물)}]{Ac_2O}$ $CH_3-\overset{*}{C}H(OAc)-CH_2CH_3$

($R$)-뷰탄-2-올 → 아세트산 2-뷰틸

이 반응은 비대칭 탄소 원자에 대해 보존(retension), 반전(inversion), 라셈화 중 어느 것이 일어나는가?

**21-50** 다음 반응의 생성물을 예측하라.

(a) (benzene)$C(=O)Cl$ + (cyclohexane)$OH$ ⟶

(b) (cyclohexane)$-C(=O)-OCH_3$ $\xrightarrow[\text{열}]{CH_3NH_2}$

(c) $Ph-C(=O)-Cl$ + (pyrrolidine)$N-H$ ⟶

(d) (glutaric anhydride, O) + (cyclohexane)$NH_2$ ⟶

(e) $Ph-C(=O)-OCH_2CH_3$ $\xrightarrow[(2)\ H_2O]{(1)\ LiAlH_4}$

(f) (2-piperidinone, N–H) $\xrightarrow[(2)\ H_2O]{(1)\ LiAlH_4}$

(g) (seven-membered lactone) $\xrightarrow[CH_3OH]{^-OCH_3}$

(h) (six-membered lactone) $\xrightarrow[(2)\ H_3O^+]{(1)\ \text{과량의}\ PhMgBr}$

(i) (cyclopentane)$-C\equiv N$ $\xrightarrow[(2)\ H_3O^+]{(1)\ CH_3MgI}$

(j) (caprolactam, N–H) $\xrightarrow[H_2O]{NaOH}$

(k) 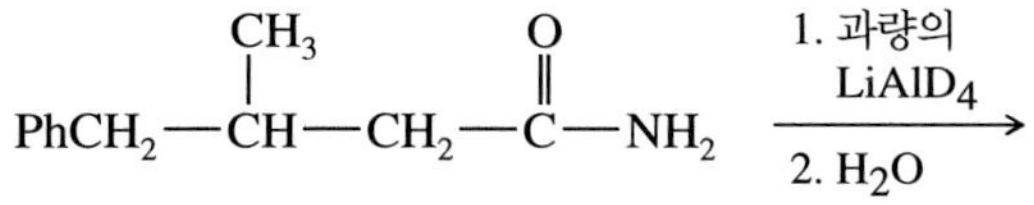 $PhCH_2-CH(CH_3)-CH_2-C(=O)-NH_2$ $\xrightarrow[\text{2. } H_2O]{\text{1. 과량의 } LiAlD_4}$

(l)  (δ-발레로락톤) + $HOCH_2CH_2OH$ $\xrightarrow{H^+}$

(m) 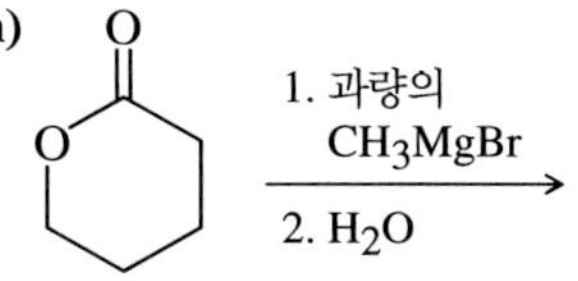 (δ-발레로락톤) $\xrightarrow[\text{2. } H_2O]{\text{1. 과량의 } CH_3MgBr}$

(n) 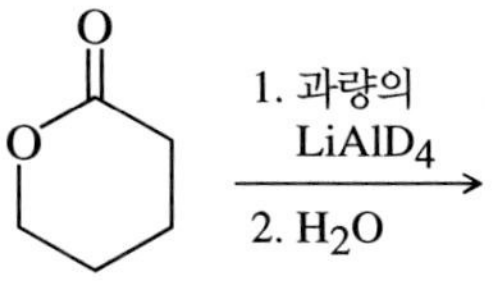 (δ-발레로락톤) $\xrightarrow[\text{2. } H_2O]{\text{1. 과량의 } LiAlD_4}$

**21-51** 포스겐은 탄산의 산 염화물이다. 포스겐은 제1차 세계대전에서 화학전에 사용되었지만, 현재는 많은 유용한 화합물을 합성하는 시약으로 사용된다. 포스겐은 다른 산 염화물과 마찬가지로 반응하지만, 두 번 반응할 수 있다.

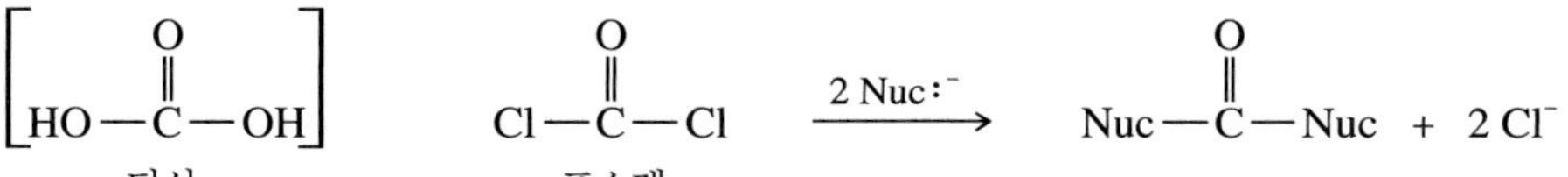

$$\left[HO-\overset{O}{\overset{\|}{C}}-OH\right] \qquad Cl-\overset{O}{\overset{\|}{C}}-Cl \xrightarrow{2\ Nuc:^-} Nuc-\overset{O}{\overset{\|}{C}}-Nuc + 2\,Cl^-$$

탄산 포스겐

**(a)** 포스겐이 과량의 프로판-1-올과 반응할 때의 생성물을 예측하라.

**(b)** 포스겐이 1당량의 메탄올 및 1당량의 아닐린과 순차적으로 반응할 때의 생성물을 예측하라.

**(c)** 염화 아이소-뷰틸옥시카보닐은 펩타이드와 단백질 합성에 사용되는 중요한 시약이다. 포스겐을 이용하여 염화 아이소-뷰틸옥시카보닐의 합성을 고안하라.

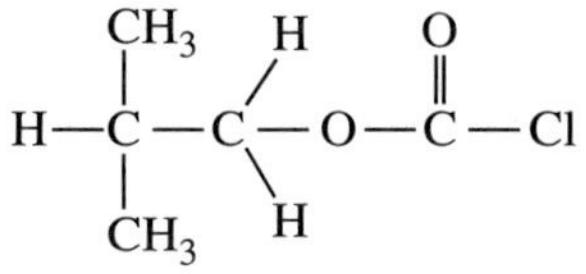

$$H-C(CH_3)_2-CH_2-O-\overset{O}{\overset{\|}{C}}-Cl$$

염화 아이소-뷰틸옥시카보닐

**21-52** 육두구(nutmeg)를 에터로 추출하면 녹는점이 57°C인 밀랍형 결정, 즉 트라이올레인(triolein)을 다량 얻을 수 있다. 트라이올레인의 IR 스펙트럼은 1735 $cm^{-1}$에서 매우 강한 흡수를 보여준다. 트라이올레인의 염기성 가수 분해는 1당량의 글리세롤과 3당량의 올레산[(9Z)-옥타데크-엔산]을 생성한다.

**(a)** 트라이올레인의 구조를 그려보라.

**(b)** 트라이올레인을 수산화 알루미늄 리튬으로 처리한 후, 알루미늄 염을 물로 가수 분해했을 때 얻을 수 있는 생성물을 예측하라.

**21-53** 가장 널리 사용되는 두 가지의 진통제는 아스피린과 아세트아미노펜이다. 이 두 의약품을 페놀로부터 합성하라.

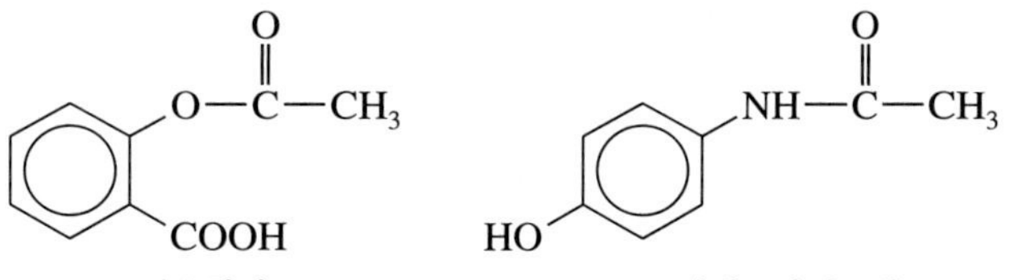

아스피린 (o-$C_6H_4(COOH)-O-C(=O)-CH_3$) 아세트아미노펜 (p-$HO-C_6H_4-NH-C(=O)-CH_3$)

**21-54** 다음 합성을 수행할 방법을 제시하라. 일부 변환은 한 단계 이상이 필요할 수도 있다.

**(a)** 아이소펜틸 알코올 ⟶ 아세트산 아이소펜틸(바나나 기름)

**(b)** 3-에틸펜탄산 ⟶ 3-에틸펜테인나이트릴

**(c)** 아이소뷰틸아민 ⟶ *N*-아이소뷰틸폼아마이드

**(d)** 아세트산 에틸 ⟶ 3-메틸펜탄-3-올

**(e)** 사이클로헥실아민 ⟶ *N*-사이클로헥실아세트아마이드

**(f)** 브로모사이클로헥세인 ⟶ 다이사이클로헥실메탄올

**(g)** 옥살산 다이메틸 ⟶ (피페라진-2,3-다이온)

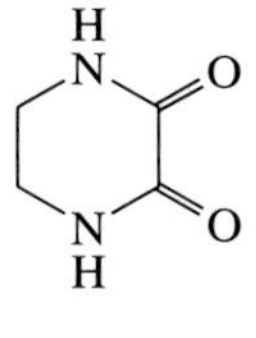

**(h)** 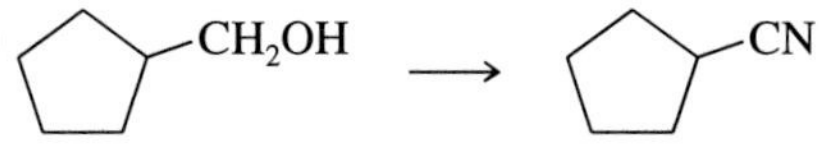 (사이클로펜틸)$CH_2OH$ ⟶ (사이클로펜틸)CN

**21-55** Grignard 시약은 일반 에스터에 첨가하는 것처럼 탄산 에스터에도 첨가된다.

**(a)** 다음 반응의 주생성물을 예측하라.

$$CH_3CH_2-O-\overset{\overset{O}{\|}}{C}-O-CH_2CH_3 \xrightarrow[(2)\ H_3O^+]{(1)\ \text{과량의 PhMgBr}}$$

탄산 다이에틸

**(b)** 3-에틸펜탄-3-올을 탄산 다이에틸과 브로민화 에틸만을 유기 시약으로 사용하여 합성하라.

***(c)** 탄산 다이에틸은 다루기 쉬운 액체 시약이다. 반면 포스젠은 맹독성의 부식성 기체이다. 렉산(Lexan®)을 포스젠 대신 탄산 다이에틸을 사용하여 합성하라. 세빈(Sevin®) 살충제도 아이소사이안산 메틸 대신 탄산 다이에틸을 사용하여 합성하라.

***21-56** 1몰의 염화 아세틸을 1리터의 트라이에틸아민에 넣으면 결렬한 발열 반응을 일으킨다. 반응물이 냉각된 후 1몰의 에탄올을 첨가하면 다시 한번 격렬한 발열 반응이 일어난다. 이 혼합물을 분석하니 트라이에틸아민, 아세트산 에틸, 염화 트라이에틸암모늄이 발견되었다. 이 두 발열 반응의 메커니즘을 제안하라.

**21-57** 다음 다단계 합성을 주어진 출발 물질과 필요한 모든 시약을 사용하여 어떻게 완성할 수 있는지 나타내라.

**(a)** 헵트-6-엔-1-올 ⟶ ε-카프로락톤

**(b)** 메톡시벤젠 ⟶ *p*-메톡시벤즈아마이드

**(c)** $C_6H_5CH_2Br \longrightarrow C_6H_5CH_2CH_2NH_2$

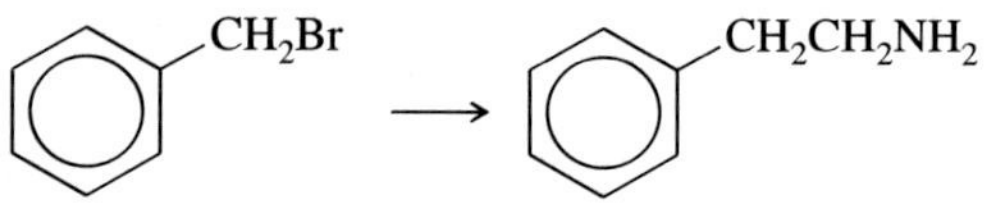

**(d)** 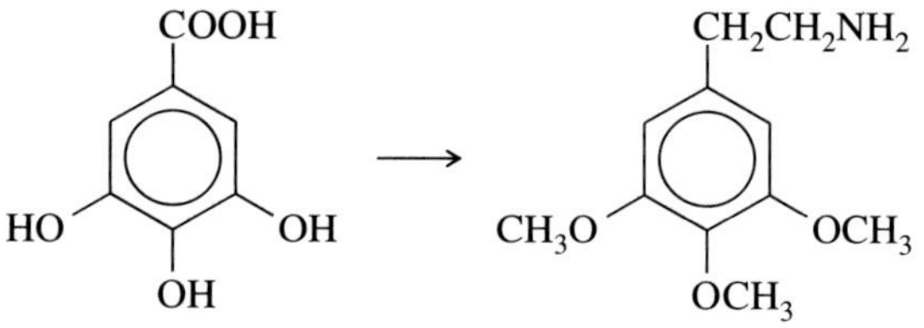 갈산(gallic acid) (3,4,5-삼하이드록시벤조산: COOH, HO, OH, OH) ⟶ 메스칼린(mescaline) ($CH_2CH_2NH_2$, $CH_3O$, $OCH_3$, $OCH_3$)

***21-58** *p*-나이트로벤조산 에틸은 *p*-메톡시벤조산 에틸보다 비누화 반응이 빠른 것으로 알려져 있다.

**(a)** 비누화의 메커니즘을 고려하여 이 반응 속도의 차이를 설명하라.

**(b)** *p*-메톡시벤조산 에틸의 비누화 반응은 벤조산 에틸보다 반응이 빠를지, 느릴지 예측하라.

**21-59** 각 부분에서 메톡시화물 같은 강한 친핵체에 의해 C=O에의 친핵성 공격 속도가 증가하는 순서대로 화합물의 순위를 나열하라.

**(a)** A B C D

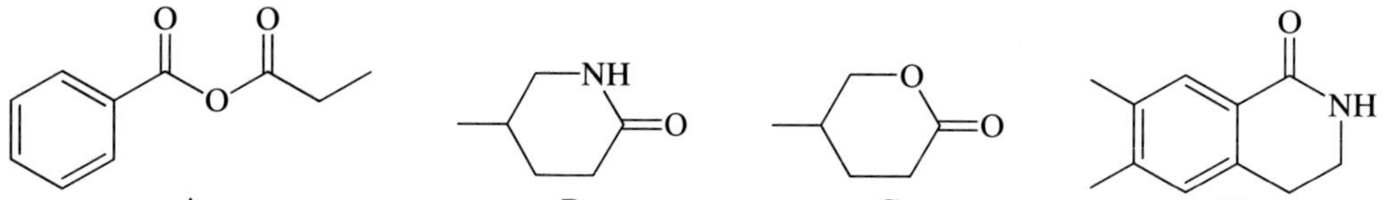

**(b)** E F G H

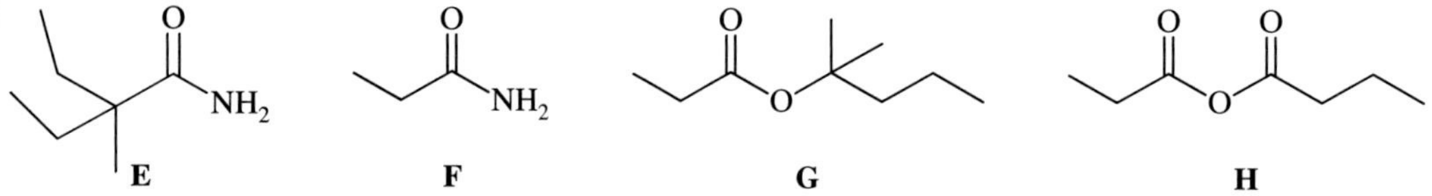

**21-60** 다음 흥미로운 결과를 설명하라. 이 반응은 에스터와 케톤의 상대적 반응성에 대해 무엇을 말해주는가?

$$1\text{당량의 } CH_3COOCH_3 + 1\text{당량의 BzMgBr} \longrightarrow \xrightarrow{H_2O} 0.5\text{당량의 } CH_3COOCH_3 + 0.5\text{당량의 } Bz-\underset{\underset{Bz}{|}}{\overset{\overset{OH}{|}}{C}}-CH_3$$

**21-61** 한 학생이 헥산산(hexanoic acid)에 암모니아를 넣고 혼합물을 가열하기 시작한 후, 전화를 받으러 나갔다가 생각보다 오랜 시간이 지나고 돌아와 보니 혼합물이 과열되어 까맣게 변한 것을 발견했다. 그는 휘발성 성분은 증류하고 남은 고체를 재결정했다. 분리한 화합물 중에는 화합물 A(액체, 분자식 $C_6H_{11}N$)와 B(고체, 분자식 $C_6H_{13}NO$)가 있었다. A의 적외선 스펙트럼은 2247 $cm^{-1}$에서 강하고 뾰족한 흡수를 보여주었다. B의 적외선 스펙트럼은 3390 $cm^{-1}$, 3200 $cm^{-1}$, 1665 $cm^{-1}$에서 흡수를 보여주었다. 화합물 A와 B의 구조를 결정하라.

**21-62** 21-16절에서 세빈(Sevin®) 살충제가 1-나프톨과 아이소사이안산 메틸로부터 생성되는 것을 살펴보았다. 인도 보팔에 있는 유니온카바이드사(Union Carbide)의 공장에서는 한때 농업용 살충제용으로 세빈의 합성에 이 공정을 이용했다. 1984년 12월 3일에 사고 또는 고의로 밸브가 열려 큰 탱크 안의

---

* 본문 내용을 응용한 난이도 높은 문제는 별표(*)로 표시했다.

아이소사이안산 메틸에 물이 유입되었다. 탱크 안의 압력과 온도는 급격히 상승했고, 탱크가 폭발하는 것을 막기 위해 압력 이완 밸브가 열려 다량의 아이소사이안산 메틸이 이 밸브를 통해 빠져나와 이 증기가 바람을 타고 인구밀집 지역으로 날아가 2500명이 사망하고, 많은 사람이 부상을 입었다.

**(a)** 탱크 안에서 일어난 반응식을 작성하라. 압력과 온도가 급격히 상승한 이유를 설명하라.

**(b)** (a)에서 작성한 반응의 메커니즘을 제시하라.

**(c)** 세빈의 다른 합성 방법을 제시하라. 불행히도 가장 흔한 대체 합성은 아이소사이안산 메틸보다 독성이 강한 포스젠을 사용한다.

**21-63** 네 가지 유용한 중합체가 가장 잘 알려진 화합물의 구조와 함께 다음에 제시되었다. 각 경우에 대해

**(i)** 중합체의 종류(폴리아마이드, 폴리에스터 등)를 결정하라.

**(ii)** 완전한 가수 분해로 얻을 수 있는 단위체의 구조를 그려보라.

**(iii)** 이 중합체를 만드는 데 사용될 수 있는 단위체 또는 단위체의 안정한 유도체를 제시하라.

**(a)** 반복 단위

부드럽고 얇은 천, 합성 비단

**(b)** $—NH—(CH_2)_5—C(=O)—NH—(CH_2)_5—C(=O)—NH—[(CH_2)_5—C(=O)—NH]_n—(CH_2)_5—C(=O)$

등산 밧줄, 바이올린 줄

**(c)**

헬멧, 방탄유리

**(d)**

고강도 천, 방탄조끼

**21-64** 한 화학자가 심하게 부식된 통 안의 내용물을 확인하기 위해 폐쇄된 아스피린 공장으로 호출되었다. 2명의 처리반이 이미 증기를 마시고 문제가 생긴 것을 알았기 때문에 식초 같지만 더 자극적인 냄새가 가득한 것을 느끼고 바로 호흡 장비를 착용한 후, 공장 안으로 들어가 통 안의 내용물을 채취했다. 질량 스펙트럼은 분자량 102를 보여주었고, NMR 스펙트럼은 $\delta$ 2.15에서 단일선으로 하나만의 피크를 보여주었다. 다음 IR 스펙트럼은 이 화합물을 확실하게 보여준다. 이 화합물의 구조를 밝히고, 이를 안전하게 폐기할 방법을 제시하라.

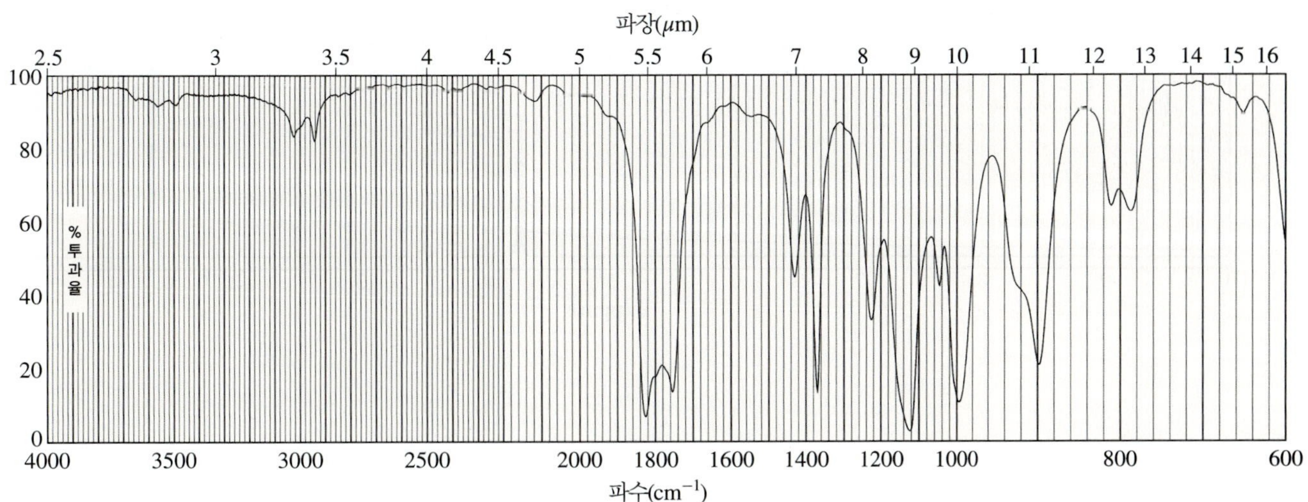

*** 21-65** 뷰티르산 에틸(ethyl butyrate)의 질량 스펙트럼은 $m/z$ 88과 $m/z$ 60에서 2개의 뚜렷한 짝수의 질량 조각을 보여준다. 이러한 이온은 '이중 McLafferty' 자리 옮김으로 설명할 수 있다. 즉 초기 McLafferty에 이어 첫 번째 이온의 두 번째 자리 옮김이 뒤따른다. 두 가지 자리 옮김과 관련된 고리형 전이 상태와 예상되는 질량 88 및 60 이온의 구조를 나타내라. (힌트: 에스터 쪽부터 시작하라.)

O

O

뷰티르산 에틸, 분자량 116

**21-66** 미지의 시료가 질량 스펙트럼에서 $m/z$ 113에서 분자 이온을 약하게 보여주고, $m/z$ 68에서 뚜렷한 이온을 보여준다. 이 화합물의 NMR, IR 스펙트럼은 다음에 주어져 있다. 구조를 결정하고, 이 구조가 관찰된 흡수와 일치하는지 나타내라. $m/z$ 68에서의 뚜렷한 MS 피크를 설명하는 선호되는 쪼개짐을 제시하라.

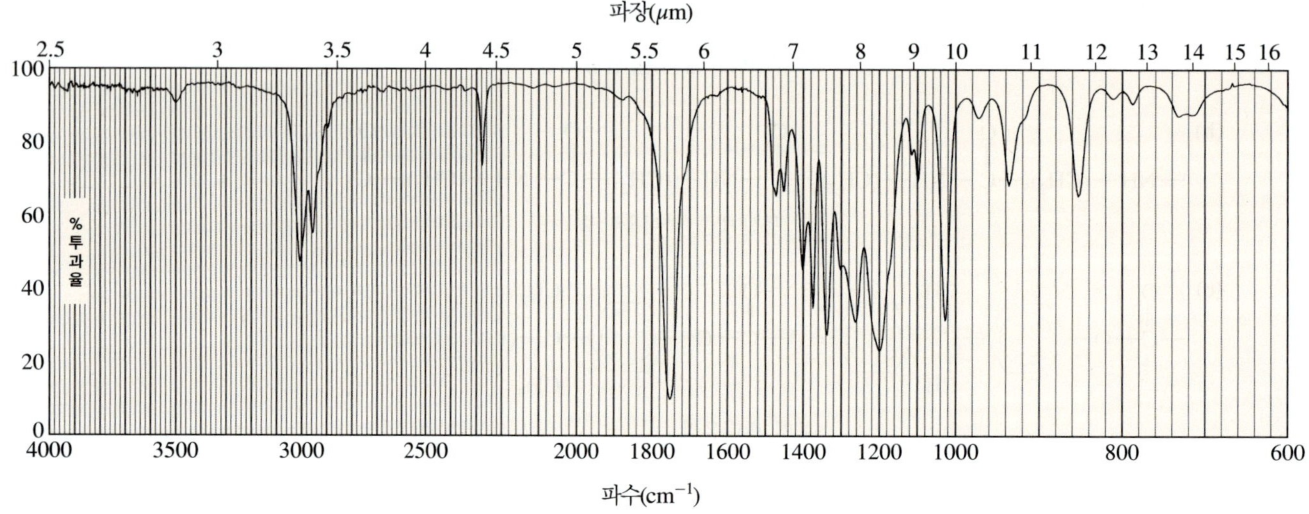


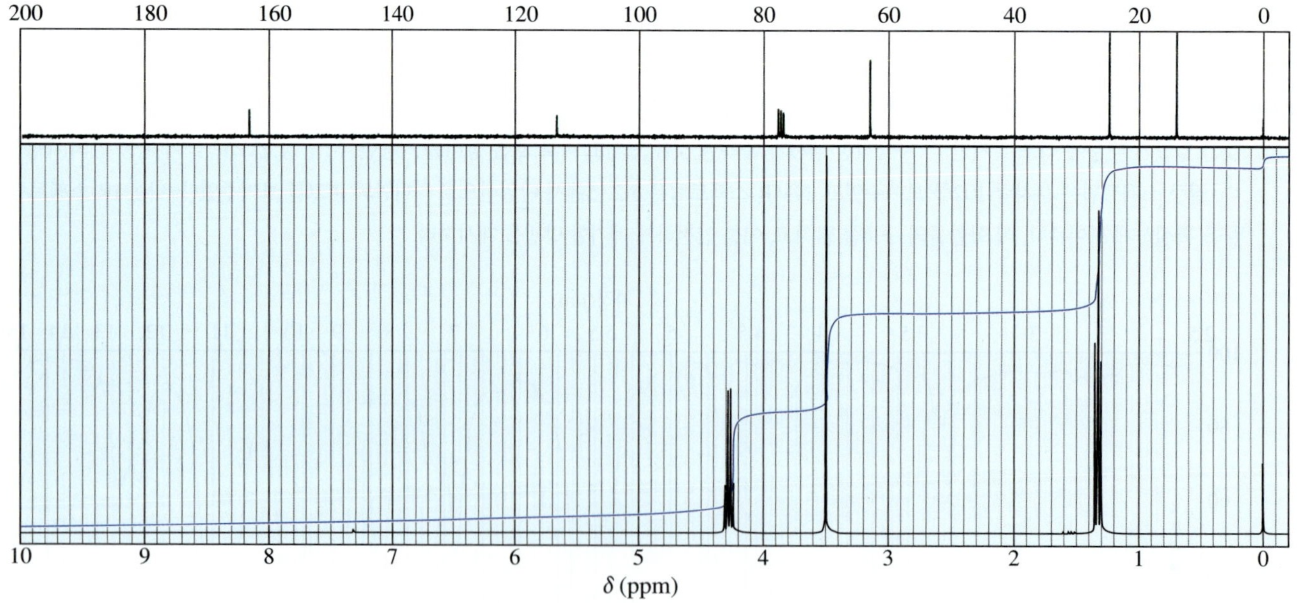

**21-67** 미지의 화합물에 대해 NMR, IR, 질량 스펙트럼이 다음에 주어져 있다. 구조를 제안하고, 이 구조가 관찰된 흡수와 일치하는지 나타내라. *m/z* 69의 뚜렷한 이온과 *m/z* 99의 작은 피크에 대한 쪼개짐을 보이라.

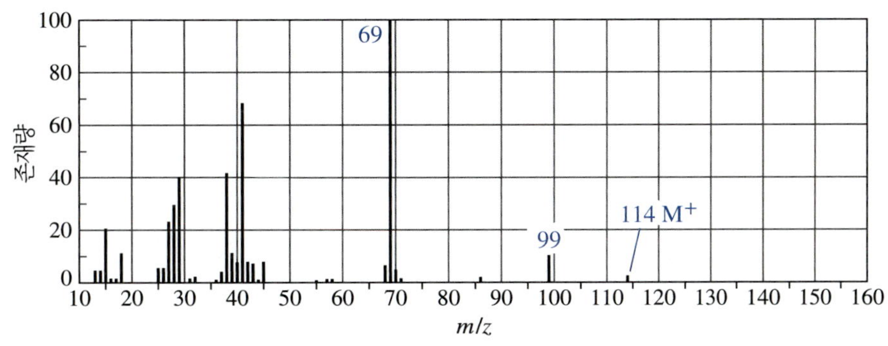


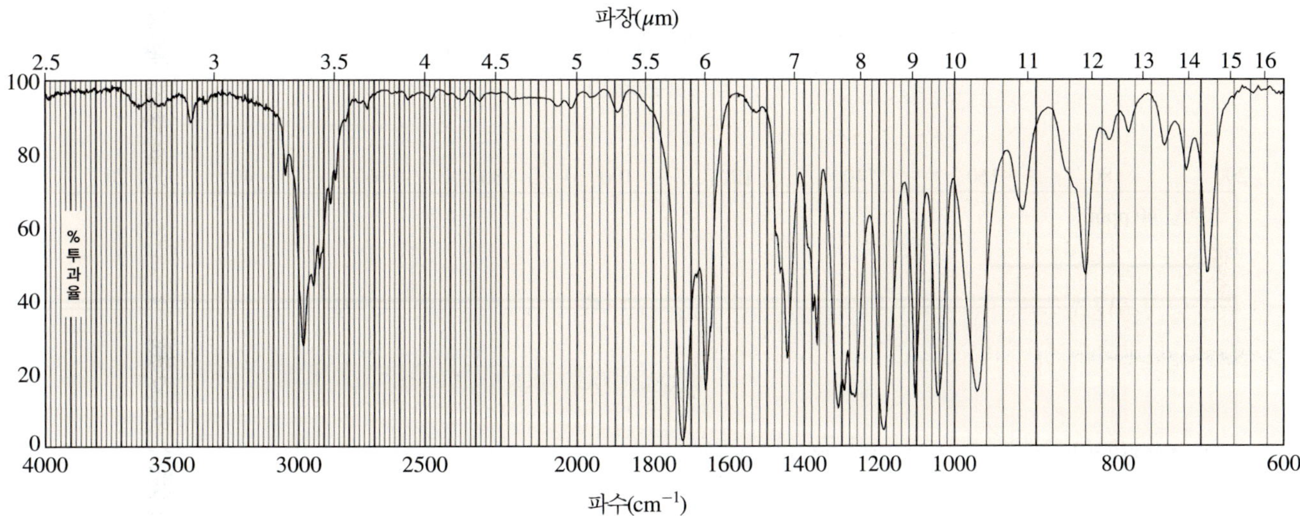


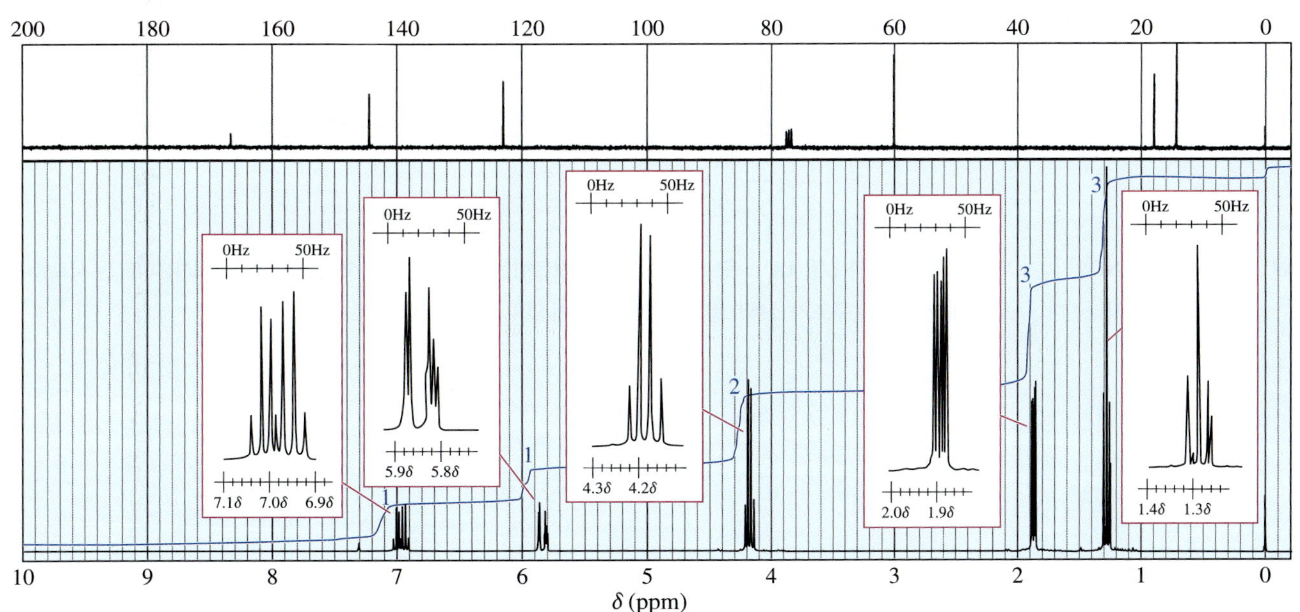

*** 21-68** 미지의 화합물($C_6H_8O_3$)의 IR 스펙트럼, $^{13}C$ NMR 스펙트럼, $^1H$ NMR 스펙트럼은 다음과 같다. 구조를 결정하고, 이것이 스펙트럼과 어떻게 일치하는지 나타내라.

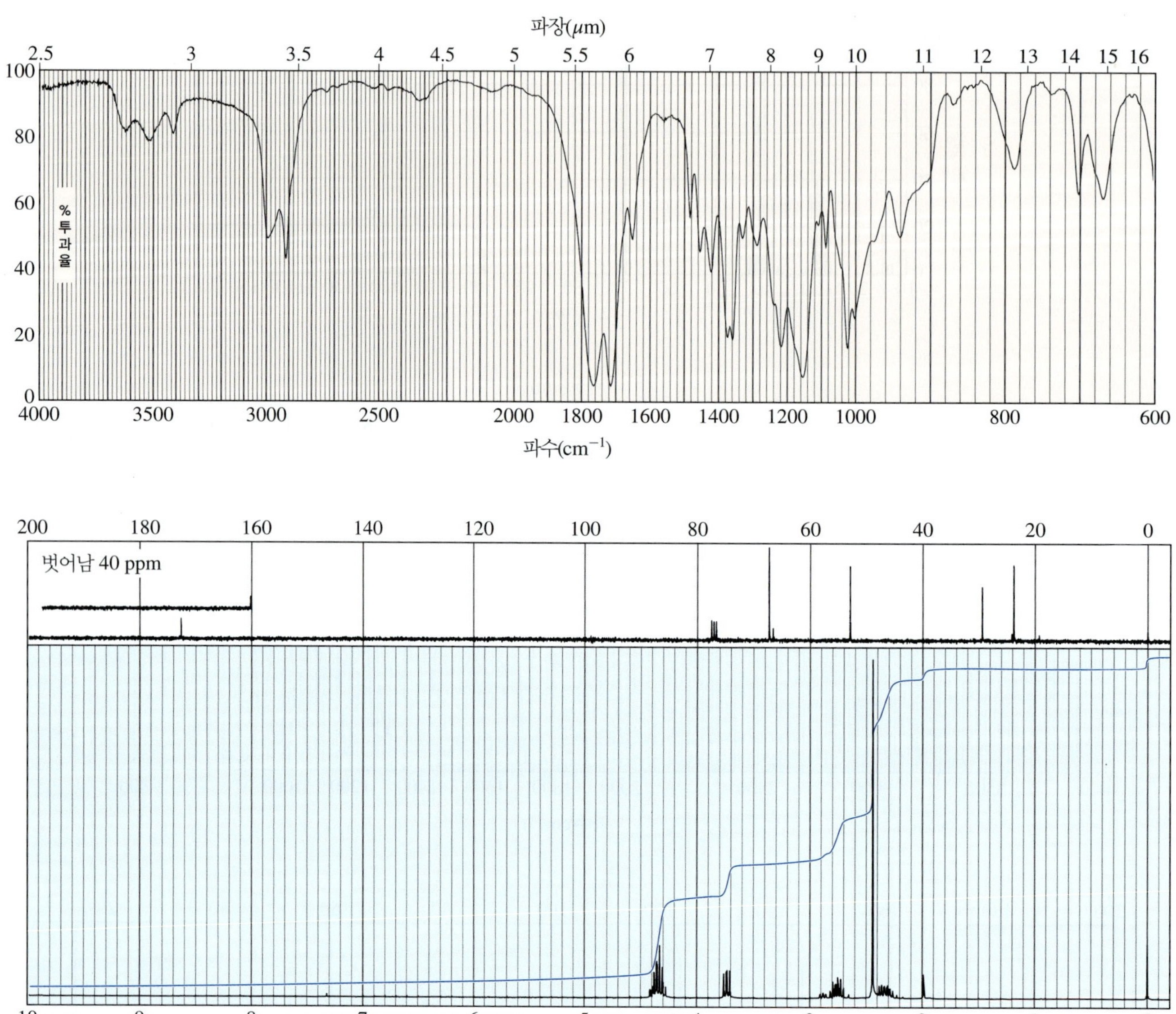


*** 21-69** 분자식이 $C_5H_9NO$인 미지의 화합물이 다음과 같은 IR 스펙트럼과 NMR 스펙트럼을 보여준다. $\delta$ 7.55에서의 넓은 NMR 피크는 시료를 $D_2O$와 함께 흔들어주면 사라진다. 구조를 제안하고, 이 구조가 스펙트럼의 흡수와 어떻게 일치하는지 나타내라.

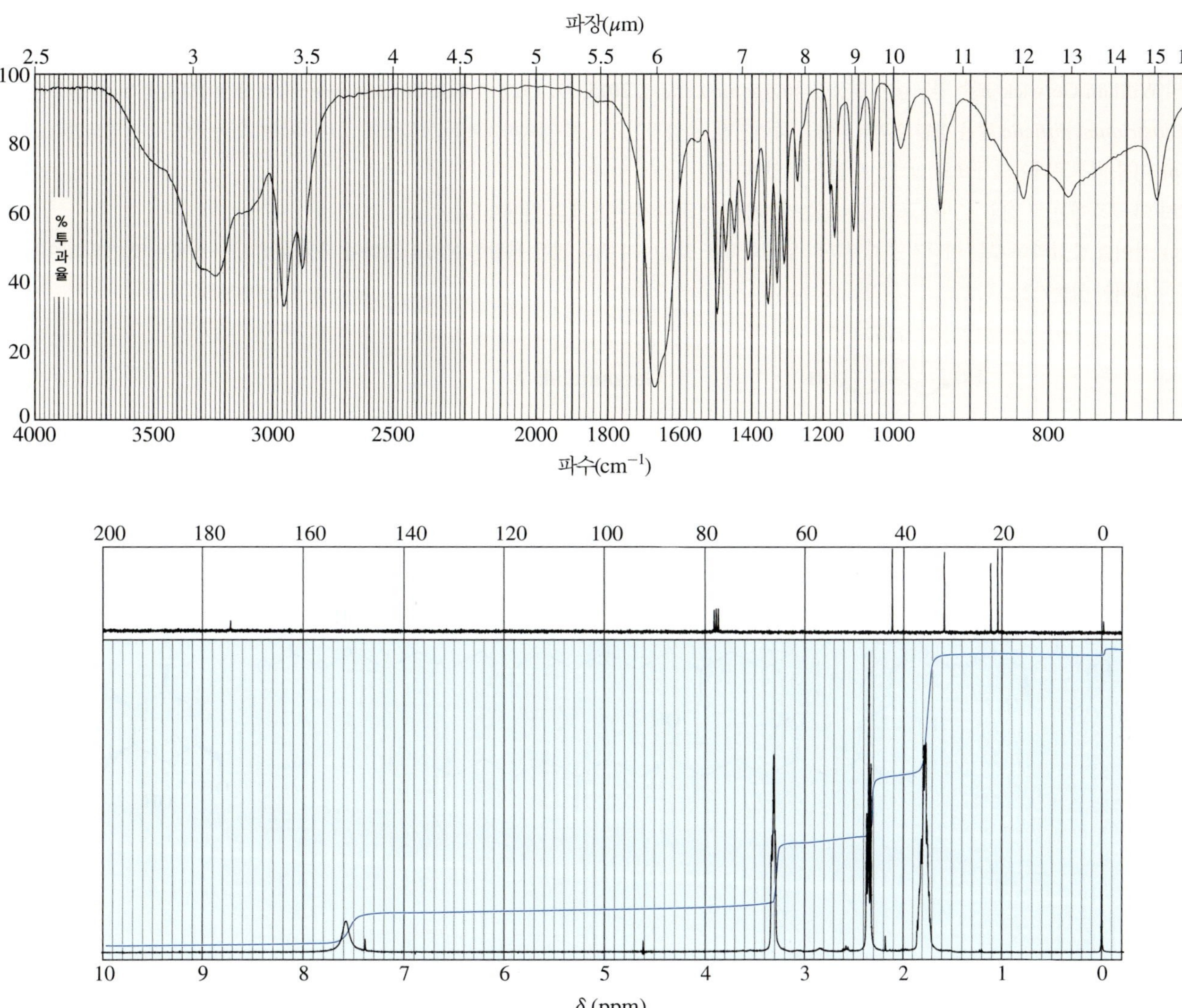


**21-70** (실화) 한 화학자가 2-폼일벤조산의 에틸 에스터(ethyl ester)를 만들고 싶었지만, 생성물의 스펙트럼이 예상과 달랐다. 생성물 **Z**의 IR에는 에스터 카보닐이 있었지만, 알데하이드 흡수나 OH 영역에서의 흡수는 없었다. [1]HNMR 데이터는 다음과 같다. **Z**의 구조는 무엇인가? 형성 메커니즘을 제안하라.

2-폼일벤조산 ($C_8H_6O_3$) + $CH_3CH_2OH$ $\xrightarrow{H^+ \text{ 촉매}}$ Z ($C_{10}H_{10}O_3$) + $H_2O$

**2-폼일벤조산 [1]HNMR 화학적 이동값:**
- $\delta$ 8.0~$\delta$ 8.4 (4H, 복합적)
- $\delta$ 10.4 (1H, 뾰족한 단일선)
- $\delta$ 13.3 (1H, 넓은 단일선)

**Z의 [1]HNMR 화학적 이동값:**
- $\delta$ 7.5~$\delta$ 7.8 (4H, 복합적)
- 6.6 (1H, 뾰족한 단일선)
- $\delta$ 3.9 (2H, 사중선)
- $\delta$ 1.1 (3H, 삼중선)

* **21-71** 에리트로마이신과 아지트로마이신[azithromycin, 지스로맥스(Zithromax®)]을 포함한 매크로라이드(macrolide)계 항생제에는 큰 고리 락톤이 함유되어 있다. 지금까지 보고된 가장 큰 것 중 하나는 Gargantulide A이며, 이 구조는 스크립스해양학연구소(Scripps Institution of Oceanography)의 William Gerwick 교수 연구팀이 결정했다(*Organic Letters*, **2015**, *17*, 1377–1380). *Streptomyces* 박테리아에서 분리된 이 물질은 MRSA 및 *Clostridium difficile* 같은 병원성 박테리아를 죽이지만, 추가적인 검사를 계속하기에는 동물에게 너무 독성이 있는 것으로 판명되었다.

**(a)** 이를 매크로라이드 구조로 만드는 락톤은 무엇인가?

**(b)** 이 구조에는 몇 개의 고리가 포함되어 있는가? 가장 큰 고리에는 몇 개의 원자가 있는가?

**(c)** 카이랄 중심의 전부는 아니지만 대부분의 입체화학을 결정하기 위해 많은 복잡한 NMR 실험이 사용되었다. 구조에는 몇 개의 카이랄 중심이 포함되어 있는가?

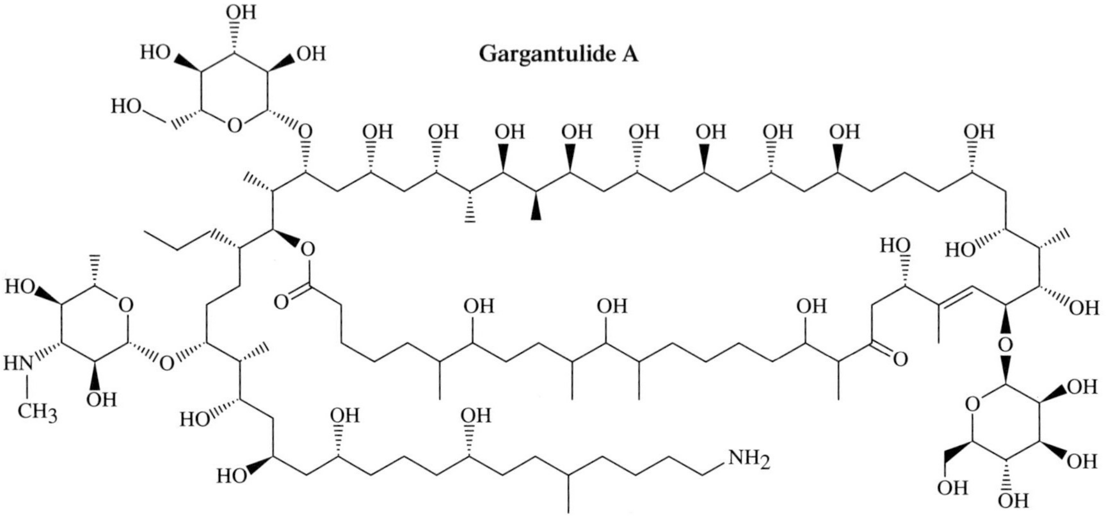

**Gargantulide A**

# 22 카보닐 화합물의 축합과 알파 치환 반응

### 학습목표

**1** 엔올, 엔올 음이온, 엔아민이 친핵체로 어떻게 작용하는지 알아본다. 이들과 할로젠, 할로젠화 알킬 및 다른 친전자체와의 반응 생성물을 예측한다. 이들이 합성에서 어떻게 유용한지 알아본다.

**2** 알돌, Claisen, Michael 축합의 생성물을 예측하고, 이들이 어떻게 생성되는지 나타내는 메커니즘을 그린다. 이러한 축합 반응이 합성에서 어떻게 유용한지 알아본다.

**3** 표준 축합에서 벗어난 반응의 생성물을 인지하고, 이에 대한 메커니즘을 제안한다. 교차 Claisen 축합, 말론산 에스터 합성, 아세토아세트산 에스터 합성, Robinson 고리화 반응으로 다양한 케톤, 에스터, 산 유도체가 어떻게 합성되는지 알아본다.

◀ 계피(cinnamon)는 실론계피나무(*Cinnamomum verum*)의 마른 내피로부터 얻을 수 있는 가장 오래된 향신료 중 하나이다. 고대 시대에 계피는 거의 금처럼 가치가 있는 왕족을 위한 일반적인 선물이었다. 계피의 주 향료 성분은 시남알데하이드(cinnamaldehyde)로, 벤즈알데하이드(benzaldehyde)와 아세트알데하이드(acetaldehyde)로부터 쉽게 합성된다(22-9절). 계피 향료의 값싼 합성 방법으로 인해 계피향 사탕과 다른 향미 있는 제품의 생산이 촉진되었다. 대부분의 요리사들은 여전히 나무 내피로 만든 계피 막대나 가루를 선호한다.

## 22-1 서론

지금까지 카보닐 화합물의 중요한 두 반응인 친핵성 첨가 반응과 친핵성 아실 치환 반응에 대해 공부했다. 이 반응에서 카보닐기는 공격하는 친핵체로부터 전자를 받아들임으로써 **친전자체**(electrophile)로 작용하고 있다. 이 장에서는 또 다른 중요한 두 반응, 즉 카보닐기와 이웃한 탄소 원자에서의 치환(알파 치환)과 카보닐 축합을 다룬다. 카보닐 축합은 큰 분자를 만들고 자르는 데 사용되는 가장 흔한 생물학적 방법 중 하나이나.

**알파(α) 치환**(alpha substitution)이란 **α 탄소 원자**(α carbon atom, 카보닐기 옆에 있는 탄소)에 있는 수소 원자를 다른 기로 대체하는 것을 말한다. α 수소는 더 산성을 띠는 데, 이는 이 수소 원자가 제거되어 생성되는 **엔올 음이온**(enolate ion)이 α 탄소 원자와 카보닐 산소 원자에 비편재화되어 공명 안정화되기 때문이다. 일반적으로 알파 치환은 카보닐 화합물이 이것의 엔올 음이온 또는 엔올 토토머로 전환될 때 일어난다. 이 두 화학종은 모두 알파 위치에서 1개의 수소 원자를 잃게 되며, 둘 다 **친핵성**(nucleophilic)이다. 친전자체에 대한 친핵체의 공격은 친전자체가 α 탄소 원자에 있는 수소 하나를 대체하여 만들어지는 생성물을 형성한다.

**메커니즘 22-1 | 알파 치환**

**1단계:** $\alpha$ 탄소의 탈양성자 반응에 의한 엔올 음이온의 형성 **2단계:** 친전자체에 대한 친핵체의 공격

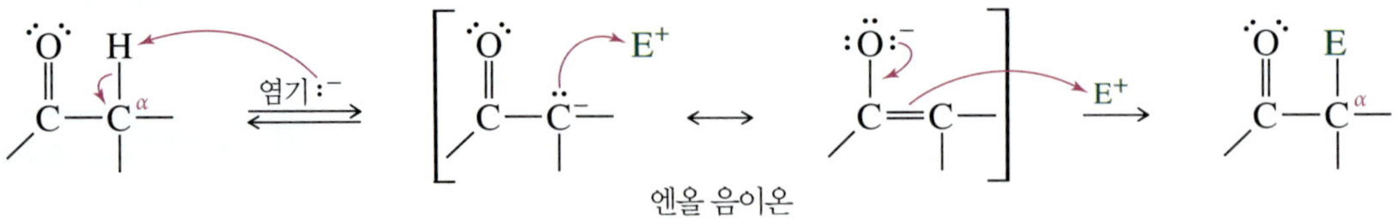

염기:⁻

$E^+$

엔올 음이온

**문제풀이 힌트**

메커니즘을 그릴 때는 친전자체를 공격하는 엔올 음이온의 공명 형태 중 하나를 나타낼 수 있다. 메커니즘 22-1에서는 두 가지 모두를 보여준다.

카보닐 **축합 반응**(condensation)은 친전자체가 또 다른 카보닐 화합물인 알파 치환 반응이다. 친전자체가 케톤 또는 알데하이드이면 엔올 음이온은 친핵성 첨가 반응에서 그 카보닐기에 첨가된다. 먼저 엔올 음이온은 카보닐기를 공격하여 알콕시화 이온을 형성한다. 알콕시화 이온에 양성자가 첨가되면 첨가 생성물이 생성된다.

**메커니즘 22-2 | 케톤과 알데하이드에 대한 엔올 음이온의 첨가(축합)**

**1단계:** 카보닐기에 엔올 음이온 첨가 **2단계:** 알콕시화 이온의 양성자 첨가

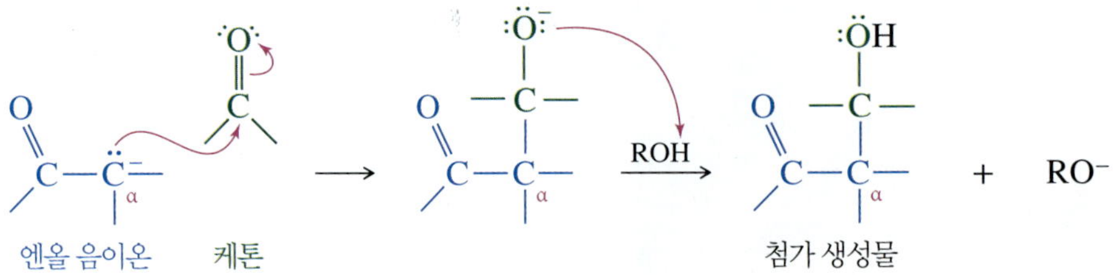

엔올 음이온 케톤 ROH 첨가 생성물 + $RO^-$

친전자체가 에스터이면 에스터는 친핵체로 작용하는 엔올 음이온과 친핵성 아실 치환 반응을 한다. 먼저 엔올 음이온이 에스터에 첨가되어 정사면체 중간체를 형성한다. 그러고 나서 이탈기(알콕시화 이온)가 제거되면 치환 생성물이 형성된다.

**메커니즘 22-3 | 에스터에 대한 엔올 음이온의 치환(축합)**

**1단계:** 엔올 음이온의 첨가 **2단계:** 알콕시화 이온의 제거

엔올 음이온 에스터 정사면체 중간체 치환 생성물 + $RO^-$

카보닐 화합물의 알파 치환과 축합은 탄소-탄소 결합을 형성하는 가장 흔한 방법이다. 이러한 유형의 반응은 생화학적 경로, 특히 탄수화물과 지방의 생합성과 대사 과정에서 흔히 볼 수 있다. 다양한 화합물이 친핵체 또는 친전자체(또는 둘 다)로 참여하여 많은 유용한 생성물이 만들어진다. 엔올 및 엔올 음이온의 구조와 형성에 대해 알아보면서 이러한 반응에 대한 공부를 시작하자.

## 22-2 엔올과 엔올 음이온

9장에 처음 나오는 엔올(바이닐 알코올)은 카보닐 화합물의 토토머 형태이다. 산 또는 염기 촉매 조건에서 이 두 형태는 케토-엔올 토토머화를 통해 평형을 이룬다. 대부분의 경우 카보닐(케토) 토토머가 우세하지만, 엔올 형태 및 이와 관련된 엔올 음이온이 반응에서 중요하다.

### 22-1A 케토-엔올 토토머화

센염기의 존재하에서 케톤과 알데하이드는 약한 양성자 산으로 작용한다. α 탄소 원자에 있는 양성자 하나가 떨어져 나가면 음전하가 탄소 원자와 산소 원자에 퍼져 있는 공명 안정화된 **엔올 음이온**(enolate ion)이 형성된다. 양성자 재첨가 반응이 α 탄소[**케토**(keto) 형태로 돌아감] 또는 산소 원자에서 일어나 **엔올**(enol) 형태인 바이닐 알코올(vinyl alcohol)이 된다.

**메커니즘 22-4 | 염기 촉매 케토-엔올 토토머화**

**1단계:** α 탄소의 탈양성자 반응

**2단계:** 산소에 양성자 재첨가

케토형 + $^{-}$:ÖH ⇌ [엔올 음이온] + $H_2O$: ⇌ 엔올형 (바이닐 알코올) + $^{-}$:ÖH

이러한 식으로 염기는 카보닐 화합물의 이성질체인 케토와 엔올형 사이의 평형 과정에서 촉매 역할을 한다. 간단한 케톤과 알데하이드에서는 케토형이 지배적으로 우세하다. 그러므로 바이닐 알코올(엔올)은 케톤 또는 알데하이드의 또 하나의 이성질 형태로 가장 잘 묘사된다. 9-9F절에서 알카인의 가수 분해에 의해 형성된 엔올 중간체가 케토형으로 빠르게 이성질화되는 것을 보았다.

케토형 (99.99%) ⇌ 엔올형 (0.01%)

$H-C(=O)-CH_3$ ⇌ $H-C(OH)=CH_2$

케토형 (99.95% 이상) ⇌ 엔올형 (0.01% 이하)

양성자와 이중 결합이 이동하여 일어나는 이러한 형태의 이성질화를 **토토머화**(tautomerism)라고 하며, 상호 전환되는 이성질체를 **토토머**(tautomer)라고 한다. 토토머를 공명 구조와 혼동하지 않아야 한다. 토토머는 원자의 배열이 서로 다른 진짜 이성질체(다른 화합물)이다. 적절한 조건에서 아무런 촉매 없이도 이들 각각의 토토머는 분리될 수 있다. 공명 구조는 모든 원자가 같은 위치에 존재하는 같은 구조의 다른 표현으로, 전자들이 어떻게 비편재화되어 있는지 보여준다.

케토-엔올 토토머화는 산에 의해서도 촉매화된다. 산에서 양성자는 먼저 산소에 양성자가 첨가되고, 그다음 탄소에서 양성자가 제거되는 과정을 거쳐 α 탄소로부터 산소로 이동한다.

## 메커니즘 22-5 | 산 촉매 케토-엔올 토토머화

**1단계:** 산은 카보닐 산소를 양성자화한다.

**2단계:** α 탄소에서 탈양성자 반응으로 엔올이 형성된다.

케토형 + $H_3O^+$ ⇌ [양성자가 첨가된 카보닐] ⇌ ($H_2\ddot{O}$:) 엔올형 + $H_3O^+$

케토-엔올 토토머화에 대해 살펴본 염기 촉매와 산 촉매에 의한 메커니즘을 비교해보자. 염기에서 양성자는 α 탄소에서 제거된 후 산소 원자에 붙는다. 산에서는 먼저 산소에 양성자가 첨가된 후 α 탄소에서 탈양성자 반응이 일어난다. 대부분의 양성자 전이 메커니즘은 이러한 방식으로 이루어진다. 염기에서 양성자는 옛 위치에서 제거된 다음 새 위치에 붙는다. 산에서는 양성자가 새 위치에 첨가된 후 옛 위치에서 탈양성자 반응이 일어난다.

메커니즘의 중요성 이외에도 케토-엔올 토토머화는 케톤과 알데하이드의 입체 화학에도 영향을 미친다. α 탄소의 수소 원자는 케토-엔올 토토머화를 통해 떨어져 나갔다가 다시 붙을 수 있는데, 그러한 수소는 **엔올화가 가능하다**(enolizable)고 말한다. 비대칭 탄소 원자가 엔올화 가능한 수소 원자를 가지면 극미량의 산 또는 염기는 중간체로 작용하는 엔올을 거쳐 탄소에서의 배열(configuration)을 반전시킨다. 결국은 라셈 혼합물(또는 부분 입체 이성질체의 평형 혼합물)이 생성된다.

엔올화 가능 수소 / α 탄소

(R) 배열 (원래 100%) ⇌ ($H^+$ 또는 $^-OH$) 엔올(비카이랄) ⇌ (S) 배열 (50%) + (R) 배열 (50%)

**문제풀이 힌트**

산에서 양성자 이동은 보통 새로운 위치에서 양성자가 첨가된 후, 본래의 위치에서 양성자가 이탈되어 일어난다. 염기에서는 본래 위치에서 양성자가 이탈된 후, 새로운 위치에 다시 양성자가 첨가되어 발생한다.

**연습문제 22-1**

페닐아세톤은 두 가지 다른 엔올을 형성할 수 있다.

(a) 이들 엔올의 구조를 나타내라.

(b) 평형에서 어떤 엔올이 더 진한 농도로 존재할지 예측하라.

(c) 산과 염기에서 두 엔올 형성에 대한 메커니즘을 제안하라.

**연습문제 22-2**

(a) (*R*)- 및 (*S*)-3-메틸펜탄-2-온의 산 촉매 상호 전환 메커니즘의 각 단계를 제시하라.

(b) 시스-2,4-다이메틸사이클로헥산온이 극소량의 NaOH가 존재하는 에탄올 수용액에 녹아 있을 때는 시스 및 트랜스 이성질체의 혼합물이 생성된다. 이러한 이성질화 반응에 대한 메커니즘을 제안하라.

## 22-2B 엔올 음이온의 형성과 안정도

카보닐기는 $\alpha$ 탄소에 있는 양성자의 산도를 극적으로 증대시킨다. 이 양성자가 떨어져 나가면 공명 안정화된 엔올 음이온을 형성하기 때문이다. 엔올 음이온의 음전하는 대부분 전기 음성도가 큰 산소 원자에 위치한다. 전형적인 케톤과 알데하이드로부터의 $\alpha$ 양성자 이탈에 대한 $pK_a$ 값은 대략 20인데, 이는 전형적인 케톤이나 알데하이드가 알케인이나 알켄($pK_a > 40$) 혹은 심지어 알카인($pK_a = 25$)보다 훨씬 산성도가 크다는 것을 보여준다. 그러나 케톤이나 알데하이드는 물($pK_a = 15.7$)이나 알코올($pK_a = 16\sim18$)보다는 산성도가 작다. 간단한 케톤이나 알데하이드를 수산화 이온이나 알콕시화 이온으로 처리하면 탈양성자화된 엔올 음이온은 매우 소량만이 평형 혼합물에 존재한다.

$$R-C(=O)-C_{\alpha}H_2-R' + {}^{-}OR \rightleftharpoons \left[ R-C(=O)-\ddot{C}^{-}_{\alpha}(H)R' \longleftrightarrow R-C(-O^{-})=C_{\alpha}(H)R' \right] + ROH$$

케톤 또는 알데하이드 $pK_a \approx 20$ / 작은 기여 구조 / 큰 기여 구조 / 엔올 음이온 / $ROH$ $pK_a = 16\sim18$

예

$$\text{사이클로헥산온} + {}^{-}:\ddot{O}-CH_2CH_3 \rightleftharpoons [\text{사이클로헥산온 엔올 음이온}] + CH_3CH_2OH$$

사이클로헥산온 $pK_a = 19$ / 에톡시화 이온 / 사이클로헥산온 엔올 음이온 / $CH_3CH_2OH$ $pK_a = 15.9$

(평형은 왼쪽에 치우침)

엔올 음이온의 평형 농도는 작지만, 이는 반응성이 큰 유용한 친핵체로 작용한다. 엔올 음이온이 친전자체(양성자 제외)와 반응할 때 엔올 음이온 농도는 감소하고 평형은 오른쪽으로 이동한다(그림 22-1). 결국 모든 카보닐 화합물은 낮은 농도의 엔올 음이온을 거쳐 반응한다.

**연습문제 22-3**

다음 엔올 음이온에 대한 중요한 공명 구조를 나타내라.

**(a)** 아세톤 **(b)** 사이클로펜탄온 **(c)** 펜테인-2,4-다이온

**(d)** **(e)** **(f)**

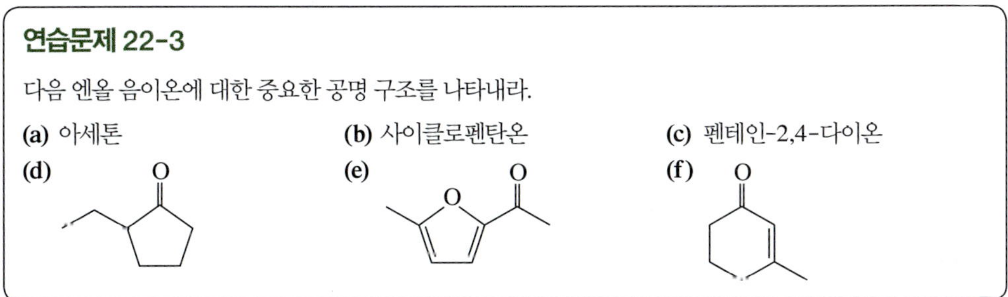

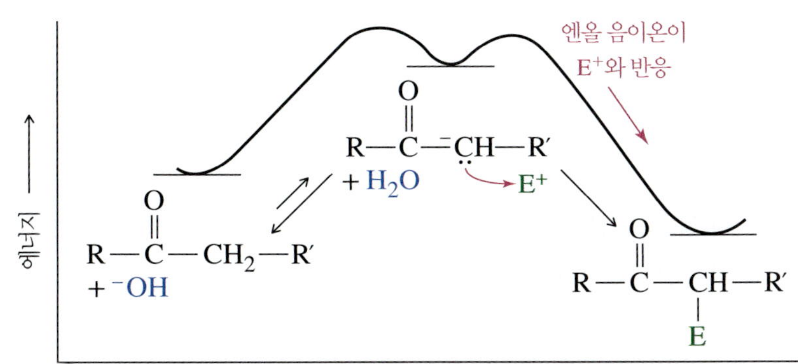


**그림 22-1** 엔올 음이온이 친전자체와 반응하면 엔올 음이온이 제거되고 평형은 오른쪽으로 이동한다.

때로는 엔올 음이온과 염기의 평형 혼합물은 서로 반응하지 않는데, 이는 보통 염기(수산화 이온이나 알콕시화 이온)가 엔올 음이온보다 더 빠르게 친전 자체와 반응하기 때문이다. 이 경우 친전 자체를 첨가하기 전에 카보닐 화합물을 엔올 음이온으로 완전히 전환시키기 위한 염기가 필요하다. 수산화 소듐과 알콕시화 이온의 염기성이 충분히 크지 않으면 카보닐 화합물을 엔올 음이온으로 완전히 전환시키기 위해 강력한 염기를 사용해야 한다. 이러한 목적에 가장 효과적이고 유용한 염기는 다이아이소프로필아민의 리튬 염인 다이아이소프로필아마이드화 리튬(lithium diisopropylamide, LDA)이다. LDA는 알킬리튬 시약으로 다이아이소프로필아민에서 양성자를 떼어내 만든다.

$$[(CH_3)_2CH]_2\ddot{N}-H + C_4H_9Li \longrightarrow C_4H_{10} + [(CH_3)_2CH]_2\ddot{N}:^- \ Li^+$$

다이소프로필아민 p$K$a = 40 | $n$-뷰틸리튬 | 뷰테인 p$K_a \approx 50$ | 다이아이소프로필아마이드화 리튬 (LDA)

다이아이소프로필아민의 p$K_a$는 약 40인데, 이는 전형적인 케톤이나 알데하이드보다 산성도가 훨씬 작다. LDA는 대략 아마이드화 소듐(sodium amide, $NaNH_2$)만큼 염기성이 있지만, 2개의 커다란 아이소프로필기에 의한 입체 방해 때문에 친핵성도는 훨씬 약하다. LDA는 탄소 원자를 쉽게 공격하거나 카보닐기에 첨가되지 않는다. 따라서 강력한 염기이지만 강한 친핵체는 아니다. 케톤과 반응할 때 LDA는 $\alpha$ 양성자를 떼어내 엔올산의 리튬 염을 형성한다. 이 엔올산 리튬 염은 합성에서 유용하다는 것을 알게 될 것이다.

$$R-\overset{O}{\overset{\|}{C}}-\overset{H}{\overset{|}{C}}{}^{\alpha}- + (i\text{-}C_3H_7)_2N^- \ Li^+ \rightleftharpoons R-\overset{O^-\ Li^+}{\overset{|}{C}}=C^{\alpha}\langle + (i\text{-}C_3H_7)_2N-H$$

케톤 (p$K_a \approx 20$) | LDA | 엔올산의 리튬 염 | 다이아이소프로필아민 (p$K_a$ = 40)

(평형은 더 오른쪽에 치우침)

예

$$\text{cyclohexanone} + (i\text{-}C_3H_7)_2N^- \ Li^+ \rightleftharpoons \text{lithium enolate} + (i\text{-}C_3H_7)_2N-H$$

사이클로헥산온 (p$K_a$ = 19) | LDA | 사이클로헥산온의 엔올산 리튬 (100%) | (p$K_a$ = 40)

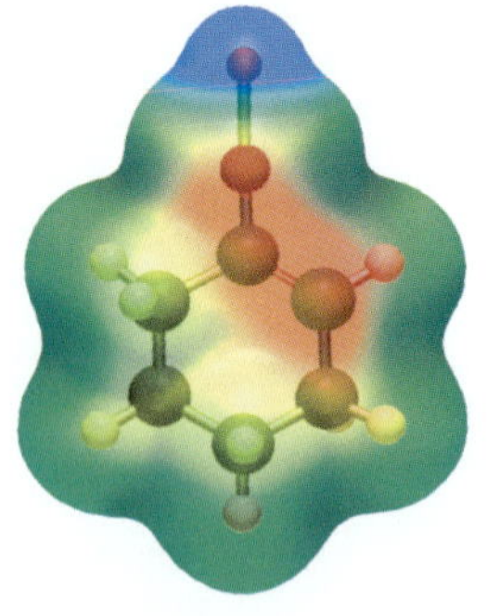

사이클로헥산온의 엔올산 리튬의 EPM

LDA를 이용하여 엔올 음이온을 만들 때 일반적으로 차가운 LDA를 포함하는 용액에 천천히 카보닐 화합물을 첨가한다. 그러면 부반응을 최소화되면서 엔올 음이온이 빠르고 완전하게 생성된다.

## 22-3 엔올 음이온의 알킬화 반응

앞서 친핵체가 $S_N2$ 메커니즘으로 입체 장애가 없는 할로젠화 알킬과 토실화물을 공격하는 많은 반응을 살펴봤다. 엔올 음이온도 이러한 과정으로 알킬화되는 친핵체로서 작용할 수 있다. 엔올 음이온은 2개의 친핵성 자리(산소 원자와 $\alpha$ 탄소)를 가지고 있기 때문에, 이는 두 자리 양쪽 모두 반응할 수 있다. 일반적으로 반응은 $\alpha$ 탄소에서 일어나 새로운 C—C 결합을 형성한다. 실제로 이는 $\alpha$ 수소를 알킬기로 치환시키는 새로운 형태의 알파 치환 반응이다.

$$\left[-C(=\ddot{O})-\overset{\alpha}{C}:^-\right] + R-CH_2-X \longrightarrow -C(=O)-\overset{\alpha}{C}-CH_2-R + X^-$$

C-알킬화 생성물

(더 흔함)

$$\left[-C(-\ddot{O}:^-)=\overset{\alpha}{C}\right] + R-CH_2-X \longrightarrow -C(-O-CH_2-R)=\overset{\alpha}{C} + X^-$$

O-알킬화 생성물

(덜 흔함)

수산화 소듐이나 알콕시화 이온 같은 전형적인 염기는 평형에서 많은 양의 수산화 혹은 알콕시화 염기가 여전히 존재하기 때문에 알킬화를 위한 엔올 음이온을 형성하는 데 이용될 수 없다. 이들 강한 친핵성 염기는 염화 알킬 또는 토실화물과 반응하여 부반응을 일으킨다. 연습문제 22-4는 이러한 부반응의 예이다. 다이아이소프로필아마이드화 리튬(LDA)을 사용하면 이러한 부반응을 피할 수 있다. 그것은 훨씬 더 강한 염기여서 케톤을 완전히 엔올 음이온으로 전환시키기 때문이다. 모든 LDA는 엔올 음이온 생성 시 소모되어 LDA에 의한 방해 없이 엔올 음이온이 반응할 수 있다. 또한 LDA는 부피가 아주 큰 염기이므로 친핵체로서는 좋지 않기 때문에 일반적으로 할로젠화 알킬이나 토실화물과는 반응하지 않는다.

$$\underset{\text{엔올화 가능 케톤}}{R-C(=O)-\overset{\alpha}{C}H(R')-R'} + \underset{\text{LDA}}{(i\text{-Pr})_2N^-\ Li^+} \longrightarrow \underset{\text{엔올 음이온}}{\left[Li^+\ R-C(-\ddot{O}:^-)=\overset{\alpha}{C}(R')-R' \leftrightarrow Li^+\ R-C(=\ddot{O})-\overset{\alpha}{\ddot{C}}{}^-(R')-R'\right]} + \underset{\text{다이소프로필아민}}{(i\text{-Pr})_2N-H}$$

$$\underset{\text{엔올 음이온}}{R-C(=O)-\overset{\alpha}{\ddot{C}}{}^-(R')-R'\ Li^+} + \underset{\text{방해 없는 할로젠화물}}{R''-CH_2-X} \longrightarrow \underset{\text{알킬화된 생성물}}{R-C(=O)-\overset{\alpha}{C}(R')(CH_2-R'')-R'} + LiX$$

예

$$Ph-C(=O)-\overset{\alpha}{C}H(CH_3)-CH_3 \xrightarrow[(2)\ Ph-CH_2-Br]{(1)\ LDA} Ph-C(=O)-\overset{\alpha}{C}(CH_3)(CH_2-Ph)-CH_3$$

엔올 음이온의 (LDA를 사용한) 직접적인 알킬화 반응은 $\alpha$ 수소의 한 종류만이 알킬기로 치환될 때 가장 좋은 수율을 나타낸다. 만약 다른 두 종류의 $\alpha$ 양성자가 제거되어 엔올 음이온으로 된다면 다른 $\alpha$ 탄소에 알킬화된 생성물들의 혼합물이 생길 것이다. 알데하이드는 LDA로 처리했을 때 부반응이 일어나기 때문에 직접적인 알킬화 반응에는 적당하지 않다.

**연습문제 22-4**

한 학생이 다음 반응을 수행하려고 한다.

(2-메틸사이클로헥산온) $\xrightarrow[\text{(2) } PhCH_2Br]{\text{(1) 염기}}$ (2-벤질-6-메틸사이클로헥산온: $H_3C$, $CH_2Ph$)

학생은 엔올 음이온을 만들기 위해 2-메틸사이클로헥산온(에탄올 용액에서)에 에톡시화 소듐을 첨가한다. 그리고 엔올 음이온을 알킬화하기 위해 브로민화 벤질을 첨가한다. 그런 후 반응을 완결하기 위해 30분 동안 용액을 가열한다.

**(a)** 각 단계별 생성물을 예측하라.

**(b)** 이 학생이 어떻게 올바른 생성물을 합성할 수 있는지 제안하라.

**문제풀이 힌트**

메커니즘을 그릴 때 친전자체를 공격하는 엔올 음이온의 공명 형태를 나타낼 수 있다. 흔히 탄소 음이온의 공격을 보여주는 것이 더 직관적이다.

(O=C–C:⁻ → $E^+$)

**연습문제 22-5**

다음 반응의 주생성물을 예측하라.

**(a)** 펜탄-3-온 $\xrightarrow[\text{(2) } CH_2{=}CHCH_2Br]{\text{(1) LDA}}$

**(b)** (바이사이클릭 케톤) $\xrightarrow[\text{(2) } CH_3CH_2Br]{\text{(1) LDA}}$

**(c)** (트라이사이클릭 케톤) $\xrightarrow[\text{(2) } CH_3I]{\text{(1) LDA}}$

## 22-4 엔아민의 생성과 알킬화 반응

엔올 음이온의 직접적인 알킬화 반응을 더욱 온화한 조건에서 반응시키는 방법은 엔아민 유도체를 만들어 알킬화시키는 것이다. **엔아민**(enamine), 즉 **바이닐 아민**(vinyl amine)은 엔올의 질소 유사체이다. 다음 공명 그림을 보면 엔아민이 다소 탄소 음이온 성질을 가지고 있음을 알 수 있다.

$$\left[ R_2\ddot{N}{-}C{=}C \longleftrightarrow R_2N^+{=}C{-}\ddot{C}^- \right]$$

큰 기여 구조      작은 기여 구조

간단한 엔아민의 정전기 전위 지도(EPM)는 이중 결합의 $\alpha$ 탄소 부근에 높은 음의 정전기 전위(붉은색)를 보여준다. 이것이 엔아민의 친핵성 탄소 원자이다.

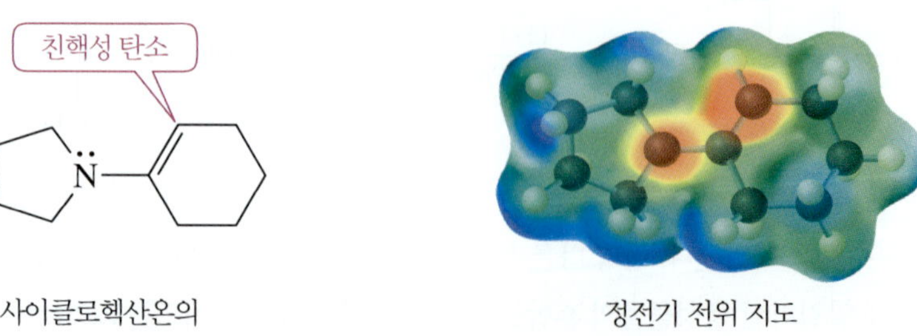


사이클로헥산온의 피롤리딘 엔아민

정전기 전위 지도

친핵성 탄소 원자는 친전자체를 공격하여 공명 안정화된 탄소 양이온성 중간체, 즉 이미늄 이온(iminium ion)을 형성한다.

엔아민 친전자체 작은 기여 구조 큰 기여 구조

엔아민은 케톤 혹은 알데하이드와 2차 아민과의 반응으로부터 생성된다. 케톤이나 알데하이드는 1차 아민(18-14절)과 반응하여 카비놀아민(carbinolamine)을 형성하고, 이는 탈수되어 이민의 C=N 이중 결합을 생성한다. 그러나 2차 아민으로부터 생성된 카비놀 아민은 질소에 제거될 양성자가 없기 때문에 C=N 이중 결합을 형성하지 못한다. 양성자는 $\alpha$ 탄소에서 잃고 엔아민의 C=C 이중 결합을 형성한다.

2° 아민 2° 카비놀아민 N에 양성자 없음

$\alpha$ 양성자를 제거함 엔아민

예

사이클로헥산온 피롤리딘 사이클로헥산온의 피롤리딘 엔아민

**연습문제 22-6**

사이클로헥산온과 피롤리딘의 산 촉매 반응의 메커니즘을 제안하라.

엔아민은 중간 정도의 반응성을 가지고 있는데, 엔올보다는 반응성이 더 크고, 엔올 음이온보다는 반응성이 더 작다. 엔아민의 반응은 엔올 음이온보다는 더 온화한 조건에서 일어나므로 많은 부반응을 피할 수 있다. 엔아민은 반응성이 큰 할로젠화 알킬로부터 할로젠화 음이온을 교체하여 알킬화된 이미늄 염을 생성한다. 이미늄 이온은 더 이상 알킬화나 아실화하지 않는다. 다음 예는 브로민화 벤질(benzyl bromide)이 사이클로헥산온의 피롤리딘 엔아민과 반응하는 것을 보여준다.

엔아민 브로민화 벤질 알킬화된 이미늄 염 알킬화된 케톤

알킬화된 이미늄 염은 알킬화된 케톤으로 가수 분해된다. 이 가수 분해 메커니즘은 이민의 산 촉매 가수 분해 메커니즘과 비슷하다(18-14절).

전체 반응

엔아민 이미늄 염

**Gilbert Stork**(1921~2017)
벨기에 태생의 미국 유기화학자로, 퀴닌(quinine)의 전합성에 큰 기여를 했다. 특히 그는 최초로 천연물의 입체 선택적 합성을 했고, Stork 엔아민 알킬화 반응을 개발했다. 그는 '세계에서 가장 혁신적이고 생산적인 합성 유기 화학자' 중 한 사람으로서 공헌을 인정받아 레이건 전 미국 대통령으로부터 국가과학메달(National Medal of Science, 1982)을 수상했다.

**연습문제 22-7**

배운 것을 참조하지 말고, 이미늄 염이 알킬화된 케톤으로 가수 분해되는 메커니즘을 제안하라. 먼저 물에 의해 공격받음으로써 양성자를 잃고 카비놀아민이 생성된다. 질소에 양성자가 첨가되면 피롤리딘이 떨어져 나가 양성자가 첨가된 케톤이 생성된다.

엔아민 알킬화 반응은 때로는 창안자인 컬럼비아대학교의 Gilbert Stork의 이름을 따서 **Stork 반응**(Stork reaction)이라고 한다. Stork 반응을 이용하면 다양한 종류의 반응성이 큰 할로젠화 알킬 또는 할로젠화 아실을 사용하여 케톤의 $\alpha$ 위치를 알킬화 또는 아실화할 수 있다. 다음에 나타낸 할로젠화물은 엔아민과 잘 반응하여 알킬화된 케톤이나 아실화된 케톤을 생성한다.

$Ph-CH_2-X$ 할로젠화 벤질   $>C=C-CH_2-X$ 할로젠화 알릴   $CH_3-X$ 할로젠화 메틸   $R-C(=O)-Cl$ 할로젠화 아실

다음 일련의 반응은 엔아민을 아실화하여 $\beta$-다이케톤($\beta$-diketone)을 합성하는 과정을 보여준다. 첫 번째 아실화 반응에서 이미늄 염이 형성되고, 이는 다시 가수 분해되어 $\beta$-다이케톤이 생성된다. 22-15절에서 보겠지만, $\beta$-다이카보닐 화합물은 쉽게 알킬화되며 더욱 복잡한 분자의 합성에 유용한 중간체로 작용한다.

엔아민 염화 아실 중간체 아실 이미늄 염 $\beta$-다이케톤

**연습문제 22-8**

다음 산 촉매 반응에 대해 예상되는 생성물을 답하라.

**(a)** 아세토페논 + 메틸아민

**(b)** 아세토페논 + 다이메틸아민

**(c)** 사이클로헥산온 + 아닐린

**(d)** 사이클로헥산온 + 피페리딘

**연습문제 22-9**

2차 아민인 피롤리딘으로 엔아민 합성을 이용하여 다음 각각을 어떻게 전환시킬 수 있는지 나타내라.

**(a)** 사이클로펜탄온 ⟶ 2-알릴사이클로펜탄온

**(b)** 펜탄-3-온 ⟶ 2-메틸-1-페닐펜탄-3-온

**(c)** 아세토페논 ⟶ $Ph-C(=O)-CH_2-C(=O)-Ph$

**문제풀이 힌트**

엔아민 알킬화 반응의 전반적인 절차는 다음과 같이 요약할 수 있다.

1. 케톤을 엔아민으로 전환한다.
2. 반응성이 있는 할로젠화 알킬(또는 아실)로 알킬화(또는 아실화)한다.
3. 이미늄 염을 가수 분해한다.

## 22-5 케톤의 알파 할로젠화 반응

할로젠은 엔올 및 엔올 음이온과 빠르게 반응하는 강한 친전자체이다. 이러한 반응은 카보닐 화합물의 $\alpha$ 위치에 할로젠을 배치시키는 효과적인 방법을 제공한다.

### 22-5A 염기 촉진 할로젠화 반응

케톤을 할로젠과 염기로 처리하면 $\alpha$-할로젠화 반응이 일어난다.

$$-C(=O)-C_{\alpha}H< \;+\; {}^{-}OH \;+\; X_2 \longrightarrow -C(=O)-C_{\alpha}X< \;+\; X^- \;+\; H_2O$$

케톤 $(X_2 = Cl_2, Br_2, I_2)$ $\alpha$-할로케톤

예

$$\text{사이클로헥산온} \xrightarrow[{}^{-}OH,\ H_2O]{Cl_2} \text{2-클로로사이클로헥산온} + Cl^- + H_2O$$

사이클로헥산온 2-클로로사이클로헥산온

염기 촉진 할로젠화 반응은 엔올 음이온이 친전자성 할로젠 분자를 친핵성 공격하여 일어난다. 생성물은 할로젠화 케톤과 할로젠화 이온이다.

**메커니즘 22-6 | 염기 촉진 할로젠화 반응**

**1단계:** $\alpha$ 탄소에서 양성자가 이탈되면 엔올 음이온이 형성된다.

$$-C(=O)-C_{\alpha}H< + {}^{-}:\ddot{O}H \rightleftharpoons \left[-C(-\ddot{O}:^-)=C_{\alpha}< \longleftrightarrow -C(=\ddot{O})-\ddot{C}_{\alpha}^{-}<\right]$$

엔올 음이온 + $H_2\ddot{O}$:

**2단계:** 엔올 음이온은 친전자성 할로젠을 공격한다.

$$\xrightarrow{:\ddot{X}-\ddot{X}:} -C(=O)-C_{\alpha}(:\ddot{X}:)< + :\ddot{X}:^-$$

**예: 사이클로헥산온의 염기 촉진 브로민화 반응**

엔올 음이온

이 반응은 염기 촉매화라기보다는 **염기 촉진화**(base-promoted)라고 하는데, 염기를 촉매량이 아닌 반응물과 동일한 당량을 사용하기 때문이다.

**응용: 소독**

할로젠의 산화 효과는 일반적으로 박테리아, 바이러스, 기생충을 죽이는 데 사용된다. 아이오딘(Iodine)은 베이거나 찰과상을 입은 피부에 순한 소독제로 사용된다. 브로민과 염소는 세균을 죽이기 위해 수영장과 정수 시스템에 사용된다.

사진은 관개용으로 사용하기 전 폐수를 처리하기 위해 캘리포니아 어바인에서 사용되는 염소 소독 탱크를 보여준다.

**예제 22-1**

펜탄-3-온이 수산화 소듐 및 브로민과 반응하여 2-브로모펜탄-3-온이 생성되는 반응에 대한 메커니즘을 제안하라.

**풀이**

수산화 소듐 존재하에서 소량의 펜탄-3-온이 엔올 음이온으로 존재한다.

$CH_3CH_2C(=O)-CH(H)CH_3 + {}^-OH \rightleftharpoons [CH_3CH_2C(=O)-\bar{C}HCH_3 \longleftrightarrow CH_3CH_2C(-O^-)=CHCH_3]$

엔올 음이온

엔올 음이온은 브로민과 반응하여 관찰된 생성물이 형성된다.

$CH_3CH_2C(=O)-\bar{C}(CH_3)H + Br-Br \longrightarrow CH_3CH_2C(=O)-C(CH_3)(H)-Br + Br^-$

엔올 음이온 α-할로케톤

**연습문제 22-10**

엔올 음이온은 매우 강한 친핵체이다. 브로민은 강한 친전자체이므로 훨씬 약한 친핵체와 반응할 수 있다. 브로민과 사이클로펜텐, 페놀과의 반응에 대한 메커니즘을 제시하라. 여기서 사이클로펜텐과 페놀은 엔올 음이온보다 훨씬 약한 친핵체이다.

**다중 할로젠화 반응** 많은 경우 염기 촉진 할로젠화 반응은 단 하나의 수소를 치환하는 것으로 끝나지 않는다. 생성물(α-할로케톤)은 할로젠화 반응에 대한 반응성이 출발 물질보다 더 크다. 이는 전자 끄는 힘이 강한 할로젠이 엔올 음이온을 안정화하여 그의 생성을 향상시키기 때문이다.

$-C(=O)-C(X)(H)- + {}^-OH \rightleftharpoons H_2O + [\,C(=O)-\bar{C}(X) \longleftrightarrow C(-O^-)=C(X)\,]$

(X에 의해 안정화된 엔올 음이온)

예를 들어 펜탄-3-온(pentan-3-one)의 브로민화 반응으로 주로 2,2-다이브로모펜탄-3-온(2,2-dibromopentan-3-one)이 생성된다. 1개의 수소가 브로민으로 교체된 후 엔올 음이온이 카보닐기와 브로민 원자에 의해 안정화된다. 두 번째 브로민화 반응은 첫 번째 반응보다 빠르다. 두 번째 치환은 첫 번째 일어났던 같은 탄소 원자에서 일어난다는 것을 주목해야 한다. 이는 탄소 원자가 할로젠에 의해 안정화된 엔올 음이온을 형성하기 때문이다.

$$CH_3CH_2-\overset{O}{\overset{\|}{C}}-\underset{Br}{\overset{H}{C}}-CH_3 \underset{}{\overset{^-OH}{\rightleftharpoons}} CH_3CH_2-\overset{O}{\overset{\|}{C}}-\underset{Br}{\ddot{C}^-}-CH_3 \xrightarrow{Br-Br} CH_3CH_2-\overset{O}{\overset{\|}{C}}-\underset{Br}{\overset{Br}{C}}-CH_3$$

모노브로민화 케톤 / Br에 의해 안정화됨 / 두 번째 브로민화 반응

다중 할로젠화 반응에 대한 이러한 경향 때문에, 염기 촉진 할로젠화 반응은 모노할로 케톤의 합성에서는 좀처럼 사용되지 않는다. 이때는 산 촉매 방법(22-5C절 참조)이 더 좋다.

**연습문제 22-11**

아세토페논이 염기 촉진 염소화 반응을 통해 어떻게 트라이클로로아세토페논이 되는지 나타내는 메커니즘을 제시하라.

## 22-5B 할로폼 반응

대부분의 케톤으로 염기 촉진 할로젠화 반응을 시키면 $\alpha$ 탄소 원자가 완전히 할로젠화될 때까지 반응이 진행된다. 메틸 케톤은 메틸 탄소에 3개의 $\alpha$ 양성자를 가지고 있고, 이는 세 번의 할로젠화 반응을 거쳐 트라이할로메틸 케톤(trihalomethyl ketone)이 된다.

$$R-\overset{O}{\overset{\|}{C}}-CH_3 + 3\,X_2 + 3\,^-OH \longrightarrow \longrightarrow \longrightarrow R-\overset{O}{\overset{\|}{C}}-CX_3 + 3\,X^- + 3\,H_2O$$

메틸 케톤 / 트라이할로메틸 케톤

3개의 전자를 잡아당기는 할로젠 원자를 가진 트라이할로메틸기는 친핵성 아실 치환 반응에서 잘 이탈하지 않는 기로 작용할 수 있다. 트라이할로메틸 케톤은 수산화 이온과 반응하여 정사면체 구조의 중간체를 형성하는데, 이는 트라이할로메틸 음이온($^-CX_3$)을 버리고 카복실산을 생성한다. 이때 빠른 양성자 교환이 일어나 카복실산 음이온과 할로폼[클로로폼(chloroform, $CHCl_3$), 브로모폼(bromoform, $CHBr_3$), 아이오도폼(iodoform, $CHI_3$)]이 된다. 이러한 전체 반응을 **할로폼 반응**(haloform reaction)이라고 한다.

**메커니즘 22-7 | 할로폼 반응의 최종 단계**

할로폼 반응을 결론적으로 말하면 수산화 이온이 친핵체로 작용하고 $^-CX_3$가 이탈기로 작용한 친핵성 아실 치환 반응이다.

**1단계:** 수산화 이온이 카보닐기에 첨가된다. **2단계:** $^-CX_3$가 이탈된다. **3단계:** 산으로부터 양성자 이동이 빠르게 일어난다.

$$R-\overset{\ddot{O}}{\overset{\|}{C}}-CX_3 \; ^-:\ddot{O}H \rightleftharpoons R-\underset{:\ddot{O}H}{\overset{:\ddot{O}:^-}{C}}-CX_3 \rightleftharpoons R-\overset{\ddot{O}}{\overset{\|}{C}}-\ddot{O}-H \; ^-:CX_3 \longrightarrow R-\overset{\ddot{O}}{\overset{\|}{C}}-\ddot{O}:^- + HCX_3$$

친핵성 아실 치환 반응 / 카복실산 음이온 / 할로폼

전체 할로폼 반응은 다음과 같이 요약할 수 있다. 메틸 케톤은 센염기 조건에서 할로젠과 반응하여 카복실산 음이온과 할로폼을 생성한다.

$$\underset{\text{메틸 케톤}}{R-\overset{\overset{\displaystyle O}{\|}}{C}-CH_3} \xrightarrow[(X_2\,=\,Cl_2,\,Br_2,\,I_2)]{\text{과량의 }X_2,\ ^-OH} \underset{\substack{\text{트라이할로메틸 케톤}\\\text{(분리되지 않음)}}}{\left[R-\overset{\overset{\displaystyle O}{\|}}{C}-CX_3\right]} \xrightarrow{^-OH} \underset{\text{카복실산 음이온}}{R-\overset{\overset{\displaystyle O}{\|}}{C}-O^-} + \underset{\text{할로폼}}{HCX_3}$$

예

$$\underset{\text{뷰탄-2-온}}{CH_3CH_2-\overset{\overset{\displaystyle O}{\|}}{C}-CH_3} \xrightarrow[^-OH]{\text{과량의 }Br_2} \left[CH_3CH_2-\overset{\overset{\displaystyle O}{\|}}{C}-CBr_3\right] \xrightarrow{^-OH} \underset{\text{프로피온산 음이온}}{CH_3CH_2-\overset{\overset{\displaystyle O}{\|}}{C}-O^-} + \underset{\text{브로모폼}}{HCBr_3}$$

할로젠이 아이오딘이면 할로폼 생성물(아이오도폼)은 노란 침전으로 분리되는 고체이다. 이 **아이오도폼 시험**(iodoform test)은 세 번 할로젠화 반응을 하고 $^-CI_3$를 잃은 후, 양성자가 첨가되면 아이오도폼이 되므로 메틸 케톤을 확인할 수 있다.

$$\underset{\text{아세토페논}}{Ph-\overset{\overset{\displaystyle O}{\|}}{C}-CH_3} \xrightarrow[^-OH]{\text{과량의 }I_2} \underset{\alpha,\alpha,\alpha\text{-트라이아이오도아세토페논}}{\left[Ph-\overset{\overset{\displaystyle O}{\|}}{C}-CI_3\right]} \xrightarrow{^-OH} \underset{\text{벤조산 음이온}}{Ph-\overset{\overset{\displaystyle O}{\|}}{C}-O^-} + \underset{\text{아이오도폼}}{HCI_3\downarrow}$$

아이오딘은 산화제이다. 따라서 알코올이 메틸 케톤으로 산화되면 아이오도폼 시험에 양성 반응을 보인다. 아이오도폼 반응은 이러한 알코올을 탄소 원자가 1개 줄어든 카복실산으로 전환시킬 수 있다.

$$R-\overset{\overset{\displaystyle OH}{|}}{CH}-CH_3 + I_2 \longrightarrow R-\overset{\overset{\displaystyle O}{\|}}{C}-CH_3 + 2\,HI \xrightarrow[^-OH]{\text{과량의 }I_2} \underset{\text{(하나 적은 탄소)}}{R-\overset{\overset{\displaystyle O}{\|}}{C}-O^-} + HCI_3\downarrow$$

예

$$\underset{\text{헥산-2-올}}{CH_3(CH_2)_3-\overset{\overset{\displaystyle OH}{|}}{CH}-CH_3} \xrightarrow[^-OH]{I_2} \underset{\text{헥산-2-온}}{CH_3(CH_2)_3-\overset{\overset{\displaystyle O}{\|}}{C}-CH_3} \xrightarrow[^-OH]{I_2} \underset{\text{펜탄산}}{CH_3(CH_2)_3-\overset{\overset{\displaystyle O}{\|}}{C}-O^-} + HCI_3\downarrow$$

**연습문제 22-12**

수산화 소듐 존재하에서 사이클로헥실 메틸 케톤(cyclohexyl methyl ketone)과 과량의 브로민과의 반응에 대한 메커니즘을 제시하라.

**연습문제 22-13**

다음 반응의 생성물을 예측하라.

**(a)** 사이클로펜틸 메틸 케톤 + 과량의 $Cl_2$ + 과량의 NaOH

**(b)** 1-사이클로펜틸에탄올 + 과량의 $I_2$ + 과량의 NaOH

**(c)** 프로피오페논 + 과량의 $Br_2$ + 과량의 NaOH

**연습문제 22-14**

아이오도폼 시험에서 양성 반응을 나타내는 어느 것인가?

**(a)** 1-페닐에탄올 **(b)** 펜탄-2-온 **(c)** 펜탄-2-올

**(d)** 펜탄-3-온 **(e)** 아세톤 **(f)** 아이소프로필 알코올

## 22-5C 산 촉매 알파 할로젠화 반응

케톤의 $\alpha$ 할로젠화 반응은 산 촉매에 의해서도 진행된다. 가장 효과적인 방법 가운데 하나는 케톤을 아세트산(acetic acid)에 녹이는 것인데, 이때 초산은 용매 겸 산 촉매로 작용한다. 염기 촉매를 사용하는 할로젠화 반응과는 대조적으로, 산 촉매를 사용하는 할로젠화 반응에서는 첨가한 할로젠의 양에 따라 1개 또는 그 이상의 수소가 선택적으로 치환된다.

$$\text{C}_6\text{H}_5-\overset{\text{O}}{\overset{\|}{\text{C}}}-\text{CH}_3 + \text{Br}_2 \xrightarrow{\text{CH}_3\text{COOH}} \text{C}_6\text{H}_5-\overset{\text{O}}{\overset{\|}{\text{C}}}-\text{CH}_2\text{Br} + \text{HBr}$$

아세토페논 → $\alpha$-브로모아세토페논(70%)

$$\text{C}_6\text{H}_5-\overset{\text{O}}{\overset{\|}{\text{C}}}-\text{CH}_3 + 2\,\text{Cl}_2 \xrightarrow{\text{CH}_3\text{COOH}} \text{C}_6\text{H}_5-\overset{\text{O}}{\overset{\|}{\text{C}}}-\text{CHCl}_2 + 2\,\text{HCl}$$

아세토 페논 → $\alpha,\alpha$-다이클로로아세토페논

산 촉매에 의한 할로젠화 반응의 메커니즘은 먼저 엔올이 친전자성 할로젠 분자를 공격하고, 이어서 양성자가 이탈됨으로써 $\alpha$-할로케톤과 할로젠화 수소가 생성된다.

**메커니즘 22-8 | 산 촉매 알파 할로젠화 반응**

산 촉매 할로젠화 반응은 카보닐 화합물의 엔올형이 친핵체로 작용하여 할로젠(강한 친전자체)을 공격하여 이루어진다.

**1단계:** 엔올의 할로젠 공격

**2단계:** 탈양성자 반응

$$\text{H}-\ddot{\text{O}}:-\text{C}{=}\text{C}_\alpha \;+\; \text{X}-\text{X} \longrightarrow \left[\text{H}-\overset{+}{\ddot{\text{O}}}{=}\text{C}-\text{C}_\alpha(\text{X}) \longleftrightarrow \text{H}-\ddot{\text{O}}:-\overset{+}{\text{C}}-\text{C}_\alpha(\text{X})\right]\text{X}^- \longrightarrow :\ddot{\text{O}}{=}\text{C}-\text{C}_\alpha(\text{X}) + \text{H}-\text{X}$$

엔올 할로젠 탄소 양이온 중간체 $\alpha$-할로케톤

이 반응은 알켄이 할로젠을 공격하여 할로젠이 이중 결합에 첨가되는 반응과 유사하다. 엔올의 파이 결합은 할로젠에 대해 더 큰 반응성을 보이는데, 생성된 탄소 양이온이 엔올 —OH기로 공명 안정화되기 때문이다. 엔올 양성자를 잃은 중간체는 생성물인 $\alpha$-할로케톤으로 전환된다. 모노할로(또는 다이할로) 생성물에서 산 촉매 반응을 중지시킬 수 있는데, 할로젠으로 치환된 엔올 중간체가 치환기를 갖지 않은 엔올보다 덜 안정하기 때문이다. 그러므로 산 촉매 조건에서 할로젠화 반응은 단계가 진행될 때마다 점점 더 느려진다.

케톤과는 달리 알데하이드는 쉽게 산화되고, 할로젠은 강한 산화제이다. 알데하이드를 할로젠화 반응시키면 통상적으로 카복실산을 얻을 수 있다.

**문제풀이 힌트**

산성 조건에서 카보닐기의 $\alpha$ 위치에서의 반응에서는 흔히 엔올 토토머가 생성되는데 친핵체로 작용한다.

$$\underset{\text{알데하이드}}{R-\overset{O}{\overset{\|}{C}}-H} + X_2 + H_2O \longrightarrow \underset{\text{산}}{R-\overset{O}{\overset{\|}{C}}-OH} + 2\,H-X$$

**예제 22-2**

산 촉매를 사용하여 사이클로헥산온을 2-클로로사이클로헥산온으로 전환하는 반응의 메커니즘을 제안하라.

$$\text{사이클로헥산온} \xrightarrow[CH_3COOH]{Cl_2} \text{2-클로로사이클로헥산온(65\%)}$$

**풀이**

산 촉매 조건에서 케톤은 엔올형과 평형을 이룬다.

케토형 + $H-\ddot{O}-\overset{O}{\overset{\|}{C}}-CH_3$ ⇌ [안정화된 중간체] ⇌ ($^-:\ddot{O}-\overset{O}{\overset{\|}{C}}-CH_3$) 엔올형

케토형 안정화된 중간체 엔올형

약한 친핵체로 작용하여 염소를 공격하고, 공명 안정화된 중간체를 형성한다. 이 중간체는 양성자를 잃고 생성물이 된다.

엔올 + $:\ddot{Cl}-\ddot{Cl}:$ → [중간체 ⟷ 중간체] $\xrightarrow{:\ddot{Cl}:^-}$ 2-클로로사이클로헥산온 + $H-\ddot{Cl}:$

**연습문제 22-15**

펜탄-3-온의 산 촉매 브로민화 반응에 대한 메커니즘을 제시하라.

**연습문제 22-16**

산 촉매 할로젠화 반응은 케톤을 Michael 반응(22-18절)에 유용한 $\alpha,\beta$-불포화된 케톤으로 전환하는 데 합성적으로 유용하다. 사이클로헥산온을 중요한 합성 출발 물질인 사이클로헥스-2-엔-1-온으로 전환시키는 방법을 제시하라.

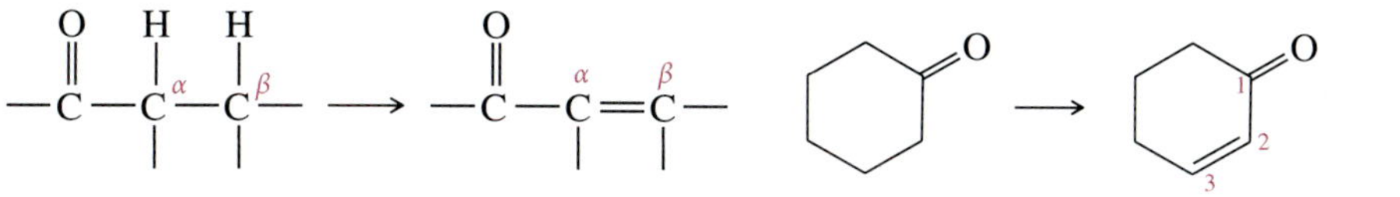

케톤 → $\alpha,\beta$-불포화됨 사이클로헥산온 → 사이클로헥스-2-엔-1-온

## 22-6 산의 알파 브로민화 반응: HVZ 반응

**Hell-Volhard-Zelinsky 반응**(Hell-Volhard-Zelinsky reaction, HVZ 반응)은 카복실산의 $\alpha$ 탄소에 있는 수소 원자를 브로민 원자로 치환하는 반응이다. 카복실산을 브로민과 트라이브로민화 인(phosphorus tribromide)으로 처리한 후, 중간체인 브로민화 $\alpha$-브로모아실을 물로 가수 분해한다.

HVZ 반응

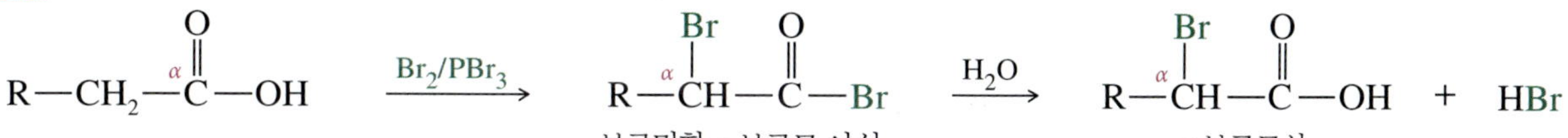

$$R{-}CH_2{-}C({=}O){-}OH \xrightarrow{Br_2/PBr_3} R{-}CH(Br){-}C({=}O){-}Br \xrightarrow{H_2O} R{-}CH(Br){-}C({=}O){-}OH + HBr$$

브로민화 $\alpha$-브로모 아실 $\alpha$-브로모산

예

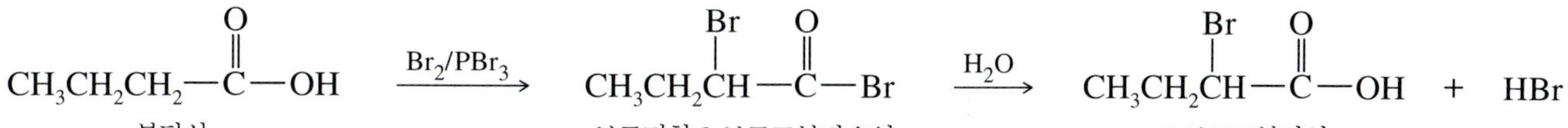

$$CH_3CH_2CH_2{-}C({=}O){-}OH \xrightarrow{Br_2/PBr_3} CH_3CH_2CH(Br){-}C({=}O){-}Br \xrightarrow{H_2O} CH_3CH_2CH(Br){-}C({=}O){-}OH + HBr$$

뷰탄산 브로민화 2-브로모뷰탄오일 2-브로모뷰탄산

메커니즘은 다른 산 촉매 $\alpha$-할로젠화 반응과 유사하다. 브로민화 아실의 엔올 형태는 친핵성 중간체 역할을 한다. 첫 단계에서는 브로민화 아실이 형성되고, 이는 카복실산보다 더 쉽게 엔올로 전환된다.

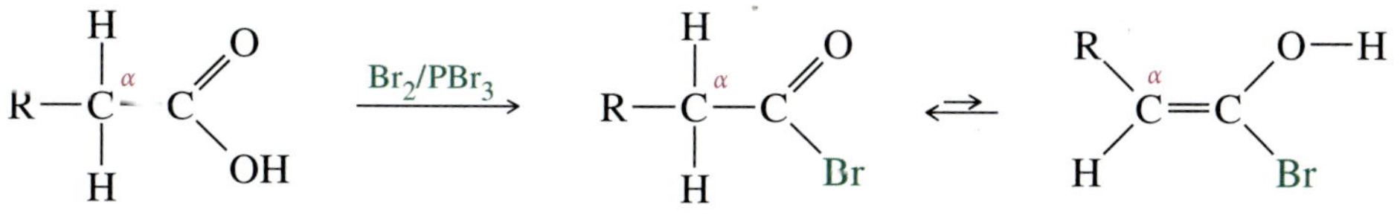

산 → ($Br_2/PBr_3$) 브로민화 아실 ⇌ 케토형

엔올형

엔올은 친핵성이며, 브로민을 공격하여 $\alpha$ 위치에 브로민이 치환된 브로민화 아실($\alpha$-brominated acyl bromide)을 형성한다.

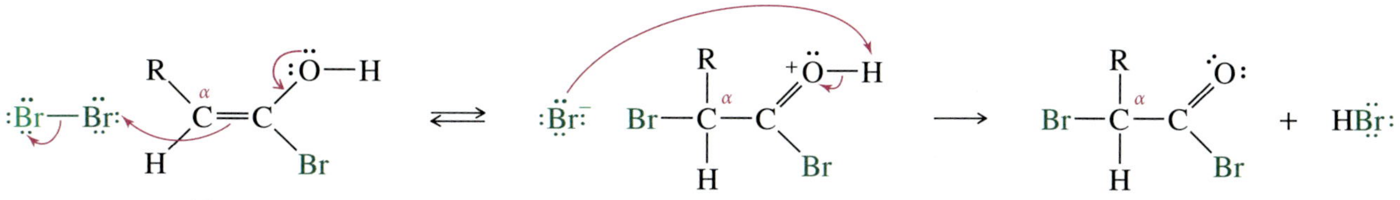

$$:\ddot{Br}{-}\ddot{Br}: + \text{엔올} \rightleftharpoons :\ddot{Br}:^- \; Br{-}C(R)(H){-}C({=}\overset{+}{O}H){-}Br \longrightarrow Br{-}C(R)(H){-}C({=}O){-}Br + H\ddot{Br}:$$

엔올 브로민화 $\alpha$-브로모 아실

α-브로모산 유도체를 얻고 싶다면 브로민화 α-브로모 아실은 에스터, 아마이드, 또는 다른 유도체 합성을 위한 활성화된 중간체(산 염화물과 유사) 역할을 한다. α-브로모산 그 자체를 얻기 위해서는 물로 가수 분해하면 합성이 완료된다.

α-브로모산을 일반적으로 이용하는 것 중 하나는 이를 α-아미노산으로 전환하는 것이다. 단순히 이 화합물을 과량의 암모니아로 처리하면 바로 α-아미노산을 얻을 수 있다.

$$\underset{\alpha\text{-브로모산}}{R-\overset{\overset{Br}{|}}{C}H-\overset{\overset{O}{\|}}{C}-OH} + \text{과량의 } NH_3 \longrightarrow \underset{\alpha\text{-아미노산}}{R-\overset{\overset{NH_2}{|}}{C}H-\overset{\overset{O}{\|}}{C}-OH}$$

**연습문제 22-17**

다음 카복실산을 가수 분해 전과 후에 $PBr_3/Br_2$와 반응시킬 때 얻을 수 있는 생성물을 제시하라.

(a) 펜탄산　　(b) 페닐아세트산

(c) 석신산　　(d) 옥살산

## 22-7 케톤과 알데하이드의 알돌 축합 반응

**축합 반응**(condensation)은 카보닐 화합물의 엔올 음이온 반응 중 가장 중요한 반응이다. 축합 반응에서는 2개 혹은 그 이상의 분자가 결합하는데, 종종 물이나 알코올 같은 작은 분자가 떨어져 나간다. 염기 조건의 **알돌 축합 반응**(aldol condensation)에서는 엔올 음이온이 다른 카보닐기에 친핵성 첨가 반응을 유발한다. 생성물인 β-하이드록시 케톤 또는 알데하이드를 **알돌**(aldol)이라고 하는데, 알데하이드기(*ald*ehyde group)와 알코올(alcoh*ol*)의 하이드록시기를 포함하고 있기 때문이다. 알돌 생성물이 탈수되면 α,β-불포화된 카보닐 화합물이 생성된다.

알돌 축합 반응

$$\underset{\text{케톤 또는 알데하이드}}{\begin{matrix} R-\overset{\overset{O}{\|}}{C}-CH_2-R' \\ R-\underset{\underset{O}{\|}}{C}-\overset{\alpha}{C}H_2-R' \end{matrix}} \xrightleftharpoons{H^+ \text{ 또는 } ^-OH} \underset{\text{알돌 생성물}}{R-\underset{\underset{O}{\|}}{C}-\overset{\alpha}{C}H-R'} \ (\text{with } \beta\text{-}C(OH)(R)-CH_2-R') \xrightarrow[H^+ \text{ 또는 } ^-OH]{\text{열}} \underset{\alpha,\beta\text{-불포화된 케톤 또는 알데하이드}}{R-\underset{\underset{O}{\|}}{C}-\overset{\alpha}{C}(=\overset{\beta}{C}(R)-CH_2-R')-R'} + H_2O$$

### 22-7A 염기 촉매 알돌 축합 반응

염기 조건에서 알돌 축합 반응은 엔올 음이온(강한 친핵체)이 카보닐기에 친핵성 첨가 반응을 유발하여 일어난다. 그다음에 양성자가 첨가되면 알돌 생성물이 형성된다.

## 핵심 메커니즘 22-9 | 염기 촉매 알돌 축합 반응

염기 촉매 알돌은 엔올 음이온이 카보닐기에 친핵성 첨가되는 과정을 포함한다.

**1단계:** 염기가 α 양성자를 제거하여 엔올 음이온을 형성한다.

엔올 음이온

**2단계:** 엔올 음이온이 카보닐기에 첨가된다.

**3단계:** 알콕시화 이온에 양성자가 첨가되어 알돌 생성물이 형성된다.

엔올 음이온 카보닐 알콕시화 이온 알돌 생성물

**예: 아세트알데하이드의 알돌 축합 반응**

아세트알데하이드의 엔올 음이온은 다른 아세트알데하이드 분자의 카보닐기를 공격한다. 양성자가 첨가되어 알돌 생성물이 형성된다.

**1단계:** 염기는 α 양성자를 제거하고, 엔올 음이온을 형성한다.

아세트알데하이드 염기 아세트알데하이드의 엔올 음이온

**2단계:** 엔올 음이온이 카보닐기에 첨가된다.

**3단계:** 알콕시화 이온에 양성자가 첨가되어 알돌 생성물을 형성한다.

엔올 음이온 아세트알데하이드 알돌 생성물(50%)

알돌 축합 반응은 가역적이며, 반응물과 생성물 사이에 평형을 이룬다. 아세트알데하이드의 경우 알돌 생성물로의 전환율은 약 50%이다. 케톤 역시 알돌 축합 반응을 하지만, 생성물의 평형 농도는 일반적으로 작다. 알돌 축합 반응은 때로는 아주 현명한 실험적 방법으로 수행할 수 있다. 예를 들면 그림 22-2는 생성물의 평형 농도가 1%밖에 안 되지만 아세톤 알돌 생성물 '다이아세톤 알코올(diacetone alcohol)'을 좋은 수율로 얻을 수 있는 것을 보여준다. 먼저 아세톤(acetone)을 끓여 불용성 염기 촉매가 들어 있는 관 안에 응축되게 한다. 반응은 오직 이 촉매 관에서 일어난다. 반응 용액이 끓는 플라스크로 다시 내려오면 이 플라스크에는 약 1%의 다이아세톤 알코올이 들어 있게 된다. 다이아세톤 알코올은 아세톤보다 휘발성이 낮아서 끓는 플라스크에 남아 있지만, 아세톤은 끓어 올라 촉매와 접촉하면서 응축(환류)된다. 수 시간 후 거의 모든 아세톤이 다이아세톤 알코올로 전환된다.

**응용: 생화학**

알돌레이스(aldolase)는 탄수화물 또는 당의 신진대사에서 가장 흔한 알돌 생성물을 생성하는 효소이다. 화학적 반응과는 대조적으로 알돌레 이스는 입체 특이하게 단 하나의 생성물만 생성한다. 따라서 이 효소는 때로는 핵심 변형을 위한 유기 합성에 사용된다.

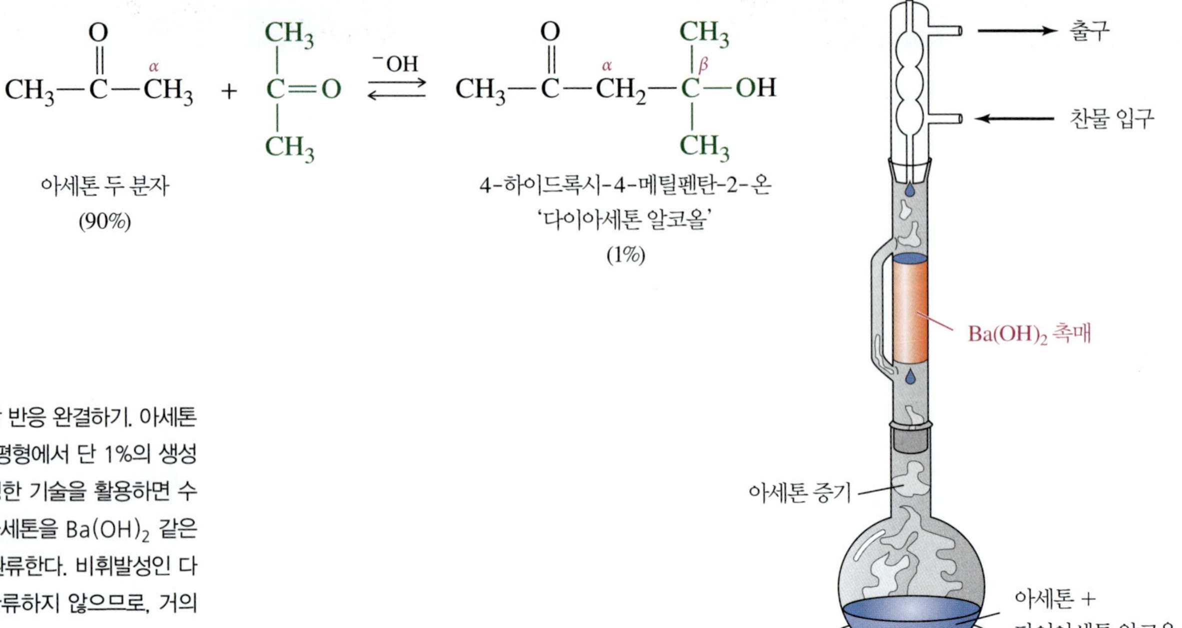


**그림 22-2** 알돌 축합 반응 완결하기. 아세톤의 알돌 축합 반응은 평형에서 단 1%의 생성물만 형성되지만, 현명한 기술을 활용하면 수율을 높일 수 있다. 아세톤을 $Ba(OH)_2$ 같은 염기성 촉매 쪽으로 환류한다. 비휘발성인 다이아세톤 알코올은 환류하지 않으므로, 거의 모든 아세톤이 다이아세톤 알코올로 전환될 때까지 평형 농도는 점차 증가한다.

### 예제 22-3

아세톤의 염기 촉매 알돌 축합 반응의 메커니즘을 제시하라(그림 22-2).

**풀이**

첫 번째 단계에서는 엔올 음이온이 생성되는데, 이는 다음 단계에서 친핵체로 작용한다.

$$CH_3-C(=O)-CH_3 + {}^-OH \rightleftharpoons \left[ H_3C-C(=O)-\bar{C}H_2 \longleftrightarrow H_3C-C(-O^-)=CH_2 \right] + H_2O$$

아세톤 엔올 음이온

두 번째 단계에서는 엔올 음이온이 다른 아세톤 분자를 친핵성 공격을 한다. 마지막으로 양성자가 첨가되어 알돌 생성물이 형성된다.

$$\left[ H_3C-C(=O)-\bar{C}H_2 \right] + (CH_3)_2C=O \rightleftharpoons H_3C-C(=O)-CH_2-C(CH_3)_2-O^- \xrightleftharpoons{H-O-H} H_3C-C(=O)-CH_2-C(CH_3)_2-OH + {}^-OH$$

### 연습문제 22-18

사이클로헥산온의 알돌 축합 반응에 대한 메커니즘을 제시하라. 평형에서 반응물과 생성물 중 어느 쪽이 더 많이 존재하겠는가?

### 연습문제 22-19

다음 각 알돌 축합 반응에 대해 예상되는 생성물을 답하라.

**(a)** 프로판알 **(b)** 페닐아세트알데하이드 **(c)** 펜탄-3-온

**연습문제 22-20**

한 학생이 다이아세톤 알코올을 건조하기 위해 무수 탄산 포타슘을 넣고 일주일 동안 방치했더니 시료가 거의 순수한 아세톤이라는 사실을 알았다. 무슨 일이 일어났는지 메커니즘을 제시하라.

## 22-7B 산 촉매 알돌 축합 반응

알돌 축합 반응은 산성 조건에서도 일어난다. 이때 엔올은 약한 친핵체로, 활성화된(양성자가 첨가된) 카보닐기를 공격한다. 한 예로 알데하이드의 산 촉매 알돌 축합 반응을 생각해보자. 첫 단계에서는 이미 논의한 것처럼 산 촉매 케토-엔올 토토머화에 의해 엔올이 생성된다. 그다음 단계에서 엔올은 다른 아세트알데하이드 분자의 양성자화된 카보닐을 공격한다. 마지막으로 엔올은 양성자를 잃고 알돌 생성물을 생성한다.

### 메커니즘 22-10 | 산 촉매 알돌 축합 반응

산 촉매 알돌은 엔올이 양성자화된 카보닐기에 친핵성 첨가되는 과정을 포함한다.

**1단계:** 산소에 양성자가 첨가되어 엔올이 형성되고 나서 탄소에서 양성자가 이탈한다.

$H-C(=O)-CH_3 + H_3O^+ \rightleftharpoons [H-C(=\overset{+}{O}H)-CH_3 \longleftrightarrow H-\overset{+}{C}(OH)-CH_3] \overset{H_2\ddot{O}:}{\rightleftharpoons} HO-CH=CH_2 + H_3O^+$

케토형 양자화된 카보닐 엔올형

**2단계:** 엔올이 양성자화된 카보닐에 첨가된다.

$H-C(=\overset{+}{O}-H)-CH_3 + CH_2=CH-OH \rightleftharpoons [H-\overset{+}{O}=CH-CH_2-CH(OH)-CH_3 \longleftrightarrow H-O-\overset{+}{C}H-CH_2-CH(OH)-CH_3]$

엔올에 의한 공격 공명 안정화된 중간체

**3단계:** 양성자가 이탈되어 알돌 생성물이 생긴다.

$[H-\overset{+}{O}=CH-CH_2-CH(OH)-CH_3 \longleftrightarrow H-O-\overset{+}{C}H-CH_2-CH(OH)-CH_3] + R\ddot{O}H \xrightleftharpoons{H^+\text{를 잃음}} O=CH-CH_2-CH(OH)-CH_3 + R\overset{+}{O}H_2$

공명 안정화된 중간체 알돌 생성물

**연습문제 22-21**

아세톤의 산 촉매 알돌 축합 반응에 대한 메커니즘을 제시하라.

## 22-8 알돌 생성물의 탈수 반응

알돌 생성물의 산성 또는 염기성 혼합물을 가열하면 알코올 작용기의 탈수에 이른다. 생성물은 콘쥬게이션된 $\alpha,\beta$-불포화된 알데하이드 또는 케톤이다. 그러므로 알돌 축합 반응은 탈수가 이어져 새로운 탄소-탄소 이중 결합을 형성한다. Wittig 반응(18-18절)이 발견되기 전에는 알돌의 탈수 반응이 이중 결합으로써 두 분자를 결합하는 가장 좋은 방법이었을 것이다. 이 방법은 아직도 종종 사용되는, 가장 값싸고 가장 쉬운 방법이다.

O—H
$CH_3$—C$^\beta$—$CH_3$
$H_3C$
C—C$^\alpha$—H
O H
다이아세톤 알코올

$H^+$ 또는 $^-OH$
열

$H_3C$ $CH_3$
C$_\beta$
새로운 이중 결합
$H_3C$
C—C$^\alpha$
O H
\+ H—OH
4-메틸펜트-3-엔-2-온
(산화 메시틸, mesityl oxide)

산성 조건에서 탈수 반응은 다른 산 촉매 알코올 탈수 반응과 비슷한 반응 메커니즘으로 진행된다(11-10절). 그러나 앞서 염기 촉매 탈수 반응을 본 적이 없다. 염기 촉매 탈수 반응은 알돌 화합물의 $\alpha$ 양성자의 산성도에 의해 좌우된다. $\alpha$ 양성자가 제거되면 엔올 음이온이 생성되고, 이는 수산화 이온을 방출하여 더 안정한 생성물이 생성된다. 수산화물은 E2 반응에서 좋은 이탈기는 아니지만, 음으로 하전된 중간체를 안정시키는 것과 같이 큰 발열 단계에서 이탈기로 작용하게 된다. 3-하이드록시뷰탄알(3hydroxybutanal)의 염기 촉매 탈수 반응에 대한 메커니즘을 다음에 나타냈다.

### 핵심 메커니즘 22-11 | 알돌의 염기 촉매 탈수 반응

대부분의 알코올과 달리 알돌은 염기에서 탈수 반응을 한다. $\alpha$ 양성자가 제거되면 엔올 음이온이 생성되고, 이는 수산화 이온을 밀어냄으로써 콘쥬게이션된 생성물을 생성한다.

**1단계:** 엔올 음이온의 형성

**2단계:** 수산화 이온의 제거

:Ö—H
H—C$^\beta$—$CH_3$
H
C—C$^\alpha$—H
O H
$^-$:ÖH

[ :Ö—H
H—C$^\beta$—$CH_3$
H
C—C$^\alpha$:$^-$
O H ]
\+ $H_2O$ ⇌

H $CH_3$
C$_\beta$
H
C—C$^\alpha$
O H
\+ $^-OH$

$\alpha$ 양성자의 제거

공명 안정화된 엔올 음이온

콘쥬게이션계

알돌 평형이 $\beta$-하이드록시 케톤이나 알데하이드의 형성에 유리하지 않은 경우라도 탈수 반응 생성물은 반응 혼합물을 가열함으로써 좋은 수율로 얻을 수 있다. 탈수 반응은 콘쥬게이션계를 형성하기 때문에 보통은 발열 반응이다. 사실 이러한 발열 탈수 반응이 알돌 평형을 오른쪽으로 이동하게 한다.

**연습문제 22-22**

다이아세톤 알코올이 산화 메시틸(mesityl oxide)로 탈수되는 반응에 대한 반응 메커니즘을 제안하라.

**(a)** 산에서 **(b)** 염기에서

**연습문제 22-23**

프로피온알데하이드를 수산화 소듐으로 가열했을 때 생성물 중 하나는 2-메틸펜트-2-엔알이다. 이 반응의 메커니즘을 제안하라.

**연습문제 22-24**

다음 케톤과 알데하이드를 알돌 축합과 탈수 반응시켰을 때 얻을 수 있는 생성물을 예측하라.

**(a)** 뷰티르알데하이드 **(b)** 아세토페논 **(c)** 사이클로헥산온

## 22-9 교차 알돌 축합 반응

알데하이드(또는 케톤)의 엔올 음이온이 다른 알데하이드 또는 케톤의 카보닐기에 첨가될 때의 결과를 **교차 알돌 축합 반응**(crossed aldol condensation)이라고 한다. 이 반응에서 사용되는 화합물을 잘 선택해야 하는데, 그렇지 않으면 여러 생성물의 혼합물이 형성될 것이다.

에탄알(ethanal, 아세트알데하이드)과 프로판알(propanal) 사이의 알돌 축합 반응을 살펴보자. 이 두 시약 모두 엔올 음이온을 생성할 수 있다. 에탄알의 엔올 음이온이 프로판알을 공격하면 프로판알의 엔올 음이온이 에탄알을 공격하여 생성되는 것과는 다른 생성물이 형성된다. 또한 에탄알과 프로판알의 자체 축합 반응도 계속 일어난다. 반응 조건에 따라 네 가지 가능한 생성물을 다양한 비율로 얻을 수 있다.

에탄알의 엔올 음이온이 프로판알에 첨가

$$CH_3CH_2-\overset{O}{\overset{\|}{C}}-H \;\; [^-{:}CH_2-CHO] \rightleftharpoons CH_3CH_2-\overset{OH}{\overset{|\,\beta}{C}}(-CH_2^{\alpha}-CHO)-H$$

프로판알의 엔올 음이온이 에탄알에 첨가

$$CH_3-\overset{O}{\overset{\|}{C}}-H \;\; [CH_3-\overset{-}{\ddot{C}}H-CHO] \rightleftharpoons CH_3-\overset{OH}{\overset{|\,\beta}{C}}(-\overset{\alpha}{C}H(CH_3)-CHO)-H$$

에탄알의 자체 축합 반응

$$CH_3-\overset{O}{\overset{\|}{C}}-H \;\; [^-{:}CH_2-CHO] \rightleftharpoons CH_3-\overset{OH}{\overset{|\,\beta}{C}}(-CH_2^{\alpha}-CHO)-H$$

프로판알의 자체 축합 반응

$$CH_3CH_2-\overset{O}{\overset{\|}{C}}-H \;\; [CH_3-\overset{-}{\ddot{C}}H-CHO] \rightleftharpoons CH_3CH_2-\overset{OH}{\overset{|\,\beta}{C}}(-\overset{\alpha}{C}H(CH_3)-CHO)-H$$

교차 알돌 축합 반응은 반응물 중 하나만 엔올 음이온을 형성하고, 다른 화합물은 엔올 음이온과 반응할 가능성이 더 클 때 효과적일 수 있다. 반응물 중 하나만 $\alpha$ 수소를 가진다면 하나의 엔올 음이온만이 용액 중에 존재할 것이다. 이때 다른 반응물이 과량으로 존재하거나 특별히 친전자성인 카보닐기를 포함한다면 엔올 음이온에 의해 더 잘 공격받게 된다.

다음 두 반응은 성공적인 교차 알돌 축합 반응이다. 알돌 생성물은 반응 조건과 생성물 구조에 따라 탈수 반응이 일어날 수도 있고, 일어나지 않을 수도 있다.

$$(CH_3)_3C{-}CHO + \overset{\alpha}{C}H_3{-}CHO \overset{^-OH}{\rightleftharpoons} CH_3{-}C(CH_3)_2{-}\overset{\beta}{C}H(OH){-}\overset{\alpha}{C}H_2{-}CHO \xrightarrow[(-H_2O)]{^-OH} CH_3{-}C(CH_3)_2{-}\overset{\beta}{C}H{=}\overset{\alpha}{C}H{-}CHO$$

과량, α 양성자 없음 / α 양성자 / 알돌 / 탈수됨(75%)

$$C_6H_5{-}CHO + CH_3\overset{\alpha}{C}H_2{-}CHO \overset{^-OH}{\rightleftharpoons} C_6H_5{-}\overset{\beta}{C}H(OH){-}\overset{\alpha}{C}H(CH_3){-}CHO \xrightarrow[(-H_2O)]{^-OH} C_6H_5{-}\overset{\beta}{C}H{=}\overset{\alpha}{C}(CH_3){-}CHO$$

과량, α 양성자 없음 / α 양성자 / 알돌 / 탈수됨(80%)

이러한 반응을 수행하기 위해 α 양성자를 가진 화합물을 α 양성자가 없는 화합물의 염기성 용액에 천천히 가한다. 이렇게 하면 엔올 음이온이 과량의 다른 성분의 존재에서 생성되고, 원하는 반응이 잘 일어난다.

엔올산 리튬(lithium enolate)은 LDA를 사용하여 만들며(22-2B절), 이는 다른 케톤이나 알데하이드와 반응하여 표준적인 염기 촉매 알돌 반응으로는 생성할 수 없는 교차 알돌 생성물을 만든다. LDA를 사용하여 원하는 엔올 음이온을 만들어 친전자체로 반응할 수 있는 화합물에 첨가할 수 있다. 이 방식으로 어떤 엔올 음이온을 어떤 카보닐기에 첨가할지 선택할 수 있다.

$$\text{cyclopentanone} \xrightarrow{LDA} [\text{엔올 음이온 } (O^-Li^+)] \xrightarrow{CH_3CH_2{-}CHO} \text{알돌 생성물} \xrightarrow{-H_2O} \text{생성물}(E+Z)$$

엔올 음이온 / 알돌 생성물 (분리되지 않음) / 생성물(E + Z)

## 문제풀이 전략 ▎ 반응 메커니즘 제안하기

반응 메커니즘을 제안하는 일반적인 원리는 4장에서 처음 소개되고 부록 3A에 요약되어 있는데, 이는 교차 알돌 축합 반응에도 적용할 수 있다. 이러한 예는 강한 친핵체가 관여하는 염기 촉매 반응을 강조한다. 메커니즘을 그릴 때는 각 탄소 원자에 결합된 모든 결합과 치환기를 그려야 한다. 각 단계를 독립적으로 나타내고, 친핵체로부터 친전자체로의 전자 이동을 나타내는 데 굽은 화살표로 그린다.

여기에서 문제는 메틸사이클로헥산온(methylcyclohexanone)과 벤즈알데하이드(benzaldehyde)의 염기 촉매 반응의 메커니즘을 제안하는 것이다.

$$C_6H_5CHO + \text{2-methylcyclohexanone} \xrightarrow{NaOCH_2CH_3} \text{2-benzylidene-6-methylcyclohexanone}$$

첫째, 메커니즘의 유형을 결정해야 한다. 센염기이자 강한 친핵체인 에톡시화 소듐을 사용한다는 것은 중간체로 강한 친핵체가 관여한다는 것을 의미한다. 여기서 강한 친전자체나 센산이 아니고 탄소 양이온이나 자유 라디칼이 아닌 강한 친핵체와 음이온성 중간체(아마 안정화된 탄소 음이온일 것임)를 보게 될 것이다.

**1. 반응물과 생성물의 탄소 골격을 고려하고, 생성물의 어떤 탄소 원자가 반응물의 어떤 탄소 원자로부터 유도될 것인지 결정한다.**

고리 중 하나는 방향족이기 때문에 생성물의 어떤 고리가 반응물의 어떤 고리로부터 유도된 것인가는 명백하다. 생성물의 두 고리를 연결하는 탄소 원자는 벤즈알데하이드의 카보닐기로부터 유래된 것이다. 메틸사이클로헥산온에서 온 2개의 $\alpha$ 양성자와 카보닐 산소는 물로 떨어져 나간다.

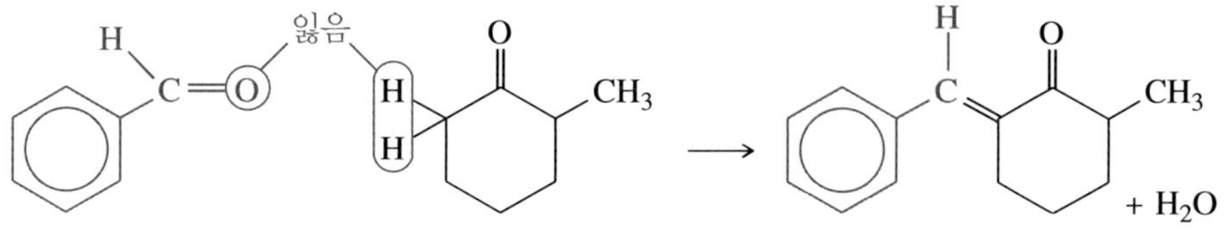

잃음

$+ H_2O$

**2. 반응물의 어떤 것이 활성화되지 않고 반응하기에 충분히 강한 친핵체인지 고려한다. 그렇지 않으면 반응물 중 하나가 산성 자리의 양성자 이탈 반응에 의해 또는 친전자성 자리에 대한 공격에 의해 강한 친핵체로 어떻게 전환될 수 있는지 생각한다.**

이러한 반응물은 어느 것도 다른 것을 공격할 만큼 충분히 강한 친핵체가 아니다. 그러나 에톡시화 이온이 메틸사이클로헥산온의 $\alpha$ 양성자를 제거하면 강한 친핵성 엔올 음이온이 생성된다.

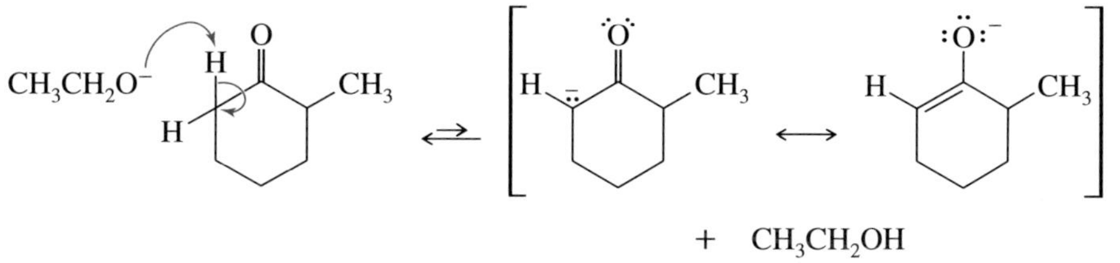

$CH_3CH_2O^-$

$+ \ CH_3CH_2OH$

**3. 다른 반응물(또는 고리화 반응에서 같은 분자의 다른 부분)에 있는 친전자성 자리가 어떻게 강한 친핵체에 의해 공격받아 생성물에 필요한 결합을 형성하는지 생각한다.**

친핵체가 벤즈알데하이드의 친전자성 카보닐기를 공격하고 나서 양성자가 첨가되면 $\beta$-하이드록시 케톤(알돌)이 생성된다.

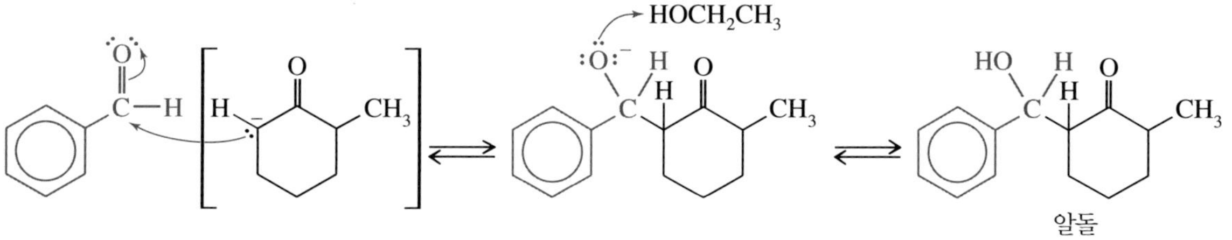

$HOCH_2CH_3$

알돌

**4. 친핵성 공격 생성물이 어떻게 최종 생성물(올바른 탄소 골격을 가진 경우)로 전환되는지, 아니면 생성물에서 요구되는 또 다른 결합을 형성하기 위해 어떻게 재활성화되는지 생각한다.**

$\beta$-하이드록시 케톤으로부터 최종 생성물이 형성되려면 탈수되어야 한다. 염기성 조건에서는 통상적인 알코올 탈수 메커니즘(하이드록시의 양성자 첨가에 이은 탈수)은 일어날 수 없다. 다른 양성자가 제거되면 엔올 음이온이 생성되고, 이는 강한 발열 단계에서 수산화 이온을 잃고 최종 생성물이 된다.

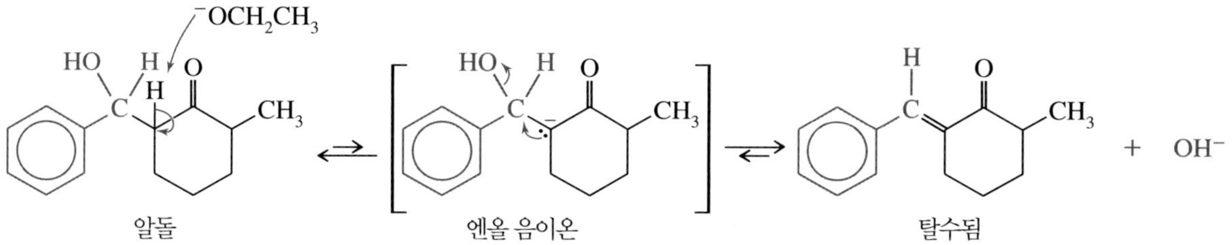

$^-OCH_2CH_3$

알돌 엔올 음이온 탈수됨

$+ \ OH^-$

**5. 전자들의 이동을 나타내기 위해 굽은 화살표를 사용하여 모든 단계를 그린다. 한 번에 한 단계를 나타내도록 주의한다.**

완전한 메커니즘은 위에 나타낸 모든 식을 합쳐서 나타낸다. 관련된 모든 단계를 개관할 수 있는 메커니즘을 사용한다.

염기 촉매 반응 메커니즘 제안에 대한 추가적인 연습으로, 위에 제시한 단계를 이용하여 연습문제 22-25를 풀어보라.

**문제풀이 힌트**

알돌 생성물의 염기 촉매 탈수 반응에 대한 정확한 메커니즘은 두 단계가 필요하다.

1. 엔올 음이온의 생성을 위한 양성자 이탈 반응
2. 수산화 이온의 축출

알돌 생성물의 탈수 반응을 협동 E2 반응으로 그리지 않는다.

**연습문제 22-25**

다음 염기 촉매 축합 반응(탈수 과정 포함)에 대한 메커니즘을 제안하라.

**(a)** 2,2-다이메틸프로판알과 아세트알데하이드

**(b)** 벤즈알데하이드와 프로피온알데하이드

**연습문제 22-26**

아세톤을 염기 존재하에서 과량의 벤즈알데하이드로 처리하면 교차 축합 반응이 일어나 2당량의 벤즈알데하이드가 첨가되고, 2당량의 물이 떨어져 나간다. 아세톤과 2분자의 벤즈알데하이드의 축합 반응 생성물에 대한 구조를 제시하라.

**연습문제 22-27**

위의 문제풀이 전략에서 메틸사이클로헥산온은 **치환되지 않은** $\alpha$ 탄소에서 반응하는 것을 살펴보았다. 메틸 치환된 탄소 원자에서의 동일한 반응에 대한 메커니즘을 작성해보고, 이러한 위치 화학이 관찰되지 않는 이유를 설명하라.

**연습문제 22-28**

다음 염기 촉매 알돌 축합 반응(탈수 반응 수반)의 주생성물을 예측하라.

**(a)** 벤조페논(PhCOPh) + 프로피온알데하이드

**(b)** 2,2-다이메틸프로판알 + 아세토페논

**연습문제 22-29**

**(a)** 시남알데하이드(cinnamaldehyde)는 인공 계피 향료로 사용된다. 시남알데하이드가 어떻게 교차 알돌 축합 반응과 탈수 반응에 의해 합성되는지 나타내라.

시남알데하이드 (Ph–CH=CH–CHO)

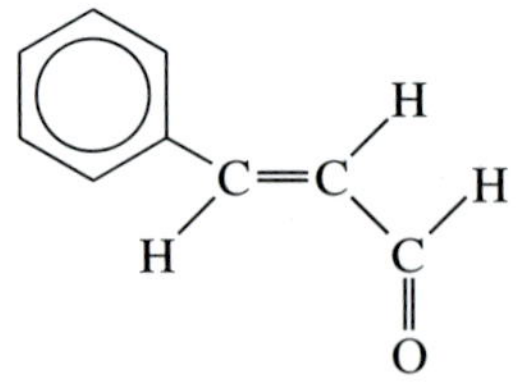

**(b)** 차가운 LDA 용액에 아세토페논을 천천히 첨가하면 아세토페논의 엔올 음이온이 생성된다. 그러나 LDA를 차가운 아세토페논 용액에 천천히 첨가하면 축합 생성물이 형성된다. 각 경우 일어나는 반응을 나타내고, 다른 결과가 관찰되는 이유를 설명하라.

**문제풀이 힌트**

알돌 생성물(탈수 반응 전과 후)의 구조를 예측하는 연습을 하라. 이 반응은 이 장에서 가장 중요하다.

## 22-10 알돌 고리화 반응

다이케톤의 분자 내 알돌 반응은 종종 5원자 및 6원자 고리 화합물을 만드는 데 유용하다. 6고리보다 크거나 5고리보다 작은 알돌 고리화 반응은 덜 일반적인데, 이는 더 크거나 작은 고리는 에너지와 엔트로피 측면에서 불리하기 때문이다. 다음 반응은 1,4-다이케톤이 어떻게 축합되고 탈수

되어 사이클로펜텐온(cyclopentenone)이 되는지, 그리고 1,5-다이케톤이 어떻게 사이클로헥센온(cyclohexenone)으로 되는지를 보여준다.

1,4-다이케톤의 엔올 음이온 ⇌ ($^-OH$) 알돌 생성물 → ($^-OH$) 사이클로펜텐온 + $H_2O$

예

시스-운데크-8-엔-2,5-다이온 ⇌ ($^-OH$) 알돌 생성물 → ($^-OH$) 시스-자스몬(*cis*-jasmone, 향료) (90%) + $H_2O$

1,5-다이케톤의 엔올 음이온 ⇌ ($^-OH$) 알돌 생성물 → ($^-OH$) 사이클로헥센온 + $H_2O$

예

헵테인-2,6-다이온 (1,5-다이케톤) ⇌ ($^-OH$) 알돌 생성물 → ($^-OH$) 3-메틸사이클로헥스-2-엔온 + $H_2O$

다음 예는 생성물의 카보닐기가 때로는 어떻게 고리 밖에 있을 수 있는지 보여준다.

옥테인-2,7-다이온 ⇌ ($^-OH$) 알돌 생성물 → ($^-OH$) 1-아세틸-2-메틸사이클로펜텐 + $H_2O$

**연습문제 22-30**

옥테인-2,7-다이온이 어떻게 사이클로헵텐온으로 고리화될 수 있는 나타내라. 사이클로헵텐온으로의 고리 닫힘이 유리하지 않은 이유를 설명하라.

사이클로데케인-1,6-다이온

**연습문제 22-31**

사이클로데케인-1,6-다이온을 탄산 소듐으로 처리할 때 얻을 수 있는 생성물의 UV 스펙트럼은 1-아세틸-2-메틸사이클로펜텐의 그것과 유사한 스펙트럼을 보인다. 이 생성물의 구조를 제안하고 생성 메커니즘을 제시하라.

## 22-11 알돌 축합 반응을 이용한 합성 설계

알돌 축합 반응은 일부 제한이 있긴 하지만, 다양한 유기 화합물을 만들기 위한 유용한 합성 반응으로 사용될 수 있다. 특히 알돌 축합 반응(탈수 반응 포함)은 새로운 탄소-탄소 이중 결합을 형성한다. 몇 가지 일반적인 원리를 알면 어떤 화합물이 알돌 생성물인지, 그리고 출발 물질로 어떤 시약을 사용해야 할지 결정할 수 있다.

알돌 축합 반응은 $\beta$-하이드록시 알데하이드와 케톤(알돌) 그리고 $\alpha,\beta$-불포화된 알데하이드와 케톤을 형성한다. 목표 분자가 이들 작용기 중 하나라면 알돌 반응을 고려해야 한다. 출발 물질을 결정하려면 목표 물질의 구조를 $\alpha,\beta$ 결합에서 둘로 나눈다. 탈수된 생성물의 경우 $\alpha,\beta$ 결합 대신 이중 결합에서 둘로 나눈다. 다음 분석 결과는 알돌 생성물을 출발 물질로 나누는 방법을 보여준다.

$CH_3-CH_2-CH(OH)-CH(CH_3)-CHO$ (α,β 결합에서 끊어짐) —출발물은→ $CH_3-CH_2-CHO$ (프로판알) + $CH_3-CH_2-CHO$ (프로판알)

$C_6H_5-CH(OH)-CH(CH_3)-CO-C_6H_5$ (α,β 결합에서 끊어짐) —출발물은→ $C_6H_5-CHO$ (벤즈알데하이드) + $CH_3-CH_2-CO-C_6H_5$ (프로피오페논)

$C_6H_5-C(CH_3)=CH-CO-C_6H_5$ (이중 결합에서 끊어짐) —출발물은→ $C_6H_5-CO-CH_3$ (아세토페논) + $CH_3-CO-C_6H_5$ (아세토페논)

$C_6H_5-CH=C(CH_2CH_3)-CHO$ (이중 결합에서 끊어짐) —출발물은→ $C_6H_5-CHO$ (벤즈알데하이드) + $CH_3-CH_2-CH_2-CHO$ (뷰탄알)

**연습문제 22-32**

다음 각 화합물을 알돌 축합 반응으로 결합한 2개의 시약으로 다시 자르는 방법을 제시하고, 알돌 축합 반응이 가능한지 결정하라.

(a) $CH_3CH_2CH_2-CH(OH)-CH(CH_2CH_2CH_3)-CHO$

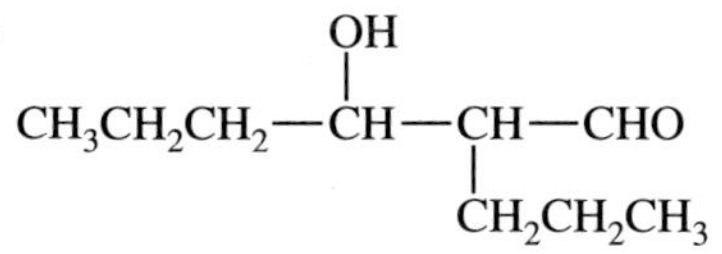

(b) $Ph-C(OH)(CH_2CH_3)-CH(CH_3)-C(=O)-Ph$

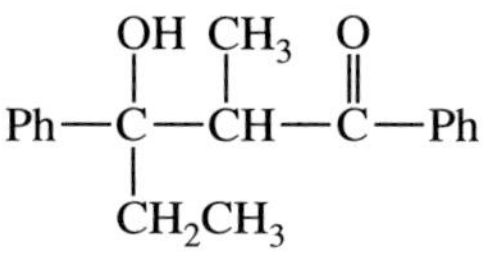

(c) $Ph(H)C=C(H)-C(=O)CH_3$

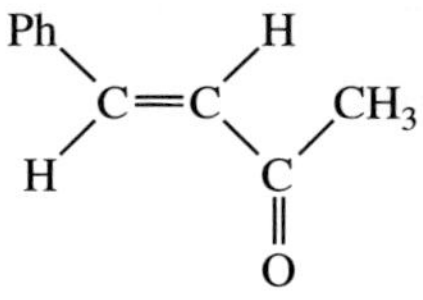

(d) 2-하이드록시사이클로펜틸 메틸 케톤 ($C(=O)-CH_3$, OH)

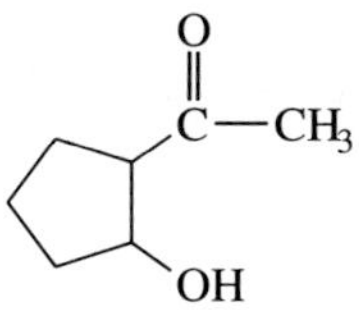

(e) 2-메틸사이클로헥센-1-일 메틸 케톤 ($CH_3$, $C(=O)CH_3$)

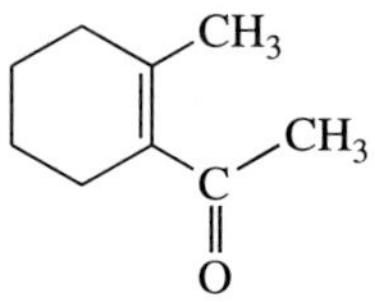

**연습문제 22-33**

다음 화합물은 이중 치환된 사이클로헥산온의 염기 촉매 알돌 고리화 반응으로부터 얻을 수 있다.

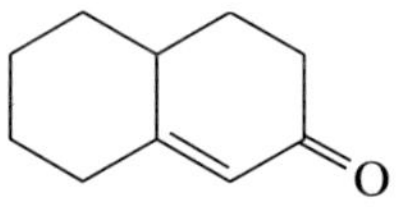

(a) 고리화하여 이 생성물을 형성하는 다이케톤을 나타내라.

(b) 고리화 반응에 대한 메커니즘을 제안하라.

## 22-12 Claisen 에스터 축합 반응

에스터의 $\alpha$ 수소는 약한 산성을 띠는데, 여기서 양성자가 떨어져 나가면 엔올 음이온이 생성된다. 에스터는 케톤과 알데하이드보다 산성을 덜 띠는데, 이는 에스터의 카보닐기가 다른 산소 원자와 공명에 의해 안정화되기 때문이다. 이러한 공명은 카보닐기가 엔올 음이온의 음전하를 안정화하는 능력을 감소시킨다.

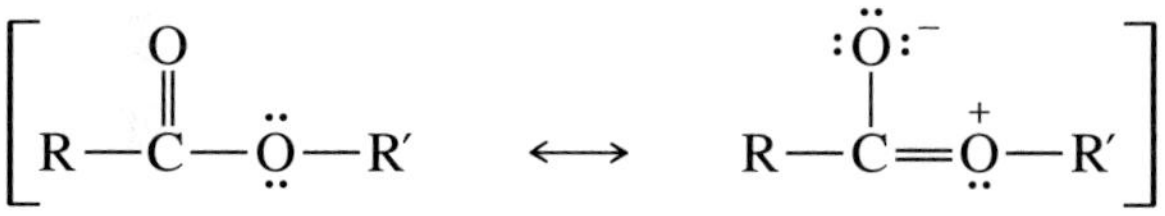

$$\left[ R-\overset{O}{\overset{\|}{C}}-\ddot{O}-R' \longleftrightarrow R-\overset{:\ddot{O}:^-}{\overset{|}{C}}=\overset{+}{O}-R' \right]$$

케톤과 알데하이드의 $pK_a$가 약 20인데 비해 에스터의 $\alpha$ 수소에 대한 전형적인 $pK_a$는 약 24이다. 그렇더라도 센염기는 에스터의 양성자를 떼어낼 수 있다.

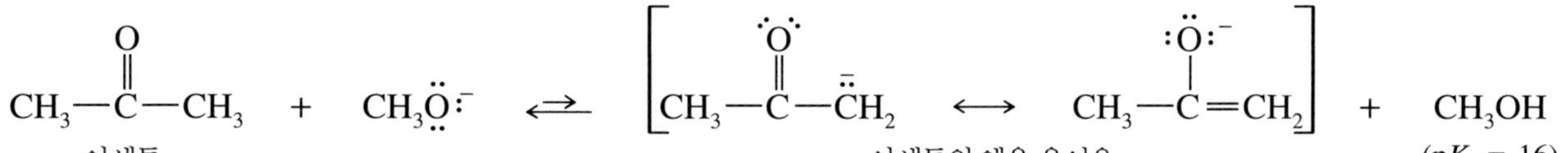

$$\underset{\text{아세톤 }(pK_a = 20)}{CH_3-\overset{O}{\overset{\|}{C}}-CH_3} + CH_3\ddot{O}:^- \rightleftarrows \underset{\text{아세톤의 엔올 음이온}}{\left[ CH_3-\overset{\ddot{O}}{\overset{\|}{C}}-\ddot{C}H_2^- \longleftrightarrow CH_3-\overset{:\ddot{O}:^-}{\overset{|}{C}}=CH_2 \right]} + \underset{(pK_a = 16)}{CH_3OH}$$

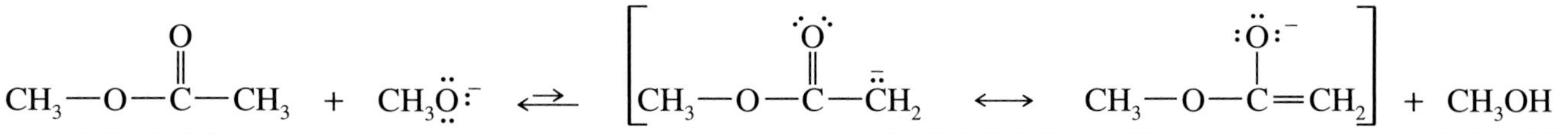

$$\underset{\text{아세트산 메틸 }(pK_a = 24)}{CH_3-O-\overset{O}{\overset{\|}{C}}-CH_3} + CH_3\ddot{O}:^- \rightleftarrows \underset{\text{아세트산 메틸의 엔올 음이온}}{\left[ CH_3-O-\overset{\ddot{O}}{\overset{\|}{C}}-\ddot{C}H_2^- \longleftrightarrow CH_3-O-\overset{:\ddot{O}:^-}{\overset{|}{C}}=CH_2 \right]} + \underset{(pK_a = 16)}{CH_3OH}$$

에스터의 엔올 음이온은 강한 친핵체이며, 흥미롭고 유용한 다양한 반응을 한다. 이러한 반응의 대부분은 모든 에스터 축합 반응에서 가장 중요한 Claisen 축합 반응과 관련이 있다.

**Claisen 축합 반응**(Claisen condensation)은 에스터 분자가 친핵체로 작용하는 엔올 음이온과 친핵성 아실 치환 반응을 할 때 일어난다. 먼저 엔올 음이온은 카보닐기를 공격하여 정사면체 중간체를 형성한다. 중간체는 알콕시기(—OR)를 가지고, 이는 이탈기로 작용하여 $\beta$-케토 에스터를 형성한다. 전체 반응은 두 에스터 분자가 결합하여 $\beta$-케토 에스터가 되는 것이다.

### 핵심 메커니즘 22-12 | Claisen 에스터 축합 반응

Claisen 에스터 축합 반응은 에스터에 대한 친핵성 아실 치환 반응이며, 공격하는 친핵체는 엔올 음이온이다.

**1단계:** 엔올 음이온의 형성

$^{-}$OR′

에스터 엔올 음이온

+ R′OH

**2단계:** 엔올 음이온이 첨가되어 정사면체 중간체 형성

**3단계:** 알콕시화 이온 이탈기의 제거

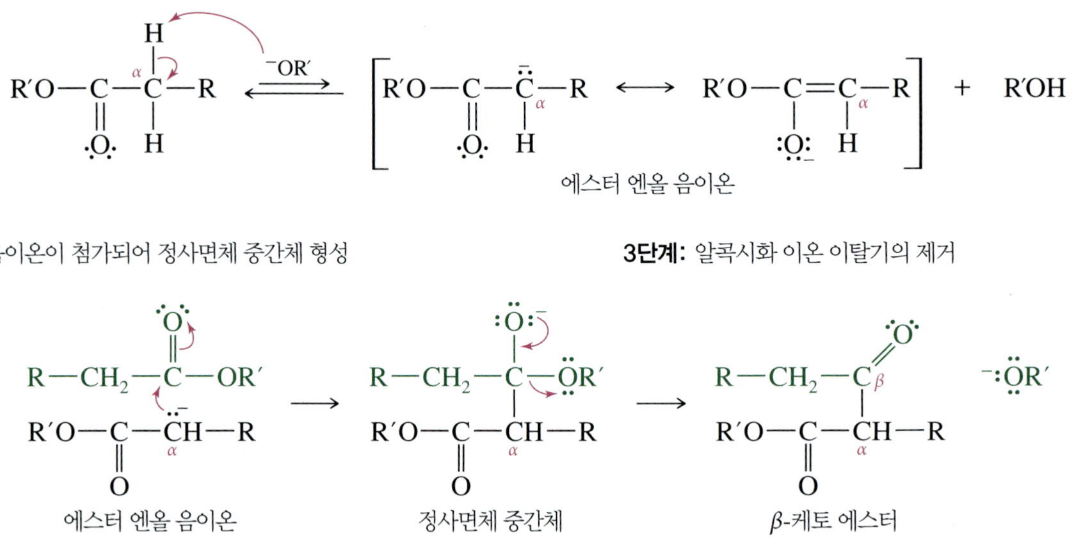

에스터 엔올 음이온

정사면체 중간체

$\beta$-케토 에스터

$^{-}$:ÖR′

에스터의 한 분자(양성자가 이탈되어 엔올 음이온으로 반응)는 친핵체로 작용하여 다른 에스터 분자를 공격하며, 이 에스터 분자는 친핵성 아실 치환 반응에서 아실화 시약으로 작용하는 것에 주목하라.

Claisen 축합 반응의 생성물인 $\beta$-케토 에스터는 간단한 케톤, 알데하이드, 에스터보다 더 산성을 띤다. 왜냐하면 양성자가 이탈되면 음전하가 두 카보닐기에 비편재화된 엔올 음이온을 형성하기 때문이다. $\beta$-케토 에스터는 p$K_a$ 값이 약 11인데, 이는 물보다 더 센산이다. 에톡시화 이온 또는 수산화 이온 같은 센염기에서 $\beta$-케토 에스터는 빠르고 완전하게 양성자가 이탈된다.

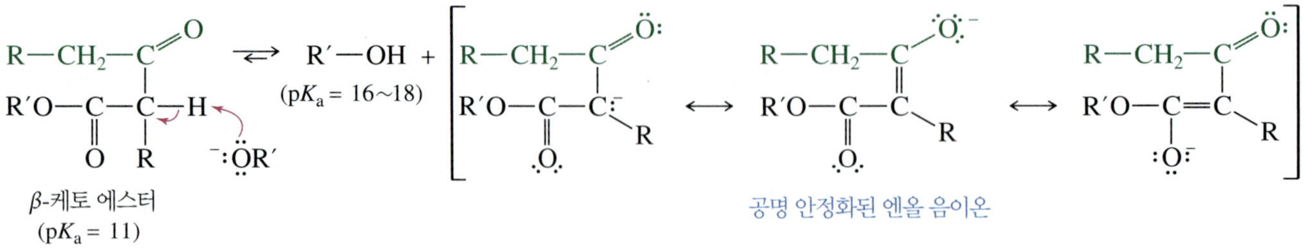

$\beta$-케토 에스터 (p$K_a$ = 11)

R′—OH + (p$K_a$ = 16~18)

공명 안정화된 엔올 음이온

$\beta$-케토 에스터의 탈양성자 반응은 Claisen 축합 반응에 대한 추진력을 제공한다. 탈양성자 반응은 강한 발열 반응이므로, 전체 반응을 발열 반응으로 이끌고 반응이 완결되게 한다. 염기는 양성

자 이탈 단계에서 소모되기 때문에 염기는 완전한 당량을 사용해야 한다. 이러한 이유로 Claisen 축합 반응을 **염기 촉매**(base-catalyzed)라기보다 **염기 촉진**(base-promoted) 반응이라고 한다. 반응이 완결된 후에 묽은 산을 첨가하면 엔올 음이온은 $\beta$-케토 에스터로 전환된다.

다음 예는 아세트산 에틸(ethyl acetate)이 자체 축합 반응을 하여 아세토아세트산 에틸(ethyl acetoacetate), 즉 3-옥소뷰탄산 에틸(ethyl 3-oxobutanoate)로 되는 반응이다. 에톡시화 이온을 염기로 사용하는 것은 에스터 교환 반응 또는 에틸 에스터의 가수 분해를 피하기 위함이다(연습문제 22-34 참조). 초기 생성물은 아세토아세트산 에틸의 엔올 음이온이고, 이는 최종 단계에서 다시 양성자화된다.

$$2\ CH_3-C(=O)-OCH_2CH_3 \xrightarrow[\text{에톡시화 소듐}]{Na^+\ {}^-OCH_2CH_3} \left[CH_3-C(=O)-\overset{-}{C}H(Na^+)-C(=O)-OCH_2CH_3\right] \xrightarrow{H_3O^+} CH_3-C_\beta(=O)-{}_\alpha CH_2-C(=O)-OCH_2CH_3$$

아세트산 에틸 → 케토 에스터 엔올 음이온 → 아세토아세트산 에틸(75%)

**예제 22-4**

아세트산 에틸이 아세토아세트산 에틸로 되는 자체 축합 반응의 메커니즘을 제시하라.

**풀이**

첫 번째 단계는 에스터 엔올 음이온의 형성이다. 이 단계에 대한 평형은 왼쪽으로 놓인다. 에톡시화 이온은 에스터의 극히 일부에서만 양성자를 빼앗는다.

$$\underset{(pK_a = 24)}{H-CH_2-C(=O)-OCH_2CH_3} + {}^-{:}\ddot{O}CH_2CH_3 \rightleftharpoons \underset{\text{엔올 음이온}}{\left[{}^-{:}CH_2-C(=O)-OCH_2CH_3\right]} + \underset{(pK_a = 16)}{H-\ddot{O}CH_2CH_3}$$

엔올 음이온은 에스터의 다른 분자를 공격하며, 에톡시화 이온이 떨어져 나가면 아세토아세트산 에틸이 형성된다.

$$CH_3-C(=O)-OCH_2CH_3 + \left[{}^-{:}CH_2-C(=O)-OCH_2CH_3\right] \rightleftharpoons CH_3-C(-O^-)(-\ddot{O}CH_2CH_3)-CH_2-C(=O)-OCH_2CH_3 \rightleftharpoons CH_3-C(=O)-CH_2-C(=O)-OCH_2CH_3 + {}^-{:}\ddot{O}CH_2CH_3$$

친핵성 공격 → 에톡시화 이온의 축출 → 아세토아세트산 에틸

에톡시화 이온의 존재하에서 아세토아세트산 에틸은 양성자가 이탈되어 엔올 음이온을 생성한다. 이러한 발열적인 탈양성자 반응은 반응이 완결되는 데 도와준다.

$$\underset{(pK_a = 11)}{CH_3-C(=O)-CH(H)-C(=O)-OCH_2CH_3} + {}^-{:}\ddot{O}CH_2CH_3 \rightleftharpoons \underset{\text{엔올 음이온}}{\left[CH_3-C(=O)-\ddot{C}H^--C(=O)-OCH_2CH_3\right]} + \underset{(pK_a = 16)}{H-\ddot{O}CH_2CH_3}$$

반응이 종료될 때 엔올 음이온은 다시 양성자화되어 아세토아세트산 에틸을 생성한다.

$$\underset{\text{엔올 음이온}}{\left[CH_3-C(=O)-\ddot{C}H^--C(=O)-OCH_2CH_3\right]} \xrightarrow{H_3O^+} \underset{\text{아세토아세트산 에틸}}{CH_3-C(=O)-CH(H)-C(=O)-OCH_2CH_3}$$

**응용: 생화학**

폴리케타이드 합성 효소(polyketide synthase)라고 불리는 효소는 일련의 Claisen형 반응을 촉매하여 항생제인 에리트로마이신(erythromycin) 같은 많은 유용한 천연물을 만든다. 이들 효소는 산소를 가진 에스터 대신 황을 가진 싸이오에스터를 이용한다.

### 연습문제 22-34

에톡시화 이온은 아세트산 에틸의 축합 반응에서 일부 원하지 않는 부반응을 피하기 위해 염기로 사용된다. 다음 염기를 사용한다면 어떤 부반응이 일어나겠는가?

**(a)** 메톡시화 소듐 **(b)** 수산화 소듐

### 연습문제 22-35

단 하나의 $\alpha$ 수소를 가진 에스터는 Claisen 축합 반응에서 일반적으로 낮은 수율을 보인다. 아이소뷰티르산 에틸의 Claisen 축합 반응에 대한 메커니즘을 제안하고, 수율이 낮은 이유를 설명하라.

### 연습문제 22-36

다음 에스터의 자체 축합 반응 생성물을 예측하라.

**(a)** 프로판산 메틸 + $NaOCH_3$

**(b)** 페닐아세트산 에틸 + $NaOCH_2CH_3$

**(c)** (cyclopentyl)$-CH_2-C(=O)-OCH_3$ + $NaOCH_3$

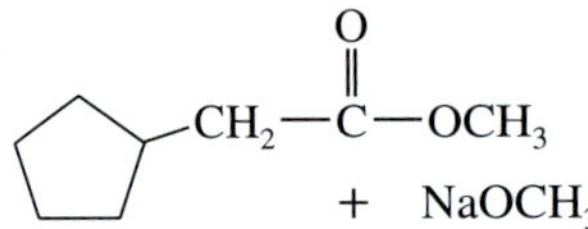

**(d)** (2-furyl)$-CH_2CH_2-COOEt$ + NaOEt

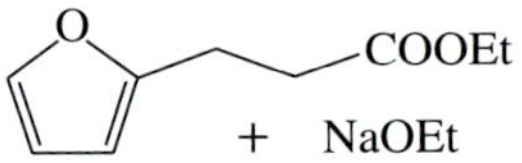

### 예제 22-5

다음 $\beta$-케토 에스터를 얻으려면 어떤 에스터와 함께 Claisen 축합 반응을 해야 하는지 나타내라.

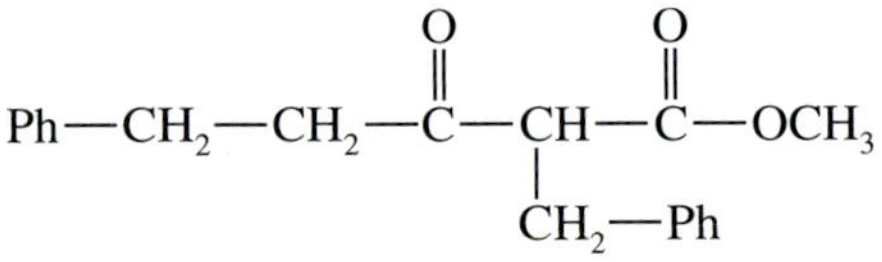

$$Ph-CH_2-CH_2-\overset{O}{\overset{\|}{C}}-\underset{CH_2-Ph}{\underset{|}{CH}}-\overset{O}{\overset{\|}{C}}-OCH_3$$

**풀이**

먼저 $\alpha,\beta$ 결합(에스터 카보닐기에서 $\alpha,\beta$)에서 구조를 절단한다. 이것이 Claisen 축합 반응에서 형성되는 결합이다.

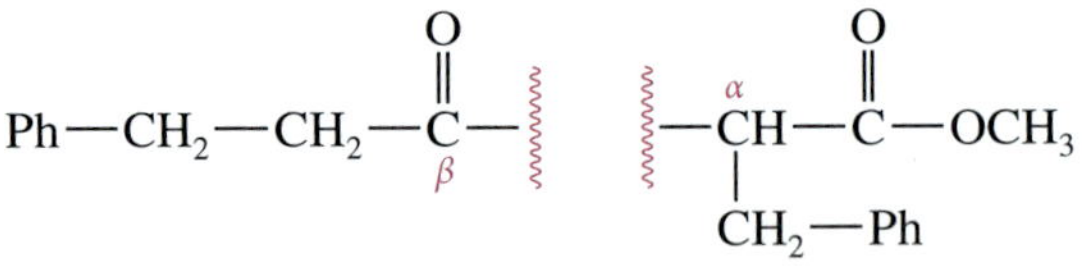

$$Ph-CH_2-CH_2-\underset{\beta}{\overset{O}{\overset{\|}{C}}}- \quad \wr\wr \quad -\underset{CH_2-Ph}{\underset{|}{\overset{\alpha}{CH}}}-\overset{O}{\overset{\|}{C}}-OCH_3$$

그다음 잃은 $\alpha$ 양성자를 붙이고, 카보닐기로부터 잃은 알콕시기를 붙인다. 이렇게 하면 두 분자의 3-페닐프로피온산 메틸이 된다.

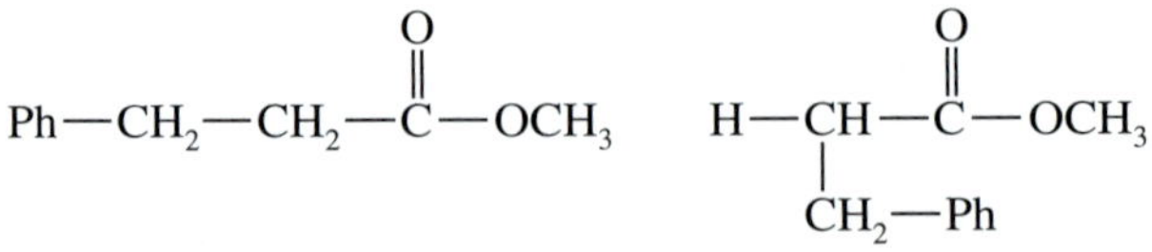

$$Ph-CH_2-CH_2-\overset{O}{\overset{\|}{C}}-OCH_3 \qquad H-\underset{CH_2-Ph}{\underset{|}{CH}}-\overset{O}{\overset{\|}{C}}-OCH_3$$

이제 반응을 그린다. 메톡시화 소듐을 염기로 사용하는 것은 반응물이 메틸 에스터이기 때문이다.

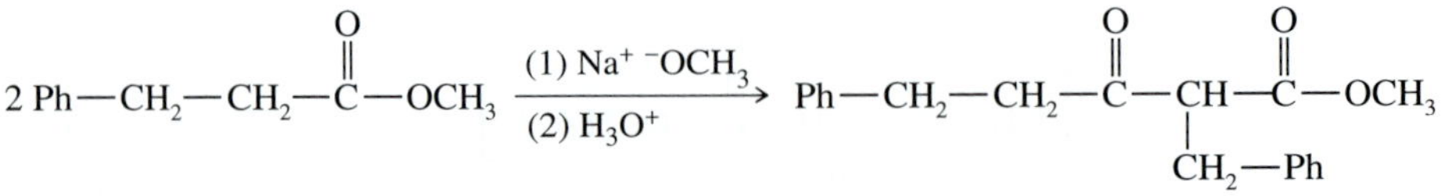

$$2\ Ph-CH_2-CH_2-\overset{O}{\overset{\|}{C}}-OCH_3 \xrightarrow[(2)\ H_3O^+]{(1)\ Na^+\ ^-OCH_3} Ph-CH_2-CH_2-\overset{O}{\overset{\|}{C}}-\underset{CH_2-Ph}{\underset{|}{CH}}-\overset{O}{\overset{\|}{C}}-OCH_3$$

**연습문제 22-37**

메톡시화 소듐에 의해 촉진되는 3-페닐프로피온산 메틸의 자체 축합 반응에 대한 메커니즘을 제안하라.

**문제풀이 힌트**

Claisen 축합 반응은 친핵체(엔올 음이온)와 친전자체(에스터 카보닐)로 작용하는 서로 다른 형태의 에스터들이 친핵성 아실 치환 반응을 함으로써 일어난다.

**연습문제 22-38**

다음 $\beta$-케토 에스터를 합성하려면 어떤 에스터로 Claisen 축합 반응을 진행해야 하는지 나타내라.

(a) $CH_3CH_2CH_2-C(=O)-CH(CH_2CH_3)-C(=O)-OCH_2CH_3$

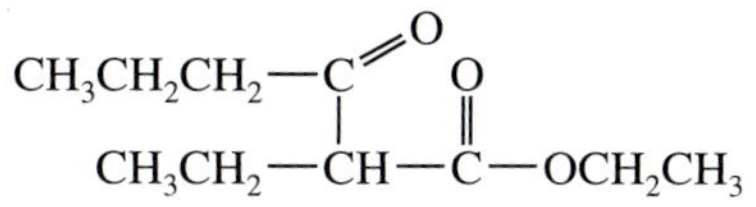

(b) $Ph-CH_2-C(=O)-CH(Ph)-C(=O)-OCH_3$

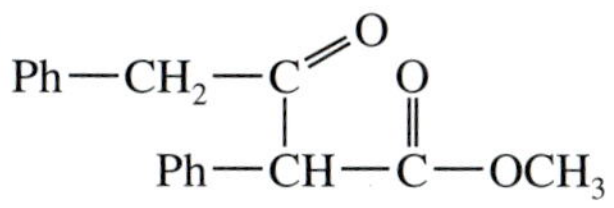

(c) $(CH_3)_2CHCH_2-C(=O)-CH(CH(CH_3)_2)-C(=O)-OEt$

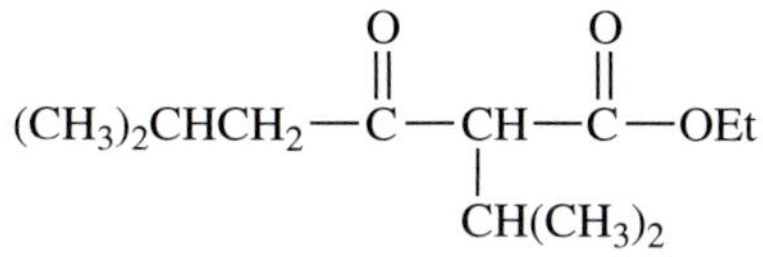

## 22-13 Dieckmann 축합 반응: Claisen 고리화 반응

다이에스터의 분자 내에서 일어나는 Claisen 축합 반응은 고리를 형성한다. 그러한 내부 Claisen 축합 반응을 **Dieckmann 축합 반응**(Dieckmann condensation) 또는 **Dieckmann 고리화 반응**(Dieckmann cyclization)이라고 한다. 5원자 및 6원자 고리 화합물은 Dieckmann 축합 반응으로 쉽게 형성된다. 5탄소보다 작거나 6탄소보다 큰 고리는 이 방법으로는 잘 형성되지 못한다.

다음에 나타낸 Dieckmann 축합 반응의 예는 1,6-다이에스터는 5원자 고리를, 1,7-다이에스터는 6원자 고리를 생성하는 것을 보여준다.

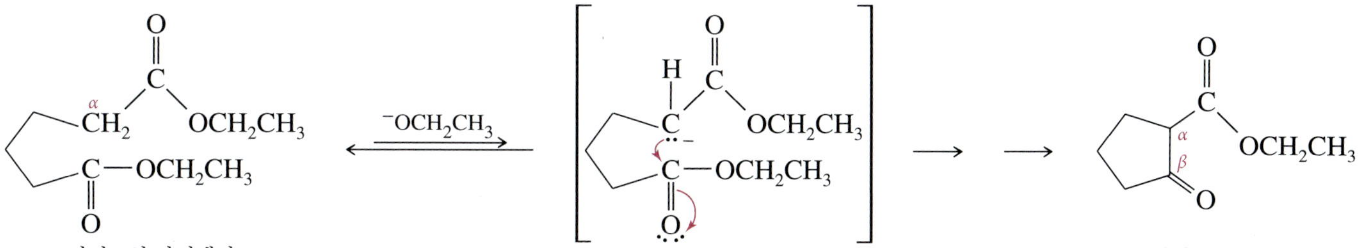

아디프산 다이에틸 (1,6-다이에스터) $\xrightarrow{^-OCH_2CH_3}$ [엔올 음이온 중간체] $\longrightarrow$ $\longrightarrow$ 고리형 $\beta$-케토 에스터 (80%)

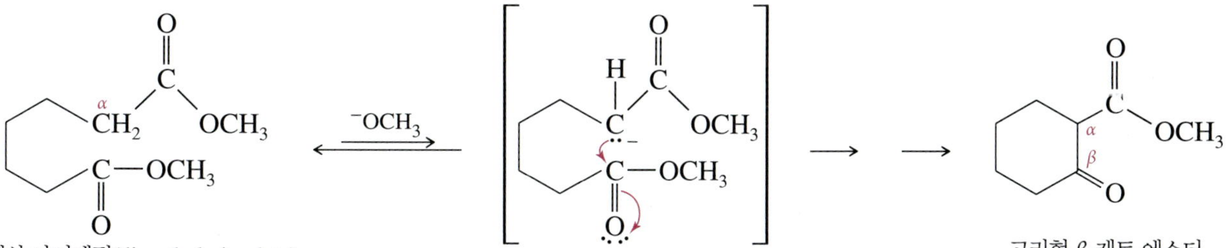

피멜산 다이메틸(dimethyl pimelate) (1,7-다이에스터) $\xrightarrow{^-OCH_3}$ [엔올 음이온 중간체] $\longrightarrow$ $\longrightarrow$ 고리형 $\beta$-케토 에스터

**연습문제 22-39**

위에서 본 2개의 Dieckmann 축합 반응에 대한 메커니즘을 제안하라.

**연습문제 22-40**

다음 케토 에스터 중 몇 가지(전부가 아님)는 Dieckmann 축합 반응에 의해 생성될 수 있다. 어느 것이 가능한지 결정하고, 출발 물질로 사용되는 다이에스터를 그려보라.

(a) $C-OCH_2CH_3$ (b) $C-OCH_3$ (c) $C-OCH_3$ (d) $C-OCH_2CH_3$

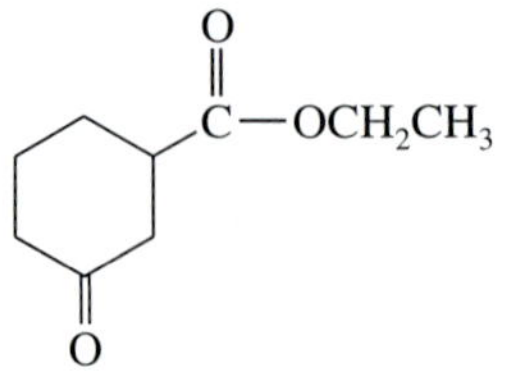

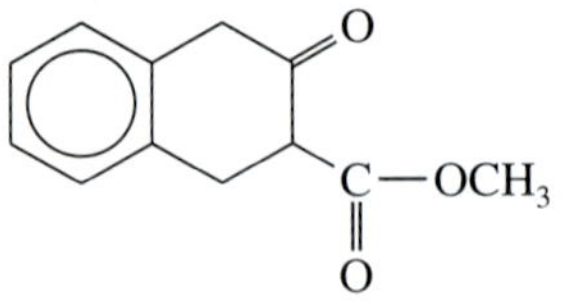

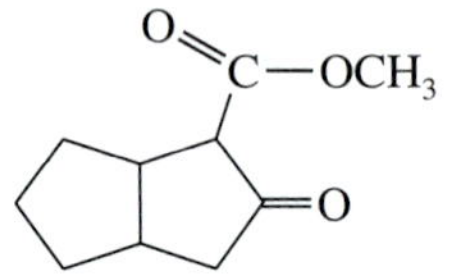

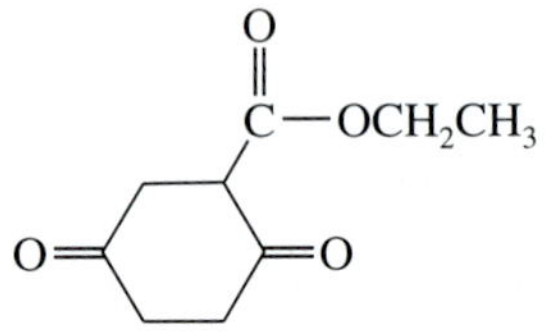

(힌트: 보호기를 사용하는 것을 고려하라.)

## 22-14 교차 Claisen 축합 반응

Claisen 축합 반응은 다른 에스터 사이에서 일어날 수 있다. 특히 에스터 중 하나만이 $\alpha$ 수소를 가지고 있으므로, 엔올 음이온을 형성할 때 일어날 수 있다. **교차 Claisen 축합 반응**(crossed Claisen condensation)에서 $\alpha$ 수소가 없는 에스터는 친전자성 성분으로 작용한다. $\alpha$ 수소가 없는 몇 가지 유용한 에스터로는 벤조산, 폼산, 탄산, 옥살산 에스터가 있다.

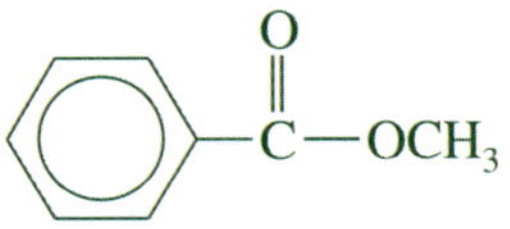

$C_6H_5-C(=O)-OCH_3$ 벤조산 메틸 $H-C(=O)-OCH_3$ 폼산 메틸 $CH_3O-C(=O)-OCH_3$ 탄산 다이메틸 $CH_3O-C(=O)-C(=O)-OCH_3$ 옥살산 다이메틸

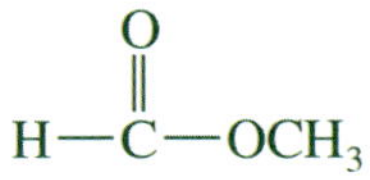

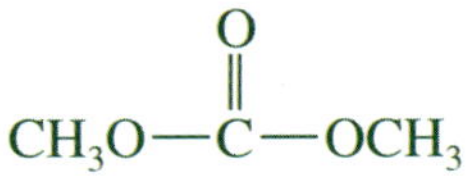

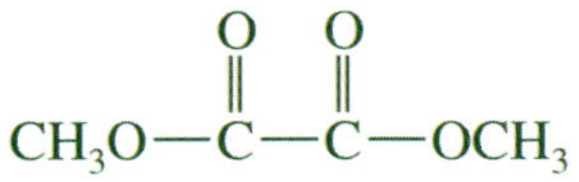

교차 Claisen 축합 반응은 먼저 $\alpha$ 수소가 없는 에스터를 알콕시화 이온 염기에 첨가함으로써 진행된다. 그다음에 이 용액에 $\alpha$ 수소를 가진 에스터를 천천히 첨가하면 엔올 음이온이 형성되고, 축합 반응이 일어난다. 아세트산 에틸과 벤조산 에틸(ethyl benzoate)의 축합 반응은 교차 Claisen 축합 반응의 한 예이다.

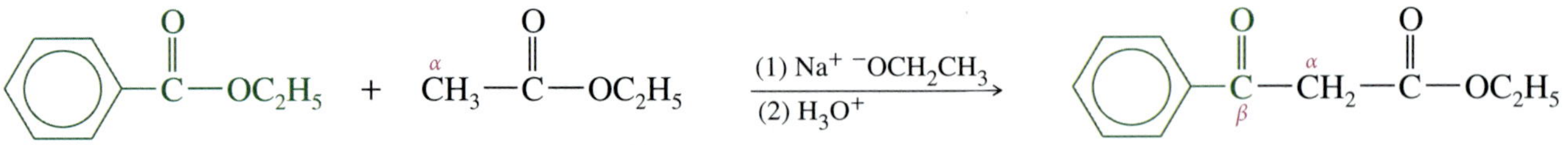

$$C_6H_5-C(=O)-OC_2H_5 + \overset{\alpha}{C}H_3-C(=O)-OC_2H_5 \xrightarrow[(2)\ H_3O^+]{(1)\ Na^+\ ^-OCH_2CH_3} C_6H_5-\underset{\beta}{C}(=O)-\overset{\alpha}{C}H_2-C(=O)-OC_2H_5$$

벤조산 에틸 (α 수소 없음) + 아세트산 에틸 (엔올 음이온 형성) → 벤조일아세트산 에틸

**연습문제 22-41**

아세트산 에틸과 벤조산 에틸의 교차 Claisen 축합 반응에 대한 메커니즘을 제안하라.

**연습문제 22-42**

다음 각 에스터 쌍이 교차 Claisen 축합 반응을 할 때 얻을 수 있는 생성물을 예측하라. 어 느 조합이 교차 Claisen 축합 반응에 대해 나쁜 선택인지 지적하라.

(a)

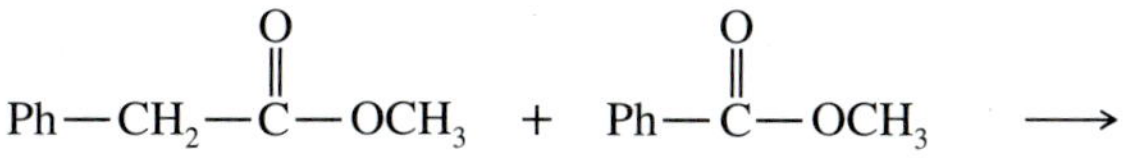

$$\mathrm{Ph{-}CH_2{-}\overset{O}{\overset{\|}{C}}{-}OCH_3 \;+\; Ph{-}\overset{O}{\overset{\|}{C}}{-}OCH_3 \longrightarrow}$$

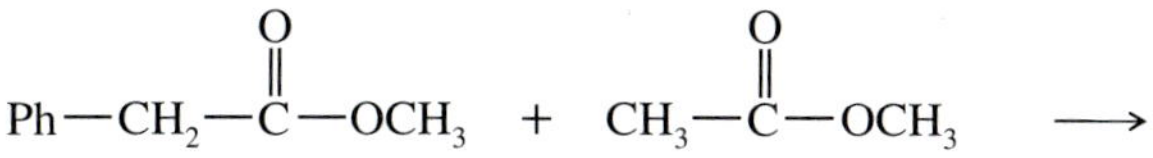

(b)

$$\mathrm{Ph{-}CH_2{-}\overset{O}{\overset{\|}{C}}{-}OCH_3 \;+\; CH_3{-}\overset{O}{\overset{\|}{C}}{-}OCH_3 \longrightarrow}$$

(c)

$$\mathrm{CH_3{-}\overset{O}{\overset{\|}{C}}{-}OC_2H_5 \;+\; C_2H_5O{-}\overset{O}{\overset{\|}{C}}{-}\overset{O}{\overset{\|}{C}}{-}OC_2H_5 \longrightarrow}$$

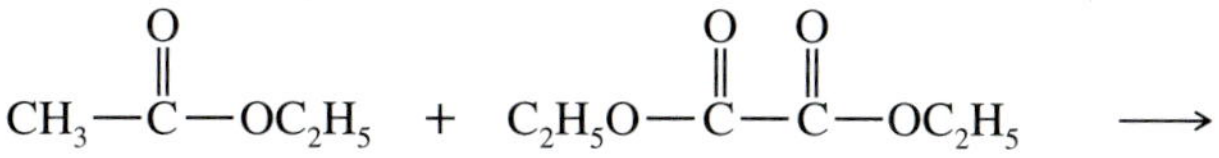

(d)

$$\mathrm{CH_3{-}CH_2{-}\overset{O}{\overset{\|}{C}}{-}OC_2H_5 \;+\; C_2H_5O{-}\overset{O}{\overset{\|}{C}}{-}OC_2H_5 \longrightarrow}$$

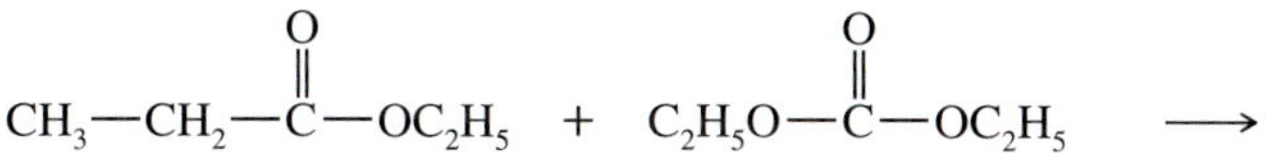

### 예제 22-6

다음 화합물을 만드는 데 교차 Claisen 축합 반응이 어떻게 이용되는지 나타내라.

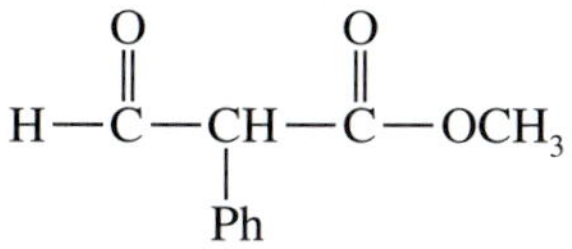

$$\mathrm{H{-}\overset{O}{\overset{\|}{C}}{-}\underset{Ph}{\underset{|}{CH}}{-}\overset{O}{\overset{\|}{C}}{-}OCH_3}$$

**풀이**

이 $\beta$-케토 에스터의 $\alpha,\beta$ 결합을 절단한다. 이것이 Claisen 축합 반응에서 형성된 결합이기 때문이다.

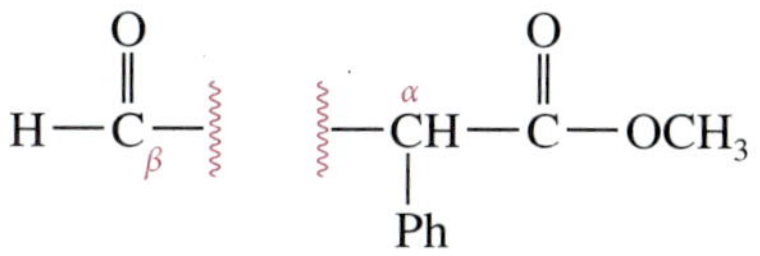

$$\mathrm{H{-}\overset{O}{\overset{\|}{C}}_{\beta}{-}\;\wr\wr\;{-}\overset{\alpha}{\underset{Ph}{\underset{|}{CH}}}{-}\overset{O}{\overset{\|}{C}}{-}OCH_3}$$

이제 알콕시기를 카보닐기에 붙이고, 양성자를 $\alpha$ 탄소에 붙인다.

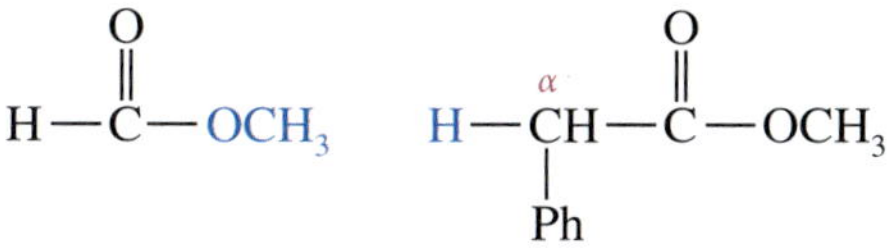

$$\mathrm{H{-}\overset{O}{\overset{\|}{C}}{-}OCH_3 \qquad H{-}\overset{\alpha}{\underset{Ph}{\underset{|}{CH}}}{-}\overset{O}{\overset{\|}{C}}{-}OCH_3}$$

한 성분은 $\alpha$ 수소를 가지고 있고, 다른 한 성분은 $\alpha$ 수소가 없는지 확인하면서 반응식을 작성한다.

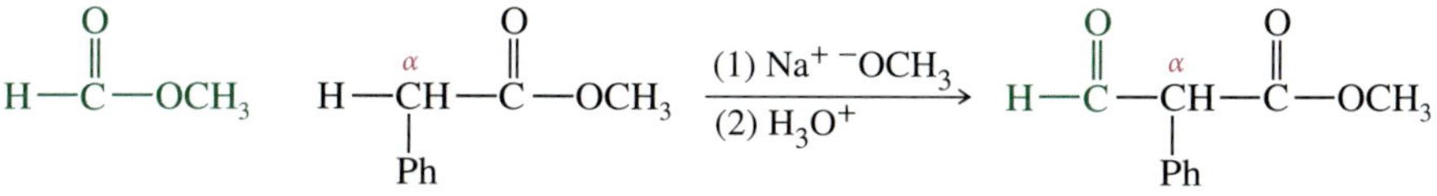

$$\underset{\alpha\text{ 수소 없음}}{\mathrm{H{-}\overset{O}{\overset{\|}{C}}{-}OCH_3}} \quad \underset{\text{엔올 음이온을 형성}}{\mathrm{H{-}\overset{\alpha}{\underset{Ph}{\underset{|}{CH}}}{-}\overset{O}{\overset{\|}{C}}{-}OCH_3}} \xrightarrow[\text{(2) } H_3O^+]{\text{(1) } Na^+\ {}^-OCH_3} \mathrm{H{-}\overset{O}{\overset{\|}{C}}{-}\overset{\alpha}{\underset{Ph}{\underset{|}{CH}}}{-}\overset{O}{\overset{\|}{C}}{-}OCH_3}$$

### 연습문제 22-43

다음 에스터를 합성하기 위해 교차 Claisen 축합 반응을 어떻게 이용할 수 있는지 나타내라.

(a)

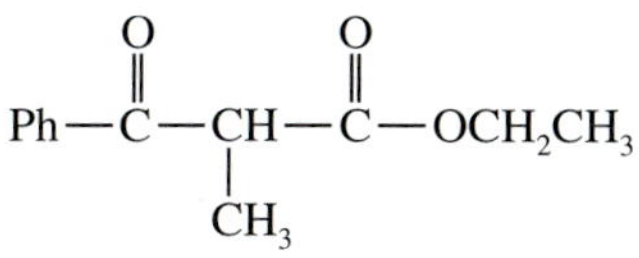

$$\mathrm{Ph{-}\overset{O}{\overset{\|}{C}}{-}\underset{CH_3}{\underset{|}{CH}}{-}\overset{O}{\overset{\|}{C}}{-}OCH_2CH_3}$$

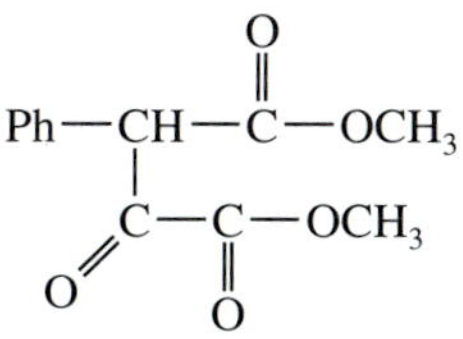

(b)

$$\mathrm{Ph{-}\underset{\underset{O=C{-}\overset{}{C}(=O){-}OCH_3}{|}}{CH}{-}\overset{O}{\overset{\|}{C}}{-}OCH_3}$$

(c)

$$\mathrm{EtO{-}\overset{O}{\overset{\|}{C}}{-}\underset{Ph}{\underset{|}{CH}}{-}\overset{O}{\overset{\|}{C}}{-}OCH_2CH_3}$$

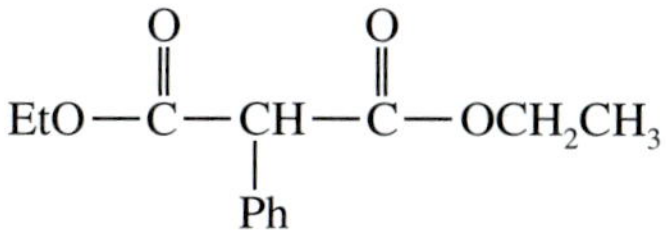

(d)

$$\mathrm{(CH_3)_3C{-}\overset{O}{\overset{\|}{C}}{-}\underset{CH_2CH_2CH_3}{\underset{|}{CH}}{-}\overset{O}{\overset{\|}{C}}{-}OCH_3}$$

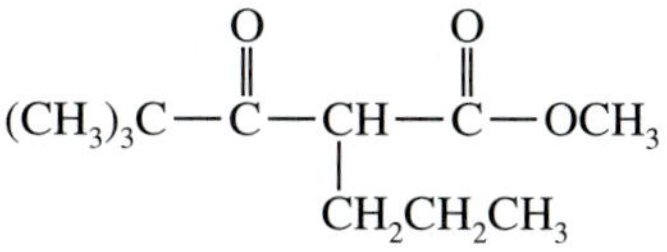

**응용: 생화학**

지방산은 지방산 합성 효소라는 효소의 촉매 작용으로 일련의 Claisen 유형 반응에 의해 체내에서 생성된다. 효소는 말론산 및 아세트산의 싸이오에스터를 구성 요소로 이용한다(그림 22-3 참조).

케톤과 에스터 사이의 교차 Claisen 축합 반응 또한 가능하다. 케톤은 에스터보다 더 산성이기 때문에 케톤 성분에 더 쉽게 탈양성자 반응이 일어나고, 축합 반응에서 엔올 음이온 성분으로 작용한다. 케톤의 엔올 음이온은 에스터를 공격하고, 친핵성 아실 치환 반응이 진행되어 케톤이 아실화된다.

$$R-\overset{\alpha}{C}H_2-\overset{O}{\overset{\|}{C}}-R' \qquad R-\overset{\alpha}{C}H_2-\overset{O}{\overset{\|}{C}}-OR'$$

케톤, $pK_a = 20$ 더 산성 — 에스터, $pK_a = 24$ 덜 산성

$$-\overset{O}{\overset{\|}{C}}-\overset{\alpha}{C}:^- + R-\overset{O}{\overset{\|}{C}}-OR' \rightleftarrows -\overset{O}{\overset{\|}{C}}-\overset{\alpha}{C}-\overset{\beta}{C}(R)(OR')-O^- \longrightarrow -\overset{O}{\overset{\|}{C}}-\overset{\alpha}{C}-\overset{\beta}{C}(=O)R + {}^-OR'$$

케톤의 엔올 음이온 에스터 정사면체 중간체 아실화된 케톤

이러한 축합 반응은 에스터가 $\alpha$ 수소가 없어서 엔올 음이온을 형성할 수 없을 때 가장 잘 일어난다. 그러나 산도의 차이 때문에 이 반응은 양쪽 다 $\alpha$ 수소가 있을 때도 때로는 성공적이다. 다음 예는 케톤과 에스터 사이의 몇 가지 교차 Claisen 축합 반응을 보여준다. 적절한 에스터를 선택하면 다양한 2작용기와 3작용기 화합물이 생성될 수 있음을 주목하라.

$$CH_3COCH_3 + C_6H_5COOCH_3 \xrightarrow[(2)\ H_3O^+]{(1)\ Na^+\ {}^-OCH_3} C_6H_5\overset{\beta}{C}O-\overset{\alpha}{C}H_2-COCH_3$$

아세톤 + 벤조산 메틸 → β-다이케톤

$$CH_3COCH_3 + CH_3(CH_2)_4COOC_2H_5 \xrightarrow{NaH} CH_3(CH_2)_4\overset{\beta}{C}O\overset{\alpha}{C}H_2COCH_3$$

아세톤 + 헥산산 에틸 → β-다이케톤

$$\text{사이클로헥산온} + C_2H_5O-\overset{O}{\overset{\|}{C}}-OC_2H_5 \xrightarrow[(2)\ H_3O^+]{(1)\ Na^+\ {}^-OC_2H_5} \text{2-}(\overset{\beta}{C}OOC_2H_5)\text{사이클로헥산온}$$

사이클로헥산온 + 탄산 다이에틸 → β-케토 에스터

$$\text{사이클로펜탄온} + C_2H_5O-\overset{O}{\overset{\|}{C}}-\overset{O}{\overset{\|}{C}}-OC_2H_5 \xrightarrow[(2)\ H_3O^+]{(1)\ Na^+\ {}^-OC_2H_5} \text{2-}(\overset{\beta}{C}O-COOC_2H_5)\text{사이클로펜탄온}$$

사이클로펜탄온 + 옥살산 다이에틸 → 다이케토 에스터

**연습문제 22-44**

다음 교차 Claisen 축합 반응의 주생성물을 예측하라.

(a) cyclohexanone + $Ph-C(=O)-OCH_3$ $\xrightarrow{NaOCH_3}$

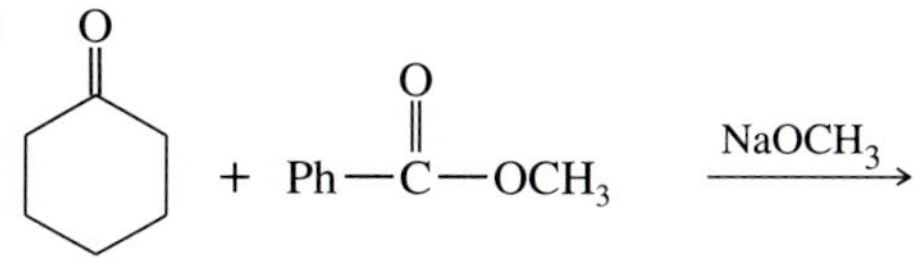

(b) $CH_3CH_2-C(=O)-CH_3$ + $CH_3CH_2O-C(=O)-OCH_2CH_3$ $\xrightarrow{NaOCH_2CH_3}$

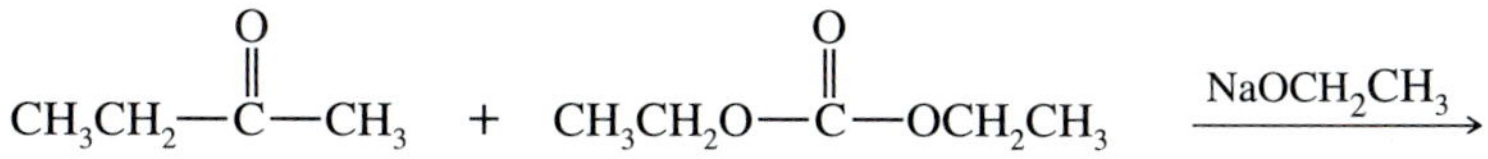

(c) $CH_3-C(=O)-CH_2CH_2-C(=O)-OCH_2CH_3$ $\xrightarrow{NaOCH_2CH_3}$

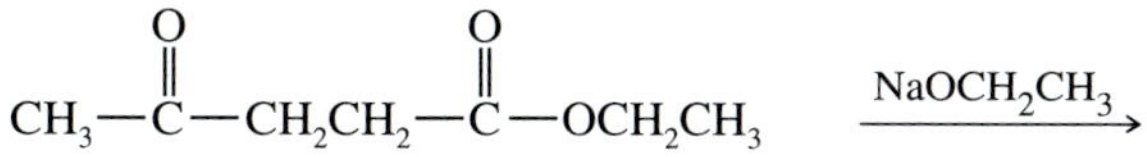

**문제풀이 힌트**

Claisen과 교차 Claisen 축합 반응은 중요한 합성 도구이자 흥미로운 메커니즘의 예이다. 자신감이 생길 때까지 생성물의 구조를 예측하고, 메커니즘 그리기를 연습하라.

**연습문제 22-45**

다음 화합물을 만들기 위해 Claisen 축합 반응을 어떻게 이용할 수 있는지 나타내라.

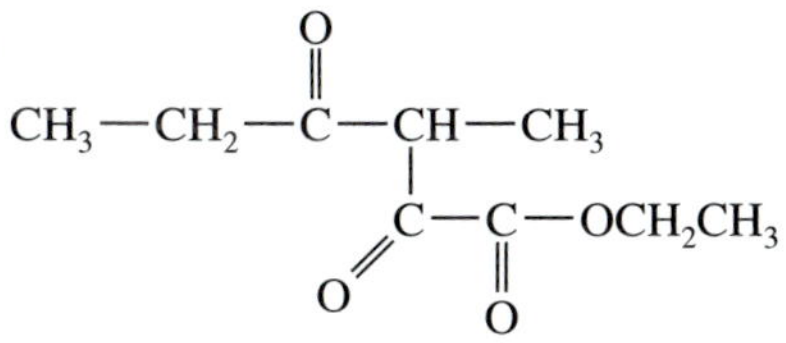

(a) 2-benzoylcyclopentanone ($C(=O)-Ph$ 치환)

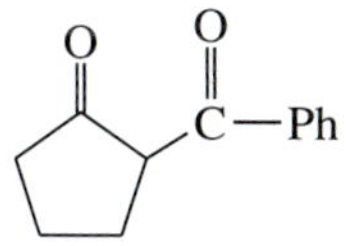

(b) $CH_3-CH_2-C(=O)-CH(CH_3)-C(=O)-C(=O)-OCH_2CH_3$

(c) 1,3-cyclohexanedione

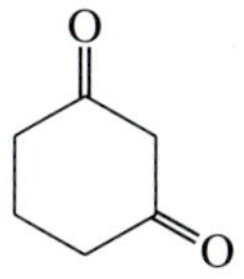

(d) 2-($C(=O)-OCH_2CH_3$)-1,3-cyclohexanedione

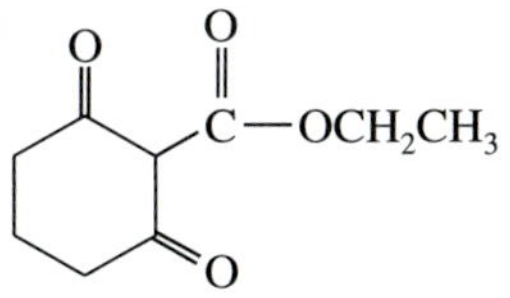

## 22-15 $\beta$-다이카보닐 화합물을 이용한 합성

많은 알킬화 반응과 아실화 반응은 알콕시화 음이온 같은 일반 염기에 의해 완전히 탈양성자화되어 엔올 음이온으로 전환될 수 있는 $\beta$-다이카보닐 화합물의 음이온을 이용하는 것이 가장 효과적이다. **말론산 에스터 합성**(malonic ester synthesis)과 **아세토아세트산 에스터 합성**(acetoacetic ester synthesis)은 간단한 에스터로는 어렵거나 불가능한 알킬화 반응과 아실화 반응을 완수하기 위한 것이다. 이 반응은 말론산 에스터와 아세토아세트산 에스터에 있는 $\alpha$ 양성자의 증가된 산도를 이용한다.

대부분의 에스터 축합 반응은 엔올 음이온을 얻기 위해 알콕시화 이온을 이용한다. 간단한 에스터로는 소량의 엔올 음이온을 얻을 뿐이다. 평형은 알콕시화 이온과 에스터를 선호한다. 알콕시화 이온은 종종 원하는 반응을 방해한다. 예를 들면 알킬산 음이온을 알킬화하기 위해 할로젠화 알킬을 사용한다면 용액에 있는 알콕시화 이온은 할로젠화 알킬을 공격하여 에터를 형성한다.

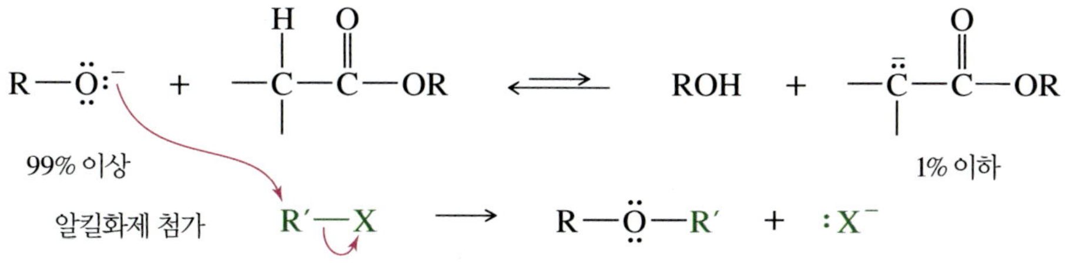

$$R-\ddot{\underset{..}{O}}:^- \;+\; -\overset{H}{\overset{|}{C}}-\overset{O}{\overset{\|}{C}}-OR \;\rightleftharpoons\; ROH \;+\; -\overset{..}{\underset{|}{C}}^{-}-\overset{O}{\overset{\|}{C}}-OR$$

99% 이상          1% 이하

알킬화제 첨가 $\quad R'-X \longrightarrow R-\ddot{\underset{..}{O}}-R' \;+\; :X^-$

이와는 대조적으로 말론산 에스터와 아세토아세트산 에스터 같은 $\beta$-다이카보닐 화합물은 알코올보다 더 산성이다. 이들은 알콕시화 이온에 의해 양성자가 완전히 이탈되며, 생성된 엔올 음이온은 쉽게 알킬화되고, 아실화된다. 합성의 최종 단계에서 카보닐기 중 하나는 탈카복실화 반응에 의해 제거될 수 있기 때문에 간단한 에스터를 직접 알킬화하거나 아실화하는 것이 어렵거나 불가능한 화합물을 얻을 수 있다.

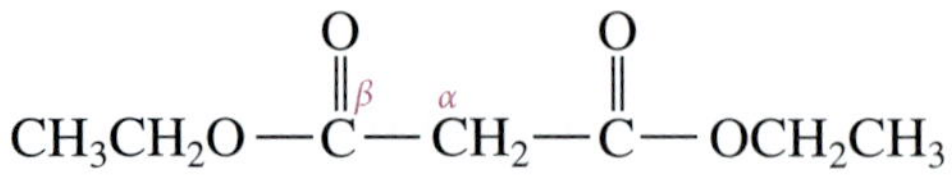

$$CH_3CH_2O-\overset{O}{\overset{\|}{C}}_{\beta}-\underset{\alpha}{CH_2}-\overset{O}{\overset{\|}{C}}-OCH_2CH_3$$

말론산 다이에틸
(말론산 에스터)

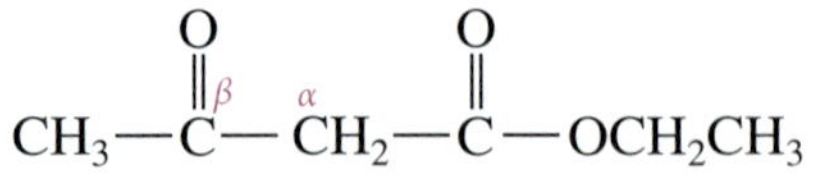

$$CH_3-\overset{O}{\overset{\|}{C}}_{\beta}-\underset{\alpha}{CH_2}-\overset{O}{\overset{\|}{C}}-OCH_2CH_3$$

아세토아세트산 에틸
(아세토아세트산 에스터)

먼저 $\beta$-다이카보닐 화합물의 산성도가 가진 장점을 비교해본 후에 이들을 어떻게 합성에 이용할 수 있는지 생각해보자.

**$\beta$-다이카보닐 화합물의 산성도** 표 22-1은 일부 카보닐 화합물의 산성도를 알코올과 물의 산성도와 비교한 것이다. 두 카보닐기가 서로 $\beta$ 위치에 있는 화합물의 산성도가 크게 증가한다는 것에 주

**문제풀이 힌트**

표 22-1은 엔올 음이온의 음전하를 안정화하는 데 케톤의 카보닐기가 에스터의 카보닐기보다 더 효과적이라는 것을 보여준다. 이러한 차이는 에스터에 있는 알콕시기의 전자 주는 성질 때문이다.

**표 22-1** 카보닐 화합물의 전형적인 산성도

| 짝산 | 짝염기 | p$K_a$ |
|---|---|---|
| **간단한 케톤과 에스터** | | |
| $\overset{\alpha}{}CH_3-\overset{O}{\overset{\|}{C}}-CH_3$<br>아세톤 | $\left[{}^-\!:CH_2-\overset{O}{\overset{\|}{C}}-CH_3\right]$ | 20 |
| $\overset{\alpha}{}CH_3-\overset{O}{\overset{\|}{C}}-OCH_2CH_3$<br>아세트산 에틸 | $\left[{}^-\!:CH_2-\overset{O}{\overset{\|}{C}}-OCH_2CH_3\right]$ | 24 |
| **$\beta$-다이카보닐 화합물** | | |
| $CH_3-\overset{O}{\overset{\|}{C}}_{\beta}-\underset{\alpha}{CH_2}-\overset{O}{\overset{\|}{C}}-CH_3$<br>펜테인-2,4-다이온(아세틸아세톤) | $\left[CH_3-\overset{O}{\overset{\|}{C}}-\overset{..}{C}H-\overset{O}{\overset{\|}{C}}-CH_3\right]$ | 9 |
| $CH_3-\overset{O}{\overset{\|}{C}}_{\beta}-\underset{\alpha}{CH_2}-\overset{O}{\overset{\|}{C}}-OCH_2CH_3$<br>아세토아세트산 에틸(아세토아세트산 에스터) | $\left[CH_3-\overset{O}{\overset{\|}{C}}-\overset{..}{C}H-\overset{O}{\overset{\|}{C}}-OCH_2CH_3\right]$ | 11 |
| $CH_3CH_2O-\overset{O}{\overset{\|}{C}}_{\beta}-\underset{\alpha}{CH_2}-\overset{O}{\overset{\|}{C}}-OCH_2CH_3$<br>말론산 다이에틸(말론산 에스터) | $\left[CH_3CH_2O-\overset{O}{\overset{\|}{C}}-\overset{..}{C}H-\overset{O}{\overset{\|}{C}}-OCH_2CH_3\right]$ | 13 |
| **흔히 사용되는 염기(비교를 위해)** | | |
| $H-O-H$<br>물 | ${}^-OH$ | 15.7 |
| $CH_3O-H$<br>메탄올 | $CH_3O^-$ | 15.5 |
| $CH_3CH_2O-H$<br>에탄올 | $CH_3CH_2O^-$ | 15.9 |

목하라. $\beta$-다이카보닐 화합물의 $\alpha$ 양성자는 물과 알코올의 하이드록 시기 양성자보다 더 산성이다. 이처럼 산성도가 증가하는 이유는 엔올 음이온의 안정도가 증가하기 때문이다. 음전하는 말론산 다이에틸(diethyl malonate, **말론산 에스터**)의 엔올 음이온에 대한 공명 구조에서 볼 수 있는 것처럼 단 하나가 아니라 두 카보닐기 위에 비편재화되어 있다.

$$CH_3CH_2O-C(=O)-CH_2-C(=O)-OCH_2CH_3 + {}^-:\ddot{O}CH_2CH_3 \rightleftharpoons$$

말론산 다이에틸(말론산 에스터)
($pK_a = 13$)

$$\left[ CH_3CH_2O-C(=O)-\bar{C}H-C(=O)-OCH_2CH_3 \longleftrightarrow CH_3CH_2O-C(-O^-)=CH-C(=O)-OCH_2CH_3 \longleftrightarrow CH_3CH_2O-C(=O)-CH=C(-O^-)-OCH_2CH_3 \right]$$

공명 안정화된 엔올 음이온

> **연습문제 22-46**
>
> 다음 화합물을 센염기로 처리할 때 생성되는 엔올 음이온에 대한 공명 구조를 나타내라.
>
> **(a)** 아세토아세트산 에틸 **(b)** 펜테인-2,4-다이온
>
> **(c)** $\alpha$-사이아노아세트산 에틸 **(d)** 나이트로아세톤

## 22-16 말론산 에스터 합성

**말론산 에스터 합성**(malonic ester synthesis)은 아세트산의 치환된 유도체를 만든다. 말론산 에스터(말론산 다이에틸)는 양쪽 카보닐기에서 $\alpha$ 위치에 있는 더 산성인 탄소에서 알킬화 및 아실화 반응이 일어나고, 생성된 유도체는 가수 분해된 후 탈카복실화 반응이 일어난다.

말론산 에스터 합성

$$H-CH(COOC_2H_5)_2 \xrightarrow[(2)\ R-X]{(1)\ NaOC_2H_5} R-CH(COOC_2H_5)_2 \xrightarrow[\text{열}]{H_3O^+} R-CH_2-COOH + CO_2(g)\uparrow + 2\,C_2H_5OH$$

말론산 에스터 / 알킬화된 말론산 에스터 / 치환된 아세트산

말론산 에스터는 에톡시화 소듐에 의해 완전히 양성자가 이탈된다. 생성된 엔올 음이온은 입체 장애가 없는 할로젠화 알킬, 토실화물, 또는 다른 친전자성 시약에 의해 알킬화된다. 이 단계는 $S_N2$ 치환 반응으로, 좋은 $S_N2$ 기질이 필요하다.

$$CH_3CH_2OC(=O)-CH_2-C(=O)OCH_2CH_3 \xrightleftharpoons{Na^+\ {}^-OCH_2CH_3} \left[ CH_3CH_2OC(=O)-\ddot{\bar{C}}H-C(=O)OCH_2CH_3 \quad R-X \right] \longrightarrow CH_3CH_2OC(=O)-CH(R)-C(=O)OCH_2CH_3$$

말론산 에스터 / 알킬화된 말론산 다이에틸

알킬화된 말론산 다이에틸(다이에틸 알킬말론산 에스터)이 가수 분해하면 말론산 유도체를 형성한다.

$$CH_3CH_2O-\overset{O}{\overset{\|}{C}}-\underset{R}{\underset{|}{CH}}-\overset{O}{\overset{\|}{C}}-OCH_2CH_3 \xrightarrow[H_2O]{H^+,\ 열} \left[HO-\overset{O}{\overset{\|}{C}}-\underset{R}{\underset{|}{CH}}-\overset{O}{\overset{\|}{C}}-OH\right]$$

알킬말론산 다이에틸 알킬말론산

$\beta$ 위치에 카보닐기를 가진 어떠한 카복실산이라도 탈카복실화 반응이 일어나기 쉽다. 가수 분해 온도에서 알킬말론산은 $CO_2$를 잃고, 아세트산의 치환된 유도체를 형성한다. 탈카복실화 반응은 고리 전이 상태를 거쳐 진행되며, 처음에는 엔올이 되었다가 치환된 아세트산 생성물로 빠르게 토토머화한다.

$$\text{알킬말론산} \longrightarrow CO_2 + \text{엔올 } (R)(H)C{=}C(OH)_2 \xrightarrow{\text{토토머화}} R-\underset{H}{\underset{|}{\overset{H}{\overset{|}{C}}}}-\overset{O}{\overset{\|}{C}}-OH + CO_2\uparrow$$

알킬말론산 $CO_2$ + 엔올 치환된 아세트산

말론산 에스터 합성의 생성물은 말론산 에스터를 알킬화하는 데 사용된 작용기를 치환기로 보유하는 치환된 아세트산이다. 사실 두 번째 카복실기는 일시적으로 존재하며, 에스터가 쉽게 양성자 이탈되고 알킬화되도록 도와준다. 가수 분해와 탈카복실화 반응은 일시적으로 존재하는 카복실기를 제거해주며, 결과적으로 치환된 아세트산이 형성된다.

$$\underset{\text{말론산 에스터}}{(COOC_2H_5)CH_2-\overset{O}{\overset{\|}{C}}-OC_2H_5} \xrightarrow[(2)\ R-X]{(1)\ ^-OC_2H_5} \underset{\text{알킬말론산 에스터}}{R-\underset{COOC_2H_5}{CH}-\overset{O}{\overset{\|}{C}}-OC_2H_5} \xrightarrow[H_2O]{H^+,\ 열} \underset{\text{치환된 아세트산}}{R-CH_2-\overset{O}{\overset{\|}{C}}-OH} + CO_2\uparrow + 2\ CH_3CH_2OH$$

일시적인 에스터기

알킬말론산 에스터는 염기에 의해 제거될 수 있는 두 번째 산성을 띤 양성자를 가지고 있다. 이 양성자를 제거하고 엔올 음이온을 다른 할로젠화 알킬로 알킬화 반응시키면 다이알킬말론산 에스터가 형성된다. 마지막으로 가수 분해와 탈카복실화 반응이 일어나 아세트산의 이중 치환된 유도체를 얻는다.

$$\underset{\text{알킬말론산 에스터}}{R-\underset{COOC_2H_5}{CH}-\overset{O}{\overset{\|}{C}}-OC_2H_5} \xrightarrow[(2)\ R'-X]{(1)\ NaOCH_2CH_3} \underset{\text{다이알킬말론산 에스터}}{R-\underset{R'}{\underset{|}{\overset{COOC_2H_5}{\overset{|}{C}}}}-\overset{O}{\overset{\|}{C}}-OC_2H_5} \xrightarrow[H_2O]{H^+,\ 열} \underset{\text{이중 치환된 아세트산}}{R-\underset{R'}{\underset{|}{\overset{H}{\overset{|}{C}}}}-\overset{O}{\overset{\|}{C}}-OH} + CO_2\uparrow + 2\ CH_3CH_2OH$$

말론산 에스터 합성은 사이클로알케인카복실산(cycloalkanecarboxylic acid)을 만드는 데 유용하다. 이들 중 일부는 다른 방법으로는 쉽게 만들 수 없다. 고리는 말론산 에스터의 이중(double) 알킬화 반응을 이용하여 다이할로젠화물로부터 형성된다. 다음에 나타낸 사이클로뷰테인카복실산(cyclobutanecarboxylic acid)의 합성 사례는 다른 축합 반응으로는 4원자 고리를 만들 수 없다 하더라도, 무리(strain)가 걸린 4원자 고리계를 이러한 에스터 알킬화 반응에 의해 합성할 수 있음을 보여준다.

$$CH_2(COOC_2H_5)-C(=O)-OC_2H_5 \xrightarrow[(3)\ ^-OC_2H_5]{(1)\ ^-OC_2H_5 \quad (2)\ BrCH_2-CH_2-CH_2Br} \text{(cyclobutane)}C(COOC_2H_5)-C(=O)-OC_2H_5 \xrightarrow[H_2O]{H^+,\ 열} \text{(cyclobutane)}CH-C(=O)-OH + 2\ CH_3CH_2OH + CO_2\uparrow$$

사이클로뷰테인카복실산

말론산 에스터 합성은 유기 화학자만이 이용하는 비밀 기술처럼 보인다. 그렇지만 이는 세포가 지방, 오일, 밀랍, 세포막에서 발견되는 긴 사슬의 지방산을 합성하기 위해 사용하는 방법과 매우 비슷하다. 한 번에 2개의 탄소 원자씩 지방산의 사슬을 길게 하는 단계를 그림 22-3에 요약했다. 성장하는 산 유도체(아실-CoA)는 보조 효소 A(구조는 1162쪽 참조)를 가진 싸이오에스터(thioester)로 활성화된다. 말론산 에스터 아실화 반응은 말론산(malonic acid, 말로닐-CoA로서)의 세 탄소 중 2개를 첨가하며, 이때 세 번째 탄소는 탈카복실화 반응에서 잃는다. 그리하여 $\beta$-케토 에스터가 생성된다. 케톤의 환원, 이어서 탈수와 이중 결합의 환원으로, 탄소 원자 2개가 늘어난 아실기가 생성된다. 이러한 순환은 산이 필요한 길이에 도달될 때까지 항상 짝수 개의 탄소 원자를 늘리면서 반복된다.

$$R-C(=O)-SCoA\ (\text{아실-CoA}) + CH_2(CO_2^-)-C(=O)-SCoA\ (\text{말로닐-CoA}) \xrightarrow{\text{(말론산 에스터 합성)}} R-C(=O)-CH_2-C(=O)-SCoA + CO_2\uparrow$$

$$\xrightarrow{\text{환원}} R-CH(OH)-CH_2-C(=O)-SCoA \xrightarrow{\text{탈수}} R-CH{=}CH-C(=O)-SCoA \xrightarrow{\text{환원}} R-CH_2-CH_2-C(=O)-SCoA$$

순환이 계속되어 R기가 늘어남

**그림 22-3** 지방산 생합성. 보조 효소 A 싸이오에스터로 활성화된 성장하는 지방산(아실-CoA)은 말론산 에스터 합성 과정에서 말로닐-CoA를 아실화한다. 2개의 탄소 원자가 추가되며, 세 번째 탄소는 $CO_2$로 잃는다. 효소에 의한 환원, 탈수, 환원이 한 번 더 일어나 탄소 원자 2개씩 늘어난 지방산이 생성된다.

### 예제 22-7

말론산 에스터 합성이 2-벤질뷰탄산을 합성하는 데 어떻게 이용되는지 나타내라.

**풀이**

2-벤질뷰탄산은 두 치환기 $Ph-CH_2-$와 $CH_3CH_2-$를 가진 치환된 아세트산이다.

$$\underbrace{CH_3-CH_2}_{\text{치환기}}-\underbrace{CH(\underbrace{CH_2-Ph}_{\text{치환기}})-C(=O)-OH}_{\text{아세트산}}$$

**문제풀이 힌트**

말론산 에스터 합성은 엔올 음이온의 알킬화, 가수 분해, 탈카복실화 반응을 통해 진행된다. 합성을 설계하려면 생성물을 보고, 어떤 기가 아세트산에 첨가되는지 살펴보라. 이들 기를 이용하여 말론산 에스터를 알킬화하고, 그 후 가수 분해와 탈카복실화 반응을 진행하라.

이 두 치환기를 말론산 에스터의 엔올 음이온에 첨가하면 올바른 생성물을 얻는다.

$$\underset{\text{말론산 에스터}}{\overset{\boxed{COOC_2H_5}}{CH_2}-\overset{O}{\overset{\|}{C}}-OC_2H_5} \xrightarrow[(2)\ PhCH_2Br]{(1)\ NaOCH_2CH_3} \overset{\boxed{COOC_2H_5}}{\underset{CH_2Ph}{CH}}-\overset{O}{\overset{\|}{C}}-OC_2H_5 \xrightarrow[(2)\ CH_3CH_2Br]{(1)\ NaOCH_2CH_3}$$

$$\underset{\text{다이알킬말론산 에스터}}{CH_3CH_2-\overset{\boxed{COOC_2H_5}}{\underset{CH_2Ph}{C}}-\overset{O}{\overset{\|}{C}}-OC_2H_5} \xrightarrow[H_2O]{H^+,\ \text{열}} \underset{\text{이중 치환된 아세트산}}{CH_3CH_2-\overset{\boxed{CO_2}\uparrow}{\underset{CH_2Ph}{CH}}-\overset{O}{\overset{\|}{C}}-OH}$$

**연습문제 22-47**

말론산 에스터 합성을 이용하여 다음 각 화합물을 만드는 방법을 나타내라.

**(a)** 3-페닐프로판산
**(b)** 2-메틸프로판산
**(c)** 4-페닐뷰탄산
**(d)** 사이클로펜테인카복실산

**연습문제 22-48**

**(a)** 다음 치환된 아세트산이 말론산 에스터 합성으로 생성될 수 없음을 설명하라.

$$CH_2{=}CH-H_2C-\overset{CH_3}{\underset{CH_3}{C}}-C(=O)OH$$

**(b)** 22-2B절과 22-3절은 케톤을 정량적으로 양성자 이탈시키기 위해 다이아이소프로필아마이드화 리튬(LDA)이 사용될 수 있음을 보여준다. LDA와 다음 에스터 사이의 산-염기 반응을 그려보라. 그리고 추정된 p$K_a$ 값을 이용하여 이 반응이 평형에서 반응물 또는 생성물을 선호하는 반응인지 결정하라.

$$CH_3-\overset{CH_3}{\overset{|}{CH}}-\overset{O}{\overset{\|}{C}}-OCH_3$$

**(c)** (a)에 나타낸 산을 합성하기 위한 말론산 에스터 합성 방법 대신 사용할 수 있는 현대적인 대안을 제시하라. 출발 물질로 (b)에 나타낸 에스터를 사용할 수 있다.

## 22-17 아세토아세트산 에스터 합성

**아세토아세트산 에스터 합성**(acetoacetic ester synthesis)은 말론산 에스터 합성 방법과 유사하지만 최종 생성물은 케톤, 그중에서도 특히 아세톤의 치환된 유도체이다. 아세토아세트산 에스터 합성에서 치환기는 아세토아세트산 에틸(아세토아세트산 에스터)에 첨가된 후, 가수 분해와 탈카복실화 반응을 거쳐 아세톤의 알킬화된 유도체가 생성된다.

$$CH_3-\overset{O}{\overset{\|}{C}}-CH_2-\overset{O}{\overset{\|}{C}}-OC_2H_5 \xrightarrow[(2)\ R-X]{(1)\ ^-OC_2H_5} CH_3-\overset{O}{\overset{\|}{C}}-\overset{R}{\overset{|}{C}H}-\overset{O}{\overset{\|}{C}}-OC_2H_5 \xrightarrow[\text{열}]{H_3O^+} CH_3-\overset{O}{\overset{\|}{C}}-\overset{R}{\overset{|}{C}H_2} + C_2H_5OH + CO_2\uparrow$$

아세토아세트산 에틸 (아세토아세트산 에스터) → 알킬화된 에스터 → 치환된 아세톤

아세토아세트산 에스터는 산성도를 증가시키기 위해 일시적으로 에스터기를 가진 아세톤 분자와 같다. 에톡시화 이온은 아세토아세트산 에스터로부터 양성자를 완전히 이탈시킨다. 생성된 엔올 음이온은 입체 장애가 없는 할로젠화 알킬 또는 토실화물에 의해 알킬화되어 알킬아세토아세트산 에스터가 된다. 다시 한번 알킬화 시약이 좋은 $S_N2$기질이 된다.

일시적인 에스터기

$$H-\overset{\overset{O=C-OC_2H_5}{|}}{C}(H)-\overset{O}{\overset{\|}{C}}-CH_3 \underset{}{\overset{^-OC_2H_5}{\rightleftharpoons}} \left[ ^-:\overset{\overset{O=C-OC_2H_5}{|}}{C}(H)-\overset{O}{\overset{\|}{C}}-CH_3 \right] + C_2H_5OH \xrightarrow{R-X} R-\overset{\overset{O=C-OC_2H_5}{|}}{C}(H)-\overset{O}{\overset{\|}{C}}-CH_3 + X^-$$

아세토아세트산 에틸 ($pK_a = 11$) → 엔올 음이온 → 알킬아세토아세트산 에스터

아세토아세트산 에스터는 산성 조건에서 가수 분해되어 먼저 알킬아세토아세트산이 되는데, 이는 $\beta$-케토산이다. $\beta$ 위치에 있는 케토기는 탈카복실화 반응을 촉진하여 아세톤의 치환된 화합물을 생성한다.

$$R-\overset{\overset{O=C-OC_2H_5}{|}}{CH}-\overset{O}{\overset{\|}{C}}-CH_3 \xrightarrow[H_2O]{H^+,\ \text{열}} R-\overset{\overset{O=C-OH}{|}}{CH}-\overset{O}{\overset{\|}{C}}-CH_3 \xrightarrow{\text{탈카복실화}} R-\overset{\overset{CO_2\uparrow}{H}}{\overset{|}{C}H}-\overset{O}{\overset{\|}{C}}-CH_3$$

알킬아세토아세트산 에스터 ($\beta$-케토 에스터) → 알킬아세토아세트산 ($\beta$-케토산) → 치환된 아세톤

$\beta$-케토산은 말론산 에스터 합성에서의 알킬말론산과 같은 메커니즘에 의해 탈카복실화 반응을 한다. 6원자 고리 전이 상태에서 이산화 탄소가 떨어져 나가 치환된 아세톤의 엔올 형태를 형성한다. 이 탈카복실화 반응은 보통 가수 분해 온도에서 자발적으로 일어난다.

$$\beta\text{-케토산} \longrightarrow CO_2 + \text{엔올} \xrightarrow{\text{토토머화}} R-\overset{H}{\overset{|}{\underset{H}{\underset{|}{C}}}}-\overset{O}{\overset{\|}{C}}-CH_3 + CO_2\uparrow$$

$\beta$-케토산 → $CO_2$ + 엔올 → 치환된 아세톤

이중 치환된 아세톤은 다음 일반적인 합성에서 보는 바와 같이 가수 분해와 탈카복실화 반응 단계 이전에 알킬화 아세토아세트산 에스터로 인해 얻을 수 있다.

일시적인 에스터기

$$R-CH(COOC_2H_5)-C(=O)-CH_3 \xrightarrow[(2)\ R'-X]{(1)\ ^-OC_2H_5} R-C(R')(COOC_2H_5)-C(=O)-CH_3 \xrightarrow[H_2O]{H^+,\ 열} R-CH(R')-C(=O)-CH_3 + CO_2\uparrow + CH_3CH_2OH$$

다이알킬아세토아세트산 에스터 → 이중 치환된 아세톤

**예제 22-8**

3-프로필헥스-5-엔-2-온의 합성에 아세토아세트산 에스터 합성 방법이 어떻게 이용되는지 나타내라.

**풀이**

목표 화합물은 *n*-프로필기와 알릴기의 두 치환기를 가진 아세톤이다.
알킬화 시약으로 할로젠화 *n*-프로필과 할로젠화 알릴을 사용하여 아세토아세트산 에스터 합성 방법을 적용하면 3프로필헥스-5-엔-2-온을 얻는다. 이를 위해 필요한 치환 반응은 두 알킬화 반응으로 해결된다.

$$(CH_3CH_2CH_2)-CH(CH_2-CH{=}CH_2)-C(=O)-CH_3$$

*n*-프로필기, 알릴기, 아세톤

$$CH_2(COOC_2H_5)-C(=O)-CH_3 \xrightarrow[(2)\ CH_3CH_2CH_2Br]{(1)\ ^-OC_2H_5} CH_3CH_2CH_2-CH(COOC_2H_5)-C(=O)-CH_3 \xrightarrow[(2)\ CH_2{=}CH-CH_2Br]{(1)\ ^-OC_2H_5} CH_3CH_2CH_2-C(COOC_2H_5)(CH_2-CH{=}CH_2)-C(=O)-CH_3$$

가수 분해와 탈카복실화 반응에 의해 최종 생성물인 이중 치환된 아세톤이 생성된다.

$$CH_3CH_2CH_2-C(COOC_2H_5)(CH_2-CH{=}CH_2)-C(=O)-CH_3 \xrightarrow[H_2O]{H^+,\ 열} \left[CH_3CH_2CH_2-C(COOH)(CH_2-CH{=}CH_2)-C(=O)-CH_3\right] \longrightarrow CH_3CH_2CH_2-CH(CH_2-CH{=}CH_2)-C(=O)-CH_3 + CO_2\uparrow$$

*β*-케토산 → 3-프로필헥스-5-엔-2-온

**문제풀이 힌트**

아세토아세트산 에스터 합성은 엔올 음이온의 알킬화 반응, 가수 분해, 탈카복실화 반응을 거쳐 진행된다. 합성 방법을 고안하려면 생성물을 보고, 어떤 기가 아세톤에 첨가되어 있는지 알아봐야 한다. 이들 기를 사용하여 아세토아세트산 에스터를 알킬화하고, 이어서 가수 분해와 탈카복실화 반응을 시킨다.

**연습문제 22-49**

다음 각 *β*-케토 에스터를 가수 분해하고, 탈카복실화 반응시킬 때 생성되는 케톤을 나타내라.

(a) $PhCH_2-CH(COOC_2H_5)-C(=O)-CH_3$

(b) 사이클로뷰테인 고리 $-C(COOCH_2CH_3)-C(=O)-CH_3$

(c) 2-oxocyclopentyl $-C(=O)-OCH_2CH_3$

**연습문제 22-50**

아세토아세트산 에스터 합성을 이용하여 다음 각 케톤 화합물을 합성하는 방법을 나타내라.

**(a)** $PhCH_2CH_2-C(=O)-CH_3$ **(b)** (cyclopentyl)$-C(=O)-CH_3$ **(c)** $H_2C{=}CHCH_2CH(CH_2Ph)-C(=O)CH_3$

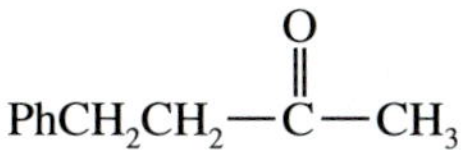

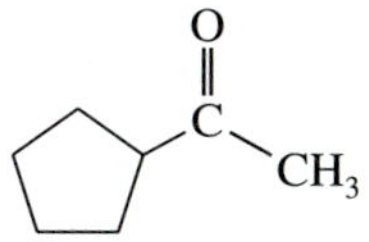

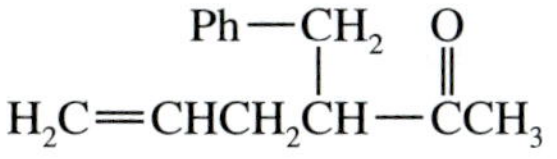

**응용: 박테리아 합성**

아세톤은 제1차 세계대전 중에는 *Clostridium* 박테리아 변종을 사용하여 생산했다. 이들 변종은 아세토아세트산 탈카복실화 효소라고 부르는 효소를 만드는데, 이는 아세토아세트산의 탈카복실화 반응을 촉매한다.

**연습문제 22-51**

**(a)** 다음 화합물은 치환된 아세톤 유도체이지만, 아세토아세트산 에스터 합성 방법으로 만들 수 없다. 그 이유(두 가지)를 설명하라.

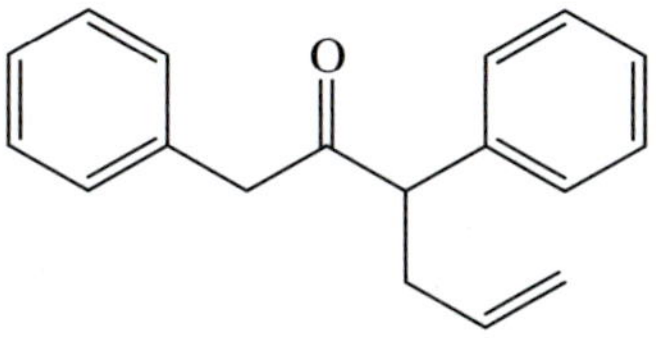

**(b)** 아세토아세트산 에스터 합성의 대안으로 LDA를 사용하여 엔올 음이온을 만드는 반응이 있다 (22-2B절과 22-3절). 1,3-다이페닐아세톤으로 시작해서 (a)에 나타낸 화합물을 만드는 방법을 나타내라.

**(c)** 엔아민 반응(22-4절)은 비교적 온화한 조건에서 일어나며, 흔히 (a)에 나타낸 것과 같은 화합물을 좋은 수율로 얻는다. 1,3-다이페닐아세톤으로 시작하여 이 화합물 합성에 엔아민 반응을 어떻게 이용할 수 있는지 나타내라.

## 22-18 콘쥬게이션 첨가: Michael 반응

$\alpha,\beta$-불포화된 카보닐 화합물은 이례적으로 친전자성 이중 결합을 가진다. $\beta$ 탄소는 공명을 통해 카보닐 탄소의 부분적 양전하를 공유하므로 친전자성이다.

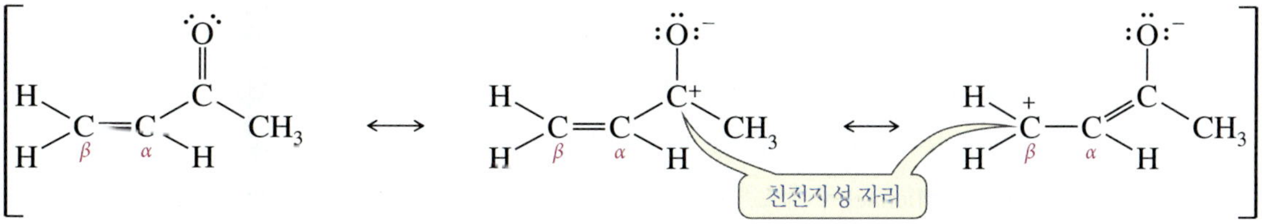

$$\left[ H_2C_{\beta}{=}C_{\alpha}H-C(=\ddot{O}:)-CH_3 \longleftrightarrow H_2C_{\beta}{=}C_{\alpha}H-C^{+}(-\ddot{O}:^{-})-CH_3 \longleftrightarrow H_2\overset{+}{C}_{\beta}-C_{\alpha}H{=}C(-\ddot{O}:^{-})-CH_3 \right]$$

친전자성 자리

친핵체는 $\alpha,\beta$-불포화된 카보닐 화합물의 카보닐기 또는 $\beta$ 위치 어느 쪽이나 공격할 수 있다. 카보닐기에서 공격이 이루어지면 산소가 양성자화되어 친핵체와 양성자가 이웃한 원자들에 첨가되는 **1,2-첨가 반응**(1,2-addition) 생성물을 얻는다. $\beta$ 위치에서 공격이 이루어지면 산소 원자가 친핵체로부터 네 번째 위치에 있게 되는 **1,4-첨가 반응**(1,4-addition)이 된다. 1,4-첨가 반응의 최종 결과는 친핵체와 수소가 카보닐기와 콘쥬게이션된 이중 결합을 가로질러 첨가되는 것이다. 이러한 이유로 1,4-첨가 반응을 **콘쥬게이션 첨가 반응**(conjugate addition)이라고도 한다.

메커니즘 22-13은 1,2-첨가 반응과 1,4-첨가 반응의 생성물과 메커니즘을 대조적으로 보여준다. 1,4-첨가 반응의 중간체는 공명 안정화된 엔올 음이온이라는 것에 주목하라.

## 메커니즘 22-13 | 1,2-첨가 반응과 1,4-첨가 반응(콘쥬게이션 첨가 반응)

### 1,2-첨가 반응

1,2-첨가 반응은 카보닐기에 대한 표준 친핵성 첨가이다.

**1단계:** C=O에 대한 친핵체의 첨가 **2단계:** 알콕시화 이온의 양성자 첨가

카보닐기를 공격 알콕시화 이온

### 1,4-첨가 반응(콘쥬게이션 첨가 반응 또는 Michael 첨가 반응)

1,4-첨가 반응에서 친핵체는 $\alpha,\beta$-불포화계의 $\beta$ 탄소에 첨가하여 엔올 음이온을 형성한다. 양성자 첨가는 산소에서 일어나 엔올형을 생성하거나 탄소에서 일어나 케토형을 생성할 수 있다.

**1단계:** 친핵체의 콘쥬게이션 첨가 **2단계:** 엔올 음이온의 양성자 첨가(산소 또는 탄소에서)

$\beta$ 탄소를 공격 엔올 음이온 (엔올) 토토머화 (케토)

탄소 음이온이 $\alpha,\beta$-불포화된 카보닐 화합물(또는 기타의 전자가 부족한 이중 결합)에 콘쥬게이션이 첨가되는 반응을 **Michael 첨가 반응**(Michael addition)이라고 한다. 친전자체($\alpha,\beta$-불포화된 카보닐 화합물)는 전자쌍을 받아들이므로 **Michael 받개**(Michael acceptor)라고 한다. 공격하는 친핵체는 전자쌍을 제공하므로 **Michael 주개**(Michael donor)라고 한다. 표 22-2에 나타낸 바와 같이 수많은 화합물이 Michael 주개와 받개로 작용할 수 있다. 흔히 사용되는 Michael 주개로는 다이알킬구리산 리튬, 엔아민, 강하게 전자를 끄는 기(카보닐기, 사이아노기, 나이트로기)에 의해 안정화되는 탄소 음이온이 있다. 흔히 사용되는 Michael 받개는 카보닐기, 사이아노기, 나이트로기와 콘쥬게이션된 이중 결합을 가지고 있다.

다음 예는 Michael 주개로 작용하는 다이바이닐구리산 리튬(lithium divinylcuprate)이 $\alpha,\beta$-불포화된 케톤의 이중 결합에 첨가되는 것을 보여준다. 이 콘쥬게이션 첨가 반응에서 바이닐기는 $\beta$ 탄소 원자에 첨가하여 엔올 음이온을 생성한다. $\alpha$ 탄소에 양성자가 첨가되면 생성물을 생성한다.

$(H_2C{=}CH)_2CuLi$ $H_3O^+$

엔올 음이온 중간체

Michael 주개로 Gilman 시약(다이알킬구리산 리튬)이 사용될 때 엔올산 리튬 중간체는 충분히

**표 22-2** 흔히 사용되는 Michael 주개와 Michael 받개

| Michael 주개 | | Michael 받개 | |
|---|---|---|---|
| $R_2CuLi$ | 다이알킬구리산 리튬 (Gilman 시약) | $H_2C{=}CH{-}C({=}O){-}H$ | 콘쥬게이션된 알데하이드 |
| $>\ddot{N}{-}C{=}C<$ | 엔아민 | $H_2C{=}CH{-}C({=}O){-}R$ | 콘쥬게이션된 케톤 |
| $R{-}C({=}O){-}\ddot{C}H{-}C({=}O){-}R'$ | $\beta$-다이케톤 | $H_2C{=}CH{-}C({=}O){-}OR$ | 콘쥬게이션된 에스터 |
| $R{-}C({=}O){-}\ddot{C}H{-}C({=}O){-}OR'$ | $\beta$-케토 에스터 | $H_2C{=}CH{-}C({=}O){-}NH_2$ | 콘쥬게이션된 아마이드 |
| $R{-}C({=}O){-}\ddot{C}H{-}C{\equiv}N$ | $\beta$-케노 나이트릴 | $H_2C{=}CH{-}C{\equiv}N$ | 콘쥬게이션된 나이트릴 |
| $R{-}C({=}O){-}\ddot{C}H{-}NO_2$ | $\alpha$-나이트로 케톤 | $H_2C{=}CH{-}NO_2$ | 나이트로에틸렌 |

안정적이므로 추가적인 반응을 더 진행할 수 있다. 위에 나타낸 예에서 $\alpha$ 위치에 알킬화가 더 진행되면 하나의 치환기는 $\alpha$ 위치에, 또 다른 치환기는 $\beta$ 위치에 일어난 생성물을 얻는다.

$(H_2C{=}CH)_2CuLi$ → [엔올 음이온 중간체: $O^-\ Li^+$] → (1-브로모부탄, Br) → (시스 + 트랜스)

엔올 음이온 중간체

(시스 + 트랜스)

Michael 첨가는 아세토아세트산 에스터 합성과 말론산 에스터 합성에 유용하다. 이들 에스터의 엔올 음이온이 좋은 Michael 주개이기 때문이다. 말론산 에스터 엔올 음이온이 메틸 바이닐 케톤(methyl vinyl ketone, MVK)에 첨가되는 반응을 예로 들어보자. 중요한 단계는 엔올 음이온 친핵체가 MVK의 탄소 자리를 공격하는 것이다. 생성된 엔올 음이온은 센염기성이고, 빠르게 양성자화된다.

$$H_2C{=}CH{-}C({=}O){-}CH_3\ (\text{MVK}) + \ddot{H}C(COOC_2H_5)_2 \rightleftharpoons C_2H_5O{-}H + H_2C(CH(COOC_2H_5)_2){-}CH{=}C(\ddot{O}^-){-}CH_3 \rightleftharpoons (C_2H_5OOC)_2CH{-}CH_2{-}CH_2{-}C({=}O){-}CH_3$$

말론산 에스터 엔올 음이온

엔올 음이온을 생성

1,4-첨가 생성물(90%)

Michael 첨가 반응의 생성물은 말론산 에스터 합성에서 다른 어떤 말론산 에스터처럼 이용될수 있다. 가수 분해와 탈카복실화 반응으로 $\delta$-케토산이 생성된다. 이 흥미로운 케토산을 합성하는 다른 방법은 상상하기 쉽지 않다.

$$\underset{\text{1,4-첨가 생성물}}{H_2C(H)-CH_2-C(=O)-CH_3,\ \ HC-COOC_2H_5,\ \ COOC_2H_5} \xrightarrow[H_2O]{H^+,\ \text{열}} \left[\underset{\text{치환된 말론산}}{CH_2-CH_2-C(=O)-CH_3,\ \ HC-COOH,\ \ COOH}\right] \longrightarrow \underset{\delta\text{-케토산}}{CH_2-CH_2-C(=O)-CH_3,\ \ CH_2-COOH} + CO_2\uparrow$$

1,4-첨가 생성물 치환된 말론산 $\delta$-케토산

**예제 22-9**

Michael 첨가 반응을 이용하여 다음 다이케톤을 합성하는 방법을 나타내라.

$$C_6H_5-\overset{\beta}{C}H(-\overset{\alpha}{C}H_2-C(=O)-C_6H_5)-\overset{\gamma}{C}H(C_6H_5)-C(=O)-CH_3$$

**풀이**

Michael 첨가 반응으로 받개의 $\beta$ 탄소에 새로운 결합이 생성되었다. 따라서 $\beta,\gamma$ 결합에서 이 분자를 절단한다.

$$Ph-\overset{\beta}{C}H-\overset{\alpha}{C}H_2-C(=O)-Ph \overset{\text{출발물은}}{\Longrightarrow} \underset{\text{Michael 받개}}{Ph-\overset{\beta}{C}H=\overset{\alpha}{C}H-C(=O)-Ph}$$

$$Ph-\overset{\gamma}{C}H-C(=O)-CH_3 \qquad \underset{\text{Michael 주개}}{{}^{-}:CH(Ph)-C(=O)-CH_3}$$

$\beta$ 결합을 잘라서 생긴 위의 조각은 콘쥬게이션된 케톤으로부터 와야 하고, 이는 Michael 받개가 되어야 한다. 아래 조각은 간단한 케톤이다. 이는 추가적인 안정화 작용기 없이는 사용될 수 없다. 치환된 아세토아세트산 에스터를 만들어서 케톤에 일시적인 에스터기를 첨가할 수 있으며, 아세토아세트산 에스터 합성법을 이용하여 올바른 생성물을 얻을 수 있다.

$$Ph(H)C=CH-C(=O)-Ph \ \ + \ \ \underset{\text{일시적인 에스터기}}{Ph-\ddot{C}^{-}(COOC_2H_5)-C(=O)-CH_3} \longrightarrow H-C(Ph)(-CH_2-C(=O)-Ph)-C(Ph)(COOC_2H_5)-C(=O)-CH_3 \xrightarrow[H_2O]{H^+,\ \text{열}} \underset{\text{목표 분자}}{Ph-CH(-CH_2-C(=O)-Ph)-CH(Ph)-C(=O)-CH_3} + CO_2\uparrow$$

일시적인 에스터기 목표 분자

## FOCUS | 탄소 친핵체

유기 합성의 중심에는 새로운 탄소-탄소 결합을 형성하는 반응이 있다. 대부분의 작용기에서 탄소는 친핵성이 아니라 친전자성을 나타낸다. 탄소-탄소 결합을 형성하는 한 가지 방법은 친핵성 탄소를 친전자성 탄소와 반응시키는 것이다.

이전 장에서 살펴본 탄소 친핵체로는 Grignard 시약과 유기리튬 시약, 사이안화 이온, 아세틸화 이온 및 활성화된 방향족 고리가 있다.

$R^- MgX^+$ 10장

$R^- Li^+$ 10장

$RC{\equiv}C^- Na^+$ 9장

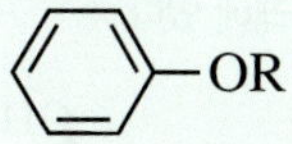

페닐–OR 17장

---

탄소를 친핵성으로 만드는 또 다른 방법은 약한 산성을 띠는 C—H에서 수소를 떼어내는 것이다. 탄소에 결합된 치환기는 C—H 결합의 산도에 큰 차이를 만든다. 가장 일반적으로 안정화된 탄소 음이온은 C=O기에 의해 안정화되는 엔올 음이온이다. 나이트로기, 설폰산기, 나이트릴기 또한 탄소 음이온을 안정화한다. 다음에 p$K_a$ 값이 붉은색으로 나타나 있다. 전자 끄는 치환기가 더 추가되면 C—H 결합의 산도는 더 커진다.

**안정화하는 1개의 치환기**

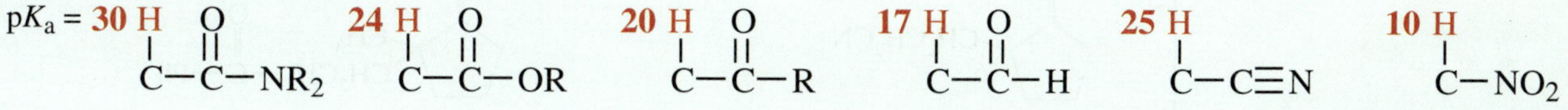

p$K_a$ = 30 H–C–C(=O)–$NR_2$ 24 H–C–C(=O)–OR 20 H–C–C(=O)–R 17 H–C–C(=O)–H 25 H–C–C≡N 10 H–C–$NO_2$

**안정화하는 2개의 치환기**

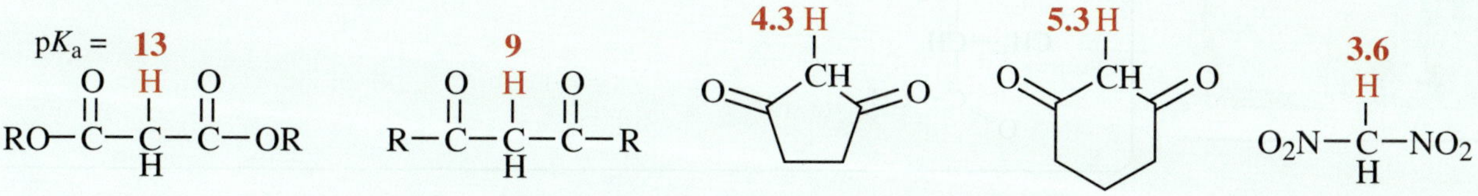

p$K_a$ = 13 RO–C(=O)–CH(H)–C(=O)–OR 9 R–C(=O)–CH(H)–C(=O)–R 4.3 H (사이클로펜테인-1,3-다이온의 CH) 5.3 H (사이클로헥세인-1,3-다이온의 CH) 3.6 H–C(H)($NO_2$)–$NO_2$ ($O_2N$–C(H)(H)–$NO_2$)

안정화된 탄소 음이온은 알돌 반응, Claisen 반응, Dieckmann 반응, Michael 반응, 말론산 에스터 반응을 가능하게 만든다.

### 연습문제 22-52

예제 22-9에서 목표 분자는 위의 카보닐기에 $\beta,\gamma$ 결합을 형성하기 위해 Michael 첨가 반응을 이용하여 합성했다. 다른 접근 방법은 다른 (아래의) 카보닐기에 $\beta,\gamma$ 결합을 형성하기 위해 Michael 첨가 반응을 이용하는 것이다. 또 다른 합성법을 제시하라.

### 연습문제 22-53

사이클로헥산온을 다음 $\delta$-다이케톤으로 전환하는 방법을 나타내라. (힌트: Stork)

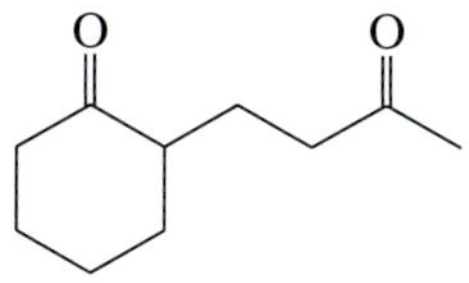

(2-(3-옥소뷰틸)사이클로헥산온 구조식)

### 연습문제 22-54

아세토아세트산 에스터 합성이 헵테인-2,6-다이온 같은 $\delta$-다이케톤을 만들기 위해 어떻게 이용될 수 있는지 나타내라.

**문제풀이 힌트**

Claisen 축합 반응에 의하면 보통 2개의 카보닐기 사이에 하나의 포화된 탄소를 가진 1,3-다이카보닐 화합물을 얻는다. Michael 첨가 반응에서는 흔히 2개의 카보닐기 사이에 3개의 포화 탄소를 가진 1,5-다이카보닐 생성물을 얻는다. 2개의 카보닐기 사이에 세 탄소를 가진 화합물이 필요할 때는 Michael 첨가 반응을 고려하라.

**응용: 합성 호르몬**

피임약에 사용되는 코르티손(cortison)과 에스트로젠(estrogen)을 포함한 여러 인간 호르몬은 4개의 고리 구조에 있는 6원자 고리를 만들기 위해 연속적인 Robinson 고리화(다음 절 참조)를 이용해 합성된다. 여성 호르몬 에스트라다이올(estradiol)이 아래에 있다.

OH, H, H, H, HO

에스트라다이올

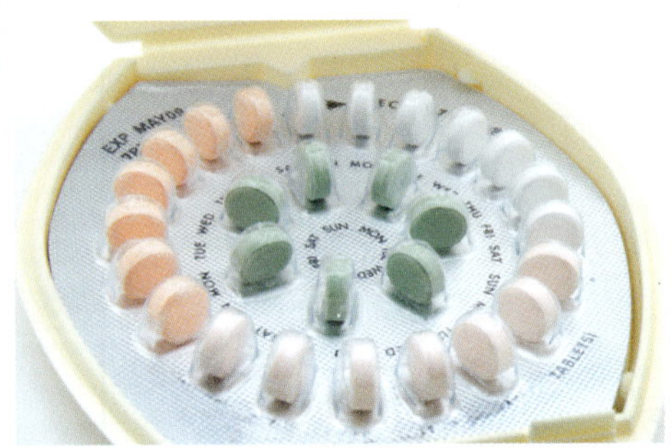

**연습문제 22-55**

친핵체(Nuc:$^-$)가 아크릴로나이트릴(acrylonitrile, $H_2C{=}CHCN$)과 나이트로에틸렌으로 콘쥬게이션 첨가를 하는 반응에 대한 메커니즘을 제안하라. 사이아노기와 나이트로기가 콘쥬게이션 첨가 반응에 대해 이중 결합을 어떻게 활성화하는지 공명 구조를 이용하여 나타내라.

**연습문제 22-56**

적절한 Michael 주개와 받개로부터 다음 각 화합물을 합성하는 방법을 나타내라.

(a) $Ph{-}CH(CH(COOCH_2CH_3)_2){-}CH_2{-}C(=O){-}OCH_2CH_3$

(b) $CH_2{-}CH_2{-}CN$, $CH_2{-}COCH_3$

(c) O, $CH_2CH_2CN$

(d) O, $CH_3$, $CH_2CH_2{-}C(=O){-}Ph$

(e) $CH_3{-}CH(C(=O)CH_3){-}CH_2{-}CH_2{-}C(=O){-}CH_3$

(f) O

## 22-19 Robinson 고리화 반응

이제 케톤 엔올 음이온(또는 그 엔아민)이 $\alpha,\beta$-불포화된 케톤에 Michael 첨가되면 $\delta$-다이케톤이 생성되는 것을 알았다. 이 콘쥬게이션 첨가 반응이 센염기 또는 센산 조건에서 일어나면 $\delta$-다이케톤은 자발적인 분자 내 알돌 축합 반응을 하고, 보통 탈수 반응이 일어나 새로운 6원자 고리의 콘쥬게이션된 사이클로헥센온이 생성된다. 이 합성 과정을 **Robinson 고리화 반응**(Robison annulation, 고리 형성)이라고 한다. Michael 주개로 치환된 사이클로헥산온을 사용하고, Michael 받개로 메틸 바이닐 케톤(MVK)을 사용하는 예를 살펴보자.

Robinson 고리화 반응

$CH_3$, H, O + MVK $\xrightarrow[(^-H_2O)]{^-OH}$ 새로운 사이클로헥센온 (65%)

이 메커니즘은 사이클로헥산온 엔올 음이온이 MVK에 Michael 첨가하여 $\delta$-다이케톤을 형성하면서 시작된다.

1단계: Michael 첨가

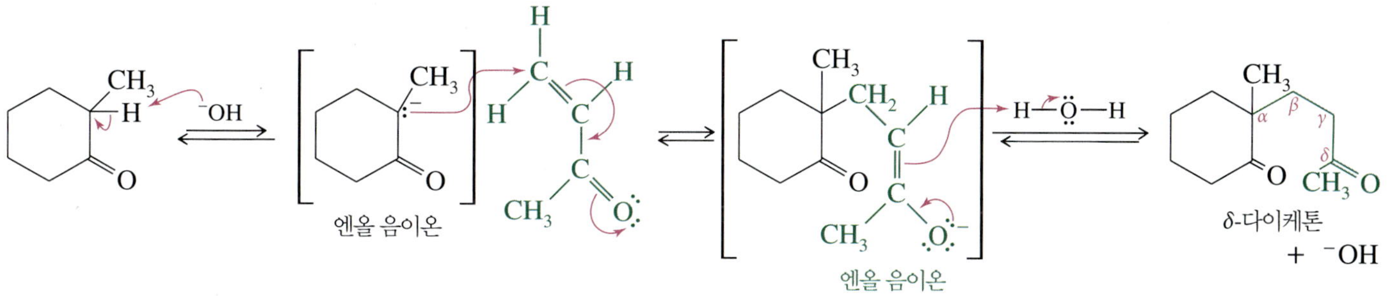

엔올 음이온

엔올 음이온

$\delta$-다이케톤

+ $^{-}OH$

이 $\delta$-다이케톤은 여러 다른 알돌 축합 반응에 참여할 수 있으나 이상적으로는 6원자 고리가 형성되는 경우에 적합하다. 6원자 고리를 형성하기 위해 메틸 케톤의 엔올 음이온이 사이클로헥산온 카보닐을 공격한다. 알돌 생성물은 탈수되어 사이클로헥센온(cyclohexenone)을 생성한다.

2단계: 6원자 고리를 형성하기 위한 고리형 알돌

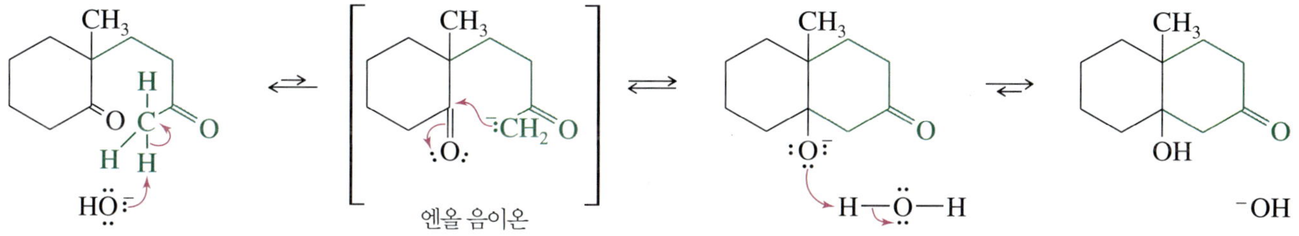

엔올 음이온

3단계: 알돌 생성물의 탈수

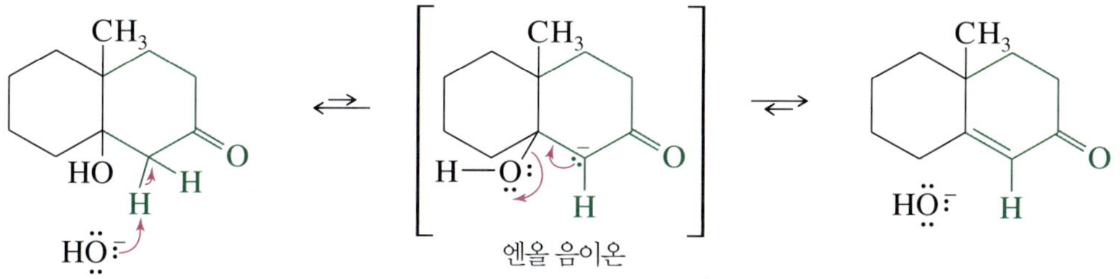

엔올 음이온

Michael 첨가 반응이 처음 일어나고 알돌 축합 반응이 일어난 다음에 탈수 반응이 일어나 사이클로헥센온이 생긴다는 것을 기억한다면, Robinson 고리화 반응의 생성물을 예측하고 메커니즘을 그리는 것은 어렵지 않다.

**문제풀이 전략 | 반응 메커니즘 제안하기**

이 문제풀이의 예는 부록 3A에 요약된 메커니즘을 제안하는 법을 사용하여 복잡한 염기 촉매 반응을 설명하려는 것이다. 이 문제는 아세토아세트산 에틸과 메틸 바이닐 케톤의 염기 촉매 반응에 대한 메커니즘을 제안하기 위해 제시되었다.

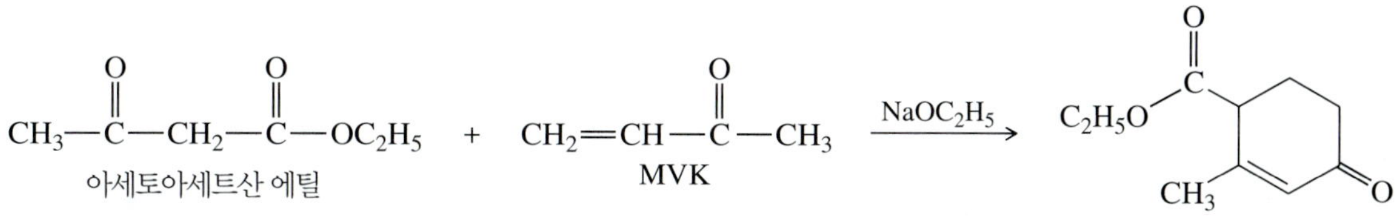

$$CH_3-\overset{O}{\overset{\|}{C}}-CH_2-\overset{O}{\overset{\|}{C}}-OC_2H_5 + CH_2{=}CH-\overset{O}{\overset{\|}{C}}-CH_3 \xrightarrow{NaOC_2H_5}$$

아세토아세트산 에틸 MVK

첫째, 메커니즘의 유형을 결정해야 한다. 염기 촉매를 사용한다는 것은 이 반응이 중간체로서 강한 친핵체를 포함한다는 것을 암시한다. 음이온성 중간체(아마도 안정화된 탄소 음이온)를 보기를 기대할 것이다. 그러나 강한 친핵체 또는 센산도 아니고, 탄소 양이온이나 자유 라디칼도 아니다.

1. **반응물과 생성물의 탄소 골격을 고려한다. 그리고 생성물의 어떤 탄소 원자가 반응물의 어떤 탄소 원자로부터 온 것인지 결정한다.**
생성물의 에스터기는 아세토아세트산 에틸로부터 온 것임이 틀림없다. 에스터(C=C 이중 결합의 부분) 탄소는 아세토아세트산 에틸의 케톤으로부터 와야 한다. MVK의 구조는 나머지 4개의 탄소에서 볼 수 있다.

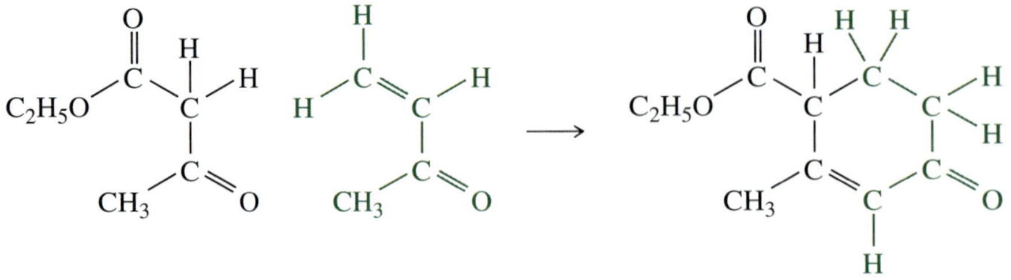

2. **반응물 중 하나가 활성화되지 않더라도 반응하기에 충분히 강한 친핵체인지 고려한다. 그렇지 않다면 반응물 중 하나가 산성 자리의 탈양성자 반응에 의해 아니면 친전자체 자리에 대한 공격에 의해 강한 친핵체로 어떻게 전환될 수 있는지 고려한다.**
어떤 반응물도 다른 것을 공격하기에 충분히 강한 친핵체는 아니다. 아세토아세트산 에틸은 에탄올보다 더 산성이다. 그러므로 에톡시화 이온은 재빨리 양성자를 제거시켜 엔올 음이온을 만든다.

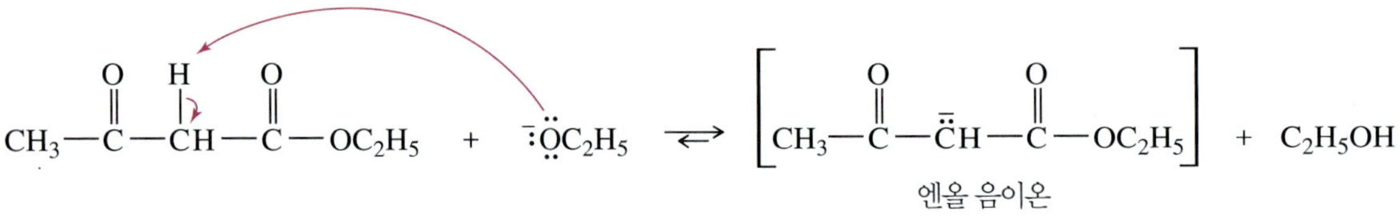

$$CH_3-\overset{O}{\overset{\|}{C}}-\overset{H}{CH}-\overset{O}{\overset{\|}{C}}-OC_2H_5 + {}^{-}\ddot{O}C_2H_5 \rightleftharpoons \left[CH_3-\overset{O}{\overset{\|}{C}}-\bar{C}H-\overset{O}{\overset{\|}{C}}-OC_2H_5\right] + C_2H_5OH$$

엔올 음이온

3. **다른 반응물(또는 고리화 반응에서 같은 분자의 다른 부분)에 대한 친전자성 자리가 생성물에서 필요한 결합을 형성하기 위해 어떻게 강한 친핵체에 의해 공격받을 수 있는지 고려한다. 이 결합 형성의 생성물을 그린다.**
아세토아세트산 에스터의 엔올 음이온은 친전자성 이중 결합(Michael 첨가 반응)이나 MVK의 카보닐기를 공격한다. Michael 첨가 반응은 생성물에 필요한 결합 중 하나를 형성한다.

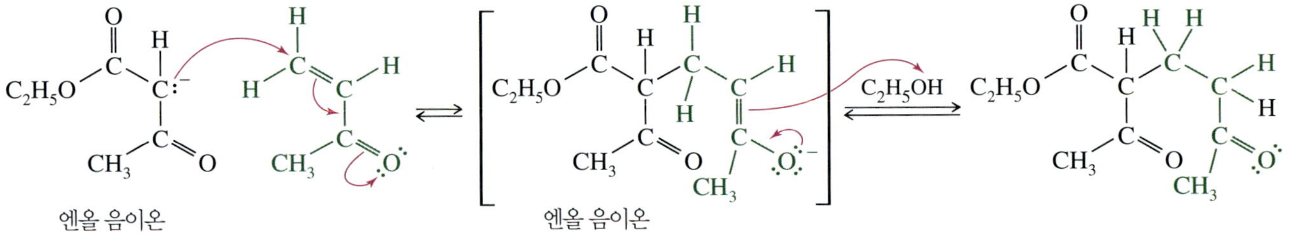

엔올 음이온 엔올 음이온 $C_2H_5OH$

4. **친핵성 공격 생성물은 최종 생성물(올바른 탄소 골격을 가진 경우)로 어떻게 전환되는지 아니면 생성물에 필요한 다른 결합을 형성하기 위해 재활성화되어야 하는지 고려한다.**
아세토아세트산 에틸의 케톤 카보닐기는 다른 케톤의 $\alpha,\beta$ 위치의 C=C 이중 결합으로 전환되어야 한다. 이러한 전환은 알돌 축합 반응과 더불어 탈수 반응에 해당한다. 제거되는 양성자는 가장 산성이 큰 양성자가 아니라 관찰된 생성물을 생성하는 데 필요한 엔올 음이온을 형성하는 양성자라는 것을 주목하라.

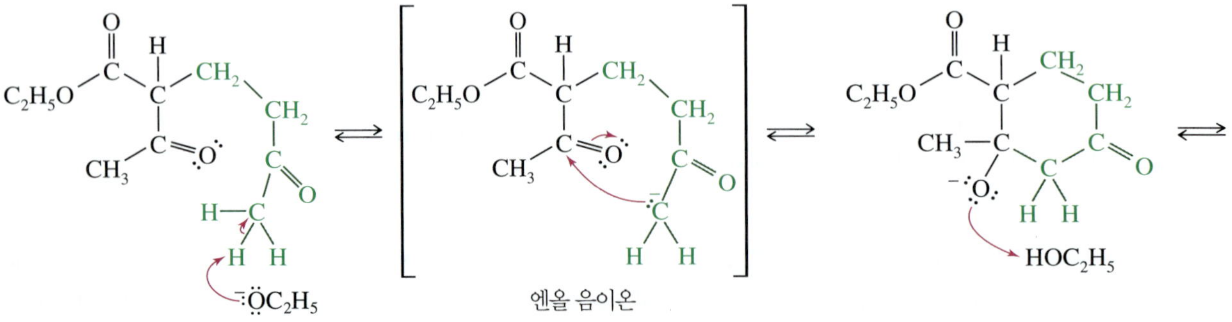

${}^{-}\ddot{O}C_2H_5$ 엔올 음이온 $HOC_2H_5$

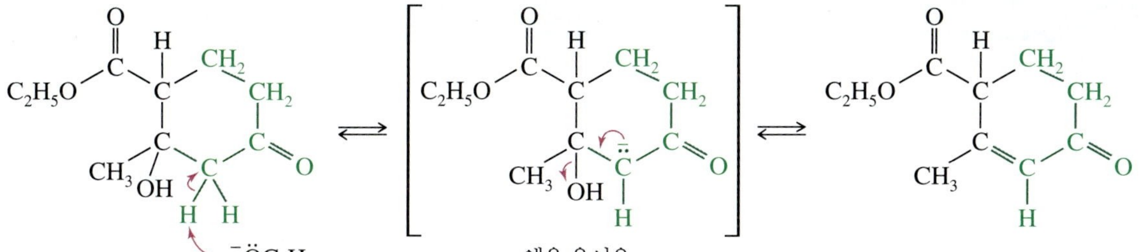

엔올 음이온

5. **전자들의 이동을 나타내기 위해 굽은 화살표를 사용해서 모든 단계를 그린다. 한 번에 한 단계씩만 나타내도록 주의한다.**

완전한 메커니즘은 앞의 모든 반응식을 합쳐서 나타낸다. 메커니즘은 모든 단계를 볼 수 있도록 작성해야 한다. 다른 생성물로 되는 다른 메커니즘을 쉽게 그릴 수 있지만, 그것이 메커니즘의 요점은 아니라는 것에 유의하라. 이 질문의 요점은 다른 생성물을 더 높은 수율로 얻을지라도 오직 이 하나의 생성물을 설명하는 메커니즘을 작성하는 것이다. 다단계 축합 반응에 대한 메커니즘을 제안하는 추가적인 연습으로 나타낸 접근 방법을 이용하여 연습문제 22-57과 22-58을 풀어보라.

**연습문제 22-57**

다음 반응에 대한 메커니즘을 제안하라.

$H_2C{=}CH{-}C(=O){-}CH_2CH_3$ $\xrightarrow{^-OH}$ (생성물, $CH_3$)

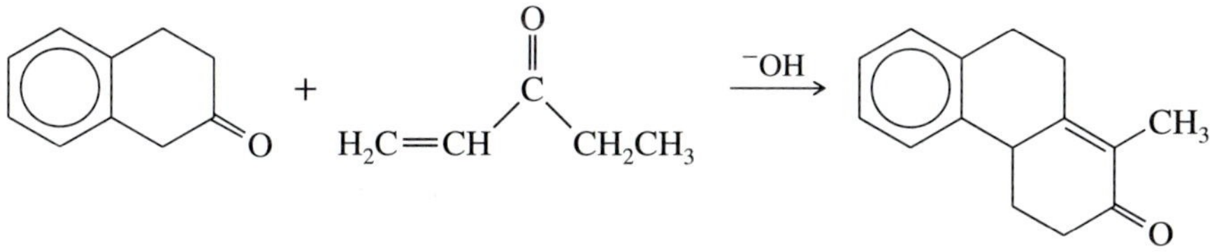

**연습문제 22-58**

알데하이드($\alpha$ 수소 없음)와 무수물의 염기 촉매 반응을 Perkin 축합 반응(Perkin condensation)이라고 한다. Perkin 축합 반응에 대한 다음 예에 대한 메커니즘을 제안하라(아세트산 소듐을 염기로 사용하라).

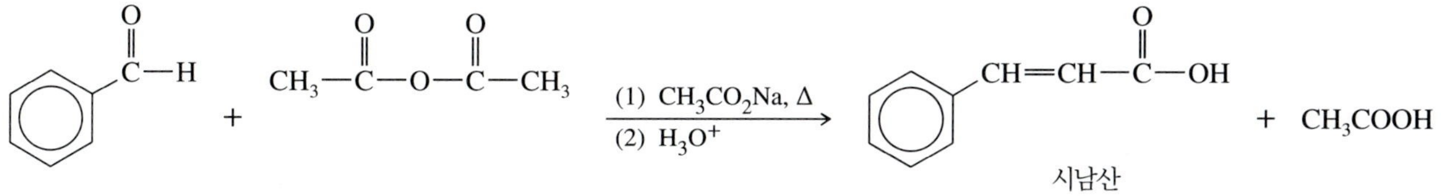

$C_6H_5{-}CHO + CH_3{-}C(=O){-}O{-}C(=O){-}CH_3 \xrightarrow[(2)\ H_3O^+]{(1)\ CH_3CO_2Na,\ \Delta} C_6H_5{-}CH{=}CH{-}C(=O){-}OH + CH_3COOH$

시남산

**연습문제 22-59**

다음 화합물을 합성하기 위해 Robinson 고리화 반응을 어떻게 사용할 수 있는지 나타내라. 되돌아가서 사이클로헥센온은 새로 생긴 고리이고, 이중 결합은 알돌과 탈수 반응에 의해 형성된다는 것을 기억하라. 이중 결합을 분해한 다음에 Michael 주개와 받개는 어떤 구조여야 하는지 살펴보라.

(a) ($CH_3$, O)

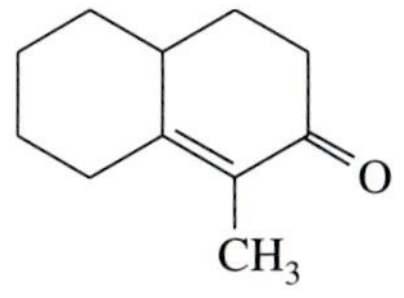

(b) (O, $CH_3$, O)

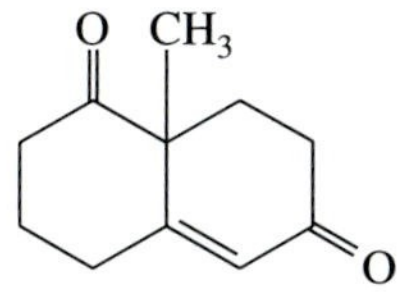

**문제풀이 힌트**

보통 Robinson 고리화 반응 생성물은 어렵지 않게 알아볼 수 있는데, 이는 이것이 새로운 사이클로헥센온 고리를 가지고 있기 때문이다. 'Michael 반응이 먼저 일어나고' 이어서 알돌 반응과 탈수가 일어난다는 것을 기억한다면 메커니즘은 어려운 것이 아니다.

## SUMMARY | 엔올 음이온 첨가 반응과 축합 반응

첨가 반응과 축합 반응을 완전하게 요약하는 것은 시간이 오래 걸리고 간단한 일이 아니다. 이 요약은 축합 반응 및 이와 관련된 반응에 한한다.

**1.** 엔올산 리튬의 알킬화 반응(22-3절)

$$R-\overset{O}{\overset{\|}{C}}-CH_2-R \xrightarrow[(2)\ R'-X]{(1)\ LDA} R-\overset{O}{\overset{\|}{C}}-\overset{R'}{\overset{|}{CH}}-R$$

(LDA = 다이아이소프로필아마이드화 리튬, R′—X= 입체 장애가 없는 1° 할로젠화물 또는 토실화물)

**2.** 엔아민의 알킬화 반응(Stork 반응, 22-4절)

$$\underset{\text{엔아민}}{R_2\ddot{N}-C{=}C\langle} \xrightarrow{R'-X} \underset{\text{알킬화된 엔아민}}{R_2N^+{=}C-\overset{R'}{\overset{|}{C}}-\ \ X^-} \xrightarrow{H_3O^+} \underset{\text{알킬화된 케톤}}{O{=}C-\overset{R'}{\overset{|}{C}}-} + R-\overset{R}{\overset{|}{\underset{H}{\underset{|}{N^+}}}}-H$$

**3.** 할로젠화 반응(22-5절)

$$R-\overset{O}{\overset{\|}{C}}-\overset{H}{\overset{|}{C}}_{\alpha}- + X_2 \xrightarrow{H^+\ \text{또는}\ {}^-OH} R-\overset{O}{\overset{\|}{C}}-\overset{X}{\overset{|}{C}}-$$

a. 아이오도폼(또는 할로폼) 반응(22-5B절)

$$\underset{\text{메틸 케톤}}{R-\overset{O}{\overset{\|}{C}}-CH_3} + \text{과량의 } I_2 \xrightarrow{{}^-OH} R-\overset{O}{\overset{\|}{C}}-O^- + HCI_3\downarrow$$

b. HVZ(Hell-Volhard-Zelinsky) 반응(22-6절)

$$R-CH_2-\overset{O}{\overset{\|}{C}}-OH \xrightarrow{Br_2/PBr_3} R-\overset{Br}{\overset{|}{CH}}-\overset{O}{\overset{\|}{C}}-Br \xrightarrow{H_2O} \underset{\alpha\text{-브로모산}}{R-\overset{Br}{\overset{|}{CH}}-\overset{O}{\overset{\|}{C}}-OH}$$

**4.** 알돌 축합 반응과 뒤이은 탈수 반응(22-7~22-11절)

$$\underset{\text{케톤 또는 알데하이드}}{R-\overset{O}{\overset{\|}{C}}-CH_2-R' \quad R-\underset{O}{\underset{\|}{C}}-CH_2-R'} \underset{}{\overset{H^+\ \text{또는}\ {}^-OH}{\rightleftharpoons}} \underset{\text{알돌 생성물}}{R-\underset{O}{\underset{\|}{C}}-\overset{R-\overset{OH}{\overset{|}{C}}-CH_2-R'}{\overset{|}{CH}}-R'} \underset{H^+\ \text{또는}\ {}^-OH}{\overset{\text{열}}{\rightleftharpoons}} \underset{\alpha,\beta\text{-불포화된 케톤 또는 알데하이드}}{R-\underset{O}{\underset{\|}{C}}-\overset{R-C-CH_2-R'}{\overset{\|}{C}}-R'} + H_2O$$

**5.** Claisen 에스터 축합 반응(22-12~22-14절)

(고리화 반응은 Dieckmann 축합 반응이다.)

$$\text{RO—C(=O)—CH}_2\text{—R}' + \text{RO—C(=O)—CH}_2\text{—R}' \xrightarrow{^-\text{OR}} \text{RO—C(=O)—CH(—C(=O)—CH}_2\text{—R}')\text{—R}' + \text{ROH}$$

생성물은 처음에는 이것의 음이온으로 형성된다.

**6.** 말론산 에스터 합성(22-16절)

$$\text{H—CH(COOCH}_2\text{CH}_3)_2 \xrightarrow[\text{(2) R—X}]{\text{(1) NaOCH}_2\text{CH}_3} \text{R—CH(COOCH}_2\text{CH}_3)_2 \xrightarrow[\text{열}]{\text{H}_3\text{O}^+} \text{R—CH}_2\text{—COOH} + \text{CO}_2\uparrow$$

말론산 에스터 → 치환된 말론산 에스터 → 치환된 아세트산

**7.** 아세토아세트산 에스터 합성(22-17절)

$$\text{H—CH(COOCH}_2\text{CH}_3)\text{—C(=O)—CH}_3 \xrightarrow[\text{(2) R—X}]{\text{(1) NaOCH}_2\text{CH}_3} \text{R—CH(COOCH}_2\text{CH}_3)\text{—C(=O)—CH}_3 \xrightarrow[\text{열}]{\text{H}_3\text{O}^+} \text{R—CH}_2\text{—C(=O)—CH}_3 + \text{CO}_2\uparrow$$

아세토아세트산 에스터 → 치환된 아세토아세트산 에스터 → 치환된 아세톤

**8.** Michael 첨가 반응(콘쥬게이션 첨가 반응, 22-18절과 22-19절)

$$\text{Y—}\ddot{\text{C}}\text{H—Z} + \text{>C=C—C(=O)—} \xrightarrow[\text{(양성자 근원)}]{\text{ROH}} \text{—C(CH(Y)Z)—CH—C(=O)—}$$

(Y와 Z는 카보닐 또는 다른 전자 끄는 기이다.)

**9.** Robinson 고리화 반응(22-19절)

$$\text{사이클로헥산온} + \text{MVK} \xrightarrow{^-\text{OH}} \text{Michael 첨가물} \xrightarrow[\text{탈수 반응}]{\text{알돌}} \text{고리화된 생성물}$$

사이클로헥산온 MVK Michael 첨가물 고리화된 생성물

## SUMMARY | 안정화된 탄소 음이온의 반응

카보닐, 사이아노, 나이트로처럼 강하게 전자를 끄는 기에 인접한 탄소 음이온은 용액에 존재할 만큼 충분히 안정적이다. 이러한 안정화된 탄소 음이온의 일반적인 용어가 엔올 음이온(enolate)이다. 엔올 음이온은 친핵체이며, 앞서 다룬 많은 친핵성 반응의 유형을 따른다. 엔올 음이온은 강한 염기로 양성자화($H^+$)하기 위해 일반적으로 산성 또는 수용액에서 후처리한다.

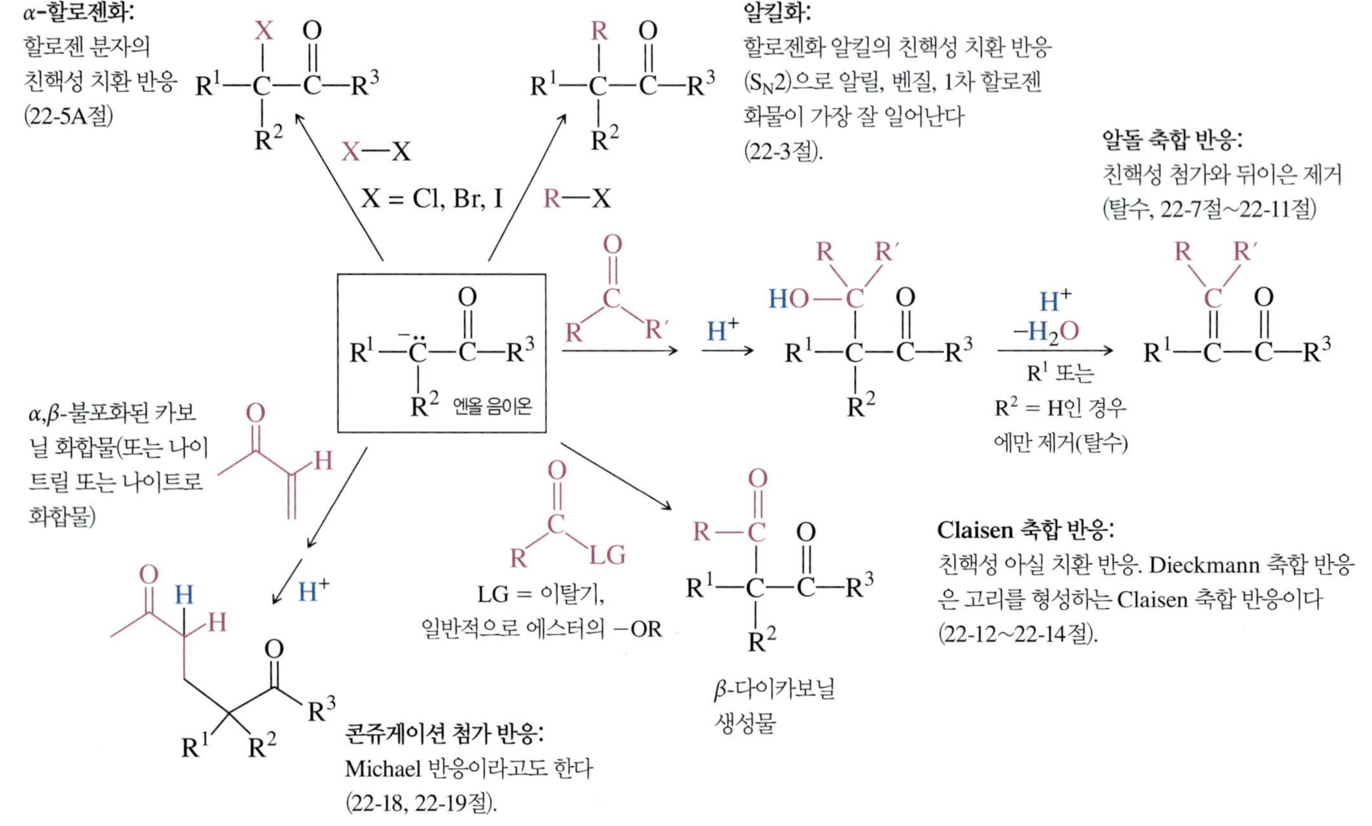


## 핵심 용어

**Claisen 축합 반응(Claisen condensation):** 두 에스터 분자가 염기 촉매에 의해 β−케토 에스터로 전환되는 반응

에스터 엔올 음이온 → 정사면체 중간체 → β-케토 에스터 + $^-$:OR′

**교차 Claisen 축합 반응(crossed Claisen condensation):** 2개의 서로 다른 에스터 또는 케톤과 에스터 사이에서 일어나는 Claisen 축합 반응

**Dieckmann 축합 반응(Dieckmann condensation):** 고리를 형성하는 Claisen 축합 반응

**Hell-Volhard-Zelinsky 반응(Hell-Volhard-Zelinsky reaction, HVZ 반응):** 카복실산이 $Br_2$ 및 $PBr_3$와 반응하여 브로민화 α−브로모 아실을 형성하는 반응. 흔히 α−브로모산으로 가수 분해한다.

**Michael 첨가(Michael addition):** 공명 안정화된 탄소 음이온(Michael 주개)이 α,β−불포화된 케톤 또는 에스터(Michael 받개)와 같은 콘쥬게이션된 이중 결합에 1,4−첨가(콘쥬게이션 첨가)되는 반응

**Robinson 고리화 반응(Robinson annulation):** 메틸 바이닐 케톤(MVK) 또는 치환된 MVK 유도체가 케톤과 축합 반응을 하여 사이클로헥센온 고리를 형성

## 22장 유기 반응 가이드

22장에서 다룬 반응은 빨간색으로, 앞 장에서 다룬 반응은 파란색으로 표시했다.

하는 반응. Robinson 고리화 반응은 MVK로 Michael 첨가 반응이 일어난 후, 알돌 축합 반응과 탈수 반응이 차례로 진행된다.

$$\text{2-methylcyclohexanone} + \underset{\text{MVK}}{CH_2{=}CH{-}C(=O){-}CH_3} \xrightarrow[(-H_2O)]{^-OH} \text{새로운 사이클로헥센온 (65\%)}$$

**Stork 반응(Stork reaction):** 친핵체로 엔아민 유도체를 사용하여 케톤 또는 알데하이드를 알킬화 또는 아실화하는 반응

**말론산 에스터 합성(malonic ester synthesis):** 말론산 에스터(말론산 다이에틸)의 알킬화 반응 또는 아실화 반응 후에 가수 분해와 탈카복실화 반응이 일어나 치환된 아세트산을 생성하는 반응

**아세토아세트산 에스터 합성(acetoacetic ester synthesis):** 아세토아세트산 에스터(아세토아세트산 에틸)의 알킬화 또는 아실화 반응에 이어서 가수 분해와 탈카복실화 반응이 일어나 치환된 아세톤 유도체를 생성한다.

**알돌 축합 반응(aldol condensation):** 두 케톤 또는 알데하이드 분자가 산 또는 염기 촉매에 의해 $\beta$-하이드록시 케톤 또는 알데하이드(알돌)로 전환되는 반응. 알돌 축합 반응은 흔히 탈수 반응이 수반되어 $\alpha,\beta$-불포화된 케톤과 알데하이드가 생성된다.

케톤 또는 알데하이드 → (H⁺ 또는 ⁻OH) 알돌 생성물 → (열, H⁺ 또는 ⁻OH) α,β-불포화된 케톤 또는 알데하이드 + $H_2O$

**교차 알돌 축합 반응(crossed aldol condensation):** 2개의 서로 다른 케톤 또는 알데하이드 사이의 알돌 축합 반응

**알파(α) 치환 반응(alpha substitution):** α 탄소에 있는 수소 원자가 다른 기로 대체되는 반응

**알파(α) 탄소 원자(alpha carbon atom):** 카보닐기 옆에 있는 탄소 원자. α 탄소에 있는 수소 원자는 α 수소 또는 α 양성자라고 한다.

**엔아민(enamine):** 일반적으로 2차 아민이 산 촉매하에서 케톤 또는 알데하이드와 반응하여 생성된 바이닐 아민(vinyl amine)

**엔올(enol):** 바이닐 알코올. 간단한 엔올은 보통 케토(keto) 형태로 토토머화된다.

**엔올 음이온(enolate ion):** 카보닐기 옆의 탄소 원자에서 양성자 이탈 반응이 일어나 생성된 공명 안정화된 음이온

염기:⁻ → + 염기—H

엔올 음이온

**엔올화 가능 수소(enolizable hydrogen, α 수소):** 카보닐기 옆에 인접한 탄소에 있는 수소 원자. 이러한 수소는 케토–엔올 토토머화를 통해 떨어져 나가고 다시 붙을 수 있기 때문에 원래의 입체 구조가 변한다.

**축합 반응(condensation):** 종종 물 또는 알코올 같은 작은 분자를 잃으면서 2개 또는 그 이상의 분자가 결합하는 반응

**콘쥬게이션 첨가 반응(conjugate addition):** α,β–불포화된 케톤 또는 에스터에서처럼 콘쥬게이션된 이중 결합의 β 위치에서 친핵체가 첨가되는 반응. '1,4–첨가(1,4–addition)'라고도 한다.

β 탄소에 공격 → (Nuc:⁻) 엔올 음이온의 양성자 첨가 반응 → ($H^+$) (엔올) → 토토머화 → (케토)

**토토머화(tauromerization):** 양성자의 이동과 그에 따른 이중 결합의 이동을 수반하는 이성질화. 예를 들어 케톤 또는 알데하이드와 이것의 엔올과의 케토–엔올 토토머화가 있다.

**토토머(tautomer):** 토토머화에 의해 생성되는 이성질체

케토 토토머 ⇌ (H⁺ 또는 ⁻OH) 엔올 토토머

케토-엔올 토토머화

**할로폼 반응(haloform reaction):** 메틸 케톤에 할로젠과 염기를 처리할 때 카복실산 음이온과 할로폼($CHX_3$)으로 전환되는 반응. 아이오도폼 반응에서는 아이오딘이 아이오도폼의 침전물을 형성한다.

## 기초문제

이 장은 여러 형태의 축합 반응이 포함되어 있기 때문에 어렵다. 이러한 반응과 그 메커니즘을 이해해야만 관련 반응을 일반화하고 예측할 수 있다. 기본 반응(알돌, Claisen, Michael)을 이해하고 새로운 메커니즘을 푸는 데 대한 자신감을 얻기 위해 문제를 충분히 풀어보라. 새로운 고리를 형성하는 축합 반응을 인식하고 제안할 수 있는지 확인하라.

**1** 엔올과 엔아민, 엔올 음이온이 어떻게 친핵체로 작용하는지 나타내라. 산 촉매 및 염기 촉매 케토–엔올 토토머화에 대한 메커니즘을 제시하라. 관련 연습문제 22–60, 61, 65, 70, 76

| | | |
|---|---|---|
| **2** | 엔아민과 엔올산 리튬의 알킬화 반응과 아실화 반응이 어떻게 합성에 이용되는지 나타내라. 이 반응의 메커니즘을 제시하라. | 관련 연습문제 22-69, 70, 76, 77, 78 |
| **3** | 케톤의 산 촉매 및 염기 촉진 $\alpha$ 할로젠화 반응에 대한 메커니즘을 나타내라. 다중 할로젠화 반응이 염기 촉매에서 흔한 이유를 설명하고, 할로폼 반응에 대한 메커니즘을 제시하라. | 관련 연습문제 22-77 |
| **4** | 알돌과 교차 알돌 반응의 생성물을 예측하라. 생성물이 탈수되기 전과 후를 따로 나타내라. 산 촉매 및 염기 촉매 반응에 대한 메커니즘을 제시하라. (알돌은 가역적이므로 역방향에 대한 메커니즘도 작성해야 한다.) 알돌이 어떻게 $\beta$-하이드록시 카보닐 화합물과 $\alpha,\beta$-불포화된 카보닐 화합물을 만드는 데 이용되는지 나타내라. | 관련 연습문제 22-62, 64, 68, 69, 71, 74, 75, 77, 80, 83, 84, 85 |
| | 문제풀이 전략: 반응 메커니즘 제안하기: 알돌 축합 반응 | 관련 연습문제 22-62, 64, 68, 77, 80, 83, 84 |
| **5** | Claisen과 교차 Claisen 축합 반응의 생성물을 예측하고, 메커니즘을 제안하라. Claisen 축합 반응이 어떻게 목표 화합물의 탄소 골격을 만드는지 나타내라. | 관련 연습문제 22-63, 64, 68, 69, 76, 77 |
| **6** | 말론산 에스터 합성이 어떻게 치환된 아세트산을 만드는지 나타내라. 아세토아세트산 에스터 합성이 어떻게 치환된 아세톤을 만드는지 나타내라. 이들 반응의 메커니즘을 제시하라. | 관련 연습문제 22-69, 72, 73, 74, 79, 82 |
| **7** | 콘쥬게이션(Michael) 첨가 반응의 생성물을 예측하고, 이들 반응이 어떻게 합성에 이용되는지 나타내라. Robinson 고리화 반응의 일반적인 메커니즘을 제시하고, 사이클로헥센온 고리계를 만드는 데 이 반응을 이용하라. | 관련 연습문제 22-67, 76, 77, 80, 81, 85 |
| | 문제풀이 전략: 반응 메커니즘 제안하기: Robinson 고리화 반응 | 관련 연습문제 22-67, 77 |

## 연습문제

**22-60** 다음 각 분자에 대해

1. 산성이 가장 큰 수소를 지적하라.
2. 산성이 가장 큰 수소를 제거할 때 생성되는 음이온의 가장 중요한 공명 구조를 그려보라.

**(a)** 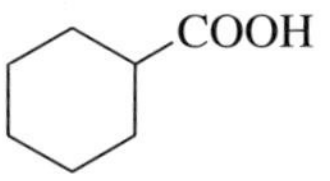 COOH **(b)** 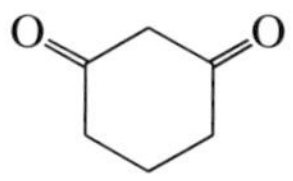 O O **(c)** 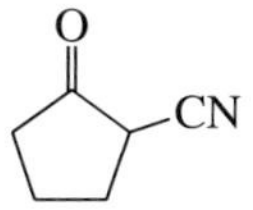 O CN **(d)** 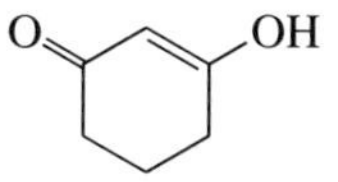 O OH

**(e)** 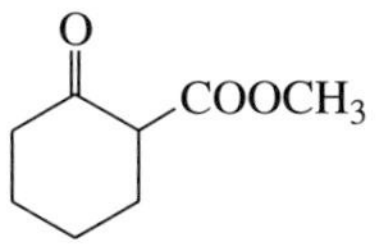 O $COOCH_3$ **(f)** 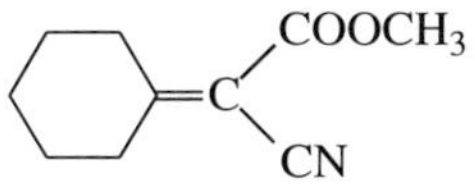 $COOCH_3$ C CN **(g)** 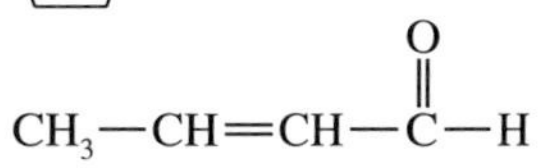 $CH_3-CH{=}CH-\overset{O}{\overset{\|}{C}}-H$ **(h)** $CH_2{=}CH-CH_2-\overset{O}{\overset{\|}{C}}-H$

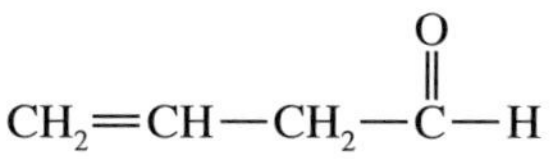

**22-61** 1. 다음 화합물을 산도가 증가하는 순서로 나열하라.

2. 어느 화합물이 에톡시화 소듐의 에탄올 용액에 의해 99% 이상 탈양성자 반응을 하는지 지적하라.

**(a)** 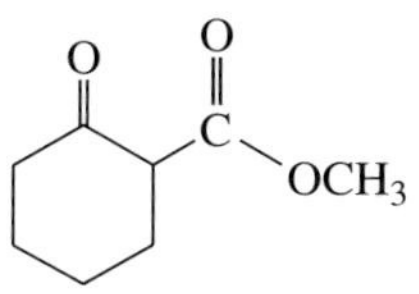 O O C $OCH_3$ **(b)** O **(c)** O **(d)** 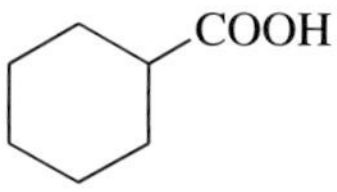 COOH

**(e)** 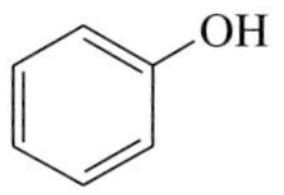 OH **(f)** 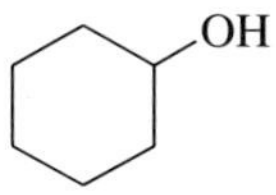 OH **(g)** 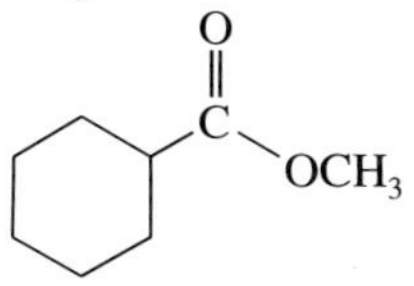 O C $OCH_3$

**22-62** 다음 알돌 축합 반응의 생성물을 예측하라. 탈수 반응 전과 후의 생성물을 나타내라.

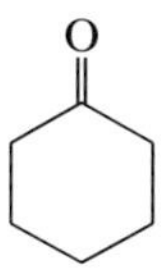

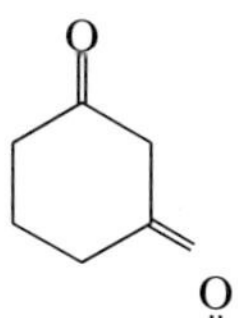

**(a)** 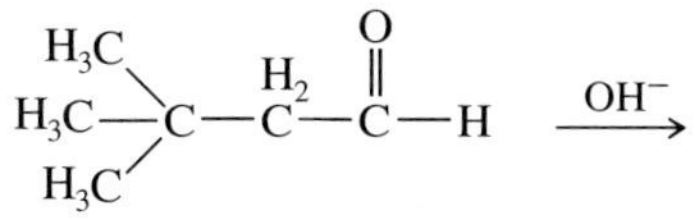 $H_3C$, $H_3C-C-\overset{H_2}{C}-\overset{O}{\overset{\|}{C}}-H$, $H_3C$ $\xrightarrow{OH^-}$ **(b)** 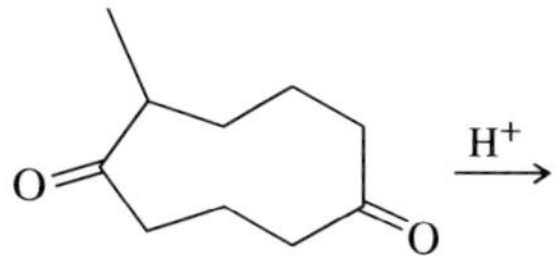 O O $\xrightarrow{H^+}$

(c) $2\,Ph-CH_2CHO + H_3C-\overset{O}{\overset{\|}{C}}-CH_3 \xrightarrow{OH^-}$

(d)  $Ph-\overset{O}{\overset{\|}{C}}-CH_3$ + (CH$_3$)$_2$CH$-\overset{O}{\overset{\|}{C}}-H \xrightarrow{OH^-}$

(e) 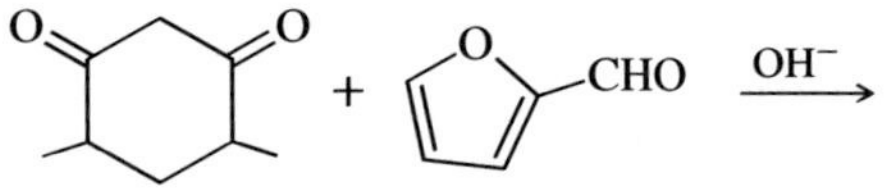 2,4-디메틸사이클로헥세인-1,5-다이온 + 퓨란-2-CHO $\xrightarrow{OH^-}$

(f) 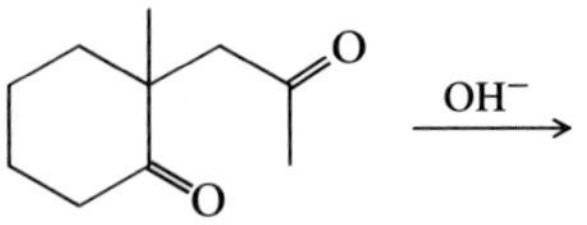 $\xrightarrow{OH^-}$

**22-63** 다음 Claisen 축합 반응의 생성물을 예측하라.

(a) $(H_3C)_3C-\overset{H_2}{C}-\overset{O}{\overset{\|}{C}}-OCH_3 \xrightarrow[CH_3OH]{^-OCH_3}$

(b) 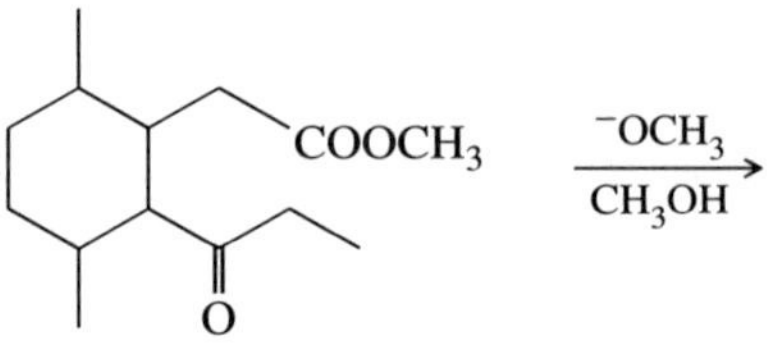 COOCH$_3$ $\xrightarrow[CH_3OH]{^-OCH_3}$

(c) $H_3C-\overset{O}{\overset{\|}{C}}-CH_2CH_2CH_2CH_2\overset{O}{\overset{\|}{C}}-OCH_2CH_3 \xrightarrow[CH_3OH]{^-OCH_3}$ (Dieckmann)

(d) 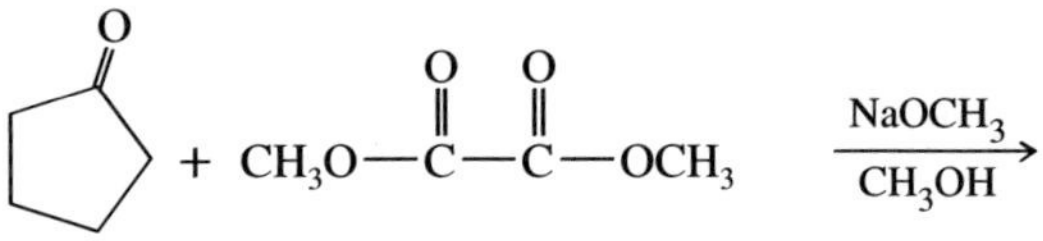 사이클로펜탄온 + $CH_3O-\overset{O}{\overset{\|}{C}}-\overset{O}{\overset{\|}{C}}-OCH_3 \xrightarrow[CH_3OH]{NaOCH_3}$

(e) 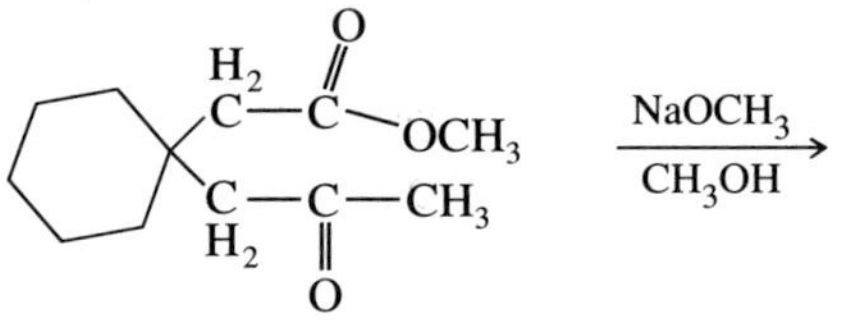 $\overset{H_2}{C}-\overset{O}{\overset{\|}{C}}-OCH_3$, $\underset{H_2}{C}-\underset{O}{\underset{\|}{C}}-CH_3$ $\xrightarrow[CH_3OH]{NaOCH_3}$

**22-64** 연습문제 22-62의 (a)와 (b), 그리고 연습문제 22-63의 (a)와 (b)에 나타낸 반응의 메커니즘을 제안하라.

**22-65** 펜테인-2,4-다이온(아세틸아세톤)은 8%의 케토와 92%의 엔올 형태를 포함하는 토토머 혼합물로 존재한다. 안정한 엔올 토토머를 그리고, 이것이 이례적으로 안정한 이유를 설명하라.

$$CH_3-\overset{O}{\overset{\|}{C}}-CH_2-\overset{O}{\overset{\|}{C}}-CH_3$$

아세틸아세톤

**22-66** (a) 산도가 증가하는 순으로 화합물을 나열하라.

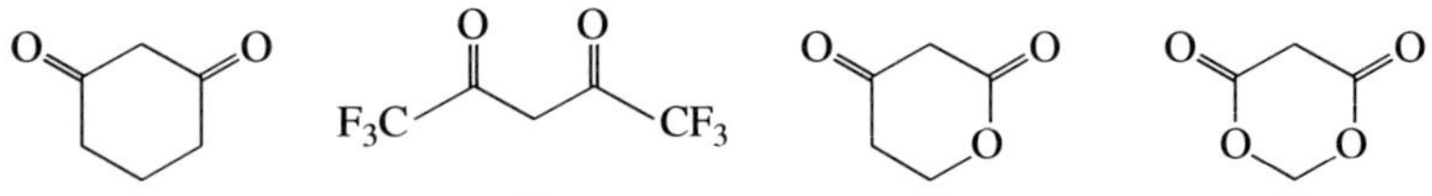

A B ($F_3C$, $CF_3$) C D

(b) 엔올 성분이 증가하는 순으로 화합물을 나열하라. 각 경우 가장 안정한 엔올을 그려보라.

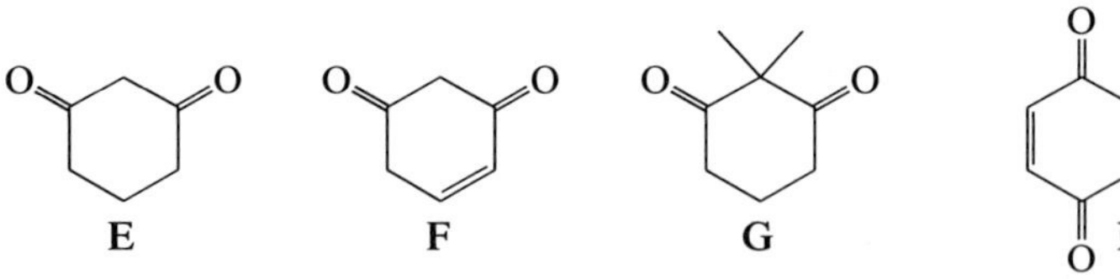

E F G H

**22-67** 다음 화합물을 합성하기 위해 Robinson 고리화 반응을 어떻게 이용할 것인지 나타내라.

(a) 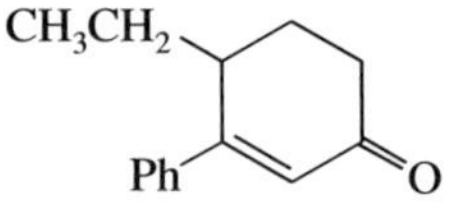 $CH_3CH_2$, Ph, O

(b) 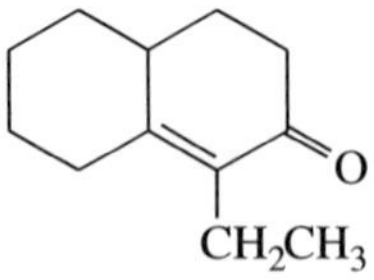 O, $CH_2CH_3$

(c) 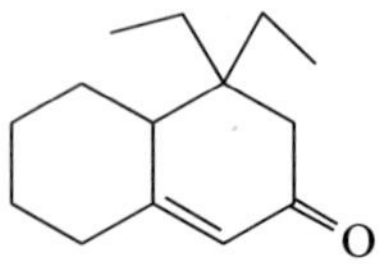 O

**22-68** 다음 각 화합물을 만들기 위해 알돌, Claisen, 또는 다른 유형의 축합 반응을 어떻게 이용할 것인지 나타내라.

(a) 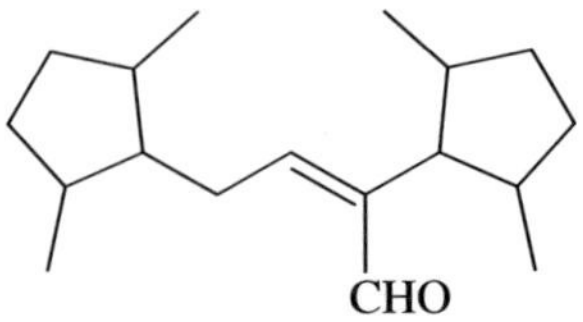 CHO

(b) 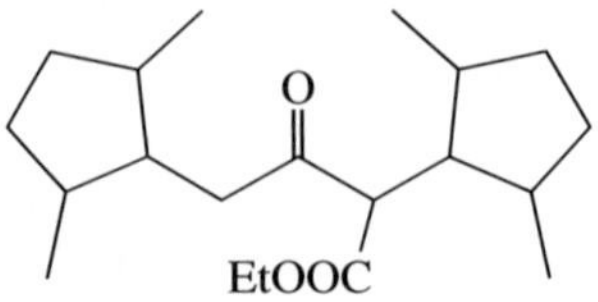 O, EtOOC

(c) 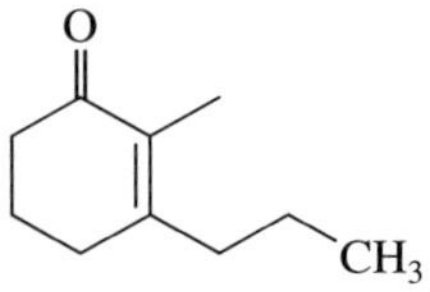 O, $CH_3$

(d) 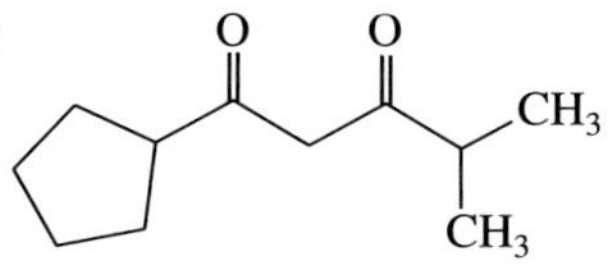 (e) 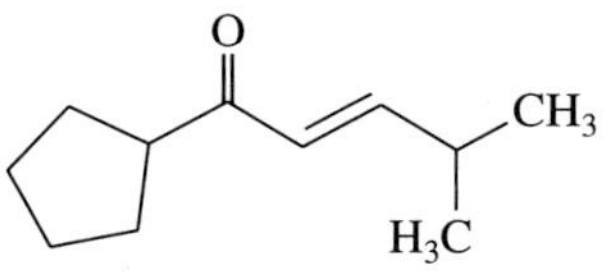 (f)

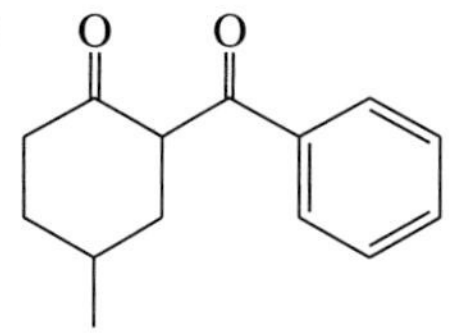

**22-69** 다음 반응의 생성물을 예측하라.

**(a)** 사이클로펜탄온 + 아세트산 안의 $Br_2$

**(b)** 염기 안의 1-페닐에탄올 + 과량의 $I_2$

**(c)** 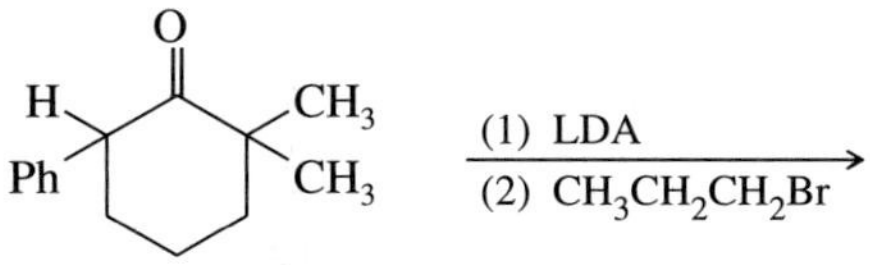 H, Ph, O, $CH_3$, $CH_3$ $\xrightarrow[\text{(2) } CH_3CH_2CH_2Br]{\text{(1) LDA}}$

**(d)** 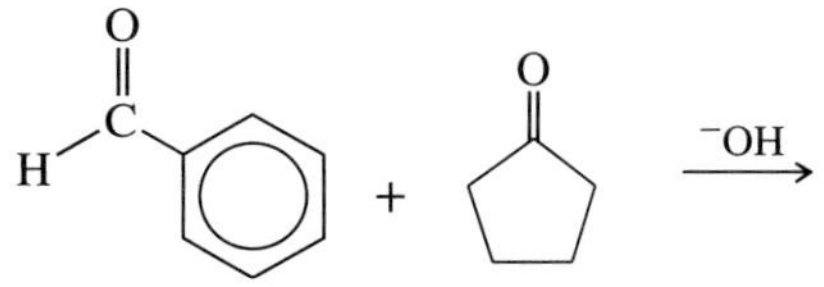 O, C, H + O $\xrightarrow{^{-}OH}$

**(e)** 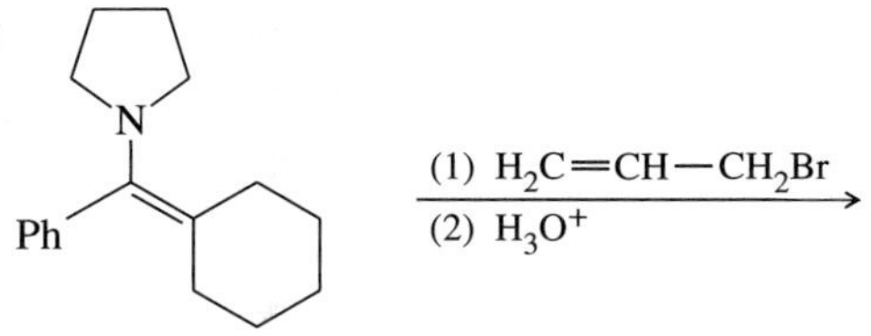 N, Ph $\xrightarrow[\text{(2) } H_3O^+]{\text{(1) } H_2C{=}CH{-}CH_2Br}$

**(f)** 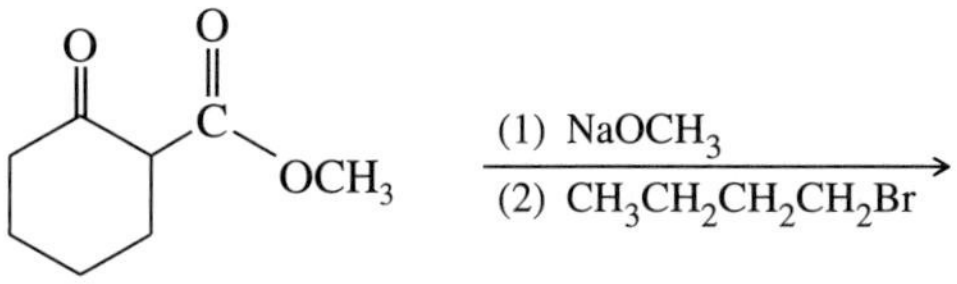 O, O, C, $OCH_3$ $\xrightarrow[\text{(2) } CH_3CH_2CH_2CH_2Br]{\text{(1) } NaOCH_3}$

**(g)** (f)의 생성물 $\xrightarrow[\text{열}]{H_3O^+}$ (탈카복실화 반응)

**(h)** $CH_3CH_2{-}\overset{O}{\overset{\|}{C}}{-}CH_2{-}\overset{O}{\overset{\|}{C}}{-}OCH_3$ $\xrightarrow{\text{(1) } NaOCH_3 \text{ (2) } CH_3I \text{ (3) } H_3O^+, \text{ 열}}$

**(i)** 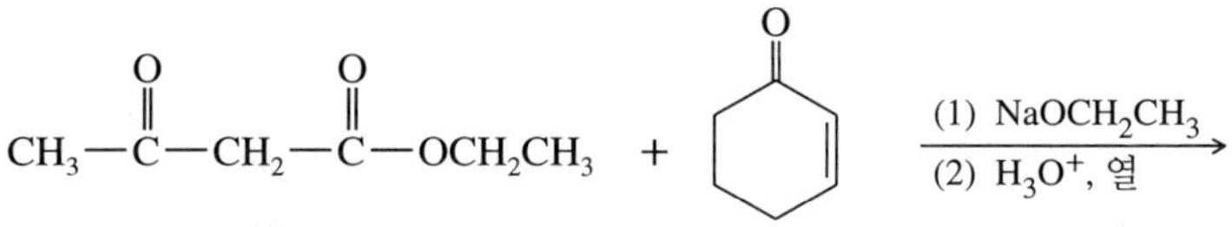 $CH_3{-}\overset{O}{\overset{\|}{C}}{-}CH_2{-}\overset{O}{\overset{\|}{C}}{-}OCH_2CH_3$ + O $\xrightarrow[\text{(2) } H_3O^+, \text{ 열}]{\text{(1) } NaOCH_2CH_3}$

**22-70** 일련의 순차적 반응을 통해 형성되는 생성물을 예측하라.

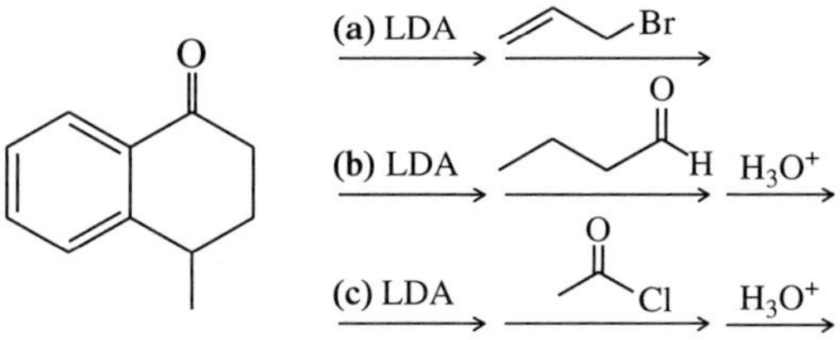

O

**(a)** LDA → Br →

**(b)** LDA → O, H → $H_3O^+$ →

**(c)** LDA → O, Cl → $H_3O^+$ →

**22-71** 다음 전환을 좋은 수율로 이룰 수 있는 방법을 나타내라. 필요한 시약을 사용할 수 있다.

**(a)** 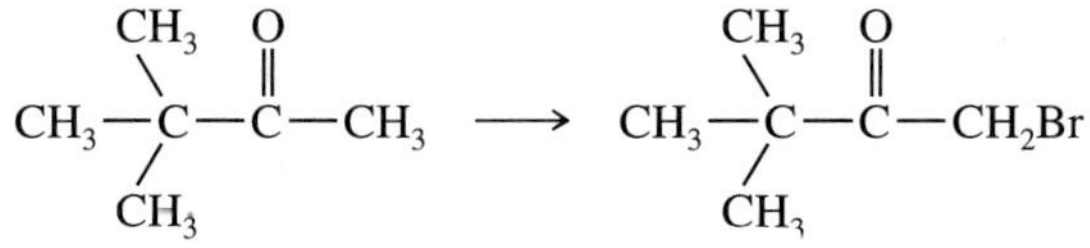 $(CH_3)_3C{-}\overset{O}{\overset{\|}{C}}{-}CH_3 \longrightarrow (CH_3)_3C{-}\overset{O}{\overset{\|}{C}}{-}CH_2Br$

**(b)** COOH → COOH, Br

**(c)** $(CH_3)_3C{-}\overset{O}{\overset{\|}{C}}{-}CH_3 \longrightarrow (CH_3)_3C{-}\overset{O}{\overset{\|}{C}}{-}O^-$

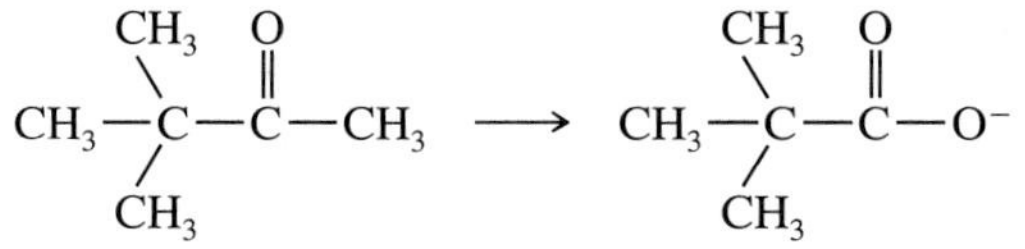

**(d)** $Ph{-}\overset{O}{\overset{\|}{C}}{-}H \longrightarrow Ph{-}CH{=}CH{-}CH_3$

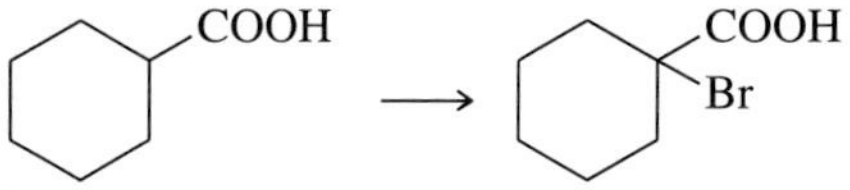

**(e)** 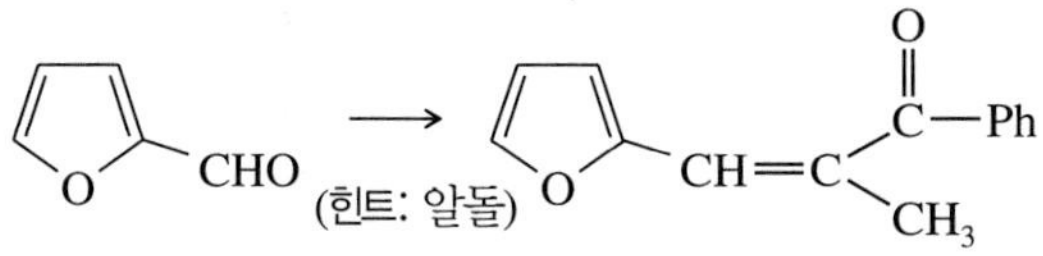 O, CHO → (힌트: 알돌) O, $CH{=}C(CH_3){-}\overset{O}{\overset{\|}{C}}{-}Ph$

**(f)** 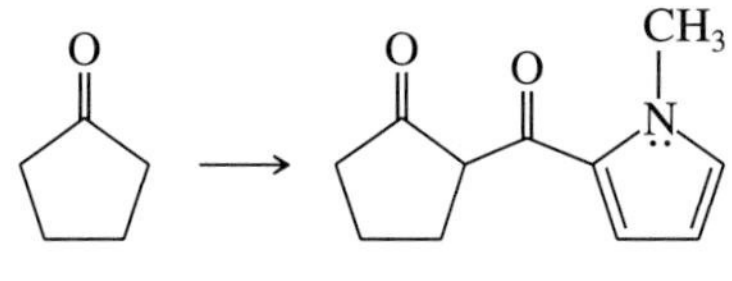 O → O, O, N, $CH_3$

**22-72** 말론산 에스터 합성을 이용하여 다음 화합물을 합성하는 방법을 나타내라.

(a) 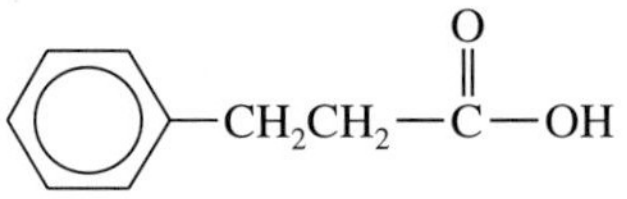 Ph—$CH_2CH_2$—C(=O)—OH (b) cyclopentyl—$CH_2$—CH($CH_2CH_3$)—COOH (c) cyclohexyl—C(=O)—OH

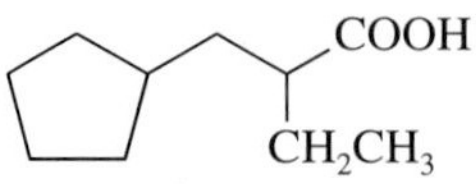

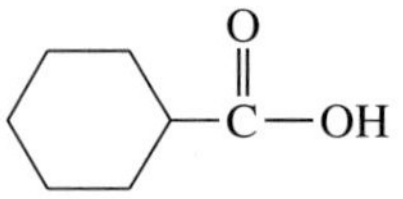

**22-73** 아세토아세트산 에스터 합성을 이용하여 다음 화합물을 합성하는 방법을 나타내라.

(a) 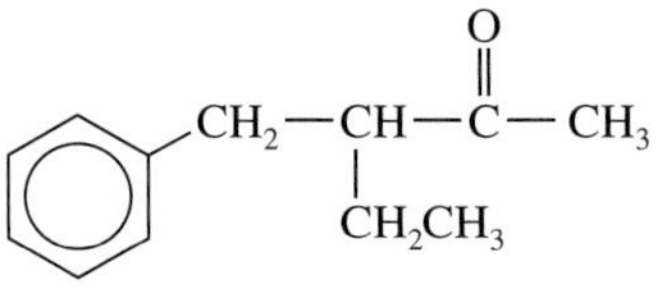 Ph—$CH_2$—CH($CH_2CH_3$)—C(=O)—$CH_3$ (b) cyclopentyl—C(=O)—$CH_3$ *(c) 3-methylcyclohex-2-enone ($CH_3$)

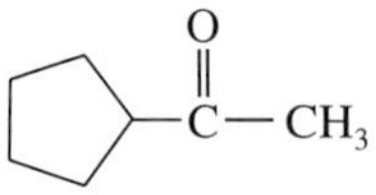

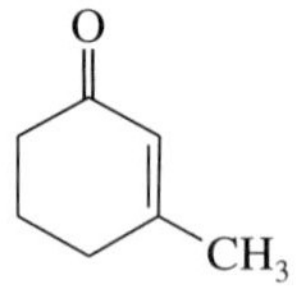

(힌트: 중간체로 헵테인-2,6-다이온을 이용하는 것을 고려하라.)

* **22-74** 다음 화합물은 알돌 축합 반응 후에 다른 반응을 시켜 합성할 수 있다(각각에 대해 목표 화합물로부터 알돌 생성물을 거꾸로 생각해내고, 어떤 화합물이 축합 반응에 필요한지 나타내라).

(a) 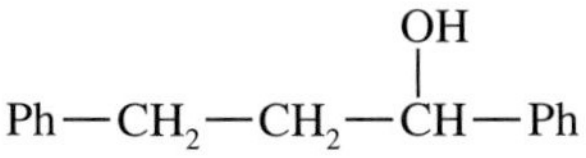 Ph—$CH_2$—$CH_2$—CH(OH)—Ph (b) 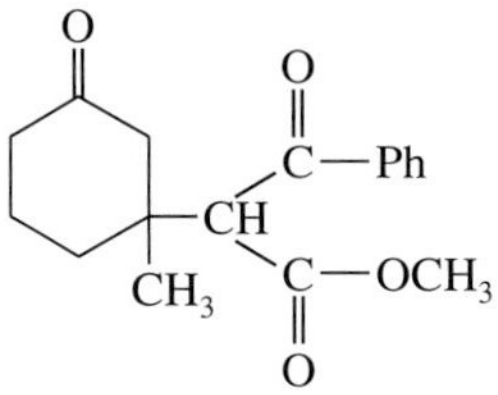 3-methylcyclohexanone, C-3 bearing CH(C(=O)—Ph)(C(=O)—$OCH_3$) (c) cyclopentanone bearing CH(Ph)—CH($NO_2$)—C(=O)$CH_3$

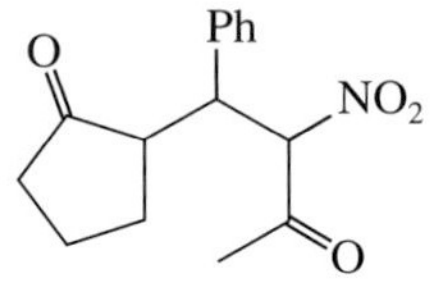

* **22-75** Knoevenagel 축합 반응은 알돌 축합의 특수한 경우로, 활성 메틸렌 화합물이 염기 촉매인 2차 아민의 존재하에 알데하이드 또는 케톤과 반응하여 새로운 C$=$C를 생성한다. Knoevenagel 축합에 의해 다음 각 화합물을 만드는 출발 물질을 제시하라.

(a) 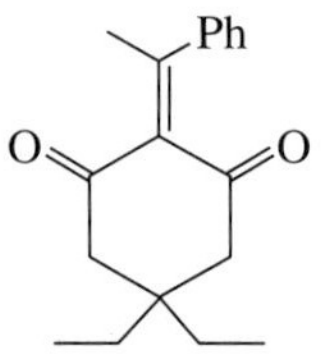 (b) 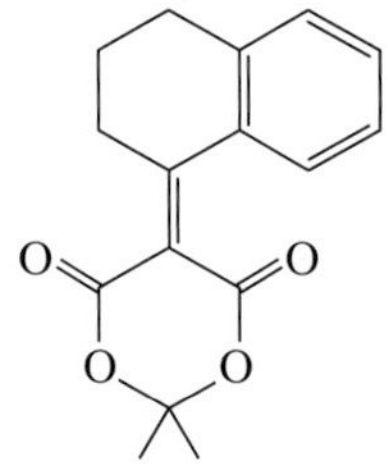 (c) 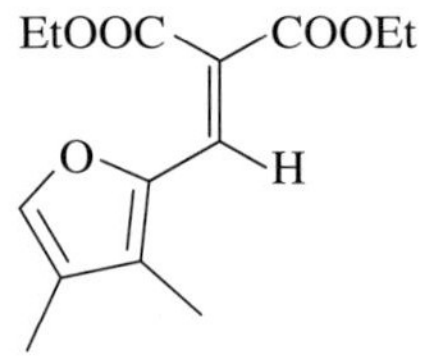 EtOOC, COOEt, H (d) 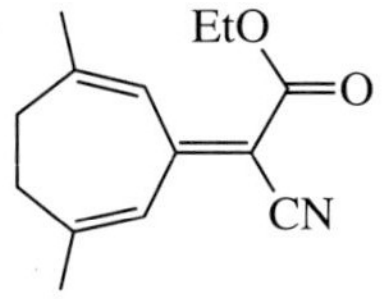 EtO, O, CN (e) 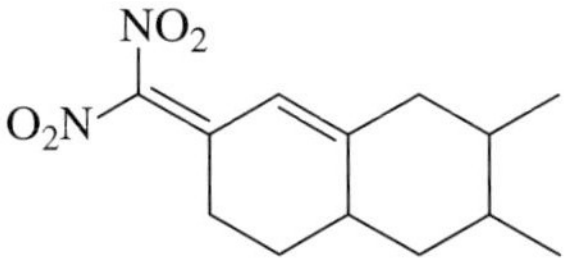 $NO_2$, $O_2N$ (f) 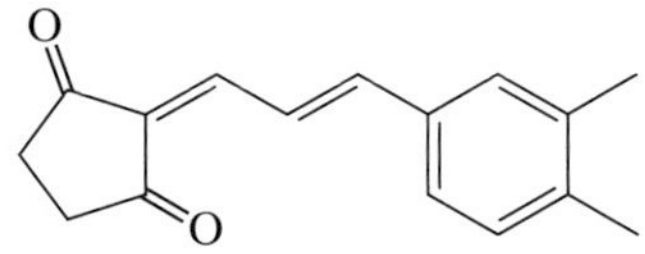 O, O

* **22-76** 일련의 순차적 반응을 통해 형성되는 생성물을 예측하라.

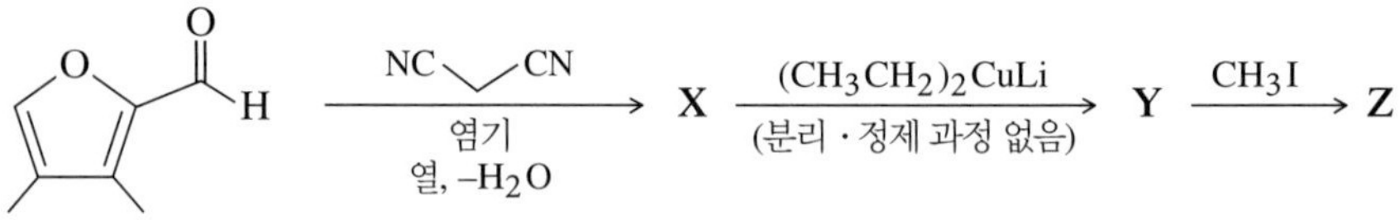

4,5-dimethylfuran-2-carbaldehyde (C(=O)H) $\xrightarrow[\text{염기, 열, }-H_2O]{NC\diagup\diagdown CN}$ **X** $\xrightarrow[\text{(분리·정제 과정 없음)}]{(CH_3CH_2)_2CuLi}$ **Y** $\xrightarrow{CH_3I}$ **Z**

**22-77** 다음 반응에 대한 메커니즘을 제시하라.

(a) 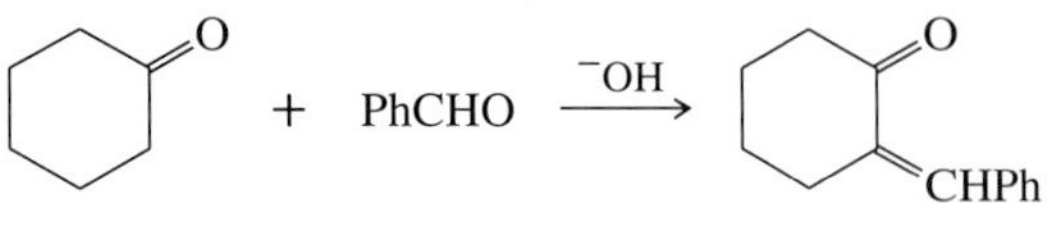 cyclohexanone + PhCHO $\xrightarrow{^-OH}$ 2-(CHPh)cyclohexanone

(b) 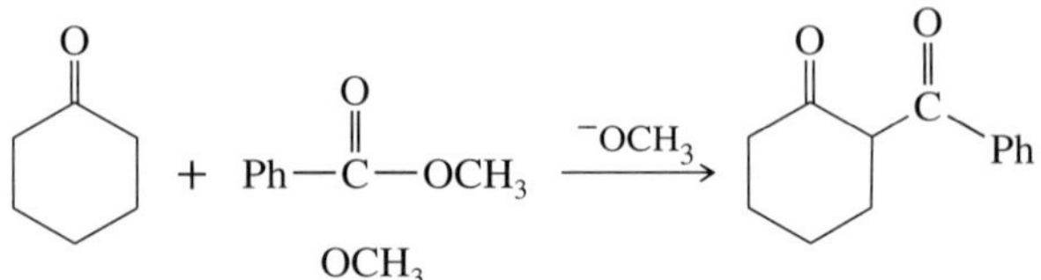 cyclohexanone + Ph—C(=O)—$OCH_3$ $\xrightarrow{^-OCH_3}$ 2-(C(=O)Ph)cyclohexanone

(c) ($OCH_3$)-tetralone (O) + $H_2C$=CH—C(=O)—$CH_2CH_3$ $\xrightarrow{^-OH}$ product ($OCH_3$, $H_3C$, O)

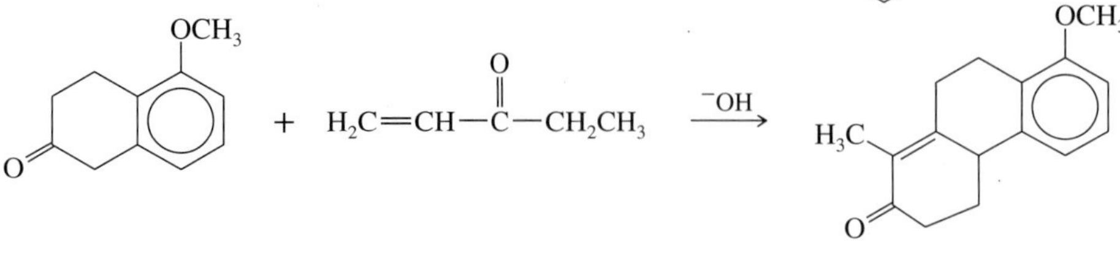

* 본문 내용을 응용한 난이도 높은 문제는 별표(*)로 표시했다.

(d) (1) MVK (2) $H_3O^+$

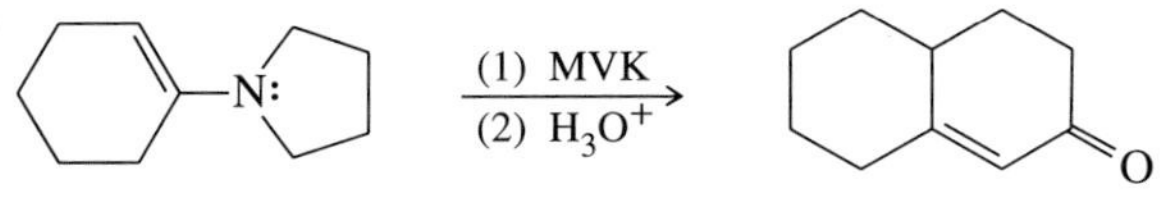

(e) $CH_3$ $Br_2$ AcOH $CH_2Br$

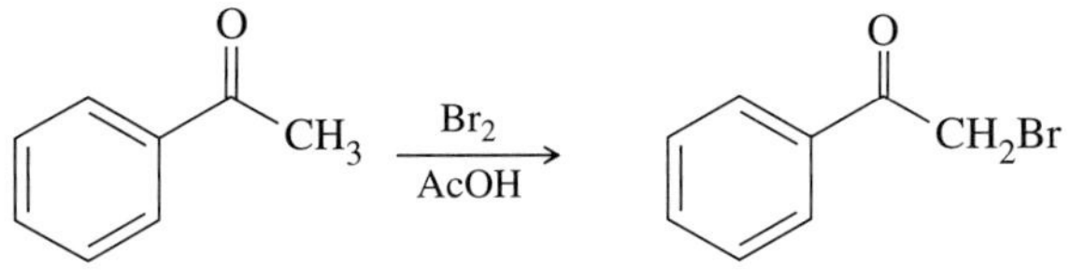

**22-78** 다음 엔아민 알킬화와 아실화 반응에 대해 예상되는 생성물을 나타내는 식을 작성하라. 그리고 이미늄 염의 가수 분해 후에 예상되는 최종 생성물을 제시하라.

**(a)** 펜탄-3-온의 피롤리딘 엔아민 + 염화 알릴

**(b)** 아세토페논의 피롤리딘 엔아민 + 염화 뷰탄오일

**(c)** 사이클로펜탄온의 피페리딘 엔아민 + 아이오딘화 메틸

**(d)** 사이클로펜탄온의 피페리딘 엔아민 + 메틸 바이닐 케톤

***22-79** 다음 다단계 전환을 수행하는 방법을 나타내라. 필요한 경우 시약을 사용할 수 있다.

**(a)** 아디프산 다이메틸과 브로민화 알릴 →

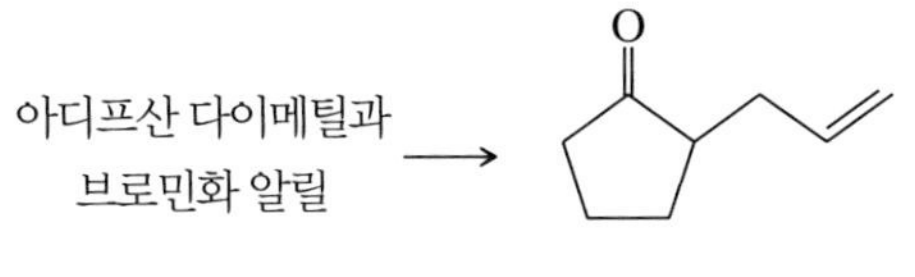

**(b)** → Ph

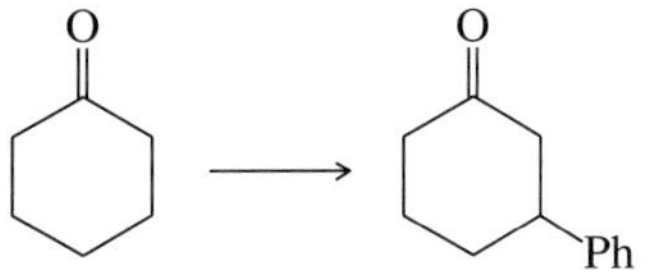

**(c)** → HO, $CH_3$

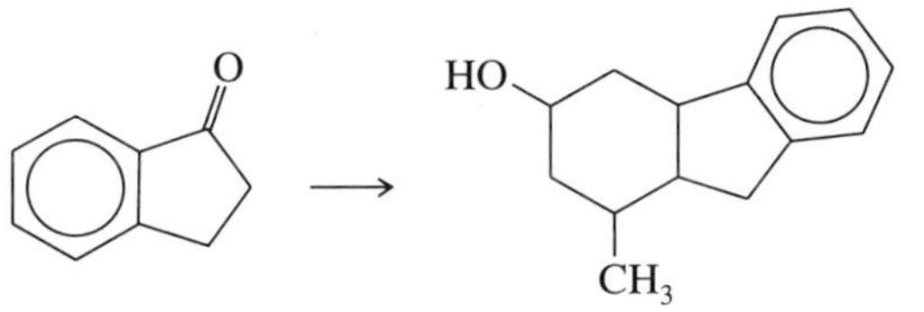

**(d)** → OEt

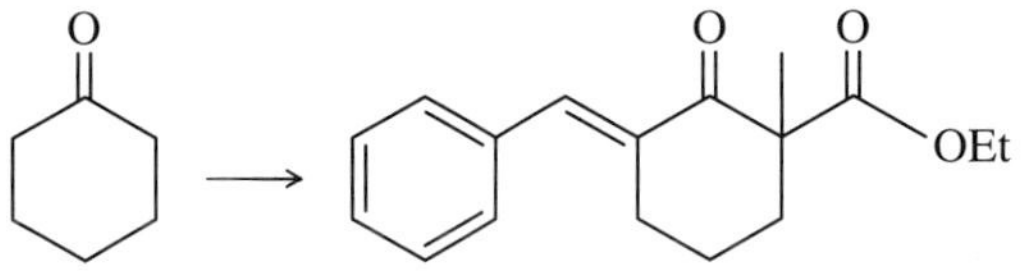

***22-80** 축합 반응은 가역적인 경우가 많다. 역반응은 종종 역-[영어명에서는 '뒤쪽으로(역으로)'라는 뜻을 가진 라틴어 *retro*-]을 접두사로 사용하여 부른다. 다음 반응을 설명하는 메커니즘을 제안하라.

**(a)** $CH_3$, OH $\underset{}{\overset{H^+}{\rightleftharpoons}}$ $CH_3-C(=O)-(CH_2)_5-CHO$

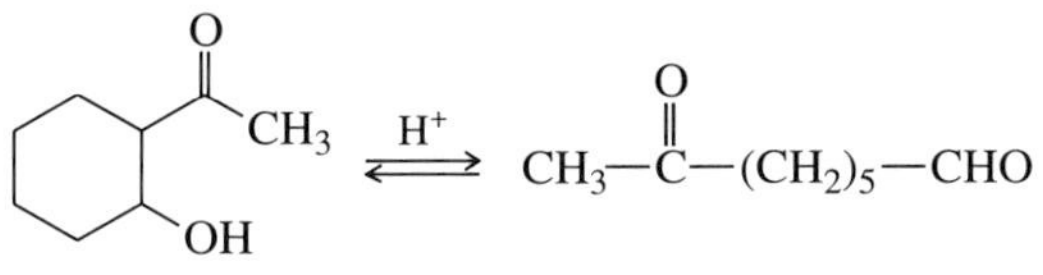

(역-알돌)

**(b)** $CH_3$, $CH_3$, OH $\xrightarrow{H^+}$ $CH_3$

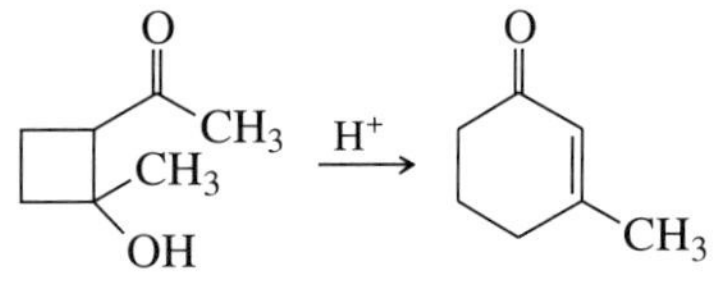

(역-알돌과 그 이상의 축합 반응)

**(c)** CN $\overset{^-OH}{\rightleftharpoons}$ + $H_2C=CH-CN$

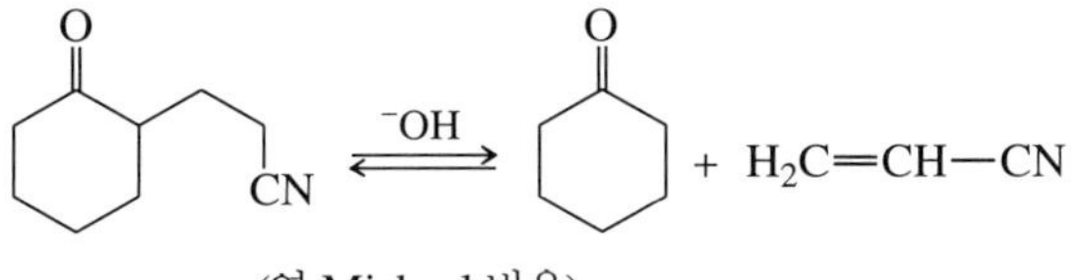

(역-Michael 반응)

**(d)** $CH_3$, OH, $COOCH_3$ $\xrightarrow[CH_3OH]{^-OCH_3}$

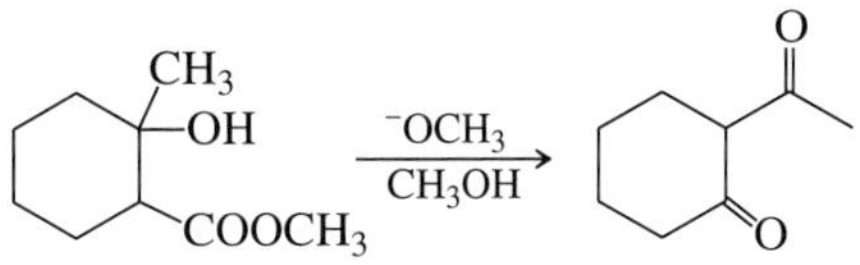

(역-알돌과 교차 Claisen)

***22-81** (실화) 화학 실험실에서 학생들은 Grignard 시약이 두 번 첨가되어 3차 알코올을 생성할 것이라 기대하고 과량의 브로민화 에틸마그네슘을 프로산 메틸(methyl furoate)에 첨가했다. 물로 처리하고 확인한 결과 두 화합물의 혼합물을 얻었다. 하나는 2개의 에틸기를 가진 예상했던 화합물이었으나, 다른 하나는 3개의 에틸기를 가진 예상치 않은 화합물이었다. 예상치 않은 화합물의 생성을 설명하는 메커니즘을 제안하라.

$OCH_3$ — 과량의 $CH_3CH_2MgBr$, 에터 → OH, $CH_2CH_3$, $CH_2CH_3$ + $CH_3CH_2$, OH, $CH_2CH_3$, $CH_2CH_3$

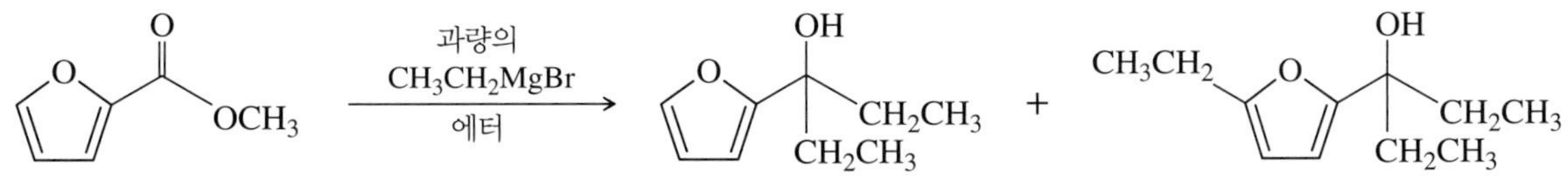

프로산 메틸 / 예상됨 / 예상되지 않음

**22-82** 다음 반응에 대한 메커니즘을 제안하라. 생성물이 가수 분해되고 탈카복실화 반응하여 생성되는 화합물의 구조를 나타내라.

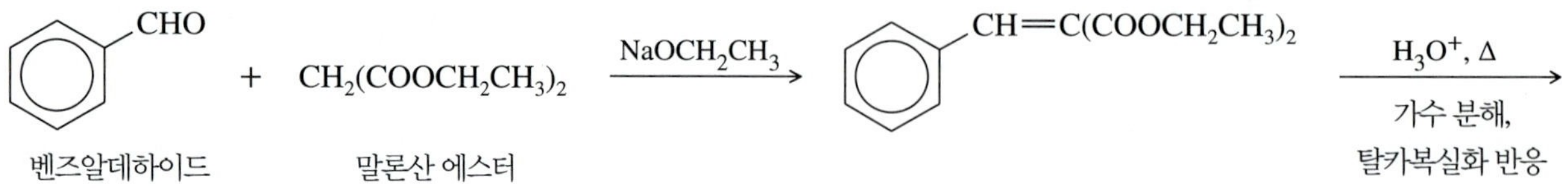

$C_6H_5CHO$ (벤즈알데하이드) + $CH_2(COOCH_2CH_3)_2$ (말론산 에스터) $\xrightarrow{NaOCH_2CH_3}$ $C_6H_5CH{=}C(COOCH_2CH_3)_2$ $\xrightarrow[\text{가수 분해, 탈카복실화 반응}]{H_3O^+,\ \Delta}$

**22-83** 당의 대사에 관여하는 반응으로 프룩토스-1,6-이인산(fructose-1,6-diphosphate)이 분해되어 글리세르알데하이드-3-인산(glyceraldehyde-3-phosphate)과 인산 다이하이드록시아세톤(dihydroxyacetone phosphate)이 생성되는 반응이 있다. 생체계에서 이 역-알돌은 **알돌레이스**(aldolase)라는 효소에 의해 촉진된다. 그러나 이 반응은 약한 염기 촉매에 의해서도 촉진된다. 염기 촉매 반응에 대한 메커니즘을 제안하라.

프룩토스-1,6-이인산 ⇌ (알돌레이스 또는 $^-OH$) 인산 다이하이드록시아세톤 + 글리세르알데하이드-3-인산

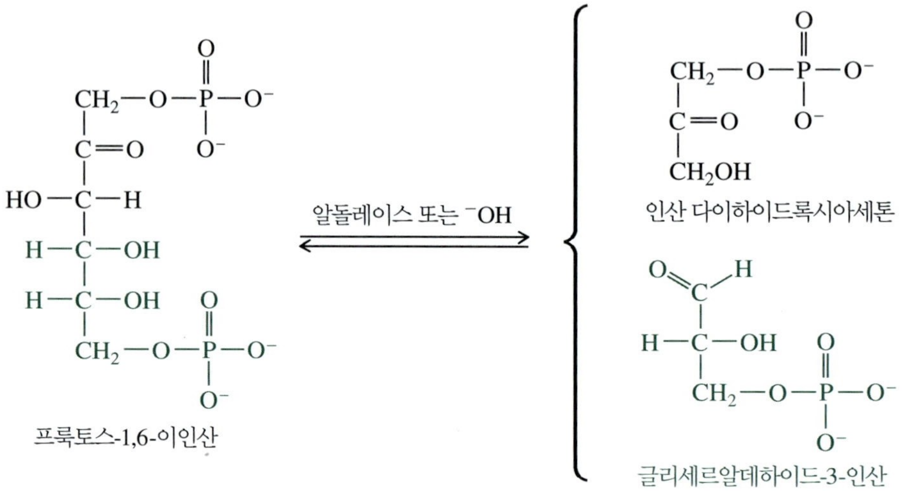

**22-84** 콜라젠(collagen, 연결 조직에 있는 섬유상 단백질)의 구조를 연구하는 생화학자들은 $\alpha,\beta$-불포화된 알데하이드가 단백질 사슬을 가교(교차 연결)하고 있음을 발견했다. 이러한 교차 연결을 형성하기 위해 반응하는 곁사슬의 구조를 나타내고, 약산 용액에서 이들이 형성되는 메커니즘을 제안하라.

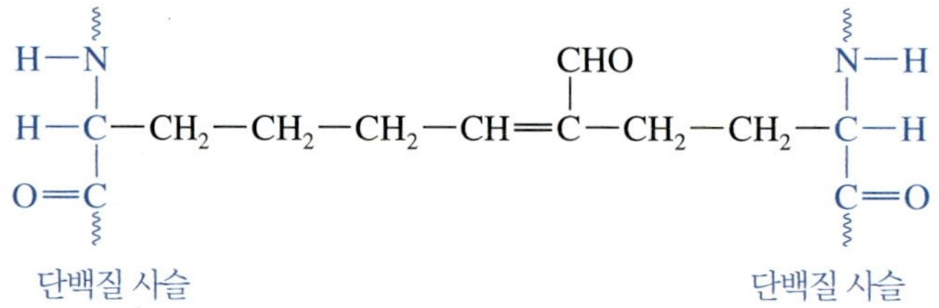

단백질 사슬 —CH(NH)—$CH_2$—$CH_2$—$CH_2$—CH=C(CHO)—$CH_2$—$CH_2$—CH(NH)— 단백질 사슬

* **22-85** 다음 전환을 설명하는 반응 순서(자세한 메커니즘이 아님)를 나타내라.

(a) $CH_2O$ + 2 $CH_3CH_2COCH_2COOEt$ $\xrightarrow[(2)\ H^+]{(1)\ NaOEt}$ 3-에틸-2-메틸-4-카복시사이클로헥스-2-엔온 (COOH)

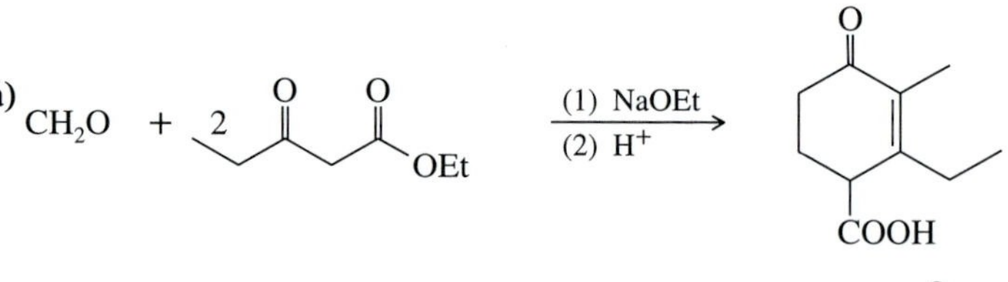

(b) 4-에틸-3-메틸... 엔온 + $CH_2(COOEt)_2$ $\xrightarrow[(2)\ H_3O^+]{(1)\ NaOEt}$ 사이클로헥세인-1,3-다이온 유도체

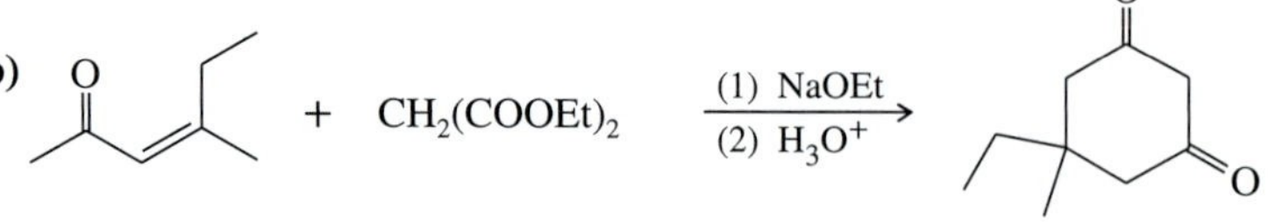

# 사진 출처

| | |
|---|---|
| 공통이미지: | Pearson Education, Inc. |
| 1쪽(위): | Darwin Dale/Science Source |
| 2쪽(아래): | Getty Images |
| 2쪽(아래): | Nature's Images/Science Source |
| 2쪽(왼쪽): | SARAWUT KUNDEJ/Shutterstock |
| 2쪽(오른쪽): | John Glover/DK Images |
| 3쪽(위): | Peter Jordan/Newscom |
| 31쪽(오른쪽): | George Grall/Getty Images |
| 59쪽(위): | Lightspring/Shutterstock |
| 65쪽(오른쪽): | Meckes/Ottawa/Science Source |
| 65쪽(오른쪽): | paytai/Shutterstock |
| 71쪽(오른쪽): | Filipe B. Varela/Shutterstock |
| 111쪽(가운데): | NASA/JPL-Caltech/USGS |
| 122쪽(왼쪽): | Sean Gardner/Reuters |
| 123쪽(오른쪽): | Paul Franklin/DK Images |
| 124쪽(왼쪽): | Peter Jordan/Alamy |
| 125쪽(오른쪽): | Courtesy of the National Research Council of Canada. |
| 126쪽(왼쪽): | AP Images |
| 211쪽(위): | Niels Poulsen DK/Alamy |
| 253쪽(오른쪽): | Superstock/Superstock |
| 253쪽(오른쪽): | David Parker/Science Source |
| 261쪽(위): | David Fleetham/Alamy Stock Photo |
| 266쪽(왼쪽): | Sclepro/Science Photo Library/Alamy |
| 313쪽(왼쪽): | Sascha Janson/Alamy |
| 381쪽(오른쪽): | JACOPIN/BSIP/Custom Medical Stock Photo |
| 406쪽(왼쪽): | Pearson Education, Inc. |
| 453쪽(왼쪽): | Thomas Marent/Dorling Kindersley, Ltd |
| 457쪽(위): | Arhendrix/Fotolia |
| 458쪽(왼쪽): | Shutterstock |
| 489쪽(위): | Leroy G. Wade |
| 498쪽(왼쪽): | Nestor A. Vasquez/Shutterstock |
| 526쪽(왼쪽): | Holly Kuchera/Shutterstock |
| 527쪽(오른쪽): | Postsmth/Fotolia |
| 537쪽(위): | krmk/Fotolia |
| 543쪽(오른쪽): | Mira/Alamy |
| 574쪽(위): | Science Source |
| 576쪽(위): | Richard Megna/Fundamental Photographs |
| 591쪽(왼쪽): | tranac/Shutterstock |
| 647쪽(왼쪽): | Simon Fraser/Science Source |
| 700쪽(아래): | Gustoimages/Science Source |
| 700쪽(아래): | Medical Body Scans/Science Source |
| 715쪽(위): | NASA |
| 716쪽(왼쪽): | SSPL/The Image Works |
| 750쪽(위): | Bettmann/Corbis |
| 761쪽(위): | Neil Holmes/Holmes Garden Photos/Alamy Stock Photo |
| 761쪽(위): | Robert Bailey/Epa /Landov |
| 794쪽(왼쪽): | NASA |
| 798쪽(왼쪽): | Jon Bilous/123RF GB Ltd |
| 800쪽(왼쪽): | Smileus/Shutterstock |
| 801쪽(오른쪽): | AGE Fotostock |
| 802쪽(왼쪽): | Trevor Kittelty/Shutterstock |
| 813쪽(위): | danmorgan12/Fotolia |
| 838쪽(왼쪽): | Edmond Jan Hoorick/Getty Images |
| 845쪽(오른쪽): | Pilipphoto/Fotolia |
| 859쪽(위): | 2/Travel Ink/Corbis |
| 909쪽(오른쪽): | Nature Production/Nature Picture Library |
| 929쪽(위): | Nazzu/Fotolia |
| 942쪽(왼쪽): | Nagy-Bagoly Arpad/123RF |
| 999쪽(위): | Javarman/Fotolia |
| 1001쪽(오른쪽): | Danmir12/Fotolia |
| 1002쪽(위): | Subrata Chakraborty/123RF |
| 1012쪽(위): | SuperStock |
| 1063쪽(위): | Warrengoldswain/123RF |
| 1081쪽(오른쪽): | Europics/Newscom |
| 1083쪽(오른쪽): | WildLife GmbH/Alamy |
| 1107쪽(위): | Biophoto Associates/Science Source/Getty Images |
| 1150쪽(왼쪽): | Vblinov/Shutterstock |
| 1156쪽(위): | NASA |
| 1159쪽(오른쪽): | Ted Horowitz/Alamy |
| 1164쪽(왼쪽): | Maridav/Shutterstock |
| 1179쪽(왼쪽): | Nik Wheeler/Encyclopedia/Corbis |
| 1179쪽(위): | Valery121283/Fotolia |
| 1190쪽(왼쪽): | GIPhotoStock X/Alamy |
| 1228쪽(왼쪽): | Kim Reinick/123RF |
| 1243쪽(위): | David Spears FRPS FRMS/Latitude/Corbis |
| 1277쪽(오른쪽): | Tim Shaffer/Reuters |
| 1279쪽(오른쪽): | Auscape/Universal Images Group/AGE Fotostock |
| 1281쪽(오른쪽): | Centers for Disease Control and Prevention(CDC) |
| 1288쪽(왼쪽): | Dr. Gopal Murti/Science Source |
| 1297쪽(위): | B Lamm/Blickwinkel/AGE Fotostock |
| 1318쪽(왼쪽): | Schankz/Shutterstock |
| 1332쪽(왼쪽): | Science Source |
| 1334쪽(위): | Silver Burdett Ginn/Pearson Education, Inc. |
| 1335쪽(위): | Michael Abbey/Science Source |
| 1335쪽(위): | Ralph C. Eagle, Jr./Science Source |
| 1343쪽(위): | Fred Buyle/Corbis Sports Premium/Corbis |
| 1344쪽(왼쪽): | Pamela Long/Getty Images |
| 1355쪽(아래): | Biophoto Associates/Science Source |
| 1357쪽(위): | Pinkannjoh/Blickwinkel/AGE Fotostock |
| 1358쪽(위): | Charles Sheppard |
| 1365쪽(위): | Dario Sabljak/Fotolia |
| 1374쪽(왼쪽): | Thien Eu/Shutterstock |
| 1375쪽(오른쪽): | E.I. DuPont de Nemours & Co., Inc. |
| 1376쪽(왼쪽): | Science Source |
| 1378쪽(위): | DuPont Corporation, Texas Photo Credits Z03 |

## 보편적인 유기 화합물과 작용기

| 화합물 계통 | 일반 구조 | 작용기 | 예 |
|---|---|---|---|
| 알케인(alkane) | $R—H$ | 없음 | $CH_3CH_2CH_2CH_3$<br>뷰테인 |
| 할로젠화 알킬(alkyl halide) | $R—X$ | X = F, Cl, Br, I | $CH_3CH_2CH_2Cl$<br>1-클로로프로페인 |
| 알켄(alkene) | $R—CH{=}CH—R'$ | 탄소–탄소 이중 결합 | $CH_3CH_2—CH{=}CH_2$<br>뷰트-1-엔 |
| 알카인(alkyne) | $R—C{\equiv}C—R'$ | 탄소–탄소 삼중 결합 | $CH_3—C{\equiv}C—CH_3$<br>뷰트-2-아인 |
| 방향족 화합물<br>(aromatic compound) | | 벤젠 고리, 또는 | H H H H H H<br>벤젠 |
| 알코올(alcohol) | $R—OH$ | 하이드록시기 | $CH_3CH_2—OH$<br>에탄올 |
| 페놀(phenol) | $Ar—OH$ | 방향족 고리에 위치한 하이드록시기 | OH<br>페놀 |
| 싸이올(thiol) | $R—SH$ | 설프하이드릴기 | $CH_3—SH$<br>메테인싸이올 |
| 에터(ether) | $R—O—R'$ | 두 알킬기 사이의 산소 | $CH_3CH_2—O—CH_2CH_3$<br>다이에틸 에터 |
| 싸이오에터(thioether) | $R—S—R'$ | 두 알킬기 사이의 황 | $CH_3—S—CH_3$<br>다이메틸 설파이드 |
| 에폭사이드(epoxide) | $C—C$ (O 고리) | 삼각 고리 내 에터 | O<br>1,2-에폭시사이클로헥세인 |
| 케톤(ketone) | $R—C(=O)—R'$ | 카보닐기 | $CH_3—C(=O)—CH_3$<br>아세톤 |
| 알데하이드(aldehyde) | $R—C(=O)—H$ | 카보닐기 | $CH_3CH_2—C(=O)—H$<br>프로판알 |
| 카복실산(carboxylic acid) | $R—C(=O)—OH$ | 카복실기 | $CH_3—C(=O)—OH$<br>아세트산 |
| 에스터(ester) | $R—C(=O)—O—R'$ | 카보알콕시기 | $CH_3—C(=O)—O—CH_2CH_3$<br>아세트산 에틸 |
| 아마이드(amide) | $R—C(=O)—NH_2$ | 카복스아마이드기 | $H—C(=O)—N(CH_3)_2$<br>*N,N*-다이메틸폼아마이드 |
| 아민(amine) | $R—NH_2$ | 아미노기 | $CH_3CH_2—NH_2$<br>에틸아민 |
| 나이트릴(nitrile) | $R—C{\equiv}N$ | 사이아노기 | $CH_3CH_2—C{\equiv}N$<br>프로피오나이트릴 |
| 나이트로알케인(nitroalkane) | $R—NO_2$ | 나이트로기 | $CH_3CH_2—NO_2$<br>나이트로에테인 |

## 유기 화학에서의 보편적인 작용기

| 유기 작용기 약어 | 의미 | 구조 |
|---|---|---|
| Ac | 아세틸(acetyl) | $CH_3-C(=O)-R$ |
| | 알릴(allyl) | $H_2C=CH-CH_2-R$ |
| Ar | 아릴기(aryl group) | 불특정 방향족 |
| Boc | *t*-뷰틸옥시카보닐 (*tert*-butyloxycarbonyl) | $(CH_3)_3C-O-C(=O)-R$ |
| Bn | 벤질(benzyl) | $Ph-CH_2-R$ |
| Bu | 뷰틸(*n*-뷰틸) [butyl(*n*-butyl)] | $CH_3-CH_2-CH_2-CH_2-R$ |
| *i*-Bu | 아이소뷰틸(isobutyl) | $(CH_3)_2CH-CH_2-R$ |
| *s*-Bu | *sec*-뷰틸(*sec*-butyl) | $CH_3-CH_2-CH(CH_3)-R$ |
| *t*-Bu | *t*-뷰틸(*tert*-butyl) | $(CH_3)_3C-R$ |
| Bz | 벤조일(benzoyl) | $Ph-C(=O)-R$ |
| Cbz (또는 Z) | 벤질옥시카보닐 (benzyloxycarbonyl) | $Ph-CH_2-O-C(=O)-R$ |
| Et | 에틸(ethyl) | $CH_3-CH_2-R$ |
| *c*-Hx | 사이클로헥실(cyclohexyl) | (cyclohexane ring)—R |
| Fmoc | 9-플루오레닐메톡시카보닐 (9-fluorenylmethoxycarbonyl) | (fluorenyl)—$CH_2$—OR |
| Me | 메틸(methyl) | $CH_3-R$ |
| Ph | 페닐(phenyl) | (benzene ring)—R |
| Pr | 프로필(propyl) | $CH_3-CH_2-CH_2-R$ |
| *i*-Pr | 아이소프로필(isopropyl) | $(CH_3)_2CH-R$ |
| R | 알킬기(alkyl group) | 불특정 |
| Sia | 2차 아이소아밀 (*secondar* isoamyl) | $(CH_3)_2CH-CH(CH_3)-R$ |
| THP | 테트라하이드로피라닐 (tetrahydropyranl) | (tetrahydropyran ring, O)—R |
| TIPS | 트라이아이소프로필실릴 (triisopropylsilyl) | $(i\text{-}Pr)_3Si-R$ |
| Ts | 파라-톨루엔설폰일, '토실' (*para*-toluenesulfonyl, 'tosyl') | $CH_3-C_6H_4-S(=O)_2-R$ |
| | 바이닐(vinyl) | $H_2C=CH-R$ |

이 약어가 모두 본문에 사용되는 것은 아니지만, 참조용으로 제공한다.

## 보편적 시약 및 용매

| 약어 | | 구조 |
|---|---|---|
| $Ac_2O$ | 아세트산 무수물 (acetic anhydride) | $CH_3-C(=O)-O-C(=O)-CH_3$ |
| DCC | 다이사이클로헥실카보다이이미드 (dicyclohexylcarbodiimide) | (cyclohexyl)—N=C=N—(cyclohexyl) |
| DIBAL-H | 다이아이소뷰틸알루미늄 수소화물 (diisobutylaluminum hydride) | $[(CH_3)_2CHCH_2]_2AlH$ |
| DME, 'glyme' | 1,2-다이메톡시에테인 (1,2-dimethoxyethane) | $CH_3-O-CH_2CH_2-O-CH_3$ |
| diglyme | 비스(2-메톡시에틸) 에터 [bis(2-methoxyethyl) ether] | $(CH_3-O-CH_2CH_2)_2O$ |
| DMP | Dess-Martin periodinane | (AcO, OAc, OAc on I; benzo-fused ring with O and C=O) |
| DMF | 다이메틸폼아마이드 (dimethylformamide) | $H-C(=O)-N(CH_3)_2$ |
| DMSO | 다이메틸 설폭사이드 (dimethyl sulfoxide) | $CH_3-S(=O)-CH_3$ |
| EtOH | 에탄올(ethanol) | $CH_3CH_2OH$ |
| $EtO^-$ | 에톡시화 음이온(ethoxide ion) | $CH_3CH_2-O^-$ |
| $Et_2O$ | 다이에틸 에터(diethyl ether) | $CH_3CH_2-O-CH_2CH_3$ |
| LAH | 수소화 알루미늄 리튬 (lithium aluminum hydride) | $LiAlH_4$ |
| LDA | 다이아이소프로필아마이드화 리튬 (lithium diisopropylamide) | $[(CH_3)_2CH]_2N^-\ Li^+$ |
| mCPBA | 메타-클로로퍼옥시벤조산 (*meta*-chloroperoxybenzoic acid) | (3-Cl-phenyl)—C(=O)—O—O—H |
| MeOH | 메탄올(methanol) | $CH_3OH$ |
| $MeO^-$ | 메톡시화 음이온(methoxide ion) | $CH_3-O^-$ |
| MVK | 메틸 바이닐 케톤 (methyl vinyl ketone) | $CH_3-C(=O)-CH=CH_2$ |
| NBS | *N*-브로모석신이미드 (*N*-bromosuccinimide) | (succinimide ring, two C=O)N—Br |
| PCC | 클로로크로뮴산 피리디늄 (pyridinium chlorochromate) | $pyr \cdot CrO_3 \cdot HCl$ |
| Py 또는 Pyr | 피리딘(pyridine) | (pyridine ring) N: |
| *t*-BuOH | *t*-뷰틸 알코올 (*tertiary*-butyl alcohol) | $(CH_3)_3C-OH$ |
| *t*-BuOK | *t*-뷰톡시화 포타슘 (potassium-*tertiary*-butoxide) | $(CH_3)_3C-O^-\ K^+$ |
| TEMPO | 2,2,6,6-테트라메틸피페리딘일-1-옥시 (2,2,6,6-tetramethylpiperidinyl-1-oxy) | (tetramethylpiperidine ring) N—O· |
| THF | 테트라하이드로퓨란 (tetrahydrofuran) | (five-membered ring, O) |
| TMS | 테트라메틸실레인 (tetramethylsilane) | $(CH_3)_4Si$ |

## 양성자 NMR의 전형적인 화학적 이동 값

| 양성자 타입 | | 대략적인 δ |
|---|---|---|
| 알케인 (—$CH_3$) | 메틸 | 0.9 |
| 알케인 (—$CH_2$—) | 메틸렌 | 1.3 |
| 알케인 (—CH—, 아래 결합 포함) | 메타인 | 1.4 |
| —C(=O)—$CH_3$ | 메틸 케톤 | 2.1 |
| —C≡C—H | 아세틸렌 | 2.5 |
| R—$CH_2$—X | (X = 할로젠, —O—) | 3~4 |
| >C=C< (H) | 바이닐 | 5~6 |
| >C=C< ($CH_3$) | 알릴 | 1.7 |
| Ph—H | 방향족 | 7.2 |
| Ph—$CH_3$ | 벤질 | 2.3 |
| R—CHO | 알데하이드 | 9~10 |
| R—COOH | 산 | 10~12 |
| R—OH | 알코올 | 유동적, 약 2~5 |
| Ar—OH | 페놀 | 유동적, 약 4~7 |
| R—$NH_2$ | 아민 | 유동적, 약 1.5~4 |

모든 화학적 이동은 이웃 치환기의 영향을 받으므로, 이 값들은 대략적인 것이다. 여기에 주어진 숫자는 알킬기가 유일한 치환체라고 가정한 값이다. 보다 완전한 화학 이동 값은 부록 1에 수록되어 있다.

## 작용기 명명법 요약

| 작용기 | 주 작용기로서의 이름 | 치환기로서의 이름 |
|---|---|---|
| 주 작용기(우선순위가 줄어드는 순서) | | |
| 카복실산 | -oic acid | 카복시(carboxy) |
| 에스터 | -oate | 알콕시카보닐(alkoxycarbonyl) |
| 아마이드 | -amide | 아미도(amido) |
| 나이트릴 | -nitrile | 사이아노(cyano) |
| 알데하이드 | -al | 폼일(formyl) |
| 케톤 | -one | 옥소(oxo) |
| 알코올 | -ol | 하이드록시(hydroxy) |
| 아민 | -amine | 아미노(amino) |
| 알켄 | -ene | 알케닐(alkenyl) |
| 알카인 | -yne | 알카이닐(alkynyl) |
| 알케인 | -ane | 알킬(alkyl) |
| 에터 | | 알콕시(alkoxy) |
| 할로젠 | | 할로(halo) |

## 전형적인 IR 신축 진동수

| 진동수($cm^{-1}$) | 작용기 | | 설명 |
|---|---|---|---|
| 3300 | 알코올 | O—H | 항상 넓음 |
| | 아민, 아마이드 | N—H | 넓거나, 날카롭거나, 넓고 뾰족함 |
| | 알카인 | ≡C—H | 항상 날카롭고 보통 강함 |
| 3000 | 알케인 | —C—H | 3000 $cm^{-1}$ 바로 아래 |
| | 알케인 | =C—H | 3000 $cm^{-1}$ 바로 위 |
| | 산 | O—H | 매우 넓음 2500~3500 $cm^{-1}$ |
| 2200 | 알카인 | —C≡C— | 2200 $cm^{-1}$ 바로 아래 |
| | 나이트릴 | —C≡N | 2200 $cm^{-1}$ 바로 위 |
| 1710 (매우 강함) | 카보닐 | >C=O | 케톤, 산은 약 1710 $cm^{-1}$<br>알데하이드는 약 1725 $cm^{-1}$<br>에스터는 1735 $cm^{-1}$보다 더 높음<br>아마이드는 1650 $cm^{-1}$보다 더 낮음<br>콘쥬게이션은 더 낮은 진동수 |
| 1660 | 알켄 | >C=C< | 콘쥬게이션은 진동수를 낮춤<br>방향족의 C=C는 약 1600 $cm^{-1}$ |
| | 이민 | >C=N— | C=C보다 더 강함 |
| | 아마이드 | >C=O | C=C보다 더 강함(위 참조) |

에스터, 알코올 역시 1000~1200 $cm^{-1}$ 사이에서 C—O 신축 진동을 보인다.

IR 주파수에 대한 보다 완전한 표는 부록 2A 및 2B에 수록되어 있다.

# 원소 주기율표

| 6<br>**C**<br>12.01<br>Carbon | |
|---|---|
| 6 | 원자 번호 |
| C | 원소 기호 |
| 12.01 | 원자량* |
| Carbon | 원소 이름 |

| 주기 | 1A | 2A | 3B | 4B | 5B | 6B | 7B | 8B | 8B | 8B | 1B | 2 B | 3A | 4A | 5A | 6A | 7A | 8A (불활성 기체) |
|---|---|---|---|---|---|---|---|---|---|---|---|---|---|---|---|---|---|---|
| 1 | 1<br>**H**<br>1.008<br>Hydrogen | | | | | | | | | | | | | | | | | 2<br>**He**<br>4.003<br>Helium |
| 2 | 3<br>**Li**<br>6.941<br>Lithium | 4<br>**Be**<br>9.012<br>Beryllium | | | | | | | | | | | 5<br>**B**<br>10.81<br>Boron | 6<br>**C**<br>12.01<br>Carbon | 7<br>**N**<br>14.01<br>Nitrogen | 8<br>**O**<br>16.00<br>Oxygen | 9<br>**F**<br>19.00<br>Fluorine | 10<br>**Ne**<br>20.18<br>Neon |
| 3 | 11<br>**Na**<br>22.99<br>Sodium | 12<br>**Mg**<br>24.31<br>Magnesium | | | | | | | | | | | 13<br>**Al**<br>26.98<br>Aluminum | 14<br>**Si**<br>28.09<br>Silicon | 15<br>**P**<br>30.97<br>Phosphorus | 16<br>**S**<br>32.07<br>Sulfur | 17<br>**Cl**<br>35.45<br>Chlorine | 18<br>**Ar**<br>39.95<br>Argon |
| 4 | 19<br>**K**<br>39.10<br>Potassium | 20<br>**Ca**<br>40.08<br>Calcium | 21<br>**Sc**<br>44.96<br>Scandium | 22<br>**Ti**<br>47.867<br>Titanium | 23<br>**V**<br>50.94<br>Vanadium | 24<br>**Cr**<br>52.00<br>Chromium | 25<br>**Mn**<br>54.94<br>Manganese | 26<br>**Fe**<br>55.85<br>Iron | 27<br>**Co**<br>58.93<br>Cobalt | 28<br>**Ni**<br>58.70<br>Nickel | 29<br>**Cu**<br>63.546<br>Copper | 30<br>**Zn**<br>65.39<br>Zinc | 31<br>**Ga**<br>69.72<br>Gallium | 32<br>**Ge**<br>72.64<br>Germanium | 33<br>**As**<br>74.92<br>Arsenic | 34<br>**Se**<br>78.96<br>Selenium | 35<br>**Br**<br>79.90<br>Bromine | 36<br>**Kr**<br>83.80<br>Krypton |
| 5 | 37<br>**Rb**<br>85.47<br>Rubidium | 38<br>**Sr**<br>87.62<br>Strontium | 39<br>**Y**<br>88.91<br>Yttrium | 40<br>**Zr**<br>91.22<br>Zirconium | 41<br>**Nb**<br>92.90<br>Niobium | 42<br>**Mo**<br>95.94<br>Molybdenum | 43<br>**Tc**<br>(98)<br>Technetium | 44<br>**Ru**<br>101.07<br>Ruthenium | 45<br>**Rh**<br>102.9<br>Rhodium | 46<br>**Pd**<br>106.4<br>Palladium | 47<br>**Ag**<br>107.9<br>Silver | 48<br>**Cd**<br>112.4<br>Cadmium | 49<br>**In**<br>114.8<br>Indium | 50<br>**Sn**<br>118.7<br>Tin | 51<br>**Sb**<br>121.8<br>Antimony | 52<br>**Te**<br>127.6<br>Tellurium | 53<br>**I**<br>126.9<br>Iodine | 54<br>**Xe**<br>131.3<br>Xenon |
| 6 | 55<br>**Cs**<br>132.9<br>Cesium | 56<br>**Ba**<br>137.327<br>Barium | 71<br>**Lu**<br>175.0<br>Lutetium | 72<br>**Hf**<br>178.5<br>Hafnium | 73<br>**Ta**<br>180.9479<br>Tantalum | 74<br>**W**<br>183.84<br>Tungsten | 75<br>**Re**<br>186.2<br>Rhenium | 76<br>**Os**<br>190.23<br>Osmium | 77<br>**Ir**<br>192.2<br>Iridium | 78<br>**Pt**<br>195.1<br>Platinum | 79<br>**Au**<br>197.0<br>Gold | 80<br>**Hg**<br>200.6<br>Mercury | 81<br>**Tl**<br>204.4<br>Thallium | 82<br>**Pb**<br>207.2<br>Lead | 83<br>**Bi**<br>209.0<br>Bismuth | 84<br>**Po**<br>(209)<br>Polonium | 85<br>**At**<br>(210)<br>Astatine | 86<br>**Rn**<br>(222)<br>Radon |
| 7 | 87<br>**Fr**<br>(223)<br>Francium | 88<br>**Ra**<br>(226)<br>Radium | 103<br>**Lr**<br>(262)<br>Lawrencium | 104<br>**Rf**<br>(261)<br>Rutherfordium | 105<br>**Db**<br>(262)<br>Dubnium | 106<br>**Sg**<br>(266)<br>Seaborgium | 107<br>**Bh**<br>(264)<br>Bohrium | 108<br>**Hs**<br>(269)<br>Hassium | 109<br>**Mt**<br>(268)<br>Meitnerium | 110<br>**Ds**<br>(281)<br>Darmstadtium | 111<br>**Rg**<br>(272)<br>Roentgenium | 112<br>**Cn**<br>(285)<br>Copermicium | 113<br>(284) | 114<br>**Fl**<br>(289)<br>Flerovium | 115<br>(288) | 116<br>**Lv**<br>(292)<br>Livermorium | 117<br>(294) | 118<br>(294) |

| | | | | | | | | | | | | | | |
|---|---|---|---|---|---|---|---|---|---|---|---|---|---|---|
| 란타넘족: | 57<br>**La**<br>138.9<br>Lanthanum | 58<br>**Ce**<br>140.1<br>Cerium | 59<br>**Pr**<br>140.9<br>Praseodymium | 60<br>**Nd**<br>144.2<br>Neodymium | 61<br>**Pm**<br>(145)<br>Promethium | 62<br>**Sm**<br>150.4<br>Samarium | 63<br>**Eu**<br>152.0<br>Europium | 64<br>**Gd**<br>157.3<br>Gadolinium | 65<br>**Tb**<br>158.9<br>Terbium | 66<br>**Dy**<br>162.5<br>Dysprosium | 67<br>**Ho**<br>164.9<br>Holmium | 68<br>**Er**<br>167.3<br>Erbium | 69<br>**Tm**<br>168.9<br>Thulium | 70<br>**Yb**<br>173.0<br>Ytterbium |
| 악티늄족: | 89<br>**Ac**<br>(227)<br>Actinium | 90<br>**Th**<br>232.0<br>Thorium | 91<br>**Pa**<br>(231)<br>Protactinium | 92<br>**U**<br>238.0<br>Uranium | 93<br>**Np**<br>(237)<br>Neptunium | 94<br>**Pu**<br>(244)<br>Plutonium | 95<br>**Am**<br>(243)<br>Americium | 96<br>**Cm**<br>(247)<br>Curium | 97<br>**Bk**<br>(247)<br>Berkelium | 98<br>**Cf**<br>(251)<br>Californium | 99<br>**Es**<br>(252)<br>Einsteinium | 100<br>**Fm**<br>(257)<br>Fermium | 101<br>**Md**<br>(258.10)<br>Mendelevium | 102<br>**No**<br>(259)<br>Nobelium |

*괄호 안의 숫자는 방사성 원소의 가장 안정하거나 가장 잘 알려진 동위원소의 질량수이다.